가스기사 필기
산업기사

서상희 저

일진사

머리말

우리나라는 21세기에 들어서면서 반도체 및 IT산업과 함께 중화학공업이 급속히 발전함과 동시에 생활방식이 변화됨에 따라 에너지를 대량으로 소비하는 시대에 살아가고 있습니다. 특히 각 산업현장 및 우리의 일상생활에서 가스는 전기, 수도, 통신과 함께 필수 불가결한 분야가 되었고, 각 산업현장에서는 가스분야의 기술 인력이 많이 필요하게 되어 가스 기사 및 가스 산업기사 자격증 취득을 준비하려는 공학도와 수험생이 증가하는 추세에 있습니다.

이에 저자는 수년간 강단에서의 가스 강의와 관련 자료를 준비하여 2006년 가스 기사·산업기사 필기 총정리 교재를 출간하여 가스 자격증을 준비하는 수많은 수험자들의 자격증 취득에 일조를 하였으며, 새로 개정된 출제기준에 맞추어 완전 개정판을 출간하게 되었습니다. 새롭게 바뀐 개정판에서는 가스 기사와 산업기사 필기시험을 준비하는 수험생들의 실력 배양 및 필기시험 합격에 도움이 되고자 다음과 같은 부분에 중점을 두었습니다.

첫째, 새로 개정된 한국산업인력공단의 가스 기사·가스 산업기사 필기 출제기준에 맞추어 각 과목별로 정리하였습니다.

둘째, 각 과목 단원별 이론정리와 최근 출제문제를 분석하여 예상문제를 자세한 해설과 함께 수록하였습니다.

셋째, 공학단위에서 SI 단위로 전환되었지만 출제문제에는 혼용되어 출제되는 경향이므로 각 과목의 이론정리와 예상문제 및 과년도 출제문제 풀이에서 공학단위와 SI 단위를 혼합하여 설명함으로써 이해를 쉽게 할 수 있도록 하였습니다.

넷째, 부록으로 2019년 이후 출제된 과년도 문제를 자세한 해설과 함께 수록하여 최근 출제문제 경향을 파악하고 시험에 응시하는데 도움이 되도록 하였습니다.

다섯째, CBT 방식에 적응하기 위하여 CBT 실전문제를 수록하였으며, 문제를 과년도 출제문제와 연관점 있도록 구성하여 실전에 대비할 수 있도록 하였습니다.

여섯째, 저자가 직접 인터넷 카페(네이버 : cafe.naver.com/gas21)를 개설, 관리하여 온라인상으로 질의 및 답변과 함께 수험정보를 공유할 수 있는 공간을 마련하였습니다.

끝으로 이 책으로 가스 기사 및 가스 산업기사 필기시험을 준비하시는 수험생 여러분께 합격의 영광이 함께 하길 바라며 책이 출판될 때까지 많은 지도와 격려를 보내주신 분들과 **일진사** 직원 여러분께 깊은 감사를 드립니다.

저자 씀

가스 기사 출제기준

필기 과목명	출제 문제수	주 요 항 목	세 부 항 목
가스 설비	20	1. 가스설비의 종류 및 특성	(1) 고압가스 설비 (2) 액화석유가스 설비 (3) 도시가스 설비 (4) 수소설비 (5) 펌프 및 압축기 (6) 저온장치 (7) 고압장치 (8) 설비의 재료와 방식
		2. 가스용 기기	(1) 특정 설비 (2) 용기 및 용기 밸브 (3) 압력조정기 (4) 가스미터 (5) 연소기 (6) 콕 및 호스 (7) 차단용 밸브 (8) 가스누출경보 / 차단기

가스
계측
기기
	20	1. 계측기기	(1) 계측기기의 개요
			  ① 계측기 원리 및 특성 ② 제어의 종류 ③ 측정과 오차
			(2) 가스계측기기
			  ① 압력계측 ② 유량계측 ③ 온도계측 ④ 액면 및 습도계측 ⑤ 밀도 및 비중의 계측 ⑥ 열량계측

		2. 가스분석	(1) 가스 검지 및 분석 (2) 가스기기 분석
		3. 가스미터	(1) 가스미터의 기능 ① 가스미터의 종류 및 계량 원리 ② 가스미터의 크기 선정 ③ 가스미터의 고장처리
		4. 가스시설의 원격 감시	(1) 원격감시장치 ① 원격감시장치의 원리 ② 원격감시장치의 이용

가스
안전
관리
	20	1. 가스제조에 대한 안전	(1) 가스제조 및 충전에 관한 안전
			  ① 고압가스 제조 및 충전 ② 액화석유가스 제조 및 충전 ③ 도시가스 제조 및 공급 ④ 수소 제조 및 공급·충전
			(2) 가스저장 및 사용에 관한 안전
			  ① 저장탱크 ② 운반용 탱크 ③ 일반 용기 및 공업용 용기 ④ 공업용 시설에 관한 안전
			(3) 용기, 냉동기, 가스용품, 특정설비 등의 제조 및 수리에 관한 안전
			  ① 고압가스 용기 제조 수리 및 검사 시의 안전 ② 냉동기기 제조, 특정설비 제조 및 수리 시의 안전 ③ 가스용품 제조 및 작업과정의 안전

		2. 가스취급에 대한 안전	(1) 가스운반 취급에 관한 안전
			  ① 고압가스의 양도, 양수 운반 또는 휴대 ② 고압가스 충전용기의 운반기준에 대한 안전 ③ 차량에 고정된 탱크의 운반기준에 대한 안전
			(2) 가스의 일반적인 성질에 관한 안전
			  ① 액화석유가스 ② 압축가스 ③ 독성가스 ④ 도시가스
			(3) 가스안전사고의 원인 조사 분석 및 대책
			  ① 누출사고 ② 가스폭발 ③ 질식사고 ④ 안전교육 및 자체검사

필기 과목명	출제 문제수	주 요 항 목	세 부 항 목
연소 공학	20	1. 연소 이론	(1) 연소 기초 ① 연소의 정의 ② 열역학 제법칙 ③ 열전달 ④ 열역학의 일반 기초 관계식 ⑤ 연소 속도 ⑥ 연소의 종류와 상태 (2) 연소 계산 ① 연소현상 이론 ② 이론 및 실제 공기량 ③ 공기비 및 완전 연소 조건 ④ 발열량 및 열효율 ⑤ 화염온도 ⑥ 화염전파이론
		2. 연소 설비	(1) 연소장치의 개요 ① 연료별 연소장치 ② 연소방법 ③ 연소현상 (2) 연소장치 설계 ① 고부하 연소기술 ② 연소부하 산출
		3. 가스폭발 / 방지책	(1) 가스폭발 이론 ① 폭발범위 ② 확산이론 ③ 열이론 ④ 기체의 폭굉현상 ⑤ 폭발의 종류(BLEVE, 증기운 폭발 등) ⑥ 가스폭발의 피해(영향) 계산 (2) 가스폭발 위험성 평가 ① 정성적 위험성 평가 ② 정량적 위험성 평가 (3) 가스화재 및 폭발방지대책 ① 가스폭발의 예방 및 방호 ② 가스화재 소화이론 ③ 방폭구조의 종류 ④ 정전기 발생 및 방지대책
가스 유체 역학	20	1. 유체의 정의 및 특성	(1) 용어의 정의 및 개념의 이해 ① 단위와 차원해석 ② 물리량의 정의 ③ 유체의 흐름현상
		2. 유체 정역학	(1) 비압축성 유체 ① 유체의 정역학 ② 유체의 기본방정식 ③ 유체의 유동 ④ 유체의 물질수지 및 에너지수지
		3. 유체 동역학	(1) 압축성 유체 ① 압축성 유체의 흐름 공정 ② 기체상태 방정식의 응용 ③ 유체의 운동량 이론 ④ 경계층 이론 ⑤ 충격파의 전달속도 (2) 유체의 수송 ① 유체의 수송장치 ② 액체의 수송 ③ 기체의 수송 ④ 유체의 수송동력 ⑤ 유체의 수송에 있어서의 두 손실

가스 산업기사 출제기준

필기 과목명	출제 문제수	주 요 항 목	세 부 항 목
가스 설비	20	1. 가스설비	(1) 가스설비 (2) 조정기와 정압기 (3) 압축기 및 펌프 (4) 저 온장치 (5) 배관의 부식과 방식 (6) 배관재료 및 배관설계
		2. 재료의 선정 및 시험	(1) 재료의 선정 (2) 재료의 시험
		3. 가스용 기기	(1) 용기 및 용기밸브 (2) 연소기 (3) 콕 및 호스 (4) 특정설비 (5) 안전장치 (6) 차단용 밸브 (7) 가스누출경보 / 차단장치
가스 계측 기기	20	1. 계측기기	(1) 계측기기의 개요 (2) 가스계측기기
		2. 가스분석	(1) 가스 검지 및 분석 (2) 가스기기 분석
		3. 가스미터	(1) 가스미터의 기능 ① 가스미터의 종류 및 계량 원리 ② 가스미터의 크기 선정 ③ 가스미터의 고장처리
		4. 가스시설의 원격 감시	(1) 원격감시장치 ① 원격감시장치의 원리 ② 원격감시장치의 이용 ③ 원격감시 설비의 설치·유지
가스 안전 관리	20	1. 가스관련법	(1) 가스제조 및 충전 등에 관한 안전 ① 고압가스 제조 및 충전 ② 액화석유가스 제조 및 충전 ③ 도시가스 제조 및 충전 ④ 수소 제조 및 공급·충전
		2. 가스사용시설관리 및 검사	(1) 가스저장 및 사용 등에 관한 안전 ① 저장탱크 ② 운반용 탱크 ③ 일반 용기 및 공업용 용기 ④ 저장 및 사용시설
		3. 가스사용 및 취급	(1) 용기, 냉동기, 가스용품, 특정설비 등 제조 및 수리 등에 관한 안전 (2) 가스사용·운반·취급 등에 관한 안전 (3) 가스 의 성질에 관한 안전
		4. 가스사고 원인 및 조사, 대책수립	(1) 누출사고 (2) 가스폭발 (3) 질식사고 (4) 안전교육 및 자체검사
연소 공학	20	1. 가스의 성질	(1) 연소의 기초 (2) 연소의 계산
		2. 가스의 특성	(1) 가스의 연소 및 폭발 ① 폭발이론 ② 폭발 및 확산 이론 ③ 폭발의 종류 (열 폭발, 분진폭발 등)
		3. 가스안전	(1) 가스화재 및 폭발방지 대책 ① 가스폭발의 예방 및 방호 ② 가스화재 소화이론 ③ 방폭구조의 종류 ④ 정전기 발생 및 방지대책(추가)

차 례

contents

제 1 편 가 스 설 비

┌─■ 제 **2** 편   가스 계측기기

┌─■ 제 **3** 편   가스 안전관리

제 **4** 편   연 소 공 학

제 **5** 편   가스 유체역학

■ 부록　　과년도 출제 문제

✸ 가스 기사

✸ 가스 산업기사

1편

가스 설비

제1장 기체의 성질

1. 고압가스의 종류 및 분류

(1) 고압가스의 정의

고압가스 안전관리법 시행령 제2조에 법의 적용을 받는 고압가스의 종류 및 범위를 규정하고 있다.

① 상용의 온도에서 압력 (게이지 압력)이 1 MPa 이상이 되는 압축가스로서 실제로 그 압력이 1 MPa 이상이 되는 것 또는 35℃의 온도에서 압력이 1 MPa 이상이 되는 압축가스 (아세틸렌가스를 제외한다.)

② 15℃의 온도에서 압력이 0 Pa을 초과하는 아세틸렌가스

③ 상용의 온도에서 압력이 0.2 MPa 이상이 되는 액화가스로서 실제로 그 압력이 0.2 MPa 이상이 되는 것 또는 압력이 0.2 MPa이 되는 경우에 온도가 35℃ 이하인 액화가스

④ 35℃의 온도에서 압력이 0 Pa을 초과하는 액화가스 중 액화시안화수소, 액화브롬화메탄 및 액화산화에틸렌가스

(2) 고압가스의 분류

① 상태에 따른 분류

(가) 압축가스 : 비등점이 극히 낮거나 임계온도가 낮아 상온에서 압력을 가하여도 액화되지 않는 가스로서 일정한 압력에 의하여 압축되어 있는 것

※ 종류 : 헬륨 (He), 수소 (H_2), 네온 (Ne), 질소 (N_2), 일산화탄소 (CO), 불소 (F_2), 아르곤 (Ar), 산소 (O_2), 산화질소 (NO), 메탄 (CH_4) 등

(나) 액화가스 : 가압, 냉각에 의하여 액체 상태로 되어 있는 것으로서 대기압에서 비점이 40℃ 이하 또는 상용의 온도 이하인 것

※ 종류 : 프로판 (C_3H_8), 부탄 (C_4H_{10}), 염소 (Cl_2), 암모니아 (NH_3), 이산화탄소 (CO_2), 산화에틸렌 (C_2H_4O), 시안화수소 (HCN), 황화수소 (H_2S) 등

(다) 용해가스 : 아세틸렌 (C_2H_2)과 같이 용제 속에 가스를 용해시켜 취급되는 고압가스

② 연소성에 의한 분류

(가) 가연성 가스 : 공기 중에서 연소하는 가스로 폭발한계 하한이 10 % 이하의 것과 상한과 하한의 차가 20 % 이상의 것

※ 종류 : 아세틸렌 (C_2H_2), 암모니아 (NH_3), 수소 (H_2), 일산화탄소 (CO), 메탄 (CH_4), 프로판 (C_3H_8), 부탄 (C_4H_{10}) 등

   (나) 조연성 가스 : 다른 가연성 가스의 연소를 도와주거나 (촉진) 지속시켜 주는 것

     ※ 종류 : 산소 (O_2), 오존 (O_3), 불소 (F_2), 염소 (Cl_2), 산화질소 (NO), 아산화질소 (N_2O)

   (다) 불연성 가스 : 가스 자신이 연소하지도 않고 다른 물질도 연소시키지 않는 가스로서 보통 장치에서 가연성 가스의 치환용으로 사용된다.

     ※ 종류 : 헬륨 (He), 네온 (Ne), 질소 (N_2), 아르곤 (Ar), 이산화탄소 (CO_2) 등

  ③ 독성에 의한 분류

   (가) 독성가스 : 공기 중에 일정량 이상 존재하는 경우 인체에 유해한 독성을 가진 가스로서 허용농도가 100만분의 5000 이하인 것

     ※ 종류 : 암모니아 (NH_3), 일산화탄소 (CO), 불소 (F_2), 염소 (Cl_2), 포스겐 ($COCl_2$), 산화에틸렌 (C_2H_4O), 시안화수소 (HCN), 황화수소 (H_2S), 등

   (나) 비독성 가스 : 독성가스 이외의 독성이 없는 가스

     ※ 종류 : 헬륨 (He), 네온 (Ne), 질소 (N_2), 아르곤 (Ar), 이산화탄소 (CO_2), 수소 (H_2), 프로판 (C_3H_8), 부탄 (C_4H_{10}) 등

2. 열역학 기초

(1) 단위 (unit)

  ① 절대단위와 공학단위 (중력단위)

   (가) 절대단위 : 단위 기본량을 질량, 길이, 시간으로 하여 이들의 단위를 사용하여 유도된 단위

   (나) 공학단위 (중력단위) : 질량 대신 중량을 사용한 단위 (중력가속도가 작용하고 있는 상태)

   (다) SI 단위 : system international unit의 약자로 국제단위계이다.

  ② 힘 (F : force, weight) : 물체의 정지 또는 일정한 운동 상태로 변화를 가져오는 힘의 주체이다.

   (가) SI 단위 : 질량 1 kg인 물체가 $1 \, m/s^2$의 가속도를 받았을 때의 힘으로 N (Newton)으로 표시한다.

     ※ $1 \, N = 1 \, kg \cdot m/s^2$ $1 \, dyne = 1 \, g \cdot cm/s^2$

   (나) 공학단위 : 질량 1 kg인 물체가 $9.8 \, m/s^2$의 중력가속도를 받았을 때의 힘으로 kgf로 표시한다.

     ※ $1 \, kgf = 1 \, kg \times 9.8 \, m/s^2 = 9.8 \, kg \cdot m/s^2 = 9.8 \, N$

  ③ 일과 에너지

   (가) 일 (work) : 물체에 힘 F가 작용하여 길이 L만큼 이동시킬 때 이루어지는 것

     ※ 일(W) = 힘(F) × 길이(L)

     ㉮ SI 단위

    ⓐ MKS 단위 : $1\,N\cdot m = 1\,J$

    ⓑ CGS 단위 : $1\,dyne\cdot cm = 1\,erg$

  ㉯ 공학단위

    ⓐ MKS 단위 : $1\,kgf\cdot m$

    ⓑ CGS 단위 : $1\,gf\cdot cm$

 (다) 에너지 (energy) : 일을 할 수 있는 능력으로 외부에 행한 일로 표시되며 단위는 일의 단위와 같다. 종류는 $G\,[kgf]$의 물체가 $h\,[m]$의 높이에 있을 때의 위치에너지 (E_p)와, $V\,[m/s]$의 속도로 움직일 때의 운동에너지 (E_k)가 있다.

  ㉮ SI 단위

    ⓐ 위치에너지 $E_p = m \cdot g \cdot h\,[J]$

    ⓑ 운동에너지 $E_k = \dfrac{1}{2} \cdot m \cdot V^2\,[J]$

  ㉯ 공학단위

    ⓐ 위치에너지 $E_p = G \cdot h\,[kgf\cdot m]$

    ⓑ 운동에너지 $E_k = \dfrac{G \cdot V^2}{2g}\,[kgf\cdot m]$

④ 동력 : 단위시간당 행하는 일의 율(率)이다.

 (가) SI 단위 : $W = 1\,J/s$

 (나) 공학단위

  ㉮ $1\,PS$ (pferde starke) $= 75\,kgf\cdot m/s$

$$= 75\,kgf\cdot m/s \times \frac{1}{427}\,kcal/kgf\cdot m \times 3600\,s/h$$

$$= 632.2\,kcal/h = 0.735\,kW = 2646\,kJ/h$$

  ㉯ $1\,kW = 102\,kgf\cdot m/s$

$$= 102\,kgf\cdot m/s \times \frac{1}{427}\,kcal/kgf\cdot m \times 3600\,s/h$$

$$= 860\,kcal/h = 1.36\,PS = 3600\,kJ/h$$

  ㉰ $1\,HP$ (horse power : 영국 마력) $= 76\,kgf\cdot m/s$

$$= 76\,kgf\cdot m/s \times \frac{1}{427}\,kcal/kgf\cdot m \times 3600\,s/h$$

$$= 640.75\,kcal/h = 0.745\,kW = 2682\,kJ/h$$

주요 물리량의 단위 비교

물 리 량	SI 단위	공학단위
힘	$N\,(=kg\cdot m/s^2)$	kgf
압력	$Pa\,(=N/m^2)$	kgf/m^2
열량	$J\,(=N\cdot m)$	kcal
일	$J\,(=N\cdot m)$	$kgf\cdot m$
에너지	$J\,(=N\cdot m)$	$kgf\cdot m$
동력	$W\,(=J/s)$	$kgf\cdot m/s$

【참 고】 **1. 허용농도 (ppm)** : 정상인이 1일 8시간 또는 1주 40시간 통상적인 작업을 수행함에 있어 건강상 나쁜 영향을 미치지 아니하는 정도의 공기 중의 가스의 농도를 말한다. → TLV-TWA(치사허용 시간 가중치(致死許容時間加重値) Threshold Limit Value-Time Weighted Average)로 표시

① $ppm = \dfrac{1}{10^6} = \dfrac{1}{1000000}$　　　　② $ppb = \dfrac{1}{10^9}$

[해설] 개정된 독성가스의 정의〈고법 시행규칙 제2조 개정 내용〉: 아크릴로니트릴, 아크릴알데히드, 아황산가스, 암모니아, 일산화탄소, 이황화탄소, 불소, 염소, 브롬화메탄, 염화메탄, 염화프렌, 산화에틸렌, 시안화수소, 황화수소, 모노메틸아민, 디메틸아민, 트리메틸아민, 벤젠, 포스겐, 요오드화수소, 브롬화수소, 염화수소, 불화수소, 겨자가스, 알진, 모노실란, 디실란, 디보레인, 셀렌화수소, 포스핀, 모노게르만 및 그 밖에 공기 중에 일정량 이상 존재하는 경우 인체에 유해한 독성을 가진 가스로서 허용농도(해당 가스를 성숙한 흰쥐 집단에게 대기 중에서 1시간 동안 계속하여 노출시킨 경우 14일 이내에 그 흰쥐의 2분의 1 이상이 죽게 되는 가스의 농도를 말한다)가 100만분의 5000 이하인 것을 말한다. → LC(치사농도(致死濃度) 50 : lethal concentration 50)으로 표시

※ LC_{50} : 실험동물에 흡입 투여 시 실험동물의 50 %를 죽일 수 있는 물질의 농도인 반수치사 농도를 말한다. 보통 기체 및 휘발성 물질은 ppm으로, 분말인 물질에 대해서는 mg/L로 표시한다.

2. 그리스 문자

대문자	소문자	호 칭	대문자	소문자	호 칭
A	α	alpha (알파)	N	ν	nu (뉴)
B	β	beta (베타)	Ξ	ξ	xi (크시)
Γ	γ	gamma (감마)	O	o	omicron (오미크론)
Δ	δ	delta (델타)	Π	π	pi (파이)
E	ϵ	epsilon (앱실론)	P	ρ	rho (로)
Z	ζ	zeta (제타)	Σ	σ	sigma (시그마)
H	η	eta (에타)	T	τ	tau (타우)
Θ	θ	theta (세타)	Y	υ	upsilon (입실론)
I	ι	iota (요타)	Φ	ϕ	phi (화이)
K	κ	kappa (카파)	X	χ	chi (키)
Λ	λ	lamda (람다)	Ψ	ψ	psi (프시)
M	μ	mu (뮤)	Ω	ω	omega (오메가)

3. 접두어

인 자	기 호	접두어	인 자	기 호	접두어
10^1	da	데카	10^{-1}	d	데시
10^2	h	헥토	10^{-2}	c	센티
10^3	k	킬로	10^{-3}	m	밀리
10^6	M	메가	10^{-6}	μ	마이크로
10^9	G	기가	10^{-9}	n	나노
10^{12}	T	테라	10^{-12}	p	피코

(2) 온도 (temperature)

① 섭씨온도 : 표준대기압 하에서 물의 빙점을 0℃, 비점을 100℃로 정하고, 그 사이를 100

등분하여 하나의 눈금을 1℃로 표시하는 온도이다(1742년 스웨덴 천문학자 Celsius(儡修)가 정립).

② 화씨온도 : 표준대기압 하에서 물의 빙점을 32℉, 비점을 212℉로 정하고, 그 사이를 180 등분하여 하나의 눈금을 1℉로 표시하는 온도이다[1724년 독일 물리학자 Fahrenheit (華倫海)가 정립].

③ 섭씨온도와 화씨온도의 관계

    ㈎ $℃ = \dfrac{5}{9}(℉ - 32)$ ㈏ $℉ = \dfrac{9}{5}℃ + 32$

④ 절대온도 : 열역학적 눈금으로 정의할 수 있으며 자연계에서는 그 이하의 온도로 내릴 수 없는 최저온도를 절대온도라 한다.

    ㈎ 켈빈온도$(\mathrm{K}) = ℃ + 273$

$$\mathrm{K} = \dfrac{t\,℉ + 460}{1.8} = \dfrac{℉\mathrm{R}}{1.8}$$

    ㈏ 랭킨온도$(℉\mathrm{R}) = ℉ + 460$

$$℉\mathrm{R} = 1.8\,(t\,℃ + 273) = 1.8 \cdot \mathrm{K}$$

(3) 압력 (pressure)

① 표준대기압 (atmospheric) : 0℃, 위도 45° 해수면을 기준으로 지구 중력이 $9.806655\,\mathrm{m/s}^2$ 일 때 수은주 760 mmHg로 표시될 때의 압력으로 1 atm으로 표시한다.

    ※ 1 atm = 760 mmHg = 76 cmHg = 0.76 mHg = 29.9 inHg = 760 torr

              = $10332\,\mathrm{kgf/m}^2$ = $1.0332\,\mathrm{kgf/cm}^2$ = $10.332\,\mathrm{mH_2O}$ (mAq) = $10332\,\mathrm{mmH_2O}$ (mmAq)

              = $101325\,\mathrm{N/m}^2$ = 101325 Pa = 1013.25 hPa = 101.325 kPa = 0.101325 MPa

              = 1.01325 bar = 1013.25 mbar = $14.7\,\mathrm{lb/in}^2$ = 14.7 psi

② 게이지 압력 : 대기압을 0으로 기준하여 압력계에 지시된 압력으로 압력단위 뒤에 "G", "g"를 사용하거나 생략한다.

③ 진공압력 : 대기압을 기준으로 대기압 이하의 압력으로 압력단위 뒤에 "V", "v"를 사용한다.

    ㈎ 진공도$(\%) = \dfrac{진공압력}{대기압} \times 100$

    ㈏ 대기압의 진공도 : 0 %, 완전진공의 진공도 : 100 %

④ 절대압력 : 절대진공(완전진공)을 기준으로 그 이상 형성된 압력으로 압력단위 뒤에 "abs", "a"를 사용한다.

    ※ 절대압력 = 대기압 + 게이지 압력

              = 대기압 − 진공압력

⑤ 압력환산 방법

    ※ 환산압력 = $\dfrac{주어진\ 압력}{주어진\ 압력의\ 표준대기압} \times$ 구하려 하는 표준대기압

【참 고】 SI 단위와 공학단위의 관계

① 1 MPa = 10.1968 kgf/cm^2 ≒ 10 kgf/cm^2, 1 kgf/cm^2 = $\dfrac{1}{10.1968}$ MPa ≒ $\dfrac{1}{10}$ MPa

② 1 kPa = 101.968 mmH$_2$O ≒ 100 mmH$_2$O, 1 mmH$_2$O = $\dfrac{1}{101.968}$ kPa = $\dfrac{1}{100}$ kPa

---

(4) 열 량

열은 물질의 분자운동에 의한 에너지이며 물체가 보유하는 열의 양을 열량이라 한다.

① 열량의 단위

  ㈎ 1 kcal : 표준대기압 하에서 순수한 물 1 kg 온도를 14.5℃의 상태에서 15.5℃로 상승시키는 데 소요되는 열량이다.

  ㈏ 1 BTU (british thermal unit) : 순수한 물 1 lb의 온도를 61.5℉에서 62.5℉로 상승시키는데 소요되는 열량이다.

  ㈐ 1 CHU (centigrade heat unit) : 순수한 물 1 lb의 온도를 14.5℃에서 15.5℃로 상승시키는데 소요되는 열량으로 1 PCU (pound celsius unit)라 한다.

② 열량 단위의 관계

구 분	kcal	BTU	CHU
kcal	1	3.968	2.205
BTU	0.252	1	0.5556
CHU	0.4536	1.8	1

(5) 열용량과 비열

① 열용량 : 어떤 물체의 온도를 1℃ 상승시키는데 소요되는 열량을 말하며, 단위는 kcal/℃, cal/℃로 표시된다.

  ㈎ 열용량 = $G \cdot C_p$

  ㈏ 열량 = $G \cdot C_p \cdot \Delta t$

    여기서, G : 중량 (kgf), C_p : 정압비열 (kcal/kgf · ℃), Δt : 온도차 (℃)

② 비열 : 어떤 물질 1 kg을 온도 1℃ 상승시키는데 소요되는 열량으로, 정적비열과 정압비열이 있으며 물질의 종류마다 비열이 각각 다르다.

  ㈎ 정적비열 (C_v) : 체적이 일정하게 유지된 상태에서의 비열

  ㈏ 정압비열 (C_p) : 압력이 일정하게 유지된 상태에서의 비열

  ㈐ 비열비 : 정압비열 (C_p)과 정적비열 (C_v)의 비

$$\kappa = \frac{C_p}{C_v} > 1 \,(C_p > C_v \text{ 이므로 } \kappa > 1 \text{이다.})$$

  ㉮ 1원자 분자 : 1.66

  ㉯ 2원자 분자 : 1.4

ⓒ 3원자 분자 : 1.33

ⓓ 0℃에서 공기의 경우

   ⓐ $C_p \fallingdotseq 0.240$ kcal/kgf·K $= 1.006$ kJ/kg·K

   ⓑ $C_v \fallingdotseq 0.171$ kcal/kgf·K $= 0.718$ kJ/kg·K

$$\kappa = \frac{0.240}{0.171} \fallingdotseq 1.4$$

㈐ 정적비열과 정압비열의 관계

  ㉮ SI 단위

$$C_p - C_v = R, \qquad C_p = \frac{\kappa}{\kappa-1}R, \qquad C_v = \frac{1}{\kappa-1}R$$

    여기서, C_p : 정압비열 (kJ/kg·K), C_v : 정적비열 (kJ/kg·K)

       R : 기체상수 $\left(\dfrac{8.314}{M}$ kJ/kg·K$\right)$, κ : 비열비

  ㉯ 공학단위

$$C_p - C_v = AR, \qquad C_p = \frac{\kappa}{\kappa-1}AR, \qquad C_v = \frac{1}{\kappa-1}AR$$

    여기서, C_p : 정압비열 (kcal/kgf·K), C_v : 정적비열 (kcal/kgf·K), κ : 비열비

       A : 일의 열당량 $\left(\dfrac{1}{427}$ kcal/kgf·m$\right)$

       R : 기체상수 $\left(\dfrac{848}{M}$ kgf·m/kg·K$\right)$

(6) 현열과 잠열

① 현열 (감열) : 물질이 상태변화 없이 온도변화에 총소요된 열량

  ㈎ SI 단위

$$Q = m \cdot C \cdot \Delta t$$

    여기서, Q : 현열 (kJ), m : 물체의 질량 (kg)

       C : 비열 (kJ/kg·℃), Δt : 온도변화 (℃)

  ㈏ 공학단위

$$Q = G \cdot C \cdot \Delta t$$

    여기서, Q : 현열 (kcal), G : 물체의 중량 (kgf)

       C : 비열 (kcal/kgf·℃), Δt : 온도변화 (℃)

② 잠열 : 물질이 온도변화는 없이 상태변화에 총소요된 열량

  ㈎ SI 단위

$$Q = m \cdot r$$

    여기서, Q : 잠열 (kJ), m : 물체의 질량 (kg), r : 잠열량 (kJ/kg)

  ㈏ 공학단위

$$Q = G \cdot r$$

    여기서, Q : 잠열 (kcal), G : 물체의 중량 (kgf), r : 잠열량 (kcal/kgf)

(7) 열에너지

① 내부에너지 : 모든 물체는 그 물체 자신이 외부와 관계없이 감열과 잠열로서 열을 비축하고 있는데 이를 내부에너지라 한다.

② 엔탈피 : 어떤 물체가 갖는 단위중량당의 열량으로 내부에너지와 외부에너지의 합이다.

　㉮ SI 단위

$$h = U + P \cdot v$$

　　여기서, h : 엔탈피 (kJ/kg),　U : 내부에너지 (kJ/kg),　P : 압력 (kPa),
　　　　　v : 비체적 (m³/kg)

　㉯ 공학단위

$$h = U + A \cdot P \cdot v$$

　　여기서, h : 엔탈피 (kcal/kgf),　U : 내부에너지 (kcal/kgf),　A : 일의 열당량 $\left(\dfrac{1}{427} \text{ kcal/kgf} \cdot \text{m}\right)$
　　　　　P : 압력 (kgf/m²),　v : 비체적 (m³/kgf)

③ 엔트로피 : 열역학 제2법칙에서 얻어진 상태량 (엔탈피)이며 그 상태량을 절대온도로 나눈 값이다.

　㉮ SI 단위

$$dS = \frac{dQ}{T} = U + \frac{P \cdot v}{T}$$

　　여기서, dS : 엔트로피 변화량 (kJ/kg · K),　dQ : 열량 변화 (kJ/kg)
　　　　　T : 그 상태의 절대온도 (K),　P : 압력 (kPa)
　　　　　v : 비체적 (m³/kg)

　㉯ 공학단위

$$dS = \frac{dQ}{T} = U + \frac{A \cdot P \cdot v}{T}$$

　　여기서, dS : 엔트로피 변화량 (kcal/kgf · K),　dQ : 열량 변화 (kcal/kgf)
　　　　　T : 그 상태의 절대온도 (K),　A : 일의 열당량 $\left(\dfrac{1}{427} \text{ kcal/kgf} \cdot \text{m}\right)$
　　　　　P : 압력 (kgf/m²),　v : 비체적 (m³/kgf)

(8) 열역학 법칙

① 열역학 제0법칙 : 온도가 서로 다른 물질이 접촉하면 고온은 저온이 되고 저온은 고온이 되어서 결국 시간이 흐르면서 물체의 온도는 같게 된다. 이것을 열평형이 되었다고 하며, 열평형의 법칙이라 한다.

$$t_m = \frac{G_1 \cdot C_1 \cdot t_1 + G_2 \cdot C_2 \cdot t_2}{G_1 \cdot C_1 + G_2 \cdot C_2}$$

　　여기서, t_m : 평균온도 (℃),　　　　　　　　G_1, G_2 : 각 물질의 중량 (kgf)
　　　　　C_1, C_2 : 각 물질의 비열 (kcal/kgf · ℃),　　t_1, t_2 : 각 물질의 온도 (℃)

② 열역학 제1법칙 : 에너지 보존의 법칙이라고도 하며 기계적 일이 열로 변하거나, 열이 기계적 일로 변할 때 이들의 비는 일정한 관계가 성립된다.

㈎ 열과 일은 하나의 에너지이다.

㈏ 열은 일로, 일은 열로 전환할 수 있고, 전환 시에 열손실은 없다.

㈐ 에너지는 결코 생성되지 않고 존재가 없어질 수도 없다.

㈑ 한 형태로부터 다른 형태로 바뀐다.

㈒ 줄의 법칙이 성립된다.

  ㉮ SI 단위

$$Q = W$$

   여기서, Q : 열량(kJ) W : 일량(kJ)

   ※ SI 단위에서는 열과 일은 같은 단위(kJ)를 사용한다.

  ㉯ 공학단위

$$Q = A \cdot W$$

$$W = J \cdot Q$$

   여기서, Q : 열량(kcal), W : 일량(kgf·m), A : 일의 열당량$\left(\dfrac{1}{427} \text{kcal/kgf·m} \right)$

     J : 열의 일당량(427 kgf·m/kcal)

③ 열역학 제2법칙 : 열은 고온도의 물질로부터 저온도의 물질로 옮겨질 수 있지만, 그 자체는 저온도의 물질로부터 고온도의 물질로 옮겨갈 수 없다. 또 일이 열로 바뀌는 것은 쉽지만 반대로 열이 일로 바뀌는 것은 힘을 빌리지 않는 한 불가능한 일이다. 이와 같이 열역학 제2법칙은 에너지 변환의 방향성을 명시한 것으로 방향성의 법칙이라 한다.

  ㈎ 열역학 제2법칙의 표현

   ㉮ 클라우지우스(Clausius) 표현 : 열은 스스로 다른 물질에 아무런 변화도 주지 않고 저온 물질에서 고온 물체로 이동하지 않는다.

   ㉯ 켈빈 플랭크(Kelvin Plank) 표현 : 어떤 열원에서 열을 받고 방출하면서 열을 일로 변환할 수 없다.

   ㉰ 오스트발드(Ostwald) 표현 : 외부의 아무런 외력 없이 어떤 열원에서 열을 받아 이 전부를 외부에 아무런 변화 없이 일로 변환할 수 없다.

④ 열역학 제3법칙 : 어느 열기관에서나 절대온도 0도로 이루게 할 수 없다. 그러므로 100 %의 열효율을 가진 기관은 불가능하다.

(9) 비중, 밀도, 비체적

① 비중 : 기준이 되는 유체와 무게비를 말하며, 기체비중(공기와 비교), 액 비중(물과 비교), 고체비중이 있다.

  ㈎ 기체의 비중 : 표준상태(STP : 0℃, 1기압 상태)의 공기 일정부피당 질량과 같은 부피의 기체의 질량과의 비를 말한다.

$$\therefore \text{가스 비중} = \frac{\text{기체 분자량(질량)}}{\text{공기의 평균 분자량(29)}}$$

  ㈏ 액체의 비중 : 특정온도에 있어서 4℃ 순수한 물의 밀도에 대한 액체의 밀도비를 말한다.

$$\therefore \text{ 액체 비중} = \frac{t\,[\text{℃}] \text{ 물질의 밀도}}{4\text{℃ 물의 밀도}}$$

② 가스 밀도 : 가스의 단위체적당 질량

$$\therefore \text{ 가스의 밀도 (g/L, kg/m}^3) = \frac{\text{분자량}}{22.4}$$

③ 가스 비체적 : 단위질량당 체적으로 가스 밀도의 역수이다.

$$\therefore \text{ 가스의 비체적 (L/g, m}^3/\text{kg}) = \frac{22.4}{\text{분자량}} = \frac{1}{\text{밀도}}$$

3. 가스의 기초 법칙

(1) 화학의 기초

① 원자량과 분자량

　(가) 원자량 : 질량수 12인 탄소원자 (C^{12})를 기준으로 정하고 이것과 비교한 다른 원자의 상대적 질량값을 말한다.

　　※ 탄소 1 g 원자 = 탄소 12 g = 탄소원자 6.02×10^{23}개 (아보가드로의 수)

　(나) 분자량 : 분자를 구성하는 원자의 원자량의 합으로 표시한다.

　　㉮ 1원자 분자 : 1개의 원자로 이루어진 분자 (Ar, He, Ne 등)

　　㉯ 2원자 분자 : 2개의 원자로 이루어진 분자 (H_2, N_2, O_2, CO 등)

　　㉰ 3원자 분자 : 3개의 원자로 이루어진 분자 (O_3, H_2O, CO_2 등)

　(다) 원소기호 및 원자량, 분자량

호칭	수소	헬륨	탄소	질소	산소	나트륨	황	염소	아르곤
원소 기호	H	He	C	N	O	Na	S	Cl	Ar
원자량	1	4	12	14	16	23	32	35.5	40
분자 기호	H_2	He	C	N_2	O_2	Na	S	Cl_2	Ar
분자량	2	4	12	28	32	23	32	71	40

　　※ 공기의 평균분자량 계산 : 공기의 조성 (부피 %)이 질소 (N_2) : 78 %, 산소 (O_2) : 21 %, 아르곤 (Ar) : 1 %로 되어 있으므로

$$M = (28 \times 0.78) + (32 \times 0.21) + (40 \times 0.01) = 28.96 ≒ 29$$

　　즉, 공기 1 g-mol이 차지하는 질량은 약 29 g이고, 부피는 22.4 L이다.

② 아보가드로의 법칙 : 모든 기체 1 mol(1 g 분자)에는 표준상태 (0℃, 1기압)에서 22.4 L의 부피를 차지하며, 그 속에는 6.02×10^{23}개의 분자가 들어 있다.

　　※ 1 g 분자 = 1 g-mol = $\dfrac{\text{질량(W)}}{\text{분자량(M)}} = \dfrac{\text{체적(L)}}{22.4\,(\text{L})} = \dfrac{\text{분자수}}{6.02 \times 10^{23}}$

③ 화학식

   ⑺ 실험식 : 화합물 중의 분자조성을 가장 간단하게 표시한 식

   ⑷ 분자식 : 한 분자 속에 들어 있는 원자의 종류와 그 수로 표시된 식

   ⒟ 시성식 : 분자식에 들어 있는 기 (radical)의 결합 상태를 나타낸 식

   ⒠ 구조식 : 분자를 구성하는 원자의 결합 상태를 원자가와 같은 수의 결합선으로 나타낸 식

(2) 기체의 특성

① 보일의 법칙 : 일정온도 하에서 일정량의 기체가 차지하는 부피는 압력에 반비례한다.

$$P_1 \cdot V_1 = P_2 \cdot V_2$$

② 샤를의 법칙 : 일정압력 하에서 일정량의 기체가 차지하는 부피는 절대온도에 비례한다.

$$\frac{V_1}{T_1} = \frac{V_2}{T_2}$$

③ 보일·샤를의 법칙 : 일정량의 기체가 차지하는 부피는 압력에 반비례하고, 절대온도에 비례한다.

$$\frac{P_1 \cdot V_1}{T_1} = \frac{P_2 \cdot V_2}{T_2}$$

   여기서, P_1 : 변하기 전의 절대압력, P_2 : 변한 후의 절대압력

          V_1 : 변하기 전의 부피, V_2 : 변한 후의 부피

          T_1 : 변하기 전의 절대온도 (K), T_2 : 변한 후의 절대온도 (K)

④ 이상기체 (완전가스)

   ⑺ 이상기체의 성질

      ㉮ 보일-샤를의 법칙을 만족한다.

      ㉯ 아보가드로의 법칙에 따른다.

      ㉰ 내부에너지는 체적에 무관하며 온도에 의해서만 결정된다 (줄의 법칙이 성립한다).

      ㉱ 비열비는 온도에 관계없이 일정하다.

      ㉲ 기체의 분자력과 크기도 무시되며 분자 간의 충돌은 완전 탄성체이다.

   ⑷ 이상기체의 상태 방정식

      ㉮ SI 단위

$$PV = nRT, \qquad PV = \frac{W}{M}RT, \qquad PV = Z\frac{W}{M}RT$$

     여기서, P : 압력 (atm), V : 체적 (L), n : 몰 (mol)수

          R : 기체상수 (0.082 L · atm/mol · K), M : 분자량 (g)

          W : 질량 (g), T : 절대온도 (K), Z : 압축계수

$$PV = GRT$$

     여기서, P : 압력 (kPa · a), V : 체적 (m³), G : 질량 (kg)

         T : 절대온도 (K), R : 기체상수 $\left(\dfrac{8.314}{M} \text{ kJ/kg} \cdot \text{K} \right)$

      ㉯ 공학단위

$$PV = GRT$$

여기서, P : 압력 (kgf/m^2 · a), V : 체적 (m^3), G : 중량 (kgf)

T : 절대온도 (K), R : 기체상수 $\left(\dfrac{848}{M} \text{ kgf} \cdot \text{m/kg} \cdot \text{K} \right)$

(다) 실제기체 상태 방정식 (Van der Waals식)

　(가) 실제기체가 1 mol의 경우

$$\left(P + \frac{a}{V^2} \right)(V - b) = RT$$

　(나) 실제기체가 n [mol]의 경우

$$\left(P + \frac{n^2 \cdot a}{V^2} \right)(V - n \cdot b) = nRT$$

여기서, a : 기체분자 간의 인력 (atm · L^2/mol^2), b : 기체분자 자신이 차지하는 부피 (L/mol)

(라) 이상기체와 실제기체의 비교

구 분	이상기체	실제기체
분자의 크기	질량은 있으나 부피가 없다.	기체에 따라 다르다.
분자 간의 인력	없다.	있다.
고압, 저온	액화, 응고되지 않는다.	액화, 응고된다.
0 K (−273℃)	기체부피 0이다.	응고되어 고체로 된다.
보일·샤를의 법칙	완전히 적용된다.	근사적으로 적용된다.

(3) 혼합가스의 성질

① 돌턴의 분압법칙 : 혼합기체가 나타내는 전압은 각 성분기체 분압의 총합과 같다.

$$P = P_1 + P_2 + P_3 + \cdots\cdots + P_n$$

여기서, P : 전압, $P_1, P_2, P_3 \cdots\cdots P_n$: 각 성분기체의 분압

② 아메가의 분적법칙 : 혼합가스가 나타내는 전 부피는 같은 온도 압력 하에 있는 각 성분기체의 부피의 합과 같다.

$$V = V_1 + V_2 + V_3 + \cdots\cdots + V_n$$

여기서, V : 전 부피, $V_1, V_2, V_3 \cdots\cdots V_n$: 각 성분기체의 부피

③ 전압 계산

$$P = \frac{P_1 V_1 + P_2 V_2 + P_3 V_3 + \cdots\cdots + P_n V_n}{V}$$

여기서, P : 전압, V : 전 부피

$P_1, P_2, P_3 \cdots\cdots P_n$: 각 성분기체의 분압

$V_1, V_2, V_3 \cdots\cdots V_n$: 각 성분기체의 부피

④ 분압 계산

$$분압 = 전압 \times \frac{성분\ mol수}{전\ mol수} = 전압 \times \frac{성분\ 부피}{전\ 부피} = 전압 \times \frac{성분\ 분자수}{전\ 분자수}$$

⑤ 혼합가스의 조성 : 두 종류 이상의 기체가 혼합된 상태에서 각 성분기체의 혼합비를 표시한다.

(개) $mol\,(\%) = \dfrac{어느\ 성분기체의\ mol수}{가스\ 전체의\ mol수} \times 100$

(내) $용량\,(\%) = \dfrac{어느\ 성분기체의\ 용량}{가스\ 전체의\ 용량} \times 100$

(대) $중량\,(\%) = \dfrac{어느\ 성분기체의\ 중량}{가스\ 전체의\ 중량} \times 100$

⑥ 혼합가스의 확산속도 (그레이엄의 법칙) : 일정한 온도에서 기체의 확산속도는 기체의 분자량 (또는 밀도)의 평방근 (제곱근)에 반비례한다.

$$\frac{U_2}{U_1} = \sqrt{\frac{M_1}{M_2}} = \frac{t_1}{t_2}$$

여기서, U_1, U_2 : 1번 및 2번 기체의 확산속도

M_1, M_2 : 1번 및 2번 기체의 분자량

t_1, t_2 : 1번 및 2번 기체의 확산시간

⑦ 르샤틀리에의 법칙 (폭발한계 계산) : 폭발성 혼합가스의 폭발한계를 계산할 때 이용한다.

$$\frac{100}{L} = \frac{V_1}{L_1} + \frac{V_2}{L_2} + \frac{V_3}{L_3} + \frac{V_4}{L_4} + \cdots\cdots$$

여기서, L : 혼합가스의 폭발한계치

V_1, V_2, V_3, V_4 : 각 성분 체적(%)

L_1, L_2, L_3, L_4 : 각 성분 단독의 폭발한계치

예 상 문 제

문제 1. 고압가스 안전관리법의 적용을 받는 고압가스의 종류 및 범위에 대한 내용 중 옳은 것은? (단, 압력은 게이지 압력이다.)

㉮ 상용의 온도에서 압력이 1 MPa 이상이 되는 압축가스로서 실제로 그 압력이 1 MPa 이상이 되는 것 또는 섭씨 25도의 온도에서 압력이 1 MPa 이상이 되는 압축가스 (아세틸렌가스 제외)

㉯ 섭씨 34도의 온도에서 압력이 1 MPa를 초과하는 아세틸렌가스

㉰ 상용의 온도에서 압력이 0.1 MPa 이상이 되는 액화가스로서 실제로 그 압력이 0.1 MPa 이상이 되는 것 또는 압력이 0.1 MPa이 되는 액화가스

㉱ 섭씨 35도의 온도에서 압력이 0 Pa을 초과하는 액화가스 중 액화시안화수소, 액화브롬화메탄 및 액화산화에틸렌가스

해설 • 고압가스의 정의 : 고법 시행령 제2조에 의한 고압가스의 정의

① 상용의 온도, 35℃에서 압력이 1 MPa 이상의 압축가스

② 15℃ 온도에서 압력이 0 Pa 초과되는 아세틸렌가스

③ 상용의 온도에서 압력이 0.2 MPa 이상 되는 액화가스, 압력이 0.2 MPa이 되는 경우의 온도가 35℃ 이하인 액화가스

④ 35℃에서 압력이 0 Pa을 초과하는 액화시안화수소, 액화산화에틸렌, 액화브롬화메탄

문제 2. 고압가스를 상태에 따라 분류한 것이 아닌 것은?

㉮ 압축가스

㉯ 액화가스

㉰ 용해가스

㉱ 지연성 가스

해설 • 고압가스의 분류

① 상태에 따른 분류 : 압축가스, 액화가스, 용해가스

② 연소성에 따른 분류 : 가연성 가스, 지연성 가스, 불연성 가스

③ 독성에 의한 분류 : 독성가스, 비독성 가스

문제 3. 다음 중 압축가스가 아닌 것은?

㉮ 산소 ㉯ 메탄

㉰ 염소 ㉱ 일산화탄소

해설 • 압축가스의 종류 : 산소, 수소, 메탄, 질소, 일산화탄소, 헬륨, 네온, 아르곤

문제 4. 다음 가스 중 액화가스가 아닌 것은?

㉮ 프로판 ㉯ 시안화수소

㉰ 암모니아 ㉱ 메탄

해설 • 액화가스의 종류 : 프로판, 시안화수소, 프레온, 이산화탄소, 암모니아, 염소

문제 5. 다음 중 지연성 가스는?

㉮ 염소 ㉯ 황화수소

㉰ 암모니아 ㉱ 벤젠

해설 • 지연성 가스의 종류 : 공기, 산소, 염소, 불소, 아산화질소 (N_2O), 이산화질소 (NO_2)

문제 6. 가연성 가스의 정의로 옳게 설명된 것은?

㉮ 공기 중에서 연소할 수 있는 가스로서 폭발한계의 하한이 10 % 이하이거나, 상한과 하한의 차가 20 % 이상인 가스

㉯ 폭발한계의 하한이 10 % 이상인 것

㉰ 폭발한계의 상한이 20 % 이상인 것

㉱ 연소할 수 있는 가스로 폭발한계의 하한이 10 % 이상이거나, 상한과 하한의 차가 20 % 이하인 가스

해답 1. ㉱ 2. ㉱ 3. ㉰ 4. ㉱ 5. ㉮ 6. ㉮

문제 7. 다음 중 가연성 가스로만 이루어진 것은?

㉮ HCl, CH_4, CO, CS_2, H_2S

㉯ CH_4, CO, CS_2, H_2S, NH_3

㉰ CH_4, CO, SO_2, NH_3, NO

㉱ HCl, NO, SO_2, H_2S, CH_4

해설 • 가연성 가스의 종류 : 수소, 시안화수소, 아세틸렌, 프로판, 황화수소, 암모니아, 디메틸아민, 모노메틸아민, 벤젠, 트리메틸아민 등

문제 8. 다음 중 가연성 물질이 아닌 것은?

㉮ 메탄 　　　　 ㉯ 부틸렌

㉰ 사염화탄소 　 ㉱ 이황화탄소

해설 • 사염화탄소 (CCl_4) : 불연성 가스, 독성가스

문제 9. 다음 중 불연성 가스에 해당되는 것은?

㉮ 질소 　　　　 ㉯ 부탄

㉰ 수소 　　　　 ㉱ 일산화탄소

해설 ㉯, ㉰, ㉱ : 가연성 가스

문제 10. 다음 독성가스의 허용농도 (TLV-TWA)가 틀린 것은?

㉮ 일산화탄소 : 50 ppm

㉯ 시안화수소 : 20 ppm

㉰ 브롬화메탄 : 20 ppm

㉱ 암모니아 : 25 ppm

해설 • 시안화수소 (HCN) : TLV-TWA 10 ppm

문제 11. 다음 가스 중 독성가스만으로 열거한 것은 어느 것인가?

㉮ 암모니아, 염소, 포스겐, 수소, 메탄

㉯ 포스겐, 일산화탄소, 염소, 아세틸렌, 메탄

㉰ 포스겐, 이황화탄소, 염소, 암모니아

㉱ 암모니아, 염소, 석탄가스, 프로판, 일산화탄소

해설 • 독성가스의 종류 : 암모니아 (NH_3), 일산화탄소 (CO), 불소 (F_2), 염소 (Cl_2), 포스겐

($COCl_2$), 산화에틸렌 (C_2H_4O), 시안화수소 (HCN), 황화수소 (H_2S) 등

문제 12. 독성가스의 정의는 다음과 같다. 괄호 안에 알맞은 LC_{50} 값은?

> "독성가스"라 함은 공기 중에 일정량 이상 존재하는 경우 인체에 유해한 독성을 가진 가스로서 허용농도 (해당 가스를 성숙한 흰쥐 집단에게 대기 중에서 1시간 동안 계속하여 노출시킨 경우 14일 이내에 그 흰쥐의 2분의 1 이상이 죽게 되는 가스의 농도를 말한다)가 (　　) 이하인 것을 말한다.

㉮ 100만분의 2000 　 ㉯ 100만분의 3000

㉰ 100만분의 4000 　 ㉱ 100만분의 5000

해설 ① 독성가스의 정의 : 공기 중에 일정량 이상 존재하는 경우 인체에 유해한 독성을 가진 가스로서 허용농도가 100만분의 5000 이하인 것을 말한다.

② 허용농도 : 해당 가스를 성숙한 흰쥐 집단에게 대기 중에서 1시간 동안 계속하여 노출시킨 경우 14일 이내에 그 흰쥐의 2분의 1 이상이 죽게 되는 가스의 농도를 말한다.→ LC (치사농도 [致死濃度] 50 : lethal concentration 50)으로 표시

문제 13. 가연성 가스가 공기 또는 산소에 혼합되었을 때 폭발위험은?

㉮ 공기보다 산소에 혼합했을 때 폭발범위가 넓어진다.

㉯ 공기보다 산소에 혼합했을 때 폭발범위가 좁아진다.

㉰ 공기와 산소에 관계없이 일정하다.

㉱ 가스의 종류에 따라 그 범위가 넓어지는 경우도 있고, 좁아지는 경우도 있다.

해설 산소에 혼합되었을 때 하한보다 상한이 커진다.

문제 14. 다음 가스 중 공기 중에서 폭발범위가 가장 넓은 것은?

㉮ C_3H_8 　 ㉯ H_2 　 ㉰ C_2H_2 　 ㉱ C_4H_{10}

해답 7. ㉯ 　 8. ㉰ 　 9. ㉮ 　 10. ㉯ 　 11. ㉰ 　 12. ㉱ 　 13. ㉮ 　 14. ㉰

해설 • 각 가스의 폭발범위

가스 종류	폭발범위
C_3H_8 (프로판)	2.2~9.5 %
H_2 (수소)	4~75 %
C_2H_2 (아세틸렌)	2.5~81 %
C_4H_{10} (부탄)	1.9~8.5 %

[참고] 가연성 가스 중 폭발범위가 가장 넓은 것은 아세틸렌 (C_2H_2)이다.

문제 **15.** 다음의 가스 중 가연성이면서 독성이 아닌 것은?

㉮ NH_3 ㉯ CO ㉰ HCN ㉱ CH_4

해설 • 가연성 가스이면서 독성가스 : 아크릴로니트릴, 일산화탄소, 벤젠, 산화에틸렌, 모노메틸아민, 염화메탄, 브롬화메탄, 이황화탄소, 황화수소, 암모니아, 석탄가스, 시안화수소, 트리메틸아민

문제 **16.** 다음은 섭씨온도에 관한 설명이다. 맞는 것은?

㉮ 물의 끓는 점을 0도, 어는 점을 100도로 한 것이다.

㉯ 물의 끓는 점을 100도, 어는 점을 0도로 한 것이다.

㉰ 물의 끓는 점을 212도, 어는 점을 32도로 한 것이다.

㉱ 물의 끓는 점을 32도, 어는 점을 212도로 한 것이다.

해설 ㉰ 화씨온도(℉)에 대한 설명이다.

문제 **17.** 다음 온도 환산식 중 틀린 것은?

㉮ $℃ = \dfrac{5}{9}(℉ - 32)$

㉯ $℉ = \dfrac{9}{5}℃ + 32$

㉰ $K = t\,[℃] + 273$

㉱ $℉R = t\,[℃] + 460$

해설 ㉱ $℉R = t\,[℉] + 460$

문제 **18.** 온수의 온도가 60℃일 때 화씨온도(℉)는 얼마인가?

㉮ 110℉ ㉯ 120℉
㉰ 130℉ ㉱ 140℉

해설 $℉ = \dfrac{9}{5}℃ + 32 = \dfrac{9}{5} \times 60 + 32 = 140℉$

문제 **19.** 다음 중 섭씨온도(℃)의 눈금과 일치하는 화씨온도(℉)는?

㉮ 0 ㉯ −10 ㉰ −30 ㉱ −40

해설 $℉ = \dfrac{9}{5}℃ + 32$에서 ℉와 ℃가 같으므로 x로 놓으면 $x = \dfrac{9}{5}x + 32$가 된다.

$$\therefore x - \frac{9}{5}x = 32$$
$$x\left(1 - \frac{9}{5}\right) = 32$$
$$\therefore x = \frac{32}{1 - \dfrac{9}{5}} = -40$$

문제 **20.** 온수 온도 122℉를 섭씨온도로 환산해서 절대온도로 표시하면 몇 K인가?

㉮ 313 K ㉯ 323 K
㉰ 413 K ㉱ 423 K

해설 $℃ = \dfrac{5}{9}(℉ - 32)$
$= \dfrac{5}{9} \times (122 - 32) = 50℃$

$\therefore K = t\,[℃] + 273 = 50 + 273 = 323\,K$

또는 $K = \dfrac{t\,[℉] + 460}{1.8} = \dfrac{(122 + 460)}{1.8}$
$= 323.33\,K$

문제 **21.** 25℃는 몇 ℉R (Rankine)인가?

㉮ 77 ℉R ㉯ 298 ℉R
㉰ 537 ℉R ㉱ 485 ℉R

해설 $℉ = \dfrac{9}{5}℃ + 32 = \dfrac{9}{5} \times 25 + 32 = 77℉$

$\therefore ℉R = ℉ + 460 = 77 + 460 = 537\,℉R$

또는 $℉R = 1.8(t\,[℃] + 273) = 1.8 \times (25 + 273)$
$= 536.4\,℉R$

문제 **22.** 압력에 대한 정의로 옳게 설명된 것은?

㉮ 단위체적에 작용하는 힘의 합

대 단위면적에 작용되는 모멘트의 합

田 단위면적에 작용되는 힘의 합

래 단위길이에 작용되는 모멘트의 합

해설 • 압력의 단위 : kgf/cm^2

문제 23. 게이지 압력이란 어떤 압력을 기준으로 한 압력인가?

⑦ 대기압　　　　나 상용압력

대 절대압력　　　래 진공 상태

문제 24. 다음 중 1기압에 해당되지 않는 것은?

⑦ 1.013 bar　　　나 $1013 \times 10^3 \, dyn/cm^2$

대 1 torr　　　　래 29.9 inHg

해설 1 atm = 760 mmHg = 76 cmHg = 0.76 mHg
= 29.9 inHg = 760 torr
= 10332 kgf/m^2 = 1.0332 kgf/cm^2
= 10.332 mH_2O = 10332 mmH_2O
= 101325 N/m^2 = 101325 Pa
= 101.325 kPa = 0.101325 MPa
= 1013250 dyn/cm^2 = 1.01325 bar
= 1013.25 mbar = 14.7 lb/in^2
= 14.7 psi

문제 25. 다음 중 압력에 대한 SI 단위로 옳은 것은?

⑦ N/m^2　　　　나 N^2/m

대 $Nbar/m^2$　　　래 N/m

해설 N/m^2 = Pa (Pascal)

문제 26. 다음 압력과의 관계식이 맞는 것은?

⑦ 절대압력 = 게이지 압력 − 대기압

나 절대압력 = 대기압 + 게이지 압력

대 게이지 압력 = 절대압력 + 대기압

래 게이지 압력 = 대기압 − 절대압력

문제 27. 게이지 압력으로 10 kgf/cm^2은 절대압력으로 몇 atm인가?

⑦ 10.51 atm　　　나 11.01 atm

대 9.7 atm　　　래 10.67 atm

해설 절대압력 = 게이지 압력 + 대기압
$= \dfrac{10 + 1.0332}{1.0332} = 10.67 \, atm$

문제 28. 압력계의 눈금이 1.2 MPa을 나타내고 있으며, 대기압이 750 mmHg일 때 절대압력은 약 몇 kPa인가?

⑦ 1000　　나 1100　　대 1200　　래 1300

해설 절대압력 = 대기압 + 게이지 압력
$= \left(\dfrac{750}{760} \times 101.325 \right) + (1.2 \times 10^3)$
$= 1299.99 \, kPa$

문제 29. 다음 설명에서 잘못된 것은?

⑦ 대기압보다 낮은 압력을 진공 (vacuum)이라 한다.

나 절대압력 = 대기압 − 진공압력

대 진공도는 %로 표시하며 대기압은 100 %로 나타낸다.

래 절대압력 = 게이지 압력 + 대기압

해설 진공도(%) $= \dfrac{진공압력}{대기압} \times 100$
∴ 대기압은 진공도가 0 %이고, 완전진공은 진공도가 100 %이다.

문제 30. 진공압력이 720 mmHg이면 절대압력 (kgf/cm^2)으로는 얼마인가? (단, 대기압은 760 mmHg이다.)

⑦ 0.054　　　　나 0.54

대 0.035　　　　래 0.35

해설 절대압력 = 대기압 − 진공압
$\left(1 - \dfrac{720}{760} \right) \times 1.0332 = 0.054 \, kgf/cm^2$

문제 31. 대기압이 760 mmHg일 때 진공도가 90 %의 절대압력은 약 몇 kPa인가?

⑦ 10.13　　　　나 20.13

대 101.3　　　　래 203.3

해설 절대압력 = 대기압 − 진공압력
$= 101.325 - (101.325 \times 0.9) = 10.1325 \, kPa$
여기서 1 atm = 760 mmHg = 101.325 kPa이고,
진공도(%) $= \dfrac{진공압력}{대기압} \times 100$
∴ 진공압력 = 대기압 × 진공도

해답　23. ⑦　24. 대　25. ⑦　26. 나　27. 래　28. 래　29. 대　30. ⑦　31. ⑦

문제 **32.** 다음 중 가장 큰 압력은?

㉮ 1000 kgf/m^2　　㉯ 10 kgf/cm^2

㉰ 0.01 kgf/mm^2　　㉱ 수주 150 m

해설 각 압력을 kgf/cm^2으로 환산하여 비교

① $1000 \text{ kgf/m}^2 \rightarrow 1000 \times 10^{-4} = 0.1 \text{ kgf/cm}^2$

② 10 kgf/cm^2

③ $0.01 \text{ kgf/mm}^2 \rightarrow 0.01 \times 10^2 = 1 \text{ kgf/cm}^2$

④ 수주 150 m $\rightarrow \dfrac{150}{10.332} \times 1.0332$

$= 15 \text{ kgf/cm}^2$

문제 **33.** 1 PS를 환산한 값 중 틀린 것은?

㉮ $75 \text{ kgf} \cdot \text{m/s}$　　㉯ $102 \text{ kgf} \cdot \text{m/s}$

㉰ 632.2 kcal/h　　㉱ 0.735 kW

해설 • 동력

① $1 \text{ PS} = 75 \text{ kgf} \cdot \text{m/s} = 632.2 \text{ kcal/h}$

$= 0.735 \text{ kW} = 2664 \text{ kJ/h}$

② $1 \text{ kW} = 102 \text{ kgf} \cdot \text{m/s} = 860 \text{ kcal/h}$

$= 1.36 \text{ PS} = 3600 \text{ kJ/h}$

③ $1 \text{ HP} = 76 \text{ kgf} \cdot \text{m/s} = 640.75 \text{ kcal/h}$

$= 0.745 \text{ kW} = 2685 \text{ kJ/h}$

문제 **34.** 다음 열량 단위 설명 중 틀린 것은?

㉮ 1 kcal는 순수한 물 1 kg을 1℃ 상승시키는데 소요되는 열량이다.

㉯ 1 BTU는 순수한 물 1 lb를 1℉ 상승시키는데 소요되는 열량이다.

㉰ 1 BTU는 순수한 물 1 lb를 1℃ 상승시키는데 소요되는 열량이다.

㉱ 1 CHU는 순수한 물 1 lb를 1℃ 상승시키는데 소요되는 열량이다.

문제 **35.** 다음 비열 (specific heat)에 대한 설명 중 틀린 것은?

㉮ 어떤 물질 1 kg을 1℃ 변화시킬 수 있는 열량이다.

㉯ 일반적으로 금속은 비열이 작다.

㉰ 비열이 큰 물질일수록 온도의 변화가 쉽다.

㉱ 물의 비열은 약 1 kcal/kg·℃이다.

해설 현열식 $Q = G \cdot C \cdot (t_2 - t_1)$에서

$t_2 = \dfrac{Q}{G \cdot C} + t_1$이므로 비열 ($C$)이 크면 온도변화가 어렵다.

문제 **36.** 비열비는 다음과 같이 표시된다. 맞는 것은?

㉮ $\dfrac{\text{정압 비열}}{\text{비열}}$　　㉯ $\dfrac{\text{정압 비열}}{\text{비중}}$

㉰ $\dfrac{\text{정압 비열}}{\text{정적 비열}}$　　㉱ $\dfrac{\text{정적 비열}}{\text{정압 비열}}$

문제 **37.** 다음 정압비열(C_p)과 정적비열(C_v)의 관계에서 맞는 것은?

㉮ $C_p > C_v$　　　㉯ $C_p < C_v$

㉰ $C_p \geqq C_v$　　　㉱ $C_p \leqq C_v$

해설 $k = \dfrac{C_p}{C_v} > 1$ ($\because C_p > C_v$이므로)

문제 **38.** 가스의 비열에 관한 설명이다. 틀린 것은?

㉮ 정압비열 C_p는 일정압력 조건에서 측정한다.

㉯ 정적비열 C_v는 일정체적 조건에서 측정한다.

㉰ C_p / C_v를 비열비라 한다.

㉱ 정압비열 C_p는 정적비열 C_v보다 항상 적다.

해설 $k = \dfrac{C_p}{C_v} > 1$이기 때문에 정압비열 C_p는 정적비열 C_v보다 항상 크다.

문제 **39.** 물체의 상태 변화는 없이 온도 변화에 필요한 열은 무엇인가?

㉮ 감열　㉯ 비열　㉰ 잠열　㉱ 반응열

해설 ① 현열(감열) : 물질이 상태 변화는 없이 온도 변화에 총소요된 열량

② 잠열 : 물질이 온도 변화는 없이 상태 변화에 총소요된 열량

해답 **32.** ㉱　**33.** ㉯　**34.** ㉰　**35.** ㉰　**36.** ㉰　**37.** ㉮　**38.** ㉱　**39.** ㉮

문제 40. 어떤 물질 30 kg을 10℃에서 80℃까지 가열하는 데 소요되는 총열량은 얼마인가? (단, 비열은 0.8 kcal/kgf·℃이다.)

㉮ 1580 kcal   ㉯ 1680 kcal

㉰ 1920 kcal   ㉱ 2100 kcal

해설 $Q = G \cdot C \cdot \Delta t$

$\quad = 30 \times 0.8 \times (80 - 10) = 1680 \text{kcal}$

문제 41. 얼음의 융해잠열은 얼마인가?

㉮ 79.68 kcal/kgf   ㉯ 539 kcal/kgf

㉰ 100 kcal/kgf   ㉱ 639 kcal/kgf

해설 ① 얼음의 융해잠열 (물의 응고잠열) : 79.68 kcal/kgf

② 물의 증발잠열 (수증기의 응축잠열) : 539 kcal/kgf

문제 42. STP 상태 (0℃, 1기압)에서 물 20 kg을 100℃ 수증기로 변화시킬 때 소요되는 총열량 (kcal)은 얼마인가?

㉮ 10780   ㉯ 12780

㉰ 13780   ㉱ 14780

해설 ① 현열량 계산

$\quad Q_1 = G \cdot C \cdot \Delta t$

$\qquad = 20 \times 1 \times (100 - 0) = 2000 \text{ kcal}$

② 잠열량 계산

$\quad Q_2 = G \cdot \gamma = 20 \times 539 = 10780 \text{ kcal}$

③ 총열량 계산

$\quad Q = Q_1 + Q_2 = 2000 + 10780 = 12780 \text{ kcal}$

문제 43. 물체를 일정한 압력 하에서 온도를 변화시키는 데 필요한 열량에 해당되는 것은?

㉮ 내부에너지   ㉯ 엔탈피

㉰ 절대압력   ㉱ 잠열

해설 • 엔탈피 : 어떤 물체가 갖는 단위중량당 열량으로 내부에너지와 외부에너지의 합이다.

① SI 단위

$\quad h = U + P \cdot v$

여기서, h : 엔탈피 (kJ/kg)

$\qquad U$: 내부에너지 (kJ/kg), P : 압력 (kPa)

$\qquad v$: 비체적 (m³/kg)

② 공학단위

$\quad h = U + A \cdot P \cdot v$

여기서, h : 엔탈피 (kcal/kgf)

$\qquad U$: 내부에너지 (kcal/kgf)

$\qquad A$: 일의 열당량 $\left(\dfrac{1}{427} \text{ kcal/kgf} \cdot \text{m} \right)$

$\qquad P$: 압력 (kgf/m²)

$\qquad v$: 비체적 (m³/kgf)

문제 44. 다음 중 엔탈피 h의 정의식으로 맞는 것은? (단, U : 내부에너지, A : 일의 열당량, P : 압력, v : 비체적이다.)

㉮ $h = U - APv$ ㉯ $h = U + APv$

㉰ $h = U - \dfrac{Pv}{A}$ ㉱ $h = U + \dfrac{Pv}{A}$

문제 45. 내부에너지가 30 kcal 증가하고 압력의 변화가 1 atm에서 4 atm으로, 체적 변화는 3 m³에서 1 m³로 변화한 계의 엔탈피 증가량은 얼마인가?

㉮ 26.8 kcal   ㉯ 30.2 kcal

㉰ 44.6 kcal   ㉱ 53.4 kcal

해설 $h = U + APv = U + A(P_2 V_2 - P_1 V_1)$

$\quad = 30 + \dfrac{1}{427} \times (4 \times 10^4 \times 1 - 1 \times 10^4 \times 3)$

$\quad = 53.4 \text{ kcal}$

문제 46. 가스가 65 kcal의 열량을 흡수하여 10000 kgf·m의 일을 했다. 이때 가스의 내부에너지 증가는 얼마인가?

㉮ 32.4 kcal   ㉯ 38.7 kcal

㉰ 41.6 kcal   ㉱ 57.2 kcal

해설 $h = U + APv$에서 $u = h - APv$

$\quad \therefore u = h - APv = 65 - \dfrac{1}{427} \times 10000$

$\qquad = 41.58 \text{ kcal}$

문제 47. 엔트로피 (entropy) 증가란 엔탈피의 증가 상태에서 무엇으로 나눈 값인가?

㉮ 질량   ㉯ 절대압력

㉰ 절대온도   ㉱ 유속

해답 40. ㉯ 41. ㉮ 42. ㉯ 43. ㉯ 44. ㉯ 45. ㉱ 46. ㉰ 47. ㉰

해설 • 엔트로피 : 열역학 제2법칙에서 얻어진 상
태량(엔탈피)이며 그 상태량을 절대온도로
나눈 값이다.
① SI 단위

$$dS = \frac{dQ}{T} = U + \frac{P \cdot v}{T}$$

② 공학단위

$$dS = \frac{dQ}{T} = U + \frac{A \cdot P \cdot v}{T}$$

문제 **48.** 열의 평형과 관계되는 열역학 법칙은
어느 것인가 ?

㉮ 열역학 0법칙 ㉯ 열역학 1법칙
㉰ 열역학 2법칙 ㉱ 열역학 3법칙

해설 • 열역학 0법칙 : 열평형의 법칙

문제 **49.** 80℃의 물 500 kg에 30℃의 물
1000 kg을 혼합하면 물의 온도는 얼마나
되겠는가 ? (단, 열손실은 없다.)

㉮ 35℃   ㉯ 42.56℃
㉰ 46.67℃   ㉱ 52.57℃

해설 $t_m = \dfrac{G_1 \cdot C_1 \cdot t_1 + G_2 \cdot C_2 \cdot t_2}{G_1 \cdot C_1 + G_2 \cdot C_2}$

$= \dfrac{1000 \times 1 \times 30 + 500 \times 1 \times 80}{1000 \times 1 + 500 \times 1}$

$= 46.67℃$

문제 **50.** 에너지는 결코 생성될 수도 없어질
수도 없고 단지 형태의 변화라는 에너지
보존의 법칙은 ?

㉮ 열역학 제0법칙 ㉯ 열역학 제1법칙
㉰ 열역학 제2법칙 ㉱ 열역학 제3법칙

해설 • 열역학 제1법칙 : 에너지 보존의 법칙이
라고도 하며 기계적 일이 열로 변하거나 열
이 기계적 일로 변할 때 이들의 비는 일정한
관계가 성립된다.

문제 **51.** 가스의 비중에 대하여 바르게 기술
된 것은 ?

㉮ 비중의 크기는 kg/cm² 의 단위로 표시
한다.

㉯ 비중을 정하는 기준물체로 공기가 이용
된다.

㉰ 가스의 부력은 비중에 의해 정해지지
않는다.

㉱ 비중은 기구의 염구 (炎口)의 형에 의해
변화한다.

해설 • 기체의 비중 : 표준 상태 (STP : 0℃, 1기
압 상태)의 공기 일정 부피당 질량과 같은 부
피의 기체의 질량과의 비를 말한다.

$$가스 비중 = \frac{기체 분자량 (질량)}{공기의 평균 분자량 (29)}$$

문제 **52.** 다음 기체 가운데 표준 상태 (STP)에
서 밀도가 가장 큰 것은 ?

㉮ 부탄 (C_4H_{10}) ㉯ 이산화탄소 (CO_2)
㉰ 아황산가스 (SO_2) ㉱ 염소가스 (Cl_2)

해설 기체밀도 (g/L, kg/m³) $= \dfrac{분자량}{22.4}$ 이므로

① $C_4H_{10} = \dfrac{58}{22.5} = 2.59$ g/L

② $CO_2 = \dfrac{44}{22.4} = 1.96$ g/L

③ $SO_2 = \dfrac{64}{22.4} = 2.86$ g/L

④ $Cl_2 = \dfrac{71}{22.4} = 3.17$ g/L

문제 **53.** 온도가 일정한 경우 3 atm에서 6 L
이었던 기체가 9 atm일 때는 몇 L가 되겠
는가 ?

㉮ 18 ㉯ 6 ㉰ 4 ㉱ 2

해설 $P_1 V_1 = P_2 V_2$에서

$\therefore V_2 = \dfrac{P_1 V_1}{P_2} = \dfrac{3 \times 6}{9} = 2$ L

문제 **54.** 압력을 일정하게 유지하고, 온도를
상승시켰을 경우에 어느 것에 해당하는가 ?

㉮ 부피는 일정하다.
㉯ 부피는 감소한다.
㉰ 부피는 증가한다.

라 부피는 관계없다.

해설 • 샤를의 법칙 : 일정압력 하에서 일정량의 기체가 차지하는 부피는 절대온도에 비례한다.

$$\therefore \ \frac{V_1}{T_1} = \frac{V_2}{T_2}$$

문제 55. 36 Nm³의 기체가 있다. 압력을 1 kgf/cm², 온도를 273℃로 변화시켰을 때 체적은 얼마인가?

㉮ 18.1 m³   ㉯ 36.6 m³
㉰ 72 m³   ㉱ 35.6 m³

해설 $\dfrac{P_1 \cdot V_1}{T_1} = \dfrac{P_2 \cdot V_2}{T_2}$ 에서

$$V_2 = \frac{P_1 V_1 T_2}{P_2 T_1} = \frac{1.0332 \times 36 \times (273+273)}{(1+1.0332) \times 273}$$
$$= 36.58 \text{ m}^3$$

문제 56. 어느 용기를 20℃에서 80℃로 가열하면 압력은 몇 배로 높아지는가?

㉮ 4배   ㉯ 1.2배
㉰ 2배   ㉱ 변하지 않는다.

해설 $\dfrac{P_1 \cdot V_1}{T_1} = \dfrac{P_2 \cdot V_2}{T_2}$ 에서 $V_1 = V_2$ 이므로

$$\therefore P_2 = \frac{T_2}{T_1} \times P_1 = \frac{273+80}{273+20} \times P_1 = 1.2 P_1$$

문제 57. 이상기체의 내부에너지에 대한 줄의 법칙이 맞는 것은?

㉮ 내부에너지는 체적만의 함수이다.
㉯ 내부에너지는 압력만의 함수이다.
㉰ 내부에너지는 엔탈피만의 함수이다.
㉱ 내부에너지는 온도만의 함수이다.

해설 내부에너지는 체적에 무관하며, 온도에 의해서만 결정된다.

문제 58. 다음 중 일반 기체상수는?

㉮ 0.082 mol·K/L·atm
㉯ 0.082 L·atm/mol·K

㉰ 8.2 mol·K/L·atm
㉱ 8.2 L·atm/mol·K

해설 R = 0.082 L·atm/mol·K
    = 8.2×10⁻² L·atm/mol·K
    = 1.987 cal/mol·K = 8.314×10⁷ erg/mol·K
    = 8.314 J/mol·K

문제 59. 압축계수 Z는 이상기체 법칙 $PV = ZnRT$로 놓아서 정의된다. 다음 중 맞는 것은?

㉮ 이상기체의 경우 $Z=1$이다.
㉯ Z는 실제기체의 경우 1이다.
㉰ Z는 그 단위가 R의 역수이다.
㉱ 일반화시킨 환산변수로는 정의할 수 없으며 이상기체의 경우 $Z=0$이다.

해설 이상기체일 때는 $Z=1$이나, 실제기체는 1에서 벗어나고 압력이나 온도의 변화에 따라 변한다.

문제 60. 2 L의 고압용기에 암모니아가 510 g을 충전시켜 온도를 173℃까지 올리면 압력은? (단, 압축인자는 0.41이고, 이때의 암모니아 상태를 이상기체로 간주한다.)

㉮ 23 atm   ㉯ 325 atm
㉰ 20 atm   ㉱ 225 atm

해설 $PV = Z\dfrac{W}{M}RT$ 에서

$$\therefore P = \frac{ZWRT}{VM}$$
$$= \frac{0.41 \times 510 \times 0.082 \times (273+173)}{2 \times 17}$$
$$= 224.92 \text{ atm}$$

문제 61. 76 mmHg, 23℃에 있어서의 수증기 100 m³의 무게는 얼마인가? (단, 수증기는 이상기체이다.)

㉮ 0.747 kg   ㉯ 7.4 kg
㉰ 74 kg   ㉱ 740 kg

해설 $PV = \dfrac{W}{M}RT$ 에서

해답 55. ㉯   56. ㉯   57. ㉱   58. ㉯   59. ㉮   60. ㉱   61. ㉯

$$\therefore W = \frac{PVM}{RT} = \frac{\frac{76}{760} \times 100 \times 18}{0.082 \times (273 + 23)}$$
$$= 7.415\,kg$$

문제 62. 어떤 탱크 체적이 $0.5m^3$이고, 이때의 온도가 25℃이다. 탱크 내의 분자량 24인 이상기체 10 kg이 들어 있을 때 이 탱크의 압력 $(kgf/cm^2 \cdot g)$은 얼마인가? (단, 대기압은 $1.0332\,kgf/cm^2$이다.)

㉮ $19\,kgf/cm^2$ ㉯ $20\,kgf/cm^2$
㉰ $25\,kgf/cm^2$ ㉱ $27\,kgf/cm^2$

해설 $PV = GRT$에서

$$\therefore P = \frac{GRT}{V} = \frac{10 \times \frac{848}{24} \times (25 + 273)}{0.5 \times 10000}$$
$$= 21.0587\,kgf/cm^2 \cdot a - 1.0332$$
$$= 20.0255\,kgf/cm^2 \cdot g$$

문제 63. 실제기체에 대한 다음 설명 중 맞지 않는 것은?

㉮ 분자 간의 인력이 상당히 있으며 분자 부피가 존재한다.
㉯ 완전탄성체이다.
㉰ 압축인자가 압력이나 온도에 따라 변한다.
㉱ 압력이 낮고 온도가 높으면 이상기체에 가까워진다.

해설 • 완전탄성체 : 이상기체에 해당

문제 64. 실제기체가 어떤 상태일 때 이상기체의 상태 방정식을 만족하는가?

㉮ 온도가 높고 압력도 높을 때
㉯ 온도가 높고 압력이 낮을 때
㉰ 온도가 낮고 압력이 높을 때
㉱ 온도가 낮고 압력도 낮을 때

해설 이상기체의 상태 방정식 $PV = nRT$에서 온도가 높고, 압력이 낮을 때 가장 잘 적용된다.

문제 65. 질소 (N_2) 70 mol, 산소 (O_2) 50 mol

로 구성된 혼합가스가 용기에 $7\,kgf/cm^2$으로 충전되어 있다. 질소와 산소의 분압은?

㉮ $N_2 : 5\,kgf/cm^2$, $O_2 : 2\,kgf/cm^2$
㉯ $N_2 : 4\,kgf/cm^2$, $O_2 : 3\,kgf/cm^2$
㉰ $N_2 : 3\,kgf/cm^2$, $O_2 : 4\,kgf/cm^2$
㉱ $N_2 : 2\,kgf/cm^2$, $O_2 : 5\,kgf/cm^2$

해설 분압 $=$ 전압 $\times \dfrac{\text{성분몰수}}{\text{전몰수}}$

① $P(N_2) = 7 \times \dfrac{70}{70 + 50} = 4.083 ≒ 4\,kgf/cm^2$

② $P(O_2) = 7 \times \dfrac{50}{70 + 50} = 2.916 ≒ 3\,kgf/cm^2$

문제 66. 어떤 혼합가스가 산소 10 mol, 질소 10 mol, 메탄 5 mol을 포함하고 있다. 이 혼합가스의 비중은 얼마인가? (단, 공기의 평균 분자량은 29이다.)

㉮ 0.52   ㉯ 0.62   ㉰ 0.72   ㉱ 0.94

해설 • 혼합가스의 분자량 계산

$$M = 32 \times \frac{10}{25} + 28 \times \frac{10}{25} + 16 \times \frac{5}{25} = 27.2$$

$$\therefore \text{혼합가스의 비중} = \frac{M}{29} = \frac{27.2}{29} = 0.938$$

문제 67. 어떤 온도에서 압력 6.0 atm, 부피 125 L의 산소와 압력 8.0 atm, 부피 200 L의 질소가 있다. 두 기체를 부피 500 L의 용기에 넣으면 용기 내 혼합기체의 압력은 몇 atm인가?

㉮ 2.5 atm   ㉯ 3.6 atm
㉰ 4.7 atm   ㉱ 5.6 atm

해설 $P = \dfrac{P_1 V_1 + P_2 V_2}{V}$

$$= \frac{6 \times 125 + 8 \times 200}{500} = 4.7\,atm$$

문제 68. 다음 에너지에 대한 설명 중 틀린 것은?

㉮ 열역학 제0법칙은 열평형에 관한 법칙이다.

해답 62. ㉯   63. ㉯   64. ㉯   65. ㉯   66. ㉱   67. ㉰   68. ㉯

나 열역학 제1법칙은 열과 일 사이의 방향성을 제시한다.

다 이상기체를 정압 하에서 가열하면 체적은 증가하고 온도는 상승한다.

라 혼합기체의 압력은 각 성분의 분압의 합과 같다는 것은 돌턴의 법칙이다.

해설 열과 일 사이의 방향성(열 이동의 방향성)을 제시하는 것은 열역학 제2법칙이다.

문제 69. 수소 (H_2)와 산소 (O_2)가 동일한 조건에서 대기 중에 누출되었을 때 확산속도는 어떻게 되는가?

가 수소가 산소보다 16배 빠르다.

나 수소가 산소보다 4배 빠르다.

다 수소가 산소보다 16배 늦다.

라 수소가 산소보다 4배 늦다.

해설 $\dfrac{U_{H_2}}{U_{O_2}} = \sqrt{\dfrac{M_{O_2}}{M_{H_2}}}$ 에서

$$\therefore U_{H_2} = \sqrt{\dfrac{M_{O_2}}{M_{H_2}}} \times U_{O_2}$$

$$= \sqrt{\dfrac{32}{2}} \times U_{O_2} = 4U_{O_2}$$

∴ 수소(H_2)가 산소(O_2)보다 4배 빠르다.

문제 70. 프로판 65 vol%, 부탄 30 vol%, 에탄 5 vol%의 혼합가스의 공기 중에서 폭발범위를 표를 이용하여 계산하시오.

가스명칭	폭발한계(vol%)	
	하한계	상한계
C_2H_6	3.0	12.4
C_3H_8	2.1	9.5
C_4H_{10}	1.8	8.4

가 2.03~9.24 vol%

나 9.25~25.0 vol%

다 2.55~8.55 vol%

라 2.67~11.33 vol%

해설 $\dfrac{100}{L} = \dfrac{V_1}{L_1} + \dfrac{V_2}{L_2} + \dfrac{V_3}{L_3}$ 에서

① 폭발범위 하한값 계산

$$\therefore L_l = \dfrac{100}{\dfrac{5}{3.0} + \dfrac{65}{2.1} + \dfrac{30}{1.8}} = 2.03\%$$

② 폭발범위 상한값 계산

$$\therefore L_h = \dfrac{100}{\dfrac{5}{12.4} + \dfrac{65}{9.5} + \dfrac{30}{8.4}} = 9.24\%$$

문제 71. 프로판 : 4 v%, 메탄 : 16 v%, 공기 : 80 v%의 조성을 가지는 혼합기체의 폭발하한값은 얼마인가? (단, 프로판과 메탄의 폭발하한값은 각각 2.2, 5.0 v%이다.)

가 3.79 v%   **나** 3.99 v%

다 4.19 v%   **라** 4.39 v%

해설 $\dfrac{100}{L} = \dfrac{V_1}{L_1} + \dfrac{V_2}{L_2}$ 에서 가연성 가스가 차지하는 체적비율이 20%이므로 폭발하한값은 다음과 같다.

$$\therefore L = \dfrac{20}{\dfrac{4}{2.2} + \dfrac{16}{5}} = 3.985\%$$

문제 72. 부피로 Hexane 0.8 v%, Methane 2.0 v%, Ethylene 0.5 v%로 구성된 혼합가스의 LFL을 계산하면 얼마인가? (단, Hexane, Methane, Ethylene의 폭발 하한계는 각각 1.1 v%, 5.0 v%, 2.7 v%라고 한다.)

가 2.5 %   **나** 3.0 %   **다** 3.3 %   **라** 3.9 %

해설 $\dfrac{100}{L} = \dfrac{V_1}{L_1} + \dfrac{V_2}{L_2} + \dfrac{V_3}{L_3}$ 에서 가연성 가스가 차지하는 체적비율이 3.3%이므로 폭발하한값은 다음과 같다.

$$\therefore L = \dfrac{3.3}{\dfrac{0.8}{1.1} + \dfrac{2.0}{5.0} + \dfrac{0.5}{2.7}} = 2.514\%$$

제 2 장 고압가스의 제조 및 용도

1. 수소 (H₂)

(1) 특 징

① 물리적 성질

㈎ 무색 · 무취 · 무미의 가스이다.

㈏ 고온에서는 강재, 금속재료를 쉽게 투과한다.

㈐ 확산속도 (1.8 km/s)가 대단히 크다.

㈑ 열전도율이 대단히 크고, 열에 대하여 안정하다.

② 화학적 성질

㈎ 폭발범위가 넓다.

㉮ 공기 중 폭발범위 : 4～75 v%

㉯ 산소 중 폭발범위 : 4～94 v%

※ 폭발범위와 압력과의 관계 : 압력이 상승하면 폭발범위가 좁아지다가 10 atm 이상 상승하면 폭발범위가 다시 넓어지는 특징이 있다.

㈏ 폭굉속도는 1400～3500 m/s에 달한다.

㈐ 산소와 수소의 혼합가스를 연소시키면 2000℃ 이상의 고온도를 발생시킬 수 있다.

㈑ 수소폭명기 : 공기 중 산소와 체적비 2 : 1로 반응하여 물을 생성한다.

$2H_2 + O_2 \rightarrow 2H_2O + 136.6 \text{ kcal}$

㈒ 염소폭명기 : 수소와 염소의 혼합가스는 빛 (직사광선)과 접촉하면 심하게 반응한다.

$H_2 + Cl_2 \rightarrow 2HCl + 44 \text{ kcal}$

㈓ 고온 · 고압 하에서 질소와 반응하여 암모니아를 생성한다.

$N_2 + 3H_2 \rightarrow 2NH_3 + 23 \text{ kcal}$

㈔ 수소취성 : 고온 · 고압 하에서 강제 중의 탄소와 반응하여 탈탄작용을 일으킨다.

$Fe_3C + 2H_2 \rightarrow 3Fe + CH_4$

※ 수소취성 방지 원소 : 텅스텐 (W), 바나듐 (V), 몰리브덴 (Mo), 티타늄 (Ti), 크롬 (Cr)

수소의 성질

분 류	성 질	분 류	성 질
분 자 량	2.016	밀 도	0.0899 g/L
임계온도	−239.9℃	비 점	−252℃
임계압력	12.8 atm	자연발화온도	530℃

(2) 제조법

① 실험적 제조법

㈎ 아연이나 철에 묽은 황산(H_2SO_4)이나 묽은 염산(HCl)을 가한다.

㈏ 양쪽성 원소는 강 알칼리를 가해도 수소를 발생한다.

㈐ 이온화 경향이 큰 금속(K, Ca, Na)은 찬물과 격렬하게 반응하여 수소를 발생한다.

② 공업적 제조법

㈎ 물의 전기분해(水電解法)에 의하여 제조 : $2H_2O \rightarrow 2H_2 + O_2$

㈏ 수성 가스법(석탄, 코크스의 가스화) : 적열된 코크스에 수증기(H_2O)를 작용시켜 제조

$C + H_2O \rightarrow CO + H_2 - 31.4\ kcal$

㈐ 천연가스 분해법(CH_4 분해법)

㉮ 수증기 개질법 : $CH_4 + H_2O \rightarrow CO + 3\,H_2 - 49.3\ kcal$

㉯ 부분 산화법 : $2\,CH_4 + O_2 \rightarrow 2\,CO + 4\,H_2 + 17.4\ kcal$

㈑ 석유 분해법 : 수증기 개질법과 부분 산화법이 있다.

㈒ 일산화탄소 전화법 : $CO + H_2O \rightarrow CO_2 + H_2 + 9.8\ kcal$

(3) 용도

① 암모니아(NH_3), 염산(HCl), 메탄올(CH_3OH) 등의 합성원료로 사용

② 환원성을 이용한 금속 제련에 사용

③ 백금, 석영 등의 세공에 사용

④ 기구나 풍선의 부양용 가스로 사용

⑤ 연료전지의 연료나 로켓의 연료로 사용

2. 산소 (O_2)

(1) 특징

① 물리적 성질

㈎ 상온·상압에서 무색·무취이며 물에는 약간 녹는다.

(나) 공기 중에 약 21 vol% 함유하고 있다.

(다) 강력한 조연성 가스이나 그 자신은 연소하지 않는다.

(라) 액화산소 (액 비중 1.14)는 담청색을 나타낸다.

② 화학적 성질

(개) 화학적으로 활발한 원소로 모든 원소와 직접 화합하여 (할로겐 원소, 백금, 금 등의 귀금속 제외) 산화물을 만든다.

(내) 철, 구리 알루미늄선 또는 분말을 반응시키면 빛을 내면서 연소한다.

(대) 산소＋수소 불꽃은 2000～2500℃, 산소＋아세틸렌 불꽃은 3500～3800℃까지 오른다.

(래) 산소 또는 공기 중에서 무성방전을 행하면 오존 (O_3)이 된다.

③ 연소에 관한 성질

(개) 산소 농도나 분압이 높아질 때 나타나는 현상

㉮ 증가 (상승) : 연소속도, 화염온도, 발열량 증가, 폭발범위, 화염 길이

㉯ 감소 (저하) : 발화온도, 발화에너지

(내) 공기 중과 비교하여 폭발범위가 현저하게 넓어져 폭발의 위험성이 높아진다.

산소의 성질

분 류	성 질	분 류	성 질
분 자 량	32	비 점	−183℃
임계온도	−118.4℃	임계압력	50.1 atm

(2) 제조법

① 실험적 제조법

(개) 염소산칼륨 ($KClO_3$)에 이산화망간 (MnO_2)을 촉매로 하여 가열, 분리시킨다.

(내) 과산화수소 (H_2O_2)에 이산화망간 (MnO_2)을 가한다.

② 공업적 제조법

(개) 물의 전기분해에 의해 제조한다.

(내) 공기의 액화분리에 의해 제조한다.

③ 공기액화 분리장치에 의한 산소 제조 공정

(개) 공기여과기 : 먼지, 매연 등 원료 공기 중의 불순물을 제거한다.

(내) 이산화탄소 흡수탑 : 원료 공기 중 이산화탄소가 존재하면 저온장치 내에서 드라이아이스 (고체탄산)가 되어 밸브 및 배관을 폐쇄하므로 가성소다 (NaOH) 수용액을 이용하여 제거한다.

$$2NaOH + CO_2 \rightarrow Na_2CO_3 + H_2O$$

※ CO_2 1 g 제거에 가성소다 (NaOH) 1.818 g이 소요된다.

(대) 공기 압축기 : 고압식에서는 왕복동형 다단 압축기가, 저압식에서는 원심식 압축기가 사용된다.

(래) 중간 냉각기 : 압축기에서 압축된 공기를 냉각시킨다.

㉺ 유분리기 (油分離器) : 압축기에서 압축된 원료 공기 중에 혼입된 윤활유를 분리시킨다.
㉻ 건조기
  ㉮ 소다 건조기 : 입상의 가성소다를 이용하여 미량의 수분과 이산화탄소를 제거한다.
  ㉯ 겔 건조기 : 실리카 겔 (SiO_2), 활성알루미나 (Al_2O_3), 소바이드 등의 건조제를 사용하
    며, 수분은 제거하나 이산화탄소는 제거하지 못한다.
㉼ 팽창기 (膨脹機) : 압축기에서 압축된 고압의 공기를 저온도로 변화시켜 주는 것으로
  자유팽창에 의한 방법과 단열팽창에 의한 방법이 사용된다.
㉽ 열교환기 : 압축기에서 압축된 공기와 분리기에서 나오는 저온의 산소, 질소와 열교
  환하여 분리기로 가는 공기를 −140℃까지 냉각시킨다.
㉾ 정류탑 : 열교환기에서 냉각된 공기를 정류장치에서 산소와 질소의 비등점 차이에 의
  해 정류 분리되며, 단식 정류탑과 복식 정류탑이 있다.
㊀ 공기액화 분리장치의 폭발원인
  ㉮ 공기 취입구로부터 아세틸렌의 혼입
  ㉯ 압축기용 윤활유 분해에 따른 탄화수소의 생성
  ㉰ 공기 중 질소화합물 (NO, NO_2)의 혼입
  ㉱ 액체공기 중에 오존 (O_3)의 혼입
㊁ 폭발방지 대책
  ㉮ 장치 내 여과기를 설치한다.
  ㉯ 아세틸렌이 흡입되지 않는 장소에 공기 흡입구를 설치한다.
  ㉰ 양질의 압축기 윤활유를 사용한다.
  ㉱ 장치는 1년에 1회 정도 내부를 사염화탄소 (CCl_4)를 사용하여 세척한다.

(3) 용도

① 각종 화학공업, 야금 (冶金) 등에 대량으로 사용한다.
② 용기에 충전하여 철제 절단용으로 사용한다.
③ 가스용접 (산소 + 아세틸렌, 산소 + 프로판), 로켓 추진제, 액체산소 폭약 등에 사용한다.
④ 의료용으로 사용한다 (용기 도색 : 백색).

(4) 취급 시 주의사항

① 석유류, 유지류, 글리세린 (농후한 글리세린)은 산소 압축기 내부 윤활제로 사용해서는
  안 된다 (내부 윤활제 : 물 또는 10 % 이하의 묽은 글리세린수).
② 금유 (禁油)라 표시된 전용 압력계를 사용하고, 윤활유, 그리스 사용을 금지한다.
③ 밸브의 급격한 개폐 조작을 금지한다.
④ 기름 묻은 장갑 사용을 금지한다.
⑤ 인체에 대한 위해성
  ㉮ 산소 농도는 18~22 vol%를 유지한다.
  ㉯ 60 vol% 이상의 고농도 산소를 흡입하면 폐에 충혈을 일으키고 실명, 사망할 수 있다.

3. 질소 (N₂)

(1) 특징

① 물리적 성질

(가) 대기 중에 78 vol% 함유되어 있다.

(나) 무색·무취·무미의 기체이고, 액체나 고체 상태에서도 무색이다.

(다) 상온에서 대단히 안정된 가스이나, 고온에서는 금속과 반응한다.

② 화학적 성질

(가) 불연성 가스이고, 상온에서 다른 원소와 반응하지 않는다.

(나) 수소와 반응하여 암모니아를 생성한다.

(다) 고온에서 산소와 반응하여 질소산화물 (NO_x)을 만든다.

질소의 성질

분 류	성 질	분 류	성 질
분 자 량	28	비 점	−195.8℃
임계온도	−147℃	임계압력	33.5 atm

(2) 제조법

공기액화 분리장치에서 산소를 제조 시 회수한다.

(3) 용도

① 암모니아 합성용으로 가장 많이 사용한다.

② 암모니아로부터 질산, 비료, 염료 등을 제조한다.

③ 가연성 가스를 사용하는 장치 및 설비의 치환용 (purge) 가스로 사용된다.

④ 액체질소는 야채, 육류의 급속 냉동에 사용된다.

4. 희가스

(1) 특징

① 물리적 성질

(가) 주기율표 0족에 속하는 원소이다 (He, Ne, Ar, Kr, Xe, Rn).

(나) 상온에서 기체이고 불활성 기체이다.

(다) 공기 중에 미량 존재한다 (단, Rn은 제외).

② 화학적 성질

(가) 상온에서 무색·무취·무미의 기체이다.

(나) 화학적으로 불활성이므로 다른 원소와는 반응하지 않는다.

(다) 화학반응이 이루어지지 않기 때문에 화학분석에서는 검출되지 않는다.

(라) 희가스류는 단원자 분자이므로 분자량과 원자량이 같다.

(마) 방전관에 넣어서 방전시키면 각각 특이한 색의 발광을 낸다.

희가스류의 발광색

구 분	헬륨 (He)	네온 (Ne)	아르곤 (Ar)	크립톤 (Kr)	크세논 (Xe)	라돈 (Rn)
발광색	황백색	주황색	적색	녹자색	청자색	청록색

희가스류와 주요 성질

원소명	기 호	분자량	비 점(℃)	공기 중의 용적(v%)
헬륨	He	4.003	−269℃	0.0005
네온	Ne	20.18	−246℃	0.0018
아르곤	Ar	39.94	−185.9℃	0.93
크립톤	Kr	83.7	−152.9℃	0.0001
크세논	Xe	131.3	−107.1℃	0.00009
라돈	Rn	222	−65℃	−

(2) 제조법

① 아르곤(Ar) : 비점이 −186℃로 산소와 질소의 중간이고 공기 중에 0.93 vol% 함유하고 있으므로 공기액화 분리장치에서 별도의 시설을 갖추고 정제 아르곤을 회수한다.

② 헬륨(He) : 우라늄과 트륨을 함유한 방사선 광물을 진공 중에서 가열하여 얻을 수 있고, 헬륨을 함유한 천연가스에서 회수한다.

③ 네온(Ne) : 액화 아르곤을 정밀 증류하여 회수하는 방법을 사용한다.

(3) 용도

① 네온사인용 가스로 사용한다.

② 아르곤은 형광등의 방전관용 가스, 금속정련 및 열처리의 보호용 가스로 사용한다.

③ 헬륨은 수소 다음으로 가벼워 부양용 기구 등에 수소 대용으로 사용한다.

④ 헬륨, 아르곤은 가스 크로마토그래피 캐리어가스로 사용한다.

⑤ 액체 헬륨은 극저온의 물성 연구나 초전도 마그넷의 냉각에 사용한다.

5. 일산화탄소 (CO)

(1) 특징

① 물리적 성질

(개) 무색·무취의 가연성 가스이다.

(내) 독성이 강하고 (TLV-TWA 50 ppm), 불완전연소에 의한 중독사고가 발생될 위험이 있다.

② 화학적 성질

(개) 환원성이 강한 가스로 금속의 산화물을 환원시켜 단체금속을 생성한다.

(내) 철족의 금속 (Fe, Co, Ni)과 반응하여 금속카르보닐을 생성한다.

㉮ 고압에서 철 (Fe)과 반응하여 철-카르보닐 [Fe (CO)$_5$]을 생성한다.

$$Fe + 5CO \rightarrow Fe\,(CO)_5$$

㉯ 100℃ 이상에서 니켈 (Ni)과 반응하여 니켈-카르보닐을 생성한다.

$$Ni + 4CO \rightarrow Ni\,(CO)_4$$

㉰ 카르보닐 생성을 방지하기 위하여 장치 내면에 은 (Ag), 구리 (Cu), 알루미늄 (Al) 등을 라이닝하여 사용한다.

(대) 상온에서 염소와 반응하여 포스겐 (COCl$_2$)을 생성한다 (촉매 : 활성탄).

일산화탄소의 성질

분 류	성 질	분 류	성 질
분 자 량	28	비 점	-192℃
융 점	-205℃	폭발 범위	12.5~74 v%
임계온도	-140℃	허용농도	TLV-TWA 50 ppm
임계압력	34.5 atm		LC$_{50}$ 3760 ppm

(2) 제조법

① 실험적 제조법 : 의산 (개미산)에 농황산 (진한 황산)을 작용시켜 제조한다.

② 공업적 제조법

(개) 수성가스에서 회수한다.

(내) 목탄 (숯), 코크스를 불완전연소시켜 회수한다.

(3) 위험성

① 인체에 대한 위해성 : 일산화탄소를 흡입하면 혈액 속의 헤모글로빈과 결합하고 (그 친화력은 산소의 200~250배 정도) 호흡을 저해하여 중독 사고를 일으킨다.

② 연소성에 대한 특징

㈎ 압력 증가 시 폭발범위가 좁아지며, 공기 중 질소를 아르곤, 헬륨으로 치환하면 폭발
범위는 압력과 더불어 증대된다.

㈏ 공기와의 혼합가스 중 수증기가 존재하면 폭발범위는 압력과 더불어 증대된다.

(4) 용도

① 메탄올 (CH_3OH) 합성에 사용한다.

② 포스겐 ($COCl_2$)의 제조 원료에 사용한다.

③ 화학 공업용 원료에 사용한다.

④ 환원제에 사용한다.

6. 이산화탄소 (CO_2)

(1) 특징

① 물리적 성질

㈎ 건조한 공기 중에 약 0.03 vol% 존재한다.

㈏ 액화가스로 취급되며, 드라이아이스 (고체탄산)를 만들 수 있다.

② 화학적 성질

㈎ 무색·무취·무미의 불연성 가스이다.

㈏ 독성 (TLV-TWA 5000 ppm)이 없으나 88 % 이상인 곳에서는 질식의 위험이 있다.

㈐ 수분이 존재하면 탄산 (HCO_3)을 생성하여 강재를 부식시킨다.

㈑ 지구 온난화의 원인가스이다.

(2) 제조법

① 일산화탄소 전화법에 의한 수소제조 시 회수된다.

② 석회석 ($CaCO_3$)의 연소 시 생성된다.

③ 알코올 발효 시 부생물로 회수된다.

(3) 용도

① 요소제조 및 소다회 제조용으로 사용한다.

② 탄산염 (탄산마그네슘, 중탄산암모늄)의 제조, 정제용으로 사용한다.

③ 소화제 (消火劑)로 사용한다.

④ 청량음료 제조용으로 사용한다.

⑤ 드라이아이스는 물품 냉각용에 사용한다.

7. 염소 (Cl$_2$)

(1) 특 징

① 물리적 성질

  ㈎ 상온에서 황록색의 심한 자극성이 있다.

  ㈏ 비점 (-34.05℃)이 높고 상온에서 6~7기압의 압력을 가하면 쉽게 액화가 되며 액화 가스는 갈색이다 (충전용기 도색 : 갈색).

  ㈐ 조연성, 독성가스 (TLV-TWA 1 ppm)이다.

② 화학적 성질

  ㈎ 화학적으로 활성이 강하여 염화물을 만든다.

  ㈏ 건조한 상태에서는 강재에 대하여 부식성이 없으나, 수분이 존재하면 염산(HCl)이 생성되어 철을 심하게 부식시킨다.

  ㈐ 120℃ 이상이 되면 철과 직접 반응하여 부식이 진행된다.

  ㈑ 수소와 접촉 시 폭발한다 (염소 폭명기).

  ㈒ 메탄과 작용하여 염소 치환제를 만든다.

  $$CH_4 + Cl_2 \rightarrow CH_3Cl + HCl$$
  $$CH_3Cl + Cl_2 \rightarrow CH_2Cl_2 + HCl$$
  $$CH_2Cl_2 + Cl_2 \rightarrow CHCl_3 + HCl$$
  $$CHCl_3 + Cl_2 \rightarrow CCl_4 + HCl$$

  ㈓ 물에 녹으면 (용해) 염산과 차아염소산이 생성되고 차아염소산이 분해하여 생긴 발생기 산소에 의하여 살균, 표백작용을 한다.

  $$Cl_2 + H_2O \rightarrow HCl + HClO \ (차아염소산)$$
  $$HClO \rightarrow HCl + (O)$$

  ㈔ 암모니아와 접촉하면 백색연기 (白煙)가 발생하고, 이것으로 검출이 가능하다.

  ㈕ 염소와 아세틸렌이 접촉하면 자연발화의 가능성이 높다 (충전용기 혼합적재 금지).

염소의 성질

분 류	성 질	분 류	성 질
분 자 량	70.906	비 점	-34.05℃
임계온도	144℃	융 점	-101 ± 2℃
임계압력	76.1 atm	허용농도	TLV-TWA 1 ppm
액 비중	1.563		LC$_{50}$ 293 ppm

(2) 제조법

① 실험적 제조법

  ㈎ 소금물의 전기분해로 제조한다.

  ㈏ 소금물에 진한 황산과 이산화망간을 가하고 가열하여 제조한다.

(대) 표백분에 진한 염산을 가하여 제조한다.

(래) 염산에 이산화망간, 과망간산칼륨 등 산화제를 작용시켜 제조한다.

② 공업적 제조법

(개) 수은법에 의한 식염 (NaCl)의 전기분해 : 양극을 탄소, 음극을 수은으로 하여 생성된 나트륨 아밀감으로 하여 수은에 용해시키고 다른 탱크에 옮겨 물로 분해하여 가성소다와 수소를 생성하며 양극에서 염소를 발생시킨다.

(내) 격막법에 의한 식염의 전기분해 : 전기분해용 탱크의 양극을 아스베스토 등의 격막으로 하여 발생하는 염소가 음극에서 발생하는 수소와 혼합하지 않는다.

(대) 염산의 전기분해에 의하여 제조한다.

(3) 취급 시 주의사항

① 인체에 대한 위해성

(개) 독성이 매우 강하여 공기 중에서 30 ppm이면 심한 기침이 나오고, 40~60 ppm에서는 30분 내지 1시간 호흡하면 생명이 위험하다.

(내) 염소가 눈에 들어갔을 때는 3 % 붕산수로, 피부에 노출되었을 때에는 맑은 물로 씻어낸다.

② 강재에 대한 영향

(개) 물과 접촉 시 발생하는 염산 (HCl)이 강재를 부식시킨다.

(내) 염화비닐, 유리, 내산도기 등은 염산 취급에 적당한 재료이다.

③ 용기 취급 시 주의사항

(개) 충전용기, 저장탱크의 재료로 탄소강을 사용한다 (수분이 없을 때에는 부식성이 없다).

(내) 용기 밸브의 재질은 황동, 스핀들은 18-8 스테인리스강을 사용한다.

(대) 충전용기 안전장치는 가용전을 사용한다 (용융온도 : 65~68℃).

(4) 용도

① 염화수소 (HCl), 염화비닐 (C_2H_3Cl), 포스겐 ($COCl_2$) 제조에 사용된다.

② 종이, 펄프공업, 알루미늄 공업 등에 사용된다.

③ 수돗물의 살균에 사용된다.

④ 섬유의 표백에 사용한다.

8. 암모니아 (NH_3)

(1) 특징

① 물리적 성질

(개) 가연성 가스 (폭발범위 : 15~28 v%)이며, 독성가스 (TLV-TWA 25 ppm)이다.

(내) 물에 잘 녹는다 (상온 · 상압에서 물 1 cc에 대하여 800 cc가 용해).

(다) 액화가 쉽고 (비점 : −33.4℃), 증발잠열 (301.8 kcal/kg)이 커서 냉동기 냉매로 사용된다.

② 화학적 성질

(가) 동과 접촉 시 부식의 우려가 있다 (동 함유량 62 % 미만 사용 가능).

(나) 액체암모니아는 할로겐, 강산과 접촉하면 심하게 반응하여 폭발, 비산하는 경우가 있다.

(다) 염소 (Cl_2), 염화수소 (HCl), 황화수소 (H_2S)와 반응하면 백색연기가 발생한다.

(라) 산소 중에서 황색 불꽃을 발생하며 연소하고 질소와 물을 생성한다.

$$4NH_3 + 3O_2 \rightarrow 2N_2 + 6H_2O$$

(마) 금속이온 (구리, 아연, 은, 코발트)과 반응하여 착이온을 생성한다.

(바) 염소가 과잉 상태로 접촉하면 폭발성의 3염화질소 (NCl_3)를 만든다.

$$8NH_3 + 3Cl_2 \rightarrow N_2 + 6NH_4Cl$$

$$NH_4Cl + 3Cl_2 \rightarrow NCl_3 + 4HCl$$

(사) 상온에서는 안정하나 1000℃ 정도에서 분해하여 질소와 수소로 된다.

(아) 건조제로 염기성인 소다석회를 사용한다.

암모니아의 성질

분 류	성 질	분 류	성 질
분 자 량	17	비 점	−33.4℃
임계온도	132.3℃	폭발범위	15~28 %
임계압력	111.3 atm	허용농도	TLV−TWA 25 ppm
자기발화온도	630℃		LC_{50} 7338 ppm

(2) 제조법

① 실험적 제조법

(가) 진한 암모니아수 (28 %)를 가열하여 얻는다.

(나) 암모늄염에 강알칼리를 가해 제조한다.

② 공업적 제조법

(가) 석회질소법 : 석회질소 ($CaCN_2$)에 과열증기를 작용시켜 제조한다.

(나) 하버−보시법 (Haber−Bosch process) : 수소와 질소를 체적비 3 : 1로 반응시켜 제조한다.

  ㉮ 고압 합성법 (600~1000 kgf/cm^2) : 클라우드법, 카자레법

  ㉯ 중압 합성법 (300 kgf/cm^2) : IG법, 뉴파우더법, 뉴데법, 동공시법, JCI법, 케미크법

  ㉰ 저압 합성법 (150 kgf/cm^2) : 켈로그법, 구데법

(3) 취급 시 주의사항

① 인체에 대한 위해성

(가) 피부에 노출 시 피부점막을 자극하고, 조직심부까지 손상시킨다 (동상, 염증 유발).

  ※ 응급조치 방법 : 물로 세척 후 2 % 붕산수를 바른다. 또는 다량의 물로 세척 후 묽은 식초로 씻고 다시 물로 세척한다.

(내) 눈에 노출되면 점막, 결막을 자극하여 결막부종, 각막혼탁을 초래한다.

　※ 응급조치 방법 : 물로 세척 후 붕산수로 씻고 의사의 처치를 받는다.

(대) 액체를 마셨을 때 : 다량의 물로 희석하고 토하지 않게 한다. 우유 또는 계란 흰자를 대량으로 먹이고 위세척을 실시한 후 의사의 처치를 받는다.

② 부식성

(개) 동, 동합금, 알루미늄 합금에 심한 부식성이 있으므로 장치나 계기에는 동이나 황동 등을 사용할 수 없다 (동 함유량 62 % 미만 사용가능).

(내) 고온·고압 하에서 탄소강에 대하여 질화 및 탈탄 (수소취성) 작용이 있다.

(대) 고온·고압 하의 장치 재료는 18-8 스테인리스강, Ni-Cr-Mo 강을 사용한다.

(4) 용도

① 요소비료 원료로 사용 : 황산암모늄 [$(NH_4)_2SO_4$], 질산암모늄 [$(NH_4)_2CO_3$], 요소

② 소다회, 질산 제조용으로 사용

③ 냉동기 냉매로 사용한다.

9. 아세틸렌 (C_2H_2)

(1) 특징

① 물리적 성질

(개) 무색의 기체이고 불순물로 인한 특유의 냄새가 있다.

(내) 공기 중에서의 폭발범위가 가연성 가스 중 가장 넓다.

　※ 공기 중 : 2.5~81 v%,　산소 중 2.5~93 v%

(대) 액체 아세틸렌은 불안정하나 고체 아세틸렌은 비교적 안정하다.

(래) 15℃의 물 1 L에 1.1 L, 아세톤 1 L에 25 L 녹는다.

② 화학적 성질

(개) 동 (Cu), 은 (Ag), 수은 (Hg) 등의 금속과 접촉 반응하여 폭발성의 아세틸드 (아세틸라이드)가 생성된다 (동 및 동합금 사용 시 동 함유량 62 %를 초과하는 것을 사용하지 않는다).

(내) 아세틸렌을 접촉적으로 수소화 하면 에틸렌 (C_2H_4), 에탄 (C_2H_6)이 생성된다.

(대) 아세틸렌의 폭발성

㉮ 산화폭발 : 공기 중 산소와 반응하여 폭발을 일으킨다.

　$C_2H_2 + 2.5O_2 \rightarrow 2CO_2 + H_2O$

㉯ 분해폭발 : 가압, 충격에 의하여 탄소와 수소로 분해되면서 폭발을 일으킨다.

　$C_2H_2 \rightarrow 2C + H_2 + 54.2\ kcal$

　※ 흡열화합물이기 때문에 위험성이 크다.

㉰ 화합폭발 : 동 (Cu), 은 (Ag), 수은 (Hg) 등의 금속과 접촉 반응하여 폭발성의 아세틸드가 생성된다.

$$C_2H_2 + 2Cu \longrightarrow Cu_2C_2 + H_2$$

$$C_2H_2 + 2Ag \longrightarrow Ag_2C_2 + H_2$$

아세틸렌의 성질

분 류	성 질	분 류	성 질
분 자 량	26.04	비 점	$-75℃$
임계온도	36℃	융 점	$-84℃$
임계압력	61.7 atm	삼중점	$-81℃$
폭발범위 (산소 중)	2.5~93 v%	폭발범위 (공기 중)	2.5~81 v%

(2) 제조법

① 카바이드 (CaC₂)를 이용한 제조법 : 카바이드 (CaC₂)에 물 (H₂O)을 접촉시키면 아세틸렌이 발생한다.

$$CaC_2 + 2H_2O \rightarrow Ca(OH)_2 + C_2H_2$$

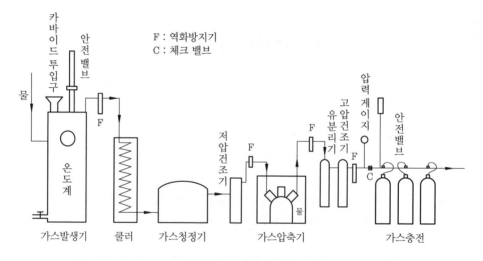

아세틸렌 제조 공정도

㈎ 가스 발생기 : 카바이드와 물이 반응하여 아세틸렌을 발생시킨다.

　㉮ 발생 방법에 의한 분류

　　ⓐ 주수식 : 카바이드에 물을 주입하는 방법 (불순가스 발생량이 많다)

　　ⓑ 침지식 : 물과 카바이드를 소량씩 접촉시키는 방법 (위험성이 크다)

　　ⓒ 투입식 : 물에 카바이드를 넣는 방법 (대량 생산에 적합하다)

　㉯ 발생 압력에 의한 분류

　　ⓐ 저압식 : 0.07 kgf/cm² 미만

　　ⓑ 중압식 : 0.07~1.3 kgf/cm²

　　ⓒ 고압식 : 1.3 kgf/cm² 이상

ⓒ 발생기의 최적온도 : 50~60℃, 발생기 표면온도는 70℃ 이하

(내) 쿨러 : 발생가스를 냉각하여 수분, 암모니아를 제거한다.

(대) 가스 청정기 : 발생가스의 불순물을 제거하는 것으로 청정제의 종류는 에퓨렌 (epurene), 카다리솔 (catalysol), 리가솔 (rigasol)를 사용한다.

(래) 저압 건조기 : 수분을 제거하여 아세틸렌과 함께 압축되는 것을 방지한다.

(매) 아세틸렌 압축기

ⓐ 100 rpm 전후의 저속 왕복 압축기를 사용한다.

ⓑ 압축기는 수중에서 작동시킨다.

ⓒ 냉각수의 온도는 20℃ 이하로 유지한다.

ⓓ 충전 시에는 온도와 관계없이 2.5 MPa 이하로 유지한다.

　　※ 2.5 MPa 이상으로 압축 시 희석제 첨가 → 질소 (N_2), 메탄 (CH_4), 일산화탄소 (CO), 에틸렌 (C_2H_4), 수소 (H_2), 프로판 (C_3H_8), 이산화탄소 (CO_2) 등

ⓔ 압축기 내부 윤활유 : 양질의 광유 (디젤 엔진유)

(배) 유분리기 : 압축된 가스 중의 윤활유 (오일)을 분리한다.

(새) 고압 건조기 : 압축가스 중의 수분을 제거 [건조제 : 염화칼슘 ($CaCl_2$)]

(애) 역화 방지기 : 고압 건조기와 충전용 교체밸브 사이 배관에 설치

② 탄화수소에서 제조 : 메탄, 나프타를 열분해 시 얻어진다.

(3) 충전 작업

① 용제 및 다공물질 충전

(개) 용제 : 아세톤 [$(CH_3)_2CO$], DMF (디메틸 포름아미드)

(내) 다공물질

ⓐ 다공물질을 충전하는 이유 : 분해폭발 방지

ⓑ 종류 : 규조토, 석면, 목탄, 석회, 산화철, 탄산마그네슘, 다공성 플라스틱 등

ⓒ 다공도 계산식

$$다공도(\%) = \frac{V - E}{V} \times 100$$

　여기서, V : 다공물질의 용적 (m^3)　　E : 아세톤의 침윤 잔용적 (m^3)

ⓓ 다공도 기준 : 75~92 % 미만

ⓔ 다공물질의 구비조건

　ⓐ 고다공도일 것　　　　　　ⓑ 기계적 강도가 클 것

　ⓒ 가스충전이 쉬울 것　　　　ⓓ 안전성이 있을 것

　ⓔ 화학적으로 안정할 것　　　ⓕ 경제적일 것

② 충전 작업 시 주의사항

(개) 충전 중 압력은 2.5 MPa 이하로 할 것

(내) 충전 후 24시간 정치 할 것

(대) 충전 후 압력은 15℃에서 1.5 MPa 이하로 할 것

(래) 충전은 서서히 2~3회에 걸쳐 충전할 것

(마) 충전 전에 빈 용기는 음향검사를 실시할 것

(바) 아세틸렌이 접촉하는 부분에는 동 및 동 함유량 62 %를 초과하는 것을 사용하지 않는다.

(사) 충전용 지관은 탄소함유량 0.1 % 이하의 강을 사용할 것

(4) 용도

① 가스용접, 금속의 절단 작업에 사용

② 카본블랙은 전지용 전극에 사용

③ 의약, 향료, 파인케미컬의 합성에 사용

10. 메탄 (CH_4)

(1) 특징

① 물리적 성질

(가) 파라핀계 탄화수소로 안정된 가스이다.

(나) 천연가스 (NG)의 주성분이다.

(다) 무색 · 무취 · 무미의 가연성 기체이다 (폭발범위 : 5~15 v%).

(라) 유기물의 부패나 분해 시 발생한다.

(마) 메탄의 분자는 무극성이고, 수 (水)분자와 결합하는 성질이 없어 용해도는 적다.

② 화학적 성질

(가) 공기 중에서 연소가 쉽고 화염은 담청색의 빛을 발한다.

(나) 염소와 반응하면 염소화합물이 생성된다.

(다) 고온에서 산소, 수증기와 반응시키면 일산화탄소와 수소를 생성한다 (촉매 : 니켈).

메탄의 성질

분 류	성 질	분 류	성 질
분 자 량	16.04	비 점	−161.5℃
임계온도	−82.1℃	융 점	−182.4℃
임계압력	45.8 atm	폭발범위	5~15 %

(2) 제조법

천연가스, 석유분해 가스에 포함되어 있다.

(3) 용도

① 연료용 가스로 사용

② 합성원료 가스 제조에 사용

③ 불완전연소나 열분해에 의해 카본블랙을 제조한다.

【참 고】 **가스 하이드레이트 (gas hydrate)**

　　가스는 기체 상태로 존재하지만 온도를 저온으로 내리고 압력을 고압으로 올리면 물은 얼음이 된다. 이 때의 기체는 물 입자가 만든 고체의 격자 속에 가스가 조립된 결합체로 존재하는 것을 가스 하이드레이트 (gas hydrate)라 하며 그 속에 조립된 결합체가 메탄일 경우 메탄 하이드레이트라 한다. 보통 천연가스는 땅속의 높은 온도로 인하여 기체 상태로 존재하지만 알래스카나 시베리아와 같은 극지방과 수심 300~1000 m 정도의 심해저에서 30기압 이상의 압력과 0℃ 이하로 온도가 내려가면 천연가스가 얼음과 같은 고체 상태로 변하게 되며 이것이 차세대 대체연료로 주목받고 있다. 울릉도와 독도 주변해역에 많은 양의 메탄 하이드레이트가 매장된 것으로 알려져 있다.

11. 시안화수소 (HCN)

(1) 특 징

① 물리적 성질

(가) 독성가스 (TLV-TWA 10 ppm)이며, 가연성 가스 (6~41 v%)이다.

(나) 액체는 무색 · 투명하고 감 · 복숭아 냄새가 난다.

(다) 액화가 용이하여 (비점 25.7℃) 액화가스로 취급된다.

② 화학적 성질

(가) 소량의 수분 존재 시 중합폭발을 일으킬 우려가 있다.

(나) 알칼리성 물질 (암모니아, 소다)을 함유하면 중합이 촉진된다.

(다) 중합폭발을 방지하기 위하여 안정제를 사용한다 (황산, 아황산가스, 동, 동망, 염화칼슘, 인산, 오산화인).

(라) 물에 잘 용해하고 약산성을 나타낸다.

(마) 화재 시 건축내장재 (우레탄폼)에서 발생량이 많아 치사량이 높아진다.

시안화수소의 성질

분 류	성 질	분 류	성 질
분 자 량	27.03	비 점	25.7℃
임계온도	183.5℃	폭발범위	6~41 %
임계압력	53.2 atm	허용농도	TLV-TWA 10 ppm
인 화 점	-18℃		LC_{50} 140 ppm

(2) 제조법

① 앤드루소법 : 암모니아, 메탄에 공기를 가하고 10 %의 로듐을 함유한 백금촉매를 1000~1100℃로 통하면 시안화수소를 함유한 가스를 얻고 이것을 분리, 정제하여 제조한다.

② 포름아미드법 : 일산화탄소와 암모니아에서 포름아미드를 거쳐 시안화수소를 제조한다.

(3) 취급 시 주의사항

① 인체에 대한 위해성 : 시안화수소는 흡입은 물론 피부에 접촉하여도 인체에 흡수되어 치명상을 입는다.

⑺ 흡입 : 호흡기 자극, 눈물, 화상, 어지럼증, 심장 두근거림, 호흡곤란, 빈혈 등 발생

㉮ 20 ppm 이하 : 두통, 어지럼증, 구토

㉯ 50 ppm 이상 : 호흡곤란, 심장 두근거림, 마비, 의식불명, 호흡정지, 사망

㉰ 135 ppm : 30분 노출 시 사망

㉱ 275 ppm : 즉사 (심각하게 가스에 노출되었을 경우, 즉시 사망할 수도 있음)

⑻ 눈 : 순간적으로 흡수되어 눈을 자극한다.

② 충전 용기 취급 시 주의사항

⑺ 충전 후 24시간 정치하고, 충전 후 60일이 경과되기 전에 다른 용기에 옮겨 충전할 것 (단, 순도가 98 % 이상이고 착색되지 않은 것은 제외)

⑻ 순도 98 % 이상 유지하고, 1일 1회 이상 질산구리 벤젠지를 사용하여 누출검사를 실시한다.

⑼ 용기는 서늘하고 건조한 곳에 보관하고 날씨 및 온도변화로부터 보호하여야 한다.

(4) 용 도

① 메탈크릴산메틸 (MMA)의 제조 : 살충제의 원료

② 염화시아놀의 제조 : 염료나 제초제의 원료

③ 아크릴로니트릴 (CH_2CHCN)의 원료에 사용한다.

④ 황산, 시안화칼륨, 시안화나트륨, 시안화칼슘의 제조에 사용한다.

⑤ 화학무기로 사용한다.

12. 포스겐 ($COCl_2$)

(1) 특 징

① 물리적 성질

⑺ 일명 염화카르보닐이라 하며, 자극적인 냄새 (푸른 풀 냄새)가 난다.

⑻ 허용농도가 TLV-TWA 0.1 ppm으로 맹독성 가스이다.

⑼ 무색의 액체이나 시판 중인 제품은 담황록색이다.

⑽ 사염화탄소 (CCl_4)에 잘 녹는다.

② 화학적 성질

⑺ 활성탄을 촉매로 일산화탄소와 염소를 반응시켜 제조한다.

⑻ 가열하면 일산화탄소와 염소로 분해된다.

⑼ 가수분해하여 이산화탄소와 염산이 생성된다.

(라) 건조 상태에서는 금속의 부식이 없으나 수분이 존재하면 금속을 부식시키며, 알칼리, 고무, 코팅제와 격렬히 반응한다.

(마) 건조제로 진한 황산을 사용한다.

(바) 50 ppm 이상 존재하는 공기를 흡입하면 30분 이내에 사망한다.

포스겐의 성질

분 류	성 질	분 류	성 질
분 자 량	98.92	비 점	8.2℃
임계온도	182℃	융 점	−128℃
임계압력	56 atm	허용농도	TLV−TWA 0.1 ppm
액 비중	1.4		LC$_{50}$ 5 ppm

(2) 제조법

일산화탄소와 염소를 활성탄 촉매로 하여 제조한다.

(3) 인체에 대한 위해성

① 다량에 노출 시 눈, 피부, 점막, 호흡기 등에 심각한 자극 및 화상이 발생한다.

(가) 흡입 : 입, 목구멍, 눈, 눈물, 기침, 호흡곤란을 즉시 느끼며 신속히 치료를 받지 않을 경우 폐 손상, 사망에 이른다.

(나) 피부 : 심각한 화상 및 동상을 유발한다.

(다) 눈 : 3~5 ppm에 노출 시 자극을 느끼며 영구손상을 입을 수도 있다. 가스보다 액체에 접촉될 경우 더욱 위험하다.

② 섭취 : 소화기 계통에 심각한 영구손상을 입힌다.

(4) 용도

① 염료 및 염료중간체의 제조, 접착제, 도료 등의 원료로 사용한다.

② 의약품, 농약, 가스제를 제조하는 원료로 사용한다.

③ 화학무기로 사용할 수 있다.

13. 산화에틸렌 (C_2H_4O)

(1) 특징

① 물리적 성질

(가) 무색의 가연성 가스이다 (폭발범위 : 3~80 v%).

(나) 독성가스 (TLV−TWA 50 ppm)이며, 자극성의 냄새가 있다.

(대) 물, 알코올, 에테르에 용해된다.

② 화학적 성질

(가) 산, 알칼리, 산화철, 산화알루미늄 등에 의해 중합 폭발한다.

(나) 액체 산화에틸렌은 연소하기 쉬우나 폭약과 같은 폭발은 없다.

(다) 산화에틸렌 증기는 전기 스파크, 화염, 아세틸드 등에 의하여 폭발한다.

(라) 구리와 직접 접촉을 피하여야 한다.

산화에틸렌의 성질

분 류	성 질	분 류	성 질
분 자 량	44.05	비 점	10.44℃
임계온도	195.8℃	폭발범위	3.0~80 %
임계압력	70.95 atm	허용농도	TLV-TWA 50 ppm
인 화 점	−18℃		LC$_{50}$ 2900 ppm

(2) 제조법

① 에틸렌크롤히드린을 경유하는 방법

② 에틸렌을 직접 산화하는 공업적 제조법 : 현재 공업적 제조법으로 이용한다.

(3) 충전 시 주의사항

① 저장탱크 : 질소, 탄산가스로 치환, 5℃ 이하 유지

② 충전 : 산, 알칼리를 함유하지 않는 상태로 충전

③ 저장탱크 및 충전용기 : 45℃에서 압력이 0.4 MPa 이상 되도록 질소, 탄산가스 충전

(4) 용도

① 글리콜류, 에탄올아민 등 각종 화학공업 합성원료로 사용된다.

② 합성수지, 표면활성제, 합성섬유 등에 사용된다.

14. 황화수소 (H_2S)

(1) 특징

① 물리적 성질

(가) 화산 분출 시 발생하는 가스이며 유황온천의 물에 녹아 용출한다.

(나) 무색이며 계란 썩는 특유의 냄새가 난다.

(다) 독성가스 (TLV-TWA 10 ppm)이며 가연성 가스 (폭발범위 : 4.3~45 v%)이다.

(라) 액화가스로 취급된다.

② 화학적 성질

㈎ 공기 중에서 파란 불꽃을 발생하며 연소하고 불완전연소 시에는 황을 유리시킨다.

㉮ 완전연소 반응식 : $2H_2S + 3O_2 \rightarrow 2H_2O + 2SO_2$

㉯ 불완전연소 반응식 : $2H_2S + O_2 \rightarrow 2H_2O + 2S$

㈏ 건조한 상태에서는 부식성이 없으나 수분을 함유하면 금속을 심하게 부식시킨다.

㈐ 가열 시 격렬한 연소 또는 폭발을 일으키며, 알칼리 금속 및 일부 플라스틱과 반응한다.

황화수소의 성질

분 류	성 질	분 류	성 질
분 자 량	34	비 점	$-61.8℃$
임계온도	100.4℃	폭발범위	4.3~45 %
임계압력	88.9 atm	허용농도	TLV-TWA 10 ppm
자연발화온도	260℃		LC_{50} 444 ppm

(2) 제조법

① 황화철에 묽은 황산이나 묽은 염산을 가해 제조한다.
② 합성가스 제조 시 정제공정 중의 탈황장치에서 회수한다.

(3) 용도

① 금속 분석용이나 형광물질의 원료 등에 사용
② 의약품이나 공업약품 제조 원료로 사용

15. 기타 가스

(1) 이황화탄소 (CS_2)

① 가연성 가스 (폭발범위 : 1.25~44 v%), 독성가스 (TLV-TWA 20 ppm)이며 액화가스이다.
② 인화점 (−30℃)과 발화점 (100℃)이 낮아 전구표면이나 증기배관에 접촉하여도 발화할 수 있다.
③ 비전도성이므로 정전기에 의한 인화 폭발의 위험이 있다.
④ 비교적 불안정하여 상온에서 빛에 의해 서서히 분해된다.
⑤ 순수한 것은 금속재료를 부식시켜서 점차 분해하여 유황화합물이 생성되고 이것이 2차적으로 부식성이 발생하고 온도의 상승과 함께 부식성이 증가한다.

(2) 이산화황 (SO_2)

① 아황산가스라 불리며, 강한 자극성 (TLV-TWA 5 ppm)의 무색의 기체이다.

② 불연성 가스로 2000℃로 가열해도 분해하지 않는 안정된 가스이다.

③ 물에 용해되며 (20℃에서 36배) 산성을 나타낸다.

④ 황산 (H_2SO_4)의 제조용에 사용되며 제당, 펄프공업에서 표백제로 사용된다.

(3) 염화메틸 (CH_3Cl)

① 상온·고압에서 무색의 기체이며 에테르 냄새와 단맛이 있다.

② 냉동기 냉매로 사용되었으나 현재는 사용량이 감소하였다.

③ 건조된 염화메틸은 알칼리, 알칼리 토금속, 마그네슘, 아연, 알루미늄 이외의 금속과는 반응하지 않는다.

④ 가연성 가스 (폭발범위 : 8.1~17.4 v%), 독성가스 (TLV-TWA 50 ppm)이다.

(4) 브롬화메틸 (CH_3Br)

① 무색의 에테르취가 있는 가연성 가스 (폭발범위 : 10~16 vol%)이다.

② 독성가스 (TLV-TWA 5 ppm, LC_{50} 850 ppm)이며, 액화가스로 취급된다.

③ 알루미늄, 아연, 마그네슘, 알칼리금속 및 그 금속의 합금과 격렬히 반응한다.

④ 강산화제, 물과의 반응성은 낮은 상태이다.

⑤ 잘 연소하지는 않지만 심하게 착화시키면 좁은 범위에서 화염이 전파된다.

⑥ 해충의 살충제 (훈증제), 소화약제, 냉매 및 다양한 물질의 합성원료로 사용한다.

16. 공업용 가스의 정제

(1) 일산화탄소의 제거

① 동액 세정법 : 300 kgf/cm², 15~25℃에서 동–암모니아 용액으로 세정하고 다시 암모니아 수로 세정하면 CO는 15 ppm 이하까지 제거되나 부식이 발생하고, 물의 오염이 발생하는 등의 문제가 있다.

② 메탄화법 : 니켈계 촉매를 사용하여 암모니아 합성 촉매에 무독한 메탄으로 변화시키는 방법으로 CO + CO_2의 농도를 10 ppm 이하로 할 수 있다.

③ 액체질소 세법 : 원료가스 중에 H_2O, CO_2를 완전 제거하여 CO 및 메탄을 함유한 가스를 –180℃까지 냉각시키고, 메탄을 액화시켜 제거하고, 다시 –200℃ 정도까지 냉각시켜 액체질소로 세정함으로써 CO를 약 3 ppm 정도까지 제거한다.

(2) 이산화탄소의 제거

① 고압수 세정법 : 20~30 kgf/cm² 정도로 가압한 물로 세정하는 방법으로 이산화탄소의 회수율이 다른 방법에 비해 떨어지며 수소의 손실이 따른다.

② 암모니아수 흡수법 : 암모니아수를 사용하여 이산화탄소를 흡수하고 가열하여 회수하는 방법으로 CO_2 회수는 거의 완전하며 순도가 높은 특징을 갖는다.

③ 열탄산칼리법 : $20 \sim 30 \, kgf/cm^2$ 정도로 가압한 상태에서 열탄산칼리 $(110 \,℃)$를 사용하여 CO_2를 회수하는 방법으로 흡수속도가 빠르고 순환액량이 적으며 열적으로도 유리하고 CO, S, H_2S도 동시에 제거할 수 있다.

④ 알킬 아민법 : 에타놀아민 수용액에 의한 회수로 미량의 CO_2를 제거하는데 적합하며 일반적으로 열탄산칼리법 뒤쪽에 설치하여 사용한다.

⑤ 알카티드법 : 알카티드 용액이 $50 \sim 60 \,℃$에서 CO_2를 흡입하고 가열에 의해 CO_2 방출·회수한다.

(3) 유황화합물의 제거

① 수소화 탈황법 : $Co-Mo-Al_2O_3$계의 촉매를 사용하여 유황화합물을 수소화하여 황화수소로 바꾸어 제거한다.

② 건식 탈황법 : 활성탄, 몰레큘러시브, 실리카겔 등을 사용하여 흡착에 의해 유황화합물을 제거하는 방법이다.

③ 습식 탈황법

㈎ 탄산소다 흡수법 : 탄산소다 (Na_2CO_3) 수용액을 사용하여 H_2S를 흡수·제거한다.

㈏ 시볼트법 : 재생공정에서 산화철을 사용하는 방법보다 효과적이다.

㈐ 카아볼트법 : 에타놀아민 수용액에 H_2S를 흡수하고 가열하여 방출하는 방법이다.

㈑ 타이록스법 : 황비산 나트륨용액을 사용하여 H_2S를 흡수하고 공기로 산화함으로써 재생한다.

㈒ 알카티드법 : 알카티드 수용액에 의해 H_2S를 흡수하고 가열하여 방출한다.

㈓ 기타 : 어뎁프법, 살피놀법, DGA법 등

예 상 문 제

문제 1. 수소의 성질을 설명한 것 중 틀린 것은?

㉮ 고온에서 금속 산화물을 환원시킨다.

㉯ 불완전연소하면 일산화탄소가 발생한다.

㉰ 고온·고압에서 철에 대해 탈탄작용을 한다.

㉱ 염소와의 혼합기체에 일광(日光)을 비추면 폭발적으로 반응한다.

해설 불완전연소 시 일산화탄소가 발생하는 것은 탄소(C) 성분이 있기 때문이다.

문제 2. 수소의 성질에 대한 설명으로 옳지 않은 것은?

㉮ 열전도도가 대단히 크고, 열에 대하여 안정하다.

㉯ 수소는 산소 또는 공기 중에서 연소하여 물을 생성한다.

㉰ 무색·무미·무취의 비가연성 가스이다.

㉱ 수소와 염소와의 혼합가스는 빛과 접촉하면 상온에서 심하게 반응한다.

해설 무색·무미·무취의 가연성 가스로 폭발 범위가 4~75%이다.

문제 3. 수소와 산소의 비가 얼마일 때 수소 폭명기라 부르는가? (단, 비는 부피비이다.)

㉮ 2 : 1   ㉯ 3 : 2

㉰ 1 : 2   ㉱ 1 : 3

해설 • 수소 폭명기 : 수소와 산소의 비가 2 : 1로 반응하여 물을 생성한다.

$$2H_2 + O_2 \rightarrow 2H_2O + 136.6\,kcal$$

문제 4. 다음 중 염소 폭명기의 정의로서 옳은 것은?

㉮ 염소와 산소가 점화원에 의해 폭발적으로 반응하는 현상

㉯ 염소와 수소가 점화원에 의해 폭발적으로 반응하는 현상

㉰ 염화수소가 점화원에 의해 폭발하는 현상

㉱ 염소가 물에 용해하여 염산이 되어 폭발하는 현상

해설 $H_2 + Cl_2 \rightarrow 2HCl + 44\,kcal$

문제 5. 수소취성에 대한 설명으로 옳은 것은 어느 것인가?

㉮ 수소는 환원성 가스이므로 상온에서 부식문제를 고려해야 한다.

㉯ 수소는 고온·고압에서 강 중의 철과 화합한다. 이것은 수소취성의 원인이 된다.

㉰ 크롬은 수소취성에 대하여 취약한 재료이다.

㉱ 수소는 고온·고압 하에서 강중의 탄소와 결합하여 메탄을 생성한다.

해설 ① 수소취성 반응식

$$Fe_3C + 2H_2 \rightarrow 3Fe + CH_4$$

② 방지 원소 : W, V, Mo, Ti, Cr

문제 6. 수소를 공업적으로 제조하는 방법이 아닌 것은?

㉮ 수전해법   ㉯ 수성 가스법

㉰ LPG 분해법   ㉱ 석유 분해법

해설 • 수소의 공업적 제조법 : ㉮, ㉯, ㉱ 외

① 천연가스 분해법

② 일산화탄소 전화법

문제 7. 수성 가스는 어느 것인가?

㉮ $CO_2 + H_2O$

㉯ $CO_2 + H_2$

㉰ $CO + H_2$

㉱ $CO + H_2O$

해답 1. ㉯   2. ㉰   3. ㉮   4. ㉯   5. ㉱   6. ㉰   7. ㉰

문제 8. 수소의 공업적 제법이 아닌 것은?

㉮ 수성 가스법

㉯ 석유 분해법

㉰ 천연가스 분해법

㉱ 하버-보시법

해설 • 하버-보시법 : 암모니아 제조법

문제 9. 다음과 같은 성질을 갖는 가스는?

> ① 공기보다 무겁다.
> ② 조연성 가스이다.
> ③ 염소산칼륨을 이산화망간 촉매 하에 서 가열하면 실험적으로 얻을 수 있다.

㉮ 산소   ㉯ 질소   ㉰ 염소   ㉱ 수소

문제 10. 다음은 산소의 성질이다. 옳지 않은 것은?

㉮ 그 자신은 폭발위험은 없으나 연소를 돕는 조연제이다.

㉯ 탄소와 반응하면 일산화탄소를 만든다.

㉰ 화학적으로 활성이 강하며 많은 원소와 반응하여 산화물을 만든다.

㉱ 상온에서 무색·무취·무미의 기체이다.

해설 탄소와 반응하면 이산화탄소 (CO_2)를 만든다.

$$C + O_2 \rightarrow CO_2$$

문제 11. 산소의 성질에 대한 설명으로 틀린 것은?

㉮ 자신은 연소하지 않고 연소를 돕는 가스이다.

㉯ 물에 잘 녹으며 백금과 화합하여 산화물을 만든다.

㉰ 화학적으로 활성이 강하여 다른 원소와 반응하여 산화물을 만든다.

㉱ 무색·무취의 기체이다.

해설 물에 약간 녹으며 화학적으로 활성이 강한 원소로 할로겐, 백금, 금 등을 제외한 원소와 직접 화합하여 산화물을 만든다.

문제 12. 가연성 물질을 공기로 연소시키는 경우에 공기 중의 산소농도를 높게 하면 연소속도와 발화온도는 어떻게 변하는가?

㉮ 연소속도는 크게 되고, 발화온도는 높아진다.

㉯ 연소속도는 크게 되고, 발화온도는 낮아진다.

㉰ 연소속도는 낮게 되고, 발화온도도 높아진다.

㉱ 연소속도는 낮게 되고, 발화온도도 낮아진다.

해설 • 산소농도나 분압이 높아질 때 나타나는 현상

① 증가 (상승) : 연소속도 증가, 화염온도 상승, 발열량 증가, 폭발범위 증가, 화염 길이 증가

② 감소 (저하) : 발화온도 저하, 발화에너지 감소

문제 13. 산소의 임계압력은?

㉮ 20 atm   ㉯ 33.5 atm

㉰ 50.1 atm   ㉱ 72.9 atm

해설 • 산소 (O_2)

① 비점 : $-183℃$ ② 임계온도 : $-118.4℃$

③ 임계압력 : 50.1 atm

문제 14. 공기액화 분리장치에서 탄산가스를 제거하기 위한 물질은?

㉮ 실리카겔

㉯ 염화칼슘

㉰ 활성알루미나

㉱ 수산화나트륨

해설 • 탄산가스 (CO_2) 제거 반응식

$$2NaOH + CO_2 \rightarrow Na_2CO_3 + H_2O$$

문제 15. 공기액화 분리장치에서 이산화탄소 1 kg을 제거하기 위해 필요한 NaOH는 약 몇 kg인가? (단, 반응률은 60%이고, NaOH의 분자량은 40이다.)

해답 8. ㉱   9. ㉮   10. ㉯   11. ㉯   12. ㉯   13. ㉰   14. ㉱   15. ㉱

㉮ 0.9 ㉯ 1.8 ㉰ 2.3 ㉱ 3.0

해설 $2 NaOH + CO_2 \rightarrow Na_2CO_3 + H_2O$

$2 \times 40 kg : 44 kg = x kg : 1 kg$

$\therefore x = \dfrac{2 \times 40 \times 1}{44 \times 0.6} = 3.03 kg$

문제 16. 고압식 액체산소 분리장치에 대한 설명으로 틀린 것은?

㉮ 원료 공기는 압축기에 흡입되어 150 ~200 atm으로 압축된다.

㉯ 건조기에는 고형 가성소다 또는 실리카 겔 등의 흡착제가 충전되어 있다.

㉰ 질소는 과냉기에서 액화된 다음 질소탱 크에 저장된다.

㉱ 상부탑 하부에 액체산소가 분리되어 액 체산소 탱크에 저장된다.

문제 17. 공기액화 분리장치에서 반드시 제거 해야 하는 물질이 아닌 것은?

㉮ 질소   ㉯ 탄산가스

㉰ 아세틸렌   ㉱ 수분

문제 18. 산소제조 장치에서 수분제거용 건 조제가 아닌 것은?

㉮ SiO_2 ㉯ Al_2O_3

㉰ NaOH   ㉱ Na_2CO_3

해설 • 공기액화 분리장치의 건조기 종류
① 소다 건조기 : 입상의 가성소다 (NaOH)를 사용, 수분과 CO_2를 제거할 수 있다.
② 겔 건조기 : 활성알루미나 (Al_2O_3), 실리카 겔 (SiO_2), 소바이드 사용, 수분은 제거할 수 있으나 CO_2는 제거할 수 없다.

문제 19. 산소 제조장치 중 액화된 공기를 비 등점 차이를 이용하여 산소와 질소로 분 리하여 산소를 채취하는 장치는?

㉮ 여과기   ㉯ 흡수탑

㉰ 팽창기   ㉱ 정류기

문제 20. 공기액화 분리장치에서 액화되어 나 오는 가스의 순서로 맞는 것은?

㉮ $O_2 \rightarrow N_2 \rightarrow Ar$ ㉯ $N_2 \rightarrow O_2 \rightarrow Ar$

㉰ $O_2 \rightarrow Ar \rightarrow N_2$ ㉱ $N_2 \rightarrow Ar \rightarrow O_2$

해설 비점 차이에 의하여 액화순서가 정해지므 로 산소 (-183℃) → 아르곤 (-186℃) → 질소 (-196℃) 순으로 액화가 된다 (암기법 : 액산 기질 → 액화는 산소가 먼저, 기화는 질소가 먼저 이루어진다).

문제 21. 공기액화 분리장치에서의 폭발원인 에 해당되지 않은 것은?

㉮ 액체공기 중의 질소 혼입

㉯ 액체공기 중의 오존 혼입

㉰ 공기 취입구로부터의 아세틸렌 혼입

㉱ 압축기용 윤활유의 분해에 따른 탄화수 소의 생성

해설 • 공기액화 분리장치 폭발원인 : ㉯, ㉰, ㉱ 외 공기 중 질소화합물 (NO, NO_2) 혼입

문제 22. 공기 액화 분리장치의 폭발방지 대책 으로 옳지 않은 것은?

㉮ 장치 내에 여과기를 설치한다.

㉯ 유분리기는 설치해서는 안 된다.

㉰ 흡입구 부근에서 아세틸렌 용접은 하지 않는다.

㉱ 압축기의 윤활유는 양질유를 사용한다.

문제 23. 공기액화 장치에 아세틸렌가스가 혼 입되면 안 되는 이유로 옳은 것은?

㉮ 산소의 순도가 저하

㉯ 파이프 내부가 동결되어 막힘

㉰ 질소와 산소의 분리작용에 방해

㉱ 응고되어 있다가 구리와 접촉하여 산소 중에서 폭발

문제 24. 공기액화 분리장치에서 장치 내 불 순물을 제거하기 위하여 세정제로 주로 사용되는 것은?

㉮ HCl   ㉯ CCl_4

㉰ H_2SO_4 ㉱ $CaCl_2$

해답 **16.** ㉰ **17.** ㉮ **18.** ㉱ **19.** ㉱ **20.** ㉰ **21.** ㉮ **22.** ㉯ **23.** ㉱ **24.** ㉯

해설 사염화탄소 (CCl_4)를 이용하여 1년에 1회 이상 장치 내부를 세척한다.

문제 25. 다음 중 산소 가스의 용도가 아닌 것은?

㉮ 가스용접 및 가스 절단용
㉯ 유리제조 및 수성가스 제조용
㉰ 아세틸렌가스 청정제
㉱ 로켓분사장치 추진용

해설 • 아세틸렌가스 청정제 : 아세틸렌 발생기에서 발생된 아세틸렌 중 불순물을 제거하는 기기로 청정제로는 에퓨렌, 카다리솔, 리가솔 등을 사용한다.

문제 26. 질소에 관한 설명 중 틀린 것은?

㉮ 고온에서 산소와 반응하여 산화질소가 된다.
㉯ 고온 · 고압 하에서 수소와 반응하여 암모니아를 생성한다.
㉰ 안정된 가스이므로 Mg, Ca, Li 등의 금속과는 반응하지 않는다.
㉱ 고온에서 탄화칼슘과 반응하여 칼슘 시아나미드가 된다.

해설 마그네슘 (Mg), 칼슘 (Ca), 리듐 (Li) 등과 화합하여 질화마그네슘 (Mg_3N_2), 질화칼슘 (Ca_3N_2), 질화리듐 (Li_3N_2) 등을 만든다.

문제 27. 질소의 용도가 아닌 것은?

㉮ 비료에 이용   ㉯ 질산제조에 이용
㉰ 연료용에 이용   ㉱ 급속 냉동에 이용

해설 • 질소 (N_2) : 불연성 가스

문제 28. 가스 중 LNG 지하 매설배관 퍼지용으로 널리 사용되는 가스는?

㉮ Ar   ㉯ Cl_2 ㉰ N_2 ㉱ O_2

문제 29. 주기율표 0족에 속하는 불활성 가스의 성질이 아닌 것은?

㉮ 상온에서 기체이며, 단원자 분자이다.
㉯ 다른 원소와 잘 화합한다.

㉰ 상온에서 무색 · 무미 · 무취의 기체이다.
㉱ 무색 · 무취의 기체로 방전관에 넣어 방전시키면 특유의 색을 낸다.

해설 불활성 기체는 다른 원소와 반응하지 않는다.

문제 30. 다음 가스 중 상온에서 가장 안정된 것은?

㉮ 산소   ㉯ 네온   ㉰ 프로판   ㉱ 부탄

해설 • 불활성 기체의 종류 : 헬륨 (He), 네온 (Ne), 아르곤 (Ar), 크립톤 (Kr), 크세논 (Xe)

문제 31. 다음 설명 중 아르곤 (Ar)에 대하여 옳은 것은?

㉮ Ar은 공기 중에 0.9 % (용량) 포함되어 있다.
㉯ Ar은 N_2보다 화학적으로 안정되지 못하다.
㉰ Ar의 끓는점은 산소와 질소의 끓는점에 비교하여 매우 낮다.
㉱ Ar은 천연가스에서 공업적으로 제조된다.

해설 아르곤 (Ar)은 불활성 기체로서 대단히 안정적이며 비점이 −186℃로 산소와 질소의 비점 사이에 존재하며 공기액화 분리장치에서 제조된다.

문제 32. 전구용 봉입가스, 금속의 정련 및 열처리의 경우 공기와의 접촉방지를 위한 보호가스로 주로 사용되는 가스의 방전관 발광색은?

㉮ 황백색   ㉯ 녹자색
㉰ 주황색   ㉱ 적색

해설 • 희가스의 발광색

헬륨	네온	아르곤	크립톤	크세논	라 돈
황백색	주황색	적 색	녹자색	청자색	청록색

문제에서 설명한 가스는 아르곤의 용도이므로 발광색은 적색이다.

문제 33. 다음 중 0족 원소 (불활성 가스) 중 공기 중에 가장 많이 포함된 것은 어느 것인가?

㉮ Ar ㉯ Ne ㉰ He ㉱ Xe

해설 • 희가스의 공기 중 조성 (체적 %) 순위

순위	명칭	조성(%)	순위	명칭	조성(%)
1	Ar	0.93	4	Kr	0.00011
2	Ne	0.0018	5	Xe	9×10^{-5}
3	He	0.0005	6	Rn	–

문제 34. 일산화탄소에 대한 설명 중 틀린 것은?

㉮ 비금속의 산성 산화물이기 때문에 염기와 작용하여 염기물을 생성한다.

㉯ 공기보다 약간 가벼우므로 수상치환으로 포집한다.

㉰ 개미산에 진한 황산을 작용시켜 만든다.

㉱ 혈액 속의 헤모글로빈과 반응하여 그 활동력을 저하시킨다.

해설 일산화탄소는 환원성이 강한 가스이며 중성이다.

문제 35. 일산화탄소에 의한 카르보닐을 생성시키지 않는 금속은?

㉮ 코발트 (Co) ㉯ 철 (Fe)

㉰ 크롬 (Cr) ㉱ 니켈 (Ni)

해설 일산화탄소 (CO)는 고온·고압의 상태에서 철족 (Fe, Ni, Co)의 금속에 대하여 침탄 및 카르보닐을 생성한다.

① $Fe + 5CO \rightarrow Fe(CO)_5$ [철-카르보닐]

② $Ni + 4CO \rightarrow Ni(CO)_4$ [니켈-카르보닐]

문제 36. 일산화탄소와 공기의 혼합가스 폭발범위는 고압일수록 어떻게 변하는가?

㉮ 넓어진다.

㉯ 변하지 않는다.

㉰ 좁아진다.

㉱ 일정치 않다.

해설 폭발범위는 공기 중에서 보다 산소 중에서 넓어지며, 압력이 높을수록 넓어진다. 단, 일산

화탄소는 압력상승 시 폭발범위가 좁아지며, 수소는 압력상승 시 폭발범위가 좁아지다가 계속 압력을 올리면 폭발범위가 넓어진다.

문제 37. 일산화탄소 가스의 용도로 알맞은 것은?

㉮ 메탄올 합성

㉯ 용접 절단용

㉰ 암모니아 합성

㉱ 드라이아이스 제조

해설 $CO + 2H_2 \rightarrow CH_3OH$ (메탄올)

문제 38. 다음과 같은 성질을 갖는 물질은?

① 대기 중에 약 0.03 % 존재한다.

② 물에 거의 같은 부피로 녹으며 탄산을 만들어 약산성이 된다.

③ 무색 · 무미 · 무취의 기체로 공기보다 무겁고 불연성이다.

㉮ CO ㉯ CO_2 ㉰ NH_3 ㉱ HCN

문제 39. 다음 중 이산화탄소 (CO_2)의 용도가 아닌 것은?

㉮ 탄산수, 사이다 등의 청량제에 이용

㉯ 드라이아이스의 제조에 사용

㉰ 요소의 원료에 사용

㉱ 냉동장치의 냉매에 사용

문제 40. 다음과 같은 성질을 가진 가스는?

① 상온에서 심한 자극성을 가진 황록색의 기체이다.

② −34℃ 이하로 냉각하거나 6~7 atm을 가하면 쉽게 액화한다.

㉮ N_2 ㉯ Cl_2 ㉰ NH_3 ㉱ HCN

해설 • 염소 (Cl_2)의 성질

① 비점이 −34.05℃로 쉽게 액화한다.

② 상온에서 기체는 황록색이며 자극성이 강한

독성가스이다 (허용농도 1 ppm).

③ 조연성(지연성) 가스이다.

④ 수분과 반응하여 염산 (HCl)을 생성하고, 철을 심하게 부식시킨다.

⑤ 염소와 수소는 직사광선에 의하여 폭발한다 (염소 폭명기).

⑥ 염소와 암모니아가 접촉할 때 염소 과잉의 경우는 대단히 강한 폭발성 물질인 삼염화질소 (NCl_3)를 생성하여 사고발생의 원인이 된다.

문제 41. 염소는 몇 ℃ 이상인 고온에서 철과 직접 반응하는가?

㉮ 30℃   ㉯ 80℃   ㉰ 100℃   ㉱ 120℃

해설 염소는 120℃ 이상이 되면 철과 직접 반응하여 부식이 진행된다.

문제 42. 염소가스의 건조제로 사용되는 것은?

㉮ 진한 황산   ㉯ 염화칼슘

㉰ 활성 알루미나   ㉱ 진한 염산

해설 • 진한 황산 : 염소, 포스겐의 건조제

문제 43. 염소가스를 취급하다가 눈 (目)이 중독되어 충혈되었을 때 응급처치의 가장 이상적인 방법은?

㉮ 알코올로 소독한다.

㉯ 비누로 세수한다.

㉰ 붕산수 3 % 정도로 씻어낸다.

㉱ 눈을 감고 쉰다.

해설 • 액상의 염소에 노출 시 응급조치

① 피부 : 맑은 물로 씻어낸다.

② 눈 : 3 % 붕산수로 씻어낸다.

문제 44. 다음 중 염소의 용도로 적합하지 않는 것은?

㉮ 소독용으로 쓰인다.

㉯ 염화비닐 제조의 원료이다.

㉰ 표백제로 쓰인다.

㉱ 냉매로 사용된다.

해설 • 염소 (Cl_2)의 용도 : ㉮, ㉯, ㉰ 외

① 염화수소 (HCl), 포스겐 ($COCl_2$)의 제조 원료

② 종이, 펄프공업, 알루미늄 공업용으로 사용

문제 45. 염소가스의 안전장치로 가용전을 사용할 때 용융온도는?

㉮ 10~15℃   ㉯ 30~35℃

㉰ 40~45℃   ㉱ 65~68℃

해설 • 가용전 용융온도

① 염소 : 65~68℃

② 아세틸렌 : 105 ±5℃

문제 46. 다음 중 암모니아의 특성과 관계가 먼 것은?

㉮ 물에 800배 용해된다.

㉯ 액화가 용이하다.

㉰ 상온에서 안정하나 100℃ 이상이 되면 분해한다.

㉱ 할로겐과 반응하여 질소를 유리시킨다.

해설 상온에서 안정하나 1000℃에서 분해하여 질소와 수소가 된다.

문제 47. 다음 암모니아에 대한 설명 중 틀린 것은?

㉮ 무색 · 무취의 가스이다.

㉯ 암모니아가 분해하면 질소와 수소가 된다.

㉰ 물에 잘 용해된다.

㉱ 유안 및 요소의 제조에 이용된다.

해설 자극성의 무색 기체이며 가연성 (15~28 v%), 독성 (TLV-TWA 25 ppm)가스이다.

문제 48. 암모니아의 취급에 대한 설명 중 틀린 것은?

㉮ 암모니아의 건조제로 진한 황산을 사용한다.

㉯ 진한 염산과 접촉시키면 흰 연기가 나므로 암모니아 누출을 검출할 수 있다.

㉰ 고온 · 고압이 되면 질화작용과 수소취성을 동시에 일으킨다.

㉱ Cu 및 Al합금과는 부식성을 가지므로 철합금을 사용한다.

해답   41. ㉱   42. ㉮   43. ㉰   44. ㉱   45. ㉱   46. ㉰   47. ㉮   48. ㉮

해설 • 건조제의 종류

가스 명칭	건 조 제
염소 (Cl_2), 포스겐 ($COCl_2$)	진한 황산
암모니아 (NH_3)	생석회(CaO)

문제 49. 암모니아를 취급하는 설비의 재료에 대한 설명 중 가장 거리가 먼 내용은?

㉮ 저온이나 상온에서는 강제를 침식하지 않는다.

㉯ 고온·고압 하에서 질화와 수소취성이 동시에 일어난다.

㉰ 부식 및 취성 방지를 위해 18-8 스테인리스강과 같은 재료를 사용한다.

㉱ 직접 접촉하는 부분에는 내식성 재료인 동 및 동합금을 사용하여야 한다.

해설 동 및 동합금에 심한 부식성이 있으므로 동 함유량 62 % 미만의 재료를 사용하여야 한다.

문제 50. 암모니아 (NH_3) 누출 시 검출 방법이 아닌 것은?

㉮ 특유의 냄새로 알 수 있다.

㉯ 네슬러 시약을 투입 시 황색이 되고 암모니아가 많으면 적갈색이 된다.

㉰ 적색 리트머스 시험지를 청색으로 변화시킨다.

㉱ 진한 염산, 유황 등의 접촉 시 검은 연기가 난다.

해설 암모니아는 염산, 염소, 황화수소, 유황 등과 접촉시키면 백색연기 (백연 (白煙))가 발생하는 것으로 누출 여부를 확인할 수 있다.

문제 51. 암모니아 합성공정에서 중압법이 아닌 것은?

㉮ 뉴파우더법

㉯ 동공시법

㉰ IG법

㉱ 켈로그법

해설 • 암모니아 합성 공정의 종류

① 고압 합성법 : 클라우드법, 카자레법

② 중압 합성법 : IG법, 뉴파우더법, 뉴데법, 동공시법, JCI법, 케미크법

③ 저압 합성법 : 구데법, 켈로그법

문제 52. 암모니아 취급 시 피부에 닿았을 때 조치사항은?

㉮ 열습포로 감싸준다.

㉯ 다량의 물로 세척 후 붕산수를 바른다.

㉰ 산으로 중화시키고 붕대로 감는다.

㉱ 아연화 연고를 바른다.

문제 53. 암모니아 가스에 대한 설명으로 옳지 않은 것은?

㉮ 상온·상압에서 강한 자극성을 가진 무색의 기체로서 가연성, 독성가스이다.

㉯ 암모니아용의 장치나 계기에는 직접 동이나 황동 등을 사용할 수 없다.

㉰ 암모니아 합성은 주로 저압 합성법이 공업적으로 이용되고 있다.

㉱ 하버-보시법 (Haber-bosch process)은 수소와 질소를 용적비 3 : 1로 반응시키는 것이다.

해설 암모니아의 공업적 제조법으로는 고압 합성법이 사용된다.

문제 54. 가스의 성질에 대한 설명으로 옳은 것은?

㉮ 질소는 안정된 가스로 불활성 가스라고도 불리고 고온에서도 금속과 화합하지 않는다.

㉯ 염소는 반응성이 강한 가스이며 강에 대해서 상온의 건조 상태에서도 현저한 부식성이 있다.

㉰ 암모니아는 산이나 할로겐과도 잘 화합한다.

㉱ 산소는 액체공기를 분류하여 제조하는 반응성이 강한 가스이며, 그 자신도 연소된다.

해답 49. ㉱ 50. ㉱ 51. ㉱ 52. ㉯ 53. ㉰ 54. ㉰

해설 ㉮ 질소는 고온에서 철과 반응하여 질화
물을 만든다.
㉯ 염소는 건조한 상태에서는 부식성이 없으나
습기를 함유하면 부식성이 증가한다.
㉣ 산소는 지연성 가스로 그 자신은 연소하지
않는다.

문제 **55.** 다음의 특징을 가지는 물질은?

> ① 무색투명하나 시판품은 흑회색의 고
> 체이다.
> ② 물, 습기, 수증기와 직접 반응한다.
> ③ 고온에서 질소와 반응하여 석회질소
> 로 된다.

㉮ CaC_2 ㉯ P_4S_3 ㉰ P_4 ㉣ KH

문제 **56.** 카바이드 (CaC_2) 저장 및 취급 시의
주의사항으로 옳지 않은 것은?
㉮ 습기가 있는 곳은 피할 것
㉯ 보관 드럼통은 조심스럽게 취급할 것
㉰ 저장실은 밀폐구조로 바람의 경로가 없
도록 할 것
㉣ 인화성, 가연성 물질과 혼합하여 적재
하지 말 것
해설 저장실은 통풍이 양호하게 하여야 한다.

문제 **57.** 아세틸렌이 은, 수은 등과 폭발성의
금속 아세틸드를 형성하여 폭발하는 것은?
㉮ 분해폭발   ㉯ 화합폭발
㉰ 산화폭발   ㉣ 압력폭발
해설 • 아세틸렌의 폭발 종류
① 산화폭발
$C_2H_2 + 2.5O_2 \rightarrow 2CO_2 + H_2O$
② 분해폭발
$C_2H_2 \rightarrow 2C + H_2 + 54.2\,kcal$
③ 화합폭발 : 아세틸렌이 동 (Cu), 은 (Ag),
수은 (Hg) 등의 금속과 화합 시 폭발성의
아세틸드를 생성하여 폭발한다.

문제 **58.** 다음 아세틸렌에 대한 설명 중 틀
린 것은?

㉮ 연소 시 고열을 얻을 수 있어 용접용으
로 쓰인다.
㉯ 압축하면 폭발을 일으킨다.
㉰ 2중 결합을 가진 불포화 탄화수소이다.
㉣ 구리, 은과 반응하여 폭발성의 화합물
을 만든다.
해설 3중 결합을 갖는다.

문제 **59.** 아세틸렌에 대한 설명 중 틀린 것
은 어느 것인가?
㉮ 반응성이 대단히 크고, 분해 시 발열반
응을 한다.
㉯ 탄화칼슘에 물을 가하여 만든다.
㉰ 액체 아세틸렌보다 고체 아세틸렌이 안
정하다.
㉣ 폭발범위가 넓은 가연성 기체이다.

문제 **60.** 아세틸렌 (C_2H_2)에 대한 설명으로 옳
지 않은 것은?
㉮ 동과 직접 접촉하여 폭발성의 아세틸라
이드를 만든다.
㉯ 비점과 융점이 비슷하여 고체 아세틸렌
은 융해한다.
㉰ 아세틸렌가스의 충전제로 규조토, 목탄
등의 다공성 물질을 사용한다.
㉣ 흡열화합물이므로 압축하면 분해 · 폭발
할 수 있다.
해설 비점 (-75℃)과 융점 (-84℃)이 비슷하여
고체 아세틸렌은 융해하지 않고 승화한다.

문제 **61.** 순수 아세틸렌을 $1.5\,kgf/cm^2$ 이상
압축 시 위험하다. 그 이유는?
㉮ 중합폭발
㉯ 분해폭발
㉰ 화학폭발
㉣ 촉매폭발
해설 아세틸렌은 압축하면 분해폭발이 발생하
고 흡열화합물이기 때문에 위험성이 크다.

해답 55. ㉮ 56. ㉰ 57. ㉯ 58. ㉰ 59. ㉮ 60. ㉯ 61. ㉯

$C_2H_2 \rightarrow 2C + H_2 + 54.2\,kcal$

문제 62. 아세틸렌 제조설비에서 제조공정 순서로서 옳은 것은?

- ㉮ 가스청정기→수분제거기→유분제거기 →저장탱크→충전장치
- ㉯ 가스발생로→쿨러→가스청정기→압축기→충전장치
- ㉰ 가스발생로→압축기→쿨러→건조기 →충전장치→역화방지기
- ㉱ 가스반응로→압축기→가스청정기→역화방지기→충전장치

문제 63. 습식 아세틸렌가스 발생기의 표면온도는 몇 ℃ 이하로 유지해야 하는가?

㉮ 30℃ ㉯ 40℃ ㉰ 60℃ ㉱ 70℃

해설 • 습식 아세틸렌 발생기
① 표면온도 : 70℃
② 최적온도 : 50~60℃

문제 64. 아세틸렌가스의 용해 충전 시 다공질 물질의 재료로 사용할 수 없는 것은?

- ㉮ 규조토, 석면
- ㉯ 알루미늄 분말, 활성탄
- ㉰ 석회, 산화철
- ㉱ 탄산마그네슘, 다공성 플라스틱

문제 65. 아세틸렌 용기 충전 시 사용하는 다공물질의 구비조건이 아닌 것은?

- ㉮ 화학적으로 안정하여야 한다.
- ㉯ 기계적 강도가 있어야 한다.
- ㉰ 안전성이 있어야 한다.
- ㉱ 저다공도이어야 한다.

해설 • 다공물질의 구비조건 : ㉮, ㉯, ㉰ 외
① 고다공도일 것
② 가격이 저렴할 것 (경제적일 것)

문제 66. 아세틸렌 용기에 충전하는 다공질 물의 다공도 (%)에 관하여 옳은 것은?

㉮ 60~70 %   ㉯ 60~80 %

㉰ 75~92 %   ㉱ 80~100 %

해설 • 다공도 기준 : 75 % 이상 92 % 미만

문제 67. 다공물질의 용적이 150 m³이며 아세톤 침윤 잔용적이 30 m³일 때의 다공도는 몇 %인가?

㉮ 30   ㉯ 40   ㉰ 80   ㉱ 120

해설 다공도 $(\%) = \dfrac{V-E}{V} \times 100$

$= \dfrac{150-30}{150} \times 100 = 80\,\%$

문제 68. 아세틸렌을 2.5 MPa의 압력으로 압축하려고 한다. 이때 사용되는 희석제는?

- ㉮ 황산
- ㉯ 염화칼슘
- ㉰ 탄산소다
- ㉱ 메탄

해설 • 희석제의 종류
① 안전관리 규정에 정한 것 : 질소, 메탄, 일산화탄소, 에틸렌
② 희석제로 가능한 것 : 수소, 프로판, 이산화탄소

문제 69. 아세틸렌 제조공정에서 반드시 필요하지 않은 장치는?

- ㉮ 저압 건조기
- ㉯ 유분리기
- ㉰ 역화 방지기
- ㉱ CO_2 흡수기

문제 70. 아세틸렌 용기 충전에 관한 내용으로 틀린 것은?

- ㉮ 용기의 총질량 (TW)은 용기 질량에 다공물 질량, 밸브 질량, 용제 질량을 합한 질량이다.
- ㉯ 충전 후 약 24시간 동안 정치시킨 후 출하하는 것이 좋다.
- ㉰ 충전은 가급적 단시간 내에 규정된 양을 충전하는 것이 좋다.
- ㉱ 충전라인의 압력계를 2.5 MPa 이하가 되도록 한다.

해설 충전은 2~3회에 걸쳐 서서히 한다.

문제 71. 아세틸렌을 용기에 충전하는 경우 충

전 중의 압력은 온도에 불구하고 몇 MPa 이하로 하여야 하는가?

㉮ 2.5 　　　　　㉯ 3.0

㉰ 3.5 　　　　　㉱ 4.0

해설 • 아세틸렌 용기 압력
① 충전 중의 압력 : 온도에 관계없이 2.5 MPa 이하
② 충전 후의 압력 : 15℃에서 1.5MPa 이하
→ 최고충전압력

문제 **72.** C_2H_2 제조설비에서 제조된 C_2H_2를 충전용기에 충전 시 위험한 경우는?

㉮ 아세틸렌이 접촉되는 설비부분은 62 % 이상의 동합금을 사용한다.

㉯ 충전 후 하루 동안 정치하여 둔다.

㉰ 8시간에 걸쳐 2~3회로 나누어 충전한다.

㉱ 충전용 지관은 탄소함유량 0.1 % 이하의 강을 사용한다.

해설 동합유량 62 %를 초과하는 것을 사용하지 않는다.

문제 **73.** 탄화수소에서 아세틸렌가스를 제조할 경우의 반응에 대한 설명으로 옳은 것은 어느 것인가?

㉮ 탄화수소 분해 반응온도는 보통 1000~3000℃이고, 고온일수록 아세틸렌이 많이 생성된다.

㉯ 원료 나프타는 방향족계가 가장 좋다.

㉰ 반응압력은 저압일수록 아세틸렌이 적게 생성된다.

㉱ 중축합 반응을 촉진시켜 아세틸렌 수율을 높인다.

해설 • 탄화수소에서 아세틸렌의 제조 방법
① 분해 반응온도는 1000~3000℃이고 고온일수록 아세틸렌이 증가하고 저온에서는 아세틸렌 생성이 감소한다.
② 반응압력은 저압일수록 아세틸렌 생성에 유리하다.
③ 흡열 반응이므로 반응열의 공급은 보통 연소열을 이용한다.

㉱ 원료 나프타는 파라핀계 탄화수소가 가장 적합하다.

㉵ 중축합 반응을 억제하기 위하여 분해 생성 가스를 빨리 냉각시킨다.

문제 **74.** 다음 중 메탄가스에 대한 설명으로 옳은 것은?

㉮ 공기 중에 30 %의 메탄가스가 혼합된 경우 점화하면 폭발한다.

㉯ 담청색의 기체로서 무색의 화염을 낸다.

㉰ 고온도에서 수증기와 작용하면 일산화탄소와 수소를 생성한다.

㉱ 올레핀계 탄화수소로서 가장 간단한 형의 화합물이다.

해설 • 메탄(CH_4)의 성질
① LNG의 주성분이며, 폭발범위는 5~15 %이다.
② 무색·무취의 기체로 연소 시 담청색의 화염을 발한다.
③ 메탄(CH_4)과 수증기(H_2O)의 반응식
$$CH_4 + H_2O \rightarrow CO + 3H_2 - 49.3\,kcal$$
④ 파라핀계 탄화수소로 안정된 가스이다.
⑤ 메탄 분자는 무극성이며, 물(H_2O)분자와 결합하는 성질이 없으므로 용해도는 적다.

문제 **75.** 다음 중 무색투명한 액체로 특유의 복숭아향과 같은 취기를 가진 독성가스는?

㉮ 포스겐 　　　　㉯ 일산화탄소

㉰ 시안화수소 　　㉱ 산화에틸렌

문제 **76.** 순수한 것은 안정하나 소량의 수분이나 알칼리성 물질을 함유하면 중합이 촉진되고 독성이 매우 강한 가스는?

㉮ 염소 　　　　　㉯ 포스겐

㉰ 황화수소 　　　㉱ 시안화수소

문제 **77.** 용기에 충전하는 시안화수소의 순도는 몇 % 이상이어야 하는가?

㉮ 55　　㉯ 75　　㉰ 87　　㉱ 98

해답 **72.** ㉮ **73.** ㉮ **74.** ㉰ **75.** ㉰ **76.** ㉱ **77.** ㉱

문제 78. 시안화수소 (HCN)를 장기간 저장하지 못하게 규정하는 이유로서 옳은 것은?

㉮ 산화폭발 방지
㉯ 중합폭발 방지
㉰ 분해폭발 방지
㉱ 압력폭발 방지

해설 시안화수소 (HCN)는 중합폭발의 위험성 때문에 충전기한을 60일을 초과하지 못하도록 규정하고 있다. (단, 순도가 98 % 이상이고, 착색되지 않은 것은 60일을 초과하여 저장할 수 있다.)

※ 중합폭발 방지용 안정제의 종류 : 황산, 아황산가스, 동, 동망, 염화칼슘, 인산, 오산화인

문제 79. 시안화수소 (HCN)의 위험성에 대해 옳지 않은 것은?

㉮ 허용농도는 10 ppm이다.
㉯ 오래된 시안화수소는 자체 폭발할 수 있다.
㉰ 저장은 용기에 충전한 후 60일을 초과하지 못한다.
㉱ 호흡 시 흡입하면 위험하나 피부에 묻으면 아무 이상이 없다.

해설 피부에 접촉 시 피부를 통해 흡수하여 치명상을 입는다.

문제 80. 포스겐 가스를 제조하는 방법으로 옳은 것은?

㉮ 물과 염소수소를 저온으로 반응시켜 제조한다.
㉯ 일산화탄소를 활성탄 촉매 하에 염소와 반응시킨다.
㉰ 일산화탄소와 염화주석을 고온으로 반응시켜 제조한다.
㉱ 염화수소와 산소를 고온으로 반응시켜 제조한다.

해설 • 포스겐 제조 반응식
$CO + Cl_2 \rightarrow COCl_2$ (촉매 : 활성탄)

문제 81. 산화에틸렌의 성질을 설명한 다음 사항 중 맞는 것은?

㉮ 수화 반응에 의해 글리콜을 생성한다.
㉯ 무색·무미·무취의 기체로 공기 중에 78 % 함유되어 있다.
㉰ 가장 간단한 올레핀계 탄화수소 가스로서 무색·무독한 냄새가 있다.
㉱ 무색·무취의 공기보다 무거운 기체로 대기 중에 약 0.03 % 함유되어 있다.

해설 ㉮ $C_2H_4O + H_2O \rightarrow HOC_2 H_4OH$
㉯ 질소 (N_2)에 대한 설명
㉰ 에틸렌 (C_2H_4)의 설명
㉱ 이산화탄소 (CO_2)의 설명

문제 82. 다음 가스 중 산화철이나 산화알루미늄에 의해 중합 반응을 생성하는 가스는 어느 것인가?

㉮ 산화에틸렌
㉯ 시안화수소
㉰ 에틸렌
㉱ 아세틸렌

문제 83. 산화에틸렌 충전용기에는 질소 또는 탄산가스를 충전하는데 그 내부가스 압력의 기준으로 옳은 것은?

㉮ 상온에서 0.2 MPa 이상
㉯ 35℃에서 0.2 MPa 이상
㉰ 40℃에서 0.4 MPa 이상
㉱ 45℃에서 0.4 MPa 이상

해설 • 산화에틸렌 (C_2H_4O)의 충전 기준
① 산화에틸렌 저장탱크는 질소가스 또는 탄산가스로 치환하고 5℃ 이하로 유지한다.
② 산화에틸렌 용기에 충전 시에는 질소 또는 탄산가스로 치환한 후 산 또는 알칼리를 함유하지 않는 상태로 충전한다.
③ 산화에틸렌 저장탱크는 45℃에 내부압력이 0.4 MPa 이상이 되도록 질소 또는 탄산가스를 충전한다.

문제 84. 황화수소에 대한 설명 중 옳지 않은 것은?

㉮ 건조된 상태에서 수은, 동과 같은 금속과 반응한다.

해답 78. ㉯ 79. ㉱ 80. ㉯ 81. ㉮ 82. ㉮ 83. ㉱ 84. ㉮

ⓒ 무색의 특유한 계란 썩는 냄새가 나는 기체이다.

ⓔ 고농도를 다량으로 흡입할 경우에는 인체에 치명적이다.

ⓕ 농질산, 발연질산 등의 산화제와 심하게 반응한다.

해설 건조한 상태에서는 수은, 은, 동과 같은 금속과 반응하지 않으나, 수분이 함유된 공기 중에서는 금, 백금 이외의 모든 금속과 작용하여 황화물을 만든다.

문제 **85.** 수분이 존재하면 일반강재를 부식시키는 가스는?

ⓐ 일산화탄소　　　ⓑ 수소
ⓒ 황화수소　　　　ⓓ 질소

해설 • 수분 존재 시 강재를 부식시키는 가스
염소(Cl_2), 황화수소(H_2S), 이산화탄소(CO_2), 포스겐($COCl_2$)

문제 **86.** 다음의 성질을 갖는 기체는?

① 2중 결합을 가지므로 각종 부가반응을 일으킨다.
② 무색, 독특한 감미로운 냄새를 지닌 기체이다.
③ 물에는 거의 용해되지 않으나 알코올, 에테르에는 잘 용해된다.
④ 아세트알데히드, 산화에틸렌, 에탄올, 이산화에틸렌 등을 얻는다.

ⓐ 아세틸렌　　　ⓑ 프로판
ⓒ 에틸렌　　　　ⓓ 프로필렌

문제 **87.** 염화메탄의 특징에 대한 설명으로 틀린 것은?

ⓐ 무취이다.
ⓑ 공기보다 무겁다.
ⓒ 수분 존재 시 금속과 반응한다.
ⓓ 유독한 가스이다.

해설 • 염화메탄(CH_3Cl)의 특징

① 상온에서 무색의 기체로 에테르취가 난다.
② 염화메틸이 수분이 존재할 때 가열하면 가수분해하여 메탄올과 염화수소가 된다.
$$CH_3Cl + H_2O \rightarrow CH_3OH + HCl$$
③ 건조된 염화메틸은 알칼리, 알칼리토금속, 마그네슘, 아연, 알루미늄 이외의 금속과는 반응하지 않는다.
④ 메탄과 염소 반응 시 생성되며 냉동기 냉매로 사용 된다.
⑤ 독성가스(50 ppm), 가연성 가스(8.1~17.4 %)이다.

문제 **88.** 인화점이 $-30℃$로 전구 표면이나 증기 파이프에 닿기만 해도 발화하는 것은 어느 것인가?

ⓐ CS_2　ⓑ C_2H_2　ⓒ C_2H_4　ⓓ C_3H_8

해설 • 이황화탄소(CS_2)의 성질
① 허용농도 : TLV-TWA 20 ppm
② 폭발범위 : 1.25~44 v%
③ 인화점 : $-30℃$
④ 발화점 : $100℃$

문제 **89.** 다음 중 프레온 가스의 용도로 옳은 것은?
ⓐ 형광등 등 방전관의 충전제
ⓑ 합성고무의 제조
ⓒ 냉동기의 냉매로 사용
ⓓ 알루미늄의 절단 및 용접용

문제 **90.** 다음 중 분해에 의한 폭발에 해당되지 않는 것은?
ⓐ 시안화수소
ⓑ 아세틸렌
ⓒ 히드라진
ⓓ 산화에틸렌

해설 • 시안화수소(HCN) : 산화폭발, 중합폭발

문제 **91.** 폭발 등의 사고발생 원인을 기술한 것 중 틀린 것은?
ⓐ 산소의 고압배관 밸브를 급격히 열면 배관 내의 철, 금속 등이 급격히 움직여

발화의 원인이 된다.

㉯ 염소와 암모니아를 접촉할 때 염소과잉의 경우는 대단히 강한 폭발성 물질인 NCl_3를 생성하여 사고발생의 원인이 된다.

㉰ 아르곤은 수은과 접촉하면 위험한 성질인 아르곤-수은을 생성하여 사고발생의 원인이 된다.

㉱ 아세틸렌은 동 (Cu) 금속과 반응하여 금속 아세틸드를 생성하여 사고발생의 원인이 된다.

해설 아르곤은 불활성 기체로 다른 원소와 반응하지 않는다.

문제 **92.** 다음의 가스에 대한 일반적인 성질에 대한 설명 중 잘못된 것은?

㉮ H_2 – 고온, 저압 하에서 탄소강과 반응하여 수소취성을 일으킨다.

㉯ Cl_2 – 황록색의 자극성 냄새가 나는 맹독성 기체이다.

㉰ HCl – 암모니아와 접촉하면 흰 연기가 발생한다.

㉱ HCN – 복숭아 냄새가 나는 맹독성 기체로 쉽게 액화한다.

해설 • 수소취성 : 고온·고압 하에서 강제 중의 탄소와 반응하여 메탄 (CH_4)이 생성되어 강을 취화한다.

$$Fe_3C + 2H_2 \rightarrow 3Fe + CH_4$$

※ 수소취성 방지 원소 : W, V, Mo, Ti, Cr

문제 **93.** 가스와 그 용도를 짝지은 것 중 틀린 것은?

㉮ 프레온 – 냉장고의 냉매

㉯ 이산화황 – 환원성 표백제

㉰ 시안화수소 – 아크릴로니트릴 제조

㉱ 에틸렌 – 메탄올 합성원료

해설 • 에틸렌 (C_2H_4)의 용도
① 합성수지, 합성섬유, 합성고무 제조용
② 폴리에틸렌 제조

③ 아세트알데히드, 산화에틸렌, 에탄올 제조
※ 메탄올 (CH_3OH)의 합성원료는 일산화탄소 (CO)와 수소 (H_2)이다.

문제 **94.** 다음 각 가스의 성질에 대한 설명으로 옳은 것은?

㉮ 산화에틸렌은 분해폭발성이 있다.

㉯ 포스겐의 비점은 −128℃로서 매우 낮다.

㉰ 염소는 가연성 가스로서 물에 매우 잘 녹는다.

㉱ 일산화탄소는 가연성이며 액화하기 쉬운 가스이다.

해설 ㉮ 산화에틸렌 (C_2H_4O)의 폭발성 : 산화폭발, 분해폭발, 중합폭발의 위험성이 있다.

㉯ 포스겐 ($COCl_2$)의 비점 : 8.2℃

㉰ 염소 (Cl_2) : 조연성 가스, 독성가스 (TLV-TWA 1 ppm)이고, 20℃ 물 100 cc에 230 cc 용해한다.

㉱ 일산화탄소 (CO) : 비점이 −192℃로 매우 낮아 압축가스로 취급한다.

문제 **95.** 가스의 탈황방법 중 흡수액으로 탄산소다 또는 탄산칼리 수용액을 사용, 고압 하에서 황화수소를 흡수하여 흡수액을 감압·가열하여 황화수소를 분리·방출하는 방법은?

㉮ 진공 카보네이트법

㉯ 사이록스법

㉰ 후막스법

㉱ 다카학스법

문제 **96.** 가스 중의 황화수소 제거법 중 알칼리 물질로 암모니아 또는 탄산소다를 사용하며, 촉매는 티오비산염을 사용하는 방법은?

㉮ 사이록스법

㉯ 진공 카보네이트법

㉰ 후막스법

㉱ 타카학스법

해답 92. ㉮ 93. ㉱ 94. ㉮ 95. ㉮ 96. ㉮

제 3 장 LPG (액화석유가스) 설비

1. LPG의 일반사항

(1) LP가스의 기초사항

① LP가스의 정의 : liquefied petroleum gas 의 약자이다.

② 탄화수소의 분류

(가) 파라핀계 (포화) 탄화수소

㉮ 일반식 : C_nH_{2n+2}

㉯ 주성분 : 메탄 (CH_4), 에탄 (C_2H_6), 프로판 (C_3H_8), 부탄 (C_4H_{10})

㉰ 특징 : 화학적으로 안정되어 연료에 주로 사용한다.

(나) 올레핀계 (불포화) 탄화수소

㉮ 일반식 : C_nH_{2n}

㉯ 주성분 : 에틸렌 (C_2H_4), 프로필렌 (C_3H_6), 부틸렌 (C_4H_8)

㉰ 특징 : 화학적으로 불안정한 결합 상태로 주로 석유화학 제품의 원료로 사용한다.

③ LP가스의 조성 : 석유계 저급 탄화수소의 혼합물로 탄소 수가 3개에서 5개 이하의 것으로 프로판 (C_3H_8), 부탄 (C_4H_{10}), 프로필렌 (C_3H_6), 부틸렌 (C_4H_8), 부타디엔 (C_4H_6) 등이 포함되어 있다.

④ 제조법

(가) 습성 천연가스 및 원유에서 회수

㉮ 압축냉각법 : 농후한 가스에 적용

㉯ 흡수유에 의한 흡수법

㉰ 활성탄에 의한 흡착법 : 희박한 가스에 적용

(나) 제유소 가스에서 회수 : 원유 정제공정에서 발생하는 가스에서 회수

(다) 나프타 분해 생성물에서 회수 : 나프타를 이용하여 에틸렌 제조 시 회수

(라) 나프타의 수소화 분해 : 나프타를 이용하여 LPG 생산이 주목적

(2) LP가스의 특징

① LP가스는 공기보다 무겁다.

② 액상의 LP가스는 물보다 가볍다.

③ 액화, 기화가 쉽다.

④ 기화하면 체적이 커진다.

⑤ 기화열 (증발잠열)이 크다.

⑥ 무색 · 무취 · 무미하다.

⑦ 용해성이 있다.

⑧ 정전기 발생이 쉽다.

(3) LP가스 연소의 특징

① 타 연료와 비교하여 발열량이 크다.

② 연소 시 공기량이 많이 필요하다.

③ 폭발범위 (연소범위)가 좁다.

④ 연소속도가 느리다.

⑤ 발화온도가 높다.

※ 탄화수소에서 탄소 (C) 수가 증가할수록 나타나는 현상

① 증가하는 것 : 비등점, 융점, 비중, 발열량

② 감소하는 것 : 증기압, 발화점, 폭발하한값, 폭발범위값, 증발잠열, 연소속도

2. LP가스 충전설비 (처리설비)

(1) LP가스의 이입 · 충전방법

① 차압에 의한 방법 : 펌프 등을 사용하지 않고 압력차를 이용하는 방법 (탱크로리 > 저장탱크)

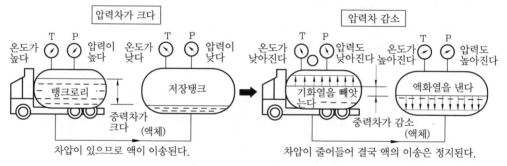

차압에 의한 이입 · 충전 방법

② 액 펌프에 의한 방법

㈎ 기상부의 균압관이 없는 경우

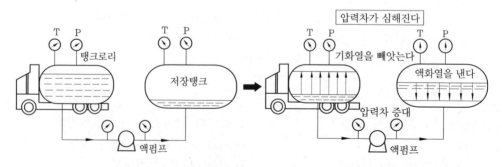

액 펌프에 의한 이입 · 충전 방법 (균압관이 없는 경우)

(내) 기상부에 균압관이 있는 경우

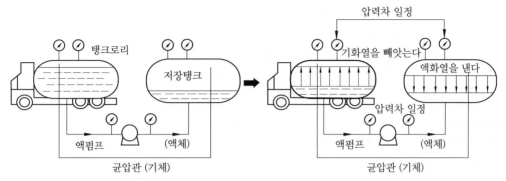

액 펌프에 의한 이입·충전 방법 (균압관이 있는 경우)

(대) 장점

　㉮ 재액화 현상이 없다.　　　　　㉯ 드레인 현상이 없다.

(라) 단점

　㉮ 충전시간이 길다.　　　　　㉯ 잔가스 회수가 불가능하다.

　㉰ 베이퍼 로크 현상이 일어나 누설의 원인이 된다.

(마) 펌프의 종류 : 원심 펌프, 기어 펌프, 베인 펌프

③ 압축기에 의한 방법

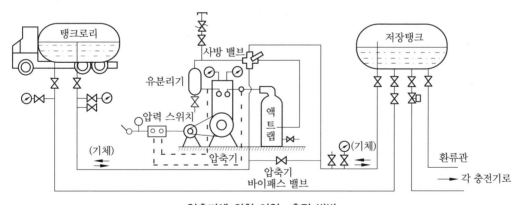

압축기에 의한 이입·충전 방법

(가) 장점

　㉮ 펌프에 비해 이송시간이 짧다.　　㉯ 잔가스 회수가 가능하다.

　㉰ 베이퍼 로크 현상이 없다.

(나) 단점

　㉮ 부탄의 경우 재액화 현상이 일어난다.

　㉯ 압축기 오일이 유입되어 드레인의 원인이 된다.

(다) 부속기기

　㉮ 액 트랩 (액분리기) : 압축기 흡입 측에 설치하여 액 압축을 방지

　㉯ 자동정지 장치 : 흡입, 토출압력이 설정압력 이상 또는 이하로 되었을 때 운전을 정

지시켜 압축기를 보호한다.
ⓒ 사방 밸브 (4 - way valve) : 압축기의 흡입 측과 토출 측을 전환하여 액 이송과 가스
회수를 동시에 할 수 있다.
ⓓ 유분리기 : 토출 측에 설치하여 오일 (윤활유)을 분리한다.

(2) 이입 · 충전 작업을 중단해야 하는 경우

① 과충전이 되는 경우
② 충전 작업 중 주변에서 화재 발생 시
③ 탱크로리와 저장탱크를 연결한 호스 등에서 누설이 되는 경우
④ 압축기 사용 시 워터해머 (액 압축)가 발생하는 경우
⑤ 펌프 사용 시 액 배관 내에서 베이퍼 로크 (vapor - lock)가 심한 경우

3. LP가스 저장 및 공급설비

(1) 수입기지

(2) LP가스의 저장방법

① 용기에 의한 저장 : 가스 소비량이 적은 경우 충전용기를 여러 개 설치하여 자연기화 방
법, 강제기화에 의해서 사용한다.
② 횡형 원통형 탱크에 의한 저장 : 대량으로 사용하는 곳에 적당하다.
③ 구형 탱크에 의한 저장 : 소비량이 수백 톤 이상의 대량소비처에 적당하다.

(3) LP가스 공급설비

① 자연기화방식 : 용기 내의 LP가스가 대기 중의 열을 흡수하여 기화하는 방식으로 기화능
력에 한계가 있고 가스 조성 및 발열량 변화가 크다.
② 강제기화방식 : 기화장치를 이용하여 공급하는 방법이다.
㈎ 생가스 공급방식 : 기화된 가스 그대로 공급하는 방법이다.
㈏ 공기혼합가스 공급방식 : 기화된 LP가스에 일정량의 공기를 혼합하여 공급하는 방법
으로 다음과 같은 특징이 있다.
⑦ 발열량 조절   ④ 재액화 방지
⑤ 누설 시 손실감소   ④ 연소효율 증대

(다) 변성가스 공급방식 : 부탄을 고온의 촉매를 이용하여 메탄, 수소, 일산화탄소 등의 가
스로 변성시켜 공급하는 방법이다.

③ 집합공급 설비 용기 수 계산

(가) 피크 시 평균가스 소비량 (kg/h)

= 1일 1호당 평균가스 소비량 (kg/day) × 세대 수 × 피크 시의 평균가스 소비율

(나) 필요 최저 용기 수

$$= \frac{\text{피크 시 평균가스소비량(kg/h)}}{\text{피크 시 용기 가스발생능력(kg/h)}}$$

(다) 2일분 용기 수

$$= \frac{\text{1일 1호당 평균가스 소비량(kg/day)} \times 2일 \times 세대 수}{\text{용기의 질량(크기)}}$$

(라) 표준 용기 설치 수 = 필요 최저 용기 수 + 2일분 용기 수

(마) 2열 합계 용기 수 = 표준 용기 수 × 2

④ 영업장의 용기 수 계산

$$\text{용기 수} = \frac{\text{최대소비수량(kg/h)}}{\text{표준 가스발생능력(kg/h)}}$$

⑤ 용기교환주기 계산

$$\text{교환 주기} = \frac{\text{총가스량}}{\text{1일 가스 소비량}} = \frac{\text{용기의 크기(kg)} \times \text{용기 수}}{\text{가스 소비량(kg/h)} \times \text{연소기 수} \times \text{1일 평균 사용시간}}$$

4. LP가스 사용설비

(1) LPG 충전용기

① 탄소강으로 제작하며 용접용기이다.

② 용기 재질은 사용 중 견딜 수 있는 연성, 전성, 강도가 있어야 한다.

③ 내식성, 내마모성이 있어야 한다.

④ 안전밸브는 스프링식을 부착한다.

⑤ 충전량 계산식

$$G = \frac{V}{C}$$

여기서, G : 충전질량 (kg) V : 용기 내용적 (L)

C : 충전상수 (C_3H_8 : 2.35, C_4H_{10} : 2.05)

(2) 조정기 (調整器, regulator)

① 기능 : 유출압력 조절로 안정된 연소를 도모하고, 소비가 중단되면 가스를 차단한다.

② 구조

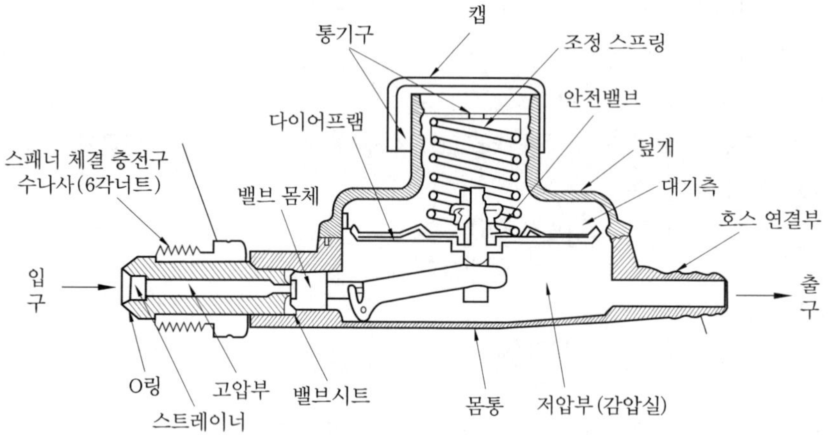

조정기의 구조

③ 조정기의 종류 및 특징

㈎ 단단 감압식 조정기

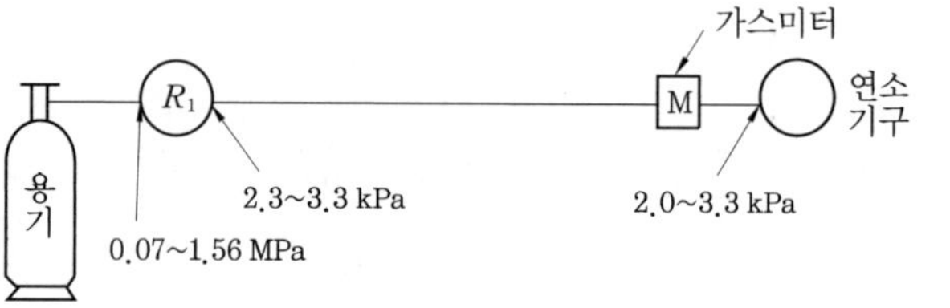

단단 감압식 저압 조정기

㉮ 저압 조정기 : 가정, 소규모 소비자에서 조정기 1개로 감압하여 사용한다.

㉯ 준저압 조정기 : 식당 등에서 다량으로 소비할 때 조정기 1개로 5~30 kPa로 감압하여 사용한다.

㉰ 장점 : 장치가 간단하다. 조작이 간단하다.

㉱ 단점 : 배관 지름이 커야 한다. 최종압력이 부정확하다.

㈏ 2단 감압식 조정기 : 1차 조정기와 2차 조정기를 사용하여 가스를 공급한다.

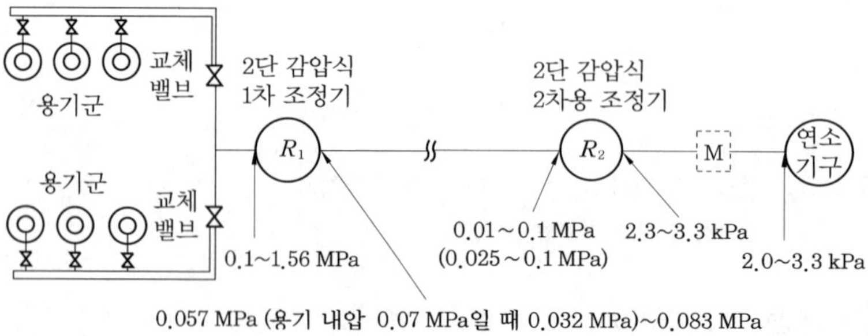

2단 감압식 조정기

㉮ 장점

ⓐ 입상배관에 의한 압력 손실을 보정할 수 있다.

ⓑ 가스 배관이 길어도 공급압력이 안정된다.

ⓒ 각 연소기구에 알맞은 압력으로 공급이 가능하다.

ⓓ 중간 배관의 지름이 작아도 된다.

㉯ 단점

ⓐ 설비가 복잡하고, 검사방법이 복잡하다.

ⓑ 조정기 수가 많아서 점검 부분이 많다.

ⓒ 부탄의 경우 재액화의 우려가 있다.

ⓓ 시설의 압력이 높아서 이음방식에 주의하여야 한다.

⒟ 자동교체식 조정기

㉮ 분리형 : 2단 감압방식이며 2단 1차 기능과 자동교체 기능을 동시에 발휘한다.

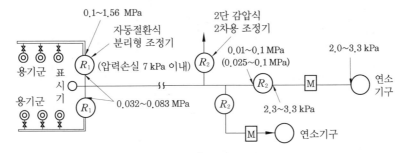

자동교체식 분리형 조정기

㉯ 일체형 : 2차 측 조정기 1개로서 각 연소기구의 사용압력을 일체로 조정해 준다.

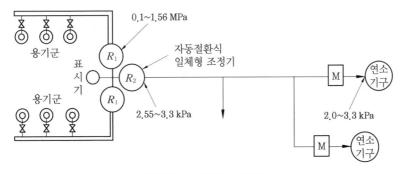

자동교체식 일체형 조정기

㉰ 자동교체식 조정기 사용 시 장점

ⓐ 전체용기 수량이 수동교체식의 경우보다 적어도 된다.

ⓑ 잔액이 거의 없어질 때까지 소비된다.

ⓒ 용기 교환주기의 폭을 넓힐 수 있다.

ⓓ 분리형을 사용하면 배관의 압력 손실을 크게 해도 된다.

④ 조정기의 성능 : 조정압력 3.3 kPa 이하인 조정기

　㈎ 조정압력 : 2.3~3.3 kPa

　㈏ 폐쇄압력 : 3.5 kPa 이하

　㈐ 안전장치 작동압력

　　㉮ 표준압력 : 7.0 kPa　　　　　　㉯ 작동개시압력 : 5.6~8.4 kPa

　　㉰ 작동정지압력 : 5.04~8.4 kPa

⑤ 조정기의 용량 : 총 가스소비량의 1.5배 이상

(3) 기화기 (vaporizer)

① 구성 3요소 : 기화부, 제어부, 조압부

② 기화장치 구조

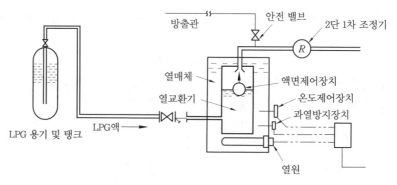

기화기 구조도

　㈎ 열교환기 : 액체 상태의 LP가스를 열교환에 의해 가스화하는 부분

　㈏ 온도제어장치 : 열매체 온도를 일정범위 내에 보존하기 위한 장치

　㈐ 과열방지장치 : 열매체 온도가 이상 상승하였을 때 입열을 차단시키는 장치

　㈑ 액면제어장치 : 액체상태의 LP가스가 유출되는 것을 방지하는 장치

　㈒ 압력 조정기 : 기화된 LP가스를 사용압력으로 조정하는 장치

　㈓ 안전밸브 : 기화기 내부 압력이 상승하였을 때 가스압을 외부로 방출하는 장치

③ 기화기 사용 시 장점

　㈎ 한랭 시에도 연속적으로 가스공급이 가능하다.

　㈏ 공급가스의 조성이 일정하다.

　㈐ 설치면적이 적어진다.

　㈑ 기화량을 가감할 수 있다.

　㈒ 설비비 및 인건비가 절약된다.

(4) 배관설비

① 가스 배관의 종류

　㈎ 강관

　　㉮ 강관의 특징

ⓐ 인장강도와 내충격성이 크다.

ⓑ 배관작업이 용이하다.

ⓒ 비철금속관에 비교하여 경제적이다.

ⓓ 부식으로 인한 배관수명이 짧다.

㉯ 스케줄 번호 (schedule number) : 사용압력과 배관재료의 허용응력과의 비에 의하여 배관 두께의 체계를 표시한 것이다.

$$Sch \quad No = 10 \times \frac{P}{S}$$

여기서, P : 사용압력 (kgf/cm^2)

S : 재료의 허용응력 (kgf/mm^2) $\left(S = \frac{인장강도\ (kgf/mm^2)}{안전율} \right)$

㉰ 강관의 종류 및 특징

종 류	규격기호	용도 및 특징
배관용 탄소강관	SPP	사용압력이 비교적 낮은 (1 MPa 이하) 증기, 물, 기름, 가스 및 공기의 배관용으로 사용되며 흑관과 백관이 있다. 호칭 6A~500A
압력배관용 탄소강관	SPPS	350℃ 이하의 온도에서 압력 1~10 MPa까지의 배관에 사용한다. 호칭은 호칭지름과 두께 (스케줄 번호)에 의한다. 호칭 6A~500A
고압배관용 탄소강관	SPPH	350℃ 이하의 온도에서 압력 10 MPa 이상의 배관에 사용한다. 호칭은 SPPS관과 동일하다. 호칭 6A~500A
고온배관용 탄소강관	SPHT	350℃ 이상의 온도에서 사용하는 배관용이다. 호칭은 SPPS관과 동일하다. 호칭 6A~500A
저온배관용 탄소강관	SPLT	빙점 이하의 저온도 배관에 사용한다. 두께는 스케줄 번호에 의한다. 호칭 6A~500A
배관용 아크용접 탄소강관	SPW	사용압력 1 MPa 이하의 비교적 낮은 증기, 물, 기름, 가스 및 공기 등의 배관용이다. 호칭 350A~1500A
배관용 합금강관	SPA	주로 고온도의 배관에 사용한다. 두께는 스케줄 번호에 의한다. 호칭 6A~500A
배관용 스테인리스강관	STS×T	내식용, 내열용 및 고온배관용, 저온배관용에 사용한다. 두께는 스케줄 번호에 의한다. 호칭 6A~300A
연료가스 배관용 탄소강관	SPPG	SPP관보다 기계적 성질을 향상시킨 재료로 주로 연료가스 사용시설의 내관에 사용한다.

(4) 가스용 폴리에틸렌관 (PE관 : polyethylene pipe) : 에틸렌을 중합시킨 열가소성 수지로 가열하면 경화가 되며, 더욱 가열하면 녹아 유동성을 갖는다.

㉮ 가스용 폴리에틸렌관 설치기준

ⓐ 관은 매몰하여 시공

ⓑ 관의 굴곡 허용반지름 : 바깥지름의 20배 이상

ⓒ 탐지형 보호포, 로케팅 와이어 (단면적 6mm² 이상) 설치

ⓓ 허용압력 범위

호 칭	SDR	허용압력
1호 관	11 이하	0.4 MPa 이하
2호 관	17 이하	0.25 MPa 이하
3호 관	21 이하	0.2 MPa 이하

※ SDR (standard dimension ration) $= \dfrac{D \,(바깥\ 지름)}{t \,(최소\ 두께)}$

㉯ 이음 방법 : 융착 (용융 + 압착)이음을 한다.

ⓐ 맞대기 융착 (butt fusion) : 관을 직접 맞대어 융착이음한다.

ⓑ 소켓 융착 (socket fusion) : 관을 소켓에 끼워 넣어 융착이음한다.

ⓒ 새들 융착 (saddle fusion) : 가스용 폴리에틸렌관 중간에서 분기할 때 사용하는 이음방법이다.

㉰ 폴리에틸렌 피복강관 (PLP관) : 연료가스 배관용 탄소강관 (SPPG) 외면에 폴리에틸렌을 코팅하여 부식에 견딜 수 있게 한 것으로 매설배관재로 사용된다.

② 배관 내의 압력손실

㉮ 마찰저항에 의한 압력손실

㉠ 유속의 2승에 비례한다 (유속이 2배이면 압력손실은 4배이다).

㉡ 관의 길이에 비례한다 (길이가 2배이면 압력손실은 2배이다).

㉢ 관 안지름의 5승에 반비례한다 (지름이 1/2로 작아지면 압력손실은 32배이다).

㉣ 관 내벽의 상태와 관계있다 (내면의 상태가 거칠면 압력손실이 커진다).

㉤ 유체의 점도와 관계있다 (유체의 점도가 커지면 압력손실이 커진다).

㉥ 압력과는 관계없다.

㉯ 입상배관에 의한 압력손실

$$H = 1.293 \, (S - 1) \, h$$

여기서, H : 가스의 압력손실 (mmH₂O), S : 가스의 비중

h : 입상높이 (m)

※ 가스비중이 공기보다 작은 경우 "−" 값이 나오면 압력이 상승되는 것이다.

[SI 단위]

$$H = 1.293 \, (S - 1) \, h \times 10^{-2}$$

여기서, H : 가스의 압력손실 (kPa), S : 가스의 비중

h : 입상높이 (m)

③ 유량계산

(개) 저압배관

$$Q = K \sqrt{\frac{D^5 \cdot H}{S \cdot L}}$$

여기서, Q : 가스의 유량 (m³/h), D : 관 안지름 (cm), H : 압력손실 (mmH₂O)

S : 가스의 비중, L : 관의 길이 (m), K : 유량계수 (폴의 상수 : 0.707)

(내) 중·고압배관

$$Q = K \sqrt{\frac{D^5 \cdot (P_1^2 - P_2^2)}{S \cdot L}}$$

여기서, Q : 가스의 유량 (m³/h), D : 관 안지름 (cm), P_1 : 초압 (kgf/cm² · a)

P_2 : 종압 (kgf/cm² · a), S : 가스의 비중, L : 관의 길이 (m)

K : 유량계수 (코크스의 계수 : 52.31)

④ 배관에서의 응력 및 진동의 원인

(개) 응력의 원인

㉮ 열팽창에 의한 응력 ㉯ 내압에 의한 응력

㉱ 냉간가공에 의한 응력 ㉰ 용접에 의한 응력

㉲ 배관 재료의 무게에 의한 응력 ㉳ 배관 부속물 등에 의한 응력

(내) 진동의 원인

㉮ 펌프, 압축기에 의한 영향

㉯ 유체의 압력 변화에 의한 영향

㉱ 안전밸브 작동에 의한 영향

㉰ 관의 굴곡에 의해 생기는 힘의 영향

㉲ 바람, 지진 등에 의한 영향

(5) 연소기구

① 연소방식의 분류

(개) 적화 (赤火)식 : 연소에 필요한 공기를 2차 공기로 취하는 방식으로 역화와 소화음 (消火音), 연소음이 없다. 공기조절이 불필요하며, 가스압이 낮은 곳에서도 사용할 수 있다. 순간 온수기, 파일럿 버너 등에 사용된다.

(내) 분젠식 : 가스를 노즐로부터 분출시켜 주위의 공기를 1차 공기로 흡입하는 방식으로 연소속도가 빠르고, 선화현상 및 소화음, 연소음이 발생한다. 일반가스기구에 사용된다.

(대) 세미분젠식 : 적화식과 분젠식의 혼합형으로 1차 공기량을 40 % 이하 취하는 방식으로 역화의 위험이 적다.

(래) 전 1차 공기식 : 연소용 공기를 송풍기로 압입하여 가스와 강제 혼합하여 필요한 공기를 모두 1차 공기로 하여 연소하는 방식이다. 공업용 로 등에 사용된다.

② 노즐에서 가스 분출량 계산

$$Q = 0.011\, K D^2 \sqrt{\frac{P}{d}} = 0.009\, D^2 \sqrt{\frac{P}{d}}$$

여기서, Q : 가스 분출량 (m^3/h), K : 유출계수 (0.8), D : 노즐 지름 (mm)

P : 분출 가스압력 (mmH_2O), d : 가스 비중

③ 연소 기구에서 발생하는 이상 현상

(가) 역화 (back fire) : 가스의 연소속도가 염공에서의 가스 유출속도보다 크게 됐을 때 불꽃은 염공에서 버너 내부에 침입하여 노즐의 선단에서 연소하는 현상으로 원인은 다음과 같다.

㉮ 염공이 크게 되었을 때

㉯ 노즐의 구멍이 너무 크게 된 경우

㉰ 콕이 충분히 개방되지 않은 경우

㉱ 가스의 공급압력이 저하되었을 때

㉲ 버너가 과열된 경우

(나) 선화 : 염공에서의 가스의 유출속도가 연소속도보다 커서 염공에 접하여 연소하지 않고 염공을 떠나 공간에서 연소하는 현상으로 원인은 다음과 같다.

㉮ 염공이 작아졌을 때

㉯ 공급압력이 지나치게 높을 경우

㉰ 배기 또는 환기가 불충분할 때 (2차 공기량 부족)

㉱ 공기 조절장치를 지나치게 개방하였을 때 (1차 공기량 과다)

(다) 블로 오프 (blow off) : 불꽃 주변 기류에 의하여 불꽃이 염공에서 떨어져 연소하는 현상

(라) 옐로 팁 (yellow tip) : 불꽃의 끝이 적황색으로 되어 연소하는 현상으로 연소반응이 충분한 속도로 진행되지 않을 때, 1차 공기량이 부족하여 불완전연소가 될 때 발생한다.

(마) 불완전연소의 원인

㉮ 공기 공급량 부족　　　　　　㉯ 배기 불충분

㉰ 환기 불충분　　　　　　　　㉱ 가스 조성의 불량

㉲ 연소기구의 부적합　　　　　㉳ 프레임의 냉각

④ 연소기구가 갖추어야 할 조건

(가) 가스를 완전연소시킬 수 있을 것

(나) 연소열을 유효하게 이용할 수 있을 것

(다) 취급이 쉽고 안정성이 높을 것

⑤ 염공 (炎孔 : 불꽃 구멍)이 갖추어야 할 조건

(가) 모든 염공에 빠르게 불이 옮겨서 완전히 점화될 것

(나) 불꽃이 염공 위에 안정하게 형성될 것

(다) 가열 불에 대하여 배열이 적정할 것

(라) 먼지 등이 막히지 않고 청소가 용이할 것

(마) 버너의 용도에 따라 여러 가지 염공이 사용될 수 있을 것

예 상 문 제

문제 1. 다음 중 LPG의 주성분이 아닌 것은?

㉮ C_3H_8 ㉯ C_4H_{10} ㉰ C_2H_4 ㉱ C_4H_8

해설 LPG는 석유계 저급탄화수소의 혼합물로 탄소 수가 3개에서 5개 이하의 것이 주성분이다.

문제 2. 다음 중 LP가스의 특징으로 옳은 것은 어느 것인가?

㉮ LP가스의 액체는 물보다 가볍다.

㉯ LP가스의 기체는 공기보다 가볍다.

㉰ LP가스는 푸른 색상을 띠며 강한 취기를 가졌다.

㉱ LP가스는 용해성은 없다.

해설 • LP가스의 특징
① LP가스는 공기보다 무겁다.
② 액상의 LP가스는 물보다 가볍다.
③ 액화, 기화가 쉽다.
④ 기화하면 체적이 커진다.
⑤ 기화열 (증발잠열)이 크다.
⑥ 무색·무취·무미하다.
⑦ 용해성이 있다.

문제 3. 다음 중 LPG의 성질이 아닌 것은?

㉮ 상온·상압에서 액체로 존재한다.

㉯ 기체의 무게는 공기의 1.5~2배이다.

㉰ 무색·무취이므로 TBM을 첨가한다.

㉱ 프로판의 비점은 −42.1℃로 부탄보다 낮다.

해설 상온·상압에서 기체로 존재한다.

문제 4. LPG (액화석유가스)의 일반적인 특징에 대한 설명으로 틀린 것은?

㉮ 저장탱크 또는 용기를 통해 공급된다.

㉯ 발열량이 크고 열효율이 높다.

㉰ 가스는 공기보다 무거우나 액체는 물보다 가볍다.

㉱ 물에 녹지 않으며, 연소 시 메탄에 비

해 공기량이 적게 소요된다.

해설 프로판 (C_3H_8)과 메탄 (CH_4)의 완전연소 반응식 비교
① $C_3H_8 + 5O_2 \rightarrow 3CO_2 + 4H_2O$
② $CH_4 + 2O_2 \rightarrow CO_2 + 2H_2O$
∴ 이론공기량 비 $= \dfrac{C_3H_8 \ 공기량}{CH_4 \ 공기량} = \dfrac{5}{2}$
$= 2.5$배
즉, 프로판 (C_3H_8)이 메탄 (CH_4)보다 2.5배 많은 공기가 소요된다.

문제 5. LP가스의 장점으로 옳은 것은?

㉮ 열용량이 적어 공급관 지름이 작다.

㉯ 증기압의 이용으로 가압장치가 필요 없다.

㉰ 피크 사용 시 조성균일을 위해 조정이 필요하다.

㉱ 열량이 적어 공급압력 설정이 자유롭다.

문제 6. 액화석유가스 (LPG)를 용기 또는 소형 저장탱크에 충전 시 기상부는 용기 내용적의 15 %를 확보하도록 하고 있다. 다음 중 어떤 이유 때문인가?

㉮ 용기의 부식 여유를 갖도록

㉯ 액체 상태의 유동성을 갖도록

㉰ 충전된 액체 상태의 부피의 양을 줄이도록

㉱ 온도 상승에 따른 액화가스의 부피팽창

해설 온도 상승에 따른 액화석유가스 (LPG)의 부피팽창을 흡수하기 위하여 안전공간을 확보한다.

문제 7. 다음 중 LP가스의 제조법이 아닌 것은?

㉮ 석유정제공정으로부터 제조

㉯ 일산화탄소의 전화법에 의한 제조

㉰ 나프타 분해 생성물로부터 제조

㉱ 습성 천연가스 및 원유로부터 제조

해답 1. ㉰   2. ㉮   3. ㉮   4. ㉱   5. ㉯   6. ㉱   7. ㉯

해설 • 일산화탄소 전화법 : 수소제조법

$$CO + H_2O \rightarrow CO_2 + H_2$$

문제 **8.** 천연가스로부터 LP가스를 회수하는 방법으로 옳지 않은 것은?

㉮ 냉각수 회수법   ㉯ 냉동법

㉰ 흡착법   ㉱ 흡수법

해설 • 습성 천연가스 및 원유에서 LPG를 회수하는 방법

① 압축 냉각법 : 농후한 가스에 이용

② 흡수유에 의한 흡수법

③ 활성탄에 의한 흡착법 : 희박한 가스에 이용

문제 **9.** 탄화수소에서 탄소(C)의 수가 증가할수록 높아지는 것은?

㉮ 증기압   ㉯ 발화점

㉰ 비등점   ㉱ 폭발하한계

해설 탄소(C) 수가 증가할수록

① 증가하는 것 : 비등점, 융점, 비중, 발열량

② 감소하는 것 : 증기압, 발화점, 폭발하한값, 폭발범위값, 증발잠열

문제 **10.** LPG를 지상의 탱크로리에서 지상의 저장탱크로 이송하는 방법 중 옳지 않은 것은?

㉮ 위치에너지를 이용한 자연 충전방법

㉯ 차압에 의한 충전방법

㉰ 액 펌프를 이용한 충전방법

㉱ 압축기를 이용한 충전방법

문제 **11.** 액화석유가스를 이송하는 방법에는 압축기를 사용하는 경우와 액송 펌프를 사용하는 경우가 있다. 액송 펌프를 사용하는 경우의 단점이 아닌 것은?

㉮ 충전시간이 길다.

㉯ 베이퍼 로크 등의 이상이 있다.

㉰ 저온에서 부탄이 재액화될 수 있다.

㉱ 탱크로리 내의 잔가스 회수가 불가능하다.

해설 • 펌프 사용 시 특징

(1) 장점

① 재액화 현상이 없다.

② 드레인 현상이 없다.

(2) 단점 : ㉮, ㉯, ㉱

문제 **12.** 탱크로리에서 저장탱크로 액화석유가스를 이송할 때 압축기에 의한 이송방법의 장점이 아닌 것은?

㉮ 저온에서도 재액화가 일어나지 않는다.

㉯ 충전시간이 짧다.

㉰ 베이퍼 로크 현상이 생기지 않는다.

㉱ 탱크 내의 잔가스를 회수할 수 있다.

해설 • 압축기 사용 시 단점

① 부탄의 경우 재액화 현상이 있다.

② 드레인의 원인이 된다.

문제 **13.** LP가스 이송설비 중 압축기의 부속장치로서 토출 측과 흡입 측을 전환시키며 액 이송과 가스 회수를 한 동작으로 조작이 용이한 것은 어느 것인가?

㉮ 액 트랩   ㉯ 액 가스분리기

㉰ 전자 밸브   ㉱ 사로 밸브

해설 • 사로 밸브 : 사방 밸브(4-way valve)

문제 **14.** LP가스 수입기지 플랜트를 기능적으로 구별한 설비시스템에서 "고압저장설비"에 해당하는 것은?

수입가스 설비 → 수입설비 → (①) → (②) → (③) → (④)
↓
(2차기지 소비 플랜트)

㉮ ①   ㉯ ②   ㉰ ③   ㉱ ④

해설 ① 저온저장설비, ② 이송설비, ③ 고압저장설비, ④ 출하설비

문제 **15.** 구형 저장탱크의 특징이 아닌 것은?

㉮ 표면적이 다른 탱크보다 작으며 강도가 높다.

㉯ 기초구조가 간단하여 공사가 쉽다.

㉰ 동일 용량, 동일 압력의 경우 원통형

탱크보다 두께가 두꺼워야 한다.

㉱ 모양이 아름답다.

해설 동일 용량, 동일 압력의 경우 원통형 탱크보다 강도가 크기 때문에 두께가 얇아도 된다.

문제 16. 다음 LP가스 공급방식 중 강제기화 방식이 아닌 것은?

㉮ 생가스 공급방식

㉯ 변성가스 공급방식

㉰ 공기혼합가스 공급방식

㉱ 직접 혼입가스 공급방식

해설 • 직접 혼입가스 공급방식 : LPG를 도시가스로 공급하는 방식 중 하나의 방식이다.

문제 17. LP가스 공급설비에서 공기혼합 (air dilute) 방식의 장점이 아닌 것은?

㉮ 연소효율이 증대된다.

㉯ 열량 조절이 자유롭다.

㉰ 공급배관에서 가스의 재액화를 방지할 수 있다.

㉱ 폭발범위 내의 혼합가스를 형성하는 위험성이 없다.

해설 ㉮, ㉯, ㉰ 외 누설 시 손실이 감소된다.

문제 18. LP가스 충전용기에서 가스 증발량 추산과 무관한 것은?

㉮ LP가스의 조성

㉯ 용기 내 가스 잔류량

㉰ 용기의 체적

㉱ LP가스 소비량

문제 19. LPG 공급, 소비설비에서 용기의 크기와 개수를 결정할 때 고려할 사항으로 가장 거리가 먼 것은?

㉮ 소비자 가구 수

㉯ 피크 시의 기온

㉰ 감압방식의 결정

㉱ 1가구당 1일 평균가스 소비량

문제 20. 1호당 1일 평균가스 소비량이 1.33 kg/day이고, 소비자 호수가 60호라면 피크 시의 평균가스 소비량은 약 몇 kg/h인가? (단, 피크 시의 평균가스 소비율은 18 %이다.)

㉮ 14.36 kg/h　　㉯ 10.8 kg/h

㉰ 12.36 kg/h　　㉱ 13.42 kg/h

해설 • 피크 시 평균가스 소비량 (kg/h)

= 1일 1호당 평균가스 소비량 × 호수 × 피크 시 평균 가스 소비율

$= 1.33 \times 60 \times 0.18 = 14.364$ kg/h

문제 21. 소비자 1호당 1일 평균가스 소비량이 1.4 kg/day, 소비호수 5호, 자동절체식 조정기를 사용하는 설비를 설계하면 50 kg 용기는 몇 개 정도 필요한가? (단, 액화석유가스 50 kg 용기의 표준가스 발생능력은 1.10 kg/h, 평균가스 소비율은 40 %, 용기는 2계열 집합으로 설치한다.)

㉮ 3개　㉯ 6개　㉰ 9개　㉱ 12개

해설 ① 필요 최저 용기 수 계산

필요 용기 수

$$= \frac{\text{1호당 평균가스 소비량} \times \text{호수} \times \text{소비율}}{\text{가스발생능력}}$$

$$= \frac{1.4 \times 5 \times 0.4}{1.10} = 2.55 \fallingdotseq 3\text{ 개}$$

② 2계열 용기 수 계산

∴ 2열 용기 수 = 필요 용기 수 × 2 = 3 × 2 = 6개

문제 22. 어느 식당에서 가스레인지 1개의 가스 소비량이 0.4 kg/h이다. 하루 5시간 계속 사용하고, 가스레인지가 8대였다면 용기 수량을 최저 몇 개로 하여야 하는가? (단, 잔량 20 %에서 교환하고, 최저 0℃에서 용기 1개의 가스발생능력은 850 g/h로 한다.)

㉮ 7개　㉯ 5개　㉰ 4개　㉱ 2개

해설 $\text{용기 수} = \frac{\text{최대소비수량}}{\text{가스발생능력}}$

$$= \frac{0.4 \times 8}{0.85} = 3.76 = 4\text{ 개}$$

해답 16. ㉱　17. ㉱　18. ㉱　19. ㉰　20. ㉮　21. ㉯　22. ㉰

문제 **23.** 어떤 공장에서 2 kg/h의 가스를 소비하는 가스연소기 5대를 동시에 사용하여 1일 8시간씩 가동한다면 용기 교환주기는? (단, 용기는 잔액이 20 %일 때 교환하며, 최저온도 0℃에서 용기 1본의 가스 발생능력은 0.85 kg/h로 하고 용기는 20 kg 용기를 사용한다.)

㉮ 약 1일   ㉯ 약 2일

㉰ 약 3일   ㉱ 약 4일

해설 ① 필요 용기 수 계산

$$필요\ 용기\ 수 = \frac{최대소비수량}{용기\ 가스발생능력}$$

$$= \frac{2 \times 5}{0.85} = 11.76 = 12 개$$

② 용기 교환주기 계산

$$용기\ 교환주기 = \frac{총가스량}{1일\ 가스소비량}$$

$$= \frac{12 \times 20 \times (1 - 0.2)}{2 \times 5 \times 8} = 2.4 일$$

∴ 용기교환 주기는 약 2일이 된다.

문제 **24.** LPG 용기에 대한 설명 중 틀린 것은 어느 것인가?

㉮ 안전밸브는 스프링식을 사용한다.

㉯ 충전구는 왼나사이다.

㉰ 무이음 (seamless) 용기이다.

㉱ 용기의 색깔은 회색이다.

해설 LPG 용기는 용접용기로 제조된다.

문제 **25.** 조정기 (regulator)의 사용목적은?

㉮ 유량조절

㉯ 발열량 조절

㉰ 가스의 유속조절

㉱ 가스의 유출압력 조절

해설 • 조정기의 기능 : 유출압력 조절로 안정된 연소를 도모하고, 소비가 중단되면 가스를 차단한다.

문제 **26.** 다음 중 1단 감압식 저압 조정기의 입구압력 범위는 얼마인가?

㉮ 0.01~0.1 MPa

㉯ 0.1~1.56 MPa

㉰ 0.07~1.56 MPa

㉱ 조정압력 이상~1.56 MPa

해설 • 1단 감압식 압력 조정기 압력

구 분	입구압력	조정압력
저압 조정기	0.07~1.56 MPa	2.3~3.3 kPa
준저압 조정기	0.1~1.56 MPa	5~30 kPa

문제 **27.** 가스 조정기 중 2단 감압식 조정기의 장점이 아닌 것은?

㉮ 조정기의 개수가 적어도 된다.

㉯ 연소기구에 적합한 압력으로 공급할 수 있다.

㉰ 배관의 관 지름을 비교적 작게 할 수 있다.

㉱ 입상 배관에 의한 압력 강하를 보정할 수 있다.

해설 • 2단 감압식 조정기의 특징

(1) 장점

① 입상배관에 의한 압력손실을 보정할 수 있다.

② 가스 배관이 길어도 공급압력이 안정된다.

③ 각 연소기구에 알맞은 압력으로 공급이 가능하다.

④ 중간 배관의 지름이 작아도 된다.

(2) 단점

① 설비가 복잡하고, 검사방법이 복잡하다.

② 조정기 수가 많아서 점검 부분이 많다.

③ 부탄의 경우 재액화의 우려가 있다.

④ 시설의 압력이 높아서 이음방식에 주의하여야 한다.

문제 **28.** 자동절체식 조정기가 수동식 조정기에 비해 좋은 점이 아닌 것은?

㉮ 전체 용기 수량이 많아져서 장시간 사용할 수 있다.

㉯ 분리형을 사용하면 1단 감압식 조정기의 경우보다 배관의 압력손실을 크게 해도 된다.

㉰ 잔액이 거의 없어질 때까지 사용이 가능하다.

[라] 용기 교환주기의 폭을 넓힐 수 있다.

[해설] 전체 용기 수량이 수동 교체식의 경우보다 적어도 된다.

[문제] 29. 자동절환식 조정기 설치에 있어서 사용 측과 예비 측 용기의 밸브 개폐에 관하여 옳은 것은?

[가] 사용 측 밸브는 열고, 예비 측 밸브는 닫는다.

[나] 사용 측 밸브는 닫고, 예비 측 밸브는 연다.

[다] 사용 측, 예비 측 밸브를 전부 닫는다.

[라] 사용 측, 예비 측 밸브를 전부 연다.

[문제] 30. 조정압력이 3.3 kPa 이하인 조정기의 안전장치 작동 정지압력은?

[가] 2.8~5.0 kPa　[나] 7 kPa

[다] 5.04~8.4 kPa　[라] 5.6~10.00 kPa

[해설] • 안전장치 압력

① 작동 표준압력 : 7 kPa

② 작동 개시압력 : 5.6~8.4 kPa (7±1.4 kPa)

③ 작동 정지압력 : 5.04~8.4 kPa

[문제] 31. LPG 조정기의 규격용량은 총 가스 소비량의 몇 % 이상의 규격용량을 가져야 하는가?

[가] 110 %　[나] 120 %　[다] 130 %　[라] 150 %

[문제] 32. 기화기를 구성하는 주요 설비가 아닌 것은?

[가] 열교환기　[나] 액 유출 방지장치

[다] 열매 이송장치　[라] 열매 온도 제어장치

[해설] • 기화기 구성설비 : [가], [나], [라] 외

① 열매 과열 방지장치

② 압력 조정기

③ 안전밸브

[문제] 33. 기화장치 중 LP가스가 액체 상태로 열교환기 밖으로 유출되는 것을 방지하는 장치는?

[가] 압력 조정기　[나] 안전밸브

[다] 액면제어장치　[라] 열매온도 제어장치

[해설] 액면제어장치 또는 액 유출 방지장치, 일류방지장치라 불리 운다.

[문제] 34. LP 가스설비에서 기화기 사용 시 장점에 대한 설명으로 가장 거리가 먼 것은?

[가] 공급가스 조성이 일정하다.

[나] 용기압력을 가감 조절할 수 있다.

[다] 한랭 시에도 충분히 기화된다.

[라] 기화량을 가감 조절할 수 있다.

[해설] • 기화기 사용 시 장점 : [가], [다], [라] 외

① 설치면적이 작아진다.

② 설비비 및 인건비가 절약된다.

[문제] 35. 강관의 스케줄 번호가 의미하는 것은?

[가] 파이프의 길이　[나] 파이프의 바깥지름

[다] 파이프의 무게　[라] 파이프의 두께

[문제] 36. 압력배관용 탄소강관(SPPS)에서 스케줄 번호 (Sch)를 나타내는 식은? (단, P는 상용압력 (kgf/cm^2), S는 허용응력 (kgf/mm^2)이다.)

[가] $Sch = 10 \times \dfrac{S}{P}$

[나] $Sch = 1000 \times \dfrac{S}{P}$

[다] $Sch = 1000 \times \dfrac{P}{S}$

[라] $Sch = 10 \times \dfrac{P}{S}$

[해설] 압력(P) : kgf/cm^2, 허용응력(S) : kgf/cm^2 이면, $Sch\ NO = 1000 \times \dfrac{P}{S}$

[문제] 37. 사용압력이 60 kgf/cm^2인 관의 허용응력이 20 kgf/mm^2일 때의 스케줄 번호는 얼마인가?

[가] 15　[나] 20　[다] 30　[라] 60

[해설] $Sch\ NO = 10 \times \dfrac{P}{S} = 10 \times \dfrac{60}{20} = 30$

[해답] 29. [라]　30. [다]　31. [라]　32. [다]　33. [다]　34. [나]　35. [라]　36. [라]　37. [다]

문제 38. 고압배관에 사용할 수 있는 탄소강 관의 기호는?

㉮ SG ㉯ SPPS ㉰ SPPH ㉱ SPPW

해설 • 배관용 강관의 기호 및 명칭

KS 기호	배관 명칭
SPP	배관용 탄소강관
SPPS	압력배관용 탄소강관
SPPH	고압배관용 탄소강관
SPHT	고온배관용 탄소강관
SPLT	저온배관용 탄소강관
SPW	배관용 아크용접 탄소강관
SPA	배관용 합금강관
STS×T	배관용 스테인리스강관
SPPG	연료가스 배관용 탄소강관

문제 39. 배관의 규격기호와 그 용도 및 사용조건에 대한 설명으로 틀린 것은?

㉮ SPPS는 350℃ 이하의 온도에서, 압력 $9.8\,N/mm^2$ 이하에 사용한다.

㉯ SPPH는 350℃ 이하의 온도에서, 압력 $9.8\,N/mm^2$ 이하에 사용한다.

㉰ SPLT는 빙점 이하의 특히 낮은 온도의 배관에 사용한다.

㉱ SPPW는 정수두 100 m 이하의 급수배관에 사용한다.

해설 • 강관의 종류
① SPPS : 압력배관용 탄소강관
② SPPH : 고압배관용 탄소강관 → 350℃ 이하, 100 kgf/cm² (9.8 N/mm²) 이상에 사용한다.
③ SPLT : 저온배관용 탄소강관
④ SPPW : 수도용 아연도금강관

문제 40. 고압가스설비의 배관재료로서 내압 부분에 사용해서는 안 되는 재료의 탄소 함량 기준은?

㉮ 0.35 % 이상 ㉯ 0.35 % 미만
㉰ 0.5 % 이상 ㉱ 0.5 % 미만

해설 • 고압가스 배관 등의 내압부분에 사용해서는 안 되는 재료

① 탄소 함유량 0.35 % 이상의 탄소강재 및 저합금강재로서 용접구조에 사용되는 재료
② KS D 3507 (배관용 탄소강관)
③ KS D 3583 (배관용 아크용접 탄소강관)
④ KS D 4301 (회주철)

문제 41. 폴리에틸렌관 (polyethylene pipe)의 일반적인 성질에 대한 설명 중 옳지 않은 것은?

㉮ 상온에도 유연성이 풍부하다.
㉯ 인장강도가 적다.
㉰ 내열성과 보온성이 나쁘다.
㉱ 염화비닐관에 비해 가볍다.

문제 42. 가스용 폴리에틸렌 배관의 융착이음 접합방법의 분류에 해당되지 않는 것은?

㉮ 맞대기 융착 ㉯ 소켓 융착
㉰ 이음매 융착 ㉱ 새들 융착

해설 • 가스용 폴리에틸렌관 이음방법
① 맞대기 융착이음 : 관을 직접 맞대어 융착이음한다.
② 소켓 융착이음 : 관을 소켓에 끼워 넣어 융착이음한다.
③ 새들 융착이음 : 가스용 폴리에틸렌관 중간에서 분기할 때 사용하는 이음방법이다.

문제 43. 다음 중 도시가스 지하매설 배관으로 사용되는 배관은?

㉮ 폴리에틸렌 피복강관
㉯ 압력배관용 탄소강관
㉰ 연료가스 배관용 탄소강관
㉱ 배관용 아크용접 탄소강관

해설 • 지하매설 배관의 종류
① 폴리에틸렌 피복강관 (PLP관)
② 가스용 폴리에틸렌관 (PE관)
③ 분말용착식 폴리에틸렌 피복강관

문제 44. 가스배관 내의 압력손실을 작게 하는 방법으로 옳지 않은 것은?

㉮ 유체의 양을 많게 한다.

해답 38. ㉰ 39. ㉯ 40. ㉮ 41. ㉰ 42. ㉰ 43. ㉮ 44. ㉮

㉯ 배관 내면의 거칠기를 줄인다.

㉰ 배관 지름을 크게 한다.

㉱ 유속을 느리게 한다.

해설 • 배관 내의 압력손실

$$H = \frac{Q^2 SL}{K^2 D^5} \text{이므로}$$

① 유량의 제곱에 비례한다(유속의 제곱에 비례한다).

② 가스비중에 비례한다.

③ 배관 길이에 비례한다.

④ 관 안지름의 5승에 반비례한다.

⑤ 관 내면의 상태에 관련 있다.

⑥ 유체의 점도에 관련 있다.

⑦ 압력과는 관계없다.

문제 **45.** 프로판의 비중을 1.5라 하면 입상 50 m 지점에서의 배관의 수직방향에 의한 압력손실은 약 몇 mmH₂O인가?

㉮ 12.9 ㉯ 19.4 ㉰ 32.3 ㉱ 75.2

해설 $H = 1.293(S-1)h$
$= 1.293 \times (1.5-1) \times 50 = 32.325\,\text{mmH}_2\text{O}$

문제 **46.** 20층인 아파트에서 1층의 가스 압력이 1.8 kPa일 때, 20층에서의 압력은 약 몇 kPa인가? (단, 20층까지의 고저차는 60 m, 가스의 비중은 0.65, 공기의 밀도는 1.3 kg/m³이다.)

㉮ 1 ㉯ 2 ㉰ 3 ㉱ 4

해설 $H = 1.3(S-1)h$
$= 1.3 \times (0.65-1) \times 60 \times 10^{-2}$
$= -0.27\,\text{kPa}$

(−값이 나오면 압력이 상승되는 것이다.)

∴ 20층 유출압력 = 1.8+0.27 = 2.07 kPa

문제 **47.** 배관의 안지름 40 mm, 길이 100 m인 배관에 비중 1.5인 가스를 저압으로 공급 시 압력손실이 30 mmH₂O 발생되었다. 이때 배관을 통과하는 가스의 시간당 유량은 얼마인가? (단, pole 상수는 0.707이다.)

㉮ 10.1 m³/h ㉯ 1.4 m³/h

㉰ 5.5 m³/h ㉱ 15.1 m³/h

해설 $Q = K\sqrt{\dfrac{D^5 H}{SL}} = 0.707 \times \sqrt{\dfrac{4^5 \times 30}{1.5 \times 100}}$
$= 10.12\,\text{m}^3/\text{h}$

문제 **48.** 저압가스 배관에서 관의 안지름이 $\dfrac{1}{2}$ 배로 되면 유량은 몇 배로 되는가? (단, 다른 모든 조건은 동일한 것으로 본다.)

㉮ 0.17 ㉯ 0.50 ㉰ 2.00 ㉱ 4.00

해설 $Q = K\sqrt{\dfrac{D^5 H}{SL}}$ 에서 다른 조건은 동일하고 안지름만 변경되었으므로

∴ $Q = \sqrt{\left(\dfrac{1}{2}\right)^5} = 0.176\,\text{배}$

문제 **49.** 압력손실의 원인으로 가장 거리가 먼 것은?

㉮ 입상배관에 의한 손실

㉯ 관 부속품에 의한 손실

㉰ 관 길이에 의한 손실

㉱ 관 두께에 의한 손실

문제 **50.** 저압가스 배관에서 관의 안지름이 $\dfrac{1}{2}$ 배로 되면 압력손실은 몇 배로 되는가? (단, 다른 모든 조건은 동일하다고 본다.)

㉮ 4 ㉯ 16 ㉰ 32 ㉱ 64

해설 $H = \dfrac{Q^2 SL}{K^2 D^5}$ 에서 관 지름만 $\dfrac{1}{2}$ 배로 되므로

∴ $H = \dfrac{1}{\left(\dfrac{1}{2}\right)^5} = 32\,\text{배}$

문제 **51.** 저압배관의 안지름을 5 cm에서 2 cm로 변화시키면 압력손실은 몇 배로 되는가?

㉮ 97.7 ㉯ 39.1

㉰ 6.3 ㉱ 15.6

해설 $H = \dfrac{Q^2 SL}{K^2 D^5}$ 에서 유량(Q), 가스비중(S), 배관길이(L), 유량계수(K)는 변함이 없다.

해답 45. ㉰ 46. ㉯ 47. ㉮ 48. ㉮ 49. ㉱ 50. ㉰ 51. ㉮

$$\therefore H = \frac{1}{\left(\frac{2}{5}\right)^5} = 97.65 \text{ 배}$$

문제 52. 도시가스 공급설비에서 저압배관 부분의 압력손실을 구하는 식은? (단, H 기점과 종점과의 압력차 (mmH$_2$O), Q 가스유량 (m^3/h), D 안지름 (cm), S 가스의 비중, L 배관 길이 (m), K 유량계수이다.)

㉮ $H = \left(\frac{Q}{K}\right)^2 \cdot \frac{SL}{D^5}$

㉯ $H = \left(\frac{Q}{K^2}\right) \cdot \frac{D^5}{SL}$

㉰ $H = \left(\frac{Q}{K}\right) \cdot \frac{SL}{D^2}$

㉱ $H = \left(\frac{Q}{K}\right) \cdot \frac{D^5}{SL}$

[해설] • 저압배관 유량식

$Q = K\sqrt{\frac{D^5 \cdot H}{S \cdot L}}$ 에서 압력손실 계산식은

$$H = \frac{Q^2 \cdot S \cdot L}{K^2 \cdot D^5} = \left(\frac{Q}{K}\right)^2 \cdot \frac{SL}{D^5}$$

문제 53. 배관 지름을 결정하는 요소로서 가장 거리가 먼 것은?

㉮ 최대 가스소비량
㉯ 최대 가스발열량
㉰ 허용 압력손실
㉱ 배관 길이, 가스종류

[해설] • 저압배관 유량계산식

$Q = K\sqrt{\frac{D^5 \cdot H}{S \cdot L}}$ 에서 배관 안지름

$D = \sqrt[5]{\frac{Q^2 SL}{K^2 H}}$ 이므로 유량, 가스비중, 배관 길이, 압력손실이 관계있다.

문제 54. 시간당 $10\,\mathrm{m}^3$의 LP가스를 길이 $100\,\mathrm{m}$ 떨어진 곳에 저압으로 공급하고자 한다. 압력손실이 $30\,\mathrm{mmH_2O}$이면 필요한 최소 배관의 관 지름은 약 몇 mm인가? (단,

pole 상수는 0.7, 가스비중은 1.5이다.)

㉮ 30 ㉯ 40 ㉰ 50 ㉱ 60

[해설] $Q = K\sqrt{\frac{D^5 H}{SL}}$

$$\therefore D = \sqrt[5]{\frac{Q^2 SL}{K^2 H}} = \sqrt[5]{\frac{10^2 \times 1.5 \times 100}{0.7^2 \times 30}} \times 10$$
$$= 39.97\,\mathrm{mm}$$

문제 55. 고압 배관에서 진동이 발생하는 원인과 관계가 가장 적은 것은?

㉮ 펌프 및 압축기의 진동
㉯ 안전밸브의 작동
㉰ 부품의 무게에 의한 진동
㉱ 유체의 압력변화

[해설] • 배관 진동의 원인
　① 펌프, 압축기에 의한 영향
　② 유체의 압력변화에 의한 영향
　③ 안전밸브 작동에 의한 영향
　④ 관의 굴곡에 의해 생기는 힘의 영향
　⑤ 바람, 지진 등에 의한 영향
　※ ㉰ : 배관에서의 응력의 원인

문제 56. LPG의 연소방식 중 모두 연소용 공기를 2차 공기로만 취하는 방식은?

㉮ 분젠식　　　　㉯ 세미분젠식
㉰ 적화식　　　　㉱ 전1차 공기식

[해설] • 연소방식의 분류
　① 적화식 : 연소에 필요한 공기를 2차 공기로 모두 취하는 방식
　② 분젠식 : 가스를 노즐로부터 분출시켜 주위의 공기를 1차 공기로 취한 후 나머지는 2차 공기를 취하는 방식
　③ 세미분젠식 : 적화식과 분젠식의 혼합형으로 1차 공기율이 40 % 이하를 취하는 방식
　④ 전1차 공기식 : 완전연소에 필요한 공기를 모두 1차 공기로 하여 연소하는 방식

문제 57. 연소기구에 접속된 고무관이 노후 되어 지름 0.5 mm의 구멍이 뚫려 수주 280 mm의 압력으로 LP가스가 5시간 누출하였을 경우 LP가스 분출량은 약 몇 L인가?

[해답] 52. ㉮　53. ㉯　54. ㉯　55. ㉰　56. ㉰　57. ㉮

(단, LP가스의 분출압력 280 mmH₂O에서 비중은 1.7로 한다.)

㉮ 144 L ㉯ 166 L ㉰ 180 L ㉱ 204 L

해설 $Q = 0.009 D^2 \sqrt{\dfrac{P}{d}}$

$= 0.009 \times 0.5^2 \times \sqrt{\dfrac{280}{1.7}} \times 5 \times 1000$

$= 144.38\,L$

문제 **58.** 연소기의 이상연소 현상 중 불꽃이 염공 속으로 들어가 혼합관 내에서 연소하는 현상을 의미하는 것은?

㉮ 황염   ㉯ 역화

㉰ 리프팅   ㉱ 블로 오프

해설 ① 역화 : 연소속도＞유출속도

② 선화 : 연소속도＜유출속도

문제 **59.** 가스 연소 시 역화(flash back) 발생의 원인이 아닌 것은?

㉮ 부식에 의하여 염공이 크게 된 경우

㉯ 가스의 압력이 저하된 경우

㉰ 콕이 충분하게 열리지 않는 경우

㉱ 노즐의 지름이 너무 작게 된 경우

해설 • 역화(back fire)의 원인

① 염공이 크게 되었을 때

② 노즐의 구멍이 너무 크게 된 경우

③ 콕이 충분히 개방되지 않은 경우

④ 가스의 공급압력이 저하되었을 때

⑤ 버너가 과열된 경우

문제 **60.** 화염의 리프트(lift) 현상의 원인이 아닌 것은?

㉮ 배기가 불충분할 때

㉯ 2차 공기량의 과다

㉰ 노즐이 이물질로 작아 짐

㉱ 공급 가스압의 상승

해설 • 선화(lift)의 원인

① 염공이 작아졌을 때

② 공급압력이 지나치게 높을 경우

③ 배기 또는 환기가 불충분할 때(2차 공기량 부족)

④ 공기 조절장치를 지나치게 개방하였을 때 (1차 공기량 과다)

문제 **61.** 불꽃의 주위, 특히 기저부에 대한 공기의 움직임이 세지면 불꽃이 노즐에 정착하지 않고 떨어지게 되어 꺼지는 현상은?

㉮ 블로오프(blow-off)

㉯ 백파이어(back-fire)

㉰ 리프트(lift)

㉱ 불완전 연소

문제 **62.** LPG 또는 도시가스의 연소과정에서 불완전연소의 원인으로 거리가 가장 먼 것은?

㉮ 버너의 과열

㉯ 불충분한 공기의 공급

㉰ 불충분한 배기

㉱ 가스 조성이 맞지 않을 때

해설 • 불완전연소의 원인 : ㉯, ㉰, ㉱ 외

① 가스기구의 부적합

② 프레임의 냉각

문제 **63.** 가스버너의 일반적인 구비조건으로 옳지 않은 것은?

㉮ 화염이 안정될 것

㉯ 부하조절비가 적을 것

㉰ 저공기비로 완전연소할 것

㉱ 제어하기 쉬울 것

해설 부하조절비가 커 부하조절을 하기 쉬워야 한다.

제 4 장 도시가스 설비

1. 도시가스의 일반사항

(1) 도시가스의 원료

① 천연가스 (NG : natural gas) : 지하에서 발생하는 탄화수소를 주성분으로 하는 가연성 가스의 총칭이다.

　(개) 성분 상태

　　㉮ 메탄 (CH_4), 에탄 (C_2H_6), 프로판 (C_3H_8), 부탄 (C_4H_{10}) 등의 저급 탄화수소가 주성분이나 질소 (N_2), 탄산가스 (CO_2), 황화수소 (H_2S)를 포함하고 있다.

　　㉯ 유전가스에서 생산되는 천연가스에는 수분 (H_2O)을 포함하고 있다.

　　㉰ 황화수소 (H_2S)는 연소에 의해 유독한 아황산가스 (SO_2)를 생성하기 때문에 탈황시설에서 제거하여야 한다.

　　㉱ 탄산가스 (CO_2)는 수분 존재 시에 배관을 부식시키므로 탈황공정에서 동시에 제거한다.

　　㉲ 천연가스를 고압으로 수송하는 경우 수분 (H_2O)이 응축하여 수송 장애를 발생하므로 제거하여야 한다.

　(내) 특징

　　㉮ 도시가스 원료 : C/H 비가 3이므로 그대로 도시가스로 공급할 수 있고 일반적으로 가스제조 장치는 필요 없다. 천연가스 발열량보다 낮은 저발열량의 도시가스로 공급하는 경우 공기와 혼합 또는 개질장치에 의해 발열량을 조정하여 공급하여야 한다.

　　㉯ 정제 : 제진, 탈유, 탈탄산, 탈황, 탈습 등 전처리 공정에 해당하는 정제설비가 필요하다.

　　㉰ 공해 : 사전에 불순물이 제거된 상태이기 때문에 대기오염, 수질오염 등 환경문제 영향이 적다.

　　㉱ 저장 : 천연가스는 상온에서 기체이므로 가스홀더 등에 저장하여야 한다.

　(대) 도시가스로 공급하는 방법

　　㉮ 천연가스를 그대로 공급한다 (9000~9500 kcal/Nm^3).

　　㉯ 천연가스를 공기로 희석해서 공급한다 (4500~6000 kcal/Nm^3).

　　㉰ 종래의 도시가스에 혼합하여 공급한다.

　　㉱ 종래의 도시가스와 유사 성질의 가스로 개질하여 공급한다.

② 액화천연가스 (LNG : liquefaction natural gas) : 지하에서 생산된 천연가스를 −161.5℃ 까지 냉각, 액화한 것이다.

(개) 성분 상태

㉮ 액화 전에 황화수소 (H_2S), 탄산가스 (CO_2), 중질 탄화수소 등이 정제·제거되었기 때문에 LNG에는 불순물을 전혀 포함하지 않는 청정가스이다.

㉯ 천연가스의 주성분인 메탄 (CH_4)은 액화하면 체적이 약 1/600로 줄어든다.

㉰ 액화된 천연가스는 선박을 이용하여 대량으로 수송할 수 있다.

(내) 도시가스 원료로서 특징

㉮ 불순물이 제거된 청정연료로 환경문제가 없다.

㉯ LNG 수입기지에 저온 저장설비 및 기화장치가 필요하다.

㉰ 불순물을 제거하기 위한 정제설비는 필요하지 않다.

㉱ 초저온 액체로 설비재료의 선택과 취급에 주의를 요한다.

㉲ 냉열이용이 가능하다.

(대) LNG의 특성

㉮ 기화특성 : LNG의 주성분인 메탄 (CH_4)가스는 상온에서 공기보다 비중이 작으나 (공기보다 가볍다) LNG가 대량으로 누설되면 급격한 증발에 의하여 주변의 온도가 내려간다. 주변 공기 온도가 −110 ∼ −113℃ 이하가 되면 메탄가스의 비중은 공기보다 무거워져 지상에 체류한다.

㉯ 롤−오버 (roll-over) 현상 : LNG 저장탱크에서 상이한 액체 밀도로 인하여 층상화된 액체의 불안정한 상태가 바로 잡힐 때 생기는 LNG의 급격한 물질 혼입현상으로 상당한 양의 BOG가 발생하는 현상이다.

㉰ BOG (boil off gas) : LNG 저장시설에서 자연 입열에 의하여 기화된 가스로 증발가스라 한다. 처리방법에는 발전용에 사용, 탱커의 기관용 (압축기 가동용) 사용, 대기로 방출하여 연소하는 방법이 있다.

③ 정유가스 (off gas) : 석유정제 또는 석유화학 계열공장에서 부산물로 생산되는 가스로 수소 (H_2)와 메탄 (CH_4)이 주성분이다.

(개) 석유정제 오프가스 (off gas) : 상압증류, 감압증류 및 가솔린 생산을 위한 접촉개질 공정 등에서 발생하는 가스이다.

(내) 석유화학 오프가스 (off gas) : 나프타 분해에 의한 에틸렌 제조공정에서 발생하는 가스이다.

④ 나프타 (naphtha : 납사) : 나프타란 일반적으로 시판되는 석유 제품명이 아니고, 원유를 상압에서 증류할 때 얻어지는 비점이 200℃ 이하인 유분 (액체성분)으로 경질의 것을 라이트 나프타, 중질의 것을 헤비 나프타라 부른다.

(개) 성분 상태 (가스용 나프타의 구비조건)

㉮ 파라핀계 탄화수소가 많을 것   ㉯ 유황분이 적을 것

㉰ 카본 (carbon) 석출이 적을 것   ㉱ 촉매의 활성에 영향을 미치지 않는 것

㉲ 유출온도 종점이 높지 않을 것

(내) 나프타의 성분 상태에 따른 가스화의 영향

㉮ PONA에서 분해가 쉽고 가스화 효율이 높은 파라핀계 탄화수소의 함량이 많은 것이

좋다. 올레핀계, 나프텐계, 방향족 탄화수소가 많으면 카본의 석출, 나프탈렌의 생성 등에 의한 가스화 효율 저하, 촉매의 열화가 발생한다.

㉯ 비중이 0.67 이하인 것을 라이트 나프타라 하고, 그 이상의 것을 헤비 나프타로 분류한다. 헤비 나프타의 경우 중질분의 함유량이 증가하기 때문에 가스화 원료로서는 부적당하다.

㉰ 증류시험 결과 유출온도 종점이 낮은 나프타가 가스화 효율이 좋으며, 유출온도 종점이 높은 나프타는 중질유이기 때문에 타르, 나프탈렌 등을 생성하기 쉽고 가스화 효율이 저하된다.

㉱ 유황 함유량이 증가하면 촉매의 활성을 저하시키고, 수명을 단축시켜 분해반응 및 변성반응을 방해하는 동시에 가스 중의 유황 함유량이 증가한다.

㉲ 탄소와 수소의 중량비 (C/H)가 약 3에 가까운 원료가 가스화 효율이 높다 (나프타의 C/H는 5~6 정도이다).

(다) 도시가스원료로서의 특징

㉮ 나프타는 가스화가 용이하기 때문에 높은 가스화 효율을 얻을 수 있다.

㉯ 타르, 카본 등 부산물이 거의 생성되지 않는다.

㉰ 가스 중에는 불순물이 적어서 정제설비를 필요로 하지 않는 경우가 많다. (단, 헤비 나프타의 경우 정제설비가 필요할 수 있다.)

㉱ 대기오염, 수질오염의 환경문제가 적다.

㉲ 취급과 저장이 모두 용이하다.

⑤ LPG (액화석유가스) : 유전지대에서 생산되는 천연LPG와 석유정제 시 부산물로 생산되는 석유정제 LPG가 있으며 프로판 (C_3H_8), 부탄 (C_4H_{10})이 주성분이다.

(가) 도시가스로 공급하는 방법

㉮ 직접 혼입방식 : 종래의 도시가스에 기화한 LPG를 그대로 공급하는 방식이다.

㉯ 공기 혼합방식 : 기화된 LPG에 일정량의 공기를 혼합하여 공급하는 방식으로 발열량 조절, 재액화 방지, 누설 시 손실 감소, 연소효율 증대 효과를 볼 수 있다.

㉰ 변성 혼입방식 : LPG의 성질을 변경하여 공급하는 방식이다.

(나) 공기 희석 시 발열량 계산

$$Q_2 = \frac{Q_1}{1+x}$$

여기서, Q_1 : 처음 상태의 발열량 (kcal/m³), Q_2 : 공기 희석 후 발열량 (kcal/m³)
  x : 희석 배수 (공기량 : m³)

(2) 가스의 제조

① 가스화 방식에 의한 분류

(가) 열분해 공정 (thermal cracking process) : 고온 하에서 탄화수소를 가열하여 수소 (H_2), 메탄 (CH_4), 에탄 (C_2H_6), 에틸렌 (C_2H_4), 프로판 (C_3H_8) 등의 가스상의 탄화수소와 벤젠,

톨루엔 등의 조경유 및 타르 나프탈렌 등으로 분해하고, 고열량 가스 (10000 kcal/Nm^3)를 제조하는 방법이다.

　(내) 접촉분해 공정 (steam reforming process) : 촉매를 사용해서 반응온도 400~800℃에서 탄화수소와 수증기를 반응시켜 메탄 (CH$_4$), 수소 (H$_2$), 일산화탄소 (CO), 이산화탄소 (CO$_2$)로 변환하는 공정이다.

　(대) 부분연소 공정 (partial combustion process) : 탄화수소의 분해에 필요한 열을 로 (爐) 내에 산소 또는 공기를 흡입시킴에 의해 원료의 일부를 연소시켜 연속적으로 가스를 만드는 공정이다.

　(래) 수첨분해 공정 (hydrogenation cracking process) : 고온·고압 하에서 탄화수소를 수소 기류 중에서 열분해 또는 접촉분해하여 메탄 (CH$_4$)을 주성분으로 하는 고열량의 가스를 제조하는 공정이다.

　(매) 대체천연가스 공정 (substitute natural process) : 수분, 산소, 수소를 원료 탄화수소와 반응시켜 수증기 개질, 부분연소, 수첨분해 등에 의해 가스화하고 메탄합성, 탈탄산 등의 공정과 병용해서 천연가스의 성상과 거의 일치하게끔 가스를 제조하는 공정으로 제조된 가스를 대체천연가스 (SNG) 또는 합성 천연가스라 한다.

② 원료의 송입법에 의한 분류

　(개) 연속식 : 원료가 연속적으로 송입되고, 가스 발생도 연속으로 이루어진다.

　(내) 배치 (batch)식 : 일정량의 원료를 가스화 실에 넣어 가스화하는 방법이다.

　(대) 사이클릭 (cyclic)식 : 연속식과 배치식의 중간적인 방법이다.

③ 가열방식에 의한 분류

　(개) 외열식 : 원료가 들어있는 용기를 외부에서 가열하는 방법이다.

　(내) 축열식 : 반응기 내에서 연료를 연소시켜 충분히 가열한 후 원료를 송입하여 가스화하는 방법이다.

　(대) 부분 연소식 : 원료에 소량의 공기와 산소를 혼합하여 반응기에 넣어 원료의 일부를 연소시켜 그 열을 이용하여 원료를 가스화 열원으로 한다.

　(래) 자열식 : 가스화에 필요한 열을 발열반응에 의해 가스를 발생시키는 방식이다.

(3) 부취제 (付臭製)

① 부취제의 종류

　(개) TBM (tertiary butyl mercaptan) : 양파 썩는 냄새가 나며 내산화성이 우수하고 토양 투과성이 우수하며 토양에 흡착되기 어렵다. 냄새가 가장 강하다.

　(내) THT (tetra hydro thiophen) : 석탄가스 냄새가 나며 산화, 중합이 일어나지 않는 안정된 화합물이다. 토양의 투과성이 보통이며, 토양에 흡착되기 쉽다.

　(대) DMS (dimethyl sulfide) : 마늘 냄새가 나며 안정된 화합물이다. 내산화성이 우수하며 토양의 투과성이 아주 우수하며 토양에 흡착되기 어렵다. 일반적으로 다른 부취제와

혼합해서 사용한다.

② 부취제의 구비조건

  ㈎ 화학적으로 안정하고 독성이 없을 것

  ㈏ 보통 존재하는 냄새(생활취)와 명확하게 식별될 것

  ㈐ 극히 낮은 농도에서도 냄새가 확인될 수 있을 것

  ㈑ 가스관이나 가스미터 등에 흡착되지 않을 것

  ㈒ 배관을 부식시키지 않을 것

  ㈓ 물에 잘 녹지 않고 토양에 대하여 투과성이 클 것

  ㈔ 완전연소가 가능하고 연소 후 냄새나 유해한 성질이 남지 않을 것

③ 부취제의 주입방법

  ㈎ 액체 주입식 : 부취제를 액상 그대로 가스 흐름에 주입하는 방법이다.

    ㉮ 펌프 주입방식 : 다이어프램 펌프 등에 의해서 부취제를 직접 가스 중에 주입하는 방법

    ㉯ 적하 주입방식 : 부취제 용기를 배관 상부에 설치하여 중력에 의하여 부취제가 가스 배관으로 흘러 내려와 주입하는 방법

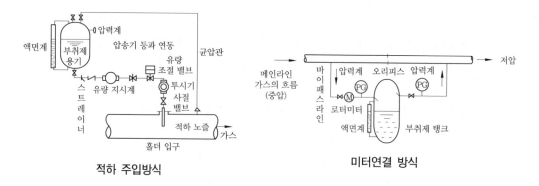

적하 주입방식   **미터연결 방식**

    ㉰ 미터 연결 바이패스 방식 : 바이패스 라인에 설치된 가스미터가 작동되면 가스미터의 구동력을 이용하여 주입하는 방법

  ㈏ 증발식 : 부취제의 증기를 가스흐름에 혼합하는 방식이다.

    ㉮ 바이패스 증발식 : 바이패스 라인에 설치된 부취제 용기에 가스를 저유속으로 통과시키면서 증발된 부취제가 혼합되도록 한 방식

    ㉯ 위크 증발식 : 부취제 용기에 아스베스토 심(芯)을 전달하여 부취제가 상승하고 이 것에 가스가 접촉하는 데 따라 부취제가 증발하여 첨가된다.

  ㈐ 착취농도 : 1/1000 의 농도 (0.1 %)

2. 도시가스 공급설비

(1) 공급방식의 분류

① 저압 공급방식 : 공급압력이 0.1 MPa 미만으로 공급량이 적고, 공급구역이 좁은 소규모 사업소에 적합하다.

② 중압 공급방식 : 공급압력이 0.1~1 MPa 미만으로 공급량이 많거나 공급거리가 길어 저압 공급으로는 배관비용이 많을 때 적합하다.

③ 고압 공급방식 : 공급압력이 1 MPa 이상으로 공급구역이 넓고, 대량의 가스를 먼 거리에 공급할 경우에 적합하다.

(2) LNG 기화장치

① 오픈랙 (open rack) 기화법 : 베이스로드용으로 수직 병렬로 연결된 알루미늄 합금제의 핀 튜브 내부에 LNG가, 외부에 바닷물을 스프레이하여 기화시키는 구조이다. 바닷물을 열 원으로 사용하므로 초기 시설비가 많으나 운전비용이 저렴하다.

② 중간매체법 : 베이스로드용으로 프로판 (C_3H_8), 펜탄 (C_5H_{12}) 등을 사용한다.

③ 서브머지드 (submerged)법 : 피크로드용으로 액 중 버너를 사용한다. 초기시설비가 적으나 운전비용이 많이 소요된다. SMV (submerged vaporizer)식이라 한다.

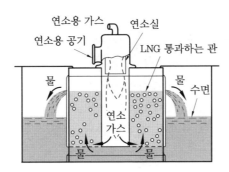

서브머지드 기화기

(3) 가스홀더 (gas holder)

① 기능

　(가) 가스 수요의 시간적 변동에 대하여 공급가스량을 확보한다.

　(나) 공급설비의 일시적 중단에 대하여 어느 정도 공급량을 확보한다.

　(다) 공급가스의 성분, 열량, 연소성 등의 성질을 균일화한다.

　(라) 소비지역 근처에 설치하여 피크 시의 공급, 수송효과를 얻는다.

② 종류 및 특징

　(가) 유수식 : 가스홀더 내부 밑 부분에 물을 채우고, 수봉에 의하여 외기와 차단하고 가스 의 양에 따라 가스홀더의 내용적이 증감되도록 되어 있다.

㉮ 제조설비가 저압인 경우에 적합하다.

㉯ 구형 가스홀더에 비해 유효 가동량이 크다.

㉰ 대량의 물이 필요하므로 초기 설비비가 많이 소요된다.

㉱ 가스가 건조하면 물탱크의 수분을 흡수한다.

㉲ 압력이 가스탱크의 수에 따라 변동한다.

㉳ 한랭지에서는 탱크 내 물의 동결을 방지하여야 한다.

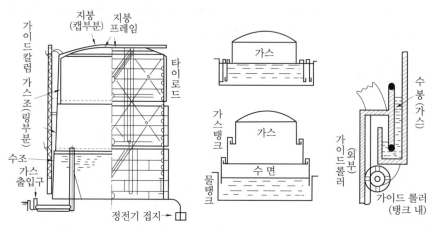

유수식 가스홀더의 구조

⑷ 무수식 : 원통형 또는 다각형의 외통과 그 내벽을 상하로 미끄러져 움직이는 편판상
　의 피스톤 및 바닥판, 지붕판으로 구성되어 있다.

㉮ 기초가 간단하고 초기 설비비가 절약된다.

㉯ 유수식에 비해 작동 중의 가스압이 일정하다.

㉰ 저장가스를 건조한 상태로 저장할 수 있다.

㉱ 구형 가스홀더에 비해 유효 가동량이 크다.

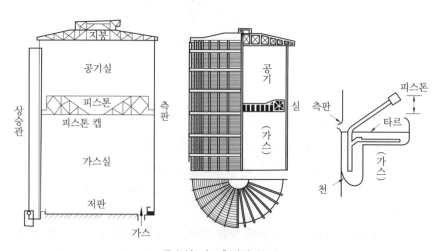

무수식 가스홀더의 구조

⑷ 구형 가스홀더
 ㉮ 표면적이 작아 단위저장 가스량에 비하여 강제 사용량이 적다.
 ㉯ 부지면적과 기초 공사비가 적다.
 ㉰ 가스를 건조한 상태로 저장할 수 있다.
 ㉱ 가스 송출에 가스홀더 압력을 이용할 수 있다.
 ㉲ 관리가 용이하다.

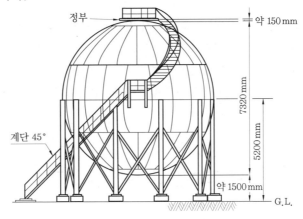

구형 가스홀더의 구조

(4) 정압기 (governor)

① 기능 (역활) : 도시가스 압력을 사용처에 맞게 낮추는 감압기능, 2차 측의 압력을 허용범
 위 내의 압력으로 유지하는 정압기능 및 가스의 흐름이 없을 때는 밸브를 완전히 폐쇄하
 여 압력상승을 방지하는 폐쇄기능을 가진 것이다.

② 직동식 정압기의 작동원리

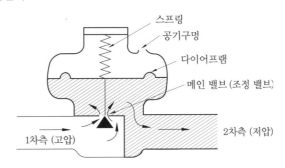

직동식 정압기의 기본 구조도

 ㉮ 설정압력이 유지될 때 (스프링 힘 = 2차 압력) : 다이어프램에 걸려 있는 2차 압력과
  스프링 힘이 평형상태를 유지하면서 메인 밸브는 움직이지 않고 메인 밸브를 통하여
  2차 측으로 일정량의 가스를 공급한다.
 ㉯ 2차 측 압력이 설정압력보다 높을 때 (스프링 힘 < 2차 압력) : 2차 측 가스 소비량이
  감소하여 2차 측 압력이 설정압력 이상으로 상승하고 다이어프램을 위쪽으로 들어 올

리며 메인 밸브도 위쪽으로 움직여 가스 유량을 제한하므로 2차 압력을 설정압력이 유지되도록 한다.

(대) 2차 압력이 설정압력보다 낮을 때 (스프링 힘 > 2차 압력) : 2차 측 사용량이 증가하여 2차 압력이 설정압력 아래로 내려가고 다이어프램이 아래로 움직이며 메인 밸브도 아래로 움직여 가스 유량을 증가시키고 2차 압력을 설정압력이 유지되도록 한다.

③ 정압기의 특성

(가) 정특성 (靜特性) : 정상 상태에 있어서 유량과 2차 압력의 관계

㉮ 로크업 (lock up) : 유량이 0으로 되었을 때 2차 압력과 기준압력 (Ps)과의 관계

㉯ 오프셋 (off set) : 유량이 변화했을 때 2차 압력과 기준압력 (Ps)과의 관계

㉰ 시프트 (shift) : 1차 압력의 변화에 의하여 정압곡선이 전체적으로 어긋나는 것

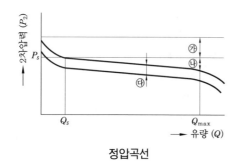

정압곡선

부하변동에 대한 2차 압력의 응답 예

(나) 동특성 (動特性) : 부하변화가 큰 곳에 사용되는 정압기에 대하여 중요한 특성으로 부하변동에 대한 응답의 신속성과 안정성이 요구됨

㉮ 응답속도가 빠르나 안정성은 떨어진다.

㉯ 응답속도가 늦으나 안정성은 좋다.

(다) 유량특성 (流量特性) : 메인 밸브의 열림과 유량의 관계

㉮ 직선형 : 메인 밸브의 개구부 모양이 장방향의 슬릿 (slit)으로 되어 있으며 열림으로부터 유량을 파악하는 데 편리하다.

㉯ 2차 형 : 개구부의 모양이 삼각형 (V자형)의 메인 밸브로 되어 있으며 천천히 유량을 증가하는 형식으로 안정적이다.

㉰ 평방근형 : 접시형의 메인 밸브로 신속하게 열 (開) 필요가 있을 경우에 사용하며 다른 것에 비하여 안정성이 좋지 않다.

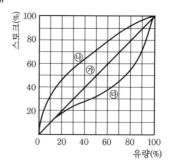

메인 밸브의 유량특성 곡선

(라) 사용 최대차압 : 메인 밸브에 1차와 2차 압력이 작용하여 최대로 되었을 때의 차압

(마) 작동 최소차압 : 정압기가 작동할 수 있는 최소차압

④ 지구 정압기의 종류 및 특징

　㈎ 피셔 (Fisher)식 정압기 : 복좌 밸브 (double valve)와 단좌 밸브 (single valve)형이 있으며 밸브의 작동은 로딩 (loading)형이다. 정특성과 동특성이 양호하다.

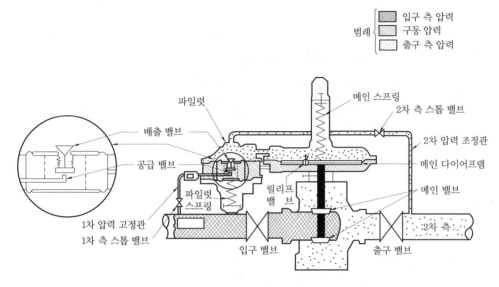

피셔 (Fisher)식 정압기의 구조

　㈏ 레이놀즈 (Reynolds)식 정압기 : 정압기 본체는 복좌 밸브 (double valve)로 되어 있으며 상부에 다이어프램이 있다. 밸브의 작동은 언로딩 (unloading)형이며 정특성은 극히 좋으나 안정성이 부족하다.

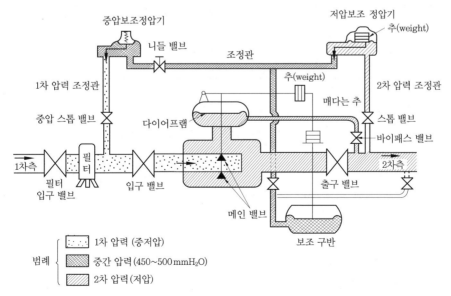

레이놀즈 (Reynolds)식 정압기의 구조

(대) 액시얼-플로 (axial-flow)식 정압기 : AFV식 정압기라 하며 주다이어프램과 메인 밸브를 고무슬리브 1개로 공용하는 매우 콤팩트한 정압기이다. 변칙 언로딩 (unloading) 형으로 정특성, 동특성이 양호하며 고차압이 될수록 특성이 양호해진다.

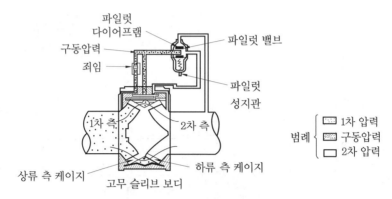

엑시얼-플로 (axial-flow)식 정압기의 구조

각 정압기의 특징

종 류	특 징
피셔 (Fisher)식	· 로딩 (loading)형이다. · 정특성, 동특성이 양호하다. · 비교적 콤팩트하다.
레이놀즈 (Reynolds)식	· 언로딩 (unloading)형이다. · 정특성은 극히 좋으나 안정성이 부족하다. · 다른 것에 비하여 크다.
액시얼-플로 (axial-flow)식	· 변칙 언로딩 (unloading)형이다. · 정특성, 동특성이 양호하다. · 고 (高)차압이 될 수록 특성이 양호하다. · 극히 콤팩트하다.

⑤ 정압기 설치기준

(개) 정압기 입구 및 출구에는 가스 차단장치를 설치할 것

(내) 감시장치 설치

⑦ 이상 압력 통보장치 : 정압기 출구 압력이 이상 상승 및 이상 저하 시 작동

④ 가스누출 검지 통보설비 : 검지부는 바닥면 둘레 20 m에 대하여 1개 이상의 비율로 설치

④ 출입문 개폐 통보장치

④ 긴급차단장치 개폐 여부 확인

(대) 출구에는 가스의 압력을 측정, 기록할 수 있는 장치를 설치할 것 : 자기압력 기록계

(래) 입구에는 수분 및 불순물 제거 장치를 설치할 것 : 필터

㈐ 예비정압기 설치 : 이상 압력 발생 시 자동으로 기능이 전환되는 구조

㈑ 정압기 안전밸브 설치 : 방출관은 지면에서 5 m 이상 (단, 전기시설물의 접촉 우려가 있는 경우 3 m 이상)

㈒ 전기설비는 방폭형으로 하고, 조명도는 150 lux 이상으로 할 것

㈓ 정압기실 내부는 양호한 통풍구조 유지

　㉮ 통풍구조 : 바닥면적 1 m^{2}당 300 cm^{2}의 비율로 통풍구 설치

　㉯ 강제통풍장치 : 바닥면적 1m^{2}당 0.5 m^3/min 이상의 통풍장치 설치

㈔ 분해점검

　㉮ 정압기 : 2년에 1회 이상

　㉯ 필터 : 가스공급 개시 후 1월 이내 및 이후 매년 1회 이상

　㉰ 가스 사용시설의 정압기 및 필터 : 설치 후 3년까지는 1회 이상, 그 이후에는 4년에 1회 이상

⑥ 정압기 고장의 종류 및 원인, 조치사항

㈎ 2차압 이상 상승

정압기 종류	원　　　　　인	조치사항
피셔 (Fisher)식	① 메인 밸브에 먼지류가 끼어들어 완전 차단 (cut – off) 불량 ② 메인 밸브의 폐쇄 무 ③ 파일럿 공급 밸브에서의 누설 ④ center stem과 메인 밸브의 접속 불량 ⑤ 바이패스 밸브의 누설 ⑥ 가스 중 수분의 동결	① 필터의 설치 ② 밸브의 교환 ③ 밸브의 교환 ④ 분해 정비 ⑤ 밸브의 교환 ⑥ 동결방지 조치
레이놀즈 (Reynolds)식	① 메인 밸브에 먼지류가 끼어들어 완전차단 (cut – off) 불량 ② 저압 보조 정압기의 완전차단 (cut – off) 불량 ③ 메인 밸브시트의 조립 불량 ④ 종·저압 보조 정압기의 다이어프램 누설 ⑤ 바이패스 밸브류의 누설 ⑥ 2차압 조절관 파손 ⑦ 보조구반 내에 물이 침입하였을 때 ⑧ 가스 중 수분의 동결	① 필터의 설치 ② 분해 정비 ③ 분해 정비 ④ 다이어프램 교환 ⑤ 밸브의 교환 ⑥ 조절관의 교체 ⑦ 침수 방지 조치 ⑧ 동결 방지 조치
액시얼–플로 (axial–flow)식	① 고무 슬리브, 게이지 사이에 먼지류가 끼어들어 완전 차단 (cut – off) 불량 ② 파일럿의 완전 차단 (cut – off) 불량 ③ 파일럿계 필터, 조리개에 먼지 막힘 ④ 고무 슬리브 하류 측 파손 ⑤ 2차압 조절관 파손 ⑥ 바이패스 밸브류의 누설 ⑦ 파일럿 대기 측 다이어프램 파손	① 필터의 설치 ② 분해 정비 ③ 분해 정비 ④ 고무 슬리브 교환 ⑤ 조절관 교환 ⑥ 밸브 교환 ⑦ 다이어프램 교환

※ 정압기의 이상승압을 방지하는 설비 (방법)
① 저압 홀더로 되돌림
② 저압 배관의 루프 (loop)화
③ 2차 압력 감시장치
④ 정압기를 병렬로 설치

(나) 2차압 이상 저하

정압기 종류	원 인	조치사항
피셔 (Fisher)식	① 정압기 능력 부족 ② 필터의 먼지류의 막힘 ③ 파일럿의 오리피스의 녹 막힘 ④ center stem의 작동 불량 ⑤ stroke 조정 불량 ⑥ 주 다이어프램의 파손	① 적절한 정압기로 교환 ② 필터의 교환 ③ 필터 교환과 분해 정비 ④ 분해 정비 ⑤ 분해 정비 ⑥ 다이어프램의 교환
레이놀즈 (Reynolds)식	① 정압기 능력 부족 ② 필터의 먼지류의 막힘 ③ center stem의 조립 불량 ④ 저압 보조 정압기의 열림 정도 부족 ⑤ 주, 보조 추의 부족 ⑥ 니들 밸브의 열림 정도 초과 ⑦ 동결	① 적절한 정압기로 교환 ② 필터의 교환 ③ 분해 정비 ④ 분해 정비 ⑤ 추의 조정 ⑥ 분해 정비 ⑦ 동결방지 조치
액시얼 – 플로 (axial – flow)식	① 정압기의 능력 부족 ② 필터의 먼지류 막힘 ③ 조리개 열림 정도 초과 ④ 고무 슬리브 상류 측 파손 ⑤ 파일럿 2차 측 다이어프램 파손	① 적절한 정압기로 교환 ② 필터 교환 ③ 열림 정도 교환, 조정 ④ 고무 슬리브 교환 ⑤ 다이어프램 교환

※ 정압기의 이상 감압에 대처할 수 있는 방법
① 저압 배관의 루프 (loop)화
② 2차 측 압력 감시장치
③ 정압기 2계열 설치

(5) 도시가스의 측정

① 열량 측정
 (가) 측정 시간 : 매일 06시 30분부터 9시 사이, 17시부터 20시 30분 사이
 (나) 측정 장소 : 제조소의 출구나 배송기 또는 압송기 출구
 (다) 측정 계기 : 자동열량 측정기
② 압력 측정
 (가) 측정 장소 : 가스홀더의 출구, 정압기 출구 및 가스공급시설 끝부분의 배관
 (나) 측정 계기 : 자기압력계

㈐ 가스 압력 : 1 kPa 이상 2.5 kPa 이내

③ 연소성 측정

㈎ 측정 시간 : 매일 06시 30분부터 9시 사이, 17시부터 20시 30분 사이

㈏ 측정 장소 : 가스홀더 또는 압송기 출구

㈐ 웨버지수 : 가스의 발열량을 가스비중의 제곱근으로 나눈 값

$$WI = \frac{Hg}{\sqrt{d}}$$

여기서, H_g : 도시가스의 발열량 (kcal/m^3), d : 도시가스의 비중

※ 측정된 웨버지수는 표준 웨버지수의 ±4.5 % 이내를 유지하여야 한다.

㈑ 연소속도 지수

$$C_p = K \frac{1.0\,H_2 + 0.6\,(CO + C_m H_n) + 0.3\,CH_4}{\sqrt{d}}$$

여기서, H_2 : 가스 중의 수소함량 (vol%), CO : 가스 중의 일산화탄소 함량 (vol%)

$C_m H_n$: 가스 중의 탄화수소의 함량 (vol%), d : 가스의 비중

K : 가스 중의 산소 함량에 따른 정수

④ 유해성분 측정

㈎ 기준 : 0℃, 101325 Pa의 압력에서 건조한 도시가스 1m^{3}당

㈏ 측정주기 및 장소 : 매주 1회씩 가스홀더의 출구

㈐ 유해성분량 : 황전량 0.5 g, 황화수소 0.02 g, 암모니아 0.2 g 초과 금지

(6) 도시가스 사용 설비

① 노즐 지름 조정 : 사용하는 가스가 변경되면 발열량, 가스 비중, 공급압력이 달라져 양호한 연소 상태를 유지할 수 없으므로 연소기구의 노즐 지름을 변경시켜 양호한 연소 상태를 유지하도록 하여야 한다.

$$\frac{D_2}{D_1} = \frac{\sqrt{WI_1 \sqrt{P_1}}}{\sqrt{WI_2 \sqrt{P_2}}}$$

여기서, D_1, D_2 : 변경 전후의 노즐 지름 (mm)

WI_1, WI_2 : 변경 전후의 웨버지수

P_1, P_2 : 변경 전후의 가스의 압력 (mmH₂O)

② 연소 상태 조정 : 노즐 지름을 변경하면 공급되는 가스량이 증감되고, 가스종류별로 1차 공기량이 다르므로 완전연소가 될 수 있도록 공기 조절기를 이용하여 1차 공기량을 조정한다.

③ 연소기 효율 계산

$$\eta(\%) = \frac{Out-put}{In-put} \times 100 = \frac{유효하게\ 이용된\ 열량}{공급열량} \times 100$$

예 상 문 제

문제 1. 도시가스의 원료의 구비조건이 아닌 것은?

㉮ 제조설비의 건설비가 적게 소요될 것

㉯ 공해 문제가 적을 것

㉰ 원료의 취급이 간편할 것

㉱ 가격이 비싸도 공급이 안정될 것

해설 가격이 저렴하고 (경제적) 공급이 안정되어야 한다.

문제 2. 도시가스의 원료 중 제진, 탈유, 탈탄산, 탈습 등의 전처리를 필요로 하는 것은 어느 것인가?

㉮ 천연가스　　　　㉯ LNG

㉰ LPG　　　　㉱ 나프타

문제 3. 액화천연가스를 도시가스 원료로 사용할 때 액화천연가스의 특징을 옳게 설명한 것은?

㉮ 천연가스의 C/H 비가 3이고, 기화설비가 필요하다.

㉯ 천연가스의 C/H 비가 4이고, 기화설비가 필요 없다.

㉰ 천연가스의 C/H 비가 3이고, 가스제조 및 정제설비가 필요하다.

㉱ 천연가스의 C/H 비가 4이고, 개질설비가 필요하다.

문제 4. 다음 LNG의 성질 중 틀린 것은?

㉮ 메탄을 주성분으로 하며 에탄, 프로판, 부탄 등이 포함되어 있다.

㉯ NG가 액화되면 체적이 1/600로 줄어든다.

㉰ 무독·무공해의 청정가스로 발열량이 약 9500 kcal/m^3 정도로 높다.

㉱ LNG는 기체 상태에서는 공기보다 가벼우나 액체 상태에서는 물보다 무겁다.

해설 • 메탄 (CH_4)의 액 비중 ($-164℃$) : 0.415

문제 5. 도시가스 원료로 사용되는 LNG의 특징에 대한 설명으로 가장 거리가 먼 것은 어느 것인가?

㉮ 기화설비만으로 도시가스를 쉽게 만들 수 있다.

㉯ 냉열 이용이 가능하다.

㉰ 대기 및 수질 오염 등 환경문제가 없다.

㉱ 상온에서 쉽게 저장할 수 있다.

해설 LNG의 주성분은 메탄 (CH_4)이고, 메탄의 비점은 $-161.5℃$로 초저온 액체이므로 저온 저장설비가 필요하고 설비 재료의 선택과 취급에 주의를 요한다.

문제 6. LNG 저장탱크에서 상이한 액체 밀도로 인하여 층상화된 액체의 불안정한 상태가 바로잡힐 때 생기는 LNG의 급격한 물질 혼합현상으로 상당한 양의 증발가스가 발생하는 현상은?

㉮ 롤 오버 (roll-over) 현상

㉯ 증발 (boil-off) 현상

㉰ BLEVE 현상

㉱ 파이어 볼 (fire ball) 현상

문제 7. 460 kg의 LNG (액 비중 0.46, 메탄 90 %, 에탄 10 %)를 기화시키면 부피는 몇 m^{3}가 되겠는가? (단, 표준 상태로 가정한다.)

㉮ 428 m^3　　　　㉯ 509 m^3

㉰ 592 m^3　　　　㉱ 639 m^3

해설 ① LNG의 평균 분자량 계산

$M = (16 \times 0.9) + (30 \times 0.1) = 17.4$

② 기화 된 부피 계산

$PV = GRT$

해답　1. ㉱　2. ㉮　3. ㉮　4. ㉱　5. ㉱　6. ㉮　7. ㉰

$$\therefore V = \frac{GRT}{P} = \frac{460 \times \frac{848}{17.4} \times 273}{10332}$$

$$= 592.355\,\mathrm{m}^3$$

문제 **8.** −160℃의 LNG (액 비중 0.48, 메탄 85 %, 에탄 15 %)를 기화 (+10℃)시켰을 때 부피는 몇 L가 되겠는가 ? (단, 메탄의 분자량은 16, 에탄의 분자량은 30이다.)

㉮ 615.8 ㉯ 6158 ㉰ 61.58 ㉱ 1231.6

해설 $PV = \dfrac{W}{M}RT$ 에서

$$V = \frac{WRT}{PM} = \frac{480 \times 0.082 \times (273 + 10)}{1 \times (16 \times 0.85 + 30 \times 0.15)}$$

$$= 615.41\,\mathrm{L}$$

문제 **9.** 가스용 납사 (naphtha) 성분의 구비 조건으로 옳지 않은 것은 ?

㉮ 유황분이 적을 것

㉯ 나프텐계 탄화수소가 많을 것

㉰ 카본 석출이 적을 것

㉱ 유출온도 종점이 높지 않을 것

해설 • 가스용 납사 (naphtha)의 구비조건 : ㉮, ㉰, ㉱ 외
　① 파라핀계 탄화수소가 많을 것
　② 촉매의 활성에 악영향을 미치지 않을 것

문제 **10.** 나프타 (naphtha)에 대한 설명으로 옳지 않은 것은 ?

㉮ 원유의 상압증류에서 비점이 200℃ 이하의 유분을 뜻한다.

㉯ 고비점 유분 및 황분이 많은 것은 바람직하지 않다.

㉰ 비점이 130℃ 이하인 것을 보통 경질 나프타라 한다.

㉱ 가스화 효율이 좋으려면 올레핀계 탄화수소량이 많은 것이 좋다.

해설 가스화 효율이 좋으려면 파라핀계 (CnH_{2n+2}) 탄화수소량이 많은 것이 좋다.

문제 **11.** LPG를 이용한 도시가스 공급방식이 아닌 것은 ?

㉮ 변성 혼입방식 ㉯ 공기 혼합방식
㉰ 직접 혼입방식 ㉱ 가압 혼입방식

문제 **12.** 프로판가스의 총발열량은 24000 kcal/Nm³이다. 이를 공기와 혼합하여 12000 kcal/Nm³의 도시가스를 제조하려면 프로판가스 1 Nm³에 대하여 얼마를 혼합하여야 하는가 ?

㉮ 0.5 Nm³ ㉯ 1 Nm³
㉰ 2 Nm³ ㉱ 3 Nm³

해설 $Q_2 = \dfrac{Q_1}{1+x}$

$$\therefore x = \frac{Q_1}{Q_2} - 1 = \frac{24000}{12000} - 1 = 1\,\mathrm{Nm}^3$$

문제 **13.** 탄화수소를 원료로 도시가스를 제조하는 공정이 아닌 것은 ?

㉮ 열분해 (thermal cracking process)

㉯ 완전산화 (total oxidation process)

㉰ 접촉분해 (steam reforming process)

㉱ 부분연소 (partial combustion process)

해설 • 도시가스의 제조 공정
　① 열분해 공정 (thermal craking process) : 고온 하에서 탄화수소를 가열하여 수소 (H_2), 메탄 (CH_4), 에탄 (C_2H_6), 에틸렌 (C_2H_4), 프로판 (C_3H_8) 등의 가스상의 탄화수소와 벤젠, 톨루엔 등의 조경유 및 타르 나프탈렌 등으로 분해하고, 고열량 가스 (10000 kcal/Nm³)를 제조하는 방법이다.
　② 접촉분해 공정 (steam reforming process) : 촉매를 사용해서 반응온도 400~800℃에서 탄화수소와 수증기를 반응시켜 메탄 (CH_4), 수소 (H_2), 일산화탄소 (CO), 이산화탄소 (CO_2)로 변환하는 공정이다.
　③ 부분연소 공정 (partial combustion process) : 탄화수소의 분해에 필요한 열을 로(爐) 내에 산소 또는 공기를 흡입시킴에 의해 원료의 일부를 연소시켜 연속적으로 가스를 만드는 공정이다.
　④ 수첨분해 공정 (hydrogenation cracking process) : 고온 · 고압 하에서 탄화수소를 수소 기류 중에서 열분해 또는 접촉분해

해답 8. ㉮ 9. ㉯ 10. ㉱ 11. ㉱ 12. ㉯ 13. ㉯

하여 메탄(CH_4)을 주성분으로 하는 고열량의 가스를 제조하는 공정이다.

⑤ 대체천연가스 공정(substitute natural process) : 수분, 산소, 수소를 원료 탄화수소와 반응시켜, 수증기 개질, 부분연소, 수첨분해 등에 의해 가스화 하고 메탄합성, 탈탄산 등의 공정과 병용해서 천연가스의 성상과 거의 일치하게끔 가스를 제조하는 공정으로 제조된 가스를 대체천연가스(SNG)라 한다.

문제 14. 촉매를 사용하여 반응온도 400~800℃로서 탄화수소와 수증기를 반응시켜 CH_4, H_2, CO, CO_2로 하는 공정은?

㉮ 열분해 공정
㉯ 접촉분해 공정
㉱ 수소화 분해 공정
㉳ 대체천연가스 공정

문제 15. 나프타 접촉분해법에서 개질온도 705℃의 조건에서 개질압력을 1기압보다 높은 압력에서의 조업조건이 옳은 것은?

㉮ H_2와 CO가 증가하고, CH_4와 CO_2가 감소한다.
㉯ H_2와 CO가 감소하고, CH_4와 CO_2가 증가한다.
㉱ CO와 CO_2가 감소하고, CH_4와 H_2가 증가한다.
㉳ CH_4와 CO가 증가하고, H_2와 CO_2가 감소한다.

해설 • 나프타의 접촉분해법에서 압력과 온도의 영향

구 분		CH_4, CO_2	H_2, CO
압력	상승	증가	감소
	하강	감소	증가
온도	상승	감소	증가
	하강	증가	감소

문제 16. 나프타(naphtha)의 접촉분해(수증기 개질)의 원리에 대한 설명으로 틀린 것은?

㉮ 반응온도를 올리면 CH_4, CO_2가 적고 CO, H_2가 많이 생성된다.
㉯ 반응압력을 올리면 CH_4, CO_2가 많고 CO, H_2가 적게 생성된다.
㉱ 일정온도, 압력에서 수증기 비가 증가하면 CH_4, CO가 적고 CO_2, H_2가 많이 생성된다.
㉳ 저온, 고압, 저수증기로 하면 카본의 생성을 방지할 수 있다.

해설 • 나프타의 접촉분해법

① 수증비의 영향 : 일정온도, 압력 하에서 수증비를 증가시키면 CH_4, CO가 적고, CO_2, H_2가 많은 가스가 생성된다.

② 카본 생성 방지 방법
반응식 : $CH_4 \rightleftarrows 2H_2 + C$ (카본)········ⓐ
$2CO \rightleftarrows CO_2 + C$ (카본)········ⓑ
ⓐ 반응온도를 낮게, 반응압력을 높게 유지
ⓑ 반응온도를 높게, 반응압력을 낮게 유지

문제 17. 다음 반응과 같은 접촉분해 공정 중에서 카본 생성을 방지하는 방법으로 옳은 것은?

반응식 : $CH_4 \rightleftarrows 2H_2 + C$ (카본)

㉮ 반응온도를 낮게, 압력을 높게
㉯ 반응온도를 높게, 압력을 낮게
㉱ 반응온도를 높게, 압력을 높게
㉳ 반응온도를 낮게, 압력을 낮게

해설 반응 전 1 mol, 반응 후 2 mol로 반응 후의 mol 수가 많으므로 온도가 높고, 압력이 낮을수록 반응이 잘 일어난다. 카본(C) 생성을 방지하려면 반응이 잘 일어나지 않도록 하여야 한다(반응온도 낮게, 압력은 높게 유지한다).

문제 18. 다음 중 SNG에 대한 설명으로 옳은 것은?

㉮ 순수 천연가스를 뜻한다.
㉯ 각종 도시가스의 총칭이다.
㉱ 대체(합성) 천연가스를 뜻한다.
㉳ 부생가스로 고로가스가 주성분이다.

해설 • SNG (substitute natural gas) : 대체 (합성)
천연가스

문제 **19.** 다음 LNG와 SNG에 대한 설명으로
옳은 것은?

㉮ 액체 상태의 나프타를 LNG라 한다.

㉯ SNG는 대체천연가스 또는 합성 천연가
스를 말한다.

㉰ LNG는 액화석유가스를 말한다.

㉱ SNG는 각종 도시가스의 총칭이다.

해설 ① LNG (liquefied natural gas) : 액화천연
가스

② SNG (substitute natural gas) : 대체천연
가스 또는 합성 천연가스

문제 **20.** 가스 제조공정에서 원료의 송입법
에 의한 분류에 해당되지 않는 것은?

㉮ 외열식   ㉯ 연속식

㉰ 배치식   ㉱ cyclic식

해설 • 도시가스 제조공정 분류

① 원료 송입법에 의한 분류 : 연속식, 배치
식 (batch type), 사이클릭식 (cyclic type)

② 가열방식에 의한 분류 : 외열식, 축열식,
부분연소식, 자열식

문제 **21.** 도시가스 제조공정 중 가열방식에
의한 분류로 원료에 소량의 공기와 산소
를 혼합하여 가스발생의 반응기에 넣어
원료의 일부를 연소시켜 그 열을 열원으
로 이용하는 방식은?

㉮ 자열식   ㉯ 부분연소식

㉰ 축열식   ㉱ 외열식

문제 **22.** 천연가스에 첨가하는 부취제의 성
분으로 적합하지 않은 것은?

㉮ THT (tetra hydro thiophen)

㉯ TBM (tertiary butyl mercaptan)

㉰ DMS (dimethyl sulfide)

㉱ DMDS (dimethyl disulfide)

해설 • 부취제의 종류 및 특징

명칭	냄새	안정도	특 징
TBM	양파 썩는 냄새	비교적 안정	냄새가 가장 강함
THT	석탄가스 냄새	안정	냄새가 중간 정도
DMS	마늘냄새	안정	다른 부취제와 혼합 사용

문제 **23.** 가스제조 시 사용되는 부취제의 구
비조건이 아닌 것은?

㉮ 독성이 없을 것

㉯ 냄새가 잘 날 것

㉰ 물에 잘 녹을 것

㉱ 관을 부식시키지 않을 것

해설 물에 잘 녹지 않고, 토양에 대하여 투과성
이 클 것

문제 **24.** 다음 부취제 주입 방식 중 액체주
입 방식이 아닌 것은?

㉮ 펌프 주입식

㉯ 적하 주입식

㉰ 위크식

㉱ 미터 연결 바이패스식

해설 • 부취제 주입 방식의 종류

① 액체 주입식 : 펌프 주입식, 적하 주입식,
미터연결 바이패스식

② 증발식 : 바이패스 증발식, 위크 증발식

문제 **25.** 가스 공급방식에 의한 분류 방법 중
저압 공급 방식이란 어떤 압력을 뜻하는가?

㉮ 0.1 MPa 미만

㉯ 0.5 MPa 미만

㉰ 0.1 MPa 이상 1 MPa 미만

㉱ 1 MPa 미만

해설 • 공급압력에 의한 분류

① 저압 공급방식 : 0.1 MPa 미만

② 중압 공급방식 : 0.1 MPa 이상 1 MPa 미만

③ 고압 공급방식 : 1 MPa 이상

문제 **26.** 다음 중 도시가스 공급방식 중 고압
공급의 특징에 대한 설명으로 옳지 않은

것은?

㉮ 큰 배관을 사용하지 않아도 많은 양의 가스를 수송할 수 있다.

㉯ 고압홀더가 있을 경우 정전 등의 고장에 대하여 안전성이 좋다.

㉰ 고압 압송기 및 고압 정압기 등의 유지관리가 쉽다.

㉱ 부속품의 열화 및 건조에 대한 방지책이 필요하다.

문제 27. LNG 기화장치의 종류에 해당하지 않는 것은?

㉮ open rack vaporizer

㉯ submerged conversion vaporizer

㉰ intermediate fluid vaporizer

㉱ cascade shower vaporizer

해설 • LNG 기화장치의 종류

① 오픈 랙 기화법 (open rack vaporizer) : 바닷물 (해수) 이용

② 중간매체법 (intermediate fluid vaporizer)

③ 서브머지드 법 (submerged conversion vaporizer) : 액 중 버너의 연소열 이용

문제 28. LNG 기화기 중 해수를 가열원으로 이용하므로 해수를 용이하게 입수할 수 있는 입지조건을 필요로 하는 기화기는?

㉮ 서브머지드 기화기

㉯ 오픈 랙 기화기

㉰ 전기가열식 기화기

㉱ 온수가열식 기화기

해설 • LNG 기화장치의 종류

① 오픈 랙 (open rack) 기화법 : 베이스로드용으로 바닷물을 열원으로 사용하므로 초기 시설비가 많으나 운전비용이 저렴하다.

② 중간매체법 : 베이스로드용으로 프로판 (C_3H_8), 펜탄 (C_5H_{12}) 등을 사용한다.

③ 서브머지드 (submerged)법 : 피크로드용으로 액 중 버너를 사용한다. 초기 시설비가 적으나 운전비용이 많이 소요된다.

문제 29. LNG 기화장치에 대한 설명으로 옳은 것은?

㉮ open rack vaporizer는 수평형 이중관 구조로서 내부에는 LNG가, 외부에는 해수가 병류로 흐르며 열 공급원은 해수이다.

㉯ submerged combustion vaporizer는 기동 정지가 복잡한 반면, 천연가스 연소열을 이용하므로 운전비가 저렴하다.

㉰ 중간매체식 기화기는 base load용으로 개발되었으며 해수와 LNG 사이에 프로판과 같은 중간 열매체가 순환한다.

㉱ 전기가열식 기화기는 가스제조공장에서 적용하는 대규모적이며 일반적인 LNG 기화장치이다.

해설 • LNG 기화장치

① open rack vaporizer : 수직 병렬로 연결된 알루미늄 합금제의 핀튜브 내부에 LNG가, 외부에 바닷물을 스프레이하여 기화시키는 구조이다.

② submerged combustion vaporizer : 천연가스 연소 열을 이용하므로 운전비용이 많이 소요된다.

③ 전기가열식 기화기 : LNG를 대규모로 기화시키는 장치로 사용하기가 곤란하다.

문제 30. 가스홀더의 분류에 속하지 않는 것은?

㉮ 유수식　　　㉯ 무수식

㉰ 투입식　　　㉱ 중·고압식

해설 구형 가스홀더를 중·고압식 가스홀더라 부른다.

문제 31. 도시가스 가스홀더 (gas holder)의 기능에 대한 설명으로 가장 거리가 먼 것은?

㉮ 가스 수요의 시간적 변화에 대해 안정적인 공급이 가능하다.

㉯ 조성이 다른 가스를 혼합하여 가스의 성분, 열량, 연소성을 균일화한다.

㉰ 가스홀더를 설치함으로 도시가스 폭발을 방지할 수 있다.

@ 가스홀더를 소비지역 가까이 둠으로써 가스의 최대사용 시 제조소에서 배관 수송량을 안정하게 할 수 있다.

[해설] • 가스홀더(gas holder)의 기능 : ㉮, ㉯, ㉰ 외

① 공급설비의 일시적 중단에 대하여 어느 정도 공급량을 확보한다.

[문제] **32.** 유수식 가스홀더에 대한 설명으로 잘못된 것은?

㉮ 다량의 물을 필요로 한다.

㉯ 유효 가동량이 구형 가스홀더에 비해 크다.

㉰ 한랭지에서 물의 동결 방지가 필요하며 압력이 가스탱크의 양에 따라 변한다.

㉱ 가스압력이 일정하며, 건조한 상태로 가스가 저장된다.

[해설] 가스가 건조하면 물탱크의 수분을 흡수하며, 압력이 탱크의 수에 따라 변동한다.

[문제] **33.** 원통형 또는 다각형의 외통과 그 내벽을 상하로 미끄러져 움직이는 편판상의 피스톤 및 바닥판, 지붕판으로 구성된 가스홀더(gas holder)는?

㉮ 고압식 가스홀더

㉯ 무수식 가스홀더

㉰ 유수식 가스홀더

㉱ 구형 가스홀더

[문제] **34.** 구형 가스홀더의 특징이 아닌 것은?

㉮ 표면적이 작아 다른 가스홀더에 비해 사용 강재량이 적다.

㉯ 부지면적과 기초공사량이 적다.

㉰ 가스 송출에 가스홀더 자체 압력을 이용할 수 있다.

㉱ 가스에 습기가 일부 포함되어 있다.

[해설] 가스를 건조 상태로 보관할 수 있다.

[문제] **35.** 1차 압력 및 부하유량의 변동에 관계없이 2차 압력을 일정한 압력으로 유지

하는 기능의 가스공급 설비는?

㉮ 가스홀더   ㉯ 압송기

㉰ 정압기   ㉱ 안전장치

[문제] **36.** 정압기(governor)의 기본 구성품 중 2차 압력을 감지하고, 변동사항을 알려주는 역할을 하는 것은?

㉮ 스프링   ㉯ 메인 밸브

㉰ 다이어프램   ㉱ 공기구멍

[문제] **37.** 도시가스 공급설비인 정압기(governor) 전단에 설치된 gas heater의 설치 목적이 아닌 것은?

㉮ 공급온도 적정유지

㉯ 설비 동결방지

㉰ 계량 수율 증대

㉱ 사전 가스온도 보상

[문제] **38.** 정압기의 특성 중 유량과 2차 압력과의 관계를 나타내는 것은?

㉮ 정특성

㉯ 유량특성

㉰ 동특성

㉱ 작동 최소차압

[해설] • 정압기의 특성

① 정특성(靜特性) : 유량과 2차 압력의 관계

㉮ 로크업(lock up) : 유량이 0으로 되었을 때 2차 압력과 기준압력(Ps)과의 관계

㉯ 오프셋(off set) : 유량이 변화했을 때 2차 압력과 기준압력(Ps)과의 차이

㉰ 시프트(shift) : 1차 압력의 변화에 의하여 정압곡선이 전체적으로 어긋나는 것

② 동특성(動特性) : 부하변동에 대한 응답의 신속성과 안전성이 요구됨

③ 유량특성(流量特性) : 메인 밸브의 열림과 유량의 관계

④ 사용 최대차압 : 메인 밸브에 1차와 2차 압력이 작용하여 최대로 되었을 때의 차압

⑤ 작동 최소차압 : 정압기가 작동할 수 있는 최소차압

문제 39. 정압기의 정특성에 대한 설명으로 옳지 않은 것은?
㉮ 정상 상태에서의 유량과 2차 압력과의 관계를 뜻한다.
㉯ lock-up이란 폐쇄압력과 기준유량일 때의 2차 압력과의 차를 뜻한다.
㉰ 오프셋 값은 클수록 바람직하다.
㉱ 유량이 증가할수록 2차 압력은 점점 낮아진다.

문제 40. 정압기의 특성 중 부하변동이 큰 곳에 사용되는 정압기에 대하여 응답의 신속성과 안전성을 나타내는 특성은?
㉮ 정특성
㉯ 동특성
㉰ 유량특성
㉱ 유압특성

문제 41. 정압기에서 유량특성은 메인 밸브의 열림과 유량과의 관계를 말한다. 다음 중 유량특성의 종류가 아닌 것은?
㉮ 직선형
㉯ 2차형
㉰ 3차형
㉱ 평방근형
해설 • 유량특성 : 메인 밸브의 열림과 유량과의 관계
① 직선형 : 메인밸브의 개구부 모양이 장방향의 슬릿(slit)으로 되어 있으며 열림으로부터 유량을 파악하는데 편리하다.
② 2차형 : 개구부의 모양이 삼각형(V자형)의 메인 밸브로 되어 있으며 천천히 유량을 증가하는 형식으로 안정적이다.
③ 평방근형 : 접시형의 메인 밸브로 신속하게 열(開) 필요가 있을 경우에 사용하며 다른 것에 비하여 안정성이 좋지 않다.

문제 42. 언로딩형과 로딩형이 있으며 대용량이 요구되고 유량제어 범위가 넓은 경우에 적합한 정압기는?
㉮ 피셔식 정압기
㉯ 레이놀즈식 정압기
㉰ 파일럿식 정압기
㉱ 엑시얼-플로식 정압기

문제 43. 일반 소비기기용, 지구 정압기로 널리 사용되며 구조와 기능이 우수하고 정특성이 좋지만 안전성이 부족하고 크기가 다른 것에 비하여 대형인 정압기는?
㉮ 피셔식
㉯ AFV식
㉰ 레이놀즈식
㉱ 서비스식

문제 44. 다이어프램과 메인 밸브를 고무슬리브 1개로 해결한 콤팩트한 정압기로서 변칙 언로딩형인 정압기는?
㉮ 피셔식
㉯ 레이놀즈식
㉰ AFV식
㉱ KRF식
해설 • AFV : axial flow valve(엑시얼-플로식)

문제 45. 정압기의 설치에 대한 설명 중 옳지 않은 것은?
㉮ 침수 위험이 있는 지하에 설치하는 정압기는 침수방지 조치를 한다.
㉯ 일반 공급압력 이상의 압력이 필요한 경우 설치한다.
㉰ 설치장소 주변에 장애물이 없고 장착, 수리가 편리하게 설치되어야 한다.
㉱ 가스 공급을 중단시키지 않고 분해 점검 할 수 있도록 바이패스 장치를 설치한다.

문제 46. 정압기 설치에 대한 설명으로 가장 거리가 먼 것은?

[가] 출구에는 수분 및 불순물 제거장치를 설치한다.
[나] 출구에는 가스압력 측정장치를 설치한다.
[다] 입구에는 가스 차단장치를 설치한다.
[라] 정압기의 분해점검 및 고장을 대비하여 예비 정압기를 설치한다.

[해설] 정압기 입구에 수분 및 불순물 제거장치를 설치한다.

[문제] **47.** 정압기의 2차압 이상상승의 원인이 아닌 것은?
[가] 바이패스 밸브의 누설
[나] center 스템과 메인 밸브의 접속 불량
[다] 파일럿의 cut-out 불량
[라] 필터의 먼지류의 막힘

[해설] [라] 2차압 이상 저하의 원인이다.

[문제] **48.** 피셔(Fisher)식 정압기의 2차 압력의 이상저하 원인으로 가장 거리가 먼 것은 어느 것인가?
[가] 정압기의 능력 부족
[나] 필터 먼지류의 막힘
[다] 파일럿 오리피스의 녹 막힘
[라] 가스 중 수분의 동결

[해설] • 2차 압력 이상저하 원인 : [가], [나], [다] 외
① center stem의 작동 불량
② stroke 조정 불량
③ 주다이어프램 파손

[문제] **49.** 정압기의 승압을 방지하기 위한 방지설비가 아닌 것은?
[가] 2차 압력 감시장치
[나] 저압 배관의 loop화
[다] 2차 측에 가용전식 안전밸브 설치
[라] 저압 홀더로 되돌림

[해설] • 정압기의 이상승압을 방지하는 설비(방법)
① 저압 홀더로 되돌림
② 저압 배관의 루프(loop)화
③ 2차 압력 감시장치
④ 정압기를 병렬로 설치

[문제] **50.** 도시가스의 측정사항에 있어서 반드시 측정하지 않아도 되는 것은?
[가] 농도측정
[나] 연소성 측정
[다] 압력측정
[라] 열량측정

[해설] [나], [다], [라]항 외 유해성분을 측정하여야 한다.

[문제] **51.** 웨버지수에 대한 설명으로 옳은 것은 어느 것인가?
[가] 정압기의 동특성을 판단하는 수치이다.
[나] 배관 지름을 결정할 때 사용되는 수치이다.
[다] 가스의 연소성을 판단하는 중요한 수치이다.
[라] LPG 용기 설치본수 산정 시 사용되는 수치로 지역별 기화량을 고려한 값이다.

[해설] • 웨버지수(WI) : 가스의 발열량을 가스 비중의 평방근으로 나눈 값

$$WI = \frac{Hg}{\sqrt{d}}$$

Hg : 가스의 발열량(kcal/m^3), d : 가스 비중

[문제] **52.** 총발열량이 10000 kcal/Nm^3, 비중이 1.2인 도시가스의 웨버지수는?

[가] 12000　　[나] 8333
[다] 10954　　[라] 9129

[해설] $WI = \frac{Hg}{\sqrt{d}} = \frac{10000}{\sqrt{1.2}} = 9128.71$

[문제] **53.** 도시가스의 연소성을 측정하기 위하여 웨버지수를 구하는데 웨버지수는 표준 웨버지수의 얼마 이내를 유지해야 하는가?

[가] ±4%　　[나] ±4.5%
[다] ±5%　　[라] ±5.5%

[해답] 47. [라]　48. [라]　49. [다]　50. [가]　51. [다]　52. [라]　53. [나]

문제 **54.** 도시가스 중 유해성분 측정대상이 아닌 것은?

㉮ 황

㉯ 황화수소

㉰ 암모니아

㉱ 일산화탄소

해설 • 유해성분 측정

① 측정조건 기준 : 0℃, 101325 Pa 상태에서 건조한 도시가스 1 m³

② 유해성분 종류 및 기준량

유해성분 종류	기준량
황전량	0.5 g 이하
황화수소	0.02 g 이하
암모니아	0.2 g 이하

문제 **55.** 0℃, 101.325 kPa의 압력에서 건조한 도시가스 1 m³당 황화수소는 몇 g을 초과할 수 없는가?

㉮ 0.02 g

㉯ 0.1 g

㉰ 0.2 g

㉱ 0.5 g

문제 **56.** 발열량이 5000 kcal/Nm³, 비중이 0.61, 공급 표준압력이 100 mmH₂O인 가스에서 발열량 11000 kcal/Nm³, 비중 0.66, 공급 표준압력이 200 mmH₂O인 LNG로 가스를 변경할 경우 노즐 변경률은 얼마인가?

㉮ 0.49

㉯ 0.58

㉰ 0.71

㉱ 0.82

해설 $\dfrac{D_2}{D_1} = \sqrt{\dfrac{WI_1 \sqrt{P_1}}{WI_2 \sqrt{P_2}}}$

$= \sqrt{\dfrac{\dfrac{5000}{\sqrt{0.61}} \times \sqrt{100}}{\dfrac{11000}{\sqrt{0.66}} \times \sqrt{200}}} = 0.578$

문제 **57.** 가스보일러를 사용하여 45℃의 온수 1 ton을 얻기 위하여 가스 소비량은 약 몇 kg이 되겠는가? (단, 가스보일러의 열효율은 70 %, 냉수 입구온도는 15℃로 하며, 사용 가스는 프로판 가스로서 12000 kcal/kg으로 한다.)

㉮ 1.79

㉯ 3.15

㉰ 3.57

㉱ 6.30

해설 $G_f = \dfrac{G \cdot C \cdot \Delta t}{H_l \cdot \eta}$

$= \dfrac{1000 \times 1 \times (45 - 15)}{12000 \times 0.7} = 3.571 \text{ kg}$

문제 **58.** 물 250 L를 30℃에서 60℃로 상승시킬 때 프로판 0.9 kg이 소비되었다면 열효율은 약 몇 %인가? (단, 물의 비열은 1 kcal/kg·℃, 프로판의 발열량은 12000 kcal/kg이다.)

㉮ 58.4

㉯ 69.4

㉰ 78.4

㉱ 83.3

해설 $\eta(\%) = \dfrac{G \cdot C \cdot \Delta t}{G_f \cdot H_l} \times 100$

$= \dfrac{250 \times 1 \times (60 - 30)}{0.9 \times 12000} \times 100$

$= 69.44 (\%)$

제 5 장   수소 설비

1. 수소 제조설비

(1) 수소의 제조법

① 실험적 제조법

(가) 아연(Zn)이나 철(Fe)에 묽은 황산(H_2SO_4) 또는 묽은 염산(HCl)을 가하면 수소가 발생한다.

$$Zn + H_2SO_4 \rightarrow ZnSO_4 + H_2 \uparrow$$

$$Fe + 2HCl \rightarrow FeCl_2 + H_2 \uparrow$$

(나) 양쪽성 원소에 강알칼리를 가하면 수소가 발생한다.

$$Zn + 2NaOH \rightarrow Na_2ZnO_2 + H_2 \uparrow$$

※ 양쪽성 원소 : 금속과 비금속의 성질을 지니는 원소로 산과 알칼리 어느 쪽과도 반응하는 것으로 알루미늄(Al), 아연(Zn), 주석(Sn), 납(Pb)과 같은 것이 해당된다.

(다) 칼륨(K), 칼슘(Ca), 나트륨(Na) 등과 같이 이온화 경향이 큰 금속은 찬물과 격렬하게 반응하여 수소가 발생한다.

$$2Na + 2H_2O \rightarrow 2NaOH + H_2 \uparrow$$

※ 이온화 경향 : 원자 또는 분자가 이온이 되려고 하는 경향으로 이온화 경향이 크다는 것은 쉽게 이온화되는 것으로 산화되기 쉽다고 한다. 이온화 경향이 큰 원소가 그보다 이온화 경향이 작은 원소의 이온과 만나면 이온화 경향이 큰 원소가 산화되고 이온이 었던 원소는 환원된다. 금속의 이온화 경향이 클수록 반응성이 커서 전자를 잃고 산화되기 쉽고 금속의 이온화 경향 크기를 비교하면 다음과 같다.

K(칼륨) > Ca(칼슘) > Na(나트륨) > Mg(마그네슘) > Al(알루미늄) > Zn(아연) > Fe(철) > Ni(니켈) > Sn(주석) > Pb(납) > H(수소) > Cu(구리) > Hg(수은) > Ag(은) > Pt(백금) > Au(금)

② 공업적 제조법

(가) 수전해법(水電解法) : 물의 전기분해법

㉮ 순도가 높은 수소를 제조할 수 있다.

㉯ 전해액은 20 % 정도의 수산화나트륨(NaOH) 수용액을 사용한다.

㉰ 음극에서 수소(H_2), 양극에서 산소(O_2)가 2 : 1의 체적비율로 발생한다.

$$2H_2O \rightarrow 2H_2 + O_2$$
$$\quad\quad (-) \quad (+)$$

(나) 수성 가스법(코크스의 가스화)

㉮ 수성가스(water gas) : 적열된 코크스에 수증기를 작용시키면 수소와 일산화탄소의 혼합가스가 생성되며, 수성가스의 생성반응은 흡열반응이므로 고온도하에서 하여야 한다.

$$C + H_2O \rightarrow CO + H_2 - 31.4 \text{ kcal}$$

㉯ 발생로에서 1400℃ 정도로 가열된 코크스에 수증기를 통해서 제조하며, 반응이 시작되면 온도가 저하하므로 코크스의 온도가 1000℃ 정도로 내려가면 수증기 대신 공기를 보내 온도를 1400℃ 정도로 상승시킨 후 다시 수증기를 보내 수성가스를 발생시킨다.

⒟ 천연가스 분해법(메탄 분해법) : 천연가스를 원료로 합성가스를 제조하는 방법이다.

　㉮ 수증기 개질법

　　㉠ 메탄과 수증기를 반응시키면 수소가 발생한다.

$$CH_4 + H_2O \rightleftarrows CO + 3H_2 - 49.3 \text{ kcal}$$

$$CH_4 + 2H_2O \rightleftarrows CO_2 + 4H_2 - 39.5 \text{ kcal} : \text{수증기가 과잉상태}$$

　　㉡ 니켈 촉매를 사용하면 650~800℃에서 반응이 진행된다.

　　㉢ 촉매를 사용하지 않는 경우 메탄과 수증기를 1400℃의 분해로를 통하게 해서 진행할 수 있다.

　　㉣ 반응압력은 상압~1 MPa 정도이다.

　㉯ 부분 산화법

　　㉠ 메탄을 1.5 MPa 상태로 가압하여 니켈 촉매하에서 산소 또는 공기와 800~1000℃로 반응시켜 합성가스를 얻는다. →파우더법

$$2CH_4 + O_2 \rightleftarrows 2CO + 4H_2 + 17 \text{ kcal}$$

　　㉡ 메탄 또는 저급탄화수소를 니켈 촉매하에서 수증기에 의해 약 1 MPa 상태로 가압하여 850~950℃로 분해하여 합성가스를 얻는다. →그랜드 파로와스법

⒠ 석유 분해법 : 나프타, 중유 또는 원유를 분해하여 합성가스를 제조하는 방법이다.

　㉮ 수증기 개질법

　　㉠ 탄화수소 중 메탄에서 나프타 유분(비점 205℃ 이하)까지 원료로 사용할 수 있다.

　　㉡ 3~5 ppm이 될 때까지 탈황된 나프타를 수증기와 혼합하여 니켈계의 촉매를 통하게 하면 다음과 같은 반응이 발생한다.

$$C_mH_n + m\,H_2O \rightleftarrows mCO + \left(\frac{2m+n}{2}\right)H_2$$

$$CO + 3H_2 \rightleftarrows CH_4 + H_2O$$

$$CO + H_2O \rightleftarrows CO_2 + H_2$$

　㉯ 부분 산화법

　　㉠ 원유 또는 중유를 산소 및 수증기와 함께 로에 흡입하고 불완전 연소시켜 가스화하는 방법이다.

　　㉡ 가스화의 주요 반응식

$$C_mH_n + \frac{m}{2}O_2 \rightleftarrows mCO + \frac{n}{2}H_2$$

$$C_m H_n + m\,H_2O \rightleftarrows m\,CO + \left(\frac{2m + n}{2}\right)H_2$$

$$CO + H_2O \rightleftarrows CO_2 + H_2$$

　　ⓒ 가스화 온도는 약 1400℃, 압력은 약 3 MPa 정도이다.

　㈐ 일산화탄소 전화법

　　㉮ 일산화탄소의 전화반응식

　　　$CO + H_2O \rightleftarrows CO_2 + H_2 + 9.8\,kcal$

　　㉯ 반응은 일반적으로 2단으로 행한다.

　　　㉠ 고온 전화반응 : 제1단

　　　　ⓐ 고온 전화촉매 : $Fe_2O_3 - Cr_2O_3$계

　　　　ⓑ 온도 : 350~500℃

　　　　ⓒ 촉매층 출구의 잔류 일산화탄소는 2 % 정도이다.

　　　㉡ 저온 전화반응 : 제2단

　　　　ⓐ 저온 전화촉매 : $CuO - ZnO$계

　　　　ⓑ 온도 : 200~250℃

　　　　ⓒ 잔류 일산화탄소는 0.3~0.4 % 정도이다.

(2) 수전해설비 제조 기준(KGS AH271)

　① 적용범위 : 수소법 시행규칙 제2조

　　㈎ 산성 및 염기성 수용액을 이용하는 수전해설비

　　㈏ 음이온교환막(AEM) 전해질을 이용하는 수전해설비

　　㈐ 양이온교환막(PEM) 전해질을 이용하는 수전해설비

　② 용어의 정의

　　㈎ 수전해설비 : 물을 전기분해하여 수소를 생산하는 것으로서 그 설비의 기하학적 범위
　　　는 다음과 같다.

　　　㉮ 급수밸브로부터 스택, 전력변환장치, 기액분리기, 열교환기, 수분제거장치, 산소제
　　　　거장치 등을 통해 토출되는 수소배관의 첫 번째 연결부까지

　　　㉯ ㉮에 해당하는 수전해설비가 하나의 외함으로 둘러싸인 구조의 경우에는 외함 외부
　　　　에 노출되는 각 장치의 접속부까지

　　㈏ 충전부 : 수전해설비가 정상운전 상태에서 전류가 흐르는 도체 또는 도전부를 말한다.

　　㈐ 로크아웃(lockout) : 수전해설비의 비상정지 등이 발생하여 수전해설비를 안전하게 정지
　　　하고, 이후 수동으로만 운전을 복귀시킬 수 있도록 하는 것을 말한다. 〈개정 23. 6. 14〉

　　㈑ IP 등급 : 위험 부분으로의 접근, 외부 분진의 침투 또는 물의 침투에 대한 외함의 방
　　　진보호 및 방수보호 등급을 말한다.

　③ 제조설비

　　㈎ 구멍가공기 · 프레스 · 관굽힘기 · 절곡기 · 주물가공설비

　　㈏ 표면처리 및 도장설비

　　㈐ 가스용접기 또는 전기용접기 및 동력용 조립지그 · 공구

    ㈏ 셀 및 스택 제작 설비

    ㈐ 전기회로기판 회로인쇄, 부품삽입, 납땜 설비

    ㈑ 그 밖에 제조에 필요한 가공설비

  ④ 검사설비 : 안전관리규정에 따른 자체검사를 수행할 수 있는 것으로 한다.

    ㈎ 버니어캘리퍼스·마이크로미터·나사게이지 등 치수측정설비

    ㈏ 가스유량계

    ㈐ 내압시험설비

    ㈑ 기밀시험설비

    ㈒ 절연저항측정기 및 내전압시험기

    ㈓ 전압 및 전류측정기

    ㈔ 안전장치 성능시험 설비

    ㈕ 표면온도 측정설비

    ㈖ 수소 및 산소농도 측정설비

    ㈗ 그 밖에 검사에 필요한 설비 및 기구

  ⑤ 재료 기준

    ㈎ 공통사항

      ㉮ 재료는 사용 조건의 온도, 압력, 화학적 반응 등에 견디고 물, 수용액, 산소, 수소 등 유체가 통하는 부분의 재료는 스테인리스강 등 해당 유체에 대하여 충분한 내식성이 있는 재료 또는 코팅된 재료를 사용하는 것으로 한다.

      ㉯ 수용액, 산소, 수소가 통하는 배관은 금속재료를 사용해야 한다.

      ㉰ 외함 및 수분 접촉에 따른 부식의 우려가 있는 부분에 사용되는 금속은 스테인리스강 등 내식성이 있는 재료를 사용해야 하며, 탄소강을 사용하는 경우에는 부식에 강한 코팅을 한다.

      ㉱ 고무 또는 플라스틱의 비금속성 재료는 단기간에 열화(劣化)되지 않도록 사용 조건에 적합한 것으로 한다.

      ㉲ 전기 절연물 및 단열재는 접촉부 또는 그 부근의 온도에 충분히 견디고 흡습성이 적은 것으로 한다.

      ㉳ 도전재료는 동, 동합금, 스테인리스강 또는 이와 동등 이상의 전기적·열적 및 기계적 안전성이 있는 것으로 한다.

      ㉴ 수전해설비에는 다음의 재료를 사용하지 않는다.

        ㉠ 폴리염화비페닐(PCB)

        ㉡ 석면

        ㉢ 카드뮴

      ㉵ 수전해설비는 온도·압력 등 운전조건에 적합한 기계적 강도를 갖추어야 한다.

  ⑥ 구조 및 치수

    ㈎ 모든 부품은 뒤틀림, 이완 및 그 외의 손상에 견디는 안전한 구조로 한다.

    ㈏ 분해 가능한 패널·커버 등은 본래 설치된 곳 외의 다른 위치에 설치되는 것을 방지하

기 위해 서로 호환(互換)되지 않는 구조로 하고, 반복되는 분해·조립에 따른 마모 등으로 인한 기능의 손상이 발생되지 않는 것으로 한다.

㈐ 인체의 접촉 가능성이 있는 부품은 날카로운 돌출부분이나 모퉁이가 없는 구조로 한다.

㈑ 점검, 보수, 교체 및 분해가 용이한 구조로 한다.

㈒ 유지보수가 필요한 부분에 사용되는 단열재는 배관 및 부품 등에 대한 접근이 용이한 구조로 한다.

㈓ 수전해설비 본체에 설치된 스위치 또는 컨트롤러의 조작을 통해서만 운전을 시작하거나 정지할 수 있는 구조로 한다. 다만, 다음의 경우에는 원격조작이 가능한 구조로 한다.

　㉮ 본체에서 원격조작으로 운전을 시작할 수 있도록 허용되는 경우

　㉯ 급격한 압력 및 온도 상승 등 위험이 생길 우려가 있어 수전해설비를 정지해야 하는 경우

㈔ 수전해설비의 안전장치가 작동해야 하는 설정 값은 원격조작 등을 통하여 임의로 변경할 수 없도록 해야 한다.

㈕ 벽면 등에 부착하여 사용하는 수전해설비는 용이하고 견고하게 부착이 가능한 구조로 한다.

㈖ 환기팬 등 수전해설비의 운전 상태에서 사람이 접할 우려가 있는 가동 부분은 쉽게 접할 수 없도록 적절한 보호틀이나 보호망 등을 설치한다.

㈗ 수전해설비의 외함 내부에는 가연성가스가 체류하거나, 외부로부터 이물질이 유입되지 않는 구조로 한다.

㈘ 비상정지를 실행하기 위한 제어장치의 설정 값 등을 사용자 또는 설치자가 임의로 조작해서는 안 되는 부분은 봉인실 또는 잠금장치 등으로 조작을 방지할 수 있는 구조로 한다.

㈙ 배관에는 수송하는 유체를 식별할 수 있도록 쉽게 확인이 가능한 곳에 수송하는 유체의 종류를 표시한다.

㈚ 가연성 또는 독성의 유체가 설비 외부로 방출될 수 있는 부분에는 주의문구를 표시한다.

㈛ 운전 또는 점검, 유지보수 등을 위해 사람의 접근이 요구되는 부분은 미끄러짐, 걸림 또는 부딪힘 등을 방지할 수 있는 구조로 설계한다.

㈎ 긴급사태 발생 시 운전을 신속하게 정지할 수 있도록 접근이 용이한 장소에 제어입력 장치 등 비상정지를 실행할 수 있는 장치를 갖춘다.

㈏ 설비의 유지보수나 긴급정지 등을 위해 유체의 흐름을 차단하는 밸브를 설치하는 경우 차단밸브는 다음의 기준을 만족해야 한다.

　㉮ 차단밸브는 최고사용압력, 온도 및 유체특성 등 사용조건에 적합해야 한다.

　㉯ 차단밸브의 가동부(actuator)는 밸브 몸통으로부터 전해지는 열을 견딜 수 있어야 한다.

　㉰ 차단밸브(급수밸브 등과 같이 오작동 또는 기능 손상에 따라 화재, 폭발 등과 같은 위험한 상황으로 이어질 우려가 없는 밸브는 제외한다)는 공인인증기관의 인증품 또는 성능시험을 만족하는 것을 사용하여야 한다.

㉺ 차단밸브는 구동원이 상실되었을 경우 안전한 가동이 이루어질 수 있는 구조(fail-safe)
이어야 한다.

㈐ 수전해설비에 설치되는 전기설비 중 위험장소 안에 있는 전기설비는 누출된 가스의 점
화원이 되는 것을 방지하기 위하여 KGS code 기준에 따른 방폭성능을 갖는 구조로 한다.

㈑ 압력조정기(상용압력 이상의 압력으로 압력이 상승한 경우 자동으로 가스를 방출하
는 안전장치를 갖춘 것에 한정한다)에서 방출되는 가스는 방출관 등을 이용하여 외함
외부로 직접 방출하는 구조로 한다.

㈒ 스택과 수소정제장치의 사이에는 압축기를 설치하지 않는다.

⑦ 액체 공급 및 배수 구조

㈎ 급수라인 접속부에는 역류방지장치를 설치한다.

㈏ 물, 수용액 등을 저장하기 위한 설비는 견고히 고정하고, 그 설비 안의 내용물이 밖
으로 흘러 넘치지 않는 구조로 한다.

⑧ 접지 구조

㈎ 접지용 단자 및 케이블이나 그 부근에는 쉽게 지워지지 않는 방법으로 접지용 단자임
을 나타내는 표시 등을 한다.

㈏ 접지용 단자는 접지선을 쉽고 확실하게 설치할 수 있는 것으로 하고, 접지용 단자 나
사의 호칭지름은 4 mm(눌러서 체결하는 형태의 경우 3.5 mm) 이상인 것으로 한다.

㈐ 접지 기구는 사람이 접촉할 수 있는 금속부와 전기적으로 안전하게 접속하거나 또는
쉽게 느슨해지지 않도록 견고하게 설치할 수 있는 것으로 한다.

㈑ 접지용 단자의 재료는 충분한 기계적 강도를 가지고 부식되지 않는 것으로 한다.

㈒ 접지용 케이블은 다음 중 어느 하나에 해당되는 것으로 한다.

㉮ 직경 1.6 mm의 연동선 또는 이와 동등 이상의 강도 및 두께를 가지고 쉽게 부식되
지 않는 금속선

㉯ 공칭 단면적 1.25 mm^2 이상의 단심코드 또는 단심캡타이어케이블

㉰ 공칭 단면적 0.75 mm^2 이상의 2심 코드로 2선의 도체를 양단에서 꼬아 합치거나 납
땜 또는 압착한 것

㉱ 공칭 단면적 0.75 mm^2 이상의 다심코드(꼬아 합친 것을 제외한다) 또는 다심캡타이
어케이블의 1개의 선심

㈓ 수소가 통하는 배관에는 다음 기준에 따라 접지를 한다.

㉮ 직선 배관은 80 m 이내의 간격으로 접지를 한다.

㉯ 서로 교차하지 않는 배관 사이의 거리가 100 mm 미만인 경우, 배관 사이에서 발생
될 수 있는 스파크 점프를 방지하기 위해 20 m 이내의 간격으로 점퍼를 실시한다.

㉰ 서로 교차하는 배관 사이의 거리가 100 mm 미만인 경우, 배관이 교차하는 곳에 점
퍼를 설치한다.

㉱ 금속 볼트 또는 클램프로 고정된 금속 플랜지에는 추가적인 정전기 와이어가 장착되
지 않지만, 최소한 4개의 볼트 또는 클램프들마다에는 양호한 전도성 접촉점이 있도록
해야 한다.

⑨ 셀, 스택 구조

  ㈎ 압력·진동·열 등으로 인하여 생기는 응력에 충분히 견디는 구조로 한다.

  ㈏ 셀, 스택은 사용 환경에서 절연 열화 방지 등 전기안전성을 갖는 구조로 한다.

  ㈐ 셀, 스택 내에는 산소와 수소의 혼합을 방지할 수 있는 분리막이 있는 구조로 한다.

  ㈑ 셀, 스택은 전도체 낙하로 인한 단락 및 누설전류 방지 등을 위해 절연케이스로 덮는 구조로 한다.

⑩ 안전장치

  ㈎ 시동 제어

    ㉮ 수전해설비 운전 개시 전 외함 내부의 폭발 가능한 가연성가스 축적을 방지하기 위하여 공기, 질소 등으로 외함 내부를 충분히 퍼지할 것

    ㉯ 시동은 모든 안전장치가 정상적으로 작동하는 경우에만 가능하도록 제어될 것

    ㉰ 올바른 시동 시퀀스를 보증하기 위해 적절한 연동장치를 갖는 구조일 것

    ㉱ 정지 후, 자동 재시동은 모든 안전 조건이 충족된 후에만 가능한 구조일 것

  ㈏ 비상정지 제어

    ㉮ 비상정지 제어 기능이 작동하는 경우

      ㉠ 셀, 스택의 공급 전압에 이상이 생겼을 경우

      ㉡ 셀, 스택의 온도가 현저하게 상승하였을 경우

      ㉢ 셀, 스택에 과전류가 생겼을 경우

      ㉣ 셀, 스택에 안전성능 변화를 유발하는 차압이 발생한 경우

      ㉤ 수용액 수위가 현저하게 높거나 낮은 경우

      ㉥ 물, 수용액 유량이 현저하게 낮은 경우

      ㉦ 외함 내 수소농도가 1%를 초과할 때

      ㉧ 발생 수소 중 산소 농도가 3%를 초과할 때

      ㉨ 발생 산소 중 수소 농도가 2%를 초과할 때

      ㉩ 수용액, 산소, 수소가 통하는 부분의 압력이 현저하게 상승하였을 경우

      ㉪ 수전해설비 안의 환기장치에 이상이 생겼을 경우

      ㉫ 수전해설비 안의 온도가 현저하게 상승 또는 저하하는 경우

    ㉯ 비상정지는 다른 기능 및 동작보다 우선하여 실행되며, 외부로부터 방해되지 않아야 한다.

    ㉰ 비상정지가 실행된 경우 사용자가 그 상황을 인지할 수 있도록 적절한 알람이 표시되는 구조로 한다.

    ㉱ 비상정지 후에는 로크아웃 상태로 전환되어야 하며, 수동으로 로크아웃을 해제하는 경우에만 정상운전하는 구조로 한다.

    ㉲ 수동조작을 통한 방법으로도 비상정지가 가능한 구조로 한다.

⑪ 수소검지 경보장치

  ㈎ 수소검지 경보장치는 '화재예방, 소방시설 설치·유지 및 안전관리에 관한 법률'에 따라 인증을 받은 제품 또는 공인인증기관의 인증품을 사용한다.

(나) 수소검지 경보장치의 검지부는 방폭성능을 갖는 것으로 한다.

(다) 2개 이상의 검지부에서 검지신호를 수신하는 경우 수신회로는 경보를 울리는 다른 회로가 작동하고 있을 때에도 해당 검지 경보장치가 작동하여 경보를 울릴 수 있는 것으로서 경보를 울리는 장소를 식별할 수 있는 것으로 한다.

(라) 수신회로가 작동상태에 있는 것을 쉽게 식별할 수 있는 것으로 한다.

(마) 경보는 램프의 점등 또는 점멸과 동시에 경보를 울리는 것으로 한다.

(바) 검지부는 외함과 같이 밀폐된 공간에서는 제품 상부에 설치하고, 천정이 장비나 장애물 등에 의해 나눠진 경우에는 각 부분에 구분 설치해야 한다.

(사) 검지부는 열원에서 적절히 떨어진 위치에 설치되어야 하며, 주위온도는 40℃를 초과해서는 안 된다.

(아) 수소검지 경보장치는 수전해설비에 장착된 기계류에서 진동이 예상되는 경우 진동에 견디도록 설계되었거나, 적절한 진동격리 장치가 제공되어야 한다.

(자) 검지부는 수소의 특성 및 외함 내부의 구조를 고려하여 누출된 수소가 체류하기 쉬운 장소에 설치한다.

⑫ 성능

(가) 내압성능 : 물, 수용액, 산소, 수소 등 유체의 통로는 상용압력의 1.5배 이상의 수압 (기체로 내압시험을 실시하는 경우 1.25배)으로 20분간 내압시험을 실시하여 팽창·누설 등의 이상이 없어야 한다.

(나) 기밀성능 : 물, 수용액, 산소, 수소 등 유체의 통로에 실시(단, 내압시험을 기체로 실시한 경우 생략할 수 있음)

㉮ 기밀시험은 원칙적으로 공기 또는 위험성이 없는 기체의 압력으로 실시한다.

㉯ 기밀시험은 그 설비가 취성 파괴를 일으킬 우려가 없는 온도에서 한다.

㉰ 기밀시험압력은 상용압력 이상으로 하되, 0.7 MPa을 초과하는 경우 0.7 MPa 이상의 압력으로 한다.

㉱ 시험 용적에 따른 기밀유지시간

압력측정기구	용적	기밀유지시간
압력계 또는 자기압력기록계	$1\,m^3$ 미만	48분
	$1\,m^3$ 이상 $10\,m^3$ 미만	480분
	$10\,m^3$ 이상	$48 \times V$분(다만, 2880분을 초과한 경우는 2880분으로 할 수 있다.)
[비고] V는 피시험부분의 용적(m^3)이다.		

(3) 수소추출설비 제조 기준(KGS AH171)

① 용어의 정의

(가) 수소추출설비 : 도시가스, 액화석유가스, 그 밖에 탄화수소 및 메탄올, 에탄올 등 알코올류의 연료로부터 수소를 추출하는 설비를 말하며, 기하학적 범위는 다음과 같다.

㉮ 연료공급설비, 개질기, 버너, 수소정제장치 등 수소추출에 필요한 설비 및 부대설비와 이를 연결하는 배관으로 인입밸브 전단에 설치될 필터부터 수소정제장치 후단의 정제수소 수송배관의 첫 번째 연결부까지

㉯ ㉮에 해당하는 수소추출설비가 하나의 외함으로 둘러싸인 구조의 경우에는 외함 외부에 노출되는 각 장치의 접속부까지

(내) 연료가스 : 수소가 주성분인 가스를 생산하기 위한 연료(도시가스, 액화석유가스, 탄화수소 및 알콜류) 또는 버너 내 점화 및 연소를 위한 에너지원으로 사용되기 위해 수소추출설비로 공급되는 가스를 말한다.

(대) 개질가스 : 연료가스를 수증기 개질, 자열 개질, 부분 산화 등 개질반응을 통해 생성된 것으로서 수소가 주성분인 가스를 말한다.

(래) 개질기 : 수소가 포함된 화합물의 구조를 변화시키기 위한 것으로서 수증기 개질, 자열 개질 등의 개질반응을 통해 연료가스로부터 수소가 주성분인 개질가스로 전환하는 장치를 말한다.

(매) 안전차단시간 : 화염이 있다는 신호가 오지 않는 상태에서 연소안전제어기가 가스의 공급을 허용하는 최대의 시간을 말한다.

(배) 화염감시장치 : 연소안전제어기와 화염감시기(화염의 유무를 검지하여 연소안전제어기에 알리는 것을 말한다)로 구성된 장치를 말한다.

(새) 로크아웃(lockout) : 수소추출설비의 비상정지 또는 화염검지실패 등이 발생하여 수소추출설비를 안전하게 정지하고, 이후 수동으로만 운전을 복귀시킬 수 있도록 하는 것을 말한다.

(애) 재시동 : 시동 시 또는 운전 중에 화염이 검지되지 않는 경우 가스의 공급을 차단한 상태에서 연속프로그램에 의해 자동으로 시도되는 시동을 말한다.

(재) 재점화 : 시동 시 또는 운전 중에 화염이 검지되지 않는 경우 가스를 공급을 유지한 상태에서 연속프로그램에 의해 자동으로 시도되는 점화를 말한다.

② 제조설비
(가) 구멍가공기 · 프레스 · 관굽힘기 · 절곡기 · 주물가공설비
(나) 표면처리 및 도장설비
(다) 가스용접기 또는 전기용접기 및 동력용 조립지그 · 공구
(라) 연료개질기 제작 설비
(마) 전기회로기판 회로인쇄, 부품삽입, 납땜 설비
(바) 그 밖에 제조에 필요한 가공설비

③ 검사설비 : 안전관리규정에 따른 자체검사를 수행할 수 있는 것으로 한다.
(가) 버니어캘리퍼스 · 마이크로미터 · 나사게이지 등 치수측정설비
(나) 연료소비량 측정설비
(다) 내압시험설비
(라) 기밀시험설비
(마) 절연저항측정기 및 내전압시험기

㉑ 소비전력 측정설비

㉒ 안전장치 성능시험 설비

㉓ 배기가스 측정설비

㉔ 표면온도 측정설비

㉕ 수소 및 산소농도 측정설비

㉖ 그 밖에 검사에 필요한 설비 및 기구

④ 재료 기준

㈎ 공통사항

㉮ 재료는 사용 조건의 온도, 압력, 화학적 반응 등에 견디고, 연료가스 및 물 등 유체가 통하는 부분의 재료는 해당 유체에 대하여 충분한 내식성이 있는 재료 또는 코팅된 재료를 사용하는 것으로 한다.

㉯ 개질가스가 통하는 배관은 금속재료로서 내식성이 있는 재료 또는 코팅된 재료를 사용해야 한다.

㉰ 배기가스 통로, 외함 및 수분 접촉에 따른 부식의 우려가 있는 부분에 사용되는 금속은 스테인리스강 등 내식성이 있는 재료를 사용해야 하며, 탄소강을 사용하는 경우에는 부식에 강한 코팅을 한다.

㉱ 고무 또는 플라스틱의 비금속성 재료는 단기간에 열화(劣化)되지 않도록 사용 조건에 적합한 것으로 한다.

㉲ 전기 절연물 및 단열재는 접촉부 또는 그 부근의 온도에 충분히 견디고 흡습성이 적은 것으로 한다.

㉳ 도전재료는 동, 동합금, 스테인리스강 또는 이와 동등 이상의 전기적·열적 및 기계적인 안전성이 있는 것으로 한다.

㉴ 수소추출설비에는 다음의 재료를 사용하지 않는다.

  ㉠ 폴리염화비페닐(PCB)

  ㉡ 석면

  ㉢ 카드뮴

㉵ 수소추출설비 내 연소 배기가스가 통하는 부분은 최고 운전온도에서 배기가스의 기밀을 유지하는 불연재료로 한다. 다만, 다음의 조건을 모두 만족하는 경우에는 불연재료를 사용하지 않을 수 있다.

  ㉠ 재료의 사용온도가 배기가스의 최고온도를 초과하는 경우

  ㉡ 배기가스의 최고온도를 초과하지 않도록 하는 과열방지장치(작동하는 온도를 임의로 조절할 수 없는 것을 말한다)를 부착하는 경우

㉶ 수소추출설비 내 연소 배기가스가 통하는 부분에 기밀을 유지하기 위하여 사용하는 패킹류, 실(seal)재 등은 불연재료를 사용하지 않을 수 있다.

㉷ 연료가스 및 개질가스가 통하는 부분은 가스의 기밀을 유지하는 불연성 또는 난연성의 재료를 사용한다. 다만, 패킹류, 실재 등은 불연성 도는 난연성의 재료를 사용하지 않을 수 있다.

⑤ 버너 구조

  ㈎ 공통사항

    ㉮ 코킹부, 용접부 및 그 외 버너 접합부는 결함이 없는 것으로 한다.

    ㉯ 화염구는 변형이 발생되지 않는 구조로 한다.

    ㉰ 버너 및 전기점화장치, 노즐, 연소실, 안전장치 등은 사용 상태에서 이동하거나 이탈되지 않도록 견고하게 고정해야 한다.

    ㉱ 연소를 위해 연료가스와 공기가 혼합되는 구조의 경우 공기가 연료가스 공급라인으로 또는 연료가스가 공기 공급라인으로 유입되는 것을 방지하기 위한 설비를 갖추어야 한다.

    ㉲ 연료 및 공기 조절장치로서 기계적인 연결이 사용되는 경우에는 파손 및 풀어짐이 없도록 설계해야 한다.

    ㉳ 버너에는 역화를 방지하기 위한 장치를 갖추어야 한다.

  ㈏ 점화장치

    ㉮ 방전불꽃을 이용하는 점화

      ㉠ 전극부는 상시 화염이 접촉되지 않는 위치에 있는 것으로 한다.

      ㉡ 전극의 간격이 사용 상태에서 변화되지 않도록 고정되어 있는 것으로 한다.

      ㉢ 고압 배선의 충전부와 비충전 금속부와의 사이는 전극 간격 이상의 충분한 공간 거리를 유지하고, 점화동작 시에 누전을 방지하도록 적절한 전기 절연 조치를 한다.

      ㉣ 방전불꽃이 닿을 우려가 있는 부분에 사용하는 전기 절연물은 방전불꽃으로 인한 유해한 변형, 절연저하 등의 변질이 없는 것으로 한다.

      ㉤ 사용 시 손이 닿을 우려가 있는 고압 배선에는 적절한 전기절연피복을 한다.

    ㉯ 점화히터를 이용하는 점화

      ㉠ 점화히터는 설치 위치가 쉽게 움직이지 않는 것으로 한다.

      ㉡ 점화히터의 소모품은 쉽게 교환할 수 있는 것으로 한다.

⑥ 급·배기통 접속부 구조

  ㈎ 수소추출설비가 급·배기통과 연결되는 접속부는 기밀을 유지할 수 있는 구조로 한다.

  ㈏ 급·배기통(전이중 및 분리형 급·배기통을 제외한다)의 접속부는 확실하게 접속할 수 있고, 쉽게 이탈되지 않도록 리브타입 또는 플랜지이음, 나사이음 방식으로 한다.

  ㈐ 리브타입 접속부 구조

    ㉮ 접속부의 길이는 40 mm 이상으로 한다.

    ㉯ 급·배기통이 수소추출설비 접속부의 바깥쪽으로 체결되는 형식의 경우, 접속부 바깥지름의 허용공차는 $\pm^{0}_{0.4}$ mm 이내로 한다.

    ㉰ 급·배기통이 수소추출설비 접속부의 안쪽으로 체결되는 형식의 경우, 접속부 안지름의 허용공차는 $\pm^{0.4}_{0}$ mm 이내로 한다.

  ㈑ 전이중 및 분리형 급·배기통의 접속부는 확실하게 접속할 수 있고, 쉽게 이탈되지 않도록 플랜지이음 또는 사용설명서 등에 기재된 적절한 도구만으로 탈착이 가능한 구조로 한다.

  ㈒ 수소추출설비에는 필요한 경우 배기가스의 성분 측정을 위한 측정구를 설치할 수 있

다. 이 경우, 측정구는 기밀을 유지할 수 있는 구조로 해야 한다.

⑦ 안전장치

(㉮) 시동 제어

㉮ 시동은 모든 안전장치가 정상적으로 작동하는 경우에만 가능하도록 제어될 것

㉯ 올바른 시동 시퀀스를 보증하기 위해 적절한 연동장치를 갖는 구조일 것

㉰ 정지 후, 자동 재시동은 모든 안전 조건이 충족된 후에만 가능한 구조일 것

(㉯) 비상정지 제어

㉮ 비상정지 제어 기능이 작동하는 경우

㉠ 연료가스 및 개질가스의 압력 또는 온도가 현저하게 상승하였을 경우

㉡ 연료가스 및 개질가스의 누출이 검지된 경우

㉢ 버너(개질기 및 그 외의 버너를 포함한다)의 불이 꺼졌을 경우

㉣ 제어 전원 전압이 현저하게 저하하는 등 제어장치에 이상이 생겼을 경우

㉤ 수소추출설비 안의 온도가 현저하게 상승하였을 경우

㉥ 수소추출설비 안의 환기장치에 이상이 생겼을 경우

㉦ 배열회수계통의 출구부 온수의 온도가 100℃를 초과하는 경우

㉧ 수소정제장치에서 다음 중 어느 하나의 상황이 발생된 경우

ⓐ 공급가스의 압력, 온도, 조성 또는 유량이 경보 기준 수치를 초과한 경우

ⓑ 프로세스 제어밸브가 작동 중에 장애를 일으키는 경우

ⓒ 수소정제장치에 전원 공급이 차단된 경우

ⓓ 흡착 및 탈착 공정이 수행되는 배관의 산소 함유량이 허용 한계를 초과하는 경우

ⓔ 버퍼 탱크의 압력이 허용 최대 설정치를 초과하는 경우

㉨ 압축기로 공급되는 개질가스 중 산소의 농도가 2%를 초과하는 경우

㉯ 비상정지는 다른 기능 및 동작보다 우선하여 실행되며, 외부로부터 방해되지 않아야 한다.

㉰ 비상정지가 실행된 경우 사용자가 그 상황을 인지할 수 있도록 적절한 알람이 표시되는 구조로 한다.

㉱ 비상정지 후에는 로크아웃 상태로 전환되어야 하며, 수동으로 로크아웃을 해제하는 경우에만 정상운전하는 구조로 한다.

2. 수소 공급 · 충전설비

(1) 수소 공급설비

① 공급방식에 따른 분류

(㉮) 제조식 수소자동차 충전소 : 수소의 원료가 되는 가스 또는 알코올류의 액체를 수소충전소 내 설치된 수소추출장치로 수소를 생산하여 수소자동차에 직접 충전하는 방식이다.

㉮ 충전소 내 추출장치 설치가 필요하다.

㉯ 외부에서 수소 이송과정이 불필요하다.

㉰ 건설비용은 증가하는 반면 이송비용은 감소한다.

㉱ 추출장치의 촉매교환, 보수 등이 필요하므로 운영비용이 증가한다.

㉲ 규칙적인 충전 시에 적합하다.

㈏ 저장식 수소자동차 충전소 : 제유소, 제철소 등에서 발생하는 부생가스를 정제 후 배관 또는 튜브트레일러를 통해 공급받아 이를 저장하여 수소자동차에 충전하는 방식이다.

㉮ 충전소 내 추출장치 설치가 불필요하다.

㉯ 이송을 위한 유통비용이 필요하다.

㉰ 건설비용은 감소하는 반면 이송비용은 증가한다.

㉱ 추출장치의 설치가 불필요하므로 운영비용이 감소한다.

㉲ 불규칙적인 충전에도 대응이 쉽다.

② 형태에 따른 분류

㈎ 단독형 : 수소자동차 충전소를 단독으로 설치·운영하는 것을 말한다.

㈏ 융·복합형

㉮ 융합 충전소 : 압축도시가스 자동차 충전소, 액화석유가스 자동차에 고정된 용기 충전소 또는 기존의 주유취급소와 제조식 수소자동차 충전소를 하나의 사업소 내에 설치·운영하는 것을 말한다.

㉯ 복합 충전소 : 압축도시가스 자동차 충전소, 액화석유가스 자동차에 고정된 용기 충전소 또는 기존의 주유취급소와 저장식 수소자동차 충전소 또는 다른 에너지원의 자동차 충전소를 하나의 사업소 내에 설치·운영하는 것을 말한다.

㈐ 패키지형 : 수소자동차의 충전에 필요한 설비(필요한 경우 충전기는 제외 가능)를 하나의 보호함에 장착한 충전시설을 일정한 장소에 배치하고 수소를 연료로 사용하는 자동차에 압축수소를 충전하는 것을 말한다.

㈑ 이동형

㉮ 이동식 수소자동차 충전소 : 수소를 연료로 사용하는 자동차에 수소를 충전하기 위하여 필요한 설비(필요한 경우 충전설비를 제외 가능)가 차량에 장착되어 있어 이동이 가능한 것으로 처리능력 $30\,\mathrm{m}^3$ 이상인 것(압축기 등 가압장치 없이 자압에 의해 충전하는 설비는 제외)을 말한다.

㉯ 소규모 이동식 수소자동차 충전소 : 수소를 연료로 사용하는 자동차에 수소를 충전하기 위하여 필요한 설비(필요한 경우 충전설비를 제외 가능)가 차량에 장착되어 있어 이동이 가능한 것으로 처리능력 $30\,\mathrm{m}^3$ 미만인 것 또는 압축기 등 가압장치 없이 자압에 의해 충전하는 것을 말한다.

(2) 수소자동차 충전소

① 설비 종류 및 단위

㈎ 충전소 능력(규모) : 시간당 충전소 최대 연속 충전 차량 대수

    (내) 저장설비 : 튜브트레일러의 저장능력 및 최고충전압력(MPa)

    (대) 개질기 : 시간당 생산능력(Nm^3/h), 상용압력(MPa)

    (래) 처리설비 : 압축기의 처리능력(kg/h, Nm^3/day)

    (매) 압축가스설비 : 압력용기 내용적(L), 최고충전압력(MPa)

    (배) 충전설비(dispenser) : 최고충전압력(MPa)

    (사) 냉동기 : 용량(RT) 및 냉매 종류

② 수소자동차 충전소 분류

    (가) 제조식 수소자동차 충전시설 : 고압가스 제조시설 중 수소를 제조·압축하여 자동차에 충전하는 시설

    (내) 저장식 수소자동차 충전시설 : 고압가스 충전시설 중 배관 또는 저장설비로부터 공급받은 수소를 압축하여 자동차에 충전하는 시설

③ 가스설비 설치방법

    (가) 충전설비

        ㉮ 충전설비는 지상에 고정하여 설치한다.

        ㉯ 상부에 지붕을 설치하는 경우 불연성 또는 난연성의 재료 사용, 수소가 누출되었을 때 가스가 체류할 수 없는 구조로 설치

        ㉰ 충전설비 주위에 보호대 설치

            ㉠ 규격 : 두께 0.12 m 이상의 철근콘크리트, 호칭지름 100 A 이상의 배관용 탄소강관 또는 이와 동등 이상의 기계적 강도를 가진 강관

            ㉡ 높이 : 0.8 m 이상

            ㉢ 말뚝 형태일 경우 말뚝은 2개 이상 설치, 간격은 1.5 m 이하

            ㉣ 기초 : 철근콘크리트제 보호대는 콘크리트 기초에 0.25 m 이상 깊이로 묻고 바닥과 일체가 되도록 콘크리트 타설, 강관제 보호대는 기초에 묻거나 앵커볼트와 받침대를 이용하여 고정

            ㉤ 외면에 야광 페인트로 도색, 야광 테이프 또는 반사지 등으로 표시

        ㉱ 충전설비에는 충전 중인 수소자동차 용기가 최고충전압력에 도달하면 가스 공급을 자동으로 차단하는 장치를 설치

        ㉲ 충전설비에는 수동으로 운전되는 차단밸브를 설치

        ㉳ 충전기 캐비닛은 불연재료로 하고, 수분이 침하 또는 응축되지 않도록 한다.

        ㉴ 충전기 캐비닛은 배관 및 전기설비의 연결을 위한 공간 및 조정과 검사를 위한 개구부를 설치

        ㉵ 충전기 캐비닛에는 환기를 위하여 상부에 한 개, 하부에 한 개 등 두 개 이상의 환기구를 설치

    (내) 충전기 안전장치

        ㉮ 자동차 충전 시 과압을 방지하기 위하여 충전 배관에 압력방출밸브를 설치하고, 이 압력방출밸브는 일반 작동 압력의 1.38배 미만으로 설정한다.

        ㉯ 충전기는 긴급차단장치와 연동하여 운전되도록 설치, 긴급차단장치는 자동차로의 가스흐름 및 충전기의 전기흐름을 차단하는 구조

ⓓ 긴급차단장치는 충전지역으로부터 떨어진 위치에 설치, 긴급차단장치의 작동방법은 충전소 사무실, 압축기 및 저장설비에 비치

ⓔ 제어회로는 긴급차단장치가 작동하였을 때 또는 전기가 차단되었을 때 차단된 시스템이 안전 상태로 복원된 후 수동으로 리셋 또는 작동할 때까지 차단된 상태로 있도록 한다.

ⓕ 수소저장설비 및 충전기 사이 배관에는 충전기에 공급되는 전기가 차단되었을 때 차단하는 밸브를 설치

㈐ 충전연결구

㉮ 충전노즐은 운전을 방해할 수 있는 외부물질의 축적을 방지하도록 설치, 충전시스템(충전호스, 배관 및 충전연결구)은 자동차 연료 시스템 및 충전 기기로의 공기 유입을 방지하는 구조

㉯ 충전연결구는 자동차 충전 후 커플링 탈착 시 압력이 방출되고, 감압 방출된 가스는 안전한 방법으로 벤트하는 구조

㉰ 충전연결구에는 커플링의 이탈을 예방하기 위한 잠금장치 등이 작동하고, 노즐은 충전호스와 노즐 연결 시 또는 자동이탈을 차단하는 자체 차단구 등 방출을 방지하기 위한 장치를 갖추는 구조

㈑ 압력조정기 설치

㉮ 압력조정기의 접속부와 각 압력실은 안전율이 최소한 4 이상 되도록 설계

㉯ 압력조정기의 파손을 방지하기 위하여 저압실에 안전장치를 부착하거나 저압실의 강도를 인입측 압력실의 사용압력(온도가 21℃인 가스를 설비에 완전히 채운 상태에서 측정한 압력)에 견딜 수 있도록 설계

㉰ 압력조정기는 빗물의 결빙, 눈, 진눈깨비 등으로 인해 작동에 영향을 받지 않는 장소에 설치하거나 보호조치를 한다.

㈒ 호스

㉮ 호스는 다음 용도 또는 장소 외에는 사용 또는 설치하지 않는다.
  ㉠ 자동차 주입호스(길이가 8 m 이하인 것에 한정한다)
  ㉡ 압축장치 인입 접속부
  ㉢ 배관의 길이가 1 m를 초과하지 않은 곳으로서 유연성이 요구되는 장소

㉯ 충전설비에 사용하는 호스(금속호스 포함)는 수소의 침식작용에 견딜 수 있는 것으로 한다.

㉰ 호스는 팽창·수축·충격 및 진동을 고려하여 고정 설치

㉱ 충전호스 기준
  ㉠ 적외선 노출로 인한 주름 및 크랙에 견디는 것
  ㉡ 충전호스 어셈블리와 피팅류 사이의 전기저항은 1.0 Ω 미만으로 하고, 호스 외부는 비전기전도 물질로 제조된 것
  ㉢ 충전호스에는 제조자, 최대운전압력, 운전온도범위 및 수소 적합성에 대하여 표시한 것

㉣ 충전호스의 손상, 잘림, 크랙, 부풀음 또는 갈라짐 등에 대하여 사용 전에 육안 검사하고, 6개월마다 비눗물 또는 이와 같은 수준 이상의 방법으로 누출검사를 실시

㉤ 충전호스는 제조자의 사용연한 이전에 교체하고, 육안검사 또는 누출검사에서 불합격한 충전호스는 교체한다.

④ 가스설비 성능

㈎ 기밀성능 : 상용압력 이상의 압력으로 기밀시험을 실시하여 이상이 없을 것

㈏ 내압성능 : 상용압력의 1.5배 이상의 압력(공기, 질소 등의 기체로 하는 경우 상용압력의 1.25배 이상의 압력)

⑤ 환기설비 설치

㈎ 자연환기 시설

㉮ 공기보다 비중이 큰 가연성가스는 환기구가 바닥면에 접하도록 설치

㉯ 공기보다 비중이 작은 가스는 천장이나 벽면 상부에서 0.3 m 이내 설치

㉰ 환기구는 2방향 이상으로 설치

㉱ 통풍 가능 면적 합계 : 바닥 면적 1 m^2마다 300 cm^2의 비율로 계산한 면적 이상

㉲ 1개의 환기구 면적은 2400 cm^2 이하(다만, 지붕과 벽 사이의 공간을 통하여 환기가 가능한 경우에는 면적을 제한하지 않는다)

㈏ 강제환기설비 설치 : 자연환기에 의한 통풍구조가 불가능한 경우에 적용

㉮ 통풍능력 : 바닥면적 1 m^2마다 0.5 m^3/분 이상

㉯ 배기구는 바닥면 가까이에 설치(공기보다 비중이 작은 가스는 천장 가까이 설치)

㉰ 배기가스 방출구 : 지면에서 5 m 이상의 높이(공기보다 비중이 작은 가스는 3 m 이상)

⑥ 긴급분리장치 설치

㈎ 충전호스에 충전 중 자동차의 오발진으로 인한 충전기 및 충전호스 파손을 방지하기 위하여 설치

㈏ 긴급분리장치는 분리되었을 때 노즐로의 수소가스를 자동으로 차단하고, 재사용 가능한 장치일 경우 재연결 시 재사용 전에 운전조건에서 누출시험을 실시

㈐ 긴급분리장치는 이탈 시 연결부의 양쪽을 차단하는 이중 차단형태로 한다.

㈑ 긴급분리장치 표시 사항

㉮ 설계압력

㉯ 가스흐름 방향

㉰ 1회 사용 장치 또는 재사용 금지 여부

㈒ 긴급분리장치 가장 끝부분 사이의 전기저항은 1.0 Ω 이하, 저항값 측정은 대기압에서 제조자의 설계압력에 노출되는 동안 측정

㈓ 자동차가 충전호스와 연결된 상태로 출발할 경우 가스의 흐름이 차단될 수 있도록 긴급분리장치를 지면 또는 지지대에 고정 설치

㈔ 긴급분리장치는 각 충전설비마다 설치

㈕ 긴급분리장치는 수평방향으로 당길 때 666.4 N(68 kgf) 미만의 힘으로 분리되는 것

⑦ 수소화염검지기 설치
 ㈎ 수소화염의 감지를 위하여 충전기, 압축장치, 저장설비 및 압축가스 설비에 설치 〈개정
  21. 5. 12〉
 ㈏ 태양광과 반사광에 의한 오작동을 방지하기 위하여 수소화염검지기에 후드를 부착하
  는 등의 조치가 필요할 수 있다.

⑧ 벤트시스템 설치
 ㈎ 누출된 수소가 대기로 안전하게 방출될 수 있는 벤트시스템을 설치하고, 비상방출이
  가능하도록 한다.
 ㈏ 벤트배관에는 압력방출장치의 감압 능력을 감소시키지 않는 사이즈로 설치한다.
 ㈐ 벤트시스템은 개별배관으로 설치하고, 수소가 축적될 수 있는 장소로 방출되지 않도
  록 한다.
 ㈑ 벤트시스템에는 물, 얼음 등의 축적물로 인해 오염되지 않도록 하는 조치를 강구한다.

⑨ 그 밖의 기준
 ㈎ 충전설비 상부의 캐노피에 설치할 수 있는 설비
  ㉮ 냉동설비
  ㉯ 제어설비
  ㉰ 전기설비
  ㉱ 소화설비
 ㈏ ㈎항 설비를 캐노피 상부에 설치하는 경우에는 건축사 또는 건축구조기술사로부터
  캐노피 구조의 안전도에 관한 확인을 받아야 한다.

⑩ 수소가스 충전작업 기준
 ㈎ 자동차에 압축수소가스를 충전할 때에는 엔진을 정지시키고, 주차브레이크를 채우도
  록 한다.
 ㈏ 수소를 용기에 충전할 때에는 용기에 각인된 압축가스의 최고충전압력 이하로 충전
  한다.
 ㈐ 수소자동차 용기 충전작업 시 충전기는 자동차용기의 내부 가스 온도가 85℃에 도달
  하지 않도록 충전 속도를 조절한다.
 ㈑ 수소충전소는 수소자동차에 적합한 수소를 공급한다.

3. 수소 사용설비

(1) 용어의 정의(KGS FU671)

① 수소제조설비 : 수소를 제조하기 위한 것으로서 수소법 시행규칙에 따른 수소용품 중 수
 전해설비 및 수소추출설비를 말한다.

② 수소저장설비 : 수소를 충전·저장하기 위하여 지상 또는 지하에 고정 설치하는 저장탱크 (수소의 품질을 균질화하기 위한 것을 포함한다)를 말한다.

③ 수소가스설비 : 수소제조설비, 수소저장설비 및 연료전지와 이들 설비를 연결하는 배관 및 그 부속설비 중 수소가 통하는 부분을 말한다.

④ 수소용품 : 연료전지(자동차관리법에 따른 자동차에 장착되는 연료전지는 제외한다), 수 전해설비 및 수소추출설비로서 다음에 따른 것을 말한다.

⑦ 연료전지 : 수소와 산소의 전기화학적인 반응을 통하여 전기와 열을 생산하는 고정형 (연료소비량이 231.6 kW 이하인 것을 말한다) 및 이동형 설비와 그 부대설비

⑷ 수전해설비 : 물의 전기분해에 의하여 그 물로부터 수소를 제조하는 설비

⑷ 수소추출설비 : 도시가스 또는 액화석유가스 등으로부터 수소를 제조하는 설비

(2) 시설기준

① 배치기준

⑦ 화기와의 거리 : 수소가스설비 외면으로부터 화기와의 우회거리 : 8 m 이상(산소의 저 장설비는 5 m 이상)

⑷ 유동방지시설 높이 : 2 m 이상의 내화성 벽

⑷ 연료전지가 설치된 건축물 내에 위치하는 연료전지와 배관 및 그 부속설비와 화기와 의 거리 : 2 m 이상의 우회거리

⑷ 입상관과 화기와의 거리 : 2 m 이상의 우회거리

⑽ 화기를 사용하는 장소가 불연성 건축물 내에 있는 경우 수소제조설비 및 수소저장설 비로부터 수평거리 8 m 이내에 있는 건축물의 개구부는 방화문 또는 다음 규격의 유 리로 폐쇄하고, 사람이 출입하는 출입문을 이중문으로 한다.

㉠ KS L 2006(망 판유리 및 선 판유리) 중 망 판유리

㉡ 공인시험기관의 시험결과 이와 같은 수준 이상의 유리

② 수소제조설비 설치

⑦ 수전해설비 설치

㉠ 수전해설비의 환기가 강제환기만으로 이루어지는 경우 강제환기가 중단되었을 때 수전해설비의 운전이 정지되도록 한다.

㉡ 수전해설비를 실내에 설치하는 경우 : 실내의 산소 농도가 23.5 % 이하가 되도록 유지

㉢ 수전해설비를 실외에 설치하는 경우 : 눈, 비, 낙뢰 등으로부터 보호 조치

㉣ 수전해설비의 수소 및 산소 방출관의 방출구 기준

㉠ 방출관 방출구는 방출된 수소 및 산소가 체류할 우려가 없는 통풍이 양호한 장소 에 설치

㉡ 방출구 위치 : 지면에서 5 m 이상 또는 설비 상부에서 2 m 이상의 높이 중 높은 위치, 화기를 취급하는 장소와 6 m 이상 떨어진 장소에 위치

㉢ 산소의 방출관 방출구는 수소의 방출관 방출구 높이보다 낮은 높이에 위치하도록 한다.

     ⓓ 산소를 대기로 방출하는 경우에는 방출구에서의 산소 농도가 23.5 % 이하가 되도록 공기 또는 불활성가스와 혼합하여 방출 〈개정 24. 3. 13〉

     ⓔ 수전해설비 동결로 인한 파손을 방지하기 위하여 해당 설비의 온도가 5℃ 이하인 경우에는 설비의 운전을 자동으로 차단하는 조치를 한다.

  (내) 수소추출설비

    ㉮ 실내 설치 기준

      ㉠ 수소추출설비 캐비닛 내 또는 수소추출설비 내에 일산화탄소 검지부 설치

      ㉡ 수소추출설비 내의 산소농도가 19.5 % 미만이 되는 경우 운전이 정지되도록 한다.

    ㉯ 수소추출설비의 급기구는 배기가스 등 오염된 공기가 흡입되지 않는 곳에 위치, 외부로부터 이물질이 유입되지 않도록 적절한 조치를 한다.

    ㉰ 수소추출설비 배기구는 배기가스가 실내로 유입되지 않는 안전한 장소에 위치

  (대) 압력조정기 설치

    ㉮ 설치 장소 기준

      ㉠ 실외에 설치한다. 다만, 부득이하게 실내에 설치할 경우 환기가 양호한 장소에 설치

      ㉡ 빗물 등이 들어가지 않고, 직사광선을 받지 않는 장소에 설치. 다만, 격납상자에 설치하는 경우 그렇지 않을 수 있다.

      ㉢ 차량 등에 손상될 위험이 없는 안전한 장소에 설치. 다만, 불가피한 사유로 손상될 위험이 있는 장소에 설치하는 경우 방호조치를 한다.

      ㉣ 보호대 외면에는 야간식별이 가능하도록 조치

    ㉯ 설치 기준

      ㉠ 배관 내의 스케일, 먼지 등을 제거한 후 설치

      ㉡ 배관의 비틀림 또는 조정기의 중량 등에 의하여 유해한 영향이 없도록 설치

      ㉢ 조정기 입구 쪽에 스트레이너 또는 필터가 부착된 것을 설치

      ㉣ 릴리프식 안전장치가 내장된 조정기를 건축물 내에 설치하는 경우 가스방출구를 실외의 안전한 장소에 설치

      ㉤ 지면으로부터 1.6 m 이상 2 m 이내에 설치

      ㉥ 제조회사의 설치 설명서 등에 따라 설치

  (래) 계량기 설치 : 수소가스 사용에 적합한 것으로 설치

(3) 사고예방설비 설치

 ① 가스누출경보기 및 가스누출자동차단장치

  (가) 기능

    ㉮ 경보는 접촉연소방식, 격막갈바니전지방식, 반도체방식, 그 밖의 방식으로 검지엘리멘트의 변화를 전기적 신호에 따라 경보농도에서 자동적으로 울리는 것으로 한다.

    ㉯ 경보농도 : 폭발하한계의 1/4 이하

    ㉰ 경보기 정밀도 : 경보농도 설정치의 ±25 % 이하

    ㉱ 검지에서 발신까지 걸리는 시간 : 경보농도의 1.6배 농도에서 30초 이내

⑤ 경보 정밀도 : 전원의 전압 등 변동이 ±10 % 정도일 때에도 저하되지 않아야 함

⑥ 지시계 눈금 : 0~폭발하한계 값을 지시하는 것

⑦ 경보를 발신한 후에는 원칙적으로 분위기 중 가스농도가 변화해도 계속 경보를 울리고, 그 확인 또는 대책을 강구함에 따라 경보가 정지되는 것으로 한다.

(내) 검출부 설치 위치 : 천정으로부터 검지부 하단까지의 거리가 0.3 m 이하

(대) 경보부, 램프의 점등 또는 점멸부는 관계자가 상주하는 곳으로 경보가 울린 후 각종 조치를 하기에 적합한 장소에 설치

② 긴급차단장치

(가) 부착위치 : 시가지·주요하천·호수 등을 횡단하는 배관으로서 횡단거리가 500 m 이상인 배관에 그 배관 횡단부 양 끝으로부터 가까운 거리에 설치, 배관이 4 km 연장되는 구간마다 추가로 설치

(내) 조작 위치 : 주변 상황에 따라서 해당 차단조작을 신속히 할 수 있는 위치

(대) 제조자 또는 수리자가 긴급차단장치를 제조 또는 수리한 경우 수압 대신 기압을 사용하여 누출검사를 하는 경우 차압 0.5 MPa~0.6 MPa에서 분당 누출량이 50 mL×[호칭경(mm)/25 mm](330 mL를 초과하는 경우에는 330 mL)를 초과하지 않아야 함

(라) 긴급차단장치의 차단에 따라 그 긴급차단장치 및 접속하는 배관 등에서 수격(water hammer)이 발생하지 않는 조치를 강구한다.

③ 환기설비 : 수소가스설비를 실내에 설치하는 경우 설치

(가) 자연환기 시설

⑦ 환기구 위치 : 천정이나 벽면 상부에서 0.3 m 이내에 2방향 이상으로 설치

⑧ 외기에 접한 통풍 가능 면적 합계 : 바닥면적 1 m^2마다 300 cm^2의 비율로 계산한 면적 이상

⑨ 1개의 환기구 면적 : 2400 cm^2 이하(다만, 지붕과 벽 사이의 공간을 통하여 환기가 가능한 경우에는 환기구의 면적을 제한하지 않는다)

(내) 강제환기설비 설치 : 자연환기에 의한 통풍구조가 불가능한 경우에 적용

⑦ 통풍능력 : 바닥면적 1 m^2마다 0.5 m^3/분 이상

⑧ 배기구는 천장 가까이 설치

⑨ 배기가스 방출구 : 지면에서 3 m 이상의 높이

(대) 수소연료전지를 실내에 설치 : 실내 바닥면 면적당 분당 0.3 m^3 이상의 환기능력을 갖추고 또한 분당 45 m^3 이상의 환기능력을 만족하도록 한다.

(4) 피해저감설비 설치

① 방호벽 : 수소의 저장능력 60 m^3 이상인 수소저장설비를 실내에 설치하는 경우 해당 공간의 벽을 방호벽으로 설치

② 온도상승 방지설비

(가) 저장설비 분무장치 분무량(살수량)

⑦ 기준 : 수소저장설비 표면적 1 m^2당 5 L/분 이상의 비율로 계산된 수량을 전 표면에 분무

㉱ 준내화구조 수소저장설비 : 표면적 $1\,m^2$당 2.5 L/분 이상의 비율로 계산된 수량을 분무

㉲ 수원 : 분무장치와 소화전 등을 30분 이상 연속하여 동시에 방사할 수 있는 수량

㉳ 물분무장치에 연결된 입상배관에는 겨울철 동결 등을 방지할 수 있도록 드레인밸브 설치

(나) 배관의 온도상승 방지조치 : 40℃ 이하로 유지할 수 있는 조치를 강구

4. 수소 배관설비

(1) 수전해설비 배관

① 배관구조 공통사항

(개) 배관은 물, 수용액, 산소, 수소 등 유체가 누출되지 않는 구조로 한다.

(내) 배관은 열 및 부식에 따른 위해의 우려가 없는 장소에 설치하고 방호 등의 조치를 한다.

(대) 배관은 자중, 내압력, 지진하중, 열하중 또는 회전기계에 따른 진동 등으로 인하여 발생하는 응력에 견딜 수 있는 구조로 한다.

(래) 배관의 접합부는 용접, 나사이음, 플랜지이음 또는 이와 동등 이상의 방법으로 기밀을 유지할 수 있는 구조로 한다.

(매) 배관의 씰부는 열화에 대하여 내성을 가지는 구조로 한다.

(배) 배관은 연마분말, 유지류 등 내부의 이물질을 완전히 제거한 후 설치해야 한다.

(새) 배관을 접속하기 위한 수전해설비 외함의 접속부는 다음에 적합한 구조로 한다.

㉮ 배관의 구경에 적합하여야 한다.

㉯ 접속부는 외부에 노출되어 있거나 외부에서 쉽게 확인할 수 있는 위치에 설치한다.

㉰ 접속부는 진동, 자중, 내압력, 열하중 등으로 인하여 발생하는 응력에 견딜 수 있는 것으로 한다.

② 수소 및 산소 배관 : 수소 및 산소가 통하는 배관·관이음매·밸브(이하 "배관등"이라 한다)에 사용하는 재료는 가스의 종류·성질·상태·온도 및 압력 등에서 안전성을 확보할 수 있도록 기계적 성질 및 화학적 성분을 가지는 것으로 한다.

(개) 배관재료 적용 제외

㉮ 상용압력이 98 MPa 이상인 배관등

㉯ 최고사용온도가 815℃를 초과하는 배관등

㉰ 직접 화기를 받는 배관등

(내) 고압배관

㉮ 수송유체가 기체인 경우 : 상용압력이 1 MPa 이상인 배관등

㉯ 수송유체가 액체인 경우 : 상용압력이 0.2 MPa 이상인 배관등

(대) 저압배관 : 고압배관등 외의 압력을 받는 배관등

③ 배관 두께 : 상용압력의 2배 이상의 압력에 항복을 일으키지 않는 두께 이상으로 한다.

(2) 수소추출설비 배관

① 배관구조 공통사항

    (개) 배관은 연료가스, 개질가스 및 물 등 유체가 누출되지 않는 구조로 한다.

    (내) 배관은 열 및 부식에 따른 위해의 우려가 없는 장소에 설치하고 방호 등의 조치를 한다.

    (대) 배관은 자중, 내압력, 지진하중, 열하중 또는 회전기계에 따른 진동 등으로 인하여 발생하는 응력에 견딜 수 있는 구조로 한다.

    (래) 배관의 접합부는 용접, 나사이음, 플랜지이음 또는 이와 동등 이상의 방법으로 기밀을 유지할 수 있는 구조로 한다.

    (매) 배관의 찔부는 열화에 대하여 내성을 가지는 구조로 한다.

    (배) 배관은 연마분말, 유지류 등 내부의 이물질을 완전히 제거한 후 설치해야 한다.

    (사) 배관을 접속하기 위한 수소추출설비 외함의 접속부는 다음에 적합한 구조로 한다.

        ㉮ 배관의 구경에 적합하여야 한다.

        ㉯ 접속부는 외부에 노출되어 있거나 외부에서 쉽게 확인할 수 있는 위치에 설치한다.

        ㉰ 접속부는 진동, 자중, 내압력, 열하중 등으로 인하여 발생하는 응력에 견딜 수 있는 것으로 한다.

② 연료가스 배관

    (개) 연료가스 배관에는 독립적으로 작동하는 연료인입 자동차단밸브(이하 "인입밸브"라 한다)를 직렬로 2개 이상 설치한다. 이 경우 인입밸브는 구동원이 상실되었을 경우 연료가스의 통로가 자동으로 차단되는 구조(fail-safe)로 한다.

    (내) 인입밸브는 공인인증기관의 인증품 또는 KGS AH217 규정에 따른 성능시험을 만족하는 것을 사용해야 한다.

    (대) 개질가스 중 일부를 연료가스로 재사용하기 위해 개질가스 배관이 연료가스 공급배관으로 연결되는 부분에는 차단밸브를 설치해야 한다.

    (래) 연료가스 인입밸브 전단에는 필터를 설치한다. 이 경우 필터에 사용되는 여과재의 최대 직경은 1.5 mm 이하로 하며, 1 mm를 초과하는 틈이 없어야 한다.

    (매) 메탄올 등 독성의 연료가스가 통하는 배관은 이중관 구조로 하거나 회수장치를 설치하는 등 연료가스가 누설되어 확산하는 것을 방지하기 위한 조치를 강구해야 한다.

③ 응축수 배출배관 : 중력으로 응축수를 배출하는 경우 응축수 배출배관의 내부 직경은 13 mm 이상으로 한다.

④ 배관 두께 : 상용압력의 2배 이상의 압력에 항복을 일으키지 않는 두께 이상으로 한다.

⑤ 연료가스 및 개질가스 배관 : 연료가스 및 개질가스가 통하는 배관·관이음매·밸브(이하 "배관등"이라 한다)에 사용하는 재료는 가스의 종류·성질·상태·온도 및 압력 등에서 안전성을 확보할 수 있도록 기계적 성질 및 화학적 성분을 가지는 것으로 한다.

    (개) 배관재료 적용 제외

        ㉮ 상용압력이 98 MPa 이상인 배관

        ㉯ 최고사용온도가 815℃를 초과하는 배관

        ㉰ 직접 화기를 받는 배관

　　　㉯ 이동제조설비용 배관

　(나) 고압배관

　　㉮ 수송유체가 기체인 경우 : 상용압력이 1 MPa 이상인 배관등

　　㉯ 수송유체가 액체인 경우 : 상용압력이 0.2 MPa 이상인 배관등

　(다) 저압배관 : 고압배관등 외의 압력을 받는 배관등

(3) 수소연료사용시설 배관

① 배관설비 재료 : 배관・관이음매・밸브(이하 "배관등"이라 한다)에 사용하는 재료는 수소의 종류・성질・상태・온도 및 압력 등에서 안전성을 확보할 수 있도록 수소를 취급하기에 적합한 기계적 성질 및 화학적 성분을 가지는 것으로 한다.

　(가) 배관재료 적용 제외

　　㉮ 상용압력이 98 MPa 이상인 배관

　　㉯ 최고사용온도가 815℃를 초과하는 배관

　　㉰ 직접 화기를 받는 배관

　　㉱ 이동제조설비용 배관

② 배관 재료

　(가) 고압배관 재료 : 1 MPa 이상의 압력을 받는 부분(이하 "내압부분"이라 한다)에 사용

　(나) 저압배관 재료 : 내압부분 외의 가스가 통하는 배관에 사용

　　㉮ 관재료 : 연료가스 배관용 탄소강관, 배관용 아크용접 탄소강 강관

　　㉯ 관이음매 : 연료가스 배관용 탄소강관, 강제 맞대기 용접식 관이음쇠, 나사식 가단주철제 관이음쇠, 관플랜지(단, 회주철제 플랜지는 사용하지 않는다)

③ 배관설비 두께 : 상용압력의 2배 이상의 압력에 항복을 일으키지 않는 두께 이상

④ 배관설비 성능

　(가) 내압성능 : 상용압력 0.1 MPa 이상인 배관은 상용압력의 1.5배 이상의 압력

　(나) 기밀성능 : 상용압력의 1.1배 또는 8.4 kPa 중 높은 압력 이상의 압력

예 상 문 제

문제 1. 수소를 공업적으로 제조하는 방법이 아닌 것은?

㉮ 수전해법　　　　㉯ 수성가스법
㉰ LPG 분해법　　　㉱ 석유 분해법

해설 • 수소의 공업적 제조법
① 물의 전기분해법 : 수전해법
② 수성가스법(석탄, 코크스의 가스화)
③ 천연가스 분해법(열분해)
④ 석유 분해법(열분해)
⑤ 일산화탄소 전화법

문제 2. 공업용 수소의 가장 일반적인 제조방법은?

㉮ 물의 전기분해
㉯ 황산과 아연 반응
㉰ 소금물의 전기분해
㉱ 천연가스, 석유, 석탄 등의 열분해

해설 • 수소의 공업적 제조법
① 물의 전기분해법(수전해법)
② 수성가스법(석탄, 코크스의 가스화)
③ 천연가스 분해법(열분해)
④ 석유 분해법(열분해)
⑤ 일산화탄소 전화법
※ 일반적으로 공업적 제조방법으로 사용하는 것은 천연가스, 석유, 석탄 등의 분해법(수성가스법)이다.

문제 3. 수소경제 육성 및 안전관리에 관한 법률에서 정한 청정수소가 아닌 것은?

㉮ 무탄소수소
㉯ 무탄소수소화합물
㉰ 저탄소수소
㉱ 저탄소수소화합물

해설 • 청정수소 : 수소법 제25조의 2 청정수소의 인증에 따라 인증받은 수소 또는 수소화합물로서 다음 각 목의 어느 하나에 해당하는

것을 말한다.
① 무탄소수소 : 수소의 생산·수입 등의 과정에서 온실가스를 배출하지 아니하는 수소
② 저탄소수소 : 수소의 생산·수입 등의 과정에서 온실가스를 대통령령으로 정하는 기준 이하로 배출하는 수소
③ 저탄소수소화합물 : 수소의 운송 등을 위하여 생산된 수소화합물로서 생산·수입 등의 과정에서 온실가스를 대통령령으로 정하는 기준 이하로 배출하는 수소화합물

문제 4. 물을 전기분해하여 수소를 생산하는 것을 무엇이라 하는가?

㉮ 수소추출설비
㉯ 수전해설비
㉰ 수소저장설비
㉱ 수소충전설비

해설 • 용어의 정의 : KGS AH271, AH171
① 수전해설비(KGS AH271) : 물을 전기분해하여 수소를 생산하는 것을 말한다.
② 수소추출설비(KGS AH171) : 도시가스, 액화석유가스, 그 밖에 탄화수소 및 메탄올, 에탄올 등 알콜류의 연료로부터 수소를 추출하는 설비를 말한다.

문제 5. 수전해설비 제조시설에서 갖추지 않아도 되는 제조설비는?

㉮ 구멍가공기
㉯ 표면처리 및 도장설비
㉰ 연료개질기 제작설비
㉱ 셀 및 스택 제작설비

해설 • 제조설비
① 수전해설비와 수소추출설비 제조시설에 공통으로 적용되는 제조설비 : 구멍가공기·프레스·관급힘기·절곡기·주물가공설비, 표면처리 및 도장설비, 가스용접기 또는 전기용접기 및 동력용 조립지그·공구, 전

기회로기판 회로인쇄, 부품삽입, 납땜 설비, 그 밖에 제조에 필요한 가공설비
② 셀 및 스택 제작설비 : 수전해설비 제조시설에 해당
③ 연료개질기 제작설비 : 수소추출설비 제조시설에 해당

문제 6. 수전해설비 및 수소추출설비를 제조할 때 사용할 수 있는 재료는?
㉮ 석면
㉯ 카드뮴
㉰ 탄소강
㉱ 폴리염화비페닐(PCB)

해설 • 사용 제한 재료
① 폴리염화비페닐(PCB : polychlorinated biphenyl)
② 석면
③ 카드뮴

문제 7. 수전해설비의 유지보수나 긴급정지 등을 위해 유체의 흐름을 차단하는 밸브를 설치할 때 차단밸브의 기준 중 틀린 것은?
㉮ 차단밸브는 최고사용압력, 온도 및 유체 특성 등 사용조건에 적합해야 한다.
㉯ 차단밸브는 공인인증기관의 인증품 또는 성능시험을 만족하는 것을 사용하여야 한다.
㉰ 차단밸브의 가동부(actuator)는 밸브 몸통으로부터 전해지는 진동을 견딜 수 있어야 한다.
㉱ 차단밸브는 구동원이 상실되었을 경우 안전한 가동이 이루어질 수 있는 구조(fail-safe)이어야 한다.

해설 차단밸브의 가동부(actuator)는 밸브 몸통으로부터 전해지는 열을 견딜 수 있어야 한다.

문제 8. 수전해설비의 접지용 케이블 규격으로 옳지 않은 것은?
㉮ 직경 1.6 mm의 연동선

㉯ 공칭 단면적 $1.25\,\text{mm}^2$ 이상의 단심코드
㉰ 공칭 단면적 $1.25\,\text{mm}^2$ 이상의 2심 코드
㉱ 공칭 단면적 $0.75\,\text{mm}^2$ 이상의 다심코드

해설 • 접지용 케이블 규격
① 직경 1.6 mm의 연동선 또는 이와 동등 이상의 강도 및 두께를 가지고 쉽게 부식되지 않는 금속선
② 공칭 단면적 $1.25\,\text{mm}^2$ 이상의 단심코드 또는 단심캡타이어케이블
③ 공칭 단면적 $0.75\,\text{mm}^2$ 이상의 2심 코드로 2선의 도체를 양단에서 꼬아 합치거나 납땜 또는 압착한 것
④ 공칭 단면적 $0.75\,\text{mm}^2$ 이상의 다심코드 (꼬아 합친 것을 제외한다) 또는 다심캡타이어케이블의 1개의 선심

문제 9. 수전해설비에서 수소가 통하는 직선 배관에 접지를 할 때 몇 m 이내의 간격으로 하는가?
㉮ 50 ㉯ 80 ㉰ 100 ㉱ 150

해설 수소가 통하는 직선 배관은 80 m 이내의 간격으로 접지를 한다.

문제 10. 수전해설비 가동 중 비상정지 기능이 작동하는 경우가 아닌 것은?
㉮ 셀, 스택에 과전류가 생겼을 때
㉯ 외함 내 수소농도가 1 %를 초과할 때
㉰ 발생 수소 중 산소 농도가 2 %를 초과할 때
㉱ 발생 산소 중 수소 농도가 2 %를 초과할 때

해설 • 비상정지 제어 기능이 작동하는 경우
① 셀, 스택의 공급 전압에 이상이 생겼을 경우
② 셀, 스택의 온도가 현저하게 상승하였을 경우
③ 셀, 스택에 과전류가 생겼을 경우
④ 셀, 스택에 안전성능 변화를 유발하는 차압이 발생한 경우
⑤ 수용액 수위가 현저하게 높거나 낮은 경우
⑥ 물, 수용액 유량이 현저하게 낮은 경우

⑦ 외함 내 수소농도가 1%를 초과할 때

⑧ 발생 수소 중 산소 농도가 3%를 초과할 때

⑨ 발생 산소 중 수소 농도가 2%를 초과할 때

⑩ 수용액, 산소, 수소가 통하는 부분의 압력이 현저하게 상승하였을 경우

⑪ 수전해설비 안의 환기장치에 이상이 생겼을 경우

⑫ 수전해설비 안의 온도가 현저하게 상승 또는 저하하는 경우

문제 11. 수소추출설비의 비상정지 또는 화염검지실패 등이 발생하여 수소추출설비를 안전하게 정지하고 이후 수동으로만 운전을 복귀시킬 수 있도록 하는 것을 무엇이라 하는가?

⑦ 인터로크(interlock)

⑪ 로크아웃(lockout)

⑫ 시퀀스 제어

⑫ 피드백 제어

[해설] • 로크아웃(lockout)의 정의

① 수소추출설비(KGS AH171) : 수소추출설비의 비상정지 또는 화염검지실패 등이 발생하여 수소추출설비를 안전하게 정지하고, 이후 수동으로만 운전을 복귀시킬 수 있도록 하는 것을 말한다.

② 수전해설비(KGS AH271) : 수전해설비의 비상정지 등이 발생하여 수전해설비를 안전하게 정지하고, 이후 수동으로만 운전을 복귀시킬 수 있도록 하는 것을 말한다.

문제 12. 수소추출설비의 버너 점화장치가 방전불꽃을 이용할 때에 대한 설명 중 틀린 것은?

⑦ 전극부는 상시 화염이 접촉되는 위치에 있는 것으로 한다.

⑪ 전극의 간격이 사용 상태에서 변화되지 않도록 고정되어 있는 것으로 한다.

⑫ 사용 시 손이 닿을 우려가 있는 고압배선에는 적절한 전기절연피복을 한다.

⑫ 방전불꽃이 닿을 우려가 있는 부분에 사용하는 전기 절연물은 방전불꽃으로 인한 유해한 변형, 절연저하 등의 변질이 없는 것으로 한다.

[해설] 전극부는 상시 화염이 접촉되지 않는 위치에 있는 것으로 한다.

문제 13. 수소추출설비의 급·배기통이 전이중 및 분리형일 때 접속부를 연결하는 방법은?

⑦ 리브타입   ⑪ 플랜지이음

⑫ 나사이음   ⑫ 납땜이음

[해설] • 급·배기통 접속부 연결 방법

① 전이중 및 분리형을 제외한 급·배기통 : 리브타입, 플랜지이음, 나사이음

② 전이중 및 분리형 급·배기통 : 플랜지이음

문제 14. 제조식 수소자동차 충전시설에 대한 설명으로 옳은 것은?

⑦ 고압가스 제조시설 중 수소를 제조·압축하여 자동차에 충전하는 시설

⑪ 고압가스 충전시설 중 수소를 제조·압축하여 자동차에 충전하는 시설

⑫ 고압가스 제조시설 중 배관 또는 저장설비로부터 공급받은 수소를 압축하여 자동차에 충전하는 시설

⑫ 고압가스 충전시설 중 배관 또는 저장설비로부터 공급받은 수소를 압축하여 자동차에 충전하는 시설

[해설] • 용어의 정의

① 제조식 수소자동차 충전시설(KGS FP216) : 고압가스 제조시설 중 수소를 제조·압축하여 자동차에 충전하는 시설

② 저장식 수소자동차 충전시설(KGS FP217) : 고압가스 충전시설 중 배관 또는 저장설비로부터 공급받은 수소를 압축하여 자동차에 충전하는 시설

문제 15. 수소자동차 충전시설의 가스설비와 고압전선과 유지하여야 할 수평거리는 얼마인가?

해답 11. ⑪   12. ⑦   13. ⑪   14. ⑦   15. ⑪

[가] 3 m 이상 [나] 5 m 이상

[다] 8 m 이상 [라] 10 m 이상

[해설] • 가스설비와 화기와의 거리 : KGS FP216. FP217

① 고압전선(직류 750 V 초과하는 전선, 교류 600 V 초과하는 전선) : 5 m 이상

② 저압전선(직류 750 V 이하의 전선, 교류 600 V 이하의 전선) : 1 m 이상

[문제] 16. 수소자동차 충전시설의 충전설비에 설치하는 보호대의 높이는 얼마인가?

[가] 0.3 m 이상 [나] 0.5 m 이상

[다] 0.8 m 이상 [라] 1.0 m 이상

[해설] • 충전설비 보호대 설치 : KGS FP216. FP217

① 규격 : 두께 0.12 m 이상의 철근콘크리트, 호칭지름 100 A 이상의 배관용 탄소강관 또는 이와 동등 이상의 기계적 강도를 가진 강관

② 높이 : 0.8 m 이상

③ 말뚝 형태일 경우 말뚝은 2개 이상 설치, 간격은 1.5 m 이하

④ 기초 : 철근콘크리트제 보호대는 콘크리트 기초에 0.25 m 이상 깊이로 묻고 바닥과 일체가 되도록 콘크리트 타설, 강관제 보호대는 기초에 묻거나 앵커볼트와 받침대를 이용하여 고정

⑤ 외면에 야광 페인트로 도색, 야광 테이프 또는 반사지 등으로 표시

[문제] 17. 수소자동차 충전시설의 충전기 안전장치에 대한 설명 중 틀린 것은?

[가] 자동차 충전 시 과압을 방지하기 위하여 충전 배관에 압력방출밸브를 설치하고, 이 압력방출밸브는 일반 작동 압력의 1.5배 미만으로 설정한다.

[나] 충전기는 긴급차단장치와 연동하여 운전되도록 설치하고, 긴급차단장치는 자동차로의 가스흐름 및 충전기의 전기흐름을 차단하는 구조로 한다.

[다] 긴급차단장치는 충전지역으로부터 떨어진 위치에 설치, 긴급차단장치의 작동방법은 충전소 사무실, 압축기 및 저장설비에 비치한다.

[라] 제어회로는 긴급차단장치가 작동하였을 때 또는 전기가 차단되었을 때 차단된 시스템이 안전 상태로 복원된 후 수동으로 리셋 또는 작동할 때까지 차단된 상태로 있도록 한다.

[해설] • 충전기 안전장치(KGS FP216. FP217) : [나], [다], [라] 외

① 자동차 충전 시 과압을 방지하기 위하여 충전 배관에 압력방출밸브를 설치하고, 이 압력방출밸브는 일반 작동 압력의 1.38배 미만으로 설정한다.

② 수소저장설비 및 충전기 사이 배관에는 충전기에 공급되는 전기가 차단되었을 때 차단하는 밸브를 설치한다.

[문제] 18. 수소자동차 충전 호스의 길이는 얼마인가?

[가] 3 m 이하 [나] 5 m 이하

[다] 8 m 이하 [라] 10 m 이하

[해설] • 충전 호스 길이(KGS FP216. FP217) : 8 m 이하

[문제] 19. 다음과 같은 조건으로 압축가스 고압가스설비에 설치된 과압안전장치의 필요 분출량은 약 몇 kg/h인가?

– 도입관 안의 압축가스 유속 : 10 m/s
– 입구 측에서의 가스 밀도 : 1.3 kg/m³
– 도입관의 내경 : 10 cm

[가] 130 [나] 364 [다] 650 [라] 1300

[해설] • 과압안전장치 분출량 : KGS FP216. FP217

$\therefore W = 0.28\,V\gamma d^2 = 0.28 \times 10 \times 1.3 \times 10^2$

$= 364$ kg/h

※ 풀이에 적용한 공식은 단위 정리가 되지 않으며, 공식의 "0.28"의 숫자는 시간 단위와 관의 단면적 및 지름의 단위를 맞추면서 나온 숫자이기 때문에 단위가 정리된 공식입니다.

[해답] 16. [다] 17. [가] 18. [다] 19. [나]

참고 • 계산식의 각 기호의 의미
  W : 시간당 소요 분출량(kg/h)
  V : 도입관 안의 압축가스 유속(m/s)
  γ : 안전장치의 입구 측에서의 가스밀도(kg/m³)
  d : 도입관의 내경(cm)

별해 • 시간당 질량 유량으로 계산 : 유속의 시간 단위가 초(sec)이므로 시간(hour)으로 변환하기 위하여 3600을 곱한다.

$$\therefore m = \rho \times A \times V = \rho \times \left(\frac{\pi}{4} \times D^2\right) \times V$$
$$= 1.3 \times \left(\frac{\pi}{4} \times 0.1^2\right) \times 10 \times 3600$$
$$= 367.566 \text{ kg/h}$$

문제 20. 수소자동차 충전시설의 환기설비 설치 기준 중 외기에 접하여 설치된 환기구의 통풍 가능 면적 합계는 바닥면적 1 m²마다 얼마의 비율로 설치하는가?

㉮ 300 cm² ㉯ 500 cm²
㉰ 700 cm² ㉱ 1000 cm²

해설 외기에 접하여 설치된 환기구의 통풍 가능 면적 합계는 바닥면적 1 m²마다 300 cm²(철망 등을 부착할 때는 철망이 차지하는 면적을 뺀 면적으로 한다)의 비율로 계산한 면적 이상(1개 환기구의 면적은 2400 cm² 이하로 한다)으로 한다. : KGS FP216, FP217

문제 21. 수소자동차 충전시설에 강제환기설비를 설치할 때 통풍능력 m³/min은 바닥면적 1 m²마다 얼마인가?

㉮ 0.3 ㉯ 0.5 ㉰ 0.7 ㉱ 1.0

해설 • 강제환기설비 설치 기준 : KGS FP216, FP217
  ① 통풍능력은 바닥면적 1 m²마다 0.5 m³/min 이상으로 한다.
  ② 배기구는 바닥면(공기보다 비중이 작은 가스의 경우에는 천장) 가까이 설치한다.
  ③ 배기가스 방출구는 지면에서 5 m(공기보다 비중이 작은 가스의 경우에는 3 m) 이상의 높이에 설치한다.
참고 수소는 공기보다 가벼운 가스이지만 수소자동차 충전시설의 강제환기설비 설치 기준

에는 공기보다 무거운 가스와 가벼운 가스로 구분하여 규정되어 있음

문제 22. 수소자동차 충전시설에서 충전 중 자동차의 오발진으로 인한 충전기 및 충전호스 파손을 방지하기 위하여 충전호스에 설치하는 안전장치는?

㉮ 긴급차단장치 ㉯ 긴급분리장치
㉰ 긴급이송장치 ㉱ 긴급개방장치

해설 충전호스에 충전 중 자동차의 오발진으로 인한 충전기 및 충전호스 파손을 방지하기 위하여 긴급분리장치를 설치한다. : KGS FP216, FP217

문제 23. 수소자동차 충전시설에는 수소화염의 감지를 위하여 수소화염검지기를 설치한다. 설치하여야 할 대상으로 틀린 것은?

㉮ 충전기 ㉯ 압축장치
㉰ 저장설비 ㉱ 압력조정기

해설 수소화염의 감지를 위하여 충전기, 압축장치, 저장설비 및 압축가스 설비에는 수소화염검지기를 설치한다. : KGS FP216, FP217

문제 24. 수소자동차 충전소 부지 안의 건축물 외벽에 설치하는 유리로 틀린 것은?

㉮ 강화유리 ㉯ 접합유리
㉰ 이중유리 ㉱ 망입유리

해설 • 건축물 외벽 유리 : KGS FP216, FP217
  ① KS L 2002(강화유리 : tempered glass)
  ② KS L 2004(접합유리 : laminated glass)
  ③ KS L 2006(망입유리 : wire glass)
  ④ 공인시험기관의 시험 결과 이와 같은 수준 이상의 유리

문제 25. 자동차에 압축수소가스를 충전할 때의 기준으로 틀린 것은?

㉮ 자동차에 압축수소가스를 충전할 때에는 엔진을 정지시키고, 주차브레이크를 채우도록 한다.
㉯ 수소를 용기에 충전할 때에는 용기에 각인된 압축가스의 최고충전압력 이하

해답 20. ㉮ 21. ㉯ 22. ㉯ 23. ㉱ 24. ㉰ 25. ㉰

로 충전한다.

㉓ 수소자동차 용기 충전작업 시 충전기는 자동차 용기의 외부 온도가 85℃에 도달하지 않도록 충전 속도를 조절한다.

㉔ 수소충전소는 수소자동차에 적합한 수소를 공급한다.

해설 수소자동차 용기 충전작업 시 충전기는 자동차 용기의 내부 가스 온도가 85℃에 도달하지 않도록 충전 속도를 조절한다.

문제 26. 제조식 수소자동차 충전시설에서 제조하는 수소의 품질검사 실시 기준에 대한 설명 중 틀린 것은?

㉮ 주요 불순물 검사는 1일 1회 이상 실시한다.

㉯ 주요 불순물 외의 불순물에 대한 검사는 6개월에 1회 실시한다.

㉰ 수소연료 제품규격은 KSB ISO 14867 (수소연료–제품규격)을 따른다.

㉱ 불순물 검사는 안전관리책임자가 실시하고, 검사결과를 안전관리부총괄자와 안전관리책임자가 함께 확인하고 서명 날인한다.

해설 주요 불순물 외의 불순물에 대한 검사는 1년에 1회 실시한다. : KGS FP216

문제 27. 수소연료 사용시설의 수소가스설비 외면으로부터 화기를 취급하는 장소 사이에 유지하여야 할 우회거리는 얼마인가?

㉮ 2 m 이상   ㉯ 3 m 이상

㉰ 5 m 이상   ㉱ 8 m 이상

해설 • 화기와의 거리(KGS FU671) : 수소가스설비 외면으로부터 화기(그 설비 안의 화기는 제외한다)를 취급하는 장소 사이에 유지하여야 할 거리는 우회거리 8 m(산소저장설비는 5 m) 이상으로 하며, 작업에 필요한 양 이상의 연소하기 쉬운 물질을 두지 않는다.

문제 28. 수소연료사용시설에 수전해설비를

실내에 설치하는 경우 해당 실내에서 유지하여야 할 산소농도는?

㉮ 18~22 % 이하   ㉯ 23.5 % 이하

㉰ 16~25 % 이하   ㉱ 21 % 이하

해설 수전해설비를 실내에 설치하는 경우 해당 실내의 산소농도가 23.5 % 이하가 되도록 유지한다. : KGS FU671

문제 29. 수소연료 사용시설에 설치하는 압력조정기의 설치높이는 지면으로부터 얼마인가? (단, 격납상자에 설치하는 경우가 아니다.)

㉮ 1.6 m 이하

㉯ 1.6 m 이상 2 m 이내

㉰ 1.8 m 이상

㉱ 높이 제한이 없다.

해설 압력조정기는 지면으로부터 1.6 m 이상 2 m 이내에 설치한다. 다만, 격납상자에 설치하는 경우에는 그렇지 않을 수 있다. : KGS FU671

문제 30. 수소연료사용시설에서 수소저장설비를 실내에 설치하는 경우 해당 공간의 벽을 방호벽으로 설치하는 저장능력은 얼마인가?

㉮ 10 m^3 이상   ㉯ 30 m^3 이상

㉰ 60 m^3 이상   ㉱ 100 m^3 이상

해설 • 방호벽 설치(KGS FU671) : 수소의 저장능력이 60 m^3 이상인 수소저장설비를 실내에 설치하는 경우 해당 공간의 벽은 방호벽으로 설치한다.

[알림]

1. 수소설비에 대한 내용은 2024년부터 적용되는 출제기준에 신규로 포함되었고, 시험에 출제되는 문제는 제한적입니다.

2. 가스안전관리 과목에 2024년부터 적용되는 출제기준에 포함된 "수소 제조 및 공급·충전"에 대한 내용은 수소설비와 중복되어 별도로 수록하지 않았습니다.

해답   26. ㉯   27. ㉱   28. ㉯   29. ㉯   30. ㉰

제 6 장   압축기 및 펌프

1. 압축기 (compressor)

(1) 압축기의 분류

① 작동압력에 따른 분류

  (가) 팬 (fan) : 압력상승이 10 kPa 미만

  (나) 블로어 (blower) : 압력상승이 10 kPa 이상, 0.1 MPa 이하

  (다) 압축기 (compressor) : 압력상승이 0.1 MPa 이상

② 작동원리에 의한 분류

  (가) 용적형 : 일정 용적의 실린더 내에 기체를 흡입하고 기체에 압력을 가하여 토출구로 압출하는 것을 반복하는 형식이다.

    ㉮ 왕복동식 : 피스톤의 왕복운동으로 가스를 흡입하여 압축한다.

    ㉯ 회전식 : 회전체의 회전에 의해 일정 용적의 가스를 연속으로 흡입·압축하는 것을 반복한다.

  (나) 터보형 : 임펠러의 회전운동을 압력과 속도에너지로 전환하여 압력을 상승시키는 형식이다.

    ㉮ 원심식 : 케이싱 내에 임펠러가 회전하면 기체가 원심력에 의하여 임펠러 중심부로 연속으로 흡입되고 압력과 속도가 증가되어 토출되는 형식이다.

    ㉯ 축류식 : 선풍기와 같이 프로펠러 (임펠러)가 회전하면 기체가 축 방향으로 흡입되고, 압력과 속도가 상승되어 축 방향으로 토출하는 형식이다.

    ㉰ 혼류식 : 원심식과 축류식을 혼합한 형식이다.

(2) 용적형 압축기의 종류 및 특징

① 왕복동식 압축기

  (가) 특징

    ㉮ 급유식, 무급유식이고 고압이 쉽게 형성된다.

    ㉯ 용량 조정범위가 넓고, 압축효율이 높다.

    ㉰ 형태가 크고 설치면적이 크다.

    ㉱ 배출가스 중 오일이 혼입될 우려가 크다.

    ㉲ 압축이 단속적이고, 맥동현상이 발생된다.

　　ⓑ 접촉부분이 많아 고장 발생이 쉽고 수리가 어렵다.

　　ⓢ 반드시 흡입 토출 밸브가 필요하다.

(나) 구조

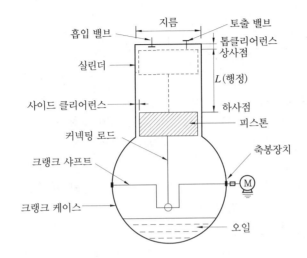

왕복동식 압축기의 구조

　　㉮ 흡입 토출 밸브의 구비조건

　　　ⓐ 개폐가 확실하고 작동이 양호할 것

　　　ⓑ 충분한 통과 단면을 갖고 유체저항이 적을 것

　　　ⓒ 누설이 없고 마모 및 파손에 강할 것

　　　ⓓ 운전 중에 분해하는 경우가 없을 것

　　㉯ 안전장치의 종류

　　　ⓐ 안전두 : 액 압축이 발생할 때 작동한다.

　　　ⓑ 고압차단 스위치 (HPS) : 압력이 설정압력 이상으로 상승 시 전동기를 정지시킨다.

　　　ⓒ 안전밸브 : 압력이 설정압력 이상상승 시 밸브가 개방되어 압력을 대기나 저압 측
　　　　으로 되돌려 보내 고압에 의한 사고를 방지한다.

(다) 피스톤 압출량 계산

　　㉮ 이론적 피스톤 압출량　　　　　　　　㉯ 실제적 피스톤 압출량

$$V = \frac{\pi}{4}D^2 \times L \times n \times N \times 60 \qquad V' = \frac{\pi}{4}D^2 \times L \times n \times N \times \eta_v \times 60$$

　　여기서, V : 이론적인 피스톤 압출량 (m^3/h),　V' : 실제적인 피스톤 압출량 (m^3/h),
　　　　　　D : 피스톤의 지름 (m),　L : 행정거리 (m),　n : 기통수,
　　　　　　N : 분당 회전수 (rpm),　η_v : 체적효율

(라) 압축기 효율

　　㉮ 체적효율 (η_v)

$$\eta_v = \frac{\text{실제적 피스톤 압출량}}{\text{이론적 피스톤 압출량}} \times 100$$

④ 압축효율(η_c)

$$\eta_c = \frac{\text{이론 동력}}{\text{실제 소요동력(지시동력)}} \times 100$$

⑤ 기계효율(η_m)

$$\eta_m = \frac{\text{실제적 소요동력(지시동력)}}{\text{축동력}} \times 100$$

⑰ 용량제어

㉮ 용량제어의 목적

ⓐ 수요 공급의 균형 유지   ⓑ 압축기 보호

ⓒ 소요 동력의 절감   ⓓ 경부하 기동

㉯ 연속적인 용량 제어법

ⓐ 흡입 주밸브를 폐쇄하는 방법   ⓑ 타임드 밸브 제어에 의한 방법

ⓒ 회전수를 변경하는 방법   ⓓ 바이패스 밸브에 의한 방법

㉰ 단계적인 용량 제어법

ⓐ 클리어런스 밸브에 의한 조정   ⓑ 흡입 밸브 개방에 의한 방법

⑱ 다단 압축기

㉮ 다단 압축의 목적

ⓐ 1단 단열압축과 비교한 일량의 절약

ⓑ 이용효율의 증가

ⓒ 힘의 평형이 양호해진다.   ⓓ 온도상승을 방지할 수 있다.

㉯ 단수 결정 시 고려할 사항

ⓐ 최종의 토출압력   ⓑ 취급 가스량

ⓒ 취급 가스의 종류   ⓓ 연속운전의 여부

ⓔ 동력 및 제작의 경제성

⑲ 압축비

㉮ 1단 압축비   ㉯ 다단 압축비

$$a = \frac{P_2}{P_1} \qquad\qquad a = \sqrt[n]{\frac{P_2}{P_1}}$$

여기서, a : 압축비, n : 단수, P_1 : 흡입압력(절대압력), P_2 : 최종압력(절대압력)

㉰ 압축비 증대 시 영향

ⓐ 소요동력 증대   ⓑ 실린더 내의 온도 상승

ⓒ 체적효율 저하(압축기 능력 감소)   ⓓ 토출 가스량 감소

㉱ 실린더 내 온도상승 시 영향

ⓐ 체적효율, 압축효율 저하   ⓑ 소요동력 증가

ⓒ 윤활기능 저하   ⓓ 윤활유 열화 및 탄화

ⓔ 습동부품 수명 단축

⑳ 윤활유

㉮ 구비조건

ⓐ 화학반응을 일으키지 않을 것

ⓑ 인화점은 높고, 응고점은 낮을 것

ⓒ 점도가 적당하고 항유화성이 클 것

ⓓ 불순물이 적을 것

ⓔ 잔류 탄소의 양이 적을 것

ⓕ 열에 대한 안정성이 있을 것

㉯ 각종 가스 압축기의 윤활유

ⓐ 산소 압축기 : 물 또는 묽은 글리세린수 (10 % 정도)

ⓑ 공기 압축기, 수소압축기, 아세틸렌 압축기 : 양질의 광유 (디젤 엔진유)

ⓒ 염소 압축기 : 진한 황산

ⓓ LP가스 압축기 : 식물성유

ⓔ 이산화황 (아황산가스) 압축기 : 화이트유, 정제된 용제 터빈유

ⓕ 염화메탄 (메틸 클로라이드) 압축기 : 화이트유

② 회전식 압축기

㉠ 특징

㉮ 용적형이며, 오일 윤활방식이다.

㉯ 부품수가 적어 구조가 간단하고 동작이 단순하다.

㉰ 압축이 연속으로 이루어져 맥동현상이 없다.

㉱ 고진공과 고압축비를 얻을 수 있다.

㉡ 종류

㉮ 고정익형 압축기 (stationary blade type)

㉯ 회전익형 압축기 (rotary blade type)

③ 나사 압축기 (screw compressor)

㉠ 특징

㉮ 용적형이며 무급유식, 급유식이다.

㉯ 흡입, 압축, 토출의 3행정을 갖는다.

㉰ 연속으로 압축되므로 맥동현상이 없다.

㉱ 용량 조정이 어렵고 (70~100 %), 효율이 좋지 않다.

㉲ 토출압력은 30 kgf/cm² 까지 가능하고 소음방지 장치가 필요하다.

㉳ 두 개의 암 (female), 수 (male) 치형을 가진 로터의 맞물림에 의해 압축한다.

㉴ 고속회전이므로 형태가 작고, 경량이며 설치면적이 작다.

㉵ 토출압력 변화에 의한 용량변화가 적다.

㉡ 이론적 토출량 계산

$$Q_{th} = C_v \cdot D^2 \cdot L \cdot N$$

여기서, Q_{th} : 이론 토출량 (m³/min), D : 암 로터의 지름 (m)

L : 로터의 길이 (m), N : 수 로터의 회전수 (rpm), C_v : 로터 모양에서 결정되는 상수

(3) 터보형 압축기의 종류 및 특징

① 원심식 압축기

(가) 특징

㉮ 원심형 무급유식이다.

㉯ 연속 토출로 맥동현상이 없다.

㉰ 고속회전이 가능하므로 전동기와 직결사용이 가능하다.

㉱ 형태가 작고 경량이어서 기초, 설치면적이 적다.

㉲ 용량 조정범위가 좁고 (70~100 %) 어렵다.

㉳ 압축비가 적고, 효율이 좋지 않다.

㉴ 다단식은 압축비를 크게 할 수 있으나, 설비비가 많이 소요된다.

㉵ 기계적 접촉부가 적어 마찰손실, 마모가 적다.

㉶ 토출압력 변화에 의해 용량변화가 크다.

㉷ 운전 중 서징 (surging) 현상이 발생할 수 있다.

(나) 용량 제어방법

㉮ 속도제어에 의한 방법   ㉯ 토출 밸브에 의한 방법

㉰ 흡입 밸브에 의한 방법   ㉱ 베인 컨트롤에 의한 방법

㉲ 바이패스에 의한 방법

(다) 상사의 법칙

㉮ 풍량 $Q_2 = Q_1 \times \left(\dfrac{N_2}{N_1}\right) \times \left(\dfrac{D_2}{D_1}\right)^3$ ㉯ 풍압 $P_2 = P_1 \times \left(\dfrac{N_2}{N_1}\right)^2 \times \left(\dfrac{D_2}{D_1}\right)^2$

㉰ 동력 $L_2 = L_1 \times \left(\dfrac{N_2}{N_1}\right)^3 \times \left(\dfrac{D_2}{D_1}\right)^5$

여기서, Q_1, Q_2 : 변경 전, 후 풍량 P_1, P_2 : 변경 전, 후 풍압

L_1, L_2 : 변경 전, 후 동력 D_1, D_2 : 변경 전, 후 임펠러 지름

N_1, N_2 : 변경 전, 후 임펠러 회전수

(라) 서징 (surging) 현상 : 토출 측 저항이 커지면 유량이 감소하고 맥동과 진동이 발생하여 불안전운전이 되는 현상으로 방지법은 다음과 같다.

㉮ 우상 (右上)이 없는 특성으로 하는 방법

㉯ 방출 밸브에 의한 방법

㉰ 베인 컨트롤에 의한 방법

㉱ 회전수를 변화시키는 방법

㉲ 교축 밸브를 기계에 가까이 설치하는 방법

② 축류 압축기

(가) 특징

㉮ 동익식의 경우 축동력을 일정하게 유지할 수 있다.

㉯ 압축비가 작고, 효율이 높지 않다.

㉰ 공기조화설비용으로 주로 사용된다.

(나) 베인의 배열에 의한 분류 : 후치 정익형, 전치 정익형, 전·후치 정익형

2. 펌프 (pump)

(1) 펌프의 분류

① 터보형 펌프 : 임펠러의 회전력으로 액체를 이송하는 형식으로 원심 펌프, 사류 펌프, 축류 펌프가 있다.

② 용적형 펌프 : 일정용적을 갖는 실에 액체를 흡입하고 압력을 상승시켜 토출하는 형식으로 왕복 펌프, 회전 펌프가 있다.

③ 특수 펌프 : 제트 펌프, 기포 펌프, 수격 펌프

(2) 터보 (turbo)형 펌프의 종류 및 특징

① 원심 (centrifugal) 펌프 : 한 개 또는 여러 개의 임펠러를 밀폐된 케이싱 내에서 회전시켜 발생하는 원심력을 이용하여 액체를 이송하거나 압력을 상승시켜 축과 직각방향으로 토출된다.

   (가) 특징

      ㉮ 원심력에 의하여 유체를 압송한다.

      ㉯ 용량에 비하여 소형이고 설치면적이 작다.

      ㉰ 흡입, 토출 밸브가 없고 액의 맥동이 없다.

      ㉱ 기동 시 펌프 내부에 유체를 충분히 채워야 한다.

      ㉲ 고양정에 적합하다.

      ㉳ 서징 현상, 캐비테이션 현상이 발생하기 쉽다.

   (나) 종류

      ㉮ 벌류트 (volute) 펌프 : 임펠러 바깥둘레에 안내깃 (베인)이 없고 바깥 둘레에 바로 접하여 와류실이 있는 펌프로 일반적으로 임펠러 1단이 발생하는 양정이 낮은 것에 사용된다.

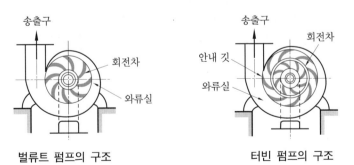

벌류트 펌프의 구조   터빈 펌프의 구조

      ㉯ 터빈 (turbine) 펌프 : 임펠러 바깥둘레에 안내깃 (베인)이 있는 것으로 양정이 높은 곳에 사용된다.

   (다) 특성곡선 : 횡축에 토출량 (Q)을, 종축에 양정 (H), 축동력 (L), 효율 (η)을 취하여 표시한 것으로 펌프의 성능을 나타낸다. 토출량 (Q) 변화에 대하여 종축 각각의 변화의

비율은 비속도(베인 형식)에 따라 각각 다르다는 것을 원심 펌프, 사류 펌프, 축류 펌프에 대하여 나타낸다.

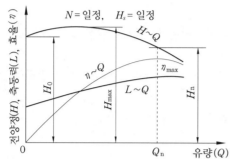

H_0 : $Q=0$일 때의 양정 (체절양정)

$H_n Q_n$: η_{max}이 되는 $H \sim Q$곡선상의 좌표

H_{max} : 최고 체절양정

$H \sim Q$: 양정곡선

$L \sim Q$: 축동력 곡선

$\eta \sim Q$: 효율곡선

원심 펌프의 특성곡선

(라) 축봉장치 : 펌프의 케이싱을 관통하여 회전하는 부분에 설치하여 액의 누설을 방지하는 것이다.

  ㉮ 그랜드 패킹 : 내부의 액이 누설되어도 무방한 경우에 사용

  ㉯ 메커니컬 실 : 내부의 액이 누설되는 것이 허용되지 않는 가연성, 독성 등의 액체 이송 시 사용한다.

    ⓐ 내장형 (인사이드형) : 고정면이 펌프 측에 있는 것으로 일반적으로 사용된다.

    ⓑ 외장형 (아웃사이드형) : 회전면이 펌프 측에 있는 것으로 구조재, 스프링재가 내식성에 문제가 있거나 고점도(100 cP 초과), 저응고점액일 때 사용한다.

    ⓒ 싱글 실형 : 습동면 (접촉면)이 1개로 조립된 것

    ⓓ 더블 실형 : 습동면 (접촉면)이 2개로, 누설을 완전히 차단하고 유독액 또는 인화성이 강한 액일 때, 누설 시 응고액, 내부가 고진공, 보온, 보랭이 필요할 때 사용된다.

    ⓔ 언밸런스 실 : 펌프의 내압을 실의 습동면에 직접 받는 경우 사용한다.

    ⓕ 밸런스 실 : 펌프의 내압이 큰 경우 고압이 실의 습동면에 직접 접촉하지 않게 한 것으로 LPG, 액화가스와 같이 저비점 액체일 때 사용한다.

(마) 펌프의 축동력

  ㉮ PS (미터 마력)   ㉯ kW

$$\text{PS} = \frac{\gamma \cdot Q \cdot H}{75\,\eta} \qquad\qquad \text{kW} = \frac{\gamma \cdot Q \cdot H}{102\,\eta}$$

여기서, γ : 액체의 비중량 (kgf/m³), Q : 유량 (m³/s), H : 전양정 (m), η : 효율

※ 압축기의 축동력

  ① PS   ② kW

$$\text{PS} = \frac{P \cdot Q}{75 \cdot \eta} \qquad\qquad \text{kW} = \frac{P \cdot Q}{102 \cdot \eta}$$

여기서, P : 압축기의 토출압력 (kgf/m²), Q : 유량 (m³/s), η : 효율

(바) 펌프의 전양정

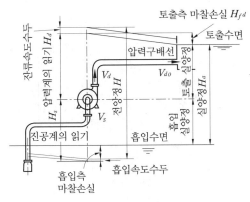

$$H = H_a + H_{fd} + H_{fs} + h_o$$

여기서, H : 전양정

H_a : 실양정

H_{fd} : 토출관계의 손실수두

H_{fs} : 흡입관계의 손실수두

h_o : $\dfrac{V_{do}^2}{2g}$ (잔류속도수두)

V_{do}^2 : 토출관단의 유출속도

펌프의 양정

(사) 비교 회전도 (비속도) : 토출량이 $1\,\mathrm{m}^3/\mathrm{min}$, 양정 $1\,\mathrm{m}$가 발생하도록 설계한 경우의 판상 임펠러의 분당 회전수를 나타낸다.

$$N_S = \frac{N\sqrt{Q}}{\left(\dfrac{H}{n}\right)^{\frac{3}{4}}}$$

여기서, N_s : 비교 회전도 (비속도), N : 회전수 (rpm), Q : 유량 ($\mathrm{m}^3/\mathrm{mim}$)

H : 양정 (m), n : 단수

(아) 상사의 법칙

㉮ 유량 $\quad Q_2 = Q_1 \times \left(\dfrac{N_2}{N_1}\right) \times \left(\dfrac{D_2}{D_1}\right)^3$

㉯ 양정 $\quad H_2 = H_1 \times \left(\dfrac{N_2}{N_1}\right)^2 \times \left(\dfrac{D_2}{D_1}\right)^2$

㉰ 축동력 $\quad L_2 = L_1 \times \left(\dfrac{N_2}{N_1}\right)^3 \times \left(\dfrac{D_2}{D_1}\right)^5$

여기서, Q_1, Q_2 : 변경 전, 후의 유량　　H_1, H_2 : 변경 전, 후의 양정

L_1, L_2 : 변경 전, 후의 동력　　N_1, N_2 : 변경 전, 후의 임펠러 회전수

D_1, D_2 : 변경 전, 후의 임펠러 지름

(자) 원심 펌프의 운전 특성

㉮ 직렬운전 : 양정 증가, 유량 일정 (불변)

㉯ 병렬운전 : 양정 일정 (불변), 유량 증가

② 사류 펌프 : 임펠러에서 토출되는 물의 흐름이 축에 대하여 비스듬히 토출된다. 임펠러에서의 물을 가이드 베인에 유도하여 그 회전 방향성분을 축 방향성분으로 바꾸어서 토출하는 형식과 원심 펌프와 같이 벌류트 케이싱에 유도하는 형식이 있다.

③ 축류 펌프 : 임펠러에서 토출되는 물의 흐름이 축 방향으로 토출된다. 사류 펌프와 같이 임펠러에서의 물을 가이드 베인에 유도하여 그 회전 방향성분을 축 방향으로 변화시켜 이것에 의한 수력손실을 적게 하여 축 방향으로 토출하는 것이다.

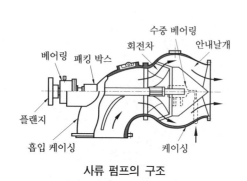

사류 펌프의 구조

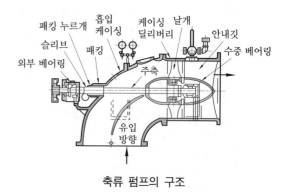

축류 펌프의 구조

(3) 용적식 펌프의 종류 및 특징

① 왕복 펌프 : 실린더 내의 피스톤 또는 플런저가 왕복운동으로 액체에 압력이 가해 이송하는 펌프이다.

　(가) 특징

　　㉮ 소형으로 고압·고점도 유체에 적당하다.

　　㉯ 회전수가 변하여도 토출압력의 변화가 적다.

　　㉰ 토출량이 일정하여 정량토출이 가능하고 수송량을 가감할 수 있다.

　　㉱ 송출이 단속적이라 맥동이 일어나기 쉽고 진동이 있다 (맥동현상을 방지하기 위하여 공기실을 설치한다).

　　㉲ 고압으로 액의 성질이 변할 수 있고, 밸브의 그랜드 패킹이 고장이 많다.

　(나) 종류

　　㉮ 피스톤 펌프 : 피스톤이 로드의 단면보다 큰 구조로 유량이 크고, 압력이 낮은 경우에 사용한다.

　　㉯ 플런저 펌프 : 피스톤과 로드의 단면이 동일한 구조로 유량이 적고, 압력이 높은 경우에 사용한다.

　　㉰ 다이어프램 펌프 : 정량 펌프라 하며 특수약액, 불순물이 많은 유체를 이송할 수 있고 그랜드 패킹이 없어 누설을 방지할 수 있다.

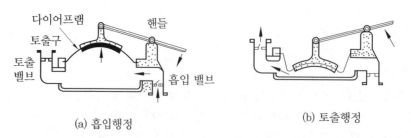

(a) 흡입행정　　　　　　　(b) 토출행정

다이어프램 펌프의 작동 상세도

② 회전 펌프 : 원심 펌프와 모양이 비슷하지만 액체를 이송하는 원리가 완전히 다른 것으로 펌프 본체 속의 회전자의 회전에 의해 생기는 원심력을 이용하여 유체를 이송한다.

㈎ 특징

　㉮ 왕복 펌프와 같은 흡입·토출 밸브가 없다.

　㉯ 연속으로 송출하므로 맥동현상이 없다.

　㉰ 점성이 있는 유체의 이송에 적합하다.

　㉱ 고압 유압 펌프로 사용된다 (안전밸브를 반드시 부착한다).

㈏ 종류

　㉮ 기어 펌프 : 두 개의 기어가 맞물려 회전할 때 액체를 이송하는 것으로 고점도 액의 이송에 적합하고 회전 펌프 중에서 흡입양정이 크다.

　㉯ 베인 펌프 : 펌프 본체와 회전자의 중심을 편심시킨 후 회전자에 베인 (깃)을 조립하여 회전자의 회전에 의해 액체를 이송한다.

　㉰ 나사 펌프 : 케이싱 내부에 나사 형태의 구조를 갖는 회전자를 회전시키면 액체가 축 방향으로 이송되도록 한 것이다.

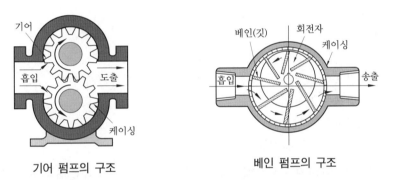

기어 펌프의 구조　　　　　　베인 펌프의 구조

(4) 특수 펌프의 종류 및 특징

① 제트 펌프 : 노즐에서 고속으로 분출되는 유체에 의하여 흡입구에 연결된 유체를 흡입하여 토출하는 펌프로 2종류의 유체를 혼합하여 토출하므로 에너지 손실이 크고 효율이 30 % 정도로 낮지만 구조가 간단하고 고장이 적은 장점이 있다.

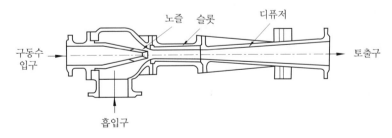

제트 펌프의 구조도

② 기포 펌프 : 압축공기를 양수관 하부에서 내부로 분출시켜 액체를 이송하는 것이다.

③ 수격 펌프 : 펌프나 압축기 없이 유체의 위치에너지를 이용하여 액체를 이송하는 것이다.

④ 재생 펌프 : 마찰 펌프, 웨스코 펌프라 하며 소유량·고양정에 적합하다.

(5) 펌프에서 발생되는 현상

① 캐비테이션(cavitation) 현상 : 유수 중에 그 수온의 증기압력보다 낮은 부분이 생기면 물이 증발을 일으키고 기포를 다수 발생하는 현상

　(개) 발생조건

　　㉮ 흡입양정이 지나치게 클 경우

　　㉯ 흡입관의 저항이 증대될 경우

　　㉰ 과속으로 유량이 증대될 경우

　　㉱ 관로 내의 온도가 상승될 경우

　(내) 일어나는 현상

　　㉮ 소음과 진동이 발생

　　㉯ 깃 (임펠러)의 침식

　　㉰ 특성곡선, 양정곡선의 저하

　　㉱ 양수 불능

　(대) 방지법

　　㉮ 펌프의 위치를 낮춘다 (흡입양정을 짧게 한다).

　　㉯ 수직축 펌프를 사용하여 회전차를 수중에 완전히 잠기게 한다.

　　㉰ 양흡입 펌프를 사용한다.

　　㉱ 펌프의 회전수를 낮춘다.

　　㉲ 두 대 이상의 펌프를 사용한다.

② 수격작용(water hammering) : 펌프에서 물을 압송하고 있을 때 정전 등으로 펌프가 급히 멈춘 경우 관 내의 유속이 급변하면 물에 심한 압력변화가 생기는 현상이다.

　(개) 발생원인

　　㉮ 밸브의 급격한 개폐

　　㉯ 펌프의 급격한 정지

　　㉰ 유속이 급변할 때

　(내) 방지법

　　㉮ 배관 내부의 유속을 낮춘다 (관 지름이 큰 배관을 사용한다).

　　㉯ 배관에 조압수조 (調壓水槽 : surge tank)를 설치한다.

　　㉰ 펌프에 플라이휠 (flywheel)을 설치한다.

　　㉱ 밸브를 송출구 가까이 설치하고 적당히 제어한다.

③ 서징 (surging) 현상 : 맥동현상이라 하며 펌프를 운전 중에 주기적으로 운동, 양정, 토출량이 규칙적으로 변동하는 현상으로 압력계의 지침이 일정범위 내에서 움직인다.

　(개) 발생원인

　　㉮ 양정곡선이 산형 곡선이고, 곡선의 최상부에서 운전했을 때

　　㉯ 유량조절 밸브가 탱크 뒤쪽에 있을 때

　　㉰ 배관 중에 물탱크나 공기탱크가 있을 때

㈏ 방지법

㉮ 임펠러, 가이드 베인의 형상 및 치수를 변경하며 특성을 변화시킨다.

㉯ 방출 밸브를 사용하여 서징현상이 발생할 때 양수량 이상으로 유량을 증가시킨다.

㉰ 임펠러의 회전수를 변경시킨다.

㉱ 배관 중에 있는 불필요한 공기탱크를 제거한다.

④ 베이퍼 로크(vapor lock) 현상 : 저비점 액체 등을 이송 시 펌프의 입구에서 발생하는 현상으로 액의 끓음에 의한 동요를 말한다.

㈎ 발생원인

㉮ 흡입관 지름이 작을 때

㉯ 펌프의 설치위치가 높을 때

㉰ 외부에서 열량 침투 시

㉱ 배관 내 온도 상승 시

㈏ 방지법

㉮ 실린더 라이너 외부를 냉각

㉯ 흡입배관을 크게 하고 단열처리

㉰ 펌프의 설치위치를 낮춘다.

㉱ 흡입관로의 청소

예 상 문 제

문제 1. 일정용적의 실린더 내에 기체를 흡입한 다음 흡입구를 닫아 기체를 압축하면서 다른 토출구에 압축하는 형식의 압축기는?

㉮ 용적형   ㉯ 터보형
㉰ 원심식   ㉱ 축류식

문제 2. 왕복형 압축기의 특징에 대한 설명으로 옳은 것은?

㉮ 쉽게 고압이 얻어진다.

㉯ 압축효율이 낮다.

㉰ 접촉부가 적어 보수가 쉽다.

㉱ 기초 설치면적이 작다.

해설 • 왕복동식 압축기의 특징
① 고압이 쉽게 형성된다.
② 급유식이다.
③ 용량 조정범위가 넓다.
④ 압축효율이 높다.
⑤ 형태가 크고 설치면적이 크다.
⑥ 배출가스 중 오일이 혼입될 우려가 크다.
⑦ 압축이 단속적이고, 맥동현상이 발생된다.
⑧ 접촉부분이 많아 고장 발생이 쉽고 수리가 어렵다.
⑨ 반드시 흡입·토출 밸브가 필요하다.

문제 3. 압축기에 관한 용어 중 틀리게 설명한 것은?

㉮ 간극용적 : 피스톤이 상사점과 하사점의 사이를 왕복할 때의 가스의 체적

㉯ 행정 : 실린더 내에서 피스톤이 이동하는 거리

㉰ 상사점 : 실린더 체적이 최소가 되는 점

㉱ 압축비 : 흡입압력에 대한 토출압력의 비

해설 • 간극용적 : 피스톤이 상사점에 있을 때 실린더 내의 가스가 차지하는 것으로 톱 클리어런스와 사이드 클리어런스가 있다.

문제 4. 압축기 실린더 상부에 스프링을 지지시켜 실린더 내에 액이나 이물질이 침입하여 압축 시 압축기가 파손되는 것을 방지하는 보호 장치는?

㉮ 안전밸브   ㉯ 고압차단 스위치
㉰ 안전두   ㉱ 유압 보호장치

문제 5. 왕복식 압축기에서 피스톤과 크랭크 샤프트를 연결하여 왕복운동을 시키는 역할을 하는 것은?

㉮ 크랭크   ㉯ 피스톤링
㉰ 커넥팅 로드   ㉱ 톱 클리어런스

문제 6. 피스톤의 지름이 100 mm, 행정거리가 150 mm, 회전수가 1200 rpm, 체적효율이 75 %인 왕복 압축기의 압출량은?

㉮ 0.95 m^3/min   ㉯ 1.06 m^3/min
㉰ 2.23 m^3/min   ㉱ 3.23 m^3/min

해설 $V = \dfrac{\pi}{4} D^2 \cdot L \cdot n \cdot N \cdot \eta_v$

$\qquad = \dfrac{\pi}{4} \times 0.1^2 \times 0.15 \times 1 \times 1200 \times 0.75$

$\qquad = 1.06 \, m^3/min$

문제 7. 실린더의 단면적 50 cm^2, 행정 10 cm, 회전수 200 rpm, 체적효율 80 %인 왕복 압축기의 토출량은?

㉮ 60 L/mim   ㉯ 80 L/min
㉰ 120 L/min   ㉱ 140 L/min

해설 $V = \dfrac{\pi}{4} D^2 \cdot L \cdot n \cdot N \cdot \eta_v$

$\qquad = 50 \times 10 \times 1 \times 200 \times 0.8 \times 10^{-3}$

$\qquad = 80 \, L/min$

문제 8. 다음 중 왕복 압축기의 체적효율을 바르게 나타낸 것은?

해답   1. ㉮   2. ㉮   3. ㉮   4. ㉰   5. ㉰   6. ㉯   7. ㉯   8. ㉮

가 이론적인 가스흡입량에 대한 실제적인 가스흡입량의 비

나 실제 가스압축 소요동력에 대한 이론상 가스압축 소요동력

다 축동력에 대한 실제 가스압축 소요동력의 비

라 이론상 가스압축 소요동력에 대한 실제적인 가스흡입량의 비

해설 • 압축기 효율

① 체적효율 (%)

$$\eta_v = \frac{\text{실제적 피스톤 압출량}}{\text{이론적 피스톤 압출량}} \times 100$$

② 압축효율 (%)

$$\eta_c = \frac{\text{이론 동력}}{\text{실제 소요 동력(지시동력)}} \times 100$$

③ 기계효율 (%)

$$\eta_m = \frac{\text{실제적 소요동력(지시동력)}}{\text{축동력}} \times 100$$

문제 9. 압축기에서 피스톤 행정량이 $0.003 \, \text{m}^3$ 이고, 회전수가 160 rpm, 토출가스량이 100 kg/h일 때, 1 kg당 체적이 $0.2 \, \text{m}^3$에 해당된다면 토출효율은 약 몇 %인가?

가 62 　 나 69 　 다 76 　 라 83

해설 $\eta_v = \dfrac{\text{실제적 압출량}}{\text{이론적 압출량}} \times 100$

$$= \frac{100 \times 0.2}{0.003 \times 160 \times 60} \times 100 = 69.44\%$$

문제 10. 실린더 안지름이 20 cm, 피스톤 행정 15 cm, 매분 회전수 300, 효율이 80 %인 수평 1단 단동 압축기가 있다. 지시평균유효압력을 0.2 MPa로 하면 압축기에 필요한 전동기의 마력은 약 몇 PS인가? (단, 1 MPa은 $10 \, \text{kgf/cm}^2$로 한다.)

가 5.0 　 나 7.8 　 다 9.7 　 라 13.2

해설 ① 피스톤 압출량 계산

$$V = \frac{\pi}{4} D^2 LnN$$

$$= \frac{\pi}{4} \times 0.2^2 \times 0.15 \times 1 \times 300$$

$$= 1.414 \, \text{m}^3/\text{min}$$

② 축동력 계산

$$\text{PS} = \frac{PQ}{75\eta}$$

$$= \frac{0.2 \times 10 \times 10^4 \times 1.414}{75 \times 0.8 \times 60} = 7.86 \, \text{PS}$$

문제 11. 압축기에서 용량 조절을 하는 목적이 아닌 것은?

가 수요 공급의 균형 유지

나 압축기 보호

다 소요동력의 절감

라 실린더 내의 온도 상승

해설 가, 나, 다 외 경부하 기동

문제 12. 왕복식 압축기의 연속적인 용량제어 방법으로 가장 거리가 먼 것은?

가 바이패스 밸브에 의한 조정

나 회전수를 변경하는 방법

다 흡입 밸브를 폐쇄하는 방법

라 베인 컨트롤에 의한 방법

해설 • 왕복식 압축기 용량 제어법

(1) 연속적인 용량 제어법
　① 흡입 주 밸브를 폐쇄하는 방법
　② 타임드 밸브제어에 의한 방법
　③ 회전수를 변경하는 방법
　④ 바이패스 밸브에 의한 압축가스를 흡입 측에 복귀시키는 방법

(2) 단계적 용량 제어법
　① 클리어런스 밸브에 의한 방법
　② 흡입 밸브 개방에 의한 방법

문제 13. 다단 압축을 하는 주된 목적으로 옳은 것은?

가 압축일과 체적효율의 증가

나 압축일 증가와 체적효율의 감소

다 압축일 감소와 체적효율 증가

라 압축일과 체적효율의 감소

해설 • 다단 압축의 목적
　① 1단 단열압축과 비교한 일량의 절약
　② 이용 효율의 증가
　③ 힘의 평형이 양호해진다.
　④ 가스의 온도상승을 방지할 수 있다.

문제 14. 흡입 밸브압력이 $0.8\,\mathrm{MPa \cdot g}$인 3단 압축기의 최종단의 토출압력은 약 몇 $\mathrm{MPa \cdot g}$인가? (단, 압축비는 3이며, 1 MPa는 10 $\mathrm{kgf/cm^2}$로 한다.)

㉮ 16.1　㉯ 21.6　㉰ 24.2　㉱ 28.7

해설 $a = \sqrt[n]{\dfrac{P_2}{P_1}}$

$\therefore P_2 = a^n \times P_1 = 3^3 \times (0.8 + 0.1)$

$= 24.3\,\mathrm{MPa \cdot a} - 0.1 = 24.2\,\mathrm{MPa \cdot g}$

※ 대기압을 0.1 MPa로 계산하였음

문제 15. 대기압에서 $9\,\mathrm{kgf/cm^2 \cdot g}$까지 2단 압축기로 압축하는 경우 압축동력을 최소로 하기 위해서는 중간압력은 얼마로 하는 것이 좋은가? (단, 대기압은 $1\,\mathrm{kgf/cm^2}$이다.)

㉮ $2.16\,\mathrm{kgf/cm^2 \cdot g}$　㉯ $3\,\mathrm{kgf/cm^2 \cdot g}$
㉰ $3.16\,\mathrm{kgf/cm^2 \cdot g}$　㉱ $4.5\,\mathrm{kgf/cm^2 \cdot g}$

해설 $P_0 = \sqrt{P_1 \times P_2} = \sqrt{1 \times 10}$

$= 3.16\,\mathrm{kgf/cm^2 \cdot a}$

$\therefore P_0(\mathrm{kgf/cm^2 \cdot g}) = 3.16 - 1$

$= 2.16\,\mathrm{kgf/cm^2 \cdot g}$

문제 16. 흡입 밸브압력이 $6\,\mathrm{kgf/cm^2 \cdot abs}$인 3단 압축기가 있다. 각 단의 토출압력은? (단, 각 단의 압축비는 3이다.)

㉮ 18, 54, $162\,\mathrm{kgf/cm^2 \cdot g}$
㉯ 17, 53, $161\,\mathrm{kgf/cm^2 \cdot g}$
㉰ 4, 16, $64\,\mathrm{kgf/cm^2 \cdot g}$
㉱ 3, 15, $63\,\mathrm{kgf/cm^2 \cdot g}$

해설 압축비 $a = \dfrac{P_2}{P_1}$이고, 전체 압축비와 각 단의 압축비는 같고, 토출압력 $P_2 = a \cdot P_1$이 된다.

① 1단의 토출압력 계산

$P_{01} = a \cdot P_1$

$= 3 \times 6 = 18\,\mathrm{kgf/cm^2 \cdot a} = 17\,\mathrm{kgf/cm^2 \cdot g}$

② 2단의 토출압력 계산

$P_{02} = a \cdot P_{01}$

$= 3 \times 18 = 54\,\mathrm{kgf/cm^2 \cdot a}$

$= 53\,\mathrm{kgf/cm^2 \cdot g}$

③ 3단의 토출압력 계산

$P_2 = a \cdot P_{02} = 3 \times 54 = 162\,\mathrm{kgf/cm^2 \cdot a}$

$= 161\,\mathrm{kgf/cm^2 \cdot g}$

문제 17. 압축기의 압축비에 대한 설명 중 옳은 것은?

㉮ 압축비는 고압측 압력계의 압력을 저압측 압력계의 압력으로 나눈 값이다.

㉯ 압축비가 적을수록 체적효율은 낮아진다.

㉰ 흡입압력, 흡입온도가 같으면 압축비가 크게 될 때 토출가스의 온도가 높게 된다.

㉱ 압축비는 토출가스의 온도에 영향을 주지 않는다.

해설 압축기 압축비는 최종 토출 절대압력을 흡입 절대압력으로 나눈 값으로 압축비가 크면 다음과 같은 영향이 있다.

① 소요 동력이 증대한다.
② 실린더 내의 온도가 상승한다.
③ 체적효율이 저하한다.
④ 토출가스량이 감소한다.

문제 18. 다단 압축기에서 실린더 냉각의 목적으로 옳지 않은 것은?

㉮ 밸브 및 밸브 스프링에서 열을 제거하여 오손을 줄이기 위하여

㉯ 흡입 시 가스에 주어진 열을 가급적 높이기 위하여

㉰ 흡입효율을 좋게 하기 위하여

㉱ 피스톤링에 탄소화물이 발생하는 것을 막기 위하여

해설 • 실린더 냉각 효과
① 체적효율, 압축효율 증가
② 소요 동력의 감소
③ 윤활기능의 유지 및 향상
④ 윤활유 열화, 탄화 방지
⑤ 습동 부품의 수명 유지

문제 19. 압축기 윤활유 선택 시 유의사항으로 옳지 않은 것은?

㉮ 열안전성이 커야 한다.

해답　14. ㉰　15. ㉮　16. ㉯　17. ㉰　18. ㉯　19. ㉱

  내 화학반응성이 작아야 한다.

  대 항유화성 (抗油化性)이 커야 한다.

  라 인화점과 응고점이 높아야 한다.

  해설 • 윤활유 구비조건
  ① 화학반응을 일으키지 않을 것
  ② 인화점은 높고 응고점은 낮을 것
  ③ 점도가 적당하고 항유화성 (抗油化性)이
  클 것
  ④ 불순물이 적을 것
  ⑤ 잔류탄소의 양이 적을 것
  ⑥ 열에 대한 안정성이 있을 것

문제 20. 산소 압축기의 내부 윤활제로 적합한 것은?

  가 진한 황산

  내 식물성유

  대 물 또는 10 % 이하의 묽은 글리세린 수용액

  라 진한 염산

  해설 • 각종 가스 압축기의 윤활유
  ① 산소 압축기 : 물 또는 묽은 글리세린수
  (10 % 정도)
  ② 공기 압축기, 수소 압축기, 아세틸렌 압축기 : 양질의 광유 (디젤 엔진유)
  ③ 염소 압축기 : 진한 황산
  ④ LP가스 압축기 : 식물성유
  ⑤ 이산화황 (아황산가스) 압축기 : 화이트유, 정제된 용제 터빈유
  ⑥ 염화메탄 (메틸 클로라이드) 압축기 : 화이트유

문제 21. 나사 압축기 (screw compressor)의 특징에 대한 설명으로 틀린 것은?

  가 흡입, 압축, 토출의 3행정을 가지고 있다.

  내 기체에는 맥동이 없고 연속적으로 압축한다.

  대 토출압력의 변화에 의한 용량변화가 크다.

  라 소음방지 장치가 필요하다.

  해설 • 나사 압축기 (screw compressor)의 특징
  ① 용적형이며 무급유식 · 급유식이다.
  ② 두 개의 암 (female), 수 (male) 치형을 가

진 로터의 맞물림에 의하여 압축한다.
  ③ 흡입, 압축, 토출의 3행정을 가지고 있다.
  ④ 맥동이 없고 연속적으로 압축한다.
  ⑤ 용량 조정이 어렵고 (70~100 %), 효율이 떨어진다.
  ⑥ 소음방지 장치가 필요하다.
  ⑦ 고속회전이므로 형태가 작고, 경량이다.
  ⑧ 토출압력 변화에 의한 용량변화가 적다.

문제 22. 케이싱 내에 모인 기체를 출구각이 90도인 임펠러가 회전하면서 기체의 원심력 작용에 의해 임펠러의 중심부에 흡입되어 외부로 토출하는 압축기는?

  가 회전식 압축기   내 축류식 압축기

  대 왕복식 압축기   라 원심식 압축기

문제 23. 터보형 압축기에 대한 설명으로 옳지 않은 것은?

  가 연속토출로 맥동현상이 적다.

  내 설치면적이 크고, 효율이 높다.

  대 운전 중 서징현상에 주의해야 한다.

  라 윤활유가 필요 없어 기체에 기름의 혼입이 적다.

  해설 형태가 작고 경량이어서 설치면적이 적으며, 효율은 낮다.

문제 24. 원심식 압축기의 특징에 대한 설명으로 옳은 것은?

  가 용량 조정범위는 비교적 좁고, 어려운 편이다.

  내 압축비가 크며, 효율이 대단히 높다.

  대 연속토출로 맥동현상이 크다.

  라 서징현상이 발생하지 않는다.

  해설 • 원심식 압축기의 특징
  ① 원심형 무급유식이다.
  ② 연속토출로 맥동현상이 없다.
  ③ 형태가 작고 경량이어서 기초 설치면적이 작다.
  ④ 용량 조정범위가 좁고 (70~100 %) 어렵다.
  ⑤ 압축비가 적고, 효율이 나쁘다.
  ⑥ 운전 중 서징 (surging)현상에 주의하여야

한다.

⑦ 다단식은 압축비를 높일 수 있으나 설비비가 많이 소요된다.

⑧ 토출압력 변화에 의해 용량변화가 크다.

[문제] 25. 다음 원심 압축기의 용량 조정방법이 아닌 것은?

[가] 속도제어에 의한 방법

[나] 토출 밸브에 의한 방법

[다] 베인 컨트롤에 의한 방법

[라] 클리어런스 밸브에 의한 방법

[해설] [가], [나], [다] 외 흡입 밸브에 의한 방법, 바이패스 밸브에 의한 방법이 있다.

[문제] 26. 터보 압축기에서의 서징(surging) 방지책에 해당되지 않는 것은?

[가] 회전수 가감에 의한 방법

[나] 가이드 베인 컨트롤에 의한 방법

[다] 방출 밸브에 의한 방법

[라] 클리어런스 밸브에 의한 방법

[해설] • 서징현상 방지법

① 우상(右上)이 없는 특성으로 하는 방법

② 방출 밸브에 의한 방법

③ 베인 컨트롤에 의한 방법

④ 회전수를 변화시키는 방법

⑤ 교축 밸브를 기계에 가까이 설치하는 방법

[문제] 27. 다음 중 터보형 펌프가 아닌 것은?

[가] 원심식 [나] 사류식

[다] 축류식 [라] 회전식

[해설] • 펌프의 분류

① 터보형 : 원심식, 사류식, 축류식

② 용적형 : 왕복식, 회전식

[문제] 28. 원심 펌프의 특징이 아닌 것은?

[가] 캐비테이션이나 서징현상이 발생하기 어렵다.

[나] 원심력에 의하여 액체를 이송한다.

[다] 고양정에 적합하다.

[라] 가이드 베인이 있는 것을 터빈 펌프라 한다.

[해설] 캐비테이션이나 서징현상은 원심 펌프에서만 발생한다.

[문제] 29. 터빈 펌프에서 속도에너지를 압력에너지로 변환하는 역할을 하는 것은?

[가] 와실(whirl pool chamber)

[나] 안내깃(guide vane)

[다] 와류실(volute casing)

[라] 회전차(impeller)

[문제] 30. 펌프를 운전할 때 펌프 내에 액이 충만하지 않으면 공회전하여 펌핑이 이루어지지 않는다. 이러한 현상을 방지하기 위하여 펌프 내에 액을 충만 시키는 것을 무엇이라 하는가?

[가] 맥동 [나] 프라이밍

[다] 캐비테이션 [라] 서징

[문제] 31. 터보(turbo)식 펌프의 종류 중 회전차 입구, 출구에서 다 같이 경사방향에서 유입하고, 경사방향으로 유출하는 구조인 것은?

[가] 벌류트 펌프 [나] 터빈 펌프

[다] 사류 펌프 [라] 축류 펌프

[문제] 32. 축류 펌프의 날개 수를 증가시켰을 때 펌프성능에 주는 영향으로 옳은 것은?

[가] 양정이 일정하고 유량이 증가

[나] 유량이 일정하고 양정이 증가

[다] 유량과 양정이 모두 증가

[라] 유량과 양정이 모두 감소

[문제] 33. 펌프의 특성곡선상 체절운전이란?

[가] 유량이 0일 때 양정이 최대가 되는 운전

[나] 유량이 최대일 때 양정이 최소가 되는 운전

[다] 유량이 이론치일 때 양정이 최대가 되는 운전

[라] 유량이 평균치일 때 양정이 최소가 되는 운전

[해답] 25. [라] 26. [라] 27. [라] 28. [가] 29. [나] 30. [나] 31. [다] 32. [나] 33. [가]

[문제] **34.** 다음 그림은 원심 펌프의 회전수 및 흡입양정이 일정할 때의 특성곡선이다. ①의 곡선이 나타내는 것은? (단, 전양정 H, 축동력 L, 유량 Q이다.)

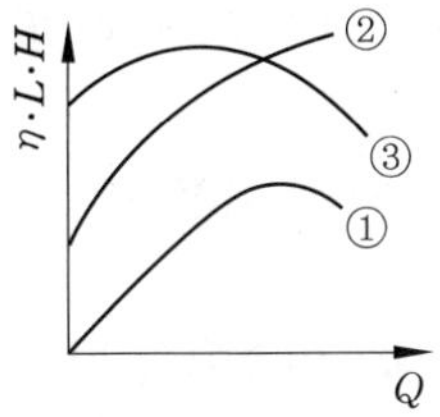

[가] 효율곡선　　[나] 양정곡선
[다] 유량곡선　　[라] 축동력 곡선

[해설] ① 효율곡선 ② 축동력 곡선 ③ 양정곡선

[문제] **35.** LPG나 액화가스와 같이 저비점이고 내압이 4~5 kgf/cm^2 이상인 액체일 때 사용되는 펌프의 메커니컬 실 형식은?

[가] 더블 실형　　[나] 인사이드 실형
[다] 아웃사이드 실형　[라] 밸런스 실형

[문제] **36.** 펌프의 회전수를 변화시킬 때 변환되지 않는 것은?

[가] 토출량　　[나] 양정
[다] 소요동력　　[라] 효율

[해설] 회전수를 변화시키면 유량은 회전수 변화에 비례하고, 양정은 회전수 변화의 제곱에 비례하고, 동력은 회전수 변화의 3제곱에 비례한다.

[문제] **37.** 전양정이 14 m인 펌프의 회전수를 1100 rpm에서 1650 rpm으로 변화시킨 경우 펌프의 전 양정은 몇 m가 되는가?

[가] 21.5 m [나] 25.5 m [다] 31.5 m [라] 36.5 m

[해설] $H_2 = H_1 \times \left(\dfrac{N_2}{N_1}\right)^2$

$= 14 \times \left(\dfrac{1650}{1100}\right)^2 = 31.5\,\text{m}$

[문제] **38.** 2000 rpm으로 회전하는 펌프를 3500 rpm으로 변환하는 경우 펌프의 유량과 양정은 몇 배가 되는가?

[가] 유량 : 2.65, 양정 : 4.12
[나] 유량 : 3.06, 양정 : 1.75
[다] 유량 : 3.06, 양정 : 5.36
[라] 유량 : 1.75, 양정 : 3.06

[해설] ① 유량계산

$$Q_2 = Q_1 \times \frac{N_1}{N_2} = Q_1 \times \frac{3500}{2000} = 1.75\,Q_1$$

② 양정계산

$$H_2 = H_1 \times \left(\frac{N_2}{N_1}\right)^2 = H_1 \times \left(\frac{3500}{2000}\right)^2$$
$$= 3.06\,H_1$$

[문제] **39.** 양정 20 m, 송출량 0.25 m^3/min, 펌프효율은 65 %인 터빈 펌프의 축동력은 얼마인가?

[가] 1.257 kW　　[나] 1.372 kW
[다] 1.572 kW　　[라] 1.723 kW

[해설] $\text{kW} = \dfrac{\gamma \cdot Q \cdot H}{102\eta}$

$= \dfrac{1000 \times 0.25 \times 20}{102 \times 0.65 \times 60} = 1.257\,\text{kW}$

[문제] **40.** 양정 90 m, 유량 90 m^3/h의 송수 펌프의 소요 동력은 몇 kW인가? (단, 펌프의 효율은 60 %이다.)

[가] 30.6 kW　　[나] 36.7 kW
[다] 50 kW　　[라] 56 kW

[해설] $\text{kW} = \dfrac{\gamma \cdot Q \cdot H}{102\eta} = \dfrac{1000 \times 90 \times 90}{102 \times 0.6 \times 3600}$

$= 36.76\,\text{kW}$

[문제] **41.** 양정 20 m, 송수량 3 m^3/min일 때 축동력 15 PS를 필요로 하는 원심 펌프의 효율은 얼마인가?

[가] 78.8 % [나] 88.9 % [다] 90 %　[라] 92 %

[해설] $\text{PS} = \dfrac{\gamma \cdot Q \cdot H}{75\eta}$

$\therefore \eta(\%) = \dfrac{\gamma \cdot Q \cdot H}{75\,\text{PS}} \times 100$

$= \dfrac{1000 \times 3 \times 20}{75 \times 15 \times 60} \times 100 = 88.88\,\%$

[해답] 34. [가]　35. [라]　36. [라]　37. [다]　38. [라]　39. [가]　40. [나]　41. [나]

문제 42. 펌프의 실제 송출유량을 Q라 하고, 회전차 속을 지나는 유량을 $Q + \Delta Q$라 할 때 펌프의 체적효율은?

㉮ $\eta_v = \dfrac{Q}{Q + \Delta Q}$

㉯ $\eta_v = \dfrac{Q + \Delta Q}{Q}$

㉰ $\eta_v = 1 + \dfrac{Q + \Delta Q}{Q}$

㉱ $\eta_v = 1 - \dfrac{Q + \Delta Q}{Q}$

문제 43. 펌프의 전효율 η를 구하는 식으로 옳은 것은? (단, η_v는 체적효율, η_m은 기계효율, η_h는 수력효율이다.)

㉮ $\eta = \dfrac{\eta_m + \eta_h}{\eta_v}$

㉯ $\eta = \eta_v \cdot \eta_m \cdot \eta_h$

㉰ $\eta = \eta_v + \eta_h + \eta_m$

㉱ $\eta = \dfrac{\eta_m \cdot \eta_h}{\eta_v}$

문제 44. 원심 펌프를 병렬연결 운전할 때의 특성으로서 올바른 것은?

㉮ 유량은 불변이다.

㉯ 양정은 증가한다.

㉰ 유량은 감소한다.

㉱ 양정은 일정하다.

해설 • 원심 펌프의 운전 특성
  ① 직렬 운전 : 양정 증가, 유량 일정
  ② 병렬 운전 : 유량 증가, 양정 일정

문제 45. 왕복동식(용적용 펌프)에 속하지 않는 것은?

㉮ 플런저 펌프   ㉯ 다이어프램 펌프

㉰ 피스톤 펌프   ㉱ 제트 펌프

해설 • 펌프의 분류
  ① 터보식 펌프 : 원심 펌프(벌류트 펌프, 터빈 펌프), 사류 펌프, 축류 펌프
  ② 용적식 펌프 : 왕복 펌프(피스톤 펌프, 플런저 펌프, 다이어프램 펌프), 회전 펌프(기어 펌프, 나사 펌프, 베인 펌프)
  ③ 특수 펌프 : 재생 펌프, 제트 펌프, 기포 펌프, 수격 펌프

문제 46. 회전 펌프의 특징에 대한 설명으로 옳지 않은 것은?

㉮ 회전운동을 하는 회전체와 케이싱으로 구성된다.

㉯ 점성이 큰 액체이송에 좋다.

㉰ 토출액의 맥동이 다른 펌프보다 크다.

㉱ 고압 유체 펌프로 널리 사용된다.

해설 • 회전 펌프의 특징
  ① 용적형 펌프이다.
  ② 왕복 펌프와 같은 흡입 · 토출 밸브가 없다.
  ③ 연속으로 송출하므로 맥동이 적다.
  ④ 점성이 있는 유체의 이송에 적합하다.
  ⑤ 고압 · 유압 펌프로 사용된다.
  ⑥ 종류 : 기어 펌프, 나사 펌프, 베인 펌프

문제 47. 원통형 케이싱 안에 편심 회전자가 있고, 그 홈 속에 판상의 깃이 있어 이의 원심력 혹은 스프링 장력에 의해 벽에 밀착하면서 액체를 압송하는 형식의 펌프는?

㉮ 기어 펌프   ㉯ 나사 펌프

㉰ 베인 펌프   ㉱ 스크루 펌프

문제 48. 다음 그림과 같은 펌프에 해당하는 것은?

흡입구   토출구
깃

㉮ 기어 펌프   ㉯ 베인 펌프

㉰ 플런저 펌프   ㉱ 웨스코 펌프

해설 • 베인 펌프 : 용적형 중 회전식 펌프이다.

문제 49. 고압의 액체를 분출할 때 그 주변의 액체가 분사류에 따라서 송출되는 구

조로서 노즐, 슬롯, 디퓨저 등으로 구성되어 있는 펌프는?

㉮ 마찰 펌프 ㉯ 와류 펌프
㉰ 기포 펌프 ㉱ 제트 펌프

문제 50. 다음 중 펌프에서 발생하는 현상이 아닌 것은?

㉮ 초킹 (choking)
㉯ 서징 (surging)
㉰ 수격작용 (water hammering)
㉱ 캐비테이션 (cavitation)

문제 51. 펌프의 캐비테이션 발생에 따라 일어나는 현상이 아닌 것은?

㉮ 양정곡선이 증가한다.
㉯ 효율곡선이 저하한다.
㉰ 소음과 진동이 발생한다.
㉱ 깃에 대한 침식이 발생한다.

해설 양정곡선이 저하하며 양수 불능이 된다.

문제 52. 펌프의 이상현상에 대한 설명 중 틀린 것은?

㉮ 수격작용이란 유속이 급변하여 심한 압력변화를 갖게 되는 작용이다.
㉯ 서징 (surging)의 방지법으로 유량조절 밸브를 펌프 송출측 직후에 배치시킨다.
㉰ 캐비테이션 방지법으로 관 지름과 유속을 모두 크게 한다.
㉱ 베이퍼 로크는 저비점 액체를 이송시킬 때 입구 쪽에서 발생되는 액체 비등이다.

해설 • 캐비테이션 (cavitation) 현상 방지법
① 펌프의 위치를 낮춘다 (흡입양정을 짧게 한다).
② 수직축 펌프를 사용하여 회전차를 수중에 완전히 잠기게 한다.
③ 양흡입 펌프를 사용한다.
④ 펌프의 회전수를 낮춘다.
⑤ 두 대 이상의 펌프를 사용한다.

문제 53. 관 속을 충만하게 흐르고 있는 액체의 속도를 급격히 변화시키면 액체에 심한 압력변화가 생긴다. 이러한 현상을 무엇이라 하는가?

㉮ 공동현상 ㉯ 수격현상
㉰ 서징현상 ㉱ 소음현상

문제 54. 펌프를 운전할 때 송출압력과 송출유량이 주기적으로 변동하여 펌프의 토출구 및 흡입구에서 압력계의 지침이 흔들리는 현상을 무엇이라 하는가?

㉮ 맥동 (surging)현상
㉯ 진동 (vibration)현상
㉰ 공동 (cavitation)현상
㉱ 수격 (water hammering)현상

문제 55. 펌프에서 발생되는 수격현상의 방지법으로 옳지 않은 것은?

㉮ 유속을 낮게 한다.
㉯ 압력조절용 탱크를 설치한다.
㉰ 밸브를 펌프 토출구 가까이 설치한다.
㉱ 밸브의 개폐는 신속히 한다.

해설 • 수격작용 방지법 : ㉮, ㉯, ㉰ 외
① 밸브는 적당히 제어하며, 밸브의 개폐는 서서히 한다.
② 플라이휠을 설치한다.

문제 56. 압축기와 펌프에서 공통으로 일어날 수 있는 현상으로 가장 옳은 것은?

㉮ 캐비테이션 ㉯ 서징
㉰ 워터 해머링 ㉱ 베이퍼 로크

문제 57. 펌프의 이상 현상인 베이퍼 로크 (vapor-lock)를 방지하기 위한 방법으로 틀린 것은?

㉮ 펌프의 설치 위치를 낮춘다.
㉯ 흡입 측 관의 지름을 크게 한다.
㉰ 실린더 라이너의 외부를 가열한다.
㉱ 펌프의 회전수를 줄이거나, 흡입관로를 청소한다.

해답 50. ㉮ 51. ㉮ 52. ㉰ 53. ㉯ 54. ㉮ 55. ㉱ 56. ㉯ 57. ㉰

제 **7** 장   저 온 장 치

1. 가스액화 사이클

(1) 가스 액화의 원리

① 단열 팽창 방법 : 줄-톰슨 효과에 의한 방법 (단열 팽창 사용)

  ※ 줄-톰슨 효과 : 압축가스를 단열 팽창시키면 온도가 일반적으로 강하한다. 이를 최초로 실험한 사람의 이름을 따서 줄-톰슨 효과라 하며 저온을 얻는 기본원리이다. 줄-톰슨 효과는 팽창 전의 압력이 높고 최초의 온도가 낮을수록 크다.

② 팽창기에 의한 방법 : 피스톤식 (왕복동형)과 터빈식 (터보형)이 있으며 외부에 일을 하면서 단열 팽창시키는 방식이다.

③ 가스액화 사이클

  (개) 린데 (Linde) 액화 사이클 : 단열 팽창 (줄-톰슨효과)을 이용한 것이다.

  (내) 클라우드 (Claude) 액화 사이클 : 팽창기에 의한 단열교축 팽창을 이용한 것으로 피스톤식 팽창기를 사용한다.

  (대) 캐피자 (Kapitza) 액화 사이클 : 공기압축 압력이 7 atm으로 낮고, 열교환기에 축랭기를 사용하여 원료 공기를 냉각시킴과 동시에 수분과 탄산가스를 제거한다. 터빈식 팽창기를 사용한다.

  (래) 필립스 (Philips) 액화 사이클 : 실린더 중에 피스톤과 보조 피스톤이 있고, 양 피스톤의 작용으로 상부에 팽창기, 하부에 압축기가 구성된다. 냉매는 수소, 헬륨을 사용한다.

  (매) 캐스케이드 (cascade) 액화 사이클 : 증기 압축 냉동 사이클에서 다원 냉동 사이클과 같이 비점이 점차 낮은 냉매를 사용하여 저비점의 기체를 액화하는 사이클로 캐스케이드 액화 사이클 (다원 액화 사이클)이라 한다. 암모니아, 에틸렌, 메탄을 냉매로 사용한다.

④ 액화의 조건

  (개) 임계온도 이하, 임계압력 이상

  (내) 임계온도 : 액화를 시킬 수 있는 최고의 온도이다.

(2) 냉동장치

① 냉동능력

  (개) 1 한국 냉동톤 : 0℃ 물 1톤 (1000 kg)을 0℃ 얼음으로 만드는 데 1일 동안 제거하여야 할 열량으로 3320 kcal/h에 해당된다.

  (내) 1 미국 냉동톤 : 32°F 물 2000 lb를 32°F 얼음으로 만드는 데 1일 동안 제거하여야 할 열량으로 3024 kcal/h에 해당된다.

② 기계적 냉동장치

  (가) 증기 압축식 냉동장치

    ㉮ 4대 구성요소 : 압축기, 응축기, 팽창 밸브, 증발기

    ㉯ 각 장치의 기능

      ⓐ 압축기 : 저온·저압의 냉매가스를 고온·고압으로 압축하여 응축기로 보내 응축·액화하기 쉽도록 하는 역할을 한다.

      ⓑ 응축기 : 고온·고압의 냉매가스를 공기나 물을 이용하여 응축·액화시키는 역할을 한다.

      ⓒ 팽창 밸브 : 고온·고압의 냉매액을 증발기에서 증발하기 쉽게 저온·저압으로 교축 팽창시키는 역할을 한다.

      ⓓ 증발기 : 저온·저압의 냉매액이 피냉각 물체로부터 열을 흡수하여 증발함으로써 냉동의 목적을 달성한다.

  (나) 흡수식 냉동장치

    ㉮ 4대 구성요소 : 흡수기, 발생기, 응축기, 증발기

    ㉯ 냉매 및 흡수제의 종류

냉 매	흡 수 제	냉 매	흡 수 제
암모니아 (NH_3)	물 (H_2O)	염화메틸 (CH_3Cl)	사염화에탄
물 (H_2O)	리듐브로마이드 (LiBr)	톨루엔	파라핀유

③ 냉매의 구비조건

  (가) 응고점이 낮고 임계온도가 높으며 응축, 액화가 쉬울 것

  (나) 증발잠열이 크고 기체의 비체적이 적을 것

  (다) 오일과 냉매가 작용하여 냉동장치에 악영향을 미치지 않을 것

  (라) 화학적으로 안정하고 분해하지 않을 것

  (마) 금속에 대한 부식성 및 패킹재료에 악영향이 없을 것

  (바) 인화 및 폭발성이 없을 것

  (사) 인체에 무해할 것 (비독성가스일 것)

  (아) 경제적일 것 (가격이 저렴할 것)

2. 가스액화 분리장치

(1) 가스액화 분리장치의 구성

① 한랭발생 장치 : 냉동 사이클, 가스액화 사이클의 응용으로 가스액화 분리장치의 열 제거를 돕고 액화가스를 채취할 때에는 그것에 필요한 한랭을 보급한다.

② 정류 (분축, 흡수) 장치 : 원료가스를 저온에서 분리·정제하는 장치이며 목적에 따라 선정된다.

③ 불순물 제거장치 : 저온이 되면 동결이 되어 장치의 배관 및 밸브를 폐쇄하는 원료가스 중의 수분, 탄산가스 등을 제거하기 위한 장치이다.

(2) 가스액화 분리장치용 기기

① 팽창기 : 압축기체가 피스톤, 터빈의 운동에 대하여 일을 할 때 등엔트로피 팽창을 하여 기체의 온도를 강하시키는 역할을 한다.

　(개) 왕복동식 팽창기 : 팽창비가 약 40 정도로 크나 효율은 60~65 %로 낮다. 처리 가스량이 1000 m³/h 이상이 되면 다기통이 되어야 하며 내부의 윤활유가 혼입될 우려가 있으므로 유분리기를 설치하여야 한다.

　(내) 터보 팽창기 : 내부에 윤활유를 사용하지 않으며 회전수가 10000~20000 rpm 정도이고, 처리 가스량이 10000 m³/h 이상도 가능하다. 팽창비는 약 5 정도이고, 충동식, 반동식, 반경류 반동식이 있으며 반동식은 효율이 80~85 % 정도로 높다.

② 축랭기 : 원통상의 용기 내부에 표면적이 넓고, 열용량이 큰 충전물 (축랭체)이 들어 있으며, 고온의 가스와 저온의 가스가 서로 반대방향으로 흐르며 원료가스 중의 불순물 (수분, 탄산가스 등)이 제거되는 열교환기이다. 축랭체로는 주름이 있는 알루미늄 리본을 사용하였으나 근래에는 자갈을 충전하여 사용한다.

③ 재생식 열교환기 : 온도가 높고 압력이 있는 원료공기와 저온의 질소가스가 재생 통로를 통하고 열교환을 하는 것으로 축랭기와 같이 사용된다.

④ 정류탑 : 2성분 이상의 혼합액을 저온으로부터 각 성분의 비점에 따라 순수한 상태로 분리 정제하는 장치로 단식 정류탑과 복식 정류탑이 있다.

⑤ 저비점 액체용 펌프 : 저온, 열응력, 캐비테이션 등을 고려하고 저온에 견딜 수 있는 금속재료를 선택하여 제작하여야 한다. 축봉장치는 일반적으로 메커니컬 실을 사용한다. 저비점 액체용 펌프를 사용할 때의 주의사항은 다음과 같다.

　(개) 펌프는 가급적 저장탱크 가까이 설치한다.

　(내) 펌프의 흡입·토출관에는 신축이음장치를 설치한다.

　(대) 밸브와 펌프 사이에 기화 가스를 방출할 수 있는 안전밸브를 설치한다.

　(래) 운전 개시 전 펌프를 청정하여 건조시킨 다음 예랭하여 사용한다.

⑥ 액면계 : 햄프슨식 액면계 (차압식 액면계)를 사용한다.

⑦ 밸브 : 밸브 본체는 극저온에 접촉되지만 밸브 축, 밸브 핸들 등은 상온에 있어 이곳을 통한 열손실이 발생하므로 열손실을 줄이기 위하여 다음과 같은 대책을 강구하여야 한다.

　(개) 장축 밸브로 하여 열의 전도를 방지한다.

　(내) 열전도율이 적은 재료를 밸브 축으로 사용한다.

　(대) 밸브 본체의 열용량을 적게 하여 가동 시의 열손실을 적게 한다.

　(래) 누설이 적은 밸브를 사용한다.

(3) 가스 분리장치

① 암모니아 합성가스 분리장치

　(개) 개요 : 암모니아 합성에 필요한 조성가스 ($3H_2 + N_2$)의 혼합가스를 분리하는 장치이다. 이 장치에 공급되는 코크스로 가스는 탄산가스, 벤젠, 일산화질소 등의 불순물을 포함하고 있어 미리 제거하여야 한다. 특히 일산화질소는 저온에서 디엔류와 반응하여 폭발성의 검 (gum)상을 만들기 때문에 완전히 제거하여야 한다.

(나) 작동개요

㉮ 12~25 atm으로 압축되어 예비 정제된 코크스로 가스는 제1열교환기, 암모니아 냉각기, 제2, 제3, 제4열교환기에서 순차적으로 냉각되어 고비점 성분이 액화분리된다. 이 가운데 에틸렌은 제3열교환기에서 액화한다.

㉯ 제4열교환기에서 약 $-180℃$까지 냉각된 코크스로 가스는 메탄 액화기에서 $-190℃$까지 냉각되어 메탄이 액화하여 제거된다.

㉰ 메탄 액화기를 나온 가스는 질소 세정탑에서 액체질소에 의해 세정되고 남아 있던 일산화탄소, 메탄, 산소 등이 제거되어 약 수소 90 %, 질소 10 %의 혼합가스가 된다.

㉱ 이것에 적량의 질소를 혼합하여 $(3H_2 + N_2)$의 조성으로 하고 제4, 제3, 제2, 제1열교환기에서 온도가 상승하여 채취된다.

㉲ 고압질소는 100~200 atm의 압력으로 공급되고 각 열교환기에서 냉각되어 액화된 후 질소 세정탑에 공급된다.

② 에틸렌 분리장치

(가) 개요 : 에틸렌은 화학공업용 원료로 여러 부분에 사용되는데 에틸렌 제조용 원료가스에 포함된 수소, 메탄, 아세틸렌, 에탄 및 부타디엔 등을 분리하여야 한다.

(나) 작동개요

㉮ 제 1분류탑에서 C_5 이상을 분리한다.

㉯ 탈프로판탑에서 C_3 이하와 C_5 이상으로 분리한다.

㉰ 탈메탄탑에서 수소, 메탄과 C_2, C_3 그룹으로 분리한다.

㉱ 탈에탄탑에서 C_2와 C_3으로 분리한다.

㉲ 에틸렌탑에서 에틸렌과 프로필렌으로 분리한다.

㉳ 제2탈메탄탑에서 에틸렌 중에 잔존하는 메탄을 제거한다.

㉴ 에틸렌 분리에 필요한 저온은 프로필렌, 에틸렌을 냉매로 하는 냉동기에서 공급된다.

(4) 저온 단열법

① 상압 단열법 : 일반적으로 사용되는 단열법으로 단열공간에 분말, 섬유 등의 단열재를 충전 (피복)하는 방법이다.

(가) 단열재의 구비조건

㉮ 열전도율이 작을 것　　　　　㉯ 흡습성 · 흡수성이 작을 것

㉰ 적당한 기계적 강도를 가질 것　㉱ 시공성이 좋을 것

㉲ 부피, 비중 (밀도)이 작을 것　　㉳ 경제적일 것

(나) 상압 단열법의 주의사항

㉮ 산소, 액화질소를 취급하는 장치 및 공기의 액화온도 이하의 장치에는 불연성의 단열재를 사용하여야 한다.

㉯ 단열재 층에 수분이 존재하면 동결로 얼음이 생성될 우려가 있으므로 건조 질소로 치환하여 공기와 수분의 침입을 방지하여야 한다.

② 진공 단열법 : 공기의 열전도율보다 낮은 값을 얻기 위하여 단열공간을 진공으로 하여 공기에 의한 전열을 차단하는 단열법이다.

⑺ 고진공 단열법 : 보온병과 같이 단열공간을 진공으로 처리하여 열전도를 차단하는 방법이다.

⑷ 분말진공 단열법 : 10^{-2} torr 정도의 진공 공간에 샌다셀, 펄라이트, 규조토, 알루미늄 분말을 사용하여 단열효과를 높인 것이다.

⑸ 다층 진공 단열법 : 고진공 공간에 알루미늄 박판과 섬유를 이용하여 단열처리를 하는 방법으로 다음과 같은 특징이 있다.

   ㉮ 고진공 단열법보다 단열효과가 좋다.

   ㉯ 최고의 단열성능을 얻으려면 10^{-5} torr 정도의 높은 진공도를 필요로 한다.

   ㉰ 단열층 내의 온도분포가 복사 전열의 영향으로 저온부분 일수록 열용량이 적다.

   ㉱ 단열층이 어느 정도 압력에 견디므로 내부층에 대하여 지지력을 갖는다.

3. 가스액화 분리장치 계통과 구조

(1) 공기액화 분리장치

① 고압식 공기액화 분리장치

⑺ 계통도

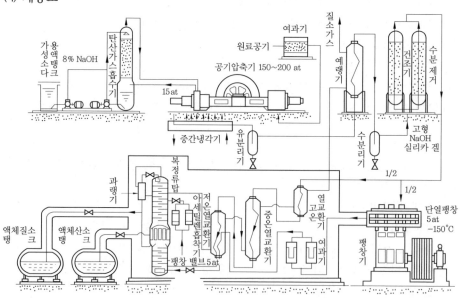

고압식 공기액화 분리장치 계통도

⑷ 작동 개요

   ㉮ 원료공기는 압축기에 흡입되어 150~200 atm으로 압축되나 약 15 atm 중간단에서 탄산가스 흡수기에 이송된다.

   ㉯ 공기 중의 탄산가스는 탄산가스 흡수기에서 약 8 % 정도의 가성소다 수용액 (NaOH)에 의하여 제거된다.

$$2NaOH + CO_2 \longrightarrow Na_2CO_3 + H_2O$$

㉰ 압축기에서 나온 고압 원료공기는 열교환기 (예랭기)에서 약간 냉각된 후 건조기에서 수분이 제거된다.

㉱ 건조기에는 고형 가성소다 또는 실리카 겔 등의 흡착제가 충전되어 있으나 최근에는 실라카 겔 등이 충전된 겔 건조기를 많이 사용한다.

㉲ 건조기에서 탈습된 원료공기 중 약 절반은 피스톤식 팽창기에 이송되어 하부탑의 압력을 약 5 atm까지 단열 팽창하여 약 −150℃의 저온이 된다. 이 팽창공기는 여과기에서 유분이 제거된 후 저온 열교환기에서 거의 액화온도로 되어 복정류탑의 하부탑으로 이송된다.

㉳ 팽창기에 송입되지 않은 나머지의 약 반 정도의 원료공기는 각 열교환기에서 냉각된 후 팽창 밸브에서 약 5 atm으로 팽창하여 하부탑에 들어간다. 이때 원료공기의 약 20 %는 액화하고 있다.

㉴ 하부탑에는 다수의 정류판이 있어 약 5 atm의 압력 하에서 공기가 정류되고 하부탑 상부에서는 액화질소가, 하부의 산소에서 순도 약 40 %의 액체공기가 분리된다.

㉵ 이 액화질소와 액화공기는 상부탑에 이송되며, 이때 아세틸렌 흡착기에서 액체공기 중의 아세틸렌 기타 탄화수소가 흡착·제거된다.

㉶ 상부탑에서는 약 0.5 atm의 압력 하에서 정류되고 상부탑 하부에서 순도 99.6~99.8 %의 액화산소가 분리되어 액화산소 탱크에 저장된다.

㉷ 하부탑 상부에서 분리된 액화질소는 액화질소 탱크에 저장된다.

② 저압식 공기액화 분리장치

㈎ 계통도

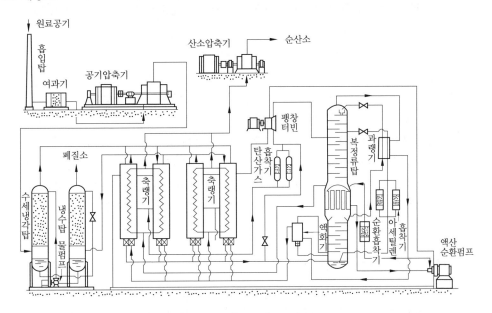

저압식 공기액화 분리장치 계통도

(나) 작동 개요

    ㉮ 원료공기는 공기 여과기에서 여과된 후 터보식 공기 압축기에서 약 5 atm으로 압축된다.

    ㉯ 압축기의 공기를 수냉각기에서 냉수에 의해 냉각된 후 2개 1조로 된 축랭기의 각각 1개에 송입된다. 이때 불순질소가 나머지 2개의 축랭기 반사방향에서 흐르고 있다.

    ㉰ 일정 주기가 되면 1조의 축랭기에서의 원료공기와 불순 질소류는 교체된다.

    ㉱ 순수한 산소는 축랭기 내부에 있는 사관에서 상온이 되어 채취된다.

    ㉲ 상온의 약 5 atm의 공기는 축랭기를 통하는 사이에 냉각되어 불순물인 수분과 탄산가스를 축랭체상에 빙결 분리하여 약 −170℃로 되어 복정류탑의 하부탑에 송입된다. 또 이때 일부의 원료공기는 축랭기의 중간 −120~−130℃에서 주기된다.

    ㉳ 이 때문에 축랭기 하부의 원료 공기량이 감소하므로 교체된 다음의 주기에서 불순질소에 의한 탄산가스의 제거가 완전하게 된다.

    ㉴ 주기된 공기에는 공기의 성분량만큼의 탄산가스를 함유하고 있으므로 탄산가스 흡착기로 제거된다.

    ㉵ 흡착기를 나온 원료공기는 축랭기 하부에서의 약간의 공기와 혼합되며 −140~−150℃가 되어 팽창하고 약 −190℃가 되어 상부탑에 송입된다.

    ㉶ 복정류탑에서는 하부탑에서 약 5 atm의 압력 하에 원료공기가 정류되고 동탑 상부에 98 % 정도의 액체질소가 하단에 40 % 정도의 액체공기가 분리된다.

    ㉷ 이 액체질소와 액체공기는 상부탑에 이송되어 터빈에서의 공기와 더불어 약 0.5 atm의 압력 하에서 정류된다.

    ㉸ 이 결과 상부탑 하부에서 순도 99.6~99.8 %의 산소가 분리되고 축랭기 내의 사관에서 가열된 후 채취된다.

    ㉹ 불순질소는 순도 96~98 %로 상부탑 상부에서 분리되고 과랭기, 액화기를 거쳐 축랭기에 이른다.

    ㉺ 축랭기에서 불순질소는 축랭체상에 빙결된 탄산가스, 수분을 승화 · 흡수함과 동시에 온도가 상승하여 축랭기를 나온다.

    ㉻ 불순질소는 냉수탑에 이르러 냉각된 후 대기에 방출된다. 원료공기 중에 함유된 아세틸렌 등의 탄화수소는 아세틸렌 흡착기, 순환 흡착기 등에서 흡착 · 분리된다.

③ 아르곤 분리장치 : 공기는 질소 (78 v%)와 산소 (21 v%)가 대부분을 차지하고 있으나 아르곤, 탄산가스, 네온, 헬륨 등을 소량 함유하고 있다. 이 중 아르곤은 0.93 v%로 대형 공기액화 분리장치에서 회수한다.

(2) 액화천연가스 (LNG) 제조장치

① 개요 : LNG의 주성분인 메탄 (CH_4)은 비점이 −161.5℃이므로 대량의 천연가스를 액화하려면 암모니아, 에틸렌, 메탄의 3원 캐스케이드 액화 사이클이 사용되고 있다.

② LNG 한랭의 이용

(가) 공기분리에 의한 액화산소, 액화질소의 제조

(나) 액화탄산, 드라이아이스 제조

(다) 냉동식품의 제조 및 냉동창고에 의한 저장

(라) 고무, 플라스틱 등의 저온 분쇄 처리

(마) 해수의 담수화

(바) 저온에 의한 배연 탈황

(사) 에틸렌 분리, 크실랜 분리 등 화학공업용

(3) 드라이아이스 (고형탄산) 제조장치

① 드라이아이스 (고형탄산)의 성질 : 대기압 하에서 용해되어도 액체로 되지 않아 드라이아이스라 부르며, 눈을 고화시킨 형상으로 비중 1.1~1.4로 일정하지 않으나 고유의 비중은 1.56이다.

② 제조 개요

(가) 탄산가스원에서 탄산가스를 분리하기 위하여 탄산가스 흡수탑에서 탄산가스를 탄산칼륨 용액에 흡수시킨다.

(나) 이 용액을 분해탑에서 가열하여 탄산가스를 방출시키고 정제한 다음 탄산가스 저장탱크에 저장한다.

(다) 탄산가스를 압축한 다음 냉동기에서 냉각 액화하여 3중점 이하의 압력 (대기압)까지 단열 팽창시킨다.

(라) 이때 성형된 눈 모양의 고체를 성형기로 압축하여 고형탄산을 제조한다.

(마) 기화된 탄산가스는 압축기에 되돌려 다시 사용한다.

예 상 문 제

문제 1. 단열을 한 배관 중에 작은 구멍을 내고 이 관에 압력이 있는 유체를 흐르게 하면 유체가 작은 구멍을 통할 때 유체의 압력이 하강함과 동시에 온도가 변화하는 현상을 무엇이라고 하는가?

㉮ 토리첼리 효과　　㉯ 줄-톰슨 효과
㉰ 베르누이 효과　　㉱ 도플러 효과

문제 2. 다음 중 가스액화 사이클이 아닌 것은 어느 것인가?

㉮ 린데 사이클　　㉯ 클라우드 사이클
㉰ 필립스 사이클　　㉱ 오토 사이클

해설 오토 사이클은 동력기관 사이클에 해당된다.

문제 3. 린데식 액화장치의 구조상 반드시 필요하지 않은 것은?

㉮ 열교환기　　　　㉯ 팽창기
㉰ 팽창 밸브　　　　㉱ 액화기

해설 팽창기는 클라우드식 액화장치에 필요한 기기이다.

문제 4. 캐피자 (Kapitza) 공기액화 사이클에서 공기의 압축 압력은 얼마인가?

㉮ 5 atm　㉯ 7 atm　㉰ 9 atm　㉱ 15 atm

해설 • 캐피자 공기액화 사이클 (장치) 특징
　① 공기압축 압력 : 7 atm
　② 열교환기에 축랭기를 사용한다.

문제 5. 공기액화 장치를 수소, 헬륨을 냉매로 하며 2개의 피스톤이 한 실린더에 설치되어 팽창기와 압축기의 역할을 동시에 하는 형식은?

㉮ 캐스케이드식 액화 장치
㉯ 캐피자식 액화 장치
㉰ 클라우드식 액화 장치
㉱ 필립스식 액화 장치

해설 • 필립스식 액화 장치 특징
　① 실린더 중에 피스톤과 보조 피스톤이 있다.
　② 냉매로 수소, 헬륨을 사용한다.

문제 6. 다음 공기액화 사이클에서 관련이 없는 장치가 연결되어 있는 것은?

㉮ 린데식 공기액화 사이클 – 액화기
㉯ 클라우드 공기액화 사이클 – 축랭기
㉰ 필립스 공기액화 사이클 – 보조 피스톤
㉱ 캐피자 공기액화 사이클 – 압축기

해설 • 클라우드 공기액화 사이클 : 열교환기, 팽창기

문제 7. 다음 가스액화 사이클 중 여러 대의 압축기를 이용하여 각 단에서 점차 비점이 낮은 냉매를 사용하여 기체를 액화하는 방식은?

㉮ 클라우드 (Claude)식
㉯ 린데 (Linde)식
㉰ 캐피자 (Kapitza)식
㉱ 캐스케이드 (cascade)식

해설 • 캐스케이드 (cascade)식 : 비점이 점차 낮은 냉매를 사용하여 기체를 액화하는 방식으로 다원냉동 사이클이라 한다.

문제 8. 다량의 메탄을 액화시키려면 어떤 액화 사이클을 사용해야 하는가?

㉮ 캐스케이드 사이클
㉯ 필립스 사이클
㉰ 캐피자 사이클
㉱ 클라우드 사이클

해설 • 캐스케이드 액화 사이클 : 비점이 점차 낮은 냉매를 사용하여 저비점의 기체를 액화하는 사이클로 다원액화 사이클이라고 부르며, 공기액화 및 천연가스를 액화시키는데 사용하고 있다.

해답　1. ㉯　2. ㉱　3. ㉯　4. ㉯　5. ㉱　6. ㉯　7. ㉱　8. ㉮

[문제] 9. 다음 중 가스를 액화시키는데 필요한 조건은?
[가] 임계온도 이상, 임계압력 이하
[나] 임계온도 이하, 압력은 그대로 한다.
[다] 임계온도 이하, 임계압력 이상
[라] 임계온도 이상, 임계압력 이상
[해설] • 액화의 조건 : 임계온도 이하, 임계압력 이상

[문제] 10. 임계온도(critical temperature)에 대하여 옳게 설명한 것은?
[가] 액체를 기화시킬 수 있는 최고의 온도
[나] 가스를 기화시킬 수 있는 최저의 온도
[다] 가스를 액화시킬 수 있는 최고의 온도
[라] 가스를 액화시킬 수 있는 최저의 온도

[문제] 11. 가스액화 분리장치를 구성하는 장치로서 가장 거리가 먼 것은?
[가] 한랭 발생장치
[나] 정류(분축, 흡수)장치
[다] 내부연소식 반응장치
[라] 불순물 제거장치

[문제] 12. 1 냉동톤은 0℃ 물 1톤을 24시간 동안 0℃ 얼음으로 냉동시키는 능력으로 정의된다. 1 냉동톤(RT)을 환산하면 몇 kcal/h가 되겠는가?
[가] 332 [나] 3320 [다] 2241 [라] 22410
[해설] $Q = G \cdot \gamma$

$$= 1000 \times 79.68 \times \frac{1}{24} = 3320 \text{ kcal/h}$$

[문제] 13. 냉동장치에서 냉매가 갖추어야 할 성질로서 가장 거리가 먼 것은?
[가] 증발잠열이 적은 것
[나] 임계온도가 높은 것
[다] 열전도율이 좋고 점성이 낮은 것
[라] 압축비가 적고 가스의 비체적이 적은 것
[해설] 증발잠열이 클 것

[문제] 14. 증기압축식 냉동 사이클의 과정을 옳게 나타낸 것은?
[가] 압축기 → 팽창 밸브 → 수액기 → 응축기 → 증발기
[나] 압축기 → 수액기 → 응축기 → 팽창 밸브 → 증발기
[다] 압축기 → 증발기 → 수액기 → 응축기 → 팽창 밸브
[라] 압축기 → 응축기 → 수액기 → 팽창 밸브 → 증발기

[문제] 15. 증기압축 냉동기에서 등엔트로피 과정은 어느 곳에서 이루어지는가?
[가] 응축기 [나] 압축기
[다] 증발기 [라] 팽창 밸브
[해설] ① 압축기 : 단열 압축 과정 - 등엔트로피 과정
② 팽창 밸브 : 등엔탈피 과정

[문제] 16. 증기압축식 냉동기에서 고온·고압의 액체냉매를 교축작용에 의해 증발을 일으킬 수 있는 압력까지 감압시켜 주는 역할을 하는 기기는?
[가] 압축기 [나] 팽창 밸브
[다] 증발기 [라] 응축기

[문제] 17. 흡수식 냉동기의 구성요소가 아닌 것은?
[가] 압축기 [나] 응축기
[다] 증발기 [라] 흡수기
[해설] • 냉동기 구성요소
① 증기압축식 : 압축기, 응축기, 팽창 밸브, 증발기
② 흡수식 : 흡수기, 발생기, 응축기, 증발기

[문제] 18. 흡수식 냉동기의 증발기에서 발생하는 수증기의 흡수제로 주로 사용되는 것은?
[가] 10 % $Ca(OH)_2$ [나] 피로갈롤용액
[다] 30 % NaOH [라] LiBr

[해답] 9. [다] 10. [다] 11. [다] 12. [나] 13. [가] 14. [라] 15. [나] 16. [나] 17. [가] 18. [라]

해설 • 흡수식 냉동기의 냉매 및 흡수제

냉 매	흡 수 제
암모니아 (NH_3)	물 (H_2O)
물 (H_2O)	리듐브로마이드 (LiBr)
염화메틸	사염화에탄
톨루엔	파라핀유

※ 리듐브로마이드 (LiBr)를 취화리듐이라 한다.

문제 **19.** 어떤 냉동기가 20℃의 물에서 −10℃의 얼음으로 만드는 데 톤 당 50 PS·h의 일이 소요되었다. 얼음의 융해열이 80 kcal/kg, 얼음의 비열을 0.5kcal/kg·℃라 할 때 이 냉동기의 성능계수는 얼마인가? (단, 1 PS·h는 632.2 kcal이다.)

㉮ 3.05 ㉯ 3.32 ㉰ 4.15 ㉱ 5.17

해설 ① 냉동기가 흡수·제거해야 할 열량계산

$Q_1 = 1000 \times 1 \times (20 - 0) = 20000\,kcal$

$Q_2 = 1000 \times 80 = 80000\,kcal$

$Q_3 = 1000 \times 0.5 \times 10 = 5000\,kcal$

∴ $Q = Q_1 + Q_2 + Q_3$

   $= 20000 + 80000 + 5000 = 105000\,kcal$

② 성능계수 (COP) 계산

∴ $COP = \dfrac{Q}{AW} = \dfrac{105000}{50 \times 632.2} = 3.321$

문제 **20.** 공기액화 분리장치용 구성기기 중 압축기에서 고압으로 압축된 공기를 저온·저압으로 낮추는 역할을 하는 장치는?

㉮ 응축기   ㉯ 유분리기
㉰ 팽창기   ㉱ 열교환기

문제 **21.** 팽창기 중 처리가스에 윤활유가 혼입되지 않으며 처리 가스량이 10000 m^3/h 정도로 많은 터보 팽창기에 해당하지 않는 것은?

㉮ 왕복동식   ㉯ 충동식
㉰ 반동식   ㉱ 반경류 반동식

해설 • 팽창기 : 압축기체가 피스톤, 터빈의 온도에 대하여 일을 할 때 등엔트로피 팽창을

하여 기체의 온도가 내려간다.

① 왕복동식 팽창기 : 팽창비 약 40 정도로 크나 효율은 60~65 % 낮다. 처리가스량이 1000 m^3/h 이상이 되면 다기통으로 제작하여야 한다.

② 터보 팽창기 : 내부 윤활유를 사용하지 않으며 회전수가 10000~20000 rpm 정도이고, 처리 가스량 10000 m^3/h 이상도 가능하며 팽창비는 약 5 정도이고 충동식, 반동식, 반경류 반동식이 있다.

문제 **22.** 가스액화 분리장치 중 축랭기에 대한 설명으로 틀린 것은?

㉮ 열교환기이다.
㉯ 수분을 제거시킨다.
㉰ 탄산가스를 제거시킨다.
㉱ 내부에는 열용량이 적은 충전물이 들어 있다.

해설 축랭기는 가스액화에 사용되는 장치로서 열교환과 동시에 원료공기 중의 불순물(수분, CO_2)을 제거시키는 일종의 열교환기이다.

문제 **23.** 가스액화 분리장치의 축랭기에 사용되는 축랭체는?

㉮ 규조토   ㉯ 자갈
㉰ 암모니아   ㉱ 희가스

해설 • 축랭기의 구조

① 축랭기는 열교환기이다.

② 축랭기 내부에는 표면적이 넓고 열용량이 큰 충전물 (축랭체)이 들어 있다.

③ 축랭체로는 주름이 있는 알루미늄 리본이 사용되었으나 현재는 자갈을 이용한다.

④ 축랭기에서는 원료공기 중의 수분과 탄산가스가 제거된다.

문제 **24.** 공기액화 분리장치에서 복정류탑의 중간에 있는 응축기의 작용은?

㉮ 하부통에 대해서는 분류기 (分溜器), 상부통에 대해서는 증발기로 작용
㉯ 하부통에 대해서는 증발기, 상부통에 대해서는 분류기 (分溜器)로 작용
㉰ 상, 하부통에 대해서 모두 증발기로 작용

[라] 상, 하부 통에 대해서 모두 분류기(分溜器)로 작용

[해설] • 응축기의 역할 : 하부 정류탑에서 질소성분이 많은 기체를 상부 정류탑에서 흘러 내려오는 액체산소를 증발시켜 질소를 냉각 응축시키는 역할을 한다.

문제 25. 저비점 액체용 펌프에 대한 설명으로 틀린 것은?

[가] 저비점 액체는 기화할 경우 흡입효율이 저하된다.

[나] 저온취성이 생기지 않는 스테인리스강, 합금 등이 사용된다.

[다] 플런저식 펌프는 대용량에 주로 사용된다.

[라] 축 실은 거의 메커니컬 실을 채택하고 있다.

[해설] • 플런저식 펌프 : 용적형 펌프 중 왕복식 펌프로 용량이 적고 높은 압력이 요구되는 경우에 사용된다.

문제 26. 가스액화 분리장치용 밸브의 열손실을 줄이기 위한 방법 중 틀린 것은?

[가] 장축 밸브로 하여 열의 전도를 가급적 방지한다.

[나] 밸브 본체의 열용량을 가급적 적게 하여 가동 시의 열손실을 적게 한다.

[다] 열전도율이 큰 밸브를 사용한다.

[라] 외부에 대한 유체의 누설은 열손실의 하나일 뿐만 아니라 가스에 따라서는 위험하다.

[해설] 열전도율이 작은 재료를 밸브 축으로 사용한다.

문제 27. 저온장치의 단열법 중 일반적으로 사용되는 단열법으로 단열공간에 분말, 섬유 등의 단열재를 충전하는 방법은?

[가] 상압 단열법 [나] 진공 단열법

[다] 고진공 단열법 [라] 다층진공 단열법

문제 28. 공기액화 분리장치에는 가연성 단열재를 사용할 수 없다. 그 이유는 어느 가스 때문인가?

[가] N_2 [나] CO_2

[다] H_2 [라] O_2

문제 29. LNG, 액화산소 등을 저장하는 탱크에 사용되는 단열재 선정 시 고려해야 할 사항으로 옳은 것은?

[가] 밀도가 크고 경량일 것

[나] 저온에 있어서의 강도는 적을 것

[다] 열전도율이 클 것

[라] 안전 사용온도 범위가 넓을 것

[해설] • 단열재의 구비조건
① 열전도율이 작을 것
② 흡습성·흡수성이 작을 것
③ 적당한 기계적 강도를 가질 것
④ 시공성이 좋을 것
⑤ 부피, 비중(밀도)이 작을 것
⑥ 경제적일 것

문제 30. 저온 단열법으로 공기의 열전도율보다 낮은 값을 얻기 위하여 단열공간을 진공으로 하여 공기에 의한 전열을 제거하는 진공 단열법이 아닌 것은?

[가] 분자열전도도 단열법

[나] 고진공 단열법

[다] 분말진공 단열법

[라] 다층진공 단열법

문제 31. 저온장치 단열법 중 분말진공 단열법에서 충진용 분말로 부적당한 것은?

[가] 펄라이트

[나] 규조토

[다] 알루미늄

[라] 글라스 울

[해설] • 충진용 분말 : 샌다셀, 펄라이트, 규조토, 알루미늄 분말

문제 32. 다음은 어떤 진공 단열법의 특징을 설명한 것인가?

[해답] 25. [다] 26. [다] 27. [가] 28. [라] 29. [라] 30. [가] 31. [라] 32. [나]

① 단열층이 어느 정도 압력에 견디므로 내층의 지지력이 있다.
② 최고의 단열성능을 얻으려면 10^{-5} torr 정도의 높은 진공도를 필요로 한다.

㉔ 고진공 단열법
㉕ 다층진공 단열법
㉖ 분말진공 단열법
㉗ 상압진공 단열법

문제 33. 공기액화 분리장치에 들어가는 공기 중에 아세틸렌가스가 혼입되면 안 되는 이유로서 가장 옳은 것은?

㉔ 산소의 순도가 나빠지기 때문에
㉕ 분리기 내의 액화산소 탱크 내에 들어가 폭발하기 때문에
㉖ 배관 내에서 동결되어 막히므로
㉗ 질소와 산소의 분리에 방해가 되므로

문제 34. 다음 고압식 액화분리 장치의 작동 개요 중 맞지 않는 것은?

㉔ 원료공기는 여과기를 통하여 압축기로 흡입하여 약 $150 \sim 200$ kgf/cm^{2}으로 압축시킨 후 탄산가스는 흡수탑으로 흡수시킨다.
㉕ 압축기를 빠져나온 원료 공기는 열교환기에서 약간 냉각되고 건조기에서 수분이 제거된다.
㉖ 압축공기는 수세정탑을 거쳐 축랭기로 송입되어 원료공기와 불순 질소류가 서로 교환된다.
㉗ 액체공기는 상부 정류탑에서 약 0.5 atm 정도의 압력으로 정류된다.

해설 ㉖항 : 저압식 공기액화 분리장치의 설명

문제 35. 고압식 액체산소 분리장치에 대한 설명으로 틀린 것은?

㉔ 원료공기를 압축기로 흡입하여 150~

200 atm으로 압축시킨 후 중간 단에 약 15 atm의 압력으로 탄산가스를 흡수탑으로 송출한다.

㉕ 탄산가스는 탄산수용액에 흡수시켜 제거한다.
㉖ 공기 압축기의 윤활유는 양질의 광유를 사용한다.
㉗ 건조기 내부에는 고형 가성소다, 실리카겔 등의 흡착제를 충전하여 수분을 제거한다.

해설 탄산가스는 가성소다를 이용하여 제거한다.
∴ 탄산가스 (CO_2) 제거 반응식
$2NaOH + CO_2 \rightarrow Na_2CO_3 + H_2O$

문제 36. 다음 그림은 공기액화 분리를 위한 복식 정류장치이다. 기호에 해당하는 액체의 명칭 및 장치의 명칭을 바르게 나타낸 것은?

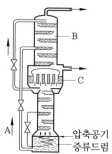

㉔ A : O_2가 풍부한 액, B : 고압탑, C : 중간탑
㉕ A : N_2가 풍부한 액, B : 고압탑, C : 응축기
㉖ A : O_2가 풍부한 액, B : 저압탑, C : 응축기
㉗ A : N_2가 풍부한 액, B : 고압탑, C : 저압탑

문제 37. 다음은 저압식 공기액화 분리장치의 작동개요의 일부이다. ( ) 안에 각각 알맞은 수치를 옳게 나열한 것은?

저압식 공기액화 분리장치의 복식 정류탑에서는 하부탑에서 약 5 atm의 압력 하에서 원료공기가 정류되고, 동탑 상부에서는 (①)% 정도의 액체질소가, 탑하부에서는 (②)% 정도의 액체공기가 분리된다.

가 ① 98, ② 40   나 ① 40, ② 98
다 ① 78, ② 30   라 ① 30, ② 78

문제 **38.** LNG의 용도 중 한랭을 이용하는 방법이 아닌 것은?

가 액화산소, 액화질소의 제조
나 메탄올, 암모니아의 제조
다 저온 분쇄
라 해수 담수화

해설 • LNG 한랭의 이용
① 공기분리에 의한 액화산소, 액화질소의 제조
② 액화탄산, 드라이아이스 제조
③ 냉동식품의 제조 및 냉동창고에 의한 저장
④ 고무, 프라스틱 등의 저온 분쇄 처리
⑤ 해수의 담수화
⑥ 저온에 의한 배연 탈황
⑦ 에틸렌 분리, 크실렌 분리 등 화학 공업용

문제 **39.** 액화산소 용기에 액화산소가 50 kg 충전되어 있다. 이때 용기 외부에서 액화산소에 대하여 5 kcal/h의 열량이 주어진다면 액화산소가 증발하며 그 양이 반으로 감소되는데 걸리는 시간은? (단, 산소의 증발잠열은 1.6 kcal/mol이다.)

가 2.5시간   나 25시간
다 125시간   라 250시간

해설 ① 산소의 증발잠열 (kcal/kg) 계산

$$증발잠열 = \frac{1600\,(cal/mol)}{32\,(g/mol)} = 50\,cal/g$$
$$= 50\ kcal/kg$$

② 증발시간 계산

$$시간 = \frac{필요(증발)열량}{시간당\ 공급열량}$$
$$= \frac{50 \times \frac{1}{2} \times 50}{5} = 250\ 시간$$

문제 **40.** 1000 L의 액산탱크에 액산을 넣어 방출 밸브를 개방하여 12시간 방치했더니 탱크 내의 액산이 4.8 kg 방출되었다면 1시간당 탱크에 침입하는 열량은 몇 kcal인가? (단, 액산의 증발잠열은 60 kcal/kg이다.)

가 12   나 24
다 70   라 150

해설 침입열량$(kcal/h) = \dfrac{증발잠열량}{측정시간}$
$$= \frac{4.8 \times 60}{12} = 24\,kcal/h$$

제 8 장 고압장치

1. 고압설비의 개요

(1) 고압설비 재료의 성질

① 기계적 성질

(개) 강도 (strength) : 외력에 대하여 재료 단면에 작용하는 최대 저항력으로 인장강도, 전
단강도, 압축강도 등으로 분류되며 일반적으로 인장강도를 의미한다.

(내) 경도 (hardness) : 금속의 단단한 정도를 표시하는 것으로 인장강도에 비례한다.

(대) 연신율 : 재료에 하중을 가했을 때 원래 길이에서 늘어난 길이의 비이다.

(래) 인성 : 굽힘이나 비틀림 작용이 반복하여 작용할 때 외력에 저항하는 성질로 끈기 있
고 질긴 성질이다.

(매) 취성 : 물체의 변형에 견디지 못하고 파괴되는 성질로 인성에 반대된다.

(배) 전성 : 타격이나 압연작업에 의해 재료가 얇은 판으로 넓어지는 성질이다.

(사) 연성 : 금속을 잡아당겼을 때 가는 선으로 늘어나는 성질이다.

(애) 피로 : 반복하중에 의한 재료의 저항력이 저하하는 현상을 피로라 하며 파괴강도보다
상당히 낮은 응력이 반복작용을 하는 경우 재료가 파괴된다. 재료가 파괴되는 현상을
피로파괴라 한다.

(재) 크리프 (creep) : 어느 온도 이상에서는 재료에 어느 일정한 하중을 가하여 그대로 방
치하면 시간의 경과와 더불어 변형이 증대하고 때로는 파괴되는 현상을 말한다.

(채) 항복점 : 탄성한계 이상의 하중을 가하면 하중은 연신율에 비례하지 않으며, 하중을
증가시키지 않아도 시험편이 늘어나는 현상을 항복현상이라 하고, 항복현상이 일어나
는 점을 항복점이라 한다.

② 물리적 성질 : 비중, 용융점, 비열, 선팽창계수, 열전도율, 전기전도도 (도전율), 금속과
합금의 색, 자성 (磁性), 융해잠열 등

③ 화학적 성질 : 내열성, 내식성 등

④ 제작상 성질 : 주조성, 단조성, 용접성, 절삭성 등

(2) 강도 계산

① 응력 (stress) : 재료에 하중을 가하면 재료의 내부에서는 하중과 크기가 같은 반대방향의
내압을 일으키고 물체는 하중의 크기에 따라 변형한다. 이 하중을 받는 방향에 직각인
단면적으로 나눈 것을 응력이라 한다.

$$\sigma = \frac{W}{A}$$

여기서, σ : 응력 (kgf/cm^2), W : 하중 (kgf), A : 단면적 (cm^2)

(가) 원주방향 응력   (나) 축방향 응력

$$\sigma_A = \frac{PD}{2t} \qquad\qquad\qquad \sigma_B = \frac{PD}{4t}$$

여기서, σ_A : 원주방향 응력 (kgf/cm^2), σ_B : 축방향 응력 (kgf/cm^2), P : 사용압력 (kgf/cm^2),

D : 안지름 (mm), t : 두께 (mm)

② 변형률 : 물체에 하중을 가하면 변형하며 원래 물체의 크기에 대한 변형비율을 말하며 변율, 신연율, 연신율이라고 한다. 가로 변형률(축방향)과 세로 변형률(축에 직각 방향)이 있다.

③ 인장시험 : 시험편을 인장시험기의 양 끝에 고정시켜 시험편의 축방향으로 당겼을 때 시험편에 작용하는 하중과 그 하중으로 시험편이 변형된 크기를 측정하여 응력 변형률 선도에 재료의 항복점, 탄성한도, 인장강도, 연신율을 측정하는 것이다.

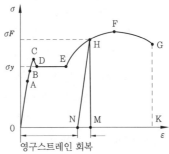

A : 비례한도   B : 탄성한도
C : 상항복점   D : 하항복점
F : 인장강도   G : 파괴점

응력 변형률 선도

(가) 비례한도 : 하중이 작은 부분은 응력과 연신율이 비례하여 증가하나, 탄성한도에 도달하면 응력의 증가에 비해 연신율의 증가가 커진다. 이 한계의 응력 A를 비례한도라 한다.

(나) 탄성한도 : 하중을 제거하였을 때 물체가 원형으로 되돌아오는 것을 탄성이라 한다. 선도에서 B점에 해당된다.

(다) 항복점 : 재료에 하중을 점차 증가하면 하중에 따라 재료는 변형해 가며 하중이 어느 한도까지 증가하면 하중을 더 이상 증가하지 않아도 변형하는 경우를 말하며, 상항복점과 하항복점이 있으며 일반적으로 하항복점 값을 취한다.

(라) 인장강도 : 재료의 시험편이 견디는 최대하중을 말하며 하중(kgf)을 시험편 평행부의 원단면적 (mm^2)으로 나눈 값이다. 선도에서 F점이 해당된다.

(마) 파괴점 : 시험편 (재료)이 파괴된 것으로 선도에서 G점이 해당되며 파괴점에서의 응력을 파괴응력이라 한다.

④ 허용응력과 안전율

(가) 허용응력 : 재료를 실제로 사용하여 안전하다고 생각되는 최대응력을 말한다.

(나) 안전율 : 재료의 인장강도와 허용응력과의 비를 말한다.

$$안전율 = \frac{인장강도}{허용응력}$$

(3) 금속재료의 종류

① 탄소강 (carbon steel) : 보통강이라고도 하며 철 (Fe)에 탄소 (C) 이외에 약간의 Si, Mn, P, S 등의 원소를 소량 함유하고 있다.

(개) 탄소강의 종류

㉮ 저탄소강 : C 0.3 % 이하

㉯ 중탄소강 : C 0.3~0.6 %

㉰ 고탄소강 : C 0.6 % 이상

(내) 함유 원소의 영향

㉮ 탄소 (C) : 탄소 함유량이 증가하면 인장강도 항복점은 증가, 연신율 충격치는 감소한다. 탄소 함유량이 0.9 % 이상이 되면 반대로 인장강도, 항복점은 감소하여 취성이 증가한다.

㉯ 망간 (Mn) : 강의 경도, 강도, 점성강도를 증대시킨다.

㉰ 인 (P) : 경도를 증대하나 상온취성의 원인이 된다.

㉱ 황 (S) : 적열취성의 원인이 된다.

㉲ 규소 (Si) : 유동성을 좋게 하나 단접성, 냉간 가공성을 나쁘게 한다.

㉳ 구리 (Cu) : 인장강도, 탄성한도, 내식성을 증가시키나 압연 시 균열의 원인이 된다.

② 특수강 : 탄소강에 Ni, Cr, Mn, W, Co, Mo 등의 금속원소를 하나 또는 둘 이상 첨가하여 강의 기계적 성질을 향상시키거나 특수한 성질을 부여한 것으로 합금강 (alloy steel)이라 한다.

③ 동 및 동합금

(개) 동 (銅, Cu) : 전성, 연성이 풍부하고 가공성 및 내식성이 우수해 고압장치의 재료로 사용된다.

(내) 황동 (brass) : 동 (Cu)과 아연 (Zn)의 합금으로 동에 비하여 주조성, 가공성 및 내식성이 우수하며 청동에 비하여 가격이 저렴하다. 아연의 함유량은 30~35 % 정도이다.

(대) 청동 (bronze) : 동 (Cu)과 주석 (Sn)의 합금으로 황동에 비하여 주조성이 우수하여 주조용 합금으로 많이 쓰이며 내마모성이 우수하고 강도가 크다.

(4) 열처리의 종류

① 열처리의 목적 : 금속재료의 기계적 성질을 향상시키기 위하여 열처리를 한다.

② 일반 열처리

(개) 담금질 (quenching, 소입) : 재료를 적당한 온도로 가열하여 이 온도에서 물, 기름 등에 급속 냉각시키는 것으로 강도·경도가 증가한다.

(내) 불림 (normalizing, 소준) : 결정조직의 미세화하고 균일하게 하여 조직의 변형을 제거하기 위하여 균일하게 가열한 후 공기 중에서 냉각하는 것이다.

(대) 풀림 (annealing, 소둔) : 가공 중에 생긴 내부응력을 제거하거나 가공 경화된 재료를 연화시켜 상온가공을 용이하게 할 목적으로 노 (爐) 중에서 가열하여 서서히 냉각시킨다.

(래) 뜨임 (tempering, 소려) : 담금질 또는 냉간 가공된 재료의 내부응력을 제거하며 재료에 연성, 인장강도를 부여하기 위해 담금질 온도보다 낮은 온도로 재가열한 후 냉각시킨다.

③ 표면 경화법

(가) 침탄법 : 저탄소강 표면에 탄소를 침투시켜 표면만 고탄소강 성분으로 한 다음 이것을 담금질하여 표면만 경화시키는 방법이다.

(나) 질화법 : 500℃ 정도에서 암모니아 가스로부터 분해된 발생기 질소는 강 중에 함유된 다른 원소와 강하게 반응하여 질화물을 만들면서 강으로 침투되는 것을 이용한 것이다.

(다) 금속 침투법 : 금속제품 표면에 다른 종류의 금속을 확산·침투시켜 합금 피복층을 얻는 방법이다.

  ㉮ 세라다이징 (sheradizing) : 아연 (Zn) 침투법

  ㉯ 크로마이징 (chromizing) : 크롬 (Cr) 침투법

  ㉰ 칼로나이징 (calorizing) : 알루미늄 (Al) 침투법

  ㉱ 실리코나이징 (siliconizing) : 규소 (Si) 침투법

  ㉲ 보로나이징 (boronizing) : 붕소 (B) 침투법

(5) 고압장치 설비용 재료

① 고온·고압장치용 재료

(가) 고압장치 재료 선택 시 고려사항

  ㉮ 내열성 (耐熱性)

  ㉯ 내식성 (耐蝕性)

  ㉰ 내냉성 (耐冷性)

  ㉱ 내마모성

(나) 고온재료의 구비조건

  ㉮ 고온도에서 기계적 강도를 유지하고 냉각 시 열화를 일으키지 않을 것

  ㉯ 접촉유체에 대한 내식성이 있을 것

  ㉰ 가공이 용이하고 경제적일 것

  ㉱ 크리프 (creep) 강도가 클 것

(다) 고온·고압장치용 금속재료 종류

  ㉮ 5 % 크롬강

  ㉯ 9 % 크롬강

  ㉰ 18-8 스테인리스강

  ㉱ 니켈-크롬-몰리브덴강

② 저온장치용 재료

(가) 응력이 적은 부분 : 동 및 동합금, 알루미늄, 니켈, 모넬메탈 등

(나) 응력이 있는 부분

  ㉮ 상온보다 약간 낮은 곳 : 탄소강을 적당히 열처리하여 사용

  ㉯ -80℃까지 : 저합금강을 적당히 열처리한 것을 사용

  ㉰ 극저온 : 오스테나이트계 스테인리스강 (18-8 스테인리스강)

(6) 용접 및 비파괴검사

① 용접이음
  (가) 장점
    ㉮ 이음부 강도가 크고 하자 발생이 적다.
    ㉯ 이음부 관 두께가 일정하므로 유체의 마찰저항이 적다.
    ㉰ 배관 시공시간이 단축된다.
    ㉱ 유지비, 보수비용이 절약된다.
  (나) 단점
    ㉮ 재질의 변형이 발생하기 쉽다.
    ㉯ 용접부의 변형과 수축이 발생한다.
    ㉰ 용접부에 잔류응력이 발생한다.

② 비파괴검사
  (가) 육안검사 (VT : visual test)
  (나) 음향검사 : 간단한 공구를 이용하여 음향에 의해 결함 유무를 판단하는 방법으로 숙련을 요하고 개인차가 심하며, 검사의 결과가 기록되지 않는다.
  (다) 침투검사 (PT : penetrant test) : 표면의 미세한 균열, 작은 구멍, 슬러그 등을 검출하는 방법으로 자기검사를 할 수 없는 비자성 재료에 사용된다. 내부 결함은 검지하지 못하며 검사 결과가 즉시 나오지 않는다.
  (라) 자기검사 (MT : magnetic test) : 자분검사라고 하며 피검사물의 자화한 상태에서 표면 또는 표면에 가까운 손상에 의해 생기는 누설 자속을 사용하여 검출하는 방법으로 육안으로 검지할 수 없는 결함 (균열, 손상, 개재물, 편석, 블로홀 등)을 검지할 수 있다. 비자성체는 검사를 하지 못하며 전원이 필요하다.
  (마) 방사선투과검사 (RT : rediographic test) : X선이나 γ선으로 투과한 후 필름에 의해 내부결함의 모양, 크기 등을 관찰할 수 있고 검사 결과의 기록이 가능하다. 장치의 가격이 고가이고, 검사 시 방호에 주의하여야 하며 고온부, 두께가 큰 곳은 부적당하며 선에 평행한 크랙은 검출이 불가능하다.
  (바) 초음파검사 (UT : ultrasonic test) : 초음파를 피검사물의 내부에 침입시켜 반사파 (펄스 반사법, 공진법)를 이용하여 내부의 결함과 불균일층의 존재 여부를 검사하는 방법이다.
  (사) 와류검사 : 교류 자계 중에 도체를 놓으면 도체에는 자계변화를 방해하는 와전류가 흐르는 것을 이용한 것으로 내부나 표면의 손상 등으로 도체의 단면적이 변화하면 도체를 흐르는 와전류의 양이 변화하므로 이 와전류를 측정하여 검사한다. 동 합금, 18-8 STS의 부식 검사에 사용한다.
  (아) 전위차법 : 결함이 있는 부분의 전위차를 측정하여 균열의 깊이를 조사하는 방법이다.

2. 고압가스 제조설비 일반

(1) 고압가스 제조설비

① 오토클레이브 (auto clave) : 액체를 가열하면 온도의 상승과 함께 증기압도 상승한다. 이 때 액상을 유지하며 2종류 이상의 고압가스를 혼합하여 반응시키는 일종의 고압 반응가 마를 일컫는다.

㈎ 교반형 : 교반기에 의하여 내용물을 혼합하는 것으로 종형 교반기와 횡형 교반기가 있다.

㈏ 진탕형 : 횡형 오토클레이브 전체가 수평, 전후 운동을 하여 내용물을 혼합하는 것으 로 이 형식을 일반적으로 사용한다.

㈐ 회전형 : 오토클레이브 자체가 회전하는 형식으로 고체를 액체나 기체로 처리할 경우 에 적합한 형식이다.

㈑ 가스 교반형 : 오토클레이브 기상부에서 반응가스를 취출하여 액상부 최저부에 순환 송입하는 방법과 원료 가스를 액상부에 송입하여 배출가스를 방출하는 방법이 있다.

② 암모니아 합성탑 : 내압 용기와 내부 구조물로 되어 있으며 내부 구조물은 촉매를 유지하 고 반응과 열교환을 하기 위해서이다. 암모니아 합성의 촉매는 주로 산화철에 Al_2O_3, K_2O를 첨가한 것이나 CaO 또는 MgO 등을 첨가한 것도 있다.

③ 메탄올 합성법 : 온도 300~350℃, 압력 150~300 atm에서 Zn-Cr계 또는 Zn-Cr-Cu계의 촉매를 사용하여 CO와 H_2로 직접 합성된다.

④ 석유화학 장치 : 반응장치, 전열장치, 분리장치, 저장 및 수송기기 등이 있다.

⑤ 레페 반응장치 : 아세틸렌을 이용하여 화합물을 제조할 때 압축하는 것은 분해폭발의 위 험 때문에 불가능한 상태이다. 이와 같은 위험성 때문에 아세틸렌을 이용하여 화합물을 제조하는 것이 어려웠으나 레페 (W. Reppe)가 압력을 가하여 아세틸렌 화합물을 만들 수 있는 장치를 고안한 것이 레페의 반응장치이다.

(2) 고압 밸브 및 신축 이음장치

① 고압 밸브

㈎ 고압 밸브의 특징

㉮ 주조품보다 단조품을 절삭하여 제조한다.

㉯ 밸브시트는 내식성과 경도가 높은 재료를 사용한다.

㉰ 밸브시트는 교체할 수 있도록 한다.

㉱ 기밀유지를 위하여 스핀들에 패킹이 사용된다.

㈏ 밸브의 종류

㉮ 글로브 밸브 (glove valve) : 스톱 밸브 (stop valve)라 하며 유량조정용으로 사용된 다. 유체의 흐름방향과 평행하게 밸브가 개폐되고 유체의 흐름이 밸브 내에서 변경 되므로 압력손실이 많이 발생한다.

④ 슬루스 밸브(sluice valve) : 게이트 밸브(gate valve)라 하며 유로의 개폐용에 사용된다. 밸브를 완전히 개방하면 배관 안지름과 같은 단면이 되므로 유체의 압력손실이 적으나 유량조절용으로 사용하면 와류현상이 생겨 유체의 저항이 커지고 밸브 디스크의 마모가 발생되므로 부적합하다.

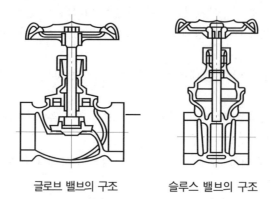

글로브 밸브의 구조   슬루스 밸브의 구조

④ 체크 밸브(check valve) : 역류방지 밸브라 하며 유체를 한 방향으로만 흐르게 하고 역류를 방지하는 목적에 사용하는 것으로 스윙식과 리프트식이 있다.

④ 볼 밸브(ball valve) : 콕(cock)이라 하며 핸들을 90° 회전시켜 유로를 급속히 개폐할 수 있으며, 유체의 저항이 적은 반면 기밀유지가 어렵다.

⑤ 안전밸브(safety valve) : 가스설비의 내부 압력 상승 시 파열사고를 방지할 목적으로 사용된다.

ⓐ 스프링식 : 기상부에 설치하여 스프링의 힘보다 설비 내부의 압력이 클 때 밸브시트가 열려 내부의 압력을 배출하며 일반적으로 가장 많이 사용되는 형식이다.

ⓑ 파열판식 : 얇은 평판 또는 돔 모양의 원판주위를 고정하여 용기나 설비에 설치하며, 구조가 간단하고 취급·점검이 용이하다.

ⓒ 가용전식 : 용기의 온도가 일정온도 이상이 되면 용전이 녹아 내부의 가스를 모두 배출하며 가용전의 재료는 구리, 주석, 납, 안티몬 등이 사용된다.

② 고압 조인트(joint)

㈎ 배관용 조인트

㉮ 영구 조인트 : 용접, 납땜 등에 의한 것으로 가스누설에 대하여 안전하며 그 종류에는 버트 용접 조인트, 소켓 용접 조인트 등이 있다.

㉯ 분해 조인트 : 장치의 보수, 교체 시에 분해 결합을 할 수 있는 것으로 플랜지 이음, 유니언 이음 등이 있다.

㈏ 다방 조인트 : 배관 중에 분기 또는 합류를 필요로 하는 곳에 사용되는 것으로 티, 크로스 등을 용접으로 이음한다.

㈐ 신축 이음장치(expansion joint) : 온도변화에 따른 신축을 흡수·완화시켜 관이 파손되는 것을 방지하기 위하여 설치한다.

㉮ 루프형(loop type) : 곡관으로 만들어진 것으로 구조가 간단하고 내구성이 좋아 고

온·고압 배관이나 옥외 배관에 주로 사용한다. 곡률 반지름은 관 지름의 6배 이상으로 한다.

㉯ 슬리브형 (sleeve type) : 신축에 의한 자체 응력이 발생되지 않고 설치 장소가 필요하며 단식과 복식이 있다. 슬리브와 본체와의 사이에는 패킹을 다져 넣고 그랜드로 밀착시켜 온수 또는 증기의 누설을 방지한다. 슬라이드형 (slide type) 조인트라 불려진다.

㉰ 벨로스형 (bellows type) : 주름통으로 만들어진 것으로 설치 장소에 제한을 받지 않고 가스, 증기, 물 등에 사용된다. 팩리스 (packless)형이라 불려진다.

㉱ 스위블형 (swivel type) : 2개 이상의 엘보를 사용하여 관의 신축을 흡수하는 것으로 신축량이 큰 배관에서는 누설의 우려가 크다.

㉲ 상온 스프링 (cold spring) : 배관의 자유팽창량을 미리 계산하여 자유팽창량의 1/2 만큼 짧게 절단하고 강제배관을 하여 신축을 흡수하는 방법이다.

※ 온도변화에 따른 신축 길이 계산

$$\Delta L = L \cdot \alpha \cdot \Delta t$$

여기서, ΔL : 관의 신축 길이 (mm), L : 관 길이 (mm), α : 선팽창계수 (1.2×10^{-5}/℃),
Δt : 온도차 (℃)

(3) 저장탱크 및 충전용기

① 저장탱크의 종류

㈎ 원통형 저장탱크 : 동체와 경판으로 구성되며 설치 방법에 따라 수평형 (횡형)과 수직형 (종형)으로 구분된다. 원통형은 동일 용량, 동일 압력의 구형 탱크보다 철판 두께가 두꺼우며 수평형은 수직형보다 강도, 설치 및 안전성이 우수하다. 그러므로 수직형은 철판 두께를 두껍게 하여 바람, 지진 등에 의한 굽힘 모멘트에 견딜 수 있도록 하여야 한다.

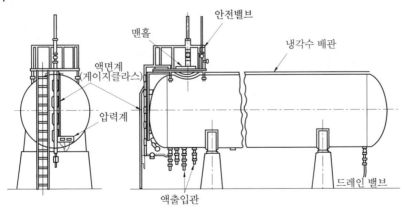

횡형 원통형 저장탱크 구조

㈏ 구형 저장탱크 : 횡형, 원통형 저장탱크에 비해 표면적이 작고, 강도가 높으며 외관 모양이 안정적이다. 기초가 간단하여 건설비가 적게 소요된다.

㈐ 구면 지붕형 저장탱크 : 액화산소, 액화질소, LPG, LNG 등의 액화가스를 저장할 때
사용한다.

② 충전용기

㈎ 용기 재료의 구비조건

㉮ 내식성·내마모성을 가질 것

㉯ 가볍고 충분한 강도를 가질 것

㉰ 저온 및 사용 중 충격에 견디는 연성·전성을 가질 것

㉱ 가공성·용접성이 좋고 가공 중 결함이 생기지 않을 것

㈏ 종류

㉮ 이음매 없는 용기 [무계목(無繼目) 용기, 심리스 용기] : 주로 압축가스에 사용한다.

ⓐ 제조방법 : 만네스만식, 에르하트식, 딥드로잉식이 있다.

ⓑ 특징

㉠ 고압에 견디기 쉬운 구조이다.

㉡ 내압에 대한 응력 분포가 균일하다.

㉢ 제작비가 비싸다.

㉣ 두께가 균일하지 못할 수 있다.

㉯ 용접용기 [계목(繼目)용기, 웰딩용기, 심용기] : 주로 액화가스에 사용한다.

ⓐ 제조방법 : 심교용기, 종계용기가 있다.

ⓑ 특징

㉠ 제작비가 저렴하다.

㉡ 두께가 균일하다.

㉢ 용기의 형태, 치수 선택이 자유롭다.

㉣ 고압에 견디기 어렵다.

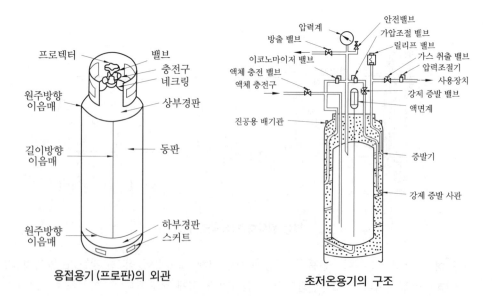

용접용기 (프로판)의 외관　　　　　초저온용기의 구조

④ 초저온 용기 : -50℃ 이하인 액화가스를 충전하기 위한 용기로서 단열재로 씌우거
나 냉동설비로 냉각시키는 등의 방법으로 용기 내의 가스온도가 상용온도를 초과하지
아니하도록 한 것으로 18-8 스테인리스강, Al합금으로 제조된다.

④ 화학성분비 기준

구 분	C (탄소)	P (인)	S (황)
이음매 없는 용기	0.55 % 이하	0.04 % 이하	0.05 % 이하
용접용기	0.33 % 이하	0.04 % 이하	0.05 % 이하

(다) 용기 밸브

㉮ 충전구 형식에 의한 분류

ⓐ A형 : 충전구가 수나사

ⓑ B형 : 충전구가 암나사

ⓢ C형 : 충전구에 나사가 없는 것

㉯ 충전구 나사형식에 의한 분류

ⓐ 왼나사 : 가연성 가스 용기 (단, 액화암모니아, 액화브롬화메탄은 오른나사)

ⓑ 오른나사 : 가연성 가스 외의 용기

㉰ 밸브구조에 의한 분류

ⓐ 패킹식

ⓑ 백 시트식

ⓒ O링식

ⓓ 다이어프램식

(라) 충전용기 안전장치

㉮ LPG 용기 : 스프링식 안전밸브

㉯ 염소, 아세틸렌, 산화에틸렌 용기 : 가용전식 안전밸브

㉰ 산소, 수소, 질소, 액화이산화탄소 용기 : 파열판식 안전밸브

㉱ 초저온 용기 : 스프링식과 파열판식의 2중 안전밸브

③ 저장능력 산정식

(가) 압축가스 저장탱크 및 용기

$$Q = (10P + 1) \cdot V_1$$

(나) 액화가스 저장탱크

$$W = 0.9d \cdot V_2$$

(다) 액화가스 용기 (충전용기, 탱크로리)

$$W = \frac{V_2}{C}$$

여기서, Q : 저장능력 (m³), P : 35℃에서 최고충전압력 (MPa), V_1 : 내용적 (m³)

W : 저장능력 (kg), V_2 : 내용적 (L), d : 액화가스의 비중

C : 액화가스 충전상수 (C₃H₈ : 2.35, C₄H₁₀ : 2.05, NH₃ : 1.86)

(라) 안전공간

$$Q = \frac{V - E}{V} \times 100$$

여기서, Q : 안전공간 (%), V : 저장시설의 내용적, E : 액화가스의 부피

예 상 문 제

문제 1. 다음 중 옳은 설명은?

㉮ 비례한도 내에서 응력과 변형은 반비례한다.

㉯ 탄성한도 내에서 가로와 세로 변형률의 비는 재료에 관계없이 일정한 값이 된다.

㉰ 안전율은 파괴강도와 허용응력에 각각 비례한다.

㉱ 인장시험에서 하중을 제거시킬 때 변형이 원상태로 되돌아가는 최대응력값을 탄성한도라 한다.

[해설] ㉮ 비례한다.

㉰ 안전율 = $\dfrac{인장(파괴)강도}{허용응력}$ 이므로 안전율은 인장강도에 비례하고 허용응력에 반비례한다.

㉱ 탄성한도 : 인장시험에서 하중을 제거시킬 때 변형이 원상태로 되돌아가는 한계점

문제 2. 기계재료에 가하는 하중이 점차 증가하면 재료의 변형이 증가하지만 하중이 어느 정도까지 증가하면 하중을 더 이상 증가하지 않아도 변형하는 경우가 있는데 이때를 무엇이라 하는가?

㉮ 크리프   ㉯ 항복점

㉰ 탄성한도   ㉱ 피로한도

문제 3. 고온에서 금속에 일정한 하중을 가하였을 때 일정한 시간이 경과하면 변형이 커지는 현상을 무엇이라고 하는가?

㉮ 취성   ㉯ 침식   ㉰ 크리프 ㉱ 피로

문제 4. 지름 50 mm의 강재로 된 둥근 막대가 8000 kgf의 인장하중을 받을 때의 응력은?

㉮ 2 kgf/mm^2 ㉯ 4 kgf/mm^2

㉰ 6 kgf/mm^2 ㉱ 8 kgf/mm^2

[해설] $\sigma = \dfrac{W}{A} = \dfrac{8000}{\dfrac{\pi}{4} \times 50^2} = 4.07\,\mathrm{kgf/mm^2}$

문제 5. 바깥지름(D)이 216.3 mm, 배관 두께 5.8 mm인 200 A의 배관용 탄소강관이 내압 9.9 kgf/cm^{2}을 받았을 경우에 관에 생기는 원주방향 응력은 약 몇 kgf/cm^{2}인가?

㉮ 88   ㉯ 175   ㉰ 263   ㉱ 351

[해설] $\sigma_A = \dfrac{PD}{2t} = \dfrac{9.9 \times (216.3 - 2 \times 5.8)}{2 \times 5.8}$
$= 174.7\,\mathrm{kgf/cm^2}$

문제 6. 고압용기에 내압이 가해지는 경우 원주방향 응력은 길이방향 응력의 몇 배인가?

㉮ 2   ㉯ 4   ㉰ 8   ㉱ 16

[해설] ① 원주방향 응력 : $\sigma_A = \dfrac{PD}{2t}$

② 길이방향 응력 : $\sigma_B = \dfrac{PD}{4t}$

∴ 원주방향 응력은 길이방향 응력의 2배이다.

문제 7. 탄소의 함유량이 일정량(약 0.9 %)까지 증가함에 따라 탄소강의 성질에 미치는 요인을 가장 잘 설명한 것은?

㉮ 인장강도, 경도, 신율이 모두 증가한다.

㉯ 인장강도, 경도, 신율이 모두 감소한다.

㉰ 인장강도와 신율은 증가하되 경도는 감소한다.

㉱ 인장강도와 경도는 증가하되 신율은 감소한다.

[해설] 탄소량이 증가함에 따라 인장강도, 항복점 및 경도는 증가하고 (단, 0.9 % 이상이 되면 반대로 감소한다) 연신율 (신율)과 충격치는 감소한다.

해답   1. ㉯   2. ㉯   3. ㉰   4. ㉯   5. ㉯   6. ㉮   7. ㉱

문제 8. 탄소강에서 탄소함유량의 증가와 더불어 증가하는 성질은?

㉮ 비열 　　　　　 ㉯ 열팽창률

㉰ 탄성계수 　　　 ㉱ 열전도율

해설 • 탄소강의 성질

① 물리적 성질 : 탄소함유량이 증가와 더불어 비중, 선팽창계수, 세로 탄성률, 열전도율은 감소되나 고유 저항과 비열은 증가한다.

② 화학적 성질 : 탄소가 많을수록 내식성이 감소한다.

③ 기계적 성질 : 탄소가 증가할수록 인장강도, 경도, 항복점은 증가하나 탄소함유량이 0.9% 이상 되면 반대로 감소한다. 또 연신율, 충격치는 반대로 감소하고 취성을 증가시킨다.

문제 9. 고압가스 용기의 재료로 사용되는 강의 성분 중 탄소, 인, 유황의 함유량이 제한되고 있다. 그 이유로서 다음 중 옳은 것을 번호로 나열된 것은?

---

① 탄소의 양이 많아지면 수소취성을 일으킨다.

② 인의 양이 많아지면 연신율이 증가하고, 고온취성을 일으킨다.

③ 유황은 적열취성의 원인이 된다.

④ 탄소량이 증가하면 인장강도 및 충격치가 증가한다.

㉮ ①, ② 　　　　 ㉯ ②, ③

㉰ ③, ④ 　　　　 ㉱ ①, ③

해설 • 용기재료 중 성분원소의 영향

② 인 (P) : 연신율이 감소하고 상온취성의 원인이 된다.

④ 탄소 (C) : 탄소함유량이 증가하면 인장강도 항복점은 증가, 연신율 충격치는 감소한다.

문제 10. 다음 중 상온취성의 원인이 되는 원소는?

㉮ S 　　　 ㉯ P 　　　 ㉰ Cr 　　　 ㉱ Mn

문제 11. 금속재료의 내산화성을 증가시키기

위해 첨가하는 원소에 대한 설명으로 틀린 것은?

㉮ Si는 일반적으로 0.03% 이하 첨가한다.

㉯ Al은 Cr의 보조로서 3% 이하 첨가한다.

㉰ 칼로나이징도 내식성을 증가시킨다.

㉱ Cr은 Fe-Cr-Ni 합금에서 30% 정도까지는 내산화성이 증가하나 40% 이상에는 감소한다.

해설 • 내산화성 증대 원소 : Si, Al, Cr → 단독 또는 다른 원소와 복합으로 첨가되어 내산화성을 증대한다.

문제 12. 다음 중 고압가스용 금속재료에서 내질화성 (耐窒化性)을 증대시키는 원소는?

㉮ Ni 　　　 ㉯ Al 　　　 ㉰ Cr 　　　 ㉱ Mo

문제 13. 금속재료에 관한 설명으로 옳지 않은 것은?

㉮ 황동은 구리와 아연의 합금이다.

㉯ 저온뜨임의 주목적은 내부응력 제거이다.

㉰ 탄소 함유량이 0.3% 이하인 강을 저탄소강이라 한다.

㉱ 청동은 내식성은 좋으나 강도가 약하다.

해설 • 청동 (bronze) : 구리 (Cu)와 주석 (Sn)의 합금으로 주조성, 내마모성이 우수하고 강도가 크다.

문제 14. 금속재료에 대한 설명으로 옳지 않은 것은?

㉮ 강에 인 (P)의 함유량이 많으면 신율, 충격치는 저하한다.

㉯ 크롬 17~20%, 니켈 7~10%를 함유한 강을 18-8 스테인리스강이라 한다.

㉰ 동과 주석의 합금은 황동이고 동과 아연의 합금은 청동이다.

㉱ 금속가공 중에 생긴 잔류응력을 제거하기 위해 열처리를 한다.

해설 • 동합금의 종류 및 특징

① 황동 (brass) : 동 (Cu)과 아연 (Zn)의 합금

해답　8. ㉮　9. ㉱　10. ㉯　11. ㉯　12. ㉮　13. ㉱　14. ㉰

으로 동에 비하여 주조성·가공성 및 내식성이 우수하며 청동에 비하여 가격이 저렴하다. 아연의 함유량은 30~35 % 정도이다.

② 청동 (bronze) : 동 (Cu)과 주석 (Sn)의 합금으로 황동에 비하여 주조성이 우수하여 주조용 합금으로 많이 쓰이며 내마모성이 우수하고 강도가 크다.

문제 15. 강을 열처리하는 목적은?

㉮ 기계적 성질을 향상시키기 위하여
㉯ 표면에 녹이 생기지 않게 하기 위하여
㉰ 표면에 광택을 내기 위하여
㉱ 사용시간을 연장하기 위하여

문제 16. 결정조직이 거칠은 것을 미세화하여 조직을 균일하게 하고 조직의 변형을 제거하기 위하여 균일하게 가열한 후 공기 중에서 냉각하는 열처리 방법은?

㉮ 퀜칭   ㉯ 노멀라이징
㉰ 어닐링   ㉱ 템퍼링

해설 • 열처리의 종류 및 목적
① 담금질 (quenching : 소입) : 강도, 경도 증가
② 불림 (normalizing : 소준) : 결정조직의 미세화
③ 풀림 (annealing : 소둔) : 내부응력 제거, 조직의 연화
④ 뜨임 (tempering : 소려) : 연성, 인장강도 부여, 내부응력 제거

문제 17. 금속의 성질을 개선하기 위한 열처리 중 풀림 (annealing)에 대한 설명으로 가장 거리가 먼 내용은?

㉮ 냉간가공이나 기계가공을 용이하게 한다.
㉯ 주로 재료를 연하게 하는 일반적인 처리를 말한다.
㉰ 가공 중의 내부응력을 제거한다.
㉱ 불림과 다른 점은 가열 후 급격하게 냉각하는 것이다.

해설 ㉱ 담금질 (quenching)의 설명

문제 18. 적당히 가열한 후 급랭하였을 때 취

성이 있으므로 인성을 증가시키기 위해 조금 낮게 가열한 후 공기 중에서 서랭시키는 열처리 방법은?

㉮ 담금질 (quenching)
㉯ 뜨임 (tempering)
㉰ 불림 (normalizing)
㉱ 풀림 (annealing)

문제 19. 강의 표면에 타 금속을 침투시켜 표면을 경화시키고 내식성·내산화성을 향상시키는 것을 금속침투법이라 한다. 그 종류에 해당되지 않는 것은?

㉮ 세라다이징 (sheradizing)
㉯ 칼로라이징 (carorizing)
㉰ 크로마이징 (chromizing)
㉱ 도우라이징 (dowrizing)

해설 • 금속 침투법의 종류
① 세라다이징 (sheradizing) : Zn 침투법
② 칼로라이징 (carorizing) : Al 침투법
③ 크로마이징 (chromizing) : Cr 침투법
④ 실리코나이징 (siliconizing) : Si 침투법
⑤ 보로나이징 (boronizing) : B 침투법

문제 20. 고압가스에 사용되는 고압장치용 금속재료가 갖추어야 할 성질이 아닌 것은?

㉮ 내식성   ㉯ 내열성
㉰ 내마모성   ㉱ 내산성

해설 ㉮, ㉯, ㉰ 외 내냉성이 요구된다.

문제 21. 저온재료의 요구 특성에 대한 설명 중 옳지 않은 것은?

㉮ 열팽창계수가 큰 재료를 사용할 것
㉯ 저온에 대한 기계적 성질이 보증될 것
㉰ 내용물에 대한 내식성이 좋을 것
㉱ 가공성 및 용접성이 좋을 것

문제 22. 저온장치용 금속재료에 있어서 일반적으로 온도가 낮을수록 감소하는 기계적 성질은?

㉮ 항복점   ㉯ 충격값

해답 15. ㉮   16. ㉯   17. ㉱   18. ㉯   19. ㉱   20. ㉱   21. ㉮   22. ㉯

㉜ 인장강도　　　㉣ 경도

문제 23. 저온재료로 적합하지 않은 것은?
㉮ 탄소강
㉯ 황동
㉢ 9 % 니켈강
㉣ 18-8 스테인리스강

문제 24. 용접이음의 장점이 아닌 것은?
㉮ 품질검사 용이　㉯ 자재절감
㉢ 수밀, 기밀 유지　㉣ 강도가 큼
해설 • 용접이음의 특징
　(1) 장점
　　① 이음부 강도가 크고, 하자발생이 적다.
　　② 이음부 관 두께가 일정하므로 마찰저항
　　　이 적다.
　　③ 배관의 보온, 피복 시공이 쉽다.
　　④ 시공시간이 단축되고 유지비, 보수비가
　　　절약된다.
　(2) 단점
　　① 재질의 변형이 일어나기 쉽다.
　　② 용접부의 변형과 수축이 발생한다.
　　③ 용접부의 잔류응력이 현저하다.
　　④ 품질 검사 (결함 검사)가 어렵다.

문제 25. 다음 비파괴 검사방법 중 직관성이
있고, 결과의 기록이 가능하여 객관성 있
는 시험법은?
㉮ 방사선투과시험　㉯ 초음파탐상시험
㉢ 자분탐상시험　㉣ 침투탐상시험

문제 26. 펄스 반사법과 공진법 등으로 재료
내부의 결함을 비파괴 검사하는 방법은?
㉮ 방사선투과 검사　㉯ 침투탐상 검사
㉢ 자기탐상 검사　㉣ 초음파탐상 검사

문제 27. 고온·고압 하에서 화학적인 합성이
나 반응을 하기 위한 고압반응솥을 무엇
이라 하는가?
㉮ 합성탑　　　㉯ 반응기
㉢ 오토클레이브　㉣ 기화장치

해설 • 오토클레이브의 종류 : 교반형, 진탕형,
　회전형, 가스교반형

문제 28. 교반형 오토클레이브의 장점에 해
당되지 않는 것은?
㉮ 가스누출의 우려가 없다.
㉯ 기액반응으로 기체를 계속 유통시킬 수
　있다.
㉢ 교반효과는 진탕형에 비하여 더 크다.
㉣ 특수 라이닝을 하지 않아도 된다.
해설 • 교반형 오토클레이브 : 교반기에 의하여
　내용물을 혼합하는 것으로 종형과 횡형이 있
　고, 특징은 다음과 같다.
　　① 기액반응으로 기체를 계속 유통시킬 수
　　　있다.
　　② 교반효과는 진탕형보다 좋으며, 횡형교반
　　　기가 교반효과가 좋다.
　　③ 종형 교반기에서는 내부에 글라스 용기를
　　　넣어 반응시킬 수 있어 특수한 라이닝을
　　　하지 않아도 된다.
　　④ 교반축에서 가스 누설의 가능성이 많다.
　　⑤ 회전속도, 압력을 증가시키면 누설의 우
　　　려가 있어 회전속도와 압력에 제한이 있다.
　　⑥ 교반축의 패킹에 사용한 물질이 내부에
　　　들어갈 우려가 있다.

문제 29. 다음의 특징을 가진 오토클레이브
는 어느 것인가?

> - 가스누설의 가능성이 적다.
> - 고압력에서 사용할 수 있고 반응물의
> 　오손이 없다.
> - 뚜껑판에 뚫어진 구멍에 촉매가 끼어
> 　들어갈 염려가 없다.

㉮ 교반형　　　㉯ 진탕형
㉢ 회전형　　　㉣ 가스교반형

문제 30. 오토클레이브 (autoclave)의 종류
중 교반효율이 떨어지기 때문에 용기벽에
장애판을 설치하거나 용기 내에 다수의 볼
을 넣어 내용물의 혼합을 촉진시켜 교반

효과를 올리는 형식은?

㉮ 교반형   ㉯ 정치형
㉰ 진탕형   ㉱ 회전형

문제 31. 가늘고 긴 수직형 반응기로 유체가 순환됨으로써 교반이 행하여지는 방식의 오토클레이브는?

㉮ 진탕형   ㉯ 교반형
㉰ 회전형   ㉱ 가스교반형

문제 32. 암모니아 합성탑에 대한 설명으로 틀린 것은?

㉮ 재질은 탄소강을 사용한다.
㉯ 재질은 18-8 스테인리스강을 사용한다.
㉰ 촉매로는 보통 산화철에 CaO를 첨가한 것이 사용된다.
㉱ 촉매로는 보통 산화철에 K_2O 및 Al_2O_3를 첨가한 것이 사용된다.

[해설] 암모니아 합성탑은 내압용기와 내부 구조물로 구성되며 암모니아 합성의 촉매는 주로 산화철에 Al_2O_3, K_2O를 첨가한 것이나 CaO 또는 MgO 등을 첨가한 것을 사용한다. 암모니아 합성탑은 고온·고압의 상태에서 작동되므로 18-8 스테인리스강을 사용한다.

문제 33. 다음 중 아세틸렌의 압축 시 분해 폭발의 위험을 최소로 줄이기 위한 반응장치는?

㉮ 접촉 반응장치   ㉯ IG 반응장치
㉰ 겔로그 반응장치   ㉱ 레페 반응장치

문제 34. 레페 (Reppe) 반응장치 내에서 아세틸렌을 압축할 때 폭발의 위험을 최소화하기 위해 첨가하는 물질로 옳은 것은?

㉮ N_2 : 49 % 또는 CO_2 : 42 %
㉯ N_2 : 22 % 또는 CO_2 : 29 %
㉰ O_2 : 49 % 또는 CO_2 : 42 %
㉱ O_2 : 22 % 또는 CO_2 : 29 %

[해설] 레페의 반응장치에서 질소가 49 %일 때

또는 이산화탄소가 42 %일 때 분해가 발생하지 않는다.

문제 35. 고압장치에 사용되는 밸브의 특징에 대한 설명 중 틀린 것은?

㉮ 단조품보다 주조품을 깎아서 만든다.
㉯ 기밀유지를 위해 스핀들에 패킹이 사용된다.
㉰ 밸브시트는 교체할 수 있도록 되어 있는 것이 대부분이다.
㉱ 밸브시트는 내식성과 강도가 높은 재료를 많이 사용한다.

[해설] 고압장치에 사용하는 밸브는 주조품보다 단조품을 절삭하여 제조한다.

문제 36. 차단성능이 좋고 유량조정이 용이하나 압력손실이 커서 고압의 큰 지름의 밸브에는 부적당한 밸브는?

㉮ 플러그 밸브   ㉯ 게이트 밸브
㉰ 글로브 밸브   ㉱ 버터플라이 밸브

[해설] • 배관용 밸브의 특징
  ① 글로브 밸브 (스톱 밸브) : 유량조정용으로 사용, 압력손실이 크다.
  ② 슬루스 밸브 (게이트 밸브) : 유로 개폐용으로 사용, 압력손실이 적다.
  ③ 버터플라이 밸브 : 액체 배관의 유로 개폐용으로 사용, 고압배관에는 부적당하다.

문제 37. 도시가스 배관공사 시 사용되는 밸브 중 전개 시 유동저항이 적고 서서히 개폐가 가능하므로 충격을 일으키는 것이 적으나, 유체 중 불순물이 있는 경우 밸브에 고이기 쉬우므로 차단능력이 저하될 수 있는 밸브는?

㉮ 볼 밸브   ㉯ 플러그 밸브
㉰ 게이트 밸브   ㉱ 버터플라이 밸브

문제 38. 가스의 흐름을 차단하는 용도로 쓰이지 않는 밸브는?

㉮ glove valve   ㉯ sluice valve
㉰ relief valve   ㉱ butterfly valve

해답   31. ㉱   32. ㉮   33. ㉱   34. ㉮   35. ㉮   36. ㉰   37. ㉰   38. ㉰

해설 • relief valve (릴리프 밸브) : 액체 배관에 설치하는 안전장치 (안전밸브)

문제 **39.** 부식성 유체, 괴상물질을 함유한 유체에 적합하며 일회성인 안전밸브는?

㉮ 스프링식 ㉯ 가용전식
㉰ 파열판식 ㉱ 중추식

문제 **40.** 다음 고압가스 안전장치 (밸브) 중 고온에서의 사용이 적당하지 않은 밸브는?

㉮ 중추식 ㉯ 파열판식
㉰ 가용전식 ㉱ 스프링식

해설 가용전식은 일정온도 이상으로 상승 시 용전이 녹아 안전장치의 역할을 하므로 고온에서는 사용이 부적당하다.

문제 **41.** 고압가스 안전밸브 설치 위치에 대한 설명 중 옳지 않은 것은?

㉮ 압력용기의 기상부 또는 상부
㉯ 다단 압축기 등 압력을 상승시키는 기기의 경우 압축기의 최후단
㉰ 조정기 등 감압을 하는 설비는 조정기 전·후단 (상·하류)
㉱ 밸브 등으로 차단되는 부분으로 가열·반응 등에 의하여 압력상승이 예상되는 부분

문제 **42.** 고압장치에 쓰이는 밸브에 관한 다음 기술 중 올바른 것은?

㉮ 밸브는 흐르는 방향에 관계없이 설치하여도 된다.
㉯ 글로브 밸브는 압력손실이 적고 큰 지름의 배관에 적합하여 통상 유로의 차단용으로 완전히 개폐의 상태로 쓰인다.
㉰ 리프트식 역류 밸브는 수평 및 수직의 어떠한 방향에도 설치할 수 있다.
㉱ 급격한 압력상승으로 고압가스 제조설비의 파기를 방지하기 위하여 릴리프 밸브가 쓰인다.

해설 ㉮ 흐름 방향을 일치시킨다.
㉯ 슬루스 (게이트) 밸브의 설명
㉰ 체크 밸브 : 스윙식 (수평·수직배관에 사용), 리프트식 (수평배관에 사용)

문제 **43.** 그림에서 보여주는 고압 조인트 (joint)의 명칭은?

㉮ 영구 조인트 ㉯ 분해 조인트
㉰ 다방 조인트 ㉱ 신축 조인트

문제 **44.** 다음 중 신축 이음이 아닌 것은?

㉮ 벨로스형 이음 ㉯ 슬리브형 이음
㉰ 루프형 이음 ㉱ 턱걸이형 이음

해설 • 신축 이음 (joint)의 종류
① 루프형 (loop type)
② 슬리브형 (sleeve type) 또는 슬라이드형 (slide type)
③ 벨로스형 (bellows type) 또는 팩리스형 (packless type)
④ 스위블형 (swivel type)
⑤ 상온 스프링 (cold spring)

문제 **45.** 배관의 자유팽창을 미리 계산하여 관의 길이를 약간 짧게 절단하여 강제배관을 함으로써 열팽창을 흡수하는 방법으로 절단하는 길이는 계산에서 얻은 자유팽창량의 1/2 정도로 하는 방법은?

㉮ 콜드 스프링 ㉯ 신축 이음
㉰ U형 벤드 ㉱ 파열 이음

문제 **46.** 관의 신축량에 대한 설명으로 옳은 것은?

㉮ 신축량은 관의 길이, 열팽창계수, 온도차에 비례한다.
㉯ 신축량은 관의 열팽창계수에 비례하고,

길이와 온도차에 반비례한다.

㉰ 신축량은 관의 길이, 열팽창계수, 온도차에 반비례한다.

㉱ 신축량은 관의 열팽창계수에는 반비례하고, 길이와 온도차에 비례한다.

[해설] • 관의 신축량 계산식

$$\Delta L = L \cdot \alpha \cdot \Delta t$$

여기서, ΔL : 관의 신축길이 (mm), L : 배관 길이 (mm), α : 선팽창계수, Δt : 온도차 (℃)

[문제] **47.** 최고사용온도가 100℃, 길이 10 m인 배관을 상온(15℃)에서 설치하였다면 최고사용온도 사용 시 팽창으로 늘어나는 길이는 몇 mm인가? (단, 선팽창계수 $\alpha = 12 \times 10^{-6}$ m/m·℃이다.)

㉮ 5.1 mm ㉯ 10.2 mm

㉰ 102 mm ㉱ 204 mm

[해설] $\Delta L = L \cdot \alpha \cdot \Delta t$

$\quad\quad = 10 \times 1000 \times 12 \times 10^{-6} \times (100 - 15)$

$\quad\quad = 10.2$ mm

[문제] **48.** 대기 중에 10 m인 배관을 연결할 때 중간에 상온 스프링을 이용하여 연결하려 한다면 중간 연결부에서 얼마의 간격으로 해야 하는가? (단, 대기 중의 온도는 최저 −20℃, 최고 30℃이고 배관의 열팽창계수는 7.2×10^{-5}/℃이다.)

㉮ 18 mm ㉯ 24 mm

㉰ 36 mm ㉱ 48 mm

[해설] 상온 스프링(cold spring)의 절단배관 길이는 자유팽창량의 1/2로 한다.

$\therefore \Delta L = L \cdot \alpha \cdot \Delta$

$= 10 \times 1000 \times 7.2 \times 10^{-5} \times (30 + 20) \times \dfrac{1}{2}$

$= 18$ mm

[문제] **49.** 고압 원통형 저장탱크의 지지방법 중 횡형 탱크의 지지방법으로 널리 이용되는 것은 어느 것인가?

㉮ 새들형 (saddle type)

㉯ 지주형 (leg type)

㉰ 스커트형 (skirt type)

㉱ 평판형 (flat plate type)

[문제] **50.** 고압가스 용기재료의 구비조건과 무관한 것은?

㉮ 경량이고 충분한 강도를 가질 것

㉯ 내식성, 내마모성을 가질 것

㉰ 가공성, 용접성이 좋을 것

㉱ 저온 및 사용온도에 견디는 연성, 전성, 강도가 없을 것

[해설] 저온 및 사용온도에 견디는 연성, 전성, 강도를 가질 것

[문제] **51.** 이음매 없는(seamless) 용기에 대한 설명으로 옳지 않은 것은?

㉮ 초저온 용기의 재료에는 주로 탄소강이 사용된다.

㉯ 고압에 견디기 쉬운 구조이다.

㉰ 내압에 대한 응력분포가 균일하다.

㉱ 제조법에는 만네스만식이 대표적이다.

[해설] • 초저온 용기 재료 : 18-8 스테인리스강, Al합금

[문제] **52.** 이음매 없는 용기와 용접용기를 비교 설명한 것이다. 틀린 것은?

㉮ 이음매가 없으면 고압에서 견딜 수 있다.

㉯ 용접용기는 용접으로 인하여 고가이다.

㉰ 만네스만법, 에르하트식 등이 이음매 없는 용기의 제조법이다.

㉱ 용접용기는 두께공차가 적다.

[해설] 이음매 없는 용기가 용접용기에 비하여 제조비용이 많이 소요된다.

[문제] **53.** 다음 중 프로판 충전용 용기로 주로 사용되는 것은?

㉮ 무계목 용기 ㉯ 용접용기

㉰ 리벳용기 ㉱ 주철용기

[문제] **54.** 용기용 밸브는 가스충전구의 형식에 의해 A형, B형, C형으로 구분하는데,

가스충전구가 수나사로 되어 있는 것은?

㉮ A형   ㉯ B형   ㉰ C형   ㉱ A, C형

해설 • 충전구 형식에 의한 분류
  ① A형 : 가스충전구가 수나사
  ② B형 : 가스충전구가 암나사
  ③ C형 : 가스충전구에 나사가 없는 것

문제 **55.** 고압가스 용기의 충전구 나사가 왼나사인 것은?

㉮ 질소   ㉯ 수소   ㉰ 공기   ㉱ 암모니아

해설 • 충전구 나사형식
  ① 왼나사 : 가연성 가스 (암모니아, 브롬화메탄 오른나사)
  ② 오른나사 : 가연성 이외의 것

문제 **56.** 용기 또는 용기 밸브에 안전밸브를 설치하는 이유는?

㉮ 규정량 이상의 가스를 충전시켰을 때 여분의 가스를 분출하기 위해

㉯ 용기 내 압력이 이상상승 시 용기파열을 방지하기 위해

㉰ 가스출구가 막혔을 때 가스출구로 사용하기 위해

㉱ 분석용 가스출구로 사용하기 위해

문제 **57.** 고압가스 용기의 안전밸브 중 밸브 부근의 온도가 일정온도를 넘으면 퓨즈메탈이 열려서 가스를 전부 방출시키는 방식은?

㉮ 가용전식   ㉯ 스프링식
㉰ 파괴막식   ㉱ 수동식

문제 **58.** 내용적이 500 L, 압력이 12 MPa이고, 용기 본수는 120개 일 때 압축가스의 저장능력은 몇 m^3인가?

㉮ 3260   ㉯ 5230   ㉰ 7260   ㉱ 7580

해설 $Q = (10P+1) V$
$$= (10 \times 12 + 1) \times 0.5 \times 120 = 7260 \, m^3$$

문제 **59.** 도시가스 공장에 내용적 20m^3의 저장탱크가 2개 설치되어 있다. 총 저장 능력은 몇 톤 (ton)인가? (단, 비중은 0.71이다.)

㉮ 15.75   ㉯ 20.36
㉰ 25.56   ㉱ 35.75

해설 $W = 0.9 d$
$$V = 0.9 \times 0.71 \times 20 \times 2 = 25.56 \, 톤$$

문제 **60.** 초저온 저장탱크 내용적이 20000 L 일 때 충전할 수 있는 액체 산소량은 약 몇 kg인가? (단, 액체산소의 비중은 1.14이다.)

㉮ 17540   ㉯ 19230   ㉰ 20520   ㉱ 22800

해설 $W = 0.9 d V$
$$= 0.9 \times 1.14 \times 20000 = 20520 \, kg$$

문제 **61.** 액화프로판 300 kg을 내용적 30 L의 용기에 충전하려 할 때 필요한 용기 수는?

㉮ 15개   ㉯ 18개   ㉰ 21개   ㉱ 24개

해설 ① 용기 1개당 충전량 계산
$$G = \frac{V}{C} = \frac{30}{2.35} = 12.77 \, kg$$
② 용기 수 계산
$$\therefore 용기 \, 수 = \frac{전체 \, 가스량(kg)}{용기 \, 1개당 \, 충전량(kg)}$$
$$= \frac{300}{12.77} = 23.49 = 24 \, 개$$

문제 **62.** 내용적이 45 L인 액화가스 용기에 액화가스를 상온에서 최대로 충전할 때의 용적률(%)은? (단, 상온에서 액화가스의 밀도는 0.9 kg/L이고, 충전상수는 2.5이다.)

㉮ 약 40.0 %   ㉯ 약 44.4 %
㉰ 약 55.6 %   ㉱ 약 60.0 %

해설 ① 충전량 (kg) 계산
$$G = \frac{V}{C} = \frac{45}{2.5} = 18 \, kg$$
② 용적률(%) 계산
$$용적률(\%) = \frac{액화가스 \, 체적}{용기 \, 내용적} \times 100$$
$$= \frac{\frac{18}{0.9}}{45} \times 100 = 44.44 \, \%$$

해답 55. ㉯   56. ㉯   57. ㉮   58. ㉰   59. ㉰   60. ㉰   61. ㉱   62. ㉯

제 9 장　배관의 부식과 방식

1. 부식(腐蝕)의 원리 및 종류

(1) 부식 (corrosion)

① 부식의 정의 : 금속이 전해질 속에 있을 때 「양극 (anode) → 전해질 → 음극 (cathode)」 이란 전류가 형성되어 양극부위에서 금속이온이 용출되는 현상으로서 일종의 전기화학적인 반응이다. 즉 금속이 전해질과 접하여 금속표면에서 전해질 중으로 전류가 유출하는 양극반응이다. 양극반응이 진행되는 것이 부식이 발생되는 것이다.

② 부식의 원리 : 전위차가 다른 두 금속을 전해질 속에 넣어 두 금속을 전선으로 연결하면 전류가 형성되며 전위가 낮은 금속 (비금속 : mean metal)이 양극 (anode), 전위가 높은 금속 (귀금속 : noble metal)이 음극 (cathode)이 되어 부식이 촉진되며 갈바닉 (galvanic) 부식이라 한다.

주요 금속의 전위 순서

구 분	귀금속 ←						→ 비금속		
금 속 명	Au	Pt	Cu	Pb	Ni	Fe	Zn	Al	Mg

(개) 매크로셀 (macro cell) 부식 : 금속표면에서 양극 (+), 음극 (−)의 부위가 각각 변화하여 양극과 음극의 위치가 확정적이지 않아 전면 부식이 발생하는 현상이다.

(내) 전식 (電蝕) : 흙 (전해질) 속에 매설한 금속에 전류가 흐르는 경우 금속에 일부 전류가 유입되고 그것이 유출되는 부위에서 부식이 발생하는 현상이다.

③ 부식속도에 영향을 주는 요소

(개) 내부적인 요소 : 금속재료의 조성, 조직, 구조, 전기화학적 특성, 표면 상태, 응력 상태, 온도, 기타

(내) 외부적인 요소 : 부식액의 조성, pH (수소이온농도지수), 용존가스 농도, 외기온도, 유동 상태, 생물수식, 기타

(2) 부식의 종류

① 습식 : 철이 수분의 존재 하에 일어나는 것으로 국부전지에 의한 것이다.

(개) 부식의 원인

⑦ 이종 금속의 접촉

④ 금속재료의 조성·조직의 불균일

⑤ 금속재료의 표면 상태의 불균일

④ 금속재료의 응력 상태, 표면온도의 불균일

⑩ 부식액의 조성, 유동 상태의 불균일

(내) 부식의 형태

⑦ 전면부식 : 전면이 균일하게 부식되므로 부식량은 크나 쉽게 발견하여 대처하므로 피해는 적다.

④ 국부부식 : 특정부분에 부식이 집중되는 현상으로 부식속도가 크고, 위험성이 높다. 공식 (孔蝕), 극간부식 (隙間腐蝕), 구식 (溝蝕) 등이 있다.

⑤ 선택부식 : 합금의 특정부분만 선택적으로 부식되는 현상으로 주철의 흑연화 부식, 황동의 탈아연부식, 알루미늄 청동의 탈알루미늄 부식 등이 있다.

④ 입계부식 : 결정입자가 선택적으로 부식되는 현상으로 스테인리스강에서 발생된다.

⑩ 에로숀 (erosion) 현상 : 배관 및 밴드, 펌프의 회전차 등 유속이 큰 부분이 부식성 환경에서 마모가 현저하게 되는 현상

② 건식

(개) 고온가스 부식 : 고온가스와 접촉한 경우 금속의 산화, 황화, 할로겐 등의 반응이 일어난다.

(내) 용융금속에 의한 부식 : 금속재료가 용융 금속 중 불순물과 반응하여 일어나는 부식

③ 가스에 의한 고온부식의 종류

(개) 산화 : 산소 및 탄산가스

(내) 황화 : 황화수소 (H_2S)

(대) 질화 : 암모니아 (NH_3)

(래) 침탄 및 카르보닐화 : 일산화탄소 (CO)가 많은 환원가스

(매) 바나듐 어택 : 오산화바나듐 (V_2O_5)

(배) 탈탄작용 : 수소 (H_2)

2. 방식 및 전기 방식의 기본원리

(1) 방식 (防蝕) 방법

① 고압장치 방식 시 고려할 사항

(개) 적절한 사용재료의 선정

(내) 방식을 고려한 구조의 결정

(대) 방식을 고려한 제작, 설치공정의 관리

(래) 방식을 고려한 사용 시의 보수, 관리

② 부식을 억제하는 방법

㈎ 부식환경의 처리에 의한 방식법 : 유해물질의 제거

㈏ 부식 억제제(inhibiter)에 의한 방식법 : 크롬산염, 중합인산염, 아민류 등

㈐ 피복에 의한 방식법 : 전기도금, 용융도금, 확산 삼투처리, 라이닝, 클래드 등

㈑ 전기 방식법

(2) 전기방식법

① 전기방식의 원리 : 매설배관의 부식을 억제 또는 방지하기 위하여 배관에 직류전기를 공급해 주거나 배관보다 저전위 금속(배관보다 쉽게 부식되는 금속)을 배관에 연결하여 철의 전기 화학적인 양극반응을 억제시켜 매설배관을 음극화시켜주는 방법이다.

② 전기방식의 종류

㈎ 유전 양극법(희생 양극법) : 양극(anode)과 매설배관(cathode : 음극)을 전선으로 접속하고 양극 금속과 배관 사이의 전지작용(고유 전위차)에 의해서 방식전류를 얻는 방법이다. 양극 재료로는 마그네슘(Mg), 아연(Zn)이 사용되며 토양 중에 매설되는 배관에는 마그네슘이 사용되고 있다.

㉮ 장점

ⓐ 시공이 간편하다. ⓑ 단거리 배관에는 경제적이다.

ⓒ 다른 매설 금속체로의 장해가 없다. ⓓ 과방식의 우려가 없다.

㉯ 단점

ⓐ 효과 범위가 비교적 좁다.

ⓑ 장거리 배관에는 비용이 많다.

ⓒ 전류 조절이 어렵다.

ⓓ 관리장소가 많게 된다.

ⓔ 강한 전식에는 효과가 없다.

ⓕ 양극은 소모되므로 보충하여야 한다.

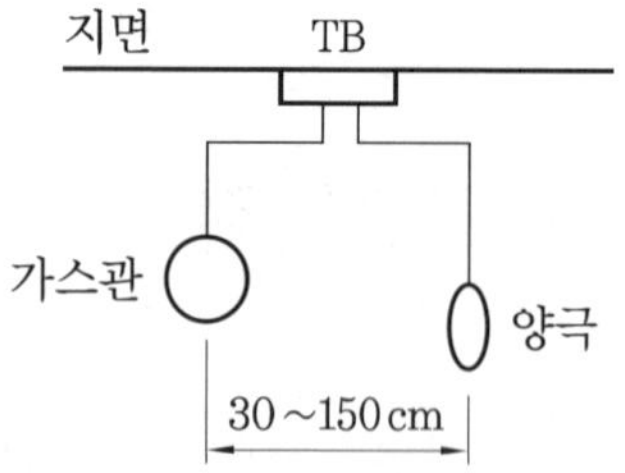

유전 양극법

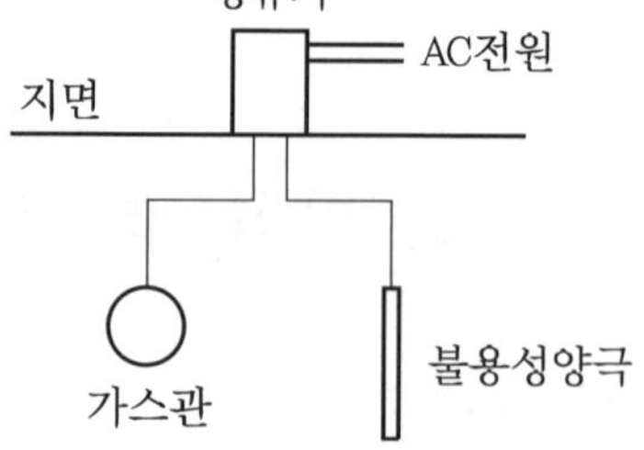

외부 전원법

㈏ 외부 전원법 : 외부의 직류전원장치(정류기)로부터 양극(+)은 매설배관이 설치되어 있는 토양에 설치한 외부 전원용 전극(불용성 양극)에 접속하고, 음극(-)은 매설배관에 접속시켜 부식을 방지하는 방법으로 직류전원장치(정류기), 양극, 부속배선으로 구

성된다.

㉮ 장점

　ⓐ 효과 범위가 넓다.

　ⓑ 평상시의 관리가 용이하다.

　ⓒ 전압·전류의 조성이 일정하다.

　ⓓ 전식에 대해서도 방식이 가능하다.

　ⓔ 장거리 배관에는 전원장치가 적어도 된다.

㉯ 단점

　ⓐ 초기 설치비가 많이 소요된다.

　ⓑ 다른 매설 금속체로의 장해에 대해 검토할 필요가 있다.

　ⓒ 전원을 필요로 한다.

　ⓓ 과방식의 우려가 있다.

㈐ 배류법 : 직류 전기철도의 레일에서 유입된 누설전류를 전기적인 경로를 따라 철도레일로 되돌려 보내서 부식을 방지하는 방법으로 전철이 가까이 있는 곳에 설치하며 배류기를 설치하여야 한다.

㉮ 장점

　ⓐ 유지 관리비가 적게 소요된다.

　ⓑ 전철과의 관계위치에 따라 효과적이다.

　ⓒ 설치비가 저렴하다.

　ⓓ 전철 운행 시에는 자연부식의 방지효과도 있다.

㉯ 단점

　ⓐ 다른 매설 금속체로의 장해에 대해 검토가 있어야 한다.

　ⓑ 전철과의 관계위치에 따라 효과범위가 제한된다.

　ⓒ 전철 휴지기간 때는 전기방식의 역할을 못한다.

　ⓓ 과 방식의 우려가 있다.

㈑ 강제 배류법 : 외부 전원법과 배류법의 혼합형이다.

㉮ 장점

　ⓐ 효과범위가 넓다.

　ⓑ 전압·전류의 조정이 용이하다.

　ⓒ 전식에 대해서도 방식이 가능하다.

　ⓓ 외부 전원법에 비해 경제적이다.

　ⓔ 전철의 휴지기간에도 방식이 가능하다.

　ⓕ 양극효과에 의한 간섭이 없다.

㉯ 단점

　ⓐ 다른 매설금속체로의 장해에 대해 검토가 있어야 한다.

　ⓑ 전철에의 신호장해에 대해 검토가 있어야 한다.

　ⓒ 전원을 필요로 한다.

3. 전기방식의 유지관리 및 측정

(1) 전기방식 유지관리 기준

① 전기방식 전류가 흐르는 상태에서 토양 중에 있는 배관 등의 방식전위는 포화황산동 기준전극으로 −0.85 V 이하(황산염환원 박테리아가 번식하는 토양에서는 −0.95 V 이하)이어야 하고, 방식 전위 하한값은 전기철도 등의 간섭영향을 받는 곳을 제외하고는 포화황산동 기준 전극으로 −2.5 V 이상이 되도록 노력한다.

② 전기방식 전류가 흐르는 상태에서 자연전위와의 전위변화가 최소한 −300 mV 이하일 것

③ 배관에 대한 전위측정은 가능한 가까운 위치에서 기준 전극으로 실시한다.

④ 절연이음매를 사용하여야 할 장소

  (개) 교량횡단 배관 양단

  (내) 배관 등과 철근 콘크리트 구조물 사이

  (대) 배관과 강재 보호관 사이

  (래) 지하에 매설된 배관 부분과 지상에 설치된 부분의 경계

  (매) 타 시설물과 접근 교차지점

  (배) 배관과 배관 지지물 사이

  (새) 저장탱크와 배관 사이

  (애) 기타 절연이 필요한 장소

⑤ 전위 측정용 터미널(TB) 설치 기준

  (개) 설치간격

    ㉮ 희생 양극법, 배류법 : 300 m

    ㉯ 외부 전원법 : 500 m

  (내) 설치장소

    ㉮ 직류전철 횡단부 주위

    ㉯ 지중에 매설되어 있는 배관 절연부의 양측

    ㉰ 강재보호관 부분의 배관과 강재보호관

    ㉱ 타 금속 구조물과 근접 교차부분

    ㉲ 도시가스 도매사업자시설의 밸브기지 및 정압기지

    ㉳ 교량 및 횡단배관의 양단부

⑥ 전기방식 시설의 유지관리

  (개) 관대지전위(管對地電位) 점검 : 1년에 1회 이상

  (내) 외부 전원법 전기방식 시설 점검 : 3개월에 1회 이상

  (대) 배류법 전기방식 시설 점검 : 3개월에 1회 이상

  (래) 절연부속품, 역전류방지장치, 결선(bond), 보호절연체 점검 : 6개월에 1회 이상

(2) 전기방식의 측정방법

① 도시가스 매몰배관의 방식전위 측정은 배관 직상부 등 배관과 최대한 가까운 위치에서 측정하도록 한다.

② 정기검사 시 본관 및 공급관에 설치된 전기방식 시설의 전위측정은 20개 또는 전체 T/B 수의 20 % 이상 중 많은 수를 선정한 후 실시한다. 단, 교량에 설치된 배관, 검사원이 현장 상황에 따라 필요하다고 지정하는 장소의 배관, 사용자 공급관 및 특정 가스사용시설에 설치되어 있는 T/B는 전부에 대하여 측정하여야 한다.

③ 전위측정은 전년도에 측정한 T/B가 50 % 이상 포함되지 않도록 조정하여 검사에 누락되는 T/B가 없도록 하여야 한다.

④ 기준전극은 가능한 배관의 직상부에 위치시키고 전극의 하부는 토양 중에 4~5 cm 정도 묻히도록 하되, 사정이 여의치 않을 경우는 전극 의 하부가 충분히 접지되도록 한다.

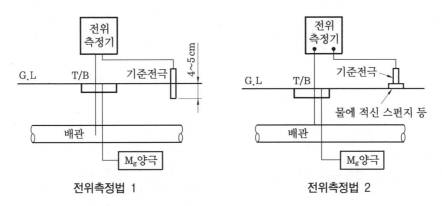

전위측정법 1   전위측정법 2

⑤ 외부 전원법 및 배류법 시설은 정류기 및 배류기 설치지점의 전위가 너무 과하게 음극화되지 않도록 한다.

⑥ 전위측정은 전위측정기나 레코더를 사용하여 다음과 같이 측정하여 측정 횟수의 평균 전위를 적용한다.

　㈎ 전철 등 간섭영향으로 인하여 전위변동이 심한 지역에서는 전위측정기록계(EPR : electronic potential recorder) 등으로 5분 이상 측정하거나, 전위측정기 기록지 출력속도를 10~30초 간격으로 하여 5분 이상 측정한다(검사 서식 비고란에 전위측정 기록지 출력속도 기재).

　㈏ 배류기 설치 및 간섭영향이 없는 지역에서는 2회 이상 측정

⑦ Mg 양극과 배관연결 측정선, 기준 전극(기준 전극 매설 시) 등은 전선의 색깔이나 전선 마감 캡 등의 색깔로 구분한다.

　예 측정선 : 흑색, 양극선 : 적색, 아연전극 : 황색, 보호관 : 청색

예 상 문 제

문제 1. 두 개의 다른 금속이 접촉되어 전해질 용액 내에 존재할 때 다른 재질의 금속 간 전위차에 의해 용액 내에서 전류가 흐르고 이에 의해 양극부가 부식이 되는 현상을 무엇이라 하는가?

㉮ 농담전지 부식   ㉯ 침식 부식
㉰ 공식   ㉱ 갈바니 부식

문제 2. 결정입자가 선택적으로 부식하는 것으로 열영향에 의해 Cr을 석출하는 부식현상은?

㉮ 국부부식   ㉯ 선택부식
㉰ 입계부식   ㉱ 응력부식

문제 3. 금속재료에서 고온일 때 가스에 의한 부식으로 옳지 않은 것은?

㉮ 수소에 의한 탈탄
㉯ 암모니아에 의한 강의 질화
㉰ 이산화탄소에 의한 금속 카르보닐화
㉱ 황화수소에 의한 부식

해설 • 금속 카르보닐화 : 일산화탄소에 의하여 철족(Fe, Ni, Co)의 금속에 발생한다.

문제 4. 다음에서 금속재료에 관한 설명으로 옳은 것으로만 짝지어진 것은?

① 염소는 상온에서 건조하여도 연강을 침식시킨다.
② 고온·고압의 수소는 강에 대하여 탈탄작용을 한다.
③ 암모니아는 동, 동합금에 대하여 심한 부식성이 있다.

㉮ ①   ㉯ ①, ②
㉰ ②, ③   ㉱ ①, ②, ③

해설 염소(Cl_2)는 건조한 상태에서는 강에 대하여 부식성이 없지만, 수분이 존재하면 염산(HCl)을 생성하여 강을 부식시킨다.

문제 5. 고압가스 제조장치의 재료에 대한 설명으로 옳지 않은 것은?

㉮ 상온·건조 상태의 염소가스에 대하여는 보통강을 사용할 수 있다.
㉯ 암모니아, 아세틸렌의 배관재료에는 구리 및 구리 합금을 사용할 수 있다.
㉰ 고압의 이산화탄소 세정장치 등에는 내산강을 사용하는 것이 좋다.
㉱ 암모니아 합성탑 내통의 재료에는 18-8 스테인리스강을 사용한다.

해설 암모니아, 아세틸렌 장치재료는 동함유량 62 % 미만의 동합금을 사용한다.

문제 6. 고압장치 중 금속재료의 부식 억제 방법이 아닌 것은?

㉮ 전기적인 방식
㉯ 부식 억제제에 의한 방식
㉰ 유해물질 제거 및 pH를 높이는 방식
㉱ 도금, 라이닝, 표면처리에 의한 방식

해설 ㉮, ㉯, ㉱항 외 부식환경 처리에 의한 방법이 있다 (pH를 높이면 부식이 촉진 됨).

문제 7. 다음 부식방지법 중 옳지 않은 것은?

㉮ 이종의 금속을 접촉시킨다.
㉯ 금속을 피복한다.
㉰ 금속 표면의 불균일을 없앤다.
㉱ 배류기를 접속시킨다.

해설 이종금속의 접촉은 양 금속 간에 전지가 형성되어 양극으로 되는 금속이 금속이온이 용출하면서 부식이 진행된다.

문제 8. 도시가스 설비에 대한 전기방식(防蝕)의 방법이 아닌 것은?

⑦ 희생 양극법   ④ 외부 전원법

④ 배류법   ④ 압착 전원법

해설 ⑦, ④, ④ 외 강제 배류법이 있다.

문제 9. 전기방식에 대한 설명 중 옳지 않은 것은?

⑦ 전해질 중 물, 토양 그리고 콘크리트에 노출된 금속에 대해 전류를 이용하여 부식을 제어하는 것이다.

④ 전기방식은 부식 자체를 제거할 수 있는 것이 아니고 음극에서 일어나는 부식을 양극에서 일어나도록 하는 것이다.

④ 방식 전류는 양극에서 양극반응에 의하여 전해질로 이온이 누출되어 금속 표면으로 이동하게 되고 음극 표면에서는 음극반응에 의하여 전류가 유입하게 된다.

④ 금속에서 부식을 방지하기 위해서는 방식전류가 부식전류 이하가 되어야 한다.

문제 10. 가스가 공급되는 시설 중 지하에 매설되는 배관에는 부식을 방지하기 위하여 전기적 부식방지 조치를 한다. Mg-Anode를 이용하여 양극 금속과 매설 배관을 전선으로 연결하여, 양극 금속과 매설 배관 사이의 전지작용에 의해 전기적 부식을 방지하는 방법은?

⑦ 직접 배류법   ④ 외부 전원법

④ 선택 배류법   ④ 희생 양극법

문제 11. 지중 또는 수중에 설치된 양극 금속과 매설 배관을 전선으로 연결해 양극 금속과 매설 배관 사이의 전지작용에 의한 전기적 방식 방법은?

⑦ 대류법   ④ 배류법

④ 희생 양극법   ④ 외부 전원법

문제 12. 배관의 전기방식 중 유전 양극법에서 저전위 금속으로 주로 사용되는 것은?

⑦ 철   ④ 구리

④ 칼슘   ④ 마그네슘

해설 • 유전 양극법(희생 양극법, 전기 양극법, 전류 양극법) : 양극(anode)과 매설배관(cathode : 음극)을 전선으로 접속하고 양극 금속과 배관 사이의 전지작용(고유 전위차)에 의해서 방식전류를 얻는 방법이다. 양극재료로는 마그네슘(Mg), 아연(Zn)이 사용되며 토양 중에 매설되는 배관에는 마그네슘이 사용된다.

문제 13. 전기방식법 중 유전 양극법에 대한 설명으로 틀린 것은?

⑦ 설치가 간편하다.

④ 과 방식의 우려가 없다.

④ 전위구배가 적은 장소에 적당하다.

④ 도장이 나쁜 배관에서도 효과범위가 크다.

해설 • 유전 양극법의 특징

 ① 시공이 간편하다.

 ② 단거리 배관에는 경제적이다.

 ③ 다른 매설 금속체로의 장해가 없다.

 ④ 과 방식의 우려가 없다.

 ⑤ 효과범위가 비교적 좁다.

 ⑥ 장거리 배관에는 비용이 많이 소요된다.

 ⑦ 전류조절이 어렵다.

 ⑧ 관리하여야 할 장소가 많게 된다.

 ⑨ 강한 전식에는 효과가 없다.

 ⑩ 양극은 소모되므로 보충하여야 한다.

문제 14. 땅속의 애노드에 강제 전압을 가하여 피방식 금속체를 캐소드로 하는 전기 방식법은?

⑦ 희생 양극법   ④ 외부 전원법

④ 선택 배류법   ④ 강제 배류법

문제 15. 외부 전원법으로 전기방식 시공 시 직류전원장치의 +극 및 -극에는 각각 무엇을 연결해야 하는가?

⑦ +극 : 불용성 양극, -극 : 가스배관

④ +극 : 가스배관, -극 : 불용성 양극

④ +극 : 전철레일, -극 : 가스배관

④ +극 : 가스배관, -극 : 전철레일

해설 • 외부 전원법 : 외부의 직류전원장치(정류

해답 **9.** ④ **10.** ④ **11.** ④ **12.** ④ **13.** ④ **14.** ④ **15.** ⑦

기)로부터 양극(+)은 매설배관이 설치되어 있는 토양에 설치한 외부 전원용 전극(불용성 양극)에 접속하고, 음극(-)은 매설배관에 접속시켜 부식을 방지하는 방법으로 직류전원장치(정류기), 양극, 부속배선으로 구성된다.

문제 16. 외부 전원법에 사용하는 양극으로서 적합하지 않은 것은?

㉮ 마그네슘 　　　㉯ 고규소철

㉰ 흑연봉 　　　　㉱ 자성 산화철

해설 외부 전원법에서 양극은 불용성 전극을 사용하며 마그네슘(Mg)은 희생 양극법에서 양극으로 사용한다.

문제 17. 다음 ( ) 안에 들어갈 적당한 용어는 어느 것인가?

> "직류전철이 주행할 때에 누출전류에 의해서 지하 매몰 배관에는 전류의 유입지역과 유출지역이 생기며, 이때 (①)은[는] 부식이 된다. 이러한 지역은 전철의 운행 상태에 따라 계속 변할 수 있으므로 이에 대응하기 위하여 (②)의 전기방식을 선정한다."

㉮ ① : 유출지역　　② : 배류법

㉯ ① : 유입지역　　② : 배류법

㉰ ① : 유출지역　　② : 외부 전원법

㉱ ① : 유입지역　　② : 외부 전원법

문제 18. 도시가스 배관의 설치에서 직류전철 등에 의한 누출전류의 영향을 받는 배관의 가장 적합한 전기방식법은? (단, 이 전기방식의 방식효과는 충분한 경우이다.)

㉮ 배류법 　　　　㉯ 정류법

㉰ 외부 전원법 　　㉱ 희생 양극법

해설 ① 누출전류의 영향이 없는 경우 : 외부 전원법, 희생 양극법
② 누출전류의 영향을 받는 배관 : 배류법
③ 누출전류의 영향을 받는 배관으로 방식효과가 충분하지 않을 경우 : 외부 전원법 또는 희생 양극법을 병용

문제 19. 전기방식 중 직류전원장치, 레일, 변전소 등을 이용하여 지하에 매설된 가스배관을 방식하는 방법은?

㉮ 희생 양극법 　　㉯ 외부 전원법

㉰ 선택 배류법 　　㉱ 강제 배류법

해설 • 강제 배류법 : 배류법과 외부 전원법을 병용한 방식 방법이다.

문제 20. 전기방식법에 대한 설명으로 가장 거리가 먼 것은?

㉮ 희생 양극법은 발생하는 전류가 작기 때문에 도복장의 저항이 큰 대상에 적합하다.

㉯ 외부 전원법은 전류 및 전압이 클 경우 다른 금속 구조물에 대한 간섭을 고려할 필요가 있다.

㉰ 선택 배류법은 정류기로 매설 양극에 강제 전압을 가하여 피방식 금속체를 음극으로 하여 방식한다.

㉱ 강제 배류법은 다음 금속 구조물에 미치는 간섭 및 과방식에 대한 배려가 필요하다.

해설 ㉰ 외부 전원법에 대한 설명

문제 21. 전기방식전류가 흐르는 상태에서 토양 중에 매설되어 있는 도시가스 배관의 방식전위는 포화황산동 기준전극으로 몇 V 이하이어야 하는가?

㉮ -0.75 ㉯ -0.85 ㉰ -1.2 ㉱ -1.5

해설 • 전기방식의 기준
① 전기방식전류가 흐르는 상태에서 토양 중에 있는 배관 등의 방식전위는 포화황산동 기준 전극으로 -0.85 V 이하(황산염환원 박테리아가 번식하는 토양에서는 -0.95V 이하)일 것
② 전기방식전류가 흐르는 상태에서 자연전위와의 전위변화가 최소한 -300 mV 이하일 것. 다만, 다른 금속과 접촉하는 배관 등은 제외한다.
③ 배관 등에 대한 전위측정은 가능한 가까운 위치에서 기준 전극으로 실시할 것

해답 16. ㉮   17. ㉮   18. ㉮   19. ㉱   20. ㉰   21. ㉯

문제 **22.** 도시가스 배관의 전기방식전류가 흐르는 상태에서 자연전위와의 전위 변화는 최소한 몇 mV 이하이어야 하는가? (단, 다른 금속과 접촉하는 배관은 제외한다.)

㉮ −100 ㉯ −200 ㉰ −300 ㉱ −500

문제 **23.** 전기방식효과를 유지하기 위하여 빗물이나 이물질의 접촉으로 인한 절연의 효과가 상쇄되지 아니하도록 절연 이음매 등을 사용하여 절연한다. 절연조치를 하는 장소에 해당되지 않는 것은?

㉮ 교량횡단 배관의 양단

㉯ 배관과 철근콘크리트 구조물 사이

㉰ 배관과 배관지지물 사이

㉱ 타 시설물과 30 cm 이상 이격되어 있는 배관

해설 • 절연 이음매를 사용하여야 할 장소
 ① 교량횡단 배관 양단
 ② 배관등과 철근콘크리트 구조물 사이
 ③ 배관과 강재 보호관 사이
 ④ 지하에 매설된 배관 부분과 지상에 설치된 부분의 경계
 ⑤ 타 시설물과 접근 교차지점
 ⑥ 배관과 배관지지물 사이
 ⑦ 저장탱크와 배관 사이
 ⑧ 기타 절연이 필요한 장소

문제 **24.** 전기방식 시설의 유지관리를 위한 전위측정용 터미널 설치의 기준으로 옳은 것은?

㉮ 희생 양극법은 배관 길이 500 m 이내의 간격으로 설치

㉯ 외부 전원법은 배관 길이 1000 m 이내의 간격으로 설치

㉰ 배류법은 배관 길이 300 m 이내의 간격으로 설치

㉱ 지중에 매설되어 있는 배관 절연부의 한쪽에 설치

해설 • 전위측정용 터미널 설치 간격

 ① 희생 양극법, 배류법 : 300 m
 ② 외부 전원법 : 500 m

문제 **25.** 지중에 설치하는 강재 배관의 전위측정용 터미널 (TB)의 설치기준으로 틀린 것은?

㉮ 희생 양극법은 300 m 이내 간격으로 설치한다.

㉯ 직류전철 횡단부 주위에는 설치할 필요가 없다.

㉰ 지중에 매설되어 있는 배관 절연부 양측에 설치한다.

㉱ 타 금속 구조물과 근접교차부분에 설치한다.

해설 • 전위측정용 터미널 설치 장소
 ① 직류전철 횡단부 주위
 ② 지중에 매설되어 있는 배관절연부의 양측
 ③ 강재보호관 부분의 배관과 강재보호관
 ④ 타 금속 구조물과 근접 교차부분
 ⑤ 도시가스 도매사업자시설의 밸브기지 및 정압기지
 ⑥ 교량 및 횡단배관의 양단부

문제 **26.** 도시가스 배관 중 전기방식을 반드시 유지해야 할 장소가 아닌 것은?

㉮ 다른 금속구조물과 근접교차 부분

㉯ 배관 절연부의 양측

㉰ 교량, 하천, 배관의 양단부 및 아파트 입상배관 노출부

㉱ 강재 보호관 부분의 배관과 강재 보호관

해설 • 전기방식을 유지해야 할 장소
 ① 직류전철 횡단부 주위
 ② 지중에 매설되어 있는 배관 절연부의 양측
 ③ 강재보호관 부분의 배관과 강재보호관
 ④ 타 금속구조물과 근접 교차부분
 ⑤ 밸브스테이션
 ⑥ 교량 및 하천 횡단배관의 양단부 다만, 외부 전원법 및 배류법의 경우 횡단 길이가 500 m 이하, 희생 양극법의 경우 횡단 길이가 50 m 이하인 배관은 제외한다.

해답 **22.** ㉰ **23.** ㉱ **24.** ㉰ **25.** ㉯ **26.** ㉰

2편

가스 계측기기

제 1 장 계측기기의 개요

1. 계측기기의 원리 및 특성

(1) 단위(unit) 및 차원(dimension)

① 단위의 종류

  (개) 기본단위 : 물리량을 나타내는 기본적인 것으로 7가지로 구분된다.

기본량	길이	질량	시간	전류	물질량	온도	광도
기본단위	m	kg	s	A	mol	K	cd

  (내) 유도단위 : 기본단위의 조합 또는 기본단위 및 다른 유도단위의 조합에 의하여 형성된 단위로 면적 (m^2), 부피 (m^3), 속도 (m/s) 등이다.

  (대) 보조단위 : 기본단위 및 유도단위를 정수배 또는 정수분하여 표기하는 것으로 cm, mm, km 등이다.

  (래) 특수단위 : 특수한 계량의 용도에 사용되는 단위로 점도. 경도, 충격치, 인장강도 등이다.

② 절대단위와 공학단위(중력단위)

  (개) 절대단위 : 단위 기본량을 질량, 길이, 시간으로 하여 이들의 단위를 사용하여 유도된 단위

  (내) 공학단위(중력단위) : 질량 대신 중량을 사용한 단위(중력가속도가 작용하고 있는 상태)

  (대) SI 단위 : system international unit의 약자로 국제단위계이다.

※ SI 단위

힘	N (Newton) Dyne	$1\,kg \cdot m/s^2 \rightarrow$ MKS 단위 $1\,g \cdot cm/s^2 \rightarrow$ CGS 단위
압력	P (Pascal)	N/m^2
일, 에너지, 열량	J (Joule)	$N \cdot m$
동력	W (Watt)	J/s

③ 단위계

  (개) 미터 단위계 : 길이를 cm, m, km, 질량을 g, kg, 시간을 초 (s), 분 (min), 시간 (h)으로 사용하는 단위이다.

㉮ CGS 단위 : 길이를 cm, 질량을 g, 시간을 초 (s)로 표시

㉯ MKS 단위 : 길이를 m, 질량을 kg, 시간을 초 (s)로 표시

㉯ 야드 단위계 : 길이를 피트 (ft) · 야드 (yd), 질량을 파운드 (lb), 시간을 초 (s), 분 (min), 시간 (h)으로 사용하는 단위이다.

④ 차원 : 여러 가지 자연현상인 질량, 길이, 시간, 속도, 압력, 점성계수 등을 표시하는 양을 물리량이라 하며 물리적 양을 차원으로 표시할 수 있다.

㉮ 절대단위계 (MLT계) : 질량 (M), 길이 (L), 시간 (T)으로 표시한다.

㉯ 공학단위계 (FLT계) : 힘 (F), 길이 (L), 시간 (T)으로 표시한다.

주요 물리량의 단위와 차원

물 리 량	단 위		차 원	
	절대단위 (SI)	공학단위	절대단위 (SI)	공학단위
길이	m	m	L	L
질량	kg	$kgf \cdot s^2/m$	M	$FL^{-1}T^2$
시간	s	s	T	T
힘	N, $kg \cdot m/s^2$	kgf	MLT^{-2}	F
면적	m^2	m^2	L^2	L^2
체적	m^3	m^3	L^3	L^3
속도	m/s	m/s	LT^{-1}	LT^{-1}
가속도	m/s^2	m/s^2	LT^{-2}	LT^{-2}
탄성계수	$kg/m \cdot s^2$	kgf/m^2	$ML^{-1}T^{-2}$	FL^{-2}
밀도	kg/m^3	$kgf \cdot s^2/m^4$	ML^{-3}	$FL^{-4}T^2$
압력	$kg/m \cdot s^2$	kgf/m^2	$ML^{-1}T^{-2}$	FL^{-2}
비중량	$kg/m^2 \cdot s^2$	kgf/m^3	$ML^{-2}T^{-2}$	FL^{-3}
운동량	$kg \cdot m/s$	$kgf \cdot s$	MLT^{-1}	FT
각속도	rad/s	rad/s	T^{-1}	T^{-1}
회전력 (토크)	$kg \cdot m^2/s^2$	$kgf \cdot m$	ML^2T^{-2}	FL
모멘트	$kg \cdot m^2/s^2$	$kgf \cdot m$	ML^2T^{-2}	FL
표면장력	N/m, kg/s^2	kgf/m	MT^{-2}	FL^{-1}
동력	W, $kg \cdot m^2/s^3$	$kgf \cdot m/s$	ML^2T^{-3}	FLT^{-1}
점성계수	$kg/m \cdot s$, $N \cdot s/m^2$	$kgf \cdot s/m^2$	$ML^{-1}T^{-1}$	$FL^{-2}T$
동점성계수	m^2/s	m^2/s	L^2T^{-1}	L^2T^{-1}
압력, 응력	Pa, N/m^2	kgf/m^2	$ML^{-1}T^{-2}$	FL^{-2}
에너지, 일	J, $N \cdot m$, $kg \cdot m^2/s^2$	$kgf \cdot m$	ML^2T^{-2}	FL

(2) 계측기기의 개요

① 계측기기의 구비조건

(가) 경년변화가 적고, 내구성이 있을 것

(나) 견고하고 신뢰성이 있을 것

(다) 정도가 높고 경제적일 것

(라) 구조가 간단하고 취급, 보수가 쉬울 것

(마) 원격 지시 및 기록이 가능할 것

(바) 연속측정이 가능할 것

② 계측기기 선택 시 고려사항

(가) 측정범위
(나) 정도

(다) 측정대상 및 사용조건
(라) 설치장소의 주위 여건

③ 계측기기의 보전

(가) 정기점검 및 일상점검
(나) 검사 및 수리

(다) 시험 및 교정
(라) 예비부품, 예비 계측기기의 상비

(마) 보전요원의 교육
(바) 관련 자료의 기록, 유지

(3) 계측기기의 구조

① 계측기기의 구성

(가) 검출부 : 검출된 정보를 전달부나 수신부에 전달하기 위하여 신호로 변환하는 부분

(나) 전달부 : 검출부에서 입력된 신호를 수신부에 전달하는 신호로 변환하거나 크기를 바꾸는 역할을 하는 부분

(다) 수신부 : 검출부나 전달부의 출력신호를 받아 지시, 기록, 경보를 하는 부분

② 계측기기의 특성

(가) 정특성 : 측정량이 시간적인 변화가 없을 때 측정량의 크기와 계측기의 지시와의 대응관계를 말한다.

(나) 동특성 : 측정량이 시간에 따라 변동하고 있을 때 측정량의 변동에 대하여 계측기의 지시가 어떻게 변하는지의 대응관계를 말한다.

(4) 측정

① 측정방법의 구분

(가) 직접 측정법 : 표준량에 측정량을 비교하여 그 측정값을 나타내는 방법으로 길이, 시간, 무게 등이 해당된다.

(나) 간접 측정법 : 물리적 방법으로 측정하고자 하는 상태량을 환산하여 측정 대상물의 양을 계산하는 방법으로 길이와 시간을 측정하여 속도 (m/s)를 계산하고, 구의 지름을 측정하여 부피 (m^3)를 계산하는 것이다.

② 측정방법의 종류

(개) 편위법 : 측정량과 관계있는 다른 양으로 변환시켜 측정하는 방법으로 정도는 낮지만 측정이 간단하다.

※ 부르동관 압력계, 스프링 저울, 전류계 등

(내) 영위법 : 기준량과 측정하고자 하는 상태량을 비교·평형시켜 측정하는 방법이다.

※ 천칭을 이용하여 질량을 측정하는 것

(대) 치환법 : 지시량과 미리 알고 있는 다른 양으로부터 측정량을 나타내는 방법이다.

※ 다이얼게이지를 이용하여 두께를 측정하는 것

(래) 보상법 : 측정량과 거의 같은, 미리 알고 있는 양을 준비하여 측정량과 그 미리 알고 있는 양의 차이로써 측정량을 알아내는 방법이다.

③ 오차 및 보정

(개) 오차 : 측정값과 참값과의 차이이다 (오차 = 측정값 – 참값).

$$오차율\,(\%) = \frac{측정값 - 참값}{측정값\,(또는\,참값)} \times 100$$

㉮ 과오에 의한 오차 : 측정자의 부주의, 과실에 의한 오차로 원인을 알 수 있기 때문에 제거가 가능하다.

㉯ 우연 오차 : 오차의 원인을 모르기 때문에 보정이 불가능하며, 여러 번 측정하여 통계적으로 처리한다.

㉰ 계통적 오차 : 평균값과 진실값과의 차가 편위로서 원인을 알 수 있고 제거할 수 있다.

ⓐ 계기 오차 : 계량기 자체 및 외부 요인에 의한 오차

ⓑ 환경 오차 : 온도, 압력, 습도 등에 의한 오차

ⓒ 개인 오차 : 개인의 버릇에 의한 오차

ⓓ 이론 오차 : 공식, 계산 등으로 생기는 오차

※ 히스테리시스 (hysteresis) 오차 : 계측기를 구성하고 있는 톱니바퀴의 틈이나 운동부의 마찰 또는 탄성변형 등에 의하여 생기는 오차로 바이메탈 온도계, 벨로스 압력계 등에서 발생한다.

(내) 보정 : 측정값이 참값에 가깝도록 행하는 조작으로 오차와의 크기는 같으나 부호가 반대이다 (보정 = 참값 – 측정값).

④ 기차와 공차

(개) 기차 (器差) : 계측기가 제작 당시부터 가지고 있는 고유의 오차이다.

$$E = \frac{I - Q}{I} \times 100$$

여기서, E : 기차 (%), I : 시험용 미터의 지시량, Q : 기준 미터의 지시량

(내) 공차 (公差) : 계측기기 고유 오차의 최대 허용한도를 사회규범, 규정에 정한 것이다.

㉮ 검정공차 : 계측기기의 검정을 받을 때의 허용기차

㉯ 사용공차 : 계측기기 사용 시 계량법에서 허용하는 오차의 최대한도

⑤ 정도와 감도

(개) 정도 (精度) : 측정결과에 대한 신뢰도를 수량적으로 표시한 척도

(내) 감도 : 계측기가 측정량의 변화에 민감한 정도를 나타내는 값으로 감도가 좋으면 측정시간이 길어지고, 측정범위는 좁아진다.

$$감도 = \frac{지시량의\ 변화}{측정량의\ 변화}$$

2. 자동제어

(1) 제어의 개요

① 제어의 정의 : 목적에 따라 조작이나 동작 등에 의해 상태를 일정하게 유지 및 변화시키거나 양을 증감시키는 조작을 하는 것이다.

② 제어의 구분

(개) 수동제어 : 사람이 직접 행하는 제어이다.

(내) 자동제어 : 기계장치를 이용하여 자동적으로 행하는 제어이다.

 ㉮ 피드백 제어 (feed back control : 폐 (閉)회로) : 제어량의 크기와 목표값을 비교하여 그 값이 일치하도록 되돌림 신호 (피드백 신호)를 보내어 수정동작을 하는 제어방식이다.

 ㉯ 시퀀스 제어 (sequence control : 개 (開)회로) : 미리 순서에 입각해서 다음 동작이 연속 이루어지는 제어로 자동판매기, 보일러의 점화 등이 있다.

(2) 자동제어의 블록선도

① 블록선도 : 제어신호의 전달경로를 블록과 화살표를 이용하여 표시한 것이다.

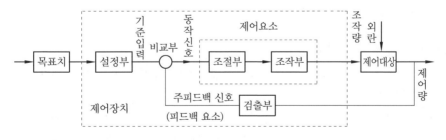

자동제어의 블록선도 (피드백 제어 회로도)

② 구성

(개) 제어대상 : 제어를 행하려는 대상물이다.

(내) 제어량 : 제어를 받는 제어계의 출력량으로서 제어대상에 속하는 양이다.

(대) 제어장치 : 제어량이 목표값과 일치하도록 어떠한 조작을 가하는 장치이다.

(래) 목표값 : 입력이라고 하며 제어장치에서 제어량이 그 값에 맞도록 제어계의 외부로부터 주어지는 값이다.

(마) 조작량 : 제어량을 조절하기 위하여 제어장치 (조작부)가 제어대상에 가하는 신호이다.

(바) 외란 : 제어계의 상태를 혼란시키는 외적 작용 (잡음)이다.

(사) 잔류편차 (off-set) : 정상 상태로 되고 난 다음에 남는 제어동작이다.

(아) 기준입력 : 제어계를 동작시키는 기준으로서 직접 폐회로에 가해지는 입력신호이다.

(자) 주피드백 양 : 제어량의 값을 목표값과 비교하기 위한 피드백 신호로 검출에서 발생시킨다.

(차) 동작신호 : 기준입력과 제어량과의 차이로 제어동작을 일으키는 신호로 편차라고 한다.

(카) 검출부 : 제어량을 검출하고 이것을 기준입력과 비교할 수 있는 물리량 (주피드백 신호)을 만드는 부분이다.

(타) 조절부 : 제어편차에 따라 일정한 신호를 조작요소에 보내는 부분이다.

(파) 조작부 : 제어대상에 대하여 작용을 걸어오는 부분으로 조작신호를 받아 이것을 조작량으로 바꾸는 부분이다.

(3) 제어방법에 의한 분류

① 정치제어 : 목표값이 일정한 제어이다.

② 추치제어 : 목표값을 측정하면서 제어량을 목표값에 일치하도록 맞추는 방식으로 변화모양을 예측할 수 없다.

(가) 추종제어 : 목표값이 시간적으로 변화되는 제어로 자기조성제어라고 한다.

(나) 비율제어 : 목표값이 다른 양과 일정한 비율관계에 변화되는 제어이다.

(다) 프로그램 제어 : 목표값이 미리 정한 시간적 변화에 따라 변화하는 제어이다.

③ 캐스케이드 제어 : 두 개의 제어계를 조합하여 제어량의 1차 조절계를 측정하고 그 조작출력으로 2차 조절계의 목표값을 설정하는 방법으로 단일 루프제어에 비해 외란의 영향을 줄이고 계 전체의 지연을 적게 하는데 유효하기 때문에 출력 측에 낭비시간이나 지연이 큰 프로세스 제어에 이용되는 제어이다.

(4) 제어량 성질에 의한 분류

① 프로세스 제어 : 공장 등에서 온도 압력, 유량, 농도, 습도 등과 같은 상태량에 대한 제어방법을 말한다.

② 다변수 제어 : 보일러에서 연료의 공급량, 공기 공급량, 보일러 내의 증기압력, 급수량 등을 각각 자동으로 제어하면 발생 증기량을 부하변동에 따라 항상 일정하게 유지시켜야 한다. 이때 각 제어량 사이에는 매우 복잡한 자동제어를 일으키는 경우가 발생한다. 이러한 경우를 다변수 제어라 한다.

③ 서보기구 : 작은 입력에 대응해서 큰 출력을 발생시키는 장치이다.

(5) 조정부 동작에 의한 분류

① 연속동작

(가) P 동작 (비례동작 : proportional action) : 동작신호에 대하여 조작량의 출력변화가 일

정한 비례관계에 있는 제어동작이다.

$$y = K_p \cdot Z$$

여기서, y : 조작량 (출력변화), K_p : 비례상수, Z : 동작신호

㉮ 부하가 변화하는 등의 외란이 있으면 잔류편차 (off set)가 발생한다.

㉯ 반응속도는 소 (小) 또는 중 (中)이다.

㉰ 반응온도 제어, 보일러 수위제어 등과 같이 부하변화가 작은 곳에 사용된다.

※ 비례대 : 동작신호의 폭을 조절기 전 눈금범위로 나눈 백분율 (%)로 비례대를 좁게
   하면 조작량 (밸브의 움직임)이 커지며, 2위치 동작과 같게 된다.

$$\therefore \text{비례대}(\%) = \frac{\text{동작신호 폭 (측정온도차)}}{\text{조절기 눈금 (조절온도차)}} \times 100$$

㉯ I 동작 (적분 동작 : integral action) : 제어량에 편차가 생겼을 때 편차의 적분차를 가
감하여 조작단의 이동 속도가 비례하는 동작으로 잔류편차가 남지 않는다.

$$y = K_1 \cdot \int Z \cdot dt$$

여기서, K_1 : 비례상수

㉮ 잔류편차 (off set)가 제거된다.

㉯ 진동하는 경향이 있어 제어의 안정성이 떨어진다.

㉰ D 동작 (미분 동작 : derivative action) : 조작량이 동작신호의 미분치에 비례하는 동
작으로 제어량의 변화속도에 비례한 정정 동작을 한다.

$$y = K_p \frac{dZ}{dt}$$

㉮ 단독으로 사용되지 않고 언제나 비례 동작과 함께 쓰인다.

㉯ 일반적으로 진동이 제어되어 빨리 안정된다.

㉱ PI 동작 (비례적분 동작) : 비례 동작의 결점을 줄이기 위하여 비례 동작과 적분 동작
을 합한 것이다.

$$y = K_p \left(Z + \frac{1}{T_1} \int_z dt \right)$$

여기서, T : 적분시간 $\left(\dfrac{K_p}{K_1} \right)$

㉮ 부하변화가 커도 잔류편차 (off set)가 남지 않는다.

㉯ 전달 느림이나 쓸모없는 시간이 크며 사이클링의 주기가 커진다.

㉰ 부하가 급변할 때는 큰 진동이 생긴다.

㉲ 반응속도가 빠른 공정 (process)이나 느린 공정 (process)에서 사용된다.

㉳ PD 동작 (비례미분 동작) : 비례 동작과 미분 동작을 합한 것이다.

$$y = K_p \left(Z + T_p \frac{dZ}{dt} \right)$$

㉴ PID 동작 (비례적분 미분 동작) : 조절효과가 좋고 조절속도가 빨라 널리 이용된다.

$$y = K_p \left(Z + \frac{1}{T_1} \int_z dt + T_p \frac{dZ}{dt} \right)$$

㉮ 반응속도가 느리거나 빠름, 쓸모없는 시간이나 전달느림이 있는 경우에 적용된다.
㉯ 제어계의 난이도가 큰 경우에 적합한 제어동작이다.

② 불연속 동작
(가) 2위치 동작 (on-off 동작) : 제어량이 설정치에서 벗어났을 때 조작부를 on (개 (開)) 또는 off (폐 (閉))의 동작 중 하나로 동작시키는 것으로 전자밸브 (solenoid valve)의 동작이 해당된다.
㉮ 편차의 정 (+), 부 (−)에 의해 조작신호가 최대·최소가 되는 제어 동작이다.
㉯ 반응속도가 빠른 프로세스에서 시간지연과 부하변화가 크고, 빈도가 많은 경우에 적합하다.
㉰ 잔류편차 (off-set)가 발생한다.
(나) 다위치 동작 : 제어량이 변화했을 때 제어장치의 조작위치가 3위치 또는 그 이상의 위치에 있어 제어하는 것을 다위치 동작이라 하며, 이 단계가 많아지면 실질적으로 비례 동작에 가까워진다. 이러한 다위치 동작은 대용량의 전기히터 등의 제어에 많이 사용되며 스텝 조절기에 의해 3단계 이상의 제어 동작을 하게 된다.
(다) 불연속 속도 동작 (단속도 제어 동작) : 2위치 동작이나 다위치 동작에서 조작량의 변화는 정해진 값만 취할 수밖에 없지만, 불연속 속도 동작은 2위치 동작의 동작간격에 해당하는 중립대를 갖는다. 불연속 속도 제어방식은 압력이나 액면제어 등과 같이 응답이 빠른 곳에는 유효하지만 온도 등과 같이 지연이 큰 곳에는 불안정해서 사용할 수 없다.

(6) 자동제어의 특성

① 응 답 : 자동제어계의 어떤 요소에 대하여 입력을 원인이라 하면 출력은 결과가 되며, 이때의 출력을 입력에 대한 응답이라고 한다.
(가) 과도응답 : 정상 상태에 있는 요소의 입력 측에 어떤 변화를 주었을 때 출력 측에 생기는 변화의 시간적 경과를 말한다.
(나) 스텝응답 : 입력을 단위량만큼 변화시켜 평형 상태를 상실했을 때의 과도응답을 말한다.
(다) 정상응답 : 과도응답에 대하여 제어계 또는 요소가 완전히 정상 상태로 이루어졌을 때의 응답을 말한다.
(라) 주파수 응답 : 사인파 상의 입력에 대한 자동제어계 또는 그 요소의 정상응답을 주파수의 함수로 나타낸 것이다.

② 각 요소의 스텝응답 특성
(가) 비례요소 : 출력과 입력이 비례하는 요소를 말하며 스텝응답으로 나타난다.
(나) 1차 지연요소 : 입력이 급변하는 순간에서 출력은 변화하지만 지연이 있어 어느 시간 후에 정상 상태가 되는 특징을 갖고 있는 것을 말한다.

$$y = 1 - e^{-\frac{t}{T}}$$

여기서, y : 출력 (1차 지연요소), t : 소요된 시간, T : 시간 정수 (time constant)

(다) 낭비시간 (dead time) 요소 : 출력이 입력에 대하여 어떤 시간만큼 늦어지는 것과 같은 요소로 난방기가 가동되어도 일정시간이 경과되어야만 실내온도가 상승되기 시작하는 시간을 말한다.

(라) 적분요소 : 출력이 입력량의 총량으로 나타내는 것과 같은 요소로 물탱크에서 유출량은 일정할 때 유입량이 증가됨에 따라 수위가 상승하여 평형을 이루지 못하고 넘치게 되는 것이 해당된다.

(마) 고차 지연요소 : 2차 지연 이상을 일으키는 것을 말한다.

 ※ 2차 지연 : 2개의 용량으로 인한 지연을 말한다.

(바) 시간응답 특성

 ㉮ 지연시간 (dead time) : 목표값의 50 %에 도달하는데 소요되는 시간

 ㉯ 상승시간 (rising time) : 목표값의 10 %에서 90 %까지 도달하는데 소요되는 시간

 ㉰ 오버슈트 (over shoot) : 동작간격으로부터 벗어나 초과되는 오차를 말하며, 반대로 나타나는 오차를 언더슈트 (under shoot)라 한다.

 ㉱ 시간정수 (time constant) : 목표값의 63 %에 도달하기까지의 시간을 말하며 어떤 시스템의 시정수를 알면 그 시스템에 입력을 가했을 때 언제쯤 그 반응이 목표치에 도달하는지 알 수 있으며 언제쯤 그 반응이 평형이 되는지를 알 수 있다.

 ※ 컨트롤러 난이도 $= \dfrac{\text{낭비시간}\,(L)}{\text{시간정수}\,(T)}$

 → L/T 값이 작을 경우 (낭비시간 $[L]$이 적고 시간정수 $[T]$가 큰 경우) 오버슈트 (over shoot)가 작아지므로 제어하기 쉬워진다 (큰 경우 낭비시간이 많고 시간정수가 작으므로 제어하기 어렵다).

(7) 제어계의 구성요소

① 검출부 : 제어대상을 계측기를 사용하여 검출하는 과정이다.

② 조절부 : 2차 변환기, 비교기, 조절기 등의 기능 및 지시기록 기구를 구비한 계기이다.

③ 비교부 : 기준입력과 주피드백 양과의 차를 구하는 부분으로서 제어량의 현재값이 목표치와 얼마만큼 차이가 나는가를 판단하는 기구

④ 조작부 : 조작량을 제어하여 제어량을 설정치와 같도록 유지하는 기구이다.

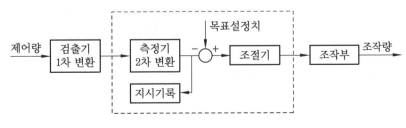

제어계의 구성

 ※ 자동제어계의 동작순서 : 검출 → 비교 → 판단 → 조작

예 상 문 제

문제 1. 다음 중 SI계의 기본단위에 해당하지 않는 것은?

㉮ 광도 (cd)　　　㉯ 열량 (kcal)
㉰ 전류 (A)　　　㉱ 물질량 (mol)

[해설] • 기본단위의 종류

기본량	기본단위	기본량	기본단위
길이	m	질량	kg
시간	s	전류	A
물질량	mol	온도	K
광도	cd		

문제 2. 다음 중 압력의 단위는?

㉮ Pascal　㉯ Watt　㉰ dyn　㉱ Joule

[해설] • SI 단위

① 힘 : N (Newton) = $1\,kg \cdot m/s^2 \rightarrow$ MKS 단위
　　　 $dyn = 1\,g \cdot cm/s^2 \rightarrow$ CGS 단위
② 압력 : P (Pascal) = N/m^2
③ 일, 에너지, 열량 : J (Joule) = $N \cdot m$
④ 동력 : W (Watt) = J/s

문제 3. 압력의 단위를 차원 (dimension)으로 표시한 것은?

㉮ MLT　　　　㉯ ML^2T^2
㉰ M/LT^2　　　㉱ M/L^2T^2

[해설] • 압력의 단위 및 차원

① 공학단위 : $kgf/m^2 \rightarrow FL^{-2}$
② 절대단위 : $kg \cdot m/m^2 \cdot s^2 = kg/m \cdot s^2$
　　　　　 $\rightarrow M/LT^2 = ML^{-1}T^{-2}$

문제 4. 다음 중 비중의 단위를 차원으로 표시한 것은?

㉮ ML^{-3}　　　　㉯ MLT^2L^{-3}
㉰ MLT^1L^{-3}　　㉱ 무차원

[해설] 비중은 단위가 없으므로 차원이 없다.

문제 5. 표준 계측기기의 구비조건으로 옳지 않은 것은?

㉮ 경년변화가 클 것

㉯ 안정성이 높을 것
㉰ 정도가 높을 것
㉱ 외부조건에 대한 변형이 적을 것

[해설] • 계측기기의 구비조건

① 경년변화가 적고, 내구성이 있을 것
② 견고하고 신뢰성이 있을 것
③ 정도가 높고 경제적일 것
④ 구조가 간단하고 취급, 보수가 쉬울 것
⑤ 원격 지시 및 기록이 가능할 것
⑥ 연속측정이 가능할 것

문제 6. 다음 중 계측기기의 보전 시 지켜야 할 사항으로 가장 맞지 않는 것은?

㉮ 정기점검 및 일상점검
㉯ 검사 및 수리
㉰ 시험 및 교정
㉱ 측정대상 및 사용조건

[해설] • 계측기기의 보전 : ㉮, ㉯, ㉰ 외

① 예비 부품, 예비 계측기기의 상비
② 보전요원의 교육
③ 관련 자료의 기록, 유지

문제 7. 일반적으로 계측기는 3부분으로 구성되어 있다. 이에 속하지 않는 것은?

㉮ 검출부　㉯ 전달부　㉰ 수신부　㉱ 제어부

문제 8. 다음 중 간접 계측방법에 해당되는 것은?

㉮ 압력을 분동식 압력계로 측정
㉯ 질량을 천칭으로 측정
㉰ 길이를 줄자로 측정
㉱ 압력을 부르동관 압력계로 측정

문제 9. 다음 중 편위법에 의한 계측기기가 아닌 것은?

㉮ 스프링 저울　　　㉯ 부르동관 압력계
㉰ 전류계　　　　　㉱ 화학 천칭

해답 1. ㉯　2. ㉮　3. ㉰　4. ㉱　5. ㉮　6. ㉱　7. ㉱　8. ㉱　9. ㉱

해설 • 편위법 : 측정량과 관계있는 다른 양으로 변환시켜 측정하는 방법으로 정도는 낮지만 측정이 간단하다. 부르동관 압력계, 스프링 저울 등이 해당된다.

문제 **10.** 천칭을 이용하여 물체의 질량을 측정하는 것은 어떤 측정방법에 해당되는가?

㉮ 치환법 ㉯ 편위법 ㉰ 영위법 ㉱ 보상법

해설 • 측정방법

① 편위법 : 부르동관 압력계와 같이 측정량과 관계있는 다른 양으로 변환시켜 측정하는 방법으로 정도는 낮지만 측정이 간단하다.

② 영위법 : 기준량과 측정하고자 하는 상태량을 비교·평형시켜 측정하는 것으로 천칭을 이용하여 질량을 측정하는 것이 해당된다.

③ 치환법 : 지시량과 미리 알고 있는 다른 양으로부터 측정량을 나타내는 방법으로 다이얼게이지를 이용하여 두께를 측정하는 것이 해당된다.

④ 보상법 : 측정량과 거의 같은 미리 알고 있는 양을 준비하여 측정량과 그 미리 알고 있는 양의 차이로써 측정량을 알아내는 방법이다.

문제 **11.** 다음에서 계측기 측정의 특징에 대한 설명으로 옳은 것으로만 나열된 것은?

> ① 편위법 – 정밀도는 낮지만 조작이 간단하다.
> ② 영위법 – 천칭을 이용하여 질량을 측정한다.
> ③ 치환법 – 지시량과 미리 알고 있는 양으로부터 측정량을 알아낸다.
> ④ 보상법 – 스프링식 저울로 무게를 단다.

㉮ ①, ② ㉯ ①, ③, ④
㉰ ②, ③ ㉱ ①, ②, ③

문제 **12.** 계통적 오차에 대한 설명 중 옳지 않은 것은?

㉮ 오차의 원인을 알 수 없어 제거할 수 없다.

㉯ 측정조건 변화에 따라 규칙적으로 생긴다.

㉰ 참값에 대하여 치우침이 생길 수 있다.

㉱ 계기 오차, 개인 오차, 이론 오차 등으로 분류된다.

해설 오차의 원인을 알 수 있고 이를 제거할 수 있다.

문제 **13.** 계통적 오차(systematic error)에 해당되지 않는 것은?

㉮ 계기 오차 ㉯ 환경 오차
㉰ 이론 오차 ㉱ 우연 오차

해설 • 계통적 오차(systematic error) : 평균값과 진실값과의 차가 편위로서 원인을 알 수 있고 제거할 수 있다.

① 계기 오차 : 계량기 자체 및 외부 요인에 의한 오차

② 환경 오차 : 온도, 압력, 습도 등에 의한 오차

③ 개인 오차 : 개인의 버릇에 의한 오차

④ 이론 오차 : 공식, 계산 등으로 생기는 오차

문제 **14.** 강(steel)으로 만들어진 자(rule)로 길이를 잴 때 자가 온도의 영향을 받아 팽창·수축함으로써 발생하는 오차로 측정 중 온도가 높으면 길이가 짧게 측정되며, 온도가 낮으면 길이가 길게 측정되는 오차를 무슨 오차라 하는가?

㉮ 과오에 의한 오차

㉯ 측정자의 부주의로 생기는 오차

㉰ 우연 오차

㉱ 계통적 오차

문제 **15.** 여러 번 측정하여 통계적으로 처리하는 오차는?

㉮ 기차(instrumental error)

㉯ 이론 오차

㉰ 착오(mistake)

㉱ 우연 오차(accidental error)

해설 • 우연 오차 : 오차의 원인을 모르기 때문에 보정이 불가능하며, 여러 번 측정하여 통계적으로 처리한다.

문제 **16.** 시험 대상인 가스미터의 유량이 $350 \, m^3/h$이고, 기준 가스미터의 지시량

해답 **10.** ㉰ **11.** ㉱ **12.** ㉮ **13.** ㉱ **14.** ㉱ **15.** ㉱ **16.** ㉯

$330\,m^3/h$이면 이 가스미터의 오차율은?

㉮ 4.4 %　㉯ 5.7 %　㉰ 6.1 %　㉱ 7.5 %

해설 오차율 (%) = $\dfrac{측정값 - 참값}{측정값} \times 100$

$$= \frac{350 - 330}{350} \times 100 = 5.71\,\%$$

문제 17. 어떤 기체의 유량을 시험용 가스미터로 측정하였더니 75 L이었다. 같은 기체를 기준 가스미터로 측정하였을 때 유량이 78 L이었다면 이 시험용 가스미터의 기차는?

㉮ +4 %　　　　㉯ +3.85 %

㉰ −4.0 %　　　　㉱ −3.85 %

해설 $E = \dfrac{I - Q}{I} \times 100 = \dfrac{75 - 78}{75} \times 100$

$$= -4.0\,\%$$

문제 18. 기준기로서 $150\,m^3/h$ 측정된 유량은 기차가 4 %인 가스미터를 사용하면 지시량은 몇 m^3/h를 나타내는가?

㉮ 143.75　　　㉯ 144.00

㉰ 156.00　　　㉱ 156.25

해설 $E = \dfrac{I - Q}{I} = 1 - \dfrac{Q}{I}$

$$\therefore I = \frac{Q}{1 - E} = \frac{150}{1 - 0.04} = 156.25\,m^3/h$$

문제 19. 기차가 −4 %인 루트 가스미터로 측정한 유량이 $30.4\,m^3/h$이었다면 기준기로 측정한 유량은?

㉮ $29.8\,m^3/h$　　　㉯ $30.6\,m^3/h$

㉰ $31.7\,m^3/h$　　　㉱ $32.4\,m^3/h$

해설 $E = \dfrac{I - Q}{I}$

$$\therefore Q = I - (I \times E)$$

$$= 30.4 - \{30.4 \times (-0.04)\} = 31.61\,m^3/h$$

문제 20. 계측기 고유 오차의 최대허용한도를 무엇이라고 하는가?

㉮ 오차　㉯ 공차　㉰ 기차　㉱ 편차

해설 • 공차(公差) : 계측기기 고유 오차의 최대

허용한도를 사회규범, 규정에 정한 것

① 검정공차 : 검정을 받을 때의 허용기차

② 사용공차 : 계측기기 사용 시 계량법에서 허용하는 오차의 최대한도

문제 21. 다음 중 감도(sensitivity)에 대한 설명이 맞는 것은?

㉮ 지시량 변화에 대한 측정량 변화의 비로 나타낸다.

㉯ 감도가 좋으면 측정시간이 길어지고 측정범위는 좁아진다.

㉰ 계측기가 지시량의 변화에 민감한 정도를 나타내는 값이다.

㉱ 측정결과에 대한 신뢰도를 나타내는 척도이다.

해설 • 감도 : 계측기가 측정량의 변화에 민감한 정도를 나타내는 값으로 감도가 좋으면 측정시간이 길어지고, 측정범위는 좁아진다.

$$\therefore 감도 = \frac{지시량의\ 변화}{측정량의\ 변화}$$

문제 22. 계량에 관한 법률 제정의 목적으로 가장 거리가 먼 것은?

㉮ 계량의 기준을 정함

㉯ 공정한 상거래 질서유지

㉰ 산업의 선진화 기여

㉱ 분쟁의 협의 조정

해설 • 계량에 관한 법률 목적(법 제1조)

계량의 기준을 정하여 적정한 계량을 실시하게 함으로써 공정한 상거래 질서의 유지 및 산업의 선진화에 이바지함을 목적으로 한다.

문제 23. 블록선도는 무엇을 표시하는가?

㉮ 제어회로의 기준압력을 표시한다.

㉯ 제어편차의 증감크기를 표시한다.

㉰ 제어대상과 변수편차를 표시한다.

㉱ 제어신호의 전달경로를 표시한다.

해설 • 블록선도 : 자동제어에서 장치와 제어신호의 전달경로를 블록(block)과 화살표로 표시하는 것이다.

문제 24. 전열기에 의해 자동으로 물을 끓인다

해답 17. ㉰　18. ㉱　19. ㉰　20. ㉯　21. ㉯　22. ㉱　23. ㉱　24. ㉮

면 이 제어는 어떤 제어를 응용한 것인가?

㉮ 시퀀스 제어 ㉯ 공정 제어
㉯ 서보 제어 ㉱ 피드백 제어

해설 • 시퀀스 제어 (sequence control) : 미리 순서에 입각해서 다음 동작이 연속 이루어지는 제어로 자동판매기, 보일러의 점화 등이 있다.

문제 **25.** 제어에서 입력이라고도 하며, 제어계의 외부로부터 주어지는 값을 무엇이라 하는가 ?

㉮ 기준출력 ㉯ 목표치
㉯ 제어량 ㉱ 조작량

해설 ① 목표값 (목표치) : 외부에서 제어량이 그 값에 맞도록 제어계의 외부로부터 주어지는 값
② 기준입력 : 제어계를 동작시키는 기준으로서 직접 폐루프에 가해지는 입력신호이다.
③ 제어량 : 제어를 받는 제어계의 출력량으로서 제어대상에 속하는 양이다.
④ 조작량 : 제어량을 조절하기 위하여 제어장치 (조작부)가 제어대상에 가하는 제어신호이다.

문제 **26.** 다음 제어에 대한 설명 중 옳지 않은 것은 ?

㉮ 조작량이란 제어장치가 제어대상에 가하는 제어신호이다.
㉯ 제어량이란 제어를 받는 제어계의 출력량으로서 제어대상에 속하는 양이다.
㉯ 기준입력이란 제어계를 동작시키는 기준으로서 직접 폐루프에 가해지는 입력신호이다.
㉱ 목표값이란 임의의 값을 정하지 않는 무한대 값이다.

해설 • 목표값 (목표치) : 외부에서 제어량이 그 값에 맞도록 제어계의 외부로부터 주어지는 값이다.

문제 **27.** 자동제어는 목표치의 변화에 따라 구분된다. 다음 중 목표치가 일정한 제어방식은 ?

㉮ 정치제어 ㉯ 비율제어
㉯ 추종제어 ㉱ 프로그램 제어

해설 ① 정치제어 : 목표값이 일정한 제어
② 추치제어 : 목표값을 측정하면서 제어량을 목표값에 일치하도록 맞추는 방식으로 추종제어, 비율제어, 프로그램 제어 등이 있다.

문제 **28.** 추치제어에 대한 설명으로 맞는 것은 어느 것인가 ?

㉮ 목표값이 시간에 따라 변화하지만 변화의 모양이 미리 정해져 있다.
㉯ 목표값이 시간에 따라 변하지만 변화의 모양은 예측할 수 없다.
㉯ 목표값이 시간에 따라 변하지 않지만 변화의 모양이 일정하다.
㉱ 목표값이 시간에 따라 변하지 않지만 변화의 모양이 불규칙하다.

해설 • 추치제어 : 목표값을 측정하면서 제어량을 목표값에 일치하도록 맞추는 방식으로 변화모양을 예측할 수 없다.

문제 **29.** 자동제어의 종류 중 목표값이 시간에 따라 변화하는 값을 제어하는 추치제어가 아닌 것은 ?

㉮ 추종제어 ㉯ 비율제어
㉯ 캐스케이드 제어 ㉱ 프로그램 제어

해설 ① 정치제어 : 목표값이 일정한 제어
② 추치제어 : 목표값을 측정하면서 제어량을 목표값에 일치하도록 맞추는 방식으로 추종제어, 비율제어, 프로그램 제어 등이 있다.
③ 캐스케이드 제어 : 두 개의 제어계를 조합하여 제어량의 1차 조절계를 측정하고 그 조작 출력으로 2차 조절계의 목표값을 설정하는 방법

문제 **30.** 목표값이 미리 정해진 계측에 따라 시간적 변화를 할 경우 목표값에 따라 변화하도록 하는 제어는 ?

㉮ 정치제어 ㉯ 추종제어
㉯ 캐스케이드 제어 ㉱ 프로그램 제어

문제 **31.** 1차 제어장치가 제어량을 측정하고 2차 조절계의 목표값을 설정하는 것으로서 외란의 영향이나 낭비시간 지연이 큰 프로

해답 25. ㉯ 26. ㉱ 27. ㉮ 28. ㉯ 29. ㉯ 30. ㉱ 31. ㉮

세서에 적용되는 제어방식은?
[가] 캐스케이드 제어 [나] 정치제어
[다] 추치제어 [라] 비율제어

[문제] 32. 측정량이 시간에 따라 변동하고 있을 때 계기의 지시값은 그 변동에 따를 수 없는 것이 일반적이며 시간적으로 처짐과 오차가 생기는데, 이 측정량의 변동에 대하여 계측기의 지시가 어떻게 변하는지 대응관계를 나타내는 계측기의 특성을 의미하는 것은?
[가] 정특성 [나] 동특성
[다] 계기특성 [라] 고유특성

[문제] 33. 다음 제어동작 중 연속 동작에 해당되지 않는 것은?
[가] O 동작 [나] D 동작
[다] P 동작 [라] I 동작

[문제] 34. 연속 동작 중 비례 동작(P 동작)의 특징에 대한 설명으로 옳은 것은?
[가] 사이클링을 제거할 수 없다.
[나] 잔류편차가 생긴다.
[다] 외란이 큰 제어계에 적당하다.
[라] 부하변화가 적은 프로세스에는 부적당하다.

[해설] • 비례 동작(P 동작) : 동작신호에 대하여 조작량의 출력변화가 일정한 비례관계에 있는 제어로 잔류편차(off set)가 생긴다.

[문제] 35. 어떤 비례제어기가 60℃에서 100℃ 사이의 온도를 조절하는데 사용되고 있다. 이 제어기가 측정된 온도가 81℃에서 89℃로 될 때의 비례대는 얼마인가?
[가] 10 % [나] 20 % [다] 30 % [라] 40 %

[해설] $\text{비례대} = \dfrac{\text{측정 온도차}}{\text{조절 온도차}} \times 100$

$= \dfrac{89-81}{100-60} \times 100 = 20\,\%$

[문제] 36. 조절기의 출력이 제어편차의 시간 적분에 비례하는 제어동작은?
[가] P 동작 [나] D 동작
[다] I 동작 [라] PID 동작

[해설] • I 동작 : 적분 동작(integral action)

[문제] 37. 측정지연 및 조절지연이 작을 경우 좋은 결과를 얻을 수 있으며 제어량의 편차가 없어질 때까지 동작을 계속하는 제어동작은?
[가] 적분 동작 [나] 비례 동작
[다] 평균 2위치 동작 [라] 미분 동작

[문제] 38. 진동이 발생하는 장치의 진동을 억제시키는데 가장 적합한 제어 동작은?
[가] D 동작 [나] P 동작
[다] I 동작 [라] on off 동작

[해설] • 미분(D) 동작 : 조작량이 동작신호의 미분치에 비례하는 동작으로 비례 동작과 함께 쓰이며 일반적으로 진동이 제어되어 빨리 안정된다.

[문제] 39. 비례적분 제어 동작에 대한 설명으로 옳은 것은?
[가] 출력이 제어편차의 시간 변화에 비례한다.
[나] 전달 느림이 크면 사이클링의 주기가 커진다.
[다] 가격이 싸고 조절속도가 빠르다.
[라] 진동이 제거되어 빨리 안정된다.

[해설] [가] 비례(P) 동작, [나] 비례적분(PI) 동작, [다] 비례적분 미분(PID) 동작, [라] 미분(D) 동작

[문제] 40. 잔류편차(off set)는 제거되지만 제어시간은 단축되지 않고 급변할 때 큰 진동이 발생하는 제어기는?
[가] P 제어기 [나] PD 제어기
[다] PI 제어기 [라] on-off 제어기

[해설] • 비례적분(PI) 제어 동작의 특징
① 부하변화가 커도 잔류편차(off set)가 남

[해답] 32. [나] 33. [가] 34. [나] 35. [나] 36. [다] 37. [가] 38. [가] 39. [나] 40. [다]

지 않는다.
  ② 전달 느림이나 쓸모없는 시간이 크며 사
    이클링의 주기가 커진다.
  ③ 부하가 급변할 때는 큰 진동이 생긴다.
  ④ 반응속도가 **빠른** 공정 (process)이나 느린
    공정 (process)에서 사용된다.

문제 41. 잔류편차 (off set)가 없고 응답상태
가 좋은 조절 동작을 위하여 주로 사용되
는 제어기는?
  ㉮ P 제어기   ㉯ PI 제어기
  ㉰ PD 제어기   ㉱ PID 제어기

문제 42. 제어 시스템에서 불연속적인 제어
이므로 제어량이 목표값을 중심으로 일정
한 폭의 상하 진동을 하게 되는 현상, 즉
뱅뱅 현상이 일어나는 제어는?
  ㉮ 비례 제어   ㉯ 비례미분 제어
  ㉰ 비례적분 제어   ㉱ 온·오프 제어

문제 43. 제어 동작에 따른 분류 중 불연속
동작이 아닌 것은?
  ㉮ on off 동작   ㉯ 다위치 동작
  ㉰ 단속도 동작   ㉱ 비례 동작
  해설 • 제어 동작에 의한 분류
    ① 연속 동작 : 비례 동작, 적분 동작, 미분 동
      작, 비례적분 동작, 비례미분 동작, 비례
      적분미분 동작
    ② 불연속 동작 : 2위치 동작 (on off 동작),
      다위치 동작, 불연속 속도 동작 (단속도 제
      어 동작)

문제 44. 제어 시스템에서 응답이 목표값에
처음으로 도달하는데 걸리는 시간을 의미
하는 것은?
  ㉮ 시간지연   ㉯ 상승시간
  ㉰ 응답시간   ㉱ 오버슈트

문제 45. process controller의 난이도를 표
시하는 값으로 dead time (L)과 time
constant (T)의 비, 즉 L/T이 사용되는데
이 값이 클 경우에 제어계는 어떠한가?

  ㉮ P 동작 조절기를 사용한다.
  ㉯ PD 동작 조절기를 사용한다.
  ㉰ 제어하기가 쉽다.
  ㉱ 제어하기가 어렵다.
  해설 ① dead time (L) : 낭비시간, 지연시간으로
      실내 난방의 경우 공조기가 가동되어도 일
      정시간이 경과 되어야만 실내온도가 상승
      되기 시작하는 시간이다.
    ② time constant (T) : 시간정수라 하며 최종
      값의 63 %에 도달하기까지 시간이다.
    ③ L/T 값이 클 경우 : 응답속도가 느려지기
      때문에 제어하기 어렵다.

문제 46. 다음 중 제어계의 구성요소와 관계
가 먼 것은?
  ㉮ 조작부   ㉯ 검출부
  ㉰ 기록부   ㉱ 조절부
  해설 제어계의 구성요소와 기록부는 관계가 없
    는 사항이다.

문제 47. 자동제어장치의 구성요소 중 기준입
력과 주피드백 양과의 차를 구하는 부분
으로서 제어량의 현재값이 목표치와 얼마
만큼 차이가 나는가를 판단하는 기구는?
  ㉮ 검출부   ㉯ 비교부
  ㉰ 조절부   ㉱ 조작부

문제 48. 다음 중 자동제어계의 동작순서로
맞는 것은?
  ㉮ 비교 → 판단 → 조작 → 검출
  ㉯ 조작 → 비교 → 검출 → 판단
  ㉰ 검출 → 비교 → 판단 → 조작
  ㉱ 판단 → 비교 → 검출 → 조작

문제 49. 가스보일러의 자동연소제어에서 조
작량에 해당되지 않는 것은?
  ㉮ 연료량   ㉯ 증기압력
  ㉰ 연소가스량   ㉱ 공기량
  해설 • 가스보일러의 자동연소제어
    ① 조작량 : 연료량, 연소가스량, 공기량
    ② 제어량 : 증기압력

해답 41. ㉱ 42. ㉱ 43. ㉱ 44. ㉯ 45. ㉱ 46. ㉰ 47. ㉯ 48. ㉰ 49. ㉯

제2장 가스 검지 및 분석기기

1. 가스 검지법

(1) 시험지법

검지하고자 하는 가스와 반응하여 색이 변하는 시약을 여지 (종이) 등에 침투시킨 것을 사용하는 방법이다.

시험지의 예

검지가스	시 험 지	반 응	비 고
암모니아 (NH_3)	적색리트머스지	청 색	산성, 염기성 가스도 검지가능
염 소 (Cl_2)	KI-전분지	청갈색	할로겐가스, NO_2도 검지가능
포스겐 ($COCl_2$)	해리슨 시약지	유자색	
시안화수소 (HCN)	초산벤젠지	청 색	
일산화탄소 (CO)	염화팔라듐지	흑 색	
황화수소 (H_2S)	연당지	회흑색	초산납시험지라 불리 운다.
아세틸렌 (C_2H_2)	염화제1구리 착염지	적갈색	

(2) 검지관법

검지관은 안지름 2~4 mm의 유리관 중에 발색 시약을 흡착시킨 검지제를 충전하여 양끝을 막은 것이다. 사용할 때에는 양끝을 절단하여 가스 채취기로 시료 가스를 넣은 후 착색층의 길이, 착색의 정도에서 성분의 농도를 측정하여 표준표와 비색 측정을 하는 것으로 국지적인 가스 누출 검지에 사용한다.

검지관의 종류

측정대상가스	측정농도 범위 (vol %)	검지한도(ppm)	측정대상가스	측정농도 범위 (vol %)	검지한도(ppm)
아세틸렌	0~0.3 %	10	시안화수소	0~0.01 %	0.2
암모니아	0~25 %	5	수소	0~1.5 %	250
일산화탄소	0~0.1 %	1	이산화탄소	0~10.0 %	20
에틸렌	0~1.2 %	0.01	부타디엔	0~2.6 %	10
염소	0~0.004 %	0.1	프로판	0~5.0 %	100
산화에틸렌	0~3.5 %	10	벤젠	0~0.04 %	0.1
산화프로필렌	0~4.0 %	100	포스겐	0~0.05 %	0.02
산소	0~30 %	1000	황화수소	0~0.18 %	0.5

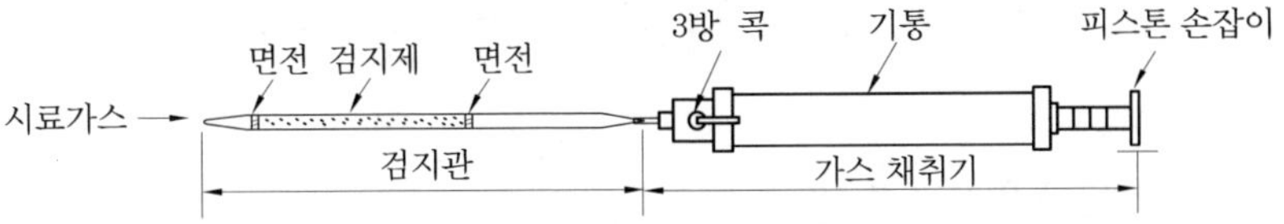

흡인식 검지관과 가스 채취기

(3) 가연성 가스 검출기

① 안전등형 : 탄광 내에서 메탄 (CH_4)가스를 검출하는데 사용되는 석유램프의 일종으로 메탄이 존재하면 불꽃의 모양이 커지며, 푸른 불꽃 (청염) 길이로 메탄의 농도를 대략적으로 알 수 있다.

메탄 (CH_4) 농도와 불꽃 길이의 관계

불꽃 길이	7	8	9.5	11	13.5	17	24.5	47
메탄 (CH_4) 농도(%)	1	1.5	2	2.5	3	3.5	4	4.5

② 간섭계형 : 가스의 굴절률 차이를 이용하여 농도를 측정하는 것이다.

③ 열선형 : 전기회로 (브리지 회로)의 전류 차이로 가스 농도를 지시 또는 자동경보 장치에 이용하며, 열전도식과 연소식이 있다.

㈎ 열전도식 : 백금선의 전기저항 변화에 의해 검지하는 방법이다.
- ㉮ 공기와의 열전도도 차가 클수록 감도가 좋다.
- ㉯ 가연성 가스 이외의 가스도 측정할 수 있다.
- ㉰ 고농도의 가스를 측정할 수 있다.
- ㉱ 자기 가열된 서미스터에 가스를 접촉시키는 방식이다.

㈏ 접촉 연소식 : 열선 (필라멘트)으로 검지된 가스를 연소시켜 생기는 온도변화에 전기저항의 변화가 비례하는 것을 이용한 것이다.
- ㉮ 가연성 가스는 모두 검지 대상이 되므로 특정한 성분만을 검지할 수 없다.
- ㉯ 연소에 필요한 산소는 공기 중의 산소와 반응한다.
- ㉰ 연소반응에 따른 필라멘트의 전기 저항 증가를 검출한다.
- ㉱ 측정 가스의 반응열을 이용하므로 가스는 일정 농도 이상이 필요하다.

④ 반도체식 : 반도체 소자에 전류를 흐르게 하고 측정하고자 하는 가스를 여기에 접촉시키면 전압이 변화한다. 이 전압의 변화를 이용한 것으로 반도체 소자로 산화주석 (SnO_2)을 사용한다.

㈎ 안정성이 우수하며 수명이 길다.

㈏ 가연성 가스 이외의 가스도 검지할 수 있다 (독성가스, 가연성 가스 검지 가능).

㈐ 응답속도를 빠르게 하기 위해 반도체 소결온도 전후 (300~400℃)로 가열해 준다.

㈑ 농도가 낮은 가스에 민감하게 반응하며 고감도로 검지할 수 있다.

2. 가스 분석의 종류 및 특징

(1) 가스 분석의 일반사항

① 가스 분석

(가) 정성 가스 분석 : 가스 자체의 특성을 이용하여 검출하는 방법으로 색, 냄새로 판별하는 방법 등 종류가 많다.

(나) 정량 가스 분석 : 각 성분 가스의 체적을 비교하여 체적 백분율(%)로 나타낸 것으로 표준 상태(0℃, 1기압)로 환산한 값을 취한다.

$$V_0 = \frac{V(P'-P) \times 273}{760 \times (273+t)}$$

여기서, V_0 : 표준 상태의 체적, V : 분석 측정 시의 가스 체적, P : 표준 대기압
P' : $t℃$의 증기압, t : 분석 측정 시의 온도(℃)

② 가스 분석 시 주의사항

(가) 누설 방지 : 가스 정량분석 조작에서 가스 누설 방지를 위해 측정장치의 기밀에 특별히 주의하여야 한다.

(나) 용액의 반응 : 시료의 채취에서부터 분석 조작까지 치환용, 압력 조정용 등에 사용하는 용액이 가스를 흡수, 용해 또는 화학반응하는 경우가 없는가를 고려하여야 한다.

(다) 보정 : 가스 뷰렛 또는 피펫 등의 계기의 보정과 가스용적에 대한 온도, 압력 및 봉액의 증기압 등의 보정이 필요하다.

(라) 분석실패의 원인

㉮ 가스와 접촉하는 부분 재료에 의한 측정가스의 흡수

㉯ 그리스 과다 사용에 의한 탄화수소의 흡수 또는 방출

㉰ 금속 용기의 가스 흡수

③ 가스분석기의 구분

(가) 화학적 가스 분석기

㉮ 가스의 연소열을 이용한 것   ㉯ 용액 흡수제를 이용한 것

㉰ 고체 흡수제를 이용한 것

(나) 물리적 가스 분석기

㉮ 가스의 열전도율을 이용한 것   ㉯ 가스의 밀도, 점도차를 이용한 것

㉰ 빛의 간섭을 이용한 것   ㉱ 전기전도도를 이용한 것

㉲ 가스의 자기적 성질을 이용한 것   ㉳ 가스의 반응성을 이용한 것

㉴ 적외선 흡수를 이용한 것

(2) 흡수 분석

흡수 분석법은 채취된 시료 기체를 분석기 내부의 성분 흡수제에 흡수시켜 체적 변화를 측정하는 방식이다.

① 오르사트 (Orsat)법

(가) 흡수제의 종류 및 분석 순서

순 서	분석가스	흡 수 제
1	CO_2	KOH 30 % 수용액
2	O_2	피로갈롤용액
3	CO	암모니아성 염화 제1구리 용액
4	N_2	나머지 양으로 계산

(나) 특징

㉮ 구조가 간단하며 취급이 쉽다.

㉯ 선택성이 좋고 정도가 높다.

㉰ 수분은 분석할 수 없다.

㉱ 분석순서가 바뀌면 오차가 발생한다.

(다) 성분 계산법

㉮ $CO_2\,(\%) = \dfrac{CO_2\text{의 체적 감량}}{\text{시료 채취량}} \times 100$ ㉯ $O_2\,(\%) = \dfrac{O_2\text{의 체적 감량}}{\text{시료 채취량}} \times 100$

㉰ $CO\,(\%) = \dfrac{CO\text{의 체적 감량}}{\text{시료 채취량}} \times 100$ ㉱ $N_2\,(\%) = 100 - (CO_2 + CO + O_2)$

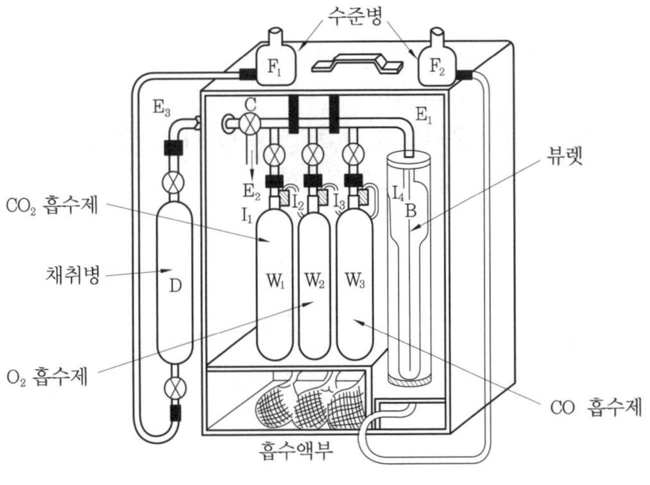

오르사트 가스 분석기

② 헴펠 (Hempel)법

순 서	분석가스	흡 수 제
1	CO_2	KOH 30 % 수용액
2	C_mH_n	발연황산
3	O_2	피로갈롤용액
4	CO	암모니아성 염화 제1구리 용액
5	CH_4	연소 후의 CO_2를 흡수하여 정량

③ 게겔 (Gockel) 법

순 서	분석가스	흡 수 제
1	CO_2	33 % KOH 수용액
2	아세틸렌	요오드수은 (옥소수은) 칼륨 용액
3	프로필렌, $n-C_4H_8$	87 % H_2SO_4
4	에틸렌	취화수소 (HBr : 취소) 수용액
5	O_2	알칼리성 피로갈롤용액
6	CO	암모니아성 염화 제1구리 용액

(3) 연소 분석법

시료가스를 공기, 산소 또는 산화제에 의해 연소하고 생성된 용적의 감소, CO_2의 생성량, O_2의 소비량 등을 측정하여 성분을 산출하는 법이다.

① 폭발법 : 일정량의 가연성 가스 시료를 전기 스파크에 의해 폭발시켜 연소에 의한 체적 감소에서 성분을 분석하며, CO_2 및 O_2는 흡수법에 의하여 구한다.

② 완만 연소법 : 시료가스와 산소를 혼합한 후 백금선 (지름 0.5 mm)으로 서서히 연소시켜 분석하는 것으로 흡수법과 조합하여 H_2와 CH_4을 산출한다.

③ 분별 연소법 : 탄화수소는 산화시키지 않고 H_2 및 CO만을 분별적으로 완전 산화시키는 방법이다.

　(가) 팔라듐관 연소법 : H_2를 분석하는데 적당한 방법으로 촉매로 팔라듐 석면, 팔라듐 흑연, 백금, 실리카 겔 등이 사용된다.

　(나) 산화구리법 : 산화구리를 250℃로 가열하여 시료가스 중 H_2 및 CO는 연소되고 CH_4 만 남는다. 메탄 (CH_4)의 정량분석에 적합하다.

(4) 화학 분석법

① 적정법 (滴定法)

　(가) 요오드 (I_2) 적정법 : 요오드 표준 용액을 사용하여 H_2S의 정량을 행하는 직접법 (iodimetry)과 유리되는 요오드를 티오황산나트륨 용액으로 적정하여 O_2를 산출하는 간접법 (iodometry)이 있다.

　(나) 중화 적정법 : 연료가스 중의 암모니아를 황산에 흡수시켜 남은 황산 (H_2SO_4)을 수산화나트륨 (NaOH) 용액으로 적정하는 방법이다.

　(다) 킬레이트 적정법 : EDTA (ethylene diamine tetraacetic acid) 용액에 의하며 미량 수분의 측정에 사용된다.

② 중량법 (重量法) : 시료가스를 다른 물질과 반응시켜 침전을 만들고 이것을 정량하여 성분을 분석하는 침전법과 SO_2나 유황분을 측정하는 황산바륨 침전법이 있다.

③ 흡광 광도법 (吸光 光度法) : 램베르트-비어 (Rambert-Beer) 법칙을 이용한 것으로 시료가스를 반응시켜 발색을 광전 광도계 또는 광전 분광 광도계를 사용하여 흡광도의 측정으로 분석하는 방법으로 미량분석에 사용된다.

(5) 기기 분석법

① 가스 크로마토그래피 (gas chromatography)

㈎ 측정 원리 : 흡착제를 충전한 관 속에 혼합시료를 넣고, 용제를 유동시켜 흡수력 차이 (시료의 확산 속도)에 따라 성분의 분리가 일어나는 것을 이용한 것이다.

㈏ 종류

㉮ 흡착 크로마토그래피 : 흡착제를 충전한 관 중에 혼합시료를 넣고 용제를 유동시켜 전개를 하면 흡착력의 차이에 따라 시료 각 성분의 분리가 일어나는 원리이며, 가스 시료의 분석에 이용된다.

㉯ 분배 크로마토그래피 : 액체를 담체 (擔體, support)로 유지시켜 고정 상태로 하고 이것과 자유롭게 혼합하지 않는 액체를 이동상 (전개제)으로 하여 시료 각 성분의 분배율의 차이에 의해 분리하는 원리이며, 액체 시료의 분석에 이용된다.

※ 담체 (擔體, support) : 시료 및 고정상 액체에 대하여 반응을 하지 않는 불활성인 것으로 규조토, 내화벽돌, 유리, 석영, 합성수지 등을 사용한다.

㈐ 특징

㉮ 여러 종류의 가스분석이 가능하다.

㉯ 선택성이 좋고 고감도로 측정한다.

㉰ 미량성분의 분석이 가능하다.

㉱ 응답속도가 늦으나 분리 능력이 좋다.

㉲ 동일 가스의 연속측정이 불가능하다.

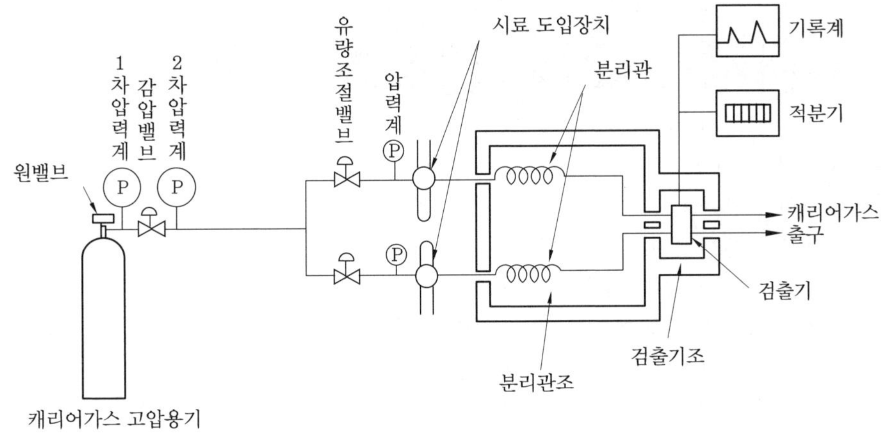

가스 크로마토그래피의 구조

㈑ 장치 구성요소 : 캐리어가스, 압력 조정기, 유량조절 밸브, 압력계, 분리관 (컬럼), 검출기, 기록계 등

㉮ 3대 구성요소 : 분리관 (column), 검출기, 기록계

㉯ 캐리어가스 (전개제)의 종류 : 수소 (H_2), 헬륨 (He), 아르곤 (Ar), 질소 (N_2)

㉰ 캐리어가스의 구비조건

ⓐ 시료와 반응성이 낮은 불활성 기체여야 한다.

ⓑ 기체 확산을 최소로 할 수 있어야 한다.
ⓒ 순도가 높고 구입이 용이해야 (경제적) 한다.
ⓓ 사용하는 검출기에 적합해야 한다.

분리관 (column) 충전물

명칭		최고 사용온도(℃)	적용
흡착형	활성탄	–	H_2, CO, CO_2, CH_4
	활성 알루미나	–	CO, $C_1 \sim C_4$ 탄화수소
	실리카 겔	–	CO_2, $C_1 \sim C_4$ 탄화수소
	Molecular Sives 13X	–	CO, CO_2, N_2, O_2
	Porapak Q	250	N_2O, NO, H_2O
분배형	DMF (dimethyl formamide)	20	$C_1 \sim C_4$ 탄화수소
	DMS (dimethyl sulfolane)	50	프레온, 올레핀유
	TCP (tricresyl phosphate)	125	유황 화합물
	silicone SE – 30	350	고비점 탄화수소
	golay U – 90 (squalane)	125	여러 성분 혼합의 탄화수소

(마) 분석순서

㉮ 가스 크로마토그래피 조정
㉯ 가스 크로마토그래피의 안전성 확인
㉰ 분리관에 충진물 충진
㉱ 시료가스 도입 및 흡착
㉲ 캐리어가스 통과
㉳ 시료성분 기체가 흡착성이 작은 성분부터 단리
㉴ 검출기에서 검출
㉵ 피크 면적 계산

(바) 검출기의 구비조건

㉮ 안정성과 재현성이 좋아야 한다.
㉯ 모든 분석물에 대한 감응도가 비슷해야 좋다.
㉰ 시료에 대하여 선형적으로 감응하여야 한다.
㉱ 시료를 파괴하지 않아야 하며 감도가 높아야 한다.

(사) 검출기의 종류 및 특징

㉮ 열전도형 검출기 (TCD : thermal conductivity detector) : 캐리어가스 (H_2, He)와 시료성분 가스의 열전도도차를 금속필라멘트 또는 서미스터의 저항변화로 검출한다.
  ⓐ 캐리어가스 : 순도 99.9 % 이상의 H_2, He 사용
  ⓑ 구조가 간단하고 취급이 용이하여 가장 널리 사용된다.
  ⓒ 캐리어가스 이외의 모든 성분의 검출이 가능하다.
  ⓓ 농도 검출기이므로 캐리어가스의 유량이 변동하면 감도가 변한다.
  ⓔ 유기화합물에 대해서는 감도가 FID에 비해 떨어진다.
  ⓕ 유기 및 무기화학종에 대하여 모두 감응한다.

㉴ 수소염 이온화 검출기 (FID : flame ionization detector) : 불꽃 속에 탄화수소가 들어가면 시료 성분이 이온화됨으로써 불꽃 중에 놓여 진 전극 간의 전기전도도가 증대하는 것을 이용한 것이다.

    ⓐ 캐리어가스 : 순도 99.9 % 이상의 N_2, He 사용

    ⓑ 검지 감도는 가장 높고, 원리적으로는 1 ppm의 가스 농도의 검지가 가능하다.

    ⓒ 정량범위가 넓고, 캐리어가스의 유량이 변동하여도 감도가 변하지 않는다.

    ⓓ 유기화합물 분석에 가장 널리 사용된다.

    ⓔ 탄화수소에서 감도가 최고이고 H_2, O_2, CO_2, SO_2 등은 감도가 없다.

    ⓕ 탄화수소의 상대감도는 탄소수에 거의 비례한다.

    ⓖ 구성 요소로 시료가스, 노즐, 컬렉터 전극, 증폭부, 농도 지시계 등이 있다.

㉵ 전자포획 이온화 검출기 (ECD : electron capture detector) : 방사선 동위원소로부터 방출되는 β선으로 캐리어가스가 이온화되어 생긴 자유전자를 시료 성분이 포획하면 이온전류가 감소하는 것을 이용한 것이다.

    ⓐ 캐리어가스 : N_2, He 사용

    ⓑ 유기할로겐 화합물, 니트로 화합물 및 유기금속 화합물을 선택적으로 검출할 수 있다.

    ⓒ 할로겐 및 산소 화합물에서의 감도는 최고이며 탄화수소는 감도가 나쁘다.

㉶ 염광 광도형 검출기 (FPD : flame photometric detector) : 수소염에 의하여 시료 성분을 연소시키고 이때 발생하는 광도를 측정하여 인 또는 유황화합물을 선택적으로 검출할 수 있다.

㉷ 알칼리성 이온화 검출기 (FTD : Flame Thermionic Detector) : FID에 알칼리 또는 알칼리토 금속염 튜브를 부착한 것으로 유기질소 화합물 및 유기인 화합물을 선택적으로 검출할 수 있다. 불꽃 열 이온화 검출기라고도 불린다.

㉸ 기타 검출기

    ⓐ 방전이온화 검출기 (DID)

    ⓑ 원자방출 검출기 (AED)

    ⓒ 열이온 검출기 (TID)

㋐ 분리의 평가 : 분리의 평가는 크로마토그램으로부터 이론단수, 이론단 높이 및 피크의 면적 등을 계산하여 평가한다.

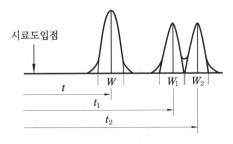

크로마토그램

㉮ t, t_1, t_2 : 시료 도입점으로부터 피크의 최고점까지의 길이 (체류시간, 보유시간)

㉯ W, W_1, W_2 : 피크의 좌우 변곡점에서 접선이 자르는 바탕선의 길이

㉰ 지속 시간 (retention time) : 시료가스별로 유지하여야 할 시간

㉱ 지속 유량 (retention volume) : 시료가스별로 유지하여야 할 유량

 ※ 지속 유량 (mL) = $\dfrac{\text{캐리어가스 유량 } (mL/min) \times \text{피크 길이 } (cm)}{\text{기록지 속도 } (cm/min)}$

 ※ 캐리어가스 유속 (mL/min) = $\dfrac{\text{지속유량 } (mL)}{\text{지속시간 } (min)}$

㉲ 이론단수 계산

$$N = 16 \times \left(\dfrac{T_r}{W}\right)^2$$

여기서, N : 이론단수, W : 봉우리 폭 (mm)
 T_r : 시료 도입점으로부터 피크 최고점까지의 길이 (보유시간)

㉳ 이론단 높이 (HETP : height equivalent to a theoretical plate) 계산

$$\text{이론단 높이 } (HETP) = \dfrac{L}{N}$$

여기서, L : 분리관의 길이, N : 이론단수

㉴ 분리도 (R) 계산

$$R = \dfrac{2(t_2 - t_1)}{W_1 + W_2}$$

여기서, t_1, t_2 : 1번, 2번 성분의 보유시간 (s)
 W_1, W_2 : 1번, 2번 성분의 피크 폭 (s)

② 질량 분석법 : 천연가스, 증열 수성 가스의 분석에 이용한다.

③ 적외선 분광 분석법 : 분자의 진동 중 쌍극자 힘의 변화를 일으킬 진동에 의해 적외선의 흡수가 일어나는 것을 이용한 방법으로 He, Ne, Ar 등 단원자 분자 및 H_2, O_2, N_2, Cl_2 등 대칭 2원자 분자는 적외선을 흡수하지 않으므로 분석할 수 없다.

④ 전기량에 의한 적정법 : 패러데이 (Faraday) 법칙을 이용한 것으로 전기분해에 필요한 전기량으로 부터 CO_2, O_2, SO_2, NH_4 등의 분석에 이용된다.

⑤ 저온 정밀 증류법 : 시료가스를 상압에서 냉각 또는 가압하여 액화시켜 그 증류 온도 및 유출가스의 분압에서 증류곡선을 얻어 시료가스의 조성을 구하는 방법으로 탄화수소 혼합가스 분석에 사용되며 C_2H_2, CO_2 등과 같이 간단하게 액화하지 않는 가스에 적합하지 않다.

(6) 기타 분석기

① 열전도율형 CO_2 분석기 : CO_2는 공기보다 열전도율이 낮은 점을 이용한 것으로 휘트스톤 브리지 회로를 구성하여 CO_2를 분석한다.

② 밀도식 CO_2 분석기 : CO_2는 공기보다 밀도가 약 1.5배 정도 무거운 점을 이용하여 분석하는 방법이다.

③ 자기식 O_2 분석기 : 일반적인 가스는 반자성체에 속하지만 O_2는 자장에 흡입되는 강력한 상자성체인점을 이용한 산소 분석기이다.

④ 세라믹 O_2 분석기 (지르코니아식 O_2 분석기) : 지르코니아 (ZrO_2)를 주원료로 한 특수 세라믹은 온도 850℃ 이상 유지시키면 산소이온이 통과하며, 산소이온이 통과할 때 발생되는 기전력을 측정하여 산소농도를 측정하는 분석기이다.

⑤ 격막 갈바니 전지식 O_2 분석기 : 갈바니 (유전기) 전기가 산소농도에 비례하는 것을 이용한 O_2 분석기이다.

※ 갈바니 전기 : 전해질용액 (KOH 수용액. 카드뮴 전해액)에 양극에 은 (Ag), 음극에 납 (Pb)을 설치하고 분석기 내부에 시료가스를 통과시키면 시료가스 중의 산소가 전해질 용액에 녹아 한쪽 전극에서는 환원반응이, 다른 쪽 전극에서는 산화반응이 일어나 전류가 흐르게 되는 현상이다.

예 상 문 제

[문제] 1. 검지가스와 반응하여 변색하는 시약을 여지 등에 침투시켜 검지하는 방법은?

[가] 시험지법
[나] 검지관법
[다] 헴펠 (Hempel)법
[라] 가연성 가스 검출기법

[문제] 2. KI-전분지의 검지가스와 변색반응 색깔이 올바르게 연결된 것은?

[가] 할로겐 – 청갈색
[나] 아세틸렌 – 회흑색
[다] 일산화탄소 – 청갈색
[라] 시안화수소 – 적갈색

[해설] • 가스검지 시험지법

검지가스	시 험 지	반응
암모니아 (NH_3)	적색 리트머스지	청 색
염 소 (Cl_2)	KI-전분지	청갈색
포스겐 ($COCl_2$)	해리슨시험지	유자색
시안화수소 (HCN)	초산벤젠지	청 색
일산화탄소 (CO)	염화팔라듐지	흑 색
황화수소 (H_2S)	연당지	회흑색
아세틸렌 (C_2H_2)	염화 제1구리착염지	적갈색

※ 할로겐족 원소 : 염소, 불소, 브롬, 요오드

[문제] 3. 가스보일러에서 가스를 연소시킬 때 불완전 연소할 경우 발생하는 가스에 중독될 경우 생명을 잃는 경우도 있다. 이때 이 가스를 검지하기 위하여 사용하는 시험지는?

[가] 해리슨씨 시약 [나] 연당지
[다] 초산벤젠지 [라] 염화팔라듐지

[해설] 가스보일러에서 불완전 연소 시 발생하는 가스는 일산화탄소(CO)로 누설검지 시험지는 염화팔라듐지를 사용하고 반응은 흑색으로 변한다.

[문제] 4. 안전등형 가스 검출기에서 청색 불꽃의 길이로 농도를 알아낼 수 있는 가스는?

[가] 수소 [나] 메탄 [다] 프로판 [라] 산소

[문제] 5. 가스누출 검지관법에 대한 설명으로 옳지 않은 것은?

[가] 검지관은 안지름 2~4 mm의 유리관에 발색시약을 흡착시킨 검지제를 충전한다.
[나] 사용할 때는 반드시 한 쪽만 절단하여 측정한다.
[다] 국지적인 가스 누출 검지에 사용된다.
[라] 염소에 대한 측정농도 범위는 0~0.004 % 정도이고, 검지한도는 0.1 ppm이다.

[해설] 검지관법을 사용할 때는 반드시 양 쪽 끝을 절단하여 측정한다.

[문제] 6. 가스를 분석할 때 표준표와 비색측정을 정하는 것은?

[가] 가스 크로마토그래피
[나] 적외선 흡수법
[다] 오르사트법
[라] 검지관

[문제] 7. 검지관에 의한 측정농도 및 한도가 잘못된 것은?

[가] C_2H_2 : 0~0.3 %, 10 ppm
[나] H_2 : 0~1.5 %, 250 ppm
[다] CO : 0~0.1 %, 1 ppm
[라] C_3H_8 : 0~0.1 %, 10 ppm

[해설] C_3H_8 : 0~5.0 %, 100 ppm

[문제] 8. 가연성 가스 검출기로 주로 사용되지 않은 것은?

[가] 안전등형 [나] 간섭계형
[다] 열선형 [라] 중화 적정형

[해답] 1. [가] 2. [가] 3. [라] 4. [나] 5. [나] 6. [라] 7. [라] 8. [라]

문제 9. 가스의 굴절률 차이를 이용하여 가연성 가스의 농도를 측정하는 방법은?

㉮ 안전등형   ㉯ 열전도식

㉰ 간섭계형   ㉱ 연소식

문제 10. 열전도식 가스 검지기의 특성이 아닌 것은?

㉮ 공기와의 열전도도 차가 작을수록 감도가 좋다.

㉯ 가연성 가스 이외의 가스도 측정할 수 있다.

㉰ 고농도의 가스를 측정할 수 있다.

㉱ 자기 가열된 서미스터에 가스를 접촉시키는 방식이다.

해설 • 열전도식 가스 검지기 : 열선형 가연성 가스 검출기로 백금선의 전기저항 변화에 의해 검지하는 것으로 열전도차가 클수록 감도가 좋다.

문제 11. 접촉 연소식 가스 검지기의 특성이 아닌 것은?

㉮ 가연성 가스는 모두 검지 대상이 되므로 특정한 성분만을 검지할 수 없다.

㉯ 완전연소가 일어나도록 순수한 산소를 공급해 준다.

㉰ 연소반응에 따른 필라멘트의 전기 저항 증가를 검출한다.

㉱ 측정 가스의 반응열을 이용하므로 가스는 일정 농도 이상이 필요하다.

해설 공기 중의 산소와 반응하여 연소한다.

문제 12. 다음 중 반도체식 가스 검지기의 반도체 재료로 적당한 것은?

㉮ 산화니켈 (NiO)

㉯ 산화알루미늄 (Al_2O_3)

㉰ 산화주석 (SnO_2)

㉱ 이산화망간 (MnO_2)

해설 반도체식 가스 검지기의 반도체의 재료는 산화주석 (SnO_2), 산화아연 (ZnO)를 사용한다.

문제 13. 반도체 가스누출 검지기의 특징에 대한 옳은 설명은?

㉮ 안정성은 떨어지지만 수명이 길다.

㉯ 가연성 가스 이외의 가스는 검지할 수 없다.

㉰ 응답속도를 빠르게 하기 위해 가열해 준다.

㉱ 미량 가스에 대한 출력이 작으므로 고감도로 검지할 수 없다.

해설 • 반도체 가스누출 검지기의 특징
  ① 안정성이 우수하며 수명이 길다.
  ② 가연성 가스 이외의 가스에도 감응한다. (독성가스, 가연성 가스 검지 가능)
  ③ 반도체 소결온도 전후 (300~400℃)로 가열해 준다.
  ④ 농도가 낮은 가스에 민감하게 반응하며 고감도로 검지할 수 있다.

문제 14. 다음 중 가스 센서에 이용되는 물리적 현상은?

㉮ 압전효과   ㉯ 조지프슨 효과

㉰ 흡착효과   ㉱ 광전효과

문제 15. 가스 정량분석을 통해 표준 상태의 체적을 구하는 식은? (단, V_0 : 표준 상태의 체적, V : 측정 시의 가스의 체적, P : 대기압, P' : t ℃의 증기압)

㉮ $V_0 = \dfrac{760 \times (273 + t)}{V(P - P') \times 273}$

㉯ $V_0 = \dfrac{V(273 + t) \times 273}{760 \times (P - P')}$

㉰ $V_0 = \dfrac{V(P' - P) \times 273}{760 \times (273 + t)}$

㉱ $V_0 = \dfrac{V(P - P') \times 760}{273 \times (273 + t)}$

문제 16. 물리적 가스 분석계에 대한 설명으로 맞지 않는 것은?

㉮ 가스의 밀도차를 이용한 것

㉯ 가스의 점도차를 이용한 것

㉰ 가스의 자기적 성질을 이용한 것

해답 9. ㉰ 10. ㉮ 11. ㉯ 12. ㉰ 13. ㉰ 14. ㉰ 15. ㉰ 16. ㉱

라 가스의 연소성을 이용한 것

해설 • 분석계의 종류

(1) 화학적 가스 분석계

① 연소열을 이용한 것

② 용액 흡수제를 이용한 것

③ 고체 흡수제를 이용한 것

(2) 물리적 가스 분석계

① 가스의 열전도율을 이용한 것

② 가스의 밀도, 점도차를 이용한 것

③ 빛의 간섭을 이용한 것

④ 전기 전도도를 이용한 것

⑤ 가스의 자기적 성질을 이용한 것

⑥ 가스의 반응성을 이용한 것

⑦ 적외선 흡수를 이용한 것

문제 **17.** 가스 분석법 중 흡수 분석법에 해당하지 않는 것은?

가 헴펠법　　　　　나 산화구리법

다 오르사트법　　　라 게겔법

해설 • 흡수 분석법 : 채취된 가스를 분석기 내부의 성분 흡수제에 흡수시켜 체적변화를 측정하는 방식으로 오르사트(Orsat)법, 헴펠(Hempel)법, 게겔(Gockel)법 등이 있다.

문제 **18.** 오르사트 가스분석 장치에서 사용되는 흡수제와 흡수가스의 연결이 바르게 된 것은?

가 CO 흡수액 – 알칼리성 피로갈롤 용액

나 CO 흡수액 – 30 % KOH 수용액

다 CO_2 흡수액 – 암모니아성 염화 제1구리 용액

라 O_2 흡수액 – 알칼리성 피로갈롤 용액

해설 • 오르사트식 가스분석 순서 및 흡수제

순 서	분석가스	흡 수 제
1	CO_2	KOH 30 % 수용액
2	O_2	알칼리성 피로갈롤용액
3	CO	암모니아성 염화 제1구리 용액

문제 **19.** 오르사트 가스 분석계로 가스분석 시의 적당한 온도는?

가 10~15℃　　　　나 15~25℃

다 16~20℃　　　　라 20~28℃

문제 **20.** 배기가스를 100 cc 채취하여 KOH 30 % 용액에 흡수된 양이 15 cc이었고, 이것을 알칼리성 피로갈롤 용액에 통과한 후 70 cc가 남았으며, 암모니아성 염화 제1구리에 흡수된 양은 1 cc이었다. 이때 가스 중 CO_2, CO, O_2는 각각 몇 %인가?

가 CO_2 : 15 %, CO : 5 %, O_2 : 1 %

나 CO_2 : 5 %, CO : 1 %, O_2 : 15 %

다 CO_2 : 15 %, CO : 1 %, O_2 : 15 %

라 CO_2 : 5 %, CO : 15 %, O_2 : 1 %

해설 • 오르사트 분석법에서 성분 계산

$$성분율 (\%) = \frac{체적 감량}{시료 가스량} \times 100$$

① $CO_2 (\%) = \dfrac{15}{100} \times 100 = 15 \%$

② $O_2 (\%) = \dfrac{85 - 70}{100} \times 100 = 15 \%$

③ $CO (\%) = \dfrac{1}{100} \times 100 = 1 \%$

문제 **21.** 가스보일러의 배기가스를 오르사트 분석기를 이용하여 시료 50 mL를 채취하였더니 흡수 피펫을 통과한 후 남은 시료 부피는 각각 CO_2 40 mL, O_2 20 mL, CO 17 mL이었다. 이 가스 중 N_2의 조성은?

가 30 %　　나 34 %　　다 64 %　　라 70 %

해설 조성 $(\%) = \dfrac{전체 시료량 - 체적감량}{시료 채취량} \times 100$

$$= \frac{50 - (10 + 20 + 3)}{50} \times 100 = 34 \%$$

문제 **22.** 연료 가스의 헴펠(Hempel)식 분석 방법에 대한 설명으로 틀린 것은?

가 이산화탄소, 중탄화수소, 산소, 일산화탄소 등의 성분을 분석한다.

나 흡수법과 연소법을 조합한 분석 방법이다.

다 흡수법의 흡수순서는 이산화탄소, 메탄계 탄화수소, 중탄화수소, 산소의 순이다.

라 질소성분은 흡수되지 않은 나머지로 각 성분의 용량 %의 합을 100에서 뺀 값이다.

해설 • 헴펠 (Hempel)법 분석순서 및 흡수제

순서	분석가스	흡 수 제
1	CO_2	KOH 30 % 수용액
2	C_mH_n	발연황산
3	O_2	피로갈롤용액
4	CO	암모니아성 염화 제1구리 용액

문제 23. 게겔 (Gockel)법을 이용하여 가스를 흡수·분리할 때 33 % KOH로 분리되는 가스는?

㉮ 이산화탄소　　　㉯ 에틸렌

㉰ 아세틸렌　　　　㉱ 일산화탄소

해설 • 게겔 (Gockel)법의 분석순서 및 흡수제

순서	분석가스	흡수제
1	CO_2	33 % KOH 수용액
2	아세틸렌	요오드수은 칼륨 용액
3	프로필렌, n-C_4H_8	87 % H_2SO_4
4	에틸렌	취소 수용액
5	O_2	알칼리성 피로갈롤용액
6	CO	암모니아성 염화 제1구리 용액

※ 요오드수은 칼륨 용액을 옥소수은칼륨 용액이라고도 함

문제 24. 연소 분석법은 3가지로 구분된다. 관계없는 것은?

㉮ 완만 연소법　　㉯ 분별 연소법

㉰ 혼합 연소법　　㉱ 폭발법

문제 25. 다음 중 분별연소법을 사용하여 가스를 분석할 경우 분별적으로 완전히 연소되는 가스는?

㉮ 수소, 이산화탄소

㉯ 이산화탄소, 탄화수소

㉰ 일산화탄소, 탄화수소

㉱ 수소, 일산화탄소

문제 26. 연소 분석법 중 탄화수소는 산화시키지 않고 H_2 및 CO만을 분별적으로 완전 산화시키는 방법은?

㉮ 폭발법　　　　　㉯ 팔라듐관 연소법

㉰ 완만 연소법　　　㉱ 헴펠법

해설 • 분별 연소법 : 탄화수소는 산화시키지 않고 H_2 및 CO만을 분별적으로 완전 산화시키는 방법

① 팔라듐관 연소법 : H_2를 분석하는데 적당한 방법으로 촉매로 팔라듐 석면, 팔라듐 흑연, 백금, 실리카 겔 등이 사용된다.

② 산화구리법 : 산화구리를 250℃로 가열하여 시료가스 중 H_2 및 CO는 연소되고 CH_4만 남는다. 메탄 (CH_4)의 정량분석에 적합하다.

문제 27. 분별 연소법 중 팔라듐관 연소분석법에서 촉매로 사용되지 않는 것은?

㉮ 구리　　　　　　㉯ 팔라듐 흑연

㉰ 백금　　　　　　㉱ 실리카 겔

해설 • 팔라듐관 연소법에 사용되는 촉매 : 팔라듐 석면, 팔라듐 흑연, 백금, 실리카 겔 등

문제 28. 분별 연소법 중 산화 구리법에 의하여 주로 정량할 수 있는 가스는?

㉮ O_2　　　　　　㉯ N_2

㉰ CH_4　　　　　　㉱ CO_2

해설 • 산화 구리법 : 산화구리를 250℃로 가열하여 시료가스를 통하면 H_2, CO는 연소되고 CH_4만 남는다.

문제 29. 화학 분석법 중 연료가스 중의 암모니아를 황산에 흡수시켜 남은 황산 (H_2SO_4)을 수산화나트륨 (NaOH) 용액으로 적정하는 방법은?

㉮ 요오드 직접 적정법

㉯ 요오드 간접 적정법

㉰ 중화 적정법

㉱ 킬레이트 적정법

문제 30. 다음 중 람베르트−비어 법칙을 이용한 분석법은?

㉮ 분광 광도법　　　㉯ 분별 연소법

㉰ 전위차 적정법　　㉱ 가스 크로마토그래피

해설 • 분광 광도법 (흡광 광도법) : 시료가스를

반응시켜 발색을 광전 광도계 또는 광전 분광 광도계를 사용하여 흡광도의 측정으로 분석하는 방법으로 미량 분석에 사용된다.

문제 31. 다음 중 가스 크로마토그래피의 주된 원리는?

㉮ 흡착   ㉯ 증류   ㉰ 추출   ㉱ 결정화

문제 32. 기체 크로마토그래피법의 원리로서 가장 적합한 것은?

㉮ 흡착제를 충전한 관 속에 혼합시료를 넣고, 용제를 유동시켜 흡수력 차이에 따라 성분의 분리가 일어난다.

㉯ 관 속을 지나가는 혼합기체 시료가 운반기체에 따라 분리가 일어난다.

㉰ 혼합기체의 성분이 운반기체에 녹는 용해도 차이에 따라 성분의 분리가 일어난다.

㉱ 혼합기체의 성분은 관 내에 자기장의 세기에 따라 분리가 잘 일어난다.

문제 33. 가스 크로마토그래피 분석기는 시료 고유의 어떤 성질을 이용한 분석기인가?

㉮ 점성   ㉯ 비열
㉰ 반응속도   ㉱ 확산속도

문제 34. 비점 300℃ 이하의 액체 및 기체를 측정하는 물리적인 가스 분석계로서 선택성이 우수한 가스 분석법은?

㉮ 오르사트법
㉯ 밀도법
㉰ 세라믹법
㉱ 가스 크로마토그래피법

문제 35. 가스 크로마토그래피의 특징에 대한 설명으로 옳은 것은?

㉮ 다성분의 분석은 1대의 장치로는 할 수 없다.

㉯ 적외선 가스 분석계에 비해 응답속도가 느리다.

㉰ 캐리어가스는 수소, 염소, 산소 등이 이용된다.

㉱ 분리능력은 극히 좋으나 선택성이 우수하지 않다.

[해설] • 가스 크로마토그래피의 특징
① 여러 종류의 가스 분석이 가능하다.
② 선택성이 좋고 고감도로 측정한다.
③ 미량 성분의 분석이 가능하다.
④ 응답속도가 늦으나 분리 능력이 좋다.
⑤ 동일 가스의 연속 측정이 불가능하다.
⑥ 캐리어가스의 종류 : 수소, 헬륨, 아르곤, 질소

문제 36. 가스 크로마토그래피에 관한 설명으로 가장 옳은 것은?

㉮ 운반 가스로는 일반적으로 O_2, CO_2 등이 이용된다.

㉯ 각 성분의 보유시간 (시료를 도입하고부터 피크에 이르기까지의 시간)은 분석조건이 일정하면 조성에 관계없이 거의 일정하다.

㉰ 분석시료는 반드시 LP가스의 기체부분에서 채취해야 한다.

㉱ 분석순서에서 가장 먼저 분석시료를 도입해 두고 운반 가스를 흘려보낸다.

문제 37. 가스 크로마토그래피의 장치구성요소에 속하지 않는 것은?

㉮ 분리관 (컬럼)   ㉯ 검출기
㉰ 광원   ㉱ 기록계

[해설] • 장치구성요소 : 캐리어가스, 압력 조정기, 유량조절 밸브, 압력계, 분리관 (컬럼), 검출기, 기록계 등

문제 38. 가스 크로마토그래피의 캐리어 가스로 사용하기에 적절하지 못한 것은?

㉮ He   ㉯ N_2 ㉰ O_2 ㉱ Ar

[해설] • 캐리어가스의 종류 : 수소 (H_2), 헬륨 (He), 아르곤 (Ar), 질소 (N_2)

문제 39. 가스 크로마토그래피에서 운반가스의 구비조건으로 옳지 않은 것은?

해답 31. ㉮   32. ㉮   33. ㉱   34. ㉱   35. ㉯   36. ㉯   37. ㉰   38. ㉰   39. ㉯

[가] 시료와 반응성이 낮은 불활성 기체여야 한다.
[나] 기체 확산이 가능한 큰 것이어야 한다.
[다] 순도가 높고 구입이 용이해야 한다.
[라] 사용하는 검출기에 적합해야 한다.

[문제] **40.** 가스 크로마토그래피 컬럼 재료로 사용되는 흡착제가 아닌 것은?
[가] 실리카 겔
[나] 몰레큘러 시브 (molecular sieve)
[다] 고상 가성소다
[라] 활성 알루미나

[해설] • 흡착제의 종류 : [가], [나], [라] 외 활성탄, porapak Q 등

[문제] **41.** 흡착형 분리관의 충전물과 적용대상이 옳게 짝지어진 것은?
[가] 활성탄 – 수소, 일산화탄소, 이산화탄소, 메탄
[나] 활성알루미나 – 이산화탄소, C_1~C_3 탄화수소
[다] 실리카 겔 – 일산화탄소, C_1~C_4 탄화수소
[라] porapack Q – 일산화탄소, 이산화탄소, 질소, 산소

[해설] • 흡착형 분리관 충전물과 적용가스

충전물 명칭	적용가스
활성탄	H_2, CO, CO_2, CH_4
활성알루미나	CO, C_1~C_3 탄화수소
실리카 겔	CO_2, C_1~C_4 탄화수소
몰레큘러 시브 13X	CO, CO_2, N_2, O_2
porapack Q	N_2O, NO, H_2O

[문제] **42.** 가스 크로마토그래피 분석기의 구조 및 설치에 관한 설명으로 옳지 않은 것은?
[가] 분리관 오븐은 가열기구, 온도조절기구, 온도측정기구로 구성되어 있다.
[나] 진동이 없고 분석에 사용되는 유해물질을 안전하게 처리하는 곳에 설치한다.
[다] 접지 저항은 100 Ω 이상의 접지점이 있는 곳이어야 한다.
[라] 공급전원은 지정 전압이 10 % 이내로서 주파수 변동이 없어야 한다.

[문제] **43.** 가스 크로마토그래피의 조작과정이 다음과 같을 때 조작순서가 가장 올바르게 나열된 것은?

① 가스 크로마토그래피 조정
② 표준가스 도입
③ 성분 확인
④ 가스 크로마토그래피의 안정성 확인
⑤ 피크 면적 계산
⑥ 시료가스 도입

[가] ①→④→②→⑥→③→⑤
[나] ①→②→③→④→⑤→⑥
[다] ④→①→⑥→②→③→⑤
[라] ①→②→④→③→⑥→⑤

[문제] **44.** 가스 크로마토그래피의 분리관에 사용되는 충전 담체에 대한 설명 중 틀린 것은?
[가] 큰 표면적을 가진 미세한 분말이다.
[나] 입자크기가 균등하면 분리작용이 좋다.
[다] 충전하기 전에 비휘발성 액체로 피복해야 한다.
[라] 화학적으로 활성을 띠는 물질이 좋다.

[문제] **45.** gas chromatography를 사용하여 가스를 분석하는 과정에 대한 내용으로 옳지 않은 것은?
[가] column의 내부는 활성탄, 실리카 겔, 활성 알루미나 등의 충전물로 채워져 있다.
[나] column의 내부로 통하는 압력은 되도록 높은 압력이면 분석의 정도가 높아진다.
[다] 분석하는 시료가스 별로 일정한 유지시간 (retention time)으로 구분되어진다.
[라] 검출기의 종류로는 TCD, FID, ECD 등의 검출기가 사용된다.

[해답] 40. [다] 41. [가] 42. [다] 43. [가] 44. [라] 45. [나]

해설 캐리어가스의 압력은 압력 조정기에 의하여 일정압력 이하로 조정되어진다.

문제 46. 가스 크로마토그래피에서 이상적인 검출기의 구비조건으로 가장 거리가 먼 내용은?

㉮ 안정성과 재현성이 좋아야 한다.
㉯ 모든 분석물에 대한 감응도가 비슷해야 좋다.
㉰ 용질량에 대해 선형적인 감응도를 보여야 좋다.
㉱ 유속을 조절하여 감응시간을 빠르게 할 수 있어야 좋다.

문제 47. 캐리어 가스와 시료성분 가스의 열전도도차를 금속 필라멘트 또는 서미스터의 저항 변화로 검출하는 가스 크로마토그래피 검출기는?

㉮ TCD   ㉯ FID   ㉰ ECD   ㉱ FPD
해설 • TCD (thermal conductivity detector) : 열전도형 검출기

문제 48. 수소 이온화식 가스 검출기 (FID)에 대한 설명 중 옳지 않은 것은?

㉮ FID는 수소 불꽃 속에 탄화수소가 들어가면 불꽃의 전기 전도도가 증대하는 현상을 이용한 것이다.
㉯ 가스 검지기로서의 검지 감도는 가장 높고 원리적으로는 1 ppm의 가스 농도의 검지가 가능하다.
㉰ FID에 의한 탄화수소의 상대감도는 탄소수에 거의 반비례한다.
㉱ 구성 요소로는 시료가스, 노즐, 컬렉터 전극, 증폭부, 농도 지시계 등이 있다.

문제 49. 가스 크로마토그래피 분석기에서 FID (flame ionization detector) 검출기의 특성에 대한 설명으로 옳은 것은?

㉮ 시료를 파괴하지 않는다.

㉯ 대상 감도는 탄소수에 반비례한다.
㉰ 미량의 탄화수소를 검출할 수 있다.
㉱ 연소성 기체에 대하여 감응하지 않는다.
해설 • 수소염 이온화 검출기 (FID : flame ionization detector) : 불꽃으로 시료 성분이 이온화됨으로써 불꽃 중에 놓여진 전극 간의 전기 전도도가 증대하는 것을 이용한 것으로 탄화수소에서 감도가 최고이고 H_2, O_2, CO_2, SO_2 등은 감도가 없다.

문제 50. 도로에 매설된 도시가스가 누출되는 것을 감지하여 분석한 후 가스누출 유무를 알려 주는 가스 검출기는?

㉮ FID   ㉯ TCD   ㉰ FTD   ㉱ FPD

문제 51. 다음 가스 크로마토그래피의 검출기 중 유기금속 화합물을 선택적으로 검출할 수 있는 것은?

㉮ 불꽃열이온 검출기
㉯ 불꽃이온화 검출기
㉰ 전자포획 검출기
㉱ 열전도도 검출기
해설 • 전자포획 이온화 검출기 (ECD : electron capture detector) : 방사선으로 캐리어가스가 이온화되어 생긴 자유전자를 시료 성분이 포획하면 이온전류가 감소하는 것을 이용한 것으로 유기 할로겐 화합물, 니트로 화합물 및 유기금속 화합물을 선택적으로 검출할 수 있다.

문제 52. 가스 크로마토그래피의 분석기기에 있어서 인과 황화합물에 대하여 선택적으로 검출하여 기체 상태의 황화물을 검출하는데 이용되는 검출기는?

㉮ TCD   ㉯ FID   ㉰ ECD   ㉱ FPD
해설 • FPD : 염광 광도형 검출기라 하며 수소염에 의하여 시료성분을 연소시키고 이때 발생하는 불꽃의 광도를 측정하여 인, 황화합물을 선택적으로 검출한다.

문제 53. 방전이온화 검출기 (DID)를 지닌 가스 크로마토그래피를 사용하며 초고순도

산소 (O_2) 중의 미량 불순물 (Ar, N_2, CH_4, H_2)을 분석하고자 한다. 정확한 분석을 위해 도입되어야 할 기법 중 가장 바람직한 것은 ?

㉮ 캐리어가스로는 아르곤 (Ar)을 사용한다.

㉯ 캐리어가스로는 질소 (N_2)를 사용한다.

㉰ 팔라듐 멤브레인으로 된 수소분리 시스템을 사용한다.

㉱ 구리 (Cu) 또는 망간 (Mn)으로 된 산소 트랩을 사용한다.

해설 산소 중의 불순물을 분석하여야 하므로 산소를 제거하기 위하여 트랩 (trap)을 사용하여야 한다.

문제 54. 가스 크로마토그래피 검출기에 대한 설명으로 옳지 않은 것은 ?

㉮ 열전도형 검출기 (TCD)의 운반가스는 주로 순도 99.8 % 이상의 질소나 아르곤 가스를 사용한다.

㉯ 열전도형 검출기 (TCD)는 유기 및 무기 화학종 모두에 감응한다.

㉰ 수소 이온화 검출기 (FID)는 탄화수소에 대한 감응이 좋다.

㉱ 전자포획 이온화 검출기 (ECD)는 할로겐 및 산소 화합물에서의 감응이 좋다.

해설 열전도형 검출기 (TCD)의 운반가스 (캐리어가스)는 순도 99.9 % 이상의 수소 (H_2), 헬륨 (He)을 사용한다.

문제 55. 산소 (O_2) 중에 포함되어 있는 질소 (N_2) 성분을 가스 크로마토그래피로 정량하고자 한다. 다음 중 옳지 않은 것은 ?

㉮ 열전도식 검출기 (TCD)를 사용한다.

㉯ 산소 (O_2)의 피크가 질소 (N_2)의 피크보다 먼저 나오도록 컬럼을 선택하여야 한다.

㉰ 캐리어가스로는 헬륨을 쓰는 것이 바람직하다.

㉱ 산소 제거 트랩 (oxygen trap)을 사용하는 것이 좋다.

문제 56. 다음 그림은 가스 크로마토그래프의 크로마토그램이다. t, t_1, t_2는 무엇인가 ?

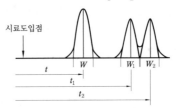

㉮ 이론단수

㉯ 체류시간

㉰ 분리관의 효율

㉱ 피크의 좌우 변곡점의 길이

해설 ① t, t_1, t_2 : 시료 도입점으로부터 피크의 최고점까지의 길이 (체류시간, 보유시간)

② W, W_1, W_2 : 피크의 좌우 변곡점에서 접선이 자르는 바탕선의 길이

문제 57. retention time에 대한 설명으로 옳지 않은 것은 ?

㉮ injection에서 최대 peak까지 걸리는 시간이다.

㉯ 시료의 양에 따라 변하는 양이다.

㉰ 시료의 여러 가지 성분은 각각 동일한 retention time을 가질 수 없다.

㉱ 다른 성분의 간섭을 받지 않는다.

해설 ① 지속시간 (retention time) : 시료가스별로 유지하여야 할 시간

② 지속유량 (retention volume) : 시료가스별로 유지하여야 할 유량

문제 58. 캐리어가스의 유량이 50 mL/min이고, 기록지의 속도가 3 cm/min일 때 어떤 성분 시료를 주입하였더니 주입점에서 성분의 피크까지의 길이가 15 cm였다면 지속용량은 ?

㉮ 10 mL ㉯ 250 mL ㉰ 150 mL ㉱ 750 mL

해설 지속용량 $= \dfrac{\text{유량} \times \text{피크 길이}}{\text{기록지 속도}}$

$= \dfrac{50 \times 15}{3} = 250 \text{ mL}$

해답 54. ㉮ 55. ㉯ 56. ㉯ 57. ㉯ 58. ㉯

문제 59. 어떤 기체를 가스 크로마토그래피(gas chromatography)로 분석하였더니 지속유량(retention volume)이 3 mL이고, 지속시간(retention time)이 6 min이 되었다면 운반기체의 유속(mL/min)은?

㉮ 0.5　　　　　　　㉯ 2.0
㉰ 5.0　　　　　　　㉱ 18

해설 유속 = $\dfrac{지속유량}{지속시간} = \dfrac{3}{6} = 0.5\,\text{mL/min}$

문제 60. 크로마토그래피의 피크가 다음 그림과 같이 기록되었을 때 피크의 넓이(A)를 계산하는 식으로 가장 적합한 것은?

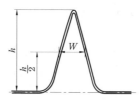

㉮ Wh　　　　　　　㉯ $\dfrac{1}{2}$ Wh

㉰ 2 Wh　　　　　　㉱ $\dfrac{1}{4}$ Wh

문제 61. 아래 그림은 가스 크로마토그래피로 얻은 크로마토그램이다. 이 경우 이론단수는 얼마인가? (단, 피크의 좌우 변곡점에서 접선이 자르는 바탕선의 길이는 5 mm이다.)

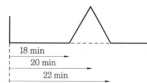

㉮ 207　　　　　　　㉯ 256
㉰ 400　　　　　　　㉱ 600

해설 $N = 16 \times \left(\dfrac{T_r}{W}\right)^2 = 16 \times \left(\dfrac{20}{5}\right)^2 = 256$

문제 62. 어떤 분리관에서 얻은 벤젠의 기체

크로마토그램을 분석하였더니 시료 도입점으로부터 피크 최고점까지의 길이가 85.4 mm, 봉우리의 폭이 9.6 mm이었다. 이론단수는?

㉮ 1266단　　　　　㉯ 1046단
㉰ 935단　　　　　　㉱ 835단

해설 $N = 16 \times \left(\dfrac{T_r}{W}\right)^2$
　　$= 16 \times \left(\dfrac{85.4}{9.6}\right)^2 = 1266$단

문제 63. 길이 250 cm인 관으로 벤젠의 기체 크로마토그램을 재었더니 기폭지에 머무른 부피가 72.2 mm, 봉우리의 띠 너비가 8.0 mm이었다면 이론단높이(HETP)는 얼마인가?

㉮ 0.19 cm　　　　　㉯ 0.34 cm
㉰ 0.51 cm　　　　　㉱ 0.79 cm

해설 ① 이론단수(N) 계산
　　$N = 16 \times \left(\dfrac{Tr}{W}\right)^2 = 16 \times \left(\dfrac{72.2}{8}\right)^2 = 1303.21$
　　② 이론단높이(HETP) 계산
　　$HETP = \dfrac{L}{N} = \dfrac{250}{1303.21} = 0.19\,\text{cm}$

문제 64. 어느 가스 크로마토그램에서 성분 X의 보유시간이 6분, 피크 폭이 6 mm이었다. 이 경우 X에 관하여 HETP는 얼마인가? (단, 분리관 길이는 3 m, 기록지의 속도는 분당 15 mm이다.)

㉮ 0.83 mm　　　　　㉯ 8.30 mm
㉰ 0.64 mm　　　　　㉱ 6.40 mm

해설 ① 이론단수(N) 계산
　　$N = 16 \times \left(\dfrac{Tr}{W}\right)^2 = 16 \times \left(\dfrac{15 \times 6}{6}\right)^2 = 3600$
　　② HETP 계산
　　$HETP = \dfrac{L}{N} = \dfrac{3000}{3600} = 0.833\,\text{mm}$

문제 65. 어떤 관의 길이 25 cm에서 벤젠을 기체 크로마토그램으로부터 계산한 이론

단수가 400단이었다. 기록지에 머무른 부피가 30 mm라면 봉우리의 폭(띠 너비)은 몇 mm인가?

㉮ 3 mm ㉯ 6 mm
㉰ 9 mm ㉱ 12 mm

해설 $N = 16 \times \left(\dfrac{Tr}{W}\right)^2$ 에서

$$\therefore W = \frac{Tr}{\left(\dfrac{N}{16}\right)^{\frac{1}{2}}} = \frac{30}{\left(\dfrac{400}{16}\right)^{\frac{1}{2}}} = 6 \text{ mm}$$

문제 **66.** 가스 크로마토그램의 분석결과 노르말 헵탄의 피크 높이가 12.0 cm, 반 높이선 너비가 0.48 cm이고, 벤젠의 피크 높이가 9.0 cm, 반 높이선 너비가 0.62 cm이었다면 노르말 헵탄의 농도는 얼마인가?

㉮ 49.20 % ㉯ 50.79 %
㉰ 56.47 % ㉱ 77.42 %

해설 ① 노르말 헵탄 면적 계산
  $\therefore 0.48 \times 12 = 5.76 \text{ cm}^2$
② 벤젠의 면적 계산
  $\therefore 0.62 \times 9 = 5.58 \text{ cm}^2$
③ 노르말 헵탄의 농도(%) 계산
$$= \frac{\text{노르말 헵탄의 면적}}{\text{전체 면적}} \times 100$$
$$= \frac{5.76}{5.76 + 5.58} \times 100 = 50.79 \%$$

문제 **67.** 에탄올, 헵탄, 벤젠, 에틸아세테이트로 된 4성분 혼합물을 TCD를 이용하여 정량분석하려고 한다. 다음 데이터를 이용하여 각 성분(에탄올 : 헵탄 : 벤젠 : 에틸아세테이트)의 중량분율(wt%)을 구하면?

성 분	면적 (cm^2)	중량인자
에탄올	5.0	0.64
헵탄	9.0	0.70
벤젠	4.0	0.78
에틸아세테이트	7.0	0.79

㉮ 20 : 36 : 16 : 28

㉯ 22.5 : 37.1 : 14.8 : 25.6
㉰ 22.0 : 24.1 : 26.8 : 27.1
㉱ 17.6 : 34.7 : 17.2 : 30.5

해설 ① 총 중량 계산
$$T_w = (5.0 \times 0.64) + (9.0 \times 0.70) +$$
$$(4.0 \times 0.78) + (7.0 \times 0.79) = 18.15$$
② 각 성분의 중량분율 계산
$$\text{중량분율 (wt\%)} = \frac{\text{성분가스 중량}}{\text{총 중량}} \times 100$$

㉮ 에탄올 (%) $= \dfrac{5.0 \times 0.64}{18.15} \times 100 = 17.63 \%$

㉯ 헵탄 (%) $= \dfrac{9.0 \times 0.70}{18.15} \times 100 = 34.71 \%$

㉰ 벤젠(%) $= \dfrac{4.0 \times 0.78}{18.15} \times 100 = 17.19 \%$

㉱ 에틸아세테이트 (%) $= \dfrac{7.0 \times 0.79}{18.15} \times 100$
$$= 30.46 \%$$

③ 각 성분의 중량분율
  17.63 : 34.71 : 17.19 : 30.46

문제 **68.** 가스 크로마토그램에서 A, B 두 성분의 보유시간은 각각 1분 50초와 2분 20초이고 피크 폭은 다 같이 30초였다. 이 경우 분리도는 얼마인가?

㉮ 0.5 ㉯ 1.0
㉰ 1.5 ㉱ 2.0

해설 $R = \dfrac{2(t_2 - t_1)}{W_1 + W_2}$

$$= \frac{2 \times (140 - 110)}{30 + 30} = 1.0$$

문제 **69.** 적외선 분광 분석법에 대한 설명으로 틀린 것은?

㉮ 적외선을 흡수하기 위해서는 쌍극자 모멘트의 알짜 변화를 일으켜야 한다.
㉯ H_2, O_2, N_2, Cl_2 등의 2원자 분자는 적외선을 흡수하지 않으므로 분석이 불가능하다.
㉰ 미량성분의 분석에는 셀(cell) 내에서 다중반사 되는 기체 셀을 사용한다.

해답 66. ㉯ 67. ㉱ 68. ㉯ 69. ㉱

㉠ 흡광계수는 셀 압력과는 무관하다.

[해설] • 적외선 분광 분석법 : 분자의 진동 중 쌍극자 힘의 변화를 일으킬 진동에 의해 적외선의 흡수가 일어나는 것을 이용한 방법으로 He, Ne, Ar 등 단원자 분자 및 H_2, O_2, N_2, Cl_2 등 대칭 2원자 분자는 적외선을 흡수하지 않으므로 분석할 수 없다.

[문제] **70.** 적외선 흡수 스펙트럼의 차이를 이용한 적외선 분광 분석법에서 검출되지 않는 가스는?

㉮ CO_2 ㉯ SO_2 ㉰ Cl_2 ㉱ NH_3

[해설] • 적외선 분광 분석법 : 단원자 분자 (He, Ne, Ar 등) 및 대칭 2원자 분자 (H_2, O_2, N_2, Cl_2 등)는 적외선을 흡수하지 않으므로 분석할 수 없다.

[문제] **71.** 화학 분석법 중 연료가스 중의 암모니아를 황산에 흡수시켜 남은 황산 (H_2SO_4)을 수산화나트륨 (NaOH) 용액으로 적정하는 방법은?

㉮ 요오드 직접 적정법
㉯ 요오드 간접 적정법
㉰ 중화 적정법
㉱ 킬레이트 적정법

[문제] **72.** LPG의 성분 분석에 이용되는 분석법 중 저온 분류법에 의해 적용될 수 있는 것은 어느 것인가?

㉮ 관능기의 검출

㉯ cis, trans의 검출
㉰ 방향족 이성체의 분리정량
㉱ 지방족 탄화수소의 분리정량

[문제] **73.** 가스는 분자량에 따라 다른 비중값을 갖는다. 이 특성을 이용하는 가스 분석기기는?

㉮ 밀도식 CO_2 분석기기
㉯ 자기식 O_2 분석기기
㉰ 광화학 발광식 NO_X 분석기기
㉱ 적외선식 가스분석기기

[해설] • 밀도식 CO_2 분석기 : CO_2는 공기보다 밀도가 약 1.5배 정도 무거운 점을 이용하여 분석하는 방법이다.

[문제] **74.** 물리적 가스 분석계 중 가스의 상자성 (常磁性)체에 있어서 자장에 대해 흡인되는 성질을 이용한 것은?

㉮ SO_2 가스계
㉯ O_2 가스계
㉰ CO_2 가스계
㉱ 가스 크로마토그래피

[문제] **75.** 연소가스 중 CO와 H_2의 분석에 사용되는 것은?

㉮ 탄산가스계
㉯ 질소가스계
㉰ 미연소가스계
㉱ 수소가스계

제 3 장   계측기기 일반

1. 압력계의 종류 및 특징

(1) 압력의 측정방법 및 분류

① 압력의 측정방법

  ㈎ 기기의 중량과 균형을 일치시켜 측정 : 액주식 압력계, 침종식 압력계, 자유 피스톤형 압력계, 링밸런스식 압력계 등

  ㈏ 압력 변화에 의한 탄성변위를 이용 : 탄성식 압력계 (부르동관식, 벨로스식, 다이어프램식, 캡슐식)

  ㈐ 물리적 현상을 이용 : 전기식 압력계 (전기저항 압력계, 피에조 전기 압력계, 스트레인 게이지)

② 압력의 분류

  ㈎ 측정방법에 의한 분류

    ㉮ 표준대기압 (atmospheric) : 0℃, 위도 45° 해수면을 기준으로 지구 중력이 9.806655 m/s^{2}일 때 수은주 760 mmHg로 표시될 때의 압력으로 1 atm으로 표시한다.

      ※ 1 atm = 760 mmHg = 76 cmHg = 0.76 mHg = 29.9 inHg = 760 torr

          = 10332 kgf/m^2 = 1.0332 kgf/cm^2 = 10.332 mH$_2$O = 10332 mmH$_2$O

          = 101325 N/m^2 = 101325 Pa = 1013.25 hPa = 101.325 kPa = 0.101325 MPa

          = 1.01325 bar = 1013.25 mbar = 14.7 lb/in^2 = 14.7 psi

    ㉯ 게이지 압력 : 표준 대기압을 0으로 기준하여 압력계에 지시된 압력으로 압력단위 뒤에 "G", "g"를 사용하거나 생략한다.

    ㉰ 진공압력 : 표준대기압을 기준으로 대기압 이하의 압력으로 압력단위 뒤에 "V", "v"를 사용한다.

    ㉱ 절대압력 : 절대진공 (완전진공)을 기준으로 그 이상 형성된 압력으로 압력단위 뒤에 "abs", "a"를 사용한다.

      ※ 절대압력 = 대기압 + 게이지 압력

             = 대기압 − 진공압력

    ㉲ 압력환산 방법

$$※ 환산압력 = \frac{주어진\ 압력}{주어진\ 압력의\ 표준대기압} \times 구하려\ 하는\ 표준대기압$$

【참 고】 SI 단위와 공학단위의 관계

① $1\,MPa = 10.1968\,kgf/cm^2 \fallingdotseq 10\,kgf/cm^2$, $1\,kgf/cm^2 = \dfrac{1}{10.1968}\,MPa \fallingdotseq \dfrac{1}{10}\,MPa$

② $1\,kPa = 101.968\,mmH_2O \fallingdotseq 100\,mmH_2O$, $1\,mmH_2O = \dfrac{1}{101.968}\,kPa \fallingdotseq \dfrac{1}{100}\,kPa$

(내) 작용 상태에 의한 분류

㉮ 정압 : 유체가 정지하고 있는 상태에서 작용하는 압력

㉯ 동압 : 유동하고 있는 상태에서 흐름방향에 작용하는 압력

㉰ 전압 = 정압 + 동압

(대) 압력 상태에 의한 분류

㉮ 정압 : 대기압 이상으로 작용하고 있는 압력

㉯ 부압 : 대기압 이하로 작용하고 있는 압력

③ 측정방법에 따른 압력계 분류

(개) 1차 압력계 : 측정선으로 하는 압력과 평형하는 무게, 힘으로 직접 측정하는 것

(내) 2차 압력계 : 물질의 성질이 압력에 의해 받는 변화를 측정하고 그 변화율에 의해 압력을 지시하는 것

(2) 1차 압력계

① 액주식 압력계 (manometer) : 유리관에 수은, 물, 기름 등의 액체를 넣어 압력차로 인하여 발생하는 액면의 높이차를 이용하여 압력을 구하는 것이다.

(개) 액주식 압력계용 액체의 구비조건

㉮ 점성이 적을 것

㉯ 열팽창계수가 적을 것

㉰ 항상 액면은 수평을 만들 것

㉱ 온도에 따라서 밀도변화가 적을 것

㉲ 증기에 대한 밀도변화가 적을 것

㉳ 모세관 현상 및 표면장력이 적을 것

㉴ 화학적으로 안정할 것

㉵ 휘발성 및 흡수성이 적을 것

㉶ 액주의 높이를 정확히 읽을 수 있을 것

(내) 종류

㉮ 호루단형 : 유리관을 수직으로 세워 상부는 진공으로 하여 밀폐시키고 하부는 수은에 넣은 것으로 유리관에 올라간 수은의 높이로 압력이 측정된다. 기압계로 사용된다.

㉯ 단관식 압력계 : 액체 용기에 유리관을 수직으로 연결한 것으로 상형 압력계라 하며 차압을 측정하는 데 사용된다.

㉰ U자관 압력계 : 유리관을 U자형으로 구부려 만든 것으로 액주의 높이차를 확인하여 압력을 측정한다. 유리관 내부에는 수은, 기름, 물 등을 넣어 사용한다.

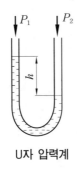

$$P_2 = P_1 + \gamma h$$

여기서, P_2 : 측정 절대압력 (mmH$_2$O)

P_1 : 대기압 (mmH$_2$O)

γ : 액주의 액체 비중량 (kgf/m^3)

h : 액주 높이 (m)

U자 압력계

㉴ 경사관식 압력계 : 단관식의 원리를 이용한 것으로 작은 압력을 정확하게 측정할 수 있어 실험실 등에서 사용한다.

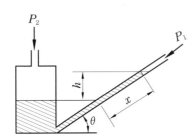

$$P_2 = P_1 + \gamma x \sin\theta, \ x = \frac{h}{\sin\theta}$$

여기서, P_2 : 측정 절대압력 (mmH$_2$O)

P_1 : 대기압 (mmH$_2$O)

x : 경사각 압력계의 눈금 (m)

θ : 관의 경사각

② 침종식 압력계 : 아르키메데스의 원리를 이용한 것으로 액체 중의 침종의 상하 이동으로 압력을 측정하는 것으로 침종 변위를 직접 지시시키거나 또는 그 위치를 전기적인 신호로 변환하여 원격 전송시켜 기록하는 것이다. 진동, 충격의 영향을 적게 받으며 단종형 압력계와 복종형 압력계가 있다.

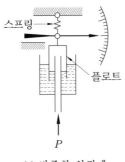

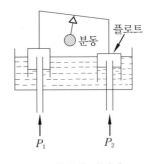

(a) 단종형 압력계   (b) 복종형 압력계

침종식 압력계의 종류

③ 링밸런스식 압력계 : 상부와 하부 2실로 구분되어 하부에 수은이 채워져 있으며, 각 실의 압력 균형이 깨지면 지축 주변을 회전한다. 그 회전각은 압력차에 비례하므로 이것을 지침에 의해 지시시키고 압력차를 측정한다.

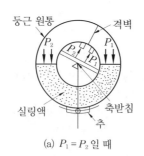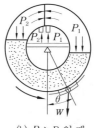

(a) $P_1 = P_2$ 일 때   (b) $P_1 > P_2$ 일 때

링밸런스식 압력계

④ 자유 피스톤형 압력계 : 측정하여야 할 압력은 오일 (광유)에 의해 그 피스톤의 일단에 작용시키고 피스톤에 가하여진 추와 평형이 되도록 한 것이다. 이때의 압력은 추와 피스톤의 단면적에서 산출된다. 압력 측정범위가 비교적 넓고 정밀도가 높아 탄성 압력계의 검정용 및 교정용으로 사용한다. 부유 피스톤형 압력계, 표준 분동식 압력계도 있다.

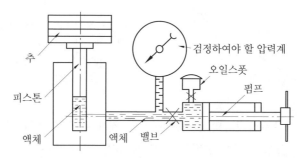

자유 피스톤형 압력계

$$P = \left\{ \frac{W + W'}{a} \right\} + P_1$$

여기서, P : 압력 (kgf/cm$^2 \cdot$ a), W : 추의 무게 (kg), W' : 피스톤의 무게 (kg)
a : 피스톤의 단면적 (cm^2), P_1 : 대기압 (kgf/cm^2)

(3) 2차 압력계

① 탄성 압력계

(개) 부르동관 (bourdon tube)식 압력계 : 2차 압력계 중에서 가장 대표적인 것으로 부르동관의 탄성을 이용한 것으로 곡관에 압력이 가해지면 곡률 반지름이 증대되고, 압력이 낮아지면 수축하는 원리를 이용한 것이다.

㉮ 부르동관의 종류 : C자형, 스파이럴형 (spiral type), 헬리컬형 (helical type), 버튼형 (torque-tube type)

㉯ 부르동관의 재질

ⓐ 저압용 : 황동, 인청동, 청동

ⓑ 고압용 : 니켈강, 스테인리스강

ⓒ 암모니아 (NH$_3$), 아세틸렌 (C$_2$H$_2$)의 경우 : 동 및 동합금을 사용할 수 없으므로 연강재를 사용하여야 한다. (단, 동함유량 62 % 미만의 경우 사용 가능)

ⓓ 압력계의 크기 : 눈금판의 바깥지름 (mm)과 최고사용압력으로 표시

ⓔ 측정범위 : 0~3000 kgf/cm^2 (높은 압력은 측정할 수 있지만 정도는 좋지 않다)

　※ 콤파운드 게이지 (compound gauge) : 연성계라고 하며 부르동관을 이용한 것으로
　대기압 이하의 압력 (진공압력)과 대기압 이상의 압력 (게이지 압력)을 측정할 수 있다.

ⓕ 사용 시 주의사항

　ⓐ 항상 검사를 받고, 지시의 정확성을 확인할 것

　ⓑ 진동, 충격, 온도 변화가 적은 장소에 설치할 것

　ⓒ 안전장치 (사이펀관, 스톱 밸브)를 사용할 것

　ⓓ 압력계에 가스를 넣거나 빼낼 때는 조작을 서서히 할 것

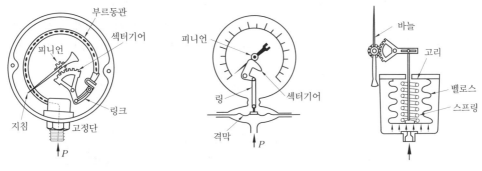

부르동관 압력계의 구조　　　다이어프램 압력계의 구조　　　벨로스 압력계의 구조

(나) 다이어프램 (diaphragm)식 압력계 : 탄성이 강한 얇은 판 양쪽의 압력이 서로 다르면
압력이 낮은 쪽으로 판이 굽는다. 이때 굽는 판의 크기는 압력차에 비례하므로 그 변
위를 이용하여 압력을 측정한다.

ⓐ 다이어프램 재질 : 천연고무, 합성고무, 특수고무, 테플론, 가죽, 인청동, 구리, 스
테인리스강

ⓑ 측정범위 : 20~5000 mmH$_2$O

ⓒ 특징

　ⓐ 응답속도가 빠르나 온도의 영향을 받는다.

　ⓑ 극히 미세한 압력 측정에 적당하다.

　ⓒ 부식성 유체의 측정이 가능하다.

　ⓓ 압력계가 파손되어도 위험이 적다.

　ⓔ 차압 (+, −) 측정이 가능하다.

　ⓕ 연소로의 통풍계 (draft gauge)로 사용한다.

(다) 벨로스 (bellows)식 압력계 : 얇은 금속판으로 만들어진 원형의 통에 주름이 생기게 만든
것을 벨로스 (bellows)라 하며 이 벨로스의 탄성을 이용하여 압력을 측정하는 것이다.

ⓐ 재질 : 인청동, 스테인리스강

ⓑ 측정범위 : 0.01~10 kgf/cm^2

ⓒ 압력변동에 대한 적응성이 떨어진다.

ⓓ 유체 내의 먼지 등 이물질의 영향을 적게 받는다.

㈒ 히스테리시스 (hysteresis) 오차가 발생한다.

㈓ 자동제어 장치의 압력 검출용 등에 사용한다.

㈑ 캡슐식 : 2개의 파상 격막을 이어 붙인 것으로 기압계 등 비교적 낮은 압력 측정에 사용된다.

② 전기식 압력계 : 압력변화를 전기량으로 전환하여 압력을 측정한다.

㈎ 전기저항 압력계 : 금속의 전기저항이 압력에 의해 변화하는 것을 이용하는 압력계로 초고압 측정에 사용되는 유일한 압력계이다.

㈏ 피에조 전기 압력계 (압전기식) : 수정이나 전기석 또는 로셸염 등의 결정체의 특정 방향에 압력을 가하면 기전력이 발생하고 발생한 전기량은 압력에 비례하는 것을 이용한 것이다. 가스 폭발이나 급격한 압력변화 측정에 사용된다.

㈐ 스트레인 게이지 : 금속, 합금이나 반도체 (금속산화물) 등의 변형계 소자는 압력에 의해 변형을 받으면 전기저항이 변화하는 것을 이용한 것으로 급격한 압력변화를 측정할 수 있다.

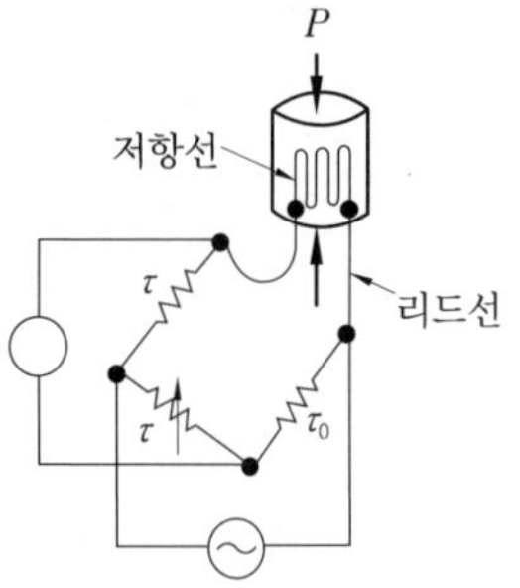

전기저항 압력계

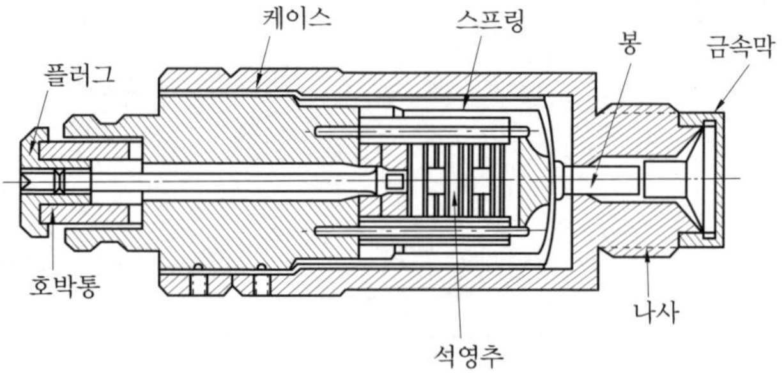

피에조 전기 압력계

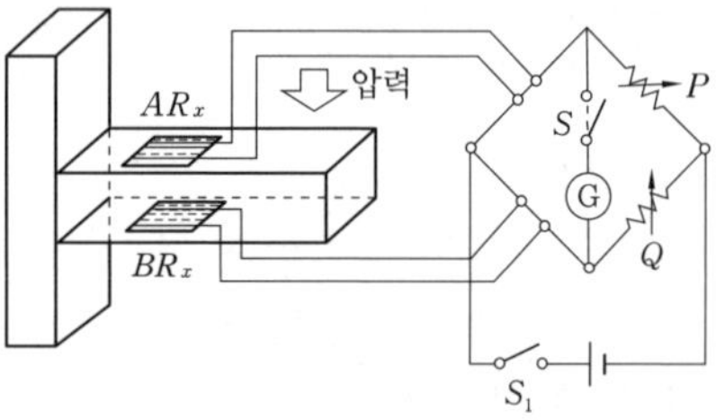

스트레인 게이지

(4) 진공계

① 매클라우드 (Mcleod) 진공계 : 일종의 폐관식 수은 마노미터 (manometer)로 다른 진공계의 교정용으로 사용되며 측정범위가 1×10^{-2} Pa 정도이다.

② 열전도형 진공계 : 기체의 열전도는 저압에서는 압력에 비례하는 것을 이용한 것으로 피라니(Pirani) 진공계, 서미스터 진공계, 열전대 진공계 등이 있다.

③ 전리 진공계 (電離 眞空計)

④ 방전 (防電)을 이용하는 진공계

2. 유량계의 종류 및 특징

(1) 유량 측정방법

① 직접법 : 유체의 부피나 질량을 직접 측정하는 방법으로 유체의 성질에 영향을 받는 경우가 적으나 압력변동이 있는 가압유체의 측정은 어렵다. 용적식 유량계를 이용하여 측정하는 방법이 해당된다.

② 간접법 : 연속의 방정식과 베르누이 방정식을 응용하여 유량을 계산하는 방법으로 차압식 유량계, 유속식 유량계, 면적식 유량계 등이 해당된다.

⑺ 연속의 방정식 : 질량 보존의 법칙을 유체의 흐름에 적용한 것으로 유입된 질량과 유출된 질량은 같다.

즉, 그림에서 점 ①에서의 유량과 점 ②에서의 유량은 항상 같다.

$$Q_1 = A_1 V_1 \cdots\cdots ① \qquad\qquad Q_2 = A_2 V_2 \cdots\cdots ②$$

① = ②이므로 $Q = A_1 V_1 = A_2 V_2$

$$\therefore V_1 = \frac{A_2}{A_1} \cdot V_2, \text{ 또는 } V_2 = \frac{A_1}{A_2} \cdot V_1$$

⑺ 유량계산

ⓐ 체적 유량 $Q = A_1 \cdot V_1 = A_2 \cdot V_2$

ⓑ 질량 유량 $M = \rho \cdot A_1 \cdot V_1 = \rho \cdot A_2 \cdot V_2$

ⓒ 중량 유량 $G = \gamma \cdot A_1 \cdot V_1 = \gamma \cdot A_2 \cdot V_2$

여기서, Q : 체적 유량 (m^3/s), M : 질량 유량 (kg/s), G : 중량 유량 (kgf/s), ρ : 밀도 (kg/m^3)

γ : 비중량 (kgf/m^3), A : 단면적 (m^2), V : 유속 (m/s)

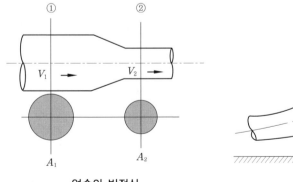

연속의 방정식

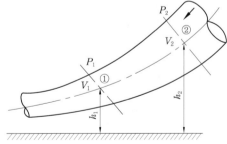

베르누이 방정식

⑷ 베르누이 (Bernoulli) 방정식 : 모든 단면에서 작용하는 위치수두, 압력수두, 속도수두의 합은 항상 일정하다로 정의된다.

$$H = Z_1 + \frac{P_1}{\gamma} + \frac{V_1{}^2}{2\text{g}} = Z_2 + \frac{P_2}{\gamma} + \frac{V_2{}^2}{2\text{g}}$$

여기서, H : 전수두 $\qquad$ Z_1, Z_2 : 위치수두

$\dfrac{P_1}{\gamma}$, $\dfrac{P_2}{\gamma}$: 압력수두 $\qquad$ $\dfrac{V_1{}^2}{2g}$, $\dfrac{V_2{}^2}{2g}$: 속도수두

(2) 용적식 (직접식) 유량계

① 측정원리 : 유체의 흐름에 따라 움직이는 운동체와 그 용적에 해당하는 일정한 부피를 갖는 공간을 만들어 그 속으로 유체를 연속으로 통과시키면서 운동체의 회전 횟수를 측정하여 체적유량을 적산(積算)하는 방법이다.

⑺ 용적식 유량계의 일반적인 특징

㉮ 정도가 높아 상거래용으로 사용된다.

㉯ 유체의 물성치 (온도, 압력 등)에 의한 영향을 거의 받지 않는다.

㉰ 외부에너지의 공급이 없어도 측정할 수 있다.

㉱ 고점도의 유체나 점도변화가 있는 유체에 적합하다.

㉲ 맥동의 영향을 적게 받고, 압력손실도 적다.

㉳ 이물질 유입을 차단하기 위하여 입구에 여과기 (strainer)를 설치하여야 한다.

② 종류

⑺ 오벌 기어 (oval gear)식 유량계 : 유입되는 유체의 흐름에 의하여 2개의 타원형 기어가 서로 맞물려 회전하며 유체를 출구로 밀어 보낸다. 기어의 회전이 유량에 비례하는 것을 이용한 유량계로 회전체의 회전속도를 측정하여 유량을 측정한다. 기체의 유량 측정에는 부적합하다.

⑻ 루츠 (roots)형 유량계 : 오벌 기어식 유량계와 구조가 비슷하나 회전자에 기어가 없는 점이 다르다.

⑼ 로터리 피스톤식 유량계 : 입구에서 유입되는 유체에 의하여 회전자가 회전하며 그 회전속도에 유량을 구하는 형식이다. 주로 수도계량기 등에 사용한다.

⑽ 회전 원판형 유량계 : 둥근 축을 갖는 원판이 유량실의 중심에 위치하고 원판의 회전에 의하여 유체의 통과량을 측정하는 형식이다.

⑾ 가스미터 : 습식 및 건식 가스미터

(3) 간접식 유량계

① 차압식 유량계 (조리개 기구식) : 관 로 중에 조리개를 삽입해서 생기는 압력차를 측정하고 베르누이 방정식으로 유량을 계산하는 것이다.

⑺ 측정원리 : 베르누이 방정식

⑻ 특징

㉮ 측정에 유체의 압력손실이 크고 저유량 측정에는 곤란하다.

㉯ 유량계 전후에 동일한 지름의 직관이 필요하다.

㉰ 고온 · 고압의 액체, 기체, 증기의 측정에 적합하다.

㉱ 규격품으로 정도가 비교적 높다.

⑼ 종류 : 오리피스 (orifice) 미터, 플로어 노즐 (flow nozzle), 벤투리 (venturi) 미터

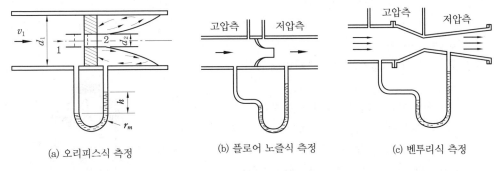

(a) 오리피스식 측정   (b) 플로어 노즐식 측정   (c) 벤투리식 측정

차압식 유량계의 측정 방법

※ 차압식 유량계의 압력손실 순서 : 오리피스 > 플로노즐 > 벤투리

㈑ 오리피스식의 특징

  ㉮ 구조가 간단하고 제작이 용이하다. ㉯ 협소한 장소에 설치가 가능하다.

  ㉰ 유량계수의 신뢰도가 크다. ㉱ 경제적인 교축기구이다.

  ㉲ 오리피스 교환이 용이하다. ㉳ 동심 오리피스와 편심 오리피스가 있다.

  ㉴ 압력손실이 가장 크다. ㉵ 침전물의 생성 우려가 많다.

㈒ 플로어 노즐식의 특징

  ㉮ 압력손실이 중간 정도이다.

  ㉯ 고압유체를 측정할 수 있다.

  ㉰ 소유량 유체의 측정에 적합하다.

  ㉱ 동일 조건에서 오리피스보다 통과 유량이 많다.

  ㉲ 고속유체의 측정이 가능하다.

  ㉳ 비교적 강도가 크다.

  ㉴ 가격은 중간정도이다.

㈓ 벤투리식의 특징

  ㉮ 압력차가 적고 압력손실이 적다. ㉯ 내구성이 좋고, 정밀도가 높다.

  ㉰ 대형으로서 제작비가 비싸다. ㉱ 구조가 복잡하다.

  ㉲ 교환이 어렵다.

㈔ 유량계산식

$$Q = C \cdot A \sqrt{\frac{2g}{1-m^4} \times \frac{P_1 - P_2}{\gamma}} = C \cdot A \sqrt{\frac{2gh}{1-m^4} \times \frac{\gamma_m - \gamma}{\gamma}}$$

여기서, Q : 유량 ($\mathrm{m^3/s}$), C : 유량계수, A : 단면적 ($\mathrm{m^2}$), g : 중력가속도 ($9.8\,\mathrm{m/s^2}$)

      m : 교축비 $\left(\dfrac{d_2{}^2}{d_1{}^2} \right)$, h : 마노미터 (액주계) 높이차 (m)

      P_1 : 교축기구 입구 측 압력 ($\mathrm{kgf/m^2}$), P_2 : 교축기구 출구 측 압력 ($\mathrm{kgf/m^2}$)

      γ_m : 마노미터 액체 비중량 ($\mathrm{kgf/m^3}$), γ : 유체의 비중량 ($\mathrm{kgf/m^3}$)

② 면적식 유량계 : 차압식 유량계가 일정한 교축 면적인데 대하여 면적식 유량계는 유량의 대소에 의해 교축 면적을 바꾸고, 차압을 일정하게 유지하면서 면적변화에 의해 유량을 측정하는 것이다.

  ⑺ 종류 : 부자식 (플로트식), 로터미터

  ⑻ 특징

    ㉮ 유량에 따라 직선 눈금이 얻어진다.

    ㉯ 유량계수는 레이놀즈수가 낮은 범위까지 일정하다.

    ㉰ 고점도 유체나 작은 유체에 대해서도 측정할 수 있다.

    ㉱ 차압이 일정하면 오차의 발생이 적다.

    ㉲ 압력손실이 적다.

    ㉳ 정도는 ±1~2 %이다.

    ㉴ 용량범위 : 100~5000 m³/h

  ⑼ 유량 계산식

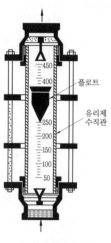

$$Q = CA_1 \times \sqrt{\dfrac{2g\,V_f\,(\gamma_2 - \gamma_1)}{A_2\gamma_1}}$$

로터미터의 구조

여기서, Q : 유량 (m³/s), C : 유량계수

       g : 중력 가속도 (9.8 m/s²), V_f : 플로트 (부자)의 체적 (m³)

       A_1 : 유체의 통과 면적 (m²), A_2 : 플로트 (부자)의 최대 단면적 (m²)

       γ_1 : 유체의 비중량 (kgf/m³), γ_2 : 플로트의 단위 체적당 무게 비중량 (kgf/m³)

③ 유속식 유량계

  ⑺ 임펠러식 유량계 : 유체가 흐르는 관 로에 임펠러를 설치하여 유속변화를 이용한 것으로 임펠러형 수도미터가 대표적이다.

    ㉮ 형식

      ⓐ 접선식 : 임펠러의 축이 유체의 흐르는 방향과 직각으로 되어 있다 (수도미터).

      ⓑ 축류식 : 임펠러의 축이 유체의 흐르는 방향과 일치되어 있다 (터빈미터).

      ※ 터빈식 유량계 : 날개에 부딪치는 유체의 운동량으로 회전체를 회전시켜 운동량과 회전량의 변화량으로 가스 흐름량을 측정하는 것으로 측정범위가 넓고 압력손실이 적다.

    ㉯ 특징

      ⓐ 구조가 간단하고 보수가 용이하다.

      ⓑ 부식성이 강한 액체에도 사용할 수 있고, 내구성이 좋다.

      ⓒ 직관 길이가 필요하다.

      ⓓ 측정 정도는 ±0.5 % 정도이다.

  ⑻ 피토관식 유량계 : 관 중의 유체의 전압과 정압과의 차, 즉 동압을 측정하여 유속을 구하여 그 값에 관 로 면적을 곱하여 유량을 측정하는 것이다.

    ㉮ 특징

      ⓐ 피토관을 유체의 흐름방향과 평행하게 설치한다.

      ⓑ 유속이 5 m/s 이하인 유체에는 측정이 불가능하다.

ⓒ 슬러지, 분진 등 불순물이 많은 유체에는 측정이 불가능하다.

ⓓ 노즐 부분의 마모에 의한 오차가 발생한다.

ⓔ 피토관은 유체의 압력에 대한 충분한 강도를 가져야 한다.

ⓕ 유량 측정은 간단하지만 사용방법이 잘못되면 오차 발생이 크다.

ⓖ 비행기의 속도 측정, 수력 발전소의 수량 측정, 송풍기의 풍량 측정에 사용된다.

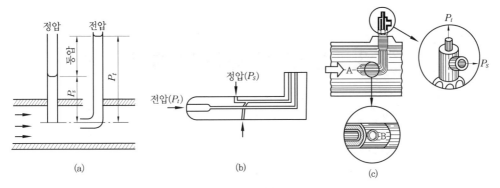

피토관식 유량계의 구조

④ 유량 계산식

$$Q = CA \sqrt{2g \frac{(P_t - P_s)}{\gamma}} = CA \sqrt{2gh \times \frac{\gamma_m - \gamma}{\gamma}}$$

여기서, Q : 유량 (m³/s), C : 유량계수, γ : 유체의 비중량 (kgf/m³), A : 단면적 (m²)
g : 중력가속도 (9.8 m/s²), P_t : 전압 (kgf/m²), P_s : 정압 (kgf/m²)

(다) 열선식 유량계 : 관 로에 전열선을 설치하여 유체의 유속변화에 따른 온도변화로 순간 유량을 측정하는 유량계로 유체의 압력손실은 크지 않다. 미풍계, 토마스 유량계, 서멀 (thermal) 유량계 등이 있다.

④ 전자식 유량계 : 패러데이 법칙 (전자유도 법칙)을 이용한 것으로 도전성 액체의 순간 유량을 측정한다.

(가) 측정관 내에 장애물이 없으며 압력손실이 거의 없다.

(나) 액체의 온도, 압력, 밀도, 점도의 영향을 거의 받지 않으며 체적 유량의 측정이 가능하다.

(다) 유량계의 출력이 유량에 비례하며 응답이 매우 빠르다.

(라) 적절한 라이닝 재질을 선정하면 슬러리나 부식성의 액체의 측정이 용이하다.

⑤ 와류식 유량계 (vortex flow meter) : 와류 (소용돌이)를 발생시켜 그 주파수의 특성이 유속과 비례관계를 유지하는 것을 이용한 것이다.

(가) 출력은 유량에 비례하며 유량 측정범위가 넓다.

(나) 구조가 간단하여 설치, 관리가 용이하다.

(다) 유체의 압력이나 밀도에 관계없이 사용이 가능하다.

(라) 가격이 비싸며 압력이 손실이 작고, 정도가 높다.

(마) 슬러리가 많은 유체나 점도가 높은 액체에는 사용이 불가능하다.

⑥ 초음파 유량계 : 초음파의 유속과 유체 유속의 합이 비례한다는 도플러 효과를 이용한 유
량계이다.
  ㈎ 정확도가 아주 높은 편이다.
  ㈏ 측정체가 유체와 접촉하지 않는다.
  ㈐ 고온·고압, 부식성 유체에도 사용이 가능하다.

3. 온도계의 종류 및 특징

(1) 온도계측

① 온도계 선정 시 주의사항
  ㈎ 온도계의 측정범위 및 정밀도가 적당할 것
  ㈏ 지시 및 기록 등을 쉽게 행할 수 있을 것
  ㈐ 피측온 물체의 크기가 온도계 크기에 비해 적당할 것
  ㈑ 견고하고 내구성이 있을 것
  ㈒ 취급이 쉽고, 측정이 간편할 것
  ㈓ 피측온 물체의 화학반응 등으로 온도계에 영향이 없을 것

② 측정방법에 의한 분류

분 류	측정원리	종 류
접촉식 온도계	열팽창 이용	유리제 봉입식 온도계, 바이메탈 온도계, 압력식 온도계
	열기전력 이용	열전대온도계
	저항변화 이용	저항온도계, 서미스터
	상태변화 이용	제게르콘, 서모컬러
비접촉식 온도계	전 방사에너지 이용	방사온도계
	단파장 에너지 이용	광고온도계. 광전관 온도계, 색온도계

(2) 접촉식 온도계

① 유리제 봉입식 온도계
  ㈎ 수은 온도계
    ㉮ 모세관 내의 수은의 열팽창을 이용   ㉯ 사용 온도범위 : $-35 \sim 350$℃
    ㉰ 정도 : 1/100
  ㈏ 알코올 유리온도계
    ㉮ 주로 저온용에 사용   ㉯ 사용 온도범위 : $-100 \sim 200$℃
    ㉰ 정도 : ±0.5~1.0 %
  ㈐ 베크만 온도계 : 모세관에 남은 수은의 양을 조절하여 측정하며 미소한 범위의 온도
변화를 정밀하게 측정할 수 있다.

(라) 유점온도계 : 체온계로 사용

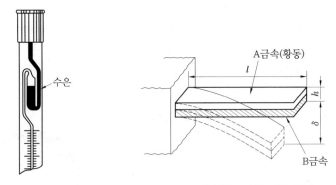

베크만 온도계   바이메탈 온도계의 원리

② 바이메탈 온도계 : 선팽창계수 (열팽창률)가 다른 2종의 얇은 금속판을 결합시켜 온도변화에 따라 굽히는 정도가 다른 점을 이용한 것이다.

(가) 유리온도계 보다 견고하다.

(나) 구조가 간단하고, 보수가 용이하다.

(다) 온도변화에 대한 응답이 늦다.

(라) 히스테리시스 (hysteresis) 오차가 발생되기 쉽다.

(마) 온도조절 스위치나 자동기록 장치에 사용된다.

(바) 측정범위 : −50~500℃

③ 압력식 온도계 : 일정한 부피의 액체나 기체가 온도상승에 의해 체적이 팽창할 때 압력상승을 이용하여 온도를 측정하는 것으로 일명 아네로이드형 온도계라고도 한다.

(가) 구성 : 감온부 (感溫部), 도압부 (導壓部), 감압부 (感壓部)

(나) 종류

  ㉮ 액체 압력식 온도계 : 감온부에 액체 (수은, 알코올, 아닐린)를 봉입하여 온도변화에 따른 체적팽창을 도압부로 유도하여 감압부에서 온도를 지시하는 것이다.

    ⓐ 원격 측정 (50 m 정도)용으로 감도가 좋다.

    ⓑ 자동제어장치와 연결하여 사용할 수 있다.

    ⓒ 감온부의 위치에 따른 영향이 있다.

    ⓓ 지시 오차가 발생할 수 있어 도압부는 6~15 m 정도로 한다.

  ㉯ 기체 압력식 온도계 : 감온부에 질소, 헬륨 등 불활성 기체를 봉입하고 온도변화에 따른 체적변화가 비례하는 것을 이용한 것이다.

    ⓐ 측정범위 : −130~430℃

    ⓑ 고온에서는 모세관에 기체가 침입될 우려가 있다 (500℃ 이하에서 사용).

    ⓒ 모세관 주위 온도에 영향을 받으며 감도가 약간 나쁘다.

    ⓓ 감압부 위치와 계기의 위치에 영향이 없다.

    ⓔ 50~90 m 정도의 원격측정이 가능하다.

(다) 특징

㉮ 진동이나 충격에 강하다.

㉯ 연속기록, 자동제어 등이 가능하다.

㉰ 원격 온도측정과 연속사용이 가능하다.

㉱ 외기온도에 영향을 받을 수 있다 (지시가 느리다).

㉲ 도압부의 모세관이 파손될 우려가 있다.

㉳ 금속의 피로에 의한 이상변형과 경년변화가 발생한다.

㉴ 미소한 온도변화나 고온 (600℃ 이상) 측정이 불가능하다.

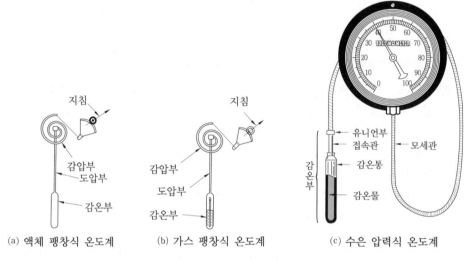

(a) 액체 팽창식 온도계   (b) 가스 팽창식 온도계   (c) 수은 압력식 온도계

압력식 온도계의 종류

④ 전기식 온도계

　㈎ 저항온도계 : 금속제의 저항이 온도가 올라가면 증가하는 원리를 이용한 것이다.

　　㉮ 측온 저항체의 종류 및 측정범위

　　　ⓐ 백금 (Pt) 측온 저항체 : -200~500℃

　　　ⓑ 니켈 (Ni) 측온 저항체 : -50~150℃

　　　ⓒ 동 (Cu) 측온 저항체 : 0~120℃

　　㉯ 측온 저항체의 구비조건

　　　ⓐ 온도에 의한 저항 온도계수가 클 것

　　　ⓑ 기계적, 물리적, 화학적으로 안정할 것

　　　ⓒ 교환하여 쓸 수 있는 저항요소가 많을 것

　　　ⓓ 온도저항 곡선이 연속적으로 되어 있을 것

　　　ⓔ 구입하기 쉽고, 내식성이 클 것

　　㉰ 특징

　　　ⓐ 원격측정에 적합하고 자동제어, 기록, 조절이 가능하다.

　　　ⓑ 비교적 낮은 온도 (500℃ 이하)의 정밀측정에 적합하다.

　　　ⓒ 검출시간이 지연될 수 있다.

　　　ⓓ 측온 저항체가 가늘어 (ϕ, 0.035) 진동에 단선되기 쉽다.

ⓔ 구조가 복잡하고 취급이 어려워 숙련이 필요하다.

ⓕ 정밀한 온도측정에는 백금 저항온도계가 쓰인다.

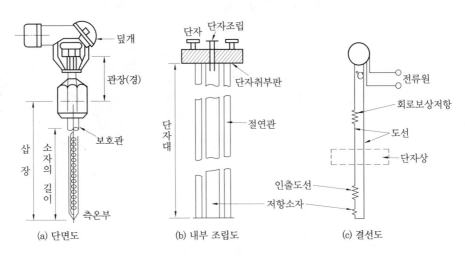

(a) 단면도   (b) 내부 조립도   (c) 결선도

측온 저항체의 구조

(내) 서미스터 (thermister) : 니켈 (Ni), 코발트 (Co), 망간 (Mn), 철 (Fe), 구리 (Cu) 등의 금속산화물을 이용하여 온도변화에 따라 저항치가 크게 변하는 반도체를 이용한 것이다.

㉮ 측정범위 : −100~300℃

㉯ 특징

ⓐ 감도가 크고 응답성이 빠르다 (온도변화가 작은 부분 측정에 적합).

ⓑ 온도가 상승에 따라 저항치가 감소한다.

ⓒ 소형으로 협소한 장소의 측정에 유리하다.

ⓓ 소자의 균일성 및 재현성이 없다.

ⓔ 흡습에 의한 열화가 발생할 수 있다.

⑤ 열전대 온도계

(개) 원리 : 2종류의 금속선을 접속하여 하나의 회로를 만들어 2개의 접점에 온도차를 부여하면 회로에 접점의 온도에 거의 비례한 전류 (열기전력)가 흐르는 제베크 (Seebeck) 효과를 이용한 것이다.

(내) 열전대의 구성

㉮ 열전대 : 열기전력을 발생시킬 목적으로 2종의 도체 한쪽 끝을 전기적으로 접속시킨 것이다.

㉯ 보상도선 : 열전대 단자부분의 온도변화에 따라 생기는 오차를 보상하기 위하여 사용되는 선이다.

㉰ 측온접점 (열접점) : 열전대의 소선을 결합한 점으로 온도를 측정할 위치에 놓는다.

㉱ 기준접점 (냉접점) : 열전대와 도선 또는 보상도선과 접합점을 일정한 온도 (0℃)로

유지하도록 한 점이다.

　㉖ 보호관 : 측온접점이나 소선이 피측온물 또는 분위기 등에 직접 노출되지 않도록 보
호하기 위하여 사용되는 것으로 금속재와 비금속재를 사용한다.

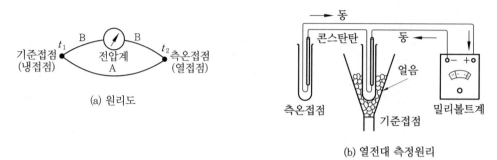

(a) 원리도

(b) 열전대 측정원리

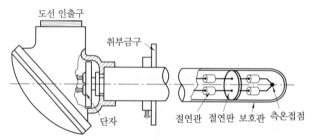

(c) 열전대온도계의 구조

열전대온도계

　㈐ 열전대의 종류

종 류	사용금속		측정온도	특 징
	+ 극	- 극		
백금-백금로듐 R(P-R)	Rh (Rh : 13 %, Pt : 87 %)	Pt	0~1600℃	산화성 분위기에는 침식되지 않으나 환원성에 약함, 정도가 높고 안정성이 우수, 고온 측정에 적합
크로멜-알루멜 K(C-A)	C (Ni : 90 %, Cr : 10 %)	A (Ni : 94 %, Al : 3 % Mn : 2 %, Si : 1 %)	-20~1200℃	기전력이 크고, 특성이 안정적이다.
철-콘스탄트 J(I-C)	I (순철)	C (Cu : 55 %, Ni : 45 %)	-20~800℃	환원성 분위기에 강하나 산화성에 약함, 가격이 저렴하다.
동-콘스탄트 T(C-C)	Cu	C	-200~350℃	저항 및 온도계수가 작아 저온용에 적합

　㈑ 특징

　　㉮ 고온 측정에 적합하다.

　　㉯ 냉접점이나 보상도선으로 인한 오차가 발생되기 쉽다.

ⓓ 전원이 필요하지 않으며 원격지시 및 기록이 용이하다.

ⓔ 온도계 사용한계에 주의하고, 영점 보정을 하여야 한다.

㈐ 오차

㉮ 전기적 오차

ⓐ 열전대의 열기전력 오차
ⓑ 보상도선의 열기전력 오차
ⓒ 계기 단독의 오차
ⓓ 열전대와 계기의 조합 오차
ⓔ 회로의 절연불량으로 인한 오차

㉯ 열적 오차

ⓐ 삽입 전이에 의한 오차
ⓑ 열복사에 의한 오차
ⓒ 열저항 증가에 의한 오차
ⓓ 냉각작용에 의한 오차
ⓔ 열전도에 의한 오차
ⓕ 측정지연에 의한 오차

㉰ 열화에 의한 오차

㈑ 취급상 주의사항

㉮ 충격을 피하고 습기, 먼지, 직사광선 등에 주의할 것

㉯ 온도계 사용 한계에 주의할 것

㉰ 사용 전에 지시계로 도선 접촉선에 영점 보정을 할 것

㉱ 표준계기와 정기적으로 비교 검정하여 지시차를 교정할 것

㉲ 단자와 보상도선의 +, −를 일치하도록 연결한다.

㉳ 측정하고자 하는 곳에 열전대를 바르게 설치한다.

㉴ 삽입구멍을 통하여 찬 공기가 유입되지 않도록 한다.

⑥ 제게르콘(Seger cone) 온도계 : 점토, 규석질 등 내연성의 금속산화물로 만든 것으로 벽돌의 내화도 측정에 사용한다.

⑦ 서모컬러(thermo color) : 도료의 일종으로 피측정물의 표면에 도포하여 그 점의 온도변화를 감시하는데 사용하는 온도계이다.

(3) 비접촉식 온도계

① 광고온도계

㈎ 원리 : 피측온 물체에서 방사되는 빛과 표준전구에서 나오는 필라멘트의 휘도를 같게 하여 표준전구의 전류 또는 저항을 측정하여 온도를 측정하는 방법이다.

㈏ 특징

㉮ 700~3000℃의 고온도 측정에 적합하다 (700℃ 이하는 측정이 곤란하다).

㉯ 구조가 간단하고 휴대가 편리하다.

㉰ 움직이는 물체의 온도 측정이 가능하고, 측온체의 온도를 변화시키지 않는다.

㉱ 비접촉식 온도계에서 가장 정확한 온도 측정을 할 수 있다.

㉲ 빛의 흡수 산란 및 반사에 따라 오차가 발생한다.

㉳ 원거리 측정, 경보, 자동기록, 자동제어가 불가능하다.

㉴ 개인 오차가 발생할 수 있다.

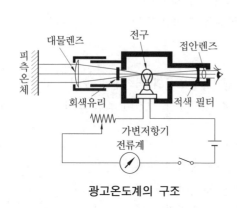

광고온도계의 구조

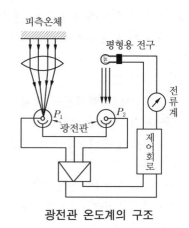

광전관 온도계의 구조

② 광전관식 온도계

　(가) 원리 : 사람의 눈 대신 광전지 혹은 광전관을 사용하여 자동으로 측정 (광고온도계를
　자동화시킨 것)하는 것이다.

　(나) 특징

　　⑦ 700~3000℃의 고온도 측정에 적합하다 (700℃ 이하는 측정이 곤란하다).

　　④ 온도의 자동기록, 자동제어가 가능하다.

　　⑤ 응답시간이 빠르다.

　　㉣ 구조가 복잡하다.

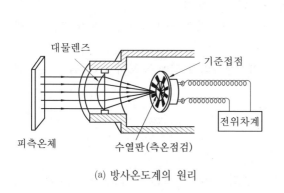

(a) 방사온도계의 원리

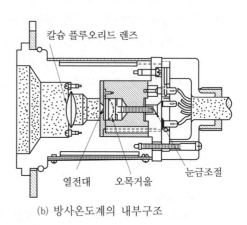

(b) 방사온도계의 내부구조

방사온도계의 원리 및 내부구조

③ 방사온도계

　(가) 원리 : 피측온 물체에서의 전방사 에너지를 렌즈 또는 반사경으로 열전대와 측온접점
　에 모아 열기전력을 측정하여 온도를 측정하는 것으로 스테판–볼츠만 법칙을 이용한
　것이다.

　(나) 특징

　　⑦ 측정범위 : 50~3000℃

　　④ 측정시간 지연이 적고, 연속 측정, 기록, 제어가 가능하다.

　　⑤ 측정거리 제한을 받고 오차가 발생되기 쉽다.

㉱ 관 로에 먼지, 연기 등이 있으면 정확한 측정이 곤란하다.

㉲ 방사율에 의한 보정량이 크고 정확한 보정이 어렵다.

㉳ 수증기, 탄산가스의 흡수에 주의하여야 한다.

④ 색온도계 : 고온 물체로부터 방사되는 복사에너지는 온도가 높아지면 파장이 짧아지는 것을 이용한 것이다(빛의 밝고 어두움을 이용한 것이다).

㈎ 측정방법

㉮ 색 필터로 기준색과 비교하는 방법

㉯ 방사되는 각 파장 중에서 2가지 파장을 골라 측정하는 방법

㈏ 특징

㉮ 연속 지시가 가능하다.

㉯ 휴대 및 취급이 간편하나 측정이 어렵다.

㉰ 연기와 먼지 등의 영향을 받지 않는다.

㉱ 측정범위 : 600~2500℃

㈐ 온도와 색과의 관계

온도(℃)	600	800	1000	1200	1500	2000	2500
색	어두운색	붉은색	오렌지색	노란색	눈부신 황백색	매우 눈부신 흰색	푸른기가 있는 흰백색

⑤ 접촉식 온도계와 비교한 비접촉식 온도계의 특징

㈎ 접촉에 의한 열손실이 없고 측정물체의 열적 조건을 건드리지 않는다.

㈏ 내구성에서 유리하다.

㈐ 이동물체와 고온 측정이 가능하다.

㈑ 방사율 보정이 필요하다.

㈒ 700℃ 이하의 온도 측정이 곤란하다(단, 방사온도계의 측정범위는 50~3000℃).

㈓ 측정온도의 오차가 크다.

㈔ 표면온도 측정에 사용된다(내부온도 측정이 불가능하다).

4. 기타 계측기기

(1) 액면계

① 액면 측정방법

㈎ 직접법 : 액면 위치를 게이지 글라스, 플로트[부자(浮子)], 검침봉 등을 이용하여 직접 액면변화를 검출하는 방법이다.

㈏ 간접법 : 용기 내의 액면 높이에 따라 변화하는 압력이나 기타 물리량의 변화를 측정하여 액면위치를 알아내는 방법이다.

② 액면계의 구비조건

  ㈎ 온도 및 압력에 견딜 수 있을 것

  ㈏ 연속 측정이 가능할 것

  ㈐ 지시 기록의 원격 측정이 가능할 것

  ㈑ 구조가 간단하고 수리가 용이할 것

  ㈒ 내식성이 있고 수명이 길 것

  ㈓ 자동제어 장치에 적용이 용이할 것

③ 직접식 액면계의 종류 및 특징

  ㈎ 직관식 (유리관식) 액면계 : 경질의 유리관을 탱크에 부착하여 내부의 액면을 직접 확인할 수 있는 것이다.

  ㈏ 플로트식 (부자식 (浮子式)) 액면계 : 탱크 내부의 액체에 뜨는 물체 (플로트)를 넣어 액면의 위치에 따라 움직이는 플로트의 위치를 직접 확인하여 액면을 측정하는 방법이다.

  ㈐ 검척식 액면계 : 액면의 높이, 분립체의 높이를 직접 자로 측정하는 방법이다.

④ 간접식 액면계의 종류 및 특징

  ㈎ 압력식 액면계 : 탱크 외부에 압력계를 설치하여 액체의 높이에 따라 변화하는 압력을 측정하여 액면을 측정한다.

  ㈏ 저항 전극식 액면계 : 액면 지시보다는 경보용이나 제어용에 이용하는 것으로 탱크 내 액면의 변화에 의하여 전극 간 저항이 탱크 내의 액으로부터 단락되어 급감하는 것을 이용한 것이다.

  ㈐ 초음파식 액면계 : 탱크 상부에 초음파 발신기와 수신기를 두고 초음파의 왕복하는 시간을 측정하여 액면까지의 길이를 측정하는 방식과 액면 밑에 발신기와 수신기를 부착하고 같은 방법으로 액면까지의 높이를 측정하는 것이다.

  ㈑ 정전 용량식 액면계 : 탐사침을 액 중에 넣어 검출되는 물질의 유전율을 이용하는 것이다.

  ㈒ 방사선 액면계 : 액면에 띄운 플로트에 방사선원을 붙이고 탱크 천장 외부에 방사선 검출기를 설치하여 방사선의 세기와 변화를 이용한 것으로 고온·고압의 액체나 부식성 액체탱크에 적합하다.

  ㈓ 차압식 액면계 (햄프슨식 액면계) : 액화산소와 같은 극저온의 저장조의 상·하부를 U 자관에 연결하여 차압에 의하여 액면을 측정하는 방식이다.

  ㈔ 다이어프램식 액면계 : 탱크 내의 일정위치에 다이어프램을 설치하고 액면의 변위에 따른 다이어프램으로 작용하는 유체의 압력을 이용하여 측정하는 방식이다.

  ㈕ 편위식 액면계 : 아르키메데스의 원리를 이용한 것으로 측정액 중에 잠겨 있는 플로트의 부력으로 측정한다.

  ㈖ 기포식 액면계 : 탱크 속에 파이프를 삽입하고 여기에 일정량의 공기를 보내면서 공기압을 측정하여 액면의 높이를 계산한다.

  ㈗ 슬립 튜브식 액면계 : 저장탱크 정상부에서 탱크 밑면까지 지름이 작은 스테인리스관

을 부착하여 이 관을 상하로 움직여 관 내에서 분출하는 가스 상태와 액체 상태의 경계면을 찾아 액면을 측정하는 것으로 고정 튜브식, 회전 튜브식, 슬립 튜브식이 있다.

㈔ 음향식

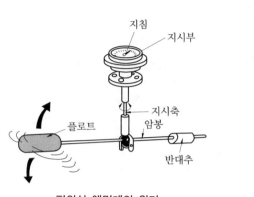

편위식 액면계의 원리

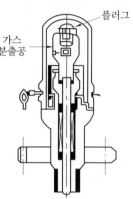

슬립 튜브식 액면계

(2) 습도계

① 습도와 노점 (露點)

㈎ 습도

㉮ 절대습도 : 습공기 중에서 건조공기 1 kg에 대한 수증기의 양과의 비율로서 절대습도는 온도에 관계없이 일정하게 나타난다.

$$X \,[\mathrm{kg/kg}\,DA] = \frac{G_w}{G_a} = \frac{G_w}{G - G_w}$$

여기서, G_w : 수증기 중량, G_a : 건공기 중량, G : 습공기 전 중량

㉯ 상대습도 : 현재의 온도 상태에서 현재 포함하고 있는 수증기의 양과의 비를 백분율 (%)로 표시한 것으로 온도에 따라 변화한다.

$$\phi\,[\%] = \frac{P_w}{P_s} \times 100, \ \ P = P_a + P_w$$

여기서, P_w : 수증기 분압 (노점에서의 포화증기압)

　　　　P_s : $t\,[℃]$에서 포화증기압 (포화습공기의 수증기 분압)

　　　　P : 습공기 전압, P_a : 건공기 분압

㉰ 비교습도 : 습공기의 절대습도와 그 온도와 동일한 포화공기의 절대습도와의 비

㈔ 노점 (露店, 이슬점) : 상대습도가 100 %일 때 대기 중의 수증기가 응축하기 시작하는 온도로 건구온도보다 습구온도가 높은 상태이며, 습도를 측정하는 가장 간단한 방법이다.

㈓ 수분 흡수법

㉮ 흡수법 : 습도를 측정하려고 하는 일정량의 공기를 흡수제에 수분을 흡수시켜 정량하는 방법이다.

㉯ 흡수제 : 황산, 염화칼슘, 실리카겔, 오산화인이 있다.

② 습도계의 종류 및 특징

　(개) 모발 (毛髮) 습도계 : 상대습도에 따라 수분을 흡수하면 신축하는 모발의 성질을 이용한 것으로 재현성이 좋기 때문에 상대 습도계의 감습 (感濕)소자로 사용되며 실내의 습도 조절용으로도 많이 이용된다.

　　㉮ 장점

　　　ⓐ 구조가 간단하고 취급이 쉽다.

　　　ⓑ 추운 지역에서 사용하기 편리하다.

　　　ⓒ 재현성이 좋다.

　　　ⓓ 상대습도가 바로 나타난다.

　　㉯ 단점

　　　ⓐ 히스테리시스 오차가 있다.

　　　ⓑ 시도가 틀리기 쉽다.

　　　ⓒ 정도가 좋지 않다.

　　　ⓓ 모발의 유효작용기간이 2년 정도이다.

　(내) 건습구 습도계 : 2개의 수은 온도계를 이용하여 습도, 온도, 상대습도를 측정한다.

　　㉮ 종류

　　　ⓐ 통풍형 건습구 습도계 : 휴대용으로 사용되며 타이머로 팬 (fan)을 가동시켜 건습구에 통풍하는 형식이다.

　　　ⓑ 간이 건습구 습도계 : 통풍장치가 없이 자연통풍을 이용한 것이다.

　　㉯ 장점

　　　ⓐ 구조가 간단하고 취급이 쉽다.

　　　ⓑ 휴대하기 편리하고, 가격이 경제적이다.

　　　ⓒ 저항온도계나 서미스터 온도계를 사용하여 자동제어용으로 사용할 수 있다.

　　㉰ 단점

　　　ⓐ 헝겊이 감긴 방향, 바람에 따라 오차가 발생한다.

　　　ⓑ 물이 항상 있어야 한다.

　　　ⓒ 상대습도를 바로 나타내지 않는다.

　　　ⓓ 3~5 m/s의 바람이 필요하다.

　(대) 전기 저항식 습도계 : 염화리듐 (LiCl$_2$) 용액을 절연판 위에 바르고 전기 (교류)를 통하면 상대습도에 따라 저항치를 변화하는 것을 이용하여 습도를 측정하는 것이다.

　　㉮ 장점

　　　ⓐ 저온도의 측정이 가능하고, 응답이 빠르다.

　　　ⓑ 상대습도 측정이 가능하다.

　　　ⓒ 연속 기록, 원격 측정, 자동제어에 이용된다.

　　　ⓓ 감도가 크다.

ⓔ 전기 저항의 변화가 쉽게 측정된다.

㉯ 단점

ⓐ 고습도 중에 장시간 방치하면 감습막 (感濕膜)이 유동한다.

ⓑ 다소의 경년변화가 있어 온도계수가 비교적 크다.

㈑ 광전관식 노점계 : 거울의 표면에 이슬 또는 서리가 부착되어 있는 상태를 거울에서의 반사광을 광전관으로 받아서 검출하고 거울의 온도를 조절해서 노점의 상태를 유지하여 열전대온도계로 온도를 측정하여 습도를 측정한다.

㉮ 장점

ⓐ 저습도의 측정이 가능하다.

ⓑ 상온 또는 저온에서는 상점의 정도가 좋다.

ⓒ 연속기록, 원격측정, 자동제어에 이용된다.

㉯ 단점

ⓐ 노점과 상점의 육안 판정이 필요하다.

ⓑ 기구가 복잡하다.

ⓒ 냉각장치가 필요하다.

㈒ 가열식 노점계 (dewcel 노점계) : 염화리듐의 포화 수용액의 수증기압이 포화 수증기압보다는 낮다는 것을 이용하여 습도를 측정한다.

㉮ 장점

ⓐ 고압 상태에서도 측정이 가능하다.

ⓑ 상온 또는 저온에서도 정도가 좋다.

ⓒ 연속 기록, 원격측정, 자동제어에 이용된다.

㉯ 단점

ⓐ 저습도의 응답시간이 늦다.

ⓑ 다소의 경년변화가 있다.

ⓒ 교류전원 및 가열이 필요하다.

(3) 밀도 및 비중 측정기기

① 밀도계

㈎ 용기를 이용하는 방법

$$\rho_t = \frac{m_2 - m_1}{V}$$

여기서, ρ_t : t[℃]의 액체 밀도 (g/cm³), V : 용기의 체적 (cm³)

m_1 : 용기의 질량 (g), m_2 : 용기에 액체를 채운 후의 질량 (g)

㈏ 추 (錐)를 이용하는 방법 : 아르키메데스의 원리를 이용한 것이다.

$$\rho_t = \frac{m_2 - m_1}{V}$$

여기서, ρ_t : t [℃]의 액체 밀도 (g/cm³), V : 추의 체적 (cm³)

m_1 : 공기 중에서의 질량 (g), m_2 : 액체 속에 추를 담근 후의 질량 (g)

② 비중계

㈎ 비중병법 : 병이 비었을 때와 증류수로 채웠을 때, 시료를 채웠을 때의 각 질량으로부터 같은 부피의 시료 및 증류수의 질량을 구하여 그것과 증류수 및 공기의 비중으로부터 시료의 비중을 구하는 방법이다.

㈏ 분젠실링법 : 시료가스를 세공에서 유출시키고 같은 조작으로 공기를 유출시켜서 각각의 유출시간의 비로부터 가스의 비중을 산출한다. 비중계, 스톱 워치 (stop watch), 온도계가 필요하다.

$$S = \frac{T_s^{\,2}}{T_a^{\,2}} + d$$

여기서, S : 건조공기에 대한 건조 시료가스의 비중

T_s : 시료가스의 유출시간 (sec)

T_a : 공기의 유출시간 (sec)

d : 건조가스 비중으로 환산하기 위한 보정값

(4) 열량계

① 봄브 (bomb) 열량계 : 고체 및 고점도인 액체 연료의 발열량 측정에 사용되며 단열식과 비단열식으로 구분된다.

② 융커스 (Junker)식 열량계 : 기체 연료의 발열량 측정에 사용되며 시그마 열량계와 융커스식 유수형 열량계로 구분된다.

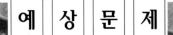

예 상 문 제

문제 1. 압력계의 눈금이 1.2 MPa를 나타내고 있으며, 대기압이 750 mmHg일 때 절대압력은 약 몇 kPa인가?

가 1000 나 1100 다 1200 라 1300

해설 절대압력 = 대기압 + 게이지 압력

$$= \left(\frac{750}{760} \times 101.325\right) + (1.2 \times 1000)$$

$$= 1299.99 \text{ kPa}$$

문제 2. 다음 중 1차 압력계는?

가 부르동관 압력계 나 U자 마노미터
다 전기저항 압력계 라 벨로스 압력계

해설 • 압력계의 구분
① 1차 압력계의 종류 : 액주식 (U자관, 단관식, 경사관식, 호루단형, 폐관식), 자유피스톤형
② 2차 압력계 : 탄성식 압력계 (부르동관식, 벨로스식 다이어프램식), 전기식 압력계 (전기저항 압력계, 피에조 압력계, 스트레인 게이지)

문제 3. 다음 중 액주식 압력계의 종류가 아닌 것은?

가 단관식   나 단종식
다 경사관식   라 U자관식

해설 • 액주식 압력계의 종류 : 단관식, U자관식, 경사관식, 액주 마노미터, 호루단형 압력계 등

문제 4. 정도가 높아 미압 측정용으로 가장 적합한 압력계는?

가 부르동관 압력계
나 경사관식 액주형 압력계
다 전기식 압력계
라 분동식 압력계

문제 5. 액주식 압력계에 사용되는 액체의 구비조건으로 거리가 먼 것은?

가 점도가 낮을 것

나 혼합성분일 것
다 밀도변화가 적을 것
라 모세관 현상이 적을 것

해설 • 액주식 액체의 구비조건
① 점성이 적을 것
② 열팽창계수가 적을 것
③ 항상 액면은 수평을 만들 것
④ 온도에 따라서 밀도변화가 적을 것
⑤ 증기에 대한 밀도변화가 적을 것
⑥ 모세관 현상 및 표면장력이 적을 것
⑦ 화학적으로 안정할 것
⑧ 휘발성 및 흡수성이 적을 것
⑨ 액주의 높이를 정확히 읽을 수 있을 것

문제 6. 탱크 내의 기체의 압력을 측정하는데 수은을 넣은 U자관 압력계를 쓰고 있다. 대기압이 753 mmHg일 때 수은면의 차가 122 mm라면 탱크 내의 기체의 절대압력은? (단, 수은의 비중량은 13.6 gf/cm³이다.)

가 0.166 kgf/cm²   나 0.215 kgf/cm²
다 1.19 kgf/cm²   라 2.45 kgf/cm²

해설 절대압력 = 대기압 + 게이지 압력

$$= \left(\frac{753}{760} \times 1.0332\right) + (13.6 \times 10^3 \times 0.122 \times 10^{-4})$$

$$= 1.189 \text{ kgf/cm}^2 \cdot a$$

문제 7. 13.6 gf/cm³의 비중을 가진 수은을 이용하여 U자형 액면계를 구성하였다. 이때 P_1과 P_2의 압력차 ΔP는 얼마인가?

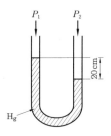

⑦ $0.54\,\mathrm{kgf/m^2}$ ④ $272\,\mathrm{kgf/m^2}$

⑤ $2720\,\mathrm{kgf/m^2}$ ⑥ $5440\,\mathrm{kgf/m^2}$

[해설] $\Delta P = \gamma \cdot h$

$\qquad = 13.6 \times 10^3 \times 0.2 = 2720\,\mathrm{kgf/m^2}$

[문제] **8.** 그림과 같은 U자관 수은주 압력계의 경우 액주의 높이차 (h)는? (단, P_1과 P_2 간의 압력차는 $0.68\,\mathrm{kgf/cm^2}$이고, 수은의 비중은 13.6이라고 가정한다.)

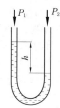

⑦ $50\,\mathrm{mm}$ ④ $25\,\mathrm{mm}$

⑤ $500\,\mathrm{mm}$ ⑥ $250\,\mathrm{mm}$

[해설] $P = \gamma \cdot h$

$\qquad \therefore h = \dfrac{P}{\gamma} = \dfrac{0.68 \times 10^4}{13.6 \times 10^3} \times 1000 = 500\,\mathrm{mm}$

[문제] **9.** 경사각 (θ)이 30°인 경사관식 압력계의 눈금 (x)을 읽었더니 $60\,\mathrm{cm}$가 상승하였다. 이때 양단의 차압 $(P_1 - P_2)$은 약 몇 $\mathrm{kgf/cm^2}$인가? (단, 액체의 비중은 0.8인 기름이다.)

⑦ 0.001   ④ 0.014   ⑤ 0.024   ⑥ 0.034

[해설] $P_1 - P_2 = \gamma x \sin\theta$

$\qquad = 0.8 \times 1000 \times 0.6 \times \sin 30° \times 10^{-4}$

$\qquad = 0.024\,\mathrm{kgf/cm^2}$

[문제] **10.** U자관 마노미터를 사용하여 오리피스에 걸리는 압력차를 측정하였다. 마노미터 속의 유체는 비중 13.6인 수은이며, 오리피스를 통하여 흐르는 유체는 비중이 1인 물이다. 마노미터의 읽음이 $50\,\mathrm{cm}$일 때 오리피스에 걸리는 압력차는 얼마인가?

⑦ $0.63\,\mathrm{kgf/cm^2}$ ④ $0.063\,\mathrm{kgf/cm^2}$

⑤ $6.30\,\mathrm{kgf/cm^2}$ ⑥ $1.86\,\mathrm{kgf/cm^2}$

[해설] $\Delta P = (\gamma_2 - \gamma_1) \cdot h$

$\qquad = (13.6 \times 1000 - 1 \times 1000) \times 0.5 \times 10^{-4}$

$\qquad = 0.63\,\mathrm{kgf/cm^2}$

[문제] **11.** 가스가 흐르는 수평관 2개소에 압력차를 측정하기 위하여 물을 넣은 마노미터를 설치하였더니 물 높이의 차이가 $100\,\mathrm{cm}$이었다. 이때 압력 차이는 몇 파스칼(Pa)인가? (단, 가스의 밀도는 $0.05\,\mathrm{g/cm^3}$이다.)

⑦ 9600   ④ 9310   ⑤ 9.8   ⑥ 9.31

[해설] $\Delta P = (\gamma_2 - \gamma_1) h$

$\qquad = (1000 - 0.05 \times 10^3) \times 1 = 950\,\mathrm{kgf/m^2}$

$\qquad \therefore \mathrm{Pa} = \dfrac{950}{10332} \times 101325 = 9316.56\,\mathrm{Pa}$

[문제] **12.** 어떤 기체의 압력을 측정하기 위하여 그림과 같이 끝이 트인 수은 마노미터를 설치하였더니 수은주의 높이차가 $50\,\mathrm{cm}$이었다. 점 P에서 절대압력은 몇 torr인가? (단, 기체와 수은의 밀도는 각각 0.136과 $13.6\,\mathrm{kg/L}$이다. 그리고 대기압은 760 torr이다.)

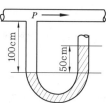

⑦ 490   ④ 500   ⑤ 1250   ⑥ 1259

[해설] 절대압력 = 대기압 + 게이지 압력이므로

$P = P_0 + (\gamma_2 h_2 - \gamma_1 h_1)$

$\qquad = 10332 + \{(13.6 \times 1000 \times 0.5) - 0.136 \times 1000 \times 1)\} = 16990\,\mathrm{kgf/m^2}$

$\qquad \therefore P = \dfrac{16990}{10332} \times 760 = 1250.189\,\mathrm{torr}$

[참고] 압력환산 방법

$$\dfrac{\text{주어진 압력}}{\text{주어진 압력 표준대기압}} \times \text{구하려는 표준대기압}$$

[문제] **13.** 그림과 같이 원유 탱크에 원유가 차 있고 원유 위의 가스 압력을 측정하기 위

하여 수은 마노미터를 연결하였다. 주어진 조건 하에서 Pg의 압력 (절대압력)은? (단, 수은, 원유의 밀도는 각각 13.6 g/cm³, 0.86 g/cm³, 중력 가속도 9.8m/s²이다.)

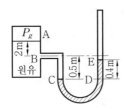

㉮ 175.8 kPa ㉯ 133.6 kPa
㉰ 74.5 kPa ㉱ 101.3 kPa

해설 절대압력 = 대기압 + 게이지 압력이므로

$$\therefore \ P_g = P_0 + (\gamma_2 \cdot h_2 - \gamma_1 \cdot h_1)$$
$$= 10332 + (13.6 \times 10^3 \times 0.4 - 0.86 \times 10^3 \times 2.5)$$
$$= 13622 \ \text{kgf/m}^2 \cdot a$$
$$\therefore \ \text{kPa} = \frac{13622}{10332} \times 101.325 = 133.589 \ \text{kPa} \cdot a$$

문제 **14.** 침종식 압력계에 대한 설명으로 옳지 않은 것은?

㉮ 복종식의 측정범위는 5~30 mmH₂O이다.
㉯ 아르키메데스의 원리를 이용한 계기이다.
㉰ 진동, 충격의 영향을 적게 받는다.
㉱ 압력이 높은 기체의 압력을 측정하는데 쓰인다.

해설 아르키메데스의 원리를 이용한 것으로 압력이 낮은 기체의 압력측정에 적합하다.

문제 **15.** 압력 측정범위가 비교적 넓고 정밀도가 높아 검정용으로 사용하기 적당한 압력계는?

㉮ 부르동관식 압력계
㉯ 벨로스식 압력계
㉰ 압전기식 압력계
㉱ 분동식 압력계

해설 • 분동식 압력계 : 피스톤형 게이지로서 다른 압력계 (탄성식 압력계)의 교정 또는 검정용 표준기로 사용된다 (표준 분동식, 부유 피스톤식. 자유 피스톤식 압력계).

문제 **16.** 부르동관 압력계로 측정한 압력이 5 kgf/cm²이었다. 부유 피스톤 압력계 추의 무게가 10 kg이고, 펌프 실린더의 지름이 8 cm, 피스톤 지름이 4 cm라면 피스톤의 무게는 몇 kg인가?

㉮ 52.8 ㉯ 72.8 ㉰ 241.2 ㉱ 743.6

해설 $P = \dfrac{W + W'}{A}$ 에서

$$\therefore \ W' = AP - W = \frac{\pi}{4} \times 4^2 \times 5 - 10 = 52.83 \ \text{kg}$$

문제 **17.** 다음 중 탄성식 압력계가 아닌 것은?

㉮ 부르동관식 ㉯ 기준 분동식
㉰ 다이어프램식 ㉱ 벨로스식

해설 • 탄성식 압력계의 종류 : ㉮, ㉰, ㉱ 외 캡슐식

문제 **18.** 다음 중 가장 높은 압력을 측정할 수 있는 압력계는?

㉮ 부르동관식 ㉯ 다이어프램식
㉰ 액주식 ㉱ 벨로스식

문제 **19.** 부르동관 (bourdon tube) 압력계에 대한 설명 중 틀린 것은?

㉮ C자관보다 나선형관이 정확하게 측정한다.
㉯ 격막식 압력계보다 고압 측정용이다.
㉰ 곡관에 압력이 가해지면 곡률 반지름이 증대되는 것을 이용한 것이다.
㉱ 계기 하나로 두 공정의 압력차 측정이 가능하다.

해설 2공정의 압력차 (차압) 측정이 곤란하다.

문제 **20.** 부르동 (bourdon)관 압력계에 대한 설명으로 옳지 않은 것은?

㉮ 높은 압력은 측정할 수 있지만 정도는 좋지 않다.
㉯ 고압용 부르동관의 재질은 니켈강을 사용하는 것이 좋다.
㉰ 탄성을 이용하는 압력계로서 가장 많이 사용되고 있다.

해답 **14.** ㉱ **15.** ㉱ **16.** ㉮ **17.** ㉯ **18.** ㉮ **19.** ㉱ **20.** ㉱

라 부르동관의 선단은 압력이 상승하면 수축되고, 낮아지면 팽창한다.

해설 부르동관은 압력이 상승하면 팽창하고, 낮아지면 수축하는 원리를 이용한 것이다.

문제 21. NH_3, C_2H_2, C_2H_4O을 부르동관 압력계를 사용하여 측정할 때 관의 재질로 올바른 것은?

가 황동
나 인청동
다 청동
라 연강재

해설 암모니아 (NH_3), 아세틸렌 (C_2H_2)의 경우 동 및 동합금을 사용할 수 없으므로 연강재를 사용하여야 한다. (단, 동 함유량 62 % 미만일 경우 사용 가능)

문제 22. 압력계와 진공계 두 가지 기능을 갖춘 압력 게이지를 무엇이라고 하는가?

가 부르동관 압력계
나 콤파운드 게이지 (compound gauge)
다 초음파 압력계
라 전자 압력계

해설 • 콤파운드 게이지 (compound gauge) : 연성계라고 하며 부르동관을 이용한 것으로 대기압 이하의 압력 (진공압력)과 대기압 이상의 압력 (게이지 압력)을 측정할 수 있다.

문제 23. 다음은 한국산업규격에서 사용하는 부르동관 압력계에 대한 용어의 정의이다. 이 중 틀린 것은?

가 게이지압은 진공을 기준으로 하여 표시한 압력을 말한다.
나 압력계는 양의 게이지압을 측정하는 것을 말한다.
다 진공계는 음의 게이지압을 측정하는 것을 말한다.
라 연성계는 양 및 음의 게이지압을 측정하는 것을 말한다.

해설 • 게이지 압력 : 대기압을 기준으로 하여 표시한 압력이다.

문제 24. 과열증기로부터 부르동 (bourdon)

관 압력계를 보호하기 위한 방법은?

가 사이펀 (syphone) 설치
나 과부하 예방관 설치
다 격막 설치
라 밀폐액 충전

문제 25. 다이어프램 압력계에 대한 설명으로 옳지 않은 것은?

가 연소로의 드래프트 (draft) 게이지로 보통 사용한다.
나 다이어프램으로는 고무, 인청동, 스테인리스 등의 박판이 사용된다.
다 주로 압력의 변화가 큰 곳에서 사용된다.
라 감도가 좋고 정확성이 높은 편이다.

해설 • 다이어프램식 압력계의 특징
① 응답속도가 빠르나 온도의 영향을 받는다.
② 극히 미세한 압력 측정에 적당하다.
③ 부식성 유체의 측정이 가능하다.
④ 압력계가 파손되어도 위험이 적다.
⑤ 측정범위 : 20~5000 mmH_2O

문제 26. 격막 (diaphragm)식 압력계의 격막 재료로서 적당하지 않은 것은?

가 인청동
나 스테인리스
다 고무
라 연강판

해설 • 격막 (diaphragm) 재료 : 인청동, 구리, 스테인리스, 특수 고무, 천연고무, 테플론, 가죽 등

문제 27. 벨로스식 압력계에서 압력측정 시 벨로스 내부에 압력이 가해질 경우 원래 위치로 돌아가지 않는 현상을 의미하는 것은?

가 limited 현상
나 bellows 현상
다 end all 현상
라 hysteresis 현상

해설 • 히스테리시스 (hysteresis) 오차 : 계측기의 톱니바퀴 사이의 틈이나 운동부의 마찰 또는 탄성변형 등에 의하여 생기는 오차

문제 28. 정도가 높고 자동계측이나 제어가 용이하여 초고압측정이나 특수목적에 주로 사용되는 압력계는?

가 전기 저항 압력계

해답 21. 라 22. 나 23. 가 24. 가 25. 다 26. 라 27. 라 28. 가

ㄴ 부르동관 압력계
ㄷ 벨로스 압력계
ㄹ 다이어프램 압력계

문제 29. 가스의 폭발 등 급속한 압력변화를 측정하거나 엔진의 지시계로 사용하는 압력계는?

ㄱ 피에조 전기압력계
ㄴ 경사관식 압력계
ㄷ 침종식 압력계
ㄹ 벨로스식 압력계

문제 30. 다음 중 기체의 열전도율을 이용한 진공계가 아닌 것은?

ㄱ 피라니 진공계　　ㄴ 열전쌍 진공계
ㄷ 서미스터 진공계 ㄹ 매클라우드 진공계

해설 • 매클라우드(Mcleod) 진공계 : 일종의 폐관식 수은 마노미터(manometer)로 다른 진공계의 교정용으로 사용되며 측정범위가 1×10^{-2} Pa 정도이다.

문제 31. 다음 중 유량의 계측 단위로 옳지 않은 것은?

ㄱ kg/h　ㄴ kg/s　ㄷ Nm^3/s　ㄹ kg/m^3

문제 32. 평균 유속이 5 m/s인 원 관에서 20 kg/s의 물이 흐르도록 하려면 관의 지름은 약 몇 mm로 해야 하는가?

ㄱ 65　　ㄴ 68　　ㄷ 71　　ㄹ 76

해설 • 질량유량 계산식

$M = \rho \cdot A \cdot V = \rho \cdot \dfrac{\pi}{4} \cdot D^2 \cdot V$

$\therefore D = \sqrt{\dfrac{4M}{\pi \cdot \rho \cdot V}} = \sqrt{\dfrac{4 \times 20}{\pi \times 1000 \times 5}} \times 1000$

$\quad = 71.36\,\text{mm}$

문제 33. 배관의 모든 조건이 같을 때 지름을 2배로 하면 체적 유량은 몇 배가 되는가?

ㄱ 2배　　ㄴ 4배　　ㄷ 6배　　ㄹ 8배

해설 $Q_1 = A_1 \cdot V_1 = \dfrac{\pi}{4} \cdot D_1^{\,2} \cdot V_1$에서 지름이 2배로 증가되면 $Q_2 = \dfrac{\pi}{4} \cdot (2D_1)^2 \, V_2$가

되며 $V_1 = V_2$가 된다.

$\therefore \dfrac{Q_2}{Q_1} = \dfrac{\dfrac{\pi}{4} \times (2D_1)^2 \times V_2}{\dfrac{\pi}{4} \times D_1^{\,2} \times V_1}$에서

$\therefore Q_2 = \dfrac{\dfrac{\pi}{4} \times (2D_1)^2 \times V_2}{\dfrac{\pi}{4} \times D_1^{\,2} \times V_1} \times Q_1 = 4\,Q_1$

문제 34. 다음 중 유속이 10 m/s인 물속에 피토관을 세울 때 수주의 높이는?

ㄱ 0.5 m　ㄴ 5.1 m　ㄷ 6.6 m　ㄹ 5.0 m

해설 $V = \sqrt{2gh}$

$\therefore h = \dfrac{V^2}{2g} = \dfrac{10^2}{2 \times 9.8} = 5.1\,\text{m}$

문제 35. 그림과 같이 축소된 통로에 물이 흐르고 있을 때 두 압력계의 압력이 같게 되기 위한 지름(d)은? (단, 다른 조건은 무시한다.)

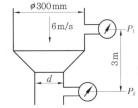

ㄱ 20.56 cm　　　　ㄴ 23.55 cm
ㄷ 33.55 cm　　　　ㄹ 55.54 cm

해설 $\dfrac{P_1}{\gamma} + \dfrac{V_1^{\,2}}{2g} + Z_1 = \dfrac{P_2}{\gamma} + \dfrac{V_2^{\,2}}{2g} + Z_2$에서

$P_1 = P_2$이므로 생략할 수 있다.

$\therefore V_2 = \sqrt{\left(\dfrac{V_1^{\,2}}{2g} + Z_1 - Z_2\right) \cdot 2g}$

$\quad = \sqrt{\left(\dfrac{6^2}{2 \times 9.8} + 3 - 0\right) \times 2 \times 9.8} = 9.74\,\text{m/s}$

$Q_1 = Q_2$이므로 $A_1 \cdot V_1 = A_2 \cdot V_2$가 된다.

$\therefore d_2 = \sqrt{\dfrac{d_1 \cdot V_1}{V_2}} = \sqrt{\dfrac{0.3^2 \times 6}{9.74}} \times 100$

$\quad = 23.55\,\text{cm}$

문제 36. 용적식 유량계에 해당되지 않는 것은?

해답 29. ㄱ　30. ㄹ　31. ㄹ　32. ㄷ　33. ㄴ　34. ㄴ　35. ㄴ　36. ㄴ

[가] 루트식 [나] 피토관
[다] 오벌식 [라] 로터리 피스톤식

[해설] • 유량계의 구분
① 용적식 : 오벌기어식, 루트(roots)식, 로터리 피스톤식, 로터리 베인식, 습식 가스미터, 막식 가스미터 등
② 간접식 : 차압식, 유속식, 면적식, 전자식, 와류식 등

[문제] **37.** 용적식 유량계의 특징에 대한 설명 중 옳지 않은 것은?
[가] 유체의 물성치(온도, 압력 등)에 의한 영향을 거의 받지 않는다.
[나] 점도가 높은 액의 유량 측정에는 적합하지 않다.
[다] 유량계 전후의 직관 길이에 영향을 받지 않는다.
[라] 외부에너지의 공급이 없어도 측정할 수 있다.

[해설] 고점도 유체나 점도 변화가 있는 유체에 적합하다.

[문제] **38.** 점도가 높거나 점도변화가 있는 유체에 가장 적합한 유량계는?
[가] 차압식 유량계 [나] 면적식 유량계
[다] 유속식 유량계 [라] 용적식 유량계

[해설] 용적식 유량계 중 오벌기어식이 해당됨

[문제] **39.** 기어의 회전이 유량에 비례하는 것을 이용한 유량계로서 회전체의 회전속도를 측정하여 유량을 알 수 있는 용적식 유량계는?
[가] 오리피스형 [나] 터빈형 임펠러식
[다] 오벌식 [라] 벤투리식

[문제] **40.** 오리피스 유량계의 적용 원리는?
[가] 부력의 법칙 [나] 토리첼리의 법칙
[다] 베르누이 법칙 [라] Gibbs의 법칙

[문제] **41.** 차압식 유량계에 해당되는 것은?
[가] 습식 가스미터 [나] 막식 가스미터
[다] 로터 미터 [라] 오리피스 방식

[해설] • 차압식 유량계의 종류 : 오리피스 미터, 플로 노즐, 벤투리 미터

[문제] **42.** 다음 유량계 중 압력손실이 큰 것부터 순서대로 나열한 것은?
[가] 플로노즐 > 오리피스 > 벤투리
[나] 오리피스 > 플로노즐 > 벤투리
[다] 오리피스 > 벤투리 > 플로노즐
[라] 벤투리 > 플로노즐 > 오리피스

[문제] **43.** 오리피스식 유량계에 대한 설명으로 옳지 않은 것은?
[가] 구조가 간단하여 많이 사용된다.
[나] 압력손실이 크다.
[다] 관의 곡선부에 설치하여도 정도가 높다.
[라] 고압에 적당하다.

[해설] • 오리피스 미터의 특징
① 구조가 간단하고 제작이 쉬워 가격이 저렴하다.
② 협소한 장소에 설치가 가능하다.
③ 유량계수의 신뢰도가 크다.
④ 오리피스 교환이 용이하다.
⑤ 차압식 유량계에서 압력손실이 제일 크다.
⑥ 침전물의 생성 우려가 많다.
⑦ 동심 오리피스와 편심 오리피스가 있다.
⑧ 유량계 전후에 동일한 지름의 직관이 필요하다.

[문제] **44.** 벤투리식 유량계가 오리피스 유량계에 비하여 가지는 장점을 설명한 것 중 옳지 않은 것은?
[가] 압력손실이 적다. [나] 구조가 간단하다.
[다] 내구성이 크다. [라] 정밀도가 좋다.

[해설] • 벤투리식 유량계의 특징
① 압력차가 적고 압력손실이 적다.
② 내구성이 좋고, 정밀도가 높다.
③ 대형으로서 제작비가 비싸다.
④ 구조가 복잡하고, 교환이 곤란하다.

[문제] **45.** 차압식 유량계에서 교축상류 및 하류의 압력이 각각 P_1, P_2일 때 체적유량이

[해답] 37. [나] 38. [라] 39. [다] 40. [다] 41. [라] 42. [나] 43. [다] 44. [나] 45. [나]

Q_1이라 한다. 압력이 2배 만큼 증가하면 유량 Q_2는 얼마가 되는가?

㉮ $2Q_1$ ㉯ $\sqrt{2}\,Q_1$ ㉰ $\dfrac{1}{2}\,Q_1$ ㉱ $\dfrac{Q_1}{\sqrt{2}}$

해설 $Q_1 = A\sqrt{2gh}$ 에서 압력차가 2배로 변하면,

$$Q_2 = A\sqrt{2g2h} = A\sqrt{2gh}\cdot\sqrt{2}$$

$$\therefore\ Q_2 = \sqrt{2}\,Q_1 = \sqrt{2Q_1^2}$$

※ 차압식 유량계에서 유량은 차압의 평방근 (제곱근)에 비례한다.

문제 **46.** 차압식 유량계로 유량을 측정하는 경우 교축(조임)기구 전후의 차압이 20.25 Pa 일 때 유량이 25 m³/h이었다. 차압이 10.50 Pa 일 때 유량은 약 몇 m³/h인가?

㉮ 13 ㉯ 18 ㉰ 35 ㉱ 48

해설 차압식 유량계에서 유량은 차압의 평방근 에 비례한다.

$$\therefore\ Q_2 = \sqrt{\dfrac{\Delta P_2}{\Delta P_1}}\times Q_1 = \sqrt{\dfrac{10.50}{20.25}}\times 25 = 18\,\text{m}^3/\text{h}$$

문제 **47.** 차압식 유량계에서 압력차가 처음보 다 2배 커지고 관의 지름이 1/2배로 되었다 면, 두 번째 유량(Q_2)과 처음 유량(Q_1)의 관계로 옳은 것은? (단, 나머지 조건은 모 두 동일하다.)

㉮ $Q_2 = 1.4142\,Q_1$ ㉯ $Q_2 = 0.707\,Q_1$

㉰ $Q_2 = 0.3535\,Q_1$ ㉱ $Q_2 = \dfrac{1}{4}\,Q_1$

해설 $Q = A\cdot V = \dfrac{\pi}{4}D^2\sqrt{2gh}$ 에서

$$Q_1 = \dfrac{\pi}{4}\cdot D^2\cdot\sqrt{2gh}$$

$$Q_2 = \dfrac{\pi}{4}\cdot\left(\dfrac{1}{2}D\right)^2\cdot\sqrt{2g2h}$$

$$\therefore\ Q_2 = \dfrac{\dfrac{\pi}{4}\cdot\left(\dfrac{1}{2}D\right)^2\cdot\sqrt{2g2h}}{\dfrac{\pi}{4}\cdot D^2\cdot\sqrt{2gh}}\times Q_1$$

$$= \dfrac{1}{4}\cdot\sqrt{2}\cdot Q_1 = 0.3535\,Q_1$$

문제 **48.** 안지름 30 cm인 관 속에 안지름 15 cm 인 오리피스를 설치하여 유량을 측정하려

한다. 압력강하는 0.1 kgf/cm²이고, 유량 계수는 0.72일 때 물의 유량은?

㉮ 0.28 m³/s ㉯ 0.028 m³/s

㉰ 0.056 m³/s ㉱ 0.58 m³/s

해설 $Q = CA\sqrt{\dfrac{2g}{1-m^4}\times\dfrac{\Delta P}{\gamma}}$

$$= 0.72\times\dfrac{\pi}{4}\times 0.15^2\times\sqrt{\dfrac{2\times 9.8}{1-0.25^4}\times\dfrac{0.1\times 10^4}{1000}}$$

$$= 0.0564\,\text{m}^3/\text{s}$$

여기서, 교축비 $m = \dfrac{D_2^2}{D_1^2} = \dfrac{15^2}{30^2} = 0.25$

문제 **49.** 안지름이 100 mm인 배관에 지름이 50 mm인 오리피스가 설치되어 있는 관 로를 상온의 질소기체가 일정한 속도로 흐르고 있 다. 오리피스 전후의 압력차가 0.3 kgf/cm²이 었을 때 시간당 흐르는 유량(m³/h)은? (단, 질소기체의 단위체적당 중량은 1.2 kgf/m³, 유량계수는 0.62이며, 비압축성 기체로, 유 량계산식을 사용한다.)

㉮ 450 m³/h ㉯ 650 m³/h

㉰ 850 m³/h ㉱ 970 m³/h

해설 $Q = CA\sqrt{\dfrac{2g}{1-m^4}\times\dfrac{P_1-P_2}{\gamma}}$

$$= 0.62\times\dfrac{\pi}{4}\times 0.05^2\times\sqrt{\dfrac{2\times 9.8}{1-0.25^4}\times\dfrac{0.3\times 10^4}{1.2}}$$

$$\times 3600 = 971.52\,\text{m}^3/\text{h}$$

여기서, 교축비 $m = \dfrac{D_2^2}{D_1^2} = \dfrac{0.05^2}{0.1^2} = 0.25$

문제 **50.** 안지름 25 cm인 원형 관에 지름 15 cm 인 오리피스를 부착했을 때 오리피스 전 후의 압력차가 1mAq라면 유량은? (단, 유량계수는 0.75이다.)

㉮ 0.587 m³/s ㉯ 0.0587 m³/min

㉰ 0.0587 m³/s ㉱ 0.587 m³/min

해설 $Q = CA\sqrt{\dfrac{2g}{1-m^4}\times\dfrac{P_1-P_2}{\gamma}}$

$$= 0.75\times\dfrac{\pi}{4}\times 0.15^2\times\sqrt{\dfrac{2\times 9.8}{1-0.36^4}\times 1}$$

해답 46. ㉯ 47. ㉰ 48. ㉰ 49. ㉱ 50. ㉰

$= 0.0591 \, \text{m}^3/\text{s}$

여기서, 교축비 $m = \dfrac{D_2^{\,2}}{D_1^{\,2}} = \dfrac{0.15^2}{0.25^2} = 0.36$

압력차에 해당하는 수두 1 m는 $h = \dfrac{P_1 - P_2}{\gamma}$

이다.

문제 51. 입구 50 cm, 벤투리 목 25 cm의 벤투리미터로 공기의 유량을 측정하여 물-공기 시차 액주계가 250 mmH₂O를 가리켰다. 이때의 유량(m³/s)은? (단, 물과 공기의 밀도는 각각 1000 kg/m³ 및 1.47 kg/m³으로 하며, 벤투리의 속도계수 C_v는 0.98이다.)

㉮ 1.0 m³/s   ㉯ 2.0 m³/s

㉰ 2.8 m³/s   ㉱ 4.0 m³/s

해설 $Q = CA\sqrt{\dfrac{2gh}{1 - m^4} \times \dfrac{\gamma_m - \gamma}{\gamma}}$

$= 0.98 \times \dfrac{\pi}{4} \times 0.25^2 \times \sqrt{\dfrac{2 \times 9.8 \times 0.25}{1 - 0.25^4} \times \dfrac{1000 - 1.47}{1.47}}$

$= 2.779 \, \text{m}^3/\text{s}$

여기서, 교축비 $m = \dfrac{D_2^{\,2}}{D_1^{\,2}} = \dfrac{0.25^2}{0.50^2} = 0.25$

문제 52. 관 로에 있는 조리개 전후의 차압이 일정해지도록 조리개의 면적을 바꿔 그 면적으로부터 유량을 측정하는 유량계는?

㉮ 차압식 유량계   ㉯ 용적식 유량계

㉰ 면적식 유량계   ㉱ 전자 유량계

해설 • 면적식 유량계의 특징
① 종류 : 부자식 (플로트식), 로터미터
② 유량에 따라 직선 눈금이 얻어진다.
③ 유량계수는 레이놀즈수가 낮은 범위까지 일정하다.
④ 고점도 유체나 작은 유체에 대해서도 측정할 수 있다.
⑤ 차압이 일정하면 오차의 발생이 적다.
⑥ 압력손실이 적다.
⑦ 정도는 ±1~2 %이다.
⑧ 용량범위 : 100~5000 m³/h

문제 53. 수직 유리관 속에 원뿔 모양의 플로트를 넣어 관 속을 흐르는 유체의 유량에 의해 밀어 올리는 위치로서 구할 수 있는 유량 계측기는?

㉮ 로터리 피스톤형   ㉯ 로터 미터

㉰ 전자 유량계   ㉱ 와류 유량계

문제 54. 임펠러식 (impeller type) 유량계의 특징으로 옳지 않은 것은?

㉮ 구조가 간단하고 보수가 용이하다.

㉯ 직관 길이가 필요하다.

㉰ 부식성이 강한 액체에도 사용할 수 있다.

㉱ 측정정도는 ±0.05 % 정도이다.

해설 • 측정 정도 : ±0.5 %

문제 55. 다음 중 유체에너지를 이용하는 유량계는?

㉮ 터빈 유량계   ㉯ 전자기유량계

㉰ 초음파 유량계   ㉱ 열유량계

해설 • 터빈식 유량계 : 날개에 부딪치는 유체의 운동량으로 회전체를 회전시켜 운동량과 회전량의 변화량으로 가스 흐름량을 측정하는 계량기로 측정범위가 넓고 압력손실이 적다.

문제 56. 피토관 (Pitot tube)은 어떤 압력 차이를 측정하여 유량을 측정하는가?

㉮ 정압과 동압 차   ㉯ 전압과 정압 차

㉰ 대기압과 동압 차 ㉱ 전압과 동압 차

해설 피토관 (Pitot tube)은 전압과 정압의 차이를 측정하여 동압을 계산하고, 이를 이용하여 유속과 유량을 계산하는 유속식 유량계이다.

문제 57. 피토관은 유속이 어느 정도일 때 사용되는가?

㉮ 1 m/s 이상   ㉯ 5 m/s 이상

㉰ 1 m/s 이하   ㉱ 5 m/s 이하

문제 58. 안지름 10 cm인 관 속으로 유체가 흐를 때 피토관의 마노미터 수주가 40 cm 이었다면 이때의 유량 (m³/s)은?

㉓ 2.199×10^{-2} ㉯ 2.199×10^{-1}

㉱ 2.199 ㉳ 2.199×10^{-3}

[해설] $Q = AV = A\sqrt{2gh}$

$$= \frac{\pi}{4} \times 0.1^2 \times \sqrt{2 \times 9.8 \times 0.4}$$

$$= 2.199 \times 10^{-2} \, \text{m}^3/\text{s}$$

[문제] **59.** 물속에 피토관을 설치하였더니 전압이 20 mAq, 정압이 10 mAq이었다. 이때의 유속은 몇 m/s인가? (단, 피토관의 계수는 1, 중력가속도는 $9.8 \, \text{m/s}^2$이다.)

㉓ 9.8   ㉯ 10.8   ㉱ 12.4   ㉳ 14

[해설] $V = C\sqrt{2g \dfrac{P_t - P_s}{\gamma}}$

$$= 1 \times \sqrt{2 \times 9.8 \times \frac{(20 - 10) \times 10^3}{1000}} = 14 \, \text{m/s}$$

여기서, 1 mAq = 1000 mmAq = 1000 kgf/m²

[문제] **60.** 상온·상압의 공기유속을 피토관으로 측정하였더니 그 동압은 150 mmAq이었다. 이때 유속은 얼마인가? (단, 비중량 $1.5 \, \text{kgf/m}^3$, 피토관계수는 1로 한다.)

㉓ 42.4 m/s   ㉯ 54.2 m/s

㉱ 44.2 m/s   ㉳ 64.6 m/s

[해설] $V = C\sqrt{2g \times \dfrac{P_t - P_s}{\gamma}}$

$$= 1 \times \sqrt{2 \times 9.8 \times \frac{150}{1.5}} = 44.27 \, \text{m/s}$$

[문제] **61.** 피토관계수가 0.95인 피토관으로 어떤 기체의 속도를 측정하였더니 그 차압이 $25 \, \text{kgf/m}^2$임을 알았다. 이때의 유속은 약 몇 m/s인가? (단, 유체의 비중량은 $1.2 \, \text{kgf/m}^3$이다.)

㉓ 19.20   ㉯ 25.56   ㉱ 27.47   ㉳ 30.09

[해설] $V = C\sqrt{2g \dfrac{\Delta P}{\gamma}} = 0.95 \times \sqrt{2 \times 9.8 \times \dfrac{25}{1.2}}$

$$= 19.197 \, \text{m/s}$$

[문제] **62.** 온도 25℃, 기압 760 mmHg인 대기 속의 풍속을 피토관으로 측정하였더니

전압이 대기압보다 40 mmH₂O 높았다. 이때 풍속은 약 몇 m/s인가? (단, 피토관 속도계수(C) 0.9, 공기의 기체상수(R) 29.27 kgf·m/kg·K 이다.)

㉓ 17.2   ㉯ 23.2

㉱ 32.2   ㉳ 37.4

[해설] $V = C\sqrt{2g \dfrac{\Delta P}{\gamma}} = 0.9 \times \sqrt{2 \times 9.8 \times \dfrac{40}{1.184}}$

$$= 23.159 \, \text{m/s}$$

여기서, $\gamma = \dfrac{G}{V} = \dfrac{P}{RT} = \dfrac{10332}{29.27 \times (273 + 25)}$

$$= 1.184 \, \text{kgf/m}^3$$

[문제] **63.** 토마스식 유량계는 어떤 유체의 유량을 측정하는데 가장 적당한가?

㉓ 용액의 유량   ㉯ 가스의 유량

㉱ 석유의 유량   ㉳ 물의 유량

[해설] • 토마스식 유량계 : 유속식 유량계 중 열선식 유량계로 기체를 측정하는데 적합하다.

[문제] **64.** 다음 중 전자유량계의 원리는?

㉓ 옴 (Ohm's)의 법칙

㉯ 베르누이 (Bernoulli)의 법칙

㉱ 아르키메데스 (Archimedes)의 원리

㉳ 패러데이 (Faraday)의 전자유도법칙

[해설] • 전자식 유량계 : 패러데이의 전자유도법칙을 이용한 것으로 도전성 액체의 유량을 측정

[문제] **65.** 전자유량계의 특징에 대한 설명 중 틀린 것은?

㉓ 압력손실이 전혀 없다.

㉯ 적절한 라이닝 재질을 선정하면 슬러리나 부식성의 액체의 측정이 용이하다.

㉱ 응답이 매우 빠르다.

㉳ 기체, 기름 등 도전성이 없는 유체의 측정에 적합하다.

[문제] **66.** 전자 유량계의 특징에 대한 설명 중 가장 거리가 먼 내용은?

해답   59. ㉳   60. ㉱   61. ㉓   62. ㉯   63. ㉯   64. ㉳   65. ㉳   66. ㉳

㉮ 액체의 온도, 압력, 밀도, 점도의 영향을 거의 받지 않으며 체적유량의 측정이 가능하다.

㉯ 측정관 내에 장애물이 없으며 압력손실이 거의 없다.

㉰ 유량계의 출력이 유량에 비례한다.

㉱ 기체의 유량측정이 가능하다.

문제 67. 와류 유량계 (vortex flow meter)의 특성에 해당하지 않는 것은?

㉮ 계량기 내에서 와류를 발생시켜 초음파로 측정하여 계량하는 방식

㉯ 구조가 간단하여 설치, 관리가 쉬움

㉰ 유체의 압력이나 밀도에 관계없이 사용이 가능

㉱ 가격이 경제적이나, 압력손실이 큰 단점이 있음

해설 가격이 비싸고 압력 손실이 작다.

문제 68. 와류 유량계 (vortex flow meter)의 특징에 대한 설명 중 틀린 것은?

㉮ 압력손실이 차압식 유량계에 비하여 적다.

㉯ 일반적으로 정도가 높다.

㉰ 출력은 유량에 비례하며 유량측정범위가 넓다.

㉱ 기포가 많거나 점도가 높은 액체에 적당하다.

해설 • 와류 (vortex)식 유량계 : 와류 (소용돌이)를 발생시켜 그 주파수의 특성이 유속과 비례관계를 유지하는 것을 이용한 것으로 슬러리가 많은 유체나 점도가 높은 액체에는 사용이 불가능하다.

문제 69. 대용량의 유량을 측정할 수 있는 초음파 유량계는 어떤 원리를 이용한 유량계인가?

㉮ 전자 유도법칙

㉯ 도플러 효과

㉰ 유체의 저항 변화

㉱ 열팽창계수 차이

문제 70. 초음파 유량계에 대한 설명으로 옳지 않은 것은?

㉮ 개방수로에는 적용되지 않는다.

㉯ 정확도가 아주 높은 편이다.

㉰ 측정체가 유체와 접촉하지 않는다.

㉱ 고온·고압, 부식성 유체에도 사용이 가능하다.

해설 • 초음파 유량계 : 초음파를 이용한 것으로 개방수로에서도 측정할 수 있다.

문제 71. 질소용 mass flow controller를 헬륨에 사용하였다. 다음 중 예측 가능한 결과는?

㉮ 질량 유량에는 변화가 있으나 부피 유량에는 변화가 없다.

㉯ 지시계는 변화가 없으나 부피 유량은 증가한다.

㉰ 입구압력을 약간 낮춰 주면 동일한 유량을 얻을 수 있다.

㉱ 변화를 예측할 수 없다.

해설 • mass flow controller : 유체의 압력 및 온도 변화에 영향이 적고, 소유량이며 정확한 유량제어가 가능하여 혼합가스 제조 등에 유용한 유량계이다.

문제 72. 표준온도계의 온도검정은 무엇으로 하는 것이 좋은가?

㉮ 수은 온도계　　　㉯ 제게르콘

㉰ 시료온도　　　　㉱ 온도정점

해설 • 온도정점 : 12개의 물질의 융해, 비등, 응고 등을 하는 점을 이용하여 온도계 눈금값의 기준을 정하도록 한 것이다.

문제 73. 다음 온도계의 원리에 따른 연결로서 옳지 않은 것은?

㉮ 열팽창을 이용한 방법 : 바이메탈식 온도계

㉯ 전기저항 변화를 이용한 방법 : 백금-로듐 온도계

㉰ 온도에 따른 체적변화를 이용한 방법 :

해답 67. ㉱ 68. ㉱ 69. ㉯ 70. ㉮ 71. ㉰ 72. ㉱ 73. ㉯

압력식 온도계

라 물질 상태의 변화를 이용한 방법 : 제게르콘 온도계

해설 ① 전기저항 변화 이용 : 저항온도계, 서미스터

② 백금-로듐 온도계 : 열기전력을 이용한 열전대 온도계

문제 **74.** 유리제 온도계 중 알코올 온도계의 특징으로 옳은 것은?

갠 저온측정에 적합하다.

냄 표면장력이 커 모세관현상이 적다.

댐 열팽창계수가 작다.

램 열전도율이 좋다.

해설 알코올 온도계의 측정범위가 -100~200℃로 저온측정에 적합하다.

문제 **75.** 사용온도에 따라 수은의 양을 가감하는 것으로 매우 좁은 온도범위의 온도측정이 가능한 온도계는?

갠 수은 온도계

냄 베크만 온도계

댐 바이메탈 온도계

램 아네로이드형 온도계

문제 **76.** 선팽창계수가 다른 2종의 금속을 결합시켜 온도변화에 따라 굽히는 정도가 다른 점을 이용한 온도계는?

갠 유리제 온도계   냄 바이메탈 온도계

댐 압력식 온도계   램 전기 저항식 온도계

해설 • 바이메탈 온도계의 특징

① 유리온도계보다 견고하다.

② 구조가 간단하고, 보수가 용이하다.

③ 온도변화에 대한 응답이 늦다.

④ 히스테리시스 (hysteresis) 오차가 발생되기 쉽다.

⑤ 온도조절 스위치나 자동기록 장치에 사용된다.

⑥ 측정범위 : -50~500℃

문제 **77.** 액체 또는 기체의 온도상승에 의한

팽창을 이용한 온도계는?

갠 광고온도계   냄 유리온도계

댐 압력식 온도계   램 전기 저항식 온도계

문제 **78.** 다음 중 일반적으로 측온 저항체로 사용하지 않는 것은?

갠 Pt   냄 Ni   댐 Pb   램 Cu

해설 • 측온 저항체의 종류 및 측정온도

① 백금 (Pt) 측온 저항체 : -200~500℃

② 니켈 (Ni) 측온 저항체 : -50~150℃

③ 동 (Cu) 측온 저항체 : 0~120℃

문제 **79.** 금속제의 저항이 온도가 올라가면 증가하는 원리를 이용한 저항온도계가 갖추어야 할 조건으로 거리가 먼 것은?

갠 저항온도 계수가 적을 것

냄 기계적으로, 화학적으로 안정할 것

댐 교환하여 쓸 수 있는 저항요소가 많을 것

램 온도저항 곡선이 연속적으로 되어 있을 것

해설 저항 온도계수가 커야 한다.

문제 **80.** 0℃에서 저항이 120 Ω이고 저항온도계수가 0.0025인 저항온도계로 어떤 로 (爐) 안에 삽입하였을 때 저항이 180 Ω이 되었다면 로 안의 온도는 약 몇 ℃인가?

갠 125   냄 200

댐 320   램 534

해설 $t = \dfrac{R - R_0}{R_0 \times \alpha} = \dfrac{180 - 120}{120 \times 0.0025} = 200 \; ℃$

문제 **81.** Ni, Mn, Co 등의 금속산화물을 소결시켜 만든 반도체로서 미세한 온도 측정에 용이한 온도계는?

갠 서미스터 저항체 온도계

냄 바이메탈 온도계

댐 서모컬러 온도계

램 서모커플 온도계

문제 **82.** 서미스터에 대한 설명으로 맞지 않은 것은?

해답 74. 갠   75. 냄   76. 냄   77. 댐   78. 댐   79. 갠   80. 냄   81. 갠   82. 댐

㉮ 측정범위는 약 −100~300℃이다.

㉯ 반도체를 이용하여 온도변화에 따른 저항변화를 온도측정에 이용한다.

㉰ 감도가 크지 못하며, 온도변화가 큰 곳의 측정에 이용된다.

㉱ 수분을 흡수하면 오차가 발생한다.

해설 • 서미스터의 특징

① 측정범위 : −100~300℃

② 감도가 크고 응답성이 빠르다.

③ 소형으로 협소한 장소의 측정에 유리하다.

④ 소자의 균일성 및 재현성이 없다.

⑤ 흡습에 의한 열화가 발생할 수 있다.

⑥ 온도가 상승에 따라 저항치가 감소한다.

문제 83. 서미스터(thermister) 저항체 온도계의 특징에 대한 설명으로 옳은 것은?

㉮ 온도계수가 적으며 균일성이 좋다.

㉯ 저항변화가 적으며 재현성이 좋다.

㉰ 온도상승에 따라 저항치가 감소한다.

㉱ 수분흡수 시에도 오차가 발생하지 않는다.

문제 84. 열전대 온도계는 2종류의 금속선을 접속하여 하나의 회로를 만들어 2개의 접점에 온도차를 부여하면 회로에 접점의 온도에 거의 비례한 전류가 흐르는 것을 이용한 것이다. 이때 응용된 원리로서 옳은 것은?

㉮ 두 금속의 열전도도 차이

㉯ 측온체의 발열현상

㉰ 제베크 효과에 의한 열기전력

㉱ 키르히호프의 전류법칙에 의한 저항 강하

문제 85. 2종의 금속선 양 끝에 접점을 만들어 주어 온도차를 주면 기전력이 발생하는데 이 기전력을 이용하여 온도를 표시하는 것은 어느 것인가?

㉮ 열전대 온도계   ㉯ 방사온도계

㉰ 색온도계   ㉱ 제게르콘 온도계

해설 • 열전대 온도계의 측정 원리 : 제베크(Seebeck) 효과

문제 86. 열전대 온도계의 구성 요소에 해당하지 않는 것은?

㉮ 보호관   ㉯ 열전대

㉰ 보상도선   ㉱ 저항체 소자

문제 87. 가장 높은 접촉온도를 측정할 수 있는 열전대 온도계 형(type)은?

㉮ T형 (구리 − 콘스탄탄)

㉯ J형 (철 − 콘스탄탄)

㉰ K형 (크로멜 − 알루멜)

㉱ R형 (백금 − 백금로듐)

해설 • 열전대 온도계의 종류 및 측정온도

열전대 종류	측정온도 범위
R형 (백금−백금로듐)	0 ~ 1600℃
K형 (크로멜−알루멜)	−20 ~ 1200℃
J형 (철−콘스탄탄)	−20 ~ 800℃
T형 (동−콘스탄탄)	−200 ~ 350℃

문제 88. 철−콘스탄탄 열전대에서 기준접점이 0℃이고 측온접점이 20℃ 및 200℃일 때의 열기전력이 각각 1.03 mV 및 10.87 mV이다. 이 열전대가 기준접점 20℃, 측온접점 200℃에 있을 때의 열기전력은?

㉮ 3.10 mV   ㉯ 10.55 mV

㉰ 9.84 mV   ㉱ 11.90 mV

해설 열기전력의 크기는 양쪽 접점 간의 온도차에 거의 비례한다.

$$\therefore 200℃ : 10.87 \,\mathrm{mV} = 180℃ : x \,[\mathrm{mV}]$$

$$\therefore x = \frac{180}{200} \times 10.87 = 9.783 \,\mathrm{mV}$$

문제 89. 열기전력이 작으며, 산화 분위기에 강하나 환원 분위기에는 약하고, 고온측정에 적당한 열전대 온도계의 단자 구성으로 옳은 것은?

㉮ 양극 : 철, 음극 : 콘스탄탄

㉯ 양극 : 구리, 음극 : 콘스탄탄

㉰ 양극 : 크로멜, 음극 : 알루멜

㉱ 양극 : 백금−로듐, 음극 : 백금

해설 • 열전대의 종류 및 특징

해답 83. ㉰ 84. ㉰ 85. ㉮ 86. ㉱ 87. ㉱ 88. ㉰ 89. ㉱

종류 및 약호	사용금속		측정 범위	특 징
	+ 극	- 극		
백금-백금로듐 (P-R)	Pt : 87 % Rh : 13 %	Pt (백금)	0~ 1600℃	산화성분위기에 강하나 환원성에 약하다.
크로멜-알루멜 (C-A)	크로멜 Ni : 90 % Cr : 10 %	알루멜 Ni : 94 % Al : 3 % Mn : 2 % Si : 1 %	-20~ 1200℃	기전력이 크고 가격이 저렴하며 안정적이다.
철-콘스탄탄 (I-C)	순철 (Fe)	콘스탄탄 Cu : 55 % Ni : 45 %	-20~ 800℃	환원성 분위기에 강하나 산화성 에는 약하다.
동-콘스탄탄 (C-C)	순구리 (Cu)	콘스탄탄	-200~ 350℃	열기전력이 크고 저온용에 적합 하다.

문제 90. 열전대 사용상의 주의사항 중 오차의 종류는 열적 오차와 전기적인 오차로 구분할 수 있다. 다음 중 열적 오차에 해당되지 않은 항목은?

㋑ 삽입 전이의 영향

㋐ 열 복사의 영향

㋒ 열 저항 증가에 의한 영향

㋓ 전자 유도의 영향

해설 • 열전대 온도계의 오차
  (1) 전기적 오차
    ① 열전대의 열기전력 오차
    ② 보상도선의 열기전력 오차
    ③ 계기 단독의 오차
    ④ 열전대와 계기의 조합 오차
    ⑤ 회로의 절연불량으로 인한 오차
  (2) 열적 오차 : ㉮, ㉯, ㉰ 외
    ① 냉각작용에 의한 오차
    ② 열전도에 의한 오차
    ③ 측정 지연에 의한 오차

문제 91. 접촉식 온도계에 대한 다음의 설명 중 틀린 것은?

㋐ 열전대온도계의 경우 열전대로 백금선을 사용하여 온도를 측정할 수 있다.

㋑ 저항온도계의 경우 측정회로로서 일반적으로 휘스톤 브리지가 채택되고 있다.

㋒ 압력온도계의 경우 구성은 감온부, 금속모세관, 수압계로 되어 있다.

㋓ 봉상온도계의 경우 측정 오차를 최소화하려면 가급적 온도계 전체를 측정하는 물체에 접촉시키는 것이 좋다.

해설 압력식 온도계는 감온부, 도압부 (금속모세관), 감압부로 구성된다.

문제 92. 다음 온도계 중 로 (爐) 내의 온도측정이나 벽돌의 내화도 측정용으로 적당한 것은?

㋐ 서미스터 ㋑ 제게르콘

㋒ 색온도계 ㋓ 광고온도계

문제 93. 도료의 일종으로 피측정물의 표면에 도포하여 그 점의 온도변화를 감시하는데 사용하는 온도계는?

㋐ 제게르콘 ㋑ 서모컬러

㋒ 색온도계 ㋓ 광전관 온도계

문제 94. 물체에서 방사된 빛의 강도와 비교된 필라멘트의 밝기가 일치되는 점을 비교 측정하여 3000℃ 정도의 고온도까지 측정 가능한 온도계는?

㋐ 광고온도계 ㋑ 수은 온도계

㋒ 베크만 온도계 ㋓ 백금저항 온도계

문제 95. 광고온계의 특징에 대한 설명으로 틀린 것은?

㋐ 접촉식으로는 가장 정확하다.

㋑ 약 3000℃까지 측정이 가능하다.

㋒ 방사온도계에 비해 방사율에 의한 보정량이 적다.

㋓ 측정 시 사람의 손이 필요하므로 개인오차가 발생한다.

해설 • 광고온계의 특징
  ① 700~3000℃의 고온도 측정에 적합하다 (700℃ 이하는 측정이 곤란하다).
  ② 구조가 간단하고 휴대가 편리하다.
  ③ 움직이는 물체의 온도 측정이 가능하고,

측온체의 온도를 변화시키지 않는다.

④ 비접촉식 온도계에서 가장 정확한 온도를 측정할 수 있다.

⑤ 빛의 흡수 산란 및 반사에 따라 오차가 발생한다.

⑥ 원거리 측정, 경보, 자동기록, 자동제어가 불가능하다.

⑦ 개인 오차가 발생할 수 있다.

문제 96. 광전관식 온도계의 특징 중 틀린 것은?

㉮ 이동 물체의 측정이 가능하다.

㉯ 응답시간이 빠르다.

㉰ 온도의 연속 기록이 가능하다.

㉱ 구조가 간단하다.

해설 구조가 복잡하다.

문제 97. 스테판 볼츠만 (Stefan-Boltzmann) 법칙을 이용한 온도계는 어느 것인가?

㉮ 열전대온도계   ㉯ 방사온도계

㉰ 수은 온도계   ㉱ 베크만 온도계

해설 • 스테판 볼츠만 법칙 : 단위 표면적당 복사되는 에너지는 절대온도의 4승에 비례한다.

문제 98. 고온물체로부터 방사되는 복사에너지는 온도가 높아지면 파장이 짧아진다. 이것을 이용한 온도계는?

㉮ 열전온도계   ㉯ 광고온도계

㉰ 서모컬러 온도계   ㉱ 색온도계

문제 99. 온도측정법에서 접촉식과 비접촉식을 비교 설명한 것이다. 타당한 것은?

㉮ 접촉식은 움직이는 물체의 온도측정에 유리하다.

㉯ 일반적으로 접촉식이 더 정밀하다.

㉰ 접촉식은 고온의 측정에 적합하다.

㉱ 접촉식은 지연도가 크다.

해설 • 비접촉식 온도계의 특징

① 접촉에 의한 열손실이 없고 측정물체의 열적 조건을 건드리지 않는다.

② 내구성에서 유리하다.

③ 이동 물체와 고온측정이 가능하다.

④ 방사율 보정이 필요하다.

⑤ 700℃ 이하의 온도측정이 곤란하다. (단, 방사 온도계의 측정범위는 50~3000℃)

⑥ 측정온도의 오차가 크다.

⑦ 표면온도 측정에 사용된다 (내부 온도측정이 불가능하다).

문제 100. 다음 중 직접법 액면계에 속하지 않는 것은?

㉮ 직관식 액면계   ㉯ 차압식 액면계

㉰ 플로트식 액면계   ㉱ 검척식 액면계

해설 • 액면계의 구분

① 직접법 : 직관식, 플로트식 (부자식), 검척식

② 간접법 : 압력식, 초음파식, 정전용량식, 방사선식, 차압식, 다이어프램식, 편위식, 기포식, 슬립 튜브식 등

문제 101. 내부의 액체와 그 액면을 외부에서 검사하여 측정하는 방법으로 주로 경질유리를 사용하는 직관식 액면계는 어떤 성질을 이용하는 것인가?

㉮ 고진성   ㉯ 반사성

㉰ 투과성   ㉱ 굴절성

문제 102. 플로트식 액면계에 대한 설명으로 잘못된 것은?

㉮ 기구가 간단하고 고장이 적다.

㉯ 측정범위를 크게 할 수 있다.

㉰ 액면의 상·하 한계의 경보용 리밋 스위치를 설치할 수 있다.

㉱ 저압 밀폐탱크의 액면제어용으로 많이 사용된다.

해설 액면제어용에 사용되는 것은 전극봉식 액면계가 적당하다.

문제 103. 비중이 0.9인 액체 개방탱크에 탱크 하부로부터 2 m 위치에 압력계를 설치했더니 지침이 1.5 kgf/cm^{2}을 가리켰다. 이때의 액위는 얼마인가?

㉮ 14.7 m ㉯ 147 cm ㉰ 17.4 m ㉱ 174 cm

해답 96. ㉱ 97. ㉯ 98. ㉱ 99. ㉯ 100. ㉯ 101. ㉱ 102. ㉱ 103. ㉮

해설 ① 압력수두 계산

$P = \gamma \cdot h$ 에서

$$\therefore h = \frac{P}{\gamma} = \frac{1.5 \times 10^4}{0.9 \times 10^3} = 16.67 \text{ m}$$

② 액위 (액면 높이) 계산 : 압력계가 탱크 하부 2 m 위치에 설치되어 있으므로

$\therefore$ 액위 (액면 높이) = 16.67−2 = 14.67 m

문제 104. 다음 중 탐사침을 액 중에 넣어 검출되는 물질의 유전율을 이용하는 액면계는?

㉮ 정전용량식 액면계

㉯ 초음파식 액면계

㉰ 방사선식 액면계

㉱ 전극식 액면계

문제 105. 고온·고압의 액체나 부식성 액체 탱크에 적합한 간접식 액면계는?

㉮ 유리관식　　　㉯ 방사선식

㉰ 플로트식　　　㉱ 검척식

문제 106. 액화산소와 같은 극저온의 저장조의 상·하부를 U자관에 연결하여 차압에 의하여 액면을 측정하는 방식은?

㉮ 크랭크식　　　㉯ 회전 튜브식

㉰ 햄프슨식　　　㉱ 슬립 튜브식

해설 차압식 액면계 = 햄프슨식 액면계

문제 107. 다음 중 액면 측정방법이 아닌 것은 어느 것인가?

㉮ 플로트식　　　㉯ 압력식

㉰ 정전용량식　　㉱ 박막식

문제 108. 절대습도 (absolute humidity)를 바르게 나타낸 것은?

㉮ 습공기 중에 함유되어 있는 건공기 1 kg에 대한 수증기의 중량

㉯ 습공기 중에 함유되어 있는 건공기 1m³에 대한 수증기의 중량

㉰ 습공기 중에 함유되어 있는 건공기 1 kg에 대한 수증기의 체적

㉱ 습공기 중에 함유되어 있는 건공기 1m³에 대한 수증기의 체적

해설 • 습도의 구분

① 절대습도 : 습공기 중에서 건조공기 1 kg에 대한 수증기의 양과의 비율로서 절대습도는 온도에 관계없이 일정하게 나타난다.

② 상대습도 : 현재의 온도 상태에서 현재 포함하고 있는 수증기의 양과의 비를 백분율 (%)로 표시한 것으로 온도에 따라 변화한다.

③ 비교습도 : 습공기의 절대습도와 그 온도와 동일한 포화공기의 절대습도와의 비

문제 109. 노점 (dew point)에 대한 설명으로 틀린 것은?

㉮ 건구온도보다 습구온도가 낮은 상태이다.

㉯ 등압과정에서 응축이 시작되는 온도이다.

㉰ 대기 중의 수증기의 분압이 그 온도에서 포화수증기압과 같아지는 온도이다.

㉱ 상대습도가 100 %가 되는 온도이다.

해설 • 노점 (露店, 이슬점) : 상대습도가 100 % 일 때 대기 중의 수증기가 응축하기 시작하는 온도이다.

문제 110. 습도측정에 사용되는 흡수제가 아닌 것은?

㉮ 염화칼슘　　　㉯ 실리카 겔

㉰ 오산화인　　　㉱ 피로갈롤

해설 • 흡수제의 종류 : 황산, 염화칼슘, 실리카 겔, 오산화인

문제 111. 습한 공기 205 kg 중에 수증기가 35 kg 포함되어 있다고 할 때의 절대습도는 얼마인가? (단, 공기와 수증기의 분자량은 각각 29, 18이다.)

㉮ 0.206　　　　㉯ 0.171

㉰ 0.128　　　　㉱ 0.106

해설 $X = \dfrac{G_w}{G_a} = \dfrac{G_w}{G - G_w}$

$$= \frac{35}{205 - 35} = 0.206 \text{ kg/kg}$$

해답 104. ㉮　105. ㉯　106. ㉰　107. ㉱　108. ㉮　109. ㉮　110. ㉱　111. ㉮

문제 112. 온도 25℃, 노점 19℃인 공기의 상대습도는 얼마인가? (단, 25℃ 및 19℃에서 포화증기압은 각각 23.76 mmHg 및 16.47 mmHg으로 한다.)

㉮ 40 % ㉯ 50 %

㉰ 69 % ㉱ 70 %

해설 $\phi = \dfrac{P_w}{P_s} \times 100 = \dfrac{16.47}{23.76} \times 100 = 69\%$

문제 113. 실내공기의 온도는 15℃이고, 이 공기의 노점은 5℃로 측정되었을 때의 이 공기의 상대습도는 얼마인가? (단, 5℃, 10℃ 및 15℃의 포화수증기압은 각각 6.54 mmHg, 9.21 mmHg 및 12.79 mmHg이다.)

㉮ 46.6 % ㉯ 51.1 %

㉰ 71.0 % ㉱ 72.0 %

해설 $\phi = \dfrac{P_w}{P_s} \times 100 = \dfrac{6.54}{12.79} \times 100 = 51.1\%$

문제 114. 통풍건습구 습도계로 대기 중의 습도를 측정했다. 건구온도가 20℃, 습구온도가 15℃, 대기압이 760 mmHg일 때의 절대습도는? (단, 20℃, 15℃의 물의 포화수증기압은 각각 17.53, 12.78 mmHg이다.)

㉮ 7.8 g/m³ ㉯ 8.4 g/m³

㉰ 13.6 g/m³ ㉱ 10.1 g/m³

해설 ① 절대습도 계산

$$X = 0.622 \times \frac{P_w}{760 - P_w} = 0.622 \times \frac{10.25}{760 - 10.25}$$

$$= 8.5035 \times 10^{-3}\,\text{kg/kg} \times 1.2\,\text{kg/m}^3 \times 10^3$$

$$= 10.2\,\text{g/m}^3$$

② 수증기 분압 계산

$$P_w = P_{ws} - \frac{P}{1500}(t - t')$$

$$= 12.78 - \frac{760}{1500} \times (20 - 15) = 10.25\,\text{mmHg}$$

문제 115. 상대습도가 30 %이고, 압력과 온도가 각각 1.1 bar, 75℃인 습공기가 100 m³/h로 공정에 유입될 때 몰습도(mol·

H₂O/ mol·dry air)는? (단, 75℃에서 포화수 증기압은 289 mmHg이다.)

㉮ 0.017 ㉯ 0.117

㉰ 0.129 ㉱ 0.317

해설 ① 수증기 분압(P_w) 계산

$$\phi = \frac{\text{수증기 분압}(P_w)}{t[℃]\text{에서의 포화 수증기압}(P_s)}$$

$$\therefore P_w = \phi \cdot P_s = 0.3 \times 289 = 86.7\,\text{mmHg}$$

② 습공기 전압(P) 계산

$$\therefore P = \frac{1.1}{1.01325} \times 760 = 825.067\,\text{mmHg}$$

③ 몰습도(mol·H₂O/mol·dry air) 계산

$$\therefore \text{몰습도} = \frac{P_w}{P - P_w} = \frac{86.7}{825.067 - 86.7}$$

$$= 0.117\,\text{mol} \cdot \text{H}_2\text{O/mol} \cdot \text{dry air}$$

문제 116. 온도가 21℃에서 상대습도 60 %의 공기를 압력은 변화하지 않고 온도를 22.5℃로 할 때 공기의 상대습도는 약 얼마인가?

온도(℃)	물의 포화증기압 (mmHg)
20	16.54
21	17.83
22	19.12
23	20.41

㉮ 52.41 % ㉯ 53.63 %

㉰ 54.13 % ㉱ 55.95 %

해설 ① 상대습도 60 %, 21℃에서의 수증기 분압(P_w) 계산

$$\therefore P_w = \phi \times P_s = 0.6 \times 17.83$$

$$= 10.698\,\text{mmHg}$$

② 22.5℃에서의 물의 포화증기압 계산

$$P_s = 19.12 + \frac{22.5 - 22}{\dfrac{23 - 22}{20.41 - 19.12}}$$

$$= 19.765\,\text{mmHg}$$

③ 22.5℃에서의 상대습도 계산

$$\therefore \phi = \frac{P_w}{P_s} \times 100$$

$$= \frac{10.698}{19.765} \times 100 = 54.125\%$$

해답 112. ㉰ 113. ㉯ 114. ㉱ 115. ㉯ 116. ㉰

문제 117. 재현성이 좋기 때문에 상대습도계의 감습소자로 사용되며 실내의 습도 조절용으로도 많이 이용되는 습도계는?
㉮ 모발 습도계
㉯ 냉각식 노점계
㉰ 저항식 습도계
㉱ 건습구 습도계

문제 118. 휴대용으로 사용되며 상온에서 비교적 정도가 좋으나 물이 필요한 습도계는 어느 것인가?
㉮ 모발 습도계
㉯ 광전관식 노점계
㉰ 통풍형 건습구 습도계
㉱ 저항온도계식 건습구 습도계

문제 119. 태엽의 힘으로 통풍하는 통풍형 건습구 습도계로서 휴대가 편리하고 최소필요풍속이 3 m/s인 습도계는?
㉮ 아스만 습도계
㉯ 모발 습도계
㉰ 간이 건습구 습도계
㉱ Dewcel식 노점계
해설 통풍형 건습구 습도계를 아스만(Asman) 습도계라 한다.

문제 120. 상대습도를 나타내지 않는 습도계는 어느 것인가?
㉮ 모발 습도계
㉯ 전기식 습도계
㉰ 건·습구 습도계
㉱ 전기저항식 습도계

문제 121. 전기저항식 습도계의 특성에 대한 설명으로 가장 거리가 먼 것은?
㉮ 습도에 의한 전기저항의 변화가 작다.
㉯ 연속기록 및 원격측정이 용이하다.
㉰ 자동제어에 이용된다.
㉱ 저온도의 측정이 가능하고, 응답이 빠르다.
해설 • 전기 저항식 습도계의 특징
① 저온도의 측정이 가능하고 응답이 빠르다.
② 상대습도 측정이 가능하다.
③ 연속기록, 원격측정, 자동제어에 이용된다.
④ 감도가 크다.
⑤ 전기저항의 변화가 쉽게 측정된다.
⑥ 고습도 중에 장시간 방치하면 감습막(感濕膜)이 유동한다.
⑦ 다소의 경년변화가 있어 온도계수가 비교적 크다.

문제 122. 빈병의 질량이 414 g인 비중병이 있다. 물을 채웠을 때의 질량이 999 g, 어느 액체를 채웠을 때의 질량이 874 g일 때 이 액체의 밀도는 얼마인가? (단, 물의 밀도는 0.998 g/cm³, 공기의 밀도는 0.00129 g/cm³이다.)
㉮ 0.786 g/cm³
㉯ 0.998 g/cm³
㉰ 7.86 g/cm³
㉱ 9.98 g/cm³
해설 ① 물의 밀도를 이용한 빈병의 체적계산
$$\frac{(999-414)\,g}{x\,[cm^3]} = 0.998\,g/cm^3$$
$$\therefore x = \frac{(999-414)}{0.998} = 586.17\,cm^3$$
② 어느 액체의 밀도 계산
$$\rho\,[g/cm^3] = \frac{874-414}{586.17} = 0.785\,g/cm^3$$

문제 123. 20℃에서 어떤 액체의 밀도를 측정하였다. 측정 용기의 무게가 11.6125 g, 증류수를 채웠을 때가 13.1682 g, 시료용액을 채웠을 때가 12.8749 g이라면 이 시료액체의 밀도는 몇 g/cm³인가? (단, 20℃에서 물의 밀도는 0.99823g/cm³이다.)
㉮ 0.791   ㉯ 0.901
㉰ 0.810   ㉱ 0.820

해설 $\rho_t = \dfrac{m_2 - m_1}{V}$

$\qquad = \dfrac{12.8749 - 11.6125}{\left(\dfrac{13.1682 - 11.6125}{0.99823}\right)} = 0.810 \text{ g/cm}^3$

문제 **124.** 광학적 방법인 슈리렌법 (Schlieren method)은 무엇을 측정하는가 ?

㉮ 기체의 흐름에 대한 속도변화

㉯ 기체의 흐름에 대한 온도변화

㉰ 기체의 흐름에 대한 압력변화

㉱ 기체의 흐름에 대한 밀도변화

문제 **125.** 분젠실링법에 의한 3가스의 비중 측정 시 반드시 필요한 기구는 ?

㉮ balance ㉯ gage glass

㉰ manometer ㉱ stop watch

해설 • 분젠실링식 비중계의 구성요소 : 비중계, 스톱워치, 온도계

문제 **126.** 고체 및 액체의 발열량 측정에 이용되는 열량계는 ?

㉮ 유수형 열량계

㉯ 단열식 bomb 열량계

㉰ 냉온수 적산 열량계

㉱ 항온형 열량계

문제 **127.** 기체연료의 발열량을 측정하는 열량계는 어느 것인가 ?

㉮ Richter 열량계

㉯ Scheel 열량계

㉰ Junker 열량계

㉱ Thomson 열량계

문제 **128.** 단열형 열량계로 2 g의 기체연료를 연소시켜 발열량을 구하였다. 내통의 수량이 1600 g, 열량계의 수당량이 800 g, 온도상승이 10℃이었다면 발열량은 약 몇 J/g인가 ? (단, 물의 비열은 4.19 J/g·K 로 한다.)

㉮ 1.7×10^4 ㉯ 3.4×10^4

㉰ 5.0×10^4 ㉱ 6.8×10^4

해설 $H_h = \dfrac{(\text{내통수량} + \text{수당량}) \times \text{내통수비열} \times}{\text{시료량}}$

$\qquad \dfrac{\text{상승온도} - \text{발열보정}}{} \times \dfrac{100}{100 - \text{수분}(\%)}$

$\qquad = \dfrac{(1600 + 800) \times 4.19 \times 10}{2} = 50280$

$\qquad = 5.0 \times 10^4 \text{ J/g}$

문제 **129.** 비중 (60/60℉)이 0.95인 액체연료의 API도는 ?

㉮ 15.45 ㉯ 16.45

㉰ 17.45 ㉱ 18.45

해설 $\text{API도} = \dfrac{141.5}{\text{비중}(60/60℉)} - 131.5$

$\qquad = \dfrac{141.5}{0.95} - 131.5 = 17.447$

※ API : American Petroleum Institute

문제 **130.** 비중 1.1인 물질의 Baume도는 얼마인가 ?

㉮ 6 ㉯ 8

㉰ 10 ㉱ 13

해설 $Be = 144.3 - \dfrac{144.3}{\text{비중}}$

$\qquad = 144.3 - \dfrac{144.3}{1.1} = 13.11$

제 4 장 가스미터

1. 가스미터의 종류 및 계량원리

(1) 가스미터(gas meter)의 개요

① 가스미터 사용 목적 : 소비자에게 공급되는 가스의 체적을 측정 (계량), 적산 (積算)하여 요금을 정산하기 위하여 사용되는 것이다.

② 가스미터의 필요조건

(가) 구조가 간단하고 수리가 용이할 것

(나) 감도가 예민하고 압력손실이 적을 것

(다) 소형이며 계량 용량이 클 것

(라) 기차의 조정이 용이할 것

(마) 내구성이 클 것

(2) 가스미터의 종류 및 특징

① 가스미터의 분류

(가) 실측식 (직접식) : 일정한 부피를 만들어 그 부피로 가스가 몇 회 통과되었는가를 적산 (積算)하는 방식으로 건식 (乾式)과 습식 (濕式)으로 구분되며, 수용가에 부착되어 있는 건식 (막식형 독립내기식)이고, 습식은 액체를 봉입한 것으로 기준 가스미터 및 실험실 등에서 사용된다.

(나) 추량식 (간접식) : 유량과 일정한 관계가 있는 다른 양 (임펠러의 회전수, 차압 등)을 측정함으로써 간접적으로 가스의 양을 측정하는 방법이다.

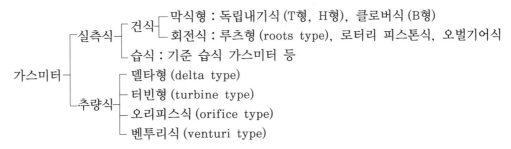

② 측정원리 및 특징

(가) 측정원리

㉮ 막식 가스미터 : 가스를 일정 용적의 통속에 넣어 충만시킨 후 배출하여 그 횟수를

용적단위로 환산하여 적산 (積算)한다.

㉴ 습식 가스미터 : 고정된 원통 안에 4개로 구성된 내부 드럼이 있고, 입구에서 반은 물에 잠겨 있는 내부 드럼으로 들어가 가스압력으로 밀어 올려 내부 드럼이 1회전하는 동안 통과한 체적을 환산한다.

㉵ 루츠형 (roots type) 가스미터 : 2개의 회전자 (roots)와 케이싱으로 구성되어 고속으로 회전하는 회전자 (roots)에 의하여 체적단위로 환산하여 적산한다.

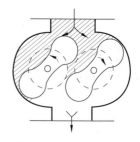

루츠형 가스미터의 구조

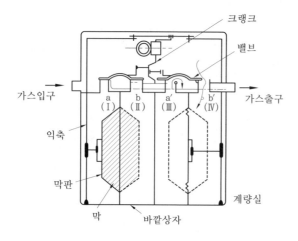

막식 가스미터의 구조

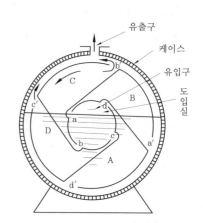

습식 가스미터의 구조

(나) 특징

구 분	막식 가스미터	습식 가스미터	roots형 가스미터
장 점	① 가격이 저렴하다. ② 유지관리에 시간을 요하지 않는다.	① 계량이 정확하다. ② 사용 중에 오차의 변동이 적다.	① 대유량의 가스측정에 적합하다. ② 중압가스의 계량이 가능하다. ③ 설치면적이 작다.
단 점	① 대용량의 것은 설치면적이 크다.	① 사용 중에 수위조정 등의 관리가 필요하다. ② 설치면적이 크다.	① 여과기의 설치 및 설치 후의 유지관리가 필요하다. ② 적은 유량($0.5 \text{ m}^3/\text{h}$)의 것은 부동 (不動)의 우려가 있다.
용 도	일반 수용가	기준, 실험실용	대량 수용가
용량범위	$1.5 \sim 200 \text{ m}^3/\text{h}$	$0.2 \sim 3000 \text{ m}^3/\text{h}$	$100 \sim 5000 \text{ m}^3/\text{h}$

2. 가스미터 선정 및 설치

(1) 선정 시 고려할 사항

① 사용하고자 하는 가스 전용일 것

② 사용 최대유량에 적합할 것

③ 사용 중 오차변화가 없고 정확하게 계측할 수 있을 것

④ 내압·내열성이 있으며 기밀성·내구성이 좋을 것

⑤ 부착이 쉽고 유지관리가 용이할 것

(2) 가스미터의 표시

① 성능 표시 사항

㈎ 기밀시험 : 10 kPa

㈏ 가스미터의 선편 : 선편의 양이 많은 가스미터를 사용하면 연소 불꽃이 흔들리는 상 태가 발생할 수 있다.

※ 선편 : 막식 가스미터에서 다이어프램의 수축, 팽창에 따라 맥동현상이 발생하고 이 로 인하여 압력변화가 발생하는 현상을 말한다.

㈐ 가스미터 및 배관에서의 압력손실 : 0.3 kPa 이하

㈑ 검정공차 : ±1.5 %

㈒ 사용공차 : 검정기준에서 정하는 최대허용오차의 2배 값

㈓ 감도유량 : 가스미터가 작동하는 최소유량

㉮ 가정용 막식 : 3 L/h

㉯ LPG용 : 15 L/h

㈔ 검정 유효기간 : 5년 (단, LPG 가스미터 : 3년, 기준 가스미터 : 2년)

㈕ 계량실의 체적

㉮ 0.5 L/rev : 계량실의 1주기 체적이 0.5 L

㉯ MAX 1.5 m^3/h : 사용최대유량은 시간당 1.5 m^3

② 계량능력 표시 사항

㈎ 계량기 호칭 : "호"로 표시

㉮ 1호의 의미 : 1 m^3/h

㉯ 가정용 : 1~7호가 가장 많이 사용

※ 가스량 계산 예 : 10호 가스미터로 1일 4시간씩 20일 간 작동했다면 최대사용가스량 은 얼마인가?

→ 최대사용량 = 10×4×20 = 800 m^3

㈏ 크기 선정 : 연소기구 중 최대가스소비량의 60 %가 되도록 가스미터를 선정한다.

③ 제품 표시 사항

  ㈎ 가스미터의 형식   ㈏ 사용최대유량

  ㈐ 계량실의 1주기 체적   ㈑ 형식 승인번호

  ㈒ 가스의 흐름 방향(입구, 출구) ㈓ 검정 및 합격표시

(3) 가스미터의 설치

① 설치 장소 선정 시 고려사항

 ㈎ 검침 및 점검에 편리한 장소일 것

 ㈏ 청결한 장소이어야 하고 어린이들의 손이 닿지 않는 곳에 장소일 것

 ㈐ 고온 다습한 곳, 화기, 부식성의 가스 등으로부터 안전거리를 유지할 수 있는 장소일 것

 ㈑ 눈, 비, 직사광선을 받지 않는 장소일 것

 ㈒ 진동을 받지 않는 장소일 것

 ㈓ −20℃ 이하의 저온으로 되지 않는 장소일 것

② 설치할 때 주의사항

 ㈎ 누설시험 압력이 표기된 압력을 초과하지 말 것

 ㈏ 가스미터에 충격을 주거나 떨어뜨리지 말 것

 ㈐ 설치하기 전에 배관 내 이물질을 완전히 제거할 것

 ㈑ 수평, 수직으로 설치할 것

 ㈒ 가스미터 또는 배관에 무리한 힘이 가해지지 않도록 할 것

 ㈓ 입구와 출구를 구분하여 설치하고, 입상배관을 금지할 것

 ㈔ 설치 높이 : 바닥으로부터 1.6~2 m 이내(단, 보호상자 내에 설치 시 바닥으로부터 2 m 이내 설치)

 ㈕ 화기와의 우회거리 : 2 m 이상

 ㈖ 타 시설물과 유지거리

  ㋐ 전기 계량기, 전기 개폐기 : 60 cm 이상

  ㋑ 단열조치를 하지 않은 굴뚝, 전기 점멸기, 전기 접속기 : 30 cm 이상

  ㋒ 절연조치를 하지 않은 전선 : 15 cm 이상

3. 가스미터의 고장

(1) 막식 가스미터

① 부동(不動) : 가스는 계량기를 통과하나 지침이 작동하지 않는 고장

 ㈎ 계량막의 파손

 ㈏ 밸브의 탈락

 ㈐ 밸브와 밸브시트 사이에서의 누설

(라) 지시장치 기어 불량

② 불통 (不通) : 가스가 계량기를 통과하지 못하는 고장

　(가) 크랭크축이 녹슬었을 때

　(나) 밸브와 밸브시트가 타르 수분 등에 의해 붙거나 동결된 경우

　(다) 날개 조절기 등 회전 장치 부분에 이상이 있을 때

③ 누설

　(가) 내부 누설 : 패킹재료의 열화

　(나) 외부 누설 : 납땜 접합부의 파손, 케이스의 부식 등

④ 기차 (오차) 불량 : 사용공차를 초과하는 고장

　(가) 계량막에서의 누설

　(나) 밸브와 밸브시트 사이에서의 누설

　(다) 패킹부에서의 누설

⑤ 감도 불량 : 감도 유량을 통과시켰을 때 지침의 시도 (示度)변화가 나타나지 않는 고장

　(가) 계량막 밸브와 밸브시트 사이의 누설

　(나) 패킹부에서의 누설

⑥ 이물질로 인한 불량 : 출구 측 압력이 현저하게 낮아지는 고장

　(가) 크랭크축에 이물질의 혼입으로 회전이 원활하지 않을 때

　(나) 밸브와 밸브시트 사이에 점성물질이 부착

　(다) 연동기구가 변형

⑦ 기타 고장 : 계량유리의 파손, 외관의 손상, 이상음 발생, 가스 중 수증기의 응축으로 인한 고장 등

(2) roots 가스미터

① 부동 (不動) : 회전자는 회전하나 지침이 작동하지 않는 고장

　(가) 마그네틱 연결 장치의 미끄럼

　(나) 감속 또는 지시장치의 기어물림 불량

② 불통 (不通) : 회전자의 회전이 정지하여 가스가 통과하지 못하는 고장으로 회전자 베어링의 마모, 먼지, 실 (seal) 등에 이물질이 부착된 경우가 원인

③ 기차 (오차) 불량 : 사용공차를 초과하는 경우로 회전자 베어링의 마모에 의한 간격의 증대, 회전부분의 마찰저항 증가가 원인이다.

④ 기타 고장 : 계량유리의 파손, 외관의 손상, 압력 보정 장치의 고장, 이상음 발생, 감도 불량 등

예 상 문 제

문제 1. 가스미터의 필요조건에 관계없는 것은?

㉮ 정확하게 계량될 것

㉯ 소형이며 용량이 클 것

㉰ 감도는 적으나 정밀성이 클 것

㉱ 수리하기 쉬울 것

해설 • 가스미터의 필요조건

① 구조가 간단하고, 수리가 용이할 것

② 감도가 예민하고 압력손실이 적을 것

③ 소형이며 계량 용량이 클 것

④ 기차의 조정이 용이할 것

⑤ 내구성이 클 것

문제 2. 가스미터의 종류 중 실측식이 아닌 것은?

㉮ 터빈식   ㉯ 독립내기식

㉰ 클로버식   ㉱ 로터리식

해설 • 가스미터의 분류

① 실측식 : 건식 (막식형 (독립내기식, 클로버식), 회전식 (루트형, 오벌식, 로터리 피스톤식)), 습식

② 추량식 : 델타식, 터빈식, 오리피스식, 벤투리식

문제 3. 막식 가스미터에 대한 설명으로 거리가 먼 것은?

㉮ 가격이 저렴하다.

㉯ 일반 수요가에 널리 사용된다.

㉰ 정확한 계량이 가능하다.

㉱ 부착 후의 유지 관리의 필요성이 없다.

해설 • 막식 가스미터의 특징

① 가격이 저렴하다.

② 유지관리에 시간을 요하지 않는다.

③ 대용량의 것은 설치면적이 크다.

④ 용도 : 일반 수용가

⑤ 용량범위 : 1.5~200 m^3/h

문제 4. 회전수가 비교적 늦기 때문에 100 m^3/h

이하의 소용량에 적합하고, 도시가스를 저압으로 사용하는 일반가정에서 주로 사용하는 가스계량기의 형식은?

㉮ 막식   ㉯ 회전자식

㉰ 습식   ㉱ 추량식

문제 5. 독립내기형 다이어프램식 가스미터의 구조를 가장 옳게 설명한 것은?

㉮ 가스미터 몸체와 그 내부에 다이어프램을 내장한 계량실이 분리된 구조이다.

㉯ 가스미터 몸체와 그 내부에 다이어프램을 내장한 계량실이 일치된 구조이다.

㉰ 가스미터 몸체에 다이어프램을 내장한 구조이다.

㉱ 가스미터 몸체에 독립된 다이어프램을 내장한 계량실이 설치된 구조이다.

문제 6. 습식 가스미터는 주로 표준계량에 사용된다. 이 계기는 어떤 type의 측정기인가?

㉮ drum type   ㉯ orifice type

㉰ oval type   ㉱ venturi type

문제 7. 다음과 같은 특성을 갖는 가스미터는 어느 것인가?

① 계량이 정확하고 사용 중 기차 (器差) 의 변동이 거의 없다.

② 설치공간이 크고 수위조절 등의 관리가 필요하다.

㉮ 막식 가스미터   ㉯ 습식 가스미터

㉰ 루츠 (roots) 미터   ㉱ 벤투리 미터

해설 • 습식 가스미터의 특징

① 계량이 정확하다.

② 사용 중에 오차의 변동이 적다.

③ 사용 중에 수위조정 등의 관리가 필요하다.

해답 1. ㉰   2. ㉮   3. ㉰   4. ㉮   5. ㉮   6. ㉮   7. ㉯

④ 설치면적이 크다.
⑤ 용도 : 기준용, 실험실용
⑥ 용량범위 : 0.2~3000 m³/h

문제 8. 다른 가스미터의 기준기로 사용되며 가스 발열량 측정 등에 사용되는 계측기는 무엇인가?
㉮ 막식 가스미터　㉯ 습식 가스미터
㉰ 루츠미터　㉱ 로케이팅 게이트

문제 9. 다음 그림은 가스미터의 한 종류이다. 이는 무슨 가스미터인가?

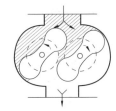

㉮ 건식 가스미터　㉯ 습식 가스미터
㉰ 루츠미터　㉱ 오리피스 미터

문제 10. 다음 루트식 유량계의 특징에 대한 설명 중 틀린 것은?
㉮ 스트레이너의 설치가 필요하다.
㉯ 맥동에 의한 영향이 대단히 크다.
㉰ 적은 유량에서는 동작되지 않을 염려가 있다.
㉱ 구조가 비교적 복잡하다.
해설 • 루츠 (roots)형 가스미터의 특징
① 대유량 가스측정에 적합하다.
② 중압가스의 계량이 가능하다.
③ 설치면적이 적다.
④ 여과기의 설치 및 설치 후의 유지관리가 필요하다.
⑤ 0.5 m³/h 이하의 적은 유량에는 부동의 우려가 있다.
⑥ 용도 : 대량 수용가
⑦ 용량 범위 : 100~5000 m³/h

문제 11. 가스미터 특성에 대한 설명으로 옳지 않은 것은?

㉮ 습식 가스미터는 가스발열량 측정에도 이용된다.
㉯ 막식 가스미터는 저렴하고 유지관리가 용이하다.
㉰ 루트미터의 용량 범위는 막식 가스미터보다 크다.
㉱ 습식 가스미터의 설치 공간은 루트미터보다 적다.
해설 습식 가스미터는 설치면적이 크다.

문제 12. 가스미터 선정 시 고려사항으로 옳지 않은 것은?
㉮ 가스의 최대사용유량에 적합한 계량능력의 것을 선택한다.
㉯ 가스의 기밀성이 좋고 내구성이 큰 것을 선택한다.
㉰ 사용 시의 기차가 커서 정확하게 계량할 수 있는 것을 선택한다.
㉱ 내열성·내압성이 좋고 유지관리가 용이한 것을 선택한다.
해설 • 기차 (器差) : 계측기가 제작 당시부터 가지고 있는 고유의 오차로서 기차가 작을수록 정확하게 측정할 수 있다.

문제 13. 가스 계량기는 기밀시험 시 얼마를 초과하는 압력을 가하지 않아야 하는가?
㉮ 8.4 kPa　㉯ 10 kPa
㉰ 12 kPa　㉱ 15 kPa

문제 14. 가스미터 (계량기)의 허용 최대압력 손실은?
㉮ 30 mmH₂O　㉯ 40 mmH₂O
㉰ 50 mmH₂O　㉱ 60 mmH₂O
해설 배관 및 가스미터에서의 허용 압력손실은 30 mmH₂O (0.3 kPa) 이하이다.

문제 15. 가스미터의 형식 승인기준에서 가스미터는 미터에 표기된 주기체적 (cyclic volume)의 공칭값과 실제값과의 차가 기준조건에서 얼마 이내이어야 하는가?

가 3 % 　나 4 % 　다 5 % 　라 10 %

문제 16. 가스미터의 검정 검사 사항이 아닌 것은?

가 외관 검사 　나 구조 검사

다 기차 검사 　라 용접 검사

문제 17. 다음은 가스미터 교정 시 고려해야 할 사항들이다. 정밀도 및 정확도에 영향이 적기 때문에 보정 절차를 생략할 수 있는 것은?

> ① 중력가속도에 대한 보정
> ② Prover 내의 정확한 압력 및 온도측정
> ③ 유량을 일정하게 조절
> ④ 압력계의 차압이 적을 경우 고압부분의 기체밀도의 보정

가 ①, ② 　　　　나 ①, ③

다 ①, ④ 　　　　라 ②, ④

문제 18. 가스미터의 용어에 대한 설명으로 옳은 것은?

가 공차는 검정공차와 사용공차가 있다.

나 사용공차의 허용치는 ± 10 % 범위이다.

다 기기 오차는 시험용 미터와 기준미터의 차로 나타낸다.

라 감도유량은 가스미터가 작동하는 최대유량을 뜻한다.

해설 • 가스미터의 성능
　① 기밀시험 : 10 kPa
　② 검정공차 : ± 1.5 %
　③ 사용공차 : 검정시의 최대허용오차의 2배 값
　④ 감도유량 : 가스미터가 작동하는 최소유량
　⑤ 기차 $E\,[\%] = \dfrac{I - Q}{I} \times 100$

문제 19. 막식 가스미터와 일반 가정용 LPG 가스미터의 감도유량이 옳은 것은?

가 3 L/h 이상, 15 L/h 이상

나 15 L/h 이상, 3 L/h 이상

다 3 L/h 이하, 15 L/h 이하

라 15 L/h 이하, 3 L/h 이하

해설 • 감도유량 : 가스미터가 작동하는 최소유량
　① 가정용 막식 가스미터 : 3 L/h 이하
　② LPG용 가스미터 : 15 L/h 이하

문제 20. 최대유량이 10 m³/h 이하의 가스미터에 대한 검정유효기간은 몇 년인가?

가 1 　나 3 　다 5 　라 8

해설 • 가스미터 (계량기) 검정유효기간
　① 최대유량 10 m³/h 이하 : 5년
　② 그 외 : 8년
　③ LPG용 가스미터 : 3년

문제 21. 기준 가스미터의 기준기 검정 유효기간은 몇 년인가?

가 1년 　나 2년 　다 3년 　라 5년

문제 22. 기준 습식 가스계량기의 계량실 부피 (L)는 얼마 이상이어야 하는가?

가 1 　나 2 　다 3 　라 5

문제 23. 가스미터에 다음과 같이 표기되어 있다. 이에 대한 설명으로 옳은 것은?

> 0.5 L/rev. MAX 1.5 m³/h

가 가스미터의 감도유량이 0.5 L이며 사용 최대유량은 시간당 1.5 m³이다.

나 가스미터의 감도유량이 0.5 L이며 오차의 최댓값은 시간당 1.5 m³이다.

다 계량실의 1주기 체적이 0.5 L이며 오차의 최댓값은 시간당 1.5 m³이다.

라 계량실의 1주기 체적이 0.5 L이며 사용 최대유량은 시간당 1.5 m³이다.

문제 24. MAX 1.5 m³/h, 0.5 L/rev라고 표시되어 있는 가스미터가 1시간당 400회전 하였다면 가스 유량은?

가 0.75 m³/h 　　나 200 L/h

다 1 m³/h 　　　라 400 L/h

해설 ① MAX 1.5 m³/h : 사용 최대유량이 시간당 1.5 m³이다.

해답 16. 라 17. 다 18. 가 19. 다 20. 다 21. 나 22. 나 23. 라 24. 나

② 0.5 L/rev : 계량실의 1주기 체적이 0.5 L
이다.
③ 가스유량 계산
∴ 가스유량 = 0.5×400 = 200 L/h

문제 25. 4실로 나누어진 습식 가스미터의 드럼이 10회전 했을 때 통과 유량이 100 L 이었다면 각 실의 용량은 얼마인가?

㉮ 1 L ㉯ 2.5 L ㉰ 10 L ㉱ 25 L

해설 통과 유량 = 각 실의 용량 × 4 × 회전수

∴ 각 실의 용량(L) = $\dfrac{통과 유량}{4 × 회전수}$

$= \dfrac{100}{4 × 10} = 2.5\,L$

문제 26. 가스미터는 동시사용률을 고려하여 시간당 최대사용량을 통과시킬 수 있도록 배관지름과 가스미터의 크기를 적절히 선택해야 한다. 다음 중 최대통과량이 가장 큰 미터기를 나타내는 것은?

㉮ N형 2급 (호) ㉯ M형 3급 (호)
㉰ B형 5급 (호) ㉱ T형 7급 (호)

해설 • 가스미터의 호칭 : "호"로 표시하며 1호는 1 m³/h를 의미하므로 호수가 클수록 통과 가스량이 많은 것이다.

문제 27. 10호 가스미터로 1일 4시간씩 20일 간 작동했다면 최대사용가스량은 얼마인가? (단, 압력차는 수주 30mm이다.)

㉮ 200 m³ ㉯ 350 m³ ㉰ 400 m³ ㉱ 800 m³

해설 가스미터 1호는 시간당 1 m³의 가스가 통과할 수 있는 것이므로 10호는 10 m³/h가 된다.

∴ 최대사용량 = 10×4×20 = 800 m³

문제 28. 소형 가스미터를 선택할 때 가스 사용량이 가스미터의 최대용량의 몇 %가 되도록 선택하는 것이 좋은가?

㉮ 60 % ㉯ 70 % ㉰ 80 % ㉱ 90 %

해설 연소기구 중 최대가스소비량의 60%가 되도록 가스미터를 선정한다.

문제 29. 가스미터의 성능표시 사항에 해당하지 않는 것은?

㉮ 형식승인 ㉯ 사용공차
㉰ 감도유량 ㉱ 1주기 체적

문제 30. 가스미터 눈금의 구조에 대한 설명으로 옳지 않은 것은?

㉮ 눈금판을 읽는 방법은 지침식, 직독식 및 혼용식으로 한다.
㉯ 부피를 표시하는 눈금의 굵기는 0.2 mm 이상이어야 한다.
㉰ 지시부는 m³ 단위와 L 단위의 부피를 표시하는 부분의 색이 구별되어야 한다.
㉱ 부피를 표시하는 눈금 간의 길이는 0.5 mm 이상이어야 한다.

문제 31. 가스미터 설치장소 선정 시의 유의사항으로 틀린 것은?

㉮ 검침, 수리 등의 작업이 편리한 곳에 선정한다.
㉯ 진동을 받지 않는 곳에 설치하여야 한다.
㉰ 직사일광에 노출되지 않는 곳이어야 한다.
㉱ 공급관 취출 위치로부터 반드시 우회배관을 한다.

문제 32. 다음 가스 계량기의 설치 높이를 바르게 나타낸 것은?

㉮ 건물 내부의 2.5~3 m 지점에 수평, 수직으로 설치한다.
㉯ 바닥으로부터 2~2.5 m 이내에 수평, 수직으로 설치한다.
㉰ 건물 외부의 1.5~2 m 지점에 수평, 수직으로 설치한다.
㉱ 바닥으로부터 1.6~2 m 이내에 수직, 수평으로 설치한다.

문제 33. 가스 계량기의 설치에 대한 설명 중 옳은 것은?

㉮ 가스 계량기는 화기와 1 m 이상의 우회 거리를 유지할 것

해답 25. ㉯ 26. ㉱ 27. ㉱ 28. ㉮ 29. ㉮ 30. ㉱ 31. ㉱ 32. ㉱ 33. ㉯

나 가스 계량기의 설치 높이는 바닥으로부터 1.6 m 이상 2 m 이내에 수직, 수평으로 설치할 것

다 가스 계량기를 격납 상자에 설치할 경우 바닥으로부터 1.8 m 이상 2 m 이내에 수직, 수평으로 설치할 것

라 가스 계량기를 격납상자에 설치할 경우 바닥으로부터 1.0 m 이내에 수직, 수평으로 설치할 것

해설 • 가스 계량기 설치 기준
① 화기와 2 m 이상의 우회거리를 유지할 것
② 설치 높이는 바닥으로부터 1.6~2 m 이내에 수직, 수평으로 설치할 것 (단, 보호상자 내에 설치할 경우 바닥으로부터 2 m 이내 설치)
③ 전기 계량기, 전기 개폐기와 60 cm 이상 유지
④ 단열조치를 하지 않은 굴뚝, 전기 점멸기, 전기 접속기와 30 cm 이상 유지
⑤ 절연조치를 하지 않은 전선과 15 cm 이상 유지

문제 34. 가스미터의 출구측 배관에 입상배관을 피하여 설치하는 가장 주된 이유는?

가 설치면적을 줄일 수 있다.

나 검침 및 수리 등의 작업이 편리하다.

다 배관의 길이를 줄일 수 있다.

라 가스미터 내 밸브 등이 동결될 우려가 있다.

해설 입상배관으로 시공하였을 때 배관 내부의 응결수가 가스미터로 유입되어 겨울철에 응결수 동결로 가스미터가 고장이 발생될 수 있어 입상배관을 금지한다.

문제 35. 막식 가스미터에서 가스는 통과하지만 미터의 지침이 작동하지 않는 고장이 일어났다. 예상되는 원인으로 볼 수 없는 것은?

가 계량막의 파손

나 밸브의 탈락

다 지시장치 톱니바퀴의 불량

라 회전장치 부분의 고장

해설 • 막식 가스미터의 부동(不動) 원인
① 계량막의 파손
② 밸브의 탈락
③ 밸브와 밸브시트 사이에서의 누설
④ 지시장치의 기어 불량

문제 36. 막식 가스미터에서 크랭크축이 녹슬거나 밸브와 밸브시트가 타르나 수분 등에 의해 점착(粘着) 또는 고착되어 일어나는 고장의 형태는?

가 부동 나 기어불량 다 떨림 라 불통

해설 • 불통(不通) : 가스가 계량기를 통과하지 못하는 고장
① 크랭크축이 녹슬었을 때
② 밸브와 밸브시트가 타르 수분 등에 의해 붙거나 동결된 경우
③ 날개 조절기 등 회전 장치 부분에 이상이 있을 때

문제 37. 막식 가스미터의 경우 계량막 밸브의 누설, 밸브와 밸브시트 사이의 누설 등이 원인이 되는 고장은?

가 부동(不動) 나 불통(不通)

다 누설(漏泄) 라 기차(器差)불량

해설 • 기차불량(사용공차를 초과하는 고장) 원인
① 계량막에서의 누설
② 밸브와 밸브시트 사이에서의 누설
③ 패킹부에서의 누설

문제 38. 막식 가스미터에서 일어날 수 있는 고장에 대한 설명이다. 옳지 않은 것은?

가 부동 – 가스가 미터를 통과하지만 미터의 지침이 움직이지 않는 고장

나 누출 – 가스가 미터를 통과할 수 없는 고장

다 떨림 – 미터 출구 측의 압력변동이 심하여 가스의 연소 상태를 불안정하게 하는 고장

라 감도 불량 – 미터에 감도 유량을 통과시킬 때 미터의 지침 지시도에 변화가 나타나지 않는 고장

해설 나 불통(不通)에 대한 설명

3편

가스 안전관리

제 1 장 고압가스 안전관리

1. 고압가스 용어의 정의

(1) 용어의 정의 [고법 시행규칙 제2조]

① 가연성가스 : 아크릴로니트릴, 아크릴알데히드, 아세트알데히드, 아세틸렌, 암모니아, 수소, 황화수소, 시안화수소, 일산화탄소, 이황화탄소, 메탄, 염화메탄, 브롬화메탄, 에탄, 염화에탄, 염화비닐, 에틸렌, 산화에틸렌, 프로판, 시클로프로판, 프로필렌, 산화프로필렌, 부탄, 부타디엔, 부틸렌, 메틸에테르, 모노메틸아민, 디메틸아민, 트리메틸아민, 에틸아민, 벤젠, 에틸벤젠 및 그 밖에 공기 중에서 연소하는 가스로서 폭발한계 (공기와 혼합된 경우 연소를 일으킬 수 있는 공기 중의 가스 농도의 한계를 말한다)의 하한이 10 % 이하인 것과 폭발한계의 상한과 하한의 차가 20 % 이상인 것을 말한다.

② 독성가스 : 아크릴로니트릴, 아크릴알데히드, 아황산가스, 암모니아, 일산화탄소, 이황화탄소, 불소, 염소, 브롬화메탄, 염화메탄, 염화프렌, 산화에틸렌, 시안화수소, 황화수소, 모노메틸아민, 디메틸아민, 트리메틸아민, 벤젠, 포스겐, 요오드화수소, 브롬화수소, 염화수소, 불화수소, 겨자가스, 알진, 모노실란, 디실란, 디보레인, 세렌화수소, 포스핀, 모노게르만 및 그 밖에 공기 중에 일정량 이상 존재하는 경우 인체에 유해한 독성을 가진 가스로서 허용농도가 100만분의 5000 이하인 것을 말한다.

> **【참 고】 허용농도 기준**
> ① 개정 전 허용농도 : 정상인이 1일 8시간 또는 1주 40시간 통상적인 작업을 수행함에 있어 건강상 나쁜 영향을 미치지 아니하는 정도의 공기 중의 가스의 농도를 말한다. → TLV-TWA (치사허용 시간 가중치 (致死許容 時間 加重値) Threshold Limit Value-Time Weighted Average)로 표시
> ② 개정된 허용농도 : 해당 가스를 성숙한 흰쥐 집단에게 대기 중에서 1시간 동안 계속하여 노출시킨 경우 14일 이내에 그 흰쥐의 2분의 1 이상이 죽게 되는 가스의 농도를 말한다. → LC_{50} (치사농도 (致死濃度) 50 : Lethal concentration 50)으로 표시

③ 액화가스 : 가압, 냉각 등의 방법에 의하여 액체 상태로 되어 있는 것으로서 대기압에서의 끓는점이 40 ℃ 이하 또는 상용 온도 이하인 것을 말한다.

④ 압축가스 : 일정한 압력에 의하여 압축되어 있는 가스를 말한다.

⑤ 저장설비 : 고압가스를 충전·저장하기 위한 설비로서 저장탱크 및 충전용기 보관설비를 말한다.

⑥ 저장능력 : 저장설비에 저장할 수 있는 고압가스의 양으로서 별표 1에 따라 산정된 것을 말한다.

⑦ 저장탱크 : 고압가스를 충전 · 저장하기 위하여 지상 또는 지하에 고정 설치된 탱크를 말한다.

⑧ 초저온 저장탱크 : −50 ℃ 이하의 액화가스를 저장하기 위한 저장탱크로서 단열재를 씌우거나 냉동설비로 냉각시키는 등의 방법으로 저장탱크 내의 가스온도가 상용의 온도를 초과하지 아니하도록 한 것을 말한다.

⑨ 저온 저장탱크 : 액화가스를 저장하기 위한 저장탱크로서 단열재를 씌우거나 냉동설비로 냉각시키는 등의 방법으로 저장탱크 내의 가스온도가 상용의 온도를 초과하지 아니하도록 한 것 중 초저온 저장탱크와 가연성가스 저온 저장탱크를 제외한 것을 말한다.

⑩ 가연성가스 저온 저장탱크 : 대기압에서의 끓는점이 0 ℃ 이하인 가연성가스를 0 ℃ 이하인 액체 또는 해당 가스의 기상부의 상용압력이 0.1 MPa 이하인 액체 상태로 저장하기 위한 저장탱크로서 단열재를 씌우거나 냉동설비로 냉각하는 등의 방법으로 저장탱크 내의 가스온도가 상용 온도를 초과하지 아니하도록 한 것을 말한다.

⑪ 차량에 고정된 탱크 : 고압가스의 수송 · 운반을 위하여 차량에 고정 설치된 탱크를 말한다.

⑫ 초저온용기 : −50 ℃ 이하의 액화가스를 충전하기 위한 용기로서 단열재를 씌우거나 냉동설비로 냉각시키는 등의 방법으로 용기 내의 가스온도가 상용 온도를 초과하지 아니하도록 한 것을 말한다.

⑬ 저온용기 : 액화가스를 충전하기 위한 용기로서 단열재를 씌우거나 냉동설비로 냉각시키는 등의 방법으로 용기 내의 가스온도가 상용의 온도를 초과하지 아니하도록 한 것 중 초저온 용기 외의 것을 말한다.

⑭ 충전용기 : 고압가스의 충전질량 또는 충전압력의 2분의 1 이상이 충전되어 있는 상태의 용기를 말한다.

⑮ 잔가스용기 : 고압가스의 충전질량 또는 충전압력의 2분의 1 미만이 충전되어 있는 상태의 용기를 말한다.

⑯ 가스설비 : 고압가스의 제조 · 저장 설비(제조 · 저장 설비에 부착된 배관을 포함하며, 사업소 밖에 있는 배관은 제외한다) 중 가스(제조 · 저장된 고압가스, 제조공정 중에 있는 고압가스가 아닌 상태의 가스 및 해당 고압가스 제조의 원료가 되는 가스를 말한다)가 통하는 부분을 말한다.

⑰ 고압가스설비 : 가스설비 중 고압가스가 통하는 부분을 말한다.

⑱ 처리설비 : 압축 · 액화나 그 밖의 방법으로 가스를 처리할 수 있는 설비 중 고압가스의 제조(충전을 포함)에 필요한 설비와 저장탱크에 딸린 펌프, 압축기 및 기화장치를 말한다.

⑲ 감압설비 : 고압가스의 압력을 낮추는 설비를 말한다.

⑳ 처리능력 : 처리설비 또는 감압설비에 의하여 압축, 액화나 그 밖의 방법으로 1일에 처리할 수 있는 가스의 양(기준 : 온도 0 ℃, 게이지압력 0 Pa의 상태)을 말한다.

㉑ 불연재료 : 「건축법 시행령」 제2조 제1항 제10호에 따른 불연 재료를 말한다.

㉒ 방호벽 : 높이 2 m 이상, 두께 12 cm 이상의 철근 콘크리트 또는 이와 같은 수준 이상의 강도를 가지는 구조의 벽을 말한다.

㈎ 방호벽의 종류 및 규격

구 분	규 격		구 조
	두 께	높 이	
철근 콘크리트	12 cm 이상	2 m 이상	9 mm 이상 철근을 40×40 cm 간격으로 배근
콘크리트 블록	15 cm 이상	2 m 이상	9 mm 이상 철근을 40×40 cm 간격으로 배근, 블록 공동부에 모르타르 채움
박강판	3.2 mm 이상	2 m 이상	30×30 mm 이상의 앵글강을 40×40 cm 이하의 간격으로 용접 보강, 1.8 m 이하의 간격으로 지주 세움
후강판	6 mm 이상	2 m 이상	1.8 m 이하의 간격으로 지주 세움

㈏ 방호벽 기초

　㉮ 일체로 된 철근 콘크리트 기초

　㉯ 높이 350 mm 이상, 되메우기 깊이 : 300 mm 이상

　㉰ 기초의 두께 : 방호벽 최하부의 120 % 이상

㉓ 보호시설 : 제1종 보호시설 및 제2종 보호시설로서 별표 2에서 정한 것을 말한다.

㉔ 용접용기 : 동판 및 경판을 각각 성형하고 용접하여 제조한 용기를 말한다.

㉕ 이음매 없는 용기 : 동판 및 경판을 일체로 성형하여 이음매가 없이 제조한 용기를 말한다.

㉖ 접합 또는 납붙임 용기 : 동판 및 경판을 각각 성형하여 심 (seam)용접이나 그 밖의 방법으로 접합하거나 납붙임하여 만든 내용적 1L 이하인 일회용 용기로서 에어졸 제조용, 라이터 충전용, 연료용 가스용, 절단용 또는 용접용으로 제조한 것을 말한다.

㉗ 충전설비 : 용기 또는 차량에 고정된 탱크에 고압가스를 충전하기 위한 설비로서 충전기와 저장탱크에 딸린 펌프 · 압축기를 말한다.

㉘ 특수고압가스 : 압축모노실란, 압축디보레인, 액화알진, 포스핀, 세렌화수소, 게르만, 디실란 및 그 밖에 반도체의 세정 등 산업통상자원부장관이 인정하는 특수한 용도에 사용되는 고압가스를 말한다.

㉙ 저장소 (고법 제3조 제1호) : 고압가스를 용기 또는 저장탱크에 의하여 저장하는 일정한 장소

구 분	비독성 고압가스	독성가스	
		① 200 ppm 초과	② 200 ppm 이하
압축가스	500 m³ 이상	100 m³ 이상	10 m³ 이상
액화가스	5000 kg 이상	1000 kg 이상	100 kg 이상

* TLV – TWA : ① 1 ppm 이상, ② 1 ppm 미만

㉚ 고압가스 관련설비 (고법 제3조 제5호) : 특정설비

　㈎ 안전밸브, 긴급차단장치, 역화방지장치

　㈏ 기화장치

　㈐ 압력용기

　㈑ 자동차용 가스 자동주입기

　㈒ 독성가스배관용 밸브

(바) 냉동설비 (별표 11 제4호 나목에서 정하는 일체형 냉동기는 제외한다)를 구성하는 압축기 · 응축기 · 증발기 또는 압력용기 (이하 "냉동용 특정설비"라 한다)

(사) 특정고압가스용 실린더 캐비닛

(아) 자동차용 압축 천연가스 완속충전설비 (처리능력이 시간당 18.5 m^3 미만인 충전설비)

(자) 액화석유가스용 용기 잔류가스 회수장치

(2) 고압가스 특정제조허가의 대상 [고법 시행규칙 제 3조]

① 석유정제업자의 석유정제시설 또는 그 부대시설에서 고압가스를 제조하는 것으로서 그 저장능력이 100톤 이상인 것

② 석유화학 공업자 (석유화학공업 관련사업자 포함)의 석유화학 공업시설 또는 그 부대시설에서 고압가스를 제조하는 것으로서 그 저장능력이 100톤 이상이거나 처리능력이 10000 m^3 이상인 것

③ 철강공업자의 철강공업시설 또는 그 부대시설에서 고압가스를 제조하는 것으로서 그 처리능력이 100000 m^3 이상인 것

④ 비료생산업자의 비료제조시설 또는 그 부대시설에서 고압가스를 제조하는 것으로서 그 저장능력이 100톤 이상이거나 처리능력이 100000 m^3 이상인 것

⑤ 그 밖에 산업통상자원부장관이 정하는 시설에서 고압가스를 제조하는 것으로서 그 저장능력 또는 처리능력이 산업통상자원부장관이 정하는 규모 이상인 것

2. 저장능력 산정 기준

(1) 저장능력 산정 기준 계산식

① 압축가스 저장탱크 및 용기 : $Q = (10P + 1) \cdot V_1$

② 액화가스 저장탱크 : $W = 0.9d \cdot V_2$

③ 액화가스 용기 (충전용기, 탱크로리) : $W = \dfrac{V_2}{C}$

여기서, Q : 저장능력 (m^3), P : 35 ℃에서 최고충전압력 (MPa), V_1 : 내용적 (m^3)
W : 저장능력 (kg), V_2 : 내용적 (L), d : 액화가스의 비중
C : 액화가스 충전상수 (C_3H_8 : 2.35, C_4H_{10} : 2.05, NH_3 : 1.86)

(2) 저장능력 합산기준

① 저장탱크 및 용기가 배관으로 연결된 경우

② 저장탱크 및 용기 사이의 중심거리가 30 m 이하인 경우 또는 같은 구축물에 설치되어 있는 경우

③ 액화가스와 압축가스가 섞여 있는 경우에는 액화가스 10 kg을 압축가스 1 m^3로 본다.

3. 보호시설

(1) 제1종 보호시설

① 학교, 유치원, 어린이집, 놀이방, 어린이 놀이터, 학원, 병원(의원을 포함), 도서관, 청소년 수련시설, 경로당, 시장, 공중 목욕탕, 호텔, 여관, 극장, 교회 및 공회당(公會堂)

② 사람을 수용하는 건축물(가설 건축물은 제외)로서 사실상 독립된 부분의 연면적이 1000 m² 이상인 것

③ 예식장, 장례식장 및 전시장, 그 밖에 이와 유사한 시설로서 300명 이상 수용할 수 있는 건축물

④ 아동복지시설 또는 장애인복지시설로서 20명 이상 수용할 수 있는 건축물

⑤ 「문화재보호법」에 따라 지정문화재로 지정된 건축물

(2) 제2종 보호시설

① 주택

② 사람을 수용하는 건축물(가설 건축물은 제외)로서 사실상 독립된 부분의 연면적이 100 m² 이상 1000 m² 미만인 것

(3) 보호시설과 안전거리 유지 기준

① 처리설비, 저장설비는 보호시설과 안전거리 유지

처리능력 및 저장능력	독성, 가연성		산소		그 밖의 가스	
	제1종	제2종	제1종	제2종	제1종	제2종
1만 이하	17	12		8		5
1만 초과 2만 이하	21	14		9		7
2만 초과 3만 이하	24	16		11		8
3만 초과 4만 이하	27	18		13		9
4만 초과 5만 이하	30	20		14		10
5만 초과 99만 이하	30	20	–	–	–	–
99만 초과	30	20	–	–	–	–

1. 단위 : 압축가스 m³, 액화가스 kg
2. 한 사업소 안에 2개 이상의 처리설비 또는 저장설비가 있는 경우 그 처리능력, 저장능력별로 각각 안전거리 유지
3. 가연성가스 저온 저장탱크의 경우

   ① 5만 초과 99만 이하 : 제1종 $\dfrac{3}{25}\sqrt{X+10000}$, 제2종 $\dfrac{2}{25}\sqrt{X+10000}$

   ② 99만 초과 : 제1종 120 m, 제2종 80 m
4. 산소 및 그 밖의 가스는 4만 초과까지임

② 저장설비를 지하에 설치하는 경우에는 유지거리의 $\dfrac{1}{2}$ 을 곱한 거리를 유지

4. 냉동능력 산정 기준

(1) 1일 냉동능력 (톤) 계산

① 원심식 압축기 : 원동기 정격출력 1.2 kW
② 흡수식 냉동설비 : 발생기를 가열하는 입열량 6640 kcal/h
③ 그 밖의 것 : 다음의 산식으로 계산

$$R = \frac{V}{C}$$

여기서, R : 1일의 냉동능력 (톤), V : 피스톤 압출량 (m^3/hr), C : 냉매 종류에 따른 상수

5. 고압가스 제조의 기준

(특정제조, 일반제조, 용기 및 차량에 고정된 탱크 충전)

(1) 시설 기준

① 배치 기준
⑺ 처리설비, 저장설비는 보호시설과 안전거리 유지
⑻ 화기와의 우회거리
  ㉮ 가스설비 또는 저장설비 : 2 m 이상
  ㉯ 가연성가스, 산소의 가스설비 또는 저장설비 : 8 m 이상
⑼ 설비 사이의 거리
  ㉮ 가연성가스와 가연성가스 제조시설의 고압가스 설비 사이의 거리 : 5 m 이상
  ㉯ 가연성가스와 산소 제조시설의 고압가스 설비 사이 거리 : 10 m 이상
⑽ 가연성가스 설비 또는 독성가스 설비 : 통로, 공지 등으로 구분된 안전구역에 설치
[특정제조만 해당]
  ㉮ 안전구역 면적 : 20000 m^2 이하
  ㉯ 안전구역 설정 : 고압가스 설비의 연소열량 수치가 6×10^8 이하

$$Q = K \cdot W$$

여기서, Q : 연소열량, W : 저장설비 또는 처리설비에 따른 수치
    K : 가스의 종류 및 상용온도에 따른 수치

  ㉰ 안전구역 내 고압가스 설비와 다른 안전구역 내 고압가스 설비와의 거리 : 30 m 이상
  ㉱ 제조설비는 제조소 경계까지 : 20 m 이상
  ㉲ 가연성가스 저장탱크와 처리능력 20만 m^3 이상인 압축기 : 30 m 이상
  ㉳ 물분무장치 설치 기준

구 분	1 m 또는 $\frac{1}{4}$ 거리 중 큰 쪽 거리를 유지하지 못한 경우	$\frac{1}{4}$ 을 유지하지 못한 경우
저장탱크 전표면적	$8 \, \text{L} / \text{min} \cdot \text{m}^2$	$7 \, \text{L} / \text{min} \cdot \text{m}^2$
준내화구조	$6.5 \, \text{L} / \text{min} \cdot \text{m}^2$	$4.5 \, \text{L} / \text{min} \cdot \text{m}^2$
내화구조	$4 \, \text{L} / \text{min} \cdot \text{m}^2$	$2 \, \text{L} / \text{min} \cdot \text{m}^2$

ⓐ 조작위치 : 저장탱크 외면에서 15 m 이상

ⓑ 수원 : 30분간 동시 방사할 수 있는 양

ⓒ 작동점검 : 매월 1회 이상 (동결우려 : 펌프구동으로 갈음)

② 기초기준 : 저장탱크의 받침대는 동일한 기초 위에 설치

구 분	저장능력
압축가스	$100 \, \text{m}^3$ 이상
액화가스	$1000 \, \text{kg}$ 이상

③ 저장설비 기준

㈎ 내진성능 (耐震性能) 확보

㉮ 저장탱크 (가스홀더 포함)

구 분	비가연성, 비독성 가스	가연성, 독성가스	탑 류
압축가스	$1000 \, \text{m}^3$ 이상	$500 \, \text{m}^3$ 이상	동체부 높이가 5 m 이상인 것
액화가스	$10000 \, \text{kg}$ 이상	$5000 \, \text{kg}$ 이상	

㉯ 세로방향으로 설치한 동체의 길이가 5 m 이상인 원통형 응축기 및 내용적 5000 L 이상인 수액기, 지지구조물 및 기초

㉰ ㉮항 중 저장탱크를 지하에 매설한 경우에 대하여는 내진설계를 한 것으로 본다.

㈏ 가스방출장치 설치 : 5 m³ 이상

㈐ 저장탱크 사이 거리 : 저장탱크 최대지름을 더한 길이의 4분의 1 이상의 거리 유지 (1 m 미만인 경우 1 m 유지)

㈑ 저장탱크 설치 기준

㉮ 지하설치 기준

ⓐ 천장, 벽, 바닥의 두께 : 30 cm 이상의 철근 콘크리트

ⓑ 저장탱크의 주위 : 마른 모래를 채울 것

ⓒ 매설깊이 : 60 cm 이상

ⓓ 2개 이상 설치 시 : 상호 간 1 m 이상 유지

ⓔ 지상에 경계표지 설치

ⓕ 안전밸브 방출관 설치 (방출구 높이 : 지면에서 5 m 이상)

     ④ 실내설치 기준

       ⓐ 저장탱크실과 처리 설비실은 각각 구분하여 설치하고 강제 통풍시설을 갖출 것

       ⓑ 천장, 벽, 바닥의 두께 : 30 cm 이상의 철근 콘크리트

       ⓒ 가연성가스 또는 독성가스의 경우 : 가스누출검지 경보장치 설치

       ⓓ 저장탱크 정상부와 천장과의 거리 : 60 cm 이상

       ⓔ 2개 이상 설치 시 : 저장탱크실을 각각 구분하여 설치

       ⓕ 저장탱크실 및 처리 설비실의 출입문 : 각각 따로 설치 (자물쇠 채움 등의 조치)

       ⓖ 주위에 경계표지 설치

       ⓗ 안전밸브 방출관 설치 (방출구 높이 : 지상에서 5 m 이상)

   ⑰ 저장탱크의 부압파괴 방지 조치

     ㉮ 압력계

     ㉯ 압력경보설비

     ㉰ 진공안전밸브

     ㉱ 다른 저장탱크 또는 시설로부터의 가스도입배관 (균압관)

     ㉲ 압력과 연동하는 긴급차단장치를 설치한 냉동 제어설비

     ㉳ 압력과 연동하는 긴급차단장치를 설치한 송액설비

   ⑱ 과충전 방지조치 : 내용적의 90 % 초과 금지

     ㉮ 액면, 액두압을 검지하는 것이나 이에 갈음할 수 있는 유효한 방법일 것

     ㉯ 용량이 검지되었을 때는 지체 없이 경보를 울리는 것일 것

     ㉰ 경보는 관계자가 상주하는 장소 및 작업 장소에서 명확하게 들을 수 있는 것

④ 가스설비 기준

  ㉮ 재료 : 고압가스를 취급하기 적합한 기계적 성질 및 화학적 성분을 가지는 것일 것

  ㉯ 구조 : 고압가스를 안전하게 취급할 수 있는 적절한 것일 것

  ㉰ 강도 및 두께 : 고압가스를 안전하게 취급할 수 있는 적절한 것일 것

  ㉱ 고압가스 제조시설에 필요한 설비 : 충전용 교체 밸브, 원료공기 흡입구, 피트, 여과기, 에어졸 자동충전기, 에어졸 충전용기 누출 시험시설 등

  ㉲ 성능 : 고압가스를 안전하게 취급할 수 있는 적절한 것일 것

⑤ 배관설비 기준

  ㉮ 재료 : 고압가스를 취급하기 적합한 기계적 성질 및 화학적 성분을 가지는 것일 것

  ㉯ 구조 : 고압가스를 안전하게 취급할 수 있는 적절한 것일 것

  ㉰ 강도 및 두께 : 상용압력의 2배 이상의 압력에서 항복을 일으키지 않는 두께

  ㉱ 접합 : 용접접합으로 하고 필요한 경우 비파괴시험을 할 것

    ㉮ 맞대기 용접 시 용접이음매의 간격 : 관지름 이상

    ㉯ 배관상호 길이 이음매 : 원주방향에서 50 mm 이상 떨어지게 할 것

    ㉰ 지그 (jig)를 사용하여 가운데서부터 정확하게 위치를 맞출 것

    ㉱ 관의 두께가 다른 배관의 맞대기 이음 시 관 두께가 완만히 변화되도록 길이방향 기울기를 $\frac{1}{3}$ 이하로 할 것

(마) 배관의 신축흡수조치를 할 것
(바) 수송하는 가스의 특성 및 설치 환경을 고려하여 위해의 우려가 없도록 설치
(사) 배관설치 기준 (특정제조만 해당)
㉮ 표지판 설치간격 및 기재사항
ⓐ 지하설치 배관 : 500 m 이하
ⓑ 지상설치 배관 : 1000 m 이하
ⓒ 기재사항 : 고압가스의 종류, 설치구역명, 배관설치(매설) 위치, 신고처, 회사명 및 연락처 등
㉯ 지하매설
ⓐ 건축물과 1.5 m 이상, 지하가 및 터널과는 10 m 이상의 거리 유지
ⓑ 독성가스 배관과 수도시설 : 300 m 이상의 거리 유지
ⓒ 지하의 다른 시설물 : 0.3 m 이상의 거리 유지
ⓓ 매설깊이
㉠ 기준 : 1.2 m 이상
㉡ 산이나 들 지역 : 1 m 이상
㉢ 시가지의 도로 : 1.5 m 이상(시가지 외의 도로 : 1.2 m 이상)
㉰ 도로 밑 매설
ⓐ 배관과 도로 경계까지 거리 : 1 m 이상
ⓑ 포장된 노반 최하부와의 거리 : 0.5 m 이상
ⓒ 전선, 상수도관, 하수도관, 가스관이 매설되어 있는 경우 이들의 하부에 설치
㉱ 철도부지 밑 매설
ⓐ 궤도 중심까지 4 m 이상, 부지 경계까지 1 m 이상의 거리 유지
ⓑ 매설깊이 : 1.2 m 이상
㉲ 지상설치
ⓐ 주택, 학교, 병원, 철도 그 밖의 이와 유사한 시설과 안전확보상 필요한 거리 유지
ⓑ 배관 양측에 공지 유지

상용압력	공지의 폭
0.2 MPa 미만	5 m
0.2 MPa 이상 1 MPa 미만	9 m
1 MPa 이상	15 m

ⓒ 산업통상자원부장관이 고시하는 지역의 경우 공지 폭의 $\frac{1}{3}$로 할 수 있다.

㉳ 해저설치
ⓐ 배관은 해저면 밑에 매설할 것
ⓑ 다른 배관과 교차하지 않고, 30 m 이상의 수평거리 유지
ⓒ 배관의 입상부에는 방호구조물 설치
ⓓ 해저면 밑에 매설하지 않고 설치하는 경우 해저면을 고르게 하여 배관이 해저면 밑에 닿도록 할 것

[사] 해상설치

ⓐ 지진, 풍압, 파도압 등에 안전한 구조의 지지물로 지지할 것

ⓑ 선박의 항해에 손상을 받지 않도록 해면과의 사이에 공간을 확보

ⓒ 선박의 충돌에 의하여 배관 및 지지물이 손상을 받을 우려가 있는 경우 방호설비를 설치

ⓓ 다른 시설물과 유지관리에 필요한 거리를 유지

[아] 누출확산 방지조치

ⓐ 시가지, 하천, 터널, 도로, 수로 및 사질토 등의 특수성 지반 중에 배관을 설치하는 경우

ⓑ 2중관 설치 가스 : 포스겐, 황화수소, 시안화수소, 아황산가스, 아크릴알데히드, 염소, 불소

ⓒ 2중관 규격 : 바깥층관 안지름은 안층관 바깥지름의 1.2배 이상

[자] 운영상태 감시장치

ⓐ 배관장치에는 적절한 장소에 압력계, 유량계, 온도계 등의 계기류를 설치

ⓑ 압축기 또는 펌프 및 긴급차단 밸브의 작동상황을 나타내는 표시등 설치

ⓒ 경보장치 설치 : 경보장치가 울리는 경우

- 압력이 상용압력의 1.05배를 초과한 때 (상용압력이 4 MPa 이상인 경우 상용압력에 0.2 MPa을 더한 압력)
- 정상운전 시의 압력보다 15 % 이상 강하한 경우
- 정상운전 시의 유량보다 7 % 이상 변동할 경우
- 긴급차단 밸브가 고장 또는 폐쇄된 때

ⓓ 안전제어장치 : 이상 상태가 발생한 경우 압축기, 펌프, 긴급차단 장치 등을 정지 또는 폐쇄

- 압력계로 측정한 압력이 상용압력의 1.1배를 초과했을 때
- 정상운전 시의 압력보다 30 % 이상 강하했을 때
- 정상운전 시의 유량보다 15 % 이상 증가했을 때
- 가스누출 경보기가 작동했을 때

⑥ 사고예방 설비 기준

(가) 안전장치 설치 : 고압가스설비 안의 압력이 상용압력을 초과하는 경우 즉시 그 압력을 상용압력 이하로 되돌릴 수 있는 장치

㉮ 기체 및 증기의 압력상승을 방지하기 위하여 설치하는 안전밸브

㉯ 급격한 압력상승, 독성가스의 누출, 유체의 부식성 또는 반응생성물의 성상 등에 따라 안전밸브를 설치하는 것이 부적당한 경우에 설치하는 파열판

㉰ 펌프 및 배관에 있어서 액체의 압력상승을 방지하기 위하여 설치하는 릴리프 밸브 또는 안전밸브

㉱ 안전장치와 병행 설치할 수 있는 자동압력 제어장치 (고압가스설비 등의 내압이 상용의 압력을 초과한 경우 당해 고압가스설비 등으로의 가스유입량을 감소하는 방법

등에 의해 당해 고압가스설비 등 내의 압력을 자동으로 제어하는 장치)

(나) 가스누출 검지 경보장치 설치 : 독성가스 및 공기보다 무거운 가연성가스

㉮ 종류

ⓐ 접촉연소 방식 : 가연성가스

ⓑ 격막 갈바니 전지방식 : 산소

ⓒ 반도체 방식 : 가연성, 독성가스

㉯ 경보농도 (검지농도)

ⓐ 가연성가스 : 폭발하한계의 $\dfrac{1}{4}$ 이하

ⓑ 독성가스 : TLV – TWA 기준농도 이하

ⓒ 암모니아 (NH_3)를 실내에서 사용하는 경우 : 50 ppm

㉰ 경보기의 정밀도

ⓐ 가연성가스 : ±25 % 이하

ⓑ 독성가스 : ±30 % 이하

㉱ 검지에서 발신까지 걸리는 시간

ⓐ 경보농도의 1.6배 농도에서 30초 이내

ⓑ 암모니아, 일산화탄소 : 1분 이내

㉲ 지시계의 눈금 범위

ⓐ 가연성가스 : 0~폭발하한계 값

ⓑ 독성가스 : TLV – TWA 기준농도의 3배 값

ⓒ 암모니아 (NH_3)를 실내에서 사용하는 경우 : 150 ppm

㉳ 경보 : 경보를 발신한 후 가스농도가 변하여도 계속 울릴 것

(다) 긴급할 때 가스를 효과적으로 차단할 수 있는 조치

㉮ 긴급차단장치 설치

ⓐ 부착위치 : 가연성 또는 독성가스의 고압가스설비 중 특수반응설비[특정제조만 해당]와 그 밖의 고압가스 설비마다

ⓑ 저장탱크의 긴급차단장치 또는 역류방지 밸브 부착위치

• 저장탱크 주밸브 (main valve) 외측으로서 가능한 한 저장탱크에 가까운 위치 또는 저장탱크의 내부에 설치하되 저장탱크의 주 밸브와 겸용하여서는 안 된다.

• 저장탱크의 침하 또는 부상, 배관의 열팽창, 지진 그 밖의 외력의 영향을 고려할 것

ⓒ 차단조작 기구

• 동력원 : 액압, 기압, 전기, 스프링

• 조작위치 : 당해 저장탱크로부터 5 m 이상 떨어진 곳

• 차단조작은 간단히 할 수 있고 확실하고 신속히 차단되는 구조일 것

ⓓ 차단기능

• 긴급차단장치를 제조, 수리하였을 경우 수압시험방법으로 밸브 시트의 누출검사를 실시할 것

- 수압대신 공기 또는 질소 등의 기압을 이용하여 검사 시 차압 0.5~0.6 MPa에서 누설량이 $50\,\text{mL} \times \dfrac{\text{호칭지름}\,(\text{mm})}{25\,\text{mm}}$ 을 초과하지 아니할 것 (330 mL를 초과할 때는 330 mL)
- 누출 및 작동검사 : 1년에 1회 이상

㉯ 역류방지 밸브 설치
  ⓐ 가연성가스를 압축하는 압축기와 충전용 주관과의 사이 배관
  ⓑ 아세틸렌을 압축하는 압축기의 유분리기와 고압건조기와의 사이 배관
  ⓒ 암모니아 또는 메탄올의 합성탑 및 정제탑과 압축기와의 사이 배관

㉰ 역화방지장치 설치
  ⓐ 가연성가스를 압축하는 압축기와 오토클레이브와의 사이 배관
  ⓑ 아세틸렌의 고압건조기와 충전용 교체 밸브 사이 배관
  ⓒ 아세틸렌 충전용 지관

㈃ 방폭 전기기기 설치 : 가연성가스 (암모니아, 브롬화메탄 및 공기 중에서 자기 발화하는 가스는 제외)의 가스설비

  ㉮ 방폭 전기기기의 분류 및 기호

명 칭	표시방법 (기호)	명 칭	표시방법 (기호)
내압 방폭구조	d	안전증 방폭구조	e
유입 방폭구조	o	본질안전 방폭구조	ia 또는 ib
압력 방폭구조	p	특수 방폭구조	s

  ㉯ 위험장소의 분류
    ⓐ 1종 장소 : 상용 상태에서 가연성가스가 체류하여 위험하게 될 우려가 있는 장소, 정비보수 또는 누출 등으로 인하여 종종 가연성가스가 체류하여 위험하게 될 우려가 있는 장소
    ⓑ 2종 장소
      - 밀폐된 용기 또는 설비 내에 밀봉된 가연성가스가 그 용기 또는 설비의 사고로 인해 파손되거나 오조작의 경우에만 누출할 위험이 있는 장소
      - 확실한 기계적 환기조치에 의하여 가연성가스가 체류하지 않도록 되어 있으나 환기장치에 이상이나 사고가 발생한 경우에는 가연성가스가 체류하여 위험하게 될 우려가 있는 장소
      - 1종 장소 주변 또는 인접한 실내에서 위험한 농도의 가연성가스가 종종 침입할 우려가 있는 장소
    ⓒ 0종 장소 : 상용의 상태에서 가연성가스의 농도가 연속해서 폭발하는 한계 이상으로 되는 장소 (폭발한계를 넘는 경우에는 폭발한계 내로 들어갈 우려가 있는 경우를 포함)

  ㉰ 방폭 전기기기의 설치
    ⓐ 0종 장소 : 원칙적으로 본질안전 방폭구조로 설치

ⓑ 자물쇠식 구조 : 방폭 전기기기 결합부의 나사류를 외부에서 쉽게 조작함으로써 방폭성능을 손상시킬 우려가 있는 것은 드라이버, 스패너, 플라이어 등의 일반 공구로 조작할 수 없도록 한 구조

ⓒ 정크션박스 (junction box), 풀박스 (pull box), 접속함 및 설비 부속품 : 내압 방폭구조, 안전증 방폭구조로 설치

ⓓ 본질안전 방폭구조를 구성하는 배선은 본질안전 방폭구조 이외의 전기설비배선과 혼촉을 방지하고, 그 배선은 다른 배선과 구별하기 쉽게 하여야 한다.

㈐ 환기구 설치 : 가연성가스의 가스설비실 및 저장설비실

㈑ 저장탱크 및 배관 : 부식방지 조치

㈒ 정전기 제거조치 : 가연성가스 제조설비

㉮ 탑류, 저장탱크, 열교환기, 회전기계, 벤트스택 등은 단독으로 설치

㉯ 접지 접속선 단면적 : $5.5\,mm^2$ 이상

㉰ 접지 저항값 총합 : $100\,\Omega$ 이하 (피뢰설비 설치 시 : $10\,\Omega$ 이하)

㈓ 내부반응 감시설비 및 위험사태 발생 방지설비 설치[특정제조만 해당]

㉮ 특수반응설비 종류 : 암모니아 2차 개질로, 에틸렌 제조시설의 아세틸렌 수첨탑, 산화에틸렌 제조시설의 에틸렌과 산소 또는 공기와의 반응기, 싸이크로헥산 제조시설의 벤젠수첨 반응기, 석유정제 시의 중유 직접수첨 탈황반응기 및 수소화분해 반응기, 저밀도 폴리에틸렌 중합기 또는 메탄올합성 반응탑

㉯ 내부반응 감시 장치 종류 : 온도감시 장치, 압력감시 장치, 유량감시 장치 그 밖의 내부 반응감시 장치 설치

㈔ 인터로크 기구 : 가연성가스, 독성가스의 제조설비 또는 이들 제조설비와 관련 있는 계장회로에는 제조하는 고압가스의 종류, 온도, 압력과 제조설비의 상황에 따라 안전확보를 위한 주요 부문에 설비가 잘못 조작되거나 정상적인 제조를 할 수 없는 경우에 자동으로 원재료의 공급을 차단하는 장치[특정제조만 해당]

⑦ 피해저감 설비 기준

㈎ 방류둑 설치 : 가연성가스, 독성가스 또는 산소의 액화가스 저장탱크 주위에 액상의 가스가 누출된 경우 그 유출을 방지하기 위한 것

㉮ 저장능력별 방류둑 설치 대상

ⓐ 고압가스 특정제조

• 가연성가스 : 500톤 이상

• 독성가스 : 5톤 이상

• 액화산소 : 1000톤 이상

ⓑ 고압가스 일반제조

• 가연성, 액화산소 : 1000톤 이상

• 독성가스 : 5톤 이상

ⓒ 냉동제조 시설 (독성가스 냉매 사용) : 수액기 내용적 10000 L 이상

ⓓ 액화석유가스 충전사업 : 1000톤 이상

ⓔ 도시가스
- 도시가스 도매사업 : 500톤 이상
- 일반도시가스 사업 : 1000톤 이상

㉯ 구조

ⓐ 방류둑의 재료 : 철근 콘크리트, 철골·철근 콘크리트, 금속, 흙 또는 이들을 혼합

ⓑ 성토 기울기 : 45° 이하, 성토 윗부분 폭 : 30 cm 이상

ⓒ 출입구 : 둘레 50 m마다 1개 이상 분산 설치 (둘레가 50 m 미만 : 2개 이상 설치)

ⓓ 집합 방류둑 내 가연성가스와 조연성가스, 독성가스를 혼합 배치 금지

ⓔ 방류둑은 액밀한 구조로 하고 액두압에 견디게 설치하고 액의 표면적은 적게 한다.

ⓕ 방류둑에 고인 물을 외부로 배출할 수 있는 조치를 할 것 (배수조치는 방류둑 밖에서 하고 배수할 때 이외에는 반드시 닫혀 있도록 조치)

㉰ 방류둑 용량 : 저장능력 상당용적

ⓐ 액화산소 저장탱크 : 저장능력 상당용적의 60 %

ⓑ 집합 방류둑 내 : 최대 저장탱크의 상당용적 + 잔여 저장탱크 총 용적의 10 %

ⓒ 냉동설비 방류둑 : 수액기 내용적의 90 % 이상

⒁ 방호벽 설치 : 가스폭발에 따른 충격에 견디고, 위해요소가 다른 쪽으로 전이되는 것을 방지

㉮ 압축기와 충전장소 사이

㉯ 압축기와 가스충전용기 보관 장소 사이

㉰ 충전장소와 가스충전용기 보관 장소 사이

㉱ 충전장소와 충전용 주관밸브 조작 장소 사이

⒂ 독성가스 누출로 인한 피해 방지시설 설치

㉮ 확산방지 : 포스겐, 황화수소, 시안화수소, 아황산가스, 산화에틸렌, 암모니아, 염소, 염화메탄

ⓐ 물 등의 용매에 희석하여 가스의 증기압을 저하시키는 조치

ⓑ 흡입장치와 연동된 중화설비 등의 안전한 장소로 이송하는 조치

ⓒ 흡착제거, 흡수 또는 중화 조치 또는 액화가스의 증발 기화를 가능한 적게 하는 조치

ⓓ 염소, 포스겐 등 불연성가스의 저장탱크를 건축물로 덮는 등의 조치

ⓔ 방호벽 또는 국소배기장치 등에 의하여 가스가 주변으로 확산되지 아니하도록 하는 조치

ⓕ 집액구 또는 방류둑에 의하여 다른 곳으로 유출하는 것을 방지하는 조치

㉯ 제독조치

ⓐ 물 또는 흡수제에 의하여 흡수 또는 중화하는 조치

ⓑ 흡착제에 의하여 흡착 제거하는 조치

ⓒ 저장탱크 주위에 설치된 유도구에 의하여 집액구, 피트 등으로 고인 액화가스를 펌프 등의 이송설비로 안전하게 제조설비로 반송하는 조치

ⓓ 연소설비 (플레어스택, 보일러 등)에서 안전하게 연소시키는 조치

㉓ 제독제 종류 및 보유량

독성가스	제독제 (보유량)
염소	가성소다 수용액 (670 kg), 탄산소다 수용액 (870 kg), 소석회 (620 kg)
포스겐	가성소다 수용액 (390 kg), 소석회 (360 kg)
황화수소	가성소다 수용액 (1140 kg), 탄산소다 수용액 (1500 kg)
시안화수소	가성소다 수용액 (250 kg)
아황산가스	가성소다 수용액 (530 kg), 탄산소다 수용액 (700 kg), 다량의 물
암모니아, 산화에틸렌, 염화메탄	다량의 물

㉓ 제독작업에 필요한 보호구

ⓐ 공기호흡기 또는 송기식 마스크 (전면형)

ⓑ 격리식 마스크 (농도에 따라 전면 고농도형, 중농도형, 저농도형 등)

ⓒ 보호장갑 및 보호장화 (고무 또는 비닐제품)

ⓓ 보호복 (고무 또는 비닐제품)

ⓔ 보호구 장착 훈련 : 3개월 마다 1회 이상

㈃ 이상사태가 발생하는 경우 확대 방지 설비 설치

㉮ 긴급이송설비 : 특수반응설비, 연소열량 수치가 1.2×10^7을 초과하는 고압가스설비, 긴급차단장치를 설치한 설비에 설치

㉯ 벤트스택 (vent stack) : 가연성가스 또는 독성가스설비에서 이상상태가 발생한 경우 설비 내의 내용물을 설비 밖으로 긴급하고 안전하게 이송하는 시설

ⓐ 높이

- 가연성가스 : 착지농도가 폭발하한계값 미만
- 독성가스 : TLV-TWA 기준농도값 미만

ⓑ 지름 : 150 m/s 이상 되도록

ⓒ 방출구 위치

- 긴급용 벤트스택 : 10 m 이상
- 그 밖의 벤트스택 : 5 m 이상

㉰ 플레어스택 (flare stack) : 가연성가스를 연소에 의하여 처리하는 시설

ⓐ 높이 및 위치 : 지표면에 복사열이 $4000 \, kcal/m^2 \cdot h$ 이하가 되도록 할 것

ⓑ 역화 및 공기와 혼합폭발을 방지하기 위한 시설

- liquid seal의 설치
- flame arrestor의 설치
- vapor seal의 설치
- purge gas (N_2, off gas 등) 의 지속적인 주입
- molecular seal의 설치

　㉲ 안전용 불활성가스 : 가연성가스, 독성가스 또는 산소를 제조하는 제조소에는 질소, 불활성 가스, 스팀을 보유 [특정제조만 해당]

　㉳ 온도상승 방지조치 : 가연성가스 저장탱크 주위에 냉각살수장치 설치

　　㉮ 방류둑 설치 : 당해 방류둑 외면으로부터 10 m 이내

　　㉯ 방류둑 미설치 : 당해 저장탱크 외면으로부터 20 m 이내

　　㉰ 가연성 물질을 취급하는 설비 : 외면으로부터 20 m 이내

　　㉱ 저장탱크 표면적 1m²당 5 L/min 이상의 수량

　　㉲ 준내화구조 : 2.5 L/min · m² 이상

⑧ 부대설비 기준

　㉮ 통신시설 설치

통신범위	통신설비
안전관리자가 상주하는 사업소와 현장사업소 사이	구내전화, 구내방송설비, 인터폰, 페이징설비
사업소 내 전체	구내방송설비, 사이렌, 휴대용 확성기, 페이징설비, 메가폰
종업원 상호 간	페이징설비, 휴대용 확성기, 트랜시버, 메가폰

　㉯ 압력계 설치 : 사업소에 표준이 되는 압력계 2개 이상 비치

　㉰ 비상전력설비 설치 : 자동제어장치, 긴급차단장치, 살수장치, 방소화설비, 냉각수 펌프, 물분무 장치, 비상조명설비, 가스누출검지 경보설비, 통신시설

⑨ 표시 기준

　㉮ 경계표지

　　㉮ 고압가스 사업소

　　　ⓐ 당해 사업소의 출입구 등 외부에서 보기 쉬운 곳에 게시

　　　ⓑ 사업소 내 일부만이 법의 적용을 받을 때에는 당해시설이 설치되어 있는 구획, 건축물 또는 건축물 내에 구획된 출입구 등에 게시

　　　ⓒ 크기 : 법의 적용을 받고 있는 사업소 또는 시설임을 외부 사람이 명확하게 식별할 수 있는 크기

　　㉯ 용기보관소 (보관실)

　　　ⓐ 출입구 등 외부로부터 보기 쉬운 곳에 게시

　　　ⓑ 크기 : 외부사람이 명확히 식별할 수 있는 크기

　　　ⓒ 가연성가스 : "연", 독성가스 : "독"자 표시

　　㉰ 용기에 가스를 충전하거나 저장탱크 또는 용기 상호 간에 가스를 이입할 경우

　　　ⓐ 제3자가 보기 쉬운 장소에 게시

　　　ⓑ 고압가스제조 (충전 · 이입) 작업 중, 화기사용을 절대 금지한다는 주의문을 기재

　㉯ 식별표지 및 위험표지

　　㉮ 식별표지 : 독성가스 제조시설이라는 것을 식별할 수 있도록 게시

　　　ⓐ 표지의 예 : 독성가스 (ㅇㅇㅇ) 제조시설

ⓑ 문자 크기 (가로×세로) : 10 cm 이상, 30 m 이상 떨어진 위치에서 알 수 있도록 할 것

ⓒ 바탕색은 백색, 글씨는 흑색 (단, 가스명칭은 적색)

㉯ 위험표지 : 독성가스가 누출할 우려가 있는 부분에 게시

ⓐ 표지의 예 : 독성가스 누설 주의 부분

ⓑ 문자 크기 (가로×세로) : 5 cm 이상, 10 m 이상 떨어진 위치에서 알 수 있도록 할 것

ⓒ 바탕색은 백색, 글씨는 흑색 (단, 주의는 적색)

㈐ 경계책

㉮ 높이 : 1.5 m 이상 (철책, 철망 사용)

㉯ 경계책 주위에 외부사람이 무단출입을 금하는 내용의 경계표지 부착

㉰ 경계책 안에는 화기, 발화 또는 인화하기 쉬운 물질을 휴대하고 출입을 금지

⑩ 그 밖의 기준 [특정제조만 해당]

㈎ 고압가스 특정제조시설 안에 액화석유가스 충전시설이 함께 설치된 경우의 기준

㉮ 지상에 설치된 저장탱크와 충전장소 사이에 방호벽 설치

㉯ 액화석유가스 처리물량 : 연간 10000톤 이상의 범위에서 시·도지사가 정하는 물량

㉰ 부취제 혼합설비 설치

㉱ 용기 또는 차량에 고정된 탱크의 저장능력을 초과 않도록 충전

㉲ 과충전된 경우 초과량을 회수할 수 있는 가스회수장치 설치

㉳ 충전설비에는 충전기, 잔량 측정기 및 자동계량기를 갖출 것

㉴ 용기보수에 필요한 잔가스 제거장치, 용기질량 측정기, 밸브 탈착기, 도색설비를 갖출 것

㈏ 용기 등이 법 제17조에 따라 검사를 받아야 하는 경우 그 검사에 합격한 것일 것

(2) 기술 기준

① 안전유지 기준

㈎ 아세틸렌, 천연메탄, 물의 전기분해에 의한 산소 및 수소의 제조시설 저장탱크 용량을 압축기 운전실에서 알 수 있도록 할 것

㈏ 용기 보관장소 기준

㉮ 충전용기와 잔가스용기는 각각 구분하여 용기 보관장소에 놓을 것

㉯ 가연성가스, 독성가스 및 산소용기는 각각 구분하여 용기 보관장소에 놓을 것

㉰ 용기보관장소에는 계량기 등 작업에 필요한 물건 외에는 두지 말 것

㉱ 용기보관장소 주위 2 m 이내에는 화기, 인화성물질, 발화성물질을 두지 말 것

㉲ 충전용기는 40℃ 이하로 유지하고, 직사광선을 받지 않도록 조치할 것

㉳ 충전용기에는 넘어짐 등에 의한 충격 및 밸브의 손상을 방지하는 조치를 할 것

㉴ 가연성가스 용기보관장소에는 방폭형 휴대용 손전등 외의 등화를 지니고 들어가지 않을 것

(대) 밸브가 돌출한 용기 (내용적 5 L 미만인 용기 제외)에는 넘어짐 및 밸브의 손상을 방지하는 조치를 할 것

   ㉮ 충전용기는 바닥이 평탄한 장소에 보관할 것

   ㉯ 충전용기는 물건의 낙하 우려가 없는 장소에 저장할 것

   ㉰ 고정된 프로텍터가 없는 용기에는 캡을 씌울 것

   ㉱ 충전용기를 이동하면서 사용해야 할 때에는 손수레에 단단하게 묶어 사용할 것

(라) 고압가스 설비 중 진동이 심한 곳에는 진동을 최소한도로 줄일 수 있는 조치를 할 것

(마) 고압가스 설비를 이음쇠로 접속할 때에는 잔류응력이 남지 않도록 조립 (상용압력이 19.6 MPa 이상이 되는 곳의 나사는 나사게이지로 검사)

(바) 밸브 또는 콕에는 종업원이 적절히 조작할 수 있는 조치를 할 것

   ㉮ 밸브 등에는 개폐방향을 표시할 것

   ㉯ 밸브 등이 설치된 배관에는 배관 내의 가스와 그 밖에 유체의 종류 및 방향을 표시

   ㉰ 항상 사용하지 않는 밸브 등 (긴급 시에 사용하는 것 제외)에는 자물쇠의 채움 또는 봉인 등의 조치를 한다.

   ㉱ 밸브 등을 조작하는 장소에는 필요한 발판과 조명도 (150 lux)를 확보할 것

(사) 안전밸브, 방출밸브에 설치된 스톱밸브는 항상 완전히 열어 놓을 것

(아) 고압가스 제조설비의 내압시험 및 기밀시험

   ㉮ 내압시험

      ⓐ 내압시험은 수압에 의한다 (수압시험이 부적당한 경우 공기, 불연성 기체 사용).

      ⓑ 내압시험 압력 : 상용압력의 1.5배 이상 (기체 시험 시 상용압력의 1.25배 이상)

      ⓒ 공기 등 기체에 의한 방법 : 상용압력의 50 %까지 승압하고, 상용압력의 10 %씩 단계적으로 승압

   ㉯ 기밀시험 : 산소 외의 고압가스 사용

      ⓐ 공기, 위험성이 없는 기체의 압력에 의하여 실시

      ⓑ 기밀시험 압력 : 상용압력 이상

(자) 압축기 윤활유

   ㉮ 산소압축기 내부윤활제 : 석유류, 유지류, 글리세린 사용 금지

   ㉯ 공기압축기 내부윤활유 : 재생유 사용 금지

잔류탄소 질량	인화점	170℃에서 교반시간
1% 이하	200℃ 이상	8시간
1% 초과 1.5% 이하	230℃ 이상	12시간

(차) 가연성가스, 독성가스의 저장탱크의 긴급차단장치에 딸린 밸브 외에 설치한 밸브 중 저장탱크에 가까운 부근에 설치한 밸브는 가스 송출 (送出), 이입 (移入)하는 때 외에는 잠가 둘 것

(카) 차량에 고정된 탱크에 고압가스를 충전하거나 이입받을 때 차량 정지목 설치 : 내용적 2000 L 이상

㉺ 차량에 고정된 탱크 및 용기에 안전밸브 등 필요한 부속품 장치

㉮ 안전밸브 작동압력 : 내압 시험압력의 $\frac{8}{10}$ 이하

㉯ 원격조작에 의하여 작동되는 긴급차단장치 설치, 온도가 110℃일 때에 자동으로 작동

㉰ 차량에 고정된 탱크에 부착되는 밸브, 안전밸브, 부속배관 및 긴급차단장치는 내압
시험 및 기밀시험에 합격한 것일 것

② 제조 및 충전 기준

㈎ 압축가스 및 액화가스 (액화암모니아, 액화탄산가스, 액화염소)를 이음매 없는 용기에
충전할 때에는 음향검사를 실시하고 음향이 불량한 용기는 내부조명검사를 하며 내부
에 부식, 이물질 등이 있을 때에는 그 용기를 사용하지 않을 것

㈏ 고압가스 용기의 밸브 또는 충전용 지관을 가열할 때에는 열습포 또는 40℃ 이하의
물을 사용

㈐ 안전수칙 준수

㉮ 에어졸 제조

ⓐ 에어졸 분사제는 독성가스를 사용하지 말 것

ⓑ 용기의 내용적 1 L 이하이고, 100 cm^{3}를 초과하는 용기는 강 또는 경금속을 사용

ⓒ 금속제 용기 두께는 0.125 mm 이상, 유리제 용기는 내외면을 합성수지로 피복

ⓓ 용기는 50℃에서 내부가스압력의 1.5배의 압력에서 변형되지 않고, 50℃에서 내
부가스압력의 1.8배의 압력에서 파열되지 않을 것 (단, 1.3 MPa 이상에서 변형되지
않고, 1.5 MPa 압력에서 파열되지 않은 것 제외)

ⓔ 내용적 100 cm^3 초과 용기는 용기 제조자의 명칭 또는 기호 표시

ⓕ 내용적 30 cm^3 이상인 용기는 재사용하지 않을 것 (재충전 금지)

ⓖ 에어졸 제조설비, 충전용기 저장소와 화기와의 거리 : 8 m 이상

ⓗ 에어졸은 35℃에서 내압이 0.8 MPa 이하, 용량이 내용적의 90 % 이하로 충전

ⓘ 에어졸 누출시험 온수탱크 온도 : 46℃ 이상 50℃ 미만

㉯ 시안화수소 충전

ⓐ 순도 98 % 이상이고, 아황산가스, 황산 등의 안정제 첨가

ⓑ 충전 후 24시간 정치하고, 1일 1회 이상 질산구리벤젠지로 누출검사 실시

ⓒ 충전용기에 충전연월일을 명기한 표지 부착

ⓓ 충전 후 60일이 경과되기 전에 다른 용기에 옮겨 충전할 것 (단, 순도가 98 % 이
상으로서 착색되지 않은 것은 그러하지 아니하다)

㉰ 아세틸렌 충전

ⓐ 아세틸렌용 재료의 제한

• 동함유량 62 %를 초과하는 동합금 사용 금지

• 충전용 지관 : 탄소 함유량 0.1 % 이하의 강을 사용

ⓑ 아세틸렌의 충전용 교체밸브 : 충전장소에서 격리하여 설치

ⓒ 2.5 MPa 압력으로 압축 시 희석제 첨가 : 질소, 메탄, 일산화탄소, 에틸렌 등

ⓓ 습식 아세틸렌 발생기 표면온도 : 70℃ 이하 유지

ⓔ 다공도가 75 % 이상 92 % 미만이 되도록 한 후 아세톤, 디메틸포름아미드 침윤시 킨 후 충전

ⓕ 충전 중 압력은 2.5 MPa 이하, 충전 후에는 15℃에서 1.5 MPa 이하로 될 때까지 정치

㉲ 산화에틸렌 충전

ⓐ 저장탱크 내부에 질소, 탄산가스 및 산화에틸렌가스의 분위기가스를 질소, 탄산 가스로 치환하고 5℃ 이하로 유지할 것

ⓑ 저장탱크 또는 용기에 충전 : 질소, 탄산가스로 바꾼 후 산, 알칼리를 함유하지 않 는 상태

ⓒ 저장탱크 및 충전용기에는 45℃에서 그 내부가스의 압력이 0.4 MPa 이상이 되도 록 질소, 탄산가스 충전

㉳ 산소 또는 천연메탄을 충전

ⓐ 밸브, 용기 내부의 석유류 또는 유지류 제거

ⓑ 용기와 밸브 사이에는 가연성 패킹 사용 금지

ⓒ 산소 또는 천연메탄을 용기에 충전 시 압축기와 충전용 지관 사이에 수취기 설치

ⓓ 밀폐형 수전해조에는 액면계와 자동급수장치를 할 것

㈐ 압축금지

㉮ 가연성가스 (C_2H_2, C_2H_4, H_2 제외) 중 산소용량이 전용량의 4 % 이상의 것

㉯ 산소 중 가연성가스 (C_2H_2, C_2H_4, H_2 제외) 용량이 전용량의 4 % 이상의 것

㉰ C_2H_2, C_2H_4, H_2 중의 산소용량이 전용량의 2 % 이상의 것

㉱ 산소 중 C_2H_2, C_2H_4, H_2의 용량 합계가 전용량의 2 % 이상의 것

㈑ 가연성가스, 물을 전기분해하여 산소를 제조할 때에는 발생장치, 정제장치, 저장탱크 출구에서 가스를 채취하여 1일 1회 이상 분석

㈒ 공기액화 분리기에 설치된 액화산소 5 L 중 아세틸렌 질량이 5 mg, 탄화수소의 탄소 의 질량이 500 mg을 넘을 때에는 운전을 중지하고 액화산소를 방출시킬 것

㈓ 품질검사

㉮ 1일 1회 이상 가스제조장에서 안전관리 책임자가 실시, 안전관리 부총괄자와 안전 관리 책임자가 확인 서명

㉯ 품질검사 기준

가스종류	순도	시험방법	충전압력
산소	99.5 % 이상	동-암모니아시약 → 오르사트법	35℃, 11.8 MPa 이상
수소	98.5 % 이상	피롤갈롤, 하이드로 설파이드시약 → 오르사트법	35℃, 11.8 MPa 이상
아세틸렌	98 % 이상	발연황산 시약 → 오르사트법, 브롬시약 → 뷰렛법 질산은 시약 → 정성시험	–

③ 점검 기준
  ㉮ 고압가스 제조설비의 점검 기준
    ㉮ 제조설비 등의 사용개시 전 점검사항
      ⓐ 제조설비 등에 있는 내용물 상황
      ⓑ 계기류 및 인터로크 (inter lock)의 기능, 긴급용 시퀀스, 경보 및 자동제어장치의 기능
      ⓒ 긴급차단 및 긴급방출장치, 통신설비, 제어설비, 정전기방지 및 제거설비 그 밖에 안전설비 기능
      ⓓ 각 배관계통에 부착된 밸브 등의 개폐상황 및 맹판의 탈착, 부착 상황
      ⓔ 회전기계의 윤활유 보급상황 및 회전구동 상황
      ⓕ 제조설비 등 당해 설비의 전반적인 누출 유무
      ⓖ 가연성가스 및 독성가스가 체류하기 쉬운 곳의 당해 가스 농도
      ⓗ 전기, 물, 증기, 공기 등 유틸리티 시설의 준비상황
      ⓘ 안전용 불활성가스 등의 준비상황
      ⓙ 비상전력 등의 준비상황
      ⓚ 그 밖에 필요한 사항의 이상 유무
    ㉯ 제조설비 등의 사용종료 시 점검사항
      ⓐ 사용종료 직전에 각 설비의 운전상황
      ⓑ 사용종료 후에 제조설비 등에 있는 잔유물의 상황
      ⓒ 제조설비 내의 가스, 액 등의 불활성가스 등에 의한 치환상황, 특히 수리점검 작업상 설비 내에 사람이 들어갈 경우에는 공기로의 치환상황
      ⓓ 개방하는 제조설비와 다른 제조설비 등과의 차단상황
      ⓔ 제조설비 등의 전반에 대하여 부식, 마모, 손상, 폐쇄, 결합부의 풀림, 기초의 경사 및 침하, 그 밖의 이상 유무
    ㉰ 일일 점검사항 (운전 중의 점검사항)
      ⓐ 제조설비 등으로부터의 누출
      ⓑ 계기류의 지시, 경보, 제어의 상태
      ⓒ 제조설비 등의 온도, 압력, 유량 등 조업조건의 변동상황
      ⓓ 제조설비 등의 외부 부식, 마모, 균열, 그 밖의 손상 유무
      ⓔ 회전기계의 진동, 이상음, 이상온도 상승, 그 밖의 작동상황
      ⓕ 탑류, 저장탱크류, 배관 등의 진동 및 이상음
      ⓖ 가스누출 경보장치 및 가스경보기의 상태
      ⓗ 저장탱크 액면의 지시
      ⓘ 접지 접속선의 단선, 그 밖의 손상 유무
      ⓙ 그 밖에 필요한 사항의 이상 유무
  ㉯ 압력계 점검 기준 : 표준이 되는 압력계로 기능 검사
    ㉮ 충전용 주관 (主管)의 압력계 : 매월 1회 이상

　　ⓝ 그 밖의 압력계 : 3개월에 1회 이상

　　ⓓ 압력계의 최고눈금 범위 : 상용압력의 1.5배 이상 2배 이하

　(대) 안전밸브

　　㉮ 압축기 최종단에 설치한 것 : 1년에 1회 이상

　　㉯ 그 밖의 안전밸브 : 2년에 1회 이상

　　㉰ 고압가스 특정제조 허가를 받은 시설에 설치된 안전밸브 : 4년의 범위에서 연장할 수 있다.

　　㉱ 안전밸브, 파열판에는 가스 방출관 설치

　　　ⓐ 가연성가스 저장탱크 방출구 : 지면으로부터 5 m 또는 저장탱크 정상부로부터 2 m 중 높은 위치

　　　ⓑ 독성가스 저장탱크 방출구 : 독성가스 중화를 위한 설비 안에 있을 것

　　　ⓒ 가연성가스 및 독성가스 설비에 설치한 것 : 인근의 건축물 또는 시설물 높이 이 상의 높이

④ 수리, 청소 및 철거 기준

　(가) 치환농도

　　㉮ 가연성가스의 가스설비 : 폭발범위 하한계의 $\frac{1}{4}$ 이하

　　㉯ 독성가스의 가스설비 : TLV-TWA 기준농도 이하

　　㉰ 산소가스 설비 : 산소의 농도가 22 % 이하

　　㉱ 가스설비 내를 대기압 이하까지 가스치환을 생략할 수 있는 경우

　　　ⓐ 당해 가스설비의 내용적이 1 m³ 이하인 것

　　　ⓑ 출입구의 밸브가 확실히 폐지되어 있고 내용적이 5 m³ 이상의 가스설비에 이르는 사이에 2개 이상의 밸브를 설치한 것

　　　ⓒ 사람이 그 설비의 밖에서 작업하는 것

　　　ⓓ 화기를 사용하지 않는 작업인 것

　　　ⓔ 설비의 간단한 청소 또는 개스켓의 교환 그 밖에 이들에 준하는 경미한 작업인 것

　(나) 가스설비 내 작업 : 작업원이 가스설비 내에 들어갈 경우 산소농도가 18~22 %를 유지 한다.

　(다) 정상작동 확인

　　㉮ 내압강도가 저하되었을 경우 비파괴검사, 내압시험 등으로 내압강도를 확인한다.

　　㉯ 기밀시험을 실시하여 누출이 없는 것을 확인하다.

　　㉰ 계기류가 소정의 위치에서 정상으로 작동하는 것을 확인한다.

　　㉱ 밸브 등의 개폐상태가 정상으로 복구되고 맹판 및 표시등이 제거되어 있는가를 확 인한다.

　　㉲ 안전장치가 소정의 위치에서 이상 없이 작동하는가를 확인한다.

　　㉳ 회전기계 내부에 이물질이 없고 구동상태의 정상여부, 이상진동, 이상음이 없는가 를 확인하다.

　　㉴ 가연성가스의 가스설비 내부가 불활성가스 등으로 치환되어 있는가를 확인한다.

(3) 검사 기준

① 검사의 종류 : 중간검사, 완성검사, 정기검사, 수시검사
② 수시검사 : 다음의 안전장치의 유지, 관리 상태와 안전관리규정 이행실태

   ㈎ 안전밸브

   ㈏ 긴급차단장치

   ㈐ 독성가스 제해설비

   ㈑ 가스누출 검지 경보장치

   ㈒ 물분무장치 (살수장치 포함) 및 소화전

   ㈓ 긴급이송설비

   ㈔ 강제환기시설

   ㈕ 안전제어장치

   ㈖ 운영상태 감시장치

   ㈗ 안전용 접지기기, 방폭 전기기기

   ㈘ 그 밖에 안전관리상 필요한 사항

(4) 정밀안전검진 기준

① 정밀안전검진 분야 및 항목

검진분야	검진항목
일반분야	안전장치 관리 실태, 공장안전관리 실태, 계측 및 방폭설비 유지 관리 실태
장치분야	두께측정, 경도측정, 침탄측정, 내 외면 부식상태, 보온·보랭 상태
특수, 선택분야	음향방출시험, 열교환기의 튜브건전성 검사, 노후설비의 성분 분석, 전기패널의 열화상 측정, 고온설비의 건전성
※ 특수, 선택분야는 수요자가 원하거나 공공의 안전을 위해 산업통상자원부장관이 필요하다고 인정하는 경우에 실시	

② 정밀안전검진은 검진항목을 명확하게 측정할 수 있는 방법으로 할 것

6. 고압가스 자동차충전 기준

(1) 고정식 압축천연가스 자동차충전

배관 또는 저장탱크를 통하여 공급받은 천연가스를 압축하여 자동차에 충전하는 것

① 시설 기준

  ㈎ 배치 기준

    ㉮ 처리설비, 압축가스 설비로부터 30 m 이내에 보호시설이 있는 경우 방호벽 설치

      ㉯ 저장설비와 보호시설과는 안전거리를 유지

      ㉰ 저장설비, 처리설비, 압축가스설비 및 충전설비 외면과 거리

        ⓐ 전선과의 거리

          • 고압전선 (교류 : 600 V 초과, 직류 : 750 V 초과) : 5 m 이상

          • 저압전선 (교류 : 600 V 이하, 직류 : 750 V 이하) : 1 m 이상

        ⓑ 화기 및 인화성, 가연성 물질과의 거리 : 8 m 이상의 우회거리 유지

        ⓒ 사업소 경계까지 거리 : 10 m 이상 (철근 콘크리트 방호벽 설치 : 5 m 이상)

        ⓓ 철도까지 거리 : 30 m 이상

      ㉱ 충전설비와 도로경계까지 거리 : 5 m 이상

    ㉯ 처리설비, 압축가스설비 및 충전설비는 원칙적으로 지상에 설치

    ㉰ 배관설비 기준 : 안전율이 4이상이 되도록 설계

    ㉱ 사고예방설비 기준

      ㉮ 저장설비, 완충탱크, 처리설비, 압축장치 및 압축가스설비 : 안전장치 설치

      ㉯ 충전시설에 긴급차단장치 설치 (조작위치 : 5 m 이상)

      ㉰ 충전시설에 자동차의 오발진으로 인한 충전기 및 충전호스 파손방지 조치

        ⓐ 충전기 보호대 : 높이 80 cm 이상, 두께 12 cm 이상의 철근 콘크리트

        ⓑ 긴급분리장치 설치 : 인장력 666.4 N (68 kgf) 미만

      ㉱ 충전소에는 압력조정기, 압력계, 통신시설, 전기방폭설비, 냄새첨가장치, 소화기, 호스, 조명등 설치 및 부식방지, 정전기 제거조치를 할 것

② 기술 기준

    ㉮ 가스충전소에는 휴대용 가스누출검지기를 갖출 것

    ㉯ 압축천연가스를 충전할 때에는 엔진을 정지하고 수동브레이크를 채울 것

    ㉰ 용기에 통상온도에서 설계압력 이상으로 충전하지 않고, 사용압력에 적합하게 충전할 것

    ㉱ 충전설비의 작동상황을 1일 1회 이상 점검

(2) 이동식 압축천연가스 자동차 충전

이동충전차량으로부터 공급받은 압축천연가스를 자동차에 충전하는 것

① 시설기준

    ㉮ 이동충전차량 및 충전설비로부터 30 m 이내에 보호시설이 있는 경우 방호벽 설치

    ㉯ 가스배관구와 가스배관구 사이, 이동충전차량과 충전설비 사이 : 8 m 이상 거리 유지

    ㉰ 이동충전차량 및 충전설비와 사업소 경계까지 거리 : 10 m 이상

    ㉱ 이동충전차량의 설치대 수 : 3대 이하

    ㉲ 충전설비와 도로 경계와의 거리 : 5 m 이상 (방호벽 설치 : 2.5 m 이상) 유지

    ㉳ 이동충전차량 및 충전설비와 철도 : 15 m 이상 유지

② 기술 기준

(가) 이동충전차량 충전 중 : 정지목 사용

(나) 이동충전차량은 충전소 외의 지역에 주정차하지 않을 것

(3) 고정식 압축천연가스 이동충전차량 충전

배관 또는 저장탱크를 통하여 공급받은 천연가스를 압축하고, 그 압축천연가스를 운송하기 위하여 고압가스용기가 적재된 바퀴가 있는 트레일러에 충전하는 것

① 시설 기준

(가) 이동충전차량 충전설비 사이 : 8 m 이상의 거리 유지

(나) 이동충전차량 충전기 수량에 1을 더한 수량의 이동충전차량을 주정차할 수 있는 공간 확보

(다) 이동충전차량 충전설비는 차량의 진입구 및 진출구와 12 m 이상의 거리 유지

(라) 이동충전차량 충전장소 지면에 정차위치와 진입 및 진출의 방향을 표시

② 기술 기준

(가) 이동충전차량 충전 중에는 정지목 설치

(나) 이동충전차량은 충전소 외의 지역에 주정차하지 않을 것

(다) 이동충전차량은 충전장소 외에서 충전하지 말 것

(4) 액화천연가스 자동차 충전

① 시설 기준

(가) 저장설비와 사업소 경계까지 안전거리 유지

저장설비의 저장능력(W)	사업소 경계와의 안전거리
25톤 이하	10 m
25톤 초과 50톤 이하	15 m
50톤 초과 100톤 이하	25 m
100톤 초과	40 m
1. 저장능력 산정식 : $W = 0.9dV$ 2. 한 사업소에 두 개 이상의 저장설비가 있는 경우에는 각각 사업소 경계와의 안전거리를 유지	

(나) 처리설비 및 충전설비와 사업소 경계까지 거리 : 10 m 이상 (방호벽 설치 시 5 m 이상)

② 기술 기준

(가) 내용적 5000 L 이상의 탱크로리에 액화천연가스를 이입하는 경우 차량정지목 사용

(나) 저장탱크 외면과 차량에 고정된 탱크 : 3 m 이상 떨어져 정차

(다) 배관의 온도 40℃ 이하로 유지

(라) 가스누출 검지기와 휴대용 손전등은 방폭형일 것

㈐ 저장설비 및 가스설비와 화기와의 거리 : 8 m 이상

㈑ 액화천연가스를 자동차 용기에 충전 시 유해한 양의 수분 및 유화물이 포함되지 않도록 할 것

㈒ 액화천연가스 충전이 끝난 후 접속 부분을 완전히 분리시킨 후에 자동차를 움직일 것

7. 고압가스 냉동제조 기준

(1) 시설 기준

① 배치 기준 : 압축기, 유분리기, 응축기 및 수액기와 배관은 인화성물질, 발화성물질과 화기를 취급하는 곳과 인접하여 설치하지 않을 것

② 가스설비 기준

㈎ 냉매설비에는 진동, 충격 및 부식 등으로 냉매가스가 누출되지 않도록 필요한 조치를 할 것

　㉮ 진동 우려가 있는 곳 : 주름관 사용

　㉯ 돌출부가 충격을 받을 우려가 있는 곳 : 적절한 방호 조치

　㉰ 부식방지 조치 : 냉매가스 종류에 따른 사용금속 제한

　　ⓐ 암모니아 (NH_3) : 동 및 동합금 (단, 동함유량 62 % 미만일 때 사용 가능) - 압축기의 축수 또는 이들과 유사한 부분으로 항상 유막으로 덮여 액화 암모니아에 직접 접촉하지 않는 부분에는 청동류를 사용할 수 있다.

　　ⓑ 염화메탄 (CH_3Cl) : 알루미늄 합금

　　ⓒ 프레온 : 2 %를 넘는 마그네슘을 함유한 알루미늄 합금

　㉱ 항상 물에 접촉되는 부분에는 순도가 99.7 % 미만의 알루미늄 사용 금지 (단, 적절한 내식처리를 한 때는 제외)

㈏ 내진성능 확보 : 세로방향 동체부 길이 5 m 이상인 응축기, 내용적 5000 L 이상인 수액기

③ 사고예방설비 기준

㈎ 냉매설비에는 안전장치를 설치해야 한다.

㈏ 독성가스 및 공기보다 무거운 가연성가스를 취급하는 시설에는 가스누출 검지 경보장치를 설치해야 한다.

㈐ 가연성가스 (암모니아, 브롬화메탄 및 공기 중에서 자기발화하는 가스 제외)의 가스설비 중 전기설비는 방폭성능을 가지는 구조이어야 한다.

㈑ 가연성가스, 독성가스를 냉매로 사용하는 곳에는 누설된 냉매가스가 체류하지 않도록 조치해야 한다.

　㉮ 통풍구 설치 : 냉동능력 1톤당 $0.05\,m^2$ 이상의 면적

　㉯ 기계통풍장치 설치 : 냉동능력 1톤당 $2\,m^3$/분 이상의 환기능력을 갖는 장치

  ㈐ 자동제어장치 설치 : 다음 각 호에 정한 조건을 갖추고 있는 장치는 자동제어장치를
   구비한 것으로 본다.
   ㉮ 압축기의 고압측 압력이 상용압력을 초과할 때에 압축기의 운전을 정지하는 장치
   ㉯ 개방형 압축기의 경우 저압측 압력이 상용압력보다 이상 저하할 때 압축기의 운전
    을 정지하는 장치
   ㉰ 강제윤활장치를 갖는 개방형 압축기의 경우 윤활유 압력이 운전에 지장을 주는 상
    태에 이르는 압력까지 저하할 때 압축기를 정지하는 장치
   ㉱ 압축기를 구동하는 동력장치의 과부하보호장치
   ㉲ 셸형 액체냉각기인 경우는 액체의 동결방지장치
   ㉳ 수냉식 응축기인 경우는 냉각수 단수보호장치
   ㉴ 공랭식 응축기 및 증발식 응축기인 경우는 당해 응축기용 송풍기가 운전되지 않도
    록 하는 연동기구
   ㉵ 난방용 전열기를 내장한 에어컨 또는 이와 유사한 전열기를 내장한 냉동설비에서
    과열방지장치

(2) 기술 기준

 ① 안전유지 기준
  ㈎ 안전밸브, 방출밸브에 설치된 스톱밸브는 항상 완전히 열어 놓을 것
  ㈏ 내압시험 : 설계압력의 1.5배 이상의 압력
  ㈐ 기밀시험 : 설계압력 이상 (산소 사용 금지) – 기밀시험을 공기로 할 때 140℃ 이하 유지
 ② 점검 기준
  ㈎ 압축기 최종단에 설치한 안전장치 : 1년에 1회 이상
  ㈏ 그 밖의 안전밸브 : 2년에 1회 이상
  ㈐ 안전밸브 작동압력 : 설계압력 이상, 내압시험압력의 $\frac{8}{10}$ 이하

8. 고압가스 저장, 사용 기준

(1) 고압가스 저장 기준

 ① 화기와의 거리
  ㈎ 가스설비, 저장설비 : 2 m 이상
  ㈏ 가연성가스설비, 산소의 가스설비, 저장설비 : 8 m 이상
 ② 용기 보관장소 기준
  ㈎ 충전용기와 잔가스용기는 각각 구분하여 놓을 것
  ㈏ 가연성가스, 독성가스 및 산소의 용기는 각각 구분하여 놓을 것
  ㈐ 용기 보관장소에는 계량기 등 작업에 필요한 물건 외에는 두지 않을 것

(라) 용기 보관장소 2 m 이내에는 화기, 인화성, 발화성물질을 두지 않을 것

(마) 충전용기는 40℃ 이하로 유지하고, 직사광선을 받지 않도록 조치

(바) 충전용기는 넘어짐 방지조치를 할 것

(사) 가연성가스 용기 보관장소에는 방폭형 휴대용 손전등 외의 등화를 지니고 들어가지 않을 것

(2) 특정고압가스 사용 기준

① 시설 기준

(가) 종류

㉮ 법에서 정한 것 (법 20조) : 수소, 산소, 액화암모니아, 아세틸렌, 액화염소, 천연가스, 압축모노실란, 압축디보란, 액화알진, 그밖에 대통령령이 정하는 고압가스

㉯ 대통령령이 정한 것 (시행령 16조) : 포스핀, 셀렌화수소, 게르만, 디실란, 오불화비소, 오불화인, 삼불화인, 삼불화질소, 삼불화붕소, 사불화유황, 사불화규소

㉰ 특수고압가스 : 압축모노실란, 압축디보란, 액화알진, 포스핀, 셀렌화수소, 게르만, 디실란 그 밖에 반도체의 세정 등 산업통상자원부장관이 인정하는 특수한 용도에 사용하는 고압가스

(나) 배치 기준

㉮ 안전거리 유지 : 저장능력 500 kg 이상인 액화염소 사용시설의 저장설비

ⓐ 제1종 보호시설 : 17 m 이상

ⓑ 제2종 보호시설 : 12 m 이상

㉯ 방호벽 설치 : 저장능력 300 kg 이상인 용기보관실

ⓐ 보호시설과 유지거리

구 분	제1종	제2종
독성, 가연성가스 저장설비	17 m	12 m
산소저장설비	12 m	8 m
그 밖의 가스 저장설비	8 m	5 m
※ 한 사업소 안에 2개 이상의 저장설비가 있는 경우 각각 안전거리를 유지한다.		

ⓑ 보호시설과 거리를 유지한 경우 방호벽을 설치하지 않을 수 있음

㉰ 안전밸브 설치 : 저장능력 300 kg 이상인 용기 접합장치가 설치된 곳

㉱ 화기와의 거리

ⓐ 가연성가스 저장설비, 기화장치 : 8 m 이상

ⓑ 산소 저장설비 : 5 m 이상

㉲ 역화방지장치 설치 : 수소화염, 산소-아세틸렌 화염을 사용하는 시설

② 기술 기준

(가) 안전유지 기준

㉮ 충전용기를 이동하면서 사용할 때에는 손수레에 단단하게 묶어 사용하고 사용 종료 후에는 용기보관실에 저장해 둘 것

　㉴ 충전용기는 항상 40℃ 이하를 유지

　㉰ 밸브 또는 배관을 가열할 때 : 열습포, 40℃ 이하의 더운 물 사용

　㉵ 충전용기의 넘어짐 방지 조치

　㉶ 산소 사용 : 석유류, 유지류 그 밖의 가연성 물질을 제거 후 사용

㈏ 점검 기준 : 1일 1회 이상 소비설비의 작동상황 점검

(3) 특정고압가스를 연료로 사용하는 자동차의 연료장치

① 자동차에 필요한 장치 : 용기, 용기밸브, 안전밸브, 과류방지밸브, 역류방지밸브, 가스충전구, 가스충전밸브, 주밸브, 감압밸브, 용기고정장치, 압력계, 연료계 등

② 자동차에 표시할 사항 : 가스의 종류, 최고충전압력

③ 자동차의 용기는 자동차의 연료저장의 목적에 한정하여 사용할 것

④ 자동차의 연료장치에 설치하는 제품은 검사에 합격한 것일 것

(4) 자동차용 압축천연가스 완속충전설비

① 완속충전설비는 옥외 또는 기계환기설비를 갖춘 실내에 설치할 것

② 소음 · 진동규제법에 따른 소음의 규제치를 만족하는 장소에 설치할 것

③ 과압안전장치의 방출구는 옥외의 안전한 장소에 설치할 것

④ 완속충전설비에는 긴급 시 가스를 효과적으로 차단할 수 있는 조치를 할 것

9. 고압가스 판매 및 수입업의 기준

(1) 용기에 의한 고압가스 판매

① 시설 기준

㈎ 배치 기준

　㉮ 사업소의 부지는 한 면이 폭 4 m 이상의 도로에 접할 것

　㉯ 300 m^3 (액화가스 3000 kg)를 넘는 저장설비는 보호시설과 안전거리를 유지

　㉰ 저장설비와 화기와의 우회거리 : 2 m 이상

㈏ 저장설비 기준

　㉮ 용기보관실 : 불연성 재료를 사용하고 지붕은 가벼운 것으로 할 것

　㉯ 용기보관실 및 사무실은 한 부지 안에 설치할 것

　㉰ 용기보관실은 누출된 가스가 사무실로 유입되지 않는 구조로 설치할 것

　㉱ 가연성가스 · 산소 및 독성가스의 용기보관실은 각각 구분하여 설치 : 면적 10 m^2 이상

　㉲ 누출된 가스가 혼합될 경우 폭발, 독성가스가 생성될 우려가 있는 가스의 용기보관실은 별도로 설치할 것

㈐ 사고예방설비 기준

㉮ 독성가스 및 공기보다 무거운 가연성가스의 용기보관실에는 가스누출 검지 경보장치 설치

㉯ 독성가스 용기보관실에는 독성가스를 흡수, 중화하는 설비의 가동과 연동되도록 경보장치를 설치하고 독성가스가 누출되었을 경우 그 흡수, 중화설비로 이송시킬 수 있는 설비를 갖출 것

㉰ 가연성가스 (암모니아, 브롬화메탄 및 공기 중에서 자기 발화하는 것 제외)의 전기설비는 방폭 성능을 가지는 것일 것

㉱ 가연성가스의 용기보관실에는 누출된 고압가스가 체류하지 않도록 환기구를 갖출 것

㈃ 부대설비 기준

㉮ 판매시설에는 압력계 및 계량기를 갖출 것

㉯ 판매업소 용기보관실 주위에 11.5 m^2 이상의 부지를 확보할 것

㉰ 사무실 면적 : 9 m^2 이상

② 기술 기준

㈎ 용기보관장소 기준 : 고압가스 저장 용기보관장소 기준과 동일

㈏ 판매하는 가스의 충전용기가 검사유효기간이 지났거나, 도색이 불량한 경우에는 그 용기충전자에게 반송할 것

㈐ 가연성가스 또는 독성가스의 충전용기를 인도할 때에는 가스의 누출여부를 인수자가 보는 데서 확인할 것

㈑ 공급자의 의무 : 고압가스를 공급할 때에는 안전점검인원 및 점검장비를 갖추고 점검을 할 것

(2) 배관에 의한 고압가스 판매

① 시설 기준

㈎ 저장설비 기준 : 내진성능 확보, 가스방출장치 설치, 저장탱크 간 거리 유지

㈏ 저장탱크에 부압파괴방지 조치, 과충전방지 조치 마련할 것

㈐ 액상의 가스 유출방지조치 (방류둑 설치)

㉮ 가연성가스, 산소 : 저장능력 5000 L 이상

㉯ 독성가스 : 저장능력 5톤 이상

② 기술 기준 : 고압가스 제조기술 기준 준용

10. 용기 제조 및 재검사 기준

(1) 시설 기준

① 용기를 제조하려는 자는 필요한 제조설비를 갖출 것

② 용기를 제조하려는 자는 용기를 검사하기 위하여 필요한 검사설비를 갖출 것

(2) 기술 기준

① 용기재료는 스테인리스강, 알루미늄합금, 탄소·인 및 황의 함유량이 각각 0.33 % (이음매 없는 용기 0.55 %) 이하·0.04 % 이하 및 0.05 % 이하인 강 또는 이와 동등 이상의 기계적 성질 및 가공성을 갖는 것으로 할 것

② 용접용기 동판의 최대두께와 최소두께와의 차이는 평균두께의 10 % 이하로 할 것 (단, 이음매 없는 용기 20 % 이하)

③ 초저온 용기의 재료 : 오스테나이트계 스테인리스강, 알루미늄합금

④ 액화석유가스 용기 (내용적 40 L 이상 125 L 이하)에 부착하는 안전밸브의 스프링 지지 방법은 플러그형 또는 캡형이어야 한다.

⑤ 내용적 40 L 이상 50 L 이하의 액화석유가스용 용기에 부착하는 밸브는 과류차단형 또는 차단기능형으로 할 것

⑥ 복합재료 용기에 충전하는 고압가스의 종류 및 압력

  ㈎ 충전하는 고압가스는 가연성인 액화가스가 아닐 것

  ㈏ 최고충전압력은 35 MPa (산소용은 20 MPa) 이하일 것

⑦ 재충전금지 용기 기준

  ㈎ 용기와 용기부속품을 분리할 수 없는 구조일 것

  ㈏ 최고충전압력 (MPa)의 수치와 내용적 (L)의 수치를 곱한 값이 100 이하일 것

  ㈐ 최고충전압력이 22.5 MPa 이하이고 내용적이 25 L 이하일 것

  ㈑ 최고충전압력이 3.5 MPa 이상인 경우에는 내용적이 5 L 이하일 것

  ㈒ 가연성가스 및 독성가스를 충전하는 것이 아닐 것

(3) 용기의 검사

① 신규검사 항목

  ㈎ 강으로 제조한 이음매 없는 용기 : 외관검사, 인장시험, 충격시험 (Al용기 제외), 파열시험 (Al용기 제외), 내압시험, 기밀시험, 압궤시험

  ㈏ 강으로 제조한 용접용기 : 외관검사, 인장시험, 충격시험 (Al용기 제외), 용접부 검사, 내압시험, 기밀시험, 압궤시험

  ㈐ 초저온 용기 : 외관검사, 인장시험, 용접부 검사, 내압시험, 기밀시험, 압궤시험, 단열성능시험

  ㈑ 납붙임 접합용기 : 외관검사, 기밀시험, 고압가압시험

> 【참고】 파열시험을 한 용기는 인장시험, 압궤시험을 생략할 수 있다.

② 재검사

  ㈎ 재검사를 받아야 할 용기

    ㉮ 일정한 기간이 경과된 용기

    ㉯ 합격표시가 훼손된 용기

㉰ 손상이 발생된 용기
㉱ 충전가스 명칭을 변경할 용기
㉲ 열 영향을 받은 용기

(나) 재검사 주기

구 분		15년 미만	15년 이상~20년 미만	20년 이상
용접용기 (LPG용 용접용기 제외)	500 L 이상	5년	2년	1년
	500 L 미만	3년	2년	1년
LPG용 용접용기	500 L 이상	5년	2년	1년
	500 L 미만	5년		2년
이음매 없는 용기	500 L 이상	5년		
	500 L 미만	신규검사 후 경과 연수가 10년 이하인 것은 5년, 10년을 초과한 것은 3년 마다		
용기 부속품	용기에 부착되지 아니한 것	2년		
	용기에 부착된 것	검사 후 2년이 지나 용기부속품을 부착한 해당용기의 재검사를 받을 때마다		

㉮ 재검사일은 재검사를 받지 않은 용기의 경우에는 신규검사일로부터 산정하고, 재검사를 받은 용기의 경우에는 최종 재검사일부터 산정한다.

㉯ 제조 후 경과 연수가 15년 미만이고 내용적이 500 L 미만인 용접용기의(LPG 용접용기 포함) 재검사 주기

ⓐ 용기내장형 가스난방기용 용기는 6년

ⓑ 내식성 재료로 제조된 초저온 용기는 5년

㉰ 내용적 45 L 이상 125 L 미만인 것으로서 제조 후 경과 연수가 26년 이상 된 액화석유가스 용접용기는 폐기한다.

③ 내압시험

(가) 수조식 내압시험 : 용기를 수조에 넣고 내압시험에 해당하는 압력을 가했다가 대기압 상태로 압력을 제거하면 원래 용기의 크기보다 약간 늘어난 상태로 복귀한다. 이때의 체적변화를 측정하여 영구증가량을 계산하여 합격, 불합격을 판정한다.

(나) 비수조식 내압시험 : 저장탱크와 같이 고정설치된 경우에 펌프로 가압한 물의 양을 측정해 팽창량을 계산한다.

(다) 항구(영구)증가율(%) 계산

$$항구(영구)증가율(\%) = \frac{항구증가량}{전증가량} \times 100$$

(라) 합격 기준

㉮ 신규검사 : 항구 증가율 10 % 이하

㉯ 재검사

ⓐ 질량검사 95 % 이상 : 항구 증가율 10 % 이하

ⓑ 질량검사 90 % 이상 95 % 미만 : 항구 증가율 6 % 이하

④ 초저온 용기의 단열성능시험

(개) 침입열량 계산식

$$Q = \frac{W \cdot q}{H \cdot \Delta t \cdot V}$$

여기서, Q: 침입열량 (kcal/h·℃·L), W: 측정중의 기화가스량 (kg)

q: 시험용 액화가스의 기화잠열 (kcal/kg), H: 측정시간 (h)

Δt: 시험용 액화가스의 비점과 외기와의 온도차 (℃), V: 용기 내용적 (L)

(내) 합격 기준

내 용 적	침입열량 (kcal / h · ℃ · L)
1000 L 미만	0.0005 이하 (2.09 J/h · ℃ · L 이하)
1000 L 이상	0.002 이하 (8.37 J/h · ℃ · L 이하)

(대) 시험용 액화가스의 종류 : 액화질소, 액화산소, 액화아르곤

⑤ 충전용기의 시험압력

구 분	최고충전압력 (FP)	기밀시험압력 (AP)	내압시험압력 (TP)	안전밸브 작동압력
압축가스 용기	35℃, 최고충전압력	최고충전압력	FP×5/3배	TP×0.8배 이하
아세틸렌 용기	15℃, 1.5 MPa	FP×1.8 배	FP×3배	가용전식 (105 ± 5℃)
초저온, 저온 용기	상용압력 중 최고압력	FP×1.1 배	FP×5/3배	TP×0.8배 이하
액화가스 용기	TP×$\frac{3}{5}$배	최고충전압력	액화가스 종류별로 규정	TP×0.8배 이하

11. 특정설비 제조 기준

(1) 특정설비의 종류

안전밸브, 긴급차단장치, 기화장치, 독성가스 배관용 밸브, 자동차용 가스 자동주입기, 역화방지기, 압력용기, 특정고압가스용 실린더 캐비닛, 자동차용 압축천연가스 완속 충전 설비, 액화석유가스용 용기 잔류가스 회수장치

(2) 기술 기준

① 기화장치

(개) 재료

㉮ 가스가 접촉되는 부분 : 동, 스테인리스강, 알루미늄합금 또는 탄소, 인 및 황의 함

유량이 각각 0.33 %(이음매 없는 재료 : 0.55 %), 0.04 % 및 0.05 % 이하의 강을 사용

　　㈕ 가스가 접촉되지 않는 부분 : 액화가스에 적합한 기계적 성질 및 가공성을 갖는 재료

　(나) 성능

　　㉮ 온수가열방식 : 80℃ 이하

　　㉯ 증기가열방식 : 120℃ 이하

　　㉰ 가연성가스용 접지 저항치 : 10 Ω 이하

　　㉱ 기밀시험 압력 : 설계압력 이상의 압력

　　㉲ 내압시험 압력 : 설계압력의 1.3배 이상 (질소, 공기를 사용 : 설계압력의 1.1배)

　② 압력용기 : 35℃에서의 압력 또는 설계압력

　　㈎ 액화가스 : 0.2 MPa 이상

　　㈏ 압축가스 : 1 MPa 이상

(3) 검사 기준

　① 압력용기 및 저장탱크 (액화천연가스 저장탱크 제외)의 검사 기준

　　㈎ 기계시험의 종류 : 이음매 인장시험, 표면 굽힘시험, 측면 굽힘시험, 이면 굽힘시험, 충격시험

　　㈏ 내압시험 압력

　　　㉮ 설계압력이 20.6 MPa 이하인 것 : 설계압력의 1.3배

　　　㉯ 설계압력이 20.6 MPa를 초과하는 것 : 설계압력의 1.25배

　　　㉰ 주철제의 경우 설계압력이 0.1 MPa 이하의 것은 0.2 MPa, 그 밖의 것은 설계압력의 2배의 압력

　　　㉱ 공기, 질소 등을 사용한 내압 시험압력 : 설계압력의 1.1배

　② 재검사 대상에서 제외되는 특정설비

　　㈎ 평저형 및 이중각형 진공단열형 저온 저장탱크

　　㈏ 역화방지장치

　　㈐ 독성가스 배관용 밸브

　　㈑ 자동차용 가스 자동주입기

　　㈒ 냉동용 특정설비

　　㈓ 초저온가스용 대기식 기화장치

　　㈔ 저장탱크 또는 차량에 고정된 탱크에 부착되지 아니한 안전밸브 및 긴급차단밸브

　　㈕ 저장탱크 및 압력용기 중 다음에서 정한 것

　　　㉮ 초저온 저장탱크

　　　㉯ 초저온 압력용기

　　　㉰ 분리할 수 없는 이중관식 열교환기

　　　㉱ 그 밖에 산업통상자원부장관이 재검사를 실시하는 것이 현저히 곤란하다고 인정하는 저장탱크 또는 압력용기

㉜ 특정고압가스용 실린더 캐비닛
㉝ 자동차용 압축천연가스 완속충전설비
㉞ 액화석유가스용 용기잔류가스회수장치

12. 용기의 안전점검 기준

① 고압가스 제조자, 고압가스 판매자가 실시하는 용기의 안전점검 및 유지관리 기준
　㈎ 용기의 내, 외면에 위험한 부식, 금, 주름이 있는지 확인 할 것
　㈏ 용기는 도색 및 표시가 되어 있는지 확인할 것
　㈐ 용기의 스커트에 찌그러짐이 있는지 확인할 것
　㈑ 유통 중 열영향을 받았는지 점검하고, 열영향을 받은 용기는 재검사를 받아야 한다.
　㈒ 용기 캡이 씌워져 있거나 프로텍터가 부착되어 있는지 확인할 것
　㈓ 재검사기간의 도래 여부를 확인할 것
　㈔ 용기 아랫부분의 부식상태를 확인할 것
　㈕ 밸브의 몸통, 충전구나사, 안전밸브에 흠, 주름, 스프링의 부식 등이 있는지 확인할 것
　㈖ 밸브의 그랜드너트가 고정핀에 의하여 이탈 방지 조치가 있는지 여부를 확인할 것
　㈗ 밸브의 개폐조작이 쉬운 핸들이 부착되어 있는지 확인할 것
　㈘ 충전가스의 종류에 맞는 용기부속품이 부착되어 있는지 확인할 것
② 고압가스 판매자는 확인결과 부적합한 용기의 경우 고압가스 제조자에게 반송하여야 하고, 고압가스 제조자는 부적합한 용기를 수선하거나 보수하며, 수선, 보수할 수 없는 것은 폐기할 것

13. 용기 등의 표시

(1) 용기에 대한 표시

① 용기의 각인
　㈎ V : 내용적 (L)
　㈏ W : 용기 질량 (kg)
　㈐ TW : 아세틸렌 용기질량에 다공물질, 용제, 용기부속품의 질량을 합한 질량 (kg)
　㈑ TP : 내압시험압력 (MPa)
　㈒ FP : 압축가스의 최고충전압력 (MPa)

② 용기의 도색 및 표시

가스 종류	용기 도색		글자 색깔		띠의 색상 (의료용)
	공업용	의료용	공업용	의료용	
산소 (O_2)	녹색	백색	백색	녹색	녹색
수소 (H_2)	주황색	–	백색	–	–
액화탄산가스 (CO_2)	청색	회색	백색	백색	백색
액화석유가스	밝은 회색	–	적색	–	–
아세틸렌 (C_2H_2)	황색	–	흑색	–	–
암모니아 (NH_3)	백색	–	흑색	–	–
액화염소 (Cl_2)	갈색	–	백색	–	–
질소 (N_2)	회색	흑색	백색	백색	백색
아산화질소 (N_2O)	회색	청색	백색	백색	백색
헬륨 (He)	회색	갈색	백색	백색	백색
에틸렌 (C_2H_4)	회색	자색	백색	백색	백색
사이클로 프로판	회색	주황색	백색	백색	백색
기타의 가스	회색	–	백색	백색	백색

㈎ 스테인리스강 등 내식성재료를 사용한 용기 : 용기 동체의 외면 상단에 10 cm 이상의 폭으로 충전가스에 해당하는 색으로 도색

㈏ 가연성가스 (LPG 제외) : "연"자, 독성가스 : "독"자 표시

㈐ 선박용 액화석유가스 용기 : 용기 상단부에 2 cm의 백색 띠 두 줄, 백색 글씨로 "선박용" 표시

(2) 용기부속품에 대한 표시

① AG : 아세틸렌용기 부속품
② PG : 압축가스용기 부속품
③ LG : 액화석유가스 외 액화가스용기 부속품
④ LPG : 액화석유가스용기 부속품
⑤ LT : 초저온 및 저온용기 부속품

14. 고압가스 운반 등의 기준

(1) 차량의 경계표지

① 경계표시 : "위험고압가스" 차량 앞뒤에 부착, 전화번호 표시, 운전석 외부에 적색삼각기

게시 (독성가스 : "위험고압가스", "독성가스"와 위험을 알리는 도형 및 전화번호 표시)

② 경계표시 크기

㈎ 가로치수 : 차체 폭의 30 % 이상

㈏ 세로치수 : 가로치수의 20 % 이상

㈐ 정사각형 : 600 cm^2 이상

(2) 용기에 의한 운반 기준

① 혼합적재 금지

㈎ 염소와 아세틸렌, 암모니아, 수소

㈏ 가연성가스와 산소는 충전용기 밸브가 마주보지 않도록 적재하면, 혼합적재 가능

㈐ 충전용기와 소방기본법이 정하는 위험물

㈑ 독성가스 중 가연성가스와 조연성가스

② 적재 및 하역 작업

㈎ 충전용기를 차량에 적재하여 운반할 때에는 적재함에 세워서 운반할 것

㈏ 충전용기와 차량과의 사이에 헝겊, 고무링을 사용하여 마찰, 홈, 찌그러짐 방지

㈐ 고정된 프로텍터가 없는 용기는 보호캡을 부착

㈑ 전용로프를 사용하여 충전용기 고정

㈒ 충전용기를 차에 싣거나 내릴 때에는 충격을 최소한으로 방지하기 위하여 완충판을 차량 등에 갖추고 사용할 것

㈓ 운반 중의 충전용기는 항상 40℃ 이하를 유지할 것

㈔ 충전용기는 이륜차에 적재하여 운반하지 않을 것 (단, 다음의 경우 모두에 액화석유가스 충전용기를 적재하여 운반할 수 있다)

㉮ 차량이 통행하기 곤란 지역의 경우 또는 시, 도지사가 지정하는 경우

㉯ 넘어질 경우 용기에 손상이 가지 않도록 제작된 용기운반 전용적재함을 장착한 경우

㉰ 적재하는 충전용기의 충전량이 20 kg 이하이고, 적재하는 충전용기수가 2개 이하인 경우

㈕ 납붙임, 접합용기는 포장상자 외면에 가스의 종류, 용도, 취급 시 주의사항 기재

㈖ 운반하는 액화독성가스 누출 시 응급조치 약제 (소석회 [생석회]) 휴대

㉮ 대상가스 : 염소, 염화수소, 포스겐, 아황산 가스

㉯ 휴대량

운반가스량	휴 대 량
1000 kg 미만	20 kg 이상
1000 kg 이상	40 kg 이상

③ 운반책임자 동승

㈎ 운반책임자 : 운반에 관한 교육이수자, 안전관리 책임자, 안전관리원

(나) 운반책임자 동승기준

가스의 종류		기 준
압축가스	독성	100 m³ 이상
	가연성	300 m³ 이상
	조연성	600 m³ 이상
액화가스	독성	1000 kg 이상
	가연성	3000 kg 이상 (단, 에어졸 용기 : 2000 kg 이상)
	조연성	6000 kg 이상

〈비고〉독성가스 (LC$_{50}$, 200 ppm 이하) : 10 m³ 이상, 100 kg 이상

④ 운행 기준

  (가) 안전확보에 필요한 조치 : 주의사항 비치, 안전점검, 안전수칙 준수

  (나) 운반 중 누출할 우려가 있는 독성가스의 경우 소방서나 경찰서에 신고

  (다) 200km 이상의 거리를 운행하는 경우 중간에 충분한 휴식을 취할 것

  (라) 노면이 나쁜 도로에서는 가능한 운행하지 말 것

  (마) 현저하게 우회하는 도로 및 번화가 또는 사람이 붐비는 장소는 피할 것

    ㉮ 현저하게 우회하는 도로 : 이동거리가 2배 이상인 도로

    ㉯ 번화가 : 도시의 중심부 또는 번화한 상점, 차량의 너비에 3.5 m를 더한 너비 이하
    인 통로 주위

    ㉰ 사람이 붐비는 장소 : 축제 시의 행렬, 집회 등으로 사람이 밀집된 장소

⑤ 충전용기 적재차량의 주정차 기준

  (가) 지형이 평탄하고 교통량이 적은 안전한 장소를 택할 것

  (나) 정차 시 엔진을 정지시킨 다음 주차브레이크를 걸어놓고 차량고정목 사용

  (다) 제1종 보호시설과 15 m 이상 거리 유지, 제2종 보호시설이 밀집된 지역은 피한다.

  (라) 차량의 고장 등으로 정차하는 경우 적색표시판 설치

⑥ 소화설비 기준

구 분		소화기의 종류		비치개수
압축가스	액화가스	소화약제의 종류	능력단위	
100 m³ 이상	1000 kg 이상	분말소화제	BC용, B-10 이상 또는 ABC용, B-12 이상	2개 이상
15 m³ 초과 100 m³ 미만	150 kg 초과 1000 kg 미만	분말소화제	BC용, B-10 이상 또는 ABC용, B-12 이상	1개 이상
15 m³ 이하	150 kg 이하	분말소화제	B-3 이상	1개 이상

(3) 차량에 고정된 탱크 등에 의한 가스운반 기준

① 내용적 제한

　㉮ 가연성가스 (LPG 제외), 산소 : 18000 L 초과 금지

　㉯ 독성가스 (액화암모니아 제외) : 12000 L 초과 금지

② 액면요동 방지조치 등

　㉮ 액화가스를 충전하는 탱크 : 내부에 방파판 설치

　　㉮ 방파판 면적 : 탱크 횡단면적의 40 % 이상

　　㉯ 위치 : 상부 원호부 면적이 탱크 횡단면의 20 % 이하가 되는 위치

　　㉰ 두께 : 3.2 mm 이상

　　㉱ 설치수 : 탱크 내용적 5 m^3 이하마다 1개씩

　㉯ 탱크 정상부가 차량보다 높을 때 : 높이측정기구 설치

③ 탱크 및 부속품 보호 : 뒷범퍼와 수평거리

　㉮ 후부 취출식 탱크 : 40 cm 이상

　㉯ 후부 취출식 탱크 외 : 30 cm 이상

　㉰ 조작상자 : 20 cm 이상

④ 2개 이상의 탱크 설치

　㉮ 탱크마다 주밸브를 설치

　㉯ 충전관에는 안전밸브, 압력계 및 긴급탈압밸브 설치

⑤ 소화설비 기준

가스의 구분	소화기의 종류		비치 개수
	소화약제의 종류	능력단위	
가연성가스	분말소화제	BC용 B-10 이상 또는 ABC용 B-12 이상	차량 좌우에 각각 1개 이상
산소	분말소화제	BC용 B-8 이상 또는 ABC용 B-10 이상	차량 좌우에 각각 1개 이상

예 상 문 제

문제 1. 고압가스 안전관리법에서 정한 가스에 대한 설명으로 옳은 것은?

㉮ 트리메틸아민은 가연성가스이지만 독성가스는 아니다.

㉯ 독성가스 분류기준은 허용농도가 백만분의 2000 이하인 것을 말한다.

㉰ 가압, 냉각 등의 방법에 의하여 액체상태로 되어 있는 것으로서 대기압에서의 비점이 섭씨 40도 이상 또는 상용의 온도 이하인 것을 가연성가스라 한다.

㉱ 일정한 압력에 의하여 압축되어 있는 가스를 압축가스라 한다.

해설 ㉮ 트리메틸아민[$(CH_3)_3N$] : 가연성가스 (2.0~11.6 %), 독성가스 (TLV – TWA 10 ppm)

㉯ 독성가스 : 허용농도 백만분의 5000 이하 (TLV – TWA 200 ppm 이하)

※ 개정된 독성가스 허용농도 : 100만분의 5000 이하인 것 (허용농도 : 해당 가스를 성숙한 흰쥐 집단에게 대기 중에서 1시간 동안 계속하여 노출시킨 경우 14일 이내에 그 흰쥐의 2분의 1 이상이 죽게 되는 가스의 농도를 말한다.) → 허용농도 앞에 LC_{50}으로 표기

㉰ 액화가스의 설명

※ 가연성가스 : 폭발범위 하한이 10 % 이하인 것과 폭발한계 상한과 하한의 차가 20 % 이상인 것

문제 2. 초저온 용기에 대한 정의를 바르게 나타낸 것은?

㉮ 영하 50℃ 이하의 액화가스를 충전하기 위한 용기로서 단열재로 피복하여 용기 내의 가스온도가 상용의 온도를 초과하지 않도록 한 용기

㉯ 액화가스를 충전하기 위한 용기로서 단열재로 피복하여 용기 내의 가스온도가 상용의 온도를 초과하지 않도록 한 용기

㉰ 대기압에서 비점이 0℃ 이하인 가스를 상용압력이 0.1 MPa 이하의 액체 상태로 저장하기 위한 용기로서, 단열재로 피복하여 가스온도가 상용의 온도를 초과하지 않도록 한 용기

㉱ 액화가스를 냉동설비로 냉각하여 용기 내의 가스의 온도가 영하 70℃ 이하로 유지하도록 한 용기

문제 3. 고압가스 안전관리법상 "충전용기"라 함은 고압가스의 충전질량 또는 충전압력의 몇 분의 몇 이상이 충전되어 있는 상태의 용기를 말하는가?

㉮ $\frac{1}{5}$　㉯ $\frac{1}{4}$　㉰ $\frac{1}{2}$　㉱ $\frac{3}{4}$

해설 • 충전용기와 잔가스용기 기준

① 충전용기 : 고압가스의 충전질량 또는 충전압력의 2분의 1 이상이 충전되어 있는 상태의 용기를 말한다.

② 잔가스용기 : 고압가스의 충전질량 또는 충전압력의 2분의 1 미만이 충전되어 있는 상태의 용기를 말한다.

문제 4. 다음 중 고압가스 처리설비로 볼 수 없는 것은?

㉮ 저장탱크에 부속된 펌프

㉯ 저장탱크에 부속된 안전밸브

㉰ 저장탱크에 부속된 압축기

㉱ 저장탱크에 부속된 기화장치

해설 • 처리설비 : 압축, 액화 그 밖의 방법으로 가스를 처리할 수 있는 설비 중 고압가스의 제조 (충전)에 필요한 설비와 저장탱크에 부속된 펌프, 압축기 및 기화장치

해답 1. ㉱　2. ㉮　3. ㉰　4. ㉯

문제 5. 고압가스 안전관리법 시행규칙에서 정의한 "처리능력"이라 함은 처리설비 또는 감압설비에 의하여 며칠에 처리할 수 있는 가스의 양을 말하는가?

㉮ 1일 ㉯ 7일
㉰ 10일 ㉱ 30일

해설 • 처리능력 : 처리설비 또는 감압설비에 의하여 압축, 액화나 그 밖의 방법으로 1일에 처리할 수 있는 가스의 양(기준 : 온도 0℃, 게이지압력 0 Pa의 상태)을 말한다.

문제 6. 다음 빈칸에 들어갈 알맞은 수치는 어느 것인가?

"철근 콘크리트제 방호벽 설치 시 방호벽은 지름 ( ) mm 이상의 철근을 가로, 세로 ( ) mm 이하의 간격으로 배근하여야 한다."

㉮ 5, 300 ㉯ 5, 400
㉰ 9, 300 ㉱ 9, 400

문제 7. 고압가스 안전관리법 시행규칙에서 사용하는 용어의 정의로서 틀린 것은 어느 것인가?

㉮ "액화가스"라 함은 가압·냉각 등의 방법에 의하여 액체 상태로 되어 있는 것으로서 대기압에서의 끓는점이 섭씨 40도 이하 또는 상용온도 이하인 것을 말한다.
㉯ "방호벽"이라 함은 높이 5미터 이상, 두께 10센티미터 이상의 철근 콘크리트 또는 이와 동등 이상의 강도를 가지는 벽을 말한다.
㉰ "이음매 없는 용기"라 함은 동판 및 경판을 일체로 성형하여 이음매 없이 제조한 용기를 말한다.
㉱ "접합 또는 납붙임 용기"라 함은 동판 및 경판을 각각 성형하여 심 (seam)용접

그 밖의 방법으로 접합하거나 납붙임하여 만든 내용적 1리터 이하인 1회용 용기이다.

해설 • 방호벽 : 높이 2 m 이상, 두께 12 cm 이상의 철근 콘크리트 또는 이와 같은 수준 이상의 강도를 가지는 벽을 말한다.

문제 8. 산업통상자원부령으로 정하는 고압가스 관련 설비가 아닌 것은?

㉮ 안전밸브
㉯ 세척설비
㉰ 기화장치
㉱ 독성가스 배관용 밸브

해설 • 고압가스 관련설비(특정설비) 종류 : 안전밸브, 긴급차단장치, 기화장치, 독성가스 배관용 밸브, 자동차용 가스 자동주입기, 역화방지기, 압력용기, 특정고압가스용 실린더 캐비닛, 자동차용 압축천연가스 완속 충전설비, 액화석유가스용 용기 잔류가스 회수장치

문제 9. 고압가스 특정제조 허가의 대상 시설로서 옳은 것은?

㉮ 석유정제업자의 석유정제시설 또는 그 부대시설에서 고압가스를 제조하는 것으로서 그 저장능력이 10톤 이상인 것
㉯ 석유화학공업자의 석유화학공업시설 또는 그 부대시설에서 고압가스를 제조하는 것으로서 그 저장능력이 10톤 이상인 것
㉰ 석유화학공업자의 석유화학공업 시설 또는 그 부대시설에서 고압가스를 제조하는 것으로서 그 처리능력이 1000 m³ 이상인 것
㉱ 철강공업자의 철강공업시설 또는 그 부대시설에서 고압가스를 제조하는 것으로서 그 처리능력이 100000 m³ 이상인 것

해설 • 고압가스 특정제조 허가 대상
① 석유정제업자 : 저장능력 100톤 이상
② 석유화학공업자 : 저장능력 100톤 이상, 처리능력 1만 m³ 이상

③ 철강공업자 : 처리능력 10만 m^3 이상
④ 비료생산업자 : 저장능력 100톤 이상, 처리능력 10만 m^3 이상
⑤ 산업통상자원부장관이 정하는 시설

문제 10. 액화가스 저장탱크의 저장능력 산정 기준식으로 옳은 것은? (단, Q 및 W는 저장능력, P는 최고충전압력, V_1, V_2는 내용적, d는 비중, C는 상수이다.)

㉮ $W = 0.9\,d\,V_2$

㉯ $Q = (10\,P + 1)\,V_1$

㉰ $W = \dfrac{V_2}{C}$

㉱ $W = \dfrac{C}{V_2}$

해설 ㉯ 압축가스 저장탱크 및 용기 저장능력
㉰ 액화가스 용기 저장능력

문제 11. 내부용적이 30000 L인 액화산소 저장탱크의 저장능력은 몇 kg인가? (단, 비중은 1.14이다.)

㉮ 29340　　　　㉯ 30780

㉰ 31460　　　　㉱ 32250

해설 $W = 0.9\,d\,V$
$= 0.9 \times 1.14 \times 30000 = 30780\,kg$

문제 12. 프로판 1톤을 내용적 47 L의 LPG 용기에 충전할 경우 필요한 용기의 수는 몇 개인가? (단, 프로판의 충전 정수는 2.35이다.)

㉮ 45　　㉯ 50　　㉰ 55　　㉱ 60

해설 ① 용기 1개당 충전량 계산
$G = \dfrac{V}{C} = \dfrac{47}{2.35} = 20\,kg$

② 용기 수 계산
용기 수 $= \dfrac{\text{LPG량}}{\text{용기 1개당 충전량}}$
$= \dfrac{1000}{20} = 50$ 개

문제 13. 내용적 25000 L인 액화산소 저장탱크와 내용적이 3 m^3인 압축산소 용기가 배관으로 연결된 경우 총 저장능력은 약 몇 m^3인가? (단, 액화산소 비중량은 1.14 kg/L, 35℃에서 산소의 최고충전압력은 15 MPa이다.)

㉮ 2818　　㉯ 2918　　㉰ 3018　　㉱ 3118

해설 ① 압축산소 용기 저장능력 (m^3) 계산
$Q = (10P + 1)\,V$
$= (10 \times 15 + 1) \times 3 = 453\,m^3$

② 액화산소의 저장능력 (m^3) 계산
$W = 0.9\,d\,V$
$= 0.9 \times 1.14 \times 25000 = 25650\,kg$
이것을 체적으로 계산하면 2565 m^3가 된다.
(∵ 액화가스와 압축가스가 섞여 있을 경우 액화가스 10 kg을 압축가스 1 m^3의 비율로 계산하므로)

③ 총 저장능력 (m^3) 계산
$Q = 453 + 2565 = 3018\,m^3$

문제 14. 다음 중 1종 보호시설이 아닌 것은 어느 것인가?

㉮ 가설건축물이 아닌 사람을 수용하는 건축물로서 사실상 독립된 부분의 연면적이 1500m^2인 건축물

㉯ 문화재보호법에 의하여 지정문화재로 지정된 건축물

㉰ 전시장 등의 시설로서 수용능력이 200인(人)인 건축물

㉱ 어린이집 및 어린이놀이터

해설 예식장, 장례식장 및 전시장 그 밖에 이와 유사한 시설로서 수용능력이 300인(人) 이상인 건축물

문제 15. 고압가스 안전관리상 제1종 보호시설이 아닌 것은?

㉮ 학교　　　　　㉯ 여관

㉰ 주택　　　　　㉱ 시장

해설 • 주택 : 제2종 보호시설

해답 **10.** ㉮　**11.** ㉯　**12.** ㉯　**13.** ㉰　**14.** ㉰　**15.** ㉰

문제 16. 1일간 저장능력이 35000 m^3인 일산화탄소 저장설비의 외면과 학교와는 몇 m 이상의 안전거리를 유지하여야 하는가?

㉮ 17 ㉯ 18
㉰ 24 ㉱ 27

해설 • 독성가스의 보호시설별 안전거리

저장능력	제1종	제2종
1만 이하	17	12
1만 초과 2만 이하	21	14
2만 초과 3만 이하	24	16
3만 초과 4만 이하	27	18
4만 초과	30	20

※ 학교는 제1종 보호시설이므로 유지거리는 27 m이다.

문제 17. 저장량 15톤의 액화산소 저장탱크를 지하에 설치할 경우 인근에 위치한 연면적 300m^2인 교회와 몇 m 이상의 거리를 유지하여야 하는가?

㉮ 6 ㉯ 7 ㉰ 12 ㉱ 14

해설 • 산소 저장설비와 보호시설별 안전거리

저장능력 (kg)	제1종	제2종
1만 이하	12	8
1만 초과 2만 이하	14	9
2만 초과 3만 이하	16	11
3만 초과 4만 이하	18	13
4만 초과	20	14

※ 교회는 제1종 보호시설에 해당하고, 저장설비를 지하에 설치하는 경우에는 보호시설과의 거리에 $\frac{1}{2}$을 곱한 거리를 유지하여야 하므로 안전거리는 $14 \times \frac{1}{2} = 7$m 이상이 된다.

문제 18. 1일 처리능력이 60000 m^3인 가연성가스 저온 저장탱크와 제2종 보호시설과의 안전거리의 기준은?

㉮ 20.0 m ㉯ 21.2 m
㉰ 22.0 m ㉱ 30.0 m

해설 • 가연성가스 저온 저장탱크와 보호시설과의 안전거리 (처리능력 5만 초과 99만 m^3 이하)

① 제1종 보호시설 $= \frac{3}{25}\sqrt{X + 10000}$

② 제2종 보호시설 $= \frac{2}{25}\sqrt{X + 10000}$

∴ 제2종 보호시설과의 안전거리 계산

$$안전거리 = \frac{2}{25}\sqrt{X + 10000}$$
$$= \frac{2}{25} \times \sqrt{60000 + 10000} = 21.166\,m$$

문제 19. 흡수식 냉동설비는 발생기를 가열하는 1시간의 입열량이 몇 kcal인 것을 1일의 냉동능력 1톤으로 보는가?

㉮ 3400 ㉯ 5540
㉰ 6640 ㉱ 7200

해설 • 1일의 냉동능력 1톤 계산

① 원심식 압축기 : 압축기의 원동기 정격출력 1.2 kW

② 흡수식 냉동설비 : 발생기를 가열하는 1시간의 입열량 6640 kcal

③ 그 밖의 것은 다음 식에 의한다.
$$R = \frac{V}{C}$$

여기서, R : 1일의 냉동능력 (톤)
V : 피스톤 압출량 (m^3/h)
C : 냉매 종류에 따른 정수

문제 20. 고압가스의 저장설비 및 충전설비는 그 외면으로부터 화기를 취급하는 장소까지 얼마 이상의 우회거리를 두어야 하는가? (단, 산소 및 가연성가스는 제외한다.)

㉮ 1 m 이상
㉯ 2 m 이상
㉰ 5 m 이상
㉱ 8 m 이상

해설 고압가스 저장설비 및 충전설비와 화기와의 우회거리는 2 m 이상 (단, 가연성 및 산소의 충전설비 또는 저장설비는 8 m 이상이다.)

문제 21. 가연성가스 충전시설의 고압가스설비는 그 외면으로부터 산소 충전시설의 고압가스 설비와 몇 m 이상의 거리를 유지하여야 하는가?

㉮ 3　　㉯ 5　　㉰ 8　　㉱ 10

해설 • 설비 사이의 거리

① 가연성가스 충전 (제조)시설과 가연성가스 충전 (제조)시설 : 5 m 이상

② 가연성가스 충전 (제조)시설과 산소 충전 (제조)시설 : 10 m 이상

문제 22. 고압가스 특정제조시설에서 안전구역을 설정하기 위한 연소열량의 계산공식을 옳게 나타낸 것은? (단, Q는 연소열량, W는 저장설비 또는 처리설비에 따라 정한 수치, K는 가스의 종류 및 상용온도에 따라 정한 수치이다.)

㉮ $Q = K + W$　　㉯ $Q = \dfrac{W}{K}$

㉰ $Q = \dfrac{K}{W}$　　㉱ $Q = K \times W$

해설 안전구역 내 고압가스설비의 연소열량 수치가 6×10^8 이하이어야 한다.

문제 23. 특정 제조시설에서 안전구역 내의 고압가스설비는 그 외면으로부터 다른 안전구역 내의 고압가스 설비와 몇 m 이상의 거리를 유지해야 하는가?

㉮ 10　　㉯ 20　　㉰ 30　　㉱ 40

문제 24. 가연성가스 저장탱크는 그 외면으로부터 처리능력이 20만 m^3 이상인 압축기와 몇 m 이상의 거리를 유지해야 하는가?

㉮ 10　　㉯ 20　　㉰ 30　　㉱ 40

해설 • 가연성가스설비, 독성가스설비 설치 기준

① 안전구역 면적 : 20000 m^2 이하

② 고압가스 설비와의 거리 : 30 m 이상

③ 제조설비는 제조소 경계까지 : 20 m 이상

④ 가연성가스 저장탱크와 처리능력 20만 m^3 이상인 압축기 : 30 m 이상

문제 25. 가연성가스 저장탱크가 상호 인접한 경우 저장탱크간의 거리가 1 m 또는 두 저장탱크 지름의 $\dfrac{1}{4}$ 이상의 거리 중 큰 쪽 거리를 유지하지 못한 경우 저장탱크 표면적 1 m^2당 물분무장치의 방사량은 얼마인가? (단, 내화구조, 준내화구조가 아니다.)

㉮ 4 L/분　　㉯ 4.5 L/분

㉰ 7 L/분　　㉱ 8 L/분

해설 • 저장탱크 표면적 1 m^2당 물분무장치 방사량

구분	ⓐ	ⓑ
일반적인 경우	8 L/분	7 L/분
준내화구조	6.5 L/분	4.5 L/분
내화구조	4 L/분	2 L/분

비고 ⓐ와 ⓑ는 다음과 같다.

ⓐ 가연성가스 저장탱크가 상호 인접한 경우 또는 산소 저장탱크와 인접된 경우로서 인접한 저장탱크간의 거리가 1 m 또는 인접한 저장탱크의 최대 지름의 4분의 1을 미터 단위로 표시한 거리 중 큰 쪽 거리를 유지하지 못한 경우

ⓑ 가연성가스 저장탱크가 상호 인접한 경우 또는 산소 저장탱크와 인접된 경우로서 인접한 저장탱크간의 거리가 두 저장탱크의 최대 직경을 합산한 길이의 4분의 1을 유지하지 못한 경우

※ '일반적인 경우'는 '준내화구조', '내화구조'가 아닌 경우로 저장탱크 철판이 그대로 노출된 상태로 설치된 저장탱크를 의미한다.

문제 26. 물분무장치는 당해 저장탱크의 외면에서 몇 m 이상 떨어진 안전한 위치에서 조작할 수 있어야 하는가?

㉮ 5　　㉯ 10　　㉰ 15　　㉱ 20

해답　21. ㉱　22. ㉱　23. ㉰　24. ㉰　25. ㉱　26. ㉰

해설 • 조작스위치 위치
① 물분무장치 : 15 m 이상
② 냉각살수장치 : 5 m 이상

문제 **27.** 저장탱크에 물분무장치를 설치 시 수원의 수량이 몇 분 이상 연속 방사할 수 있어야 하는가?

㉮ 20분 ㉯ 30분
㉰ 40분 ㉱ 60분

문제 **28.** 가스관련법에 의한 내진설계 대상이 아닌 시설물은?

㉮ 지하에 매설하는 가연성가스용 10톤 저장탱크
㉯ 지상에 설치되는 독성가스용 5톤 저장탱크
㉰ 증류탑으로서 동체부의 높이가 5 m 이상인 압력용기
㉱ 내용적 5000 L 이상인 수액기

해설 • 내진설계 대상
① 저장탱크 및 압력용기

구분	비가연성, 비독성	가연성, 독성	탑류
압축가스	1000 m³	500 m³	동체부 높이 5 m 이상
액화가스	10000 kg	5000 kg	

② 세로방향으로 설치한 동체의 길이가 5 m 이상인 원통형 응축기 및 내용적 5000 L 이상인 수액기, 지지구조물 및 기초와 연결부
③ 제①호 중 저장탱크를 지하에 매설한 경우에 대하여는 내진설계를 한 것으로 본다.

문제 **29.** 저장탱크는 가스가 누출되지 않는 구조로 하고 가스를 저장하는 것에는 가스방출장치를 설치하여야 한다. 이때 가스저장능력 몇 m³ 이상인 경우에 가스방출장치를 설치하여야 하는가?

㉮ 5 ㉯ 10 ㉰ 50 ㉱ 100

문제 **30.** 가연성가스 저장탱크를 지하에 설치하는 경우의 기준으로 틀린 것은 어느 것인가?

㉮ 저장탱크의 외면에는 부식방지코팅과 전기적 부식방지를 위한 조치를 한다.
㉯ 저장탱크의 주위에 마른 모래를 채운다.
㉰ 지면으로부터 저장탱크의 정상부까지의 깊이는 30 cm 이상으로 한다.
㉱ 저장탱크를 2개 이상 인접하여 설치하는 경우에는 상호 간에 1 m 이상의 거리를 유지한다.

해설 ㉰ : 60 cm 이상

문제 **31.** 고압가스 일반제조시설에서 저장탱크 및 처리설비를 실내에 설치하는 경우에 대한 설명으로 틀린 것은?

㉮ 저장탱크실 및 처리설비실은 천장, 벽 및 바닥의 두께가 30 cm 이상인 철근 콘크리트로 만든 실로서 방수처리가 된 것일 것
㉯ 저장탱크 및 처리설비실은 각각 구분하여 설치하고 자연통풍시설을 갖출 것
㉰ 저장탱크의 정상부와 저장탱크실 천정과의 거리는 60 cm 이상으로 할 것
㉱ 저장탱크에 설치한 안전밸브는 지상 5 m 이상의 높이에 방출구가 있는 가스방출관을 설치할 것

해설 저장탱크 및 처리설비실은 각각 구분하여 설치하고 강제통풍시설을 갖추어야 한다.

문제 **32.** 고압가스 저온 저장탱크의 내부압력이 외부압력보다 낮아져 저장탱크가 파괴되는 것을 방지하기 위한 조치로 설치하여야 할 설비로 가장 거리가 먼 것은?

㉮ 압력계
㉯ 압력경보설비
㉰ 진공 안전밸브
㉱ 역류 방지 밸브

해답 27. ㉯ 28. ㉮ 29. ㉮ 30. ㉰ 31. ㉯ 32. ㉱

해설 • 부압을 방지하는 조치에 갖추어야 할 설비
① 압력계
② 압력경보설비
③ 진공안전밸브
④ 다른 저장탱크 또는 시설로부터의 가스도입배관 (균압관)
⑤ 압력과 연동하는 긴급차단장치를 설치한 냉동제어설비
⑥ 압력과 연동하는 긴급차단장치를 설치한 송액설비

문제 **33.** 독성가스의 저장탱크에는 가스의 용량이 그 저장탱크 내용적의 90 %를 초과하는 것을 방지하는 장치를 설치하여야 한다. 이 장치를 무엇이라고 하는가 ?

⑦ 경보장치　　　　　④ 액면계
⑤ 긴급차단장치　　　⑥ 과충전 방지장치

해설 • 과충전 방지장치 기준
① 액면, 액두압을 검지하는 것이나 이에 갈음할 수 있는 유효한 방법일 것
② 용량이 검지되었을 때는 지체 없이 경보를 울리는 것일 것
③ 경보는 관계자가 상주하는 장소 및 작업장소에서 명확하게 들을 수 있는 것

문제 **34.** 고압가스 저장탱크의 기준으로 틀린 것은 ?

⑦ 저장탱크는 가스가 누출하지 아니하는 구조로 하고, 규정량 이상의 가스를 저장하는 것에는 가스방출장치를 설치할 것
④ 가연성가스 저온 저장탱크에는 그 저장탱크의 내부압력이 외부압력보다 낮아짐에 따라 그 저장탱크가 파괴되는 것을 방지할 수 있는 조치를 할 것
⑤ 가연성가스 및 독성가스의 저장탱크, 그 지주에는 온도의 상승을 방지할 수 있는 조치를 할 것
⑥ 독성가스의 저장탱크에는 그 가스의 용량이 그 저장탱크 내용적의 80 %를 초과

하는 것을 방지하는 장치를 설치할 것

해설 • 과충전 방지장치 설치 : 독성가스 저장탱크는 내용적의 90 %를 초과하는 것을 방지하는 장치를 설치하여야 한다.

문제 **35.** 배관의 표지판은 배관이 설치되어 있는 경로에 따라 배관의 위치를 정확히 알 수 있도록 설치하여야 한다. 지상에 설치된 배관은 표지판을 몇 m 이하의 간격으로 설치하여야 하는가 ?

⑦ 100　　④ 300　　⑤ 500　　⑥ 1000

해설 • 배관의 표지판 설치 기준
① 배관이 설치된 경로에 따라 배관의 위치를 알 수 있도록 설치
② 지하설치배관 : 500 m 이하의 간격
　 지상설치배관 : 1000 m 이하의 간격
③ 기재사항 : 고압가스의 종류, 설치 구역명, 배관설치 (매설) 위치, 신고처, 회사명 및 연락처 등을 명확히 기재

문제 **36.** 배관을 지하에 매설할 때 독성가스 배관은 그 가스가 혼입될 우려가 있는 수도시설과 몇 m 이상의 거리를 유지해야 하는가 ?

⑦ 100 m　④ 200 m　⑤ 300 m　⑥ 400m

문제 **37.** 고압가스 특정제조에서 지하매설 배관은 그 외면으로부터 지하의 다른 시설물과 몇 m 이상 거리를 유지해야 하는가 ?

⑦ 0.3　　④ 0.5　　⑤ 1　　　⑥ 1.2

문제 **38.** 고압가스 특정제조 시설 중 철도부지 밑에 매설하는 배관에 대하여 설명한 것이다. 옳지 않은 것은 ?

⑦ 배관은 그 외면으로부터 다른 시설물과 30 cm 이상의 거리를 유지한다.
④ 배관은 그 외면과 지표면과의 거리는 1 m

이상 유지한다.

㉠ 배관은 그 외면으로부터 궤도 중심과 4 m 이상 유지한다.

㉣ 배관은 그 외면으로부터 수평거리 건축물까지 1.5 m 이상 유지한다.

해설 매설깊이는 1.2 m 이상 유지한다.

문제 **39.** 고압가스 특정제조시설에서 지상에 배관을 설치하는 경우 상용압력이 1 MPa 이상일 때 공지의 폭은 얼마 이상을 유지하여야 하는가? (단, 전용 공업지역 이외의 경우이다.)

㉮ 5 m   ㉯ 9 m   ㉰ 15 m   ㉱ 20 m

해설 • 공지 유지 기준

상용압력	공지의 폭
0.2 MPa 미만	5 m 이상
0.2 MPa 이상 1 MPa 미만	9 m 이상
1 MPa 이상	15 m 이상

∴ 공지의 폭은 배관 양쪽 외면으로부터 계산하되 산업통상자원부장관이 정하여 고시하는 지역은 위 표에서 정한 폭의 $\frac{1}{3}$로 할 수 있다.

문제 **40.** 고압가스 특정제조 시설에서 배관을 해저에 설치하는 경우 다음 기준에 적합하지 않은 것은?

㉮ 배관은 해저면 밑에 매설할 것

㉯ 배관은 원칙적으로 다른 배관과 교차하지 아니할 것

㉰ 배관은 원칙적으로 다른 배관과 수평거리로 20 m 이상을 유지할 것

㉱ 배관의 입상부에는 보호시설물을 설치할 것

해설 다른 배관과 30 m 이상의 수평 거리유지

문제 **41.** 자동차 하중을 받을 우려가 있는 차도에 고압가스 배관을 매설 시, 배관의

바닥 부분에서 배관 정상부의 위쪽으로 몇 cm까지 모래로 되메우기를 하는가?

㉮ 10 cm   ㉯ 20 cm
㉰ 30 cm   ㉱ 40 cm

해설 • 굴착 및 되메우기 작업 기준

① 배관 외면으로부터 굴착부 측벽까지 거리 : 15 cm 이상

② 굴착구의 바닥면 : 모래, 사질토로 20 cm 이상 다짐

③ 도로의 차도에 매설 할 때 : 바닥에서 배관 위쪽으로 모래, 사질토로 30 cm 이상 되메우기 작업 실시

문제 **42.** 고압가스 특정제조 시설 중 배관의 누출 확산 방지를 위한 시설 및 기술기준으로 옳지 않은 것은?

㉮ 시가지, 하천, 터널 및 수로 중에 배관을 설치하는 경우에는 누출가스의 확산 방지조치를 한다.

㉯ 사질토 등의 특수성 지반(해저 제외) 중에 배관을 설치하는 경우에는 누출가스의 확산 방지조치를 한다.

㉰ 고압가스의 온도와 압력에 따라 배관의 유지 관리에 필요한 거리를 확보한다.

㉱ 고압가스의 종류에 따라 누출된 가스의 확산 방지조치를 한다.

해설 고압가스의 종류 및 압력과 배관의 주위 상황에 따라 필요한 장소에는 배관을 2중관으로 하고, 가스누출검지 경보장치를 설치하여야 한다.

문제 **43.** 가스 배관장치에 이상상태가 발생할 때 다음 중 경보가 울리는 경우는 어느 것인가?

㉮ 배관 내의 압력이 상용압력의 1배일 때

㉯ 긴급차단 밸브가 열려 있을 때

㉰ 배관 내의 압력이 정상 시의 압력보다 10 % 강하한 때

㉱ 배관 내의 유량이 정상 시의 유량보다

10 % 이상 변동한 때

해설 • 경보장치가 울리는 경우
① 압력이 상용압력의 1.05배를 초과한 때 (상용압력이 4 MPa 이상인 경우 상용압력에 0.2 MPa을 더한 압력)
② 정상운전 시의 압력보다 15 % 이상 강하한 경우
③ 정상운전 시의 유량보다 7 % 이상 변동할 경우
④ 긴급차단밸브가 고장 또는 폐쇄된 때

문제 **44.** 배관 내의 상용압력이 4 MPa인 도시가스 배관의 압력이 상승하여 경보장치의 경보가 울리기 시작하는 압력은 어느 것인가 ?

㉮ 4 MPa 초과 시 　㉯ 4.2 MPa 초과 시
㉰ 5 MPa 초과 시 　㉱ 5.2 MPa 초과 시

해설 • 경보장치가 울리는 경우 : 배관 내의 압력이 상용압력의 1.05배를 초과한 때 (단, 상용압력이 4 MPa 이상인 경우에는 상용압력에 0.2 MPa을 더한 압력)
∴ 4 MPa + 0.2 MPa = 4.2 MPa 초과 시

문제 **45.** 고압가스 특정제조시설의 배관시설에 검지 경보장치의 검출부를 설치하여야 하는 장소가 아닌 것은 ?

㉮ 긴급차단장치 부분
㉯ 방호구조물 등에 의하여 개방되어 설치된 배관의 부분
㉰ 누출된 가스가 체류하기 쉬운 구조인 배관의 부분
㉱ 슬리브관, 이중관 등에 의하여 밀폐되어 설치된 배관의 부분

해설 방호구조물 등에 의하여 밀폐되어 설치 (매설을 포함함)된 배관의 부분

문제 **46.** 당해 설비 내의 압력이 상용압력을 초과할 경우 즉시 사용압력 이하로 되돌릴 수 있는 안전장치의 종류에 해당하지 않는 것은 ?

㉮ 안전밸브 　　㉯ 감압밸브
㉰ 바이패스밸브 　㉱ 파열판

해설 • 감압 밸브 : 저압측 압력 (2차 압력)을 일정하게 유지하는 기능을 갖는 밸브

문제 **47.** 다음은 가스누출 경보기의 기능에 대하여 서술한 것이다. 옳지 않은 것은 ?

㉮ 가스의 누출을 검지하여 그 농도를 지시함과 동시에 경보를 울릴 것
㉯ 폭발하한계의 $\frac{1}{2}$ 이하에서 자동적으로 경보를 울린다.
㉰ 경보를 울린 후에도 가스 농도가 변하더라도 계속 경보를 한다.
㉱ 담배 연기 등의 잡 가스에 울리지 아니한다.

해설 • 경보농도 설정 값
① 가연성가스 : 폭발하한계의 $\frac{1}{4}$ 이하
② 독성가스 : TLV-TWA 기준농도 이하
③ NH_3를 실내에서 사용하는 경우 : 50 ppm

문제 **48.** 다음 가스누출검지 경보장치의 성능기준에 대한 설명 중 틀린 것은 어느 것인가 ?

㉮ 가연성가스의 경보농도는 폭발하한계의 $\frac{1}{4}$ 이하로 할 것
㉯ 독성가스의 경보농도는 허용농도 이하로 할 것
㉰ 경보기의 정밀도는 경보농도 설정치에 대하여 가연성가스용에 있어서는 ±25 % 이하로 할 것
㉱ 지시계의 눈금은 독성가스는 0부터 허용농도의 5배 값을 눈금범위에 명확하게 지시하는 것일 것

해설 • 지시계의 눈금범위
① 가연성가스 : 0~폭발범위 하한계값
② 독성가스 : 0~TLV-TWA 기준농도의 3배 값
③ NH_3를 실내에서 사용 : 150 ppm

해답 　**44.** ㉯　**45.** ㉯　**46.** ㉯　**47.** ㉯　**48.** ㉱

문제 49. 일산화탄소의 경우 가스누출검지 경보장치의 검지에서 발신까지 걸리는 시간은 경보농도의 1.6배 농도에서 몇 초 이내로 규정되어 있는가?

㉮ 10　　㉯ 20　　㉰ 30　　㉱ 60

해설 • 검지에서 발신까지 걸리는 시간
① 경보농도의 1.6배 농도에서 30초 이내
② 암모니아, 일산화탄소 : 60초 이내

문제 50. 고압가스 제조설비에 설치할 가스누설 검지 경보설비에 대하여 틀리게 설명한 것은?

㉮ 계기실 내부에도 1개 이상 설치한다.
㉯ 수소의 경우 경보 설정치를 1% 이하로 한다.
㉰ 경보부는 붉은 램프가 점멸함과 동시에 경보가 울리는 방식으로 한다.
㉱ 가연성가스의 제조설비에 격막갈바니 전지방식의 것을 설치한다.

해설 • 가스누설검지 경보설비의 종류
① 접촉연소방식 : 가연성가스
② 격막갈바니 전지방식 : 산소
③ 반도체방식 : 가연성, 독성

문제 51. 다음 중 제조소에 설치하는 긴급차단장치에 대한 설명으로 옳지 않은 것은 어느 것인가?

㉮ 긴급차단장치는 저장탱크 주밸브의 외측에 가능한 한 저장탱크의 가까운 위치에 설치해야 한다.
㉯ 긴급차단장치는 저장탱크 주밸브와 겸용으로 하여 신속하게 차단할 수 있어야 한다.
㉰ 긴급차단장치의 동력원은 그 구조에 따라 액압, 기압, 전기 또는 스프링 등으로 할 수 있다.
㉱ 긴급차단장치는 당해 저장탱크 외면으로부터 5 m 이상 떨어진 곳에서 조작할 수 있어야 한다.

해설 저장탱크 주밸브 외측으로서 가능한 한 저장탱크에 가까운 위치 또는 저장탱크의 내부에 설치하되 저장탱크의 주밸브와 겸용하여서는 안 된다.

문제 52. 긴급차단밸브의 동력원이 아닌 것은?

㉮ 액압　㉯ 기압　㉰ 전기　㉱ 차압

해설 • 긴급차단장치(밸브) 동력원 : 액압, 기압, 전기, 스프링

문제 53. 다음 고압가스 일반제조의 시설기준 중 역류방지밸브를 반드시 설치하지 않아도 되는 곳은?

㉮ 아세틸렌의 고압건조기와 충전용 교체밸브 사이의 배관
㉯ 아세틸렌을 압축하는 압축기의 유분리기와 고압건조기와의 사이
㉰ 가연성가스를 압축하는 압축기와 충전용 주관 사이
㉱ 암모니아 또는 메탄올의 합성탑 및 정제탑과 압축기와의 사이의 배관

해설 ① 역화방지장치 설치 장소
(개) 가연성가스를 압축하는 압축기와 오토클레이브와의 사이 배관
(내) 아세틸렌의 고압건조기와 충전용 교체밸브 사이 배관
(대) 아세틸렌 충전용 지관
② 역류방지밸브 설치 장소
(개) 가연성가스를 압축하는 압축기와 충전용 주관과의 사이 배관
(내) 아세틸렌을 압축하는 압축기의 유분리기와 고압건조기와의 사이 배관
(대) 암모니아 또는 메탄올의 합성탑 및 정제탑과 압축기와의 사이 배관

문제 54. 다음 중 내압 방폭구조의 기호는?

㉮ d　　　　　㉯ o
㉰ p　　　　　㉱ e

해설 •방폭 전기기기의 구조별 표시방법

명칭	기호	명칭	기호
내압 방폭구조	d	안전증 방폭구조	e
유입 방폭구조	o	본질안전 방폭구조	ia, ib
압력 방폭구조	p	특수 방폭구조	s

문제 55. 가연성가스의 제조설비 또는 저장 설비 중 전기설비 방폭구조를 하지 않아도 되는 가스는?

㉮ 암모니아, 시안화수소

㉯ 암모니아, 염화메탄

㉰ 브롬화메탄, 일산화탄소

㉱ 암모니아, 브롬화메탄

해설 암모니아, 브롬화메탄 및 공기 중에서 자기 발화하는 가스는 제외한다.

문제 56. 위험장소를 구분할 때 2종 장소가 아닌 것은?

㉮ 밀폐된 용기 또는 설비 내에 밀봉된 가연성가스가 그 용기 또는 설비의 사고로 인해 파손되거나 오조작의 경우에만 누출할 위험이 있는 장소

㉯ 확실한 기계적 환기조치에 의하여 가연성가스가 체류하지 않도록 되어 있으나 환기장치에 이상이나 사고가 발생한 경우에는 가연성가스가 체류하여 위험하게 될 우려가 있는 장소

㉰ 상용 상태에서 가연성가스가 체류하여 위험하게 될 우려가 있는 장소

㉱ 1종 장소의 주변 또는 인접한 실내에서 위험한 농도의 가연성가스가 종종 침입할 우려가 있는 장소

해설 ㉰항 : 1종 장소

문제 57. 방폭지역이 0종인 장소에는 원칙적으로 어떤 방폭구조의 것을 사용하여야 하는가?

㉮ 내압 방폭구조

㉯ 압력 방폭구조

㉰ 본질안전 방폭구조

㉱ 안전증 방폭구조

문제 58. 방폭 전기기기 설비의 부품이나 정션박스(junction box), 풀 박스(pull box)는 어떤 방폭구조로 하여야 하는가?

㉮ 압력 방폭구조 (p)

㉯ 내압 방폭구조 (d)

㉰ 유입 방폭구조 (o)

㉱ 특수 방폭구조 (s)

해설 방폭 전기기기 설치에 사용되는 정션박스, 풀박스, 접속함 및 설비 부속품은 내압 방폭구조 또는 안전증 방폭구조의 것이어야 한다.

문제 59. 액화가스가 통하는 가스설비 중 단독으로 정전기 방지조치를 하여야 하는 설비가 아닌 것은?

㉮ 벤트스택

㉯ 플레어스택

㉰ 저장탱크

㉱ 열교환기

해설 •정전기 제거 조치 기준

① 탑류, 저장탱크, 열교환기, 회전기계, 벤트스택 등은 단독으로 접지하여야 한다. 다만, 기계가 복잡하게 연결되어 있는 경우 및 배관 등으로 연속되어 있는 경우에는 본딩용 접속선으로 접속하여 접지하여야 한다.

② 본딩용 접속선 및 접지접속선은 단면적 $5.5\,mm^2$ 이상의 것 (단선은 제외)을 사용하고 경납붙임, 용접, 접속금구 등을 사용하여 확실히 접속하여야 한다.

③ 접지 저항치는 총합 $100\,\Omega$ (피뢰설비를 설치한 것은 총합 $10\,\Omega$) 이하로 하여야 한다.

문제 60. 내부반응 감시장치를 설치하여야 할 설비에서 특수반응설비에 속하지 않는 것은?

㉮ 암모니아 2차 개질로

㉯ 수소화 분해 반응기

㉰ 사이클로 헥산 제조시설의 벤젠 수첨 반응기

㉱ 산화에틸렌 제조시설의 아세틸렌 수첨탑

해답 55. ㉱　56. ㉰　57. ㉰　58. ㉯　59. ㉯　60. ㉱

해설 • 특수반응설비의 종류 : 암모니아 2차 개질로, 에틸렌 제조시설의 아세틸렌 수첨탑, 산화에틸렌 제조시설의 에틸렌과 산소 또는 공기와의 반응기, 사이클로 헥산 제조시설의 벤젠 수첨 반응기, 석유정제에 있어서 중유 직접 수첨 탈황 반응기 및 수소화 분해 반응기, 저밀도 폴리에틸렌 중합기 또는 메탄올 합성 반응탑

문제 **61.** 다음 중 고압가스 특정제조시설의 내부반응 감시장치에 속하지 않는 것은 어느 것인가?

㉮ 온도 감시장치 ㉯ 압력 감시장치
㉰ 유량 감시장치 ㉱ 농도 감시장치

해설 • 내부반응 감시장치의 종류 : 온도 감시장치, 압력 감시장치, 유량 감시장치 그 밖의 내부반응 감시장치 (가스의 밀도, 조성 등의 감시장치)

문제 **62.** 고압가스 특정제조시설의 기술기준으로 가스의 제조시설에는 제조를 제어하기 위한 계기실을 갖추어야 한다. 계기실의 문을 2중으로 설치하지 않아도 되는 가스는?

㉮ 아세트알데히드 ㉯ 산소
㉰ 프로판 ㉱ 부탄

해설 • 계기실의 출입문을 2중으로 하여야 하는 가스 : 아세트알데히드, 이소프렌, 에틸렌, 염화비닐, 산화에틸렌, 산화프로필렌, 프로판, 프로필렌, 부탄, 부틸렌, 부타디엔

문제 **63.** 가연성가스의 제조설비에서 오조작 되거나 정상적인 제조를 할 수 없는 경우에 자동적으로 원재료의 공급을 차단시키는 등 제조설비 내의 제조를 제어할 수 있는 장치는?

㉮ 인터록 기구
㉯ 가스누설 자동 차단기
㉰ 벤트스택
㉱ 플레어스택

문제 **64.** 저장탱크를 지상에 설치하는 경우 몇 톤 이상일 때 방류둑을 설치하는가? (단, 독성가스이다.)

㉮ 5 ㉯ 10
㉰ 50 ㉱ 100

해설 독성가스의 경우 고압가스 특정제조, 고압가스 일반제조 모두 5톤 이상일 때 방류둑을 설치하여야 한다.

문제 **65.** 방류둑의 구조 기준에 대한 설명 중 틀린 것은?

㉮ 성토는 수평에 대하여 45° 이하의 기울기로 한다.
㉯ 방류둑의 재료는 철근 콘크리트, 철골, 금속, 흙 또는 이들을 혼합하여야 한다.
㉰ 방류둑은 액밀한 것이어야 한다.
㉱ 방류둑 성토 윗부분의 폭은 50 cm 이상으로 한다.

해설 성토는 수평에 대하여 45° 이하의 기울기로 하고, 성토 윗부분의 폭은 30 cm 이상으로 한다.

문제 **66.** 방류둑 내측 및 그 외면으로부터 몇 m 이내에는 그 저장탱크의 부속설비 외의 것을 설치하지 않아야 하는가? (단, 저장능력이 2000톤인 가연성가스 저장탱크시설이다.)

㉮ 10 m ㉯ 15 m
㉰ 20 m ㉱ 25 m

문제 **67.** 다음 중 액화산소의 저장탱크 방류둑은 저장능력 상당용적의 몇 % 이상으로 하는가?

㉮ 40 % ㉯ 60 %
㉰ 80 % ㉱ 100 %

해설 • 방류둑 용량
① 액화가스 : 저장능력에 상당하는 용적

② 액화산소 : 저장능력 상당용적의 60 % 이상
③ 집합방류둑 : 최대저장능력＋잔여 총 능력의 10 %
④ 냉동제조 : 수액기 내용적의 90 % 이상

문제 68. 아세틸렌 가스 또는 압력이 9.8 MPa 이상인 압축가스를 용기에 충전하는 시설에서 방호벽을 설치하지 않아도 되는 경우는 ?

㉮ 압축기와 그 충전장소 사이
㉯ 압축기와 그 가스 충전용기 보관 장소 사이
㉱ 충전장소와 긴급 차단장치 조작 장소 사이
㉴ 충전장소와 그 충전용 주관밸브 사이

해설 ㉮, ㉯, ㉴ 외 충전장소와 그 가스 충전용기 보관장소 사이에 방호벽을 설치한다.

문제 69. 독성가스 배관을 2중관으로 하여야 하는 독성가스가 아닌 것은 ?

㉮ 포스겐   ㉯ 염소
㉱ 브롬화메탄   ㉴ 염화메탄

해설 • 2중관으로 하여야 하는 독성가스
① 고압가스 특정제조 : 포스겐, 황화수소, 시안화수소, 아황산가스, 아세트알데히드, 염소, 불소
② 고압가스 일반제조 : 포스겐, 황화수소, 시안화수소, 아황산가스, 산화에틸렌, 암모니아, 염소, 염화메탄

문제 70. 다음 누출가스와 그 제독제가 잘못 연결된 것은 ?

㉮ 암모니아 – 물
㉯ 아황산가스 – 물
㉱ 황화수소 – 물
㉴ 포스겐 – 소석회

해설 • 독성가스 제독제

가스종류	제독제의 종류
염소	가성소다 수용액, 탄산소다 수용액, 소석회
포스겐	가성소다 수용액, 소석회
황화수소	가성소다 수용액, 탄산소다 수용액
시안화수소	가성소다 수용액
아황산가스	가성소다 수용액, 탄산소다 수용액, 물
암모니아, 산화에틸렌, 염화메탄	물

문제 71. 독성가스의 제독작업에 필요한 보호구의 장착훈련은 ?

㉮ 1개월 마다 1회 이상
㉯ 2개월 마다 1회 이상
㉱ 3개월 마다 1회 이상
㉴ 6개월 마다 1회 이상

문제 72. 고압가스 제조시설에 설치하는 벤트스택의 설치에 대한 설명 중 틀린 것은 어느 것인가 ?

㉮ 벤트스택 높이는 방출된 가스의 착지농도가 폭발상한계값 미만이 되도록 한다.
㉯ 벤트스택에는 액화가스가 함께 방출되지 않도록 하는 조치를 한다.
㉱ 벤트스택 방출구는 작업원이 통행하는 장소로부터 5 m 이상 떨어진 곳에 설치한다.
㉴ 벤트스택에 연결된 배관에는 응축액의 고임을 제거할 수 있는 조치를 하여야 한다.

해설 • 벤트스택의 높이(착지농도 기준)
① 가연성가스 : 폭발하한계값 미만
② 독성가스 : TLV-TWA 기준농도값 미만

문제 73. 고압가스 특정제조사업소의 고압가스 설비 중 특수반응설비와 긴급차단장치를 설치한 고압가스 설비에서 이상사태가 발생하였을 때 그 설비 내의 내용물을 설

비 밖으로 긴급하고 안전하게 이송하여 연소시키기 위한 것은?

㉮ 내부반응 감시장치 ㉯ 벤트스택

㉰ 인터로크 ㉱ 플레어스택

해설 • 안전하게 이송할 수 있는 시설

① 벤트스택 : 가연성가스 또는 독성가스의 설비에서 이상상태가 발생한 경우 설비 내의 내용물을 대기 중으로 방출하는 장치

② 플레어스택 : 긴급이송설비에 의하여 이송되는 가연성가스를 연소에 의하여 처리하는 시설

문제 **74.** 다음 중 고압가스 특정제조의 플레어스택 설치기준에 대한 설명이 아닌 것은 어느 것인가?

㉮ 가연성가스가 플레어스택에 항상 10 % 정도 머물 수 있도록 그 높이를 결정하여 시설한다.

㉯ 플레어스택에서 발생하는 복사열이 다른 시설에 영향을 미치지 않도록 안전한 높이와 위치에 설치한다.

㉰ 플레어스택에서 발생하는 최대 열량에 장시간 견딜 수 있는 재료와 구조이어야 한다.

㉱ 파일럿 버너를 항상 점화하여 두는 등 플레어스택에 관련된 폭발을 방지하기 위한 조치를 한다.

해설 긴급이송설비에 의하여 이송되는 가스를 안전하게 연소시킬 수 있는 구조일 것

문제 **75.** 고압가스 제조시설의 역화 및 공기 등과의 혼합폭발을 방지하기 위하여 설치하는 플레어스택의 구조로서 틀린 것은?

㉮ liquid seal의 설치

㉯ flame arrestor의 설치

㉰ vapor seal의 설치

㉱ 조연성 가스 (O_2)의 지속적인 주입

해설 • 역화 및 공기와 혼합폭발을 방지하기 위한 시설

① liquid seal의 설치

② flame arrestor의 설치

③ vapor seal의 설치

④ purge gas (N_2, off gas 등)의 지속적인 주입

⑤ molecular seal의 설치

문제 **76.** 가연성 물질을 취급하는 설비의 주위라 함은 방류둑을 설치한 가연성가스 저장탱크에서 당해 방류둑 외면으로부터 몇 m 이내를 말하는가?

㉮ 5 ㉯ 10 ㉰ 15 ㉱ 20

해설 • 가연성가스 저장탱크 주위

① 방류둑 설치 시 : 당해 방류둑 외면으로부터 10 m 이내

② 방류둑 미설치 시 : 당해 저장탱크 외면으로부터 20 m 이내

③ 가연성 물질을 취급하는 설비 : 외면으로부터 20 m 이내

문제 **77.** 안전관리자가 상주하는 사업소와 현장사업소와의 사이 또는 현장사무소 상호 간에 설치하는 통신설비가 아닌 것은 어느 것인가?

㉮ 휴대용 확성기 ㉯ 구내전화

㉰ 구내방송설비 ㉱ 페이징설비

해설 • 통신시설

구 분	통 신 시 설
사무실과 사무실	구내전화, 구내방송설비, 인터폰, 페이징설비
사업소 전체	구내방송설비, 사이렌, 휴대용 확성기, 페이징설비, 메가폰
종업원 상호 간	페이징설비, 휴대용 확성기, 트랜시버, 메가폰

문제 **78.** 압축, 액화 그 밖의 방법으로 처리할 수 있는 가스의 용적이 1일 100 m^3 이상인 사업소에는 표준이 되는 압력계를 몇 개 이상 비치해야 하는가?

㉮ 1개 ㉯ 2개 ㉰ 3개 ㉱ 4개

문제 79. 고압가스 사업소에 설치하는 경계표지의 기준으로 틀린 것은?

㉮ 경계표지는 외부에서 보기 쉬운 곳에 게시해야 한다.

㉯ 사업소 내 시설 중 일부만이 관련법의 적용을 받더라도 사업소 전체에 경계표지를 해야 한다.

㉱ 충전용기 및 빈용기 보관장소는 각각 구획 또는 경계선에 의하여 안전확보에 필요한 용기 상태를 식별할 수 있도록 해야 한다.

㉭ 경계표지는 관련법의 적용을 받는 시설이란 것을 외부사람이 명확히 식별할 수 있어야 한다.

해설 사업소 내 시설 중 일부만이 법의 적용을 받을 때에는 당해 시설이 설치되어 있는 구획, 건축물 또는 건축물 내에 구획된 출입구 등 외부로부터 보기 쉬운 장소에 게시하여야 한다.

문제 80. 독성가스 제조시설 식별표지의 글씨(가스의 명칭은 제외) 색상은?

㉮ 백색 ㉯ 적색 ㉱ 노란색 ㉭ 흑색

해설 • 독성가스 식별표지 기준
① 식별표지 예 : 독성가스 ○○ 제조시설
② 문자의 크기 : 가로, 세로 10 cm 이상, 30 m에서 식별 가능할 것
③ 바탕색 : 백색, 글씨 색 : 흑색
④ 가스명칭 : 적색

문제 81. 독성가스 제조시설 식별표지의 가스명칭 색상은?

㉮ 노란색 ㉯ 청색 ㉱ 적색 ㉭ 흰색

해설 • 독성가스 제조시설 식별표지
① 독성가스 제조시설이라는 것을 식별할 수 있도록 게시(예 : 독성가스 ○○ 제조시설)
② 식별거리 : 30 m 이상
③ 문자크기 : 가로, 세로 10 cm 이상
④ 바탕색 : 백색, 글씨 : 흑색, 가스 명칭 : 적색

문제 82. 내압시험압력 및 기밀시험압력의 기준이 되는 압력으로서 사용 상태에서 해당설비 등의 각부에 작용하는 최고사용압력을 의미하는 것은?

㉮ 작용압력 ㉯ 상용압력
㉱ 사용압력 ㉭ 설정압력

문제 83. 상용압력이 10 MPa인 고압가스 설비의 내압시험압력은 몇 MPa 이상으로 하여야 하는가?

㉮ 8 ㉯ 10 ㉱ 12 ㉭ 15

해설 내압시험압력 = 상용압력×1.5
$$= 10 \times 1.5 = 15 \text{ MPa}$$

문제 84. 가스설비의 설치가 완료된 후에 실시하는 내압시험 시 공기를 사용하는 경우 우선 상용압력의 몇 %까지 승압하는가?

㉮ 30 ㉯ 40
㉱ 50 ㉭ 60

해설 상용압력의 $\frac{1}{2}$ (50 %)까지 압력을 올리고 10 %씩 단계적으로 압력을 올린다.

문제 85. 상용압력이 6 MPa의 고압설비에서 안전밸브의 작동압력은?

㉮ 4.8 MPa ㉯ 6.0 MPa
㉱ 7.2 MPa ㉭ 9.0 MPa

해설 안전밸브 작동압력 $= TP \times \frac{8}{10}$
$$= (상용압력 \times 1.5) \times \frac{8}{10}$$
$$= (6 \times 1.5) \times \frac{8}{10} = 7.2 \text{ MPa}$$

문제 86. 차량에 고정된 탱크 및 용기에는 안전밸브 등 필요한 부속품이 장치되어 있어야 하는데 이 중 긴급차단장치는 그 성능이 원격 조작에 의하여 작동되고 차량에 고정된 저장탱크 또는 이에 접속하는 배관 외면의 온도가 얼마일 때 자동적으로 작동하도록 되어 있는가?

해답 79. ㉯ 80. ㉭ 81. ㉱ 82. ㉯ 83. ㉭ 84. ㉱ 85. ㉱ 86. ㉱

㉮ 90℃   ㉯ 100℃
㉰ 110℃   ㉱ 120℃

문제 87. 에어졸의 제조는 다음의 기준에 적합한 용기를 사용하여야 한다. 틀린 것은 어느 것인가?

㉮ 용기 내용적이 100 cm³를 초과하는 용기의 재료는 강 또는 경금속을 사용한 것일 것

㉯ 내용적이 80 cm³를 초과하는 용기는 그 용기의 제조자의 명칭이 명시되어 있을 것

㉰ 내용적이 30 cm³ 이상인 용기는 에어졸의 충전에 재사용하지 아니 할 것

㉱ 금속제의 용기는 그 두께가 0.125 mm 이상이고 내용물에 의한 부식을 방지할 수 있는 조치를 할 것

해설 내용적 100 cm³를 초과하는 용기

문제 88. 에어졸 충전시설에는 온수시험 탱크를 갖추어야 한다. 충전용기의 가스누출 시험 온도는?

㉮ 26℃ 이상 30℃ 미만
㉯ 30℃ 이상 50℃ 미만
㉰ 46℃ 이상 50℃ 미만
㉱ 50℃ 이상 66℃ 미만

문제 89. 시안화수소 (HCN)를 용기에 충전할 경우에 대한 설명으로 옳지 않은 것은 어느 것인가?

㉮ HCN의 순도는 98 % 이상이어야 한다.

㉯ HCN은 아황산가스 또는 황산 등의 안정제를 첨가한 것이어야 한다.

㉰ HCN을 충전한 용기는 충전 후 12시간 이상 정치하여야 한다.

㉱ HCN을 일정 시간 정치한 후 1일 1회 이상 질산구리벤젠 등의 시험지로 가스의 누출 검사를 하여야 한다.

해설 충전 후 24시간 정치하여야 한다.

문제 90. 시안화수소를 충전한 용기는 충전 후 24시간 정치하고, 그 후 1일 1회 이상 시험지로 가스의 누출검사를 하는데 이때 사용되는 시험지는?

㉮ 질산구리벤젠   ㉯ 동-암모니아
㉰ 발연황산   ㉱ 하이드로 설파이드

문제 91. 아세틸렌의 압축 시 희석제로 사용되지 않는 것은?

㉮ N_2 ㉯ CH_4 ㉰ C_2H_4 ㉱ H_2

해설 • 희석제의 종류 : 2.5 MPa 압력으로 압축 시 사용

① 안전관리 규정에 정한 것 : 질소 (N_2), 메탄 (CH_4), 일산화탄소 (CO), 에틸렌 (C_2H_4)

② 사용가능한 것 : 수소 (H_2), 프로판 (C_3H_8), 이산화탄소 (CO_2)

문제 92. 다음 중 습식 아세틸렌 가스 발생기의 표면은 몇 도 이하로 유지해야 하는가?

㉮ 7℃   ㉯ 20℃
㉰ 50℃   ㉱ 70℃

해설 • 아세틸렌 가스 발생기
① 표면온도 : 70℃ 이하
② 최적온도 : 50 ~ 60℃

문제 93. 아세틸렌을 용기에 충전 시 다공질물의 다공도는 얼마 이상, 얼마 미만으로 하여야 하는가?

㉮ 72 % 이상, 92 % 미만
㉯ 72 % 이상, 95 % 미만
㉰ 75 % 이상, 92 % 미만
㉱ 75 % 이상, 95 % 미만

문제 94. 아세틸렌을 용기에 충전할 때 충전 중의 압력은 얼마 이하로 하고, 충전 후에는 압력이 몇 ℃에서 몇 MPa 이하가 되도록 정치해야 하는가?

㉮ 2.7 MPa, 11℃에서 2.5 MPa

해답 87. ㉯   88. ㉰   89. ㉰   90. ㉮   91. ㉱   92. ㉱   93. ㉰   94. ㉰

내 2.6 MPa, 14℃에서 1.5 MPa

대 2.5 MPa, 15℃에서 1.5 MPa

래 2.5 MPa, 35℃에서 1.5 MPa

해설 • 아세틸렌 압력

① 충전 중의 압력 : 온도에 관계없이 2.5 MPa 이하

② 충전 후의 압력 : 15℃에서 1.5 MPa 이하

문제 **95.** 산화에틸렌을 저장탱크 또는 용기에 충전할 경우의 기준 중 틀린 것은 어느 것인가 ?

카 충전 전에 미리 그 내부가스를 질소가스 또는 탄산가스로 바꾼 후 충전하여야 한다.

내 저장탱크 또는 용기의 내부에는 산 또는 알칼리를 함유하지 않은 상태이어야 한다.

대 질소가스 또는 탄산가스로 치환한 후의 저장탱크는 10℃ 이하로 유지하여야 한다.

래 저장탱크 및 충전용기에는 45℃에서 그 내부 가스의 압력이 0.4 MPa 이상이 되도록 질소가스 또는 탄산가스를 충전하여야 한다.

해설 저장탱크는 5℃ 이하로 유지하여야 한다.

문제 **96.** 산소 또는 천연메탄을 수송하기 위한 배관과 이에 접속하는 압축기와의 사이에 반드시 설치하여야 하는 것은 어느 것인가 ?

카 표시판   내 압력계

대 수취기   래 안전밸브

해설 • 수취기 (drain separator) : 수분리기

문제 **97.** 고압가스를 제조하는 경우 다음 가스 중 압축해서는 안 되는 것은 어느 것인가 ?

카 수소 중 산소용량이 전용량의 2 % 인 것

내 산소 중 프로판 가스용량이 전용량의 2 % 인 것

대 수소 중 프로판 가스용량이 전용량의

2 % 인 것

래 프로판가스 중 산소용량이 전용량의 2 % 인 것

해설 • 압축금지 기준

① 가연성가스 (C_2H_2, C_2H_4, H_2 제외) 중 산소용량이 전용량의 4 % 이상의 것

② 산소 중 가연성가스 (C_2H_2, C_2H_4, H_2 제외) 용량이 전용량의 4 % 이상의 것

③ C_2H_2, C_2H_4, H_2 중의 산소용량이 전용량의 2 % 이상의 것

④ 산소 중 C_2H_2, C_2H_4, H_2의 용량 합계가 전용량의 2 % 이상의 것

문제 **98.** 공기액화 분리기에 설치된 액화산소통 내의 액화산소 5 L 중 탄화수소의 탄소질량이 몇 mg을 넘을 때 공기액화 분리기의 운전을 중지하고 액화산소를 방출하여야 하는지 그 기준값으로 옳은 것은 ?

카 5   내 10

대 100   래 500

해설 • 불순물 유입금지 기준 : 액화산소 5 L 중 아세틸렌 질량이 5 mg 또는 탄화수소의 탄소 질량이 500 mg을 넘을 때는 운전을 중지하고 액화산소를 방출한다.

문제 **99.** 공기액화 분리장치의 액화산소 5 L 중에 메탄이 360 mg, 에틸렌이 196 mg이 섞여 있다면 탄화수소 중 탄소의 질량 (mg)은 얼마인가 ?

카 438   내 458   대 469   래 500

해설 메탄 (CH_4)의 분자량 16, 에틸렌 (C_2H_4)의 분자량 28 이므로

$$\therefore \text{탄소질량} = \left(\frac{12}{16} \times 360\right) + \left(\frac{24}{28} \times 196\right)$$
$$= 438\,mg$$

문제 **100.** 산소, 수소 및 아세틸렌의 품질검사에서 순도는 각각 얼마 이상이어야 하는가 ?

카 산소 : 99.5 %, 수소 : 98.0 %, 아세틸렌 :

98.5 %

☐ 산소 : 99.5 %, 수소 : 98.5 %, 아세틸렌 :
98.0 %

☐ 산소 : 98 %, 수소 : 99.5 %, 아세틸렌 :
98.5 %

☐ 산소 : 98.5 %, 수소 : 99.5 %, 아세틸렌 :
98.0 %

해설 ① 품질검사 기준

구분	시약	검사법	순도
산소	동·암모니아	오르사트법	99.5 % 이상
수소	피로갈롤, 하이드로설파이드	오르사트법	98.5 % 이상
아세틸렌	발연황산	오르사트법	98 % 이상
	브롬시약	뷰렛법	
	질산은 시약	정성시험	

② 1일 1회 이상 가스제조장에서 안전관리
책임자가 실시, 안전관리 부총괄자와 안전
관리 책임자가 확인 서명

문제 **101.** 다음 중 운전 중의 제조설비에
대한 일일점검 항목이 아닌 것은 어느 것
인가 ?

㉮ 회전기계의 진동, 이상음, 이상온도 상승

㉯ 인터로크의 작동

㉰ 제조설비 등으로부터의 누출

㉱ 제조설비의 조업조건의 변동 상황

해설 • 인터로크의 점검 : 사용개시 전 점검사항

문제 **102.** 다음 중 고압가스 설비에 장치하
는 압력계의 최고눈금은 얼마로 하여야
하는가 ?

㉮ 내압 시험압력의 1.0배 이상 2배 이하

㉯ 내압 시험압력의 1.5배 이상 2배 이하

㉰ 상용압력의 1.0배 이상 2배 이하

㉱ 상용압력의 1.5배 이상 2배 이하

문제 **103.** 고압가스 충전시설의 압축기 최종

단에 설치된 안전밸브의 점검주기 기준으
로 옳은 것은 ?

㉮ 매월 1회 이상   ㉯ 1년에 1회 이상

㉰ 1주일에 1회 이상   ㉱ 2년에 1회 이상

해설 • 안전밸브 점검주기

① 압축기 최종단 : 1년에 1회 이상

② 그 밖의 것 : 2년에 1회 이상

문제 **104.** 저장탱크에 설치한 안전밸브에는
지면에서 몇 m 이상의 높이에 방출구가
있는 가스방출관을 설치하여야 하는가 ?

㉮ 2   ㉯ 3

㉰ 5   ㉱ 10

해설 • 저장탱크 안전밸브 방출관 방출구 위치

① 지상설치 : 지면에서 5 m 또는 저장탱크
정상부로부터 2 m 높이 중 높은 위치

② 지하설치 : 지면에서 5 m 이상

문제 **105.** 가연성가스 설비 내부에서 수리 또
는 청소작업을 할 때에는 설비 내부의 가스
농도가 폭발하한계의 몇 % 이하가 되도록
하여야 하는가 ?

㉮ 25   ㉯ 50   ㉰ 75   ㉱ 95

해설 • 가스설비 치환농도

① 가연성가스 : 폭발하한계의 $\frac{1}{4}$ 이하 (25 %
이하)

② 독성가스 : TLV-TWA 기준농도 이하

③ 산소 : 22 % 이하

④ 위 시설에 작업원이 들어가는 경우 산소
농도 : 18~22 %

문제 **106.** 고압가스 일반제조의 시설기준에
대한 설명 중 옳은 것은 ?

㉮ 초저온 저장탱크에는 환형 유리관 액면
계를 설치할 수 없다.

㉯ 고압가스 설비에 장치하는 압력계는 상
용압력의 1.1배 이상 2배 이하의 최고눈
금이 있어야 한다.

㉰ 독성가스 및 공기보다 무거운 가연성가

해답 101. ㉯   102. ㉱   103. ㉯   104. ㉰   105. ㉮   106. ㉱

스의 제조시설에는 역류방지 밸브를 설
치하여야 한다.

㉣ 저장능력이 1000톤 이상인 가연성가스
(액화가스)의 지상 저장탱크의 주위에는
방류둑을 설치하여야 한다.

해설 ㉮ 환형유리제 액면계를 설치할 수 있다.
㉯ 상용압력의 1.5배 이상 2배 이하
㉰ 가스누출검지 경보 장치 설치

문제 **107.** 일반고압가스의 시설 및 제조기술
상 안전관리 측면에서 정한 기준으로 틀
린 것은?

㉮ 가연성가스는 저장탱크의 출구에서 1일
1회 이상 채취하여 분석하여야 한다.

㉯ 1시간의 공기압축량이 1천 m^3를 초과하
는 공기액화 분리기 내에 설치된 액화산
소통 내의 액화산소는 1일 1회 이상 분
석하여야 한다.

㉰ 저장탱크는 가스가 누출되지 아니하는
구조로 하고 50 m^3 이상의 가스를 저장
하는 곳에는 가스방출장치를 설치하여
야 한다.

㉱ 산소 등의 충전에 있어 밀폐형의 물전
해조에는 액면계와 자동 급수장치를 하
여야 한다.

해설 가스방출장치를 설치하여야 할 저장탱크
내용적 : 5 m^3 이상

※ 물전해조 : 물의 전기분해에 의하여 산소
를 제조하는 시설의 물탱크

문제 **108.** 고정식 압축 천연가스 자동차 충전
의 시설기준에서 저장설비, 처리설비, 압축
가스설비 및 충전설비는 인화성 물질 또는
가연성 물질 저장소로부터 얼마 이상의 거
리를 유지하여야 하는가?

㉮ 5 m ㉯ 8 m ㉰ 12 m ㉱ 20 m

해설 • 배치기준
(1) 처리설비, 압축가스 설비로부터 30 m 이
내에 보호시설이 있는 경우 방호벽 설치

(2) 저장설비와 보호시설과는 안전거리를 유지
(3) 저장설비, 처리설비, 압축가스설비 및 충
전설비 외면과 거리
① 전선과의 거리
㉮ 고압전선(교류 : 600 V 초과, 직류 :
750 V 초과) : 5 m 이상
㉯ 저압전선(교류 : 600 V 이하, 직류 :
750 V 이하) : 1 m 이상
② 화기 및 인화성, 가연성 물질과의 거리 :
8 m 이상의 우회거리 유지
③ 사업소 경계까지 거리 : 10 m 이상 (철근
콘크리트 방호벽 설치 : 5 m 이상)
④ 철도까지 거리 : 30 m 이상
(4) 충전설비와 도로 경계까지 거리 : 5 m 이상

문제 **109.** 압축천연가스 충전시설에서 자동차
가 충전호스와 연결된 상태로 출발할 경우
가스의 흐름이 차단될 수 있도록 하는 장치
를 긴급분리장치라고 한다. 긴급분리장치
에 대한 설명 중 틀린 것은?

㉮ 긴급분리장치는 고정 설치해서는 안 된다.

㉯ 긴급분리장치는 각 충전설비마다 설치
한다.

㉰ 긴급분리장치는 수평방향으로 당길 때
666.4 N 미만의 힘에 의해 분리되어야
한다.

㉱ 긴급분리장치와 충전설비 사이에는 충
전자가 접근하기 쉬운 위치에 90° 회전
의 수동밸브를 설치해야 한다.

해설 긴급분리장치는 지면 또는 지지대에 고정
설치하여야 한다.

문제 **110.** 다음은 이동식 압축천연가스 자동
차충전시설을 점검한 내용이다. 이 중 기
준에 부적합한 경우는?

㉮ 이동충전차량과 가스 배관구를 연결하
는 호스의 길이가 6 m이었다.

㉯ 가스 배관구 주위에는 가스 배관구를
보호하기 위하여 높이 40 cm, 두께 13

cm인 철근 콘크리트 구조물이 설치되어 있었다.

㉰ 이동충전차량과 충전설비 사이 거리는 8 m이었고, 이동충전차량과 충전설비 사이에 강판제 방호벽이 설치되어 있었다.

㉲ 충전설비 근처 및 충전설비에서 6 m 떨어진 장소에 수동 긴급차단장치가 각각 설치되어 있었으며 눈에 잘 띄었다.

해설 이동충전차량과 가스 배관구(충전시설에 설치된 가스 이입배관)을 연결하는 호스의 길이는 5 m 이내로 할 것

문제 **111.** 냉동기의 냉매 가스와 접하는 부분은 냉매가스의 종류에 따라 금속재료의 사용이 제한된다. 다음 중 사용 가능한 가스와 그 금속 재료가 옳게 연결된 것은 어느 것인가?

㉮ 암모니아 : 동 및 동합금

㉯ 염화메탄 : 알루미늄 합금

㉰ 프레온 : 2 % 초과 마그네슘을 함유한 알루미늄 합금

㉲ 탄산 : 스테인리스강

해설 ㉮, ㉯, ㉰항은 부식의 우려가 있어 사용이 제한되는 경우이다.

문제 **112.** 독성가스 냉매를 사용하는 압축기 설치장소에는 냉매누출 시 체류하지 않도록 통풍구를 설치하여야 한다. 냉동능력 1톤당 통풍구 설치 기준은?

㉮ 0.05 m^2 이상의 통풍구 설치

㉯ 0.1 m^2 이상의 통풍구 설치

㉰ 0.15 m^2 이상의 통풍구 설치

㉲ 0.2 m^2 이상의 통풍구 설치

해설 • 냉동제조시설의 통풍구조 기준

① 통풍구 : 냉동능력 1톤당 0.05 m^2 이상의 면적

② 기계 통풍장치 : 냉동능력 1톤당 2 m^3/분 이상

문제 **113.** 냉동기 냉매설비에 대하여 실시하는 기밀시험 압력의 기준으로 적합한 것은 어느 것인가?

㉮ 설계압력 이상의 압력

㉯ 사용압력 이상의 압력

㉰ 설계압력의 1.5배 이상의 압력

㉲ 사용압력의 1.5배 이상의 압력

해설 • 냉동기 시험압력

① 내압시험 : 설계압력의 1.5배 이상

② 기밀시험 : 설계압력 이상

문제 **114.** 고압가스 용기를 용기보관장소에 보관하는 기준으로 틀린 것은?

㉮ 용기보관장소의 주위 3 m 이내에 인화성 및 발화성 물질을 두지 않는다.

㉯ 잔가스용기와 충전용기는 각각 구분하여 용기보관장소에 놓을 것

㉰ 가연성가스 용기 보관장소에는 방폭형 휴대용 손전등 외의 등화를 휴대하고 들어가지 아니할 것

㉲ 가연성가스, 독성가스 및 산소의 용기는 각각 구분하여 용기보관장소에 놓을 것

해설 용기보관장소와 인화성, 발화성 물질과의 거리는 2 m 이상의 거리를 유지하여야 한다.

문제 **115.** 특정고압가스 사용시설의 시설기준 및 기술기준으로 옳은 것은?

㉮ 고압가스의 저장량이 500 kg 이상인 용기보관실의 벽은 방호벽으로 설치해야 한다.

㉯ 산소의 저장설비 주위 8 m 이내에서는 화기를 취급해서는 안 된다.

㉰ 고압가스설비는 상용압력의 1.5배 이상의 압력으로 실시하는 기밀시험에 합격해야 한다.

㉲ 가연성가스의 사용설비에는 정전기 제거조치를 하여야 한다.

해설 • 특정고압가스 사용시설 기준
① 안전거리 유지 : 저장능력 500 kg 이상인 액화염소 사용시설과 보호시설 (제1종 : 17 m 이상, 제2종 : 12 m 이상)
② 방호벽 설치 : 저장량 300 kg 이상인 용기 보관실 (압축가스는 1 m³을 5 kg으로 본다.)
③ 안전밸브 설치 : 액화가스 저장능력이 300 kg 이상인 용기 접합 장치가 설치된 것
④ 화기와의 거리
  ㉠ 가연성가스 저장설비, 기화장치 : 8 m 이상 우회 거리
  ㉡ 산소저장설비 주위 : 5 m 이내 화기취급 금지
⑤ 고압가스설비 시험압력
  ㉠ 내압시험압력 = 상용압력×1.5배
  ㉡ 기밀시험압력 = 상용압력 이상

문제 116. 용기 집합대가 설치된 특정고압가스 사용시설의 고압가스 설비에서 안전밸브를 설치하여야 하는 액화가스 저장능력의 기준은?

㉮ 200 kg 이상   ㉯ 300 kg 이상
㉰ 400 kg 이상   ㉱ 500 kg 이상

문제 117. 다음 중 특정고압가스 사용시설의 시설기준 및 기술기준으로 틀린 것은 어느 것인가?

㉮ 저장시설 주위에는 보기 쉽게 경계표지를 할 것
㉯ 사용시설은 습기 등으로 인한 부식을 방지할 것
㉰ 독성가스의 감압설비와 그 가스의 반응설비 간의 배관에는 일류방지장치를 할 것
㉱ 고압가스 저장량이 300 kg 이상인 용기 보관실의 벽은 방호벽으로 할 것

해설 독성가스의 감압설비와 그 가스의 반응설비 간의 배관에는 역류방지장치를 설치할 것

문제 118. 고압가스판매 허가를 득하여 사업

을 하려는 경우 각각의 용기보관실 면적은 몇 m² 이상이어야 하는가?

㉮ 7   ㉯ 10   ㉰ 12   ㉱ 15

해설 • 용기에 의한 고압가스 판매 시설기준
(1) 배치기준
  ① 사업소의 부지는 한 면이 폭 4 m 이상의 도로에 접할 것
  ② 고압가스 저장설비 중 300 m³ (액화가스는 3000 kg)를 넘는 저장설비는 보호시설과 안전거리를 유지할 것
  ③ 저장설비는 화기를 취급하는 장소와 2 m 이상의 우회거리를 유지할 것
(2) 저장설비 기준
  ① 용기보관실은 불연성 재료를 사용하고 그 지붕은 불연성 재료를 사용한 가벼운 것으로 할 것
  ② 용기보관실 및 사무실 (사무실 면적 9 m² 이상)은 한 부지 안에 구분하여 설치할 것
  ③ 용기보관실은 누출된 가스가 사무실로 유입되지 않는 구조로 설치할 것
  ④ 가연성가스, 산소 및 독성가스의 용기보관실은 각각 구분하여 설치하고 각각의 면적은 10 m² 이상으로 할 것
  ⑤ 누출된 가스가 혼합될 경우 폭발하거나 독성가스가 생성될 우려가 있는 가스의 용기보관실은 별도로 설치할 것
  ⑥ 판매업소에는 용기 운반자동차의 원활한 통행과 용기의 원활한 하역작업을 위하여 용기보관실 주위에 11.5 m² 이상의 부지를 확보할 것

문제 119. 고압가스 판매의 시설기준으로 옳지 않은 것은?

㉮ 충전용기의 보관실은 불연재료를 사용할 것
㉯ 판매시설에는 압력계 또는 계량기를 갖출 것
㉰ 용기 보관실은 그 경계를 표시하고 외부의 눈에 안 띄는 곳에 경계표지를 할 것

해답 116. ㉯   117. ㉰   118. ㉯   119. ㉰

㉣ 가연성가스의 충전 용기보관실의 전기 설비는 방폭성능을 가진 것일 것

해설 용기보관실의 보기 쉬운 곳에 경계표지를 설치한다.

문제 120. 용기 제조에 대한 기준으로 틀린 것은?

㉠ 이음매 없는 용기의 재료로 강을 사용할 경우에는 함유량이 각각 탄소 0.55 % 이하, 인 0.04 % 이하 및 황 0.05 % 이하이어야 한다.

㉡ 스테인리스강, 알루미늄 합금의 경우에는 용기의 재료로 사용할 수 있다.

㉢ 내용적이 125 L 미만인 LPG 용기를 강재로 제조하는 경우에는 KS D 3533(고압가스 용기용 강판 및 강대)의 재료 또는 이와 동등 이상의 재료를 사용하여야 한다.

㉣ 이음매 없는 용기 동판의 최대 두께와 최소 두께와의 차이는 평균 두께의 10 % 이하로 하여야 한다.

해설 용기제조 기준 : ㉠, ㉡, ㉢ 외
① 이음매 없는 용기 동판의 최대두께와 최소 두께와의 차이는 평균두께의 20 % 이하로 하여야 한다.
② 초저온 용기는 오스테나이트계 스테인리스강 또는 알루미늄 합금으로 제조하여야 한다.
③ 내식성 있는 용기를 제외한 용기에는 부식방지 도장을 하여야 한다.
④ 내용적 20 L 이상 125 L 미만의 액화석유가스를 충전할 용기에는 아랫부분의 부식 및 넘어짐을 방지하기 위하여 적절한 구조 및 재질의 스커트를 부착하여야 한다.

문제 121. 다음 중 용접용기의 신규검사항목이 아닌 것은? (단, 용기는 강재로 제조한 것이다.)

㉠ 인장시험 ㉡ 압궤시험

㉢ 기밀시험 ㉣ 파열시험

해설 •강으로 제조한 용접용기 신규검사항목 : 외관검사, 인장시험, 충격시험, 용접부에 관한 시험, 내압시험, 기밀시험, 압궤시험
※ 파열시험 : 강으로 제조한 이음매 없는 용기 신규검사 항목

문제 122. 내용적 100 L인 염소용기 제조 시 부식 여유는 몇 mm 이상 주어야 하는가?

㉠ 1 ㉡ 2

㉢ 3 ㉣ 5

해설 • 부식 여유 수치

용기의 종류		부식 여유 수치
암모니아 충전용기	내용적 1000 L 이하	1
	내용적 1000 L 초과	2
염소 충전용기	내용적 1000 L 이하	3
	내용적 1000 L 초과	5

문제 123. 용기의 신규검사에 대한 기준으로 옳지 않은 것은?

㉠ 내용적이 1 L 이하의 이음매 없는 용기 중 에어졸 제조용으로 제조한 것은 접합 또는 납붙임 용기의 검사항목 및 검사기준에 의하여 검사한다.

㉡ 파열시험을 한 용기는 인장시험 및 충격시험을 생략할 수 있다.

㉢ 이음매 없는 용기는 그 두께가 13 mm 이상의 것은 충격시험을 실시한다.

㉣ 압궤시험을 실시하기가 부적당한 용기는 용기에서 채취한 시험편에 대한 굽힘시험으로 이에 갈음할 수 있다.

해설 파열시험을 한 용기는 인장시험 및 압궤시험을 생략할 수 있다.

문제 124. 초저온 용기의 단열 성능시험용 저온 액화가스가 아닌 것은?

㉠ 액화아르곤 ㉡ 액화산소

㉓ 액화공기   ㉔ 액화질소

문제 125. 내용적 35 L에 압력 20 kgf/cm^2 의 수압을 걸었더니 내용적이 35.35 L로 증가되었다. 이때 용기의 항구증가율은 얼마인가? (단, 대기압으로 하였더니 35.04 L 이었다.)

㉓ 7.4 %   ㉔ 8.8 %   ㉕ 11.4 %   ㉖ 12.4 %

해설 항구증가율(%) = $\dfrac{항구증가량}{전증가량} \times 100$

$= \dfrac{35.04 - 35}{35.35 - 35} \times 100 = 11.42\%$

문제 126. 고압가스 용기를 내압시험한 결과 전증가량은 400 cc, 영구증가량이 20 cc 이다. 영구증가율은 얼마인가?

㉓ 0.2 %   ㉔ 0.5 %   ㉕ 20 %   ㉖ 5 %

해설 영구증가율(%) = $\dfrac{영구증가량}{전증가량} \times 100$

$= \dfrac{20}{400} \times 100 = 5\%$

문제 127. 다음 용기의 내압시험 시 항구증가율이 몇 % 이하인 용기를 합격한 것으로 하는가?

㉓ 3   ㉔ 5   ㉕ 7   ㉖ 10

해설 • 내압시험 합격기준
  ① 신규검사 : 항구 증가율 10 % 이하
  ② 재검사
    ㉮ 질량검사 95 % 이상 : 항구 증가율 10 % 이하
    ㉯ 질량검사 90 % 이상 95 % 미만 : 항구 증가율 6 % 이하

문제 128. 초저온 용기에 대한 신규검사 시 단열성능시험을 실시할 경우 내용적에 대한 침입열량 기준이 바르게 연결된 것은 어느 것인가?

㉓ 내용적 500 L 이상 : 0.002 kcal/h · ℃ · L
㉔ 내용적 1000 L 이상 : 0.002 kcal/h · ℃ · L
㉕ 내용적 1500 L 이상 : 0.003 kcal/h · ℃ · L
㉖ 내용적 2000 L 이상 : 0.005 kcal/h · ℃ · L

해설 초저온 용기 단열성능시험 합격 기준

내용적	침입열량
1000 L 미만	0.0005 kcal/h · ℃ · L 이하
1000 L 이상	0.002 kcal/h · ℃ · L 이하

문제 129. 용적 100 L의 초저온 용기에 200 kg의 산소를 넣고 외기온도 25℃인 곳에서 10시간 방치한 결과 180 kg의 산소가 남아 있다. 이 용기의 열침입량 (kcal/h · ℃ · L) 의 값과 단열성능시험에의 합격여부로서 옳은 것은? (단, 액화산소의 비점은 −183℃, 기화잠열은 51 kcal/kg이다.)

㉓ 0.02, 불합격   ㉔ 0.05, 합격
㉕ 0.005, 불합격   ㉖ 0.008, 합격

해설 $Q = \dfrac{Wq}{H \Delta t\, V}$

$= \dfrac{(200 - 180) \times 51}{10 \times (25 + 183) \times 100}$

$= 0.004903 \, \text{kcal/h} \cdot ℃ \cdot \text{L}$

∴ 침입열량 합격기준인 0.0005 kcal/h · ℃ · L 를 초과하므로 불합격이다.

문제 130. 차량에 고정된 초저온 저장탱크의 재검사 항목에 해당되지 않는 것은?

㉓ 자분탐상검사   ㉔ 단열성능검사
㉕ 기밀검사   ㉖ 내압시험

해설 • 재검사 항목 : 외관검사, 비파괴검사 (자분탐상시험 또는 침투탐상시험), 기밀시험, 단열성능시험 등

문제 131. 다음 중 고압가스 용기의 안전점검 기준에 해당되지 않는 것은 어느 것인가?

㉓ 용기의 부식, 도색 및 표시확인
㉔ 용기의 캡이 씌워져 있나 프로텍터의 부착여부 확인

딴 재검사 기간의 도래 여부를 확인

랜 용기의 누설을 성냥불로 확인

해설 • 용기의 안전점검 기준 : 갠, 냄, 딴 외
   ① 밸브의 그랜드너트 고정핀 이탈 유무를 확인
   ② 밸브의 개폐조작이 쉬운 핸들이 부착되어 있는지 여부 확인
   ③ 용기의 스커트에 찌그러짐이 있는지 확인
   ④ 유통 중 열 영향을 받았는지 여부를 점검
   ⑤ 용기 아래 부분의 부식상태 확인
   ⑥ 밸브의 몸통, 충전구나사, 안전밸브에 사용상 지장이 있는지 여부 확인

문제 **132.** 다음 중 용기에 각인되는 기호와 그 기호가 의미하는 내용을 옳게 나타낸 것은?

갠 TP : 기밀시험압력

냄 V : 용기의 합격표시

딴 FP : 압축가스를 충전하는 용기는 최고충전압력

랜 TW : 밸브 및 부속품을 포함하지 아니한 용기의 질량

해설 • 용기 각인 기호
   ① V : 내용적 (L)
   ② W : 초저온 용기 외의 용기는 밸브 및 부속품을 포함하지 않은 용기의 질량 (kg)
   ③ TW : 아세틸렌 용기는 용기의 질량에 다공물질, 용제 및 밸브의 질량을 합한 질량 (kg)
   ④ TP : 내압시험압력 (MPa)
   ⑤ FP : 압축가스를 충전하는 용기는 최고충전압력 (MPa)

문제 **133.** 가스 종류와 용기 도색의 구분이 잘못된 것은?

갠 액화암모니아 : 백색

냄 액화염소 : 갈색

딴 헬륨 (의료용) : 자색

랜 질소 (의료용) : 흑색

해설 • 가스 종류별 용기 도색

가 스 종 류	용 기 도 색	
	공업용	의료용
산소 (O_2)	녹색	백색
수소 (H_2)	주황색	–
액화탄산가스 (CO_2)	청색	회색
액화석유가스	밝은 회색	–
아세틸렌 (C_2H_2)	황색	–
암모니아 (NH_3)	백색	–
액화염소 (Cl_2)	갈색	–
질소 (N_2)	회색	흑색
아산화질소 (N_2O)	회색	청색
헬륨 (He)	회색	갈색
에틸렌 (C_2H_4)	회색	자색
사이클로 프로판	회색	주황색
기타의 가스	회색	–

문제 **134.** 아세틸렌 용기의 도색 및 표시기준에 대한 설명으로 틀린 것은?

갠 용기에 "연" 자를 표시한다.

냄 충전용기의 도색은 황색으로 한다.

딴 충전기한의 문자 색상은 적색으로 한다.

랜 아세틸렌 가스명의 문자 색상은 적색으로 한다.

해설 글자 (문자) 색상은 흑색으로 한다.

문제 **135.** 선박용 액화석유가스 용기의 표시방법으로 옳은 것은?

갠 용기의 상단부에 폭 2 cm의 황색 띠를 두 줄로 표시한다.

냄 용기의 상단부에 폭 2 cm의 백색 띠를 두 줄로 표시한다.

딴 용기의 상단부에 폭 5 cm의 황색 띠를 한 줄로 표시한다.

랜 용기의 상단부에 폭 5 cm의 백색 띠를 한 줄로 표시한다.

해설 • 선박용 액화석유가스 용기의 표시방법
   ① 용기의 상단부에 폭 2 cm의 백색 띠를 두

줄로 표시한다.
② 백색 띠의 하단과 가스명칭 사이에 백색 글자로 가로·세로 5 cm 의 크기로 "선박용"이라고 표시한다.

문제 136. 액화석유가스 이외의 액화가스를 충전하는 용기의 부속품을 표시하는 기호는?
㉮ AG   ㉯ PG
㉰ LG   ㉱ LPG

해설 • 용기 부속품 기호
① AG : 아세틸렌 가스 용기 부속품
② PG : 압축가스 충전용기 부속품
③ LG : 액화석유가스 외의 액화가스 용기 부속품
④ LPG : 액화석유가스 용기 부속품
⑤ LT : 초저온, 저온 용기 부속품

문제 137. 용기 밸브의 그랜드 너트의 6각 모서리에 V형의 홈을 낸 것은 무엇을 표시하는가?
㉮ 왼나사임을 표시   ㉯ 오른나사임을 표시
㉰ 암나사임을 표시   ㉱ 수나사임을 표시

문제 138. 고압가스를 운반하는 차량의 경계표지에 대한 기준 중 옳지 않은 것은 어느 것인가?
㉮ 경계표지는 차량의 앞뒤에서 명확하게 볼 수 있도록 "위험고압가스"라 표시한다.
㉯ 삼각기는 운전석 외부의 보기 쉬운 곳에 게시한다. 다만, RTC의 경우는 좌우에서 볼 수 있도록 해야 한다.
㉰ 경계표지 크기의 가로치수는 차체 폭의 20 % 이상, 세로치수는 가로 치수의 30 % 이상으로 된 직사각형으로 한다.
㉱ 경계표지에 사용되는 문자는 KS M 5334 (발광도료) 또는 KS A 3507 (보안용 반사시트 및 테이프)에 따라 사용한다.

해설 • 경계표지 크기
① 가로 치수 : 차체 폭의 30 % 이상

② 세로 치수 : 가로 치수의 20 % 이상
③ 정사각형 또는 이에 가까운 형상 : 600 cm² 이상
④ 적색 삼각기 : 400×300 mm (황색 글씨로 "위험고압가스")

문제 139. 독성가스의 용기에 의한 운반기준이다. 충전용기를 차량에 적재하여 운반하는 때에는 그 차량의 앞, 뒤 보기 쉬운 곳에 각각 붉은 글씨로 경계표시와 위험을 알리는 표시를 하여야 한다. 꼭 표시하지 않아도 되는 것은?
㉮ 위험고압가스   ㉯ 회사 상호
㉰ 독성가스   ㉱ 회사 전화번호

해설 • 독성가스의 용기에 의한 운반 : 경계표시 ("위험고압가스", "독성가스")와 위험을 알리는 도형, 전화번호를 표시한다.

문제 140. 고압가스 충전용기 운반 시 동일 차량에 적재 운반할 수 있는 것은?
㉮ 염소와 아세틸렌   ㉯ 염소와 암모니아
㉰ 염소와 질소   ㉱ 염소와 수소

해설 • 혼합적재 금지 기준
① 염소와 아세틸렌, 암모니아, 수소
② 가연성가스와 산소는 충전용기 밸브가 마주보지 않도록 적재하면, 혼합적재 가능
③ 충전용기와 소방기본법이 정하는 위험물
④ 독성가스 중 가연성가스와 조연성가스

문제 141. 고압가스 충전용기를 운반할 때의 기준으로 옳지 않은 것은?
㉮ 충전용기와 등유는 동일 차량에 적재하여 운반하지 않는다.
㉯ 충전량이 30 kg 이하이고, 용기 수가 2개를 초과하지 않는 경우에는 오토바이에 적재하여 운반할 수 있다.
㉰ 충전용기 운반차량은 "위험고압가스"라는 경계표시를 하여야 한다.
㉱ 밸브가 돌출한 충전용기는 밸브의 손상

해답   136. ㉰   137. ㉮   138. ㉰   139. ㉯   140. ㉰   141. ㉯

을 방지하는 조치를 하여야 한다.

해설 충전량이 20 kg 이하이고, 용기 수가 2개를 초과하지 않는 경우에는 오토바이에 적재하여 운반할 수 있다.

문제 **142.** 고압가스 운반 시 밸브가 돌출한 충전용기에는 밸브의 손상을 방지하기 위하여 무엇을 설치하여 운반하여야 하는가?

㉮ 고무판
㉯ 프로텍터 또는 캡
㉰ 스커트
㉱ 목재 칸막이

문제 **143.** 일정 기준 이상의 고압가스를 적재운반 시는 운반책임자가 동승해야 하는데 운반책임자의 동승기준으로 틀린 것은 어느 것인가?

㉮ 가연성 압축가스 : 300 m³ 이상
㉯ 조연성 압축가스 : 600 m³ 이상
㉰ 독성 액화가스 : 1000 kg 이상
㉱ 가연성 액화가스 : 4000 kg 이상

해설 • 운반책임자 동승 기준

가스의 종류		기 준
압축 가스	독성	100 m³ 이상
	가연성	300 m³ 이상
	조연성	600 m³ 이상
액화 가스	독성	1000 kg 이상
	가연성	3000 kg 이상 (납붙임용기 및 접합용기 : 2000 kg 이상)
	조연성	6000 kg 이상

문제 **144.** 염소, 염화수소, 포스겐, 아황산가스 등 액화 독성가스의 누출에 대비하여 응급조치로 휴대하여야 하는 약제는 어느 것인가?

㉮ 소석회   ㉯ 가성소다
㉰ 암모니아수   ㉱ 아세톤

해설 • 독성가스 운반 시 휴대하여야 할 약제

① 1000 kg 미만 : 소석회 20 kg 이상
② 1000 kg 이상 : 소석회 40 kg 이상
③ 적용가스 : 염소, 염화수소, 포스겐, 아황산가스

문제 **145.** 충전용기 등을 차량에 적재하여 운행할 때 운반책임자를 동승하는 차량의 운행에 있어서 현저하게 우회하는 도로란 이동거리가 몇 배 이상인 경우를 말하는가?

㉮ 1   ㉯ 1.5
㉰ 2   ㉱ 2.5

문제 **146.** 다음 중 압축가스 100 m³ 충전용기를 차량에 적재하여 운반할 때 휴대하여야 할 소화설비의 기준으로 옳은 것은 어느 것인가?

㉮ BC용, B-6 이상 분말소화제를 2개 이상 비치
㉯ B용, B-8 이상 분말소화제를 2개 이상 비치
㉰ ABC용, B-6 이상 포말소화제를 1개 이상 비치
㉱ ABC용, B-8 이상 포말소화제를 1개 이상 비치

해설 • 충전용기를 차량에 적재하여 운반하는 경우 소화설비 기준

구 분		소화기의 종류		비치 개수
압축가스	액화가스	소화약제의 종류	능력단위	
100 m³ 이상	1000 kg 이상	분말 소화제	BC용 또는 ABC용, B-6(약재중량 4.5 kg) 이상	2개 이상
15 m³ 초과 100 m³ 미만	150 kg 초과 1000 kg 미만	분말 소화제	BC용 또는 ABC용, B-6(약재중량 4.5 kg) 이상	1개 이상
15 m³ 이하	150 kg 이하	분말 소화제	B-3 이상	1개 이상

문제 **147.** 충전용기를 적재한 차량을 운행 중 주차할 필요가 있을 경우에 제1종 보호

시설로부터의 최소 이격 주차거리는 얼마인가?

㉮ 10 m　　　　　㉯ 15 m
㉰ 20 m　　　　　㉱ 30 m

해설 • 최소 이격 주차거리
　① 제1종 보호시설 : 15 m 이상
　② 제2종 보호시설 : 가급적 피한다.

문제 148. 고압가스 운반용 차량에 고정된 탱크의 내용적은 독성가스 (암모니아 제외)의 경우 몇 L를 초과하지 않아야 하는가?

㉮ 10000　　　　㉯ 12000
㉰ 15000　　　　㉱ 18000

해설 • 차량에 고정된 탱크 내용적 제한
　① 가연성 (LPG 제외), 산소 : 18000 L 초과 금지
　② 독성가스 (암모니아 제외) : 12000 L 초과 금지

문제 149. 액화가스를 충전하는 차량의 탱크 내부에 액면 요동방지를 위하여 설치하는 것은?

㉮ 콕　　　　　　㉯ 긴급 탈압밸브
㉰ 방파판　　　　㉱ 충전판

문제 150. 차량에 고정된 탱크에는 차량의 진행방향과 직각이 되도록 방파판을 설치하여야 한다. 방파판의 면적은 탱크 횡단면적의 몇 % 이상이 되어야 하는가?

㉮ 30　　　　　㉯ 40
㉰ 50　　　　　㉱ 60

해설 • 방파판 설치기준
　① 면적 : 탱크 횡단면적의 40 % 이상
　② 위치 : 상부 원호부면적이 탱크 횡단면의 20 % 이하가 되는 위치
　③ 두께 : 3.2 mm 이상
　④ 설치 수 : 탱크 내용적 5 m³ 이하마다 1개씩

문제 151. 차량에 고정된 탱크 운반 시 "충전 탱크는 그 온도를 항상 40℃ 이하로 유지하고, 액화가스가 충전된 탱크는 (①) 또

는 (②)를 적절히 측정할 수 있는 장치를 설치할 것"에서 ( ) 안에 적합한 것은?

㉮ ① 압력계, ② 압력
㉯ ① 압력계, ② 온도
㉰ ① 온도계, ② 온도
㉱ ① 온도계, ② 압력

문제 152. 차량에 고정된 탱크가 후부취출식 탱크인 경우에는 탱크 주 밸브 및 긴급차단장치에 속하는 밸브와 차량의 뒷범퍼와의 수평거리를 몇 cm 이상 이격하여야 하는가?

㉮ 30　　㉯ 40　　㉰ 60　　㉱ 100

해설 • 뒷범퍼와의 거리
　① 후부취출식 탱크 : 40 cm 이상
　② 후부취출식 탱크 외 : 30 cm 이상
　③ 조작상자 : 20 cm 이상

문제 153. 차량에 고정된 2개 이상을 상호 연결한 이음매 없는 용기에 의하여 고압가스를 운반하는 차량에 대한 기준 중 틀린 것은?

㉮ 용기 상호 간 또는 용기와 차량과의 사이를 단단하게 부착하는 조치를 한다.
㉯ 충전관에는 안전밸브, 압력계 및 긴급 탈압 밸브를 설치한다.
㉰ 차량의 보기 쉬운 곳에 "위험고압가스"라는 경계표시를 한다.
㉱ 용기의 주 밸브는 1개로 통일하여 긴급 차단 장치와 연결한다.

해설 탱크마다 주 밸브를 각각 설치하여야 한다.

문제 154. 차량에 고정된 탱크 운행 시 반드시 휴대하지 않아도 되는 서류는?

㉮ 고압가스 이동계획서
㉯ 탱크 내압시험 성적서
㉰ 차량등록증
㉱ 탱크용량 환산표

해답　**148.** ㉯　**149.** ㉰　**150.** ㉯　**151.** ㉰　**152.** ㉯　**153.** ㉱　**154.** ㉯

[해설] • 안전운행 서류철에 포함할 사항
① 고압가스 이동계획서
② 고압가스 관련 자격증(양성교육 및 정기교육 이수증)
③ 운전 면허증
④ 탱크 테이블(용량환산표)
⑤ 차량 운행일지
⑥ 차량 등록증
⑦ 그 밖에 필요한 서류

[문제] 155. 운반하는 액화염소의 질량이 500 kg인 경우 갖추지 않아도 되는 보호구는?
[가] 방독마스크
[나] 공기호흡기
[다] 보호의
[라] 보호장화

[해설] • 독성가스를 운반하는 때에 휴대하는 보호구

품 명	운반하는 독성가스의 양	
	압축가스100 m^3, 액화가스 1000 kg	
	미만인 경우	이상인 경우
방독마스크	○	○
공기호흡기	–	○
보호의	○	○
보호장갑	○	○
보호장화	○	○

[문제] 156. 가연성가스를 운반하는 경우 휴대하여야 하는 장비가 아닌 것은?
[가] 소화설비
[나] 방독마스크
[다] 가스누출 검지기
[라] 누출방지 공구

[해설] • 가연성가스 운반 시 휴대장비
① 소화설비
② 자재 : 적색기, 휴대용 손전등, 메가폰, 로프, 가스누출 검지기, 차바퀴 고정목
③ 공작용 공구(해머 또는 망치, 펜치, 몽키 스패너, 칼, 가위, 밸브 개폐용 핸들, 그랜드 스패너, 가죽장갑), 누출방지 공구(납마개, 고무시트, 납패킹, 자전거용 고무튜브, 링 또는 실 테이프, 철사, 헝겊)

[문제] 157. 다음 중 산소 및 독성가스의 운반 중 재해발생 또는 확대를 방지하기 위한 조치사항으로 가장 거리가 먼 내용은 어느 것인가?
[가] 운반 중 가스누출이 있는 경우 그 누출 부분의 확인 및 수리를 할 것
[나] 가스 누출부분의 수리가 불가능할 경우 부근의 화기를 없앨 것
[다] 화재가 발생한 경우 소화하지 말고 즉시 대피할 것
[라] 비상연락망에 따라 관계 업소에 원조를 의뢰할 것

[해설] • 운반 중 재해발생 또는 확대를 방지하기 위한 조치
(1) 운반개시 전에 차량, 고압가스가 충전된 용기 및 탱크, 그 부속품 및 보호구, 자재, 제독제, 공구 등 휴대품의 정비 점검 및 가스누출의 유무 확인
(2) 운반 중 사고가 발생한 경우 조치 사항
(가) 가스누출이 있는 경우에는 그 누출 부분의 확인 및 수리를 할 것
(나) 가스누출 부분의 수리가 불가능한 경우
• 상황에 따라 안전한 장소로 운반할 것
• 부근의 화기를 없앨 것
• 착화된 경우 용기 파열 등의 위험이 없다고 인정될 때는 소화할 것
• 독성가스가 누출할 경우에는 가스를 제독할 것
• 부근에 있는 사람을 대피시키고, 동행인은 교통통제를 하여 출입을 금지시킬 것
• 비상연락망에 따라 관계 업소에 원조를 의뢰할 것
• 상황에 따라 안전한 장소로 대피할 것

[해답] 155. [나] 156. [나] 157. [다]

제 2 장 액화석유가스 안전관리

1. 액화석유가스 용어의 정의

(1) 용어의 정의 [액법 시행규칙 제2조]

① 저장설비 : 액화석유가스를 저장하기 위한 설비로서 저장탱크, 마운드형 저장탱크, 소형 저장탱크, 마운드형 저장탱크 및 용기 (용기집합설비와 충전용기 보관실을 포함한다. 이하 같다.)를 말한다.

② 저장탱크 : 액화석유가스를 저장하기 위하여 지상 또는 지하에 고정 설치된 탱크로서 그 저장능력이 3톤 이상인 탱크를 말한다.

③ 마운드형 저장탱크 : 액화석유가스를 저장하기 위하여 지상에 설치된 원통형 탱크에 흙과 모래를 사용하여 덮은 탱크로서 「액화석유가스의 안전관리 및 사업법 시행령」 (이하 "영"이라 한다.) 제2조 제1항 제1호 마목에 따른 자동차에 고정된 탱크 충전사업 시설에 설치되는 탱크를 말한다.

④ 소형저장탱크 : 액화석유가스를 저장하기 위하여 지상 또는 지하에 고정 설치된 탱크로서 그 저장능력이 3톤 미만인 탱크를 말한다.

⑤ 용기집합설비 : 2개 이상의 용기를 집합하여 액화석유가스를 저장하기 위한 설비로서 용기, 용기집합장치, 자동절체기 (사용 중인 용기의 가스공급압력이 떨어지면 자동적으로 예비용기에서 가스가 공급되도록 하는 장치를 말한다.)와 이를 접속하는 관 및 그 부속 설비를 말한다.

⑥ 자동차에 고정된 탱크 : 액화석유가스의 수송 · 운반을 위하여 자동차에 고정 설치된 탱크를 말한다.

⑦ 충전용기 : 액화석유가스 충전 질량의 2분의 1 이상이 충전되어 있는 상태의 용기를 말한다.

⑧ 잔가스용기 : 액화석유가스 충전 질량의 2분의 1 미만이 충전되어 있는 상태의 용기를 말한다.

⑨ 가스설비 : 저장설비 외의 설비로서 액화석유가스가 통하는 설비 (배관은 제외한다)와 그 부속설비를 말한다.

⑩ 충전설비 : 용기 또는 자동차에 고정된 탱크에 액화석유가스를 충전하기 위한 설비로서 충전기와 저장탱크에 부속된 펌프 및 압축기를 말한다.

⑪ 용기가스소비자 : 용기에 충전된 액화석유가스를 연료로 사용하는 자를 말한다. 다만, 다음 각 목의 자는 제외한다.

(가) 액화석유가스를 자동차연료용, 용기내장형 가스난방기용, 이동식부탄연소기용, 공업용 또는 선박용으로 사용하는 자
(나) 액화석유가스를 이동하면서 사용하는 자

⑫ 공급설비 : 용기가스소비자에게 액화석유가스를 공급하기 위한 설비로서 다음 각 목에서 정하는 설비를 말한다.
(가) 액화석유가스를 부피단위로 계량하여 판매하는 방법(이하 "체적판매방법"이라 한다.)으로 공급하는 경우에는 용기에서 가스계량기 출구까지의 설비
(나) 액화석유가스를 무게단위로 계량하여 판매하는 방법(이하 "중량판매방법"이라 한다.)으로 공급하는 경우에는 용기

⑬ 소비설비 : 용기가스소비자가 액화석유가스를 사용하기 위한 설비로서 다음 각 목에서 정하는 설비를 말한다.
(가) 체적판매방법으로 액화석유가스를 공급하는 경우에는 가스계량기 출구에서 연소기까지의 설비
(나) 중량판매방법으로 액화석유가스를 공급하는 경우에는 용기 출구에서 연소기까지의 설비

⑭ 불연재료 : 「건축물의 피난·방화구조 등의 기준에 관한 규칙」 제6조 제1호에 따른 불연재료를 말한다.

⑮ 방호벽 : 높이 2 m 이상, 두께 12 cm 이상의 철근 콘크리트 또는 이와 같은 수준 이상의 강도를 가지는 구조의 벽을 말한다.

⑯ 보호시설 : 제1종 보호시설과 제2종 보호시설로서 별표 1에서 정한 것을 말한다.

⑰ 다중이용시설 : 많은 사람이 출입, 이용하는 시설로서 별표 2에서 정한 것을 말한다.

⑱ 저장능력 : 저장설비에 저장할 수 있는 액화석유가스의 양으로서 별표 3의 저장능력산정기준에 따라 산정된 것을 말한다.

⑲ 집단공급시설 : 저장설비에서 가스사용자가 소유하거나 점유하고 있는 건축물의 외벽(외벽에 가스계량기가 설치된 경우에는 그 계량기의 전단밸브)까지의 배관과 그 밖의 공급시설을 말한다.

⑳ 법 제2조 제10호에서 "산업통상자원부령으로 정하는 일정량"이란 다음 각 호의 양을 말한다.
(가) 내용적 1리터 미만의 용기에 충전하는 액화석유가스의 경우에는 500 kg
(나) 제1호 외의 저장설비(관리주체가 있는 공동주택의 저장설비는 제외)의 경우에는 저장능력 5톤

2. 다중이용 시설

① 「유통산업발전법」에 따른 대형점, 백화점, 쇼핑센터 및 도매센터
② 「항공법」에 따른 공항의 여객청사

③ 「여객자동차 운수사업법」에 따른 여객자동차터미널

④ 「국유철도의 운영에 관한 특례법」에 따른 철도역사

⑤ 「도로교통법」에 따른 고속도로의 휴게소

⑥ 「관광진흥법」에 따른 관광호텔·관광객이용시설 및 종합유원시설 중 전문·종합휴양업으로 등록한 시설

⑦ 「한국마사회법」에 따른 경마장

⑧ 「청소년기본법」에 따른 청소년수련시설

⑨ 「의료법」에 따른 종합병원

⑩ 「항만법」에 따른 종합여객시설

⑪ 그 밖에 시·도지사가 안전관리를 위하여 필요하다고 지정하는 시설 중 그 저장능력이 100 kg을 초과하는 시설

3. 충전사업 기준

(1) 용기 충전

① 시설기준

㈎ 안전거리

㉮ 저장설비 : 사업소경계까지 다음 거리 이상을 유지 (단, 저장설비를 지하에 설치하거나 지하에 설치된 저장설비 안에 액 중 펌프를 설치하는 경우에는 사업소 경계와의 거리에 0.7을 곱한 거리)

저장능력	사업소 경계와의 거리
10톤 이하	24 m
10톤 초과 20톤 이하	27 m
20톤 초과 30톤 이하	30 m
30톤 초과 40톤 이하	33 m
40톤 초과 200톤 이하	36 m
200톤 초과	39 m

㉯ 충전설비 : 사업소 경계까지 24 m 이상 유지

㉰ 탱크로리 이입·충전장소 : 정차위치 표시, 사업소 경계까지 24 m 이상 유지

㉱ 저장설비, 충전설비 및 탱크로리 이입·충전장소 : 보호시설과 거리 유지

㈏ 저장탱크

㉮ 냉각살수 장치 설치

ⓐ 방사량 : 저장탱크 표면적 $1\,m^2$당 5 L/min 이상의 비율

ⓑ 준내화구조 저장탱크 : $2.5\,L/min \cdot m^2$ 이상

ⓒ 조작위치 : 5 m 이상 떨어진 위치

　　　ⓝ 폭발방지장치 설치 : 주거지역, 상업지역에 설치하는 10톤 이상의 저장탱크

　　　ⓓ 방류둑 설치 : 저장능력 1000톤 이상

　　　ⓔ 지하에 설치하는 저장탱크 : 과충전 경보장치 설치

　　　ⓜ 긴급차단장치 조작위치 : 5 m 이상 떨어진 위치

　　(다) 배관

　　　㉮ 매설깊이 : 1 m 이상

　　　㉯ 건축물의 내부 또는 기초 밑에 설치 금지

　　　㉰ 배관의 온도 : 40℃ 이하 유지

　　　㉱ 배관의 적당한 곳에 안전밸브, 압력계, 온도계 설치

　　　㉲ 수중에 설치 : 선박, 파도 등의 영향을 받지 않는 곳에 설치

　　　㉳ 지상에 설치 : 지면으로부터 떨어져 설치, 신축을 흡수하는 조치

　　(라) 통풍구 및 강제 통풍시설 설치

　　　㉮ 통풍구조 : 바닥면적 $1\,m^2$마다 $300\,cm^2$의 비율로 계산 (1개소 면적 : $2400\,cm^2$ 이하)

　　　㉯ 환기구는 2방향 이상으로 분산 설치

　　　㉰ 강제 통풍장치

　　　　ⓐ 통풍능력 : 바닥면적 $1\,m^2$마다 $0.5\,m^3$/분 이상

　　　　ⓑ 흡입구 : 바닥면 가까이 설치

　　　　ⓒ 배기가스 방출구 : 지면에서 5 m 이상의 높이에 설치

　(마) 가스누출 경보기 설치

　　　㉮ 가스누출 경보기의 기능

　　　　ⓐ 가스의 누출을 검지하여 그 농도를 지시함과 동시에 경보를 울리는 것

　　　　ⓑ 설정된 가스농도 (폭발하한계의 $\frac{1}{4}$ 이하)에서 자동적으로 경보를 울리는 것

　　　　ⓒ 경보를 울린 후에는 가스농도가 변화되어도 계속 경보를 울리며, 확인 또는 대책을 강구함에 따라 경보가 정지될 것

　　　　ⓓ 담배연기 등 잡가스에는 경보를 울리지 않을 것

　　　㉯ 검지부 설치 제외 장소

　　　　ⓐ 증기, 물방울, 기름 섞인 연기 등이 직접 접촉될 우려가 있는 장소

　　　　ⓑ 온도가 40℃ 이상인 곳

　　　　ⓒ 누출가스의 유동이 원활하지 못한 곳

　　　　ⓓ 차량, 작업 등으로 파손 우려가 있는 곳

②　기술 기준

　(가) 안전유지 기준

　　　㉮ 저장탱크의 침하상태 측정 : 1년에 1회 이상

　　　㉯ 저장탱크는 항상 40℃ 이하의 온도를 유지할 것

　　　㉰ 저장설비실 안으로 등화를 휴대하고 출입할 때에는 방폭형 등화를 휴대할 것

　　　㉱ 가스누출 검지기와 휴대용 손전등은 방폭형일 것

　　　㉲ 저장설비와 가스설비 외면과 화기와의 거리 : 8 m 이상

ⓑ 소형 저장탱크의 주위 5 m 이내에는 화기 취급 금지

ⓒ 소형 저장탱크 주위에 있는 밸브류의 조작은 원칙적으로 수동조작으로 할 것

ⓓ 소형 저장탱크의 세이프티 커플링의 주 밸브는 액봉(液封)방지를 위하여 항상 열어둘 것

(나) 제조 및 충전기준

㉮ 저장탱크에 가스충전 : 내용적의 90 % 이하 (소형 저장탱크 : 85 % 이하)

㉯ 자동차에 고정된 탱크는 저장탱크 외면으로부터 3 m 이상 떨어져 정지할 것 (방호 울타리를 설치한 경우 제외)

㉰ 충전설비에 정전기를 제거하는 조치를 할 것

㉱ 내용적 5000 L 이상의 자동차에 고정된 탱크로부터 가스를 이입 받을 때에는 자동 차 정지목을 사용할 것

㉲ 납붙임 또는 접합용기와 이동식 부탄연소기용 용접용기에 액화석유가스를 충전하 는 가스의 압력은 35℃에서 0.5 MPa 미만이 되도록 할 것

㉳ 이동식 부탄연소기용 용접용기 충전기준

ⓐ 제조 후 10년이 지나지 않은 용접용기일 것

ⓑ 용기의 상태가 4급에 해당하는 찍힌 흠 (긁힌 흠), 부식, 우그러짐 및 화염 (전기 불꽃)에 의한 흠이 없을 것

ⓒ 캔 밸브는 부착한지 2년이 지나지 않아야 하며, 부착연월이 각인되어 있을 것

ⓓ 캔 밸브에 사용상 지장이 있는 흠, 주름, 부식 등이 없을 것

ⓔ 표시사항이 훼손된 것은 다시 표시하여야 한다.

(다) 부취제 첨가장치 설치

㉮ 냄새측정방법 : 오더 (order) 미터법 (냄새측정기법), 주사기법, 냄새주머니법, 무취실법

㉯ 용어의 정의

ⓐ 패널 (panel) : 미리 선정한 정상적인 후각을 가진 사람으로서 냄새를 판정하는 자

ⓑ 시험자 : 냄새 농도 측정에 있어서 희석조작을 하여 냄새농도를 측정하는 자

ⓒ 시험가스 : 냄새를 측정할 수 있도록 액화석유가스를 기화시킨 가스

ⓓ 시료기체 : 시험가스를 청정한 공기로 희석한 판정용 기체

ⓔ 희석배수 : 시료기체의 양을 시험가스의 양으로 나눈 값

(라) 탱크로리에서 소형 저장탱크에 액화석유가스 충전 기준

㉮ 자동차에 고정된 탱크(벌크로리 포함)와 소형저장탱크의 액체라인 및 기체라인 커 플링을 접속한 후 충전할 것

㉯ 소형 저장탱크의 잔량을 확인 후 충전

㉰ 수요자가 채용한 안전관리자 입회하에 충전

㉱ 과충전 방지 등 위해방지를 위한 조치를 할 것

㉲ 충전 완료 시 세이프티 커플링으로부터의 가스누출 여부 확인

(마) 점검 기준

㉮ 압력계 검사

ⓐ 충전용 주관 압력계 : 매월 1회 이상

ⓑ 그 밖의 압력계 : 1년에 1회 이상

㈏ 액화석유가스가 충전된 이동식 부탄연소기용 용접용기는 연속공정에 의하여 $55\pm2℃$
의 온수조에 60초 이상 통과시키는 누출검사를 전수에 대하여 실시할 것

㈐ 안전밸브 : 압축기 최종단에 설치한 것은 1년에 1회 이상, 그 밖의 안전밸브는 2년
에 1회 이상

㈑ 긴급차단장치 : 1년에 1회 이상 밸브시트의 누출검사 및 작동검사 실시

(2) 자동차용기 충전

① 시설 기준

㈎ 안전거리 : 사업소 경계 및 보호시설과 안전거리 유지 (용기 충전시설의 기준 준용)

㈏ 고정충전설비 (dispenser : 충전기) 설치

㉮ 충전기 상부에는 닫집모양의 차양을 설치, 면적은 공지면적의 $\frac{1}{2}$ 이하

㉯ 충전기 주위에 가스누출검지 경보장치 설치

㉰ 충전호스 길이 : 5 m 이내, 정전기 제거장치 설치

㉱ 가스주입기 : 원터치형

㉲ 충전기 보호대 설치

ⓐ 보호대 규격
 • 재질 : 철근 콘크리트 또는 강관제
 • 높이 : 80 cm 이상
 • 두께 : 철근 콘크리트 (12 cm 이상), 강관제 (호칭지름 100 A 이상)

ⓑ 보호대의 기초
 • 철근콘크리트제 : 콘크리트 기초에 25 cm 이상의 깊이로 묻는다.
 • 강관제 : 콘크리트 기초에 25 cm 이상의 깊이로 묻거나, 앵커볼트로 고정한다.

㈐ 게시판

㉮ 충전 중 엔진정지 : 황색바탕에 흑색 글씨

㉯ 화기엄금 : 백색바탕에 적색 글씨

㈑ 충전소에 설치할 수 있는 건축물, 시설

㉮ 충전을 하기 위한 작업장

㉯ 충전소의 업무를 행하기 위한 사무실 및 회의실

㉰ 충전소의 관계자가 근무하는 대기실 및 종사자 숙소

㉱ 자동차의 세정을 위한 세차시설

㉲ 충전소에 출입하는 사람을 대상으로 한 자동판매기 및 현금자동지급기

㉳ 액화석유가스 충전사업자가 운영하고 있는 용기를 재검사하기 위한 시설

㉴ 충전소의 종사자가 이용하기 위한 연면적 $100 \, m^2$ 이하의 식당

㉵ 비상발전기 또는 공구 등을 보관하기 위한 연면적 $100 \, m^2$ 이하의 창고

㉶ 자동차 점검 및 간이정비 (화기를 사용하는 작업 및 도장작업 제외)를 하기 위한 작업장

㉷ 충전소에 출입하는 사람을 대상으로 한 소매점 및 전시장

㉸ 허용된 건축물 또는 시설은 저장설비, 가스설비 및 탱크로리 이입, 충전장소의 외
면과 직선거리 8 m 이상의 거리를 유지할 것

② 기술 기준

  ㈎ 자동차에 가스 충전이 끝나면 접속부분을 완전히 분리시킨 후 발차할 것

    ㉮ 세이프티 커플링 설치 : 충전기와 가스주입기가 분리될 수 있는 안전장치 (인장력 : 490.4~588.4 N)

    ㉯ 탱크로리는 저장탱크 외면으로부터 3 m 이상 떨어져 정차

  ㈏ 충전기 앞 노면에 주정차선과 입구 및 출구 방향 표시

4. 집단공급사업의 기준

(1) 소형 저장탱크

① 소형 저장탱크 설치 기준

  ㈎ 소형 저장탱크 수 : 6기 이하, 충전질량 합계 5000 kg 미만

  ㈏ 지면보다 5 cm 이상 높게 콘크리트 바닥 등에 설치

  ㈐ 경계책 설치 : 높이 1 m 이상 (충전질량 1000 kg 이상만 해당)

  ㈑ 소형 저장탱크와 기화장치와의 거리 : 3 m 이상

  ㈒ 충전량 : 내용적의 85 % 이하

② 소형 저장탱크의 설치 거리

충전질량 (kg)	가스충전구로부터 토지경계선에 대한 수평거리 (m)	탱크 간 거리 (m)	가스충전구로부터 건축물 개구부에 대한 거리 (m)
1000 kg 미만	0.5 이상	0.3 이상	0.5 이상
1000~2000 kg 미만	3.0 이상	0.5 이상	3.0 이상
2000 kg 이상	5.5 이상	0.5 이상	3.5 이상

  ㈎ 토지경계선이 바다, 호수, 하천, 도로 등과 접하는 경우에는 그 반대편 끝을 토지경계선으로 본다.

  ㈏ 충전질량 1000 kg 이상인 경우에 방호벽을 설치한 경우 토지경계선과 건축물 개구부에 대한 거리의 $\dfrac{1}{2}$ 이상의 직선거리를 유지

  ㈐ 방호벽의 높이는 소형저장탱크 정상부보다 50 cm 이상 높게 유지하여야 한다.

(2) 배관

① 배관의 재료

  ㈎ 매설 (매몰) 배관 재료 : 폴리에틸렌 피복강관, 가스용 폴리에틸렌관

  ㈏ 배관의 매설깊이

㉮ 집단공급사업 허가대상 지역부지 : 0.6 m 이상

㉯ 차량이 통행하는 폭 8 m 이상의 도로 : 1.2 m 이상

㉰ 차량이 통행하는 폭 4 m 이상 8 m 미만의 도로 : 1 m 이상

㉱ ㉮~㉰에 해당하지 아니한 곳 : 0.8 m 이상

② 고정장치 설치 기준

㉮ 관지름 13 mm 미만 : 1 m마다

㉯ 관지름 13 mm 이상 33 mm 미만 : 2 m마다

㉰ 관지름 33 mm 이상 : 3 m마다

③ 입상관의 밸브 설치 : 1.6~2 m 이내

(3) 가스누출 자동 차단장치

① 용어의 정의

㉮ 검지부 : 누출된 가스를 검지하여 제어부로 신호를 보내는 기능

㉯ 차단부 : 제어부로부터 보내진 신호에 따라 가스의 유로를 개폐하는 기능

㉰ 제어부 : 차단부에 자동차단신호를 보내는 기능, 차단부를 원격 개폐할 수 있는 기능 및 경보기능을 가진 것

② 검지부의 설치

㉮ 설치 수 : 연소기 버너 수평거리 4 m 이내에 검지부 1개 이상

㉯ 설치높이 : 바닥면으로부터 검지부 상단까지 30 cm 이하

③ 차단부의 설치

㉮ 동일 건축물 내에 있는 전체 가스 사용시설의 주 배관

㉯ 동일 건축물 내로서 구분 밀폐된 2개 이상의 층에서 가스를 사용하는 경우 층별 주 배관

㉰ 동일 건축물의 동일 층 내에서 2 이상의 자가 가스를 사용하는 경우 사용자별 주 배관

5. 판매사업 및 영업소의 기준

(1) 시설 기준

① 배치 기준

㉮ 사업소의 부지는 그 한 면이 폭 4 m 이상의 도로에 접할 것

㉯ 용기보관실과 화기와의 거리 : 2 m 이상의 우회거리 유지

② 저장설비 (용기보관실) 기준

㉮ 불연성 재료를 사용하고, 지붕은 불연성을 사용한 가벼운 재료, 벽은 방호벽으로 할 것

(내) 용기보관실 면적 : $19\,m^2$, 사무실 : $9\,m^2$ 이상

(대) 용기보관실과 사무실은 동일한 부지에 구분하여 설치할 것

(래) 용기보관실의 용기는 용기 집합식으로 하지 아니할 것

(매) 용기보관실에서 누출된 가스가 사무실로 유입되지 않는 구조로 할 것

(배) 가스누출 경보기 : 용기보관실에 분리형 설치

(사) 조명등 및 전기설비 : 방폭등 및 방폭구조

(아) 전기 스위치 : 용기 보관실 외부에 설치

(자) 실내온도 $40℃$ 이하 유지, 직사광선 받지 않도록 조치

③ 자동차에 고정된 탱크의 방호조치 : 유동방지시설 설치

④ 판매업소 용기보관실 주위에 $11.5\,m^2$ 이상의 부지를 확보

(2) 기술 기준

① 안전유지 기준

(개) 가스의 누출여부, 검사기간 경과 여부 및 도색의 불량여부 확인 → 불량 시 충전업소
에 반송

(내) 충전용기와 잔가스 용기를 구분하여 저장할 것

(래) 용기보관실과 화기와의 거리 : $2\,m$ 이상의 우회거리

(매) 방폭형 휴대용 손전등 사용

(배) 계량기 등 작업에 필요한 물건 이외에는 용기보관실에 두지 말 것

(사) 내용적 $30\,L$ 미만 용기 : 2단으로 쌓을 수 있음

② 점검 기준

(개) 수요자의 시설이 특정사용시설에 해당하는 경우 수검여부 확인

(내) 수요자의 시설에 대하여 공급자의 안전점검기준에 따라 점검 실시

6. 가스용품 제조의 기준

(1) 검사 기준

① 설계단계 검사를 받아야 할 대상

(개) 가스용품 제조사업자가 그 업소에서 일정형식의 제품을 처음 제조할 때

(내) 가스용품 수입업자가 일정형식의 제품을 처음 수입하는 경우

(대) 설계단계검사를 받은 형식의 제품의 재료나 구조가 변경되어 성능이 변경된 경우

(래) 설계단계검사를 받은 형식의 제품으로서 설계단계검사를 받은 날부터 매 5년이 지난
경우

② 생산단계 검사 기준

검사의 종류	구성 항목	주 기
제품확인검사	정기품질검사	2개월에 1회
	상시샘플검사	신청 때 마다
생산공정검사	정기품질검사	3개월에 1회
	공정확인심사	3개월에 1회
	수시품질검사	1년에 2회 이상
종합공정검사	종합품질관리체계심사	6개월에 1회
	수시품질검사	1년에 1회 이상

(2) 기술 기준

① 압력조정기

  (가) 압력조정기의 출구압력은 조절스프링을 고정한 상태에서 입구압력의 최저 및 최대유량을 통과시킬 때 조정압력의 ±20 % 범위 안이어야 할 것

  (나) 자동절체식 조정기의 경우 사용 측 용기 압력이 0.1 MPa 이상일 때 예비측 용기에서 가스가 공급되지 아니하는 구조일 것

  (다) 용기밸브에 연결하는 나사부는 왼나사로 W 22.5×14 T, 나사부 길이는 12 mm 이상일 것

② 콕

  (가) 콕의 종류 : 퓨즈콕, 상자콕, 주물연소기용 노즐콕, 업무용 대형 연소기용 노즐콕

  (나) 구조

    ㉮ 퓨즈콕 : 가스유로를 볼로 개폐, 과류차단 안전기구 부착, 배관과 호스, 호스와 호스, 배관과 배관, 배관과 커플러를 연결하는 구조

    ㉯ 상자콕 : 가스유로를 핸들, 누름, 당김 등의 조작으로 개폐하고, 과류차단 안전기구가 부착된 것으로서 밸브 핸들이 반개방 상태에서도 가스가 차단되어야 하며 배관과 커플러를 연결하는 구조이다.

    ㉰ 주물연소기용 노즐콕 : 볼로 개폐하는 구조

    ㉱ 업무용 대형 연소기용 노즐콕 : 가스흐름을 볼로 개폐하는 구조

③ 연소기

  (가) 전가스소비량 및 각 버너의 가스소비량은 표시치의 ±10 % 이내일 것

  (다) 난방기용 안전장치

    ㉮ 불완전연소 방지장치 또는 산소결핍 안전장치 (가정용 및 업무용의 개방형에 한함)

    ㉯ 전도안전장치

    ㉰ 소화안전장치

  (다) 소화안전장치를 부착하여야 할 것 : 렌지, 그릴, 오븐 및 오븐렌지

  (라) 온수기는 소화안전장치, 과열방지장치, 불완전연소 방지장치 또는 산소결핍 안전장치 (개방형에 한함)를 부착할 것

④ 다기능 가스안전 계량기

(개) 합계유량 차단 기능 : 연소기구 소비량의 총합×1.13, 75초 이내

(내) 증가유량 차단 기능 : 연소기구 중 최대소비량×1.13

(대) 연속사용시간 차단 기능

(래) 미소사용유량 등록 기능 : 미소유량 40 L/hr 이하

(매) 미소누출 검지 기능

(배) 압력 저하 차단 기능 : 출구 측 압력 0.6±0.1 kPa

7. 액화석유가스 사용시설의 기준

(1) 용기에 의한 사용시설

① 저장설비, 감압설비 및 배관과 화기와의 거리 기준

저장 능력	화기와의 우회거리
1톤 미만	2 m 이상
1톤 이상 3톤 미만	5 m 이상
3톤 이상	8 m 이상

② 저장설비의 설치 방법 (저장능력별)

(개) 100 kg 이하 : 용기, 용기밸브 및 압력조정기가 직사광선, 눈, 빗물에 노출되지 않도록 조치

(내) 100 kg 초과 : 용기보관실 설치

(대) 250 kg 이상 (자동절체기를 사용 시 500 kg 이상) : 고압부에 안전장치 설치

(래) 500 kg 초과 : 저장탱크, 소형 저장탱크 설치

(매) 사이폰 용기 : 기화장치가 설치되어 있는 시설에서만 사용할 것

③ 배관 설치방법

(개) 저장설비로부터 중간밸브까지 : 강관, 동관, 금속플렉시블 호스

(내) 중간밸브에서 연소기 입구까지 : 강관, 동관, 호스, 금속플렉시블 호스

(대) 호스 길이 : 3 m 이내

(래) 저압부의 기밀시험 : 8.4 kPa 이상

④ 연소기의 설치방법

(개) 개방형 연소기 : 환풍기 환기구 설치

(내) 반밀폐형 연소기 : 급기구, 배기통 설치

(대) 배기통 재료 : 스테인리스강, 내열 및 내식성 재료

(2) 소형 저장탱크에 의한 사용시설

집단공급시설의 기준과 동일

8. 액화석유가스의 공급방법

(1) 공급방법

① 체적판매방법으로의 공급이 원칙

② 중량판매방법으로 공급할 수 있는 경우

㈎ 내용적이 30 L 미만의 용기로 액화석유가스를 사용하는 자

㈏ 옥외에서 이동하면서 사용하는 자

㈐ 6개월 이내의 기간 동안 사용하는 자

㈑ 산업용, 선박용, 농축산용으로 사용하거나 그 부대시설에서 사용하는 자

㈒ 재건축, 재개발, 도시계획대상으로 예정된 건축물, 허가권자가 증·개축을 인정하는 곳

㈓ 주택 외의 건축물 중 영업장 면적이 40 m^2 이하인 곳

㈔ 경로당, 가정보육시설

㈕ 단독주택

㈖ 기타 허가권자가 인정하는 경우

(2) 용기에 의한 공급계약에 포함되어야 할 사항

① 액화석유가스의 전달방법

② 액화석유가스의 계량방법과 가스요금

③ 공급설비와 소비설비에 대한 비용부담

④ 공급설비와 소비설비의 관리방법

⑤ 위해예방조치에 관한 사항

⑥ 계약의 해지

⑦ 계약기간

⑧ 소비자보장 책임보험 가입에 관한 사항

예 상 문 제

[문제] **1.** 액화석유가스의 안전관리 및 사업법상 용어의 정의를 나타낸 것 중 옳지 않은 것은?

[가] 저장설비 : 액화석유가스를 저장하기 위한 설비로서 저장탱크, 소형 저장탱크 및 용기를 말한다.

[나] 저장탱크 : 액화석유가스를 저장하기 위하여 지상 또는 지하에 고정 설치된 탱크로서 그 저장능력이 3톤 이상인 탱크를 말한다.

[다] 충전설비 : 용기 또는 차량에 고정된 탱크에 액화석유가스를 충전하기 위한 설비로서 충전기와 저장탱크에 부속된 펌프, 압축기를 말한다.

[라] 충전용기 : 액화석유가스의 충전 질량의 3분의 1 이상이 충전되어 있는 상태의 용기를 말한다.

[해설] • 충전용기 구분
① 충전용기 : 충전질량의 2분의 1 이상이 충전되어 있는 상태의 용기
② 잔가스 용기 : 충전질량의 2분의 1 미만이 충전되어 있는 상태의 용기

[문제] **2.** 액화석유가스를 저장하기 위하여 지상 또는 지하에 고정 설치된 저장탱크는 그 저장능력이 몇 톤 이상인 탱크를 말하는가?

[가] 3 [나] 5 [다] 10 [라] 100

[해설] • 액화석유가스 저장탱크 구분
① 저장탱크 : 저장능력 3톤 이상
② 소형 저장탱크 : 저장능력 3톤 미만

[문제] **3.** 액화석유가스의 안전 및 사업관리법에서 액화석유가스 저장소란 내용적 1 L 미만의 용기에 충전된 액화석유가스를 저장할 경우 총량이 몇 kg 이상 저장하는 장소를 말하는가?

[가] 100 kg [나] 150 kg
[다] 200 kg [라] 500 kg

[해설] • 저장소 : 시행규칙 제2조 정의 ④항 1
① 내용적 1 L의 용기에 충전하는 액화석유가스의 경우에는 500 kg 이상
② ①호 외의 저장설비의 경우 : 저장능력 5톤 이상

[문제] **4.** 액화석유가스를 충전한 자동차에 고정된 탱크는 지상에 설치된 저장탱크의 외면으로부터 몇 m 이상 떨어져 정차하여야 하는가?

[가] 1 [나] 3 [다] 5 [라] 8

[해설] 저장탱크 외면으로부터 3 m 이상 떨어져 정차하여야 하며, 저장탱크와 자동차에 고정된 탱크와의 사이에 방호벽 등을 설치한 경우에는 제외한다.

[문제] **5.** 물분무 설비가 설치된 액화석유가스 저장탱크 2개의 최대 지름이 각각 3.5 m, 2.5 m일 때 저장탱크 간의 이격거리의 기준은?

[가] 0.5 m 이상
[나] 1 m 이상
[다] 1.5 m 이상
[라] 거리를 유지하지 않아도 된다.

[해설] LPG 저장탱크에 물분무 장치가 설치되었을 경우에는 저장탱크 간의 이격거리를 유지하지 않아도 된다.

[문제] **6.** 액화석유가스의 저장탱크에 설치한 안전밸브는 지면으로부터 몇 m 이상의 높

[해답] 1. [라] 2. [가] 3. [라] 4. [나] 5. [라] 6. [라]

이 또는 그 저장탱크의 정상부로부터 2 m 이상의 높이 중 더 높은 위치에 방출구가 있는 가스방출관을 설치하여야 하는가?

㉮ 2   ㉯ 3
㉰ 4   ㉱ 5

문제 7. 지상에 액화석유가스 (LPG) 저장탱크를 설치하는 경우 냉각살수장치는 그 외면으로부터 몇 m 이상 떨어진 곳에서 조작할 수 있어야 하는가?

㉮ 2   ㉯ 3   ㉰ 5   ㉱ 7

해설 • 냉각살수장치 설치 기준
  ① 방사량 : 저장탱크 표면적 1 m²당 5 L/min 이상의 비율
  ② 준내화구조 저장탱크 : 2.5 L/min · m² 이상
  ③ 조작위치 : 5 m 이상 떨어진 위치

문제 8. 액화석유가스 저장탱크의 외벽이 화염에 의하여 국부적으로 가열될 경우 탱크의 파열을 방지하기 위한 폭발방지제의 열전달 매체 재료로서 가장 적당한 것은 어느 것인가?

㉮ 동   ㉯ 알루미늄
㉰ 철   ㉱ 아연

해설 • 폭발방지장치 설치기준 : 주거, 상업지역에 설치하는 저장능력 10톤 이상의 저장탱크 및 LPG 탱크로리에 다공성 벌집형 알루미늄 합금박판을 설치한다.

문제 9. 액화석유가스 저장탱크를 지상에 설치하는 경우 저장능력이 몇 톤 이상일 때 방류둑을 설치해야 하는가?

㉮ 1000   ㉯ 2000   ㉰ 3000   ㉱ 5000

문제 10. 액화석유가스 저장시설을 지하에 설치하는 경우에 대한 설명 중 틀린 것은 어느 것인가?

㉮ 저장탱크실의 벽면 두께는 30 cm 이상의 철근 콘크리트로 한다.
㉯ 저장탱크 주위에는 마른 모래를 채운다.

㉰ 탱크와 탱크 사이는 최소 0.5 m의 간격을 유지한다.
㉱ 탱크 정상부와 지면 사이는 60 cm 이상으로 한다.

해설 • 저장탱크 상호 간 거리 : 1 m 이상 유지

문제 11. 액화석유가스 저장시설의 액면계 설치기준으로 틀린 것은?

㉮ 액면계는 평형반사식 유리액면계 및 평형투시식 유리액면계를 사용할 수 있다.
㉯ 유리액면계에 사용되는 유리는 KS B 6208 (보일러용 수면계 유리) 중 기호 B 또는 P의 것 또는 이와 동등 이상이어야 한다.
㉰ 유리를 사용한 액면계에는 액면의 확인을 명확하게 하기 위하여 덮개 등을 하지 않는다.
㉱ 액면계 상하에는 수동식 및 자동식 스톱 밸브를 각각 설치한다.

해설 유리를 사용한 액면계에는 액면을 확인하기 위한 필요한 최소 면적 이외의 부분을 금속제 등의 덮개로 보호하여 그의 파손을 방지하는 조치를 하여야 한다.

문제 12. 액화석유가스 충전용기 보관실은 가로 5 m, 세로 4 m, 높이 3 m이다. 이때 환기구의 통풍 면적은 약 몇 cm²이어야 하는가? (단, 철망이 부착된 환기구로 가정하고 철망이 차지하는 면적의 합은 1000 cm²이다.)

㉮ 4000   ㉯ 5000
㉰ 6000   ㉱ 7000

해설 환기구의 통풍 면적은 바닥 면적 1 m²당 300 cm² 이상이어야 하고 철망, 그릴이 차지하는 면적은 제외되어야 한다 (철망, 그릴이 차지하는 면적만큼 더 확보하여야 한다).
∴ 통풍면적 = $(5 \times 4 \times 300) + 1000 = 7000\, cm^2$

문제 13. 액화석유가스의 저장실 통풍구조

에 대한 설명으로 옳지 않은 것은 어느 것인가?

㉮ 강제 통풍장치 배기가스 방출구는 지면에서 3 m 이상 높이에 설치해야 한다.

㉯ 강제 통풍장치 흡입구는 바닥면 가까이에 설치한다.

㉰ 환기구의 가능 통풍면적은 바닥면적 1m²당 300 cm² 이상이어야 한다.

㉱ 저장실을 방호벽으로 설치할 경우는 환기구를 2개 방향 이상을 설치해야 한다.

해설 강제 통풍장치 배기가스 방출구는 지면에서 5 m 이상 높이에 설치해야 한다.

문제 **14.** LPG 용기 충전시설에 설치되는 긴급차단장치에 대한 기준으로 틀린 것은?

㉮ 저장탱크 외면에서 5 m 이상 떨어진 위치에서 조작하는 장치를 설치한다.

㉯ 기상 가스배관 중 송출배관에는 반드시 설치한다.

㉰ 액상의 가스를 이입하기 위한 배관에는 역류방지밸브로 갈음할 수 있다.

㉱ 소형 저장탱크에는 의무적으로 설치할 필요가 없다.

해설 액상의 가스를 이입, 송출하는 배관에 설치한다.

문제 **15.** 지상에 설치하는 액화석유가스 저장탱크의 외면에는 그 주위에서 보기 쉽도록 가스의 명칭을 표시해야 하는데 무슨 색으로 표시하여야 하는가?

㉮ 은백색 ㉯ 황색 ㉰ 흑색 ㉱ 적색

해설 • 액화석유가스 저장탱크 표시
　① 외면 : 은백색 도료
　② 가스명칭 : 붉은 글씨 (적색)

문제 **16.** 액화석유가스 공급시설 중 저장설비의 주위에는 경계책 높이를 몇 m 이상으로 설치하도록 하고 있는가?

㉮ 0.5 ㉯ 1.0 ㉰ 1.5 ㉱ 2.0

문제 **17.** 저장탱크에 액화석유가스를 충전할 때에는 가스의 용량이 상용의 온도에서 저장탱크 내용적의 몇 %를 넘지 아니하여야 하는가?

㉮ 95 ㉯ 90 ㉰ 85 ㉱ 80

문제 **18.** LPG 저장탱크에 가스를 충전할 때 가스의 용량은 상용의 온도에서 저장탱크 내용적의 몇 %를 넘지 않아야 하는가? (단, 저장탱크의 저장능력은 5톤이다.)

㉮ 62 ㉯ 85 ㉰ 90 ㉱ 98

해설 LPG 충전량 기준
　① 저장탱크 : 내용적의 90 %까지
　② 소형저장탱크 : 내용적의 85 %까지

문제 **19.** 납붙임 또는 접합용기에 액화석유가스를 충전하는 때의 가스압력은 40℃에서 얼마 (MPa) 이하이어야 하는가?

㉮ 0.15 ㉯ 0.25 ㉰ 0.33 ㉱ 0.52

해설 소형용기 중 납붙임 또는 접합용기와 이동식 부탄 연소기용 용접용기에 액화석유가스를 충전하려면 「고압가스 안전관리법 시행규칙」 별표 4에 규정된 에어졸 충전 기준에 따를 것. 이 경우 충전하는 가스의 압력은 40℃에서 0.52 MPa 이하가 되도록 하여야 한다.

문제 **20.** 가스누출경보기의 검지부를 설치할 수 있는 장소는?

㉮ 증기, 물방울, 기름기 섞인 연기 등이 직접 접촉될 우려가 있는 곳

㉯ 주위온도 또는 복사열에 의한 온도가 섭씨 40℃ 미만이 되는 곳

㉰ 설비 등에 가려져 누출가스의 유동이 원활하지 못한 곳

㉱ 차량, 그 밖의 작업 등으로 인하여 경보기가 파손될 우려가 있는 곳

해설 온도가 40℃ 이상인 곳이 검지부를 설치할 수 없는 장소이다.

문제 **21.** 액화석유가스에 첨가하는 냄새가 나

정답 **14.** ㉯ **15.** ㉱ **16.** ㉰ **17.** ㉯ **18.** ㉰ **19.** ㉱ **20.** ㉯ **21.** ㉯

는 물질의 측정방법이 아닌 것은?

㉮ 오더미터법 ㉯ 에지법
㉰ 주사기법 ㉴ 냄새주머니법

해설 • 부취제 측정방법 : ㉮, ㉰, ㉴ 외 무취실법

문제 22. 차량에 고정된 탱크로 소형 저장탱크에 액화석유가스를 충전할 때의 기준으로 옳지 않은 것은 어느 것인가?

㉮ 소형 저장탱크의 검사 여부를 확인하고 공급할 것
㉯ 소형 저장탱크 내의 잔량을 확인한 후 충전할 것
㉰ 충전작업은 수요자가 채용한 경험이 많은 사람의 입회하에 할 것
㉴ 작업 중의 위해 방지를 위한 조치를 할 것

해설 수요자가 채용한 안전관리자의 입회 하에 한다.

문제 23. 저장탱크에서 차량에 고정된 탱크로 가스이송 작업 시의 기준으로 틀린 것은 어느 것인가?

㉮ 정전기 제거용 접지코드를 기지의 접지 탭에 접속한다.
㉯ 차량에 고정된 탱크 운전자는 이입작업이 종료될 때까지 차량의 긴급차단 밸브 부근에서 대기한다.
㉰ 저온 및 초저온가스는 세밀하게 취급해야 하므로 장갑 등은 착용하지 않고 작업한다.
㉴ 부근에 화기가 없는가를 확인한다.

해설 저장탱크에서 차량에 고정된 탱크로 가스 이송 작업기준 : ㉮, ㉯, ㉴ 외
① 당해 사업소 안전관리자의 책임 하에 차량운전자가 기준에 적합하게 작업을 한다.
② 차를 소정의 위치에 정차시키고, 주차브레이크를 확실히 건 다음 엔진을 끄고 메인스위치 그 밖의 전기스위치를 완전히 차단하여 스파크가 발생하지 않도록 한다.

③ 차바퀴 전후에 차바퀴 고정목으로 확실히 고정시킬 것
④ "이입작업 중(충전 중) 화기엄금"의 표시판이 눈에 잘 띄는 곳에 세워져 있는가 확인할 것
⑤ 저온 및 초저온 가스의 경우에는 가죽장갑 등을 끼고 작업을 할 것
⑥ 가스누출을 발견한 경우에는 긴급차단장치를 작동시키는 등의 신속한 누출방지조치를 할 것

문제 24. 저장설비로부터 차량에 고정된 탱크에 가스를 주입하는 작업을 할 경우 차량 운전자는 작업 기준을 준수하여 작업을 하여야 한다. 다음 중 틀린 것은 어느 것인가?

㉮ 차량이 앞뒤로 움직이지 않도록 차바퀴의 전후를 차바퀴 고정목 등으로 확실하게 고정시킨다.
㉯ 『이입작업 중(충전 중) 화기엄금』의 표시판이 눈에 잘 띄는 곳에 세워져 있는가를 확인한다.
㉰ 정전기 제거용 접지코드를 기지(基地)의 접지 탭에 접속하여야 한다.
㉴ 운전자는 이입작업이 종료될 때까지 운전석에 위치하여 만일의 사태에 대비하여야 한다.

해설 차량에 고정된 탱크의 운전자는 이입작업이 종료될 때까지 탱크로리 차량의 긴급차단장치 부근에 위치하여야 하며, 가스누출 등 긴급사태 발생 시 안전관리자의 지시에 따라 신속하게 차량의 긴급차단장치를 작동하거나 차량이동 등의 조치를 취하여야 한다.

문제 25. 자동차용기 충전시설에서 충전기의 시설기준에 대한 설명으로 옳은 것은 어느 것인가?

㉮ 충전기 상부에는 닫집 모양의 차양을 설치하여야 하며, 그 면적은 공지면적의 2분의 1 이하로 할 것

해답 22. ㉰ 23. ㉰ 24. ㉴ 25. ㉮

㉯ 배관이 닫집 모양의 차양 내부를 통과하는 경우에는 2개 이상의 점검구를 설치할 것

㉰ 닫집 모양의 차양 내부에 있는 배관으로서 점검이 곤란한 장소에 설치하는 배관은 안전상 필요한 강도를 가지는 플랜지접합으로 할 것

㉱ 충전기 주위에는 가스누출 자동차단장치를 설치할 것

해설 ㉯ 1개 이상의 점검구 설치
　　㉰ 용접이음으로 할 것
　　㉱ 가스누출 경보기를 설치할 것

문제 **26.** 다음 설명 중 LP가스 충전 시 디스펜서 (dispenser)란 ?

㉮ LP가스 압축기 이송장치의 충전기기 중 소량에 충전하는 기기

㉯ LP가스 자동차 충전소에서 LP가스 자동차의 용기에 용적을 계량하여 충전하는 충전기기

㉰ LP가스 대형 저장탱크에 역류방지용으로 사용하는 기기

㉱ LP가스 충전소에서 청소하는데 사용하는 기기

문제 **27.** LPG 충전소에는 시설의 안전 확보 상 "충전 중 엔진정지"라고 표시한 표지판을 주위에 보기 쉬운 곳에 설치해야 한다. 이 표지판의 색깔은 어느 것인가 ?

㉮ 흑색바탕에 백색 글씨
㉯ 흑색바탕에 황색 글씨
㉰ 백색바탕에 흑색 글씨
㉱ 황색바탕에 흑색 글씨

해설 • LPG 자동차 충전소 표지판
　① 충전 중 엔진정지 : 황색바탕에 흑색 글씨
　② 화기엄금 : 백색바탕에 적색 글씨

문제 **28.** 액화석유가스 자동차 용기의 충전시설에서 충전기의 충전호스는 몇 m 이내로 하여야 하는가 ?

㉮ 5　　㉯ 7　　㉰ 8　　㉱ 10

문제 **29.** 자동차 용기 충전시설에서 충전용 호스의 끝에 반드시 설치하여야 하는 것은 ?

㉮ 긴급차단장치
㉯ 가스누출 경보기
㉰ 정전기 제거장치
㉱ 인터로크 장치

문제 **30.** 액화석유가스 자동차 충전소에 설치할 수 있는 건축물 또는 시설은 어느 것인가 ?

㉮ 액화석유가스 충전사업자가 운영하고 있는 용기를 재검사하기 위한 시설

㉯ 충전소의 종사자가 이용하기 위한 연면적 200 m² 이하의 식당

㉰ 충전소를 출입하는 사람을 위한 연면적 200 m² 이하의 매점

㉱ 공구 등을 보관하기 위한 연면적 200 m² 이하의 창고

해설 • LPG자동차 충전소에 설치 가능한 시설
　① 충전을 하기 위한 작업장
　② 충전소의 업무를 행하기 위한 사무실 및 회의실
　③ 충전소의 관계자가 근무하는 대기실
　④ 자동차의 세정을 위한 자동세차시설
　⑤ 충전소에 출입하는 사람을 대상으로 한 자동판매기 및 현금자동지급기
　⑥ 액화석유가스 충전사업자가 운영하고 있는 용기를 재검사하기 위한 시설
　⑦ 충전소의 종사자가 이용하기 위한 연면적 100m² 이하의 식당
　⑧ 비상발전기 또는 공구 등을 보관하기 위한 연면적 100 m² 이하의 창고
　⑨ 그 밖의 충전사업을 위하여 필요한 건축물 또는 시설

해답 **26.** ㉯　**27.** ㉱　**28.** ㉮　**29.** ㉰　**30.** ㉮

문제 31. 자동차용 용기의 충전시설 점검 시 충전용 주관의 압력계는 매월 몇 회 이상 그 기능을 검사하는가?

㉮ 1회 ㉯ 2회 ㉲ 3회 ㉱ 4회

해설 • 압력계 점검 주기
　① 충전용 주관 : 매월 1회 이상
　② 그 밖의 압력계 : 1년에 1회 이상

문제 32. 소형 저장탱크에 액화석유가스를 충전할 때는 액화가스의 용량이 상용온도에서 그 저장탱크 내용적의 몇 %를 넘지 않아야 하는가?

㉮ 75 % ㉯ 80 % ㉲ 85 % ㉱ 90 %

해설 • 액화석유가스 충전량 기준 (내용적 기준)
　① 저장탱크 : 90 %
　② 소형 저장탱크 : 85 %
　③ 충전용기, LPG 자동차 용기 : 85 %

문제 33. 저장능력이 2톤인 액화석유가스 저장설비는 화기 취급장소와 몇 m 이상의 우회거리를 유지하여야 하는가?

㉮ 2 ㉯ 5 ㉲ 8 ㉱ 10

해설 소형 저장탱크와 화기 취급장소는 5 m 이상의 우회거리를 유지하여야 한다.

문제 34. 충전질량 1000 kg 이상인 소형 저장탱크 부근에 설치하여야 하는 소화기의 능력단위와 개수로 옳은 것은?

㉮ ABC용 B-5 분말소화기 2개
㉯ ABC용 B-12 분말소화기 2개
㉲ ABC용 B-12 분말소화기 1개
㉱ ABC용 B-20 분말소화기 1개

해설 • 소형 저장탱크 소화설비 기준
　① 충전질량 1000 kg 이상인 소형 저장탱크 부근에는 능력단위 ABC용 B-12 이상의 분말소화기 2개 이상을 설치할 것
　② 소화활동에 필요한 통로 등을 확보할 것

문제 35. 액화석유가스 소형 저장탱크의 충전

질량과 가스 충전구로부터 토지 경계선에 대한 수평거리가 맞는 것은?

㉮ 1000 kg 미만 : 0.2 m 이상
㉯ 1000 kg 이상~2000 kg 미만 : 0.5 m 이상
㉲ 2000 kg 이상~3000 kg 미만 : 2 m 이상
㉱ 2000 kg 이상 : 5.5 m 이상

해설 • 소형 저장탱크 설치거리 기준

충전질량	가스충전구로부터 토지 경계선에 대한 수평거리	탱크 간 거리	가스충전구로부터 건축물 개구부에 대한 거리
1000 kg 미만	0.5 m 이상	0.3 m 이상	0.5 m 이상
1000 ~ 2000 kg 미만	3.0 m 이상	0.5 m 이상	3.0 m 이상
2000 kg 이상	5.5 m 이상	0.5 m 이상	3.5 m 이상

문제 36. LPG 충전, 저장, 집단공급, 판매시설, 영업소의 안전성확인 적용대상 공정이 아닌 것은?

㉮ 지하 탱크를 지하에 매설한 후의 공정
㉯ 배관의 지하매설 및 비파괴시험 공정
㉲ 방호벽 또는 지상형 저장탱크의 기초설치 공정
㉱ 공정상 부득이하여 안전성 확인 시 실시하는 내압, 기밀시험 공정

해설 • 안전성 확인을 받아야 할 공정
　① 저장탱크를 지하에 매설하기 전의 공정 : 저장탱크 기초 및 부식방지조치 설치 공정 및 탱크실의 규격, 두께, 상판부 높이, 모래부설 및 집수구 설치 등의 공정
　② 내압, 기밀시험 공정 : 가스설비 또는 배관의 설치가 완료되어 시험을 실시할 수 있는 상태의 공정
　③ 비파괴시험 및 배관의 매설깊이 확인

문제 37. 다음 액화석유가스 판매사업소 및 영업소 용기보관실의 시설기준 중 틀린 것은?

㉮ 용기보관실은 불연성 재료를 사용한 가벼운 지붕으로 할 것

㉯ 가스누출 경보기는 용기보관실에 설치하되 분리형으로 설치할 것

㉰ 용기보관소 및 사무실은 동일부지 내에 설치하지 않을 것

㉱ 전기스위치는 용기보관실의 외부에 설치할 것

해설 용기보관실 및 사무실은 동일부지 내에 설치하되 용기보관실 면적은 19 m², 사무실은 9 m² 이상으로 할 것

문제 38. 액화석유가스 사용시설에 설치되는 조정압력 3.3 kPa 이하인 조정기의 안전장치의 작동정지압력 기준은?

㉮ 7 kPa   ㉯ 5.6~8.4 kPa

㉰ 5.04~8.4 kPa   ㉱ 9.9 kPa

해설 • 안전장치 작동압력 (조정압력 3.3 kPa 이하)
  ① 작동 표준압력 : 7 kPa
  ② 작동 개시압력 : 5.6~8.4 kPa
  ③ 작동 정지압력 : 5.04~8.4 kPa

문제 39. 가스 밸브와 연소기기 (가스레인지 등) 사이에서 호스가 끊어지거나 빠진 경우 가스가 계속 누출되는 것을 차단하기 위한 안전장치는?

㉮ 열전대   ㉯ 퓨즈 콕

㉰ 압력조정기   ㉱ 가스누출 검지기

해설 퓨즈콕에는 과류차단안전기구가 부착되어 있어 규정량 이상의 가스가 통과하면 자동으로 가스를 차단한다.

문제 40. 콕 제조 기술기준에 대한 설명으로 틀린 것은?

㉮ 1개의 핸들로 1개의 유로를 개폐하는 구조로 한다.

㉯ 완전히 열었을 때 핸들의 방향은 유로의 방향과 직각인 것으로 한다.

㉰ 닫힌 상태에서 예비적 동작이 없이는 열리지 아니하는 구조로 한다.

㉱ 핸들은 90°나 180° 회전하여 개폐되는 구조로 한다.

해설 완전히 열었을 때의 핸들의 방향은 유로의 방향과 평행이어야 하고, 볼 또는 플러그의 구멍과 유로와는 어긋나지 않아야 한다.

문제 41. 가스용 금속플렉시블호스에 대한 설명으로 틀린 것은?

㉮ 이음쇠는 플레어 (flare) 또는 유니언 (union)의 접속기능이 있어야 한다.

㉯ 호스의 최대 길이는 10000 mm 이내로 한다.

㉰ 호스길이의 허용오차는 +3 %, -2 % 이내로 한다.

㉱ 튜브는 금속제로서 주름가공으로 제작하여 쉽게 굽혀질 수 있는 구조로 한다.

해설 • 가스용 금속플렉시블호스 제조 기준
  ① 호스는 양단에 관용테이퍼나사를 갖는 이음쇠나 호스엔드를 접속할 수 있는 이음쇠를 플레어이음 또는 경납땜 등으로 부착한 구조일 것
  ② 튜브는 금속제로 주름가공으로 제작하여 쉽게 굽혀질 수 있는 구조로 하고 외면에는 보호피막을 입힐 것
  ③ 호스는 안전성 및 내구성이 양호하여야 하며 통상의 조작 시 사용상 지장을 주는 변형이나 파손이 되지 않는 구조일 것
  ④ 호스는 이음쇠가 견고하게 부착되어 누출이 없어야 하며, 콕과 고정형 연소기의 접속을 위한 충분한 기능을 갖출 것
  ⑤ 이음쇠는 플레어 (flare) 또는 유니언 (union)의 접속기능을 갖출 것
  ⑥ 호스의 길이는 한쪽 이음쇠의 끝에서 다른 쪽 이음쇠 끝까지로 하며 길이 허용오차는 +3 %, -2 % 이내로 한다. 최대길이는 50000 mm 이내로 한다.
  ⑦ 튜브의 재료는 동합금, 스테인리스강을 사용한다.

해답 37. ㉰   38. ㉰   39. ㉯   40. ㉯   41. ㉯

문제 **42.** 액화석유가스 자동차충전소에서 이 · 충전작업을 위하여 저장탱크와 탱크로리를 연결하는 가스용품의 명칭은 어느 것인가?

㉮ 역화방지장치   ㉯ 로딩암

㉰ 퀵 커플러   ㉱ 긴급차단 밸브

문제 **43.** 다음 고압고무호스에 대한 설명 중 틀린 것은?

㉮ 고압고무호스는 안층, 보강층, 바깥층으로 되어 있고 안지름과 두께가 균일할 것

㉯ 투윈호스는 차압 0.07 MPa 이하에서 정상적으로 작동하는 체크 밸브를 부착한 것일 것

㉰ 3 MPa 이상의 압력으로 실시하는 내압시험에서 이상이 없을 것

㉱ 조정기에 연결하는 이음쇠의 나사는 오른나사로서 W22.5×14 T일 것

해설 용기밸브 및 조정기에 연결하는 이음쇠의 나사는 왼나사로서 W22.5×14T, 나사부 길이는 12 mm 이상으로 하고 용기 밸브에 연결하는 핸들의 지름은 50 mm 이상일 것

문제 **44.** 고압고무호스로 분류되는 투윈호스에는 체크 밸브가 부착되어 있다. 정상 작동 차압의 기준은 얼마인가?

㉮ 50 kPa 이하   ㉯ 60 kPa 이하

㉰ 70 kPa 이하   ㉱ 80 kPa 이하

해설 70 kPa = 0.07 MPa

문제 **45.** 파일럿 버너 또는 메인 버너의 불꽃이 꺼지거나 연소기구 사용 중에 가스 공급이 중단 또는 불꽃 검지부에 고장이 생겼을 때 자동으로 가스밸브를 닫히게 하여 불이 꺼졌을 때 가스가 유출되는 것을 방지하는 안전장치는?

㉮ 과열방지장치

㉯ 산소결핍 안전장치

㉰ 헛불방지장치

㉱ 소화안전장치

문제 **46.** 가스 난방기에서 구비하지 않아도 되는 안전장치는? (단, 납붙임 용기 또는 접합 용기를 부착하여 사용하는 난방기의 경우에는 그렇지 않다.)

㉮ 불완전연소 방지장치

㉯ 전도안전장치

㉰ 과열방지장치

㉱ 소화안전장치

해설 • 연소기의 안전장치

① 난방기 : 불완전연소 방지장치 또는 산소결핍 안전장치 (가정용 및 업무용 개방형에 한함), 전도 안전장치, 소화 안전장치

② 온수기 : 소화안전장치, 과열방지장치, 불완전연소 방지장치 또는 산소결핍 안전장치 (개방형에 한함)

③ 세라믹버너를 사용하는 연소기 : 거버너 (압력조정기)

④ 레인지, 그릴, 오븐 및 오븐레인지 : 소화안전장치

문제 **47.** 바이메탈식, 액팽창식 및 퓨즈메탈 (fuse metal)식 등으로 분류되는 연소기구의 안전장치는?

㉮ 과열방지장치   ㉯ 과압방출장치

㉰ 헛불방지장치   ㉱ 온도조절장치

해설 • 과열방지장치 : 연소기구 (목욕솥, 탕비기의 열교환기) 등에서 이상고온이 되었을 때 가스의 유로를 차단하여 연소기구의 작동을 정지시키는 것으로 바이메탈식, 액체 팽창식, 퓨즈메탈식 (가용금속식)이 있다.

문제 **48.** 배기가스의 실내 누출로 인하여 질식 사고가 발생하는 것을 방지하기 위해 반드시 전용 보일러실에 설치하여야 하는 가스보일러는?

㉮ 강제 급 · 배기식 (FF) 가스보일러

㉯ 반밀폐식 가스보일러

해답 **42.** ㉯   **43.** ㉱   **44.** ㉰   **45.** ㉱   **46.** ㉰   **47.** ㉮   **48.** ㉯

固 옥외에 설치한 가스보일러

固 전용 급기통을 부착시키는 구조로 검사에 합격한 강제 배기식 가스보일러

해설 • 급·배기 방식에 의한 보일러 분류

① 자연 배기식 : CF방식 (conventional flue)

② 강제 배기식 : FE방식 (forced exhaust)

③ 강제 급·배기식 : FF방식 (forced draft balanced flue)

※ 반밀폐식 보일러는 전용보일러실에 설치하여야 한다.

문제 49. 가스보일러 설치기준에 따라 반드시 내열실리콘으로 마감조치를 하여 기밀이 유지되도록 하여야 하는 부분은 어느 것인가?

固 배기통과 가스보일러의 접속부

固 급기통과 급기통의 접속부

固 급기통과 배기통의 접속부

固 가스보일러와 급기통의 접속부

해설 가스보일러 배기통의 호칭지름은 가스보일러의 배기통 접속부의 호칭지름과 동일하여야 하며, 배기통과 가스보일러의 접속부는 내열실리콘 (석고붕대를 제외한다)으로 마감조치하여 기밀이 유지되도록 한다.

문제 50. 다기능 가스 안전계량기 (마이콤미터)의 기능이 아닌 것은?

固 합계유량 차단 기능

固 연속사용시간 차단 기능

固 압력저하 차단 기능

固 과열방지 차단 기능

해설 • 다기능 가스 안전계량기(마이콤미터)의 기능

① 합계유량 차단 기능 : 연소기구 소비량의 총합×1.13, 75초 이내

② 증가유량 차단 기능 : 연소기구 중 최대소비량×1.13

③ 연속사용시간 차단 기능

④ 미소사용유량 등록 기능 : 미소유량 40 L/h 이하

⑤ 미소누출 검지 기능

⑥ 압력저하 차단 기능 : 출구 측 압력 0.6 ± 0.1 kPa

문제 51. 액화석유가스 용기의 안전점검 기준에 대한 설명 중 틀린 것은?

固 용기는 도색 및 표시가 되어 있는지 여부를 확인할 것

固 용기 아랫부분의 부식상태를 확인할 것

固 재검사 기간의 도래 여부를 확인할 것

固 열 영향을 받은 용기는 폐기할 것

해설 • 용기의 안전점검기준

① 용기의 내·외면을 점검하여 사용상 지장이 있는 부식, 금, 주름 등이 있는 것인지의 여부를 확인할 것

② 용기는 도색 및 표시가 되어 있는지의 여부를 확인할 것

③ 용기의 스커트에 찌그러짐이 있는지, 사용상 지장이 없도록 적정 간격을 유지하고 있는지의 여부를 확인할 것

④ 유통 중 열 영향을 받았는지 여부를 점검할 것, 이 경우 열 영향을 받은 용기는 재검사를 받을 것

⑤ 용기캡이 씌워져 있거나 프로텍터가 부착되어 있는지의 여부를 확인할 것

⑥ 재검사 기간의 도래여부를 확인할 것

⑦ 용기 아랫부분의 부식상태를 확인할 것

⑧ 밸브의 몸통, 충전구 나사, 안전밸브에 사용상 지장이 있는 홈, 주름, 스프링의 부식 등이 있는지의 여부를 확인할 것

⑨ 밸브의 그랜드 너트가 고정핀 등에 의하여 이탈방지를 위한 조치가 있는지의 여부를 확인할 것

⑩ 밸브의 개폐조작이 쉬운 핸들이 부착되어 있는지의 여부를 확인할 것

문제 52. 용기보관실을 설치한 후 액화석유가스를 사용하여야 하는 시설은?

固 저장능력 500 kg 초과

固 저장능력 300 kg 이상

固 저장능력 250 kg 이상

固 저장능력 100 kg 초과

해설 • 액화석유가스 사용시설 기준

① 저장능력 100 kg 이하 : 용기, 용기 밸브, 압력조정기가 직사광선, 눈, 빗물에 노출되지 않도록 조치

② 저장능력 100 kg 초과 : 용기보관실 설치

③ 저장능력 250 kg 이상 : 고압부에 안전장치 설치

④ 저장능력 500 kg 초과 : 저장탱크 또는 소형 저장탱크 설치

문제 **53.** 액화석유가스 사용시설에 배관을 설치하는 방법 중 틀린 것은?

㉠ 저장설비로부터 중간 밸브까지의 배관은 강관, 동관, 호스 또는 금속 플렉시블 호스를 설치하여야 한다.

㉡ 저장능력이 250 kg 이상인 경우에는 고압배관에 이상압력 상승 시 압력을 방출할 수 있는 안전장치를 설치하여야 한다.

㉢ 건축물의 벽을 관통하는 부분의 배관에는 보호관 및 부식방지 피복을 하여야 한다.

㉣ 용접 이음매를 제외한 배관 이음부와 전기개폐기와의 거리는 60 cm 이상의 거리를 유지하여 설치하여야 한다.

해설 저장설비로부터 중간 밸브까지의 배관은 강관, 동관, 금속플렉시블 호스를 설치하고, 중간 밸브에서 연소기 입구까지는 강관, 동관, 호스, 금속플렉시블 호스를 설치한다.

문제 **54.** 액화석유가스 사용시설의 가스계량기 설치장소에 대한 기준 중 옳지 않은 것은?

㉠ 가스계량기는 화기와 2 m 이상의 우회 거리를 유지하는 곳에 설치하여야 한다.

㉡ 가스계량기는 수시로 환기가 가능한 장소에 설치하여야 한다.

㉢ 가스계량기와 전기계량기와의 거리는 30 cm 이상의 거리를 유지하여야 한다.

㉣ 가스계량기를 격납상자 내에 설치하는 경우에는 설치 높이의 제한을 하지 아니한다.

해설 전기계량기와는 60 cm 이상의 거리를 유지한다.

문제 **55.** LPG 사용시설의 저압배관은 얼마 이상의 압력으로 실시하는 내압시험에서 이상이 없어야 하는 것으로 규정되어 있는가?

㉠ 0.2 MPa ㉡ 0.5 MPa
㉢ 0.8 MPa ㉣ 1.0 MPa

해설 • LPG 사용시설 내압 시험압력

① 고압배관 : 용기 또는 소형 저장탱크의 내압시험압력 이상의 압력

② 저압배관 : 0.8 MPa 이상의 압력

문제 **56.** 압력조정기 출구에서 연소기 입구까지의 배관 및 호스는 얼마의 압력으로 기밀시험을 실시해야 하는가?

㉠ 2.3~3.3 kPa ㉡ 5~30 kPa
㉢ 5.6~8.4 kPa ㉣ 8.4 kPa 이상

해설 • 기밀시험 압력

① LPG 사용시설 : 8.4 kPa 이상

② 도시가스 사용시설 : 8.4 kPa 또는 최고사용압력의 1.1배 중 높은 압력 이상으로 실시

문제 **57.** 용기 가스 소비자에게 액화석유가스를 공급하고자 하는 가스 공급자는 액화석유가스 안전 공급 계약을 체결하여야 한다. 다음 중 안전 공급 계약 시 기재사항에 포함되지 않아도 되는 항목은?

㉠ 액화석유가스의 전달 방법

㉡ 액화석유가스의 계량방법과 가스 요금

㉢ 공급설비와 소비설비에 대한 비용 부담

㉣ 공급계약 해지 시 처벌 조항

해설 • 안전공급 계약서에 포함할 사항

① 액화석유가스의 전달 방법

해답 53. ㉠ 54. ㉢ 55. ㉢ 56. ㉣ 57. ㉣

② 액화석유가스의 계량법과 가스 요금
③ 공급설비와 소비설비에 대한 비용부담
④ 공급설비와 소비설비의 관리방법
⑤ 위해 예방 조치에 관한 사항
⑥ 계약의 해지

문제 58. 가스 공급자는 일반수요자에게 액화석유가스를 공급할 경우 체적 판매 방법에 의하여 공급하여야 한다. 다음 중 중량 판매 방법에 의하여 공급할 수 있는 경우는?

㉮ 병원에서 LPG 용기를 사용하는 경우
㉯ 학교에서 LPG 용기를 사용하는 경우
㉰ 교회에서 LPG 용기를 사용하는 경우
㉱ 경로당에서 LPG 용기를 사용하는 경우

해설 • 중량 판매 방법이 허용되는 경우

① 내용적이 30 L 미만의 용기로 액화석유가스를 사용하는 자
② 옥외에서 이동하면서 사용하는 자
③ 6개월 이내의 기간 동안 사용하는 자
④ 산업용, 선박용, 농축산용으로 사용하거나 그 부대시설에서 사용하는 자
⑤ 재건축, 재개발, 도시계획 대상으로 예정된 건축물, 허가권자가 증, 개축을 인정하는 곳
⑥ 주택 외의 건축물 중 영업장 면적이 40 m² 이하인 곳
⑦ 경로당, 가정보육시설
⑧ 단독주택
⑨ 기타 허가권자가 인정하는 경우

문제 59. 액화석유가스의 안전관리 및 사업법상 전문교육의 주기 및 횟수로 옳은 것은 어느 것인가?

㉮ 신규종사 후 3월 이내 및 그 후 1년이 되는 해마다 1회
㉯ 신규종사 후 6월 이내 및 그 후 1년이 되는 해마다 1회
㉰ 신규종사 후 6월 이내 및 그 후 2년이 되는 해마다 1회
㉱ 신규종사 후 6월 이내 및 안전관리 환경변화로 안전교육을 실시할 필요가 있다고 산업통산자원부장관이 지정하는 때

문제 60. 액화석유가스 충전사업자는 거래상황 기록부를 작성하여 한국가스안전공사에게 보고하여야 한다. 보고기한의 기준으로 옳은 것은?

㉮ 매달 다음달 10일
㉯ 매분기 다음달 15일
㉰ 매반기 다음달 15일
㉱ 매년 1월 15일

해설 • 보고사항 및 보고기한

① 액화석유가스 충전사업자 : 거래상황 기록부, 안전관리현황 기록부 → 한국가스안전공사에 매분기 다음달 15일
② 액화석유가스 판매사업자와 충전사업자 (영업소만 해당) : 거래상황 기록부, 시설개선현황 기록부 → 한국가스안전공사에 매분기 다음달 15일

해답 58. ㉱ 59. ㉱ 60. ㉯

제3장 　도시가스 안전관리

1. 도시가스 용어의 정의

(1) 용어의 정의 [도법 시행규칙 제2조]

① 배관 : 본관, 공급관 및 내관을 말한다.

② 본관 : 도시가스제조사업소(액화천연가스의 인수 기지를 포함한다. 이하 같다.)의 부지 경계에서 정압기까지 이르는 배관을 말한다.

③ 공급관

  (개) 공동주택, 오피스텔, 콘도미니엄, 그 밖에 안전관리를 위하여 산업통상자원부장관이 필요하다고 인정하여 정하는 건축물(이하 "공동주택 등"이라 한다.)에 가스를 공급하는 경우에는 정압기에서 가스사용자가 구분하여 소유하거나 점유하는 건축물의 외벽에 설치하는 계량기의 전단밸브(계량기가 건축물의 내부에 설치된 경우에는 건축물의 외벽)까지 이르는 배관

  (내) 공동주택 등 외의 건축물 등에 가스를 공급하는 경우에는 정압기에서 가스사용자가 소유하거나 점유하고 있는 토지의 경계까지 이르는 배관

  (대) 가스도매사업의 경우에는 정압기에서 일반도시가스사업자의 가스공급시설이나 대량 수요자의 가스사용시설까지 이르는 배관

④ 사용자공급관 : 제③호 (개)목에 따른 공급관 중 가스사용자가 소유하거나 점유하고 있는 토지의 경계에서 가스사용자가 구분하여 소유하거나 점유하는 건축물의 외벽에 설치된 계량기의 전단밸브(계량기가 건축물의 내부에 설치된 경우에는 그 건축물의 외벽)까지 이르는 배관을 말한다.

⑤ 내관 : 가스사용자가 소유하거나 점유하고 있는 토지의 경계(공동주택 등으로서 가스 사용자가 구분하여 소유하거나 점유하는 건축물의 외벽에 계량기가 설치된 경우에는 그 계량기의 전단밸브, 계량기가 건축물의 내부에 설치된 경우에는 건축물의 외벽)에서 연소기까지 이르는 배관을 말한다.

⑥ 고압 : 1 MPa 이상의 압력(게이지 압력)을 말한다. 다만, 액체 상태의 액화가스는 고압 으로 본다.

⑦ 중압 : 0.1 MPa 이상 1 MPa 미만의 압력을 말한다. 다만, 액화가스가 기화되고 다른 물질과 혼합되지 아니한 경우에는 0.01 MPa 이상 0.2 MPa 미만의 압력을 말한다.

⑧ 저압 : 0.1 MPa 미만의 압력을 말한다. 다만, 액화가스가 기화되고 다른 물질과 혼합되지 아니한 경우에는 0.01 MPa 미만의 압력을 말한다.

⑨ 액화가스 : 상용의 온도 또는 35℃에서 압력이 0.2 MPa 이상이 되는 것을 말한다.

⑩ 보호시설 : 제1종 보호시설 및 제2종 보호시설로서 별표 1에서 정하는 것을 말한다.

⑪ 도법 제2조 제3호에서 "산업통산자원부령으로 정하는 대량수요자"란 다음 각 호의 어느 하나에 해당하는 자를 말한다.

　㉮ 월 10만 m³ 이상의 천연가스를 배관을 통하여 공급받아 사용하는 자 중 다음 각 목의 어느 하나에 해당하는 자

　　㉠ 일반도시가스사업자의 공급권역 외의 지역에서 천연가스를 사용하는 자

　　㉡ 일반도시가스사업자의 공급권역에서 천연가스를 사용하는 자 중 정당한 사유로 일반도시가스사업자로부터 천연가스를 공급받지 못하는 천연가스 사용자

　㉯ 발전용 (시설용량 100 MW 이상만 해당한다.)으로 천연가스를 사용하는 자

　㉰ 액화천연가스 저장탱크 (시험·연구용으로 사용하기 위한 용기를 포함한다)를 설치하고 천연가스를 사용하는 자

⑫ 도법 제2조 제5호에서 "산업통상자원부령으로 정하는 가스제조시설과 가스배관시설"이란 다음 각 호의 시설을 말한다.

　㉮ 가스제조시설 : 가스의 하역, 저장, 기화, 송출 시설 및 그 부속설비

　㉯ 가스배관시설 : 도시가스제조사업소로부터 가스사용자가 소유하거나 점유하고 있는 토지의 경계 (공동주택 등으로서 가스사용자가 구분하여 소유하거나 점유하는 건축물의 외벽에 계량기가 설치된 경우에는 그 계량기의 전단밸브, 계량기가 건축물의 내부에 설치된 경우에는 건축물의 외벽)까지 이르는 배관·공급설비 및 그 부속설비

⑬ 도법 제2조 제6호에서 "가스공급시설 외의 가스사용자의 시설로서 산업통상자원부령으로 정하는 것"이란 내관, 연소기 및 그 부속설비와 공동주택 등의 외벽에 설치된 가스계량기를 말한다.

2. 가스도매사업의 기준

(1) 제조소 및 공급소

① 제조소의 위치

　㉮ 안전거리

　　㉠ 액화천연가스의 저장설비 및 처리설비 유지거리 (단, 거리가 50 m 미만의 경우에는 50 m)

$$L = C \times ^3\sqrt{143000\,W}$$

여기서, L : 유지하여야 하는 거리 (m), C : 상수 (저압 지하식 탱크 : 0.240, 그 밖의 가스저장설비 및 처리설비 : 0.576), W : 저장탱크는 저장능력(톤)의 제곱근, 그 밖의 것은 그 시설안의 액화천연가스 질량 (톤)

ⓐ 액화석유가스의 저장설비 및 처리설비와 보호시설까지 거리 : 30 m 이상
  ㈏ 설비 사이의 거리
    ㉮ 고압인 가스공급시설의 안전구역 면적 : 20000 m² 미만
    ㉯ 안전구역 안의 고압인 가스공급시설과의 거리 : 30 m 이상
    ㉰ 2개 이상의 제조소가 인접하여 있는 경우 : 20 m 이상
    ㉱ 액화천연가스의 저장탱크와 처리능력이 20만 m³ 이상인 압축기와의 거리 : 30 m 이상
    ㉲ 저장탱크와의 거리 : 두 저장탱크의 최대지름을 합산한 길이의 $\frac{1}{4}$ 이상에 해당하는
      거리 유지 (1 m 미만인 경우 1 m 이상의 거리 유지) → 물분무장치 설치 시 제외
② 제조시설의 구조 및 설비
  ㈎ 안전시설
    ㉮ 인터로크기구 : 안전확보를 위한 주요부분에 설비가 잘못 조작되거나 이상이 발생
      하는 경우에 자동으로 원재료의 공급을 차단하는 장치 설치
    ㉯ 가스누출검지 통보설비 : 가스공급시설로부터 가스가 누출되어 체류할 우려가 있는
      장소에 설치
    ㉰ 긴급차단장치 : 고압인 가스공급시설에 설치
    ㉱ 긴급이송설비 : 가스량, 온도, 압력 등에 따라 이상사태가 발생하는 경우 설비 안의
      내용물을 설비 밖으로 이송하는 설비 설치
      ⓐ 벤트스택 : 긴급이송설비에 의하여 이송되는 가스를 대기 중으로 방출시키는 시설
      ⓑ 플레어스택 : 긴급이송설비에 의하여 이송되는 가스를 안전하게 연소시키는 시설
  ㈏ 저장탱크
    ㉮ 방류둑 설치 : 저장능력 500톤 이상
    ㉯ 긴급차단장치 조작위치 : 10 m 이상
    ㉰ 액화석유가스 저장탱크 : 폭발방지장치 설치

(2) 제조소 및 공급소 밖의 배관

① 배관설비 기준
  ㈎ 지하에 매설하는 경우 : 보호포 및 매설위치 확인 표시 설치
    ㉮ 보호포 설치 기준
      ⓐ 표시사항 : 가스명, 사용압력, 공급자명
      ⓑ 색상 : 저압관 (황색), 중압 이상의 관 (적색)
      ⓒ 보호포 폭 : 15 cm 이상 (설치 : 배관 폭에 10 cm를 더한 폭)
      ⓓ 위치 : 저압관 (배관 정상부에서 60 cm 이상), 중압 이상의 관 (보호판 상부로부터
        30 cm 이상), 공동주택 부지 설치 (배관 정상부에서 40 cm 이상)
    ㉯ 라인마크 설치 기준
      ⓐ 도로 및 공동주택 부지 내 도로에 배관을 매설하는 경우 설치
      ⓑ 배관길이 50 m마다 1개 이상, 주요 분기점 구부러진 지점 및 그 주위 50 m 이내
        설치

ⓓ 표지판 설치 기준

　ⓐ 시가지 외의 도로, 산지, 농지 또는 철도부지 내에 매설하는 경우 설치

　ⓑ 설치 간격 : 500 m 간격으로 1개 이상 (일반도시가스사업 : 200 m)

　ⓒ 크기 : 200×150 mm 이상의 직사각형에 황색바탕에 검정색 글씨

(나) 지하매설

　㉮ 건축물 : 수평거리 1.5 m 이상

　㉯ 지하의 다른 시설물 : 0.3 m 이상

　㉰ 매설깊이

　　ⓐ 기준 : 1.2 m 이상

　　ⓑ 산이나 들 : 1 m 이상

　　ⓒ 시가지의 도로 : 1.5 m 이상

　㉱ 굴착 및 되메우기 방법

　　ⓐ 기초재료 (foundation) : 모래 또는 19 mm 이상의 큰 입자가 포함되지 않은 양질의 흙

　　ⓑ 침상재료 (bedding) : 배관에 작용하는 하중을 수직방향 및 횡방향에서 지지하고 하중을 기초 아래로 분산시키기 위하여 배관하단에서 배관 상단 30 cm까지 포설하는 재료

(다) 도로매설

　㉮ 도로 경계와 수평거리 1 m 이상 유지

　㉯ 도로 밑의 다른 시설물 : 0.3 m 이상

　㉰ 시가지의 도로 매설깊이 : 1.5 m 이상

　㉱ 시가지 외의 도로 매설깊이 : 1.2 m 이상

　㉲ 포장되어 있는 차도에 매설 : 노반 최하부와 0.5 m 이상

　㉳ 인도, 보도 등 노면 외의 도로 매설깊이 : 1.2 m 이상

　㉴ 전선, 상·하수도관, 가스관이 매설되어 있는 도로 : 이들의 하부에 매설

　㉵ 보호판 설치기준

　　ⓐ 재료 : KS D 3503 (일반구조용 압연강재)

　　ⓑ 지름 30~50 mm 이하의 구멍을 3 m 이하의 간격으로 뚫는다.

　　ⓒ 설치위치 : 배관 정상부에서 30 cm 이상

　　ⓓ 도막두께 : 80 μm 이상

　　ⓔ 두께 : 4 mm 이상 (고압이상 배관 : 6 mm 이상)

(라) 철도부지 밑 매설

　㉮ 궤도 중심까지 4 m 이상, 부지경계까지 1 m 이상의 거리 유지

　㉯ 매설깊이 : 1.2 m 이상

(마) 연안구역 내 매설 : 하천제방과 하천관리상 필요한 거리 유지

(바) 지상설치

　㉮ 주택, 학교, 병원, 철도 그 밖의 이와 유사한 시설과 안전확보상 필요한 거리 유지

  ④ 배관 양측에 공지 유지

상용압력	공지의 폭
0.2 MPa 미만	5 m
0.2 MPa 이상 1 MPa 미만	9 m
1 MPa 이상	15 m

  ⑤ 산업통상자원부장관이 고시하는 지역의 경우 공지 폭의 $\frac{1}{3}$로 할 수 있다.

 (사) 해저설치

  ㉮ 배관은 해저면 밑에 매설할 것

  ㉯ 다른 배관과 교차하지 않고, 30 m 이상의 수평거리 유지

  ㉰ 배관의 입상부에는 방호구조물 설치

  ㉱ 해저면 밑에 매설하지 않고 설치하는 경우 해저면을 고르게 하여 배관이 해저면 밑
   에 닿도록 할 것

 (아) 해상설치

  ㉮ 지진, 풍압, 파도압 등에 안전한 구조의 지지물로 지지할 것

  ㉯ 선박의 항해에 손상을 받지 않도록 해면과의 사이에 공간을 확보

  ㉰ 선박의 충돌에 의하여 배관 및 지지물이 손상을 받을 우려가 있는 경우 방호설비를
   설치

  ㉱ 다른 시설물과 유지관리에 필요한 거리를 유지

② 사고예방설비 기준

 (가) 운영상태 감시장치

  ㉮ 배관장치에는 적절한 장소에 압력계, 유량계, 온도계 등의 계기류를 설치

  ㉯ 압축기 또는 펌프 및 긴급차단밸브의 작동상황을 나타내는 표시등 설치

  ㉰ 경보장치 설치 : 경보장치가 울리는 경우

   ⓐ 압력이 상용압력의 1.05배를 초과한 때(상용압력이 4 MPa 이상인 경우 상용압력
    에 0.2 MPa을 더한 압력)

   ⓑ 정상운전시의 압력보다 15 % 이상 강하한 경우

   ⓒ 긴급차단밸브가 고장 또는 폐쇄된 때

 (나) 안전제어장치 : 이상 상태가 발생한 경우 압축기, 펌프, 긴급차단장치 등을 정지 또는
  폐쇄

  ㉮ 압력계로 측정한 압력이 상용압력의 1.1배를 초과했을 때

  ㉯ 정상운전 시의 압력보다 30 % 이상 강하했을 때

  ㉰ 가스누출경보기가 작동했을 때

 (다) 굴착으로 노출된 배관의 안전조치

  ㉮ 고압배관의 길이가 100 m 이상인 것 : 배관 양 끝에 차단장치 설치

  ㉯ 중압 이하의 배관 길이가 100 m 이상인 것 : 노출부분 양 끝으로부터 300 m 이내에
   차단장치를 설치하거나 500 m 이내에 원격조작이 가능한 차단장치 설치

ⓒ 굴착으로 20 m 이상 노출된 배관 : 20 m마다 가스누출경보기 설치

ⓓ 노출된 배관의 길이가 15 m 이상일 때

ⓐ 점검통로 설치 : 폭 80 cm 이상, 가드레일 높이 90 cm 이상

ⓑ 조명도 : 70 lux 이상

3. 일반도시가스사업의 기준

(1) 제조소 및 공급소

① 시설 기준

(가) 안전거리 : 외면으로부터 사업장의 경계까지 거리

㉮ 가스발생기 및 가스홀더

ⓐ 최고사용압력이 고압 : 20 m 이상

ⓑ 최고사용압력이 중압 : 10 m 이상

ⓒ 최고사용압력이 저압 : 5 m 이상

㉯ 가스혼합기, 가스정제설비, 배송기, 압송기, 가스공급시설의 부대설비 (배관제외) : 3 m 이상 (단, 최고사용압력이 고압인 경우 20 m 이상)

㉰ 화기와의 거리 : 8 m 이상의 우회거리

(나) 통풍구조 및 기계환기설비 (제조소 및 정압기실)

㉮ 통풍구조

ⓐ 공기보다 무거운 가스 : 바닥면에 접하게 통풍구 설치

ⓑ 공기보다 가벼운 가스 : 천장 또는 벽면상부에서 30 cm 이내에 설치

ⓒ 환기구 통풍가능 면적 : 바닥면적 1 m^{2}당 300 cm^2 비율 (1개 환기구의 면적은 2400 cm^2 이하)

ⓓ 사방을 방호벽 등으로 설치할 경우 : 환기구를 2방향 이상으로 분산 설치

㉯ 기계환기설비의 설치기준

ⓐ 통풍능력 : 바닥면적 1 m^{2}마다 0.5 m^3/분 이상

ⓑ 배기구는 바닥면 (공기보다 가벼운 경우에는 천장면) 가까이 설치

ⓒ 방출구 높이 : 지면에서 5 m 이상 (단, 공기보다 가벼운 경우 : 3 m 이상)

㉰ 공기보다 가벼운 공급시설이 지하에 설치된 경우의 통풍구조

ⓐ 환기구 : 2방향 이상 분산 설치

ⓑ 배기구 : 천장면으로부터 30 cm 이내 설치

ⓒ 흡입구 및 배기구 지름 : 100 mm 이상

ⓓ 배기가스 방출구 : 지면에서 3 m 이상의 높이에 설치

(다) 고압가스설비의 시험

㉮ 내압시험

ⓐ 시험압력 : 최고사용압력의 1.5배 이상의 압력 (5~20분 표준)

ⓑ 내압시험을 공기 등의 기체에 의하여 하는 경우 : 상용압력의 50 %까지 승압하고 그 후에는 상용압력의 10 %씩 단계적으로 승압

㉯ 기밀시험 : 최고사용압력의 1.1배 또는 8.4 kPa 중 높은 압력 이상으로 실시

② 가스발생설비

㉮ 가스발생설비 (기화장치 제외)

㉮ 압력상승 방지장치 : 폭발구, 파열판, 안전밸브, 제어장치 등 설치

㉯ 긴급정지 장치 : 긴급 시에 가스발생을 정지시키는 장치 설치

㉰ 역류방지장치

ⓐ 가스가 통하는 부분에 직접 액체를 이입하는 장치가 있는 가스발생설비에 설치

ⓑ 최고사용압력이 저압인 가스발생설비에 설치

㉱ 자동조정장치 : 사이클릭식 가스발생설비에 설치

㉯ 기화장치

㉮ 직화식 가열구조가 아니며, 온수로 가열하는 경우에는 동결방지 조치 (부동액 첨가, 불연성 단열재로 피복)를 할 것

㉯ 액유출 방지장치 설치

㉰ 역류방지 장치 설치 : 공기를 흡입하는 구조의 기화장치에 설치

㉱ 조작용 전원 정지 시의 조치 : 자가 발전기를 설치하여 가스 공급을 계속 유지

㉰ 가스정제설비

㉮ 수봉기 : 최고사용압력이 저압인 가스정제설비에 압력의 이상상승을 방지하기 위한 장치

㉯ 역류방지장치 : 가스가 통하는 부분에 직접 액체를 이입하는 장치에 설치

㉱ 가스홀더

㉮ 고압 또는 중압의 가스홀더

ⓐ 관의 입구 및 출구에는 신축흡수장치를 설치할 것

ⓑ 응축액을 외부로 뽑을 수 있는 장치를 설치할 것

ⓒ 응축액의 동결을 방지하는 조치를 할 것

ⓓ 맨홀 또는 검사구를 설치할 것

ⓔ 고압가스 안전관리법의 규정에 의한 검사를 받은 것일 것

ⓕ 가스홀더와의 거리 : 두 가스홀더의 최대지름 합산한 길이의 1/4 이상 유지 (1 m 미만인 경우 1 m 이상의 거리)

㉯ 저압의 가스홀더

ⓐ 유수식 가스홀더

• 원활히 작동할 것

• 가스방출장치를 설치할 것

• 수조에 물공급과 물이 넘쳐 빠지는 구멍을 설치할 것

- 봉수의 동결방지조치를 할 것
ⓑ 무수식 가스홀더
- 피스톤이 원활히 작동되도록 설치할 것
- 봉액공급용 예비펌프를 설치할 것
㉔ 긴급차단장치 설치 : 최고사용압력이 중압 또는 고압의 가스홀더 (조작위치 : 5 m)
㈑ 부대설비
㉮ 액화가스 저장탱크
ⓐ 저장탱크 간의 거리
- 저장탱크와 저장탱크 : 두 저장탱크의 최대지름을 합산한 길이의 $\frac{1}{4}$ 이상 유지 (1 m 미만인 경우 1 m 이상의 거리)
- 저장탱크와 가스홀더 : 가스홀더와 저장탱크 최대지름의 $\frac{1}{2}$ 이상 거리 (지하설치의 경우 : 저장탱크 또는 가스홀더 최대지름의 $\frac{1}{4}$ 이상)
ⓑ 지상에 설치하는 저장탱크의 표시
- 외부 : 은색, 백색도료
- 가스명칭 : 붉은 글씨로 표시
ⓒ 방류둑 설치 : 저장능력 1000톤 이상
ⓓ 긴급차단장치 조작위치 : 5 m 이상
ⓔ 냉각살수장치 설치
- 방수량 : 저장탱크 표면적 $1\,m^2$당 5 L/min 이상
- 준내화구조 : $2.5\,L/min \cdot m^2$
ⓕ 내압시험 및 기밀시험
- 내압시험 압력 : 최고사용압력의 1.5배 이상
- 기밀시험 압력 : 최고사용압력의 1.1배 이상
㉯ 그 밖의 부대설비
ⓐ 냉동설비
ⓑ 열량조정장치
ⓒ 냄새첨가장치 설치
- 착취농도 : 1/1000 (0.1 %)
- 측정, 기록 : 매월 1회 이상 최종소비 장소에서 측정, 기록 (보존기간 : 2년)
ⓓ 벤트스택
ⓔ 플레어스택

(2) 정압기

① 구조 및 재료 등
㉮ 통풍시설 설치 : 공기보다 무거운 가스의 경우 강제통풍시설 설치
㉯ 정압기실 조명도 : 150 lux
㉰ 경계책 설치 (단독사용자의 정압기 제외)

㉮ 높이 : 1.5 m 이상의 철책 또는 철망으로 설치

㉯ 경계표지판 : 검정, 파랑, 적색 글씨 등으로 표기 (시설명, 공급자, 연락처)

② 정압기실의 시설 및 설비

㉮ 가스차단장치 설치 : 입구 및 출구 (지하설치 시 정압기실 외부에 가스차단장치 추가)

㉯ 감시장치 설치 : RTU 장치

  ㉮ 경보장치 : 출구가스압력이 상승한 경우 안전관리자가 상주하는 곳에 통보 (경보음 : 70 dB 이상)

  ㉯ 가스누출검지 통보설비

    ⓐ 검지부 설치 수 : 바닥면 둘레 20 m에 대하여 1개 이상의 비율

    ⓑ 작동상황 점검 : 1주일에 1회 이상

  ㉰ 출입문 개폐통보장치, 긴급차단밸브 개폐여부 경보설비 설치

㉰ 압력기록장치 : 출구 가스압력을 측정, 기록할 수 있는 자기압력 기록장치 설치

㉱ 불순물 제거장치 : 입구에 수분 및 불순물 제거장치 (필터) 설치

㉲ 예비정압기 설치

  ㉮ 정압기의 분해점검 및 고장에 대비

  ㉯ 이상압력 발생 시에 자동으로 기능이 전환되는 구조

  ㉰ 바이패스관 : 밸브를 설치하고 그 밸브에 시건 조치를 할 것

㉳ 안전밸브

  ㉮ 가스방출관 설치 : 지면에서 5 m 이상 높이 (전기시설물과 접촉 우려 : 3 m 이상)

  ㉯ 안전밸브 분출부 크기

    ⓐ 정압기 입구 압력 0.5 MPa 이상 : 50 A 이상

    ⓑ 정압기 입구 압력 0.5 MPa 미만

      • 설계유량 $1000 \, \text{N m}^3/\text{h}$ 이상 : 50 A 이상

      • 설계유량 $1000 \, \text{N m}^3/\text{h}$ 미만 : 25 A 이상

㉴ 기밀시험

  ㉮ 입구측 : 최고사용압력의 1.1배

  ㉯ 출구측 : 최고사용압력의 1.1배 또는 8.4 kPa 중 높은 압력 이상

㉵ 분해점검 방법

  ㉮ 정압기 : 2년에 1회 이상

  ㉯ 필터 : 가스공급 개시 후 1월 이내 및 매년 1회 이상

  ㉰ 가스사용시설 정압기 및 필터 : 3년까지는 1회 이상, 그 이후에는 4년에 1회 이상

  ㉱ 작동상황 점검 : 1주일에 1회 이상

(3) 제조소 및 공급소 밖의 배관

① 가스설비 기준

㉮ 공동주택 등에 압력조정기 설치

  ㉮ 중압 이상 : 전체 세대수 150세대 미만

　　　　㉯ 저압 : 전체 세대수 250세대 미만
　　㈏ 공급시설에 설치된 압력조정기 점검 주기 : 6개월에 1회 이상 (필터 : 2년에 1회 이상)
　② 배관설비 기준
　　㈎ 배관의 최고사용압력은 중압 이하일 것
　　㈏ 중압 이하의 배관과 고압배관의 유지거리 : 2 m 이상
　　㈐ 본관과 공급관은 건축물의 내부나 기초 밑에 설치하지 아니할 것
　　㈑ 배관의 재료 및 표시
　　　㉮ 지하매설관 재료
　　　　ⓐ 폴리에틸렌 피복강관 (PLP관)
　　　　ⓑ 가스용 폴리에틸렌관 (PE관) : 최고사용압력 0.4 MPa 이하에 사용
　　　㉯ 가스용 폴리에틸렌관 설치 기준
　　　　ⓐ 관은 매몰하여 시공
　　　　ⓑ 관의 굴곡 허용반지름 : 바깥지름의 20배 이상
　　　　ⓒ 탐지형 보호포, 로케팅 와이어 (단면적 $6 \ mm^2$ 이상) 설치
　　　　ⓓ 허용압력 범위

호 칭	SDR	허 용 압 력
1호 관	11 이하	0.4 MPa 이하
2호 관	17 이하	0.25 MPa 이하
3호 관	21 이하	0.2 MPa 이하

$$SDR \, (standard \ dimension \ ration) = \frac{D \, (바깥지름)}{t \, (최소두께)}$$

　　　㉰ 가스용 폴리에틸렌 관 융착이음 방법
　　　　ⓐ 맞대기 융착 (butt fusion) : 관지름 90 mm 이상
　　　　ⓑ 소켓 융착 (socket fusion)
　　　　ⓒ 새들 융착 (saddle fusion) : 분기할 때
　　　㉱ 배관의 표시 및 부식방지조치
　　　　ⓐ 배관표시 : 가스명, 최고사용압력, 가스의 흐름방향
　　　　ⓑ 표면색상
　　　　　• 지상배관 : 황색
　　　　　• 매설배관 : 최고사용압력이 저압배관은 황색, 중압배관은 적색
　　㈒ 배관의 설치
　　　㉮ 지하매설배관의 설치 (매설깊이)
　　　　ⓐ 공동주택 등의 부지 내 : 0.6 m 이상
　　　　ⓑ 폭 8 m 이상의 도로 : 1.2 m 이상
　　　　ⓒ 폭 4 m 이상 8 m 미만인 도로 : 1 m 이상
　　　　ⓓ ⓐ 내지 ⓒ에 해당하지 않는 곳 : 0.8 m 이상

ⓝ 관통부에 배관 손상방지를 위한 조치

ⓐ 공동구벽의 관통부 보호관 지름 : 배관 바깥지름에 5 cm를 더한 지름 또는 배관의 바깥지름의 1.2배의 지름 중 작은 지름 이상

ⓑ 보호관과 배관과의 사이 : 가황고무 등을 충전

ⓒ 지반의 부등침하에 대한 영향을 줄이는 조치

ⓓ 입상관의 밸브 : 1.6 m 이상 2 m 이내에 설치(입상관 밸브를 1.6 m 미만으로 설치 시 보호상자 안에 설치)

4. 가스 사용시설의 기준

(1) 배관 및 배관설비

① 가스 계량기

㉮ 화기와 2 m 이상 우회거리 유지

㉯ 설치 높이 : 1.6~2 m 이내 (보호상자 내 설치하는 경우 바닥으로부터 2 m 이내 설치)

㉰ 유지거리

㉮ 전기계량기, 전기개폐기 : 60 cm 이상

㉯ 단열조치를 하지 않은 굴뚝, 전기점멸기, 전기접속기 : 30 cm 이상

㉰ 절연조치를 하지 않은 전선 : 15 cm 이상

② 배관설비

㉮ 지하매설 깊이 : 0.6 m 이상

㉯ 실내에 배관 설치 기준

㉮ 건축물 안의 배관은 노출하여 시공할 것 (단, 스테인리스강, 보호조치를 한 동관, 가스용 금속플렉시블호스를 이음매 없이 설치하는 경우 매설할 수 있음)

㉯ 환기가 잘되지 아니하는 천정, 벽, 바닥, 공동구 등에는 설치하지 아니할 것

㉰ 배관이음부와 유지거리 (용접이음매 제외)

ⓐ 전기계량기, 전기개폐기 : 60 cm 이상

ⓑ 전기점멸기, 전기접속기 : 15 cm 이상

ⓒ 절연조치를 하지 않은 전선, 단열조치를 하지 않은 굴뚝 : 15 cm 이상

ⓓ 절연전선 : 10 cm 이상

㉰ 배관의 고정장치 : 배관과 고정장치 사이에는 절연조치를 할 것

㉮ 호칭지름 13 mm 미만 : 1 m마다

㉯ 호칭지름 13 mm 이상 33 mm 미만 : 2 m마다

㉰ 호칭지름 33 mm 이상 : 3 m마다

㉱ 호칭지름 100 mm 이상의 것에는 적절한 방법에 따라 3 m를 초과하여 설치할 수 있다.

㉠ 배관 도색 및 표시

㉮ 배관 외부에 표시 사항 : 사용가스명, 최고사용압력, 가스흐름방향(매설관 제외)
㉯ 지상배관 : 황색
㉰ 지하 매설배관 : 중압 이상 - 붉은색, 저압 - 황색
㉱ 건축물 내 · 외벽에 노출된 배관 : 바닥에서 1 m 높이에 폭 3 cm의 황색띠를 2중으로 표시한 경우 황색으로 하지 아니할 수 있음

(마) 가스용 폴리에틸렌관은 노출배관용으로 사용하지 아니할 것 (단, 지상배관과 연결을 위하여 금속관으로 보호조치를 한 경우 지면에서 30 cm 이하로 노출하여 시공할 수 있음)

③ 사고예방설비 기준

(가) 가스누출 자동 차단장치(또는 가스누출 자동 차단기) 설치 장소
㉮ 영업장 면적이 100 m^2 이상인 식품접객업소의 가스 사용시설
㉯ 지하에 있는 가스 사용시설(가정용 제외)

(나) 설치 제외 장소
㉮ 월 사용예정량 2000 m^3 미만으로서 연소기가 연결된 배관에 퓨즈콕, 상자콕 및 연소기에 소화 안전장치가 부착되어 있는 경우
㉯ 가스공급이 차단될 경우 재해 및 손실 발생의 우려가 있는 가스 사용시설
㉰ 가스누출경보기 연동차단기능의 다기능가스안전 계량기를 설치하는 경우

(다) 지상 차단장치 설치 : 지하층에 설치된 가스 사용시설

(라) 검지부 설치 수
㉮ 공기보다 가벼운 경우 : 연소기에서 수평거리 8 m 이내 1개 이상, 천장에서 30 cm 이내
㉯ 공기보다 무거운 경우 : 연소기에서 수평거리 4 m 이내 1개 이상, 바닥면에서 30 cm 이내

(마) 검지부 설치 제외 장소
㉮ 출입구 부근 등으로서 외부의 기류가 통하는 곳
㉯ 환기구 등 공기가 들어오는 곳으로부터 1.5 m 이내
㉰ 연소기의 폐가스가 접촉하기 쉬운 곳

④ 가스사용시설에 설치된 압력 조정기 점검 주기 : 1년에 1회 이상 (필터 : 3년에 1회 이상)

(2) 연소기

① 가스보일러와 온수기 설치 기준

(가) 목욕탕이나 환기가 잘 되지 않는 곳에 설치하지 아니할 것
(나) 가스보일러는 전용보일러실에 설치할 것
(다) 배기통의 재료 : 스테인리스강판, 배기가스 및 응축수에 내열성, 내식성이 있는 것
(라) 가스보일러에는 시공 표지판을 부착할 것
(마) 가스보일러를 설치, 시공한 자는 시공확인서를 작성하여 5년간 보존할 것

② 호스 길이 : 3 m 이내, "T"형으로 연결 금지

③ 내압시험 및 기밀시험

  (가) 내압시험 (중압이상 배관) : 최고사용압력의 1.5배 이상

  (나) 기밀시험 : 최고사용압력의 1.1배 또는 8.4 kPa 중 높은 압력 이상

④ 월사용 예정량 산정기준

$$Q = \frac{(A \times 240) + (B \times 90)}{11000}$$

    여기서, Q : 월사용 예정량 (m^3)

          A : 산업용으로 사용하는 연소기의 명판에 적힌 가스소비량의 합계 $(kcal/h)$

          B : 산업용이 아닌 연소기의 명판에 적힌 가스소비량의 합계 $(kcal/h)$

⑤ 연소기의 설치방법

  (가) 개방형 연소기 : 환풍기, 환기구 설치

  (나) 반밀폐형 연소기 : 급기구, 배기통 설치

  (다) 배기통 재료 : 스테인리스강, 내열 및 내식성 재료

5. 도시가스의 측정

① 측정항목 : 열량 측정, 압력 측정, 연소성 측정, 유해성분 측정

② 유해성분 측정 : 0℃, 101325 Pa의 압력에서 건조한 도시가스 $1 m^3$당

  (가) 황전량 : 0.5 g 이하

  (나) 황화수소 : 0.02 g 이하

  (다) 암모니아 : 0.2 g 이하

③ 웨버지수

$$WI = \frac{H_g}{\sqrt{d}}$$

    여기서, H_g : 도시가스의 발열량 $(kcal/m^3)$

          d : 도시가스의 비중

④ 연소속도 지수

$$C_p = K \frac{1.0\,H_2 + 0.6\,(CO + C_mH_n) + 0.3\,CH_4}{\sqrt{d}}$$

    여기서, H_2 : 가스 중의 수소함량 $(vol\%)$

          CO : 가스 중의 일산화탄소 함량 $(vol\%)$

          C_mH_n : 가스 중의 탄화수소의 함량 $(vol\%)$

          d : 가스의 비중

          K : 가스 중의 산소 함량에 따른 정수

6. 가스배관의 안전조치 및 손상방지 기준

(1) 가스배관의 안전조치

① 굴착공사 현장위치 표시 및 가스배관 매설위치 표시

(개) 도시가스사업자와 굴착공사자가 공동으로 표시

㉮ 매설배관이 통과하는 지점에서 도시철도, 지하보도, 지하차도, 지하상가를 건설하기 위한 굴착공사

㉯ 굴착공사 예정지역에서 매설된 도시가스 배관의 길이가 100 m 이상인 굴착공사

(내) 공동으로 표시할 경우 준수하여야 할 조치사항

㉮ 굴착공사자는 굴착공사 예정지역의 위치를 흰색 페인트로 표시할 것

㉯ 도시가스 사업자는 굴착예정 지역의 매설배관의 위치를 굴착공사자에게 알려주어야 하며, 굴착공사자는 매설배관 직상부의 지면에 황색 페인트로 표시할 것

㉰ 페인트로 매설배관 위치를 표시하는 것이 곤란한 경우 표시 말뚝, 표시 깃발, 표지판 등을 사용하여 표시할 수 있다.

㉱ 도시가스사업자는 ㉯와 ㉰에 따른 표시여부를 확인하고 그 사실을 정보지원센터에 통지할 것

(대) 단독으로 표시할 경우 준수하여야 할 조치사항

㉮ 굴착공사자는 굴착공사 예정지역의 위치를 흰색 페인트로 표시하고, 그 결과를 정보지원센터에 통지할 것

㉯ 정보지원센터는 ㉮에 따라 통지받은 사항을 도시가스 사업자에게 통지할 것

㉰ 도시가스 사업자는 ㉯에 따라 통지를 받은 후 48시간 이내에 매설배관의 위치를 매설배관 직상부의 지면에 황색 페인트로 표시하고, 그 사실을 정보지원센터에 통지할 것

② 도면의 제공

(개) 도시가스 사업자는 도시가스 사업이 허가된 지역과 도시가스가 공급되는 지역에 관한 정보를 정보지원센터에 제공할 것

(내) 굴착공사자는 도시가스 사업자에게 굴착 예정지역의 매설배관 도면을 요구할 수 있으며, 도시가스 사업자는 그 도면을 제공할 것

(2) 가스배관의 손상 방지

① 굴착공사 준비

(개) 가스배관 주위에서 굴착공사를 하려는 자는 배관에 위해가 미치지 않도록 준비, 작업 및 복구할 것

(내) 굴착공사자는 다음 기준에 따른 시기에 도시가스 사업자에게 입회를 요청하여야 하며, 도시가스 사업자는 입회하여 필요한 사항을 확인할 것

　　　　㉮ 시험 굴착 및 본 굴착 시

　　　　㉯ 가스공급시설에 근접하여 파일, 토류판 설치 시

　　　　㉰ 가스배관의 수직, 수평 위치 측량 시

　　　　㉱ 노출배관 방호공사 시

　　　　㉲ 고정조치 완료 시

　　　　㉳ 가스배관 되메우기 직전

　　　　㉴ 가스배관 되메우기 시

　　　　㉵ 가스배관 되메우기 작업 완료 후

　　㈐ "산업안전보건법"에 따라 지정된 안전담당자 업무

　　　　㉮ 도시가스 사업자가 지정한 굴착공사 안전관리전담자와 공사 진행에 따른 공동 입회 및 공동 확인에 필요한 공사의 공정을 협의할 것

　　　　㉯ 주위의 굴착공사는 안전관리전담자의 입회 아래 실시할 것

　　　　㉰ 현장의 모든 굴착공사와 천공작업(보링, 파일박기), 발파작업, 차수공사 등을 파악하고 관리할 것

　　　　㉱ 굴착공사 전에 건설기계 조종자, 굴착작업자 등에게 교육, 훈련을 실시하고, 그 내용을 작성, 보존할 것

　　　　　ⓐ 가스배관 매설위치와 손상방지를 위한 준수사항

　　　　　ⓑ 비상 시 긴급조치사항 및 대처방안

　　　　　ⓒ 가상시나리오에 따른 교육 및 훈련

② 굴착공사 시행

　㈎ 가스안전 영향 평가대상 굴착공사 중 가스배관의 수직, 수평 변위와 지반침하의 우려가 있는 경우에는 가스배관 변형 및 지반침하 여부를 확인할 것

　㈏ 와이어로프 등의 느슨해짐을 수정하고 가설구조물의 변형유무를 확인할 것

　㈐ 가스배관 주위에서는 중장비의 배치 및 작업을 제한할 것

　㈑ 가스배관은 일일 안전점검을 실시하고 점검표에 기록할 것

　㈒ 가스배관의 변형 및 지반침하 여부 확인 기준

　　　㉮ 줄파기 공사로 배관이 노출될 때 수직, 수평 측량을 통해 최초 위치를 확인, 기록하고 공사 중에도 계속 측량하여 배관변형 유무를 확인할 것

　　　㉯ 매몰된 배관의 침하 여부는 침하 관측공을 설치하고 관측할 것

　　　㉰ 침하 측정은 10일에 1회 이상을 원칙으로 할 것(단, 큰 충격을 받았을 경우 1일 1회씩 3일 간 연속측정)

　　　㉱ 가스배관의 변형과 지반침하 여부 확인은 도시가스회사 직원과 시공자가 서로 확인하고 그 기록을 각각 1부씩 보관할 것

③ 굴착공사 종류별 작업방법

　㈎ 파일박기 및 빼기작업

　　　㉮ 공사착공 전에 도시가스 사업자와 공사 장소, 공사 기간 및 안전조치에 관하여 확인할 것

     ⓝ 가스배관과 수평거리 2 m 이내에서 파일박기를 하는 경우에는 도시가스 사업자의 입회 아래 시험굴착으로 가스배관의 위치를 정확히 확인할 것

     ⓓ 가스배관의 위치를 파악한 경우 표지판을 설치할 것

     ⓡ 가스배관과 수평거리 30 cm 이내에서는 파일박기를 하지 말 것

     ⓜ 항타기는 가스배관과 수평거리 2 m 이상 되는 곳에 설치할 것

     ⓑ 파일을 뺀 자리는 충분히 메울 것

  (나) 그라우팅, 보링작업

     ㉮ (가)의 ㉮부터 ⓓ까지 준용할 것(이 경우 "파일박기"는 "그라우팅, 보링작업"으로 본다.).

     ⓝ 보링피트가 가스배관에 접촉할 가능성이 있는 경우에는 가이드 파이프를 사용하여 직접 접촉되지 아니하도록 할 것

  (다) 터파기, 되메우기 및 포장작업

     ㉮ (가)의 ㉮부터 ⓓ까지 준용할 것(이 경우 "파일박기"는 "터파기"로 본다).

     ⓝ 가스배관 주위를 굴착하는 경우 좌우 1 m 이내 부분은 인력으로 굴착할 것

     ⓓ 가스배관의 부속시설물(밸브, 수취기, 전기방식용 리드선 및 터미널 등)은 작업으로 인한 이탈 그 밖에 손상방지에 주의할 것

     ⓡ 배관의 코팅부가 손상되지 아니하도록 하고, 코팅부가 손상될 때에는 도시가스 사업자에게 통보하여 보수를 한 후 작업을 진행할 것

     ⓜ 가스배관 주위에서 발파작업을 하는 경우 도시가스 사업자의 입회 아래 대책을 강구한 후 실시할 것

     ⓑ 가스배관 주위에 다른 시설물을 설치할 때에는 30 cm 이상 이격할 것

     ⓢ 되메우기 하거나 포장할 경우 굴착 전과 같은 상태가 되도록 할 것

     ⓞ 되메우기를 할 때에는 지반이 침하되지 않도록 필요한 조치를 할 것

예 상 문 제

문제 1. 도시가스 사업법상 배관 구분 시 사용되지 않는 용어는?

㉮ 본관 ㉯ 사용자 공급관

㉰ 가정관 ㉱ 공급관

해설 • 배관 : 본관, 공급관, 사용자 공급관, 내관

문제 2. 도시가스 배관에 대한 설명 중 옳지 않은 것은?

㉮ 도시가스 제조 사업소의 부지 경계에서 정압기까지에 이르는 배관을 본관이라 한다.

㉯ 정압기에서 가스 사용자가 소유하거나 점유하고 있는 토지의 경계까지의 배관을 사용자 공급관이라 한다.

㉰ 가스도매사업자의 정압기에서 일반도시가스사업자의 가스공급시설까지의 배관을 공급관이라 한다.

㉱ 가스사용자가 소유하거나 점유하고 있는 토지의 경계에서 연소기까지에 이르는 배관을 내관이라 한다.

해설 • 사용자 공급관 : 공동주택 등의 공급관 중 가스 사용자가 소유하거나 점유하고 있는 토지의 경계에서 가스 사용자가 구분하여 소유하거나 점유하는 건축물의 외벽에 설치된 계량기의 전단 밸브까지에 이르는 배관이다.
※ ㉯ 공급관에 대한 설명

문제 3. 도시가스사업법에서 정한 중압의 기준은?

㉮ 0.1 MPa 미만의 압력

㉯ 1 MPa 미만의 압력

㉰ 0.1 MPa 이상 1 MPa 미만의 압력

㉱ 1 MPa 이상의 압력

해설 • 공급압력에 의한 구분

① 저압공급 방식 : 0.1 MPa 미만

② 중압공급 방식 : 0.1 MPa 이상, 1 MPa 미만

③ 고압공급 방식 : 1 MPa 이상

문제 4. 고압인 도시가스공급 시설은 통로, 공지 등으로 구획된 안전구역 안에 설치하되 그 안전구역 면적은 몇 m^2 미만이어야 하는가?

㉮ 10000 ㉯ 20000

㉰ 30000 ㉱ 40000

문제 5. 다음 ( ) 안에 들어갈 수 있는 경우로 옳지 않은 것은?

"액화천연가스의 저장설비 및 처리설비는 그 외면으로부터 사업소 경계까지 일정규모 이상의 안전거리를 유지하여야 한다. 이 때 사업소 경계가 ( )의 경우에는 이들의 반대편 끝을 경계로 보고 있다."

㉮ 산 ㉯ 호수

㉰ 하천 ㉱ 바다

문제 6. 도시가스 도매사업의 저장설비 중 저장능력 100톤인 저장탱크의 외면과 사업소 경계까지 유지하여야 하는 안전거리는 몇 m 이상으로 하여야 하는가? (단, 유지하여야 하는 안전거리의 계산 시 적용하는 상수 C는 0.576으로 한다.)

㉮ 60 ㉯ 120

㉰ 140 ㉱ 160

해설 $L = C \times \sqrt[3]{143000\, W}$

$\qquad = 0.576 \times \sqrt[3]{143000 \times 100} = 139.8\,m$

해답 1. ㉰ 2. ㉯ 3. ㉰ 4. ㉯ 5. ㉮ 6. ㉰

문제 7. 도시가스 공급시설 또는 그 시설에 속하는 계기를 장치하는 회로에 설치하는 것으로서 온도 및 압력과 그 시설의 상황에 따라 안전확보를 위한 주요부분에 설비가 잘못 조작되거나 이상이 발생하는 경우에 자동으로 가스의 발생을 차단시키는 장치를 무엇이라 하는가?

㉑ 벤트스택

㉯ 가스누출검지 통보설비

㉰ 안전밸브

㉱ 인터로크 기구

문제 8. 가스도매사업자의 공급시설 중 배관에 대한 용접방법의 기준으로 옳은 것은 어느 것인가?

㉑ 용접방법은 티그용접 또는 이와 동등 이상의 강도를 갖는 용접방법으로 한다.

㉯ 배관 상호의 길이 이음매는 원주방향에서 원칙적으로 30 mm 이상 떨어지게 한다.

㉰ 배관의 용접은 지그 (jig)를 사용하여 상방에서부터 정확하게 위치를 맞춘다.

㉱ 두께가 다른 배관의 맞대기 이음에서는 길이방향의 기울기를 $\frac{1}{3}$ 이하로 한다.

[해설] • 배관의 용접방법 기준

① 용접방법은 아크용접 또는 이와 동등 이상의 강도를 갖는 용접방법으로 한다.

② 배관 상호의 길이 이음매는 원주방향에서 원칙적으로 50 mm 이상 떨어지게 할 것

③ 배관의 용접은 지그 (jig)를 사용하여 가운데서부터 정확하게 위치를 맞출 것

④ 관의 두께가 다른 배관의 맞대기 이음에서는 관 두께가 완만히 변화되도록 길이방향의 기울기를 $\frac{1}{3}$ 이하로 할 것

문제 9. 다음 중 도시가스 매설배관 보호용 보호포에 표시하지 않아도 되는 사항은 어느 것인가?

㉑ 가스명

㉯ 사용압력

㉰ 공급자명

㉱ 배관매설 연도

문제 10. 도시가스 배관을 도로에 매설하는 경우 보호포는 중압이상의 배관의 경우에 보호판의 상부로부터 몇 cm 이상 떨어진 곳에 설치하는가?

㉑ 20 cm ㉯ 30 cm ㉰ 40 cm ㉱ 60 cm

[해설] (1) 보호포 설치 기준

① 보호포의 폭 : 15 cm 이상 (설치 : 배관폭에 10 cm를 더한 폭)

② 저압배관 : 배관 정상부로부터 60 cm 이상

③ 중압 이상 배관 : 보호판 상부로부터 30 cm 이상

④ 공동주택부지 내에 매설 배관 : 배관정상부로부터 40 cm 이상

(2) 보호포 색상

① 저압관 : 황색

② 중압 이상의 관 : 적색

문제 11. 도로에 도시가스 배관을 매설하는 경우에 라인마크는 구부러진 지점 및 그 주위 몇 m 이내에 설치하는가?

㉑ 15 m

㉯ 30 m

㉰ 50 m

㉱ 100m

[해설] • 라인마크 설치 기준

① 설치장소 : 도로에 도시가스 배관을 매설하는 경우

② 배관길이 50 m마다 1개 이상 설치

③ 주요 분기점, 구부러진 지점 및 그 주위 50 m 이내에 설치

문제 12. 도시가스 배관을 지하에 매설하는 경우에는 표지판을 설치해야 하는데 몇 m 간격으로 1개 이상을 설치하는가?

㉑ 200 m

㉯ 700 m

㉰ 900 m

㉱ 1000 m

[해설] • 도시가스 배관매설 표지판

① 설치장소 : 산지, 농지, 철도부지 내 매설 시

② 설치간격 : 200 m 간격으로 1개 이상

③ 표지판 치수 : 200×150 mm (가로×세로)

④ 황색바탕에 검정색 글씨로 도시가스배관

임을 알리는 뜻과 연락처를 표기

※ 표지판 설치간격은 2012.12.28 규정 개정으로 200 m로 변경되었음.

문제 13. 가스 도매사업의 가스 공급시설 중 배관을 지하에 매설할 때의 기준으로 틀린 것은?

㉮ 배관은 그 외면으로부터 수평거리로 건축물까지 1.0 m 이상으로 할 것

㉯ 배관은 그 외면으로부터 지하의 다른 시설물과 0.3 m 이상으로 할 것

㉰ 배관을 산과 들에 매설할 때는 지표면으로부터 배관의 외면까지의 매설깊이를 1 m 이상으로 할 것

㉱ 굴착 및 되메우기는 안전확보를 위하여 적절한 방법으로 실시할 것

해설 • 건축물과의 수평거리 : 1.5 m 이상 유지

문제 14. 도시가스 배관을 지하에 매설할 때 배관에 작용하는 하중을 수직방향 및 횡방향에서 지지하고 하중을 기초 아래로 분산시키기 위한 침상재료는 배관 하단에서 배관 상단 몇 cm까지 포설하여야 하는가?

㉮ 10　　㉯ 20　　㉰ 30　　㉱ 50

해설 • 굴착 및 되메우기 방법

① 기초재료 (foundation) : 모래 또는 19 mm 이상의 큰 입자가 포함되지 않은 양질의 흙

② 침상재료 (bedding) : 배관에 작용하는 하중을 수직방향 및 횡방향에서 지지하고 하중을 기초 아래로 분산시키기 위하여 배관 하단에서 배관 상단 30 cm까지 포설하는 재료

③ 되메움공사 완료 후 3개월 이상 침하유무 확인

문제 15. 일반도시가스 공급시설에서 도로가 평탄할 경우 배관의 기울기는?

㉮ $\dfrac{1}{50} \sim \dfrac{1}{100}$　　㉯ $\dfrac{1}{150} \sim \dfrac{1}{300}$

㉰ $\dfrac{1}{500} \sim \dfrac{1}{1000}$　　㉱ $\dfrac{1}{1500} \sim \dfrac{1}{2000}$

문제 16. 도시가스 배관의 보호판은 배관의 정상부에서 몇 cm 이상 높이에 설치하는가?

㉮ 20 cm　　㉯ 30 cm

㉰ 40 cm　　㉱ 60 cm

해설 • 보호판의 설치 기준

① 설치위치 : 배관 정상부에서 30 cm 이상 높이

② 보호판 재질 : KS D 3503 (일반구조용 압연강재)

③ 보호판 두께 : 4 mm 이상 (고압배관 : 6 mm 이상)

④ 도막 두께 : 80 μm 이상

⑤ 누출가스 확산구멍 : 보호판에는 지름 30 mm 이상 50 mm 이하의 구멍을 3 m 간격으로 뚫는다.

문제 17. 도시가스의 배관을 철도부지 밑에 매설할 경우 배관의 외면과 지표면과의 거리는 몇 m인가?

㉮ 1.5 m 이상　　㉯ 1.4 m 이상

㉰ 1.3 m 이상　　㉱ 1.2 m 이상

문제 18. 도시가스 배관장치를 해저에 설치하는 아래의 기준 중에서 적합하지 않은 것은?

㉮ 배관은 원칙적으로 다른 배관과 교차하지 않을 것

㉯ 배관의 입상부에는 방호 시설물을 설치할 것

㉰ 배관은 원칙적으로 다른 배관과 20 m의 수평거리를 유지할 것

㉱ 해저면 밑에 배관을 매설하지 않고 설치하는 경우에는 해저면을 고르게 하여 배관이 해저면에 닿도록 할 것

해설 배관은 다른 배관과 30 m의 수평거리 유지

해답　**13.** ㉮　**14.** ㉰　**15.** ㉰　**16.** ㉯　**17.** ㉱　**18.** ㉰

문제 19. 하천의 바닥이 경암으로 이루어져 도시가스배관의 매설깊이를 유지하기 곤란하여 배관을 보호조치한 경우에는 배관의 외면과 하천 바닥면의 경암 상부와의 최소거리는 얼마이어야 하는가?

㉮ 1.0 m   ㉯ 1.2 m

㉰ 2.5 m   ㉱ 4 m

[해설] • 하천횡단 매설깊이 : 하천의 바닥이 경암으로 이루어져 배관의 매설깊이를 유지하기 곤란한 경우로서 다음의 기준에 따라 배관을 보호조치하는 경우에는 배관의 외면과 하천 바닥면의 경암 상부와의 거리는 1.2 m 이상으로 할 수 있다.
  ① 배관을 2중관으로 하거나 방호구조물 안에 설치
  ② 하천 바닥면의 경암상부와 2중관 또는 방호구조물의 외면 사이에는 콘크리트를 타설

문제 20. 가스 도매사업의 가스공급시설 중 배관의 운전상태 감시장치가 경보를 울려야 되는 경우가 아닌 것은?

㉮ 긴급차단 밸브 폐쇄 시

㉯ 배관 내 압력이 상용압력의 1.05배 초과 시

㉰ 배관 내 압력이 정상운전 압력보다 10% 이상 강하 시

㉱ 긴급차단 밸브 회로가 고장 시

[해설] 배관 내 압력이 정상운전 압력보다 15% 이상 강하한 경우

문제 21. 도시가스의 배관 내의 상용압력이 4 MPa 이다. 배관 내의 압력이 이상 상승하여 경보장치의 경보가 울리기 시작하는 압력은?

㉮ 4 MPa 초과 시   ㉯ 4.2 MPa 초과 시

㉰ 5 MPa 초과 시   ㉱ 5.2 MPa 초과 시

[해설] • 경보장치가 울리는 경우 : 배관 내 압력이 상용압력의 1.05배를 초과한 때 (단, 상용압력이 4 MPa 이상인 경우에는 상용압력에

0.2 MPa을 더한 압력)
  ∴ 상용압력이 4 MPa 이상이므로 4 + 0.2 = 4.2 MPa을 초과할 때 경보를 울려야 한다.

문제 22. 굴착으로 주위가 노출된 도시가스 사업자 도시가스 배관(관지름 100 mm 미만인 저압배관은 제외)으로서 노출된 부분의 길이가 100 m 이상인 것은 위급 시 신속히 차단할 수 있도록 노출부분 양 끝으로부터 몇 m 이내에 차단장치를 설치해야 하는가?

㉮ 200 m ㉯ 300 m ㉰ 350 m ㉱ 500 m

[해설] • 굴착으로 노출된 배관의 방호조치
  ① 차단장치 : 300 m 이내 설치
  ② 원격조작이 가능한 차단장치 : 500 m 이내 설치

문제 23. 노출된 도시가스배관의 보호를 위한 안전조치 시 노출해 있는 배관부분의 길이가 몇 m를 넘을 때 점검자가 통행이 가능한 점검통로를 설치하여야 하는가?

㉮ 10   ㉯ 15

㉰ 20   ㉱ 30

[해설] • 굴착으로 노출된 배관의 점검통로 기준
  ① 점검통로 폭 : 80 cm 이상
  ② 가드레일 높이 : 90 cm 이상
  ③ 등기구 조명도 : 70 lux 이상

문제 24. 도시가스 제조소 및 공급소의 안전설비의 안전거리 기준으로 옳은 것은 어느 것인가?

㉮ 가스 발생기 및 가스홀더는 그 외면으로부터 사업장의 경계까지의 거리를 최고 사용압력이 고압일 경우 30 m 이상이 되도록 한다.

㉯ 가스 발생기 및 가스홀더는 그 외면으로부터 사업장의 경계까지의 거리를 최고 사용압력이 중압일 경우 20 m 이상이 되도록 한다.

해답   19. ㉯   20. ㉰   21. ㉯   22. ㉯   23. ㉰   24. ㉱

㉔ 가스 발생기 및 가스홀더는 그 외면으로부터 사업장의 경계까지의 거리를 최고 사용압력이 저압일 경우 10 m 이상이 되도록 한다.

㉘ 가스 정제설비는 그 외면으로부터 사업장의 경계까지의 거리를 최고 사용압력이 고압일 경우 20 m 이상이 되도록 한다.

해설 ㉮ 20 m, ㉯ 10 m, ㉰ 5 m

문제 25. 도시가스의 가스발생설비, 가스정제설비, 가스홀더 등이 설치된 장소 주위에는 철책 또는 철망 등의 경계책을 설치하여야 하는데 그 높이는 몇 m 이상으로 하여야 하는가?

㉮ 1 m 이상
㉯ 1.5 m 이상
㉰ 2.0 m 이상
㉱ 3.0 m 이상

문제 26. 일반도시가스 공급시설의 시설기준으로 틀린 것은?

㉮ 가스공급 시설을 설치하는 실 (제조소 및 공급소 내에 설치된 것에 한함)은 양호한 통풍구조로 한다.

㉯ 제조소 또는 공급소에 설치한 전기설비는 방폭성능을 가져야 한다.

㉰ 가스방출관의 방출구는 지면으로부터 5 m 이상의 높이로 설치하여야 한다.

㉱ 고압 또는 중압의 가스 공급시설은 최고사용압력의 1.1배 이상의 압력으로 실시하는 내압시험에 합격해야 한다.

해설 고압 또는 중압의 가스 공급시설은 최고사용압력의 1.5배 이상의 압력으로 내압시험을 실시하여 이상이 없어야 한다.

문제 27. 도시가스를 제조하는 고압 또는 중압의 가스 공급설비에 대한 내압시험 및 기밀시험 압력의 기준으로 옳은 것은 어느 것인가?

㉮ 내압시험 : 최고사용압력의 1.5배 이상

기밀시험 : 최고사용압력의 1.1배 이상

㉯ 내압시험 : 사용압력의 1.5배 이상

기밀시험 : 사용압력의 1.1배 이상

㉰ 내압시험 : 최고사용압력의 1.1배 이상

기밀시험 : 최고사용압력의 1.5배 이상

㉱ 내압시험 : 사용압력의 1.1배 이상

기밀시험 : 사용압력의 1.5배 이상

문제 28. 일반도시가스사업의 공급시설 중 최고사용압력이 저압인 가스 정제설비에서 압력의 이상상승을 방지하기 위하여 설치하는 것은?

㉮ 일류방지장치
㉯ 역류방지장치
㉰ 고압차단스위치
㉱ 수봉기

문제 29. 일반도시가스사업의 가스공급시설 중 최고사용압력이 저압인 가스홀더에서 갖추어야 할 기준이 아닌 것은 어느 것인가?

㉮ 가스 방출장치를 설치한 것일 것

㉯ 봉수의 동결방지 조치를 한 것일 것

㉰ 모든 관의 입·출구에는 반드시 신축을 흡수하는 조치를 할 것

㉱ 수조에 물공급관과 물넘쳐 빠지는 구멍을 설치한 것일 것

해설 • 가스홀더에 갖추어야 할 시설
(1) 고압 또는 중압의 가스홀더
 ① 관의 입구 및 출구에는 신축흡수장치를 설치할 것
 ② 응축액을 외부로 뽑을 수 있는 장치를 설치할 것
 ③ 응축액의 동결을 방지하는 조치를 할 것
 ④ 맨홀 또는 검사구를 설치할 것
 ⑤ 고압가스 안전관리법의 규정에 의한 검사를 받은 것일 것
 ⑥ 가스홀더와의 거리 : 두 가스홀더의 최대지름을 합산한 길이의 $\frac{1}{4}$ 이상 유지 (1 m 미만인 경우 1 m 이상의 거리)
(2) 저압의 가스홀더

① 유수식 가스홀더
  • 원활히 작동할 것
  • 가스방출장치를 설치할 것
  • 수조에 물공급과 물넘쳐 빠지는 구멍을 설치할 것
  • 봉수의 동결방지조치를 할 것
② 무수식 가스홀더
  • 피스톤이 원활히 작동되도록 설치할 것
  • 봉액공급용 예비펌프를 설치할 것
③ 긴급차단장치 설치 : 최고사용압력이 중압 또는 고압의 가스홀더 (조작위치 : 5 m)

문제 30. 가스홀더에 설치한 배관에는 가스홀더와 배관과의 접속부 부근에 어떠한 안전장치를 설치하여야 하는가?
㉮ 액화방지장치 ㉯ 가스차단장치
㉰ 역류방지 밸브 ㉱ 안전밸브

문제 31. 도시가스 공급시설 중 저장탱크 주위의 온도상승 방지를 위하여 설치하는 고정식 물분무장치의 단위면적당 방사능력의 기준은? (단, 단열재를 피복한 준내화구조 저장탱크가 아니다.)
㉮ 2.5 L/분 · m² 이상
㉯ 5 L/분 · m² 이상
㉰ 7.5 L/분 · m² 이상
㉱ 10 L/분 · m² 이상
해설 • 냉각살수장치 방사능력 기준
  ① 저장탱크 표면적 1 m²당 5 L/분 이상
  ② 준내화구조 : 표면적 1 m²당 2.5 L/분 이상

문제 32. 도시가스용 압력 조정기는 도시가스 정압기 이외에 설치되는 압력 조정기로서 입구 측 관지름과 최대표시유량을 바르게 나타낸 것은?
㉮ 입구 측 관지름 100 A 이하, 최대표시유량 500 N m³/h 이하
㉯ 입구 측 관지름 80 A 이하, 최대표시유량 500 N m³/h 이하

㉰ 입구 측 관지름 80 A 이하, 최대표시유량 300 N m³/h 이하
㉱ 입구 측 관지름 50 A 이하, 최대표시유량 300 N m³/h 이하

문제 33. 도시가스 정압기에 설치되는 압력조정기를 출구압력에 따라 구분할 경우의 기준으로 틀린 것은?
㉮ 고압 : 1 MPa 이상
㉯ 중압 : 0.1~1 MPa 미만
㉰ 준저압 : 4~100 kPa 미만
㉱ 저압 : 1~4 kPa 미만
해설 • 도시가스 정압기용 압력조정기의 구분
  ① 중압 : 0.1~1 MPa 미만
  ② 준저압 : 4~100 kPa 미만
  ③ 저압 : 1~4 kPa 미만

문제 34. 정압기실에는 시설의 조작을 안전하고 확실하게 하기 위하여 조명도가 몇 룩스 이상이 되도록 설치하여야 하는가?
㉮ 80   ㉯ 100
㉰ 120   ㉱ 150

문제 35. 지하 정압기실의 바닥면 둘레가 35 m일 때 가스누출 경보기 검지부의 설치 개수는?
㉮ 1개   ㉯ 2개   ㉰ 3개   ㉱ 4개
해설 바닥면 둘레 20 m마다 1개 이상의 비율로 설치하여야 하므로 2개를 설치하여야 한다.

문제 36. 도시가스 사용자 시설에 설치되는 단독사용자 정압기의 분해점검 주기는 어느 것인가?
㉮ 6개월에 1회 이상 ㉯ 1년에 1회 이상
㉰ 2년에 1회 이상   ㉱ 3년에 1회 이상
해설 • 분해 점검주기
  ① 정압기 : 2년에 1회 이상
  ② 정압기 필터 : 최초 가스공급개시 후 1개월 이내 및 1년에 1회 이상

해답 30. ㉯ 31. ㉯ 32. ㉱ 33. ㉮ 34. ㉱ 35. ㉯ 36. ㉱

③ 가스사용시설의 정압기와 필터 : 설치 후 3년까지는 1회 이상, 그 이후에는 4년에 1회 이상

문제 37. 정압기실 주위에는 경계책을 설치하여야 한다. 이때 경계책을 설치한 것으로 보지 않는 경우는?

㉮ 철근 콘크리트로 지상에 설치된 정압기실

㉯ 도로의 지하에 설치되어 사람과 차량의 통행에 영향을 주는 장소로서 경계책 설치가 부득이한 정압기실

㉰ 정압기가 건축물 안에 설치되어 있어 경계책을 설치할 수 있는 공간이 없는 정압기실

㉱ 매몰형 정압기

해설 • 정압기실 경계책 설치기준

(1) 경계책 높이 : 1.5 m 이상

(2) 경계표지를 설치한 경우 경계책을 설치한 것으로 인정되는 경우

① 철근 콘크리트 및 콘크리트 블록재로 지상에 설치된 정압기실

② 도로의 지하 또는 도로와 인접하게 설치되어 있고 사람과 차량의 통행에 영향을 주는 장소에 있어 경계책 설치가 부득이한 정압기실

③ 정압기가 건축물 내에 설치되어 있어 경계책을 설치할 수 있는 공간이 없는 정압기실

④ 상부 덮개에 시건 조치를 한 매몰형 정압기

⑤ 경계책 설치가 불가능하다고 일반도시가스 사업자를 관할하는 시장, 군수, 구청장이 인정하는 다음의 정압기

ⓐ 공원지역, 녹지지역 등에 설치된 것

ⓑ 기타 부득이한 경우

문제 38. 도시가스 배관의 설치장소나 지름에 따라 적절한 배관재료와 접합방법을 선정하여야 한다. 다음 중 배관재료 선정기준으로 틀린 것은?

㉮ 배관 내의 가스흐름이 원활한 것으로 한다.

㉯ 내부의 가스압력과 외부로부터의 하중 및 충격하중에 견디는 강도를 갖는 것으로 한다.

㉰ 토양, 지하수 등에 대하여 강한 부식성을 갖는 것으로 한다.

㉱ 절단가공이 용이한 것으로 한다.

해설 • 도시가스 배관재료의 선정기준 : ㉮, ㉯, ㉱ 외

① 토양, 지하수 등에 대하여 내식성을 가지는 것이어야 한다.

② 배관의 접합이 용이하고 가스의 누출을 방지할 수 있는 것이어야 한다.

문제 39. 일반도시가스사업에서 공동주택 등에 압력 조정기를 설치하는 경우에 해당되는 것은?

㉮ 가스압력이 중압 이상으로서 전체 세대수가 150세대 이상인 경우

㉯ 가스압력이 중압 이상으로서 전체 세대수가 250세대 미만인 경우

㉰ 가스압력이 저압으로서 전체 세대수가 250세대 미만인 경우

㉱ 가스압력이 저압으로서 전체 세대수가 250세대 이상인 경우

해설 • 압력 조정기 설치 기준

(1) 공급압력에 의한 세대수 규정

① 중압 이상 : 150세대 미만

② 저압 : 250세대 미만

③ 단, 한국가스안전공사의 안전성 평가를 받고 그 결과에 따라 안전관리 조치를 한 경우 규정 세대수의 2배로 할 수 있다.

(2) 점검주기

① 공급시설 : 6개월에 1회 이상 (필터 : 2년에 1회 이상)

② 사용시설 : 1년에 1회 이상 (필터 : 3년에 1회 이상)

정답 **37.** ㉱   **38.** ㉰   **39.** ㉰

문제 40. 가스용 폴리에틸렌 배관의 융착이음 접합방법의 분류에 해당되지 않는 것은 어느 것인가?

㉮ 맞대기 융착   ㉯ 소켓 융착

㉰ 이음매 융착   ㉱ 새들 융착

해설 • 가스용 폴리에틸렌관 이음방법

　① 맞대기 융착이음 : 관을 직접 융착이음한다.

　② 소켓 융착이음 : 관을 소켓에 끼워 넣어 융착이음한다.

　③ 새들 융착이음 : 가스용 폴리에틸렌관 중간에서 분기할 때 사용하는 이음방법이다.

문제 41. 도시가스 사용시설의 노출배관에 의무적으로 표시하여야 하는 사항이 아닌 것은?

㉮ 최고사용압력   ㉯ 가스 흐름방향

㉰ 사용가스명   ㉱ 공급자명

해설 배관 외부에 사용가스명, 최고사용압력 및 가스 흐름 방향을 표시할 것. 다만, 지하에 매설하는 배관의 경우에는 흐름 방향을 표시하지 아니할 수 있다.

문제 42. 도시가스 배관을 지하에 매설하는 경우 배관의 외면과 지면과의 유지거리를 틀리게 설명한 것은?

㉮ 공동주택 등의 부지 내에서는 0.6 m 이상

㉯ 폭 8 m 이상의 도로에서는 1.2 m 이상

㉰ 폭 4 m 이상 8 m 미만의 도로에서는 1.0 m 이상

㉱ 폭 8 m 이상의 도로의 보도에서는 1.2 m 이상

해설 ㉮, ㉯, ㉰항 외에는 0.8 m 이상

문제 43. 다음 중 도시가스 배관의 설치기준에서 옥외공동구 벽을 관통하는 배관의 손상 방지조치가 아닌 것은 어느 것인가?

㉮ 지반의 부등침하에 대한 영향을 줄이는 조치

㉯ 보호관과 배관 사이에 가황고무를 충전하는 조치

㉰ 공동구의 내외에서 배관에 작용하는 응력의 차단 조치

㉱ 배관의 바깥지름에 3 cm를 더한 지름의 보호관 설치 조치

해설 공동구벽의 관통부는 배관 바깥지름에 5 cm를 더한 지름 또는 배관의 바깥지름의 1.2배의 지름 중 작은지름 이상의 보호관을 설치한다.

문제 44. 일반 도시가스사업 가스공급시설의 입상관 밸브는 분리가 가능한 것으로서 바닥으로부터 몇 m 이내에 설치해야 하는가?

㉮ 0.5~1 m   ㉯ 1.2~1.5 m

㉰ 1.6~2.0 m   ㉱ 2.5~3 m

문제 45. 다음 설명 중 옳은 것은 어느 것인가?

㉮ 도시가스 계량기는 전기계량기와 30 cm 이상의 거리를 유지하여야 한다.

㉯ 도시가스 계량기는 전기개폐기와 15 cm 이상의 거리를 유지하여야 한다.

㉰ 도시가스 계량기는 절연조치를 하지 아니한 전선과 15 cm 이상의 거리를 유지하여야 한다.

㉱ 도시가스 계량기는 전기점멸기와 50 cm 이상의 거리를 유지하여야 한다.

해설 • 가스계량기와 이격거리 기준

　① 전기계량기, 전기개폐기 : 60 cm 이상

　② 단열조치를 하지 않은 굴뚝, 전기점멸기, 전기접속기 : 30 cm 이상

　③ 절연조치를 하지 않은 전선 : 15 cm 이상

문제 46. 도시가스 사용시설의 배관에 대한 가장 옳은 설명은?

해답   40. ㉰   41. ㉱   42. ㉱   43. ㉱   44. ㉰   45. ㉰   46. ㉯

[가] 입상관은 화기와 1m 이상의 우회거리를 유지하여야 한다.

[나] 관지름 50mm인 저압배관은 비파괴시험을 실시하지 않아도 된다.

[다] 배관의 접합은 모두 용접시공하여야 한다.

[라] 배관의 이음부와 전기계량기와는 30cm 이상의 거리를 유지하여야 한다.

[해설] [가] 화기와 2m 이상의 우회거리 유지
[나] 비파괴 시험 제외 : 가스용 폴리에틸렌관 및 관지름 80mm 미만인 저압배관
[다] 용접 접합을 실시하기 곤란한 부분은 플랜지 접합 또는 나사접합으로 할 수 있다.
[라] 배관이음부와의 거리(용접이음매 제외)
- 전기계량기, 전기개폐기 : 60cm 이상
- 전기점멸기, 전기접속기 : 15cm 이상
- 절연조치를 하지 않은 전선, 단열조치를 하지 않은 굴뚝 : 15cm 이상
- 절연전선 : 10cm 이상

[문제] **47.** 가스배관은 움직이지 아니하도록 고정 부착하는 조치를 하여야 한다. 호칭지름이 13mm 이상 33mm 미만의 것에는 얼마의 길이마다 고정 장치를 하여야 하는가?

[가] 1m마다 [나] 2m마다
[다] 3m마다 [라] 4m마다

[해설] • 배관의 고정장치 설치거리기준
① 호칭지름 13mm 미만 : 1m마다
② 호칭지름 13mm 이상 33mm 미만 : 2m마다
③ 호칭지름 33mm 이상 : 3m마다

[문제] **48.** 일정 규정 이상의 도시가스 특정사용 시설에는 가스누출자동 차단장치를 설치하여야 한다. 가스누출자동 차단장치의 설치 기준에 대한 설명 중 틀린 것은 어느 것인가?

[가] 공기보다 가벼운 경우에는 검지부의 설치 위치는 천장으로부터 검지부 하단까지의 거리가 30cm 이하가 되도록 한다.

[나] 공기보다 무거운 경우에는 검지부 상단이 바닥면으로부터 30cm 이하가 되도록 한다.

[다] 제어부는 가능한 한 연소기로부터 멀리 떨어진 위치로서 실외에서 조작하기가 용이한 위치로 한다.

[라] 연소기의 폐가스에 접촉하기 쉬운 곳에는 검지부를 설치할 수 없다.

[해설] 제어부는 가스 사용실의 연소기 주위로서 조작하기 쉬운 위치 또는 안전관리원이 상주하는 장소에 설치한다.

[문제] **49.** 도시가스 사용시설(연소기 제외) 기밀 시험압력은?

[가] 최고사용압력의 1.1배 또는 8.4kPa 중 높은 압력 이상

[나] 최고사용압력의 1.5배 또는 8.4kPa 중 높은 압력 이상

[다] 최고사용압력의 1.2배 또는 8.4kPa 중 높은 압력 이상

[라] 최고사용압력의 2배 또는 8.4kPa 중 높은 압력 이상

[해설] • 가스 사용시설 기밀 시험압력
① LPG 사용시설 : 8.4kPa 이상
② 도시가스 사용시설 : 최고사용압력의 1.1배 또는 8.4kPa 중 높은 압력 이상

[문제] **50.** 도시가스 사용시설의 월 사용 예정량(m^3) 산출식으로 올바른 것은 어느 것인가? (단, A는 산업용으로 사용하는 연소기의 명판에 기재된 가스소비량의 합계(kcal/h), B는 산업용이 아닌 연소기의 명판에 기재된 가스소비량의 합계(kcal/h)이다.)

[가] $\frac{(A \times 240) + (B \times 90)}{11000}$

[해답] 47. [나] 48. [다] 49. [가] 50. [가]

$$\text{나} \quad \frac{(A \times 240) + (B \times 90)}{10500}$$

$$\text{다} \quad \frac{(A \times 220) + (B \times 80)}{11000}$$

$$\text{라} \quad \frac{(A \times 220) + (B \times 80)}{10500}$$

문제 **51.** 다음은 도시가스사용시설의 월사용 예정량을 산출하는 식이다. 이 중 기호 "*A*" 가 의미하는 것은?

$$Q = \frac{\{(A \times 240) + (B \times 90)\}}{11000}$$

㉮ 월사용 예정량

㉯ 산업용으로 사용하는 연소기의 명판에 기재된 가스소비량의 합계

㉰ 산업용이 아닌 연소기의 명판에 기재된 가스소비량의 합계

㉱ 가정용 연소기의 가스소비량 합계

해설 ㉮ Q, ㉯ B

문제 **52.** 국내 일반 가정에 공급되는 도시 가스 (LNG)의 발열량은 약 몇 kcal/m³ 인가? (단, 도시가스 월사용 예정량의 산정기준에 따른다.)

㉮ 9000 ㉯ 10000

㉰ 11000 ㉱ 12000

문제 **53.** 도시가스의 측정사항에 있어서 반드시 측정하지 않아도 되는 것은 어느 것인가?

㉮ 농도 측정 ㉯ 연소성 측정

㉰ 압력 측정 ㉱ 열량 측정

해설 ㉯, ㉰, ㉱ 외 유해성분을 측정하여야 한다.

문제 **54.** 다음 중 도시가스의 유해성분을 측정할 때 측정하지 않아도 되는 성분은 어느 것인가?

㉮ 황 ㉯ 황화수소

㉰ 이산화탄소 ㉱ 암모니아

해설 • 도시가스 유해성분 측정기준

① 기준 : 건조한 도시가스 1 m³, 0℃ 101325 Pa

② 황전량 : 0.5 g 초과 금지

③ 황화수소 (H_2S) : 0.02 g 초과 금지

④ 암모니아 (NH_3) : 0.2 g 초과 금지

문제 **55.** 도시가스가 안전하게 공급되어 사용되기 위한 조건으로 옳지 않은 것은 어느 것인가?

㉮ 공급하는 가스에 공기 중의 혼합비율의 용량이 $\frac{1}{1000}$ 상태에서 감지할 수 있는 냄새가 나는 물질을 첨가해야 한다.

㉯ 정압기 출구에서 측정한 가스압력은 1.5 kPa 이상, 2.5 kPa 이내를 유지해야 한다.

㉰ 웨버지수는 표준 웨버지수의 ±4.5 % 이내를 유지해야 한다.

㉱ 도시가스 중 유해성분은 건조한 도시가스 1 m³당 황전량은 0.5 g 이하를 유지해야 한다.

해설 정압기 출구 및 가스공급시설의 끝부분 배관에서 자기압력계를 사용하여 측정한 압력은 1 kPa 이상, 2.5 kPa 이내를 유지해야 한다.

4편

연소공학

제 1 장 　 열 역 학

1. 열역학 기초

(1) 온도 (temperature)

① 섭씨온도 : 표준대기압 하에서 물의 빙점을 0℃, 비점을 100℃로 정하고, 그 사이를 100 등분하여 하나의 눈금을 1℃로 표시하는 온도이다.

② 화씨온도 : 표준대기압 하에서 물의 빙점을 32℉, 비점을 212℉ 정하고, 그 사이를 180 등분하여 하나의 눈금을 1℉로 표시하는 온도이다.

③ 섭씨온도와 화씨온도의 관계

(가) $℃ = \dfrac{5}{9}(℉ - 32)$　　　　　　(나) $℉ = \dfrac{9}{5}℃ + 32$

④ 절대온도 : 열역학적 눈금으로 정의할 수 있으며 자연계에서는 그 이하의 온도로 내릴 수 없는 최저의 온도를 절대온도라 한다.

(가) 켈빈온도 $(K) = ℃ + 273$, $K = \dfrac{t[℉] + 460}{1.8} = \dfrac{℃R}{1.8}$

(나) 랭킨온도 $(R) = ℉ + 460$, $℃R = 1.8(t[℃] + 273) = 1.8 \cdot K$

(2) 압력 (pressure)

① 표준대기압 (atmospheric) : 0℃, 위도 45° 해수면을 기준으로 지구 중력이 $9.806655 \, m/s^2$ 일 때 수은주 760 mmHg로 표시될 때의 압력으로 1 atm으로 표시한다.

　※ 1 atm = 760 mmHg = 76 cmHg = 0.76 mHg = 29.9 inHg = 760 torr

　　　　= 10332 kgf/m^2 = 1.0332 kgf/cm^2 = 10.332 mH_2O = 10332 mmH_2O

　　　　= 101325 N/m^2 = 101325 Pa = 1013.25 hPa = 101.325 kPa = 0.101325 MPa

　　　　= 1.01325 bar = 1013.25 mbar = 14.7 lb/in^2 = 14.7 psi

② 게이지 압력 : 표준대기압을 0으로 기준하여 압력계에 지시된 압력으로 압력단위 뒤에 "G", "g"를 사용하거나 생략한다.

③ 진공압력 : 표준대기압을 기준으로 대기압 이하의 압력으로 압력단위 뒤에 "V", "v"를 사용한다.

(가) 진공도 $(\%) = \dfrac{진공압력}{대기압} \times 100$

(나) 표준대기압의 진공도 : 0 %, 완전진공의 진공도 : 100 %

④ 절대압력 : 절대진공 (완전진공)을 기준으로 그 이상 형성된 압력으로 압력단위 뒤에 "abs", "a"를 사용한다.

※ 절대압력 = 대기압 + 게이지 압력

= 대기압 − 진공압력

⑤ 압력환산 방법

$$※ 환산압력 = \frac{주어진\ 압력}{주어진\ 압력의\ 표준대기압} × 구하려하는\ 표준대기압$$

【참고】 SI 단위와 공학단위의 관계

① $1\ MPa = 10.1968\ kgf/cm^2 ≒ 10\ kgf/cm^2$, $1\ kgf/cm^2 = \frac{1}{10.1968}\ MPa ≒ \frac{1}{10}\ MPa$

② $1\ kPa = 101.968\ mmH_2O ≒ 100\ mmH_2O$, $1\ mmH_2O = \frac{1}{101.968}\ kPa = \frac{1}{100}\ kPa$

---

(3) 동력

단위시간당 행하는 일의 비율 (率)이다.

① SI 단위 : $W = 1\ J/s$

② 공학단위

㈎ 1 PS (pferde starke) $= 75\ kgf \cdot m/s$

$$= 75\ kgf \cdot m/s × \frac{1}{427}\ kcal/kgf \cdot m × 3600\ s/h$$

$$= 632.2\ kcal/h = 0.735kW = 2646\ kJ/h$$

㈏ 1 kW $= 102\ kgf \cdot m/s$

$$= 102\ kgf \cdot m/s × \frac{1}{427}\ kcal/kgf \cdot m × 3600\ s/h$$

$$= 860\ kcal/h = 1.36\ PS = 3600\ kJ/h$$

㈐ 1 HP (horse power : 영국마력) $= 76\ kgf \cdot m/s$

$$= 76\ kgf \cdot m/s × \frac{1}{427}\ kcal/kgf \cdot m × 3600\ s/h$$

$$= 640.75\ kcal/h = 0.745\ kW = 2682\ kJ/h$$

주요 물리량의 단위 비교

물리량	SI 단위	공학단위
힘	$N\ (= kg \cdot m/s^2)$	kgf
압력	$Pa\ (= N/m^2)$	kgf/m^2
열량	$J\ (= N \cdot m)$	kcal
일	$J\ (= N \cdot m)$	$kgf \cdot m$
에너지	$J\ (= N \cdot m)$	$kgf \cdot m$
동력	$W\ (= J/s)$	$kgf \cdot m/s$

(4) 열량

열은 물질의 분자운동에 의한 에너지이며 물체가 보유하는 열의 양을 열량이라 한다.

① 1 kcal : 순수한 물 1 kg 온도를 14.5℃의 상태에서 15.5℃로 상승시키는 데 소요되는 열량이다.

② 1 BTU (brithish thermal unit) : 순수한 물 1 lb 온도를 61.5℉의 상태에서 62.5℉로 상승시키는 데 소요되는 열량이다.

③ 1 CHU (centigrade heat unit) : 순수한 물 1 lb 온도를 14.5℃의 상태에서 15.5℃로 상승시키는 데 소요되는 열량으로 1 PCU (pound celsius unit)라 한다.

(5) 열용량과 비열

① 열용량 : 어떤 물체의 온도를 1℃ 상승시키는 데 소요되는 열량을 말하며, 단위는 kcal/℃, cal/℃로 표시된다.

   ⑺ 열용량 $= G \cdot C_p$ ⑻ 열량 $= G \cdot C_p \cdot \Delta t$

     여기서, G : 중량 (kgf), C_p : 정압비열 (kcal/kgf · ℃), Δt : 온도차 (℃)

② 비열 : 어떤 물질 1 kg을 온도 1℃ 상승시키는 데 소요되는 열량으로, 비열은 정적비열과 정압비열이 있으며 물질의 종류마다 비열이 각각 다르다.

   ⑺ 정적비열 (C_v) : 체적이 일정하게 유지된 상태에서의 비열

   ⑻ 정압비열 (C_p) : 압력이 일정하게 유지된 상태에서의 비열

   ⑼ 비열비 : 정압비열 (C_p)과 정적비열 (C_v)의 비

$$\kappa = \frac{C_p}{C_v} > 1 \ (\ C_p > C_v 이므로 \ \kappa > 1 이다.)$$

    ㉮ 1원자 분자 : 1.66   ㉯ 2원자 분자 : 1.4

    ㉰ 3원자 분자 : 1.33

    ㉱ 0℃에서 공기의 경우

       ⓐ $C_p \fallingdotseq 0.240 \ \text{kcal/kgf} \cdot \text{K} = 1.066 \ \text{kJ/kg} \cdot \text{K}$

       ⓑ $C_v \fallingdotseq 0.171 \ \text{kcal/kgf} \cdot \text{K} = 0.718 \ \text{kJ/kg} \cdot \text{K}$

    $\therefore \kappa = \dfrac{0.240}{0.171} \fallingdotseq 1.4$

   ⑽ 정적비열과 정압비열의 관계

    ㉮ SI 단위

$$C_p - C_v = R \qquad C_p = \frac{\kappa}{\kappa - 1} R \qquad C_v = \frac{1}{\kappa - 1} R$$

     여기서, C_p : 정압비열 (kJ/kg · K), C_v : 정적비열 (kJ/kg · K)

        R : 기체상수 $\left(\dfrac{8.314}{M} \ \text{kJ/kg} \cdot \text{K} \right)$, κ : 비열비

    ㉯ 공학단위

$$C_p - C_v = AR \qquad C_p = \frac{\kappa}{\kappa - 1} AR \qquad C_v = \frac{1}{\kappa - 1} AR$$

     여기서, C_p : 정압비열 (kcal/kgf · K), C_v : 정적비열 (kcal/kgf · K), κ : 비열비

        A : 일의 열당량 $\left(\dfrac{1}{427} \ \text{kcal/kgf} \cdot \text{m} \right)$, R : 기체상수 $\left(\dfrac{848}{M} \ \text{kgf} \cdot \text{m/kg} \cdot \text{K} \right)$

(6) 현열과 잠열

① 현열 (감열) : 물질이 상태 변화는 없이 온도 변화에 총 소요된 열량

(가) SI 단위

$$Q = m \cdot C \cdot \Delta t$$

여기서, Q : 현열 (kJ), m : 물체의 질량 (kg)

C : 비열 (kJ/kg · ℃), Δt : 온도 변화 (℃)

(나) 공학단위

$$Q = G \cdot C \cdot \Delta t$$

여기서, Q : 현열 (kcal), G : 물체의 중량 (kgf)

C 비열 (kcal/kgf · ℃), Δt : 온도 변화 (℃)

② 잠열 : 물질이 온도 변화는 없이 상태 변화에 총 소요된 열량

(가) SI 단위

$$Q = m \cdot r$$

여기서, Q : 잠열 (kJ), m : 물체의 질량 (kg), r : 잠열량 (kJ/kg)

(나) 공학단위

$$Q = G \cdot r$$

여기서, Q : 잠열 (kcal), G : 물체의 중량 (kgf), r : 잠열량 (kcal/kgf)

2. 이상기체

(1) 이상기체

완전가스라 하며 실제로 존재할 수 없는 것으로 분자 간의 부피, 분자 상호 간의 인력도 무시할 수 있는 기체이다.

① 이상기체의 성질

(가) 보일 – 샤를의 법칙을 만족한다.

(나) 아보가드로의 법칙에 따른다.

(다) 내부에너지는 체적에 무관하며 온도에 의해서만 결정된다.

(라) 비열비는 온도에 관계없이 일정하다.

(마) 기체의 분자력과 크기도 무시되며 분자 간의 충돌은 완전탄성체이다.

(바) 원자수가 1 또는 2인 기체이다.

② 이상기체가 성립하기 위한 조건

(가) 기체를 구성하는 분자 상호 간에 인력이 없을 것

(나) 분자의 크기나 용적이 없을 것

(다) 완전탄성체일 것

(라) 분자 운동에너지는 절대온도에 비례할 것

(2) 이상기체의 상태 방정식

① 보일의 법칙 : 일정온도 하에서 일정량의 기체가 차지하는 부피는 압력에 반비례한다.

$$P_1 V_1 = P_2 \cdot V_2$$

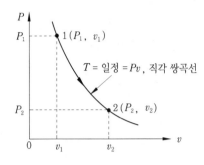
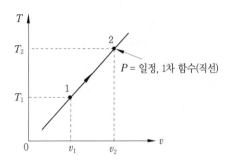

보일의 법칙 $P-v$ 선도   샤를의 법칙 $T-v$ 선도

② 샤를의 법칙 : 등압법칙. 일정압력 하에서 일정량의 기체가 차지하는 부피는 절대온도에 비례한다.

$$\frac{V_1}{T_1} = \frac{V_2}{T_2}$$

③ 보일-샤를의 법칙 : 일정량의 기체가 차지하는 부피는 압력에 반비례하고, 절대온도에 비례한다.

$$\frac{P_1 \cdot V_1}{T_1} = \frac{P_2 \cdot V_2}{T_2}$$

여기서, P_1 : 변하기 전의 압력, P_2 : 변한 후의 압력
V_1 : 변하기 전의 부피, V_2 : 변한 후의 부피
T_1 : 변하기 전의 절대온도, T_2 : 변한 후의 절대온도

④ 이상기체의 상태 방정식

(가) SI 단위

$$PV = nRT, \qquad\qquad PV = \frac{W}{M}RT, \qquad\qquad PV = Z\frac{W}{M}RT$$

여기서, P : 압력 (atm), V : 체적 (L), n : 몰 (mol) 수, R : 기체상수 (0.082 L · atm/mol · K)
M : 분자량 (g), W : 질량 (g), T : 절대온도 (K), Z : 압축계수

$$PV = GRT$$

여기서, P : 압력 (kPa · a), V : 체적 (m^3), G : 질량 (kg), T : 절대온도 (K)
R : 기체상수 $\left(\dfrac{8.314}{M} \text{ kJ/kg · K}\right)$

(나) 공학단위

$$PV = GRT$$

여기서, P : 압력 ($kgf/m^2 \cdot a$), V : 체적 (m^3), G : 중량 (kgf), T : 절대온도 (K)
R : 기체상수 $\left(\dfrac{848}{M} \text{ kgf · m/kg · K}\right)$

※ 기체상수 $R = 0.082$ L·atm/mol·K $= 8.2 \times 10^{-2}$ L·atm/mol·K

$= 8.314 \times 10^7$ erg/mol·K $= 8.314$ J/mol·K $= 1.987$ cal/mol·K

(3) 실제기체 상태 방정식

이상기체는 실제로 존재할 수 없는 것으로 이상기체에서는 분자의 부피나 분자 간의 인력이 무시된다. 그러므로 실제기체에 이상기체 상태 방정식을 적용하는 것은 무리가 따르므로 분자 간의 인력과 부피에 대한 보정이 필요하다.

① 반데르 발스 (Van der Waals) 방정식

(가) 실제기체가 1 mol의 경우

$$\left(P + \frac{a}{V^2}\right)(V - b) = RT$$

(나) 실제기체가 n [mol]의 경우

$$\left(P + \frac{n^2 \cdot a}{V^2}\right)(V - n \cdot b) = nRT$$

여기서, a : 기체분자 간의 인력 (atm · L²/mol²), b : 기체분자 자신이 차지하는 부피 (L/mol)

② 클라시우스 (Clausius) 방정식

$$\left(P + \frac{C}{T(V + C)^2}\right) \cdot (V - b) = RT$$

③ 베델롯 (Berthelot) 방정식

$$\left(P + \frac{a}{TV^2}\right) \cdot (V - b) = RT$$

④ 비리알 (Virial) 방정식

$$PV = RT\left(1 + \frac{B}{V} + \frac{C}{V^2} + \frac{D}{V^3} + \cdots\cdots\right)$$

⑤ 이상기체와 실제기체의 비교

구 분	이상기체	실제기체
분자의 크기	질량은 있으나 부피가 없다.	기체에 따라 다르다.
분자 간의 인력	없다.	있다.
고압, 저온	액화, 응고되지 않는다.	액화, 응고된다.
0 K (−273℃)	기체부피 0이다.	응고되어 고체로 된다.
보일-샤를의 법칙	완전히 적용된다.	근사적으로 적용된다.

(4) 이상기체의 상태 변화

① 열역학적 계

(가) 계 (system) : 열역학적 대상이 되는 공간상의 범위 내에 들어가는 일정량의 물질군으로 밀폐계, 개방계, 고립계가 있다.

㉮ 밀폐계 : 일정량의 질량을 갖는 영역으로 계의 경계를 넘어서 에너지 전달만 가능하다.

㉯ 개방계 : 가변질량을 갖는 영역으로 계의 경계를 넘어서 에너지 전달과 질량 전달이 모두 가능하다.

㉰ 고립계 : 주위와 완전히 격리된 영역으로 계의 경계를 넘어서 에너지 전달과 질량 전달이 모두 불가능하다.

(내) 과정 : 계 내의 물질이 한 상태에서 다른 상태로 변할 때 연속된 상태 변화의 경로 (path)를 뜻한다.

㉮ 가역과정 : 과정을 여러 번 진행해도 결과가 동일하며 자연계에 아무런 변화도 남기지 않는 것 (카르노 사이클, 노즐에서의 팽창, 마찰이 없는 관내 흐름)

㉯ 비가역과정 : 계의 경계를 통하여 이동할 때 자연계에 변화를 남기는 것 (온도차로 생기는 열전달, 압축 및 자유팽창, 혼합 및 화학반응, 전기적 저항, 마찰, 확산 및 삼투압 현상)

② 상태 변화의 종류

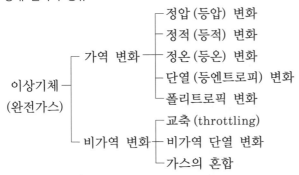

③ 이상기체의 상태 변화

(개) 정적 변화 (isochoric change)

㉮ P, v, T 상호관계 ($v_1 = v_2$) : $\dfrac{P_1}{T_1} = \dfrac{P_2}{T_2}$

㉯ 절대일 [팽창일 (kJ/kg)] : $W_a = \displaystyle\int_1^2 P dv = 0 \,(\because \, dv = 0)$

㉰ 공업일 [압축일 (kJ/kg)] : $W_t = -\displaystyle\int_1^2 v dP = -v(P_2 - P_1)$
$$= v(P_1 - P_2) = R(T_1 - T_2)$$

㉱ 내부에너지 변화 (kJ/kg) : $du = u_2 - u_1 = C_v(T_2 - T_1)$

㉲ 엔탈피 변화 (kJ/kg) : $\Delta h = C_p(T_2 - T_1)$

㉳ 열량 (kJ/kg) : $\Delta q = du + A P dv = dh - A v dP$
$$\therefore {}_1 q_2 = \Delta u = u_2 - u_1$$

※ 정적 변화에서는 절대일량은 없고, 공급열량 전부가 내부에너지 변화로 표시된다.

(내) 정압 변화 (isobaric change)

㉮ P, v, T 상호관계 ($P_1 = P_2$) : $\dfrac{v_1}{v_2} = \dfrac{T_1}{T_2}$

㉯ 절대일 [팽창일 (kJ/kg)] : $W_a = \displaystyle\int_1^2 P\,dv = P(v_2 - v_1)$

$$= R(T_2 - T_1)$$

㉰ 공업일 [압축일 (kJ/kg)] : $W_t = -\displaystyle\int_1^2 v\,dP = 0 \ (\because dP = 0)$

㉱ 내부에너지 변화 (kJ/kg) : $du = u_2 - u_1 = C_v(T_2 - T_1)$

㉲ 엔탈피 변화 (kJ/kg) : $dh = h_2 - h_1 = C_p(T_2 - T_1)$

㉳ 열량 (kJ/kg) : $q = h_2 - h_1 = C_p(T_2 - T_1)$

※ 정압 변화에서는 공업일은 없고, 계에 공급한 열량 전부가 엔탈피 변화로 나타난다.

(다) 정온 변화 (isothermal change)

㉮ P, v, T의 상호관계 ($T_1 = T_2$) : $\dfrac{P_1}{P_2} = \dfrac{v_2}{v_1}$

㉯ 절대일 [팽창일 (kJ/kg)] : $W_a = \displaystyle\int_1^2 P\,dv = RT_1 \ln\dfrac{v_2}{v_1} = RT_1 \ln\dfrac{P_1}{P_2}$

$$= P_1 v_1 \ln\dfrac{v_2}{v_1} = P_1 v_1 \ln\dfrac{P_1}{P_2}$$

㉰ 공업일 [압축일 (kJ/kg)] : $W_t = -\displaystyle\int_1^2 v\,dP = -P_1 v_1 \displaystyle\int_1^2 \dfrac{dP}{P}$

$$= -RT \ln\dfrac{P_2}{P_1} = -RT \ln\dfrac{v_2}{v_1}$$

$$\therefore W_a = W_t = C$$

㉱ 내부에너지 변화 : $du = u_2 - u_1 = \displaystyle\int_1^2 C_v\,dT = C_v(T_2 - T_1) = 0$

㉲ 엔탈피 변화 (kJ/kg) : $dh = h_2 - h_1 = \displaystyle\int_1^2 C_p\,dT = C_p(T_2 - T_1) = 0$

㉳ 열량 (kJ/kg) : $\Delta q = RT \ln\dfrac{v_2}{v_1} = RT \ln\dfrac{P_1}{P_2}$

※ 정온 변화에서는 공급한 열량 모두가 일로 변환이 가능하다.

(라) 단열 변화 (adiabatic change)

㉮ P, v, T의 상호관계 : $\dfrac{T_2}{T_1} = \left(\dfrac{v_1}{v_2}\right)^{\kappa - 1} = \left(\dfrac{P_2}{P_1}\right)^{\frac{\kappa - 1}{\kappa}}$

㉯ 절대일 [팽창일 (kJ/kg)] : $W_a = \dfrac{1}{\kappa - 1}(P_1 V_1 - P_2 V_2) = \dfrac{P_1 V_1}{\kappa - 1}\left[1 - \dfrac{T_2}{T_1}\right]$

$$= \dfrac{P_1 V_1}{\kappa - 1}\left[1 - \left(\dfrac{V_1}{V_2}\right)^{\kappa - 1}\right] = \dfrac{P_1 V_1}{\kappa - 1}\left[1 - \left(\dfrac{P_2}{P_1}\right)^{\frac{\kappa - 1}{\kappa}}\right]$$

ⓑ 공업일 (압축일 [kJ/kg]) : $W_t = \dfrac{\kappa}{\kappa - 1} P_1 v_1 \left(1 - \dfrac{T_2}{T_1} \right)$

  $\therefore W_t = \kappa W_a$ (단열 변화에서 공업일은 절대일에 비열비를 곱한 값과 같다.)

ⓓ 내부에너지 변화 : $du = C_v (T_2 - T_1) = - W_a$

ⓔ 엔탈피 변화 (kJ/kg) : $dh = C_p (T_2 - T_1) = - W_t$

ⓕ 열량 (kJ/kg) : $\Delta q = 0$ (단열 변화에서는 열의 이동이 없다.)

㉐ 폴리트로픽 변화 (polytropic change)

ⓐ P, v, T 상호관계 : $\dfrac{T_2}{T_1} = \left(\dfrac{v_1}{v_2} \right)^{n-1} = \left(\dfrac{P_2}{P_1} \right)^{\frac{n-1}{n}}$

ⓑ 절대일 [팽창일 (kJ/kg)] : $W_a = \dfrac{1}{n-1} (P_1 v_1 - P_2 v_2) = \dfrac{R}{n-1} (T_1 - T_2)$

ⓒ 공업일 [압축일 (kJ/kg)] : $W_t = \dfrac{n}{n-1} (P_1 v_1 - P_2 v_2) = \dfrac{nR}{n-1} (T_1 - T_2) = n W_a$

ⓓ 내부에너지 변화 : $du = u_2 - u_1 = C_v (T_1 - T_2)$

ⓔ 엔탈피 변화 (kJ/kg) : $dh = h_2 - h_1 = C_p (T_2 - T_1)$

ⓕ 열량 (kJ/kg) : $\Delta q = C_n (T_2 - T_1) = \left(\dfrac{n - \kappa}{n - 1} \right) C_v (T_2 - T_1)$

④ 이상기체의 상태 변화 선도

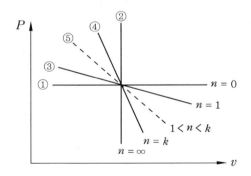

① 정압 (등압) 변화
② 정적 (등적) 변화
③ 정온 (등온) 변화
④ 단열 변화
⑤ 폴리트로픽 변화

3. 열역학 법칙

(1) 열역학 제0법칙

열평형의 법칙이라 하며 온도가 서로 다른 물질이 접촉하면 고온이 저온이 되고, 저온은 고온이 되어서 결국 시간이 흐르면 두 물체의 온도는 같게 된다. 이것을 열평형이 되었다고 한다.

$$t_m = \dfrac{G_1 \cdot C_1 \cdot t_1 + G_2 \cdot C_2 \cdot t_2}{G_1 \cdot C_1 + G_2 \cdot C_2}$$

여기서, t_m : 평균 온도 (℃) t_1, t_2 : 각 물질의 온도 (℃)

C_1, G_2 : 각 물질의 비열 (kcal/kgf · ℃) G_1, G_2 : 각 물질의 중량 (kgf)

(2) 열역학 제1법칙

에너지 보존의 법칙이라고도 하며 기계적 일이 열로 변하거나, 열이 기계적 일로 변할 때 이들의 비는 일정한 관계가 성립된다.

① 열과 일은 하나의 에너지이다.

② 열은 일로, 일은 열로 전환할 수 있고, 전환 시에 열손실은 없다.

③ 에너지는 결코 생성되지 않고 존재가 없어질 수도 없다.

④ 줄의 법칙이 성립된다.

$$Q = A \cdot W, \qquad W = J \cdot Q$$

여기서, Q : 열량 (kcal), W : 일량 (kgf · m)

A : 일의 열당량 $\left(\dfrac{1}{427} \text{ kcal/kgf} \cdot \text{m}\right)$, J : 열의 일당량 (427 kgf · m/kcal)

※ SI 단위 : 열과 일은 다같이 kJ의 단위를 사용하기 때문에 $Q = W$ 이다.

(개) 내부에너지 : 물체 내부에 저장되어 있는 열에너지를 내부에너지 (internal energy)라 한다.

   ㉮ 내부에너지 변화량 : $\Delta U = U_2 - U_1 \, [\text{kJ}]$

   ㉯ 내부에너지가 증가하면 "+", 감소하면 "−"이다.

(내) 엔탈피 : 내부에너지와 유동에너지의 합으로 열역학상의 상태량을 나타낸다.

   즉 엔탈피 = 내부에너지 + 유동에너지 (외부에너지)이다.

   ㉮ SI 단위

   $$h = U + P \cdot v$$

   여기서, h : 엔탈피 (kJ/kg), U : 내부에너지 (kJ/kg), P : 압력 (kPa), v : 비체적 (m^3/kg)

   ㉯ 공학단위

   $$h = U + A \cdot P \cdot v$$

   여기서, h : 엔탈피 (kcal/kgf), U : 내부에너지 (kcal/kgf), A : 일의 열당량 $\left(\dfrac{1}{427} \text{ kcal/kgf} \cdot \text{m}\right)$

   P : 압력 (kgf/m^2), v : 비체적 (m^3/kgf)

(3) 열역학 제2법칙

열은 고온도의 물체로부터 저온도의 물체로 옮겨질 수 있지만, 그 자체는 저온도의 물체로부터 고온도의 물체로 옮겨갈 수 없다. 또 일이 열로 바뀌는 것은 쉽지만 반대로 열이 일로 바뀌는 것은 힘을 빌리지 않는 한 불가능한 일이다. 이와 같이 열역학 제2법칙은 에너지 변환의 방향성을 명시한 것으로 방향성의 법칙이라 한다.

① 열역학 제2법칙의 표현

(개) 클라시우스 (Clausius) 표현 : 열 자체는 다른 물체에 변화를 전혀 주지 않고 저온체의 물질에서 고온체의 물질로 이동할 수 없다.

(내) 켈빈 플랭크 (Kelvin Plank) 표현 : 어느 열원에서 열을 공급받아 방출하면서 열을 일로 바꿀 수 없다 (효율이 100%인 열기관을 만들 수 없다).

(다) 오스트왈드 (Ostwald) 표현 : 외부에서 외력 없이 어느 열원에서 열을 공급받아 이 전부를 외부에 변화를 주지 않고 일로 변환할 수 없다. 즉 제2종 영구기관은 존재가 불가능하다.

② 사이클과 열효율

(가) 사이클 (cycle) : 유체가 연속적으로 변화를 하고 경로를 거쳐 처음 상태로 복귀할 때 변화가 연속적으로 반복하는 현상

㉮ 가역 사이클 : 이론적인 사이클로 실제 불가능한 사이클로 손실, 마찰, 와류가 존재하지 않는 사이클이다.

㉯ 비가역 사이클 : 손실, 마찰, 와류가 존재하는 것으로 실제적인 사이클이다.

(나) 열효율 : 공급받은 열량에 대한 외부에 행한 유효일의 비

③ 열기관의 열효율과 성적계수

(가) 열기관 (heat engine) : 고열원으로부터 열을 공급받아 기계적인 일로 변환시키는 기관이다.

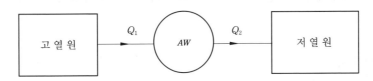

$$\eta\,[\%] = \frac{\text{유효하게 사용된 열량}}{\text{공급열량}} \times 100$$

$$= \frac{AW}{Q_1} \times 100 = \frac{Q_1 - Q_2}{Q_1} \times 100 = \left(1 - \frac{Q_2}{Q_1}\right) \times 100$$

$$= \frac{T_1 - T_2}{T_1} \times 100 = \left(1 - \frac{T_2}{T_1}\right) \times 100$$

여기서, Q_1 : 공급열량, Q_2 : 방출열량, AW : 유효하게 사용된 일의 열당량 ($Q_1 - Q_2$)

T_1 : 공급 절대온도, T_2 : 방출 절대온도

(나) 냉동기 (refrigerator) : 저열원의 열을 흡수·제거하는 것을 주목적으로 하는 기관이다.

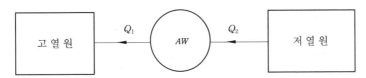

$$COP_R = \frac{\text{저열원으로부터 흡수하는 열량}}{\text{외부에서 공급받은 일의 열상당량}}$$

$$= \frac{Q_2}{AW} = \frac{Q_2}{Q_1 - Q_2} = \frac{T_2}{T_1 - T_2}$$

여기서, Q_1 : 고열원으로부터 버리는 열량, Q_2 : 저열원으로부터 흡수하는 열량

AW : 압축기 소요열 ($Q_1 - Q_2$)

(다) 히트 펌프(heat pump) : 고열원에 열을 공급하는 것이 주목적인 기관이다.

$$COP_H = \frac{\text{고열원으로부터 방출하는 열량}}{\text{외부에서 공급받은 일의 열상당량}}$$

$$= \frac{Q_1}{AW} = \frac{Q_1}{Q_1 - Q_2} = \frac{T_1}{T_1 - T_2} = 1 + COP_R$$

　※ 동일조건에서 작동하는 히트 펌프의 성적계수는 냉동기 성적계수보다 항상 1만큼 크다.

④ 카르노 사이클(Carnot cycle) : 프랑스의 Sadi Carnot가 제안한 가장 이상적인 사이클로 열기관 사이클의 이론적 비교의 기준이 되는 것으로 열역학 제2법칙과 엔트로피의 기초가 되는 사이클로 2개의 정온 과정과 2개의 단열 과정으로 구성된다.

(개) 카르노 사이클의 작동순서

　　㉮ 카르노 사이클의 순서 : 정온 팽창 → 단열 팽창 → 정온 압축 → 단열 압축

　　㉯ 역카르노 사이클 : 카르노 사이클과 반대방향으로 작용하는 것으로 저열원으로부터 Q_2 의 열의 흡수하여 고열원에 Q_1 의 열을 공급하는 것으로 냉동기의 이상적 사이클이다.

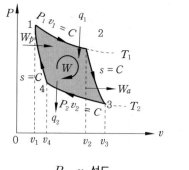

$P-v$ 선도

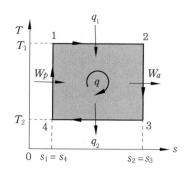

$T-s$ 선도

(내) 작동 과정

　　㉮ 정온 팽창 과정 (1 → 2 과정) : $q_1 = GRT_1 \ln\dfrac{v_2}{v_1} = GRT \ln\dfrac{P_1}{P_2}$

　　㉯ 단열 팽창 과정 (2 → 3 과정) : $\dfrac{T_3}{T_2} = \left(\dfrac{v_2}{v_3}\right)^{\kappa-1}$

　　㉰ 정온 압축 과정 (3 → 4 과정) : $q_2 = GRT_2 \ln\dfrac{v_3}{v_4} = GRT_2 \ln\dfrac{P_4}{P_3}$

　　㉱ 단열 압축 과정 (4 → 1 과정) : $\dfrac{T_4}{T_1} = \left(\dfrac{v_1}{v_4}\right)^{\kappa-1}$

⑤ 엔트로피(entropy) : 엔트로피는 온도와 같이 감각으로 느낄 수도 없고, 에너지와 같이 측정할 수도 없는 것으로 어떤 물질에 열을 가하면 엔트로피는 증가하고 냉각시키면 감소하는 물리학상의 상태량이다.

$$\Delta S = \int_1^2 \frac{dQ}{T} \text{ [kJ/kg · K]}$$

$$dS = \frac{dQ}{T}$$

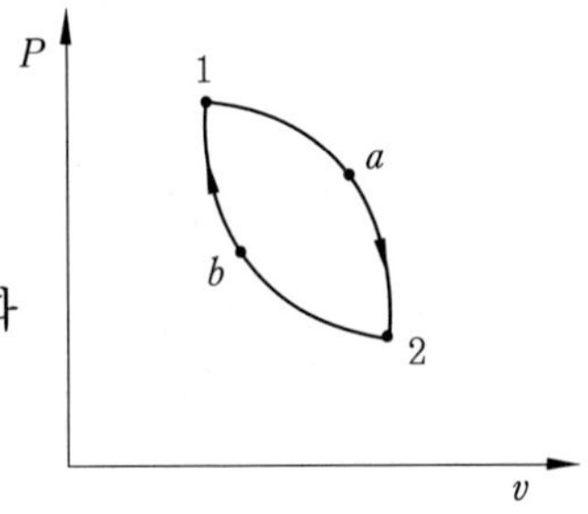

가역 사이클의 $P-v$ 선도

※ 가역 단열 변화는 엔트로피가 일정하고, 비가역 단열 변화는 엔트로피가 증가한다.

(가) 완전가스의 엔트로피 상태 변화

㉮ 정압 변화 : $\Delta S = C_p \ln\frac{T_2}{T_1} = C_p \ln\frac{v_2}{v_1}$

㉯ 정적 변화 : $\Delta S = C_v \ln\frac{T_2}{T_1} = C_v \ln\frac{P_2}{P_1}$

㉰ 정온 변화 : $\Delta S = R \ln\frac{v_2}{v_1} = R \ln\frac{P_1}{P_2}$

㉱ 단열 변화 : 등엔트로피 (엔트로피 불변)이다 (비가역 단열 변화 : 엔트로피 증가).

㉲ 폴리트로픽 변화 : $\Delta S = C_n \ln\frac{T_2}{T_1} = C_v(n-\kappa) \ln\frac{v_1}{v_2}$

$$= C_v\frac{n-\kappa}{n}\ln\frac{P_2}{P_1} = C_v\frac{n-\kappa}{n-1}\ln\frac{T_2}{T_1}$$

각 기호 명칭 및 단위

기 호	명 칭	SI 단위	공학단위
C_P, C_v	정압, 정적비열	kJ/kg·K	kcal/kgf·K
T_1, T_2	절대온도	K	K
v_1, v_2	체 적	m^3	m^3
R	기체상수	$\frac{8.314}{M}$ [kJ/kg · K]	$\frac{848}{M}$ [kgf · m/kg · K]

(나) 비가역 과정에서의 엔트로피

㉮ 열이동 : 엔트로피가 증가한다.

㉯ 마찰 : 엔트로피는 0보다 크다.

㉰ 교축 (throttling) : 교축 과정에서는 온도와 압력이 감소하므로 엔트로피는 0보다 크다.

(4) 열역학 제3법칙

어느 열기관에서나 절대온도 0도를 만들 수 없다. 그러므로 100 %의 열효율을 가진 기관은 불가능하다.

【참 고】 영구기관

① 제1종 영구기관 : 외부로부터 에너지 공급 없이 영구히 일을 지속할 수 있는 기관 또는 에너지 소비 없이 지속적으로 일을 할 수 있는 기관이자 열역학 제1법칙에 위배되는 기관으로 실현 불가능한 기관이다.

② 제2종 영구기관 : 어떤 열원으로부터 열에너지를 공급받아 지속적으로 일로 변화시키고 외부에 아무런 변화를 남기지 않는 기관이자 열역학 제2법칙에 위배되는 기관으로 실현 불가능한 기관이다.

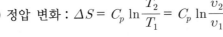

4. 기체 동력 사이클 (cycle)

(1) 기체 동력 사이클

① 분류

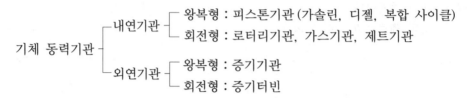

② 이론 공기 사이클의 해석상 가정

(가) 작동가스는 공기로 비열과 비중량이 일정한 완전가스이다.

(나) 각 과정은 모두 가역 과정이다.

(다) 연소과정에서 열해리(熱解離) 현상과 열손실은 없다.

(라) 팽창과 압축은 단열(등엔트로피) 과정이다.

(2) 오토 사이클(Otto cycle)

가솔린 기관, 즉 전기점화 기관의 기본 사이클로서 동작가스에 대한 열의 출입이 정적하에서 이루어지므로 정적 사이클이라고도 하며, 고속 가솔린 기관의 기본 사이클이며 2개의 정적과 2개의 단열 과정으로 구성된다.

① 오토 사이클의 $P-v$, $T-s$ 선도

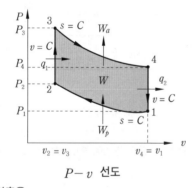

$P-v$ 선도

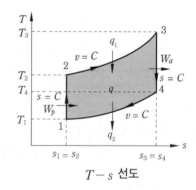

$T-s$ 선도

② 열효율

(가) 가열량 : $q_1 = q_{23} = \int_2^3 dq = \int_2^3 du + A\int_2^3 Pdv = \int_2^3 du = \int_2^3 C_v dT$

$$= C_v(T_3 - T_2) \, [\text{kcal/kg}]$$

(나) 방열량 : $q_2 = q_{14} = \int_1^4 dq = \int_1^4 du + A\int_1^4 Pdv = \int_1^4 du = \int_1^4 C_v dT$

$$= C_v(T_4 - T_1) \, [\text{kcal/kg}]$$

(다) 유효일량 : $AW_a = q_1 - q_2 = q_{23} - q_{41}$ [kcal/kg]

(라) 오토 사이클의 열효율

$$\eta_0 = \frac{\text{유효한 일량}}{\text{공급한 열량}} = \frac{AW_a}{q_1} = \frac{q_1 - q_2}{q_1} = 1 - \frac{q_2}{q_1}$$

$$= 1 - \frac{C_v(T_4 - T_1)}{C_v(T_3 - T_2)} = 1 - \frac{(T_4 - T_1)}{(T_3 - T_2)}$$

(마) 압축비의 함수로 표시된 오토 사이클의 열효율

$$\eta_0 = 1 - \frac{(T_4 - T_1)}{(T_3 - T_2)} = 1 - \left(\frac{v_2}{v_4}\right)^{\kappa-1} = 1 - \left(\frac{v_2}{v_1}\right)^{\kappa-1} = 1 - \left(\frac{1}{\varepsilon}\right)^{\kappa-1}$$

③ 오토 사이클의 이론 평균 유효압력

$$P_{mo} = \frac{\text{1사이클 중에 이루어지는 일}}{\text{행정 체적}} = \frac{W}{v_s} = \frac{AW}{A(v_1 - v_2)}$$

$$= \frac{\eta_0 \cdot q_1}{Av_1\left(1 - \frac{1}{\epsilon}\right)} = \frac{P_1 \cdot q_1 \cdot \left\{1 - \left(\frac{1}{\epsilon}\right)^{\kappa-1}\right\}}{ART_1\left\{1 - \left(\frac{1}{\epsilon}\right)\right\}}$$

$$= \frac{C_v[T_3 - T_2 - T_4 + T_1]}{Av_1\left[1 - \frac{1}{\epsilon}\right]} = P_1 \frac{(\alpha-1)(\epsilon^\kappa - \epsilon)}{(\kappa-1)\cdot(\epsilon-1)} [\text{kgf/cm}^2]$$

(3) 디젤 사이클 (Diesel cycle)

디젤 사이클은 2개의 단열 과정과 1개의 정적 과정, 1개의 등압 과정으로 구성된 사이클이며 정압 하에서 가열하므로 정압(등압) 사이클이라고 한다. 또한 저속 디젤 기관의 기본 사이클이다.

① 디젤 사이클의 $P-v$, $T-s$ 선도

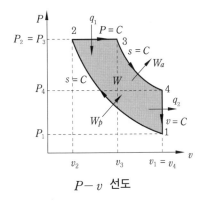

$P-v$ 선도

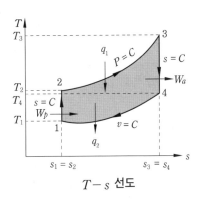

$T-s$ 선도

② 열효율

(카) 가열량 : $q_1 = q_{23} = \int_2^3 dq = \int_2^3 dh = h_3 - h_2 = C_p(T_3 - T_2)$ [kcal/kg]

(나) 방열량 : $q_2 = q_{14} = \int_1^4 dq = \int_1^4 du = u_4 - u_1 = C_v(T_4 - T_1)$ [kcal/kg]

(다) 유효열량 : $A W_a = q_1 - q_2$ [kcal/kg]

(라) 디젤 사이클의 열효율

$$\eta_d = \frac{\text{유효한 일량}}{\text{공급한 열량}} = \frac{A W_a}{q_1} = \frac{q_1 - q_2}{q_1}$$

$$= 1 - \frac{q_2}{q_1} = 1 - \frac{C_v(T_4 - T_1)}{C_p(T_3 - T_2)} = 1 - \frac{(T_4 - T_1)}{k(T_3 - T_2)}$$

㉮ 1 → 2 과정 : 단열 압축이므로

$$\frac{T_2}{T_1} = \left(\frac{v_1}{v_2}\right)^{\kappa-1} = \epsilon^{\kappa-1}$$

압축비 $\epsilon = \dfrac{v_1}{v_2}$ 이다 (등압연소).

$$\therefore T_2 = T_1 \cdot \epsilon^{\kappa-1}$$

㉯ 2 → 3 과정 : 정압 가열이므로 $v \propto T$

$$\frac{T_3}{T_2} = \frac{v_3}{v_2} = \sigma = \text{절단비, 차단비, 체절비, 단절비}$$

$$\therefore T_3 = T_2 \cdot \sigma = T_1 \cdot \sigma \cdot \epsilon^{\kappa-1}$$

㉰ 3 → 4 과정 : 단열 팽창이므로

$$\frac{T_4}{T_3} = \left(\frac{v_3}{v_4}\right)^{\kappa-1}$$

$$\therefore T_4 = T_3 \cdot \left(\frac{v_3}{v_4}\right)^{\kappa-1} = T_3 \cdot \left(\frac{v_3}{v_2} \cdot \frac{v_2}{v_4}\right)^{\kappa-1} = T_3 \cdot \left(\frac{v_3}{v_2} \cdot \frac{v_2}{v_1}\right)^{\kappa-1}$$

$$= \left(\sigma \cdot \frac{1}{\epsilon}\right)^{\kappa-1} \cdot \sigma \cdot \epsilon^{\kappa-1} \cdot T_1 = \sigma^{\kappa} \cdot T_1$$

따라서, 디젤 사이클의 열효율 (η_d) 은

$$\eta_d = 1 - \frac{(T_4 - T_1)}{\kappa(T_3 - T_2)} = 1 - \frac{\sigma^{\kappa} \cdot T_1 - T_1}{\kappa(T_1 \cdot \sigma \cdot \epsilon^{\kappa-1} - T_1 \cdot \epsilon^{\kappa-1})}$$

$$= 1 - \frac{T_1(\sigma^{\kappa} - 1)}{T_1 \cdot k \cdot \epsilon^{\kappa-1}(\sigma - 1)} = 1 - \left(\frac{1}{\epsilon}\right)^{\kappa-1} \cdot \frac{\sigma^{\kappa} - 1}{\kappa(\sigma - 1)}$$

③ 디젤 사이클의 이론 평균 유효압력

$$P_{md} = \frac{\text{유효일량}}{\text{행정 체적}} = \frac{W_e}{v_s}$$

$$= \frac{A W_a}{A(v_1 - v_2)} = \frac{\eta_d \cdot q_1}{A(v_1 - v_2)} = \frac{P_1 \cdot q_1}{ART_1} \cdot \frac{1 - \left(\frac{1}{\epsilon}\right)^{\kappa-1} \cdot \frac{(\sigma^\kappa - 1)}{\kappa(\sigma-1)}}{1 - \left(\frac{1}{\epsilon}\right)}$$

$$= P_1 \cdot \frac{\epsilon^\kappa \cdot \kappa \cdot (\sigma-1) - \epsilon(\sigma^\kappa - 1)}{(\kappa-1) \cdot (\epsilon-1)} \ [\mathrm{kgf/cm^2}]$$

(4) 사바테 사이클(Sabathe cycle)

사바테 사이클은 오토 사이클과 디젤 사이클을 합성한 사이클로 합성 사이클, 정압 및 정적 하에서 연소하므로 정압-정적 사이클, 이중 연소 사이클이라 한다.

① 사바테 사이클의 $P-v$, $T-s$ 선도

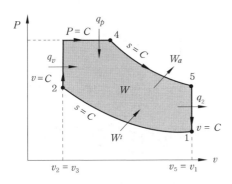
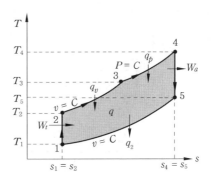

$P-v$ 선도 $\qquad\qquad\qquad$ $T-s$ 선도

② 이론 열효율

(가) 가열량 : $q_1 = C_v(T_3 - T_2) + C_p(T_4 - T_3)$ [kcal/kg]

(나) 방열량 : $q_2 = u_5 - u_1 = C_v(T_5 - T_1)$ [kcal/kg]

(다) 유효일량 : $A W_a = q_1 - q_2 = (q_{23} + q_{34}) - q_{15}$ [kcal/kg]

(라) 열효율 : $\eta_s = \dfrac{\text{행한 일량}}{\text{공급한 열량}} = \dfrac{A W_a}{q_1} = \dfrac{q_1 - q_2}{q_1} = 1 - \dfrac{q_2}{q_1}$

$$= 1 - \frac{(T_5 - T_1)}{(T_3 - T_2) + \kappa(T_4 - T_3)}$$

$$= 1 - \left(\frac{1}{\epsilon}\right)^{\kappa-1} \cdot \frac{(\alpha \cdot \sigma^\kappa - 1)}{(\alpha-1) + \kappa \cdot \alpha(\sigma-1)}$$

(마) 단열 압축 과정 (1 → 2 과정)

$$\frac{T_2}{T_1} = \left(\frac{v_1}{v_2}\right)^{\kappa-1}$$

$$\therefore T_2 = T_1 \left(\frac{v_1}{v_2}\right)^{\kappa-1} = \epsilon^{\kappa-1} \cdot T_1$$

③ 사바테 사이클의 이론 평균 유효압력

$$P_{ms} = \frac{1사이클\ 중에\ 이루어지는\ 일}{행정\ 체적}$$

$$= \frac{W}{v_s} = \frac{q_1 - q_2}{A(v_1 - v_2)} = \frac{q_1 \cdot \eta_s}{A(v_1 - v_2)}$$

$$= P_1 \cdot \frac{\epsilon^\kappa [(\alpha - 1) + \kappa \cdot \alpha \cdot (\sigma - 1)] - \epsilon(\sigma^\kappa \cdot \alpha - 1)}{(\epsilon - 1) \cdot (\kappa - 1)} \ [\mathrm{kgf/cm^2}]$$

(5) 브라이턴 사이클 (Brighton cycle)

브라이턴 사이클은 2개의 단열 과정과 2개의 등압 과정으로 이루어진 가스 터빈의 이상적인 사이클이다.

역브라이턴 사이클은 NG, LNG, LPG 가스의 액화용 냉동기의 기본 사이클로 사용된다.

① 브라이턴 사이클의 $P-v$, $T-s$ 선도

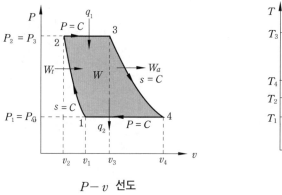
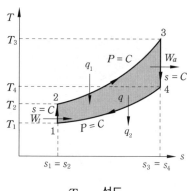

$P-v$ 선도 $T-s$ 선도

② 열효율

(가) 가열량 : $q_1 = \int_2^3 dq = \int_2^3 dh = \int_2^3 C_p\, dT = C_p(T_3 - T_2)\ [\mathrm{kcal/kg}]$

(나) 방열량 : $q_2 = \int_2^3 C_p\, dT = C_p(T_4 - T_1)\ [\mathrm{kcal/kg}]$

(다) 유효일의 열당량 : $AW_a = q_1 - q_2 = q_{23} - q_{41}\ [\mathrm{kcal/kg}]$

(라) 열효율 : $\eta_B = \dfrac{AW_a}{q_1} = \dfrac{q_1 - q_2}{q_1} = 1 - \dfrac{q_2}{q_1} = 1 - \dfrac{C_p(T_4 - T_1)}{C_p(T_3 - T_2)}$

$$= 1 - \frac{T_4 - T_1}{T_3 - T_2} \ (온도를\ 함수로\ 할\ 때)$$

$$\eta_B = 1 - \frac{T_4 - T_1}{T_3 - T_2} = 1 - \left(\frac{P_1}{P_2}\right)^{\frac{k-1}{k}}$$

$$= 1 - \left(\frac{1}{\psi}\right)^{\frac{\kappa - 1}{\kappa}} \ (압력을\ 함수로\ 할\ 때)$$

예 상 문 제

문제 1. 다음은 이상기체에 대한 설명이다. 틀린 것은?

㉮ 보일-샤를의 법칙을 만족한다.

㉯ 비열비 (C_p/C_v)는 온도에 따라 변한다.

㉰ 분자 사이의 충돌은 완전탄성체로 이루어진다.

㉱ 내부에너지는 체적에 관계없이 온도에 의해서만 결정된다.

[해설] 비열비는 온도에 관계없이 일정하다.

문제 2. 이상기체에 대한 설명 중 틀린 것은?

㉮ 응축시키면 액화될 수 있다.

㉯ 기체분자 자신의 부피를 무시한다.

㉰ 분자 사이에는 인력이나 반발력이 작용하지 않는다.

㉱ 저압, 고온 하의 실제기체는 이상기체의 성질을 가진다.

[해설] 이상기체는 액화할 수 없다.

문제 3. 실제기체가 이상기체처럼 거동하기 위한 범위로서 맞는 것은?

㉮ 고온, 고압 ㉯ 고온, 저압

㉰ 저온, 고압 ㉱ 저온, 저압

문제 4. 이상기체를 정적 하에서 가열한다면 압력과 온도의 변화는 어떻게 변화하겠는가?

㉮ 압력 증가, 온도 상승

㉯ 압력 일정, 온도 일정

㉰ 압력 일정, 온도 상승

㉱ 압력 증가, 온도 일정

[해설] 이상기체를 일정한 부피(정적 상태)에서

① 가열 : 압력 증가, 온도 상승

② 냉각 : 압력 강하, 온도 저하

문제 5. 1 kg의 공기를 20℃, 1 kgf/cm² 인 상태에서 일정압력으로 가열·팽창시켜서 부피를 처음의 5배로 하려고 한다. 이때 필요한 온도 상승은 몇 ℃인가?

㉮ 1172 ℃ ㉯ 1282 ℃

㉰ 1465 ℃ ㉱ 1561 ℃

[해설] • 샤를의 법칙 : 일정압력 하에서 일정량의 기체가 차지하는 부피는 절대온도에 비례한다.

$$\frac{V_1}{T_1} = \frac{V_2}{T_2} \text{에서 } V_2 = 5\,V_1 \text{이므로}$$

$$\therefore T_2 = \frac{V_2\,T_1}{V_1} = \frac{5\,V_1 \times (273+20)}{V_1}$$

$$= 1465\,K - 273 = 1192\,℃$$

$$\therefore \text{상승 온도} = 1192 - 20 = 1172\,℃$$

문제 6. 기체 혼합물의 각 성분을 표현하는 방법으로 여러 가지가 있다. 다음은 혼합가스의 성분비를 표현하는 방법이다. 다른 값을 갖는 것은?

㉮ 몰분율 ㉯ 질량분율

㉰ 압력분율 ㉱ 부피분율

[해설] 각 가스의 분자량이 서로 달라 질량분율은 다른 값을 나타낸다.

문제 7. 압력 1 atm, 온도 20℃에서 공기 1 kg 의 부피를 구하면 몇 m³인가?

㉮ 0.42 m³ ㉯ 0.62 m³

㉰ 0.75 m³ ㉱ 0.83 m³

[해설] $PV = \dfrac{W}{M} RT$

$$\therefore V = \frac{WRT}{PM} = \frac{1000 \times 0.082 \times (273+20)}{1 \times 29 \times 1000}$$

$$= 0.828\,m^3$$

문제 8. 벤젠 5 kg은 압력 1 atm, 온도 100℃에서 몇 m³의 증기로 변하는가? (단, 이상기체로 거동하며 C 의 원자량은 12, H

의 원자량은 1이다.)

㉮ 1.96 ㉯ 2.53 ㉰ 3.65 ㉱ 4.87

해설 $PV = GRT$

$$\therefore V = \frac{GRT}{P} = \frac{5 \times \frac{848}{78} \times (273+100)}{1 \times 10332}$$

$$= 1.962 \, m^3$$

문제 9. 산소가 20℃에서 $5\,m^3$의 탱크 속에 들어 있다. 이 탱크의 압력이 $10\,kgf/cm^2$이라면 산소의 중량은 몇 kgf인가? (단, 산소의 가스상수는 $26.5\,kgf \cdot m/kg \cdot K$이다.)

㉮ 0.644 kgf ㉯ 1.55 kgf

㉰ 55.3 kgf ㉱ 64.4 kgf

해설 $PV = GRT$

$$\therefore G = \frac{PV}{RT} = \frac{10 \times 10^4 \times 5}{26.5 \times (273+20)}$$

$$= 64.39 \, kgf$$

문제 10. 밀폐된 용기 내에 1 atm, 27℃ 프로판과 산소가 부피비로 1 : 5의 비율로 혼합되어 있다. 프로판이 다음과 같이 완전연소하여 화염의 온도가 1000℃가 되었다면 용기 내에 발생하는 압력은 얼마가 되겠는가?

$$C_3H_8 + 5O_2 \rightarrow 3CO_2 + 4H_2O$$

㉮ 1.95 atm ㉯ 2.95 atm

㉰ 3.95 atm ㉱ 4.95 atm

해설 $PV = nRT$에서 반응 전 $P_1V_1 = n_1R_1T_1$,
반응 후 $P_2V_2 = n_2R_2T_2$가 된다.

$V_1 = V_2$, $R_1 = R_2$이므로 $\dfrac{P_2}{P_1} = \dfrac{n_2T_2}{n_1T_1}$가 된다.

$$\therefore P_2 = \frac{n_2T_2}{n_1T_1} \times P_1 = \frac{7 \times (273+1000)}{6 \times (273+27)} \times 1'$$

$$= 4.95 \, atm$$

문제 11. 밀폐된 용기 내에 1 atm, 27℃로 프로판과 산소가 2 : 8의 비율로 혼합되어 있으며 그것이 연소하여 다음과 같은 반응을 하고 화염온도는 3000 K가 되었

다고 한다. 다음 중 이 용기 내에 발생하는 압력은 얼마인가? (단, 이상기체로 거동한다고 가정한다.)

$$2C_3H_8 + 8O_2 \rightarrow 6H_2O + 4CO_2 + 2CO + 2H_2$$

㉮ 14 atm ㉯ 40 atm

㉰ 25 atm ㉱ 160 atm

해설 $PV = nRT$에서

$$\therefore P_2 = \frac{n_2T_2}{n_1T_1} \times P_1 = \frac{14 \times 3000}{10 \times (273+27)} \times 1$$

$$= 14 \, atm$$

문제 12. 방 안의 압력이 100 kPa이며 온도가 27℃일 때 5 m×10 m×4 m에 들어 있는 공기의 질량은 몇 kg인가? (단, 공기의 $R = 0.287\,kJ/kg \cdot K$이다.)

㉮ 233.7 ㉯ 241.5 ㉰ 250.2 ㉱ 263.3

해설 $PV = GRT$

$$\therefore G = \frac{PV}{RT} = \frac{100 \times (5 \times 10 \times 4)}{0.287 \times (273+27)}$$

$$= 232.288 \, kg$$

문제 13. 체적이 $0.8\,m^3$인 용기 내에 분자량이 20인 이상기체 10 kg이 들어 있다. 용기 내의 온도가 30℃라면 압력은 약 몇 MPa인가?

㉮ 1.57 ㉯ 2.45 ㉰ 3.37 ㉱ 4.35

해설 $PV = GRT$

$$\therefore P = \frac{GRT}{V} = \frac{10 \times \frac{8.314}{20} \times (273+30)}{0.8 \times 1000}$$

$$= 1.574 \, MPa$$

문제 14. 체적 $2\,m^3$의 용기 내에서 압력 4 MPa, 온도 50℃인 혼합기체의 체적분율이 메탄(CH_4) 35 %, 수소(H_2) 40 %, 질소(N_2) 25 %이다. 이 혼합기체의 질량은 몇 kg인가?

㉮ 20 ㉯ 30 ㉰ 40 ㉱ 50

해설 ① 혼합기체의 평균 분자량 계산
$M = (16 \times 0.35) + (2 \times 0.4) + (28 \times 0.25) = 13.4$
② 혼합기체의 질량 계산
$PV = GRT$

해답 9. ㉱ 10. ㉱ 11. ㉮ 12. ㉮ 13. ㉮ 14. ㉰

$$\therefore G = \frac{PV}{RT} = \frac{4 \times 10^3 \times 2}{\frac{8.314}{13.4} \times (273 + 50)}$$

$$= 39.92 \text{ kg}$$

문제 **15.** 어떤 화합물 0.085 g을 기화시킨 결과 730 mmHg, 60℃에서 23.5 mL가 되었다. 이 물질의 분자량은 약 얼마인가?

㉮ 8 g/mol ㉯ 10 g/mol
㉰ 75 g/mol ㉱ 103 g/mol

해설 $PV = \frac{W}{M} RT$

$$\therefore M = \frac{WRT}{PV} = \frac{0.085 \times 0.082 \times (273 + 60)}{\frac{730}{760} \times 23.5 \times 10^{-3}}$$

$$= 102.825 \text{ g/mol}$$

문제 **16.** 일산화탄소와 수소의 부피비가 3 : 7인 혼합가스의 온도 100℃, 50 atm에서의 밀도는 얼마인가? (단, 이상기체로 가정한다.)

㉮ 16.01 g/L ㉯ 32.02 g/L
㉰ 52.03 g/L ㉱ 76.04 g/L

해설 $PV = \frac{W}{M} RT$

$$\therefore \rho = \frac{W}{V} = \frac{PM}{RT} = \frac{50 \times (28 \times 0.3 + 2 \times 0.7)}{0.082 \times (273 + 100)}$$

$$= 16.01 \text{ g/L}$$

문제 **17.** 기체상수 R을 계산한 결과 1.987이 되었다. 이때 단위로 올바른 것은?

㉮ L·atm/mol·K ㉯ cal/mol·K
㉰ erg/mol·K ㉱ Joule/mol·K

해설 기체상수 $R = 0.082 \text{ L} \cdot \text{atm/mol} \cdot \text{K}$
$= 8.314 \times 10^7 \text{ erg/mol} \cdot \text{K}$
$= 8.314 \text{ J/mol} \cdot \text{K}$
$= 1.987 \text{ cal/mol} \cdot \text{K}$

문제 **18.** N_2와 O_2의 가스상수는 각각 30.26 kgf·m/kg·K, 26.49 kgf·m/kg·K이다. N_2가 70 %일 때 N_2와 O_2의 혼합가스의 가스정수는 얼마인가?

㉮ 10.23 ㉯ 17.56
㉰ 23.95 ㉱ 29.13

해설 $R = (30.26 \times 0.7) + (26.49 \times 0.3) = 29.129$

문제 **19.** 용기 내에서 혼합기체의 체적분율이 메탄(CH_4) 35 %, 수소(H_2) 40 %, 질소(N_2) 25 %이다. 이 혼합기체의 기체상수는 몇 kJ/kg·K인가?

㉮ 0.50 ㉯ 0.54 ㉰ 0.58 ㉱ 0.62

해설 ① 혼합기체의 평균분자량 계산
$M = (16 \times 0.35) + (2 \times 0.4) + (28 \times 0.25)$
$= 13.4$
② 혼합기체의 기체상수 계산
$R = \frac{8.314}{M} = \frac{8.314}{13.4} = 0.62 \text{ kJ/kg} \cdot \text{K}$

문제 **20.** 아래의 방정식은 기체 1 mol에 대한 반데르 발스(Van der Waals)의 방정식을 표현한 것이다. n−mol에 대한 방정식을 올바르게 나타낸 것은?

$$\left(P + \frac{a}{V^2}\right)(V - b) = RT$$

㉮ $\left(P + \frac{n^2 a}{V^2}\right)(V - nb) = nRT$

㉯ $\left(P + \frac{na}{V^2}\right)(V - nb) = nRT$

㉰ $\left(P + \frac{a}{V^2}\right)(V - nb) = nRT$

㉱ $\left(P + \frac{na}{V^2}\right)(V - b) = nRT$

문제 **21.** 반데르 발스(Van der waals)식 $\left(P + \frac{a}{V^2}\right)(V - b) = RT$에서 각 항을 설명한 것 중 틀린 것은?

㉮ a와 b는 특정기체 특유의 상징이다.

㉯ 상수 a, b는 PV도표에서 임계점에서의 기울기와 곡률을 이용해서 구한다.

㉰ b는 분자의 크기가 이상기체의 부피보

다 더 큰 부피로 만들려고 보정하는 것이다.

라 $\dfrac{a}{V^2}$ 항은 분자들 사이의 인력의 작용이 이상기체에 의해서 발휘될 압력보다 크게 하려고 더 해준다.

문제 22. 다음 중 증기의 상태 방정식이 아닌 것은?

㉮ Van der Waals식

㉯ Lennard–Jones식

㉰ Clausius식

㉱ Berthelot식

해설 • 실제기체 상태 방정식

① Van der Waals식
$$\left(P + \frac{n^2 \cdot a}{V^2}\right)(V - n \cdot b) = nRT$$

② Clausius식
$$\left(P + \frac{C}{T(V+C)^2}\right)(V - b) = RT$$

③ Berthelot식
$$\left(P + \frac{a}{TV^2}\right)(V - b) = RT$$

문제 23. 그림은 반데 르 발스식에 의한 실제가스의 등온곡선을 나타낸 것이다. 그림 중 임계점은 어느 것인가?

㉮ A

㉯ B

㉰ C

㉱ D

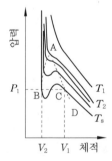

실제가스의 상태

문제 24. CO_2 32%, O_2 5%, N_2 63% (용량 %)의 혼합기체의 평균분자량은 얼마인가?

㉮ 18.2　　㉯ 33.3　　㉰ 48.4　　㉱ 70.5

해설 • 혼합기체의 평균분자량

$M = (44 \times 0.32) + (32 \times 0.05) + (28 \times 0.63) = 33.32$

문제 25. 어떤 혼합가스가 산소 10몰, 질소 10몰, 메탄 5몰을 포함하고 있다. 이 혼합가스의 비중은 얼마인가? (단, 공기의 평균분자량 : 29이다.)

㉮ 0.52　　　㉯ 0.62

㉰ 0.72　　　㉱ 0.94

해설 • 혼합가스의 평균 분자량

$$M = \left(32 \times \frac{10}{25}\right) + \left(28 \times \frac{10}{25}\right) + \left(16 \times \frac{5}{25}\right)$$
$$= 27.2\,g$$

$$\therefore 비중 = \frac{M}{29} = \frac{27.2}{29} = 0.938$$

문제 26. 0.5 atm 5 L의 기체 A, 1 atm 10 L의 기체 B와 0.6 atm 5 L의 기체 C를 전체 부피 20 L의 용기에 넣을 경우 전압은 얼마인가? (단, 기체 A, B, C는 이상기체로 가정한다.)

㉮ 0.625 atm　　　㉯ 0.700 atm

㉰ 0.775 atm　　　㉱ 0.938 atm

해설 $P = \dfrac{P_A V_A + P_B V_B + P_C V_C}{V}$

$$= \frac{0.5 \times 5 + 1 \times 10 + 0.6 \times 5}{20} = 0.775\,atm$$

문제 27. 1기압 20 L의 공기를 4 L 용기에 넣었을 때 산소의 분압은? (단, 압축 시 온도 변화는 없고, 공기는 이상기체로 가정하며, 공기 중 산소의 백분율은 20%로 가정한다.)

㉮ 약 1기압　　　㉯ 약 2기압

㉰ 약 3기압　　　㉱ 약 4기압

해설 ① 4 L 용기에서의 공기압력 계산

$P_1 V_1 = P_2 V_2$

$$\therefore P_2 = \frac{P_1 V_1}{V_2} = 1 \times \frac{20}{4} = 5\ 기압$$

② 산소의 분압 계산

$$\therefore PO_2 = 전압 \times \frac{성분\ 부피}{전부피}$$

$$= 5 \times \frac{4 \times 0.2}{4} = 1\ 기압$$

해답 22. ㉯　23. ㉮　24. ㉯　25. ㉱　26. ㉰　27. ㉮

문제 28. 가정용 연료가스는 프로판과 부탄 가스를 액화한 혼합물이다. 이 액화한 혼합물이 30℃에서 프로판과 부탄의 몰비가 5 : 1로 되어 있다면 이 용기 내의 압력은 약 몇 기압 (atm)인가? (단, 30℃에서의 증기압은 프로판 9000 mmHg이고, 부탄이 2400 mmHg이다.)

㉮ 2.6　　㉯ 5.5　　㉰ 8.8　　㉱ 10.4

해설　$P = P_A + P_B$

$$= \left(\frac{9000}{760} \times \frac{5}{5+1} \right) + \left(\frac{2400}{760} \times \frac{1}{5+1} \right)$$

$$= 10.39 \text{ atm}$$

문제 29. 25℃에서 N_2, O_2, CO_2의 분압이 각각 0.71 atm, 0.15 atm, 0.14 atm이며 이상적으로 행동할 때 이 혼합기체의 평균분자량은 얼마인가? (단, 전압은 1 atm이다.)

㉮ 29.84　　　　㉯ 30.00

㉰ 30.84　　　　㉱ 31.24

해설　문제에서 주어진 부분압을 합하면 1 atm 되고, 몰 (mol)분율, 부피분율, 압력분율은 같은 의미이므로 평균 분자량 (M)을 계산하면
$M = (28 \times 0.71) + (32 \times 0.15) + (44 \times 0.14) = 30.84$

문제 30. 2 kg의 기체를 0.15 MPa, 15℃에서 체적이 0.1 m³가 될 때까지 등온 압축 할 때 압축 후 압력은 몇 MPa인가? (단, 비열은 각각 $C_p = 0.8$ kJ/kg · K, $C_v = 0.6$ kJ/kg · K이다.)

㉮ 1.141　㉯ 1.152　㉰ 1.163　㉱ 1.174

해설　$R = C_p - C_v = 0.8 - 0.6 = 0.2$ kJ/kg · K

$P_1 V_1 = G R T_1$에서

$$\therefore V_1 = \frac{G R T_1}{P_1} = \frac{2 \times 0.2 \times (273 + 15)}{0.15 \times 10^3}$$

$$= 0.768 \text{ m}^3$$

$$\therefore P_2 = \frac{V_1}{V_2} P_1 = \frac{0.768}{0.1} \times 0.15 = 1.152 \text{ MPa}$$

문제 31. 가스의 비열비 $\left[\kappa = \dfrac{C_p}{C_v} \right]$의 값은?

㉮ 언제나 1보다 크다.

㉯ 1보다 크거나 작다.

㉰ 0이다.

㉱ 항상 1보다 작다.

해설　비열비 $\kappa = \dfrac{C_p}{C_v} > 1$이다($\because C_p > C_v$이므로).

① 1원자 분자(C, S, Ar, He 등) : 1.66

② 2원자 분자(O_2, N_2, H_2, CO, 공기 등) : 1.4

③ 3원자 분자(CO_2, SO_2, NO_2 등) : 1.33

문제 32. 이상기체에서 정적비열 (C_v)과 정압비열 (C_p)과의 관계 중 맞는 것은?

㉮ $C_p - C_v = R$　　㉯ $C_p + C_v = R$

㉰ $C_p + C_v = 2R$　　㉱ $C_p - C_v = 2R$

문제 33. 분자량이 30인 어느 가스의 정압비열이 0.75 kJ/kg·K라고 가정할 때 이 가스의 비열비는 얼마인가?

㉮ 0.277　㉯ 0.473　㉰ 1.59　㉱ 2.38

해설　$C_p - C_v = R$

$$\therefore C_v = C_p - R = 0.75 - \frac{8.314}{30}$$

$$= 0.4728 ≒ 0.473 \text{ kJ/kg · K}$$

$$\therefore \kappa = \frac{C_p}{C_v} = \frac{0.75}{0.473} = 1.585$$

문제 34. 이상기체 10 kg을 240 K만큼 온도를 상승시키는데 필요한 열량이 정압인 경우와 정적인 경우에 그 차가 415 kJ이었다. 이 기체의 가스상수는 몇 kJ/kg·K인가?

㉮ 0.173　　　　㉯ 0.287

㉰ 0.381　　　　㉱ 0.423

해설　정압비열과 정적비열의 차이로 415 kJ의 열량차가 발생하였고, 현열량 Q [kJ] $= m \cdot C \cdot \Delta T$에서 비열 $C = \dfrac{Q}{m \cdot \Delta T}$이고 정압비열과 정적비열의 차이 $C_p - C_v = R$이므로 비열 (C)값 대신 기체상수 R을 대입하면 된다.

해답　**28.** ㉱　**29.** ㉰　**30.** ㉯　**31.** ㉮　**32.** ㉮　**33.** ㉰　**34.** ㉮

$$\therefore R = \frac{Q}{m \cdot \Delta T} = \frac{415}{10 \times 240}$$
$$= 0.1729 \,\mathrm{kJ/kg \cdot K}$$

문제 35. 다음 중 가역 과정으로 볼 수 없는 것은?

㉮ Carnot 순환계

㉯ 노즐에서의 팽창

㉰ 마찰이 없는 관 내의 흐름

㉱ 실린더 내의 기체의 갑작스런 팽창

해설 • 과정 : 계 내의 물질이 한 상태에서 다른 상태로 변할 때 연속된 상태 변화의 경로 (path)를 뜻한다.
  ① 가역 과정 : 과정을 여러 번 진행해도 결과가 동일하며 자연계에 아무런 변화도 남기지 않는 것(카르노 사이클, 노즐에서의 팽창, 마찰이 없는 관 내 흐름)
  ② 비가역 과정 : 계의 경계를 통하여 이동할 때 자연계에 변화를 남기는 것(온도차로 생기는 열전달, 압축 및 자유팽창, 혼합 및 화학반응, 전기적 저항, 마찰, 확산 및 삼투압 현상)

문제 36. 다음에서 어떤 과정이 가역적으로 되기 위한 조건은?

㉮ 마찰로 인한 에너지 변화가 있다.

㉯ 외계로부터 열을 흡수·방출한다.

㉰ 작용 물체는 전 과정을 통하여 항상 평형이 이루어지지 않는다.

㉱ 외부 조건에 미소한 변화가 생기면 어느 지점에서라도 역전시킬 수 있다.

문제 37. 다음 중 비가역 과정의 예가 아닌 것은?

㉮ 마찰   ㉯ 혼합

㉰ 자유팽창   ㉱ 열펌프

해설 • 열펌프 (heat pump) : 고열원에 열을 공급하는 것이 주목적인 기관이다.

문제 38. 15℃의 공기 2 L를 2 kgf/cm² 에서 10 kgf/cm² 로 단열압축시킨다면 1단 압축

의 경우 압축 후의 배출가스의 온도는 몇 ℃인가? (단, 공기의 단열지수는 1.4이다.)

㉮ 약 154℃   ㉯ 약 183℃

㉰ 약 215℃   ㉱ 약 246℃

해설 $\dfrac{T_2}{T_1} = \left(\dfrac{P_2}{P_1}\right)^{\frac{\kappa-1}{\kappa}}$

$$\therefore T_2 = T_1 \times \left(\frac{P_2}{P_1}\right)^{\frac{\kappa-1}{k}}$$
$$= (273 + 15) \times \left(\frac{10}{2}\right)^{\frac{1.4-1}{1.4}}$$
$$= 456.14\,\mathrm{K} - 273 = 183.14\,℃$$

문제 39. −193.8℃, 5 atm의 질소 기체를 220 atm으로 단열 압축했을 때의 온도는 약 몇 ℃인가? (단, 비열비 κ 는 1.41이고 이상기체로 간주한다.)

㉮ −35℃ ㉯ −15℃ ㉰ 25℃   ㉱ 30℃

해설 $\dfrac{T_2}{T_1} = \left(\dfrac{P_2}{P_1}\right)^{\frac{\kappa-1}{\kappa}}$

$$\therefore T_2 = T_1 \times \left(\frac{P_2}{P_1}\right)^{\frac{\kappa-1}{\kappa}}$$
$$= (273 - 193.8) \times \left(\frac{220}{5}\right)^{\frac{1.41-1}{1.41}}$$
$$= 238.017\,K - 273 = -34.983\,℃$$

문제 40. 1 atm 25℃ 공기를 0.5 atm까지 단열팽창시키면 그때 온도는 몇 ℃인가? (단, 공기의 $\dfrac{C_p}{C_v}$ = 1.4이다.)

㉮ −8℃   ㉯ −10.5℃

㉰ −13.8℃   ㉱ −28.5℃

해설 $\dfrac{T_2}{T_1} = \left(\dfrac{P_2}{P_1}\right)^{\frac{\kappa-1}{\kappa}}$

$$\therefore T_2 = T_1 \times \left(\frac{P_2}{P_1}\right)^{\frac{\kappa-1}{\kappa}}$$

$$= (273 + 25) \times \left(\frac{0.5}{1}\right)^{\frac{1.4-1}{1.4}}$$
$$= 244.46\,\mathrm{K} - 273 = -28.54\,℃$$

문제 41. $1\,\mathrm{mol}$의 이상기체$\left(C_v = \dfrac{3}{2}R\right)$가 $40℃$, $35\,\mathrm{atm}$으로부터 $1\,\mathrm{atm}$까지 단열적으로 팽창하였다. 최종온도는 얼마인가?

㉮ 약 $97\,\mathrm{K}$ ㉯ 약 $98\,\mathrm{K}$
㉰ 약 $75\,\mathrm{K}$ ㉱ 약 $60\,\mathrm{K}$

해설 ① 정압비열 계산

$C_p - C_v = R$에서

$$\therefore\ C_p = R + C_v = \frac{2}{2}R + \frac{3}{2}R = \frac{5}{2}R$$

② 비열비 계산

$$\therefore\ \kappa = \frac{C_p}{C_v} = \frac{\frac{5}{2}R}{\frac{3}{2}R} = \frac{10}{6} = 1.67$$

③ 최종온도 계산

$$\therefore\ T_2 = T_1 \times \left(\frac{P_2}{P_1}\right)^{\frac{\kappa-1}{\kappa}}$$
$$= (273 + 40) \times \left(\frac{1}{35}\right)^{\frac{1.67-1}{1.67}} = 75.17\,\mathrm{K}$$

문제 42. 가스 혼합물의 분석결과 N_2 $70\,\%$, CO_2 $15\,\%$, O_2 $11\,\%$, CO $4\,\%$의 체적비를 얻었다. 이 혼합물은 $10\,\mathrm{kPa}$, $20℃$, $0.2\,\mathrm{m}^3$인 초기 상태로부터 $0.1\,\mathrm{m}^3$으로 실린더 내에서 가역 단열 압축할 때 최종 상태의 온도는 약 몇 K인가? (단, 이 혼합가스의 정적비열은 $0.7157\,\mathrm{kJ/kg \cdot K}$이다.)

㉮ 360 ㉯ 380 ㉰ 400 ㉱ 420

해설 ① 혼합가스의 평균분자량 계산
$$M = (28 \times 0.7) + (44 \times 0.15) + (32 \times 0.11) + (28 \times 0.04) = 30.84$$
② 비열비 계산
$C_p - C_v = R$ 에서
$$\therefore\ C_p = C_v + R = 0.7157 + \frac{8.314}{30.84}$$
$$= 0.9853\,\mathrm{kJ/kg \cdot K}$$

$$\therefore\ \kappa = \frac{C_p}{C_v} = \frac{0.9853}{0.7157} = 1.376 \fallingdotseq 1.38$$

③ 최종온도계산

$$\frac{T_2}{T_1} = \left(\frac{V_1}{V_2}\right)^{\kappa-1}$$
$$\therefore\ T_2 = T_1 \times \left(\frac{V_1}{V_2}\right)^{\kappa-1}$$
$$= (273 + 20) \times \left(\frac{0.2}{0.1}\right)^{1.38-1}$$
$$= 381.29\,\mathrm{K}$$

문제 43. $15℃$의 공기 $1\,\mathrm{kg}$을 부피 $\dfrac{1}{4}$로 압축할 경우 등온압축에서의 소요일량은 몇 $\mathrm{kgf \cdot m}$인가? (단, 공기의 기체상수는 29.3 $\mathrm{kgf \cdot m/kg \cdot K}$이다.)

㉮ 265 ㉯ 610 ㉰ 5080 ㉱ 11700

해설 $W_t = -RT \ln \dfrac{V_2}{V_1}$
$$= -29.3 \times (273 + 15) \times \ln \frac{\frac{1}{4}}{1}$$
$$= 11698.10\,\mathrm{kgf \cdot m}$$

문제 44. $4\,\mathrm{kg}$의 공기가 팽창하여 그 체적이 3배가 되었다. 팽창하는 과정 중의 온도가 $50℃$로 일정하게 유지되었다면 이 시스템이 한 일은 약 몇 kJ인가? (단, 공기의 기체상수는 $0.287\,\mathrm{kJ/kg \cdot K}$이다.)

㉮ 371 ㉯ 408 ㉰ 471 ㉱ 508

해설 $W_a = GRT \ln \dfrac{V_2}{V_1}$
$$= 4 \times 0.287 \times (273 + 50) \times \ln 3$$
$$= 407.369\,\mathrm{kJ}$$

문제 45. $50℃$, 이상기체 $1\,\mathrm{k \cdot mol}$을 $\dfrac{1}{2}$로 압축할 경우 단열 압축에서 소요되는 절대 일량은 몇 kJ인가? (단, 단열지수는 1.4 이다.)

㉮ 1074 ㉯ 2145
㉰ 6716 ㉱ 11004

해답 **41.** ㉰ **42.** ㉯ **43.** ㉱ **44.** ㉯ **45.** ㉯

해설 ① 압축 압력 계산

$$PV = nRT$$

$$\therefore P = \frac{nRT}{V}$$

$$= \frac{1 \times 0.082 \times (273 + 50)}{22.4} \times 101.325$$

$$= 119.8077 \text{ kPa}$$

② 소요 절대 일량 계산

$$\therefore W_a = \frac{1}{\kappa - 1} P_1 V_1 \left\{ 1 - \left(\frac{V_1}{V_2} \right)^{\kappa - 1} \right\} = \frac{1}{1.4 - 1}$$

$$\times 119.8077 \times 22.4 \times \left\{ 1 - \left(\frac{1}{0.5} \right)^{1.4 - 1} \right\}$$

$$= -2143.65 \text{ kJ}$$

∴ 절대 일량이므로 2143.65 kJ이 된다.

문제 **46.** 압력이 0.1 MPa, 체적이 3 m^3인 273.15 K의 공기가 이상적으로 단열 압축되어 그 체적이 $\frac{1}{3}$로 감소되었다. 엔탈피 변화량은 약 몇 kJ인가? (단, 공기의 기체상수는 0.287 kJ/kg·K, 비열비는 1.4이다.)
㉮ 560 ㉯ 570 ㉰ 580 ㉱ 590

해설 $W_t = \dfrac{\kappa}{\kappa - 1} P_1 V_1 \left\{ 1 - \left(\dfrac{V_1}{V_2} \right)^{\kappa - 1} \right\}$

$$= \frac{1.4}{1.4 - 1} \times 0.1 \times 1000 \times 3$$

$$\times \left\{ 1 - \left(\frac{3}{3 \times \frac{1}{3}} \right)^{1.4 - 1} \right\} = -579.43 \text{ kJ}$$

$$\therefore du = -Wt$$

문제 **47.** 실린더의 압력 0.5 MPa, 온도 600 K의 공기 1 kg이 이상적인 단열 과정으로 팽창하여 0.15 MPa로 되는 동안 공기가 한 일은 몇 kJ인가?
㉮ 110 ㉯ 115 ㉰ 120 ㉱ 125

해설 • 단열 변화의 절대 일량

$$W_a = \frac{1}{\kappa - 1} R T_1 \left\{ 1 - \left(\frac{P_2}{P_1} \right)^{\frac{\kappa - 1}{\kappa}} \right\}$$

$$= \frac{1}{\kappa - 1} P_1 V_1 \left\{ 1 - \left(\frac{P_2}{P_1} \right)^{\frac{\kappa - 1}{\kappa}} \right\}$$

$$= \frac{1}{1.4 - 1} \times 0.5 \times 10^3 \times 0.344 \times$$

$$\left\{ 1 - \left(\frac{0.15}{0.5} \right)^{\frac{1.4 - 1}{1.4}} \right\} = 125.158 \text{ kJ}$$

여기서, $V_1 = \dfrac{GRT}{P}$

$$= \frac{1 \times \frac{8.314}{29} \times 600}{0.5 \times 10^3} = 0.344 \, m^3$$

$$\therefore 1 \text{MPa} = 10^3 \text{ kPa}$$

문제 **48.** 압력 0.2 MPa, 온도 333 K의 공기 2 kg이 이상적인 폴리트로픽 과정으로 압축되어 압력 2 MPa로 변화하였을 때 이 과정 동안의 일량은 몇 kJ인가? (단, $n = 1.3$이다.)
㉮ −580 ㉯ −680 ㉰ −780 ㉱ −880

해설 • 폴리트로픽 과정의 압축 일량(kJ)

$$W = \frac{n}{n - 1} m R T_1 \left\{ 1 - \left(\frac{P_2}{P_1} \right)^{\frac{n - 1}{n}} \right\}$$

$$= \frac{1.3}{1.3 - 1} \times 2 \times \frac{8.314}{29} \times 333 \times$$

$$\left\{ 1 - \left(\frac{2}{0.2} \right)^{\frac{1.3 - 1}{1.3}} \right\} = -580.208 \text{ kJ}$$

문제 **49.** 반응기 속에 1 kg의 기체가 있고 기체를 반응기 속에 압축시키는데 1500 kgf·m의 일을 했다. 이때 5 kcal의 열량이 용기 밖으로 방출되었다면 이 기체 1 kg당 내부에너지 변화량은?
㉮ 1.44 kcal/kg ㉯ 1.49 kcal/kg
㉰ 1.69 kcal/kg ㉱ 2.10 kcal/kg

해설 $h = U + APV$

$$\therefore U = h - APV = 1500 \times \frac{1}{427} - 5$$

$$= -1.487 \text{ kcal/kg}$$

∴ 방출열량이므로 "−" 값이다.

문제 **50.** 일정한 압력($P = 2000 \text{ kPa}$)에서 기체가 0.1 m^3에서 0.6 m^3로 팽창하였다. 이

동안 기체의 내부에너지는 150kJ 증가하였다면, 기체에 가해진 열량은 얼마인가?

㉮ 250 kJ   ㉯ 350 kJ

㉰ 775 kJ   ㉱ 1150 kJ

해설 $Q = u + PV = 150 + 2000 \times (0.6 - 0.1)$
$= 1150 \text{kJ}$

문제 **51.** 폴리트로픽 변화(polytropic change)는 $PV^n = C$로 표시되며 $n = 1$일 때 나타내는 열역학적 변화는? (단, P, V는 압력과 체적이며 n, C는 상수이다.)

㉮ 등온 변화   ㉯ 등적 변화

㉰ 등압 변화   ㉱ 단열 변화

해설 • 이상기체의 상태 변화 선도

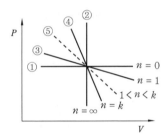

① 정압 (등압) 변화
② 정적 (등적) 변화
③ 정온 (등온) 변화
④ 단열 변화
⑤ 폴리트로픽 변화

문제 **52.** 이상기체에 대한 상호관계식을 나타낸 것 중 옳지 않은 것은? (단, U는 내부에너지, Q는 열, W는 일, T는 온도, P는 압력, V는 부피, κ는 비열비, C_v는 정적비열, C_p는 정압비열, R은 기체상수이다.)

㉮ 등적 과정 : $dU = dQ = C_v \cdot dT$

㉯ 등온 과정 : $Q = W = R \cdot T \ln \dfrac{P_1}{P_2}$

㉰ 단열 과정 : $\dfrac{T_2}{T_1} = \left(\dfrac{V_1}{V_2} \right)^\kappa$

㉱ 등압 과정 : $C_p \cdot dT = C_v \cdot dT + R \cdot dT$

해설 $\dfrac{T_2}{T_1} = \left(\dfrac{V_1}{V_2} \right)^{\kappa - 1} = \left(\dfrac{P_2}{P_1} \right)^{\frac{\kappa - 1}{\kappa}}$

문제 **53.** 이상기체의 엔탈피 불변과정은?

㉮ 가역 단열 과정   ㉯ 비가역 단열 과정

㉰ 교축 과정   ㉱ 등압 과정

해설 엔탈피 불변 과정은 교축 과정이고, 엔트로피 불변 과정은 가역 단열 과정이다.

문제 **54.** 다음 중 열역학 제0법칙에 대하여 설명한 것은?

㉮ 저온체에서 고온체로 아무 일도 없이 열을 전달할 수 없다.

㉯ 절대온도 0에서 모든 완전결정체의 절대 엔트로피의 값은 0이다.

㉰ 기계가 일을 하기 위해서는 반드시 다른 에너지를 소비해야 하고 어떤 에너지도 소비하지 않고 계속 일을 하는 기계는 존재하지 않는다.

㉱ 온도가 서로 다른 물체를 접촉시키면 높은 온도를 지닌 물체의 온도는 내려가고, 낮은 온도를 지닌 물체의 온도는 올라가서 두 물체의 온도 차이는 없어진다.

해설 • 열역학 제0법칙 : 열평형의 법칙

문제 **55.** 다음 중 열역학 제1법칙을 설명한 것은?

㉮ 우주의 에너지는 일정하지 않고 항상 변한다.

㉯ 열은 낮은 온도에서 높은 온도로 흐르지 못한다.

㉰ 어떤 계에 있어서 에너지 증가는 그 계에 흡수된 열량에서 그 계가 한 일을 **뺀** 것과 같다.

㉱ 우주의 엔트로피는 최대로 향해 가고 있다.

해설 • 열역학 제1법칙 : 에너지 보존의 법칙

문제 **56.** 다음은 열역학 제2법칙에 관한 설

명이다. 틀린 것은?

가 고립계에서의 모든 자발적 과정은 엔트로피가 증가하는 방향으로 진행된다.

나 우주 전체의 에너지는 일정하다.

다 반응이 일어나는 속도를 알 수 있다.

라 주위에 어떤 변화를 주지 않고 열을 일로 변화시켜 주기적으로 작동하는 기계를 만들 수 없다.

해설 나 열역학 제1법칙 설명

문제 57. 열역학 제2법칙을 잘못 설명한 것은?

가 열은 고온에서 저온으로 흐른다.

나 전체 우주의 엔트로피는 감소하는 법이 없다.

다 일과 열은 전량 상호 변환할 수 있다.

라 외부로부터 일을 받으면 저온에서 고온으로 열을 이동시킬 수 있다.

해설 다 열역학 제1법칙 설명

문제 58. 600℃의 고열원과 200℃의 저열원 사이에서 작동하는 사이클의 최대 효율(%)은 얼마인가?

가 31.7 나 45.8 다 57.1 라 61.8

해설 $\eta = \dfrac{AW}{Q_1} \times 100 = \dfrac{T_1 - T_2}{T_1} \times 100$

$= \dfrac{(273 + 600) - (273 + 200)}{(273 + 600)} \times 100$

$= 45.82\%$

문제 59. 최고 온도 600℃와 최저 온도 50℃ 사이에서 작동되는 열기관의 이론적 효율은?

가 35.15 %   나 46.06 %

다 57.27 %   라 63.00 %

해설 $\eta = \dfrac{T_1 - T_2}{T_1} \times 100$

$= \dfrac{(273 + 600) - (273 + 50)}{(273 + 600)} \times 100 = 63\%$

문제 60. −10℃와 20℃ 사이에서 작동하는 카르노 냉동 사이클의 성능계수(COP)는?

가 5.75 나 6.75 다 7.83 라 8.76

해설 $COP = \dfrac{Q_2}{AW} = \dfrac{T_2}{T_1 - T_2}$

$= \dfrac{273 - 10}{(273 + 20) - (273 - 10)} = 8.76$

문제 61. 열펌프(heat pump)의 성능계수는?

가 역 냉동 사이클의 효율이다.

나 고온체에 방출한 열량과 기계적 압력과의 비율이다.

다 고온체에서 흡수한 열량과 외부로부터 공급된 에너지의 비율이다.

라 저온체에서 흡수한 열량과 외부로부터 공급된 에너지의 비율이다.

해설 • 열펌프(heat pump)의 성능계수

$COP_H = \dfrac{Q_1}{AW} = \dfrac{Q_1}{Q_1 - Q_2} = \dfrac{T_1}{T_1 - T_2}$

문제 62. 다음은 냉동기의 성적계수(ϵ_R)와 열펌프의 성능계수(ϵ_H)를 나타낸 것이다. 맞는 것은?

가 $\epsilon_R = \dfrac{T_2}{T_1 - T_2}$, $\epsilon_H = \dfrac{T_1}{T_1 - T_2}$

나 $\epsilon_R = \dfrac{T_2}{T_1 - T_2}$, $\epsilon_H = \dfrac{T_2}{T_1 - T_2}$

다 $\epsilon_R = \dfrac{T_1 - T_2}{T_2}$, $\epsilon_H = \dfrac{T_1 - T_2}{T_1}$

라 $\epsilon_R = \dfrac{T_1 - T_2}{T_2}$, $\epsilon_H = \dfrac{T_1 - T_2}{T_2}$

해설 ① 냉동기의 성능계수

$\epsilon_R = \dfrac{Q_2}{AW} = \dfrac{Q_2}{Q_1 - Q_2} = \dfrac{T_2}{T_1 - T_2}$

② 열펌프의 성능계수

$\epsilon_H = \dfrac{Q_1}{AW} = \dfrac{Q_1}{Q_1 - Q_2} = \dfrac{T_1}{T_1 - T_2}$

$= \epsilon_R + 1$

문제 63. 그림은 카르노(Carnot) 사이클의

$P-v$ 선도를 보인 것이다. 설명이 틀린 것은?

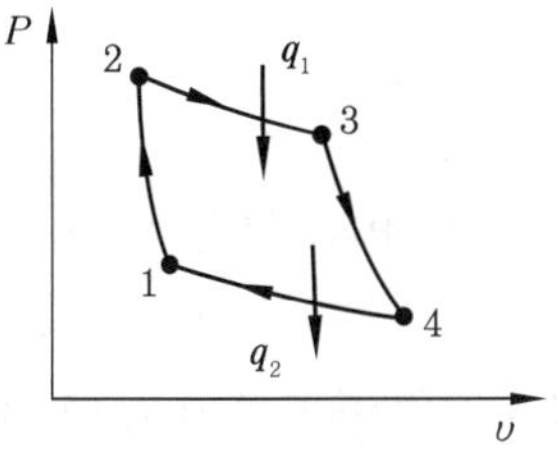

[가] 1→2 : 단열압축 [나] 2→3 : 등온팽창
[다] 3→4 : 단열팽창 [라] 4→1 : 등압팽창

[해설] • 카르노 (Carnot) 사이클의 순환과정
① 1 → 2 과정 : 단열압축 과정
② 2 → 3 과정 : 등온팽창 과정
③ 3 → 4 과정 : 단열팽창 과정
④ 4 → 1 과정 : 등온압축 과정

[문제] **64.** 카르노 사이클의 열효율 η를 공급열량 Q_1과 방출열량 Q_2의 관계로 표시할 때 바르게 된 것은?

[가] $\eta = 1 + \dfrac{Q_2}{Q_1}$

[나] $\eta = 1 - \dfrac{Q_1 + Q_2}{Q_1}$

[다] $\eta = 1 - \dfrac{Q_2}{Q_1}$

[라] $\eta = 1 + \dfrac{Q_2}{Q_1 + Q_2}$

[문제] **65.** 다음은 카르노 (Carnot) 사이클의 순환과정을 표시한 그림이다. 이상기체가 이 과정의 매체일 때의 효율은 어느 것인가?

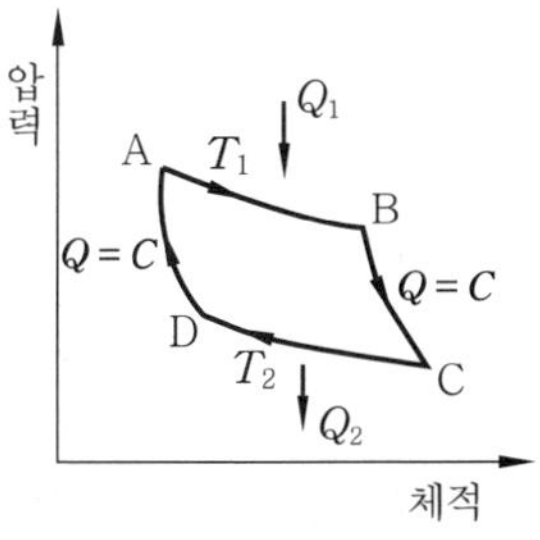

[가] $\dfrac{T_1 - T_2}{T_1}$ [나] $\dfrac{T_1 - T_2}{T_2}$

[다] $\dfrac{T_1 + T_2}{T_1}$ [라] $\dfrac{T_1 + T_2}{T_2}$

[해설] $\eta_C = \dfrac{A\,W_a}{Q_1} = \dfrac{Q_1 - Q_2}{Q_1} = \dfrac{T_1 - T_2}{T_1}$

[문제] **66.** 두 개의 카르노 사이클 (Carnot cycle)이 ① 100℃와 200℃ 사이에서 작동할 때와 ② 300℃와 400℃ 사이에서 작동할 때 이들 두 사이클 각각의 경우 열효율은 다음 중 어떤 관계가 있는가?

[가] ①은 ②보다 열효율이 크다.
[나] ①은 ②보다 열효율이 작다.
[다] ①과 ②의 열효율은 같다.
[라] 정답이 없다.

[해설] • 카르노 사이클 열효율

$\eta = \dfrac{A\,W_a}{Q_1} = \dfrac{Q_1 - Q_2}{Q_1} = \dfrac{T_1 - T_2}{T_1}$ 이므로

① $\eta_1 = \dfrac{(273+200)-(273+100)}{273+200} = 0.211$

② $\eta_2 = \dfrac{(273+400)-(273+300)}{273+400} = 0.149$

∴ 작동되는 온도가 낮을수록 효율은 높다.

[문제] **67.** 열기관의 효율을 면적비로 나타낼 수 있는 선도는?

[가] 온도-체적 선도
[나] 압력-온도 선도
[다] 온도-엔트로피 선도
[라] 엔탈피-엔트로피 선도

[해설] • 카르노 사이클의 온도-엔트로피 선도

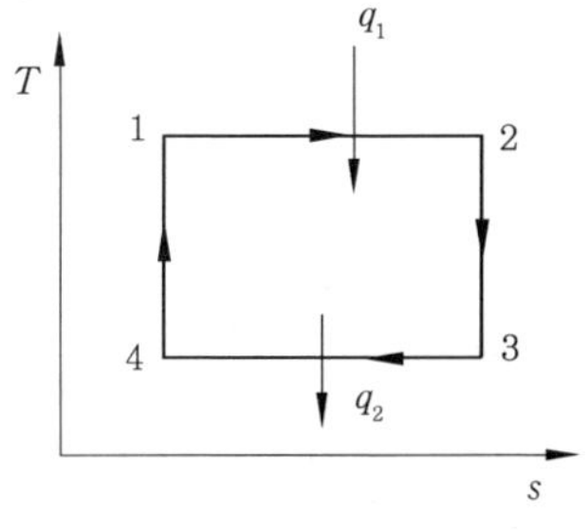

[해답] 64. [다] 65. [가] 66. [가] 67. [다]

문제 68. 어떤 열기관이 150 kW의 출력으로 10시간 운전하여 400 kg의 연료를 소비하였다. 연료의 발열량을 40 MJ/kg이라고 할 때 기관으로부터 방출된 열량은 몇 MJ인가?

㉮ 5400　㉯ 10600　㉰ 16000　㉱ 21400

해설 $\eta = \dfrac{AW}{Q_1} = \dfrac{Q_1 - Q_2}{Q_1} = 1 - \dfrac{Q_2}{Q_1}$ 에서

$\dfrac{AW}{Q_1} = 1 - \dfrac{Q_2}{Q_1}$ 이다.

$\therefore Q_2 = \left(1 - \dfrac{AW}{Q_1}\right) \times Q_1 = Q_1 - AW$

$= (400 \times 40) - (150 \times 3.6 \times 10)$

$= 10600\,\text{MJ}$

여기서, $1\,\text{kW} = 860\,\text{kcal/h} = 3600\,\text{kJ/h}$
$= 3.6\,\text{MJ/h}$

문제 69. $10\,\text{kgf/cm}^2$, $0.1\,\text{m}^3$의 이상기체를 초기부피의 5배로 등온팽창시킬 때 소요열량 (kcal)은?

㉮ 26.7　㉯ 37.6　㉰ 43.4　㉱ 53.7

해설 $Q = AGRT \ln \dfrac{V_2}{V_1} = AP V_1 \ln \dfrac{V_2}{V_1}$

$= \dfrac{1}{427} \times 10 \times 10^4 \times 0.1 \times \ln \dfrac{5V_1}{V_1}$

$= 37.69\,\text{kcal}$

문제 70. 공기가 30 L의 용기 속에 압력 0.2 MPa, 온도 303 K인 상태로 들어 있다. 이 공기의 압력을 0.4 MPa로 상승시키기 위한 가열량은 몇 kJ인가? (단, 공기의 $C_v : 0.717\,\text{kJ/kg·K}$이다.)

㉮ 9　㉯ 11　㉰ 13　㉱ 15

해설 ① 30 L 용기 속에 있는 0.2 MPa, 303 K 공기 질량 계산

$PV = GRT$

$\therefore G = \dfrac{PV}{RT} = \dfrac{0.2 \times 10^3 \times 30 \times 10^{-3}}{\dfrac{8.314}{29} \times 303}$

$= 0.069\,\text{kg}$

② 0.4 MPa 상태의 온도계산

$T_2 = \dfrac{T_1 P_2}{P_1} = \dfrac{303 \times 0.4}{0.2} = 606\,\text{K}$

③ 가열량 계산

$\therefore Q = G \cdot C_v \cdot \Delta T$

$= 0.069 \times 0.717 \times (606 - 303)$

$= 14.99\,\text{kJ}$

문제 71. 100℃의 수증기 1 kg이 100℃의 물로 응결될 때 수증기 엔트로피 변화량은 몇 kJ/K인가? (단, 물의 증발잠열은 2256.7 kJ/kg이다.)

㉮ -4.87　　　㉯ -6.05
㉰ -7.24　　　㉱ -8.67

해설 $\Delta S = \dfrac{H}{T} = \dfrac{2256.7}{273 + 100} = 6.05\,\text{kJ/K}$ (수증기에서 물로 응결되므로 부호를 "-"로 한다.)

문제 72. 100℃ 물 1 g이 수증기가 될 때 엔트로피 변화는 얼마인가?

㉮ 0.293 cal/K　　㉯ 0.875 cal/K
㉰ 1.445 cal/K　　㉱ 2.875 cal/K

해설 물의 증발잠열은 539 kcal/kg = 539 cal/g 이므로 $\Delta S = \dfrac{dQ}{T} = \dfrac{539}{273 + 100} = 1.445\,\text{cal/K}$

문제 73. 1 kg의 공기가 150℃ 이하에서 열량 30 kcal를 얻어 등온팽창한다고 할 때 엔트로피의 변화량 (kcal/kg·K)은?

㉮ 0.049　㉯ 0.058　㉰ 0.063　㉱ 0.071

해설 $\Delta S = \dfrac{dQ}{T} = \dfrac{30}{273 + 150}$

$= 0.071\,\text{kcal/kg·K}$

문제 74. 1 kg의 물이 1기압에서 정압 과정으로 0℃로부터 100℃로 되었다. 평균 열용량 $C_p = 1\,\text{kcal/kg·K}$이면 엔트로피 변화량은 몇 kcal/K인가?

㉮ 0.133　　　㉯ 0.226
㉰ 0.312　　　㉱ 0.427

해설 • 정압 과정의 엔트로피 변화량 계산

$$\therefore \Delta S = C_p \ln \frac{V_2}{V_1} = C_p \ln \frac{T_2}{T_1}$$

$$= 1 \times \ln \frac{273 + 100}{273 + 0} = 0.312 \, \text{kcal/K}$$

문제 **75.** 체적이 0.1m^3인 용기 안에서 압력 1MPa, 온도 $250℃$의 공기가 냉각되어 압력이 0.35MPa이 될 때 엔트로피 변화는 약 몇 kJ/K인가? (단, 공기의 정적비열 (C_v)은 $0.718 \, \text{kJ/kg·K}$이다.)

㉮ -0.3 ㉯ -0.4

㉰ -0.5 ㉱ -0.6

해설 ① 공기 질량(kg) 계산

$$PV = GRT$$

$$\therefore G = \frac{PV}{RT} = \frac{1 \times 10^3 \times 0.1}{\frac{8.314}{29} \times (273 + 250)}$$

$$= 0.666 \, \text{kg}$$

② 정적 과정의 엔트로피 변화량(ΔS) 계산

$$\Delta S = G C_v \ln \frac{P_2}{P_1} = 0.666 \times 0.718 \times \ln \frac{0.35}{1}$$

$$= -0.502 \, \text{kJ/K}$$

문제 **76.** 완전가스 1g-mol이 $23℃$에서 부피가 20L에서 40L로 등온 가역 팽창하였을 때 엔트로피 변화는 얼마인가?

㉮ $0.86 \, \text{cal/K}$ ㉯ $1.38 \, \text{cal/K}$

㉰ $2.72 \, \text{cal/K}$ ㉱ $3.68 \, \text{cal/K}$

해설 • 등온 과정 엔트로피 변화

$$\Delta S = AR \ln \left(\frac{V_2}{V_1} \right)$$

$$= \frac{1}{427} \times 848 \times \ln \left(\frac{40}{20} \right) = 1.376 \, \text{cal/K}$$

문제 **77.** 단열 가역 변화에서 엔트로피 변화량은 어떻게 되는가?

㉮ 일정치 않음   ㉯ 증가

㉰ 감소   ㉱ 불변

해설 가역 변화 시에는 엔트로피 변화는 없고, 비가역 변화 시에는 엔트로피가 증가한다.

문제 **78.** 다음 오토 사이클(Otto-cycle)의 그림에서 열이 공급되는 과정은 어느 부분인가?

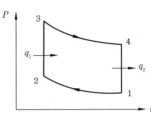

㉮ $1 \rightarrow 2$ ㉯ $2 \rightarrow 3$

㉰ $3 \rightarrow 4$ ㉱ $4 \rightarrow 1$

해설 • 오토 사이클(Otto cycle)의 순환 과정

① $1 \rightarrow 2$ 과정 : 단열압축 과정

② $2 \rightarrow 3$ 과정 : 정적 가열 과정(열의 공급)

③ $3 \rightarrow 4$ 과정 : 단열팽창 과정

④ $4 \rightarrow 1$ 과정 : 정적 방열 과정(열의 방출)

※ 오토 사이클(Otto-cycle)의 $T-S$ 선도

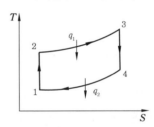

문제 **79.** 다음은 Air-standard Otto cycle의 $P-v$ diagram이다. 이 사이클의 효율(η)을 바로 나타낸 것은? (단, 정용 열용량은 일정하다.)

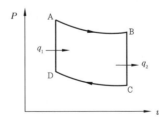

㉮ $\eta = 1 - \dfrac{T_B - T_C}{T_A - T_D}$

㉯ $\eta = 1 - \dfrac{T_D - T_C}{T_A - T_B}$

해답   **75.** ㉰   **76.** ㉯   **77.** ㉱   **78.** ㉯   **79.** ㉮

㉓ $\eta = 1 - \dfrac{T_A - T_D}{T_B - T_C}$

㉕ $\eta = 1 - \dfrac{T_A - T_C}{T_B - T_D}$

[해설] • 오토 사이클 (Otto-cycle) 열효율

$$\eta = 1 - \left(\dfrac{1}{\epsilon}\right)^{\kappa-1} = 1 - \dfrac{Q_2}{Q_1} = 1 - \dfrac{T_B - T_C}{T_A - T_D}$$

문제 80. 오토 사이클의 열효율을 나타낸 식은? (단, η : 열효율, γ : 압축비, κ : 비열비)

㉮ $\eta = 1 - \left(\dfrac{1}{\gamma}\right)^{\kappa+1}$ ㉯ $\eta = 1 - \left(\dfrac{1}{\gamma}\right)^{\kappa}$

㉲ $\eta = 1 - \left(\dfrac{1}{\gamma}\right)$ ㉴ $\eta = 1 - \left(\dfrac{1}{\gamma}\right)^{\kappa-1}$

문제 81. 열효율이 압축비만으로 결정되며 등적 사이클이라고도 하는 사이클은 어느 것인가? (단, 비열비는 일정하다.)

㉮ 에릭슨 사이클 ㉯ 오토 사이클
㉲ 스털링 사이클 ㉴ 브레이턴 사이클

문제 82. 다음 중 오토 사이클에 대한 설명이 아닌 것은?

㉮ 열효율은 압축비에 대한 함수이다.
㉯ 압축비가 커지면 열효율은 작아진다.
㉲ 이상연소에 의한 열효율은 크게 제한을 받는다.
㉴ 열효율은 공기표준 사이클보다 낮다.

[해설] 오토 사이클에서 압축비(ϵ)가 커지면 열효율도 커진다.

$$\therefore \eta = 1 - \left(\dfrac{1}{\epsilon}\right)^{\kappa-1}$$

문제 83. 디젤 사이클에서 압축비 10, 등압팽창비 1.8일 때 열효율은 얼마인가? (단, $k = \dfrac{C_p}{C_v} = 1.4$이다.)

㉮ 30.3 % ㉯ 38.2 %
㉲ 54.6 % ㉴ 61.7 %

[해설] $\eta = 1 - \left(\dfrac{1}{\epsilon}\right)^{\kappa-1} \times \dfrac{\rho^{\kappa}-1}{\kappa(\rho-1)}$

$= 1 - \left(\dfrac{1}{10}\right)^{1.4-1} \times \dfrac{1.8^{1.4}-1}{1.4\times(1.8-1)}$

$= 0.546 = 54.6\%$

문제 84. 오토 (Otto) 사이클에서 압축비가 8일 때의 열효율은 약 몇 %인가? (단, 비열비 k는 1.4이다.)

㉮ 29.7 ㉯ 44.0 ㉲ 56.5 ㉴ 71.5

[해설] $\eta(\%) = \left\{1 - \left(\dfrac{1}{\epsilon}\right)^{\kappa-1}\right\} \times 100$

$= \left\{1 - \left(\dfrac{1}{8}\right)^{1.4-1}\right\} \times 100 = 56.47\%$

문제 85. 오토 사이클의 효율 η_1, 디젤 사이클의 효율 η_2, 사바테 사이클의 효율 η_3라 할 때 공급열량과 압축비가 같으면 효율의 크기순으로 올바른 것은?

㉮ $\eta_1 > \eta_2 > \eta_3$ ㉯ $\eta_1 > \eta_3 > \eta_2$
㉲ $\eta_2 > \eta_1 > \eta_3$ ㉴ $\eta_2 > \eta_3 > \eta_1$

문제 86. 증기, 액체, 고체의 3상이 동시에 존재하면서 평형을 유지하는 상태를 일정한 구간의 직선으로 나타낼 수 있는 선도가 아닌 것은?

㉮ $P-t$ 선도 ㉯ $T-S$ 선도
㉲ $P-h$ 선도 ㉴ $P-v$ 선도

문제 87. 열기관의 효율을 길이의 비로 나타낼 수 있는 선도는?

㉮ $P-T$ 선도 ㉯ $T-S$ 선도
㉲ $H-S$ 선도 ㉴ $P-v$ 선도

[해설] • $H-S$ 선도 : 세로축에 엔탈피(H), 가로축에 엔트로피(S)로 잡고 에너지 수수량을 면적이 아닌 세로축 상의 선분의 길이로서 계산할 수 있어 증기 사이클에서 가장 유용한 선도로 사용된다.

문제 88. 냉동 사이클의 이상적인 사이클은 어느 것인가?

⑦ 역 카르노 사이클

④ 카르노 사이클

④ 스털링 사이클

④ 브레이턴 사이클

문제 89. 다음은 증기 냉동 사이클의 구성을 나타낸 그림이다. 등온팽창 과정이 일어나는 과정은 어떤 곳인가?

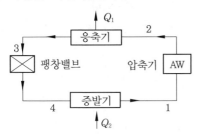

⑦ 1→2 과정　　④ 2→3 과정

④ 3→4 과정　　④ 4→1 과정

해설 • 증기압축 냉동 사이클의 구성

① 1→2 과정 : 단열압축 과정으로 증발기에서 증발된 냉매가스를 압축기로 압축하여 고온·고압으로 만드는 과정이다.

② 2→3 과정 : 정압응축 과정으로 압축기에서 고온·고압으로 토출된 냉매가스를 응축기에서 냉각하여 액화시키는 과정이다.

③ 3→4 과정 : 단열팽창 과정으로 냉매가스가 팽창 밸브를 통과하여 온도와 압력이 감소하는 과정이다.

④ 4→1 과정 : 등온팽창 과정으로 냉매액이 증발기에서 주변의 열을 회수하여 기화되면서 냉동이 실제적으로 이루어지는 과정이다.

문제 90. 그림은 어떤 냉매의 $P\text{-}h$ 선도이다. 냉매의 증발 과정을 표시한 것은?

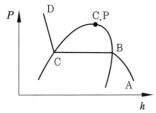

⑦ CB　　④ AB　　④ CD　　④ BC

문제 91. 다음의 $T\text{-}S$ 선도는 표준 냉동사이클을 나타낸 것이다. 3→4의 과정은 무엇인가?

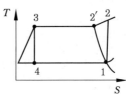

⑦ 단열압축 과정　　④ 등압 과정

④ 등온 과정　　④ 등엔탈피 과정

해설 • 표준 냉동사이클의 $T\text{-}S$ 선도

① 단열압축 과정 : 1–2 과정

② 등압 과정 : 2–3 과정

③ 등온 과정 : 2′–3, 4–1 과정

④ 등엔탈피 과정 : 3–4 과정

문제 92. 다음의 $T\text{-}S$ 선도는 증기냉동 사이클을 표시한다. 1→2 과정을 무슨 과정이라 하는가?

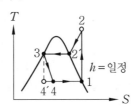

⑦ 등온응축　　④ 등온팽창

④ 단열팽창　　④ 단열압축

해설 • 증기냉동 사이클 $T\text{-}S$ 선도

① 1→2 : 단열압축 과정

② 2→3 : 등압 과정

③ 2′→3 : 등온 과정

④ 3→4 : 등엔탈피 과정

문제 93. 증기 속에 수분이 많을 때 일어나는 현상은?

⑦ 증기 손실이 적다.

④ 증기 엔탈피가 증가된다.

④ 증기배관에 수격작용이 방지된다.

④ 증기배관 및 장치 부식이 발생된다.

해설 • 증기 속의 수분의 영향

① 건조도 저하
② 증기손실 증가
③ 배관 및 장치 부식 초래
④ 증기 엔탈피 감소
⑤ 수격작용 발생
⑥ 증기기관의 열효율 저하

문제 **94.** 과열증기 온도와 포화증기 온도차를 무엇이라 하는가?

㉮ 과열도   ㉯ 포화도
㉰ 비습도   ㉱ 건조도

해설 과열도 = 과열증기 온도 - 포화증기 온도

문제 **95.** 어느 과열증기의 온도가 450℃ 일 때 과열도는? (단, 이 증기의 포화온도는 573 K이다.)

㉮ 50   ㉯ 123   ㉰ 150   ㉱ 273

해설 과열도 = 과열증기 온도 - 포화증기 온도
          = 450 - (573 - 273) = 150

문제 **96.** 건 (조)도가 0이면 다음 중 어디에 해당하는가?

㉮ 포화수   ㉯ 과열증기
㉰ 습증기   ㉱ 건포화증기

해설 • 건조도 : 습증기 전 질량 중 증기가 차지하는 질량비로 건조도가 0이면 포화수(포화액)이고, 건조도가 1이면 건조포화 증기가 된다.
① 포화수 : 물
② 포화액 : 포화온도, 포화압력에 도달한 액체
③ 포화증기 : 포화액에서 발생된 증기로 습포화증기와 건조포화증기가 있다.
④ 습포화증기 : 증기가 증발열을 완전히 흡수하지 못하고 수분을 포함하고 있는 증기
⑤ 건조포화증기 (건포화증기) : 증기가 증발열을 전부 흡수하여 수분이 없는 마른 증기

문제 **97.** 습증기 1 kg 중에 증기가 x [kg]이라고 하면 액체는 $(1-x)$ kg이다. 이때 습도는 어떻게 표시되는가?

㉮ $x-1$ ㉯ $1-x$
㉰ x ㉱ $(x/1)-x$

해설 건도를 x, 습도를 y라 하면 $x+y=1$이 된다.
∴ 습도 $y=1-x$가 된다.

문제 **98.** 체적 300 L의 탱크 속에 습증기 58 kg이 들어 있다. 온도 350℃일 때 증기의 건도는 얼마인가? (단, 350℃ 온도기준 포화증기표에서 $V'=0.0017468$ m³/kg, $V''=0.0088110$ m³/kg이다.)

㉮ 0.485   ㉯ 0.585   ㉰ 0.693   ㉱ 0.792

해설 건조도 $= \dfrac{\text{포화증기 (kg)}}{\text{습증기 (kg)}}$

$= \dfrac{\text{습포화증기비체적} - \text{포화수비체적}(V')}{\text{포화증기비체적}(V'') - \text{포화수비체적}(V')}$

$= \dfrac{5.17 \times 10^{-3} - 0.0017468}{0.0088110 - 0.0017468} = 0.4846$

여기서, 습포화증기비체적 $= \dfrac{300 \times 10^{-3}}{58}$
$= 5.17 \times 10^{-3} \,\text{m}^3/\text{kg}$

문제 **99.** 다음 중 증기원동기의 가장 기본이 되는 동력 사이클은?

㉮ 오토 (Otto) 사이클
㉯ 디젤 (Diesel) 사이클
㉰ 랭킨 (Rankine) 사이클
㉱ 사바테 (Sabathe) 사이클

해설 • 랭킨(Rankine) 사이클 : 2개의 정압 과정과 2개의 단열 과정으로 구성된 증기원동소의 이상 사이클이다.

문제 **100.** 다음 그림은 일반적인 수증기 사이클에 대한 엔트로피와 온도와의 관계 그림이다. 각 단계에 대한 설명 중 옳지 않은 것은?

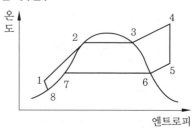

㉮ 경로 4 – 5는 가역단열 과정으로 나타
   난다.

㉯ 경로 1 – 2 – 3 – 4는 물이 끓는점 이하
   로 보일러에 들어가 증발하면서 가열되
   는 과정이다.

㉰ 경로 1 – 2 – 3 – 4는 다른 과정에 비하여
   압력 변화가 적으므로 정압 과정으로 볼
   수 있다.

㉱ 경로 4 – 5는 보일러에서 나가는 고온
   수증기의 에너지의 일부가 터빈 또는 수
   증기 기관으로 들어가는 과정이다.

해설 • 경로 4 – 5 과정 : 가역 단열팽창 과정

문제 **101.** 다음은 간단한 수증기 사이클을
나타낸 그림이다. 이 그림의 경로에서
Rankine 사이클을 의미하는 것은 ?

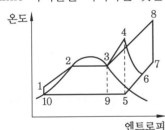

㉮ 1 – 2 – 3 – 4 – 5 – 9 – 10 – 11 – 1
㉯ 1 – 2 – 3 – 9 – 10 – 11 – 1
㉰ 1 – 2 – 3 – 4 – 6 – 5 – 9 – 10 – 11 – 1
㉱ 1 – 2 – 3 – 8 – 7 – 5 – 9 – 11 – 1

문제 **102.** 습증기의 엔트로피가 압력 2026.5
kPa에서 3.22 kJ/kg · K이고 이 압력에
서 포화수 및 포화증기의 엔트로피가 각각

2.44 kJ/kg · K 및 6.35 kJ/kg · K이라면,
이 습증기의 습도는 약 몇 %인가 ?

㉮ 56   ㉯ 68   ㉰ 75   ㉱ 80

해설 ① 건도 (x) 계산

$$S = S' + x(S'' - S')$$

여기서, S : 엔트로피 (kJ/kg · K)
   S' : 포화수 엔트로피 (kJ/kg · K)
   S'' : 포화증기 엔트로피 (kJ/kg · K)
   x : 건도

$$\therefore x = \frac{S - S'}{S'' - S'} = \frac{3.22 - 2.44}{6.35 - 2.44} = 0.1994$$

② 습도 계산 : 건도를 x, 습도를 y라 하면
   $x + y = 1$이 된다.

$$\therefore y = 1 - x = 1 - 0.1994 = 0.8006$$

습도는 80.06 %가 된다.

문제 **103.** 제1종 영구기관을 바르게 표현한
것은 ?

㉮ 외부에서 에너지를 가하지 않고 영구히
   에너지를 낼 수 있는 기관

㉯ 공급된 에너지보다 더 많은 에너지를
   낼 수 있는 기관

㉰ 지금까지 개발된 기관 중에서 효율이
   가장 좋은 기관

㉱ 열역학 제2법칙에 위배되는 기관

해설 • 영구기관

① 제1종 영구기관 : 외부로부터 에너지 공급
   없이 영구히 일을 지속할 수 있는 기관이
   다. → 열역학 제1법칙 위배

② 제2종 영구기관 : 어떤 열원으로부터 열에
   너지를 공급받아 지속적으로 일로 변화시
   키고 외부에 아무런 변화를 남기지 않는
   기관이다. → 열역학 제2법칙 위배

제2장 연소 기초

1. 연소의 종류

(1) 연소 (燃燒)

① 연소의 정의 : 연소란 가연성 물질이 공기 중의 산소와 반응하여 빛과 열을 발생하는 화학반응을 말한다.

② 연소의 3요소 : 가연성 물질, 산소 공급원, 점화원

  (개) 가연성 물질 : 산화(연소)하기 쉬운 물질로서 일반적으로 연료로 사용하는 것으로 다음과 같은 구비조건을 갖추어야 한다.

    ⑦ 발열량이 크고, 열전도율이 작을 것

    ④ 산소와 친화력이 좋고 표면적이 넓을 것

    ⑤ 활성화 에너지가 작을 것

    ⑤ 건조도가 높을 것 (수분 함량이 적을 것)

  (내) 산소 공급원 : 연소를 도와주거나 촉진시켜 주는 조연성 물질로 공기, 자기연소성 물질, 산화제 등이 있다.

  (대) 점화원 : 가연물에 활성화 에너지를 주는 것으로 점화원의 종류에는 전기불꽃 (아크), 정전기, 단열압축, 마찰 및 충격불꽃 등이 있다.

    ⑦ 강제점화 : 혼합기 (가연성 기체＋공기)에 별도의 점화원을 사용하여 화염핵이 형성되어 화염이 전파되는 것으로 전기불꽃 점화, 열면 점화, 토치 점화, 플라스마 점화 등이 있다.

    ④ 최소 점화에너지 : 가연성 혼합기체를 점화시키는데 필요한 최소에너지로 다음과 같을 때 낮아진다.

      ⓐ 연소속도가 클수록   ⓑ 열전도율이 적을수록

      ⓒ 산소농도가 높을수록   ⓓ 압력이 높을수록

      ⓔ 가연성 기체의 온도가 높을수록 (혼합기의 온도가 상승할수록)

      ※ 최소 점화에너지 측정 (전기 스파크에 의한 측정)

$$E = \frac{1}{2}C \cdot V^2 = \frac{1}{2}Q \cdot V$$

      여기서, C : 콘덴서 용량, V : 전압, Q : 전기량

③ 연소의 조건

  (개) 산화반응은 발열반응일 것

　　　　(나) 연소열로 연소물과 연소 생성물의 온도가 상승할 것

　　　　(다) 복사열의 파장이 가시범위에 도달하면 빛을 발생할 것

　④ 연소의 종류

　　(가) 표면연소 : 고체 가연물이 열분해나 증발을 하지 않고 표면에서 산소와 반응하여 연소하는 것으로 목탄 (숯), 코크스 등의 연소가 이에 해당된다.

　　(나) 분해연소 : 충분한 착화 에너지를 주어 가열분해에 의해 연소하며 휘발분이 있는 고체연료 (종이, 석탄, 목재 등) 또는 증발이 일어나기 어려운 액체연료 (중유 등)가 이에 해당된다.

　　(다) 증발연소 : 가연성 액체의 표면에서 기화되는 가연성 증기가 착화되어 화염을 형성하고 이 화염의 온도에 의해 액체표면이 가열되어 액체의 기화를 촉진시켜 연소를 계속하는 것으로 가솔린, 등유, 경유, 알코올, 양초 등이 이에 해당된다.

　　(라) 확산연소 : 가연성 기체를 대기 중에 분출·확산시켜 연소하는 것으로 기체연료의 연소가 이에 해당된다.

　　(마) 자기연소 : 가연성 고체가 자체 내에 산소를 함유하고 있어 공기 중의 산소를 필요로 하지 않고 그 자체의 산소로 연소하는 것으로 셀룰로이드류, 질산에스테르류, 히드라진 등 제5류 위험물이 이에 해당된다.

　⑤ 연소속도 : 가연물과 산소와의 반응속도 (분자 간의 충돌속도)를 말하는 것으로 화염면이 그 면에 직각으로 미연소부에 진입하는 속도이다. 즉 미연혼합기에 대한 화염면의 상대속도이다.

　　(가) 연소속도에 영향을 주는 인자 (요소)

　　　㉮ 기체의 확산 및 산소와의 혼합

　　　㉯ 연소용 공기 중 산소의 농도 : 산소 농도가 클수록 연소속도가 빨라진다.

　　　㉰ 연소 반응물질 주위의 압력 : 압력이 높을수록 연소속도가 빨라진다.

　　　㉱ 온도 : 온도가 상승하면 연소속도가 빨라진다.

　　　㉲ 촉매

　　　　ⓐ 정촉매 : 정반응 및 역반응 활성화 에너지를 감소시키므로 반응속도를 빠르게 한다.

　　　　ⓑ 부촉매 : 정반응 및 역반응 활성화 에너지를 증가시키므로 반응속도를 느리게 한다.

　　(나) 정상 연소속도는 일반적으로 0.1~10 m/s에 해당된다.

　　(다) 폭굉의 경우 연소속도는 1000~3500 m/s에 해당된다.

(2) 인화점 및 발화점

　① 인화점 (인화온도) : 가연성 물질이 공기 중에서 점화원에 의하여 연소할 수 있는 최저의 온도로 위험성의 척도이다.

　② 발화점 (발화온도) : 가연성 물질이 공기 중에서 온도를 상승시킬 때 점화원 없이 스스로 연소를 개시할 수 있는 최저의 온도로 착화점, 착화온도라 한다.

　　(가) 발화의 4대 요소 : 온도, 압력, 조성, 용기의 크기

　　(나) 발화점에 영향을 주는 인자 (요소)

㉮ 가연성 가스와 공기와의 혼합비
㉯ 발화가 생기는 공간의 형태와 크기
㉰ 기벽의 재질과 촉매 효과
㉱ 가열속도와 지속시간
㉲ 점화원의 종류와 에너지 투여법

(다) 발화점이 낮아지는 조건

㉮ 압력이 높을 때
㉯ 발열량이 높을 때
㉰ 열전도율이 작을 때
㉱ 산소와 친화력이 클 때
㉲ 산소농도가 높을 때
㉳ 분자구조가 복잡할수록
㉴ 반응활성도가 클수록

※ 탄화수소 (C_mH_n)의 발화점은 탄소수가 많을수록 낮아진다 (탄소수가 적을수록 높아진다).

(라) 착화열 : 연료를 초기 온도에서부터 착화온도까지 가열하는데 필요한 열량

(마) 자연발화온도 (AIT : autoignition temperature) : 가연혼합기를 넣은 용기를 어느 일정한 온도로 유지하면서 어느 정도 시간이 흐르면 혼합기가 자연적으로 발화하는 현상으로 다음의 조건일 때 AIT는 감소한다.

㉮ 압력이 증가하면 감소한다.
㉯ 산소량이 증가하면 감소한다.
㉰ 유기화합물의 동족열 물질은 분자량이 증가할수록 감소한다.

(바) 착화지연 (발화지연) : 어느 온도에서 가열하기 시작하여 발화에 이르기까지의 시간

㉮ 고온 · 고압일수록 발화지연은 짧아진다.
㉯ 가연성 가스와 산소의 혼합비가 완전 산화에 가까울수록 발화지연은 짧아진다.

③ 발화의 형태 (종류)

(가) 자연발화의 형태

㉮ 분해열에 의한 발열 : 과산화수소, 염소산칼륨, 셀룰로이드류, 니트로셀룰로오스 (질화면) 등
㉯ 산화열에 의한 발열 : 건성유, 원면, 석탄, 고무분말, 액체산소, 발연질산 등
㉰ 중합열에 의한 발열 : 시안화수소, 산화에틸렌, 염화비닐 (CH_2CHCl), 부타디엔(C_4H_6) 등
㉱ 흡착열에 의한 발열 : 활성탄, 목탄 분말 등
㉲ 미생물 (박테리아)에 의한 발열 : 먼지, 퇴비 등

(나) 자연발화의 방지법

㉮ 통풍이 잘 되게 한다.
㉯ 저장실의 온도를 낮춘다.
㉰ 습도가 높은 것을 피한다.
㉱ 열의 축적을 방지한다.

(다) 혼합발화 : 두 가지 이상 또는 그 이상의 물질이 혼합 접촉하였을 때 발열 · 발화하는 현상을 말한다.

㉮ 폭발성 화합물 생성 : 아세틸렌 (C_2H_2)이 동 (Cu), 은 (Ag), 수은 (Hg) 등의 금속과 화합 (접촉) 시 폭발성의 아세틸드를 생성하여 충격, 마찰에 의하여 폭발한다.
㉯ 폭발성 혼합물 생성 : 톨루엔 ($C_6H_5CH_3$)에 진한 황산을 가하면 TNT가 생성된다.
㉰ 가연성 가스 생성 : 금속나트륨이 알코올과 격렬히 반응하여 수소를 생성한다.

㉱ 시간의 경과나 바로 분해되어 발화하거나 폭발하는 경우 : 아소산염류 + 유기산 = 발화폭발

(2) 화염 (火炎)

① 화염 : 가연성 기체가 연소에 의하여 고온으로 되어 발광 (發光)하고 있는 부분이다.

② 화염의 구분

 ㈎ 연소용 공기의 공급방법에 의한 구분

  ㉮ 확산염 (적화염) : 가연물의 표면에서 증발하는 가연성 기체가 공기와의 접촉면 또는 가연성 기체가 1차 공기와 혼합되지 않고 공기 중으로 유출하면서 연소하는 불꽃 형태로 불꽃의 색은 적황색이고 화염의 온도는 비교적 저온이다.

  ㉯ 혼합기염 (예혼염) : 연소용 공기와 가연성 기체가 이미 혼합된 상태에서 생기는 불꽃

  ㉰ 전1차 공기염 : 연소용 공기를 100 % 또는 그 이상을 1차 공기로 공급할 때 생기는 불꽃

 ㈏ 연료 분출 흐름 상태에 의한 구분

  ㉮ 층류염 : 가연성 기체가 염공에서 분출될 때 그 흐름이 층류인 경우의 화염으로 형상이 일정하고 안정적이다.

  ㉯ 난류염 : 가연성 기체가 염공에서 분출될 때 그 흐름이 난류인 경우의 화염으로 특유의 소리가 발생되고 화염면이 두꺼워지고 화염길이가 짧아지고 흩어진다.

 ㈐ 화염의 빛에 의한 구분

  ㉮ 휘염 : 불꽃 중에 탄소가 많아 황색으로 빛나는 불꽃

  ㉯ 무휘염 : 수소 (H_2), 일산화탄소 (CO) 등의 불꽃처럼 빛이 나지 않는 불꽃

 ㈑ 화염 내의 반응에 의한 구분

  ㉮ 환원염 : 수소 (H_2)나 불완전 연소에 의한 일산화탄소 (CO)를 함유한 것으로 청록색으로 빛나는 화염

  ㉯ 산화염 : 산소 (O_2), 이산화탄소 (CO_2), 수증기를 함유한 것으로 내염의 외측을 둘러싸고 있는 청자색의 불꽃

③ 화염의 안정화 : 연소장치에서 화염을 안정하게 유지하면서 정상적인 연소가 이루어지도록 하는 것이다. 즉 혼합기의 유속과 연소속도가 균형을 이루게 하는 것으로 보염 (保炎 : flame holding)이라 하고 보염을 만드는 장치를 보염기라 하며 화염을 안정화시키는 방법은 다음과 같다.

 ㈎ 파일럿 화염 (보조화염)을 사용하는 방법

 ㈏ 선회기 (순환류)를 이용하는 방법

 ㈐ 대항분류를 이용하는 방법

 ㈑ 가열된 고체면을 이용하는 방법

 ㈒ 예연소실을 이용하는 방법

 ㈓ 다공판을 이용하는 방법

2. 반응속도 및 연쇄반응

(1) 화학반응과 에너지

① 발열반응 : 엔탈피가 큰 물질이 화학반응 또는 상태 변화를 일으켜 엔탈피가 작은 물질로 변할 때 (반응물질 > 생성물질)는 그 차에 해당되는 엔탈피의 열을 방출하는 반응이다.

② 흡열반응 : 엔탈피가 작은 물질이 화학반응 또는 상태 변화를 일으켜 엔탈피가 큰 물질로 변할 때 (반응물질 < 생성물질) 부족한 에너지를 열의 형태로 흡수하는 반응이다.

③ 반응열 : 화학반응에 수반되어 발생 또는 흡수되는 에너지의 양이다.

 (개) 생성열 : 화합물 1mol이 2성분 원소의 단체로부터 생성될 때 발생 또는 흡수되는 에너지이다.

$$C + O_2 \rightarrow CO_2 + 94.1 kcal$$

$$\frac{1}{2} N_2 + \frac{1}{2} O_2 \rightarrow NO - 21.6 kcal$$

 ※ CO_2의 생성열은 94.1 kcal, NO의 생성열은 −21.6 kcal이다.

 (내) 분해열 : 화합물 1mol이 그 성분인 단체로 분해될 때의 반응열을 분해열이라 하며, 그 값은 생성열과 절댓값은 같으나 그 부호가 반대이다.

$$H_2O \rightarrow H_2 + \frac{1}{2} O_2 - 68.3 kcal$$

$$NO \rightarrow \frac{1}{2} N_2 + \frac{1}{2} O_2 + 21.6 kcal$$

 (대) 연소열 : 1mol의 물질이 공기 (산소) 중에서 완전연소할 때 발생하는 열량을 말한다.

$$C + O_2 \rightarrow CO_2 + 94.1 kcal$$

 ※ 탄소 (C)의 연소열은 94.1 kcal이다.

 (래) 용해열 : 1mol의 물질이 많은 물에 녹을 때 수반되는 열량을 용해열이라 하며, 발열될 때는 용액의 온도가 상승하고, 흡열될 때는 용액의 온도가 하강한다.

 (매) 중화열 : 산, 염기가 각각 1g 당량이 중화할 때 발생하는 열량을 중화열이라 한다.

④ 헤스의 법칙 (Hess's law) : 총열량 불변의 법칙, 화학반응에서 발생 또는 흡수되는 열량은 그 반응의 최초의 상태와 최종의 상태만 결정되면 그 도중의 경로에는 관계가 없다.

$$C + \frac{1}{2}O_2 \rightarrow CO + 29200 \text{ kcal/kmol}$$

$$+\left.\rule{0pt}{10pt}\right) CO + \frac{1}{2}O_2 \rightarrow CO_2 + 68000 \text{ kcal/kmol}$$

$$\overline{\qquad C + O_2 \rightarrow CO_2 + 97200 \text{ kcal/kmol}}$$

(2) 반응속도

반응속도에 영향을 주는 요소는 농도, 온도, 촉매, 압력 및 반응물질의 성질 등이다.

① 농도 : 반응하는 각 물질의 농도에 반응속도는 비례한다 (질량작용의 법칙).

※ 고체물질의 농도는 반응속도에 영향이 없다.

② 온도 : 온도가 상승하면 속도정수가 커지므로 반응속도는 증가한다. 즉, 활성화 상태의 분자수가 증가하므로 발열반응, 흡열반응 모두 반응속도가 증가한다.

※ 아레니우스 반응속도론 : 온도가 10℃ 상승함에 따라 반응속도는 대개 2~3배씩 증가한다 (일반적으로 수용액의 경우는 온도가 10℃ 상승하면 반응속도는 약 2배, 20℃ 상승하면 2^2배, 50℃ 상승하면 2^5배로 되며, 기체의 경우는 그 이상으로 된다).

③ 촉매 : 자신은 불변하고 활성화 에너지를 변화시킴으로써 반응속도를 변화시키는 물질이다.

㈎ 정촉매 : 정반응 및 역반응 활성화 에너지를 감소시키므로 반응속도를 **빠르게** 한다.

㈏ 부촉매 : 정반응 및 역반응 활성화 에너지를 증가시키므로 반응속도를 느리게 한다.

④ 압력 : 반응속도를 직접 변화시키지 못하나, 기체반응 중에서 압력 때문에 기체의 체적이 변할 때 체적의 변화는 농도의 변화를 일으키므로 반응속도를 변화시킨다.

⑤ 활성화 에너지 : 반응물질을 활성화물로 만드는 데 필요한 최소 에너지이다.

㈎ 활성화 에너지가 클수록 반응속도는 감소한다.

㈏ 활성화 에너지가 작을수록 반응속도는 증가한다.

⑥ 반응물질의 성질 : 이온 간의 반응속도는 분자 간의 반응속도보다 **빠르다**.

(3) 연쇄반응 (chain reaction)

실제의 연소반응에서 반응개시로부터 완료 시까지의 과정에는 몇 가지 반응이 연속적으로 일어나 하나의 반응으로 생긴 물질이 다음 반응에 쓰이고 이렇게 생성한 물질이 다시 원래의 반응을 일으키는 순환 과정을 그리면서 최종적인 반응물이 생성된다. 즉 화학반응에서 한 분자가 반응하여 생성되는 생성물질이나 에너지가 다른 분자에 작용하여 다음 반응이 계속 일어난다. 이와 같이 실제의 연소반응 중 중요한 소반응 (기본반응)을 취한 일련의 화학반응을 연쇄반응 (chain reaction)이라 하며 수소의 완전연소 반응식을 이용하여 설명하면 다음과 같다.

※ 수소의 완전연소 반응식

$$H_2 + \frac{1}{2}O_2 \rightarrow H_2O$$

여기서, 최종반응물 (H_2O)이 생성하기 전의 소반응 (기본 반응)을 나열하면 다음과 같다.

① 연쇄 개시 반응 (chain initiation reaction) : 안정한 분자에서 활성기가 발생하는 반응

$$H_2 + O_2 \rightarrow HO_2 + H$$
$$H_2 + M \rightarrow H + H + M$$

② 연쇄 이동 (전파) 반응 (chain propagation reaction) : 활성기의 종류가 교체되어가는 반응

$$OH + H_2 \rightarrow H_2O + H$$
$$O + HO_2 \rightarrow O_2 + OH$$

③ 연쇄 분지 반응(chain branching reaction) : 활성기의 수가 증가하는 반응

$$H + O_2 \rightarrow OH + O$$

$$O + H_2 \rightarrow OH + H$$

$$O + H_2O \rightarrow OH + OH$$

④ 기상 정지 반응(chain termination reaction) : 기상 중의 안정된 분자와 충돌하여 활성을 상실하는 반응

$$H + OH + M \rightarrow H_2O + M$$

$$H + O_2 + M \rightarrow HO_2 + M$$

$$OH + HO_2 + M \rightarrow H_2O + O_2 + M$$

⑤ 표면(벽면) 정지 반응(chain termination reaction) : 용기 등의 고체 표면에 충돌하여 활성을 상실하는 반응

$$H_2O_2 \rightarrow H_2O + \frac{1}{2}O_2$$

$$H, \ OH, \ O \rightarrow \text{안정분자}(H_2, \ O_2, \ H_2O)$$

예 상 문 제

문제 1. 연소의 정의를 설명한 것 중 옳은 것은?

㉮ 이산화탄소와 수증기를 생성하기 위한 연료의 화학반응이다.

㉯ 탄화수소가 공기 중의 산소와 화합하는 현상이다.

㉰ 연료 중의 탄소와 산소가 화합하는 현상이다.

㉱ 탄소, 수소 등의 가연성 물질이 산소와 화합하여 열과 빛을 발생하는 화학반응이다.

해설 • 연소의 정의 : 연소란 가연성 물질이 공기 중의 산소와 반응하여 빛과 열을 발생하는 화학반응을 말한다.

문제 2. 다음 중 연소의 3요소가 바르게 나열된 것은?

㉮ 가연물, 점화원, 산소

㉯ 가연물, 산소, 이산화탄소

㉰ 가연물, 이산화탄소, 점화원

㉱ 수소, 점화원, 가연물

문제 3. 다음 중 연소의 3요소에 해당되지 않는 것은?

㉮ 공기   ㉯ 가연물

㉰ 단열압축   ㉱ 산화질소

해설 단열압축은 연소의 3요소 중 점화원에 해당된다.

문제 4. 다음 중 가연물의 구비조건이 아닌 것은?

㉮ 연소열량이 커야 한다.

㉯ 열전도도가 작아야 한다.

㉰ 활성화 에너지가 커야 한다.

㉱ 산소와의 친화력이 좋아야 한다.

해설 • 가연물의 구비조건

① 발열량이 크고, 열전도율이 작을 것

② 산소와 친화력이 좋고 표면적이 넓을 것

③ 활성화 에너지가 작을 것

④ 건조도가 높을 것 (수분 함량이 적을 것)

문제 5. 다음 가연물에 대한 설명 중 옳은 것은?

㉮ 가연물은 산화반응 시 흡열반응을 일으킨다.

㉯ 0족의 원소들은 가연물이다.

㉰ 질소와 산소가 반응하여 질소산화물을 만든다.

㉱ 가연물은 산화반응 시 발열반응이 일어나므로 주위에 열을 축적하는 물질이다.

문제 6. 다음 중 가연성 물질이 아닌 것은?

㉮ 메탄   ㉯ 부틸렌

㉰ 사염화탄소   ㉱ 이황화탄소

해설 • 사염화탄소 (CCl_4) : 불연성 가스, 독성가스

문제 7. 다음 중 산소를 공급할 수 없는 물질은?

㉮ 공기   ㉯ 환원제

㉰ 산화제   ㉱ 자기 연소물

해설 • 산소 공급원의 종류 : 공기, 자기연소성 물질, 산화제 등

문제 8. 다음 중 연소의 3요소인 점화원과 관계가 없는 것은?

㉮ 정전기   ㉯ 기화열

㉰ 자연발화   ㉱ 단열압축

해설 • 점화원의 종류 : 전기불꽃 (아크), 정전기, 단열압축, 마찰 및 충격불꽃 등

문제 9. 혼합기 속에서 전기불꽃 등을 이용

해답 1. ㉱ 2. ㉮ 3. ㉱ 4. ㉰ 5. ㉱ 6. ㉰ 7. ㉯ 8. ㉯ 9. ㉮

하여 화염핵을 형성하여 화염을 전파하는 것은?

㉮ 강제점화
㉯ 자연발화
㉰ 최소점화
㉱ 역폭발

해설 • 강제점화 : 혼합기 (가연성 기체+공기)에 별도의 점화원을 사용하여 화염핵이 형성되어 화염이 전파되는 것으로 전기불꽃 점화, 열면 점화, 토치 점화, 플라스마 점화 등이 있다.

문제 10. 다음 가연성 가스의 최소 발화에너지에 대한 설명이다. 맞는 것은?

㉮ 가연성 기체의 온도가 높아질수록 최소 발화에너지는 높아진다.
㉯ 가연성 기체의 연소속도가 느릴수록 최소 발화에너지는 낮아진다.
㉰ 가연성 기체의 열전도율이 적을수록 최소 발화에너지는 낮아진다.
㉱ 가연성 기체의 압력이 낮을수록 최소발화에너지는 낮아진다.

해설 • 최소 발화에너지 : 가연성 혼합 기체를 점화시키는데 필요한 최소 에너지로 다음과 같을 때 낮아진다.
① 연소속도가 클수록
② 열전도율이 적을수록
③ 산소농도가 높을수록
④ 압력이 높을수록
⑤ 혼합기의 온도가 상승할수록

문제 11. 다음 설명 중 옳은 것은?

㉮ 최소 점화에너지는 유속이 증가할수록 작아진다.
㉯ 최소 점화에너지는 혼합기 온도가 상승함에 따라 작아진다.
㉰ 최소 점화에너지의 상승은 혼합기 온도 및 유속과는 무관하다.
㉱ 최소 점화에너지는 유속 20 m/s까지는 점화에너지가 증가하지 않는다.

해설 • 최소 점화에너지 (MIE) : 가연성 혼합가스에 전기적 스파크로 점화시킬 때 점화하기 위한 최소한의 전기적 에너지를 말하는 것으로 유속과는 무관하다.

※ 최소 점화에너지 (E) 측정

$$E = \frac{1}{2}(C \times V^2)$$

여기서, C : 콘덴서 용량, V : 전압

문제 12. 최소 점화에너지에 대한 설명으로 옳지 않은 것은?

㉮ 연소속도가 클수록, 열전도가 작을수록 큰 값을 갖는다.
㉯ 가연성 혼합기체를 점화시키는데 필요한 최소 에너지를 최소 점화에너지라 한다.
㉰ 불꽃 방전 시 일어나는 점화에너지의 크기는 전압의 제곱에 비례한다.
㉱ 산소농도가 높을수록, 압력이 증가할수록 감소한다.

해설 • 최소 점화에너지가 낮아지는 조건
문제 10번 해설 참고

문제 13. 다음 중 최소 착화에너지 (E)를 바르게 나타낸 것은? (단, C : 콘덴서 용량, V : 전극에 걸리는 전압이다.)

㉮ $E = C \times V^2$
㉯ $E = \dfrac{1}{C \times V^2}$
㉰ $E = \dfrac{1}{2}(C \times V^2)$
㉱ $E = \dfrac{1}{2}(C^2 \times V)$

문제 14. 표면연소란 다음 중 어느 것을 말하는가?

㉮ 오일 표면에서 연소하는 상태
㉯ 고체연료가 화염을 길게 내면서 연소하는 상태

해답 **10.** ㉰ **11.** ㉯ **12.** ㉮ **13.** ㉰ **14.** ㉱

때 화염의 외부 표면에 산소가 접촉하여 연소하는 현상

때 적열된 코크스 또는 숯의 표면에 산소가 접촉하여 연소하는 상태

해설 • 표면연소 : 고체 가연물이 열분해나 증발을 하지 않고 표면에서 산소와 반응하여 연소하는 것으로 목탄 (숯), 코크스 등의 연소가 이에 해당된다.

문제 15. 플라스틱, 합성수지와 같은 고체 가연성 물질의 연소형태는?

㉮ 표면연소 ㉯ 자기연소
㉰ 확산연소 ㉱ 분해연소

해설 고체연료의 연소형태는 분해연소에 해당된다.

문제 16. 다음 중 분해연소에 대하여 올바르게 설명한 것은?

㉮ 연료가 그 표면으로부터 증발되면서 연소하는 것

㉯ 공기가 직접 탄소 표면에 접촉되면서 연소가 계속되는 것

㉰ 연료가 가열로 인하여 분해되면서 가연성 혼합기체가 되어 연소하는 것

㉱ 대기 중의 산소가 화염의 표면으로부터 중심으로 확산하면서 연소하는 것

문제 17. 고체가 액체로 되었다가 기체로 되어 불꽃을 내면서 연소하는 경우를 무슨 연소라 하는가?

㉮ 확산연소 ㉯ 자기연소
㉰ 표면연소 ㉱ 증발연소

해설 • 증발연소 : 가연성 액체의 표면에서 기화되는 가연성 증기가 착화되어 화염을 형성하고 이 화염의 온도에 의해 액체표면이 가열되어 액체의 기화를 촉진시켜 연소를 계속하는 것으로 가솔린, 등유, 경유, 알코올, 양초 등이 이에 해당된다.

문제 18. 다음은 가연물의 연소형태를 나타낸 것이다. 틀린 것은?

㉮ 금속분 – 표면연소
㉯ 파라핀 – 증발연소
㉰ 목재 – 분해연소
㉱ 유황 – 자기연소

해설 • 자기연소 : 가연성 고체가 자체 내에 산소를 함유하고 있어 공기 중의 산소를 필요로 하지 않고 그 자체의 산소로 연소하는 것으로 셀룰로이드류, 질산에스테르류, 히드라진 등 제5류 위험물이 이에 해당된다.

문제 19. 다음 각 물질의 연소 형태가 서로 잘못된 것은?

㉮ 경유 – 예혼합연소
㉯ 에테르 – 증발연소
㉰ 아세틸렌 – 확산연소
㉱ 알코올 – 증발연소

해설 경유는 액체로서 증발연소에 해당된다.

문제 20. 분해온도가 낮은 경우에 발생된 분해 성분이 전부 연소되지 않는 형태의 연소는?

㉮ 표면연소 ㉯ 분해연소
㉰ 부분연소 ㉱ 미분탄연소

문제 21. 다음 중 연소속도를 결정하는 가장 중요한 인자는 무엇인가?

㉮ 환원반응을 일으키는 속도
㉯ 산화반응을 일으키는 속도
㉰ 불완전 환원반응을 일으키는 속도
㉱ 불완전 산화반응을 일으키는 속도

해설 • 연소속도 : 가연물과 산소와의 반응 (완전연소) 속도

문제 22. 다음 연소속도에 관한 설명 중 옳은 것은?

㉮ 연소속도의 단위는 kg/s로 나타낸다.
㉯ 연소속도는 미연소 혼합기류의 화염면에 대한 법선 방향의 분류속도이다.
㉰ 연소속도는 연료의 종류, 온도, 압력, 공기, 유속과는 무관하다.

해답 15. ㉱ 16. ㉰ 17. ㉱ 18. ㉱ 19. ㉮ 20. ㉰ 21. ㉯ 22. ㉯

라 연소속도는 정지 관찰자에 상대적인 화
염의 이동속도이다.

해설 • 연소속도 : 가연물과 산소와의 반응속도
(분자 간의 충돌속도)를 말하는 것으로 화염
면이 그 면에 직각으로 미연소부에 진입하는
속도이다. 즉 미연혼합기에 대한 화염면의
상대속도이다.

문제 23. 다음 설명 중 옳지 않은 것은?

가 화염속도는 화염면이 진행하는 속도를
말한다.

나 화염속도는 연소속도에 미연소 가스의
전방 이동속도를 합한 것이다.

다 어떤 물질의 화염속도는 그 물질의 고
유 상수이다.

라 연소속도는 미연소 가스가 화염면에 직
각으로 들어오는 속도를 말한다.

문제 24. 연소속도에 영향을 주는 인자로서
가장 거리가 먼 것은?

가 온도   나 활성화 에너지

다 발열량   라 가스의 조성

해설 • 연소속도에 영향을 주는 인자
① 기체의 확산 및 산소와의 혼합
② 연소용 공기 중 산소의 농도
③ 연소 반응물질 주위의 압력
④ 온도
⑤ 촉매

문제 25. 연소속도가 느릴 경우 일어나는 현
상이 아닌 것은?

가 취급상 안전하다.

나 역화하기 어렵다.

다 버너 연료로 집중화염을 얻기 쉽다.

라 불꽃의 최고 온도가 낮다.

해설 연소속도가 느릴 경우 발열량이 낮으므로
집중화염을 얻기 어렵다.

문제 26. 점화원에 의하여 연소하기 위한 최
저온도를 무엇이라 하는가?

가 인화점   나 착화점

다 발화점   라 폭굉점

문제 27. 인화점에 대한 설명으로 가장 거리
가 먼 것은?

가 인화점 이하에서는 증기의 가연농도가
존재할 수 없다.

나 mist가 존재할 때는 인화점 이하에서도
발화가 가능하다.

다 압력이 증가하면 증기발생이 쉽고, 인
화점이 높아진다.

라 가연성 액체가 인화하는 데 충분한 농
도의 증기를 발생하는 최저농도이다.

해설 압력이 증가하면 비점이 상승하므로 증기
발생이 어렵다.

문제 28. 다음 중 "착화온도가 80℃이다."를
가장 잘 설명한 것은?

가 80℃ 이하로 가열하면 인화한다는 뜻이
다.

나 80℃로 가열해서 점화원이 있으면 연소
한다.

다 80℃ 이상 가열하고 점화원이 있으면
연소한다.

라 80℃로 가열하면 공기 중에서 스스로
연소한다.

해설 • 발화점(발화온도, 착화점, 착화온도) : 점
화원 없이 스스로 연소를 개시하는 최저온도

문제 29. 다음 설명 중 틀린 것은?

가 기체연료의 경우 고압에서 착화온도가
낮아진다.

나 발열량이 큰 연료일수록 착화온도가 낮
아진다.

다 착화온도는 분자구조가 간단한 가스일
수록 낮아진다.

라 산소의 농도가 클수록 착화온도가 낮아
진다.

해설 • 발화점 (착화온도)이 낮아지는 조건
 ① 압력이 높을 때
 ② 발열량이 높을 때
 ③ 열전도율이 작을 때
 ④ 산소와 친화력이 클 때
 ⑤ 산소농도가 높을 때
 ⑥ 분자구조가 복잡할수록
 ⑦ 반응 활성도가 클수록

문제 **30.** 착화온도에 대한 설명 중 틀린 것은?
 ㉮ 반응 활성도가 클수록 높아진다.
 ㉯ 발열량이 클수록 낮아진다.
 ㉰ 산소량이 증가할수록 낮아진다.
 ㉱ 압력이 높을수록 낮아진다.
 해설 반응 활성도가 클수록 낮아진다.

문제 **31.** 다음 중 공기 중에서 착화온도가 가장 높은 연료는?
 ㉮ 에탄올 ㉯ 코크스
 ㉰ 중유 ㉱ 프로판
 해설 • 각 연료의 착화온도
 ① 에탄올 (C_2H_5OH) : 363℃
 ② 코크스 : 600℃
 ③ 중유 : 580℃
 ④ 프로판 (C_3H_8) : 510℃
 ※ 일반적으로 착화온도는 기체연료보다 액체연료가 높고, 액체연료보다 고체연료가 높다.

문제 **32.** 착화열은 무엇을 의미하는가?
 ㉮ 연료를 착화온도까지 가열하는데 소모된 열량
 ㉯ 연료 발화 시에 발생되는 열량
 ㉰ 연료가 완전연소될 때까지 발생된 총열량
 ㉱ 발열반응을 일으킬 수 있는 연료물질의 잠재열량
 해설 • 착화열 : 연료를 초기 온도에서부터 착화온도까지 가열하는데 필요한 열량

문제 **33.** 자연발화온도(autoignition temperature : AIT)에 영향을 주는 요인에 대한 설명으로 틀린 것은?
 ㉮ 산소량 증가에 따라 AIT는 감소한다.
 ㉯ 압력의 증가에 의하여 AIT는 감소한다.
 ㉰ 용기의 크기가 작아짐에 따라 AIT는 감소한다.
 ㉱ 유기 화합물의 동족열 물질은 분자량이 증가할수록 AIT는 감소한다.

문제 **34.** 발화지연에 대한 설명으로 맞는 것은?
 ㉮ 저온·저압일수록 발화지연은 짧아진다.
 ㉯ 어느 온도에서 가열하기 시작하여 발화 시까지 걸린 시간을 말한다.
 ㉰ 화염의 색이 적색에서 청색으로 변화하는 데 걸리는 시간을 말한다.
 ㉱ 가연성 가스와 산소의 혼합비가 완전 산화에 가까울수록 발화지연은 길어진다.
 해설 ① 고온·고압일수록 발화지연은 짧아진다.
 ② 가연성 가스와 산소의 혼합비가 완전 산화에 가까울수록 발화지연은 짧아진다.

문제 **35.** 발화 지연시간 (ignition delay time)에 영향을 주는 요인이 아닌 것은?
 ㉮ 온도
 ㉯ 압력
 ㉰ 폭발하한값의 크기
 ㉱ 가연성 가스의 농도

문제 **36.** 자연 발화성 물질에 관한 설명 중 잘못된 것은?
 ㉮ 퇴비와 먼지 등은 발효열에 의해 발화될 수 있다.
 ㉯ 활성탄이나 목탄은 흡착열에 의하여 발화될 수 있다.
 ㉰ 석탄이나 고무분말은 산화 시의 열에 의해 발화가 가능하다.
 ㉱ 알루미늄 가루나 인화칼슘 등은 습기를 흡수했을 때 발화가 가능하다.

해답 30. ㉮ 31. ㉯ 32. ㉮ 33. ㉰ 34. ㉯ 35. ㉰ 36. ㉱

해설 알루미늄 가루 (분말)는 분진폭발의 위험
성이 있다.

문제 **37.** 다음 중 자연발화와 관계가 없는
것은?

㉮ 미생물에 의한 발열

㉯ 산화열에 의한 발열

㉲ 증발열에 의한 발열

㉡ 분해열에 의한 발열

해설 자연발화의 형태로는 분해열, 산화열, 중
합열, 흡착열, 미생물에 의한 발열이 있다.

문제 **38.** 자연발열 (spontaneous heating)
의 원인에 관한 사항 중 잘못된 것은?

㉮ 셀룰로이드의 분해열

㉯ 불포화 유지의 산화열

㉲ 건초의 발효열

㉡ 활성탄의 흡수열

해설 • 자연발화의 형태
① 분해열에 의한 발열 : 과산화수소, 염소산
칼륨 등
② 산화열에 의한 발열 : 건성유, 원면, 고무
분말 등
③ 중합열에 의한 발열 : 시안화수소, 산화에
틸렌, 염화비닐 등
④ 흡착열에 의한 발열 : 활성탄, 목탄 분말 등
⑤ 미생물에 의한 발열 : 먼지, 퇴비 등

문제 **39.** 자연 발화를 방지하는 방법으로 옳
지 않은 것은?

㉮ 통풍을 잘 시킬 것

㉯ 저장실의 온도를 높일 것

㉲ 습도가 높은 것을 피할 것

㉡ 열이 축적되지 않게 수납 방법에 주의
할 것

해설 저장실의 온도를 낮추어야 한다.

문제 **40.** 다음 연소에 대한 설명 중 옳은 것은?

㉮ 착화온도와 연소온도는 항상 같다.

㉯ 이론 연소온도는 실제 연소온도보다 높
다.

㉲ 일반적으로 연소온도는 인화점보다 상
당히 낮다.

㉡ 연소온도가 그 인화점보다 낮게 되어도
연소는 계속된다.

해설 ㉮ 착화온도와 연소온도는 다르다
㉲ 연소온도는 인화점보다 높다.
㉡ 연소온도가 그 인화점보다 낮게 되면 연
소가 중단된다.

문제 **41.** 가연성 물질을 공기로 연소시키는
경우 산소 농도를 높이는 경우 다음 중 감
소하는 것은 무엇인가?

㉮ 점화에너지 ㉯ 폭발한계

㉲ 화염온도 ㉡ 연소속도

해설 공기 중 산소농도가 증가되면 연소속도의
증가, 화염온도의 상승, 발열량 증가, 폭발범
위가 넓어지고 발화온도, 발화에너지가 감소
한다.

문제 **42.** 외부와의 에너지 출입이 차단된 조
건에서 연소가 진행될 때 연소가스의 온
도는?

㉮ 최저 화염온도 ㉯ 가역 연소온도

㉲ 최적 연소온도 ㉡ 단열 화염온도

문제 **43.** 298.15 K, 0.1 MPa 상태의 일산화
탄소 (CO)를 같은 온도의 이론 공기량으로
정상유동 과정으로 연소시킬 때 생성물의
단열 화염온도를 주어진 표를 이용하여 구
하면 약 몇 K인가? (단, 이 조건에서 CO
및 CO_2의 생성엔탈피는 각각 −110529
kJ/kmol, −393522 kJ/kmol이다.)

CO_2의 기준 상태에서 각각의 온도까지 엔탈피 차

온도(K)	엔탈피 차(kJ/kmol)
4800	266500
5000	279295
5200	292123

㉮ 4835 ㉯ 5058 ㉲ 5194 ㉡ 5293

해설 ① CO (일산화탄소)의 엔탈피 계산
CO (일산화탄소)의 완전연소 반응식

$$CO + \frac{1}{2}O_2 \rightarrow CO_2 + Q$$

$-110529 = -393522 + Q$

$\therefore Q = 393522 - 110529 = 282993 \, kJ/kmol$

→ 표에서 5000 K와 5200 K 사이에 존재한다.

② 단열 화염온도 계산 (보간법에 의한 계산)

∴ 생성물 단열 화염온도

$= 5000 + \dfrac{282993 - 279295}{\dfrac{292123 - 279295}{5200 - 5000}} = 5057.65 \, K$

문제 **44.** 다음 그림은 적화식 연소에 의한 가연성 가스의 불꽃형태이다. 불꽃온도가 가장 낮은 곳은?

⑦ A ④ B ④ C ④ D

해설 • 적화식 연소 : 연소에 필요한 공기를 2차 공기로 모두 취하는 방법으로 역화와 소화음이 없고 불꽃이 조용하고 공기조절이 불필요하다. 각 부분의 불꽃 온도는 다음과 같다.

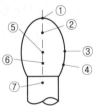

① 900℃ : 일반도시가스의 경우 최고온도
② 850℃ : 고온 외염막
③ 800℃ : 중온 외부염
④ 500℃ : 저온 외부염
⑤ 200℃ : 외염 (산화염)
⑥ 300℃ : 내염 (환원염)
⑦ 200℃ : 염심 (미연가스)

문제 **45.** 다음 중 연소 시 가장 낮은 온도를 나타내는 색깔은?

⑦ 적색 ④ 백적색
④ 황적색 ④ 휘백색

해설 • 색깔별 온도

구분	암적색	적색	황적색	황백색	백적색	휘백색
온도	700℃	850℃	950℃	1100℃	1300℃	1500℃

문제 **46.** 불꽃 중 탄소가 많이 생겨서 황색으로 빛나는 불꽃은?

⑦ 휘염 ④ 층류염
④ 환원염 ④ 확산염

해설 ① 휘염 : 불꽃 중 탄소가 많이 생겨서 황색으로 빛나는 불꽃
② 무휘염 : 수소, 일산화탄소 등의 불꽃처럼 빛이 나지 않는 불꽃

문제 **47.** 일반적으로 고체입자를 포함하지 않은 화염은 불휘염, 고체입자를 포함하는 화염은 휘염이라 불린다. 이들 휘염과 불휘염은 특유의 색을 가지는데 색과 화염의 종류가 옳게 짝지어진 것은?

⑦ 불휘염 – 청록색, 휘염 – 백색
④ 불휘염 – 청록색, 휘염 – 황색
④ 불휘염 – 적색, 휘염 – 황적색
④ 불휘염 – 적색, 휘염 – 백색

문제 **48.** 연소반응 시 불꽃의 상태가 환원염으로 나타났다. 이때 환원염은 어떤 상태인가?

⑦ 수소가 파란 불꽃을 내며 연소하는 화염
④ 공기가 충분하여 완전연소 상태의 화염
④ 과잉의 산소를 내포하여 연소가스 중 산소를 포함한 상태의 화염
④ 산소의 부족으로 일산화탄소와 같은 미연분을 포함한 상태의 화염

문제 **49.** 다음 화염에 대한 설명 중 틀린 것은?

⑦ 환원염은 수소나 CO를 함유하고 있다.
④ 무휘염은 온도가 높은 무색 불꽃을 말한다.
④ 산화염은 외염의 내측에 존재하는 불꽃이다.

해답 **44.** ④ **45.** ⑦ **46.** ⑦ **47.** ④ **48.** ④ **49.** ④

라 불꽃 중에 탄소가 많으면 대체로 황색으로 보인다.

해설 • 산화염 : O_2, CO_2, 수증기를 함유한 것으로 내염의 외측을 둘러싸고 있는 청자색의 불꽃이다.

문제 **50.** 다음 보염(保炎)의 수단으로 쓰이지 않는 것은 ?

㉮ 보염기 ㉯ 선회기
㉰ 대향분류 ㉱ 화염방지기

해설 • 화염의 안정화 : 연소장치에서 화염을 안정하게 유지하면서 정상적인 연소가 이루어지도록 하는 것이다. 즉 혼합기의 유속과 연소속도가 균형을 이루게 하는 것으로 보염(保炎 : flame holding)이라 하고 보염을 만드는 장치를 보염기라 하며 화염을 안정화시키는 방법은 다음과 같다.
① 파일럿 화염(보조화염)을 사용하는 방법
② 선회기(순환류)를 이용하는 방법
③ 대향분류를 이용하는 방법
④ 가열된 고체면을 이용하는 방법
⑤ 예연소실을 이용하는 방법
⑥ 다공판을 이용하는 방법

문제 **51.** 다음은 화염사출률에 관한 설명이다. 옳은 것은 ?

㉮ 화염의 사출률은 연료 중의 탄소, 수소 질량비가 클수록 높다.
㉯ 화염의 사출률은 연료 중의 탄소, 수소 질량비가 클수록 낮다.
㉰ 화염의 사출률은 연료 중의 탄소, 수소 질량비가 같을수록 높아진다.
㉱ 화염의 사출률은 연료 중의 탄소, 수소 질량비가 같을수록 낮다.

문제 **52.** 연소의 열역학에 대한 설명 중 틀린 것은 ?

㉮ 발열반응에서 활성화 에너지가 높다.
㉯ 표준생성 엔탈피는 ΔH_f°로 표시한다.
㉰ 흡열반응에서 ΔH_γ은 정(正)의 값을 가진다.

㉱ 생성물질은 반응물질보다 절댓값 ΔH_f° 만큼 엔탈피가 낮다.

해설 발열반응에서는 활성화 에너지가 낮다.

문제 **53.** 다음 반응식을 이용한 25℃에서 C_2H_6 (g)의 생성열(ΔH_f°)은 얼마인가 ? (단, 25℃에서의 C_2H_6, CO_2, H_2O의 표준 생성열(ΔH_f°)은 −20.0, −94, −68.3 kcal/mol이다.)

$$C_2H_6(g) + 3\frac{1}{2}O_2(g) \rightarrow 2CO_2(g) + 3H_2O(L)$$

㉮ −162.3 kcal ㉯ 162.3 kcal
㉰ −372.9 kca ㉱ 372.9 kcal

해설 • 에탄 (C_2H_6)의 완전연소 반응식

$$C_2H_6 + 3\frac{1}{2}O_2 \rightarrow 2CO_2 + 3H_2O + Q$$

$$-20 = -2 \times 94 - 3 \times 68.3 + Q$$
$$\therefore Q = 2 \times 94 + 3 \times 68.3 - 20 = 372.9$$
$$\therefore \Delta H_f^\circ = -372.9 \, kcal$$

문제 **54.** 다음 반응식을 이용한 메탄의 생성열은 ?

$$C + O_2 \rightarrow CO_2 + 94.1 \, kcal$$
$$H_2 + \frac{1}{2}O_2 \rightarrow H_2O + 57.8 \, kcal$$
$$CH_4 + 2O_2 \rightarrow CO_2 + 2H_2O(g) + 191.8 \, kcal$$

㉮ 343.7 kcal ㉯ 97.7 kcal
㉰ −39.9 kcal ㉱ −17.9 kcal

해설 $CH_4 + 2O_2 \rightarrow CO_2 + 2H_2O + Q$
$$-191.8 = -94.1 - 2 \times 57.8 + Q$$
$$\therefore Q = 94.1 + 2 \times 57.8 - 191.8 = 17.9 \, kcal$$
$$\therefore \Delta H = -17.9 \, kcal$$

문제 **55.** 아래 반응식을 이용하여 메탄 (CH_4)의 생성열을 구하시오.

① $C + O_2 \rightarrow CO_2$, $\Delta H = -97.2 \, kcal/mol$
② $H_2 + \frac{1}{2}O_2 \rightarrow H_2O$, $\Delta H = -57.6 \, kcal/mol$
③ $CH_4 + 2O_2 \rightarrow CO_2 + 2H_2O$
   $\Delta H = -194.4 \, kcal/mol$

㉮ $\Delta H = -20 \, \text{kcal/mol}$

㉯ $\Delta H = -18 \, \text{kcal/mol}$

㉰ $\Delta H = 18 \, \text{kcal/mol}$

㉱ $\Delta H = 20 \, \text{kcal/mol}$

해설 $CH_4 + 2O_2 \rightarrow CO_2 + 2H_2O + Q$

$-194.4 = -97.2 - 2 \times 57.6 + Q$

∴ $Q = 97.2 + 2 \times 57.6 - 194.4 = 18$

∴ $\Delta H = -18 \, \text{kcal/mol}$

문제 **56.** 아래의 반응식은 메탄의 완전연소 반응이다. 이때 메탄, 이산화탄소, 물의 생성열이 각각 $-17.9 \, \text{kcal}$, $-94.1 \, \text{kcal}$, $-57.8 \, \text{kcal}$이라면 메탄의 완전연소 시 발열량은 얼마인가?

$$CH_4 + 2O_2 \rightarrow CO_2 + 2H_2O$$

㉮ 216.5 kcal   ㉯ 191.8 kcal

㉰ 169.8 kcal   ㉱ 134.0 kcal

해설 $CH_4 + 2O_2 \rightarrow CO_2 + 2H_2O + Q$

$-17.9 = -94.1 - 2 \times 57.8 + Q$

∴ $Q = 94.1 + 2 \times 57.8 - 17.9 = 191.8 \, \text{kcal}$

문제 **57.** 아세틸렌은 흡열 화합물로서 그 생성열은 $-54.2 \, \text{kcal/mol}$이다. 아세틸렌이 탄소와 수소로 분해하는 폭발반응의 폭발열은 얼마인가?

㉮ $-54.2 \, \text{kcal/mol}$ ㉯ $-5.42 \, \text{kcal/mol}$

㉰ $+5.42 \, \text{kcal/mol}$ ㉱ $+54.2 \, \text{kcal/mol}$

해설 $C_2H_2 \rightarrow 2C + H_2 + 54.2 \, \text{kcal/mol}$

문제 **58.** 기체 HCl의 열용량에 대한 근사식이 $C_p = 6.60 + 0.96 \times 10^{-3} T [\text{cal/g-mol} \cdot \text{K}]$이다. 1 g-mol을 100℃에서 200℃까지 가열하는데 약 몇 cal가 필요한가?

㉮ 46.96 ㉯ 509.6 ㉰ 660.1 ㉱ 700.6

해설 ① 평균비열 (C_m) 계산

$$C_m = \frac{1}{\Delta T} \int_{T_1}^{T_2} (6.60 + 0.96 \times 10^{-3} T) \, dT$$

$$= \frac{1}{473 - 373} \left[\{6.60 \times (473 - 373) \right.$$

$$\left. + \left\{ \frac{0.96 \times 10^{-3}}{2} \times (473^2 - 373^2) \right\} \right]$$

$$= 7.006 \, \text{cal/g} \cdot \text{mol} \cdot \text{K}$$

② 가열 열량 계산

$Q = G \cdot C_m \cdot \Delta T = 1 \times 7.006 \times (473 - 373)$

$= 700.6 \, \text{cal}$

문제 **59.** 수소의 연소반응식은 다음과 같이 나타낸다. 수소를 일정한 압력에서 이론산소량만으로 완전연소시켰을 때 생성된 수증기 온도는? (단, 수증기의 정압비열 10 cal/mol·K, 수소와 산소의 공급온도 25℃, 외부로의 열손실은 없다.)

$$H_2 + \frac{1}{2}O_2 \rightarrow H_2O(g) + 57.8 \, \text{kcal/mol}$$

㉮ 5580 K   ㉯ 5780 K

㉰ 6053 K   ㉱ 6078 K

해설 $Q = G \cdot C_p \cdot (T_2 - T_1)$에서

$$T_2 = \frac{Q}{G \cdot C_p} + T_1$$

$$= \frac{57.8 \times 10^3}{1 \times 10} + (273 + 25) = 6078 \, \text{K}$$

문제 **60.** 프로판 (C_3H_8)의 표준 총발열량이 $-530600 \, \text{cal/g} \cdot \text{mol}$일 때 표준 진발열량은 몇 cal/g·mol인가? (단, $H_2O(L) \rightarrow H_2O(g)$ $\Delta H = -10519 \, \text{cal/g} \cdot \text{mol}$이다.)

㉮ -530600 ㉯ -488524

㉰ -520081 ㉱ -430432

해설 • 프로판 (C_3H_8)의 완전연소 반응식

$C_3H_8 + 5O_2 \rightarrow 3CO_2 + 4H_2O$

∴ 표준 진발열량

= 총 발열량 - 수증기 증발잠열

$= -530600 - \{4 \times (-10519)\}$

$= -488524 \, \text{cal/g} \cdot \text{mol}$

문제 **61.** 아래의 세 반응의 반응열 사이에서 $Q_3 = Q_1 + Q_2$의 식이 성립되는 법칙을

무엇이라 하는가?

$$① \ C_2H_2 + 2O_2 \rightarrow CO_2 + CO + H_2O + Q_1 \,[cal]$$

$$② \ CO + \frac{1}{2}O_2 \rightarrow CO_2 + Q_2 \,[cal]$$

$$③ \ C_2H_2 + \frac{5}{2}O_2 \rightarrow 2CO_2 + H_2O + Q_3 \,[cal]$$

㉠ 돌턴의 법칙 ㉡ 헤스의 법칙
㉢ 헨리의 법칙 ㉣ 톰슨의 법칙

[해설] • 헤스의 법칙 : 총열량 불변의 법칙

[문제] **62.** 다음으로부터 C(S)가 완전연소하여 CO_2(g)가 될 때의 연소열을 kcal/kg-mol 로 계산하면?

$$C(S) + \frac{1}{2}O_2 \rightarrow CO + 29200 \,kcal$$

$$CO + \frac{1}{2}O_2 \rightarrow CO_2 + 68000 \,kcal$$

㉠ 97200 ㉡ 38800
㉢ 133400 ㉣ 13600

[해설]
$$C(S) + \frac{1}{2}O_2 \rightarrow CO + 29200 \,kcal$$
$$+ \ \underline{CO + \frac{1}{2}O_2 \rightarrow CO_2 + 68000 \,kcal}$$
$$C + O_2 \rightarrow CO_2 + 97200 \,kcal$$

[문제] **63.** 가스의 반응속도를 설명한 것 중 가장 거리가 먼 것은?

㉠ 반응속도 상수는 온도에 비례한다.
㉡ 일반적으로 촉매는 반응속도를 증가시켜 준다.
㉢ 반응은 원자나 분자의 충돌에 의해 이루어진다.
㉣ 반응속도에 영향을 미치는 요인에는 온도, 압력, 그리고 농도 등을 들 수 있다.

[문제] **64.** 화학 반응속도를 지배하는 요인에 대한 설명이다. 맞는 것은?

㉠ 압력이 증가하면 항상 반응속도가 증가한다.

㉡ 생성 물질의 농도가 커지면 반응속도가 증가한다.
㉢ 자신은 변하지 않고 다른 물질의 화학변화를 촉진하는 물질을 부촉매라고 한다.
㉣ 온도가 높을수록 반응속도가 증가한다.

[해설] • 반응속도에 영향을 주는 요소
① 농도 : 반응하는 물질의 농도에 비례한다.
② 온도 : 온도가 상승하면 속도정수가 커져 반응속도는 증가한다 (아레니우스의 반응속도론).
③ 촉매 : 자신은 변하지 않고 활성화 에너지를 변화시키는 것으로 정촉매는 반응속도를 빠르게 하고 부촉매는 반응속도를 느리게 한다.
④ 압력 : 반응속도를 직접 변화시키지 못하나 압력이 증가하면 농도 변화를 일으켜 반응속도를 변화시킨다.
⑤ 활성화 에너지 : 활성화 에너지가 크면 반응속도가 감소하고 작으면 증가한다.
⑥ 반응물질의 성질

[문제] **65.** 일반적으로 온도가 10℃ 상승하면 반응속도는 약 2배 빨라진다. 40℃의 반응온도를 100℃로 상승시키면 반응속도는 몇 배 빨라지는가?

㉠ 2^6 ㉡ 2^5
㉢ 2^4 ㉣ 2^3

[해설] 온도가 10℃ 상승함에 따라 반응속도는 2배씩 빨라진다 (아레니우스의 반응속도론).
∴ $100 - 40 = 60℃$ 상승 → 2^6

[문제] **66.** 수소-산소 혼합기가 다음과 같은 반응을 할 때 이 혼합기를 무엇이라 하는가?

$$2H_2 + O_2 \rightarrow 2H_2O$$

㉠ 희박 양론기 ㉡ 이상 혼합기
㉢ 양론 혼합기 ㉣ 과농 혼합기

[문제] **67.** 연소의 연쇄반응에 해당하지 않는 것은?

⑦ 연쇄개시반응   ⓝ 연쇄전파반응
ⓓ 연쇄발화반응   ⓡ 연쇄종결반응

해설 • 연쇄반응의 종류
　① 연쇄개시반응 (chain initiation reaction) : 안정한 분자에서 활성기가 발생하는 반응
　② 연쇄이동 (전파)반응 (chain propagation reaction) : 활성기의 종류가 교체되어가는 반응
　③ 연쇄분지반응 (chain branching reaction) : 활성기의 수가 증가하는 반응
　④ 기상정지반응 (chain termination reaction) : 기상 중의 안정된 분자와 충돌하여 활성을 상실하는 반응
　⑤ 표면 (벽면)정지반응 (chain termination reaction) : 용기 등의 고체 표면에 충돌하여 활성을 상실하는 반응

문제 **68.** 수소의 연소 반응은 일반적으로 $H_2 + \frac{1}{2}O_2 \rightarrow H_2O$ 로 알려져 있으나 실제 반응은 수많은 소반응이 연쇄적으로 일어난다고 한다. 다음은 무슨 반응에 해당하는가 ?

$$OH + H_2 \rightarrow H_2O + H$$
$$O + HO_2 \rightarrow O_2 + OH$$

⑦ 연쇄창시반응   ⓝ 연쇄분지반응
ⓓ 기상정지반응   ⓡ 연쇄이동반응

문제 **69.** 연소반응 중에서 다음 과정에 해당하는 것은 ?

$$(중간체) + 반응물 \rightarrow (중간체) + 생성물$$

⑦ 개시반응   ⓝ 전화반응
ⓓ 가지반응   ⓡ 종말반응

문제 **70.** 기체의 연소반응 중 다음의 과정에 해당하는 것은 ?

$$OH + H_2 \rightarrow H_2O + H$$
$$O + HO_2 \rightarrow O_2 + OH$$

⑦ 개시 (initiation)반응
ⓝ 전화 (propagation)반응
ⓓ 가지 (branching)반응
ⓡ 종말 (termination)반응

문제 **71.** 다음 중 가스연소 시 기상 정지반응을 나타내는 기본반응식은 ?
⑦ $H + O_2 \rightarrow OH + O$
ⓝ $O + H_2 \rightarrow OH + H$
ⓓ $OH + H_2 \rightarrow H_2O + H$
ⓡ $H + O_2 + M \rightarrow HO_2 + M$

해설 ⑦, ⓝ : 연쇄분지반응
　ⓓ : 연쇄이동 (전파)반응
　ⓡ : 기상정지반응

제 3 장　　연소 계산

1. 연료 및 연소방법

(1) 연료 (燃料)

공기 또는 산소 중에서 지속적으로 산화반응을 일으켜 빛과 열을 발생시키고, 이때 발생된 빛과 열을 경제적으로 이용할 수 있는 물질을 말한다.

① 연료의 구비조건

   ㈎ 공기 중에서 연소하기 쉬울 것

   ㈏ 저장 및 취급이 용이할 것

   ㈐ 발열량이 클 것

   ㈑ 구입하기 쉽고 경제적일 것

   ㈒ 인체에 유해성이 없을 것

   ㈓ 휘발성이 좋고 내한성이 우수할 것

② 연료의 종류 및 특징

   ㈎ 고체연료 : 고체 상태의 연료로 목재, 석탄, 목탄, 코크스 등이 있다.

> **【참 고】 고체연료의 용어**
>
> 1. 석탄의 탄화도 : 석탄의 성분이 변화되는 진행 정도를 말하며 탄화도가 증가함에 따라 수분, 휘발분이 감소하고 고정탄소의 성분이 증가한다.
> 2. 탄화도 증가에 따른 석탄의 일반적인 특성
>
> | | |
> |---|---|
> | ① 발열량이 증가한다. | ② 연료비가 증가한다. |
> | ③ 열전도율이 증가한다. | ④ 비열이 감소한다. |
> | ⑤ 연소속도가 늦어진다. | ⑥ 인화점, 착화온도가 높아진다. |
> | ⑦ 수분, 휘발분이 감소한다. | |
>
> 3. 휘발분 : 시료를 로(爐)에 넣어 공기와 차단하고 925 ± 5℃에서 7분간 가열했을 때 감소량
> 4. 고정탄소＝100－(수분＋회분＋휘발분)
> 5. 연료비 : 고정탄소와 휘발분의 비
>
> $$연료비 = \frac{고정탄소(\%)}{휘발분(\%)}$$

   ㉮ 장점

      ⓐ 노천 야적이 가능하다.

      ⓑ 저장 및 취급이 편리하다.

      ⓒ 구입이 쉽고, 가격이 저렴하다.

      ⓓ 연소장치가 간단하고, 특수목적에 이용된다.

ⓝ 단점

ⓐ 완전연소가 곤란하다.

ⓑ 연소효율이 낮고 고온을 얻기 곤란하다.

ⓒ 회분이 많고 처리가 곤란하다.

ⓓ 착화 및 소화가 어렵다.

ⓔ 연소조절이 어렵다.

㉯ 액체연료 : 액체 상태의 연료로 석유류 (가솔린, 등유, 경유, 중유 등)가 대표적이다.

㉮ 장점

ⓐ 완전연소가 가능하고 발열량이 높다.

ⓑ 연소효율이 높고 고온을 얻기 쉽다.

ⓒ 연소조절이 용이하고 회분이 적다.

ⓓ 품질이 균일하고 저장, 취급이 편리하다.

ⓔ 파이프 라인을 통한 수송이 용이하다.

㉯ 단점

ⓐ 연소온도가 높아 국부과열의 위험이 크다.

ⓑ 화재, 역화의 위험성이 높다.

ⓒ 일반적으로 황성분을 많이 함유하고 있다.

ⓓ 버너의 종류에 따라 연소 시 소음이 발생한다.

㉰ 기체연료 : 기체 상태의 연료로 천연가스, 액화석유가스 등이 있다.

㉮ 장점

ⓐ 연소효율이 높고 연소제어가 용이하다.

ⓑ 회분 및 황성분이 없어 전열면 오손이 없다.

ⓒ 적은 공기비로 완전연소가 가능하다.

ⓓ 저발열량의 연료로 고온을 얻을 수 있다.

ⓔ 완전연소가 가능하여 공해문제가 없다.

㉯ 단점

ⓐ 저장 및 수송이 어렵다.

ⓑ 가격이 비싸고 시설비가 많이 소요된다.

ⓒ 누설 시 화재, 폭발의 위험이 크다.

(2) 연소방법

① 고체연료

㉮ 연료성질에 의한 구분

㉮ 표면연소 (surface combustion) : 공기 중의 산소가 고체연료 표면에서 연소반응을 일으키는 것으로 목탄, 코크스 등이 있다.

㉯ 증발연소 (evaporating combustion) : 융점이 낮은 고체연료가 액상으로 용융되어 액체연료와 같이 증발하여 연소하는 것으로 증발온도가 열분해 온도보다 낮은 양초,

파라 핀, 유황, 나프탈렌 등이 있다.

　　　㉓ 연기연소(smolder combustion) : 열분해를 일으키기 쉬운 불안정한 물질로 열분해로 발생한 휘발분이 점화되지 않으면 다량의 연기를 발생하며 표면반응을 일으키면서 연소하는 것

　㈏ 연소방법에 의한 구분

　　　㉮ 미분탄(米粉炭) 연소 : 석탄을 200 메시(mesh) 이하로 분쇄하여 연소 표면적을 넓혀 1차 공기와 함께 연소하는 방법으로 연소효율이 높다.

　　　㉯ 화격자 연소 : 대규모 연소시설에 사용하는 자동연소 장치로 스토커(stoker) 연소라 한다.

　　　㉰ 유동층 연소 : 위 두 연소방식의 중간 형태로 화격자 하부에서 강한 공기를 송풍기로 불어넣어 화격자 위의 탄층을 유동층에 가까운 상태로 형성하면서 700~900℃ 정도의 저온에서 연소시키는 방법이다.

② 액체연료

　㈎ 연소 형태에 의한 구분

　　　㉮ 액면연소(pool burning) : 액체연료의 표면에서 연소하는 것으로 화염의 복사열 및 대류로 연료가 가열되어 발생된 증기가 공기와 혼합하여 연소하는 방법으로 경계층연소, 전파연소, 포트연소(port burning)가 있다.

　　　㉯ 등심연소(wick combustion) : 연료를 심지로 빨아올려 대류나 복사열에 의하여 발생한 증기가 등심(심지)의 상부나 측면에서 연소하는 것으로 공급되는 공기의 유속이 낮을수록, 온도가 높을수록 화염의 높이는 높아진다.

　　　㉰ 분무연소(spray combustion) : 액체연료를 노즐에서 고속으로 분출, 무화(霧化)시켜 표면적을 크게 하여 공기나 산소와의 혼합을 좋게 하여 연소시키는 것으로 공업적으로 많이 사용되는 방법이다.

　　　㉱ 증발연소(evaporating combustion) : 액체연료를 증발관 등에서 미리 증발시켜 기체연료와 같은 형태로 연소시키는 방법으로 형성된 화염은 확산화염이다.

　㈏ 액체연료의 무화 방법

　　　㉮ 유압 무화식 : 연료 자체에 압력을 주어 무화시키는 방법

　　　㉯ 이류체 무화식 : 증기, 공기를 이용하여 무화시키는 방법

　　　㉰ 회전 이류체 무화식 : 원심력을 이용하여 무화시키는 방법

　　　㉱ 충돌 무화식 : 연료끼리 혹은 금속판에 충돌시켜 무화시키는 방법

　　　㉲ 진동 무화식 : 초음파에 의하여 무화시키는 방법

　　　㉳ 정전기 무화식 : 고압 정전기를 이용하여 무화시키는 방법

　㈐ 연소장치의 종류 : 유압 분무식 버너, 기류 분무식 버너, 회전 분무식 버너, 건 타입버너, 특수버너 등

③ 기체연료

　㈎ 반응체의 혼합 상태에 의한 구분

　　　㉮ 예혼합연소(premixed combustion) : 기체연료와 연소에 필요한 공기 또는 산소를

미리 혼합한 혼합기를 연소시키는 방법으로 화염면이라고 하는 고온의 반응면이 형성되어 자력으로 전파해나가는 특징이 있는 내부 혼합방식이다.

    ㉯ 확산연소 (diffusion combustion) : 공기 (또는 산소)와 기체연료를 각각 연소실에 공급하고, 연료와 공기의 경계면에서 자연확산으로 연소할 수 있는 적당한 혼합기를 형성한 부분에서 연소가 일어나는 외부 혼합형이다.

  ㈏ 반응대에서의 유동 상태에 의한 구분

    ㉮ 층류연소 (laminar combustion) : 화염부근의 가스 흐름이 층류 상태로 반응대가 얇게 형성된다.

    ㉯ 난류연소 (turbulent combustion) : 화염부근의 가스 흐름이 난류 상태로 반응대의 형상 및 분포가 불규칙하게 변동한다.

  ㈐ 화염의 시간적 변화에 의한 구분

    ㉮ 정상연소 (steady combustion) : 연소하는 혼합기의 상태, 가연성 기체, 산화제의 공급 상태, 화염부근의 유동 상태 등이 정상 상태이다.

    ㉯ 비정상연소 (unsteady combustion) : 정상연소가 아닌 상태의 것

  ㈑ 화염의 이동 상태에 의한 구분

    ㉮ 정재연소 (stationary combustion) : 화염이 특정한 장소에 정지해 있는 상태의 것

    ㉯ 전파연소 (propagation combustion) : 화염이 어느 속도로 이동하고 있는 상태의 것

  ㈒ 연소 형태에 의한 구분

    ㉮ 연속연소 (continuous combustion)

    ㉯ 간헐연소 (intermittent combustion)

(3) 기체연료의 연소

① 예혼합연소 및 확산연소

  ㈎ 예혼합연소 : 가스와 공기 (산소)를 버너에서 혼합시킨 후 연소실에 분사하는 방식으로 화염이 자력으로 전파해 나가는 내부 혼합방식으로 화염이 짧고 높은 화염온도를 얻을 수 있다.

    ㉮ 연소장치 (버너)의 종류

      ⓐ 저압 버너 : 주로 가정용으로 사용하며 도시가스 연소 시 0.7~16 kPa 정도의 공기를 흡입하여 연소한다.

      ⓑ 고압 버너 : LPG, 부탄가스 등과 공기를 혼합하여 사용하는 버너로 가스압력을 0.2 MPa 이상으로 한다.

      ⓒ 송풍 버너 : 연소용 공기를 가압하여 연소하는 형식의 버너로 고압 버너와 마찬가지로 공기를 노즐로 분사함과 동시에 가스를 흡인·혼합하여 연소하는 형식이다.

    ㉯ 특징

      ⓐ 가스와 공기의 사전 혼합형이다.

      ⓑ 화염이 짧으며 고온의 화염을 얻을 수 있다.

      ⓒ 연소부하가 크고, 역화의 위험성이 크다.

ⓓ 조작범위가 좁다.

ⓔ 탄화수소가 큰 가스에 적합하다.

(나) 확산연소 : 공기와 가스를 따로 버너 슬롯 (slot)에서 연소실에 공급하고, 이것들의 경계면에서 난류와 자연확산으로 서로 혼합하여 연소하는 외부 혼합방식이다.

㉮ 연소장치 (버너)의 종류

ⓐ 포트형 : 가스와 공기를 고온으로 예열할 수 있고, 탄화수소가 적은 발생로가스, 고로가스 등을 연소시키는 장치로 가스를 노즐을 통해 연소실 내로 확산하면서 공기와 혼합하여 연소한다.

ⓑ 버너형 : 안내날개 (guide vane)에 의해 가스와 공기를 혼합시켜 연소실로 확산시키는 버너로 선회 버너 (저발열량 가스의 연소에 적당)와 방사형 버너 (고발열량 가스의 연소에 적당)로 나뉘어진다.

㉯ 특징

ⓐ 조작범위가 넓으며 역화의 위험성이 없다.

ⓑ 가스와 공기를 예열할 수 있고 화염이 안정적이다.

ⓒ 탄화수소가 적은 연료에 적당하다.

ⓓ 조작이 용이하며, 화염이 장염이다.

㉰ 확산화염의 형태

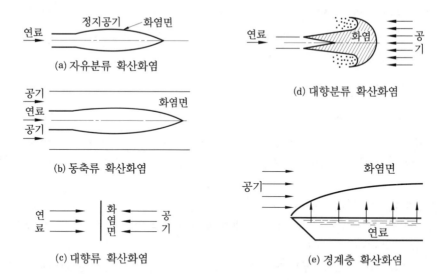

(a) 자유분류 확산화염

(b) 동축류 확산화염

(c) 대향류 확산화염

(d) 대향분류 확산화염

(e) 경계층 확산화염

예혼합연소와 확산연소의 비교

구 분	예혼합연소	확산연소
조 작	어렵다.	용이하다.
화 염	불안정하다.	안정하다.
역 화	크다.	없다.
화염 길이	단염	장염

② 층류 예혼합연소 및 난류 예혼합연소

(개) 층류 예혼합연소

㉮ 결정요소 : 연료와 산화제의 혼합비, 압력 및 온도, 혼합기의 물리적 · 화학적 성질

㉯ 층류 예혼합화염의 구조

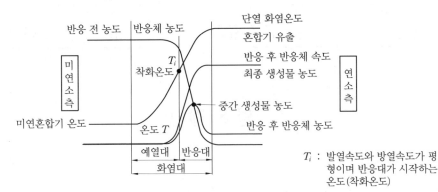

층류 예혼합화염의 구조

㉰ 층류 연소속도 측정법

ⓐ 비눗방울 (soap bubble)법 : 미연소 혼합기로 비눗방울을 만들어 그 중심에서 전기 점화를 시키면 화염은 구상화염으로 바깥으로 전파되고 비눗방울은 연소의 진행과 함께 팽창된다. 이때 점화 전후의 비눗방울 체적, 반지름을 이용하여 연소속도를 측정한다.

ⓑ 슬롯 버너 (slot burner)법 : 균일한 속도분포를 갖는 노즐을 이용하여 V자형의 화 염을 만들고, 미연소 혼합기 흐름을 화염이 둘러 싸여 있어 혼합기가 화염대에 들 어갈 때까지 혼합기의 유선은 직선을 유지한다.

ⓒ 평면화염 버너 (flat flame burner)법 : 미연소 혼합기의 속도분포를 일정하게 하 여 유속과 연소속도를 균형화시켜 유속으로 연소속도를 측정한다.

ⓓ 분젠 버너 (bunsen burner)법 : 단위화염 면적당 단위시간에 소비되는 미연소 혼 합기의 체적을 연소속도로 정의하여 결정하며, 오차가 크지만 연소속도가 큰 혼합 기체에 편리하게 이용된다.

※ 미연소 혼합기에서 최고속도를 나타내는 공기비는 1.1 부근이다.

㉱ 층류 연소속도가 빨라지는 경우

ⓐ 압력이 높을수록   ⓑ 온도가 높을수록

ⓒ 열전도율이 클수록   ⓓ 분자량이 적을수록

(내) 난류 예혼합연소 특징

㉮ 화염의 휘도가 높다.

㉯ 화염면의 두께가 두꺼워진다.

㉰ 연소속도가 층류화염의 수십 배이다.

㉱ 연소 시 다량의 미연소분이 존재한다.

층류 예혼합연소와 난류 예혼합연소의 비교

구 분	층류 예혼합연소	난류 예혼합연소
연소속도	느리다.	수십 배 빠르다.
화염의 두께	얇다.	두껍다.
휘도(輝度)	낮다.	높다.
연소특징	화염이 청색이다.	미연소분이 존재한다.

2. 연소 계산

(1) 연료 중 가연성분

연료 성분 중 가연성분은 탄소(C), 수소(H), 황(S)이며 불순물(불연성 물질)로는 회분(A), 수분(W) 등이 포함되어 있다. 가연물질로는 탄소(C), 수소(H)가 해당되며 황(S) 성분은 연소 시 황화합물을 생성하여 악영향을 미치므로 제거한다.

(2) 완전연소 반응식

완전연소 반응식은 표준 상태(STP : 0℃, 1기압)에서 가연성 물질이 산소(공기)와 반응하여 완전연소하는 것으로 가정하여 계산한다.

① 고체 및 액체연료

(가) 탄소(C)

㉮ 반응식 :	C	+	O_2	→	CO_2
㉯ 중량비 :	12 kg		32 kg		44 kg
㉰ 체적비 :	22.4 Nm^3		22.4 Nm^3		22.4 Nm^3
㉱ 탄소 1kg당 질량 :	1 kg		2.67 kg		3.667 kg
㉲ 탄소 1kg당 체적 :	1 kg		1.867 Nm^3		1.867 Nm^3

(나) 수소(H_2)

㉮ 반응식 :	H_2	+	$\frac{1}{2}O_2$	→	H_2O
㉯ 중량비 :	2 kg		16 kg		18 kg
㉰ 체적비 :	22.4 Nm^3		11.2 Nm^3		22.4 Nm^3
㉱ 수소 1kg당 질량 :	1 kg		8 kg		9 kg
㉲ 수소 1kg당 체적 :	1 kg		5.6 Nm^3		11.2 Nm^3

(다) 유황(S)

㉮ 반응식 :	S	+	O_2	→	SO_2
㉯ 중량비 :	32 kg		32 kg		64 kg

㉰ 체적비 :	$22.4\,\text{Nm}^3$	$22.4\,\text{Nm}^3$	$22.4\,\text{Nm}^3$
㉱ 유황 1 kg당 질량 :	1 kg	1 kg	2 kg
㉲ 유황 1 kg당 체적 :	1 kg	$0.7\,\text{Nm}^3$	$0.7\,\text{Nm}^3$

※ 이론산소량 (O_0) 계산

$$O_0(\text{산소 Nm}^3/\text{연료 kg}) = 1.867\,\text{C} + 5.6\left(\text{H} - \frac{\text{O}}{8}\right) + 0.7\,\text{S}$$

$$O_0(\text{산소 kg/연료 kg}) = 2.67\,\text{C} + 8\left(\text{H} - \frac{\text{O}}{8}\right) + \text{S}$$

- C, H, S, O는 연료 1 kg당 비율 (%)이므로 계산 시 $\dfrac{x\,[\%]}{100}$ 로 계산한다.

- $\left(\text{H} - \dfrac{\text{O}}{8}\right)$: 연료 속에 산소가 함유되어 있을 경우에는 수소 중의 일부는 이 산소와 반응하여 결합수 (H_2O)를 생성하므로 수소의 전부가 연소하지 않고 이 산소의 상당량만큼의 수소 $\left(\dfrac{1}{8}\text{O}\ \text{배}\right)$가 연소하지 않는다.

② 기체연료 (탄화수소)

㈎ 프로판 (C_3H_8)

㉮ 반응식 :	C_3H_8 +	5O_2 →	3CO_2 +	$4\text{H}_2\text{O}$
㉯ 중량비 :	44 kg	5×32 kg	3×44 kg	4×18 kg
㉰ 체적비 :	$22.4\,\text{Nm}^3$	$5 \times 22.4\,\text{Nm}^3$	$3 \times 22.4\,\text{Nm}^3$	$4 \times 22.4\,\text{Nm}^3$
㉱ 프로판 1 kg당 질량 :	1 kg	3.636 kg	3 kg	1.636 kg
㉲ 프로판 1 kg당 체적 :	1 kg	$2.545\,\text{Nm}^3$	$1.527\,\text{Nm}^3$	$2.036\,\text{Nm}^3$
㉳ 프로판 1 Nm³당 질량 :	$1\,\text{Nm}^3$	7.143 kg	5.893 kg	3.214 kg
㉴ 프로판 1 Nm³당 체적 :	$1\,\text{Nm}^3$	$5\,\text{Nm}^3$	$3\,\text{Nm}^3$	$4\,\text{Nm}^3$

㈏ 부탄 (C_4H_{10})

㉮ 반응식 :	C_4H_{10} +	6.5O_2 →	4CO_2 +	$5\text{H}_2\text{O}$
㉯ 중량비 :	58 kg	6.5×32 kg	4×44 kg	5×18 kg
㉰ 체적비 :	$22.4\,\text{Nm}^3$	$6.5 \times 22.4\,\text{Nm}^3$	$4 \times 22.4\,\text{Nm}^3$	$5 \times 22.4\,\text{Nm}^3$
㉱ 부탄 1 kg당 질량 :	1 kg	3.586 kg	3.034 kg	1.552 kg
㉲ 부탄 1 kg당 체적 :	1 kg	$2.51\,\text{Nm}^3$	$1.545\,\text{Nm}^3$	$1.931\,\text{Nm}^3$
㉳ 부판 1 Nm³당 질량 :	$1\,\text{Nm}^3$	9.286 kg	7.857 kg	4.018 kg
㉴ 부판 1 Nm³당 체적 :	$1\,\text{Nm}^3$	$6.5\,\text{Nm}^3$	$4\,\text{Nm}^3$	$5\,\text{Nm}^3$

㈐ 메탄 (CH_4)

㉮ 반응식 :	CH_4 +	2O_2 →	CO_2 +	$2\text{H}_2\text{O}$
㉯ 중량비 :	16 kg	2×32 kg	44 kg	2×18 kg
㉰ 체적비 :	$22.4\,\text{Nm}^3$	$2 \times 22.4\,\text{Nm}^3$	$22.4\,\text{Nm}^3$	$2 \times 22.4\,\text{Nm}^3$
㉱ 메탄 1 kg당 질량 :	1 kg	4 kg	2.75 kg	2.25 kg

㉮ 메탄 1 kg당 체적 :   1 kg $2.8 \, Nm^3$ $1.4 \, Nm^3$ $2.8 \, Nm^3$

㉯ 메탄 $1 \, Nm^3$당 질량 : $1 \, Nm^3$ $2.857 \, kg$ $1.964 \, kg$ $1.607 \, kg$

㉰ 메탄 $1 \, Nm^3$당 체적 : $1 \, Nm^3$ $2 \, Nm^3$ $1 \, Nm^3$ $2 \, Nm^3$

(3) 이론산소량, 이론공기량 계산

공기 중 산소는 체적 (Nm^3)으로 21 %, 중량 (kg)으로 23.2 % 존재하므로 완전연소 반응식에서 이론 산소량에 체적 및 중량 비율을 나누어주면 이론공기량이 계산된다.

① 이론산소량 (O_0), 이론공기량 (A_0) 계산방법

㉮ 연료 1 kg당 이론산소량 (kg) 및 이론공기량 (kg) 계산 → (kg/kg)

㉯ 연료 1 kg당 이론산소량 (Nm^3) 및 이론공기량 (Nm^3) 계산 → (Nm^3/kg)

㉰ 연료 $1 \, Nm^3$당 이론산소량 (kg) 및 이론공기량 (kg) 계산 → (kg/Nm^3)

㉱ 연료 $1 \, Nm^3$당 이론산소량 (Nm^3) 및 이론공기량 (Nm^3) 계산 → (Nm^3/Nm^3)

② 고체 및 액체연료

㉮ 연료 1 kg당 이론산소량 (kg) 및 이론공기량 (kg) 계산

$$\text{이론산소량}\,(O_0)\,[kg/kg] = 2.67\,C + 8\left(H - \frac{O}{8}\right) + S$$

$$\text{이론공기량}\,(A_0)\,[kg/kg] = \frac{O_0}{0.232}\,kg/kg$$

㉯ 연료 1 kg당 이론산소량 (Nm^3) 및 이론공기량 (Nm^3) 계산

$$\text{이론산소량}\,(O_0)\,[Nm^3/kg] = 1.867\,C + 5.6\left(H - \frac{O}{8}\right) + 0.7\,S$$

$$\text{이론공기량}\,(A_0)\,[Nm^3/kg] = \frac{O_0}{0.21}\,Nm^3/kg$$

③ 프로판 (C_3H_8)의 이론산소량 (O_0) 및 이론공기량 (A_0) 계산

㉮ 프로판 (C_3H_8) 1 kg당 이론산소량 (kg) 및 이론공기량 (kg) 계산 → (kg/kg)

$$C_3H_8 \;+\; 5O_2 \;\rightarrow\; 3CO_2 \;+\; 4H_2O$$

44 kg   5×32 kg

1 kg x [kg]

$$\therefore \; \text{이론산소량}\,(O_0)\,x\,[kg/kg] = \frac{1 \times 5 \times 32}{44} = 3.636\,kg/kg$$

$$\therefore \; \text{이론공기량}\,(A_0)[kg/kg] = \frac{3.636}{0.232} = 15.672\,kg/kg$$

㉯ 프로판 (C_3H_8) 1 kg당 이론산소량 (Nm^3) 및 이론공기량 (Nm^3) 계산 → (Nm^3/kg)

$$C_3H_8 \;+\; 5O_2 \;\rightarrow\; 3CO_2 \;+\; 4H_2O$$

44 kg $5 \times 22.4 \, Nm^3$

1 kg x $[Nm^3]$

$$\therefore \ \text{이론산소량}\,(O_0)\ x\,[\text{Nm}^3/\text{kg}] = \frac{1 \times 5 \times 22.4}{44} = 2.545 \ \text{Nm}^3/\text{kg}$$

$$\therefore \ \text{이론공기량}\,(A_0)[\text{Nm}^3/\text{kg}] = \frac{2.545}{0.21} = 12.12 \ \text{Nm}^3/\text{kg}$$

(다) 프로판(C_3H_8) $1\,\text{Nm}^3$당 이론산소량(kg) 및 이론공기량(kg) 계산 → (kg/Nm^3)

$$C_3H_8 \ + \ 5O_2 \ \rightarrow \ 3CO_2 \ + \ 4H_2O$$

$22.4\,\text{Nm}^3 \quad 5 \times 32\,\text{kg}$

$\quad 1\,\text{Nm}^3 \qquad x\,[\text{kg}]$

$$\therefore \ \text{이론산소량}\,(O_0)\ x\,[\text{kg/Nm}^3] = \frac{1 \times 5 \times 32}{22.4} = 7.143 \ \text{kg/Nm}^3$$

$$\therefore \ \text{이론공기량}\,(A_0)[\text{kg/Nm}^3] = \frac{7.143}{0.232} = 30.79 \ \text{kg/Nm}^3$$

(라) 프로판(C_3H_8) $1\,\text{Nm}^3$당 이론산소량(Nm^3) 및 이론공기량(Nm^3) 계산 → (Nm^3/Nm^3)

$$C_3H_8 \ + \ 5O_2 \ \rightarrow \ 3CO_2 \ + \ 4H_2O$$

$22.4\,\text{Nm}^3 \quad 5 \times 22.4\,\text{Nm}^3$

$\quad 1\,\text{Nm}^3 \qquad x\,[\text{Nm}^3]$

$$\therefore \ \text{이론산소량}\,(O_0)\ x\,[\text{Nm}^3/\text{Nm}^3] = \frac{1 \times 5 \times 22.4}{22.4} = 5 \ \text{Nm}^3/\text{Nm}^3$$

$$\therefore \ \text{이론공기량}\,(A_0)[\text{Nm}^3/\text{Nm}^3] = \frac{5}{0.21} = 23.81 \ \text{Nm}^3/\text{Nm}^3$$

④ 부탄(C_4H_{10})의 이론산소량(O_0) 및 이론공기량(A_0) 계산

(가) 부탄(C_4H_{10}) $1\,\text{kg}$당 이론산소량(kg) 및 이론공기량(kg) 계산 → (kg/kg)

$$C_4H_{10} \ + \ 6.5O_2 \ \rightarrow \ 4CO_2 \ + \ 5H_2O$$

$58\,\text{kg} \qquad 6.5 \times 32\,\text{kg}$

$\ 1\,\text{kg} \qquad\quad x\,[\text{kg}]$

$$\therefore \ \text{이론산소량}\,(O_0)\ x\,[\text{kg/kg}] = \frac{1 \times 6.5 \times 32}{58} = 3.586 \ \text{kg/kg}$$

$$\therefore \ \text{이론공기량}\,(A_0)[\text{kg/kg}] = \frac{3.586}{0.232} = 15.457 \ \text{kg/kg}$$

(나) 부탄(C_4H_{10}) $1\,\text{kg}$당 이론산소량(Nm^3) 및 이론공기량(Nm^3) 계산 → (Nm^3/kg)

$$C_4H_{10} \ + \ 6.5O_2 \ \rightarrow \ 4CO_2 \ + \ 5H_2O$$

$58\,\text{kg} \quad 6.5 \times 22.4\,\text{Nm}^3$

$\ 1\,\text{kg} \qquad\quad x\,[\text{Nm}^3]$

$$\therefore \ \text{이론산소량}\,(O_0)\ x\,[\text{Nm}^3/\text{kg}] = \frac{1 \times 6.5 \times 22.4}{58} = 2.510 \ \text{Nm}^3/\text{kg}$$

$$\therefore \ \text{이론공기량}\,(A_0)[\text{Nm}^3/\text{kg}] = \frac{2.510}{0.21} = 11.952 \ \text{Nm}^3/\text{kg}$$

㈐ 부탄 (C_4H_{10}) 1 Nm^{3}당 이론산소량 (kg) 및 이론공기량 (kg) 계산 → (kg/Nm^3)

$$C_4H_{10} \quad + \quad 6.5O_2 \quad \rightarrow \quad 4CO_2 \quad + \quad 5H_2O$$

22.4 Nm^3 6.5×32 kg

1 Nm^3 x [kg]

∴ 이론산소량 (O_0) x [kg/Nm^3] $= \dfrac{1 \times 6.5 \times 32}{22.4} = 9.286$ kg/Nm^3

∴ 이론공기량 (A_0)[kg/Nm^3] $= \dfrac{9.286}{0.232} = 40.025$ kg/Nm^3

㈑ 부탄 (C_4H_{10}) 1 Nm^{3}당 이론산소량 (Nm^3) 및 이론공기량 (Nm^3) 계산 → (Nm^3/Nm^3)

$$C_4H_{10} \quad + \quad 6.5O_2 \quad \rightarrow \quad 4CO_2 \quad + \quad 5H_2O$$

22.4 Nm^3 6.5×22.4 Nm^3

1 Nm^3 x [Nm^3]

∴ 이론산소량 (O_0) x [Nm^3/Nm^3] $= \dfrac{1 \times 6.5 \times 22.4}{22.4} = 6.5$ Nm^3/Nm^3

∴ 이론공기량 (A_0)[Nm^3/Nm^3] $= \dfrac{6.5}{0.21} = 30.95$ Nm^3/Nm^3

⑤ 메탄 (CH_4)의 이론산소량 (O_0) 및 이론공기량 (A_0) 계산

㈎ 메탄 (CH_4) 1 kg당 이론산소량 (kg) 및 이론공기량 (kg) 계산 → (kg/kg)

$$CH_4 \quad + \quad 2O_2 \quad \rightarrow \quad CO_2 \quad + \quad 2H_2O$$

16 kg   2×32 kg

1 kg x [kg]

∴ 이론산소량 (O_0) x [kg/kg] $= \dfrac{1 \times 2 \times 32}{16} = 4$ kg/kg

∴ 이론공기량 (A_0)[kg/kg] $= \dfrac{4}{0.232} = 17.241$ kg/kg

㈏ 메탄 (CH_4) 1 kg당 이론산소량 (Nm^3) 및 이론공기량 (Nm^3) 계산 → (Nm^3/kg)

$$CH_4 \quad + \quad 2O_2 \quad \rightarrow \quad CO_2 \quad + \quad 2H_2O$$

16 kg   2×22.4 Nm^3

1 kg x [Nm^3]

∴ 이론산소량 (O_0) x [Nm^3/kg] $= \dfrac{1 \times 2 \times 22.4}{16} = 2.8$ Nm^3/kg

∴ 이론공기량 (A_0)[Nm^3/kg] $= \dfrac{2.8}{0.21} = 13.33$ Nm^3/kg

㈐ 메탄 (CH_4) 1 Nm^{3}당 이론산소량 (kg) 및 이론공기량 (kg) 계산 → (kg/Nm^3)

$$CH_4 \quad + \quad 2O_2 \quad \rightarrow \quad CO_2 \quad + \quad 2H_2O$$

22.4 Nm^3 2×32 kg

1 Nm^3 x [kg]

$\therefore$ 이론산소량 (O_0) x [kg/Nm^3] $= \dfrac{1 \times 2 \times 32}{22.4} = 2.857$ kg/Nm^3

$\therefore$ 이론공기량 (A_0)[kg/Nm^3] $= \dfrac{2.857}{0.232} = 12.314$ kg/Nm^3

(라) 메탄(CH_4) 1 Nm^{3}당 이론산소량 (Nm^3) 및 이론공기량 (Nm^3) 계산 → (Nm^3/ Nm^3)

CH_4 + $2O_2$ → CO_2 + $2H_2O$

22.4 Nm^3　　2 × 22.4 Nm^3

　1 Nm^3　　　　x [Nm^3]

$\therefore$ 이론산소량 (O_0) x [Nm^3/Nm^3] $= \dfrac{1 \times 2 \times 22.4}{22.4} = 2$ Nm^3/Nm^3

$\therefore$ 이론공기량 (A_0)[Nm^3/Nm^3] $= \dfrac{2}{0.21} = 9.523$ Nm^3/Nm^3

(4) 연소가스량

가연성분이 이론 공기량으로 완전연소 시 생성되는 물질은 CO_2, H_2O, N_2 등이 포함되어 있다. 또한 연소가스 속에는 수분이 기화되어 수증기로 되는데 이를 연소생성 수증기라 하여 100℃ 이상의 고온에서는 기체 상태로 존재하지만 상온에서는 대부분 물로 응축되므로 연소계산에서는 생성 수증기량은 생략하여도 무방하다.

가연성분이 연소 시 공급되는 산소는 순수한 산소를 공급하는 것이 아니라 공기 중 산소 성분만을 취하여 연소하는 것이므로 공기 중 질소성분은 공기와 함께 연소실에 들어가 아무런 반응 없이 그대로 배기가스와 함께 배출된다.

즉, 공기 속의 산소와 질소의 체적비 (%)는 21 : 79이므로 연소가스 속의 질소량은 산소량의 79/21 배, 3.76배를 함유하게 된다.

$\therefore$ $N_2 = O_0 \times 3.76$이다.

① 이론 연소가스량

(가) 이론 습연소가스량 (GOW)

완전 연소 시 생성되는 연소가스량 중 수증기를 포함한 연소가스량

(나) 이론 건연소가스량 (GOD)

습연소 가스량에서 수증기를 제외한 연소가스량

② 탄화수소의 연소가스량 계산

(가) 프로판(C_3H_8) 1 Nm^{3}당 습연소가스량(Nm^3) 및 건연소가스량(Nm^3) 계산 → (Nm^3/Nm^3)

C_3H_8 + $5O_2$ + (N_2) → $3CO_2$ + $4H_2O$ + (N_2)

22.4 Nm^3　5 × 22.4 Nm^3　5 × 22.4 × 3.76 Nm^3　3 × 22.4 Nm^3　4 × 22.4 Nm^3　5 × 22.4 × 3.76 Nm^3

　1 Nm^3　　　5 Nm^3　　　5 × 3.76 Nm^3　　　3 Nm^3　　　4 Nm^3　　　5 × 3.76 Nm^3

$\therefore$ 프로판(C_3H_8) 1 Nm^3 연소 시

㉮ 습연소가스량 (Nm^3/Nm^3) = 3+4+5×3.76=25.8 Nm^3/Nm^3

㉯ 건연소가스량 (Nm^3/Nm^3) = 3+5×3.76=21.8 Nm^3/Nm^3

(나) 부탄(C_4H_{10}) $1\,Nm^3$당 습연소가스량(Nm^3) 및 건연소 가스량(Nm^3) 계산 → (Nm^3/Nm^3)

$$C_4H_{10} \quad + \quad 6.5\,O_2 \quad + \quad (N_2) \quad \rightarrow \quad 4CO_2 \quad + \quad 5H_2O \quad + \quad (N_2)$$

$22.4\,Nm^3$ $6.5\times22.4\,Nm^3$ $6.5\times22.4\times3.76\,Nm^3$ $4\times22.4\,Nm^3$ $5\times22.4\,Nm^3$ $6.5\times22.4\times3.76\,Nm^3$

$1\,Nm^3$ $6.5\,Nm^3$ $6.5\times3.76\,Nm^3$ $4\,Nm^3$ $5\,Nm^3$ $6.5\times3.76\,Nm^3$

∴ 부탄(C_4H_{10}) $1\,Nm^3$ 연소 시

㉮ 습연소가스량(Nm^3/Nm^3)$=4+5+6.5\times3.76=33.44\,Nm^3/Nm^3$

㉯ 건연소가스량(Nm^3/Nm^3)$=4+6.5\times3.76=28.44\,Nm^3/Nm^3$

(다) 메탄(CH_4) $1\,Nm^3$당 습연소가스량(Nm^3) 및 건연소가스량(Nm^3) 계산 → (Nm^3/Nm^3)

$$CH_4 \quad + \quad 2\,O_2 \quad + \quad (N_2) \quad \rightarrow \quad CO_2 \quad + \quad 2H_2O \quad + \quad (N_2)$$

$22.4\,Nm^3$ $2\times22.4\,Nm^3$ $2\times22.4\times3.76\,Nm^3$ $22.4\,Nm^3$ $2\times22.4\,Nm^3$ $2\times22.4\times3.76\,Nm^3$

$1\,Nm^3$ $2\,Nm^3$ $2\times3.76\,Nm^3$ $1\,Nm^3$ $2\,Nm^3$ $2\times3.76\,Nm^3$

∴ 메탄(CH_4) $1\,Nm^3$ 연소 시

㉮ 습연소가스량(Nm^3/Nm^3)$=1+2+2\times3.76=10.52\,Nm^3/Nm^3$

㉯ 건연소가스량(Nm^3/Nm^3)$=1+2\times3.76=8.52\,Nm^3/Nm^3$

③ 실제 연소가스량

㉮ 실제 습연소가스량(GW)=이론 습연소가스량+과잉공기량

               =이론 습연소가스량+$\{(m-1)\cdot A_0\}$

㉯ 실제 건연소가스량(GD)=이론 건연소가스량+과잉공기량

               =이론 건연소가스량+$\{(m-1)\cdot A_0\}$

3. 공기비 및 완전연소 조건

(1) 공기비

실제 연료의 연소 시 연료의 가연성분과 공기 중 산소와의 접촉이 원활하게 이루어지지 못하기 때문에 이론공기량만으로는 완전연소가 어렵다. 따라서 이론공기량보다 더 많은 공기를 공급하여 가연성분과 공기 중 산소와의 접촉이 원활하게 이루어지도록 해야 한다. 즉, 실제연소에 있어서 연료를 완전연소시키기 위해 실제적으로 공급하는 공기량을 실제공기량(A)이라 하며, 실제공기량(A)과 이론공기량(A_0)의 비를 공기비(m) 또는 과잉공기계수라 하며 다음과 같은 식이 성립된다.

$$m = \frac{A}{A_0} = \frac{A_0 + B}{A_0} = 1 + \frac{B}{A_0} \qquad \therefore A = m \cdot A_0$$

여기서, m : 공기비 (과잉공기계수), A : 실제공기량, A_0 : 이론공기량
B : 과잉공기량

① 배기가스 분석에 의한 공기비 계산

(가) 완전연소의 경우 : 배기가스 중 일산화탄소 (CO)가 포함되어 있지 않다.

$$m = \frac{N_2}{N_2 - 3.76\,O_2}$$

(나) 불완전연소의 경우 : 배기가스 중 일산화탄소 (CO)가 포함되어 있다.

$$m = \frac{N_2}{N_2 - 3.76(O_2 - 0.5\,CO)}$$

여기서, N_2 : 배기가스 중 질소 함유율 (%), O_2 : 배기가스 중 산소 함유율 (%)
CO : 배기가스 중 일산화탄소 함유율 (%)

② 공기비와 관계된 사항

(가) 공기비 (m) : 실제공기량과 이론공기량의 비

$$\therefore\; m = \frac{A}{A_0} = \frac{A_0 + B}{A_0} = 1 + \frac{B}{A_0}$$

(나) 과잉공기량 (B) : 실제공기량과 이론공기량의 차

$$\therefore\; B = A - A_0 = (m - 1)\,A_0$$

(다) 과잉공기율 (%) : 과잉공기량과 이론공기량의 비율 (%)

$$\therefore\; 과잉공기율\,(\%) = \frac{B}{A_0} \times 100 = \frac{A - A_0}{A_0} \times 100 = (m - 1) \times 100$$

(라) 과잉공기비 : 과잉공기량과 이론공기량의 비

$$\therefore\; 과잉공기비 = \frac{B}{A_0} = \frac{A - A_0}{A_0} = (m - 1)$$

③ 연료에 따른 공기비

(가) 기체연료 : 1.1~1.3

(나) 액체연료 : 1.2~1.4 (미분탄 포함)

(다) 고체연료 : 1.5~2.0 (수분식), 1.4~1.7 (기계식)

④ 공기비의 특성

(가) 공기비가 클 경우

㉮ 연소실 내의 온도가 낮아진다.

㉯ 배기가스로 인한 손실열이 증가한다.

㉰ 연료 소비량이 증가한다.

㉱ 배기가스 중 질소화합물 (NO_x)이 많아져 대기오염을 초래한다.

(나) 공기비가 작을 경우

㉮ 불완전연소가 발생하기 쉽다 (고체 및 액체연료 : 매연 발생, 기체연료 : CO 발생).

㉯ 연소효율이 감소한다.

㉰ 열손실이 증가한다.

㉱ 미연소가스로 인한 역화의 위험이 있다.

(2) 완전연소의 조건

① 적절한 공기 공급과 혼합을 잘 시킬 것
② 연소실 온도를 착화온도 이상으로 유지할 것
③ 연소실을 고온으로 유지할 것
④ 연소에 충분한 연소실과 시간을 유지할 것

4. 발열량 및 열효율

(1) 연료의 발열량

연료의 단위중량(kg) 또는 단위체적(m³)당 연료가 연소할 때 발생하는 열량을 의미한다.

① 단위
  (개) 고체 및 액체연료 : kcal/kg
  (내) 기체연료 : $kcal/Nm^3$

② 발열량 측정법
  (개) 열량계에 의한 방법
    ㉮ 봄브(bomb) 열량계 : 고체 또는 고점도 액체연료 측정에 사용되며 단열식과 비단열식이 있다.
    ㉯ 기체연료 발열량 측정 : 시그마 열량계, 융커스식 유수형 열량계 사용
  (내) 원소분석에 의한 방법
    ㉮ 고체 및 액체연료 발열량(kcal/kg) : 고체 및 액체 원소성분 중 가연성분인 C, H, S의 연소반응식에서 계산
      ⓐ 고위발열량(총발열량) : H_h
        연료가 연소될 때 생성되는 총발열량으로서 연소가스 중에 수증기의 응축잠열을 포함한 열량
      ⓑ 저위발열량(진발열량) : H_l
        총발열량에서 수증기의 응축잠열을 뺀 것으로 수증기가 기체로 된 열량
    ㉯ 기체연료의 발열량(kcal/Nm³) : 기체연료는 단위체적(Nm³)에 대하여 계산한다.

$$H_l = H_h - 480[(H_2) + 2(CH_4) + 2(C_2H_4)] + \cdots\cdots + \frac{n}{2}(C_mH_n)$$

    ∴ 여기서 480 (kcal/Nm³)은 기체연료 연소 시 발생된 수증기의 증발잠열이다.
  (대) 공업분석에 의한 방법 : 석탄측정에 사용
  (래) 기타 비중에 의한 발열량 개략값 계산 : 중유에 사용

(2) 탄화수소의 발열량 계산

① 프로판 (C_3H_8)

$$C_3H_8 + 5O_2 \rightarrow 3CO_2 + 4H_2O + 530\,kcal/mol$$

(가) 1 Nm³당 발열량 계산

$22.4\,Nm^3 : 530 \times 1000\,kcal$

$1\,Nm^3 : x$

$$x = \frac{1 \times 530 \times 1000}{22.4} = 23660\,kcal/Nm^3 \div 24000\,kcal/Nm^3$$

(나) 1 kg당 발열량 계산

$44\,kg : 530 \times 1000\,kcal$

$1\,kg : x$

$$x = \frac{1 \times 530 \times 1000}{44} = 12045\,kcal/kg \div 12000\,kcal/kg$$

② 부탄 (C_4H_{10})

$$C_4H_{10} + 6.5O_2 \rightarrow 4CO_2 + 5H_2O + 700\,kcal/mol$$

(가) 1 Nm³당 발열량 계산

$22.4\,Nm^3 : 700 \times 1000\,kcal$

$1\,Nm^3 : x$

$$x = \frac{1 \times 700 \times 1000}{22.4} = 31250\,kcal/Nm^3 \div 32000\,kcal/Nm^3$$

(나) 1 kg당 발열량 계산

$58\,kg : 700 \times 1000\,kcal$

$1\,kg : x$

$$x = \frac{1 \times 700 \times 1000}{58} = 12069\,kcal/kg \div 12000\,kcal/kg$$

(3) 열효율

① 열효율 (η) : 열효율 (%)이란 장치 내에 공급된 열량 (Q_f) 중에서 그 열을 유효하게 이용한 열량 (유효열 : Q_s)과의 비율을 나타낸 것이다.

$$\eta\,[\%] = \frac{\text{유효열량}(Q_s)}{\text{공급열량}(Q_f)} \times 100 = \left(1 - \frac{\text{손실열}}{\text{입열}}\right) \times 100$$

$$= \eta_c \times \eta_f$$

② 연소효율 (η_c) : 연료 1 kg이 연소에 의해서 실제로 발생하는 열량과 이것이 완전연소할 때 발생되는 열량과의 비율이다.

$$\eta_c\,[\%] = \frac{\text{연료 1 kg이 실제 발생한 연소열}}{\text{연료 1 kg이 완전연소 시 발생하는 연소열}} \times 100$$

※ 연소효율을 높이는 방법

  ㈎ 연소실 내의 온도를 높인다.   ㈏ 연소실 내용적을 넓힌다.

  ㈐ 미연소분을 줄인다.   ㈑ 연료와 공기를 예열하여 공급한다.

③ 전열효율(η_f) : 연소실에서 실제로 발생한 열량(Q_r)과 이 연소열 중 전열면을 거쳐 실제 이용된 열량(Q_e)과의 비율을 말한다.

$$\eta_f \,[\%] = \frac{Q_e}{Q_r} \times 100$$

④ 열효율 향상 대책

  ㈎ 손실열을 줄인다.

  ㈏ 장치의 설계조건과 운전조건을 일치시킨다.

  ㈐ 전열량을 증가시킨다.

  ㈑ 장치를 연속적으로 가동한다.

5. 화염온도

(1) 이론 연소온도

연료를 연소 시 이론공기량만을 공급하여 완전연소시킬 때의 최고온도를 말한다.

$H_l = G \times C_p \times t$ 에서

$$\therefore t = \frac{H_l}{G \times C_p}$$

    여기서, H_l : 연료의 저위발열량 (kcal), G : 이론연소가스량 (Nm³)

            C_p : 연소가스의 정압비열 (kcal/Nm³·℃), t : 이론연소온도 (℃)

(2) 실제 연소온도

연료를 연소 시 실제공기량으로 연소할 때의 최고온도를 말한다.

$$t_2 = \frac{H_l + 공기현열 - 손실열량}{G_s \times C_p} + t_1$$

    여기서, t_2 : 실제 연소온도 (℃), G_s : 실제 연소가스량 (Nm³)

            C_p : 연소가스의 정압비열 (kcal / Nm³·℃), t_1 : 기준온도 (℃)

(3) 연소온도에 영향을 주는 요소

① 공기비 (m)

② 연료의 저위발열량 (H_l)

③ 산소의 농도

④ 연소 반응물질의 주위압력

예 상 문 제

문제 1. 다음 설명 중 연료가 구비해야 될 조건에 해당하지 않는 것은?

㉮ 발열량이 높을 것

㉯ 연소 시 유해가스가 발생하지 않을 것

㉰ 조달이 용이하고 자원이 풍부할 것

㉱ 성분 중 이성질체가 많이 포함되어 있을 것

해설 이소−부탄 (iso−C_4H_{10})과 노르말−부탄 (n−C_4H_{10})과 같이 분자식은 같으나 구조식과 성질이 다른 것으로 이성질체가 없는 것이 좋다.

문제 2. 자연 상태의 물질을 어떤 과정 (process)을 통해 화학적으로 변형시킨 상태의 연료를 2차 연료라고 한다. 다음 중 2차 연료에 해당하는 것은?

㉮ 석탄   ㉯ 원유

㉰ 천연가스   ㉱ 코크스

해설 코크스는 역청탄 (1차 연료)을 가공하여 만든 2차 연료에 해당한다.

문제 3. 다음 중 탄화도에 관한 설명으로 잘못된 것은?

㉮ 탄화도가 클수록 고정탄소가 많아져 발열량이 커진다.

㉯ 탄화도가 클수록 휘발분이 감소하고 착화온도가 높아진다.

㉰ 탄화도가 클수록 연료비가 증가하고 연소속도가 늦어진다.

㉱ 탄화도가 클수록 회분량이 감소하며 발열량과는 관계가 없다.

해설 • 탄화도 : 석탄의 성분이 변화되는 진행 정도를 말하며, 탄화도 증가에 따라 나타나는 특성은 다음과 같다.

① 발열량 증가   ② 연료비 증가

③ 열전도율 증가   ④ 비열 감소

⑤ 연소속도가 늦어진다.

⑥ 수분, 휘발분이 감소

⑦ 인화점, 착화온도가 높아진다.

문제 4. 다음 고체연료의 연소에서 화염전파속도에 대한 설명 중 옳지 않은 것은?

㉮ 탄화도가 클수록 화염전파속도가 빠르다.

㉯ 발열량이 클수록 화염전파속도가 빠르다.

㉰ 1차 공기의 온도가 높을수록 화염전파속도가 빠르다.

㉱ 입자 지름이 작을수록 화염전파속도가 빠르다.

해설 석탄의 탄화도가 클수록 휘발분이 감소하므로 화염 전파속도는 감소한다.

문제 5. 고체연료의 성질에 대한 설명 중 옳지 않은 것은?

㉮ 수분이 많으면 통풍불량의 원인이 된다.

㉯ 휘발분이 많으면 점화가 쉽고 발열량이 높아진다.

㉰ 회분이 많으면 연소를 나쁘게 하여 열효율이 저하된다.

㉱ 착화온도는 산소량이 증가할수록 낮아진다.

해설 • 휘발분이 증가할 때 영향

① 연소 시 매연 (그을음)이 발생된다.

② 점화 (착화)가 쉽다.

③ 불꽃이 장염이 되기 쉽다.

④ 역화 (back fire)를 일으키기 쉽다.

⑤ 발열량이 감소한다.

문제 6. 고체연료의 연료비 (fuel−ratio)를 옳게 나타낸 것은?

㉮ $\dfrac{고정탄소(\%)}{연료(\%)}$ ㉯ $\dfrac{고정탄소(\%)}{휘발분(\%)}$

해답 1. ㉱ 2. ㉱ 3. ㉱ 4. ㉮ 5. ㉯ 6. ㉯

㉰ $\dfrac{휘발분(\%)}{고정탄소(\%)}$ ㉱ $\dfrac{연료(\%)}{고정탄소(\%)}$

문제 **7.** 기체연료의 특성을 설명한 것이다. 맞는 것은?

㉮ 가스연료의 화염은 방사율이 크기 때문에 복사에 의한 열전달률이 작다.

㉯ 기체연료는 연소성이 뛰어나기 때문에 연소조절이 간단하고 자동화가 용이하다.

㉰ 단위체적당 발열량이 액체나 고체연료에 비해 대단히 크기 때문에 저장이나 수송에 큰 시설을 필요로 한다.

㉱ 저산소연소를 시키기 쉽기 때문에 대기 오염 물질인 질소산화물(NOₓ)의 생성이 많으나 분진이나 매연의 발생은 거의 없다.

해설 ㉮ 방사율이 낮다.
㉰ 저장시설이 작아도 된다.
㉱ 질소산화물(NOₓ) 생성이 적다.

문제 **8.** 다음 기체연료 중 천연가스에 관한 사항이다. 옳지 않은 것은?

㉮ 주성분은 메탄가스로 탄화수소의 혼합 가스이다.

㉯ 발열량이 수성가스에 비하여 작다.

㉰ 연소가 용이하다.

㉱ 대기압에서도 냉동에 의해 액화가 된다.

해설 • 발열량 비교
① 천연가스 : $9000 \, kcal/Nm^3$
② 수성가스 : $2700 \, kcal/Nm^3$

문제 **9.** 탄화수소에서 탄소의 수가 증가함에 따른 각 사항의 변화를 나타낸 것이다. 이 중 틀린 것은?

㉮ 연소열 – 증가한다.

㉯ 착화열 – 낮아진다.

㉰ 증기압 – 낮아진다.

㉱ 폭발한계 – 높아진다.

해설 • 탄소(C) 수가 증가할 때

① 증가하는 것 : 비등점, 융점, 비중, 발열량, 연소열, 화염온도
② 감소하는 것 : 증기압, 발화점, 폭발하한값, 폭발범위값, 증발잠열, 연소속도

문제 **10.** LPG에 관한 설명 중 틀린 것은?

㉮ 저급 탄화수소의 혼합물이다.

㉯ 액체는 물보다 무겁고, 기체는 공기보다 무겁다.

㉰ 휘발유 등 유기용매에 잘 용해한다.

㉱ 상온에서 기체이나 가압하면 쉽게 액화한다.

해설 액체는 물보다 가볍고(프로판의 액 비중 : 0.5), 기체는 공기보다 무겁다(프로판의 기체 비중 : 1.52).

문제 **11.** 가스의 성질을 바르게 나타낸 것은?

㉮ 산소는 가연성이다.

㉯ 일산화탄소는 불연성이다.

㉰ 수소는 불연성이다.

㉱ 산화에틸렌은 가연성이다.

해설 • 각 가스의 성질
① 산소 : 조연성(지연성)
② 일산화탄소 : 가연성
③ 수소 : 가연성
④ 산화에틸렌 : 가연성

문제 **12.** 가스의 기본 특성에 관한 설명 중 옳은 것은?

㉮ 염소는 공기보다 무거우며 무색이다.

㉯ 질소는 스스로 연소하지 않는 조연성이다.

㉰ 산화에틸렌은 기체 상태에서 분해폭발성이 있다.

㉱ 일산화탄소는 수분혼합으로 중합폭발을 일으킨다.

해설 • 각 가스의 특성
① 염소 : 황록색의 자극성의 기체이다.
② 질소 : 불연성 가스
③ 산화에틸렌의 폭발성 : 산화폭발, 중합폭발, 분해폭발
④ 수분혼합 시 중합폭발의 위험성이 있는 가스는 시안화수소(HCN)이다.

해답 7. ㉯ 8. ㉯ 9. ㉱ 10. ㉯ 11. ㉱ 12. ㉰

문제 13. 가스의 열전도율이 가장 큰 가스는?

㉮ 질소 ㉯ 일산화탄소

㉰ 수소 ㉱ 이산화탄소

해설 • 각 가스의 열전도율(cal/cm·s·℃)

① 질소 : 5.68×10^{-5}

② 일산화탄소 : 5.52×10^{-5}

③ 수소 : 39.65×10^{-5}

④ 이산화탄소 : 3.49×10^{-5}

문제 14. 가정용 프로판에 대한 설명 중 맞는 것은?

㉮ 공기보다 가볍다.

㉯ 완전연소하면 탄산가스만 생성된다.

㉰ 1몰의 프로판을 완전연소하는 데 5몰의 산소가 필요하다.

㉱ 프로판은 상온에서는 액화시킬 수 없다.

해설 $C_3H_8 + 5O_2 \rightarrow 3CO_2 + 4H_2O$

문제 15. 고체연료를 공업적으로 연소시키는 방법으로 이용되지 않는 연소형태는?

㉮ 표면연소 ㉯ 미분연소

㉰ 화격자연소 ㉱ 예혼합연소

해설 • 예혼합연소 : 기체연료의 연소방법

문제 16. 다음 고체연료의 연소방법 중 미분탄 연소에 관한 설명이 아닌 것은?

㉮ 2상류 상태에서 연소한다.

㉯ 고정층에 공기를 통하여 연소시킨다.

㉰ 가스화 속도가 낮고 연소 완료에 시간과 거리가 필요하다.

㉱ 화격자 연소보다도 낮은 공기비로서 높은 연소효율을 얻을 수 있다.

해설 ㉯ 유동층 연소의 설명

문제 17. 다음은 유동층 연소의 특성에 대한 설명이다. 이 중 틀린 것은?

㉮ 연소 시 화염층이 작아진다.

㉯ 클링커 장해를 경감할 수 있다.

㉰ 질소산화물 (NO_x)의 발생량이 증가한다.

㉱ 화격자의 단위면적당 열부하를 크게 얻

을 수 있다.

해설 연소온도가 700~900℃ 정도로 낮아 질소산화물 (NO_x)의 발생량이 감소한다.

문제 18. 유동층 연소의 장점에 대한 설명으로 가장 거리가 먼 것은?

㉮ 부하변동에 따른 적응력이 좋다.

㉯ 광범위하게 연료에 적용할 수 있다.

㉰ 질소산화물의 발생량이 감소한다.

㉱ 전열 면적이 적게 소요된다.

해설 부하변동에 대응하기 어렵다.

문제 19. 다음은 고체연료의 연소과정 중 화염이동속도에 대한 설명이다. 이 중 옳은 것은?

㉮ 발열량이 낮을수록 화염이동속도는 커진다.

㉯ 1차 공기온도가 높을수록 화염이동속도는 작아진다.

㉰ 입자 지름이 작을수록 화염이동속도는 커진다.

㉱ 석탄화도가 높을수록 화염이동속도는 커진다.

해설 ㉮ 발열량이 높을수록 화염이동속도는 커진다.

㉯ 공기온도가 높을수록 화염이동속도는 빨라진다.

㉱ 탄화도가 높을수록 휘발분 감소로 화염이동속도는 낮아진다.

문제 20. 액체연료의 연소형태에 속하지 않는 것은?

㉮ 액면연소 (surface burning)

㉯ 확산연소 (diffusive burning)

㉰ 증발연소 (vaporizing burning)

㉱ 분무연소 (spray combustion)

해설 확산연소 (diffusive burning)는 기체연료의 연소형태이다.

문제 21. 액체연료를 수 미크론으로부터 수

해답 13. ㉰ 14. ㉰ 15. ㉱ 16. ㉯ 17. ㉰ 18. ㉮ 19. ㉰ 20. ㉯ 21. ㉰

백 미크론으로 만들어 증발 표면적을 크게 하고 연소시키는 방법으로서 공업용으로 가장 많이 쓰는 연소 방법은?

㉮ 액면연소　　　　㉯ 등심연소

㉰ 분무연소　　　　㉱ 확산연소

해설 • 무화지름 : 10~500 μm

문제 22. 공기나 증기 등의 기체를 분무매체로 하여 연료를 무화시키는 방식은?

㉮ 유압 분무식　　㉯ 이류체 무화식

㉰ 충돌 무화식　　㉱ 정전 무화식

해설 • 무화 방법

① 유압 무화식 : 연료 자체에 압력을 주어 무화하는 방식

② 이류체 무화식 : 증기, 공기를 이용하여 무화하는 방식

③ 회전 이류체 무화식 : 원심력을 이용하여 무화하는 방식

④ 충돌 무화식 : 연료끼리 또는 금속판에 충돌시켜 무화하는 방식

⑤ 진동 무화식 : 음파에 의하여 무화하는 방식

⑥ 정전기 무화식 : 고압 정전기를 이용하여 무화하는 방식

문제 23. 다음 중 액체연료를 미립화시키는 방법을 설명한 것이다. 옳은 것은?

① 연료를 노즐에서 빨리 분출시키는 방법

② 공기나 증기 등의 기체를 분무매체로서 분출시키는 방법

③ 고압의 정전기에 의해 액체를 분열시키는 방법

④ 초음파에 의해 액체연료를 촉진시키는 방법

㉮ ①　　　　　　　㉯ ①, ②

㉰ ①, ②, ③　　　㉱ ①, ②, ③, ④

문제 24. 공기압을 높일수록 무화공기량이 절감되는 버너는?

㉮ 고압 기류식 버너

㉯ 저압 기류식 버너

㉰ 유압식 버너

㉱ 선회식 버너

해설 • 저압 기류식 버너 : 무화용 공기량은 이론공기량의 30~50 % 정도로 많이 필요하나 무화용 공기압을 높일수록 공기량을 줄일 수 있다.

문제 25. 액체연료를 버너에서 공급하는 연소에 있어서 1차 공기란 무엇인가?

㉮ 착화에 필요한 공기

㉯ 인화에 필요한 공기

㉰ 연료의 무화에 필요한 공기

㉱ 공급공기량에서 이론공기량을 뺀 것

해설 ① 1차 공기 : 액체연료의 무화에 필요한 공기 또는 연소 전에 가연성 기체와 혼합되어 공급되는 공기

② 2차 공기 : 완전연소에 필요한 부족한 공기를 보충 공급하는 것

문제 26. 액체연료가 증발하여 증기를 형성한 후 증기와 공기가 혼합하여 연소하는 과정에 관한 사항 중 옳은 것은?

㉮ 주로 공업적으로 연소시킬 때 이용된다.

㉯ 이 전체 과정을 확산(diffusion)연소라 한다.

㉰ 예혼합기 연소에 비해 반응대가 넓고 탄화수소 연료에서는 슈트를 생성한다.

㉱ 이 과정에서 연료에 증발속도가 연소의 속도보다 빠른 경우 불완전연소가 된다.

해설 확산연소 및 예혼합연소는 기체연료의 연소형태이다.

문제 27. 증발연소 때 발생되는 화염은 어느 것인가?

㉮ 표면화염　　　　㉯ 확산화염

㉰ 분해화염　　　　㉱ 확반화염

문제 28. 등유의 pot burner는 다음 중 어떤 연소의 형태를 이용한 것인가?

㉮ 등심연소　　　　㉯ 액면연소

㉰ 증발연소　　　　㉱ 예혼합연소

해설 • 포트 버너(pot burner) : 액체연료 표면에 화염의 복사열 및 대류로 연료가 가열되어 발생된 증기가 공기와 혼합하여 연소하는 방법으로 액면연소(pool type combustion)에 해당된다.

문제 **29.** 등심연소의 화염의 높이에 대해 옳게 설명한 것은?

㉮ 공기 유속이 낮을수록 화염의 높이는 커진다.

㉯ 공기 유속이 낮을수록 화염의 높이는 낮아진다.

㉰ 공기 온도가 낮을수록 화염의 높이는 커진다.

㉱ 공기 유속이 높고 공기온도가 높을수록 화염의 높이는 커진다.

해설 공급되는 공기 유속이 낮을수록, 공기온도가 높을 때 화염의 높이는 커진다.

문제 **30.** 그림에서와 같이 고온의 산화성 분위기에서 액체연료의 연소시간(t)의 변화에 따른 유적의 지름(d)의 거동을 나타내었다. 착화지연을 나타낸 것은?

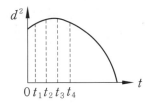

㉮ t_1　　㉯ t_2　　㉰ t_3　　㉱ t_4

해설 • 액적의 증발 과정

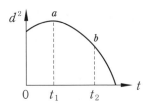

① $0 \rightarrow t_1$: 가열시간
② $t_1 \rightarrow t_2$: 증발시간
③ $0 \rightarrow t_2$: 착화지연시간

④ b : 착화점
⑤ $t_2 \rightarrow$: 연소시간

문제 **31.** 다음 그림은 액체연료의 연소시간(t)의 변화에 따른 유적의 지름(d)의 거동을 나타내었다. 착화지연기간으로 유적의 온도가 상승하여 열팽창을 일으키므로 지름이 다소 증가하지만 증발이 시작되면 감소하는 것은?

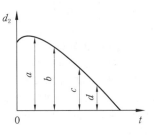

㉮ a　　㉯ b　　㉰ c　　㉱ d

문제 **32.** 기체연료의 연소형태는 다음 중 어떤 것인가?

㉮ 예혼합연소　　㉯ 액면연소
㉰ 증발연소　　　㉱ 분무연소

해설 • 예혼합연소 : 가스와 공기 (산소)를 버너에서 혼합시킨 후 연소실에 분사하는 방식으로 화염이 자력으로 전파해 나가는 내부 혼합방식으로 화염이 짧고 높은 화염온도를 얻을 수 있다.

문제 **33.** 기체연료의 예혼합연소에 관한 설명 중 옳은 것은?

㉮ 화염의 길이가 길다.

㉯ 화염이 전파하는 성질이 있다.

㉰ 연료와 공기의 경계에서 연소가 일어난다.

㉱ 연료와 공기의 혼합비가 순간적으로 변한다.

해설 • 예혼합연소의 특징
① 가스와 공기의 사전혼합형이다.
② 화염이 짧으며 고온의 화염을 얻을 수 있다.

해답 **29.** ㉮　**30.** ㉱　**31.** ㉮　**32.** ㉮　**33.** ㉯

③ 연소부하가 크고, 역화의 위험성이 크다.
④ 조작범위가 좁다.
⑤ 탄화수소가 큰 가스에 적합하다.

문제 34. 다음 예혼합연소의 이점이 아닌 것은?
㉮ 로(爐)의 체적이 작아도 된다.
㉯ 로(爐)의 길이가 작아도 된다.
㉰ 역화를 일으킬 위험성이 작다.
㉱ 단위공간체적당 발열률을 높게 얻을 수 있다.

해설 • 예혼합연소의 특징 : ㉮, ㉯, ㉱ 외
① 가스와 공기의 사전혼합형이다.
② 화염이 짧고 고온의 화염을 얻을 수 있다.
③ 연소부하가 크고, 역화의 위험성이 크다.
④ 조작범위가 좁고, 탄화수소가 큰 가스에 적합하다.

문제 35. 가스 버너에서 연료와 공기의 혼합 방식 중 예혼합 버너의 종류에 속하지 않는 것은?
㉮ 고압 버너   ㉯ 송풍 버너
㉰ 저압 버너   ㉱ 포트식 버너

해설 • 포트식 버너 : 확산연소 방식

문제 36. 고온의 화염면이 형성 전파되어 일어나는 연소형태는?
㉮ 확산연소   ㉯ 분무연소
㉰ 예혼합연소   ㉱ 부분 예혼합연소

해설 • 확산연소 : 공기와 가스를 따로 버너 슬롯(slot)에서 연소실에 공급하고, 이것들의 경계면에서 난류와 자연확산으로 서로 혼합하여 연소하는 외부 혼합방식이다.

문제 37. 가연성 기체를 공기와 같은 지연성 기체 중에 분출시켜 연소시킴으로써 불완전연소에 의한 그을음을 형성하는 기체 연소형태를 무엇이라 하는가?
㉮ 혼합연소 (混合燃燒)
㉯ 예혼연소 (預混燃燒)
㉰ 혼기연소 (混氣燃燒)
㉱ 확산연소 (擴散燃燒)

문제 38. 다음 중 화염의 안정 범위가 넓고, 조작이 용이하며 역화의 위험이 없는 연소는?
㉮ 표면연소   ㉯ 분해연소
㉰ 확산연소   ㉱ 예혼합연소

문제 39. 다음 확산화염의 여러 가지 형태 중 대향분류(對向噴流) 확산화염에 해당하는 것은?

㉮

㉯

㉰
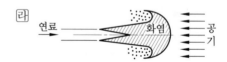

㉱

해설 ㉮ 자유분류 확산화염
  ㉯ 동축류 확산화염, ㉰ 대향류 확산화염

문제 40. 가스연료 연소에 있어서 확산염을 사용할 경우 예혼합염을 사용하는 것에 비해 얻을 수 있는 이점이 아닌 것은?
㉮ 역화의 위험이 없다.
㉯ 가스량의 조절 범위가 크다.
㉰ 가스의 고온 예열이 가능하다.
㉱ 개방 대기 중에서도 완전연소가 가능하다.

해설 • 예혼합연소와 확산연소의 비교

구 분	예혼합연소	확산연소
조 작	어렵다.	용이하다.
화 염	불안정하다.	안정하다.
역 화	크다.	없다.
화염길이	단염	장염

문제 41. 다음 중 기체연료의 연소형태에 해당되는 것은?

㉮ premixing burning

㉯ pool burning

㉰ evaporating combustion

㉱ spray combustion

해설 ㉮ premixing burning : 예혼합연소
　㉯ pool burning : 액면연소
　㉰ evaporating combustion : 증발연소
　㉱ spray combustion : 분무연소

문제 42. 가스연료와 공기의 흐름이 난류일 때 연소 상태로서 옳은 것은?

㉮ 화염의 윤곽이 명확하다.

㉯ 층류일 때보다 연소가 어렵다.

㉰ 층류일 때보다 열효율이 저하된다.

㉱ 층류일 때보다 연소가 잘 되며 화염이 짧아진다.

문제 43. 다음 미연소 혼합기의 흐름이 화염 부근에서 층류에서 난류로 바뀌었을 때의 현상에 대한 설명 중 옳지 않은 것은?

㉮ 화염의 성질이 크게 바뀌며 화염대의 두께가 증대한다.

㉯ 예혼합연소일 경우 화염전파속도가 가속된다.

㉰ 적화식 연소는 난류 확산연소로 연소율이 높다.

㉱ 확산연소일 경우는 단위면적당의 연소율이 높아진다.

해설 버너 연소는 난류 확산연소로 연소율이 높아진다.

문제 44. 층류 연소속도의 측정방법으로 이용되지 않는 것은?

㉮ soap bubble법　㉯ semi Bunsen법

㉰ slot burner법　㉱ 평면화염 버너법

해설 • 층류 연소속도 측정법
　① 비눗방울(soap bubble)법 : 미연소 혼합기로 비눗방울을 만들어 그 중심에서 전기점화를 시키면 화염은 구상화염으로 바깥으로 전파되고 비눗방울은 연소의 진행과 함께 팽창된다. 이때 점화전후의 비눗방울 체적, 반지름을 이용하여 연소속도를 측정한다.
　② 슬롯 버너(slot burner)법 : 균일한 속도분포를 갖는 노즐을 이용하여 V자형의 화염을 만들고, 미연소 혼합기 흐름을 화염이 둘러 싸여 있어 혼합기가 화염대에 들어갈 때까지 혼합기의 유선은 직선을 유지한다.
　③ 평면화염 버너(flat flame burner)법 : 미연소 혼합기의 속도분포를 일정하게 하여 유속과 연소속도를 균형화시켜 유속으로 연소속도를 측정한다.
　④ 분젠 버너(bunsen burner)법 : 단위화염 면적당 단위시간에 소비되는 미연소 혼합기의 체적을 연소속도로 정의하여 결정하며, 오차가 크지만 연소속도가 큰 혼합기체에 편리하게 이용된다.

문제 45. 층류 연소속도 측정법 중 단위화염 면적당 단위 시간에 소비되는 미연소 혼합기체의 체적을 연소속도로 정의하여 결정하며, 오차가 크지만 연소속도가 큰 혼합기체에 편리하게 이용되는 측정방법은?

㉮ 슬롯(slot) 버너법

㉯ 분젠(bunsen) 버너법

㉰ 평면화염 버너법

㉱ 비눗방울(soap bubble)법

문제 46. 다음 중 층류 연소속도에 대해 옳게 설명한 것은?

㉮ 비열이 클수록 층류 연소속도는 크게 된다.

㉯ 분자량이 클수록 층류 연소속도는 크게 된다.

❸ 비중이 클수록 층류 연소속도는 크게 된다.

❹ 열전도율이 클수록 층류 연소속도는 크게 된다.

[해설] • 층류 연소속도가 빨라지는 경우
① 압력이 높을수록
② 온도가 높을수록
③ 열전도율이 클수록
④ 분자량이 적을수록

[문제] **47.** 다음 층류 연소속도에 관한 설명 중 잘못된 것은?

❶ 층류 연소속도는 압력에 따라 결정된다.

❷ 층류 연소속도는 표면적에 따라 결정된다.

❸ 층류 연소속도는 연료의 종류에 따라 결정된다.

❹ 층류 연소속도는 가스의 흐름 상태에는 무관하다.

[문제] **48.** 다음은 층류 예혼합화염의 구조도이다. 온도곡선의 변곡점인 T_i를 무엇이라 하는가?

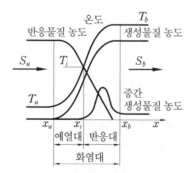

❶ 착화온도　　　❷ 반전온도
❸ 예혼합화염온도　❹ 화염평균온도

[해설] ① T_u : 미연혼합기 온도
② T_b : 단열화염 온도, ③ T_i : 착화온도

[문제] **49.** 난류 연소의 가장 큰 원인이 되는 것은?

❶ 연료의 종류
❷ 혼합기체의 농도
❸ 혼합기체의 온도
❹ 혼합기체의 흐름 형태

[문제] **50.** 난류 예혼합화염에 대한 설명 중 옳은 것은?

❶ 화염의 두께가 얇다.

❷ 연소속도가 현저하게 늦다.

❸ 화염의 배후에 다량의 미연소분이 존재한다.

❹ 층류 예혼합화염에 비하여 화염의 밝기가 낮다.

[해설] • 난류 예혼합연소 특징
① 화염의 휘도가 높다.
② 화염면의 두께가 두꺼워진다.
③ 연소속도가 층류화염의 수십 배이다.
④ 연소 시 다량의 미연소분이 존재한다.

[문제] **51.** 다음 중 난류 예혼합화염과 층류 예혼합화염의 특징을 비교한 설명으로 옳지 않은 것은?

❶ 난류 예혼합화염의 연소속도는 층류 예혼합화염의 연소속도보다 수배 내지 수십배 빠르다.

❷ 난류 예혼합화염의 휘도(輝度)는 층류 예혼합화염의 휘도보다 낮다.

❸ 난류 예혼합화염은 다량의 미연소분이 잔존한다.

❹ 난류 예혼합화염의 두께가 층류 예혼합화염의 두께보다 크다.

[해설] • 층류 예혼합연소와 난류 예혼합연소 비교

구 분	층류 예혼합연소	난류 예혼합연소
연소 속도	느리다.	수십배 빠르다.
화염의 두께	얇다.	두껍다.
휘 도	낮다.	높다.
연소 특징	화염이 청색이다.	미연소분이 존재한다.

문제 52. 연료 1 kg에 대한 이론산소량 (Nm^3/kg)을 구하는 식은?

㉮ $2.67C + 7.6H - \left(\dfrac{O}{8} - S\right)$

㉯ $8.89C + 26.67\left(H - \dfrac{O}{8}\right) + 3.33\,S$

㉰ $11.49C + 34.5\left(H - \dfrac{O}{8}\right) + 4.3\,S$

㉱ $1.87C + 5.6\left(H - \dfrac{O}{8}\right) + 0.7\,S$

해설 ㉯ 이론공기량 (Nm^3/kg) 계산식
　　㉰ 이론공기량 (kg/kg) 계산식

문제 53. 탄소 1 kg을 연소시키는데 필요한 공기량은?

㉮ $7.9\,m^3$　　　　㉯ $8.9\,m^3$

㉰ $9.9\,m^3$　　　　㉱ $10.9\,m^3$

해설 • 탄소 (C)의 완전연소 반응식
　　$C + O_2 \rightarrow CO_2$
　　$12\,kg : 22.4\,m^3 = 1\,kg : x\,(O_0)\,m^3$
　　$\therefore A_0 = \dfrac{O_0}{0.21} = \dfrac{1 \times 22.4}{12 \times 0.21} = 8.89\,m^3$

문제 54. 수소가 산소와 반응하여 완전연소하려면 수소 1 kg-mol당 얼마의 산소가 필요한가?

㉮ $\dfrac{1}{4}$ kg-mol　　　㉯ $\dfrac{1}{2}$ kg-mol

㉰ 1 kg-mol　　　　㉱ $1\dfrac{1}{2}$ kg-mol

해설 • 수소 (H₂)의 완전연소 반응식
　　$H_2 + \dfrac{1}{2}O_2 \rightarrow H_2O$

문제 55. 탄소 62 %, 수소 20 %를 함유한 연료 100 kg을 완전연소시키는데 필요한 이론공기량은 몇 kg이 필요한가? (단, 공기의 평균분자량은 29 g이다.)

㉮ 620　　㉯ 1000　　㉰ 1404　　㉱ 1724

해설 $O_0 = 2.67C + 8\left(H - \dfrac{O}{8}\right) + S$

$= \{(2.67 \times 0.62) + (8 \times 0.2)\} \times 100$
$= 325.54\,kg$
$\therefore A_0 = \dfrac{O_0}{0.232} = \dfrac{325.54}{0.232} = 1403.19\,kg$

문제 56. 다음 중 프로판의 완전연소 반응식을 옳게 나타낸 것은?

㉮ $C_3H_8 + 2O_2 \rightarrow 3CO_2 + 4H_2O$

㉯ $C_3H_8 + 5O_2 \rightarrow 3CO_2 + 4H_2O$

㉰ $C_3H_8 + 3O_2 \rightarrow 3CO_2 + 4H_2O$

㉱ $C_3H_8 + \dfrac{8}{2}O_2 \rightarrow 3CO_2 + 2H_2O$

해설 • 탄화수소 (C_mH_n)의 완전연소 반응식
　　$C_mH_n + \left(m + \dfrac{n}{4}\right)O_2 \rightarrow mCO_2 + \dfrac{n}{2}H_2O$

문제 57. 다음 설명 중 옳은 것은?

㉮ 부탄이 완전연소하면 일산화탄소 가스가 생성된다.

㉯ 부탄이 완전연소하면 탄산가스와 물이 생성된다.

㉰ 프로판이 불완전연소하면 탄산가스와 불소가 생성된다.

㉱ 프로판이 불완전연소하면 탄산가스와 규소가 생성된다.

해설 ① 부탄 (C_4H_{10})의 완전연소 반응식
　　$C_4H_{10} + 6.5\,O_2 \rightarrow 4CO_2 + 5H_2O$
　　② 프로판 (C_3H_8)이 불완전연소하면 탄산가스 (CO_2), 일산화탄소 (CO), 수증기 (H_2O) 및 기타 가스가 생성된다.

문제 58. 부탄 (C_4H_{10}) 1 Nm³를 완전연소시키는 데 최소한 몇 Nm³의 산소량이 필요한가?

㉮ 3.8　　㉯ 4.9　　㉰ 5.8　　㉱ 6.5

해설 • 부탄 (C_4H_{10})의 완전연소 반응식
　　$C_4H_{10} + 6.5O_2 \rightarrow 4CO_2 + 5H_2O$
　　$22.4\,Nm^3 : 6.5 \times 22.4\,Nm^3 = 1\,Nm^3 : x\,(O_0)Nm^3$
　　$\therefore O_0 = \dfrac{1 \times 6.5 \times 22.4}{22.4} = 6.5\,Nm^3$

문제 59. 일산화탄소 (CO) 10 Nm³를 연소시

해답　52. ㉱　53. ㉯　54. ㉯　55. ㉰　56. ㉯　57. ㉯　58. ㉱　59. ㉯

키는데 필요한 이론공기량 (Nm^3)은 얼마인가?

㉮ 17.2 ㉯ 23.8 ㉰ 35.7 ㉱ 45.0

해설 $CO + \dfrac{1}{2}O_2 \rightarrow CO_2$

$22.4\,\mathrm{Nm}^3 : \dfrac{1}{2} \times 22.4\,\mathrm{Nm}^3 = 10\,\mathrm{Nm}^3 : x\,(O_0)[\mathrm{Nm}^3]$

$\therefore A_0 = \dfrac{O_0}{0.21} = \dfrac{10 \times \frac{1}{2} \times 22.4}{22.4 \times 0.21} = 23.8\,\mathrm{Nm}^3$

문제 **60.** CH$_4$ 1몰 (mol)을 연소시키는데 필요한 이론공기의 양은?

㉮ 1 mol ㉯ 2 mol ㉰ 9.52 mol ㉱ 14.52 mol

해설 • 메탄 (CH$_4$)의 완전연소 반응식

$CH_4 + 2O_2 \rightarrow CO_2 + 2H_2O$

$\therefore A_0 = \dfrac{O_0}{0.21} = \dfrac{2}{0.21} = 9.52\,\mathrm{mol}$

문제 **61.** 에틸렌 (ethylene) 1 m^{3}을 완전히 연소시키는데 필요한 공기의 양은 몇 m^{3}인가? (단, 공기 중의 산소 및 질소의 함량은 21 vol%, 79 vol%이다.)

㉮ 약 9.52 ㉯ 약 11.90 ㉰ 약 14.29 ㉱ 약 19.04

해설 $C_2H_4 + 3O_2 \rightarrow 2CO_2 + 2H_2O$

$\therefore A_0 = \dfrac{O_0}{0.21} = \dfrac{3}{0.21} = 14.29\,\mathrm{m}^3$

문제 **62.** 프로판 가스 (C$_3$H$_8$)를 연소시킬 때 필요한 이론공기량은 얼마인가?

㉮ 10.2 Nm^3/kg ㉯ 11.3 Nm^3/kg ㉰ 12.1 Nm^3/kg ㉱ 13.2 Nm^3/kg

해설 $C_3H_8 + 5O_2 \rightarrow 3CO_2 + 4H_2O$

$44\,\mathrm{kg} : 5 \times 22.4\,\mathrm{Nm}^3 = 1\,\mathrm{kg} : x\,(O_0)[\mathrm{Nm}^3]$

$\therefore A_0 = \dfrac{O_0}{0.21} = \dfrac{1 \times 5 \times 22.4}{44 \times 0.21} = 12.12\,\mathrm{Nm}^3$

문제 **63.** 프로판 가스 10 kg/h 사용하는 보일러의 이론 공기량은 매 시간당 몇 Nm^3 필요한가?

㉮ 111.4 Nm^3/h ㉯ 121.2 Nm^3/h ㉰ 131.5 Nm^3/h ㉱ 141.4 Nm^3/h

해설 $C_3H_8 + 5O_2 \rightarrow 3CO_2 + 4H_2O$

$44\,\mathrm{kg} : 5 \times 22.4\,\mathrm{Nm}^3 = 10\,\mathrm{kg} : x\,[\mathrm{Nm}^3]$

$\therefore A_0 = \dfrac{O_0}{0.21} = \dfrac{10 \times 5 \times 22.4}{44 \times 0.21} = 121.21\,\mathrm{Nm}^3/h$

문제 **64.** 200 L의 프로판 가스를 완전연소시키는데 필요한 공기는 약 몇 L인가? (단, 공기 중의 산소농도는 20 v%이다.)

㉮ 1000 ㉯ 2000 ㉰ 4000 ㉱ 5000

해설 $C_3H_8 + 5O_2 \rightarrow 3CO_2 + 4H_2O$

$\therefore A_0 = \dfrac{O_0}{0.2} = \dfrac{5 \times 22.4}{22.4 \times 0.2} \times 200 = 5000\,\mathrm{L}$

문제 **65.** 1톤의 CH$_4$이 연소하는 경우 필요한 이론공기량은?

㉮ 13333 m^3 ㉯ 23333 m^3 ㉰ 33333 m^3 ㉱ 43333 m^3

해설 $CH_4 + 2O_2 \rightarrow CO_2 + 2H_2O$

$16\,\mathrm{kg} : 2 \times 22.4\,\mathrm{m}^3 = 1000\,\mathrm{kg} : x\,(O_0)[\mathrm{m}^3]$

$\therefore A_0 = \dfrac{O_0}{0.21} = \dfrac{2 \times 22.4 \times 1000}{16 \times 0.21} = 13333.33\,\mathrm{m}^3$

문제 **66.** 메탄과 부탄의 부피 조성비가 40 : 60인 혼합가스 10 m^{3}을 완전연소하는데 필요한 이론공기량은 몇 m^{3}인가? (단, 공기의 부피조성비는 산소 : 질소 = 21 : 79이다.)

㉮ 95.2 ㉯ 181.0 ㉰ 223.8 ㉱ 409.5

해설 • 메탄 (CH$_4$) 및 부탄 (C$_4$H$_{10}$)의 완전연소 반응식

$CH_4 + 2O_2 \rightarrow CO_2 + 2H_2O$

$C_4H_{10} + 6.5O_2 \rightarrow 4CO_2 + 5H_2O$

혼합가스 10 m^3 중 메탄과 부탄의 비가 40 : 60이므로 이론공기량을 계산하면

$\therefore A_0 = \dfrac{O_0}{0.21} = \dfrac{(2 \times 0.4) + (6.5 \times 0.6)}{0.21} \times 10$

$= 223.8\,\mathrm{m}^3$

문제 **67.** 0℃, 1 atm에서 10 m^{3}의 다음 조성을 가지는 기체연료의 이론공기량은? (H$_2$ 10 %, CO 15 %, CH$_4$ 25 %, N$_2$ 50 %)

해답 **60.** ㉰ **61.** ㉰ **62.** ㉰ **63.** ㉯ **64.** ㉱ **65.** ㉮ **66.** ㉰ **67.** ㉮

㉮ 29.8 m^3 ㉯ 20.6 m^3

㉰ 16.8 m^3 ㉱ 8.7 m^3

해설 • 각 성분가스의 완전연소 반응식

$$H_2 + \frac{1}{2}O_2 \rightarrow H_2O$$

$$CO + \frac{1}{2}O_2 \rightarrow CO_2$$

$$CH_4 + 2O_2 \rightarrow CO_2 + 2H_2O$$

$$\therefore A_0 = \frac{O_0}{0.21}$$

$$= \frac{(0.5 \times 0.1) + (0.5 \times 0.15) + (2 \times 0.25)}{0.21} \times 10$$

$$= 29.762 \text{m}^3$$

문제 **68.** 발생로가스의 가스분석 결과 CO_2 3.2 %, CO 26.2 %, CH_4 4 %, H_2 12.8 %, N_2 53.8 %이다. 또한 가스 1 Nm^3 중에 수분이 50 g 포함되어 있다면 이 발생로 가스 1 Nm^{3}을 완전연소시키는데 필요한 공기량은 몇 Nm^{3}인가?

㉮ 1.023   ㉯ 1.228   ㉰ 1.324   ㉱ 1.423

해설 ① 수분 (H_2O) 50 g을 체적 (Nm^3)으로 환산

     18 g : 22.4 L = 50 g : x [L]

$$\therefore x = \frac{50 \times 22.4}{18} \times 10^{-3} = 0.0622 \text{Nm}^3$$

② 수분을 제외한 가스체적 (Nm^3) 계산

$$\therefore V = 1 - 0.0622 = 0.9377 \text{Nm}^3$$

③ 이론공기량 (A_0) 계산

각 성분가스의 완전연소반응식

$$CO + \frac{1}{2}O_2 \rightarrow CO_2$$

$$CH_4 + 2O_2 \rightarrow CO_2 + 2H_2O$$

$$H_2 + \frac{1}{2}O_2 \rightarrow H_2O$$

$$\therefore A_0 = \frac{O_0}{0.21}$$

$$= \frac{\left(\frac{1}{2} \times 0.262\right) + (2 \times 0.04) + \left(\frac{1}{2} \times 0.128\right)}{0.21}$$

$$\times 0.9377 = 1.228 \text{Nm}^3$$

문제 **69.** 프로판을 공기와 혼합하여 완전연소시킬 때 혼합기체 중 프로판의 최대 농도는 얼마인가?

㉮ 3.1 vol%   ㉯ 4.0 vol%

㉰ 5.7 vol%   ㉱ 6.0 vol%

해설 $C_3H_8 + 5O_2 \rightarrow 3CO_2 + 4H_2O$

$$\therefore \text{프로판의 농도}(\%) = \frac{\text{프로판의 양}}{\text{혼합가스의 양}} \times 100$$

$$= \frac{22.4}{22.4 + \left(\frac{5 \times 22.4}{0.21}\right)} \times 100 = 4.03 \%$$

문제 **70.** 다음 중 이론 연소가스량을 올바르게 설명한 것은?

㉮ 단위량의 연료를 포함한 이론 혼합기가 완전반응을 하였을 때 발생하는 산소량

㉯ 단위량의 연료를 포함한 이론 혼합기가 불완전반응을 하였을 때 발생하는 산소량

㉰ 단위량의 연료를 포함한 이론 혼합기가 완전반응을 하였을 때 발생하는 연소가스량

㉱ 단위량의 연료를 포함한 이론 혼합기가 불완전반응을 하였을 때 발생하는 연소가스량

문제 **71.** C_mH_n 1 Nm^{3}이 연소하여 생기는 수증기의 양 (Nm^3)은 얼마인가?

㉮ $\frac{n}{4}$ ㉯ $\frac{n}{2}$ ㉰ n ㉱ $2n$

해설 • 탄화수소 (C_mH_n)의 완전연소 반응식

$$C_mH_n + \left(m + \frac{n}{4}\right)O_2 \rightarrow mCO_2 + \frac{n}{2}H_2O$$

문제 **72.** 프로판 1 Nm^{3}를 이론공기량을 사용하여 완전연소시킬 때 배출되는 습 (wet) 배기가스량은 몇 Nm^{3}인가? (단, 공기 중 산소함량은 21 vol%이다.)

㉮ 7.0   ㉯ 12.7   ㉰ 21.8   ㉱ 25.8

해설 $C_3H_8 + 5O_2 + (N_2) \rightarrow 3CO_2 + 4H_2O + (N_2)$

$$G_0 w = 3 + 4 + (5 \times 3.76) = 25.8 \text{ Nm}^3$$

문제 **73.** 프로판 (C_3H_8) 10 Nm^{3}를 이론산소량으로 완전연소시켰을 때 건연소가스량

은 얼마인가 ?

㉮ 10 Nm^3 ㉯ 20 Nm^3

㉰ 30 Nm^3 ㉱ 40 Nm^3

해설 $C_3H_8 + 5O_2 \rightarrow 3CO_2 + 4H_2O$

$22.4 \, Nm^3 : 3 \times 22.4 \, Nm^3 = 10 \, Nm^3 : x \, [Nm^3]$

$\therefore x = \dfrac{3 \times 22.4 \times 10}{22.4} = 30 \, Nm^3$

문제 **74.** C_3H_8 (프로판) 44 kg이 완전연소하여 발생하는 CO_2의 부피는 760 mmHg, 0℃에서 몇 m^3인가 ?

㉮ 22.4 m^3 ㉯ 44.8 m^3

㉰ 67.2 m^3 ㉱ 69.6 m^3

해설 $C_3H_8 + 5O_2 \rightarrow 3CO_2 + 4H_2O$에서

프로판 44 kg (1 kmol) 이 완전연소하면 CO_2가 $3 \times 22.4 \, m^3$가 발생된다.

$\therefore CO_2 = 3 \times 22.4 = 67.2 \, m^3$

문제 **75.** $(CO_2)_{max}$는 어떤 때의 값인가 ?

㉮ 실제공기량으로 연소시켰을 때

㉯ 이론공기량으로 연소시켰을 때

㉰ 과잉공기량으로 연소시켰을 때

㉱ 부족공기량으로 연소시켰을 때

문제 **76.** C_2H_6 0.01 mol과 C_3H_8 0.01 mol이 혼합된 가연성 시료를 표준 상태에서 과량의 공기와 혼합하여 폭발에 의하여 전기 스파크로 완전연소시킬 때 표준 상태에서 생성될 수 있는 최대 CO_2 가스의 부피는 ?

㉮ 896 cc ㉯ 1120 cc

㉰ 1344 cc ㉱ 1568 cc

해설 • 에탄 (C_2H_6)과 프로판 (C_3H_8)의 완전연소 반응식

$C_2H_6 + 3.5O_2 \rightarrow 2CO_2 + 3H_2O$

$C_3H_8 + 5O_2 \rightarrow 3CO_2 + 4H_2O$에서

1 mol이 차지하는 체적은 22.4 L이 된다.

$\therefore CO_2 = \{(0.01 \times 2 \times 22.4) + (0.01 \times 3 \times 22.4)\}$
$\times 10^3 = 1120 \, cc$

문제 **77.** 배기가스 분석결과 $N_2 = 70\%$, $CO_2 = 15\%$, $O_2 = 11\%$, $CO = 4\%$의 체적률을

얻었을 때 100 kPa, 20℃에서 배기가스 혼합물 0.2 m^3의 질량은 몇 kg인가 ?

㉮ 0.37 ㉯ 0.253

㉰ 0.133 ㉱ 0.013

해설 ① 배기가스의 평균분자량 계산

$M = (28 \times 0.7) + (44 \times 0.15) + (32 \times 0.11) + (28 \times 0.04) = 30.84$

② 질량 계산

$PV = GRT$

$\therefore G = \dfrac{PV}{RT} = \dfrac{100 \times 0.2}{\dfrac{8.314}{30.84} \times (273 + 20)} = 0.253 \, kg$

문제 **78.** 공연비 (A/F)에 대한 정의로 올바른 것은 ?

㉮ 혼합기 중의 공기와 연료의 질량비이다.

㉯ 혼합기 중의 연료와 공기의 부피비이다.

㉰ 혼합기 중의 연공비와 공기비의 곱이다.

㉱ 공기 과잉률이라고 하며 당량비의 역수이다.

해설 ① 공연비 (A/F : air fuel ratio) : 가연혼합기 중 공기와 연료의 질량비

② 연공비 (F/A : fuel air ratio) : 가연혼합기 중 연료와 공기의 질량비

③ 당량비 (equivalence ratio) : 실제의 연공비와 이론연공비의 비

문제 **79.** 연소 시의 실제공기량 A와 이론공기량 A_0 사이에 $A = m \cdot A_0$의 공식이 성립될 때 m은 무엇이라 하는가 ?

㉮ 연소효율 ㉯ 열전도율

㉰ 압력계수 ㉱ 과잉공기계수

해설 m : 과잉공기계수, 공기비

문제 **80.** 어떤 가스가 완전연소할 때 이론상 필요한 공기량을 A_0 [m^3], 실제로 사용한 공기량을 A [m^3]라 할 때 과잉공기 백분율을 올바르게 표시한 것은 ?

㉮ $\dfrac{A - A_0}{A} \times 100$ ㉯ $\dfrac{A - A_0}{A_0} \times 100$

해답 **74.** ㉰ **75.** ㉯ **76.** ㉯ **77.** ㉯ **78.** ㉮ **79.** ㉱ **80.** ㉯

$$\text{\small 대}\quad \frac{A}{A_0}\times 100 \qquad\qquad \text{\small 라}\quad \frac{A_0}{A}\times 100$$

문제 81. 다음 연소와 관련된 식 중 옳게 나타낸 것은?

가 과잉공기비 = 공기비 (m) − 1

나 과잉공기량 = 이론공기량 (A_0) + 1

대 실제공기량 = 공기비 (m) + 이론공기량 (A_0)

라 공기비 = $\dfrac{\text{이론 산소량}}{\text{실제 공기량}}$ − 이론 공기량

[해설] • 공기비와 관계된 사항

① 공기비 (과잉공기계수) : 실제공기량 (A)과 이론공기량 (A_0)의 비

$$m = \frac{A}{A_0} = \frac{A_0 + B}{A_0} = 1 + \frac{B}{A_0}$$

② 과잉공기량 (B) : 실제공기량과 이론공기량의 차

$$B = A - A_0 = (m-1)\,A_0$$

③ 과잉공기율 (%) : 과잉공기량과 이론공기량의 비율 (%)

$$\frac{B}{A_0}\times 100 = \frac{A - A_0}{A_0}\times 100 = (m-1)\times 100$$

④ 과잉공기비 : 과잉공기량과 이론공기량의 비

$$\text{과잉공기비} = \frac{B}{A_0} = \frac{A - A_0}{A_0} = m-1$$

문제 82. 다음 설명 중 옳은 것은?

가 공기과잉률은 연료 1 kg당 실제로 혼합된 과잉공기량과 완전연소에 필요한 공기량의 비로 정의된다.

나 공기과잉률은 연료 1 kg당 실제로 혼합된 공기량과 불완전연소에 필요한 공기량의 비로 정의된다.

대 공기과잉률은 기체 1 m³당 실제로 혼합된 공기량과 완전연소에 필요한 공기량의 비로 정의된다.

라 공기과잉률은 기체 1 m³당 실제로 혼합된 공기량과 불완전연소에 필요한 공기량의 비로 정의된다.

문제 83. 다음 연료 중 과잉공기계수가 가장 작은 것은?

가 역청탄 나 코크스

대 미분탄 라 갈탄

[해설] • 고체연료의 과잉공기계수 (공기비)

① 미분탄 : 1.2 ~ 1.4

② 기계식 : 1.4 ~ 1.7

③ 수분식 : 1.5 ~ 2.0

문제 84. 연료의 연소 시 산화제로 공기를 도입한다. 이때의 설명으로 옳지 않은 것은?

가 공기비란 실제로 공급한 공기량과 이론공기량과의 비이다.

나 과잉공기란 연소 시 단위연료당의 공급공기량을 말한다.

대 필요한 공기량의 최소량은 화학반응식으로부터 이론적으로 구할 수 있다.

라 공기과잉률이란 과잉공기량과 이론공기량과의 비를 백분율로 한 것이다.

[해설] • 과잉공기 : 연료의 실제연소에 있어서 이론공기량보다 더 많이 공급된 여분의 공기

문제 85. 중유를 연소시켰을 때 배기가스를 분석한 결과 CO_2 13.4 %, O_2 3.1 %, N_2 83.5 %이었다. 완전연소라 할 때 공기의 과잉공기계수는 약 얼마인가?

가 2.76 나 1.16 대 0.86 라 0.36

[해설] $\therefore m = \dfrac{N_2}{N_2 - 3.76\,O_2}$

$$= \frac{83.5}{83.5 - 3.76\times 3.1} = 1.16$$

문제 86. 어떤 연도가스의 조성이 아래와 같다면 과잉공기의 백분율은 얼마인가? (단, 공기 중 질소와 산소의 부피비는 79 : 21 이다.)

CO_2 : 11.9 %	CO : 1.6 %
O_2 : 4.1 %	N_2 : 82.4 %

가 17.7 % 나 21.9 % 대 33.5 % 라 46.0 %

해설 ① 공기비 (과잉공기계수) 계산

$$m = \frac{N_2}{N_2 - 3.76(O_2 - 0.5CO)}$$

$$= \frac{82.4}{82.4 - 3.76 \times (4.1 - 0.5 \times 1.6)} = 1.177$$

② 과잉공기율 (%) $= (m-1) \times 100$

$$= (1.177 - 1) \times 100$$

$$= 17.7\%$$

문제 87. 연소공기비가 표준보다 큰 경우 어떤 현상이 발생하는가 ?

㋑ 매연 발생량이 적어진다.

㋓ 배기가스량이 많아지고 열효율이 저하된다.

㋕ 화염온도가 높아져 버너에 손상을 입힌다.

㋔ 연소실 온도가 높아져 전열효과가 커진다.

해설 • 공기비의 영향

(1) 공기비가 클 경우

　① 연소실 내의 온도가 낮아진다.

　② 배기가스로 인한 손실열이 증가한다.

　③ 배기가스 중 질소산화물 (NO_x)이 많아져 대기오염을 초래한다.

　④ 연료소비량이 증가한다.

(2) 공기비가 작을 경우

　① 불완전연소가 발생하기 쉽다.

　② 미연소 가스로 인한 역화의 위험이 있다.

　③ 연소효율이 감소한다 (열손실이 증가한다).

문제 88. 연소 시 배기가스 중의 질소산화물 (NO_x)의 함량을 줄이는 방법 중 적당하지 않은 것은 ?

㋑ 굴뚝을 높게 한다.

㋓ 연소온도를 낮게 한다.

㋕ 질소함량이 적은 연료를 사용한다.

㋔ 연소가스가 고온으로 유지되는 시간을 짧게 한다.

해설 굴뚝을 높게 하면 통풍력이 증가한다.

문제 89. 다음 중 매연발생으로 일어나는 피해 중 해당되지 않는 것은 ?

㋑ 열손실　　　　　㋓ 환경오염

㋕ 연소기 과열　　㋔ 연소기 수명단축

문제 90. 연소과정에서 발생하는 그을음에 관한 설명이다. 틀린 것은 ?

㋑ 연료의 비중이 높을수록 발생량이 많아진다.

㋓ 연료 중 잔류 탄소량이 많을수록 발생량이 많다.

㋕ 공기비가 낮을 때는 단위가스당 발생량이 많다.

㋔ 분무입자 지름이 클수록 발생량이 적다.

해설 그을음은 불완전연소 시 발생하는 것으로 성분은 탄소 (C)가 대부분을 차지하며 액체연료 연소 시 분무입자 지름이 크면 불완전연소가 발생 가능성이 높으므로 그을음 발생량이 많아진다.

문제 91. 연소관리에 있어서 배기가스를 분석하는 가장 직접적인 목적은 ?

㋑ 노 내압 조절

㋓ 공기비 계산

㋕ 연소열량 조절

㋔ 매연농도 산출

문제 92. 메탄을 공기비 1.1로 완전연소시키고자 할 때 메탄 $1 \, Nm^3$당 공급해야 할 공기량은 약 몇 Nm^3인가 ?

㋑ 2.2　　　　　㋓ 6.3

㋕ 8.4　　　　　㋔ 10.5

해설 $CH_4 + 2O_2 \rightarrow CO_2 + 2H_2O$

　$22.4 \, Nm^3 : 2 \times 22.4 \, Nm^3 = 1 \, Nm^3 : x \, (O_0)[Nm^3]$

　$\therefore A = m \times A_0 = m \times \dfrac{O_0}{0.21}$

$$= 1.1 \times \frac{2 \times 22.4 \times 1}{22.4 \times 0.21} = 10.476 \, Nm^3$$

문제 93. 프로판 가스 $1 \, Nm^3$을 연소시켰을 때 건연소가스량은 얼마인가 ? (단, 공기비는 1.1이다.)

㋑ $22.2 \, Nm^3/C_3H_8$　　㋓ $24.2 \, Nm^3/C_3H_8$

다 26.2 Nm^3/C_3H_8　　라 28.2 Nm^3/C_3H_8

해설 $C_3H_8 + 5O_2 + (N_2) + B \rightarrow 3CO_2 + 4H_2O + (N_2) + B$

∴ 실제 건연소가스량

= 이론 건연소가스량 + 과잉공기량

$= \{3 + (5 \times 3.76)\} + \left\{(1.1 - 1) \times \frac{5}{0.21}\right\}$

$= 24.18\ Nm^3/C_3H_8$

문제 94. 메탄을 20 %의 과잉공기로 완전연소시켰을 때 나가는 연소기체 중 탄산가스의 조성을 무수분 기준으로 계산하면 다음 중 어느 것인가?

가 3.28 %　　나 5.78 %

다 9.59 %　　라 23.23 %

해설 $CH_4 + 2O_2 + (N_2) + B \rightarrow CO_2 + 2H_2O + (N_2) + B$

$$\therefore CO_2(\%) = \frac{CO_2\text{량}}{\text{실제 건연소가스량}} \times 100$$

$$= \frac{CO_2\text{량}}{\text{이론 건연소가스량} + \text{과잉공기량}} \times 100$$

$$= \frac{1}{\{1 + (2 \times 3.76)\} + \left\{(1.2 - 1) \times \frac{2}{0.21}\right\}} \times 100$$

$= 9.59\ \%$

문제 95. 1몰의 메탄에 20 %의 과잉공기를 공급하여 완전연소할 때 얻어지는 연소기체 중의 산소의 몰수는?

가 0.2　　나 0.4

다 0.8　　라 1.0

해설 $CH_4 + 2O_2 \rightarrow CO_2 + 2H_2O$

메탄 1몰 연소 시 산소는 2몰이 필요하고 과잉공기 20 %는 연소가스로 배출된다.

∴ 산소 몰수 = 2 mol × 0.2 = 0.4 mol

문제 96. 1몰(mol)의 메탄올에 20 %의 과잉공기를 공급하여 완전연소할 때 얻어지는 연소기체 중의 산소의 몰(mol) 수는?

가 1.2　　나 1

다 0.8　　라 0.3

해설 • 메탄올(CH_3OH)의 완전연소 반응식

$CH_3OH + 1.5O_2 \rightarrow CO_2 + 2H_2O$

여기서, 연소가스 중에 산소가 포함되어 있는 것은 과잉공기이고, 과잉공기 $B = (m-1) \cdot A_0$ 이므로

∴ 산소 몰(mol) 수

$= \left\{(1.2 - 1) \times \frac{1.5}{0.21}\right\} \times 0.21 = 0.3\ mol$

문제 97. 완전연소의 필요조건 설명이다. 이 중 틀린 것은?

가 연소실의 온도는 높게 유지하는 것이 좋다.

나 연소실 용적은 장소에 따라서 작게 하는 것이 좋다.

다 연료의 공급량에 따라서 적당한 공기를 사용하는 것이 좋다.

라 연료는 되도록이면 인화점 이상 예열하여 공급하는 것이 좋다.

문제 98. 완전연소를 이루기 위한 수단으로서 적절하지 않은 것은?

가 탄소와 황의 함량이 높은 연료의 사용

나 연료 및 공기의 적절한 예열

다 연료와 공기의 적절한 혼합

라 연소실 온도의 적절한 유지

문제 99. 2차 공기란 어떤 공기를 말하는가?

가 연료를 분사시키기 위해 필요한 공기

나 완전연소에 필요한 부족한 공기를 보충 공급하는 것

다 연료를 안개처럼 만들어 연소를 돕는 공기

라 연소된 가스를 굴뚝으로 보내기 위해 고압 송풍하는 공기

해설 ① 1차 공기 : 액체연료의 무화에 필요한 공기 또는 연소 전에 가연성 기체와 혼합되어 공급되는 공기

② 2차 공기 : 완전연소에 필요한 부족한 공기를 보충 공급하는 것

해답 94. 다　95. 나　96. 라　97. 나　98. 가　99. 나

문제 100. 다음 총발열량 및 진발열량에 관한 설명을 올바르게 표현한 것은?

㉮ 총발열량은 진발열량에 생성된 물의 증발잠열을 합한 것과 같다.

㉯ 진발열량이란 액체 상태의 연료가 연소할 때 생성되는 열량을 말한다.

㉰ 총발열량과 진발열량이란 용어는 고체와 액체연료에서만 사용되는 말이다.

㉱ 총발열량이란 연료가 연소할 때 생성되는 생성물 중 H_2O의 상태가 기체일 때 내는 열량을 말한다.

해설 • 총발열량(H_h)과 진발열량(H_l)의 관계식

① $H_h = H_l + 600(9H + W)$

② $H_l = H_h - 600(9H + W)$

※ 고위발열량과 저위발열량의 차이는 $600(9H + W)$에 해당된다.

문제 101. 연소 생성물 중의 H_2O가 증기의 형태일 때 발열량은 다음 중 어느 것인가?

㉮ 총발열량

㉯ 고발열량

㉰ 저발열량

㉱ 증발의 열량

해설 연소 생성물 중의 H_2O가 기체일 때의 발열량은 저위발열량(참발열량)에 해당된다.

문제 102. 다음과 같은 조성을 갖고 있는 어떤 석탄의 총발열량이 8570 kcal/kg이라 할 때 이 석탄의 진발열량(kcal/kg · 석탄)은? (단, 물의 증발열은 586 kcal/kg이다.)

성분	C	H_2	N_2	유효S	회분	O_2	계
%	72	4.6	1.6	2.2	6.6	13	100

㉮ 5330　　　　㉯ 6330

㉰ 7330　　　　㉱ 8330

해설 $H_l = H_h - 586(9H + W)$

$\quad = 8570 - 586 \times (9 \times 0.046)$

$\quad = 8327.396$ kcal/kg · 석탄

문제 103. 기체연료 중에서 발열량이 가장 낮은 연료는 다음 중 어느 것인가?

㉮ 석탄가스　　　㉯ 고로가스

㉰ 수성 가스　　　㉱ 발생로가스

해설 • 각 가스의 발열량

① 석탄가스 : 5000 kcal/m^3

② 고로가스 : 900 kcal/m^3

③ 수성 가스 : 2700 kcal/m^3

④ 발생로가스 : 1000~1600 kcal/m^3

문제 104. 액체 상태의 프로판이 이론 공기연료비로 연소하고 있을 때 저발열량은 몇 kJ/kg인가? (단, 이때 온도는 25℃이고 이 연료의 증발엔탈피는 360 kJ/kg이다. 또한 기체 상태의 C_3H_8의 생성엔탈피는 -103909 kJ/kmol, CO_2의 생성엔탈피는 -393757 kJ/kmol, 기체 상태의 H_2O의 생성엔탈피는 -241971 kJ/kmol이다.)

㉮ 26325　　　　㉯ 46017

㉰ 50002　　　　㉱ 2149155

해설 $C_3H_8 + 5O_2 \rightarrow 3CO_2 + 4H_2O + Q$

$$\therefore Q = \frac{(3 \times 393757) + (4 \times 241971) - 103909}{44}$$

$$- 360 = 46122.86 \text{ kJ/kg}$$

문제 105. 피열물의 가열에 사용된 유효열량이 7000 kcal/kg이고, 전 입열량이 12000 kcal/kg일 때 열효율은 얼마인가?

㉮ 49.2 %　　　　㉯ 58.3 %

㉰ 67.4 %　　　　㉱ 76.5 %

해설 • 열효율(%)

$$= \frac{\text{유효하게 사용된 열량}}{\text{공급열량}} \times 100$$

$$= \frac{7000}{12000} \times 100 = 58.33 \text{ %}$$

문제 106. 중유의 저위발열량이 10000 kcal/kg의 연료 1 kg을 연소시킨 결과 연소열은 5500 kcal/kg이었다. 연소효율은 얼마인가?

⑦ 45 % ④ 55 % ④ 65 % ㉑ 75 %

해설 연소효율(%) = $\dfrac{\text{실제발열량}}{\text{저위발열량}} \times 100$

$= \dfrac{5500}{10000} \times 100 = 55\,\%$

문제 **107.** 프로판 가스의 연소과정에서 발생한 열량이 15500 kcal/kg이고, 연소할 때 발생된 수증기의 잠열이 4500 kcal/kg이다. 이때 프로판 가스의 연소효율은 얼마인가 ? (단, 프로판 가스의 진발열량은 12100 kcal/kg이다.)

⑦ 0.54   ④ 0.63

④ 0.72   ㉑ 0.91

해설 연소효율 = $\dfrac{\text{실제발생열량}}{\text{진발열량}}$

$= \dfrac{15500 - 4500}{12100} = 0.909$

문제 **108.** 프로판을 연소하여 20℃ 물 1톤을 끓이려고 한다. 이 장치의 열효율이 100 %라면 필요한 프로판 가스의 양은 얼마인가 ? (단, 프로판의 발열량은 12218 kcal/kg이다.)

⑦ 0.75 kg   ④ 6.5 kg

④ 5.5 kg   ㉑ 0.45 kg

해설 $G_f = \dfrac{G \cdot C \cdot \Delta t}{H_l \cdot \eta}$

$= \dfrac{1000 \times 1 \times (100 - 20)}{12218 \times 1} = 6.55 \text{ kg}$

문제 **109.** 연소온도에 영향을 미치는 요인들을 열거한 것이다. 옳은 것은 ?

⑦ 공기비가 커지면 완전연소되므로 연소온도가 높다.

④ 연료나 공기를 예열시키더라도 연소온도는 높아질 수 없다.

④ 가연성분이 일정한 연료 중에 불연성분

이 적으면 연소온도가 높다.

㉑ 연소 공기 중의 산소함량이 높으면 연소가스량은 적어지나 연소온도는 영향을 받지 않는다.

해설 ⑦ 완전연소가 되나 배기가스에 의한 손실열이 증대하여 연소온도가 낮아진다.

④ 연료나 공기를 예열시키면 완전연소되므로 연소온도가 높아진다.

㉑ 산소함량이 높으면 연소가스량이 적어져 손실열이 감소하므로 연소온도는 높아진다.

문제 **110.** 화염의 온도를 높이려 할 때 해당되지 않는 조작은 ?

⑦ 공기를 예열하여 사용한다.

④ 연료를 완전연소시키도록 한다.

④ 발열량이 높은 연료를 사용한다.

㉑ 과잉공기를 사용한다.

해설 과잉공기를 사용하면 공급되는 공기량이 많아지고 연소가스량이 많아져 열손실이 증가되므로 화염의 온도는 낮아진다.

문제 **111.** 이론연소온도 (화염온도) $t\,[℃]$를 구하는 식은 ? (단, H_h, H_l : 고·저발열량, G : 연소가스량, C_p : 비열이다.)

⑦ $t\,[℃] = \dfrac{H_l}{G \cdot C_p}$

④ $t\,[℃] = \dfrac{H_h}{G \cdot C_p}$

④ $t\,[℃] = \dfrac{G \cdot C_p}{H_l}$

㉑ $t\,[℃] = \dfrac{G \cdot C_p}{H_h}$

문제 **112.** 저발열량이 46 MJ/kg인 연료 1 kg을 완전연소시켰을 때 연소가스의 평균 정압비열이 1.3 kJ/kg·K이고 연소가스량은 22 kg이 되었다. 연소 전의 온도가 25℃이었을 때 단열화염온도는 약 몇 ℃인가 ?

해답 **107.** ㉑   **108.** ④   **109.** ④   **110.** ㉑   **111.** ⑦   **112.** ④

⑦ 1341   ④ 1608

④ 1633   ④ 1728

[해설] $T_2 = \dfrac{H_l}{G_s \cdot C_p} + T_1$

$= \dfrac{46 \times 10^3}{22 \times 1.3} + (273 + 25)$

$= 1906.39\,\mathrm{K}$

$\therefore t_2 = 1906.39\,\mathrm{K} - 273 = 1633.39\,℃$

[문제] **113.** 연료 발열량 (H_l) 10000 kcal/kg, 이론공기량 11 m³/kg, 과잉공기율 30 %, 이론 습가스량 11.5 m³/kg, 외기온도 20℃일 때의 이론연소온도는 약 몇 ℃인가? (단, 연소가스의 평균비열은 0.31 kcal/m³·℃ 이다.)

⑦ 1510   ④ 2180

④ 2200   ④ 2530

[해설] $t_2 = \dfrac{H_L}{G_s \cdot C_p} + t_1$

$= \dfrac{10000}{(11.5 + 11 \times 0.3) \times 0.31} + 20$

$= 2199.598\,℃$

여기서, 연소가스량 = 이론습가스량 + 과잉공기량

= 이론습가스량 + {이론공기량 × ($m-1$)}

[문제] **114.** 저위 발열량이 10000 kcal/kg인 연료를 3 kg 연소시켰을 때 연소가스의 열용량이 15 kcal/℃였다면 이때의 이론 연소온도는?

⑦ 1000℃   ④ 2000℃

④ 3000℃   ④ 4000℃

[해설] • 이론연소온도

$= \dfrac{연료소비량 \times 저위발열량}{열용량} = \dfrac{3 \times 10000}{15}$

$= 2000\,℃$

[문제] **115.** 프로판을 연소할 때 이론 단열불꽃온도가 가장 높은 것은?

⑦ 20 % 과잉공기로 연소하였다.

④ 50 % 과잉공기로 연소하였다.

④ 이론량의 공기로 연소하였다.

④ 이론량의 순수산소로 연소하였다.

해답 **113.** ④   **114.** ④   **115.** ④

제 **4** 장 가스 폭발

1. 폭발 범위

(1) 폭발

① 폭발의 정의 : 혼합기체의 온도를 고온으로 상승시켜 자연착화를 일으키고, 혼합기체의 전부분이 극히 단시간 내에 연소하는 것으로서 압력상승이 급격한 현상을 말한다.

② 폭발범위 : 공기에 대한 가연성 가스의 혼합농도의 백분율 (체적%)로서 폭발하는 최고농도를 폭발상한계, 최저농도를 폭발하한계라 하며 그 차이를 폭발범위라 한다.

   (가) 온도의 영향 : 온도가 높아지면 폭발범위는 넓어지고, 온도가 낮아지면 폭발범위는 좁아진다.

   (나) 압력의 영향 : 압력이 상승하면 폭발범위는 넓어진다. (단, CO는 압력상승 시 폭발범위가 좁아지며, H_2는 압력상승 시 폭발범위가 좁아지다가 계속 압력을 올리면 폭발범위가 넓어진다.)

   (다) 불연성 기체의 영향 (산소의 영향) : CO_2, N_2 등 불연성 가스는 공기와 혼합하여 산소농도를 낮추며 이로 인해 폭발범위는 좁아진다 (공기 중에 산소농도가 증가하면 폭발범위는 넓어진다).

③ 폭발범위 계산

   (가) 폭발범위와 연소열과의 관계

$$\frac{1}{x_1} \fallingdotseq K\frac{Q}{E}, \qquad\qquad \frac{1}{y_1} \fallingdotseq K'\frac{q}{E}$$

   여기서, x_1 : 가연성 가스의 폭발하한값 (체적%), y_1 : 가연성 가스의 폭발하한값 (mg/L)

   K, K' : 상수, Q : 분자 연소열 (kcal/mol)

   q : 1 g당 연소열 (kcal/g) $\left(q = \dfrac{Q}{M}\right)$, E : 활성화 에너지

※ 폭발하한값 (x_1, y_1)은 연소열에 반비례한다. 즉 연소열이 크면 폭발하한값은 낮아진다.

   (나) 가연성 가스의 폭발범위 계산

   ㉮ 폭발하한값 (x_1) 　　　㉯ 폭발상한값 (x_2)

   $x_1 \fallingdotseq 0.55\, x_0$, 　　　　$x_2 \fallingdotseq 4.8\sqrt{x_0}$

   여기서, x_0 : 가연성 가스의 공기 중에서의 완전연소식에서 화학양론농도 (%)

   (가연성 가스 1 mol을 연소시키는데 필요한 산소의 mol수를 n이라 하면 공기 중 가연성 가스의 화학양론농도는 $x_0 = \dfrac{1}{1+\dfrac{n}{0.21}} \times 100 = \dfrac{0.21}{0.21+n} \times 100$이 된다.)

(다) 분진의 폭발범위 : 입자의 크기, 형상 등에 영향을 받음

④ 가연성 혼합기체의 폭발범위 계산 : 르샤틀리에 공식을 이용하여 계산한다.

$$\frac{100}{L} = \frac{V_1}{L_1} + \frac{V_2}{L_2} + \frac{V_3}{L_3} + \frac{V_4}{L_4} + \cdots\cdots$$

여기서, L : 혼합가스의 폭발한계치

V_1, V_2, V_3, V_4, : 각 성분 체적 (%)

L_1, L_2, L_3, L_4, : 각 성분 단독의 폭발한계치

⑤ 위험도 : 폭발범위 상한과 하한의 차이를 폭발범위 하한값으로 나눈 것으로 H 로 표시한다.

$$H = \frac{U - L}{L}$$

여기서, H : 위험도, U : 폭발범위 상한값, L : 폭발범위 하한값

(2) 안전간격과 폭발등급

① 안전간격 : 8 L 정도의 구형 용기 안에 폭발성 혼합가스를 채우고 착화시켜 가스가 발화 될 때 화염이 용기 외부의 폭발성 혼합가스에 전달되는가의 여부를 보아 화염을 전달시 킬 수 없는 한계의 틈을 말한다. 안전간격이 작은 가스일수록 위험하다.

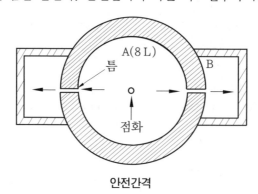

안전간격

② 폭발등급

폭발등급	안전간격	대상 가스의 종류
1등급	0.6 mm 이상	일산화탄소, 에탄, 프로판, 암모니아, 아세톤, 에틸에테르, 가솔린, 벤젠 등
2등급	0.4 ~ 0.6 mm	석탄가스. 에틸렌 등
3등급	0.4 mm 미만	아세틸렌, 이황화탄소, 수소, 수성가스 등

③ 화염일주 (火炎逸走) : 온도, 압력, 조성의 조건이 갖추어져도 용기가 작으면 발화하지 않 고 또는 부분적으로 발화하여도 화염이 전파되지 않고 도중에 꺼져버리는 현상으로 소 염이라고도 한다.

(가) 소염거리 : 두 면의 평행판 거리를 좁혀가며 화염이 틈 사이로 전달되지 않게 될 때의 평행판 사이의 거리

(내) 한계직경 : 파이프 속을 화염이 진행할 때 화염이 전달되지 않고 도중에서 꺼져버리는 한계의 파이프 지름으로 소염 지름이라 한다.

2. 가스 폭발 이론

(1) 폭발원인에 의한 구분

① 물리적 폭발 : 고체 또는 액체에서 기체로의 변화, 온도상승이나 충격에 의하여 압력이 이상상승하여 일어나는 폭발로 물리적 현상에 의한 것이다.

(개) 증기 (蒸氣) 폭발 : 보일러에서 수증기의 압력에 의한 폭발

(내) 금속선 (金屬線) 폭발 : Al 전선에 큰 전류가 흐를 때 일어나는 폭발

(대) 고체상 (固體相) 전이 (轉移) 폭발 : 무정형 안티몬이 결정형 안티몬으로 고상전이 할 때 발생

(래) 압력 폭발 : 온도상승이나 충격에 의하여 압력이 이상상승하여 일어나는 폭발로 불량 충전용기의 폭발, 고압가스 저장탱크의 폭발 등이다.

② 화학적 폭발 : 폭발성 혼합기체에 의한 점화적 폭발로 화약의 폭발, 산화반응, 중합반응, 분해반응 등의 화학반응에 의해 일어나는 폭발이다.

(개) 산화 (酸化)폭발 : 가연성 물질이 산화제 (공기, 산소, 염소 등)와 산화반응에 의하여 일어나는 폭발이다.

※ 수소 폭명기 : $2H_2 + O_2 \rightarrow 2H_2O + 136.6\,kcal$

(내) 분해 (分解)폭발 : 아세틸렌을 일정압력 이상으로 상승시켰을 때 분해에 의해 일어나는 단일가스의 폭발로 아세틸렌 (C_2H_2), 산화에틸렌 (C_2H_4O), 오존 (O_3), 히드라진 (N_2H_4) 등이 해당된다.

※ $C_2H_2 \rightarrow 2C + H_2 + 54.2\,kcal$

(대) 중합 (重合)폭발 : 불포화탄화수소 화합물 중에서 중합하기 쉬운 물질이 급격한 중합반응을 일으키고 그때의 중합열에 의하여 일어나는 폭발로 시안화수소 (HCN), 염화비닐 (C_2H_3Cl), 산화에틸렌 (C_2H_4O), 부타디엔(C_4H_6) 등이 해당된다.

(래) 촉매 (觸媒)폭발 : 수소와 염소의 혼합가스에 직사광선이 촉매로 작용하여 일어나는 폭발이다.

직사광선
↓
※ 염소 폭명기 : $Cl_2 + H_2 \rightarrow 2HCl + 44\,kcal$

(2) 폭발요인에 의한 구분

① 열폭발 : 발열속도가 방열속도보다 커서 반응열에 의한 자기 가열로 반응속도가 증가하고, 그 때문에 반응열의 발생이 증가하는 과정이 반복되어 결국 반응속도가 급격히 증대

해서 일어나는 폭발이다.

② 연쇄폭발 : 연쇄반응의 연쇄 운반지수가 급격히 증가하여 반응속도가 가속되어 일어나는 폭발을 말한다.

(3) 폭발물질에 의한 구분

① 기체 상태의 폭발

(가) 혼합가스의 폭발 : 가연성 가스 또는 가연성 액체의 증기와 조연성 가스가 일정한 비율로 혼합된 가스에 발화원에 의하여 착화되어 일어나는 폭발이다.

(나) 가스의 분해폭발 : 발생가스가 분해 시 발열반응 하는 가스가 분해될 때 발화원에 의하여 착화되어 일어나는 폭발로 아세틸렌(C_2H_2), 산화에틸렌(C_2H_4O), 오존(O_3), 히드라진(N_2H_4) 등이 있다.

(다) 분무폭발 : 가연성 액체의 무적(안개방울)이 공기 중 일정농도 이상으로 분산되어 있을 때 점화원에 의해 착화되어 일어나는 폭발로 유압기기의 기름분출에 의한 유적(油滴) 폭발이 있다.

(라) 분진폭발 : 가연성 고체의 미분(微分) 등이 어떤 농도 이상으로 공기 등 조연성 가스 중에 분산된 상태에 놓여 있을 때 폭발성 혼합기체와 같은 폭발을 하게 된다.

㉮ 분진입자의 크기와 부유 농도 : 100 μ (미크론) 이하가 되면 폭발의 위험성이 있고, 미립일수록 폭발되기 쉽다.

㉯ 분진이 공기 중에 떠 있게 하는 성질

ⓐ 분진 상태

ⓑ 안개 모양 및 기름방울의 대전성

ⓒ 수분의 흡착성

㉰ 분진폭발을 일으키는 물리적 인자 : 입자의 형상, 열전도율, 입자의 응집특성, 비열, 입도의 분포, 대전성, 입자의 표면 상태 등

㉱ 분진폭발을 일으키는 화학적 인자 : 연소열, 연소속도, 반응형식 등

㉲ 분진폭발을 일으키는 물질

ⓐ 폭연성 분진 : 금속분(Mg, Al, Fe분 등)

ⓑ 가연성 분진 : 소맥분, 전분, 합성수지류, 황, 코코아, 리그린, 석탄분, 고무분말 등

② 액체 및 고체 상태의 폭발

(가) 혼합 위험성 물질 폭발 : 산화성 물질과 환원성 물질 혼합물에서 일어나는 것으로 질산암모늄과 유지의 혼합, 액화시안화수소, 3염화에틸렌 등이 있다.

(나) 폭발성 화합물 폭발 : 화합 폭약의 제조 및 가공 공정에서 일어나는 폭발로 니트로글리세린, TNT, 산화반응조에 과산화물이 축적하여 일어나는 폭발이 있다.

(다) 증기폭발 : 뜨거운 액체가 차가운 액체와 접촉할 때 찬 액체가 큰 열을 받아 증기가 발생하여 증기의 압력에 의한 폭발이다.

(라) 금속선 폭발

(마) 고체상 전이 폭발

3. 폭굉 (detonation)

(1) 폭굉의 정의

가스 중의 음속보다도 화염 전파속도가 큰 경우로서 파면선단에 충격파라고 하는 압력파가 생겨 격렬한 파괴작용을 일으키는 현상이다.

① 폭속 (폭굉이 전하는 속도) : 가스의 경우 1000~3500 m/s (정상연소 : 0.1~10 m/s)

② 밀폐용기 내에서 폭굉이 발생하는 경우 파면압력은 정상연소 때보다 2배가 된다.

③ 폭굉파가 벽에 충돌하면 파면압력은 약 2.5배 치솟는다.

④ 폭굉파는 반응 후 온도와 압력이 상승하나, 연소파는 반응 후 온도는 상승하지만 압력은 일정하다.

(2) 폭굉한계 (폭굉범위)

폭발한계 내에서도 특히 폭굉을 생성하는 조성의 한계를 말하며, 폭발범위 내에 존재한다.

혼합가스의 폭굉범위

혼합가스	하한계(%)	상한계(%)	혼합가스	하한계(%)	상한계(%)
H_2 + 공기	18.3	59	C_2H_2 + 공기	4.2	50
H_2 + O_2	15	90	C_2H_2 + O_2	3.5	92
CO + O_2	38	90	C_3H_8 + O_2	3.2	37
NH_3 + O_2	25.4	75	에틸에테르 + 공기	2.8	4.5

(3) 폭굉 유도거리 (DID)

① 폭굉 유도거리 : 최초의 완만한 연소가 격렬한 폭굉으로 발전될 때까지의 거리로 시간을 의미한다.

② 폭굉 유도거리가 짧아지는 조건

㈎ 정상 연소속도가 큰 혼합가스일수록

㈏ 관 속에 방해물이 있거나 관 지름이 가늘수록

㈐ 압력이 높을수록

㈑ 점화원의 에너지가 클수록

③ 폭굉 유도거리가 짧은 가연성 가스일수록 위험성이 큰 가스이다.

(4) 폭연 (deflagration)

음속 미만으로 진행되는 열분해 또는 음속 미만의 화염속도로 연소하는 화재로 압력이 위험수준까지 상승할 수도 있고, 상승하지 않을 수도 있으며 충격파를 방출하지 않으면서 급격하게 진행되는 연소이다.

4. 기타 폭발

(1) BLEVE와 증기운 폭발

① BLEVE (boiling liquid expanding vapor explosion : 비등 액체 팽창 증기폭발) : 가연성 액체 저장탱크 주변에서 화재가 발생하여 기상부의 탱크가 국부적으로 가열되면 그 부분이 강도가 약해져 탱크가 파열된다. 이때 내부의 액화가스가 급격히 유출 팽창되어 화구 (fire ball)를 형성하여 폭발하는 형태를 말한다.

② 증기운 폭발 (UVCE : unconfined vapor cloud explosion) : 대기 중에 대량의 가연성 가스나 인화성 액체가 유출 시 다량의 증기가 대기 중의 공기와 혼합하여 폭발성의 증기운 (vapor cloud)을 형성하고 이때 착화원에 의해 화구 (fire ball)를 형성하여 폭발하는 형태를 말한다.

(2) 위험성

① BLEVE

(개) 저장탱크 내 체적이 200배 정도로 팽창되어 압력이 급격히 증가하므로 저장탱크에 설치된 안전장치의 효과가 없다.

(내) 화구 (fire ball)로 인한 2차 피해 (복사열로 인한 피해)의 우려가 있다.

(대) 저장탱크 파열 시 비산되는 파열물질로 인한 피해가 있다.

② 증기운 폭발

(개) 증기운의 크기가 증가하면 점화 확률이 커진다.

(내) 증기운에 의한 재해는 폭발보다는 화재가 일반적이다.

(대) 연소에너지의 약 20 %만 폭풍파로 변한다.

(래) 방출점으로부터 먼 지점에서의 증기운의 점화는 폭발의 충격을 증가시킨다.

예 상 문 제

문제 **1.** 혼합기체의 온도를 고온으로 상승시켜 자연착화를 일으키고, 혼합기체의 전부분이 극히 단시간 내에 연소하는 것으로서 압력상승의 급격한 현상을 무엇이라 하는가?

㉮ 전파연소   ㉯ 폭발
㉰ 확산연소   ㉱ 예혼합연소

문제 **2.** 다음 중 폭발범위의 설명으로 옳은 것은?

㉮ 점화원에 의해 폭발을 일으킬 수 있는 혼합가스 중의 가연성 가스의 부피%
㉯ 점화원에 의해 폭발을 일으킬 수 있는 혼합가스 중의 가연성 가스의 중량%
㉰ 점화원에 의해 폭발을 일으킬 수 있는 혼합가스 중의 지연성 가스의 부피%
㉱ 점화원에 의해 폭발을 일으킬 수 있는 혼합가스 중의 지연성 가스의 중량%

문제 **3.** 다음 중 연소한계에 대한 가장 옳은 설명은?

㉮ 착화온도의 상한과 하한값을 말한다.
㉯ 화염온도의 상한과 하한값을 말한다.
㉰ 완전연소가 될 수 있는 산소의 농도한계를 말한다.
㉱ 연소가 될 수 있는 공기 중 가연성 가스의 최저 및 최고농도를 말한다.

문제 **4.** 기체연료의 폭발한계를 설명한 것 중 옳지 않은 것은?

㉮ 수소, 에탄, 일산화탄소는 비교적 폭발범위가 넓다.
㉯ 폭발하한보다 낮은 경우는 폭발하지 않는다.

㉰ 프로판, 부탄 등은 폭발범위가 비교적 좁다.
㉱ 연료가스의 부피가 공기 부피보다 많으면 폭발한다.

해설 ① 폭발은 폭발범위 내에서만 일어난다.
② 각 가스의 폭발범위

가스명칭	폭발범위
수소 (H_2)	4 ~ 75 %
에탄 (C_2H_6)	3 ~ 12.5 %
일산화탄소 (CO)	12.5 ~ 74 %
프로판 (C_3H_8)	2.1 ~ 9.5 %
부탄 (C_4H_{10})	1.8 ~ 8.4 %

문제 **5.** 폭발한계 (폭발범위)에 영향을 주는 요인이 아닌 것은?

㉮ 온도   ㉯ 압력
㉰ 산소량   ㉱ 발화지연시간

문제 **6.** 가연성 가스의 폭발범위의 설명으로 틀린 것은?

㉮ 일반적으로 압력이 높을수록 폭발범위는 넓어진다.
㉯ 가연성 혼합가스의 폭발범위는 고압에 있어서는 상압에 비해 훨씬 넓어진다.
㉰ 프로판과 공기의 혼합가스에 불연성 가스를 첨가하는 경우 폭발범위는 넓어진다.
㉱ 수소와 공기의 혼합가스는 고온에 있어서는 폭발범위가 상온에 비해 훨씬 넓어진다.

해설 가연성 혼합가스에 불연성 가스가 첨가되면 산소의 농도가 낮아져 폭발범위는 좁아진다.

문제 **7.** 다음 설명 중 틀린 것은?

㉮ 가스 폭발범위는 측정조건을 바꾸면 변화한다.

해답 1. ㉯ 2. ㉮ 3. ㉱ 4. ㉱ 5. ㉱ 6. ㉰ 7. ㉱

㉯ 점화원의 에너지가 약할수록 폭굉 유도 거리는 길어진다.

㉰ 혼합가스의 폭발한계는 르샤틀리에 식으로 계산한다.

㉱ 가스연료의 점화에너지는 가스 농도에 관계없이 결정된 값이다.

문제 8. 다음 가스에서 공기 중에 압력을 증가시키면 폭발범위가 좁아지다가 보다 고압으로 되면 반대로 넓어지는 것은?

㉮ 수소 ㉯ 일산화탄소

㉰ 메탄 ㉱ 에틸렌

해설 가연성 가스는 일반적으로 압력이 증가하면 폭발범위는 넓어지나 일산화탄소(CO)와 수소(H₂)는 압력이 증가하면 폭발범위는 좁아진다. 단, 수소는 압력이 10 atm 이상 되면 폭발범위가 다시 넓어진다.

문제 9. 다음 가연성 기체 (증기)와 공기 혼합기체 폭발범위의 크기가 작은 것부터 큰 순서대로 나열된 것은?

① 수소 ② 메탄 ③ 프로판
④ 아세틸렌 ⑤ 메탄올

㉮ ③-②-⑤-①-④

㉯ ③-⑤-②-④-①

㉰ ④-①-⑤-②-③

㉱ ④-③-①-⑤-②

해설 • 각 가스의 폭발범위

① 수소 : 4~75 %

② 메탄 : 5~15 %

③ 프로판 : 2.1~9.5 %

④ 아세틸렌 : 2.5~81 %

⑤ 메탄올 : 7.3~36 %

※ 가연성 가스 중에서 폭발범위가 가장 넓은 것은 아세틸렌 (C₂H₂)이다.

문제 10. 다음 보기 중 가연성 가스의 폭발범위가 가장 큰 것과 가장 작은 것으로 묶어진 것은?

ⓐ 암모니아 ⓑ 메탄
ⓒ 에탄 ⓓ n-부탄
ⓔ 아세틸렌 ⓕ 일산화탄소

㉮ ⓐ, ⓔ ㉯ ⓐ, ⓕ

㉰ ⓑ, ⓒ ㉱ ⓔ, ⓓ

해설 • 각 가스의 폭발범위

ⓐ 암모니아 : 15~28 %

ⓑ 메탄 : 5~15 %

ⓒ 에탄 : 3~12.5 %

ⓓ n-부탄 : 1.9~8.5 %

ⓔ 아세틸렌 : 2.5~81 %

ⓕ 일산화탄소 : 12.5~74 %

문제 11. 부탄가스의 완전연소 방정식을 다음과 같이 나타낼 때 화학양론농도(Cst)는 몇 %인가? (단, 공기 중 산소는 21 %이다.)

$$C_4H_{10} + 6.5O_2 \rightarrow 4CO_2 + 5H_2O$$

㉮ 1.8 % ㉯ 3.1 % ㉰ 5.5 % ㉱ 8.9 %

해설 $Cst = \dfrac{0.21}{0.21 + n} \times 100$

$\quad = \dfrac{0.21}{0.21 + 6.5} \times 100 = 3.129 \%$

문제 12. 부탄 (C₄H₁₀)이 공기 중에서 완전연소하기 위한 화학양론농도는 3.1 %이다. 부탄의 폭발하한계와 상한계는 얼마인가?

㉮ 하한계 : 0.1 %, 상한계 : 9.2 %

㉯ 하한계 : 1.7 %, 상한계 : 8.5 %

㉰ 하한계 : 2.6 %, 상한계 : 7.4 %

㉱ 하한계 : 2.0 %, 상한계 : 4.1 %

해설 ① 폭발하한계 계산

$\quad x_1 = 0.55 x_0 = 0.55 \times 3.1 = 1.705 \%$

② 폭발상한계 계산

$\quad x_2 = 4.8 \sqrt{x_0} = 4.8 \times \sqrt{3.1} = 8.45 \%$

문제 13. 공기 중에서 톨루엔 (C₆H₅CH₃)의 연소화한 값을 Jones의 방법에 의하여 추산하면 그 값은?

㉮ 2.28 %v/v ㉯ 2.00 %v/v

해답 8. ㉮ 9. ㉮ 10. ㉱ 11. ㉯ 12. ㉯ 13. ㉰

㉠ 1.25 % v/v ㉣ 0.25 % v/v

해설 ① 톨루엔의 완전연소 반응식
$C_6H_5CH_3 + 9O_2 \rightarrow 7CO_2 + 4H_2O$

② 화학양론농도 계산
$$\therefore x_0 = \frac{0.21}{0.21 + n} \times 100$$
$$= \frac{0.21}{0.21 + 9} \times 100 = 2.28\%$$

③ 폭발하한값 계산
$$\therefore x_1 = 0.55 x_0 = 0.55 \times 2.28 = 1.254\%$$

문제 14. 가로, 세로, 높이가 각각 3 m, 4 m, 3 m인 방에 몇 L의 프로판 가스가 누출되면 폭발될 수 있는가? (단, 프로판 가스의 폭발범위는 2.2~9.5 %이다.)

㉠ 500 ㉡ 600 ㉢ 700 ㉣ 800

해설 방의 체적 (L) = $(3 \times 4 \times 3) \times 1000 = 36000$ L
∴ 폭발할 누출량 = $36000 \times 0.022 = 792$ L

문제 15. 프로판 (C_3H_8)과 부탄 (C_4H_{10})이 동일한 몰 (mol)비로 구성된 LP가스의 폭발하한이 공기 중에서 1.8 v%라면 높이 2 m, 넓이 9 m^2, 압력 1 atm, 온도 20℃인 주방에 최소 몇 g의 가스가 유출되면 폭발할 가능성이 있는가? (단, 이상기체로 가정한다.)

㉠ 405 ㉡ 593 ㉢ 688 ㉣ 782

해설 ① 혼합가스의 평균분자량 계산
$M = (44 \times 0.5) + (58 \times 0.5) = 51$

② 폭발 가능한 누설량 계산 (실내에 1.8 % 누설 시 폭발)
$$PV = \frac{W}{M}RT \quad \therefore W = \frac{PVM}{RT}$$
$$= \frac{1 \times (9 \times 2 \times 1000 \times 0.018) \times 51}{0.082 \times (273 + 20)}$$
$$= 687.754 \text{ g}$$

문제 16. 메탄 60 %, 에탄 30 %, 프로판 5 %, 부탄 5 %인 혼합가스의 공기 중 폭발하한 값은? (단, 각 성분의 하한값은 메탄 5 %, 에탄 3 %, 프로판 2.1 %, 부탄 1.8 %이다.)

㉠ 3.8 ㉡ 7.6 ㉢ 13.5 ㉣ 18.3

해설 $$\frac{100}{L} = \frac{V_1}{L_1} + \frac{V_2}{L_2} + \frac{V_3}{L_3} + \frac{V_4}{L_4}$$
$$\therefore L = \frac{100}{\frac{60}{5} + \frac{30}{3} + \frac{5}{2.1} + \frac{5}{1.8}} = 3.68\%$$

문제 17. 부피비로 메탄 35 %, 수소 20 %, 암모니아 45 %인 혼합가스의 공기 중에서의 폭발범위는? (단, 각 가스의 공기 중에서의 폭발범위는 표에서와 같다.)

가스의 종류	폭발범위(vol%)	
	하한	상한
CH_4	4.9	15.4
H_2	4.0	75.0
NH_3	15.0	28.0

㉠ 4.2~16.8 vol% ㉡ 6.6~24.1 vol%
㉢ 8.2~34.7 vol% ㉣ 8.4~36.5 vol%

해설 ① 폭발범위 하한값 계산
$$L_1 = \frac{100}{\frac{35}{4.9} + \frac{20}{4.0} + \frac{45}{15.0}} = 6.6\%$$

② 폭발범위 상한값 계산
$$L_2 = \frac{100}{\frac{35}{15.4} + \frac{20}{75} + \frac{45}{28}} = 24.1\%$$

문제 18. 다음 중 폭발 위험도를 설명한 것으로 옳은 것은?

㉠ 폭발상한계를 하한계로 나눈 값
㉡ 폭발하한계를 상한계로 나눈 값
㉢ 폭발범위를 하한계로 나눈 값
㉣ 폭발범위를 상한계로 나눈 값

해설 $$H = \frac{U - L}{L}$$
여기서, H : 위험도, U : 폭발범위 상한 값
L : 폭발범위 하한 값

문제 19. 메탄의 폭발범위는 5.0~15.0 %v/v라고 한다. 다음 중 메탄의 위험도는?

㉠ 8.3 ㉡ 6.2 ㉢ 4.1 ㉣ 2.0

해답 14. ㉣ 15. ㉢ 16. ㉠ 17. ㉡ 18. ㉢ 19. ㉣

해설 $H = \dfrac{U-L}{L} = \dfrac{15-5}{5} = 2$

문제 20. 가연성 가스의 위험성에 대한 설명으로 잘못된 것은?

㉮ 폭발범위가 넓을수록 위험하다.

㉯ 폭발범위 밖에서는 위험성이 감소한다.

㉰ 온도나 압력이 증가할수록 위험성이 증가한다.

㉱ 폭발범위가 좁고 하한계가 낮은 것은 위험성이 매우 적다.

해설 폭발범위가 좁고 하한계가 높은 것이 위험성이 매우 적다 (폭발범위가 넓고 하한계가 낮은 것은 위험성이 매우 크다).

문제 21. 위험성 물질의 정도를 나타내는 용어들에 관한 설명이 잘못된 것은?

㉮ 화염일주 한계가 작을수록 위험성이 크다.

㉯ 최소 점화에너지가 작을수록 위험성이 크다.

㉰ 위험도는 폭발범위를 폭발하한계로 나눈 값이다.

㉱ 위험도가 특히 큰 물질로는 암모니아와 브롬화메틸이 있다.

해설 암모니아 (15~28 %)와 브롬화메틸 (13.5~14.5 %)은 폭발범위가 좁으므로 위험도가 낮다.

문제 22. 안전간격에 대한 설명 중 틀린 것은?

㉮ 안전간격은 방폭 전기기기 등의 설계에 중요하다.

㉯ 한계지름은 가는 관 내부를 화염이 진행할 때 도중에 꺼지는 한계의 지름이다.

㉰ 두 평행판 간의 거리를 화염이 전파하지 않을 때까지 좁혔을 때 그 거리를 소염거리라고 한다.

㉱ 발화의 제반 조건을 갖추었을 때 화염이 최대한으로 전파되는 거리를 화염일주라고 한다.

해설 • 화염일주(火炎逸走) : 온도, 압력, 조성의 조건이 갖추어져도 용기가 작으면 발화하지 않고, 또는 부분적으로 발화하여도 화염이 전파되지 않고 도중에 꺼져버리는 현상으로 소염이라 한다.

문제 23. 폭발등급에 대한 설명 중 옳은 것은?

㉮ 1등급은 안전간격이 1.6 mm 이상이며 메탄, 에탄, 에틸렌이 여기에 속한다.

㉯ 3등급은 안전간격이 0.5 mm 이상이며 프로판, 암모니아, 아세톤이 여기에 속한다.

㉰ 1등급은 안전간격이 0.6 mm 이상이며 석탄가스, 수소, 아세틸렌이 여기에 속한다.

㉱ 2등급은 안전간격이 0.6~0.4 mm이며 에틸렌, 석탄가스가 여기에 속한다.

해설 • 폭발등급 별 안전간격

폭발등급	안전간격	가스 종류
1등급	0.6 mm 이상	일산화탄소, 에탄, 프로판, 암모니아, 아세톤, 에틸에테르, 가솔린, 벤젠 등
2등급	0.4 ~ 0.6 mm	석탄가스, 에틸렌 등
3등급	0.4 mm 미만	아세틸렌, 이황화탄소, 수소, 수성 가스 등

문제 24. 폭발에 관한 가스의 일반적인 성질에 대한 설명 중 틀린 것은?

㉮ 안전간격이 클수록 위험하다.

㉯ 연소속도가 클수록 위험하다.

㉰ 폭발범위가 넓은 것이 위험하다.

㉱ 압력이 높아지면 일반적으로 폭발범위가 넓어진다.

해설 안전간격이 작을수록 위험하다.

해답 20. ㉱   21. ㉱   22. ㉱   23. ㉱   24. ㉮

문제 **25.** 연소가스의 폭발 및 안전에 관한 다음 설명에서 적당한 용어는?

> "두 면의 평행판 거리를 좁혀가며 화염이 전파하지 않게 될 때의 면 간 거리"

㉮ 안전간격   ㉯ 한계지름
㉰ 화염일주   ㉱ 소염거리

문제 **26.** 소염거리 (소염지름)에 대한 설명으로 옳지 않은 것은?

㉮ 소염지름은 소염거리보다도 보통 20~25 % 정도 크다.
㉯ 소염거리 이하에서 불꽃이 꺼지는 이유는 미연소가스에 열이 쉽게 축열되기 때문이다.
㉰ 가스 연소기구의 노즐 크기는 역화를 방지하기 위해 소염지름보다 작은 것이 일반적이다.
㉱ 두 개의 평행판 사이의 거리가 좁아지면 화염이 더 이상 전파되지 않는 거리의 한계값이 있는데, 이를 소염거리라 한다.

해설 소염거리 이하에서 불꽃이 꺼지는 이유는 미연소가스에 화염이 전달되지 않기 때문이다.

문제 **27.** 다음 폭발형태 중 물질의 물리적 형태에 의하여 폭발하는 것이 아닌 것은?

㉮ 가스폭발   ㉯ 분해폭발
㉰ 액적폭발   ㉱ 분진폭발

해설 • 분해폭발 : 화학적 폭발

문제 **28.** 폭발원인에 따른 분류에서 물리적 폭발에 관한 설명으로 옳은 것은?

㉮ 산화, 분해, 중합반응 등의 화학반응에 의하여 일어나는 폭발로 촉매폭발이 이에 속한다.
㉯ 물리적 폭발에는 열폭발, 중합폭발, 연쇄폭발 순으로 폭발력이 증가한다.

㉰ 발열속도가 방열속도보다 커서 반응열에 의해 반응속도가 증대되어 일어나는 폭발로 분해폭발이 이에 속한다.
㉱ 액상 또는 고상에서 기상으로 상변화, 온도상승이나 충격에 의해 압력이 이상적으로 상승하여 일어나는 폭발로 증기폭발이 이에 속한다.

해설 • 물리적 폭발의 종류 : 증기폭발, 금속선 폭발, 고체상 전이 폭발, 압력폭발

문제 **29.** 기체연료 중 수소가 산소와 화합하여 물이 생성되는 경우에 있어 $H_2 : O_2 : H_2O$의 비례관계는?

㉮ 2 : 1 : 2   ㉯ 1 : 1 : 2
㉰ 1 : 2 : 1   ㉱ 2 : 2 : 3

해설 $2H_2 + O_2 \rightarrow 2H_2O$

문제 **30.** 다음 폭발 종류 중 그 분류가 화학적 폭발로 분류할 수 있는 것은?

㉮ 증기폭발   ㉯ 분해폭발
㉰ 압력폭발   ㉱ 기계적 폭발

해설 • 폭발의 종류
① 물리적 폭발 : 증기폭발, 금속선 폭발, 고체상 전이 폭발, 압력폭발 등
② 화학적 폭발의 종류 : 산화폭발, 분해폭발, 촉매폭발, 중합폭발 등

문제 **31.** 산소 없이도 자기분해 폭발을 일으키는 가스가 아닌 것은?

㉮ 프로판   ㉯ 아세틸렌
㉰ 산화에틸렌   ㉱ 히드라진

해설 • 분해폭발을 일으키는 물질 : 아세틸렌 (C_2H_2), 산화에틸렌 (C_2H_4O), 히드라진 (N_2H_4), 오존 (O_3)

문제 **32.** 다음 중 중합에 의한 폭발을 일으키는 물질은?

㉮ 과산화수소   ㉯ 시안화수소
㉰ 아세틸렌   ㉱ 염소산칼륨

해설 • 중합폭발 물질 : 시안화수소 (HCN), 산화

에틸렌 (C_2H_4O), 염화비닐 (C_2H_3Cl), 부타디엔 (C_4H_6) 등

문제 33. 시안화수소를 장기간 저장하지 못하게 하는 주된 이유는?

㉮ 분해폭발을 일으키므로
㉯ 산화폭발을 일으키므로
㉰ 분진폭발을 일으키므로
㉱ 중합폭발을 일으키므로

문제 34. 다음 연소와 폭발에 대한 설명 중 틀린 것은?

㉮ 연소란 열의 발생을 수반하는 산화반응이다.
㉯ 분해 또는 연소 등의 반응에 의한 폭발은 화학적 폭발이다.
㉰ 발열속도가 방열속도보다 클 경우 발화점 이하로 떨어져 연소과정에서 폭발로 이어진다.
㉱ 폭발이란 급격한 압력의 발생 또는 폭발음을 내며 파열되거나 팽창하는 현상이다.

해설 발열속도가 방열속도보다 커서 반응열에 의한 자기 가열로 반응속도가 증대하고 그 때문에 반응열의 발생이 증가하는 과정이 반복되어 반응속도가 급격히 증대해서 일어나는 폭발을 열폭발이라 한다.

문제 35. 기상폭발에 해당되지 않는 것은?

㉮ 고압가스 폭발 ㉯ 분해폭발
㉰ 증기폭발 ㉱ 분진폭발

해설 • 폭발 물질에 의한 구분
① 기체 상태의 폭발 : 혼합가스의 폭발, 분해폭발, 분무폭발, 분진폭발 등
② 액체 및 고체 상태 폭발 : 증기폭발, 금속선 폭발, 고체상 전이 폭발, 혼합 위험성물질 폭발, 폭발성 화합물 폭발 등

문제 36. 다음 중 기상폭발의 발화원이 아닌 것은?

㉮ 성냥 ㉯ 열선 ㉰ 화염 ㉱ 충격파

문제 37. 다음 기상폭발 발생을 예방하기 위한 대책으로 적합하지 않은 것은?

㉮ 휘발성 액체 또는 고체를 불활성 기체와의 접촉을 피하기 위해 공기로 차단한다.
㉯ 환기에 의해 가연성 기체의 온도상승을 억제한다.
㉰ 반응에 의해 가연성 기체의 발생 가능성을 검토하고 반응을 억제 또는 발생한 기체를 밀봉한다.
㉱ 집진, 집무 장치 등에서 분진 및 분무의 퇴적을 방지한다.

해설 휘발성 액체 또는 고체를 공기와의 접촉을 피하기 위해 불활성 기체로 차단한다.

문제 38. 유압기의 기름 분출에 의한 유적(油滴)폭발은 다음 폭발 중 어느 종류에 해당하는가?

㉮ 혼합가스 폭발 ㉯ 가스의 분해폭발
㉰ 분진폭발 ㉱ 분무폭발

해설 • 유적(油滴)폭발 : 가연성 액체의 무적(霧滴 : 안개방울)이 공기 중 일정농도 이상으로 분산되어 있을 때 점화원에 의해 착화되어 일어나는 폭발

문제 39. 분진폭발을 일으킬 수 있는 물리적 인자가 아닌 것은?

㉮ 입자의 형상 ㉯ 열전도율
㉰ 연소열 ㉱ 입자의 응집특성

해설 ① 물리적 인자 : 입자의 형상, 열전도율, 입자의 응집특성, 비열, 입도의 분포, 대전성, 입자의 표면 상태 등
② 화학적 인자 : 연소열, 연소속도, 반응형식 등

문제 40. 다음 물질 중 분진폭발과 가장 관계가 깊은 것은?

㉮ 소맥분 ㉯ 에테르
㉰ 탄산가스 ㉱ 암모니아

해설 • 분진폭발 : 가연성 고체의 미분(微分) 등이 어떤 농도 이상으로 공기 등 조연성 가

해답 33. ㉱ 34. ㉰ 35. ㉰ 36. ㉮ 37. ㉮ 38. ㉱ 39. ㉰ 40. ㉮

스 중에 분산된 상태에 놓여 있을 때 폭발성 혼합기체와 같은 폭발을 일으키는 것으로 폭 연성 분진 (금속분 : Mg, Al, Fe분 등)과 가연 성 분진 (소맥분, 전분, 합성수지류, 황, 코코 아, 리그린, 석탄분, 고무분말 등)이 있다.

문제 41. 분진폭발의 위험성이 제일 적은 것은?
㉮ 황린   ㉯ 황
㉰ 마그네슘   ㉱ 과산화칼슘

문제 42. 증기폭발 (vapor explosion)에 관한 설명 중 옳은 것은?
㉮ 수증기가 갑자기 응축하여 그 결과로 압력 강하가 일어나 폭발하는 현상
㉯ 가연성 기체가 상온에서 혼합기체가 되어 발화원에 의하여 폭발하는 현상
㉰ 가연성 액체가 비점 이상의 온도에서 발생한 증기가 혼합기체가 되어 폭발되는 현상
㉱ 뜨거운 액체가 차가운 액체와 접촉할 때 찬 액체가 큰 열을 받아 증기가 발생하여 증기의 압력에 의한 폭발현상

문제 43. 다음 ( ) 안에 알맞은 내용은?

폭굉이란 (①)보다도 (②)가 [이] 큰 것으로 파면선단의 압력파에 의해 파괴작용을 일으킨다.

㉮ ① 음속, ② 폭발속도
㉯ ① 연소, ② 폭발속도
㉰ ① 화염온도, ② 충격파
㉱ ① 폭발속도, ② 음속

문제 44. 폭굉에 대한 설명 중 맞는 것은?
㉮ 긴 관에서 연소파가 갑자기 전해지는 현상이다.
㉯ 관 내에서 연소파가 일정거리 진행 후 급격히 연소속도가 증가하는 현상이다.

㉰ 연소에 따라 공급된 에너지에 의해 불규칙한 온도범위에서 연소파가 진행되는 현상이다.
㉱ 충격파의 면에 저온이 발생해 혼합기체가 급격히 연소하는 현상이다.

문제 45. 다음 폭굉에 대한 설명 중 맞지 않는 것은?
㉮ 폭굉 시 화염의 진행 후면에 충격파가 발생한다.
㉯ 폭굉파는 음속 이상이다.
㉰ 관 내에서 폭굉으로 전이할 때 요하는 관의 길이는 관의 지름이 증가하면 같이 증가한다.
㉱ 가연성 가스의 조성이 동일할 때 공기보다 산소와의 혼합가스가 폭굉 범위가 크다.

문제 46. 데토네이션 (detonation)에 대한 설명으로 옳지 않은 것은?
㉮ 발열반응으로서 연소의 전파속도가 그 물질 내에서 음속보다 느린 것을 말한다.
㉯ 물질 내에 충격파가 발생하여 반응을 일으키고 또한 반응을 유지하는 현상이다.
㉰ 충격파에 의해 유지되는 화학반응 현상이다.
㉱ 데토네이션은 확산이나 열전도의 영향을 거의 받지 않는다.
해설 • 폭굉 (detonation)의 정의 : 가스 중의 음속보다도 화염 전파속도가 큰 경우로서 파면선단에 충격파라고 하는 압력파가 생겨 격렬한 파괴작용을 일으키는 현상

문제 47. 다음 폭발의 용어 중 DID의 정의에 대하여 가장 올바르게 설명한 것은?
㉮ 격렬한 폭발이 완만한 연소로 넘어갈 때까지의 시간
㉯ 어느 온도에서 가열하기 시작하여 발화

해답 41. ㉱ 42. ㉱ 43. ㉮ 44. ㉯ 45. ㉰ 46. ㉮ 47. ㉱

에 이르기까지의 시간

㉘ 폭발등급을 나타내는 것으로서 가연성 물질의 위험성의 척도

㉛ 최초의 완만한 연소로부터 격렬한 폭굉 으로 발전할 때까지의 거리

문제 **48.** 다음 중 가연성 물질의 폭굉 유도 거리 (DID)가 짧아지는 요인에 해당되지 않는 경우는?

㉮ 주위의 압력이 낮을수록

㉯ 점화원의 에너지가 클수록

㉰ 정상 연소속도가 큰 혼합가스일수록

㉱ 관 속에 방해물이 있거나 관 지름이 가 늘수록

해설 주위의 압력이 높을수록 짧아진다.

문제 **49.** 가연성 가스와 공기를 혼합하였을 때 폭굉범위는 일반적으로 어떻게 되는가?

㉮ 폭발범위와 동일한 값을 가진다.

㉯ 가연성 가스의 폭발상한계값보다 큰 값 을 가진다.

㉰ 가연성 가스의 폭발하한계값보다 작은 값을 가진다.

㉱ 가연성 가스의 폭발하한계와 상한계값 사이에 존재한다.

문제 **50.** 연소파와 폭굉파에 관한 설명 중 옳은 것은?

㉮ 연소파 : 반응 후 온도감소

㉯ 폭굉파 : 반응 후 온도상승

㉰ 연소파 : 반응 후 압력감소

㉱ 폭굉파 : 반응 후 밀도감소

해설 ・반응 후 연소파와 폭굉파 비교

구 분	온 도	압 력	밀 도
연소파	상 승	일 정	감 소
폭굉파	상 승	상 승	상 승

문제 **51.** 수소의 폭굉파의 속도는 얼마인가?

㉮ 1000 ~ 2000 m/s

㉯ 1000 ~ 3500 m/s

㉰ 3500 ~ 5000 m/s

㉱ 5000 m/s 이상

문제 **52.** 폭굉이 발생하는 경우 파면의 압력 은 정상연소에서 발생하는 것보다 일반적 으로 얼마나 큰가?

㉮ 2배   ㉯ 5배

㉰ 8배   ㉱ 10배

문제 **53.** 폭굉파가 벽에 충돌하면 파면압력 은 약 몇 배로 치솟는가?

㉮ 2.5   ㉯ 5.5

㉰ 10   ㉱ 20

문제 **54.** 다음 설명 중 맞는 것은?

㉮ 폭굉속도는 보통 연소속도의 10배 정도 이다.

㉯ 폭발범위는 온도가 높아지면 일반적으 로 넓어진다.

㉰ 폭굉 (detonation)속도는 가스인 경우 1000 m/s 이하이다.

㉱ 가연성 가스와 공기의 혼합가스에 질소 를 첨가하면 폭발범위의 상한치는 크게 된다.

해설 ① 폭굉의 속도는 가스인 경우 1000 ~ 3500 m/s 정도이다.

② 가연성 가스와 공기와의 혼합가스에 불연 성 가스를 첨가하면 폭발범위는 좁아진다 (상한값이 낮아진다).

문제 **55.** 폭굉에 대한 설명으로 옳은 것은?

㉮ 가연성 가스의 폭굉범위는 폭발범위보 다 좁다.

㉯ 같은 조건에서 일산화탄소는 프로판의 폭굉 속도보다 빠르다.

㉰ 폭굉이 발생할 때 압력은 순간적으로 상승되었다가 원상으로 곧 돌아오므로

큰 파괴 현상은 동반하지 않는다.

㉐ 폭굉 압력파는 미연소가스 속으로 음속 이하로 이동한다.

문제 56. 액체가 급격한 상변화를 하여 증기가 된 후 폭발하는 현상은 무엇인가?

㉮ 블레이브 (BLEVE)

㉯ 파이어 볼 (fire ball)

㉰ 데토네이션 (detonation)

㉱ 풀 파이어 (pool fire)

해설 • 블레이브 (BLEVE : 비등 액체 팽창 증기폭발) : 가연성 액체 저장탱크 주변에서 화재가 발생하여 기상부의 탱크가 국부적으로 가열되면 그 부분이 강도가 약해져 탱크가 파열된다. 이때 내부의 액화가스가 급격히 유출 팽창되어 화구 (fire ball)를 형성하여 폭발하는 형태를 말한다.

문제 57. BLEVE (boiling liquid expanding vapor explosion) 현상에 대한 설명으로 가장 옳은 것은?

㉮ 물이 점성이 뜨거운 기름 표면 아래서 끓을 때 연소를 동반하지 않고 오버플로 되는 현상

㉯ 물이 연소유 (oil)의 뜨거운 표면에 들어 갈 때 발생되는 오버플로 현상

㉰ 탱크 바닥에 물과 기름의 에멀션이 섞여 있을 때 기름의 비등으로 인하여 급격하게 오버플로 되는 현상

㉱ 과열 상태의 탱크에서 내부의 액화가스가 분출, 기화되어 착화되었을 때 폭발적으로 증발하는 현상

문제 58. 지표면에 가연성 증기가 방출되거나 기화되기 쉬운 가연성 액체가 개방된 대기 중에 유출되어 생기는 가스폭발을 무엇이라고 하는가?

㉮ BLEVE (boiling liquid expanding vapor explosion)

㉯ UVCE (unconfined vapor cloud explosion)

㉰ 분해폭발 (decomposition explosion)

㉱ 확산폭발 (diffusion explosion)

해설 ① BLEVE : 비등 액체 팽창 증기폭발
　② UVCE : 증기운 폭발

문제 59. 다음 [보기]에서 비등 액체 증기폭발 (BLEVE) 발생의 단계를 순서에 맞게 나열한 것은?

> A. 탱크가 파열되고 그 내용물이 폭발 적으로 증발한다.
> B. 액체가 들어있는 탱크의 주위에서 화재가 발생한다.
> C. 화재에 의한 열에 의하여 탱크의 벽이 가열된다.
> D. 화염이 열을 제거시킬 액이 없고 증기만 존재하는 탱크의 벽이나 천장 (roof)에 도달하면, 화염과 접촉하는 부위의 금속의 온도는 상승하여 탱크의 구조적 강도를 잃게 된다.
> E. 액위 이하의 탱크벽은 액에 의하여 냉각되나, 액의 온도는 올라가고, 탱크 내의 압력이 증가한다.

㉮ E-D-C-A-B

㉯ E-D-C-B-A

㉰ B-C-E-D-A

㉱ B-C-D-E-A

문제 60. fireball에 의한 피해가 아닌 것은?

㉮ 공기팽창에 의한 피해

㉯ 탱크파열에 의한 피해

㉰ 폭풍압에 의한 피해

㉱ 복사열에 의한 피해

해설 • 파이어볼(fireball) : 가연성 액화가스가 누출되었을 경우 다량으로 기화되어 공기와 혼

합되어 있을 때 커다란 구형의 불꽃을 만들며 갑자기 연소되는 현상으로 폭발압에 의한 피해 (공기팽창, 폭풍압 등)에 복사열에 의한 피해가 가중된다.

문제 61. 다음의 단계로 진행되는 폭발현상을 설명한 것은?

> A. 액화가스 저장탱크 주변의 화재발생으로 저장탱크가 가열
> B. 저장탱크 내 액화가스가 비등하여 급격히 증발
> C. 기화된 가스가 안전밸브를 통해 분출
> D. 처음에는 액화가스의 기화열로 저장탱크를 식혀 줌
> E. 액화가스의 기화, 분출에 따른 저장탱크 내 기상부가 확대
> F. 저장탱크 내 기상부의 강도가 약화
> G. 저장탱크 파열과 동시에 끓고 있던 액상의 가스가 착화되어 화구를 형성

㉮ VCE ㉯ BLEVE
㉰ Jet fire ㉱ Flash fire

해설 • BLEVE (boiling liquid expanding vapor explosion) : 비등 액체 팽창 증기폭발

문제 62. 증기운 폭발에 대한 설명 중 틀린 것은?

㉮ 증기운의 크기가 증가하면 점화 확률이 커진다.
㉯ 증기운에 의한 재해는 폭발보다는 화재가 일반적이다.
㉰ 폭발효율이 커서 연소에너지의 전부가 폭풍파로 전환된다.

㉱ 방출점으로부터 먼 지점에서의 증기운의 점화는 폭발의 충격을 증가시킨다.

해설 연소에너지의 약 20 %만이 폭풍파로 변한다.

문제 63. TNT 당량은 어떤 물질이 폭발할 때 방출하는 에너지와 동일한 에너지를 방출하는 TNT의 질량을 말한다. LPG 3톤이 폭발할 때 방출하는 에너지는 TNT 당량으로 몇 kg인가? (단, 폭발한 LPG의 발열량은 15000 kcal/kg이며 LPG의 폭발계수는 0.1, TNT가 폭발 시 방출하는 당량 에너지는 1125kcal이다.)

㉮ 3500 ㉯ 4000
㉰ 4500 ㉱ 5000

해설 $TNT \ 당량 = \dfrac{총 \ 발생열량}{TNT \ 방출에너지}$

$= \dfrac{3000 \times 15000 \times 0.1}{1125}$

$= 4000 \, kg$

문제 64. 20 kg의 LPG가 누출하여 폭발할 경우 TNT 폭발위력으로 환산하면 TNT 약 몇 kg에 해당하는가? (단, LPG의 폭발효율은 3 %이고 발열량은 12000 kcal/kg, TNT의 연소열은 1100 kcal/kg이다.)

㉮ 0.6 ㉯ 6.5
㉰ 16.2 ㉱ 26.6

해설 $TNT \ 당량 = \dfrac{총 \ 발생열량}{TNT \ 방출에너지}$

$= \dfrac{20 \times 12000 \times 0.03}{1100}$

$= 6.5 \, kg$

제 5 장 가스화재 및 폭발방지 대책

1. 가스화재 예방 및 대책

(1) 가스화재 및 화재대책

① 가스화재 : 액화석유가스 (LPG), 도시가스 등 가연성 가스가 공기 중에 누설되어 점화원에 의하여 점화된 경우 발생한다.

   (가) 가스화재의 종류

      ㉮ 플래시 화재 (flash fire) : 누설된 LPG가 기화되어 증기운이 형성되어 있을 때 점화원에 의해 화재가 발생된 경우이다. 점화 시 폭발음이 있으나 강도가 약하다.

      ㉯ 풀 화재 (pool fire) : 용기나 저장탱크 내에 발생한 화염으로부터 열이 액면에 전파되어 액온이 상승됨과 동시에 증기를 발생하고 이것이 공기와 혼합하여 확산연소를 하는 과정이 반복되는 화재이다.

      ㉰ 제트 화재 (jet fire) : 고압의 LPG가 누설 시 주위의 점화원에 의하여 점화되어 불기둥을 이루는 경우이다.

   (나) 발생원인

      ㉮ 가스기기 및 기구의 불량품에 의한 것

      ㉯ 가스설비의 불량에 의한 것

      ㉰ 가스취급, 사용, 저장 시 부주의에 의한 것

      ㉱ 가스 사용기기 및 기구 취급 부주의에 의한 것

   (다) 예방대책

      ㉮ 가스누설 유무를 비눗물을 이용하여 수시로 검사한다.

      ㉯ 가스기기 및 기구와 인화성, 발화성 물질과는 거리를 유지한다.

      ㉰ 가스 사용 후 콕과 중간밸브를 차단한다.

      ㉱ 연소기구 이동 시 연결부분의 누설을 확인한다.

      ㉲ 가스 사용기기 (용기, 밸브, 조정기 등) 취급에 주의를 요한다.

② 화재대책

   (가) 예방대책 : 화재가 발생하지 않도록 최초의 발화를 방지하는 가장 근본적인 대책이다 (발화원 관리).

   (나) 방호대책 : 화재가 발생하였을 때 화재가 확산되지 않도록 하는 대책으로 가연물의 집적 방지, 건물구조의 불연화, 방화벽 및 방화문의 정비, 공지의 보유, 위험물 시설의 지하 매설 등이 해당된다.

(대) 소화대책 : 초기 소화, 본격 소화 대책이 있다.

(라) 피난대책 : 화재 발생 시 위험지역에서 안전한 장소로 대피하기 위한 것으로 방화셔터, 피난계단을 설치한다.

(2) 위험장소의 분류

① 위험장소의 정의 : 가연성 가스가 폭발할 위험이 있는 농도에 도달할 우려가 있는 장소를 말한다.

② 위험장소의 등급 분류

(가) 1종 장소 : 상용 상태에서 가연성 가스가 체류하여 위험하게 될 우려가 있는 장소, 정비보수 또는 누출 등으로 인하여 종종 가연성 가스가 체류하여 위험하게 될 우려가 있는 장소

(나) 2종 장소

㉮ 밀폐된 용기 또는 설비 내에 밀봉된 가연성 가스가 그 용기 또는 설비의 사고로 인해 파손되거나 오조작의 경우에만 누출할 우려가 있는 장소

㉯ 확실한 기계적 환기조치에 의하여 가연성 가스가 체류하지 않도록 되어 있으나 환기장치에 이상이나 사고가 발생한 경우에는 가연성 가스가 체류하여 위험하게 될 우려가 있는 장소

㉰ 1종 장소의 주변 또는 인접한 실내에서 위험한 농도의 가연성 가스가 종종 침입할 우려가 있는 장소

(다) 0종 장소 : 상용의 상태에서 가연성 가스의 농도가 연속해서 폭발하는 한계이상으로 되는 장소(폭발한계를 넘는 경우에는 폭발한계 내로 들어갈 우려가 있는 경우를 포함)

(3) 정전기 예방

① 정전기의 발생원인

(가) 물질의 특성

(나) 물질의 표면 상태 : 표면이 오염되면 정전기 발생이 많아진다.

(다) 물질의 이력 : 최초 발생이 최대이며 이후 발생량이 감소한다.

(라) 접촉면과 압력 : 접촉면적이 클수록, 접촉압력이 증가할수록 정전기 발생량은 증가한다.

(마) 분리속도 : 분리속도가 빠를수록 정전기 발생량은 많아진다.

② 정전기 재해의 종류

(가) 생산재해　　　　　　　　　　　(나) 전기충격

(다) 화재 및 폭발

③ 정전기 재해 예방대책

(가) 정전기 발생 억제 대책

㉮ 유속을 1m/s 이하로 유지한다.

㉯ 분진 및 먼지 등의 이물질을 제거한다.

㉰ 액체 및 기체의 분출을 방지한다.

(나) 정전기의 발생 완화대책
㉮ 접지와 본딩을 실시한다.
㉯ 절연체에 도전성을 갖게 한다.
㉰ 상대습도를 70% 이상 유지한다.
㉱ 정전의(衣), 정전화(靴)를 착용하여 대전을 방지한다.
㉲ 폭발성 혼합가스의 생성을 방지한다.

2. 가스화재 소화이론 및 위험물 종류

(1) 화재의 종류

① A급 화재
(가) 일반 가연물의 화재이며 목재, 종이 등의 연소이다.
(나) 소화제는 물 또는 수용액이 사용된다.
(다) 백색으로 표시한다.

② B급 화재
(가) 인화성 물질의 화재로 석유류와 가스화재이다.
(나) 소화제는 포말, 할로겐 화합물, CO_2, 분말소화제를 사용한다.
(다) 황색으로 표시한다.

③ C급 화재
(가) 전기합선에 의한 화재이다.
(나) 소화제는 CO_2, 분말소화제를 사용한다.
(다) 청색으로 표시한다.

④ D급 화재
(가) 금속 화재로 위험물 관리법상 제3류 위험물과 제2류 위험물 중 금속분에 해당하는 것으로 마그네슘(Mg) 분말, 알루미늄(Al) 분말이 해당된다.
(나) 소화제는 건조사(마른 모래)를 사용한다.

(2) 화재의 소화원리

① 소화방법 : 소화(消火)란 가연물질이 공기 중의 산소와 반응하여 연소할 때 연소의 3요소 중 일부 또는 전부를 제거하여 연소의 연쇄반응을 차단하는 것이다.
(가) 물리적 소화방법
㉮ 화재를 물 등 소화약제로 냉각시키는 방법
㉯ 유전화재를 강풍으로 소화시키는 방법 : 폭약을 사용하여 순간적으로 폭풍을 일으켜 발생증기를 날려버려 소화시킨다.

㉱ 기타의 작용에 의한 소화방법

(나) 화학적 소화방법 : 가연성 물질이 연소 시 화학적으로 제조된 소화약제를 이용하여 소화시키는 방법이다.

② 소화방법의 종류

(가) 질식효과 : 연소의 3요소 중 산소의 공급을 차단하여 가연물질의 연소를 소화시키는 방법으로 공기 중 산소의 농도를 15 % (체적%) 이하로 유지시킨다.

㉮ 불연성 기체를 이용 : CO_2, 할로겐 화합물 등

㉯ 고체로 가연물을 덮는 방법 : 건조사, 가마니 등

㉰ 불연성 거품 (form)을 이용 : 화학포, 기계포 등

㉱ 연소실을 완전 밀폐하여 소화하는 방법 등

(나) 냉각효과 : 연소의 3요소 중 점화원 (발화원)을 가연물질의 연소에 필요한 활성화 에너지값 이하로 낮추어 소화시키는 방법이다.

㉮ 액체를 이용하는 방법 : 물이나 액체의 증발잠열을 이용

㉯ 고체를 이용하는 방법

(다) 제거효과 : 연소의 3요소 중 가연물질을 화재가 발생한 장소로부터 제거하여 소화시키는 방법이다.

㉮ 액체연료탱크 화재 : 연료탱크 내의 연료를 다른 장소의 탱크로 이송하는 방법

㉯ 가스화재 시 : 가스 공급밸브를 차단하여 가스 공급을 중지하는 방법 등

㉰ 산림화재 시 : 진행방향을 앞질러 벌목 등을 하는 방법

㉱ 인화 가능성이 있는 물질을 방염 처리하는 방법 (메타인산 사용)

(라) 부촉매효과 : 연소의 4요소 중 순조로운 연쇄반응을 일으키는 화염의 전파물질인 수산기 또는 수소기의 활성화반응을 억제, 방해 또는 차단하여 화재를 소화시키는 방법이다 (할로겐족의 불소, 염소, 취소가 부촉매효과가 뛰어나다).

(마) 희석효과 : 수용성 가연물질인 알코올, 에테르의 화재 시 다량의 물을 살포하여 가연성 물질의 농도를 낮게 하여 화재를 소화시키는 방법이다.

(바) 유화효과 : 제4류 제3석유류인 중유에 소화약제인 물을 고압으로 분무하여 유화층을 형성시켜 화재를 소화시키는 방법이다.

(3) 소화약제의 종류

① 물 (H_2O) : 가장 쉽게 구할 수 있고 경제적이며 다른 소화약제에 비해 비열과 증발잠열 (539 kcal/kg)이 크므로 일반화재에 가장 효과적이다.

② 포 소화약제 : 기포 안정제와 소화약제 (중탄산나트륨 ($NaHCO_3$), 황산알루미늄 ($Al (SO_4)_3$))를 첨가한 것으로 거품을 발생시켜 질식과 냉각효과를 이용한다.

③ 이산화탄소 (CO_2) 소화약제 : 불연성인 이산화탄소 (CO_2)를 이용하여 질식과 냉각효과를 이용한 것이다.

④ 할로겐화물 소화약제 : 연소반응을 억제하는 효과 (부촉매효과)를 이용한 것이다.

⑤ 분말소화 약제 : 분말 소화약제 (중탄산나트륨 ($NaHCO_3$), 중탄산칼륨 ($KHCO_3$), 인산암모늄 ($NH_4H_2PO_4$), 염화바륨 ($BaCl_2$))를 가스압에 의하여 연소물에 방출하여 질식과 냉각효과를 이용한 것으로 유류화재 및 전기화재에 가장 효과적이다.

(4) 위험물의 종류 및 특징

① 위험물의 정의 : 위험물 안전관리법상 "인화성 또는 발화성 등의 성질을 가지는 것으로서 대통령령이 정하는 물품"을 말한다.

② 위험물의 종류 및 성질

  ⑺ 제1류 위험물

   ㉮ 성질 : 강산화성 물질로 일반적으로 불연성이며 상온에서 고체 또는 액체이다.

   ㉯ 종류 : 염소산염류, 과염소산염류, 무기과산화물류, 아염소산염류, 브롬산염류, 질산염류, 요오드산 염류, 삼산화크롬, 과망간산 염류, 중크롬산 염류 등

   ㉰ 소화방법 : 물을 주수 (注水)하는 냉각소화가 효과적이나, 무기과산화물은 건조사에 의한 피복소화가 좋다.

  ⑻ 제2류 위험물

   ㉮ 성질 : 환원성 물질로 상온에서 고체이다. 산화제와 접촉 시 마찰, 충격으로 급격히 연소한다.

   ㉯ 종류 : 황화인, 적린, 황, 철분, 마그네슘, 금속분류, 인화성 고체류

   ㉰ 소화방법 : 주수에 의한 냉각소화 및 질식소화가 효과적이며, 금속분 (철분, 마그네슘, 금속분 류)은 건조사를 이용한다.

  ⑼ 제3류 위험물

   ㉮ 성질 : 자연발화성 및 금수성 물질로 고체이다.

   ㉯ 종류 : 칼륨, 나트륨, 알킬알루미늄, 알킬리튬, 황린, 알칼리 금속류 및 알칼리토 금속류, 유기금속 화합물, 금속 수소 화합물, 금속 인화물, 칼슘 또는 알루미늄의 탄화물

   ㉰ 소화방법 : 건조사, 팽창질석 및 팽창진주암 등을 사용한 질식소화가 효과적이다. 주수소화는 발화, 폭발을 유발하므로 금지된다.

  ⑽ 제4류 위험물

   ㉮ 성질 : 가연성 물질로 상온에서 액체이며, 물보다 가볍고 물에 잘 녹지 않는다.

   ㉯ 종류

     ⓐ 특수 인화물 : 에테르, 이황화탄소, 콜로디온, 아세트알데히드, 산화프로필렌, 이소프렌

     ⓑ 제1석유류 : 아세톤, 가솔린, 벤젠, 톨루엔, 크실렌

     ⓒ 알코올류 : 메틸알코올, 에틸알코올

     ⓓ 제2석유류 : 등유, 경유, 의산, 초산, 테레핀유, 스티렌, 크실렌, 장뇌유, 송근유, 에틸셀르솔브, 클로르 벤젠 등

     ⓔ 제3석유류 : 중유, 크레오소트유, 아닐린, 니트로벤젠, 에틸렌, 글리콜, 글리세린 등

         ⓕ 제4석유류 : 기계유, 실린더유
         ⓖ 동식물유 : 건성유, 반건성유, 불건성유
       ⓒ 소화방법 : 공기를 차단하는 질식소화가 효과적이다.
   ㈐ 제5류 위험물
      ㉮ 성질 : 자기반응성 물질 (자기연소성 물질)로 그 자체가 산소를 함유하고 있다. 가
         열, 충격, 마찰 등에 의하여 인화 폭발의 위험이 있다.
      ㉯ 종류 : 유기과산화물, 질산에스테르류, 셀룰로이드류, 니트로 화합물, 니트로소 화
         합물, 아조 화합물, 디아조 화합물, 히드라진 및 유도체
      ㉰ 소화방법 : 다량의 주수로 냉각소화가 효과적이다.
   ㈑ 제6류 위험물
      ㉮ 성질 : 강산성 물질로 다른 물질의 연소를 돕는 조연성 물질이다. 부식성이 강하고
         증기는 독성이 있으며 제1류 위험물과 혼합하면 폭발한다.
      ㉯ 종류 : 과염소산, 과산화수소, 황산, 질산
      ㉰ 소화방법 : 건조사와 인산염류 분말사용이 효과적이다. 주수소화는 발열하므로 곤
         란하다.

3. 폭발방지 대책

(1) 가스폭발

① 가스폭발 : 가연성 가스 및 인화성 액체 (가솔린, 알코올 등)의 증기가 공기와의 혼합 상
   태에서 밀폐공간에 있을 때 점화원에 의하여 발생하는 것이다.
   ㈎ 가스폭발의 조건
      ㉮ 농도 (조성) 조건 : 공기와의 혼합 상태가 폭발범위 내에 있어야 한다.
      ㉯ 발화원의 조건 : 혼합기체에 가해지는 외부에너지의 조건 등
   ㈏ 가스폭발의 종류
      ㉮ 가연성 가스와 조연성 가스에 의한 혼합가스 폭발
      ㉯ 분해 폭발성 가스에 의한 분해폭발
      ㉰ 대량 유출된 가스폭발
② 예방대책 : 폭발을 일으킬 가능성이 있는 위험성 물질과 이것에 발화에너지를 주는 발화
   원의 특성을 감안하여 폭발 발생의 조건을 만드는 일이 없도록 하는 것이다. 즉, 가연성
   가스와 조연성 가스 (공기)가 혼합되지 않는 상태를 유지하고, 점화원이 되는 요소를 제
   거하는 것이다.
   ㈎ 혼합가스의 폭발범위 외의 농도 유지
      ㉮ 공기 중의 누설·누출 방지

④ 밀폐용기 내의 공기 혼합 방지

④ 환기를 실시하여 폭발하한값 이하를 유지

(나) 비활성화 (inerting : 퍼지작업) : 가연성 혼합가스에 불활성 가스 (아르곤, 질소 등) 등을 주입하여 산소의 농도를 최소산소농도 (MOC) 이하로 낮추는 작업이다.

㉮ 진공 퍼지 (vacuum purge) : 용기를 진공시킨 후 불활성 가스를 주입시켜 원하는 최소산소농도에 이를 때까지 실시한다.

㉯ 압력 퍼지 (pressure purge) : 불활성 가스로 용기를 가압한 후 대기 중으로 방출하는 작업을 반복하여 원하는 최소산소농도에 이를 때까지 실시한다.

㉰ 스위프 퍼지 (sweep-through purge) : 한쪽으로는 불활성 가스를 주입하고, 반대쪽에서는 가스를 방출하는 작업을 반복하는 것으로 저장탱크 등에 사용한다.

㉱ 사이펀 퍼지 (siphon purge) : 용기에 물을 충만시킨 다음 용기로부터 물을 배출시킴과 동시에 불활성 가스를 주입하여 원하는 최소산소농도를 만드는 작업으로 퍼지경비를 최소화할 수 있다.

【 참 고 】 **최소산소농도 (MOC : minimum oxygen combustion)**
공기와 가연성 물질 중의 산소 체적%로 화재나 폭발 시 가연성 물질의 농도와 관계없이 산소의 농도를 감소시켜 화재나 폭발을 방지하는 것이다.

$$MOC = \left(\frac{연료\ 몰수}{연료\ 몰수 + 공기\ 몰수} \right) \times \left(\frac{산소\ 몰수}{연료\ 몰수} \right)$$

(다) 점화원 관리

(라) 정전기 제거

③ 방호대책 : 폭발의 발생을 예방할 수 없었을 때 폭발의 피해를 최소화하는 것으로 인명 및 재산 피해의 경감을 시도해야 한다.

(가) 봉쇄 (containment) : 폭발이 일어날 수 있는 장치나 건물이 폭발하였을 때 발생하는 압력에 견디도록 방폭벽 (blast walls), 차단물 등을 설치한다.

(나) 차단 (isolation) : 폭발이 다른 곳으로 전파될 때 자동적으로 고속 차단할 수 있는 설비로 초고속 검지설비, 차단밸브를 설치한다.

(다) 화염방지기 (flame arrester) : 폭발성 혼합가스로 충만된 배관 등의 내부에서 연소가 개시될 때 가연성 가스가 있는 장소로 불꽃이 유입·전파되는 것을 방지하는 목적으로 사용된다.

㉮ 종류

ⓐ 금속망형 : 열흡수율이 좋고 공기흐름에 대한 저항을 최대한 줄일 수 있으며 산업 시설에 많이 사용한다.

ⓑ 평판형 : 견고하고 분해 및 청소가 쉬우나, 공기저항이 크다.

ⓒ 수냉형 : 통기관을 순환하는 냉각수 속을 통과시켜 가연성 증기를 액화시켜 다시 저장탱크로 되돌려 보내는 것으로 인화방지와 내용물의 증발손실을 막는 효과도 있다.

ⓝ 설치장소

ⓐ 가연성 액화가스 저장탱크의 방출관

ⓑ 방출가스를 처리하는 플레어스택 (flare stack)

ⓒ 버너 또는 로(爐) 등에 가스를 이용하는 배관설비

ⓓ 위험물 저장소 (제4류 위험물 저장탱크)

ⓔ 회수장치로 솔벤트 증기를 이송하는 덕트 설비

㈑ 폭발억제(explosion suppression) : 폭발의 발달을 검지해서 파괴적인 압력이 발달하기 전에 인화성 분위기 내로 소화약제를 고속 분사하는 것으로 자동폭발 억제설비는 폭발개시 후 $\frac{10}{1000}$ 초 이내에 작동한다.

㈒ 폭발배출(explosion venting) : 건물이나 공정의 용기 중에 vent를 설치하여 폭발 시 발생하는 압력 및 열을 외부로 방출하는 것으로 vent의 강도는 건물이나 공기의 용기보다 약하게 설계한다.

> **【참 고】폭발방호대책 진행순서**
> ① 가연성 가스, 증기의 위험성 검토　　② 폭발방호 대상의 결정
> ③ 폭발의 위력과 피해정도 예측　　④ 폭발화염의 전파확대와 압력상승의 방지
> ⑤ 폭발에 의한 피해 확대방지(주변 환경에 대한 방호)

(2) 전기기기의 방폭구조

① 방폭구조의 종류

㈎ 내압(耐壓) 방폭구조 (d) : 방폭 전기기기의 용기 (이하 "용기"라 함) 내부에서 가연성 가스의 폭발이 발생할 경우 그 용기가 폭발압력에 견디고, 접합면, 개구부 등을 통하여 외부의 가연성 가스에 인화되지 아니하도록 한 구조

㈏ 유입(油入) 방폭구조 (o) : 용기 내부에 절연유를 주입하여 불꽃, 아크 또는 고온 발생 부분이 기름 속에 잠기게 함으로써 기름면 위에 존재하는 가연성 가스에 인화되지 아니하도록 한 구조

㈐ 압력(壓力) 방폭구조 (p) : 용기 내부에 보호가스 (신선한 공기 또는 불활성 가스)를 압입하여 내부압력을 유지함으로써 가연성 가스가 용기 내부로 유입되지 아니하도록 한 구조

㈑ 안전증 방폭구조 (e) : 정상운전 중에 가연성 가스의 점화원이 될 전기불꽃, 아크 또는 고온부분 등의 발생을 방지하기 위하여 기계적, 전기적 구조상 또는 온도상승에 대하여 특히 안전도를 증가시킨 구조

㈒ 본질안전 방폭구조 (ia, ib) : 정상 시 및 사고 (단선, 단락, 지락 등) 시에 발생하는 전기불꽃, 아크 또는 고온부에 의하여 가연성 가스가 점화되지 아니하는 것이 점화시험, 기타 방법에 의하여 확인된 구조

㈓ 특수 방폭구조 (s) : ㈎번에서부터 ㈒번까지에서 규정한 구조 이외의 방폭구조로서 가연성 가스에 점화를 방지할 수 있다는 것이 시험, 기타 방법에 의하여 확인된 구조

② 가연성 가스의 폭발등급과 발화도 (위험등급)

㉮ 내압 방폭구조의 폭발등급 분류

최대안전틈새 범위 (mm)	0.9 이상	0.5 초과 0.9 미만	0.5 이하
가연성 가스의 폭발등급	A	B	C
방폭 전기기기의 폭발등급	ⅡA	ⅡB	ⅡC

【비 고】 최대안전틈새는 내용적이 8 L이고 틈새 깊이가 25 mm인 표준용기 내에서 가스가 폭발할 때 발생한 화염이 용기 밖으로 전파하여 가연성 가스에 점화되지 아니하는 최댓값

㉯ 본질안전 방폭구조의 폭발등급 분류

최소점화전류비의 범위 (mm)	0.8 초과	0.45 이상 0.8 이하	0.45 미만
가연성 가스의 폭발등급	A	B	C
방폭 전기기기의 폭발등급	ⅡA	ⅡB	ⅡC

【비 고】 최소점화전류비는 메탄가스의 최소점화전류를 기준으로 나타낸다.

③ 가연성 가스의 발화도 범위에 따른 방폭 전기기기의 온도등급

가연성 가스의 발화도(℃) 범위	방폭 전기기기의 온도등급
450 초과	T1
300 초과 450 이하	T2
200 초과 300 이하	T3
135 초과 200 이하	T4
100 초과 135 이하	T5
85 초과 100 이하	T6

(3) 위험성 평가 기법

① 정성적 평가 기법

㉮ 체크리스트 (checklist) 기법 : 공정 및 설비의 오류, 결함 상태, 위험상황 등을 목록화 한 형태로 작성하여 경험적으로 비교함으로써 위험성을 파악하는 것이다.

㉯ 사고예상 질문 분석 (what-if) 기법 : 공정에 잠재하고 있으면서 원하지 않은 나쁜 결과를 초래할 수 있는 사고에 대하여 예상 질문을 통해 사전에 확인함으로써 그 위험과 결과 및 위험을 줄이는 방법을 제시하는 것이다.

㉰ 위험과 운전 분석 (hazard and operablity studies : HAZOP) 기법 : 공정에 존재하는 위험 요소들과 공정의 효율을 떨어뜨릴 수 있는 운전상의 문제점을 찾아내어 그 원인을 제거하는 것이다.

② 정량적 평가 기법

  ㈎ 작업자 실수 분석 (human error analysis) 기법 : 설비의 운전원, 정비 보수원, 기술자 등의 작업에 영향을 미칠만한 요소를 평가하여 그 실수의 원인을 파악하고 추적하여 실수의 상대적 순위를 결정하는 것이다.

  ㈏ 결함 수 분석 (fault tree analysis : FTA) 기법 : 사고를 일으키는 장치의 이상이나 운전자 실수의 조합을 연역적으로 분석하는 것이다.

  ㈐ 사건 수 분석 (event tree analysis : ETA) 기법 : 초기사건으로 알려진 특정한 장치의 이상이나 운전자의 실수로부터 발생되는 잠재적인 사고결과를 평가하는 것이다.

  ㈑ 원인 결과 분석 (cause-consequence analysis : CCA) 기법 : 잠재된 사고의 결과와 이러한 사고의 근본적인 원인을 찾아내고 사고 결과와 원인의 상호관계를 예측, 평가하는 것이다.

③ 기타

  ㈎ 상대 위험순위 결정 (dow and mond indices) 기법 : 설비에 존재하는 위험에 대하여 수치적으로 상대위험 순위를 지표화하여 그 피해정도를 나타내는 상대적 위험 순위를 정하는 것이다.

  ㈏ 이상 위험도 분석 (failure modes effect and criticality analysis : FMECA) 기법 : 공정 및 설비의 고장의 형태 및 영향, 고장 형태별 위험도 순위를 결정하는 것이다.

예 상 문 제

문제 1. 고압가스가 누출되어 발화되었다. 그 사고 원인으로서 가능성이 희박한 것은?

㉮ 고압가스가 가연성이 있다.

㉯ 고압가스 용기 주변에 적절한 산소농도가 유지되었다.

㉰ 가스의 분자가 염소와 불소가 많이 포함하고 있었다.

㉱ 고압가스의 용기 압력이 높았다.

문제 2. 다음은 화재 및 폭발 시의 피난 대책을 기술한 것이다. 잘못 기술된 것은?

㉮ 폭발 시에는 급히 복도나 계단에 있는 방화문을 부수어 내부 압력을 소멸시켜 주어야 한다.

㉯ 옥외의 피난계단은 방의 창문에서 나오는 화염을 받지 않는 위치에 놓아야 한다.

㉰ 필요시에는 완강대를 설치, 운영해야 한다.

㉱ 피난통로나 유도등을 설치해야 한다.

문제 3. 다음은 폭발사고 후의 긴급안전대책에 해당되지 않는 것은?

㉮ 모든 위험물질을 다른 곳으로 옮긴다.

㉯ 타 공장에 파급되지 않도록 가열원, 동력원을 모두 끈다.

㉰ 장치 내 가연성 기체를 긴급히 비활성 기체로 치환시킨다.

㉱ 폭발의 위험성이 있는 건물은 방화구조와 내화구조로 한다.

문제 4. LNG의 유출사고 시 메탄가스의 거동에 관한 다음 설명 중 가장 옳은 것은?

㉮ 메탄가스의 비중은 공기보다 크므로 증발된 가스는 지상에 체류한다.

㉯ 메탄가스의 비중은 공기보다 작으므로 증발된 가스는 위로 확산되어 지상에 체류하는 일이 없다.

㉰ 메탄가스의 비중은 상온에서는 공기보다 작으나 온도가 낮으면 공기보다 커지기 때문에 지상에 체류한다.

㉱ 메탄가스의 비중은 상온에서는 공기보다 크나 온도가 낮으면 공기보다 작아지기 때문에 지상에 체류하는 일이 없다.

해설 메탄가스는 상온에서 공기보다 비중이 작으나 (공기보다 가볍다) LNG가 대량으로 누설되면 급격한 증발에 의하여 주변의 온도가 내려간다. 주변 공기온도가 $-110 \sim -113℃$ 이하가 되면 메탄가스의 비중은 공기보다 무거워져 지상에 체류한다.

문제 5. 다음 중 폭발방지를 위한 본질 안전장치에 해당되지 않는 것은?

㉮ 압력방출장치　　㉯ 온도제어장치

㉰ 조성억제장치　　㉱ 착화원 차단장치

문제 6. 화재나 폭발의 위험이 있는 장소를 위험장소라 한다. 다음 중 제1종 위험장소에 해당하는 것은?

㉮ 정상 작업조건 하에서 인화성 가스 또는 증기가 연속해서 착화 가능한 농도로서 존재하는 장소

㉯ 정상 작업조건 하에서 가연성 가스가 체류하여 위험하게 될 우려가 있는 장소

㉰ 가연성 가스가 밀폐된 용기 또는 설비의 사고로 인해 파손되거나 오조작의 경우에만 누출할 위험이 있는 장소

㉱ 환기장치에 이상이나 사고가 발생한 경우에 가연성 가스가 체류하여 위험하게

해답　1. ㉰　2. ㉮　3. ㉱　4. ㉰　5. ㉮　6. ㉯

될 우려가 있는 장소

해설 ㉮ : 제0종 위험장소
ㄷ, ㄹ : 제2종 위험장소

문제 7. 가연성 가스가 폭발할 위험이 있는 농도에 도달할 우려가 있는 장소로서 "제2종 장소"에 해당하지 않는 것은?

㉮ 상용의 상태에서 가연성 가스의 농도가 연속해서 폭발하한계 이상으로 되는 장소

㉯ 밀폐된 용기가 그 용기의 사고로 인해 파손될 경우에만 가스가 누출할 위험이 있는 장소

㉰ 환기장치에 이상이나 사고가 발생한 경우에는 가연성 가스가 체류하여 위험하게 될 우려가 있는 장소

㉱ 1종 장소의 주변에서 위험한 농도의 가연성 가스가 종종 침입할 우려가 있는 장소

해설 ㉮ 0종 장소

문제 8. 가연성 가스가 폭발할 위험이 있는 농도에 도달할 우려가 있는 장소를 위험장소라 한다. 밀폐된 용기 또는 설비의 사고로 인해 파손되거나 오조작의 경우에만 누출할 위험이 있는 장소는 다음 중 어느 장소에 해당하는가?

㉮ 0종 장소   ㉯ 1종 장소
㉰ 2종 장소   ㉱ 3종 장소

문제 9. 유류 화재를 B급 화재라 한다. 이때 소화약제로 쓰이는 것은?

㉮ 건조사, CO 가스
㉯ 불연성 기체, 유기소화액
㉰ CO_2, 포, 분말약제
㉱ 봉상주수, 산·알칼리액

문제 10. 소화의 원리에 대한 설명 중 가장 거리가 먼 것은?

㉮ 가연성 가스나 가연성 증기의 공급을 차단시킨다.

㉯ 연소 중에 있는 물질에 물이나 특수 냉각제를 뿌려 온도를 낮춘다.

㉰ 연소 중에 있는 물질에 공기를 많이 공급하여 혼합기체의 농도를 높게 한다.

㉱ 연소 중에 있는 물질의 표면을 불활성 가스로 덮어 씌워 가연성 물질과 공기를 차단시킨다.

해설 ㉮ 제거효과 (소화), ㉯ 냉각효과 (소화)
㉱ 질식효과 (소화)

문제 11. 소화약제로서 물이 가지는 성질에 대한 설명 중 옳지 않은 것은?

㉮ 기화잠열이 작다.
㉯ 비열이 크다.
㉰ 물은 극성 공유결합을 하고 있다.
㉱ 가장 주된 소화효과는 냉각소화이다.

해설 기화잠열 (539 kcal/kg)이 크다.

문제 12. 가스화재 시 밸브 및 콕을 잠그는 경우 어떤 소화효과를 기대할 수 있는가?

㉮ 질식소화   ㉯ 제거소화
㉰ 냉각소화   ㉱ 억제소화

문제 13. 공기를 차단시키며 화염에서 나오는 복사열을 차단시키는 효과가 있고, 발생기 수소나 수산화기와 결합하여 화염의 연쇄전파반응을 중단시키는 소화제는?

㉮ 물
㉯ 탄산가스
㉰ 드라이케미컬 분말
㉱ 하론

문제 14. 위험한 증기가 있는 곳의 장치에 정전기를 해소시키기 위한 방법이 아닌 것은?

㉮ 접속 및 접지   ㉯ 이온화
㉰ 증습   ㉱ 가압

해설 • 정전기 제거방법
① 대상물을 접지한다.

② 공기 중 상대습도를 높인다 (70 % 이상).
③ 공기를 이온화한다.

[문제] **15.** 위험물 안전관리법상 물과 접촉하여 많은 열을 내며 연소를 돕는 금수성 물질은 제 몇 류 위험물에 해당하는가 ?

㉮ 제1류　　　　㉯ 제3류
㉰ 제5류　　　　㉲ 제6류

[해설] • 위험물 종류 (구분) 및 특징
① 제1류 위험물 : 일반적으로 불연성이고 산화성 고체 (아염소산염류, 염소산염류, 질산염류 등)
② 제2류 위험물 : 연소속도가 빠르고 낮은 온도에서 발화하기 쉬운 가연성 물질 (황린, 적린, 유황, 마그네슘, 금속분류)
③ 제3류 위험물 : 자연발화성 및 금수성 물질 (칼륨, 나트륨, 알킬알루미늄 등)
④ 제4류 위험물 : 인화하기 쉽고 상온에서 액체인 것으로 석유류가 이에 속한다.
⑤ 제5류 위험물 : 자기연소성 물질 (유기과산화물류, 질산에스테르류 등)
⑥ 제6류 위험물 : 산소를 많이 함유하고 있는 강산화성 액체 (과염소산, 과산화수소 등)

[문제] **16.** 아염소산염류 또는 염소산염류는 산화성 고체로서 위험물로 분류된 가장 큰 이유는 ?

㉮ 폭발성 물질이다.
㉯ 물에 흡수되면 많은 열이 발생한다.
㉰ 강력한 환원제이다.
㉲ 산소를 많이 함유한 강산화제이다.

[해설] • 제1류 위험물 (산화성 고체) : 염소산염류, 과염소산염류, 무기과산화물류, 아염소산염류, 브롬산염류, 질산염류, 요오드산염류 등

[문제] **17.** 가연성 물질이며, 산소를 함유하고 있는 물질이므로 일단 연소를 시작하면 억제하기 힘들고 화약과 폭약의 원료로 사용되는 위험물은 ?

㉮ 제1류 위험물　　㉯ 제2류 위험물
㉰ 제5류 위험물　　㉲ 제6류 위험물

[문제] **18.** 다음 중 자기연소를 하는 물질로만 짝지어진 것은 ?

㉮ 경유, 프로판
㉯ 질화면, 셀룰로이드
㉰ 황산, 나프탈렌
㉲ 석탄, 플라스틱 (FEP)

[해설] • 자기 연소성 물질 (제5류 위험물) : 유기과산화물, 질산에스테르류, 셀룰로이드류, 니트로 화합물, 니트로소 화합물, 아조 화합물, 디아조 화합물, 히드라진 및 유도체

[문제] **19.** 불활성 가스에 의한 가스치환의 가장 주된 목적은 ?

㉮ 가연성 가스 및 지연성 가스에 대한 화재 폭발사고 방지
㉯ 지연성 가스에 대하여 산소결핍 사고의 방지
㉰ 독성가스에 대한 농도 희석
㉲ 가스에 대한 산소 과잉 방지

[문제] **20.** 다음은 연소를 위한 최소산소량 (minimum oxygen for combustion : MOC) 에 관한 사항이다. 옳은 것은 ?

㉮ 가연성 가스의 종류가 같으면 함께 존재하는 불연성 가스의 종류에 따라 MOC 값이 다르다.
㉯ MOC를 추산하는 방법 중에는 가연성 물질의 연소 상한계값 (H)에 가연물 1몰이 완전연소할 때 필요한 과잉산소의 양론 계수값을 곱하여 얻는 방법도 있다.
㉰ 계 내에 산소가 MOC 이상으로 존재하도록 하기 위한 방법으로 불활성 기체를 주입하여 계의 압력을 상승시키는 방법이 있다.
㉲ 가연성 물질의 종류가 같으면 MOC 값도 다르다.

[해설] • 최소산소농도 (MOC) : 공기와 가연성 물질 중의 산소체적 비율 (%)로 화재나 폭발 시

가연성 물질의 농도와 관계없이 산소의 농도를 감소시켜 화재나 폭발을 방지하는 것이다.

문제 21. 가연성 혼합가스에 불활성 가스를 주입하여 산소의 농도를 최소산소농도 (MOC) 이하로 낮게 하는 공정은?

② 릴리프 (relief) ④ 벤트 (vent)

④ 이너팅 (inerting) ④ 리프팅 (lifting)

[해설] 비활성화 = 퍼지작업 = inerting

문제 22. 퍼지 (purging) 방법 중 용기의 한 개구부로부터 퍼지가스를 가하고 다른 개구부로부터 대기 (또는 스크레버)로 혼합가스를 용기에서 축출시키는 공정은?

② 진공 퍼지 (vacuum purging)

④ 압력 퍼지 (pressure purging)

④ 스위프 퍼지 (sweep-through purging)

④ 사이펀 퍼지 (siphon purging)

[해설] • 퍼지 (purging) 종류

① 진공 퍼지 : 용기를 진공시킨 후 불활성 가스를 주입시켜 원하는 최소산소농도에 이를 때까지 실시하는 방법

② 압력 퍼지 : 불활성 가스로 용기를 가압한 후 대기 중으로 방출하는 작업을 반복하여 원하는 최소산소농도에 이를 때까지 실시하는 방법

③ 사이펀 퍼지 : 용기에 물을 충만 시킨 후 용기로부터 물을 배출시킴과 동시에 불활성 가스를 주입하여 원하는 최소산소농도를 만드는 작업으로 퍼지 경비를 최소화할 수 있다.

④ 스위프 퍼지 : 한쪽으로는 불활성 가스를 주입하고 반대쪽에서는 가스를 방출하는 작업을 반복하는 것으로 저장탱크 등에 사용한다.

문제 23. 프로판가스에 대한 최소산소농도값 (MOC)를 추산하면 얼마인가? (단, C_3H_8의 폭발하한치는 2.1 v%이다.)

② 8.5 % ④ 9.5 %

④ 10.5 % ④ 11.5 %

[해설] ① 프로판의 완전연소 반응식

$$C_3H_8 + 5O_2 \rightarrow 3CO_2 + 4H_2O$$

② 최소산소농도 계산

$$MOC = LFL \times \frac{\text{산소 몰수}}{\text{연료 몰수}} = 2.1 \times \frac{5}{1}$$

$$= 10.5 \%$$

문제 24. 다음은 폭굉을 일으킬 수 있는 기체가 파이프 내에 있을 때 폭굉방지 및 방호에 관한 내용이다. 옳지 않은 사항은?

② 파이프의 지름대 길이의 비는 가급적 작도록 한다.

④ 파이프 라인에 오리피스 같은 장애물이 없도록 한다.

④ 파이프 라인을 장애물이 있는 곳은 가급적이면 축소한다.

④ 공정라인에서 회전이 가능하면 가급적 완만한 회전을 이루도록 한다.

[해설] 배관 지름이 작아지면 폭굉 유도거리가 짧아진다.

문제 25. 다음 중 방호장치에 의한 대책이 아닌 것은?

② 폭발이 일어난 구조물 내의 압력상승을 억제해서 이것을 파괴로부터 보호할 목적의 것

④ 폭발현상이 다른 부분으로 확산되지 않도록 국소화 할 것을 목적으로 하는 것

④ 폭발에 의해 발생한 압력파나 비산물로부터 설비나 사람을 보호할 목적으로 하는 것

④ 폭발이 구조물 내에서 일어나지 않도록 할 것을 목적으로 하는 것

문제 26. 폭발방호 (explosion protection) 대책과 관계가 가장 적은 것은?

② explosion venting

④ adiabatic compression

④ containment

해답 21. ④ 22. ④ 23. ④ 24. ④ 25. ④ 26. ④

라 explosion suppression

해설 • 폭발방호대책 : 폭발의 발생을 예방할 수 없었을 때 폭발의 피해를 최소화하는 것으로 인명 및 재산 피해의 경감을 시도해야 한다.
 ① 봉쇄 : containment
 ② 차단 : isolation
 ③ 폭발억제 : explosion suppression
 ④ 폭발배출 : explosion venting
 ※ adiabatic compression : 단열압축

문제 **27.** 다음은 폭발방호대책 진행방법의 순서를 나타낸 것이다. 그 순서가 옳은 것은?

> ① 폭발방호 대상의 결정
> ② 폭발의 위력과 피해정도 예측
> ③ 폭발화염의 전파 확대와 압력상승의 방지
> ④ 폭발에 의한 피해의 확대 방지
> ⑤ 가연성 가스, 증기의 위험성 검토

 가 ① - ② - ③ - ④ - ⑤
 나 ⑤ - ① - ② - ③ - ④
 다 ④ - ⑤ - ① - ② - ③
 라 ③ - ④ - ⑤ - ① - ②

문제 **28.** 다음은 화염방지기 (flame arrestor) 에 관한 내용이다. 옳지 않은 것은?
 가 용도에 따라 차이는 있으나 구멍의 지름이 화염거리 이하로 되어 있다.
 나 화염방지기의 주된 기능은 화염 중의 열을 흡수하는 것이다.
 다 화염방지기는 폭굉을 예방하기 위하여는 사용될 수 없다.
 라 화염방지기의 형태는 금속철망, 다공성 철판, 주름진 금속 리본 등 여러 가지가 있다.

해설 • 화염방지기 : 폭발성 혼합가스가 충만된 배관 등의 내부에서 연소가 개시될 때 가연성 가스가 있는 장소로 불꽃이 유입 전파되는 것을 방지하는 장치

문제 **29.** 폭발억제 (explosion suppression) 를 가장 바르게 설명한 것은?
 가 폭발성 가스가 있을 때에는 불활성 가스를 미리 주입하여 폭발을 미연에 방지한다.
 나 폭발 시작 단계를 검지하여 원료 공급 차단, 소화 등으로 더 큰 폭발을 진압함을 말한다.
 다 안전밸브 등을 설치하여 폭발이 발생했을 때 폭발 생성물을 외부로 방출하여 큰 피해를 입지 않도록 함을 말한다.
 라 폭발성 물질이 있는 곳을 봉쇄하여 폭발을 억제함을 말한다.

해설 • 폭발억제 (explosion suppression) : 폭발의 발달을 검지해서 파괴적인 압력이 발달하기 전에 인화성 분위기 내로 소화약제를 고속 분사하는 것으로 자동폭발 억제설비는 폭발개시 후 10/1000초 이내에 작동한다.
 ※ 가 예방대책, 다 폭발배출

문제 **30.** 위험 등급의 분류에서 특정 결함의 위험도가 가장 큰 것은?
 가 안전 (安全)   나 한계성 (限界性)
 다 위험 (危險)   라 파탄 (破綻)

문제 **31.** 다음 위험성을 나타내는 성질에 관한 설명으로 옳지 않은 것은?
 가 비등점이 낮으면 인화의 위험성이 높아진다.
 나 유지, 파라핀, 나프탈렌 등 가연성 고체는 화재 시 가연성 액체로 되어 화재를 확대한다.
 다 물과 혼합되기 쉬운 가연성 액체는 물과의 혼합에 의해 증기압이 높아져 인화점이 낮아진다.
 라 전기 전도도가 낮은 인화성 액체는 유동이나 여과 시 정전기를 발생하기 쉽다.

문제 32. 방폭구조의 종류를 설명한 것이다. 틀린 것은?

㉮ 본질안전 방폭구조는 공적기관에서 점화시험 등의 방법으로 확인한 구조이다.

㉯ 안전증 방폭구조는 구조상 및 온도의 상승에 대하여 특별히 안전도를 증가시킨 구조이다.

㉰ 유입 방폭구조는 유면상에 존재하는 폭발성 가스에 인화될 우려가 없도록 한 구조이다.

㉱ 내압 방폭구조는 용기 외부의 폭발에 견디도록 용기를 설계한 구조이다.

해설 • 내압(耐壓) 방폭구조(d) : 방폭 전기기기의 용기 내부에서 가연성 가스의 폭발이 발생할 경우 그 용기가 폭발압력에 견디고, 접합면, 개구부 등을 통하여 외부의 가연성 가스에 인화되지 아니하도록 한 구조

문제 33. 용기 내부에서 가연성 가스의 폭발이 발생할 경우 그 용기가 폭발압력에 견디고 접합면 등을 통하여 외부의 가연성 가스에 인화되지 않도록 한 방폭구조의 표시방법은?

㉮ e   ㉯ p   ㉰ o   ㉱ d

해설 • 방폭 전기기기의 구조별 표시방법

명칭	기호	명칭	기호
내압 방폭구조	d	안전증 방폭구조	e
유입 방폭구조	o	본질안전 방폭구조	ia, ib
압력 방폭구조	p	특수 방폭구조	s

문제 34. 내압 방폭구조로 방폭 전기기기를 설계할 때 가장 중요하게 고려해야 할 사항은?

㉮ 가연성 가스의 최소 점화에너지

㉯ 가연성 가스의 안전간극

㉰ 가연성 가스의 연소열

㉱ 가연성 가스의 발화점

문제 35. 방폭 전기기기 설비의 부품이나 정

크션 박스(junction box), 풀 박스(pull box)는 어떤 방폭구조로 하여야 하는가?

㉮ 압력 방폭구조(p)

㉯ 내압 방폭구조(d)

㉰ 유입 방폭구조(o)

㉱ 특수 방폭구조(s)

해설 방폭 전기기기 설치에 사용되는 정크션 박스, 풀 박스, 접속함 및 설비 부속품은 내압 방폭구조 또는 안전증 방폭구조의 것이어야 한다.

문제 36. 전기기기의 불꽃, 아크가 발생하는 부분을 절연유에 격납하여 폭발가스에 점화되지 않도록 한 방폭구조는?

㉮ 안전증 방폭구조

㉯ 유입 방폭구조

㉰ 내압 방폭구조

㉱ 본질안전 방폭구조

문제 37. 1종 장소와 2종 장소에 적합한 구조로 전기기기를 전폐구조의 용기 또는 외피 속에 넣고 그 내부에 불활성 가스를 압입하여 내부압력을 유지함으로써 가연성 가스가 용기 내부로 유입되지 않도록 한 방폭구조를 의미하는 것은?

㉮ 안전증 방폭구조(increased safety "e")

㉯ 내압 방폭구조(flame proof enclosure "d")

㉰ 유입 방폭구조(oil immersion "o")

㉱ 압력 방폭구조(pressurized apparatus "p")

문제 38. 전기기기의 방폭구조 선택은 가연성 가스의 발화도와 폭발등급에 의해서 좌우된다. 폭발등급은 가연성 가스의 어떤 특성치에 의해서 구별되는가?

㉮ 발화온도   ㉯ 최소 발화에너지

㉰ 폭발한계   ㉱ 최대안전틈새

해설 • 최대안전틈새 : 내용적이 8 L이고 틈새 깊이가 25 mm인 표준용기 내에서 가스가 폭발할 때 발생한 화염이 용기 밖으로 전파하

여 가연성 가스에 점화되지 아니하는 최댓값

문제 39. 본질안전 방폭구조의 폭발등급에 관한 설명 중 옳은 것은?

㉮ 안전간격이 0.8 mm 초과인 가스의 폭발등급은 A이다.

㉯ 안전간격이 0.4 mm 미만인 가스의 폭발등급은 C이다.

㉰ 안전간격이 0.2 mm 이하인 가스의 폭발등급은 D이다.

㉱ 안전간격이 0.6~0.4 mm 이상인 가스의 폭발등급은 B이다.

해설 • 본질안전 방폭구조의 폭발등급

최소점화전류비의 범위(mm)	0.8 초과	0.45~0.8 이하	0.45 미만
가연성 가스의 폭발등급	A	B	C
방폭 전기기기의 폭발등급	ⅡA	ⅡB	ⅡC

문제 40. 가연성 가스의 발화도 범위가 300℃ 초과 450℃ 이하에 사용하는 방폭 전기기기의 온도등급은?

㉮ T1 ㉯ T2 ㉰ T3 ㉱ T4

해설 • 발화도 범위에 따른 방폭 전기기기의 온도등급

가연성 가스의 발화도(℃) 범위	방폭 전기기기의 온도등급
450 초과	T1
300 초과 450 이하	T2
200 초과 300 이하	T3
135 초과 200 이하	T4
100 초과 135 이하	T5
85 초과 100 이하	T6

문제 41. 방폭구조 및 대책에 관한 설명이 아닌 것은?

㉮ 방폭 대책에는 예방, 국한, 소화, 피난

대책이 있다.

㉯ 가연성 가스의 용기 및 탱크 내부는 제2종 위험장소이다.

㉰ 분진처리장치의 호흡작용이 있는 경우에는 자동분진제거 장치가 필요하다.

㉱ 내압 방폭구조는 내부폭발에 의한 내용물의 손상으로 영향을 미치는 기기에는 부적당하다.

해설 (1) 가연성 가스 용기 및 탱크 내부 : 0종 장소
(2) 2종 위험장소
① 밀폐된 용기 또는 설비 내에 밀봉된 가연성 가스가 그 용기 또는 설비의 사고로 인해 파손되거나 오조작의 경우에만 누출할 위험이 있는 장소
② 확실한 기계적 환기조치에 의하여 가연성 가스가 체류하지 않도록 되어 있으나 환기장치에 이상이나 사고가 발생한 경우에는 가연성 가스가 체류하여 위험하게 될 우려가 있는 장소
③ 1종 장소의 주변 또는 인접한 실내에서 위험한 농도의 가연성 가스가 종종 침입할 우려가 있는 장소

문제 42. 다음 중 공정 및 설비의 오류, 결함 상태, 위험 상황 등을 목록화한 형태로 작성하여 경험적으로 비교함으로써 위험성을 정성적으로 파악하는 안전성 평가기법은?

㉮ 체크리스트 (check list) 기법

㉯ 작업자 실수 분석 (human error analysis, HEA) 기법

㉰ 사고 예상 질문 분석 (what-if) 기법

㉱ 위험과 운전 분석 (hazard and operablity studies, HAZOP) 기법

문제 43. 공정에 존재하는 위험요소들과 공정의 효율을 떨어뜨릴 수 있는 운전상의 문제점을 찾아낼 수 있는 정성적인 위험 평가 기법으로 산업체 (화학공장)에서 가장 일반적으로 사용되는 것은?

⑦ checklist법   ④ FTA법

⑤ ETA법   ⑥ HAZOP법

해설 • HAZOP법 : 위험과 운전 분석 (hazard and operablity studies, HAZOP) 기법

문제 44. HAZOP팀이 필요한 자료를 수집하는 경우 적절하지 않은 것은?

⑦ 공정 설명서

④ 공장 배치도

⑤ 유해 위험설비 목록

⑥ 안전과 훈련교본

문제 45. 가스설비의 정성적 위험성 평가방법으로 주로 사용되는 HAZOP 기법에 대한 설명으로 틀린 것은?

⑦ 공정을 이해하는데 도움이 된다.

④ 공정의 상호작용을 완전히 분석할 수 있다.

⑤ 정확한 상세도면 및 데이터가 필요하지 않다.

⑥ 여러 가지 공정형식 (연속식, 회분식)에 적용 가능하다.

해설 • 위험과 운전 분석 (hazard and operablity studies : HAZOP) 기법 : 공정에 존재하는 위험 요소들과 공정의 효율을 떨어뜨릴 수 있는 운전상의 문제점을 찾아내어 그 원인을 제거하는 것이다.

문제 46. 사고에 대하여 원인을 파악하는 연역적 기법으로 사고를 일으키는 장치의 이상이나 운전자 실수의 상관관계를 분석하는 안정성 평가 기법은?

⑦ 결함 수 분석 기법 (FTA)

④ 사건 수 분석 기법 (ETA)

⑤ 원인 결과 분석법 (CCA)

⑥ 위험도 평가 기법 (RBI)

문제 47. 가스 안전성평가 기법은 정성적 기법과 정량적 기법으로 구분한다. 정량적 기법이 아닌 것은?

⑦ 결함 수 분석 (FTA)

④ 사건 수 분석 (ETA)

⑤ 원인 결과 분석 (CCA)

⑥ 위험과 운전 분석 (HAZOP)

해설 • 안전성 평가 기법
① 정성적 평가기법 : 체크리스트 (checklist) 기법, 사고예상 질문 분석 (what-if) 기법, 위험과 운전 분석 (HAZOP) 기법
② 정량적 평가 기법 : 작업자 실수 분석 (HEA) 기법, 결함 수 분석 (FTA) 기법, 사건 수 분석 (ETA) 기법, 원인 결과 분석 (CCA) 기법
③ 기타 : 상대 위험순위 결정 기법, 이상 위험도 분석

문제 48. 아래의 가스폭발 위험성 평가 기법 설명은 어느 기법인가?

---

① 사상의 안전도를 사용하여 시스템의 안전도를 나타내는 모델이다.
② 귀납적이기는 하나 정량 분석 기법이다.
③ 재해의 확대요인의 분석에 적합하다.

---

⑦ FHA (fault hazard analysis)

④ JSA (job safety analysis)

⑤ EVP (extreme value projection)

⑥ ETA (event tree analysis)

5편

가스 유체역학

제 1 장 유체의 기초 성질

1. 유체의 정의 및 분류

(1) 유체역학의 개요

유체역학 (流體力學)은 유체의 운동과 이에 따라 발생하는 현상을 다루는 것으로 유체정역학과 유체동역학으로 구분한다. 유체정역학은 유체가 정지 또는 미치는 힘이 평형 상태에 있는 경우이고, 유체동역학은 유체가 가속 상태 (비평형 상태)로 운동하고 있는 경우로 유체의 운동과 제현상을 수학적, 이론적 및 실험적으로 다룬다.

(2) 유체의 정의

우리 주변에 있는 물질들은 입자들의 집합상태에 따라 고체 (solid), 액체 (liquid), 기체 (gas)의 세 가지 중 하나의 상태의 존재한다. 이들의 분자 간의 인력과 운동 상태는 고체에서 액체, 기체의 순으로 인력이 작아지고 운동 상태는 활발해진다. 즉, 액체와 기체는 형태가 없고 어떠한 모양의 용기에 담아도 쉽게 변형되는데 이 액체와 기체를 합쳐서 유체 (流體 (fluid))라 부른다.

유체는 정지 상태에서 작은 전단응력 (저항력)이 작용하면 쉽게 변형되는데 이를 흐름 [유동 (流動), flow]이라 한다.

(3) 유체의 분류

① 압축성 유체와 비압축성 유체

(개) 압축성 유체 : 유체의 밀도가 압력의 변화에 따라 변하는 것으로 기체가 해당된다.

(내) 비압축성 유체 : 유체의 밀도가 압력의 변화와 관계없이 일정한 것으로 액체가 해당된다.

② 이상유체와 실제유체

(개) 이상 (완전)유체 (ideal fluid) : 점성 (粘性)이 없다고 가정한 것으로 유체 유동 시 마찰손실이 생기지 않는 유체

(내) 실제 (점성)유체 (real fluid) : 실제로 존재하는 점성을 가진 것으로 유체 유동 시 마찰손실이 생기는 유체

③ 뉴턴 유체와 비뉴턴 유체

(개) 뉴턴 (Newton) 유체 : 뉴턴의 점성법칙을 만족하는 것으로 유체 유동 시 속도구배가

마찰 전단응력에 직접 비례하는 유체이다. 물, 공기, 알코올 등이 해당된다.

(나) 비뉴턴 (non-Newton) 유체 : 뉴턴의 점성법칙을 충족시키지 않는 끈기가 있는 것으로 플라스틱, 타르, 페인트, 치약, 진흙 등이 해당된다.

2. 단위와 차원

(1) 단위 (unit)

① 절대단위와 공학단위 (중력단위)

(가) 절대단위 : 단위 기본량을 질량, 길이, 시간으로 하여 이들의 단위를 사용하여 유도된 단위

(나) 공학단위 (중력단위) : 질량 대신 중량을 사용한 단위 (중력가속도가 작용하고 있는 상태)

(다) SI 단위 : system international unit의 약자로 국제단위계이다.

② 힘 (F : force, weight) : 물체의 정지 또는 일정한 운동 상태로 변화를 가져오는 힘의 주체이다.

(가) SI 단위 : 질량 1 kg인 물체가 $1\,m/s^2$ 의 가속도를 받았을 때의 힘으로 N (Newton)으로 표시한다.

$1\,N = 1\,kg \cdot m/s^2$ $\qquad$ $1\,dyn = 1\,g \cdot cm/s^2$

(나) 공학단위 : 질량 1 kg인 물체가 $9.8m/s^2$ 의 중력가속도를 받았을 때의 힘으로 kgf로 표시한다.

$1\,kgf = 1\,kg \times 9.8m/s^2 = 9.8\,kg \cdot m/s^2 = 9.8\,N$

③ 일과 에너지

(가) 일 (work) : 물체에 힘 F가 작용하여 길이 L만큼 이동시킬 때 이루어지는 것

일 (W) = 힘 $(F) \times$ 길이 (L)

㉮ SI 단위

ⓐ MKS 단위 : $1\,N \cdot m = 1\,J$

ⓑ CGS 단위 : $1\,dyn \cdot cm = 1\,erg$

㉯ 공학단위

ⓐ MKS 단위 : $1\,kgf \cdot m$

ⓑ CGS 단위 : $1\,gf \cdot cm$

(나) 에너지 (energy) : 일을 할 수 있는 능력으로 외부에 행한 일로 표시되며 단위는 일의 단위와 같다. 종류는 G [kgf]의 물체가 h [m]의 높이에 있을 때의 위치에너지 (E_p)와 V [m/s]의 속도로 움직일 때의 운동에너지 (E_k)가 있다.

㉮ SI 단위

ⓐ 위치에너지 $E_p = m \cdot g \cdot h$ [J]

ⓑ 운동에너지 $E_k = \dfrac{1}{2} \cdot m \cdot V^2$ [J]

㉯ 공학단위

ⓐ 위치에너지 $E_p = G \cdot h$ [kgf · m]

ⓑ 운동에너지 $E_k = \dfrac{G \cdot V^2}{2g}$ [kgf · m]

④ 동력 : 단위시간당 행하는 일의 율(率)이다.

㈎ SI 단위

㉮ 1 W = 1 J/s

㈏ 공학단위

㉮ 1 PS (pferde starke) = 75 kgf · m/s

$$= 75\ \text{kgf} \cdot \text{m/s} \times \dfrac{1}{427}\ \text{kcal/ kgf} \cdot \text{m} \times 3600\ \text{s/h}$$

$$= 632.2\ \text{kcal/h} = 0.735\ \text{kW} = 2646\ \text{kJ/h}$$

㉯ 1 kW = 102 kgf · m/s

$$= 102\ \text{kgf} \cdot \text{m/s} \times \dfrac{1}{427}\ \text{kcal/ kgf} \cdot \text{m} \times 3600\ \text{s/h}$$

$$= 860\ \text{kcal/h} = 1.36\ \text{PS} = 3600\ \text{kJ/h}$$

㉰ 1 HP (horse power : 영국마력) = 76 kgf · m/s

$$= 76\ \text{kgf} \cdot \text{m/s} \times \dfrac{1}{427}\ \text{kcal/ kgf} \cdot \text{m} \times 3600\ \text{s/h}$$

$$= 640.75\ \text{kcal/h} = 0.745\ \text{kW} = 2682\ \text{kJ/h}$$

주요 물리량의 단위 비교

물리량	SI 단위	공학단위
힘	$\text{N} (= \text{kg} \cdot \text{m/s}^2)$	kgf
압력	$\text{Pa} (= \text{N/m}^2)$	kgf/m^2
열량	$\text{J} (= \text{N} \cdot \text{m})$	kcal
일	$\text{J} (= \text{N} \cdot \text{m})$	kgf · m
에너지	$\text{J} (= \text{N} \cdot \text{m})$	kgf · m
동력	$\text{W} (= \text{J/s})$	kgf · m/s

(2) 차원 (demension)

여러 가지 자연현상인 질량, 길이, 시간, 속도, 압력, 점성계수 등을 표시하는 양을 물리량
이라 하며 물리적 양을 차원으로 표시할 수 있다.

① MLT 계 : 질량 (M), 길이 (L), 시간 (T)으로 표시 → 절대단위

② FLT 계 : 힘 (F), 길이 (L), 시간 (T)으로 표시 → 공학단위

주요 물리량의 단위와 차원

물리량	단 위		차 원	
	절대단위 (SI)	공학단위	절대단위 (SI)	공학단위
길이	m	m	L	L
질량	kg	kgf $\cdot$ s^2/m	M	$FL^{-1}T^2$
시간	s	s	T	T
힘	N, kg $\cdot$ m/s^2	kgf	MLT^{-2}	F
면적	m^2	m^2	L^2	L^2
체적	m^3	m^3	L^3	L^3
속도	m/s	m/s	LT^{-1}	LT^{-1}
가속도	m/s^2	m/s^2	LT^{-2}	LT^{-2}
탄성계수	kg/m $\cdot$ s^2	kgf/m^2	$ML^{-1}T^{-2}$	FL^{-2}
밀도	kg/ m^3	kgf $\cdot$ s^2/m^4	ML^{-3}	$FL^{-4}T^2$
압력	kg/m $\cdot$ s^2	kgf/m^2	$ML^{-1}T^{-2}$	FL^{-2}
비중량	kg/m^2 $\cdot$ s^2	kgf/ m^3	$ML^{-2}T^{-2}$	FL^{-3}
운동량	kg $\cdot$ m/s	kgf $\cdot$ s	MLT^{-1}	FT
각속도	rad/s	rad/s	T^{-1}	T^{-1}
회전력 (토크)	kg $\cdot$ m^2/s^2	kgf $\cdot$ m	ML^2T^{-2}	FL
모멘트	kg $\cdot$ m^2/s^2	kgf $\cdot$ m	ML^2T^{-2}	FL
표면장력	N/m, kg/s^2	kgf/m	MT^{-2}	FL^{-1}
동력	W, kg $\cdot$ m^2/s^3	kgf $\cdot$ m/s	ML^2T^{-3}	FLT^{-1}
점성계수	kg/m $\cdot$ s, N $\cdot$ s/m^2	kgf $\cdot$ s/m^2	$ML^{-1}T^{-1}$	$FL^{-2}T$
동점성계수	m^2/s	m^2/s	L^2T^{-1}	L^2T^{-1}
압력, 응력	Pa, N/m^2	kgf/m^2	$ML^{-1}T^{-2}$	FL^{-2}
에너지, 일	J, N $\cdot$ m, kg $\cdot$ m^2/s^2	kgf $\cdot$ m	ML^2T^{-2}	FL

3. 유체의 성질

(1) 밀도 (density), 비중량 (specific weight), 비체적 (specific volume)

① 밀도(ρ) : 단위체적당 질량

$\rho = \dfrac{m}{V}$ (SI 단위 : kg/ m^3, 공학단위 : kgf $\cdot$ s^2/m^4)

※ 밀도의 공학단위 $\rho = \dfrac{\gamma}{g}$ [kgf $\cdot$ s^2/m^4]

② 비중량(γ) : 단위체적당 유체의 무게 (중량)

$\gamma = \dfrac{W}{V}$ (SI 단위 : $\text{kg/m}^2 \cdot \text{s}^2$, 공학단위 : kgf/m^3)

※ 비중량의 절대단위 $\gamma = \rho \cdot g\, [\text{kg/m}^2 \cdot \text{s}^2]$

③ 비체적(V_S) : 단위질량당 유체의 체적

$V_S = \dfrac{V}{m} = \dfrac{1}{\rho}$ (SI 단위 : m^3 / kg, 공학단위 : m^3 / kgf)

④ 비중 : 같은 체적의 기준 물질과 목적 물질의 무게비 또는 질량비로 무차원 수이다.

  ㈎ 기체비중 : STP 상태의 공기 기준

$S = \dfrac{분자량}{29}$

  ㈏ 액체비중 : 4℃ 물 기준

(2) 이상기체 (완전기체)

① 이상기체의 성질

  ㈎ 보일·샤를의 법칙을 만족한다.

  ㈏ 아보가드로의 법칙에 따른다.

  ㈐ 내부에너지는 체적에 무관하며 온도에 의해 결정된다 (내부에너지는 온도만의 함수이다).

  ㈑ 비열비는 온도에 관계없이 일정하다.

  ㈒ 기체의 분자력과 크기도 무시되며 분자 간의 충돌은 완전 탄성체이다.

  ㈓ 원자수가 1 또는 2인 기체이다.

② 실제기체가 이상기체에 가까워 질 수 있는 조건 : 저압, 고온

③ 이상기체의 상태방정식

  ㈎ 보일·샤를의 법칙

   ㉮ 보일의 법칙

$$P_1 \cdot V_1 = P_2 \cdot V_2$$

   ㉯ 샤를의 법칙

$$\frac{V_1}{T_1} = \frac{V_2}{T_2}$$

   ㉰ 보일·샤를의 법칙

$$\frac{P_1 \cdot V_1}{T_1} = \frac{P_2 \cdot V_2}{T_2}$$

여기서, P_1 : 변하기 전의 절대압력 P_2 : 변한 후의 절대압력
       V_1 : 변하기 전의 부피 V_2 : 변한 후의 부피
       T_1 : 변하기 전의 절대온도 (K) T_2 : 변한 후의 절대온도 (K)

  ㈏ 이상기체 상태방정식

㉮ $PV = nRT$ $\qquad PV = \dfrac{W}{M} RT$ $\qquad PV = Z \dfrac{W}{M} RT$

여기서, P: 압력 (atm), $\qquad V$: 체적 (L), $\qquad n$: 몰 (mol)수, $\quad R$: 기체상수 (0.082 L · atm/mol · K)

$\qquad\quad M$: 분자량 (g), $\quad W$: 질량 (g), $\quad T$: 절대온도 (K), $\quad Z$: 압축계수

㉯ $PV = GRT$

여기서, P: 압력 (kgf/m^2 · a), $\quad V$: 체적 (m^3), $\quad G$: 중량 (kgf), $\quad T$: 절대온도 (K)

$\qquad\quad R$: 기체상수 $\left(\dfrac{848}{M} \text{ kgf · m/kg · K}\right)$

㉰ SI 단위

$PV = GRT$

여기서, P: 압력 (kPa · a), $\quad V$: 체적 (m^3), $\quad G$: 질량 (kg), $\quad T$: 절대온도 (K)

$\qquad\quad R$: 기체상수 $\left(\dfrac{8.314}{M} \text{ kJ/kg · K}\right)$

(다) 실제기체 상태방정식 (Van der Waals식)

㉮ 실제기체가 1 mol의 경우

$$\left(P + \dfrac{a}{V^2}\right)(V - b) = RT$$

㉯ 실제기체가 n [mol]의 경우

$$\left(P + \dfrac{n^2 \cdot a}{V^2}\right)(V - n \cdot b) = nRT$$

여기서, a: 기체분자 간의 인력 (atm · L^2/mol^2), $\quad b$: 기체분자 자신이 차지하는 부피 (L/mol)

④ 이상기체와 실제기체의 비교

구 분	이상기체	실제기체
분자의 크기	질량은 있으나 부피가 없다.	기체에 따라 다르다.
분자 간의 인력	없다.	있다.
고압, 저온	액화, 응고되지 않는다.	액화, 응고된다.
0 K (−273℃)	기체부피 0이다.	응고되어 고체로 된다.
보일 · 샤를의 법칙	완전히 적용된다.	근사적으로 적용된다.

(3) 유체의 탄성과 압축성

① 체적탄성계수 : 체적변형률에 대한 압력비이다.

$$E = - \dfrac{dP}{\dfrac{dV}{V_1}} \text{ [kgf/cm}^2]$$

※ 유체에 압력을 가하면 체적은 감소하므로 밀도와 비중량은 증가한다.

② 압축률 : 단위 압력변화에 대한 체적의 변형도를 말하며, 체적탄성계수의 역수이다.

$$\beta = - \dfrac{\dfrac{dV}{V_1}}{dP} = \dfrac{1}{E} \text{ [cm}^2/\text{kgf]}$$

4. 유체의 점성 (粘性)

(1) 점성 (viscosity)

① 유체의 점성 : 유체의 각 부분이 평행으로 층상을 이루고 있다고 가정할 때 두 층에 미끄럼이 생기면 마찰이 일어나서 저항력이 발생하게 되며 이를 유체마찰이라 한다. 유체에 유체마찰이 생기는 성질을 점성이라 한다.

　(개) 액체의 점성 : 유체마찰의 대부분은 분자의 응집력 때문에 발생하며, 액체의 온도를 높이면 분자운동이 활발해져서 분자의 응집력은 감소한다. 그러므로 온도가 상승하면 액체의 점성은 감소한다.

　(나) 기체의 점성 : 유체마찰의 대부분이 분자의 활발한 운동으로 발생하며, 온도를 높이면 분자운동이 활발해져서 기체의 점성은 상승한다.

(2) 뉴턴의 점성법칙

　정지 평판과 이동 평판의 평행한 사이에 유체가 있을 때 이동 평판을 움직이면 평판에 가해진 힘 (F)은 유체와 접촉된 평판면적 (A)과 속도 (U)에 비례하고 두 평판 사이의 거리 (d_y)에 반비례한다.

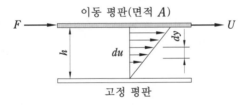

$$\therefore \text{전단응력} \quad \tau = \frac{F}{A} \text{이고,}$$

실험에 의하면 F는 U와 A에 비례하고 h에 반비례한다. $\left(F = \mu \dfrac{A \cdot U}{h}\right)$

$$\therefore \tau = \mu \frac{du}{dy}$$

　여기서, τ : 전단응력 (kgf/m^2), μ : 점성계수 ($\text{kgf} \cdot \text{s / m}^2$), $\dfrac{du}{dy}$: 속도구배

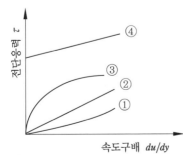

속도구배 *du/dy*

① 다일레이턴트 유체 (팽창 유체) : 아스팔트
② 뉴턴 유체 : 물
③ 실제 플라스틱 유체 (전단박하 유체) : 펄프류
④ 빙햄 플라스틱 유체 : 기름, 페인트, 치약, 진흙

① 점성계수 (μ) : 유체를 움직이지 않는 상태에서 측정한 값으로 절대점도라 한다.

 (개) 1푸아즈 (P : poise) = 1 g/cm · s → 절대단위

            = 0.0102 kgf · s/m^2 → 공학단위

 (내) 1센티 푸아즈 (cP : centi poise) = $\dfrac{1}{100}$ (poise)

 (대) 점성계수 (μ)는 유체의 종류에 따라 다른 값을 가지며, 압력과는 관계없고 온도만의 함수이다.

② 동점성계수 (ν) : 점성계수 (μ)를 밀도 (ρ)로 나눈 값으로 동점도라 한다.

$$\nu = \frac{\mu}{\rho} \ [\text{cm}^2/\text{s, m}^2/\text{s}]$$

 (개) 1 St (stokes) = 1 cm^2/s = 10^{-4} m^2/s

 (내) 동점성계수 (ν)는 액체인 경우 온도만의 함수이고, 기체인 경우에는 온도와 압력의 함수이다.

5. 표면장력과 모세관 현상

(1) 표면장력 (surface tension, 表面張力)

액체 표면은 분자의 인력에 의하여 발생하는 응집력 때문에 항상 표면적이 축소되려는 장력 (張力)이 작용하는 것을 말한다.

$$\sigma = \frac{Pd}{4}$$

  여기서, σ : 표면장력 (kgf/m, N/m), P : 내부초과압력 (kgf/m^2), d : 만곡면의 지름 (m)

(2) 모세관 현상 (capillarity, 毛細管現象)

액체 속에 세워진 가느다란 모세관 속의 액체가 부착력에 의하여 올라가거나 내려가는 현상

① 부착력 > 응집력 : 모세관 속의 액체는 올라간다.

② 부착력 < 응집력 : 모세관 속의 액체는 내려간다.

$$h = \frac{4\,\sigma \cos \beta}{\gamma d}$$

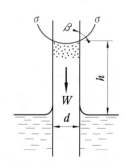

  여기서, h : 모세관 현상에 의한 높이 (m)

     σ : 표면장력 (kgf/m)

     β : 접촉각

     γ : 액체의 비중량 (kgf/ m^3)

     d : 모세관의 지름 (m)

※ 모세관 지름이 커지면 높이는 감소한다 (지름과 높이는 반비례한다).

예 상 문 제

문제 **1.** 유체의 정의를 옳게 설명한 것은 어느 것인가?

㉮ 용기 내부를 가득 채울 때까지 팽창하는 물질

㉯ 압력을 가해도 체적이 변하지 않는 물질

㉰ 유동 중에 전단응력이 생기지 않는 물질

㉱ 전단응력이 작용하면 계속해서 변형하는 물질

해설 아무리 작은 전단력이라도 물질에 작용하면 정지 상태에 있을 수 없는 물질로 액체와 기체가 해당된다.

문제 **2.** 온도와 압력이 변하여도 밀도가 변하지 않는 유체는?

㉮ 압축성 유체　　　㉯ 비압축성 유체

㉰ 이상 유체　　　㉱ 뉴턴 유체

해설 • 유체의 종류

① 압축성 유체와 비압축성 유체

㉮ 압축성 유체 : 유체의 밀도가 압력의 변화에 따라 변하는 것으로 기체가 해당된다.

㉯ 비압축성 유체 : 유체의 밀도가 압력의 변화와 관계없이 일정한 것으로 액체가 해당된다.

② 이상 유체와 실제 유체

㉮ 이상(완전) 유체(ideal fluid) : 점성(粘性)이 없다고 가정한 것으로 유체 유동 시 마찰손실이 생기지 않는 유체

㉯ 실제(점성) 유체(real fluid) : 실제로 존재하는 점성을 가진 것으로 유체 유동 시 마찰손실이 생기는 유체

③ 뉴턴 유체와 비뉴턴 유체

㉮ 뉴턴(Newton) 유체 : 뉴턴의 점성법칙을 만족하는 것으로 유체 유동 시 속도구배가 마찰 전단응력에 직접 비례하는 유체이다. 물, 공기, 알코올 등이 해당된다.

㉯ 비뉴턴(non-Newton) 유체 : 뉴턴의 점성법칙을 충족시키지 않는 끈기가 있는 것으로 플라스틱, 타르, 페인트, 치약, 진흙 등이 해당된다.

문제 **3.** 이상 유체에 대한 정의로 가장 옳은 것은?

㉮ 비압축성, 비점성인 유체

㉯ 압축성, 비점성인 유체

㉰ 비압축성, 점성인 유체

㉱ 압축성, 점성인 유체

문제 **4.** 이상 유체에 대한 다음 설명 중 옳은 것을 모두 나타낸 것은?

① 점성이 없다.
② 전단응력이 발생하지 않는다.
③ 압축이 되지 않는다.

㉮ ①, ②　　　㉯ ①, ③

㉰ ②, ③　　　㉱ ①, ②, ③

문제 **5.** 비압축성 이상 유체에 작용하지 않는 힘은?

㉮ 마찰력 또는 전단응력

㉯ 중력에 의한 힘

㉰ 압력차에 의한 힘

㉱ 관성력

문제 **6.** 비점성 유체란?

㉮ 유체 유동 시 마찰저항이 존재하는 유체이다.

㉯ 실제 유체를 뜻한다.

㉰ 유체 유동 시 마찰저항이 유발되지 않는 유체를 뜻한다.

㉱ 전단응력이 존재하는 유체의 흐름을 뜻한다.

해답 　1. ㉱　2. ㉯　3. ㉮　4. ㉱　5. ㉮　6. ㉰

[해설] 유체 유동 시 점성의 영향이 없어 마찰손실이 생기지 않는 유체이다.

[문제] 7. 유체는 분자들 간의 응집력으로 인하여 하나로 연결되어 있어서 연속물질로 취급하여 전체의 평균적 성질을 취급하는 경우가 많다. 이와 같이 유체를 연속체로 취급할 수 있는 조건은? (단, l 은 유동을 특징지어 주는 대표길이, λ 는 분자의 평균 자유행로이다.)

㉮ $l \ll \lambda$

㉯ $l \gg \lambda$

㉰ $l = \lambda$

㉱ l 과 λ 는 무관하다.

[해설] 물체의 유동을 특징지어 주는 대표 길이(물체의 특성길이)가 분자의 크기나 분자의 평균 자유행로보다 매우 크고, 분자 상호 간의 충돌시간이 짧아 분자 운동의 특성이 보존되는 경우에 유체를 연속체로 취급할 수 있다.

[문제] 8. 중력 단위계에서 1 kgf는 어느 것인가?

㉮ $980 \, kg \cdot m/s^2$

㉯ $98 \, kg \cdot m/s^2$

㉰ $9.8 \, kg \cdot m/s^2$

㉱ $9.8 \, kg \cdot m^2/s^2$

[해설] $1 \, kgf = 1 \, kg \times 9.8 m/s^2 = 9.8 \, kg \cdot m/s^2$
$= 9.8 \, N$

[문제] 9. 다음 중 틀린 것은?

㉮ $1 \, kgf = 9.8 \, N$

㉯ $1 \, N = 1 \, kg \cdot m/s^2$

㉰ $1 \, bar = 10 \, N/m^2$

㉱ $1 \, Pa = 1 \, N/m^2$

[해설] $1 \, bar \rightarrow \dfrac{1 \, bar}{1.01325 \, bar} \times 101325 \, Pa$
$= 10^5 \, Pa = 10^5 \, N/m^2$

[문제] 10. 국제단위 (SI 단위)에서 기본단위 간의 관계가 옳은 것은?

㉮ $1 \, N = 9.8 \, kg \cdot m/s^2$

㉯ $1 \, J = 9.8 \, kg \cdot m^2/s^2$

㉰ $1 \, W = 1 \, kg \cdot m^2/s^3$

㉱ $1 \, Pa = 10 \, kg/m \cdot s^2$

[해설] • SI 단위 기본단위

① 힘 (N) : $1 \, N = 1 \, kg \cdot m/s^2$

② 압력 (Pa) : $1 \, Pa = 1 \, N/m^2 = 1 \, kg/m \cdot s^2$

③ 일량, 열량 (J) : $1 \, J = 1 \, N \cdot m = 1 \, kg \cdot m^2/s^2$

④ 동력 (W) : $1 \, W = 1 \, J/s = 1 \, kg \cdot m^2/s^3$

[문제] 11. 다음 중 질량 1 kg인 물체를 중력 가속도가 $8 \, m/s^2$인 곳에서 달면 몇 kgf인가?

㉮ 0.816 kgf

㉯ 0.918 kgf

㉰ 1.098 kgf

㉱ 1.225 kgf

[해설] $W = \dfrac{m \cdot a}{g} = \dfrac{1 \times 8}{9.8} = 0.816 \, kgf$

[문제] 12. 다음 차원식 중에서 질량을 나타내는 것은? (단, F는 힘, L은 길이, T는 시간의 차원을 나타낸다.)

㉮ $FL^{-2}T^2$

㉯ $FL^{-1}T^2$

㉰ $FL^{-2}T$

㉱ $FL^{-1}T$

[해설] 절대단위 질량 (kg)을 공학단위로 환산하면

$\therefore \dfrac{kgf}{m/s^2} = kgf \cdot s^2/m = F \cdot T^2/L$
$= FL^{-1}T^2$

[문제] 13. 압력의 차원을 절대단위계로 바르게 나타낸 것은?

㉮ MLT^{-2}

㉯ $ML^{-1}T^2$

㉰ $ML^{-2}T^{-2}$

㉱ $ML^{-1}T^{-2}$

[해설] 압력의 단위 kgf/m²을 절대단위로 환산하면

$\therefore kg/m^2 \times m/s^2 = kg/m \cdot s^2 = ML^{-1}T^{-2}$

[문제] 14. 동력과 관계없는 것은?

㉮ $FL^{-1}T^{-1}$

㉯ ML^2T^{-3}

㉰ Watt

㉱ $kg \cdot m^2/s^3$

[해설] • 동력 : 단위 시간당 한 일량

① 절대단위 : Watt
$(J/s = N \cdot m/s = kg \cdot m^2/s^3 = ML^2T^{-3})$

② 공학단위 : $kgf \cdot m/s = FLT^{-1}$

[해답] 7. ㉯ 8. ㉰ 9. ㉰ 10. ㉰ 11. ㉮ 12. ㉯ 13. ㉱ 14. ㉮

문제 15. 다음 중 점성계수의 차원에 해당하는 것은?

㉮ $\dfrac{M}{LT}$ ㉯ $\dfrac{ML}{T}$ ㉰ $\dfrac{M}{L^2T}$ ㉱ $\dfrac{ML^2}{T^2}$

해설 • 점성계수 (μ)의 단위 및 차원

① 공학단위 : kgf · s/m^2 = $FL^{-2}T$

② 절대단위 : kg/m · s = $ML^{-1}T^{-1}$ = $\dfrac{M}{LT}$

문제 16. 다음 중 표면장력 (σ)의 차원은 어느 것인가?

㉮ MLT^{-2} ㉯ MT^{-2}

㉰ LT^{-1} ㉱ $ML^{-1}T^{-2}$

해설 • 표면장력의 단위

① 절대단위 : kg/s^2, MT^{-2}

② 공학단위 : kgf/m, FL^{-1}

문제 17. 체적이 $10\,\mathrm{m}^3$이고, 무게가 9000 kgf인 디젤유가 있다. 이 디젤유의 비중량과 비중은?

㉮ 비중량 : $900\,\mathrm{kgf/m}^3$, 비중 : 0.9

㉯ 비중량 : $950\,\mathrm{kgf/m}^3$, 비중 : 0.09

㉰ 비중량 : $900\,\mathrm{kgf/m}^3$, 비중 : 0.09

㉱ 비중량 : $950\,\mathrm{kgf/m}^3$, 비중 : 0.8

해설 ① 비중량 계산

$\gamma = \dfrac{W}{V} = \dfrac{9000}{10} = 900\,\mathrm{kgf/m}^3$

② 비중 계산

$s = \dfrac{\gamma}{1000} = \dfrac{900}{1000} = 0.9$

문제 18. 밀도가 $84.6\,\mathrm{kg/m}^3$인 유체의 비중량은 얼마인가?

㉮ $8.64\,\mathrm{N/m}^3$ ㉯ $86.4\,\mathrm{N/m}^3$

㉰ $829\,\mathrm{N/m}^3$ ㉱ $82.9\,\mathrm{N/m}^3$

해설 $\gamma = \rho \cdot g = 84.6\,\mathrm{kg/m}^3 \times 9.8\,\mathrm{m/s}^2$
$= 829.08\,\mathrm{kg \cdot m/s^2 \cdot m^3} = 829.08\,\mathrm{N/m}^3$

문제 19. 어떤 유체의 밀도가 $138.63\,\mathrm{kgf \cdot s^2/m^4}$일 때 비중량은 몇 $\mathrm{kgf/m}^3$인가?

㉮ 1381   ㉯ 140.8

㉰ 1359   ㉱ 13.55

해설 $\gamma = \rho \cdot g = 138.63 \times 9.8 = 1358.57\,\mathrm{kgf/m}^3$

문제 20. 다음 중 옳은 사항으로만 나열된 것은 어느 것인가?

> ① 가스의 비체적은 단위 질량당 체적을 뜻한다.
> ② 가스의 밀도가 크면 비체적이 작다.

㉮ ①   ㉯ ②

㉰ ①, ②   ㉱ 모두 틀림

해설 • 가스의 비체적 : 단위 질량당 체적이고, 밀도의 역수이다.

$v = \dfrac{22.4\,(L)}{\text{분자량}\,(g)} = \dfrac{1}{\rho}$

문제 21. 다음 중 이상 유체는?

㉮ 점성이 없는 모든 유체

㉯ 점성이 없는 비압축 유체

㉰ 내압축성인 모든 유체

㉱ 점성이 없고, 기체상태 방정식 $PV = nRT$에 만족하는 유체

해설 • 유체의 구분

① 완전 유체 (perfect fluid), 이상 유체 (ideal fluid) : 유체의 운동에서 점성을 무시할 수 있는 유체

② 실제 유체 (real fluid) : 점성을 무시할 수 없는 유체

문제 22. 다음 중 완전기체에 대한 설명으로 옳은 것은?

㉮ 포화상태에 있는 포화 증기를 뜻한다.

㉯ 완전기체의 상태방정식을 만족시키는 기체이다.

㉰ 체적 탄성계수가 언제나 일정한 기체이다.

㉱ 높은 압력 하의 기체를 뜻한다.

문제 23. 절대압력 100 kPa이고, 10℃인 공

해답 15. ㉮   16. ㉯   17. ㉮   18. ㉰   19. ㉰   20. ㉰   21. ㉯   22. ㉯   23. ㉮

기의 밀도는 약 몇 kg/m^3인가? (단, 공기의 기체상수 R은 287J/kg · K이며 이상기체로 가정한다.)

㉮ 1.23 ㉯ 10.84
㉰ 22.25 ㉱ 100

해설 $PV = GRT$

$$\therefore \rho = \frac{G}{V} = \frac{P}{RT}$$

$$= \frac{100}{287 \times 10^{-3} \times (273 + 10)} = 1.231 \, kg/m^3$$

문제 24. 다음 중 절대압력 $2 \, kgf/cm^2$, 온도 25℃인 산소의 비중량은 몇 N/m^3인가? (단, 산소의 기체상수는 $260 \, J/kg$ · K이다.)

㉮ 12.8 ㉯ 16.4
㉰ 24.8 ㉱ 42.5

해설 ① 밀도 (kg/m^3) 계산

$PV = GRT$

$$\therefore \rho = \frac{G}{V} = \frac{P}{RT}$$

$$= \frac{\frac{2}{1.0332} \times 101.325}{260 \times 10^{-3} \times (273 + 25)}$$

$$= 2.531 \, kg/m^3$$

② 절대단위 비중량 $(N/m^3, kg/m^2 \cdot s^2)$ 계산

$$\therefore \gamma \, [N/m^3] = \rho \cdot g = 2.531 \times 9.8$$
$$= 24.808 \, kg \cdot m/m^3 \cdot s^2$$
$$= 24.808 \, N/m^3$$

문제 25. N_2가 27℃에서 100 kPa에 있다. 이 기체의 밀도는 약 몇 kg/m^3인가?

㉮ 0.245 ㉯ 0.457
㉰ 1.123 ㉱ 1.945

해설 $PV = GRT$

$$\therefore \rho = \frac{G}{V} = \frac{P}{RT} = \frac{100}{\frac{8.314}{28} \times (273 + 27)}$$

$$= 1.1226 \, kg/m^3$$

문제 26. 압력 $100 \, kPa$이고, 온도가 0℃인 질소가스가 체적이 $0.5 \, m^3$인 용기 속에 들어 있다. 이 용기 속의 질소가스의 무게는 얼마인가? (단, 질소의 기체상수 R : 296.5 $N \cdot m/\, kg \cdot K$, 중력가속도 g : 9.8 m/sec^2이다.)

㉮ 0.125 N ㉯ 0.617 N
㉰ 6.05 N ㉱ 12.27 N

해설 $PV = GRT$

$$\therefore G = \frac{PV}{RT}$$

$$= \frac{100 \times 0.5}{296.5 \times 10^{-3} \times 273} = 0.618 \, kg$$

$$\therefore F = m \cdot a = 0.618 \times 9.8$$
$$= 6.0564 \, kg \cdot m/s^2 = 6.0564 \, N$$

문제 27. $5 \, kgf/cm^2 \cdot abs$에서 밀도가 1.425 kg/m^3인 산소의 온도는 약 몇 ℃인가? (단, 산소는 이상기체로 가정하고 기체상수 $R = 26.50 \, kgf \cdot m/\, kg \cdot K$이다.)

㉮ 1051 ㉯ 1148
㉰ 1324 ㉱ 1512

해설 $PV = GRT$

$$\therefore T = \frac{PV}{GR} = \frac{P}{\rho \cdot R} = \frac{5 \times 10^4}{1.425 \times 26.50}$$

$$= 1324.06 \, K - 273 = 1051.06 \, ℃$$

문제 28. 온도 20℃, 절대압력이 $5 \, kgf/ cm^2$인 산소의 비체적은 몇 m^3/ kg인가? (단, 산소의 분자량은 32이다.)

㉮ 0.551 ㉯ 0.155 ㉰ 0.515 ㉱ 0.605

해설 $v = \frac{V}{G} = \frac{RT}{P}$

$$= \frac{\frac{848}{32} \times (273 + 20)}{5 \times 10^4} = 0.1552 \, m^3/kg$$

문제 29. 완전기체에서 정적비열 (C_v), 정압비열 (C_p)의 관계식을 표시한 것은? (단, R은 기체상수이다.)

해답   24. ㉰   25. ㉰   26. ㉰   27. ㉮   28. ㉯   29. ㉰

㉮ $\dfrac{C_p}{C_v} = R$ ㉯ $\dfrac{C_v}{C_p} = R$

㉰ $C_p - C_v = R$ ㉱ $C_p + C_v = R$

문제 30. 정압비열 $C_p = 0.2\ \text{kcal/kg} \cdot \text{K}$, 비열비 $\kappa = 1.33$인 기체의 기체상수 R은 몇 kcal/kg · K인가?

㉮ 0.04 ㉯ 0.05 ㉰ 0.06 ㉱ 0.07

해설 $C_p = \dfrac{\kappa}{\kappa - 1} R$

$\therefore R = \dfrac{\kappa - 1}{\kappa} \cdot C_p = \dfrac{1.33 - 1}{1.33} \times 0.2 = 0.0496$

문제 31. 다음 체적탄성계수에 대한 설명으로 잘못된 것은 어느 것인가? (단, k는 비열비이다.)

㉮ 유체의 압축성에 반비례한다.

㉯ 압력과 동일한 차원을 갖는다.

㉰ 압력과 점성에 무관하다.

㉱ 단열변화에서는 체적탄성계수 $E = kP$의 관계가 있다.

해설 $E = -\dfrac{dP}{\dfrac{dV}{V_1}}\ [\text{kgf/cm}^2]$

$\therefore$ 체적탄성계수는 압력과 관계가 있다.

문제 32. 이상기체를 등온 압축할 때 체적탄성계수를 옳게 나타낸 것은? (단, κ는 비열비, P는 압력이다.)

㉮ κ ㉯ $\dfrac{1}{P}$ ㉰ κP^2 ㉱ P

해설 • 체적탄성계수 : 체적변형률에 대한 압력 비이다.

$\therefore E = \dfrac{dP}{\dfrac{dV}{V_1}} = \dfrac{dP}{d\gamma} = P$

문제 33. 실린더 안에는 $500\ \text{kgf/cm}^2$의 압력으로 압축된 액체가 들어 있다. 이 액체 $0.2\ \text{m}^3$를 $550\ \text{kgf/cm}^2$로 압축하니 그 부피가 $0.1996\ \text{m}^3$로 되었다. 이 액체의 체적탄성계수는 몇 kgf/cm²인가?

㉮ 20000 ㉯ 22500

㉰ 25000 ㉱ 27500

해설 $E = -\dfrac{\Delta P}{\dfrac{dV}{V_1}} = -\dfrac{550 - 500}{-\dfrac{0.2 - 0.1996}{0.2}}$

$= 25000\ \text{kgf/cm}^2$

문제 34. 어떤 액체에 $8\ \text{kgf/cm}^2$의 압력을 가했더니 체적이 $0.04\ \%$ 감소하였다. 이때의 체적탄성계수는?

㉮ $20000\ \text{kgf/cm}^2$ ㉯ $19600\ \text{kgf/cm}^2$

㉰ $200\ \text{kgf/cm}^2$ ㉱ $1960\ \text{kgf/cm}^2$

해설 $E = -\dfrac{dP}{\dfrac{dV}{V_1}} = -\dfrac{8}{-\dfrac{0.04 \times 10^{-2}}{1}}$

$= 20000\,\text{kgf/cm}^2$

문제 35. 압축률 (β)과 체적탄성계수 (E)에 대한 표현으로 옳지 않은 것은?

㉮ $E = \dfrac{1}{\beta} = -\dfrac{1}{V} \cdot \dfrac{dP}{dV}$

㉯ $E = \kappa P$ (단열변화)

㉰ $\beta = -\dfrac{1}{V} \cdot \dfrac{dV}{dP}$

㉱ $E = P$ (등온변화)

해설 • 압축률 (β)과 체적탄성계수 (E)의 관계

① 체적탄성계수 (E)

$E = \dfrac{1}{\beta} = -\dfrac{dP}{\dfrac{dV}{V_1}} = -V_1 \cdot \dfrac{dP}{dV}$

② 압축률 (β)

$\beta = \dfrac{1}{E} = -\dfrac{\dfrac{dV}{V_1}}{dP} = -\dfrac{1}{V_1} \cdot \dfrac{dV}{dP}$

문제 36. 유체의 점성에 관한 설명 중 틀린 것은?

㉮ 액체의 점성은 분자간 응집력과 관계된다.

㉯ 기체의 점성은 분자간 운동량과 관계된다.

㉰ 온도가 증가하면 기체의 점성은 감소한다.

㉱ 일반적으로 점성은 압력의 영향을 받지 않는다.

해답 30. ㉯ 31. ㉰ 32. ㉱ 33. ㉰ 34. ㉮ 35. ㉮ 36. ㉰

해설 • 점성과 온도와의 관계

① 액체의 점성 : 유체마찰의 대부분은 분자의 응집력 때문에 발생하며, 액체의 온도를 높이면 분자운동이 활발해져서 분자의 응집력은 감소한다. 그러므로 온도가 상승하면 액체의 점성은 감소한다.

② 기체의 점성 : 유체마찰의 대부분이 분자의 활발한 운동으로 발생하며, 온도를 높이면 분자운동이 활발해져서 기체의 점성은 상승한다.

문제 37. Newton 유체란?

㉮ 비압축성 유체로서 속도구배가 항상 일정한 유체

㉯ 유체 유동 시에 전단응력과 속도구배의 관계가 원점을 통과하는 직선적인 관계를 갖는 유체

㉰ 유체가 정지 상태에서 항복응력을 갖는 유체

㉱ 전단응력이 속도구배에 관계없이 항상 일정한 유체

문제 38. 뉴턴의 점성법칙과 관련 있는 항끼리 짝지어진 것은?

㉮ 압력, 온도, 전단응력

㉯ 동점성계수, 속도구배, 압력

㉰ 동점성계수, 온도, 전단응력

㉱ 점성계수, 속도구배, 전단응력

해설 • 뉴턴의 점성법칙

$$\tau = \mu \frac{du}{dy}$$

여기서, τ : 전단응력 (kgf/m^2)

μ : 점성계수 $(\text{kgf} \cdot \text{s/m}^2)$

$\frac{du}{dy}$: 속도구배

문제 39. 점성 (viscosity)과 가장 관련이 없는 것은?

㉮ 전단응력　　㉯ 점성계수

㉰ 비중　　　　㉱ 속도구배

해설 $\tau = \mu \dfrac{du}{dy}$ 에서 $\mu = \dfrac{\tau}{\dfrac{du}{dy}}$ 이다.

문제 40. 다음 그림 중 뉴턴 유체에 대하여 바르게 나타낸 것은? (단, μ : 점도, τ : 전단응력, $\dfrac{du}{dy}$: 속도구배이다.)

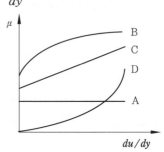

㉮ A　　㉯ B　　㉰ C　　㉱ D

해설 뉴턴의 점성법칙 $\left(\tau = \mu \dfrac{du}{dy}\right)$ 에서 μ (점도)는 비례상수에 해당하므로 속도구배와 관계없이 일정해야 한다.

문제 41. 유체의 흐름에 있어서 전단응력에 대한 속도구배의 관계가 그림과 같이 표시되는 종류는?

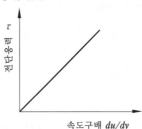

㉮ 뉴턴 유체 (Newtonian fluid)

㉯ 빙햄소성 유체 (bingham plastic fluid)

㉰ 의소성 유체 (pseudo plastic fluid)

㉱ 팽창 유체 (dilatant fluid)

문제 42. 전단응력 (shear stress)과 속도구배와의 관계를 나타낸 그림에서 빙햄 플라스틱 유체 (bingham plastic fluid)에 관한 것은?

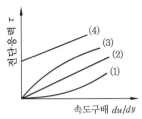

가 (1)　　나 (2)　　다 (3)　　라 (4)

해설 (1) 다일레이턴트 유체(팽창유체) : 아스팔트

(2) 뉴턴유체 : 물

(3) 실제 플라스틱 (전단박하 유체) : 펄프류

(4) 빙햄 플라스틱 유체 : 기름, 페인트, 치약, 진흙

문제 **43.** 강관 속을 물이 흐를 때 내부의 어느 한 지점에서 전단력이 만약 2 N이라 하고, 그 지점의 면적이 250 cm²라고 하면 이 지점의 전단응력은 몇 kg/m·s²인가?

가 0.4　　나 0.8　　다 40　　라 80

해설 $\tau = \dfrac{F}{A} = \dfrac{2}{250 \times 10^{-4}} = 80\,\text{kg/m} \cdot \text{s}^2$

여기서, $2\text{N} = 2\,\text{kg} \cdot \text{m/s}^2$, $250\,\text{cm}^2$

$\qquad = 250 \times 10^{-4}\,\text{m}^2$

문제 **44.** 그림과 같이 평행한 평판 사이에 점성계수가 13.15 P인 기름이 들어 있다. 한 쪽 평판을 고정시키고 다른 쪽 평판을 4 m/s로 움직일 때 두 평판 사이에 발생하는 전단응력은 몇 kgf/m²인가?

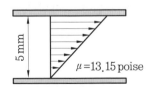

가 92.36　　　　　나 107.35

다 113.64　　　　　라 128.77

해설 $\tau = \mu \dfrac{du}{dy}$

$\qquad = \dfrac{13.15}{98} \times \dfrac{4}{5 \times 10^{-3}} = 107.346\,\text{kgf/m}^2$

13.15 P = 13.15 g/cm·s [절대단위, CGS 단위] → [공학단위, MKS 단위]로 변환

$13.15\,\text{P} = 13.15\,\text{g/cm} \cdot \text{s} = \dfrac{13.15\,\text{kgf/m} \cdot \text{s}}{9.8 \times 10\,\text{m/s}^2}$

$\qquad = \dfrac{13.15}{98}\,\text{kgf} \cdot \text{s/m}^2$

문제 **45.** 간격이 5 mm인 평행한 두 평판 사이에 점성계수 10 P의 피마자기름이 차 있다. 한쪽 판이 다른 판에 대해서 6 m/s의 속도로 미끄러질 때 면적 1 m²당 받는 힘은 몇 kgf인가?

가 61.23 kgf　　　　나 122.45 kgf

다 183.67 kgf　　　　라 244.9 kgf

해설 $\tau = \mu \dfrac{du}{dy} = \dfrac{10}{98} \times \dfrac{6}{0.005}$

$\qquad = 122.448\,\text{kgf/m}^2$

여기서, 점성계수 10 P (poise)를 공학단위로 환산

$10\,\text{P} = 10\,\text{g/cm} \cdot \text{s}$

$\qquad = \dfrac{10\,\text{kgf/m} \cdot \text{s}}{9.8 \times 10\,\text{m/s}^2} = \dfrac{10}{98}\,\text{kgf} \cdot \text{s/m}^2$

문제 **46.** 그림과 같이 0.1 cm 떨어진 두 평판 사이에 20℃의 물이 채워져 있다. 아래쪽 평판을 10 cm/s의 속도로 움직일 때 정상 상태에서의 전단응력(shear stress) τ_{yx}을 구하면? (단, 20℃ 물의 점도 $\mu = 1.787\,\text{cP}$이다.)

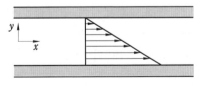

가 $2.54 \times 10^{-3}\ \text{gr/cm}^2$

나 $1.75 \times 10^{-3}\ \text{gr/cm}^2$

다 $1.83 \times 10^{-3}\ \text{gr/cm}^2$

라 $2.1 \times 10^{-3}\ \text{gr/cm}^2$

해설 $\tau = \mu \dfrac{du}{dy} = \dfrac{1.787 \times 10^{-2}}{980} \times \dfrac{10}{0.1}$

$\qquad = 1.823 \times 10^{-3}\,\text{gr/cm}^2$

해답 **43.** 라　**44.** 나　**45.** 나　**46.** 다

문제 47. 틈새가 2 mm인 평행한 판 사이에 점성계수가 10 poise인 기름이 채워져 있다. 한쪽 판을 2 m/s의 속도로 잡아 당겼을 때 발생하는 전단응력은 몇 N/m²인가?

㉮ 500 ㉯ 1000

㉰ 2000 ㉱ 4000

해설 $\tau = \mu \dfrac{du}{dy}$

$$= 10 \times 10^{-1} \times \frac{2}{2 \times 10^{-3}} = 1000 \, \mathrm{N/m^2}$$

$$\therefore \mathrm{N = kg \cdot m/s^2}$$

문제 48. 점도 $\mu = 0.077 \, \mathrm{kg/m \cdot s}$인 기름이 평면 위를 $u = 30\,y - 120\,y^2 \, \mathrm{m/s}$의 속도분포를 가지고 흐른다. 경계면에 작용하는 전단응력은 $\mathrm{kgf/m^2}$로 얼마인가? (단, y는 평면으로부터 m 단위로 잰 수직거리이다.)

㉮ 0.7287 ㉯ 0.9424

㉰ 0.4365 ㉱ 0.2537

해설 $u = 30\,y - 120\,y^2$에서 $\dfrac{du}{dy} = 30 - 120\,y$가 되며 경계면에서 $y = 0$이 된다.

$$\therefore \tau = \mu \frac{du}{dy}$$

$$= \frac{0.077}{9.8} \times 30 - 120 \times 0 = 0.2357 \, \mathrm{kgf/m^2}$$

문제 49. 뉴턴 유체의 점도는 온도에 따라 증가하는데, 그 근사적 관계는? (단, μ는 절대온도 K에서의 점도, μ_0는 0℃에서의 점도, n은 상수이다.)

㉮ $\dfrac{\mu}{\mu_0} = \left(\dfrac{T}{273} \right)^{n-1}$ ㉯ $\dfrac{\mu}{\mu_0} = \left(\dfrac{T}{273} \right)^{n}$

㉰ $\dfrac{\mu}{\mu_0} = \left(\dfrac{T}{273} \right)^{n+1}$ ㉱ $\dfrac{\mu}{\mu_0} = (273 + T)^{n}$

해설 • n값의 범위 : 0.65~0.85

문제 50. 기체의 온도와 점도의 관계는 다음 식으로 표시하는데 일반적인 근사값인 n 값

의 범위는? (단, μ = 절대온도 T에서의 점도, μ_0 = 0℃에서의 점도이다.)

$$\frac{\mu}{\mu_0} = \left(\frac{T}{273} \right)^{n}$$

㉮ 0~0.48 ㉯ 0.35~0.52

㉰ 0.65~1.0 ㉱ 1.02~1.70

문제 51. 다음 중 1 cP (centi poise)를 옳게 나타낸 것은?

㉮ $10 \, \mathrm{kg \cdot m^2/s}$

㉯ $10^{-2} \, \mathrm{dyn \cdot cm^2/s}$

㉰ $1 \, \mathrm{N/cm \cdot s}$

㉱ $10^{-2} \, \mathrm{dyn \cdot s/cm^2}$

해설 $1 \, \mathrm{cP} = 10^{-2} \, \mathrm{P \, (poise)} = 10^{-2} \, \mathrm{g/cm \cdot s}$

$$= 10^{-2} \, \mathrm{dyn \cdot s/cm^2} \, (\mathrm{dyn = g \cdot cm/s^2})$$

문제 52. 물의 점성계수 (μ) 0.01 P (poise)를 SI 단위로 표시하면 약 몇 kg/m · s가 되는가?

㉮ 0.1 ㉯ 0.01

㉰ 0.001 ㉱ 0.0001

해설 $0.01 \, \mathrm{P} = 0.01 \, \mathrm{g/cm \cdot s}$

$$= 0.001 \, \mathrm{kg/m \cdot s}$$

문제 53. 다음 중 동점성계수를 나타내는 것이 아닌 것은? (단, μ는 점성계수, ρ는 밀도, F는 힘의 차원, T는 시간의 차원, L은 길이의 차원을 나타낸다.)

㉮ $\dfrac{\mu}{\rho}$ ㉯ stokes

㉰ $\mathrm{cm^2/s}$ ㉱ FTL^{-2}

해설 • 동점성계수 : 점성계수 (μ)를 밀도 (ρ)로 나눈 값이다.

$$\therefore \nu = \frac{\mu}{\rho} \, [\mathrm{m^2/s}]$$

① $1 \, \mathrm{st} = 1 \, \mathrm{cm^2/s} = 10^{-4} \, \mathrm{m^2/s}$

② FTL^{-2} : 점성계수 (μ)의 공학단위 $(\mathrm{kgf \cdot s/m^2})$ 차원

문제 **54.** 다음 중 동점성계수의 단위를 옳게 나타낸 것은?

㉮ kg/m^2 ㉯ $kg/m \cdot s$

㉰ m^2/s ㉱ m^2/kg

해설 • 동점성계수의 단위 : m^2/s, cm^2/s

문제 **55.** 동점성계수 $1\,cSt$ 는 몇 m^2/s인가?

㉮ 10^{-3} ㉯ 10^{-4}

㉰ 10^{-5} ㉱ 10^{-6}

해설 • 동점성계수(ν) : 점성계수(μ)를 밀도(ρ)로 나눈 값으로 동점도라 한다.

$$\nu = \frac{\mu}{\rho}\ (cm^2/s,\ m^2/s)$$

① $1\,St\,(stokes) = 1\,cm^2/s = 10^{-4}\,m^2/s$

② $1\,cSt = 10^{-2}\,cm^2/s = 10^{-6}\,m^2/s$

문제 **56.** $980\ centi\ stokes\,(cSt)$의 동점도 는 몇 m^2/s인가?

㉮ 10^{-4} ㉯ 9.8×10^{-4}

㉰ 1 ㉱ 9.8

해설 $\nu = 980\ centi\ stokes$

$= 980 \times 10^{-2}\,St\,[cm^2/s]$

$= 980 \times 10^{-2} \times 10^{-4}\,[m^2/s]$

$= 9.8 \times 10^{-4}\,[m^2/s]$

문제 **57.** 20℃의 건조공기의 점성계수는 $1.848 \times 10^{-6}\,kgf \cdot s/m^2$ 이다. 동점성계수를 구하여 stokes로 표시하면? (단, 공기의 비중량은 $1.2\,kgf/m^3$이다.)

㉮ 0.15 ㉯ 0.25 ㉰ 0.015 ㉱ 0.025

해설 $\nu = \dfrac{\mu}{\rho} = \dfrac{\mu g}{\gamma}$

$= \dfrac{1.848 \times 10^{-6} \times 9.8}{1.2}$

$= 1.5092 \times 10^{-5}\,m^2/s$

∴ $stokes\,[cm^2/s]$

$= 1.5092 \times 10^{-5}\,m^2/s \times 100^2\,cm^2/m^2$

$= 0.15\,cm^2/s$

문제 **58.** 비중량이 $1.22\,kgf/m^3$이고, 동점

성계수가 $0.15 \times 10^{-4}\,m^2/s$인 건조한 공기의 점성계수는?

㉮ $1.98 \times 10^{-4}\,P$ ㉯ $1.26 \times 10^{-4}\,P$

㉰ $1.87 \times 10^{-6}\,P$ ㉱ $1.83 \times 10^{-4}\,P$

해설 $\mu = \rho \times \nu = \dfrac{\gamma}{g} \times \nu$

$= \dfrac{1.22}{9.8} \times 0.15 \times 10^{-4}$

$= 1.867 \times 10^{-6}\,kgf \cdot s/m^2$

∴ $\mu = 1.867 \times 10^{-6} \times 98 = 1.83 \times 10^{-4}\,P$

문제 **59.** 비중 0.8인 유체의 동점성계수 (kinematic viscosity)가 $1.5 \times 10^{-6}\,m^2/s$ 일 때 이 유체의 절대점도 μ는 몇 $kg/m \cdot s$ 인가?

㉮ 1.2×10^{-6} ㉯ 1.9×10^{-6}

㉰ 1.2×10^{-3} ㉱ 1.9×10^{-3}

해설 ① 절대점도 계산 (공학단위)

$\nu = \dfrac{\mu}{\rho}$에서 $\mu = \rho \cdot \nu = \dfrac{\gamma}{g} \times \nu$

$= \dfrac{0.8 \times 1000}{9.8} \times 1.5 \times 10^{-6}$

$= 1.224 \times 10^{-4}\,kgf \cdot s/m^2\,(공학단위)$

② 절대단위의 절대점도 계산

$\mu = 1.224 \times 10^{-4} \times 9.8$

$= 1.199 \times 10^{-3}\,kg/m \cdot s$

문제 **60.** 동점성계수가 $2.0\,St$, 밀도가 $880\ kg/m^3$인 유체가 있다. 이 유체의 점성계수 는 약 몇 $Pa \cdot s$인가?

㉮ 0.18 ㉯ 0.36 ㉰ 0.44 ㉱ 0.88

해설 $\nu = \dfrac{\mu}{\rho}$

∴ $\mu = \rho \times \nu = 880 \times 2.0 \times 10^{-4} = 0.176\,kg/m \cdot s$

여기서, $2.0\,St = 2.0\,cm^2/s = 2.0 \times 10^{-4}\,m^2/s$

$Pa = N/m^2$, $N = kg \cdot m/s^2$이므로

$Pa = \dfrac{kg \cdot m/s^2}{m^2} = kg/m \cdot s^2$가 된다.

∴ $Pa \cdot s = (kg/m \cdot s^2) \times s$가 된다.

$= kg/m \cdot s$

문제 61. 전단속도가 증가함에 따라 점도가 증가하는 유체는?

가 틱소트로픽 (thixotropic) 유체

나 레오펙틱 (rheopetic) 유체

다 빙햄 플라스틱 (bingham plastic) 유체

라 뉴턴 (Newtonian) 유체

해설 전단속도가 증가함에 따라

① 점도가 증가하는 유체 : 레오펙틱 (rheopectic) 유체

② 점도가 감소하는 유체 : 딕소트로픽 (thixotropic) 유체

문제 62. 다음 용어에 대한 정의가 잘못 짝지어진 것은?

가 이상 유체 : 점성이 없다고 가정한 비압축성 유체

나 뉴턴 유체 : 전단응력이 속도구배에 비례하는 유체

다 표면장력 : 액체 표면상에서 작용하는 수축력 혹은 장력

라 동점성계수 : 절대점도와 유체압력의 비

해설 • 동점성계수 : 동점도라 하며 점성계수를 밀도로 나눈 값이다.

$$\nu = \frac{\mu}{\rho}$$

문제 63. 지름이 d 이고, 구형방울 안과 밖의 압력차가 ΔP 인 물방울의 표면장력 (ρ)을 옳게 나타낸 것은?

가 $\dfrac{\Delta P d}{4}$ 　　 나 $\dfrac{\Delta P}{\pi d}$

다 $\dfrac{\pi d}{4 \Delta P}$ 　　 라 $\dfrac{\Delta P d}{2}$

문제 64. 지름이 25 mm인 물방울의 내부 초과 압력이 50 N/m²일 때 표면장력은 몇 N/m인가?

가 0.3125 　　 나 0.4125

다 0.525 　　 라 0.625

해설 $\sigma = \dfrac{PD}{4} = \dfrac{50 \times 0.025}{4} = 0.3125 \,\text{N/m}$

문제 65. 지름 5 mm인 물방울의 내부압력 (kgf/m²)은 얼마인가? (단, 물의 표면장력 $\sigma = 8 \times 10^{-3}$ kgf/m이다.)

가 1.6 kgf/m² 　　 나 6.4 kgf/m²

다 10 kgf/m² 　　 라 14.5 kgf/m²

해설 $\sigma = \dfrac{PD}{4}$

$$\therefore P = \frac{4\sigma}{D} = \frac{4 \times 8 \times 10^{-3}}{0.005} = 6.4 \,\text{kgf/m}^2$$

문제 66. 다음 그림에서 모세관 현상으로 올라가는 액주의 높이 h를 계산하는 공식은 어느 것인가? (단, σ는 표면장력 계수이고 비중량 $\gamma = \rho \times g$이다.)

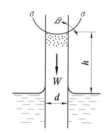

가 $h = \dfrac{\sigma d}{4 \gamma \cos \beta}$ 　　 나 $h = \dfrac{\gamma d}{4 \sigma \cos \beta}$

다 $h = \dfrac{4 \sigma \cos \beta}{\gamma d}$ 　　 라 $h = \dfrac{4 \gamma \cos \beta}{\sigma d}$

문제 67. 모세관 현상과 표면장력에 대한 설명으로 옳지 않은 것은?

가 모세관 현상은 액체의 부착력에 의해 발생한다.

나 모세관 현상에서 상승 (또는 하강)하는 높이는 모세관의 지름에 비례한다.

다 표면장력은 액체분자 상호 간의 응집력 때문에 발생한다.

라 표면장력은 만곡면의 지름에 비례한다.

해설 $h = \dfrac{4 \sigma \cos \theta}{\gamma d}$

∴ 모세관 현상으로 인한 상승 (하강)높이 (h)는 모세관 지름에 반비례한다.

해답 61. 나　62. 라　63. 가　64. 가　65. 나　66. 다　67. 나

제 **2** 장　유체 정역학

1. 압력 (壓力)

(1) 압력 (pressure)

① 압력 단위

(개) 절대단위 (SI 단위) : N/m^2, Pa, kPa, MPa

(내) 공학단위 : mmHg, kgf/cm^2, kgf/m^2, mH_2O (mAq), mmH_2O (mmAq)

(대) 차원 : $ML^{-1}T^{-2}$, FL^{-2}

② 압력의 구분

(개) 표준대기압 (atmospheric) : 0℃, 위도 45° 해수면을 기준으로 지구중력이 9.806655 m/s^2일 때 수은주 760 mmHg로 표시될 때의 압력으로 1 atm으로 표시한다.

$$1\ atm = 760\ mmHg = 76\ cmHg = 0.76\ mHg = 29.9\ inHg = 760\ torr$$
$$= 10332\ kgf/m^2 = 1.0332\ kgf/cm^2 = 10.332\ mH_2O = 10332\ mmH_2O$$
$$= 101325\ N/m^2 = 101325\ Pa = 1013.25\ hPa = 101.325\ kPa = 0.101325\ MPa$$
$$= 1.01325\ bar = 1013.25\ mbar = 14.7\ lb/in^2 = 14.7\ psi$$

(내) 게이지압력 : 표준대기압을 0으로 기준하여 압력계에 지시된 압력으로 압력단위 뒤에 "G", "g"를 사용하거나 생략한다.

(대) 진공압력 : 표준대기압을 기준으로 대기압 이하의 압력으로 압력단위 뒤에 "V", "v"를 사용한다.

㉮ 진공도(%) $= \dfrac{진공압력}{대기압} \times 100$

㉯ 표준대기압의 진공도 : 0 %, 완전진공의 진공도 : 100 %

(래) 절대압력 : 절대진공 (완전진공)을 기준으로 그 이상 형성된 압력으로 압력단위 뒤에 "abs", "a"를 사용한다.

※ 절대압력 = 대기압 + 게이지압력
　　　　　 = 대기압 - 진공압력

(매) 압력환산 방법

※ 환산압력 $= \dfrac{주어진\ 압력}{주어진\ 압력의\ 표준대기압} \times$ 구하려 하는 표준대기압

【참고】SI 단위와 공학단위의 관계

① $1\,MPa = 10.1968\,kgf/cm^2 ≒ 10\,kgf/cm^2$, $1\,kgf/cm^2 = \dfrac{1}{10.1968}\,MPa ≒ \dfrac{1}{10}\,MPa$

② $1\,kPa = 101.968\,mmH_2O ≒ 100\,mmH_2O$, $1\,mmH_2O = \dfrac{1}{101.968}\,kPa = \dfrac{1}{100}\,kPa$

(2) 압력의 측정

① 액주계 (液柱計 : manometer)

(가) 수은 기압계 : 토리첼리 (Torricelli) 압력계라 하며 대기압 측정용에 사용되며, A 지점에서의 압력은 다음의 식으로 계산한다.

$$P_A = P_v + \gamma \cdot h$$

여기서, P_A : A 지점의 압력 (kgf/m^2, mmH_2O), γ : 수은의 비중량 (kgf/m^3)

P_v : 수은의 증기압 (P는 아주 적어 무시한다), h : 수은주 높이 (m)

(나) 피에조미터 : 유리관을 탱크에 연결하여 탱크나 관속의 작은 유체압을 측정한다.

㉮ A 지점에서의 절대압력 : $P_A = P_0 + \gamma \cdot h = P_0 + \gamma(h' - y)$

㉯ B 지점에서의 절대압력 : $P_B = P_0 + \gamma \cdot h'$

(다) U자관 액주계 : U자형 유리관에 다른 액체를 넣어 사용하는 액주계이다.

$P_B = P_C$ 이므로 $P_A + \gamma_1 \cdot h_1 = \gamma_2 \cdot h_2$

$\therefore P_A = \gamma_2 \cdot h_2 - \gamma_1 \cdot h_1$

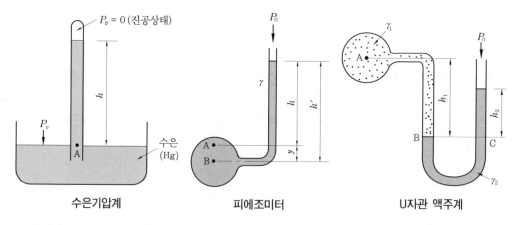

수은기압계　　　　　피에조미터　　　　　U자관 액주계

(라) 시차 (示差) 액주계 : 2개의 관 속이나 탱크 속의 유체의 압력차를 측정하는 압력계이다.

㉮ U자관 액주계

$P_C = P_A + \gamma_1 \cdot h_1$, $P_D = P_B + \gamma_2 \cdot h_2 + \gamma_3 \cdot h_3$ 에서

$P_C = P_D$ 이므로 $P_A + \gamma_1 \cdot h_1 = P_B + \gamma_2 \cdot h_2 + \gamma_3 \cdot h_3$ 이다.

$\therefore P_A - P_B = \gamma_3 \cdot h_3 + \gamma_2 \cdot h_2 - \gamma_1 \cdot h_1$

㉯ 축소관 액주계

$P_C = P_A + \gamma_1 (h + k), \ \ P_D = P_B + \gamma_2 \cdot h + \gamma_1 k$ 에서

$P_C = P_D$ 이므로 $P_A + \gamma_1 (h + k) = P_B + \gamma_2 \cdot h + \gamma_1 \cdot k$ 이다.

$\therefore P_A - P_B = (\gamma_2 - \gamma_1) h$

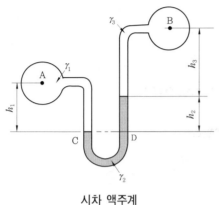

시차 액주계

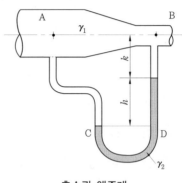

축소관 액주계

㈐ 경사 미압계(微壓計) : 마노미터의 액주를 경사시켜 계측의 감도를 향상시킨 것이다.

$P_A = P_B + \gamma \left(l \cdot \sin\alpha + \dfrac{a}{A} l \right)$

$\therefore P_A - P_B = \gamma \cdot l \left(\sin\alpha + \dfrac{a}{A} \right)$

만약 $A \gg a$ 이면 $\dfrac{a}{A}$ 값은 미소하므로 무시한다.

$\therefore P_A - P_B = \gamma \cdot l \sin\alpha$

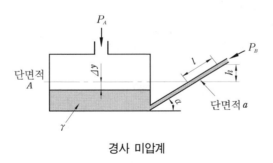

경사 미압계

② 정지 유체 : 유체 입자 사이에 상대운동이 없으므로 점성에 의한 전단력은 발생하지 않는다.

㈎ 정지 유체의 성질

　㉮ 정지 유체 속에서의 압력은 모든 면에 수직으로 작용한다.

　㉯ 정지 유체 속에서의 임의의 한 점에 작용하는 압력은 모든 방향에서 그 크기가 같다.

　㉰ 밀폐된 용기 속에 있는 유체에 가한 압력은 모든 방향에 같은 크기로 전달된다.

　㉱ 정지된 유체 속의 동일 수면에 있는 두 점의 압력은 크기가 같다.

(내) 파스칼 (Pascal)의 원리 : 밀폐된 용기 속에 있는 정지 유체에 가한 압력은 모든 방향에 같은 크기로 전달된다.

$P = \dfrac{F}{A}$ 에서 피스톤에 작용하는 압력은 같으므로 $\dfrac{F_1}{A_1} = \dfrac{F_2}{A_2}$ 이다.

$$\therefore F_2 = \left(\dfrac{A_2}{A_1}\right) \times F_1 = \left(\dfrac{D_2}{D_1}\right)^2 \times F_1$$

2. 힘 (power)

(1) 힘 (power)

① 힘 : 물체의 정지 또는 일정한 운동 상태로 변화를 가져오는 힘의 주체이다.

$$F = m \cdot a$$

여기서, F : 힘, m : 질량, a : 가속도

② 힘의 단위

  (개) 절대단위

    ② MKS 단위

      1 N : 질량 1 kg에 1 m/s^{2}의 가속도를 생기게 하는 힘

    ④ CGS 단위

      1 dyn : 질량 1 g에 1 cm/s^{2}의 가속도를 생기게 하는 힘

  (내) 공학단위

    ② 1 kgf : 질량 1 kg이 중력가속도 (9.8m/s^2)를 받을 때의 힘

    ④ MKS 단위

      1 kgf = 1 kg × 9.8 m/s^2 = 9.8 kg · m/s^2 = 9.8 N

    ④ CGS 단위

      1 gf = 1 g × 980 cm/s^2 = 980 g · cm/s^2 = 980 dyn

  (대) 차원

    ② 절대단위 : MLT^{-2} ④ 공학단위 : F

(2) 유체 속에 잠겨 있는 평면에 작용하는 힘

① 수평면에 작용하는 힘 : 액면 속에 일정깊이로 수평으로 잠겨 있는 평면에 작용하는 힘은 액면에서 평면까지의 깊이 (h)에 비례하고 모든 점에 균일하게 작용한다.

  (개) 힘의 크기 : $F = \gamma \cdot h \cdot A$

  (내) 힘의 방향 : 평면에 수직한 방향

  (대) 힘의 작용점 : 평면의 중심

② 수직면에 작용하는 힘 : 액면 속에 수직으로 잠겨 있는 평면에 작용하는 힘은 깊이 (h)에 따라 직선적으로 변하고 힘의 작용점은 평면의 중심보다 아래에 위치한다.

(가) 힘의 크기 : $F = \gamma \cdot \left(h_1 + \dfrac{h}{2} \right) \cdot A = \gamma \cdot h_c \cdot A$

(나) 힘의 방향 : 평면에 수직한 방향

(다) 힘의 작용점 : $y_p = y_c + \dfrac{I_G}{A \cdot y_c}$

여기서, y_p : 힘의 작용점 (m), y_c : 평면의 중심점까지의 거리 (m), I_G : 도심축의 단면 2차 모멘트

$$\left(사각형 = \frac{bh^3}{12}, \ 원형 = \frac{\pi d^4}{64}, \ 타원형 = \frac{bh^3}{36} \right)$$

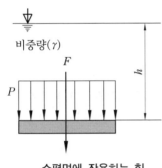

수평면에 작용하는 힘

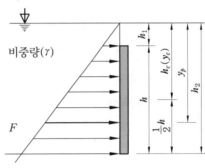

수직면에 작용하는 힘

③ 경사면에 작용하는 힘

(가) 힘의 크기 : $F = \gamma \cdot h_c \cdot A = \gamma y_c \cdot \sin \alpha \cdot A$

(나) 힘의 방향 : 면에 수직한 방향

(다) 힘의 작용점 : $y_p = y_c + \dfrac{I_G}{A \cdot y_c}$

④ 곡면에 작용하는 힘 : AB 곡면에 작용하는 유체의 힘 F는 유체 벽에 저항하는 항력 R과 크기가 같고 방향이 반대이다.

(가) 수평분력 (F_x) : 곡면의 수직투영면에 작용하는 힘과 같다.

(나) 수직분력 (F_y) : 곡면의 수직방향에 실려 있는 액체의 무게와 같다.

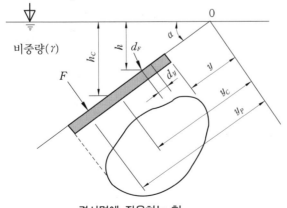

경사면에 작용하는 힘

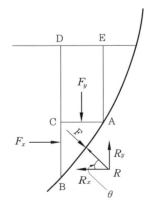

곡면에 작용하는 힘

3. 부력

(1) 부력 (浮力)

① 부력 : 정지 유체 속에 물체가 일부 또는 완전히 잠겨 있을 때 유체에 접촉하는 모든 부분에 수직 상방향으로 받는 힘

㉮ 유체 속에 완전히 잠겨 있는 물체의 부력

$$F_B = \gamma \cdot V$$

㉯ 유체에 떠 있는 물체의 부력

$$F_B = \gamma_2 \cdot V_2 + \gamma_1 \cdot V_1$$

㉰ 부력 중심 : 부력의 작용선이 물체의 배제체 중심을 통과할 때

② 아르키메데스 (Archimedes)의 원리 : 유체 속에 잠겨 있는 물체는 그 물체가 배제하는 유체의 무게와 같은 크기의 힘에 의한 부력을 수직 상방으로 받는다.

(2) 부양체의 안정

유체 속에 잠겨 있는 물체는 그 중심이 부력의 중심보다 아래에 있을 때 안정된 평형을 이룬다. 이것에 대하여 액체표면에 떠 있는 부양체는 그 물체의 중심이 부력의 중심보다 약간 높은 곳에 있어도 배가 흔들리는 롤링 (rolling)에 대하여 안정을 가질 수 있다. 부양체의 중량을 G, 그 중심을 C, 부력을 F, 부력의 중심을 B라 하면 그림 (a)와 같이 평형상태를 유지한다.

그림 (b)와 같이 배가 수평과 θ만큼 경사를 이룬다면 B'를 지나는 F의 작용선과 부양축과의 교점 M을 경심 (복원성 중심 : metacenter)이라 한다.

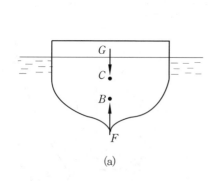

(a)

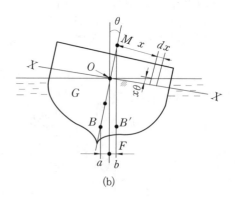

(b)

4. 유체의 상대적 평형

(1) 등선가속도 운동을 받는 유체

① 수평 등가속도를 받는 유체

㈎ 수직 방향의 압력 변화 : $P = \gamma \cdot h$

㈏ 수평 방향의 압력 변화 : $\dfrac{P_1 - P_2}{\gamma \cdot l} = \dfrac{ax}{g} = \dfrac{h_1 - h_2}{l}$

② 수직 등가속도를 받는 유체

$$P_1 - P_2 = \gamma h \left(1 + \dfrac{ay}{g}\right)$$

(2) 등속 회전운동을 받는 유체

① 등속 회전운동을 받는 유체 : $P_1 - P_0 = \dfrac{\gamma}{2g} r^2 \omega^2$

회전운동에 의한 높이 : $h = \dfrac{P - P_0}{\gamma} = \dfrac{r^2 \cdot \omega^2}{2g}$

여기서, $\omega = \dfrac{2\pi \times \mathrm{rpm}}{60}$

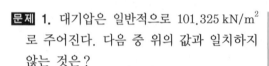

예 상 문 제

문제 **1.** 대기압은 일반적으로 $101.325 \, kN/m^2$ 로 주어진다. 다음 중 위의 값과 일치하지 않는 것은?

㉮ $10.33 \, mH_2O$ ㉯ $0.76 \, mHg$

㉰ $1.013027 \, Pa$ ㉱ $14.7 \, PSI$

해설 표준대기압 (1 atm) : $760 \, mmHg = 76 \, cmHg$

$= 29.9 \, inHg = 760 \, torr = 10332 \, kgf/m^2$

$= 1.0332 \, kgf/cm^2 = 10.332 \, mH_2O \, (mAq)$

$= 10332 \, mmH_2O \, (mmAq) = 101325 \, N/m^2$

$= 101325 \, Pa = 101.325 \, kPa = 0.101325 \, MPa$

$= 1.01325 \, bar = 1013.25 \, mbar = 14.7 \, lb/in^2$

$= 14.7 \, psi$

문제 **2.** 다음 중 압력의 SI 단위는 어느 것인가?

㉮ kgf/m^3 ㉯ N/m^2

㉰ kg/m ㉱ $kgf \cdot m$

해설 • 압력의 SI 단위 : $Pa = N/m^2$

문제 **3.** 다음 단위 환산 중 옳지 않은 것은 어느 것인가?

㉮ $1 \, kgf = 9.8 \, N$ ㉯ $1 \, N = 1 \, kg \cdot m/s^2$

㉰ $1 \, bar = 10^6 \, N/m^2$ ㉱ $1 \, Pa = 1 \, N/m^2$

해설 $1 \, bar \longrightarrow \dfrac{1 \, bar}{1.01325 \, bar} \times 101325 \, Pa$

$= 10^5 \, Pa = 10^5 \, N/m^2$

문제 **4.** 깊이 $1000 \, m$인 해저의 수압 (kgf/cm^2)은? (단, 해수의 비중량은 $1025 \, kgf/m^3$이다.)

㉮ 102.5 ㉯ 100 ㉰ 1025 ㉱ 1000

해설 $P = \gamma \cdot h = 1025 \times 1000 \times 10^{-4}$

$= 102.5 \, kgf/cm^2$

문제 **5.** 비중이 0.9인 액체가 탱크에 있다. 이

때 나타난 압력은 절대압력으로 $2 \, kgf/cm^2$ 이다. 이것을 수두 (head)로 고치면 얼마인가?

㉮ $22.2 \, m$ ㉯ $18 \, m$

㉰ $15 \, m$ ㉱ $12.5 \, m$

해설 $P = \gamma \cdot h$

$\therefore h = \dfrac{P}{\gamma} = \dfrac{2 \times 10^4}{0.9 \times 1000} = 22.2 \, m$

문제 **6.** 밑면이 $2 \, m \times 2 \, m$인 탱크에 비중이 0.8인 기름과 물이 다음과 같이 들어 있을 때 밑면 AB에 작용하는 압력은 얼마인가?

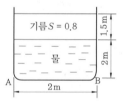

㉮ $34.3 \, kPa$ ㉯ $343 \, kPa$

㉰ $31.36 \, kPa$ ㉱ $313.6 \, kPa$

해설 $P = \gamma \cdot h$

$= \{(0.8 \times 1000 \times 1.5) + (1000 \times 2)\}$

$\times 9.8 \times 10^{-3} = 31.36 \, kPa$

$\therefore N/m^2 = Pa = 10^{-3} \, kPa = 10^{-6} \, MPa$

문제 **7.** 대기압이 $750 \, mmHg$인 곳에서 게이지압력이 $0.2 \, kgf/cm^2$이라면 절대압력은 얼마인가?

㉮ $0.46 \, kgf/cm^2 \cdot a$ ㉯ $0.968 \, kgf/cm^2 \cdot a$

㉰ $1.22 \, kgf/cm^2 \cdot a$ ㉱ $1.36 \, kgf/cm^2 \cdot a$

해설 절대압력 = 대기압 + 게이지압력

$= \left(\dfrac{750}{760} \times 1.0332\right) + 0.2 = 1.219 \, kgf/cm^2 \cdot a$

문제 **8.** 깊이 $7.0 \, m$의 통에 아세톤을 채웠

해답   1. ㉰   2. ㉯   3. ㉰   4. ㉮   5. ㉮   6. ㉰   7. ㉰   8. ㉰

을 때 대기압은 750 mmHg이었다. 이때 통 밑바닥에서의 절대압력(kPa)은 얼마 가? (단, $\rho_{acetone} = 791\,kg/m^3$이다.)

㉮ 134.3 kPa

㉯ 144.3 kPa

㉰ 154.3 kPa

㉱ 164.3 kPa

해설 대기압과 게이지압력을 kPa 단위로 계산

① 대기압(P_0) 계산

$$P_0 = \frac{750}{760} \times 101.325 = 99.991\,kPa$$

② 게이지압력 계산

$$P_g = \gamma \cdot h = (\rho \cdot g) \cdot h$$
$$= (791 \times 9.8) \times 7 \times 10^{-3} = 54.262\,kPa$$

③ 절대압력 계산

$$P_a = P_0 + P_g$$
$$= 99.991 + 54.262 = 154.253\,kPa$$

문제 **9.** 대기압이 750 mmHg일 때 0.5 kgf/cm^{2}의 진공압력은 절대압력으로 얼마인가?

㉮ 1.5 kgf/cm$^2 \cdot$ a

㉯ 1.02 kgf/cm$^2 \cdot$ a

㉰ 0.5336 kgf/cm$^2 \cdot$ a

㉱ 0.52 kgf/cm$^2 \cdot$ a

해설 절대압력 = 대기압 − 진공압력

$$= \left(\frac{750}{760} \times 1.0332\right) - 0.5 = 0.519\,kg/cm^2 \cdot a$$

문제 **10.** 다음 그림의 마노미터의 관에 있는 수은의 액주차가 1 m이다. U자관의 압력 차이는 몇 kgf/cm^{2}인가? (단, 수은의 비 중은 13.6이다.)

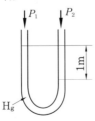

㉮ 1.36   ㉯ 0.48   ㉰ 3.54   ㉱ 2.76

해설 $P_1 - P_2 = \gamma \cdot h = 13.6 \times 1000 \times 1 \times 10^{-4}$
$$= 1.36\,kgf/cm^2$$

문제 **11.** 수은을 이용한 U자관식 액면계에서 그림과 같이 높이가 70 cm일 때 P_2는 절 대압으로 얼마인가?

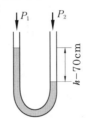

㉮ 1.92 kgf/cm^2 ㉯ 1.92 atm

㉰ 1.87 bar   ㉱ 20.24 mH$_2$O

해설 절대압력 = 대기압 + 게이지압력이므로

$$P_2 = P_1 + \gamma \cdot h$$
$$= 1.0332 + (13.6 \times 10^3 \times 0.7 \times 10^{-4})$$
$$= 1.9852\,kgf/cm^2 \cdot a$$
$$\therefore atm = \frac{1.9852}{1.0332} = 1.92\,atm$$

문제 **12.** 표준대기압 하에서 비중이 0.95인 기름의 압력을 U자관 액주계로 측정한 결 과가 그림과 같을 때 A점의 게이지압력은 몇 kgf/m^{2}인가?

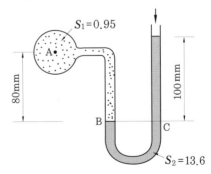

㉮ 1284   ㉯ 2130   ㉰ 1068   ㉱ 410

해설 $P_A = \gamma_2 \cdot h_2 - \gamma_1 \cdot h_1$
$$= (13.6 \times 1000 \times 0.1) - (0.95 \times 1000 \times 0.08)$$
$$= 1284\,kgf/m^2$$

문제 13. 다음 그림과 같이 수직관 속에 비중이 0.9인 기름이 흐르고 있을 때 수직관 속의 압력 P_x는 얼마인가?

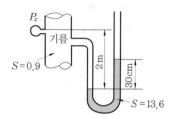

㉮ 0.942 kgf/cm² ㉯ 0.736 kgf/cm²
㉰ 0.446 kgf/cm² ㉱ 0.228 kgf/cm²

해설 $P_x = \gamma_2 \cdot h_2 - \gamma_1 \cdot h_1$
$= (13.6 \times 1000 \times 0.3) - (0.9 \times 1000 \times 2)$
$= 2280 \text{ kgf/m}^2 = 0.228 \text{ kgf/cm}^2$

문제 14. 그림과 같은 시차액주계에서 압력차 ΔP는 얼마인가?

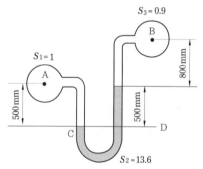

㉮ 0.565 kgf/cm² ㉯ 0.645 kgf/cm²
㉰ 0.702 kgf/cm² ㉱ 0.825 kgf/cm²

해설 $\Delta P = \gamma_3 \cdot h_3 + \gamma_2 \cdot h_2 - \gamma_1 \cdot h_1$
$= (0.9 \times 1000 \times 0.8) + (13.6 \times 1000 \times 0.5)$
$- (1 \times 1000 \times 0.5)$
$= 7020 \text{ kgf/m}^2 = 0.702 \text{ kgf/cm}^2$

문제 15. 물이 흐르고 있는 수평관에 연결한 U자관 마노미터(manometer)의 수은의 액주차가 50 cm라고 하면 U자관의 압력차는 몇 kgf/cm²인가?

㉮ 0.12 kgf/cm² ㉯ 0.63 kgf/cm²
㉰ 1.26 kgf/cm² ㉱ 29.4 kgf/cm²

해설 $\Delta P = (\gamma_2 - \gamma_1) \cdot h$
$= (13.6 \times 1000 - 1000) \times 0.5 \times 10^{-4}$
$= 0.63 \text{ kgf/cm}^2$

문제 16. 다음 그림과 같이 물이 흐르고 있는 관에 시차 액주계를 설치하였더니 수은의 높이 h가 80 cm이었다. 이때 A, B 두 지점의 압력차는 얼마인가?

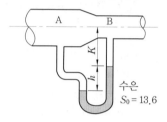

㉮ 9260 kgf/m² ㉯ 9840 kgf/m²
㉰ 10080 kgf/m² ㉱ 12420 kgf/m²

해설 $P_A - P_B = (\gamma_2 - \gamma_1) h$
$= \{(13.6 \times 1000) - (1 \times 1000)\} \times 0.8$
$= 10080 \text{ kgf/m}^2$

문제 17. U자관 마노미터에서 수은(비중 13.6)과 물(비중 1)이 채워져 있다. 마노미터의 읽음이 32.7 cm일 때 압력차는 얼마인가?

㉮ 40.40 kgf/cm² ㉯ 40.40 kgf/m²
㉰ 40.40 N/m² ㉱ 40400 N/m²

해설 $\Delta P = (\gamma_2 - \gamma_1) \cdot h$
$= (13.6 \times 1000 - 1000) \times 0.327$
$= 4120.2 \text{ kgf/m}^2$
$\therefore \dfrac{4120.2}{10332} \times 101325 = 40406 \text{ Pa}$
$= 40406 \text{ N/m}^2$

문제 18. 그림과 같이 물이 흐르는 관에 U자 수은관을 설치하고 A 지점과 B 지점 사이의 수은 높이 차(h)를 측정하였더니 0.7 m였다. 이때 A 점과 B 점 사이의 압력차는 약 몇 kPa인가? (단, 수은의 비중은 13.6이다.)

해답 13. ㉱ 14. ㉰ 15. ㉯ 16. ㉰ 17. ㉱ 18. ㉰

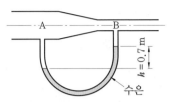

가 8.64 나 9.33 다 86.49 라 93.3

해설 ① A 지점과 B 지점의 압력차 계산

$$P_A - P_B = (\gamma_2 - \gamma_1)h$$
$$= (13.6 - 1) \times 1000 \times 0.7 = 8820 \text{ kgf/m}^2$$

② 압력차를 kPa 단위로 환산

$$\text{kPa} = \frac{8820}{10332} \times 101.325 = 86.49 \text{ kPa}$$

문제 19. 경사각이 30°인 경사관식 압력계의 눈금 차이가 40 cm이었다. 이때 양단의 차압 $(P_1 - P_2)$을 구하면 약 몇 kPa인가? (단, 비중이 0.8인 기름을 사용한다.)

가 1.57 　　　　나 1.96

다 3.14 　　　　라 3.92

해설 $P_1 - P_2 = \gamma \cdot l \cdot \sin\alpha$
$$= (0.8 \times 10^3 \times 0.4 \times \sin 30°) \times 9.8 \times 10^{-3}$$
$$= 1.568 \text{ kPa}$$
$$\therefore \text{ N/m}^2 = \text{Pa} = 10^{-3} \text{ kPa} = 10^{-6} \text{ MPa}$$

문제 20. 경사관 압력계에서 P_1의 압력을 구하는 식은? (단, γ : 액체의 비중량, P_2 : 가는 관의 압력, θ : 경사각, X : 경사각 압력계의 눈금)

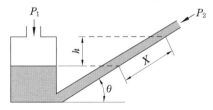

가 $P_1 = \dfrac{P_2}{\sin\theta}$

나 $P_1 = P_2 \gamma \cos\theta$

다 $P_1 = P_2 + \gamma X \cos\theta$

라 $P_1 = P_2 + \gamma X \sin\theta$

문제 21. 다음 중 파스칼의 원리를 가장 바르게 설명한 것은?

가 밀폐용기 내의 액체에 압력을 가하면 압력은 모든 부분에 동일하게 전달된다.

나 밀폐용기 내의 액체에 압력을 가하면 압력은 가한 점에만 전달된다.

다 밀폐용기 내의 액체에 압력을 가하면 압력은 그 반대편에만 전달된다.

라 밀폐용기 내의 액체에 압력을 가하면 압력은 가한 점으로부터 일정한 간격을 두고 차등적으로 전달된다.

해설 • 파스칼(Pascal)의 원리 : 밀폐된 용기 속에 있는 정지 유체의 일부에 가한 압력은 유체 중의 모든 방향에 같은 크기로 전달된다.

$$\therefore \frac{F_1}{A_1} = \frac{F_2}{A_2}$$

문제 22. 수압기에서 두 피스톤의 지름이 25 cm와 5 cm이다. 큰 피스톤에 25 kgf의 하중을 올릴 수 있도록 하려면 작은 피스톤에는 얼마의 힘 (하중)을 가해야 하는가?

가 1 kgf 나 5 kgf 다 10 kgf 라 15 kgf

해설 $\dfrac{F_1}{A_1} = \dfrac{F_2}{A_2}$

$$\therefore F_1 = \frac{A_1}{A_2} \times F_2 = \left(\frac{D_1}{D_2}\right)^2 \times F_2$$
$$= \left(\frac{5}{25}\right)^2 \times 25 = 1 \text{ kgf}$$

문제 23. 50 cm × 70 cm의 평판이 수면에서 깊이 50 cm되는 곳에 수평으로 놓여 있을 때 평판에 작용하는 힘은 얼마인가?

가 17.5 kgf 　　　나 175 kgf

다 12.5 kgf 　　　라 125 kgf

해설 $F = \gamma \cdot h \cdot A$
$$= 1000 \times 0.5 \times (0.5 \times 0.7) = 175 \text{ kgf}$$

문제 24. 한 변의 길이가 50 cm인 정사각형

해답 19. 가 20. 라 21. 가 22. 가 23. 나 24. 라

을 밑면으로 하고 높이가 80 cm인 육면체
에 물을 가득 채웠을 경우 한 측면에 미치
는 유체의 힘은 얼마인가?

㉮ 100 kgf　　　　㉯ 120 kgf

㉰ 140 kgf　　　　㉱ 160 kgf

해설 $F = \gamma \cdot h_c \cdot A = \dfrac{1}{2} \cdot \gamma \cdot h_2 \cdot A$

$\qquad = \dfrac{1}{2} \times 1000 \times 0.8 \times (0.8 \times 0.5)$

$\qquad = 160 \, kgf$

문제 **25.** 그림과 같이 물속에 수직으로 잠겨
있는 평판에 작용하는 힘과 작용점은 얼
마인가?

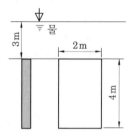

㉮ 392 kN, 수면아래 5.27 m

㉯ 280 kN, 수면아래 5.83 m

㉰ 160 kN, 수면아래 5.27 m

㉱ 120 kN, 수면아래 5.83 m

해설 ① 평판에 작용하는 힘 (kN) 계산

$\quad F = \gamma \cdot h_c \cdot A$

$\quad = \left\{ 1000 \times \left(3 + \dfrac{4}{2} \right) \times (2 \times 4) \right\} \times 9.8 \times 10^{-3}$

$\quad = 392 \, kN$

② 작용점 (y_p) 계산

$\quad y_p = y_c + \dfrac{I_G}{A \cdot y_c}$

$\quad = 5 + \dfrac{\dfrac{2 \times 4^3}{12}}{(2 \times 4) \times 5} = 5.267 \, m$

$\quad \therefore \; y_c = 3 + \dfrac{4}{2} = 5 \, m$

문제 **26.** 그림과 같은 평판(4 m×2 m)이 물
속에 40°로 잠겨 있다. 이 평판에 작용하

는 힘 (kgf)은?

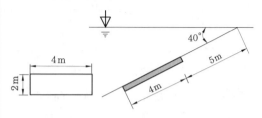

㉮ 약 18000　　　㉯ 약 23000

㉰ 약 36000　　　㉱ 약 46000

해설 $F = \gamma \cdot h \cdot A = \gamma \cdot y_c \cdot \sin\theta \cdot A$

$\qquad = 1000 \times (5 + 2) \times \sin 40° \times (4 \times 2)$

$\qquad = 35996.106 \, kgf$

문제 **27.** 그림과 같이 50 cm×3 m의 판이
수면에 대하여 30°로 기울어져 있을 때
이판에 작용하는 힘(N)과 작용점은 얼마
인가?

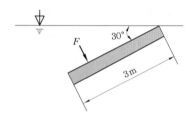

㉮ 7350 N, 수면 밑 1 m

㉯ 7750 N, 수면 밑 1.5 m

㉰ 7230 N, 수면 밑 1.7 m

㉱ 11025 N, 수면 밑 2 m

해설 ① 작용하는 힘 (N) 계산

$\quad F = \gamma \cdot y_c \cdot \sin\alpha \, A$

$\quad = \{ 1000 \times 1.5 \times \sin 30° \times (0.5 \times 3) \} \times 9.8$

$\quad = 11025 \, N$

② 작용점 (y_p) 계산

$\quad y_p = y_c + \dfrac{I_G}{A \cdot y_c}$

$\quad = 1.5 + \dfrac{\dfrac{0.5 \times 3^3}{12}}{(0.5 \times 3) \times 1.5} = 2 \, m$

문제 **28.** 유체 속에 잠겨진 경사 평면에 작
용하는 힘의 작용점은?

㉮ 면의 도심에 있다.

㉯ 면의 도심보다 위에 있다.

㉰ 면의 중심 도심과 관계없다.

㉱ 면의 중심 도심보다 아래에 있다.

해설 유체 속에 수직 및 경사지게 잠겨진 평판에 작용하는 힘의 작용점은 판의 중심점보다 아래에 위치한다.

문제 **29.** 액체 속에 잠겨진 곡면에 작용하는 수평분력은?

㉮ 곡면의 수직상방의 액체의 무게

㉯ 곡면에 의해서 지지된 액체의 무게

㉰ 곡면의 면심에서의 압력과 면적의 곱

㉱ 곡면의 수직투영면의 힘

문제 **30.** 유체에 잠겨 있는 곡면에 작용하는 전압력의 수평분력에 대한 설명으로 가장 올바른 것은?

㉮ 전압력의 수평성분 방향에 수직인 연직면에 투영한 투영면의 압력중심의 압력과 투영면을 곱한 값과 같다.

㉯ 전압력의 수평성분 방향에 수직인 연직면에 투영한 투영면 도심의 압력과 곡면의 면적을 곱한 값과 같다.

㉰ 수평면에 투영한 투영면에 작용하는 전압력과 같다.

㉱ 전압력의 수평성분 방향에 수직인 연직면에 투영한 투영면 도심의 압력과 투영면의 면적을 곱한 값과 같다.

해설 • 곡면에 작용하는 힘

① 수평분력(F_x) : 곡면의 수직투영면에 작용하는 힘과 같다.

[힘(F) = 압력(P)×면적(A)이 된다]

② 수직분력(F_y) : 곡면의 수직 방향에 실려 있는 액체의 무게와 같다.

문제 **31.** 액체 속에 잠겨 있는 곡면에 작용하는 수직분력은?

㉮ 곡면의 수직투영면에 작용하는 힘과 같다.

㉯ 곡면 수직방향에 실려 있는 액체의 무게와 같다.

㉰ 중심에서의 압력과 면적의 곱과 같다.

㉱ 곡면에 의해서 배제된 액체의 무게와 같다.

문제 **32.** 유체 속에 잠겨진 물체에 작용하는 부력은?

㉮ 물체의 중력과 같다.

㉯ 물체의 중력보다 크다.

㉰ 그 물체에 의해서 배제된 액체의 무게와 같다.

㉱ 유체의 비중량과는 관계없다.

문제 **33.** 어떤 물체의 크기 (가로×세로×높이)가 $7.5\,m \times 3\,m \times 4\,m$이고 무게가 4×10^4 kg이다. 이 물체를 물위에 띄웠을 때 수면 밑으로 얼마나 가라앉겠는가?

㉮ 1.25 m 　㉯ 1.78 m

㉰ 2.05 m 　㉱ 2.25 m

해설 물체의 무게와 부력은 같으므로 $F_B = W$이고, $W = \gamma \times V = \gamma \times (가로 \times 세로 \times 높이)$이다.

$$\therefore 높이(h) = \frac{W}{\gamma \times (가로 \times 세로)}$$

$$= \frac{4 \times 10^4}{1000 \times (7.5 \times 3)} = 1.777\,m$$

문제 **34.** 다음 그림은 동일한 물체 A, B, C를 물, 수은, 식용유 속에 넣었을 때 떠 있는 모양을 나타낸 것이다. 부력은 어떻게 되는가?

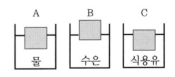

㉮ A가 가장 크다. 　㉯ B가 가장 크다.

㉰ C가 가장 크다. 　㉱ 모두 같다.

해설 • 부력(浮力) : 정지 유체 속에 물체가 일부 또는 완전히 잠겨 있을 때 유체에 접촉하는 모든 부분에 수직 상방향으로 받는 힘으로 A, B, C 모두 떠 있으므로 부력은 모두 같다.

문제 **35.** $3 \times 3 \times 9$ cm의 직육면체로 된 물체를 그림과 같이 물에 담갔더니 $\frac{2}{3}$가 물에 잠겼다. 이 물체의 비중은? (단, 물의 밀도는 1.0 g/cm³이다.)

㉮ 0.45

㉯ 0.67

㉰ 0.85

㉱ 0.97

해설 $S_1 V_1 = S_2 V_2$

$$\therefore S_2 = \frac{V_1}{V_2} S_1 = \frac{(3 \times 3 \times 9) \times \frac{2}{3}}{3 \times 3 \times 9} \times 1 = 0.67$$

문제 **36.** 반지름이 30 cm인 원통 속에 물을 담아 30 rpm으로 회전시킬 때 수면의 상승높이는 몇 m인가?

㉮ 0.015 m ㉯ 0.030 m

㉰ 0.045 m ㉱ 0.060 m

해설 $h = \dfrac{r^2 \cdot \omega^2}{2g}$

$$= \frac{0.3^2 \times \left(\dfrac{2\pi \times 30}{60}\right)^2}{2 \times 9.8} = 0.045 \text{ m}$$

문제 **37.** 지름 10 mm, 비중 12.6인 추가 동

점성계수 0.004 m²/s, 비중 1.35인 액체 속으로 등속 낙하하고 있을 때 이 추의 낙하속도는 몇 m/s인가?

㉮ 0.113 ㉯ 0.137

㉰ 0.142 ㉱ 0.158

해설 $\mu = \dfrac{(\gamma_s - \gamma_l) D^2}{18 V}$

$$\therefore V = \frac{(\gamma_s - \gamma_l) D^2}{18 \mu}$$

$$= \frac{(12.6 - 1.35) \times 1000 \times 0.01^2}{18 \times 0.551}$$

$$= 0.1134 \text{ m/s}$$

여기서, 공학단위 점성계수 (μ)는

$$\therefore \mu = \rho \times \nu = \frac{\gamma}{g} \times \nu = \frac{1.35 \times 1000}{9.8} \times 0.004$$

$$= 0.551 \text{ kgf} \cdot \text{s} / \text{m}^2$$

문제 **38.** 지름 10 mm, 비중 9.5인 추가 동점성계수 0.0025 m²/s, 비중 1.25인 액체 속으로 등속 낙하하고 있을 때 낙하속도는 몇 m/s인가?

㉮ 0.144 m/s ㉯ 0.288 m/s

㉰ 0.352 m/s ㉱ 0.576 m/s

해설 $u_t = \dfrac{g D^2 (\rho_p - \rho)}{18 \mu}$

$$= \frac{9.8 \times 0.01^2 \times (9500 - 1250)}{18 \times 3.125}$$

$$= 0.144 \text{ m/s}$$

여기서, $\mu = \nu \cdot \rho = 0.0025 \times 1.25 \times 10^3$

$$= 3.125 \text{ kg/m} \cdot \text{s}$$

제 3 장 유체 운동학

1. 유체의 흐름 형태

(1) 유체 흐름

① 정상류와 비정상류

　(가) 정상류 (steady flow) : 유체가 흐름의 상태에 있을 때 흐름과 관계되는 압력, 속도, 밀도, 온도 등의 변수들이 시간이 경과하여도 변하지 않는 흐름

　(나) 비정상류 (unsteady flow) : 유체가 흐름의 상태에 있을 때 흐름과 관계되는 압력, 속도, 밀도, 온도 등의 변수들이 시간과 함께 변하는 흐름

② 등속류와 비등속류

　(가) 등속류 (uniform flow) : 유체의 흐름 상태에서 임의 순간 (시각)에 모든 점에서 속도 벡터가 위치와 관계없이 동일한 흐름

　(나) 비등속류 (nonuniform flow) : 유체의 흐름 상태에서 임의 순간에 모든 점에서 속도 벡터가 변하는 흐름

③ 1차원 유동, 2차원 유동, 3차원 유동

　(가) 1차원 유동 : 유체 흐름의 변수들이 있는 어떤 단면을 지나더라도 일정한 흐름을 유지하는 경우

　(나) 2차원 유동 : 평행한 평면 사이에서 일률적이고 1차원이 아닌 유동이다.

　(다) 3차원 유동 : 유체 흐름이나 흐름의 변수가 직각좌표 상에서 x, y, z 방향으로 변하는 흐름이다.

(2) 유선 (流線)과 유관 (流管)

① 유선 (stream line) : 유체의 한 입자가 지나간 궤적을 표시하는 선으로 임의 순간에 한 가상 곡선을 그을 때 그 곡선상의 임의 점에서의 접선이 그 점에서의 유속의 방향과 일치하는 곡선이다.

② 유관 (stream tube) : 여러 개의 유선으로 둘러싸인 가상적인 한 개의 관

③ 유적선 (path line) : 유체 입자가 일정한 기간 내에 지나간 자취 (경로)

④ 유맥선 (streak line) : 모든 유체 입자가 공간 속에 있는 한 점을 지나는 유체 분자를 이은 선

2. 연속 방정식

(1) 연속 방정식

질량 보존의 법칙을 유체의 흐름에 적용한 것으로 유입된 질량과 유출된 질량은 같다.
즉, 그림에서 점 ①에서의 유량과 점 ②에서의 유량은 항상 같다.

$Q_1 = A_1 V_1$ ·································· ①

$Q_2 = A_2 V_2$ ·································· ②

① = ② 이므로 $Q = A_1 V_1 = A_2 V_2$

$\therefore V_1 = \dfrac{A_2}{A_1} \cdot V_2$ 또는 $V_2 = \dfrac{A_1}{A_2} \cdot V_1$

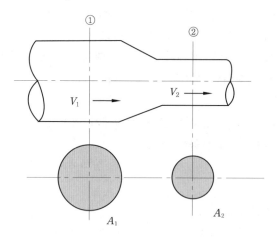

(2) 유량계산

① 체적유량 $Q = A_1 \cdot V_1 = A_2 \cdot V_2$

② 질량유량 $M = \rho \cdot A_1 \cdot V_1 = \rho \cdot A_2 \cdot V_2$

③ 중량유량 $G = \gamma \cdot A_1 \cdot V_1 = \gamma \cdot A_2 \cdot V_2$

3. 베르누이 방정식

(1) 베르누이 (Bernoulli) 방정식

모든 단면에서 작용하는 위치수두, 압력수두, 속도수두의 합은 항상 일정하다로 정의되
며 베르누이 방정식이 적용되는 조건은 다음과 같다.

① 베르누이 방정식이 적용되는 임의 두 점은 같은 유선상에 있다.

② 정상 상태의 흐름이다.

③ 마찰이 없는 이상 유체의 흐름이다.

④ 비압축성 유체의 흐름이다.

⑤ 외력은 중력만 작용한다.

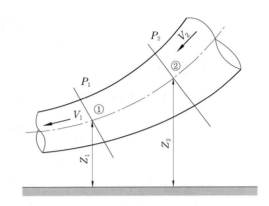

$$H = Z_1 + \frac{P_1}{\gamma} + \frac{V_1{}^2}{2g} = Z_2 + \frac{P_2}{\gamma} + \frac{V_2{}^2}{2g}$$

여기서, H : 전 수두, Z_1, Z_2 : 위치수두

$\dfrac{P_1}{\gamma}$, $\dfrac{P_2}{\gamma}$: 압력수두

$\dfrac{V_1{}^2}{2g}$, $\dfrac{V_2{}^2}{2g}$: 속도수두

(2) 베르누이 (Bernoulli) 방정식의 응용

① 탱크에서 유출되는 유체의 속도계산

(가) 노즐에서 유출속도

$$V = \sqrt{2gh}$$

(나) 노즐에서 실제 유출속도

$$V_a = C_v \sqrt{2gh}$$

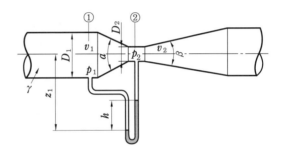

② 차압식 유량계 (벤투리관) 유량계산

$$Q = C \cdot A \sqrt{\frac{2g}{1-m^4} \times \frac{P_1 - P_2}{\gamma}}$$

$$= C \cdot A \sqrt{\frac{2gh}{1-m^4} \times \frac{\gamma_m - \gamma}{\gamma}}$$

여기서, Q : 유량 (m³/s), C : 유량계수, A : 단면적 (m²), g : 중력가속도 (9.8 m/s²)

m : 교축비 $\left(\dfrac{D_2{}^2}{D_1{}^2}\right)$, h : 마노미터 (액주계) 높이차 (m)

P_1 : 교축기구 입구 측 압력 (kgf/m²), P_2 : 교축기구 출구 측 압력 (kgf/m²)

γ_m : 마노미터 액체 비중량 (kgf/m³),

γ : 유체의 비중량 (kgf/m³)

③ 피토관 (pitot tube) 유량계산

$$Q = C \cdot A \sqrt{2g \times \frac{P_t - P_s}{\gamma}} = C \cdot A \sqrt{2gh \times \frac{\gamma_m - \gamma}{\gamma}}$$

여기서, Q : 유량 (m³/s), C : 유량계수, γ : 유체의 비중량 (kgf/ m³), A : 단면적 (m²)

g : 중력가속도 (9.8 m/s²), P_t : 전압 (kgf/m²), P_s : 정압 (kgf/m²)

h : 마노미터(액주계) 높이차 (m), γ_m : 마노미터 액체비중량 (kgf/m³)

4. 운동량 방정식

(1) 운동량 방정식

① 운동량 : 물질의 질량(m)과 속도(V)의 곱으로 표시되는 것을 의미한다.

$$F = m \cdot a = m \cdot \frac{dV}{dt} \quad F \cdot dt = m \cdot dV$$

여기서, $F \cdot dt$ 를 역적 또는 충격력 (kgf · s) 이라 한다.

② 유체의 운동량 방정식 : 그림과 같은 관 내부에 비압축성 유체가 정상유동 상태로 흐를 때 x 방향과 y 방향에 대한 운동량 방정식은 다음과 같다.

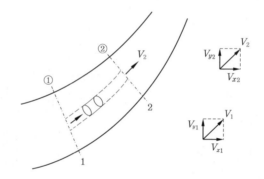

(개) x 방향 운동량 $F_x = \rho \cdot Q(V_{x2} - V_{x1})$

(내) y 방향 운동량 $F_y = \rho \cdot Q(V_{y2} - V_{y1})$

(2) 운동량 방정식의 응용

① 직선관에 작용하는 힘
$$F = (P_1 - P_2) A$$

② 점차 축소관에 작용하는 힘
$$F = F_x \cos \frac{\theta}{2}$$

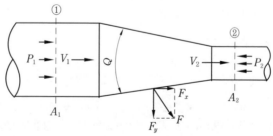

③ 곡관에 작용하는 힘
$$F = \sqrt{F_x^{\,2} + F_y^{\,2}}$$

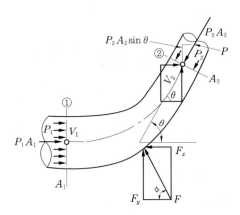

④ 고정 및 가동 날개

  (개) 고정 날개

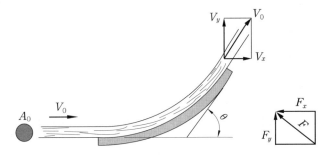

    ㉮ x 방향의 분력 $F_x = \rho \cdot Q \cdot V_0(1 - \cos\theta)$

    ㉯ y 방향의 분력 $F_y = \rho \cdot Q \cdot V_0 \sin\theta$

  (내) 고정 평판 $F = \rho \cdot Q \cdot V = \rho \cdot A \cdot V^2$

  (대) 경사 평판 $F = \rho \cdot Q \cdot V \sin\theta$

  (래) 움직이는 평판 $F = \rho \cdot Q(V - u) = \rho \cdot A(V - u)^2$

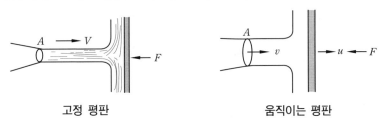

고정 평판   움직이는 평판

  (매) 분류가 가동 날개에 작용하는 힘

$$F_y = -\rho \cdot Q(V - u)\sin\theta = -\rho \cdot A(V - u)^2 \sin\theta$$

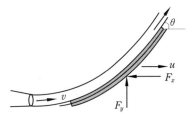

5. 프로펠러와 풍차

(1) 프로펠러 (propeller)

선박이나 항공기에서 유체의 운동량에의 변화를 주어 추진력을 발생케 하는 장치이다.

① 추진력(推進力)

$$F = \rho\, Q(V_4 - V_1) = (P_3 - P_2)\, A$$

② 프로펠러를 통과하는 평균유속

$$V = \frac{V_1 + V_4}{2}$$

③ 프로펠러의 효율

$$\eta = \frac{L_0(\text{출력})}{L_1(\text{입력})} = \frac{V_1}{V}$$

(2) 풍차

바람을 이용하여 기계적인 에너지를 얻는데 그 목적이 있는 장치이다.

① 평균유속

$$V = \frac{V_1 + V_4}{2}$$

② 효율

$$\eta = \frac{L_0\,(\text{출력})}{L_i\,(\text{입력})} = \frac{V(V_1^{\,2} - V_4^{\,2})}{V_1^{\,3}} = \frac{(V_1 + V_4) \cdot (V_1^{\,2} - V_4^{\,2})}{2\,V_1^{\,2}}$$

6. 분류 추진

(1) 탱크에 붙어 있는 노즐에 의한 추진

① 분류의 속도

$$V = C_c\sqrt{2\,g\,h} = C_c\sqrt{2\,g\,\frac{\Delta P}{\gamma}}$$

② 추진력

$$F = \rho\, Q\, V = \rho\, A\, V^2 = 2\,\gamma\, C\, A\, h$$

※ 탱크는 분류에 의하여 노즐의 면적에 작용하는 정수압 $(P = \gamma \cdot h)$의 2배의 힘을 받아 분류의 반대방향으로 운동한다.

(2) 제트추진

공기가 흡입구에서 V_1 의 속도로 흡입되어 압축기에서 압축되고 연소실에 들어가 연료와 함께 연소되어 팽창된다. 팽창된 가스는 고속도 V_2 의 노즐을 통하여 공기 속으로 배출된다.

① 추진력

$$F = \rho_2 Q_2 V_2 - \rho_1 Q_1 V_1 = \rho Q (V_2 - V_1)$$

$$\therefore \rho_1 Q_1 = \rho_2 Q_2 = \rho Q \text{이므로}$$

② 추진 효율

$$\eta = \cfrac{1}{1 + \cfrac{1}{2} \cdot \left(\cfrac{V_2 - V_1}{V_1} \right)}$$

예 상 문 제

문제 1. 정상류와 비정상류를 구분하는데 기준이 되는 것은?

㉮ 질량보존의 법칙

㉯ 뉴턴의 점성법칙

㉰ 압축성과 비압축성

㉱ 유동특성의 시간에 대한 변화율

해설 • 정상류와 비정상류

① 정상류 (steady flow) : 유체가 흐름의 상태에 있을 때 흐름과 관계되는 압력, 속도, 밀도, 온도 등의 변수들이 시간이 경과하여도 변하지 않는 흐름

② 비정상류 (unsteady flow) : 유체가 흐름의 상태에 있을 때 흐름과 관계되는 압력, 속도, 밀도, 온도 등의 변수들이 시간과 함께 변하는 흐름

문제 2. 다음 중 정상유동이 일어나는 경우는?

㉮ 조건들이 임의의 점에서 시간에 따라 변화하지 않는 경우

㉯ 조건들이 임의의 순간에 가까운 점들에서 같은 경우

㉰ 조건들이 시간에 따라 천천히 변화하는 경우

㉱ 조건들이 시간에 따라 급격히 변화하는 경우

문제 3. 단면이 균일한 관로를 흐르는 유량이 시간에 따라 증가하고 있을 때의 흐름은?

㉮ 등속류, 정상류

㉯ 부등속류, 정상류

㉰ 등속류, 비정상류

㉱ 부등속류, 비정상류

문제 4. 유선 (stream line)에 대한 설명 중 가장 거리가 먼 내용은?

㉮ 유체 흐름에 있어서 모든 점에서 유체 흐름의 속도벡터의 방향을 갖는 연속적인 가상곡선이다.

㉯ 유체흐름 중의 한 입자가 지나간 궤적을 말한다. 즉, 유선을 가로지르는 흐름에 관한 것이다.

㉰ x, y, z에 대한 속도분포를 각각 u, v, w라고 할 때 유선의 미분방정식은 $\dfrac{dx}{u} = \dfrac{dy}{v} = \dfrac{dz}{w}$이다.

㉱ 정상유동에서 유선과 유적선은 일치한다.

문제 5. 유적선에 대한 설명으로 가장 적합한 것은?

㉮ 유체입자가 일정한 기간 동안 움직인 경로

㉯ 임의의 순간에 모든 점의 속도가 동일한 유동선

㉰ 에너지가 같은 점을 연결한 선

㉱ 모든 유체 입자의 순간 궤적

해설 ① 유선 : 유체의 한 입자가 지나간 궤적을 표시하는 선으로 임의 순간에 모든 점의 속도와 방향이 일치하는 유동선

② 유관 : 여러 개의 유선으로 둘러싸인 한 개의 관

③ 유적선 : 유체입자가 일정한 기간 동안 움직인 경로

④ 유맥선 : 모든 유체입자가 공간 내의 한 점을 지나는 순간 궤적

문제 6. 다음 설명 중 잘못된 것은?

㉮ 정상유동은 유동 특성이 시간에 따라 변하지 않는 흐름이다.

해답 1. ㉱ 2. ㉮ 3. ㉰ 4. ㉯ 5. ㉮ 6. ㉱

대 균일유동은 유동 속도의 크기와 방향이 위치에 따라 변하지 않는 흐름이다.

대 유선이란 모든 점에서 속도벡터의 방향을 갖는 연속적인 선으로서 정상류에서는 유적선과 일치한다.

래 일차원 유동이란 직선을 따라 흐르는 유동이다.

해설 1차원 유동은 유체 흐름의 변수들이 있는 어떤 단면을 지나더라도 일정한 흐름을 유지하는 경우로 유동 방향과 수직한 방향으로의 유동 특성 변화를 무시하는 유동이다.

문제 **7.** 질량 보존의 법칙을 유체 유동에 적용한 방정식은?

가 오일러 방정식　나 달시 방정식

다 운동량 방정식　라 연속 방정식

해설 • 질량 보존의 법칙 : 질량은 생겨나지도 소멸되지도 않는다.

① 체적유량 $Q[\mathrm{m}^3/\mathrm{s}] = A \cdot V$

② 질량유량 $M[\mathrm{kg/s}] = \rho \cdot A \cdot V$

③ 중량유량 $G[\mathrm{kgf/s}] = \gamma \cdot A \cdot V$

문제 **8.** 다음 중 실제 유체나 이상 유체에 관계없이 모두 적용되는 것은?

가 질량보존의 법칙　나 수정계수

다 압축성 유체　라 뉴턴의 점성법칙

해설 • 질량 보존의 법칙 : 어느 위치에서나 유입 질량과 유출 질량이 같으므로 일정한 관내에 축적된 질량은 유속에 관계없이 일정하다는 것으로 실제 유체나 이상 유체에 관계없이 모두 적용되는 것으로 연속의 방정식에 적용된다.

문제 **9.** 비압축성 유체가 흐르고 있는 유로가 갑자기 축소될 때 일어나는 현상이 아닌 것은?

가 질량유량의 감소

나 유로의 단면적 축소

다 유속의 증가

라 압력의 감소

해설 • 연속의 방정식 : 질량 보존의 법칙을 유체 유동에 적용시킨 것으로 어느 지점에서나 유량(질량유량)은 같다.

문제 **10.** 안지름이 90 mm인 파이프를 통하여 8m/s의 속도로 흐르는 물의 유량은 얼마인가?

가 $3.05\,\mathrm{m}^3/\mathrm{min}$　나 $4.63\,\mathrm{m}^3/\mathrm{min}$

다 $5.15\,\mathrm{m}^3/\mathrm{min}$　라 $6.48\,\mathrm{m}^3/\mathrm{min}$

해설 $Q = A \cdot V = \dfrac{\pi}{4} \times 0.09^2 \times 8 \times 60$
$= 3.05\,\mathrm{m}^3/\mathrm{min}$

문제 **11.** 다음 그림과 같은 관 속을 비압축성 유체가 흐르고 있다. 1 지점의 관지름은 D이고, 2 지점의 지름은 $\dfrac{1}{2}D$이다. 1지점에서의 유체의 속도를 V라 하면 2 지점에서의 유속은 얼마인가?

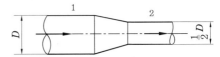

가 $\dfrac{1}{2}V$　　　나 $2V$

다 $\dfrac{1}{\sqrt{2}}V$　　라 $4V$

해설 연속의 방정식에서 $A_1V_1 = A_2V_2$이므로

$$\frac{\pi}{4}D^2V_1 = \frac{\pi}{4}\left(\frac{D}{2}\right)^2 V_2$$

$$\therefore V_2 = \frac{\frac{\pi}{4} \times D^2 \times V_1}{\frac{\pi}{4} \times \left(\frac{D}{2}\right)^2} = \frac{V_1}{\left(\frac{1}{2}\right)^2} = 4V_1$$

※ 관지름이 $\dfrac{1}{2}$로 감소하면 유속은 4배로 증가한다.

문제 **12.** 지름이 1 m인 관속을 3600 m^3/h로 흐르는 유체의 평균 유속은 약 몇 m/s인가?

가 1.27　나 2.47　다 4.78　라 5.36

해설 $Q = AV = \dfrac{\pi}{4}D^2V$

$$\therefore V = \frac{4Q}{\pi D^2} = \frac{4 \times 3600}{\pi \times 1^2 \times 3600} = 1.273 \, \text{m/s}$$

문제 **13.** 비압축성 유체의 유량을 일정하게 하고 관지름을 2배로 하면 유속은 어떻게 되는가? (단, 기타 손실은 무시한다.)

㉮ $\frac{1}{2}$로 느려진다.

㉯ $\frac{1}{4}$로 느려진다.

㉰ 2배로 빨라진다.

㉱ 4배로 빨라진다.

해설 $A_1 V_1 = A_2 V_2$에서

$$\frac{\pi}{4} D_1^2 V_1 = \frac{\pi}{4} \cdot (2D_1)^2 \cdot V_2 \text{가 된다.}$$

$$\therefore V_2 = \frac{\frac{\pi}{4} \cdot D_1^2 \cdot V_1}{\frac{\pi}{4} \cdot (2D_1)^2} = \frac{1}{4} \cdot V_1$$

※ 관지름이 2배 증가하면 유속은 $\frac{1}{4}$로 감소한다.

문제 **14.** 그림에서 비중이 0.85인 액체가 분출되고 있다. 단면 1을 통하는 속도가 10 m/s일 때 단면 2를 통하는 속도 (m/s)는 얼마인가?

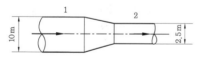

㉮ 160 ㉯ 165 ㉰ 168 ㉱ 171

해설 $Q_1 = Q_2$, $A_1 \cdot V_1 = A_2 \cdot V_2$

$$\therefore V_2 = \frac{A_1}{A_2} V_1 = \frac{\frac{\pi}{4} \times 10^2}{\frac{\pi}{4} \times 2.5^2} \times 10 = 160 \, \text{m/s}$$

문제 **15.** 안지름 5 cm 파이프 내에서 비압축성 유체의 유속이 5 m/s이면 안지름을 2.5 cm로 축소하였을 때의 유속은 얼마인가?

㉮ 5 m/s ㉯ 10 m/s

㉰ 20 m/s ㉱ 50 m/s

해설 ① 유량계산

$$Q = A \cdot V = \frac{\pi}{4} \times 0.05^2 \times 5$$

$$= 9.817 \times 10^{-3} \, \text{m}^3/\text{s}$$

② 변경된 배관에서의 유속계산

$$\therefore V_2 = \frac{Q}{A_2} = \frac{9.817 \times 10^{-3}}{\frac{\pi}{4} \times 0.025^2}$$

$$= 19.999 \doteqdot 20 \, \text{m/s}$$

문제 **16.** 안지름이 0.2 m인 실린더 속에 물이 가득 채워져 있고, 바깥지름이 0.18 m인 피스톤이 0.05 m/s의 속도로 주입되고 있다. 이 때 실린더와 피스톤 사이의 틈으로 역류하는 물의 속도는?

㉮ 0.113 m/s ㉯ 0.213 m/s

㉰ 0.313 m/s ㉱ 0.413 m/s

해설 $A_1 V_1 = A_2 V_2$에서

$$V_2 = \frac{A_1}{A_2} \times V_1 = \frac{\frac{\pi}{4} \times 0.18^2}{\frac{\pi}{4} \times (0.2^2 - 0.18^2)} \times 0.05$$

$$= 0.213 \, \text{m/s}$$

문제 **17.** 안지름이 52.9 mm인 강철관에 공기가 흐를 때 한 단면에서 압력이 3 atm, 온도가 20℃, 평균유속이 75 m/s이며, 이관의 하부에 안지름 67.9 mm의 강철관이 접속되어 있고 압력이 2 atm, 온도가 30℃라면 이 점에서의 평균유속은 약 몇 m/s인가? (단, 공기는 이상기체로 가정한다.)

㉮ 45.6 ㉯ 50.6 ㉰ 65.6 ㉱ 70.6

해설 ① 처음 (3 atm, 20℃)의 유량 계산

$$Q_1 = A_1 \cdot V_1 = \frac{\pi}{4} \times 0.0529^2 \times 75 = 0.1648 \, \text{m}^3/\text{s}$$

② 3 atm, 20℃ 상태의 체적을 2 atm, 30℃ 상태의 체적으로 계산

$$\frac{P_1 Q_1}{T_1} = \frac{P_2 Q_2}{T_2}$$

해답 **13.** ㉯ **14.** ㉮ **15.** ㉰ **16.** ㉯ **17.** ㉱

$$\therefore Q_2 = \frac{P_1 Q_1 T_2}{P_2 T_1}$$

$$= \frac{3 \times 0.1648 \times (273 + 30)}{2 \times (273 + 20)}$$

$$= 0.2556 \ \text{m}^3/\text{s}$$

③ 나중 (2 atm, 30℃)의 속도 계산

$$Q_2 = A_2 V_2$$

$$\therefore V_2 = \frac{Q_2}{A_2} = \frac{0.2556}{\frac{\pi}{4} \times 0.0679^2} = 70.588 \ \text{m/s}$$

문제 18. 밀도가 892 kg/m³인 원유를 그림과 같이 A관을 통하여 1.388×10^{-3} m³/s로 들어가서 B관으로 분할되어 나갈 때 관 B에서 유속은? (단, 관 A의 단면적은 2.165×10^{-3} m²이고, 관 B의 단면적은 1.314×10^{-3} m²이다.)

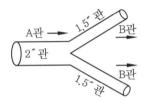

㉮ 0.641 m/s ㉯ 1.036 m/s

㉰ 0.619 m/s ㉱ 0.528 m/s

해설 A관에서 B관으로 분할될 때 B관의 크기가 같으므로 $Q = A \cdot V$에서

$$\therefore V_B = \frac{Q_B}{A_B} = \frac{1.388 \times 10^{-3} \times \frac{1}{2}}{1.314 \times 10^{-3}}$$

$$= 0.528 \ \text{m/s}$$

문제 19. 지름이 4 cm인 파이프로 비중이 0.8 인 기름을 314 gf/min의 유량으로 수송한다면 이 파이프 안에서의 기름의 평균속도 (cm/min)는?

㉮ 25.3 ㉯ 31.2

㉰ 50.3 ㉱ 62.5

해설 중량유량 $G = \gamma A V$

$$\therefore V = \frac{G}{\gamma \cdot A}$$

$$= \frac{0.314}{0.8 \times 10^3 \times \frac{\pi}{4} \times 0.04^2} \times 100$$

$$= 31.25 \ \text{cm/min}$$

문제 20. 안지름 200 mm인 관 속을 흐르고 있는 공기의 평균 풍속이 20 m/s이면 공기는 매초 몇 kgf 이 흐르겠는가? (단, 관 속의 정압은 2 kgf/cm² · abs, 온도는 15℃, 공기의 기체상수 $R = 29.27$ kgf · m/ kg · K이다.)

㉮ 1.49 kgf/s ㉯ 2.25 kgf/s

㉰ 3.37 kgf/s ㉱ 4.30 kgf/s

해설 중량 유량 $G = \gamma A V$ ·········①

$PV = GRT$에서

$$\gamma \, [\text{kgf/m}^3] = \frac{G}{V} = \frac{P}{RT} \text{이므로}$$

①의 식 γ에 $\frac{P}{RT}$를 대입하면

$$\therefore G = \frac{P}{RT} \times A V$$

$$= \frac{2 \times 10^4}{29.27 \times (273 + 15)} \times \left(\frac{\pi}{4} \times 0.2^2 \times 20 \right)$$

$$= 1.49 \ \text{kgf/s}$$

문제 21. Euler의 방정식은 유체운동에 대하여 어떠한 관계를 표시하는지 가장 잘 설명한 것은?

㉮ 유선상의 한 점에 있어서 어떤 순간에 여기를 통과하는 유체입자의 속도와 그것에 미치는 힘의 관계를 표시한다.

㉯ 유체가 가지는 에너지와 이것이 일치하는 일과의 관계를 표시한다.

㉰ 유선에 따라 유체의 질량이 어떻게 변화하는가를 표시한다.

㉱ 유체 입자의 운동경로와 힘의 관계를 나타낸다.

문제 22. 베르누이 방정식에 관한 일반적인 설명으로 옳은 것은?

㉮ 같은 유선상이 아니더라도 언제나 임의

의 점에 대하여 적용된다.

㉯ 주로 비정상류 상태의 흐름에 대하여 적용된다.

㉰ 유체의 마찰 효과를 고려한 식이다.

㉱ 압력항, 속도항, 위치 수두항의 합은 일정하다.

해설 • 베르누이 방정식 : 모든 단면에서 작용하는 위치수두, 압력수두, 속도수두의 합은 항상 일정하다로 정의되며 베르누이 방정식이 적용되는 조건은 다음과 같다.

① 베르누이 방정식이 적용되는 임의 두 점은 같은 유선상에 있다.

② 정상 상태의 흐름이다.

③ 마찰이 없는 이상 유체의 흐름이다.

④ 비압축성 유체의 흐름이다.

⑤ 외력은 중력만 작용한다.

$$H = Z_1 + \frac{P_1}{\gamma} + \frac{V_1^2}{2g} = Z_2 + \frac{P_2}{\gamma} + \frac{V_2^2}{2g}$$

여기서, H : 전수두, Z_1, Z_2 : 위치수두

$\frac{P_1}{\gamma}$, $\frac{P_2}{\gamma}$: 압력수두, $\frac{V_1^2}{2g}$, $\frac{V_2^2}{2g}$: 속도수두

문제 23. 유체역학에서 베르누이 정리가 적용되는 조건이 아닌 것은?

㉮ 적용되는 임의의 두 점은 같은 유선상에 있다.

㉯ 정상 상태 흐름이다.

㉰ 마찰이 없는 흐름이다.

㉱ 유체흐름 중 내부에너지 손실이 있는 흐름이다.

문제 24. 베르누이 정리를 적용할 수 없는 경우는?

㉮ 정상 상태의 흐름

㉯ 마찰손실이 없는 흐름

㉰ 비압축성 유체의 흐름

㉱ 동일 유선상에 놓여 있지 않은 흐름

문제 25. 베르누이 방정식 $\left(\frac{P}{\gamma} + \frac{V^2}{2g} + Z = H \right)$

이 적용되는 조건으로 짝지어진 것은 어느 것인가?

> ① 정상 상태의 흐름
> ② 이상 유체의 흐름
> ③ 압축성 유체의 흐름
> ④ 동일 유선상의 흐름

㉮ ①, ②, ④ ㉯ ②, ④

㉰ ①, ③ ㉱ ②, ③, ④

해설 비압축성 유체의 흐름이다.

문제 26. 다음 중 베르누이식에 쓰이지 않는 head (두)는?

㉮ 압력두 ㉯ 밀도두

㉰ 위치두 ㉱ 속도두

해설 • 베르누이 방정식

$$H = \frac{P}{\gamma} + \frac{V^2}{2g} + Z 에서$$

H : 전수두, $\frac{P}{\gamma}$: 압력수두, $\frac{V^2}{2g}$: 속도수두,

Z : 위치수두

문제 27. 베르누이 정리식에서 $\frac{V^2}{2g}$ 는 무엇을 의미하는가?

㉮ 압력수두 ㉯ 위치수두

㉰ 속도수두 ㉱ 전수두

해설 • 베르누이 방정식

$$H = Z_1 + \frac{P_1}{\gamma} + \frac{V_1^2}{2g} = Z_2 + \frac{P_2}{\gamma} + \frac{V_2^2}{2g}$$

여기서, H : 전수두, Z_1, Z_2 : 위치수두

$\frac{P_1}{\gamma}$, $\frac{P_2}{\gamma}$: 압력수두 $\frac{V_1^2}{2g}$, $\frac{V_2^2}{2g}$: 속도수두

문제 28. 베르누이 방정식을 나타낸 것은?

㉮ $\frac{P}{\rho^2} + \frac{V^2}{2} + g Z = 상수$

㉯ $\frac{P}{\rho^2} + \frac{V^2}{2} + g^2 Z = 상수$

해답 **23.** ㉱ **24.** ㉱ **25.** ㉮ **26.** ㉯ **27.** ㉰ **28.** ㉰

㉰ $\dfrac{P}{\rho}+\dfrac{V^2}{2}+gZ=$ 상수

㉱ $\dfrac{P^2}{\rho}+\dfrac{V^2}{2}+gZ=$ 상수

해설 • 베르누이 방정식

$\dfrac{P}{\gamma}+\dfrac{V^2}{2g}+Z=C$ (상수) 에

중력가속도 (g)를 곱하면

$\dfrac{Pg}{\gamma}+\dfrac{V^2 g}{2g}+gZ=C$

$\therefore \dfrac{P}{\rho}+\dfrac{V^2}{2}+gZ=C$

여기서, $\rho=\dfrac{\gamma}{g}$, $\dfrac{1}{\rho}=\dfrac{g}{\gamma}$ 가 된다.

문제 **29.** 기준면으로부터 10 m인 곳에 5 m/s 로 물이 흐르고 있다. 이때 압력을 재어보 니 $0.6\,\text{kgf/cm}^2$이었다. 전수두는 몇 m가 되는가 ?

㉮ 6.28 ㉯ 10.46 ㉰ 15.48 ㉱ 17.28

해설 $H=Z+\dfrac{P}{\gamma}+\dfrac{V^2}{2g}$

$=10+\dfrac{0.6\times10^4}{1000}+\dfrac{5^2}{2\times9.8}=17.275\,\text{m}$

문제 **30.** 유동하는 물의 속도가 12 m/s이고 압력이 $1.1\,\text{kgf/cm}^2$이다. 이 경우에 속도 수두와 압력수두는 각각 몇 m인가 ? (단, 물의 밀도 $\rho=102\,\text{kgf}\cdot\text{s}^2/\text{m}^4$이다.)

㉮ 7.35, 10.8

㉯ 7.35, 11.0

㉰ 7.35, 11.2

㉱ 10.5, 11.8

해설 ① 속도수두 계산

$h=\dfrac{V^2}{2g}=\dfrac{12^2}{2\times9.8}=7.346\,\text{m}$

② 압력수두 계산

$h=\dfrac{P}{\gamma}=\dfrac{1.1\times10^4}{102\times9.8}=11.004\,\text{m}$

문제 **31.** 물 제트가 수직 아래 방향으로 떨 어지고 있다. 표고 12 m 지점에서의 제트

지름은 5 cm이고, 낙하속도는 24 m/s이다. 표고 4.5 m 지점에서의 물 제트의 낙하속 도는 얼마인가 ?

㉮ 15.65 m/s   ㉯ 20.34 m/s

㉰ 26.89 m/s   ㉱ 30.24 m/s

해설 • 베르누이 방정식

$Z_1+\dfrac{P_1}{\gamma}+\dfrac{V_1^2}{2g}=Z_2+\dfrac{P_2}{\gamma}+\dfrac{V_2^2}{2g}$ 에서

12 m 지점과 4.5 m 지점에서는 대기압이 작용하므로 $P_1=P_2$는 같다.

$\dfrac{V_2^2}{2g}=\dfrac{V_1^2}{2g}+(Z_1-Z_2)$

$\therefore V_2=\sqrt{V_1^2+2g(Z_1-Z_2)}$

$=\sqrt{24^2+2\times9.8\times(12-4.5)}$

$=26.888\,\text{m/s}$

문제 **32.** 그림과 같은 물 땅총 피스톤을 미는 단위 면적당 힘의 세기가 $P\,[\text{N/m}^2]$일 때 물 이 분출되는 속도 V는 몇 m/s인가 ? (단, 물의 밀도는 $\rho\,[\text{kg/m}^3]$이고, 피스톤의 속 도와 손실은 무시한다.)

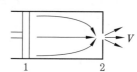

㉮ $\sqrt{2P}$ ㉯ $\sqrt{\dfrac{2g}{\rho}}$ ㉰ $\sqrt{\dfrac{2P}{g\rho}}$ ㉱ $\sqrt{\dfrac{2P}{\rho}}$

해설 1과 2에 베르누이 방정식 적용

$\dfrac{P_1}{\gamma}+\dfrac{V_1^2}{2g}+Z_1=\dfrac{P_2}{\gamma}+\dfrac{V_2^2}{2g}+Z_2$

여기서, $P_2=$ 대기압 상태이므로 0이 되며

$Z_1=Z_2, V_1=0$ 이므로 $\dfrac{P_1}{\gamma}=\dfrac{V_2^2}{2g}$ 이 된다.

$\therefore V_2=\sqrt{\dfrac{2gP}{\gamma}}=\sqrt{\dfrac{2P}{\rho}}$

문제 **33.** 단면적이 변화하는 수평 관로에 밀도 가 ρ인 이상 유체가 흐르고 있다. 단면적이 A_1인 곳에서의 압력은 P_1, 단면적이 A_2

인 곳에서의 압력은 P_2 이다. $A_2 = \dfrac{A_1}{2}$ 이면
단면적이 A_2인 곳에서의 평균 유속은?

㉮ $\sqrt{\dfrac{4(P_1-P_2)}{3\rho}}$ ㉯ $\sqrt{\dfrac{4(P_1-P_2)}{15\rho}}$

㉰ $\sqrt{\dfrac{8(P_1-P_2)}{3\rho}}$ ㉱ $\sqrt{\dfrac{8(P_1-P_2)}{15\rho}}$

해설 ① 1번 지점의 유속 계산

$Q_1 = A_1 \cdot V_1, \quad Q_2 = A_2 \cdot V_2 = \dfrac{1}{2} A_1 \cdot V_2$

$\therefore V_1 = \dfrac{1}{2} V_2$

② 2번 지점의 평균 유속 계산 : 1번과 2번
지점에 베르누이 방정식을 적용하면

$\dfrac{P_1}{\gamma} + \dfrac{V_1^2}{2g} + Z_1 = \dfrac{P_2}{\gamma} + \dfrac{V_2^2}{2g} + Z_2$ 에서

$Z_1 = Z_2$ 이므로

$\therefore \dfrac{P_1 - P_2}{\gamma} = \dfrac{V_2^2 - V_1^2}{2g}$

$= \dfrac{V_2^2 - \left(\dfrac{1}{2}V_2\right)^2}{2g} = \dfrac{\dfrac{3}{4}V_2^2}{2g}$

$\therefore V_2 = \sqrt{\dfrac{2g(P_1-P_2)}{\dfrac{3}{4}\gamma}} = \sqrt{\dfrac{8(P_1-P_2)}{3\rho}}$

문제 **34.** 다음 그림에서와 같이 관 속으로
물이 흐르고 있다. A점과 B점에서의 유속
은 몇 m/s인가? (단, U_A : A점에서의 유
속, U_B : B점에서의 유속)

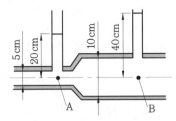

㉮ $U_A = 2.045, \ U_B = 1.022$

㉯ $U_A = 2.045, \ U_B = 0.511$

㉰ $U_A = 7.919, \ U_B = 1.980$

㉱ $U_A = 3.960, \ U_B = 1.980$

해설 $A_A U_A = A_B U_B$

$\therefore U_A = \dfrac{A_B}{A_A} \times U_B = \dfrac{\dfrac{\pi}{4} \times 0.1^2}{\dfrac{\pi}{4} \times 0.05^2} \times U_B = 4 U_B$

A 지점과 B 지점에 베르누이 방정식을 적용
하면,

$\dfrac{P_A}{\gamma} + \dfrac{U_A^2}{2g} + Z_A = \dfrac{P_B}{\gamma} + \dfrac{U_B^2}{2g} + Z_B$

여기서, A지점과 B지점의 압력 $(P = \gamma \cdot h)$
을 계산하면 $P_A = 1000 \times 0.2 = 200 \, \text{kgf/m}^2$
$P_B = 1000 \times 0.4 = 400 \, \text{kgf/m}^2$ 이 된다.
또, $Z_A = Z_B$ 는 0이고, $U_A = 4 U_B$ 이므로

$\dfrac{200}{1000} + \dfrac{16 U_B^2}{2g} = \dfrac{400}{1000} + \dfrac{U_B^2}{2g}$

$\therefore U_B = 0.511 \, \text{m/s}$

$\therefore U_A = 4 U_B = 4 \times 0.511 = 2.044 \, \text{m/s}$

문제 **35.** 그림과 같이 축소된 통로에 물이
흐르고 있을 때 두 압력계의 압력이 같게
되기 위한 지름(d)은? (단, 다른 조건은
무시한다.)

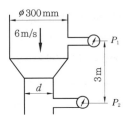

㉮ 20.56 cm ㉯ 23.55 cm

㉰ 33.55 cm ㉱ 55.54 cm

해설 $\dfrac{P_1}{\gamma} + \dfrac{V_1^2}{2g} + Z_1 = \dfrac{P_2}{\gamma} + \dfrac{V_2^2}{2g} + Z_2$

에서 $P_1 = P_2$ 이므로 생략할 수 있다.

$\therefore V_2 = \sqrt{\left(\dfrac{V_1^2}{2g} + Z_1 - Z_2\right) \cdot 2g}$

$= \sqrt{\left(\dfrac{6^2}{2 \times 9.8} + 3 - 0\right) \times 2 \times 9.8}$

$= 9.74 \, \text{m/s}$

$Q_1 = Q_2$ 이므로 $A_1 \cdot V_1 = A_2 \cdot V_2$ 가 된다.

$$\therefore d_2 = \sqrt{\frac{d_1^2 \cdot V_1}{V_2}} = \sqrt{\frac{0.3^2 \times 6}{9.74}} \times 100$$

$$= 23.55 \,\mathrm{cm}$$

문제 36. 그림과 같은 관에 40 L/s의 물이 흐르고 있을 때 ①에 설치되어 있는 압력계의 지침이 78.4 kPa를 지시하고 있을 때 ②에 설치되어 있는 압력계는 얼마의 압력을 지시하는지 계산하시오. (단, ①과 ② 사이의 손실은 없는 것으로 가정한다.)

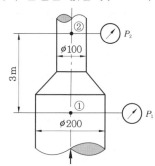

㉮ 12.74 kPa ㉯ 36.82 kPa
㉰ 50.96 kPa ㉱ 82.04 kPa

해설 1. ①과 ②지점의 유속계산 : ①과 ②지점의 유량은 동일하므로

$$\therefore V_1 = \frac{Q}{A_1} = \frac{0.04}{\frac{\pi}{4} \times 0.2^2} = 1.273 \,\mathrm{m/s}$$

$$\therefore V_2 = \frac{Q}{A_2} = \frac{0.04}{\frac{\pi}{4} \times 0.1^2} = 5.093 \,\mathrm{m/s}$$

2. ②지점의 압력 계산 : ①지점과 ②지점에 베르누이 방정식을 적용하면

$$\frac{P_1}{\gamma} + \frac{V_1^2}{2g} + Z_1 = \frac{P_2}{\gamma} + \frac{V_2^2}{2g} + Z_2 \text{에서}$$

$$\therefore P_2 = \gamma \times \left\{ \left(\frac{P_1}{\gamma} + \frac{V_1^2}{2g} \right) - \left(Z_2 + \frac{V_2^2}{2g} \right) \right\}$$

$$= 1000 \times 9.8 \times \left\{ \left(\frac{78.4 \times 10^3}{1000 \times 9.8} + \frac{1.273^2}{2 \times 9.8} \right) \right.$$

$$\left. - \left(3 + \frac{5.093^2}{2 \times 9.8} \right) \right\}$$

$$= 36840.94 \,\mathrm{N/m^2} = 36.84 \,\mathrm{kPa}$$

여기서, $P_1 = 78.4 \,\mathrm{kPa} = 78.4 \times 10^3 \,\mathrm{N/m^2}$

$V_1 = 1.273 \,\mathrm{m/s}, \quad V_2 = 5.093 \,\mathrm{m/s}$

$Z_1 = 0, \quad Z_2 = 3 \,\mathrm{m}$ 이다.

문제 37. 수면의 높이가 10 m로 항상 일정한 탱크에 5 mm의 구멍이 바닥에 생겼을 때 이 구멍을 통한 유체의 유속은 얼마인가?

㉮ 14 m/s ㉯ 19.6 m/s
㉰ 98 m/s ㉱ 196 m/s

해설 $V = \sqrt{2g \cdot h}$
$= \sqrt{2 \times 9.8 \times 10} = 14 \,\mathrm{m/s}$

문제 38. 그림과 같이 하단의 물과 상단의 기름 경계면까지 높이가 5 m이고, 이 경계면에서 대기와의 경계면까지 높이가 5 m일 때 출구에서의 유속 V는 약 몇 m/s인가? (단, 기름의 비중 S는 0.9이다.)

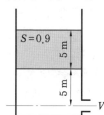

㉮ 13.65 ㉯ 14.65
㉰ 15.65 ㉱ 16.65

해설 ① 기름의 상당깊이 계산

$$h_e = \frac{\gamma_1 \cdot h_1}{\gamma} = \frac{0.9 \times 1000 \times 5}{1000} = 4.5 \,\mathrm{m}$$

$$\therefore h = 4.5 + 5 = 9.5 \,\mathrm{m}$$

② 유속 계산
$V = \sqrt{2gh} = \sqrt{2 \times 9.8 \times 9.5} = 13.645 \,\mathrm{m/s}$

문제 39. 지름 D_1인 탱크의 수면 밑 h인 곳에 지름 D_2인 구멍을 뚫었을 때 물의 유출속도와 유량에 대한 설명으로 옳지 않은 것은 어느 것인가?

해답 **36.** ㉯ **37.** ㉮ **38.** ㉮ **39.** ㉱

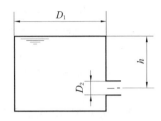

㉮ 물의 분출속도는 높이 h에 따라 변한다.

㉯ 물의 분출속도는 탱크지름 D_1과 무관하다.

㉰ 물의 분출유량은 D_2와 관계있다.

㉱ 물의 분출유량은 탱크지름 D_1과 관계있다.

[해설] ① D_2에서의 유출속도 $V = \sqrt{2gh}$

② 유량 $Q = AV = \dfrac{\pi}{4} D_2^2 \sqrt{2gh}$

문제 40. 벤투리관에 대한 설명으로 옳지 않은 것은?

㉮ 유체는 벤투리관 입구 부분에서 속도가 증가하며 압력 에너지의 일부가 속도 에너지로 바뀐다.

㉯ 실제 유체에서는 점성 등에 의한 손실이 발생하므로 유량계수를 사용하여 보정해 준다.

㉰ 유량계수는 벤투리관의 치수, 형태 및 관 내벽의 표면 상태에 따라 달라진다.

㉱ 벤투리 유량계는 확대부의 각도를 20~30°, 수축부의 각도를 6~13°로 하여 압력손실이 적다.

[해설] • 벤투리 유량계의 각도

　① 축소부 : 20°　　② 확대부 : 5~7°

문제 41. 안지름이 0.2 m인 원형관에 지름 0.1 m인 오리피스를 설치하여 이 관을 지나는 물의 유량을 측정하려고 한다. 오리피스 전과 축소부의 압력차가 1 mAq일 때 유량은 몇 m^3/s인가? (단, 유량계수 C

는 0.75이다.)

㉮ 0.026　　　　　㉯ 0.034

㉰ 0.041　　　　　㉱ 0.049

[해설] $Q = CA\sqrt{\dfrac{2gh}{1-m^4}}$

$= 0.75 \times \dfrac{\pi}{4} \times 0.1^2 \times \sqrt{\dfrac{2 \times 9.8 \times 1}{1 - 0.25^4}}$

$= 0.026 \, m^3/s$

여기서, 교축비 $m = \dfrac{D_2^2}{D_1^2} = \dfrac{0.1^2}{0.2^2} = 0.25$

문제 42. 안지름이 0.15 m인 관 사이에 0.05 m의 구멍을 가진 오리피스를 설치하였다. 이 관에 밀도가 900 kg/m^3, 점도가 4 cP인 기름이 흐르고 있다. 오리피스를 통한 압력차는 90.1 kN/m^2로 측정하였다. 구멍을 통하는 유속 (m/s)은? (단, $C_0 = 0.61$이다.)

㉮ 8.6　　㉯ 9.1　　㉰ 9.4　　㉱ 9.8

[해설] $V = C_0 \sqrt{\dfrac{2gh}{1-m^4}}$

$= 0.61 \times \sqrt{\dfrac{2 \times 9.8 \times 10.215}{1 - 0.111^4}} = 8.63 \, m/s$

여기서, $h = \dfrac{P}{\gamma} = \dfrac{90.1 \times 10^3}{900 \times 9.8} = 10.215 \, m$

$m = \dfrac{D_2^2}{D_1^2} = \dfrac{0.05^2}{0.15^2} = 0.111$

문제 43. 피토관에 대한 설명으로 틀린 것은 어느 것인가?

㉮ 관 내의 평균유속을 1회의 측정으로 알 수 없다.

㉯ 측정원리는 베르누이 정리이다.

㉰ 측정된 유속은 차압에 대한 평방근과 거의 비례한다.

㉱ 동압과 정압의 차를 측정한다.

[해설] • 피토관 (pitot tube) : 전압과 정압을 측정하여 유체의 유속을 계산한 후 관로의 단면적을 곱하여 유량을 계산한다.

문제 44. 관 내를 흐르는 기체의 유속을 피토관으로 측정하였더니 높이 H 가 0.01 mHg 이었다. 이 기체의 유속은 몇 m/s인가? (단, 기체의 비중량은 1.225 kgf/m³이다.)

가 12.65 나 51.63
다 46.65 라 10.49

해설 $V = \sqrt{2gh \times \dfrac{\gamma_m - \gamma}{\gamma}}$

$= \sqrt{2 \times 9.8 \times 0.01 \times \dfrac{13.6 \times 10^3 - 1.225}{1.225}}$

$= 46.645 \text{ m/s}$

문제 **45.** 유속계수가 0.97인 피토관에서 정압수두가 5 m, 정체압력 수두가 7 m라면 유속은 몇 m/s인가?

가 5.41 나 6.07 다 7.85 라 8.59

해설 $V = C\sqrt{2 \cdot g \cdot h}$

$= 0.97 \times \sqrt{2 \times 9.8 \times (7 - 5)}$

$= 6.073 \text{ m/s}$

문제 **46.** 관 속을 흐르는 물 ($\rho = 1$)의 속도를 측정하기 위하여 관의 중심부에 그림과 같이 계수 0.98인 피토 튜브(pitot tube)를 설치하였다. 이때 정체 정압두(station pressure head)는 5.67 m이었고, 관에서의 정압두(static pressure head)는 4.72 m이었다. 관 속을 흐르는 물의 유속은 몇 m/s인가?

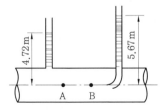

가 4.23 나 4.32 다 14.27 라 15.26

해설 $V = C\sqrt{2g\Delta h}$

$= 0.98 \times \sqrt{2 \times 9.8 \times (5.67 - 4.72)}$

$= 4.23 \text{ m/s}$

문제 **47.** 유체 흐름에 관한 설명으로 옳지 않은 것은?

가 원관 속에서 유체가 정상 층류 운동을 하고 있을 때 가장 중요한 힘은 점성력과 관성력이다.

나 정상 흐름이란 유체입자가 서로 층을 형성하여 규칙적이고 질서 있게 흐르며 마찰에 의한 에너지 손실이 없는 것이다.

다 질량보존의 법칙은 이상 유체뿐만 아니라 실제 유체에 그대로 적용할 수 있다.

라 뉴턴의 점성법칙은 전단응력, 점성계수 및 각 변형률 변수의 함수관계를 나타낸다.

해설 정상흐름이란 밀도, 압력, 속도, 온도가 시간이 경과하여도 변하지 않는 흐름이다.

문제 **48.** 다음 중 운동량의 단위를 옳게 나타낸 것은?

가 m/s 나 kg·m/s
다 N 라 J

해설 운동량이란 물질의 질량(m)과 속도(V)의 곱으로 표시되는 것을 의미한다.

$\therefore F = m \cdot a = m \cdot \dfrac{dV}{dt} [\text{kg} \cdot \text{m/s}]$

문제 **49.** 유체 운동량의 법칙은 어떤 경우에 적용할 수 있는가?

가 비점성 유체에만 적용된다.

나 비압축성 유체에만 적용된다.

다 이상 유체에만 적용된다.

라 모든 유체에 적용된다.

해설 운동량의 법칙은 모든 유체나 고체에 적용시킬 수 있다.

문제 **50.** 유량 Q, 비중량 γ인 분류가 V의 속도로 평판에 작용하는 힘은?

가 $\gamma \cdot Q \cdot V$ 나 $\dfrac{Q \cdot V}{\gamma}$

다 $\dfrac{Q}{\gamma \cdot V}$ 라 $\dfrac{\gamma \cdot Q \cdot V}{g}$

해설 $F = \rho \cdot Q \cdot V$에서

밀도 (ρ)의 공학단위 $\rho = \dfrac{\gamma}{g}$ 를 대입하면

$$\therefore F = \frac{\gamma}{g} \cdot Q \cdot V = \frac{\gamma \cdot Q \cdot V}{g}$$

문제 51. 다음 그림과 분류의 지름이 5 cm이고 비중이 0.83인 기름이 20 m/s의 속도로 평판에 수직으로 충돌할 때 평판을 지지하는데 필요한 힘은 몇 N인가?

㉮ 784 N

㉯ 651.9 N

㉰ 294 N

㉱ 260.7 N

해설 $F = \rho \cdot Q \cdot V$

$$= \frac{0.83 \times 1000}{9.8} \times \left(\frac{\pi}{4} \times 0.05^2 \times 20 \right) \times 20$$

$$= 66.52 \, \text{kgf}$$

$$\therefore F\,[\text{N}] = 66.52 \times 9.8 = 651.896 \, \text{N}$$

문제 52. 분류에 수직으로 놓여진 평판이 분류와 같은 방향으로 U의 속도로 움직일 때 분류가 V의 속도로 평판에 충돌한다면 평판에 작용하는 힘은 얼마인가? (단, ρ는 유체 밀도, A는 분류의 면적이고 $V > U$이다.)

㉮ $\rho A (V - U)^2$ ㉯ $\rho A (V + U)^2$

㉰ $\rho A (V - U)$ ㉱ $\rho A (V + U)$

해설 $F = \rho \cdot Q (V - U) = \rho \cdot A (V - U)^2$

문제 53. 다음 그림과 같이 단면적이 0.002 m^{2}인 노즐에서 물이 30 m/s의 속도로 분사되어 평판을 5 m/s로 분류의 방향으로 움직이고 있을 때 분류가 평판에 미치는 충격력은 얼마인가? (단, 물의 비중은 1이다.)

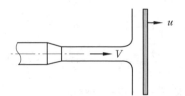

㉮ 94.8 kgf ㉯ 127.6 kgf

㉰ 134.4 kgf ㉱ 183.7 kgf

해설 $F = \rho \cdot Q (V - u) = \rho \cdot A (V - u)^2$

$$= \left(\frac{1 \times 1000}{9.8} \right) \times 0.002 \times (30 - 5)^2$$

$$= 127.55 \, \text{kgf}$$

문제 54. 그림과 같이 지름 0.04 m인 관이 분기되었다가 C 지점에서 만난다. A 지점의 유체 (물)가 60 m/s의 속도로 움직여서 B 지점에서 30 m/s 유입되는 본류와 C 지점에서 충돌했을 때 고정평판이 받는 힘은?

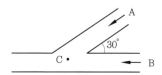

㉮ 56.7 kgf ㉯ 113.3 kgf

㉰ 156.5 kgf ㉱ 203.9 kgf

해설 ① A 지점의 힘 계산

$$F_A = \rho Q (V_A \sin\theta)$$

$$= \frac{1000}{9.8} \times \frac{\pi}{4} \times 0.04^2 \times 60 \times (60 \times \sin 30°)$$

$$= 230.81 \, \text{kgf}$$

② B 지점의 힘 계산

$$F_B = \rho Q V_B$$

$$= \frac{1000}{9.8} \times \frac{\pi}{4} \times 0.04^2 \times 30 \times 30$$

$$= 115.4 \, \text{kgf}$$

③ C 지점의 힘 계산

$$F_C = F_A - F_B$$

$$= 230.81 - 115.4 = 115.41 \, \text{kgf}$$

문제 55. 프로펠러나 풍차에서 그의 전방과 후방에서의 속도를 각각 V_1, V_4라고 할 때 프로펠러나 풍차를 직접 통과하는 속도 V를 계산하는 식은?

㉮ $V = \dfrac{V_1 - V_4}{2}$

해답 51. ㉯ 52. ㉮ 53. ㉯ 54. ㉰ 55. ㉯

$$\boxed{\text{나}} \quad V = \frac{V_1 + V_4}{2}$$

$$\boxed{\text{다}} \quad V = (V_1 - V_4)$$

$$\boxed{\text{라}} \quad V = (V_1 + V_4)$$

문제 56. 수조차의 탱크 후면에 지름 20 cm 의 노즐을 부착하고 노즐 중심까지 깊이가 3 m가 되게 물을 싣고 노즐을 통하여 물을 분사할 때 수조차가 받는 추력은 얼마인가? (단, 물의 깊이는 항상 일정하게 유지되고 노즐에서의 마찰은 무시한다.)

$\boxed{\text{가}}$ 1847.3 N $\boxed{\text{나}}$ 2979 N

$\boxed{\text{다}}$ 2510 N $\boxed{\text{라}}$ 3669 N

$\boxed{\text{해설}}$ $F = 2\gamma A h$

$$= 2 \times 1000 \times \frac{\pi}{4} \times 0.2^2 \times 3 = 188.5 \,\text{kgf}$$

$$F\,[\text{N}] = 188.5 \times 9.8 = 1847.3 \,\text{N}$$

문제 57. 수평으로 설치된 노즐로부터 대기 중으로 물이 분출되고 있다. 분류의 지름은 10 cm이고 압력이 10 kgf/cm^{2}일 때 노즐이 밀치는 힘은 얼마인가?

$\boxed{\text{가}}$ 1420 kgf $\boxed{\text{나}}$ 1570 kgf

$\boxed{\text{다}}$ 1660 kgf $\boxed{\text{라}}$ 1750 kgf

$\boxed{\text{해설}}$ $F = \rho \cdot Q \cdot V = \rho \cdot A \cdot V^2$

$$= \rho \cdot A \left(\sqrt{2g \frac{\Delta P}{\gamma}} \right)^2$$

$$= \frac{1000}{9.8} \times \left(\frac{\pi}{4} \times 0.1^2 \right) \times$$

$$\left(\sqrt{2 \times 9.8 \times \frac{10 \times 10^4}{1000}} \right)^2$$

$$= 1570.79 \,\text{kgf}$$

여기서, 노즐 출구에서의 압력은 대기압이므로

$$\Delta P = 10 - 0 = 10 \,\text{kgf/cm}^2 \text{이다.}$$

문제 58. 제트엔진이 300 m/s에서 작동하여 30 kg/s의 공기를 소비한다. 1000 kgf의 추진력을 만들기 위해 배출되는 연소가스의 속도는 몇 m/s인가?

$\boxed{\text{가}}$ 424.7 $\boxed{\text{나}}$ 547.6

$\boxed{\text{다}}$ 626.7 $\boxed{\text{라}}$ 745.6

$\boxed{\text{해설}}$ $F = \rho \cdot Q \cdot (V_2 - V_1)$

$$\therefore V_2 = \frac{F}{\rho \cdot Q} + V_1 = \frac{F}{m} + V_1$$

$$= \frac{1000 \times 9.8}{30} + 300 = 626.667 \,\text{m/s}$$

문제 59. 제트엔진 비행기가 400 m/s로 비행하는데 30 kg/s의 공기를 소비한다. 4900 N의 추진력을 만들 때 배출되는 가스의 비행기에 대한 상대속도는 약 몇 m/s 인가? (단, 연료의 소비량은 무시한다.)

$\boxed{\text{가}}$ 563 $\boxed{\text{나}}$ 583

$\boxed{\text{다}}$ 603 $\boxed{\text{라}}$ 623

$\boxed{\text{해설}}$ $F = \rho Q (V_2 - V_1)$

$$\therefore V_2 = \frac{F}{\rho Q} + V_1$$

$$= \frac{4900}{30} + 400 = 563.33 \,\text{m/s}$$

문제 60. 정지 공기 속을 비행기가 360 km/h 의 속도로 날아간다. 이 비행기에 있는 지름 2 m인 프로펠러를 통해 공기 400 m^3/s가 배출된다고 할 때 이론 효율은 약 몇 %인가?

$\boxed{\text{가}}$ 39 $\boxed{\text{나}}$ 44 $\boxed{\text{다}}$ 79 $\boxed{\text{라}}$ 88

$\boxed{\text{해설}}$ $\eta\,[\%] = \dfrac{L_o}{L_i} \times 100 = \dfrac{V_1}{V} \times 100$

$$= \frac{\dfrac{360 \times 1000}{400}}{\dfrac{\pi}{4} \times 2^2 \times 3600} = 78.54 \%$$

제 4 장   실제 유체의 흐름

1. 유체의 흐름 상태

(1) 층류 (層流)와 난류 (亂流)

① 층류(laminar flow) : 유체 입자가 각 층 내에서 질서정연하게 흐르는 상태로 뉴턴의 점성법칙이 적용된다.

② 난류(turbulent flow) : 유체 입자가 각 층 내에서 불규칙적으로 흐르는 상태로 전단응력은 다음의 식으로 표시된다.

$$\tau_t = \eta \left(\frac{du}{dy} \right)$$

여기서, τ_t : 난류의 전단응력 (kgf/m^2)

η : 와류 점성계수 (eddy viscosity : 에디 점도)

그러나 실제유체 유동의 경우 층류와 난류가 공존하는 흐름이므로 평균전단응력 (τ)은

$$\tau = (\mu + \eta) \frac{du}{dy}$$

단, 완전 층류일 경우 η는 0이 되고, 완전 난류일 때는 μ는 η에 비하여 매우 작은 값이 되므로 $\mu = 0$으로 사용한다.

(2) 레이놀즈 수 (Reynolds number)

① 레이놀즈의 실험 : 1883년 레이놀즈는 층류에서 난류로 바뀌는 조건을 그림과 같은 장치로 조사하였다. 관 끝의 밸브를 조금 개방하여 유속을 느리게 한 후 착색 용액을 유리관에 주입한 결과 선 모양의 착색액 (아닐린 용액)은 확산됨이 없이 축과 평행으로 전반에 걸쳐 [착색의 유동상황]의 (a)와 같이 층류를 이루었다. 다시 밸브를 조금 더 개방하여 유량을 증가시켜 유속을 빠르게 하였더니 착색액은 그림 (b)와 같이 유리관의 입구에서 어느 정도의 거리에 이르면 착색액의 흐름이 흐트러지고 마침내는 그림 (c)와 같이 관의 전체에 걸쳐 불규칙한 소용돌이가 되어 난류를 형성하였다. 그림 (b)와 같이 층류와 난류의 사이에서 경계를 이루는 구역을 천이 (遷移)구역이라 한다.

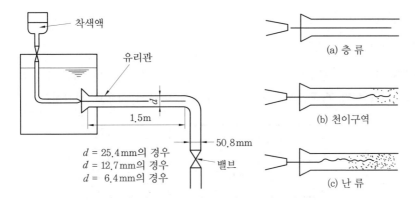

이 결과를 종합하여 레이놀즈는 층류와 난류 사이의 천이조건으로서 속도(V), 관의 지름 (D), 유체의 점도(μ)가 관련됨을 알아내고 다음의 식을 정립하였다.

$$Re = \frac{\rho \cdot D \cdot V}{\mu} = \frac{D \cdot V}{\nu} = \frac{4Q}{\pi \cdot D \cdot \nu} = \frac{4\rho \cdot Q}{\pi \cdot D \cdot \mu}$$

여기서, ρ : 밀도 (kg/m^3), D : 관지름 (m), V : 유속 (m/s), μ : 점성계수 (kg/m·s)

ν : 동점성계수 (m^2/s), Q : 유량 (m^3/s)

Re를 레이놀즈수 (Reynolds number)라 하며 실제유체의 유동에서 점성력과 관성력의 비로 나타내는 무차원수이다.

② 레이놀즈 수(Re)로 유체의 유동 상태 구분

㈎ 층류 : $Re < 2100$ (또는 2300, 2320) → 2320은 임계 레이놀즈수로 사용

㈏ 난류 : $Re > 4000$

㈐ 천이구역 : $2100 < Re < 4000$

③ 레이놀즈 수(Re) 종류

㈎ 상임계 레이놀즈 수 : 층류에서 난류로 천이하는 레이놀즈 수로 약 4000 정도이다.

∴ $Re = 4000$: 층류에서 난류로 변하기 시작하는 점

㈏ 하임계 레이놀즈 수 : 난류에서 층류로 천이하는 레이놀즈 수로 약 2100 정도이다.

∴ $Re = 2100$: 난류에서 층류로 변하기 시작하는 점

(3) 층류 흐름

① 평행 평판에서의 층류 흐름

㈎ 두 평판이 고정된 경우

㉮ 유량 계산 $Q = \frac{2}{3} \times \frac{h^3}{\mu} \times \frac{dP}{dl}$

㉯ 전단응력 계산 $\tau = \mu \frac{du}{dy} = -\frac{1}{2} \frac{dP}{dx}(h - 2y)$

㉰ 평균속도 계산 $\overline{V} = \frac{Q}{bh} = \frac{2}{3} V_{\max}$

∴ 평균속도는 최대속도의 $\frac{2}{3}$에 해당된다.

(내) 위 평판이 이동하는 경우

유량 계산 $Q = \dfrac{1}{2}\,b\,V h$

② 원관 속에서의 층류 흐름 : 단면적이 일정한 수평 원관 속에서 점성유체가 층류를 이루고 정상적으로 흐를 때 속도분포, 유량, 압력강하는 다음의 식으로 계산한다.

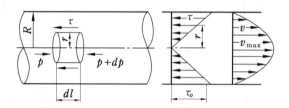

(개) 유량 계산 : 하겐-푸아죄유 (Hagen-Poiseuille) 방정식

$$Q = \frac{\pi D^4 \Delta P}{128\,\mu\,L}$$

여기서, Q : 유량 (m³/s), D : 관 지름 (m), ΔP : 압력 강하 (kgf/m²)
μ : 점성계수 (kgf · s/m²), L : 배관 길이 (m)

(내) 압력강하 계산

$$\Delta P = \frac{128\,\mu\,L\,Q}{\pi D^4}$$

※ 압력강하 (손실)는 유체의 점성 (μ), 배관 길이 (L), 유량 (Q)에 비례하고 관지름의 4제곱에 반비례한다.

(대) 손실수두 계산

$\Delta P = \gamma \cdot h$ 에서 ΔP 대신 $\gamma \cdot h$ 를 대입하면

$$h_L = \frac{128\,\mu\,L\,Q}{\pi D^4 \gamma}$$

∴ 손실수두는 유체의 점성 (μ), 배관 길이 (L), 유량 (Q)에 비례하고 관지름의 4제곱에 반비례한다.

(라) 평균 속도 계산

$$\overline{V} = \frac{Q_2}{Q_1} = \frac{1}{2}\,V_{\max}$$

∴ 평균속도는 최대속도의 $\dfrac{1}{2}$ 에 해당된다.

(4) 유체 경계층

① 경계층 (boundary layer) : 물이 고체 벽면을 흐를 때 점성이 영향이 미치는 얇은 층
(개) 경계층 안쪽은 물체의 표면에 가까운 영역으로 점성의 영향이 현저하게 나타나고, 속도구배가 크며 마찰응력이 작용한다.

(내) 경계층 밖은 점성에 대한 영향이 거의 없고 이상 유체와 같은 형태의 흐름을 나타낸다.

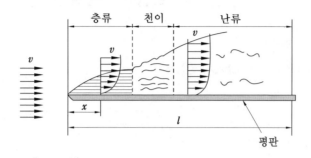

② 경계층의 종류

　(개) 경계층 외부 : 완전 유체와 같은 흐름 (potential)

　(내) 경계층 내부 : 층류 경계층, 난류 경계층, 천이영역

③ 평판에서의 레이놀즈 수

$$Re_x = \frac{u\,x}{\nu}$$

　　여기서, Re_x : x 거리에 있는 평판에서의 레이놀즈 수

　　　　u : 속도

　　　　x : 평판 선단으로부터의 거리

　　　　ν : 동점성계수

※ 평판의 임계 레이놀즈 수 (Re_x)는 5×10^5이다.

④ 경계층 두께 계산식

　(개) 층류 경계층

$$\delta = 4.65\sqrt{\left(\frac{\nu}{V}\right)x} \quad \text{또는} \quad \delta = \frac{5\,x}{(Re_x)^{\frac{1}{2}}}$$

　(내) 난류 경계층

$$\delta = 0.376\left(\frac{\nu}{V}\right)^{\frac{1}{5}} x^{\frac{4}{5}} = \frac{0.376\,x}{\left(\frac{V\,x}{\nu}\right)^{\frac{1}{5}}} = \frac{0.376\,x}{(Re_x)^{\frac{1}{5}}}$$

⑤ 경계층 두께 (δ)

　(개) 경계층 내의 속도가 자유 흐름 속도의 99 %가 되는 점까지의 거리

　(내) 층류 경계층 두께는 $Re^{\frac{1}{2}}$에 반비례하고, $x^{\frac{1}{2}}$에 비례하여 증가한다.

　(대) 난류 경계층 두께는 $Re^{\frac{1}{5}}$에 반비례하고, $x^{\frac{4}{5}}$에 비례하여 증가한다.

2. 원관 속 흐름의 마찰손실

(1) 원형관에서의 마찰손실

① 달시-바이스 바하(darcy-weisbach) 방정식

$$h_f = f \times \frac{L}{D} \times \frac{V^2}{2g}$$

여기서, h_f : 손실수두 (mH2O)

f : 관 마찰계수
L : 관 길이 (m)
D : 관 지름 (m)
V : 유체의 속도 (m/s)
g : 중력가속도 (9.8 m/s^2)

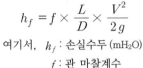

(가) 달시-바이스 바하 방정식에서 압력손실은

㉮ 관의 길이에 비례한다.

㉯ 유속의 제곱에 비례한다.

㉰ 관 지름에 반비례한다.

㉱ 관 내부 표면조도에 영향을 받는다.

㉲ 유체의 밀도, 점도의 영향을 받는다.

㉳ 압력의 영향은 받지 않는다 (압력과는 무관하다).

(나) 관 마찰계수

㉮ 층류구역 $(Re < 2100)$: $\left(f = \dfrac{64}{Re} \right)$

※ 층류구역에서 관 마찰계수 (f)는 레이놀즈 수 (Re)만의 함수이다.

㉯ 천이구역 $(2100 < Re < 4000)$: 관 마찰계수 (f)는 상대조도와 레이놀즈 수(Re)만의 함수이다.

㉰ 난류구역 $(Re > 4000)$

ⓐ 매끈한 관 : 블라시우스 (Blasius)의 실험식

$$f = 0.316 \, Re^{-\frac{1}{4}}$$

※ 관 마찰계수 (f)는 레이놀즈 수 (Re)의 $\dfrac{1}{4}$승에 반비례한다.

ⓑ 거칠은 관 : 닉크라드세 (Nikuradse)의 실험식

$$\frac{1}{\sqrt{f}} = 1.14 - 0.86 \ln \left(\frac{e}{d} \right)$$

※ 관 마찰계수 (f)는 상대조도 (e)만의 함수이다.

② 패닝 (Fanning)의 식

(가) 비원형관의 경우

$$h_f = f \cdot \frac{L}{4 R_h} \cdot \frac{V^2}{2g}$$

여기서, h_f : 손실수두 (mH$_2$O), f : 관 마찰계수, L : 관 길이 (m), V : 유체의 속도 (m/s)

g : 중력가속도 (9.8m/s^2), R_h : 수력 반지름 $\left(R_h = \dfrac{A}{S}\right)$

A : 유동단면적 (m^2), S : 단면둘레의 길이 (접수길이) (m)

(내) 원형관의 경우

$$h_f = 4f \times \frac{L}{D} \times \frac{V^2}{2g}$$

여기서, h_f : 손실수두 (mH$_2$O), f : 관 마찰계수 $(f = \dfrac{16}{Re})$, L : 관 길이 (m), D : 관 지름 (m)

V : 유체의 속도 (m/s), g : 중력가속도 (9.8 m/s^2)

(2) 부차적 손실

① 부차적 손실 : 관로에 유체가 흐를 때 관 마찰손실 외에 단면적의 변화, 방향의 전환, 엘보, 밸브 등 배관 부속에서 생기는 손실

② 단면적 변화에 의한 손실

(가) 돌연 확대관에서의 손실

$$h_L = \frac{(V_1 - V_2)^2}{2g} = \left\{1 - \left(\frac{D_1}{D_2}\right)^2\right\}^2 \cdot \frac{V_1^{\,2}}{2g} = K\frac{V_1^{\,2}}{2g}$$

여기서, V_1 : 작은관에서의 유체의 유속, V_2 : 확대관에서의 유체의 유속, D_1 : 작은관의 지름

D_2 : 확대관의 지름, K : 돌연확대관의 손실계수 ($A_1 \ll A_2$ 인 경우 $K = 1$)

(나) 돌연 축소관에서의 손실

$$h_L = \frac{(V_0 - V_2)^2}{2g} = K\frac{V_2^{\,2}}{2g}$$

여기서, V_0 : 축소관에서 가장 빠른 유속, V_1 : 큰 관에서의 유체의 유속, V_2 : 축소관에서의 유체의 유속, D_1 : 큰 관의 지름, D_2 : 축소관의 지름, K : 돌연축소관의 손실계수

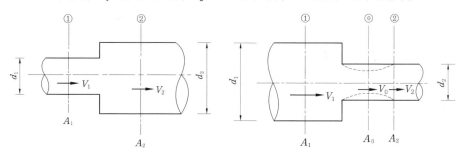

돌연 확대관에서의 손실 　　　　　 돌연 축소관에서의 손실

(다) 점차 확대관에서의 손실

$$h_L = K\frac{(V_1 - V_2)^2}{2g} = K\left(1 - \frac{A_1}{A_2}\right)^2$$

여기서, V_1 : 작은관에서의 유체의 유속, V_2 : 확대관에서의 유체의 유속

D_1 : 작은관의 지름, D_2 : 확대관의 지름, K : 손실계수

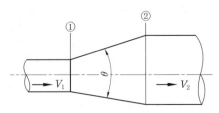

점차 확대관에서의 손실

※ 최대손실은 확대각 (θ)가 62° 근방에서, 최소손실은 확대각 (θ) 6 ~ 7° 근처에서 생긴다.

③ 관로의 방향이 변화하는 관에 의한 손실

㈎ 원형곡관에서의 손실

$$h_L = \left(K + f \frac{L}{D} \right) \cdot \frac{V^2}{2g}$$

여기서, $K = \left\{ 0.131 + 0.1632 \left(\frac{D}{\rho} \right)^{3.5} \right\} \cdot \frac{\theta}{90}$

㈏ 엘보 (elbow)에서의 손실

$$h_L = \left(K + f \frac{L}{D} \right) \cdot \frac{V^2}{2g}$$

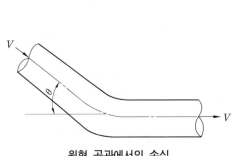

원형 곡관에서의 손실

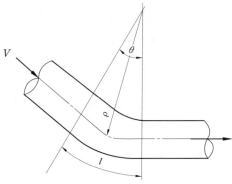

엘보에서의 손실

④ 관 부속품 (밸브, 콕 등)에서의 손실

$$h_L = K \cdot \frac{V^2}{2g}$$

예 상 문 제

문제 1. 레이놀즈 수에 대한 설명 중 잘못된 것은?

㉮ 유체의 유동을 층류와 난류로 구분하는 척도이다.

㉯ 점성력과 관성력의 비로 나타낸다.

㉰ 레이놀즈 수가 큰 경우는 점성력의 영향이 큰 경우이다.

㉱ 유동단면의 형상이 변하면 레이놀즈 수도 변한다.

해설 레이놀즈 수는 층류와 난류를 구분하는 척도로 관성력과 점성력의 비이다.

$$Re = \frac{\rho \cdot D \cdot V}{\mu} = \frac{관성력}{점성력}$$

즉, 레이놀즈 수가 작은 경우는 점성력이 관성력에 비해 크게 영향을 미치고 레이놀즈 수가 큰 경우는 점성력이 관성력에 비하여 영향을 작게 미친다는 것이다. 유체가 흐르는 유동단면의 형상이 변하면 레이놀즈 수도 변화한다.

문제 2. 레이놀즈 수의 물리적 개념에 해당하는 것은?

㉮ $\dfrac{관성력}{점성력}$ ㉯ $\dfrac{점성력}{중력}$

㉰ $\dfrac{중력}{관성력}$ ㉱ $\dfrac{탄성력}{압력힘}$

문제 3. 상임계 레이놀즈 수란?

㉮ 층류에서 난류로 변하는 레이놀즈 수

㉯ 난류에서 층류로 변하는 레이놀즈 수

㉰ 등류에서 비등류로 변하는 레이놀즈 수

㉱ 비등류에서 등류로 변하는 레이놀즈 수

해설 • 레이놀즈 수(Re) 종류

① 상임계 레이놀즈 수 : 층류에서 난류로 천이하는 레이놀즈 수로 약 4000 정도이다.

② 하임계 레이놀즈 수 : 난류에서 층류로 천이하는 레이놀즈 수로 약 2100 정도이다.

문제 4. 안지름 0.0526 m인 배관 내를 점도가 0.01 N·s/m²이고, 밀도가 1200 kg/m³인 액체가 1.16 m/s의 속도로 흐른다. 이 경우 Reynolds수는 얼마인가?

㉮ 3661   ㉯ 14644

㉰ 732.2   ㉱ 7322

해설 $Re = \dfrac{\rho \cdot D \cdot V}{\mu}$

$$= \frac{1200 \times 0.0526 \times 1.16}{0.01} = 7321.92$$

문제 5. 안지름 40 cm인 관속을 동점도 4 stokes인 유체가 15 cm/s의 속도로 흐른다. 이때 흐름의 종류는 다음 중 어느 것인가?

㉮ 층류   ㉯ 난류

㉰ 플러그 흐름   ㉱ 천이 영역

해설 $Re = \dfrac{\rho D V}{\mu} = \dfrac{DV}{\nu} = \dfrac{40 \times 15}{4} = 150$

∴ 2100보다 작으므로 층류이다.

문제 6. 밀도가 0.9 g/cm³, 점성계수가 0.25 P인 기름이 지름 50 cm인 원관 속을 흐르고 있다. 유량이 0.2 m³/s일 때 유동형태는?

㉮ 층류   ㉯ 난류

㉰ 천이구역   ㉱ 정답 없음

해설 $Re = \dfrac{4 \rho Q}{\pi D \mu}$

$$= \frac{4 \times 0.9 \times 0.2 \times 10^6}{\pi \times 50 \times 0.25} = 18334.649$$

해답 1. ㉰ 2. ㉮ 3. ㉮ 4. ㉱ 5. ㉮ 6. ㉯

∴ 레이놀즈 수가 상임계 레이놀즈 수 4000 보다 크므로 난류흐름이다.

[문제] **7.** 지름 8 cm인 원형관 속을 동점성계수가 1.5×10^{-6} m^2/s인 물이 0.002 m^3/s 의 유량으로 흐르고 있다. 이때 레이놀즈 수는?

[가] 21021 [나] 21221
[다] 21521 [라] 21421

[해설] $Re = \frac{4Q}{\pi D\nu} = \frac{4\times 0.002}{\pi\times 0.08\times 1.5\times 10^{-6}} = 21220.65$

[문제] **8.** 지름이 20 mm인 관 내부를 유체 (물)가 층류로 흐를 수 있는 최대 평균속도 (m/s)는 어느 것인가? (단, 물의 $\mu = 1.173\times10^{-4}$ kgf · s/m^2 이고, 임계 $N_{Re} = 2320$ 이다.)

[가] 133.4 m/s [나] 13.34 m/s
[다] 1.334 m/s [라] 0.1334 m/s

[해설] $Re = \frac{\rho\cdot D\cdot V}{\mu}$

$\therefore V = \frac{Re\,\mu}{\rho D} = \frac{2320\times 1.173\times 10^{-4}}{\frac{1000}{9.8}\times 0.02} = 0.1334\,m/s$

[문제] **9.** 관 속 흐름에서 임계 레이놀즈 수를 2100으로 할 때 지름 1 cm인 관에 20℃의 물이 흐르는 경우의 임계속도는? (단, 20℃의 물에 동점성계수는 $\nu = 1.01\times10^{-6}$ m^2/s 이다.)

[가] 0.21 m/s [나] 0.42 m/s
[다] 2.1 m/s [라] 24.1 m/s

[해설] $Re = \frac{\rho\cdot D\cdot V}{\mu} = \frac{DV}{\nu}$

$\therefore V = \frac{Re\,\nu}{D} = \frac{2100\times 1.01\times 10^{-6}}{0.01} = 0.2121\,m/s$

[문제] **10.** 지름이 0.12 m의 관에 유체가 흐르고 있다. 한계 레이놀즈 수가 2100이고, 한계유속이 0.27 m/s이다. 이 유체의 동점성계수는?

[가] 0.154 cm^2/s [나] 0.254 cm^2/s
[다] 0.354 cm^2/s [라] 0.454 cm^2/s

[해설] $Re = \frac{\rho DV}{\mu} = \frac{DV}{\nu}$ 에서

$\therefore \nu = \frac{DV}{Re} = \frac{0.12\times 0.27}{2100}\times 10^4 = 0.1542\,cm^2/s$

[문제] **11.** Hagen-Poiseuille식이 유도될 때 설정된 가정이 아닌 것은 어느 것인가?

[가] 비압축성 유체의 층류 흐름
[나] 압축성 유체의 난류 흐름
[다] 밀도가 일정한 뉴턴성 유체의 흐름
[라] 원형관 내에서의 정상상태 흐름

[해설] • Hagen－Poiseuille (하겐－푸아죄유) 방정식 : 층류 흐름에만 적용된다.

[문제] **12.** Hagen-Poiseuille식에 대한 설명으로 옳은 것은?

[가] 유체 흐름과 온도의 관계식이다.
[나] 층류의 경우 압력손실을 구하는데 사용된다.
[다] 층류의 운동에너지와 위치에너지의 관계를 나타낸다.
[라] 임계속도를 나타내는 식이다.

[해설] • 하겐－푸아죄유 방정식

① 유량계산

$$Q = \frac{\pi\cdot D^4\cdot \Delta P}{128\mu L}$$

② 압력손실 계산

$$h_L = \frac{128\mu LQ}{\pi D^4\gamma}$$

여기서, Q : 유량 (m^3/s), D : 관 지름 (m)
ΔP : 압력강하 (kgf/m^2), γ : 비중량 (kgf/m^3)
μ : 점성계수 (kgf · s/m^2), L : 배관 길이 (m)

[문제] **13.** 원관을 흐르는 층류에 있어서 유량은 어느 것인가? (단, Hagen-Poiseuille 식에 의한다.)

[해답] 7. [나] 8. [라] 9. [가] 10. [가] 11. [나] 12. [나] 13. [다]

㉮ 점성계수에 비례한다.

㉯ 반지름의 제곱에 비례하여 변한다.

㉰ 점성계수에 반비례하여 변한다.

㉱ 압력강하에 반비례하여 변한다.

해설 • 하겐-푸아죄유 방정식

$$Q = \frac{\pi D^4 \Delta P}{128 \mu L}$$

① 배관 지름의 4승에 비례한다.

② 압력강하에 비례한다.

③ 점성계수에 반비례한다.

④ 배관 길이에 반비례한다.

문제 **14.** 일정한 유량의 물이 원관에 층류로 흐를 때 지름을 2배로 하면 손실수두는 몇 배가 되는가 ?

㉮ $\dfrac{1}{4}$ ㉯ $\dfrac{1}{8}$ ㉰ $\dfrac{1}{16}$ ㉱ $\dfrac{1}{32}$

해설 • 하겐-푸아죄유 방정식의 손실수두 계산

$h_L = \dfrac{128 \mu L Q}{\pi D^4 \gamma}$ 에서 손실수두는 지름의 4제

곱에 반비례한다.

$$\therefore h_L = \left(\frac{1}{2^4}\right) = \frac{1}{16}$$

문제 **15.** 비중 0.8, 점도 5 cP인 유체를 1 m/s 의 속도로 안지름 10 cm인 관을 사용하여 2 km까지 수송한다. 이때의 수두손실은 약 몇 kgf·m/ kg인가 ? (단, 흐름은 층류로 가정한다)

㉮ 2.25 ㉯ 4.08 ㉰ 22.5 ㉱ 40.8

해설 $h_L = \dfrac{128 \mu L Q}{\pi D^4 \gamma}$

$$= \frac{128 \times \left(\dfrac{5 \times 10^{-2}}{98}\right) \times 2000 \times \dfrac{\pi}{4} \times 0.1^2 \times 1}{\pi \times 0.1^4 \times 0.8 \times 1000}$$

$$= 4.08 \, \text{kgf} \cdot \text{m/kg}$$

문제 **16.** 안지름 100 mm인 수평원관으로 1500 m 떨어진 곳에 원유를 0.12 m³/min 의 유량으로 수송 시 손실수두(H)는 ? (단, 점성계수 $\mu = 0.02$ N·s/m², 비중 S

= 0.86이다.)

㉮ 2.9 m ㉯ 3.7 m ㉰ 4.5 m ㉱ 5.3 m

해설 ① 속도 계산

$$Q = A \cdot V$$

$$\therefore V = \frac{Q}{A} = \frac{0.12}{\dfrac{\pi}{4} \times 0.1^2 \times 60} = 0.254 \, \text{m/s}$$

② 레이놀즈 수 계산 : 공학단위로 계산

$$Re = \frac{\rho \cdot D \cdot V}{\mu} = \frac{\left(\dfrac{\gamma}{g}\right) \cdot D \cdot V}{\mu}$$

$$= \frac{\left(\dfrac{0.86 \times 10^3}{9.8}\right) \times 0.1 \times 0.254}{\dfrac{0.02}{9.8}} = 1092.2$$

$\therefore 1092.2 < 2100$ 이므로 층류흐름이다.

③ 손실수두 계산 : 하겐-푸아죄유 방정식 적용

$$h_L = \frac{128 \mu L Q}{\pi D^4 \gamma}$$

$$= \frac{128 \times \dfrac{0.02}{9.8} \times 1500 \times \dfrac{0.12}{60}}{\pi \times 0.1^4 \times (0.86 \times 1000)}$$

$$= 2.90 \, \text{m H}_2\text{O}$$

문제 **17.** 지름 50 mm, 길이 800 m인 매끈한 파이프를 매분 135 L의 기름을 수송할 때 펌프의 압력은 몇 kgf/cm²인가 ? (단, 기름의 밀도는 0.92 g/cm³이고 점성계수는 0.56 poise이다.)

㉮ 0.19 ㉯ 6.7 ㉰ 0.94 ㉱ 58.49

해설 ① 레이놀즈 수 계산 : 층류, 난류 판단

$$Re = \frac{4 \rho Q}{\pi D \mu} = \frac{4 \times 0.92 \times 135 \times 10^3}{\pi \times 5 \times 0.56 \times 60} = 941.287$$

$\therefore R_e < 2100$ 이므로 층류이다.

② 압력 계산 : 하겐-푸아죄유 방정식 적용

$$Q = \frac{\pi D^4 \Delta P}{128 \mu L}$$

$$\therefore \Delta P = \frac{128 \mu L Q}{\pi D^4}$$

$$= \frac{128 \times 5.71 \times 10^{-3} \times 800 \times 0.135}{\pi \times 0.05^4 \times 60} \times 10^{-4}$$

$$= 6.7 \, \text{kgf/cm}^2$$

해답 **14.** ㉰ **15.** ㉯ **16.** ㉮ **17.** ㉯

여기서 점성계수 (μ) 0.56 P를 공학단위로 환산하면,

$$\therefore \mu = \frac{0.56 \times 10^{-1}}{9.8}$$
$$= 5.71 \times 10^{-3} \, \text{kgf} \cdot \text{s/m}^2$$

문제 18. 재질이 같은 정지하고 있는 두 평행판 사이로 유체가 흐른다. 전단응력이 최대가 되는 곳은?

㉮ 윗판 벽　　　　㉯ 밑판 벽

㉰ 두 판의 중심　　㉱ 양쪽 벽

해설 양쪽벽에서 전단응력이 최대가 되고, 중심에서 0이다.

문제 19. 두 개의 평행 평판 사이에 유체가 층류로 흐를 때 전단응력은?

㉮ 중심에서 0이고 전단응력의 분포는 포물선 형태를 갖는다.

㉯ 단면 전체에 걸쳐 일정하다.

㉰ 평판의 벽에서 0이고 중심까지의 거리에 비례하여 증가한다.

㉱ 중심에서 0이고 중심에서 평판까지의 거리에 비례하여 증가한다.

해설 양쪽벽 $(d_y = 0)$에서 전단응력이 최대가 되고 중심 $(d_y = 최대)$에서 0이다.

문제 20. 수평원관 내에서 유체의 흐름이 층류일 때 전단응력의 분포는?

㉮ 전단면에 걸쳐서 일정하다.

㉯ 관 벽에서 0이고, 중심에서 최대의 값을 갖는다.

㉰ 관 중심에서 0이고, 관 벽까지 직선적으로 증가한다.

㉱ 관 중심에서 0이고, 반지름의 제곱에 비례한다.

문제 21. 원형관 속에서 관 벽에 생기는 전단응력에 대한 설명으로 옳지 않은 것은 것은 어느 것인가?

㉮ 관의 지름에 비례한다.

㉯ 압력차에 비례한다.

㉰ 관의 길이에 반비례한다.

㉱ 유체의 속도에 반비례한다.

해설 $\tau = -\dfrac{dP}{dL} \cdot \dfrac{r}{2}$ 이므로

① 압력차에 비례한다.

② 관의 반지름 (지름)에 비례한다.

③ 관의 길이에 반비례한다.

문제 22. 평균 풍속 10 m/s인 바람 속에 매끈한 평판을 바람과 평행으로 놓았을 때 평판의 선단으로부터 5 cm되는 곳에서의 레이놀즈 수는? (단, 동점성계수는 $0.156 \times 10^{-4} \, \text{m}^2$/s이다.)

㉮ 3.2×10^4　　　㉯ 6.4×10^8

㉰ 1.8×10^4　　　㉱ 9.8×10^5

해설 $Re = \dfrac{L \cdot V}{\nu} = \dfrac{0.05 \times 10}{0.156 \times 10^{-4}}$
$$= 32051.28 = 3.2 \times 10^4$$

문제 23. 550 K인 공기가 15m/s의 속도로 매끈한 평판 위를 흐르고 있다. 경계층이 층류에서 난류로 천이하는 위치는 선단에서 거리가 얼마인가? (단, 동점성계수는 $4.2 \times 10^{-5} \, \text{m}^2$/s이다.)

㉮ 0.7 m　㉯ 1.4 m　㉰ 2.1 m　㉱ 2.8 m

해설 천이가 일어나는 임계 레이놀즈 수는 5×10^5 이다.

$$Re_x = \frac{ux}{\nu}$$
$$\therefore x = \frac{Re_x \nu}{u} = \frac{5 \times 10^5 \times 4.2 \times 10^{-5}}{15} = 1.4 \, \text{m}$$

문제 24. 다음 중 안지름이 10 cm인 원형관을 밀도가 $0.8 \, \text{g/cm}^3$, 점도가 50 cP인 비압축성 유체가 3.14 kg/s로 흐른다면 이 유체의 유속을 측정하기 위해서 유량계는 관 입구에서 얼마 떨어진 곳에 설치해야 하는가?

㉮ 1.5 m ㉯ 2 m ㉰ 3 m ㉱ 4 m

해설 ① 유속계산

$$\therefore V = \frac{m}{\rho \cdot A} = \frac{3.14 \times 10^3}{0.8 \times \frac{\pi}{4} \times 10^2} = 49.97 \, \text{cm/s}$$

② 레이놀즈 수 계산

$$Re = \frac{\rho \cdot D \cdot V}{\mu}$$
$$= \frac{0.8 \times 10 \times 49.97}{50 \times 10^{-2}} = 799.52$$
$$(\therefore \text{층류흐름이다.})$$

③ 전이 길이 계산
$$L = 0.05 \times Re \times x$$
$$= 0.05 \times 799.52 \times 0.1 = 3.9976 \, \text{m}$$

문제 **25.** Re 와 $\dfrac{\overline{U}}{U_{\max}}$ 관계를 이용하면 평균유속 및 관 중심의 최대 유속과 흐름 조건의 함수 관계를 알 수 있다. 뉴턴 유체 층류의 경우 유체의 최대속도 관계식은 다음 중 어느 것인가?

㉮ $\overline{U} = 0.1 \, U_{\max}$ ㉯ $\overline{U} = 0.5 \, U_{\max}$

㉰ $\overline{U} = 0.7 \, U_{\max}$ ㉱ $\overline{U} = 0.8 \, U_{\max}$

문제 **26.** 뉴턴 유체 (Newtonian fluid)가 원관 내를 층류 흐름으로 흐르고 있다. 관 내의 최대속도 $U_{\max}$ 와 평균속도 $\overline{V}$ 와의 관계 $\dfrac{\overline{V}}{U_{\max}}$ 는?

㉮ 2   ㉯ 1   ㉰ 0.5   ㉱ 0.1

해설 $\overline{V} = \dfrac{1}{2} U_{\max}$

$\therefore$ 평균속도는 최대속도의 $\dfrac{1}{2}$ 에 해당한다.

문제 **27.** 지름이 3 cm이고 길이가 5 cm인 매끈한 직원관 속의 액체 흐름이 층류이고, 관 내에서 최대속도가 4.2 m/s로 흐를 때 평균속도 (m/s)는?

㉮ 2.1   ㉯ 4.2   ㉰ 1.75   ㉱ 3.5

해설 • 수평원관 속을 층류로 흐를 때 평균속도 계산

$$\therefore \overline{V} = \frac{1}{2} U_{\max} = \frac{1}{2} \times 4.2 = 2.1 \, \text{m/s}$$

문제 **28.** 원관 내 유체의 흐름에 대한 다음 설명 중 틀린 것은?

㉮ 일반적으로 층류는 레이놀즈 수가 약 2100 이하인 흐름이다.

㉯ 일반적으로 난류는 레이놀즈 수가 약 4000 이상인 흐름이다.

㉰ 일반적으로 관중심부의 유속은 평균 유속보다 크다.

㉱ 일반적으로 최대 유속에 대한 평균속도의 비는 난류가 층류보다 작다.

문제 **29.** 그림에서와 같이 파이프 내로 비압축성 유체가 층류로 흐르고 있다. A점에서 최대 유속 1 m/s를 갖는다면 R점에서의 유속은 몇 m/s인가? (단, 관의 지름은 10 cm이다.)

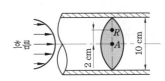

㉮ 0.36   ㉯ 0.60   ㉰ 0.84   ㉱ 1.00

해설 $u = u_{\max}\left(1 - \dfrac{r^2}{r_0^2}\right)$

$$= 1 \times \left(1 - \frac{0.02^2}{0.05^2}\right) = 0.84 \, \text{m/s}$$

문제 **30.** 다음 경계층에 대한 설명 중 틀린 것은?

㉮ 경계층 바깥층의 흐름은 비점성 유동으로 가정할 수 있다.

㉯ 경계층의 형성은 압력 기울기, 표면조도, 열전달 등의 영향을 받는다.

㉰ 경계층 내에서는 점성의 영향이 작용

한다.

⨙ 경계층 내에서는 속도 기울기가 크기 때문에 마찰 응력이 감소하여 매우 작게 된다.

해설 경계층 내에서는 점성의 영향이 현저하게 나타나고 속도구배가 크며 마찰응력이 크게 작용한다.

문제 31. 경계층에 대한 설명으로 옳지 않은 것은?

⨍ 경계층 바깥층의 흐름은 포텐셜 흐름으로 가정할 수 있다.

⨔ 경계층의 형성은 압력 기울기, 표면조도, 열전도 등의 영향을 받는다.

⨕ 경계층 내에서는 점성의 영향이 크게 작용한다.

⨙ 경계층 내에서는 속도구배가 크기 때문에 마찰응력이 감소한다.

해설 경계층 내에서는 점성의 영향이 크게 나타나고, 속도구배가 크며 마찰응력이 크게 작용하며, 경계층 바깥에서는 점성의 영향이 거의 없고 완전 유체 (potential)와 같은 형태의 흐름을 이룬다.

문제 32. 원형 관 내를 유체가 흐르고 있을 때 경계층이 완전히 성장하여 일정한 속도분포를 유지하면서 흐르는 흐름을 무엇이라고 하는가?

⨍ 난류

⨔ 층류

⨕ 플러그 (plug) 흐름

⨙ 완전히 발달된 흐름

문제 33. 일반적으로 경계층은 유체속도가 자유 흐름 속도 V_{max}의 몇 % 이하가 되는 영역을 뜻하는가?

⨍ 50   ⨔ 80   ⨕ 90   ⨙ 99

해설 경계층 내부 속도를 u, 외부의 유속을 U

라 하면 $\dfrac{u}{U} = 0.99$가 되는 지점이 경계층의 두께가 된다.

문제 34. 유체에서 발생하는 층류 경계층의 두께 δ는 평판 선단으로부터의 거리 x와 어떤 관계가 있는가?

⨍ x에 비례한다.

⨔ x에 반비례한다.

⨕ $x^{\frac{1}{2}}$에 비례한다.

⨙ $x^{\frac{1}{2}}$에 반비례한다.

해설 •층류 경계층 두께

① 경계층 내의 속도가 자유 흐름 속도의 99 %가 되는 점까지의 거리

② 층류 경계층 두께는 $Re^{\frac{1}{2}}$에 반비례하고, $x^{\frac{1}{2}}$에 비례하여 증가한다.

③ 난류 경계층 두께는 $Re^{\frac{1}{5}}$에 반비례하고, $x^{\frac{4}{5}}$에 비례하여 증가한다.

④ 경계층의 두께는 점성에 비례한다.

문제 35. 경계층에 대한 설명으로 옳은 것은 어느 것인가?

⨍ 경계층 내의 속도 구배는 경계층 밖에서의 속도구배보다 적다.

⨔ 층류층의 두께는 $Re^{\frac{1}{5}}$에 비례한다.

⨕ 경계층 밖에서는 비점성 유동이다.

⨙ 평판의 임계 레이놀즈 수는 2100과 4000이다.

해설 •경계층

① 경계층 안쪽은 물체의 표면에 가까운 영역으로 점성의 영향이 현저하게 나타나고, 속도구배가 크며 마찰응력이 작용한다.

② 경계층 밖은 점성에 대한 영향이 거의 없고 이상 유체와 같은 형태의 흐름을 나타낸다.

③ 평판의 임계 레이놀즈 수 (Re_c)는 5×10^5이다.

해답   **31.** ⨙   **32.** ⨙   **33.** ⨙   **34.** ⨕   **35.** ⨕

④ 층류 경계층 두께 계산식

$$\delta = \frac{5\,x}{(Re_x)^{\frac{1}{2}}}$$

∴ 층류 경계층의 두께는 $(Re_x)^{\frac{1}{2}}$에 반비례한다.

⑤ 난류 경계층 두께 계산식

$$\delta = \frac{0.376\,x}{(Re_x)^{\frac{1}{5}}}$$

∴ 난류 경계층의 두께는 $(Re_x)^{\frac{1}{5}}$에 반비례한다.

문제 **36.** 밀도가 $0.85\,\text{g/cm}^3$, 점도가 5 cP인 유체가 인입유속 10 cm/s로 평판에 접근할 때 평판의 입구로부터 20 cm인 지점에서 형성된 경계층의 두께는 몇 cm인가? (단, 층류 흐름으로 가정하고 상수값은 5로 한다.)

㉮ 1.25 cm ㉯ 1.71 cm
㉰ 2.24 cm ㉱ 2.78 cm

해설 ① 동점성계수 (cm^2/s) 계산

$$\nu = \frac{\mu}{\rho} = \frac{5 \times 10^{-2}}{0.85} = 0.0588\,\text{cm}^2/\text{s}$$

② 20 cm 지점에서의 R_e수 계산

$$Re_x = \frac{u \propto x}{\nu} = \frac{10 \times 20}{0.0588} = 3401.36$$

③ 경계층 두께 (cm) 계산

$$\delta = \frac{5 \times x}{Re_x^{\frac{1}{2}}} = \frac{5 \times 20}{3401.36^{\frac{1}{2}}} = 1.7146\,\text{cm}$$

문제 **37.** 25℃ 대기압에서 공기가 평판상을 25 m/s의 속도로 흐를 때 선단으로부터 2 cm인 곳의 경계층의 두께는 얼마인가? (단, 공기의 동점성계수는 $15.68 \times 10^{-6}\,\text{m}^2/\text{s}$이고, 상수값은 4.65로 한다.)

㉮ 0.32 mm ㉯ 0.52 mm
㉰ 3.20 mm ㉱ 5.20 mm

해설 $\delta = 4.65\sqrt{\dfrac{\nu}{V} \times x}$

$$= 4.65 \times \sqrt{\frac{15.68 \times 10^{-6}}{25} \times 0.02 \times 1000}$$

$$= 0.5208\,\text{mm}$$

문제 **38.** 난류에서 전단응력 (shear stress) τ_t를 다음 식으로 나타낼 때 η는 무엇을 나타내는가? (단, $\dfrac{du}{dy}$는 속도구배를 나타낸다.)

$$\tau_t = \eta\left(\frac{du}{dy}\right)$$

㉮ 절대 점도 ㉯ 비교 점도
㉰ 에디 점도 ㉱ 중력 점도

해설 • 에디 점도 (dynamic eddy viscosity : 와류점성계수) : 와류(渦流) 때문에 생기는 점성

문제 **39.** 수평관 속에 유체가 정상적으로 흐를 때 마찰손실은?
㉮ 유속의 제곱에 비례해서 변한다.
㉯ 원형관의 길이에 반비례해서 변한다.
㉰ 압력변화에 반비례해서 변한다.
㉱ 원형관 안지름의 제곱에 반비례해서 변한다.

해설 $h_f = f \times \dfrac{L}{D} \times \dfrac{V^2}{2\,g}$ 달시-바이스 바하식에서 마찰손실은 관 길이, 유속의 제곱에 비례하고 관 지름에 반비례한다.

문제 **40.** 길이가 400 m이고, 지름이 25 cm인 관에 평균속도 1.32 m/s로 물이 흐르고 있다. 관 마찰계수가 0.0422일 때 손실수두는 얼마인가?

㉮ 6 m ㉯ 60 m ㉰ 4.54 m ㉱ 12 m

해설 $h_f = f \cdot \dfrac{L}{D} \cdot \dfrac{V^2}{2\,g}$

$$= 0.0422 \times \frac{400}{0.25} \times \frac{1.32^2}{2 \times 9.8}$$

$$= 5.974\,\text{m H}_2\text{O}$$

해답 36. ㉯ 37. ㉯ 38. ㉰ 39. ㉮ 40. ㉮

문제 **41.** 길이 5 m, 안지름 5 cm인 강관 내를 물이 유속 3 m/s로 흐를 때 마찰손실수두는 얼마인가? (단, 마찰손실계수는 0.03이다.)

㉮ 1.38 m ㉯ 2.62 m

㉰ 3.05 m ㉭ 3.43 m

해설 $h_f = f \cdot \dfrac{L}{D} \cdot \dfrac{V^2}{2g}$

$$= 0.03 \times \frac{5}{0.05} \times \frac{3^2}{2 \times 9.8} = 1.377 \, \text{m} \, H_2O$$

문제 **42.** 안지름 25 mm인 원관 속을 평균유속 29.4 m/min로 물이 흐르고 있다면 곧은 원관의 길이 20 m에 대한 손실수두는 몇 m가 되겠는가? (단, 관 마찰계수는 0.0125이다.)

㉮ 0.123 ㉯ 0.250 ㉰ 0.500 ㉭ 1.225

해설 $h_f = f \cdot \dfrac{L}{D} \cdot \dfrac{V^2}{2g}$

$$= 0.0125 \times \frac{20}{0.025} \times \frac{\left(\frac{29.4}{60}\right)^2}{2 \times 9.8}$$

$$= 0.1225 \, \text{m} \, H_2O$$

문제 **43.** 지름 200 mm, 길이 1000 m의 주철관을 이용하여 손실수두 10 m로 수송할 때 유속 (m/s)은? (단, 마찰계수는 0.025이다.)

㉮ 1.25 m/s ㉯ 2.5 m/s

㉰ 12.5 m/s ㉭ 25.0 m/s

해설 $h_f = f \cdot \dfrac{L}{D} \cdot \dfrac{V^2}{2g}$

$$\therefore V = \sqrt{\frac{hf \cdot D \cdot 2g}{f \cdot L}}$$

$$= \sqrt{\frac{10 \times 0.2 \times 2 \times 9.8}{0.025 \times 1000}} = 1.252 \, \text{m/s}$$

문제 **44.** 물의 평균속도는 4.5 m/s로서 100 mm 지름의 관에서 흐르고 있다. 이 관의 길이 20 m에서 손실된 헤드를 실험적으로 측정하였더니 4.8 m이었다. 관의 마찰계

수는?

㉮ 0.020 ㉯ 0.0232

㉰ 0.026 ㉭ 0.028

해설 $h_f = f \cdot \dfrac{L}{D} \cdot \dfrac{V^2}{2g}$

$$\therefore f = \frac{h_f \cdot D \cdot 2g}{L \cdot V^2}$$

$$= \frac{4.8 \times 0.1 \times 2 \times 9.8}{20 \times 4.5^2} = 0.0232$$

문제 **45.** 20℃의 공기를 지름 500 mm인 공업용 강관을 써서 264 m³/min으로 수송할 때 길이 100 m 관의 압력강하를 수두로 표시하면? (단, 관마찰계수 $f = 0.1 \times 10^{-3}$이다.)

㉮ 37 cm ㉯ 22 cm ㉰ 51 cm ㉭ 67 cm

해설 ① 유속 계산

$$V = \frac{Q}{A} = \frac{264}{\frac{\pi}{4} \times 0.5^2 \times 60} = 22.41 \, \text{m/s}$$

② 손실수두 계산

$$h_f = f \frac{L}{D} \cdot \frac{V^2}{2g}$$

$$= 0.1 \times 10^{-3} \times \frac{100}{0.5} \times \frac{22.41^2}{2 \times 9.8} \times 100$$

$$= 51.24 \, \text{cm} \, H_2O$$

문제 **46.** 원관 내를 물이 층류로 흐를 경우에 대한 설명 중 틀린 것은?

㉮ 평균 유속은 $\overline{V} = \dfrac{1}{2} \times$ 최대유속

㉯ 운동에너지 보정계수 $a = 0.5$

㉰ 유량은 반지름의 4제곱에 비례한다.

㉭ 마찰계수 $f = 16 \cdot Re$

해설 마찰계수 $f = \dfrac{64}{Re}$

문제 **47.** 어떤 안지름이 10 cm 인 원관에 기름이 (S 0.85, ν 1.27×10⁻⁴ m²/s), 유량은 0.01 m³/s로 흐를 때 마찰계수는?

㉮ 0.064 ㉯ 0.64

해답 41. ㉮ 42. ㉮ 43. ㉮ 44. ㉯ 45. ㉰ 46. ㉭ 47. ㉮

㉣ 0.016 　　　　㉤ 0.16

해설 ① 유속 계산

$$V = \frac{Q}{A} = \frac{0.01}{\frac{\pi}{4} \times 0.1^2} = 1.273 \, \text{m/s}$$

② Re수 계산

$$Re = \frac{DV}{\nu} = \frac{0.1 \times 1.273}{1.27 \times 10^{-4}} = 1002.362$$

$\therefore R_e < 2100$ 이므로 층류흐름이다.

③ 마찰손실계수 계산

$$f = \frac{64}{Re} = \frac{64}{1002.362} = 0.0638$$

문제 **48.** 안지름 5 cm의 관속을 점도 1 cP인 물이 4 cm/s의 속도로 흐르고 있을 때 패닝 (Fanning)의 마찰계수의 값은?

㉠ 0.008 　　　　㉡ 0.032

㉢ 0.087 　　　　㉣ 0.320

해설 $Re = \dfrac{\rho \cdot D \cdot V}{\mu} = \dfrac{1 \times 5 \times 4}{1 \times 10^{-2}} = 2000$

$\therefore f = \dfrac{16}{Re} = \dfrac{16}{2000} = 0.008$

문제 **49.** 밀도가 $0.5 \, \text{g/cm}^3$, 점도 1 cP인 비압축성 유체가 5 cm/s의 유속으로 마찰계수 0.016인 원관을 층류로 통과할 때 이 원관의 안지름은 몇 cm인가?

㉠ 2.5 　㉡ 4.0 　㉢ 5.5 　㉣ 1.7

해설 $Re = \dfrac{\rho \cdot D \cdot V}{\mu}$

$\therefore D = \dfrac{Re \cdot \mu}{\rho \cdot V} = \dfrac{\frac{16}{0.016} \times 1 \times 10^{-2}}{0.5 \times 5} = 4$

여기서, Fanning의 방정식에서 $f = \dfrac{16}{Re}$ 이 므로 $Re = \dfrac{16}{f}$ 이 된다.

문제 **50.** 물이 평균속도 4.5 m/s로 100 mm 지름 관로에서 흐르고 있다. 이 관의 길이 20 m에서 손실된 헤드를 실험적으로 측정하였더니 4.8 m이었다. 관의 마찰속도는?

㉠ 0.20 m/s 　　　㉡ 0.24 m/s

㉢ 0.26 m/s 　　　㉣ 0.28 m/s

해설 ① Fanning 의 식에서 마찰계수값 계산

$$h_f = 4f \cdot \frac{L}{D} \cdot \frac{V^2}{2g}$$

$$\therefore f = \frac{h_f \cdot D \cdot 2g}{4L \cdot V^2}$$

$$= \frac{4.8 \times 0.1 \times 2 \times 9.8}{4 \times 20 \times 4.5^2} = 5.8 \times 10^{-3}$$

② 관의 마찰속도 계산

$$\therefore U^* = \overline{V} \sqrt{\frac{f}{2}}$$

$$= 4.5 \times \sqrt{\frac{5.8 \times 10^{-3}}{2}} = 0.242 \, \text{m/s}$$

문제 **51.** 다음 중 비압축성 유체가 원형관에서 난류로 흐를 때 마찰계수와 레이놀즈 수의 관계로 맞는 것은? (단, $Re = 3 \times 10^3 \sim 10^5$ 이내일 때)

㉠ 마찰계수는 레이놀즈 수에 비례한다.

㉡ 마찰계수는 레이놀즈 수에 반비례한다.

㉢ 마찰계수는 레이놀즈 수의 $\dfrac{1}{4}$ 승에 비례한다.

㉣ 마찰계수는 레이놀즈 수의 $\dfrac{1}{4}$ 승에 반비례한다.

해설 마찰계수(f)와 레이놀즈 수의 관계

① 층류흐름 : $f = \dfrac{64}{Re}$

② 난류흐름 : $f = 0.3164 \, Re^{-\frac{1}{4}}$

　→ 블라시우스(Blasius)의 실험식으로 적용범위가 $3000 < Re < 10^5$ 이다.

문제 **52.** 관에서의 마찰계수 f에 대한 일반적인 설명으로 옳은 것은?

㉠ 레이놀즈 수와 상대조도의 함수이다.

㉡ 마하수와의 함수이다.

㉢ 점성력과는 관계가 없다.

㉣ 관성력만의 함수이다.

[해설] 수평 원형관에서 마찰계수(f)는 레이놀즈 수(Re)와 상대조도 $\left(\dfrac{e}{d}\right)$의 함수이다.

① 층류구역 : $f = \dfrac{64}{Re}$

② 난류구역 : $\dfrac{1}{\sqrt{f}} = 1.14 - 0.86\ln\left(\dfrac{e}{d}\right)$

[문제] **53.** 완전히 난류 구역에 있는 거친 관에서의 손실수두는? (단, f는 관 마찰계수, V는 평균유속, Re는 레이놀즈 수, P는 압력, μ는 점성계수, ρ는 밀도이다.)

㉮ 단지 Re에 좌우된다.

㉯ 주로 f, V에 좌우된다.

㉰ 주로 μ, ρ에 좌우된다.

㉱ 단지 P에 좌우된다.

[해설] 난류 흐름에서 거칠은 관에서의 관 마찰계수는 상대조도만의 함수(닉크라드세의 실험식)이므로 손실수두는 관 마찰계수 f와 유체의 속도 V에 의해 결정된다.

$$\frac{1}{\sqrt{f}} = 1.14 - 0.86\ln\left(\frac{e}{d}\right)$$

[문제] **54.** 마찰계수와 마찰저항에 대한 설명으로 옳지 않은 것은?

㉮ 관 마찰계수는 레이놀즈 수와 상대조도의 함수로 나타낸다.

㉯ 평판상의 층류 흐름에서 점성에 의한 마찰계수는 레이놀즈 수의 제곱근에 정비례한다.

㉰ 층상 운동에서의 마찰 저항은 온도의 영향을 받으며 유체의 점성계수에 정비례한다.

㉱ 난류 운동에서 마찰저항은 평균 유속의 제곱에 정비례한다.

[문제] **55.** 배관 단면의 급격한 팽창에 따른 손실수두를 나타내는 식은? (단, Va는 초기 단면에서의 평균유속, Vb는 팽창 단면에서의 평균유속, g는 중력가속도이다.)

㉮ $(Va - Vb)^3$

㉯ $(Va - Vb)$

㉰ $\dfrac{(Va - Vb)^2}{2g}$

㉱ $\dfrac{(Va - Vb)}{2g}$

[문제] **56.** 배관 단면의 급격한 팽창에 따른 마찰손실(K_e)을 나타내는 식은? (단, K_e는 확대손실계수, Va는 배관 상류에서의 평균유속, Vb는 배관 하류에서의 평균유속이다.)

㉮ $K_e\left(\dfrac{Va}{2g_c}\right)$

㉯ $K_e\left(\dfrac{Vb}{2g_c}\right)$

㉰ $K_e\left(\dfrac{Va^2}{2g_c}\right)$

㉱ $K_e\left(\dfrac{Vb^2}{2g_c}\right)$

[해설] • 돌연 확대관에서의 손실수두

$$h_L = \frac{(V_1 - V_2)^2}{2g} = \left\{1 - \left(\frac{D_1}{D_2}\right)^2\right\}^2 \cdot \frac{V_1^2}{2g}$$

$$= K \cdot \frac{V_1^2}{2g}$$

[문제] **57.** 지름 10 cm의 원관 내를 10 cm/s로 흐르던 물이 지름 25 cm의 큰 관 속으로 흐른다. 확대마찰 손실계수(K_e)는 어느 것인가?

㉮ 0.36 ㉯ 0.60 ㉰ 0.71 ㉱ 0.84

[해설] $K_e = \left(1 - \dfrac{A_1}{A_2}\right)^2 = \left\{1 - \left(\dfrac{D_1}{D_2}\right)^2\right\}^2$

$\qquad = \left\{1 - \left(\dfrac{10}{25}\right)^2\right\}^2 = 0.7056$

[문제] **58.** 안지름 10 cm인 원관이 안지름 20 cm로 갑자기 확대되는 경우 $0.5\,\mathrm{m^3/s}$의 유량으로 물이 흐를 때 손실수두는 약 몇 m인가?

㉮ 2.4

㉯ 7.3

㉰ 52.7

㉱ 116.3

[해설] ① 안지름 10 cm 원관에서 속도 계산

해답 53. ㉯ 54. ㉯ 55. ㉰ 56. ㉰ 57. ㉰ 58. ㉱

$$V_1 = \frac{Q}{A_1} = \frac{0.5}{\frac{\pi}{4} \times 0.1^2} = 63.662 \, \text{m/s}$$

② 손실수두 계산

$$h_L = \left\{ 1 - \left(\frac{D_1}{D_2} \right)^2 \right\}^2 \times \frac{V_1^2}{2g}$$

$$= \left\{ 1 - \left(\frac{10}{20} \right)^2 \right\}^2 \times \frac{63.662^2}{2 \times 9.8} = 116.312 \, \text{m}$$

문제 **59.** 안지름이 20 cm에서 10 cm로 돌연 축소되는 관에 물이 체적유량 (Q) 0.04 m³/s로 흐를 때 돌연 축소관에 의한 손실수두 (H)를 구하면? (단, 저항계수 $k = 0.62$ 이다.)

㉮ 0.82 m   ㉯ 0.72 m

㉰ 0.63 m   ㉱ 0.42 m

해설 ① 돌연 축소관에서의 유속 계산

$$V_2 = \frac{Q}{A_2} = \frac{0.04}{\frac{\pi}{4} \times 0.1^2} = 5.093 \, \text{m/s}$$

② 손실수두 계산

$$h_L = k \frac{V_2^2}{2g} = 0.62 \times \frac{5.093^2}{2 \times 9.8} = 0.82 \, \text{m}$$

문제 **60.** 원추 확대관의 손실계수를 최대로 하는 각은?

㉮ 손실계수는 확대각 θ에 무관하고, 일정하다.

㉯ $\theta = 20°$ 전후에서 최대이다.

㉰ $\theta = 60°$ 전후에서 최대이다.

㉱ $\theta = 90°$에서 최대이다.

해설 원추 확대관의 손실

① 최대 : 62° 근방

② 최소 : 6~7° 근방

문제 **61.** 곡률 반지름이 10 cm, 안지름이 5 cm인 90° 엘보에 유속 3 m/s로 물이 흐를 때 곡관에 의한 손실수두 (H)는? (단, 저항계수 $K = 0.48$ 이다.)

㉮ 0.12 m   ㉯ 0.22 m

㉰ 0.29 m   ㉱ 0.34 m

해설 $$h_L = \left(K + f \frac{L}{D} \right) \times \left(\frac{V^2}{2g} \right)$$

$$= 0.48 \times \frac{3^2}{2 \times 9.8} = 0.22 \, \text{m}$$

문제 **62.** 다음 수력반지름 (수경반지름)에 대하여 옳게 설명한 것은 어느 것인가?

㉮ 접수길이를 유동 단면적으로 나눈 값

㉯ 유동 단면적의 제곱근이다.

㉰ 유동 단면적을 접수 길이의 제곱으로 나눈 값

㉱ 유동 단면적을 접수 길이로 나눈 값

해설 $$Rh = \frac{A}{S}$$

A : 유동 단면적 (m²)

S : 단면둘레의 길이 (접수 길이) (m)

문제 **63.** 유체가 지름 40 mm의 관과 50 mm의 관으로 구성된 이중관 사이로 흐를 때의 수력학적 상당지름 (hydraulic mean diameter) D_h는?

㉮ 10 mm   ㉯ 20 mm

㉰ 25 mm   ㉱ 45 mm

해설 D_h = 수력반지름 × 4

$$= \left(\frac{\frac{\pi}{4} \times (50^2 - 40^2)}{\pi \times 40 + \pi \times 50} \right) \times 4 = 10 \, \text{mm}$$

제 5 장 차원 해석과 상사법칙

1. 차원 해석

(1) 차원 해석

① 차원 해석 (dimensional analysis) : 어떤 물리적 현상에 대한 단위의 변환, 관계식의 변수의 배열 등 물리량을 나타내는 방정식을 수학적인 방법으로 차원의 동차성의 원리를 이용하여 나타낸다.

※ 동차성 (同次性)의 원리 : 모든 물리적인 관계를 나타내는 방정식은 좌변과 우변의 차원이 같아야 한다는 원리이다.

② 절대단위 차원 : 질량 (M), 길이 (L), 시간 (T)

③ 공학단위 차원 : 힘 (F), 길이 (L), 시간 (T)

④ 무차원 수 = 물리량수 (n) - 기본차원수 (m)

2. 상사법칙

(1) 상사법칙 (law of similarity)

기계나 구조물의 실제모양을 원형이라 하며 원형의 유사물을 모형이라 한다. 수차나 펌프에 있어 모형 (model)을 제작하여 이것을 실험하고 관측하여 원형 (prototype)의 성능을 예측하는 이론이다.

(2) 상사의 조건

① 기하학적 상사 : 원형과 모형에 있어서 서로 대응하는 길이의 비가 일정하고 모든 치수비가 같은 경우이다.

② 운동학적 상사 : 원형과 모형이 서로 대응하는 두 점이 비례하는 시간 내에 기하학적으로 상사운동을 하는 경우이다.

③ 역학적 상사 : 원형과 모형의 서로 대응하는 두 점에 있어서 역학적으로 상사한 힘의 분포상태를 나타내는 경우이다.

무차원수

명 칭	정 의	의 미	비 고
레이놀즈수 (Re)	$Re = \dfrac{\rho \cdot V \cdot L}{\mu}$	$\dfrac{관성력}{점성력}$	모든 유체의 유동
마하수 (Ma)	$Ma = \dfrac{V}{\alpha}$	$\dfrac{관성력}{탄성력}$	압축성 유동
웨버수 (We)	$We = \dfrac{\rho V^2 L}{\sigma}$	$\dfrac{관성력}{표면장력}$	자유표면 유동
프루드수 (Fr)	$Fr = \dfrac{V}{\sqrt{Lg}}$	$\dfrac{관성력}{중력}$	자유표면 유동
오일러수 (Eu)	$Eu = \dfrac{P}{\dfrac{\rho V^2}{2}}$	$\dfrac{압축력}{관성력}$	압력차에 의한 유동

예 상 문 제

문제 1. 어느 물리량의 함수관계가 $F(\rho, h, l, g) = 0$으로 주어졌을 때 무차원수는? (단, ρ : 밀도, h : 깊이, l : 길이, g : 중력가속도이다.)

㉮ 1   ㉯ 2

㉰ 3   ㉹ 4

해설 무차원수 = 물리량수 – 기본차원수
$$= 4 - 3 = 1$$

문제 2. 압력의 차원을 절대단위계로 바르게 나타낸 것은?

㉮ MLT^{-2} ㉯ $ML^{-1}T^2$

㉰ $ML^{-2}T^{-2}$ ㉹ $ML^{-1}T^{-2}$

해설 압력의 단위 kgf/m²를 절대단위로 환산하면
$$\therefore \ kg/m^2 \times m/s^2 = kg/m \cdot s^2 = ML^{-1}T^{-2}$$

문제 3. 동력과 관계없는 것은?

㉮ $FL^{-1}T^{-1}$ ㉯ ML^2T^{-3}

㉰ Watt   ㉹ $kg \cdot m^2/s^3$

해설 • 동력 : 단위시간당 한 일량
① 절대단위 : Watt (J/s = N·m/s = kg·m²/s³ $= ML^2T^{-3}$)
② 공학단위 : kgf·m/s = FLT^{-1}

문제 4. 다음 중 점성계수의 차원에 해당하는 것은?

㉮ $\dfrac{M}{LT}$ ㉯ $\dfrac{ML}{T}$

㉰ $\dfrac{M}{L^2 T}$ ㉹ $\dfrac{ML^2}{T^2}$

해설 • 점성계수(μ)의 단위 및 차원
① 공학단위 : kgf·s²/m = FT^2L^{-1}
② 절대단위 : kg/m·s = $ML^{-1}T^{-1}$
$$= \dfrac{M}{LT}$$

문제 5. 다음 중 표면장력의 차원은 어느 것인가?

㉮ MLT^{-2} ㉯ MT^{-2}

㉰ LT^{-1} ㉹ $ML^{-1}T^{-2}$

해설 • 표면장력의 단위 및 차원
① 절대단위 : kg/s², MT^{-2}
② 공학단위 : kgf/m, FL^{-1}

문제 6. Reynolds수의 물리적 개념에 해당하는 것은?

㉮ $\dfrac{관성력}{점성력}$ ㉯ $\dfrac{점성력}{중력}$

㉰ $\dfrac{중력}{관성력}$ ㉹ $\dfrac{탄성력}{압력}$

문제 7. 점성력에 대한 관성력의 상대적인 비를 나타내는 무차원의 수는

㉮ Reynolds수   ㉯ Froude수

㉰ 모세관수   ㉹ Weber수

해설 • 무차원 수

명 칭	정 의	의 미	비 고
레이놀즈수(Re)	$Re = \dfrac{\rho \cdot V \cdot L}{\mu}$	$\dfrac{관성력}{점성력}$	모든 유체의 유동
마하수(Ma)	$Ma = \dfrac{V}{\alpha}$	$\dfrac{관성력}{탄성력}$	압축성 유동
웨버수(We)	$We = \dfrac{\rho V^2 L}{\sigma}$	$\dfrac{관성력}{표면장력}$	자유표면 유동
프루드수(Fr)	$Fr = \dfrac{V}{\sqrt{Lg}}$	$\dfrac{관성력}{중력}$	자유표면 유동
오일러수(Eu)	$Eu = \dfrac{P}{\dfrac{\rho V^2}{2}}$	$\dfrac{압축력}{관성력}$	압력차에 의한 유동

문제 8. 표면장력에 대한 관성력의 비를 나타내는 무차원의 수는?

해답   1. ㉮   2. ㉹   3. ㉮   4. ㉮   5. ㉯   6. ㉮   7. ㉮   8. ㉹

㉮ Reynolds수 ㉯ Froude수
㉰ 모세관수 ㉱ Weber수

문제 9. 무차원 파라미터를 물리적으로 해석한 것 중 옳지 않은 것은?

㉮ 마하수는 유속과 음속의 비이다.

㉯ 레이놀즈 수는 관성력과 점성력의 비이다.

㉰ 압력계수는 압력과 표면장력의 비이다.

㉱ 프루드수는 관성력과 중력의 비이다.

문제 10. 다음 무차원수의 정의 중 옳은 것은 어느 것인가?

㉮ 프루드수 $= \dfrac{관성력}{중력}$

㉯ 오일러수 $= \dfrac{관성력}{압력^2}$

㉰ 레이놀즈수 $= \dfrac{점성력}{관성력}$

㉱ 마하수 $= \dfrac{점성력}{관성력}$

문제 11. 유속 V, 관지름 D, 중력가속도 g 로 이루어진 Fr(Froude)수에 관한 설명 중 옳은 것은?

㉮ Fr수는 관성력과 점성력의 비이다.

㉯ Fr수는 관성력과 중력의 비이다.

㉰ $Fr = \dfrac{D^2}{g \cdot v}$

㉱ $Fr = \dfrac{D \cdot v}{g}$

해설 프루드(Froude)수는 관성력과 중력의 비이다.
$$Fr = \frac{V}{\sqrt{Lg}} = \frac{관성력}{중력}$$

문제 12. 무차원의 수인 Peclect 수 (P_e)를 정의한 것으로 옳은 것은?

㉮ $\dfrac{대류속도}{확산속도}$ ㉯ $\dfrac{확산속도}{대류속도}$

㉰ $\dfrac{반응속도}{대류속도}$ ㉱ $\dfrac{대류속도}{반응속도}$

제 6 장   압축성 이상유체

1. 압력파의 전달속도

(1) 음속 (音速)

① 작은 압축파의 경우 : $C = \sqrt{\dfrac{dP}{d\rho}}$

② 기체 속의 단열변화

$$C = \sqrt{k \cdot g \cdot R \cdot T}$$

여기서, C : 음속 (m/s), k : 비열비, g : 중력가속도 $(9.8 \, \text{m/s}^2)$

R : 기체상수 $\left(\dfrac{848}{M} \text{kgf} \cdot \text{m/kg} \cdot \text{K}\right)$, T : 절대온도 (K)

※ SI 단위

$$C = \sqrt{k \cdot R \cdot T}$$

여기서, C : 음속 (m/s), k : 비열비, R : 기체상수 $\left(\dfrac{8314}{M} \text{J/kg} \cdot \text{K}\right)$, T : 절대온도 (K)

※ 15℃ 상태의 공기 중 소리의 속도는 340 m/s이다.

(2) 마하수와 마하각

① 마하수 (mach number) : 어떤 유체의 속도를 음속으로 나눈 값

$$M = \frac{V}{C} = \frac{V}{\sqrt{k \cdot g \cdot R \cdot T}}$$

여기서, V : 물체의 속도 (m/s), C : 음속

(개) $M < 1$: 아음속 흐름

(내) $M = 1$: 음속 흐름

(대) $M > 1$: 초음속 흐름

(래) $M > 5$: 극초음속 흐름

② 마하각 (mach angle) : 물체가 공기 속을 움직이는 경우 공기의 압력파가 생겨서 공기 중에 음속으로 전파된다. 물체의 이동속도 V 가 음속 C 보다 아주 작은 경우 압축파의 영향은 균일하다고 볼 수 있으므로 비압축성 유체로 취급하고, 물체의 속도가 음속에 가까우면 압축파의 영향이 균일하지 않게 된다.

$$\sin\alpha = \frac{C}{V} = \frac{1}{M} \qquad \alpha = \sin^{-1}\frac{C}{V} \qquad V = \frac{C}{\sin\alpha}$$

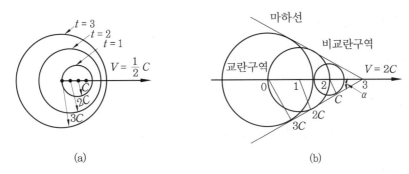

| (a) | (b) |

음파의 전달

(3) 축소 − 확대 노즐에서의 흐름

① 아음속 흐름 : $M < 1$

속도가 증가하기 위해서는 단면적은 감소되어야 한다 (축소 노즐).

② 음속 흐름 : $M = 1$

속도는 단면적의 변화가 없는 목까지 증가되고, 목에서 음속을 얻을 수 있다.

③ 초음속 흐름 : $M > 1$

속도가 증가하기 위해서는 단면적도 증가되어야 한다 (확대 노즐).

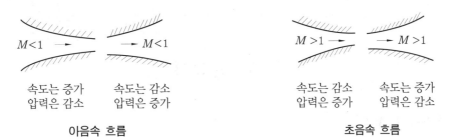

※ 축소 노즐의 아음속 흐름에서는 유속은 증가하고, 마하수는 증대하여 1에 가까워진다. 한편, 확대 노즐의 초음속 흐름에서는 유속은 증가하고 마하수는 점점 증가한다.

2. 이상기체의 등엔트로피 유동

(1) 정체점

단열 상태의 용기에서 단면적이 변하는 관을 통하여 기체가 흐를 때 관의 단면적에 비하여 용기의 단면적이 매우 클 때 용기 안의 유속이 0이 되는 상태

① 정체온도비 : $\dfrac{T_0}{T} = 1 + \dfrac{\kappa-1}{2} M^2$

② 정체 압력비 : $\dfrac{P_0}{P} = \left(1 + \dfrac{\kappa-1}{2} M^2\right)^{\frac{\kappa}{\kappa-1}}$

③ 정체 밀도비 : $\dfrac{\rho_0}{\rho} = \left(1 + \dfrac{\kappa-1}{2} M^2\right)^{\frac{1}{\kappa-1}}$

(2) 임계점

유체의 속도가 음속에 도달한 때의 상태

① 임계 압력비 : $\dfrac{P_c}{P_1} = \left(\dfrac{2}{\kappa+1}\right)^{\frac{k}{\kappa-1}}$

② 임계 온도비 : $\dfrac{T_c}{T_1} = \dfrac{2}{\kappa+1}$

③ 임계 밀도비 : $\dfrac{\rho_c}{\rho_1} = \left(\dfrac{2}{\kappa+1}\right)^{\frac{1}{\kappa-1}}$

※ 공기의 경우 임계 압력비는 0.5238, 임계 온도비는 0.8333, 임계 밀도비는 0.6339이다.

④ 물체 표면의 이론온도 증가

$$\Delta T = T_0 - T = \dfrac{\kappa-1}{\kappa R} \times \dfrac{V^2}{2g}$$

3. 충격파

(1) 충격파 (衝撃波)

① 충격파(shock wave) : 초음속 흐름이 갑자기 아음속 흐름으로 변하게 되는 경우 불연속면 이 생기며 이를 충격파(衝撃波)라 한다.

② 수직 충격파가 발생하면 마하수가 감소하고, 압력과 엔트로피는 증가하는 현상이 나타난다.

③ 충격파 뒤의 속도 계산

$$V_2 = C_2 \cdot M_2 \quad M_2{}^2 = \dfrac{2 + (x-1) M_1{}^2}{2 k M_1{}^2 - (\kappa-1)}$$

여기서, C_2 : 충격파 뒤의 음속 (m/s)　　　　κ : 비열비

M_1 : 충격파 전의 마하수　　　　M_2 : 충격파 뒤의 마하수

예 상 문 제

문제 1. 공기 중의 소리속도(C)는 다음과 같이 주어진다. 이때 소리의 속도와 온도와의 관계는? (단, T는 주위의 절대온도이다.)

$$C = \left(\frac{\partial P}{\partial \rho} \right)_S$$

㉮ $C \propto \sqrt{T}$ ㉯ $C \propto T^2$

㉰ $C \propto T^3$ ㉱ $C \propto \frac{1}{T}$

해설 $C = \sqrt{kgRT}$
 ∴ 음속은 절대온도의 평방근에 비례한다.

문제 2. 음파의 속도를 나타내지 않는 것은? (단, k는 비열비, T는 절대온도, R은 가스상수이다.)

㉮ $\sqrt{kRT}$ ㉯ $\sqrt{\dfrac{k}{RT}}$

㉰ $\sqrt{\dfrac{dP}{d\rho}}$ ㉱ $\sqrt{\dfrac{kP}{\rho}}$

해설 $C = \sqrt{\dfrac{dP}{d\rho}} = \sqrt{\dfrac{kP}{\rho}} = \sqrt{kgRT}$

문제 3. 등엔트로피 과정 하에서의 완전 기체 중의 음속은? (단, g_c : m/s^2, E : 체적탄성계수, R : 기체상수, T : 기체의 절대온도, P : 압력, $K : \dfrac{C_p}{C_v}$ 이다.)

㉮ $\sqrt{PE}$ ㉯ $\sqrt{Kg_cRT}$

㉰ $\sqrt{g_c RT}$ ㉱ $\sqrt{g_c PT}$

문제 4. 이상 기체에서 음속은 다음 중 무엇에 비례하는가?

㉮ 절대압력 ㉯ 밀도

㉰ 절대온도 ㉱ 가스상수의 역수

해설 $C = \sqrt{kgRT}$
 ∴ 음속은 절대온도의 평방근에 비례한다.

문제 5. 25℃인 공기 중에서의 음속은? (단, $k = 1.4$이다.)

㉮ 336 m/s ㉯ 340 m/s

㉰ 346 m/s ㉱ 350 m/s

해설 $C = \sqrt{kgRT}$
$$= \sqrt{1.4 \times 9.8 \times \frac{848}{29} \times (273 + 25)}$$
$$= 345.767 \text{ m/s}$$

문제 6. 4℃의 물의 체적탄성계수는 2.0×10^4 kgf/cm^{2}이다. 이 물속에서의 음속은 몇 m/s인가? (단, 물의 밀도는 102 kgf · s^2/m^{4}이다.)

㉮ 139 ㉯ 340 ㉰ 1400 ㉱ 14000

해설 $C = \sqrt{\dfrac{E}{\rho}}$
$$= \sqrt{\frac{2.0 \times 10^4 \times 10^4}{102}} = 1400.28 \text{m/s}$$

문제 7. 다음 중 마하수(mach number)는 어느 것인가?

㉮ 기체유속을 음속으로 나눈 값

㉯ 기체유속을 광속으로 나눈 값

㉰ 기체유속을 기체분자의 절대속도 값으로 나눈 값

㉱ 기체유속을 전자속도로 나눈 값

해설 • 마하수(mach number)
$$M = \frac{V}{C} = \frac{V}{\sqrt{k \cdot g \cdot R \cdot T}}$$

여기서, V : 물체의 속도(m/s) C : 음속
① $M < 1$: 아음속 흐름
② $M = 1$: 음속 흐름
③ $M > 1$: 초음속 흐름

해답 1. ㉮ 2. ㉯ 3. ㉯ 4. ㉰ 5. ㉰ 6. ㉰ 7. ㉮

④ $M>5$: 극초음속 흐름

문제 8. 제트기가 해발 10000 m, 기온 $-40℃$ 인 상공을 시속 2700 km로 비행 할 경우 마하수는 어떻게 되는가? (단, 공기의 기체 상수는 287N · m/ kg · K 이고, 비열비는 1.4 이다.)

㉮ 2.15 ㉯ 2.25 ㉰ 2.35 ㉱ 2.45

해설 $M = \dfrac{V}{C} = \dfrac{V}{\sqrt{kRT}}$

$$= \dfrac{\dfrac{2700 \times 10^3}{3600}}{\sqrt{1.4 \times 287 \times (273 - 40)}} = 2.45$$

문제 9. 미사일이 해면상을 시속 1260 km로 날고 있을 때의 마하수는? (단, 공기의 기체상수 $R = 29.27$ kgf · m/kg · K, $k = 1.4$ 이며, 공기의 온도는 25℃이다.)

㉮ 1.012 ㉯ 0.825

㉰ 0.932 ㉱ 1.245

해설 $M = \dfrac{V}{C} = \dfrac{V}{\sqrt{kgRT}}$

$$= \dfrac{1260 \times 10^3}{\sqrt{1.4 \times 9.8 \times 29.27 \times (273 + 25)} \times 3600}$$
$$= 1.0117$$

문제 10. 마하각 α를 속도 V와 음속 C 및 마하수 M으로 옳게 표현한 것은 다음 중 어느 것인가?

㉮ $\alpha = \sin \dfrac{V}{C}$ ㉯ $\alpha = \sin \dfrac{C}{M}$

㉰ $\alpha = \sin M \cdot C$ ㉱ $\alpha = \sin^{-1} \dfrac{C}{V}$

해설 $\sin \alpha = \dfrac{C}{V} = \dfrac{1}{M}$

$$\therefore \alpha = \sin^{-1} \dfrac{C}{V}$$

문제 11. 온도 30℃인 공기 중을 나는 물체의 마하각이 25°이면 이 물체의 속도는? (단, $k = 1.4$이다.)

㉮ 636.7 m/s ㉯ 746.8 m/s

㉰ 825.4 m/s ㉱ 936.7 m/s

해설 $\sin \alpha = \dfrac{C}{V}$

$$\therefore V = \dfrac{C}{\sin \alpha} = \dfrac{\sqrt{kgRT}}{\sin \alpha}$$

$$= \dfrac{\sqrt{1.4 \times 9.8 \times \dfrac{848}{29} \times (273 + 30)}}{\sin 25°}$$

$$= 824.99 \, \text{m/s}$$

문제 12. 15℃인 공기 속을 비행하는 물체의 마하각이 20°이면 물체의 속도는 약 몇 m/s인가? (단, 공기의 기체상수 R은 287 J/ kg · K, 공기의 비열비는 1.4이다.)

㉮ 340 ㉯ 568

㉰ 995 ㉱ 1267

해설 $\sin \alpha = \dfrac{C}{V}$에서

$$\therefore V = \dfrac{C}{\sin \alpha} = \dfrac{\sqrt{k \cdot R \cdot T}}{\sin \alpha}$$

$$= \dfrac{\sqrt{1.4 \times 287 \times (273 + 15)}}{\sin 20°} = 994.6 \, \text{m/s}$$

문제 13. 실험실 풍동 (draft)에서 20℃의 공기로 실험을 할 때 마하각이 30°이면 풍속은 몇 m/s가 되는가? (단, 공기의 비열비 $k = 1.4$이다.)

㉮ 278 ㉯ 364

㉰ 512 ㉱ 686

해설 $\sin \alpha = \dfrac{C}{V}$

$$\therefore V = \dfrac{C}{\sin \alpha} = \dfrac{\sqrt{kgRT}}{\sin \alpha}$$

$$= \dfrac{\sqrt{1.4 \times 9.8 \times \dfrac{848}{29} \times (273 + 20)}}{\sin 30°}$$

$$= 685.7 \, \text{m/s}$$

문제 14. 1차원 유동을 하는 유동장 내의 한 점에서 계속적으로 음파를 발산할 때에 대한 설명으로 옳지 않은 것은?

해답 8. ㉱ 9. ㉮ 10. ㉱ 11. ㉰ 12. ㉰ 13. ㉱ 14. ㉱

[가] 초음속으로 음파를 발산하면 마하 콘 (Mach cone) 외부에서는 이 소리를 들을 수 없다.
[나] 초음속으로 음파를 발산할 때 마하 콘 (Mach cone) 내부에서는 이 소리를 들을 수 없다.
[다] 아음속일 경우 음파는 모든 방향으로 전파해 나간다.
[라] 아음속일 경우 정역 (zone of silence)만 존재할 수 있다.

[문제] 15. 면적이 변하는 수축통로에서 등에너지-등엔트로피 유동에 대한 설명이다. 다음 중 옳은 것은?

① 아음속에서 밀도는 증가하고, 초음속에서 밀도는 감소한다. ② 아음속에서 속도는 증가하고, 초음속에서 속도는 감소한다.

[가] ①만 옳다.
[나] ②만 옳다.
[다] ①, ② 모두 옳다.
[라] 모두 틀리다.

[해설] ① 아음속 흐름의 축소-확대 노즐에서 축소부분에서는 마하수와 속도가 증가하고 압력, 온도, 밀도는 감소하며 확대부분에서는 반대이다.
② 초음속 흐름의 축소-확대 노즐에서 축소부분에서는 압력, 온도, 밀도는 증가하고 속도, 마하수는 감소하며 확대부분에서는 반대이다.

[문제] 16. 축소, 확대 노즐에서 확대부분의 유속은?

[가] 초음속이 가능하다.
[나] 언제나 초음속이다.
[다] 언제나 아음속이다.
[라] 초음속이 불가능하다.

[해설] 확대부분에서 $\frac{dA}{A} > 0$, $M > 1$이므로 초음속만 가능하다.

[문제] 17. 확산기 (diffuser) 운전 시 고려해야 할 사항이 아닌 것은?

[가] 역압력 구배로 인한 강력한 박리 경향
[나] 효과적인 운전 유지를 위한 조건 변화 중 발생하는 충격파의 위치 조절 곤란
[다] 시동 곤란
[라] 연소 계통의 조절

[문제] 18. 마하수가 1보다 작을 때 유체를 빠르게 흐르게 하려고 한다. 이때 다음 설명 중 옳은 것은?

[가] 단면적을 감소시킨다.
[나] 단면적을 증가시킨다.
[다] 단면적을 일정하게 유지시킨다.
[라] 단면적과는 상관없으므로 유체의 점도를 증가시킨다.

[해설] $Ma < 1$: 아음속

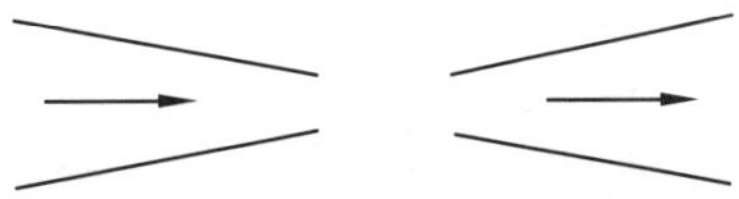

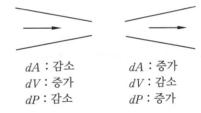

dA : 감소	dA : 증가
dV : 증가	dV : 감소
dP : 감소	dP : 증가

[문제] 19. 그림과 같은 관에서 유체가 유동할 때 마하수는 $Ma < 1$이라 한다. 이때 압력과 속도의 변화에 대해서 맞게 설명한 것은 어느 것인가? (단, 압력은 P, 속도는 V이다.)

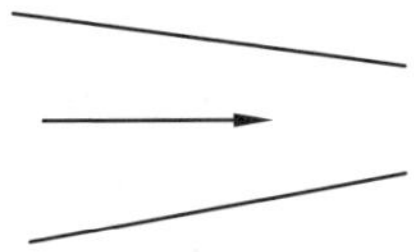

[가] dV: 증가, dP: 감소
[나] dV: 증가, dP: 증가
[다] dV: 감소, dP: 감소

[해답] 15. [나] 16. [가] 17. [라] 18. [가] 19. [가]

라 dV: 감소, dP: 증가

문제 20. $M > 1$인 축소관에서 증가하지 않는 것은?

㉮ 압력 　　　　　㉯ 온도
㉰ 속도 　　　　　㉱ 밀도

문제 21. 초음속 흐름의 축소-확대 노즐의 축소부분에서 감소하는 것은?

㉮ 마하수 　　　　㉯ 압력
㉰ 온도 　　　　　㉱ 밀도

해설 초음속 흐름일 경우 축소부 노즐에서 속도는 감소하고 압력은 상승한다.

① $Ma < 1$: 아음속

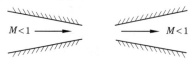

dA : 감소	dA : 증가
dV : 증가	dV : 감소
dP : 감소	dP : 증가

② $Ma > 1$: 초음속

dA : 감소	dA : 증가
dV : 감소	dV : 증가
dP : 증가	dP : 감소

문제 22. 초음속 흐름인 확대관에서 감소하지 않는 것은 어느 것인가? (단, 등엔트로피 과정이다.)

㉮ 압력 　　　　　㉯ 온도
㉰ 속도 　　　　　㉱ 밀도

해설 초음속 흐름 ($Ma > 1$)의 확대관

① 증가 : 단면적, 속도
② 감소 : 압력, 밀도, 온도

문제 23. 관내의 초음속 유체의 경우 단면적과 마하수, 속도와의 사이에 다음과 같은 관계가 성립한다고 한다. $\dfrac{dA}{A} = (M^2 - 1) \times \dfrac{dV}{V}$ 이면, $M = 2$일 때 속도를 20 % 감소시키기 위해서는 단면적을 몇 % 변화시켜야 하는가?

㉮ 50 % 증가 　　　㉯ 60 % 감소
㉰ 70 % 증가 　　　㉱ 80 % 감소

해설 $\dfrac{dA}{A} = (M^2 - 1) \times \dfrac{dV}{V}$
$$= (2^2 - 1) \times 0.2 = 0.6$$
∴ 단면적은 60 % 감소되어야 한다.

문제 24. 마찰이 없는 압축성 기체 유동에 대한 설명 중 옳은 것은 어느 것인가?

㉮ 확대관 (pipe)에서 속도는 항상 감소한다.
㉯ 속도는 수축-확대 노즐의 속에서 항상 음속이다.
㉰ 초음속 유동에서 속도가 증가하려면 단면적은 감소하여야 한다.
㉱ 수축-확대 노즐의 목에서 유체속도는 음속보다 클 수 없다.

해설 축소-확대 노즐의 목에서 유속은 음속 또는 아음속이므로 유속은 음속보다 클 수 없다.

문제 25. 압축성 유체가 공기 중에 노출되어 단열되지 않은 관을 통해 흐르고 있을 때 음향속도 a 와 최대속도 a' 의 관계식 $a = a'\sqrt{\gamma}$ 이다. 이때 압축성 유체가 공기인 경우 $\sqrt{\gamma}$ 의 값은?

㉮ 1.4 　　　　　㉯ $\sqrt{1.4}$
㉰ $\sqrt{1.2}$ 　　　㉱ 1.8

문제 26. 배관에 기체가 흐를 때 일어날 수 있는 과정이 아닌 것은 다음 중 어느 것인가?

㉮ 등엔트로피 팽창 (insentropic expansion)

해답 20. ㉰　21. ㉮　22. ㉰　23. ㉯　24. ㉱　25. ㉯　26. ㉰

단 단열마찰 흐름 (adiabatic friction flow)
단 등압마찰 흐름 (isobaric friction flow)
랴 등온마찰 흐름 (isothermal friction flow)

문제 27. 압축성 유체의 흐름과정 중 등엔트로피 과정이란?

㉮ 가역단열 과정이다.

㉯ 가역등온 과정이다.

㉰ 마찰이 있는 단열 과정이다.

㉱ 마찰이 없는 비가역 과정이다.

해설 ① 가역단열 과정 : 엔트로피 일정
② 비가역단열 과정 : 엔트로피 증가

문제 28. 압축성 유체에 대한 에너지 방정식에서 고려해 주지 않아도 되는 변수는 다음 중 어느 것인가?

㉮ 위치에너지　　㉯ 내부에너지

㉰ 엔트로피　　㉱ 엔탈피

문제 29. 압축성 유체 흐름에 대한 설명으로 가장 거리가 먼 것은?

㉮ Mach수는 유체의 속도와 음속의 비로 정의된다.

㉯ 단면이 일정한 배관에서 단열 마찰흐름은 가역적이다.

㉰ 단면이 일정한 배관에서 등온 마찰흐름은 비단열적이다.

㉱ 노즐은 등엔트로피 흐름에 맞는 배관이다.

문제 30. 25℃의 완전기체를 등엔트로피 과정으로 압력을 2배로 압축할 때 압축 후 온도는 약 몇 ℃인가?(단, 정압비열은 0.20 J/g · ℃이고, 정적비열은 0.15 J/g · ℃ 이다.)

㉮ 36　　㉯ 42　　㉰ 81　　㉱ 90

해설 ① 비열비 계산

$$\kappa = \frac{C_p}{C_v} = \frac{0.20}{0.15} = 1.33$$

② 압축 후 온도 계산

$$\frac{T_2}{T_1} = \left(\frac{P_2}{P_1}\right)^{\frac{\kappa-1}{\kappa}}$$

$$\therefore T_2 = T_1 \times \left(\frac{P_2}{P_1}\right)^{\frac{\kappa-1}{\kappa}} = (273+25) \times 2^{\frac{1.33-1}{1.33}}$$

$$= 353.92\text{K} - 273 = 80.92\,℃$$

문제 31. 100 kPa, 25℃에 있는 어떤 기체를 등엔트로피 과정으로 135 kPa로 압축하였다. 압축 후의 온도는 얼마인가?(단, 이 기체의 $C_p = 1.213$ kJ/ kg · K, $C_v = 0.821$ kJ/ kg · K 이다.)

㉮ 45.5℃　　㉯ 55.5℃

㉰ 65.5℃　　㉱ 75.5℃

해설 ① 비열비 계산

$$\kappa = \frac{C_p}{C_v} = \frac{1.213}{0.821} = 1.477$$

② 압축 후의 온도계산

$$\frac{T_2}{T_1} = \left(\frac{P_2}{P_1}\right)^{\frac{\kappa-1}{\kappa}}$$

$$\therefore T_2 = T_1 \times \left(\frac{P_2}{P_1}\right)^{\frac{\kappa-1}{\kappa}}$$

$$= (273+25) \times \left(\frac{135}{100}\right)^{\frac{1.477-1}{1.477}}$$

$$= 328.327\text{K} - 273 = 55.327\,℃$$

문제 32. 다음 압축성 흐름 중 정체온도가 변할 수 있는 것은?

㉮ 등엔트로피 팽창과정이다.

㉯ 단면이 일정한 배관에서 단열 마찰흐름이다.

㉰ 단면이 일정한 배관에서 등온 마찰흐름이다.

㉱ 모든 과정에서 정체온도는 변하지 않는다.

문제 33. 정체온도 T_s, 임계온도 T_c, 비열비 $\left(\frac{C_p}{C_v}\right)$를 κ라 하면 이들의 관계를 옳게 나

해답 27. ㉮　28. ㉰　29. ㉯　30. ㉰　31. ㉯　32. ㉰　33. ㉰

타낸 것은?

㉮ $\dfrac{T_c}{T_s} = \left(\dfrac{2}{\kappa+1}\right)^{\kappa-1}$

㉯ $\dfrac{T_c}{T_s} = \left(\dfrac{1}{\kappa-1}\right)^{\kappa-1}$

㉰ $\dfrac{T_c}{T_s} = \left(\dfrac{2}{\kappa+1}\right)$

㉱ $\dfrac{T_c}{T_s} = \left(\dfrac{1}{\kappa+1}\right)^{\frac{k}{\kappa-1}}$

해설 공기 (비열비 1.4)에 대한 관계

① 임계온도비 : $\dfrac{T_c}{T_s} = \dfrac{2}{\kappa+1} = 0.8333$

② 임계압력비 : $\dfrac{P_c}{P_s} = \left(\dfrac{2}{\kappa+1}\right)^{\frac{\kappa}{\kappa-1}} = 0.5283$

③ 임계밀도비 : $\dfrac{\rho_c}{\rho_s} = \left(\dfrac{2}{\kappa+1}\right)^{\frac{1}{\kappa-1}} = 0.6339$

문제 34. 가스의 임계압력 (P^*)을 바르게 나 타낸 것은?(단, 비열비 κ, 정체압력 P_0 이다.)

㉮ $P^* = P_0\left(\dfrac{2}{k+1}\right)$

㉯ $P^* = P_0\left(\dfrac{2}{\kappa+1}\right)^{\frac{k}{\kappa-1}}$

㉰ $P^* = P_0\left(\dfrac{2}{\kappa+1}\right)^{\frac{1}{\kappa-1}}$

㉱ $P^* = P_0\left(\dfrac{2}{\kappa+1}\right)^{\frac{1}{\kappa}}$

문제 35. 압축성 유체의 등엔트로피 유동에 대한 임계압력비는?

㉮ $\sqrt{\kappa g R T}$

㉯ $\left(\dfrac{2}{\kappa+1}\right)^{\frac{\kappa}{\kappa-1}}$

㉰ $\left(\dfrac{2}{\kappa+1}\right)$

㉱ $\left(\dfrac{2}{\kappa+1}\right)^{\frac{1}{\kappa-1}}$

해설 ㉮ 음속 계산식 ㉯ 임계 압력비 ㉰ 임계 온도비 ㉱ 임계 밀도비

문제 36. 유속을 무시할 수 있고 온도가 30℃ 인 저장탱크로부터 공기가 흘러나온다. 이 흐름은 정상 상태 단열이다. mach수 2.5인 점의 기체 온도는 어느 것인가?(단, κ는 1.4이다.)

㉮ 108.3℃   ㉯ 138.3℃

㉰ −108.3℃   ㉱ −138.3℃

해설 $\dfrac{T_0}{T} = 1 + \dfrac{\kappa-1}{2}M^2$

∴ $T = \dfrac{T_0}{1 + \dfrac{\kappa-1}{2}M^2}$

$= \dfrac{273+30}{1 + \dfrac{1.4-1}{2} \times 2.5^2} = 134.67\,\mathrm{K} - 273$

$= -138.33\,℃$

문제 37. 공기가 물체 주위를 1000 m/s로 흐 르고 있다. 정체점에서의 공기의 온도는 주위 공기 온도보다 얼마나 높은가?(단, 공기의 기체상수값은 287 J/kg·K이고 비 열비는 1.4이다.)

㉮ 298 K   ㉯ 398 K

㉰ 498 K   ㉱ 598 K

해설 $T_0 - T = \dfrac{1}{R} \times \dfrac{k-1}{k} \times \dfrac{V^2}{2}$

$= \dfrac{1}{287} \times \dfrac{1.4-1}{1.4} \times \dfrac{1000^2}{2}$

$= 497.76$ K

※ SI 단위로 계산하므로 중력가속도 (g) 9.8 m/s²은 계산하지 않음

문제 38. 어떤 물체가 400 m/s의 속도로 상 온의 공기 속을 지나갈 때 물체 표면의 온 도 증가는 이론상 약 몇 K인가?(단, 공 기의 기체상수 $R = 29.27$ kgf·m/kg·K, 비열비 $\kappa = 1.4$이다.)

㉮ 68.4   ㉯ 79.7

㉰ 92.4   ㉱ 122.5

해답 **34.** ㉯ **35.** ㉯ **36.** ㉱ **37.** ㉰ **38.** ㉯

해설 $T_s - T = \dfrac{1}{R} \times \dfrac{\kappa - 1}{\kappa} \times \dfrac{V^2}{2g}$

$$= \dfrac{1}{29.27} \times \dfrac{1.4 - 1}{1.4} \times \dfrac{400^2}{2 \times 9.8}$$

$$= 79.68\,\mathrm{K}$$

문제 **39.** 압축성 유체가 유동할 때에 대한 현상으로 옳지 않은 것은?

㉮ 압축성 유체가 축소 유로를 등엔트로피 유동할 때 얻을 수 있는 최대 유속은 음속이다.

㉯ 압축성 유체가 초음속을 얻으려면 유로에 반드시 확대부를 가져야 한다.

㉰ 압축성 유체가 초음속으로 유동할 때의 특성을 임계특성(임계온도 T^*, 임계압력 P^*)이라 한다.

㉱ 유체가 갖는 엔탈피를 운동에너지로 효율적으로 바꾸게끔 설계된 유로를 노즐이라 한다.

해설 압축성 유체의 유속이 음속에 도달할 때를 임계상태라 하며 임계상태의 값에 「*」표를 붙여 구별한다.

문제 **40.** 수직 충격파(normal shock wave)에 대한 설명 중 옳지 않은 것은 어느 것인가?

㉮ 수직 충격파는 아음속 유동에서 초음속 유동으로 바뀌어 갈 때 발생한다.

㉯ 비가역 단열과정에서 엔트로피가 항상 증가되기 때문에 일어난다.

㉰ 수직 충격파 발생 직후 유동조건은 $h - s$ 선도로 나타낼 수 있다.

㉱ 1차원 유동에서 일어날 수 있는 충격파는 오직 수직 충격파뿐이다.

해설 •충격파(shock wave): 초음속 흐름이 갑자기 아음속 흐름으로 변하게 되는 경우에 발생한다.

문제 **41.** 충격강도란?

㉮ 충격파로 인한 속도 감소로부터 구한다.

㉯ 충격파로 인한 압력 상승에서 구한다.

㉰ 가스정수 R로부터 구한다.

㉱ 비열비 κ로부터 구한다.

문제 **42.** 다음 중 충격강도는 어느 것으로 구할 수 있는가?

㉮ 충격파로 인한 압력 상승

㉯ 충격파로 인한 속도 감소

㉰ 비열비 (κ)로부터

㉱ 가스정수 (R)로부터

문제 **43.** 1차원 흐름에서 수직 충격파가 발생하면 어떻게 되는가?

㉮ 속도, 압력, 밀도가 증가

㉯ 압력, 밀도, 온도가 증가

㉰ 속도, 온도, 밀도가 증가

㉱ 압력, 밀도, 속도가 감소

해설 수직 충격파가 발생하면 압력, 온도, 밀도, 엔트로피가 증가하며 속도는 감소한다.

문제 **44.** 초음속 유동에서 아음속 유동으로의 감속 시 일어나는 수직 충격파를 통한 변화 중 감소하는 것은?

㉮ 정압 ㉯ 정체압력

㉰ 정적온도 ㉱ 밀도

문제 **45.** 수직 충격파가 발생하였을 때 나타나는 현상이 아닌 것은?

㉮ 온도가 증가한다.

㉯ 속도가 증가한다.

㉰ 압력이 증가한다.

㉱ 엔트로피가 증가한다.

해설 •충격파의 영향

① 비가역 과정이다.

② 압력, 온도, 밀도, 비중량이 증가한다.

③ 엔트로피는 급격히 증가하고 속도는 감소한다.

해답 **39.** ㉰ **40.** ㉮ **41.** ㉯ **42.** ㉮ **43.** ㉯ **44.** ㉯ **45.** ㉯

문제 46. 수직 충격파는 어떤 과정에 가장 가까운가?

㉮ 비가역 과정이다.

㉯ 등엔트로피 과정이다.

㉰ 가역 과정이다.

㉱ 등엔탈피 과정이다.

문제 47. 고속 기체류에서 등온 마찰 흐름이란 무엇인가?

㉮ 단면이 일정하며 가역류인 것

㉯ 단면이 일정하며 단열로서 비가역적으로 기체엔트로피가 증가하는 기체류

㉰ 단면이 팽창되어 있으나 기체가 단열적으로 팽창하는 흐름

㉱ 엔트로피가 항상 일정히 유지되는 기체류

문제 48. 압력을 P, 온도를 T, 밀도를 ρ, Mach 수를 m 이라고 할 때 충격파 전·후 상태량의 관계식으로 옳은 것은 어느 것인가?

㉮ $P_2 = (P_1)\dfrac{2\kappa M_2^2 - (\kappa+1)}{\kappa-1}$

㉯ $P_2 = (P_1)\dfrac{2\kappa M_1^2 - (\kappa-1)}{\kappa+1}$

㉰ $\rho_2 = (\rho_1)\dfrac{(\kappa-1)M_2^2}{2+(\kappa-1)M_1^2}$

㉱ $\rho_2 = (\rho_1)\dfrac{(\kappa+1)M_1^2}{2+(\kappa-1)M_2^2}$

문제 49. 초음속 제트기의 확대노즐에서 수직 충격파가 발생하였다. 발생 전의 Mach 수가 2, 온도 16℃, 압력 2atm이면 발생 후의 Mach수는 얼마인가? (단, $\kappa=1.4$ 이다.)

㉮ 0.333 ㉯ 0.577 ㉰ 0.736 ㉱ 0.801

[해설] $M_2^2 = \dfrac{2+(\kappa-1)M_1^2}{2\kappa M_1^2-(\kappa-1)}$

$= \dfrac{2+(1.4-1)\times 2^2}{2\times 1.4\times 2^2-(1.4-1)} = 0.333$

$\therefore M_2 = \sqrt{0.333} = 0.577$

문제 50. 어떤 기체가 충격파 전의 음속이 300 m/s 이었고 속도는 600 m/s이었다. 충격파 뒤의 음속이 400 m/s라 하면 충격파 뒤의 속도는 몇 m/s인가? (단, 이 기체의 비열비 $\kappa=1.4$이다.)

㉮ 132 ㉯ 544 ㉰ 232 ㉱ 444

[해설] ① 처음 상태의 마하수 계산

$M_1 = \dfrac{V_1}{C_1} = \dfrac{600}{300} = 2$

② 충격파 뒤의 마하수 계산

$M_2^2 = \dfrac{2+(\kappa-1)M_1^2}{2\kappa M_1^2-(\kappa-1)}$

$= \dfrac{2+(1.4-1)\times 2^2}{2\times 1.4\times 2^2-(1.4-1)} = 0.3333$

$\therefore M_2 = \sqrt{0.3333} = 0.577$

③ 충격파 뒤의 속도 계산

$V_2 = C_2 M_2 = 400\times 0.577 = 230.8\,\text{m/s}$

부록

가스기사

- 과년도 출제 문제
- CBT 실전문제

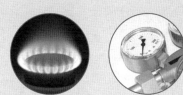

2019년도 시행 문제

Recent Test

제1과목 가스유체역학

1. 수면의 높이가 10 m로 일정한 탱크의 바닥에 5 mm의 구멍이 났을 경우 이 구멍을 통한 유체의 유속은 얼마인가?

㉮ 14 m/s ㉯ 19.6 m/s
㉰ 98 m/s ㉱ 196 m/s

해설 $V = \sqrt{2g \cdot h}$
$= \sqrt{2 \times 9.8 \times 10} = 14 \text{ m/s}$

2. 수직으로 세워진 노즐에서 물이 10 m/s의 속도로 뿜어 올려진다. 마찰손실을 포함한 모든 손실이 무시된다면 물은 약 몇 m 높이까지 올라갈 수 있는가?

㉮ 5.1 m ㉯ 10.4 m
㉰ 15.6 m ㉱ 19.2 m

해설 베르누이 방정식에서 속도수두 계산

$$\therefore h = \frac{V^2}{2g} = \frac{10^2}{2 \times 9.8} = 5.102 \text{ m}$$

3. 이상기체가 초음속으로 단면적이 줄어드는 노즐로 유입되어 흐를 때 감소하는 것은? (단, 유동은 등엔트로피 유동이다.)

㉮ 온도 ㉯ 속도
㉰ 밀도 ㉱ 압력

해설 이상기체의 초음속 흐름($M > 1$)일 때 변화
① 축소부 : 압력, 밀도, 온도는 증가하고 속도, 단면적은 감소한다.
② 확대부 : 속도, 단면적은 증가하고 압력, 밀도, 온도는 감소한다.

4. 그림과 같은 확대 유로를 통하여 a지점에서 b지점으로 비압축성 유체가 흐른다. 정상 상태에서 일어나는 현상에 대한 설명으로 옳은 것은?

㉮ a지점에서의 평균속도가 b지점에서의 평균속도보다 느리다.
㉯ a지점에서의 밀도가 b지점에서의 밀도보다 크다.
㉰ a지점에서의 질량플럭스(mass flux)가 b지점에서의 질량플럭스보다 크다.
㉱ a지점에서의 질량유량이 b지점에서의 질량유량보다 크다.

해설 비압축성 유체의 흐름 상태
① a지점에서의 평균속도가 b지점에서의 평균속도보다 빠르다.
② 비압축성 유체이므로 a지점에서의 밀도와 b지점에서의 밀도는 같다.
③ a지점에서의 속도가 b지점보다 크므로 a지점에서의 질량플럭스(mass flux : 질량유동)가 b지점에서의 질량플럭스보다 크다.
④ 연속의 방정식에 의해 a지점에서의 질량유량과 b지점에서의 질량유량은 같다.

5. 온도 27°C의 이산화탄소 3 kg이 체적 0.3 m³의 용기에 가득 차 있을 때 용기 내의 압력(kgf/cm²)은? (단, 일반기체상수는 848 kgf · m/kmol · K이고, 이산화탄소의 분자량은 44이다.)

㉮ 5.79 ㉯ 24.3
㉰ 100 ㉱ 270

해설 $PV = GRT$에서

해답 1. ㉮ 2. ㉮ 3. ㉯ 4. ㉰ 5. ㉮

$R = \dfrac{848}{M}$ kgf · m/kg · K이다.

$\therefore P = \dfrac{GRT}{V}$

$$= \dfrac{3 \times \dfrac{848}{44} \times (273 + 27)}{0.3} \times 10^{-4}$$

$$= 5.781 \text{ kgf/cm}^2$$

6. 깊이 1000 m인 해저의 수압은 계기압력으로 몇 kgf/cm^{2}인가? (단, 해수의 비중량은 1025 kgf/m^{3}이다.)

㉮ 100 ㉯ 102.5
㉰ 1000 ㉱ 1025

해설 $P = \gamma \cdot h$
$$= 1025 \times 1000 \times 10^{-4} = 102.5 \text{ kgf/cm}^2$$

7. 다음의 펌프 종류 중에서 터보형이 아닌 것은?

㉮ 원심식 ㉯ 축류식
㉰ 왕복식 ㉱ 경사류식

해설 펌프의 분류
  (1) 터보식 펌프
    ① 원심식 : 벌류트 펌프, 터빈 펌프
    ② 사류식(경사류식)
    ③ 축류식
  (2) 용적식 펌프
    ① 왕복식 : 피스톤 펌프, 플런저 펌프, 다이어프램 펌프
    ② 회전식 : 기어 펌프, 나사 펌프, 베인 펌프
  (3) 특수 펌프 : 재생 펌프, 제트 펌프, 기포 펌프, 수격 펌프

8. 레이놀즈수를 옳게 나타낸 것은?

㉮ 점성력에 대한 관성력의 비
㉯ 점성력에 대한 중력의 비
㉰ 탄성력에 대한 압력의 비
㉱ 표면장력에 대한 관성력의 비

해설 레이놀즈수는 층류와 난류를 구분하는 척도로 점성력에 대한 관성력의 비이다.
$$\therefore Re = \dfrac{\rho DV}{\mu} = \dfrac{\text{관성력}}{\text{점성력}}$$

9. 두 개의 무한히 큰 수평 평판 사이에 유체가 채워져 있다. 아래 평판을 고정하고 윗평판을 V의 일정한 속도로 움직일 때 평판에는 τ의 전단응력이 발생한다. 평판 사이의 간격은 H이고, 평판 사이의 속도 분포는 선형(couette 유동)이라고 가정하여 유체의 점성계수 μ를 구하면?

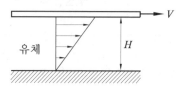

㉮ $\dfrac{\tau V}{H}$ ㉯ $\dfrac{\tau H}{V}$

㉰ $\dfrac{VH}{\tau}$ ㉱ $\dfrac{\tau V}{H^2}$

해설 전단응력 $\tau = \mu \dfrac{du}{dy}$ 에서 평판 사이의 거리 $H(dy = H)$, 이동 평판의 속도 $V(du = V)$이므로
$$\therefore \mu = \dfrac{\tau}{\dfrac{du}{dy}} = \dfrac{\tau dy}{du} = \dfrac{\tau H}{V}$$

10. 유체의 흐름에 관한 다음 설명 중 옳은 것을 모두 나타낸 것은?

> ㉠ 유관은 어떤 폐곡선을 통과하는 여러 개의 유선으로 이루어지는 것을 뜻한다.
> ㉡ 유적선은 한 유체 입자가 공간을 운동할 때 그 입자의 운동 궤적이다.

㉮ ㉠ ㉯ ㉡
㉰ ㉠, ㉡ ㉱ 모두 틀림

해설 유체의 흐름 용어
  ① 유선 : 유체의 한 입자가 지나간 궤적을 표시하는 선으로 임의 순간에 모든 점의 속도와 방향이 일치하는 유동선
  ② 유관 : 여러 개의 유선으로 둘러싸인 한 개의 관
  ③ 유적선 : 유체 입자가 일정한 기간 동안 움직인 경로

④ 유맥선 : 모든 유체 입자가 공간 내의 한 점을 지나는 순간 궤적

11. **그림과 같이 60° 기울어진 4 m×8 m의 수문이 A지점에서 힌지(hinge)로 연결되어 있을 때, 이 수문에 작용하는 물에 의한 정수력의 크기는 약 몇 kN인가?**

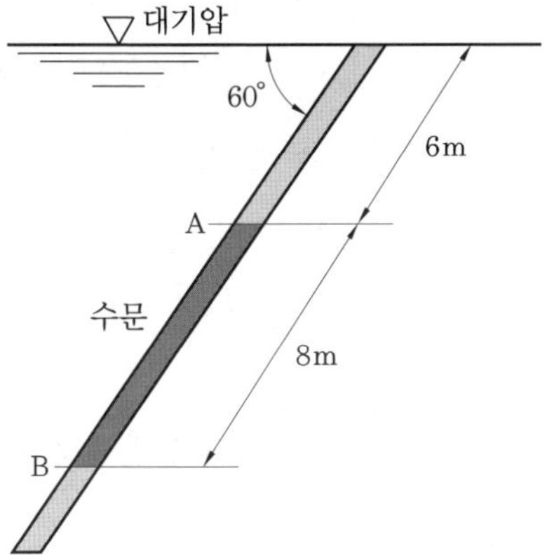

[가] 2.7　　[나] 1568
[다] 2716　　[라] 3136

[해설] $F=\gamma\cdot h\cdot A=\gamma\cdot y_c\cdot \sin\theta\cdot A$

$$=1000\times\left(6+\frac{8}{2}\right)\times\sin 60°\times(4\times 8)$$

$$=277128.1292\,\text{kgf}\times 9.8\times 10^{-3}$$

$$=2715.855\,\text{kN}$$

12. **유체를 연속체로 가정할 수 있는 경우는?**

[가] 유동 시스템의 특성길이가 분자 평균 자유행로에 비해 충분히 크고, 분자들 사이의 충돌시간은 충분히 짧은 경우
[나] 유동 시스템의 특성길이가 분자 평균 자유행로에 비해 충분히 작고, 분자들 사이의 충돌시간은 충분히 짧은 경우
[다] 유동 시스템의 특성길이가 분자 평균 자유행로에 비해 충분히 크고, 분자들 사이의 충돌시간은 충분히 긴 경우
[라] 유동 시스템의 특성길이가 분자 평균 자유행로에 비해 충분히 작고, 분자들 사이의 충돌시간은 충분히 긴 경우

[해설] 물체의 유동을 특징지어 주는 대표길이(물체의 특성길이)가 분자의 크기나 분자의 평균 자유행로보다 매우 크고, 분자 상호간의 충돌시간이 짧아 분자 운동의 특성이 보존되는 경우에 유체를 연속체로 취급할 수 있다.

13. **압력 1.4 kgf/cm^2 · abs, 온도 96℃의 공기가 속도 90 m/s로 흐를 때, 정체온도(K)는 얼마인가? (단, 공기의 C_p = 0.24 kcal/kg · K이다.)**

[가] 397　　[나] 382
[다] 373　　[라] 369

[해설] ① 마하수 계산 : 공기의 비열비(k)는 1.4이다.

$$\therefore\ M=\frac{V}{\sqrt{kgRT}}$$

$$=\frac{90}{\sqrt{1.4\times 9.8\times\frac{848}{29}\times(273+96)}}$$

$$=0.234$$

② 정체온도 계산

$$\therefore\ T_0=T\times\left(1+\frac{k-1}{2}\times M^2\right)$$

$$=(273+96)\times\left(1+\frac{1.4-1}{2}\times 0.234^2\right)$$

$$=373.04\,\text{K}$$

14. **다음 유량계 중 용적형 유량계가 아닌 것은?**

[가] 가스 미터(gas meter)
[나] 오벌 유량계
[다] 선회 피스톤형 유량계
[라] 로터 미터

[해설] 유량계의 구분 및 종류
① 용적식 : 오벌기어식, 루트(roots)식, 로터리 피스톤식, 회전 원판식, 로터리 베인식, 습식 가스미터, 막식 가스미터 등
② 간접식 : 차압식, 유속식, 면적식, 전자식, 와류식 등
※ 로터 미터는 면적식 유량계에 해당된다.

[해답] 11. [다]　12. [가]　13. [다]　14. [라]

15. 비중이 0.9인 액체가 나타내는 압력이 1.8 kgf/cm²일 때 이것은 수두로 몇 m 높이에 해당하는가?

㉮ 10 ㉯ 20 ㉰ 30 ㉱ 40

[해설] 베르누이 방정식에서 압력수두 계산

$$\therefore\ h = \frac{P}{\gamma} = \frac{1.8 \times 10^4}{0.9 \times 10^3} = 20\ m$$

16. 절대압이 2 kgf/cm²이고, 40℃인 이상기체 2 kg이 가역과정으로 단열압축되어 절대압 4 kgf/cm²이 되었다. 최종 온도는 약 몇 ℃인가? (단, 비열비 k는 1.40이다.)

㉮ 43 ㉯ 64 ㉰ 85 ㉱ 109

[해설] $\dfrac{T_2}{T_1} = \left(\dfrac{P_2}{P_1}\right)^{\frac{k-1}{k}}$ 에서

$$\therefore\ T_2 = T_1 \times \left(\frac{P_2}{P_1}\right)^{\frac{k-1}{k}}$$

$$= (273 + 40) \times \left(\frac{4}{2}\right)^{\frac{1.4-1}{1.4}}$$

$$= 381.551\,K - 273 = 108.551\,℃$$

17. 안지름이 0.0526 m인 철관에 비압축성 유체가 9.085 m³/h로 흐를 때의 평균유속은 약 몇 m/s인가? (단, 유체의 밀도는 1200 kg/m³이다.)

㉮ 1.16 ㉯ 3.26 ㉰ 4.68 ㉱ 11.6

[해설] $Q = AV = \dfrac{\pi}{4}D^2 V$ 에서 시간당 유량(m³/h)

을 초당 유속(m/s)으로 계산하여야 한다.

$$\therefore\ V = \frac{4Q}{\pi D^2} = \frac{4 \times 9.085}{\pi \times 0.0526^2 \times 3600}$$

$$= 1.161\ m/s$$

18. 100 PS는 약 몇 kW인가?

㉮ 7.36 ㉯ 7.46
㉰ 73.6 ㉱ 74.6

[해설] 1 PS = 75 kgf · m/s = 632.2 kcal/h
　　　 = 0.735 kW = 2664 kJ/h
∴ 100 PS는 100 × 0.735 kW = 73.5 kW이다.

19. 이상기체 속에서의 음속을 옳게 나타낸 식은? (단, ρ = 밀도, P = 압력, k = 비열비, $\overline{R}$ = 일반기체상수, M = 분자량이다.)

㉮ $\sqrt{\dfrac{k}{\rho}}$　　　　㉯ $\sqrt{\dfrac{d\rho}{dP}}$

㉰ $\sqrt{\dfrac{\rho}{kP}}$　　　　㉱ $\sqrt{\dfrac{k\overline{R}T}{M}}$

[해설] 음속 계산식 $C = \sqrt{\dfrac{dP}{d\rho}} = \sqrt{\dfrac{kP}{\rho}} = \sqrt{kRT}$ 에

서 일반기체상수 $\overline{R} = 8314$ J/kmol · K이므로

$$\overline{R} = \frac{8314}{M}\ J/kg \cdot K$$이 된다.

$$\therefore\ C = \sqrt{kRT} = \sqrt{\frac{k\overline{R}T}{M}}$$

20. 중력에 대한 관성력의 상대적인 크기와 관련된 무차원의 수는 무엇인가?

㉮ Reynolds 수　　㉯ Froude 수
㉰ 모세관수　　　　㉱ Weber 수

[해설] 무차원 수

명 칭	정 의	의 미	비 고
레이놀즈 수 (Re)	$Re = \dfrac{\rho VL}{\mu}$	관성력/점성력	모든 유체의 유동
마하 수 (Ma)	$Ma = \dfrac{V}{\alpha}$	관성력/탄성력	압축성 유동
웨버 수 (We)	$We = \dfrac{\rho V^2 L}{\sigma}$	관성력/표면장력	자유표면 유동
프루드 수 (Fr)	$Fr = \dfrac{V}{\sqrt{Lg}}$	관성력/중력	자유표면 유동
오일러 수 (Eu)	$Eu = \dfrac{P}{\dfrac{\rho V^2}{2}}$	압축력/관성력	압력차에 의한 유동

제 2 과목　연소공학

21. 운전과 위험분석(HAZOP) 기법에서 변수의 양이나 질을 표현하는 간단한 용어는?

㉮ parameter　　　　㉯ cause
㉰ consequence　　　㉱ guide words

해답 15. ㉯　16. ㉱　17. ㉮　18. ㉰　19. ㉱　20. ㉯　21. ㉱

해설 운전과 위험분석(HAZOP) 기법의 주요 내용
① node 구분 : 공정의 운전조건이 같은 지점을 하나의 node로 구분한다.
② key words : 압력, 온도, 유량, 농도 등
③ parameter : 하이(high), 로(low), 논(none), as well as, in stead of 등
④ safety guard : 안전밸브, 압력계, 온도계, 자동차단장치 등 공정의 업셋(upset)이 있을 때 방지해 줄 수 있는 장치를 기록한다.
⑤ guide words : 변수의 양이나 질을 표현한다.
⑥ 사고 내용 : key words와 parameter를 조합하여 일어날 사고를 기록한다.

22. 열역학 제2법칙을 잘못 설명한 것은?
㉮ 열은 고온에서 저온으로 흐른다.
㉯ 전체 우주의 엔트로피는 감소하는 법이 없다.
㉰ 일과 열은 전량 상호 변환할 수 있다.
㉱ 외부로부터 일을 받으면 저온에서 고온으로 열을 이동시킬 수 있다.

해설 열역학 제2법칙 : 열은 고온도의 물질로부터 저온도의 물질로 옮겨질 수 있지만, 그 자체는 저온도의 물질로부터 고온도의 물질로 옮겨갈 수 없다. 또 일이 열로 바뀌는 것은 쉽지만 반대로 열이 일로 바뀌는 것은 힘을 빌리지 않는 한 불가능한 일이다. 이와 같이 열역학 제2법칙은 에너지 변환의 방향성을 명시한 것으로 방향성의 법칙이라 한다.
※ ㉰항은 열역학 제1법칙을 설명한 것임

23. 프로판 가스 44 kg을 완전 연소시키는 데 필요한 이론공기량은 약 몇 Nm^3인가?
㉮ 460   ㉯ 530   ㉰ 570   ㉱ 610

해설 ① 프로판(C_3H_8)의 완전 연소 반응식
$C_3H_8 + 5O_2 \rightarrow 3CO_2 + 4H_2O$
② 이론공기량 계산 : 프로판 1 kmol에 해당하는 질량은 44 kg이고, 이때 필요한 이론산소량은 $5 \times 22.4 \, Nm^3$에 해당된다.
$$\therefore A_0 = \frac{O_0}{0.21} = \frac{5 \times 22.4}{0.21} = 533.33 \, Nm^3$$

24. 소화안전장치(화염감시장치)의 종류가 아닌 것은?
㉮ 열전대식   ㉯ 플레임 로드식
㉰ 자외선 광전관식   ㉱ 방사선식

해설 소화안전장치 : 파일럿 버너 또는 메인 버너의 불꽃이 꺼지거나 연소기구 사용 중에 가스 공급이 중단 또는 불꽃 검지부에 고장이 생겼을 때 자동으로 가스 밸브를 닫히게 하여 불이 꺼졌을 때 가스가 유출되는 것을 방지하는 안전장치로 열전대식, 플레임 로드식, 광전관식(자외선 광전관식) 등으로 분류된다.

25. 1 atm, 15℃ 공기를 0.5 atm까지 단열팽창시키면 그 때 온도는 몇 ℃인가?(단, 공기의 $\dfrac{C_p}{C_v} = 1.4$이다.)
㉮ −18.7℃   ㉯ −20.5℃
㉰ −28.5℃   ㉱ −36.7℃

해설 $\dfrac{T_2}{T_1} = \left(\dfrac{P_2}{P_1}\right)^{\frac{k-1}{k}}$ 에서
$$\therefore T_2 = T_1 \times \left(\frac{P_2}{P_1}\right)^{\frac{k-1}{k}}$$
$$= (273+15) \times \left(\frac{0.5}{1}\right)^{\frac{1.4-1}{1.4}}$$
$$= 236.256 \, K - 273 = -36.744 ℃$$

26. 연소속도에 영향을 주는 요인으로서 가장 거리가 먼 것은?
㉮ 산소와의 혼합비   ㉯ 반응계의 온도
㉰ 발열량   ㉱ 촉매

해설 연소속도에 영향을 주는 요인(인자)
① 기체의 확산 및 산소와의 혼합
② 연소용 공기 중 산소의 농도
③ 연소 반응물질 주위의 압력
④ 온도
⑤ 촉매

27. 다음 중 연소의 3요소로만 옳게 나열된

해답 22. ㉰   23. ㉯   24. ㉱   25. ㉱   26. ㉰   27. ㉯

것은 ?

㉮ 공기비, 산소 농도, 점화원

㉯ 가연성 물질, 산소 공급원, 점화원

㉰ 연료의 저위발열량, 공기비, 산소 농도

㉱ 인화점, 활성화 에너지, 산소 농도

해설 연소의 3요소 : 가연물, 산소 공급원, 점화원

28. 다음 중 폭발범위의 하한값이 가장 낮은 것은 ?

㉮ 메탄   ㉯ 아세틸렌

㉰ 부탄   ㉱ 일산화탄소

해설 각 가스의 공기 중에서의 폭발범위

명 칭	폭발범위
메탄(CH_4)	5~15 %
아세틸렌(C_2H_2)	2.5~81 %
부탄(C_4H_{10})	1.9~8.5 %
일산화탄소(CO)	12.5~74 %

29. 다음 중 어떤 과정이 가역적으로 되기 위한 조건은 ?

㉮ 마찰로 인한 에너지 변화가 있다.

㉯ 외계로부터 열을 흡수 또는 방출한다.

㉰ 작용 물체는 전 과정을 통하여 항상 평형이 이루어지지 않는다.

㉱ 외부 조건에 미소한 변화가 생기면 어느 지점에서라도 역전시킬 수 있다.

해설 가역과정 : 과정을 여러 번 진행해도 결과가 동일하며 자연계에 아무런 변화도 남기지 않는 것으로 카르노 사이클, 노즐에서의 팽창, 마찰이 없는 관내 흐름 등이 해당된다.

30. 가연성가스와 공기를 혼합하였을 때 폭굉범위는 일반적으로 어떻게 되는가 ?

㉮ 폭발범위와 동일한 값을 가진다.

㉯ 가연성가스의 폭발상한계값보다 큰 값을 가진다.

㉰ 가연성가스의 폭발하한계값보다 작은 값

을 가진다.

㉱ 가연성가스의 폭발하한계와 상한계값 사이에 존재한다.

해설 폭굉범위 : 폭발한계 내에서도 특히 폭굉을 생성하는 조성의 한계로 가연성가스와 공기가 혼합하였을 때 폭굉범위는 가연성가스의 폭발범위 내(폭발하한계와 상한계값 사이)에 존재한다.

31. 프로판 20 v%, 부탄 80 v%인 혼합가스 1 L가 완전 연소하는 데 필요한 산소는 약 몇 L인가 ?

㉮ 3.0 L   ㉯ 4.2 L

㉰ 5.0 L   ㉱ 6.2 L

해설 ① 프로판(C_3H_8)과 부탄(C_4H_{10})의 완전 연소 반응식

$C_3H_8 + 5O_2 \rightarrow 3CO_2 + 4H_2O$: 20 %

$C_4H_{10} + 6.5O_2 \rightarrow 4CO_2 + 5H_2O$: 80 %

② 이론산소량 계산 : 기체 연료 1 L당 필요한 산소량(L)은 연소반응식에서 산소의 몰수에 해당하는 양이고, 각 가스의 체적비에 해당하는 양만큼 필요한 것이다.

∴ $O_0 = (5 \times 0.2) + (6.5 \times 0.8) = 6.2 \ L$

32. 실제 기체가 완전 기체(ideal gas)에 가깝게 될 조건은 ?

㉮ 압력이 높고, 온도가 낮을 때

㉯ 압력, 온도 모두 낮을 때

㉰ 압력이 낮고, 온도가 높을 때

㉱ 압력, 온도 모두 높을 때

해설 실제 기체가 이상기체(완전 기체)에 가깝게 될 조건은 압력이 낮고(저압), 온도가 높을(고온) 때이다.

33. 어느 온도에서 $A(g) + B(g) \rightleftharpoons C(g) + D(g)$와 같은 가역반응이 평형상태에 도달하여 D가 $\frac{1}{4}$mol 생성되었다. 이 반응의 평형상수는 ? (단, A와 B를 각각 1 mol씩 반응시켰다.)

해답 28. ㉰   29. ㉱   30. ㉱   31. ㉱   32. ㉰   33. ㉰

㉮ $\dfrac{16}{9}$　　　　㉯ $\dfrac{1}{3}$

㉰ $\dfrac{1}{9}$　　　　㉱ $\dfrac{1}{16}$

해설　$\mathrm{A}(g)\;+\;\mathrm{B}(g)\;\rightleftharpoons\;\mathrm{C}(g)\;+\;\mathrm{D}(g)$

반응 전 :　1 mol　　1 mol　　0 mol　　0 mol

반응 후 : $\left(1-\dfrac{1}{4}\right)$mol　$\left(1-\dfrac{1}{4}\right)$mol　$\dfrac{1}{4}$mol　$\dfrac{1}{4}$mol

$$\therefore\;K=\dfrac{[\mathrm{C}]\cdot[\mathrm{D}]}{[\mathrm{A}]\cdot[\mathrm{B}]}$$

$$=\dfrac{\dfrac{1}{4}\times\dfrac{1}{4}}{\left(1-\dfrac{1}{4}\right)\times\left(1-\dfrac{1}{4}\right)}=\dfrac{\dfrac{1}{4}\times\dfrac{1}{4}}{\dfrac{3}{4}\times\dfrac{3}{4}}=\dfrac{1}{9}$$

34. 발열량이 24000 kcal/m³인 LPG 1 m³에 공기 3 m³을 혼합하여 희석하였을 때 혼합 기체 1 m³당 발열량은 몇 kcal인가?

㉮ 5000　　　　㉯ 6000

㉰ 8000　　　　㉱ 16000

해설　$Q_2=\dfrac{Q_1}{1+x}=\dfrac{24000}{1+3}=6000\,\mathrm{kcal/m^3}$

35. 다음은 정압 연소 사이클의 대표적인 브레이턴 사이클(Brayton cycle)의 $T-S$ 선도이다. 이 그림에 대한 설명으로 옳지 않은 것은?

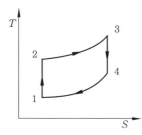

㉮ 1-2의 과정은 가역단열압축 과정이다.

㉯ 2-3의 과정은 가역정압가열 과정이다.

㉰ 3-4의 과정은 가역정압팽창 과정이다.

㉱ 4-1의 과정은 가역정압배기 과정이다.

해설　(1) 브레이턴(Brayton) 사이클 : 2개의 단열과정과 2개의 정압과정으로 이루어진 가

스터빈의 이상 사이클이다.

(2) 작동 순서

① 1→2 과정 : 단열압축 과정(압축기)

② 2→3 과정 : 정압가열 과정(연소기)

③ 3→4 과정 : 단열팽창 과정(터빈)

④ 4→1 과정 : 정압방열(배기) 과정

36. 공기의 확산에 의하여 반응하는 연소가 아닌 것은?

㉮ 표면연소　　　㉯ 분해연소

㉰ 증발연소　　　㉱ 확산연소

해설　표면연소 : 고체 가연물이 열분해나 증발을 하지 않고 표면에서 산소와 반응하여 연소하는 것으로 목탄(숯), 코크스 등의 연소가 해당된다.

　※ 분해, 증발, 확산연소는 가연물이 열분해나 증발을 하고 기체 자체가 확산되는 공기와 혼합이 되어 지속적인 연소가 가능해진다.

37. 발열량에 대한 설명으로 틀린 것은?

㉮ 연료의 발열량은 연료단위량이 완전 연소했을 때 발생한 열량이다.

㉯ 발열량에는 고위발열량과 저위발열량이 있다.

㉰ 저위발열량은 고위발열량에서 수증기의 잠열을 뺀 발열량이다.

㉱ 발열량은 열량계로는 측정할 수 없어 계산식을 이용한다.

해설　연료의 발열량을 측정하는 방법

① 열량계에 의한 방법 : 봄브 열량계, 융커스식 열량계

② 공업 분석에 의한 방법

③ 원소 분석에 의한 방법

38. 연료에 고정탄소가 많이 함유되어 있을 때 발생되는 현상으로 옳은 것은?

㉮ 매연 발생이 많다.

㉯ 발열량이 높아진다.

㉰ 연소 효과가 나쁘다.

리 열손실을 초래한다.

해설 고정탄소가 증가할 때 영향

① 발열량이 증가한다.

② 매연 발생이 적어진다.

③ 불꽃이 짧게(단염) 형성된다.

④ 연소 효과가 좋아지고, 열손실이 방지된다.

⑤ 착화(점화)성은 나쁘다.

39. 폭발범위에 대한 설명으로 틀린 것은?

가 일반적으로 폭발범위는 고압일수록 넓다.

나 일산화탄소는 공기와 혼합 시 고압이 되면 폭발범위가 좁아진다.

다 혼합가스의 폭발범위는 그 가스의 폭굉범위보다 좁다.

리 상온에 비해 온도가 높을수록 폭발범위가 넓다.

해설 가연성가스와 공기를 혼합하였을 때 폭굉범위는 가연성가스의 폭발하한계와 상한계값 사이에 존재한다. 그러므로 혼합가스의 폭발범위는 그 가스의 폭굉범위보다 넓다.

40. 298.15 K, 0.1 MPa 상태의 일산화탄소 (CO)를 같은 온도의 이론공기량으로 정상 유동 과정으로 연소시킬 때 생성물의 단열화염 온도를 주어진 표를 이용하여 구하면 약 몇 K인가? (단, 이 조건에서 CO 및 CO_2의 생성 엔탈피는 각각 −110529 kJ/kmol, −393522 kJ/kmol이다.)

CO_2의 기준상태에서 각각의 온도까지 엔탈피 차

온도(K)	엔탈피 차(kJ/kmol)
4800	266500
5000	279295
5200	292123

가 4835　　　나 5058

다 5194　　　리 5293

해설 ① CO(일산화탄소)의 완전 연소 반응식을 이용하여 엔탈피 계산

$$CO + \frac{1}{2}O_2 \rightarrow CO_2 + Q$$

$$-110529 = -393522 + Q$$

$$\therefore Q = 393522 - 110529 = 282993 \text{ kJ/kmol}$$

→ 표에서 5000 K와 5200 K 사이에 존재한다.

② 보간법에 의한 온도차 계산

"표 온도차 : 표 엔탈피차 = 구하는 온도차 : 구하는 엔탈피차"와 같다.

∴ 구하는 온도차

$$= \frac{\text{표 온도차} \times \text{구하는 엔탈피차}}{\text{표 엔탈피차}}$$

$$= \frac{(5200 - 5000) \times (282993 - 279295)}{292123 - 279295}$$

$$= 57.655 \text{ K}$$

③ 생성물의 단열화염온도 계산

∴ 생성물 단열화염온도

$$= 5000 + 57.65 = 5057.65 \text{ K}$$

제 3 과목　가스설비

41. 기어 펌프는 어느 형식의 펌프에 해당되는가?

가 축류 펌프　　　나 원심 펌프

다 왕복식 펌프　　리 회전 펌프

해설 7번 해설 참고

42. 공기 액화 사이클 중 압축기에서 압축된 가스가 열교환기로 들어가 팽창기에서 일을 하면서 단열팽창하여 가스를 액화시키는 사이클은?

가 필립스의 액화 사이클

나 캐스케이드 액화 사이클

다 클라우드의 액화 사이클

리 린데의 액화 사이클

해설 클라우드(Claude) 액화 사이클 : 팽창기에 의한 단열교축팽창을 이용한 것으로 피스톤식 팽창기를 사용한다.

43. 탄소강에 자경성을 주며 이 성분을 다량으로 첨가한 강은 공기 중에서 냉각하여도 쉽게

오스테나이트 조직으로 된다. 이 성분은?

㉮ Ni   ㉯ Mn

㉰ Cr   ㉱ Si

해설 탄소강에 함유된 망간(Mn)의 영향

① 강도와 고온 가공성을 증가시키고, 연신율 감소를 억제시킨다.

② 주조성과 담금질 효과를 향상시킨다.

③ 철 중에 존재하는 황(S)과의 친화력이 커서 황화망간(MnS)이 되며 적열취성의 원인이 되는 황화철(FeS)의 생성을 억제한다.

참고 자경성(自硬性 : self hardening)은 담금질 온도에서 대기 중에 방랭하는 것만으로도 단단해지는 성질로서 니켈(Ni), 크롬(Cr), 망간(Mn) 등이 함유된 특수강에서 주로 나타난다.

44. 배관이 열팽창할 경우에 응력이 경감되도록 미리 늘어날 여유를 두는 것을 무엇이라 하는가?

㉮ 루핑   ㉯ 핫 멜팅

㉰ 콜드 스프링   ㉱ 팩 레싱

해설 콜드 스프링(cold spring : 상온 스프링) : 배관의 자유팽창량(신축길이, 열팽창 길이)을 미리 계산하여 자유팽창량의 1/2만큼 짧게 절단하고 강제배관을 하여 신축(열팽창)을 흡수하는 방법이다.

45. 부탄가스 공급 또는 이송 시 가스 재액화 현상에 대한 대비가 필요한 방법(방식)은?

㉮ 공기 혼합 공기 방식

㉯ 액송 펌프를 이용한 이송법

㉰ 압축기를 이용한 이송법

㉱ 변성 가스 공급 방식

해설 압축기에 의한 이송 방법 특징

① 펌프에 비해 이송시간이 짧다.

② 잔가스 회수가 가능하다.

③ 베이퍼 로크 현상이 없다.

④ 부탄의 경우 재액화 현상이 일어난다.

⑤ 압축기 오일이 유입되어 드레인의 원인이 된다.

※ 압축기를 이용하여 부탄을 이송할 때 재액화 현상이 발생하므로 대비가 필요하다.

46. 냉동능력에서 1 RT를 kcal/h로 환산하면?

㉮ 1660 kcal/h   ㉯ 3320 kcal/h

㉰ 39840 kcal/h   ㉱ 79680 kcal/h

해설 냉동능력

① 1 한국 냉동톤 : 0℃ 물 1톤(1000 kg)을 0℃ 얼음으로 만드는 데 1일 동안 제거하여야 할 열량으로 3320 kcal/h에 해당된다.

※ 1 RT를 열량(kcal/h)으로 환산 : 물의 응고잠열은 79.68 kcal/kg이다.

$$\therefore Q = 1000 \text{ kg/일} \times 79.68 \text{ kcal/kg} \times \frac{1}{24} \text{(일/h)}$$

$$= 3320 \text{ kcal/h}$$

② 1 미국 냉동톤 : 32℉ 물 2000 lb를 32℉ 얼음으로 만드는 데 1일 동안 제거하여야 할 열량으로 3024 kcal/h에 해당된다.

47. 터보 압축기에서 누출이 주로 생기는 부분에 해당되지 않는 것은?

㉮ 임펠러 출구

㉯ 다이어프램 부위

㉰ 밸런스 피스톤 부분

㉱ 축이 케이싱을 관통하는 부분

해설 터보 압축기에서 누출(누설)이 생기는 부분

① 축이 케이싱을 관통하는 부분

② 밸런스 피스톤 부분

③ 다이어프램 부위

④ 임펠러 입구 부분

48. 접촉분해(수증기 개질)에서 카본 생성을 방지하는 방법으로 알맞은 것은?

㉮ 고온, 고압, 고수증기

㉯ 고온, 저압, 고수증기

㉰ 고온, 고압, 저수증기

㉱ 저온, 저압, 저수증기

해설 접촉분해(수증기 개질) 공정

① 카본의 생성 반응식

$$CH_4 \rightleftharpoons 2H_2 + C(\text{카본}) \cdots ⓐ$$

$$2CO \rightleftharpoons CO_2 + C(\text{카본}) \cdots ⓑ$$

② 카본 생성을 방지하는 방법 : 반응에 필요한 수증기량 이상의 수증기를 가하면 카본 생성을 방지할 수 있다.

ⓐ 발열반응에 해당되고 반응 전 1 mol, 반응 후 카본(C)을 제외한 2 mol로 반응 후의 mol수가 많으므로 온도가 높고, 압력이 낮을수록 반응이 잘 일어난다. 그러므로 카본(C) 생성을 방지하려면 반응이 잘 일어나지 않도록 하여야 하므로 반응온도 낮게, 반응압력은 높게 유지한다.

ⓑ 발열반응에 해당되고 반응 전 2 mol, 반응 후 카본(C)을 제외한 1 mol로 반응 후의 mol수가 적으므로 온도가 낮고, 압력이 높을수록 반응이 잘 일어난다. 그러므로 카본(C) 생성을 방지하려면 반응이 잘 일어나지 않도록 하여야 하므로 반응온도는 높게, 반응압력은 낮게 유지해야 한다.

49. 고압가스 용접용기에 대한 내압검사 시 전증가량이 250 mL일 때 이 용기가 내압시험에 합격하려면 영구증가량은 얼마 이하가 되어야 하는가?

㉮ 12.5 mL   ㉯ 25.0 mL

㉰ 37.5 mL   ㉱ 50.0 mL

해설 신규 용기에 대한 내압시험 시 영구증가율 10 % 이하가 합격기준이다.

$$\therefore \text{영구증가율} = \frac{\text{영구증가량}}{\text{전증가량}} \times 100 \text{에서}$$

$$\therefore \text{영구증가량} = \text{전증가량} \times \text{영구증가율}$$
$$= 250 \times 0.1 = 25 \text{ mL 이하}$$

50. 전기방식시설의 유지관리를 위해 배관을 따라 전위 측정용 터미널을 설치할 때 얼마 이내의 간격으로 하는가?

㉮ 50 m 이내   ㉯ 100 m 이내

㉰ 200 m 이내   ㉱ 300 m 이내

해설 전위 측정용 터미널 설치 간격
① 희생양극법, 배류법 : 300 m 이내
② 외부전원법 : 500 m 이내

51. 고무호스가 노후되어 지름 1 mm의 구멍이 뚫려 280 mmH₂O의 압력으로 LP가스가 대기 중으로 2시간 유출되었을 때 분출된 가스의 양은 약 몇 L인가? (단, 가스의 비중은 1.6이다.)

㉮ 140 L   ㉯ 238 L

㉰ 348 L   ㉱ 672 L

해설
$$Q = 0.009 D^2 \sqrt{\frac{P}{d}}$$
$$= 0.009 \times 1^2 \times \sqrt{\frac{280}{1.6}} \times 2 \times 1000$$
$$= 238.117 \text{ L}$$

52. 용접 결함 중 접합부의 일부분이 녹지 않아 간극이 생긴 현상은?

㉮ 용입불량   ㉯ 융합불량

㉰ 언더컷   ㉱ 슬러그

해설 용접 결함의 종류
① 오버랩(over-lap) : 용융 금속이 모재와 융합되어 모재 위에 겹쳐지는 상태의 결함
② 슬래그 혼입 : 녹은 피복제가 용착 금속 표면에 떠 있거나 용착 금속 속에 남아 있는 현상
③ 언더컷(under-cut) : 용접선 끝에 생기는 작은 홈 상태의 결함
④ 용입불량 : 접합부의 일부분이 녹지 않아 용착이 되지 않는 상태로 간극이 생기는 현상
⑤ 기공(blow hole) : 용착 금속 속에 남아 있는 가스로 인한 구멍 상태의 결함
⑥ 스패터(spatter) : 용접 중 비산하는 용융 금속이 모재 등에 부착되는 현상

53. 분자량이 큰 탄화수소를 원료로 10000 kcal/Nm³ 정도의 고열량 가스를 제조하는 방법은?

㉮ 부분연소 프로세스

㉯ 사이클링식 접촉분해 프로세스

㉰ 수소화분해 프로세스

㉱ 열분해 프로세스

해설 열분해 공정(thermal cracking process) : 고온하에서 원유, 중유, 나프타 등 분자량이 큰 탄화수소를 가열하여 수소(H_2), 메탄(CH_4), 에탄(C_2H_6), 에틸렌(C_2H_4), 프로판(C_3H_8) 등의 가스상의 탄화수소와 벤젠, 톨루엔 등의 조경유 및 타르, 나프탈렌 등으로 분해하고, 고열량 가스(10000 kcal/Nm³)를 제조하는 방법이다.

해답   49. ㉯   50. ㉱   51. ㉯   52. ㉮   53. ㉱

54. 금속의 표면 결함을 탐지하는 데 주로 사용되는 비파괴검사법은?

㉮ 초음파 탐상법

㉯ 방사선 투과시험법

㉰ 중성자 투과시험법

㉱ 침투 탐상법

해설 침투 탐상법(PT : penetrant test) : 침투 검사라 하며 표면의 미세한 균열, 작은 구멍, 슬러그 등을 검출하는 방법으로 자기검사를 할 수 없는 비자성 재료에 사용된다. 내부 결함은 검지하지 못하며 검사 결과가 즉시 나오지 않는다.

55. 도시가스설비에 대한 전기방식(防蝕)의 방법이 아닌 것은?

㉮ 희생양극법   ㉯ 외부전원법

㉰ 배류법   ㉱ 압착전원법

해설 전기방식법 종류 : 희생양극법, 외부전원법, 배류법, 강제배류법

56. 압력조정기를 설치하는 주된 목적은?

㉮ 유량 조절

㉯ 발열량 조절

㉰ 가스의 유속 조절

㉱ 일정한 공급압력 유지

해설 압력조정기의 역할(기능) : 유출압력 조절로 안정된 연소를 도모하고, 소비가 중단되면 가스를 차단한다.

57. 저압 배관의 관지름(관경) 결정(Pole式) 시 고려할 조건이 아닌 것은?

㉮ 유량   ㉯ 배관길이

㉰ 중력가속도   ㉱ 압력손실

해설 저압 배관 유량 계산식 $Q = K\sqrt{\dfrac{D^5 \cdot H}{S \cdot L}}$

에서 배관 안지름 $D = \sqrt[5]{\dfrac{Q^2 SL}{K^2 H}}$ 이므로 가스유량(Q), 가스비중(S), 배관길이(L), 압력손실(H)과 관계있다.

58. LPG 압력조정기 중 1단 감압식 준저압 조정기의 조정압력은?

㉮ 2.3~3.3 kPa

㉯ 2.55~3.3 kPa

㉰ 57.0~83 kPa

㉱ 5.0~30.0 kPa 이내에서 제조자가 설정한 기준압력의 ±20 %

해설 1단 감압식 준저압 조정기 압력

① 입구압력 : 0.1~1.56 MPa

② 조정압력 : 5.0~30.0 kPa 이내에서 제조자가 설정한 기준압력의 ±20 %

59. PE 배관의 매설 위치를 지상에서 탐지할 수 있는 로케팅 와이어 전선의 굵기(mm^2)로 맞는 것은?

㉮ 3   ㉯ 4   ㉰ 5   ㉱ 6

해설 PE 배관 매몰 설치 기준

① PE 배관의 굴곡허용반경은 외경의 20배 이상으로 한다. 다만, 굴곡반경이 외경의 20배 미만일 경우에는 엘보를 사용한다.

② PE 배관의 매설 위치를 지상에서 탐지할 수 있는 탐지형 보호포, 로케팅 와이어(전선의 굵기는 6 mm^2 이상) 등을 설치한다.

60. 가스 중에 포화수분이 있거나 가스 배관의 부식 구멍 등에서 지하수가 침입 또는 공사 중에 물이 침입하는 경우를 대비해 관로의 저부에 설치하는 것은?

㉮ 에어밸브   ㉯ 수취기

㉰ 콕   ㉱ 체크밸브

해설 수취기 : 가스 중의 포화수분이 있거나 이음매가 불량한 곳, 가스 배관의 부식 구멍 등으로부터 지하수가 침입 또는 공사 중에 물이 침입하는 경우 가스 공급에 장애를 초래하므로 관로의 저부(低部)에 설치하여 수분을 제거하는 기기이다.

참고 수취기 설치 기준

① 물이 체류할 우려가 있는 배관에는 수취기를 콘크리트 등의 박스에 설치한다. 다만, 수취기의 기초와 주위를 튼튼히 하여 수취기에 연결된 수취 배관의 안전 확보를 위한

해답 54. ㉱   55. ㉱   56. ㉱   57. ㉰   58. ㉱   59. ㉱   60. ㉯

보호박스를 설치한 경우에는 콘크리트 등의 박스에 설치하지 아니할 수 있다.
② 수취기의 입관에는 플러그나 캡(중압 이상의 경우에는 밸브)을 설치한다.

제 4 과목   가스안전관리

61. 아세틸렌을 2.5 MPa의 압력으로 압축할 때에는 희석제를 첨가하여야 한다. 희석제로 적당하지 않는 것은?

⑦ 일산화탄소　　④ 산소
④ 메탄　　　　　라 질소

[해설] 희석제의 종류
① 안전관리 규정에 정한 것 : 질소(N_2), 메탄(CH_4), 일산화탄소(CO), 에틸렌(C_2H_4)
② 희석제로 가능한 것 : 수소(H_2), 프로판(C_3H_8), 이산화탄소(CO_2)

62. 충전질량 1000 kg 이상인 LPG 소형저장탱크 부근에 설치하여야 하는 분말소화기의 능력단위로 옳은 것은?

⑦ BC용 B－10 이상
④ BC용 B－12 이상
④ ABC용 B－10 이상
라 ABC용 B－12 이상

[해설] LPG 소형저장탱크 소화설비 기준
① 충전질량 합계가 1000 kg 이상인 소형저장탱크 부근에는 능력단위 ABC용 B－12 이상의 분말소화기를 2개 이상 비치한다.
② 소형저장탱크 부근에는 소화활동에 필요한 통로 등을 확보한다.

63. 용기에 의한 액화석유가스 사용시설에서 용기집합설비의 설치 기준으로 틀린 것은?

⑦ 용기집합설비의 양단 마감 조치 시에는 캡 또는 플랜지로 마감한다.
④ 용기를 3개 이상 집합하여 사용하는 경우에 용기집합장치로 설치한다.
④ 내용적 30 L 미만인 용기로 LPG를 사용하는 경우 용기집합설비를 설치하지 않을 수 있다.
라 용기와 소형저장탱크를 혼용 설치하는 경우에는 트윈호스로 마감한다.

[해설] 용기에 의한 LPG 사용시설 용기집합설비의 설치 기준
① 용기집합설비의 양단 마감 조치 시에는 캡(round cap 또는 socket cap) 또는 플랜지로 마감한다.
② 용기를 3개 이상 집합하여 사용하는 경우에는 용기집합장치로 설치한다.
③ 용기와 연결된 트윈호스의 조정기 연결부는 조정기 이외의 다른 저장설비나 가스설비에 연결하지 아니한다.
④ 용기에 연결된 측도관의 용기집합장치 연결부는 용기집합장치나 조정기 이외의 다른 저장설비나 가스설비에 연결하지 아니한다.
⑤ 용기와 소형저장탱크는 혼용 설치할 수 없다.
⑥ 용기집합장치를 설치하지 않을 수 있는 경우
㉠ 내용적 30 L 미만의 용기로 LPG를 사용하는 경우
㉡ 옥외에서 이동하면서 LPG를 사용하는 경우
㉢ 6개월 이내의 기간 동안 LPG를 사용하는 경우
㉣ 단독주택에서 LPG를 사용하는 경우
㉤ 주택 외의 건축물 중 그 영업장의 면적이 40 m² 이하인 곳에서 LPG를 사용하는 경우

64. 액화석유가스의 충전 용기는 항상 몇 ℃ 이하로 유지하여야 하는가?

⑦ 15℃　④ 25℃　④ 30℃　라 40℃

[해설] 충전 용기는 항상 40℃ 이하를 유지하고, 직사광선을 받지 아니하도록 조치한다.

65. 산소, 아세틸렌, 수소 제조 시 품질검사의 실시 횟수로 옳은 것은?

⑦ 매시간마다

㉯ 6시간에 1회 이상

㉰ 1일 1회 이상

㉱ 가스 제조 시마다

해설 품질검사 방법

① 검사는 1일 1회 이상 가스제조장에서 실시한다.

② 검사는 안전관리책임자가 실시하고, 검사결과를 안전관리부총괄자와 안전관리책임자가 함께 확인하고 서명 날인한다.

66. 1일간 저장능력이 35000 m^3인 일산화탄소 저장설비의 외면과 학교와는 몇 m 이상의 안전거리를 유지하여야 하는가?

㉮ 17 m ㉯ 18 m ㉰ 24 m ㉱ 27 m

해설 ① 일산화탄소(CO)는 독성 및 가연성가스이다.

② 독성 및 가연성가스의 보호시설별 안전거리

저장능력(kg, m^3)	제1종	제2종
1만 이하	17	12
1만 초과 2만 이하	21	14
2만 초과 3만 이하	24	16
3만 초과 4만 이하	27	18
4만 초과 5만 이하	30	20
5만 초과 99만 이하	30	20
99만 초과	30	20

※ 학교는 제1종 보호시설에 해당되므로 유지거리는 27 m이다.

67. 이동식 프로판 연소기용 용접용기에 액화석유가스를 충전하기 위한 압력 및 가스 성분의 기준은? (단, 충전하는 가스의 압력은 40℃ 기준이다.)

㉮ 1.52 MPa 이하, 프로판 90 mol% 이상

㉯ 1.53 MPa 이하, 프로판 90 mol% 이상

㉰ 1.52 MPa 이하, 프로판+프로필렌 90 mol% 이상

㉱ 1.53 MPa 이하, 프로판+프로필렌 90 mol% 이상

해설 액화석유가스 소형용기 충전 기준

① 이동식 프로판 연소기용 용접용기 : 충전하는 가스 압력은 40℃에서 1.53 MPa 이하가 되도록 하여야 하며, 가스 성분은 프로판+프로필렌 90 mol% 이상으로 한다.

② 납붙임 또는 접합용기와 이동식 부탄 연소기용 용접용기 : 충전하는 가스 압력은 40℃에서 0.52 MPa 이하가 되도록 하여야 하며, 가스 성분은 프로판+프로필렌은 10 mol% 이하, 부탄+부틸렌은 90 mol% 이상으로 한다.

68. 차량에 고정된 탱크 운반차량의 운반기준 중 다음 ( )에 옳은 것은?

> 가연성가스(액화석유가스를 제외한다) 및 산소탱크의 내용적은 (ⓐ)L, 독성가스(액화암모니아를 제외한다)의 탱크의 내용적은 (ⓑ)L를 초과하지 않을 것

㉮ ⓐ 20000, ⓑ 15000

㉯ ⓐ 20000, ⓑ 10000

㉰ ⓐ 18000, ⓑ 12000

㉱ ⓐ 16000, ⓑ 14000

해설 차량에 고정된 탱크 내용적 제한

① 가연성(LPG 제외), 산소 : 18000 L 초과 금지

② 독성가스(암모니아 제외) : 12000 L 초과 금지

69. 20 kg(내용적 : 47 L) 용기에 프로판이 2 kg 들어 있을 때, 액체 프로판의 중량은 약 얼마인가? (단, 프로판의 온도는 15℃이며, 15℃에서 포화액체 프로판 및 포화가스 프로판의 비용적은 각각 1.976 cm^3/g, 62 cm^3/g이다.)

㉮ 1.08 kg ㉯ 1.28 kg

㉰ 1.48 kg ㉱ 1.68 kg

해설 액체 중량 계산 : 액체가 차지하는 중량을 x [kg]이라 하면 기체의 중량은 $(2-x)$[kg]이 되며, "액체 부피(L)+기체 부피(L) = 전체 부피(L)"가 된다. 그리고 문제에서 주어진 비용적을 적용하면 "부피(L) = 중량(kg)×비용적(L/kg)"이 된다. (1 L = 1000 cm^3, 1 kg = 1000 g이므로 비용적 단위 cm^3/g = L/kg이다.)

∴ 액체 부피(L)+기체 부피(L) = 전체 부피(L)

(액체 중량×비용적)+(기체 중량×비용적)
= 전체 부피

$$\therefore \ \{x\,[kg]\times 1.976\,L/kg\}+\{(2-x)\,[kg]\times 62\,L/kg\}$$
$$= 47\,L$$
$$1.976\,x+(2\times 62)-62x = 47$$
$$x\,(1.976-62)=47-(2\times 62)$$
$$\therefore \ x=\frac{47-(2\times 62)}{1.976-62}=1.2828\,kg$$

70. 지름이 각각 5 m와 7 m인 LPG 지상저장 탱크 사이에 유지해야 하는 최소 거리는 얼마인가? (단, 탱크 사이에는 물분무 장치를 하지 않고 있다.)

㉮ 1 m ㉯ 2 m ㉰ 3 m ㉱ 4 m

[해설] LPG 저장탱크 간의 유지거리 : 두 저장탱크의 최대지름을 합산한 길이의 $\frac{1}{4}$ 이상에 해당하는 거리를 유지하고, 두 저장탱크의 최대지름을 합산한 길이의 $\frac{1}{4}$ 의 길이가 1 m 미만인 경우에는 1 m 이상의 거리를 유지한다. 다만, LPG 저장탱크에 물분무 장치가 설치되었을 경우에는 저장탱크 간의 이격거리를 유지하지 않아도 된다.

$$\therefore \ L=\frac{D_1+D_2}{4}=\frac{5+7}{4}=3\,m$$

71. 아세틸렌을 용기에 충전할 때에는 미리 용기에 다공질물을 고루 채워야 하는데 이때 다공도는 몇 % 이상이어야 하는가?

㉮ 62 % 이상 ㉯ 75 % 이상
㉰ 92 % 이상 ㉱ 95 % 이상

[해설] 아세틸렌을 용기에 충전하는 때에는 미리 용기에 다공질물을 고루 채워 다공도가 75 % 이상 92 % 미만이 되도록 한 후 아세톤 또는 디메틸포름아미드를 고루 침윤시키고 충전한다.

72. 가스용 염화비닐 호스의 안지름 치수 규격이 옳은 것은?

㉮ 1종 : 6.3±0.7 mm
㉯ 2종 : 9.5±0.9 mm

㉰ 3종 : 12.7±1.2 mm
㉱ 4종 : 25.4±1.27 mm

[해설] 염화비닐 호스의 안지름 치수

구분	안지름(mm)	허용차(mm)
1종	6.3	
2종	9.5	±0.7
3종	12.7	

73. 가연성가스 제조소에서 화재의 원인이 될 수 있는 착화원이 모두 바르게 나열된 것은?

ⓐ 정전기
ⓑ 베릴륨 합금제 공구에 의한 충격
ⓒ 안전증 방폭구조의 전기기기
ⓓ 촉매의 접촉작용
ⓔ 밸브의 급격한 조작

㉮ ⓐ, ⓓ, ⓔ   ㉯ ⓐ, ⓑ, ⓒ
㉰ ⓐ, ⓒ, ⓓ   ㉱ ⓑ, ⓒ, ⓔ

[해설] ⓑ항의 베릴륨 합금제 공구는 타격(충격)에 의하여 불꽃이 발생하지 않는 방폭공구이고 ⓒ항의 방폭 전기기기는 폭발을 방지하는 전기기기이다.

74. 가연성가스의 폭발범위가 적절하게 표기된 것은?

㉮ 아세틸렌 : 2.5~81 %
㉯ 암모니아 : 16~35 %
㉰ 메탄 : 1.8~8.4 %
㉱ 프로판 : 2.1~11.0 %

[해설] 각 가스의 공기 중에서의 폭발범위

가스 명칭	폭발범위값
아세틸렌(C_2H_2)	2.5~81
암모니아(NH_3)	15~28
메탄(CH_4)	5~15
프로판(C_3H_8)	2.2~9.5

75. 고압가스 냉동제조시설에서 냉동능력 20 ton 이상의 냉동설비에 설치하는 압력계의 설치 기준으로 틀린 것은?

㉮ 압축기의 토출압력 및 흡입압력을 표시하는 압력계를 보기 쉬운 곳에 설치한다.

㉯ 강제윤활방식인 경우에는 윤활압력을 표시하는 압력계를 설치한다.

㉰ 강제윤활방식인 것은 윤활유 압력에 대한 보호장치가 설치되어 있는 경우 압력계를 설치한다.

㉱ 발생기에는 냉매가스의 압력을 표시하는 압력계를 설치한다.

해설 냉동능력 20 ton 이상의 냉동설비에 설치하는 압력계의 설치 기준
① 압축기의 토출압력 및 흡입압력을 표시하는 압력계를 보기 쉬운 곳에 설치한다.
② 압축기가 강제윤활방식인 경우에는 윤활유 압력을 표시하는 압력계를 표시한다. 다만, 윤활유 압력에 대한 보호장치가 있는 경우에는 압력계를 설치하지 아니할 수 있다.
③ 발생기에는 냉매가스의 압력을 표시하는 압력계를 설치한다.

76. 저장시설로부터 차량에 고정된 탱크에 가스를 주입하는 작업을 할 경우 차량운전자는 작업 기준을 준수하여 작업하여야 한다. 다음 중 틀린 것은?

㉮ 차량이 앞뒤로 움직이지 않도록 차바퀴의 전후를 차바퀴 고정목 등으로 확실하게 고정시킨다.

㉯ 『이입작업 중(충전 중) 화기엄금』의 표시판이 눈에 잘 띄는 곳에 세워져 있는가를 확인한다.

㉰ 정전기 제거용의 접지코드를 기지(基地)의 접지 탭에 접속하여야 한다.

㉱ 운전자는 이입작업이 종료될 때까지 운전석에 위치하여 만일의 사태가 발생하였을 때 즉시 엔진을 정지할 수 있도록 대비하여야 한다.

해설 차량에 고정된 탱크의 운전자는 이입작업이 종료될 때까지 탱크로리 차량의 긴급차단장치 부근에 위치하여야 하며, 가스누출 등

긴급사태 발생 시 안전관리자의 지시에 따라 신속하게 차량의 긴급차단장치를 작동하거나 차량이동 등의 조치를 취하여야 한다.

77. 다음 중 고압가스 용기에 대한 설명으로 틀린 것은?

㉮ 아세틸렌 용기는 황색으로 도색하여야 한다.

㉯ 압축가스를 충전하는 용기의 최고 충전압력은 TP로 표시한다.

㉰ 신규 검사 후 경과연수가 20년 이상인 용접용기는 1년마다 재검사를 하여야 한다.

㉱ 독성가스 용기의 그림 문자는 흰색 바탕에 검정색 해골 모양으로 한다.

해설 압축가스를 충전하는 용기의 최고 충전압력은 FP로 표시한다.

78. 고압가스 일반제조의 시설에서 사업소 밖의 배관 매몰 설치 시 다른 시설물과의 최소 이격거리를 바르게 나타낸 것은?

㉮ 배관은 그 외면으로부터 지하의 다른 시설물과 0.5 m 이상

㉯ 독성가스의 배관은 수도시설로부터 100 m 이상

㉰ 터널과는 5 m 이상

㉱ 건축물과는 1.5 m 이상

해설 사업소 밖의 배관 매몰 설치 시 이격거리 기준
① 건축물과는 1.5 m, 지하도로 및 터널과는 10 m 이상의 거리를 유지한다.
② 독성가스의 배관은 그 가스가 혼입될 우려가 있는 수도시설과는 300 m 이상의 거리를 유지한다.
③ 배관 외면으로부터 지하의 다른 시설물과 0.3 m 이상의 거리를 유지한다.
④ 지표면으로부터 매설깊이는 산이나 들에서는 1 m 이상, 그 밖의 지역에서는 1.2 m 이상으로 한다.

79. 액화석유가스의 적절한 품질을 확보하기 위하여 정해진 품질기준에 맞도록 품질을 유

지하여야 하는 자에 해당하지 않는 것은?

㉮ 액화석유가스 충전사업자

㉯ 액화석유가스 특정사용자

㉰ 액화석유가스 판매사업자

㉱ 액화석유가스 집단공급사업자

해설 액화석유가스의 품질유지(액법 제26조) : 액화석유가스 수출입업자, 액화석유가스 충전사업자, 액화석유가스 집단공급사업자, 액화석유가스 판매사업자와 석유 및 석유대체연료 사업법에 따른 석유정제업자 및 부산물인 석유제품판매업자는 품질기준에 맞도록 액화석유가스의 품질을 유지하여야 하며 품질기준에 미달되는 액화석유가스임을 알고 판매 또는 인도하거나 판매 또는 인도할 목적으로 저장, 운송 또는 보관하여서는 아니 된다.

80. 도시가스 배관용 볼밸브 제조의 시설 및 기술 기준으로 틀린 것은?

㉮ 밸브의 오링과 패킹은 마모 등 이상이 없는 것으로 한다.

㉯ 개폐용 핸들의 열림 방향은 시계 방향으로 한다.

㉰ 볼밸브는 핸들 끝에서 294.2 N 이하의 힘을 가해서 90° 회전할 때 완전히 개폐하는 구조로 한다.

㉱ 나사식 밸브 양끝의 나사축선에 대한 어긋남은 양끝면의 나사 중심을 연결하는 직선에 대하여 끝 면으로부터 300 mm 거리에서 2.0 mm를 초과하지 아니하는 것으로 한다.

해설 개폐용 핸들의 열림 방향은 시계 반대방향으로 한다.

제 5 과목   가스계측

81. 다음 중 팔라듐관 연소법과 관련이 없는 것은?

㉮ 가스뷰렛   ㉯ 봉액

㉰ 촉매   ㉱ 과염소산

해설 팔라듐관 연소법 : H_2를 분석하는 데 적당한 방법으로 촉매로 팔라듐 석면, 팔라듐 흑연, 백금, 실리카겔 등이 사용된다.

※ 팔라듐관 연소법 구성 기기 : 가스뷰렛, 팔라듐관, 봉액, 촉매, 수주관 등

82. 탄화수소 성분에 대하여 감도가 좋고, 노이즈가 적고 사용이 편리한 장점이 있는 가스 검출기는?

㉮ 접촉연소식   ㉯ 반도체식

㉰ 불꽃이온화식   ㉱ 검지관식

해설 수소불꽃 이온화 검출기(FID : flame ionization detector) : 불꽃으로 시료 성분이 이온화됨으로써 불꽃 중에 놓여진 전극 간의 전기 전도도가 증대하는 것을 이용한 것으로 탄화수소에서 감도가 최고이고 H_2, O_2, CO_2, SO_2 등은 감도가 없다. 탄화수소의 상대 감도는 탄소수에 비례한다.

83. 천연가스의 성분이 메탄(CH_4) 85 %, 에탄(C_2H_6) 13 %, 프로판(C_3H_8) 2 %일 때 이 천연가스의 총발열량은 약 몇 kcal/m³인가?(단, 조정은 용량 백분율이며, 각 성분에 대한 총발열량은 다음과 같다.)

성분	메탄	에탄	프로판
총발열량(kcal/m³)	9520	16850	24160

㉮ 10766   ㉯ 12741

㉰ 13215   ㉱ 14621

해설 혼합가스의 발열량은 각 성분의 고유발열량에 성분 비율(%)을 곱한 값의 합이다.

∴ 천연가스 총발열량 = (메탄 총발열량×성분비)+(에탄 총발열량×성분비)+(프로판 총발열량×성분비)

= (9520×0.85)+(16850×0.13) +(24160×0.02) = 10765.7 kcal/m³

84. 검지가스와 누출 확인 시험지가 옳게 연결된 것은?

㉮ 포스겐-해리슨씨 시약

㉯ 할로겐-염화제일구리착염지

㉰ CO-KI 전분지

㉱ H₂S-질산구리벤젠지

[해설] 가스검지 시험지법

검지가스	시험지	반응(변색)
암모니아(NH₃)	적색리트머스지	청색
염소(Cl₂)	KI-전분지	청갈색
포스겐(COCl₂)	해리슨 시험지	유자색
시안화수소(HCN)	초산벤젠지	청색
일산화탄소(CO)	염화팔라듐지	흑색
황화수소(H₂S)	연당지	회흑색
아세틸렌(C₂H₂)	염화제1구리 착염지	적갈색

※ 초산벤젠지는 질산구리벤젠지로 불려진다.

85. 가스미터의 크기 선정 시 1개의 가스기구가 가스미터의 최대 통과량의 80 %를 초과한 경우의 조치로서 가장 옳은 것은?

㉮ 1등급 큰 미터를 선정한다.

㉯ 1등급 적은 미터를 선정한다.

㉰ 상기 시 가스량 이상의 통과 능력을 가진 미터 중 최대의 미터를 선정한다.

㉱ 상기 시 가스량 이상의 통과 능력을 가진 미터 중 최소의 미터를 선정한다.

[해설] 가스미터의 크기 선정 : 15호 이하의 소형 가스미터는 최대 사용 가스량이 가스미터 용량의 60 %가 되도록 선정한다. 다만, 1개의 가스기구가 가스미터의 최대 통과량의 80 %를 초과한 경우에는 1등급 더 큰 가스미터를 선정한다.

86. 스프링식 저울의 경우 측정하고자 하는 물체의 무게가 작용하여 스프링의 변위가 생기고 이에 따라 바늘의 변위가 생겨 지시하는 양으로 물체의 무게를 알 수 있다. 이와 같은 측정 방법은?

㉮ 편위법　　　㉯ 영위법
㉰ 치환법　　　㉱ 보상법

[해설] 편위법 : 측정량과 관계있는 다른 양으로 변환시켜 측정하는 방법으로 정도는 낮지만 측정이 간단하다. 부르동관 압력계, 스프링식 저울, 전류계 등이 해당된다.

87. 적분동작이 좋은 결과를 얻을 수 있는 경우가 아닌 것은?

㉮ 측정지연 및 조절지연이 작은 경우

㉯ 제어대상이 자기평형성을 가진 경우

㉰ 제어대상의 속응도(速應度)가 작은 경우

㉱ 전달지연과 불감시간(不感時間)이 작은 경우

[해설] 적분동작이 좋은 결과를 얻을 수 있는 경우
① 측정지연 및 조절지연이 작은 경우
② 제어대상이 자기평형성을 가진 경우
③ 제어대상의 속응도(速應度)가 큰 경우
④ 전달지연과 불감시간(不感時間)이 작은 경우

88. 습도에 대한 설명으로 틀린 것은?

㉮ 절대습도는 비습도라고도 하며 %로 나타낸다.

㉯ 상대습도는 현재의 온도 상태에서 포함할 수 있는 포화 수증기 최대량에 대한 현재 공기가 포함하고 있는 수증기의 양을 %로 표시한 것이다.

㉰ 이슬점은 상대습도가 100 %일 때의 온도이며 노점온도라고도 한다.

㉱ 포화공기는 더 이상 수분을 포함할 수 없는 상태의 공기이다.

[해설] 습도의 구분
① 절대습도 : 습공기 중에서 건조공기 1 kg에 대한 수증기의 양과의 비율로 온도에 관계없이 일정하게 나타난다.
② 상대습도 : 현재의 온도 상태에서 현재 포함하고 있는 수증기의 양과의 비를 백분율(%)로 표시한 것으로 온도에 따라 변화한다.
③ 비교습도 : 습공기의 절대습도와 그 온도와 동일한 포화공기의 절대습도와의 비

해답 85. ㉮　86. ㉮　87. ㉰　88. ㉮

89. 탄광 내에서 CH₄ 가스의 발생을 검출하는 데 가장 적당한 방법은?

㉮ 시험지법

㉯ 검지관법

㉲ 질량분석법

㉴ 안전등형 가연성가스 검출법

해설 안전등형 : 탄광 내에서 메탄(CH₄) 가스를 검출하는 데 사용되는 석유램프의 일종으로 메탄이 존재하면 불꽃의 모양이 커지며, 푸른 불꽃(청염) 길이로 메탄의 농도를 대략적으로 알 수 있다.

90. 초저온 영역에서 사용될 수 있는 온도계로 가장 적당한 것은?

㉮ 광전관식 온도계

㉯ 백금 측온 저항체 온도계

㉲ 크로멜-알루멜 열전대 온도계

㉴ 백금-백금·로듐 열전대 온도계

해설 백금 측온 저항체(백금 저항 온도계)의 특징
① 사용 범위가 −200~500℃로 넓다.
② 공칭 저항값(표준 저항값)은 0℃일 때 50 Ω, 100 Ω의 것이 표준적인 측온 저항체로 사용된다.
③ 표준용으로 사용할 수 있을 만큼 안정성이 있고, 재현성이 뛰어나다.
④ 측온 저항체의 소선으로 주로 사용된다.
⑤ 고온에서 열화(劣化)가 적다.
⑥ 저항온도계수가 비교적 작고, 측온 시간의 지연이 크다.
⑦ 가격이 비싸다.

91. 경사각이 30°인 경사관식 압력계의 눈금을 읽었더니 50 cm이었다. 이때 양단의 압력 차이는 약 몇 kgf/cm²인가? (단, 비중이 0.8인 기름을 사용하였다.)

㉮ 0.02

㉯ 0.2

㉲ 20

㉴ 200

해설 $P_1 - P_2 = \gamma x \sin\theta$
$= (0.8 \times 1000) \times 0.5 \times \sin30° \times 10^{-4}$
$= 0.02 \text{ kgf/cm}^2$

92. 가스 크로마토그래피의 구성 장치가 아닌 것은?

㉮ 분광부

㉯ 유속조절기

㉲ 컬럼

㉴ 시료주입기

해설 가스 크로마토그래피의 장치 구성 요소 : 캐리어가스, 압력조정기, 유량조절밸브, 압력계, 분리관(컬럼), 검출기, 기록계 등

93. 선팽창계수가 다른 2종의 금속을 결합시켜 온도 변화에 따라 굽히는 정도가 다른 특성을 이용한 온도계는?

㉮ 유리제 온도계

㉯ 바이메탈 온도계

㉲ 압력식 온도계

㉴ 전기저항식 온도계

해설 바이메탈 온도계의 특징
① 유리 온도계보다 견고하다.
② 구조가 간단하고, 보수가 용이하다.
③ 온도 변화에 대한 응답이 늦다.
④ 히스테리시스(hysteresis) 오차가 발생되기 쉽다.
⑤ 온도 조절 스위치나 자동기록장치에 사용된다.
⑥ 작용하는 힘이 크다.
⑦ 측정 범위 : −50~500℃

94. 유리제 온도계 중 모세관 상부에 보조 구부를 설치하고 사용온도에 따라 수은량을 조절하여 미세한 온도차의 측정이 가능한 것은?

㉮ 수은 온도계

㉯ 알코올 온도계

㉲ 베크만 온도계

㉴ 유점 온도계

해설 베크만 온도계 : 모세관에 남은 수은의 양을 조절하여 측정하며 미소한 범위의 온도 변화를 정밀하게 측정할 수 있다.

95. 제어량이 목표값을 중심으로 일정 폭의 상하 진동을 하게 되는 현상을 무엇이라고 하는가?

㉮ 오프셋

㉯ 오버슈트

대 오버잇 　　　라 뱅뱅

해설 뱅뱅 : 제어량이 목표값을 중심으로 일정한 폭의 상하 진동을 하게 되는 현상으로 온-오프 동작(2위치 동작)에서 발생한다.

96. 가스미터 설치 장소 선정 시 유의사항으로 틀린 것은?

　가 진동을 받지 않는 곳이어야 한다.

　나 부착 및 교환 작업이 용이하여야 한다.

　대 직사일광에 노출되지 않는 곳이어야 한다.

　라 가능한 한 통풍이 잘되지 않는 곳이어야 한다.

해설 가스미터 설치 장소 선정 시 유의사항
　① 검침 및 점검, 부착 및 교환 작업이 편리한 장소일 것
　② 청결한 장소이어야 하고 어린이들의 손이 닿지 않는 장소일 것
　③ 고온 다습한 곳, 화기, 부식성의 가스 등으로부터 안전거리를 유지할 수 있는 장소일 것
　④ 눈, 비, 직사광선을 받지 않는 장소일 것
　⑤ 진동을 받지 않는 장소일 것
　⑥ 통풍이 양호한 위치일 것
　⑦ −20℃ 이하의 저온으로 되지 않는 장소일 것

97. 2차 지연형 계측기에서 제동비를 ξ로 나타낼 때 대수감쇠율을 구하는 식은?

　가 $\dfrac{2\pi\xi}{\sqrt{1+\xi^2}}$ 　　　나 $\dfrac{2\pi\xi}{\sqrt{1-\xi^2}}$

　대 $\dfrac{2\pi\xi}{\sqrt{1+\xi}}$ 　　　라 $\dfrac{2\pi\xi}{\sqrt{1-\xi}}$

해설 대수감쇠율 : 감쇠를 하는 1자유도 스프링 질량계의 자유진동의 파형에 있어서 제 n번째의 진폭과 1주기 후 진폭의 비의 자연대수를 말한다. 대수감쇠율은 감쇠비(제동비) ξ만의 함수이다.
　∴ $\delta = \dfrac{2\pi\xi}{\sqrt{1-\xi^2}}$

98. 유체의 운동방정식(베르누이의 원리)을 적용하는 유량계는?

　가 오벌기어식 　　　나 로터리베인식

　대 터빈유량계 　　　라 오리피스식

해설 차압식 유량계
　① 측정 원리 : 베르누이 방정식
　② 종류 : 오리피스미터, 플로 노즐, 벤투리미터
　③ 측정 방법 : 조리개 전후에 연결된 액주계의 압력차를 이용하여 유량 측정

99. 크로마토그래피에서 분리도를 2배로 증가시키기 위한 컬럼의 단수(N)는?

　가 단수(N)를 $\sqrt{2}$배 증가시킨다.

　나 단수(N)를 2배 증가시킨다.

　대 단수(N)를 4배 증가시킨다.

　라 단수(N)를 8배 증가시킨다.

해설 $R = \dfrac{\sqrt{N}}{4} \times \dfrac{k}{k+1} \times \dfrac{\alpha-1}{\alpha}$ 이다.

$$\dfrac{R_2}{R_1} = \dfrac{\dfrac{\sqrt{N_2}}{4} \times \dfrac{k_2}{k_2+1} \times \dfrac{\alpha_2-1}{\alpha_2}}{\dfrac{\sqrt{N_1}}{4} \times \dfrac{k_1}{k_1+1} \times \dfrac{\alpha_1-1}{\alpha_1}} \text{에서}$$

$k_1 = k_2$, $\alpha_1 = \alpha_2$이므로, $\dfrac{R_2}{R_1} = \dfrac{\sqrt{N_2}}{\sqrt{N_1}}$ 이다.

∴ $N_2 = \dfrac{R_2^2 \times N_1}{R_1^2} = \dfrac{2^2 \times 1}{1^2} = 4$

∴ 분리도(R)를 2배로 증가시키기 위해서는 컬럼의 단수(N)를 4배 증가시킨다.

100. 막식 가스미터에서 가스가 미터를 통과하지 않는 고장은?

　가 부동 　　　나 불통

　대 기차불량 　　　라 감도불량

해설 (1) 불통(不通) : 가스가 계량기를 통과하지 못하는 고장
　(2) 원인
　① 크랭크축이 녹슬었을 때
　② 밸브와 밸브시트가 타르, 수분 등에 의해 붙거나 동결된 경우
　③ 날개 조절기 등 회전 장치 부분에 이상이 있을 때

해답　96. 라　97. 나　98. 라　99. 대　100. 나

□ **가스 기사** ▶ **2019. 4. 27 시행**

제 1 과목 가스유체역학

1. 기체 수송에 사용되는 기계들이 줄 수 있는 압력 차를 크기 순서대로 옳게 나타낸 것은?

㉮ 팬(fan) < 압축기 < 송풍기(blower)
㉯ 송풍기(blower) < 팬(fan) < 압축기
㉰ 팬(fan) < 송풍기(blower) < 압축기
㉱ 송풍기(blower) < 압축기 < 팬(fan)

해설 작동압력에 의한 압축기 분류
① 팬(fan) : 10 kPa 미만
② 송풍기(blower) : 10 kPa 이상 0.1 MPa 미만
③ 압축기(compressor) : 0.1 MPa 이상

2. 진공압력이 0.10 kgf/cm² 이고, 온도가 20℃ 인 기체가 계기압력 7 kgf/cm²로 등온압축되었다. 이때 압축 전 체적(V_1)에 대한 압축 후의 체적(V_2)의 비는 얼마인가? (단, 대기압은 720 mmHg이다.)

㉮ 0.11 ㉯ 0.14
㉰ 0.98 ㉱ 1.41

해설 ① 대기압 720 mmHg를 kgf/cm² 단위로 환산
∴ 환산압력
$$= \frac{주어진 \ 압력}{표준 \ 대기압} \times 구하려는 \ 단위 \ 표준 \ 대기압$$
$$= \frac{720}{760} \times 1.0332 = 0.97882 \ kgf/cm^2$$
② 절대압력 = 대기압 + 게이지압력
= 대기압 − 진공압력
③ 보일-샤를의 법칙을 이용하여 체적비 계산
$$\frac{P_1 V_1}{T_1} = \frac{P_2 V_2}{T_2} 에서$$
$T_1 = T_2$ 이다.
$$\therefore \frac{V_2}{V_1} = \frac{P_1}{P_2} = \frac{0.9788 - 0.10}{0.9788 + 7} = 0.1101$$

3. 압력 P_1에서 체적 V_1을 갖는 어떤 액체가 있다. 압력을 P_2로 변화시키고 체적이 V_2가 될 때 압력 차이($P_2 - P_1$)를 구하면? (단, 액체의 체적탄성계수는 K로 일정하고, 체적 변화는 아주 작다.)

㉮ $- K\left(1 - \dfrac{V_2}{V_1 - V_2}\right)$

㉯ $K\left(1 - \dfrac{V_2}{V_1 - V_2}\right)$

㉰ $- K\left(1 - \dfrac{V_2}{V_1}\right)$

㉱ $K\left(1 - \dfrac{V_2}{V_1}\right)$

해설 $K = -\dfrac{dP}{\dfrac{dV}{V_1}}$
$$= -\frac{P_1 - P_2}{\dfrac{V_1 - V_2}{V_1}} = \frac{P_2 - P_1}{\dfrac{V_1 - V_2}{V_1}} 이다.$$
$$\therefore (P_2 - P_1) = K \times \left(\frac{V_1 - V_2}{V_1}\right) = K \times \left(1 - \frac{V_2}{V_1}\right)$$

4. 그림과 같이 비중량이 γ_1, γ_2, γ_3인 세 가지의 유체로 채워진 마노미터에서 A위치와 B위치의 압력 차이($P_B - P_A$)는?

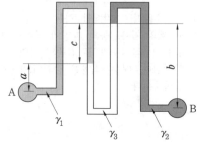

㉮ $- a\gamma_1 - b\gamma_2 + c\gamma_3$
㉯ $- a\gamma_1 + b\gamma_2 - c\gamma_3$

㉰ $a\gamma_1 - b\gamma_2 - c\gamma_3$

㉱ $a\gamma_1 - b\gamma_2 + c\gamma_3$

[해설] $P_A - a\gamma_1 = P_B - b\gamma_2 + c\gamma_3$

$\therefore\ P_B - P_A = -a\gamma_1 + b\gamma_2 - c\gamma_3$

5. 왕복 펌프의 특징으로 옳지 않은 것은?

㉮ 저속 운전에 적합하다.

㉯ 같은 유량을 내는 원심 펌프에 비하면 일반적으로 대형이다.

㉰ 유량은 적어도 되지만 양정이 원심 펌프로 미칠 수 없을 만큼 고압을 요구하는 경우는 왕복 펌프가 적합하지 않다.

㉱ 왕복 펌프는 양수 작용에 따라 분류하면 단동식과 복동식 및 차동식으로 구분된다.

[해설] (1) 왕복 펌프의 특징
① 소형으로 고압, 고점도 유체에 적당하다.
② 회전수가 변화되면 토출량은 변화하고 토출압력은 변화가 적다.
③ 토출량이 일정하여 정량토출이 가능하고 수송량을 가감할 수 있다.
④ 단속적인 송출이라 맥동이 일어나기 쉽고 진동이 있다.
⑤ 고압으로 액의 성질이 변할 수 있고, 밸브의 그랜드 패킹이 고장이 많다.
⑥ 진동이 발생하고, 동일 용량의 원심 펌프에 비해 크기가 크므로 설치 면적이 크다.
(2) 구조에 따른 분류 : 피스톤 펌프, 플런저 펌프, 다이어프램 펌프
(3) 양수 작용에 따른 분류 : 단동식, 복동식, 차동식

6. 비중량이 30 kN/m³인 물체가 물속에서 줄(lope)에 매달려 있다. 줄의 장력이 4 kN이라고 할 때 물속에 있는 이 물체의 체적은 얼마인가?

㉮ 0.198 m³   ㉯ 0.218 m³

㉰ 0.225 m³   ㉱ 0.246 m³

[해설] 물체의 비중량(γ_1)에 물속에 있는 물체의

체적(V)을 곱한 값에서 줄의 장력(W_l)을 빼준 값은 물의 비중량(γ_2)에 물속에 있는 물체의 체적(V)을 곱한 값과 같다. 물의 SI 단위 비중량은 9800 N/m³ = 9.8 kN/m³이다.

$\therefore\ \gamma_1 \times V - W_l = \gamma_2 \times V$

$30 \times V - 4 = 9.8 \times V$

$30V - 4 = 9.8V$

$30V - 9.8V = 4$

$V(30 - 9.8) = 4$

$\therefore\ V = \dfrac{4}{30 - 9.8} = 0.19801\ \text{m}^3$

7. 내경 0.05 m인 강관 속으로 공기가 흐르고 있다. 한쪽 단면에서의 온도는 293 K, 압력은 4 atm, 평균 유속은 75 m/s였다. 이 관의 하부에는 내경 0.08 m의 강관이 접속되어 있는데 이곳의 온도는 303 K, 압력은 2 atm이라고 하면 이곳에서의 평균 유속은 몇 m/s인가? (단, 공기는 이상기체이고 정상유동이라 간주한다.)

㉮ 14.2   ㉯ 60.6

㉰ 92.8   ㉱ 397.4

[해설] ① 처음 상태(293 K, 4 atm) 유량 계산

$\therefore\ Q_1 = A_1 V_1$

$= \dfrac{\pi}{4} \times 0.05^2 \times 75 = 0.1472\ \text{m}^3/\text{s}$

② 293 K, 4 atm 상태의 유량을 303 K, 2 atm 상태의 유량으로 계산

$\dfrac{P_1 Q_1}{T_1} = \dfrac{P_2 Q_2}{T_2}$ 에서

$\therefore\ Q_2 = \dfrac{P_1 Q_1 T_2}{P_2 T_1} = \dfrac{4 \times 0.1472 \times 303}{2 \times 293}$

$= 0.3044\ \text{m}^3/\text{s}$

③ 나중 상태(303 K, 2 atm)의 속도 계산

$\therefore\ V_2 = \dfrac{Q_2}{A_2} = \dfrac{0.3044}{\dfrac{\pi}{4} \times 0.08^2} = 60.5584\ \text{m/s}$

8. 그림과 같은 덕트에서의 유동이 아음속 유동일 때 속도 및 압력의 유동방향 변화를 옳게 나타낸 것은?

㉮ 속도 감소, 압력 감소

㉯ 속도 증가, 압력 증가

㉰ 속도 증가, 압력 감소

㉱ 속도 감소, 압력 증가

해설 이상기체의 아음속 흐름($M<1$)일 때 변화
　① 축소부 : 속도는 증가하고, 단면적, 압력, 밀도, 온도는 감소한다.
　② 확대부 : 단면적, 압력, 밀도, 온도는 증가하고 속도는 감소한다.

9. 관 내 유체의 급격한 압력 강하에 따라 수중에서 기포가 분리되는 현상은?

㉮ 공기바인딩　　㉯ 감압화

㉰ 에어리프트　　㉱ 캐비테이션

해설 캐비테이션(cavitation) 현상 : 유수 중에 그 수온의 증기압력보다 낮은 부분이 생기면 물이 증발을 일으키고 기포를 다수 발생하는 현상

10. 비중 0.9인 유체를 10 ton/h의 속도로 20 m 높이의 저장탱크에 수송한다. 지름이 일정한 관을 사용할 때 펌프가 유체에 가해준 일은 몇 kgf·m/kg인가? (단, 마찰손실은 무시한다.)

㉮ 10　　　　　㉯ 20

㉰ 30　　　　　㉱ 40

해설 ① 펌프가 유체에 가해준 시간당 일량(W) 계산 : 문제에서 주어진 유체 10 ton/h는 속도가 아닌 중량유량(kgf/h)이고 이것을 체적유량(m^3/h)로 환산하여 계산
$$\therefore W = \gamma[\text{kgf}/m^3] \times H[m] \times Q[m^3/h]$$
$$= (0.9 \times 10^3) \times 20 \times \frac{10000}{0.9 \times 10^3}$$
$$= 200000 \text{ kgf·m/h}$$
② 유체 1 kg당의 일량으로 계산
$$\therefore W = \frac{200000}{10000} = 20 \text{ kgf·m/kg·h}$$

11. 공기 속을 초음속으로 날아가는 물체의 마하각(mach angle)이 35°일 때, 그 물체의 속도는 약 몇 m/s인가? (단, 음속은 340 m/s이다.)

㉮ 581　㉯ 593　㉰ 696　㉱ 900

해설 $\sin\alpha = \dfrac{C}{V}$
$$\therefore V = \frac{C}{\sin\alpha} = \frac{340}{\sin 35°} = 592.771 \text{ m/s}$$

12. 다음은 면적이 변하는 도관에서의 흐름에 관한 그림이다. 그림에 대한 설명으로 옳지 않은 것은?

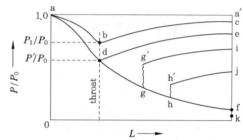

㉮ d점에서의 압력비를 임계압력비라고 한다.

㉯ gg′ 및 hh′는 충격파를 나타낸다.

㉰ 선 abc상의 다른 모든 점에서의 흐름은 아음속이다.

㉱ 초음속인 경우 노즐의 확산부의 단면적이 증가하면 속도는 감소한다.

해설 초음속인 경우 노즐의 확산부 단면적이 증가하면 속도는 증가한다.

13. 지름 5 cm의 관 속을 15 cm/s로 흐르던 물이 지름 10 cm로 급격히 확대되는 관 속으로 흐른다. 이때 확대에 의한 마찰손실 계수는 얼마인가?

㉮ 0.25　㉯ 0.56　㉰ 0.65　㉱ 0.75

해설 $K_e = \left(1 - \dfrac{A_1}{A_2}\right)^2 = \left\{1 - \left(\dfrac{D_1}{D_2}\right)^2\right\}^2$
$$= \left\{1 - \left(\frac{5}{10}\right)^2\right\}^2 = 0.5625$$

해답　**9.** ㉱　**10.** ㉯　**11.** ㉯　**12.** ㉱　**13.** ㉯

14. 지름이 400 mm인 공업용 강관에 20℃의 공기를 264 m³/min로 수송할 때, 길이 200 m에 대한 손실수두는 약 몇 cm인가? (단, Darcy-Weisbach 식의 관마찰계수는 0.1×10^{-3}이다.)

㉮ 22   ㉯ 37

㉰ 51   ㉱ 313

해설 ① 유속 계산

$$\therefore V = \frac{Q}{A} = \frac{264}{\frac{\pi}{4} \times 0.4^2 \times 60} = 35.014 \text{ m/s}$$

② 손실수두 계산

$$h_f = f \times \frac{L}{D} \times \frac{V^2}{2g}$$

$$= 0.1 \times 10^{-3} \times \frac{200}{0.4} \times \frac{35.014^2}{2 \times 9.8} \times 100$$

$$= 312.75 \text{ cmH}_2\text{O}$$

15. 다음 중 등엔트로피 과정은?

㉮ 가역 단열 과정

㉯ 비가역 등온 과정

㉰ 수축과 확대 과정

㉱ 마찰이 있는 가역적 과정

해설 ① 가역 단열 과정 : 엔트로피 일정(등엔트로피)

② 비가역 단열 과정 : 엔트로피 증가

16. 다음 유체의 점성과 관련된 설명 중 잘못된 것은?

㉮ poise는 점도의 단위이다.

㉯ 점도란 흐름에 대한 저항력의 척도이다.

㉰ 동점성 계수는 '점도/밀도'와 같다.

㉱ 20℃에서 물의 점도는 1 poise이다.

해설 20℃에서 물의 점도(μ)는 1.0 cP(centi poise)이고, 동점성계수(ν)는 1.0 cSt(centi stokes)이다.

17. 단면적이 변화하는 수평 관로에 밀도가 ρ인 이상유체가 흐르고 있다. 단면적이 A_1

인 곳에서의 압력은 P_1, 단면적이 A_2인 곳에서의 압력은 P_2이다. $A_2 = \frac{A_1}{2}$이면 단면적이 A_2인 곳에서의 평균 유속은?

㉮ $\sqrt{\dfrac{4(P_1 - P_2)}{3\rho}}$ ㉯ $\sqrt{\dfrac{4(P_1 - P_2)}{15\rho}}$

㉰ $\sqrt{\dfrac{8(P_1 - P_2)}{3\rho}}$ ㉱ $\sqrt{\dfrac{8(P_1 - P_2)}{15\rho}}$

해설 ① 1번 지점의 유속 계산

$$Q_1 = A_1 \cdot V_1, \quad Q_2 = A_2 \cdot V_2 = \frac{1}{2} A_1 \cdot V_2 \text{에서}$$

$Q_1 = Q_2$이므로 $A_1 V_1 = \frac{1}{2} A_1 V_2$이다.

$$\therefore V_1 = \frac{\frac{1}{2} A_1 V_2}{A_1} = \frac{1}{2} V_2$$

② 2번 지점의 평균 유속 계산 : 1번과 2번 지점에 베르누이 방정식을 적용하면

$$\frac{P_1}{\gamma} + \frac{V_1^2}{2g} + Z_1 = \frac{P_2}{\gamma} + \frac{V_2^2}{2g} + Z_2 \text{에서}$$

수평 관로이므로 $Z_1 = Z_2$이다.

$$\therefore \frac{P_1 - P_2}{\gamma} = \frac{V_2^2 - V_1^2}{2g}$$

$$= \frac{V_2^2 - \left(\frac{1}{2} V_2\right)^2}{2g} = \frac{\frac{3}{4} V_2^2}{2g}$$

$$\therefore V_2 = \sqrt{\frac{2g(P_1 - P_2)}{\frac{3}{4}\gamma}} = \sqrt{\frac{8(P_1 - P_2)}{3\rho}}$$

18. 전단응력(shear stress)과 속도구배와의 관계를 나타낸 다음 그림에서 빙햄 플라스틱 유체(Bingham plastic fluid)를 나타내는 것은?

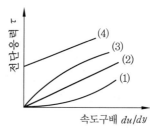

[가] (1) [나] (2)
[다] (3) [라] (4)

[해설] 선도에 해당하는 유체 명칭 및 종류
(1) 다일레이턴트 유체(팽창유체) : 아스팔트
(2) 뉴턴유체 : 물
(3) 실제 플라스틱(전단박하 유체) : 펄프류
(4) 빙햄 플라스틱 유체 : 기름, 페인트, 치약, 진흙

19. **완전 발달 흐름(fully developed flow)에 대한 내용으로 옳은 것은?**

[가] 속도분포가 축을 따라 변하지 않는 흐름
[나] 천이영역의 흐름
[다] 완전난류의 흐름
[라] 정상상태의 유체흐름

[해설] 완전 발달 흐름 : 원형 관내를 유체가 흐르고 있을 때 경계층이 완전히 성장하여 일정한 속도분포를 유지하면서 흐르는 흐름

20. **유체를 연속체로 취급할 수 있는 조건은?**

[가] 유체가 순전히 외력에 의하여 연속적으로 운동을 한다.
[나] 항상 일정한 전단력을 가진다.
[다] 비압축성이며 탄성계수가 적다.
[라] 물체의 특성길이가 분자 간의 평균 자유행로보다 훨씬 크다.

[해설] 물체의 유동을 특징지어 주는 대표길이(물체의 특성길이)가 분자의 크기나 분자의 평균 자유행로보다 매우 크고, 분자 상호간의 충돌시간이 짧아 분자 운동의 특성이 보존되는 경우에 유체를 연속체로 취급할 수 있다.

제 2 과목 연소공학

21. **다음 그림은 카르노 사이클(Carnot cycle)의 과정을 도식으로 나타낸 것이다. 열효율 η를 나타내는 식은?**

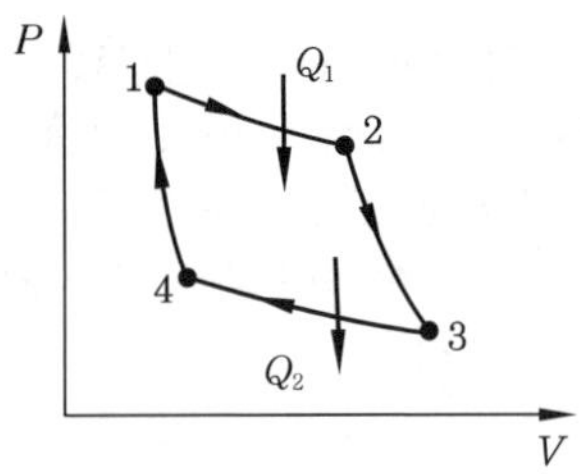

[가] $\eta = \dfrac{Q_1 - Q_2}{Q_1}$ [나] $\eta = \dfrac{Q_2 - Q_1}{Q_1}$

[다] $\eta = \dfrac{T_1}{T_1 - T_2}$ [라] $\eta = \dfrac{T_2 - T_1}{T_1}$

[해설] 카르노 사이클(Carnot cycle)의 열효율(η)

$$\eta = \frac{W}{Q_1} = \frac{Q_1 - Q_2}{Q_1} = \frac{T_1 - T_2}{T_1}$$

22. **발열량이 21 MJ/kg인 무연탄이 7 %의 습분을 포함한다면 무연탄의 발열량은 약 몇 MJ/kg인가?**

[가] 16.43 [나] 17.85 [다] 19.53 [라] 21.12

[해설] $H_l = H_h - 2.5(9H + W)$

$= 21 - 2.5 \times 0.07 = 20.825$ MJ/kg

※ 저위발열량 계산식

$H_l = H_h - 600(9H + W)$ [kcal/kg]

$= H_h - 2.5(9H + W)$ [MJ/kg]

※ 최종 결과 값이 [라]항에 가깝지만 최종 답안은 [다]항으로 처리되었음

〈별해〉 습분 7 %를 제외하면 무연탄은 93 %가 되므로 이 부분으로 발열량 계산

∴ $H_l = 21 \times 0.93 = 19.53$ MJ/kg

23. **최소 점화에너지에 대한 설명으로 옳은 것은?**

[가] 최소 점화에너지는 유속이 증가할수록 작아진다.
[나] 최소 점화에너지는 혼합기 온도가 상승함에 따라 작아진다.
[다] 최소 점화에너지의 상승은 혼합기 온도 및 유속과는 무관하다.
[라] 최소 점화에너지는 유속 20 m/s까지는

[해답] 19. [가] 20. [라] 21. [가] 22. [다] 23. [나]

점화에너지가 증가하지 않는다.

해설 최소 점화에너지(MIE) : 가연성 혼합가스에 전기적 스파크로 점화시킬 때 점화하기 위한 최소한의 전기적 에너지를 말하는 것으로 혼합기 온도가 상승함에 따라 작아지지만, 유속과는 무관하다.

24. 압력 엔탈피 선도에서 등엔트로피 선의 기울기는?

⑦ 부피　④ 온도　④ 밀도　② 압력

해설 압력(P) 엔탈피(h) 선도 : 압력(P)을 세로축에, 엔탈피(h)를 가로축에 표시하는 것으로 일반적으로 증기압축 냉동사이클에 사용한다. 등엔트로피 선의 기울기는 압축기에서 압축된 냉매 기체의 등비체적선과 같은 기울기를 갖는다.

25. 줄·톰슨 효과를 참조하여 교축과정(throttling process)에서 생기는 현상과 관계없는 것은?

⑦ 엔탈피 불변　④ 압력 강하

④ 온도 강하　② 엔트로피 불변

해설 교축과정(throttling process) 동안 온도와 압력은 감소(강하)하고, 엔탈피는 일정(불변)하며, 엔트로피는 증가한다.

참고 줄-톰슨(Joule-Thomson) 효과 : 압축가스(실제 기체)를 단열을 한 배관에서 단면적이 변화가 큰 곳을 통과시키면(교축팽창) 압력이 하강함과 동시에 온도가 하강하는 현상을 말한다.

26. 비중이 0.75인 휘발유(C_8H_{18}) 1 L를 완전 연소시키는 데 필요한 이론산소량은 약 몇 L인가?

⑦ 1510　④ 1842　④ 2486　② 2814

해설 ① 휘발유 액체 1 L의 무게 계산

∴ 무게 = 체적×액비중

$= 1 \times 0.75 = 0.75 \, kg = 750 \, g$

② 휘발유(옥탄 : C_8H_{18})의 완전 연소 반응식

$C_8H_{18} + 12.5O_2 \rightarrow 8CO_2 + 9H_2O$

③ 이론산소량(Nm^3) 계산 : 휘발유(C_8H_{18}) 분자량은 114이다.

$114 \, g : 12.5 \times 22.4 \, L = 750 \, g : x \, [L]$

$\therefore x = \dfrac{12.5 \times 22.4 \times 750}{114} = 1842.105 \, L$

27. 1 kmol의 일산화탄소와 2 kmol의 산소로 충전된 용기가 있다. 연소 전 온도는 298 K, 압력은 0.1 MPa이고 연소 후 생성물은 냉각되어 1300 K로 되었다. 정상상태에서 완전 연소가 일어났다고 가정했을 때 열전달량은 약 몇 kJ인가? (단, 반응물 및 생성물의 총엔탈피는 각각 −110529 kJ, −293338 kJ이다.)

⑦ − 202397　　④ − 230323

④ − 340238　　② − 403867

해설 ① 몰(mol)수 변화 계산 : 반응 전에 일산화탄소 1 kmol과 산소 2 kmol이 반응하므로 반응몰수는 3 kmol이고, 일산화탄소와 산소가 반응하면 이산화탄소 1 kmol이 생성된다.

∴ 반응식 : $CO + \dfrac{1}{2}O_2 \rightarrow CO_2$

∴ Δn = 반응몰 − 생성몰

$= (1 + 2) - 1 = 2 \, kmol$

② 열전달량 계산

∴ Q = 생성물 엔탈피

　− (반응물 엔탈피 + ΔnRT)

$= -293338$

$\quad - (-110529 + 2 \times 8.314 \times 1300)$

$= -204425.4 \, kJ$

28. 기체가 168 kJ의 열을 흡수하면서 동시에 외부로부터 20 kJ의 일을 받으면 내부에너지의 변화는 약 몇 kJ인가?

⑦ 20　④ 148　④ 168　② 188

해설 내부에너지 변화(U_2)는 물질의 내부에너지(U_1)와 물질에 전달해준 열(q) 및 일(W)을 합한 것이다.

∴ $U_2 = U_1 + q + W$

$= 168 + 20 = 188 \, kJ$

29. 열화학반응 시 온도 변화의 열전도 범위에 비해 속도 변화의 전도 범위가 크다는 것을 나타내는 무차원수는?

⑦ 루이스 수(Lewis number)

해답 **24.** ⑦　**25.** ②　**26.** ④　**27.** ⑦　**28.** ②　**29.** ④

㉯ 러셀 수(Nesselt number)

㉰ 프란틀 수(Prandtl number)

㉱ 그라쇼프 수(Grashof number)

해설 Prandtl(Pr) 수 : 열대류에 관한 무차원수

$$Pr = \frac{유체의\ 동점성계수(\nu)}{열확산계수(a)}$$

30. 산소의 기체상수(R) 값은 약 얼마인가?

㉮ 260 J/kg·K ㉯ 650 J/kg·K

㉰ 910 J/kg·K ㉱ 1074 J/kg·K

해설 산소(O_2)의 분자량은 32이다.

$$\therefore R = \frac{8314}{M} = \frac{8314}{32} = 259.812\ \text{J/kg·K}$$

31. 가연성가스의 폭발범위에 대한 설명으로 옳지 않은 것은?

㉮ 일반적으로 압력이 높을수록 폭발범위 가 넓어진다.

㉯ 가연성 혼합가스의 폭발범위는 고압에 서는 상압에 비해 훨씬 넓어진다.

㉰ 프로판과 공기의 혼합가스에 불연성가스 를 첨가하는 경우 폭발범위는 넓어진다.

㉱ 수소와 공기의 혼합가스는 고온에 있어 서는 폭발범위가 상온에 비해 훨씬 넓어 진다.

해설 프로판과 공기의 혼합가스에 불연성가스 가 첨가되면 산소의 농도가 낮아져 폭발범 위는 좁아진다.

32. 압력이 1기압이고 과열도가 10℃인 수증 기의 엔탈피는 약 몇 kcal/kg인가? (단, 100 ℃의 물의 증발잠열이 539 kcal/kg이고, 물 의 비열은 1 kcal/kg·℃, 수증기의 비열은 0.45 kcal/kg·℃, 기준 상태는 0℃와 1 atm 으로 한다.)

㉮ 539 ㉯ 639

㉰ 643.5 ㉱ 653.5

해설 ① 과열증기 온도 계산

과열도 = 과열증기 온도 - 포화증기 온도

$\therefore$ 과열증기 온도 = 포화증기 온도+과열도

= 100+10 = 110℃

② 물 1 kg에 대한 0℃부터 100℃까지 현열 계산

$$\therefore Q_1 = C\Delta t$$
$$= 1 \times (100-0) = 100\ \text{kcal/kg}$$

③ 물의 증발잠열 $Q_2 = 539\ \text{kcal/kg}$

④ 수증기 1 kg에 대한 100℃부터 110℃까지 현열 계산

$$Q_3 = C\Delta t = 0.45 \times (110-100)$$
$$= 4.5\ \text{kcal/kg}$$

⑤ 총 엔탈피 계산

$$\therefore Q = Q_1 + Q_2 + Q_3$$
$$= 100+539+4.5 = 643.5\ \text{kcal/kg}$$

33. 가스의 비열비$\left(k = \dfrac{C_p}{C_v}\right)$의 값은?

㉮ 항상 1보다 크다.

㉯ 항상 0보다 작다.

㉰ 항상 0이다.

㉱ 항상 1보다 작다.

해설 가스의 비열비 $k = \dfrac{C_p}{C_v}$에서 정압비열(C_p) 이 정적비열(C_v)보다 항상 크기 때문에 비 열비(k)는 항상 1보다 크다.

참고 분자 종류별 비열비(k)

① 1원자 분자(C, S, Ar, He 등) : 1.66

② 2원자 분자(O_2, N_2, H_2, CO 등) 및 공기 : 1.4

③ 3원자 분자(CO_2, SO_2, NO_2 등) : 1.33

34. 어떤 고체 연료의 조성은 탄소 71 %, 산 소 10 %, 수소 3.8 %, 황 3 %, 수분 3 %, 기 타 성분 9.2 %로 되어 있다. 이 연료의 고위 발열량(kcal/kg)은 얼마인가?

㉮ 6698 ㉯ 6782 ㉰ 7103 ㉱ 7398

해설 $H_h = 8100C + 34200\left(H - \dfrac{O}{8}\right) + 2500S$

$$= 8100 \times 0.71 + 34200 \times \left(0.038 - \frac{0.1}{8}\right)$$
$$+ 2500 \times 0.03 = 6698.1\ \text{kcal/kg}$$

해답 **30.** ㉮ **31.** ㉰ **32.** ㉰ **33.** ㉮ **34.** ㉮

35. 다음 중 대기오염 방지기기로 이용되는 것은?

㉮ 링겔만 ㉯ 플레임로드

㉰ 레드우드 ㉱ 스크러버

[해설] 집진장치의 분류 및 종류

① 건식 집진장치 : 중력식 집진장치, 관성력식 집진장치, 원심력식 집진장치, 여과집진장치 등

② 습식 집진장치 : 벤투리 스크러버, 제트 스크러버, 사이클론 스크러버, 충전탑(세정탑) 등

③ 전기식 집진장치 : 코트렐 집진기

36. 가스 혼합물을 분석한 결과 N_2 70 %, CO_2 15 %, O_2 11 %, CO 4 %의 체적비를 얻었다. 이 혼합물은 10 kPa, 20℃, 0.2 m³인 초기 상태로부터 0.1 m³으로 실린더 내에서 가역단열 압축할 때 최종 상태의 온도는 약 몇 K인가? (단, 이 혼합가스의 정적비열은 0.7157 kJ/kg · K이다.)

㉮ 300 ㉯ 380

㉰ 460 ㉱ 540

[해설] ① 혼합가스의 평균분자량 계산

$\therefore M = (28 \times 0.7) + (44 \times 0.15)$
$+ (32 \times 0.11) + (28 \times 0.04) = 30.84$

② 정압비열 계산

$C_p - C_v = R$에서

$\therefore C_p = C_v + R$

$= 0.7157 + \dfrac{8.314}{30.84} = 0.9853$ kJ/kg · K

③ 비열비(k) 계산

$\therefore k = \dfrac{C_p}{C_v} = \dfrac{0.9853}{0.7157} = 1.376 ≒ 1.38$

④ 최종 온도 계산

$\dfrac{T_2}{T_1} = \left(\dfrac{V_1}{V_2}\right)^{k-1}$ 에서

$\therefore T_2 = T_1 \times \left(\dfrac{V_1}{V_2}\right)^{k-1}$

$= (273 + 20) \times \left(\dfrac{0.2}{0.1}\right)^{1.38-1}$

$= 381.293$ K

37. 종합적 안전관리 대상자가 실시하는 가스 안전성 평가의 기준에서 정량적 위험성 평가 기법에 해당하지 않는 것은?

㉮ FTA(fault tree analysis)

㉯ ETA(event tree analysis)

㉰ CCA(cause consequence analysis)

㉱ HAZOP(hazard and operability studies)

[해설] 안전성 평가기법

① 정성적 평가기법 : 체크리스트(checklist) 기법, 사고예상 질문 분석(WHAT-IF) 기법, 위험과 운전 분석(HAZOP) 기법

② 정량적 평가 기법 : 작업자 실수 분석(HEA) 기법, 결함수 분석(FTA) 기법, 사건수 분석(ETA) 기법, 원인 결과 분석(CCA) 기법

③ 기타 : 상대 위험순위 결정 기법, 이상 위험도 분석

38. 수소(H_2)의 기본 특성에 대한 설명 중 틀린 것은?

㉮ 가벼워서 확산하기 쉬우며 작은 틈새로 잘 발산한다.

㉯ 고온, 고압에서 강재 등의 금속을 투과한다.

㉰ 산소 또는 공기와 혼합하여 격렬하게 폭발한다.

㉱ 생물체의 호흡에 필수적이며 연료의 연소에 필요하다.

[해설] 수소(H_2)의 성질

① 지구상에 존재하는 원소 중 가장 가볍다.

② 무색, 무취, 무미의 가연성이다.

③ 열전도율이 대단히 크고, 열에 대해 안정하다.

④ 확산속도가 대단히 크다.

⑤ 고온에서 강재, 금속 재료를 쉽게 투과한다.

⑥ 폭굉속도가 1400~3500 m/s에 달한다.

⑦ 폭발범위가 넓다 (공기 중 : 4~75 %, 산소 중 : 4~94 %).

⑧ 산소와 수소폭명기, 염소와 염소폭명기의 폭발반응이 발생한다.

39. 다음 〈보기〉에서 설명하는 연소 형태로 가장 적절한 것은?

> ─── 〈보 기〉 ───
> ① 연소실 부하율을 높게 얻을 수 있다.
> ② 연소실의 체적이나 길이가 짧아도 된다.
> ③ 화염면이 자력으로 전파되어 간다.
> ④ 버너에서 상류의 혼합기로 역화를 일으킬 염려가 있다.

㉮ 증발연소

㉯ 등심연소

㉰ 확산연소

㉱ 예혼합연소

해설 예혼합연소 : 가스와 공기(산소)를 버너에서 혼합시킨 후 연소실에 분사하는 방식으로 화염이 자력으로 전파해 나가는 내부 혼합방식으로 화염이 짧고 높은 화염온도를 얻을 수 있다.

40. 탄소 1 kg을 이론공기량으로 완전 연소시켰을 때 발생되는 연소가스량은 약 몇 Nm^3인가?

㉮ 8.9

㉯ 10.8

㉰ 11.2

㉱ 22.4

해설 ① 이론공기량에 의한 탄소(C)의 완전 연소 반응식

$$C + O_2 + (N_2) \rightarrow CO_2 + (N_2)$$

② 연소가스량(Nm^3) 계산 : 연소 가스량은 CO_2량과 공기 중 함유된 N_2량이 되며, 질소량은 산소량의 $\frac{79}{21}$ 배가 된다.

∴ CO_2량

$\rightarrow 12 \, kg : 22.4 \, Nm^3 = 1 \, kg : x \, (CO_2) \, [Nm^3]$

∴ N_2량

$\rightarrow 12 \, kg : 22.4 \times \frac{79}{21} \, Nm^3 = 1 \, kg : y \, (N_2) \, [Nm^3]$

∴ $G_{0d} = CO_2 + N_2$

$$= \left(\frac{1 \times 22.4}{12} \right) + \left(\frac{1 \times 22.4 \times \frac{79}{21}}{12} \right)$$

$$= 8.888 \, Nm^3$$

제 3 과목 가스설비

41. 냉동용 특정설비제조시설에서 발생기란 흡수식 냉동설비에 사용하는 발생기에 관계되는 설계온도가 몇 ℃를 넘는 열교환기 및 이들과 유사한 것을 말하는가?

㉮ 105℃

㉯ 150℃

㉰ 200℃

㉱ 250℃

해설 용어의 정의(KGS AA111 고압가스용 냉동기 제조 기준) : 발생기란 흡수식 냉동설비에 사용하는 발생기에 관계되는 설계온도가 200℃를 넘는 열교환기 및 이들과 유사한 것을 말한다.

42. 아세틸렌에 대한 설명으로 틀린 것은?

㉮ 반응성이 대단히 크고 분해 시 발열반응을 한다.

㉯ 탄화칼슘에 물을 가하여 만든다.

㉰ 액체 아세틸렌보다 고체 아세틸렌이 안정하다.

㉱ 폭발범위가 넓은 가연성 기체이다.

해설 아세틸렌은 흡열화합물이므로 압축하면 분해폭발을 일으킬 염려가 있다.

반응식 : $C_2H_2 \rightarrow 2C + H_2 + 54.2 \, kcal$

※ 반응성이 대단히 크다는 것이 잘못된 설명임

43. 스프링 직동식과 비교한 파일럿식 정압기에 대한 설명으로 틀린 것은?

㉮ 오프셋이 적다.

㉯ 1차 압력 변화의 영향이 적다.

㉰ 로크업을 적게 할 수 있다.

㉱ 구조 및 신호계통이 단순하다.

해설 파일럿식 정압기는 스프링 직동식 분체에 파일럿으로 구성되어 구조 및 신호계통이 복잡하다.

44. 이음매 없는 용기의 제조법 중 이음매 없는 강관을 재료로 사용하는 제조 방식은?

㉮ 웰딩식

㉯ 만네스만식

㉰ 에르하트식

㉱ 딥드로잉식

해답 39. ㉱   40. ㉮   41. ㉰   42. ㉮   43. ㉱   44. ㉯

[해설] 용기 종류 및 제조 방법
① 이음매 없는 용기 : 만네스만식, 에르하트식, 딥드로잉식
② 용접용기 : 심교용기, 종계용기

45. 신규 용기의 내압시험 시 전증가량이 100 cm^3이었다. 이 용기가 검사에 합격하려면 영구증가량은 몇 cm^3 이하이어야 하는가?

㉮ 5 ㉯ 10 ㉰ 15 ㉱ 20

[해설] 신규 용기에 대한 내압시험 시 영구(항구) 증가율 10 % 이하가 합격 기준이다.

∴ 영구증가율 $= \dfrac{영구증가량}{전증가량} \times 100$ 에서

∴ 영구증가량 = 전증가량 × 영구증가율
$= 100 \times 0.1 = 10\ cm^3$ 이하

46. 다음 중 금속 재료에 대한 설명으로 틀린 것은?

㉮ 강에 P(인)의 함유량이 많으면 신율, 충격치는 저하된다.
㉯ 18 % Cr, 8 % Ni을 함유한 강을 18-8 스테인리스강이라 한다.
㉰ 금속 가공 중에 생긴 잔류응력을 제거할 때에는 열처리를 한다.
㉱ 구리와 주석의 합금은 황동이고, 구리와 아연의 합금은 청동이다.

[해설] 동합금의 종류 및 특징
① 황동(brass) : 동(Cu)과 아연(Zn)의 합금으로 동에 비하여 주조성, 가공성 및 내식성이 우수하며 청동에 비하여 가격이 저렴하다. 아연의 함유량은 30~35 % 정도이다.
② 청동(bronze) : 동(Cu)과 주석(Sn)의 합금으로 황동에 비하여 주조성이 우수하여 주조용 합금으로 많이 쓰이며 내마모성이 우수하고 강도가 크다.

47. 대체천연가스(SNG) 공정에 대한 설명으로 틀린 것은?

㉮ 원료는 각종 탄화수소이다.
㉯ 저온수증기 개질방식을 채택한다.
㉰ 천연가스를 대체할 수 있는 제조가스

이다.
㉱ 메탄을 원료로 하여 공기 중에서 부분연소로 수소 및 일산화탄소의 주성분을 만드는 공정이다.

[해설] 대체천연가스 공정(substitute natural process) : 수분, 산소, 수소를 원료 탄화수소와 반응시켜, 수증기 개질, 부분연소, 수첨분해 등에 의해 가스화하고 메탄 합성, 탈탄산 등의 공정과 병용해서 천연가스의 성상과 거의 일치하게끔 가스를 제조하는 공정으로 제조된 가스를 대체천연가스(SNG)라 한다.

48. 다음 중 부식 방지 방법에 대한 설명으로 틀린 것은?

㉮ 금속을 피복한다.
㉯ 선택배류기를 접속시킨다.
㉰ 이종의 금속을 접촉시킨다.
㉱ 금속 표면의 불균일을 없앤다.

[해설] 이종 금속을 접촉시키면 양 금속 간에 전지가 형성되어 양극으로 되는 금속에서 금속 이온이 용출하면서 부식이 진행된다.

49. 압력용기라 함은 그 내용물이 액화가스인 경우 35℃에서의 압력 또는 설계압력이 얼마 이상인 용기를 말하는가?

㉮ 0.1 MPa ㉯ 0.2 MPa
㉰ 1 MPa ㉱ 2 MPa

[해설] 압력용기(KGS AC111) : 35℃에서의 압력 또는 설계압력이 그 내용물이 액화가스인 경우는 0.2 MPa 이상, 압축가스인 경우는 1 MPa 이상인 용기를 말한다.

50. 냄새가 나는 물질(부취제)에 대한 설명으로 틀린 것은?

㉮ DMS는 토양투과성이 아주 우수하다.
㉯ TBM은 충격(impact)에 가장 약하다.
㉰ TBM은 메르캅탄류 중에서 내산화성이 우수하다.
㉱ THT의 LD_{50}은 6400 mg/kg 정도로 거의 무해하다.

해답 45. ㉯ 46. ㉱ 47. ㉱ 48. ㉰ 49. ㉯ 50. ㉯

해설 부취제의 종류 및 특징

① TBM(tertiary buthyl mercaptan) : 양파 썩는 냄새가 나며 내산화성이 우수하고 토양투과성이 우수하며 토양에 흡착되기 어렵다. 냄새가 가장 강하다.

② THT(tetra hydro thiophen) : 석탄가스 냄새가 나며 산화, 중합이 일어나지 않는 안정된 화합물이다. 토양의 투과성이 보통이며, 토양에 흡착되기 쉽다.

③ DMS(dimethyl sulfide) : 마늘 냄새가 나며 안정된 화합물이다. 내산화성이 우수하며 토양의 투과성이 아주 우수하며 토양에 흡착되기 어렵다.

51. 펌프에서 송출압력과 송출유량 사이에 주기적인 변동이 일어나는 현상을 무엇이라 하는가?

㉮ 공동 현상 ㉯ 수격 현상
㉰ 서징 현상 ㉱ 캐비테이션 현상

해설 서징(surging) 현상 : 맥동 현상이라 하며 펌프 운전 중에 주기적으로 운동, 양정, 토출량이 규칙적으로 변동하는 현상으로 압력계의 지침이 일정 범위 내에서 움직인다.

52. 다음 중 가스 액화 사이클이 아닌 것은?

㉮ 린데 사이클 ㉯ 클라우드 사이클
㉰ 필립스 사이클 ㉱ 오토 사이클

해설 가스 액화 사이클의 종류 : 린데식, 클라우드식, 캐피자식, 필립스식, 캐스케이드식
※ 오토 사이클은 동력기관 사이클에 해당된다.

53. 35℃에서 최고 충전압력이 15 MPa로 충전된 산소 용기의 안전밸브가 작동하기 시작하였다면 이때 산소 용기 내의 온도는 약 몇 ℃인가?

㉮ 137℃ ㉯ 142℃ ㉰ 150℃ ㉱ 165℃

해설 ① 산소 용기 안전밸브 작동압력 계산
∴ 안전밸브 작동압력
$$= TP \times \frac{8}{10} = \left(FP \times \frac{5}{3} \right) \times \frac{8}{10}$$
$$= \left(15 \times \frac{5}{3} \right) \times \frac{8}{10} = 20 \text{ MPa}$$

② 산소 용기 내의 온도 계산
$$\frac{P_1 V_1}{T_1} = \frac{P_2 V_2}{T_2} \text{ 에서 } V_1 = V_2 \text{이므로}$$
$$\therefore T_2 = \frac{P_2 T_1}{P_1} = \frac{20 \times (273 + 35)}{15}$$
$$= 410.666 \text{ K} - 273 = 137.666 ℃$$

54. 중간매체 방식의 LNG 기화장치에서 중간 열매체로 사용되는 것은?

㉮ 폐수 ㉯ 프로판 ㉰ 해수 ㉱ 온수

해설 LNG 기화장치의 종류

① 오픈 랙(open rack) 기화법 : 베이스로드용으로 바닷물을 열원으로 사용하므로 초기 시설비가 많으나 운전비용이 저렴하다.

② 중간매체법 : 베이스로드용으로 프로판(C_3H_8), 펜탄(C_5H_{12}) 등을 사용한다.

③ 서브머지드(submerged)법 : 피크로드용으로 액 중 버너를 사용한다. 초기 시설비가 적으나 운전비용이 많이 소요된다.

55. 고압가스 설비의 두께는 상용압력의 몇 배 이상의 압력에서 항복을 일으키지 않아야 하는가?

㉮ 1.5배 ㉯ 2배 ㉰ 2.5배 ㉱ 3배

해설 가스 설비의 두께 및 강도 : 고압가스 설비는 상용압력의 2배 이상의 압력에서 항복을 일으키지 아니하는 두께를 가지고, 상용의 압력에 견디는 충분한 강도를 가지는 것으로 한다.

56. 다음 〈보기〉에서 설명하는 안전밸브의 종류는?

─── 〈보 기〉 ───
① 구조가 간단하고, 취급이 용이하다.
② 토출용량이 높아 압력 상승이 급격하게 변하는 곳에 적당하다.
③ 밸브시트의 누출이 없다.
④ 슬러지 함유, 부식성 유체에도 사용이 가능하다.

㉮ 가용전식 ㉯ 중추식
㉰ 스프링식 ㉱ 파열판식

─────────────────────────────

해답 **51.** ㉰ **52.** ㉱ **53.** ㉮ **54.** ㉯ **55.** ㉯ **56.** ㉱

해설 파열판식 안전밸브 : 얇은 평판 또는 돔 모양의 원판주위를 고정하여 용기나 설비에 설치하며, 구조가 간단하며 취급, 점검이 용이하다. 일반적으로 압축가스 용기에 사용한다.

57. 고온, 고압에서 수소 가스 설비에 탄소강을 사용하면 수소 취성을 일으키게 되므로 이것을 방지하기 위하여 첨가하는 금속 원소로 적당하지 않은 것은?

㉮ 몰리브덴 ㉯ 크립톤
㉰ 텅스텐 ㉱ 바나듐

해설 수소 취성 방지 원소 : 텅스텐(W), 바나듐(V), 몰리브덴(Mo), 티타늄(Ti), 크롬(Cr)

58. 고압식 액화산소 분리장치의 제조과정에 대한 설명으로 옳은 것은?

㉮ 원료공기는 1.5~2.0 MPa로 압축된다.
㉯ 공기 중의 탄산가스는 실리카겔 등의 흡착제로 제거한다.
㉰ 공기압축기 내부 윤활유를 광유로 하고 광유는 건조로에서 제거한다.
㉱ 액체질소와 액화공기는 상부 탑에 이송되나 이때 아세틸렌 흡착기에서 액체공기 중 아세틸렌과 탄화수소가 제거된다.

해설 각 항목의 옳은 설명
㉮ 원료공기는 15~20 MPa로 압축된다.
㉯ 공기 중의 탄산가스는 탄산가스 흡수기에서 가성소다 용액에 흡수되어 제거된다.
㉰ 공기압축기 내부 윤활유는 광유를 사용하고, 윤활유가 분리기로 들어가면 폭발의 원인이 되므로 유분리기에서 제거한다.

59. 펌프의 양수량이 2 m³/min이고 배관에서의 전 손실수두가 5 m인 펌프로 20 m 위로 양수하고자 할 때 펌프의 축동력은 약 몇 kW인가? (단, 펌프의 효율은 0.87이다.)

㉮ 7.4 ㉯ 9.4 ㉰ 11.4 ㉱ 13.4

해설 $kW = \dfrac{\gamma \cdot Q \cdot H}{102\eta}$

$= \dfrac{1000 \times 2 \times (20+5)}{102 \times 0.87 \times 60} = 9.39 \, kW$

60. 고압가스 저장시설에서 가연성 가스설비를 수리할 때 가스설비 내를 대기압 이하까지 가스치환을 생략하여도 무방한 것은?

㉮ 가스설비의 내용적이 3 m³일 때
㉯ 사람이 그 설비의 안에서 작업할 때
㉰ 화기를 사용하는 작업일 때
㉱ 개스킷의 교환 등 경미한 작업을 할 때

해설 가스치환 작업을 하지 아니할 수 있는 경우
① 가스설비의 내용적이 1 m³ 이하인 것
② 출입구의 밸브가 확실히 폐지되어 있고 내용적이 5 m³ 이상의 가스설비에 이르는 사이에 2개 이상의 밸브를 설치한 것
③ 사람이 그 설비의 밖에서 작업하는 것
④ 화기를 사용하지 아니하는 작업인 것
⑤ 설비의 간단한 청소 또는 개스킷의 교환 그 밖에 이들에 준하는 경미한 작업인 것

제 4 과목 가스안전관리

61. 저장탱크에 의한 액화석유가스 사용시설에서 배관설비 신축흡수조치 기준에 대한 설명으로 틀린 것은?

㉮ 건축물에 노출하여 설치하는 배관의 분기관의 길이는 30 cm 이상으로 한다.
㉯ 분기관에는 90° 엘보 1개 이상을 포함하는 굴곡부를 설치한다.
㉰ 분기관이 창문을 관통하는 부분에 사용하는 보호관의 내경은 분기관 외경의 1.2배 이상으로 한다.
㉱ 11층 이상 20층 이하 건축물의 배관에는 1개소 이상의 곡관을 설치한다.

해설 배관설비 신축흡수조치 기준(입상관의 경우)
① 분기관에는 90° 엘보 1개 이상을 포함하는 굴곡부를 설치한다.
② 분기관이 외벽, 베란다 또는 창문을 관통하는 부분에 사용하는 보호관의 내경은 분기관 외경의 1.2배 이상으로 한다.
③ 건축물에 노출하여 설치하는 배관의 분기관의 길이는 50 cm 이상으로 한다.
④ 11층 이상 20층 이하 건축물의 배관에는

1개소 이상의 곡관을 설치하고, 20층 이 상인 건축물의 배관에는 2개소 이상의 곡 관을 설치한다.

62. 부취제 혼합설비의 이입작업 안전기준에 대한 설명으로 틀린 것은?

㉮ 운반차량으로부터 저장탱크에 이입 시 보호의 및 보안경 등의 보호장비를 착 용한 후 작업한다.

㉯ 부취제가 누출될 수 있는 주변에는 방 류둑을 설치한다.

㉰ 운반차량은 저장탱크 외면과 3 m 이상 이격거리를 유지한다.

㉱ 이입작업 시에는 안전관리자가 상주하 여 이를 확인한다.

해설 부취제 이입작업 기준⟨17. 1. 9 신설⟩
① 운반차량으로부터 부취제를 저장탱크에 이입할 경우 보호의 및 보안경 등의 보호장 비를 착용한 후 작업한다.
② 운반차량은 저장탱크의 외면과 3 m 이상 이격거리를 유지한다.
③ 운반차량으로부터 부취제를 저장탱크로 이입하는 경우 운반차량이 고정되도록 자 동차 정지목 등을 설치한다.
④ 부취제 이입 시 이입펌프의 작동상태를 확인한 후 이입작업을 시작한다.
⑤ 부취제 이입작업을 시작하기 전에 주위 에 화기 및 인화성 또는 발화성 물질이 없 도록 한다.
⑥ 운반차량에 발생하는 정전기를 제거하는 조치를 한다.
⑦ 부취제가 누출될 수 있는 주변에 중화제 및 소화기 등을 구비하여 부취제 누출 시 곧바로 중화 및 소화작업을 한다.
⑧ 누출된 부취제는 중화 또는 소화작업을 하여 안전하게 폐기한다.
⑨ 저장탱크에 이입을 종료한 후 설비에 남 아있는 부취제를 최대한 회수하고 누출점 검을 실시한다.
⑩ 부취제 이입작업 시에는 안전관리자가 상주하여 이를 확인하여야 하고, 작업관 련자 이외에는 출입을 통제한다.

63. 고압가스 특정제조시설에서 플레어스택의 설치위치 및 높이는 플레어스택 바로 밑의 지 표면에 미치는 복사열이 몇 kcal/m² · h 이하 로 되도록 하여야 하는가?

㉮ 2000 ㉯ 4000 ㉰ 6000 ㉱ 8000

해설 플레어스택의 설치위치 및 높이는 플레어 스택 바로 밑의 지표면에 미치는 복사열이 4000 kcal/m² · h 이하로 되도록 한다. 다만, 4000 kcal/m² · h를 초과하는 경우로서 출입 이 통제되어 있는 지역은 그러하지 아니하다.

64. 저장탱크에 액화석유가스를 충전하려면 정전기를 제거한 후 저장탱크 내용적의 몇 % 를 넘지 않도록 충전하여야 하는가?

㉮ 80 % ㉯ 85 % ㉰ 90 % ㉱ 95 %

해설 액화석유가스 충전량
① 저장탱크 : 내용적의 90 %를 넘지 않도록 한다.
② 소형 저장탱크 : 내용적의 85 %를 넘지 않 도록 한다.

65. 2개 이상의 탱크를 동일 차량에 고정할 때의 기준으로 틀린 것은?

㉮ 탱크의 주밸브는 1개만 설치한다.

㉯ 충전관에는 긴급 탈압밸브를 설치한다.

㉰ 충전관에는 안전밸브, 압력계를 설치한다.

㉱ 탱크와 차량과의 사이를 단단하게 부착 하는 조치를 한다.

해설 2개 이상 탱크의 설치 기준 : 2개 이상의 탱 크를 동일한 차량에 고정하여 운반하는 경 우에는 다음 기준에 적합하게 한다.
① 탱크마다 탱크의 주밸브를 설치한다.
② 탱크 상호간 또는 탱크와 차량과의 사이 를 단단하게 부착하는 조치를 한다.
③ 충전관에는 안전밸브, 압력계 및 긴급 탈 압밸브를 설치한다.

66. 지하에 설치하는 액화석유가스 저장탱크 실 재료의 규격으로 옳은 것은?

㉮ 설계강도 : 25 MPa 이상

해답 **62.** ㉯ **63.** ㉯ **64.** ㉰ **65.** ㉮ **66.** ㉱

대 물-결합재비 : 25 % 이하

대 슬럼프(slump) : 50~150 mm

라 굵은 골재의 최대 치수 : 25 mm

해설 저장탱크실 재료의 규격〈17. 9. 29 개정〉

항 목	규 격
굵은 골재의 최대 치수	25 mm
설계강도	21 MPa 이상
슬럼프(slump)	120~150 mm
공기량	4 % 이하
물 – 시멘트비	50 % 이하
그 밖의 사항	KS F 4009 (레디믹스트 콘크리트)에 의한 규정

[비고] 수밀콘크리트의 시공 기준은 국토교통부가 제정한 "콘크리트 표준 시방서"를 준용한다.

67. 독성가스 배관을 2중관으로 하여야 하는 독성가스가 아닌 것은?

㈎ 포스겐 ㈏ 염소

㈐ 브롬화메탄 ㈑ 산화에틸렌

해설 2중관으로 하여야 하는 독성가스 : 포스겐, 황화수소, 시안화수소, 아황산가스, 산화에틸렌, 암모니아, 염소, 염화메탄

68. 고압가스 용기의 보관장소에 용기를 보관할 경우의 준수할 사항 중 틀린 것은?

㈎ 충전용기와 잔가스 용기는 각각 구분하여 용기 보관장소에 놓는다.

㈏ 용기 보관장소에는 계량기 등 작업에 필요한 물건 외에는 두지 아니한다.

㈐ 용기 보관장소의 주위 2 m 이내에는 화기 또는 인화성물질이나 발화성물질을 두지 아니한다.

㈑ 가연성가스 용기 보관장소에는 비방폭형 손전등을 사용한다.

해설 가연성가스 용기 보관장소에는 방폭형 휴대용 손전등 외의 등화를 휴대하고 들어가지 아니한다.

69. 다음 중 특정설비가 아닌 것은?

㈎ 조정기 ㈏ 저장탱크

㈐ 안전밸브 ㈑ 긴급차단장치

해설 고압가스 관련설비(특정설비) 종류 : 안전밸브, 긴급차단장치, 기화장치, 독성가스 배관용 밸브, 자동차용 가스 자동주입기, 역화방지기, 압력용기, 특정고압가스용 실린더 캐비닛, 자동차용 압축천연가스 완속 충전설비, 액화석유가스용 용기 잔류가스 회수장치, 냉동용 특정설비, 차량에 고정된 탱크

※ 저장탱크는 압력용기에 포함됨

70. 압축가스의 저장탱크 및 용기 저장능력의 산정식을 옳게 나타낸 것은? (단, Q : 설비의 저장능력(m^3), P : 35℃에서의 최고 충전압력(MPa), V_1 : 설비의 내용적(m^3)이다.)

㈎ $Q = \dfrac{(10P+1)}{V_1}$ ㈏ $Q = 1.5\,PV_1$

㈐ $Q = (1-P)\,V_1$ ㈑ $Q = (10P+1)\,V_1$

해설 압축가스의 저장탱크 및 용기 저장능력의 산정식 : 고법 시행규칙 별표1

① $Q = (10P+1)\,V_1 \rightarrow$ 최고 충전압력(P) 단위 : MPa

② $Q = (P+1)\,V_1 \rightarrow$ 최고 충전압력(P) 단위 : kgf/cm^2

71. 액화석유가스에 첨가하는 냄새가 나는 물질의 측정 방법이 아닌 것은?

㈎ 오더미터법 ㈏ 에지법

㈐ 주사기법 ㈑ 냄새주머니법

해설 부취제 측정 방법 : 오더미터법, 주사기법, 무취실법, 냄새주머니법

72. 산소, 아세틸렌 및 수소 가스를 제조할 경우의 품질검사 방법으로 옳지 않은 것은?

㈎ 검사는 1일 1회 이상 가스제조장에서 실시한다.

㈏ 검사는 안전관리부총괄자가 실시한다.

㈐ 액체산소를 기화시켜 용기에 충전하는 경우에는 품질검사를 아니할 수 있다.

해답 67. ㈐ 68. ㈑ 69. ㈎ 70. ㈑ 71. ㈏ 72. ㈏

라 검사 결과는 안전관리부총괄자와 안전관리책임자가 함께 하고 서명 날인한다.

해설 품질검사 기준
① 산소, 아세틸렌 및 수소를 제조하는 경우에는 품질검사를 실시한다. 다만, 액체산소를 기화시켜 용기에 충전하는 경우와 자체 사용을 목적으로 제조하는 경우에는 품질검사를 하지 아니할 수 있다.
② 검사는 1일 1회 이상 가스제조장에서 실시한다.
③ 검사는 안전관리책임자가 실시하고, 검사결과를 안전관리부총괄자와 안전관리책임자가 함께 확인하고 서명 날인한다.

73. 고압가스 운반차량에 대한 설명으로 틀린 것은?

㉮ 액화가스를 충전하는 탱크에는 요동을 방지하기 위한 방파판 등을 설치한다.
㉯ 허용농도가 20 ppm 이하인 독성가스는 전용차량으로 운반한다.
㉰ 가스 운반 중 누출 등 위해 우려가 있는 경우에는 소방서 및 경찰서에 신고한다.
㉱ 질소를 운반하는 차량에는 소화설비를 반드시 휴대하여야 한다.

해설 가연성가스 또는 산소를 운반하는 차량에 고정된 탱크에는 규정된 소화설비를 비치하여야 하므로 불연성인 질소는 해당되지 않는다.

74. 동절기에 습도가 낮은 날 아세틸렌 용기 밸브를 급히 개방할 경우 발생할 가능성이 가장 높은 것은?

㉮ 아세톤 증발
㉯ 역화방지기 고장
㉰ 중합에 의한 폭발
㉱ 정전기에 의한 착화 위험

해설 충전용기 밸브를 급격히 개폐할 때 정전기 발생으로 착화의 위험성이 있다. 특히 동절기와 같이 습도가 낮은 경우 정전기가 발생할 가능성은 더 높아지므로 용기 밸브를 급격히 개폐하는 것은 금지한다.

75. 일반도시가스 사업자 시설의 정압기에 설치되는 안전밸브 분출부의 크기 기준으로 옳은 것은?

㉮ 정압기 입구측 압력이 0.5 MPa 이상인 것은 50 A 이상
㉯ 정압기 입구 압력에 관계없이 80 A 이상
㉰ 정압기 입구측 압력이 0.5 MPa 미만인 것으로서 설계유량이 1000 Nm³/h 이상인 것은 32 A 이상
㉱ 정압기 입구측 압력이 0.5 MPa 미만인 것으로서 설계유량이 1000 Nm³/h 미만인 것은 32 A 이상

해설 정압기 안전밸브 분출부 크기
(1) 정압기 입구측 압력이 0.5 MPa 이상 : 50 A 이상
(2) 정압기 입구측 압력이 0.5 MPa 미만
① 정압기 설계유량이 1000 Nm³/h 이상 : 50 A 이상
② 정압기 설계유량이 1000 Nm³/h 미만 : 25 A 이상

76. 가연성가스를 운반하는 차량의 고정된 탱크에 적재하여 운반하는 경우 비치하여야 하는 분말 소화제는?

㉮ BC용, B-3 이상
㉯ BC용, B-10 이상
㉰ ABC용, B-3 이상
㉱ ABC용, B-10 이상

해설 차량에 고정된 탱크 소화설비 기준

구분	소화약제의 종류	소화기의 능력단위	비치 개수
가연성 가스	분말 소화제	BC용, B-10 이상 또는 ABC용, B-12 이상	차량 좌우에 각각 1개 이상
산소	분말 소화제	BC용, B-8 이상 또는 ABC용, B-10 이상	

77. 장치 운전 중 고압반응기의 플랜지부에서 가연성가스가 누출되기 시작했을 때 취해야 할 일반적인 대책으로 가장 적절하지 않은 것은 어느 것인가?

㉮ 화기 사용 금지

㉯ 일상 점검 및 운전

㉰ 가스 공급의 즉시 정지

㉱ 장치 내를 불활성 가스로 치환

해설 장치 운전 중 가연성가스가 누출되기 시작했을 때 일상 점검 및 운전보다는 가스 공급의 즉시 정지, 화기 사용 금지, 누출 전·후단의 밸브 차단을 하여 누출된 가스가 확산되는 것을 방지하고, 장치 내에 남아 있는 가연성가스를 불활성 가스로 치환한 후 누설부분을 수리하여야 한다.

78. 다음 중 1종 보호시설이 아닌 것은?

㉮ 주택

㉯ 수용능력 300인 이상인 극장

㉰ 국보 제1호인 남대문

㉱ 호텔

해설 제1종 보호시설
① 학교, 유치원, 어린이집, 놀이방, 어린이놀이터, 학원, 병원(의원을 포함), 도서관, 청소년수련시설, 경로당, 시장, 공중목욕탕, 호텔, 여관, 극장, 교회 및 공회당(公會堂)
② 사람을 수용하는 건축물(가설건축물은 제외)로서 사실상 독립된 부분의 연면적이 1000 m² 이상인 것
③ 예식장, 장례식장 및 전시장, 그 밖에 이와 유사한 시설로서 300명 이상 수용할 수 있는 건축물
④ 아동복지시설 또는 장애인복지시설로서 20명 이상 수용할 수 있는 건축물
⑤ 「문화재보호법」에 따라 지정문화재로 지정된 건축물
※ 주택은 제2종 보호시설에 해당된다.

79. 폭발에 대한 설명으로 옳은 것은?

㉮ 폭발은 급격한 압력의 발생 등으로 심한 음을 내며, 팽창하는 현상으로 화학적인 원인으로만 발생한다.

㉯ 발화에는 전기불꽃, 마찰, 정전기 등의 외부 발화원이 반드시 필요하다.

㉰ 최소 발화에너지가 큰 혼합가스는 안전간격이 작다.

㉱ 아세틸렌, 산화에틸렌, 수소는 산소 중에서 폭굉을 발생하기 쉽다.

해설 각 항목의 옳은 설명
㉮ 폭발은 물리적인 원인에 의한 것과 화학적인 원인에 의한 것으로 분류할 수 있다.
㉯ 발화에는 전기불꽃, 마찰, 정전기 등의 외부 발화원뿐만 아니라 자연발화에 의한 것도 있다.
㉰ 최소 발화에너지가 큰 혼합가스는 안전간격이 크다.
※ 아세틸렌, 산화에틸렌, 수소는 산소 중에서 폭발범위 및 폭굉범위가 넓어 폭굉을 발생하기 쉽다.

80. 내용적 40 L의 고압용기에 0℃, 100기압의 산소가 충전되어 있다. 이 가스 4 kg을 사용하였다면 전압력은 약 몇 기압(atm)이 되겠는가?

㉮ 20 ㉯ 30 ㉰ 40 ㉱ 50

해설 ① 사용 전 질량(g) 계산(충전 질량 계산)

$PV = \dfrac{W}{M}RT$에서

$\therefore W = \dfrac{PVM}{RT} = \dfrac{100 \times 40 \times 32}{0.082 \times 273}$

$= 5717.859 \fallingdotseq 5717.86\,g$

② 사용 후 압력(atm) 계산(전압력 계산)

$\therefore P = \dfrac{WRT}{VM}$

$= \dfrac{(5717.86 - 4000) \times 0.082 \times 273}{40 \times 32}$

$= 30.043\,atm$

제 5 과목 가스계측

81. 가스 크로마토그램 분석 결과 노르말 헵탄

의 피크높이가 12.0 cm, 반높이선 너비가 0.48 cm이고 벤젠의 피크높이가 9.0 cm, 반높이선 너비가 0.62 cm였다면 노르말 헵탄의 농도는 얼마인가?

㉮ 49.20 % ㉯ 50.79 %
㉰ 56.47 % ㉱ 77.42 %

해설 ① 노르말 헵탄 면적(cm^2) 계산

∴ 노르말 헵탄 면적
= 반높이선 너비×피크높이
= $0.48 \times 12 = 5.76 \, cm^2$

② 벤젠의 면적(cm^2) 계산

∴ 벤젠의 면적
= 반높이선 너비×피크높이
= $0.62 \times 9 = 5.58 \, cm^2$

③ 노르말 헵탄의 농도(%) 계산

∴ 농도(%) = $\dfrac{\text{노르말 헵탄의 면적}}{\text{전체 면적}} \times 100$

= $\dfrac{5.76}{5.76 + 5.58} \times 100 = 50.79 \%$

82. 온도 25℃ 습공기의 노점온도가 19℃일 때 공기의 상대습도는 얼마인가? (단, 포화증기압 및 수증기 분압은 각각 23.76 mmHg, 16.47 mmHg이다.)

㉮ 69 % ㉯ 79 % ㉰ 83 % ㉱ 89 %

해설 $\phi = \dfrac{P_w}{P_s} \times 100 = \dfrac{16.47}{23.76} \times 100 = 69 \%$

83. 헴펠식 분석법에서 흡수, 분리되는 성분이 아닌 것은?

㉮ CO_2 ㉯ H_2 ㉰ C_mH_n ㉱ O_2

해설 헴펠(Hempel)법 분석 순서 및 흡수제

순서	분석가스	흡수제
1	CO_2	KOH 30 % 수용액
2	C_mH_n	발연황산
3	O_2	피로갈롤용액
4	CO	암모니아성 염화제1구리 용액

84. 가스미터의 필요 구비 조건이 아닌 것은?

㉮ 감도가 예민할 것
㉯ 구조가 간단할 것
㉰ 소형이고 용량이 작을 것
㉱ 정확하게 계량할 수 있을 것

해설 가스미터의 필요 구비 조건
① 구조가 간단하고, 수리가 용이할 것
② 감도가 예민하고 압력손실이 적을 것
③ 소형이며 계량용량이 클 것
④ 기차의 조정이 용이할 것
⑤ 내구성이 클 것

85. 피스톤형 압력계 중 분동식 압력계에 사용되는 다음 액체 중 약 3000 kgf/cm² 이상의 고압 측정에 사용되는 것은?

㉮ 모빌유 ㉯ 스핀들유
㉰ 피마자유 ㉱ 경유

해설 (1) 분동식 압력계 : 탄성식 압력계의 교정에 사용되는 1차 압력계로 램, 실린더, 기름탱크, 가압펌프 등으로 구성되며 사용 유체에 따라 측정 범위가 다르게 적용된다.

(2) 사용 유체에 따른 측정 범위
① 경유 : 40~100 kgf/cm²
② 스핀들유, 피마자유 : 100~1000 kgf/cm²
③ 모빌유 : 3000 kgf/cm² 이상
④ 점도가 큰 오일을 사용하면 5000 kgf/cm² 까지도 측정이 가능하다.

86. 연소식 O_2계에서 산소 측정용 촉매로 주로 사용되는 것은?

㉮ 팔라듐 ㉯ 탄소
㉰ 구리 ㉱ 니켈

해설 연소식 O_2계 : 측정해야 할 가스와 수소(H_2) 등의 가연성가스를 혼합하고 촉매로 연소시켜 산소 농도에 따라 반응열이 변화하는 현상을 이용하여 산소(O_2)의 농도를 측정한다. 촉매로는 팔라듐을 사용하며, 과잉공기계라고도 한다.

87. 가스미터의 종류별 특징을 연결한 것 중 옳지 않은 것은?

㉮ 습식 가스미터 – 유량 측정이 정확하다.

　㉯ 막식 가스미터 – 소용량의 계량에 적합
　　하고 가격이 저렴하다.

　㉰ 루트 미터 – 대용량의 가스 측정에 쓰
　　인다.

　㉱ 오리피스 미터 – 유량 측정이 정확하고
　　압력손실도 거의 없고 내구성이 좋다.

해설 오리피스 미터 : 추량식 가스미터로 압력손
실이 많이 발생한다.

88. 가스의 폭발 등 급속한 압력 변화를 측정
하거나 엔진의 지시계로 사용하는 압력계는?

　㉮ 피에조 전기압력계

　㉯ 경사관식 압력계

　㉰ 침종식 압력계

　㉱ 벨로스식 압력계

해설 피에조 전기 압력계(압전기식) : 수정이나 전
기석 또는 로셀염 등의 결정체의 특정 방향
에 압력을 가하면 기전력이 발생하고 발생한
전기량은 압력에 비례하는 것을 이용한 것이
다. 가스 폭발이나 급격한 압력 변화 측정에
사용된다.

89. 다음 중 기본 단위는?

　㉮ 에너지　　　　　㉯ 물질량

　㉰ 압력　　　　　　㉱ 주파수

해설 기본 단위의 종류

기본량	길이	질량	시간	전류	물질량	온도	광도
기본단위	m	kg	s	A	mol	K	cd

90. 가스의 화학반응을 이용한 분석계는?

　㉮ 세라믹 O_2계

　㉯ 가스 크로마토그래피

　㉰ 오르사트 가스 분석계

　㉱ 용액전도율식 분석계

해설 분석계의 종류
(1) 화학적 가스 분석계
　① 연소열을 이용한 것
　② 용액 흡수제를 이용한 것
　③ 고체 흡수제를 이용한 것

(2) 물리적 가스 분석계
　① 가스의 열전도율을 이용한 것
　② 가스의 밀도, 점도차를 이용한 것
　③ 빛의 간섭을 이용한 것
　④ 전기 전도도를 이용한 것
　⑤ 가스의 자기적 성질을 이용한 것
　⑥ 가스의 반응성을 이용한 것
　⑦ 적외선 흡수를 이용한 것
※ 오르사트법은 용액 흡수제를 이용한 화학
　적 가스 분석계에 해당된다.

91. 가스 크로마토그램에서 A, B 두 성분의
보유시간은 각각 1분 50초와 2분 20초이고
피크 폭은 다 같이 30초였다. 이 경우 분리
도는 얼마인가?

　㉮ 0.5　　　　　　㉯ 1.0

　㉰ 1.5　　　　　　㉱ 2.0

해설 $R = \dfrac{2(t_2 - t_1)}{W_1 + W_2}$

$\qquad = \dfrac{2 \times (140 - 110)}{30 + 30} = 1.0$

92. 막식 가스미터의 선정 시 고려해야 할
사항으로 가장 거리가 먼 것은?

　㉮ 사용 최대유량

　㉯ 감도유량

　㉰ 사용 가스의 종류

　㉱ 설치 높이

해설 가스미터 선정 시 고려사항
　① 사용하고자 하는 가스 전용일 것
　② 사용 최대유량에 적합할 것
　③ 사용 중 오차 변화가 없고 정확하게 계측
　　할 수 있을 것
　④ 내압, 내열성이 있으며 기밀성, 내구성이
　　좋을 것
　⑤ 부착이 쉽고 유지관리가 용이할 것

93. 오프셋(잔류편차)이 있는 제어는?

　㉮ I 제어　　　　　㉯ P 제어

　㉰ D 제어　　　　　㉱ PID 제어

해설 비례동작(P 동작) : 동작신호에 대하여 조작

해답 **88.** ㉮　**89.** ㉯　**90.** ㉰　**91.** ㉯　**92.** ㉱　**93.** ㉯

량의 출력 변화가 일정한 비례 관계에 있는 제어로 잔류편차(off set)가 생긴다.

94. 고온, 고압의 액체나 고점도의 부식성 액체 저장탱크에 가장 적합한 간접식 액면계는?

㉮ 유리관식
㉯ 방사선식
㉰ 플로트식
㉱ 검척식

[해설] 방사선 액면계 : 액면에 띄운 플로트(float)에 방사선원을 붙이고 탱크 천장 외부에 방사선 검출기를 설치하여 방사선의 세기와 변화를 이용한 것으로 조사식, 투과식, 가반식이 있다.

① 방사선원으로 코발트(Co), 세슘(Cs)의 γ선을 이용한다.

② 측정 범위는 25 m 정도이고 측정 범위를 크게 하기 위하여 2조 이상 사용한다.

③ 액체에 접촉하지 않고 측정할 수 있으며, 측정이 곤란한 장소에서도 측정이 가능하다.

④ 고온, 고압의 액체나 부식성 액체 탱크에 적합하다.

⑤ 설치비가 고가이고, 방사선으로 인한 인체에 해가 있다.

95. 실온 22℃, 습도 45 %, 기압 765 mmHg인 공기의 증기 분압(P_w)은 약 몇 mmHg인가?(단, 공기의 가스 상수는 29.27 kgf · m/kg · K, 22℃에서 포화 압력(P_s)은 18.66 mmHg이다.)

㉮ 4.1
㉯ 8.4
㉰ 14.3
㉱ 16.7

[해설] $\phi = \dfrac{수증기 \ 분압(P_w)}{t[℃]에서의 \ 포화 \ 수증기압(P_s)}$ 에서

$$\therefore \ P_w = \phi \cdot P_s = 0.45 \times 18.66$$
$$= 8.397 \, \text{mmHg}$$

96. 응답이 목표값에 처음으로 도달하는 데 걸리는 시간을 나타내는 것은?

㉮ 상승시간
㉯ 응답시간
㉰ 시간지연
㉱ 오버슈트

[해설] 시간응답 특성

① 지연시간(dead time) : 목표값의 50 %에 도달하는 데 소요되는 시간

② 상승시간(rising time) : 목표값의 10 %에서 90 %까지 도달하는 데 소요되는 시간

③ 오버슈트(over shoot) : 동작간격으로부터 벗어나 초과되는 오차를 말하며, 반대로 나타나는 오차를 언더슈트(under shoot)라 한다.

④ 시간정수(time constant) : 목표값의 63 %에 도달하기까지의 시간을 말하며 어떤 시스템의 시정수를 알면 그 시스템에 입력을 가했을 때 언제쯤 그 반응이 목표값에 도달하는지 알 수 있으며 언제쯤 그 반응이 평형이 되는지를 알 수 있다.

97. 일반적인 열전대 온도계의 종류가 아닌 것은?

㉮ 백금 – 백금 · 로듐
㉯ 크로멜 – 알루멜
㉰ 철 – 콘스탄탄
㉱ 백금 – 알루멜

[해설] 열전대의 종류 및 사용 금속

종류 및 약호	사용 금속	
	+ 극	– 극
R형[백금-백금로듐](P-R)	백금로듐	백금(Pt)
K형[크로멜-알루멜](C-A)	크로멜	알루멜
J형[철-콘스탄탄](I-C)	순철(Fe)	콘스탄탄
T형[동-콘스탄탄](C-C)	순구리	콘스탄탄

98. 열전대 온도계의 작동 원리는?

㉮ 열기전력
㉯ 전기저항
㉰ 방사에너지
㉱ 압력팽창

[해설] 열전대 온도계 : 2종류의 금속선을 접속하여 하나의 회로를 만들어 2개의 접점에 온도차를 부여하면 회로에 접점의 온도에 거의 비례한 전류(열기전력)가 흐르는 현상인 제베크 효과(Seebeck effect)를 이용한 것으로 열기전력은 전위차계를 이용하여 측정한다.

해답 94. ㉯ 95. ㉯ 96. ㉮ 97. ㉱ 98. ㉮

99. 제어계의 과도응답에 대한 설명으로 가장 옳은 것은?

㉮ 입력신호에 대한 출력신호의 시간적 변화이다.

㉯ 입력신호에 대한 출력신호가 목표치보다 크게 나타나는 것이다.

㉰ 입력신호에 대한 출력신호가 목표치보다 작게 나타나는 것이다.

㉱ 입력신호에 대한 출력신호가 과도하게 지연되어 나타나는 것이다.

해설 과도응답 : 정상 상태에 있는 요소의 입력측에 어떤 변화를 주었을 때 출력측에 생기는 변화의 시간적 경과를 말한다.

100. 적외선 가스분석기의 특징에 대한 설명으로 틀린 것은?

㉮ 선택성이 우수하다.

㉯ 연속분석이 가능하다.

㉰ 측정농도 범위가 넓다.

㉱ 대칭 2원자 분자의 분석에 적합하다.

해설 적외선 가스분석기(적외선 분광 분석법) : 분자의 진동 중 쌍극자 힘의 변화를 일으킬 진동에 의해 적외선의 흡수가 일어나는 것을 이용한 방법으로 He, Ne, Ar 등 단원자 분자 및 H_2, O_2, N_2, Cl_2 등 대칭 2원자 분자는 적외선을 흡수하지 않으므로 분석할 수 없다.

□ **가스 기사** ▶ **2019. 8. 4 시행**

제 1 과목 가스유체역학

1. 이상기체의 등온, 정압, 정적과정과 무관한 것은?

㉮ $P_1 V_1 = P_2 V_2$

㉯ $\dfrac{P_1}{T_1} = \dfrac{P_2}{T_2}$

㉰ $\dfrac{V_1}{T_1} = \dfrac{V_2}{T_2}$

㉱ $\dfrac{P_1 V_1}{T_1} = \dfrac{P_2 (V_1 + V_2)}{T_1}$

해설 이상기체의 압력(P), 체적(V), 온도(T)의 상호 관계

① 등온(정온) 과정 : $P_1 V_1 = P_2 V_2$

② 정압(등압) 과정 : $\dfrac{V_1}{T_1} = \dfrac{V_2}{T_2}$

③ 정적(등적) 과정 : $\dfrac{P_1}{T_1} = \dfrac{P_2}{T_2}$

④ 단열 과정 : $\dfrac{T_2}{T_1} = \left(\dfrac{V_1}{V_2}\right)^{k-1} = \left(\dfrac{P_2}{P_1}\right)^{\frac{k-1}{k}}$

⑤ 폴리트로픽 과정 : $\dfrac{T_2}{T_1} = \left(\dfrac{V_1}{V_2}\right)^{n-1}$
$$= \left(\dfrac{P_2}{P_1}\right)^{\frac{n-1}{n}}$$

2. 캐비테이션 발생에 따른 현상으로 가장 거리가 먼 것은?

㉮ 소음과 진동 발생

㉯ 양정곡선의 상승

㉰ 효율곡선의 저하

㉱ 깃의 침식

해설 캐비테이션(cavitation : 공동) 현상 : 유수 중에 그 수온의 증기압력보다 낮은 부분이 생기면 물이 증발을 일으키고 기포를 다수 발생하는 것으로 다음과 같은 현상이 발생된다.

① 소음과 진동이 발생

② 깃(임펠러)의 침식

③ 특성곡선(양정곡선, 효율곡선)의 저하

④ 양수 불능

3. 유체의 흐름상태에서 표면장력에 대한 관

성력의 상대적인 크기를 나타내는 무차원의 수는?

㉮ Reynolds수   ㉯ Froude수

㉰ Euler수   ㉱ Weber수

해설 무차원 수

명 칭	정 의	의 미	비 고
레이놀즈수 (Re)	$Re = \dfrac{\rho V L}{\mu}$	관성력 점성력	모든 유체의 유동
마하수 (Ma)	$Ma = \dfrac{V}{\alpha}$	관성력 탄성력	압축성 유동
웨버수 (We)	$We = \dfrac{\rho V^2 L}{\sigma}$	관성력 표면장력	자유표면 유동
프르두수 (Fr)	$Fr = \dfrac{V}{\sqrt{Lg}}$	관성력 중력	자유표면 유동
오일러수 (Eu)	$Eu = \dfrac{P}{\dfrac{\rho V^2}{2}}$	압축력 관성력	압력차에 의한 유동

※ 웨버수(We) : 표면장력에 대한 관성력의 비를 나타내는 무차원 수로 $\dfrac{관성력}{표면장력}$ 로 나타낸다.

4. 안지름이 10 cm인 원관을 통해 1시간에 10 m³의 물을 수송하려고 한다. 이 때 물의 평균유속은 약 몇 m/s이어야 하는가?

㉮ 0.0027   ㉯ 0.0354

㉰ 0.277   ㉱ 0.354

해설 $Q = A \times V = \dfrac{\pi}{4} \times D^2 \times V$ 이다.

$$\therefore V = \frac{4Q}{\pi D^2} = \frac{4 \times 10}{\pi \times 0.1^2 \times 3600}$$
$$= 0.3536 \text{ m/s}$$

5. 양정 25 m, 송출량 0.15 m³/min로 물을 송출하는 펌프가 있다. 효율 65 %일 때 펌프의 축동력은 몇 kW인가?

㉮ 0.94   ㉯ 0.83   ㉰ 0.74   ㉱ 0.68

해설 $kW = \dfrac{\gamma \cdot Q \cdot H}{102\eta}$

$$= \frac{1000 \times 0.15 \times 25}{102 \times 0.65 \times 60} = 0.942 \text{ kW}$$

6. 30℃인 공기 중에서의 음속은 몇 m/s인가? (단, 비열비는 1.4이고 기체상수는 287 J/kg·K 이다.)

㉮ 216   ㉯ 241   ㉰ 307   ㉱ 349

해설 $C = \sqrt{kRT} = \sqrt{1.4 \times 287 \times (273 + 30)}$
$$= 348.92 \text{ m/s}$$

7. 어떤 매끄러운 수평 원관에 유체가 흐를 때 완전 난류유동(완전히 거친 난류유동) 영역이었고, 이 때 손실수두가 10 m이었다. 속도가 2배가 되면 손실수두는?

㉮ 20 m   ㉯ 40 m   ㉰ 80 m   ㉱ 160 m

해설 난류유동에서 손실수두는 속도의 제곱에 비례한다.

$$\therefore h_L' = h_L \times V^2 = 10 \times 2^2 = 40 \text{ m}$$

8. 개수로 유동(open channel flow)에 관한 설명으로 옳지 않은 것은?

㉮ 수력구배선은 자유표면과 일치한다.

㉯ 에너지 선은 수면 위로 속도수두 만큼 위에 있다.

㉰ 에너지 선의 높이가 유동방향으로 하강하는 것은 손실 때문이다.

㉱ 개수로에서 바닥면의 압력은 항상 일정하다.

해설 (1) 개수로 유동(open channel flow) : 하천과 같이 흐름이 대기 중에 노출되어 자유 표면을 가지는 흐름으로 수로와 액면의 경사에 의해 유동이 일어난다.

(2) 개수로 유동의 특징

① 유체의 자유표면이 대기와 접해 있다.

② 수력구배선은 자유표면과 일치한다.

③ 에너지선은 수면 위로 속도수두 만큼 위에 있다.

④ 손실수두는 수평선과 에너지선의 차이다.

⑤ 개수로에서 바닥면의 압력은 깊이에 따라 변한다.

9. 유체가 반지름 150 mm, 길이가 500 m인 주철관을 통하여 유속 2.5 m/s로 흐를 때 마찰

에 의한 손실수두는 몇 m인가?(단, 관마찰계수 $f = 0.03$이다.)

㉮ 5.47 ㉯ 13.6

㉰ 15.9 ㉱ 31.9

해설 $h_f = f \times \dfrac{L}{D} \times \dfrac{V^2}{2g} = f \times \dfrac{L}{2R} \times \dfrac{V^2}{2g}$

$= 0.03 \times \dfrac{500}{2 \times 0.15} \times \dfrac{2.5^2}{2 \times 9.8}$

$= 15.943 \, \text{mH}_2\text{O}$

※ 문제에서 반지름(R)으로 주어졌기 때문에 2배를 하여 지름(D)으로 계산하였음

10. 그림과 같이 물을 사용하여 기체압력을 측정하는 경사마노미터에서 압력차($P_1 - P_2$)는 몇 cmH$_2$O인가?(단, $\theta = 30°$, 면적 $A_1 \gg A_2$이고, $R = 30$ cm이다.)

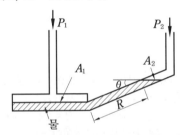

㉮ 15 ㉯ 30 ㉰ 45 ㉱ 90

해설 $P_1 - P_2 = \gamma R \sin\theta$

$= 1000 \times 0.3 \times \sin 30$

$= 150 \, \text{mmH}_2\text{O} = 15 \, \text{cmH}_2\text{O}$

11. 일반적인 원관 내 유동에서 하임계 레이놀즈수에 가장 가까운 값은?

㉮ 2100 ㉯ 4000

㉰ 21000 ㉱ 40000

해설 레이놀즈수(Re) 종류

① 상임계 레이놀즈수 : 층류에서 난류로 천이하는 레이놀즈수로 약 4000 정도이다.

② 하임계 레이놀즈수 : 난류에서 층류로 천이하는 레이놀즈수로 약 2100 정도이다.

12. 온도 20℃, 절대압력이 5 kgf/cm²인 산

소의 비체적은 몇 m³/kg인가?(단, 산소의 분자량은 32이고, 일반기체상수는 848 kgf · m/kmol · K이다.)

㉮ 0.551 ㉯ 0.155

㉰ 0.515 ㉱ 0.605

해설 $PV = GRT$에서

$\therefore \; v = \dfrac{V}{G} = \dfrac{RT}{P}$

$= \dfrac{\dfrac{848}{32} \times (273 + 20)}{5 \times 10^4} = 0.1552 \, \text{m}^3/\text{kg}$

13. 매끈한 직원관 속의 액체 흐름이 층류이고 관내에서 최대속도가 4.2 m/s로 흐를 때 평균속도는 약 몇 m/s인가?

㉮ 4.2 ㉯ 3.5 ㉰ 2.1 ㉱ 1.75

해설 수평 원관 속을 층류로 흐를 때 평균속도(V_{avg})는 관 중심에서의 최대속도($V_{\max}$)의 $\dfrac{1}{2}$에 해당한다.

$\therefore \; V_{\text{avg}} = \dfrac{1}{2} V_{\max} = \dfrac{1}{2} \times 4.2 = 2.1 \, \text{m/s}$

14. 유체에 잠겨 있는 곡면에 작용하는 정수력의 수평분력에 대한 설명으로 옳은 것은?

㉮ 연직면에 투영한 투영면의 압력중심의 압력과 투영면을 곱한 값과 같다.

㉯ 연직면에 투영한 투영면의 도심의 압력과 곡면의 면적을 곱한 값과 같다.

㉰ 수평면에 투영한 투영면에 작용하는 정수력과 같다.

㉱ 연직면에 투영한 투영면의 도심의 압력과 투영면의 면적을 곱한 값과 같다.

해설 곡면에 작용하는 힘

① 수평분력(F_x) : 곡면의 수직투영면에 작용하는 힘과 같다.(힘(F) = 압력(P)×면적(A)이 된다.)

② 수직분력(F_y) : 곡면의 수직방향에 실려 있는 액체의 무게와 같다.

15. 압축성 유체에 대한 설명 중 가장 올바른 것은?

㉮ 가역과정 동안 마찰로 인한 손실이 일어난다.

㉯ 이상기체의 음속은 온도의 함수이다.

㉰ 유체의 유속이 아음속(subsonic)일 때, Mach수는 1보다 크다.

㉱ 온도가 일정할 때 이상기체의 압력은 밀도에 반비례한다.

[해설] 음속 계산식 $C = \sqrt{kRT}$ 이므로 음속은 절대온도(T)의 평방근에 비례한다.(음속은 온도의 함수이다.)

※ 각 항목의 옳은 설명

㉮ 가역과정 동안 마찰로 인한 손실은 없다.

㉰ 유체의 유속이 아음속(subsonic)일 때, Mach수는 1보다 작다.(M<1 : 아음속, M>1 : 초음속)

㉱ 온도가 일정할 때 이상기체의 압력은 밀도에 비례한다.(유체의 밀도는 압력과 온도의 함수이다.)

16. 물체 주위의 유동과 관련하여 다음 중 옳은 내용을 모두 나타낸 것은?

> ㉠ 속도가 빠를수록 경계층 두께는 얇아진다.
> ㉡ 경계층 내부유동은 비점성 유동으로 취급할 수 있다.
> ㉢ 동점성계수가 커질수록 경계층 두께는 두꺼워진다.

㉮ ㉠   ㉯ ㉠, ㉡

㉰ ㉠, ㉢   ㉱ ㉡, ㉢

[해설] (1) 경계층

① 경계층 안쪽은 물체의 표면에 가까운 영역으로 점성의 영향이 현저하게 나타나고, 속도구배가 크며 마찰응력이 작용한다.

② 경계층 밖은 점성에 대한 영향이 거의 없고 이상유체와 같은 형태의 흐름을 나타낸다.

③ 평판의 임계레이놀즈수(Re_c)는 5×10^5 이다.

(2) 경계층 두께 계산식

① 층류 $\delta = \dfrac{5x}{(Re_x)^{\frac{1}{2}}}$

∴ 층류 경계층의 두께는 $(Re_x)^{\frac{1}{2}}$ 에 반비례한다.

② 난류 $\delta = \dfrac{0.376x}{(Re_x)^{\frac{1}{5}}}$

∴ 난류 경계층의 두께는 $(Re_x)^{\frac{1}{5}}$ 에 반비례한다.

※ 속도가 빠를수록 레이놀즈수가 커지므로 경계층 두께는 얇아진다.

※ 동점성계수가 커지면 레이놀즈수는 작아지므로 경계층 두께는 두꺼워진다.

(3) 레이놀즈수 계산식

∴ $Re = \dfrac{\rho \cdot D \cdot V}{\mu} = \dfrac{D \cdot V}{\nu}$

$ = \dfrac{4Q}{\pi \cdot D \cdot \nu} = \dfrac{4\rho \cdot Q}{\pi \cdot D \cdot \mu}$

17. 20℃ 공기 속을 1000 m/s로 비행하는 비행기의 주위 유동에서 정체 온도는 몇 ℃인가? (단, $k = 1.4$, $R = 287$ N · m/kg · K 이며, 등엔트로피 유동이다.)

㉮ 518   ㉯ 545   ㉰ 574   ㉱ 598

[해설] $T_0 - T = \dfrac{1}{R} \times \dfrac{k-1}{k} \times \dfrac{V^2}{2}$ 에서

∴ $T_0 = T + \left(\dfrac{1}{R} \times \dfrac{k-1}{k} \times \dfrac{V^2}{2} \right)$

$= (273 + 20) + \left(\dfrac{1}{287} \times \dfrac{1.4-1}{1.4} \times \dfrac{1000^2}{2} \right)$

$= 790.760 \, \text{K} - 273 = 517.760 ℃$

※ SI단위로 계산하므로 중력가속도(g) 9.8 m/s^{2}은 계산하지 않았고, N · m = J이므로 $R = 287$ N · m/kg · K = 287 J/kg · K이다.

18. 유체의 점성계수와 동점성계수에 관한 설명 중 옳은 것은? (단, M, L, T는 각각 질량, 길이, 시간을 나타낸다.)

㉮ 상온에서의 공기의 점성계수는 물의 점

성계수보다 크다.

더 점성계수의 차원은 $ML^{-1}T^{-1}$이다.

더 동점성계수의 차원은 L^2T^{-2}이다.

라 동점성계수의 단위에는 poise가 있다.

해설 각 항목의 옳은 설명

가 상온에서의 공기의 점성계수는 물의 점성계수보다 작다.

내 점성계수(μ)의 단위 및 차원

ⓐ 공학단위 : kgf $\cdot$ s/m^2 = $FL^{-2}T$

ⓑ 절대단위 : kg/m $\cdot$ s = $\dfrac{M}{LT} = ML^{-1}T^{-1}$

ⓒ 점성계수 단위 : poise = g/cm $\cdot$ s

더 동점성계수(ν)의 단위 및 차원 : m^2/s = L^2T^{-1}

라 동점성계수의 단위에는 stokes가 있다.

※ 1 St(stokes) = 1 cm^2/s = 10^{-4} m^2/s

19. 다음 중 원심펌프에 대한 설명으로 옳지 않은 것은?

가 액체를 비교적 균일한 압력으로 수송할 수 있다.

내 토출 유동의 맥동이 적다.

더 원심펌프 중 볼류트 펌프는 안내깃을 갖지 않는다.

라 양정거리가 크고 수송량이 적을 때 사용된다.

해설 원심펌프의 특징

① 원심력에 의하여 유체를 압송한다.

② 용량에 비하여 소형이고 설치면적이 작다.

③ 흡입, 토출밸브가 없고 액의 맥동이 없다.

④ 기동 시 펌프내부에 유체를 충분히 채워야 한다.

⑤ 고양정에 적합하다.

⑥ 서징현상, 캐비테이션 현상이 발생하기 쉽다.

⑦ 볼류트 펌프는 안내깃(guide vane)이 없고, 터빈 펌프는 안내깃(guide vane)이 있는 펌프이다.

※ 왕복펌프에 비하여 대용량이다.(수송량이 크다)

20. 이상기체에 대한 설명으로 옳은 것은?

가 포화상태에 있는 포화 증기를 뜻한다.

내 이상기체의 상태방정식을 만족시키는 기체이다.

더 체적 탄성계수가 100인 기체이다.

라 높은 압력하의 기체를 뜻한다.

해설 완전가스(이상기체)의 성질

① 보일-샤를의 법칙, 이상기체 상태방정식을 만족한다.

② 아보가드로의 법칙에 따른다.

③ 내부에너지는 온도만의 함수이다.

④ 온도에 관계없이 비열비는 일정하다.

⑤ 기체의 분자력과 크기도 무시되며 분자 간의 충돌은 완전 탄성체이다.

⑥ 분자와 분자 사이의 거리가 매우 멀다.

⑦ 분자 사이의 인력이 없다.

⑧ 압축성인자가 1이다.

제 2 과목   연소공학

21. 액체 연료의 연소 형태가 아닌 것은?

가 등심연소(wick combustion)

내 증발연소(vaporizing combustion)

더 분무연소(spray combustion)

라 확산연소(diffusive combustion)

해설 액체 및 기체연료의 연소 분류

① 액체연료 : 액면연소, 등심연소, 분무연소, 증발연소

② 기체연료 : 예혼합연소, 확산연소

22. 50℃, 30℃, 15℃인 3종류의 액체 A, B, C가 있다. A와 B를 같은 질량으로 혼합하였더니 40℃가 되었고, A와 C를 같은 질량으로 혼합하였더니 20℃가 되었다고 하면 B와 C를 같은 질량으로 혼합하면 온도는 약 몇 ℃가 되겠는가?

가 17.1   내 19.5   더 20.5   라 21.1

해설 ① $Q = m \times C \times \Delta t$에서 A와 B를 같은 질량으로 혼합하였을 때 50℃인 A에서 30℃

인 B로 열량이 이동하여 40℃가 되었으므로 A에서 이동한 열량과 B에서 받은 열량은 같다.

$\therefore\ C_A \times (50-40) = C_B \times (40-30)$에서 동일한 온도차이가 발생하였으므로 A와 B의 비열은 같다.

② A와 C를 혼합하였을 때 C의 비열 계산

$\therefore\ C_A \times (50-20) = C_C \times (20-15)$에서

$\therefore\ C_C = \dfrac{C_A \times (50-20)}{(20-15)} = 6C_A = 6C_B$

$\therefore$ A와 B의 비열은 같고, C 비열은 A 비열의 6배이므로 B 비열의 6배와 같다.

③ B와 C를 혼합하였을 때 혼합온도 계산

$\therefore\ t_{B+C} = \dfrac{m_B C_B t_B + m_C C_C t_C}{m_B C_B + m_C C_C}$

$= \dfrac{(1 \times 1 \times 30) + (1 \times 6 \times 15)}{(1 \times 1) + (1 \times 6)}$

$= 17.142 ≒ 17.14℃$

23. 피열물의 가열에 사용된 유효열량이 7000 kcal/kg, 전 입열량이 12000 kcal/kg일 때 열효율은 약 얼마인가?

㉮ 49.2 %　　　　㉯ 58.3 %

㉰ 67.4 %　　　　㉱ 76.5 %

해설 열효율(%)

$= \dfrac{\text{유효하게 사용된 열량}}{\text{공급열량}} \times 100$

$= \dfrac{7000}{12000} \times 100 = 58.33\ \%$

24. 가스화재 시 밸브 및 콕을 잠그는 경우 어떤 소화효과를 기대할 수 있는가?

㉮ 질식소화　　　　㉯ 제거소화

㉰ 냉각소화　　　　㉱ 억제소화

해설 제거소화 : 연소의 3요소 중 가연물질을 화재가 발생한 장소로부터 제거하여 소화시키는 방법으로 가스화재 시 가스 공급밸브 등을 차단하여 가스 공급을 중지하는 방법이 해당된다.

25. 엔트로피의 증가에 대한 설명으로 옳은

것은?

㉮ 비가역 과정의 경우 계와 외계의 에너지의 총합은 일정하고, 엔트로피의 총합은 증가한다.

㉯ 비가역 과정의 경우 계와 외계의 에너지의 총합과 엔트로피의 총합이 함께 증가한다.

㉰ 비가역 과정의 경우 물체의 엔트로피와 열원의 엔트로피의 합은 불변이다.

㉱ 비가역 과정의 경우 계와 외계의 에너지의 총합과 엔트로피의 총합은 불변이다.

해설 가역과정일 경우 엔트로피변화는 없지만, 자유팽창 종류가 다른 가스의 혼합, 액체 내의 분자의 확산 등의 비가역과정일 때는 계와 외계의 에너지 총합은 일정하고 엔트로피 총합은 증가한다.

26. 저발열량이 41860 kJ/kg인 연료를 3 kg 연소시켰을 때 연소가스의 열용량이 62.8 kJ/℃ 이었다면 이때의 이론 연소온도는 약 몇 ℃인가?

㉮ 1000℃　　　　㉯ 2000℃

㉰ 3000℃　　　　㉱ 4000℃

해설 이론 연소온도

$= \dfrac{\text{연료소비량} \times \text{저위발열량}}{\text{열용량}}$

$= \dfrac{3 \times 41860}{62.8} = 1999.681\ ℃$

27. 연소반응 시 불꽃의 상태가 환원염으로 나타났다. 이 때 환원염은 어떤 상태인가?

㉮ 수소가 파란 불꽃을 내며 연소하는 화염

㉯ 공기가 충분하여 완전 연소상태의 화염

㉰ 과잉의 산소를 내포하여 연소가스 중 산소를 포함한 상태의 화염

㉱ 산소의 부족으로 일산화탄소와 같은 미연분을 포함한 상태의 화염

해설 화염내의 반응에 의한 구분

　① 환원염 : 수소(H_2)나 불완전 연소에 의한

일산화탄소(CO)를 함유한 것으로 청록색으로 빛나는 화염이다.
② 산화염 : 산소(O_2), 이산화탄소(CO_2), 수증기를 함유한 것으로 내염의 외측을 둘러싸고 있는 청자색의 화염이다.

28. **연료의 발화점(착화점)이 낮아지는 경우가 아닌 것은?**

[가] 산소 농도가 높을수록
[나] 발열량이 높을수록
[다] 분자구조가 단순할수록
[라] 압력이 높을수록

[해설] 발화점(착화점, 착화온도)가 낮아지는 조건
① 압력이 높을 때
② 발열량이 높을 때
③ 열전도율이 작을 때
④ 산소와 친화력이 클 때
⑤ 산소농도가 높을 때
⑥ 분자구조가 복잡할수록
⑦ 반응활성도가 클수록

29. **오토(Otto) 사이클의 효율을 η_1, 디젤(Diesel) 사이클의 효율을 η_2, 사바테(Sabathe) 사이클의 효율을 η_3이라 할 때 공급열량과 압축비가 같을 경우 효율의 크기는?**

[가] $\eta_1 > \eta_2 > \eta_3$　　[나] $\eta_1 > \eta_3 > \eta_2$
[다] $\eta_2 > \eta_1 > \eta_3$　　[라] $\eta_2 > \eta_3 > \eta_1$

[해설] 각 사이클의 효율 비교
① 최저온도 및 압력, 공급열량과 압축비가 같은 경우 : 오토 사이클>사바테 사이클>디젤 사이클
② 최저온도 및 압력, 공급열량과 최고압력이 같은 경우 : 디젤 사이클>사바테 사이클>오토 사이클

30. **CH_4, CO_2, H_2O의 생성열이 각각 75 kJ/kmol, 394 kJ/kmol, 242 kJ/kmol일 때의 완전 연소 발열량은 약 몇 kJ인가?**

[가] 803　　[나] 786
[다] 711　　[라] 636

[해설] ① 메탄(CH_4)의 완전연소 반응식
$CH_4+2O_2 \rightarrow CO_2+2H_2O+Q$
② 완전 연소 발열량 계산 : 연소열과 생성열은 절댓값이 같고 부호가 반대이다.
$-75 = -394-242\times2+Q$
$\therefore\ Q = 394+242\times2-75$
$= 803$ kJ/kmol

31. **열역학 제0법칙에 대하여 설명한 것은?**

[가] 저온체에서 고온체로 아무 일도 없이 열을 전달할 수 없다.
[나] 절대온도 0에서 모든 완전 결정체의 절대 엔트로피의 값은 0이다.
[다] 기계가 일을 하기 위해서는 반드시 다른 에너지를 소비해야 하고 어떤 에너지도 소비하지 않고 계속 일을 하는 기계는 존재하지 않는다.
[라] 온도가 서로 다른 물체를 접촉시키면 높은 온도를 지닌 물체의 온도는 내려가고, 낮은 온도를 지닌 물체의 온도는 올라가서 두 물체의 온도 차이는 없어진다.

[해설] 열역학 제0법칙 : 온도가 서로 다른 물질이 접촉하면 고온은 저온이 되고, 저온은 고온이 되어서 결국 시간이 흐르면 두 물질의 온도는 같게 된다. 이것을 열평형이 되었다고 하며, 열평형의 법칙이라 한다.

32. **유독물질의 대기 확산에 영향을 주게 되는 매개변수로서 가장 거리가 먼 것은?**

[가] 토양의 종류　　[나] 바람의 속도
[다] 대기 안정도　　[라] 누출지점의 높이

[해설] 유독물질의 대기 확산에 영향을 주는 요인
① 누출지점의 높이
② 대기의 안정도
③ 바람의 속도
④ 건축물 등 장애물 여부
⑤ 지형 및 지역 변수
⑥ 기상 조건
⑦ 오염물의 특성

33. **연료가 완전 연소할 때 이론상 필요한**

[해답] 28. [다]　29. [나]　30. [가]　31. [라]　32. [가]　33. [라]

공기량을 $M_0(m^3)$, 실제로 사용한 공기량을 $M(m^3)$라 하면 과잉공기 백분율로 바르게 표시한 식은?

㉮ $\dfrac{M}{M_0} \times 100$ ㉯ $\dfrac{M_0}{M} \times 100$

㉰ $\dfrac{M-M_0}{M} \times 100$ ㉭ $\dfrac{M-M_0}{M_0} \times 100$

[해설] 과잉공기 백분율(%) : 과잉공기량(B)과 이론 공기량(M_0)의 비율(%)

$$\therefore \text{과잉공기율(\%)} = \frac{B}{M_0} \times 100$$

$$= \frac{M-M_0}{M_0} \times 100 = (m-1) \times 100$$

34. 체적 $2\,m^3$의 용기 내에서 압력 0.4 MPa, 온도 50℃인 혼합기체의 체적분율이 메탄(CH_4) 35%, 수소(H_2) 40%, 질소(N_2) 25 %이다. 이 혼합기체의 질량은 약 몇 kg인가?

㉮ 2 ㉯ 3

㉰ 4 ㉭ 5

[해설] ① 혼합기체의 평균분자량 계산
$$M = (16 \times 0.35) + (2 \times 0.4) + (28 \times 0.25)$$
$$= 13.4$$

② 혼합기체의 질량 계산
$$PV = GRT$$
$$\therefore G = \frac{PV}{RT}$$
$$= \frac{0.4 \times 10^3 \times 2}{\frac{8.314}{13.4} \times (273+50)} = 3.991 \, kg$$

35. 폭발범위의 하한 값이 가장 큰 가스는?

㉮ C_2H_4 ㉯ C_2H_2

㉰ C_2H_4O ㉭ H_2

[해설] 각 가스의 공기 중에서 폭발범위

가스 명칭	폭발범위
에틸렌(C_2H_4)	3.1~32 %
아세틸렌(C_2H_2)	2.5~81 %
산화에틸렌(C_2H_4O)	3~80 %
수소(H_2)	4~75 %

36. 전실화재(flashover)와 역화(back draft)에 대한 설명으로 틀린 것은?

㉮ flashover는 급격한 가연성가스의 착화로서 폭풍과 충격파를 동반한다.

㉯ flashover는 화재성장기(제1단계)에서 발생한다.

㉰ back draft는 최성기(제2단계)에서 발생한다.

㉭ flashover는 열의 공급이 요인이다.

[해설] 전실화재(flash over) : 화재로 발생한 열이 주변의 모든 물체가 연소되기 쉬운 상태에 도달하였을 때 순간적으로 강한 화염을 분출하면서 내부 전체를 급격히 태워버리는 현상

37. 어떤 계에 42 kJ을 공급했다. 만약 이 계가 외부에 대하여 17000 N·m의 일을 하였다면 내부에너지의 증가량은 약 몇 kJ인가?

㉮ 25 ㉯ 50 ㉰ 100 ㉭ 200

[해설] ① N·m = J에 해당되므로 외부에 한 일
17000 N·m = 17000 J = 17 kJ에 해당된다.
② 내부에너지 증가량 계산
'엔탈피 변화량 = 내부에너지+외부에너지'에서
$\therefore$ 내부에너지 = 엔탈피 변화량-외부에너지
= 42-17 = 25 kJ

38. 수증기와 CO의 몰 혼합물을 반응시켰을 때 1000℃, 1기압에서의 평형조성이 CO, H_2O가 각각 28 mol%, H_2, CO_2가 각각 22 mol%라 하면, 정압 평형정수(K_p)는 약 얼마인가?

㉮ 0.2 ㉯ 0.6 ㉰ 0.9 ㉭ 1.3

[해설] ① 수증기(H_2O)와 CO의 반응식
$$CO + H_2O \rightarrow CO_2 + H_2$$
② 정압 평형정수(K_p) 계산
$$\therefore K_p = \frac{[CO_2] \times [H_2]}{[CO] \times [H_2O]} = \frac{22 \times 22}{28 \times 28}$$
$$= 0.6173$$

39. 다음 중 등엔트로피 과정은?

해답 34. ㉰ 35. ㉭ 36. ㉮ 37. ㉮ 38. ㉯ 39. ㉮

[가] 가역 단열과정
[나] 비가역 단열과정
[다] Polytropic 과정
[라] Joule-Thomson 과정

[해설] 가역 단열과정에서는 엔트로피 변화는 없는 등엔트로피 과정이고, 비가역 단열과정에서는 엔트로피가 증가한다.

40. **도시가스의 조성을 조사해보니 부피조성으로 H_2 30 %, CO 14 %, CH_4 49 %, CO_2 5 %, O_2 2 %를 얻었다. 이 도시가스를 연소시키기 위한 이론산소량(Nm^3)은?**

[가] 1.18 [나] 2.18 [다] 3.18 [라] 4.18

[해설] ① 가연성분의 완전연소 반응식과 함유율(%)

$$H_2 + \frac{1}{2}O_2 \rightarrow H_2O : 30\,\%$$

$$CO + \frac{1}{2}O_2 \rightarrow CO_2 : 14\,\%$$

$$CH_4 + 2O_2 \rightarrow CO_2 + 2H_2O : 49\,\%$$

② 이론산소량(O_0) 계산 : 기체 연료 1 Nm^3 연소할 때 필요로 하는 이론산소량은 연소반응식에서 산소몰수에 해당하는 양(Nm^3)이며, 가스 성분에 포함된 산소는 제외하고 계산하여야 함

$$\therefore O_0 = \{(0.5 \times 0.3) + (0.5 \times 0.14) + (2 \times 0.49)\} - 0.02 = 1.18\ Nm^3$$

제 3 과목 가스설비

41. **정압기에 관한 특성 중 변동에 대한 응답속도 및 안정성의 관계를 나타내는 것은?**

[가] 동특성 [나] 정특성
[다] 작동 최대차압 [라] 사용 최대차압

[해설] 정압기의 특성
① 정특성(靜特性) : 유량과 2차 압력의 관계
② 동특성(動特性) : 부하변동에 대한 응답의 신속성과 안정성이 요구됨
③ 유량특성(流量特性) : 메인밸브의 열림과 유량의 관계
④ 사용 최대차압 : 메인밸브에 1차와 2차 압력이 작용하여 최대로 되었을 때의 차압
⑤ 작동 최소차압 : 정압기가 작동할 수 있는 최소 차압

42. **석유정제공정의 상압증류 및 가솔린 생산을 위한 접촉개질 처리 등에서와 석유화학의 나프타 분해공정 중 에틸렌, 벤젠 등을 제조하는 공정에서 주로 생산되는 가스는?**

[가] OFF 가스 [나] Cracking 가스
[다] Reforming 가스 [라] Topping 가스

[해설] 정유 가스(off gas)의 종류
① 석유정제 오프가스 : 상압증류, 감압증류 및 가솔린 생산을 위한 접촉개질공정 등에서 발생하는 가스이다.
② 석유화학 오프가스 : 나프타 분해에 의한 에틸렌 제조공정에서 발생하는 가스이다.

43. **도시가스 원료 중에 함유되어 있는 황을 제거하기 위한 건식 탈황법의 탈황제로서 일반적으로 사용되는 것은?**

[가] 탄산나트륨 [나] 산화철
[다] 암모니아 수용액 [라] 염화암모늄

[해설] 건식 탈황법
① 활성탄, 몰러큘러시브, 실리카겔 등을 사용하여 흡착에 의해 황화합물을 제거한다.
② 산화철이나 산화아연 등과 접촉시켜 금속 황화합물로 변화시켜 제거하는 방법이다.

44. **연소 시 발생할 수 있는 여러 문제 중 리프팅(lifting) 현상의 주된 원인은?**

[가] 노즐의 축소 [나] 가스 압력의 감소
[다] 1차 공기의 과소 [라] 배기 불충분

[해설] 리프팅(lifting : 선화)의 원인
① 염공이 작아졌을 때
② 공급압력이 지나치게 높을 경우
③ 배기 또는 환기가 불충분할 때(2차 공기량 부족)
④ 공기 조절장치를 지나치게 개방하였을 때(1차 공기량 과다)
※ 공개된 최종답안은 [가]항만 정답 처리되었음

[해답] 40. [가] 41. [가] 42. [가] 43. [나] 44. [가]

45. 도시가스 공급시설에 설치하는 공기보다 무거운 가스를 사용하는 지역정압기실 개구부와 RTU(Remote Terminal Unit) 박스는 얼마 이상의 거리를 유지하여야 하는가?

㉮ 2 m   ㉯ 3 m   ㉰ 4.5 m   ㉱ 5.5 m

해설 도시가스 공급시설에 설치하는 정압기실 및 구역압력조정기실 개구부와 RTU(Remote Terminal Unit) 박스는 다음 기준에서 정한 거리 이상을 유지한다.
① 지구정압기, 건축물 내 지역정압기 및 공기보다 무거운 가스를 사용하는 지역정압기 : 4.5 m
② 공기보다 가벼운 가스를 사용하는 지역정압기 및 구역압력조정기 : 1 m

46. 배관에서 지름이 다른 강관을 연결하는 목적으로 주로 사용하는 것은?

㉮ 티   ㉯ 플랜지
㉰ 엘보   ㉱ 리듀서

해설 사용 용도에 의한 강관 이음재 분류
① 배관의 방향을 전환할 때 : 엘보(elbow), 벤드(bend), 리턴 벤드
② 관을 도중에 분기할 때 : 티(tee), 와이(Y), 크로스(cross)
③ 동일 지름의 관을 연결할 때 : 소켓(socket), 니플(nipple), 유니언(union)
④ 지름이 다른 관(이경관)을 연결할 때 : 리듀서(reducer), 부싱(bushing), 이경 엘보, 이경 티
⑤ 관 끝을 막을 때 : 플러그(plug), 캡(cap)
⑥ 관의 분해, 수리가 필요할 때 : 유니언, 플랜지

47. 발열량이 13000 kcal/m³이고, 비중이 1.3, 공급압력이 200 mmH₂O인 가스의 웨버지수는?

㉮ 10000   ㉯ 11402
㉰ 13000   ㉱ 16900

해설 $WI = \dfrac{H_g}{\sqrt{d}} = \dfrac{13000}{\sqrt{1.3}} = 11401.754$

48. 1000 rpm으로 회전하는 펌프를 2000 rpm으로 변경하였다. 이 경우 펌프의 양정과 소요동력은 각각 얼마씩 변화하는가?

㉮ 양정 : 2배, 소요동력 : 2배
㉯ 양정 : 4배, 소요동력 : 2배
㉰ 양정 : 8배, 소요동력 : 4배
㉱ 양정 : 4배, 소요동력 : 8배

해설 ① 양정의 변화량 계산

$$\therefore\ H_2 = H_1 \times \left(\frac{N_2}{N_1}\right)^2 = H_1 \times \left(\frac{2000}{1000}\right)^2 = 4H_1$$

② 소요동력의 변화량 계산

$$\therefore\ L_2 = L_1 \times \left(\frac{N_2}{N_1}\right)^3 = L_1 \times \left(\frac{2000}{1000}\right)^3 = 8L_1$$

49. 회전펌프에 해당하는 것은?

㉮ 플랜지 펌프   ㉯ 피스톤 펌프
㉰ 기어 펌프   ㉱ 다이어프램 펌프

해설 펌프의 분류
(1) 터보식 펌프
① 원심식 : 볼류트펌프, 터빈펌프
② 사류식(경사류식)
③ 축류식
(2) 용적식 펌프
① 왕복식 : 피스톤펌프, 플런저펌프, 다이어프램펌프
② 회전식 : 기어펌프, 나사펌프, 베인펌프
(3) 특수 펌프 : 재생펌프, 제트펌프, 기포펌프, 수격펌프

50. 산소가 없어도 자기분해 폭발을 일으킬 수 있는 가스가 아닌 것은?

㉮ C₂H₂   ㉯ N₂H₄
㉰ H₂   ㉱ C₂H₄O

해설 분해폭발을 일으키는 물질 : 아세틸렌(C_2H_2), 산화에틸렌(C_2H_4O), 히드라진(N_2H_4), 오존(O_3)

51. 실린더 안지름 20 cm, 피스톤 행정 15 cm, 매분 회전수 300, 효율이 90 %인 수평 1단 단동 압축기가 있다. 지시평균 유효압력을

0.2 MPa로 하면 압축기에 필요한 전동기의 마력은 약 몇 PS 인가? (단, 1 MPa은 10 kgf/cm² 로 한다.)

㉮ 6 ㉯ 7 ㉰ 8 ㉱ 9

해설 ① 피스톤 압출량 계산

$$\therefore V = \frac{\pi}{4} \cdot D^2 \cdot L \cdot n \cdot N$$

$$= \frac{\pi}{4} \times 0.2^2 \times 0.15 \times 1 \times 300$$

$$= 1.414 \, \text{m}^3/\text{min}$$

② 축동력 계산

$$\therefore PS = \frac{P \cdot Q}{75 \cdot \eta} = \frac{(0.2 \times 10 \times 10^4) \times 1.414}{75 \times 0.9 \times 60}$$

$$= 6.982 \, PS$$

52. 도시가스 저압 배관의 설계 시 관경을 결정하고자 할 때 사용되는 식은?

㉮ Fan 식 ㉯ Oliphant 식
㉰ Coxe 식 ㉱ Pole 식

해설 저압배관 유량계산식(Pole식)

$$Q = K \sqrt{\frac{D^5 \cdot H}{S \cdot L}}$$ 에서

배관 안지름 $D = \sqrt[5]{\frac{Q^2 S L}{K^2 H}}$ 으로 계산할 수 있다.

53. 가스보일러 물탱크의 수위를 다이어프램에 의해 압력 변화로 검출하여 전기접점에 의해 가스회로를 차단하는 안전장치는?

㉮ 헛불방지장치 ㉯ 동결방지장치
㉰ 소화안전장치 ㉱ 과열방지장치

해설 헛불방지장치 : 온수기나 보일러 등의 연소기구 내에 물이 없으면 가스밸브가 개방되지 않고 물이 있을 경우에만 가스밸브가 개방되도록 하는 공연소 방지장치이다.

54. 가스온수기에 반드시 부착하여야 할 안전장치가 아닌 것은?

㉮ 소화안전장치 ㉯ 역풍방지장치
㉰ 전도안전장치 ㉱ 정전안전장치

해설 가스온수기에 부착되는 안전장치
① 정전안전장치
② 역풍방지장치
③ 소화안전장치
④ 그 밖의 장치 : 거버너(세라믹 버너를 사용하는 온수기만 해당), 과열방지장치, 물온도조절장치, 점화장치, 물빼기장치, 수압자동가스밸브, 동결방지장치, 과압방지안전장치

55. 나프타를 접촉분해법에서 개질온도를 705 ℃로 유지하고 개질압력을 1기압에서 10기압으로 점진적으로 가압할 때 가스의 조성변화는?

㉮ H₂와 CO₂가 감소하고 CH₄와 CO가 증가한다.
㉯ H₂와 CO₂가 증가하고 CH₄와 CO가 감소한다.
㉰ H₂와 CO가 감소하고 CH₄와 CO₂가 증가한다.
㉱ H₂와 CO가 증가하고 CH₄와 CO₂가 감소한다.

해설 나프타의 접촉분해법에서 압력과 온도의 영향

구분		CH₄, CO₂	H₂, CO
압력	상승	증가	감소
	하강	감소	증가
온도	상승	감소	증가
	하강	증가	감소

56. LPG를 사용하는 식당에서 연소기의 최대가스 소비량이 3.56 kg/h이었다. 자동절체식 조정기를 사용하는 경우 20 kg 용기를 최소몇 개를 설치하여야 자연기화 방식으로 원활하게 사용할 수 있겠는가? (단, 20 kg 용기 1개의 가스발생능력은 1.8 kg/h이다.)

㉮ 2개 ㉯ 4개
㉰ 6개 ㉱ 8개

해설 ① 필요 최저 용기수 계산

$$\therefore \ 용기수 = \frac{최대 \ 가스소비량}{가스발생능력}$$

$$= \frac{3.56}{1.8} = 1.977 = 2개$$

② 자동절체식 조정기를 사용하므로 예비측
용기까지 필요하다.

$$\therefore \ 전체 \ 용기수 = 최저 \ 용기수 \times 2$$
$$= 2 \times 2 = 4개$$

57. 찜질방의 가열로실의 구조에 대한 설명으로 틀린 것은?

㉮ 가열로의 배기통은 금속 이외의 불연성재료로 단열조치를 한다.

㉯ 가열로실과 찜질실 사이의 출입문은 유리재로 설치한다.

㉰ 가열로의 배기통 재료는 스테인리스를 사용한다.

㉱ 가열로의 배기통에는 댐퍼를 설치하지 아니한다.

해설 찜질방 가열로실의 구조

① 가열로실은 불연재료를 사용하여 설치하며 가열로실과 찜질실은 불연재료의 벽 등으로 구분하여 설치하고, 가열로실과 찜질실 사이의 출입문은 금속재로 설치한다.

② 가열로의 배기통 재료는 스테인리스강 또는 배기가스 및 응축수에 내열·내식성이 있는 것으로 한다.

③ 가열로의 배기통은 금속 이외의 불연성 재료로 단열조치를 한다.

④ 가열로의 배기통 끝에는 배기통톱을 설치하되, 배기통에는 댐퍼를 설치하지 아니한다.

⑤ 가열로의 배기구와 배기통의 접속부는 스테인리스밴드 등으로 견고하게 설치하고, 각 접속부 등에는 내열실리콘 등(석고붕대 제외)으로 마감조치를 하여 기밀이 유지되게 한다.

⑥ 가열로실에는 급·환기시설을 갖춘다.

ⓐ 가열로의 연소에 필요한 공기를 공급할 수 있는 급기구(또는 급기시설) 및 환기구(또는 환기시설)를 설치한다.

ⓑ 급기구의 유효단면적은 배기통의 단면적 이상으로 한다.

ⓒ 환기구는 상시개방구조로서 급기구와 별도로 설치하고 환기구의 전체 유효단면적은 가스소비량 0.085 kg/h 당 10 cm^2(지하실 또는 반지하실의 경우에는 가스소비량 0.085 kg/h 당 3 m^3/h 이상의 통풍능력을 갖는 강제통풍설비) 이상으로 하고, 2방향(강제통풍설비의 경우 제외) 이상으로 분산하여 설치한다.

58. LNG 저장탱크에서 사용되는 잠액식 펌프의 윤활 및 냉각을 위해 주로 사용되는 것은?

㉮ 물   ㉯ LNG   ㉰ 그리스   ㉱ 황산

해설 LNG 저장탱크에서 잠액식 펌프의 윤활 및 냉각은 LNG 자체를 이용한다.

59. 차단성능이 좋고 유량조정이 용이하나 압력손실이 커서 고압의 대구경 밸브에는 부적당한 밸브는?

㉮ 글로브 밸브   ㉯ 플러그 밸브   ㉰ 게이트 밸브   ㉱ 버터플라이 밸브

해설 글로브 밸브(glove valve)의 특징

① 유체의 흐름에 따라 마찰손실(저항)이 크다.

② 주로 유량 조절용으로 사용된다.

③ 유체의 흐름 방향과 평행하게 밸브가 개폐된다.

④ 밸브의 디스크 모양은 평면형, 반구형, 원뿔형 등의 형상이 있다.

⑤ 슬루스밸브에 비하여 가볍고 가격이 저렴하다.

⑥ 고압의 대구경 밸브에는 부적당하다.

60. 다기능 가스안전계량기(마이콤 메타)의 작동성능이 아닌 것은?

㉮ 유량 차단성능   ㉯ 과열방지 차단성능   ㉰ 압력저하 차단성능   ㉱ 연속사용시간 차단성능

해설 다기능 가스안전계량기(마이콤 메타)의 작동성능

① 유량 차단성능 : 합계유량 차단, 증가유량
　 차단, 연속사용시간 차단
② 미소사용유량 등록 성능
③ 미소누출검지 성능
④ 압력저하 차단성능
⑤ 옵션단자 성능
⑥ 옵션 성능 : 통신 성능, 검지 성능

제 4 과목　가스안전관리

61. 아세틸렌의 임계압력으로 가장 가까운 것
은?

　㉮ 3.5 MPa　　　㉯ 5.0 MPa
　㉰ 6.2 MPa　　　㉱ 7.3 MPa

[해설] 아세틸렌의 성질

분류	성질
비점	−75℃
용점	−84℃
삼중점	−81℃
임계압력	61.7 atm(6.2 MPa)
임계온도	36℃

62. LPG 용기 보관실의 바닥 면적이 40 m^2
이라면 환기구의 최소 통풍가능 면적은?

　㉮ 1000 cm^2　　　㉯ 1100 cm^2
　㉰ 12000 cm^2　　㉱ 13000 cm^2

[해설] 환기구(통풍구) 크기는 바닥면적 1 m^2 마다
300 cm^{2}의 비율로 계산된 면적 이상을 확보하
며, 1개소 면적은 2400 cm^2 이하로 한다.
　∴ 최소 통풍가능 면적 = 40 × 300
　　　　　　　　　　　 = 12000 cm^2

63. 고압가스 제조장치의 내부에 작업원이 들
어가 수리를 하고자 한다. 이 때 가스 치환
작업으로 가장 부적합한 경우는?

　㉮ 질소 제조장치에서 공기로 치환한 후 즉
　　시 작업을 하였다.
　㉯ 아황산가스인 경우 불활성가스로 치환
　　한 후 다시 공기로 치환하여 작업을 하

였다.
　㉰ 수소제조 장치에서 불활성가스로 치환
　　한 후 즉시 작업을 하였다.
　㉱ 암모니아인 경우 불활성가스로 치환하고
　　다시 공기로 치환한 후 작업을 하였다.

[해설] 가스설비 치환농도
　① 가연성가스 : 폭발하한계의 1/4 이하(25
　　% 이하)
　② 독성가스 : TLV-TWA 기준농도 이하
　③ 산소 : 22 % 이하
　※ 시설 내부에 작업원이 들어가는 경우 산소
　　농도는 18~22 %를 유지하여야 한다. ㉮,
　　㉯, ㉱항은 공기로 치환작업을 하였지만 ㉰
　　항은 불활성가스로만 치환작업을 하여 산
　　소가 없는 상태이므로 작업원이 내부에 들
　　어가 작업하는데 가장 부적합한 경우에 해
　　당된다.

64. 의료용 산소용기의 도색 및 표시가 바르
게 된 것은?

　㉮ 백색으로 도색 후 흑색 글씨로 산소라
　　고 표시한다.
　㉯ 녹색으로 도색 후 백색 글씨로 산소라
　　고 표시한다.
　㉰ 백색으로 도색 후 녹색 글씨로 산소라
　　고 표시한다.
　㉱ 녹색으로 도색 후 흑색 글씨로 산소라
　　고 표시한다.

[해설] (1) 산소용기 도색 및 가스명칭 색상

구분	용기 외면	문자 색상
공업용	녹색	백색
의료용	백색	녹색

(2) 의료용 가스 용기 표시
　① 용기의 상단부에 2 cm 크기의 백색(산
　　소는 녹색) 띠를 두 줄로 표시한다.
　② 백색 띠의 하단과 가스 명칭 사이에
　　"의료용"이라고 표시한다.

65. 고압가스 저장시설에서 가연성가스 용기

보관실과 독성가스의 용기보관실은 어떻게 설치하여야 하는가?

㉮ 기준이 없다.

㉯ 각각 구분하여 설치한다.

㉰ 하나의 저장실에 혼합 저장한다.

㉱ 저장실은 하나로 하되 용기는 구분 저장한다.

해설 가연성가스 · 산소 및 독성가스의 용기보관실은 각각 구분하여 설치한다.

66. 액화석유가스를 차량에 고정된 내용적 V(L)인 탱크에 충전할 때 충전량 산정식은? (단, W : 저장능력(kg), P : 최고충전압력(MPa), d : 비중(kg/L), C : 가스의 종류에 따른 정수이다.)

㉮ $W = \dfrac{V}{C}$ 　　㉯ $W = C(V+1)$

㉰ $W = 0.9\,dV$ 　㉱ $W = (10P+1)V$

해설 ① 액화가스의 용기 및 차량에 고정된 탱크 저장능력 산정식 : $W = \dfrac{V}{C}$

② 액화가스 저장탱크 저장능력 산정식
$W = 0.9\,dV$

③ 압축가스의 저장탱크 및 용기
$Q = (10P+1)V$

67. 이동식 부탄연소기(220 g 납붙임용기 삽입형)를 사용하는 음식점에서 부탄 연소기의 본체보다 큰 주물 불판을 사용하여 오랜 시간 조리를 하다가 폭발 사고가 일어났다. 사고의 원인으로 추정되는 것은?

㉮ 가스 누출

㉯ 납붙임 용기의 불량

㉰ 납붙임 용기의 오장착

㉱ 용기 내부의 압력 급상승

해설 부탄 연소기의 본체보다 큰 주물 불판을 사용하여 부탄이 충전된 납붙임 용기가 가열되면서 용기 내부의 압력이 급상승되어 폭발사고가 발생한 것이다.

68. 냉동설비와 1일 냉동능력 1톤의 산정기준에 대한 연결이 바르게 된 것은?

㉮ 원심식 압축기 사용 냉동설비-압축기의 원동기 정격출력 1.2 kW

㉯ 원심식 압축기 사용 냉동설비-발생기를 가열하는 1시간의 입열량 3320 kcal

㉰ 흡수식 냉동설비-압축기의 원동기 정격출력 2.4 kW

㉱ 흡수식 냉동설비-발생기를 가열하는 1시간의 입열량 7740 kcal

해설 1일의 냉동능력 1톤 계산

① 원심식 압축기 : 압축기의 원동기 정격출력 1.2 kW

② 흡수식 냉동설비 : 발생기를 가열하는 1시간의 입열량 6640 kcal

③ 그 밖의 것은 다음 식에 의한다.

$R = \dfrac{V}{C}$

여기서, R : 1일의 냉동능력(톤)

V : 피스톤 압출량(m³/h)

C : 냉매 종류에 따른 정수

69. 고압가스용 납붙임 또는 접합용기의 두께는 그 용기의 안전성을 확보하기 위하여 몇 mm 이상으로 하여야 하는가?

㉮ 0.115 　　　㉯ 0.125

㉰ 0.215 　　　㉱ 0.225

해설 고압가스용 납붙임 또는 접합용기의 두께는 그 용기의 안전성을 확보하기 위하여 0.125 mm 이상으로 한다. 다만, 이동식 부탄 연소기용 용기의 두께는 0.20 mm 이상으로 한다.

70. 용기의 제조등록을 한 자가 수리할 수 있는 용기의 수리범위에 해당되는 것으로만 모두 짝지어진 것은?

> ㉠ 용기몸체의 용접
> ㉡ 용기 부속품의 부품 교체
> ㉢ 초저온용기의 단열재 교체

[가] ㉠ [나] ㉠, ㉡

[다] ㉡, ㉢ [라] ㉠, ㉡, ㉢

[해설] 용기제조자의 수리범위
① 용기몸체의 용접
② 아세틸렌용기 내의 다공물질 교체
③ 용기의 스커트, 프로텍터 및 네크링의 교체 및 가공
④ 용기 부속품의 부품 교체
⑤ 저온 또는 초저온용기의 단열재 교체

71. 아세틸렌용 용접용기를 제조하고자 하는 자가 갖추어야 할 시설기준의 설비가 아닌 것은?

[가] 성형설비

[나] 세척설비

[다] 필라멘트 와인딩설비

[라] 자동 부식방지 도장설비

[해설] 아세틸렌용 용접용기 제조하려는 자가 갖추어야 할 제조설비
① 단조설비 또는 성형설비
② 아래부분 접합설비(아래부분을 접합하여 제조하는 경우로 한정한다)
③ 열처리로 및 그 노 내의 온도를 측정하여 자동으로 기록하는 장치
④ 세척설비
⑤ 쇼트브라스팅 및 도장설비
⑥ 밸브 탈·부착기
⑦ 용기 내부 건조설비 및 진공 흡입설비
⑧ 용접설비(내용적 250 L 미만의 용기제조시설은 자동용접설비)
⑨ 넥크링 가공설비
⑩ 원료 혼합기
⑪ 건조로
⑫ 원료 충전기
⑬ 자동 부식방지 도장설비
⑭ 아세톤 또는 디메틸포름아미드 충전설비
⑮ 그 밖에 제조에 필요한 설비 및 기구

72. 가연성가스 설비 내부에서 수리 또는 청소작업을 할 때에는 설비내부의 가스농도가 폭발 하한계의 몇 % 이하가 될 때까지 치환하여야 하는가?

[가] 1 [나] 5

[다] 10 [라] 25

[해설] 가연성가스 가스설비의 내부가스를 치환 결과 해당 가연성가스의 농도가 그 가스의 폭발하한계의 1/4(25 %) 이하가 될 때까지 치환을 계속한다.

73. 초저온용기에 대한 정의를 가장 바르게 나타낸 것은?

[가] 섭씨 영하 50℃ 이하의 액화가스를 충전하기 위한 용기로서 단열재를 씌우거나 냉동설비로 냉각시키는 등의 방법으로 용기 내의 가스온도가 상용온도를 초과하지 않도록 한 용기

[나] 액화가스를 충전하기 위한 용기로서 단열재로 피복하여 용기 내의 가스온도가 상용온도를 초과하지 않도록 한 용기

[다] 대기압에서 비점이 0℃ 이하인 가스를 상용압력이 0.1 MPa 이하의 액체 상태로 저장하기 위한 용기로서 단열재로 피복하여 가스온도가 상용온도를 초과하지 않도록 한 용기

[라] 액화가스를 냉동설비로 냉각하여 용기 내의 가스의 온도가 섭씨 영하 70℃ 이하로 유지하도록 한 용기

[해설] 초저온용기의 정의 : 섭씨 영하 50도 이하의 액화가스를 충전하기 위한 용기로서 단열재로 피복하거나 냉동설비로 냉각하는 등의 방법으로 용기 안의 가스온도가 상용의 온도를 초과하지 아니하도록 한 것을 말한다.

74. 아세틸렌가스를 2.5 MPa의 압력으로 압축할 때 첨가하는 희석제가 아닌 것은?

[가] 질소 [나] 메탄

[다] 일산화탄소 [라] 아세톤

[해설] 아세틸렌을 2.5 MPa 압력으로 압축하는 때에는 질소, 메탄, 일산화탄소 또는 에틸렌 등의 희석제를 첨가한다.

[해답] 71. [다] 72. [라] 73. [가] 74. [라]

75. 고압가스용 용접용기의 내압시험 중 팽창 측정시험의 경우 용기가 완전히 팽창한 후 적어도 얼마 이상의 시간을 유지하여야 하는가?

㉮ 30초   ㉯ 1분

㉰ 3분   ㉱ 5분

해설 내압시험방법 중 팽창측정시험 : 내압시험압력을 가하여 용기가 완전히 팽창한 후 30초 이상 그 압력을 유지하여 누출 및 이상팽창이 없는가를 확인한다.

76. 차량에 고정된 탱크로 가연성가스를 적재하여 운반할 때 휴대하여야 할 소화설비의 기준으로 옳은 것은?

㉮ BC용, B-10 이상 분말소화제를 2개 이상 비치

㉯ BC용, B-8 이상 분말소화제를 2개 이상 비치

㉰ ABC용, B-10 이상 포말소화제를 1개 이상 비치

㉱ ABC용, B-8 이상 포말소화제를 1개 이상 비치

해설 차량에 고정된 탱크 소화설비 기준

구분	소화기의 종류		비치개수
	소화약제	능력단위	
가연성 가스	분말 소화제	BC용 B-10 이상 또는 ABC용 B-12 이상	차량 좌우에 각각 1개 이상
산소	분말 소화제	BC용 B-8 이상 또는 ABC용 B-10 이상	차량 좌우에 각각 1개 이상

77. 가스 폭발에 대한 설명으로 틀린 것은?

㉮ 폭발한계는 일반적으로 폭발성 분위기 중 폭발성가스의 용적비로 표시된다.

㉯ 발화온도는 폭발성가스와 공기 중 혼합가스의 온도를 높였을 때에 폭발을

일으킬 수 있는 최고의 온도이다.

㉰ 폭발한계는 가스의 종류에 따라 달라진다.

㉱ 폭발성 분위기란 폭발성 가스가 공기와 혼합하여 폭발한계 내에 있는 상태의 분위기를 뜻한다.

해설 발화온도 : 가연성 물질이 공기 중에서 온도를 상승시킬 때 점화원 없이 스스로 연소를 개시할 수 있는 최저의 온도로 발화점, 착화점, 착화온도라 한다.

78. 가스난로를 사용하다가 부주의로 점화되지 않은 상태에서 콕을 전부 열었다. 이 때 노즐로부터 분출되는 생가스의 양은 약 몇 m^3/h인가? (단, 유량계수 0.8, 노즐지름 2.5 mm, 가스압력 200 mmH$_2$O, 가스비중 0.5로 한다.)

㉮ 0.5 m^3/h   ㉯ 1.1 m^3/h

㉰ 1.5 m^3/h   ㉱ 2.1 m^3/h

해설 $Q = 0.011 KD^2 \sqrt{\dfrac{P}{d}}$

$$= 0.011 \times 0.8 \times 2.5^2 \sqrt{\frac{200}{0.5}} = 1.1 \, m^3/h$$

79. 초저온가스용 용기제조 기술기준에 대한 설명으로 틀린 것은?

㉮ 용기동판의 최대두께와 최소두께와의 차이는 평균두께의 10 % 이하로 한다.

㉯ "최고충전압력"은 상용압력 중 최고압력을 말한다.

㉰ 용기의 외조에 외조를 보호할 수 있는 플러그 또는 파열판 등의 압력방출장치를 설치한다.

㉱ 초저온용기는 오스테나이트계 스테인리스강 또는 티타늄합금으로 제조한다.

해설 초저온용기의 재료는 그 용기의 안전성을 확보하기 위하여 오스테나이트계 스테인리스강 또는 알루미늄합금으로 한다.

해답   75. ㉮   76. ㉮   77. ㉯   78. ㉯   79. ㉱

80. 증기가 전기스파크나 화염에 의해 분해 폭발을 일으키는 가스는?

㉮ 수소 　　　　㉯ 프로판
㉰ LNG 　　　　㉱ 산화에틸렌

해설 산화에틸렌(C_2H_4O)의 특징
① 액화가스로 무색의 가연성가스이다.(폭발 범위 : 3~80 %)
② 독성가스(TLV-TWA 50 ppm)이며, 자극성의 냄새가 있다.
③ 물, 알코올, 에테르에 용해된다.
④ 산, 알칼리, 산화철, 산화알루미늄 등에 의해 중합폭발한다.
⑤ 액체 산화에틸렌은 연소하기 쉬우나 폭약과 같은 폭발은 없다.
⑥ 산화에틸렌 증기는 전기 스파크, 화염, 아세틸드, 충격 등에 의하여 분해 폭발할 수 있다.
⑦ 구리와 직접 접촉을 피하여야 한다.
※ 분해폭발을 일으키는 물질 : 아세틸렌(C_2H_2), 산화에틸렌(C_2H_4O), 히드라진(N_2H_4), 오존(O_3)

제 5 과목 가스계측

81. 가스크로마토그래피로 가스를 분석할 때 사용하는 캐리어 가스로서 가장 부적당한 것은?

㉮ H_2　　㉯ CO_2　　㉰ N_2　　㉱ Ar

해설 캐리어가스의 종류 : 수소(H_2), 헬륨(He), 아르곤(Ar), 질소(N_2)

82. 램버트-비어의 법칙을 이용한 것으로서 미량 분석에 유용한 화학 분석법은?

㉮ 중화적정법 　　㉯ 중량법
㉰ 분광광도법 　　㉱ 요오드적정법

해설 분광 광도법(흡광 광도법) : 시료가스를 반응시켜 발색을 광전 광도계 또는 광전 분광 광도계를 사용하여 흡광도의 측정으로 분석하는 방법으로 미량분석에 사용된다.

83. 내경 10 cm인 관속으로 유체가 흐를 때 피토관의 마노미터 수주가 40 cm이었다면 이때의 유량은 약 몇 m^3/s인가?

㉮ 2.2×10^{-3} 　　㉯ 2.2×10^{-2}
㉰ 0.22 　　　　　㉱ 2.2

해설 $Q = AV = A\sqrt{2gh}$
$$= \frac{\pi}{4} \times 0.1^2 \times \sqrt{2 \times 9.8 \times 0.4}$$
$$= 2.199 \times 10^{-2}\,m^3/s$$

84. 22℃의 1기압 공기(밀도 1.21 kg/m^3)가 덕트를 흐르고 있다. 피토관을 덕트 중심부에 설치하고 물을 봉액으로 한 U자관 마노미터의 눈금이 4.0 cm이었다. 이 덕트 중심부의 유속은 약 몇 m/s인가?

㉮ 25.5 　　　　㉯ 30.8
㉰ 56.9 　　　　㉱ 97.4

해설 $V = \sqrt{2gh \times \dfrac{\gamma_m - \gamma}{\gamma}}$
$$= \sqrt{2 \times 9.8 \times 0.04 \times \frac{1000 - 1.21}{1.21}}$$
$$= 25.439\,m/s$$

85. 습식가스미터는 어떤 형태에 해당되는가?

㉮ 오벌형 　　　　㉯ 드럼형
㉰ 다이어프램형 　　㉱ 로터리 피스톤형

해설 습식 가스미터 : 고정된 원통 안에 4개로 구성된 내부 드럼이 있고, 입구에서 반은 물에 잠겨 있는 내부 드럼으로 가스가 들어가 압력으로 내부 드럼을 밀어 올려 1회전 하는 동안 통과한 가스체적을 환산한다.

86. 가스크로마토그래피에서 일반적으로 사용되지 않는 검출기(detector)는?

㉮ TCD 　　　　㉯ FID
㉰ ECD 　　　　㉱ RID

해설 가스크로마토그래피 검출기 종류
① TCD : 열전도형 검출기
② FID : 수소불꽃 이온화 검출기
③ ECD : 전자포획 이온화 검출기

해답 80. ㉱ 81. ㉯ 82. ㉰ 83. ㉯ 84. ㉮ 85. ㉯ 86. ㉱

④ FPD : 염광 광도형 검출기
⑤ FTD : 알칼리성 이온화 검출기
⑥ DID : 방전이온화 검출기
⑦ AED : 원자방출 검출기
⑧ TID : 열이온 검출기
⑨ SCD : 황화학발광 검출기

87. 가스크로마토그래피(gas chromatography)에서 캐리어가스 유량이 5 mL/s이고 기록지 속도가 3 mm/s일 때 어떤 시료가스를 주입하니 지속용량이 250 mL이었다. 이 때 주입점에서 성분의 피크까지 거리는 약 몇 mm 인가?

㉠ 50
㉡ 100
㉢ 150
㉣ 200

[해설] 지속용량 $= \dfrac{유량 \times 피크길이}{기록지\ 속도}$ 에서

$\therefore$ 피크길이 $= \dfrac{지속용량 \times 기록지\ 속도}{유량}$

$= \dfrac{250 \times 3}{5} = 150\ \text{mm}$

88. 측정제어라고도 하며, 2개의 제어계를 조합하여 1차 제어장치가 제어량을 측정하여 제어 명령을 내리고, 2차 제어장치가 이 명령을 바탕으로 제어량을 조절하는 제어를 무엇이라 하는가?

㉠ 정치(正値) 제어
㉡ 추종(追從) 제어
㉢ 비율(比率) 제어
㉣ 캐스케이드(cascade) 제어

[해설] 캐스케이드 제어 : 두 개의 제어계를 조합하여 제어량의 1차 조절계를 측정하고 그 조작출력으로 2차 조절계의 목표값을 설정하는 방법으로 단일 루프제어에 비해 외란의 영향을 줄이고 계 전체의 지연을 적게 하는데 유효하기 때문에 출력 측에 낭비시간이나 지연이 큰 프로세스제어에 이용되는 제어이다.

89. 배기가스 중 이산화탄소를 정량분석하고자 할 때 가장 적합한 방법은?

㉠ 적정법
㉡ 완만연소법
㉢ 중량법
㉣ 오르사트법

[해설] 흡수분석법 : 채취된 가스를 분석기 내부의 성분 흡수제에 흡수시켜 체적변화를 측정하는 방식으로 오르사트(Orsat)법, 헴펠(Hempel)법, 게겔(Gockel)법 등이 있다. 배기가스를 정량분석할 때 가장 적합한 방법이다.

90. 10^{-12}은 계량단위의 접두어로 무엇인가?

㉠ 아토(atto)
㉡ 젭토(zepto)
㉢ 펨토(femto)
㉣ 피코(pico)

[해설] 국제 단위계의 접두어

인자	접두어	기호	인자	접두어	기호
10^1	데카	da	10^{-1}	데시	d
10^2	헥토	h	10^{-2}	센티	c
10^3	킬로	k	10^{-3}	밀리	m
10^6	메가	M	10^{-6}	마이크로	μ
10^9	기가	G	10^{-9}	나노	n
10^{12}	테라	T	10^{-12}	피코	p
10^{15}	페타	P	10^{-15}	펨토	f
10^{18}	엑사	E	10^{-18}	아토	a
10^{21}	제타	Z	10^{-21}	젭토	z
10^{24}	요타	Y	10^{-24}	욕토	y

91. 가스미터의 구비조건으로 가장 거리가 먼 것은?

㉠ 기계오차의 조정이 쉬울 것
㉡ 소형이며 계량 용량이 클 것
㉢ 감도는 적으나 정밀성이 높을 것
㉣ 사용 가스량을 정확하게 지시할 수 있을 것

[해설] 가스미터의 구비조건
① 구조가 간단하고, 수리가 용이할 것
② 감도가 예민하고 압력손실이 적을 것
③ 소형이며 계량용량이 클 것
④ 기차의 변동이 작고, 조정이 용이할 것
⑤ 내구성이 클 것

[해답] 87. ㉢ 88. ㉣ 89. ㉣ 90. ㉣ 91. ㉢

92. 고속, 고압 및 레이놀즈수가 높은 경우에 사용하기 가장 적정한 유량계는?

㉮ 벤투리미터 ㉯ 플로노즐
㉰ 오리피스미터 ㉱ 피토관

해설 플로노즐(flow nozzle)의 특징
① 고속, 고압의 유량측정에 적당하다.
② 레이놀즈수가 높을 때 사용한다.
③ 레이놀즈수가 낮아지면 유량계수가 감소한다.
④ 오리피스보다 구조가 복잡하고, 설계 및 가공이 어렵다.
⑤ 침전물의 영향이 오리피스보다 적은편이다.
⑥ 가격, 압력손실이 차압식 유량계 중 중간 정도이다.

93. 액면측정 장치가 아닌 것은?

㉮ 유리관식 액면계 ㉯ 임펠러식 액면계
㉰ 부자식 액면계 ㉱ 퍼지식 액면계

해설 액면계의 구분
① 직접식 : 직관식, 플로트식(부자식), 검척식
② 간접식 : 압력식, 초음파식, 저항전극식, 정전용량식, 방사선식, 차압식, 다이어프램식, 편위식, 기포식, 슬립 튜브식 등

94. 연소기기에 대한 배기가스 분석의 목적으로 가장 거리가 먼 것은?

㉮ 연소상태를 파악하기 위하여
㉯ 배기가스의 조성을 알기 위하여
㉰ 열정산의 자료를 얻기 위하여
㉱ 시료가스 채취장치의 작동상태를 파악하기 위해

해설 연소 배기가스 분석 목적
① 배기가스 조성을 알기 위하여
② 공기비를 계산하여 연소상태를 파악하기 위하여
③ 적정 공기비를 유지시켜 열효율을 증가시키기 위하여
④ 열정산 자료를 얻기 위하여

95. 전력, 전류, 전압, 주파수 등을 제어량으로 하며 이것을 일정하게 유지하는 것을 목적으로 하는 제어방식은?

㉮ 자동조정 ㉯ 서보기구
㉰ 추치제어 ㉱ 정치제어

해설 제어량 종류에 따른 자동제어의 분류
① 서보기구 : 물체의 위치, 방위, 자세 등의 기계적 변위를 제어량으로 하는 제어계로서 목표치의 임의의 변화에 항상 추종시키는 것을 목적으로 하는 제어이다.
② 프로세스 제어 : 온도, 유량, 압력, 액위 등 공업 프로세스의 상태를 제어량으로 하며 프로세스에 가해지는 외란의 억제를 주목적으로 하는 제어이다.
③ 자동조정 : 전력, 전류, 전압, 주파수, 전동기의 회전수, 장력 등을 제어량으로 하며 이것을 일정하게 유지하는 것을 목적으로 하는 제어이다.
④ 다변수 제어 : 연료의 공급량, 공기의 공급량, 보일러 내의 압력, 급수량 등을 각각 자동으로 제어하면 발생 증기량을 부하변동에 따라 일정하게 유지시켜야 한다. 그러나 각 제어량 사이에는 매우 복잡한 자동제어를 일으키는 경우가 있는데 이러한 제어를 다변수 제어라 한다.

96. 전자유량계는 어떤 유체의 측정에 유용한가?

㉮ 순수한 물 ㉯ 과열된 증기
㉰ 도전성 유체 ㉱ 비전도성 유체

해설 전자 유량계 : 측정원리는 패러데이 법칙(전자유도법칙)으로 도전성 액체에서 발생하는 기전력을 이용하여 순간 유량을 측정한다.

97. 습식가스미터의 수면이 너무 낮을 때 발생하는 현상은?

㉮ 가스가 그냥 지나친다.
㉯ 밸브의 마모가 심해진다.
㉰ 가스가 유입되지 않는다.
㉱ 드럼의 회전이 원활하지 못하다.

해설 습식가스미터 내부의 수면이 적정 수위 아래로 낮아지면 통과하는 가스가 내부 드럼을 회전시키지 못하고 그대로 배출되는 현상이 발생한다.

98. 열전대 온도계에서 열전대의 구비조건이 아닌 것은?

㉮ 재생도가 높고 가공이 용이할 것

㉯ 열기전력이 크고 온도상승에 따라 연속적으로 상승할 것

㉰ 내열성이 크고 고온가스에 대한 내식성이 좋을 것

㉱ 전기저항 및 온도계수, 열전도율이 클 것

해설 열전대(thermocouple)의 구비조건

① 열기전력이 크고, 온도상승에 따라 연속적으로 상승할 것

② 열기전력의 특성이 안정되고 장시간 사용해도 변형이 없을 것

③ 기계적 강도가 크고 내열, 내식성이 있을 것

④ 재생도가 크고 가공이 용이할 것

⑤ 전기저항, 온도계수와 열전도율이 낮을 것

⑥ 재료의 구입이 쉽고(경제적이고) 내구성이 있을 것

99. 다음의 특징을 가지는 액면계는?

> - 설치, 보수가 용이하다.
> - 온도, 압력 등의 사용범위가 넓다.
> - 액체 및 분체에 사용이 가능하다.
> - 대상 물질의 유전율 변화에 따라 오차가 발생한다.

㉮ 압력식

㉯ 플로트식

㉰ 정전용량식

㉱ 부력식

해설 정전 용량식 액면계 : 정전 용량 검출 탐사침(probe)을 액 중에 넣어 검출되는 물질의 유전율을 이용하여 액면을 측정하는 것으로 온도에 따라 유전율이 변화되는 곳에서는 사용이 부적합하다.

100. 우연오차에 대한 설명으로 옳은 것은?

㉮ 원인 규명이 명확하다.

㉯ 완전한 제거가 가능하다.

㉰ 산포에 의해 일어나는 오차를 말한다.

㉱ 정, 부의 오차가 다른 분포상태를 가진다.

해설 우연오차 : 우연하고도 필연적으로 생기는 오차로서 이 오차는 원인을 모르기 때문에 보정이 불가능하며, 상대적인 분포 현상을 가진 측정값을 나타낸다. 이러한 분포 현상을 산포라 하며 산포에 의하여 일어나는 오차를 우연오차라 한다. 여러 번 측정하여 통계적으로 처리한다.

 **2020년도 시행 문제**  Recent Test

제1과목   가스유체역학

1. 200℃의 공기가 흐를 때 정압이 200 kPa, 동압이 1 kPa이면 공기의 속도(m/s)는? (단, 공기의 기체상수는 287J/kg·K이다.)

㉮ 23.9   ㉯ 36.9

㉰ 42.5   ㉱ 52.6

해설 ① 200℃, 정압 200 kPa 상태의 공기 밀도 계산 : 이상기체 상태방정식 $PV = GRT$에서 기체상수 R의 단위는 kJ/kg·K이다.

$$\therefore \rho = \frac{G}{V} = \frac{P}{RT}$$

$$= \frac{200}{0.287 \times (273 + 200)} = 1.473 \text{ kg/m}^3$$

② 속도 계산 : 동압 = 전압−정압이고 문제에서 동압이 1 kPa로 주어졌으므로 1000 Pa으로 적용하여 계산

$$\therefore V = \sqrt{2 \times \frac{P_t - P_s}{\rho}} = \sqrt{2 \times \frac{1 \times 10^3}{1.473}}$$

$$= 36.847 \text{ m/s}$$

2. 밀도 1.2 kg/m³의 기체가 직경 10 cm인 관속을 20 m/s로 흐르고 있다. 관의 마찰계수가 0.02라면 1 m당 압력손실은 약 몇 Pa인가?

㉮ 24   ㉯ 36

㉰ 48   ㉱ 54

해설 $h_f = f \times \dfrac{L}{D} \times \dfrac{V^2}{2} \times \rho$

$$= 0.02 \times \frac{1}{0.1} \times \frac{20^2}{2} \times 1.2 = 48 \text{ Pa}$$

3. 반지름 200 mm, 높이 250 mm인 실린더 내에 20 kg의 유체가 차 있다. 유체의 밀도는 약 몇 kg/m³인가?

㉮ 6.366   ㉯ 63.66

㉰ 636.6   ㉱ 6366

해설 유체의 밀도(kg/m³)는 단위체적당 질량이다.

$$\therefore \rho = \frac{m}{V} = \frac{m}{\frac{\pi}{4} \times D^2 \times h}$$

$$= \frac{20}{\frac{\pi}{4} \times (0.2 \times 2)^2 \times 0.25} = 636.619 \text{ kg/m}^3$$

4. 물이 내경 2 cm인 원형관을 평균유속 5 cm/s로 흐르고 있다. 같은 유량이 내경 1 cm인 관을 흐르면 평균유속은?

㉮ $\frac{1}{2}$만큼 감소   ㉯ 2배로 증가

㉰ 4배로 증가   ㉱ 변함없다.

해설 $Q_1 = Q_2$이므로 $A_1 V_1 = A_2 V_2$이다.

$$\therefore V_2 = \frac{A_1}{A_2} \times V_1 = \frac{\frac{\pi}{4} \times 2^2}{\frac{\pi}{4} \times 1^2} \times 5 = 20 \text{ cm/s}$$

$\therefore$ 내경(안지름)이 $\dfrac{1}{2}$로 축소되면 속도는 4배로 증가한다.

5. 압축성 유체가 그림과 같이 확산기를 통해 흐를 때 속도와 압력은 어떻게 되겠는가? (단, M_a는 마하수이다.)

유체 흐름 방향

$M_a > 1$

㉮ 속도 증가, 압력 감소

㉯ 속도 감소, 압력 증가

해답   1. ㉯   2. ㉰   3. ㉰   4. ㉰   5. ㉮

④ 속도 감소, 압력 불변

㉮ 속도 불변, 압력 증가

해설 초음속 흐름($M_a > 1$)일 때 확대부에서는 속도, 단면적은 증가하고, 압력, 밀도, 온도는 감소한다.

6. 수직 충격파는 다음 중 어떤 과정에 가장 가까운가?

㉮ 비가역 과정

㉯ 등엔트로피 과정

㉰ 가역 과정

㉱ 등압 및 등엔탈피 과정

해설 수직 충격파가 발생하면 갑자기 엔트로피도 증가하므로 비가역 과정에 해당된다.

7. 왕복 펌프 중 산, 알칼리액을 수송하는 데 사용되는 펌프는?

㉮ 격막 펌프 ㉯ 기어 펌프

㉰ 플랜지 펌프 ㉱ 피스톤 펌프

해설 격막 펌프 : 특수약액, 불순물이 많은 유체를 이송할 수 있고 그랜드 패킹이 없어 누설을 방지할 수 있다. 왕복 펌프에 해당되며 정량 펌프, 다이어프램 펌프라 불린다.

8. 다음 중 대기압을 측정하는 계기는?

㉮ 수은 기압계 ㉯ 오리피스 미터

㉰ 로터 미터 ㉱ 둑(weir)

해설 수은 기압계 : 토리첼리(Torricelli) 압력계라 하고 대기압 측정에 사용되며, 수은의 비중량과 수은주의 높이의 곱으로 계산한다.

9. 체적 효율을 η_v, 피스톤 단면적을 $A\,[\mathrm{m^2}]$, 행정을 $S\,[\mathrm{m}]$, 회전수를 $n\,[\mathrm{rpm}]$이라 할 때 실제 송출량 $Q\,[\mathrm{m^3/s}]$를 구하는 식은?

㉮ $Q = \dfrac{ASn}{60\eta_v}$ ㉯ $Q = \eta_v\dfrac{ASn}{60}$

㉰ $Q = \dfrac{AS\pi n}{60\eta_v}$ ㉱ $Q = \eta_v\dfrac{AS\pi n}{60}$

해설 rpm이 분당 회전수이므로 60으로 나누어 주어야만 초당 유량($\mathrm{m^3/s}$)이 된다.

$$\therefore Q\,[\mathrm{m^3/s}] = A \times S \times \frac{n}{60} \times \eta_v = \eta_v\frac{ASn}{60}$$

10. 아음속 등엔트로피 흐름의 확대 노즐에서의 변화로 옳은 것은?

㉮ 압력 및 밀도는 감소한다.

㉯ 속도 및 밀도는 증가한다.

㉰ 속도는 증가하고, 밀도는 감소한다.

㉱ 압력은 증가하고, 속도는 감소한다.

해설 아음속 흐름의 축소-확대 노즐에서 축소 부분에서는 마하수와 속도가 증가하고 압력, 온도, 밀도는 감소하며 확대 부분에서는 마하수와 속도는 감소하고 압력, 온도, 밀도는 증가한다.

11. 다음 그림에서와 같이 관 속으로 물이 흐르고 있다. A점과 B점에서의 유속은 몇 m/s 인가?

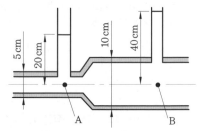

㉮ $U_A = 2.045$, $U_B = 1.022$

㉯ $U_A = 2.045$, $U_B = 0.511$

㉰ $U_A = 7.919$, $U_B = 1.980$

㉱ $U_A = 3.960$, $U_B = 1.980$

해설 ① A지점과 B지점의 속도 관계

$A_A U_A = A_B U_B$에서

$$\therefore U_A = \frac{A_B}{A_A} \times U_B = \frac{\frac{\pi}{4} \times 0.1^2}{\frac{\pi}{4} \times 0.05^2} \times U_B = 4U_B$$

② A지점의 속도 계산 : A지점과 B지점에 베르누이 방정식을 적용하면

$$\frac{P_A}{\gamma} + \frac{U_A^2}{2g} + Z_A = \frac{P_B}{\gamma} + \frac{U_B^2}{2g} + Z_B$$

여기서, A지점과 B지점의 압력($P = \gamma \cdot h$)
을 계산하면

$P_A = 1000 \times 0.2 = 200 \text{ kgf/m}^2$

$P_B = 1000 \times 0.4 = 400 \text{ kgf/m}^2$이 된다.

또, $Z_A = Z_B$는 0이고, $U_A = 4U_B$이므로

$$\frac{200}{1000} + \frac{16U_B^2}{2g} = \frac{400}{1000} + \frac{U_B^2}{2g}$$

∴ $U_B = 0.511 \text{ m/s}$

∴ $U_A = 4U_B = 4 \times 0.511 = 2.044 \text{ m/s}$

12. 안지름 80 cm인 관 속을 동점성계수 4 stokes인 유체가 4 m/s의 평균속도로 흐른다. 이때 흐름의 종류는?

㉮ 층류 ㉯ 난류
㉰ 플러그 흐름 ㉱ 천이영역 흐름

해설 CGS 단위로 레이놀즈수 계산

∴ $Re = \frac{\rho DV}{\mu} = \frac{DV}{\nu} = \frac{80 \times 400}{4} = 8000$

∴ 레이놀즈수가 4000보다 크므로 난류에 해당된다.

13. 압축률이 $5 \times 10^{-5} \text{ cm}^2$/kgf인 물 속에서의 음속은 몇 m/s인가?

㉮ 1400 ㉯ 1500 ㉰ 1600 ㉱ 1700

해설 ① 체적탄성계수(E)는 압축률(β)의 역수이다.

∴ $E = \frac{1}{\beta} = \frac{1}{5 \times 10^{-5}} \text{ kgf/cm}^2$

② 물 속에서 음속 계산 : 물의 공학단위 밀도는 $102 \text{ kgf} \cdot \text{s}^2/\text{m}^4$이고, 체적탄성계수의 단위는 kgf/m^2을 적용한다.

∴ $C = \sqrt{\frac{E}{\rho}} = \sqrt{\frac{\frac{1}{5 \times 10^{-5}} \times 10^4}{102}}$

$= \sqrt{\frac{10^4}{102 \times (5 \times 10^{-5})}} = 1400.28 \text{ m/s}$

14. 다음 중 기체 수송에 사용되는 기계로 가장 거리가 먼 것은?

㉮ 팬 ㉯ 송풍기
㉰ 압축기 ㉱ 펌프

해설 ① 기체 수송용 기계 : 팬, 블로어(송풍기), 압축기

② 액체 수송용 기계 : 펌프(원심 펌프, 왕복 펌프, 특수 펌프)

15. 원관 중의 흐름이 층류일 경우 유량이 반경의 4제곱과 압력기울기 $\frac{P_1 - P_2}{L}$에 비례하고 점도에 반비례한다는 법칙은?

㉮ Hagen-Poiseuille 법칙
㉯ Reynolds 법칙
㉰ Newton 법칙
㉱ Fourier 법칙

해설 하겐-푸아죄유(Hagen-Poiseuille) 법칙

∴ $Q = \frac{\pi D^4 \Delta P}{128 \mu L} = \frac{\pi D^4}{128 \mu} \times \frac{\Delta P}{L}$

$= \frac{\pi D^4}{128 \mu} \times \frac{P_1 - P_2}{L}$

① 유량은 배관 지름(D)의 4승에 비례한다.
② 유량은 압력강하(ΔP)에 비례한다.
③ 유량은 압력기울기$\left(\frac{P_1 - P_2}{L}\right)$에 비례한다.
④ 유량은 점성계수(μ)에 반비례한다.
⑤ 유량은 배관 길이(L)에 반비례한다.

16. 프란틀의 혼합 길이(Prandtl mixing length)에 대한 설명으로 옳지 않은 것은?

㉮ 난류 유동에 관련된다.
㉯ 전단응력과 밀접한 관련이 있다.
㉰ 벽면에서는 0이다.
㉱ 항상 일정한 값을 갖는다.

해설 프란틀의 혼합길이(Prandtl mixing length) : 난류로 유동하는 유체 입자가 운동량의 변화 없이 움직일 수 있는 길이로 전단응력과 관계있고, 벽면에서는 0으로 되며, 벽면에서 멀어지면 길이는 커진다.

17. 그림과 같이 물이 흐르는 관에 U자 수은

해답 12. ㉯ 13. ㉮ 14. ㉱ 15. ㉮ 16. ㉱ 17. ㉰

관을 설치하고, A지점과 B지점 사이의 수은 높이차(h)를 측정하였더니 0.7 m이었다. 이 때 A점과 B점 사이의 압력차는 약 몇 kPa인가? (단, 수은의 비중은 13.6이다.)

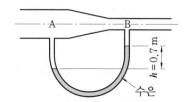

㉮ 8.64   ㉯ 9.33

㉰ 86.4   ㉱ 93.3

해설 ① A지점과 B지점의 압력차 계산

$$\therefore\ P_A - P_B = (\gamma_2 - \gamma_1)h$$
$$= \{(13.6-1)\times 10^3\}\times 0.7 = 8820\ \text{kgf/m}^2$$

② 압력차를 kPa 단위로 환산

$$\therefore\ \text{kPa} = \frac{8820}{10332}\times 101.325 = 86.496\ \text{kPa}$$

18. 실험실의 풍동에서 20℃의 공기로 실험을 할 때 마하각이 30°이면 풍속은 몇 m/s가 되는가? (단, 공기의 비열비는 1.4이다.)

㉮ 278   ㉯ 364

㉰ 512   ㉱ 686

해설 마하각 α일 때 $\sin\alpha = \dfrac{C}{V}$이고, 공기의 평균분자량은 29이다.

$$\therefore\ V = \frac{C}{\sin\alpha} = \frac{\sqrt{kRT}}{\sin\alpha}$$
$$= \frac{\sqrt{1.4\times \dfrac{8314}{29}\times(273+20)}}{\sin 30°}$$
$$= 685.857\ \text{m/s}$$

19. SI 기본단위에 해당하지 않는 것은?

㉮ kg   ㉯ m   ㉰ W   ㉱ K

해설 SI 기본단위의 종류

기본량	길이	질량	시간	전류	물질량	온도	광도
기본단위	m	kg	s	A	mol	K	cd

※ W(와트)는 동력의 단위로 1 J/s = 3600 J/h에 해당된다.

20. 안지름이 20 cm의 관에 평균속도 20 m/s로 물이 흐르고 있다. 이때 유량은 얼마인가?

㉮ 0.628 m³/s   ㉯ 6.280 m³/s

㉰ 2.512 m³/s   ㉱ 0.251 m³/s

해설 $Q = A \cdot V$
$$= \left(\frac{\pi}{4}\times 0.2^2\right)\times 20 = 0.6283\ \text{m}^3/\text{s}$$

제 2 과목   연소공학

21. 기체 연료를 미리 공기와 혼합시켜 놓고, 점화해서 연소하는 것으로 연소실 부하율을 높게 얻을 수 있는 연소 방식은?

㉮ 확산연소   ㉯ 예혼합연소

㉰ 증발연소   ㉱ 분해연소

해설 예혼합연소 : 가스와 공기(산소)를 버너에서 혼합시킨 후 연소실에 분사하는 방식이며, 화염이 자력으로 전파해 나가는 내부 혼합방식으로 화염이 짧고 높은 화염온도를 얻을 수 있다.

22. 기체 연료의 연소 형태에 해당하는 것은?

㉮ 확산연소, 증발연소

㉯ 예혼합연소, 증발연소

㉰ 예혼합연소, 확산연소

㉱ 예혼합연소, 분해연소

해설 연료 종류별 연소 형태
① 고체 연료 : 표면연소, 분해연소, 증발연소
② 액체 연료 : 증발연소, 분무연소, 등심연소, 액면연소
③ 기체 연료 : 확산연소, 예혼합연소

23. 저위발열량 93766 kJ/Sm³의 C_3H_8을 공기비 1.2로 연소시킬 때의 이론연소온도는 약 몇 K인가? (단, 배기가스의 평균비열은 1.653 kJ/Sm³·K이고 다른 조건은 무시한다.)

㉮ 1735   ㉯ 1856

㉰ 1919   ㉱ 2083

해설 (1) 실제공기량에 의한 프로판(C_3H_8)의 완전연소 반응식

$C_3H_8 + 5O_2 + (N_2) + B \rightarrow 3CO_2 + 4H_2O + (N_2) + B$

(2) 프로판 $1\,Sm^3$에 대한 연소가스량(Sm^3) 계산 : 기체 연료 $1\,Sm^3$에 대한 연소가스량(Sm^3)은 연소반응식에서 각 몰수에 해당하는 양(Sm^3)이 발생한다.

① CO_2 : $3\,Sm^3$

② H_2O : $4\,Sm^3$

③ N_2 계산 : 공기 중 산소의 체적 함유율이 21 %, 질소는 79 %이므로 산소량의 3.76배에 해당한다.

∴ N_2 : $5 \times 3.76\,Sm^3$

④ 과잉공기량(B) 계산 : 실제공기량과 이론공기량의 차이에 해당한다.

$$\therefore B = (m-1) \times A_0 = (m-1) \times \frac{O_0}{0.21}$$

$$= (1.2-1) \times \frac{5}{0.21} = 4.761\,Sm^3$$

⑤ 연소가스량 계산

$$\therefore G_s = CO_2 + H_2O + N_2 + B$$

$$= 3 + 4 + (5 \times 3.76) + 4.761 = 30.561\,Sm^3$$

(3) 이론연소온도 계산

$$\therefore T_2 = \frac{H_l}{G_s \times C} + T_1$$

$$= \frac{93766}{30.561 \times 1.653} = 1856.115\,K$$

24. 확산연소에 대한 설명으로 옳지 않은 것은?

㉮ 조작이 용이하다.

㉯ 연소 부하율이 크다.

㉰ 역화의 위험성이 적다.

㉱ 화염의 안정범위가 넓다.

[해설] 확산연소의 특징

① 조작범위가 넓으며 역화의 위험성이 없다.

② 가스와 공기를 예열할 수 있고 화염이 안정적이다.

③ 탄화수소가 적은 연료에 적당하다.

④ 조작이 용이하며, 화염이 장염이다.

⑤ 연소 부하율이 작다.

25. 공기비가 클 경우 연소에 미치는 영향이 아닌 것은?

㉮ 연소실 온도가 낮아진다.

㉯ 배기가스에 의한 열손실이 커진다.

㉰ 연소가스 중의 질소산화물이 증가한다.

㉱ 불완전 연소에 의한 매연의 발생이 증가한다.

[해설] 공기비의 영향

(1) 공기비가 클 경우

① 연소실 내의 온도가 낮아진다.

② 배기가스로 인한 손실열이 증가한다.

③ 배기가스 중 질소산화물(NOx)이 많아져 대기오염을 초래한다.

④ 연료소비량이 증가한다.

(2) 공기비가 작을 경우

① 불완전 연소가 발생하기 쉽다.

② 미연소 가스로 인한 역화의 위험이 있다.

③ 연소효율이 감소한다(열손실이 증가한다).

26. 사고를 일으키는 장치의 이상이나 운전자의 실수의 조합을 연역적으로 분석하는 정량적인 위험성 평가 방법은?

㉮ 결함수 분석법(FTA)

㉯ 사건수 분석법(ETA)

㉰ 위험과 운전 분석법(HAZOP)

㉱ 작업자 실수 분석법(HEA)

[해설] 결함수 분석(FTA : fault tree analysis) 기법 : 사고를 일으키는 장치의 이상이나 운전자 실수의 조합을 연역적으로 분석하는 것으로 정량적 평가 기법이다.

27. 분진 폭발의 위험성을 방지하기 위한 조건으로 틀린 것은?

㉮ 환기장치는 공동 집진기를 사용한다.

㉯ 분진이 발생하는 곳에 습식 스크러버를 설치한다.

㉰ 분진 취급 공정을 습식으로 운영한다.

㉱ 정기적으로 분진 퇴적물을 제거한다.

[해설] 분진 폭발의 위험성을 방지하기 위한 조건

① 환기장치는 단독 집진기를 사용한다.

② 분진 취급 공정을 습식으로 운영한다.

③ 분진이 발생하는 곳에 습식 스크러버를 설치한다.

④ 분진 발생 또는 분진 취급 지역에서 흡연 등 불꽃을 발생시키는 기기 사용을 금지한다.
⑤ 공기로 분진물질을 수송하는 설비 및 수송덕트의 접속부위에는 접지를 실시한다.
⑥ 질소 등의 불활성가스 봉입을 통해 산소를 폭발최소농도 이하로 낮춘다.
⑦ 여과포를 사용하는 제진설비에는 차압계를 설치하고, 내부 고착물에 의한 열축적 등의 우려가 있는 경우에는 온도계를 설치한다.
⑧ 정기적으로 분진 퇴적물을 제거한다.

28. 돌턴(Dalton)의 분압 법칙에 대하여 옳게 표현한 것은?

㉮ 혼합기체의 온도는 일정하다.
㉯ 혼합기체의 체적은 각 성분의 체적의 합과 같다.
㉰ 혼합기체의 기체상수는 각 성분의 기체상수의 합과 같다.
㉱ 혼합기체의 압력은 각 성분(기체)의 분압의 합과 같다.

해설 돌턴(Dalton)의 분압 법칙 : 혼합기체가 나타내는 전압은 각 성분 기체 분압의 총합과 같다.

29. 다음 중 공기와 혼합기체를 만들었을 때 최대 연소속도가 가장 빠른 기체 연료는?

㉮ 아세틸렌   ㉯ 메틸알코올
㉰ 톨루엔   ㉱ 등유

해설 연소속도는 정지한 기체 속을 평면 연소파가 진행하는 속도로 가스의 성분, 공기와의 혼합비율, 혼합가스의 온도, 압력 등에 따라 달라진다. 연소속도가 가장 큰 것은 수소(H_2)와 아세틸렌으로 그 속도는 약 1000 cm/s 정도이며 일반적인 탄화수소류와 공기의 혼합물은 25~100 cm/s 정도이다.

참고 각 물질의 공기 중 폭발범위

명 칭	폭발범위
아세틸렌(C_2H_2)	2.5~81 %
메틸알코올(CH_3OH)	7.3~36 %
톨루엔($C_6H_5CH_3$)	1.4~6.7 %
등유	1.1~6.0 %

30. 프로판가스 1 m^3를 완전 연소시키는 데 필요한 이론공기량은 약 몇 m^3인가?(단, 산소는 공기 중에 20 % 함유한다.)

㉮ 10   ㉯ 15
㉰ 20   ㉱ 25

해설 ① 프로탄(C_3H_8)의 완전 연소 반응식
$C_3H_8 + 5O_2 \rightarrow 3CO_2 + 4H_2O$
② 이론공기량 계산
$22.4\,m^3 : 5 \times 22.4\,m^3 = 1\,Nm^3 : x(O_0)\,[m^3]$
$\therefore A_0 = \dfrac{O_0}{0.2} = \dfrac{1 \times 5 \times 22.4}{22.4 \times 0.2} = 25\,m^3$

31. 제1종 영구기관을 바르게 표현한 것은?

㉮ 외부로부터 에너지원을 공급받지 않고 영구히 일을 할 수 있는 기관
㉯ 공급된 에너지보다 더 많은 에너지를 낼 수 있는 기관
㉰ 지금까지 개발된 기관 중에서 효율이 가장 좋은 기관
㉱ 열역학 제2법칙에 위배되는 기관

해설 영구기관
① 제1종 영구기관 : 외부로부터 에너지 공급 없이 영구히 일을 지속할 수 있는 기관→열역학 제1법칙 위배
② 제2종 영구기관 : 어떤 열원으로부터 열에너지를 공급받아 지속적으로 일로 변화시키고 외부에 아무런 변화를 남기지 않는 기관→열역학 제2법칙 위배

32. 프로판가스의 연소과정에서 발생한 열량은 50232 MJ/kg이었다. 연소 시 발생한 수증기의 잠열이 8372 MJ/kg이면 프로판가스의 저발열량 기준 연소 효율은 약 몇 %인가?(단, 연소에 사용된 프로판가스의 저발열량은 46046 MJ/kg이다.)

㉮ 87   ㉯ 91
㉰ 93   ㉱ 96

해설 프로판가스가 실제로 발생시킨 열량은 연소과정에서 발생한 열량에서 연소 시 발생한 수증기의 잠열을 제외한 열량이 된다.

$$\therefore \text{연소 효율} = \frac{\text{실제 발생 열량}}{\text{저발열량}} \times 100$$

$$= \frac{50232 - 8372}{46046} \times 100 = 90.909 \%$$

33. 난류 예혼합화염과 층류 예혼합화염에 대한 특징을 설명한 것으로 옳지 않은 것은?

㉮ 난류 예혼합화염의 연소속도는 층류 예혼합연소의 수 배 내지 수십 배에 달한다.

㉯ 난류 예혼합화염의 두께는 수 밀리미터에서 수십 밀리미터에 달하는 경우가 있다.

㉰ 난류 예혼합화염은 층류 예혼합화염에 비하여 화염의 휘도가 낮다.

㉱ 난류 예혼합화염의 경우 그 배후에 다량의 미연소분이 잔존한다.

[해설] 층류 예혼합연소와 난류 예혼합연소 비교

구분	층류 예혼합연소	난류 예혼합연소
연소속도	느리다.	수십 배 빠르다.
화염의 두께	얇다.	두껍다.
휘도	낮다.	높다.
연소 특징	화염이 청색이다.	미연소분이 존재한다.

34. 인화(pilot ignition)에 대한 설명으로 틀린 것은?

㉮ 점화원이 있는 조건하에서 점화되어 연소를 시작하는 것이다.

㉯ 물체가 착화원 없이 불이 붙어 연소하는 것을 말한다.

㉰ 연소를 시작하는 가장 낮은 온도를 인화점(flash point)이라 한다.

㉱ 인화점은 공기 중에서 가연성 액체의 액면 가까이 생기는 가연성 증기가 작은 불꽃에 의하여 연소될 때의 가연성 물체의 최저 온도이다.

[해설] 인화점과 착화점

① 인화점 : 가연성 물질이 공기 중에서 점화원에 의하여 연소할 수 있는 최저 온도

② 착화점(착화온도) : 가연성 물질이 공기 중에서 온도를 상승시킬 때 점화원 없이 스스로 연소를 개시할 수 있는 최저의 온도로 발화점, 발화온도라 한다.

35. 오토 사이클의 열효율을 나타낸 식은? (단, η는 열효율, γ는 압축비, k는 비열비이다.)

㉮ $\eta = 1 - \left(\dfrac{1}{\gamma}\right)^{k+1}$ ㉯ $\eta = 1 - \left(\dfrac{1}{\gamma}\right)^{k}$

㉰ $\eta = 1 - \dfrac{1}{\gamma}$ ㉱ $\eta = 1 - \left(\dfrac{1}{\gamma}\right)^{k-1}$

[해설] 오토 사이클(Otto cycle)의 이론 열효율

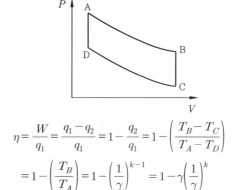

$$\eta = \frac{W}{q_1} = \frac{q_1 - q_2}{q_1} = 1 - \frac{q_2}{q_1} = 1 - \left(\frac{T_B - T_C}{T_A - T_D}\right)$$

$$= 1 - \left(\frac{T_B}{T_A}\right) = 1 - \left(\frac{1}{\gamma}\right)^{k-1} = 1 - \gamma\left(\frac{1}{\gamma}\right)^{k}$$

36. fireball에 의한 피해로 가장 거리가 먼 것은?

㉮ 공기팽창에 의한 피해

㉯ 탱크파열에 의한 피해

㉰ 폭풍압에 의한 피해

㉱ 복사열에 의한 피해

[해설] 파이어볼(fireball) : 가연성 액화가스가 누출되었을 경우 다량으로 기화되어 공기와 혼합되어 있을 때 커다란 구형의 불꽃을 만들며 갑자기 연소되는 현상으로 폭발압에 의한 피해(공기팽창, 폭풍압 등)에 복사열에 의한 피해가 가중된다.

37. 다음 중 차원이 같은 것끼리 나열된 것은 어느 것인가?

[해답] 33. ㉰ 34. ㉯ 35. ㉱ 36. ㉯ 37. ㉰

㉠ 열전도율 ㉡ 점성계수 ㉢ 저항계수
㉣ 확산계수 ㉤ 열전달률 ㉥ 동점성계수

㉮ ㉠, ㉡   ㉯ ㉢, ㉤

㉰ ㉣, ㉥   ㉱ ㉤, ㉥

해설 각 물리량의 단위 및 차원

물리량	SI 단위	차원
열전도율	W/m·K	MLT^{-3}
점성계수	kg/m·s	$ML^{-1}T^{-1}$
저항계수	m^2·K/W	$M^{-1}T^3$
확산계수	m^2/s	L^2T^{-1}
열전달률	W/m^2·K	MT^{-3}
동점성계수	m^2/s	L^2T^{-1}

※ W = J/s이고, J = N·m = kg·m^2/s^2이다.

38. C_3H_8을 공기와 혼합하여 완전 연소시킬 때 혼합기체 중 C_3H_8의 최대농도는 약 얼마인가? (단, 공기 중 산소는 20.9 %이다.)

㉮ 3 vol%   ㉯ 4 vol%

㉰ 5 vol%   ㉱ 6 vol%

해설 ① 프로판(C_3H_8)의 완전 연소 반응식

$C_3H_8 + 5O_2 \rightarrow 3CO_2 + 4H_2O$

② 혼합기체(프로판 + 공기) 중 프로판 농도 계산

∴ 프로판 농도 = $\dfrac{프로판의\ 양}{혼합가스의\ 양} \times 100$

$= \dfrac{프로판의\ 양}{프로판의\ 양 + 공기량} \times 100$

$= \dfrac{22.4}{22.4 + \left(\dfrac{5 \times 22.4}{0.209}\right)} \times 100 = 4.012\,vol\,\%$

39. 최대안전틈새의 범위가 가장 적은 가연성가스의 폭발 등급은?

㉮ A   ㉯ B

㉰ C   ㉱ D

해설 가연성가스의 폭발 등급에 따른 최대안전틈새 범위

구분	A등급	B등급	C등급
내압방폭 구조	0.9 mm 이상	0.5 mm 초과 0.9 mm 미만	0.5 mm 이하
본질안전 방폭구조	0.8 mm 초과	0.45 mm 이상 0.8 mm 이하	0.45 mm 미만

40. 분자량이 30인 어떤 가스의 정압비열이 0.75 kJ/kg·K이라고 가정할 때 이 가스의 비열비(k)는 약 얼마인가?

㉮ 0.28   ㉯ 0.47

㉰ 1.59   ㉱ 2.38

해설 ① 정적비열 계산

$C_p - C_v = R$이고, $R = \dfrac{8.314}{M}$ [kJ/kg·K]이다.

∴ $C_v = C_p - R = 0.75 - \dfrac{8.314}{30}$

$= 0.4728 ≒ 0.473$ kJ/kg·K

② 비열비 계산

∴ $k = \dfrac{C_p}{C_v} = \dfrac{0.75}{0.473} = 1.585$

제 3 과목 가스설비

41. 다음 그림은 어떤 종류의 압축기인가?

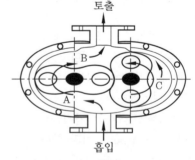

㉮ 가동날개식   ㉯ 루트식

㉰ 플런저식   ㉱ 나사식

해설 루트식 압축기: 2개의 회전자(roots)와 케이싱으로 구성되어 고속으로 회전하는 회전자(roots)가 서로 반대방향으로 회전하면서 기체를 압송하는 용적형 중 회전식 압축기이다.

42. 수소에 대한 설명으로 틀린 것은?

㉮ 암모니아 합성의 원료로 사용된다.

㉯ 열전달률이 작고 열에 불안정하다.

㉰ 염소와의 혼합 기체에 일광을 쬐면 폭발한다.

㉱ 모든 가스 중 가장 가벼워 확산속도도 가장 빠르다.

[해설] 수소의 성질

① 지구상에 존재하는 원소 중 가장 가볍다.

② 무색, 무취, 무미의 가연성이다.

③ 열전도율이 대단히 크고, 열에 대해 안정하다.

④ 확산속도가 대단히 크다.

⑤ 고온에서 강제, 금속재료를 쉽게 투과한다.

⑥ 폭굉속도가 1400~3500 m/s에 달한다.

⑦ 폭발범위가 넓다.(공기 중 : 4~75 %, 산소 중 : 4~94 %)

⑧ 산소와 수소폭명기, 염소와 염소폭명기의 폭발반응이 발생한다.

43. 가스조정기 중 2단 감압식 조정기의 장점이 아닌 것은?

㉮ 조정기의 개수가 적어도 된다.

㉯ 연소기구에 적합한 압력으로도 공급할 수 있다.

㉰ 배관의 관경을 비교적 작게 할 수 있다.

㉱ 입상배관에 의한 압력강하를 조정할 수 있다.

[해설] 2단 감압식 조정기의 특징

(1) 장점

① 입상배관에 의한 압력손실을 보정할 수 있다.

② 가스 배관이 길어도 공급압력이 안정된다.

③ 각 연소기구에 알맞은 압력으로 공급이 가능하다.

④ 중간 배관의 지름이 작아도 된다.

(2) 단점

① 설비가 복잡하고, 검사방법이 복잡하다.

② 조정기 수가 많아서 점검 부분이 많다.

③ 부탄의 경우 재액화의 우려가 있다.

④ 시설의 압력이 높아서 이음 방식에 주의해야 한다.

44. 다음 수치를 가진 고압가스용 용접용기의 동판 두께는 약 몇 mm인가?

- 최고 충전압력 : 15 MPa
- 동체의 내경 : 200 mm
- 재료의 허용응력 : 150 N/mm^2
- 용접 효율 : 1.00
- 부식여유 두께 : 고려하지 않음

㉮ 6.6　　㉯ 8.6　　㉰ 10.6　　㉱ 12.6

[해설] $t = \dfrac{PD}{2S\eta - 1.2P} + C$

$\quad = \dfrac{15 \times 200}{2 \times 150 \times 1.00 - 1.2 \times 15}$

$\quad = 10.638 \text{ mm}$

45. 인장시험 방법에 해당하는 것은?

㉮ 올센법　　㉯ 샤르피법

㉰ 아이조드법　　㉱ 파우더법

[해설] ① 인장시험 : 시험편을 인장시험기 양 끝에 고정시킨 후 시험편을 축방향으로 당겨 기계적 성질에 해당하는 탄성한도, 항복점, 인장강도, 연신율 등을 측정하는 것으로 기계적 동력 전달 방식인 올센(Olsen)형과 유압 동력 전달 방식인 앰슬러(Amsler's)형이 있다.

② 샤르법, 아이조드법 : 충격시험 방법

46. 대기압에서 1.5 MPa · g까지 2단 압축기로 압축하는 경우 압축동력을 최소로 하기 위해서는 중간압력을 얼마로 하는 것이 좋은가?

㉮ 0.2 MPa · g　　㉯ 0.3 MPa · g

㉰ 0.5 MPa · g　　㉱ 0.75 MPa · g

[해설] 대기압은 약 0.1 MPa에 해당된다.

$\therefore P_0 = \sqrt{P_1 \times P_2} = \sqrt{0.1 \times (1.5 + 0.1)}$

$\quad = 0.4 \text{ MPa} \cdot \text{a} - 0.1 = 0.3 \text{ MPa} \cdot \text{g}$

47. 가연성가스로서 폭발범위가 넓은 것부터 좁은 것의 순으로 바르게 나열된 것은?

㉮ 아세틸렌 – 수소 – 일산화탄소 – 산화에틸렌

대 아세틸렌 – 산화에틸렌 – 수소 – 일산화탄소

대 아세틸렌 – 수소 – 산화에틸렌 – 일산화탄소

래 아세틸렌 – 일산화탄소 – 수소 – 산화에틸렌

해설 각 가스의 공기 중에서 폭발범위

가스 명칭	폭발범위
아세틸렌(C_2H_2)	2.5~81 %
산화에틸렌(C_2H_4O)	3~80 %
수소(H_2)	4~75 %
일산화탄소(CO)	12.5~74 %

48. 접촉분해 프로세스에서 다음 반응식에 의해 카본이 생성될 때 카본 생성을 방지하는 방법은?

$$CH_4 \rightleftarrows 2H_2 + C$$

가 반응온도를 낮게, 반응압력을 높게 한다.

나 반응온도를 높게, 반응압력을 낮게 한다.

대 반응온도와 반응압력을 모두 낮게 한다.

래 반응온도와 반응압력을 모두 높게 한다.

해설 반응 전 1 mol, 반응 후 2 mol로 반응 후의 mol수가 많으므로 온도가 높고, 압력이 낮을수록 반응이 잘 일어난다. 카본(C) 생성을 방지하려면 반응이 잘 일어나지 않도록 해야 하므로 반응온도를 낮게, 반응압력을 높게 유지한다.

49. 왕복식 압축기의 특징이 아닌 것은?

가 용적형이다.

나 압축 효율이 높다.

대 용량 조정의 범위가 넓다.

래 점검이 쉽고, 설치면적이 작다.

해설 왕복동식 압축기의 특징

① 고압이 쉽게 형성된다.

② 급유식, 무급유식이다.

③ 용량 조정 범위가 넓다.

④ 용적형이며 압축 효율이 높다.

⑤ 형태가 크고 설치면적이 크다.

⑥ 배출가스 중 오일이 혼입될 우려가 크다.

⑦ 압축이 단속적이고, 맥동 현상이 발생된다.

⑧ 접촉 부분이 많아 고장 발생이 쉽고 수리가 어렵다.

⑨ 반드시 흡입 토출밸브가 필요하다.

50. 금속재료에 대한 설명으로 옳은 것으로만 짝지어진 것은?

ㄱ 염소는 상온에서 건조하여도 연강을 침식시킨다.

ㄴ 고온, 고압의 수소는 강에 대하여 탈탄 작용을 한다.

ㄷ 암모니아는 동, 동합금에 대하여 심한 부식성이 있다.

가 ㄱ   나 ㄱ, ㄴ

대 ㄴ, ㄷ   래 ㄱ, ㄴ, ㄷ

해설 염소(Cl_2)는 건조한 상태에서 강재에 대하여 부식성이 없으나, 수분이 존재하면 염산(HCl)이 생성되어 철을 심하게 부식시킨다.

51. 압력용기에 해당하는 것은?

가 설계압력(MPa)과 내용적(m^3)을 곱한 수치가 0.05인 용기

나 완충기 및 완충장치에 속하는 용기와 자동차 에어백용 가스충전용기

대 압력에 관계없이 안지름, 폭, 길이 또는 단면의 지름이 100 mm인 용기

래 펌프, 압축장치 및 축압기의 본체와 그 본체와 분리되지 아니하는 일체형 용기

해설 압력용기의 정의(KGS AC111)

① 압력용기란 35℃에서의 압력 또는 설계압력이 그 내용물이 액화가스인 경우는 0.2 MPa 이상, 압축가스인 경우는 1 MPa 이상인 용기를 말한다.

② 압력용기로 보지 않는 경우

(가) 설계압력(MPa)과 내용적(m^3)을 곱한 수치가 0.004 이하인 용기

(나) 펌프, 압축장치 및 축압기(accumulator)의 본체와 그 본체와 분리되지 아니하는 일체형 용기

(다) 완충기 및 완충장치에 속하는 용기와 자동차 에어백용 가스충전용기

(라) 유량계, 액면계, 그 밖의 계측기기

(마) 압력에 관계없이 안지름, 폭, 길이 또는 단면의 지름이 150 mm 이하인 용기

(바) 플랜지 부착을 위한 용접부 이외에는 용접이음매가 없는 것

(사) 용접 구조나 동체의 바깥지름(D)이 320 mm(호칭지름 12 B 상당) 이하이고, 배관 접속부 호칭지름(d)과의 비(D/d)가 2.0 이하인 것

52. 천연가스에 첨가하는 부취제의 성분으로 적합하지 않은 것은?

(가) THT(tetra hydro thiophene)

(나) TBM(tertiary butyl mercaptan)

(다) DMS(dimethyl sulfide)

(라) DMDS(dimethyl disulfide)

[해설] 부취제의 종류 및 특징

명칭	냄새	안정도	특징
TBM	양파 썩는 냄새	비교적 안정	냄새가 가장 강함
THT	석탄가스 냄새	안정	냄새가 중간 정도
DMS	마늘 냄새	안정	다른 부취제와 혼합 사용

53. 지하매설물 탐사 방법 중 주로 가스배관을 탐사하는 기법으로 전도체에 전기가 흐르면 도체 주변에 자장이 형성되는 원리를 이용한 탐사법은?

(가) 전자유도탐사법 (나) 레이다탐사법

(다) 음파탐사법 (라) 전기탐사법

[해설] 전자유도탐사법 : 송신기로부터 매설관이나 케이블에 교류 전류를 흐르게 하여 그 주변에 교류 자장을 발생시키고, 발생된 교류 자장을 지표면에서 수신기 측정코일의 감도 방향성을 이용하여 평면위치를 측정하고 지표면으로부터 전위경도에 대해 심도를 탐사하는 방법으로 주로 매설된 가스배관을 탐사하는 기법으로 사용되고 있다.

54. 고압가스의 상태에 따른 분류가 아닌 것은?

(가) 압축가스 (나) 용해가스

(다) 액화가스 (라) 혼합가스

[해설] 고압가스의 분류
① 상태에 따른 분류 : 압축가스, 액화가스, 용해가스
② 연소성에 따른 분류 : 가연성가스, 지연성가스, 불연성가스
③ 독성에 의한 분류 : 독성가스, 비독성가스

55. LP가스 장치에서 자동교체식 조정기를 사용할 경우의 장점에 해당되지 않는 것은?

(가) 잔액이 거의 없어질 때까지 소비된다.

(나) 용기 교환 주기의 폭을 좁힐 수 있어, 가스발생량이 적어진다.

(다) 전체 용기 수량이 수동교체식의 경우보다 적어도 된다.

(라) 가스 소비 시의 압력 변동이 적다.

[해설] 자동교체식 조정기 사용 시 장점
① 전체 용기 수량이 수동교체식의 경우보다 적어도 된다.
② 잔액이 거의 없어질 때까지 소비된다.
③ 용기 교환 주기의 폭을 넓힐 수 있다.
④ 분리형을 사용하면 단단 감압식보다 배관의 압력손실을 크게 해도 된다.
⑤ 가스 소비 시의 압력 변동이 적다.

56. 용해 아세틸렌가스 정제장치는 어떤 가스를 주로 흡수, 제거하기 위하여 설치하는가?

(가) CO_2, SO_2 (나) H_2S, PH_3

(다) H_2O, SiH_4 (라) NH_3, $COCl_2$

[해설] 용해 아세틸렌가스 정제장치(가스청정기)
① 발생가스 중의 인화수소(PH_3 : 포스핀), 황화수소(H_2S), 암모니아(NH_3), 일산화탄소(CO), 질소(N_2), 산소(O_2) 메탄(CH_4) 등을 제거한다.
② 청정제의 종류 : 에퓨렌(epurene), 카다리솔(catalysol), 리가솔(rigasol)

57. 고압가스 용기의 재료에 사용되는 강의 성분 중 탄소, 인, 황의 함유량은 제한되어 있다. 이에 대한 설명으로 옳은 것은?

㉮ 황은 적열취성의 원인이 된다.

㉯ 인(P)은 될수록 많은 것이 좋다.

㉰ 탄소량은 증가하면 인장강도와 충격치가 감소한다.

㉱ 탄소량이 많으면 인장강도는 감소하고 충격치는 증가한다.

[해설] 용기 재료 중 성분 원소의 영향
① 탄소(C) : 탄소함유량이 증가하면 인장강도, 항복점은 증가하고, 연신율, 충격치는 감소한다.
② 인(P) : 연신율이 감소하고 상온취성의 원인이 된다.
③ 황(S) : 적열취성의 원인이 된다.

58. 액화 프로판 15 L를 대기 중에 방출하였을 경우 약 몇 L의 기체가 되는가 ? (단, 액화 프로판의 액 밀도는 0.5 kg/L이다.)

㉮ 300 L   ㉯ 750 L

㉰ 1500 L   ㉱ 3800 L

[해설] ① 액화 프로판 15 L를 무게로 환산
∴ 무게 = 체적×밀도 = 15×0.5 = 7.5 kg
② 기화된 체적 계산 : 이상기체 상태방정식
$PV = \dfrac{W}{M}RT$를 이용하여 표준상태(0℃, 1기압)의 체적으로 계산
$$\therefore V = \dfrac{WRT}{PM}$$
$$= \dfrac{(7.5 \times 10^3) \times 0.082 \times 273}{1 \times 44}$$
$$= 3815.795 \, L$$

[별해] 액화 프로판은 기화시키면 부피가 약 250배 증가한다.
$$\therefore 15 \times 250 = 3750 \, L$$

59. LNG bunkering이란 ?

㉮ LNG를 지하시설에 저장하는 기술 및 설비

㉯ LNG 운반선에서 LNG 인수기지로 급유하는 기술 및 설비

㉰ LNG 인수기지에서 가스홀더로 이송하

는 기술 및 설비

㉱ LNG를 해상 선박에 급유하는 기술 및 설비

[해설] ① LNG 벙커링(bunkering) : LNG를 선박용 연료로 주입하는 방식
② 벙커링 방식의 종류
㉮ 고정식 충전소 방식 : 육상 가스저장탱크에서 선박 연료를 주입하는 방식
㉯ 탱크로리 충전 방식 : 육상 LNG 탱크로리에서 선박 연료를 주입하는 방식
㉰ LNG 터미널 충전 방식 : LNG 터미널에서 선박으로 연료를 주입하는 방식
㉱ LNG 벙커링 셔틀 방식 : 해상에서 벙커링 셔틀을 이용하여 선박에 주입하는 방식

60. 염소가스(Cl_2) 고압용기의 지름을 4배, 재료의 강도를 2배로 하면 용기의 두께는 얼마가 되는가 ?

㉮ 0.5   ㉯ 1배

㉰ 2배   ㉱ 4배

[해설] 염소 용기는 용접용기로 제조되므로 용접용기 동판두께 계산식 $t = \dfrac{PD}{2S\eta - 1.2P} + C$를 적용하는데, 이때 압력($P$), 용접 효율($\eta$), 부식여유치($C$)는 동일한 것으로 간주한다.

$$\frac{t_2}{t_1} = \frac{\dfrac{PD_2}{2S_2\eta - 1.2P} + C}{\dfrac{PD_1}{2S_1\eta - 1.2P} + C} \text{에서}$$

$$\therefore t_2 = \frac{\dfrac{D_2}{S_2}}{\dfrac{D_1}{S_1}} \times t_1 = \frac{\dfrac{4D_1}{2S_1}}{\dfrac{D_1}{S_1}} \times t_1 = \frac{4}{2} \times t_1 = 2t_1$$

제 4 과목   가스안전관리

61. 가연성이면서 독성가스가 아닌 것은 ?

㉮ 염화메탄   ㉯ 산화프로필렌

㉰ 벤젠   ㉱ 시안화수소

[해설] 가연성가스이면서 독성가스인 종류에는 아크릴로니트릴, 일산화탄소, 벤젠, 산화에틸렌, 모노메틸아민, 염화메탄, 브롬화메탄, 이황화탄소, 황화수소, 암모니아, 석탄가스, 시안화수소, 트리메틸아민 등이 있다.

※ 산화프로필렌(C_3H_6O) : 가연성가스(폭발범위 : 2.1~38.5 %), 비독성가스이다.

※ 산화프로필렌의 허용농도는 TLV–TWA 237 ppm으로 200 ppm 이하가 독성가스로 분류된다.

62. 독성가스인 염소 500 kg을 운반할 때 보호구를 차량의 승무원수에 상당한 수량을 휴대하여야 한다. 다음 중 휴대하지 않아도 되는 보호구는 ?

㉮ 방독마스크   ㉯ 공기호흡기
㉰ 보호의   ㉱ 보호장갑

[해설] 독성가스를 운반하는 때에 휴대하는 보호구

품 명	운반하는 독성가스의 양 압축가스 100 m³, 액화가스 1000 kg	
	미만인 경우	이상인 경우
방독마스크	○	○
공기호흡기	×	○
보호의	○	○
보호장갑	○	○
보호장화	○	○

63. 액화석유가스 저장탱크 지하 설치 시의 시설기준으로 틀린 것은 ?

㉮ 저장탱크 주위 빈 공간에는 세립분을 포함한 마른 모래를 채운다.
㉯ 저장탱크를 2개 이상 인접하여 설치하는 경우에는 상호간에 1 m 이상의 거리를 유지한다.
㉰ 점검구는 저장능력이 20톤 초과인 경우에는 2개소로 한다.
㉱ 검지관은 직경 40 A 이상으로 4개소 이상 설치한다.

[해설] 저장탱크 주위 빈 공간에는 세립분을 함유하지 않은 것으로서 손으로 만졌을 때 물이 손에서 흘러내리지 않는 상태의 모래를 채운다.

64. 가스난방기는 상용압력의 1.5배 이상의 압력으로 실시하는 기밀시험에서 가스차단밸브를 통한 누출량이 얼마 이하가 되어야 하는가 ?

㉮ 30 mL/h   ㉯ 50 mL/h
㉰ 70 mL/h   ㉱ 90 mL/h

[해설] 가스난방기의 기밀성능(KGS AB231)
① 가스난방기는 상용압력의 1.5배 이상의 압력으로 실시하는 기밀시험에서 가스차단밸브를 통한 누출량이 70 mL/h 이하로 한다.
② 가스접속구에서 불꽃구멍까지는 외부 누출이 없는 것으로 한다. 다만, 기밀시험이 곤란한 부분은 점화상태에서 누출검사로 갈음할 수 있다.

65. 고압가스 특정제조시설의 내부반응 감시장치에 속하지 않는 것은 ?

㉮ 온도감시장치   ㉯ 압력감시장치
㉰ 유량감시장치   ㉱ 농도감시장치

[해설] 내부반응 감시장치의 종류 : 온도감시장치, 압력감시장치, 유량감시장치, 그 밖의 내부반응 감시장치

66. 액화석유가스 저장탱크에 설치하는 폭발방지장치와 관련이 없는 것은 ?

㉮ 비드
㉯ 후프링
㉰ 방파판
㉱ 다공성 알루미늄 박판

[해설] ① 폭발방지장치 : 액화석유가스 저장탱크 외벽이 화염으로 국부적으로 가열될 경우 그 저장탱크 벽면의 열을 신속히 흡수, 분산시킴으로써 탱크 벽면의 국부적인 온도 상승에 따른 저장탱크의 파열을 방지하기 위하여 저장탱크 내벽에 설치하는 다공성 벌집형 알루미늄 합금 박판을 말한다.

② 폭발방지장치 전체 조립도

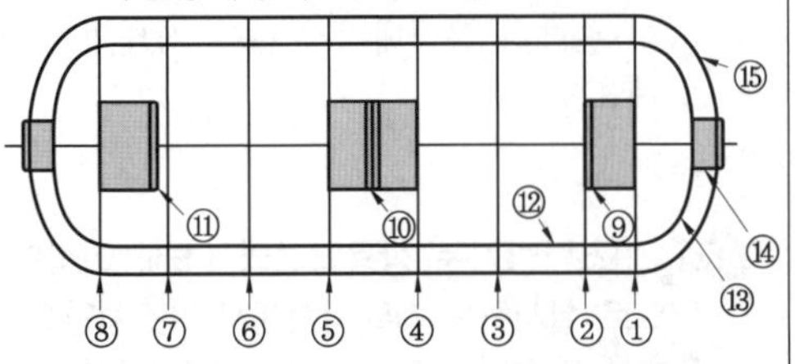

①~⑧ : 후프링 ⑨~⑪ : 방파판 ⑫ : 연결봉
⑬ : 지지봉 ⑭ : 캡 부원판 ⑮ : 폭발방지제

67. **가스도매사업자의 공급관에 대한 설명으로 맞는 것은?**

[가] 정압기지에서 대량수요자의 가스사용시설까지 이르는 배관

[나] 인수기지 부지경계에서 정압기까지 이르는 배관

[다] 인수기지 내에 설치되어 있는 배관

[라] 대량수요자 부지 내에 설치된 배관

[해설] 가스도매사업자의 용어의 정의(KGS FS451)

① 배관 : 도시가스를 공급하기 위하여 배치된 관으로써 본관, 공급관, 내관 또는 그 밖의 관을 말한다.

② 본관 : 다음 중 어느 하나를 말한다.

(가) 도시가스제조사업소(액화천연가스의 인수기지 포함)의 부지 경계에서 정압기지(整壓基地)의 경계까지 이르는 배관, 다만, 밸브기지 안의 배관은 제외한다.

(나) 일반도시가스사업자의 경우에는 도시가스제조사업소의 부지 경계 또는 가스도매사업자의 가스시설 경계에서 정압기까지 이르는 배관

③ 공급관 : 정압기지에서 일반도시가스사업자의 가스공급시설이나 대량수요자의 가스사용시설까지에 이르는 배관을 말한다.

68. **액화석유가스용 강제용기 스커트의 재료를 고압가스용기용 강판 및 강대 SG 295 이상의 재료로 제조하는 경우에는 내용적이 25 L 이상 50 L 미만인 용기는 스커트의 두께를 얼마 이상으로 할 수 있는가?**

[가] 2 mm [나] 3 mm

[다] 3.6 mm [라] 5 mm

[해설] 액화석유가스용 강제용기 스커트 두께 기준

① 용기 종류(내용적)에 따른 스커트 두께

용기의 내용적	두께
20 L 이상 25 L 미만인 용기	3 mm 이상
25 L 이상 50 L 미만인 용기	3.6 mm 이상
50 L 이상 125 L 미만인 용기	5 mm 이상

② 스커트를 KS D 3533(고압가스용기용 강판 및 강대) SG 295 이상의 강도 및 성질을 갖는 재료로 제조하는 경우에는 내용적이 25 L 이상 50 L 미만인 용기는 두께 3.0 mm 이상으로, 내용적이 50 L 이상 125 L 미만인 용기는 두께 4.0 mm 이상으로 할 수 있다.

69. **가연성가스가 폭발할 위험이 있는 농도에 도달할 우려가 있는 장소로서 "2종 장소"에 해당되지 않는 것은?**

[가] 상용의 상태에서 가연성가스의 농도가 연속해서 폭발 하한계 이상으로 되는 장소

[나] 밀폐된 용기가 그 용기의 사고로 인해 파손될 경우에만 가스가 누출할 위험이 있는 장소

[다] 환기장치에 이상이나 사고가 발생한 경우에 가연성가스가 체류하여 위험하게 될 우려가 있는 장소

[라] 1종 장소의 주변에서 위험한 농도의 가연성가스가 종종 침입할 우려가 있는 장소

[해설] 2종 위험장소

① 밀폐된 용기 또는 설비 내에 밀봉된 가연성가스가 그 용기 또는 설비의 사고로 인해 파손되거나 오조작의 경우에만 누출할 위험이 있는 장소

② 확실한 기계적 환기조치에 의하여 가연성 가스가 체류하지 않도록 되어 있으나 환기장치에 이상이나 사고가 발생한 경우에는 가연성가스가 체류하여 위험하게 될 우려가 있는 장소

[해답] 67. [가] 68. [나] 69. [가]

③ 1종 장소의 주변 또는 인접한 실내에서 위험한 농도의 가연성가스가 종종 침입할 우려가 있는 장소

※ ㉮항은 0종 장소에 해당됨

70. 고정식 압축도시가스 자동차 충전시설에서 가스누출검지 경보장치의 검지경보장치 설치수량의 기준으로 틀린 것은?

㉮ 펌프 주변에 1개 이상
㉯ 압축가스설비 주변에 1개
㉰ 충전설비 내부에 1개 이상
㉱ 배관접속부마다 10 m 이내에 1개

[해설] 가스누출검지 경보장치 설치위치 및 설치 수
① 압축설비 주변 : 1개 이상
② 압축가스설비 주변 : 2개
③ 개별 충전설비 본체 내부 : 1개 이상
④ 밀폐형 피트내부에 설치된 배관접속(용접접속 제외)부 주위 : 배관접속부마다 10 m 이내에 1개
⑤ 펌프 주변 : 1개 이상

71. 가연성가스의 제조설비 중 전기설비가 방폭성능 구조를 갖추지 아니하여도 되는 가연성 가스는?

㉮ 암모니아　　㉯ 아세틸렌
㉰ 염화에탄　　㉱ 아크릴알데히드

[해설] 전기설비의 방폭성능을 갖추어야 하는 가연성가스 중 암모니아, 브롬화메탄 및 공기 중에서 자기발화하는 가스는 제외된다.

72. 특정설비에 설치하는 플랜지이음매로 허브플랜지를 사용하지 않아도 되는 것은?

㉮ 설계압력이 2.5 MPa인 특정설비
㉯ 설계압력이 3.0 MPa인 특정설비
㉰ 설계압력이 2.0 MPa이고 플랜지의 호칭내경이 260 mm인 특정설비
㉱ 설계압력이 1.0 MPa이고 플랜지의 호칭내경이 300 mm인 특정설비

[해설] (1) 허브플랜지를 사용하는 조건

① 설계압력이 2 MPa를 초과하는 것
② 압력용기 등의 설계압력을 MPa로 표시한 값과 플랜지의 호칭내경을 mm로 표시한 값의 곱이 500을 초과하는 것
(2) 각 항목의 허브플랜지 사용 여부
㉮항, ㉯항 : 설계압력이 2 MPa를 초과하므로 사용한다.
㉰항 : 설계압력과 플랜지의 호칭내경을 곱한 값이 520으로 500을 초과하므로 사용한다.
㉱항 : 설계압력과 플랜지의 호칭내경을 곱한 값이 300으로 500을 초과하지 못하므로 사용하지 않아도 된다.

73. 고압가스 특정제조시설에서 준내화구조 액화가스 저장탱크 온도상승방지설비 설치와 관련한 물분무살수장치 설치기준으로 적합한 것은?

㉮ 표면적 $1 m^2$ 당 2.5 L/분 이상
㉯ 표면적 $1 m^2$ 당 33.5 L/분 이상
㉰ 표면적 $1 m^2$ 당 5 L/분 이상
㉱ 표면적 $1 m^2$ 당 8 L/분 이상

[해설] 온도상승방지 물분무살수장치 설치기준
① 저장탱크 표면적 $1 m^2$당 5 L/min 이상의 비율
② 준내화구조 저장탱크에는 표면적 $1 m^2$당 2.5 L/min 이상의 비율

74. 고압가스용 안전밸브 구조의 기준으로 틀린 것은?

㉮ 안전밸브는 그 일부가 파손되었을 때 분출되지 않는 구조로 한다.
㉯ 스프링의 조정나사는 자유로이 헐거워지지 않는 구조로 한다.
㉰ 안전밸브는 압력을 마음대로 조정할 수 없도록 봉인할 수 있는 구조로 한다.
㉱ 가연성 또는 독성가스용의 안전밸브는 개방형을 사용하지 않는다.

[해설] 고압가스용 안전밸브 구조 기준
① 안전밸브는 그 일부가 파손되어도 충분한 분출량을 얻어야 하며, 밸브시트는 이탈되

지 않도록 밸브몸통에 부착된 것으로 한다.
② 스프링의 조정나사는 자유로이 헐거워지지 않는 구조이고 스프링이 파손되어도 밸브디스크 등이 외부로 빠져 나가지 않는 구조인 것으로 한다.
③ 안전밸브는 압력을 마음대로 조정할 수 없도록 봉인할 수 있는 구조인 것으로 한다.
④ 가연성 또는 독성가스용의 안전밸브는 개방형을 사용하지 않는다.
⑤ 밸브디스크와 밸브시트와의 접촉면이 밸브축과 이루는 기울기는 45°(원추시트) 또는 90°(평면시트)인 것으로 한다.

75. 용기의 도색 및 표시에 대한 설명으로 틀린 것은?

㉮ 가연성가스 용기는 빨간색 테두리에 검정색 불꽃 모양으로 표시한다.
㉯ 내용적이 2 L 미만의 용기는 제조자가 정하는 바에 의한다.
㉰ 독성가스 용기는 빨간색 테두리에 검정색 해골 모양으로 표시한다.
㉱ 선박용 LPG 용기는 용기의 하단부에 2 cm의 백색 띠를 한 줄로 표시한다.

해설 용기의 도색 및 표시
① 용기의 도색은 가스의 특성 및 종류에 따라 규정된 도색을 한다. 다만, 내용적 2 L 미만의 용기는 제조자가 정하는 바에 따라 도색할 수 있다.
② 가연성가스 및 독성가스 용기 표시

　가연성가스　　독성가스

③ 선박용 액화석유가스 용기
　㈎ 용기의 상단부에 2 cm 크기의 백색 띠를 두 줄로 표시한다.
　㈏ 백색 띠의 하단과 가스 명칭 사이에 "선박용"이라고 표시한다.
④ 의료용 가스 용기
　㈎ 용기의 상단부에 2 cm 크기의 백색(산소는 녹색) 띠를 두 줄로 표시한다.

　㈏ 백색 띠의 하단과 가스 명칭 사이에 "의료용"이라고 표시한다.

76. 고압가스 설비 중 플레어스택의 설치 높이는 플레어스택 바로 밑의 지표면에 미치는 복사열이 얼마 이하로 되도록 하여야 하는가?

㉮ 2000 kcal/m² · h
㉯ 3000 kcal/m² · h
㉰ 4000 kcal/m² · h
㉱ 5000 kcal/m² · h

해설 플레어스택의 설치위치 및 높이는 플레어스택 바로 밑의 지표면에 미치는 복사열이 4000 kcal/m² · h 이하로 되도록 한다. 다만, 4000 kcal/m² · h를 초과하는 경우로서 출입이 통제되어 있는 지역은 그러하지 아니하다.

77. 고압가스 제조시설 사업소에서 안전관리자가 상주하는 현장사무소 상호간에 설치하는 통신설비가 아닌 것은?

㉮ 인터폰　　　　㉯ 페이징설비
㉰ 휴대용 확성기　㉱ 구내방송설비

해설 통신시설

구분	통신시설
사무실과 사무실	구내전화, 구내방송설비, 인터폰, 페이징설비
사업소 전체	구내방송설비, 사이렌, 휴대용 확성기, 페이징설비, 메가폰
종업원 상호간	페이징설비, 휴대용 확성기, 트랜시버, 메가폰

78. 불화수소에 대한 설명으로 틀린 것은?

㉮ 강산이다.
㉯ 황색 기체이다.
㉰ 불연성 기체이다.
㉱ 자극적 냄새가 난다.

해설 불화수소(HF)의 특징
① 플루오린과 수소의 화합물로 분자량 20.01이다.

해답 75. ㉱　76. ㉰　77. ㉰　78. ㉯

② 무색의 자극적인 냄새가 난다.

③ 불연성 물질로 연소되지 않지만 열에 의해 분해되어 부식성 및 독성 증기(TLV–TWA 0.5 ppm)를 생성할 수 있다.

④ 강산으로 염기류와 격렬히 반응한다.

⑤ 무수물이 수용액보다 더 강산의 성질을 갖는다.

⑥ 금속과 접촉 시 인화성 수소가 생성될 수 있다.

⑦ 흡입 시 기침, 현기증, 두통, 메스꺼움, 호흡곤란을 일으킬 수 있다.

⑧ 피부에 접촉 시 화학적 화상, 액체 접촉 시 동상을 일으킬 수 있다.

⑨ 유리와 반응하기 때문에 유리병에 보관해서는 안 된다.

79. 액화 조연성가스를 차량에 적재운반하려고 한다. 운반책임자를 동승시켜야 할 기준은?

㉮ 1000 kg 이상　㉯ 3000 kg 이상
㉰ 6000 kg 이상　㉱ 12000 kg 이상

해설 비독성 고압가스 운반책임자 동승 기준

가스의 종류		기준
압축 가스	가연성	300 m³ 이상
	조연성	600 m³ 이상
액화 가스	가연성	3000 kg 이상 (에어졸 용기 : 2000 kg 이상)
	조연성	6000 kg 이상

80. 고압가스 운반 중에 사고가 발생한 경우의 응급조치의 기준으로 틀린 것은?

㉮ 부근의 화기를 없앤다.

㉯ 독성가스가 누출된 경우에는 가스를 제독한다.

㉰ 비상연락망에 따라 관계 업소에 원조를 의뢰한다.

㉱ 착화된 경우 용기 파열 등의 위험이 있다고 인정될 때는 소화한다.

해설 고압가스 운반 중 사고가 발생한 경우 조치 사항

① 가스 누출이 있는 경우에는 그 누출 부분의 확인 및 수리를 할 것

② 가스 누출 부분의 수리가 불가능한 경우

㉮ 상황에 따라 안전한 장소로 운반할 것

㉯ 부근의 화기를 없앨 것

㉰ 착화된 경우 용기 파열 등의 위험이 없다고 인정될 때는 소화할 것

㉱ 독성가스가 누출된 경우에는 가스를 제독할 것

㉲ 부근에 있는 사람을 대피시키고, 동행인은 교통통제를 하여 출입을 금지시킬 것

㉳ 비상연락망에 따라 관계 업소에 원조를 의뢰할 것

㉴ 상황에 따라 안전한 장소로 대피할 것

제 5 과목　가스계측

81. 단위계의 종류가 아닌 것은?

㉮ 절대단위계　㉯ 실제단위계
㉰ 중력단위계　㉱ 공학단위계

해설 단위계의 종류

(1) 절대 단위 및 공학 단위

① 절대 단위계 : 단위 기본량을 질량, 길이, 시간으로 하여 이들의 단위를 사용하여 유도된 단위

② 공학(중력) 단위계 : 질량 대신 중량을 사용하여 유도된 단위

(2) 미터 단위 및 야드 단위

① 미터 단위계 : 길이를 cm, m, km, 질량을 g, kg, 시간을 초(s), 분(min), 시간(h)으로 사용하는 단위

② 야드 단위계 : 길이를 피트(ft), 야드(yd), 질량을 파운드(lb), 시간을 초(s), 분(min), 시간(h)으로 사용하는 단위

82. 5 kgf/cm²는 약 몇 mAq인가?

㉮ 0.5　　　　㉯ 5
㉰ 50　　　　㉱ 500

해설 $1\,\text{atm} = 1.0332\,\text{kgf/cm}^2 = 10332\,\text{kgf/m}^2$
$= 10332\,\text{mmAq} = 10.332\,\text{mAq}$이고, mmH_2O와 mmAq는 같은 단위이다.

$$\therefore\ 환산단위 = \frac{5}{1.0332} \times 10.332 = 50\,\text{mAq}$$

별해 $1.0332\,\text{kgf/cm}^2 = 10.332\,\text{mAq}$이므로 10배에 해당된다.

$$\therefore\ 5\,\text{kgf/cm}^2 = 50\,\text{mAq}$$

83. 열팽창계수가 다른 두 금속을 붙여서 온도에 따라 휘어지는 정도의 차이로 온도를 측정하는 온도계는 ?

㉮ 저항온도계 ㉯ 바이메탈온도계

㉰ 열전대온도계 ㉱ 광고온계

해설 바이메탈온도계 : 선팽창계수(열팽창률)가 다른 2종류의 얇은 금속판을 결합시켜 온도변화에 따라 구부러지는 정도가 다른 점을 이용한 것이다.

84. 온도 계측기에 대한 설명으로 틀린 것은 ?

㉮ 기체 온도계는 대표적인 1차 온도계이다.

㉯ 접촉식의 온도 계측에는 열팽창, 전기저항 변화 및 열기전력 등을 이용한다.

㉰ 비접촉식 온도계는 방사온도계, 광온도계, 바이메탈온도계 등이 있다.

㉱ 유리온도계는 수은을 봉입한 것과 유기성 액체를 봉입한 것 등으로 구분한다.

해설 비접촉식 온도계의 종류

① 방사(복사)에너지 : 방사온도계

② 단파장 : 광고온도계, 광전관온도계, 색온도계

※ 바이메탈온도계는 접촉식 온도계에 해당된다.

85. 20℃에서 어떤 액체의 밀도를 측정하였다. 측정 용기의 무게가 11.6125 g, 증류수를 채웠을 때가 13.1682 g, 시료 용액을 채웠을 때가 12.8749 g이라면 이 시료 액체의 밀도는 약 몇 g/cm³인가 ? (단, 20℃에서 물의 밀도는 0.99823 g/cm³이다.)

㉮ 0.791 ㉯ 0.801

㉰ 0.810 ㉱ 0.820

해설 $t\,[℃]$에서 시료 액체의 밀도(ρ_t)는 시료의 질량(g)과 용기 체적(cm³)의 비이고, 용기 체적은 증류수의 질량을 $t\,[℃]$ 물의 밀도로 나누면 된다.

$$\therefore\ \rho_t = \frac{시료\ 질량(\text{g})}{용기\ 체적(\text{cm}^3)}$$
$$= \frac{용기와\ 시료\ 질량 - 용기\ 질량}{\left(\dfrac{증류수\ 질량(\text{g})}{물의\ 밀도(\text{g/cm}^3)}\right)}$$
$$= \frac{12.8749 - 11.6125}{\left(\dfrac{13.1682 - 11.6125}{0.99823}\right)}$$
$$= 0.810\,\text{g/cm}^3$$

86. 시험지에 의한 가스 검지법 중 시험지별 검지가스가 바르지 않게 연결된 것은 ?

㉮ 연당지-HCN

㉯ KI 전분지-NO_2

㉰ 염화팔라듐지-CO

㉱ 염화제일동 착염지-C_2H_2

해설 가스검지 시험지법

검지가스	시험지	반응
암모니아(NH_3)	적색 리트머스지	청색
염소(Cl_2)	KI-전분지	청갈색
포스겐($COCl_2$)	해리슨시험지	유자색
시안화수소(HCN)	초산벤젠지	청색
일산화탄소(CO)	염화팔라듐지	흑색
황화수소(H_2S)	연당지(초산납시험지)	회흑색
아세틸렌(C_2H_2)	염화제1구리 착염지	적갈색

※ KI-전분지는 할로겐가스, NO_2도 검지가 가능하다.

87. 물체의 탄성 변위량을 이용한 압력계가 아닌 것은 ?

㉮ 부르동관 압력계

㉯ 벨로스 압력계

㉰ 다이어프램 압력계

라 링밸런스식 압력계

해설 탄성식 압력계의 종류 : 부르동관식, 다이어
프램식, 벨로스식, 캡슐식

88. 자동조절계의 제어동작에 대한 설명으로 틀린 것은?

㉮ 비례동작에 의한 조작신호의 변화를 적분동작만으로 일어나는 데 필요한 시간을 적분시간이라고 한다.

㉯ 조작신호가 동작신호의 미분값에 비례하는 것을 레이트 동작(rate action)이라고 한다.

㉰ 매 분당 미분동작에 의한 변화를 비례동작에 의한 변화로 나눈 값을 리셋률이라고 한다.

㉱ 미분동작에 의한 조작신호의 변화가 비례동작에 의한 변화와 같아질 때까지의 시간을 미분시간이라고 한다.

해설 리셋률(reset rate) : 비례적분(PI) 제어에서 적분시간의 역수에 해당되는 것으로 적분시간이 작을수록 (리셋률이 클수록) 적분동작의 가중치가 증가하는 현상이 나타난다.

89. 가스미터에 대한 설명 중 틀린 것은?

㉮ 습식 가스미터는 측정이 정확하다.

㉯ 다이어프램식 가스미터는 일반 가정용 측정에 적당하다.

㉰ 루트미터는 회전자식으로 고속회전이 가능하다.

㉱ 오리피스미터는 압력손실이 없어 가스량 측정이 정확하다.

해설 오리피스미터 : 조리개를 이용하여 유량을 측정하는 추량식으로 압력손실이 많이 발생하고 측정이 부정확하다.

90. 가스계량기의 설치장소에 대한 설명으로 틀린 것은?

㉮ 습도가 낮은 곳에 부착한다.

㉯ 진동이 적은 장소에 설치한다.

㉰ 화기와 2 m 이상 떨어진 곳에 설치한다.

㉱ 바닥으로부터 2.5 m 이상에 수직 및 수평으로 설치한다.

해설 가스미터는 바닥으로부터 1.6 m 이상 2 m 이내에 수평, 수직으로 설치한다.

91. 다음 막식 가스미터의 고장에 대한 설명을 옳게 나열한 것은?

㉠ 부동 : 가스가 미터를 통과하나 지침이 움직이지 않는 고장

㉡ 누설 : 계량막 밸브와 밸브시트 사이, 패킹부 등에서의 누설이 원인

㉮ ㉠   ㉯ ㉡

㉰ ㉠, ㉡   ㉱ 모두 틀림

해설 막식 가스미터의 고장

① 부동(不動) : 가스는 계량기를 통과하나 지침이 작동하지 않는 고장으로 계량막의 파손, 밸브의 탈락, 밸브와 밸브시트 사이에서의 누설, 지시장치 기어 불량 등이 원인이다.

② 누설 : 패킹재료의 열화에 의한 내부 누설과 납땜 접합부의 파손, 케이스의 부식 등에 의한 외부 누설이 있다.

③ 감도 불량 : 감도 유량을 통과시켰을 때 지침의 시도(示度) 변화가 나타나지 않는 고장으로 ㉡항목이 감도 불량의 원인이다.

92. 열전대온도계에 적용되는 원리(효과)가 아닌 것은?

㉮ 제베크 효과   ㉯ 틴들 효과

㉰ 톰슨 효과   ㉱ 펠티에 효과

해설 열전대온도계에 적용되는 원리(효과)

① 제베크 효과(Seebeck effect) : 2종류의 금속선을 접속하여 하나의 회로를 만들어 2개의 접점에 온도차를 부여하면 회로에 접점의 온도에 거의 비례한 전류(열기전력)가 흐르는 현상으로 열전대온도계의 측정 원리이다.

해답 88. ㉰   89. ㉱   90. ㉱   91. ㉮   92. ㉯

② 톰슨 효과(Thomson effect) : 온도가 다른 금속에 전류를 통했을 때 금속에는 전기저항으로 인한 줄(Joul) 열 이외의 열의 발생과 흡수가 일어나는 현상이다.

③ 펠티에 효과(Peltier effect) : 서로 다른 도체로 이루어진 회로를 통해 직류 전류를 흐르게 하면 전류의 방향에 따라 서로 다른 도체 사이의 접합의 한쪽은 가열되는 반면 다른 한쪽은 냉각되는 현상이다.

※ 제베크 효과, 톰슨 효과, 펠티에 효과 3가지는 열과 전기의 상관현상으로 열전효과, 열전현상이라 하며, 열전대온도계의 원리와 관계된다.

참고 틴들(Tyndall) 효과 : 가시광선의 파장과 비슷한 미립자가 분산되어 있을 때 빛을 비추면 산란되어 빛의 통로가 생기는 현상으로 빛이 산란되는 정도는 미립자의 크기가 클수록 심해지기 때문에 이를 이용하여 미립자의 크기를 알 수 있다. 맑은 하늘이 푸르게 보이는 것이 대표적인 현상이다.

93. 물리적 가스분석계 중 가스의 상자성(常磁性)체에 있어서 자장에 대해 흡인되는 성질을 이용한 것은?

㉮ SO_2 가스계

㉯ O_2 가스계

㉰ CO_2 가스계

㉱ 기체 크로마토그래피

해설 O_2 가스계(자기식 O_2계) : 일반적인 가스는 반자성체에 속하지만 O_2는 자장에 흡인되는 강력한 상자성체인 것을 이용한 산소 분석기이다.

① 가동 부분이 없고 구조도 비교적 간단하며, 취급이 용이하다.

② 측정가스 중에 가연성가스가 포함되면 사용할 수 없다.

③ 가스의 유량, 압력, 점성의 변화에 대하여 지시오차가 거의 발생하지 않는다.

④ 열선은 유리로 피복되어 있어 측정가스 중의 가연성가스에 대한 백금의 촉매작용을 막아 준다.

94. 오프셋(off set)이 발생하기 때문에 부하변화가 작은 프로세스에 주로 적용되는 제어동작은?

㉮ 미분동작　　㉯ 비례동작

㉰ 적분동작　　㉱ 뱅뱅동작

해설 비례동작(P 동작) : 동작신호에 대하여 조작량의 출력변화가 일정한 비례관계에 있는 제어 또는 편차의 크기에 단순 비례하여 조절 요소에 보내는 신호의 주기가 변하는 제어로 잔류편차(off set)가 생긴다.

95. 오르사트법에 의한 기체 분석에서 O_2의 흡수제로 주로 사용되는 것은?

㉮ KOH 용액

㉯ 암모니아성 $CuCl_2$ 용액

㉰ 알칼리성 피로갈롤 용액

㉱ H_2SO_4 산성 $FeSO_4$ 용액

해설 오르사트법 가스 분석 순서 및 흡수제

순서	분석 가스	흡수제
1	CO_2	KOH 30 % 수용액
2	O_2	알칼리성 피로갈롤 용액
3	CO	암모니아성 염화제1구리 용액

96. 밀도와 비중에 대한 설명으로 틀린 것은?

㉮ 밀도는 단위체적당 물질의 질량으로 정의한다.

㉯ 비중은 두 물질의 밀도비로서 무차원수이다.

㉰ 표준물질인 순수한 물은 0℃, 1기압에서 비중이 1이다.

㉱ 밀도의 단위는 $N \cdot s^2/m^4$이다.

해설 ① 표준물질인 순수한 물은 4℃, 1기압에서 비중이 1이다.

② 밀도의 단위

　㈎ 절대 단위 : kg/m^3, $N \cdot s^2/m^4$

　㈏ 공학 단위 : $kgf \cdot s^2/m^4$

해답 **93.** ㉯　**94.** ㉯　**95.** ㉰　**96.** ㉰

97. 열전도도 검출기의 측정 시 주의사항으로 옳지 않은 것은?

㉮ 운반기체 흐름속도에 민감하므로 흐름속도를 일정하게 유지한다.

㉯ 필라멘트에 전류를 공급하기 전에 일정량의 운반기체를 먼저 흘려 보낸다.

㉰ 감도를 위해 필라멘트와 검출실 내벽 온도를 적정하게 유지한다.

㉱ 운반기체의 흐름속도가 클수록 감도가 증가하므로, 높은 흐름속도를 유지한다.

해설 운반기체의 흐름속도를 일정하게 유지해야 한다.

98. 정오차(static error)에 대하여 바르게 나타낸 것은?

㉮ 측정의 전력에 따라 동일 측정량에 대한 지시값에 차가 생기는 현상

㉯ 측정량이 변동될 때 어느 순간에 지시값과 참값에 차가 생기는 현상

㉰ 측정량이 변동하지 않을 때의 계측기의 오차

㉱ 입력신호 변화에 대해 출력신호가 즉시 따라가지 못하는 현상

해설 정오차(static error) : 일정한 조건 상태에서 측정한 측정값이 항상 같은 방향(+ 또는 −)과 같은 크기로 발생하는 오차로 오차가 일정한 법칙에 따라 발생하므로 원인과 크기를 알면 오차를 보정할 수 있다.

99. 패러데이(Faraday) 법칙의 원리를 이용한 기기 분석 방법은?

㉮ 전기량법

㉯ 질량분석법

㉰ 저온정밀 증류법

㉱ 적외선 분광광도법

해설 전기량법 : 분석 대상물을 다른 산화 상태로 바꿀 때 전극에서 발생하는 전하량을 측정하여 정량을 하는 방법으로 패러데이(Faraday) 법칙의 원리를 이용한 기기 분석 방법이다.

100. 기체 크로마토그래피의 분리관에 사용되는 충전 담체에 대한 설명으로 틀린 것은?

㉮ 화학적으로 활성을 띠는 물질이 좋다.

㉯ 큰 표면적을 가진 미세한 분말이 좋다.

㉰ 입자 크기가 균등하면 분리작용이 좋다.

㉱ 충전하기 전에 비휘발성 액체로 피복한다.

해설 담체(support) : 시료 및 고정상 액체에 대하여 불활성인 것으로 규조토, 내화벽돌, 유리, 석영, 합성수지 등을 사용하며, 각 분석 방법에서 전처리를 규정한 경우에는 산 처리, 알칼리 처리, 실란 처리 등을 한 것을 사용한다.

제1과목 가스유체역학

1. 다음 중 포텐셜 흐름(potential flow)이 될 수 있는 것은?

㉮ 고체 벽에 인접한 유체층에서의 흐름

㉯ 회전 흐름

㉰ 마찰이 없는 흐름

㉱ 파이프 내 완전 발달 유동

[해설] (1) 포텐셜 흐름(potential flow) : 비점성 유체의 흐름에서 나타나므로 마찰이 없는 흐름이 포텐셜 흐름이 될 수 있다.

(2) 완전 발달 유동(fully developed flow : 완전히 발달된 흐름)

① 원형 관내를 유체가 흐르고 있을 때 경계층이 완전히 성장하여 일정한 속도분포를 유지하면서 흐르는 것이다.

② 속도분포가 변하지 않으므로 완전 발달 영역에서는 길이 방향에 대해 벽면의 전단응력이 일정하다.

③ 파이프 내 점성흐름에서 길이 방향으로 속도분포가 변하지 않는 흐름이다.

2. 100℃, 2기압의 어떤 이상기체의 밀도는 200℃, 1기압일 때의 몇 배인가?

㉮ 0.39

㉯ 1

㉰ 2

㉱ 2.54

[해설] 이상기체 상태방정식 $PV = \dfrac{W}{M}RT$ 에서

$\rho [\text{g/L}] = \dfrac{W}{V} = \dfrac{PM}{RT}$ 이고 200℃, 1기압일 때의 밀도를 기준으로 삼은 것이다.

① 100℃, 2기압일 때의 밀도 계산

$\therefore \rho_1 = \dfrac{P_1 M_1}{R_1 T_1} = \dfrac{2 M_1}{(273+100)R_1} = \dfrac{2}{373} \times \dfrac{M_1}{R_1}$

② 200℃, 1기압일 때의 밀도 계산

$\therefore \rho_2 = \dfrac{P_2 M_2}{R_2 T_2} = \dfrac{1 M_2}{(273+200)R_2} = \dfrac{1}{473} \times \dfrac{M_2}{R_2}$

③ 밀도비 계산

$\therefore \dfrac{\rho_1}{\rho_2} = \dfrac{\dfrac{2}{373} \times \dfrac{M_1}{R_1}}{\dfrac{1}{473} \times \dfrac{M_2}{R_2}} = \dfrac{2 \times 473}{1 \times 373} \times \dfrac{R_2 M_1}{R_1 M_2}$ 에

서 동일한 이상기체이므로 $M_1 = M_2$, $R_1 = R_2$ 이다.

$\therefore \dfrac{\rho_1}{\rho_2} = \dfrac{2 \times 473}{1 \times 373} = 2.536$ 배

[참고] $\dfrac{\rho_2}{\rho_1} = \dfrac{1 \times 373}{2 \times 473} = 0.394$ 배로 계산되므로 주의하여야 한다.

3. 다음 중 동점성 계수의 단위를 옳게 나타낸 것은?

㉮ kg/m²

㉯ kg/m · s

㉰ m²/s

㉱ m²/kg

[해설] ① 동점성계수(ν) : 점성계수(μ)를 밀도(ρ)로 나눈 값으로 동점도라 한다.

$\therefore \nu = \dfrac{\mu}{\rho}$

② 단위 및 차원 : m²/s, $L^2 T^{-1}$

③ 1 St(stokes) : 1 cm²/s = 10^{-4} m²/s

※ 동점성계수는 SI단위, 공학단위의 단위가 같기 때문에 차원은 같다.

4. 베르누이 방정식을 실제 유체에 적용할 때 보정해 주기 위해 도입하는 항이 아닌 것은?

㉮ W_P(펌프일)

㉯ h_f(마찰손실)

㉰ ΔP(압력차)

㉱ W_T(터빈일)

[해설] ① 베르누이 방정식이 적용되는 조건 : 베르누이 방정식이 적용되는 임의 두 점은 같은 유선상에 있고, 정상상태의 흐름, 마찰이 없는 이상유체의 흐름, 비압축성 유체의 흐름, 외력은 중력만 작용하는 것이다.

② 점성이 있는 유체(실제 유체)의 흐름에 있어서의 베르누이 방정식 : 관로 벽에서 유체의 점성과 유로의 변화에 따른 마찰손실(h_f)이 각각 포함되고 입구에 펌프, 출구에

터빈을 설치할 경우에는 펌프에너지(E_P)와 터빈에너지(E_T)가 포함된다.

$$\therefore \frac{P_1}{\gamma} + \frac{V_1^2}{2g} + Z_1 + E_P$$
$$= \frac{P_2}{\gamma} + \frac{V_2^2}{2g} + Z_2 + h_f + E_T$$

5. 중량 10000 kgf의 비행기가 270 km/h의 속도로 수평 비행할 때 동력은? (단, 양력 [L]과 항력[D]의 비 $\frac{L}{D} = 5$ 이다.)

㉮ 1400 PS ㉯ 2000 PS
㉰ 2600 PS ㉱ 3000 PS

[해설] 양력(L)과 항력(D)의 비 $\frac{L}{D} = 5$ 에서 항력

$D = \frac{L}{5}$ 이다.

$$\therefore PS = \frac{D \cdot V}{75} = D \times \frac{V}{75} = \frac{L}{5} \times \frac{V}{75}$$
$$= \frac{10000}{5} \times \frac{270 \times 10^3}{75 \times 3600} = 2000\,PS$$

6. 비중 0.8, 점도 2 poise인 기름에 대해 내경 42 mm인 관에서의 유동이 층류일 때 최대 가능 속도는 몇 m/s인가? (단, 임계레이놀즈수는 2100이다.)

㉮ 12.5 ㉯ 14.5 ㉰ 19.8 ㉱ 23.5

[해설] ① 밀도의 MKS 공학단위 계산 : 비중 0.8은 0.8×10^3 kgf/m³이다.

$$\therefore \rho = \frac{\gamma}{g} = \frac{0.8 \times 10^3}{9.8} = 81.632\,kgf \cdot s^2/m^4$$

② 속도 계산

2 poise는 2 g/cm · s이므로 MKS 공학단위로 환산하면 $\frac{2}{10 \times 9.8}$ kgf · s/m²이고, 관 안지름 42 mm는 0.042 m이다.

$Re = \frac{\rho D V}{\mu}$ 에서

$$\therefore V = \frac{Re\mu}{\rho D} = \frac{2100 \times \frac{2}{10 \times 9.8}}{81.632 \times 0.042}$$
$$= 12.5001\,m/s$$

[별해] 비중 0.8을 밀도 800 kg/m³으로 적용하여 MKS 절대단위로 계산 : 2 poise는 0.2 kg/m · s이다.

$$\therefore V = \frac{Re\mu}{\rho D} = \frac{2100 \times 0.2}{800 \times 0.042} = 12.5\,m/s$$

7. 물이 평균속도 4.5 m/s로 안지름 100 mm인 관을 흐르고 있다. 이 관의 길이 20 m에서 손실된 헤드를 실험적으로 측정하였더니 4.8 m이었다. 관 마찰계수는?

㉮ 0.0116 ㉯ 0.0232
㉰ 0.0464 ㉱ 0.2280

[해설] $h_f = f \times \frac{L}{D} \times \frac{V^2}{2g}$ 에서 안지름(D) 100 mm는 0.1 m이다.

$$\therefore f = \frac{h_f \times D \times 2g}{L \times V^2}$$
$$= \frac{4.8 \times 0.1 \times 2 \times 9.8}{20 \times 4.5^2} = 0.023229$$

8. 압축성 유체가 축소-확대 노즐의 확대부에서 초음속으로 흐를 때, 다음 중 확대부에서 감소하는 것을 옳게 나타낸 것은? (단, 이상기체의 등엔트로피 흐름이라고 가정한다.)

㉮ 속도, 온도 ㉯ 속도, 밀도
㉰ 압력, 속도 ㉱ 압력, 밀도

[해설] 초음속 흐름($M_a > 1$)일 때 확대부에서는 속도, 단면적은 증가하고 압력, 밀도, 온도는 감소한다.

9. 유체의 흐름에서 유선이란 무엇인가?

㉮ 유체 흐름의 모든 점에서 접선 방향이 그 점의 속도 방향과 일치하는 연속적인 선
㉯ 유체 흐름의 모든 점에서 속도벡터에 평행하지 않는 선
㉰ 유체 흐름의 모든 점에서 속도벡터에 수직한 선
㉱ 유체 흐름의 모든 점에서 유동 단면의 중심을 연결한 선

해답 5. ㉯ 6. ㉮ 7. ㉯ 8. ㉱ 9. ㉮

해설 ① 유선 : 유체의 한 입자가 지나간 궤적을 표시하는 선으로 임의 순간에 모든 점의 속도와 방향이 일치하는 유동선
② 유관 : 여러 개의 유선으로 둘러싸인 한 개의 관
③ 유적선 : 유체 입자가 일정한 기간 동안 움직인 경로
④ 유맥선 : 모든 유체 입자가 공간 내의 한 점을 지나는 순간 궤적

10. 비중이 0.9인 액체가 탱크에 있다. 이때 나타난 압력은 절대압으로 2 kgf/cm²이다. 이것을 수두(head)로 환산하면 몇 m인가?

㉮ 22.2   ㉯ 18   ㉰ 15   ㉱ 12.5

해설 $P = \gamma \cdot h$에서 압력의 단위는 kgf/m²이고 (kgf/cm²에 10000을 곱한다). 비중량(γ)은 비중에 1000을 곱한다.

$$\therefore \; h = \frac{P}{\gamma} = \frac{2 \times 10^4}{0.9 \times 1000} = 22.2 \, \text{m}$$

11. 다음 압축성 흐름 중 정체온도가 변할 수 있는 것은?

㉮ 등엔트로피 팽창과정인 경우
㉯ 단면이 일정한 도관에서 단열 마찰흐름인 경우
㉰ 단면이 일정한 도관에서 등온 마찰흐름인 경우
㉱ 수직 충격파 전후 유동의 경우

해설 정체온도 : 외부와의 열출입이 없는 단열용기에 들어 있는 기체가 단면적이 변화하는 관을 통하여 흐를 때 용기 안의 단면적이 매우 큰 경우 유속이 0이 되는 지점의 온도이다.

$$\therefore \; T_0 = T + \frac{k-1}{kR} \times \frac{V^2}{2g}$$

여기서, T_0 : 정체온도
T : 정온
$\frac{k-1}{kR} \times \frac{V^2}{2g}$: 동온

∴ 압축성 흐름 중 정체온도가 변할 수 있는 것은 단면이 일정한 도관에서 등온(정온) 마찰흐름인 경우이다.

12. 기체 수송장치 중 일반적으로 상승압력이 가장 높은 것은?

㉮ 팬
㉯ 송풍기
㉰ 압축기
㉱ 진공펌프

해설 작동압력에 의한 압축기 분류
① 팬(fan) : 10 kPa 미만
② 송풍기(blower) : 10 kPa 이상 0.1 MPa 미만
③ 압축기(compressor) : 0.1 MPa 이상

13. 완전 난류구역에 있는 거친 관에서의 관 마찰계수는?

㉮ 레이놀즈수와 상대조도의 함수이다.
㉯ 상대조도의 함수이다.
㉰ 레이놀즈수의 함수이다.
㉱ 레이놀즈수, 상대조도 모두와 무관하다.

해설 난류 흐름의 관 마찰계수
① 거칠은 관 : 관 마찰계수(f)는 상대조도(e)만의 함수이다(닉크라드세의 실험식).

$$\therefore \; \frac{1}{\sqrt{f}} = 1.14 - 0.86 \ln\left(\frac{e}{d}\right)$$

② 매끈한 관 : 관 마찰계수(f)는 레이놀즈수(Re)의 $\frac{1}{4}$승에 반비례한다(블라시우스의 실험식).

$$\therefore \; f = 0.316 \, Re^{-\frac{1}{4}}$$

14. Hagen-Poiseuille 식이 적용되는 관내 층류 유동에서 최대속도 $V_{\max} = 6$ cm/s일 때 평균속도 V_{avg}는 몇 cm/s인가?

㉮ 2   ㉯ 3
㉰ 4   ㉱ 5

해설 수평 원관 속을 층류로 흐를 때 평균 유속(V_{avg})은 관 중심에서의 최대 유속($V_{\max}$)의 $\frac{1}{2}$에 해당한다.

$$\therefore \; V_{\text{avg}} = \frac{1}{2} V_{\max} = \frac{1}{2} \times 6 = 3 \, \text{cm/s}$$

해답 10. ㉮   11. ㉰   12. ㉰   13. ㉯   14. ㉯

15. 전양정 30 m, 송출량 7.5 m³/min, 펌프 효율 0.8인 펌프의 수동력은 약 몇 kW인가? (단, 물의 밀도는 1000 kg/m³이다.)

㉮ 29.4 　　　　㉯ 36.8

㉰ 42.8 　　　　㉴ 46.8

[해설] ① 수동력은 이론적인 동력을 의미하므로 펌프의 효율은 100 %인 경우이다.

② 수동력 계산

$$\therefore \text{수동력(kW)} = \frac{\gamma \cdot Q \cdot H}{102}$$

$$= \frac{1000 \times 7.5 \times 30}{102 \times 60}$$

$$= 36.76 \text{ kW}$$

③ 축동력 계산식

$$\therefore \text{kW} = \frac{\gamma \cdot Q \cdot H}{102\eta}, \quad \text{PS} = \frac{\gamma \cdot Q \cdot H}{75\eta}$$

16. 운동 부분과 고정 부분이 밀착되어 있어서 배출공간에서부터 흡입공간으로의 역류가 최소화되며, 경질 윤활유와 같은 유체수송에 적합하고 배출압력을 200 atm 이상 얻을 수 있는 펌프는?

㉮ 왕복펌프 　　　㉯ 회전펌프

㉰ 원심펌프 　　　㉴ 격막펌프

[해설] 회전펌프 : 원심펌프와 모양이 비슷하지만 액체를 이송하는 원리가 완전히 다른 것으로 펌프 본체 속의 회전자의 회전에 의해 생기는 원심력을 이용하여 유체를 이송한다. 종류에는 기어펌프, 베인펌프, 나사펌프가 있다.

17. 30 cmHg인 진공압력은 절대압력으로 몇 kgf/cm²인가? (단, 대기압은 표준대기압이다.)

㉮ 0.160 　　　　㉯ 0.545

㉰ 0.625 　　　　㉴ 0.840

[해설] 1 atm = 760 mmHg = 76 cmHg

$$= 1.0332 \text{ kgf/cm}^2$$

∴ 절대압력 = 대기압 − 진공압력

$$= 1.0332 - \left(\frac{30}{76} \times 1.0332 \right)$$

$$= 0.6253 \text{ kgf/cm}^2$$

18. 수직 충격파가 발생할 때 나타나는 현상으로 옳은 것은?

㉮ 마하수가 감소하고, 압력과 엔트로피도 감소한다.

㉯ 마하수가 감소하고, 압력과 엔트로피는 증가한다.

㉰ 마하수가 증가하고, 압력과 엔트로피는 감소한다.

㉴ 마하수가 증가하고, 압력과 엔트로피도 증가한다.

[해설] 수직 충격파가 발생하면 압력, 온도, 밀도, 엔트로피가 증가하며 속도는 감소한다 (속도가 감소하므로 마하수는 감소한다).

19. 정적비열이 1000 J/kg · K이고, 정압비열이 1200 J/kg · K인 이상기체가 압력 200 kPa에서 등엔트로피 과정으로 압력이 400 kPa로 바뀐다면, 바뀐 후의 밀도는 원래 밀도의 몇 배가 되는가?

㉮ 1.41 　　　　㉯ 1.64

㉰ 1.78 　　　　㉴ 2

[해설] ① 비열비 계산

$$\therefore k = \frac{C_p}{C_v} = \frac{1200}{1000} = 1.2$$

② 등엔트로피 과정(단열과정)에서 400 kPa 상태로 변한 후의 온도 계산

$$\frac{T_2}{T_1} = \left(\frac{P_2}{P_1} \right)^{\frac{k-1}{k}} \text{에서}$$

$$\therefore T_2 = T_1 \times \left(\frac{P_2}{P_1} \right)^{\frac{k-1}{k}}$$

$$= T_1 \times \left(\frac{400}{200} \right)^{\frac{1.2-1}{1.2}} = 1.122 \, T_1$$

③ 밀도비 계산 : $PV = GRT$에서

$$\rho [\text{kg/m}^3] = \frac{G}{V} = \frac{P}{RT} \text{이다.}$$

$$\therefore \frac{\rho_2}{\rho_1} = \frac{\dfrac{P_2}{R_2 T_2}}{\dfrac{P_1}{R_1 T_1}} = \frac{P_2 R_1 T_1}{P_1 R_2 T_2} \text{에서}$$

해답 15. ㉯　16. ㉯　17. ㉰　18. ㉯　19. ㉰

$R_1 = R_2$, $T_2 = 1.122\,T_1$이다.

$$\therefore \ \frac{\rho_2}{\rho_1} = \frac{P_2 T_1}{P_1 T_2} = \frac{400 \times T_1}{200 \times 1.122\,T_1} = 1.782 \,배$$

20. 다음 중 음속(sonic velocity) a의 정의는? (단, g : 중력가속도, ρ : 밀도, P : 압력, s : 엔트로피이다.)

㉮ $a = \sqrt{\left(\dfrac{dP}{d\rho}\right)_s}$ ㉯ $a = \sqrt{\left(\dfrac{dP}{d\rho}\right)_s / \rho}$

㉰ $a = \sqrt{g\left(\dfrac{dP}{d\rho}\right)_s}$ ㉱ $a = \sqrt{\left(\dfrac{dP}{d\rho}\right)_s / g}$

해설 음속(音速) : 공기 중에서 소리(音)의 속도로 짧은 시간에 일어나는 현상으로, 단열변화(등엔트로피) 과정으로 가정한다.

$$\therefore \ a = \sqrt{\left(\frac{dP}{d\rho}\right)_s} = \sqrt{\frac{kP}{\rho}} = \sqrt{kRT}$$

제 2 과목 연소공학

21. 체적이 2 m^3인 일정 용기 안에서 압력 200 kPa, 온도 0℃의 공기가 들어 있다. 이 공기를 40℃까지 가열하는 데 필요한 열량은 약 몇 kJ인가? (단, 공기의 R은 287 J/kg · K이고, C_v는 718 J/kg · K이다.)

㉮ 47   ㉯ 147   ㉰ 247   ㉱ 347

해설 ① 2 m^3의 공기 무게 계산 : 공기의 기체상수(R) 287 J/kg · K = 0.287 kJ/kg · K이다.
$PV = GRT$에서

$$\therefore \ G = \frac{PV}{RT} = \frac{200 \times 2}{0.287 \times (273 + 0)} = 5.105 \,kg$$

② 가열량 계산 : 공기의 정적비열(C_v) 718 J/kg · K = 0.718 kJ/kg · K이다.

$$\therefore \ Q_a = G C_v (T_2 - T_1)$$
$$= 5.105 \times 0.718 \times \{(273 + 40) - (273 + 0)\}$$
$$= 146.615 \,kJ$$

22. 이론 연소가스량을 올바르게 설명한 것은?

㉮ 단위량의 연료를 포함한 이론 혼합기

가 완전 반응을 하였을 때 발생하는 산소량

㉯ 단위량의 연료를 포함한 이론 혼합기가 불완전 반응을 하였을 때 발생하는 산소량

㉰ 단위량의 연료를 포함한 이론 혼합기가 완전 반응을 하였을 때 발생하는 연소가스량

㉱ 단위량의 연료를 포함한 이론 혼합기가 불완전 반응을 하였을 때 발생하는 연소가스량

해설 이론 연소가스량 : 단위량(kg 또는 Nm^3)의 연료와 이론 공기량이 혼합된 혼합기가 완전 연소반응을 하였을 때 발생하는 연소가스량으로, 수증기가 포함된 이론 습연소가스량과 수증기가 포함되지 않은 이론 건연소가스량으로 구분한다.

23. 연소에 대한 설명 중 옳지 않은 것은?

㉮ 연료가 한번 착화하면 고온으로 되어 빠른 속도로 연소한다.

㉯ 환원반응이란 공기의 과잉 상태에서 생기는 것으로 이때의 화염을 환원염이라 한다.

㉰ 고체, 액체 연료는 고온의 가스 분위기 중에서 먼저 가스화가 일어난다.

㉱ 연소에 있어서는 산화 반응뿐만 아니라 열분해반응도 일어난다.

해설 ① 환원염 : 수소(H_2)나 불완전 연소에 의한 일산화탄소(CO)를 함유한 것으로, 청록색으로 빛나는 화염이다.
② 연소는 산화반응에 해당된다.

24. 공기 1 kg이 100℃인 상태에서 일정 체적하에서 300℃의 상태로 변했을 때 엔트로피의 변화량은 약 몇 J/kg · K인가? (단, 공기의 C_p는 717J/kg · K이다.)

㉮ 108   ㉯ 208   ㉰ 308   ㉱ 408

해답 20. ㉮   21. ㉯   22. ㉰   23. ㉯   24. 전항 정답

해설 ① 정적비열 계산

$$C_p - C_v = R$$

$$\therefore C_v = C_p - R = 717 - \frac{8314}{29}$$

$$= 430.31 \text{ J/kg} \cdot \text{K}$$

② 정적과정의 엔트로피 변화량 계산

$$\therefore \Delta S = C_v \ln \frac{T_2}{T_1} = 430.31 \times \ln \frac{273+300}{273+100}$$

$$= 184.735 \text{ J/kg} \cdot \text{K}$$

※ 가답안에서는 대번으로 공개되었다가 최종답안에서는 "전항 정답" 처리되었다.

참고 문제에서 주어진 공기의 C_p(정압비열)을 대입하여 계산하면

$$\therefore \Delta S = 717 \times \ln \frac{273+300}{273+100}$$

$$= 307.813 \text{ J/kg} \cdot \text{K}$$

25. 혼합기체의 연소범위가 완전히 없어져 버리는 첨가기체의 농도를 피크농도라 하는데 이에 대한 설명으로 잘못된 것은?

㉮ 질소(N₂)의 피크농도는 약 37 vol% 이다.

㉯ 이산화탄소(CO₂)의 피크농도는 약 23 vol%이다.

㉰ 피크농도는 비열이 작을수록 작아진다.

㉱ 피크농도는 열전달율이 클수록 작아진다.

해설 피크농도는 소화약제를 방출하면 연소하한계는 높아지고 연소상한계는 낮아져 결국 연소하한과 상한이 만나 연소 범위가 없어지는 농도로, 질소(N₂)의 경우에는 약 37 vol%, 이산화탄소(CO₂)의 경우에는 약 23 vol%이다. 피크농도는 비열과 열전달률이 클수록 작아진다.

26. 연소기에서 발생할 수 있는 역화를 방지하는 방법에 대한 설명 중 옳지 않은 것은?

㉮ 연료 분출구를 작게 한다.

㉯ 버너의 온도를 높게 유지한다.

㉰ 연료의 분출속도를 크게 한다.

㉱ 1차 공기를 착화 범위보다 적게 한다.

해설 역화 방지 방법

① 연료 분출구(염공, 노즐)를 작게 한다(또

는 적정 크기로 유지한다).

② 콕을 완전히 개방한다.

③ 적정 공급압력을 유지한다.

④ 버너가 과열되지 않도록 한다.

⑤ 연료의 분출속도를 크게 한다.

⑥ 1차 공기량을 착화 범위보다 적게 공급한다.

참고 역화 현상의 발생 원인

① 염공이 크게 되었을 때

② 노즐의 구멍이 너무 크게 된 경우

③ 콕이 충분히 개방되지 않은 경우

④ 가스의 공급압력이 저하되었을 때

⑤ 버너가 과열된 경우

⑥ 연소속도가 분출속도보다 빠른 경우

27. [그림]은 층류 예혼합화염의 구조도이다. 온도곡선의 변곡점인 T_i를 무엇이라 하는가?

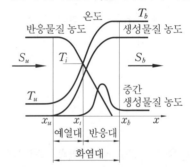

㉮ 착화온도   ㉯ 반전온도

㉰ 화염평균온도   ㉱ 예혼합화염온도

해설 ① T_u : 미연혼합기 온도

② T_b : 단열화염 온도

③ T_i : 착화온도

28. 반응기 속에 1 kg의 기체가 있고 기체를 반응기 속에 압축시키는데 1500 kgf·m의 일을 하였다. 이때 5 kcal의 열량이 용기 밖으로 방출되었다면 기체 1 kg당 내부에너지 변화량은 약 몇 kcal인가?

㉮ 1.3   ㉯ 1.5   ㉰ 1.7   ㉱ 1.9

해설 ① 용기 밖으로 방출되는 열량 5 kcal가 엔탈피 변화량(dh), 압축시키는 일량(kgf·m)은 일의 열당량($A : \frac{1}{427}$ kcal/kgf·m)을 적

용해 열량으로 환산한다.

② 내부에너지 변화량(dU) 계산

$dh = dU + dW$에서

$$\therefore \ dU = dh - dW = 5 - \left(1500 \times \frac{1}{427} \right)$$

$$= 1.487 \ kcal/kg$$

29. Flash fire에 대한 설명으로 옳은 것은?

㉮ 느린 폭연으로 중대한 과압이 발생하지 않는 가스운에서 발생한다.

㉯ 고압의 증기압 물질을 가진 용기가 고장으로 인해 액체의 flashing에 의해 발생된다.

㉰ 누출된 물질이 연료라면 BLEVE는 매우 큰 화구가 뒤따른다.

㉱ Flash fire는 공정지역 또는 offshore 모듈에서는 발생할 수 없다.

해설 플래시 화재(flash fire) : 누설된 LPG가 기화되어 증기운이 형성되어 있을 때 점화원에 의해 화재가 발생된 경우이다. 점화 시 폭발음이 있으나 강도가 약하다.

30. 중유의 경우 저발열량과 고발열량의 차이는 중유 1 kg당 얼마나 되는가? (단, H : 중유 1 kg당 함유된 수소의 중량[kg], W : 중유 1 kg당 함유된 수분의 중량[kg]이다.)

㉮ $600(9H + W)$ ㉯ $600(9W + H)$

㉰ $539(9H + W)$ ㉱ $539(9W + H)$

해설 고발열량(H_h)과 저발열량(H_l)의 관계식

① $H_h = H_l + 600(9H + W)$

② $H_l = H_h - 600(9H + W)$

∴ 고발열량(H_h)과 저발열량(H_l)의 차이는 $600(9H + W)$이다.

31. 효율이 가장 좋은 이상 사이클로서 다른 기관의 효율을 비교하는 데 표준이 되는 사이클은?

㉮ 재열 사이클 ㉯ 재생 사이클

㉰ 냉동 사이클 ㉱ 카르노 사이클

해설 카르노 사이클(Carnot cycle) : 2개의 단열과정과 2개의 등온과정으로 구성된 열기관의 이론적인 사이클이다.

32. 다음 가스 중 연소의 상한과 하한의 범위가 가장 넓은 것은?

㉮ 산화에틸렌   ㉯ 수소

㉰ 일산화탄소   ㉱ 암모니아

해설 각 가스의 공기 중에서 폭발범위

명칭	폭발범위
산화에틸렌(C_2H_4O)	3~80 %
수소(H_2)	4~75 %
일산화탄소(CO)	12.5~74 %
암모니아(NH_3)	15~28 %

33. 층류 예혼합화염과 비교한 난류 예혼합화염의 특징에 대한 설명으로 옳은 것은?

㉮ 화염의 두께가 얇다.

㉯ 화염의 밝기가 어둡다.

㉰ 연소속도가 현저하게 늦다.

㉱ 화염의 배후에 다량의 미연소분이 존재한다.

해설 난류 예혼합연소(화염) 특징

① 화염의 휘도가 높다.

② 화염면의 두께가 두꺼워진다.

③ 연소속도가 층류화염의 수십 배이다.

④ 연소 시 다량의 미연소분이 존재한다.

34. 프로판(C_3H_8)의 연소반응식은 다음과 같다. 프로판(C_3H_8)의 화학양론계수는?

$$C_3H_8 + 5O_2 \rightarrow 3CO_2 + 4H_2O$$

㉮ 1   ㉯ $\dfrac{1}{5}$

㉰ $\dfrac{6}{7}$ ㉱ -1

해설 화학양론계수 : 화학양론식에서 각 화학종의 계수를 나타내는 것으로, 일반적으로 몰 수로 나타낸다. 프로판의 연소반응식에서 좌

변에 있는 성분들은 반응물이고, 우변에 있는 것은 생성물을 나타내며 생성물에 대하여는 양(+)의 부호를, 반응물에 대하여는 음(−)의 부호를 가진다. 그러므로 화학양론계수는 프로판이 −1, 산소가 −5, 이산화탄소가 3, 물이 4이다.

35. 100 kPa, 20℃ 상태인 배기가스 0.3 m³를 분석한 결과 N_2 70 %, CO_2 15 %, O_2 11 %, CO 4 %의 체적률을 얻었을 때 이 혼합가스를 150℃인 상태로 정적가열할 때 필요한 열전달량은 약 몇 kJ인가 ? (단, N_2, CO_2, O_2, CO의 정적비열[kJ/kg · K]은 각각 0.7448, 0.6529, 0.6618, 0.7445이다.)

㉮ 35   ㉯ 39   ㉰ 41   ㉱ 43

해설 ① 배기가스의 평균 분자량 계산 : 배기가스 성분의 고유분자량에 체적비를 곱하여 합산한다.

$$\therefore \ M = (28 \times 0.7) + (44 \times 0.15)$$
$$+ (32 \times 0.11) + (28 \times 0.04) = 30.84$$

② 배기가스 0.3 m³를 100 kPa, 20℃ 상태에서 질량 계산 : 이상기체 상태방정식 $PV = GRT$에서

$$\therefore \ G = \frac{PV}{RT} = \frac{100 \times 0.3}{\dfrac{8.314}{30.84} \times (273 + 20)}$$

$$= 0.3798 ≒ 0.38 \ kg$$

③ 배기가스의 평균 정적비열 계산 : 배기가스 성분의 고유 정적비열에 체적비를 곱하여 합산한다.

$$\therefore \ C_{v_m} = (0.7448 \times 0.7) + (0.6529 \times 0.15)$$
$$+ (0.6618 \times 0.11) + (0.7445 \times 0.04)$$
$$= 0.7218 \ kJ/kg \cdot K$$

④ 열전달량 계산

$$\therefore \ Q = GC_{v_m}(T_2 - T_1)$$
$$= 0.38 \times 0.7218$$
$$\times \{(273 + 150) - (273 + 20)\}$$
$$= 35.656 \ kJ$$

36. 연소온도를 높이는 방법이 아닌 것은 ?
㉮ 발열량이 높은 연료 사용

㉯ 완전연소
㉰ 연소속도를 천천히 할 것
㉱ 연료 또는 공기를 예열

해설 연소온도를 높이는 방법
① 발열량이 높은 연료를 사용한다.
② 연료를 완전연소시킨다.
③ 가능한 한 적은 과잉공기를 사용한다.
④ 연소용 공기 중 산소 농도를 높인다.
⑤ 연료, 공기를 예열하여 사용한다.
⑥ 복사 전열을 감소시키기 위해 연소속도를 빨리한다.

37. 미분탄 연소의 특징에 대한 설명으로 틀린 것은 ?

㉮ 가스화 속도가 빠르고 연소실의 공간을 유효하게 이용할 수 있다.
㉯ 화격자 연소보다 낮은 공기비로 높은 연소효율을 얻을 수 있다.
㉰ 명료한 화염이 형성되지 않고 화염이 연소실 전체에 퍼진다.
㉱ 연료 완료시간은 표면 연소속도에 의해 결정된다.

해설 미분탄 연소의 특징
① 가스화 속도가 느리고 2상류 상태에서 연소한다.
② 적은 공기비로 완전연소가 가능하다.
③ 점화, 소화가 쉽고 부하변동에 대응하기 쉽다.
④ 대용량에 적당하고 사용연료 범위가 넓다.
⑤ 연소실 공간을 유효하게 이용할 수 있다.
⑥ 설비비, 유지비가 많이 소요된다.
⑦ 회(灰), 먼지 등이 많이 발생하여 집진장치가 필요하다.
⑧ 연소실 면적이 크고 폭발의 위험성이 있다.
⑨ 완전연소에 시간과 거리가 필요하다.
⑩ 연소 완료시간은 표면 연소속도에 의해 결정된다.
※ ㉱번 항목의 "연료 완료시간"은 출제문제 오타로 "연소 완료시간"으로 수정되어야 한다(이의제기하였지만 최종답안에 반영되지 않고 ㉮번만 정답으로 처리되었다).

해답 35. ㉮   36. ㉰   37. ㉮

38. 탄갱(炭坑)에서 주로 발생하는 폭발사고의 형태는?

　㉮ 분진폭발

　㉯ 증기폭발

　㉰ 분해폭발

　㉱ 혼합위험에 의한 폭발

　해설 석탄을 캘 때 갱도(坑道)의 환기불량으로 석탄가루가 부유할 때 점화원에 의해 분진폭발의 위험성이 있다.

39. 기체연료의 연소 특성에 대해 바르게 설명한 것은?

　㉮ 예혼합연소는 미리 공기와 연료가 충분히 혼합된 상태에서 연소하므로 별도의 확산과정이 필요하지 않다.

　㉯ 확산연소는 예혼합연소에 비해 조작이 상대적으로 어렵다.

　㉰ 확산연소의 역화 위험성은 예혼합연소보다 크다.

　㉱ 가연성 기체와 산화제의 확산에 의해 화염을 유지하는 것을 예혼합연소라 한다.

　해설 (1) 예혼합 연소 : 가스와 공기(산소)를 버너에서 혼합시킨 후 연소실에 분사하는 방식으로, 화염이 자력으로 전파해 나가는 내부 혼합방식이며 화염이 짧고 높은 화염온도를 얻을 수 있다.

　　(2) 확산연소의 특징

　　　① 조작범위가 넓으며 역화의 위험성이 없다.

　　　② 가스와 공기를 예열할 수 있고 화염이 안정적이다.

　　　③ 탄화수소가 적은 연료에 적당하다.

　　　④ 조작이 용이하며 화염이 장염이다.

40. 프로판과 부탄의 체적비가 40 : 60인 혼합가스 10 m³를 완전연소하는 데 필요한 이론공기량은 약 몇 m³인가? (단, 공기의 체적비는 산소 : 질소 = 21 : 79이다.)

　㉮ 96

　㉯ 181

　㉰ 206

　㉱ 281

　해설 ① 프로판(C_3H_8)과 부탄(C_4H_{10})의 완전연소 반응식

　　$C_3H_8 + 5O_2 \rightarrow 3CO_2 + 4H_2O : 40\%$

　　$C_4H_{10} + 6.5O_2 \rightarrow 4CO_2 + 5H_2O : 60\%$

　　② 이론공기량 계산 : 기체 연료 1 Nm³가 연소할 때 필요로 하는 산소량(Nm³)은 연소 반응식에서 몰(mol)이다.

　　∴ $A_0 = \dfrac{O_0}{0.21}$

　　　$= \left(\dfrac{(5 \times 0.4) + (6.5 \times 0.6)}{0.21} \right) \times 10$

　　　$= 280.952 \, \text{m}^3$

제 3 과목　가스설비

41. 이상적인 냉동 사이클의 기본 사이클은?

　㉮ 카르노 사이클　　㉯ 랭킨 사이클

　㉰ 역카르노 사이클　㉱ 브레이튼 사이클

　해설 역카르노 사이클 : 냉동기의 이상적인 사이클로, 카르노 사이클과 반대 방향으로 작동하며 작업 유체에 일(W)을 공급하여 저열원(Q_2)의 열을 빼앗아 고열원(Q_1)에 열을 공급하는 과정을 반복한다.

42. 고압가스 시설에서 전기방식 시설의 유지관리를 위하여 T/B를 반드시 설치해야 하는 곳이 아닌 것은?

　㉮ 강재보호관 부분의 배관과 강재보호관

　㉯ 배관과 철근콘크리트 구조물 사이

　㉰ 다른 금속구조물과 근접 교차부분

　㉱ 직류 전철 횡단부 주위

　해설 고압가스 시설의 T/B(전위 측정용 터미널) 설치 장소

　　① 직류 전철 횡단부 주위

　　② 지중에 매설되어 있는 배관절연부의 양측

　　③ 강재보호관 부분의 배관과 강재보호관. 다만, 가스배관과 보호관 사이에 절연 및 유동방지조치가 된 보호관은 제외한다.

　　④ 다른 금속구조물과 근접 교차부분

해답　38. ㉮　39. ㉮　40. ㉱　41. ㉰　42. ㉯

⑤ 도시가스 도매사업자시설의 밸브기지 및 정압기지

⑥ 교량 및 횡단배관의 양단부. 다만, 외부 전원법 및 배류법에 의해 설치된 것으로 횡단길이가 500 m 이하인 배관과 희생양극법으로 설치된 것으로 횡단길이가 50 m 이하인 배관은 제외한다.

※ 냅항은 절연이음매 등을 사용하여 절연 조치를 하는 장소이다.

43. LP가스 탱크로리에서 하역작업 종료 후 처리할 작업 순서로 가장 옳은 것은?

ⓐ 호스를 제거한다.
ⓑ 밸브에 캡을 부착한다.
ⓒ 어스선(접지선)을 제거한다.
ⓓ 차량 및 설비의 각 밸브를 잠근다.

ⓐ ⓓ→ⓐ→ⓑ→ⓒ
ⓝ ⓓ→ⓐ→ⓒ→ⓑ
ⓓ ⓐ→ⓑ→ⓒ→ⓓ
ⓡ ⓒ→ⓐ→ⓑ→ⓓ

해설 하역 종료 후 처리 작업 순서
① 차량 및 설비의 각 밸브를 잠근다.
② 호스를 제거한다.
③ 밸브에 캡을 부착한다.
④ 어스선(접지선)을 제거한다.
※ LPG 하역작업을 시작할 때 가장 먼저 해야 할 것은 어스선(접지선)을 연결하는 것이고, 하역작업 종료 후 마지막에 해야 할 것은 어스선(접지선)을 제거하는 것이다.

44. 불꽃의 주위, 특히 불꽃의 기저부에 대한 공기의 움직임이 세지면 불꽃이 노즐에 정착하지 않고 떨어지게 되어 꺼지는 현상은?

ⓐ 블로-오프(blow-off)
ⓝ 백-파이어(back-fire)
ⓓ 리프트(lift)
ⓡ 불완전연소

해설 블로 오프(blow off) : 불꽃 주변 기류에 의하여 불꽃이 염공에서 떨어져 꺼지는 현상이다.

45. 벽에 설치하여 가스를 사용할 때에만 퀵 커플러로 연결하여 난로와 같은 이동식 연소기에 사용할 수 있는 구조로 되어 있는 콕은?

ⓐ 호스콕   ⓝ 상자콕
ⓓ 퓨즈콕   ⓡ 노즐콕

해설 콕의 종류
① 퓨즈콕 : 가스유로를 볼로 개폐하고, 과류차단 안전기구가 부착된 것으로서 배관과 호스, 호스와 호스, 배관과 배관 또는 배관과 커플러를 연결하는 구조이다.
② 상자콕 : 상자에 넣어 바닥, 벽 등에 설치하는 것으로 3.3 kPa 이하의 압력과 1.2 m³/h 이하의 표시유량에 사용하는 콕으로 가스유로를 핸들, 누름, 당김 등의 조작으로 개폐하고, 과류차단 안전기구가 부착된 것으로서 배관과 커플러를 연결하는 구조이다.
③ 주물 연소기용 노즐콕 : 주물 연소기 부품으로 사용하는 것으로서 볼로 개폐하는 구조이다.
④ 업무용 대형 연소기용 노즐콕 : 업무용 대형 연소기 부품으로 사용하는 것으로서 가스 흐름을 볼로 개폐하는 구조이다.
※ 과류차단 안전기구 : 표시유량 이상의 가스량이 통과되었을 경우 가스유로를 차단하는 장치이다.

46. 회전펌프의 특징에 대한 설명으로 옳지 않은 것은?

ⓐ 회전운동을 하는 회전체와 케이싱으로 구성된다.
ⓝ 점성이 큰 액체의 이송에 적합하다.
ⓓ 토출액의 맥동이 다른 펌프보다 크다.
ⓡ 고압유체 펌프로 널리 사용된다.

해설 회전펌프의 특징
① 용적형 펌프이다.
② 왕복펌프와 같은 흡입, 토출밸브가 없다.
③ 연속으로 송출하므로 맥동이 적다.
④ 점성이 있는 유체의 이송에 적합하다.
⑤ 고압 유압펌프로 사용된다.
⑥ 종류 : 기어펌프, 나사펌프, 베인펌프

47. 다음 중 수소취성에 대한 설명으로 가장 옳은 것은?

㉮ 탄소강은 수소취성을 일으키지 않는다.

㉯ 수소는 환원성가스로 상온에서도 부식을 일으킨다.

㉰ 수소는 고온, 고압하에서 철과 화합하며 이것이 수소취성의 원인이 된다.

㉱ 수소는 고온, 고압하에서 강 중의 탄소와 화합하여 메탄을 생성하며 이것이 수소취성의 원인이 된다.

해설 수소취성(탈탄작용)

① 수소취성 : 수소(H_2)는 고온, 고압하에서 강제 중의 탄소와 반응하여 메탄(CH_4)이 생성되고 이것이 수소취성을 일으킨다.

② 반응식 : $Fe_3C + 2H_2 \rightarrow 3Fe + CH_4$

③ 방지 원소 : 텅스텐(W), 바나듐(V), 몰리브덴(Mo), 티타늄(Ti), 크롬(Cr)

48. 도시가스 지하매설에 사용되는 배관으로 가장 적합한 것은?

㉮ 폴리에틸렌 피복강관

㉯ 압력배관용 탄소강관

㉰ 연료가스 배관용 탄소강관

㉱ 배관용 아크용접 탄소강관

해설 지하매설 배관의 종류

① 폴리에틸렌 피복강관(PLP관)

② 가스용 폴리에틸렌관(PE관)

③ 분말용착식 폴리에틸렌 피복강관

49. 다음 초저온 액화가스 중 액체 1 L가 기화되었을 때 부피가 가장 큰 가스는?

㉮ 산소　　　　　㉯ 질소

㉰ 헬륨　　　　　㉱ 이산화탄소

해설 ① 압력과 온도가 동일한 조건에서 액체가 기화되었을 때 부피는 이상기체 상태방정식을 이용하여 계산한다.

$PV = \dfrac{W}{M}RT$에서 $V = \dfrac{WRT}{PM}$이고 기체상수 R, 온도 T, 압력 P는 동일한 조건이므로 생략하면 다음 식으로 만들 수 있으며,

무게 W는 액체 부피에 액체 비중을 곱하여 구한다.

$$\therefore V = \frac{W}{M}$$

$$= \frac{\text{액체부피}(L) \times \text{액비중}(kg/L)}{\text{분자량}}$$

$\therefore$ 기화된 부피는 액비중에 비례하고, 분자량에 반비례한다.

② 각 초저온 액화가스의 성질

명칭	분자량	액비중
산소(O_2)	32	1.14
질소(N_2)	28	0.8
헬륨(He)	4	0.125
이산화탄소(CO_2)	44	0.713

③ 액체 1 L가 기화되었을 때 부피가 가장 큰 가스는 액비중이 가장 큰 산소이다.

50. 펌프 임펠러의 형상을 나타내는 척도인 비속도(비교회전도)의 단위는?

㉮ rpm · m^3/min · m

㉯ rpm · m^3/min

㉰ rpm · kgf/min · m

㉱ rpm · kgf/min

해설 ① 비교회전도(비속도) : 원심펌프에서 토출량이 $1\,m^3/min$, 양정이 $1\,m$가 발생하도록 설계한 경우의 판상 임펠러의 매분 회전수이다.

② 비교회전도 계산식

$$N_s = \frac{N \times \sqrt{Q}}{\left(\dfrac{H}{Z}\right)^{\frac{3}{4}}} = N \times Q^{\frac{1}{2}} \times \left(\frac{H}{Z}\right)^{-\frac{3}{4}}$$

여기서, N_s : 비교회전수(rpm · m^3/min · m)

N : 임펠러 회전수(rpm)

Q : 유량(m^3/min)

H : 전양정(m)

Z : 단수

51. 입구에 사용 측과 예비 측의 용기가 각각 접속되어 있어 사용 측의 압력이 낮아지는 경우 예비 측 용기로부터 가스가 공급되는 조정기는?

㉮ 자동교체식 조정기

㉯ 1단식 감압식 조정기

㉰ 1단식 감압용 저압 조정기

㉱ 1단식 감압용 준저압 조정기

해설 ① 자동교체식 조정기(자동절체식 조정기) : 사용 쪽 용기 내의 압력이 저하하여 사용 쪽에서는 소요가스 소비량을 충분히 공급할 수 없을 때 자동적으로 예비 쪽 용기로부터 가스가 공급되는 조정기이다.
② 절체성능 : 사용 쪽 용기 내의 압력이 0.1 MPa 이상일 때 표시용량 범위에서 예비 쪽 용기에서 가스가 공급되지 않아야 한다.

52. 단열을 한 배관 중에 작은 구멍을 내고 이 관에 압력이 있는 유체를 흐르게 하면 유체가 작은 구멍을 통할 때 유체의 압력이 하강함과 동시에 온도가 변화하는 현상을 무엇이라고 하는가?

㉮ 토리첼리 효과   ㉯ 줄-톰슨 효과

㉰ 베르누이 효과   ㉱ 도플러 효과

해설 줄-톰슨(Joule-Thomson) 효과 : 압축가스(실제 기체)를 단열을 한 배관에서 단면적이 변화가 큰 곳을 통과시키면(단열교축팽창) 압력이 하강함과 동시에 온도가 하강하는 현상이다.

53. 진한 황산은 어느 가스 압축기의 윤활유로 사용되는가?

㉮ 산소   ㉯ 아세틸렌

㉰ 염소   ㉱ 수소

해설 각종 가스 압축기의 윤활제
① 산소 압축기 : 물 또는 묽은 글리세린수 (10 % 정도)
② 공기 압축기, 수소 압축기, 아세틸렌 압축기 : 양질의 광유
③ 염소 압축기 : 진한 황산
④ LP가스 압축기 : 식물성유
⑤ 이산화황(아황산가스) 압축기 : 화이트유, 정제된 용제 터빈유
⑥ 염화메탄(메틸 클로라이드) 압축기 : 화이트유

54. 부탄가스 30 kg을 충전하기 위해 필요한 용기의 최소 부피는 약 몇 L인가?(단, 충전상수는 2.05이고, 액비중은 0.5이다.)

㉮ 60   ㉯ 61.5

㉰ 120   ㉱ 123

해설 액화가스 용기 충전량 공식은 $W = \dfrac{V}{C}$이다.

∴ $V = C \times W = 2.05 \times 30 = 61.5$ L

※ 액비중은 저장탱크 충전량을 산정할 때 필요한 조건이다.

55. 5 L들이 용기에 9기압의 기체가 들어 있다. 또 다른 10 L들이 용기에 6기압의 같은 기체가 들어 있다. 이 용기를 연결하여 양쪽의 기체가 서로 섞여 평형에 도달하였을 때 기체의 압력은 약 몇 기압이 되는가?

㉮ 6.5기압   ㉯ 7.0기압

㉰ 7.5기압   ㉱ 8.0기압

해설 $P = \dfrac{P_1 V_1 + P_2 V_2}{V}$

$= \dfrac{(9 \times 5) + (6 \times 10)}{5 + 10} = 7.0$기압

56. 일반 도시가스 공급시설의 최고 사용압력이 고압, 중압인 가스홀더에 대한 안전조치 사항이 아닌 것은?

㉮ 가스방출장치를 설치한다.

㉯ 맨홀이나 검사구를 설치한다.

㉰ 응축액을 외부로 뽑을 수 있는 장치를 설치한다.

㉱ 관의 입구와 출구에는 온도나 압력의 변화에 따른 신축을 흡수하는 조치를 한다.

해설 고압 또는 중압의 가스홀더에 갖추어야 할 시설
① 관의 입구 및 출구에는 신축흡수장치를 설치할 것
② 응축액을 외부로 뽑을 수 있는 장치를 설치할 것
③ 응축액의 동결을 방지하는 조치를 할 것
④ 맨홀 또는 검사구를 설치할 것

⑤ 고압가스 안전관리법의 규정에 의한 검사를 받은 것일 것

⑥ 가스홀더와의 거리 : 두 가스홀더의 최대 지름을 합산한 길이의 $\frac{1}{4}$ 이상 유지(1 m 미만인 경우 1 m 이상의 거리)

57. 용기 밸브의 구성이 아닌 것은 ?

㉮ 스템   ㉯ O링
㉰ 퓨즈   ㉱ 밸브시트

[해설] 용기 밸브의 구성 부품 : 스템(stem), O링, 밸브시트, 개폐용 핸들, 그랜드 너트 등

58. "응력(stress)과 스트레인(strain)은 변형이 적은 범위에서는 비례관계에 있다"는 법칙은 ?

㉮ Euler의 법칙   ㉯ Wein의 법칙
㉰ Hooke의 법칙   ㉱ Trouton의 법칙

[해설] 후크의 법칙(Hooke's law) : 탄성이 있는 용수철(spring)과 같은 물체가 외력(stress)에 의해 늘어나거나 줄어드는 등 변형(strain)이 발생하였을 때 본래 자신의 모습으로 돌아오려고 저항하는 복원력의 크기와 변형의 정도 관계를 나타내는 법칙이다.

59. 액셜 플로우(Axial flow)식 정압기의 특징에 대한 설명으로 틀린 것은 ?

㉮ 변칙 unloading형이다.
㉯ 정특성, 동특성 모두 좋다.
㉰ 저차압이 될수록 특성이 좋다.
㉱ 아주 간단한 작동방식을 가지고 있다.

[해설] 액셜 플로우식 정압기의 특징
① 변칙 언로딩(unloading)형이다.
② 정특성, 동특성이 양호하다.
③ 고차압이 될수록 특성이 양호하다.
④ 극히 콤팩트하고 작동방식이 간단하다.

60. 압력 조정기의 구성 부품이 아닌 것은 ?

㉮ 다이어프램   ㉯ 스프링
㉰ 밸브   ㉱ 피스톤

[해설] 압력 조정기의 구성 요소(부품) : 캡, 로드, 다이어프램, 커버, 조정나사, 압력조정용 스프링, 안전밸브, 안전장치용 스프링, 접속금구, 레버, 밸브 등

제 4 과목   가스안전관리

61. 고압가스 안전관리법의 적용을 받는 고압가스의 종류 및 범위에 대한 내용 중 옳은 것은 ?(단, 압력은 게이지 압력이다.)

㉮ 상용의 온도에서 압력이 1 MPa 이상이 되는 압축가스로서 실제로 그 압력이 1 MPa 이상이 되는 것 또는 섭씨 25도의 온도에서 압력이 1 MPa 이상이 되는 압축가스

㉯ 섭씨 35도의 온도에서 압력이 1 Pa을 초과하는 아세틸렌가스

㉰ 상용의 온도에서 압력이 0.1 MPa 이상이 되는 액화가스로서 실제로 그 압력이 0.1 MPa 이상이 되는 것 또는 압력이 0.1 MPa이 되는 액화가스

㉱ 섭씨 35도의 온도에서 압력이 0 Pa을 초과하는 액화시안화수소

[해설] 고압가스의 종류 및 범위 : 고법 시행령 제2조
① 상용(常用)의 온도에서 압력(게이지 압력을 말한다. 이하 같다)이 1 MPa 이상이 되는 압축가스로서 실제로 그 압력이 1 MPa 이상이 되는 것 또는 섭씨 35도의 온도에서 압력이 1 MPa 이상이 되는 압축가스(아세틸렌가스는 제외한다)
② 섭씨 15도의 온도에서 압력이 0 Pa을 초과하는 아세틸렌가스
③ 상용의 온도에서 압력이 0.2 MPa 이상이 되는 액화가스로서 실제로 그 압력이 0.2 MPa 이상이 되는 것 또는 압력이 0.2 MPa이 되는 경우의 온도가 섭씨 35도 이하인 액화가스
④ 섭씨 35도의 온도에서 압력이 0 Pa을 초과하는 액화가스 중 액화시안화수소, 액화브롬화메탄 및 액화산화에틸렌가스

[해답] 57. ㉰   58. ㉰   59. ㉰   60. ㉱   61. ㉱

62. 도시가스 사용시설에 사용하는 배관재료 선정기준에 대한 설명으로 틀린 것은?

㉮ 배관의 재료는 배관 내의 가스흐름이 원활한 것으로 한다.

㉯ 배관의 재료는 내부의 가스압력과 외부로부터의 하중 및 충격하중 등에 견디는 강도를 갖는 것으로 한다.

㉰ 배관의 재료는 배관의 접합이 용이하고 가스의 누출을 방지할 수 있는 것으로 한다.

㉱ 배관의 재료는 절단, 가공을 어렵게 하여 임의로 고칠 수 없도록 한다.

[해설] 배관재료 선정기준
  ① 배관의 재료는 배관 내의 가스흐름이 원활한 것으로 한다.
  ② 배관의 재료는 내부의 가스압력과 외부로부터의 하중 및 충격하중 등에 견디는 강도를 갖는 것으로 한다.
  ③ 배관의 재료는 토양·지하수 등에 대하여 내식성을 갖는 것으로 한다.
  ④ 배관의 재료는 배관의 접합이 용이하고 가스의 누출을 방지할 수 있는 것으로 한다.
  ⑤ 배관의 재료는 절단 가공이 용이한 것으로 한다.

63. LPG 저장설비 설치 시 실시하는 지반조사에 대한 설명으로 틀린 것은?

㉮ 1차 지반조사 방법은 이너팅을 실시하는 것을 원칙으로 한다.

㉯ 표준관입시험은 N값을 구하는 방법이다.

㉰ 베인(vane)시험은 최대 토크 또는 모멘트를 구하는 방법이다.

㉱ 평판재하시험은 항복하중 및 극한하중을 구하는 방법이다.

[해설] 저장설비와 가스설비의 기초 지반조사 : ㉯, ㉰, ㉱ 외
  ① 제1차 지반조사 방법은 보링을 실시하는 것을 원칙으로 한다.
  ② 지반조사 위치는 저장설비와 가스설비 외

면으로부터 10 m 내에서 2곳 이상 실시한다.
  ③ 제1차 지반조사 결과 그 장소가 습윤한 토지, 매립지로서 지반이 연약한 토지, 급경사지로서 붕괴의 우려가 있는 토지, 그 밖에 사태(沙汰), 부등침하 등이 일어나기 쉬운 토지의 경우에는 그 정도에 따라 성토, 지반개량, 옹벽설치 등의 조치를 강구한다.
  ④ 파일재하시험은 수직으로 박은 파일에 수직 정하중을 걸어 그때의 하중과 침하량을 측정하는 방법으로 시험하여 항복하중 및 극한하중을 구한다.

64. 다음 중 정전기를 억제하기 위한 방법이 아닌 것은?

㉮ 습도를 높여준다.

㉯ 접지(grounding)한다.

㉰ 접촉 전위차가 큰 재료를 선택한다.

㉱ 정전기의 중화 및 전기가 잘 통하는 물질을 사용한다.

[해설] 정전기 제거 및 발생 억제 방법
  ① 대상물을 접지한다.
  ② 공기 중 상대습도를 높인다(70 % 이상).
  ③ 공기를 이온화한다.
  ④ 도전성 재료를 사용한다.
  ⑤ 접촉 전위차가 작은 재료를 선택한다.

65. 품질유지 대상인 고압가스의 종류에 해당하지 않는 것은?

㉮ 이소부탄

㉯ 암모니아

㉰ 프로판

㉱ 연료전지용으로 사용되는 수소가스

[해설] 품질유지 대상인 고압가스의 종류 : 고법 시행규칙 제45조, 별표26
  ① 냉매로 사용되는 고압가스 : 프레온 22, 프레온 134a, 프레온 404a, 프레온 407c, 프레온 410a, 프레온 507a, 프레온 1234yf, 프로판, 이소부탄
  ② 연료전지용으로 사용되는 수소가스

66. 다음 가스가 공기 중에 누출되고 있다고

할 경우 가장 빨리 폭발할 수 있는 가스는?
(단, 점화원 및 주위환경 등 모든 조건은 동
일하다고 가정한다.)

㉮ CH_4 ㉯ C_3H_8

㉰ C_4H_{10} ㉱ H_2

해설 ① 각 가스의 성질

명칭	분자량	기체비중	폭발범위
메탄(CH_4)	16	0.55	5~15 %
프로판(C_3H_8)	44	1.52	2.2~9.5 %
부탄(C_4H_{10})	58	2.0	1.9~8.5 %
수소(H_2)	2	0.069	4~75 %

② 동일한 조건일 때 기체 비중이 크고(공기
보다 무거운 가스), 폭발범위 하한값이 낮
은 가스가 가장 빨리 폭발할 수 있으므로
부탄(C_4H_{10})이 해당된다.

67. 안전관리상 동일차량으로 적재 운반할 수
없는 것은?

㉮ 질소와 수소

㉯ 산소와 암모니아

㉰ 염소와 아세틸렌

㉱ LPG와 염소

해설 혼합 적재 금지 기준

① 염소와 아세틸렌, 암모니아, 수소는 동일
차량에 적재하여 운반하지 아니한다.

② 가연성가스와 산소를 동일차량에 적재하
여 운반하는 때에는 그 충전용기의 밸브가
서로 마주보지 아니하도록 적재한다.

③ 충전용기와 위험물 안전관리법에서 정하
는 위험물과는 동일차량에 적재하여 운반
하지 아니한다.

④ 독성가스 중 가연성가스와 조연성가스는
동일 차량 적재함에 운반하지 아니한다.

68. 가연성 가스설비의 재치환 작업 시 공기
로 재치환한 결과를 산소측정기로 측정하여
산소의 농도가 몇 %로 확인될 때까지 공기
로 반복하여 치환하여야 하는가?

㉮ 18~22 %   ㉯ 20~28 %

㉰ 22~35 %   ㉱ 23~42 %

해설 가스설비 치환 농도

① 가연성가스 : 폭발하한계의 $\frac{1}{4}$ 이하(25 %
이하)

② 독성가스 : TLV-TWA 기준농도 이하

③ 산소 : 22 % 이하

④ 위 시설에 작업원이 들어가는 경우 산소
농도 : 18~22 %

69. 액화석유가스 저장시설에서 긴급 차단장
치의 차단조작기구는 해당 저장탱크로부터
몇 m 이상 떨어진 곳에 설치하여야 하는가?

㉮ 2 m   ㉯ 3 m

㉰ 5 m   ㉱ 8 m

해설 긴급 차단장치의 차단조작기구는 해당 저
장탱크(지하에 매몰하여 설치하는 저장탱크
제외)로부터 5 m 이상 떨어진 곳(방류둑을
설치한 경우에는 그 외측)으로서 다음 장소
마다 1개 이상 설치한다.

① 안전관리자가 상주하는 사무실 내부

② 충전기 주변

③ 액화석유가스의 대량 유출에 대비하여 충
분히 안전이 확보되고 조작이 용이한 곳

70. 저장탱크에 의한 액화석유가스(LPG) 저
장소의 저장설비는 그 외면으로부터 화기를
취급하는 장소까지 몇 m 이상의 우회거리를
두어야 하는가?

㉮ 2 m   ㉯ 5 m

㉰ 8 m   ㉱ 10 m

해설 저장설비와 가스설비는 그 외면으로부터
화기를 취급하는 장소까지 8 m 이상의 우회
거리를 두어야 한다.

71. 지하에 설치하는 액화석유가스 저장탱크
의 재료인 레디믹스트 콘크리트의 규격으로
틀린 것은?

㉮ 굵은 골재의 최대 치수 : 25 mm

㉯ 설계강도 : 21 MPa 이상

㉰ 슬럼프(slump) : 120~150 mm

㉱ 물-결합재비 : 83 % 이하

해답   67. ㉰   68. ㉮   69. ㉰   70. ㉰   71. ㉱

해설 저장탱크실 재료의 규격

항목	규격
굵은 골재의 최대 치수	25 mm
설계강도	21 MPa 이상
슬럼프(slump)	120~150 mm
공기량	4 % 이하
물 – 결합재비	50 % 이하
그 밖의 사항	KS F 4009 (레디믹스트 콘크리트)에 의한 규정

[비고] 수밀 콘크리트의 시공 기준은 국토교통부가 제정한 "콘크리트 표준 시방서"를 준용한다.

72. 수소의 일반적인 성질에 대한 설명으로 틀린 것은?

㉮ 열에 대하여 안정하다.

㉯ 가스 중 비중이 가장 작다.

㉰ 무색, 무미, 무취의 기체이다.

㉱ 가벼워서 기체 중 확산속도가 가장 느리다.

해설 수소의 성질

① 지구상에 존재하는 원소 중 가장 가볍다.

② 무색, 무취, 무미의 가연성이다.

③ 열전도율이 대단히 크고, 열에 대해 안정하다.

④ 확산속도가 대단히 크다.

⑤ 고온에서 강제, 금속재료를 쉽게 투과한다.

⑥ 폭굉속도가 1400~3500 m/s에 달한다.

⑦ 폭발범위가 넓다(공기 중 : 4~75 %, 산소 중 : 4~94 %).

⑧ 산소와 수소폭명기, 염소와 염소폭명기의 폭발반응이 발생한다.

⑨ 확산속도가 1.8 km/s 정도로 대단히 크다.

73. 고압가스 특정 제조시설에서 분출원인이 화재인 경우 안전밸브의 축적압력은 안전밸브의 수량과 관계없이 최고 허용압력의 몇 % 이하로 하여야 하는가?

㉮ 105 % ㉯ 110 % ㉰ 116 % ㉱ 121 %

해설 과압안전장치 축적압력

⑴ 분출원인이 화재가 아닌 경우

① 안전밸브를 1개 설치한 경우 : 최고 허용압력의 110 % 이하

② 안전밸브를 2개 이상 설치한 경우 : 최고 허용압력의 116 % 이하

⑵ 분출원인이 화재인 경우 : 안전밸브의 수량에 관계없이 최고 허용압력의 121 % 이하로 한다.

74. 고압가스를 차량에 적재하여 운반하는 때에 운반책임자를 동승시키지 않아도 되는 것은?

㉮ 수소 400 m³

㉯ 산소 400 m³

㉰ 액화석유가스 3500 kg

㉱ 암모니아 3500 kg

해설 운반책임자 동승 기준

① 비독성 고압가스

가스의 종류		기준
압축 가스	가연성	300 m³ 이상
	조연성	600 m³ 이상
액화 가스	가연성	3000 kg 이상 (에어졸 용기 : 2000 kg 이상)
	조연성	6000 kg 이상

② 독성 고압가스

가스의 종류	허용농도	기준
압축 가스	100만분의 200 이하	10 m³ 이상
	100만분의 200 초과	100 m³ 이상
액화 가스	100만분의 200 이하	100 kg 이상
	100만분의 5000 이하	1000 kg 이상

※ 산소의 경우 압축가스, 조연성이므로 600 m³ 이상 적재하여 운반할 때에 운반책임자를 동승시켜야 한다.

75. 니켈(Ni) 금속을 포함하고 있는 촉매를 사용하는 공정에서 주로 발생할 수 있는 맹독성 가스는?

㉮ 산화니켈(NiO)

㉯ 니켈카르보닐[Ni(CO)₄]

㉰ 니켈클로라이드($NiCl_2$)

㉲ 니켈염(Nickel salt)

해설 니켈카르보닐[Ni(CO)₄] : 휘발성의 무색인 액체로 맹독성을 나타낸다. 비점 43℃, 비중 1.32이다. 반자성을 나타내며 200℃에서 금속니켈과 일산화탄소로 분해한다. 증기는 강한 빛을 내면서 불타 그을음 모양의 니켈가루를 만든다. 벤젠, 에테르, 클로로포름에 녹고 묽은 산, 알칼리 수용액 등에는 녹지 않으며 진한 황산과 접촉하면 폭발한다.

76. 특정 설비인 고압가스용 기화장치 제조시설에서 반드시 갖추지 않아도 되는 제조설비는?

㉮ 성형설비   ㉯ 단조설비

㉰ 용접설비   ㉲ 제관설비

해설 기화장치 제조시설에서 갖추어야 할 제조설비
① 성형설비
② 용접설비
③ 세척설비
④ 제관설비
⑤ 전처리설비 및 부식방지도장설비
⑥ 유량계
⑦ 그 밖에 제조에 필요한 설비 및 기구

77. 고압가스용 충전용기를 운반할 때의 기준으로 틀린 것은?

㉮ 충전용기와 등유는 동일 차량에 적재하여 운반하지 않는다.

㉯ 충전량이 30 kg 이하이고, 용기 수가 2개를 초과하지 않는 경우에는 오토바이에 적재하여 운반할 수 있다.

㉰ 충전용기 운반차량은 "위험고압가스"라는 경계표시를 하여야 한다.

㉲ 충전용기 운반차량에는 운반기준 위반행위를 신고할 수 있도록 안내문을 부착하여야 한다.

해설 충전용기는 이륜차에 적재하여 운반하지 아니한다. 다만, 차량이 통행하기 곤란한 지역이나 그 밖에 시·도지사가 지정하는 경우에는 다음 기준에 적합한 경우에만 액화석유가스 충전용기를 이륜차(자전거는 제외)에 적재하여 운반할 수 있다.
① 넘어질 때 용기에 손상이 가지 아니하도록 제작된 용기운반 전용 적재함이 장착된 것인 경우
② 적재하는 충전용기는 충전량이 20 kg 이하이고 적재 수가 2개를 초과하지 아니한 경우

78. 내용적이 3000 L인 용기에 액화암모니아를 저장하려고 한다. 용기의 저장능력은 약 몇 kg인가? (단, 액화 암모니아 정수는 1.86이다.)

㉮ 1613   ㉯ 2324

㉰ 2796   ㉲ 5580

해설 $W = \dfrac{V}{C} = \dfrac{3000}{1.86} = 1612.903 \, kg$

79. 산화에틸렌의 저장탱크에는 45℃에서 그 내부가스의 압력이 몇 MPa 이상이 되도록 질소가스를 충전하여야 하는가?

㉮ 0.1   ㉯ 0.3

㉰ 0.4   ㉲ 1

해설 산화에틸렌 충전 : 산화에틸렌 저장탱크 및 충전용기에는 45℃에서 그 내부가스의 압력이 0.4 MPa 이상이 되도록 질소가스 또는 탄산가스를 충전한다.

80. 고압가스 특정 제조시설에서 하천 또는 수로를 횡단하여 배관을 매설할 경우 2중관으로 하여야 하는 가스는?

㉮ 염소   ㉯ 암모니아

㉰ 염화메탄   ㉲ 산화에틸렌

해설 고압가스 특정 제조시설 중 2중관 기준
① 고압가스를 수송하는 배관 중 2중관으로 하여야 하는 가스 : 포스겐, 황화수소, 시안화수소, 아황산가스, 산화에틸렌, 암모니아, 염소, 염화메탄

② 하천 또는 수로를 횡단하여 매설하는 경우 2중관으로 하여야 하는 가스 : 포스겐, 황화수소, 시안화수소, 아황산가스, 아크릴알데히드, 염소, 불소

※ 2중관으로 설치하는 배관이 어느 곳에 설치되느냐에 따라 대상 가스가 차이가 있으니 구분을 하기 바랍니다.

제 5 과목   가스계측

81. 다음 중 접촉식 온도계에 대한 설명으로 틀린 것은?

㉮ 열전대 온도계는 열전대로서 서미스터를 사용하여 온도를 측정한다.

㉯ 저항 온도계의 경우 측정회로로서 일반적으로 휘스톤 브리지가 채택되고 있다.

㉲ 압력식 온도계는 감온부, 도압부, 감압부로 구성되어 있다.

㉭ 봉상 온도계에서 측정오차를 최소화하려면 가급적 온도계 전체를 측정하는 물체에 접촉시키는 것이 좋다.

해설 열전대 온도계는 열전대로서 2종류의 금속선을 접속하여 하나의 회로를 만들어 2개의 접점에 온도차를 부여하면 회로에는 접점의 온도에 거의 비례한 전류(열기전력)가 흐르는 현상인 제베크효과(Seebeck effect)를 이용하여 온도를 측정한다.

82. 계량 계측기기는 정확, 정밀하여야 한다. 이를 확보하기 위한 제도 중 계량법상 강제 규정이 아닌 것은?

㉮ 검정   ㉯ 정기검사

㉲ 수시검사   ㉭ 비교검사

해설 계량법(계량에 관한 법률)상 강제 규정

① 검정(법 제23조) : 제조업자 또는 수입업자는 형식승인을 받은 계량기에 대하여 검정기관으로부터 검정을 받아야 한다.

② 재검정(법 제24조) : 검정을 받은 계량기 중 검정유효기간이 있는 계량기를 사용하는 자는 검정유효기간이 만료되기 전에 재검정을 받아야 한다.

③ 정기검사(법 제30조) : 형식승인을 받은 계량기 중 재검정 대상 외에 대통령령으로 정하는 계량기를 사용하는 자는 시·도지사가 2년에 한 번씩 실시하는 정기검사를 받아야 한다.

④ 수시검사(법 제31조) : 산업통상자원부장관 및 시·도지사는 형식승인을 받은 계량기가 검정, 재검정 및 정기검사를 받았는지 등을 확인하기 위하여 수시로 검사할 수 있다.

83. 탄화수소에 대한 감도는 좋으나 H_2O, CO_2에 대하여는 감응하지 않는 검출기는?

㉮ 불꽃 이온화 검출기(FID)

㉯ 열전도도 검출기(TCD)

㉲ 전자포획 검출기(ECD)

㉭ 불꽃 광도법 검출기(FPD)

해설 수소불꽃 이온화 검출기(FID : Flame Ionization Detector) : 불꽃으로 시료 성분이 이온화됨으로써 불꽃 중에 놓여진 전극간의 전기 전도도가 증대하는 것을 이용한 것으로 탄화수소에서 감도가 최고이고 H_2, O_2, CO_2, SO_2 등은 감도가 없다.

84. 가스 성분에 대하여 일반적으로 적용하는 화학분석법이 옳게 짝지어진 것은?

㉮ 황화수소–요오드적정법

㉯ 수분–중화적정법

㉲ 암모니아–기체 크로마토그래피법

㉭ 나프탈렌–흡수평량법

해설 가스 성분에 대한 일반적인 분석법

① 황화수소 : 요오드적정법

② 수분 : 노점법

③ 암모니아 : 중화적정법, 인도페놀 흡광광도법

④ 나프탈렌 : 가스 크로마토그래피법

85. 다음 계측기기와 관련된 내용을 짝지은 것 중 틀린 것은?

㉮ 열전대 온도계–제베크 효과

해답 81. ㉮   82. ㉭   83. ㉮   84. ㉮   85. ㉭

나 모발 습도계-히스테리시스

다 차압식 유량계-베르누이식의 적용

라 초음파 유량계-램버트 비어의 법칙

해설 초음파 유량계 : 도플러 효과(doppler effect)

※ 램버트 비어의 법칙 : 흡광 광도법(분광 광도법)의 원리

86. 시험용 미터인 루트 가스미터로 측정한 유량이 5 m^3/h이다. 기준용 가스미터로 측정한 유량이 4.75 m^3/h이라면 이 가스미터의 기차는 약 몇 %인가?

가 2.5 %　　　　나 3 %

다 5 %　　　　라 10 %

해설 $E = \dfrac{I-Q}{I} \times 100 = \dfrac{5-4.75}{5} \times 100 = 5\,\%$

87. 계측기의 선정 시 고려사항으로 가장 거리가 먼 것은?

가 정확도와 정밀도

나 감도

다 견고성 및 내구성

라 지시방식

해설 계측기기 선택 시 고려사항

① 측정범위, 정확도 및 정밀도

② 정도 및 감도

③ 측정대상 및 사용조건

④ 설치장소의 주위여건

⑤ 견고성 및 내구성

88. 적외선 가스분석기에서 분석 가능한 기체는?

가 Cl_2　　나 SO_2　　다 N_2　　라 O_2

해설 적외선 가스분석기(적외선 분광 분석법) : 헬륨(He), 네온(Ne), 아르곤(Ar) 등 단원자 분자 및 수소(H_2), 산소(O_2), 질소(N_2), 염소(Cl_2) 등 대칭 2원자 분자는 적외선을 흡수하지 않으므로 분석할 수 없다.

89. 게겔(Gockel)법에 의한 저급탄화수소 분석 시 분석가스와 흡수액이 옳게 짝지어진 것은?

가 프로필렌-황산

나 에틸렌-옥소수은 칼륨용액

다 아세틸렌-알칼리성 피로갈롤 용액

라 이산화탄소-암모니아성 염화제1구리 용액

해설 게겔(Gockel)법의 분석순서 및 흡수제

① CO_2 : 33 % KOH 수용액

② 아세틸렌 : 요오드수은(옥소수은) 칼륨 용액

③ 프로필렌, n-C_4H_8 : 87 % H_2SO_4

④ 에틸렌 : 취화수소(HBr : 취소) 수용액

⑤ O_2 : 알칼리성 피로갈롤용액

⑥ CO : 암모니아성 염화제1구리 용액

90. 액화산소 등을 저장하는 초저온 저장탱크의 액면 측정용으로 가장 적합한 액면계는?

가 직관식　　　　나 부자식

다 차압식　　　　라 기포식

해설 차압식 액면계 : 액화산소와 같은 극저온의 저장조의 상·하부를 U자관에 연결하여 차압에 의하여 액면을 측정하는 방식으로 햄프슨식 액면계라 한다.

91. 막식 가스미터의 부동현상에 대한 설명으로 가장 옳은 것은?

가 가스가 누출되고 있는 고장이다.

나 가스가 미터를 통과하지 못하는 고장이다.

다 가스가 미터를 통과하지만 지침이 움직이지 않는 고장이다.

라 가스가 통과할 때 미터가 이상음을 내는 고장이다.

해설 막식 가스미터의 부동(不動) : 가스는 계량기를 통과하나 지침이 작동하지 않는 고장으로 계량막의 파손, 밸브의 탈락, 밸브와 밸브시트 사이에서의 누설, 지시장치 기어 불량 등이 원인이다.

92. 건조공기 120 kg에 6 kg의 수증기를 포함한 습공기가 있다. 온도가 49℃이고, 전체 압력이 750 mmHg일 때의 비교습도는 약

해답 86. 다　87. 라　88. 나　89. 가　90. 다　91. 다　92. 라

얼마인가 ? (단, 49℃에서의 포화수증기압은 89 mmHg이고 공기의 분자량은 29로 한다.)

㉮ 30 % ㉯ 40 % ㉰ 50 % ㉱ 60 %

[해설] ① 절대습도 계산

$$\therefore X = \frac{G_w}{G_a} = \frac{6}{120} = 0.05 \, \text{kg/kg} \cdot \text{DA}$$

② 수증기 분압(P_w) 계산

$$X = 0.622 \times \frac{P_w}{760 - P_w}$$ 에서 대기압 760

mmHg에 전체 압력이 750 mmHg를 대입하여 P_w를 계산한다.

$$\therefore X(750 - P_w) = 0.622 P_w$$

$$750X - P_w X = 0.622 P_w$$

$$750X = 0.622 P_w + P_w X$$

$$750X = P_w(0.622 + X)$$

$$\therefore P_w = \frac{750X}{0.622 + X} = \frac{750 \times 0.05}{0.622 + 0.05}$$

$$= 55.803 = 55.80 \, \text{mmHg}$$

③ 상대습도(ϕ) 계산

$$\therefore \phi = \frac{P_w}{P_s} = \frac{55.8}{89} = 0.6269 = 0.627$$

④ 비교습도 계산

$$\therefore \psi = \frac{\phi(P - P_s)}{P - \phi P_s} \times 100$$

$$= \frac{0.627 \times (750 - 89)}{750 - (0.627 \times 89)} \times 100$$

$$= 59.701 \, \%$$

※ 비교습도 : 습공기의 절대습도와 그 온도에 의한 포화공기의 절대습도와의 비를 퍼센트로 표시한 것이다.

93. 두 금속의 열팽창계수의 차이를 이용한 온도계는 ?

㉮ 서미스터 온도계 ㉯ 베크만 온도계

㉰ 바이메탈 온도계 ㉱ 광고 온도계

[해설] 바이메탈 온도계 : 선팽창계수(열팽창률)가 다른 2종류의 얇은 금속판을 결합시켜 온도 변화에 따라 구부러지는 정도가 다른 점을 이용한 것이다.

94. 소형 가스미터의 경우 가스사용량이 가

스미터 용량의 몇 % 정도가 되도록 선정하는 것이 가장 바람직한가 ?

㉮ 40 % ㉯ 60 % ㉰ 80 % ㉱ 100 %

[해설] 연소기구 중 최대 가스소비량의 60 %가 되도록 가스미터를 선정한다.

95. 액주식 압력계에 해당하는 것은 ?

㉮ 벨로스 압력계 ㉯ 분동식 압력계

㉰ 침종식 압력계 ㉱ 링밸런스식 압력계

[해설] 액주식 압력계의 종류 : 단관식, U자관식, 경사관식, 액주 마노미터, 호루단형 압력계, 링밸런스식(환상천평식) 등

[참고] 링밸런스식 압력계의 특징

① 원형상의 관상부에 2개의 구멍을 뚫고 측정압력과 대기압의 도입관으로 하고 도입관에 의해 양면에 압력이 가해져 압력이 불균형해 지면 링이 회전하며, 그 회전각은 압력차에 비례한 것을 이용하여 압력차를 측정한다.

② 회전력이 커서 기록이 용이하고, 원격 전송이 가능하다.

③ 평형추의 증감, 취부장치의 이동으로 측정 범위 변경이 가능하다.

④ 액체 압력 측정은 곤란하고 기체 압력 측정에 이용된다.

⑤ 저압 가스의 압력 및 통풍계(draft gauge)로 사용된다.

96. 기체 크로마토그래피를 통하여 가장 먼저 피크가 나타나는 물질은 ?

㉮ 메탄 ㉯ 에탄

㉰ 이소부탄 ㉱ 노르말부탄

[해설] ① 분자량이 작은 가벼운 기체가 검출기에 먼저 도달하므로 피크가 가장 먼저 나타난다.

② 각 기체의 분자량

연료 성분	분자량
메탄(CH_4)	16
에탄(C_2H_6)	30
이소부탄(iso-C_4H_{10})	58
노르말부탄(n-C_4H_{10})	58

97. 기체 크로마토그래피에 의해 가스의 조성을 알고 있을 때에는 계산에 의해서 그 비중을 알 수 있다. 이때 비중 계산과의 관계가 가장 먼 인자는?

㉮ 성분의 함량비 ㉯ 분자량

㉰ 수분 ㉱ 증발온도

해설 가스의 조성을 알고 있을 때 비중을 계산하는 데 필요한 인자로는 분자량, 성분의 함량비, 수분 등이 관계가 있다.

98. 도시가스 사용시설에서 최고 사용압력이 0.1 MPa 미만인 도시가스 공급관을 설치하고, 내용적을 계산하였더니 8 m^3이었다. 전기식 다이어프램형 압력계로 기밀시험을 할 경우 최소 유지시간은 얼마인가?

㉮ 4분 ㉯ 10분 ㉰ 24분 ㉱ 40분

해설 전기식 다이어프램형 압력계 기밀 유지시간

최고 사용압력	내용적	기밀 유지시간
저압 (0.1 MPa 미만)	1 m^3 미만	4분
	1 m^3 이상 10 m^3 미만	40분
	10 m^3 이상 300 m^3 미만	4×V분(다만, 240분을 초과한 경우는 240분으로 할 수 있다.)

99. 가스공급용 저장탱크의 가스저장량을 일정하게 유지하기 위하여 탱크 내부의 압력을 측정하고 측정된 압력과 설정압력(목표압력)을 비교하여 탱크에 유입되는 가스의 양을 조절하는 자동제어계가 있다. 탱크 내부의 압력을 측정하는 동작은 다음 중 어디에 해당하는가?

㉮ 비교 ㉯ 판단

㉰ 조작 ㉱ 검출

해설 자동제어계의 동작 순서

① 검출 : 제어대상을 계측기를 사용하여 측정하는 부분

② 비교 : 목표값(기준입력)과 주피드백량과의 차를 구하는 부분

③ 판단 : 제어량의 현재값이 목표치와 얼마만큼 차이가 나는지 판단하는 부분

④ 조작 : 판단된 조작량을 제어하여 제어량을 목표값과 같도록 유지하는 부분

100. 열전대 온도계의 특징에 대한 설명으로 틀린 것은?

㉮ 원격 측정이 가능하다.

㉯ 고온의 측정에 적합하다.

㉰ 보상도선에 의한 오차가 발생할 수 있다.

㉱ 장기간 사용하여도 재질이 변하지 않는다.

해설 열전대 온도계의 특징

① 고온 및 원격 측정이 가능하다.

② 냉접점이나 보상도선으로 인한 오차가 발생되기 쉽다.

③ 전원이 필요하지 않으며 원격지시 및 기록이 용이하다.

④ 온도계 사용한계에 주의하고, 영점보정을 하여야 한다.

⑤ 온도에 대한 열기전력이 크며 내구성이 좋다.

⑥ 장기간 사용하면 재질이 변화한다.

⑦ 측정범위와 사용 분위기 등을 고려하여야 한다.

제1과목 가스유체역학

1. 레이놀즈수가 106이고 상대조도가 0.005 인 원관의 마찰계수 *f*는 0.03이다. 이 원관에 부차손실계수가 6.6인 글로브 밸브를 설치하였을 때, 이 밸브의 등가길이(또는 상당 길이)는 관 지름의 몇 배인가?

㉮ 25   ㉯ 55

㉰ 220   ㉱ 440

[해설] 문제의 조건에서 관 지름이 주어지지 않았으므로 지름은 기호 *D*를 그대로 대입하여 계산한다.

$$\therefore L_e = \frac{KD}{f} = \frac{6.6D}{0.03} = 220D$$

∴ 글로브 밸브의 등가길이(L_e)는 관 지름 (*D*)의 220배이다.

[참고] 등가길이(상당길이) : 배관에 설치되는 밸브, 부속품 등에 의해 발생하는 손실을 동일 지름의 직관 길이로 표시하는 것이다.

2. 압축성 유체의 기계적 에너지 수지식에서 고려하지 않는 것은?

㉮ 내부에너지   ㉯ 위치에너지

㉰ 엔트로피   ㉱ 엔탈피

[해설] 압축성 유체의 기계적 에너지 수지식에서 고려하는 것 : 내부에너지(u), 위치에너지(gz), 엔탈피(h)

$$\therefore h_1 + \frac{v_1^2}{2} + gz_1 = h_2 + \frac{v_2^2}{2} + gz_2$$

※ 엔탈피(h)는 내부에너지(u)와 유동일 $\left(\dfrac{p}{\rho}\right)$의 합이다.

3. 압축성 이상기체(compressible ideal gas)의 운동을 지배하는 기본 방정식이 아닌 것은?

㉮ 에너지방정식   ㉯ 연속방정식

㉰ 차원방정식   ㉱ 운동량방정식

[해설] 압축성 이상기체의 유동에서는 밀도를 변수로 다루어야 하기 때문에 비압축성 유동을 지배하는 연속방정식, 에너지방정식, 운동량방정식, 기체의 상태방정식을 함께 고려해서 유동을 해석하여야 한다.

4. LPG 이송 시 탱크로리 상부를 가압하여 액을 저장탱크로 이송시킬 때 사용되는 동력장치는 무엇인가?

㉮ 원심펌프   ㉯ 압축기

㉰ 기어펌프   ㉱ 송풍기

[해설] 압축기에 의한 LPG 이송 : 저장탱크 상부에서 가스를 흡입하여 가압한 후 이것으로 탱크로리 상부를 가압하여 액을 저장탱크로 이송한다.

5. 마하수는 어느 힘의 비를 사용하여 정의되는가?

㉮ 점성력과 관성력

㉯ 관성력과 압축성 힘

㉰ 중력과 압축성 힘

㉱ 관성력과 압력

[해설] 마하수(mach number) : 물체의 실제 유동속도를 음속으로 나눈 값으로 무차원수로 관성력과 압축성 힘으로 정의된다.

$$\therefore M = \frac{V}{C} = \frac{V}{\sqrt{k \cdot R \cdot T}}$$
$$= \frac{\text{관성력}}{\text{탄성력(압축성 힘)}}$$

6. 수은-물 마노미터로 압력차를 측정하였더니 50 cmHg였다. 이 압력차를 mH₂O로 표시하면 약 얼마인가?

㉮ 0.5   ㉯ 5.0

㉰ 6.8   ㉱ 7.3

[해답] 1. ㉰   2. ㉰   3. ㉰   4. ㉯   5. ㉯   6. ㉰

해설 환산압력 $= \dfrac{\text{주어진 압력}}{\text{주어진 압력단위 대기압}}$
$\times \text{구하는 압력단위 대기압}$

$= \dfrac{50}{76} \times 10.332 = 6.797 \text{ mH}_2\text{O}$

---

7. 산소와 질소의 체적비가 1 : 4인 조성의 공기가 있다. 표준상태(0℃, 1기압)에서의 밀도는 약 몇 kg/m^{3}인가?

㉮ 0.54   ㉯ 0.96

㉰ 1.29   ㉱ 1.51

해설 ① 산소와 질소로 혼합된 공기의 평균분자량 계산 : 체적비가 1 : 4인 조성은 산소가 20 %, 질소가 80 %의 비율이다.

∴ $M = (32 \times 0.2) + (28 \times 0.8) = 28.8$

② 표준상태의 밀도(ρ) 계산

∴ $\rho = \dfrac{M}{22.4} = \dfrac{28.8}{22.4} = 1.285 \text{ kg/m}^3$

※ 표준상태가 아닌 경우에는 이상기체 상태방정식으로 밀도를 구한다.

---

8. 다음 단위 간의 관계가 옳은 것은?

㉮ $1 \text{ N} = 9.8 \text{ kg} \cdot \text{m/s}^2$

㉯ $1 \text{ J} = 9.8 \text{ kg} \cdot \text{m}^2/\text{s}^2$

㉰ $1 \text{ W} = 1 \text{ kg} \cdot \text{m}^2/\text{s}^3$

㉱ $1 \text{ Pa} = 10^5 \text{ kg/m} \cdot \text{s}^2$

해설 각 물리량의 SI단위 관계

물리량	단위 및 관계
힘	$1 \text{ N} = 1 \text{ kg} \cdot \text{m/s}^2$
압력	$1 \text{ Pa} = 1 \text{ N/m}^2 = 1 \text{ kg/m} \cdot \text{s}^2$
열량, 일	$1 \text{ J} = 1 \text{ N} \cdot \text{m} = 1 \text{ kg} \cdot \text{m}^2/\text{s}^2$
동력	$1 \text{ W} = 1 \text{ J/s} = 1 \text{ N} \cdot \text{m/s} = 1 \text{ kg} \cdot \text{m}^2/\text{s}^3$

---

9. 송풍기의 공기 유량이 3 m^3/s일 때, 흡입 쪽의 전압이 110 kPa, 출구 쪽의 정압이 115 kPa이고 속도가 30 m/s이다. 송풍기에 공급하여야 하는 축동력은 얼마인가? (단, 공기의 밀도는 1.2 kg/m^{3}이고, 송풍기의 전효율은 0.8이다.)

㉮ 10.45 kW   ㉯ 13.99 kW

㉰ 16.62 kW   ㉱ 20.78 kW

해설 ① 출구 측 전압(P_{t_2}) 계산

∴ $P_{t_2} =$ 출구정압(P_{s_2}) + 출구동압(P_{v_2})

$= P_{s_2} + \left(\dfrac{V^2}{2} \times \rho \right)$

$= 115 + \left(\dfrac{30^2}{2} \times 1.2 \times 10^{-3} \right)$

$= 115.54 \text{ kPa}$

② 전압(P_t) 계산

∴ $P_t =$ 출구전압(P_{t_2}) − 흡입전압(P_{t_1})

$= 115.54 - 110 = 5.54 \text{ kPa}$

③ 축동력 계산

$1 \text{ W} = 1 \text{ J/s}$이므로 $1 \text{ kW} = 1 \text{ kJ/s}$이다.

∴ $\text{kW} = \dfrac{P_t \times Q}{\eta} = \dfrac{5.54 \times 3}{0.8} = 20.775 \text{ kW}$

---

10. 평판에서 발생하는 층류 경계층의 두께는 평판 선단으로부터의 거리 x와 어떤 관계가 있는가?

㉮ x에 반비례한다.

㉯ $x^{\frac{1}{2}}$에 반비례한다.

㉰ $x^{\frac{1}{2}}$에 비례한다.

㉱ $x^{\frac{1}{3}}$에 비례한다.

해설 층류 경계층 두께

① 경계층 내의 속도가 자유 흐름 속도의 99 %가 되는 점까지의 거리

② 층류 경계층 두께는 $Re^{\frac{1}{2}}$에 반비례하고, $x^{\frac{1}{2}}$에 비례하여 증가한다.

③ 난류 경계층 두께는 $Re^{\frac{1}{5}}$에 반비례하고, $x^{\frac{4}{5}}$에 비례하여 증가한다.

④ 경계층의 두께는 점성에 비례한다.

---

11. 관 내의 압축성 유체의 경우 단면적 A와

마하수 M, 속도 V 사이에 다음과 같은 관계가 성립한다고 한다. 마하수가 2일 때 속도를 0.2 % 감소시키기 위해서는 단면적을 몇 % 변화시켜야 하는가?

$$\frac{dA}{A} = (M^2 - 1) \times \frac{dV}{V}$$

㉮ 0.6 % 증가 ㉯ 0.6 % 감소
㉰ 0.4 % 증가 ㉭ 0.4 % 감소

해설 ① 단면적 변화 계산
$$\therefore \frac{dA}{A} = (M^2 - 1) \times \frac{dV}{V}$$
$$= (2^2 - 1) \times 0.2 = 0.6 \%$$
② 단면적 변화율(%)은 0.6 % 감소되어야 한다.

12. 정체온도 T_s, 임계온도 T_c, 비열비를 k라 할 때 이들의 관계를 옳게 나타낸 것은?

㉮ $\frac{T_c}{T_s} = \left(\frac{2}{k+1}\right)^{k-1}$

㉯ $\frac{T_c}{T_s} = \left(\frac{1}{k-1}\right)^{k-1}$

㉰ $\frac{T_c}{T_s} = \frac{2}{k+1}$

㉭ $\frac{T_c}{T_s} = \frac{1}{k-1}$

해설 정체온도(T_s), 임계온도(T_c), 비열비(k)의 관계식 : 공기의 비열비 1.4를 적용한 값

① 임계온도비 : $\frac{T_c}{T_s} = \frac{2}{k+1} = 0.8333$

② 임계압력비 : $\frac{P_c}{P_s} = \left(\frac{2}{k+1}\right)^{\frac{k}{k-1}} = 0.5283$

③ 임계밀도비 : $\frac{\rho_c}{\rho_s} = \left(\frac{2}{k+1}\right)^{\frac{1}{k-1}} = 0.6339$

13. 유체 속에 잠긴 경사면에 작용하는 정수력의 작용점은?
㉮ 면의 도심보다 위에 있다.
㉯ 면의 도심에 있다.

㉰ 면의 도심보다 아래에 있다.
㉭ 면의 도심과는 상관없다.

해설 유체 속에 수직 및 경사지게 잠겨진 평판에 작용하는 힘의 작용점은 판의 도심(중심점)보다 아래에 위치한다.

14. 관 속을 충만하게 흐르고 있는 액체의 속도를 급격히 변화시키면 어떤 현상이 일어나는가?
㉮ 수격현상
㉯ 서징 현상
㉰ 캐비테이션 현상
㉭ 펌프효율 향상 현상

해설 수격현상(water hammering) : 펌프에서 물을 압송하고 있을 때 정전 등으로 펌프가 급히 멈춘 경우 관내의 유속이 급변하면 물에 심한 압력변화가 생기는 현상이다.

15. 점성력에 대한 관성력의 상대적인 비를 나타내는 무차원의 수는?
㉮ Reynolds수 ㉯ Froude수
㉰ 모세관수 ㉭ Weber수

해설 무차원 수

명칭	정의	의미	비고
레이놀즈수 (Re)	$Re = \frac{\rho VL}{\mu}$	$\frac{관성력}{점성력}$	모든 유체의 유동
마하수 (Ma)	$Ma = \frac{V}{\alpha}$	$\frac{관성력}{탄성력}$	압축성 유동
웨버수 (We)	$We = \frac{\rho V^2 L}{\sigma}$	$\frac{관성력}{표면장력}$	자유표면 유동
프르두수 (Fr)	$Fr = \frac{V}{\sqrt{Lg}}$	$\frac{관성력}{중력}$	자유표면 유동
오일러수 (Eu)	$Eu = \frac{P}{\frac{\rho V^2}{2}}$	$\frac{압축력}{관성력}$	압력차에 의한 유동

16. 직각좌표계에 적용되는 가장 일반적인 연속방정식은 다음과 같이 주어진다. 다음 중

해답 **12.** ㉰ **13.** ㉰ **14.** ㉮ **15.** ㉮ **16.** ㉯

정상상태(steady state)의 유동에 적용되는 연속방정식은?

$$\frac{\partial \rho}{\partial t} + \frac{\partial (\rho u)}{\partial x} + \frac{\partial (\rho v)}{\partial y} + \frac{\partial (\rho w)}{\partial z} = 0$$

㉮ $\dfrac{\partial \rho}{\partial t} + \dfrac{\partial (\rho u)}{\partial x} + \dfrac{\partial (\rho v)}{\partial y} + \dfrac{\partial (\rho w)}{\partial z} = 0$

㉯ $\dfrac{\partial (\rho u)}{\partial x} + \dfrac{\partial (\rho v)}{\partial y} + \dfrac{\partial (\rho w)}{\partial z} = 0$

㉰ $\dfrac{\partial u}{\partial x} + \dfrac{\partial v}{\partial y} + \dfrac{\partial w}{\partial z} = 0$

㉱ $\dfrac{\partial \rho}{\partial t} + \rho \dfrac{\partial u}{\partial x} + \rho \dfrac{\partial v}{\partial y} + \rho \dfrac{\partial w}{\partial z} = 0$

[해설] 정상상태의 유동(정상류 : steady flow)은 유동장 내의 임의의 한 점에 있어서 유동조건이 시간에 관계없이 항상 일정한 흐름이다.

$$\frac{\partial p}{\partial t} = 0, \quad \frac{\partial v}{\partial t} = 0, \quad \frac{\partial \rho}{\partial t} = 0, \quad \frac{\partial T}{\partial t} = 0 \text{이다.}$$

$$\therefore \ \frac{\partial (\rho u)}{\partial x} + \frac{\partial (\rho v)}{\partial y} + \frac{\partial (\rho w)}{\partial z} = 0$$

17. 수압기에서 피스톤의 지름이 각각 20 cm 와 10 cm이다. 작은 피스톤에 1 kgf의 하중을 가하면 큰 피스톤에는 몇 kgf의 하중이 가해지는가?

㉮ 1 　　　　　㉯ 2

㉰ 4 　　　　　㉱ 8

[해설] ① 파스칼(Pascal)의 원리 : 밀폐된 용기 속에 있는 정지 유체의 일부에 가한 압력은 유체 중의 모든 방향에 같은 크기로 전달된다.

$$\therefore \ \frac{F_1}{A_1} = \frac{F_2}{A_2}$$

② 큰 피스톤에 가해지는 하중 계산

$$\therefore \ F_2 = \frac{A_2}{A_1} \times F_1 = \left(\frac{D_2}{D_1}\right)^2 \times F_1$$

$$= \left(\frac{20}{10}\right)^2 \times 1 = 4 \text{ kgf}$$

18. 축동력을 L, 기계의 손실 동력을 L_m 이라고 할 때 기계효율 η_m 을 옳게 나타낸 것은?

㉮ $\eta_m = \dfrac{L - L_m}{L_m}$　　㉯ $\eta_m = \dfrac{L - L_m}{L}$

㉰ $\eta_m = \dfrac{L_m - L}{L}$　　㉱ $\eta_m = \dfrac{L_m - L}{L_m}$

[해설] 기계효율 $= \dfrac{\text{실제적 소요동력}}{\text{축동력}} = \dfrac{L - L_m}{L}$

19. 뉴턴의 점성법칙과 관련 있는 변수가 아닌 것은?

㉮ 전단응력 　　　　㉯ 압력

㉰ 점성계수 　　　　㉱ 속도기울기

[해설] 뉴턴의 점성법칙

$$\therefore \ \tau = \mu \frac{du}{dy}$$

여기서, τ : 전단응력(kgf/m^2)

μ : 점성계수($\text{kgf} \cdot \text{s/m}^2$)

$\dfrac{du}{dy}$: 속도구배(속도기울기)

20. 다음 중 에너지의 단위는?

㉮ dyn(dyne) 　　　　㉯ N(Newton)

㉰ J(Joule) 　　　　㉱ W(Watt)

[해설] 주요 물리량의 단위

물리량	SI 단위	공학단위
힘	$\text{N}(\text{kg} \cdot \text{m/s}^2)$	kgf
압력	$\text{Pa}(\text{N/m}^2)$	kgf/m^2
열량	$\text{J}(\text{N} \cdot \text{m})$	kcal
일	$\text{J}(\text{N} \cdot \text{m})$	$\text{kgf} \cdot \text{m}$
에너지	$\text{J}(\text{N} \cdot \text{m})$	$\text{kgf} \cdot \text{m}$
동력	$\text{W}(\text{J/s})$	$\text{kgf} \cdot \text{m/s}$

※ dyn(dyne)은 힘의 SI단위 중에서 CGS단위($\text{g} \cdot \text{cm/s}^2$)이다.

제 2 과목　연소공학

21. 15℃, 50 atm인 산소 실린더의 밸브를 순간적으로 열어 내부압력을 25 atm까지 단열 팽창시키고 닫았다면 나중 온도는 약 몇 ℃가

되는가 ? (단, 산소의 비열비는 1.4이다.)

㉮ − 28.5℃   ㉯ − 36.8℃

㉰ − 78.1℃   ㉱ − 157.5℃

해설 $\dfrac{T_2}{T_1} = \left(\dfrac{P_2}{P_1}\right)^{\frac{k-1}{k}}$ 에서

$$\therefore\ T_2 = T_1 \times \left(\dfrac{P_2}{P_1}\right)^{\frac{k-1}{k}}$$

$$= (273 + 15) \times \left(\dfrac{25}{50}\right)^{\frac{1.4-1}{1.4}}$$

$$= 236.256\,\mathrm{K} - 273 = -36.743\,℃$$

22. 폭발억제장치의 구성이 아닌 것은 ?

㉮ 폭발검출기구   ㉯ 활성제

㉰ 살포기구   ㉱ 제어기구

해설 폭발억제(explosion suppression) : 폭발 시작 단계를 검지하여 원료 공급 차단, 소화 등으로 더 큰 폭발을 진압하는 것으로 폭발억제장치는 폭발검출기구, 살포기구, 제어기구로 구성된다.

23. 초기사건으로 알려진 특정한 장치의 이상이나 운전자의 실수로부터 발생되는 잠재적인 사고결과를 평가하는 정량적 안전성 평가기법은 ?

㉮ 사건수 분석(ETA)

㉯ 결함수 분석(FTA)

㉰ 원인결과 분석(CCA)

㉱ 위험과 운전 분석(HAZOP)

해설 사건수 분석(ETA : event tree analysis) 기법 : 초기사건으로 알려진 특정한 장치의 이상이나 운전자의 실수로부터 발생되는 잠재적인 사고결과를 평가하는 정량적 안전성 평가기법이다.

24. 발열량 10500 kcal/kg인 어떤 연료 2 kg을 2분 동안 완전연소시켰을 때 발생한 열량을 모두 동력으로 변환시키면 약 몇 kW인가 ?

㉮ 735   ㉯ 935

㉰ 1103   ㉱ 1303

해설 ① 1 kW = 860 kcal/h이다.

② 동력 계산

$$\therefore\ \mathrm{kW} = \dfrac{\text{발생열량[kcal/h]}}{1\,[\mathrm{kW}]\text{당 열량[kcal/h]}}$$

$$= \dfrac{2 \times 10500 \times \dfrac{60}{2}}{860} = 732.558\,\mathrm{kW}$$

25. 프로판과 부탄이 혼합된 경우로서 부탄의 함유량이 많아지면 발열량은 ?

㉮ 커진다.

㉯ 줄어든다.

㉰ 일정하다.

㉱ 커지다가 줄어든다.

해설 프로판의 발열량은 약 24000 kcal/m³, 부탄의 발열량은 약 32000 kcal/m³이므로 발열량이 높은 부탄의 함유량이 많아지면 혼합가스의 발열량은 커진다.

26. 가연물의 구비조건이 아닌 것은 ?

㉮ 반응열이 클 것

㉯ 표면적이 클 것

㉰ 열전도도가 클 것

㉱ 산소와 친화력이 클 것

해설 가연물의 구비조건

① 발열량이 크고 열전도율이 작을 것

② 산소와 친화력이 좋고 표면적이 넓을 것

③ 활성화에너지가 작을 것

④ 건조도가 높을 것(수분 함량이 적을 것)

27. 액체연료의 연소용 공기 공급방식에서 2차 공기란 어떤 공기를 말하는가 ?

㉮ 연료를 분사시키기 위해 필요한 공기

㉯ 완전연소에 필요한 부족한 공기를 보충하는 공기

㉰ 연료를 안개처럼 만들어 연소를 돕는 공기

㉱ 연소된 가스를 굴뚝으로 보내기 위해 고압, 송풍하는 공기

해답 22. ㉯   23. ㉮   24. ㉮   25. ㉮   26. ㉰   27. ㉯

해설 1차 공기와 2차 공기 구분
 ① 1차 공기 : 액체 연료의 무화에 필요한 공기 또는 연소 전에 가연성기체와 혼합되어 공급되는 공기
 ② 2차 공기 : 완전연소에 필요한 부족한 공기를 보충 공급하는 공기

28. TNT당량은 어떤 물질이 폭발할 때 방출하는 에너지와 동일한 에너지를 방출하는 TNT의 질량을 말한다. LPG 1톤이 폭발할 때 방출하는 에너지는 TNT당량으로 약 몇 kg인가? (단, 폭발한 LPG의 발열량은 15000 kcal/kg이며, LPG의 폭발계수는 0.1, TNT가 폭발 시 방출하는 당량에너지는 1125 kcal/kg이다.)

㉮ 133 　　　　　 ㉯ 1333
㉰ 2333 　　　　　 ㉱ 4333

해설 TNT당량 $= \dfrac{\text{LPG 총 발생열량}}{\text{TNT 방출에너지}}$
$= \dfrac{1000 \times 15000 \times 0.1}{1125}$
$= 1333.333 \, kg$

29. 질소 10 kg이 일정 압력상태에서 체적이 1.5 m³에서 0.3 m³로 감소될 때까지 냉각되었을 때 질소의 엔트로피 변화량의 크기는 약 몇 kJ/K인가? (단, C_p는 14 kJ/kg·K로 한다.)

㉮ 25 　　　　　 ㉯ 125
㉰ 225 　　　　　 ㉱ 325

해설 $\Delta S = m \times C_p \times \ln\left(\dfrac{V_2}{V_1}\right)$
$= 10 \times 14 \times \ln\left(\dfrac{0.3}{1.5}\right) = -225.321 \, kJ/K$

※ 냉각되는 과정이므로 부호가 "−"로 계산된 것이다.

30. Van der Waals식 $\left(P + \dfrac{an^2}{V^2}\right)(V - nb) = nRT$에 대한 설명으로 틀린 것은?

㉮ a의 단위는 atm·L²/mol²이다.
㉯ b의 단위는 L/mol이다.
㉰ a의 값은 기체분자가 서로 어떻게 강하게 끌어 당기는가를 나타낸 값이다.
㉱ a는 부피에 대한 보정항의 비례상수이다.

해설 반데르 발스 상수 a, b는 $P-V$선도에서 임계점에서의 기울기와 곡률을 이용해서 구한다.
 ① a : 기체 분자간의 인력(atm·L²/mol²)으로 용기 벽면의 압력과 내부의 압력이 다른 것을 보정하는 것이다.
 ② b : 기체 분자 자신이 차지하는 부피(L/mol)로 이상기체보다 더 큰 부피로 만들려고 보정하는 것이다.

31. 연료와 공기 혼합물에서 최대 연소속도가 되기 위한 조건은?

㉮ 연료와 양론 혼합물이 같은 양일 때
㉯ 연료가 양론 혼합물보다 약간 적을 때
㉰ 연료가 양론 혼합물보다 약간 많을 때
㉱ 연료가 양론 혼합물보다 아주 많을 때

해설 연료와 공기 혼합물에서 최대 연소속도가 되기 위한 조건은 연료가 양론 혼합물보다 약간 많을 때이다.

32. 다음은 간단한 수증기 사이클을 나타낸 그림이다. 여기서 랭킨(Rankine) 사이클의 경로를 옳게 나타낸 것은?

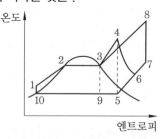

㉮ 1→2→3→9→10→1
㉯ 1→2→3→4→5→9→10→1
㉰ 1→2→3→4→6→5→9→10→1
㉱ 1→2→3→8→7→5→9→10→1

해답 **28.** ㉯　**29.** ㉰　**30.** ㉱　**31.** ㉰　**32.** ㉯

해설 랭킨 사이클 : 2개의 정압변화와 2개의 단열변화로 구성된 증기원동소의 이상 사이클로 보일러에서 발생된 증기를 증기터빈에서 단열팽창하면서 외부에 일을 한 후 복수기(condenser)에서 냉각되어 포화액이 된다.

33. 충격파가 반응 매질 속으로 음속보다 느린 속도로 이동할 때를 무엇이라 하는가?

㉮ 폭굉   ㉯ 폭연
㉰ 폭음   ㉱ 정상연소

해설 폭발과 폭연
① 폭발 : 혼합기체의 온도를 고온으로 상승시켜 자연착화를 일으키고, 혼합기체의 전부분이 극히 단시간 내에 연소하는 것으로서 압력 상승이 급격한 현상 또는 화염이 음속 이하의 속도로 미반응 물질 속으로 전파되어 가는 발열반응을 말한다.
② 폭연(deflagration) : 음속 미만으로 진행되는 열분해 또는 음속 미만의 화염속도로 연소하는 화재로 압력이 위험수준까지 상승할 수도 있고, 상승하지 않을 수도 있으며 충격파를 방출하지 않으면서 급격하게 진행되는 연소이다.

34. 방폭에 대한 설명으로 틀린 것은?

㉮ 분진 폭발은 연소시간이 길고 발생에너지가 크기 때문에 파괴력과 연소 정도가 크다는 특징이 있다.
㉯ 분해 폭발을 일으키는 가스에 비활성기체를 혼합하는 이유는 화염온도를 낮추고 화염 전파능력을 소멸시키기 위함이다.
㉰ 방폭 대책은 크게 예방, 긴급대책으로 나뉘어진다.
㉱ 분진을 다루는 압력을 대기압보다 낮게 하는 것도 분진 대책 중 하나이다.

해설 방폭
① 분진 처리시설에서 호흡하는 경우 분진을 제거하는 장치가 필요하다.
② 분진 폭발은 연소시간이 길고 발생에너지가 크기 때문에 파괴력과 연소 정도가 크다

는 특징이 있다.
③ 분해 폭발을 일으키는 가스에 비활성기체를 혼합하는 이유는 화염온도를 낮추고 화염 전파능력을 소멸시키기 위함이다.
④ 방폭 대책은 예방, 국한, 소화, 피난대책이 있다.
⑤ 분진을 다루는 압력을 대기압보다 낮게 하는 것도 분진 대책 중 하나이다.

35. 프로판가스 $1\,Sm^3$를 완전연소시켰을 때의 건조 연소가스량은 약 몇 Sm^3인가? (단, 공기 중의 산소는 21 v%이다.)

㉮ 10   ㉯ 16
㉰ 22   ㉱ 30

해설 ① 공기 중 프로판의 완전연소 반응식
$C_3H_8 + 5O_2 + (N_2) \rightarrow 3CO_2 + 4H_2O + (N_2)$
② 건조 연소가스량 계산 : 연소가스 중 수분(H_2O)을 포함하지 않은 가스량이고, 질소는 산소량의 $3.76\left(=\dfrac{79}{21}\right)$배이다.
$\therefore G_{0d} = CO_2 + N_2$
$= 3 + (5 \times 3.76) = 21.8\,Sm^3$

36. 공기가 산소 20 v%, 질소 80 v%의 혼합기체라고 할 때 표준상태(0℃, 101.325 kPa)에서 공기의 기체상수는 약 몇 kJ/kg·K인가?

㉮ 0.269   ㉯ 0.279
㉰ 0.289   ㉱ 0.299

해설 ① 공기의 평균 분자량 계산
$\therefore M = (32 \times 0.2) + (28 \times 0.8) = 28.8$
② 기체상수 계산
$\therefore R = \dfrac{8.314}{M} = \dfrac{8.314}{28.8} = 0.2886\,kJ/kg\cdot K$

37. 열역학 특성식으로 $P_1 V_1^n = P_2 V_2^n$이 있다. 이때 n값에 따른 상태변화를 옳게 나타낸 것은? (단, k는 비열비이다.)

㉮ $n=0$: 등온   ㉯ $n=1$: 단열
㉰ $n=\pm\infty$: 정적   ㉱ $n=k$: 등압

[해설] 폴리트로픽 과정의 폴리트로픽 지수(n)에 따른 상태변화 과정
① $n=0$: 정압 과정
② $n=1$: 정온 과정
③ $1<n<k$: 폴리트로픽 과정
④ $n=k$: 단열 과정(등엔트로피 과정)
⑤ $n=\infty$: 정적 과정

38. 표준상태에서 고발열량과 저발열량의 차는 얼마인가?

㉮ 9700 cal/gmol   ㉯ 539 cal/gmol
㉰ 619 cal/g   ㉱ 80 cal/g

[해설] ① 표준상태에서 수소의 완전연소 반응식

$$H_2 + \frac{1}{2}O_2 \rightarrow H_2O$$

② 고위발열량과 저위발열량의 차이는 수소 (H) 성분에 의한 것이고, 수소 1 g·mol이 완전연소하면 $H_2O(g)$ 18 g이 생성되며, 여기에 물의 증발잠열 539 cal/g에 해당하는 열량 차이가 나타난다.
③ 고발열량과 저발열량의 차 계산
∴ 18 g/g·mol×539 cal/g = 9702 cal/g·mol

39. 기체연료의 확산연소에 대한 설명으로 틀린 것은?

㉮ 연료와 공기가 혼합하면서 연소한다.
㉯ 일반적으로 확산과정은 확산에 의한 혼합속도가 연소속도를 지배한다.
㉰ 혼합에 시간이 걸리며 화염이 길게 늘어난다.
㉱ 연소기 내부에서 연료와 공기의 혼합비가 변하지 않고 연소된다.

[해설] 확산연소(擴散燃燒) : 공기와 가스를 따로 버너 슬롯(slot)에서 연소실에 공급하고, 이것들의 경계면에서 난류와 자연확산으로 서로 혼합하여 연소하는 외부 혼합방식이다. 화염이 전파하는 특징을 갖고 반응대는 가연성 기체와 산화제의 경계에 존재하고, 반응대를 향해 가연성 기체 및 산화제가 확산해 간다.

40. 연료의 구비조건이 아닌 것은?

㉮ 저장 및 운반이 편리할 것
㉯ 점화 및 연소가 용이할 것
㉰ 연소가스 발생량이 많을 것
㉱ 단위 용적당 발열량이 높을 것

[해설] 연료(fuel)의 구비조건
① 공기 중에서 연소하기 쉬울 것
② 저장 및 운반, 취급이 용이할 것
③ 발열량이 클 것
④ 구입하기 쉽고 경제적일 것
⑤ 인체에 유해성이 없을 것
⑥ 휘발성이 좋고 내한성이 우수할 것
⑦ 연소 시 회분 등 배출물이 적을 것

제 3 과목   가스설비

41. 터보(turbo) 압축기의 특징에 대한 설명으로 틀린 것은?

㉮ 고속 회전이 가능하다.
㉯ 작은 설치면적에 비해 유량이 크다.
㉰ 케이싱 내부를 급유해야 하므로 기름의 혼입에 주의해야 한다.
㉱ 용량조정 범위가 비교적 좁다.

[해설] 터보형 압축기의 특징
① 원심형 무급유식이다.
② 연속 토출로 맥동현상이 적다.
③ 고속회전으로 용량이 크다.
④ 형태가 작고 경량이어서 설치면적이 적다.
⑤ 압축비가 작고 효율이 낮다.
⑥ 운전 중 서징현상이 발생할 수 있다.
⑦ 용량조정이 어렵고 범위가 좁다.
※ 내부에 급유를 해야 하므로 기름의 혼입이 일어날 수 있는 압축기는 왕복동식 압축기이다.

42. 호칭지름이 동일한 외경의 강관에 있어서 스케줄 번호가 다음과 같을 때 두께가 가장 두꺼운 것은?

㉮ XXS ㉯ XS
㉰ Sch 20 ㉱ SCh 40

해설 스케줄 번호는 배관 두께를 나타내는 것
으로 숫자가 클수록 두께가 두꺼워진다.
① STD(standard) : 250A까지 Sch 40과 두께
가 같다.
② XS(extra strong) : 200A까지 Sch 80과
두께가 같다.
③ XXS(double extra strong) : Sch 140과
160 사이의 두께를 갖는다.

43. 과류차단 안전기구가 부착된 것으로서 가
스유로를 볼로 개폐하고 배관과 호스 또는 배
관과 커플러를 연결하는 구조의 콕은?

㉮ 호스콕 ㉯ 퓨즈콕
㉰ 상자콕 ㉱ 노즐콕

해설 콕의 종류
① 퓨즈콕 : 가스유로를 볼로 개폐하고, 과
류차단 안전기구가 부착된 것으로서 배관
과 호스, 호스와 호스, 배관과 배관 또는
배관과 커플러를 연결하는 구조이다.
② 상자콕 : 상자에 넣어 바닥, 벽 등에 설치
하는 것으로 3.3 kPa 이하의 압력과 1.2 m³/h
이하의 표시유량에 사용하는 콕으로 가스유
로를 핸들, 누름, 당김 등의 조작으로 개폐
하고, 과류차단 안전기구가 부착된 것으로
서 배관과 커플러를 연결하는 구조이다.
③ 주물 연소기용 노즐콕 : 주물 연소기 부품
으로 사용하는 것으로서 볼로 개폐하는 구
조이다.
④ 업무용 대형 연소기용 노즐콕 : 업무용 대
형 연소기 부품으로 사용하는 것으로서 가
스 흐름을 볼로 개폐하는 구조이다.
※ 과류차단 안전기구 : 표시유량 이상의 가
스량이 통과되었을 경우 가스유로를 차단
하는 장치이다.

44. 저온장치에 사용되는 진공 단열법의 종
류가 아닌 것은?

㉮ 고진공 단열법
㉯ 다층 진공 단열법

㉰ 분말 진공 단열법
㉱ 다공 단층 진공 단열법

해설 단열법의 종류
① 상압 단열법 : 일반적으로 사용되는 단열
법으로 단열공간에 분말, 섬유 등의 단열
재를 충전하는 방법
② 진공 단열법 : 고진공 단열법, 분말 진공
단열법, 다층 진공 단열법

45. 교반형 오토클레이브의 장점에 해당되지
않는 것은?

㉮ 가스누출의 우려가 없다.
㉯ 기액반응으로 기체를 계속 유통시킬 수
있다.
㉰ 교반효과는 진탕형에 비하여 더 좋다.
㉱ 특수 라이닝을 하지 않아도 된다.

해설 교반형 오토클레이브 : 교반기에 의하여 내용
물을 혼합하는 것으로 종형과 횡형이 있고,
특징은 다음과 같다.
① 기액반응으로 기체를 계속 유통시킬 수 있다.
② 교반효과는 진탕형보다 좋으며, 횡형 교
반기가 교반효과가 좋다.
③ 종형 교반기에서는 내부에 글라스 용기
를 넣어 반응시킬 수 있어 특수한 라이닝
을 하지 않아도 된다.
④ 교반축에서 가스 누설의 가능성이 많다.
⑤ 회전속도, 압력을 증가시키면 누설의 우려
가 있어 회전속도와 압력에 제한이 있다.
⑥ 교반축의 패킹에 사용한 물질이 내부에
들어갈 우려가 있다.

46. 원심펌프의 특징에 대한 설명으로 틀린
것은?

㉮ 저양정에 적합하다.
㉯ 펌프에 충분히 액을 채워야 한다.
㉰ 원심력에 의하여 액체를 이송한다.
㉱ 용량에 비하여 설치면적이 작고 소형이다.

해설 원심펌프의 특징
① 원심력에 의하여 유체를 압송한다.
② 용량에 비하여 소형이고 설치면적이 작다.

③ 흡입, 토출밸브가 없고 액의 맥동이 없다.

④ 기동 시 펌프 내부에 유체를 충분히 채워야 한다.

⑤ 고양정에 적합하다.

⑥ 서징현상, 캐비테이션 현상이 발생하기 쉽다.

⑦ 볼류트 펌프는 안내깃(guide vane)이 없고, 터빈 펌프는 안내깃(guide vane)이 있는 펌프이다.

47. 가스폭발 위험성에 대한 설명으로 틀린 것은?

㉮ 아세틸렌은 공기가 공존하지 않아도 폭발 위험성이 있다.

㉯ 일산화탄소는 공기가 공존하여도 폭발 위험성이 없다.

㉰ 액화석유가스가 누출되면 낮은 곳으로 모여 폭발 위험성이 있다.

㉱ 가연성의 고체 미분이 공기 중에 부유 시 분진폭발의 위험성이 있다.

해설 ① 일산화탄소(CO)는 가연성가스이므로 공기가 공존하여 폭발범위 내에 존재하면 폭발 위험성이 있다.

② 일산화탄소의 공기 중 폭발범위 : 12.5 ~74%

48. LPG 공급방식에서 강제기화 방식의 특징이 아닌 것은?

㉮ 기화량을 가감할 수 있다.

㉯ 설치면적이 작아도 된다.

㉰ 한랭 시 연속적인 가스공급이 어렵다.

㉱ 공급 가스의 조성을 일정하게 유지할 수 있다.

해설 강제기화기 사용 시 특징(장점)

① 한랭 시에도 연속적으로 가스공급이 가능하다.

② 공급가스의 조성이 일정하다.

③ 설치면적이 적어진다.

④ 기화량을 가감할 수 있다.

⑤ 설비비 및 인건비가 절약된다.

49. 최대지름이 10 m인 가연성가스 저장탱크 2기가 상호 인접하여 있을 때 탱크 간에 유지하여야 할 거리는?

㉮ 1 m ㉯ 2 m ㉰ 5 m ㉱ 10 m

해설 저장탱크 상호간 유지거리

① 지하 매설 : 1 m 이상

② 지상 설치 : 두 저장탱크 최대지름을 합산한 길이의 4분의 1 이상에 해당하는 거리(4분의 1이 1 m 미만인 경우 1 m 이상의 거리)

$$\therefore L = \frac{D_1 + D_2}{4} = \frac{10 + 10}{4} = 5 \, m$$

50. 탄소강에서 생기는 취성(메짐)의 종류가 아닌 것은?

㉮ 적열취성 ㉯ 풀림취성

㉰ 청열취성 ㉱ 상온취성

해설 탄소강에 생기는 취성(메짐)의 종류

① 상온취성 : 인(P)을 많이 함유한 탄소강이 상온에서 인성이 낮아지는 현상으로 냉간 가공 시 균열이 발생한다. 인(P)이 철(Fe)과 결합하여 생성된 인화철(Fe_3P)이 철의 내부 결정입계에 잘 붙어있지 못하고 밀어내면서 철의 결합력을 약화시켜 나타난다.

② 적열취성 : 황(S) 성분이 많이 함유된 강이 고온(약 950℃ 정도)에서 취성이 발생되는 현상으로 망간(Mn)은 황과 화합하여 황화망간(MnS)을 만들어 적열메짐의 원인이 되는 황화철(FeS)의 생성을 방해한다.

③ 청열취성(靑熱脆性) : 탄소강을 고온도에서 인장시험을 할 때 210~360℃에서 인장강도가 최대로 되고 연신율이 최소가 되어 취성을 일으키는 현상으로, 이 온도에서 철강재가 산화하여 청색을 나타나게 되어 청열이라 한다.

④ 고온취성 : 구리(Cu)의 함유량이 0.2% 이상이 되면 고온에서 현저하게 여리게 되는 현상이 나타난다.

참고 뜨임취성 : A387 Gr22 강 등을 Annealing 하거나 900℃ 전후로 Tempering 하는 과정에서 충격값이 현저히 저하되는 현상으로 Mn, Cr, Ni 등을 품고 있는 합금계의 용접금속에

해답 **47.** ㉯ **48.** ㉰ **49.** ㉰ **50.** ㉯

서 C, N, O 등이 입계에 편석함으로써 입계가 취약해지기 때문에 주로 발생한다.

51. LPG와 나프타를 원료로 한 대체천연가스(SNG) 프로세스의 공정에 속하지 않는 것은?

㉮ 수소화탈황 공정
㉯ 저온수증기개질 공정
㉰ 열분해 공정
㉱ 메탄합성 공정

[해설] ① 합성천연가스 공정(substitute natural process) : 수분, 산소, 수소를 원료 탄화수소와 반응시켜, 수증기 개질, 부분연소, 수첨분해 등에 의해 가스화 하고 메탄합성, 탈탄산, 탈황 등의 공정과 병용해서 천연가스의 성상과 거의 일치하게끔 가스를 제조하는 공정으로 제조된 가스를 합성천연가스 또는 대체천연가스(SNG)라 한다.
② 메탄합성 공정 설비 종류 : 가열기, 탈황장치, 나프타 과열장치, 반응기, 수첨 분해탑, 메탄합성탑, 탈탄산탑 등

52. LP가스 1단 감압식 저압 조정기의 입구 압력은?

㉮ 0.025~0.35 MPa ㉯ 0.025~1.56 MPa
㉰ 0.07~0.35 MPa ㉱ 0.07~1.56 MPa

[해설] 일반용 LPG 1단 감압식 저압 조정기 압력

구분		압력범위
입구압력		0.07~1.56 MPa
조정압력		2.3~3.30 kPa
내압시험 압력	입구 쪽	3 MPa 이상
	출구 쪽	0.3 MPa 이상
기밀시험 압력	입구 쪽	1.56 MPa 이상
	출구 쪽	5.5 kPa
최대 폐쇄압력		3.5 kPa 이하

53. 토양의 금속부식을 확인하기 위해 시험편을 이용하여 실험하였다. 이에 대한 설명으로 틀린 것은?

㉮ 전기저항이 낮은 토양 중의 부식속도는 빠르다.
㉯ 배수가 불량한 점토 중의 부식속도는 빠르다.
㉰ 염기성 세균이 번식하는 토양 중의 부식속도는 빠르다.
㉱ 통기성이 좋은 토양에서 부식속도는 점차 빨라진다.

[해설] 통기성이 좋은 토양에서 부식속도는 습기가 많은 토양에서의 부식속도보다 느리다.

54. 가스배관의 접합 시공방법 중 원칙적으로 규정된 접합 시공방법은?

㉮ 기계적 접합 ㉯ 나사 접합
㉰ 플랜지 접합 ㉱ 용접 접합

[해설] 가스배관 접합은 원칙적으로 용접으로 한다. 다만, 용접하기 부적당할 때에는 안전상 필요한 강도를 가지는 플랜지 접합으로 갈음할 수 있다.

55. 탱크로리에서 저장탱크로 LP가스를 압축기에 의한 이송하는 방법의 특징으로 틀린 것은?

㉮ 펌프에 비해 이송시간이 짧다.
㉯ 잔가스 회수가 용이하다.
㉰ 균압관을 설치해야 한다.
㉱ 저온에서 부탄이 재액화될 우려가 있다.

[해설] 압축기에 의한 이송방법의 특징
① 펌프에 비해 이송시간이 짧다.
② 잔가스 회수가 가능하다.
③ 베이퍼 로크 현상이 없다.
④ 부탄의 경우 재액화 현상이 일어난다.
⑤ 압축기 오일이 유입되어 드레인의 원인이 된다.
※ 균압관을 설치해야 하는 것은 액펌프에 의한 이송방법에 해당된다.

56. 아세틸렌(C_2H_2)에 대한 설명으로 틀린 것은?

[가] 동과 직접 접촉하여 폭발성의 아세틸라이드를 만든다.

[나] 비점과 융점이 비슷하여 고체 아세틸렌은 융해한다.

[다] 아세틸렌가스의 충전제로 규조토, 목탄 등의 다공성 물질을 사용한다.

[라] 흡열 화합물이므로 압축하면 분해폭발할 수 있다.

[해설] 비점(−75℃)과 융점(−84℃)이 비슷하여 고체 아세틸렌은 융해하지 않고 승화한다.

57. **LPG 기화장치 중 열교환기에 LPG를 송입하여 여기에서 기화된 가스를 LPG용 조정기에 의하여 감압하는 방식은?**

[가] 가온 감압방식 [나] 자연 기화방식

[다] 감압 가온방식 [라] 대기온 이온방식

[해설] 작동원리에 따른 기화장치 분류

① 가온 감압방식 : 열교환기에 액체 상태의 LPG를 송입하여 여기에서 기화된 가스를 조정기에 의하여 감압하여 공급하는 방식이다.

② 감압 가열방식 : 액체 상태의 LPG를 액체 조정기에 의하여 감압하여 열교환기에 송입하여 여기에서 기화된 가스를 사용처로 공급하는 방식이다.

58. **수소에 대한 설명으로 틀린 것은?**

[가] 압축가스로 취급된다.

[나] 충전구의 나사는 왼나사이다.

[다] 용접용기에 충전하여 사용한다.

[라] 용기의 도색은 주황색이다.

[해설] 수소는 압축가스 상태로 취급되므로 용기에 충전할 때에는 이음매없는 용기에 충전하여 사용한다.

59. **기포펌프로서 유량이 0.5 m^3/min인 물을 흡수면보다 50 m 높은 곳으로 양수하고자 한다. 축동력이 15 PS 소요되었다고 할 때 펌프의 효율은 약 몇 %인가?**

[가] 32 [나] 37 [다] 42 [라] 47

[해설] $\mathrm{PS} = \dfrac{\gamma \cdot Q \cdot H}{75\eta}$에서

$$\therefore \ \eta = \frac{\gamma \cdot Q \cdot H}{75\mathrm{PS}} \times 100$$

$$= \frac{1000 \times 0.5 \times 50}{75 \times 15 \times 60} \times 100 = 37.037\ \%$$

60. **어떤 연소기구에 접속된 고무관이 노후화되어 0.6 mm의 구멍이 뚫려 280 mmH_2O의 압력으로 LP가스가 5시간 누출되었을 경우 가스 분출량은 약 몇 L인가? (단, LP가스의 비중은 1.7이다.)**

[가] 52 [나] 104 [다] 208 [라] 416

[해설] 노즐에서 분출되는 가스량(Q)의 단위는 m^3/h이므로 누출된 5시간과 분출량 m^3를 L로 환산하기 위해 1000을 곱한다.

$$\therefore \ Q = 0.009 D^2 \sqrt{\frac{P}{d}}$$

$$= \left(0.009 \times 0.6^2 \times \sqrt{\frac{280}{1.7}}\right) \times 5 \times 1000$$

$= 207.907$ L

제 4 과목 가스안전관리

61. **가스사고를 원인별로 분류했을 때 가장 많은 비율을 차지하는 사고 원인은?**

[가] 제품 노후(고장) [나] 시설 미비

[다] 고의 사고 [라] 사용자 취급 부주의

[해설] 가스사고의 가장 많은 비율을 차지하는 것

① 원인별로 구분했을 때 : 사용자 취급 부주의

② 사용처별로 구분했을 때 : 주택

62. **산업재해 발생 및 그 위험요인에 대하여 짝지어진 것 중 틀린 것은?**

[가] 화재, 폭발−가연성, 폭발성 물질

[나] 중독−독성가스, 유독물질

[다] 난청−누전, 배선불량

[라] 화상, 동상−고온, 저온물질

[해설] 난청의 위험요인은 소음이고 누전, 배선불량은 전기화재의 위험요인이 된다.

[해답] 57. [가] 58. [다] 59. [나] 60. [다] 61. [라] 62. [다]

63. 고압가스용 안전밸브 중 공칭 밸브의 크기가 80 A일 때 최소 내압시험 유지시간은?

㉮ 60초 ㉯ 180초
㉰ 300초 ㉭ 540초

해설 고압가스용 안전밸브 내압시험 시간

공칭 밸브 크기	최소 시험 유지 시간
50 A 이하	15초
65 A 이상 200 A 이하	60초
250 A 이상	180초
[비고] 공기 또는 기체로 내압시험을 하는 경우에도 같다.	

64. 고압가스용 저장탱크 및 압력용기(설계압력 20.6 MPa 이하) 제조에 대한 내압시험 압력 계산식 $\left\{P_t = \mu P \left(\dfrac{\sigma_t}{\sigma_d}\right)\right\}$에서 계수 μ의 값은?

㉮ 설계압력의 1.25배
㉯ 설계압력의 1.3배
㉰ 설계압력의 1.5배
㉭ 설계압력의 2.0배

해설 압력용기 등의 설계압력 범위에 따른 μ의 값

설계압력 범위	μ
20.6 MPa 이하	1.3
20.6 MPa 초과 98 MPa 이하	1.25
98 MPa 초과	$1.1 \le \mu \le 1.25$의 범위에서 사용자와 제조자가 합의하여 결정한다.

65. 차량에 고정된 탱크의 안전운행기준으로 운행을 완료하고 점검하여야 할 사항이 아닌 것은?

㉮ 밸브의 이완상태
㉯ 부속품 등의 볼트 연결상태
㉰ 자동차 운행등록허가증 확인

㉭ 경계표지 및 휴대품 등의 손상유무

해설 운행 종료 시 조치사항(점검사항)
① 밸브 등의 이완이 없도록 한다.
② 경계표지와 휴대품 등의 손상이 없도록 한다.
③ 부속품 등의 볼트 연결상태가 양호하도록 한다.
④ 높이 검지봉과 부속배관 등이 적절히 부착되어 있도록 한다.
⑤ 가스의 누출 등의 이상유무를 점검하고, 이상이 있을 때에는 보수를 하거나 그 밖에 위험을 방지하기 위한 조치를 한다.

66. 고압가스를 차량에 적재·운반할 때 몇 km 이상의 거리를 운행하는 경우에 중간에 충분한 휴식을 취한 후 운행하여야 하는가?

㉮ 100 ㉯ 200 ㉰ 300 ㉭ 400

해설 운행 중 조치사항 : 고압가스를 차량에 적재·운반할 때 200 km 이상의 거리를 운행하는 경우에는 중간에 충분한 휴식을 취하도록 하고 운행시킨다.

67. 다음 [보기]에서 임계온도가 0℃에서 40℃ 사이인 것으로만 나열된 것은?

──── ⟨보 기⟩ ────
㉠ 산소   ㉡ 이산화탄소
㉢ 프로판 ㉣ 에틸렌

㉮ ㉠, ㉡ ㉯ ㉡, ㉢
㉰ ㉡, ㉣ ㉭ ㉢, ㉣

해설 각 가스의 임계온도 및 임계압력

명칭	임계온도	임계압력
산소(O_2)	-118.4℃	50.1 atm
이산화탄소(CO_2)	31.0℃	72.9 atm
프로판(C_3H_8)	96.7℃	41.9 atm
에틸렌(C_2H_4)	9.9℃	50.5 atm

68. 독성가스 냉매를 사용하는 압축기 설치 장소에는 냉매누출 시 체류하지 않도록 환기

구를 설치하여야 한다. 냉동능력 1 ton당 환기구 설치면적 기준은?

㉮ 0.05 m² 이상 ㉯ 0.1 m² 이상

㉰ 0.15 m² 이상 ㉲ 0.2 m² 이상

해설 냉동제조 시설의 통풍구조 기준
① 통풍구 : 냉동능력 1톤당 0.05 m² 이상의 면적
② 기계 통풍장치 : 냉동능력 1톤당 2 m³/분 이상

69. 시안화수소의 안전성에 대한 설명으로 틀린 것은?

㉮ 순도 98 % 이상으로서 착색된 것은 60일을 경과할 수 있다.

㉯ 안정제로는 아황산, 황산 등을 사용한다.

㉰ 맹독성가스이므로 흡수장치나 재해방지장치를 설치한다.

㉲ 1일 1회 이상 질산구리벤젠지로 누출을 검지한다.

해설 시안화수소를 충전한 용기는 충전 후 24시간 정치하고, 그 후 1일 1회 이상 질산구리벤젠 등의 시험지로 가스의 누출검사를 하며, 용기에 충전 연월일을 명기한 표지를 붙이고, 충전한 후 60일이 경과되기 전에 다른 용기에 옮겨 충전한다. 다만, 순도가 98 % 이상으로서 착색되지 아니한 것은 다른 용기에 옮겨 충전하지 아니할 수 있다.

70. 고압가스 제조설비의 기밀시험이나 시운전 시 가압용 고압가스로 부적당한 것은?

㉮ 질소 ㉯ 아르곤 ㉰ 공기 ㉲ 수소

해설 ① 고압가스 설비와 배관의 기밀시험은 원칙적으로 공기 또는 위험성이 없는 기체의 압력으로 실시한다.
② 수소는 가연성가스에 해당되므로 기밀시험용으로 사용할 수 없다.

71. 도시가스 사용시설에 설치되는 정압기의 분해 점검 주기는?

㉮ 6개월에 1회 이상

㉯ 1년에 1회 이상

㉰ 2년에 1회 이상

㉲ 설치 후 3년까지는 1회 이상, 그 이후에는 4년에 1회 이상

해설 분해 점검 주기
① 정압기 : 2년에 1회 이상
② 정압기 필터 : 최초 가스공급 개시 후 1월 이내 및 1년에 1회 이상
③ 사용시설의 정압기 및 필터 : 설치 후 3년까지는 1회 이상, 그 이후에는 4년에 1회 이상

72. 차량에 고정된 후부 취출식 저장탱크에 의하여 고압가스를 이송하려 한다. 저장탱크 주밸브 및 긴급차단장치에 속하는 밸브와 차량의 뒷범퍼와의 수평거리가 몇 cm 이상 떨어지도록 차량에 고정시켜야 하는가?

㉮ 20 ㉯ 30 ㉰ 40 ㉲ 60

해설 뒷범퍼와의 수평거리
① 후부 취출식 탱크 : 40 cm 이상
② 후부 취출식 탱크 외 : 30 cm 이상
③ 조작상자 : 20 cm 이상

73. 일반 도시가스사업 제조소에서 도시가스 지하매설 배관에 사용되는 폴리에틸렌관의 최고 사용압력은?

㉮ 0.1 MPa 이하 ㉯ 0.4 MPa 이하

㉰ 1 MPa 이하 ㉲ 4 MPa 이하

해설 지하에 매설하는 배관(관 이음매 및 부분적으로 노출되는 배관을 포함한다)의 재료는 폴리에틸렌 피복강관 또는 동등 이상의 기계적 성질 및 화학적 성분을 가지는 것으로 한다. 다만, 최고 사용압력이 0.4 MPa 이하인 배관으로서 지하에 매설하는 경우에는 PE배관(폴리에틸렌관) 또는 동등 이상의 기계적 성질 및 화학적 성분을 가진 제품을 사용할 수 있다.

74. 아세틸렌을 용기에 충전한 후 압력이 몇 ℃에서 몇 MPa 이하가 되도록 정치하여야 하는가?

㉮ 15℃에서 2.5 MPa

㉯ 35℃에서 2.5 MPa

㉰ 15℃에서 1.5 MPa

라 35℃에서 1.5 MPa

해설 아세틸렌 압력

① 충전 중의 압력 : 온도에 관계없이 2.5 MPa 이하

② 충전 후의 압력 : 15℃에서 1.5 MPa 이하

75. 다음 특정 설비 중 재검사 대상에 해당하는 것은?

㉮ 평저형 저온 저장탱크

㉯ 대기식 기화장치

㉰ 저장탱크에 부착된 안전밸브

㉱ 고압가스용 실린더 캐비닛

해설 재검사 대상에서 제외되는 특정 설비

① 평저형 및 이중각형 진공 단열형 저온 저장탱크

② 역화방지장치

③ 독성가스배관용 밸브

④ 자동차용 가스 자동주입기

⑤ 냉동용 특정 설비

⑥ 초저온가스용 대기식 기화장치

⑦ 저장탱크 또는 차량에 고정된 탱크에 부착되지 아니한 안전밸브 및 긴급차단밸브

⑧ 저장탱크 및 압력용기 중 다음에서 정한 것

ⓐ 초저온 저장탱크

ⓑ 초저온 압력용기

ⓒ 분리할 수 없는 이중관식 열교환기

ⓓ 그 밖에 산업통상자원부장관이 재검사를 실시하는 것이 현저히 곤란하다고 인정하는 저장탱크 또는 압력용기

⑨ 특정 고압가스용 실린더 캐비닛

⑩ 자동차용 압축천연가스 완속충전설비

⑪ 액화석유가스용 용기잔류가스 회수장치

※ 재검사 대상에서 제외되는 특정 설비 외는 재검사 대상에 해당된다.

76. 가스 저장탱크 상호 간에 유지하여야 하는 최소한의 거리는?

㉮ 60 cm ㉯ 1 m ㉰ 2 m ㉱ 3 m

해설 저장탱크간 거리 : 저장탱크와 다른 저장탱크와 사이에는 두 저장탱크의 최대지름을 합산한 길이의 4분의 1 이상에 해당하는 거리(두 저장탱크의 최대지름을 합산한 길이의 4분의 1이 1 m 미만인 경우에는 1 m 이상의 거리)를 유지한다.

※ 두 저장탱크간 유지해야 할 거리를 계산하는 문제는 49번을 참고한다.

77. 도시가스시설에서 가스사고가 발생한 경우 사고의 종류별 통보방법과 통보기한의 기준으로 틀린 것은?

㉮ 사람이 사망한 사고 : 속보(즉시), 상보(사고발생 후 20일 이내)

㉯ 사람이 부상당하거나 중독된 사고 : 속보(즉시), 상보(사고발생 후 15일 이내)

㉰ 가스누출에 의한 폭발 또는 화재사고(사람이 사망·부상·중독된 사고 제외) : 속보(즉시)

㉱ LNG 인수기지의 LNG 저장탱크에서 가스가 누출된 사고(사람이 사망·부상·중독되거나 폭발·화재 사고 등 제외) : 속보(즉시)

해설 사고의 통보방법 등 : 도법 시행규칙 별표17

(1) 사고의 종류별 통보방법과 통보기한

사고의 종류	통보기한	
	속보	상보
사람이 사망한 사고	즉시	사고발생 후 20일 이내
사람이 부상당하거나 중독된 사고	즉시	사고발생 후 10일 이내
도시가스 누출로 인한 폭발이나 화재사고	즉시	-
가스시설이 손괴되거나 도시가스 누출로 인하여 인명 대피나 공급중단이 발생한 사고	즉시	-
도시가스제조사업소의 액화천연가스용 저장탱크에서 도시가스 누출의 범위, 도시가스 누출 여부 판단 방법 등에 관하여 산업통상자원부장관이 정하여 고시하는 기준에 해당하는 도시가스 누출이 발생한 사고	즉시	-

해답 **75.** ㉰ **76.** ㉯ **77.** ㉯

(2) 통보 내용에 포함되어야 할 사항 : 속보인 경우에는 ⑤항 및 ⑥항의 내용을 생략할 수 있다.
① 통보자의 소속·직위·성명 및 연락처
② 사고발생 일시
③ 사고발생 장소
④ 사고 내용
⑤ 시설 현황
⑥ 피해 현황(인명 및 재산)

78. 지상에 설치하는 저장탱크 주위에 방류둑을 설치하지 않아도 되는 경우는?
㉮ 저장능력 10톤의 염소탱크
㉯ 저장능력 2000톤의 액화산소탱크
㉰ 저장능력 1000톤의 부탄탱크
㉱ 저장능력 5000톤의 액화질소탱크

해설 저장능력별 방류둑 설치 대상
(1) 고압가스 특정 제조
① 가연성가스 : 500톤 이상
② 독성가스 : 5톤 이상
③ 액화산소 : 1000톤 이상
(2) 고압가스 일반 제조
① 가연성, 액화산소 : 1000톤 이상
② 독성가스 : 5톤 이상
(3) 냉동 제조시설(독성가스 냉매 사용) : 수액기 내용적 10000 L 이상
(4) 액화석유가스 충전사업 : 1000톤 이상
(5) 도시가스
① 도시가스 도매사업 : 500톤 이상
② 일반도시가스 사업 : 1000톤 이상
※ 질소와 같은 비가연성, 비독성 액화가스는 방류둑 설치대상에서 제외된다.

79. 가스누출경보 및 자동차단장치의 기능에 대한 설명으로 틀린 것은?
㉮ 독성가스의 경보농도는 TLV-TWA 기준농도 이하로 한다.
㉯ 경보농도 설정치는 독성가스용에서는 ±30 % 이하로 한다.
㉰ 가연성가스 경보기는 모든 가스에 감응하는 구조로 한다.

㉱ 검지에서 발신까지 걸리는 시간은 경보농도의 1.6배 농도에서 보통 30초 이내로 한다.

해설 가연성가스 경보기는 가연성가스에 감응하는 구조로 한다.

80. 가스안전성 평가기준에서 정한 정량적인 위험성 평가기법이 아닌 것은?
㉮ 결함수 분석
㉯ 위험과 운전 분석
㉰ 작업자 실수 분석
㉱ 원인-결과 분석

해설 안전성 평가 기법
① 정성적 평가 기법 : 체크리스트(checklist) 기법, 사고예상 질문 분석(WHAT-IF) 기법, 위험과 운전 분석 (HAZOP) 기법
② 정량적 평가 기법 : 작업자 실수 분석(HEA) 기법, 결함수 분석(FTA) 기법, 사건수 분석(ETA) 기법, 원인-결과 분석(CCA) 기법
③ 기타 : 상대 위험순위 결정 기법, 이상 위험도 분석

제 5 과목   가스계측

81. 1차 지연형 계측기의 스텝 응답에서 전변화의 80%까지 변화하는 데 걸리는 시간은 시정수의 얼마인가?
㉮ 0.8배 ㉯ 1.6배 ㉰ 2.0배 ㉱ 2.8배

해설 $Y=1-e^{-\frac{t}{T}}$ 을 정리하면
$1-Y=e^{-\frac{t}{T}}$ 가 되며, 양변에 ln을 곱하면
$\ln(1-Y)=-\frac{t}{T}$ 이다.
$\therefore \frac{t}{T}=-\ln(1-Y)$
$=-\ln(1-0.8)=1.609$ 배
여기서, Y : 스텝 응답
t : 변화시간(초)
T : 시정수

해답 78. ㉱   79. ㉰   80. ㉯   81. ㉯

82. 가스미터의 특징에 대한 설명으로 옳은 것은?

㉮ 막식 가스미터는 비교적 값이 싸고 용량에 비하여 설치면적이 작은 장점이 있다.

㉯ 루트미터는 대유량의 가스측정에 적합하며 설치면적이 작고 대수용가에 사용한다.

㉰ 습식 가스미터는 사용 중에 기차의 변동이 큰 단점이 있다.

㉱ 습식 가스미터는 계량이 정확하고 설치면적이 작은 장점이 있다.

[해설] 각 항목의 옳은 설명

㉮ 막식 가스미터는 비교적 값이 저렴한 장점과 용량에 비하여 설치면적이 크게 요구되는 단점이 있다.

㉰ 습식 가스미터는 사용 중에 기차의 변동이 적은 장점이 있다.

㉱ 습식 가스미터는 계량이 정확한 장점과 설치면적이 크게 요구되는 단점이 있다.

83. 오프셋을 제거하고 리셋시간도 단축되는 제어방식으로서 쓸모없는 시간이나 전달 느림이 있는 경우에도 사이클링을 일으키지 않아 넓은 범위의 특성 프로세스에 적용할 수 있는 제어는?

㉮ 비례적분미분 제어기

㉯ 비례미분 제어기

㉰ 비례적분 제어기

㉱ 비례 제어기

[해설] 비례적분미분(PID) 동작의 특징

① 조절효과가 좋고 조절속도가 빨라 널리 이용된다.

② 반응속도가 느리거나 빠름, 쓸모없는 시간이나 전달 느림이 있는 경우에 적용된다.

③ 제어계의 난이도가 큰 경우에 적합한 제어동작이다.

84. 제어량의 응답에 계단변화가 도입된 후에 얻게 될 궁극적인 값을 얼마나 초과하게 되는가를 나타내는 척도를 무엇이라 하는가?

㉮ 상승시간(rise time)

㉯ 응답시간(response time)

㉰ 오버슈트(over shoot)

㉱ 진동주기(period of oscillation)

[해설] 오버슈트(over shoot) : 동작간격으로부터 벗어나 초과되는 오차를 말하며, 반대로 나타나는 오차를 언더슈트(under shoot)라 한다.

85. 막식 가스미터의 부동현상에 대한 설명으로 가장 옳은 것은?

㉮ 가스가 미터를 통과하지만 지침이 움직이지 않는 고장

㉯ 가스가 미터를 통과하지 못하는 고장

㉰ 가스가 누출되고 있는 고장

㉱ 가스가 통과될 때 미터가 이상음을 내는 고장

[해설] 막식 가스미터의 부동(不動) : 가스는 계량기를 통과하나 지침이 작동하지 않는 고장으로 계량막의 파손, 밸브의 탈락, 밸브와 밸브시트 사이에서의 누설, 지시장치 기어 불량 등이 원인이다.

86. 다음 열전대 중 사용온도 범위가 가장 좁은 것은?

㉮ PR   ㉯ CA   ㉰ IC   ㉱ CC

[해설] 열전대 온도계의 종류 및 측정온도

열전대 종류	측정온도 범위
R형(백금-백금로듐 : PR)	0~1600℃
K형(크로멜-알루멜 : CA)	−20~1200℃
J형(철-콘스탄탄 : IC)	−20~800℃
T형(동-콘스탄탄 : CC)	−200~350℃

87. 캐리어 가스의 유량이 60 mL/min이고, 기록지의 속도가 3 cm/min일 때 어떤 성분시료를 주입하였더니 주입점에서 성분피크까지의 길이가 15 cm이었다. 지속 용량은 약 몇 mL인가?

㉮ 100   ㉯ 200   ㉰ 300   ㉱ 400

해설 지속 용량 $= \dfrac{\text{유량} \times \text{피크길이}}{\text{기록지 속도}}$

$= \dfrac{60 \times 15}{3} = 300 \text{ mL}$

88. 전기 저항식 습도계와 저항 온도계식 건습구 습도계의 공통적인 특징으로 가장 옳은 것은?

㉮ 정도가 좋다.

㉯ 물이 필요하다.

㉰ 고습도에서 장기간 방치가 가능하다.

㉱ 연속기록, 원격측정, 자동제어에 이용된다.

해설 (1) 전기 저항식 습도계의 특징
① 저온도의 측정이 가능하고 응답이 빠르다.
② 상대습도 측정이 가능하다.
③ 연속기록, 원격측정, 자동제어에 이용된다.
④ 감도가 크다.
⑤ 전기 저항의 변화가 쉽게 측정된다.
⑥ 고습도 중에 장시간 방치하면 감습막 (感濕膜)이 유동한다.
⑦ 다소의 경년 변화가 있어 온도계수가 비교적 크다.
(2) 저항 온도계식 건습구 습도계
① 조절기와 접속이 용이하다.
② 상대습도를 바로 나타낸다.
③ 연속기록, 원격측정, 자동제어에 이용된다.
④ 저습도의 측정이 곤란하다.
⑤ 물이 필요하다.
⑥ 정도가 좋지 못하다.

89. 적외선 분광분석법에 대한 설명으로 틀린 것은?

㉮ 적외선을 흡수하기 위해서는 쌍극자 모멘트의 알짜변화를 일으켜야 한다.

㉯ 고체, 액체, 기체상의 시료를 모두 측정할 수 있다.

㉰ 열 검출기와 광자 검출기가 주로 사용된다.

㉱ 적외선 분광기기로 사용되는 물질은 적외선에 잘 흡수되는 석영을 주로 사용한다.

해설 적외선 분광 분석법의 특징
① 분자의 진동 중 쌍극자 모멘트의 알짜변화를 일으킬 진동에 의하여 적외선의 흡수가 일어나는 것을 이용한 것이다.
② 기기로서는 적외선 분광 광도계가 사용되며 파장 2.5~15μ에서의 흡수 스펙트럼을 얻는다.
③ 적외선 흡수 스펙트럼은 화합물 특유의 흡수를 표시하므로 정성분석과 정량분석에 이용할 수 있다.
④ He, Ne, Ar 등 단원자 분자 및 H_2, O_2, N_2, Cl_2 등 대칭 2원자 분자는 적외선을 흡수하지 않으므로 분석할 수 없다.
⑤ 가스 시료의 분석에서는 기체셀에 사용되며 미량 성분의 분석에는 셀(cell) 내에서 다중 반사되는 장광로 기체셀이 사용된다.
⑥ 셀압력에 의하여 흡광계수가 변하므로 이것을 막기 위하여 전체 압력을 일정하게 유지할 필요가 있다.

90. 연료 가스의 헴펠식(Hempel) 분석 방법에 대한 설명으로 틀린 것은?

㉮ 중탄화수소, 산소, 일산화탄소, 이산화탄소 등의 성분을 분석한다.

㉯ 흡수법과 연소법을 조합한 분석 방법이다.

㉰ 흡수 순서는 일산화탄소, 이산화탄소, 중탄화수소, 산소의 순이다.

㉱ 질소성분은 흡수되지 않은 나머지로 각 성분의 용량 %의 합을 100에서 뺀 값이다.

해설 헴펠식(Hempel) 분석 순서 및 흡수제

순서	분석 가스	흡수제
1	CO_2	KOH 30 % 수용액
2	C_mH_n	발연황산
3	O_2	피로갈롤 용액
4	CO	암모니아성 염화제1구리 용액

91. 액주형 압력계 사용 시 유의해야 할 사항이 아닌 것은?

㉮ 액체의 점도가 클 것

㉯ 경계면이 명확한 액체일 것

㉰ 온도에 따른 액체의 밀도변화가 적을 것

㉱ 모세관 현상에 의한 액주의 변화가 없을 것

[해설] 액주식 액체의 구비조건
  ① 점성이 적을 것
  ② 열팽창계수가 작을 것
  ③ 항상 액면은 수평을 만들 것
  ④ 온도에 따라 밀도변화가 적을 것
  ⑤ 증기에 대한 밀도변화가 적을 것
  ⑥ 모세관 현상 및 표면장력이 작을 것
  ⑦ 화학적으로 안정할 것
  ⑧ 휘발성 및 흡수성이 적을 것
  ⑨ 액주의 높이를 정확히 읽을 수 있을 것

92. 습식 가스미터의 특징에 대한 설명으로 틀린 것은?

㉮ 계량이 정확하다.

㉯ 설치공간이 크게 요구된다.

㉰ 사용 중에 기차(器差)의 변동이 크다.

㉱ 사용 중에 수위조정 등의 관리가 필요하다.

[해설] 습식 가스미터의 특징
  ① 계량이 정확하다.
  ② 사용 중에 오차(또는 기차)의 변동이 적다.
  ③ 사용 중에 수위조정 등의 관리가 필요하다.
  ④ 설치면적이 크다.
  ⑤ 용도는 기준용, 실험실용에 사용한다.

93. 마이크로파식 레벨측정기의 특징에 대한 설명 중 틀린 것은?

㉮ 초음파식보다 정도(精度)가 낮다.

㉯ 진공용기에서의 측정이 가능하다.

㉰ 측정면에 비접촉으로 측정할 수 있다.

㉱ 고온, 고압의 환경에서도 사용이 가능하다.

[해설] 마이크로파식 레벨측정기 : 전파속도가 약 30만km/s 정도인 마이크로파를 안테나를 통해 송신하고 측정 대상면에서 반사되어 되돌아오는 것을 수신하여 시간을 구해 레벨을 측정하는 것으로 초음파식보다 정도가 높다.

94. 채취된 가스를 분석기 내부의 성분 흡수제에 흡수시켜 체적변화를 측정하는 가스 분석 방법은?

㉮ 오르사트 분석법

㉯ 적외선 흡수법

㉰ 불꽃이온화 분석법

㉱ 화학발광 분석법

[해설] 흡수 분석법 : 채취된 가스를 분석기 내부의 성분 흡수제에 흡수시켜 체적변화를 측정하는 방식으로 오르사트(Orsat)법, 헴펠(Hempel)법, 게겔(Gockel)법 등이 있다.

95. 독성가스나 가연성 가스 저장소에서 가스누출로 인한 폭발 및 가스중독을 방지하기 위하여 현장에서 누출여부를 확인하는 방법으로 가장 거리가 먼 것은?

㉮ 검지관법

㉯ 시험지법

㉰ 가연성가스 검출 기법

㉱ 기체 크로마토그래피법

[해설] 현장에서 누출여부를 확인하는 방법 : 검지관법, 시험지법, 가연성가스 검출 기법

96. 다음 중 간접 계측 방법에 해당되는 것은?

㉮ 압력을 분동식 압력계로 측정

㉯ 질량을 천칭으로 측정

㉰ 길이를 줄자로 측정

㉱ 압력을 부르동관 압력계로 측정

[해설] 측정(계측) 방법
  ① 직접 계측 : 측정하고자 하는 양을 직접 접촉시켜 그 크기를 구하는 방법으로 길이를 줄자로 측정, 질량을 천칭으로 측정, 압력을 분동식 압력계로 측정하는 것 등이 해당된다.

해답 91. ㉮ 92. ㉰ 93. ㉮ 94. ㉮ 95. ㉱ 96. ㉱

② 간접 계측 : 측정량과 일정한 관계가 있는 몇 개의 양을 측정하고 이로부터 계산 등에 의하여 측정값을 유도해 내는 경우로 압력을 부르동관 압력계로 측정, 유량을 차압식 유량계로 측정, 온도를 비접촉식 온도계로 측정하는 것 등이 해당된다.

97. 기체 크로마토그래피의 주된 측정원리는?

㉮ 흡착　　　　㉯ 증류
㉰ 추출　　　　㉱ 결정화

[해설] 기체 크로마토그래피 측정원리 : 운반기체 (carrier gas)의 유량을 조절하면서 측정하여야 할 시료기체를 도입부를 통하여 공급하면 운반기체와 시료기체가 분리관을 통과하는 동안 분리되어 시료의 각 성분 흡수력의 차이(시료의 확산속도, 이동속도)에 따라 성분의 분리가 일어나고 시료의 각 성분이 검출기에서 측정된다.

98. 다음 압력계 중 압력 측정범위가 가장 큰 것은?

㉮ U자형 압력계
㉯ 링밸런스식 압력계
㉰ 부르동관 압력계
㉱ 분동식 압력계

[해설] (1) 각 압력계의 측정범위

명칭	측정범위
U자형 압력계	100~200 mmH$_2$O (0.01~0.02 kgf/cm^2)
링밸런스식 압력계	20~3000 mmH$_2$O (0.002~0.3 kgf/cm^2)
부르동관 압력계	3000 kgf/cm^2
분동식 압력계	5000 kgf/cm^2

(2) 사용유체에 따른 분동식 압력계의 측정범위
① 경유 : 40~100 kgf/cm^2
② 스핀들유, 피마자유 : 100~1000 kgf/cm^2
③ 모빌유 : 3000 kgf/cm^2 이상
④ 점도가 큰 오일을 사용할 경우에는 5000 kgf/cm^{2}까지도 측정이 가능하다.

99. 다음 중 1차 압력계는?

㉮ 부르동관 압력계
㉯ U자 마노미터
㉰ 전기 저항 압력계
㉱ 벨로스 압력계

[해설] 압력계의 구분
① 1차 압력계의 종류 : 액주식(U자관, 단관식, 경사관식, 호루단형, 폐관식), 자유피스톤형
② 2차 압력계 : 탄성식 압력계(부르동관식, 벨로스식, 다이어프램식), 전기식 압력계 (전기 저항 압력계, 피에조 압력계, 스트레인 게이지)

100. 차압식 유량계로 유량을 측정하였더니 오리피스 전·후의 차압이 1936 mmH$_2$O 일 때 유량은 22 m^3/h이었다. 차압이 1024 mmH$_2$O이면 유량은 약 몇 m^3/h이 되는가?

㉮ 6　　　　㉯ 12
㉰ 16　　　　㉱ 18

[해설] 차압식 유량계에서 유량은 차압의 평방근(제곱근)에 비례한다.

$$\therefore \ Q_2 = \sqrt{\frac{\Delta P_2}{\Delta P_1}} \times Q_1$$

$$= \sqrt{\frac{1.024}{1.936}} \times 22 = 16 \ \text{m}^3/\text{h}$$

2021년도 시행 문제

Recent Test

제1과목 가스유체역학

1. 펌프작용이 단속적이라서 맥동이 일어나기 쉬우므로 이를 완화하기 위하여 공기실을 필요로 하는 펌프는?

㉮ 원심펌프 ㉯ 기어펌프
㉰ 수격펌프 ㉱ 왕복펌프

해설 왕복펌프의 특징
① 소형으로 고압, 고점도 유체에 적당하다.
② 회전수가 변화되면 토출량은 변화하고 토출압력은 변화가 적다.
③ 토출량이 일정하여 정량토출이 가능하고 수송량을 가감할 수 있다.
④ 단속적인 송출이라 맥동이 일어나기 쉽고 진동이 있다.
⑤ 고압으로 액의 성질이 변할 수 있고, 밸브의 그랜드패킹이 고장이 많다.
⑥ 진동이 발생하고, 동일 용량의 원심펌프에 비해 크기가 크므로 설치면적이 크다.
※ 작동이 단속적이라 맥동현상이 발생하는 것은 왕복식 펌프만 해당된다.

2. 마찰계수와 마찰저항에 대한 설명으로 옳지 않은 것은?

㉮ 관 마찰계수는 레이놀즈수와 상대조도의 함수로 나타낸다.
㉯ 평판상의 층류 흐름에서 점성에 의한 마찰계수는 레이놀즈수의 제곱근에 비례한다.
㉰ 원관에서의 층류운동에서 마찰저항은 유체의 점성계수에 비례한다.
㉱ 원관에서의 완전 난류운동에서 마찰저항은 평균유속의 제곱에 비례한다.

해설 층류 흐름에서 점성에 의한 마찰계수

$f = \dfrac{64}{Re} = \dfrac{64\mu}{\rho D V}$ 이므로 레이놀즈수(Re)에 반비례하고, 점성계수(μ)에 비례한다.

3. 2 kgf은 몇 N인가?

㉮ 2 ㉯ 4.9 ㉰ 9.8 ㉱ 19.6

해설 ① 중력가속도(a)는 9.8m/s²이고,
N(Newton) = kg·m/s²이다.
② 힘 계산
∴ $F = m \times a = 2\,kg \times 9.8\,m/s^2$
$= 19.6\,kg \cdot m/s^2 = 19.6\,N$

4. 지름 8 cm인 원관 속을 동점성계수가 1.5×10^{-6} m²/s인 물이 0.002 m³/s의 유량으로 흐르고 있다. 이때 레이놀즈수는 약 얼마인가?

㉮ 20000 ㉯ 21221 ㉰ 21731 ㉱ 22333

해설 $Re = \dfrac{4Q}{\pi D \nu}$

$= \dfrac{4 \times 0.002}{\pi \times 0.08 \times 1.5 \times 10^{-6}} = 21220.65$

5. 내경이 10 cm인 원관 속을 비중 0.85인 액체가 10 cm/s의 속도로 흐른다. 액체의 점도가 5 cP라면 이 유동의 레이놀즈수는?

㉮ 1400 ㉯ 1700
㉰ 2100 ㉱ 2300

해설 ① 공학단위 밀도 계산 : 액체 비중의 단위는 'kgf/L'이므로 'gf/cm³'로 변환할 수 있고, 중력가속도는 980 cm/s²이다.
∴ $\rho = \dfrac{\gamma}{g} = \dfrac{0.85}{980} = 8.673 \times 10^{-4}\,gf \cdot s^2/cm^4$
② 절대단위 밀도(g/cm³)로 계산
∴ $\rho = (8.673 \times 10^{-4}) \times 980 = 0.85\,g/cm^3$

③ 레이놀즈수 계산 : CGS단위로 계산

$$\therefore Re = \frac{\rho DV}{\mu} = \frac{0.85 \times 10 \times 10}{5 \times 10^{-2}} = 1700$$

6. 공기를 이상기체로 가정하였을 때 25℃에서 공기의 음속은 몇 m/s인가? (단, 비열비 $k = 1.4$, 기체상수 $R = 29.27$ kgf · m/kg · K 이다.)

㉮ 342 ㉯ 346 ㉰ 425 ㉱ 456

해설 $C = \sqrt{kgRT}$
$$= \sqrt{1.4 \times 9.8 \times 29.27 \times (273 + 25)}$$
$$= 345.936 \text{ m/s}$$

7. 베르누이 방정식에 대한 일반적인 설명으로 옳은 것은?

㉮ 같은 유선상이 아니더라도 언제나 임의의 점에 대하여 적용된다.

㉯ 주로 비정상류 상태의 흐름에 대하여 적용된다.

㉰ 유체의 마찰 효과를 고려한 식이다.

㉱ 압력수두, 속도수두, 위치수두의 합은 유선을 따라 일정하다.

해설 베르누이 방정식이 적용되는 조건

① 적용되는 임의 두 점은 같은 유선상에 있다.
② 정상 상태의 흐름이다.
③ 마찰이 없는 이상유체의 흐름이다.
④ 비압축성 유체의 흐름이다.
⑤ 외력은 중력만 작용한다.
⑥ 유체흐름 중 내부에너지 손실이 없는 흐름이다.
⑦ 압력수두, 속도수두, 위치수두의 합은 일정하다.

8. 압축성 유체의 1차원 유동에서 수직충격파 구간을 지나는 기체 성질의 변화로 옳은 것은?

㉮ 속도, 압력, 밀도가 증가한다.

㉯ 속도, 온도, 밀도가 증가한다.

㉰ 압력, 밀도, 온도가 증가한다.

㉱ 압력, 밀도, 운동량 플럭스가 증가한다.

해설 수직충격파가 발생하면 압력, 온도, 밀도, 엔트로피가 증가하며 속도는 감소한다(속도가 감소하므로 마하수는 감소한다).

9. 동점도의 단위로 옳은 것은?

㉮ m/s² ㉯ m/s

㉰ m²/s ㉱ m²/kg · s²

해설 ① 동점도(ν) : 점성계수(μ)를 밀도(ρ)로 나눈 값으로 동점성계수라 한다.

$$\therefore \nu = \frac{\mu}{\rho}$$

② 단위 : cm²/s, m²/s
③ 차원 : $L^2 T^{-1}$
④ 1 St(stokes) : 1 cm²/s = 10^{-4} m²/s
※ 동점성계수는 SI단위, 공학단위가 같기 때문에 차원도 같다.

10. 다음 중 원심 송풍기가 아닌 것은?

㉮ 프로펠러 송풍기

㉯ 다익 송풍기

㉰ 레이디얼 송풍기

㉱ 익형(airfoil) 송풍기

해설 원심식 송풍기의 종류

① 터보형 : 후향 날개를 16~24개 정도 설치한 형식으로 익형(airfoil), 터보형 블로워(turbo blower) 등이 있다.
② 다익형 : 전향날개를 많이 설치한 형식으로 실로코(sirocco)형이 있다.
③ 레이디얼형 : 방사형 날개를 6~12개 정도 설치한 형식으로 플레이트 팬(plate fan)이 있다.
※ 프로펠러 송풍기는 축류식에 해당된다.

11. 그림과 같이 윗변과 아랫변이 각각 a, b 이고 높이가 H인 사다리꼴형 평면 수문이 수로에 수직으로 설치되어 있다. 비중량 γ인 물의 압력에 의해 수문이 받는 전체 힘은?

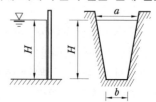

㉮ $\dfrac{\gamma H^2(a-2b)}{6}$ ㉯ $\dfrac{\alpha(a-2b)}{3}$

㉰ $\dfrac{\gamma H^2(a+2b)}{6}$ ㉱ $\dfrac{\gamma H^2(a+2b)}{3}$

[해설] $F = \gamma \cdot h_a \cdot A$

$$= \gamma \times \left(\frac{H}{3} \times \frac{a+2b}{a+b}\right) \times \left(\frac{(a+b) \times H}{2}\right)$$

$$= \gamma \times \frac{H^2(a+2b)}{6}$$

12. 매끄러운 원관에서 유량 Q, 관의 길이 L, 직경 D, 동점성계수 ν가 주어졌을 때 손실수두 h_f를 구하는 순서로 옳은 것은? (단, f는 마찰계수, Re는 Reynolds수, V는 속도이다.)

㉮ Moody선도에서 f를 가정한 후 Re를 계산하고 h_f를 구한다.

㉯ h_f를 가정하고 f를 구해 확인한 후 Moody선도에서 Re로 검증한다.

㉰ Re를 계산하고 Moody선도에서 f를 구한 후 h_f를 구한다.

㉱ Re를 가정하고 V를 계산하고 Moody 선도에서 f를 구한 후 h_f를 계산한다.

[해설] 주어진 조건에 의하여 레이놀즈수(Re)를 계산한 후 무디 선도(Moody diagram)에서 레이놀즈수에 따른 마찰계수(f)를 찾아 구한 후 마찰손실수두(h_f)를 계산한다.

13. 안지름 20 cm의 원관 속을 비중이 0.83인 유체가 층류(laminar flow)로 흐를 때 관 중심에서의 유속이 48 cm/s이라면 관벽에서 7 cm 떨어진 지점에서의 유체의 속도(cm/s)는?

㉮ 25.52 ㉯ 34.68

㉰ 43.68 ㉱ 46.92

[해설] ① 안지름 20 cm는 반지름이 10 cm이고, 관벽에서 7 cm 떨어진 지점은 중심에서 3 cm에 해당된다.

② 관벽에서 7 cm 떨어진 지점의 유속 계산

$$\therefore \ u = u_{\max}\left(1 - \frac{r^2}{r_0^2}\right)$$

$$= 48 \times \left(1 - \frac{3^2}{10^2}\right) = 43.68 \text{ cm/s}$$

14. 수평 원관 내에서의 유체흐름을 설명하는 Hagen Poiseuille식을 얻기 위해 필요한 가정이 아닌 것은?

㉮ 완전 발달된 흐름

㉯ 정상상태 흐름

㉰ 층류

㉱ 포텐셜 흐름

[해설] 하겐-푸아죄유(Hagen-Poiseuille) 방정식의 적용 조건 : 원형관 내에서의 점성유체가 층류로 정상상태의 흐름이다.

※ 완전히 발달된 흐름 : 원형 관내를 유체가 흐르고 있을 때 경계층이 완전히 성장하여 일정한 속도분포를 유지하면서 흐르는 흐름이다.

※ 포텐션(potential) 흐름 : 점성의 영향이 없는 완전유체의 흐름

15. 20℃, 1.03 kgf/cm^2·abs의 공기가 단열가역 압축되어 50 %의 체적 감소가 생겼다. 압축 후의 온도는? (단, 기체상수 R은 29.27 kgf·m/kg·K이며 $\dfrac{C_p}{C_v} = 1.40$이다.)

㉮ 42℃ ㉯ 68℃

㉰ 83℃ ㉱ 114℃

[해설] 가역단열과정(등엔트로피 과정)의 P, V, T 관계식 $\dfrac{T_2}{T_1} = \left(\dfrac{V_1}{V_2}\right)^{k-1} = \left(\dfrac{P_2}{P_1}\right)^{\frac{k-1}{k}}$ 이고, 압축 후의 체적 50 % 감소는 처음 체적의 0.5배에 해당된다.

$$\therefore \ T_2 = T_1 \times \left(\frac{V_1}{V_2}\right)^{k-1}$$

$$= (273+20) \times \left(\frac{1}{0.5}\right)^{1.4-1}$$

$$= 386.615\,\text{K} - 273 = 113.615\,℃$$

[해답] **12.** ㉰ **13.** ㉰ **14.** ㉱ **15.** ㉱

16. 내경이 300 mm, 길이가 300 m인 관을 통하여 평균유속 3 m/s로 흐를 때 압력손실수두는 몇 m인가? (단, Darcy-Weisbach식에서의 관마찰계수는 0.03이다.)

㉮ 12.6   ㉯ 13.8
㉰ 14.9   ㉲ 15.6

해설 $h_f = f \times \dfrac{L}{D} \times \dfrac{V^2}{2g}$

$= 0.03 \times \dfrac{300}{0.3} \times \dfrac{3^2}{2 \times 9.8} = 13.775 \text{ mH}_2\text{O}$

17. 일반적으로 원관 내부 유동에서 층류만이 일어날 수 있는 레이놀즈수(Reynolds number)의 영역은?

㉮ 2100 이상   ㉯ 2100 이하
㉰ 21000 이상   ㉲ 21000 이하

해설 레이놀즈수(Re)에 의한 유체의 유동상태 구분
  ① 층류 : $Re < 2100$ (또는 2300, 2320)
  ② 난류 : $Re > 4000$
  ③ 천이구역 : $2100 < Re < 4000$

18. 압력이 0.1 MPa, 온도 20℃에서 공기의 밀도는 몇 kg/m³인가? (단, 공기의 기체상수는 287 J/kg · K 이다.)

㉮ 1.189   ㉯ 1.314
㉰ 0.1228   ㉲ 0.6756

해설 밀도(kg/m³)는 단위체적당 질량이므로 이상기체 상태방정식 $PV = GRT$를 이용하여 계산한다.

$\therefore \rho = \dfrac{G}{V} = \dfrac{P}{RT}$

$= \dfrac{0.1 \times 10^3}{(287 \times 10^{-3}) \times (273 + 20)}$

$= 1.1891 \text{ kg/m}^3$

19. 2차원 직각좌표계(x, y)상에서 속도 포텐셜(ϕ, velocity potential)이 $\phi = Ux$로 주어지는 유동장이 있다. 이 유동장의 흐름함수(ψ, stream function)에 대한 표현식으로 옳은 것은? (단, U는 상수이다.)

㉮ $U(x+y)$ ㉯ $U(-x+y)$
㉰ Uy ㉲ $2Ux$

해설 2차원 직각좌표계(x, y)상에서 속도 포텐셜(ϕ) $\phi = Ux$로 주어지는 유동장의 흐름함수(ψ)는 y방향에도 영향을 받으므로 Uy로 표현할 수 있다.

20. 대기의 온도가 일정하다고 가정할 때 공중에 높이 떠 있는 고무풍선이 차지하는 부피(a)와 그 풍선이 땅에 내렸을 때의 부피(b)를 옳게 비교한 것은?

㉮ a는 b보다 크다.   ㉯ a와 b는 같다.
㉰ a는 b보다 작다.   ㉲ 비교할 수 없다.

해설 높은 공중[하늘](a)과 지표면(b)의 대기압을 비교하면 높은 공중의 대기압이 낮고, 지표면의 대기압은 높다. 보일의 법칙에 의하면 온도가 일정할 때 일정량의 기체가 차지하는 부피는 압력에 반비례하므로 높은 공중에 있는 고무풍선의 부피(a)가 지표면(b)에 있는 고무풍선의 부피보다 크다.

제 2 과목   연소공학

21. 상온, 상압하에서 가연성가스의 폭발에 대한 일반적인 설명 중 틀린 것은?

㉮ 폭발범위가 클수록 위험하다.
㉯ 인화점이 높을수록 위험하다.
㉰ 연소속도가 클수록 위험하다.
㉲ 착화점이 높을수록 안전하다.

해설 인화점(인화온도)이란 가연성 물질이 공기 중에서 점화원에 의하여 연소할 수 있는 최저온도이다. 그러므로 가연성 가스의 인화점이 낮을수록 위험하다.

22. 메탄가스 1 Nm³를 완전 연소시키는데 필요한 이론공기량은 약 몇 Nm³인가?

㉮ 2.0 Nm³   ㉯ 4.0 Nm³
㉰ 4.76 Nm³   ㉲ 9.5 Nm³

해답   16. ㉯   17. ㉯   18. ㉮   19. ㉰   20. ㉮   21. ㉯   22. ㉲

해설 ① 메탄(CH_4)의 완전연소 반응식

$$CH_4 + 2O_2 \rightarrow CO_2 + 2H_2O$$

② 이론공기량 계산

$$22.4\,m^3 : 2 \times 22.4\,m^3 = 1\,m^3 : x(O_0)\,m^3$$

$$\therefore A_0 = \frac{O_0}{0.2} = \frac{2 \times 22.4 \times 1}{22.4 \times 0.21} = 9.523\,m^3$$

23. 공기와 연료의 혼합기체의 표시에 대한 설명 중 옳은 것은?

㉮ 공기비(excess air ratio)는 연공비의 역수와 같다.

㉯ 당량비(equivalence ratio)는 실제의 연공비와 이론연공비의 비로 정의된다.

㉰ 연공비(fuel air ratio)라 함은 가연 혼합기 중의 공기와 연료의 질량비로 정의된다.

㉱ 공연비(air fuel ratio)라 함은 가연 혼합기 중의 연료와 공기의 질량비로 정의된다.

해설 공기와 연료의 혼합기체의 표시

① 공기비(excess air ratio) : 과잉공기계수라 하며 실제공기량(A)과 이론공기량(A_0)의 비

② 연공비(F/A : fuel air ratio) : 가연혼합기 중 연료와 공기의 질량비

③ 공연비(A/F : air duel ratio) : 가연혼합기 중 공기와 연료의 질량비

④ 당량비(equivalence ratio) : 실제의 연공비와 이론연공비의 비

24. 분자량이 30인 어떤 가스의 정압비열이 0.516 kJ/kg·K이라고 가정할 때 이 가스의 비열비 k는 약 얼마인가?

㉮ 1.0　　　㉯ 1.4

㉰ 1.8　　　㉱ 2.2

해설 ① 정적비열 계산 : $C_p - C_v = R$이고,

$$R = \frac{8.314}{M}\ kJ/kg \cdot K이다.$$

$$\therefore C_v = C_p - R = 0.516 - \frac{8.314}{30}$$

$$= 0.238\,kJ/kg \cdot K$$

② 비열비 계산

$$\therefore k = \frac{C_p}{C_v} = \frac{0.516}{0.238} = 2.168$$

25. 다음과 같은 조성을 갖는 혼합가스의 분자량은? [단, 혼합가스의 체적비는 CO_2(13.1 %), O_2(7.7 %), N_2(79.2 %)이다.]

㉮ 27.81　　　㉯ 28.94

㉰ 29.67　　　㉱ 30.41

해설 혼합가스의 평균 분자량은 성분가스의 고유 분자량에 체적비를 곱한값을 합산한 것이다.

$$\therefore M = (44 \times 0.131) + (32 \times 0.077)$$
$$+ (28 \times 0.792) = 30.404$$

26. 이상기체 10 kg을 240 K만큼 온도를 상승시키는데 필요한 열량이 정압인 경우와 정적인 경우에 그 차가 415 kJ이었다. 이 기체의 가스상수는 약 몇 kJ/kg·K인가?

㉮ 0.173　　　㉯ 0.287

㉰ 0.381　　　㉱ 0.423

해설 정압비열과 정적비열의 차이로 415 kJ의 열량차가 발생하였고, 현열량 $Q(kJ) = m \cdot C \cdot \Delta t$에서 비열 $C = \frac{Q}{m \cdot \Delta t}$이고 정압비열과 정적비열의 차이 $C_p - C_v = R$이므로 비열(C)값 대신 기체상수 R을 대입하면 된다.

$$\therefore R = \frac{Q}{m \cdot \Delta t} = \frac{415}{10 \times 240}$$
$$= 0.1729\,kJ/kg \cdot K$$

27. 옥탄(g)의 연소 엔탈피는 반응물 중의 수증기가 응축되어 물이 되었을 때 25℃에서 -48220 kJ/kg이다. 이 상태에서 옥탄(g)의 저위발열량은 약 몇 kJ/kg인가? (단, 25℃ 물의 증발엔탈피[h_{f_g}]는 2441.8 kJ/kg이다.)

㉮ 40750　　　㉯ 42320

㉰ 44750　　　㉱ 45778

해설 ① 옥탄(C_8H_{18})의 완전연소 반응식

$$C_8H_{18} + 12.5O_2 \rightarrow 8CO_2 + 9H_2O$$

해답 23. ㉰　24. ㉱　25. ㉱　26. ㉮　27. ㉰

② 옥탄 1 kg 연소 시 발생되는 수증기량 계산
$$114\,kg : 9 \times 18\,kg = 1\,kg : x\,[kg]$$
$$\therefore\ x = \frac{1 \times 9 \times 18}{114} = 1.421\,kg$$

③ 저위발열량 계산 : 옥탄의 연소 엔탈피 -48220 kJ/kg는 옥탄의 고위발열량이 48220 kJ/kg이라는 것이며, 옥탄 연소 시 발생되는 수증기량과 증발잠열을 곱한 수치를 고위발열량에서 **뺀** 값이 저위발열량이 된다.
$$\therefore\ H_L = 48220 - (2441.8 \times 1.421)$$
$$= 44750.202\,kJ/kg$$

28. 열역학 및 연소에서 사용되는 상수와 그 값이 틀린 것은?

㉮ 열의 일상당량 : 4186 J/kcal

㉯ 일반 기체상수 : 8314 J/kmol · K

㉰ 공기의 기체상수 : 287 J/kg · K

㉱ 0℃에서의 물의 증발잠열 : 539 kJ/kg

[해설] 열역학 및 연소에서 사용되는 상수

① 중력 가속도 : $9.80665\,m/s^2$

② 열의 일상당량 : 4186.05 J/kcal

③ 표준 대기압(1 atm) : 101.325 kPa

④ 0℃의 절대온도 : 273.15 K

⑤ 1 atm, 0℃의 기체 1 kmol의 체적 : 22.414 m^3/kmol

⑥ 일반 기체상수 : 8314.3 J/kmol · K

⑦ 공기의 기체상수 : 287.0 J/kg · K

⑧ 1 atm, 25℃에서의 공기의 정압비열 : 1.0061 kJ/kg · K

⑨ 0℃에서의 물의 증발잠열 : 2501.6 kJ/kg

29. 전실 화재(flash over)의 방지대책으로 가장 거리가 먼 것은?

㉮ 천장의 불연화

㉯ 폭발력의 억제

㉰ 가연물량의 제한

㉱ 화원의 억제

[해설] (1) 전실 화재(flash over) : 화재로 발생한 열이 주변의 모든 물체가 연소되기 쉬운 상태에 도달하였을 때 순간적으로 강한 화염을 분출하면서 내부 전체를 급격히 태워버리

는 현상

(2) 전실 화재 방지대책

① 연소 초기에 소화한다.

② 내장재를 불연, 준불연화 또는 방염처리한다.

③ 스프링클러 등을 이용하여 화재실의 온도를 낮춰 화원을 억제한다.

④ 가연물량을 제한한다.

⑤ 개구부의 크기를 조절한다.

⑥ 환기설비 등을 설치한다.

30. 연료의 일반적인 연소 형태가 아닌 것은?

㉮ 예혼합 연소   ㉯ 확산연소

㉰ 잠열연소   ㉱ 증발연소

[해설] 연소 형태에 따른 가연물

① 표면연소 : 목탄(숯), 코크스

② 분해연소 : 종이, 석탄, 목재, 중유

③ 증발연소 : 가솔린, 등유, 경유, 알코올, 양초, 유황

④ 확산연소 : 가연성 기체(수소, 프로판, 부탄, 아세틸렌 등)

⑤ 자기연소 : 제5류 위험물(니트로셀룰로오스, 셀룰로이드, 니트로글리세린 등)

31. 연소에서 공기비가 적을 때의 현상이 아닌 것은?

㉮ 매연의 발생이 심해진다.

㉯ 미연소에 의한 열손실이 증가한다.

㉰ 배출가스 중의 NO_2의 발생이 증가한다.

㉱ 미연소 가스에 의한 역화의 위험성이 증가한다.

[해설] 공기비의 영향

(1) 공기비가 클 경우

① 연소실내의 온도가 낮아진다.

② 배기가스로 인한 손실열이 증가한다.

③ 배기가스 중 질소산화물(NO_x)이 많아져 대기오염을 초래한다.

④ 연료소비량이 증가한다.

(2) 공기비가 작을 경우

① 불완전연소가 발생하기 쉽다.

② 미연소 가스로 인한 역화의 위험이 있다.

③ 연소효율이 감소한다(열손실이 증가한다).

32. 다음 반응 중 폭굉(detonation) 속도가 가장 빠른 것은?

㉮ $2H_2+O_2$ ㉯ CH_4+2O_2
㉰ $C_3H_8+3O_2$ ㉱ $C_3H_8+6O_2$

해설 수소(H_2)의 폭굉이 전하는 속도(폭굉속도)는 1400~3500 m/s로 다른 가연성가스에 비하여 상대적으로 빠르다.

33. 위험장소 분류 중 상용의 상태에서 가연성가스가 체류해 위험하게 될 우려가 있는 장소, 정비·보수 또는 누출 등으로 인하여 종종 가연성가스가 체류하여 위험하게 될 우려가 있는 장소는?

㉮ 제0종 위험장소 ㉯ 제1종 위험장소
㉰ 제2종 위험장소 ㉱ 제3종 위험장소

해설 위험장소의 분류

(1) 1종 장소 : 상용상태에서 가연성 가스가 체류하여 위험하게 될 우려가 있는 장소, 정비보수 또는 누출 등으로 인하여 종종 가연성 가스가 체류하여 위험하게 될 우려가 있는 장소

(2) 2종 장소
① 밀폐된 용기 또는 설비 내에 밀봉된 가연성 가스가 그 용기 또는 설비의 사고로 인해 파손되거나 오조작의 경우에만 누출할 우려가 있는 장소
② 확실한 기계적 환기조치에 의하여 가연성 가스가 체류하지 않도록 되어 있으나 환기장치에 이상이나 사고가 발생한 경우에는 가연성 가스가 체류하여 위험하게 될 우려가 있는 장소
③ 1종 장소의 주변 또는 인접한 실내에서 위험한 농도의 가연성 가스가 종종 침입할 우려가 있는 장소

(3) 0종 장소 : 상용의 상태에서 가연성가스의 농도가 연속해서 폭발하는 한계이상으로 되는 장소(폭발한계를 넘는 경우에는 폭발한계 내로 들어갈 우려가 있는 경우를 포함)

34. 액체 프로판이 298 K, 0.1 MPa에서 이론

공기를 이용하여 연소하고 있을 때 고발열량은 약 몇 MJ/kg인가? (단, 연료의 증발엔탈피는 370 kJ/kg이고, 기체상태의 생성엔탈피는 각각 C_3H_8 −103909 kJ/kmol, CO_2 −393757 kJ/kmol, 액체 및 기체상태 H_2O는 각각 −286010 kJ/kmol, −241971 kJ/kmol이다.)

㉮ 44 ㉯ 46
㉰ 50 ㉱ 2205

해설 ① 프로판(C_3H_8)의 완전연소 반응식
$$C_3H_8+5O_2 \rightarrow 3CO_2+4H_2O+Q$$
② 프로판(C_3H_8) 1 kg당 발열량(MJ) 계산 : 프로판 1 kmol은 44 kg이며, 1 MJ은 1000 kJ에 해당된다.
$$\therefore -103909 = (-393757 \times 3) + (-286010 \times 4) + Q$$
$$\therefore Q = \frac{(393757 \times 3) + (286010 \times 4) - 103909}{44 \times 1000}$$
$$= 50.486 \text{ MJ/kg}$$

35. 1 kWh의 열당량은?

㉮ 860 kcal ㉯ 632 kcal
㉰ 427 kcal ㉱ 376 kcal

해설 동력의 단위 및 일당량, 열당량
① 1 PS = 75 kgf·m/s = 632.2 kcal/h
  = 0.735 kW = 2664 kJ/h
② 1 kW = 102 kgf·m/s = 860 kcal/h
  = 1.36 PS = 3600 kJ/h

36. 이상기체의 구비조건이 아닌 것은?

㉮ 내부에너지는 온도와 무관하며 체적에 의해서만 결정된다.
㉯ 아보가드로의 법칙을 따른다.
㉰ 분자의 충돌은 완전 탄성체로 이루어진다.
㉱ 비열비는 온도에 관계없이 일정하다.

해설 이상기체의 성질
① 보일-샤를의 법칙을 만족한다.
② 아보가드로의 법칙을 따른다.
③ 내부에너지는 온도만의 함수이다.
④ 온도에 관계없이 비열비는 일정하다.
⑤ 기체의 분자력과 크기도 무시되며 분자 간의 충돌은 완전 탄성체이다.

⑥ 분자와 분자 사이의 거리가 매우 멀다.
⑦ 분자 사이의 인력이 없다.
⑧ 압축성인자가 1이다.

37. 다음은 Air-standard Otto cycle의 $P-V$ diagram이다. 이 cycle의 효율(η)을 옳게 나타낸 것은? (단, 정적열용량은 일정하다.)

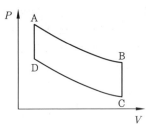

㉮ $\eta = 1 - \left(\dfrac{T_B - T_C}{T_A - T_D} \right)$

㉯ $\eta = 1 - \left(\dfrac{T_D - T_C}{T_A - T_B} \right)$

㉰ $\eta = 1 - \left(\dfrac{T_A - T_D}{T_B - T_C} \right)$

㉱ $\eta = 1 - \left(\dfrac{T_A - T_B}{T_D - T_C} \right)$

해설 오토 사이클(Otto cycle)의 이론 열효율

$$\eta = \frac{W}{q_1} = \frac{q_1 - q_2}{q_1} = 1 - \frac{q_2}{q_1} = 1 - \left(\frac{T_B - T_C}{T_A - T_D} \right)$$
$$= 1 - \left(\frac{T_B}{T_A} \right) = 1 - \left(\frac{1}{\gamma} \right)^{k-1} = 1 - \gamma \left(\frac{1}{\gamma} \right)^k$$

38. 다음 중 연소의 3요소를 옳게 나열한 것은 어느 것인가?

㉮ 가연물, 빛, 열
㉯ 가연물, 공기, 산소
㉰ 가연물, 산소, 점화원
㉱ 가연물, 질소, 단열압축

해설 연소의 3요소 : 가연물, 산소 공급원, 점화원

39. 다음 확산화염의 여러 가지 형태 중 대향분류(對向噴流) 확산화염에 해당하는 것은?

㉮

㉯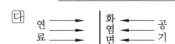

㉰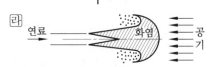

㉱

해설 ㉮ 자유분류 확산화염
㉯ 동축류 확산화염
㉰ 대향류 확산화염

40. 가스 폭발의 용어 중 DID의 정의에 대하여 가장 올바르게 나타낸 것은?

㉮ 격렬한 폭발이 완만한 연소로 넘어갈 때까지의 시간
㉯ 어느 온도에서 가열하기 시작하여 발화에 이르기까지의 시간
㉰ 폭발 등급을 나타내는 것으로서 가연성 물질의 위험성의 척도
㉱ 최초의 완만한 연소로부터 격렬한 폭굉으로 발전할 때까지의 거리

해설 폭굉 유도거리(DID : Detonation Induction Distance) : 최초의 완만한 연소가 격렬한 폭굉으로 발전될 때까지의 거리이다.

제 3 과목   가스설비

41. 고압가스 제조 장치의 재료에 대한 설명으로 틀린 것은?

㉮ 상온, 건조 상태의 염소가스에는 보통강을 사용한다.

단 암모니아, 아세틸렌의 배관 재료에는 구리를 사용한다.

단 저온에서 사용되는 비철금속 재료는 동, 니켈강을 사용한다.

란 암모니아 합성탑 내부의 재료에는 18-8 스테인리스강을 사용한다.

해설 고압가스 제조 장치 재료 중 구리(동)는 암모니아의 경우 부식의 우려가 있고, 아세틸렌의 경우 화합폭발의 우려가 있어 사용이 금지된다.

42. 고압가스 탱크의 수리를 위하여 내부가스를 배출하고 불활성가스로 치환하여 다시 공기로 치환하였다. 내부의 가스를 분석한 결과 탱크 안에서 용접작업을 해도 되는 경우는?

가 산소 20 %

나 질소 85 %

단 수소 5 %

란 일산화탄소 4000 ppm

해설 가스설비 치환농도
① 가연성가스 : 폭발하한계의 1/4 이하
② 독성가스 : TLV-TWA 기준농도 이하
③ 산소 : 22 % 이하
④ 위 시설에 작업원이 들어가는 경우 산소 농도 : 18~22 %
※ 질소가 85 %인 경우는 산소가 부족한 상태이고, 수소의 경우는 폭발하한값이 4 %이므로 치환농도는 1 % 이하가 되어야 하며, 일산화탄소는 TLV-TWA 허용농도(기준농도)가 50 ppm 이므로 부적합하다.

43. 자동절체식 조정기를 사용할 때의 장점에 해당하지 않는 것은?

가 잔류액이 거의 없어질 때까지 가스를 소비할 수 있다.

나 전체 용기의 개수가 수동절체식보다 적게 소요된다.

단 용기교환 주기를 길게 할 수 있다.

란 일체형을 사용하면 다단 감압식보다 배관의 압력손실을 크게 해도 된다.

해설 자동절체식 조정기 사용 시 장점
① 전체용기 수량이 수동교체식의 경우보다 적어도 된다.
② 잔액이 거의 없어질 때까지 소비된다.
③ 용기 교환주기의 폭을 넓힐 수 있다.
④ 분리형을 사용하면 단단 감압식보다 배관의 압력손실을 크게 해도 된다.

44. 수소화염 또는 산소·아세틸렌 화염을 사용하는 시설 중 분기되는 각각의 배관에 반드시 설치해야 하는 장치는?

가 역류방지장치 나 역화방지장치

단 긴급이송장치 란 긴급차단장치

해설 특정고압가스 사용시설 역화방지장치 설치 : 수소화염 또는 산소·아세틸렌화염을 사용하는 시설의 분기되는 각각의 배관에는 가스가 역화되는 것을 효과적으로 차단할 수 있는 역화방지장치를 설치한다.

참고 역화방지장치 : 아세틸렌, 수소 그밖에 가연성가스의 제조 및 사용설비에 부착하는 건식 또는 수봉식(아세틸렌만 적용)의 역화방지장치로 상용압력이 0.1 MPa 이하인 것을 말한다.

45. 적화식 버너의 특징으로 틀린 것은?

가 불완전연소가 되기 쉽다.

나 고온을 얻기 힘들다.

단 넓은 연소실이 필요하다.

란 1차 공기를 취할 때 역화 우려가 있다.

해설 적화식 버너의 특징
(1) 장점
① 역화의 우려가 없어 자동온도 조절장치의 사용이 용이하다.
② 적황색의 장염이 얻어진다.
③ 가스압이 낮은 곳에서도 사용할 수 있다.
④ 불꽃의 온도가 900℃ 전후로 비교적 낮아 국부과열의 우려가 없다.
(2) 단점
① 연소실이 좁으면 불완전 연소가 발생하므로 넓은 연소실이 필요하다.

② 버너 내압이 너무 높으면 리프팅 현상이 발생한다.
③ 고온을 얻기 힘들다.
④ 불꽃이 차가운 기물 등에 접촉하면 불완전연소가 발생하기 쉽고, 그을음이 부착한다.

46. 결정조직이 거칠은 것을 미세화하여 조직을 균일하게 하고 조직의 변형을 제거하기 위하여 균일하게 가열한 후 공기 중에서 냉각하는 열처리 방법은?

㉮ 퀜칭　　　　㉯ 노말라이징
㉰ 어닐링　　　　㉱ 템퍼링

해설　열처리의 종류 및 목적
① 담금질(quenching : 소입) : 강도, 경도 증가
② 불림(normalizing : 소준) : 결정조직의 미세화
③ 풀림(annealing : 소둔) : 내부응력 제거, 조직의 연화
④ 뜨임(tempering : 소려) : 연성, 인장강도 부여, 내부응력 제거

47. 다음 [그림]에서 보여주는 관이음재의 명칭은?

㉮ 소켓　　　　㉯ 니플
㉰ 부싱　　　　㉱ 캡

해설　니플(nipple) : 동일 지름의 관을 연결할 때 사용하는 부속이다.
참고　사용 용도에 의한 강관 이음재 분류
① 배관의 방향을 전환할 때 : 엘보(elbow), 벤드(bend), 리턴 벤드
② 관을 도중에 분기할 때 : 티(tee), 와이(Y), 크로스(cross)
③ 동일 지름의 관을 연결할 때 : 소켓(socket), 니플(nipple), 유니언(union)
④ 지름이 다른관(이경관)을 연결할 때 : 리듀서(reducer), 부싱(bushing), 이경 엘보,

이경 티
⑤ 관 끝을 막을 때 : 플러그(plug), 캡(cap)
⑥ 관의 분해, 수리가 필요할 때 : 유니언, 플랜지

48. 고압가스 분출 시 정전기가 가장 발생하기 쉬운 경우는?

㉮ 다성분의 혼합가스인 경우
㉯ 가스의 분자량이 작은 경우
㉰ 가스가 건조해 있을 경우
㉱ 가스 중에 액체나 고체의 미립자가 섞여 있는 경우

해설　단면적이 작은 개구부로부터 액체류, 분체류(고체의 미립자) 등이 섞여 분출할 때 마찰에 의한 분출대전으로 정전기가 발생하기 쉽다.

49. 가스액화 분리장치의 구성기기 중 왕복동식 팽창기의 특징에 대한 설명으로 틀린 것은?

㉮ 고압식 액체산소 분리장치, 수소액화장치, 헬륨액화기 등에 사용된다.
㉯ 흡입압력은 저압에서 고압(20 MPa)까지 범위가 넓다.
㉰ 팽창기의 효율은 85~90 %로 높다.
㉱ 처리 가스량이 1000 m³/h 이상의 대량이면 다기통이 된다.

해설　왕복동식 팽창기의 특징
① 팽창비 약 40 정도로 크나 효율은 60~65 % 낮다.
② 처리 가스량이 1000 m³/h 이상이 되면 다기통으로 제작하여야 한다.
③ 기통 내의 윤활에 오일이 사용되는 것이 일반적이므로 오일제거에 주의하여야 한다.
④ 고압식 액체산소 분리장치, 수소액화장치, 헬륨액화기 등에 사용된다.
⑤ 흡입압력은 저압에서 고압(20 MPa)까지 범위가 넓다.

50. 전기방식법 중 외부전원법의 특징이 아닌

것은?

㉮ 전압, 전류의 조정이 용이하다.

㉯ 전식에 대해서도 방식이 가능하다.

㉰ 효과 범위가 넓다.

㉱ 다른 매설 금속체로의 장해가 없다.

해설 외부전원법의 특징

(1) 장점

① 효과 범위가 넓다.

② 평상시의 관리가 용이하다.

③ 전압, 전류의 조성이 일정하다.

④ 전식에 대해서도 방식이 가능하다.

⑤ 장거리 배관에는 전원 장치가 적어도 된다.

(2) 단점

① 초기 설치비가 많이 소요된다.

② 다른 매설 금속체로의 장해에 대해 검토할 필요가 있다.

③ 전원을 필요로 한다.

④ 과방식의 우려가 있다.

51. 왕복식 압축기의 연속적인 용량제어 방법으로 가장 거리가 먼 것은?

㉮ 바이패스 밸브에 의한 조정

㉯ 회전수를 변경하는 방법

㉰ 흡입 주 밸브를 폐쇄하는 방법

㉱ 베인 컨트롤에 의한 방법

해설 왕복식 압축기 용량 제어법

(1) 연속적인 용량 제어법

① 흡입 주 밸브를 폐쇄하는 방법

② 타임드 밸브제어에 의한 방법

③ 회전수를 변경하는 방법

④ 바이패스 밸브에 의한 압축가스를 흡입측에 복귀시키는 방법

(2) 단계적 용량 제어법

① 클리어런스 밸브에 의한 방법

② 흡입 밸브 개방에 의한 방법

※ 베인 컨트롤에 의한 방법은 원심식 압축기의 용량제어 방법에 해당된다.

52. 도시가스 배관에서 가스 공급이 불량하게 되는 원인으로 가장 거리가 먼 것은?

㉮ 배관의 파손

㉯ Terminal Box의 불량

㉰ 정압기의 고장 또는 능력부족

㉱ 배관 내의 물의 고임, 녹으로 인한 폐쇄

해설 도시가스 배관의 공급 불량 원인

① 배관의 파손 또는 이물질로 인한 막힘

② 배관의 수송능력 부족

③ 정압기의 고장 또는 능력 부족

④ 배관 내의 물의 고임, 녹으로 인한 폐쇄

※ 터미널 박스(Terminal Box)는 전기방식 시설의 전위측정용 시설이다.

53. 가스 액화 사이클의 종류가 아닌 것은?

㉮ 클라우드식   ㉯ 필립스식

㉰ 크라시우스식   ㉱ 린데식

해설 가스 액화 사이클의 종류 : 린데식, 클라우드식, 캐피쟈식, 필립스식, 캐스케이드식

54. 1호당 1일 평균 가스 소비량이 1.44 kg/day이고 소비자 호수가 50호라면 피크시의 평균가스 소비량은? (단, 피크 시의 평균 가스 소비율은 17 %이다.)

㉮ 10.18 kg/h   ㉯ 12.24 kg/h

㉰ 13.42 kg/h   ㉱ 14.36 kg/h

해설 피크 시 평균 가스 소비량(kg/h)

= 1일 1호당 평균 가스 소비량×호수×피크 시 평균 가스 소비율

= 1.44×50×0.17 = 12.24 kg/h

※ 평균 가스 소비율(%) 때문에 1일 소비량(kg/day) 단위에서 피크 시 소비량(kg/h)의 단위가 시간당으로 변경되는 것이다. 즉, 1일 24시간 중 소비율에 해당하는 시간만큼 가스를 사용하는 것이다.

55. 피스톤 행정용량 0.00248 m^3, 회전수 175 rpm의 압축기로 1시간에 토출구로 92 kg/h의 가스가 통과하고 있을 때 가스의 토출효율은 약 몇 %인가? (단, 토출가스 1 kg을 흡입한 상태로 환산한 체적은 0.189 m^3이다.)

해답   51. ㉱   52. ㉯   53. ㉰   54. ㉯   55. ㉮

[가] 66.8　　[나] 70.2
[다] 76.8　　[라] 82.2

[해설] ① 토출효율 : 흡입된 기체부피에 대한 토출기체의 부피를 흡입된 상태로 환산한 부피 비이다.
② 흡입된 상태의 기체 부피는 피스톤 행정 용량에 분당 회전수(rpm)를 곱한 값이고, 토출된 가스량이 시간당이므로 단위시간을 맞춰 주어야 한다.
③ 토출효율 계산

$$\eta' = \frac{\text{토출기체를 흡입상태로 환산한부피}}{\text{흡입된 기체부피}} \times 100$$

$$= \frac{92 \times 0.189}{0.00248 \times 175 \times 60} \times 100 = 66.774\,\%$$

56. 가스의 연소기구가 아닌 것은?

[가] 피셔식 버너　　[나] 적화식 버너
[다] 분젠식 버너　　[라] 전1차 공기식 버너

[해설] LPG 및 도시가스용 연소기구 종류
① 적화식 버너 : 연소에 필요한 공기를 2차 공기로 모두 취하는 방식이다.
② 분젠식 버너 : 가스를 노즐로부터 분출시켜 주위의 공기를 1차 공기로 취한 후 나머지는 2차 공기를 취하는 방식이다.
③ 세미분젠식 버너 : 적화식과 분젠식의 혼합형으로 1차 공기율이 40% 이하를 취하는 방식이다.
④ 전1차 공기식 버너 : 완전연소에 필요한 공기를 모두 1차 공기로 하여 연소하는 방식이다.

57. 용기내장형 액화석유가스 난방기용 용접용기에서 최고 충전압력이란 몇 MPa를 말하는가?

[가] 1.25 MPa　　[나] 1.5 MPa
[다] 2 MPa　　[라] 2.6 MPa

[해설] 용기내장형 액화석유가스 난방기용 용접용기의 압력 기준
① 최고충전압력 : 1.5 MPa
② 내압시험압력 : 2.6 MPa
③ 기밀시험압력 : 1.5 MPa

58. 도시가스사업법에서 정의한 가스를 제조하여 배관을 통하여 공급하는 도시가스가 아닌 것은?

[가] 석유가스　　[나] 나프타부생가스
[다] 석탄가스　　[라] 바이오가스

[해설] 도시가스의 종류 : 도법 시행령 제1조의2
(1) 천연가스(액화한 것을 포함한다) : 지하에서 자연적으로 생성되는 가연성 가스로서 메탄을 주성분으로 하는 가스
(2) 천연가스와 일정량을 혼합하거나 이를 대체하여 배관을 통하여 공급되는 가스
① 석유가스 : 액화석유가스 및 석유가스를 공기와 혼합하여 제조한 가스
② 나프타부생(副生)가스 : 나프타 분해공정을 통해 에틸렌, 프로필렌 등을 제조하는 과정에서 부산물로 생성되는 가스로서 메탄이 주성분인 가스 및 이를 다른 도시가스와 혼합하여 제조한 가스
③ 바이오가스 : 유기성(有機性) 폐기물 등 바이오매스로부터 생성된 기체를 정제한 가스로서 메탄이 주성분인 가스 및 이를 다른 도시가스와 혼합하여 제조한 가스
④ 합성천연가스 : 석탄을 주원료로 하여 고온·고압의 가스화 공정을 거쳐 생산한 가스로서 메탄이 주성분인 가스 및 이를 다른 도시가스와 혼합하여 제조한 가스
⑤ 그 밖에 메탄이 주성분인 가스로서 도시가스 수급 안정과 에너지 이용효율 향상을 위해 보급할 필요가 있다고 산업통상자원부령으로 정하는 가스

59. 성능계수가 3.2인 냉동기가 10 ton의 냉동을 위하여 공급하여야 할 동력은 약 몇 kW인가?

[가] 8　　[나] 12　　[다] 16　　[라] 20

[해설] ① 냉동능력 1 ton(1 RT)는 3320 kcal/h, 1 kW는 860 kcal/h이다.
② 냉동기에 공급하여야 할 동력(kW) 계산

$$COP_R = \frac{Q_2}{W} \text{에서}$$

$$\therefore W = \frac{Q_2}{COP_R} = \frac{10 \times 3320}{3.2 \times 860} = 12.063\text{ kW}$$

[해답] 56. [가]　57. [나]　58. [다]　59. [나]

60. 다음 중 LPG를 이용한 가스 공급방식이 아닌 것은?

㉮ 변성 혼입방식   ㉯ 공기 혼합방식
㉰ 직접 혼입방식   ㉱ 가압 혼입방식

해설 LP가스를 이용한 도시가스 공급방식
① 직접 혼입방식 : 종래의 도시가스에 기화한 LPG를 그대로 공급하는 방식이다.
② 공기 혼합방식 : 기화된 LPG에 일정량의 공기를 혼합하여 공급하는 방식으로 발열량 조절, 재액화 방지, 누설 시 손실 감소, 연소효율 증대 효과를 볼 수 있다.
③ 변성 혼입방식 : LPG의 성질을 변경하여 공급하는 방식이다.

참고 LPG 강제기화 공급방식
① 생가스 공급방식
② 변성가스 공급방식
③ 공기혼합가스 공급방식

제 4 과목 가스안전관리

61. 독성가스 배관용 밸브 제조의 기준 중 고압가스안전관리법의 적용대상 밸브종류가 아닌 것은?

㉮ 니들밸브   ㉯ 게이트밸브
㉰ 체크밸브   ㉱ 볼밸브

해설 독성가스 배관용 밸브의 적용대상
① 볼밸브
② 글로브밸브
③ 게이트밸브
④ 체크밸브 및 콕

62. 압력을 가하거나 온도를 낮추면 가장 쉽게 액화하는 가스는?

㉮ 산소   ㉯ 천연가스
㉰ 질소   ㉱ 프로판

해설 ① 압력을 가하거나 온도를 낮추면 가장 쉽게 액화하는 가스는 비점이 높은 가스가 해당된다.
② 각 가스의 비점

명칭	비 점
산소	−183℃
천연가스[메탄(CH_4)]	−161.5℃
질소	−196℃
프로판	−42.1℃

63. 독성가스를 차량으로 운반할 때에는 보호장비를 비치하여야 한다. 압축가스의 용적이 몇 m^3 이상일 때 공기호흡기를 갖추어야 하는가?

㉮ 50 m^3 ㉯ 100 m^3
㉰ 500 m^3 ㉱ 1000 m^3

해설 독성가스를 운반하는 때에 휴대하는 보호구

품 명	운반하는 독성가스의 양	
	압축가스 100 m^3, 액화가스 1000 kg	
	미만인 경우	이상인 경우
방독마스크	○	○
공기호흡기	×	○
보호의	○	○
보호장갑	○	○
보호장화	○	○

64. 액화산소 저장탱크 저장능력이 2000 m^3일 때 방류둑의 용량은 얼마 이상으로 하여야 하는가?

㉮ 1200 m^3 ㉯ 1800 m^3
㉰ 2000 m^3 ㉱ 2200 m^3

해설 방류둑 용량
① 액화가스 : 저장능력에 상당하는 용적
② 액화산소 : 저장능력 상당용적의 60 % 이상
③ 집합방류둑 : 최대저장능력 +잔여 총능력의 10 %
④ 냉동제조 : 수액기 내용적의 90 % 이상
∴ 액화산소 저장탱크 방류둑 용량
  = 2000×0.6 = 1200 m^3

65. 일반도시가스 공급시설에 설치된 압력조정

기는 매 6개월에 1회 이상 안전점검을 실시한다. 압력조정기의 점검기준으로 틀린 것은？

㉮ 입구압력을 측정하고 입구압력이 명판에 표시된 입구압력 범위 이내인지 여부

㉯ 격납상자 내부에 설치된 압력조정기는 격납상자의 견고한 고정 여부

㉰ 조정기의 몸체와 연결부의 가스누출 유무

㉱ 필터 또는 스트레이너의 청소 및 손상 유무

[해설] 도시가스 공급시설에 설치된 압력조정기의 점검기준
① 압력조정기의 정상 작동 유무
② 필터나 스트레이너의 청소 및 손상 유무
③ 압력조정기의 몸체와 연결부의 가스누출 유무
④ 출구압력을 측정하고 출구압력이 명판에 표시된 출구압력 범위 이내로 공급되는지 여부
⑤ 격납상자 내부에 설치된 압력조정기는 격납상자의 견고한 고정 여부
⑥ 건축물 내부에 설치된 압력조정기의 경우는 가스방출구의 실외 안전장소에의 설치 여부
※ 안전점검 주기 : 6개월에 1회 이상(필터 또는 스트레이너의 청소는 매 2년에 1회 이상)

66. 저장탱크에 가스를 충전할 때 저장탱크 내용적의 90 %를 넘지 않도록 충전해야 하는 이유는？

㉮ 액의 요동을 방지하기 위하여

㉯ 충격을 흡수하기 위하여

㉰ 온도에 따른 액 팽창이 현저히 커지므로 안전공간을 유지하기 위하여

㉱ 추가로 충전할 때를 대비하기 위하여

[해설] 액화가스를 저장탱크에 충전할 때 온도변화에 따른 액 팽창을 흡수하고, 기화된 가스가 체류할 수 있는 안전공간을 확보하기 위하여 내용적의 90 %를 넘지 않도록 충전한다.

67. 불화수소(HF) 가스를 물에 흡수시킨 물질을 저장하는 용기로 사용하기에 가장 부적절한 것은？

㉮ 납용기

㉯ 유리용기

㉰ 강용기

㉱ 스테인리스용기

[해설] 불화수소(HF)의 특징
① 플루오린과 수소의 화합물로 분자량 20.01이다.
② 무색의 자극적인 냄새가 난다.
③ 불연성 물질로 연소되지 않지만 열에 의해 분해되어 부식성 및 독성 증기(TLV-TWA 0.5 ppm)를 생성할 수 있다.
④ 강산으로 염기류와 격렬히 반응한다.
⑤ 무수물이 수용액보다 더 강산의 성질을 갖는다.
⑥ 금속과 접촉 시 인화성 수소가 생성될 수 있다.
⑦ 흡입 시 기침, 현기증, 두통, 메스꺼움, 호흡곤란을 일으킬 수 있다.
⑧ 피부에 접촉 시 화학적 화상, 액체 접촉 시 동상을 일으킬 수 있다.
⑨ 유리와 반응하기 때문에 유리병에 보관해서는 안 된다.

68. 아세틸렌을 용기에 충전할 때에는 미리 용기에 다공질물을 고루 채워야 하는데, 이때 다공질물의 다공도 상한 값은？

㉮ 72 % 미만　　㉯ 85 % 미만

㉰ 92 % 미만　　㉱ 98 % 미만

[해설] 아세틸렌을 용기에 충전하는 때에는 미리 용기에 다공질물을 고루 채워 다공도가 75 % 이상 92 % 미만이 되도록 한 후 아세톤 또는 디메틸포름아미드를 고루 침윤시키고 충전한다.

69. 액화석유가스용 소형저장탱크의 설치장소의 기준으로 틀린 것은？

㉮ 지상설치식으로 한다.

㉯ 액화석유가스가 누출한 경우 체류하지

않도록 통풍이 좋은 장소에 설치한다.

[대] 전용탱크실로 하여 옥외에 설치한다.

[래] 건축물이나 사람이 통행하는 구조물의 하부에 설치하지 아니한다.

해설 소형저장탱크 설치장소의 기준

① 옥외에 지상설치식으로 설치한다.

② 습기가 적은 장소에 설치한다.

③ 액화석유가스가 누출될 경우 체류하지 않도록 통풍이 좋은 장소에 설치한다.

④ 기초의 침하, 산사태, 홍수 등에 따른 피해의 우려가 없는 장소에 설치한다.

⑤ 수평한 장소에 설치한다.

⑥ 부등침하 등으로 탱크나 배관 등에 유해한 결함이 발생할 우려가 없는 장소에 설치한다.

⑦ 건축물이나 사람이 통행하는 구조물의 하부에 설치하지 않는다.

※ 소형저장탱크를 전용탱크실에 설치하는 경우 옥외에 설치하지 않을 수 있다.

70. 용기에 의한 액화석유가스 저장소의 저장 설비 설치기준으로 틀린 것은?

[가] 용기보관실 설치 시 저장설비는 용기 집합식으로 하지 아니한다.

[나] 용기보관실은 사무실과 구분하여 동일한 부지에 설치한다.

[다] 실외저장소 설치 시 충전용기와 잔가스 용기의 보관장소는 1.5 m 이상의 거리를 두어 구분하여 설치한다.

[래] 실외저장소 설치 시 바닥으로부터 2 m 이내의 배수시설이 있을 경우에는 방수 재료로 이중으로 덮는다.

해설 용기에 의한 액화석유가스 저장소의 저장설비 설치기준

① 용기보관실은 사무실과 구분하여 동일한 부지에 설치하되, 용기보관실에서 누출되는 가스가 사무실로 유입되지 아니하는 구조로 한다.

② 저장설비는 용기집합식으로 하지 아니한다.

③ 용기보관실은 불연재료를 사용하고 용기

보관실 창의 유리는 망입유리 또는 안전유리로 한다.

④ 실외저장소 설치 시 충전용기와 잔가스 용기의 보관장소는 1.5 m 이상의 거리를 두어 구분하여 설치한다.

⑤ 실외저장소 설치 시 바닥으로부터 3 m 이내의 도랑이나 배수시설이 있을 경우에는 방수재료로 이중으로 덮는다.

⑥ 실외저장소 설치 시 움푹 패인 곳은 적절한 재료로 포장하거나 매워 평평하게 한다.

⑦ 실외저장소 안의 용기군(容器群) 사이의 통로 기준

㉠ 용기의 단위 집적량은 30톤을 초과하지 아니할 것

㉡ 팰릿(pallet)에 넣어 집적된 용기군 사이의 통로는 그 너비가 2.5 m 이상일 것

㉢ 팰릿에 넣지 아니한 용기군 사이의 통로는 그 너비가 1.5 m 이상일 것

⑧ 실외저장소 안의 집적된 용기의 높이의 기준

㉠ 팰릿에 넣어 집적된 용기의 높이는 5 m 이하일 것

㉡ 팰릿에 넣지 아니한 용기는 2단 이하로 쌓을 것

71. 도시가스사업법에서 요구하는 전문교육 대상자가 아닌 것은?

[가] 도시가스사업자의 안전관리책임자

[나] 특정가스사용시설의 안전관리책임자

[다] 도시가스사업자의 안전점검원

[래] 도시가스사업자의 사용시설점검원

해설 전문교육 대상자 : 도법 시행규칙 별표14

① 도시가스사업자의 안전관리책임자, 안전관리원, 안전점검원

② 가스사용시설 안전관리업무대행자에 채용된 기술인력 중 안전관리책임자

③ 특정가스사용시설의 안전관리책임자

④ 제1종 가스시설 시공자에 채용된 시공관리자

⑤ 시공사 및 제2종 가스시설 시공업자에 채용된 시공관리자

⑥ 온수보일러 시공자와 제3종 가스시설 시 공업자에 채용된 온수보일러 시공관리자
※ 교육시기는 신규 종사 후 6개월 이내 및 그 후에는 3년이 되는 해마다 1회

72. 가스안전 위험성 평가기법 중 정량적 평가에 해당되는 것은?

㉮ 체크리스트기법
㉯ 위험과 운전 분석기법
㉱ 작업자 실수 분석기법
㉲ 사고예상 질문 분석기법

해설 위험성(안전성) 평가기법
① 정성적 평가기법 : 체크리스트(checklist)기법, 사고예상 질문 분석(WHAT-IF)기법, 위험과 운전 분석(HAZOP)기법
② 정량적 평가기법 : 작업자 실수 분석(HEA)기법, 결함수 분석(FTA)기법, 사건수 분석(ETA)기법, 원인 결과 분석(CCA)기법
③ 기타 : 상대 위험순위 결정 기법, 이상 위험도 분석

73. 용기에 의한 액화석유가스 저장소에서 액화석유가스의 충전용기 보관실에 설치하는 환기구의 통풍가능 면적의 합계는 바닥면적 $1\,m^2$마다 몇 cm^2 이상이어야 하는가?

㉮ $250\,cm^2$
㉯ $300\,cm^2$
㉱ $400\,cm^2$
㉲ $650\,cm^2$

해설 자연환기설비 설치 : 외기에 면하여 설치된 환기구의 통풍가능 면적의 합계는 바닥면적 $1\,m^2$마다 $300\,cm^2$의 비율로 계산한 면적 이상으로 하고, 1개소 환기구의 면적은 2400 cm^2 이하로 한다.

74. 일반 용기의 도색이 잘못 연결된 것은?

㉮ 액화염소 – 갈색
㉯ 아세틸렌 – 황색
㉱ 액화탄산가스 – 회색
㉲ 액화암모니아 – 백색

해설 가스 종류별 용기 도색

가스 종류	용기 도색	
	공업용	의료용
산소 (O_2)	녹색	백색
수소 (H_2)	주황색	–
액화탄산가스 (CO_2)	청색	회색
액화석유가스	밝은 회색	–
아세틸렌 (C_2H_2)	황색	–
암모니아 (NH_3)	백색	–
액화염소 (Cl_2)	갈색	–
질소 (N_2)	회색	흑색
아산화질소 (N_2O)	회색	청색
헬륨 (He)	회색	갈색
에틸렌 (C_2H_4)	회색	자색
사이클로 프로판	회색	주황색
기타의 가스	회색	–

75. 염소와 동일 차량에 적재하여 운반하여도 무방한 것은?

㉮ 산소
㉯ 아세틸렌
㉱ 암모니아
㉲ 수소

해설 혼합적재 금지 기준
① 염소와 아세틸렌, 암모니아, 수소는 동일 차량에 적재하여 운반하지 아니한다.
② 가연성가스와 산소를 동일차량에 적재하여 운반하는 때에는 그 충전용기의 밸브가 서로 마주보지 아니하도록 적재한다.
③ 충전용기와 위험물 안전관리법에서 정하는 위험물과는 동일차량에 적재하여 운반하지 아니한다.
④ 독성가스 중 가연성가스와 조연성가스는 동일 차량적재함에 운반하지 아니한다.

76. 폭발 상한값은 수소, 폭발 하한값은 암모니아와 가장 유사한 가스는?

㉮ 에탄
㉯ 일산화탄소
㉱ 산화프로필렌
㉲ 메틸아민

해설 공기 중에서 폭발범위

명칭	폭발범위
수소(H_2)	4~75 %
암모니아(NH_2)	15~28 %
에탄(C_2H_6)	3~12.5 %
일산화탄소(CO)	12.5~74 %
산화프로필렌(C_3H_6O)	2.1~38.5 %
메틸아민(CH_3NH_2)	4.9~20.7 %

※ 산화프로필렌(C_3H_6O)은 비점이 34℃로 상온에서 무색, 투명한 에테르 냄새가 나는 휘발성 액체로 제4류 위험물에 속한다.

77. 고압가스 충전용기를 차량에 적재 운반할 때의 기준으로 틀린 것은?

㉮ 충돌을 예방하기 위하여 고무링을 씌운다.

㉯ 모든 충전용기는 적재함에 넣어 세워서 적재한다.

㉰ 충격을 방지하기 위하여 완충판 등을 갖추고 사용한다.

㉱ 독성가스 중 가연성가스와 조연성가스는 동일 차량 적재함에 운반하지 않는다.

해설 충전용기를 차량에 적재할 때에는 차량운행 중의 동요로 인하여 용기가 충돌하지 아니하도록 고무링을 씌우거나 적재함에 넣어 세워서 적재한다. 다만, 압축가스의 충전용기 중 그 형태 및 운반차량의 구조상 세워서 적재하기 곤란할 때에는 적재함 높이 이내로 눕혀서 적재할 수 있다.

78. 초저온 용기의 신규 검사 시 다른 용접용기 검사 항목과 달리 특별히 시험하여야 하는 검사 항목은?

㉮ 압궤시험　　㉯ 인장시험

㉰ 굽힘시험　　㉱ 단열성능시험

해설 초저온 용기 신규검사 항목은 용접용기 신규검사 항목에 단열성능검사가 추가된다.

79. 고압가스용 용접용기의 반타원체형 경판의 두께 계산식은 다음과 같다. m을 올바르게 설명한 것은?

$$t = \frac{PDV}{2S\eta - 0.2P} + C \text{ 에서 } V = \frac{2 + m^2}{6} \text{이다.}$$

㉮ 동체의 내경과 외경비

㉯ 강판 중앙단곡부의 내경과 경판둘레의 단곡부 내경비

㉰ 반타원체형 내면의 장축부와 단축부의 길이의 비

㉱ 경판 내경과 경판 장축부의 길이의 비

해설 반타원체형 경판 두께 계산식의 각 기호 의미

① t : 두께(mm)

② P : 최고충전압력(MPa)

③ D : 반타원체 내면의 장축부길이에 각각 부식여유의 두께를 더한 길이(mm)

④ S : 재료의 허용응력(N/mm²)

⑤ η : 용접효율

⑥ C : 부식여유두께(mm)

⑦ V : 반타원체형 경판의 형상에 의한 계수로 산식에 따라 계산된 수치

⑧ m : 반타원체형 내면의 장축부와 단축부의 길이의 비

80. 고압가스 특정제조시설에서 에어졸 제조의 기준으로 틀린 것은?

㉮ 에어졸 제조는 그 성분 배합비 및 1일에 제조하는 최대수량을 정하고 이를 준수한다.

㉯ 금속제의 용기는 그 두께가 0.125 mm 이상이고 내용물로 인한 부식을 방지할 수 있는 조치를 한다.

㉰ 용기는 40℃에서 용기 안의 가스압력의 1.2배의 압력을 가할 때 파열되지 않는 것으로 한다.

㉱ 내용적이 100 cm³을 초과하는 용기는 그 용기의 제조자의 명칭 또는 기호가 표시되어 있는 것으로 한다.

해설 에어졸 용기는 50℃에서 용기 안의 가스 압력의 1.5배의 압력을 가할 때에 변형되지 아니하고, 50℃에서 용기 안의 가스압력의 1.8배의 압력을 가할 때에 파열되지 아니하는 것으로 한다. 다만, 1.3 MPa 이상의 압력을 가할 때에 변형되지 아니하고, 1.5 MPa의 압력을 가할 때에 파열되지 아니한 것은 그러하지 아니하다.

제 5 과목 가스계측

81. 내경 70 mm의 배관으로 어떤 양의 물을 보냈더니 배관 내 유속이 3 m/s이었다. 같은 양의 물을 내경 50 mm의 배관으로 보내면 배관 유속은 약 몇 m/s가 되는가?

㉮ 2.56 ㉯ 3.67
㉰ 4.20 ㉱ 5.88

해설 $Q_1 = Q_2$이므로 $A_1 V_1 = A_2 V_2$이다.

$$\therefore V_2 = \frac{A_1}{A_2} V_1 = \frac{\frac{\pi}{4} \times 0.07^2}{\frac{\pi}{4} \times 0.05^2} \times 3 = 5.88 \text{ m/s}$$

82. 용량범위가 1.5~200 m³/h로 일반 수용가에 널리 사용되는 가스미터는?

㉮ 루트 미터 ㉯ 습식 가스미터
㉰ 델터 미터 ㉱ 막식 가스미터

해설 막식 가스미터의 특징
① 가격이 저렴하다.
② 유지관리에 시간을 요하지 않는다.
③ 대용량의 것은 설치면적이 크다.
④ 일반 수용가에 널리 사용된다.
⑤ 용량범위는 1.5~200 m³/h이다.

83. 머무른 시간 407초, 길이 12.2 m인 컬럼에서의 띠너비를 바닥에서 측정하였을 때 13초이었다. 이때 단 높이는 몇 mm인가?

㉮ 0.58 ㉯ 0.68
㉰ 0.78 ㉱ 0.88

해설 ① 이론단수(N) 계산

$$\therefore N = 16 \times \left(\frac{Tr}{W}\right)^2$$

$$= 16 \times \left(\frac{407}{13}\right)^2 = 15682.745$$

② 이론 단높이 계산

$$\therefore \text{이론 단높이(HETP)} = \frac{L}{N}$$

$$= \frac{12.2 \times 1000}{15682.745} = 0.777 \text{ mm}$$

84. 스프링식 저울에 물체의 무게가 작용되어 스프링의 변위가 생기고 이에 따라 바늘의 변위가 생겨 물체의 무게를 지시하는 눈금으로 무게를 측정하는 방법을 무엇이라 하는가?

㉮ 영위법 ㉯ 치환법
㉰ 편위법 ㉱ 보상법

해설 측정방법
① 편위법 : 측정량과 관계있는 다른 양으로 변환시켜 측정하는 방법으로 정도는 낮지만 측정이 간단하다. 부르동관 압력계, 스프링식 저울, 전류계 등이 해당된다.
② 영위법 : 기준량과 측정하고자 하는 상태량을 비교·평형시켜 측정하는 것으로 천칭을 이용하여 질량을 측정하는 것이 해당된다.
③ 치환법 : 지시량과 미리 알고 있는 다른 양으로부터 측정량을 나타내는 방법으로 다이얼게이지를 이용하여 두께를 측정하는 것이 해당된다.
④ 보상법 : 측정량과 거의 같은 미리 알고 있는 양을 준비하여 측정량과 그 미리 알고 있는 양의 차이로써 측정량을 알아내는 방법이다.

85. 상대습도가 30 %이고, 압력과 온도가 각각 1.1 bar, 75℃인 습공기가 100 m³/h로 공정에 유입될 때 몰습도(mol · H₂O/mol · dry air)는? (단, 75℃에서 포화수증기압은 289 mmHg이다.)

㉮ 0.017 ㉯ 0.117
㉰ 0.129 ㉱ 0.317

해설 ① 수증기 분압(P_w) 계산

$$\phi = \frac{\text{수증기 분압}(P_w)}{t\,℃\,\text{에서의 포화 수증기압}(P_s)}$$

$$\therefore \ P_w = \phi \times P_s = 0.3 \times 289 = 86.7 \ \text{mmHg}$$

② 습공기 전압(P)을 'bar'단위에서 'mmHg'단위로 계산

$$\therefore \ P = \frac{1.1}{1.01325} \times 760 = 825.067 \ \text{mmHg}$$

③ 몰습도(mol · H$_2$O/mol · dry air) 계산

$$\therefore \ \text{몰습도} = \frac{P_w}{P - P_w} = \frac{86.7}{825.067 - 86.7}$$
$$= 0.117 \ \text{mol · H}_2\text{O/mol · dry air}$$

86. 부르동(Bourdon)관 압력계에 대한 설명으로 틀린 것은?

㉠ 높은 압력은 측정할 수 있지만 정도는 좋지 않다.

㉡ 고압용 부르동관의 재질은 니켈강이 사용된다.

㉢ 탄성을 이용하는 압력계이다.

㉣ 부르동관의 선단은 압력이 상승하면 수축되고, 낮아지면 팽창한다.

해설 부르동관(bourdon tube) 압력계 : 2차 압력계 중에서 가장 대표적인 것으로 부르동관의 탄성을 이용하여 곡관에 압력이 가해지면 곡률반지름이 증대되고, 압력이 낮아지면 수축하는 원리를 이용한 것이다. 부르동관의 종류는 C자형, 스파이럴형(spiral type), 헬리컬형(helical type), 버튼형 등이 있다.

87. 다음 [보기]에서 설명하는 가스미터는?

───〈보 기〉───

- 설치공간을 적게 차지한다.
- 대용량의 가스측정에 적당하다.
- 설치 후의 유지관리가 필요하다.
- 가스의 압력이 높아도 사용이 가능하다.

㉠ 막식 가스미터   ㉡ 루트 미터

㉢ 습식 가스미터   ㉣ 오리피스 미터

해설 루트(roots)형 가스미터의 특징

① 대유량 가스측정에 적합하다.

② 중압가스의 계량이 가능하다.

③ 설치면적이 적고, 연속흐름으로 맥동현상이 없다.

④ 여과기의 설치 및 설치 후의 유지관리가 필요하다.

⑤ 0.5 m^3/h 이하의 적은 유량에는 부동의 우려가 있다.

⑥ 구조가 비교적 복잡하다.

⑦ 대량 수용가에 사용된다.

⑧ 용량 범위는 100~5000 m^3/h이다.

88. 제베크(Seebeck)효과의 원리를 이용한 온도계는?

㉠ 열전대 온도계   ㉡ 서미스터 온도계

㉢ 팽창식 온도계   ㉣ 광전관 온도계

해설 열전대 온도계 : 2종류의 금속선을 접속하여 하나의 회로를 만들어 2개의 접점에 온도차를 부여하면 회로에 접점의 온도에 거의 비례한 전류(열기전력)가 흐르는 현상인 제베크효과(Seebeck effect)를 이용한 것으로 열기전력은 전위차계를 이용하여 측정한다.

89. 헴펠식 가스분석법에서 흡수·분리되지 않은 성분은?

㉠ 이산화탄소   ㉡ 수소

㉢ 중탄화수소   ㉣ 산소

해설 헴펠(Hempel)식 분석순서 및 흡수제

순서	분석가스	흡수제
1	CO$_2$	KOH 30 % 수용액
2	C$_m$H$_n$	발연황산
3	O$_2$	피로갈롤 용액
4	CO	암모니아성 염화 제1구리 용액

※ C$_m$H$_n$을 중탄화수소로 지칭한다.

90. 기체크로마토그래피법의 검출기에 대한 설명으로 옳은 것은?

㉠ 불꽃이온화 검출기는 감도가 낮다.

내 전자포획 검출기는 선형 감응범위가 아주 우수하다.

다 열전도 검출기는 유기 및 무기화학종에 모두 감응하고 용질이 파괴되지 않는다.

라 불꽃광도 검출기는 모든 물질에 적용된다.

해설 기체크로마토그래피법의 검출기 특징

① 수소 불꽃이온화 검출기(FID)는 탄화수소에 대한 감응이 좋다.

② 전자포획 이온화 검출기(ECD)는 방사선으로 캐리어가스가 이온화되어 생긴 자유전자를 시료 성분이 포획하면 이온전류가 감소하는 것을 이용한 것으로 유기 할로겐 화합물, 니트로 화합물 및 유기금속 화합물을 선택적으로 검출할 수 있으며, 선형 감응범위가 작은 단점을 가지고 있다.

③ 열전도형 검출기(TCD)는 캐리어가스(H_2, He)와 시료성분 가스의 열전도차를 금속 필라멘트 또는 서미스터의 저항변화로 검출하는 형식으로 유기 및 무기화학종 모두에 감응한다.

④ 염광광도형 검출기(FPD)는 수소염에 의하여 시료성분을 연소시키고 이때 발생하는 불꽃의 광도를 측정하여 인, 황화합물을 선택적으로 검출한다.

91. 수소의 품질검사에 이용되는 분석방법은?

㉮ 오르사트법

㉯ 산화 연소법

㉰ 인화법

㉱ 파라듐블랙에 의한 흡수법

해설 품질검사 대상 및 분석방법(검사법)

구분	시약	검사법	순도
산소	동·암모니아	오르사트법	99.5 % 이상
수소	피로갈롤, 하이드로 설파이드	오르사트법	98.5 % 이상
아세틸렌	발연황산	오르사트법	98 % 이상
	브롬시약	뷰렛법	
	질산은 시약	정성시험	

92. 변화되는 목표치를 측정하면서 제어량을 목표치에 맞추는 자동제어 방식이 아닌 것은?

㉮ 추종 제어   ㉯ 비율 제어

㉰ 프로그램 제어   ㉱ 정치 제어

해설 제어방법에 의한 분류

① 정치 제어 : 목표값이 일정한 제어

② 추치 제어 : 목표값을 측정하면서 제어량을 목표값에 일치하도록 맞추는 방식으로 추종 제어, 비율 제어, 프로그램 제어 등이 있다.

③ 캐스케이드 제어 : 두 개의 제어계를 조합하여 제어량의 1차 조절계를 측정하고 그 조작 출력으로 2차 조절계의 목표값을 설정하는 방법

93. 화학분석법 중 요오드(I) 적정법은 주로 어떤 가스를 정량하는데 사용되는가?

㉮ 일산화탄소   ㉯ 아황산가스

㉰ 황화수소   ㉱ 메탄

해설 요오드 적정법 : 요오드 표준용액을 사용하여 황화수소(H_2S)의 정량을 행하는 직접법(Iodimetry)과 유리되는 요오드를 티오황산나트륨 용액으로 적정하여 산소(O_2)를 산출하는 간접법(Iodometry)이 있다.

94. 진동이 일어나는 장치의 진동을 억제하는데 가장 효과적인 제어동작은?

㉮ 뱅뱅 동작   ㉯ 비례 동작

㉰ 적분 동작   ㉱ 미분 동작

해설 미분(D) 동작 : 조작량이 동작신호의 미분치에 비례하는 동작으로 비례 동작과 함께 쓰이며 일반적으로 진동이 제어되어 빨리 안정된다.

95. 다음 가스분석 방법 중 성질이 다른 하나는?

㉮ 자동화학식

㉯ 열전도율법

㉰ 밀도법

㉱ 기체크로마토그래피법

해설 (1) 자동화학식 CO_2 분석계 : 오르사트 가스 분석계의 조작을 자동화한 것으로 CO_2를 흡수액에 흡수시켜 이것에 시료가스의 용적감소를 측정하여 CO_2 농도를 지시하는 것으로 화학적 가스분석계이다.

(2) 특징
 ① 조작은 모두 자동화되어 있다.
 ② 선택성이 좋고 정도가 높다.
 ③ 구조가 유리부품이어서 파손이 많다.
 ④ 흡수액 선정에 따라 O_2 및 CO의 분석계로도 사용할 수 있다.
 ⑤ 점검과 소모품 보수를 요한다.

96. 다음 [보기]에서 설명하는 열전대 온도계(thermoelectric thermometer)의 종류는?

〈보 기〉
－기전력 특성이 우수하다.
－환원성 분위기에 강하나 수분을 포함한 산화성 분위기에는 약하다.
－값이 비교적 저렴하다.
－수소와 일산화탄소 등에 사용이 가능하다.

㉮ 백금-백금·백금로듐
㉯ 크로멜-알루멜
㉰ 철-콘스탄탄
㉱ 구리-콘스탄탄

해설 철－콘스탄탄(IC : J형) 열전대 특징
 ① 가격이 저렴하고 열기전력이 크다.
 ② 환원성 분위기에 강하지만, 산화성 분위기에 약하다.
 ③ 호환성이 좋지 않다.
 ④ 선의 지름이 큰 것을 사용하면 800℃까지 측정할 수 있다.
 ⑤ 측정범위는 −20~800℃이다.

97. 막식가스미터에서 발생할 수 있는 고장의 형태 중 가스미터에 감도 유량을 흘렸을 때, 미터 지침의 시도(示度)에 변화가 나타나지 않는 고장을 의미하는 것은?

㉮ 감도 불량   ㉯ 부동
㉰ 불통   ㉱ 기차 불량

해설 막식가스미터의 고장 종류
 ① 부동(不動) : 가스는 계량기를 통과하나 지침이 작동하지 않는 고장
 ② 불통(不通) : 가스가 계량기를 통과하지 못하는 고장
 ③ 기차(오차) 불량 : 사용공차를 초과하는 고장
 ④ 감도 불량 : 감도 유량을 통과시켰을 때 지침의 시도(示度) 변화가 나타나지 않는 고장

98. 다음 중 액면 측정 방법이 아닌 것은?

㉮ 플로트식   ㉯ 압력식
㉰ 정전용량식   ㉱ 박막식

해설 액면계의 구분
 ① 직접식 : 직관식, 플로트식(부자식), 검척식
 ② 간접식 : 압력식, 초음파식, 저항전극식, 정전용량식, 방사선식, 차압식, 다이어프램식, 편위식, 기포식, 슬립 튜브식 등

99. 측정치가 일정하지 않고 분포 현상을 일으키는 흩어짐(dispersion)이 원인이 되는 오차는?

㉮ 개인 오차   ㉯ 환경 오차
㉰ 이론 오차   ㉱ 우연 오차

해설 우연오차 : 우연하고도 필연적으로 생기는 오차로서 이 오차는 원인을 모르기 때문에 보정이 불가능하며, 상대적인 분포 현상을 가진 측정값을 나타낸다. 이러한 분포 현상을 산포라 하며 산포에 의하여 일어나는 오차를 우연 오차라 한다. 여러 번 측정하여 통계적으로 처리한다.

100. 다음 중 측온 저항체의 종류가 아닌 것은?

㉮ Hg   ㉯ Ni
㉰ Cu   ㉱ Pt

해설 측온 저항체의 종류 및 측정온도
 ① 백금(Pt) 측온 저항체 : −200~500℃
 ② 니켈(Ni) 측온 저항체 : −50~150℃
 ③ 동(Cu) 측온 저항체 : 0~120℃

제1과목 가스유체역학

1. 다음과 같은 일반적인 베르누이의 정리에 적용되는 조건이 아닌 것은?

$$\frac{P}{\rho g} + \frac{V^2}{2g} + Z = \text{constant}$$

㋑ 정상 상태의 흐름이다.

㋚ 마찰이 없는 흐름이다.

㋣ 직선관에서만의 흐름이다.

㋤ 같은 유선상에 있는 흐름이다.

[해설] 베르누이 방정식이 적용되는 조건
① 적용되는 임의 두 점은 같은 유선상에 있다.
② 정상 상태의 흐름이다.
③ 마찰이 없는 이상유체의 흐름이다.
④ 비압축성 유체의 흐름이다.
⑤ 외력은 중력만 작용한다.
⑥ 유체흐름 중 내부에너지 손실이 없는 흐름이다.

2. 압력계의 눈금이 1.2 MPa를 나타내고 있으며 대기압이 720 mmHg일 때 절대압력은 몇 kPa인가?

㋑ 720   ㋚ 1200

㋣ 1296   ㋤ 1301

[해설] ① $1\,\text{atm} = 760\,\text{mmHg} = 76\,\text{cmHg} = 1.0332$
$\text{kgf/cm}^2 = 101.325\,\text{kPa} = 0.101325\,\text{MPa}$이고, $1\,\text{MPa} = 1000\,\text{kPa}$이다.
② 절대압력 계산
∴ 절대압력 = 대기압 + 게이지 압력
$$= \left(\frac{720}{760} \times 101.325\right) + \left(1.2 \times 10^3\right)$$
$$= 1295.992\,\text{kPa}$$

3. 냇물을 건널 때 안전을 위하여 일반적으로 물의 폭이 넓은 곳으로 건너간다. 그 이유는 폭이 넓은 곳에서는 유속이 느리기 때문이다. 이는 다음 중 어느 원리와 가장 관계가 깊은가?

㋑ 연속 방정식

㋚ 운동량 방정식

㋣ 베르누이의 방정식

㋤ 오일러의 운동방정식

[해설] 연속 방정식 : 질량보존의 법칙을 유체 유동에 적용시킨 것으로 어느 지점에서나 유량(질량유량)은 같다. 그러므로 물이 흐르는 냇가의 폭이 좁으면 유속은 빨라지고, 반대로 폭이 넓으면 유속이 느리기 때문에 물은 천천히 흐른다.

4. 수차의 효율을 η, 수차의 실제 출력을 $L[\text{PS}]$, 수량을 $Q[\text{m}^3/\text{s}]$라 할 때 유효낙차 $H[\text{m}]$를 구하는 식은?

㋑ $H = \dfrac{L}{13.3\,\eta\,Q}\,[\text{m}]$

㋚ $H = \dfrac{QL}{13.3\,\eta}\,[\text{m}]$

㋣ $H = \dfrac{L\eta}{13.3\,Q}\,[\text{m}]$

㋤ $H = \dfrac{\eta}{L \times 13.3\,Q}\,[\text{m}]$

[해설] ① 수차의 효율 계산식 $\eta = \dfrac{\text{실제출력}(L)}{\text{이론출력}(L_a)}$
이고, 이론출력 $L_a[\text{PS}] = \dfrac{\gamma \times H \times Q}{75}$이며 물의 비중량($\gamma$)은 $1000\,\text{kgf/m}^3$이다.
$$\therefore\ L = L_a \times \eta = \left(\frac{1000 \times H \times Q}{75}\right) \times \eta$$
$$= \left(\frac{1000}{75} \times H \times Q\right) \times \eta$$
$$= 13.33 \times H \times Q \times \eta$$
② 유효낙차 계산식
$$\therefore\ H = \frac{L}{13.33\,\eta\,Q}\,[\text{m}]$$

5. 펌프의 회전수를 $n[\text{rpm}]$, 유량을 $Q[\text{m}^3/\text{min}]$, 양정을 $H[\text{m}]$라 할 때 펌프의 비교회

전도 n_s를 구하는 식은?

㉮ $n_s = nQ^{\frac{1}{2}} H^{-\frac{3}{4}}$

㉯ $n_s = nQ^{-\frac{1}{2}} H^{\frac{3}{4}}$

㉰ $n_s = nQ^{-\frac{1}{2}} H^{-\frac{3}{4}}$

㉱ $n_s = nQ^{\frac{1}{2}} H^{\frac{3}{4}}$

[해설] ① 비교회전도 계산식

$$\therefore n_s = \frac{n \times \sqrt{Q}}{H^{\frac{3}{4}}} = \frac{n \times Q^{\frac{1}{2}}}{H^{\frac{3}{4}}}$$
$$= n \times Q^{\frac{1}{2}} \times H^{-\frac{3}{4}}$$

② 비교회전도(비속도) : 원심펌프에서 토출량 1 m³/min, 양정 1 m가 발생하도록 설계한 경우의 판상 임펠러의 매분 회전수이다.

6. 원관 내 유체의 흐름에 대한 설명 중 틀린 것은?

㉮ 일반적으로 층류는 레이놀즈수가 약 2100 이하인 흐름이다.

㉯ 일반적으로 난류는 레이놀즈수가 약 4000 이상인 흐름이다.

㉰ 일반적으로 관 중심부의 유속은 평균 유속보다 빠르다.

㉱ 일반적으로 최대속도에 대한 평균속도 의 비는 난류가 층류보다 작다.

[해설] 일반적으로 최대속도에 대한 평균속도의 비는 난류가 층류보다 크다.

7. 내경이 2.5×10^{-3} m인 원관에 0.3 m/s의 평균속도로 유체가 흐를 때 유량은 약 몇 m³/s 인가?

㉮ 1.06×10^{-6} ㉯ 1.47×10^{-6}

㉰ 2.47×10^{-6} ㉱ 5.23×10^{-6}

[해설] $Q = A \times V = \left(\frac{\pi}{4} \times D^2\right) \times V$

$$= \left\{\frac{\pi}{4} \times (2.5 \times 10^{-3})^2\right\} \times 0.3$$
$$= 1.472 \times 10^{-6} \, \text{m}^3/\text{s}$$

8. 간격이 좁은 2개의 연직 평판을 물속에 세웠을 때 모세관 현상의 관계식으로 맞는 것은? (단, 두 개의 연직 평판의 간격 : t, 표면장력 : σ, 접촉각 : β, 물의 비중량 : γ, 액면의 상승 높이 : h_c이다.)

㉮ $h_c = \frac{4\sigma\cos\beta}{\gamma t}$ ㉯ $h_c = \frac{4\sigma\sin\beta}{\gamma t}$

㉰ $h_c = \frac{2\sigma\cos\beta}{\gamma t}$ ㉱ $h_c = \frac{2\sigma\sin\beta}{\gamma t}$

[해설] 모세관 현상에 의한 액체의 상승 높이 계산식

① 원형 모세관 : $h = \frac{4\sigma\cos\beta}{\gamma d}$

② 연직 평판 : $h_c = \frac{2\sigma\cos\beta}{\gamma t}$

9. 원관을 통하여 계량수조에 10분 동안 2000 kg의 물을 이송한다. 원관의 내경을 500 mm 로 할 때 평균 유속은 약 몇 m/s인가? (단, 물의 비중은 1.0이다.)

㉮ 0.27   ㉯ 0.027

㉰ 0.17   ㉱ 0.017

[해설] ① 물의 밀도(공학단위) 계산

$$\therefore \rho = \frac{\gamma}{g} = \frac{1.0 \times 10^3}{9.8} = 102.04 \, \text{kgf} \cdot \text{s}^2/\text{m}^4$$

② 물의 밀도(절대단위) 계산

$$\therefore \rho = 102.04 \, \text{kgf} \cdot \text{s}^2/\text{m}^4 \times 9.8 \, \text{m/s}^2$$
$$= 999.992 \fallingdotseq 1000 \, \text{kg/m}^3$$

③ 속도계산 : 10분 동안 이송한 물 2000 kg을 10분으로 나누면 1분 동안 이송한 양이고 다시 60으로 나누면 1초 동안 이송한 양으로 환산되며, 질량유량 계산식 $m = \rho \times A \times V$ 에서 속도(V)를 구한다.

$$\therefore V = \frac{m}{\rho \times A} = \frac{m}{\rho \times \frac{\pi}{4} \times D^2}$$
$$= \frac{\frac{2000}{10 \times 60}}{1000 \times \frac{\pi}{4} \times 0.5^2} = 0.01697 \, \text{m/s}$$

[해답] 6. ㉱   7. ㉯   8. ㉰   9. ㉱

10. 표준대기에 개방된 탱크에 물이 채워져 있다. 수면에서 2 m 깊이의 지점에서 받는 절대압력은 몇 kgf/cm²인가?

㉮ 0.03 　　　　　㉯ 1.033
㉰ 1.23 　　　　　㉱ 1.92

해설 ① 게이지 압력 계산 : 게이지 압력은 물의 비중량($\gamma = 1000\,\mathrm{kgf/m^3}$)과 높이의 곱으로 계산하며, 이때의 단위는 'kgf/m²'이므로 'kgf/cm²'으로 변환하기 위해 10000으로 나눠준다.

$$\therefore P_g = \gamma \times h = (1000 \times 2) \times 10^{-4} = 0.2\,\mathrm{kgf/cm^2}$$

② 절대압력 계산 : 대기압은 $1.0332\,\mathrm{kgf/cm^2}$ 이다.

$$\therefore 절대압력 = 대기압 + 게이지 압력$$
$$= 1.0332 + 0.2$$
$$= 1.2332\,\mathrm{kgf/cm^2}$$

11. 수직 충격파가 발생될 때 나타나는 현상은?

㉮ 압력, 마하수, 엔트로피가 증가한다.
㉯ 압력은 증가하고 엔트로피와 마하수는 감소한다.
㉰ 압력과 엔트로피가 증가하고 마하수는 감소한다.
㉱ 압력과 마하수는 증가하고 엔트로피는 감소한다.

해설 수직 충격파가 발생하면 압력, 온도, 밀도, 엔트로피가 증가하며 속도는 감소한다(속도가 감소하므로 마하수는 감소한다).

12. 구가 유체 속을 자유낙하할 때 받는 항력 F 가 점성계수 μ, 지름 D, 속도 V의 함수로 주어진다. 이 물리량들 사이의 관계식을 무차원으로 나타내고자 할 때 차원해석에 의하면 몇 개의 무차원 수로 나타낼 수 있는가?

㉮ 1 　　　　　㉯ 2
㉰ 3 　　　　　㉱ 4

해설 구가 유체 속을 자유낙하할 때의 물리량 수는 4개이고, 기본차원 수는 3개이다.

∴ 무차원 수 = 물리량 수 - 기본차원 수
　　　　　　 = 4 - 3 = 1개

※ 구(球, sphere)는 축구공과 같이 한 정점(중심)으로부터 같은 반지름의 거리에 있는 점들로 이루어진 3차원의 도형을 지칭하는 것이다.

13. 단면적이 변하는 관로를 비압축성 유체가 흐르고 있다. 지름이 15 cm인 단면에서의 평균속도가 4 m/s이면 지름이 20 cm인 단면에서의 평균속도는 몇 m/s인가?

㉮ 1.05 　　　　　㉯ 1.25
㉰ 2.05 　　　　　㉱ 2.25

해설 $Q_1 = Q_2$이므로 $A_1 V_1 = A_2 V_2$이다.

$$\therefore V_2 = \frac{A_1}{A_2} V_1 = \frac{\frac{\pi}{4} \times 0.15^2}{\frac{\pi}{4} \times 0.2^2} \times 4 = 2.25\,\mathrm{m/s}$$

14. 강관 속을 물이 흐를 때 넓이 250 cm²에 걸리는 전단력이 2 N이라면 전단응력은 몇 kg/m·s²인가?

㉮ 0.4 　　　　　㉯ 0.8
㉰ 40 　　　　　㉱ 80

해설 ① 전단력 $2\,\mathrm{N} = 2\,\mathrm{kg \cdot m/s^2}$이고, 넓이 $250\,\mathrm{cm^2} = 250 \times 10^{-4}\,\mathrm{m^2}$이다.

② 전단응력 계산

$$\therefore \tau = \frac{F}{A} = \frac{2}{250 \times 10^{-4}} = 80\,\mathrm{kg/m \cdot s^2}$$

15. 전양정 15 m, 송출량 0.02 m³/s, 효율 85 %인 펌프로 물을 수송할 때 축동력은 몇 마력인가?

㉮ 2.8 PS 　　　　　㉯ 3.5 PS
㉰ 4.7 PS 　　　　　㉱ 5.4 PS

해설 물의 비중량(γ)은 $1000\,\mathrm{kgf/m^3}$이다.

$$\therefore \mathrm{PS} = \frac{\gamma \cdot Q \cdot H}{75\eta} = \frac{1000 \times 0.02 \times 15}{75 \times 0.85}$$
$$= 4.705\,\mathrm{PS}$$

16. 어떤 유체의 운동물체에 8개의 변수가

해답 10. ㉰　11. ㉰　12. ㉮　13. ㉱　14. ㉱　15. ㉰　16. ㉯

관계되고 있다. 이 8개의 변수에 포함되는 기본 차원이 질량 M, 길이 L, 시간 T일 때 π정리로서 차원해석을 한다면 몇 개의 독립적인 무차원량 π를 얻을 수 있는가?

㉮ 3개   ㉯ 5개

㉰ 8개   ㉱ 11개

해설 어떤 유체의 운동물체에 물리량 수는 8개이고, 기본차원 수는 3개이다.

∴ 무차원 수 = 물리량 수 − 기본차원 수
                 = 8 − 3 = 5개

17. 그림은 회전수가 일정할 경우의 펌프의 특성곡선이다. 효율곡선에 해당하는 것은?

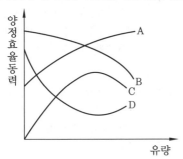

㉮ A   ㉯ B

㉰ C   ㉱ D

해설 펌프의 특성곡선 명칭

① A곡선 : 축동력곡선

② B곡선 : 양정곡선

③ C곡선 : 효율곡선

18. 그림과 같이 비중이 0.85인 기름과 물이 층을 이루며 뚜껑이 열린 용기에 채워져 있다. 물의 가장 낮은 밑바닥에서 받는 게이지 압력은 얼마인가? (단, 물의 밀도는 1000 kg/m³이다.)

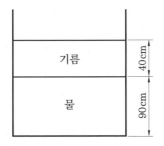

㉮ 3.33 kPa   ㉯ 7.45 kPa

㉰ 10.8 kPa   ㉱ 12.2 kPa

해설 ① 물의 비중량(절대단위) 계산

∴ $\gamma = \rho \times g = 1000 \times 9.8$
           $= 9800 \, \text{kg/m}^2 \cdot \text{s}^2$

② 물의 비중량(공학단위) 계산 : 절대단위를 중력가속도(g)로 나눠주면 단위변환이 된다.

∴ $\gamma = \dfrac{9800}{9.8} = 1000 \, \text{kgf/m}^3$

③ 밑바닥에서의 게이지 압력 계산 : 비중량(γ)에 높이(h)를 곱하면 'kgf/m²'이 되고 여기에 중력가속도를 곱하면 Pa(N/m²) 단위로 변환되며, 1 kPa = 1000 Pa이다.

∴ $P_g = (\gamma_1 \times h_1) + (\gamma_2 \times h_2)$
     $= \{(0.85 \times 10^3 \times 0.4) + (1000 \times 0.9)\}$
        $\times 9.8 \times 10^{-3} = 12.152 \, \text{kPa}$

19. 압력이 100 kPa이고 온도가 30℃인 질소 ($R = 0.26 \, \text{kJ/kg} \cdot \text{K}$)의 밀도(kg/m³)는?

㉮ 1.02   ㉯ 1.27

㉰ 1.42   ㉱ 1.64

해설 밀도(kg/m³)는 단위체적당 질량이므로 이상기체 상태방정식 $PV = GRT$를 이용하여 계산한다.

∴ $\rho = \dfrac{G}{V} = \dfrac{P}{RT} = \dfrac{100}{0.26 \times (273 + 30)}$
     $= 1.269 \, \text{kg/m}^3$

20. 온도 20℃의 이상기체가 수평으로 놓인 관 내부를 흐르고 있다. 유동 중에 놓인 작은 물체의 코에서의 정체온도(stagnation temperature)가 $T_s = 40$℃이면 관에서의 기체의 속도(m/s)는? (단, 기체의 정압비열 $C_p = 1040 \, \text{J/kg} \cdot \text{K}$이고, 등엔트로피 유동이라고 가정한다.)

㉮ 204   ㉯ 217

㉰ 237   ㉱ 253

해설 ① 정적비열(C_v) 계산 : 이상기체를 공기로 가정하여 정압비열, 정적비열 및 기체상수의 관계식 $C_p - C_v = R$에서 정적비열을 계산한다.

$$\therefore\ C_v = C_p - R = C_p - \frac{8314}{M}$$

$$= 1040 - \frac{8314}{29} = 753.310\ \text{J/kg} \cdot \text{K}$$

② 비열비 계산

$$\therefore\ k = \frac{C_p}{C_v} = \frac{1040}{753.31} = 1.380$$

③ 속도 계산 : $T_2 - T_1 = \frac{k-1}{kR} \times \frac{V^2}{2}$ 에서 SI

단위를 적용하여 계산한다.

$$\therefore\ V = \sqrt{\frac{2kR(T_2 - T_1)}{k-1}}$$

$$= \sqrt{\frac{2 \times 1.38 \times \frac{8314}{29} \times \{(273+40) - (273+20)\}}{1.38 - 1}}$$

$$= 204.072\ \text{m/s}$$

제 2 과목   연소공학

21. 다음 〈보기〉에서 설명하는 가스폭발 위험성 평가기법은?

〈보 기〉

- 사상의 안전도를 사용하여 시스템의 안전도를 나타내는 모델이다.
- 귀납적이기는 하나 정량적 분석기법이다.
- 재해의 확대요인의 분석에 적합하다.

㉮ FHA(Fault Hazard Analysis)

㉯ JSA(Job Safety Analysis)

㉰ EVP(Extreme Value Projection)

㉱ ETA(Event Tree Analysis)

해설 사건수 분석(ETA : event tree analysis) 기법 : 초기사건으로 알려진 특정한 장치의 이상이나 운전자의 실수로부터 발생되는 잠재적인 사고결과를 평가하는 정량적 위험성 평가기법이다.

22. 랭킨 사이클의 과정은?

㉮ 정압가열 → 단열팽창 → 정압방열 → 단열

압축

㉯ 정압가열 → 단열압축 → 정압방열 → 단열팽창

㉰ 등온팽창 → 단열팽창 → 등온압축 → 단열압축

㉱ 등온팽창 → 단열압축 → 등온압축 → 단열팽창

해설 랭킨 사이클(Rankine cycle) : 2개의 정압변화와 2개의 단열변화로 구성된 증기원동소의 이상 사이클로 보일러에서 발생된 증기를 증기터빈에서 단열팽창하면서 외부에 일을 한 후 복수기(condenser)에서 냉각되어 포화액이 된다. '정압가열 → 단열팽창 → 정압방열 → 단열압축' 과정으로 작동되며, 이론 열효율은 초압 및 초온이 높을수록, 배압(터빈 배출압력)이 낮을수록 증가한다.

23. 에틸렌(Ethylene) $1\ \text{Sm}^3$을 완전 연소시키는데 필요한 공기의 양은 약 몇 Sm^3인가? (단, 공기 중의 산소 및 질소의 함량 21 v%, 79 v%이다.)

㉮ 9.5   ㉯ 11.9

㉰ 14.3   ㉱ 19.0

해설 ① 에틸렌(C_2H_4)의 완전연소 반응식

$$C_2H_4 + 3O_2 \rightarrow 2CO_2 + 2H_2O$$

② 이론 공기량(Sm^3) 계산

$$22.4\ \text{Sm}^3 : 3 \times 22.4\ \text{Sm}^3 = 1\ \text{Sm}^3 : x(O_0)\ \text{Sm}^3$$

$$\therefore\ A_0 = \frac{O_0}{0.21} = \frac{3 \times 22.4 \times 1}{22.4 \times 0.21} = 14.285\ \text{Sm}^3$$

24. 가스의 연소속도에 영향을 미치는 인자에 대한 설명 중 틀린 것은?

㉮ 연소속도는 일반적으로 이론 혼합비보다 약간 과농한 혼합비에서 최대가 된다.

㉯ 층류연소속도는 초기온도의 상승에 따라 증가한다.

㉰ 연소속도의 압력 의존성이 매우 커 고압에서 급격한 연소가 일어난다.

㉱ 이산화탄소를 첨가하면 연소범위가 좁아

해답 21. ㉱   22. ㉮   23. ㉰   24. ㉰

진다.

해설 연소속도에 영향을 주는 인자

① 기체의 확산 및 산소와의 혼합

② 연소용 공기 중 산소의 농도 : 산소 농도가 높아지면 연소범위가 넓어지고, 연소속도도 증가한다.

③ 연소 반응물질 주위의 압력 : 압력이 높을수록 연소속도가 빨라진다.

④ 온도 : 주변 온도가 상승하면 연소속도가 증가한다.

⑤ 촉매

※ 압력이 높을수록 연소속도가 빨라지지만 압력 의존성이 매우 크지 않고, 고압에서 급격한 연소가 일어나지는 않는다.

25. 418.6 kJ/kg의 내부에너지를 갖는 20℃의 공기 10 kg이 탱크 안에 들어 있다. 공기의 내부에너지가 502.3 kJ/kg으로 증가할 때까지 가열하였을 경우 이때의 열량 변화는 약 몇 kJ인가?

㉮ 775 ㉯ 793

㉰ 837 ㉱ 893

해설 $dq = m(u_2 - u_1)$
$$= 10 \times (502.3 - 418.6) = 837 \text{ kJ}$$

26. 프로판 1 Sm³을 공기과잉률 1.2로 완전 연소 시켰을 때 발생하는 건연소 가스량은 약 몇 Sm³인가?

㉮ 28.8 ㉯ 26.6

㉰ 24.5 ㉱ 21.1

해설 ① 실제공기량에 의한 프로판(C_3H_8)의 완전연소 반응식

$C_3H_8 + 5O_2 + (N_2) + B \rightarrow 3CO_2 + 4H_2O + (N_2) + B$

② 실제 건연소 가스량 계산 : 기체연료 1 m³가 연소할 때 발생하는 연소가스량(m³)은 연소반응식에서 몰(mol)수와 같고, 질소(N_2)량은 산소량의 3.76배에 해당된다.

∴ 실제 건연소 가스량

= 이론 건연소 가스량+과잉공기량

$$= (CO_2 + N_2) + \left\{ (m-1) \times \frac{O_0}{0.21} \right\}$$

$$= \{3 + (5 \times 3.76)\} + \left\{ (1.2-1) \times \frac{5}{0.21} \right\}$$

$$= 26.561 \text{ Sm}^3$$

27. 증기 원동기의 가장 기본이 되는 동력 사이클은?

㉮ 사바테(Sabathe) 사이클

㉯ 랭킨(Rankine) 사이클

㉰ 디젤(Diesel) 사이클

㉱ 오토(Otto) 사이클

해설 랭킨(rankine) 사이클 : 2개의 정압과정과 2개의 단열과정으로 구성된 증기원동소의 이상 사이클이다.

28. 가연물이 되기 쉬운 조건이 아닌 것은?

㉮ 열전도율이 작다.

㉯ 활성화 에너지가 크다.

㉰ 산소와 친화력이 크다.

㉱ 가연물의 표면적이 크다.

해설 가연물의 구비조건

① 발열량이 크고, 열전도율이 작을 것

② 산소와 친화력이 좋고 표면적이 넓을 것

③ 활성화 에너지가 작을 것

④ 건조도가 높을 것(수분 함량이 적을 것)

29. 순수한 물질에서 압력을 일정하게 유지하면서 엔트로피를 증가시킬 때 엔탈피는 어떻게 되는가?

㉮ 증가한다.

㉯ 감소한다.

㉰ 변함없다.

㉱ 경우에 따라 다르다.

해설 ① 등압변화($P = C$)에서 엔트로피 변화량

$$\therefore \Delta s = s_2 - s_1 = \int_1^2 ds$$

$$= \int_1^2 \frac{dq}{T} = \int_1^2 \frac{C_p dT}{T}$$

② 등압변화에서 엔탈피 변화량 $dh = C_p dT$이므로 엔트로피를 증가시키는 것은 엔탈피를 증가시키는 것과 같다.

해답 **25.** ㉰ **26.** ㉯ **27.** ㉯ **28.** ㉯ **29.** ㉮

30. 다음 중 가역과정이라고 할 수 있는 것은?

㉮ Carnot 순환

㉯ 연료의 완전연소

㉰ 관내의 유체의 흐름

㉱ 실린더 내에서의 급격한 팽창

해설 과정 : 계 내의 물질이 한 상태에서 다른 상태로 변할 때 연속된 상태 변화의 경로(path)를 뜻한다.

① 가역과정 : 과정을 여러 번 진행해도 결과가 동일하며 자연계에 아무런 변화도 남기지 않는 것(카르노 사이클, 노즐에서의 팽창, 마찰이 없는 관내 흐름)

② 비가역과정 : 계의 경계를 통하여 이동할 때 자연계에 변화를 남기는 것(온도차로 생기는 열전달, 압축 및 자유팽창, 혼합 및 화학반응, 전기적 저항, 마찰, 확산 및 삼투압 현상)

31. 임계압력을 가장 잘 표현한 것은?

㉮ 액체가 증발하기 시작할 때의 압력을 말한다.

㉯ 액체가 비등점에 도달했을 때의 압력을 말한다.

㉰ 액체, 기체, 고체가 공존할 수 있는 최소의 압력을 말한다.

㉱ 임계온도에서 기체를 액화시키는데 필요한 최저의 압력을 말한다.

해설 ① 임계점(critical point) : 액상과 기상이 평형 상태로 존재할 수 있는 최고온도(임계온도) 및 최고압력(임계압력)으로 액상과 기상을 구분할 수 없다.

② 액화의 조건이 임계온도 이하, 임계압력 이상이므로 기체를 액화할 때 임계온도는 액화시키는데 필요한 최고온도, 임계압력은 액화시키는 필요한 최저의 압력이 된다.

32. 최소 산소농도(MOC)와 이너팅(Inerting)에 대한 설명으로 틀린 것은?

㉮ LFL(연소하한계)은 공기 중의 산소량을 기준으로 한다.

㉯ 화염을 전파하기 위해서는 최소한의 산소농도가 요구된다.

㉰ 폭발 및 화재는 연료의 농도에 관계없이 산소의 농도를 감소시킴으로써 방지할 수 있다.

㉱ MOC값은 연소반응식 중 산소의 양론계수와 LFL(연소하한계)의 곱을 이용하여 추산할 수 있다.

해설 ① 연소범위(폭발범위) : 공기 중에서 점화원에 의해 폭발을 일으킬 수 있는 혼합가스 중의 가연성가스의 부피범위(%)로 LFL(연소하한계)와 UFL(연소상한계)로 구분한다.

② LFL(연소하한계)은 가연성가스의 화학양론 농도로부터 추산할 수 있다.

㉠ 화학양론 농도(x_0) 계산

$$\therefore \ x_0 = \frac{0.21}{0.21 + n} \times 100$$

㉡ 폭발하한값(LFL : x_1) 계산

$$\therefore \ x_1 = 0.55 \, x_0$$

③ MOC(최소산소농도) 계산식 : 연소반응식을 이용하여 계산한다.

$$\therefore \ \text{MOC} = \text{LFL} \times \frac{\text{산소몰수}}{\text{연료몰수}}$$

33. 파라핀계 탄화수소의 탄소수 증가에 따른 일반적인 성질변화로 옳지 않은 것은?

㉮ 인화점이 높아진다.

㉯ 착화점이 높아진다.

㉰ 연소범위가 좁아진다.

㉱ 발열량($kcal/m^3$)이 커진다.

해설 탄화수소의 탄소(C)수가 증가할 때

① 증가하는 것 : 비등점, 융점, 비중, 발열량, 연소열, 화염온도

② 감소하는 것 : 증기압, 발화점(착화점), 폭발하한값, 폭발범위값, 증발잠열, 연소속도

34. 어느 카르노 사이클이 103℃와 −23℃에서 작동이 되고 있을 때 열펌프의 성적계수는 약

해답 30. ㉮ 31. ㉱ 32. ㉮ 33. ㉯ 34. ㉯

얼마인가?

㉮ 3.5

㉯ 3

㉰ 2

㉱ 0.5

해설 $COP_H = \dfrac{Q_1}{W} = \dfrac{Q_1}{Q_1 - Q_2} = \dfrac{T_1}{T_1 - T_2}$

$= \dfrac{273 + 103}{(273 + 103) - (273 - 23)} = 2.984$

35. 다음 중 표면연소에 대하여 가장 옳게 설명한 것은?

㉮ 오일이 표면에서 연소하는 상태

㉯ 고체 연료가 화염을 길게 내면서 연소하는 상태

㉰ 화염의 외부 표면에 산소가 접촉하여 연소하는 상태

㉱ 적열된 코크스 또는 숯의 표면에 산소가 접촉하여 연소하는 상태

해설 표면연소 : 고체 가연물이 열분해나 증발을 하지 않고 표면에서 산소와 반응하여 연소하는 것으로 목탄(숯), 코크스 등의 연소가 이에 해당된다.

36. 자연 상태의 물질을 어떤 과정(Process)을 통해 화학적으로 변형시킨 상태의 연료를 2차 연료라고 한다. 다음 중 2차 연료에 해당하는 것은?

㉮ 석탄

㉯ 원유

㉰ 천연가스

㉱ LPG

해설 연료의 분류

① 1차 연료 : 자연 상태에서 얻을 수 있는 연료로 석탄, 원유, 천연가스 등이 해당된다.

② 2차 연료 : 1차 연료를 화학적으로 변형시킨 상태의 연료로 코크스, LPG, 발생로가스, 고로가스, 수성가스 등이 해당된다.

37. 다음 〈보기〉에서 열역학에 대한 설명으로 옳은 것을 모두 나열한 것은?

─── 〈보 기〉 ───

ⓐ 기체에 기계적인 일을 가하여 단열 압축시키면 일은 내부에너지로 기체 내에 축적되어 온도가 상승한다.

ⓑ 엔트로피는 가역이면 항상 증가하고, 비가역이면 항상 감소한다.

ⓒ 가스를 등온팽창시키면 내부에너지의 변화는 없다.

㉮ ⓐ

㉯ ⓑ

㉰ ⓐ, ⓒ

㉱ ⓑ, ⓒ

해설 가역 단열변화 시에는 엔트로피 변화가 없고, 비가역 단열변화 시에는 엔트로피가 증가한다.

38. 폭발위험 예방원칙으로 고려하여야 할 사항에 대한 설명으로 틀린 것은?

㉮ 비일상적 유지관리 활동은 별도의 안전관리 시스템에 따라 수행되므로 폭발 위험장소를 구분하는 때에는 일상적인 유지관리 활동만을 고려하여 수행한다.

㉯ 가연성가스를 취급하는 시설을 설계하거나 운전절차서를 작성하는 때에는 0종 장소 또는 1종 장소의 수와 범위가 최대가 되도록 한다.

㉰ 폭발성가스 분위기가 존재할 가능성이 있는 경우에는 점화원 주위에서 폭발성가스 분위기가 형성될 가능성 또는 점화원을 제거한다.

㉱ 공정설비가 비정상적으로 운전되는 경우에도 대기로 누출되는 가연성가스의 양이 최소화 되도록 한다.

해설 가연성가스를 취급하는 시설을 설계하거나 운전절차서를 작성하는 때에는 위험장소의 수와 범위가 최소가 되도록 한다.

39. 연소범위에 대한 일반적인 설명으로 틀린 것은?

㉮ 압력이 높아지면 연소범위는 넓어진다.

㉯ 온도가 올라가면 연소범위는 넓어진다.

㉰ 산소농도가 증가하면 연소범위는 넓어진다.

㉱ 불활성가스의 양이 증가하면 연소범위는 넓어진다.

해설 폭발범위에 영향을 주는 요소
① 온도 : 온도가 높아지면 폭발범위는 넓어진다.
② 압력 : 압력이 상승하면 일반적으로 폭발범위는 넓어진다.
③ 산소 농도 : 산소 농도가 증가하면 폭발범위는 넓어진다.
④ 불연성가스 : 불연성가스가 혼합되면 산소농도를 낮추며 이로 인해 폭발범위는 좁아진다.

40. 증기운폭발(VCE)의 특성에 대한 설명 중 틀린 것은?

㉮ 증기운의 크기가 증가하면 점화확률이 커진다.

㉯ 증기운에 의한 재해는 폭발보다는 화재가 일반적이다.

㉰ 폭발효율이 커서 연소에너지의 대부분이 폭풍파로 전환된다.

㉱ 누출된 가연성 증기가 양론비에 가까운 조성의 가연성 혼합기체를 형성하면 폭굉의 가능성이 높아진다.

해설 증기운폭발의 특징
① 증기운의 크기가 증가하면 점화확률이 커진다.
② 폭발보다는 화재가 일반적이다.
③ 연소에너지의 약 20%만 폭풍파로 변한다.
④ 방출점으로부터 먼 지점에서의 증기운의 점화는 폭발의 충격을 증가시킨다.

제 3 과목 가스설비

41. 용기용 밸브의 가스 충전구의 형식에 따라 A형, B형, C형의 3종류가 있다. 가스 충전구가 암나사로 되어 있은 것은?

㉮ A형 ㉯ B형

㉰ A형, B형 ㉱ C형

해설 충전구 형식에 의한 분류
① A형 : 가스 충전구가 수나사
② B형 : 가스 충전구가 암나사
③ C형 : 가스 충전구에 나사가 없는 것

42. 다음 중 비교회전도(비속도, n_s)가 가장 적은 펌프는?

㉮ 축류펌프 ㉯ 터빈펌프

㉰ 벌류트펌프 ㉱ 사류펌프

해설 비교회전도(비속도 : rpm · m^3/min · m) 범위
① 터빈펌프 : 100~300
② 벌류트펌프 : 300~600
③ 사류펌프 : 500~1300
④ 축류펌프 : 1200~2000
※ 비교회전도(비속도)는 고양정 펌프일수록 적고, 저양정 펌프일수록 크다.

43. 고압가스 제조시설의 플레어스택에서 처리가스의 액체 성분을 제거하기 위한 설비는?

㉮ knock-out drum ㉯ seal drum

㉰ flame arrestor ㉱ pilot burner

해설 플레어 시스템(flare system)의 구조
① 플레어 헤더(flare header) : Process에서 발생된 가스 및 액체를 플레어 시스템으로 보내주는 주배관이다.
② 녹-아웃 드럼(knock-out drum) : 플레어스택에서 처리해야 하는 가스 중에 포함된 액체 성분을 제거하는 설비이다.
③ 몰러큘러 실(molecular seal) : 플레어스택의 화염이 역류하는 플레쉬 백(flash back) 현상을 방지하기 위해 설치한다.
④ 밀봉 드럼((water) seal drum) : 녹-아웃 드럼 후단에서 플레어스택 사이에 설치하는 드럼으로 공기가 플레어 시스템 내부로 유입되는 것을 방지하기 위해 설치한다.
⑤ 플레어스택(flare stack) : 굴뚝(stack) 형태의 소각탑으로 스택 서포트(stack support), 파일럿 버너(pilot burner), 버너 팁(burner tip), 점화 시스템(ignition system), 스팀 제트(steam jet) 등으로 구성된다.

해답 40. ㉰ 41. ㉯ 42. ㉯ 43. ㉮

⑥ 그 밖의 설비 : 연료, 공기, 점화 라인과 화염방지기, 역화방지기, 연기 억제 조절기, 경보기 등이 설치된다.

44. 고압가스 제조 장치 재료에 대한 설명으로 틀린 것은?

㉮ 상온, 상압에서 건조 상태의 염소가스에 탄소강을 사용한다.

㉯ 아세틸렌은 철, 니켈 등의 철족의 금속과 반응하여 금속 카르보닐을 생성한다.

㉰ 9 % 니켈강은 액화 천연가스에 대하여 저온취성에 강하다.

㉱ 상온, 상압에서 수증기가 포함된 탄산가스 배관에 18-8 스테인리스강을 사용한다.

해설 ① 아세틸렌(C_2H_2)은 동(Cu), 은(Ag), 수은 (Hg) 등의 금속과 접촉하면 폭발성의 아세틸드를 생성하여 충격 등에 의하여 폭발하는 화합폭발이 발생한다.

② 철, 니켈 등의 철족의 금속과 고온, 고압하에서 반응하여 금속 카르보닐을 생성하는 것은 일산화탄소(CO)이다.

45. 흡입구경이 100 mm, 송출구경이 90 mm인 원심펌프의 올바른 표시는?

㉮ 100×90 원심펌프

㉯ 90×100 원심펌프

㉰ 100 – 90 원심펌프

㉱ 90 – 100 원심펌프

해설 원심펌프의 크기 표시 : 펌프의 흡입구경 (D_1 [mm])과 송출구경(D_2 [mm])으로 표시($D_1 \times D_2$)하며 일례로 다음과 같다.

① 흡입구경과 송출구경이 100 mm인 원심펌프 : 100 원심펌프

② 흡입구경이 100 mm이고 송출구경이 90 mm인 원심펌프 : 100×90 원심펌프

46. 저압배관에서 압력손실의 원인으로 가장 거리가 먼 것은?

㉮ 마찰저항에 의한 손실

㉯ 배관의 입상에 의한 손실

㉰ 밸브 및 엘보 등 배관 부속품에 의한 손실

㉱ 압력계, 유량계 등 계측기 불량에 의한 손실

해설 저압배관에서 압력손실의 원인
① 마찰저항에 의한 손실
② 배관의 입상에 의한 손실
③ 밸브 및 엘보 등 배관 부속품에 의한 손실
④ 배관 길이에 의한 손실

47. 액화석유가스를 사용하고 있던 가스레인지를 도시가스로 전환하려고 한다. 다음 조건으로 도시가스를 사용할 경우 노즐 구경은 약 몇 mm인가?

- LPG 총발열량(H_1) : 24000 kcal/m³
- LNG 총발열량(H_2) : 6000 kcal/m³
- LPG 공기에 대한 비중(d_1) : 1.55
- LNG 공기에 대한 비중(d_2) : 0.65
- LPG 사용압력(P_1) : 2.8 kPa
- LNG 사용압력(P_2) : 1.0 kPa
- LPG를 사용하고 있을 때의 노즐구경(D_1) : 0.3 mm

㉮ 0.2 　　　㉯ 0.4

㉰ 0.5 　　　㉱ 0.6

해설 노즐 지름 변경율 계산식

$\dfrac{D_2}{D_1} = \sqrt{\dfrac{WI_1\sqrt{P_1}}{WI_2\sqrt{P_2}}}$ 에서 변경 후 노즐 지름 (D_2)을 구한다.

$\therefore D_2 = D_1 \times \sqrt{\dfrac{WI_1\sqrt{P_1}}{WI_2\sqrt{P_2}}}$

$= D_1 \times \sqrt{\dfrac{\dfrac{H_1}{\sqrt{d_1}}\times\sqrt{P_1}}{\dfrac{H_2}{\sqrt{d_2}}\times\sqrt{P_2}}}$

$= 0.3 \times \sqrt{\dfrac{\dfrac{24000}{\sqrt{1.55}}\times\sqrt{2.8}}{\dfrac{6000}{\sqrt{0.65}}\times\sqrt{1.0}}} = 0.624$ mm

※ 노즐 지름 변경율 공식에서 사용압력 P_1, P_2의 단위가 'mmH$_2$O'이지만 분모, 분자에 동일한 단위가 적용되므로 단위 변환 없이 'kPa' 단위를 그대로 적용해서 계산할 수 있다.

[별해] LPG와 LNG의 웨버지수(WI)를 각각 구한 후 변경 후 노즐 지름을 구하는 방법

① 웨버지수 계산

$$\therefore WI_1 = \frac{H_1}{\sqrt{d_1}} = \frac{24000}{\sqrt{1.55}} = 19277.263$$

$$\therefore WI_2 = \frac{H_2}{\sqrt{d_2}} = \frac{6000}{\sqrt{0.65}} = 7442.084$$

② 변경 후 노즐 지름(D_2) 계산

$$\therefore D_2 = D_1 \times \sqrt{\frac{WI_1\sqrt{P_1}}{WI_2\sqrt{P_2}}}$$

$$= 0.3 \times \sqrt{\frac{19277.263 \times \sqrt{2.8}}{7442.084 \times \sqrt{1.0}}}$$

$$= 0.624 \, \text{mm}$$

48. 고압가스 이음매 없는 용기의 밸브 부착부 나사의 치수 측정 방법은?

㉮ 링게이지로 측정한다.

㉯ 평형수준기로 측정한다.

㉰ 플러그게이지로 측정한다.

㉱ 버니어캘리퍼스로 측정한다.

[해설] 용기밸브 부착부 나사의 치수를 플러그게이지(plug-gauge) 등으로 측정하여 확인한다.

49. 이음매 없는 용기와 용접용기의 비교 설명으로 틀린 것은?

㉮ 이음매가 없으면 고압에서 견딜 수 있다.

㉯ 용접용기는 용접으로 인하여 고가이다.

㉰ 만네스만법, 에르하트식 등이 이음매 없는 용기의 제조법이다.

㉱ 용접용기는 두께 공차가 적다.

[해설] 각 용기의 특징

(1) 이음매 없는 용기

① 이음매가 없으므로 고압에 견디기 쉽고, 내압에 대한 응력분포가 균일하다.

② 용접용기에 비하여 제조비용이 많이 소요된다.

③ 제조법에는 만네스만(Mannesmann)식, 에르하트(Ehrhardt)식, 딥 드로잉(deep drawing)식이 있다.

(2) 용접용기

① 비교적 저렴한 강판을 사용하므로 경제적이다.

② 용기의 형태, 치수를 자유로이 선택할 수 있다.

③ 강판을 사용하므로 두께 공차가 적다.

④ 제조법에는 심교용기와 종계용기가 있다.

50. LNG, 액화산소, 액화질소 저장탱크 설비에 사용되는 단열재의 구비조건에 해당되지 않은 것은?

㉮ 밀도가 클 것

㉯ 열전도도가 작을 것

㉰ 불연성 또는 난연성일 것

㉱ 화학적으로 안정되고 반응성이 적을 것

[해설] 단열재의 구비조건

① 열전도율(열전도도)이 작을 것

② 흡습성, 흡수성이 작을 것

③ 적당한 기계적 강도를 가질 것

④ 시공성이 좋을 것

⑤ 부피, 비중(밀도)이 작을 것

⑥ 경제적일 것

⑦ 불연성 또는 난연성일 것

⑧ 화학적으로 안정되고 반응성이 적을 것

51. 다음 중 압축기의 윤활유에 대한 설명으로 틀린 것은?

㉮ 공기압축기에는 양질의 광유가 사용된다.

㉯ 산소압축기에는 물 또는 15 % 이상의 글리세린수가 사용된다.

㉰ 염소압축기에는 진한 황산이 사용된다.

㉱ 염화메탄의 압축기에는 화이트유가 사용된다.

[해설] 각종 가스 압축기의 윤활제

① 산소압축기 : 물 또는 묽은 글리세린수 (10 % 정도)

해답 48. ㉰ 49. ㉱ 50. ㉮ 51. ㉯

② 공기압축기, 수소압축기, 아세틸렌 압축기 : 양질의 광유(디젤 엔진유)
③ 염소압축기 : 진한 황산
④ LP가스 압축기 : 식물성유
⑤ 이산화황(아황산가스) 압축기 : 화이트유, 정제된 용제 터빈유
⑥ 염화메탄(메틸 클로라이드) 압축기 : 화이트유
※ 산소압축기 윤활제로 사용할 수 없는 것 : 석유류, 유지류, 글리세린

52. 액화석유가스에 대하여 경고성 냄새가 나는 물질(부취제)의 비율은 공기 중 용량으로 얼마의 상태에서 감지할 수 있도록 혼합하여야 하는가?

㉮ $\frac{1}{100}$ ㉯ $\frac{1}{200}$

㉰ $\frac{1}{500}$ ㉱ $\frac{1}{1000}$

[해설] 부취제의 감지 농도 : 공기 중 용량으로 1/1000의 농도에서 가스 냄새가 감지될 수 있어야 한다.

53. 배관용 강관 중 압력배관용 탄소강관의 기호는?

㉮ SPPH   ㉯ SPPS
㉰ SPH   ㉱ SPHH

[해설] 배관용 강관의 기호 및 명칭

KS 기호	배관 명칭
SPP	배관용 탄소강관
SPPS	압력배관용 탄소강관
SPPH	고압배관용 탄소강관
SPHT	고온배관용 탄소강관
SPLT	저온배관용 탄소강관
SPW	배관용 아크용접 탄소강관
SPA	배관용 합금강관
STS×T	배관용 스테인리스강관
SPPG	연료가스 배관용 탄소강관

54. LP가스의 일반적 특성에 대한 설명으로 틀린 것은?

㉮ 증발잠열이 크다.
㉯ 물에 대한 용해성이 크다.
㉰ LP가스는 공기보다 무겁다.
㉱ 액상의 LP가스는 물보다 가볍다.

[해설] 액화석유가스(LP가스)의 일반적 특징
① LP가스는 공기보다 무겁다.
② 액상의 LP가스는 물보다 가볍다.
③ 액화, 기화가 쉽고, 기화하면 체적이 커진다.
④ 기화열(증발잠열)이 크다.
⑤ 무색, 무취, 무미하다.
⑥ 천연고무, 페인트, 구리스 및 윤활유 등에 용해성이 있다.
⑦ 온도상승에 의한 액체의 부피변화가 크다.

55. 중압식 공기분리장치에서 겔 또는 몰리큘라-시브(molecular sieve)에 의하여 주로 제거할 수 있는 가스는?

㉮ 아세틸렌   ㉯ 염소
㉰ 이산화탄소   ㉱ 암모니아

[해설] 이산화탄소 제거 방법
① 가성소다(NaOH)를 이용하여 제거한다.
② 몰리큘라-시브(molecular sieve)를 사용하여 제거한다.
※ 공기액화 분리장치에서 겔(실리카 겔[SiO_2])은 원료공기 중 수분은 제거하지만 이산화탄소는 제거하지 못함

56. 저온장치용 재료로서 가장 부적당한 것은?

㉮ 구리   ㉯ 니켈강
㉰ 알루미늄합금   ㉱ 탄소강

[해설] 탄소강은 $-70℃$ 이하에서는 충격치가 0에 가깝게 되어 저온취성이 발생하므로 저온장치의 재료로 부적합하다.

57. 펌프의 서징(surging)현상을 바르게 설명한 것은?

㉮ 유체가 배관 속을 흐르고 있을 때 부분적으로 증기가 발생하는 현상

[나] 펌프 내의 온도변화에 따라 유체가 성분의 변화를 일으켜 펌프에 장애가 생기는 현상

[다] 배관을 흐르고 있는 액체에 속도를 급격하게 변화시키면 액체에 심한 압력변화가 생기는 현상

[라] 송출압력과 송출유량 사이에 주기적인 변동이 일어나는 현상

[해설] 서징(surging)현상 : 맥동현상이라 하며 펌프 운전 중에 주기적으로 운동, 양정, 토출량이 규칙적으로 변동하는 현상으로 압력계의 지침이 일정범위 내에서 움직이는 것으로 알 수 있다.

58. 끓는점이 약 −162℃로서 초저온 저장설비가 필요하며 관리가 다소 복잡한 도시가스의 연료는?

[가] SNG　　[나] LNG
[다] LPG　　[라] 나프타

[해설] LNG의 주성분은 메탄(CH_4)이고, 메탄의 비점(끓는점)은 −161.5℃로 초저온 액체이므로 저온 저장설비가 필요하고 설비 재료의 선택과 취급에 주의를 요한다.

59. *TP*(내압시험압력)이 25 MPa인 압축가스(질소) 용기의 경우 최고충전압력과 안전밸브 작동압력이 옳게 짝지어진 것은?

[가] 20 MPa, 15 MPa
[나] 15 MPa, 20 MPa
[다] 20 MPa, 25 MPa
[라] 25 MPa, 20 MPa

[해설] 압축가스를 충전하는 용기의 최고충전압력은 35℃의 온도에서 그 용기에 충전할 수 있는 가스의 압력 중 최고압력이고, 내압시험압력은 최고충전압력의 3분의 5배이다.

① 최고충전압력(*FP*) 계산 : 내압시험압력(*TP*)을 이용하여 역으로 계산하면 최고충전압력은 내압시험압력의 5분의 3배이다.

$$\therefore FP = TP \times \frac{3}{5} = 25 \times \frac{3}{5} = 15\text{ MPa}$$

② 안전밸브 작동압력 계산 : 압축가스 용기에는 스프링식 안전밸브가 부착되고 안전밸브 작동압력은 내압시험압력(*TP*)의 10분의 8배 이하이다.

$$\therefore \text{안전밸브 작동압력} = TP \times \frac{8}{10}$$

$$= 25 \times \frac{8}{10} = 20\text{ MPa}$$

60. 도시가스 설비 중 압송기의 종류가 아닌 것은?

[가] 터보형　　[나] 회전형
[다] 피스톤형　　[라] 막식형

[해설] ① 압송기(壓送器) : 도시가스 공급지역이 넓어 수요가 많은 경우에 공급압력이 부족해 질 수 있으며 이때 압력을 올려서 가스를 공급하는 설비이다.

② 압송기의 종류 : 터보형, 회전형, 피스톤형(왕복형) 등

제 4 과목　가스안전관리

61. 고압가스용 가스히트펌프 제조 시 사용하는 재료의 허용 전단응력은 설계온도에서 허용 인장응력 값의 몇 %로 하여야 하는가?

[가] 80　　[나] 90
[다] 110　　[라] 120

[해설] 재료의 허용 전단응력(KGS AA112) : 재료의 허용 전단응력은 설계온도에서 허용 인장응력 값의 80 %(탄소강 강재는 85 %)로 한다.

62. 고압가스 운반차량에 설치하는 다공성 벌집형 알루미늄합금박판(폭발방지제)의 기준은?

[가] 두께는 84 mm 이상으로 하고, 2~3 % 압축하여 설치한다.

[나] 두께는 84 mm 이상으로 하고, 3~4 % 압축하여 설치한다.

[다] 두께는 114 mm 이상으로 하고, 2~3 % 압축하여 설치한다.

[해답] 58. [나]　59. [나]　60. [라]　61. [가]　62. [다]

라 두께는 114 mm 이상으로 하고, 3~4 % 압축하여 설치한다.

해설 폭발방지제 기준
① 폭발방지제는 알루미늄합금박판에 일정 간격으로 슬릿(slit)을 내고 이것을 팽창시켜 다공성 벌집형으로 한다.
② 후프링 재질은 기존탱크의 재질과 같은 것 또는 이와 동등 이상의 것으로서 액화석유가스에 대하여 내식성을 가지며 열적 성질이 탱크동체의 재질과 유사한 것으로 한다.
③ 지지봉은 KS D 3507(배관용 탄소강관)에 적합한 것(최저 인장강도 294 N/mm^2)으로 한다.
④ 폭발방지제의 두께는 114 mm 이상으로 하고, 설치 시에는 2~3 % 압축하여 설치한다.
⑤ 수압시험을 하거나 탱크가 가열될 경우 탱크동체의 변형에 대응할 수 있도록 후프링과 팽창볼트 사이에 접시스프링을 설치한다. 다만, 후프링을 탱크에 용접으로 부착하는 경우에는 그렇지 않다.
⑥ 폭발방지제와 연결봉 및 지지봉 사이에는 폭발방지제의 압축변위를 일정하게 유지할 수 있도록 탄성이 큰 강선 등을 이용하여 만든 철망을 설치한다.

63. 자동차 용기 충전시설에서 충전기 상부에는 닫집 모양의 캐노피를 설치하고 그 면적은 공지면적의 얼마로 하는가?

㉮ $\frac{1}{2}$ 이하 ㉯ $\frac{1}{2}$ 이상

㉰ $\frac{1}{3}$ 이하 ㉱ $\frac{1}{3}$ 이상

해설 자동차 용기 충전시설 충전기 설치 기준
① 충전소에는 자동차에 직접 충전할 수 있는 고정충전설비(이하 "충전기"라 한다)를 설치하고 그 주위에 공지를 확보한다.
② 충전기 상부에는 캐노피를 설치하고 그 면적은 공지면적의 2분의 1 이하로 한다.
③ 배관이 캐노피 내부를 통과하는 경우에는 1개 이상의 점검구를 설치한다.
④ 캐노피 내부의 배관 중 점검이 곤란한 장소에 설치하는 배관은 용접이음으로 한다.

⑤ 충전 주위에는 정전기 방지를 위하여 충전 이외의 필요없는 장비는 시설을 금지한다.
⑥ 저장탱크실 상부에는 충전기를 설치하지 않는다.

64. 최고충전압력의 정의로 틀린 것은?
㉮ 압축가스 충전용기(아세틸렌가스 제외)의 경우 35℃에서 용기에 충전할 수 있는 가스의 압력 중 최고압력
㉯ 초저온용기의 경우 상용압력 중 최고압력
㉰ 아세틸렌가스 충전용기의 경우 25℃에서 용기에 충전할 수 있는 가스의 압력 중 최고압력
㉱ 저온용기 외의 용기로서 액화가스를 충전하는 용기의 경우 내압시험 압력의 3/5배의 압력

해설 충전용기 최고충전압력 기준
① 압축가스를 충전하는 용기 : 35℃의 온도에서 그 용기에 충전할 수 있는 가스의 압력 중 최고압력
② 초저온용기, 저온용기 : 상용압력 중 최고압력
③ 초저온용기, 저온용기 외의 용기로서 액화가스를 충전하는 것 : 내압시험압력의 3/5배의 압력
④ 아세틸렌용 용접용기 : 15℃에서 용기에 충전할 수 있는 가스의 압력 중 최고압력

65. 가연성가스가 대기 중으로 누출되어 공기와 적절히 혼합된 후 점화가 되어 폭발하는 가스사고의 유형으로, 주로 폭발압력에 의해 구조물이나 인체에 피해를 주며, 대구지하철 공사장 폭발사고를 예로 들 수 있는 폭발의 형태는?
㉮ BLEVE(Boiling Liquiid Expanding Vapor Explosion)
㉯ 증기운폭발(Vapor Cloud Explosion)
㉰ 분해폭발(Decomposition Explosion)

해답 **63.** ㉮ **64.** ㉰ **65.** ㉯

라 분진폭발(Dust Explosion)

해설 증기운폭발(Vapor Cloud Explosion) : 대기 중에 대량의 가연성가스나 인화성 액체가 유출 시 다량의 증기가 대기 중의 공기와 혼합하여 폭발성의 증기운(vapor cloud)을 형성하고 이때 착화원에 의해 화구(fire ball)를 형성하여 폭발하는 형태를 말한다.

66. 저장탱크에 의한 LPG 사용시설에서 실시하는 기밀시험에 대한 설명으로 틀린 것은?

㉮ 상용압력 이상의 기체의 압력으로 실시한다.

㉯ 지하매설 배관은 3년마다 기밀시험을 실시한다.

㉰ 기밀시험에 필요한 조치는 안전관리총괄자가 한다.

㉱ 가스누출검지기로 시험하여 누출이 검지되지 않은 경우 합격으로 한다.

해설 기밀시험 실시 방법
① 상용압력 이상의 기체의 압력으로 실시한다.
② 지하매설 배관은 3년마다 기밀시험을 실시한다.
③ 노출된 가스설비 및 배관은 가스검지기 등으로 누출 여부를 검사하여 누출이 검지되지 않은 경우 기밀시험을 한 것으로 볼 수 있다.
④ 내압 및 기밀시험에 필요한 조치는 검사 신청인이 한다.

67. 내용적이 100 L인 LPG용 용접용기의 스커트 통기 면적의 기준은?

㉮ 100 mm² 이상   ㉯ 300 mm² 이상
㉰ 500 mm² 이상   ㉱ 1000 mm² 이상

해설 LPG용 용접용기 스커트 통기 면적

용기의 종류 (내용적)	필요한 면적
20 L 이상 25 L 미만	300 mm² 이상
25 L 이상 50 L 미만	500 mm² 이상
50 L 이상 125 L 미만	1000 mm² 이상

※ 통기구멍은 3개소 이상 설치한다.

68. 고압가스 제조 시 산소 중 프로판가스의 용량이 전체 용량의 몇 % 이상인 경우 압축하지 아니하는가?

㉮ 1   ㉯ 2   ㉰ 3   ㉱ 4

해설 압축금지 기준
① 가연성가스(C_2H_2, C_2H_4, H_2 제외) 중 산소용량이 전체 용량의 4 % 이상의 것
② 산소 중 가연성가스(C_2H_2, C_2H_4, H_2 제외) 용량이 전체 용량의 4 % 이상의 것
③ C_2H_2, C_2H_4, H_2 중의 산소용량이 전체 용량의 2 % 이상의 것
④ 산소 중 C_2H_2, C_2H_4, H_2의 용량 합계가 전체 용량의 2 % 이상의 것
※ 프로판가스는 가연성 가스이므로 ②번의 기준이 적용된다.

69. 지하에 설치하는 지역정압기에는 시설의 조작을 안전하고 확실하게 하기 위하여 안전조작에 필요한 장소의 조도는 몇 룩스 이상이 되도록 설치하여야 하는가?

㉮ 100 룩스   ㉯ 150 룩스
㉰ 200 룩스   ㉱ 250 룩스

해설 정압기실 조명설비 설치 : 지하에 설치하는 지역정압기에는 시설의 조작을 안전하고 확실하게 하기 위하여 필요한 조명도 150 룩스를 확보한다.

70. 동·암모니아 시약을 사용한 오르사트법에서 산소의 순도는 몇 % 이상이어야 하는가?

㉮ 98   ㉯ 98.5   ㉰ 99   ㉱ 99.5

해설 ① 품질검사 기준

구분	시약	검사법	순도
산소	동·암모니아	오르사트법	99.5 % 이상
수소	피로갈롤, 하이드로설파이드	오르사트법	98.5 % 이상
아세틸렌	발연황산	오르사트법	98 % 이상
	브롬시약	뷰렛법	
	질산은 시약	정성시험	

해답 66. ㉰   67. ㉱   68. ㉱   69. ㉯   70. ㉱

② 1일 1회 이상 가스제조장에서 안전관리책
임자가 실시, 안전관리 부총괄자와 안전
관리책임자가 확인 서명

71. 고압가스설비를 이음쇠에 의하여 접속할 때
에는 상용압력이 몇 MPa 이상이 되는 곳의 나
사는 나사게이지로 검사한 것이어야 하는가?

㉮ 9.8 MPa 이상 ㉯ 12.8 MPa 이상
㉰ 19.6 MPa 이상 ㉱ 13.6 MPa 이상

해설 가스설비 접속 : 고압가스설비를 이음쇠로
접속할 때에는 그 이음쇠와 접속되는 부분에
잔류응력이 남지 아니하도록 조립하고 이음
쇠 밸브류를 나사로 조일 때에는 무리한 하
중이 걸리지 아니하도록 하며, 상용압력이
19.6 MPa 이상이 되는 곳의 나사는 나사게
이지로 검사한 것으로 한다.

72. 염소가스의 제독제로 적당하지 않은 것은?

㉮ 가성소다 수용액
㉯ 탄산소다 수용액
㉰ 소석회
㉱ 물

해설 독성가스 제독제

가스 종류	제독제의 종류
염소	가성소다 수용액, 탄산소다 수용액, 소석회
포스겐	가성소다 수용액, 소석회
황화수소	가성소다 수용액, 탄산소다 수용액
시안화수소	가성소다 수용액
아황산가스	가성소다 수용액, 탄산소다 수용액, 물
암모니아, 산화에틸렌, 염화메탄	물

73. 고압가스 저장탱크를 지하에 설치 시 저
장탱크실에 사용하는 레디믹스 콘크리트의
설계강도 범위의 상한값은?

㉮ 20.6 MPa ㉯ 21.6 MPa
㉰ 22.5 MPa ㉱ 23.5 MPa

해설 고압가스 저장탱크실 재료 규격

항 목	규 격
굵은 골재의 최대 치수	25 mm
설계강도	20.6~23.5 MPa
슬럼프(slump)	12~15 cm
공기량	4 %
물－시멘트비	50 % 이하
기타	KS F 4009(레디믹스트 콘크리트)에 따른 규정

[비고] 수밀 콘크리트의 시공 기준은 건설
교통부가 제정한 "콘크리트 표준 시방서"를
준용한다.

※ 액화석유가스 저장탱크실의 설계강도는 21
MPa 이상으로 고압가스 저장탱크실과 규격
이 다르게 규정되어 있음

74. 금속플렉시블 호스 제조자가 갖추지 않아
도 되는 검사설비는?

㉮ 염수분무시험설비
㉯ 출구압력측정시험설비
㉰ 내압시험설비
㉱ 내구시험설비

해설 금속플렉시블 호스 제조자 검사설비 : 버니어
캘리퍼스·마이크로메타·나사게이지 등 치수
측정설비, 액화석유가스액 또는 도시가스 침적
설비, 염수분무시험설비, 내압시험설비, 기밀
시험설비, 내구시험설비, 유량측정설비, 인장
시험, 비틀림시험, 굽힘시험장치, 충격시험기,
내열시험설비, 내응력부식균열시험설비, 내용
액시험설비, 냉열시험설비, 반복부착시험설비,
난연성시험설비, 항온조(−5℃ 이하, 120℃ 이
상 가능), 내후성시험설비, 그 밖의 검사에 필
요한 설비 및 기구

75. 액화석유가스 용기 충전 기준 중 로딩암
을 실내에 설치하는 경우 환기구 면적의 합
계 기준은?

⑦ 바닥면적의 3 % 이상

㉯ 바닥면적의 4 % 이상

㉰ 바닥면적의 5 % 이상

㉱ 바닥면적의 6 % 이상

[해설] 로딩암 설치

① 충전시설에는 자동차에 고정된 탱크에서 가스를 이입할 수 있도록 건축물 외부에 로딩암을 설치한다. 다만, 로딩암을 건축물 내부에 설치하는 경우에는 건축물의 바닥면에 접하여 환기구를 2방향 이상 설치하고, 환기구 면적의 합계는 바닥면적의 6 % 이상으로 한다.

② 충전기 외면에서 가스설비실 외면까지의 거리가 8 m 이하일 경우에는 로딩암을 충전기와 가스설비실 사이에 설치하지 않는다.

76. 도시가스 제조소의 가스누출 통보설비로서 가스경보기 검지부의 설치장소로 옳은 곳은?

⑦ 증기, 물방울, 기름 섞인 연기 등의 접촉부위

㉯ 주위의 온도 또는 복사열에 의한 열이 40도 이하가 되는 곳

㉰ 설비 등에 가려져 누출가스의 유통이 원활하지 못한 곳

㉱ 차량 또는 작업 등으로 인한 파손 우려가 있는 곳

[해설] 도시가스 제조소의 가스누출 검지경보장치 검지부 설치 제외 장소

① 증기, 물방울, 기름 섞인 연기 등이 직접 접촉될 우려가 있는 곳

② 주위온도 또는 복사열에 의한 온도가 섭씨 40도 이상이 되는 곳

③ 설비 등에 가려져 누출가스의 유통이 원활하지 못한 곳

④ 차량 그 밖의 작업 등으로 인하여 경보기가 파손될 우려가 있는 곳

77. 독성가스의 운반기준으로 틀린 것은?

⑦ 독성가스 중 가연성가스와 조연성가스는 동일차량 적재함에 운반하지 아니한다.

㉯ 차량의 앞뒤에 붉은 글씨로 "위험고압가스", "독성가스"라는 경계표시를 한다.

㉰ 허용농도가 100만분의 200 이하인 압축 독성가스 10 m³ 이상을 운반할 때는 운반책임자를 동승시켜야 한다.

㉱ 허용농도가 100만분의 200 이하인 액화 독성가스 10 kg 이상을 운반할 때는 운반책임자를 동승시켜야 한다.

[해설] 독성 고압가스 운반책임자 동승 기준

가스의 종류	허용농도	기준
압축 가스	100만분의 200 이하	10 m³ 이상
	100만분의 200 초과	100 m³ 이상
액화 가스	100만분의 200 이하	100 kg 이상
	100만분의 5000 이하	1000 kg 이상

78. 다음 중 발화원이 될 수 없는 것은?

⑦ 단열압축   ㉯ 액체의 감압

㉰ 액체의 유동   ㉱ 가스의 분출

[해설] ① 점화원의 종류 : 전기불꽃(아크), 정전기, 단열압축, 마찰 및 충격불꽃 등

② 액체의 유동, 가스의 분출 등이 있을 때 마찰로 인한 온도상승으로 발화를 일으킬 위험이 있다.

③ 액체의 감압은 단순히 압력을 낮추는 것이므로 발화원과는 관계가 없다.

79. 100 kPa의 대기압 하에서 용기 속 기체의 진공압력이 15 kPa이었다. 이 용기 속 기체의 절대압력은 몇 kPa인가?

⑦ 85   ㉯ 90

㉰ 95   ㉱ 115

[해설] 절대압력 = 대기압 − 진공압력

= 100 − 15 = 85 kPa

80. 다음 ( ) 안에 순서대로 들어갈 알맞은 수치는?

"초저온 용기의 충격시험은 3개의 시험편 온도를 섭씨 ( )℃ 이하로 하여 그 충격치의 최저가 ( ) J/cm^2 이상이고 평균 ( ) J/cm^2 이상인 경우를 적합한 것으로 한다."

㉮ −100, 10, 20
㉯ −100, 20, 30
㉰ −150, 10, 20
㉱ −150, 20, 30

해설 초저온 용기의 용접부 충격시험
① 시험편은 액화질소 등 −150℃ 이하의 초저온액화가스에 집어넣어 시험편의 온도가 −150℃ 이하로 될 때까지 냉각하여 충격시험기에 부착하고 시험편의 파괴는 초저온액화가스에서 꺼내어 6초 이내에 실시한다.
② 초저온 용기의 용접부 충격시험 판정기준 : 충격시험은 3개의 시험편 온도를 −150℃ 이하로 하여 그 충격치의 최저가 20 J/cm^2 이상이고 평균 30 J/cm^2 이상인 경우를 적합한 것으로 한다.

제 5 과목 가스계측

81. 다음은 기체크로마토그래프의 크로마토그램이다. t, t_1, t_2는 무엇을 나타내는가?

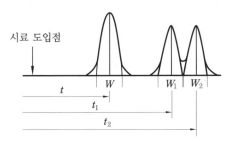

㉮ 이론단수
㉯ 체류시간
㉰ 분리관의 효율
㉱ 피크의 좌우 변곡점의 길이
해설 ① t, t_1, t_2 : 시료 도입점으로부터 피크의 최고점까지의 길이(체류시간, 보유시간)

② W, W_1, W_2 : 피크의 좌우 변곡점에서 접선이 자르는 바탕선의 길이

82. 기체 크로마토그래피 분석법에서 자유전자 포착성질을 이용하여 전자 친화력이 있는 화합물에만 감응하는 원리를 적용하여 환경물질 분석에 널리 이용되는 검출기는?
㉮ TCD   ㉯ FPD
㉰ ECD   ㉱ FID
해설 전자포획 이온화 검출기(ECD : Electron Capture Detector) : 방사선으로 캐리어가스가 이온화되어 생긴 자유전자를 시료 성분이 포획하면 이온전류가 감소하는 것을 이용한 것으로 유기 할로겐 화합물, 니트로 화합물 및 유기금속 화합물을 선택적으로 검출할 수 있다.

83. 다음 중 가장 저온에 대하여 연속 사용할 수 있는 열전대 온도계의 형식은?
㉮ T   ㉯ R
㉰ S   ㉱ L
해설 열전대 온도계의 종류 및 측정온도

열전대 종류	측정온도 범위
R형(백금−백금로듐)	0∼1600℃
K형(크로멜−알루멜)	−20∼1200℃
J형(철−콘스탄탄)	−20∼800℃
T형(동−콘스탄탄)	−200∼350℃

84. 직접 체적유량을 측정하는 적산유량계로서 정도(精度)가 높고 고점도의 유체에 적합한 유량계는?
㉮ 용적식 유량계   ㉯ 유속식 유량계
㉰ 전자식 유량계   ㉱ 면적식 유량계
해설 용적식 유량계의 일반적인 특징
① 정도가 높아 상거래용으로 사용된다.
② 유체의 물성치(온도, 압력 등)에 의한 영향을 거의 받지 않는다.
③ 외부 에너지의 공급이 없어도 측정할 수 있다.
④ 고점도의 유체나 점도변화가 있는 유체

해답 81. ㉯   82. ㉰   83. ㉮   84. ㉮

에 적합하다.

⑤ 맥동의 영향을 적게 받고, 압력손실도 적다.

⑥ 이물질 유입을 차단하기 위하여 입구에 여과기(strainer)를 설치하여야 한다.

85. 절대습도(absolute humidity)를 가장 바르게 나타낸 것은?

㉮ 습공기 중에 함유되어 있는 건공기 1 kg에 대한 수증기의 중량

㉯ 습공기 중에 함유되어 있는 습공기 1 m³에 대한 수증기의 체적

㉰ 기체의 절대온도와 그것과 같은 온도에서의 수증기로 포화된 기체의 습도비

㉱ 존재하는 수증기의 압력과 그것과 같은 온도의 포화수증기압의 비

해설 습도의 구분

① 절대습도 : 습공기 중에서 건조공기 1 kg에 대한 수증기의 양(중량)과의 비율로서 절대습도는 온도에 관계없이 일정하게 나타낸다.

② 상대습도 : 현재의 온도상태에서 현재 포함하고 있는 수증기의 양과의 비를 백분율(%)로 표시한 것으로 온도에 따라 변화한다.

③ 비교습도 : 습공기의 절대습도와 그 온도와 동일한 포화공기의 절대습도와의 비

86. 가스계량기는 실측식과 추량식으로 분류된다. 다음 중 실측식이 아닌 것은?

㉮ 건식　　　　㉯ 회전식

㉰ 습식　　　　㉱ 벤투리식

해설 가스미터의 분류

(1) 실측식

① 건식 : 막식형(독립내기식, 그로바식)

② 회전식 : 루츠형, 오벌식, 로터리피스톤식

③ 습식

(2) 추량식 : 델타식, 터빈식, 오리피스식, 벤투리식

87. 압력센서인 스트레인 게이지의 응용원리는?

㉮ 전압의 변화

㉯ 저항의 변화

㉰ 금속선의 무게 변화

㉱ 금속선의 온도 변화

해설 스트레인 게이지(strain gauge) : 금속, 합금이나 반도체 등의 변형계 소자는 압력에 의해 변형을 받으면 전기저항이 변화는 것을 이용한 전기식 압력계이다.

88. 반도체식 가스누출 검지기의 특징에 대한 설명으로 옳은 것은?

㉮ 안정성은 떨어지지만 수명이 길다.

㉯ 가연성가스 이외의 가스는 검지할 수 없다.

㉰ 소형·경량화가 가능하며 응답속도가 빠르다.

㉱ 미량가스에 대한 출력이 낮으므로 감도는 좋지 않다.

해설 반도체식 가스누출 검지기의 특징

① 안정성이 우수하며 수명이 길다.

② 가연성가스 이외의 가스에도 감응한다 (독성가스, 가연성가스 검지 가능).

③ 반도체 소결온도(300~400℃) 전후로 가열해 준다.

④ 농도가 낮은 가스에 민감하게 반응하며 고감도로 검지할 수 있다.

89. 비례 제어기로 60℃~80℃ 사이의 범위로 온도를 제어하고자 한다. 목표값이 일정한 값으로 고정된 상태에서 측정된 온도가 73℃~76℃로 변할 때 비례대역은 약 몇 %인가?

㉮ 10　　㉯ 15　　㉰ 20　　㉱ 25

해설 비례대 $= \dfrac{측정\ 온도차}{조절\ 온도차} \times 100$

$= \dfrac{76-73}{80-60} \times 100 = 15\,\%$

90. 원형 오리피스를 수면에서 10 m인 곳에 설치하여 매분 0.6 m³의 물을 분출시킬 때 유량계수 0.6인 오리피스의 지름은 약 몇 cm인가?

㉮ 2.9　　㉯ 3.9　　㉰ 4.9　　㉱ 5.9

해설 ① 차압식 유량계 유량 계산식

$$Q = C \times A \times \sqrt{\frac{2gh}{1-m^4} \times \frac{\gamma_m - \gamma}{\gamma}}$$ 에서 교축비

(m), 유체의 비중량(γ_m, γ)은 언급이 없으므로 생략하면 다음의 식으로 정리할 수 있다.

$$\therefore \ Q = C \times A \times \sqrt{2 \times g \times h}$$
$$= C \times \left(\frac{\pi}{4} \times D^2 \right) \times \sqrt{2 \times g \times h}$$

② 오리피스 지름 계산 : 유량 계산식에서 유량(Q)은 초당 유량으로 환산하여 적용하고, 지름의 단위는 'm'이므로 'cm'로 변환하여야 한다.

$$\therefore \ D = \sqrt{\frac{4 \times Q}{C \times \pi \times \sqrt{2 \times g \times h}}}$$
$$= \sqrt{\frac{4 \times \dfrac{0.6}{60}}{0.6 \times \pi \times \sqrt{2 \times 9.8 \times 10}}} \times 100$$
$$= 3.893 \ cm$$

91. 오르사트 가스 분석기의 구성이 아닌 것은?
㉮ 컬럼 ㉯ 뷰렛 ㉰ 피펫 ㉱ 수준병

해설 ① 오르사트 가스 분석기의 구성 : 채취병, 수준병, 흡수제, 뷰렛 등
② 컬럼(column : 분리관)은 가스크로마토그래피 장치의 구성에 해당된다.

92. 습식 가스미터에 대한 설명으로 틀린 것은?
㉮ 계량이 정확하다.
㉯ 설치공간이 크다.
㉰ 일반 가정용에 주로 사용한다.
㉱ 수위조정 등 관리가 필요하다.

해설 습식 가스미터의 특징
① 계량이 정확하다.
② 사용 중에 오차의 변동이 적다.
③ 사용 중에 수위조정 등의 관리가 필요하다.
④ 설치면적이 크다.
⑤ 기준용, 실험실용에 사용된다.
⑥ 용량범위는 $0.2 \sim 3000 \ m^3/h$이다.

93. 국제표준규격에서 다루고 있는 파이프 (pipe) 안에 삽입되는 차압 1차 장치(primary device)에 속하지 않는 것은?

㉮ nozzle(노즐)
㉯ thermo well(써모 웰)
㉰ venturi nozzle(벤투리 노즐)
㉱ orifice plate(오리피스 플레이트)

해설 차압식 유량계의 차압 1차 장치
① 오리피스미터 : orifice plate(오리피스 플레이트)
② 플로노즐 : nozzle(노즐)
③ 벤투리미터 : venturi nozzle(벤투리 노즐)

94. 피토관은 측정이 간단하지만 사용 방법에 따라 오차가 발생하기 쉬우므로 주의가 필요하다. 이에 대한 설명으로 틀린 것은?
㉮ 5 m/s 이하인 기체에는 적용하기 곤란하다.
㉯ 흐름에 대하여 충분한 강도를 가져야 한다.
㉰ 피토관 앞에는 관지름 2배 이상의 직관 길이를 필요로 한다.
㉱ 피토관 두부를 흐름의 방향에 대하여 평행으로 붙인다.

해설 피토관(Pitot tube)의 특징
① 구조가 간단하고 제작비가 저렴하며 부착이 쉽다.
② 피토관을 유체의 흐름방향과 평행하게 설치하여야 한다.
③ 유속이 5 m/s 이하인 유체에는 측정이 불가능하다.
④ 불순물(슬러지, 분진 등)이 많은 유체에는 측정이 불가능하다.
⑤ 노즐 부분에 마모현상이 있으면 오차가 발생한다.
⑥ 피토관은 유체의 압력에 견딜 수 있는 충분한 강도를 가져야 한다.
⑦ 유량 측정은 간단하지만 사용방법이 잘못되면 오차 발생이 크다.
⑧ 비행기의 속도 측정, 수력 발전소의 수량 측정, 송풍기의 풍량 측정에 사용된다.
⑨ 피토관 앞에는 관지름 20배 이상의 직관 길이를 필요로 한다.

95. 가스미터가 규정된 사용공차를 초과할 때

해답 **91.** ㉮ **92.** ㉰ **93.** ㉯ **94.** ㉰ **95.** ㉰

의 고장을 무엇이라고 하는가?

㉮ 부동　　　　　㉯ 불통
㉰ 기차 불량　　　㉱ 감도 불량

[해설] 가스미터의 고장 종류

① 부동(不動) : 가스는 계량기를 통과하나 지침이 작동하지 않는 고장
② 불통(不通) : 가스가 계량기를 통과하지 못하는 고장
③ 기차(오차) 불량 : 사용공차를 초과하는 고장
④ 감도 불량 : 감도 유량을 통과시켰을 때 지침의 시도(示度) 변화가 나타나지 않는 고장

96. 순간적으로 무한대의 입력에 대한 변동하는 출력을 의미하는 응답은?

㉮ 스텝응답　　　㉯ 직선응답
㉰ 정현응답　　　㉱ 충격응답

[해설] 응답(應答 : response) : 자동제어계의 요소에 대한 출력을 입력에 응답이라고 하며 입력은 원인, 출력은 결과가 되며 응답은 과도응답, 정상응답, 인디시얼 응답, 주파수 응답, 충격응답으로 분류된다.

97. 다음 중 석유제품에 주로 사용하는 비중 표시 방법은?

㉮ alcohol 도　　　㉯ API 도
㉰ Baume 도　　　㉱ Twaddell 도

[해설] API(American Petroleum Institute) 도

∴ API 도 $= \dfrac{141.5}{\text{비중}(60°F/60°F)} - 131.5$

98. 초산납 10 g을 물 90 mL로 용해하여 만드는 시험지와 그 검지가스가 바르게 연결된 것은?

㉮ 염화팔라듐지 – H_2S
㉯ 염화팔라듐지 – CO
㉰ 연당지 – H_2S
㉱ 연당지 – CO

[해설] 연당지 제조법 및 검지가스

① 제조법 : 초산납(초산연[鉛]) 10 g을 물 90 mL로 용해하여 만든다.
② 검지가스 : 황화수소(H_2S)가 검지되면 회흑색으로 변색된다.

99. 헴펠식 가스분석법에서 수소나 메탄은 어떤 방법으로 성분을 분석하는가?

㉮ 흡수법　　　㉯ 연소법
㉰ 분해법　　　㉱ 증류법

[해설] 연소법 중 완만 연소법은 헴펠식 가스분석법(분석 순서 : $CO_2 → C_mH_n → O_2 → CO$)과 조합하여 수소(H_2), 메탄(CH_4) 등을 분석한다.

100. 다음 중 열선식 유량계에 해당하는 것은?

㉮ 델타식　　　㉯ 에뉴바식
㉰ 스웰식　　　㉱ 토마스식

[해설] 토마스식 유량계 : 유체의 흐름 중에 전열선을 넣고 유체의 온도를 높이는데 필요한 에너지를 측정하여 유량을 측정하는 것으로 열선식 유량계에 해당된다.

□ **가스 기사**   ▶ **2021. 8. 14 시행**

제1과목 가스유체역학

1. 직경이 10 cm인 90° 엘보에 계기압력 2 kgf /cm²의 물이 3 m/s로 흘러 들어온다. 엘보를 고정시키는 데 필요한 x방향의 힘은 약 몇 kgf 인가?

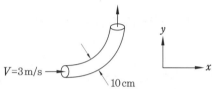

㉮ 157   ㉯ 164   ㉰ 171   ㉱ 179

[해설] ① 물의 밀도(ρ) 공학단위 계산 : 물의 절대단위 밀도는 1000 kg/m³이다.

$$\therefore \rho = \frac{1000}{9.8} = 102 \text{ kgf} \cdot \text{s}^2/\text{m}^4$$

② x 방향의 힘(kgf) 계산 : 직경 10 cm는 0.1 m 이고, 압력(P)은 kgf/m² 단위를 적용한다.

$$\therefore F_x = PA(1-\cos\theta) + \rho QV(1-\cos\theta)$$

$$= (2 \times 10^4) \times \left(\frac{\pi}{4} \times 0.1^2\right) \times (1 - \cos 90°)$$

$$+ 102 \times \left(\frac{\pi}{4} \times 0.1^2 \times 3\right) \times 3 \times (1 - \cos 90°)$$

$$= 164.289 \text{ kgf}$$

2. 수면의 높이차가 20 m인 매우 큰 두 저수지 사이에 분당 60 m³으로 펌프가 물을 아래에서 위로 이송하고 있다. 이때 전체 손실수두는 5 m이다. 펌프의 효율이 0.9일 때 펌프에 공급해 주어야 하는 동력은 얼마인가?

㉮ 163.3 kW   ㉯ 220.5 kW

㉰ 245.0 kW   ㉱ 272.2 kW

[해설] ① 물의 비중량(γ)은 1000 kgf/m³이고, 전양정은 수면 높이차(20 m)와 손실수두 (5 m)의 합이다.

② 동력 계산

$$\therefore \text{kW} = \frac{\gamma \cdot Q \cdot H}{102\eta} = \frac{1000 \times 60 \times (20+5)}{102 \times 0.9 \times 60}$$

$$= 272.331 \text{ kW}$$

3. 유체의 흐름에 대한 설명으로 다음 중 옳은 것을 모두 나타내면?

> ㉠ 난류 전단응력은 레이놀즈 응력으로 표시할 수 있다.
> ㉡ 박리가 일어나는 경계로부터 후류가 형성된다.
> ㉢ 유체와 고체벽 사이에는 전단응력이 작용하지 않는다.

㉮ ㉠   ㉯ ㉠, ㉢

㉰ ㉠, ㉡   ㉱ ㉠, ㉡, ㉢

[해설] 전단응력 분포

① 두 개의 평행평판 사이에 유체가 흐를 때 전단응력은 중심에서 0이고, 양쪽벽에서 최대가 된다.

② 수평 원관에서 유체가 흐를 때 전단응력은 관 중심에서 0이고, 관벽까지 직선적으로 증가한다.

4. 다음과 같은 베르누이 방정식이 적용되는 조건을 모두 나열한 것은?

> $$\frac{P}{\gamma} + \frac{V^2}{2g} + Z = \text{일정}$$
>
> ㉠ 정상 상태의 흐름
> ㉡ 이상유체의 흐름
> ㉢ 압축성 유체의 흐름
> ㉣ 동일 유선상의 흐름

㉮ ㉠, ㉡, ㉣   ㉯ ㉡, ㉣

㉰ ㉠, ㉢   ㉱ ㉡, ㉢, ㉣

[해설] 베르누이 방정식이 적용되는 조건

① 적용되는 임의 두 점은 같은 유선상에 있다.

② 정상 상태의 흐름이다.

③ 마찰이 없는 이상유체의 흐름이다.

④ 비압축성 유체의 흐름이다.

⑤ 외력은 중력만 작용한다.

⑥ 유체 흐름 중 내부에너지 손실이 없는 흐름이다.

5. 실린더 내에 압축된 액체가 압력 100 MPa에서 0.5 m³의 부피를 가지며, 압력 101 MPa에서는 0.495 m³의 부피를 갖는다. 이 액체의 체적탄성계수는 약 몇 MPa인가?

㉮ 1   ㉯ 10   ㉰ 100   ㉱ 1000

해설 $E = -\dfrac{\Delta P}{\dfrac{dV}{V_1}}$

$= -\dfrac{101-100}{-\dfrac{0.5-0.495}{0.5}} = 100 \text{ MPa}$

6. 두 평판 사이에 유체가 있을 때 이동평판을 일정한 속도 u로 운동시키는 데 필요한 힘 F에 대한 설명으로 틀린 것은?

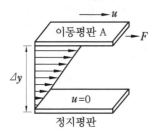

㉮ 평판의 면적이 클수록 크다.

㉯ 이동속도 u가 클수록 크다.

㉰ 두 평판의 간격 Δy가 클수록 크다.

㉱ 평판 사이에 점도가 큰 유체가 존재할수록 크다.

해설 평행한 두 평판 사이에 유체가 있을 때 이동평판을 일정한 속도(u)로 운동시키는 데 필요한 힘(F)이 커질 수 있는 조건은 다음과 같다.

① 평판의 면적(A)이 클수록 크다.

② 이동속도(u)가 클수록 크다.

③ 두 평판의 간격(Δy)이 작을수록 크다.

④ 평행한 두 평판 사이에 점도가 큰 유체가 존재할수록 크다.

7. 동점도(kinematic viscosity) ν가 4 stokes인 유체가 안지름 10 cm인 관 속을 60 cm/s의 평균속도로 흐를 때 이 유체의 흐름에 해당

하는 것은?

㉮ 플러그 흐름

㉯ 층류

㉰ 전이영역의 흐름

㉱ 난류

해설 ① 동점도(ν) 4 stokes는 4 cm²/s이다.

② 레이놀즈수(Re) 계산 : CGS 단위로 계산

$\therefore Re = \dfrac{\rho DV}{\mu} = \dfrac{DV}{\nu} = \dfrac{10 \times 60}{4} = 150$

따라서 레이놀즈수(Re)가 2100보다 작으므로 층류에 해당된다.

8. 압축성 이상기체의 흐름에 대한 설명으로 옳은 것은?

㉮ 무마찰, 등온흐름이면 압력과 부피의 곱은 일정하다.

㉯ 무마찰, 단열흐름이면 압력과 온도의 곱은 일정하다.

㉰ 무마찰, 단열흐름이면 엔트로피는 증가한다.

㉱ 무마찰, 등온흐름이면 정체온도는 일정하다.

해설 압축성 이상기체가 무마찰, 등온흐름이면 압력(P)과 부피(V)의 곱은 일정하다.

$\therefore PV = C$(일정)→보일의 법칙에 해당됨

참고 각 항목의 추가 설명

㉯ 단열흐름에서는 일이 열로 전환되어 온도가 변할 수 있기 때문에 압력과 온도의 곱이 일정하다고 보기 어렵다.

㉰ 엔트로피 변화량 $ds = \dfrac{dQ}{T}$인데, 단열흐름에서는 $dQ = 0$이므로 $ds = 0$이 된다. 따라서 엔트로피는 변하지 않는다.

㉱ 정체온도는 외부와의 열출입이 없는 단열용기에 들어 있는 기체가 단면적이 변화하는 관을 통하여 흐를 때 용기 안의 단면적이 매우 큰 경우 유속이 0이 되는 지점의 온도로 운동에너지가 열로 바뀌기 때문에 온도가 올라간다.

$\therefore T_0 = T + \dfrac{k-1}{kR} \times \dfrac{V^2}{2g}$

해답 5. ㉰   6. ㉰   7. ㉯   8. ㉮

9. 다음 중 1 cP(centi poise)를 옳게 나타낸 것은?

㉮ $10 \text{ kg} \cdot \text{m}^2/\text{s}$ ㉯ $10^{-2} \text{ dyne} \cdot \text{cm}^2/\text{s}$

㉲ $1 \text{ N/cm} \cdot \text{s}$ ㉠ $10^{-2} \text{ dyne} \cdot \text{s/cm}^2$

해설 1 cP(centi poise)는 10^{-2} P(poise)이고 1 P (poise)는 g/cm·s, 1 dyne(다인)은 g·cm/s^2 이다.

$\therefore$ 1 cP $= 10^{-2}$ P(poise) $= 10^{-2}$ g/cm·s

$= 10^{-2}$ dyne·s/cm^2

10. 등엔트로피 과정하에서 완전기체 중의 음속을 옳게 나타낸 것은? (단, E는 체적탄성 계수, R은 기체상수, T는 기체의 절대온도, P는 압력, k는 비열비이다.)

㉮ $\sqrt{PE}$ ㉯ $\sqrt{kRT}$

㉲ RT ㉠ PT

해설 음속의 계산식

$\therefore$ $C = \sqrt{k \cdot R \cdot T}$

여기서, C : 음속(m/s)

k : 비열비

R : 기체상수$\left(\dfrac{8314}{M} \text{ J/kg} \cdot \text{K}\right)$

T : 절대온도(K)

11. 공기가 79 vol% N_2와 21 vol% O_2로 이루어진 이상기체 혼합물이라 할 때 25℃, 750 mmHg에서 밀도는 약 몇 kg/m^{3}인가?

㉮ 1.16   ㉯ 1.42

㉲ 1.56   ㉠ 2.26

해설 ① 공기의 평균 분자량 계산 : 질소(N_2)의 분자량 28, 산소(O_2)의 분자량은 32이다.

$\therefore$ $M = (28 \times 0.79) + (32 \times 0.21) = 28.84$

② 밀도(ρ) 계산 : $\rho = \dfrac{G[\text{kg}]}{V[\text{m}^3]}$ 이므로 이상기체 상태방정식 $PV = GRT$를 이용하여 계산한다.

$\therefore$ $\rho = \dfrac{G}{V} = \dfrac{P}{RT} = \dfrac{\dfrac{750}{760} \times 101.325}{\dfrac{8.314}{28.84} \times (273 + 25)}$

$= 1.163 \text{ kg/m}^3$

12. 그림은 수축 노즐을 갖는 고압 용기에서 기체가 분출될 때 질량유량($\dot{m}$)과 배압(Pb)과 용기 내부압력(Pr)의 비의 관계를 도시한 것이다. 다음 중 질식된(chocking) 상태만 모은 것은?

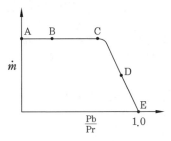

㉮ A, E   ㉯ B, D

㉲ D, E   ㉠ A, B

해설 A점과 B점에서는 분출밸브가 폐쇄되어 고압용기가 밀봉된 상태(질식된 상태)가 유지되고 C점에서부터 분출밸브가 개방되기 시작하여 고압용기의 기체가 분출되어 E점에서는 분출압력(Pb)과 내부압력(Pr)의 비가 같게 된다.

13. 지름 20 cm인 원형관이 한 변의 길이가 20 cm인 정사각형 단면을 가지는 덕트와 연결되어 있다. 원형관에서 물의 평균속도가 2 m/s일 때, 덕트에서 물의 평균속도는 얼마인가?

㉮ 0.78 m/s   ㉯ 1 m/s

㉲ 1.57 m/s   ㉠ 2 m/s

해설 ① 원형관의 유량(Q_1)과 덕트의 유량(Q_2)은 같으므로 $Q_1 = Q_2$이고, $A_1 V_1 = A_2 V_2$이다.

② 덕트에서 물의 평균속도 계산 : 덕트의 단면적(A_2)은 '가로×세로'이다.

$\therefore$ $V_2 = \dfrac{A_1 V_1}{A_2} = \dfrac{\dfrac{\pi}{4} \times 0.2^2 \times 2}{0.2 \times 0.2} = 1.5707 \text{ m/s}$

14. 지름 1 cm의 원통관에 5℃의 물이 흐르고 있다. 평균속도가 1.2 m/s일 때 이 흐름에 해당하는 것은? (단, 5℃ 물의 동점성계수 ν는 1.788×10^{-6} m^2/s이다.)

[가] 천이구간 [나] 층류
[다] 포텐셜유동 [라] 난류

[해설] ① 동점성계수가 MKS 단위로 주어졌으므로 레이놀즈수도 MKS 단위를 적용하여 계산한다.

$$\therefore \ Re = \frac{DV}{\nu} = \frac{0.01 \times 1.2}{1.788 \times 10^{-6}} = 6711.409$$

② 흐름 판단 : 레이놀즈수(Re)가 4000보다 크므로 난류에 해당된다.

15. **다음 중 원형관에서 완전난류 유동일 때 손실수두는?**

[가] 속도수두에 비례한다.
[나] 속도수두에 반비례한다.
[다] 속도수두에 관계없으며, 관의 지름에 비례한다.
[라] 속도에 비례하고, 관의 길이에 반비례한다.

[해설] ① 달시-바이스바하 방정식

$$h_f = f \times \frac{L}{D} \times \frac{V^2}{2g}$$

② 손실수두(h_f)는 속도수두$\left(\frac{V^2}{2g}\right)$에 비례한다.

※ 손실수두를 계산할 때 달시-바이스바하(Darcy-Weisbach) 방정식은 층류 및 난류 모두에 적용할 수 있음

16. **펌프의 흡입부 압력이 유체의 증기압보다 낮을 때 유체 내부에서 기포가 발생하는 현상을 무엇이라고 하는가?**

[가] 캐비테이션 [나] 이온화 현상
[다] 서징 현상 [라] 에어바인딩

[해설] 캐비테이션(cavitation) 현상 : 유수 중에 그 수온의 증기압력보다 낮은 부분이 생기면 물이 증발을 일으키고 기포를 다수 발생하는 현상

17. **구형 입자가 유체 속으로 자유 낙하할 때의 현상으로 틀린 것은? (단, μ는 점성계수, d는 구의 지름, U는 속도이다.)**

[가] 속도가 매우 느릴 때 항력(drag force)은 $3\pi\mu dU$이다.
[나] 입자에 작용하는 힘을 중력, 항력, 부력으로 구분할 수 있다.
[다] 항력계수(C_D)는 레이놀즈수가 증가할수록 커진다.
[라] 종말속도는 가속도가 감소되어 일정한 속도에 도달한 것이다.

[해설] 구형 입자가 유체 속으로 자유 낙하할 때 항력계수(C_D)는 레이놀즈수가 증가할수록 감소한다.

$$\therefore \ C_D = \frac{D}{A\frac{\rho U^2}{2}} = \frac{3\pi\mu dU}{\frac{\pi}{4}d^2\frac{\rho U^2}{2}} = \frac{24\mu}{\rho dU} = \frac{24}{Re}$$

18. **관 내를 흐르고 있는 액체의 유속이 급격히 감소할 때, 일어날 수 있는 현상은?**

[가] 수격현상 [나] 서징현상
[다] 캐비테이션 [라] 수직충격파

[해설] 수격 현상(water hammering) : 펌프에서 물을 압송하고 있을 때 정전 등으로 펌프가 급히 멈춘 경우 관내의 유속이 급변하면 물에 심한 압력변화가 생기는 현상

19. **다음은 축소-확대 노즐을 통해 흐르는 등엔트로피 흐름에서 노즐거리에 대한 압력 분포 곡선이다. 노즐 출구에서의 압력을 낮출 때 노즐 목에서 처음으로 음속흐름(sonic flow)이 일어나기 시작하는 선을 나타낸 것은?**

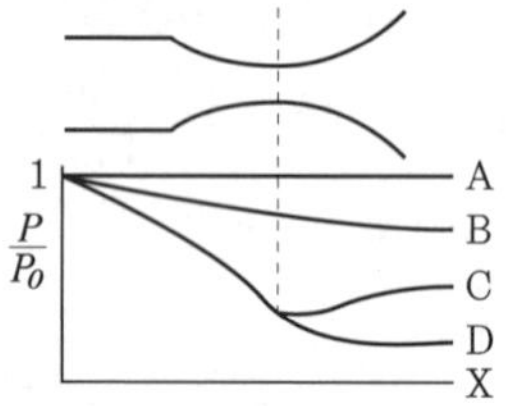

[가] A [나] B [다] C [라] D

[해설] 축소-확대 노즐에서 등엔트로피 흐름(단열흐름)일 때 노즐 출구에서 압력을 낮추면

노즐 목(throat)부터 음속흐름이 일어나기 시작한다.

20. 다음 중 뉴턴의 점성법칙과 관련성이 가장 먼 것은?

㉮ 전단응력　　　㉯ 점성계수
㉰ 비중　　　　　㉱ 속도구배

[해설] ① 뉴턴의 점성법칙 $\tau = \mu \dfrac{du}{dy}$ 이다.

② 뉴턴의 점성법칙과 관련성이 있는 것은 전단응력(τ), 점성계수(μ), 속도구배$\left(\dfrac{du}{dy}\right)$ 이다.

제2과목　연소공학

21. 공기흐름이 난류일 때 가스연료의 연소현상에 대한 설명으로 옳은 것은?

㉮ 화염이 뚜렷하게 나타난다.
㉯ 연소가 양호하여 화염이 짧아진다.
㉰ 불완전연소에 의해 열효율이 감소한다.
㉱ 화염이 길어지면서 완전연소가 일어난다.

[해설] 가스연료를 연소할 때 공기의 흐름이 난류이면 층류일 때보다 연소가 잘 되며 화염이 짧아지는 현상이 발생한다.

22. 연소 시 실제로 사용된 공기량을 이론적으로 필요한 공기량으로 나눈 것을 무엇이라 하는가?

㉮ 공기비　　　　㉯ 당량비
㉰ 혼합비　　　　㉱ 연료비

[해설] 공기비 : 과잉공기계수라 하며 완전연소에 필요한 공기량(이론공기량[A_0])에 대한 실제로 사용된 공기량(실제공기량[A])의 비를 말한다.

$$\therefore\ m = \frac{A}{A_0} = \frac{A_0 + B}{A_0} = 1 + \frac{B}{A_0}$$

23. 연소온도를 높이는 방법으로 가장 거리가 먼 것은?

㉮ 연료 또는 공기를 예열한다.
㉯ 발열량이 높은 연료를 사용한다.
㉰ 연소용 공기의 산소농도를 높인다.
㉱ 복사전열을 줄이기 위해 연소속도를 늦춘다.

[해설] 연소온도를 높이는 방법
① 발열량이 높은 연료를 사용한다.
② 연료를 완전 연소시킨다.
③ 가능한 한 적은 과잉공기를 사용한다.
④ 연소용 공기 중 산소 농도를 높인다.
⑤ 연료, 공기를 예열하여 사용한다.
⑥ 복사 전열을 감소시키기 위해 연소속도를 빨리 할 것

24. 메탄 80 v%, 에탄 15 v%, 프로판 4 v%, 부탄 1 v%인 혼합가스의 공기 중 폭발하한계 값은 약 몇 %인가? (단, 각 성분의 하한계 값은 메탄 5 %, 에탄 3 %, 프로판 2.1 %, 부탄 1.8 %이다.)

㉮ 2.3　　　　　㉯ 4.3
㉰ 6.3　　　　　㉱ 8.3

[해설] $\dfrac{100}{L} = \dfrac{V_1}{L_1} + \dfrac{V_2}{L_2} + \dfrac{V_3}{L_3} + \dfrac{V_4}{L_4}$ 에서

$$\therefore\ L = \frac{100}{\dfrac{V_1}{L_1} + \dfrac{V_2}{L_2} + \dfrac{V_3}{L_3} + \dfrac{V_4}{L_4}}$$

$$= \frac{100}{\dfrac{80}{5} + \dfrac{15}{3} + \dfrac{4}{2.1} + \dfrac{1}{1.8}} = 4.262 \text{ v\%}$$

25. 다음 중 가역단열 과정에 해당하는 것은?

㉮ 정온과정　　　　㉯ 정적과정
㉰ 등엔탈피과정　　㉱ 등엔트로피과정

[해설] 이상기체의 상태변화(과정)의 종류
① 정온(등온)변화 : 온도가 일정한 상태에서의 변화
② 정압(등압)변화 : 압력이 일정한 상태에서의 변화

---

③ 정적(등적)변화 : 체적이 일정한 상태에서
의 변화

④ 단열변화(등엔트로피 변화) : 열 출입이 없
는 상태에서의 변화

⑤ 폴리트로픽 변화 : 변화 중의 압력과 비체
적이 $Pv^n = C$(일정)한 상태의 변화

26. 가로 4 m, 세로 4.5 m, 높이 2.5 m인 공
간에 아세틸렌이 누출되고 있을 때 표준상
태에서 약 몇 kg이 누출되면 폭발이 가능
한가?

㉮ 1.3   ㉯ 1.0
㉰ 0.7   ㉱ 0.4

해설 ① 아세틸렌이 폭발될 수 있는 조건은 공
간 체적에 폭발범위 하한값에 해당하는 가
스량이 누출되었을 때이고 아세틸렌의 폭
발범위는 2.5~81 %이다.

∴ 누출가스량 = 공간 체적×폭발범위 하한값
$$= (4 \times 4.5 \times 2.5) \times 0.025$$
$$= 1.125 \, m^3$$

② 폭발 가능한 가스량을 이상기체 상태방정
식 $PV = GRT$를 이용하여 질량으로 계
산 : 표준상태는 0℃, 1기압(101.325 kPa) 상
태이고, 아세틸렌의 분자량은 26이다.

$$\therefore G = \frac{PV}{RT} = \frac{101.325 \times 1.125}{\frac{8.314}{26} \times 273} = 1.305 \, kg$$

별해 표준상태이므로 아보가드로 법칙을 이용
하여 비례식으로 계산할 수 있으며, 아세틸렌
1 kmol(26 kg)이 차지하는 체적은 22.4 m³
이다.

$$26 \, kg : 22.4 \, m^3 = x \, [kg] : 1.125 \, m^3$$
$$\therefore x = \frac{26 \times 1.125}{22.4} = 1.305 \, kg$$

27. Diesel cycle의 효율이 좋아지기 위한 조
건은? (단, 압축비를 ϵ, 단절비(cut-off ratio)
를 σ라 한다.)

㉮ ϵ와 σ가 클수록
㉯ ϵ가 크고 σ가 작을수록
㉰ ϵ가 크고 σ가 일정할수록
㉱ ϵ가 일정하고 σ가 클수록

해설 ① 디젤 사이클 효율 계산식

$$\therefore \eta_d = \frac{W}{q_1} = 1 - \frac{q_2}{q_1} = 1 - \frac{1}{k} \times \frac{T_3 - T_4}{T_2 - T_1}$$
$$= 1 - \left(\frac{1}{\epsilon}\right)^{k-1} \times \frac{\sigma^k - 1}{k(\sigma - 1)}$$

② 디젤 사이클에서 효율은 압축비(ϵ)와 차
단비(σ)의 함수이므로 압축비가 크고 차단
비(체절비)가 작을수록 효율이 증가한다.

28. 가장 미세한 입자까지 집진할 수 있는 집
진장치는?

㉮ 사이클론   ㉯ 중력 집진기
㉰ 여과 집진기   ㉱ 스크러버

해설 여과 집진장치 : 함진가스를 여과재(filter)
에 통과시켜 분진입자를 분리, 포착시키는 집
진장치로 백필터(bag filter)가 대표적이다. 집
진효율이 양호하지만 고온가스, 습가스 처리
에는 부적합하다.

29. 메탄가스 1 m³를 완전 연소시키는 데 필
요한 공기량은 약 몇 Sm³인가? (단, 공기
중 산소는 21 %이다.)

㉮ 6.3   ㉯ 7.5
㉰ 9.5   ㉱ 12.5

해설 ① 메탄(CH_4)의 완전 연소 반응식
$$CH_4 + 2O_2 \rightarrow CO_2 + 2H_2O$$

② 이론공기량 계산
$$22.4 \, Sm^3 : 2 \times 22.4 \, Sm^3 = 1 \, Sm^3 : x(O_0) \, Sm^3$$
$$\therefore A_0 = \frac{O_0}{0.21} = \frac{2 \times 22.4 \times 1}{22.4 \times 0.21} = 9.523 \, Sm^3$$

30. 흑체의 온도가 20℃에서 100℃로 되었다
면 방사하는 복사에너지는 몇 배가 되는가?

㉮ 1.6   ㉯ 2.0
㉰ 2.3   ㉱ 2.6

해설 $E = \sigma T^4$에서 복사에너지(E)는 절대온도
의 4승에 비례하고, 스테판-볼츠만 상수(σ)
는 동일하다.

$$\therefore \frac{E_2}{E_1} = \left(\frac{273 + 100}{273 + 20}\right)^4 = 2.626 \, 배$$

해답 26. ㉮   27. ㉰   28. ㉰   29. ㉰   30. ㉱

31. 지구온난화를 유발하는 6대 온실가스가 아닌 것은?

㉮ 이산화탄소　　　㉯ 메탄

㉰ 염화불탄소　　　㉱ 이산화질소

해설 온실가스(저탄소 녹색성장 기본법 제2조) : 이산화탄소(CO_2), 메탄(CH_4), 아산화질소(N_2O), 수소불화탄소(HFCs), 과불화탄소(PFCs), 육불화황(SF_6) 및 그 밖에 대통령령으로 정하는 것으로 적외선 복사열을 흡수하거나 재방출하여 온실효과를 유발하는 대기 중의 가스 상태의 물질을 말한다.

※ 최종 정답은 ㉰항만 정답으로 처리되었음

32. 산소(O_2)의 기본특성에 대한 설명 중 틀린 것은?

㉮ 오일과 혼합하면 산화력의 증가로 강력히 연소한다.

㉯ 자신은 스스로 연소하는 가연성이다.

㉰ 순산소 중에서는 철, 알루미늄 등도 연소되며 금속산화물을 만든다.

㉱ 가연성 물질과 반응하여 폭발할 수 있다.

해설 산소의 특징

① 상온, 상압에서 무색, 무취이며 물에는 약간 녹는다.

② 공기 중에 약 21 vol% 함유하고 있다.

③ 강력한 조연성 가스이나 그 자신은 연소하지 않는다.

④ 액화산소(액 비중 1.14)는 담청색을 나타낸다.

⑤ 화학적으로 활발한 원소로 모든 원소와 직접 화합하여(할로겐 원소, 백금, 금 등 제외) 산화물을 만든다.

⑥ 산소(O_2)는 기체, 액체, 고체의 경우 자장의 방향으로 자화하는 상자성을 가지고 있다.

33. 과잉공기량이 지나치게 많을 때 나타나는 현상으로 틀린 것은?

㉮ 연소실 온도 저하

㉯ 연료소비량 증가

㉰ 배기가스 온도의 상승

㉱ 배기가스에 의한 열손실 증가

해설 과잉공기가 많은 경우(공기비가 큰 경우) 현상

① 연소실 내의 온도가 낮아진다.

② 배기가스로 인한 손실열이 증가한다.

③ 배기가스 중 질소산화물(NOx)이 많아져 대기오염을 초래한다.

④ 열효율이 감소한다.

⑤ 연료소비량이 증가한다.

⑥ 연소가스량(배기가스량)이 증가하여 통풍 저하를 초래한다.

34. propane 가스의 연소에 의한 발열량이 11780 kcal/kg이고 연소할 때 발생된 수증기의 잠열이 1900 kcal/kg이라면 propane가스의 연소효율은 약 몇 %인가?(단, 진발열량은 11500 kcal/kg이다.)

㉮ 66　　　　　　㉯ 76

㉰ 86　　　　　　㉱ 96

해설 프로판가스가 실제로 발생한 열량은 연소과정에서 발생한 열량에서 연소 시 발생한 수증기의 잠열을 제외한 열량이 된다.

$$\therefore \ 연소효율 = \frac{실제 \ 발생열량}{진발열량} \times 100$$

$$= \frac{11780 - 1900}{11500} \times 100$$

$$= 85.913 \, \%$$

35. 다음 중 혼합기체의 특성에 대한 설명으로 틀린 것은?

㉮ 압력비와 몰비는 같다.

㉯ 몰비는 질량비와 같다.

㉰ 분압은 전압에 부피분율을 곱한 값이다.

㉱ 분압은 전압에 어느 성분의 몰분율을 곱한 값이다.

해설 혼합기체에서 각 가스의 분자량이 서로 달라 질량비는 몰비와 다른 값을 나타낸다.

36. "혼합가스의 압력은 각 기체가 단독으로 확산할 때의 분압의 합과 같다."라는 것은 누구의 법칙인가?

㉮ Boyle-Charles의 법칙

해답　31. ㉰　32. ㉯　33. ㉰　34. ㉰　35. ㉯　36. ㉯

내 Dalton의 법칙

대 Graham의 법칙

래 Avogadro의 법칙

해설 돌턴(Dalton)의 분압법칙 : 혼합기체가 나타내는 전압은 각 성분 기체 분압의 총합과 같다.

37. 이상기체에 대한 설명으로 틀린 것은?

가 보일-샤를의 법칙을 만족한다.

내 아보가드로의 법칙에 따른다.

대 비열비 $\left(k = \dfrac{C_p}{C_v}\right)$는 온도에 관계없이 일정하다.

래 내부에너지는 체적과 관계있고, 온도와는 무관하다.

해설 이상기체의 성질
① 보일-샤를의 법칙을 만족한다.
② 아보가드로의 법칙에 따른다.
③ 내부에너지는 온도만의 함수이다.
④ 온도에 관계없이 비열비는 일정하다.
⑤ 기체의 분자력과 크기도 무시되며 분자 간의 충돌은 완전 탄성체이다.
⑥ 분자와 분자 사이의 거리가 매우 멀다.
⑦ 분자 사이의 인력이 없다.
⑧ 압축성인자가 1이다.

38. 다음 중 착화온도가 가장 낮은 물질은?

가 목탄   내 무연탄

대 수소   래 메탄

해설 각 연료의 착화온도

연료 명칭	착화온도
목탄	320~370℃
무연탄	440~500℃
수소(H_2)	530℃
메탄(CH_4)	632℃

39. 분진 폭발의 발생 조건으로 가장 거리가 먼 것은?

가 분진이 가연성이어야 한다.

내 분진 농도가 폭발범위 내에서는 폭발하지 않는다.

대 분진이 화염을 전파할 수 있는 크기 분포를 가져야 한다.

래 착화원, 가연물, 산소가 있어야 발생한다.

해설 분진 폭발의 발생 조건
① 분진이 가연성이며 폭발범위 내에 있어야 한다.
② 분진이 화염을 전파할 수 있는 크기의 분포를 가져야 한다.
③ 조연성 가스 중에서 교반과 유동이 일어나야 한다.
④ 충분한 점화원(착화원)을 가져야 한다.

40. 연소범위에 대한 설명으로 옳은 것은?

가 N_2를 가연성가스에 혼합하면 연소범위는 넓어진다.

내 CO_2를 가연성가스에 혼합하면 연소범위가 넓어진다.

대 가연성가스는 온도가 일정하고 압력이 내려가면 연소범위가 넓어진다.

래 가연성가스는 온도가 일정하고 압력이 올라가면 연소범위가 넓어진다.

해설 ① 연소범위(폭발범위) : 공기 중에서 점화원에 의해 연소(폭발)를 일으킬 수 있는 혼합가스 중의 가연성가스의 부피범위(%)로 온도, 압력, 산소량의 영향을 받는다.
② 가연성가스에 질소(N_2), 이산화탄소(CO_2) 등과 같은 불연성가스가 혼합되면 산소 농도가 낮아져 연소범위(폭발범위)는 좁아진다.

제 3 과목 가스설비

41. 분젠식 버너의 구성이 아닌 것은?

가 블라스트   내 노즐

대 댐퍼   래 혼합관

해답 37. 래   38. 가   39. 내   40. 래   41. 가

해설 분젠식 버너
① 개요 : 가스를 노즐로부터 분출시켜 주위의 공기를 1차 공기로 취한 후 나머지는 2차 공기를 취하는 방식이다.
② 구성 : 노즐, 혼합관, 공기댐퍼, 스로트(throat), 염공

42. 공동주택에 압력조정기를 설치할 경우 설치기준으로 맞는 것은?
㉠ 공동주택 등에 공급되는 가스압력이 중압 이상으로서 전세대수가 200세대 미만인 경우 설치할 수 있다.
㉡ 공동주택 등에 공급되는 가스압력이 저압으로서 전세대수가 250세대 미만인 경우 설치할 수 있다.
㉢ 공동주택 등에 공급되는 가스압력이 중압 이상으로서 전세대수가 300세대 미만인 경우 설치할 수 있다.
㉣ 공동주택 등에 공급되는 가스압력이 저압으로서 전세대수가 350세대 미만인 경우 설치할 수 있다.
해설 공급압력에 의한 압력조정기 설치 세대수 기준
① 중압 이상 : 150세대 미만
② 저압 : 250세대 미만
③ 단, 한국가스안전공사의 안전성평가를 받고 그 결과에 따라 안전관리 조치를 한 경우 규정세대수의 2배로 할 수 있다.

43. AFV식 정압기의 작동상황에 대한 설명으로 옳은 것은?
㉠ 가스사용량이 증가하면 파일럿밸브의 열림이 감소한다.
㉡ 가스사용량이 증가하면 구동압력은 저하한다.
㉢ 가스사용량이 감소하면 2차 압력이 감소한다.
㉣ 가스사용량이 감소하면 고무슬리브의 개도는 증대된다.

해설 AFV식 정압기의 작동상황

항목	작동상황	
	사용량 증가	사용량 감소
2차 압력	저하	상승
파일럿밸브 열림 정도	증대	감소
구동압력	저하	상승
고무슬리브 열림 정도	증대	감소

44. 압력 2 MPa 이하의 고압가스 배관설비로서 곡관을 사용하기가 곤란한 경우 가장 적정한 신축이음매는?
㉠ 벨로스형 신축이음매
㉡ 루프형 신축이음매
㉢ 슬리브형 신축이음매
㉣ 스위블형 신축이음매
해설 배관설비 신축흡수조치
① 배관의 신축 등으로 인하여 고압가스가 누출하는 것을 방지하기 위하여 배관에 나쁜 영향을 미칠 정도의 신축이 생길 우려가 있는 부분에는 신축을 흡수하는 조치를 한다.
② 신축흡수조치는 곡관(bent pipe)을 사용한다. 다만, 압력이 2 MPa 이하인 배관으로서 곡관을 사용하기가 곤란한 곳에는 벨로스형(bellows type) 신축이음매를 사용할 수 있다.

45. 탄소강이 약 200~300℃에서 인장강도는 커지나 연신율이 갑자기 감소되어 취약하게 되는 성질을 무엇이라 하는가?
㉠ 적열취성   ㉡ 청열취성
㉢ 상온취성   ㉣ 수소취성
해설 청열취성(靑熱脆性 : blue shortness) : 탄소강을 고온도에서 인장시험을 할 때 210~360℃에서 인장강도가 최대로 되고 연신율이 최소가 되어 취성(메짐)을 일으키는 현상으로 이 온도에서 철강재가 산화하여 청색을 나타나게 되어 청열이라 한다.

46. 도시가스의 제조공정 중 부분연소법의 원리를 바르게 설명한 것은?

⑦ 메탄에서 원유까지의 탄화수소를 원료로 하여 산소 또는 공기 및 수증기를 이용하여 메탄, 수소, 일산화탄소, 이산화탄소로 변환시키는 방법이다.

㉯ 메탄을 원료로 사용하는 방법으로 산소 또는 공기 및 수증기를 이용하여 수소, 일산화탄소만을 제조하는 방법이다.

㉰ 에탄만을 원료로 하여 산소 또는 공기 및 수증기를 이용하여 메탄만을 생성시키는 방법이다.

㉱ 코크스만을 사용하여 산소 또는 공기 및 수증기를 이용하여 수소와 일산화탄소만을 제조하는 방법이다.

해설 부분연소 공정(partial combustion process) : 메탄에서 원유까지의 탄화수소를 원료로 하여 분해에 필요한 열을 로(爐)내에 산소 또는 공기를 흡입시킴에 의해 원료의 일부를 연소시켜 연속적으로 가스를 만드는 공정으로 메탄, 수소, 일산화탄소, 이산화탄소로 변환시킨다.

47. 발열량 5000 kcal/m³, 비중 0.61, 공급 표준압력 100 mmH₂O인 가스에서 발열량 11000 kcal/m³, 비중 0.66, 공급표준압력이 200 mmH₂O인 천연가스로 변경할 경우 노즐 변경률은 얼마인가?

㉮ 0.49　　　　　㉯ 0.58
㉰ 0.71　　　　　㉱ 0..82

해설 하나의 식으로 노즐 변경률 계산

$$\therefore \frac{D_2}{D_1} = \sqrt{\frac{WI_1\sqrt{P_1}}{WI_2\sqrt{P_2}}}$$

$$= \sqrt{\frac{\dfrac{5000}{\sqrt{0.61}} \times \sqrt{100}}{\dfrac{11000}{\sqrt{0.66}} \times \sqrt{200}}} = 0.578$$

별해 각각의 웨버지수를 구한 후 계산
① 처음 상태의 웨버지수

$$\therefore WI_1 = \frac{H_{g_1}}{\sqrt{d_1}} = \frac{5000}{\sqrt{0.61}} = 6401.843$$

② 변경된 상태의 웨버지수

$$\therefore WI_2 = \frac{H_{g_2}}{\sqrt{d_2}} = \frac{11000}{\sqrt{0.66}} = 13540.064$$

③ 노즐 변경률 계산

$$\therefore \frac{D_2}{D_1} = \sqrt{\frac{WI_1\sqrt{P_1}}{WI_2\sqrt{P_2}}}$$

$$= \frac{\sqrt{6401.843 \times \sqrt{100}}}{\sqrt{13540.064 \times \sqrt{200}}} = 0.578$$

48. 용기밸브의 구성이 아닌 것은?

㉮ 스템　　　　　㉯ O링
㉰ 스핀들　　　　㉱ 행거

해설 용기밸브의 구성 부품 : 스템(stem), O링, 밸브 시트, 스핀들, 개폐용 핸들, 그랜드 너트 등

49. 액화천연가스(메탄기준)를 도시가스 원료로 사용할 때 액화천연가스의 특징을 바르게 설명한 것은?

㉮ C/H 질량비가 3이고, 기화설비가 필요하다.

㉯ C/H 질량비가 4이고, 기화설비가 필요없다.

㉰ C/H 질량비가 3이고, 가스제조 및 정제설비가 필요하다.

㉱ C/H 질량비가 4이고, 개질설비가 필요하다.

해설 도시가스 원료로서 LNG의 특징
① 불순물이 제거된 청정연료로 환경문제가 없다.
② LNG 수입기지에 저온 저장설비 및 기화장치가 필요하다.
③ 불순물을 제거하기 위한 정제설비는 필요하지 않다.
④ 가스제조 및 개질설비가 필요하지 않다.
⑤ 초저온 액체로 설비재료의 선택과 취급에 주의를 요한다.
⑥ 냉열 이용이 가능하다.
⑦ 천연가스의 C/H 질량비가 3이고, 기화설비가 필요하다.

해답 47. ㉯　48. ㉱　49. ㉮

※ 천연가스(CH_4)의 질량비

$$\therefore \frac{C}{H} = \frac{12}{1 \times 4} = 3$$

50. LPG 수송관의 이음부분에 사용할 수 있는 패킹재료로 가장 적합한 것은?

㉮ 목재　　　　　㉯ 천연고무

㉰ 납　　　　　　㉱ 실리콘 고무

해설 LPG는 천연고무를 용해하는 성질이 있어 패킹재료로는 실리콘 고무가 적합하다.

51. 아세틸렌의 압축 시 분해폭발의 위험을 줄이기 위한 반응장치는?

㉮ 겔로그 반응장치　㉯ IG 반응장치

㉰ 파우서 반응장치　㉱ 레페 반응장치

해설 레페(Reppe) 반응장치 : 아세틸렌을 압축하면 분해폭발의 위험이 있기 때문에 이것을 최소화하기 위하여 반응장치 내부에 질소(N_2)가 49 % 또는 이산화탄소(CO_2)가 42 %가 되면 분해폭발이 일어나지 않는다는 것을 이용하여 고안된 반응장치로 종래에 합성되지 않았던 화합물을 제조할 수 있게 되었다.

52. 다음 중 화염에서 백-파이어(back-fire)가 가장 발생하기 쉬운 원인은?

㉮ 버너의 과열

㉯ 가스의 과량공급

㉰ 가스압력의 상승

㉱ 1차 공기량의 감소

해설 역화(back-fire)의 원인
① 염공이 크게 되었을 때
② 노즐의 구멍이 너무 크게 된 경우
③ 콕이 충분히 개방되지 않은 경우
④ 가스의 공급압력이 저하되었을 때
⑤ 버너가 과열된 경우

53. 공기액화 분리장치의 폭발 방지대책으로 옳지 않은 것은?

㉮ 장치 내에 여과기를 설치한다.

㉯ 유분리기는 설치해서는 안 된다.

㉰ 흡입구 부근에서 아세틸렌 용접은 하지 않는다.

㉱ 압축기의 윤활유는 양질유를 사용한다.

해설 공기액화 분리장치 폭발방지 대책
① 장치 내 여과기를 설치한다.
② 아세틸렌이 흡입되지 않는 장소에 공기 흡입구를 설치한다.
③ 양질의 압축기 윤활유를 사용한다.
④ 장치는 1년에 1회 정도 내부를 사염화탄소(CCl_4)를 사용하여 세척한다.
※ 오일이 압축기로 유입되면 액압축에 의하여 압축기가 파손될 우려가 있고, 공기액화 분리기 내부로 들어가면 폭발의 위험이 있으므로 유분리기는 설치해야 한다.

54. LP가스 판매사업의 용기보관실의 면적은?

㉮ 9 m^2 이상　　㉯ 10 m^2 이상

㉰ 12 m^2 이상　　㉱ 19 m^2 이상

해설 액화석유가스 판매사업 기준
① 용기보관실 면적 : 19 m^2 이상
② 사무실 면적 : 9 m^2 이상

55. 전기방식법 중 효과 범위가 넓고 전압, 전류의 조정이 쉬우며, 장거리 배관에는 설치 개수가 적어지는 장점이 있고, 초기 투자가 많은 단점이 있는 방법은?

㉮ 희생양극법　　㉯ 외부전원법

㉰ 선택배류법　　㉱ 강제배류법

해설 외부전원법의 특징
(1) 장점
① 효과 범위가 넓다.
② 평상시의 관리가 용이하다.
③ 전압, 전류의 조성이 일정하다.
④ 전식에 대해서도 방식이 가능하다.
⑤ 장거리 배관에는 전원 장치가 적어도 된다.
(2) 단점
① 초기 설치비가 많이 소요된다.
② 다른 매설 금속체로의 장해에 대해 검토할 필요가 있다.
③ 전원을 필요로 한다.
④ 과방식의 우려가 있다.

해답　50. ㉱　51. ㉱　52. ㉮　53. ㉯　54. ㉱　55. ㉯

56. 양정 20m, 송수량 3 m³/min일 때 축동력 15 PS를 필요로 하는 원심펌프의 효율은 약 몇 %인가?

㉮ 59 % ㉯ 75 %

㉰ 89 % ㉱ 92 %

[해설] 원심펌프의 축동력(PS) 계산식 $PS = \dfrac{\gamma QH}{75\eta}$ 에서 효율 η를 구하며, 물의 비중량(γ)은 1000 kgf/m³을 적용한다.

$$\therefore \eta = \frac{\gamma QH}{75PS} \times 100 = \frac{1000 \times 3 \times 20}{75 \times 15 \times 60} \times 100$$
$$= 88.888\%$$

57. 토출량이 5 m³/min이고, 펌프 송출구의 안지름이 30 cm일 때 유속은 약 몇 m/s인가?

㉮ 0.8 ㉯ 1.2

㉰ 1.6 ㉱ 2.0

[해설] $Q = AV$에서 유속 V를 구하며, 토출량 (Q)이 분(min)당 유량이므로 초(s)당으로 변환해 준다.

$$\therefore V = \frac{Q}{A} = \frac{5}{\frac{\pi}{4} \times 0.3^2 \times 60} = 1.178 \text{ m/s}$$

58. 연소 방식 중 급배기 방식에 의한 분류로서 연소에 필요한 공기를 실내에서 취하고, 연소 후 배기가스는 배기통으로 옥외로 방출하는 형식은?

㉮ 노출식 ㉯ 개방식

㉰ 반밀폐식 ㉱ 밀폐식

[해설] 급배기 방식에 의한 연소기 분류
① 개방식 : 연소에 필요한 공기를 실내에서 취하고, 연소 후 배기가스는 실내로 배출하는 형식
② 반밀폐식 : 연소에 필요한 공기를 실내에서 취하고, 연소 후 배기가스는 배기통으로 옥외로 배출하는 형식
③ 밀폐식 : 연소에 필요한 공기를 실외에서 취하고, 연소 후 배기가스는 배기통으로 옥외로 배출하는 형식으로 배기통이 2중관 형태로 구성된다.

59. 탄소강에 소량씩 함유하고 있는 원소의 영향에 대한 설명으로 틀린 것은?

㉮ 인(P)은 상온에서 충격치를 떨어뜨려 상온메짐의 원인이 된다.

㉯ 규소(Si)는 경도는 증가시키나 단접성은 감소시킨다.

㉰ 구리(Cu)는 인장강도와 탄성계수를 높이나 내식성은 감소시킨다.

㉱ 황(S)은 Mn과 결합하여 MnS를 만들고, 남은 것이 있으면 FeS를 만들어 고온메짐의 원인이 된다.

[해설] 구리(Cu)의 영향 : 인장강도, 탄성한도, 내식성을 증가시키나 압연 시 균열의 원인이 된다.

60. 액화천연가스 중 가장 많이 함유되어 있는 것은?

㉮ 메탄 ㉯ 에탄

㉰ 프로판 ㉱ 일산화탄소

[해설] 액화천연가스(LNG)는 메탄을 주성분으로 하며 에탄, 프로판, 부탄 등이 일부 포함되어 있다.

제 4 과목 가스안전관리

61. 고압가스 충전용기 운반 시 동일차량에 적재하여 운반할 수 있는 것은?

㉮ 염소와 아세틸렌

㉯ 염소와 암모니아

㉰ 염소와 질소

㉱ 염소와 수소

[해설] 혼합적재 금지 기준
① 염소와 아세틸렌, 암모니아, 수소는 동일차량에 적재하여 운반하지 아니한다.
② 가연성가스와 산소를 동일차량에 적재하여 운반하는 때에는 그 충전용기의 밸브가 서로 마주보지 아니하도록 적재한다.
③ 충전용기와 위험물 안전관리법에서 정하

해답 56. ㉰ 57. ㉯ 58. ㉰ 59. ㉰ 60. ㉮ 61. ㉰

는 위험물과는 동일차량에 적재하여 운반하지 아니한다.
④ 독성가스 중 가연성가스와 조연성가스는 동일 차량적재함에 운반하지 아니한다.

62. **고온, 고압하의 수소에서는 수소원자가 발생되어 금속조직으로 침투하여 carbon이 결합, CH_4 등의 gas를 생성하여 용기가 파열하는 원인이 될 수 있는 현상은?**

[가] 금속조직에서 탄소의 추출
[나] 금속조직에서 아연의 추출
[다] 금속조직에서 구리의 추출
[라] 금속조직에서 스테인리스강의 추출

[해설] 수소취성(탈탄작용)
① 개요 : 수소(H_2)는 고온, 고압하에서 강제 중의 탄소와 반응하여 메탄(CH_4)이 생성되고 이것이 수소취성을 일으킨다.
② 반응식 : $Fe_3C + 2H_2 \rightarrow 3Fe + CH_4$
③ 방지 원소 : 텅스텐(W), 바나듐(V), 몰리브덴(Mo), 티타늄(Ti), 크롬(Cr)

63. **고압가스 저장탱크 실내설치의 기준으로 틀린 것은?**

[가] 가연성가스 저장탱크실에는 가스누출검지 경보장치를 설치한다.
[나] 저장탱크실은 각각 구분하여 설치하고 자연환기시설을 갖춘다.
[다] 저장탱크에 설치한 안전밸브는 지상 5 m 이상의 높이에 방출구가 있는 가스방출관을 설치한다.
[라] 저장탱크의 정상부와 저장탱크실 천정과의 거리는 60 cm 이상으로 한다.

[해설] 고압가스 저장탱크 및 처리설비 실내설치 기준
① 저장탱크실과 처리설비실은 각각 구분하여 설치하고 강제환기시설을 갖춘다.
② 저장탱크실 및 처리설비실은 천정, 벽 및 바닥의 두께가 30 cm 이상인 철근콘크리트로 만든 실로서 방수처리가 된 것으로 한다.
③ 가연성가스 또는 독성가스의 저장탱크실과 처리설비실에는 가스누출검지 경보장치를 설치한다.
④ 저장탱크의 정상부와 저장탱크실 천정과의 거리는 60 cm 이상으로 한다.
⑤ 저장탱크를 2개 이상 설치하는 경우에는 저장탱크실을 각각 구분하여 설치한다.
⑥ 저장탱크 및 그 부속시설에는 부식방지 도장을 한다.
⑦ 저장탱크실 및 처리설비실의 출입문은 각각 따로 설치하고, 외부인이 출입할 수 없도록 자물쇠 채움 등의 조치를 한다.
⑧ 저장탱크실 및 처리설비실을 설치한 주위에는 경계표지를 한다.
⑨ 저장탱크에 설치한 안전밸브는 지상 5 m 이상의 높이에 방출구가 있는 가스방출관을 설치한다.

64. **고압가스 냉동제조설비의 냉매설비에 설치하는 자동제어장치 설치기준으로 틀린 것은?**

[가] 압축기의 고압측 압력이 상용압력을 초과하는 때에 압축기의 운전을 정지하는 고압차단장치를 설치한다.
[나] 개방형 압축기에서 저압측 압력이 상용압력보다 이상 저하할 때 압축기의 운전을 정지하는 저압차단장치를 설치한다.
[다] 압축기를 구동하는 동력장치에 과열방지장치를 설치한다.
[라] 셸형 액체 냉각기에 동결방지장치를 설치한다.

[해설] 자동제어장치 설치기준 : [가], [나], [라] 외
① 압축기를 구동하는 동력장치에 과부하보호장치를 설치한다.
② 강제윤활장치를 갖는 개방형 압축기인 경우는 윤활유 압력이 운전에 지장을 주는 상태에 이르는 압력까지 저하할 때 압축기를 정지하는 장치를 설치한다. 다만, 작용하는 유압이 0.1 MPa 이하의 경우는 생략할 수 있다.
③ 수랭식 응축기인 경우는 냉각수 단수보호장치(냉각수 펌프가 운전되지 않으면 압축기가 운전되지 않도록 하는 기계적 또는

[해답] 62. [가] 63. [나] 64. [다]

전기적 연동 기구를 갖는 장치를 포함한
다)를 설치한다.

④ 공랭식 응축기 및 증발식 응축기인 경우는
해당 응축기용 송풍기가 운전되지 않는 한
압축기가 작동되지 않도록 하는 연동장치를
설치한다. 다만, 상용압력 이하의 상태를
유지하게 하는 응축온도 제어장치가 있는
경우에는 그러하지 아니하다.

⑤ 난방용 전열기를 내장한 에어콘 또는 이
와 유사한 전열기를 내장한 냉동설비에서
의 과열방지장치를 설치한다.

65. 독성고압가스의 배관 중 2중관의 외층관 내
경은 내층관 외경의 몇 배 이상을 표준으로 하
여야 하는가?

<table>
<tr><td>㉮ 1.2배</td><td>㉯ 1.25배</td></tr>
<tr><td>㉰ 1.5배</td><td>㉱ 2.0배</td></tr>
</table>

해설 독성가스 배관 중 2중관의 외층관 내경은
내층관 외경의 1.2배 이상을 표준으로 하고
재료·두께 등에 관한 사항은 배관설비 두께
에 따른다.

66. 다음 중 정전기 발생에 대한 설명으로
옳지 않은 것은?

㉮ 물질의 표면상태가 원활하면 발생이 적어
진다.

㉯ 물질 표면이 기름 등에 의해 오염되었
을 때는 산화, 부식에 의해 정전기가 발
생할 수 있다.

㉰ 정전기의 발생은 처음 접촉, 분리가 일
어났을 때 최대가 된다.

㉱ 분리속도가 빠를수록 정전기의 발생량
은 적어진다.

해설 분리속도가 빠를수록 정전기의 발생량은
많아진다.

67. 염소가스의 제독제가 아닌 것은?

㉮ 가성소다 수용액

㉯ 물

㉰ 탄산소다 수용액

㉱ 소석회

해설 독성가스 제독제

<table>
<tr><th>가스 종류</th><th>제독제의 종류</th></tr>
<tr><td>염소</td><td>가성소다 수용액, 탄산소다 수용액, 소석회</td></tr>
<tr><td>포스겐</td><td>가성소다 수용액, 소석회</td></tr>
<tr><td>황화수소</td><td>가성소다 수용액, 탄산소다 수용액</td></tr>
<tr><td>시안화수소</td><td>가성소다 수용액</td></tr>
<tr><td>아황산가스</td><td>가성소다 수용액, 탄산소다 수용액, 물</td></tr>
<tr><td>암모니아, 산화에틸렌, 염화메탄</td><td>물</td></tr>
</table>

68. 도시가스시설의 완성검사 대상에 해당하
지 않는 것은?

㉮ 가스사용량의 증가로 특정가스 사용시
설로 전환되는 가스사용시설 변경공사

㉯ 특정가스 사용시설로서 호칭지름 50
mm의 강관을 25 m 교체하는 변경공사

㉰ 특정가스 사용시설의 압력조정기를 증
설하는 변경공사

㉱ 특정가스 사용시설에서 배관변경을 수
반하지 않고 월사용예정량 550 m^3를 이
설하는 변경공사

해설 완성검사 대상 : 도법 시행규칙 제21조
① 가스충전시설의 검사
② 특정가스사용시설의 설치공사
③ 가스충전시설의 변경에 따른 공사
④ 특정가스사용시설의 변경공사
　㉠ 도시가스 사용량의 증가로 인하여 특정
　　가스 사용시설로 전환되는 가스사용시
　　설의 변경공사
　㉡ 특정가스 사용시설로서 호칭지름 50
　　mm 이상인 배관을 증설·교체 또는 이
　　설(移設)하는 것으로서 그 전체 길이가
　　20 m 이상인 변경공사

ⓒ 특정가스 사용시설의 배관을 변경하는 공사로서 월사용예정량을 500 m³ 이상 증설하거나 월사용예정량 500 m³ 이상인 시설을 이설하는 변경공사

ⓓ 특정가스 사용시설의 정압기나 압력조정기를 증설·교체(동일 유량으로 교체하는 경우는 제외한다) 또는 이설하는 변경공사

69. 시안화수소(HCN)를 용기에 충전할 경우에 대한 설명으로 옳지 않은 것은?

㉮ 순도는 98 % 이상으로 한다.

㉯ 아황산가스 또는 황산 등의 안정제를 첨가한다.

㉰ 충전한 용기는 충전 후 12시간 이상 정치한다.

㉱ 일정 시간 정치한 후 1일 1회 이상 질산구리벤젠지 등의 시험지로 누출을 검사한다.

[해설] 시안화수소를 충전한 용기는 충전 후 24시간 정치하고, 그 후 1일 1회 이상 질산구리벤젠 등의 시험지로 가스의 누출검사를 하며, 용기에 충전 연월일을 명기한 표지를 붙이고, 충전한 후 60일이 경과되기 전에 다른 용기에 옮겨 충전한다. 다만, 순도가 98 % 이상으로서 착색되지 아니한 것은 다른 용기에 옮겨 충전하지 아니할 수 있다.

70. 용기에 의한 액화석유가스 사용시설에서 기화장치의 설치기준에 대한 설명으로 틀린 것은?

㉮ 기화장치의 출구측 압력은 1 MPa 미만이 되도록 하는 기능을 갖거나, 1 MPa 미만에서 사용한다.

㉯ 용기는 그 외면으로부터 기화장치까지 3 m 이상의 우회거리를 유지한다.

㉰ 기화장치의 출구 배관에는 고무호스를 직접 연결하지 아니한다.

㉱ 기화장치의 설치장소에는 배수구나 집수구로 통하는 도랑을 설치한다.

[해설] 용기에 의한 LPG 사용시설 기화장치 설치 기준

① 최대 가스소비량 이상의 용량이 되는 기화장치를 설치하여야 한다.

② 기화장치를 전원으로 조작하는 경우에는 비상전력을 보유하거나 예비용기를 포함한 용기집합설비의 기상부에 별도의 예비기체라인을 설치하여 정전 시 사용할 수 있도록 조치한다.

③ 기화장치의 출구측 압력은 1 MPa 미만이 되도록 하는 기능을 갖거나, 1 MPa 미만에서 사용한다.

④ 가열방식이 액화석유가스 연소에 의한 방식인 경우에는 파일럿버너가 꺼지는 경우 버너에 대한 액화석유가스 공급이 자동적으로 차단되는 자동안전장치를 부착한다.

⑤ 기화장치는 콘크리트 기초 등에 고정하여 설치한다.

⑥ 기화장치는 옥외에 설치한다. 다만, 옥내에 설치하는 경우 건축물의 바닥 및 천정 등은 불연성재료를 사용하고 통풍이 잘되는 구조로 한다.

⑦ 용기는 그 외면으로부터 기화장치까지 3 m 이상의 우회거리를 유지한다. 다만, 기화장치를 방폭형으로 설치하는 경우에는 3 m 이내로 유지할 수 있다.

⑧ 기화장치의 출구 배관에는 고무호스를 직접 연결하지 아니한다.

⑨ 기화장치의 설치장소에는 배수구나 집수구로 통하는 도랑이 없어야 한다.

⑩ 기화장치에는 정전기 제거조치를 한다.

71. 안전관리규정의 작성기준에서 다음 〈보기〉 중 종합적 안전관리규정에 포함되어야 할 항목을 모두 나열한 것은?

─────〈보 기〉─────
㉠ 경영이념   ㉡ 안전관리투자
㉢ 안전관리목표   ㉣ 안전문화

㉮ ㉠, ㉡, ㉢   ㉯ ㉠, ㉡, ㉣

㉰ ㉠, ㉢, ㉣   ㉱ ㉠, ㉡, ㉢, ㉣

[해설] 종합적 안전관리규정 중 '안전관리에 관한 경영 방침'에 포함시켜야 할 사항 : 고법 시행규칙 별표15

① 경영이념에 관한 사항
② 안전관리목표에 관한 사항
③ 안전투자에 관한 사항
④ 안전문화에 관한 사항

72. 액화가스의 저장탱크 압력이 이상 상승하였을 때 조치사항으로 옳지 않은 것은?

㉮ 방출밸브를 열어 가스를 방출시킨다.
㉯ 살수장치를 작동시켜 저장탱크를 냉각시킨다.
㉰ 액 이입 펌프를 정지시킨다.
㉱ 출구 측의 긴급차단밸브를 작동시킨다.

[해설] 저장탱크 출구 측의 긴급차단밸브를 작동시키면 밸브가 폐쇄되어 압력 상승이 빠르고, 커질 수 있다.

73. 내용적 59 L의 LPG 용기에 프로판을 충전할 때 최대 충전량은 약 몇 kg으로 하면 되는가? (단, 프로판의 정수는 2.35이다.)

㉮ 20 kg   ㉯ 25 kg
㉰ 30 kg   ㉱ 35 kg

[해설] $W = \dfrac{V}{C} = \dfrac{59}{2.35} = 25.106$ kg

[참고] C : 저온용기 및 차량에 고정된 저온탱크와 초저온용기 및 차량에 고정된 초저온탱크에 충전하는 액화가스의 경우에는 그 용기 및 탱크의 상용온도 중 최고 온도에서의 그 가스의 비중(kg/L)의 수치에 10분의 9를 곱한 수치의 역수, 그 밖의 액화가스의 충전용기 및 차량에 고정된 탱크의 경우에는 가스 종류에 따른 정수

74. 고압가스 용기 보관장소의 주위 몇 m 이내에는 화기 또는 인화성물질이나 발화성물질을 두지 않아야 하는가?

㉮ 1 m   ㉯ 2 m
㉰ 5 m   ㉱ 8 m

[해설] 고압가스 용기를 취급 또는 보관하는 용기 보관장소의 주위 2 m 이내에는 화기 또는 인화성물질이나 발화성물질을 두지 아니한다.

75. 가스누출 경보차단장치의 성능시험 방법으로 틀린 것은?

㉮ 가스를 검지한 상태에서 연속경보를 울린 후 30초 이내에 가스를 차단하는 것으로 한다.
㉯ 교류전원을 사용하는 차단장치는 전압이 정격전압의 90 % 이상 110 % 이하일 때 사용에 지장이 없는 것으로 한다.
㉰ 내한성능에서 제어부는 −25℃ 이하에서 1시간 이상 유지한 후 5분 이내에 작동시험을 실시하여 이상이 없어야 한다.
㉱ 전자밸브식 차단부는 35 kPa 이상의 압력으로 기밀시험을 실시하여 외부누출이 없어야 한다.

[해설] 내한성능 기준
① 제어부는 −10℃ 이하(상대습도 90 % 이상)에서 1시간 이상 유지한 후 10분 이내에 작동시험을 실시하여 이상이 없는 것으로 한다.
② 차단부를 연 상태로 −30℃에서 30분간 방치한 후 10분 이내에 작동시험 및 기밀시험을 실시하여 이상이 없는 것으로 한다.
③ 차단부에 사용하는 금속 이외의 수지 등은 −25℃에서 각각 24시간 방치한 후 사용에 지장이 있는 변형 등이 없는 것으로 한다.

76. 매몰형 폴리에틸렌 볼밸브의 사용압력 기준은?

㉮ 0.4 MPa 이하   ㉯ 0.6 MPa 이하
㉰ 0.8 MPa 이하   ㉱ 1 MPa 이하

[해설] 매몰형 폴리에틸렌 볼밸브(PE밸브) 사용조건
① 사용온도가 −29℃ 이상 38℃ 이하
② 사용압력이 0.4 MPa 이하
③ 지하에 매몰하여 사용

77. 고압가스를 운반하는 차량에 경계표지의 크기는 어떻게 정하는가?

㉮ 직사각형인 경우 가로 치수는 차체 폭의 20 % 이상, 세로 치수는 가로 치수의

30 % 이상, 정사각형의 경우는 그 면적을 400 cm² 이상으로 한다.

㉯ 직사각형인 경우 가로 치수는 차체 폭의 30 % 이상, 세로 치수는 가로 치수의 20 % 이상, 정사각형의 경우는 그 면적을 400 cm² 이상으로 한다.

㉰ 직사각형인 경우 가로 치수는 차체 폭의 20 % 이상, 세로 치수는 가로 치수의 30 % 이상, 정사각형의 경우는 그 면적을 600 cm² 이상으로 한다.

㉱ 직사각형인 경우 가로 치수는 차체 폭의 30 % 이상, 세로 치수는 가로 치수의 20 % 이상, 정사각형의 경우는 그 면적을 600 cm² 이상으로 한다.

해설 경계표지 크기
① 가로치수 : 차체 폭의 30 % 이상
② 세로치수 : 가로치수의 20 % 이상
③ 정사각형 또는 이에 가까운 형상 : 600 cm² 이상
④ 적색 삼각기 : 400×300 mm(황색글씨로 "위험고압가스")

78. 고압가스 제조시설에서 아세틸렌을 충전하기 위한 설비 중 충전용 지관에는 탄소 함유량이 얼마 이하의 강을 사용하여야 하는가?

㉮ 0.1 % ㉯ 0.2 %
㉰ 0.33 % ㉱ 0.5 %

해설 아세틸렌이 접촉하는 부분에 사용하는 재료 기준
① 구리 또는 구리의 함유량이 62 %를 초과하는 동합금은 사용하지 아니한다.
② 충전용 지관에는 탄소의 함유량이 0.1 % 이하의 강을 사용한다.
③ 굴곡에 의한 응력이 일부에 집중되지 않도록 된 형상으로 한다.

79. CO 15 v%, H₂ 30 v%, CH₄ 55 v%인 가연성 혼합가스의 공기 중 폭발하한계는 약 몇 v%인가? (단, 각 가스의 폭발하한계는 CO 12.5 v%, H₂ 4.0 v%, CH₄ 5.3 v%이다.)

㉮ 5.2 ㉯ 5.8
㉰ 6.4 ㉱ 7.0

해설 $\dfrac{100}{L} = \dfrac{V_1}{L_1} + \dfrac{V_2}{L_2} + \dfrac{V_3}{L_3}$ 에서

$$\therefore\ L = \cfrac{100}{\dfrac{V_1}{L_1} + \dfrac{V_2}{L_2} + \dfrac{V_3}{L_3}}$$

$$= \cfrac{100}{\dfrac{15}{12.5} + \dfrac{30}{4.0} + \dfrac{55}{5.3}} = 5.241\ v\%$$

80. 액화석유가스용 차량에 고정된 저장탱크 외벽이 화염에 의하여 국부적으로 가열될 경우를 대비하여 폭발방지장치를 설치한다. 이때 재료로 사용되는 금속은?

㉮ 아연 ㉯ 알루미늄
㉰ 주철 ㉱ 스테인리스

해설 폭발방지장치 : 액화석유가스 저장탱크 외벽이 화염으로 국부적으로 가열될 경우 그 저장탱크 벽면의 열을 신속히 흡수, 분산시킴으로서 탱크 벽면의 국부적인 온도 상승에 따른 저장탱크의 파열을 방지하기 위하여 저장탱크 내벽에 설치하는 다공성 벌집형 알루미늄합금 박판을 말한다.

제 5 과목 가스계측

81. 베크만 온도계는 어떤 종류의 온도계에 해당되는가?

㉮ 바이메탈 온도계
㉯ 유리 온도계
㉰ 저항 온도계
㉱ 열전대 온도계

해설 베크만 온도계 : 모세관에 남은 수은의 양을 조절하여 측정하며 미소한 범위의 온도변화를 정밀하게 측정할 수 있는 것으로 유리제 온도계에 해당된다.

82. 입력과 출력이 그림과 같을 때 제어동작은?

해답 78. ㉮ 79. ㉮ 80. ㉯ 81. ㉯ 82. ㉯

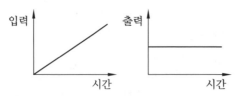

㉮ 비례동작 ㉯ 미분동작
㉰ 적분동작 ㉱ 비례적분동작

해설 미분(D)동작 : 조작량이 동작신호의 미분
치에 비례하는 동작으로 비례동작과 함께 쓰
이며 일반적으로 진동이 제어되어 빨리 안정
된다.

83. 기체 크로마토그래피에서 사용되는 캐리
어가스(carrier gas)에 대한 설명으로 옳은
것은?

㉮ 가격이 저렴한 공기를 사용해도 무방
하다.

㉯ 검출기의 종류에 관계없이 구입이 용
이한 것을 사용한다.

㉰ 주입된 시료를 컬럼과 검출기로 이동
시켜 주는 운반기체 역할을 한다.

㉱ 캐리어가스는 산소, 질소, 아르곤 등이
주로 사용된다.

해설 캐리어가스(carrier gas)
① 역할 : 주입된 시료를 컬럼과 검출기로
이동시켜 주는 운반기체 역할을 한다.
② 종류 : 수소(H_2), 헬륨(He), 아르곤(Ar),
질소(N_2)
③ 캐리어가스는 검출기 종류에 맞는 것을
선택하여 사용하여야 한다.

84. 경사각(θ)이 30°인 경사관식 압력계의 눈
금(x)을 읽었더니 60 cm가 상승하였다. 이
때 양단의 차압($P_1 - P_2$)은 약 몇 kgf/cm²
인가? (단, 액체의 비중은 0.8인 기름이다.)

㉮ 0.001 ㉯ 0.014
㉰ 0.024 ㉱ 0.034

해설 ① 액체의 비중량은 0.8×1000 kgf/m³이
고, 비중량에 액주 높이를 곱한 값의 단위

는 kgf/m²이므로 kgf/cm² 단위로 변환하
여야 한다.
② 차압($P_1 - P_2$) 계산
$$\therefore P_1 - P_2 = \gamma x \sin\theta$$
$$= \{(0.8 \times 10^3) \times 0.6 \times \sin 30°\} \times 10^{-4}$$
$$= 0.024 \text{ kgf/cm}^2$$

85. 어느 수용가에 설치되어 있는 가스미터
의 기차를 측정하기 위하여 기준기로 지시량
을 측정하였더니 150 m³를 나타내었다. 그
결과 기차가 4 %로 계산되었다면 이 가스미
터의 지시량은 몇 m³인가?

㉮ 149.96 m³ ㉯ 150 m³
㉰ 156 m³ ㉱ 156.25 m³

해설 $E = \dfrac{I - Q}{I} = \dfrac{I}{I} - \dfrac{Q}{I} = 1 - \dfrac{Q}{I}$

$$\therefore I = \frac{Q}{1 - E} = \frac{150}{1 - 0.04} = 156.25 \text{ m}^3$$

86. 차압식 유량계에서 교축 상류 및 하류의
압력이 각각 P_1, P_2일 때 체적유량이 Q_1
이라 한다. 압력이 2배만큼 증가하면 유량
Q는 얼마가 되는가?

㉮ $2 Q_1$ ㉯ $\sqrt{2} \, Q_1$

㉰ $\dfrac{1}{2} Q_1$ ㉱ $\dfrac{Q_1}{\sqrt{2}}$

해설 차압식 유량계에서 유량은 차압의 평방근
에 비례한다.
$$\therefore Q_2 = \sqrt{\frac{\Delta P_2}{\Delta P_1}} \times Q_1 = \sqrt{\frac{2}{1}} \times Q_1 = \sqrt{2} \, Q_1$$

87. 기체 크로마토그래피에 의한 분석방법은
어떤 성질을 이용한 것인가?

㉮ 비열의 차이 ㉯ 비중의 차이
㉰ 연소성의 차이 ㉱ 이동속도의 차이

해설 기체 크로마토그래피의 측정 원리 : 운반기체
(carrier gas)의 유량을 조절하면서 측정하여야
할 시료기체를 도입부를 통하여 공급하면 운
반기체와 시료기체가 분리관을 통과하는 동안

분리되어 시료의 각 성분의 흡수력(시료의 확산속도, 이동속도) 차이에 따라 성분의 분리가 일어나고 시료의 각 성분이 검출기에서 측정된다.

88. 태엽의 힘으로 통풍하는 통풍형 건습구 습도계로서 휴대가 편리하고 필요 풍속이 약 3 m/s인 습도계는?

㉮ 아스만 습도계

㉯ 모발 습도계

㉰ 간이건습구 습도계

㉱ Dewcel식 노점계

해설 통풍형 건습구 습도계 : 휴대용으로 사용되며 시계 장치(태엽)로 팬(fan)을 돌려 3 m/s 정도의 바람을 흡인하여 건습구에 통풍하는 형식으로 아스만(Asman) 습도계가 대표적이다.

89. 막식 가스미터에서 크랭크축이 녹슬거나 밸브와 밸브시트가 타르나 수분 등에 의해 점착(粘着) 또는 고착되어 가스가 미터를 통과하지 않은 고장의 형태는?

㉮ 부동   ㉯ 기어불량

㉰ 떨림   ㉱ 불통

해설 ① 불통(不通) : 가스가 계량기를 통과하지 못하는 고장

② 원인

㉠ 크랭크축이 녹슬었을 때

㉡ 밸브와 밸브시트가 타르, 수분 등에 의해 붙거나 동결된 경우

㉢ 날개 조절기 등 회전장치 부분에 이상이 있을 때

90. 소형 가스미터(15호 이하)의 크기는 1개의 가스기구가 당해 가스미터에서 최대 통과량의 얼마를 통과할 때 한 등급 큰 계량기를 선택하는 것이 가장 적당한가?

㉮ 90 %   ㉯ 80 %

㉰ 70 %   ㉱ 60 %

해설 가스미터의 크기 선정 : 15호 이하의 소형 가스미터는 최대 사용 가스량이 가스미터 용량의 60 %가 되도록 선정한다. 다만, 1개의

가스기구가 가스미터의 최대 통과량의 80 %를 초과한 경우에는 1등급 더 큰 가스미터를 선정한다.

91. 기체 크로마토그래피의 조작과정이 다음과 같을 때 조작 순서가 가장 올바르게 나열된 것은?

> ⓐ 크로마토그래피 조정
> ⓑ 표준가스 도입
> ⓒ 성분 확인
> ⓓ 크로마토그래피 안정성 확인
> ⓔ 피크 면적 계산
> ⓕ 시료가스 도입

㉮ ⓐ-ⓓ-ⓑ-ⓕ-ⓒ-ⓔ

㉯ ⓐ-ⓑ-ⓒ-ⓓ-ⓔ-ⓕ

㉰ ⓓ-ⓐ-ⓕ-ⓑ-ⓒ-ⓔ

㉱ ⓐ-ⓑ-ⓓ-ⓒ-ⓕ-ⓔ

해설 기체 크로마토그래피를 이용하여 분석을 할 때 가장 먼저 이루어지는 조작은 크로마토그래피 조정이며, 다음으로 크로마토그래피의 안정성 확인, 표준가스 도입, 시료가스 도입, 성분 확인, 피크 면적 계산의 순서로 조작한다.

92. 산소(O_2)는 다른 가스에 비하여 강한 상자성체이므로 자장에 대하여 흡인되는 특성을 이용하여 분석하는 가스분석계는?

㉮ 세라믹 O_2계   ㉯ 자기식 O_2계

㉰ 연소식 O_2계   ㉱ 밀도식 O_2계

해설 자기식 O_2계(분석기) : 일반적인 가스는 반자성체에 속하지만 O_2는 자장에 흡입되는 강력한 상자성체인 것을 이용한 산소 분석기이다.

① 가동부분이 없고 구조도 비교적 간단하며, 취급이 용이하다.

② 측정가스 중에 가연성 가스가 포함되면 사용할 수 없다.

③ 가스의 유량, 압력, 점성의 변화에 대하여 지시오차가 거의 발생하지 않는다.

④ 열선은 유리로 피복되어 있어 측정가스 중의 가연성가스에 대한 백금의 촉매작용을 막아 준다.

93. 측정자 자신의 산포 및 관측자의 오차와 시차 등 산포에 의하여 발생하는 오차는?

㉮ 이론오차   ㉯ 개인오차

㉰ 환경오차   ㉱ 우연오차

[해설] 우연오차 : 우연하고도 필연적으로 생기는 오차로서 이 오차는 원인을 모르기 때문에 보정이 불가능하며, 상대적인 분포 현상을 가진 측정값을 나타낸다. 이러한 분포 현상을 산포라 하며 산포에 의하여 일어나는 오차를 우연오차라 한다. 여러 번 측정하여 통계적으로 처리한다.

94. 부르동관 압력계를 용도로 구분할 때 사용하는 기호로 내진(耐震)형에 해당하는 것은?

㉮ M   ㉯ H   ㉰ V   ㉱ C

[해설] 부르동관 압력계 용도에 따른 기호 : KS B 5305

용도 구분	기호
증기용 보통형	M
내열형	H
내진형	V
증기용 내진형	MV
내열 내진형	HV

95. 되먹임 제어와 비교한 시퀀스 제어의 특성으로 틀린 것은?

㉮ 정성적 제어   ㉯ 디지털 신호

㉰ 열린 회로   ㉱ 비교 제어

[해설] 시퀀스 제어의 특징

① 입력신호에서 출력신호까지 정해진 순서에 따라 일방적으로 제어 명령이 전해진다.

② 어떤 조건을 만족해도 제어신호가 전달되어 간다.

③ 제어결과에 따라 조작이 자동적으로 이행된다.

④ 일반적으로 시퀀스 제어는 조작이나 동작의 단계를 따라서 시동, 정지 또는 운전 상태를 변경하여 조업을 하게 된다.

⑤ 시퀀스 제어는 개회로(開回路 : 열린 회로) 이다.

※ 되먹임 제어는 피드백 제어를 의미하는 것

으로 폐회로(閉回路) 제어, 비교 제어에 해당된다.

96. 용액에 시료가스를 흡수시키면 측정성분에 따라 도전율이 변하는 것을 이용한 용액 도전율식 분석계에서 측정가스와 그 반응용액이 틀린 것은?

㉮ CO_2 – NaOH 용액

㉯ SO_2 – CH_3COOH 용액

㉰ Cl_2 – $AgNO_3$ 용액

㉱ NH_3 – H_2SO_4 용액

[해설] 용액도전율식 측정가스와 반응용액

측정가스	반응용액
CO_2	NaOH 용액
SO_2	H_2O_2 용액
Cl_2	$AgNO_3$ 용액
H_2S	I_2 용액
NH_3	H_2SO_4 용액

97. 다음 〈보기〉에서 설명하는 가장 적합한 압력계는?

─── 〈보 기〉 ───

• 정도가 아주 좋다.

• 자동계측이나 제어가 용이하다.

• 장치가 비교적 소형이므로 가볍다.

• 기록장치와의 조합이 용이하다.

㉮ 전기식 압력계

㉯ 부르동관식 압력계

㉰ 벨로스식 압력계

㉱ 다이어프램식 압력계

[해설] 전기식 압력계의 특징

① 정도가 아주 높다.

② 자동계측이나 제어가 용이하다.

③ 확대, 지시하기 쉽고 기록장치와의 조합이 용이하다.

④ 시간의 지연이 적다.

⑤ 장치가 비교적 소형이므로 가볍다.

⑥ 종류에는 전기 저항 압력계, 피에조 전기 압력계(압전기식), 스트레인 게이지가 있다.

98. 서미스터(thermistor) 저항체 온도계의 특징에 대한 설명으로 옳은 것은?

㉮ 온도계수가 작으며 균일성이 좋다.

㉯ 저항변화가 작으며 재현성이 좋다.

㉰ 온도 상승에 따라 저항치가 감소한다.

㉱ 수분 흡수 시에도 오차가 발생하지 않는다.

해설 서미스터(thermistor) 저항체 온도계 특징

① 측정범위는 −100~300℃ 정도이다.

② 감도가 크고 응답성이 빠르다.

③ 소형으로 협소한 장소의 측정에 유리하다.

④ 소자의 균일성 및 재현성이 없다.

⑤ 흡습에 의한 열화가 발생할 수 있다.

⑥ 온도 상승에 따라 저항치가 감소한다.

99. 염소가스를 검출하는 검출시험지에 대한 설명으로 옳은 것은?

㉮ 연당지를 사용하며, 염소가스와 접촉하면 흑색으로 변한다.

㉯ KI-녹말종이를 사용하며, 염소가스와 접촉하면 청색으로 변한다.

㉰ 해리슨씨 시약을 사용하며, 염소가스와 접촉하면 심등색으로 변한다.

㉱ 리트머스시험지를 사용하며, 염소가스와 접촉하면 청색으로 변한다.

해설 염소가스 검출시험지 : 녹말종이(전분액을 묻힌 종이)에 요오드칼륨(KI)을 사용하며, 염소가스와 접촉하면 청갈색(또는 청색)으로 변하는 것으로 누설을 검지할 수 있다.

100. 다음 〈보기〉에서 자동제어의 일반적인 동작 순서를 바르게 나열한 것은?

─────〈보 기〉─────

㉠ 목표값으로 이미 정한 물리량과 비교한다.

㉡ 조작량을 조작기에서 증감한다.

㉢ 결과에 따른 편차가 있으면 판단하여 조절한다.

㉣ 제어 대상을 계측기를 사용하여 검출한다.

㉮ ㉣→㉠→㉢→㉡

㉯ ㉣→㉡→㉠→㉢

㉰ ㉡→㉠→㉣→㉢

㉱ ㉡→㉠→㉢→㉣

해설 자동제어의 동작 순서

① 검출 : 제어 대상을 계측기를 사용하여 측정하는 부분

② 비교 : 목표값(기준입력)과 주피드백량과의 차를 구하는 부분

③ 판단 : 제어량의 현재값이 목표값과 얼마만큼 차이가 나는가를 판단하는 부분

④ 조작 : 판단된 조작량을 제어하여 제어량을 목표값과 같도록 유지하는 부분

 **2022년도 시행 문제** Recent Test

제 1 과목 가스유체역학

1. 관 내부에서 유체가 흐를 때 흐름이 완전 난류라면 수두손실은 어떻게 되겠는가?

① 대략적으로 속도의 제곱에 반비례한다.

② 대략적으로 직경의 제곱에 반비례하고 속도에 정비례한다.

③ 대략적으로 속도의 제곱에 비례한다.

④ 대략적으로 속도에 정비례한다.

해설 난류유동에서 손실수두는 속도의 제곱에 비례한다.

2. 다음 중 정상유동과 관계있는 식은? (단, V = 속도벡터, s = 임의 방향좌표, t = 시간이다.)

① $\dfrac{\partial V}{\partial t} = 0$ ② $\dfrac{\partial V}{\partial s} \neq 0$

③ $\dfrac{\partial V}{\partial t} \neq 0$ ④ $\dfrac{\partial V}{\partial s} = 0$

해설 정상유동은 어느 한 점을 관찰할 때 그 점에서의 유동특성이 시간에 관계없이 일정하게 유지되는 흐름이다.

$$\therefore \frac{\partial V}{\partial t} = 0$$

3. 물이 23 m/s의 속도로 노즐에서 수직상방으로 분사될 때 손실을 무시하면 약 몇 m까지 물이 상승하는가?

① 13   ② 20

③ 27   ④ 54

해설 $h = \dfrac{V^2}{2g} = \dfrac{23^2}{2 \times 9.8} = 26.989\,\mathrm{m}$

4. 기체가 0.1 kg/s로 직경 40 cm인 관내부를 등온으로 흐를 때 압력이 30 kgf/m² · abs, $R = 20\,\mathrm{kgf \cdot m/kg \cdot K}$, $T = 27℃$라면 평균속도는 몇 m/s인가?

① 5.6   ② 67.2

③ 98.7   ④ 159.2

해설 ㉮ 기체의 비중량(γ) 계산 : 공학단위 이상 기체 상태방정식 $PV = GRT$를 이용하여 계산한다.

$$\therefore \gamma = \frac{G}{V} = \frac{P}{RT} = \frac{30}{20 \times (273 + 27)}$$
$$= 5 \times 10^{-3}\,\mathrm{kgf/m^3}$$

㉯ 평균속도 계산 : 중량 유량 $G = \gamma A V$에서 평균속도($\overline{V}$)를 계산한다.

$$\therefore \overline{V} = \frac{G}{\gamma \times A} = \frac{0.1}{(5 \times 10^{-3}) \times \left(\frac{\pi}{4} \times 0.4^2\right)}$$
$$= 159.2\,\mathrm{m/s}$$

참고 문제에서 기체상수(R)가 공학단위로 주어졌으므로 유량은 중량유량으로 판단하여 계산하였음

5. 내경 0.0526 m인 철관 내를 점도가 0.01 kg/m · s이고, 밀도가 1200 kg/m³인 액체가 1.16 m/s의 평균속도로 흐를 때 Reynolds수는 약 얼마인가?

① 36.61   ② 3661

③ 732.2   ④ 7322

해설 $Re = \dfrac{\rho \cdot D \cdot V}{\mu}$
$$= \frac{1200 \times 0.0526 \times 1.16}{0.01}$$
$$= 7321.92$$

해답 1. ③   2. ①   3. ③   4. ④   5. ④

6. 어떤 유체의 비중량이 20 kN/m³이고 점성계수가 0.1 N·s/m²이다. 동점성계수는 m²/s 단위로 얼마인가?

① 2.0×10^{-2} ② 4.9×10^{-2}

③ 2.0×10^{-5} ④ 4.9×10^{-5}

해설 ㉮ 동점성계수(ν) : 점성계수(μ)를 밀도(ρ)로 나눈 값으로 동점도라 한다.

㉯ 동점성계수 계산

$$\nu = \frac{\mu}{\rho} = \frac{\mu}{\frac{\gamma}{g}} = \frac{0.1}{\frac{20 \times 1000}{9.8}}$$
$$= 4.9 \times 10^{-5} \, \text{m}^2/\text{s}$$

7. 성능이 동일한 n대의 펌프를 서로 병렬로 연결하고 원래와 같은 양정에서 작동시킬 때 유체의 토출량은?

① $\dfrac{1}{n}$ 로 감소한다.

② n배로 증가한다.

③ 원래와 동일하다.

④ $\dfrac{1}{2n}$ 로 감소한다.

해설 ㉮ 펌프를 병렬로 연결하면 유체의 토출량은 연결한 펌프의 수에 해당하는 배수로 증가한다.

㉯ 원심펌프의 운전 특성

　㉠ 병렬 운전 : 양정 일정, 유량 증가

　㉡ 직렬 운전 : 양정 증가, 유량 일정

8. 직각좌표계 상에서 Euler 기술법으로 유동을 기술할 때 $F = \nabla \cdot \vec{V}$, $G = \nabla \cdot (\rho \vec{V})$ 로 정의되는 두 함수에 대한 설명 중 틀린 것은? (단, $\vec{V}$는 유체의 속도, ρ는 유체의 밀도를 나타낸다.)

① 밀도가 일정한 유체의 정상유동(steady flow)에서는 $F = 0$이다.

② 압축성 유체(compressible)의 정상유동(steady flow)에서는 $G = 0$이다.

③ 밀도가 일정한 유체의 비정상유동(unsteady flow)에서는 $F \neq 0$이다.

④ 압축성 유체(compressible)의 비정상유동(unsteady flow)에서는 $G \neq 0$이다.

해설 밀도가 일정한 유체는 비압축성 유체이므로 정상유동, 비정상유동에서 $F = 0$이다.

9. 하수 슬러리(slurry)와 같이 일정한 온도와 압력 조건에서 임계 전단응력 이상이 되어야만 흐르는 유체는?

① 뉴턴유체(Newtonian fluid)

② 팽창유체(dilatant fluid)

③ 빙햄가소성유체(Bingham plastics fluid)

④ 의가소성유체(pseudoplastic fluid)

해설 유체의 분류

㉮ 뉴턴유체(Newtonian fluid) : 유체 유동 시에 전단응력과 속도구배의 관계가 원점을 통과하는 직선적인 관계를 갖는 유체로 물이 해당된다.

㉯ 팽창유체(dilatant fluid) : 전단응력과 속도구배 선도에서 원점을 지나지만 전단응력이 작으면 아래로 처지다가 전단응력이 커지면 속도구배의 변화가 적어지는 것으로 아스팔트 등이 해당된다.

㉰ 빙햄가소성유체(Bingham plastic fluid) : 기름, 페인트, 치약, 진흙, 하수 슬러리 등과 같이 임계 전단응력 이상이 되어야만 흐르는 유체

㉱ 의가소성유체(pseudoplastic fluid) : 전단응력과 속도구배 선도에서 원점을 지나지만 전단응력이 작으면 위로 볼록해졌다가 전단응력이 커지면 직선으로 되는 유체로 고분자 용액(고무 라텍스 등)이 해당된다.

10. 1차원 유동에서 수직 충격파가 발생하게 되면 어떻게 되는가?

① 속도, 압력, 밀도가 증가한다.

② 압력, 밀도, 온도가 증가한다.

③ 속도, 온도, 밀도가 증가한다.

해답 6. ④　7. ②　8. ③　9. ③　10. ②

④ 압력은 감소하고 엔트로피가 일정하게 된다.

해설 수직 충격파가 발생하면 압력, 온도, 밀도, 엔트로피가 증가하며 속도는 감소한다.

11. 유체 수송장치의 캐비테이션 방지 대책으로 옳은 것은?

① 펌프의 설치 위치를 높인다.
② 펌프의 회전수를 크게 한다.
③ 흡입관 지름을 크게 한다.
④ 양흡입을 단흡입으로 바꾼다.

해설 캐비테이션(cavitation)현상 방지법
  ㉮ 펌프의 위치를 낮춘다. (흡입양정을 짧게 한다.)
  ㉯ 수직축 펌프를 사용하여 회전차를 수중에 완전히 잠기게 한다.
  ㉰ 양흡입 펌프를 사용한다.
  ㉱ 펌프의 회전수를 낮춘다.
  ㉲ 두 대 이상의 펌프를 사용한다.
  ㉳ 흡입관 지름을 크게 한다.

12. 내경 5 cm 파이프 내에서 비압축성 유체의 평균유속이 5 m/s이면 내경을 2.5 cm로 축소하였을 때의 평균유속은?

① 5 m/s   ② 10 m/s
③ 20 m/s   ④ 50 m/s

해설 $Q_1 = Q_2$이므로 $A_1 V_1 = A_2 V_2$이다.

$$\therefore V_2 = \frac{A_1}{A_2} \times V_1 = \frac{\frac{\pi}{4} \times 0.05^2}{\frac{\pi}{4} \times 0.025^2} \times 5 = 20 \, \text{m/s}$$

참고 내경(안지름)이 $\frac{1}{2}$로 축소되면 유속은 4배로 증가하고, 내경(안지름)이 2배로 확대되면 유속은 $\frac{1}{4}$로 감소한다.

13. 잠겨 있는 물체에 작용하는 부력은 물체가 밀어낸 액체의 무게와 같다고 하는 원리

(법칙)와 관련 있는 것은?

① 뉴턴의 점성법칙
② 아르키메데스 원리
③ 하겐-푸아죄유 원리
④ 맥레오드 원리

해설 아르키메데스(Archimedes) 원리 : 유체 속에 전부 또는 일부가 잠겨 있는 물체는 유체에 의하여 밑에서 떠받치는 힘을 받는다는 부력(浮力)의 이론이다.

14. 온도 $T_0 = 300 \, \text{K}$, Mach수 $M = 0.8$인 1차원 공기 유동의 정체온도(stagnation temperature)는 약 몇 K인가? (단, 공기는 이상기체이며, 등엔트로피 유동이고 비열비 k는 1.4이다.)

① 324   ② 338
③ 346   ④ 364

해설 $T = T_0 \times \left(1 + \frac{k-1}{2} \times M^2\right)$

$= 300 \times \left(1 + \frac{1.4 - 1}{2} \times 0.8^2\right) = 338.4 \, \text{K}$

15. 질량 보존의 법칙을 유체유동에 적용한 방정식은?

① 오일러 방정식   ② 다르시 방정식
③ 운동량 방정식   ④ 연속 방정식

해설 질량 보존의 법칙 : 어느 위치에서나 유입 질량과 유출 질량이 같으므로 일정한 관내에 축적된 질량은 유속에 관계없이 일정하다는 것으로 실제유체나 이상유체에 관계없이 모두 적용되며 연속 방정식에 적용된다.

16. 100 kPa, 25℃에 있는 이상기체를 등엔트로피 과정으로 135 kPa까지 압축하였다. 압축 후의 온도는 약 몇 ℃인가? (단, 이 기체의 정압비열 C_p는 1.213 kJ/kg · K이고 정적비열 C_v는 0.821 kJ/kg · K이다.)

① 45.5   ② 55.5
③ 65.5   ④ 75.5

해설 ㉮ 비열비(k) 계산

$$k = \frac{C_p}{C_v} = \frac{1.213}{0.821} = 1.477$$

㉯ 압축 후의 온도(T_2) 계산

$$\frac{T_2}{T_1} = \left(\frac{P_2}{P_1}\right)^{\frac{k-1}{k}} \text{에서 } T_2 \text{를 계산한다.}$$

$$\therefore \; T_2 = T_1 \times \left(\frac{P_2}{P_1}\right)^{\frac{k-1}{k}}$$

$$= (273 + 25) \times \left(\frac{135}{100}\right)^{\frac{1.477-1}{1.477}}$$

$$= 328.327\,\mathrm{K} - 273 = 55.327\,\mathrm{℃}$$

17. 이상기체에서 정압비열을 C_p, 정적비열을 C_v로 표시할 때 비엔탈피의 변화 dh는 어떻게 표시되는가?

① $dh = C_p dT$

② $dh = C_v dT$

③ $dh = \dfrac{C_p}{C_v} dT$

④ $dh = (C_p - C_v) dT$

해설 이상기체의 비엔탈피 변화(dh)는 정압비열(C_p)과 온도 변화(dT)의 곱으로 표시한다.

$$\therefore \; dh = C_p dT$$

18. 지름이 0.1 m인 관에 유체가 흐르고 있다. 임계 레이놀즈수가 2100이고, 이에 대응하는 임계유속이 0.25 m/s이다. 이 유체의 동점성계수는 약 몇 cm²/s인가?

① 0.095 ② 0.119

③ 0.354 ④ 0.454

해설 $Re = \dfrac{\rho DV}{\mu} = \dfrac{DV}{\nu}$에서 MKS 단위로 대입하여 동점성계수($\nu$)를 구하고 CGS 단위로 변환한다.

$$\therefore \; \nu = \frac{DV}{Re} = \frac{0.1 \times 0.25}{2100} \times 10^4$$

$$= 0.11904\,\mathrm{cm^2/s}$$

참고 풀이 과정 마지막에 10^4은 m²/s를 cm²/s로 변환하기 위한 숫자이다.

19. 그림에서와 같이 파이프 내로 비압축성 유체가 층류로 흐르고 있다. A점에서의 유속이 1 m/s라면 R점에서의 유속은 몇 m/s인가? (단, 관의 직경은 10 cm이다.)

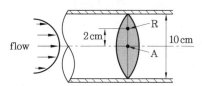

① 0.36 ② 0.60

③ 0.84 ④ 1.00

해설 ㉮ 관의 직경(지름) 10 cm는 0.1 m이고 반지름(r_0)은 0.05 m이다.

㉯ R점에서의 유속 계산 : 중심에서 R점까지 거리(r)는 0.02 m이다.

$$\therefore \; u = u_{\max}\left(1 - \frac{r^2}{r_0^2}\right)$$

$$= 1 \times \left(1 - \frac{0.02^2}{0.05^2}\right) = 0.84\,\mathrm{m/s}$$

20. 공기 중의 음속 C는 $C^2 = \left(\dfrac{\partial P}{\partial \rho}\right)_s$로 주어진다. 이때 음속과 온도의 관계는? (단, T는 주위 공기의 절대온도이다.)

① $C \propto \sqrt{T}$ ② $C \propto T^2$

③ $C \propto T^3$ ④ $C \propto \dfrac{1}{T}$

해설 공기 중의 소리속도(음속) C는 절대온도(T)의 평방근(제곱근)에 비례한다.

$$\therefore \; C = \sqrt{k \cdot R \cdot T}$$

제 2 과목 연소공학

21. 위험장소의 등급분류 중 2종 장소에 해당하지 않는 것은?

① 밀폐된 설비 안에 밀봉된 가연성가스가 그 설비의 사고로 인하여 파손되거나 오조작의 경우에만 누출할 위험이 있는 장소

② 확실한 기계적 환기조치에 따라 가연성가스가 체류하지 아니하도록 되어 있으나 환기장치에 이상이나 사고가 발생한 경우에는 가연성가스가 체류하여 위험하게 될 우려가 있는 장소

③ 상용상태에서 가연성가스가 체류하여 위험하게 될 우려가 있는 장소, 정비보수 또는 누출 등으로 인하여 종종 가연성가스가 체류하여 위험하게 될 우려가 있는 장소

④ 인접한 실내에서 위험한 농도의 가연성가스가 종종 침입할 우려가 있는 장소

해설 2종 위험장소

㉮ 밀폐된 용기 또는 설비 내에 밀봉된 가연성 가스가 그 용기 또는 설비의 사고로 인해 파손되거나 오조작의 경우에만 누출할 위험이 있는 장소

㉯ 확실한 기계적 환기조치에 의하여 가연성 가스가 체류하지 않도록 되어 있으나 환기장치에 이상이나 사고가 발생한 경우에는 가연성가스가 체류하여 위험하게 될 우려가 있는 장소

㉰ 1종 장소의 주변 또는 인접한 실내에서 위험한 농도의 가연성가스가 종종 침입할 우려가 있는 장소

참고 ③항은 1종 위험장소에 해당됨

22. 연소에 의한 고온체의 색깔이 가장 고온인 것은?

① 휘적색　　　　② 황적색
③ 휘백색　　　　④ 백적색

해설 색깔별 온도

구분	암적색	적색	휘적색
온도	700℃	850℃	950℃
구분	황적색	백적색	휘백색
온도	1100℃	1300℃	1500℃

23. 다음 중 교축과정에서 변하지 않은 열역학 특성치는?

① 압력　　　　② 내부에너지
③ 엔탈피　　　　④ 엔트로피

해설 교축과정(throttling process)에서 온도와 압력은 감소(강하)하고, 엔트로피는 증가하며, 엔탈피는 일정(불변)하다.

24. 연소반응이 완료되지 않아 연소가스 중에 반응의 중간 생성물이 들어 있는 현상을 무엇이라 하는가?

① 열해리　　　　② 순반응
③ 역화반응　　　　④ 연쇄분자반응

해설 열해리(熱解離) : 완전 연소반응이 이루어지지 않아 연소가스 중에 반응의 중간 생성물이 들어 있는 현상

25. 도시가스의 조성을 조사해보니 부피조성으로 H_2 35 %, CO 24 %, CH_4 13 %, N_2 20 %, O_2 8 %이었다. 이 도시가스 1 Sm^3를 완전연소시키기 위하여 필요한 이론공기량은 약 몇 Sm^3인가?

① 1.3　　　　② 2.3
③ 3.3　　　　④ 4.3

해설 ㉮ 도시가스 성분 중 가연성 성분의 완전 연소 반응식과 함유율(%)

$$H_2 + \frac{1}{2}O_2 \rightarrow H_2O \ : \ 35\%$$

$$CO + \frac{1}{2}O_2 \rightarrow CO_2 \ : \ 24\%$$

$$CH_4 + 2O_2 \rightarrow CO_2 + 2H_2O \ : \ 13\%$$

㉯ 이론공기량(A_0) 계산 : 기체 연료 1 Sm^3 연소할 때 필요로 하는 이론산소량(Sm^3)은 연소 반응식에서 산소몰수에 해당하는 양(Sm^3)에 체적비를 곱한 값을 합산한 양이고, 가스 성분에 포함된 산소는 제외하고 계산하여야 하며, 공기 중 산소는 체적비로 21 %이다.

$$\therefore A_0 = \frac{O_0}{0.21}$$

$$= \frac{\left(\frac{1}{2}\times 0.35\right)+\left(\frac{1}{2}\times 0.24\right)+(2\times 0.13)-0.08}{0.21}$$

$$= 2.261\,\mathrm{Sm}^3$$

26. 프로판가스에 대한 최소산소농도값(MOC)을 추산하면 얼마인가? (단, C_3H_8의 폭발하한치는 2.1 v%이다.)

① 8.5 %   ② 9.5 %

③ 10.5 %   ④ 11.5 %

해설 ㉮ 프로판의 완전연소 반응식

$$C_3H_8+5O_2 \rightarrow 3CO_2+4H_2O$$

㉯ 최소산소농도 계산 : 프로판 1몰(mol)이 연소할 때 필요로 하는 산소는 5몰이다.

$$\therefore MOC = LFL\times \frac{\text{산소몰수}}{\text{연료몰수}}$$

$$= 2.1\times \frac{5}{1} = 10.5\,\%$$

27. 125℃, 10atm에서 압축계수(Z)가 0.98일 때 $NH_3(g)$ 34 kg의 부피는 약 몇 Sm^3인가? (단, N의 원자량은 14, H의 원자량은 1이다.)

① 2.8   ② 4.3

③ 6.4   ④ 8.5

해설 이상기체 상태방정식 $PV= Z\dfrac{W}{M}RT$에서

부피 V를 구하며, 암모니아(NH_3)의 분자량은 17이다.

$$\therefore V= \frac{ZWRT}{PM}$$

$$= \frac{0.98\times (34\times 1000)\times 0.082\times (273+125)}{10\times 17\times 1000}$$

$$= 6.396\,\mathrm{Sm}^3$$

28. 2개의 단열과정과 2개의 정압과정으로 이루어진 가스 터빈의 이상 사이클은?

① 에릭슨 사이클

② 브레이턴 사이클

③ 스털링 사이클

④ 아트킨슨 사이클

해설 브레이턴(Brayton) 사이클 : 2개의 단열과정과 2개의 정압(등압)과정으로 이루어진 가스 터빈의 이상 사이클

29. 착화온도에 대한 설명 중 틀린 것은?

① 압력이 높을수록 낮아진다.

② 발열량이 클수록 낮아진다.

③ 산소량이 증가할수록 낮아진다.

④ 반응활성도가 클수록 높아진다.

해설 발화점(착화온도)이 낮아지는 조건

㉮ 압력이 높을 때

㉯ 발열량이 높을 때

㉰ 열전도율이 작을 때

㉱ 산소와 친화력이 클 때

㉲ 산소농도가 높을 때

㉳ 분자구조가 복잡할수록

㉴ 반응활성도가 클수록

30. 고발열량(高發熱量)과 저발열량(低發熱量)의 값이 가장 가까운 연료는?

① LPG   ② 가솔린

③ 메탄   ④ 목탄

해설 고위발열량과 저위발열량의 차이는 연소 시 생성된 물의 증발잠열에 의한 것이고, 물(H_2O)은 수소(H_2)와 산소(O_2)로 이루어진 것이므로 연료 성분 중 수소 원소가 없는 목탄이 고위발열량과 저위발열량의 값이 가장 가까운 연료에 해당된다.

31. 다음 중 BLEVE와 관련이 없는 것은?

① Bomb   ② Liquid

③ Expending   ④ Vapor

해설 BLEVE(Boiling Liquid Expanding Vapor Explosion) : 비등 액체 팽창 증기 폭발

참고 제시된 보기의 의미

① Bomb : 폭탄, 수류탄

② Liquid : 액체

③ Expending : 소비하다.

④ Vapor : 증기

※ Expanding (팽창)으로 주어져야 옳은 사항임

32. 메탄가스 $1\,m^3$를 완전연소시키는 데 필요한 공기량은 약 몇 Sm^3인가? (단, 공기 중 산소는 20 % 함유되어 있다.)

① 5   ② 10

③ 15   ④ 20

해설 ㉮ 메탄(CH_4)의 완전연소 반응식

$$CH_4 + 2O_2 \rightarrow CO_2 + 2H_2O$$

㉯ 이론공기량 계산

$$22.4\,Sm^3 : 2 \times 22.4\,Sm^3 = 1\,Sm^3 : x(O_0)\,Sm^3$$

$$\therefore A_0 = \frac{O_0}{0.2} = \frac{2 \times 22.4 \times 1}{22.4 \times 0.2} = 10\,Sm^3$$

33. 기체상수 R의 단위가 J/mol · K일 때의 값은?

① 8.314   ② 1.987

③ 848   ④ 0.082

해설 기체상수 $R = 0.08206\,L$ · atm/mol · K
$= 82.06\,cm^3$ · atm/mol · K $= 1.987\,cal/mol$ · K
$= 8.314 \times 10^7\,erg/mol$ · K $= 8.314\,J/mol$ · K
$= 8.314\,m^3$ · Pa/mol · K $= 8314\,J/kmol$ · K

34. 정적비열이 $0.682\,kcal/kmol$ · ℃인 어떤 가스의 정압비열은 약 몇 kcal/kmol · ℃인가?

① 1.3   ② 1.4

③ 2.7   ④ 2.9

해설 ㉮ 정적비열과 정압비열의 단위 kcal / kmol · ℃와 kcal / kmol · K는 비열 숫자와 관계없이 변환이 가능하다. 이유는 온도 1℃ 변화폭은 절대온도로 1 K 변화폭과 같기 때문이다.

㉯ 기체상수(R)는 $0.082\,L$ · atm/mol · K $= 1.987$ cal/mol · K $= 1.987\,kcal/kmol$ · K이다.

㉰ 정적비열(C_v)과 정압비열(C_p) 및 기체상수(R)의 관계식 $C_p - C_v = R$에서 정압비열(C_p)을 구한다.

$$\therefore C_p = R + C_v = 1.987 + 0.682$$
$$= 2.669\,kcal/kmol \cdot K$$
$$= 2.669\,kcal/kmol \cdot ℃$$

35. 가스가 노즐로부터 일정한 압력으로 분출하는 힘을 이용하여 연소에 필요한 공기를 흡인하고, 혼합관에서 혼합한 후 화염공에서 분출시켜 예혼합연소시키는 버너는?

① 분젠식   ② 전 1차 공기식

③ 블라스트식   ④ 적화식

해설 분젠식 버너 : 가스를 노즐로부터 분출시켜 주위의 공기를 1차 공기로 흡인하여 혼합관에서 혼합한 후 연소시키는 예혼합연소 방식으로 연소속도가 빠르고, 선화현상 및 소화음, 연소음이 발생한다. 일반가스기구에 사용된다.

36. 최소 점화에너지(MIE)의 값이 수소와 가장 가까운 가연성 기체는?

① 메탄   ② 부탄

③ 암모니아   ④ 이황화탄소

해설 ㉮ 최소 점화에너지(MIE : Minimum Ignition Energy) : 가연성 혼합가스를 전기적 스파크로 점화시킬 때 점화하기 위한 최소한의 전기적 에너지이다.

㉯ 주요 가연성 가스의 최소 점화에너지

가스 명칭	최소 점화에너지 (J)
수소 (H_2)	0.019×10^{-3}
메탄 (CH_4)	0.27×10^{-3}
프로판 (C_3H_8)	0.38×10^{-3}
부탄 (C_4H_{10})	0.38×10^{-3}
암모니아 (NH_3)	0.77×10^{-3}
이황화탄소 (CS_2)	0.015×10^{-3}
아세틸렌 (C_2H_2)	0.02×10^{-3}

37. 이상기체에 대한 설명으로 틀린 것은?

① 기체의 분자력과 크기가 무시된다.

② 저온으로 하면 액화된다.

③ 절대온도 0도에서 기체로서의 부피는 0으로 된다.

④ 보일-샤를의 법칙이나 이상기체 상태방정식을 만족한다.

해답 32. ②   33. ①   34. ③   35. ①   36. ④   37. ②

해설 이상기체의 성질

㉮ 보일-샤를의 법칙을 만족한다.

㉯ 아보가드로의 법칙에 따른다.

㉰ 내부에너지는 온도만의 함수이다.

㉱ 온도에 관계없이 비열비는 일정하다.

㉲ 기체의 분자력과 크기가 무시되며 분자 간의 충돌은 완전 탄성체이다.

㉳ 분자와 분자 사이의 거리가 매우 멀다.

㉴ 분자 사이의 인력이 없다.

㉵ 압축성인자가 1이다.

㉶ 절대온도 0도에서 기체로서의 부피는 0 으로 된다.

참고 이상기체(완전기체)는 액화가 불가능하다.

38. 실제기체가 이상기체 상태방정식을 만족할 수 있는 조건이 아닌 것은?

① 압력이 높을수록

② 분자량이 작을수록

③ 온도가 높을수록

④ 비체적이 클수록

해설 실제기체가 이상기체(완전기체) 상태방정식을 만족시키는 조건은 압력이 낮고(저압), 온도가 높을 때(고온)이다.

39. 공기 1 kg을 일정한 압력하에서 20℃에서 200℃까지 가열할 때 엔트로피 변화는 약 몇 kJ/K인가? (단, C_p는 1 kJ/kg·K이다.)

① 0.28   ② 0.38

③ 0.48   ④ 0.62

해설 정압과정의 엔트로피 변화량 계산

$$\Delta S = G \times C_p \times \ln\left(\frac{T_2}{T_1}\right)$$

$$= 1 \times 1 \times \ln\left(\frac{273+200}{273+20}\right) = 0.478 \, kJ/K$$

40. 프로판을 연소할 때 이론단열 불꽃온도가 가장 높을 때는?

① 20 %의 과잉공기로 연소하였을 때

② 100 %의 과잉공기로 연소하였을 때

③ 이론량의 공기로 연소하였을 때

④ 이론량의 순수산소로 연소하였을 때

해설 이론단열 불꽃온도가 높아지는 경우는 배기가스량이 적을 경우이고 이론산소량으로 연소할 때 배기가스량이 가장 적게 발생한다.

제 3 과목 가스설비

41. 저온장치에 사용되는 팽창기에 대한 설명으로 틀린 것은?

① 왕복동식은 팽창비가 40 정도로 커서 팽창기의 효율이 우수하다.

② 고압식 액체산소 분리장치, 헬륨 액화기 등에 사용된다.

③ 처리 가스량이 1000 m³/h 이상이 되면 다기통이 된다.

④ 기통 내의 윤활에 오일이 사용되므로 오일 제거에 유의하여야 한다.

해설 왕복동식 팽창기의 특징

㉮ 팽창비는 약 40 정도로 크나 효율은 60~65 %로 낮다.

㉯ 처리 가스량이 1000 m³/h 이상이 되면 다기통으로 제작하여야 한다.

㉰ 기통 내의 윤활에 오일이 사용되는 것이 일반적이므로 오일 제거에 주의하여야 한다.

㉱ 고압식 액체산소 분리장치, 수소 액화장치, 헬륨 액화기 등에 사용된다.

㉲ 흡입압력은 저압에서 고압(20 MPa)까지 범위가 넓다.

42. LP가스 설비 중 강제기화기 사용 시의 장점에 대한 설명으로 가장 거리가 먼 것은?

① 설치장소가 적게 소요된다.

② 한랭 시에도 충분히 기화된다.

③ 공급가스 조성이 일정하다.

④ 용기압력을 가감, 조절할 수 있다.

해설 강제기화기 사용 시 장점
㉮ 한랭 시에도 연속적으로 가스공급이 가능하다.
㉯ 공급가스의 조성이 일정하다.
㉰ 설치면적이 적어진다.
㉱ 기화량을 가감할 수 있다.
㉲ 설비비 및 인건비가 절약된다.

43. 수소의 공업적 제법이 아닌 것은?
① 수성가스법
② 석유 분해법
③ 천연가스 분해법
④ 공기액화 분리법

해설 수소의 공업적 제조법
㉮ 물의 전기분해법
㉯ 수성가스법(석탄, 코크스의 가스화)
㉰ 천연가스 분해법(열분해)
㉱ 석유 분해법(열분해)
㉲ 일산화탄소 전화법

44. 액화가스의 기화기 중 액화가스와 해수 및 하천수 등을 열교환시켜 기화하는 형식은?
① air fin식
② 직화가열식
③ open rack식
④ submerged combustion식

해설 LNG 기화장치의 종류
㉮ 오픈 랙(open rack) 기화법 : 베이스로드용으로 바닷물을 열원으로 사용하므로 초기 시설비가 많으나 운전비용이 저렴하다.
㉯ 중간매체법 : 베이스로드용으로 프로판 (C_3H_8), 펜탄(C_5H_{12}) 등을 사용한다.
㉰ 서브머지드(submerged)법 : 피크로드용으로 액중 버너를 사용한다. 초기시설비가 적으나 운전비용이 많이 소요된다.

45. 원심압축기의 특징이 아닌 것은?
① 설치면적이 적다.
② 압축이 단속적이다.

③ 용량 조정이 어렵다.
④ 윤활유가 불필요하다.

해설 원심식 압축기의 특징
㉮ 원심형 무급유식이다.
㉯ 연속토출로 맥동현상이 없다.
㉰ 형태가 작고 경량이어서 기초, 설치면적이 작다.
㉱ 용량 조정범위가 좁고(70~100 %) 어렵다.
㉲ 압축비가 적고, 효율이 나쁘다.
㉳ 운전 중 서징(surging)현상에 주의하여야 한다.
㉴ 다단식은 압축비를 높일 수 있으나 설비비가 많이 소요된다.
㉵ 토출압력 변화에 의해 용량 변화가 크다.

참고 원심 압축기 자체는 서징(surging : 맥동)현상이 발생하지 않지만, 외부적인 조건이나 설치조건이 맞지 않으면 서징 현상이 발생할 가능성이 있음

46. 가스시설의 전기방식 공사 시 매설배관 주위에 기준전극을 매설하는 경우 기준전극은 배관으로부터 얼마 이내에 설치하여야 하는가?
① 30 cm　　　　② 50 cm
③ 60 cm　　　　④ 100 cm

해설 전기방식 기준전극 설치 : 매설배관 주위에 기준전극을 매설하는 경우 기준전극은 배관으로부터 50 cm 이내에 설치한다. 다만, 데이터 로거 등을 이용하여 방식전위를 원격으로 측정하는 경우 기준전극은 기존에 설치된 전위 측정용 터미널(T/B) 하부에 설치할 수 있다.

47. 다음 〈보기〉에서 설명하는 가스는?

──〈보 기〉──
• 자극성 냄새를 가진 무색의 기체로서 물에 잘 녹는다.
• 가압, 냉각에 의해 액화가 용이하다.
• 공업적 제법으로는 클라우드법, 카자레법이 있다.

① 암모니아　　　　② 염소

③ 일산화탄소　　④ 황화수소

해설 암모니아 (NH_3)의 성질
- ㉮ 가연성가스 (폭발범위 : 15~28 v %)이며, 독성가스 (허용농도 : TLV–TWA 25 ppm)이다.
- ㉯ 물에 잘 녹는다 (상온, 상압에서 물 1 cc에 대하여 800 cc가 용해).
- ㉰ 액화가 쉽고 (비점 : –33.3℃), 증발잠열 (301.8 kcal/kg)이 커서 냉동기 냉매로 사용된다.
- ㉱ 동과 접촉 시 부식의 우려가 있다.
- ㉲ 액체 암모니아는 할로겐, 강산과 접촉하면 심하게 반응하여 폭발, 비산하는 경우가 있다.
- ㉳ 염소(Cl_2), 염화수소 (HCl), 황화수소 (H_2S)와 반응하면 백색 연기가 발생한다.
- ㉴ 산소 중에서 황색 불꽃을 발생하며 연소하고 질소와 물을 생성한다.
  $$4NH_3 + 3O_2 \rightarrow 2N_2 + 6H_2O$$
- ㉵ 금속이온 (구리, 아연, 은, 코발트)과 반응하여 착이온을 생성한다.
- ㉶ 염소가 과잉상태로 접촉하면 폭발성의 3염화질소 (NCl_3)를 만든다.
  $$8NH_3 + 3Cl_2 \rightarrow N_2 + 6NH_4Cl$$
  $$NH_4Cl + 3Cl_2 \rightarrow NCl_3 + 4HCl$$
- ㉷ 상온에서는 안정하나 1000℃ 정도에서 분해하여 질소와 수소로 된다.
- ㉸ 건조제로 염기성인 소다석회를 사용한다.

참고 암모니아 합성공정의 종류
- ㉮ 고압합성법 : 클라우드법, 카자레법
- ㉯ 중압합성법 : IG법, 뉴파우더법, 뉴데법, 동공시법, JCI법, 케미크법
- ㉰ 저압합성법 : 구데법, 켈로그법

48. 독성가스 배관용 밸브의 압력구분을 호칭하기 위한 표시가 아닌 것은?

① Class　　② S
③ PN　　④ K

해설 호칭압력 : 밸브의 압력을 구분하기 위한 것으로 "Class", "PN", "K"로 표시한다.
- ㉮ Class : ASME B 16.34에 따른다.
- ㉯ PN : EN 1333에 따른다.
- ㉰ K : KS B 2308에 따른다.

참고 ㉮ ASME(American Society of Mechanical Engineers) : 미국기계학회
- ㉯ EN(European Norm) : 유럽 표준
- ㉰ KS(Korean Industrial Standards) : 한국공업규격

49. 송출 유량(Q)이 0.3 m³/min, 양정(H)이 16 m, 비교회전도(N_s)가 110일 때 펌프의 회전속도(N)는 약 몇 rpm인가?

① 1507　　② 1607
③ 1707　　④ 1807

해설 원심펌프의 비교회전도 $N_s = \dfrac{N \times \sqrt{Q}}{\left(\dfrac{H}{Z}\right)^{\frac{3}{4}}}$

에서 단수(Z)는 주어지지 않았으므로 1단을 적용하여 회전속도(N)[임펠러 회전수]를 구한다.

$$\therefore N = \frac{N_s \times \left(\dfrac{H}{Z}\right)^{\frac{3}{4}}}{\sqrt{Q}} = \frac{110 \times \left(\dfrac{16}{1}\right)^{\frac{3}{4}}}{\sqrt{0.3}}$$
$$= 1606.652 \, rpm$$

50. 고압가스 저장설비에서 수소와 산소가 동일한 조건에서 대기 중에 누출되었다면 확산속도는 어떻게 되겠는가?

① 수소가 산소보다 2배 빠르다.
② 수소가 산소보다 4배 빠르다.
③ 수소가 산소보다 8배 빠르다.
④ 수소가 산소보다 16배 빠르다.

해설 $\dfrac{U_{H_2}}{U_{O_2}} = \sqrt{\dfrac{M_{O_2}}{M_{H_2}}}$ 에서 수소의 확산속도(U_{H_2})를 구한다.

$$U_{H_2} = \sqrt{\frac{M_{O_2}}{M_{H_2}}} \times U_{O_2}$$
$$= \sqrt{\frac{32}{2}} \times U_{O_2} = 4 \, U_{O_2}$$

∴ 수소(H_2)가 산소(O_2)보다 4배 빠르다.

51. 압축기에 사용되는 윤활유의 구비조건으로 옳은 것은 ?

① 인화점과 응고점이 높을 것

② 정제도가 낮아 잔류탄소가 증발해서 줄어드는 양이 많을 것

③ 점도가 적당하고 항유화성이 적을 것

④ 열안정성이 좋아 쉽게 열분해하지 않을 것

해설 윤활유 구비조건

㉮ 화학반응을 일으키지 않을 것

㉯ 인화점이 높고, 응고점은 낮을 것

㉰ 점도가 적당하고 항유화성(抗油化性)이 클 것

㉱ 불순물이 적을 것

㉲ 잔류탄소의 양이 적을 것

㉳ 열에 대한 안정성이 있을 것

52. 액화석유가스용 용기잔류가스 회수장치의 구성이 아닌 것은 ?

① 열교환기   ② 압축기

③ 연소설비   ④ 질소퍼지장치

해설 액화석유가스용 용기잔류가스 회수장치의 구성 (KGS AA914)

㉮ 압축기(액분리기 포함) 또는 펌프

㉯ 잔류가스 회수탱크 또는 압력용기

㉰ 연소설비

㉱ 질소퍼지장치

53. 어느 용기에 액체를 넣어 밀폐하고 압력을 가해주면 액체의 비등점은 어떻게 되는가 ?

① 상승한다.

② 저하한다.

③ 변하지 않는다.

④ 이 조건으로는 알 수 없다.

해설 압력과 비등점(비점)의 관계

㉮ 압력 상승 : 비등점이 상승한다.

㉯ 압력 감소 : 비등점이 내려간다(하강한다).

54. 흡입밸브 압력이 0.8 MPa·g인 3단 압축기의 최종단의 토출압력은 약 몇 MPa·g인가 ? (단, 압축비는 3이며, 1 MPa은 10 kgf/cm^{2}이다.)

① 16.1   ② 21.6

③ 24.2   ④ 28.7

해설 다단 압축기의 압축비 계산식 $a = \sqrt[n]{\dfrac{P_2}{P_1}}$ 에서 대기압은 0.1 MPa을 적용하여 최종단의 토출압력(P_2)을 구한다.

$$\therefore P_2 = a^n \times P_1 = 3^3 \times (0.8 + 0.1)$$
$$= 24.3\,\text{MPa} \cdot a - 0.1 = 24.2\,\text{MPa} \cdot g$$

[별해] 문제에서 주어진 1 MPa은 10 kgf/cm^{2}과 대기압은 1 kgf/cm^{2}을 적용하여 최종단의 토출압력(P_2)을 구한다.

$$\therefore P_2 = a^n \times P_1 = 3^3 \times \{(0.8 \times 10) + 1\}$$
$$= 243\,\text{kgf/cm}^2 \cdot a - 1 = 242\,\text{kgf/cm}^2 \cdot g$$
$$= 24.2\,\text{MPa} \cdot g$$

참고 압축비 계산에 적용하는 압력은 절대압력이다.

55. 가스홀더의 기능에 대한 설명으로 가장 거리가 먼 것은 ?

① 가스수요의 시간적 변동에 대하여 제조가스량을 안정되게 공급하고 남는 가스를 저장한다.

② 정전, 배관공사 등의 공사로 가스공급의 일시 중단 시 공급량을 계속 확보한다.

③ 조성이 다른 제조가스를 저장, 혼합하여 성분, 열량 등을 일정하게 한다.

④ 소비지역에서 먼 곳에 설치하여 사용 피크 시 배관의 수송량을 증대한다.

해설 가스홀더의 기능

㉮ 가스수요의 시간적 변동에 대하여 공급가스량을 확보한다.

㉯ 공급설비의 일시적 중단에 대하여 어느 정도 공급량을 확보한다.

㉰ 공급가스의 성분, 열량, 연소성 등의 성질을 균일화한다.

㉱ 소비지역 근처에 설치하여 피크 시의 공급, 수송효과를 얻는다.

---

56. LP가스 고압장치가 상용압력이 2.5 MPa 일 경우 안전밸브의 최고작동압력은?

① 2.5 MPa
② 3.0 MPa
③ 3.75 MPa
④ 5.0 MPa

해설 내압시험압력(TP)은 상용압력의 1.5배 이다.

$$∴ 안전밸브 작동압력 = TP × \frac{8}{10}$$

$$= (상용압력 × 1.5) × \frac{8}{10}$$

$$= (2.5 × 1.5) × \frac{8}{10} = 3.0\,MPa$$

57. 지하에 매설하는 배관의 이음방법으로 가장 부적합한 것은?

① 링 조인트 접합
② 용접 접합
③ 전기융착 접합
④ 열융착 접합

해설 지하에 매설하는 배관의 이음방법 : 용접 접합, 전기융착 접합, 열융착 접합

58. 압축기에 사용하는 윤활유와 사용가스의 연결로 부적당한 것은?

① 수소 : 순광물성 기름
② 산소 : 디젤엔진유
③ 아세틸렌 : 양질의 광유
④ LPG : 식물성유

해설 각종 가스 압축기의 윤활유
㉮ 산소 압축기 : 물 또는 묽은 글리세린수
㉯ 공기 압축기, 수소 압축기, 아세틸렌 압축기 : 양질의 광유
㉰ 염소 압축기 : 진한 황산
㉱ LP가스 압축기 : 식물성유
㉲ 이산화황(아황산가스) 압축기 : 화이트유, 정제된 용제 터빈유
㉳ 염화메탄(메틸 클로라이드) 압축기 : 화이트유

59. 배관의 전기방식 중 희생양극법의 장점이 아닌 것은?

① 전류 조절이 쉽다.
② 과방식의 우려가 없다.
③ 단거리의 파이프라인에는 저렴하다.
④ 다른 매설 금속체로의 장애(간섭)가 거의 없다.

해설 희생양극법의 장점
㉮ 시공이 간편하다.
㉯ 단거리 배관에는 경제적이다.
㉰ 다른 매설 금속체로의 장애가 없다.
㉱ 과방식의 우려가 없다.
참고 희생양극법의 단점
㉮ 효과범위가 비교적 좁다.
㉯ 장거리 배관에는 비용이 많이 소요된다.
㉰ 방식전류의 조절이 어렵다.
㉱ 관리하여야 할 장소가 많게 된다.
㉲ 강한 전식에는 효과가 없다.
㉳ 양극은 소모되므로 보충하여야 한다.

60. 안전밸브의 선정절차에서 가장 먼저 검토하여야 하는 것은?

① 기타 밸브 구동기 선정
② 해당 메이커의 자료 확인
③ 밸브 용량계수 값 확인
④ 통과 유체 확인

해설 안전밸브 선정 시 가장 먼저 검토하여야 하는 것은 통과유체의 부식성, 연소성, 가스 비중 등 특성을 확인하는 것이다.

제 4 과목 가스안전관리

61. 액화 가연성가스 접합용기를 차량에 적재하여 운반할 때 몇 kg 이상일 때 운반책임자를 동승시켜야 하는가?

① 1000 kg
② 2000 kg
③ 3000 kg
④ 6000 kg

해설 운반책임자 동승 기준

㉮ 비독성 고압가스

가스의 종류		기준
압축가스	가연성	$300 \, m^3$ 이상
	조연성	$600 \, m^3$ 이상
액화가스	가연성	3000 kg 이상 (납붙임용기 및 접합용기의 경우 : 2000 kg 이상)
	조연성	6000 kg 이상

㉯ 독성 고압가스

가스의 종류	허용농도	기준
압축가스	100만분의 200 이하	$10 \, m^3$ 이상
	100만분의 200 초과 100만분의 5000 이하	$100 \, m^3$ 이상
액화가스	100만분의 200 이하	100 kg 이상
	100만분의 200 초과 100만분의 5000 이하	1000 kg 이상

참고 납붙임용기 및 접합용기를 '에어졸용기'로 표현한다.

62. 고압가스 특정제조시설의 긴급용 벤트스택 방출구는 작업원이 항시 통행하는 장소로부터 몇 m 이상 떨어진 곳에 설치하는가?

① 5 m　　　　② 10 m

③ 15 m　　　　④ 20 m

해설 벤트스택 방출구 위치 : 작업원이 정상작업을 하는 데 필요한 장소 및 작업원이 항시 통행하는 장소로부터

㉮ 긴급용 벤트스택 : 10 m 이상 떨어진 곳

㉯ 그 밖의 벤트스택 : 5 m 이상 떨어진 곳

63. 산화에틸렌에 대한 설명으로 틀린 것은?

① 배관으로 수송할 경우에는 2중관으로 한다.

② 제독제로서 다량의 물을 비치한다.

③ 저장탱크에는 45℃에서 그 내부가스의

압력이 0.4 MPa 이상이 되도록 탄산가스를 충전한다.

④ 용기에 충전하는 때에는 미리 그 내부가스를 아황산 등의 산으로 치환하여 안정화시킨다.

해설 산화에틸렌을 저장탱크 또는 용기에 충전하는 때에는 미리 그 내부가스를 질소가스 또는 탄산가스로 바꾼 후에 산 또는 알칼리를 함유하지 아니하는 상태로 충전한다.

참고 안정제로 아황산가스를 첨가하는 것은 시안화수소이다.

64. 공기보다 무거워 누출 시 체류하기 쉬운 가스가 아닌 것은?

① 산소　　　　② 염소

③ 암모니아　　　④ 프로판

해설 ㉮ 기체의 비중 : 표준상태(STP : 0℃, 1기압 상태)의 공기 일정 부피당 질량과 같은 부피의 기체 질량과의 비를 말한다.

$$기체\ 비중 = \frac{기체\ 분자량(질량)}{공기의\ 평균분자량(29)}$$

㉯ 각 가스의 분자량

가스 명칭	분자량
산소 (O_2)	32
염소 (Cl_2)	71
암모니아 (NH_3)	17
프로판 (C_3H_8)	44

참고 분자량이 공기의 평균분자량 29보다 작으면 공기보다 가벼운 가스, 29보다 크면 공기보다 무거운 가스이다.

65. 방폭 전기기기 설치에 사용되는 정션 박스(junction box), 풀 박스(pull box)는 어떤 방폭구조로 하여야 하는가?

① 압력방폭구조(p)

② 내압방폭구조(d)

③ 유입방폭구조(o)

④ 특수방폭구조(s)

해답 62. ②　63. ④　64. ③　65. ②

해설 방폭 전기기기 설치에 사용되는 정션 박스(junction box), 풀 박스(pull box), 접속함 및 설비 부속품은 내압방폭구조 또는 안전증방폭구조의 것이어야 한다.

66. 불소가스에 대한 설명으로 옳은 것은?

① 무색의 가스이다.

② 냄새가 없다.

③ 강산화제이다.

④ 물과 반응하지 않는다.

해설 불소(F_2)가스의 특징

㉮ 조연성, 독성가스(TLV-TWA 0.1 ppm)이다.

㉯ 연한 황색의 기체이며 심한 자극성이 있다.

㉰ 형석(CaF_2), 빙정석(Na_3AlF_6) 등으로 자연계에 존재한다.

㉱ 화합력이 매우 강하여 모든 원소와 결합한다(가장 강한 산화제이다).

㉲ 물과 반응하여 불화수소(HF)가 생성된다.

$$2F_2 + 2H_2O \rightarrow 4HF + O_2$$

㉳ 수소와는 차고 어두운 곳에서도 활발하게 발화하고, 폭발적으로 반응한다.

㉴ 황(S)이나 인(P)과는 액체 공기의 저온에서도 심하게 반응한다.

㉵ 고체 불소와 액체 수소와는 -252℃의 저온에서도 반응한다.

67. 냉동기의 제품성능의 기준으로 틀린 것은?

① 주름관을 사용한 방진조치

② 냉매설비 중 돌출부위에 대한 적절한 방호조치

③ 냉매가스가 누출될 우려가 있는 부분에 대한 부식 방지조치

④ 냉매설비 중 냉매가스가 누출될 우려가 있는 곳에 차단밸브 설치

해설 냉동기의 제품성능의 기준

㉮ 진동방지성능 : 진동에 의하여 냉매가스가 누출할 우려가 있는 부분에 대하여는 주름관을 사용하는 등 방진조치를 한다.

㉯ 파손방지성능 : 냉매설비의 돌출부 등 충격에 의하여 쉽게 파손되어 냉매가스가

누출될 우려가 있는 부분에 대하여는 적절한 방호조치를 한다.

㉰ 부식방지성능 : 냉매설비의 외면의 부식에 의하여 냉매가스가 누출될 우려가 있는 부분에 대하여는 부식 방지조치를 한다.

68. 액화석유가스자동차에 고정된 탱크 충전시설 중 저장설비는 그 외면으로부터 사업소경계와의 거리 이상을 유지하여야 한다. 저장능력과 사업소경계와의 거리의 기준이 바르게 연결한 것은?

① 10톤 이하 - 20 m

② 10톤 초과 20톤 이하 - 22 m

③ 20톤 초과 30톤 이하 - 30 m

④ 30톤 초과 40톤 이하 - 32 m

해설 저장능력과 사업소경계와의 거리의 기준

저장능력	사업소경계와의 거리
10톤 이하	24 m
10톤 초과 20톤 이하	27 m
20톤 초과 30톤 이하	30 m
30톤 초과 40톤 이하	33 m
40톤 초과 200톤 이하	36 m
200톤 초과	39 m
[비고] 같은 사업소에 두 개 이상의 저장설비가 있는 경우에는 그 설비별로 각각 안전거리를 유지한다.	

참고 사업소경계와의 거리 기준은 '충전사업소'와 '집단공급사업 및 가스사용시설'과는 각각 다른 규정이 적용됨

69. 고압가스 일반제조시설에서 긴급차단장치를 반드시 설치하지 않아도 되는 설비는?

① 염소가스 정체량이 40톤인 고압가스 설비

② 연소열량이 5×10^7인 고압가스 설비

③ 특수반응설비

④ 산소가스 정체량이 150톤인 고압가스 설비

해답 66. ③ 67. ④ 68. ③ 69. ②

해설 긴급차단장치 설치
> ㉮ 특수반응설비 또는 연소열량의 수치가 연소열량이 6×10^7 kcal 이상의 고압가스설비
> ㉯ 독성가스의 고압가스설비에서는 정체량이 30톤 이상인 것
> ㉰ 산소의 고압가스설비에서는 정체량이 100톤 이상인 것

70. 탱크주밸브, 긴급차단장치에 속하는 밸브 그 밖의 중요한 부속품이 돌출된 저장탱크는 그 부속품을 차량의 좌측면이 아닌 곳에 설치한 단단한 조작상자 내에 설치한다. 이 경우 조작상자와 차량의 뒷범퍼와의 수평거리는 얼마 이상 이격하여야 하는가?

① 20 cm   ② 30 cm
③ 40 cm   ④ 50 cm

해설 뒷범퍼와의 수평거리
> ㉮ 후부취출식 탱크 : 40 cm 이상
> ㉯ 후부취출식 탱크 외 : 30 cm 이상
> ㉰ 조작상자 : 20 cm 이상

71. 긴급이송설비에 부속된 처리설비는 이송되는 설비 내의 내용물을 안전하게 처리하여야 한다. 처리방법으로 옳은 것은?

① 플레어스택에서 배출시킨다.
② 안전한 장소에 설치되어 있는 저장탱크에 임시 이송한다.
③ 벤트스택에서 연소시킨다.
④ 독성가스는 제독 후 사용한다.

해설 이송되는 내용물의 처리방법
> ㉮ 플레어스택에서 안전하게 연소시킨다.
> ㉯ 안전한 장소에 설치되어 있는 저장탱크 등에 임시 이송한다.
> ㉰ 벤트스택에서 안전하게 방출한다.
> ㉱ 독성가스는 제독조치 후 안전하게 폐기한다.

72. 고압가스 냉동기 제조의 시설에서 냉매가스가 통하는 부분의 설계압력 설정에 대한 설명으로 틀린 것은?

① 보통의 운전상태에서 응축온도가 65℃

를 초과하는 냉동설비는 그 응축온도에 대한 포화증기 압력을 그 냉동설비의 고압부 설계압력으로 한다.
② 냉매설비의 저압부가 항상 저온으로 유지되고 또한 냉매가스의 압력이 0.4 MPa 이하인 경우에는 그 저압부의 설계압력을 0.8 MPa로 할 수 있다.
③ 보통의 상태에서 내부가 대기압 이하로 되는 부분에는 압력이 0.1 MPa을 외압으로 하여 걸리는 설계압력으로 한다.
④ 냉매설비의 주위온도가 항상 40℃를 초과하는 냉매설비 등의 저압부 설계압력은 그 주위 온도의 최고온도에서의 냉매가스의 평균압력 이상으로 한다.

해설 냉동설비를 사용할 때 냉매설비의 주위온도가 항상 40℃를 초과하는 냉매설비 등의 저압부 설계압력은 그 주위 온도의 최고온도에서의 냉매가스의 포화압력 이상으로 한다.

73. 다음 중 충전용기 적재에 관한 기준으로 옳은 것은?

① 충전용기를 적재한 차량은 제1종 보호시설과 15m 이상 떨어진 곳에 주차하여야 한다.
② 충전량이 15 kg 이하이고 적재수가 2개를 초과하지 아니한 LPG는 이륜차에 적재하여 운반할 수 있다.
③ 용량 15 kg의 LPG 충전용기는 2단으로 적재하여 운반할 수 있다.
④ 운반차량 뒷면에는 두께가 3 mm 이상, 폭 50 mm 이상의 범퍼를 설치한다.

해설 각 항목의 옳은 기준
> ② 적재하는 충전용기는 충전량이 20 kg 이하이고, 적재수가 2개를 초과하지 아니한 LPG는 이륜차(자전거는 제외)에 적재하여 운반할 수 있다.
> ③ 용량 10 kg 미만의 LPG 충전용기는 2단으로 적재하여 운반할 수 있다.

④ 운반차량 뒷면에는 두께가 5 mm 이상, 폭 100 mm 이상의 범퍼(SS400 또는 이와 동등 이상의 강도를 갖는 강재를 사용한 것에만 적용) 또는 이와 동등 이상의 효과를 갖는 완충장치를 설치한다.

74. 가스보일러에 의한 가스 사고를 예방하기 위한 방법이 아닌 것은?

① 가스보일러는 전용보일러실에 설치한다.
② 가스보일러의 배기통은 한국가스안전공사의 성능인증을 받은 것을 사용한다.
③ 가스보일러는 가스보일러 시공자가 설치한다.
④ 가스보일러의 배기톱은 풍압대 내에 설치한다.

해설 가스보일러의 배기톱(연돌 터미널)은 풍압대 밖에 있도록 설치한다.

75. 고압가스 용기 및 차량에 고정된 탱크 충전시설에 설치하는 제독설비의 기준으로 틀린 것은?

① 가압식, 동력식 등에 따라 작동하는 수도직결식의 제독제 살포장치 또는 살수장치를 설치한다.
② 물(중화제)인 중화조를 주위 온도가 4℃ 미만인 동결 우려가 있는 장소에 설치 시 동결방지장치를 설치한다.
③ 물(중화제) 중화조에는 자동급수장치를 설치한다.
④ 살수장치는 정전 등에 의해 전자밸브가 작동하지 않을 경우에 대비하여 수동 바이패스 배관을 추가로 설치한다.

해설 제독설비 기준
㉮ 가압식, 동력식 등에 따라 작동하는 제독제 살포장치 또는 살수장치(수도직결식은 설치하지 않는다)를 설치한다.
㉯ 가스를 흡인하여 이를 흡수·중화제와 접속시키는 장치를 설치한다.
㉰ 중화제가 물인 중화조를 주위 온도가 4℃

미만이 되어 동결의 우려가 있는 장소에 설치하는 경우에는 중화조에 동결방지장치를 설치한다.
㉱ 중화제가 물인 중화조에는 자동급수장치를 설치한다.
㉲ 제독제가 물인 제독설비를 주위 온도가 4℃ 미만이 되어 동결의 우려가 있는 장소에 설치하는 경우에는 제독설비의 동결을 방지할 수 있는 적절한 조치를 한다.
㉳ 살수장치는 정전 등에 의해 전자밸브가 작동하지 않을 경우 수동으로 작동할 수 있는 바이패스 배관을 추가로 설치한다.
㉴ 가스누출 검지경보장치와 연동 작동하도록 한다.

76. 액화가스 충전용기의 내용적을 V[L], 저장능력을 W[kg], 가스의 종류에 따르는 정수를 C로 했을 때 이에 대한 설명으로 틀린 것은?

① 프로판의 C값은 2.35이다.
② 액화가스와 압축가스가 섞여 있을 경우에는 액화가스 10 kg을 $1 m^3$로 본다.
③ 용기의 어깨에 C값이 각인되어 있다.
④ 열대지방과 한대지방의 C값은 다를 수 있다.

해설 가스 종류에 따른 C값은 용기에 각인되어 있지 않고, 고법 시행규칙 별표1 저장능력 산정기준에 정해져 있다.

참고 C값의 의미 : 저온용기 및 차량에 고정된 저온탱크와 초저온용기 및 차량에 고정된 초저온탱크에 충전하는 액화가스의 경우에는 그 용기 및 탱크의 상용온도 중 최고 온도에서의 그 가스의 비중(단위 : kg/L)의 수치에 10분의 9를 곱한 수치의 역수, 그 밖의 액화가스의 충전용기 및 차량에 고정된 탱크의 경우 가스 종류에 따르는 정수

77. 일반도시가스사업 예비정압기에 설치되는 긴급차단장치의 설정압력은?

① 3.2 kPa 이하   ② 3.6 kPa 이하
③ 4.0 kPa 이하   ④ 4.4 kPa 이하

해답 74. ④   75. ①   76. ③   77. ④

해설 상용압력 2.5 kPa인 정압기 안전장치 설정압력

구분		설정압력
이상압력 통보설비	상한값	3.2 kPa 이하
	하한값	1.2 kPa 이상
주정압기에 설치하는 긴급차단장치		3.6 kPa 이하
안전밸브		4.0 kPa 이하
예비정압기에 설치하는 긴급차단장치		4.4 kPa 이하

78. 소형 저장탱크에 의한 액화석유가스 사용시설에서 벌크로리 측의 호스어셈블리에 의한 충전 시 충전작업자는 길이 몇 m 이상의 충전호스를 사용하여 충전하는 경우에 별도의 충전보조원에게 충전작업 중 충전호스를 감시하게 하여야 하는가?

① 5 m   ② 8 m

③ 10 m   ④ 20 m

해설 벌크로리 측의 호스어셈블리에 의한 충전
　㉮ 충전작업자는 충전호스를 호스릴 등으로부터 풀어 충전호스의 부풀림, 마모, 균열 등의 손상 유무를 확인한다.
　㉯ 충전작업자는 충전호스 끝의 세이프티커플링 및 소형저장탱크의 세이프티커플링으로부터 캡을 열기 전에 블리더 밸브를 열어 압력이 없음을 확인하고 커플링을 접속한 후에는 액화석유가스 검지기 등을 사용하여 접속부의 가스누출이 없음을 확인한다.
　㉰ 충전작업자는 10 m 이상 길이의 충전호스를 사용하여 충전하는 경우에는 별도의 충전보조원에게 충전작업 중 충전호스를 감시하게 한다.

79. 가스 제조 시 첨가하는 냄새가 나는 물질(부취제)에 대한 설명으로 옳지 않은 것은?

① 독성이 없을 것
② 극히 낮은 농도에서도 냄새가 확인될 수 있을 것
③ 가스관이나 gas meter에 흡착될 수 있

을 것
④ 배관 내의 상용온도에서 응축하지 않고 배관을 부식시키지 않을 것

해설 부취제의 구비조건
　㉮ 화학적으로 안정하고 독성이 없을 것
　㉯ 일상생활의 냄새(생활취)와 명확하게 구별될 것
　㉰ 극히 낮은 농도에서도 냄새가 확인될 수 있을 것
　㉱ 가스관이나 가스미터 등에 흡착되지 않을 것
　㉲ 배관을 부식시키지 않고, 상용온도에서 응축되지 않을 것
　㉳ 물에 잘 녹지 않고 토양에 대하여 투과성이 클 것
　㉴ 완전연소가 가능하고 연소 후 유해 물질을 남기지 않을 것

80. 다음 〈보기〉에서 가스용 퀵 커플러에 대한 설명으로 옳은 것으로 모두 나열된 것은?

──── 〈보 기〉 ────
㉠ 퀵 커플러는 사용형태에 따라 호스 접속형과 호스엔드 접속형으로 구분한다.
㉡ 4.2 kPa 이상의 압력으로 기밀시험을 하였을 때 가스누출이 없어야 한다.
㉢ 탈착조작은 분당 10~20회의 속도로 6000회 실시한 후 작동시험에서 이상이 없어야 한다.

① ㉠

② ㉠, ㉡

③ ㉡, ㉢

④ ㉠, ㉡, ㉢

해설 퀵 커플러 : 가스압력이 3.3 kPa 이하인 도시가스 또는 액화석유가스용 연소기와 콕을 안지름 9.5 mm인 호스로 실내에서 접속할 때 사용되는 가스용품이다.
참고 (1) 퀵 커플러 종류
　㉮ 호스 접속형 : 퀵 커플러의 한쪽에 호스를 접속할 수 있도록 한 것

해답 78. ③　79. ③　80. ④

㉯ 호스엔드 접속형 : 퀵 커플러의 한쪽에 호스엔드를 접속할 수 있도록 한 것
(2) 퀵 커플러 제품 성능
　㉮ 기밀성능 : 4.2 kPa 이상의 압력으로 기밀시험을 하여 퀵 커플러의 외부누출이 없고 플러그 안전기구는 가스누출량이 0.55 L/h 이하인 것으로 한다.
　㉯ 내구성능 : 분당 10~20회의 속도로 6000회 탈착조작을 한 후 작동시험 및 기밀시험을 하여 이상이 없는 것으로 한다.
　㉰ 내열성능 : 플러그와 소켓을 접속한 것과 분리한 것을 각각 120±2℃의 항온조에 넣어 30분간 유지한 후 꺼내어 상온으로 된 상태에서 작동시험 및 기밀시험을 실시하여 이상이 없는 것으로 한다.
　㉱ 내한성능 : 플러그와 소켓을 접속한 것과 분리한 것을 각각 −10±2℃의 항온조에 넣어 30분간 유지한 후 꺼내어 상온으로 된 상태에서 작동시험 및 기밀시험을 실시하여 이상이 없는 것으로 한다.

제 5 과목　가스계측

81. 대기압이 750mmHg일 때 탱크 내의 기체압력이 게이지압력으로 1.98 kgf/cm²이었다. 탱크 내 기체의 절대압력은 약 몇 kgf/cm²인가 ? (단, 1기압은 1.0336 kgf/cm²이다.)
① 1　　　　　　　② 2
③ 3　　　　　　　④ 4
해설 절대압력 = 대기압 + 게이지압력
$$= \left(\frac{750}{760} \times 1.0336\right) + 1.98$$
$$= 3 \text{ kgf/cm}^2 \cdot a$$

82. 질소용 mass flow controller에 헬륨을 사용하였다. 예측 가능한 결과는 ?
① 질량유량에는 변화가 있으나 부피유량에는 변화가 없다.
② 지시계는 변화가 없으나 부피유량은 증

가한다.
③ 입구압력을 약간 낮춰주면 동일한 유량을 얻을 수 있다.
④ 변화를 예측할 수 없다.
해설 mass flow controller : 유체의 압력 및 온도변화에 영향이 적고, 소유량이며 정확한 유량제어가 가능하여 혼합가스 제조 등에 유용한 유량계이다.

83. 측정방법에 따른 액면계의 분류 중 간접법이 아닌 것은 ?
① 음향을 이용하는 방법
② 방사선을 이용하는 방법
③ 압력계, 차압계를 이용하는 방법
④ 플로트에 의한 방법
해설 액면계의 분류
　㉮ 직접법 : 직관식, 플로트식(부자식), 검척식
　㉯ 간접법 : 압력식, 초음파식, 저항전극식, 정전용량식, 방사선식, 차압식, 다이어프램식, 편위식, 기포식, 슬립 튜브식 등

84. 가스시료 분석에 널리 사용되는 기체 크로마토그래피(gas chromatography)의 원리는 ?
① 이온화　　　　② 흡착 치환
③ 확산 유출　　　④ 열전도
해설 기체 크로마토그래피 측정원리 : 운반기체(carrier gas)의 유량을 조절하면서 측정하여야 할 시료기체를 도입부를 통하여 공급하면 운반기체와 시료기체가 분리관을 통과하는 동안 분리되어 시료의 각 성분의 흡수력 차이(시료의 확산속도, 이동속도)에 따라 성분의 분리가 일어나고 시료의 각 성분이 검출기에서 측정된다.

85. 60°F에서 100°F까지 온도를 제어하는데 비례제어기가 사용된다. 측정온도가 71°F에서 75°F로 변할 때 출력압력이 3 psi에서 5 psi까지 도달하도록 조정된다. 비례대(%)는 ?

① 5 %　　　　② 10 %

③ 15 %　　　　④ 20 %

해설 비례대 $= \dfrac{측정온도차}{조절온도차} \times 100$

$\qquad\quad = \dfrac{75-71}{100-60} \times 100 = 10\,\%$

86. 다음 중 계량의 기준이 되는 기본단위가 아닌 것은?

① 길이　　　　② 온도

③ 면적　　　　④ 광도

해설 기본단위의 종류

기본량	길이	질량	시간	전류
기본단위	m	kg	s	A
기본량	물질량	온도	광도	
기본단위	mol	K	cd	

87. 기체 크로마토그래피의 구성이 아닌 것은?

① 캐리어 가스　　　② 검출기

③ 분광기　　　　　④ 컬럼

해설 가스 크로마토그래피의 장치 구성요소 : 캐리어 가스, 압력조정기, 유량조절밸브, 압력계, 분리관(컬럼), 검출기, 기록계 등

88. 적외선 가스분석계로 분석하기가 가장 어려운 가스는?

① H_2O　　　　② N_2

③ HF　　　　　④ CO

해설 적외선 가스분석계는 단원자 분자(He, Ne, Ar 등) 및 대칭 2원자 분자(H_2, O_2, N_2, Cl_2 등)는 적외선을 흡수하지 않으므로 분석할 수 없다.

89. 용적식 유량계에 해당되지 않는 것은?

① 로터미터

② oval식 유량계

③ 루트 유량계

④ 로터리 피스톤식 유량계

해설 유량계의 구분

㉮ 용적식 : 오벌기어식, 루트(roots)식, 로터리 피스톤식, 로터리 베인식, 습식가스미터, 막식 가스미터 등

㉯ 간접식 : 차압식, 유속식, 면적식, 전자식, 와류식 등

※ 로터미터는 면적식 유량계에 해당된다.

90. 시정수(time constsnt)가 5초인 1차 지연형 계측기의 스텝 응답(step response)에서 전변화의 95 %까지 변화하는 데 걸리는 시간은?

① 10초　　　　② 15초

③ 20초　　　　④ 30초

해설 $Y = 1 - e^{-\frac{t}{T}}$ 을 정리하면

$1 - Y = e^{-\frac{t}{T}}$ 가 되며, 양변에 ln을 취하면

$\ln(1-Y) = -\dfrac{t}{T}$ 이다.

$\therefore\ t = -\ln(1-Y) \times T$

$\qquad = -\ln(1-0.95) \times 5 = 14.978$ 초

91. 가연성가스 검출기로 주로 사용되지 않는 것은?

① 중화적정형　　② 안전등형

③ 간섭계형　　　④ 열선형

해설 가연성가스 검출기 종류(형식) : 안전등형, 간섭계형, 열선형(열전도식, 접촉연소식), 반도체식

92. 다음 〈보기〉에서 설명하는 가스미터는?

─────〈보 기〉─────
- 계량이 정확하고 사용 중 기차(器差)의 변동이 거의 없다.
- 설치공간이 크고 수위 조절 등의 관리가 필요하다.
────────────────

① 막식 가스미터

해답 86. ③　87. ③　88. ②　89. ①　90. ②　91. ①　92. ②

② 습식 가스미터

③ 루트(roots) 가스미터

④ 벤투리미터

[해설] 습식 가스미터의 특징

㉮ 계량이 정확하다.

㉯ 사용 중에 오차의 변동이 적다.

㉰ 사용 중에 수위 조정 등의 관리가 필요하다.

㉱ 설치면적이 크다.

㉲ 기준용, 실험실용에 사용된다.

㉳ 용량범위는 $0.2 \sim 3000 \, m^3/h$이다.

93. 열전대 온도계 중 측정범위가 가장 넓은 것은?

① 백금 – 백금·로듐

② 구리 – 콘스탄탄

③ 철 – 콘스탄탄

④ 크로멜 – 알루멜

[해설] 열전대 온도계의 종류 및 측정온도

열전대 종류	측정온도 범위
R형(백금–백금로듐 : PR)	$0 \sim 1600 \, ℃$
K형(크로멜–알루멜 : CA)	$-20 \sim 1200 \, ℃$
J형(철–콘스탄탄 : IC)	$-20 \sim 800 \, ℃$
T형(동–콘스탄탄 : CC)	$-200 \sim 350 \, ℃$

94. 연소가스 중 CO와 H_2의 분석에 사용되는 가스분석계는?

① 탄산가스계

② 질소가스계

③ 미연소가스계

④ 수소가스계

[해설] 연소가스 중에 일산화탄소(CO)와 수소(H_2)가 포함되어 있는 것은 연료가 불완전연소되고 있는 것으로 이때 사용되는 가스분석계는 미연소가스계이다.

95. 최대유량이 $10 \, m^3/h$ 이하인 가스미터의 검정·재검정 유효기간으로 옳은 것은?

① 3년, 3년

② 3년, 5년

③ 5년, 3년

④ 5년, 5년

[해설] 검정·재검정 유효기간 : 계량에 관한 법률 시행령 제21조, 별표13

계량기	유효기간	
	검정	재검정
최대유량 $10 \, m^3/h$ 이하의 가스미터	5년	5년
그 밖의 가스미터	8년	8년
LPG 미터	3년	3년

96. 다음 중 방사선식 액면계에 대한 설명으로 틀린 것은?

① 방사선원은 코발트 60(60Co)이 사용된다.

② 종류로는 조사식, 투과식, 가반식이 있다.

③ 방사선 선원을 탱크 상부에 설치한다.

④ 고온, 고압 또는 내부에 측정자를 넣을 수 없는 경우에 사용된다.

[해설] 방사선 액면계 특징

㉮ 액면에 띄운 플로트(float)에 방사선원을 붙이고 탱크 천장 외부에 방사선 검출기를 설치하여 방사선의 세기와 변화를 이용한 것으로 조사식, 투과식, 가반식이 있다.

㉯ 방사선원으로 코발트(Co), 세슘(Cs)의 γ선을 이용한다.

㉰ 측정범위는 $25 \, m$ 정도이고 측정범위를 크게 하기 위하여 2조 이상 사용한다.

㉱ 액체에 접촉하지 않고 측정할 수 있으며, 측정이 곤란한 장소에서도 측정이 가능하다.

㉲ 고온, 고압의 액체나 부식성 액체 탱크에 적합하다.

㉳ 설치비가 고가이고, 방사선으로 인한 인체에 해가 있다.

97. 다음 중 저압용의 부르동관 압력계 재질로 옳은 것은?

① 니켈강

② 특수강

③ 인발강관

④ 황동

해설 부르동관의 재질
  ㉮ 저압용 : 황동, 인청동, 청동
  ㉯ 고압용 : 니켈강, 스테인리스강

98. 게겔법에서 C_3H_6를 분석하기 위한 흡수액으로 사용되는 것은?

① 33 % KOH 용액
② 알칼리성 피로갈롤 용액
③ 암모니아성 염화 제1구리 용액
④ 87 % H_2SO_4

해설 게겔(Gockel)법의 분석순서 및 흡수제
  ㉮ CO_2 : 33 % KOH 수용액
  ㉯ 아세틸렌 : 요오드수은 칼륨 용액
  ㉰ 프로필렌(C_3H_6), $n-C_4H_8$: 87 % H_2SO_4
  ㉱ 에틸렌 : 취화수소 수용액
  ㉲ O_2 : 알칼리성 피로갈롤 용액
  ㉳ CO : 암모니아성 염화 제1구리 용액

99. 제어동작에 대한 설명으로 옳은 것은?

① 비례동작은 제어오차가 변화하는 속도에 비례하는 동작이다.
② 미분동작은 편차에 비례한다.
③ 적분동작은 오프셋을 제거할 수 있다.
④ 미분동작은 오버슈트가 많고 응답이 느리다.

해설 비례동작 및 미분동작
  ㉮ 비례동작(P 동작) : 동작신호에 대하여 조작량의 출력변화가 일정한 비례관계에 있는 제어로 잔류편차(off set)가 생긴다.
  ㉯ 미분동작(D 동작) : 조작량이 동작신호의 미분치에 비례하는 동작으로 비례동작과 함께 쓰이며 일반적으로 진동이 제어되어 빨리 안정된다.

100. 루트식 가스미터는 적은 유량 시 작동하지 않을 우려가 있는데 보통 얼마 이하일 때 이러한 현상이 나타나는가?

① 0.5 m^3/h
② 2 m^3/h
③ 5 m^3/h
④ 10 m^3/h

해설 루트(roots)식 가스미터에서 0.5 m^3/h 이하의 적은 유량에서는 부동현상이 발생한다.

제 1 과목　가스유체역학

1. 관로의 유동에서 여러 가지 손실수두를 나타낸 것으로 틀린 것은? (단, f : 마찰계수, d : 관의 지름, $\left(\dfrac{V^2}{2g}\right)$: 속도수두, $\left(\dfrac{V_1^{\ 2}}{2g}\right)$: 입구관 속도수두, $\left(\dfrac{V_2^{\ 2}}{2g}\right)$: 출구관 속도수두, R_h : 수력반지름, L : 관의 길이, A : 관의 단면적, C_c : 단면적 축소계수이다.)

① 원형관 속의 손실수두

$$h_L = f\frac{L}{D}\frac{V^2}{2g}$$

② 비원형관 속의 손실수두

$$h_L = f\frac{4R_h}{L}\frac{V^2}{2g}$$

③ 돌연 확대관 손실수두

$$h_L = \left(1 - \frac{A_1}{A_2}\right)^2 \frac{V_1^{\ 2}}{2g}$$

④ 돌연 축소관 손실수두

$$h_L = \left(\frac{1}{C_c} - 1\right)^2 \frac{V_2^{\ 2}}{2g}$$

해설 비원형관 속의 손실수두 계산식

$$h_L = f\frac{L}{4R_h}\frac{V^2}{2g}$$

2. 980 cSt의 동점도(kinematic viscosity)는 몇 m²/s인가?

① 10^{-4}

② 9.8×10^{-4}

③ 1

④ 9.8

해설 ㉮ cSt(cent stokes)는 $\dfrac{1}{100}$ St이고 St의 단위는 cm²/s이다.

㉯ St의 단위 cm²/s를 m²/s로 변환할 때에는 1만으로 나눠준다.

$$\therefore \nu = 980\,\mathrm{cSt} = 980 \times 10^{-2}\,\mathrm{St[cm^2/s]}$$
$$= 980 \times 10^{-2} \times 10^{-4}\,\mathrm{[m^2/s]}$$
$$= 9.8 \times 10^{-4}\,\mathrm{[m^2/s]}$$

3. 다음 중 실제유체와 이상유체에 모두 적용되는 것은?

① 뉴턴의 점성법칙

② 압축성

③ 점착조건(no slip condition)

④ 에너지보존의 법칙

해설 에너지보존의 법칙 : 하나의 유선 또는 유관에서 유체의 단위 질량당의 압력에너지, 속도에너지 및 위치에너지의 합은 일정하다는 것으로 베르누이 방정식에 적용한다.

4. 진공압력이 0.10 kgf/cm²이고, 온도가 20℃인 기체가 계기압력 7 kgf/cm²로 등온압축되었다. 이때 압축 전 체적(V_1)에 대한 압축 후의 체적(V_2)의 비는 얼마인가? (단, 대기압은 720 mmHg이다.)

① 0.11

② 0.14

③ 0.98

④ 1.41

해설 ㉮ 대기압 720 mmHg를 kgf/cm² 단위로 환산

$$\therefore\ 환산압력 = \frac{주어진 압력}{표준대기압} \times 구하려는 단위 표준대기압$$
$$= \frac{720}{760} \times 1.0332 = 0.97882\,\mathrm{kgf/cm^2}$$

㉯ 절대압력 = 대기압 + 게이지압력
　　　　　　 = 대기압 − 진공압력

㉰ 보일-샤를의 법칙을 이용하여 체적비 계산

$$\frac{P_1 V_1}{T_1} = \frac{P_2 V_2}{T_2}\ 에서\ T_1 = T_2 이다.$$
$$\therefore \frac{V_2}{V_1} = \frac{P_1}{P_2} = \frac{0.9788 - 0.10}{0.9788 + 7} = 0.1101$$

해답 **1.** ② **2.** ② **3.** ④ **4.** ①

5. **안지름 100 mm인 관속을 압력 5 kgf/cm^2, 온도 15℃인 공기가 2 kg/s로 흐를 때 평균 유속은?(단, 공기의 기체상수는 29.27 kgf·m/kg·K이다.)**

① 4.28 m/s ② 5.81 m/s
③ 42.9 m/s ④ 55.8 m/s

[해설] ㉮ 현재 조건의 공기 밀도(kg/m^3)를 이상기체 상태방정식 $PV=GRT$를 이용하여 계산한다.

$$\therefore \rho=\frac{G}{V}=\frac{P}{RT}=\frac{5\times10^4}{29.27\times(273+15)}=5.931\text{ kg/m}^3$$

㉯ 평균유속 계산 : 질량유량 $m=\rho A V$에서 유속 V를 계산한다.

$$\therefore V=\frac{m}{\rho A}=\frac{2}{5.931\times\left(\frac{\pi}{4}\times0.1^2\right)}=42.935\text{ m/s}$$

6. **표면장력계수의 차원을 옳게 나타낸 것은?(단, M은 질량, L은 길이, T는 시간의 차원이다.)**

① MLT^{-2} ② MT^{-2}
③ LT^{-2} ④ $ML^{-1}T^{-2}$

[해설] 표면장력계수의 단위 및 차원

구분	단위	차원
절대단위	kg/s^2	MT^{-2}
공학단위	kgf/m	FL^{-1}

7. **초음속 흐름이 갑자기 아음속 흐름으로 변할 때 얇은 불연속 면의 충격파가 생긴다. 이 불연속 면에서의 변화로 옳은 것은?**

① 압력은 감소하고 밀도는 증가한다.
② 압력은 증가하고 밀도는 감소한다.
③ 온도와 엔트로피가 증가한다.
④ 온도와 엔트로피가 감소한다.

[해설] ㉮ 충격파가 발생하면 압력, 온도, 밀도, 엔트로피가 증가하며 속도는 감소한다.
㉯ 속도가 감소하므로 마하수는 감소한다.

8. **비중이 0.887인 원유가 관의 단면적이 0.0022 m^{2}인 관에서 체적 유량이 10.0 m^3/h일 때 관의 단위 면적당 질량유량(kg/m^2·s)은?**

① 1120 ② 1220
③ 1320 ④ 1420

[해설] ㉮ 원유의 비중을 이용하여 공학단위 밀도 계산

$$\therefore \rho=\frac{\gamma}{g}=\frac{0.887\times10^3}{9.8}=90.5102\text{ kgf}\cdot\text{s}^2/\text{m}^4$$

㉯ 원유의 공학단위 밀도를 절대단위 밀도로 계산

$$\therefore \rho=\text{공학단위밀도}\times g=90.5102\times9.8=886.99996\text{ kg/m}^3$$

㉰ 단위 면적당 질량유량 계산 : 질량유량이 관의 단위 면적당 유량(kg/m^2·s)이므로 초당 질량유량을 관의 단면적 0.0022로 나눠줘야 한다.

$$\therefore m=\frac{\rho\times Q}{A}=\frac{886.99996\times10.0}{0.0022\times3600}=1119.949\text{ kg/m}^2\cdot\text{s}$$

9. **온도 27℃의 이산화탄소 3 kg이 체적 0.30 m^{3}의 용기에 가득 차 있을 때 용기 내의 압력(kgf/cm^2)은?(단, 일반기체상수는 848 kgf·m/kmol·K이고, 이산화탄소의 분자량은 44이다.)**

① 5.79 ② 24.3
③ 100 ④ 270

[해설] ㉮ 이상기체 상태방정식 $PV=GRT$에서 압력 P를 구하며, 기체상수 $R=\frac{848}{M}$ kgf·m/kg·K이다.
㉯ 용기 내의 압력 계산 : 이상기체 상태방정식에서 압력 P의 단위는 kgf/m^{2}이므로 kgf/cm^{2}으로 변환하기 위하여 1만으로 나눠준다.

[해답] 5. ③ 6. ② 7. ③ 8. ① 9. ①

$$\therefore P = \frac{GRT}{V}$$

$$= \frac{3 \times \frac{848}{44} \times (273 + 27)}{0.3} \times 10^{-4}$$

$$= 5.781 \, \text{kgf/cm}^2$$

10. 물이나 다른 액체를 넣은 타원형 용기를 회전하고 그 용적변화를 이용하여 기체를 수송하는 장치로 유독성 가스를 수송하는 데 적합한 것은?

① 로베(lobe) 펌프

② 터보(turbo) 압축기

③ 내시(nash) 펌프

④ 팬(fan)

해설 내시(nash) 펌프 : 액체가 담긴 타원형의 케이싱에서 임펠러를 회전시켜 액면과 회전자 사이에서 압력변화에 의한 체적변화를 갖게 하여 기체를 흡입하여 수송하는 데 사용하며, 독성가스를 수송하는 경우 및 진공펌프로 사용된다.

11. 내경이 0.0526 m인 철관에 비압축성 유체가 9.085 m³/h로 흐를 때의 평균유속은 약 몇 m/s인가? (단, 유체의 밀도는 1200 kg/m³이다.)

① 1.16 ② 3.26

③ 4.68 ④ 11.6

해설 체적유량 $Q = AV = \frac{\pi}{4}D^2 V$에서 초당 유속으로 계산하기 위하여 시간당 유량(m³/h)을 3600으로 나눠주어야 한다.

$$\therefore V = \frac{4Q}{\pi D^2} = \frac{4 \times 9.085}{\pi \times 0.0526^2 \times 3600}$$

$$= 1.161 \, \text{m/s}$$

12. 어떤 유체의 액면 아래 10 m인 지점의 계기압력이 2.16 kgf/cm²일 때 이 액체의 비중량은 몇 kgf/m³인가?

① 2160 ② 216

③ 21.6 ④ 0.216

해설 $P = \gamma \cdot h$에서 액체의 비중량 γ[kgf/m³]를 구한다.

$$\therefore \gamma = \frac{P}{h} = \frac{2.16 \times 10^4}{10} = 2160 \, \text{kgf/m}^3$$

13. 뉴턴유체(Newtonian fluid)가 원관 내를 완전 발달된 층류 흐름으로 흐르고 있다. 관 내의 평균속도 $\overline{V}$와 최대속도 U_{max}의 비 $\frac{\overline{V}}{U_{max}}$는?

① 2 ② 1

③ 0.5 ④ 0.1

해설 ㉮ 뉴턴유체가 원관 내를 완전 발달된 층류 흐름으로 흐르고 있을 때 평균속도는 최대속도의 $\frac{1}{2}$에 해당한다.

$$\therefore \overline{V} = \frac{1}{2} U_{max}$$

㉯ $\frac{\overline{V}}{U_{max}}$의 비 계산

$$\therefore \frac{\overline{V}}{U_{max}} = \frac{1}{2} = 0.5$$

14. 수직 충격파(normal shock wave)에 대한 설명 중 옳지 않은 것은?

① 수직 충격파는 아음속 유동에서 초음속 유동으로 바뀌어 갈 때 발생한다.

② 충격파를 가로지르는 유동은 등엔트로피 과정이 아니다.

③ 수직 충격파 발생 직후의 유동조건은 $h - s$선도로 나타낼 수 있다.

④ 1차원 유동에서 일어날 수 있는 충격파는 수직 충격파 뿐이다.

해설 수직 충격파는 초음속 흐름이 갑자기 아음속 흐름으로 변하게 되는 경우에 발생한다.

15. 지름 4 cm인 매끈한 관에 동점성계수가 1.57×10^{-5} m²/s인 공기가 0.7 m/s의 속도

로 흐르고, 관의 길이가 70 m이다. 이에 대한 손실수두는 몇 m인가?

① 1.27   ② 1.37

③ 1.47   ④ 1.57

해설 ㉮ 레이놀즈수 계산 : 동점성계수가 MKS 단위로 주어졌으므로 레이놀즈수도 MKS단위를 적용하여 계산한다.

$$\therefore Re = \frac{DV}{\nu} = \frac{0.04 \times 0.7}{1.57 \times 10^{-5}} = 1783.439$$

$\therefore Re$ 수가 2100보다 작으므로 층류 흐름이다.

㉯ 손실수두 계산 : 층류 흐름일 때 관마찰 계수 f는 $\dfrac{64}{Re}$ 이다.

$$\therefore h_f = f \times \frac{L}{D} \times \frac{V^2}{2g}$$
$$= \frac{64}{Re} \times \frac{L}{D} \times \frac{V^2}{2g}$$
$$= \frac{64}{1783.439} \times \frac{70}{0.04} \times \frac{0.7^2}{2 \times 9.8}$$
$$= 1.57 \, mH_2O$$

16. 도플러 효과(doppler effect)를 이용한 유량계는?

① 에뉴바 유량계   ② 초음파 유량계

③ 오벌 유량계   ④ 열선 유량계

해설 초음파 유량계 : 초음파의 유속과 유체 유속의 합이 비례한다는 도플러 효과를 이용한 유량계로 측정체가 유체와 접촉하지 않고, 정확도가 아주 높으며 고온, 고압, 부식성 유체에도 사용이 가능하다.

17. 압축성 유체의 유속 계산에 사용되는 Mach 수의 표현으로 옳은 것은?

① $\dfrac{\text{음속}}{\text{유체의 속도}}$

② $\dfrac{\text{유체의 속도}}{\text{음속}}$

③ $(\text{음속})^2$

④ 유체의 속도 × 음속

해설 마하수(Mach number) : 물체의 실제 유동속도를 음속으로 나눈 값으로 무차원수이다.

$$\therefore M = \frac{V}{C} = \frac{V}{\sqrt{k \cdot R \cdot T}}$$

여기서, V : 물체의 속도(m/s)

       C : 음속

       k : 비열비

       R : 기체상수$\left(\dfrac{8314}{M} [J/kg \cdot K]\right)$

       T : 절대온도(K)

18. 지름이 3 m 원형 기름 탱크의 지붕이 평평하고 수평이다. 대기압이 1 atm일 때 대기가 지붕에 미치는 힘은 몇 kgf인가?

① 7.3×10^2 ② 7.3×10^3

③ 7.3×10^4 ④ 7.3×10^5

해설 대기압 1 atm는 10332 kgf/m²이다.

$$F = P \times A = 10332 \times \left(\frac{\pi}{4} \times 3^2\right)$$
$$= 73032.604 = 7.3032604 \times 10^4$$
$$\fallingdotseq 7.3 \times 10^4 \, kgf$$

19. 온도 20℃, 압력 5 kgf/cm²인 이상기체 10 cm³를 등온 조건에서 5 cm³까지 압축하면 압력은 약 몇 kgf/cm²인가?

① 2.5   ② 5

③ 10   ④ 20

해설 $\dfrac{P_1 V_1}{T_1} = \dfrac{P_2 V_2}{T_2}$ 에서 $T_1 = T_2$ 이다.

$$\therefore P_2 = \frac{P_1 V_1}{V_2} = \frac{5 \times 10}{5} = 10 \, kgf/cm^2$$

20. 기계효율을 η_m, 수력효율을 η_h, 체적효율을 η_v라 할 때 펌프의 총효율은?

① $\dfrac{\eta_m \times \eta_h}{\eta_v}$ ② $\dfrac{\eta_m \times \eta_v}{\eta_h}$

③ $\eta_m \times \eta_h \times \eta_v$ ④ $\dfrac{\eta_v \times \eta_h}{\eta_m}$

해설 펌프의 총 효율(η) = 기계효율(η_m)×수력효율(η_h)×체적효율(η_v)

해답   16. ②   17. ②   18. ③   19. ③   20. ③

제 2 과목 연소공학

21. 카르노 사이클에서 열효율과 열량, 온도와의 관계가 옳은 것은? (단, $Q_1 > Q_2$, $T_1 > T_2$이다.)

① $\eta = \dfrac{Q_1 - Q_2}{Q_1} = \dfrac{T_1 - T_2}{T_1}$

② $\eta = \dfrac{Q_1 - Q_2}{Q_2} = \dfrac{T_1 - T_2}{T_2}$

③ $\eta = \dfrac{Q_1}{Q_1 - Q_2} = \dfrac{T_2}{T_1 - T_2}$

④ $\eta = \dfrac{Q_2}{Q_1 - Q_2} = \dfrac{T_1}{T_1 - T_2}$

해설 ㉮ 카르노 사이클(Carnot cycle) : 2개의 단열과정과 2개의 등온과정으로 구성된 열기관의 이론적인 사이클이다.
㉯ 카르노(Carnot) 사이클의 열효율 계산식

$$\eta = \frac{W}{Q_1} = \frac{Q_1 - Q_2}{Q_1} = 1 - \frac{Q_2}{Q_1}$$
$$= \frac{T_1 - T_2}{T_1} = 1 - \frac{T_2}{T_1}$$

22. 다음 중 기체 연소 시 소염 현상의 원인이 아닌 것은?

① 산소농도가 증가할 경우
② 가연성 기체, 산화제가 화염 반응대에서 공급이 불충분할 경우
③ 가연성가스가 연소범위를 벗어날 경우
④ 가연성가스에 불활성기체가 포함될 경우

해설 (1) 소염(消炎) 현상 : 화염이 전파되지 않고 소멸하는 현상으로 기체상태 중에서 연소가 지속될 수 없는 현상이다.
(2) 원인
㉮ 연소에 필요한 가연성 기체 또는 산화제가 화염 반응대에 공급이 불충분할 경우
㉯ 연소반응에 불가결한 열 및 활성기가 화염으로부터 미연소물질에 피드백이 불충분할 경우

㉰ 가연성가스가 연소범위를 벗어날 경우
㉱ 가연성가스에 불활성기체가 포함될 경우
㉲ 산소농도가 감소할 경우

23. 층류 예혼합화염과 비교한 난류 예혼합화염의 특징에 대한 설명으로 틀린 것은?

① 연소속도가 빨라진다.
② 화염의 두께가 두꺼워진다.
③ 휘도가 높아진다.
④ 화염의 배후에 미연소분이 남지 않는다.

해설 난류 예혼합화염(연소)의 특징
㉮ 화염의 휘도가 높다.
㉯ 화염면의 두께가 두꺼워진다.
㉰ 연소속도가 층류화염의 수십 배이다.
㉱ 연소 시 다량의 미연소분이 존재한다.

24. 과잉공기가 너무 많은 경우의 현상이 아닌 것은?

① 열효율을 감소시킨다.
② 연소온도가 증가한다.
③ 배기가스의 열손실을 증대시킨다.
④ 연소가스량이 증가하여 통풍을 저해한다.

해설 과잉공기가 많은 경우(공기비가 큰 경우) 현상
㉮ 연소실 내의 온도가 낮아진다.
㉯ 배기가스로 인한 손실열이 증가한다.
㉰ 배기가스 중 질소산화물(NOx)이 많아져 대기오염을 초래한다.
㉱ 열효율이 감소한다.
㉲ 연료소비량이 증가한다.
㉳ 연소가스량(배기가스량)이 증가하여 통풍 저하를 초래한다.

25. 수소(H_2, 폭발범위 : 4.0~75 v%)의 위험도는?

① 0.95   ② 17.75
③ 18.75   ④ 71

해설 $H = \dfrac{U - L}{L} = \dfrac{75 - 4}{4} = 17.75$

26. 확산연소에 대한 설명으로 틀린 것은?

① 확산연소 과정은 연료와 산화제의 혼합 속도에 의존한다.

② 연료와 산화제의 경계면이 생겨 서로 반대 측 면에서 경계면으로 연료와 산화제가 확산해 온다.

③ 가스라이터의 연소는 전형적인 기체연료의 확산화염이다.

④ 연료와 산화제가 적당 비율로 혼합되어 가연혼합기를 통과할 때 확산화염이 나타난다.

[해설] 확산연소(擴散燃燒) : 공기와 가스를 따로 버너 슬롯(slot)에서 연소실에 공급하고, 이것들의 경계면에서 난류와 자연확산으로 서로 혼합하여 연소하는 외부 혼합방식이다. 화염이 전파하는 특징을 갖고 반응대는 가연성 기체와 산화제의 경계에 존재하고 반응대를 향해 가연성 기체 및 산화제가 확산해 간다.

27. $-5℃$ 얼음 $10\,g$을 $16℃$의 물로 만드는 데 필요한 열량은 약 몇 kJ인가 ? (단, 얼음의 비열은 $2.1\,J/g \cdot K$, 융해열은 $335\,J/g$, 물의 비열은 $4.2\,J/g \cdot K$이다.)

① 3.4   ② 4.2

③ 5.2   ④ 6.4

[해설] ㉮ $-5℃$ 얼음을 $0℃$까지 가열한 열량(현열) 계산

$$Q_1 = G \times C \times \Delta T$$
$$= 10 \times 2.1 \times \{(273+0)-(273-5)\}$$
$$= 105\,J$$

㉯ $0℃$ 얼음을 $0℃$ 물로 가열한 열량(잠열) 계산

$$Q_2 = G \times \gamma = 10 \times 335 = 3350\,J$$

㉰ $0℃$ 물을 $16℃$까지 가열한 열량(현열) 계산

$$Q_3 = G \times C \times \Delta T$$
$$= 10 \times 4.2 \times \{(273+16)-(273+0)\}$$
$$= 672\,J$$

㉱ 합계 열량 계산

$$Q = Q_1 + Q_2 + Q_3$$
$$= 105 + 3350 + 672 = 4127\,J = 4.127\,kJ$$

28. 이산화탄소의 기체상수(R) 값과 가장 가까운 기체는 ?

① 프로판   ② 수소

③ 산소   ④ 질소

[해설] ㉮ 기체상수 $R = \dfrac{8.314}{M}\,kJ/kg \cdot K$이고, 이산화탄소의 분자량($M$) 44이므로 분자량이 이산화탄소와 가까운 기체가 기체상수 값과 가깝다.

㉯ 각 기체의 분자량

구분	분자량
프로판(C_3H_8)	44
수소(H_2)	2
산소(O_2)	32
질소(N_2)	28

29. 증기의 성질에 대한 설명으로 틀린 것은 ?

① 증기의 압력이 높아지면 엔탈피가 커진다.

② 증기의 압력이 높아지면 현열이 커진다.

③ 증기의 압력이 높아지면 포화온도가 높아진다.

④ 증기의 압력이 높아지면 증발열이 커진다.

[해설] 증기의 압력이 높아지면 증발열(증기의 잠열)이 감소하고, 물의 현열은 증가한다.

30. 산화염과 환원염에 대한 설명으로 가장 옳은 것은 ?

① 산화염은 이론공기량으로 완전연소시켰을 때의 화염을 말한다.

② 산화염은 공기비를 아주 크게 하여 연소가스 중 산소가 포함된 화염을 말한다.

③ 환원염은 이론공기량으로 완전연소시켰을 때의 화염을 말한다.

④ 환원염은 공기비를 아주 크게 하여 연소가스 중 산소가 포함된 화염을 말한다.

[해설] 산화염과 환원염

㉮ 산화염 : 산소(O_2), 이산화탄소(CO_2), 수증기를 함유한 것으로 내염의 외측을 둘러싸고 있는 청자색의 화염이다.

㉯ 환원염 : 수소(H_2)나 불완전 연소에 의한 일산화탄소(CO)를 함유한 것으로 청록색으로 빛나는 화염이다.

31. 본질안전 방폭구조의 정의로 옳은 것은?

① 가연성가스에 점화를 방지할 수 있다는 것이 시험 그 밖의 방법으로 확인된 구조

② 정상 시 및 사고 시에 발생하는 전기불꽃, 고온부로 인하여 가연성가스가 점화되지 않는 것이 점화시험 그 밖의 방법에 의해 확인된 구조

③ 정상 운전 중에 전기불꽃 및 고온이 생겨서는 안 되는 부분에 점화가 생기는 것을 방지하도록 구조상 및 온도상승에 대비하여 특별히 안전성을 높이는 구조

④ 용기 내부에서 가연성가스의 폭발이 일어났을 때 용기가 압력에 본질적으로 견디고 외부의 폭발성가스에 인화할 우려가 없도록 한 구조

[해설] 각 항목의 방폭구조

① 특수 방폭구조
② 본질안전 방폭구조
③ 안전증 방폭구조
④ 내압 방폭구조

32. 천연가스의 비중측정 방법은?

① 분젠실링법 ② soap bubble법
③ 라이트법 ④ 윤켈스법

[해설] 분젠실링법 : 시료가스를 세공에서 유출시키고 같은 조작으로 공기를 유출시켜서 각각의 유출시간의 비로부터 가스의 비중을 산출한다. 비중계, 스톱워치(stop watch), 온도계가 필요하다.

33. 비열에 대한 설명으로 옳지 않은 것은?

① 정압비열은 정적비열보다 항상 크다.

② 물질의 비열은 물질의 종류와 온도에 따라 달라진다.

③ 비열비가 큰 물질일수록 압축 후의 온도가 더 높다.

④ 물은 비열이 작아 공기보다 온도를 증가시키기 어렵고 열용량도 적다.

[해설] 물은 공기보다 비열이 커서 공기보다 온도를 증가시키기 어렵고, 일정온도에서 냉각이 쉽게 되지 않지만 열용량은 크다.

[참고] ㉮ 물의 비열 : 1 kcal/kg·℃ = 1 kcal/kg·K = 4.185 kJ/kg·℃ = 4.185 kJ/kg·K

㉯ 0℃에서 공기의 정압비열(C_p) 및 정적비열(C_v)

C_p ≒ 0.240 kcal/kg·℃
≒ 0.240 kcal/kg·K ≒ 1.0061 kJ/kg·℃
≒ 1.0061 kJ/kg·K

C_v ≒ 0.171 kcal/kg·℃
≒ 0.171 kcal/kg·K ≒ 0.718 kJ/kg·℃
≒ 0.718 kJ/kg·K

34. 고발열량과 저발열량의 값이 다르게 되는 것은 다음 중 주로 어떤 성분 때문인가?

① C ② H
③ O ④ S

[해설] 고위발열량과 저위발열량의 차이는 연소 시 생성된 물의 증발잠열에 의한 것이고, 물(H_2O)은 수소와 산소로 이루어진 것이므로 연료 성분 중 수소와 관련이 있는 것이다.

35. 폭굉(detonation)에 대한 설명으로 가장 옳은 것은?

① 가연성 기체와 공기가 혼합하는 경우에 넓은 공간에서 주로 발생한다.

② 화재로의 파급효과가 적다.

③ 에너지 방출속도는 물질전달속도의 영향을 받는다.

④ 연소파를 수반하고 난류확산의 영향을 받는다.

[해답] 31. ② 32. ① 33. ④ 34. ② 35. ②

해설 폭굉(detonation) : 가스 중의 음속보다도 화염 전파속도가 큰 경우로서 파면선단에 충격파라고 하는 압력파가 생겨 격렬한 파괴작용을 일으키는 현상으로 폭굉범위(한계)는 폭발범위 내에 존재한다.

36. 불활성화 방법 중 용기의 한 개구부로 불활성가스를 주입하고 다른 개구부로부터 대기 또는 스크러버로 혼합가스를 방출하는 퍼지방법은?

① 진공 퍼지　　　② 압력 퍼지
③ 스위프 퍼지　　④ 사이펀 퍼지

해설 불활성화(purging) 종류
　㉮ 진공 퍼지(vacuum purging) : 용기를 진공시킨 후 불활성가스를 주입시켜 원하는 최소산소농도에 이를 때까지 실시하는 방법
　㉯ 압력 퍼지(pressure purging) : 불활성가스로 용기를 가압한 후 대기 중으로 방출하는 작업을 반복하여 원하는 최소산소농도에 이를 때까지 실시하는 방법
　㉰ 사이펀 퍼지(siphon purging) : 용기에 물을 충만시킨 후 용기로부터 물을 배출시킴과 동시에 불활성가스를 주입하여 원하는 최소산소농도를 만드는 작업으로 퍼지 경비를 최소화 할 수 있다.
　㉱ 스위프 퍼지(sweep-through purging) : 한쪽으로는 불활성가스를 주입하고 반대쪽에서는 가스를 방출하는 작업을 반복하는 것으로 저장탱크 등에 사용한다.

37. 이상기체와 실제기체에 대한 설명으로 틀린 것은?

① 이상기체는 기체 분자간의 인력이나 반발력이 작용하지 않는다고 가정한 이상적인 기체이다.
② 실제기체는 실제로 존재하는 모든 기체로 이상기체 상태방정식이 그대로 적용되지 않는다.
③ 이상기체는 저장용기의 벽에 충돌하여도 탄성을 잃지 않는다.

④ 이상기체 상태방정식은 실제기체에서는 높은 온도, 높은 압력에서 잘 적용된다.

해설 실제기체에 이상기체 상태방정식이 적용되는 조건은 높은 온도(고온), 낮은 압력(저압)이다.

38. 고체연료의 고정층을 만들고 공기를 통하여 연소시키는 방법은?

① 화격자 연소　　② 유동층 연소
③ 미분탄 연소　　④ 훈연 연소

해설 화격자 연소 : 고체연료 중에서 석탄을 연소하는 방법으로 가장 많이 사용되었던 것으로 연소용 공기가 유통하는 다수의 간극을 갖는 화격자는 연료를 지지하고 화격자 하부에서 1차 공기가 유입되고, 부족분은 연소실 측부에서 2차 공기로 공급된다. 인력으로 석탄을 공급하는 수분(手焚)과 기계를 이용하여 자동연소시키는 스토커(stoker)로 구분한다.

39. 연소범위는 다음 중 무엇에 의해 주로 결정되는가?

① 온도, 부피　　　② 부피, 비중
③ 온도, 압력　　　④ 압력, 비중

해설 연소범위(폭발범위) : 공기 중에서 점화원에 의해 폭발을 일으킬 수 있는 혼합가스 중의 가연성가스의 부피범위(%)로 온도, 압력에 의해 결정된다.

40. 부탄(C_4H_{10}) 2 Sm^3를 완전연소시키기 위하여 약 몇 Sm^3의 산소가 필요한가?

① 5.8　　　　　　② 8.9
③ 10.8　　　　　④ 13.0

해설 ㉮ 부탄(C_4H_{10})의 완전연소 반응식
　　$C_4H_{10} + 6.5O_2 \rightarrow 4CO_2 + 5H_2O$
　㉯ 이론산소량(Sm^3) 계산
　　$22.4\,Sm^3 : 6.5 \times 22.4\,Sm^3$
　　$= 2\,Sm^3 : x(O_o)[Sm^3]$
　　$O_o = \dfrac{2 \times 6.5 \times 22.4}{22.4} = 13.0\,Sm^3$

해답　36. ③　37. ④　38. ①　39. ③　40. ④

제 3 과목   가스설비

41. 브롬화메틸 30톤($T = 110℃$), 펩탄 50 톤($T = 120℃$), 시안화수소 20톤($T = 100℃$)이 저장되어 있는 고압가스 특정제조시설의 안전구역 내 고압가스 설비의 연소열량은 약 몇 kcal인가? (단, T 는 상용온도를 말한다.)

상용온도에 따른 K 의 수치

상용 온도(℃)	40 이상 70 미만	70 이상 100 미만	100 이상 130 미만	130 이상 160 미만
브롬화메틸	12000	23000	32000	42000
펩탄	84000	240000	401000	550000
시안화수소	59000	124000	178000	255000

① 6.2×10^7 ② 5.2×10^7
③ 4.9×10^6 ④ 2.5×10^6

해설 저장설비 안에 2종류 이상의 가스가 있는 경우에는 각각의 가스량(톤)을 합산한 양의 제곱근 수치에 각각의 가스량에 해당 합계량에 대한 비율을 곱하여 얻은 수치와 각각의 가스에 관계되는 K 를 곱해 $K \cdot W$ 를 구한다.

$$\therefore Q = K \cdot W = \left(\frac{K_A W_A}{Z} \times \sqrt{Z} \right)$$
$$+ \left(\frac{K_B W_B}{Z} \times \sqrt{Z} \right) + \left(\frac{K_C W_C}{Z} \times \sqrt{Z} \right)$$
$$= \left(\frac{32000 \times 30}{100} \times \sqrt{100} \right)$$
$$+ \left(\frac{401000 \times 50}{100} \times \sqrt{100} \right)$$
$$+ \left(\frac{178000 \times 20}{100} \times \sqrt{100} \right)$$
$$= 2457000 = 2.457 \times 10^6$$
$$\fallingdotseq 2.5 \times 10^6 \text{ kcal}$$

여기서, W_A , W_B , W_C : A 가스, B 가스, C 가스의 저장량(톤)
$Z = W_A + W_B + W_C = 30 + 50 + 20 = 100$ 톤

42. 왕복식 압축기에서 체적효율에 영향을 주는 요소로서 가장 거리가 먼 것은?
① 클리어런스   ② 냉각

③ 토출밸브   ④ 가스 누설

해설 체적효율에 영향을 주는 요소
㉮ 클리어런스에 의한 영향
㉯ 밸브 하중과 가스의 마찰에 의한 영향
㉰ 불완전 냉각에 의한 영향
㉱ 가스 누설에 의한 영향
㉲ 압축비에 의한 영향

43. 온도 T_2 저온체에서 흡수한 열량을 q_2 , 온도 T_1 인 고온체에서 버린 열량을 q_1 이라고 할 때 냉동기의 성능계수는?

① $\dfrac{q_1 - q_2}{q_1}$ ② $\dfrac{q_2}{q_1 - q_2}$

③ $\dfrac{T_1 - T_2}{T_1}$ ④ $\dfrac{T_1}{T_1 - T_2}$

해설 냉동기 성능계수(성적계수) : 저온체에서 흡수한 열량[제거한 열량](q_2)과 고온체에서 버린 열량[열량을 제거하는 데 소요되는 일량](q_1)의 비이다.

$$\therefore COP_R = \frac{Q_2}{W} = \frac{q_2}{q_1 - q_2} = \frac{T_2}{T_1 - T_2}$$

44. 액화석유가스 충전사업자는 액화석유가스를 자동차에 고정된 용기에 충전하는 경우에 허용오차를 벗어나 정량을 미달되게 공급해서는 아니 된다. 이때 허용오차의 기준은?
① 0.5 % ② 1 %   ③ 1.5 % ④ 2 %

해설 ㉮ 액화석유가스 충전사업자의 정량 공급 의무(액법 제23조의2) : 액화석유가스 충전사업자는 액화석유가스를 자동차에 고정된 용기에 충전하는 경우 산업통상자원부령으로 정하는 허용오차를 벗어나 정량에 미달되게 공급해서는 아니된다.
㉯ 정량 공급 의무 위반 검사 방법 등(액법 시행규칙 제33조의2) : 법 23조의2 제1항에서 "산업통상자원부령으로 정하는 허용오차"란 100분의 1.5를 말한다.

참고 액화석유가스를 용기에 충전하는 경우 허용오차(액법 시행규칙 제33조) : 100분의 1

해답 41. ④   42. ③   43. ②   44. ③

45. 매몰 용접형 가스용 볼밸브 중 퍼지관을 부착하지 아니한 구조의 볼밸브는?
① 짧은 몸통형
② 일체형 긴 몸통형
③ 용접형 긴 몸통형
④ 소코렛(sokolet)식 긴 몸통형

해설 매몰 용접형 가스용 볼밸브의 종류

종류	퍼지관 부착 여부
짧은 몸통형 (short pattern)	볼밸브에 퍼지관을 부착하지 아니한 것
긴 몸통형 (long pattern)	볼밸브에 퍼지관을 부착한 것 (일체형과 용접형으로 구분)

[비고]
1. "일체형"이란 볼밸브의 몸통(덮개)에 퍼지관을 부착한 구조를 말한다.
2. "용접형"이란 볼밸브의 몸통(덮개)에 배관을 용접하여 퍼지관을 부착한 구조를 말한다.

46. 아세틸렌 제조설비에서 제조공정 순서로서 옳은 것은?
① 가스청정기 → 수분제거기 → 유분제거기 → 저장탱크 → 충전장치
② 가스발생로 → 쿨러 → 가스청정기 → 압축기 → 충전장치
③ 가스반응로 → 압축기 → 가스청정기 → 역화방지기 → 충전장치
④ 가스발생로 → 압축기 → 쿨러 → 건조기 → 역화방지기 → 충전장치

해설 카바이드를 이용한 아세틸렌 제조공정 순서 : 가스발생로 → 쿨러 → 가스청정기 → 저압건조기 → 압축기 → 유분리기 → 고압건조기 → 충전장치
※ 최종 답안에 해당되는 항목에 일부 장치가 생략되었기 때문에 정답이 없는 문제로 판단하지 않기를 바랍니다.

47. 차량에 고정된 탱크의 저장능력을 구하는 식은? (단, V : 내용적, P : 최고충전압력, C : 가스종류에 따른 정수, d : 상용온도에서의 액비중이다.)
① $10PV$
② $(10P+1)V$
③ $\dfrac{V}{C}$
④ $0.9dV$

해설 각 항목의 저장능력 산정식
② 압축가스의 저장탱크 및 용기
③ 액화가스 용기 및 차량에 고정된 탱크
④ 액화가스 저장탱크

48. 수소를 공업적으로 제조하는 방법이 아닌 것은?
① 수전해법
② 수성가스법
③ LPG 분해법
④ 석유 분해법

해설 수소의 공업적 제조법
㉮ 물의 전기분해법 : 수전해법
㉯ 수성가스법(석탄, 코크스의 가스화)
㉰ 천연가스 분해법(열분해)
㉱ 석유 분해법(열분해)
㉲ 일산화탄소 전화법

49. 펌프의 특성 곡선상 체절운전(체절양정)이란 무엇인가?
① 유량이 0일 때의 양정
② 유량이 최대일 때의 양정
③ 유량이 이론값일 때의 양정
④ 유량이 평균값일 때의 양정

해설 체절운전(체절양정) : 유량이 0일 때 양정이 최대가 되는 운전상태로 토출측 밸브를 폐쇄하고 가동하였을 때 압력계에 지시되는 압력으로 확인할 수 있다.

50. 고압으로 수송하기 위해 압송기가 필요한 프로세스는?
① 사이클링식 접촉분해 프로세스
② 수소화 분해 프로세스
③ 대체천연가스 프로세스
④ 저온 수증기 개질 프로세스

해답 45. ① 46. ② 47. ③ 48. ③ 49. ① 50. ①

해설 사이클링식 접촉분해(수증기 개질) 프로세스 : 일반적으로 수소(H_2)가 많고 연소속도가 빠른 3000 kcal/Nm³ 전후의 저발열량의 가스를 제조하는 데 이용된다. 프로세스 구조상 반응 압력이 낮아 저압에 국한되어 고압으로 가스를 수송하기 위해서는 압송기가 필요하다.

51. 다음 중 부식방지 방법에 대한 설명으로 틀린 것은?

① 금속을 피복한다.

② 선택 배류기를 접속시킨다.

③ 이종의 금속을 접촉시킨다.

④ 금속표면의 불균일을 없앤다.

해설 이종 금속의 접촉은 양 금속간에 전지가 형성되어 양극으로 되는 금속이 금속이온이 용출하면서 부식이 진행된다.

52. 가스레인지의 열효율을 측정하기 위하여 주전자에 순수 1000 g을 넣고 10분간 가열하였더니 처음 15℃의 물의 온도가 70℃가 되었다. 이 가스레인지의 열효율은 약 몇 % 인가? (단, 물의 비열은 1 kcal/kg · ℃, 가스 사용량은 0.008 m³, 가스 발열량은 13000 kcal/m³이며, 온도 및 압력에 대한 보정치는 고려하지 않는다.)

① 38   ② 43   ③ 48   ④ 53

해설 ㉮ 순수(물) 1 kg을 10분간 가열하는 데 사용한 가스량은 0.008 m³이다.

㉯ 가스레인지 열효율 계산

$$\eta = \frac{유효하게\ 사용한\ 열량}{공급열량} \times 100$$

$$= \frac{G \times C \times \Delta t}{G_f \times H_l} \times 100$$

$$= \frac{1 \times 1 \times (70-15)}{0.008 \times 13000} \times 100$$

$$= 52.884\ \%$$

53. 도시가스에 냄새가 나는 부취제를 첨가하는데, 공기 중 혼합비율의 용량으로 얼마의 상태에서 감지할 수 있도록 첨가하고 있는가?

① 1/1000   ② 1/2000

③ 1/3000   ④ 1/5000

해설 부취제의 감지 농도 : 공기 중 용량으로 1/1000의 농도에서 가스냄새가 감지될 수 있어야 한다.

54. 다음 〈보기〉에서 설명하는 합금원소는?

───〈보 기〉───

• 담금질 깊이를 깊게 한다.
• 크리프 저항과 내식성을 증가시킨다.
• 뜨임 메짐을 방지한다.

① Cr   ② Si

③ Mo   ④ Ni

해설 특수강에 첨가한 몰리브덴(Mo)의 영향

㉮ 일반적으로 단독으로 첨가하는 경우보다 다른 원소와 함께 소량 첨가된다.

㉯ 담금질 깊이를 깊게 한다.

㉰ 크리프 저항과 내식성을 증가시킨다.

㉱ 기계적 성질이 좋아진다.

㉲ 뜨임 취성(메짐)을 방지한다.

55. 피셔(fisher)식 정압기에 대한 설명으로 틀린 것은?

① 파일럿 로딩형 정압기와 작동원리가 같다.

② 사용량이 증가하면 2차 압력이 상승하고, 구동 압력은 저하한다.

③ 정특성 및 동특성이 양호하고 비교적 간단하다.

④ 닫힘 방향의 응답성을 향상시킨 것이다.

해설 피셔(fisher)식 정압기의 특징

㉮ 로딩(loading)형이다.

㉯ 정특성, 동특성이 양호하다.

㉰ 다른 것에 비하여 크기가 콤팩트하다.

㉱ 중압용에 주로 사용된다.

㉲ 닫힘 방향의 응답성이 좋아지도록 개량한 것이다.

㉳ 사용량이 증가하면 2차 압력이 저하하고, 구동압력은 상승한다.

56. 다기능 가스안전계량기(마이콤미터)의 작동 성능이 아닌 것은?

① 유량 차단 성능

② 과열 차단 성능

③ 압력저하 차단 성능

④ 연속사용시간 차단 성능

해설 다기능 가스안전계량기의 작동 성능

㉮ 유량 차단 성능 : 합계유량 차단, 증가유량 차단, 연속사용시간 차단

㉯ 미소사용유량 등록 성능

㉰ 미소누출검지 성능

㉱ 압력저하 차단 성능

㉲ 옵션단자 성능

㉳ 옵션 성능 : 통신 성능, 검지 성능

57. 수소 압축가스설비란 압축기로부터 압축된 수소가스를 저장하기 위한 것으로서 설계압력이 얼마를 초과하는 압력용기를 말하는가?

① 9.8 MPa   ② 41 MPa

③ 49 MPa   ④ 98 MPa

해설 수소 압축가스설비 : 압축기로부터 압축된 수소가스를 저장하기 위한 것으로서 설계압력이 41 MPa을 초과하는 압력용기를 말한다. 〈신설 22. 1. 10〉

58. 다음 중 시동하기 전에 프라이밍이 필요한 펌프는?

① 터빈 펌프   ② 기어 펌프

③ 플런저 펌프   ④ 피스톤 펌프

해설 프라이밍 : 펌프를 운전할 때 펌프 내에 액이 없을 경우 임펠러의 공회전으로 펌핑이 이루어지지 않는 것을 방지하기 위하여 가동 전에 펌프 내에 액을 충만시키는 것으로, 원심 펌프에 해당된다.

참고 펌프의 분류

(1) 터보식 펌프

㉮ 원심 펌프(centrifugal pump) : 벌류트 펌프, 터빈 펌프

㉯ 사류 펌프

㉰ 축류 펌프

(2) 용적식 펌프

㉮ 왕복 펌프 : 피스톤 펌프, 플런저 펌프, 다이어프램 펌프

㉯ 회전 펌프 : 기어 펌프, 나사 펌프, 베인 펌프

(3) 특수 펌프 : 재생 펌프, 제트 펌프, 기포 펌프, 수격 펌프

59. 다음 금속재료에 대한 설명으로 틀린 것은 어느 것인가?

① 강에 인(P)의 함유량이 많으면 신율, 충격치는 저하한다.

② 18 % Cr, 8 % Ni을 함유한 강을 18-8 스테인리스강이라 한다.

③ 금속가공 중에 생긴 잔류응력을 제거할 때에는 열처리를 한다.

④ 구리와 주석의 합금은 황동이고, 구리와 아연의 합금은 청동이다.

해설 동합금의 종류 및 특징

㉮ 황동(brass) : 동(Cu)과 아연(Zn)의 합금으로 동에 비하여 주조성, 가공성 및 내식성이 우수하며 청동에 비하여 가격이 저렴하다. 아연의 함유량은 30~35 % 정도이다.

㉯ 청동(bronze) : 동(Cu)과 주석(Sn)의 합금으로 황동에 비하여 주조성이 우수하여 주조용 합금으로 많이 쓰이며 내마모성이 우수하고 강도가 크다.

60. 다음 중 염화수소(HCl)에 대한 설명으로 틀린 것은?

① 폐가스는 대량의 물로 처리한다.

② 누출된 가스는 암모니아수로 알 수 있다.

③ 황색의 자극성 냄새를 갖는 가연성 기체이다.

④ 건조 상태에서는 금속을 거의 부식시키지 않는다.

해설 염화수소(HCl)의 특징 : ①, ②, ④ 외

㉮ 물에 용해하면 염산이 되고 강산성을 나타낸다.

㉯ 불연성, 독성가스로 액화가스로 취급된다.

㉰ 순수한 염화수소는 무색이며 자극성의

기체이다.

㉣ 이온화 경향이 큰 금속은 기체의 염화수소와 접촉하면 이것에 침해되어 수소를 발생하고 염화물을 만든다.

㉤ 염화수소 자체는 폭발성이나 인화성이 없으나 염산이 금속을 침해하는 경우에 발생하는 수소가 공기와 혼합하여 폭발을 일으키는 경우가 있다.

㉥ 금속의 과산화물과 반응하여 염화물과 염소를 생성한다.

㉦ 글루타민산나트륨 및 아미노산 간장 등의 조미료 제조, 향료, 염료, 의약, 농약과 이들의 중간물 제조, 각종 무기염화물 및 공업약품의 제조 원료로 사용된다.

제 4 과목 가스안전관리

61. 다음 중 가스의 종류와 도색의 구분이 잘못된 것은?

① 액화암모니아 : 백색

② 액화염소 : 갈색

③ 헬륨(의료용) : 자색

④ 질소(의료용) : 흑색

해설 가스 종류별 용기 도색

가스 종류	용기 도색	
	공업용	의료용
산소 (O_2)	녹색	백색
수소 (H_2)	주황색	–
액화탄산가스 (CO_2)	청색	회색
액화석유가스	밝은 회색	–
아세틸렌 (C_2H_2)	황색	–
암모니아 (NH_3)	백색	–
액화염소 (Cl_2)	갈색	–
질소 (N_2)	회색	흑색
아산화질소 (N_2O)	회색	청색
헬륨 (He)	회색	갈색
에틸렌 (C_2H_4)	회색	자색
사이클로 프로판	회색	주황색
기타의 가스	회색	–

62. 가스시설과 관련하여 사람이 사망한 사고 발생 시 규정상 도시가스사업자는 한국가스안전공사에 사고발생 후 얼마 이내에 서면으로 통보하여야 하는가?

① 즉시

② 7일 이내

③ 10일 이내

④ 20일 이내

해설 사고의 통보 방법 등 : 도법 시행규칙 별표17

㉠ 사고의 종류별 통보 방법과 통보 기한

사고의 종류	통보 기한	
	속보	상보
사람이 사망한 사고	즉시	사고발생 후 20일 이내
사람이 부상당하거나 중독된 사고	즉시	사고발생 후 10일 이내
도시가스 누출로 인한 폭발이나 화재사고	즉시	
가스시설이 손괴되거나 도시가스 누출로 인하여 인명 대피나 공급중단이 발생한 사고	즉시	
도시가스제조사업소의 액화천연가스용 저장탱크에서 도시가스 누출의 범위, 도시가스 누출 여부 판단 방법 등에 관하여 산업통상자원부장관이 정하여 고시하는 기준에 해당하는 도시가스 누출이 발생한 사고	즉시	

㉡ 통보 내용에 포함되어야 할 사항 : 속보인 경우에는 ㉤항 및 ㉥항의 내용을 생략할 수 있다.
  ㉠ 통보자의 소속·직위·성명 및 연락처
  ㉡ 사고발생 일시
  ㉢ 사고발생 장소
  ㉣ 사고 내용
  ㉤ 시설 현황
  ㉥ 피해 현황(인명 및 재산)

63. 독성가스 운반차량의 뒷면에 완충장치로 설치하는 범퍼의 설치 기준은?

① 두께 3 mm 이상, 폭 100 mm 이상

② 두께 3 mm 이상, 폭 200 mm 이상

③ 두께 5 mm 이상, 폭 100 mm 이상

④ 두께 5 mm 이상, 폭 200 mm 이상

해설 독성가스 운반차량의 뒷면에는 두께가 5 mm 이상, 폭 100 mm 이상의 범퍼(SS400 또는 이와 동등 이상의 강도를 갖는 강재를 사용한 것에만 적용한다) 또는 이와 동등 이상의 효과를 갖는 완충장치를 설치한다.

64. 특수고압가스가 아닌 것은?

① 디실란　　　　② 삼불화인

③ 포스겐　　　　④ 액화알진

해설 ㉮ 특수고압가스(고법 시행규칙 제2조) : 압축모노실란, 압축디보레인, 액화알진, 포스핀, 셀렌화수소, 게르만, 디실란 및 그 밖에 반도체의 세정 등 산업통상자원부장관이 인정하는 특수한 용도에 사용되는 고압가스를 말한다.

㉯ 특수고압가스(KGS FU212 특수고압가스 사용의 시설·기술·검사 기준) : 특정고압가스사용시설 중 압축모노실란, 압축디보레인, 액화알진, 포스핀, 셀렌화수소, 게르만, 디실란, 오불화비소, 오불화인, 삼불화인, 삼불화질소, 삼불화붕소, 사불화유황, 사불화규소를 말한다.

참고 ㉮ 특정고압가스(고법 제20조) : 수소, 산소, 액화암모니아, 아세틸렌, 액화염소, 천연가스, 압축모노실란, 압축디보레인, 액화알진 그 밖에 대통령령으로 정하는 고압가스

㉯ 대통령령으로 정하는 것(고법 시행령 제16조) : 포스핀, 셀렌화수소, 게르만, 디실란, 오불화비소, 오불화인, 삼불화인, 삼불화질소, 삼불화붕소, 사불화유황, 사불화규소

65. 저장탱크에 의한 LPG 저장소에서 액화석유가스 저장탱크의 저장능력은 몇 ℃에서의 액비중을 기준으로 계산하는가?

① 0℃　　　　　② 4℃

③ 15℃　　　　　④ 40℃

해설 액화석유가스 저장탱크의 저장능력은 40℃에서의 액비중을 기준으로 계산하며 그 값은 표와 같다.

설계압력(MPa)	구성비(몰%)	40℃ 액비중
2.16 (프로필렌급)	프로필렌 75 % 이상	0.477
1.8 (프로판급)	프로판 65 % 이상 부탄 35 % 미만	0.472
1.08 (부탄, 부틸렌, 부타디엔급)	프로판 35 % 미만 부탄 65 % 이상	0.54

66. 안전관리 수준평가의 분야별 평가항목이 아닌 것은?

① 안전사고

② 비상사태 대비

③ 안전교육 훈련 및 홍보

④ 안전관리 리더십 및 조직

해설 도시가스 안전관리 수준평가의 분야별 평가항목

평가항목	세부 항목수	점수
안전관리 리더십 및 조직	25	123
안전교육 훈련 및 홍보	29	141
가스사고	13	92
비상사태 대비	14	70
운영관리	157	574
시설관리 – 배관	28	610
시설관리 – 정압기	22	390

67. 산소 제조 및 충전의 기준에 대한 설명으로 틀린 것은?

① 공기액화 분리장치기에 설치된 액화산소통 안의 액화산소 5 L 중 탄화수소의 탄소질량이 500 mg 이상이면 액화산소를 방출한다.

② 용기와 밸브 사이에는 가연성 패킹을 사용하지 않는다.

③ 피로갈롤 시약을 사용한 오르사트법 시험결과 순도가 99 % 이상이어야 한다.

④ 밀폐형의 수전해조에는 액면계와 자동

해답 64. ③　65. ④　66. ①　67. ③

급수장치를 설치한다.

해설 산소의 품질검사는 동·암모니아 시약을 사용한 오르사트법 시험결과 순도가 99.5 % 이상이어야 한다.

68. 에틸렌에 대한 설명으로 틀린 것은?

① 3중 결합을 가지므로 첨가반응을 일으킨다.

② 물에는 거의 용해되지 않지만 알코올, 에테르에는 용해된다.

③ 방향을 가지는 무색의 가연성 가스이다.

④ 가장 간단한 올레핀계 탄화수소이다.

해설 에틸렌(C_2H_4)의 특징

㉮ 가장 간단한 올레핀계 탄화수소이다.

㉯ 2중 결합을 가지므로 각종 부가반응을 일으킨다.

㉰ 무색, 독특한 감미로운 냄새를 지닌 기체이다.

㉱ 물에는 거의 용해되지 않으나 알코올, 에테르에는 잘 용해된다.

㉲ 아세트알데히드, 산화에틸렌, 에탄올, 이산화에틸렌 등을 얻는다.

69. 액화석유가스를 용기에 의하여 가스소비자에게 공급할 때의 기준으로 옳지 않은 것은?

① 공급설비를 가스공급자의 부담으로 설치한 경우 최초의 안전공급 계약기간은 주택은 2년 이상으로 한다.

② 다른 가스공급자와 안전공급계약이 체결된 가스소비자에게는 액화석유가스를 공급할 수 없다.

③ 안전공급계약을 체결한 가스공급자는 가스소비자에게 지체없이 소비설비 안전점검표를 발급하여야 한다.

④ 동일 건축물 내 여러 가스소비자에게 하나의 공급설비로 액화석유가스를 공급하는 가스공급자는 그 가스소비자의 대표자와 안전공급계약을 체결할 수 있다.

해설 가스공급자는 용기 가스소비자가 액화석유가스 공급을 요청하면 다른 가스공급자와의 안전공급계약 체결 여부와 그 계약의 해지를 확인한 후 안전공급계약을 체결하여야 한다.

70. 가스안전사고 원인을 정확히 분석하여야 하는 가장 주된 이유는?

① 산재보험금 처리

② 사고의 책임소재 명확화

③ 부당한 보상금의 지급 방지

④ 사고에 대한 정확한 예방대책 수립

해설 가스안전사고 원인을 정확히 분석하여야 하는 가장 주된 이유는 사고에 대한 정확한 예방대책을 수립하기 위함이다.

71. 지상에 설치하는 액화석유가스의 저장탱크 안전밸브에 가스방출관을 설치하고자 한다. 저장탱크의 정상부가 지상에서 8 m일 경우 방출구의 높이는 지면에서 몇 m 이상이어야 하는가?

① 8　　　　② 10

③ 12　　　　④ 14

해설 지상에 설치한 저장탱크의 안전밸브는 지면으로부터 5 m 이상 또는 그 저장탱크의 정상부로부터 2 m 이상의 높이 중 더 높은 위치에 방출구가 있는 가스방출관을 설치한다. 그러므로 방출구 높이는 지상에서 저장탱크 정상부까지 높이 8 m에 정상부로부터 2 m를 더한 높이인 지면에서 10 m가 되어야 한다.

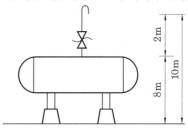

72. 독성가스 충전용기 운반 시 설치하는 경계표시는 차량구조상 정사각형으로 표시할

경우 그 면적을 몇 cm^2 이상으로 하여야 하는가?

① 300 　　　　② 400

③ 500 　　　　④ 600

해설 경계표지 크기
- ㉮ 가로 치수 : 차체 폭의 30 % 이상
- ㉯ 세로 치수 : 가로 치수의 20 % 이상
- ㉰ 정사각형 또는 이에 가까운 형상 : 600 cm^2 이상
- ㉱ 적색 삼각기 : 400×300 mm (황색글씨로 "위험고압가스")

73. 고압가스 저장시설에서 사업소 밖의 지역에 고압의 독성가스 배관을 노출하여 설치하는 경우 학교와 안전확보를 위하여 필요한 유지거리의 기준은?

① 40 m 　　　　② 45 m

③ 72 m 　　　　④ 100 m

해설 주택 등 시설과 지상배관의 수평거리

시설	가연성 가스	독성 가스
철도, 도로	25 m	40 m
• 학교, 유치원, 새마을유아원, 사설강습소 • 아동복지시설 또는 심신장애자복지시설로서 수요능력이 20인 이상인 건축물 • 병원(의원 포함) • 공공공지 • 극장, 교회, 공회당 그 밖의 유사한 시설로서 수용능력이 300인 이상을 수용할 수 있는 곳 • 백화점, 공중 목욕탕, 호텔, 여관 그 밖에 사람을 수용하는 연면적 1000 m^2 이상인 건축물	45 m	72 m
지정문화재로 지정된 건축물	65 m	100 m
수도시설	300 m	300 m
주택 또는 다수인이 출입하거나 근무하고 있는 곳	25 m	40 m

74. 납붙임 용기 또는 접합 용기에 고압가스를 충전하여 차량에 적재할 때에는 용기의 이탈을 막을 수 있도록 어떠한 조치를 취하여야 하는가?

① 용기에 고무링을 씌운다.

② 목재 칸막이를 한다.

③ 보호망을 적재함 위에 씌운다.

④ 용기 사이에 패킹을 한다.

해설 납붙임 용기 및 접합 용기에 고압가스를 충전하여 차량에 적재할 때에는 포장상자의 외면에 가스의 종류, 용도 및 취급 시 주의사항을 기재한 것에만 적용하여 적재하고, 그 용기의 이탈을 막을 수 있도록 보호망을 적재함 위에 씌운다.

75. 액화석유가스 용기용 밸브의 기밀시험에 사용되는 기체로서 가장 부적당한 것은?

① 헬륨 　　　　② 암모니아

③ 질소 　　　　④ 공기

해설 액화석유가스 용기용 밸브 기밀성능 검사
- ㉮ 기밀시험에는 공기 또는 질소 등의 불활성가스를 사용한다.
- ㉯ 기밀시험 압력(1.8 MPa 이상의 압력)에 도달한 후 30초 이상 해당 시험압력 이상의 압력으로 유지한다.
- ㉰ 누출 등의 점검은 용기밸브에 압력을 가한 상태에서 수조에 담그거나 용기밸브에 발포액 등을 도포(塗布)하여 확인한다.

76. 내용적이 50 L인 아세틸렌 용기의 다공도가 75 % 이상, 80 % 미만일 때 디메틸포름아미드의 최대 충전량은?

① 36.3 % 이하 　　② 37.8 % 이하

③ 38.7 % 이하 　　④ 40.3 % 이하

해설 디메틸포름아미드 충전량 기준

다공도(%)	내용적 10 L 이하	내용적 10 L 초과
90~92 이하	43.5 % 이하	43.7 % 이하
85~90 미만	41.1 % 이하	42.8 % 이하
80~85 미만	38.7 % 이하	40.3 % 이하
75~80 미만	36.3 % 이하	37.8 % 이하

77. 액화석유가스 저장탱크를 지상에 설치하는 경우 저장능력이 몇 톤 이상일 때 방류둑을 설치해야 하는가?

① 1000 ② 2000
③ 3000 ④ 5000

해설 저장능력별 방류둑 설치 대상
㉮ 고압가스 특정제조
  ㉠ 가연성 가스 : 500톤 이상
  ㉡ 독성가스 : 5톤 이상
  ㉢ 액화 산소 : 1000톤 이상
㉯ 고압가스 일반제조
  ㉠ 가연성, 액화산소 : 1000톤 이상
  ㉡ 독성가스 : 5톤 이상
㉰ 냉동제조 시설(독성가스 냉매 사용) : 수액기 내용적 10000 L 이상
㉱ 액화석유가스 충전사업 : 1000톤 이상
㉲ 도시가스
  ㉠ 도시가스 도매사업 : 500톤 이상
  ㉡ 일반도시가스 사업 : 1000톤 이상

78. 고압가스 제조시설에서 초고압이란?

① 압력을 받는 금속부의 온도가 −50℃ 이상 350℃ 이하인 고압가스 설비의 상용압력 19.6 MPa를 말한다.
② 압력을 받는 금속부의 온도가 −50℃ 이상 350℃ 이하인 고압가스 설비의 상용압력 98 MPa를 말한다.
③ 압력을 받는 금속부의 온도가 −50℃ 이상 450℃ 이하인 고압가스 설비의 상용압력 19.6 MPa를 말한다.
④ 압력을 받는 금속부의 온도가 −50℃ 이상 450℃ 이하인 고압가스 설비의 상용압력 98 MPa를 말한다.

해설 초고압 : 압력을 받는 금속부의 온도가 −50℃ 이상 350℃ 이하인 고압가스 설비의 상용압력이 98 MPa 이상인 것을 말한다.
참고 가스설비 성능
㉮ 고압가스설비는 상용압력의 1.5배(공기·질소 등의 기체로 실시하는 경우 1.25배) 이상의 압력으로 내압시험을 실시하여 이상이 없어야 한다.
㉯ 초고압의 고압가스설비와 초고압의 배관에는 상용압력의 1.25배(공기 등의 기체로 실시하는 경우 1.1배) 이상의 압력으로 실시할 수 있다.

79. 고압가스 충전시설에서 2개 이상의 저장탱크에 설치하는 집합 방류둑의 용량이 〈보기〉와 같을 때 칸막이로 분리된 방류둑의 용량(m³)은?

─〈보 기〉─
• 집합 방류둑의 총용량 : 1000 m³
• 각 저장탱크별 저장탱크 상당용적 : 300 m³
• 집합 방류둑 안에 설치된 저장탱크의 저장능력 상당능력 총합 : 800 m³

① 300 ② 325
③ 350 ④ 375

해설 ㉮ 칸막이로 분리된 방류둑 용량 계산
$$V = A \times \frac{B}{C} = 1000 \times \frac{300}{800} = 375 \, \text{m}^3$$
㉯ 계산식 각 기호의 의미
  V : 칸막이로 분리된 방류둑의 용량(m³)
  A : 집합 방류둑의 총용량(m³)
  B : 각 저장탱크별 저장탱크 상당용적(m³)
  C : 집합 방류둑 안에 설치된 저장탱크의 저장능력 상당능력 총합(m³)
㉰ 칸막이의 높이는 방류둑보다 최소 10 cm 이상 낮게 한다.

80. 액화석유가스 사용시설에 설치되는 조정압력 3.3 kPa 이하인 조정기의 안전장치 작동정지 압력의 기준은?

① 7 kPa
② 5.6 kPa~8 kPa
③ 5.04 kPa~8.4 kPa
④ 9.9 kPa

해설 조정압력 3.3 kPa 이하인 조정기의 안전장치 압력
㉮ 작동표준압력 : 7.0 kPa
㉯ 작동개시압력 : 5.60~8.40 kPa
㉰ 작동정지압력 : 5.04~8.40 kPa

제 5 과목　가스계측

81. 물이 흐르고 있는 관 속에 피토관(pitot tube)을 수은이 든 U자관에 연결하여 전압과 정압을 측정하였더니 75 mm의 액면차이가 생겼다. 피토관 위치에서의 유속은 약 몇 m/s인가?

① 3.1　② 3.5　③ 3.9　④ 4.3

[해설] ㉮ 피토관 계수(C)는 언급이 없으므로 1, 수은의 비중량(γ_m)은 13600 kgf/m³, 물의 비중량(γ)은 1000 kgf/m³을 적용한다.
㉯ 유속 계산 : 액면 차이(h) 75 mm는 0.075 m에 해당된다.

$$\therefore\ V = C \times \sqrt{2 \times g \times h \times \frac{\gamma_m - \gamma}{\gamma}}$$
$$= 1 \times \sqrt{2 \times 9.8 \times 0.075 \times \frac{13600 - 1000}{1000}}$$
$$= 4.303\ \text{m/s}$$

82. 오르사트 가스분석장치로 가스를 측정할 때의 순서로 옳은 것은?

① 산소 → 일산화탄소 → 이산화탄소
② 이산화탄소 → 산소 → 일산화탄소
③ 이산화탄소 → 일산화탄소 → 산소
④ 일산화탄소 → 산소 → 이산화탄소

[해설] 오르사트법 가스분석 순서 및 흡수제

순서	분석가스	흡수제
1	CO_2	KOH 30 % 수용액
2	O_2	알칼리성 피로갈롤 용액
3	CO	암모니아성 염화 제1구리 용액

83. 램버트-비어의 법칙을 이용한 것으로 미량 분석에 유용한 화학 분석법은?

① 적정법　　　　② GC법
③ 분광 광도법　　④ ICP법

[해설] 분광 광도법(흡광 광도법) : 램버트-비어의 법칙을 이용한 것으로 시료가스를 반응시켜 발색을 광전 광도계 또는 광전 분광 광도계를 사용하여 흡광도의 측정으로 분석하는 방법으로 미량분석에 사용된다.

84. 가스계량기의 설치에 대한 설명으로 옳은 것은?

① 가스계량기는 화기와 1 m 이상의 우회 거리를 유지한다.
② 설치높이는 바닥으로부터 계량기 지시장치의 중심까지 1.6 m 이상 2.0 m 이내에 수직·수평으로 설치한다.
③ 보호상자 내에 설치할 경우 바닥으로부터 1.6 m 이상 2.0 m 이내에 수직·수평으로 설치한다.
④ 사람이 거처하는 곳에 설치할 경우에는 격납상자에 설치한다.

[해설] 가스계량기 설치 기준
㉮ 가스계량기와 화기 사이에 유지해야 하는 거리는 우회거리 2 m 이상으로 한다.
㉯ 가스계량기(30 m³/h 미만에 한한다)의 설치높이는 바닥으로부터 계량기 지시장치의 중심까지 1.6 m 이상 2.0 m 이내에 수직·수평으로 설치하고 밴드·보호가대 등 고정장치로 고정한다.
㉰ 보호상자 내에 설치, 기계실에 설치, 보일러실(가정에 설치된 보일러 실은 제외)에 설치 또는 문이 달린 파이프 덕트 내에 설치하는 경우 바닥으로부터 2 m 이내에 설치한다.
㉱ 가스계량기와 전기계량기 및 전기개폐기와의 거리는 0.6 m 이상, 단열조치를 하지 않은 굴뚝·전기점멸기 및 전기접속기와의 거리는 0.3 m 이상, 절연조치를 하지 않은 전선과는 0.15 m 이상의 거리를 유지한다.
㉲ 가스계량기는 검침·교체·유지관리 및 계량이 용이하고 환기가 양호하도록 조치를 한 장소에 설치하되, 직사광선 또는 빗물을 받을 우려가 있는 곳에 설치하는 경우에는 보호상자 안에 설치한다.
㉳ 가스계량기는 공동주택의 대피 공간, 방·거실 및 주방 등 사람이 거처하는 장소, 그 밖에 가스계량기에 나쁜 영향을 미칠 우려가 있는 장소에 설치하지 않는다.

85. 연소기에 대한 배기가스 분석의 목적으로 가장 거리가 먼 것은?

---

① 연소상태를 파악하기 위하여
② 배기가스 조성을 알기 위하여
③ 열정산의 자료를 얻기 위하여
④ 시료가스 채취장치의 작동상태를 파악하기 위해

해설 연소 배기가스 분석 목적
㉮ 배기가스 조성을 알기 위하여
㉯ 공기비를 계산하여 연소상태를 파악하기 위하여
㉰ 적정 공기비를 유지시켜 열효율을 증가시키기 위하여
㉱ 열정산 자료를 얻기 위하여

86. 액체의 정압과 공기 압력을 비교하여 액면의 높이를 측정하는 액면계는?
① 기포관식 액면계
② 차동변압식 액면계
③ 정전용량식 액면계
④ 공진식 액면계

해설 기포관식 액면계 : 탱크 속에 파이프를 삽입하고 여기에 일정량의 공기를 보내면서 액체의 정압과 공기 압력을 비교하여 액면의 높이를 측정한다.

87. 압력 계측기기 중 직접 압력을 측정하는 1차 압력계에 해당하는 것은?
① 부르동관 압력계 ② 벨로스 압력계
③ 액주식 압력계 ④ 전기저항 압력계

해설 압력계의 분류 및 종류
㉮ 1차 압력계 : 액주식(U자관, 단관식, 경사관식, 호루단형, 폐관식), 자유피스톤형
㉯ 2차 압력계 : 탄성식 압력계(부르동관식, 벨로스식 다이어프램식), 전기식 압력계(전기저항 압력계, 피에조 압력계, 스트레인 게이지)

88. 루트(roots) 가스미터의 특징에 해당되지 않는 것은?
① 여과기 설치가 필요하다.
② 설치면적이 크다.

③ 대유량 가스측정에 적합하다.
④ 중압가스의 계량이 가능하다.

해설 루트(roots)형 가스미터의 특징
㉮ 대유량 가스측정에 적합하다.
㉯ 중압가스의 계량이 가능하다.
㉰ 설치면적이 적다.
㉱ 여과기의 설치 및 설치 후의 유지관리가 필요하다.
㉲ $0.5\,m^3/h$ 이하의 적은 유량에는 부동의 우려가 있다.
㉳ 용량 범위가 $100\sim5000\,m^3/h$로 대량 수용가에 사용된다.

89. 다음 중 가스미터의 구비조건으로 거리가 먼 것은?
① 소형으로 용량이 작을 것
② 기차의 변화가 없을 것
③ 감도가 예민할 것
④ 구조가 간단할 것

해설 가스미터의 구비조건
㉮ 구조가 간단하고, 수리가 용이할 것
㉯ 감도가 예민하고 압력손실이 적을 것
㉰ 소형이며 계량용량이 클 것
㉱ 기차의 변동이 작고, 조정이 용이할 것
㉲ 내구성이 클 것

90. 온도가 21℃에서 상대습도 60 %의 공기를 압력은 변화하지 않고 온도를 22.5℃로 할 때 공기의 상대습도는 약 얼마인가?

온도(℃)	물의 포화증기압(mmHg)
20	16.54
21	17.23
22	19.12
23	20.41

① 52.30 % ② 53.63 %
③ 54.13 % ④ 55.95 %

해설 ㉮ 상대습도 60 %, 21℃에서의 수증기분압(P_w) 계산
$P_w = \phi \times P_s = 0.6 \times 17.23 = 10.338$ mmHg
㉯ 보간법에 의한 22.5℃에서의 물의 포화

증기압($P_{s_{22.5℃}}$) 계산

$P_{s_{22.5℃}}$ = 22℃ 물의 포화증기압

$+ \dfrac{\dfrac{22.5℃와\ 22℃\,온도차}{23℃와\ 22℃\,온도차}}{23℃와\ 22℃\,포화증기압차}$

$= 19.12 + \dfrac{\dfrac{22.5 - 22}{23 - 22}}{20.41 - 19.12}$

$= 19.765$ mmHg

㉰ 22.5℃ 공기의 상대습도 계산

$\phi_{22.5℃} = \dfrac{P_w}{P_s} \times 100$

$= \dfrac{10.338}{19.765} \times 100 = 52.304\,\%$

91. 잔류편차(off-set)가 없고 응답상태가 빠른 조절동작을 위하여 사용하는 제어방식은 ?

① 비례(P) 동작

② 비례적분(PI) 동작

③ 비례미분(PD) 동작

④ 비례적분미분(PID) 동작

해설 비례적분미분(PID) 동작의 특징

㉮ 적분동작(I 동작)으로 잔류편차를 제거한다.

㉯ 미분동작(D 동작)으로 응답을 촉진시켜 안정화를 꾀한다.

㉰ 조절효과가 좋고 조절속도가 빨라 널리 이용된다.

㉱ 반응속도가 느리거나 빠름, 쓸모없는 시간이나 전달느림이 있는 경우에 적용된다.

㉲ 제어계의 난이도가 큰 경우에 적합한 제어동작이다.

92. NOx를 분석하기 위한 화학발광 검지기는 carrier 가스가 고온으로 유지된 반응관 내에 시료를 주입시키면, 시료 중의 질소화합물은 열분해된 후 O_2가스에 의해 산화되어 NO상태로 된다. 생성된 NO gas를 무슨 가스와 반응시켜 화학발광을 일으키는가 ?

① H_2 ② O_2 ③ O_3 ④ N_2

해설 화학 발광법 : NO와 오존(O_3)과의 반응에 의해 이산화질소(NO_2)가 생성될 때에 생기는 화학 발광의 강도가 NO 농도와 비례관계

에 있다는 것을 이용해서 약 590 nm~2500 nm의 파장 영역에서 발광하는 광량을 측정해 시료 가스 속의 NO 농도를 분석한다.

93. 액체산소, 액체질소 등과 같이 초저온 저장탱크에 주로 사용되는 액면계는 ?

① 마그네틱 액면계

② 햄프슨식 액면계

③ 벨로스식 액면계

④ 슬립튜브식 액면계

해설 햄프슨식 액면계 : 액화산소와 같은 극저온의 저장조의 상·하부를 U자관에 연결하여 차압에 의하여 액면을 측정하는 방식으로 차압식 액면계라 한다.

94. 1차 제어장치가 제어량을 측정하고 2차 조절계의 목표값을 설정하는 것으로서 외란의 영향이나 낭비시간 지연이 큰 프로세스에 적용되는 제어방식은 ?

① 캐스케이드 제어 ② 정치 제어

③ 추치 제어   ④ 비율 제어

해설 캐스케이드 제어 : 두 개의 제어계를 조합하여 제어량의 1차 조절계를 측정하고 그 조작 출력으로 2차 조절계의 목표값을 설정하는 방법으로 단일 루프 제어에 비해 외란의 영향을 줄이고 계 전체의 지연을 적게 하는 데 유효하기 때문에 출력 측에 낭비시간이나 지연이 큰 프로세스 제어에 이용되는 제어이다.

95. 광고온계의 특징에 대한 설명으로 틀린 것은 ?

① 비접촉식으로는 아주 정확하다.

② 약 3000℃까지 측정이 가능하다.

③ 방사온도계에 비해 방사율에 의한 보정량이 적다.

④ 측정 시 사람의 손이 필요 없어 개인오차가 적다.

해설 광고온계의 특징

㉮ 700~3000℃의 고온도 측정에 적합하다 (700℃ 이하는 측정이 곤란하다).

해답 **91.** ④ **92.** ③ **93.** ② **94.** ① **95.** ④

㉯ 구조가 간단하고 휴대가 편리하다.

㉰ 움직이는 물체의 온도 측정이 가능하고, 측온체의 온도를 변화시키지 않는다.

㉱ 비접촉식 온도계에서 가장 정확한 온도 측정을 할 수 있다.

㉲ 빛의 흡수 산란 및 반사에 따라 오차가 발생한다.

㉳ 원거리 측정, 경보, 자동기록, 자동제어가 불가능하다.

㉴ 개인 오차가 발생할 수 있다.

96. 0℃에서 저항이 120 Ω이고 저항온도계수가 0.0025인 저항온도계를 어떤 노(爐) 안에 삽입하였을 때 저항이 216 Ω이 되었다면 노 안의 온도는 약 몇 ℃인가?

① 125   ② 200   ③ 320   ④ 534

[해설] $t = \dfrac{R - R_0}{R_0 \times \alpha} = \dfrac{216 - 120}{120 \times 0.0025} = 320\ ℃$

97. 기체 크로마토그래피에서 사용되는 캐리어가스에 대한 설명으로 틀린 것은?

① 헬륨, 질소가 주로 사용된다.

② 시료분자의 확산을 가능한 크게 하여 분리도가 높게 한다.

③ 시료에 대하여 불활성이어야 한다.

④ 사용하는 검출기에 적합하여야 한다.

[해설] 캐리어가스의 구비조건

㉮ 시료와 반응성이 낮은 불활성 기체여야 한다.

㉯ 기체 확산을 최소로 할 수 있어야 한다.

㉰ 순도가 높고 구입이 용이해야(경제적) 한다.

㉱ 사용하는 검출기에 적합해야 한다.

98. 기체 크로마토그래피에 사용되는 모세관 컬럼 중 모세관 내부를 규조토와 같은 고체 지지체 물질로 얇은 막으로 입히고 그 위에 액체 정지상이 흡착되어 있는 것은?

① FSOT   ② 충전 컬럼

③ WCOT   ④ SCOT

[해설] 모세관(capillary) 컬럼의 종류

㉮ WCOT(wall coated open tubular)형 : 모

세관 내벽에 액상(고정상)을 막상에 균일하게 도포한 컬럼으로 도포막의 두께가 컬럼 선택의 중요한 조건이 된다.

㉯ PLOT(porous layer open tubular)형 : 모세관 내벽에 다공성 폴리머나 알루미나 등을 담지시킨 컬럼이다.

㉰ SCOT(support coated open tubular)형 : 모세관 내벽에 액상을 함침시킨 규조토 담체 등을 담지시킨 컬럼이다.

99. 벤젠, 톨루엔, 메탄의 혼합물을 기체 크로마토그래피에 주입하였다. 머무름이 없는 메탄은 42초에 뾰족한 피크를 보이고, 벤젠은 251초, 톨루엔은 335초에 용리하였다. 두 용질의 상대 머무름은 약 얼마인가?

① 1.1   ② 1.2   ③ 1.3   ④ 1.4

[해설] 상대 머무름

$= \dfrac{\text{톨루엔 피크시간} - \text{메탄 피크시간}}{\text{벤젠 피크시간} - \text{메탄 피크시간}}$

$= \dfrac{335 - 42}{251 - 42} = 1.401$

100. 10^{15}를 의미하는 계량단위 접두어는?

① 요타   ② 제타   ③ 엑사   ④ 페타

[해설] 국제 단위계의 접두어

인자	접두어	기호	인자	접두어	기호
10^1	데카	da	10^{-1}	데시	d
10^2	헥토	h	10^{-2}	센티	c
10^3	킬로	k	10^{-3}	밀리	m
10^6	메가	M	10^{-6}	마이크로	μ
10^9	기가	G	10^{-9}	나노	n
10^{12}	테라	T	10^{-12}	피코	p
10^{15}	페타	P	10^{-15}	펨토	f
10^{18}	엑사	E	10^{-18}	아토	a
10^{21}	제타	Z	10^{-21}	젭토	z
10^{24}	요타	Y	10^{-24}	욕토	y

※ 2022년 제3회부터 기사 전종목 필기시험이 CBT시험으로 시행되어 문제가 공개되지 않고 있습니다.

CBT 실전문제 1

1. 비압축성 유체가 원관 속을 층류로 흐를 때 전단응력 분포는?

① 관의 단면 전체에 걸쳐 일정하다.

② 관의 중심에서 0이고, 반지름에 따라 증가한다.

③ 관의 중심에서 0이고, 반지름의 제곱에 비례하여 증가한다.

④ 관의 벽면에서 0이고, 선형적으로 증가하여 중심에서 최대가 된다.

2. 동점도(kinematic viscosity)가 4 stokes 인 유체가 안지름 10 cm인 관속을 80 cm/s 의 평균속도로 흐를 때 이 유체의 흐름에 해당하는 것은?

① 플러그 흐름

② 층류

③ 천이영역의 흐름

④ 난류

3. 평판에서 발생하는 층류 경계층의 두께 (δ)는 평판 선단으로부터의 거리 x와 어떤 관계가 있는가?

① x에 반비례한다.

② $x^{\frac{1}{2}}$에 반비례한다.

③ $x^{\frac{1}{2}}$에 비례한다.

④ $x^{\frac{1}{3}}$에 비례한다.

4. 액체 속에 잠겨진 곡면에 작용하는 수평분력은?

① 곡면의 수직투영면의 힘

② 곡면의 수직상방의 액체의 무게

③ 곡면에 의해서 지지된 액체의 무게

④ 곡면의 면심에서의 압력과 면적의 곱

5. 비중이 0.9인 액체가 탱크에 있다. 이때 나타난 압력은 절대압으로 2 kgf/cm²이다. 이것을 수두(head)로 환산하면 몇 m인가?

① 22.2   ② 18

③ 15   ④ 12.5

6. 점성계수의 차원을 바르게 나타낸 것은?

① $\dfrac{M}{LT}$ ② $\dfrac{ML}{T}$

③ $\dfrac{M}{L^2 T}$ ④ $\dfrac{ML^2}{T^2}$

7. 다음 중 이상유체를 설명한 것 중 가장 옳은 것은?

① 순수한 유체

② 점성을 무시할 수 있는 유체

③ 밀도가 장소에 따라 변화하는 유체

④ 온도에 따라 체적이 변하지 않는 유체

8. 지름 10 mm, 비중 9.5인 추가 동점성계수 (kinematic viscosity) 0.0025 m²/s, 비중 1.25인 액체 속으로 등속 낙하하고 있을 때 낙하속도는 몇 m/s인가?

① 0.704   ② 0.144

③ 1.408   ④ 1.534

9. 용적형 펌프에 속하지 않는 것은?

① 나사펌프   ② 기어펌프
③ 베인펌프   ④ 축류펌프

10. 대기압은 일반적으로 101.325 kN/m²에 해당된다. 다음 중 위의 값과 일치하지 않는 것은?

① 10.33 mH₂O   ② 0.76 mHg
③ 1.013027 Pa   ④ 14.7 PSI

11. 수력반지름(수경반지름)에 대하여 옳게 설명한 것은 어느 것인가?

① 유동 단면적의 제곱근이다.
② 유동 단면적을 접수길이로 나눈 값
③ 접수길이를 유동 단면적으로 나눈 값
④ 유동 단면적을 접수길이의 제곱으로 나눈 값

12. 파이프의 내경 D[mm]를 유량 Q[m³/s]와 평균속도 V[m/s]로 표시한 식으로 옳은 것은?

① $D = 1128 \sqrt{\dfrac{Q}{V}}$

② $D = 1128 \sqrt{\dfrac{\pi V}{Q}}$

③ $D = 1128 \sqrt{\dfrac{Q}{\pi V}}$

④ $D = 1128 \sqrt{\dfrac{V}{Q}}$

13. 잠겨 있는 물체에 작용하는 부력은 물체가 밀어낸 액체의 무게와 같다고 하는 원리(법칙)와 관련 있는 것은?

① 뉴턴의 점성법칙
② 아르키메데스 원리

③ 하겐 – 푸아죄유 원리
④ 맥레오드 원리

14. 유체역학에서 베르누이 정리가 적용되는 조건이 아닌 것은?

① 정상 상태 흐름이다.
② 마찰이 없는 흐름이다.
③ 적용되는 임의의 두 점은 같은 유선상에 있다.
④ 유체흐름 중 내부에너지 손실이 있는 흐름이다.

15. 탱크 내에 압력 2 MPa, 온도 100℃인 공기가 단면적 19.5 cm²의 목을 갖는 축소확대 노즐을 통해서 분출한다. 목에서 마하수(M)가 1일 때 목에서의 압력은 몇 MPa인가?(단, 공기의 비열비는 1.4이다.)

① 0.972   ② 1.056
③ 1.164   ④ 1.272

16. 밀도 1.2 kg/m³의 기체가 지름 10 cm인 관속을 20 m/s로 흐르고 있다. 관의 마찰계수가 0.02라면 1 m당 압력손실은 몇 Pa인가?

① 24   ② 36
③ 48   ④ 54

17. 원추 확대관의 손실계수를 최대로 하는 각은?

① 손실계수는 확대각 θ에 무관하고, 일정하다.
② $\theta = 20°$ 전후에서 최대이다.
③ $\theta = 60°$ 전후에서 최대이다.
④ $\theta = 90°$에서 최대이다.

18. 어떤 유체의 흐름계를 Buckingham pi 정리에 의하여 차원 해석을 하고자 한다. 계를 구성하는 변수가 7개 이고, 이들 변수에 포함된 기본차원이 3개일 때, 몇 개의 독립적인 무차원수가 얻어지는가?

① 2
② 4
③ 6
④ 10

19. 전양정 30 m, 송출량 7.5 m^3/min, 펌프의 효율 0.8인 펌프의 수동력은 약 몇 kW인가? (단, 물의 밀도는 1000 kg/m^3이다.)

① 29.4
② 36.8
③ 42.8
④ 46.8

20. 온도가 30℃인 공기 중을 나는 물체의 마하각이 25°이면 이 물체의 속도는 얼마인가? (단, 비열비 k는 1.4이다.)

① 637 m/s
② 746 m/s
③ 825 m/s
④ 937 m/s

제 2 과목 연소공학

---

21. 다음 반응 중 폭굉(detonation) 속도가 가장 빠른 것은?

① $2H_2 + O_2$
② $CH_4 + 2O_2$
③ $C_3H_8 + 3O_2$
④ $C_3H_8 + 6O_2$

22. 프로판(C_3H_8)과 부탄(C_4H_{10})의 혼합가스가 표준상태에서 밀도가 2.25 kg/m^3이다. 프로판의 조성은 약 몇 %인가?

① 35.16
② 42.72
③ 54.28
④ 68.53

23. 이상기체에 대한 설명 중 틀린 것은?

① 분자간의 힘은 없으나, 분자의 크기는 있다.
② 저온, 고압으로 하여도 액화와 응고하지 않는다.
③ 절대온도 0도에서 기체로서의 부피는 0으로 된다.
④ 보일-샤를의 법칙이나 이상기체 상태 방정식을 만족한다.

24. 완전연소를 이루기 위한 수단으로서 적절하지 않은 것은?

① 연소실 온도의 적절한 유지
② 연료와 공기의 적절한 혼합
③ 연료와 공기의 적절한 예열
④ 탄소와 황의 함유량이 높은 연료의 사용

25. 어느 과열증기의 온도가 450℃일 때 과열도는? (단, 이 증기의 포화온도는 573 K이다.)

① 50
② 123
③ 150
④ 273

26. 공기와 혼합하였을 때 폭발성 혼합가스를 형성할 수 있는 것은?

① NH_3
② N_2
③ CO_2
④ SO_2

27. 두 개의 카르노 사이클(Carnot cycle)이 A 100℃와 200℃ 사이에서 작동할 때와 B 300℃와 400℃ 사이에서 작동할 때 이들 두 사이클 각각의 경우 열효율은 다음 중 어떤 관계가 있는가?

① A와 B의 열효율은 같다.
② A는 B보다 열효율이 높다.

③ A는 B보다 열효율이 낮다.

④ 정답이 없다.

28. 부탄(C_4H_{10}) 1 Nm^{3}를 완전연소시키기 위하여 필요한 산소는 약 몇 Nm^{3}인가?

① 3.8   ② 4.9

③ 5.8   ④ 6.5

29. 정상동작 상태에서 주변의 폭발성가스 또는 증기에 점화시키지 않고 점화시킬 수 있는 고장이 유발되지 않도록 한 방폭구조는?

① 특수방폭구조

② 비점화방폭구조

③ 본질안전방폭구조

④ 몰드방폭구조

30. 고위발열량과 저위발열량의 차이는 무엇인가?

① 연료의 증발잠열 ② 연료의 비열

③ 수분의 증발잠열 ④ 수분의 비열

31. 오토 사이클의 효율 η_1, 디젤 사이클의 효율 η_2, 사바테 사이클의 효율 η_3라 할 때 공급열량과 압축비가 같으면 효율의 크기순으로 올바른 것은?

① $\eta_1 > \eta_2 > \eta_3$ ② $\eta_1 > \eta_3 > \eta_2$

③ $\eta_2 > \eta_1 > \eta_3$ ④ $\eta_2 > \eta_3 > \eta_1$

32. 엔탈피에 대한 설명 중 옳지 않은 것은?

① 열량을 일정한 온도로 나눈 값이다.

② 경로에 따라 변화하지 않는 상태함수이다.

③ 엔탈피의 측정에는 흐름 열량계를 사용한다.

④ 내부에너지와 유동일(흐름일)의 합으로 나타낸다.

33. 다음 중 확산연소에 해당되는 것은?

① 코크스나 목탄의 연소

② 대부분의 액체 연료의 연소

③ 경계층이 형성된 기체 연료의 연소

④ 고분자 물질인 연료가 가열 분해된 기체의 연소

34. 연소반응 시 불꽃의 상태가 환원염으로 나타났다. 이때 환원염은 어떤 상태인가?

① 공기가 충분하여 완전 연소상태의 화염

② 수소가 파란 불꽃을 내며 연소하는 화염

③ 과잉의 산소를 내포하여 연소가스 중 산소를 포함한 상태의 화염

④ 산소의 부족으로 일산화탄소와 같은 미연분을 포함한 상태의 화염

35. 다음 중 랭킨 사이클의 과정을 옳게 나타낸 것은?

① 단열압축 → 정적가열 → 단열팽창 → 정압냉각

② 단열압축 → 정압가열 → 단열팽창 → 정적냉각

③ 단열압축 → 정압가열 → 단열팽창 → 정압냉각

④ 단열압축 → 정적가열 → 단열팽창 → 정적냉각

36. 가연성가스와 공기혼합물의 점화원이 될 수 없는 것은?

① 정전기

② 단열압축

③ 융해열

④ 마찰

37. 프로판(C_3H_8) 5 m^3가 완전연소 시 생성되는 이산화탄소(CO_2)의 부피는 표준상태에서 몇 m^3인가?

① 5 　　　　② 10
③ 15 　　　　④ 20

38. 비열비는 1.3이고 정압비열이 0.845 kJ/kg · K인 기체의 기체상수(kJ/kg · K)는 얼마인가?

① 0.195 　　　② 0.5
③ 0.845 　　　④ 1.345

39. 아래의 반응식은 메탄의 완전연소 반응이다. 이때 CH_4, CO_2, H_2O의 생성열이 각각 75 kJ/kmol, 394 kJ/kmol, 242 kJ/kmol 이라면 메탄의 완전연소 시 발열량은 약 몇 kJ인가?

$CH_4 + 2O_2 \rightarrow CO_2 + 2H_2O$

① 803 　　　　② 786
③ 711 　　　　④ 636

40. 이상기체 10 kg을 240 K만큼 온도를 상승시키는 데 필요한 열량이 정압인 경우와 정적인 경우에 그 차가 415 kJ이었다. 이 기체의 가스상수는 약 몇 kJ/kg · K인가?

① 0.173 　　　② 0.287
③ 0.381 　　　④ 0.423

제 3 과목　가스설비

41. 가스 중에 포화수분이 있거나, 매설된 가스배관의 부식구멍 등에서 지하수가 침입

또는 공사 중에 물이 침입하는 경우를 대비해 관로의 저부에 설치하는 것은?

① 에어밸브 　　　② 수취기
③ 콕 　　　　　④ 체크밸브

42. 고온, 고압하의 수소에서는 수소원자가 발생되어 금속조직으로 침투하여 carbon이 결합, CH_4 등의 gas를 생성하여 용기가 파열하는 원인이 될 수 있는 현상은?

① 금속조직에서 탄소의 추출
② 금속조직에서 아연의 추출
③ 금속조직에서 구리의 추출
④ 금속조직에서 스테인리스강의 추출

43. 특수강에 내식성, 내열성 및 자경성을 부여하기 위하여 주로 첨가하는 원소는?

① 니켈 　　　　② 크롬
③ 몰리브덴 　　　④ 망간

44. 1000 L의 액산탱크에 액산을 넣어 방출밸브를 개방하여 12시간 방치했더니 탱크 내의 액산이 4.8 kg 방출되었다면 1시간당 탱크에 침입하는 열량은 몇 kcal인가? (단, 액산의 증발잠열은 60 kcal/kg이다.)

① 12 　　　　② 24
③ 70 　　　　④ 150

45. 독성가스 배관용 밸브의 제조기술기준 중에서 성능기준으로 옳지 않은 것은?

① 밸브는 개폐가 확실하게 작동되어야 한다.
② 볼밸브는 분당 10회 이하의 속도로 6천 회 개폐조작 후 기밀시험을 하였을 때 누출이 없는 것으로 한다.
③ 밸브 맞대기 용접부의 인장강도는 모재의 최소인장강도 이상이 되도록 한다.

④ 밸브는 호칭압력의 1.1배 이상의 압력으로 내압시험을 실시하여 변형, 이상 팽창 및 누출이 없어야 한다.

46. 도시가스 원료로 사용하는 LNG의 특징에 대한 설명으로 가장 거리가 먼 것은?

① 냉열 이용이 가능하다.
② 천연고무에 대한 용해성이 없다.
③ 기화시켜 사용할 경우 정제설비가 필요하다.
④ 메탄가스가 주성분으로 공기보다 가벼워 폭발위험이 적다.

47. 액화석유가스 자동차에 고정된 용기 충전소 내 지상에 태양광발전설비 집광판을 설치하려는 경우에 충전설비, 저장설비, 가스설비, 배관 등과의 이격거리는 몇 m 이상인가?

① 2　　　　② 5
③ 8　　　　④ 10

48. 양정 20 m, 송수량 3 m³/min일 때 축동력 15 PS를 필요로 하는 원심펌프의 효율은?

① 59 %　　　② 75 %
③ 89 %　　　④ 92 %

49. 도시가스용 폴리에틸렌관 설치기준에 대한 설명으로 옳지 않은 것은?

① 관은 매몰 시공을 원칙으로 한다.
② 관의 굴곡허용반경은 외경의 30배 이상으로 한다.
③ 관은 온도가 40℃ 이상이 되는 장소에 설치하지 않는다.
④ 관의 매설위치를 지상에서 탐지할 수 있는 탐지형 보호포, 로케팅 와이어를 설치하여야 한다.

50. 암모니아 합성가스 분리장치가 저온에서 디엔류와 반응하여 폭발성의 껌(gum)상의 물질을 만드는 가스는?

① 일산화질소
② 벤젠
③ 탄산가스
④ 일산화탄소

51. 알루미늄(Al)의 방식법이 아닌 것은?

① 수산법　　　② 황산법
③ 크롬산법　　④ 메타인산법

52. 내용적 10 L 용기에 에탄 2000 g을 충전하여 용기의 온도가 127℃일 때 압력은 200 atm을 지시하고 있었다. 이때 에탄의 압축계수는 얼마인가?

① 0.73　　　② 0.88
③ 0.91　　　④ 0.99

53. 공기액화 분리장치에서 제거해야 하는 불순물이 아닌 것은?

① 질소　　　② 탄산가스
③ 아세틸렌　　④ 수분

54. 다음 중 염소의 제독제(ⓐ)와 염소기체 건조제(ⓑ)가 바르게 짝지워진 것은?

① ⓐ 탄산소다 수용액, ⓑ 가성소다 수용액
② ⓐ 가성소다 수용액, ⓑ 탄산소다 수용액
③ ⓐ 소석회, ⓑ 진한 황산
④ ⓐ 진한 황산, ⓑ 소석회

55. 팽창기 중 처리가스에 윤활유가 혼입되지 않으며 처리 가스량이 10000 m³/h 정도로 많은 터보 팽창기에 해당하지 않는 것은?

① 왕복동식 　② 충동식

③ 반동식 　④ 반경류 반동식

56. 나프타 개질가스 2000 Nm³/h와 부탄가스, 공기를 혼합하여 산소가 2% 함유된 5000 kcal/Nm³의 열량을 가진 가스를 제조하려고 한다. 이때 부탄(100%)의 발열량은 30000 kcal/Nm³이고 나프타 개질가스의 발열량은 3000 kcal/Nm³일 때 부탄가스의 사용량(Nm³/h)은 약 얼마인가? (단, 공기 중 산소량은 20%이다.)

① 209.09 　② 20.909

③ 305.02 　④ 30.502

57. 액화석유가스 사용시설에 설치되는 조정압력 3.3 kPa 이하인 조정기의 안전장치 작동 표준압력으로 옳은 것은?

① 3 kPa 　② 5 kPa

③ 7 kPa 　④ 9 kPa

58. 어떤 공장에서 2 kg/h의 LPG를 소비하는 연소기 5대를 동시에 사용하여 1일 8시간씩 가동하고 있다면 용기 교환주기는 약 며칠인가? (단, 용기는 잔액이 20%일 때 교환하며, 최저 온도 0℃에서 용기 1개의 가스발생능력은 0.85 kg/h로 하고 용기는 20 kg 용기를 사용한다.)

① 1일 　② 2일

③ 3일 　④ 5일

59. 상용압력 5 MPa로 사용하는 안지름 65 cm의 용접재 원통형 고압가스 설비 동판의 두께는 최소한 얼마가 필요한가? (단, 재료는 인장강도 600 N/mm²의 강을 사용하고, 용접효율은 0.75, 부식여유는 2 mm로 한다.)

① 11 mm 　② 14 mm

③ 17 mm 　⑤ 20 mm

60. 일산화탄소의 용도로 알맞은 것은?

① 메탄올 합성

② 용접 절단용

③ 암모니아 합성

④ 드라이아이스 제조

제 4 과목　가스안전관리

61. 다음 비파괴검사법 중 재료 내부의 결함을 검사할 수 없는 것은?

① 방사선투과시험 　② 초음파탐상시험

③ 침투탐상시험 　④ 음향방출시험

62. 시안화수소를 용기에 충전한 후 정치해 두어야 할 기준은?

① 6시간 　② 12시간

③ 20시간 　④ 24시간

63. 고압가스 특정제조시설에서 안전구역의 면적의 기준은?

① 1만 m² 이하 　② 2만 m² 이하

③ 3만 m² 이하 　④ 5만 m² 이하

64. 고압가스 저장시설에서 가연성가스 용기보관실과 독성가스의 용기보관실은 어떻게 설치하여야 하는가?

① 기준이 없다.

② 각각 구분하여 설치한다.

③ 하나의 저장실에 혼합 저장한다.

④ 저장실은 하나로 하되 용기는 구분 저장한다.

65. 특정설비 중 차량에 고정된 탱크에 대한 설명으로 틀린 것은?

① 스테인리스강의 허용응력의 수치는 인장강도의 $\frac{1}{3.5}$ 로 한다.

② 탱크의 재료는 압력용기용 강판, 저온 압력용기용 탄소강판 등으로 한다.

③ 탱크에 타원형 맨홀을 1개 이상 설치할 때에는 긴 지름 375 mm 이상, 짧은 지름 275 mm 이상으로 한다.

④ 동체의 안지름은 동체 축에 수직한 동일면에서의 최대 안지름과 최소 안지름의 차는 어떤 단면에 대한 기준 안지름의 2 %를 초과하지 아니하도록 한다.

66. 독성가스이면서 조연성가스인 것은?

① 암모니아

② 시안화수소

③ 황화수소

④ 염소

67. 압축가스를 저장하는 접합 또는 납붙임 용기의 내압시험압력은?

① 상용압력 수치의 5분의 3배

② 상용압력 수치의 3분의 5배

③ 최고충전압력 수치의 5분의 3배

④ 최고충전압력 수치의 3분의 5배

68. 다음 그림은 LPG 저장탱크의 최저부이다. 이는 어떤 기능을 하는가?

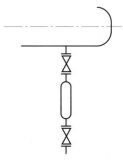

① 대량의 LPG가 유출되는 것을 방지한다.

② 일정 압력 이상 시 압력을 낮춘다.

③ LPG 내의 수분 및 불순물을 제거한다.

④ 화재 등에 의해 온도가 상승 시 긴급 차단한다.

69. 에어졸을 제조하는 용기의 기준에 대한 설명으로 틀린 것은?

① 용기의 내용적은 1 L 이하이어야 한다.

② 금속제 용기의 두께는 0.125 mm 이상이어야 한다.

③ 내용적이 100 cm^3를 초과하는 용기의 재료는 강 또는 경금속을 사용한다.

④ 용기는 40℃에서 용기 안의 가스압력의 1.1배 압력을 가할 때 변형되지 아니하는 것으로 한다.

70. 염소의 특징으로 틀린 것은?

① 독성가스이다.

② 가연성가스이다.

③ 상온에서 액화시킬 수 있다.

④ 수분과 반응하고 철을 부식시킨다.

71. 체적이 0.5 m^3인 저장탱크에 25℃ 상태에서 분자량이 24인 이상기체 10 kg이 들어 있을 때 이 탱크의 압력은 약 몇 kPa인가? (단, 대기압은 101.3 kPa이다.)

① 1850　　　　② 1963

③ 2138　　　　④ 2751

72. 지상 가스배관의 내진등급의 분류기준으로 틀린 것은?

① 영향도 등급은 A, B, C로 분류한다.
② 중요도 등급은 특등급, 1등급, 2등급으로 분류한다.
③ 관리등급은 핵심시설, 중요시설, 일반시설로 분류한다.
④ 내진등급은 내진 특 A등급, 내진 특등급, 내진 I등급, 내진 II등급으로 분류한다.

73. 액화석유가스 일반 집단공급시설의 입상관에 설치하는 신축흡수조치 방법의 기준으로 틀린 것은?

① 분기관에는 90° 엘보 1개 이상을 포함하는 굴곡부를 설치한다.
② 건축물에 노출하여 설치하는 배관의 분기관 길이는 50 cm 이상으로 한다.
③ 외벽 관통 시 사용하는 보호관의 내경은 분기관 외경의 1.2배 이상으로 한다.
④ 횡지관의 길이가 50 m 이하인 경우에는 신축흡수조치를 하지 아니할 수 있다.

74. 고압가스용 냉동기 제조 시 사용하는 탄소강 강재의 허용전단응력 값은 설계온도에서 허용인장응력값의 몇 %로 하여야 하는가?

① 설계온도에서 허용인장응력 값의 80 %
② 설계온도에서 허용인장응력 값의 85 %
③ 설계온도에서 허용인장응력 값의 90 %
④ 설계온도에서 허용인장응력 값 이하

75. 용기에 압축산소가 35℃에서 15 MPa · g로 충전되어 있다가 용기의 온도가 0℃로 저하하면 압력은 약 몇 MPa · g인가?

① 10.3　　　　② 11.3

③ 12.3　　　　④ 13.3

76. 용기의 도색 및 표시에서 그 밖의 가스용기 외부표면에 도색할 색상은 어느 것인가?

① 회색　　　　② 흑색
③ 백색　　　　④ 청색

77. 고압가스 저장설비의 경계책 설치 높이는 몇 m 이상인가?

① 1　　　　　② 1.2
③ 1.5　　　　④ 3

78. 충전용기를 차량에 적재할 때 기준으로 옳은 것은?

① 충전용기를 적재한 차량은 제1종 보호시설과 15 m 이상 떨어진 곳에 주차하여야 한다.
② 고정된 프로텍터가 있는 용기는 보호캡을 부착한다.
③ 용량 15 kg의 액화석유가스 충전용기는 2단으로 적재하여 운반할 수 있다.
④ 운반차량 뒷면에는 두께 2 mm 이상, 폭 50 mm 이상의 범퍼를 설치한다.

79. 아세틸렌가스를 2.5 MPa의 압력으로 압축할 때 첨가하는 희석제가 아닌 것은?

① 질소　　　　② 메탄
③ 일산화탄소　④ 아세톤

80. 고압가스 충전용기는 항상 몇 ℃를 유지하여야 하는가?

① 10℃ 이하　　② 20℃ 이하
③ 30℃ 이하　　④ 40℃ 이하

제 5 과목   가스계측

81. 2차 지연형 계측기의 제동비가 0.8일 때 대수감쇠율은 얼마인가?

① 8.37   ② 15.28
③ 34.19   ④ 41.38

82. 다음 중 습식 가스미터에 대한 설명으로 틀린 것은?

① 계량이 정확하다.
② 설치공간이 크다.
③ 일반 가정용에 주로 사용한다.
④ 수위조정 등 관리가 필요하다.

83. 안지름이 100 mm인 배관에 지름이 50 mm인 오리피스가 설치되어 있는 관로를 상온의 질소 기체가 일정한 속도로 흐르고 있다. 오리피스 전후의 압력차가 0.3 kgf/cm^{2}이었을 때 유량(m^3/h)은 약 얼마인가? (단, 질소 기체의 단위체적당 중량은 1.2 kgf/m^3, 유량계수는 0.62이며 질소는 비압축성 기체로 가정한다.)

① 450   ② 650
③ 850   ④ 970

84. 탄광 내에서 CH$_4$ 가스의 발생을 검출하는 데 가장 적당한 방법은?

① 시험지법   ② 검지관법
③ 질량분석법   ④ 안전등형

85. 0°C에서 저항이 120 Ω이고 저항온도계수가 0.0025인 저항온도계를 어떤 로(爐) 안에 삽입하였을 때 저항이 216 Ω이 되었다면 로 안의 온도는 약 몇 °C인가?

① 125   ② 200
③ 320   ④ 534

86. 계량기 형식 승인 번호의 표시방법에서 계량기의 종류별 기호 중 가스미터의 표시 기호는?

① G   ② N
③ K   ④ H

87. 액화산소 등을 저장하는 초저온 저장탱크의 액면 측정용으로 가장 적합한 액면계는?

① 직관식   ② 부자식
③ 차압식   ④ 기포식

88. 가스크로마토그래피에서 운반가스의 구비 조건으로 옳지 않은 것은?

① 사용하는 검출기에 적합해야 한다.
② 순도가 높고 구입이 용이해야 한다.
③ 기체 확산이 가능한 큰 것이어야 한다.
④ 시료와 반응성이 낮은 불활성 기체이어야 한다.

89. 가스누출검지기 중 가스와 공기의 열전도도가 다른 것을 측정원리로 하는 검지기는?

① 반도체식 검지기
② 접촉연소식 검지기
③ 서모스탯식 검지기
④ 불꽃이온화식 검지기

90. 피드백 제어에 대한 설명으로 틀린 것은?

① 폐회로로 구성된다.
② 제어량에 대한 수정동작을 한다.
③ 미리 정해진 순서에 따라 순차적으로 제어한다.
④ 반드시 입력과 출력을 비교하는 장치가 필요하다.

91. 도시가스용 가스계량기 설치기준으로 옳지 않은 것은?

① 수시로 환기가 가능한 장소에 설치하여야 한다.

② 직사광선 또는 빗물을 받을 우려가 있는 곳에는 가스계량기를 설치할 수 없다.

③ 화기(자체 화기 제외)와 2 m 이상의 우회거리를 유지하는 곳에 설치하여야 한다.

④ 설치높이는 바닥으로부터 계량기 지시장치의 중심까지 1.6 m 이상 2.0 m 이내에 수직·수평으로 설치한다.

92. 가스미터 설치 시 입상배관을 금지하는 가장 큰 이유는?

① 균열에 따른 누출 방지를 위하여

② 고장 및 오차 발생 방지를 위하여

③ 계량막 밸브와 밸브시트 사이의 누출 방지를 위하여

④ 겨울철 수분 응축에 따른 밸브, 밸브시트 동결 방지를 위하여

93. 압력 계측기기 중 직접 압력을 측정하는 1차 압력계에 해당하는 것은?

① 부르동관 압력계

② 벨로스 압력계

③ 액주식 압력계

④ 전기저항 압력계

94. 내경 70 mm의 배관으로 어떤 양의 물을 보냈더니 배관 내 유속이 3 m/s이었다. 같은 양의 물을 내경 50 mm의 배관으로 보내면 배관 유속은 약 몇 m/s가 되는가?

① 2.56   ② 3.67

③ 4.20   ④ 5.88

95. U자관 마노미터를 사용하여 오리피스에 걸리는 압력차를 측정하였다. 마노미터 속의 유체는 비중 13.6인 수은이며, 오리피스를 통하여 흐르는 유체는 비중이 1인 물이다. 마노미터의 읽음이 40 cm일 때 오리피스에 걸리는 압력차는 약 몇 kPa인가?

① 49.3

② 59.3

③ 70.5

④ 186

96. 기차가 −4 %인 루트 가스미터로 측정한 유량이 30.4 m³/h이었다면 기준기로 측정한 유량은 약 몇 m³/h인가?

① 29.8

② 30.6

③ 31.6

④ 32.4

97. 기체 크로마토그래피에서 분리도(resolution)와 컬럼 길이의 상관관계는?

① 분리도는 컬럼 길이의 제곱근에 비례한다.

② 분리도는 컬럼 길이에 비례한다.

③ 분리도는 컬럼 길이의 2승에 비례한다.

④ 분리도는 컬럼 길이의 3승에 비례한다.

98. 침종식 압력계에 대한 설명으로 옳지 않은 것은?

① 진동, 충격의 영향을 적게 받는다.

② 복종식의 측정범위는 5~30 mmH₂O이다.

③ 아르키메데스의 원리를 이용한 계기이다.

④ 압력이 높은 기체의 압력을 측정하는 데 쓰인다.

99. 건습구 습도계에 대한 설명으로 틀린 것은?

① 2개의 수은 유리온도계를 사용한 것이다.

② 자연 통풍에 의한 간이 건습구 습도계도 있다.

③ 정확한 습도를 구하려면 3~5 m/s 정도의 통풍이 필요하다.

④ 통풍형 건습구 습도계는 연료 탱크 속에 부착하여 사용한다.

100. 외란의 영향으로 인하여 제어량이 목표치 50 L/min에서 53 L/min으로 변하였다면 이때 제어편차는 얼마인가?

① +3 L/min

② -3 L/min

③ +6.0 %

④ -6.0 %

CBT 실전문제 2

제 1 과목   가스유체역학

1. 수차의 효율을 η, 수차의 실제 출력을 L[PS], 수량을 Q[m³/s]라 할 때 유효낙차 H[m]를 구하는 식은?

① $H = \dfrac{L}{13.3\,\eta\,Q}$ [m]

② $H = \dfrac{QL}{13.3\,\eta}$ [m]

③ $H = \dfrac{L\,\eta}{13.3\,Q}$ [m]

④ $H = \dfrac{\eta}{L \times 13.3\,Q}$ [m]

2. 베르누이의 방정식에 쓰이지 않는 head(수두)는?

① 압력수두   ② 밀도수두

③ 위치수두   ④ 속도수두

3. 액체에서 마찰열에 의한 온도상승이 작은 이유를 설명한 것으로 옳은 것은?

① 내부에너지가 일반적으로 크기 때문에

② 단위질량당 마찰일이 일반적으로 크기 때문에

③ 액체의 밀도가 일반적으로 고체의 밀도보다 크기 때문에

④ 액체의 열용량이 일반적으로 고체의 열용량보다 크기 때문에

4. 관내 유체의 급격한 압력 강하에 따라 수중으로부터 기포가 분리되는 현상은?

① 공기바인딩   ② 감압화

② 에어리프트   ④ 캐비테이션

5. 이상기체에서 정압비열을 C_p, 정적비열을 C_v로 표시할 때 엔탈피의 변화 dh는 어떻게 표시되는가?

① $dh = C_p\,dT$

② $dh = C_v\,dT$

③ $dh = \dfrac{C_p}{C_v}\,dT$

④ $dh = (C_p - C_v)\,dT$

6. 초음속 흐름인 확대관에서 감소하지 않는 것은? (단, 등엔트로피 과정이다.)

① 압력   ② 온도

③ 속도   ④ 밀도

7. 질량 보존의 법칙을 유체유동에 적용한 방정식은?

① 오일러 방정식   ② 다르시 방정식

③ 운동량 방정식   ④ 연속 방정식

8. 펌프에 관한 설명으로 옳은 것은?

① 베인 펌프는 왕복 펌프이다.

② 원심 펌프의 비속도는 아주 크다.

③ 벌류트 펌프는 안내판이 있는 펌프이다.

④ 축류 펌프는 주로 대용량 저양정용으로 사용한다.

9. 공기가 79 vol% N_2와 21 vol% O_2로 이루어진 이상기체 혼합물이라 할 때 25℃, 750 mmHg에서 밀도는 약 몇 kg/m³인가?

① 1.16   ② 1.42

③ 1.56   ④ 2.26

10. 수직으로 세워진 노즐에서 물이 10 m/s의 속도로 뿜어 올려진다. 마찰손실을 포함한 모든 손실이 무시된다면 물은 약 몇 m 높이까지 올라갈 수 있는가?

① 5.1   ② 10.4

③ 15.6   ④ 19.2

11. 관로의 유동에서 여러 가지 손실수두를 나타낸 것으로 틀린 것은? (단, f : 마찰계수, d : 관의 지름, $\left(\dfrac{V^2}{2g}\right)$: 속도수두, $\left(\dfrac{V_1{}^2}{2g}\right)$: 입구관 속도수두, $\left(\dfrac{V_2{}^2}{2g}\right)$: 출구관 속도수두, R_h : 수력반지름, L : 관의 길이, A : 관의 단면적, C_c : 단면적 축소계수이다.)

① 원형관 속의 손실수두 : $h_L = f\dfrac{L}{D}\dfrac{V^2}{2g}$

② 비원형관 속의 손실수두 :

$$h_L = f\dfrac{4R_h}{L}\dfrac{V^2}{2g}$$

③ 돌연 확대관 손실수두 :

$$h_L = \left(1 - \dfrac{A_1}{A_2}\right)^2 \dfrac{V_1{}^2}{2g}$$

④ 돌연 축소관 손실수두 :

$$h_L = \left(\dfrac{1}{C_c} - 1\right)^2 \dfrac{V_2{}^2}{2g}$$

12. 공기 속을 초음속으로 날아가는 물체의 마하각(mach angle)이 35°일 때, 그 물체의 속도는 약 몇 m/s인가? (단, 음속은 340 m/s이다.)

① 581   ② 593   ③ 696   ④ 900

13. 정지 공기 속을 비행기가 360 km/h의 속도로 날아간다. 이 비행기에 있는 직경 2 m인 프로펠러를 통해 공기 400 m³/s가 배출된다고 할 때 Froude 효율은 약 몇 %인가?

① 39   ② 44   ③ 79   ④ 88

14. 수직 충격파(normal shock wave)에 대한 설명 중 옳지 않은 것은?

① 수직 충격파는 아음속 유동에서 초음속 유동으로 바뀌어 갈 때 발생한다.

② 충격파를 가로지르는 유동은 등엔트로피 과정이 아니다.

③ 수직 충격파 발생 직후의 유동조건은 $h - s$ 선도로 나타낼 수 있다.

④ 1차원 유동에서 일어날 수 있는 충격파는 수직 충격파뿐이다.

15. 안지름 100 mm인 관 속을 압력 5 kgf/cm², 온도 15℃인 공기가 20 kgf/s의 비율로 흐를 때 평균유속은 약 몇 m/s인가? (단, 공기의 기체상수는 29.27kgf · m/kg · K이다.)

① 42.9   ② 55.8

③ 429   ④ 558

16. 점도 6 cP를 Pa · s로 환산하면 얼마인가?

① 0.0006   ② 0.006

③ 0.06   ④ 0.6

17. 안지름 100 mm인 수평원관으로 1500 m 떨어진 곳에 원유를 0.12 m³/min의 유량으로 수송 시 손실수두(H)는 약 몇 m인가? (단, 원유의 점성계수는 0.02 N · s/m²이고, 비중은 0.86이다.)

① 2.9   ② 3.7   ③ 4.5   ④ 5.3

18. 30℃인 공기 중에서의 음속은 몇 m/s 인가? (단, 비열비는 1.4이고 기체상수는 287 J/kg · K이다.)

① 216　② 241　③ 307　④ 349

19. 관 내부에서 유체가 흐를 때 흐름이 완전 난류라면 수두손실은 어떻게 되겠는가?

① 대략적으로 속도의 제곱에 반비례한다.
② 대략적으로 직경의 제곱에 반비례하고 속도에 정비례한다.
③ 대략적으로 속도의 제곱에 비례한다.
④ 대략적으로 속도에 정비례한다.

20. 지름 50 mm의 배관에 10만 N의 힘이 작용할 때 응력은 약 몇 kgf/cm²인가?

① 510　　　　② 520
③ 530　　　　④ 550

제 2 과목　연소공학

---

21. 화격자 연소의 화염 이동속도에 대한 설명으로 옳은 것은?

① 발열량이 낮을수록 커진다.
② 석탄화도가 낮을수록 커진다.
③ 입자의 지름이 클수록 커진다.
④ 1차 공기의 온도가 낮을수록 커진다.

22. 연소온도를 높이는 방법으로 가장 거리가 먼 것은?

① 연속적인 조업을 피한다.
② 연료 또는 공기를 예열한다.
③ 연소용 공기의 산소 농도를 높인다.
④ 복사 전열을 줄이기 위해 연소속도를 빠르게 한다.

23. 연료가 갖추어야 할 조건으로 가장 거리가 먼 것은?

① 운반 및 저장이 용이해야 한다.
② 공해성분의 함유량이 적어야 한다.
③ 가격이 저렴하며 구입이 용이해야 한다.
④ 연소방법에 무관하게 발열량이 커야 한다.

24. 반데르 발스(Van der Waals) 식 $\left(P + \dfrac{a}{V^2}\right)(V - b) = RT$에서 각 항을 설명한 것 중 틀린 것은 어느 것인가?

① a와 b는 특정기체 특유의 상징이다.
② 상수 a, b는 PV 선도에서 임계점에서의 기울기와 곡률을 이용해서 구한다.
③ b는 분자의 크기가 이상기체의 부피보다 더 큰 부피로 만들려고 보정하는 것이다.
④ $\dfrac{a}{V^2}$ 항은 분자들 사이의 인력의 작용이 이상기체에 의해서 발휘될 압력보다 크게 하려고 더해 준다.

25. 다음은 air-standard Otto cycle의 $P-V$ diagram이다. 이 cycle의 효율(η)을 옳게 나타낸 것은? (단, 정적열용량은 일정하다.)

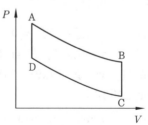

① $\eta = 1 - \left(\dfrac{T_B - T_C}{T_A - T_D} \right)$

② $\eta = 1 - \left(\dfrac{T_D - T_C}{T_A - T_B} \right)$

③ $\eta = 1 - \left(\dfrac{T_A - T_D}{T_B - T_C} \right)$

④ $\eta = 1 - \left(\dfrac{T_A - T_B}{T_D - T_C} \right)$

26. 코크스는 역청탄(점결탄)을 건류하여 제조한다. 코크스를 제조하는 방법에 따라 분류할 때 틀린 것은?

① 제사 코크스 ② 미분 코크스
③ 반성 코크스 ④ 가스 코크스

27. 어떤 경우에는 실험 데이터가 없어 연소한계를 추산해야 할 필요가 있다. 존스(Jones)는 많은 탄화수소 증기의 연소하한계(LFL)와 연소상한계(UFL)는 연료의 양론농도(C_{st})의 함수라는 것을 발견하였다. 다음 중 존스(Jones) 연소하한계(LFL) 관계식을 옳게 나타낸 것은? (단, C_{st}는 연료와 공기로 된 완전연소가 일어날 수 있는 혼합기체에 대한 연료의 부피 %이다.)

① $LFL = 0.55\,C_{st}$ ② $LFL = 1.55\,C_{st}$
③ $LFL = 2.50\,C_{st}$ ④ $LFL = 3.50\,C_{st}$

28. LPG와 같이 하얀 무화로 인해 증기운이 형성되어 폭발하는 형태를 무엇이라 하는가?

① flash fire ② jet fire
③ combustion fire ④ pool fire

29. 공기가 산소 20 v%, 질소 80 v%의 혼합 기체라고 가정할 때 표준상태(0℃, 101.325 kPa)에서 공기의 기체상수는 약 몇 kJ/kg · K인가?

① 0.269 ② 0.279
③ 0.289 ④ 0.299

30. 가스폭발에 대한 설명으로 틀린 것은?

① 폭발한계는 가스의 종류에 따라 달라진다.
② 가스 폭발은 반드시 산소가 존재해야만 일어난다.
③ 폭발한계는 일반적으로 폭발성 분위기 중 폭발성 가스의 용적비로 표시된다.
④ 폭발성 분위기란 폭발성 가스가 공기와 혼합하여 폭발한계 내에 있는 상태의 분위기를 뜻한다.

31. 교축과정에서 변하지 않은 열역학 특성치는?

① 압력 ② 내부에너지
③ 엔탈피 ④ 엔트로피

32. 두께 4 mm인 강의 평판에서 고온측 면의 온도가 100℃이고, 저온측 면의 온도가 80℃일 때 1 m² 에 대해 30000 kJ/min의 전열을 한다고 하면 이 강판의 열전도율은 약 몇 W/m · ℃인가?

① 100 ② 120
③ 130 ④ 140

33. 어떤 용기 속에 1 kg의 기체가 있고, 이 용기의 기체를 압축하는 데 1000 kgf · m의 일을 하였다. 이때 5 kcal의 열량이 용기 밖으로 방출했다면 기체 1 kg당 내부에너지 변화량은 약 몇 kcal인가?

① 1.35 ② 1.65 ③ 2.35 ④ 2.65

34. 어느 카르노 사이클이 103℃와 −23℃에서 작동이 되고 있을 때 열펌프의 성적계수는 약 얼마인가?

① 3.5
② 3
③ 2
④ 0.5

35. −190℃, 0.5 MPa의 질소기체를 20 MPa으로 단열압축했을 때의 온도는 약 몇 ℃인가? (단, 비열비(k)는 1.41이고, 이상기체로 간주한다.)

① −15℃
② −25℃
③ −30℃
④ −35℃

36. 순수한 물질에서 압력을 일정하게 유지하면서 엔트로피를 증가시킬 때 엔탈피는 어떻게 되는가?

① 증가한다.
② 감소한다.
③ 변함없다.
④ 경우에 따라 다르다

37. 전기기기의 불꽃, 아크가 발생하는 부분을 절연유에 격납하여 폭발가스에 점화되지 않도록 한 방폭구조는?

① 유입 방폭구조
② 내압 방폭구조
③ 안전증 방폭구조
④ 본질안전 방폭구조

38. 에탄올(C_2H_5OH)이 이론산소량의 150 %와 함께 정상적으로 연소된다. 반응물은 298 K로 연소실에 들어가고 생성물은 냉각되어 338 K, 0.1 MPa 상태로 연소실을 나간다. 이때 생성물 중 액체 상태의 물(H_2O)은 몇 kmol이 생성되는가? (단, 338 K, 0.1 MPa일

때 H_2O의 증기압은 25.03 kPa이다.)

① 1.924
② 1.831
③ 1.169
④ 1.013

39. 프로판 30 v% 및 부탄 70 v%의 혼합가스 1 L가 완전연소하는 데 필요한 이론 공기량은 약 몇 L인가? (단, 공기 중 산소농도는 20 %로 한다.)

① 26
② 28
③ 30
④ 32

40. 다음 중 BLEVE와 관련이 없는 것은?

① Boiling
② Leak
③ Expanding
④ Vapor

제 3 과목   가스설비

41. 도시가스 설비 중 압송기의 종류가 아닌 것은?

① 터보형
② 회전형
③ 피스톤형
④ 막식형

42. 탄소강의 기본 결정조직이 아닌 것은?

① 보크사이트
② 시멘타이트
③ 펄라이트
④ 페라이트

43. 정압기의 특성 중 부하변동에 대한 응답의 신속성과 안정성을 나타내는 것은?

① 정특성
② 동특성
③ 사용 최대차압
④ 작동 최소차압

44. 1.5 MPa 압력을 받는 안지름 10 cm의 뚜껑이 6개의 볼트로 체결되어 있다. 이때 볼트 1개가 받는 힘은 약 몇 N인가?

① 1064 ② 1964
③ 2064 ④ 2964

45. 다음 중 부(−) 톰슨 관련 금속으로 거리가 먼 것은?

① Pt ② Ni
③ Cu ④ Fe

46. 공기액화 분리장치에서 내부 세정제로 사용되는 것은?

① CCl_4 ② H_2SO_4
③ NaOH ④ KOH

47. 아세틸렌을 압축하면 분해폭발의 위험이 있기 때문에 이것을 최소화하기 위하여 내부에 질소가 49 % 또는 이산화탄소가 42 %가 되면 분해폭발이 일어나지 않게 된다는 것을 이용한 반응장치 명칭으로 옳은 것은?

① 겔로그 반응장치
② IG 반응장치
③ 파우서 반응장치
④ 레페 반응장치

48. 수소를 공업적으로 제조하는 방법이 아닌 것은?

① 수전해법
② 수성가스법
③ LPG 분해법
④ 석유 분해법

49. 수소(H_2)의 기본 특성에 대한 설명 중 틀린 것은?

① 고온, 고압에서 강재 등의 금속을 투과한다.
② 산소 또는 공기와 혼합하여 격렬하게 폭발한다.
③ 가벼워서 확산하기 쉬우며 작은 틈새로 잘 발산한다.
④ 생물체의 호흡에 필수적이며 연료의 연소에 필요하다.

50. 다음 중 아세틸렌에 대한 설명으로 옳지 않은 것은?

① 니켈을 촉매로 하여 수소화하면 메탄이 된다.
② 암모니아성 질산은 용액에 반응하여 은-아세틸드를 생성한다.
③ 염화제2수은을 침착시킨 활성탄을 촉매로 하여 염화수소와 반응시키면 염화비닐을 얻는다.
④ 염화철 등의 촉매를 사용하여 액상으로 반응을 억제하면서 염소와 반응시키면 사염화에탄을 얻는다.

51. 다음 중 내식성이 좋은 알루미늄 합금이 아닌 것은?

① 알민
② Y 합금
③ 하이드로날륨
④ 알클레드

52. 터보 압축기에서 발생하는 서징(surging) 현상의 방지책에 해당되지 않는 것은?

① 방출 밸브에 의한 방법
② 회전수 가감에 의한 방법
③ 클리어런스 밸브에 의한 방법
④ 가이드 베인 컨트롤에 의한 방법

53. 산소를 압축하는 왕복동 압축기에 설치되는 안전밸브의 1시간당 분출 가스량이 6000 kg이고, 27℃에서 작동압력이 8 MPa 이라면 안전밸브 분출부의 유효면적은 약 몇 cm²인가?

① 0.09   ② 0.99   ③ 1.09   ④ 1.99

54. 다음 중 비교회전도(비속도, n_s)가 가장 큰 펌프는?

① 사류펌프   ② 축류펌프
③ 벌류트펌프   ④ 터빈펌프

55. 다음 중 배관의 신축량에 대한 설명으로 옳은 것은?

① 길이, 선팽창계수, 온도차에 비례한다.
② 길이에 비례하고 선팽창계수, 온도차에 반비례한다.
③ 길이, 선팽창계수에 비례하고 온도차에 반비례한다.
④ 길이에 반비례하고 선팽창계수, 온도차에 비례한다.

56. 용접이음의 장점이 아닌 것은?

① 검사가 간단하다.
② 이음효율이 좋다.
③ 기밀성이 좋다.
④ 두께에 상관없다.

57. 길이 30 m의 저압 배관에 프로판(C_3H_8) 가스를 5 m³/h로 공급할 때 압력손실이 15 mmH₂O이다. 이 배관에 부탄(C_4H_{10}) 가스를 4.5 m³/h로 공급하면 손실수두는 약 몇 mm인가? (단, 프로판 및 부탄의 비중은 각각 1.52, 2.05이다.)

① 6.72   ② 16.5   ③ 23.1   ④ 32.2

58. 흡입밸브 압력이 0.8 MPa·g인 3단 압축기의 최종단 토출압력은 약 몇 MPa·g인가? (단, 압축비는 3이며, 1 MPa은 10 kgf/cm²이다.)

① 16.1   ② 21.6
③ 24.2   ④ 28.7

59. 고압가스용 스프링식 안전밸브의 구조에 대한 설명으로 틀린 것은?

① 밸브시트는 이탈되지 않도록 밸브몸통에 부착되어야 한다.
② 스프링이 파손되어도 밸브디스크 등이 외부로 빠져나가지 않는 구조인 것으로 한다.
③ 가연성가스 또는 독성가스용의 안전밸브는 개방형으로 한다.
④ 안전밸브는 그 일부가 파손되어도 충분한 분출량을 얻어야 한다.

60. 조정압력이 3.3 kPa 이하이고 노즐 지름이 3.2 mm 이하인 일반용 LP가스 압력조정기의 안전장치 분출용량은 몇 L/h 이상이어야 하는가?

① 100   ② 140
③ 200   ④ 240

제 4 과목 가스안전관리

61. 지하에 설치하는 액화석유가스 저장탱크실 재료의 규격 중 공기량 기준으로 옳은 것은?

① 2 % 이하   ② 4 % 이하
③ 2 % 이상   ④ 4 % 이상

62. 독성가스 충전용기를 운반하는 자가 차량에 항상 휴대하여야 할 것이 아닌 것은?

① 고압가스의 성상
② 고압가스의 명칭
③ 재해 발생 시 조치사항
④ 목적지를 표시한 지도

63. 가스도매사업자의 정압기지 관련 설비로 틀린 것은?

① 방산탑
② 가열설비
③ 계량설비
④ 긴급차단장치

64. 액화석유가스 집단공급시설에 설치하는 가스누출자동차단장치의 검지부에 대한 설명으로 틀린 것은?

① 연소기의 폐가스에 접촉하기 쉬운 장소에 설치한다.
② 출입구 부근 등 외부의 기류가 유동하는 장소에는 설치하지 아니한다.
③ 연소기 버너의 중심부분으로부터 수평거리 4 m 이내에 검지부 1개 이상 설치한다.
④ 공기가 들어오는 곳으로부터 1.5 m 이내의 장소에는 설치하지 아니한다.

65. 고압가스 특정제조시설에서 저장탱크 외면으로부터 처리능력 25만 m^3인 압축기와 몇 m 이상의 거리를 유지하여야 하는가?

① 10
② 20
③ 30
④ 40

66. 고압가스용 기화장치의 구조에 따른 분류로 틀린 것은?

① 다관식
② 코일식
③ 캐비닛식
④ 실린더식

67. 자긴처리(auto-frettage)에 대한 설명으로 옳은 것은?

① 금속라이너 압력용기를 제조공정 중에 그 금속라이너의 항복점을 초과하는 압력을 가하여 영구 소성변형을 일으키는 것을 말한다.
② 동일한 설계, 동일한 재료, 동일한 제조공정, 동일한 제조장비, 열처리 시 동일한 분위기와 온도에서 연속적으로 제조된 금속라이너이다.
③ 제조하고자 하는 압력용기와 같은 사양, 같은 지름, 같은 두께를 갖는 것으로서 압력용기의 길이를 축소한 압력용기를 말한다.
④ 오스테나이트계 스테인리스강 초저온 압력용기 등을 제조하기 위한 방법으로 재료의 항복강도를 증가시키기 위하여 상온에서 냉간연신압력으로 가압하는 것을 말한다.

68. 독성가스 충전용기를 운반하는 차량의 구조 기준에 대한 내용 중 틀린 것은?

① 용기 적재함 보강재료는 SS400 또는 동등 이상의 강도를 갖는 재질로 한다.
② 적재함은 적재할 충전용기 최대 높이의 3/5 이상까지 보강하여 용기 고정이 용이하도록 한다.
③ 보강대로 인하여 용기의 상·하차 작업이 곤란한 경우에는 적재함의 가로보강대를 개폐형으로 설치할 수 있다.
④ 내용적이 1000 L 이상인 충전용기에 허용농도가 100만분의 200 이하인 독성가스 충전용기를 운반하는 경우에는 용기 승하차용 리프트와 밀폐된 구조의 적재함이 부착된 전용차량으로 운반한다.

69. 1단 감압식 준저압조정기의 최대폐쇄압력은 얼마인가?

① 3.5 kPa 이하

② 50 kPa 이하

③ 95 kPa 이하

④ 조정압력의 1.25배 이하

70. 최고충전압력의 정의로 틀린 것은?

① 초저온용기의 경우 상용압력 중 최고압력

② 아세틸렌가스 충전용기의 경우 15℃에서 용기에 충전할 수 있는 가스의 압력 중 최고압력

③ 저온용기 외의 용기로서 액화가스를 충전하는 용기의 경우 내압시험압력의 5/3배의 압력

④ 압축가스 충전용기(아세틸렌가스 제외)의 경우 35℃에서 용기에 충전할 수 있는 가스의 압력 중 최고압력

71. 허용농도가 100만분의 200 이하인 액화독성가스가 충전된 용기를 차량에 적재하여 운반하려 할 때 운반책임자를 동승시켜야 할 기준으로 옳은 것은?

① 100 kg 이상　　② 300 kg 이상

③ 1000 kg 이상　　④ 3000 kg 이상

72. 공기액화 분리장치의 액화산소통 내의 액화산소 5 L 중에 메탄 300 mg, 에틸렌 230 mg이 혼입되어 있을 때 운전 가능 여부를 판단하면?

① 탄화수소의 탄소질량이 422 mg으로 500 mg을 넘지 않으므로 운전을 계속할 수 있다.

② 탄화수소의 탄소질량이 430 mg으로 500 mg을 넘지 않으므로 운전을 계속할 수 있다.

③ 탄화수소의 탄소질량이 509 mg으로 500 mg을 넘으므로 운전을 중지해야 한다.

④ 탄화수소의 탄소질량이 530 mg으로 500 mg을 넘으므로 운전을 중지해야 한다.

73. 액화석유가스용 강제용기 스커트의 재료를 고압가스용기용 강판 및 강대 SG 295 이상의 재료로 제조하는 경우에는 내용적이 25 L 이상 50 L 미만인 용기는 스커트의 두께를 얼마 이상으로 할 수 있는가?

① 2 mm　　　　② 3 mm

③ 3.6 mm　　　④ 5 mm

74. 충전용기 보관실의 표면적이 120 m^{2}일 때 설치하여야 할 소화전은 최소 몇 개인가?

① 1　　② 2　　③ 3　　④ 4

75. 가스사고를 원인별로 분류했을 때 가장 많은 비율을 차지하는 사고 원인은?

① 제품 노후(고장)

② 시설 미비

③ 고의 사고

④ 사용자 취급 부주의

76. 액화석유가스 용기충전사업소 내에 태양광 발전설비를 설치할 때의 기준으로 틀린 것은?

① 태양광 발전설비 관련 전기설비는 방폭성능을 가지는 것으로 설치하거나, 폭발 위험장소가 아닌 곳으로 가스시설 등과 접하지 않는 방향에 설치한다.

② 집광판과 에너지 저장장치, 배터리와의 이격거리는 2 m 이상으로 설치한다.

③ 충전소 내 지상에 집광판을 설치할 때 지면으로부터 1.5 m 이상의 높이에 설치한다.

④ 충전소 내 지상에 집광판을 설치하려는 경우에는 충전설비, 저장설비 외면으로부터 8 m 이상 떨어진 곳에 설치한다.

77. 임계온도가 약 132℃인 가스는?

① 메탄
② 산소
③ 아르곤
④ 암모니아

78. 과류차단형 액화석유가스용 용기밸브의 과류차단성능 기준 중 과류차단기구가 작동한 후의 공기 누출량 기준으로 옳은 것은?

① 용기 내 압력이 0.07 MPa 이상 1.5 MPa 이하의 범위에서 5 L/h 이하인 것으로 한다.

② 용기 내 압력이 0.7 MPa 이상 15 MPa 이하의 범위에서 5 L/h 이하인 것으로 한다.

③ 용기 내 압력이 0.7 MPa 이상 15 MPa 이하의 범위에서 15 L/h 이하인 것으로 한다.

④ 용기 내 압력이 0.07 MPa 이상 1.5 MPa 이하의 범위에서 15 L/h 이하인 것으로 한다.

79. 불화수소의 LC50(ppm · 1 h · rat)으로 옳은 것은?

① 144
② 185
③ 293
④ 1307

80. 특수고압가스가 아닌 것은?

① 디실란
② 삼불화인
③ 포스겐
④ 액화알진

제 5 과목 가스계측

81. 액체의 압력을 이용하여 액위를 측정하는 방식으로 일명 purge식 액면계라고도 하는 것은?

① 차압식 액면계
② 기포식 액면계
③ 검척식 액면계
④ 부자식 액면계

82. 가스크로마토그래피의 검출기 중 할로겐 화합물, 니트로 화합물을 정밀하게 검출할 수 있는 것은?

① 불꽃열이온 검출기
② 불꽃이온화 검출기
③ 전자포획 이온화 검출기
④ 열전도도 검출기

83. 경사각이 30°인 경사관식 압력계의 눈금을 읽었더니 50 cm이었다. 이때 양단의 압력 차이는 약 몇 kgf/cm²인가? (단, 비중이 0.8인 기름을 사용하였다.)

① 0.02
② 0.2
③ 20
④ 200

84. 디지털 계측에 대한 특징이 아닌 것은?

① 개인 오차를 줄일 수 있다.
② 전송 지연이나 오차가 없다.
③ 자동계측 및 제어가 용이하다.
④ 계측과 지시가 연속적으로 이루어진다.

85. 적외선 분광분석법에서 사용하는 광원이 아닌 것은?

① 니크롬선
② 중수소 램프
③ 네른스트 램프
④ Globar 램프

86. 제어량의 응답에 계단변화가 도입된 후에 얻게 될 궁극적인 값을 얼마나 초과하게 되는가를 나타내는 척도를 무엇이라 하는가?

① 상승시간(rise time)
② 응답시간(response time)
③ 오버슈트(over shoot)
④ 진동주기(period of oscillation)

87. 재현성이 좋기 때문에 상대습도계의 감습소자로 사용되며 실내의 습도조절용으로도 많이 이용되는 습도계는?

① 모발 습도계
② 냉각식 노점계
③ 저항식 습도계
④ 건습구 습도계

88. 공기압식 조절계에 대한 설명 중 거리가 먼 것은?

① 관로저항으로 전송 지연이 발생할 수 있다.
② 실용상 200 m 이내에서는 전송 지연이 없다.
③ 공기압 신호는 $0.2 \sim 1.0 \, \text{kgf/cm}^2$의 압력을 사용한다.
④ 신호 공기원은 충분히 제습, 제진한 것이 요구된다.

89. 목표값이 미리 정해진 변화를 하거나 제어순서 등을 지정하는 제어로서 금속이나 유리 등의 열처리에 응용하면 좋은 제어는?

① 프로그램 제어
② 비율 제어
③ 캐스케이드 제어
④ 타력 제어

90. 수은 온도계의 측정범위는 얼마인가?

① $-200 \sim 200 \, ℃$
② $0 \sim 200 \, ℃$
③ $-60 \sim 350 \, ℃$
④ $-200 \sim 540 \, ℃$

91. 압전효과와 관계가 가장 적은 것은?

① PZT
② 톰슨
③ 로셸염
④ 수정

92. 정특성과 관련이 적은 것은?

① 감도
② 선형성
③ 히스테리시스
④ 응답시간

93. 건조공기 120 kg에 6 kg의 수증기를 포함한 습공기가 있다. 온도가 49℃이고, 전체 압력이 750 mmHg일 때의 비교습도는 약 얼마인가?(단, 49℃에서의 포화수증기압은 89 mmHg이고 공기의 분자량은 29로 한다.)

① 30 %
② 40 %
③ 50 %
④ 60 %

94. 게겔법에 의한 가스 분석에서 가스와 그 흡수제가 바르게 짝지어진 것은?

① O_2 – 취화수소
② CO_2 – 발연황산
③ C_2H_2 – 33 % KOH 용액
④ CO – 암모니아성 염화제1구리 용액

95. 비례 제어기로 60℃~80℃ 사이의 범위로 온도를 제어하고자 한다. 목표값이 일정한 값으로 고정된 상태에서 측정된 온도가 73℃~76℃로 변할 때 비례대역은 약 몇 % 인가?

① 10
② 15
③ 20
④ 25

96. 연소가스 중 CO와 H_2의 분석에 사용되는 가스분석계는?

① 탄산가스계
② 질소가스계
③ 미연소가스계
④ 수소가스계

97. 기체 크로마토그래피에 사용되는 모세관 컬럼 중 모세관 내벽에 고정상을 얇게 코팅한 것으로 일반적으로 가장 많이 사용되는 것은?

① FSOT
② 충전컬럼
③ WCOT
④ SCOT

98. 오르사트(Orsat) 가스분석기에 의한 배기가스 각 성분의 계산식으로 틀린 것은?

① $N_2[\%] = 100 - (CO_2[\%] - O_2[\%] - CO[\%])$

② $CO[\%]$

$= \dfrac{\text{암모니아성 염화제일구리 용액 흡수량}}{\text{시료채취량}} \times 100$

③ $O_2[\%]$

$= \dfrac{\text{알칼리성 피로갈롤 용액 흡수량}}{\text{시료채취량}} \times 100$

④ $CO_2[\%]$

$= \dfrac{30\% \text{ KOH 용액 흡수량}}{\text{시료채취량}} \times 100$

99. 가스미터의 구비조건으로 틀린 것은?

① 내구성이 클 것
② 소형으로 계량용량이 적을 것
③ 감도가 좋고 압력손실이 적을 것
④ 구조가 간단하고 수리가 용이할 것

100. 대기압이 750 mmHg일 때 탱크 내의 기체압력이 게이지압력으로 1.98 kgf/cm²이었다. 탱크 내 기체의 절대압력은 약 몇 kgf/cm²인가? (단, 1기압은 1.0336 kgf/cm²이다.)

① 1
② 2
③ 3
④ 4

CBT 실전문제 3

1. 물의 점성계수(μ) 1 kg/m · s를 P(poise)로 표시하면 얼마인가?

① 0.01 　　　　② 0.1

③ 1 　　　　④ 10

2. 안지름 100 mm인 관속을 압력 5 kgf/cm², 온도 15℃인 공기가 20 kg/s의 비율로 흐를 때 평균 유속은? (단, 공기의 기체상수는 29.27 kgf · m/kg · K이다.)

① 42.8 m/s 　　　② 58.1 m/s

③ 429 m/s 　　　④ 558 m/s

3. 압력이 200 kPa이고 온도가 27℃인 질소의 밀도(kg/m³)는 약 얼마인가? (단, 질소의 분자량은 28이다.)

① 0.245 　　　　② 1.245

③ 2.245 　　　　④ 3.245

4. 내경 0.0526 m인 철관 내를 점도가 0.01 kg/m · s이고 밀도가 1200 kg/m³인 액체가 1.16 m/s의 평균속도로 흐를 때 Reynolds 수는 약 얼마인가?

① 36.61 　　　　② 3661

③ 732.2 　　　　④ 7322

5. 유효낙차 H[m], 유량 Q[m³/min]인 수차의 이론출력(kW)을 구하는 식은?

① $\dfrac{1000\,H\,Q}{75}$ 　　② $\dfrac{1000\,H\,Q}{102}$

③ $\dfrac{1000\,H\,Q}{75 \times 60}$ 　④ $\dfrac{1000\,H\,Q}{102 \times 60}$

6. 비압축성 유체의 유량을 일정하게 하고 관경을 2배로 하면 유속은 어떻게 되는가? (단, 기타 손실은 무시한다.)

① $\dfrac{1}{2}$ 로 감소한다.

② $\dfrac{1}{4}$ 로 감소한다.

③ 2배로 증가한다.

④ 4배로 증가한다.

7. 대기압이 750 mmHg일 때 수두는 약 몇 mmH₂O인가?

① 1.033 　　　　② 1033

③ 102 　　　　④ 10200

8. 축류 펌프의 특성이 아닌 것은?

① 체절상태로 운전하면 양정이 일정해진다.

② 유량이 크고 양정이 낮은 경우에 적합하다.

③ 유체는 임펠러를 지나서 축방향으로 유출된다.

④ 비속도가 크기 때문에 회전속도를 크게 할 수 있다.

9. 펌프에서의 공동현상(cavitation)에 관한 다음 설명 중 옳은 것을 모두 고르면?

ⓐ 액체의 온도가 낮을수록 공동현상이 잘 일어난다.

ⓑ 펌프의 설치 위치를 낮추어 흡입양정을 작게 하는 것은 공동현상 방지에 효과가 있다.

ⓒ 공동현상은 유체 내의 국소압력이 그 온도에 상응하는 유체의 포화증기압 이상일 때 일어난다.

① ⓐ   ② ⓑ

③ ⓐ, ⓒ   ④ ⓐ, ⓑ

10. 어떤 액체에 비중계를 띄운 결과 물에 띄웠을 때보다 60 mm만큼 더 가라앉았다. 이 액체의 비중은 약 얼마인가? (단, 비중계의 무게는 20 g, 비중계 축의 지름은 6 mm이다.)

① 0.822   ② 0.872

③ 0.882   ④ 0.922

11. 펌프에서 발생하는 서징(surging) 현상의 발생 원인으로 가장 거리가 먼 것은?

① 배관 중에 수조나 공기조가 있을 때

② 관속을 흐르는 유체의 유속이 급격히 변화될 때

③ 유량조절밸브가 수조나 공기조의 뒤쪽에 있을 때

④ 펌프의 유량-양정 곡선이 우향 상승 구배 곡선일 때

12. 레이놀즈수를 옳게 나타낸 것은?

① 점성력에 대한 중력의 비

② 탄성력에 대한 압력의 비

③ 점성력에 대한 관성력의 비

④ 표면장력에 대한 관성력의 비

13. 15℃인 공기 속을 비행하는 물체의 마하각이 20°이면 물체의 속도는 약 몇 m/s인가?

(단, 공기의 기체상수 R은 287 J/kg · K, 비열비 k는 1.4이다.)

① 340   ② 568   ③ 995   ④ 1267

14. 지름이 25 cm인 원형관 속을 5.7 m/s의 평균속도로 물이 흐르고 있다. 40 m에 걸친 수두손실이 5 m라면 이때의 Darcy 마찰계수는 약 얼마인가?

① 0.0189   ② 0.1547

③ 0.2089   ④ 0.2621

15. 벤투리 유량계에 대한 설명으로 옳지 않은 것은?

① 유량계수는 벤투리관의 치수, 형태 및 관내벽의 표면 상태에 따라 달라진다.

② 실제 유체에서는 점성 등에 의한 손실이 발생하므로 유량계수를 사용하여 보정해 준다.

③ 유체는 벤투리관 입구 부분에서 속도가 증가하며, 압력 에너지의 일부가 속도 에너지로 바뀐다.

④ 벤투리 유량계는 확대부의 각도를 20~30°, 수축부의 각도를 6~13°로 하여 압력손실이 적게 발생하게 한다.

16. 그림과 같이 하단의 물과 상단의 기름 경계면까지의 높이가 5 m이고, 이 경계면에서 대기와의 경계면까지의 높이가 5 m일 때 출구에서의 유속 V는 약 몇 m/s인가? (단, 기름의 비중 S는 0.90이다.)

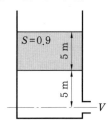

① 13.65   ② 14.65

③ 15.65   ④ 16.65

17. 밀도가 $0.85\,g/cm^3$, 점도가 5 cP인 유체가 인입속도 10 cm/s로 평판에 접근할 때 평판의 입구로부터 20 cm인 지점에서 형성된 경계층의 두께는 약 몇 cm인가? (단, 층류흐름으로 가정하고 상수값은 5로 한다.)

① 1.25   ② 1.71

③ 2.24   ④ 2.78

18. 안지름이 D인 실린더 속에 물이 가득 채워져 있고, 바깥지름이 $0.8D$인 피스톤이 0.1 m/s의 속도로 주입되고 있다. 이 때 실린더와 피스톤 사이의 틈으로 역류하는 물의 평균속도는 약 몇 m/s인가?

① 0.178   ② 0.213

③ 0.313   ④ 0.413

19. 등엔트로피 과정 하에서 완전기체 중의 음속을 옳게 나타낸 것은? (단, E는 체적 탄성계수, R은 기체상수, T는 절대온도, P는 압력, k는 비열비이다.)

① $\sqrt{PE}$ ② $\sqrt{kRT}$

③ RT ④ PT

20. 압력의 차원을 절대단위계로 바르게 나타낸 것은?

① MLT^{-2}

② $ML^{-1}T^{2}$

③ $ML^{-2}T^{-2}$

④ $ML^{-1}T^{-2}$

제 2 과목   연소공학

21. 기체상수 R의 단위가 kgf · m/kmol · K 일 때의 값은?

① 0.0821   ② 1.987

③ 8.314   ④ 848

22. 어떤 연도가스의 조성이 아래와 같다면 과잉공기의 백분율은 약 몇 %인가? (단, 공기 중 질소와 산소의 부피비는 79 : 21이다.)

CO_2 : 11.9 %	CO : 1.6 %
O_2 : 4.1 %	N_2 : 82.4 %

① 17.7   ② 21.9

③ 33.5   ④ 46.0

23. 이상기체 10 kg을 240 K만큼 온도를 상승시키는데 필요한 열량이 정압인 경우와 정적인 경우에 그 차가 415 kJ이었다. 이 기체의 가스상수는 약 몇 kJ/kg · K인가?

① 0.173   ② 0.287

③ 0.381   ④ 0.423

24. 이론 공기량에 대한 실제 공기량의 비를 무엇이라 하는가?

① 공기비   ② 당량비

③ 혼합비   ④ 연료비

25. 열역학 제1법칙을 바르게 설명한 것은?

① 열평형에 관한 법칙이다.

② 제2종 영구기관의 존재 가능성을 부인하는 법칙이다.

③ 에너지보존 법칙 중 열과 일의 관계를 설명한 것이다.

④ 열은 다른 물체에 아무런 변화도 주지 않고, 저온 물체에서 고온 물체로 이동하지 않는다.

26. 정압비열(C_p)이 1.848 kJ/kg · K이고, 정적비열(C_v)이 1.386 kJ/kg · K인 이상기체가 단열된 실린더 내에서 팽창한다. 처음의 압력(P_1)이 0.98 MPa, 처음의 체적(V_1)이 0.111 m^3이라면, 이 기체 0.5 kg이 용적 0.3 m^3으로 될 때까지 행하여진 일량은 약 몇 kJ인가? (단, 기체상수 R은 460.6 N · m/kg · K이다.)

① 7.31   ② 8.31
③ 71.4   ④ 92.1

27. 사염화탄소를 소화기로 사용하지 못하는 이유로 옳은 것은?

① 방출 시 분해되어 염소가 생성된다.
② 열분해되어 맹독성인 포스겐이 생성된다.
③ 사염화탄소 자체가 독성을 가진다.
④ 공기보다 가벼워 쉽게 확산된다.

28. 온도가 500℃인 과열증기의 과열도는 약 얼마인가? (단, 포화증기 온도는 600 K이다.)

① 123   ② 173
③ 223   ④ 273

29. 이상기체상수 R(kJ/kg · K)이 가장 작은 것은?

① 메탄   ② 공기
③ 산소   ④ 에틸렌

30. 아세틸렌 가스의 위험도(H)는 약 얼마인가?

① 21   ② 23
③ 31   ④ 33

31. 1 atm 25℃ 공기를 0.5 atm까지 단열 팽창시키면 그때 온도는 몇 ℃인가? (단, 공기의 비열비는 1.4이다.)

① −8.6   ② −10.5
③ −13.8   ④ −28.5

32. 최고온도 600℃와 최저온도 50℃ 사이에서 작동되는 카르노 사이클의 이론적 효율은 약 몇 %인가?

① 35.15   ② 46.06
③ 57.27   ④ 63.00

33. 예혼합연소의 특징에 대한 설명으로 옳은 것은?

① 역화의 위험성이 없다.
② 로(爐)의 체적이 커야 한다.
③ 연소실 부하율을 높게 얻을 수 있다.
④ 화염대에 해당하는 두께는 10~100 mm 정도로 두껍다.

34. 다음 중 오토 사이클에 대한 설명이 아닌 것은?

① 열효율은 압축비에 대한 함수이다.
② 열효율은 공기표준 사이클보다 낮다.
③ 비열비가 작을수록 열효율은 증대한다.
④ 이상연소에 의한 열효율은 크게 제한을 받는다.

35. 증발온도가 −15℃이며, 응축온도가 30℃ 인 그림의 $P-h$ 선도로 가동되는 냉동사 이클에 대한 성적계수는 약 얼마인가?

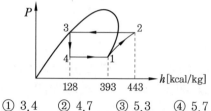

① 3.4 ② 4.7 ③ 5.3 ④ 5.7

36. 전실화재(flashover)와 역화(back draft) 에 대한 설명으로 틀린 것은?

① flashover는 급격한 가연성가스의 착 화로서 폭풍과 충격파를 동반한다.
② flashover는 화재성장기(제1단계)에서 발생한다.
③ back draft는 최성기(제2단계)에서 발 생한다.
④ flashover는 열의 공급이 요인이다.

37. 난류 예혼합화염과 층류 예혼합화염의 특징을 비교한 설명으로 옳지 않은 것은?

① 난류 예혼합화염은 다량의 미연소분이 잔존한다.
② 난류 예혼합화염의 두께가 층류 예혼 합화염의 두께보다 크다.
③ 난류 예혼합화염의 휘도(輝度)는 층류 예혼합화염의 휘도보다 낮다.
④ 난류 예혼합화염의 연소속도는 층류 예혼합화염의 연소속도보다 수배 내지 수십배 빠르다.

38. 부탄(C_4H_{10})가스 1 Sm^{3}를 완전 연소시켰을 때의 건조 연소가스량은 약 몇 Sm^{3}인가? (단, 공기 중 산소의 농도는 21 vol%이다.)

① 21.8 ② 25.8
③ 28.4 ④ 32.4

39. 가연성 가스의 발화도가 150℃일 때 방 폭 전기기기의 온도등급은?

① T2 ② T3
③ T4 ④ T5

40. 프로판 1 Sm^{3}를 완전 연소시키는데 필 요한 이론공기량은 몇 Sm^{3}인가?

① 5.0 ② 10.5
③ 21.0 ④ 23.5

제 3 과목 가스설비

41. Mn을 1~1.5 %을 포함한 알루미늄 합금 으로 가공성, 용접성이 좋아 저장탱크 등에 널리 사용되는 알루미늄 합금은?

① 알민(Al−Mn계) ② 알클레드
③ 두랄루민 ④ Y 합금

42. Freon(CFC) 제조 시 사용되지 않는 것은?

① 암모니아 ② 아세틸렌
③ 불화수소 ④ 염소

43. 피셔(fisher)식 정압기의 2차 압력의 이상 저하 원인으로 가장 거리가 먼 것은?

① 정압기의 능력 부족
② 필터 먼지류의 막힘
③ 가스 중 수분의 동결
④ 파일럿 오리피스의 녹 막힘

44. 레페(Reppe) 반응장치 내에서 아세틸렌을 압축할 때 폭발의 위험을 최소화하기 위해 첨가하는 물질로 옳은 것은?

① N_2 : 49 % 또는 CO_2 : 42 %
② N_2 : 22 % 또는 CO_2 : 29 %
③ O_2 : 49 % 또는 CO_2 : 42 %
④ O_2 : 22 % 또는 CO_2 : 29 %

45. 정(+) 톰슨 관련 금속에 해당되는 것은?

① Pt
② Ni
③ Cu
④ Fe

46. 나프타 접촉분해법에서 개질온도 705℃의 조건에서 개질압력을 1기압보다 높은 압력에서의 조업조건이 옳은 것은?

① H_2와 CO가 증가하고, CH_4와 CO_2가 감소한다.
② H_2와 CO가 감소하고, CH_4와 CO_2가 증가한다.
③ CO와 CO_2가 감소하고, CH_4와 H_2가 증가한다.
④ CH_4와 CO가 증가하고, H_2와 CO_2가 감소한다.

47. 펌프의 유효흡입수두(NPSH)를 가장 잘 표현한 것은?

① 펌프의 동력을 나타내는 척도이다.
② 공동현상 발생조건을 나타내는 척도이다.
③ 공동현상을 일으키지 않을 한도의 최대 흡입 양정을 말한다.
④ 펌프가 흡입할 수 있는 전흡입 수두로 펌프의 특성을 나타낸다.

48. 2단 감압식 1차용 조정기의 최대폐쇄압력은 얼마인가?

① 3.5 kPa 이하
② 50 kPa 이하
③ 95 kPa 이하
④ 조정압력의 1.25배 이하

49. 아세틸렌 용기의 부식을 방지하기 위하여 시행하는 1차 도장의 1회당 도포량 기준으로 옳은 것은? (단, 도포량은 용기 외면 1 m^2당 g수이다.)

① 100
② 130
③ 150
④ 150

50. 고압가스 반응기 중 암모니아 합성탑의 구조로서 옳은 것은?

① 암모니아 합성탑은 내압용기와 내부구조물로 되어 있다.
② 암모니아 합성탑은 이음새 없는 둥근 용기로 되어 있다.
③ 암모니아 합성탑은 내부 가열식 용기와 내부 구조물로 되어 있다.
④ 암모니아 합성탑은 오토클레이브(auto clave)내에 회전형 구조이다.

51. 분젠식 버너에 사용되는 노즐 형식이 아닌 것은?

① 다공형 노즐
② 확산형 노즐
③ 감속형 노즐
④ 조정형 노즐

52. 직경 100 mm, 길이 20 m인 저압배관에 프로판(C_3H_8) 가스를 공급할 때 압력손실이 14 mmH_2O이다. 이 배관에 부탄(C_4H_{10})을 프로판과 동일한 유량으로 공급하면 압력손실은 약 몇 mmH_2O인가? (단, 비중은 프로판이 1.5, 부탄이 2이다.)

① 12.67   ② 15.86
③ 18.67   ④ 21.56

53. 그림은 회전수가 일정할 경우의 펌프의 특성곡선이다. 효율곡선에 해당하는 것은?

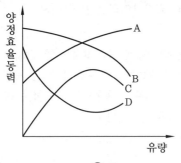

① A   ② B
③ C   ④ D

54. 원심펌프에서 발생하는 서징현상 방지법으로 적합하지 않은 것은?

① 임펠러 회전수를 변경시킨다.
② 배관 중에 있는 불필요한 수조를 제거한다.
③ 임펠러, 가이드 베인의 형상 및 치수를 변경하여 특성을 변화시킨다.
④ 방출밸브를 사용하여 서징현상이 발생할 때 양수량 이상으로 유량을 증가시킨다.

55. 직경이 100 mm인 원형 기둥에 100000 N의 힘이 작용할 때 원형 기둥에 작용하는 응력은 약 몇 MPa인가?

① 1.273   ② 12.732
③ 127.32   ④ 1273.2

56. 납사(Naphtha)에 대한 설명으로 옳지 않은 것은?

① C/H비가 5~6으로 가스화가 용이하다.
② 올레핀계 탄화수소량이 많은 것이 가스화 효율이 높다.
③ 가스화하여 도시가스로 공급하거나 증열용으로 사용한다.
④ 원유의 상압증류에서 비점이 200℃ 이하의 유분을 뜻한다.

57. 염소의 공기 중 폭발범위는 얼마인가?

① 2.5~81.0 %
② 4.0~75.1 %
③ 12.5~74.0 %
④ 없음

58. 다음 중 기화기를 구성하는 주요 설비가 아닌 것은?

① 열교환기
② 열매 이송장치
③ 액유출 방지장치
④ 열매 온도 제어장치

59. 어느 식당에서 가스레인지 1개에서 0.4 kg/h의 LP가스를 소비하는데 5시간 동안 계속 사용하고, 가스레인지가 10개였다면 필요한 최소 용기의 수는? (단, 잔액이 20 %일 때 교환하고 용기 1개의 가스 발생능력은 850 g/h이다.)

① 3개   ② 4개
③ 5개   ④ 6개

60. 비교회전도(비속도)의 범위가 200~700 정도 되는 펌프는?

① 벌류트펌프   ② 터빈펌프
③ 축류펌프   ④ 사류펌프

제 4 과목 가스안전관리

61. 배관의 임의의 지점에서 길이 방향으로 1.6 km, 배관 중심으로부터 좌우로 각각 폭 0.2 km의 범위에 있는 가옥수(아파트 등 복합건축물의 가옥 숫자는 건축물 안의 독립된 가구 수로 한다)를 나타내는 용어로 옳은 것은?

① 가옥지수　　② 밀도지수
③ 배관지수　　④ 인구지수

62. 단일 방호식 LNG 저장탱크에 대한 설명으로 틀린 것은?

① 1차 탱크는 상부가 개방형으로 이루어진 구조이다.
② 액화천연가스를 저장할 수 있는 하나의 탱크로 구성된다.
③ 2차 탱크는 증기를 담을 수 있는 강재 돔 지붕이 있는 것이어야 한다.
④ 1차 탱크는 액화천연가스를 저장할 수 있는 자기 지지형 강재 원통형으로 한다.

63. 과류차단형 액화석유가스용 용기밸브의 과류차단성능 기준 중 과류차단기구가 작동한 후의 공기 누출량 기준으로 옳은 것은?

① 용기 내 압력이 0.7 MPa 이상 15 MPa 이하의 범위에서 5 L/h 이하인 것으로 한다.
② 용기 내 압력이 0.07 MPa 이상 1.5 MPa 이하의 범위에서 5 L/h 이하인 것으로 한다.
③ 용기 내 압력이 0.7 MPa 이상 15 MPa 이하의 범위에서 15 L/h 이하인 것으로 한다.
④ 용기 내 압력이 0.07 MPa 이상 1.5 MPa 이하의 범위에서 15 L/h 이하인 것으로 한다.

64. 전자식 가스누출 확인 퓨즈콕 구성과 관계없는 것은?

① 자동개폐버튼
② 점검버튼
③ 시간조작버튼
④ 전자식 차단밸브

65. 액화석유가스용 용기잔류가스 회수장치의 구성이 아닌 것은?

① 열교환기　　② 압축기
③ 연소설비　　④ 질소퍼지장치

66. 액화프로판 500 kg을 내용적 60 L의 용기에 충전하려면 몇 개의 용기가 필요한가?

① 5개　　② 10개
③ 15개　　④ 20개

67. 고압가스 특정제조시설의 장치 분야 정밀안전 검진항목이 아닌 것은?

① 경도 측정
② 전위 측정
③ 침탄 측정
④ 보온·보랭 상태

68. 아세틸렌을 충전하는 용기에 다공질물이 고형일 때 아세톤 또는 디메틸포름아미드를 충전한 다음 용기벽을 따라 생기는 틈이 무방한 것은 용기 직경의 얼마를 초과하지 않는 것인가?

① 1/100　　② 1/200
③ 1/300　　④ 1/500

69. 고압가스 용기의 재검사를 받아야 할 경우가 아닌 것은?

① 손상이 발생한 용기
② 합격표시가 훼손된 용기
③ 충전한 고압가스가 소진된 용기
④ 산업통상자원부령이 정하는 기간이 경과한 용기

70. 가연성가스가 폭발할 위험이 있는 농도에 도달할 우려가 있는 장소로서 "2종 장소"에 해당되지 않는 것은?

① 상용의 상태에서 가연성가스의 농도가 연속해서 폭발 하한계 이상으로 되는 장소
② 1종 장소의 주변에서 위험한 농도의 가연성가스가 종종 침입할 우려가 있는 장소
③ 밀폐된 용기가 그 용기의 사고로 인해 파손될 경우에만 가스가 누출할 위험이 있는 장소
④ 환기장치에 이상이나 사고가 발생한 경우에 가연성가스가 체류하여 위험하게 될 우려가 있는 장소

71. 고압가스 용기를 운반할 때 혼합적재를 금지하는 기준으로 틀린 것은?

① 염소와 수소는 동일차량에 적재하여 운반하지 않는다.
② 염소와 아세틸렌은 동일차량에 적재하여 운반하지 않는다.
③ 충전용기와 석유류는 동일차량에 적재할 때에는 완충판 등으로 조치하여 운반한다.
④ 가연성가스와 산소를 동일차량에 적재하여 운반할 때에는 그 충전용기의 밸브가 서로 마주보지 않도록 적재한다.

72. 제조식 수소자동차 충전시설에서 고압가스설비 외면으로부터 다른 가연성가스 제조시설의 고압가스설비와 몇 m의 안전거리를 유지하여야 하는가?

① 5 m 이상
② 10 m 이상
③ 20 m 이상
④ 30 m 이상

73. 일반도시가스사업자의 정압기에서 시공감리 기준 중 기능검사에 대한 설명으로 틀린 것은?

① 가스차단장치의 개폐상태를 확인한다.
② 2차 압력을 측정하여 작동압력을 확인한다.
③ 주정압기의 압력변화에 따라 예비정압기가 정상작동 되는지 확인한다.
④ 지하에 설치된 정압기실 내부에 100룩스 이상의 조명도가 확보되는지 확인한다.

74. 초저온가스용 용기제조 기술기준에 대한 설명으로 틀린 것은?

① "최고충전압력"은 상용압력 중 최고압력을 말한다.
② 용기 동판의 최대두께와 최소두께와의 차이는 평균두께의 10 % 이하로 한다.
③ 용기의 외조에 외조를 보호할 수 있는 플러그 또는 파열판 등의 압력방출장치를 설치한다.
④ 초저온용기는 오스테나이트계 스테인리스강 또는 티타늄합금으로 제조한다.

75. 일반도시가스사업 공급소에서의 안전거리의 기준으로 옳은 것은?

① 가스발생기는 그 외면으로부터 사업장의 경계까지 3 m 이상이 되도록 한다.
② 배송기, 압송기 등 공급시설의 부대설

비는 그 외면으로부터 사업장의 경계 까지 2 m 이상이 되도록 한다.

③ 가스혼합기, 가스정제설비는 그 외면 으로부터 사업장의 경계까지 5 m 이상 이 되도록 한다.

④ 가스홀더는 그 외면으로부터 사업장의 경계까지 거리가 최고사용압력이 고압 인 것은 20 m 이상이 되도록 한다.

76. 고압가스 냉동시설에서 냉동능력의 합산 기준으로 틀린 것은?

① 1원(元) 이상의 냉동방식에 의한 냉동 설비

② brine을 공통으로 하고 있는 2 이상의 냉동설비

③ 냉매가스가 배관에 의하여 공통으로 되어 있는 냉동설비

④ 냉매계통을 달리하는 2개 이상의 설비 가 1개의 규격품으로 인정되는 설비 내 에 조립되어 있는 것

77. 고압가스 제조장치의 내부에 작업원이 들 어가 수리를 하고자 한다. 이 때 가스 치환 작업으로 가장 부적합한 경우는?

① 질소 제조장치에서 공기로 치환한 후 즉시 작업을 하였다.

② 아황산가스인 경우 불활성가스로 치환 한 후 다시 공기로 치환하여 작업을 하 였다.

③ 수소 제조장치에서 불활성가스로 치환 한 후 즉시 작업을 하였다.

④ 암모니아인 경우 불활성가스로 치환하고 다시 공기로 치환한 후 작업을 하였다.

78. 고압가스 안전관리법령에 규정된 안전관 리규정의 실시기록은 몇 년간 보존하여야

하는가?

① 1년 　② 2년

③ 3년 　④ 5년

79. 의료용 산소용기의 표시방법으로 옳은 것은?

① 용기의 상단부에 2 cm 크기의 백색 띠를 한 줄로 표시한다.

② 용기의 상단부에 3 cm 크기의 녹색 띠를 두 줄로 표시한다.

③ 용기의 상단부에 3 cm 크기의 백색 띠를 한 줄로 표시한다.

④ 용기의 상단부에 2 cm 크기의 녹색 띠를 두 줄로 표시한다.

80. 차량에 고정된 용기에 의한 운반기준으 로 틀린 것은?

① 충전관에는 안전밸브, 압력계 및 긴급 탈압밸브를 설치한다.

② 용기의 주 밸브는 1개로 통일하여 긴 급차단장치와 연결한다.

③ 용기 상호간 또는 용기와 차량과의 사 이를 단단하게 부착하는 조치를 한다.

④ 차량 앞뒤의 보기 쉬운 곳에 각각 붉 은 글씨로 "위험고압가스"라는 경계표 시를 한다.

제 5 과목　가스계측

---

81. 25℃는 랭킨(Rankine)온도로 약 몇 °R 인가?

① 77°R 　② 298°R

③ 537°R 　④ 485°R

82. 스트레이너(strainer)의 설치가 필요한 가스미터는?

① 막식   ② 습식

③ 루트식   ④ 오벌 기어식

83. 도체나 반도체 물질에 전류를 흘리고 이것과 수직방향으로 자계를 가하면 전류와 자속이 이루는 면에 직각으로 전압이 발생한다. 이 현상을 무엇이라 하는가?

① 펠티어 효과

② 제베크 효과

③ 홀 효과

④ 톰슨 효과

84. shear stress가 가장 큰 부분은 선도에서 어느 곳에 해당되는가?

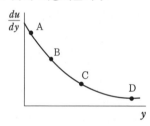

① A   ② B

③ C   ④ D

85. 광고온계의 측정온도 범위로 가장 적합한 것은?

① 100~300℃   ② 100~500℃

③ 700~3000℃ ④ 4000~5000℃

86. 피크노미터는 무엇을 측정하는데 사용되는가?

① 비중   ② 비열

③ 발화점   ④ 열량

87. 헴펠식 가스분석법에서 흡수·분리되지 않은 성분은?

① 이산화탄소   ② 수소

③ 중탄화수소   ④ 산소

88. 아르키메데스의 원리를 이용한 압력계는?

① 플로트식   ② 침종식

③ 단관식   ④ 링밸런스식

89. 스프링식 저울의 경우 측정하고자 하는 물체의 무게가 작용하여 스프링의 변위가 생기고 이에 따라 바늘의 변위가 생겨 지시하는 양으로 물체의 무게를 알 수 있다. 이와 같은 측정방법은?

① 편위법   ② 영위법

③ 치환법   ④ 보상법

90. NH_3 가스 누설이 의심될 때 사용하는 시험지와 반응색이 옳게 연결된 것은?

① 염화파라듐지 – 흑색

② 염화제1구리착염지 – 적색

③ 적색리트머스지 – 청색

④ 초산벤지민지 – 청색

91. 커피포트에서 물이 끓을 때 자동으로 전원을 차단하는 제어는 어떤 제어를 응용한 것인가?

① 시퀀스 제어

② 프로그램 제어

③ 피드백 제어

④ 서보 제어

92. SI기본단위인 켈빈(K)과 관련 있는 것은?

① C   ② C_2H_4

③ H   ④ H_2O

93. 빈병의 질량이 414 g인 비중병이 있다. 물을 채웠을 때 질량이 999 g, 어느 액체를 채웠을 때의 질량이 874 g일 때 이 액체의 밀도는 얼마인가? (단, 물의 밀도 : 0.998 g/cm^3, 공기의 밀도 : 0.00120 g/cm^{3}이다.)

① 0.785 g/cm^3 ② 0.998 g/cm^3

③ 7.85 g/cm^3 ④ 9.98 g/cm^3

94. 가스미터 선정 시 주의사항으로 가장 거리가 먼 것은?

① 내구성

② 내관검사

③ 오차의 유무

④ 사용 가스의 적정성

95. 가스의 폭발 등 급속한 압력변화를 측정하거나 엔진의 지시계로 사용하는 압력계는?

① 피에조 전기압력계

② 경사관식 압력계

③ 침종식 압력계

④ 벨로스식 압력계

96. 아래 그림과 같은 경사관식 압력계에서 압력 P_1과 P_2의 압력차는 약 몇 kPa인가? (단, $\theta = 30°$, $x = 100$ cm, 액체의 비중량은 8820 N/m^{3}이다.)

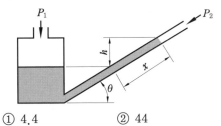

① 4.4   ② 44

③ 8.8   ④ 88

97. 온도계를 발명한 사람과 거리가 먼 인물은?

① 로버트 후크   ② 산토리오

③ 갈릴레오   ④ 가브리엘

⑤ 안데르스

98. 기체 크로마토그래피에서 액체 흡착제를 사용할 때 분리의 바탕이 되는 것은?

① 확산전류의 차

② 흡착계수의 차

③ 가스용적의 차

④ 분배계수의 차

99. 속도분포식 $U = 4y^{\frac{2}{3}}$일 때 경계면에서 0.3 m 지점의 속도구배(s^{-1})는? (단, U와 y의 단위는 각각 m/s, m이다.)

① 2.76   ② 3.38

③ 3.98   ④ 4.56

100. 온도를 측정하려는 물체에 접촉시키지 않고 온도를 측정할 수 있는 온도계로 옳은 것은?

① 전기저항 온도계

② 방사 온도계

③ 열전대 온도계

④ 압력식 온도계

CBT 실전문제 4

1. 뉴턴의 점성법칙을 옳게 나타낸 것은? (단, 전단응력은 τ, 유체속도는 U, 점성계수는 μ, 벽면으로부터의 거리는 y로 나타낸다.)

① $\tau = \mu \dfrac{dy}{du}$ ② $\tau = \mu \dfrac{du}{dy}$

③ $\tau = \dfrac{1}{\mu} \dfrac{dy}{du}$ ④ $\tau = \dfrac{1}{\mu} \dfrac{du}{dy}$

2. 동점도의 단위로 옳은 것은?

① m^2/s ② m/s^2

③ m/s ④ $m^2/kg \cdot s^2$

3. 지름이 50 mm, 길이 800 m인 매끈한 수평 파이프를 통하여 매분 135 L의 기름이 흐르고 있을 때, 파이프 양 끝단의 압력 차이는 몇 kgf/cm²인가? (단, 기름의 비중은 0.92이고, 점성계수는 0.56 poise이다.)

① 0.19   ② 0.94

③ 6.7   ④ 58.49

4. 2차원 평면 유동장에서 어떤 이상 유체의 유속이 다음과 같이 주어질 때, 이 유동장의 흐름 함수(stream function : ψ)에 대한 식으로 옳은 것은? (단, u, v는 각각 2차원 직각좌표계[x, y]상에서 x방향과 y방향의 속도를 나타내고, K는 상수이다.)

$$u = \frac{-2Ky}{x^2 + y^2}, \quad v = \frac{2Kx}{x + y^2}$$

① $\psi = -K\sqrt{x^2 + y^2}$

② $\psi = -2K\sqrt{x^2 + y^2}$

③ $\psi = -K\ln(x^2 + y^2)$

④ $\psi = -2K\ln(x^2 + y^2)$

5. 표준대기압 25℃인 공기 속에서 어떤 물체가 910 m/s의 속도로 움직인다. 이때 음속과 물체의 마하수는 각각 얼마인가? (단, 공기의 비열비는 1.4, 기체상수는 287 J/kg · K이다.)

① 326 m/s, 2.79

② 346 m/s, 2.63

③ 359 m/s, 2.53

④ 367 m/s, 2.48

6. 그림과 같이 수직벽의 양쪽에 수위가 다른 물이 있다. 벽면에 붙인 오리피스를 통하여 수위가 높은 쪽에서 낮은 쪽으로 물이 유출되고 있다. 이 속도 V_2는? (단, 물의 밀도는 ρ, 중력가속도는 g라 한다.)

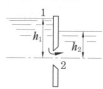

① $\sqrt{\dfrac{2gh_1}{\rho}}$

② $\sqrt{\dfrac{2g}{\rho}(h_1 - h_2)}$

③ $\sqrt{\dfrac{g}{\rho}(h_1 - h_2)}$

④ $\sqrt{2g(h_1 - h_2)}$

7. 반지름이 30 cm인 원통 속에 물을 담아 30 rpm으로 회전시킬 때 수면의 상승 높이는 약 몇 m인가?

① 0.015   ② 0.030

③ 0.045   ④ 0.060

8. 동일한 펌프로 동력을 변화시킬 때 상사 조건이 되려면 동력은 회전수와 어떤 관계가 성립하여야 하는가?

① 회전수의 2승에 비례한다.

② 회전수의 3승에 비례한다.

③ 회전수의 $\frac{1}{2}$승에 비례한다.

④ 회전수와 1대 1로 비례한다.

9. 그림과 같이 유체의 흐름 방향을 따라서 단면적이 감소하는 영역 (Ⅰ)과 증가하는 영역 (Ⅱ)이 있다. 단면적의 변화에 따른 유속의 변화에 대한 설명으로 옳은 것을 모두 나타낸 것은? (단, 유동은 마찰이 없는 1차원 유동이라고 가정한다.)

> A : 비압축성 유체인 경우 영역 (Ⅰ)에서는 유속이 증가하고, (Ⅱ)에서는 감소한다.
> B : 압축성 유체의 아음속 유동(subsonic flow)에서는 영역 (Ⅰ)에서 유속이 증가한다.
> C : 압축성 유체의 초음속 유동(supersonic flow)에서는 영역 (Ⅱ)에서 유속이 증가한다.

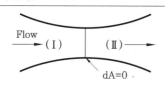

① A, B   ② A, C

③ B, C   ④ A, B, C

10. 평판을 지나는 경계층 유동에 관한 설명으로 옳은 것은? (단, x는 평판 앞쪽 끝으로부터의 거리를 나타낸다.)

① 평판 유동에서 층류 경계층의 두께는 $x^{\frac{1}{2}}$에 비례한다.

② 경계층에서 두께는 물체의 표면부터 측정한 속도가 경계층의 외부 속도의 80 %가 되는 점까지의 거리이다.

③ 평판에 형성되는 난류 경계층의 두께는 x에 비례한다.

④ 평판 위의 층류 경계층의 두께는 거리의 제곱에 비례한다.

11. 수축 – 확대 노즐에서 확대 부분의 유속은?

① 언제나 아음속이다.

② 언제나 초음속이다.

③ 초음속이 가능하다.

④ 음속과 같다.

12. 다음과 같은 일반적인 베르누이 방정식의 적용 조건과 관련이 없는 것은?

$$\frac{u^2}{2} + gz + \frac{P}{\rho} = \text{constant}$$

① 정상 상태 흐름이다.

② 압축성 유체의 흐름이다.

③ 비점성 유체의 흐름이다.

④ 같은 유선 위에 있는 두 점에 적용된다.

13. 어떤 유체의 흐름계를 Buckingham pi 정리에 의하여 차원 해석을 하고자 한다. 계를 구성하는 변수가 7개이고, 이들 변수에 포함된 기본차원이 3개일 때, 몇 개의 독립적인 무차원 수가 얻어지는가?

① 2   ② 4

③ 6   ④ 10

14. 전양정 15 m, 송출량 0.02 m³/s, 효율 85 %인 펌프로 물을 수송할 때 축동력은 몇 마력인가?

① 2.8 PS   ② 3.5 PS

③ 4.7 PS   ④ 5.4 PS

15. 마하각 α를 옳게 표현한 것은? (단, V는 속도, C는 음속, M은 마하수이다.)

① $\alpha = \sin^{-1}(M \cdot C)$

② $\alpha = \sin^{-1}\dfrac{C}{M}$

③ $\alpha = \sin^{-1}\dfrac{V}{C}$

④ $\alpha = \sin^{-1}\dfrac{C}{V}$

16. 압축성 유체의 에너지 수지에서 고려해 주지 않아도 되는 변수는?

① 위치에너지   ② 내부에너지

③ 엔트로피   ④ 엔탈피

17. 물리량의 단위를 잘못 표현한 것은?

① 전단응력 : N/m²

② 운동량 : kg · m/s

③ 표면장력 : N/m

④ 일 : N/m³

18. 다음 중 축류펌프의 특징에 대해 잘못 설명한 것은?

① 유량을 크게 하면 전양정을 높일 수 있다.

② 비속도가 높은 영역에서는 원심펌프보다 효율이 높다.

③ 깃의 수를 많이 하면 양정이 증가한다.

④ 체절상태로 운전은 불가능하다.

19. 면적이 줄어드는 통로에서의 등엔트로피 유동에 대한 설명이다. 다음 중 옳은 것은?

> ㉠ 아음속에서 밀도는 증가하고, 초음속에서 밀도는 감소한다.
>
> ㉡ 아음속에서 속도는 증가하고, 초음속에서 속도는 감소한다.

① 모두 틀리다.   ② ㉠, ㉡ 모두 옳다.

③ ㉠만 옳다.   ④ ㉡만 옳다.

20. 직경 1 mm, 비중 9.5인 구가 동점성계수(kinematic viscosity) 0.0025 m²/s, 비중 1.25인 액체 속으로 자유 낙하하고 있을 때 낙하 종속도(terminal velocity)는 약 몇 m/s 인가?

① 3.52×10^{-3} ② 5.76×10^{-3}

③ 1.44×10^{-3} ④ 2.88×10^{-3}

제 2 과목   연소공학

21. 이상기체의 등온과정에 대한 설명으로 옳은 것은?

① 일이 없다.

② 열 이동이 없다.

③ 엔탈피의 변화가 없다.

④ 엔트로피의 변화가 없다.

22. 프로판 가스 2.1 m³를 연소하는 과정에서 건조한 공기 55 m³가 소비되었다면 공기비는 약 얼마인가? (단, 공기의 부피 조성비는 산소 : 질소 = 21 : 79이다.)

① 1.0   ② 1.1
③ 1.2   ④ 2.3

23. 프로판과 부탄이 혼합된 경우로서 부탄의 함유량이 많아지면 발열량은?

① 커진다.
② 줄어든다.
③ 일정하다.
④ 커지다가 줄어든다.

24. 비등액체팽창증기폭발(BLEVE : Boiling Liquid Expansion Vapor Explosion)의 발생조건과 무관한 것은?

① 가연성 액체가 개방계 내에 존재하여야 한다.
② 입열에 의해 탱크 내압이 설계압력 이상으로 상승하여야 한다.
③ 주위에 화재 등이 발생하여 내용물이 비점 이상으로 가열되어야 한다.
④ 탱크의 파열이나 균열에 의해 내용물이 대기 중으로 급격히 방출하여야 한다.

25. Van der Waals에 의해 제시된 상태방정식은 $\left(P + \dfrac{a}{V^2}\right)(V - b) = RT$이다. 여기서 분자들 사이의 인력의 작용이 이상기체에 의하여 발휘될 압력보다 적게 발휘하도록 하는 것을 보정하는 항은? (단, a와 b는 특정 기체의 특유한 성질이며 양의 상수이다.)

① $P + \dfrac{a}{V^2}$ ② $V - b$

③ b ④ $\dfrac{a}{V^2}$

26. C 87 %, H_2 10 %, S 3 %의 조성을 갖는 중유가 이론공기로 완전연소할 때 생성되는 CO_2의 양은 약 몇 %인가? (단, 공기 중 산소의 농도는 21 v%이다.)

① 15.3   ② 16.3
③ 17.3   ④ 18.3

27. 다양한 종류의 방폭구조 관련 지식, 위험장소 구분 관련 지식 및 방폭전기기기 설치 실무 관련 지식 등을 보유한 자를 무엇이라 하는가?

① 방폭점검사   ② 방폭관리사
③ 방폭실무자   ④ 방폭감독자

28. 표준상태에서 C_3H_8 10 kg의 체적은 약 몇 m^3인가? (단, 이상기체로 가정하고 프로판의 분자량은 44이다.)

① 0.01   ② 0.277
③ 4.4   ④ 5.1

29. 파라핀계 탄화수소의 탄소수 증가에 따른 일반적인 성질 변화로 옳지 않은 것은?

① 착화점이 높아진다.
② 인화점이 높아진다.
③ 연소범위가 좁아진다.
④ 발열량($kcal/m^3$)이 커진다.

30. 위험장소의 등급분류 중 2종 장소에 해당하지 않는 것은?

① 밀폐된 설비 안에 밀봉된 가연성가스가 그 설비의 사고로 인하여 파손되거나 오조작의 경우에만 누출할 위험이 있는 장소
② 확실한 기계적 환기조치에 따라 가연성가스가 체류하지 아니하도록 되어 있으나 환기장치에 이상이나 사고가 발생한 경우에는 가연성가스가 체류하여 위

험하게 될 우려가 있는 장소

③ 상용상태에서 가연성가스가 체류하여 위험하게 될 우려가 있는 장소, 정비보수 또는 누출 등으로 인하여 종종 가연성가스가 체류하여 위험하게 될 우려가 있는 장소

④ 인접한 실내에서 위험한 농도의 가연성가스가 종종 침입할 우려가 있는 장소

31. 저발열량이 41860 kJ/kg인 연료를 5 kg 연소시켰을 때 연소가스의 열용량이 69.77 kJ/℃이었다면 이때의 이론연소 온도는 약 몇 ℃인가?

① 1000℃　　② 2000℃

③ 3000℃　　④ 4000℃

32. 질소 10 kg이 일정 압력상태에서 체적이 1.5 m³에서 0.5 m³으로 감소될 때까지 냉각되었을 때 질소의 엔트로피 변화량의 크기는 약 몇 kJ/K인가? (단, C_p는 1.04 kJ/kg · K로 한다.)

① 11　② 22　③ 44　④ 88

33. 연소에 관한 설명으로 옳지 않은 것은?

① 고체 및 액체 연료는 고온의 가스 분위기에서 먼저 가스화된다.

② 화염의 종류는 화학적인 성질에 따라 산화염과 환원염으로 나뉜다.

③ 연소는 연료의 산화 발열반응이므로 연소속도란 산화하는 속도라 할 수 있다.

④ 석탄, 장작과 같이 처음에 불꽃을 일으키며 일어나는 연소를 표면연소라 한다.

34. 산소(O_2)의 기본 특성에 대한 설명 중 틀린 것은?

① 자신은 스스로 연소하는 가연성이다.

② 가연성 물질과 반응하여 폭발할 수 있다.

③ 오일과 혼합하면 산화력 증가로 강력히 연소한다.

④ 순산소 중에서는 철, 알루미늄 등도 연소되며 금속산화물을 만든다.

35. 가스 혼합물을 분석한 결과 N_2 70 %, CO_2 15 %, O_2 11 %, CO 4 %의 체적비를 얻었다. 이 혼합물은 10 kPa, 40℃, 0.2 m³인 초기 상태로부터 0.1 m³으로 실린더 내에서 가역단열 압축할 때 최종 상태의 온도는 약 몇 K인가? (단, 이 혼합가스의 정적비열은 0.7157 kJ/kg · K이다.)

① 307　　② 380

③ 407　　④ 540

36. 열확산계수에 대한 운동량 확산계수의 비에 해당하는 무차원수는?

① Lewis number

② Prandtl number

③ Nusselt number

④ Grashof number

37. 기체연료의 연소속도에 대한 설명으로 틀린 것은?

① 혼합기체의 초기온도가 올라갈수록 연소속도가 빨라진다.

② 연소속도는 메탄의 경우 당량비 농도 근처에서 최고가 된다.

③ 연소속도는 가연한계 내에서 혼합기체의 농도에 영향을 크게 받는다.

④ 보통의 탄화수소와 공기의 혼합기체 연소속도는 약 400~500 cm/s 정도로 매우 빠른 편이다.

38. 임계온도가 약 132.5℃인 가스는?

① CH_4 ② NH_3 ③ Ar ④ O_2

39. 정적비열이 0.717 kJ/kg·K인 공기의 정압비열은 약 몇 kJ/kg·K인가?

① 0.283 ② 0.43 ③ 1.004 ④ 1.4

40. 다음 연료 중 공기 중에서 완전연소시킬 때 단위 질량당 발열량이 가장 큰 것은?

① 메탄가스 ② 아세틸렌
③ 프로판가스 ④ 수소

제 3 과목 가스설비

41. 송출 유량(Q)이 0.3 m³/min, 양정(H)이 16 m, 비교회전도(N_s)가 110일 때 펌프의 회전속도(N)는 약 몇 rpm인가?

① 1507 ② 1607
③ 1707 ④ 1807

42. 축류펌프에 대한 설명 중 틀린 것은?

① 비속도(비교회전도)가 크다.
② 저양정에서 회전수를 크게 할 수 있다.
③ 양정의 변화에 대해 유량의 변화가 적다.
④ 허용 흡입압력 이상으로 사용해도 손실이 없다.

43. LP가스의 일반적인 성질에 대한 설명 중 옳은 것은?

① 증발잠열이 적다.
② 액체상태의 LP가스는 물보다 무겁다.
③ 주성분은 저급탄화수소의 화합물이다.

④ 온도상승에 따른 LP가스 액의 체적팽창률이 적다.

44. 어느 용기에 액체를 넣어 밀폐하고 압력을 가해주면 액체의 비등점은 어떻게 되는가?

① 상승한다.
② 저하한다.
③ 변하지 않는다.
④ 이 조건으로는 알 수 없다.

45. 지름이 8.2 m인 구형탱크에 수압시험을 하기 위하여 물을 채우고자 한다. 처리능력이 10 m³/h인 원심펌프를 사용한다면 탱크에 물을 가득 채울 때까지 걸리는 시간은 약 얼마인가?

① 17시간 ② 21시간
③ 25시간 ④ 29시간

46. 완전방호식 LNG 저장탱크에 대한 설명으로 틀린 것은?

① 1차 탱크는 자기자립형 구조의 단일벽 강재이다.
② 1차 탱크와 2차 탱크 사이의 환상공간은 2.0 m 이하로 한다.
③ 2차 탱크는 돔 지붕을 갖추고 정상운전 시 모든 가스를 담을 수 있고 증기는 제어 가능하다.
④ 2차 탱크는 증기를 담지 않는 상부 개방형 구조 또는 증기를 담을 수 있는 돔 지붕을 갖추고 있다.

47. 외부전원법에 의한 전기방식시설의 유지관리 시 3개월에 1회 이상 점검대상이 아닌 것은?

① 정류기 출력 ② 배선의 접촉상태
③ 역전류방지장치 ④ 계기류 확인

48. 급유식 나사압축기의 특징이 아닌 것은?

① 깨끗한 공기를 얻을 수 있다.

② 소음과 진동이 적고, 토출가스에 맥동이 없다.

③ 압축과정이 등온압축에 가까우므로 효율이 좋다.

④ 주입되는 윤활유의 냉각에 의한 내부의 열팽창이 적어 틈새를 적게 할 수 있다.

49. 자긴처리(auto frettage)에 대한 설명으로 틀린 것은?

① 금속라이너 압력용기 제조공정에 적용한다.

② 항복점을 초과하는 압력을 가하여 영구 소성변형을 일으키는 것이다.

③ 자긴처리는 내압시험압력 이상으로 물 등의 유체를 이용하여 실시한다.

④ 자긴처리는 압력을 가한 후 최대 회복점을 일으키지 않는 압력 이상으로 한다.

50. 역카르노 사이클로 작동되는 냉동기가 10마력의 일을 받아서 저온체에서 10 kcal/s 의 열을 흡수한다면 고온체로 방출하는 열량은 약 몇 kcal/s인가?

① 9.8 ② 11.8

③ 13.8 ④ 15.8

51. 고압장치 중 코어바 원통과 와인딩 부분의 재질을 변경할 수 있어 재료비를 경감할 수 있는 형식의 고압 원통은?

① 수축 원통

② 강대권 원통

③ 용접형 다층권 원통

④ 스파이럴식 다층권 원통

52. LPG 용기 밸브 충전구의 일반적 나사 형식과 암모니아의 나사 형식이 바르게 연결된 것은?

① 숫나사 – 암나사

② 암나사 – 숫나사

③ 왼나사 – 오른나사

④ 오른나사 – 왼나사

53. 독성가스 배관용 밸브의 압력구분을 호칭하기 위한 표시가 아닌 것은?

① Class ② S

③ PN ④ K

54. 가스의 호환성을 판정할 때 사용되는 것은?

① Reynolds수 ② Webbe지수

③ Nusselt수 ④ Mach수

55. 펌프를 운전할 때 펌프 내에 액이 충만하지 않으면 공회전하여 펌핑이 이루어지지 않는다. 이러한 현상을 방지하기 위하여 펌프 내에 액을 충만시키는 것을 무엇이라 하는가?

① 맥동 ② 프라이밍

③ 서징 ④ 캐비테이션

56. 건식 가스홀더에 대한 설명으로 틀린 것은?

① 단층식과 다층식으로 분류된다.

② 작동 중에는 가스압력이 거의 일정하다.

③ 기초가 간단하고 시설비가 적게 소요된다.

④ 탱크 내부에 피스톤이나 다이어프램이 설치되어 있다.

57. 특정설비 중 역화방지장치란 아세틸렌, 수소 그 밖에 가연성 가스의 제조 및 사용설비에 부착하는 건식 또는 수봉식 역화방지장치를 말한다. 수봉식은 무슨 가스에 대하여만 적용하는가?

① 수소　　　② 암모니아
③ 염소　　　④ 아세틸렌

58. 합성천연가스(SNG) 제조 시 납사를 원료로 하는 메탄합성공정과 관련이 적은 설비는?

① 탈황장치　　　② 반응기
③ 수첨 분해탑　　④ CO 변성로

59. 탄소강의 열처리 방법이 아닌 것은?

① 뜨임　② 불림　③ 풀림　④ 굽힘

60. 실린더 중에 피스톤과 보조피스톤이 있고 양 피스톤의 작용으로 상부에 팽창기, 하부에 압축기가 구성되어 있는 공기액화 사이클은?

① 린데 액화 사이클
② 필립스 액화 사이클
③ 클라우드 액화 사이클
④ 캐스케이드 액화 사이클

제 4 과목　가스안전관리

61. 고압가스용 용기부속품 재검사기준에서 정한 재검사 항목이 아닌 것은?

① 외관검사　　　② 기밀성능검사
③ 누출검사　　　④ 작동성능검사

62. 도시가스용 압력조정기에 표시하여야 할 사항이 아닌 것은?

① 품질보증기관
② 입구압력 범위
③ 가스의 공급방향
④ 제조자명 또는 그 약호

63. 용기내장형 액화석유가스 난방기용 용기밸브에서 내압성능 기준으로 옳은 것은?

① 밸브 몸통에 1.3 MPa 이상의 압력으로 1분간 유지하여 누출 또는 변형이 없는 것
② 밸브 몸통에 2.6 MPa 이상의 압력으로 2분간 유지하여 누출 또는 변형이 없는 것
③ 밸브 몸통에 1.3 MPa 이상의 압력으로 2분간 유지하여 누출 또는 변형이 없는 것
④ 밸브 몸통에 2.6 MPa 이상의 압력으로 1분간 유지하여 누출 또는 변형이 없는 것

64. 불소의 LC50(ppm · 1 h · Rat)으로 옳은 것은?

① 144　② 185　③ 293　④ 1307

65. 가스안전사고를 조사할 때 유의할 사항으로 적합하지 않은 것은?

① 재해 조사에 참가하는 자는 항상 주관적인 입장을 유지하여 조사한다.
② 재해와 관련이 있다고 생각되는 것은 물적, 인적인 것을 모두 수립, 조사한다.
③ 시설의 불안전한 상태나 작업자의 불안전한 행동에 대하여 유의하여 조사한다.

④ 재해 조사는 발생 후 되도록 빨리 현장 상태가 보존되는 가운데 실시하는 것이 좋다.

66. LPG 용기 저장에 대한 설명으로 옳지 않은 것은?

① 충전용기는 항상 40℃ 이하를 유지하여야 한다.
② 용기보관실의 저장설비는 용기집합식으로 한다.
③ 내용적 30 L 미만의 용접용기는 2단으로 쌓을 수 있다.
④ 용기보관실은 사무실과 구분하여 동일한 부지에 설치한다.

67. 고압가스용 재충전금지 용기의 최고 충전압력은 몇 MPa 이하인가? (단, 내용적이 25 L 이하인 용기이다.)

① 9.8
② 20
③ 22.5
④ 35

68. 아세틸렌을 용기에 충전하는 때의 압력은 2.5 MPa 이하로 하고, 충전 후의 압력이 몇 ℃에서 몇 MPa로 될 때까지 정치하여야 하는가?

① 15℃, 1.5 MPa 이하
② 15℃, 2.0 MPa 이하
③ 20℃, 2.0 MPa 이하
④ 20℃, 1.5 MPa 이하

69. 고압가스용 안전밸브 구조의 기준으로 틀린 것은?

① 가연성가스용의 안전밸브는 개방형을 사용한다.
② 그 일부가 파손되었을 때에도 충분한

분출량을 얻어야 한다.
③ 스프링이 파손되어도 밸브디스크 등이 외부로 빠져나가지 않아야 한다.
④ 밸브디스크와 밸브시트와의 접촉면이 밸브축과 이루는 기울기는 90°(평면시트)인 것으로 한다.

70. 고압가스 안전관리법상 특수고압가스가 아닌 것은?

① 셀렌화수소
② 게르만
③ 디실란
④ 포스겐

71. 정전기 대책에 대한 설명으로 틀린 것은?

① 접지에 의한 방법
② 공기를 이온화하는 방법
③ 접촉 전위차가 큰 물질을 사용하는 방법
④ 작업실 내의 습도를 75 % 이상 유지하는 방법

72. 액화석유가스 충전시설 중 10톤 이하인 저장설비는 그 외면으로부터 사업소경계까지 유지해야 할 안전거리는 얼마인가?

① 21 m 이상
② 24 m 이상
③ 27 m 이상
④ 30 m 이상

73. 자동절체식 일체형 준저압조정기의 최대 폐쇄압력은 조정압력의 몇 배 이하인가?

① 1.15배
② 1.25배
③ 1.5배
④ 2배

74. 고압가스 안전관리법에서 정한 특정설비가 아닌 것은?

① 조정기
② 긴급차단장치
③ 안전밸브
④ 저장탱크

75. 액화도시가스를 선박에 충전하는 작업의 기준으로 틀린 것은?

① 선박에 충전하기 위한 차량의 설치 대수는 2대 이하로 한다.
② 충전장소의 중심으로부터 선박의 외면까지의 거리는 3 m 이상의 안전거리를 유지한다.
③ 충전장소 주위에는 황색바탕에 적색문자로 '충전작업 중 엔진정지'라는 표시를 한 게시판을 설치한다.
④ 충전작업을 할 경우에는 액화도시가스 선박충전시설에 선임된 안전관리자가 기준에 따른 조치를 한다.

76. 액화석유가스 저장 시의 안전과 관련한 설명으로 틀린 것은?

① 저장탱크는 항상 40℃ 이하의 온도를 유지한다.
② 저장설비에는 일체의 등화용 도구를 휴대할 수 없다.
③ 저장설비 주위에는 연소되기 쉬운 물질을 두지 않는다.
④ 저장탱크에 가스를 충전할 때 내용적의 90 %를 넘지 않도록 충전하여야 한다.

77. 니켈(Ni) 금속을 포함하고 있는 촉매를 사용하는 공정에서 주로 발생할 수 있는 맹독성 가스는?

① $NiSO_4$
② $Ni(CO)_4$
③ $NiCl_2$
④ NiF_2

78. 이동식 부탄연소기(카세트식)의 구조에 대한 설명으로 옳은 것은?

① 연소기는 2가지 용도로 동시에 사용할 수 없는 구조로 한다.

② 조리용 연소기 메인버너의 최상부는 국물받이 바닥면보다 10 mm 이상 높게 한다.
③ 용기 내부의 압력을 콕으로 방출하는 구조의 플레어스택식 과압방지장치는 콕이 닫힌 상태에서 용기가 탈착되는 구조로 한다.
④ 연소기에 용기를 연결할 때 용기 아랫부분을 스프링의 힘으로 직접 밀어서 연결하는 방법 또는 자석에 의하여 연결하는 방법이어야 한다.

79. 정기검사의 대상별 검사주기에 정한 고압가스 특정제조자의 검사주기는?

① 매 1년
② 매 2년
③ 매 3년
④ 매 4년

80. 차량에 고정된 탱크로 가연성가스를 적재하여 운반할 때 휴대하여야 할 소화설비의 기준으로 옳은 것은?

① BC용, B-10 이상 분말소화제를 2개 이상 비치
② BC용, B-8 이상 분말소화제를 2개 이상 비치
③ ABC용, B-10 이상 포말소화제를 1개 이상 비치
④ ABC용, B-8 이상 포말소화제를 1개 이상 비치

제 5 과목 가스계측

---

81. 부르동관 압력계로 측정한 압력이 10 kgf /cm² 이었다. 부유 피스톤식 압력계의 실린더 지름이 6 cm, 피스톤의 지름이 2 cm일 때

추와 피스톤의 무게는 약 몇 kgf인가?

① 22.6 ② 27.1
③ 31.4 ④ 35.8

82. 목표치에 따른 자동제어의 분류 중 계 전체의 지연을 적게 하는데 유효하기 때문에 출력 측에 낭비시간이나 시간지연이 큰 프로세스제어에 적합한 제어방법은?

① 장치제어 ② 캐스케이드제어
③ 추치제어 ④ 시퀀스제어

83. 기술검토 당시 연소기가 미설치되거나 일부만 설치할 계획인 경우 월사용예정량 산정을 할 때 가스계량기가 설치되는 경우에는 어떻게 하는가?

① 가스계량기 최대유량×0.6배
② 가스계량기 최대유량×0.7배
③ 가스계량기 최대유량×0.8배
④ 가스계량기 최대유량×0.9배

84. 제어회로에 사용되는 기본논리가 아닌 것은?

① OR ② NOT
③ AND ④ FOR

85. 온도 25℃, 노점 19℃인 공기의 상대습도는 약 얼마인가?(단, 25℃ 및 19℃에서 포화증기압은 각각 23.76 mmHg 및 16.47 mmHg로 한다.)

① 31% ② 44% ③ 57% ④ 69%

86. 차압식 유량계로 유량을 측정하였더니 오리피스 전·후의 차압이 2000 mmH$_2$O일 때 유량은 20 m^3/h이었다. 차압이 1000 mmH$_2$O 이면 유량은 약 몇 m^3/h인가?

① 10 ② 14
③ 15 ④ 16

87. 일반적으로 부식성이 없고 점도가 낮은 액체의 적은 양을 정밀하게 측정하는데 주로 사용되는 유량계는?

① 오벌형 유량계
② 선회피스톤형 유량계
③ 원판형 유량계
④ 왕복피스톤형 유량계

88. 출력 편차의 시간 변화에 비례하여 제어 편차가 검출될 경우에 편차가 변화하는 속도에 비례하여 조작량이 증가하도록 작용하는 제어동작은?

① P 동작 ② I 동작
③ D 동작 ④ PI 동작

89. 압력식 온도계의 특징이 아닌 것은?

① 자동조절이 가능하다.
② 고온 측정에 유리하다.
③ 진동 및 충격에 강하다.
④ 연속적으로 원격측정이 가능하다.

90. LPG의 정량분석에서 흡광도의 원리를 이용한 가스 분석법은?

① 저온 분류법
② 질량 분석법
③ 적외선 흡수법
④ 가스크로마토그래피법

91. 정확도와 관련이 없는 것은?

① 치우침
② 계통오차
③ 모평균 – 참값
④ 측정값 불일치 정도

92. 가스미터 출구 측 배관에 입상배관을 피하여 설치하는 가장 주된 이유는?

① 설치 면적을 줄일 수 있기 때문에
② 배관의 길이를 줄일 수 있기 때문에
③ 검침 및 수리 등의 작업이 편리하기 때문에
④ 가스미터 내 밸브 시트 등이 동결될 우려가 있기 때문에

93. 안전등형 가스 검출기에서 청색 불꽃의 길이로 농도를 알아낼 수 있는 가스는?

① 수소 　　　　 ② 메탄
③ 프로판 　　　 ④ 산소

94. 패러데이(Faraday) 법칙의 원리를 이용한 기기분석방법은?

① 전기량법
② 질량분석법
③ 저온정밀 증류법
④ 적외선 분광광도법

95. 안지름이 5 cm인 수평관 속을 비중이 0.9인 액체가 0.2 m^3/s의 유량으로 흐를 때 레이놀즈수는 약 얼마인가? (단, 액체의 점성계수 μ는 6×10^{-3} kgf · s/m^{2}이다.)

① 9.4×10^4 　　② 7.8×10^4
③ 1.0×10^5 　　④ 9.2×10^5

96. 계량에 관한 법률에서 정한 형식승인을 받아야 하는 계량기 중 가스미터는 최대 유량이 얼마 이하인 것에 한정하는가?

① 10 m^3/h 　　　② 100 m^3/h
③ 500 m^3/h 　　④ 1000 m^3/h

97. 피토관(Pitot tube)은 어떤 압력 차이를 측정하여 유량을 구하는가?

① 전압과 동압
② 전압과 정압
③ 대기압과 동압
④ 정압과 동압

98. 막식 가스미터에서 크랭크축이 녹슬거나 밸브와 밸브시트가 타르나 수분 등에 의해 접착(接着) 또는 고착되어 가스가 미터를 통과하지 않는 고장의 형태는?

① 부동
② 기어불량
③ 떨림
④ 불통

99. 염화팔라듐지를 사용하여 일산화탄소가 검지되었을 때의 시험지 색상은?

① 검은색
② 청색
③ 적색
④ 오렌지색

100. 독성가스나 가연성가스 저장소에서 가스누출로 인한 폭발 및 가스중독을 방지하기 위하여 현장에서 누출여부를 확인하는 방법으로 가장 거리가 먼 것은?

① 검지관법
② 시험지법
③ 가연성가스 검출기법
④ 가스크로마토그래피법

CBT 실전문제 5

1. 비열비가 1.2이고 기체상수가 200 J/kg · K인 기체에서의 음속이 400 m/s이다. 이때 기체의 온도는 약 몇 ℃인가?

① 253　　　② 394
③ 520　　　④ 667

2. 다음 중 원심펌프에 대한 설명으로 옳지 않은 것은?

① 토출 유동의 맥동이 적다.
② 양정거리가 크고, 수송량이 적을 때 사용한다.
③ 액체를 비교적 균일한 압력으로 수송할 수 있다.
④ 원심펌프 중 볼류트 펌프는 안내깃을 갖지 않는다.

3. 길이가 500 m, 안지름이 40 cm인 관에 평균속도가 1.5 m/s로 물이 흐르고 있다. 이때 Darcy식을 사용하여 마찰손실수두를 구하면 약 몇 m인가? (단, Darcy 마찰계수 f는 0.0422이다.)

① 4.2　　　② 6.1
③ 12.3　　　④ 24.2

4. 그림과 같은 물 딱총 피스톤을 미는 단위 면적당 힘의 세기가 $P[N/m^2]$일 때 물이 분출되는 속도 V는 몇 m/s인가? (단, 물의 밀도는 $\rho[kg/m^3]$이고, 피스톤의 속도와 손실은 무시한다.)

① $\sqrt{2P}$　　　② $\sqrt{\dfrac{2g}{\rho}}$

③ $\sqrt{\dfrac{2P}{g\rho}}$　　　④ $\sqrt{\dfrac{2P}{\rho}}$

5. 온도가 15℃, 압력이 절대압력으로 4×10^4 kgf/m²인 공기의 밀도는 약 몇 kg/m³인가? (단, 공기의 기체상수는 29.27 kgf · m/kg · K이다.)

① 2.75　　　② 3.75
③ 4.75　　　④ 5.75

6. 수직충격파가 발생할 때 나타나는 현상은?

① 압력, 마하수, 엔트로피가 증가한다.
② 압력은 증가하고 엔트로피와 마하수는 감소한다.
③ 압력과 엔트로피가 증가하고 마하수는 감소한다.
④ 압력과 마하수는 증가하고 엔트로피는 감소한다.

7. 축류펌프의 날개 수가 증가할 때 펌프성능은?

① 유량과 양정이 모두 증가한다.
② 양정이 일정하고 유량이 증가한다.
③ 양정이 감소하고 유량이 증가한다.
④ 유량이 일정하고 양정이 증가한다.

8. 물속에 피토관(Pitot tube)을 설치하였더니 정체압이 1250 cmAq이고, 이때의 유속이 4.9 m/s이었다면 정압은 몇 cmAq인가?

① 122.5 ② 1005.0

③ 1127.5 ④ 1255.0

9. 양정 25 m, 송출량 0.15 m³/min로 물을 송출하는 펌프가 있다. 효율이 65 %일 때 펌프의 축동력은 몇 kW인가?

① 0.68 ② 0.74

③ 0.83 ④ 0.94

10. 그림과 같은 확대 유로를 통하여 a 지점에서 b 지점으로 비압축성 유체가 흐른다. 정상상태에서 일어나는 현상에 대한 설명으로 옳은 것은?

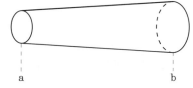

① a지점에서의 밀도가 b지점에서의 밀도보다 크다.
② a지점에서의 질량유량이 b지점에서의 질량유량보다 크다.
③ a지점에서의 평균속도가 b지점에서의 평균속도보다 느리다.
④ a지점에서의 질량플럭스(mass flux)가 b지점에서의 질량플럭스보다 크다.

11. 유체의 점성계수와 동점성계수에 관한 설명 중 옳은 것은? (단, M, L, T는 각각 질량, 길이, 시간을 나타낸다.)

① 동점성계수의 차원은 $L^2 T^{-2}$ 이다.
② 점성계수의 차원은 $ML^{-1} T^{-1}$ 이다.
③ 동점성계수의 단위에는 poise가 있다.
④ 상온에서의 공기의 점성계수는 물의 점성계수보다 크다.

12. 압축성 유체 흐름에 대한 설명으로 가장 거리가 먼 것은?

① Mach 수는 유체의 속도와 음속의 비로 정의된다.
② 단면이 일정한 배관에서 단열 마찰흐름은 가역적이다.
③ 단면이 일정한 배관에서 등온 마찰흐름은 비단열적이다.
④ 초음속 유동일 때 확대배관에서 속도는 점점 증가한다.

13. 그림에서 수은주의 높이 차이 h가 80 cm를 가리킬 때 B지점의 압력이 1.25 kgf/cm²이라면 A지점의 압력은 약 몇 kgf/cm²인가? (단, 수은의 비중은 13.6이다.)

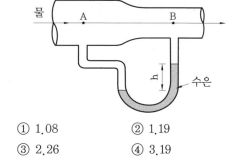

① 1.08 ② 1.19

③ 2.26 ④ 3.19

14. 다음 중 층류와 난류에 대한 설명으로 틀린 것은?

① 층류는 유체입자가 층을 형성하여 질서정연하게 흐른다.
② 난류유동에서의 전단응력은 일반적으로 층류유동보다 작다.

③ 난류운동에서 마찰저항의 특징은 점
성계수의 영향을 받는다.
④ 곧은 원관 속의 흐름이 층류일 때 전
단응력은 원관의 중심에서 0이 된다.

15. 유체의 흐름에 관한 다음 설명 중 옳은
것을 모두 나타낸 것은?

> ⓐ 유관은 어떤 폐곡선을 통과하는 여러
> 개의 유선으로 이루어지는 것을 뜻한다.
> ⓑ 유적선은 한 유체입자가 공간을 운동
> 할 때 그 입자의 운동궤적이다.

① ⓐ   ② ⓑ
③ ⓐ, ⓑ   ④ 모두 틀림

16. 물의 체적탄성계수가 2×10^9 Pa일 때 물
의 체적을 4 % 감소시키려면 약 몇 MPa의
압력을 가해야 하는가?

① 40   ② 60   ③ 80   ④ 120

17. 큰 탱크에 정지하고 있던 압축성 유체가
등엔트로피 과정으로 수축 - 확대 노즐을 지
나면서 노즐의 출구에서 초음속으로 흐른
다. 다음 중 옳은 것을 모두 고른 것은?

> ⓐ 노즐의 수축 부분에서의 속도는 초음
> 속이다.
> ⓑ 노즐의 목에서의 속도는 초음속이다.
> ⓒ 노즐의 확대 부분에서의 속도는 초음
> 속이다.

① ⓐ   ② ⓑ
③ ⓒ   ④ ⓑ, ⓒ

18. 배관에 손실계수(K)가 15인 밸브가 설
치되어 있다. 이 배관에 물이 3 m/s의 속도
로 흐르고 있다면 밸브에 의한 손실수두는
약 몇 m인가?

① 6.89   ② 11.26
③ 22.3   ④ 67.8

19. 지름 20 cm인 구의 주위에 물이 2 m/s
의 속도로 흐르고 있다. 이때 구의 항력계
수가 0.2라고 할 때 구에 작용하는 항력은
약 몇 N인가?

① 0.21   ② 12.6
③ 25.1   ④ 204

20. 밀도가 1000 kg/m³인 액체가 수평으로
놓인 축소관을 마찰 없이 흐르고 있다. 단면
1에서의 면적과 유속은 각각 40 cm², 2 m/s
이고, 단면 2의 면적은 10 cm²일 때 두 지점
의 압력차이($P_1 - P_2$)는 몇 kPa인가?

① 10   ② 20
③ 30   ④ 40

제 2 과목   연소공학

---

21. 석탄, 종이, 목재 등과 같이 연료가 가열
로 인하여 열분해하며 산소와 혼합하여 연
소하는 형태는 무엇인가?

① 표면연소   ② 분해연소
③ 증발연소   ④ 자기연소

22. 압력이 287 kPa일 때 체적 1 m³의 기체
질량이 2 kg이었다. 이때 기체의 온도는 약
몇 ℃가 되는가? (단, 기체상수는 287 J/kg
· K이다.)

① 127   ② 227
③ 447   ④ 547

23. 압축가스(실제기체)를 단열을 한 배관에서 단면적의 변화가 큰 곳을 통과시키면 압력이 하강함과 동시에 온도가 변화하는 현상을 무엇이라 하는가?

① 줄 – 톰슨 효과　② 펠티어 효과
③ 제베크 효과　④ 도플러 효과

24. 연소에 대한 설명 중 옳지 않은 것은?

① 연료가 한번 착화하면 고온으로 되어 빠른 속도로 연소한다.
② 연소에 있어서는 산화반응뿐만 아니라 열분해반응도 일어난다.
③ 고체, 액체의 연료는 고온의 가스분위기 중에서 먼저 가스화가 일어난다.
④ 환원반응이란 공기의 과잉상태에서 생기는 것으로 이때의 화염을 환원염이라 한다.

25. 발열량이 21 MJ/kg인 무연탄이 7 %의 습분을 포함한다면 무연탄의 발열량은 약 몇 MJ/kg인가?

① 16.43　② 17.85
③ 19.53　④ 21.12

26. 1 kg의 공기가 127℃에서 1260 kJ의 열량을 얻어 등온팽창을 할 때 엔트로피 변화량(kJ/kg · K)은 약 얼마인가?

① 2.071　② 2.444
③ 2.734　④ 3.150

27. 수소가 완전연소 시 발생되는 발열량은 약 몇 kcal/kg인가? (단, 수증기 생성열은 57.8 kcal/mol이다.)

① 12000　② 24000
③ 28900　④ 57800

28. 가스 혼합물을 분석한 결과 N_2 70 %, CO_2 15 %, O_2 11 %, CO 4 %의 체적비를 얻었다. 이 혼합물은 10 kPa, 20℃, 0.2 m^3인 초기상태로부터 0.1 m^3으로 실린더 내에서 가역단열 압축할 때 최종 상태의 온도는 약 몇 K인가? (단, 이 혼합가스의 정적비열은 0.7157 kJ/kg · K이다.)

① 300　② 380
③ 460　④ 540

29. 임계온도가 132.5℃인 물질은?

① 산소　② 질소
③ 아세틸렌　④ 암모니아

30. 다음과 같은 조성을 갖는 혼합가스의 분자량은? (단, 혼합가스의 체적비는 CO_2 13.1 %, O_2 7.7 %, N_2 79.2 %이다.)

① 22.81　② 24.94
③ 28.67　④ 30.40

31. 열역학 제2법칙을 가장 잘 설명한 것은?

① 열평형의 법칙이다.
② 일과 열은 상호 변환할 수 있다.
③ 에너지 변환의 방향성을 표시하는 법칙이다.
④ 어떤 계라도 절대온도 0 K에 이르게 할 수 없다.

32. 액체공기 100 kg 중에는 산소가 약 몇 kg 들어 있는가? (단, 공기는 79 mol% N_2와 21 mol% O_2로 되어 있다.)

① 18.3　② 21.1
③ 23.3　④ 25.4

33. 다음 중 비등액체팽창증기폭발(BLEVE) 이 발생할 수 있는 내용과 가장 거리가 먼 것은?

① 가연성액체가 저장탱크 주변에 가까이 있어야 한다.

② 화염과 접촉하는 탱크 부위의 금속 온도가 구조적 강도를 잃게 된다.

③ 파열로 인한 액화가스가 유출, 팽창되어 화구를 형성하여 폭발하는 형태이다.

④ 탱크 주위에서 화재가 발생하여 기상부의 탱크가 국부적으로 가열이 시작된다.

34. [보기]와 같은 체적비를 가지는 혼합기체 91.2 g이 27℃, 1 atm에서 차지하는 부피는 약 몇 L인가?

〈보 기〉

CO_2 : 13.1 %, O_2 : 7.7 %, N_2 : 79.2 %
---

① 49.2 ② 54.2
③ 64.8 ④ 73.8

35. 실린더의 압력이 0.5 MPa, 온도 600 K의 공기 1 kg이 이상적인 단열과정으로 팽창하여 0.15 MPa로 되는 동안 공기가 한 일은 약 몇 kJ인가?

① 110 ② 115
③ 120 ④ 125

36. 메탄을 이론공기로 연소시켰을 때 생성물 중 질소의 분압은 약 몇 MPa인가? (단, 메탄과 공기는 0.1 MPa, 25℃에서 공급되고 생성물의 압력은 0.1 MPa이고, H_2O는 기체 상태로 존재한다.)

① 0.0315 ② 0.0493
③ 0.0603 ④ 0.0715

37. 프로판 90 %, 부탄 10 %의 혼합가스 4 L 가 완전연소하는데 필요한 산소량은 약 몇 L인가?

① 6.5 ② 20.6
③ 25.8 ④ 28.8

38. 정전기를 제어하는 방법으로서 전하의 생성을 방지하는 방법이 아닌 것은?

① 도전성 재료 사용

② 접속과 접지(bonding and grounding)

③ 침액 파이프(dip pipes) 설치

④ 첨가물에 의한 전도도 억제

39. 다음 가스의 그 폭발한계가 틀린 것은?

① 수소 : 4 %~75 %

② 암모니아 : 15 %~28 %

③ 메탄 : 5 %~15.4 %

④ 프로판 : 2.5 %~40 %

40. 등엔트로피 과정은 다음 중 어느 것인가?

① 가역 단열과정

② 비가역 단열과정

③ Polytropic 과정

④ Joule-Thomson 과정

제 3 과목   가스설비

---

41. 1호당 1일 평균가스 소비량이 1.44 kg /day이고 소비자 호수가 50호라면 피크 시의 평균가스 소비량은? (단, 피크 시의 평균가스 소비율은 17 %이다.)

① 10.18 kg/h ② 12.24 kg/h
③ 13.42 kg/h ④ 14.36 kg/h

42. 2단 감압방식의 장점에 대한 설명이 아닌 것은?

① 공급압력이 안정적이다.
② 재액화에 대한 문제가 없다.
③ 연소기구에 맞는 압력으로 공급이 가능하다.
④ 배관 입상에 의한 압력손실을 보정할 수 있다.

43. 용기 밸브의 충전구가 왼나사인 것은?

① 브롬화메탄　　② 암모니아
③ 산소　　　　　④ 에틸렌

44. 저온 단열법에 속하지 않는 것은?

① 상압단열법　　② 다층 진공단열법
③ 합성단열법　　④ 분말 진공단열법

45. 가스의 공업적 제조법에 대한 설명으로 옳은 것은?

① 포스겐은 일산화탄소와 염소로부터 제조한다.
② 프레온 가스는 불화수소와 아세톤으로 제조한다.
③ 메탄올은 일산화탄소와 수증기로부터 고압하에서 제조한다.
④ 암모니아는 질소와 수소로부터 전기로에서 구리촉매를 사용하여 저압에서 제조한다.

46. 고압가스 제조장치의 재료에 대한 설명으로 옳지 않은 것은?

① 상온건조 상태의 염소가스에 대하여는 보통강을 사용할 수 있다.
② 암모니아 합성탑 내통의 재료에는 18-8 스테인리스강을 사용한다.
③ 고압의 이산화탄소 세정장치 등에는 내산강을 사용하는 것이 좋다.
④ 암모니아, 아세틸렌의 배관재료에는 구리 및 구리합금을 사용할 수 있다.

47. 고압가스 시설에 설치한 전기방식 시설의 유지관리 방법으로 옳은 것은?

① 관대지전위 등은 2년에 1회 이상 점검한다.
② 절연부속품, 역전류 방지장치, 결선 등은 1년에 1회 이상 점검하였다.
③ 배류법에 의한 전기방식시설은 배류점 관대지전위, 배류기 출력, 전압, 전류, 배선 등은 6개월에 1회 이상 점검하였다.
④ 외부전원법에 의한 전기방식시설은 외부전원점 관대지전위, 정류기의 출력, 전압, 전류, 배선의 접속은 3개월에 1회 이상 점검하였다.

48. 배관의 외경이 60 mm이고, 최소두께가 4 mm일 때 이 배관의 최고사용압력은 얼마인가?

① 0.2 MPa　　② 0.25 MPa
③ 0.4 MPa　　④ 1.0 MPa

49. 펌프 임펠러의 형상을 나타내는 척도인 비속도(비교회전도)의 단위는?

① $rpm \cdot m^3/min \cdot m$
② $rpm \cdot m^3/min$
③ $rpm \cdot kgf/min \cdot m$
④ $rpm \cdot kgf/min$

50. 원심펌프의 회전수(rpm)를 2배로 변경하였을 때 소요동력은 어떻게 되는가?

① 회전수 변화의 2승에 비례한다.

② 회전수 변화의 3승에 비례한다.

③ 회전수 변화와 1 : 1로 비례한다.

④ 회전수 변화의 $\frac{1}{2}$승에 비례한다.

51. 다음 중 압력배관용 탄소강관을 나타내는 것은?

① SPHT ② SPPH

③ SPP ④ SPPS

52. 공기액화 분리장치에서 제거해야 하는 불순물이 아닌 것은?

① CO_2 ② C_2H_2

③ H_2O ④ N_2

53. 용기에 의한 액화석유가스 사용시설에서 사용하는 가스계량기의 용량은 몇 m^3/h 미만으로 설치하여야 하는가?

① 0.5 ② 1 ③ 5 ④ 30

54. 정상 운전 중에 가연성가스의 점화원이 될 전기불꽃, 아크 또는 고온부분 등의 발생을 방지하기 위하여 기계 · 전기적 구조상 또는 온도상승에 대하여 안전도를 증가한 방폭구조는?

① 내압 방폭구조

② 압력 방폭구조

③ 본질안전 방폭구조

④ 안전증 방폭구조

55. LNG 저장탱크에서 사용되는 잠액식 펌프의 윤활 및 냉각을 위해 주로 사용되는 것은?

① 물 ② LNG

③ 그리스 ④ 황산

56. 고압가스 기화장치의 형식이 아닌 것은?

① 온수식 ② 코일식

③ 단관식 ④ 캐비닛형

57. 내용적 120 L의 LP가스 용기에 50 kg의 프로판을 충전하였다. 이 용기 내부가 액으로 충만될 때의 온도를 그림에서 구한 것은?

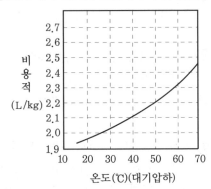

① 37℃ ② 47℃

③ 57℃ ④ 67℃

58. 다음 각 가스의 폭발에 대한 설명으로 틀린 것은?

① 아세틸렌은 조연성 가스와 공존하지 않아도 폭발할 수 있다.

② 일산화탄소는 가연성이므로 공기와 공존하면 폭발할 수 있다.

③ 이산화황은 산소가 없어도 자기분해 폭발을 일으킬 수 있다.

④ 가연성 고체 가루가 공기 중에서 산소분자와 접촉하면 폭발할 수 있다.

59. 찜질방의 가열로실의 구조에 대한 설명으로 틀린 것은?

① 가열로의 배기통 재료는 스테인리스를 사용한다.

② 가열로의 배기통에는 댐퍼를 설치하지 아니한다.

③ 가열로실과 찜질실 사이의 출입문은 유리재로 설치한다.

④ 가열로의 배기통은 금속 이외의 불연성재료로 단열조치를 한다.

60. 원심펌프를 병렬로 연결시켜 운전하면 어떻게 되는가?

① 양정이 증가한다.

② 양정이 감소한다.

③ 유량이 증가한다.

④ 유량이 감소한다.

제 4 과목   가스안전관리

---

61. 지름이 각각 5 m와 7 m인 LPG 지상저장탱크 사이에 유지해야 하는 최소 거리는 얼마인가? (단, 탱크 사이에는 물분무 장치를 하지 않고 있다.)

① 1 m   ② 2 m   ③ 3 m   ④ 4 m

62. 고압가스용 냉동기 제조시설에서 냉동기의 설비에 실시하는 기밀시험과 내압시험(시험유체 : 물)의 압력기준은 각각 얼마인가?

① 설계압력 이상, 설계압력의 1.3배 이상

② 설계압력의 1.5배 이상, 설계압력 이상

③ 설계압력의 1.1배 이상, 설계압력의 1.1배 이상

④ 설계압력의 1.5배 이상, 설계압력의 1.3배 이상

63. 액화석유가스 용기의 기밀검사에 대한 설명으로 틀린 것은? (단, 내용적 125 L 미만의 것에 한한다.)

① 공기, 질소 등의 불활성가스를 이용한다.

② 기밀시험 압력 이상으로 압력을 가해 실시한다.

③ 내압검사에 적합한 용기를 샘플링하여 검사한다.

④ 누출 유무의 확인은 용기 1개에 1분(50 L 미만의 용기는 30초)에 걸쳐서 실시한다.

64. 액화석유가스에 부취제를 주입하는 작업에 대한 설명 중 틀린 것은?

① 정전 시에는 주입설비가 정지될 수 있도록 한다.

② 누출된 부취제는 중화 또는 소화작업을 하여 안전하게 폐기한다.

③ 부취제 주입작업을 할 때에는 주위에 화기 사용을 금지하고 인화성 또는 발화성 물질이 없도록 한다.

④ 부취제 주입작업을 할 때에는 안전관리자가 상주하여 이를 확인하여야 하고, 작업 관련자 이외에는 출입을 통제한다.

65. 상용압력이 40.0 MPa인 고압가스 설비에 설치된 안전밸브의 작동압력은 얼마인가?

① 33 MPa   ② 35 MPa

③ 43 MPa   ④ 48 MPa

66. 고압가스 운반기준에 따라 차량으로 용기를 운반할 경우 동일차량 적재금지 기준으로 틀린 것은?

① 염소와 아세틸렌

② 염소와 암모니아

③ 산소와 가연성가스

④ 독성가스 중 가연성가스와 조연성가스

67. 다음 중 냉동기의 제품성능의 기준으로 틀린 것은?

① 주름관을 사용한 방진조치
② 냉매설비 중 돌출부위에 대한 적절한 방호조치
③ 냉매가스가 누출될 우려가 있는 부분에 대한 부식방지조치
④ 냉매설비 중 냉매가스가 누출될 우려가 있는 곳에 차단밸브 설치

68. 도시가스사업법에서 정의하는 것으로 가스를 제조하여 배관을 통하여 공급하는 도시가스가 아닌 것은?

① 천연가스　　　② 나프타부생가스
③ 석탄가스　　　④ 바이오가스

69. 저장탱크에 액화석유가스를 충전할 때 액체 부피가 내용적의 90 %를 넘지 않도록 규제하는 가장 큰 이유로 옳은 것은?

① 등적팽창으로 인한 온도상승을 방지하기 위하여
② 온도상승으로 인한 탱크의 취약 방지를 위하여
③ 액체팽창으로 인한 탱크의 파열을 방지하기 위하여
④ 탱크 내부의 부압(negative pressure) 발생 방지를 위하여

70. 일반도시가스사업소에 설치된 정압기의 기준으로 틀린 것은?

① 단독사용자용 정압기에는 예비 정압기를 설치하지 않아도 된다.
② 지역정압기는 가스공급개시 후 1년 이내에 필터를 청소하여야 한다.
③ 정압기에 설치하는 수분 및 불순물 제거장치는 정압기의 입구에 설치한다.
④ 단독사용자용 정압기는 다른 정압기의 안전밸브보다 작동압력을 낮게 설정하지 않을 수 있다.

71. 냉동제조시설의 과압안전장치에 대한 설명 중 틀린 것은?

① 독성가스의 안전밸브에는 가스방출관을 설치한다.
② 내압성능을 확보하여야 할 대상은 냉매설비로 한다.
③ 압축기 최종단에 설치된 안전장치는 1년에 1회 이상 작동시험을 한다.
④ 압력이 상용압력을 초과할 때 압축기의 운전을 정지시키는 고압차단장치는 자동복귀방식으로 한다.

72. 과류차단형 용기밸브의 과류차단기구의 작동성능은 압축공기를 사용하여 측정할 때 과류차단기구가 작동한 후의 공기누출량으로 옳은 것은?(단 용기 내 압력이 0.07 MPa 이상 1.5 MPa 이하의 범위이다.)

① 2 L/h 이하　　② 5 L/h 이하
③ 8 L/h 이하　　④ 10 L/h 이하

73. 가스관련 안전사고 원인으로 가장 많이 발생하는 사고 유형은?

① 제품 노후화　　② 시설 미비
③ 취급자 부주의　　④ 기타 공사

74. 불소가스에 대한 설명 중 틀린 것은?

① 강산화제이다.
② 물에 잘 녹는다.
③ 가연성가스이다.
④ 자극적인 냄새가 난다.

75. 고압가스용 압력용기의 가공 기준으로 틀린 것은?

① 관 구멍은 확관으로 넓히지 않는다.

② 경판의 성형 공차는 동판과의 접속부 안지름의 2 % 이하로 한다.

③ 가스로 구멍을 뚫은 경우에는 그 가장 자리를 3 mm 이상 깎아낸다.

④ 두께 8 mm 이상의 판에 구멍을 뚫을 경우에는 펀칭가공으로 하지 않는다.

76. 내용적 59 L의 LPG 용기에 프로판을 충전할 때 최대 충전량은 약 몇 kg인가? (단, 프로판의 정수는 2.35이다.)

① 20 kg   ② 25 kg

③ 30 kg   ④ 35 kg

77. 도시가스 배관을 지하에 매설하는 경우 배관은 그 외면으로부터 지하의 다른 시설물과 얼마 이상을 유지하여야 하는가?

① 1.0 m   ② 0.7 m

③ 0.5 m   ④ 0.3 m

78. 고압가스 기화장치의 성능에 대한 설명 중 틀린 것은?

① 안전장치의 작동은 최고 허용압력 이상의 압력에서 작동하여야 한다.

② 증기가열방식의 과열방지 성능은 그 증기의 온도가 120℃ 이하로 한다.

③ 기밀시험은 불활성가스로 설계압력 이상의 압력으로 실시하여 각 부분에 가스 누출이 없는 것으로 한다.

④ 내압시험은 물을 사용하여 설계압력의 1.3배 이상으로 실시하여 누수 등 각 부분에 이상이 없는 것으로 한다.

79. 고압가스용 차량에 고정된 탱크의 설계 기준으로 틀린 것은?

① 탱크의 길이이음 및 원주이음은 맞대기 양면 용접으로 한다.

② 용접하는 부분의 탄소강은 탄소함유량이 1.0 % 미만으로 한다.

③ 탱크의 내부에는 차량의 진행방향과 직각이 되도록 방파판을 설치한다.

④ 탱크에는 지름 375 mm 이상의 원형 맨홀 또는 긴 지름 375 mm 이상, 짧은 지름 275 mm 이상의 타원형 맨홀을 1개 이상 설치한다.

80. 고압가스용 용접용기의 내압시험방법 중 팽창측정시험의 경우 용기가 팽창한 후 적어도 얼마 이상의 시간을 유지하여야 하는가?

① 30초   ② 45초

③ 1분   ④ 5분

제 5 과목　가스계측

---

81. SI계의 기본단위에 해당하지 않는 것은?

① 광도(cd)   ② 전류(A)

③ 열량(J)   ④ 물질량(mol)

82. 폐루프를 형성하여 출력측의 신호를 입력측에 되돌리는 것은?

① 조절부   ② 리셋

③ 온·오프동작   ④ 피드백

83. 다이어프램 압력계의 특징에 대한 설명 중 옳은 것은?

① 부식성 유체의 측정이 불가능하다.
② 감도는 높으나 응답성이 좋지 않다.
③ 미소한 압력을 측정하기 위한 압력계이다.
④ 과잉압력으로 파손되면 그 위험성은 커진다.

84. 유수형 열량계로 5 L의 기체 연료를 연소시킬 때 냉각수량이 2500 g이었다. 기체 연료의 온도가 20℃, 전체 압력이 750 mmHg, 발열량이 6550 kcal/Nm^{3}일 때 유수 상승 온도는 약 몇 ℃인가?

① 8   ② 10   ③ 12   ④ 14

85. 오르사트(Orast)법에서 가스 흡수의 순서를 바르게 나타낸 것은?

① $CO_2 \rightarrow O_2 \rightarrow CO$ ② $CO_2 \rightarrow CO \rightarrow O_2$
③ $O_2 \rightarrow CO \rightarrow CO_2$ ④ $O_2 \rightarrow CO_2 \rightarrow CO$

86. 제어량이 목표값을 중심으로 일정한 폭의 상하 진동을 하게 되는 현상을 무엇이라고 하는가?

① 오프셋   ② 오버슈트
③ 오버잇   ④ 뱅뱅

87. 크로마토그래피에서 분리도를 2배로 증가시키기 위한 컬럼의 단수(N)는?

① 단수(N)를 $\sqrt{2}$ 배 증가시킨다.
② 단수(N)를 2배 증가시킨다.
③ 단수(N)를 4배 증가시킨다.
④ 단수(N)를 8배 증가시킨다.

88. 서미스터(thermistor)에 대한 설명으로 옳지 않은 것은?

① 수분을 흡수하면 오차가 발생한다.

② 측정범위는 약 -100~300℃이다.
③ 감도가 낮고 온도변화가 큰 곳의 측정에 주로 이용된다.
④ 반도체를 이용하여 온도변화에 따른 저항변화를 온도측정에 이용한다.

89. 막식 가스미터의 감도유량 (ⓐ)과 일반 가정용 LP 가스미터의 감도유량 (ⓑ)의 값이 바르게 나열된 것은?

① ⓐ 3 L/h 이상, ⓑ 15 L/h 이상
② ⓐ 15 L/h 이상, ⓑ 3 L/h 이상
③ ⓐ 3 L/h 이하, ⓑ 15 L/h 이하
④ ⓐ 15 L/h 이하, ⓑ 3 L/h 이하

90. 초산납 10 g을 물 90 mL로 용해하여 만드는 시험지와 그 검지가스가 바르게 연결된 것은?

① 염화팔라듐지−H_2S
② 염화팔라듐지−CO
③ 연당지−H_2S
④ 연당지−CO

91. 다음 중 직접식 액면 측정기기는?

① 부자식 액면계
② 벨로스식 액면계
③ 정전용량식 액면계
④ 전기저항식 액면계

92. 선팽창계수가 다른 2종의 금속을 결합시켜 온도변화에 따라 굽히는 정도가 다른 점을 이용한 온도계는?

① 유리제 온도계
② 바이메탈 온도계
③ 전기저항식 온도계
④ 압력식 온도계

93. 모발습도계에 대한 설명으로 틀린 것은?

① 재현성이 좋다.

② 히스테리시스가 없다.

③ 구조가 간단하고 취급이 용이하다.

④ 한랭지역에서 사용하기가 편리하다.

94. 검지관에 의한 프로판의 측정농도 범위와 검지한도를 각각 바르게 나타낸 것은?

① 0~0.3%, 10 ppm

② 0~1.5%, 250 ppm

③ 0~5%, 100 ppm

④ 0~30%, 1000 ppm

95. LPG 저장탱크 내 액화가스의 높이가 2.0 m일 때, 바닥에서 받는 압력은 약 몇 kPa인가? (단, 액화석유가스의 밀도는 0.5 g/cm^{3}이다.)

① 1.96 ② 3.92

③ 4.90 ④ 9.80

96. 공기의 유속을 피토관으로 측정하였을 때 차압이 60 mmH$_2$O이었다. 이때 유속(m/s)은 약 얼마인가? (단, 피토관 계수 1, 공기의 비중량 1.2 kgf/m^{3}이다.)

① 3.13 ② 31.3

③ 5.30 ④ 53.0

97. 가스누출검지기 중 가스와 공기의 열전도도가 다른 것을 측정원리로 하는 검지기는?

① 반도체식 검지기

② 접촉연소식 검지기

③ 서모스탯식 검지기

④ 불꽃이온화식 검지기

98. 가스 농도가 경보 설정값에 도달한 후 그 농도 이상으로 계속해서 유지될 경우 일정시간(20~60초) 경과 후에 경보를 발하는 검지기의 경보방식은?

① 즉시 경보형 ② 지연 경보형

③ 반시한 경보형 ④ 반사 경보형

99. 물체의 탄성 변위량을 이용한 압력계가 아닌 것은?

① 부르동관 압력계

② 벨로스 압력계

③ 다이어프램 압력계

④ 링밸런스식 압력계

100. 가스미터에 공기가 통과 시 유량이 300 m^3/h라면 프로판 가스를 통과하면 유량은 약 몇 kg/h로 환산되겠는가? (단, 프로판의 비중은 1.52, 밀도는 1.86 kg/m^{3}이다.)

① 235.9 ② 373.5

③ 452.6 ④ 579.2

CBT 실전문제 정답 및 해설

CBT 실전문제 1

정답

가스유체역학	1	2	3	4	5	6	7	8	9	10
	②	②	③	①	①	①	②	②	④	③
	11	12	13	14	15	16	17	18	19	20
	②	①	②	④	②	③	③	②	②	③
연소공학	21	22	23	24	25	26	27	28	29	30
	①	③	①	④	③	①	②	④	②	③
	31	32	33	34	35	36	37	38	39	40
	②	①	③	④	③	③	③	①	①	①
가스설비	41	42	43	44	45	46	47	48	49	50
	②	①	②	②	④	③	③	③	②	①
	51	52	53	54	55	56	57	58	59	60
	④	③	①	③	①	①	③	②	③	①
가스안전관리	61	62	63	64	65	66	67	68	69	70
	③	④	②	②	④	④	④	③	④	②
	71	72	73	74	75	76	77	78	79	80
	②	①	④	②	④	①	③	①	④	④
가스계측	81	82	83	84	85	86	87	88	89	90
	①	③	④	④	③	④	③	③	③	③
	91	92	93	94	95	96	97	98	99	100
	②	④	③	④	①	③	①	④	④	②

제 1 과목 가스유체역학

1. 전단응력 분포

㉮ 두 개의 평행평판 사이에 유체가 흐를 때 전단응력은 중심에서 0이고, 양쪽벽에서 최대가 된다.

㉯ 수평 원관에서 유체가 흐를 때 전단응력은 관 중심에서 0이고, 관벽까지 직선적으로 증가한다.

2. ㉮ 동점도 4 stokes는 4 cm^2/s이므로 레이놀즈수(Re)는 CGS 단위로 구한다.

㉯ 레이놀즈수 계산

$$\therefore \ Re = \frac{\rho DV}{\mu} = \frac{DV}{\nu} = \frac{10 \times 80}{4} = 200$$

㉰ 레이놀즈수가 2100보다 작으므로 흐름은 층류이다.

3. 층류 경계층 두께

㉮ 경계층 내의 속도가 자유 흐름 속도의 99 % 가 되는 점까지의 거리

㉯ 층류 경계층 두께는 $Re^{\frac{1}{2}}$에 반비례하고, $x^{\frac{1}{2}}$에 비례하여 증가한다.

㉰ 난류 경계층 두께는 $Re^{\frac{1}{5}}$에 반비례하고, $x^{\frac{4}{5}}$에 비례하여 증가한다.

㉱ 경계층의 두께는 점성에 비례한다.

4. 곡면에 작용하는 힘

㉮ 수평분력(F_x) : 곡면의 수직투영면에 작용하는 힘과 같다. (힘(F) = 압력(P) × 면적(A)이 된다.)

㉯ 수직분력(F_y) : 곡면의 수직방향에 실려 있는 액체의 무게와 같다.

5. ㉮ $P = \gamma[\text{kgf/m}^3] \times h[\text{m}]$에서 압력의 단위는 kgf/m^2이고(kgf/cm^2에서 kgf/m^2로 변환은 kgf/cm^2단위에 10000을 곱한다), 비중량(γ)은 비중에 1000을 곱한다.

㉯ 수두(head) 계산

$$\therefore \ h = \frac{P}{\gamma} = \frac{2 \times 10^4}{0.9 \times 1000} = 22.2\,\text{m}$$

6. 점성계수(μ)의 단위 및 차원

㉮ 절대단위 : $\mathrm{kg/m \cdot s} = ML^{-1}T^{-1} = \dfrac{M}{LT}$

㉯ 공학단위 : $\mathrm{kgf \cdot s/m^2} = FL^{-2}T$

7. 유체의 구분

(1) 압축성 유체와 비압축성 유체

㉮ 비압축성 유체 : 유체의 밀도가 압력의 변화와 관계없이 일정한 것으로 액체가 해당된다.

㉯ 압축성 유체 : 유체의 밀도가 압력의 변화에 따라 변하는 것으로 기체가 해당된다.

(2) 이상유체와 실제유체

㉮ 이상(완전)유체(ideal fluid) : 점성(粘性)이 없다고 가정한 것으로 유체 유동 시 마찰손실이 생기지 않는 유체

㉯ 실제(점성)유체(real fluid) : 실제로 존재하는 점성을 가진 것으로 유체 유동 시 마찰손실이 생기는 유체

(3) 뉴턴 유체와 비뉴턴 유체

㉮ 뉴턴(Newton) 유체 : 뉴턴의 점성법칙을 만족하는 것으로 유체 유동 시 속도구배가 마찰 전단응력에 직접 비례하는 유체이다. 물, 공기, 알코올 등이 해당된다.

㉯ 비뉴턴(non-Newton) 유체 : 뉴턴의 점성법칙을 충족시키지 않는 끈기가 있는 것으로 플라스틱, 타르, 페인트, 치약, 진흙 등이 해당된다.

8.

㉮ 절대단위 점성계수(μ) 계산 : 동점성계수 $\nu = \dfrac{\mu}{\rho}$ 에서 점성계수 μ를 구하며, 액체의 밀도(ρ)는 문제에서 주어진 비중에 1000을 곱해서 적용한다.

$$\therefore \mu = \nu \times \rho = 0.0025 \times (1.25 \times 10^3)$$
$$= 3.125 \,\mathrm{kg/m \cdot s}$$

㉯ 낙하속도(u_t) 계산

$$\therefore u_t = \frac{gD^2(\rho_p - \rho)}{18\mu}$$

$$= \frac{9.8 \times 0.01^2 \times \{(9.5 \times 10^3) - (1.25 \times 10^3)\}}{18 \times 3.125}$$

$$= 0.1437 \,\mathrm{m/s}$$

9. 펌프의 분류

(1) 터보식 펌프

㉮ 원심펌프 : 벌류트펌프, 터빈펌프

㉯ 사류펌프

㉰ 축류펌프

(2) 용적식 펌프

㉮ 왕복펌프 : 피스톤펌프, 플런저펌프, 다이어프램펌프

㉯ 회전펌프 : 기어펌프, 나사펌프, 베인펌프

(3) 특수펌프 : 재생펌프, 제트펌프, 기포펌프, 수격펌프

10. 표준대기압(1atm)

$760 \,\mathrm{mmHg} = 76 \,\mathrm{cmHg}$
$= 29.9 \,\mathrm{inHg} = 760 \,\mathrm{torr} = 10332 \,\mathrm{kgf/m^2}$
$= 1.0332 \,\mathrm{kgf/cm^2} = 10.332 \,\mathrm{mH_2O(mAq)}$
$= 10332 \,\mathrm{mmH_2O(mmAq)} = 101325 \,\mathrm{N/m^2}$
$= 101325 \,\mathrm{Pa} = 101.325 \,\mathrm{kPa}$
$= 0.101325 \,\mathrm{MPa} = 1.01325 \,\mathrm{bar}$
$= 1013.25 \,\mathrm{mbar} = 14.7 \,\mathrm{lb/in^2} = 14.7 \,\mathrm{psi}$

11. 수력반지름(수경반지름)

유동 단면적(A)을 접수길이(S)로 나눈 값이다.

$$R_h = \frac{A}{S}$$

여기서, A : 유동 단면적($\mathrm{m^2}$)
$\quad\quad S$: 단면둘레의 길이(접수길이)(m)

12. 체적유량 계산식

$Q = A \times V = \left(\dfrac{\pi}{4} \times D^2\right) \times V$ 에서 파이프 내경(안지름) D를 구하는 식을 유도하고, 문제에서 묻고 있는 내경의 단위가 'mm'이므로 유도하는 식에 '1000'을 곱한다.

$$\therefore \ D = \sqrt{\frac{4 \times Q}{\pi \times V}} \times 1000$$

$$= \sqrt{\frac{4}{\pi} \times 1000} \times \sqrt{\frac{Q}{V}}$$

$$= 1128.379 \times \sqrt{\frac{Q}{V}} = 1128 \times \sqrt{\frac{Q}{V}}$$

13. 아르키메데스(Archimedes) 원리 : 유체 속에 전부 또는 일부가 잠겨 있는 물체는 유체에 의하여 밑에서 떠받치는 힘을 받는다는 부력 (浮力)의 이론이다.

14. 베르누이 방정식이 적용되는 조건
  ㉮ 적용되는 임의의 두 점은 같은 유선상에 있다.
  ㉯ 정상 상태의 흐름이다.
  ㉰ 마찰이 없는 이상유체의 흐름이다.
  ㉱ 비압축성 유체의 흐름이다.
  ㉲ 외력은 중력만 작용한다.
  ㉳ 유체흐름 중 내부에너지 손실이 없는 흐름이다.

15. ㉮ 임계압력(P_c) : 유체의 속도가 목에서 음속에 도달한 때의 상태를 임계상태라 하며 이때의 압력이 임계압력이다.
  ㉯ 임계압력 계산

$$\therefore \ P_c = P_0 \times \left(\frac{2}{k+1}\right)^{\frac{k}{k-1}}$$

$$= 2 \times \left(\frac{2}{1.4+1}\right)^{\frac{1.4}{1.4-1}} = 1.056 \, \text{MPa}$$

16. 달시-바이스바하(Darcy-Weisbach)식을 이용하여 압력손실을 SI단위로 구할 때에는 중력가속도(9.8m/s^2)를 적용하지 않는다.

$$\therefore \ h_f = f \times \frac{L}{D} \times \frac{V^2}{2} \times \rho$$

$$= 0.02 \times \frac{1}{0.1} \times \frac{20^2}{2} \times 1.2 = 48 \, \text{Pa}$$

참고 **공학단위** : 중력가속도(g) $9.8 \, \text{m/s}^2$을 적용하여 계산

$$\therefore \ h_f = f \times \frac{L}{D} \times \frac{V^2}{2g} \, [\text{mH}_2\text{O}]$$

$$= f \times \frac{L}{D} \times \frac{V^2}{2g} \times \rho \, [\text{mmH}_2\text{O}]$$

17. 원추 확대관에서 손실은 62° 전후에서 최대이고, 6~7° 전후에서 최소이다.

18. 무차원 수 = 물리량 수－기본차원 수
  $= 7 - 3 = 4$

19. ㉮ 수동력은 이론적인 동력을 의미하므로 펌프의 효율은 100 %인 경우이다.
  ㉯ 수동력 계산

$$\therefore \ \text{수동력(kW)} = \frac{\gamma \cdot Q \cdot H}{102}$$

$$= \frac{1000 \times 7.5 \times 30}{102 \times 60}$$

$$= 36.76 \, \text{kW}$$

  ㉰ 축동력 계산식 : 손실을 감안한 실제로 필요한 동력

$$\therefore \ \text{kW} = \frac{\gamma \cdot Q \cdot H}{102\eta}, \quad \text{PS} = \frac{\gamma \cdot Q \cdot H}{75\eta}$$

20. 공기의 평균분자량은 29이고, 마하각 $\sin\alpha = \dfrac{C}{V}$에서 물체의 속도 V를 구한다.

$$\therefore \ V = \frac{C}{\sin\alpha} = \frac{\sqrt{kRT}}{\sin\alpha}$$

$$= \frac{\sqrt{1.4 \times \dfrac{8314}{29} \times (273+30)}}{\sin 25°}$$

$$= 825.169 \, \text{m/s}$$

제 2 과목   연소공학

21. 수소(H_2)의 폭굉이 전하는 속도(폭굉속도)는 1400~3500 m/s로 다른 가연성가스에 비하여 상대적으로 빠르다.

22. ㉮ 프로판과 부탄의 밀도 계산

$$\therefore \rho_{프로판} = \frac{분자량}{22.4} = \frac{44}{22.4} = 1.964 \text{ kg/m}^3$$

$$\therefore \rho_{부탄} = \frac{분자량}{22.4} = \frac{58}{22.4} = 2.589 \text{ kg/m}^3$$

㉯ 프로판의 조성비율 계산 : 혼합가스의 체적비에서 프로판의 비를 x라 하면 부탄은 $(1-x)$가 되고 이것을 식으로 쓰면 다음과 같다.

$$\therefore 1.964x + 2.589(1-x) = 2.25$$
$$1.964x + 2.589 - 2.589x = 2.25$$
$$x(1.964 - 2.589) = 2.25 - 2.589$$
$$\therefore x = \frac{2.25 - 2.589}{1.964 - 2.589} \times 100 = 54.24 \%$$

23. 이상기체의 성질

㉮ 보일-샤를의 법칙을 만족한다.

㉯ 아보가드로의 법칙에 따른다.

㉰ 내부에너지는 온도만의 함수이다.

㉱ 온도에 관계없이 비열비는 일정하다.

㉲ 기체의 분자력과 크기도 무시되며 분자간의 충돌은 완전 탄성체이다.

㉳ 분자와 분자 사이의 거리가 매우 멀다.

㉴ 분자 사이의 인력이 없다.

㉵ 압축성인자가 1 이다.

㉶ 액화나 응고가 되지 않으며, 절대온도 0도에서 부피는 0이다.

24. 완전연소의 조건(수단)

㉮ 적절한 공기 공급과 혼합을 잘 시킬 것

㉯ 연소실 온도를 착화온도 이상으로 유지할 것

㉰ 연소실을 고온으로 유지할 것

㉱ 연소에 충분한 연소실과 시간을 유지할 것

25. 과열증기 온도는 섭씨온도, 포화증기 온도는 절대온도이므로 온도 단위를 어느 하나로 맞춰 계산하며, 여기서는 섭씨온도로 맞춘다.

$$\therefore 과열도 = 과열증기 온도 - 포화증기 온도$$
$$= 450 - (573 - 273) = 150$$

26. ㉮ 각 가스의 연소성

명칭	연소성
암모니아(NH_3)	가연성
질소(N_2)	불연성
이산화탄소(CO_2)	불연성
아황산가스(SO_2)	불연성

㉯ 조연성인 공기와 혼합하였을 때 폭발성 혼합가스를 형성하는 것은 가연성가스이다.

27. ㉮ 카르노 사이클 열효율

$$\eta = \frac{W}{Q_1} = \frac{Q_1 - Q_2}{Q_1} = \frac{T_1 - T_2}{T_1} 이므로$$

각각의 조건을 대입하여 비교한다.

㉯ A 조건의 열효율 계산

$$\therefore \eta_A = \frac{(273 + 200) - (273 + 100)}{273 + 200}$$
$$= 0.2114$$

㉰ B 조건의 열효율 계산

$$\therefore \eta_B = \frac{(273 + 400) - (273 + 300)}{273 + 400}$$
$$= 0.1485$$

㉱ 결론 : 작동되는 온도가 낮을수록 효율은 높다. 즉, A는 B보다 열효율이 높다.

28. ㉮ 부탄(C_4H_{10})의 완전연소 반응식

$$C_4H_{10} + 6.5O_2 \rightarrow 4CO_2 + 5H_2O$$

㉯ 이론 산소량 계산

$[C_4H_{10}]$ $[O_2]$

22.4 Nm^3 $6.5 \times 22.4 \text{ Nm}^3$

1 Nm^3 $x(O_0) \text{ Nm}^3$

$$\therefore x(O_0) = \frac{1 \times 6.5 \times 22.4}{22.4} = 6.5 \text{ Nm}^3$$

29. 비점화방폭구조(n) : 전기기기가 정상작동과 규정된 특정한 비정상 상태에서 주위의 폭발성가스 분위기를 점화시키지 못하도록 만든 방폭구조

30. 고위발열량과 저위발열량의 차이는 연소 시 생성된 물의 증발잠열에 의한 것이고, 물의 증발잠열이 포함된 것이 고위발열량, 포함되지 않은 것이 저위발열량이다.

31. 각 사이클의 효율 비교
☝ 최저온도 및 압력, 공급열량과 압축비가 같은 경우 : 오토 사이클(η_1)>사바테 사이클(η_3)>디젤 사이클(η_2)
☝ 최저온도 및 압력, 공급열량과 최고압력이 같은 경우 : 디젤 사이클(η_2)>사바테 사이클(η_3)>오토 사이클(η_1)

32. 엔탈피 : 어떤 물체가 갖는 단위질량당의 열량으로 내부에너지와 유동일에 해당하는 외부에너지의 합이다.

33. 확산연소 : 가연성 기체를 대기 중에 분출 확산시켜 연소하는 것으로 기체 연료의 연소가 이에 해당된다.

34. 화염 내의 반응에 의한 구분
☝ 환원염 : 수소(H_2)나 불완전 연소에 의한 일산화탄소(CO)를 함유한 것으로 청록색으로 빛나는 화염이다.
☝ 산화염 : 산소(O_2), 이산화탄소(CO_2), 수증기를 함유한 것으로 내염의 외측을 둘러싸고 있는 청자색의 화염이다.

35. ☝ 랭킨 사이클 : 2개의 정압변화와 2개의 단열변화로 구성된 증기원동소의 이상 사이클로 보일러에서 발생된 증기를 증기터빈에서 단열팽창하면서 외부에 일을 한 후 복수기(condenser)에서 냉각되어 포화액이 된다.
☝ 작동순서 : 단열압축→정압가열→단열팽창→정압냉각

36. 점화원의 종류 : 전기불꽃(아크), 정전기, 단열압축, 마찰 및 충격불꽃 등

37. ☝ 프로판의 완전연소 반응식
$$C_3H_8 + 5O_2 \rightarrow 3CO_2 + 4H_2O$$
☝ 표준상태에서 이산화탄소(CO_2)의 양 계산

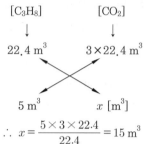

$$\therefore x = \frac{5 \times 3 \times 22.4}{22.4} = 15 \text{ m}^3$$
☝ 프로판(C_3H_8)이 완전연소할 때 발생하는 이산화탄소(CO_2), 수증기(H_2O)의 양은 이론산소량 및 이론공기량에 관계없이 일정하다.

38. ☝ 정적비열 계산 : 비열비 $k = \dfrac{C_p}{C_v}$ 에서 정적비열 C_v를 구한다.
$$\therefore C_v = \frac{C_p}{k} = \frac{0.845}{1.3} = 0.65 \text{ kJ/kg} \cdot \text{K}$$
☝ 기체상수 계산
$$\therefore R = C_p - C_v = 0.845 - 0.65$$
$$= 0.195 \text{ kJ/kg} \cdot \text{K}$$

39. ☝ 메탄(CH_4) 1 kmol 연소 시 이산화탄소(CO_2) 1 kmol, 수증기(H_2O) 2 kmol이 발생한다.
☝ 완전연소 시 발열량 계산 : 연소열(발열량)과 생성열은 절댓값이 같고 부호가 반대이다.

[CH_4]	[CO_2]	[H_2O]
↓	↓	↓

$$-75 = -394 - 242 \times 2 + Q$$
$$\therefore Q = 394 + (242 \times 2) - 75 = 803 \text{ kJ/kmol}$$

40. 정압비열과 정적비열의 차로 415 kJ의 열량 차가 발생하였고, 현열량 $Q[\text{kJ}] = m \cdot C \cdot \varDelta t$

에서 비열 $C=\frac{Q}{m \cdot \Delta t}$ 이고 정압비열과 정적 비열의 차이 $C_p - C_v = R$이므로 비열(C)값 대신 기체상수 R을 대입하여 계산한다.

$\therefore R=\frac{Q}{m \cdot \Delta t}=\frac{415}{10 \times 240}$

$=0.1729 \text{ kJ/kg} \cdot \text{K}$

제 3 과목 가스설비

41. **수취기(drain separator)** : 가스 중의 포화수분이나 이음매가 불량한 곳, 가스배관의 부식 구멍 등으로부터 지하수가 침입 또는 공사 중에 물이 침입하는 경우 가스 공급에 장애를 초래하므로 관로의 저부(低部)에 설치하여 수분을 제거하는 기기이다.

42. **수소취성(탈탄작용)**

㉮ 개요 : 수소(H_2)는 고온, 고압하에서 강제 중의 탄소와 반응하여 메탄(CH_4)이 생성되고 이것이 수소취성을 일으킨다.

㉯ 반응식 : $Fe_3C+2H_2 \rightarrow 3Fe+CH_4$

㉰ 방지 원소 : 텅스텐(W), 바나듐(V), 몰리브덴(Mo), 티타늄(Ti), 크롬(Cr)

43. **크롬(Cr)의 영향** : 내식성, 내열성을 증가시키며 탄화물의 생성을 용이하게 하여 내마모성을 증가시킨다.

[참고] **자경성(自硬性 : self hardening)** : 담금질 온도에서 대기 중에 방랭하는 것만으로도 마르텐사이트 조직이 생성되어 단단해지는 성질로서 니켈(Ni), 크롬(Cr), 망간(Mn) 등이 함유된 특수강에서 나타난다.

44. ㉮ 액산 4.8 kg이 증발하는 데 필요한 열량은 잠열이고 잠열량은 물질량에 증발잠열을 곱한 값이다.

㉯ 시간당 침입열량 계산

$\therefore$ 침입열량 $=\frac{\text{증발에 필요한 열량}}{\text{측정시간}}$

$=\frac{\text{물질량} \times \text{증발잠열}}{\text{측정시간}}$

$=\frac{4.8 \times 60}{12}=24 \text{ kcal/h}$

45. **내압성능** : 밸브를 1/2 정도 연 상태에서 설계압력의 1.5배의 압력 이상으로 수압을 가하여 호칭지름에 따른 규정된 시간 이상 유지하였을 때 누출 등 이상이 없는 것으로 한다.

호칭지름에 따른 유지시간

호칭 지름	내압성능 (분)	고압 및 저압시트 누출성능 (분)	백시트 누출성능 (초)
50 A 이하	1(1)	1(1)	15
65 A~150 A	1(1)	1(1)	60
200 A~300 A	2(1)	2(1)	60
300 A 이상	5(2)	2(2)	60
※ 체크밸브의 경우에는 괄호 안의 시간에 따른다.			

46. **도시가스 원료로서 LNG의 특징**

㉮ 불순물이 제거된 청정연료로 환경문제가 없다.

㉯ LNG 수입기지에 저온 저장설비 및 기화장치가 필요하다.

㉰ 불순물을 제거하기 위한 정제설비는 필요하지 않다.

㉱ 가스제조 및 개질설비가 필요하지 않다.

㉲ 초저온 액체로 설비재료의 선택과 취급에 주의를 요한다.

㉳ 냉열 이용이 가능하다.

※ LPG의 경우 천연고무에 대한 용해성이 있지만 LNG는 용해성이 없다.

47. 태양광발전설비 집광판 설치 기준
㉮ 태양광발전설비 중 집광판은 캐노피의 상부, 건축물의 옥상 등 충전소 운영에 지장을 주지 않는 장소에 설치한다.
㉯ 집광판을 설치할 수 있는 캐노피는 불연성 재료로 하고, 캐노피의 상부 바닥면이 충전기의 상부로부터 3 m 이상 높이에 설치한다.
㉰ 충전소 내 지상에 집광판을 설치하려는 경우에는 충전설비, 저장설비, 가스설비, 배관, 자동차에 고정된 탱크 이입·충전장소의 외면으로부터 8 m 이상 떨어진 곳에 설치하고, 집광판은 지면으로부터 1.5 m 이상 높이에 설치한다.

48. 원심펌프의 축동력(PS) 계산식 $PS = \dfrac{\gamma QH}{75\eta}$ 에서 효율 η를 구하며, 물의 비중량(γ)은 $1000 \, kgf/m^3$을 적용한다.

$$\therefore \eta = \frac{\gamma QH}{75\,PS} \times 100 = \frac{1000 \times 3 \times 20}{75 \times 15 \times 60} \times 100$$

$$= 88.888 \, \%$$

49. 폴리에틸렌관(PE배관)의 굴곡허용반경은 외경의 20배 이상으로 한다. 다만, 굴곡반경이 외경의 20배 미만일 경우에는 엘보를 사용한다.

50. 암모니아 합성가스 분리장치 : 암모니아 합성에 필요한 조성($3H_2 + N_2$)의 혼합가스를 분리하는 장치로 본 장치에 공급되는 코크스로 가스는 저온에서 탄산가스, 벤젠, 일산화질소 등의 불순물을 함유하고 있으므로 미리 제거할 필요가 있다. 특히 일산화질소는 저온에서 디엔류와 반응하여 폭발성의 껌(gum)상의 물질을 만들므로 완전히 제거한다.

51. 알루미늄(Al)의 방식법 : 알루미늄 표면에 적당한 전해액 중에서 양극 산화처리하여 표면에 방식성이 우수하고 치밀한 산화피막이 만들어지도록 하는 방법이다.
㉮ 수산법 : 알루미늄 제품을 2 % 수산 용액에 서 직류, 교류 또는 직류에 교류를 동시에 송전하여 표면에 단단하고 치밀한 산화피막을 만드는 방법이다.
㉯ 황산법 : 15~20 % 황산액이 사용되며 농도가 낮은 경우에 단단하고 투명한 피막이 형성되고, 일반적으로 많이 이용되는 방법이다.
㉰ 크롬산법 : 3 %의 산화크롬(Cr_2O_3) 수용액을 사용하며 전해액의 온도는 40℃ 정도로 유지시킨다. 크롬피막은 내마멸성은 적으나 내식성이 매우 크다.

52. ㉮ 에탄(C_2H_6)의 분자량은 30이다.
㉯ 이상기체 상태방정식 $PV = Z\dfrac{W}{M}RT$에서 압축계수 Z를 구하며, 기체상수 R은 0.082 L·atm/mol·K를 적용한다.

$$\therefore Z = \frac{PVM}{WRT}$$

$$= \frac{200 \times 10 \times 30}{2000 \times 0.082 \times (273 + 127)}$$

$$= 0.914$$

53. 공기액화 분리장치의 불순물
㉮ 탄산가스(CO_2), 수분 : 탄산가스(이산화탄소, CO_2)는 드라이아이스(고체탄산)가 되고, 수분은 얼음이 되어 밸브 및 배관을 폐쇄하므로 제거하여야 한다.
㉯ 아세틸렌(C_2H_2) : 응고되어 이동하다가 구리 등과 접촉하여 동 아세틸드가 생성되고 액체 산소 중에서 폭발할 가능성이 있어 제거되어야 한다.
※ 질소(N_2)는 공기액화 분리장치에서 제조하는 물질이다.

54. 염소(Cl_2)의 제독제 및 건조제
㉮ 제독제 : 가성소다 수용액, 탄산소다 수용액, 소석회
㉯ 건조제 : 진한 황산
※ 진한 황산은 포스겐($COCl_2$)의 건조제로 사용한다.

55. **팽창기** : 압축기체가 피스톤, 터빈의 운동에 대하여 일을 할 때 등엔트로피 팽창을 하여 기체의 온도가 내려간다.

㉮ 왕복동식 팽창기 : 팽창비 약 40 정도로 크나 효율은 60~65 % 낮다. 처리 가스량이 1000 m^3/h 이상이 되면 다기통으로 제작하여야 한다.

㉯ 터보 팽창기 : 내부 윤활유를 사용하지 않으며 회전수가 10000~20000 rpm 정도이고, 처리 가스량 10000 m^3/h 이상도 가능하며, 팽창비는 약 5 정도이고 충동식, 반동식, 반경류 반동식이 있다.

56. ㉮ 혼합가스에 산소가 2% 함유된 것을 이용하여 혼합가스 중 공기 비율 계산

∴ 혼합가스 중 공기비율

$$= \frac{\text{혼합가스 중 산소비율}}{\text{공기중 산소비율}} \times 100$$

$$= \frac{0.02}{0.2} \times 100 = 10\,\%$$

㉯ 부탄가스 사용량 계산 : 부탄가스 사용량을 x, 공기 사용량을 y라 놓고 다음과 같은 식을 만들 수 있다.

$$5000\ \text{kcal/Nm}^3 = \frac{\text{혼합가스 발열량(kcal/h)}}{\text{혼합가스양(Nm}^3\text{/h)}}$$

여기서, 발열량(kcal/h) = 가스량(Nm^3/h) × (kcal/Nm^3)으로 구할 수 있고, 공기는 조연성이므로 발열량은 0 kcal/Nm^3이다.

$$5000 = \frac{(2000 \times 3000) + (x \times 30000) + (y \times 0)}{2000 + x + \{(2000 + x + y) \times 0.1\}}$$

여기서, 공기의 양(y)은 개질가스와 부탄가스에 비해 아주 작으므로 무시하면 다음과 같이 식을 정리할 수 있다.

$$5000 = \frac{(2000 \times 3000) + (x \times 30000)}{2000 + 1x + 200 + 0.1x}$$

$$5000 = \frac{6000000 + 30000x}{2200 + 1.1x}$$

$$5000 \times (2200 + 1.1x) = 6000000 + 30000x$$

$$11000000 + 5500x = 6000000 + 30000x$$

$$5500x - 30000x = 6000000 - 11000000$$

$$x(5500 - 30000) = 6000000 - 11000000$$

$$\therefore\ x = \frac{6000000 - 11000000}{5500 - 30000} = 204.081\ \text{Nm}^3/\text{h}$$

※ 혼합가스 중 공기의 양을 무시했기 때문에 정답과 오차가 발생하는 것임

57. **조정기 안전장치 작동압력(조정압력 3.3 kPa 이하)**

㉮ 작동 표준압력 : 7 kPa

㉯ 작동 개시압력 : 5.6~8.4 kPa

㉰ 작동 정지압력 : 5.04~8.4 kPa

58. ㉮ 필요 용기 수 계산

$$\therefore\ \text{필요 용기 수} = \frac{\text{최대 소비수량}}{\text{용기 가스발생능력}} = \frac{2 \times 5}{0.85} = 11.764 \fallingdotseq 12\text{개}$$

※ 용기 수를 계산하였을 때 발생하는 소수점은 크기에 관계없이 무조건 용기 1개로 적용해야 한다. 이유는 0.764에 해당하는 용기는 20 kg 용기 1개가 필요하기 때문이다.

㉯ 용기 교환주기 계산 : 용기 잔액이 20 % 일 때 교환하므로 실제로 사용되는 LPG 량은 80 %이다.

$$\therefore\ \text{용기 교환주기} = \frac{\text{총 가스량}}{\text{1일 가스소비량}} = \frac{\text{용기수} \times \text{충전량} \times \text{사용비율}}{\text{시간당 소비량} \times \text{연소기 수} \times \text{1일 가동시간}} = \frac{12 \times 20 \times (1 - 0.2)}{2 \times 5 \times 8} = 2.4 \fallingdotseq 2\text{일}$$

※ 용기 교환주기에서 발생하는 소수점은 크기와 관계없이 무조건 버려야 한다. 이유는 0.4일에 해당하는 양을 소비할 수 없기 때문이다.

59. ㉮ 재료의 허용응력(S)은 인장강도를 안전율로 나눈 값을 적용하며, 안전율은 별도의 언급이 없으면 4를 적용한다. 단, 스테인리스제인 경우는 3.5를 적용한다.

㉯ 동판 두께 계산

$$\therefore\ t = \frac{PD}{2\,S\eta - 1.2P} + C$$

$$= \frac{5 \times 650}{2 \times \left(600 \times \dfrac{1}{4}\right) \times 0.75 - 1.2 \times 5} + 2$$

$$= 16.840\ \text{mm}$$

60. 일산화탄소(CO) 용도

㉮ 메탄올(CH_3OH) 합성에 사용

㉯ 포스겐($COCl_2$) 제조의 원료로 사용

㉰ 화학공업용 원료

㉱ 환원제로 사용

제 4 과목 가스안전관리

---

61. 침투탐상검사(PT : penetrant test) : 침투검사라 하며 표면의 미세한 균열, 작은 구멍, 슬러그 등을 검출하는 방법으로 자기검사를 할 수 없는 비자성 재료에 사용된다. 내부 결함은 검지하지 못하며 검사 결과가 즉시 나오지 않는다.

62. 시안화수소를 충전한 용기는 충전 후 24시간 정치하고, 그 후 1일 1회 이상 질산구리벤젠 등의 시험지로 가스의 누출검사를 하며, 용기에 충전 연월일을 명기한 표지를 붙이고, 충전한 후 60일이 경과되기 전에 다른 용기에 옮겨 충전한다. 다만, 순도가 98 % 이상으로서 착색되지 아니한 것은 다른 용기에 옮겨 충전하지 아니할 수 있다.

63. 고압가스 특정제조시설에서 재해가 발생할 경우 그 재해의 확대를 방지하기 위하여 가연성가스설비 또는 독성가스의 설비는 통로, 공지 등으로 구분된 안전구역 안에 설치하며 안전구역의 면적은 2만 m^2 이하로 한다.

64. 가연성가스 · 산소 및 독성가스의 용기보관실은 각각 구분하여 설치한다.

65. 동체 및 맨홀 동체의 안지름(KGS AC113) : 동체 및 맨홀 동체의 안지름은 동체의 축에 수직한 동일면에서의 최대 안지름과 최소 안지름과의 차(이하 "진원도"라 한다)는 어떤 단면에 대한 기준 안지름의 1 %를 초과하지 아니하도록 한다. 다만, 단면이 동체에 만들어진 구멍을 통과하는 경우는 그 단면에 대한 기준 안지름의 1 %에 그 구멍지름의 2 %를 더한 값을 초과해서는 아니하도록 한다.

66. 독성가스이면서 조연성가스인 것 : 염소(Cl_2), 불소(F_2), 오존(O_3), 산화질소(NO), 이산화질소(NO_2) 등

참고 각 가스의 허용농도

명칭	허용농도(ppm)	
	TLV–TWA	LC50
염소(Cl_2)	1	293
불소(F_2)	1	185
오존(O_3)	0.1	*
산화질소(NO)	25	115
이산화질소(NO_2)	3	*

*정확한 자료가 없음

67. 접합 및 납붙임 용기 시험압력

(1) 최고충전압력

㉮ 압축가스를 충전하는 용기 : 35℃의 온도

에서 그 용기에 충전할 수 있는 가스의 압
력 중 최고압력

　㉯ 액화가스를 충전하는 용기 : 규정에 정한
액화가스를 충전하는 용기의 내압시험압
력의 5분의 3배의 압력

　(2) 기밀시험압력 : 최고충전압력

　(3) 내압시험압력

　　㉮ 압축가스를 충전하는 용기 : 최고충전압
력 수치의 3분의 5배

　　㉯ 액화가스를 충전하는 용기 : 액화가스
종류별로 규정에 정한 압력

68. LPG 저장탱크 하부에 고인 수분 및 불순을
제거하기 위한 드레인 밸브(drain valve)이다.

　참고　**드레인 밸브 조작 순서**

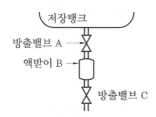

① A를 열고 B로 드레인을 유입한다.
② A를 닫는다.
③ C를 단속적으로 열고 드레인을 배출한다.
④ C를 닫는다.

69. 에어졸 용기 기준

　㉮ 용기의 내용적은 1 L 이하로 하고, 내용적이
$100 \, cm^3$를 초과하는 용기의 재료는 강 또는
경금속을 사용한다.

　㉯ 금속제의 용기는 그 두께가 0.125 mm 이
상이고 내용물로 인한 부식을 방지할 수 있
는 조치를 한 것으로 하며, 유리제 용기의
경우에는 합성수지로 그 내면 또는 외면을
피복한다.

　㉰ 용기는 50℃에서 용기 안의 가스압력의 1.5
배의 압력을 가할 때 변형되지 아니하고,
50℃에서 용기 안의 가스압력의 1.8배의 압

력을 가할 때에 파열되지 아니하는 것으로
한다. 다만, 1.3 MPa 이상의 압력을 가할
때에 변형되지 아니하고, 1.5 MPa의 압력을
가할 때에 파열되지 아니한 것은 그렇지
않다.

　㉱ 내용적이 $100 \, cm^3$를 초과하는 용기는 그
용기의 제조자의 명칭 또는 기호가 표시되
어 있는 것으로 한다.

　㉲ 사용 중 분사제가 분출하지 않는 구조의
용기는 사용 후 그 분사제인 고압가스를 그
용기로부터 용이하게 배출하는 구조의 것
으로 한다.

　㉳ 내용적이 $30 \, cm^3$ 이상인 용기는 에어졸
제조에 재사용하지 아니한다.

70. 염소(Cl_2)의 특징

　㉮ 비점이 −34.05℃로 높고 6~7기압의 압력
을 가하면 쉽게 액화한다.

　㉯ 자극성이 강한 독성가스이고, 조연성(지연
성) 가스이다.

　㉰ 상온에서 기체는 황록색, 액체는 갈색이다.

　㉱ 화학적으로 활성이 강하고 희가스, 탄소,
질소, 산소 이외의 원소와 직접 화합하여
염화물을 생성한다(희가스, 탄소, 질소, 산
소와는 화합(반응)하지 않는다).

　㉲ 건조한 상태에서는 강재에 대하여 부식성
이 없으나, 수분과 반응하여 염산(HCl)을
생성하고, 철을 심하게 부식시킨다.

　㉳ 염소와 수소는 직사광선에 의하여 폭발한
다(염소폭명기).

　㉴ 염소와 암모니아가 접촉할 때 염소과잉의
경우는 대단히 강한 폭발성 물질인 삼염화
질소(NCl_3)를 생성하여 사고 발생의 원인이
된다.

　㉵ 염소는 120℃ 이상이 되면 철과 직접 반응
하여 부식이 진행된다.

71. 이상기체 상태방정식 $PV = GRT$에서 압력
P를 구하며, 이때의 압력은 절대압력이므로

게이지압력으로 변환한다.

$$\therefore P = \frac{GRT}{V} = \frac{10 \times \frac{8.314}{24} \times (273+25)}{0.5}$$

$$= 2064.643 \, \text{kPa} \cdot \text{a} - 101.3$$

$$= 1963.343 \, \text{kPa} \cdot \text{g}$$

72. **내진등급 분류** : KGS GC203

㉮ 내진등급은 내진 특 A등급, 내진 특등급, 내진 Ⅰ등급, 내진 Ⅱ등급으로 분류한다.

㉯ 중요도 등급은 특등급, 1등급, 2등급으로 분류한다.

㉰ 영향도 등급은 A등급, B등급으로 구분한다.

㉱ 중요도 등급 및 영향도 등급에 따른 내진 등급 분류

중요도 등급	영향도 등급	관리등급	내진등급
특	A	핵심시설	내진 특 A
	B	–	내진 특
1	A	중요시설	
	B	–	내진 Ⅰ
2	A	일반시설	
	B	–	내진 Ⅱ

73. **입상관 및 횡지관 신축흡수 조치방법**

㉮ 분기관은 1회 이상의 굴곡(90° 엘보 1개 이상)이 반드시 있어야 하며, 외벽 관통 시 사용하는 보호관의 내경은 분기관 외경의 1.2배 이상으로 한다.

㉯ 노출되는 배관의 연장이 10층 이하로 설치되는 경우 분기관의 길이를 0.5 m 이상으로 할 것

㉰ 노출되는 배관의 연장이 11층 이상 20층 이하로 설치되는 경우 분기관의 길이를 0.5 m 이상으로 하고, 곡관은 1개 이상 설치할 것

㉱ 노출되는 배관의 연장이 21층 이상 30층 이하로 설치되는 경우 분기관의 길이를 0.5 m 이상으로 하고, 곡관의 ㉰에 의한 곡관의 수에 매 10층마다 1개 이상 더한 수를 설치할 것

㉲ 분기관이 2회 이상의 굴곡(90° 엘보 2개 이상)이 있고 건축물 외벽 관통 시 사용하는 보호관의 내경을 분기관 외경의 1.5배 이상으로 할 경우에는 ㉯부터 ㉱까지의 기준에도 불구하고 분기관의 길이를 제한하지 않는다.

㉳ 배관이 외벽을 관통할 때 분기관은 가능한 한 보호관의 중앙에 위치하도록 실리콘 등으로 적절히 시공한다.

㉴ 횡지관의 연장이 30 m 초과 60 m 이하로 설치되는 경우에는 곡관 1개 이상 설치

㉵ 횡지관의 연장이 60 m를 초과하는 경우에는 ㉴에 따른 곡관의 수에 매 30 m 마다 1개 이상 더한 수의 곡관을 설치

㉶ 횡지관의 길이가 30 m 이하인 경우에는 신축흡수조치를 하지 않을 수 있다.

74. **재료의 허용전단응력**(KGS AA111) : 재료의 허용전단응력은 설계온도에서 허용인장응력 값의 80 %(탄소강 강재는 85 %)로 한다.

75. ㉮ 용기에 충전된 압력은 게이지압력이고, 대기압은 0.1 MPa을 적용한다.

㉯ 보일-샤를의 법칙 $\frac{P_1 V_1}{T_1} = \frac{P_2 V_2}{T_2}$ 에서 변화 후의 압력 P_2를 구하며, 용기 내용적은 일정하므로 $V_1 = V_2$ 이다.

$$\therefore P_2 = \frac{P_1 T_2}{T_1} = \frac{(15+0.1) \times (273+0)}{273+35}$$

$$= 13.38 \, \text{MPa} \cdot \text{a} - 0.1$$

$$= 13.28 \, \text{MPa} \cdot \text{g}$$

※ 보일-샤를의 법칙에 적용하는 압력은 절대압력이므로 계산된 압력도 절대압력이 되기 때문에 대기압을 빼서 게이지압력으로 계산한 것임

76. 가스 종류별 용기 도색

가스 종류	용기 도색	
	공업용	의료용
산소(O_2)	녹색	백색
수소(H_2)	주황색	–
액화탄산가스(CO_2)	청색	회색
액화석유가스	밝은 회색	–
아세틸렌(C_2H_2)	황색	–
암모니아(NH_3)	백색	–
액화염소(Cl_2)	갈색	–
질소(N_2)	회색	흑색
아산화질소(N_2O)	회색	청색
헬륨(He)	회색	갈색
에틸렌(C_2H_4)	회색	자색
사이클로 프로판	회색	주황색
기타의 가스	회색	–

77. 경계책 설치 기준

㉮ 고압가스시설의 안전을 확보하기 위하여 저장설비, 처리설비 및 감압설비를 설치한 장소 주위에는 외부인의 출입을 통제할 수 있도록 경계책을 설치한다.

㉯ 저장설비, 처리설비 및 감압설비가 건축물 안에 설치된 경우 또는 차량의 통행 등 조업시행이 현저히 곤란하여 위해 요인이 가중될 우려가 있는 경우에는 경계책을 설치하지 아니할 수 있다.

㉰ 경계책 높이는 1.5 m 이상으로 한다.

㉱ 경계책의 재료는 철책, 철망 등으로 한다.

㉲ 경계책 주위에는 외부사람의 무단출입을 금하는 내용의 경계표지를 보기 쉬운 장소에 부착한다.

78. 충전용기 적재 기준

㉮ 충전용기를 차량에 적재하는 때에는 적재함에 세워서 적재한다.

㉯ 충전용기 등을 목재, 플라스틱 또는 강철제로 만든 팔레트 내부에 넣어 안전하게 적재하는 경우와 용량 10 kg 미만의 액화석유가스 충전용기를 적재할 경우를 제외하고 모든 충전용기는 1단으로 쌓는다.

㉰ 운반차량 뒷면에는 두께가 5 mm 이상, 폭 100 mm 이상의 범퍼(SS400 또는 이와 동등 이상의 강도는 갖는 강재를 사용한 것에만 적용) 또는 이와 동등 이상의 효과를 갖는 완충장치를 설치한다.

㉱ 밸브가 돌출한 충전용기는 고정식 프로텍터나 캡을 부착시켜 밸브의 손상을 방지하는 조치를 한 후 차량에 싣고 운반한다.

㉲ 충전용기는 이륜차(자전거를 포함)에 적재하여 운반하지 아니한다.

79. 아세틸렌을 2.5 MPa 압력으로 압축하는 때에는 질소, 메탄, 일산화탄소 또는 에틸렌 등의 희석제를 첨가한다.

80. 충전용기를 보관, 운반, 사용할 때 온도는 40℃ 이하로 유지한다.

제 5 과목 가스계측

---

81. $\delta = \dfrac{2\pi\xi}{\sqrt{1-\xi^2}} = \dfrac{2\times\pi\times0.8}{\sqrt{1-0.8^2}} = 8.377$

참고 **대수감쇠율** : 감쇠를 하는 1자유도스프링 질량계의 자유진동의 파형에 있어서 제 n 번째의 진폭과 1주기 후 진폭의 비의 자연대수를 말한다. 대수감쇠율은 감쇠비(제동비) ξ만의 함수이다.

$$\therefore\ \delta = \frac{2\pi\xi}{\sqrt{1-\xi^2}}$$

82. 습식 가스미터의 특징

㉮ 계량이 정확하다.

㉯ 사용 중에 오차의 변동이 적다.

㉰ 사용 중에 수위조정 등의 관리가 필요하다.

㉱ 설치면적이 크다.

㉲ 기준용, 실험실용에 사용된다.

㉳ 용량범위는 0.2~3000 m^3/h이다.

83. ㉮ 교축비(m) 계산

$$\therefore \ m = \left(\frac{D_2}{D_1}\right)^2 = \left(\frac{0.05}{0.1}\right)^2 = 0.25$$

※ 교축비는 문제에서 주어진 'mm'단위를 적용해도 동일하다.

㉯ 유량 계산 : 오리피스 전후의 압력차 단위는 'kgf/m^2'이므로 'kgf/cm^2'에 1만을 곱해서 단위 변환을 해 주고, 시간당 유량(m^3/h)이므로 계산과정 마지막에 '3600'을 곱해준다.

$$\therefore \ Q = CA\sqrt{\frac{2g}{1-m^4} \times \frac{P_1 - P_2}{\gamma}}$$

$$= 0.62 \times \left(\frac{\pi}{4} \times 0.05^2\right)$$

$$\times \sqrt{\frac{2 \times 9.8}{1-0.25^4} \times \frac{0.3 \times 10^4}{1.2}} \times 3600$$

$$= 972.012 \ m^3/h$$

별해

$$Q = C \times A \times \frac{1}{\sqrt{1-m^2}} \times \sqrt{2g \times \frac{P_1 - P_2}{\gamma}}$$

$$= 0.62 \times \left(\frac{\pi}{4} \times 0.05^2\right) \times \frac{1}{\sqrt{1-0.25^2}}$$

$$\times \sqrt{2 \times 9.8 \times \frac{0.3 \times 10^4}{1.2}} \times 3600$$

$$= 1001.927 \ m^3/h$$

84. 안전등형 : 탄광 내에서 메탄(CH_4) 가스를 검출하는 데 사용되는 석유램프의 일종으로 메탄이 존재하면 불꽃의 모양이 커지며, 푸른 불꽃(청염) 길이로 메탄의 농도를 대략적으로 알 수 있다.

85.
$$t = \frac{R - R_0}{R_0 \times \alpha} = \frac{216 - 120}{120 \times 0.0025} = 320℃$$

86. 계량기 종류별 표시기호 : 계량법 시행규칙 별표4

기호	계량기 종류	기호	계량기 종류
A	판수동저울	K	주유기
B	접시지시 및 판지시저울	L	LPG 미터
C	전기식 지시저울	M	오일미터
D	분동	N	눈새김탱크
E	이동식 축중기	O	눈새김 탱크로리
F	체온계	P	혈압계
G	전력량계	Q	적산열량계
H	가스미터	R	곡물수분 측정기
I	수도미터	S	속도측정기
J	온수미터		

87. 차압식 액면계 : 액화산소와 같은 극저온의 저장조의 상·하부를 U자관에 연결하여 차압에 의하여 액면을 측정하는 방식으로 햄프슨식 액면계라 한다.

88. 운반가스(carrier gas)의 구비조건

㉮ 시료와 반응성이 낮은 불활성 기체여야 한다.

㉯ 기체 확산을 최소로 할 수 있어야 한다.

㉰ 순도가 높고 구입이 용이해야(경제적) 한다.

㉱ 사용하는 검출기에 적합해야 한다.

89. 서모스탯(thermostat)식 : 가스와 공기의 열전도도가 다른 특성을 이용한 가스검지기로 서미스터(thermistor) 가스검지기라 한다.

90. 피드백 제어(feed back control) 특징
㉮ 되돌림 신호(피드백 신호)를 보내 수정동 작을 하는 폐회로 방식이다.
㉯ 입력과 출력을 비교하는 장치가 반드시 필요하다.
㉰ 다른 제어계보다 정확도 및 제어폭이 증가 된다.
㉱ 제어대상 특성이 다소 변하더라도 이것에 의한 영향을 제어할 수 있다.
㉲ 설비비가 고가이고, 고장 시 수리가 어렵다.
㉳ 운영하는 데 비교적 고도의 기술이 요구된다.
㉴ 다른 제어계보다 판단, 기억의 논리기능이 떨어진다.
㉵ 제어계에 일부 고장이 발생하면 전체 생산 에 미치는 영향이 크다.
※ 미리 정해진 순서에 따라 순차적으로 제어 하는 것은 시퀀스 제어이다.

91. 가스계량기 설치기준
㉮ 가스계량기와 화기 사이에 유지해야 하는 거리는 우회거리 2 m 이상으로 한다.
㉯ 가스계량기($30 m^3/h$ 미만에 한한다)의 설치 높이는 바닥으로부터 계량기 지시장치의 중 심까지 1.6 m 이상 2.0 m 이내에 수직·수 평으로 설치하고 밴드·보호가대 등 고정장 치로 고정한다.
㉰ 보호상자 내에 설치, 기계실에 설치, 보일 러실(가정에 설치된 보일러실은 제외)에 설 치 또는 문이 달린 파이프 덕트 내에 설치 하는 경우 바닥으로부터 2 m 이내에 설치 한다.
㉱ 가스계량기와 전기계량기 및 전기개폐기 와의 거리는 0.6 m 이상, 단열조치를 하지 않은 굴뚝전기점멸기 및 전기접속기와의 거리는 0.3 m 이상, 절연조치를 하지 않은 전선과는 0.15 m 이상의 거리를 유지한다.
㉲ 가스계량기는 검침·교체·유지관리 및 계 량이 용이하고 환기가 양호하도록 조치를

한 장소에 설치하되, 직사광선 또는 빗물을 받을 우려가 있는 곳에 설치하는 경우에는 보호상자 안에 설치한다.

92. 입상배관으로 시공하였을 때 겨울철에 배관 내부의 수분이 응축되어 가스미터로 유입될 수 있고, 응결수가 동결되어 가스미터가 고장 을 일으킬 수 있어 입상배관을 금지한다.

93. 압력계의 분류 및 종류
㉮ 1차 압력계 : 액주식(U자관, 단관식, 경사 관식, 호루단형, 폐관식), 자유피스톤형
㉯ 2차 압력계 : 탄성식 압력계(부르동관식, 벨로스식, 다이어프램식), 전기식 압력계(전 기저항 압력계, 피에조 압력계, 스트레인 게 이지)

94. $Q_1 = Q_2$이므로 $A_1 V_1 = A_2 V_2$이다.
$$\therefore V_2 = \frac{A_1}{A_2} V_1 = \frac{\frac{\pi}{4} \times 0.07^2}{\frac{\pi}{4} \times 0.05^2} \times 3 = 5.88 \, m/s$$

95. ㉮ 비중량(kgf/m^3) × 액주계 높이차(m) = 압 력(kgf/m^2 또는 mmH_2O)이므로 여기에 중력가속도 9.8 m/s^2을 곱하면 파스칼 (Pa) 단위로 변환된다.
㉯ 비중에 1000을 곱하면 비중량(kgf/m^3) 으로 변환된다.
㉰ 압력차 계산
$$\therefore \Delta P = (\gamma_m - \gamma) \times h \times g$$
$$= \{(13.6 \times 10^3) - (1 \times 10^3)\} \times 0.4 \times 9.8$$
$$= 49392 \, Pa = 49.392 \, kPa$$

96. 기차를 구하는 식 $E = \dfrac{I - Q}{I} \times 100$에서
$I - Q = E \times I$이다.
$$\therefore Q = I - (E \times I)$$
$$= 30.4 - \{(-0.04) \times 30.4\}$$
$$= 31.616 \, m^3/h$$

※ 기차를 구하는 공식은 백분율(%)로 구하는 것이므로 공식을 유도할 때 '100'을 삭제하고 기차 −4 %는 −0.04를 적용하여 계산한 것임

97. $R = \dfrac{2(t_2 - t_1)}{W_1 + W_2}$

$= \dfrac{\sqrt{N}}{4} \times \dfrac{k}{k+1} \times \dfrac{\alpha - 1}{\alpha}$

$= \dfrac{1}{4} \times \sqrt{\dfrac{L}{H}} \times \dfrac{k}{k+1} \times \dfrac{\alpha - 1}{\alpha}$

∴ 분리도(R)는 컬럼 길이(L)의 제곱근에 비례하고, 이론단 높이(H)의 제곱근에 반비례한다.

여기서, N : 이론단수

$\quad\quad\quad L$: 컬럼 길이

$\quad\quad\quad H$: 이론단 높이

$\quad\quad\quad t_1,\ t_2$: 1번, 2번 성분의 보유시간(s)

$\quad\quad\quad W_1,\ W_2$: 1번, 2번 성분의 피크 폭(s)

$\quad\quad\quad \alpha$: 분리계수

$\quad\quad\quad k$: 피크 2의 보관유지계수

98. 침종식 압력계의 특징

㉮ 액체 중의 침종의 상하 이동으로 압력을 측정하는 것으로 아르키메데스의 원리를 이용한 것이다.

㉯ 진동이나 충격의 영향이 비교적 적다.

㉰ 미소 차압의 측정이 가능하다.

㉱ 압력이 낮은 기체 압력을 측정하는 데 사용된다.

㉲ 측정범위는 단종식이 100 mmH$_2$O, 복종식이 5~30 mmH$_2$O이다.

99. 건습구 습도계 특징

㉮ 2개의 수은 온도계를 사용하여 습도, 온도를 측정한다.

㉯ 휴대용으로 사용되는 통풍형 건습구 습도계와 자연 통풍에 의한 간이 건습구 습도계가 있다.

㉰ 구조가 간단하고 취급이 쉽다.

㉱ 가격이 저렴하고, 휴대하기 편리하다.

㉲ 헝겊이 감긴 방향, 바람에 따라 오차가 발생한다.

㉳ 물이 항상 있어야 하며, 상대습도를 바로 나타내지 않는다.

㉴ 정확한 습도를 측정하기 위하여 3~5 m/s 정도의 통풍(바람)이 필요하다.

100. ㉮ 제어편차 : 제어계에서 목표값의 변화나 외란의 영향으로 목표값과 제어량의 차이에서 생긴 편차이다.

㉯ 제어편차 계산

∴ 제어편차 = 목표치 − 제어량

$\quad\quad\quad\quad\quad = 50 - 53 = -3$ L/min

CBT 실전문제 2

정답

가스유체역학	1	2	3	4	5	6	7	8	9	10
	①	②	④	④	①	③	④	④	①	①
	11	12	13	14	15	16	17	18	19	20
	②	②	④	①	③	②	①	④	③	②
연소공학	21	22	23	24	25	26	27	28	29	30
	②	①	④	④	①	②	①	①	③	②
	31	32	33	34	35	36	37	38	39	40
	③	①	④	③	③	①	①	②	②	②
가스설비	41	42	43	44	45	46	47	48	49	50
	④	①	④	④	③	①	④	③	④	①
	51	52	53	54	55	56	57	58	59	60
	②	②	②	④	①	①	②	③	③	②
가스안전관리	61	62	63	64	65	66	67	68	69	70
	②	④	④	①	③	④	①	④	④	③
	71	72	73	74	75	76	77	78	79	80
	①	①	②	③	④	②	④	①	④	③
가스계측	81	82	83	84	85	86	87	88	89	90
	②	③	①	②	③	①	②	①	③	
	91	92	93	94	95	96	97	98	99	100
	②	④	④	④	②	③	④	①	②	③

제1과목 가스유체역학

1. ㉮ 수차의 효율 계산식 $\eta = \dfrac{실제출력(L)}{이론출력(L_a)}$

이고, 이론출력 $L_a[\text{PS}] = \dfrac{\gamma \times H \times Q}{75}$ 이며
물의 비중량(γ)은 $1000\,\text{kgf/m}^3$이다.

$$\therefore L = L_a \times \eta = \left(\frac{1000 \times H \times Q}{75}\right) \times \eta$$
$$= \left(\frac{1000}{75} \times H \times Q\right) \times \eta$$
$$= 13.33 \times H \times Q \times \eta$$

㉯ 유효낙차 계산식

$$\therefore H = \frac{L}{13.33 \eta Q} [\text{m}]$$

2. 베르누이 방정식 $H = \dfrac{P}{\gamma} + \dfrac{V^2}{2g} + Z$ 에서

㉮ H : 전수두

㉯ $\dfrac{P}{\gamma}$: 압력수두

㉰ $\dfrac{V^2}{2g}$: 속도수두

㉱ Z : 위치수두

3. 액체에서 마찰열에 의한 온도상승이 작은 이유는 액체의 비열이 고체의 비열보다 커서 열용량이 고체의 열용량보다 일반적으로 크기 때문이다. (일반적으로 비열이 큰 것은 온도상승이 어렵고, 반대로 상승된 온도는 잘 식지 않는다.)

4. 캐비테이션(cavitation) 현상 : 유수 중에 그 수온의 증기압력보다 낮은 부분이 생기면 물이 증발을 일으키고 기포를 다수 발생하는 현상이다.

5. 이상기체에서 엔탈피 변화

㉮ 등적(정적)변화, 등압(정압)변화 : 정압비열과 절대온도변화와의 곱($dh = C_p dT$)과 같다.

㉯ 등온(정온)변화 : 엔탈피 변화는 없다.

㉰ 단열변화 : 공업일(W_t)과 절댓값은 같지만 부호가 반대이다.

6. 초음속 흐름($M > 1$)의 확대관

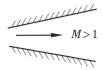

㉮ 증가 : 단면적, 속도

㉯ 감소 : 압력, 밀도, 온도

7. **질량 보존의 법칙** : 어느 위치에서나 유입 질량과 유출 질량이 같으므로 일정한 관내에 축적된 질량은 유속에 관계없이 일정하다는 것으로 실제유체나 이상유체에 관계없이 모두 적용되며 연속 방정식에 적용된다.

8. 각 항목의 옳은 설명
① 베인 펌프는 용적형 펌프 중 회전 펌프에 해당된다.
② 원심 펌프의 비속도는 작은 편이다.
③ 벌류트 펌프는 안내판(guide vane)이 없고, 터빈 펌프는 안내판(guide vane)이 있는 펌프이다.

9. ㉮ 질소(N_2)의 분자량은 28, 산소(O_2)의 분자량은 32이다.
㉯ 공기의 평균 분자량 계산 : 공기의 조성에 해당하는 성분의 고유 분자량에 체적비를 곱한 값을 합산한 것이 평균 분자량이다.
$$\therefore M = (28 \times 0.79) + (32 \times 0.21) = 28.84$$
㉰ 밀도(ρ) 계산 : $\rho = \dfrac{G[\text{kg}]}{V[\text{m}^3]}$ 이므로 SI단위 이상기체 상태방정식 $PV = GRT$를 이용하여 계산한다.
$$\therefore \rho = \frac{G}{V} = \frac{P}{RT}$$
$$= \frac{\dfrac{750}{760} \times 101.325}{\dfrac{8.314}{28.84} \times (273 + 25)} = 1.163 \text{ kg/m}^3$$

10. 베르누이 방정식에서 속도수두 계산
$$\therefore h = \frac{V^2}{2g} = \frac{10^2}{2 \times 9.8} = 5.102 \text{ m}$$

11. 비원형관 속의 손실수두 계산식
$$h_L = f \frac{L}{4R_h} \frac{V^2}{2g}$$

12. $\sin\alpha = \dfrac{C}{V}$ 에서 물체의 속도 V를 구한다.
$$\therefore V = \frac{C}{\sin\alpha} = \frac{340}{\sin 35°} = 592.771 \text{ m/s}$$

13. ㉮ 공기의 배출속도(V_4) 계산 : 체적유량
$Q = A \times V = \left(\dfrac{\pi}{4} \times D^2 \right) \times V$에서 공기의 속도 V를 구하며, V_4로 구분한다.
$$\therefore V_4 = \frac{4 \times Q}{\pi \times D^2} = \frac{4 \times 400}{\pi \times 2^2}$$
$$= 127.324 \text{ m/s}$$
㉯ 비행기의 속도(V_1)를 'm/s'로 변환
$$\therefore V_1 = \frac{360 \times 1000}{3600} = 100 \text{ m/s}$$
㉰ Froude 효율 계산
$$\therefore \eta_{Fr} = \frac{2V_1}{V_4 + V_1} \times 100$$
$$= \frac{2 \times 100}{127.32 + 100} \times 100 = 87.981 \%$$
참고 이론 효율 계산
$$\therefore \eta = \frac{L_o}{L_i} \times 100 = \frac{V_1}{V_4} \times 100$$
$$= \frac{100}{127.324} \times 100 = 78.539 \%$$

14. 수직 충격파는 초음속 흐름이 갑자기 아음속 흐름으로 변하게 되는 경우에 발생한다.

15. ㉮ 공학단위 이상기체 상태방정식 $PV = GRT$를 이용하여 현재 조건의 공기 비중량(kgf/m^3) 계산
$$\therefore \gamma = \frac{G}{V} = \frac{P}{RT} = \frac{5 \times 10^4}{29.27 \times (273 + 15)}$$
$$= 5.931 \text{ kgf/m}^3$$
㉯ 중량 유량 계산식 $G = \gamma A V$를 이용하여 평균 유속 V를 계산

$$\therefore V = \frac{G}{\gamma \times A} = \frac{20}{5.931 \times \left(\frac{\pi}{4} \times 0.1^2\right)}$$

$$= 429.350 \text{ m/s}$$

16. ㉮ $N = kg \cdot m/s^2$이고, $Pa = N/m^2$이다.

$$\therefore Pa \cdot s = (N/m^2) \cdot s = [(kg \cdot m/s^2)/m^2] \cdot s$$
$$= kg \cdot m \cdot s/s^2 \cdot m^2 = kg/m \cdot s$$

㉯ $cP(\text{centi poise}) = \frac{1}{100} P = 0.01 P$

㉰ $P(\text{poise}) = g/cm \cdot s = 0.1 kg/m \cdot s$
$$= 0.1 Pa \cdot s$$

$\therefore 6\,cP$ 환산 $\rightarrow 6\,cP \times \dfrac{1}{100} P/cP \times \dfrac{1}{10} Pa \cdot s/P$

$$= \frac{6}{1000} Pa \cdot s = 0.006 Pa \cdot s$$

17. ㉮ 속도 계산 : 체적유량 $Q = A \times V$

$= \left(\dfrac{\pi}{4} \times D^2\right) \times V$에서 속도 V를 구하며, 유량의 단위가 분당 유량(m^3/min)이므로 초당 유량(m^3/s)으로 변환하여 초당 속도 (m/s)로 구한다.

$$\therefore V = \frac{4 \times Q}{\pi \times D^2} = \frac{4 \times 0.12}{\pi \times 0.1^2 \times 60}$$
$$= 0.254 \text{ m/s}$$

㉯ SI단위로 레이놀즈수 계산 : 점성계수(μ) $0.02\,N \cdot s/m^2 = 0.02\,kg/m \cdot s$이고, 밀도 ($\rho$)는 0.86×10^3을 적용한다.

$$\therefore Re = \frac{\rho \cdot D \cdot V}{\mu}$$
$$= \frac{(0.86 \times 10^3) \times 0.1 \times 0.254}{0.02}$$
$$= 1092.2$$

$\therefore 1092.2 < 2100$이므로 층류흐름이다.

㉰ 손실수두 계산 : 점성이 있는 유체이고 층류흐름이므로 하겐-푸와죄유 방정식을 적용하며, 유량은 초당(m^3/s)으로 계산한다.

$$\therefore h_L = \frac{128 \mu L Q}{\pi D^4 \gamma} = \frac{128 \mu L Q}{\pi D^4 (\rho g)}$$

$$= \frac{128 \times 0.02 \times 1500 \times \dfrac{0.12}{60}}{\pi \times 0.1^4 \times (0.86 \times 10^3 \times 9.8)}$$

$$= 2.9005 \text{ mH}_2\text{O}$$

참고 ㉮ 비중 0.86을 이용하여 비중량으로 변환하면 $0.86 \times 10^3 \, kgf/m^3$이고, 공학 단위이다.

㉯ 비중량을 이용하여 밀도의 공학단위 계산 : 비중량(γ), 밀도(ρ), 중력가속 도(g)의 관계식 $\gamma = \rho \times g$이다.

$$\therefore \rho = \frac{\gamma}{g} = \frac{0.86 \times 10^3 \, kgf/m^3}{9.8 \, m/s^2}$$
$$= \frac{0.86 \times 10^3}{9.8} \, kgf \cdot s^2/m^4$$

㉰ 밀도의 공학단위를 절대단위로 변환 : 중력가속도 $9.8\,m/s^2$을 곱하며, 이때 'f'는 삭제된다.

$$\therefore \frac{860}{9.8} kg \cdot s^2/m^4 \times 9.8 \, m/s^2$$
$$= 0.86 \times 10^3 kg \cdot m \cdot s^2/m^4 \cdot s^2$$
$$= 0.86 \times 10^3 \, kg/m^3$$

18. $C = \sqrt{kRT} = \sqrt{1.4 \times 287 \times (273 + 30)}$
$$= 348.92 \text{ m/s}$$

19. 난류유동에서 손실수두는 속도의 제곱에 비례한다.

20. ㉮ 배관에 작용하는 응력(σ)은 단위면적(A)에 대하여 작용하는 힘(F)이다.

㉯ 응력 계산 : 힘의 SI단위 'N'을 공학단위 'kgf'로 변환할 때에는 중력가속도(g)로 나눠주며, 지름 50 mm는 5 cm이다.

$$\therefore \sigma = \frac{F}{A} = \frac{F[kgf]}{\dfrac{\pi}{4} \times D^2 [cm^2]} = \frac{\dfrac{100000}{9.8}}{\dfrac{\pi}{4} \times 5^2}$$

$$= 519.689 \text{ kgf/cm}^2$$

제 2 과목   연소공학

21. 화격자 연소의 화염 이동속도
- ㉮ 발열량이 높을수록 커진다.
- ㉯ 석탄 입자의 지름이 작을수록 커진다.
- ㉰ 1차 공기의 온도가 높을수록 커진다.
- ㉱ 석탄화도가 낮을수록 커진다.
- ※ 석탄화도(석탄의 탄화도)가 커지면 휘발분이 감소하여 연소속도가 늦어진다. (석탄화도가 낮으면 휘발분이 많아 연소속도가 커진다.)

22. 연소온도를 높이는 방법
- ㉮ 발열량이 높은 연료를 사용한다.
- ㉯ 연료를 완전 연소시킨다.
- ㉰ 가능한 한 적은 과잉공기를 사용한다.
- ㉱ 연소용 공기 중 산소 농도를 높인다.
- ㉲ 연료, 공기를 예열하여 사용한다.
- ㉳ 복사 전열을 감소시키기 위해 연소속도를 빨리할 것
- ※ 단속적인 조업보다 연속적인 조업이 연소온도를 높이는 데는 더 효과적이다.

23. 연료(fuel)의 구비조건
- ㉮ 공기 중에서 연소하기 쉬울 것
- ㉯ 저장 및 운반, 취급이 용이할 것
- ㉰ 발열량이 클 것
- ㉱ 구입하기 쉽고 경제적일 것
- ㉲ 인체에 유해성이 없을 것
- ㉳ 휘발성이 좋고 내한성이 우수할 것
- ㉴ 연소 시 회분 등 배출물이 적을 것
- ※ 연료 종류(고체연료, 액체연료, 기체연료)에 따른 적합한 연소방법을 선택하여야 완전연소가 가능하고, 최고의 발열량을 발생할 수 있다.

24. $\dfrac{a}{V^2}$ 항은 분자들 사이의 인력의 작용으로 실제기체의 압력이 이상기체보다 낮으므로 이상기체에 의해서 발휘될 압력과 같아지도록 더해 주는 것이다.

25. 오토 사이클(Otto cycle)의 이론 열효율
$$\eta = \frac{W}{q_1} = \frac{q_1 - q_2}{q_1} = 1 - \frac{q_2}{q_1} = 1 - \left(\frac{T_B - T_C}{T_A - T_D}\right)$$
$$= 1 - \left(\frac{T_B}{T_A}\right) = 1 - \left(\frac{1}{\gamma}\right)^{k-1} = 1 - \gamma \left(\frac{1}{\gamma}\right)^k$$

26. 코크스(cokes) : 역청탄(점결탄)을 1000℃ 내외에서 건류하여 만들어지는 2차 연료로 제조방법에 따라 다음과 같이 분류된다.
- ㉮ 제사 코크스 : 코크스 제조가 목적으로 고온 건류로 만들어지며, 제철공업용 및 주물용으로 사용한다.
- ㉯ 반성 코크스 : 타르 제조 목적으로 저온 건류로 만들어지며, 휘발분을 10 % 정도 함유하고 있다.
- ㉰ 가스 코크스 : 연료용으로 사용할 수 있는 가스를 제조하는 것을 목적으로 하는 것이다.

27. 존스(Jones) 연소범위 관계식
- ㉮ 연소(폭발)하한계(LFL)
  - ∴ $x_1 = 0.55 C_{st}$
- ㉯ 연소(폭발)상한계(UFL)
  - ∴ $x_2 = 4.8 \sqrt{C_{st}}$
- 참고 ㉮ 하한계와 상한계를 구하는 공식 중의 숫자는 오차를 보정하기 위하여 적용하는 것으로 상수 개념으로 이해하길 바랍니다. 이 숫자가 어떻게 나왔는지 꼭 확인이 필요한 분들은 존스(Jones) 학자분께 확인하든지 발표한 논문 등을 찾아 확인하길 바랍니다.
  - ㉯ 존스(Jones) 식에 의하여 계산된 폭발범위는 일반적으로 각 가스의 폭발범위로 사용하고 있는 것과는 오차가 발생하며, 이것은 지극히 정상적인 사항입니다.

28. **플래시 화재(flash fire)** : 누설된 LPG가 기화되어 증기운이 형성되어 있을 때 점화원에 의해 화재가 발생된 경우이다. 점화 시 폭발음이 있으나 강도가 약하다.

29. ㉮ 질소(N_2)의 분자량은 28, 산소(O_2)의 분자량은 32이다.
㉯ 공기의 평균 분자량 계산 : 공기의 조성에 해당하는 성분의 고유 분자량에 체적비를 곱한 값을 합산한 것이 평균 분자량이다.
$$\therefore \ M = (32 \times 0.2) + (28 \times 0.8) = 28.8$$
㉰ 기체상수 계산
$$\therefore \ R = \frac{8.314}{M} = \frac{8.314}{28.8} = 0.2886 \ \text{kJ/kg} \cdot \text{K}$$

30. 아세틸렌(C_2H_2), 산화에틸렌(C_2H_4O), 히드라진(N_2H_4), 오존(O_3) 등은 산소가 없어도 자기분해 폭발을 일으킬 수 있다.

31. 교축과정(throttling process)에서 온도와 압력은 감소(강하)하고, 엔트로피는 증가하며, 엔탈피는 일정(불변)하다.

32. ㉮ 전열량 30000 kJ/min을 열전도율 단위 중의 W(와트) 단위로 환산 : 1 W(와트)는 1 J/s이다.
$$\therefore \ Q = \frac{30000 \times 1000}{60} = 500000 \ \text{W}$$
㉯ 단위 면적 $1 \ \text{m}^2$당 전열량 $Q = \dfrac{1}{\dfrac{b}{\lambda}} \times \Delta t$에
서 $\dfrac{b}{\lambda} = \dfrac{\Delta t}{Q}$이므로 열전도율 λ를 구하며, 두께($b$) 4 mm는 0.004 m에 해당된다.
$$\therefore \ \lambda = \frac{Q \times b}{\Delta t} = \frac{500000 \times 0.004}{100 - 80}$$
$$= 100 \ \text{W/m} \cdot \text{℃}$$

33. ㉮ 용기 밖으로 방출되는 열량 5 kcal가 엔탈피변화량(dh)이고, 압축시키는 데 한 일량

(kgf · m)은 일의 열당량($A : \dfrac{1}{427}$ kcal /kgf · m)을 적용해 열량으로 환산한다.
㉯ 내부에너지 변화량(dU) 계산 : 엔탈피 변화량 계산식 $dh = dU + dW$에서 dU를 구한다.
$$\therefore \ dU = dh - dW$$
$$= 5 - \left(1000 \times \frac{1}{427} \right) = 2.658 \ \text{kcal/kg}$$

34. $COP_H = \dfrac{Q_1}{W} = \dfrac{Q_1}{Q_1 - Q_2} = \dfrac{T_1}{T_1 - T_2}$
$$= \frac{273 + 103}{(273 + 103) - (273 - 23)} = 2.984$$

35. $\dfrac{T_2}{T_1} = \left(\dfrac{P_2}{P_1} \right)^{\frac{k-1}{k}}$ 에서 압축 후의 온도 T_2를 구한다.
$$\therefore \ T_2 = T_1 \times \left(\frac{P_2}{P_1} \right)^{\frac{k-1}{k}}$$
$$= (273 - 190) \times \left(\frac{20}{0.5} \right)^{\frac{1.41-1}{1.41}}$$
$$= 242.619 \ \text{K} - 273 = -30.807 \ \text{℃}$$

36. ㉮ 등압변화($P = C$)에서 엔트로피 변화량
$$\therefore \ \Delta s = s_2 - s_1$$
$$= \int_1^2 ds = \int_1^2 \frac{dq}{T} = \int_1^2 \frac{C_p dT}{T}$$
㉯ 등압변화에서 엔탈피 변화량 $dh = C_p dT$이므로 엔트로피를 증가시키는 것은 엔탈피를 증가시키는 것과 같다.

37. **유입(油入) 방폭구조(o)** : 용기 내부에 절연유를 주입하여 불꽃, 아크 또는 고온 발생부분이 기름 속에 잠기게 함으로써 기름면 위에 존재하는 가연성 가스에 인화되지 아니하도록 한 구조이다.

38. ㉮ 에탄올(C_2H_5OH)이 이론산소량의 150 % 와 함께 완전연소 반응식

$C_2H_5OH + 3O_2 + 과잉산소 \rightarrow 2CO_2 + 3H_2O$ $+ 과잉산소$

㉯ 액체 상태 물(H_2O)의 kmol수 계산 : 이 상기체 상태방정식 $PV = nRT$에서 kmol 수 n을 구하며, 에탄올 1 kmol이 연소하 면 배기가스 중 물(H_2O)은 3 kmol이 발생 하고, 냉각된 액체 상태 물의 몰수를 구하 는 것이므로 수증기의 증기압은 제외한 다. 0.1 MPa은 100 kPa에 해당된다.

$$\therefore n = \frac{PV}{RT} = \frac{\left(\frac{100-25.03}{101.325}\right) \times (3 \times 22.4)}{0.082 \times 338}$$
$$= 1.794 \, kmol$$

※ n은 체적(V)의 단위로 'L'를 적용하면 'mol'로, 'm^3'를 적용하면 'kmol'로 계 산된다.

39. ㉮ 프로판(C_3H_8)과 부탄(C_4H_{10})의 완전연소 반응식

$C_3H_8 + 5O_2 \rightarrow 3CO_2 + 4H_2O : 30 \, v\%$
$C_4H_{10} + 6.5O_2 \rightarrow 4CO_2 + 5H_2O : 70 \, v\%$

㉯ 이론공기량 계산 : 기체 연료 1 L당 필요 한 산소량(L)은 연소반응식에서 산소의 몰 수에 해당하는 양이고, 각 가스의 체적비 에 해당하는 양만큼 필요한 것이다.

$$\therefore A_0 = \frac{O_0}{0.2} = \frac{(5 \times 0.3) + (6.5 \times 0.7)}{0.2}$$
$$= 30.25 \, L$$

40. BLEVE(Boiling Liquid Expanding Vapor Explosion) : 비등 액체 팽창 증기 폭발
참고 제시된 보기의 각 단어 의미
① Boiling : 비등, 끓어오르는
② Leak : 유출, 누출, 누설되다.
③ Expanding : 확장하다, 팽창하다.
④ Vapor : 증기

제 3 과목 가스설비

41. ㉮ 압송기(壓送器) : 도시가스 공급지역이 넓 어 수요가 많은 경우에 공급압력이 부족해 질 수 있으며 이때 압력을 올려서 가스를 공급하는 설비이다.

㉯ 압송기의 종류 : 터보형, 회전형, 피스톤 형(왕복형) 등

42. 강(탄소강)의 기본 조직

㉮ 페라이트(ferrite) : α철에 탄소가 최대 0.02 % 고용된 α고용체로 흰색의 입상으로 나타나는 주철에 가까운 조직으로 전연성 이 크며, A_2점 이하에서는 강자성체이다.

㉯ 오스테나이트(austenite) : γ철에 탄소가 최 대 2.11 % 고용된 γ고용체로 A_1점 이상에 서는 안정적으로 존재하나 실온에서는 존 재하기 어려운 조직으로 인성이 크며 상자 성체이다.

㉢ 델타 페라이트(delta ferrite) : δ철에 탄소 가 최대 0.09 % 고용된 δ고용체로 A_4점 이 상에서만 존재하는 조직으로 인성이 크며 상자성체이다.

㉣ 시멘타이트(cementite) : 철에 탄소가 6.68 % 화합된 철의 금속간 화합물(Fe_3C)로 흰색 의 침상으로 나타나는 조직으로 대단히 단단 하며 부스러지기 쉽다.

㉤ 펄라이트(pearlite) : 0.77 % C의 오스테나 이트가 727℃ 이하로 냉각될 때 0.02 % C 의 페라이트와 6.68 % C 시멘타이트로 석 출되어 생긴 공석강으로 페라이트와 시멘 타이트가 층상으로 나타나는 조직이다.

㉥ 레데부라이트(ledeburite) : 4.3 % C의 용융 철이 1148℃ 이하로 냉각될 때 2.11 % C의 오 스테나이트와 6.68 % C의 시멘타이트로 정 출되어 생긴 공정주철로 A_1점 이상에서는 안정적으로 존재하는 조직이다.

※ 보크사이트(bauxite : $Al_2O_3 \cdot 2H_2O$) : 알루미늄의 원재료인 광석에 해당되는 물질이다.

43. 정압기의 특성

㉮ 정특성(靜特性) : 유량과 2차 압력의 관계
　㉠ 로크업(lock up) : 유량이 0으로 되었을 때 2차 압력과 기준압력(P_s)과의 차이
　㉡ 오프셋(off set) : 유량이 변화했을 때 2차 압력과 기준압력(P_s)과의 차이
　㉢ 시프트(shift) : 1차 압력의 변화에 의하여 정압곡선이 전체적으로 어긋나는 것
㉯ 동특성(動特性) : 부하변동에 대한 응답의 신속성과 안정성이 요구된다.
㉰ 유량특성(流量特性) : 메인 밸브의 열림과 유량의 관계
　㉠ 직선형 : 메인 밸브의 개구부 모양이 장방향의 슬릿(slit)으로 되어 있으며 열림으로부터 유량을 파악하는 데 편리하다.
　㉡ 2차형 : 개구부의 모양이 삼각형(V자형)의 메인 밸브로 되어 있으며 천천히 유량을 증가하는 형식으로 안정적이다.
　㉢ 평방근형 : 접시형의 메인 밸브로 신속하게 열(開) 필요가 있을 경우에 사용하며 다른 것에 비하여 안정성이 좋지 않다.
㉱ 사용 최대차압 : 메인 밸브에 1차와 2차 압력이 작용하여 최대로 되었을 때의 차압
㉲ 작동 최소차압 : 정압기가 작동할 수 있는 최소차압

44.
$1.5\,MPa = 1.5 \times 10^6\,Pa = 1.5 \times 10^6\,N/m^2$이고, 안지름 $10\,cm = 0.1\,m$이다.

$\therefore$ 볼트 1개가 받는 힘 = $\dfrac{\text{전체에 걸리는 힘}}{\text{볼트수}}$

$\qquad = \dfrac{\text{압력}(P) \times \text{단면적}(A)}{N}$

$\qquad = \dfrac{(1.5 \times 10^6) \times \left(\dfrac{\pi}{4} \times 0.1^2\right)}{6}$

$\qquad = 1963.495\,N$

45.
톰슨 효과 : 도체인 양끝을 다른 온도로 유지하고 전류를 흘릴 때 발열 또는 흡열이 일어나는 현상
㉮ 정(+) 톰슨 효과 : 고온에서 저온 쪽으로 전류를 흘리면 발열이 일어나는 것으로 Cu(구리), Zn(아연) 등이 해당된다.
㉯ 부(−) 톰슨 효과 : 저온에서 고온 쪽으로 전류를 흘리면 흡열이 일어나는 것으로 Pt(백금), Ni(니켈), Fe(철) 등이 해당된다.

46.
사염화탄소(CCl_4)를 이용하여 1년에 1회 이상 장치 내부를 세척한다.

47.
레페(Reppe) 반응장치 : 아세틸렌을 압축하면 분해폭발의 위험이 있기 때문에 이것을 최소화하기 위하여 반응장치 내부에 질소(N_2)가 49 % 또는 이산화탄소(CO_2)가 42 %가 되면 분해폭발이 일어나지 않는다는 것을 이용하여 고안된 반응장치로 종래에 합성되지 않았던 화합물을 제조할 수 있게 되었다.

48. 수소의 공업적 제조법

㉮ 물의 전기분해법 : 수전해법
㉯ 수성가스법(석탄, 코크스의 가스화)
㉰ 천연가스 분해법(열분해)
㉱ 석유 분해법(열분해)
㉲ 일산화탄소 전화법

49. 수소의 성질

㉮ 지구상에 존재하는 원소 중 가장 가볍다.
㉯ 무색, 무취, 무미의 가연성이다.
㉰ 열전도율이 대단히 크고, 열에 대해 안정하다.
㉱ 확산속도가 대단히 크다.
㉲ 고온에서 강제, 금속재료를 쉽게 투과한다.
㉳ 폭굉속도가 1400~3500 m/s에 달한다.
㉴ 폭발범위가 넓다. (공기 중 : 4~75 %, 산소 중 : 4~94 %)

㉐ 산소와 수소폭명기, 염소와 염소폭명기의 폭발반응이 발생한다.

※ ④번 항목은 산소에 대한 설명이다.

참고 ㉮ 강제(鋼製) : 강철로 만든 제품

㉯ 강재(鋼材) : 공업, 건설 등의 재료로 쓰기 위하여 압연 따위의 방법으로 만든 강철

※ 수소의 성질 설명 내용 중에 '강제'는 '강재'와 혼용하여 사용된다.

50. 아세틸렌을 접촉적으로 수소화하면 에틸렌, 에탄이 된다.

51. 내식성 알루미늄 합금

㉮ 알민 : Al-Mn계로 내식성과 용접성이 우수해 저장탱크, 기름탱크 제작에 사용한다.

㉯ 하이드로날륨(hydronalium) : Al-Mg계로 내식성이 매우 우수해 바닷물에 취약한 선박용품 및 건축용 재료로 사용한다.

㉰ 알클레드 : 두랄루민에 Al 피복을 한 합금으로 알루미늄의 장점인 내식성을 갖는다.

㉱ 알드레이(aldrey) : Al-Mg-Si계로 내식성과 강인성이 있고 가공변형에도 잘 견딘다.

※ Y 합금 : Al-Cu-Ni-Mg계 합금으로 내열성 및 기계적 성질이 우수하여 자동차 등의 내연기관 실린더 헤드, 피스톤 등의 재료로 사용되며 시효 경화성이 있어서 모래형 및 금형 주물로 사용한다.

52. 터보 압축기 서징 현상 방지법

㉮ 우상(右上)이 없는 특성으로 하는 방법

㉯ 방출 밸브에 의한 방법

㉰ 베인 컨트롤에 의한 방법

㉱ 회전수를 변화시키는 방법

㉲ 교축 밸브를 기계에 가까이 설치하는 방법

53. ㉮ 분출부 유효면적을 계산할 때 적용하는 안전밸브 분출압력(P)은 절대압력이므로 대기압은 0.1 MPa을 적용하며, 1 MPa =

약 10 kgf/cm^{2}에 해당된다. 산소의 분자량(M)은 32이다.

㉯ 분출부 유효면적 계산 : 단위정리가 되지 않는 공식에 해당됨

$$\therefore a = \frac{W}{230P\sqrt{\dfrac{M}{T}}}$$

$$= \frac{6000}{230 \times \{(8+0.1) \times 10\} \times \sqrt{\dfrac{32}{273+27}}}$$

$$= 0.986 \text{ cm}^2$$

㉰ 계산식의 각 기호의 의미와 단위

a : 분출부 유효면적(cm^2)

W : 시간당 분출가스량(kg/h)

P : 분출압력(kgf/cm^2 · a)

M : 가스 분자량

T : 분출 직전 가스의 절대온도(K)

54. 비교회전도(비속도 : rpm · m^3/min · m) 범위

㉮ 터빈펌프 : 100~300

㉯ 벌류트펌프 : 300~600

㉰ 사류펌프 : 500~1300

㉱ 축류펌프 : 1200~2000

※ 비교회전도(비속도)는 고양정 펌프일수록 작고, 저양정 펌프일수록 크다.

55. ㉮ 관의 신축량 계산식

$$\therefore \Delta L = L \times \alpha \times \Delta t$$

여기서, ΔL : 관의 신축길이(mm)

L : 관의 길이(mm)

α : 선팽창계수

Δt : 온도차(℃)

㉯ 배관의 신축량(ΔL)은 배관길이(L), 선팽창계수(α), 온도차(Δt)에 비례한다.

56. 용접이음의 특징

(1) 장점

㉮ 이음부 강도가 크고, 하자 발생이 적다.

㉯ 이음부 관 두께가 일정하므로 마찰저항이 적다.

㉰ 배관의 보온, 피복시공이 쉽다.

㉱ 시공시간이 단축되고 유지비, 보수비가 절약된다.

(2) 단점

㉮ 재질의 변형이 일어나기 쉽다.

㉯ 용접부의 변형과 수축이 발생한다.

㉰ 용접부의 잔류응력이 현저하다.

㉱ 품질검사(결함검사)가 어렵다

57. ㉮ 부탄을 공급할 때 안지름이 제시되지 않아 저압 배관 유량식으로 구할 수 없으므로 프로판을 '1', 부탄을 '2'로 구분하여 비례식을 쓰면 다음과 같다.

$$\frac{H_2}{H_1} = \frac{\dfrac{Q_2^2 \cdot S_2 \cdot L_2}{K_2^2 \cdot D_2^5}}{\dfrac{Q_1^2 \cdot S_1 \cdot L_1}{K_1^2 \cdot D_1^5}} \text{에서 동일한 시설(배}$$

관)이므로 유량계수(K), 관길이(L), 배관 안지름(D)은 변화가 없어 생략하고 다시 쓰면 $\dfrac{H_2}{H_1} = \dfrac{Q_2^2 \times S_2}{Q_1^2 \times S_1}$ 된다.

㉯ 부탄을 공급할 때 압력손실(H_2) 계산

$$\therefore H_2 = \frac{H_1 \times Q_2^2 \times S_2}{Q_1^2 \times S_1} = \frac{15 \times 4.5^2 \times 2.05}{5^2 \times 1.52}$$

$$= 16.386 \text{ mmH}_2\text{O}$$

별해 프로판이 공급될 때의 조건을 갖고 배관 안지름을 구하여 부탄을 공급할 때 압력손실을 구한다.

㉮ 배관 안지름 계산

$$\therefore D_1 = {}^5\sqrt{\frac{Q_1^2 \cdot S_1 \cdot L_1}{K_1^2 \cdot H_1}}$$

$$= {}^5\sqrt{\frac{5^2 \times 1.52 \times 30}{0.707^2 \times 15}} = 2.731 \text{ cm}$$

㉯ 부탄을 공급할 때 압력손실 계산 : $D_1 = D_2$ 이다.

$$\therefore H_2 = \frac{Q_2^2 \times S_2 \times L_2}{K_2^2 \times D_2^5} = \frac{4.5^2 \times 2.05 \times 30}{0.707^2 \times 2.731^5}$$

$$= 16.4003 \text{ mmH}_2\text{O}$$

58. ㉮ 다단 압축기의 압축비 계산식 $a = {}^n\sqrt{\dfrac{P_2}{P_1}}$

에서 압력은 절대압력이므로 대기압은 0.1 MPa을 적용한다.

㉯ 최종단의 토출압력(P_2) 계산

$$\therefore P_2 = a^n \times P_1 = 3^3 \times (0.8 + 0.1)$$

$$= 24.3 \text{ MPa} \cdot \text{a} - 0.1 = 24.2 \text{ MPa} \cdot \text{g}$$

별해 문제에서 주어진 1 MPa은 10 kgf/cm² 과 대기압은 1 kgf/cm² 을 적용하여 최종단의 토출압력(P_2)을 구한다.

$$\therefore P_2 = a^n \times P_1 = 3^3 \times \{(0.8 \times 10) + 1\}$$

$$= 243 \text{ kgf/cm}^2 \cdot \text{a} - 1$$

$$= 242 \text{ kgf/cm}^2 \cdot \text{g} = 24.2 \text{ MPa} \cdot \text{g}$$

59. **고압가스용 스프링식 안전밸브의 구조**

㉮ 안전밸브는 그 일부가 파손되어도 충분한 분출량을 얻어야 하며, 밸브시트는 이탈되지 않도록 밸브몸통에 부착된 것으로 한다.

㉯ 스프링의 조정나사는 자유로이 헐거워지지 않는 구조이고 스프링이 파손되어도 밸브디스크 등이 외부로 빠져나가지 않는 구조인 것으로 한다.

㉰ 안전밸브는 압력을 마음대로 조정할 수 없도록 봉인할 수 있는 구조인 것으로 한다.

㉱ 가연성 또는 독성가스용의 안전밸브는 개방형을 사용하지 않는다.

㉲ 밸브디스크와 밸브시트와의 접촉면이 밸브축과 이루는 기울기는 45°(원추시트) 또는 90°(평면시트)인 것으로 한다.

㉳ 밸브몸체를 밸브시트에서 들어 올리는 장치를 부착하는 경우에는 안전밸브 설정압력의 75 % 이상의 압력일 때 수동으로 조작되고 압력해제 시 자동으로 폐지되는 구조이어야 한다.

㉳ 안전밸브에 사용하는 스프링은 유해한 흠 등의 결함이 없는 것으로 한다.

60. 조정압력 3.3 kPa 이하인 압력조정기의 안전장치 분출용량

㉮ 노즐 지름이 3.2 mm 이하일 때 : 140 L/h 이상

㉯ 노즐 지름이 3.2 mm 초과일 때 : 다음 계산식에 의한 값 이상

$Q=44D$

여기서, Q : 안전장치 분출량(L/h)

D : 조정기의 노즐 지름(mm)

제 4 과목 가스안전관리

61. 저장탱크실 재료의 규격

항목	규격
굵은 골재의 최대치수	25 mm
설계강도	21 MPa 이상
슬럼프(slump)	120~150 mm
공기량	4 % 이하
물-결합재비	50 % 이하
그 밖의 사항	KS F 4009(레디믹스트 콘크리트)에 따른 규정
[비고] 수밀콘크리트의 시공 기준은 국토교통부가 제정한 "콘크리트 표준 시방서"를 준용한다.	

62. 재해 발생 또는 재해 확대 방지 조치(KGS GC206) : 고압가스 운전자는 운반 중 재해 방지를 위하여 운행 개시 전에 다음의 필요한 조치 및 주의사항을 차량에 비치한다.

㉮ 가스의 명칭 및 물성

㉯ 운반 중의 주의사항

㉰ 충전용기 등을 적재한 경우 내릴 때의 주의사항

㉱ 사고 발생 시 응급조치

63. 가스도매사업 정압기지 시설기준(KGS FS452) : 정압기지란 도시가스 압력을 조정하여 도시가스를 안전하게 공급하기 위한 정압설비, 계량설비, 가열설비, 불순물 제거장치, 방산탑, 배관 또는 그 부대설비가 설치되어 있는 근거지를 말한다.

64. 검지부 설치 제외 장소

㉮ 출입구의 부근 등으로서 외부의 기류가 통하는 곳

㉯ 환기구 등 공기가 들어오는 곳으로부터 1.5 m 이내의 곳

㉰ 연소기의 폐가스에 접촉하기 쉬운 곳

65. 다른 설비와의 거리 : KGS FP111

㉮ 안전구역 안의 고압가스설비의 외면으로부터 다른 안전구역 안에 있는 고압가스설비의 외면까지 유지하여야 할 거리는 30 m 이상으로 한다.

㉯ 가연성가스 저장탱크의 외면으로부터 처리능력이 20만 m^3 이상인 압축기까지 유지하여야 하는 거리는 30 m 이상으로 한다.

㉰ 가연성가스 제조시설의 고압가스설비는 그 외면으로부터 다른 가연성가스 제조시설의 고압가스설비와 5 m 이상, 산소제조시설의 고압가스설비와 10 m 이상의 거리를 유지한다.

66. 기화장치의 형식

㉮ 구조에 따른 분류 : 다관식, 코일식, 캐비닛식

㉯ 가열방식에 따른 분류 : 전열식 온수형, 전열식 고체전열형, 온수식, 스팀식 직접형, 스팀식 간접형

67. 자긴처리(auto-frettage : KGS AC118) : 금속라이너 압력용기를 제조공정 중에 그 금속라이너의 항복점을 초과하는 압력을 가하여

영구 소성변형을 일으키는 것을 말한다.

※ 보기 각 항목에 해당되는 사항

②번 항목은 AC118의 '배치'라는 용어 중 금속 라이너의 경우 설명임

③번 항목은 AC118의 '축소형 압력용기(sub-scale pressure vessel)'에 대한 설명임

④번 항목은 고압가스 저장탱크 및 압력용기 제조 기준(KGS AC111)에 규정된 '냉간연신(cold-stretching)'이라는 용어의 정의에 해당된다.

※ '라이너'란 금속 또는 플라스틱을 이용하여 압력용기의 가장 안쪽 층을 구성하는 용기를 말한다.

68. 허용농도가 100만분의 200 이하인 독성가스 충전용기를 운반하는 경우에는 용기 승하차용 리프트와 밀폐된 구조의 적재함이 부착된 전용차량으로 운반한다. 다만, 내용적이 1000 L 이상인 충전용기를 운반하는 경우에는 그렇지 않다.

69. 조정기의 최대폐쇄압력 기준

㉮ 1단 감압식 저압조정기, 2단 감압식 2차용 저압조정기 및 자동절체식 일체형 저압조정기 : 3.50 kPa 이하

㉯ 2단 감압식 1차용 조정기 : 95.0 kPa 이하

㉰ 1단 감압식 준저압조정기, 자동절체식 일체형 준저압조정기 및 그 밖의 압력조정기 : 조정압력의 1.25배 이하

70. 최고충전압력 기준

㉮ 압축가스를 충전하는 용기 : 35℃의 온도에서 그 용기에 충전할 수 있는 가스의 압력 중 최고압력

㉯ 초저온용기, 저온용기 : 상용압력 중 최고압력

㉰ 초저온용기, 저온용기 외의 용기로서 액화가스를 충전하는 것 : 내압시험압력의 3/5

배의 압력

㉱ 아세틸렌용 용접용기 : 15℃에서 용기에 충전할 수 있는 가스의 압력 중 최고압력

71. 독성 고압가스 운반책임자 동승 기준

가스의 종류	허용농도	기준
압축 가스	100만분의 200 이하	10 m^3 이상
	100만분의 200 초과 100만분의 5000 이하	100 m^3 이상
액화 가스	100만분의 200 이하	100 kg 이상
	100만분의 200 초과 100만분의 5000 이하	1000 kg 이상

72. ㉮ 공기액화 분리장치의 불순물 유입금지 기준 : 공기액화 분리기에 설치된 액화산소통 내의 액화산소 5 L 중 아세틸렌 질량이 5 mg 또는 탄화수소의 탄소질량이 500 mg을 넘을 때에는 그 공기액화 분리기의 운전을 중지하고 액화산소를 방출할 것

㉯ 탄소질량 계산 : 메탄(CH_4)의 분자량은 16, 에틸렌(C_2H_4)의 분자량은 28이다.

$$\therefore \text{탄소질량} = \frac{\text{탄화수소 중 탄소질량}}{\text{탄화수소의 분자량}} \times \text{탄화수소량}$$

$$= \left(\frac{12}{16} \times 300\right) + \left(\frac{24}{28} \times 230\right)$$

$$= 422.14 \text{ mg}$$

㉰ 판단 : 탄소질량이 500 mg을 넘지 않으므로 운전을 계속할 수 있다.

73. 액화석유가스용 강제용기 스커트 두께 기준

㉮ 용기 종류(내용적)에 따른 스커트 두께

용기의 내용적	두께
20 L 이상 25 L 미만인 용기	3 mm 이상
25 L 이상 50 L 미만인 용기	3.6 mm 이상
50 L 이상 125 L 미만인 용기	5 mm 이상

㉯ 스커트를 KS D 3533(고압가스용기용 강판 및 강대) SG 295 이상의 강도 및 성질을 갖는 재료로 제조하는 경우에는 내용적이 25 L 이상 50 L 미만인 용기는 두께 3.0 mm 이상으로, 내용적이 50 L 이상 125 L 미만인 용기는 두께 4.0 mm 이상으로 할 수 있다.

※ 탄소강과 같은 일반적인 재료는 ㉮항을 적용하지만 이 문제는 ㉮항과 같은 재료가 아니므로 ㉯항을 적용받는 것이다.

74. 살수장치 설치 : KGS FU332

㉮ 살수장치는 용기보관실의 바닥면적 $1 m^2$당 5 L/min 이상의 비율로 계산된 수량을 용기보관실 전 바닥에 분무할 수 있는 고정된 장치로 한다.

㉯ 소화전(호스 끝 수압 0.25 MPa 이상으로 방수능력 350 L/min 이상인 것을 말한다)의 설치위치는 해당 용기보관실의 외면으로부터 40 m 이내이고, 소화전의 방수방향은 용기보관실을 향하여 어느 방향에서도 방수할 수 있는 것이며, 소화전의 설치개수는 해당 용기보관실 표면적 $40 m^2$당 1개의 비율로 계산한 수 이상으로 한다.

∴ 소화전 최소 설치수

$$= \frac{\text{해당 용기보관실 표면적}}{40} = \frac{120}{40} = 3$$

75. 2022년 가스관련 사고 원인별 구분 : 한국가스안전공사 자료

구분	발생건수	구성비
사용자 취급 부주의	24	32.9 %
공급자 취급 부주의	8	11.0 %
타 공사	8	11.0 %
시설 미비	14	19.2 %
제품 노후, 고장	10	13.7 %
교통사고	2	2.7 %
기타	7	9.6 %
계	73	100 %

76. 태양광 발전설비 설치 기준(KGS FP331) 〈신설 16. 3. 9〉

㉮ 태양광 발전설비를 사업소 건축물 상부에 설치하는 경우에는 건축물 관련법규 및 하위규정에 따른 구조 및 설비기준을 준수하고, 건축구조기술사 또는 건축시공기술사의 구조안전확인을 받은 것으로 한다.

㉯ 태양광 발전설비는 전기사업법에 따른 사용 전 검사나 사용 전 점검에 합격한 것으로 한다.

㉰ 태양광 발전설비 중 집광판은 건축물의 옥상 등 충전소 운영에 지장을 주지 않는 장소에 설치한다. 다만, 충전소 내 지상에 집광판을 설치하려는 경우에는 충전설비, 저장설비, 가스설비, 배관, 자동차에 고정된 탱크 이입·충전장소의 외면으로부터 8 m 이상 떨어진 곳에 설치하고, 집광판은 지면으로부터 1.5 m 이상 높이에 설치한다.

㉱ 태양광 발전설비 관련 전기설비는 방폭성능을 가진 것으로 설치하거나, 폭발 위험장소(0종 장소, 1종 장소 및 2종 장소를 말한다)가 아닌 곳으로, 가스시설 등과 접하지 않는 방향에 설치한다.

㉲ 에너지 저장장치(ESS : energy storage system)는 설치하지 않는다. 〈신설 19. 9. 28〉

77. 각 가스의 성질

구분	비점	임계온도	임계압력
메탄	− 161.5℃	− 82.1℃	45.8 atm
산소	− 183℃	− 118.4℃	50.1 atm
아르곤	− 186℃	− 122℃	40 atm
암모니아	− 33.3℃	132.3℃	111.3 atm

78. 과류차단성능(KGS AA313) : 과류차단기구의 작동성능은 압축공기를 사용하여 다음 기준에 적합한 것으로 한다.

(1) 과류차단기구가 작동하는 공기 유량(20
℃, 1기압에서의 수치)의 범위는 다음과
같다.
㉮ 용기 내의 압력이 0.1 MPa일 때 2 m³/h
이상 2.7 m³/h 이하
㉯ 용기 내의 압력이 1 MPa일 때 4.3 m³/h
이상 6.3 m³/h 이하
(2) 용기 전도 시 과류차단기구가 작동하는
공기 유량
㉮ 용기 내의 압력이 0.1 MPa일 때 2.7
m³/h 이하
㉯ 용기 내의 압력이 1 MPa일 때 6.3 m³/h
이하
(3) 과류차단기구가 작동한 후의 공기 누출량
은 용기 내 압력이 0.07 MPa 이상 1.5 MPa
이하의 범위 내에서 5 L/h 이하인 것으로
한다.

79. 불화수소(HF)의 특징

㉮ 자극적인 냄새가 있는 무색의 불연성이다.
㉯ TLV–TWA 0.5 ppm, LC50 1307 ppm · 1 h
· rat이다.
㉰ 열에 의해 분해되는 경우 및 물과 반응하
여 부식성 및 독성가스를 생성한다.
㉱ 금속과 접촉 시 인화성 수소가스를 생성한다.
㉲ 강산으로 염기류와 격렬히 반응한다.
㉳ 흡입 시 기침, 현기증, 두통, 메스꺼움, 호
흡곤란을 일으킬 수 있다.
㉴ 피부에 접촉 시 화학적 화상, 액체 접촉 시
동상을 일으킬 수 있다.

80.
㉮ 특수고압가스(고법 시행규칙 제2조) : 압
축모노실란, 압축디보레인, 액화알진, 포
스핀, 셀렌화수소, 게르만, 디실란 및 그
밖에 반도체의 세정 등 산업통상자원부장
관이 인정하는 특수한 용도에 사용되는
고압가스를 말한다.
㉯ 특수고압가스(KGS FU212 특수고압가스

사용의 시설 · 기술 · 검사 기준) : 특정고
압가스사용시설 중 압축모노실란, 압축디
보레인, 액화알진, 포스핀, 셀렌화수소,
게르만, 디실란, 오불화비소, 오불화인,
삼불화인, 삼불화질소, 삼불화붕소, 사불
화유황, 사불화규소를 말한다.
참고 ㉮ 특정고압가스(고법 제20조) : 수소, 산
소, 액화암모니아, 아세틸렌, 액화염소, 천
연가스, 압축모노실란, 압축디보레인, 액
화알진 그 밖에 대통령령으로 정하는 고압
가스
㉯ 대통령령으로 정하는 것(고법 시행령 제
16조) : 포스핀, 셀렌화수소, 게르만, 디실
란, 오불화비소, 오불화인, 삼불화인, 삼불
화질소, 삼불화붕소, 사불화유황, 사불화
규소

제 5 과목　가스계측

81. 기포식 액면계 : 탱크 속에 파이프를 삽입하고
여기에 일정량의 공기를 보내면서 액체의 정압
과 공기 압력을 비교하여 액면의 높이를 측정
(계산)하는 것으로 purge식 액면계라 한다.

82. 전자포획 이온화 검출기(ECD : Electron
Capture Detector) : 방사선으로 캐리어가스
가 이온화되어 생긴 자유전자를 시료 성분이
포획하면 이온전류가 감소하는 것을 이용한 것
으로 유기 할로겐 화합물, 니트로 화합물 및
유기금속 화합물을 선택적으로 검출할 수 있다.

83.
㉮ 경사관의 길이 50 cm는 0.5 m이고, 비중
을 비중량(γ : kgf/m³)으로 변환하기 위
해서는 1000을 곱한다.
㉯ 압력 차이 계산 : 비중량(kgf/m³)에 액주

높이차(m)를 곱하면 압력 단위가 'kgf/m²'이 되며 'kgf/cm²'으로 변환하기 위해서는 1만으로 나눠준다.

$$\therefore P_1 - P_2 = \gamma x \sin\theta$$
$$= (0.8 \times 1000) \times 0.5 \times \sin30° \times 10^{-4}$$
$$= 0.02 \, kgf/cm^2$$

84. 디지털 계측의 특징
㉮ 계측값의 판독이 쉽다.
㉯ 극히 짧은 시간 동안 계측이 이루어진다.
㉰ 계측값을 저장할 수 있다.
㉱ 개인 오차를 줄일 수 있다.
㉲ 자동계측 및 제어가 용이하다.
㉳ 계측과 지시가 연속적으로 이루어진다.
※ 센서(sensor) 등에 의하여 오차가 발생할 가능성이 있어 측정할 때 허용오차를 고려해야 한다.

85. 적외선 분광분석법의 광원
㉮ 네른스트 램프(Nernst lamp) : 지르코니아(ZrO_2), 산화세륨(CeO_2), 이산화토륨(ThO_2)으로 만든 직경이 1~2 mm 정도의 막대이며, 1200~2000 K 범위의 온도에서 전기적으로 가열하여 적외선을 얻는다.
㉯ 글로바 램프(Globar lamp) : 탄화규소(SiC)를 소결하여 만든 막대이며, 1300~1500 K 범위의 온도에서 전기적으로 가열되어 적외선을 얻는다.
㉰ 기타 : 나선형의 니크롬선이나 사기실린더에 감은 로듐선을 전기적으로 가열하여 사용하기도 한다. 네른스트 램프나 글로바 램프보다 세기가 낮지만 수명이 길다.

86. 오버슈트(over shoot) : 동작간격으로부터 벗어나 초과되는 오차를 말하며, 반대로 나타나는 오차를 언더슈트(under shoot)라 한다.

87. 모발 습도계의 특징
㉮ 구조가 간단하고 취급이 쉽다.
㉯ 추운 지역에서 사용하기 편리하다.
㉰ 재현성이 좋다.
㉱ 상대습도가 바로 나타난다.
㉲ 히스테리시스 오차가 있다.
㉳ 시도가 틀리기 쉽다.
㉴ 정도가 좋지 않다.
㉵ 모발의 유효 작용기간이 2년 정도이다.
※ 재현성 : 동일한 방법으로 동일한 측정 대상을 측정자, 측정 장소, 측정 시간 등 다른 조건으로 측정할 경우 각각의 측정값이 일치하는 정도를 말한다.

88. 공기압식 조절계의 전송 거리는 100~150 m 정도이다.

89. 추치 제어 : 목표값이 변화되는 제어로서 목표값을 측정하면서 제어량을 목표값에 일치하도록 맞추는 방식이다.
㉮ 추종 제어 : 목표치가 시간적(임의적)으로 변화하는 제어로서 자기 조정 제어라 한다.
㉯ 비율 제어 : 목표값이 다른 양과 일정한 비율 관계에서 변화되는 제어로 유량 비율 제어, 공기비 제어가 해당된다.
㉰ 프로그램 제어 : 목표값이 미리 정해진 계획에 따라서 시간적으로 변화하는 제어로 가스크로마토그래피의 오븐 온도 제어 및 금속이나 유리 등의 열처리에 응용할 수 있다.

90. 수은 온도계 특징
㉮ 비열은 작고, 열전도율은 크기 때문에 응답속도가 비교적 빠르다.
㉯ 경년변화(經年變化)에 의한 오차가 발생한다.
㉰ 팽창계수는 작은 편이다.
㉱ 측정범위는 -35~350℃이다.
㉲ 내부에 질소를 충전한 것은 650℃까지 측정이 가능하다.

※ 수은(Hg)의 응고점 −38.9℃, 비등점 357℃로 측정범위는 −35~350℃ 정도로 설명하고 있지만, 특수한 경우 −50℃까지 측정이 가능한 것도 있어 보기 중에서 가장 근접한 것을 선택하여야 한다.

91. 압전(壓電 : piezo electric)효과 : 압력이 가해지면 전기가 발생하는 현상으로 압전효과를 나타내는 대표적인 물질로는 수정, 로셸염, 티탄산바륨, PZT세라믹계가 있다.

※ PZT세라믹 : 티탄산납($PbTiO_3$)과 지르코산납($PbZrO_3$)을 일정한 비율로 섞은 것으로 사용 용도에 따라 불순물을 첨가하여 여러 가지 재료 물성을 갖는 압전 세라믹으로 사용할 수 있다.

92. 정특성 : 측정기기의 입력신호가 시간적으로 변동하지 않거나 변동이 느려서 그 영향을 무시할 수 있는 경우 입력신호와 출력신호의 관계를 의미하는 것으로 감도, 직선성(선형성), 히스테리시스오차 등이 해당된다.

※ 응답시간은 동특성에 해당되는 사항이다.

93. ㉮ 절대습도 계산

$$\therefore X = \frac{G_w}{G_a} = \frac{6}{120} = 0.05 \, \text{kg/kg} \cdot \text{DA}$$

㉯ 수증기 분압(P_w) 계산

$X = 0.622 \times \dfrac{P_w}{760 - P_w}$ 에서 대기압 760 mmHg에 전체 압력 750 mmHg를 대입하여 P_w를 계산한다.

$$\therefore X(750 - P_w) = 0.622 P_w$$
$$750X - P_w X = 0.622 P_w$$
$$750X = 0.622 P_w + P_w X$$
$$750X = P_w(0.622 + X)$$
$$\therefore P_w = \frac{750X}{0.622 + X} = \frac{750 \times 0.05}{0.622 + 0.05}$$
$$= 55.803 ≒ 55.80 \, \text{mmHg}$$

㉰ 상대습도(ϕ) 계산

$$\therefore \phi = \frac{P_w}{P_s} = \frac{55.8}{89} = 0.6269 ≒ 0.627$$

㉱ 비교습도 계산

$$\therefore \psi = \frac{\phi(P - P_s)}{P - \phi P_s} \times 100$$
$$= \frac{0.627 \times (750 - 89)}{750 - (0.627 \times 89)} \times 100$$
$$= 59.701 \%$$

※ 비교습도 : 습공기의 절대습도와 그 온도에 의한 포화공기의 절대습도와의 비를 퍼센트로 표시한 것이다.

94. 게겔(Gockel)법의 분석순서 및 흡수제

㉮ CO_2 : 33 % KOH 수용액
㉯ 아세틸렌 : 요오드수은 칼륨 용액
㉰ 프로필렌, $n-C_4H_8$: 87 % H_2SO_4
㉱ 에틸렌 : 취화수소 수용액
㉲ O_2 : 알칼리성 피로갈롤 용액
㉳ CO : 암모니아성 염화제1구리 용액

95. 비례대 $= \dfrac{측정\ 온도차}{조절\ 온도차} \times 100$

$$= \frac{76 - 73}{80 - 60} \times 100 = 15 \%$$

96. 연소가스 중에 일산화탄소(CO)와 수소(H_2)가 포함되어 있는 것은 연료가 불완전연소가 되고 있는 것으로 이때 사용되는 가스분석계는 미연소가스계이다.

97. 모세관(capillary) 컬럼의 종류

㉮ WCOT(wall coated open tubular)형 : 모세관 내벽에 액상(고정상)을 막상에 균일하게 도포한 컬럼으로 도포막의 두께가 컬럼 선택의 중요한 조건이 된다.
㉯ PLOT(porous layer open tubular)형 : 모세관 내벽에 다공성 폴리머나 알루미나 등을 담지시킨 컬럼이다.

㉰ SCOT(support coated open tubular)형 : 모세관 내벽에 액상을 함침시킨 규조토 담체 등을 담지시킨 컬럼이다.

※ 함침(含浸)[머그물 함, 담금 침] : 가스 상태나 액체로 된 물질을 물체 안에 침투하게 하여 그 물체의 특성을 사용 목적에 따라 개선함

98. N_2(질소)는 전체 시료량(100 %)에서 각 성분(CO_2, O_2, CO) 양을 제외하는 방법으로 계산한다.

∴ $N_2[\%] = 100 - (CO_2[\%] + O_2[\%] + CO[\%])$
$= 100 - CO_2[\%] - O_2[\%] - CO[\%]$

99. 가스미터의 구비조건
㉮ 구조가 간단하고, 수리가 용이할 것
㉯ 감도가 예민하고 압력손실이 적을 것
㉰ 소형이며 계량용량이 클 것
㉱ 기차의 변동이 작고, 조정이 용이할 것
㉲ 내구성이 클 것

100. ㉮ 대기압 750 mmHg를 'kgf/cm²'으로 단위 변환하여야 하며, 1 atm = 760 mmHg = 1.0332 kgf/cm²이지만, 문제에서 제시된 1.0336 kgf/cm²을 적용한다.

∴ 환산압력
$$= \frac{주어진 \ 압력}{주어진 \ 압력의 \ 표준대기압} \times 구하려는 \ 단위의 \ 표준대기압$$

㉯ 절대압력 계산
∴ 절대압력 = 대기압 + 게이지압력
$$= \left(\frac{750}{760} \times 1.0336\right) + 1.98$$
$$= 3 \ kgf/cm^2 \cdot a$$

CBT 실전문제 3

정답

	1	2	3	4	5	6	7	8	9	10
가스유체역학	④	③	③	④	④	②	④	①	②	④
	11	12	13	14	15	16	17	18	19	20
	②	③	③	①	④	①	②	①	②	④
연소공학	21	22	23	24	25	26	27	28	29	30
	④	①	①	①	③	④	②	②	③	③
	31	32	33	34	35	36	37	38	39	40
	④	④	③	③	③	①	③	③	③	④
가스설비	41	42	43	44	45	46	47	48	49	50
	①	①	③	①	③	②	③	③	②	①
	51	52	53	54	55	56	57	58	59	60
	②	③	②	④	②	②	②	③	③	①
가스안전관리	61	62	63	64	65	66	67	68	69	70
	②	①	①	①	④	②	②	③	③	①
	71	72	73	74	75	76	77	78	79	80
	③	①	①	④	④	③	④	②	④	②
가스계측	81	82	83	84	85	86	87	88	89	90
	③	③	③	④	③	②	②	②	①	③
	91	92	93	94	95	96	97	98	99	100
	①	④	①	②	①	⑤	④	③	③	②

제1과목 가스유체역학

1. ㉮ P(poise)는 'g/cm · s'이다.
㉯ 1 kg/m · s는 1000 g/100 cm · s이고 정리하면 10 g/cm · s이고 10 P[g/cm · s]이다.

2. ㉮ 현재 조건의 공기 비중량(kgf/m^3) 계산 : 공학단위 이상기체 상태방정식 $PV = GRT$에서 비중량(γ)은 $\dfrac{G}{V}$로 구할 수 있다.

$$\therefore \gamma = \frac{G}{V} = \frac{P}{RT}$$

$$= \frac{5 \times 10^4}{29.27 \times (273+15)} = 5.931 \text{ kgf/m}^3$$

④ 평균유속 계산 : 중량 유량식 $G = \gamma A V$에서 평균 유속 $\overline{V}$를 구한다.

$$\therefore \overline{V} = \frac{G}{\gamma \times A} = \frac{G}{\gamma \times \left(\frac{\pi}{4} \times D^2\right)}$$

$$= \frac{20}{5.931 \times \left(\frac{\pi}{4} \times 0.1^2\right)} = 429.35 \text{ m/s}$$

※ 중력가속도 9.8 m/s^2이 작용하고 있는 지구상에서 질량 1 kg이 중량 1 kgf가 되므로 문제에서 주어진 질량 유량 20 kg/s를 중량 유량 20 kgf/s로 적용하여 풀이하였음

3. 밀도(kg/m^3)는 단위체적당 질량이므로 SI단위 이상기체 상태방정식 $PV = GRT$를 이용하여 구한다.

$$\therefore \rho = \frac{G}{V} = \frac{P}{RT}$$

$$= \frac{200}{\frac{8.314}{28} \times (273+27)} = 2.245 \text{ kg/m}^3$$

4. $Re = \frac{\rho \cdot D \cdot V}{\mu}$

$$= \frac{1200 \times 0.0526 \times 1.16}{0.01} = 7321.92$$

5. ② 수차는 물을 이송하는 유체기계 중 하나이므로 물의 비중량(γ) 1000 kgf/m^3을 이론 출력(수동력) 계산식에 적용한다.

④ $\text{kW} = \frac{\gamma \times Q \times H}{102 \times 60} = \frac{1000 \times Q \times H}{102 \times 60}$

⑤ $\text{PS} = \frac{\gamma \times Q \times H}{75 \times 60} = \frac{1000 \times Q \times H}{75 \times 60}$

6. 연속의 방정식 $A_1 V_1 = A_2 V_2$에서 단면적 $A = \frac{\pi}{4} D^2$이고, 변경된 관경 $D_2 = 2D_1$이다.

$\frac{\pi}{4} \times D_1^2 \times V_1 = \frac{\pi}{4} \times (2D_1)^2 \times V_2$에서 V_2를 구한다.

$$\therefore V_2 = \frac{\frac{\pi}{4} \times D_1^2 \times V_1}{\frac{\pi}{4} \times (2D_1)^2} = \frac{\frac{\pi}{4} \times D_1^2 \times V_1}{\frac{\pi}{4} \times 4 \times D_1^2}$$

$$= \frac{1}{4} V_1$$

$\therefore$ 관경이 2배 증가하면 유속은 $\frac{1}{4}$로 감소한다.

7. ② 1 atm은 760 mmHg, 10332 mmH_2O이다.

④ 환산압력 계산

$\therefore$ 환산압력

$$= \frac{\text{주어진 압력}}{\text{주어진 압력의 표준대기압}} \times \text{구하는 압력 표준대기압}$$

$$= \frac{750}{760} \times 10332 = 10196.05 \text{ mmH}_2\text{O}$$

8. 축류펌프의 특징

② 비속도(비교회전도)가 1200~2000 정도로 커서 저양정에서도 회전수를 크게 할 수 있어 원동기와 직결할 수 있다.

④ 회전차 깃의 양력에 의해 속도에너지와 압력에너지를 공급받으며, 축방향으로 유입하여 축방향을 유출하는 형식이다.

⑤ 양정의 변화에 대한 유량 변화가 적고, 효율 저하도 적다.

⑥ 유량이 크고 양정이 10 m 이하의 저양정에 적합하다.

⑦ 구조가 간단하고 펌프 내의 유로에 단면변화가 적으므로 수력손실이 적다.

⑧ 가동익의 경우 넓은 범위의 양정에서 높은 효율이 가능하다.

⑨ 양정을 증가시키려면 깃의 수를 증가시키고, 유량을 증가시키려면 가동익의 설치각도를 크게 하면 된다.

⑩ 농업용 용수펌프, 배수펌프, 상·하수도용 펌프, 증기터빈의 복수기의 순환펌프 등에 사용된다.

9. ㉮ 공동현상(cavitation) : 유수 중에 그 수온의 증기압력보다 낮은 부분이 생기면 물이 증발을 일으키고 기포를 다수 발생하는 현상으로 발생조건은 다음과 같다.
㉠ 흡입양정이 지나치게 클 경우
㉡ 흡입관의 저항이 증대될 경우
㉢ 과속으로 유량이 증대될 경우
㉣ 관로 내의 온도가 상승될 경우
㉯ 문제의 조건에서 잘못된 부분
㉠ 액체의 온도가 높을수록 공동현상이 잘 일어난다.
㉡ 공동현상은 유체 내의 국소압력이 그 온도에 상응하는 유체의 포화증기압 이하일 때 일어난다.

10. ㉮ 비중계가 물 속으로 들어간 체적(V) 계산 : 물의 비중은 1이므로 비중계의 질량 20 g을 이용하여 계산한다.
$20 \text{ g} = V[\text{cm}^3] \times 1 \text{ g/cm}^3 \rightarrow \therefore V = 20 \text{ cm}^3$ 이다.
㉯ 물보다 더 가라앉은 체적(V') 계산
$\therefore V' = A \times h = \left(\dfrac{\pi}{4} \times 0.6^2\right) \times 6 = 1.696 \text{ cm}^3$
㉰ 액체의 비중(S) 계산 : 비중계의 무게 20 g을 체적으로 환산한 것은 비중계가 물속에 들어간 체적(V)과 액체에 가라앉은 체적(V')을 합산한 값에 액체의 비중과 물의 비중을 곱한값과 같고 이것을 식으로 정리하면 다음과 같다.
$20 = (V + V') \times S \times 1$
$\therefore S = \dfrac{20}{(V + V') \times 1} = \dfrac{20}{(20 + 1.696) \times 1}$
$\quad = 0.9218$

11. ㉮ 서징(surging) 현상 : 펌프 운전 중에 주기적으로 운동, 양정, 토출량이 규칙적으로 변동하는 현상으로 압력계의 지침이 일정범위 내에서 움직이며 맥동 현상이라 한다.
㉯ 서징 현상 발생 원인
㉠ 양정 곡선이 산형 곡선(우향 상승구배 곡선)이고 곡선의 최상부에서 운전했을 때
㉡ 유량조절밸브가 탱크 뒤쪽에 있을 때
㉢ 배관 중에 물탱크(수조 : 水槽)나 공기탱크(공기조 : 空氣槽)가 있을 때

12. 레이놀즈수는 층류와 난류를 구분하는 척도로 점성력에 대한 관성력의 비이다.
$\therefore Re = \dfrac{\rho DV}{\mu} = \dfrac{\text{관성력}}{\text{점성력}}$

13. 마하각 $\sin\alpha = \dfrac{C}{V}$ 에서 비행하는 물체 속도 V를 구한다.
$\therefore V = \dfrac{C}{\sin\alpha} = \dfrac{\sqrt{k \cdot R \cdot T}}{\sin\alpha}$
$\quad = \dfrac{\sqrt{1.4 \times 287 \times (273 + 15)}}{\sin 20}$
$\quad = 994.602 \text{ m/s}$

14. 달시-바이스바하 방정식 $h_f = f \times \dfrac{L}{D} \times \dfrac{V^2}{2g}$ 에서 마찰계수 f를 구한다.
$\therefore f = \dfrac{h_f \times D \times 2g}{L \times V^2}$
$\quad = \dfrac{5 \times 0.25 \times 2 \times 9.8}{40 \times 5.7^2} = 0.01885$

15. 벤투리 유량계의 각도
㉮ 축소부(수축부) : 20°
㉯ 확대부 : 5~7°
※ 벤투리 유량계는 축소부(수축부)가 확대부보다 각도가 크다.

참고 **벤투리 유량계 단면도**

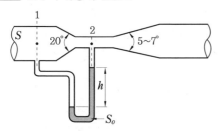

16. ㉮ 기름의 상당높이 계산 : 비중이 0.9인 기름의 높이 5 m를 비중 1인 물일 때의 높이를 계산하며, 물의 비중량은 1000 kgf/m^{3}을 적용한다.

$$\therefore h_e = \frac{\gamma_1 \times h_1}{\gamma} = \frac{(0.9 \times 1000) \times 5}{1000}$$
$$= 4.5 \text{ m}$$

㉯ 전체 높이 계산

$$\therefore h = h_1 + h_e = 5 + 4.5 = 9.5 \text{ m}$$

㉰ 유속 계산

$$\therefore V = \sqrt{2 \times g \times h} = \sqrt{2 \times 9.8 \times 9.5}$$
$$= 13.645 \text{ m/s}$$

17. ㉮ 동점성계수 계산 : 절대단위 CGS단위로 계산하며, 5 cP는 5×10^{-2} g/cm · s이다.

$$\therefore \nu = \frac{\mu}{\rho} = \frac{5 \times 10^{-2}}{0.85} = 0.0588 \text{ cm}^2/\text{s}$$

㉯ 20 cm 지점에서의 레이놀즈수 계산 : CGS단위로 계산

$$\therefore Re_{x=20cm} = \frac{u \times x}{\nu} = \frac{10 \times 20}{0.0588}$$
$$= 3401.360$$

㉰ 경계층 두께 계산 : 두께 계산식 $\delta = \dfrac{4.65\,x}{Re^{\frac{1}{2}}}$ 에서 분자의 상수값 '4.65' 대신 단서 조항에서 제시해 준 '5'를 적용한다.

$$\therefore \delta = \frac{5\,x}{Re^{\frac{1}{2}}} = \frac{5 \times 20}{3401.360^{\frac{1}{2}}} = 1.7146 \text{ cm}$$

18. 연속의 방정식 $A_1 V_1 = A_2 V_2$에서 피스톤을 '1'로, 역류하는 물을 '2'로 구분하여 속도 V_2를 구하며, 실린더와 피스톤 사이의 틈 단면적(A_2)은 실린더 단면적에서 피스톤 단면적을 뺀 값이다.

$$\therefore V_2 = \frac{A_1}{A_2} \times V_1$$

$$= \frac{\frac{\pi}{4} \times (0.8D)^2}{\frac{\pi}{4} \times \{(1D)^2 - (0.8D)^2\}} \times 0.1$$

$$= 0.1777 \text{ m/s}$$

19. 음속의 계산식

$$\therefore C = \sqrt{k \cdot R \cdot T}$$

여기서, C : 음속(m/s)

k : 비열비

R : 기체상수$\left(\dfrac{8314}{M} \text{ J/kg} \cdot \text{K}\right)$

T : 절대온도(K)

20. 압력의 단위 및 차원

구분	단위	차원
절대단위	N/m^2 = kg/m · s^2	$ML^{-1}T^{-2}$
공학단위	kgf/m^2	FL^{-2}

제 2 과목   연소공학

---

21. 기체상수 R의 단위에 따른 값

㉮ kgf · m/kmol · K일 때 : 848

㉯ kgf · m/kg · K일 때 : $\dfrac{848}{M}$

㉰ J/mol · K 또는 kJ/kmol · K : 8.314

㉳ J/g · K 또는 kJ/kg · K : $\dfrac{8.314}{M}$

※ 문제에서 단위가 잘못 제시된 오류 문제임

참고 **기체상수**

$R = 0.08206 \, \text{L} \cdot \text{atm/mol} \cdot \text{K}$

$\quad = 82.06 \, \text{cm}^3 \cdot \text{atm/mol} \cdot \text{K}$

$\quad = 1.987 \, \text{cal/mol} \cdot \text{K}$

$\quad = 8.314 \times 10^7 \, \text{erg/mol} \cdot \text{K} = 8.314 \, \text{J/mol} \cdot \text{K}$

$\quad = 8.314 \, \text{m}^3 \cdot \text{Pa/mol} \cdot \text{K} = 8314 \, \text{J/kmol} \cdot \text{K}$

22. ㉮ 공기비 계산 : 연도가스 중 일산화탄소(CO)가 포함되어 있으므로 불완전연소가 된 경우이다.

$$\therefore m = \frac{N_2}{N_2 - 3.76(O_2 - 0.5\,CO)}$$

$$= \frac{82.4}{82.4 - 3.76 \times (4.1 - 0.5 \times 1.6)}$$

$$= 1.1772$$

㉯ 과잉공기 백분율(%) 계산

$\therefore$ 과잉공기 백분율 $= (m - 1) \times 100$

$$= (1.1772 - 1) \times 100$$

$$= 17.72 \, \%$$

23. 정압비열과 정적비열의 차이로 415 kJ의 열량 차가 발생하였고, 현열량 $Q(\text{kJ}) = m \cdot C \cdot \Delta t$ 에서 비열 $C = \dfrac{Q}{m \cdot \Delta t}$ 이고 정압비열과 정적 비열의 차이 $C_p - C_v = R$ 이므로 비열(C)값 대신 기체상수 R을 대입하여 계산한다.

$$\therefore R = \frac{Q}{m \cdot \Delta t} = \frac{415}{10 \times 240}$$

$$= 0.1729 \, \text{kJ/kg} \cdot \text{K}$$

24. 공기비 : 과잉공기계수라 하며 완전연소에 필요한 공기량(이론공기량[A_0])에 대한 실제로 사용된 공기량(실제공기량[A])의 비를 말한다.

$$\therefore m = \frac{A}{A_0} = \frac{A_0 + B}{A_0} = 1 + \frac{B}{A_0}$$

25. 열역학 법칙

㉮ 열역학 제0법칙 : 열평형의 법칙

㉯ 열역학 제1법칙 : 에너지보존의 법칙

㉰ 열역학 제2법칙 : 방향성의 법칙

㉱ 열역학 제3법칙 : 어떤 계 내에서 물체의 상태변화 없이 절대온도 0도에 이르게 할 수 없다.

※ 각 항목의 설명

①번 항목 : 열역학 제0법칙 설명

②번 항목 : 열역학 제2법칙 설명

④번 항목 : 열역학 제2법칙 설명

참고 **영구기관**

㉮ 제1종 영구기관 : 입력보다 출력이 더 큰 기관으로 효율이 100 % 이상인 것으로 열역학 제1법칙에 위배된다.

㉯ 제2종 영구기관 : 입력과 출력이 같은 기관으로 효율이 100 %인 것으로 열역학 제2법칙에 위배된다.

26. ㉮ 비열비 계산

$$\therefore k = \frac{C_p}{C_v} = \frac{1.848}{1.386} = 1.333 \fallingdotseq 1.33$$

㉯ 일량 계산 : '단열된 실린더'이므로 단열 과정의 절대일로 계산하며, $P_1 V_1 = GRT_1$ 이다.

$$\therefore W_a = \frac{GRT_1}{k-1}\left\{1 - \left(\frac{T_2}{T_1}\right)\right\}$$

$$= \frac{1}{k-1} P_1 V_1 \left\{1 - \left(\frac{V_1}{V_2}\right)^{k-1}\right\}$$

$$= \frac{1}{1.33 - 1} \times (0.98 \times 10^3) \times 0.111$$

$$\times \left\{1 - \left(\frac{0.111}{0.3}\right)^{1.33-1}\right\} = 92.203 \, \text{kJ}$$

※ $W_a = \dfrac{GRT_1}{k-1}\left\{1 - \left(\dfrac{T_2}{T_1}\right)\right\}$ 이 식으로는 온도가 제시되지 않아 풀이할 수가 없음

27. 사염화탄소(CCl_4) 소화기

㉮ CTC 소화기, Halon104 소화기로 불려진다.

㉯ 공기보다 무겁고, 독성이 강하므로 유독가스에 의한 피해의 우려가 있다.

㉰ 건조한 공기 중에서 열분해되어 맹독성인 포스겐($COCl_2$) 가스가 생성되어 사용이 금지되어 있다.

$$2CCl_4 + O_2 \rightarrow 2COCl_2 + 2Cl_2$$

㉱ 습한 공기 중에서는 염산이 생성된다.

$$CCl_4 + H_2O \rightarrow COCl_2 + 2HCl$$

28. ㉮ 과열증기 온도는 섭씨온도, 포화증기 온도는 절대온도이므로 온도 단위를 어느 하나로 맞춰 계산한다.

㉯ 과열도 계산

∴ 과열도 = 과열증기 온도 − 포화증기 온도
   $= (500+273) - 600 = 173$

29. ㉮ 기체상수 $R = \dfrac{8.314}{M}$ kJ/kg · K이므로 분자량(M)이 큰 가스가 R값이 작다.

㉯ 각 가스의 분자량

구분	분자량
메탄(CH_4)	16
공기	29
산소(O_2)	32
에틸렌(C_2H_4)	28

30. ㉮ 공기 중에서 아세틸렌의 폭발범위 : 2.5 ~81 %

㉯ 위험도 계산

$$\therefore \ H = \frac{U-L}{L} = \frac{81-2.5}{2.5} = 31.4$$

31.

$$\frac{T_2}{T_1} = \left(\frac{P_2}{P_1}\right)^{\frac{k-1}{k}}$$ 에서 단열팽창 후의 온도 T_2를 구한다.

$$\therefore \ T_2 = T_1 \times \left(\frac{P_2}{P_1}\right)^{\frac{k-1}{k}}$$

$$= (273+25) \times \left(\frac{0.5}{1}\right)^{\frac{1.4-1}{1.4}}$$

$$= 244.459 \,K - 273 = -28.54 \,℃$$

32.

$$\eta = \frac{W}{Q_1} \times 100 = \frac{T_1 - T_2}{T_1} \times 100$$

$$= \frac{(273+600)-(273+50)}{273+600} \times 100$$

$$= 63.001 \,\%$$

33. 예혼합연소의 특징

㉮ 가스와 공기의 사전혼합형이다.

㉯ 화염이 짧으며 고온의 화염을 얻을 수 있다.

㉰ 연소부하가 크고, 역화의 위험성이 크다.

㉱ 조작범위가 좁다.

㉲ 탄화수소가 큰 가스에 적합하다.

34. ㉮ 오토 사이클의 열효율 계산식

$$\therefore \ \eta = \left\{ 1 - \left(\frac{1}{\gamma}\right)^{k-1} \right\} \times 100$$

㉯ 오토 사이클의 열효율은 압축비(γ)와 비열비(k)의 함수이므로 압축비와 비열비가 클수록 효율은 증대한다.

35.

$$COP_R = \frac{Q_2}{W} = \frac{h_1 - h_4}{h_2 - h_1}$$

$$= \frac{393-128}{443-393} = 5.3$$

참고 $P-h$ 선도의 순환과정

㉮ 1-2 : 압축과정

㉯ 2-3 : 응축과정

㉰ 3-4 : 팽창과정

㉱ 4-1 : 증발과정

※ 선도의 각 지점의 번호는 변경될 수 있으므로 번호로 암기하지 말고, 과정을 이해하길 바랍니다.

36. 전실화재(flash over) : 화재로 발생한 열이 주변의 모든 물체가 연소되기 쉬운 상태에 도달하였을 때 순간적으로 강한 화염을 분출하면서 내부 전체를 급격히 태워버리는 현상

37. 층류 예혼합화염과 난류 예혼합화염 비교

구분	층류 예혼합화염	난류 예혼합화염
연소속도	느리다.	수십배 빠르다.
화염의 두께	얇다.	두껍다.
휘도	낮다.	높다.
연소특징	화염이 청색이다.	미연소분이 존재한다.

38. ㉮ 이론공기량에 의한 부탄의 완전연소 반응식

$$C_4H_{10}+6.5O_2+(N_2) \rightarrow 4CO_2+5H_2O+(N_2)$$

㉯ 건조 연소가스량 계산 : 연소가스 중 수분(H_2O)을 포함하지 않은 가스량이고, 기체 연료 $1\,Sm^3$가 완전 연소하면 발생되는 CO_2량(Sm^3)은 연소반응식에서 몰수에 해당되며, 질소는 산소량의 3.76배이다. (3.76배는 공기 중 체적비 질소 79 %, 산소 21 %의 비이다. 즉 $\frac{79}{21}=3.76$이다.)

$$\therefore\ G_{0d} = CO_2(\text{이산화탄소량})+N_2(\text{질소량})$$
$$= 4+(6.5\times3.76)=28.44\,Sm^3$$

39. 발화도 범위에 따른 방폭 전기기기의 온도 등급

가연성 가스의 발화도(℃) 범위	방폭 전기기기의 온도등급
450 초과	T1
300 초과 450 이하	T2
200 초과 300 이하	T3
135 초과 200 이하	T4
100 초과 135 이하	T5
85 초과 100 이하	T6

40. ㉮ 프로판(C_3H_8)의 완전연소 반응식

$$C_3H_8+5O_2 \rightarrow 3CO_2+4H_2O$$

㉯ 이론공기량 계산

$$22.4\,Sm^3 : 5\times22.4\,Sm^3 = 1\,Sm^3 : x\,(O_0)\,Sm^3$$

$$\therefore\ A_0 = \frac{O_0}{0.21} = \frac{1\times5\times22.4}{22.4\times0.21} = 23.809\,Sm^3$$

제 3 과목   가스설비

41. 알루미늄 합금

㉮ 알민 : Al-Mn계로 망간(Mn)을 1~1.5 % 함유하며, 내식성과 용접성이 우수해 저장탱크, 기름탱크 제작에 사용한다.

㉯ Y 합금 : Al-Cu-Ni-Mg계 합금으로 내열성 및 기계적 성질이 우수하여 자동차 등의 내연기관 실린더 재료로 사용한다.

㉰ 하이드로날륨(hydronalium) : Al-Mg계로 내식성이 매우 우수해 바닷물에 취약한 선박용품 및 건축용 재료로 사용한다.

㉱ 알클레드 : 두랄루민에 Al 피복을 한 합금으로 알루미늄의 장점인 내식성을 갖는다.

㉲ 두랄루민(duralumin) : Al-Cu-Mg-Mn계 합금으로 가볍고 고강도로 비행기의 구조용 재료로 사용한다. 규소(Si)는 불순물로 함유하며, 고온에서 물에 급랭하여 시효경화시켜 강인성과 기계적 성질을 증가시키지만 내식성이 좋지 않은 단점이 있다.

42. 프레온(Freon) 제조법 : 아세틸렌과 불화수소(HF)에서 디플로에탄을 합성하여 염소 처리하여 얻는다.

$$C_2H_2+2HF \rightarrow CH_3CHF_2$$
$$CH_3CHF_2+Cl_2 \rightarrow CH_3CClF_2+HCl$$

43. 2차 압력 이상 저하 원인

㉮ 정압기의 능력 부족

㉯ 필터의 먼지류의 막힘

㉰ 파일럿 오리피스의 녹 막힘

㉰ 센터 스템(center stem)의 작동 불량

㉲ 스트로크(stroke) 조정 불량

㉳ 주다이어프램의 파손

44. **레페(Reppe) 반응장치** : 아세틸렌을 압축하면 분해폭발의 위험이 있기 때문에 이것을 최소화하기 위하여 반응장치 내부에 질소(N_2)가 49 % 또는 이산화탄소(CO_2)가 42 %가 되면 분해폭발이 일어나지 않는다는 것을 이용하여 고안된 반응장치로 종래에 합성되지 않았던 화합물을 제조할 수 있게 되었다.

45. **톰슨 효과** : 도체인 양끝을 다른 온도로 유지하고 전류를 흘릴 때 발열 또는 흡열이 일어나는 현상이다.

㉮ 정(+) 톰슨 효과 : 고온에서 저온쪽으로 전류를 흘리면 발열이 일어나는 것으로 Cu(구리), Zn(아연) 등이 해당된다.

㉯ 부(−) 톰슨 효과 : 저온에서 고온쪽으로 전류를 흘리면 흡열이 일어나는 것으로 Pt(백금), Ni(니켈), Fe(철) 등이 해당된다.

46. **나프타의 접촉분해법에서 압력과 온도의 영향**

구분		CH_4, CO_2	H_2, CO
압력	상승	증가	감소
	하강	감소	증가
온도	상승	감소	증가
	하강	증가	감소

47. **유효흡입수두(NPSH)** : 펌프 흡입에서의 전체수두(전압력)가 그 수온에 상당하는 증기압력(포화증기압 수두)보다 얼마나 높은가를 표시하는 것으로 펌프 운전 중에 발생하는 캐비테이션 현상으로부터 얼마나 안정된 상태로 운전될 수 있는가를 나타내는 척도이다.

48. **조정기의 최대폐쇄압력 기준**

㉮ 1단 감압식 저압조정기, 2단 감압식 2차용

저압조정기 및 자동절체식 일체형 저압조정기 : 3.50 kPa 이하

㉯ 2단 감압식 1차용 조정기 : 95.0 kPa 이하

㉰ 1단 감압식 준저압조정기, 자동절체식 일체형 준저압조정기 및 그 밖의 압력조정기 : 조정압력의 1.25배 이하

49. **아세틸렌 용기 도장 방법 기준** : KGS AC214

㉮ 자연건조 시의 도장 방법

공정	1회당 표준 도포량 (용기외면 1m^2당 g수)	1회당 두께 (μm)
부식방지 도장(1차 도장)	130 이상	20 이상
외면 도장 (2차 도장)	130 이상	15 이상

㉯ 가열건조 시의 도장 방법

공정	1회당 표준 도포량 (용기외면 1m^2당 g수)	1회당 두께 (μm)
부식방지 도장(1차 도장)	130 이상	25 이상
외면 도장 (2차 도장)	120 이상	20 이상

50. **암모니아 합성탑**

㉮ 암모니아 합성탑은 내압용기와 내부구조물로 되어 있다.

㉯ 내부 구조물은 촉매를 유지하고 반응과 열교환을 행한다.

㉰ 촉매는 산화철에 Al_2O_3 및 K_2O를 첨가한 것이나 CaO 또는 MgO 등을 첨가한 것을 사용한다.

51. **분젠식 버너의 노즐(nozzle)**

㉮ 역할 : 연소할 가스의 정확한 양을 버너에 공급하고, 1차 공기를 흡입할 수 있도록 필요한 가스의 분류(噴流)를 만든다.

㉯ 형식(종류) : 고정형과 조절형으로 분류하

며, 고정형에는 단일공 노즐, 다공형 노즐, 감속형 노즐이 있다.

52. ㉮ 프로판과 부탄을 공급할 때 유량이 제시되지 않아 저압배관 유량식으로 구할 수 없으므로 프로판 '1', 부탄을 '2'로 구분하여 비례식을 쓰면 다음과 같다.

$$\frac{H_2}{H_1} = \frac{\dfrac{Q_2^2 \cdot S_2 \cdot L_2}{K_2^2 \cdot D_2^5}}{\dfrac{Q_1^2 \cdot S_1 \cdot L_1}{K_1^2 \cdot D_1^5}}$$ 에서 동일한 시설(배관)이므로 유량계수(K), 유량(Q), 관길이(L), 배관 안지름(D)은 변화가 없어 생략하고 다시 쓰면 $\dfrac{H_2}{H_1} = \dfrac{S_2}{S_1}$ 가 된다.

㉯ 부탄을 공급할 때 압력손실(H_2) 계산

$$\therefore H_2 = H_1 \times \frac{S_2}{S_1} = 14 \times \frac{2}{1.5}$$
$$= 18.666 \, \text{mmH}_2\text{O}$$

별해 ㉮ 프로판을 공급할 때 조건으로 유량 계산

$$\therefore Q = K\sqrt{\frac{D^5 \cdot H}{S \cdot L}}$$
$$= 0.707 \times \sqrt{\frac{10^5 \times 14}{1.5 \times 20}} = 152.729 \, \text{m}^3/\text{h}$$

㉯ 부탄을 공급할 때 압력손실(H_2) 계산 : 유량계수(K), 관길이(L), 배관 안지름(D), 유량(Q)은 동일한 조건이다. 유량은 ㉮에서 구한 값을 적용한다.

$$\therefore H_2 = \frac{Q_2^2 \cdot S_2 \cdot L_2}{K_2^2 \cdot D_2^5}$$
$$= \frac{152.729^2 \times 2 \times 20}{0.707^2 \times 10^5}$$
$$= 18.666 \, \text{mmH}_2\text{O}$$

53. 펌프의 특성곡선 명칭

㉮ A곡선 : 축동력곡선
㉯ B곡선 : 양정곡선
㉰ C곡선 : 효율곡선

54. 서징(surging)현상 : 맥동현상이라 하며 펌프 운전 중에 주기적으로 운동, 양정, 토출량이 규칙적으로 변동하는 현상으로 압력계의 지침이 일정범위 내에서 움직이는 것이 나타나며, 배관 중에 있는 불필요한 공기탱크를 제거하여야 한다.

55. 원형 기둥에 작용하는 응력은 단위면적에 작용하는 힘이다.

$$\therefore \sigma = \frac{F}{A} = \frac{F}{\frac{\pi}{4} \times D^2} = \frac{100000}{\frac{\pi}{4} \times 100^2}$$
$$= 12.732 \, \text{N/mm}^2 = 12.732 \, \text{MPa}$$

참고 **단위 정리하기**

㉮ $1 \, \text{Pa} = 1 \, \text{N/m}^2$이므로
$1 \, \text{MPa} = 100$만 $\text{N/m}^2 = 10^6 \, \text{N/m}^2$이다.

㉯ $1 \, \text{m} = 1000 \, \text{mm}$ 이므로 'N/m^2'을 'N/mm^2'으로 변환

$$\therefore \text{N/m}^2 \times \frac{(1 \, \text{m})^2}{(1000 \, \text{mm})^2}$$
$$= \text{N/m}^2 \times \frac{1 \, \text{m}^2}{1000^2 \, \text{mm}^2}$$
$$= \text{N/m}^2 \times \frac{1 \, \text{m}^2}{1000000 \, \text{mm}^2}$$
$$= \frac{1}{10^6} \, \text{N/mm}^2$$

$$\therefore 1 \, \text{MPa} = 10^6 \, \text{N/m}^2$$
$$= 10^6 \times \frac{1}{10^6} \, \text{N/mm}^2$$
$$= 1 \, \text{N/mm}^2$$

56. 파라핀계(C_nH_{2n+2}) 탄화수소량이 많은 것이 가스화 효율이 높다.

57. 염소(Cl_2)는 조연성가스에 해당되므로 폭발범위는 존재하지 않는다.

58. 기화기 구성 설비 종류

㉮ 열교환기
㉯ 액유출 방지장치

㉰ 열매 온도 제어장치

㉱ 열매 과열 방지장치

㉲ 압력조정기

㉳ 안전밸브

59. 용기의 가스 발생능력 850 g/h는 0.85 kg/h 이다.

$$\therefore \ 최소 \ 용기수 = \frac{최대소비수량}{가스 \ 발생능력}$$

$$= \frac{0.4 \times 10}{0.85} = 4.705 = 5 \ 개$$

※ 용기수 계산에서 발생하는 소수점 이하의 숫자는 크기에 관계없이 무조건 1개로 계산하여야 하며, 문제에서 주어진 20 %는 용기 교환주기를 계산할 때 필요한 조건이다.

60. 비교회전도(비속도 : rpm · m³/min · m) 범위

㉮ 터빈펌프 : 100~300

㉯ 벌류트펌프 : 300~600

㉰ 사류펌프 : 500~1300

㉱ 축류펌프 : 1200~2000

※ 비교회전도(비속도)는 고양정 펌프일수록 작고, 저양정 펌프일수록 크다.

제 4 과목　가스안전관리

---

61. 밀도지수 : KGS FS451

㉮ 가스도매사업자의 제조소 및 공급소 밖의 배관에 긴급차단장치를 설치하는 규정에서 지역구분별 차단밸브 설치 거리를 규정한 것이다.

㉯ "밀도지수"란 배관의 임의의 지점에서 길이 방향으로 1.6 km, 배관 중심으로부터 좌우로 각각 폭 0.2 km의 범위에 있는 가옥수(아파트 등 복합건축물의 가옥 숫자는 건축물 안의 독립된 가구 수로 한다)를 말한다.

62. 단일 방호식 저장탱크(KGS AC115) : 액화천연가스를 저장할 수 있는 하나의 탱크로 구성된 것으로서 다음의 ㉮ 및 ㉯를 만족하는 저장탱크를 말한다.

㉮ 1차 탱크는 액화천연가스를 저장할 수 있는 자기 지지형 강재 원통형으로 한다.

㉯ 2차 탱크는 증기를 담을 수 있는 강재 돔(dome) 지붕이 있거나 상부 개방형인 경우에는 증기를 담을 수 있도록 설계되고 단열을 유지할 수 있는 기밀한 구조의 바깥 강재 탱크가 있는 것으로 한다.

63. 과류차단성능(KGS AA313) : 과류차단기구의 작동성능은 압축공기를 사용하여 다음 기준에 적합한 것으로 한다.

㉮ 과류차단기구가 작동하는 공기 유량(20℃, 1기압에서의 수치)의 범위는 다음과 같다.

㉠ 용기 내의 압력이 0.1 MPa일 때 2 m³/h 이상 2.7 m³/h 이하

㉡ 용기 내의 압력이 1 MPa일 때 4.3 m³/h 이상 6.3 m³/h 이하

㉯ 용기 전도 시 과류차단기구가 작동하는 공기 유량

㉠ 용기 내의 압력이 0.1 MPa일 때 2.7 m³/h 이하

㉡ 용기 내의 압력이 1 MPa일 때 6.3 m³/h 이하

㉰ 과류차단기구가 작동한 후의 공기 누출량은 용기 내 압력이 0.07 MPa 이상 1.5 MPa 이하의 범위 내에서 5 L/h 이하인 것으로 한다.

64. 전자식 가스누출 확인 퓨즈콕(KGS AA339) : 퓨즈콕 몸통에 가스 누출 점검을 하는 센서부와 전자식 차단밸브를 장착하여 사용자가 가스 누출 여부를 점검 버튼 조작에 의해 확인하거나 센서부에 의해 자동적으로 가스 누출 여부를 확인하고 누출 시 가스 유로를 차단할 수 있도록 3.3 kPa 이하로 제조된 것으로 몸통과 덮개, 외부 케이스, 센서부, 전자식 차단

밸브, 점검 버튼과 시간조작버튼, 표시부, 핸들, 긴급개폐버튼으로 이루어진 것을 말한다.

65. 액화석유가스용 용기잔류가스 회수장치의 구성(KGS AA914)

㉮ 압축기(액분리기 포함) 또는 펌프
㉯ 잔류가스 회수탱크 또는 압력용기
㉰ 연소설비
㉱ 질소퍼지장치

66. ㉮ 용기 1개당 충전량 계산

$$\therefore \ W = \frac{V}{C} = \frac{60}{2.35} = 25.53 \ kg$$

㉯ 용기수 계산

$$\therefore \ 용기수 = \frac{전체\ 가스량(kg)}{용기\ 1개당\ 충전량(kg)}$$

$$= \frac{500}{25.53} = 19.58 = 20개$$

※ 용기수를 계산한 값에서 나오는 소수점은 크기에 관계없이 무조건 1개로 계산한다.

67. 정밀안전 검진분야별로 필요한 검진항목 : 고법 시행규칙 별표 4

검진분야	검진항목
일반분야	안전장치 관리 실태, 공장안전관리 실태, 계측 및 방폭설비 유지 · 관리 실태
장치분야	두께 측정, 경도 측정, 침탄 측정, 내 · 외면 부식상태, 보온 · 보냉 상태
특수 · 선택분야	음향방출시험, 열교환기의 튜브건전성 검사, 노후설비의 성분 분석, 전기패널의 열화상 측정, 고온설비의 건전성, 자동화 초음파탐상시험, 진동측정, 위상배열 초음파탐상시험, 계장화 연속 압입시험, 교류장탐상시험, 마이크로웨이브시험, 유도초음파시험
[비고] 위 검진분야 중 특수 · 선택분야는 수요자와 협의하여 검진항목 중 1가지 이상을 선택하여 실시한다.	

68. 아세틸렌을 충전하는 용기는 밸브 바로 밑의 취입 · 취출 부분을 제외하고 다공질물을 빈틈없이 채운다. 다만, 다공질물이 고형일 경우에는 아세톤 또는 디메틸포름아미드를 충전한 다음 용기벽을 따라 용기 직경의 1/200 또는 3 mm를 초과하지 않는 틈이 있는 것은 무방하다. : KGS AC214

※ '다공질물'과 '다공물질'은 같은 의미로 혼용하여 사용되는 용어이다.

69. 재검사를 받아야 할 용기 : 고법 제17조

㉮ 산업통상자원부령으로 정하는 기간의 경과
㉯ 손상의 발생
㉰ 합격표시의 훼손
㉱ 충전할 고압가스 종류의 변경
㉲ 열영향을 받은 용기

70. 2종 위험장소

㉮ 밀폐된 용기 또는 설비 내에 밀봉된 가연성가스가 그 용기 또는 설비의 사고로 인해 파손되거나 오조작의 경우에만 누출할 위험이 있는 장소
㉯ 확실한 기계적 환기조치에 의하여 가연성가스가 체류하지 않도록 되어 있으나 환기장치에 이상이나 사고가 발생한 경우에는 가연성가스가 체류하여 위험하게 될 우려가 있는 장소
㉰ 1종 장소의 주변 또는 인접한 실내에서 위험한 농도의 가연성가스가 종종 침입할 우려가 있는 장소

※ ①번 항목은 0종 위험장소에 해당된다.

71. 혼합적재 금지 기준 : KGS GC206

㉮ 염소와 아세틸렌, 암모니아, 수소는 동일차량에 적재하여 운반하지 않는다.
㉯ 가연성가스와 산소를 동일차량에 적재하여 운반하는 때에는 그 충전용기의 밸브가 서로 마주보지 아니하도록 적재한다.

㉼ 충전용기와 위험물 안전관리법에 따른 위험물과는 동일차량에 적재하여 운반하지 않는다.

㉽ 독성가스 중 가연성가스와 조연성가스는 동일차량 적재함에 운반하지 않는다.

72. 다른 설비와의 거리 기준 : KGS FP216

㉠ 충전시설의 고압가스설비와 다른 가연성가스 제조시설의 고압가스설비까지의 거리 : 5 m 이상

㉡ 충전시설의 고압가스설비와 다른 산소 제조시설의 고압가스설비까지의 거리 : 10 m 이상

73. 정압기에서 시공감리 기준 중 기능검사 항목

㉠ 2차 압력을 측정하여 작동압력을 확인한다.

㉡ 주정압기의 압력변화에 따라 예비정압기가 정상가동 되는지를 확인한다.

㉢ 가스차단장치의 개폐 작동성능을 확인한다.

㉣ 가스누출검지통보설비, 이상압력통보설비, 정압기실 출입문개폐 여부, 긴급차단밸브 개폐 여부 등이 연결된 원격감시장치의 기능을 작동시험에 따라 확인한다.

㉤ 압력계와 압력기록장치의 기록압력 오차 여부를 확인한다.

㉥ 강제통풍시설이 있을 경우 작동시험에 따라 확인한다.

㉦ 이상압력통보설비, 긴급차단장치 및 안전밸브의 설정압력 적정 여부와 정압기 입구측 압력 및 설계유량에 따른 안전밸브 규격의 크기 및 방출구의 높이를 확인한다.

㉧ 정압기로 공급되는 전원을 차단 후 비상전력의 작동여부를 확인한다.

㉨ 지하에 설치된 정압기실 내부에 150룩스 이상의 조명도가 확보되는지 확인한다.

74. 초저온가스용 용기제조 기준 : KGS AC213

㉠ 용기의 재료는 그 용기의 안전성을 확보하기 위하여 오스테나이트계 스테인리스강 또는 알루미늄 합금으로 한다.

㉡ 용기 동판의 최대 두께와 최소 두께와의 차이는 평균 두께의 10 % 이하로 한다.

㉢ 용기 용접부의 표면이 모재의 표면보다 낮지 않도록 하고, 제조공정 중 용접으로 보수한 용기는 응력이 집중되지 않도록 그라인딩 등으로 보수한 표면을 가공하고, 불량이 의심될 경우 방사선 투과시험을 실시하여 확인한다.

㉣ 용기의 외조에 외조를 보호할 수 있는 플러그 또는 파열판 등의 압력방출장치를 설치한다.

㉤ 용기에는 그 용기의 부속품을 보호하기 위하여 프로텍터 또는 캡을 고정식이나 체인식으로 부착한다.

㉥ 용기 제조자 또는 수입자는 용기 외면에 도색을 하고, 가스의 명칭, 용도, 특성 등을 표시한다. 다만, 수출용 용기의 경우에는 도색을 하지 않을 수 있고, 스테인리스강 등 내식성 재료를 사용한 용기의 경우에는 용기 동체의 외면 상단에 10 cm 이상의 폭으로 충전가스에 해당하는 색으로 도색할 수 있다.

㉦ 용기는 가스의 특성 및 용도에 맞게 표시하고, 충전가스명 표시 부분 아래에 충전기한을 표시한다.

㉧ 용기의 어깨 부분 또는 프로텍터 부분 등 보기 쉬운 곳에 제품 표시사항을 각인한다. 다만, 각인하기가 곤란한 경우에는 다른 금속 박판에 각인한 것을 그 용기에 부착함으로써 각인을 갈음할 수 있다.

75. 안전거리 기준 : KGS FP551

㉠ 가스혼합기·가스정제설비·배송기·압송기 그 밖에 가스공급시설의 부대설비는 그 외면으로부터 사업장의 경계까지의 거리를 3 m 이상 유지한다. 다만, 최고사용압력이 고압인 것은 그 외면으로부터 사업장의 경계까지의 거리를 20 m 이상, 제1종 보호시설(사업소 안에 있는 시설은 제외한다)까지

의 거리를 30 m 이상 유지할 수 있다.

㉯ 가스발생기와 가스홀더는 그 외면으로부터 사업장의 경계(사업장의 경계가 바다·하천·호수 및 연못 등으로 인접되어 있는 경우에는 이들의 반대편 끝을 경계로 본다)까지는 최고사용압력이 고압인 것은 20 m 이상, 중압인 것은 10 m 이상, 저압인 것은 5 m 이상의 거리를 각각 유지한다.

76. 냉동능력 합산기준

㉮ 냉매가스가 배관에 의하여 공통으로 되어 있는 냉동설비

㉯ 냉매계통을 달리하는 2개 이상의 설비가 1개의 규격품으로 인정되는 설비 내에 조립되어 있는 것(Unit형의 것)

㉰ 2원(元) 이상의 냉동방식에 의한 냉동설비

㉱ 모터 등 압축기의 동력설비를 공통으로 하고 있는 냉동설비

㉲ 브라인(brain)을 공통으로 하고 있는 2 이상의 냉동설비(브라인 가운데 물과 공기는 포함하지 않는다.)

77. 가스설비 치환농도

㉮ 가연성가스 : 폭발하한계의 1/4 이하

㉯ 독성가스 : TLV-TWA 기준농도 이하

㉰ 산소 : 22 % 이하

※ 시설 내부에 작업원이 들어가는 경우 산소 농도는 18~22 %를 유지하여야 한다. ①, ②, ④번 항목은 공기로 치환작업을 하였지만 ③번 항목은 불활성가스로만 치환작업을 하여 산소가 없는 상태이므로 작업원이 내부에 들어가 작업하는데 가장 부적합한 경우에 해당된다.

78. 안전관리규정의 실시기록(고법 시행규칙 제19조) : 안전관리규정의 실시기록(전산보조기억장치에 입력된 경우에는 그 입력된 자료를 말한다)은 5년간 보존하여야 한다.

참고 **액법 규정(액법 시행규칙 제45조) : 3년간 보존**

79. 의료용 가스용기 표시방법

㉮ 용기의 상단부에 2 cm 크기의 백색(산소는 녹색) 띠를 두 줄로 표시한다.

㉯ 백색 띠의 하단과 가스 명칭 사이에 "의료용"이라고 표시한다.

80. 차량에 고정된 용기에 의한 운반기준 : KGS GC206

㉮ 검지봉 설치 : 용기(그 용기의 정상부에 설치한 부속품을 포함한다)의 정상부의 높이가 차량 정상부의 높이보다 높을 경우에는 높이를 측정하는 기구를 설치한다.

㉯ 중요한 부속품이 돌출된 저장용기는 그 부속품을 차량의 좌측면이 아닌 곳에 설치된 단단한 조작상자 내에 설치한다.

㉰ 용기에 설치한 밸브나 콕에는 개폐 방향과 개폐 상태를 외부에서 쉽게 식별할 수 있도록 표시 등을 한다.

㉱ 용기마다 주 밸브를 설치한다.

㉲ 용기 상호간 또는 용기와 차량과의 사이를 단단하게 부착하는 조치를 한다.

㉳ 충전관에는 안전밸브·압력계 및 긴급탈압밸브를 설치한다.

㉴ 차량 앞뒤의 보기 쉬운 곳에 각각 붉은 글씨로 "위험고압가스"라는 경계표시를 한다.

제 5 과목 가스계측

81. ㉮ 섭씨온도를 화씨온도로 계산

$$\therefore \ °F = \frac{9}{5}°C + 32$$

$$= \frac{9}{5} \times 25 + 32 = 77°F$$

㉯ 화씨온도를 랭킨온도로 계산

$\therefore \ °R = t°F + 460 = 77 + 460 = 537°R$

별해 랭킨온도는 켈빈온도(K)의 1.8배이다.

$\therefore \ °R = 1.8 \times (t℃ + 273)$

$= 1.8 \times (25 + 273) = 536.4°R$

82. 루트식(roots type) 가스미터 : 2개의 회전자(roots)와 케이싱으로 구성되어 고속으로 회전하는 회전자(roots)에 의하여 체적단위로 환산하여 적산하는 것으로 여과기(strainer)의 설치 및 설치 후의 관리가 필요하다.

83. 홀 효과 : 도체가 자기장 속에 놓여 있을 때 그 자기장에 직각방향으로 전류를 흘려주면 자기장과 전류 모두에 수직인 방향으로 전위차가 발생하는 현상으로 미국 물리학자 홀(E.H. Hall 1855~1938)이 1879년 발견하였다.

84. 뉴턴의 점성법칙에서 전단응력(shear stress)

$\tau = \mu \dfrac{du}{dy}$ 이므로 전단응력은 속도구배$\left(\dfrac{du}{dy}\right)$가 클수록 전단응력이 크게 되므로 속도구배 값이 가장 큰 'A'지점이다.

85. 광고온계의 특징

㉮ 고온에서 방사되는 에너지 중 가시광선을 이용하여 사람이 직접 조작한다.

㉯ 700~3000℃의 고온도 측정에 적합하다. (700℃ 이하는 측정이 곤란하다.)

㉰ 광전관 온도계에 비하여 구조가 간단하고 휴대가 편리하다.

㉱ 움직이는 물체의 온도 측정이 가능하고, 측온체의 온도를 변화시키지 않는다.

㉲ 비접촉식 온도계에서 가장 정확한 온도 측정을 할 수 있다.

㉳ 빛의 흡수 산란 및 반사에 따라 오차가 발생한다.

㉴ 방사온도계에 비하여 방사율에 대한 보정량이 작다.

㉵ 원거리 측정, 경보, 자동기록, 자동제어가 불가능하다.

㉶ 측정에 수동으로 조작함으로써 개인 오차가 발생할 수 있다.

86. 피크노미터(pycnometer) : 액체의 비중을 측정하는 유리용기로 비중병이라 한다.

87. 헴펠(Hempel)법 분석순서 및 흡수제

순서	분석가스	흡수제
1	CO_2	KOH 30 % 수용액
2	C_mH_n	발연황산
3	O_2	피로갈롤 용액
4	CO	암모니아성 염화 제1구리 용액

88. 침종식 압력계의 특징

㉮ 액체 중의 침종의 상하 이동으로 압력을 측정하는 것으로 아르키메데스의 원리를 이용한 것이다.

㉯ 진동이나 충격의 영향이 비교적 적다.

㉰ 미소 차압의 측정이 가능하다.

㉱ 압력이 낮은 기체 압력을 측정하는데 사용된다.

㉲ 측정범위는 단종식이 100 mmH$_2$O, 복종식이 5~30 mmH$_2$O이다.

89. 측정방법

㉮ 편위법 : 측정량과 관계있는 다른 양으로 변환시켜 측정하는 방법으로 정도는 낮지만 측정이 간단하다. 부르동관 압력계, 스프링식 저울, 전류계 등이 해당된다.

㉯ 영위법 : 기준량과 측정하고자 하는 상태량을 비교 평형시켜 측정하는 것으로 천칭을 이용하여 질량을 측정하는 것이 해당된다.

㉰ 치환법 : 지시량과 미리 알고 있는 다른 양으로부터 측정량을 나타내는 방법으로 다이얼게이지를 이용하여 두께를 측정하는 것이 해당된다.

㉒ 보상법 : 측정량과 거의 같은 미리 알고 있는 양을 준비하여 측정량과 그 미리 알고 있는 양의 차이로써 측정량을 알아내는 방법이다.

90. 가스검지 시험지법

검지가스	시험지	반응
암모니아(NH_3)	적색리트머스지	청색
염소(Cl_2)	KI-전분지	청갈색
포스겐($COCl_2$)	해리슨시험지	유자색
시안화수소(HCN)	초산벤지민지	청색
일산화탄소(CO)	염화팔라듐지	흑색
황화수소(H_2S)	연당지	회흑색
아세틸렌(C_2H_2)	염화 제1구리착염지	적갈색

91. 시퀀스 제어(sequence control)
: 미리 순서에 입각해서 다음 동작이 연속 이루어지는 제어로 자동판매기, 보일러의 점화 등이 있다.

92. 기본단위의 정의
: 국가표준기본법 시행령 별표 1

㉮ 켈빈(K)은 물의 삼중점(三重點)에 해당하는 열역학적 온도의 1/273.16이다.

㉯ 미터(m)는 빛이 진공에서 1/299792458초 동안 진행한 경로의 길이이다.

㉰ 킬로그램(kg)은 질량의 단위로서 국제킬로그램 원의 질량과 같다.

㉱ 초(s)는 세슘 133 원자의 바닥 상태에 있는 두 초미세 준위(準位) 사이의 전이에 대응하는 복사선의 9192631770 주기의 지속시간이다.

㉲ 암페어(A)는 무한히 길고 무시할 수 있을 만큼 작은 원형 단면적을 가진 두 개의 평행한 직선 도체가 진공 중에서 1미터의 간격으로 유지될 때, 두 도체 사이에 미터당 2×10^{-7} 뉴턴의 힘을 생기게 하는 일정한 전류이다.

㉳ 몰(mol)은 탄소 12의 0.012킬로그램에 있는 원자의 개수와 같은 수의 구성요소를 포함한 어떤 계(系)의 물질량이다.

㉴ 칸델라(cd)는 진동수 540×10^{12} 헤르츠인 단색광을 방출하는 광원의 복사도가 어떤 주어진 방향으로 스테라디안당 1/683 와트일 때 이 방향에 대한 광도이다.

93.
㉮ 물의 밀도를 이용한 빈병의 체적계산
$$\frac{(999-414)\,\mathrm{g}}{x\,[\mathrm{cm}^3]} = 0.998 \,\mathrm{g/cm^3}$$
$$\therefore \; x = \frac{(999-414)}{0.998} = 586.17 \,\mathrm{cm^3}$$

㉯ 어느 액체의 밀도 계산
$$\therefore \; \rho = \frac{874-414}{586.17} = 0.785 \,\mathrm{g/cm^3}$$

94. 가스미터 선정 시 고려사항
㉮ 사용하고자 하는 가스전용일 것
㉯ 사용 최대유량에 적합할 것
㉰ 사용 중 오차(또는 기차) 변화가 없고, 정확하게 계측할 수 있을 것
㉱ 내압, 내열성이 있으며 기밀성, 내구성이 좋을 것
㉲ 부착이 쉽고 유지관리가 용이할 것

95. 피에조 전기 압력계(압전기식)
: 수정이나 전기석 또는 로셀염 등의 결정체의 특정 방향에 압력을 가하면 기전력이 발생하고 발생한 전기량은 압력에 비례하는 것을 이용한 것이다. 가스 폭발이나 급격한 압력 변화 측정에 사용된다.

96.
액체의 비중량(γ) 단위는 $[\mathrm{kN/m^3}]$을 적용해야 압력차 단위 $[\mathrm{kPa}]$로 계산되며, 경사관의 액주길이(x) 100 cm는 1 m이다.
$$\therefore \; P_1 - P_2 = \gamma \times x \times \sin\theta$$
$$= (8820 \times 10^{-3}) \times 1 \times \sin 30$$
$$= 4.41 \,\mathrm{kPa}$$

97. 온도계와 관련 있는 인물

㉮ 로버트 후크(Robert Hooke) : 1644년 눈금 기준을 0으로 표시한 온도계를 고안함

㉯ 갈릴레오 갈릴레이(Galileo Galilei) : 1592년 온도에 따라 부피가 변하는 물을 이용하여 온도 측정기를 발명함

㉰ 다니엘 가브리엘 파렌하이트(Daniel Fahren-heit) : 1714년 수은 온도계를 발명하고 화씨온도의 체계를 고안했음

㉱ 토스카니 대공 : 1641년에 눈금을 표시한 유리관에 알코올을 봉인한 온도계를 만듦

㉲ 산트리오(Santorio) : 1612년경에 수치형 체온계를 발명한 이탈리아 물리학자이다.

참고 **안데르스 셀시우스(Anders Celsius)** : 스웨덴의 물리학자, 천문학자로 1742년 섭씨 온도 체계를 고안했음(물이 끓는점을 0, 어느점을 100으로 정함)

※ 지금까지 출제되었던 것과 다르게 예제 항목이 5개가 제시되었음

98. 컬럼(column)에 액체 흡착제를 사용할 때 분리의 바탕이 되는 것은 분리되는 성분의 분배계수의 차에 의한다.

$$\therefore K = \frac{C_S}{C_G}$$

여기서, K : 분배계수

C_S : 분리되는 성분의 고정상 중의 농도

C_G : 분리되는 성분의 이동상 중의 농도

99. 속도분포식 $U = 4y^{\frac{2}{3}}$ 미분하여 속도구배를 구한다.

$$\therefore \frac{du}{dy} = 4 \times \frac{2}{3} \times \left(y^{\frac{2}{3}-1}\right)$$

$$= 4 \times \frac{2}{3} \times \left(0.3^{\frac{2}{3}-1}\right) = 3.98$$

100. 온도계의 분류 및 종류

㉮ 접촉식 온도계 : 유리제 봉입식 온도계, 바이메탈 온도계, 압력식 온도계, 열전대 온도계, 저항 온도계, 서미스터, 제겔콘, 서머컬러

㉯ 비접촉식 온도계 : 광고온도계, 광전관 온도계, 색온도계, 방사온도계

CBT 실전문제 4

정답

가스유체역학	1	2	3	4	5	6	7	8	9	10
	②	①	③	③	②	④	③	②	④	①
	11	12	13	14	15	16	17	18	19	20
	③	②	③	③	④	③	④	①	③	③
연소공학	21	22	23	24	25	26	27	28	29	30
	③	②	①	③	②	②	③	④	①	③
	31	32	33	34	35	36	37	38	39	40
	③	①	④	①	③	②	③	②	②	④
가스설비	41	42	43	44	45	46	47	48	49	50
	②	④	③	①	④	④	③	①	③	②
	51	52	53	54	55	56	57	58	59	60
	③	②	③	②	②	①	④	④	②	④
가스안전관리	61	62	63	64	65	66	67	68	69	70
	③	①	②	②	①	②	③	①	①	④
	71	72	73	74	75	76	77	78	79	80
	③	②	①	③	②	②	①	②	④	①
가스계측	81	82	83	84	85	86	87	88	89	90
	③	②	③	④	④	②	④	②	①	③
	91	92	93	94	95	96	97	98	99	100
	④	④	②	①	②	④	②	④	①	④

제1과목 가스유체역학

1. 뉴턴의 점성법칙 : 유체에 의한 전단응력(τ)은 속도기울기$\left(\dfrac{du}{dy}\right)$에 비례한다.

$$\therefore \ \tau = \mu \frac{du}{dy}$$

여기서, τ : 전단응력(kgf/m^2)

μ : 점성계수($kgf \cdot s/m^2$)

$\dfrac{du}{dy}$: 속도구배

2. ㉮ 동점성계수(ν) : 점성계수(μ)를 밀도(ρ)로 나눈 값으로 동점도라 한다.

$$\therefore \ \nu = \frac{\mu}{\rho}$$

㉯ 단위 : cm^2/s, m^2/s

㉰ 차원 : $L^2 T^{-1}$

㉱ $1\,St(stokes)$: $1\,cm^2/s = 10^{-4}\,m^2/s$

※ 동점성계수는 SI단위, 공학단위 단위가 같기 때문에 차원도 같다.

3. ㉮ 레이놀즈수를 계산하여 층류, 난류 판단 : 푸아즈(poise)의 단위가 'g/cm·s'이므로 절대단위 CGS단위로 구하며, 기름의 비중 0.92는 밀도 $0.92\,g/cm^3$로, 1 L은 1000 cm^3이고, 기름의 양은 초(s)당 유량으로 적용한다.

$$\therefore \ Re = \frac{4\rho Q}{\pi D \mu} = \frac{4 \times 0.92 \times \left(\dfrac{135 \times 10^3}{60}\right)}{\pi \times 5 \times 0.56}$$

$$= 941.287$$

$\therefore$ 레이놀즈수가 2100보다 작으므로 층류 흐름이다.

㉯ 압력 차이를 공학단위 계산하는데 적용하기 위하여 점성계수(μ) 0.56 poise를 공학단위 MKS단위로 변환 : CGS단위에서 MKS단위로 변환 시 10으로 나눠주며, 절대단위를 공학단위로 변환 시 중력가속도로 나눠준다.

$$\therefore \ \mu = \frac{0.56 \times 10^{-1}}{9.8}$$

$$= 5.71 \times 10^{-3}\,kgf \cdot s/m^2$$

㉰ 압력 차이 계산 : 점성이 있는 유체의 층류 흐름이므로 하겐-푸아죄유 방정식

$$Q = \frac{\pi D^4 \Delta P}{128 \mu L}$$ 에서 압력차이 ΔP를 구하며, 'kgf/m^2'에서 'kgf/cm^2'으로 변환할 때에는 1만으로 나눈다.

$$\therefore \ \Delta P = \frac{128 \mu L Q}{\pi D^4}$$

$$= \frac{128 \times (5.71 \times 10^{-3}) \times 800 \times 0.135}{\pi \times 0.05^4 \times 60} \times 10^{-4}$$

$$= 6.7\,kgf/cm^2$$

5. ㉮ 음속 계산

$$\therefore \ C = \sqrt{kRT} = \sqrt{1.4 \times 287 \times (273 + 25)}$$

$$= 346.029\,m/s$$

㉯ 마하수 계산

$$\therefore \ M = \frac{V}{C} = \frac{910}{346.029} = 2.629$$

※ 마하수는 단위가 없는 무차원수이다.

6. 1과 2에 대하여 베르누이 방정식을 적용하면

$$h_1 + \frac{P_1}{\gamma} + \frac{V_1^2}{2g} = h_2 + \frac{P_2}{\gamma} + \frac{V_2^2}{2g}$$ 이다.

여기서, $V_1 = 0$, $P_1 = 0$, $h_2 = 0$이고, 2지점의 압력수두 $\dfrac{P_2}{\gamma} = h_2$와 같다.

$$\therefore \ h_1 + 0 + 0 = 0 + h_2 + \frac{V_2^2}{2g}$$

$$\therefore \ V_2^2 = 2g(h_1 - h_2)$$

$$\therefore \ V_2 = \sqrt{2g(h_1 - h_2)}$$

7. $h = \dfrac{r^2 \times w^2}{2g} = \dfrac{r^2 \times \left(\dfrac{2 \times \pi \times N}{60}\right)^2}{2g}$

$$= \frac{0.3^2 \times \left(\dfrac{2 \times \pi \times 30}{60}\right)^2}{2 \times 9.8} = 0.045\,m$$

8. 원심펌프의 상사법칙

㉮ 유량 $Q_2 = Q_1 \times \left(\dfrac{N_2}{N_1}\right)$

∴ 유량은 회전수 변화에 비례한다.

㉯ 양정 $H_2 = H_1 \times \left(\dfrac{N_2}{N_1}\right)^2$

∴ 양정은 회전수 변화의 2승에 비례한다.

㉰ 동력 $L_2 = L_1 \times \left(\dfrac{N_2}{N_1}\right)^3$

∴ 동력은 회전수 변화의 3승에 비례한다.

9. 단면적이 감소, 증가하는 영역의 유속 변화

(1) 비압축성 유체 : 영역 (I)에서는 단면적 감소로 유속이 증가하고, (II)에서는 단면적 증가로 유속이 감소한다.

(2) 압축성 유체

㉮ 아음속 유동 : 영역 (I)에서는 유속이 증가하고, 영역 (II)에서는 유속이 감소한다.

㉯ 초음속 유동 : 영역 (I)에서는 유속이 감소하고, 영역 (II)에서는 유속이 증가한다.

10. 층류 경계층 두께

㉮ 경계층 내의 속도가 자유 흐름 속도의 99 % 가 되는 점까지의 거리

㉯ 층류 경계층 두께는 $Re^{\frac{1}{2}}$ 에 반비례하고, $x^{\frac{1}{2}}$ 에 비례하여 증가한다.

㉰ 난류 경계층 두께는 $Re^{\frac{1}{5}}$ 에 반비례하고, $x^{\frac{4}{5}}$ 에 비례하여 증가한다.

㉱ 경계층의 두께는 점성에 비례한다.

11. 확대 부분에서 $\dfrac{dA}{A} > 0$, $M > 1$ 이므로 초음속이 가능하다.

12. 베르누이 방정식이 적용되는 조건

㉮ 적용되는 임의 두 점은 같은 유선상에 있다.

㉯ 정상 상태의 흐름이다.

㉰ 마찰이 없는 이상유체의 흐름이다.

㉱ 비압축성 유체의 흐름이다.

㉲ 외력은 중력만 작용한다.

㉳ 유체흐름 중 내부에너지 손실이 없는 흐름이다.

㉴ 압력수두, 속도수두, 위치수두의 합은 일정하다.

13. 무차원 수 = 물리량 수 – 기본차원 수
$$= 7 - 3 = 4$$

14. ㉮ 물의 비중량(γ)은 1000 kgf/m³이다.

㉯ 축동력 계산

$$\therefore \; PS = \frac{\gamma \cdot Q \cdot H}{75\eta} = \frac{1000 \times 0.02 \times 15}{75 \times 0.85}$$
$$= 4.705 \, PS$$

※ 송출량(Q)의 단위가 초당 유량이므로 분모에 '60'을 적용하지 않은 것임

15. 마하수 $M = \dfrac{V}{C}$ 이므로 $\sin \alpha = \dfrac{C}{V} = \dfrac{1}{M}$ 이다.

$$\therefore \; \alpha = \sin^{-1} \frac{C}{V}$$

16. 압축성 유체의 유동에 대한 에너지 방정식에 관계되는 변수는 내부에너지(u_1, u_2), 운동에너지($P_1 v_1$, $P_2 v_2$), 엔탈피($u_1 + P_1 v_1$, $u_2 + P_2 v_2$), 속도에너지$\left(\dfrac{V_1^2}{2g}, \dfrac{V_2^2}{2g}\right)$, 위치에너지($z_1$, z_2)이다.

$$Q + W = (u_2 - u_1) + (P_1 v_1 - P_2 v_2)$$
$$+ \frac{(V_2^2 - V_1^2)}{2g} + (z_2 - z_1)$$

17. 주요 물리량의 단위

물리량	SI 단위	공학단위
힘	$N(kg \cdot m/s^2)$	kgf
압력	$Pa(N/m^2)$	kgf/m^2
열량	$J(N \cdot m)$	kcal
일	$J(N \cdot m)$	$kgf \cdot m$
에너지	$J(N \cdot m)$	$kgf \cdot m$
동력	$W(J/s)$	$kgf \cdot m/s$
전단응력	N/m^2	kgf/m^2
운동량	$kg \cdot m/s$	$kgf \cdot s$
표면장력	N/m	kgf/m

18. 축류 펌프의 특징

㉮ 가동익(가동날개)의 설치각도를 크게 하면 유량이 증가한다.

㉯ 비속도가 높은 영역에서는 원심펌프보다 효율이 높다.

㉰ 비속도가 크기 때문에 회전속도를 크게 할 수 있다.

㉱ 유량이 크고 양정이 낮은 경우에 적합하다.

㉲ 깃의 수를 많이 하면 양정이 증가한다.

㉳ 유체는 임펠러를 지나서 축방향으로 유출된다.

㉴ 체절상태로 운전은 불가능하다.

19. (1) 아음속 흐름($M < 1$)일 때 변화

㉮ 축소부 : 속도는 증가하고, 단면적, 압력, 밀도, 온도는 감소한다.

㉯ 확대부 : 단면적, 압력, 밀도, 온도는 증가하고 속도는 감소한다.

(2) 초음속 흐름($M > 1$)일 때 변화

㉮ 축소부 : 압력, 밀도, 온도는 증가하고 속도, 단면적은 감소한다.

㉯ 확대부 : 속도, 단면적은 증가하고 압력, 밀도, 온도는 감소한다.

20.
㉮ 절대단위 점성계수(μ) 계산 : 동점성계수 $\nu = \dfrac{\mu}{\rho}$ 에서 점성계수 μ를 구하며, 액체의 밀도(ρ)는 문제에서 주어진 비중에 1000을 곱해서 적용한다.

$$\therefore \ \mu = \nu \times \rho = 0.0025 \times (1.25 \times 10^3)$$
$$= 3.125 \, kg/m \cdot s$$

㉯ 낙하 종속도(u_t) 계산 : 구의 직경 1 mm는 0.001 m이다.

$$\therefore \ u_t = \frac{gD^2(\rho_p - \rho)}{18\mu}$$

$$= \frac{9.8 \times 0.001^2 \times \{(9.5 \times 10^3) - (1.25 \times 10^3)\}}{18 \times 3.125}$$

$$= 0.001437 \, m/s = 1.437 \times 10^{-3} \, m/s$$

제 2 과목   연소공학

21. 등온과정의 상태량

㉮ 절대일과 공업일이 같다.

㉯ 온도 변화가 없으므로 내부에너지 변화량이 없다.

㉰ 온도 변화가 없으므로 엔탈피 변화량이 없다.

㉱ 가한 열량이 모두 일로 변환이 가능하다.

㉲ 엔트로피 변화량은 0보다 크다.($\Delta S > 0$)

22.
㉮ 공기 중 프로판(C_3H_8)의 완전연소 반응식
$$C_3H_8 + 5O_2 + (N_2) \rightarrow 3CO_2 + 4H_2O + (N_2)$$

㉯ 프로판 $2.1 \, m^3$가 연소할 때 이론공기량(A_0) 계산
$$22.4 \, m^3 : 5 \times 22.4 \, m^3 = 2.1 \, m^3 : x(O_0) \, m^3$$

$$\therefore \ A_0 = \frac{O_0}{0.21} = \frac{5 \times 22.4 \times 2.1}{22.4 \times 0.21} = 50 \, m^3$$

㉰ 공기비 계산 : 소비된 건조한 공기 $55 \, m^3$가 실제공기량(A)이다.

$$\therefore \ m = \frac{A}{A_0} = \frac{55}{50} = 1.1$$

23. 프로판의 발열량 약 24000 kcal/m^3, 부탄의 발열량 약 32000 kcal/m^{3}이므로 발열량이 높은 부탄의 함유량이 많아지면 혼합가스의 발열량은 커진다.

24. **비등액체팽창증기폭발(BLEVE)** : 가연성 액체 저장탱크 주변에서 화재가 발생하여 기상부의 탱크가 국부적으로 가열되면 그 부분이 강도가 약해져 탱크가 파열된다. 이 때 내부의 액화가스가 급격히 유출 팽창되어 화구(fire ball)를 형성하여 폭발하는 형태를 말한다.

25. **반데르 바알스 실제기체 상태방정식**

㉮ a : 기체 분자간의 인력(atm · L^2/mol^2)으로 용기 벽면의 압력과 내부의 압력이 다른 것을 보정하는 것이다.

㉯ b : 기체 분자 자신이 차지하는 부피(L/mol)로 이상기체보다 더 큰 부피로 만들려고 보정하는 것이다.

㉰ $V-b$: 기체 분자가 운동할 수 있는 자유 이동 부피는 이상기체에 비해 b만큼 줄어드는 것을 보정하는 것이다.

㉱ $\dfrac{a}{V^2}$: 실제기체는 분자 사이의 인력에 의한 상호작용으로 분자들이 서로 끌어당기므로 이상기체보다 압력이 낮아지며, 실제기체는 이상기체에 비해 $\dfrac{a}{V^2}$만큼 압력이 줄어드는 것을 보정하는 것이다.

26. ㉮ CO$_2$의 양 계산 : 연소 후 CO$_2$가 발생하는 것은 탄소(C) 성분이다.

C + O$_2$ → CO$_2$

12 kg : 22.4 m^3 = 0.87 kg : x(CO$_2$)m^3

∴ x(CO$_2$) = $\dfrac{0.87 \times 22.4}{12}$ = 1.624 m^3

㉯ 이론 건연소가스량(G_{0d}) 계산

∴ $G_{0d} = 8.89C + 21.1\left(H - \dfrac{O}{8}\right)$
$\qquad + 3.33S + 0.8N$
$= 8.89 \times 0.87 + 21.1 \times 0.1 + 3.33 \times 0.03$
$= 9.944 \text{ m}^3$

㉰ 연소가스 중 CO$_2$의 비율 계산

∴ CO$_2$ 비율 = $\dfrac{\text{CO}_2 \text{가스량}}{G_{0d}} \times 100$

$\qquad = \dfrac{1.624}{9.944} \times 100 = 16.331 \%$

참고 이론 습연소가스량(G_{0w})을 기준으로 계산

㉮ $G_{0w} = 8.89C + 32.3H - 2.63O + 3.33S$
$\qquad + 0.8N + 1.244W$
$= 8.89 \times 0.87 + 32.3 \times 0.1 + 3.33 \times 0.03$
$= 11.0642 \text{ Nm}^3$

㉯ CO$_2$ 비율 = $\dfrac{\text{CO}_2 \text{가스량}}{G_{0w}} \times 100$

$\qquad = \dfrac{1.624}{11.064} \times 100 = 14.678 \%$

27. **방폭관리사와 방폭관리 감독자** : KGS GC103

㉮ "방폭관리사(skilled personnel)" 다양한 종류의 방폭구조 관련 지식, 위험장소 구분 관련 지식, KGS code 기준 및 국가 법령의 요구 조건 관련 지식과 방폭 전기기기 설치 실무 관련 지식을 보유한 자를 말한다.

㉯ "방폭관리 감독자(technical person with executive function)"란 방폭 분야에 관한 충분한 지식, 현장 조건에 관한 정통한 지식 및 전기기기 설치에 관한 정통한 지식을 보유하고 폭발 위험장소 내 전기기기 점검 관리에 관한 총괄적 책임자 지위에서 방폭관리사를 관리하는 사람을 말한다.

28. 표준상태(0℃, 1기압)에서 프로판(C$_3$H$_8$) 44 kg의 체적은 22.4 m^{3}이다.

44 kg : 22.4 m^3 = 10 kg : x[m^3]

∴ x = $\dfrac{10 \times 22.4}{44}$ = 5.0909 m^3

별해 SI단위 이상기체 상태방정식 $PV = GRT$ 을 이용하여 계산 : 1기압은 101.325 kPa 이다.

$$\therefore V = \frac{GRT}{P} = \frac{10 \times \frac{8.314}{44} \times (273+0)}{101.325}$$

$$= 5.091 \text{ m}^3$$

※ 이상기체 상태방정식을 적용하여 풀이하는 방법은 온도와 압력이 표준상태가 아닌 경우에도 적용할 수 있다.

29. 탄화수소의 탄소(C)수가 증가할 때

㉮ 증가하는 것 : 비등점, 융점, 비중, 발열량, 연소열, 화염온도

㉯ 감소하는 것 : 증기압, 발화점(착화점), 폭발하한값, 폭발범위값, 증발잠열, 연소속도

30. 2종 위험장소

㉮ 밀폐된 용기 또는 설비 내에 밀봉된 가연성 가스가 그 용기 또는 설비의 사고로 인해 파손되거나 오조작의 경우에만 누출할 위험이 있는 장소

㉯ 확실한 기계적 환기조치에 의하여 가연성 가스가 체류하지 않도록 되어 있으나 환기장치에 이상이나 사고가 발생한 경우에는 가연성 가스가 체류하여 위험하게 될 우려가 있는 장소

㉰ 1종 장소의 주변 또는 인접한 실내에서 위험한 농도의 가연성 가스가 종종 침입할 우려가 있는 장소

※ ③항은 1종 위험장소에 해당됨

31. 이론 연소온도

$$= \frac{\text{연료 소비량} \times \text{저위발열량}}{\text{열용량}}$$

$$= \frac{5 \times 41860}{69.77} = 2999.856 ℃$$

32. $\Delta S = m \times C_p \times \ln\left(\frac{V_2}{V_1}\right)$

$$= 10 \times 1.04 \times \ln\left(\frac{0.5}{1.5}\right) = -11.425 \text{ kJ/K}$$

※ 냉각되는 과정이므로 부호가 "−"로 계산된 것임

33. 석탄, 장작과 같은 일반적인 고체연료는 분해연소를 하며, 표면연소를 하는 것은 숯, 코크스 등이 해당된다.

34. 산소의 특징

㉮ 상온, 상압에서 무색, 무취이며 물에는 약간 녹는다.

㉯ 공기 중에 약 21 vol% 함유하고 있다.

㉰ 강력한 조연성 가스이나 그 자신은 연소하지 않는다.

㉱ 액화산소(액 비중 1.14)는 담청색을 나타낸다.

㉲ 화학적으로 활발한 원소로 모든 원소와 직접 화합하여(할로겐 원소, 백금, 금 등 제외) 산화물을 만든다.

㉳ 산소(O_2)는 기체, 액체, 고체의 경우 자장의 방향으로 자화하는 상자성을 가지고 있다.

㉴ 산소 또는 공기 중에서 무성방전을 행하면 오존(O_3)이 된다.

㉵ 염소산칼륨($KClO_3$)에 이산화망간(MnO_2)을 촉매로 하여 가열, 분리시킨다.

㉶ 과산화수소(H_2O_2)에 이산화망간(MnO_2)을 가하여 제조한다.

35. ㉮ 혼합가스의 평균분자량 계산

$$\therefore M = (28 \times 0.7) + (44 \times 0.15)$$
$$+ (32 \times 0.11) + (28 \times 0.04)$$
$$= 30.84$$

㉯ 정압비열 계산 : $C_p - C_v = R$에서 정압비열 C_p를 구한다.

$$\therefore \ C_p = C_v + R = 0.7157 + \frac{8.314}{30.84}$$

$$= 0.9852 \ \text{kJ/kg} \cdot \text{K}$$

④ 비열비(k) 계산

$$\therefore \ k = \frac{C_p}{C_v} = \frac{0.9852}{0.7157} = 1.376 \fallingdotseq 1.38$$

⑤ 최종 온도계산 : $\dfrac{T_2}{T_1} = \left(\dfrac{V_1}{V_2}\right)^{k-1}$ 에서 T_2 를 구한다.

$$\therefore \ T_2 = T_1 \times \left(\frac{V_1}{V_2}\right)^{k-1}$$

$$= (273 + 40) \times \left(\frac{0.2}{0.1}\right)^{1.38-1}$$

$$= 407.320 \ \text{K}$$

36. 프란틀 수(Prandtl number) : 열확산계수(a) 에 대한 유체의 운동량에 의한 열전달(ν : 유체의 동점성계수)의 비로서 무차원수이다.

$$P_r(\text{Prandtl수}) = \frac{\text{유체의 동점성계수}(\nu)}{\text{열확산계수}(a)}$$

37. 일반적으로 탄화수소의 연소속도는 200 cm/s 전후로 느린 편이다.

38. 각 가스의 임계온도 및 임계압력

구분	임계온도	임계압력
메탄(CH_4)	$-82.1℃$	45.8 atm
암모니아(NH_3)	132.3℃	111.3 atm
아르곤(Ar)	$-122℃$	40 atm
산소(O_2)	$-118.4℃$	50.1 atm

39. ② 기체상수 $R = \dfrac{8.314}{M}$ kJ/kg · K에 공기의 분자량(M) 29를 적용한다.

④ 정압비열(C_p)과 정적비열(C_v) 및 기체상수(R)의 관계식 $C_p - C_v = R$에서 정압비열(C_p)을 구한다.

$$\therefore \ C_p = R + C_v = \frac{8.314}{29} + 0.717$$

$$= 1.0036 \ \text{kJ/kg} \cdot \text{K}$$

40. 각 연료의 단위 질량당 발열량

구분	저위 발열량(kcal/kg)
메탄(CH_4)	11950
아세틸렌(C_2H_2)	11590
프로판(C_3H_8)	11080
수소(H_2)	34150

제 3 과목 가스설비

41. 원심펌프의 비교회전도 $N_s = \dfrac{N \times \sqrt{Q}}{\left(\dfrac{H}{Z}\right)^{\frac{3}{4}}}$ 에서

단수(Z)는 주어지지 않았으므로 1단을 적용하여 회전속도(N)[임펠러 회전수]를 구한다.

$$\therefore \ N = \frac{N_s \times \left(\dfrac{H}{Z}\right)^{\frac{3}{4}}}{\sqrt{Q}} = \frac{110 \times \left(\dfrac{16}{1}\right)^{\frac{3}{4}}}{\sqrt{0.3}}$$

$$= 1606.652 \ \text{rpm}$$

42. 축류펌프의 특징

② 비속도(비교회전도)가 1200~2000 정도로 커서 저양정에서도 회전수를 크게 할 수 있어 원동기와 직결할 수 있다.

④ 회전차 깃의 양력에 의해 속도에너지와 압력에너지를 공급받으며, 축방향으로 유입하여 축방향을 유출하는 형식이다.

⑤ 양정의 변화에 대한 유량 변화가 적고, 효율 저하도 적다.

⑥ 유량이 크고 양정이 10 m 이하의 저양정에 적합하다.

㉮ 구조가 간단하고 펌프 내의 유로에 단면변화가 적으므로 수력손실이 적다.

㉯ 가동익의 경우 넓은 범위의 양정에서 높은 효율이 가능하다.

㉰ 양정을 증가시키려면 깃의 수를 증가시키고, 유량을 증가시키려면 가동익의 설치각도를 크게 하면 된다.

㉱ 농업용 용수펌프, 배수펌프, 상·하수도용 펌프, 증기터빈의 복수기의 순환펌프 등에 사용된다.

43. 액화석유가스(LP가스)의 특징

㉮ LP가스는 공기보다 무겁다.

㉯ 액상의 LP가스는 물보다 가볍다.

㉰ 액화, 기화가 쉽고, 기화하면 체적이 커진다.

㉱ LNG보다 발열량이 크고, 연소 시 다량의 공기가 필요하다.

㉲ 기화열(증발잠열)이 크다.

㉳ 무색, 무취, 무미하다.

㉴ 용해성이 있다.

㉵ 온도 상승에 의한 액체의 부피변화가 크다.

※ LPG는 석유계 저급탄화수소의 혼합물로 탄소 수가 3개에서 5개 이하의 것으로 프로판(C_3H_8), 부탄(C_4H_{10}), 프로필렌(C_3H_6), 부틸렌(C_4H_8), 부타디엔(C_4H_6) 등이 포함되어 있다.

44. 압력과 비등점(비점) 및 증발잠열의 관계

㉮ 압력 상승 : 비등점이 상승하고, 증발잠열은 감소한다.

㉯ 압력 감소 : 비등점이 내려가고(하강하고), 증발잠열은 증가한다.

45. ㉮ 구형탱크의 내용적 계산

$$\therefore V = \frac{\pi}{6} \times D^3 = \frac{\pi}{6} \times 8.2^3$$
$$= 288.695 \, \text{m}^3$$

㉯ 걸리는 시간 계산

$$\therefore 시간 = \frac{탱크\ 내용적(\text{m}^3)}{펌프\ 능력(\text{m}^3/\text{h})}$$
$$= \frac{288.695}{10} = 28.8695 \, \text{h}$$

46. 완전 방호식 저장탱크 : KGS AC115

㉮ 1차 탱크는 액화천연가스를 저장할 수 있는 것으로 자기자립형(self-standing) 구조의 단일벽 강재인 것으로 한다.

㉯ 1차 탱크는 증기를 담지 않는 상부 개방형 구조 또는 증기를 담을 수 있는 돔 지붕을 갖춘 것으로 한다.

㉰ 2차 탱크는 돔 지붕을 갖춘 콘크리트 구조의 탱크로 하며, 다음의 성능을 갖도록 설계한다.

ㄱ 정상운전 시 : 1차 탱크가 상부 개방형인 경우 증기를 담을 수 있어야 하고, 1차 탱크의 단열을 유지할 수 있는 것으로 한다.

ㄴ 1차 탱크 누출 시 : 모든 액화천연가스를 담을 수 있어야 하고, 기밀을 유지할 수 있는 구조인 것으로 한다. 또한 증기는 압력 방출시스템을 통해 제어될 수 있는 것으로 한다.

㉱ 1차 탱크와 2차 탱크 사이의 환상공간은 2.0 m 이하인 것으로 한다.

47. 전기방식시설 점검 주기 : KGS GC202

㉮ 외부전원법에 따른 전기방식시설은 외부전원점 관대지전위, 정류기의 출력, 전압, 전류, 배선의 접속상태 및 계기류 확인 등을 3개월에 1회 이상 점검한다.

㉯ 절연부속품, 역전류 방지장치, 결선(bond), 보호절연체의 효과는 6개월에 1회 이상 점검한다. → 전기방식법에 따른 구분없이 점검하는 주기임

48. 급유식 나사압축기 특징

㉮ 케이싱 내에 다량의 윤활유를 주입한다.

㉯ 유막에 의한 틈의 액봉(液封)으로 회전자 사이의 충분한 윤활 및 냉각이 이루어진다.

㉰ 무급유식에 비해서 소음과 진동이 적다.

㉱ 압축과정이 등온압축에 가까워 효율이 좋다.

㉲ 1단의 압축비를 4~7, 압력 상승을 0.3~0.6 MPa로 할 수 있다.

㉳ 압축공기에 윤활유가 혼입될 우려가 있어 유회수기(油回收機)를 설치해야 한다.

49. 자긴처리(auto frettage) : KGS AC118 압축수소가스용 복합재료 압력용기 제조 기준

(1) "자긴처리"란 금속라이너 압력용기를 제조공정 중에 그 금속라이너의 항복점을 초과하는 압력을 가하여 영구 소성변형을 일으키는 것을 말한다.

(2) 자긴처리 기준

㉮ 자긴처리는 내압시험압력 이상의 압력으로 물 등의 유체를 이용하여 실시한다.

㉯ 자긴처리는 압력을 제거 후 금속라이너에 재항복(再降伏)을 일으키지 않는 압력으로 한다.

㉰ 자긴처리는 금속라이너의 두께 등의 치수형상에 따라 압력용기 제조자가 규정한 자긴처리압력, 유지시간 등의 조건에 따라 실시한다.

㉱ 자긴처리 조건은 설계서 또는 구조도에 명시한다.

50. ㉮ 냉동기 성적계수

에서 $\dfrac{Q_2}{W} = \dfrac{Q_2}{Q_1 - Q_2}$ 로 쓸 수 있고 여기서 고온체로 방출하는 열량 Q_1을 구하는 식을 유도한다.

㉯ 1마력(PS)은 632.2 kcal/h이고 이것을 초당 열량(kcal/s)로 변환하여 적용한다.

㉰ 방출열량(Q_1) 계산

$$Q_2 \times (Q_1 - Q_2) = W \times Q_2$$

$$Q_1 - Q_2 = \frac{W \times Q_2}{Q_2}$$

$$\therefore \ Q_1 = \frac{W \times Q_2}{Q_2} + Q_2$$

$$= \frac{\left(10 \times \dfrac{632.2}{3600}\right) \times 10}{10} + 10$$

$$= 11.756 \text{ kcal/s}$$

51. 고압관 및 고압원통

㉮ 수축 원통 : 내·외 2층으로 된 수축 원통으로 단축 원통에 비해 응력분포가 균등화하여 오래전부터 사용해 오던 원통이다.

㉯ 강대권 원통 : 코어바 원통의 외주에 강대를 스파이럴상으로 수십층 와인딩하여 외압효과를 낸 것이다.

㉰ 용접형 다층권 원통 : 코어바가 되는 단층 원통의 외조에 미리 반원통형으로 굽힌 얇은 강판을 감고 길이 이음 용접을 하면 이 용접부분이 냉각에 의해 코어바 원통과 결합되며, 이것을 반복하여 수십층에 걸쳐 강판을 감은 것이다. 코어바 원통과 와인딩 부분의 재료를 변경할 수 있다.

㉱ 스파이럴식 다층권 원통 : 길이 이음을 생략할 수 있지만 대강(帶鋼)의 폭에 의해 길이가 결정되므로 조인트 수가 많아지는 단점이 있다.

※ 대강(帶[띠 대]鋼[강철 강]) : 띠 모양으로 만든 강판으로 보통 두께는 0.9~4.5 mm, 너비는 19~500 mm이다.

㉲ 자긴 원통 : 내압을 가한 경우 응력은 균등화되어 고응력의 발생을 방지하므로 고압에 잘 견딘다.

52. 충전구의 나사형식

㉮ 가연성가스 : 왼나사(단, 암모니아, 브롬화 메탄은 오른나사)

㉯ 가연성 이외의 가스 : 오른나사

∴ LPG는 왼나사, 암모니아는 오른나사이다.

53. 호칭압력 : 밸브의 압력을 구분하기 위한 것으로 "Class", "PN", "K"로 표시한다.

㉮ Class : ASME B 16.34에 따른다.

㉯ PN : EN 1333에 따른다.

㉰ K : KS B 2308에 따른다.

참고 ㉮ ASME(American Society of Mechanical Engineers) : 미국기계학회

㉯ EN(European Norm) : 유럽 표준

㉰ KS(Korean Industrial Standards) : 한국공업규격

54. 웨버(Webbe)지수 : 가스의 발열량을 가스비중의 제곱근으로 나눈 값으로 가스의 연소성을 판단하는 수치이다.

$$\therefore \ WI = \frac{H_g}{\sqrt{d}}$$

여기서, H_g : 도시가스의 발열량(kcal/m^3)

d : 도시가스의 비중

55. 프라이밍(priming) : 펌프를 운전할 때 펌프 내에 액이 없을 경우 임펠러의 공회전으로 펌핑이 이루어지지 않는 것을 방지하기 위하여 가동 전에 펌프 내에 액을 충만시키는 것으로, 원심펌프에 해당된다.

56. 무수식(건식) 가스홀더 특징

㉮ 유수식에 비교하여 기초가 간단하고 시설비가 적게 소요된다.

㉯ 고정된 원통형 탱크의 내부를 상하 이동하는 피스톤이나 다이어프램이 설치되어 있다.

㉰ 가스의 증감에 따라 피스톤이나 다이어프램이 상하 이동하므로 가스압력이 거의 일정하게 유지된다.

㉱ 가스를 건조한 상태로 보관할 수 있다.

※ 단층식과 다층식으로 분류되는 것은 유수식 가스홀더이다.

57. 역화방지장치 : 아세틸렌, 수소 그 밖에 가연성가스의 제조 및 사용설비에 부착하는 건식 또는 수봉식(아세틸렌에만 적용한다)의 역화방지장치로서 상용압력이 0.1 MPa 이하인 것을 말한다.

58. ㉮ 합성천연가스 공정(substitute natural process) : 수분, 산소, 수소를 원료 탄화수소와 반응시켜, 수증기 개질, 부분연소, 수첨 분해 등에 의해 가스화하고 메탄합성, 탈탄산 등의 공정과 병용해서 천연가스의 성상과 거의 일치하게끔 가스를 제조하는 공정으로 제조된 가스를 합성천연가스 또는 대체천연가스(SNG)라 한다.

㉯ 메탄합성공정 설비 종류 : 가열기, 탈황장치, 나프타 과열장치, 반응기, 수첨 분해탑, 메탄 합성탑, 탈탄산탑 등

59. 탄소강의 열처리의 종류 및 목적

㉮ 담금질(quenching : 소입) : 재료를 적당한 온도로 가열하여 이 온도에서 물, 기름 등에 급속 냉각시키는 것으로 강도, 경도가 증가한다.

㉯ 불림(normalizing : 소준) : 결정조직을 미세화하고 균일하게 하여 조직의 변형을 제거하기 위하여 균일하게 가열한 후 공기 중에서 냉각하는 것이다.

㉰ 풀림(annealing : 소둔) : 가공 중에 생긴 내부응력을 제거하거나 가공 경화된 재료를

연화시켜 상온가공을 용이하게 할 목적으로 로 중에서 가열하여 서서히 냉각시킨다.

㉓ 뜨임(tempering : 소려) : 담금질 또는 냉간가공된 재료의 내부응력을 제거하며 재료에 연성이나 인장강도를 부여하기 위하여 담금질 온도보다 낮은 온도에서 재가열한 후 공기 중에서 서랭시킨다.

60. 필립스식 액화 사이클의 특징

㉮ 실린더 중에 피스톤과 보조피스톤이 있다.

㉯ 상부에 팽창기, 하부에 압축기가 구성된다.

㉰ 냉매로 수소, 헬륨을 사용한다.

제 4 과목 가스안전관리

---

61. 용기부속품 재검사 항목 : KGS AA316

㉮ 외관검사

㉯ 기밀성능검사

㉰ 작동성능검사

62. 도시가스용 압력조정기에 표시할 사항 : AA431

㉮ 형식 또는 모델명

㉯ 사용가스

㉰ 제조자명, 수입자명 또는 그 약호

㉱ 제조 연월 및 제조(로트)번호

㉲ 입구압력 범위(단위 : MPa)

㉳ 출구압력 범위 및 설정압력(단위 : kPa 또는 MPa)

㉴ 최대표시 유량(단위 : Nm³/h)

㉵ 오리피스 구경(단위 : mm)

㉶ 안전장치 작동압력(단위 : MPa 또는 kPa)

㉷ 관연결부 호칭지름

㉸ 품질보증기간

㉹ 눈에 띄기 쉬운 곳에 가스의 공급방향을 표시

※ '품질보증기관'이 아니라 '품질보증기간'을 표시한다.

63. 제품 성능 기준

㉮ 내압성능 : 내압시험은 밸브 몸통에 2.6 MPa 이상의 압력으로 2분간 유지하여 누출 또는 변형이 없는 것으로 한다.

㉯ 기밀성능 : 밸브시트의 기밀시험은 0.7 MPa 의 압력으로 1분간 유지하여 누출이 없는 것으로 한다.

㉰ 내구성능 : 밸브시트와 연결구 실은 밸브를 5만회 반복하여 개폐 조작한 후 누출이 발생하거나 기계적인 결함이 없는 것으로 한다.

㉱ 내충격성능 : 밸브를 용기 네크링이나 유사한 고정장치에 정확히 연결하고 경화된 강철 추를 3 m/s 이상의 속도로 몸통의 윗부분(네크링으로부터 약 2/3 위쪽의 몸통)에 밸브의 축직각 방향에서 100 J 충격치를 가하였을 때 용기 부착부 나사에서 분당 4기포(기포지름 3.5 mm) 이상의 누출이 없는 것으로 한다.

64. 불소(F₂)의 특징

㉮ 조연성, 독성가스(TLV-TWA 0.1 ppm, LC50 185 ppm·1 h·Rat)이다.

㉯ 연한 황색의 기체이며 심한 자극성이 있다.

㉰ 형석(CaF_2), 빙정석(Na_3AlF_6) 등으로 자연계에 존재한다.

㉱ 화합력이 매우 강하여 모든 원소와 결합한다.(가장 강한 산화제이다.)

㉲ 물과 반응하여 불화수소(HF)가 생성된다.
$$2F_2+2H_2O \rightarrow 4HF+O_2$$

㉳ 수소와는 차고 어두운 곳에서도 활발하게 발화하고, 폭발적으로 반응한다.

㉴ 황(S)이나 인(P)과는 액체 공기의 저온에서도 심하게 반응한다.

㉵ 고체 불소와 액체 수소와는 −252℃의 저온에서도 반응한다.

65. 재해 조사에 참가하는 자는 항상 주관적인 입장이 아닌 객관적인 입장을 유지하여 조사한다.

66. 용기에 의한 LPG 저장소 기준 : FU332, FS231
  ㉮ 용기보관실은 사무실과 구분하여 동일한 부지에 설치하되, 용기보관실에서 누출되는 가스가 사무실로 유입되지 아니하는 구조로 한다.
  ㉯ 저장설비는 용기집합식으로 하지 아니한다.
  ㉰ 용기보관실은 불연재료를 사용하고 용기보관실 창의 유리는 망입유리 또는 안전유리로 한다.
  ㉱ 충전용기는 항상 40℃ 이하를 유지해야 하고, 수용자의 주문에 따라 운반 중인 경우 외에는 충전용기와 잔가스용기를 구분하여 용기보관실에 저장한다.
  ㉲ 용기를 차에 싣거나 내리는 등 이동할 때에는 난폭하게 취급하지 않아야 하고, 필요한 경우 손수레를 이용한다.
  ㉳ 용기보관실에서 사용하는 휴대용 손전등은 방폭형으로 한다.
  ㉴ 용기보관실에는 계량기 등 작업에 필요한 물건 외에는 두지 않는다.
  ㉵ 용기는 2단 이상으로 쌓지 않는다. 다만, 내용적 30 L 미만의 용접용기는 2단으로 쌓을 수 있다.

67. 재충전금지 용기의 치수 기준 : KGS AC216
  ㉮ 최고충전압력(MPa)의 수치와 내용적(L)의 수치와의 곱이 100 이하로 한다.
  ㉯ 최고충전압력이 22.5 MPa 이하이고 내용적이 25 L 이하로 한다.
  ㉰ 최고충전압력이 3.5 MPa 이상인 경우에는 내용적이 5 L 이하로 한다.
  ㉱ 납붙임 부분은 용기 몸체 두께의 4배 이상의 길이로 한다.
  ※ 재충전금지용기 : 최초 충전 후 1회 사용으로 내용 연한이 끝나 파기해야 하는 용기

(부속품과 일체로 제조된 것을 말한다)

68. 아세틸렌 충전작업 기준
  ㉮ 아세틸렌을 2.5 MPa 압력으로 압축하는 때에는 질소, 메탄, 일산화탄소 또는 에틸렌 등의 희석제를 첨가한다.
  ㉯ 습식 아세틸렌발생기의 표면은 70℃ 이하의 온도로 유지하고, 그 부근에서는 불꽃이 튀는 작업을 하지 아니한다.
  ㉰ 아세틸렌을 용기에 충전하는 때에는 미리 용기에 다공물질을 고루 채워 다공도가 75 % 이상 92 % 미만이 되도록 한 후 아세톤 또는 디메틸포름아미드를 고루 침윤시키고 충전한다.
  ㉱ 아세틸렌을 용기에 충전하는 때의 충전 중의 압력은 2.5 MPa 이하로 하고, 충전 후에는 압력이 15℃에서 1.5 MPa 이하로 될 때까지 정치하여 둔다.
  ㉲ 상하의 통으로 구성된 아세틸렌 발생장치로 아세틸렌을 제조하는 때에는 사용 후 그 통을 분리하거나 잔류가스가 없도록 조치한다.

69. 고압가스용 안전밸브 구조 기준
  ㉮ 안전밸브는 그 일부가 파손되어도 충분한 분출량을 얻어야 하며, 밸브시트는 이탈되지 않도록 밸브몸통에 부착된 것으로 한다.
  ㉯ 스프링의 조정나사는 자유로이 헐거워지지 않는 구조이고 스프링이 파손되어도 밸브디스크 등이 외부로 빠져 나가지 않는 구조인 것으로 한다.
  ㉰ 안전밸브는 압력을 마음대로 조정할 수 없도록 봉인할 수 있는 구조인 것으로 한다.
  ㉱ 가연성 또는 독성가스용의 안전밸브는 개방형을 사용하지 않는다.
  ㉲ 밸브디스크와 밸브시트와의 접촉면이 밸브축과 이루는 기울기는 45°(원추시트) 또는 90°(평면시트)인 것으로 한다.

70. ㉮ 특수고압가스(고법 시행규칙 제2조) : 압축모노실란, 압축디보레인, 액화알진, 포스핀, 셀렌화수소, 게르만, 디실란 및 그 밖에 반도체의 세정 등 산업통상자원부장관이 인정하는 특수한 용도에 사용되는 고압가스를 말한다.

㉯ 특수고압가스(KGS FU212 특수고압가스 사용의 시설·기술·검사 기준) : 특정고압가스사용시설 중 압축모노실란, 압축디보레인, 액화알진, 포스핀, 셀렌화수소, 게르만, 디실란, 오불화비소, 오불화인, 삼불화인, 삼불화질소, 삼불화붕소, 사불화유황, 사불화규소를 말한다.

71. 정전기 제거 및 발생 억제 방법

㉮ 대상물을 접지한다.

㉯ 공기 중 상대습도를 높인다.(70 % 이상)

㉰ 공기를 이온화한다.

㉱ 도전성 재료를 사용한다.

㉲ 접촉 전위차가 작은 재료를 선택한다.

72. 사업소경계와의 거리(FP331) : 저장능력에 따라 정한 거리 이상을 유지한다.

저장능력	사업소경계와의 거리
10톤 이하	24 m
10톤 초과 20톤 이하	27 m
20톤 초과 30톤 이하	30 m
30톤 초과 40톤 이하	33 m
40톤 초과 200톤 이하	36 m
200톤 초과	39 m

[비고] 같은 사업소에 두 개 이상의 저장설비가 있는 경우에는 그 설비별로 각각 안전거리를 유지한다.

※ 사업소경계와의 거리 기준은 '충전사업소'와 '집단공급사업 및 가스사용시설'과는 각각 다른 규정이 적용됨

73. 일반용 LPG 압력조정기 최대 폐쇄압력

㉮ 1단 감압식 저압조정기, 2단 감압식 2차용 저압조정기, 자동절체식 일체형 저압조정기 : 3.5 kPa 이하

㉯ 2단 감압식 1차용 조정기 : 95.0 kPa 이하

㉰ 1단 감압식 준저압조정기, 자동절체식 일체형 준저압조정기, 그 밖의 압력조정기 : 조정압력의 1.25배 이하

74. 고압가스 관련설비(특정설비) 종류 : 안전밸브, 긴급차단장치, 기화장치, 독성가스 배관용 밸브, 자동차용 가스 자동주입기, 역화방지기, 압력용기, 특정고압가스용 실린더 캐비닛, 자동차용 압축천연가스 완속 충전설비, 액화석유가스용 용기 잔류가스 회수장치, 냉동용 특정설비, 차량에 고정된 탱크

75. 액화도시가스 선박 충전작업 기준 : GC206 P22

㉮ 액화도시가스를 연료로 사용하는 선박에 충전작업을 할 경우에는 안전관리자(액화도시가스 선박 충전시설에 선임된 안전관리자를 말한다)가 기준에 따른 조치를 한다.

㉯ 충전작업은 풍랑 등이 심하지 않은 온화한 날씨에 실시하며, 반드시 지정된 충전장소에서 실시하여야 한다.

㉰ 액화도시가스를 선박에 충전하기 위한 차량의 설치대수는 2대 이하로 하고, 2대의 차량이 진입, 진출 및 동시에 주정차할 수 있는 충분한 공지를 확보한다.

㉱ 충전장소 지면에는 차량의 주정차위치와 진입 및 진출 방향을 표시하고 눈에 잘 띄는 곳에 "액화도시가스 선박 충전장소"라는 표시를 한다.

㉲ 충전장소 주위에는 황색바탕에 흑색문자로 "충전작업 중 엔진정지"라는 표시를 한 게시판을 설치한다.

㉳ 충전장소의 중심(지면에 표시한 정차위치의 중심)으로부터 선박의 외면까지의 거리는 3 m 이상의 안전거리를 유지한다.

㉗ 충전장소와 화기 사이에 유지하여야 하는 거리는 8 m 이상으로 하고, 충전장소에는 인화성물질이나 발화성물질이 없을 것

㉘ 선박에 액화도시가스를 충전하는 때에는 가스의 용량이 상용의 온도에서 선박 내 저장탱크 내용적의 90 %(용기의 경우에는 85 %)를 넘지 않도록 한다.

㉙ 일몰 후 충전작업을 하는 경우 밸브 주위에는 밸브를 확실히 조작할 수 있도록 조명도 150 Lux 이상을 확보한다.

76. 저장설비에 등화를 휴대하고 출입할 때는 방폭형 등화를 휴대할 것

77. ㉮ 니켈(Ni)이 고온, 고압의 상태에서 일산화탄소(CO)와 반응하여 니켈카르보닐을 생성한다.

$Ni+4CO \rightarrow Ni(CO)_4$[니켈-카르보닐]

㉯ 니켈카르보닐[$Ni(CO)_4$] : 휘발성의 무색의 액체로 맹독성을 나타낸다. 비점 43℃, 비중 1.32이다. 반자성을 나타내며 200℃에서 금속니켈과 일산화탄소로 분해한다. 증기는 강한 빛을 내면서 불타 그을음 모양의 니켈가루를 만든다. 벤젠, 에테르, 클로로포름에 녹고, 묽은 산, 알칼리 수용액 등에는 녹지 않으며 진한 황산과 접촉하면 폭발한다.

78. 각 항목의 옳은 내용

② 조리용 연소기 메인버너의 최상부는 국물받이 바닥면보다 20 mm 이상 높게 한다. 다만, 그릴은 그렇지 아니하다.

③ 2차 과압방지장치 중 플레어스택식은 콕이 닫힌 상태에서 용기가 탈착되는 구조로 한다. 다만, 용기 내부의 압력을 콕을 통해 버너로 보내 방출하는 구조는 제외한다.

④ 연소기에 용기를 연결할 때 용기 아랫부분을 스프링의 힘으로 직접 밀어서 연결하는 방법이 아닌 구조로 한다. 다만, 자석으로 연결하는 연소기는 비자성 용기를 사용할 수 없음을 표시해야 한다.

79. 정기검사의 대상별 검사주기 : 고법 시행규칙 별표 19

검사대상	검사주기
고압가스 특정제조자	매 4년
고압가스 특정제조자 외의 가연성·독성가스 및 산소의 제조자·저장자 또는 판매자(수입업자 포함)	매 1년
고압가스 특정제조자 외의 불연성가스(독성가스 제외)의 제조자·저장자 또는 판매자	매 2년
그 밖에 공공의 안전을 위하여 특히 필요하다고 산업통상자원부장관이 인정하여 지정하는 시설의 제조자 또는 저장자	산업통상자원부장관이 지정하는 시기

80. 차량에 고정된 탱크 소화설비 기준

구분	소화기의 종류		비치개수
	소화약제	능력단위	
가연성 가스	분말 소화제	BC용, B-10 이상 또는 ABC용, B-12 이상	차량 좌우에 각각 1개 이상
산소	분말 소화제	BC용, B-8 이상 또는 ABC용, B-10 이상	차량 좌우에 각각 1개 이상

제 5 과목   가스계측

81. $P=\dfrac{W+W'}{A}$ 에서 추(W)와 피스톤 무게(W')를 구한다.

$$\therefore W + W' = A \times P = \left(\frac{\pi}{4} \times D^2\right) \times P$$

$$= \left(\frac{\pi}{4} \times 2^2\right) \times 10 = 31.415 \text{ kgf}$$

※ '파이(π)' 대신에 '3.14'를 대입하면 '31.4'로 계산되는 것과 같이 풀이와 오차가 발생합니다.

82. 캐스케이드제어 : 두 개의 제어계를 조합하여 제어량의 1차 조절계를 측정하고 그 조작 출력으로 2차 조절계의 목표값을 설정하는 방법으로 단일 루프제어에 비해 외란의 영향을 줄이고 계 전체의 지연을 적게 하는데 유효하기 때문에 출력 측에 낭비시간이나 지연이 큰 프로세스제어에 이용되는 제어이다.

[참고] **목표치에 따른 자동제어의 분류**

㉮ 정치제어

㉯ 추치제어 : 추종제어, 비율제어, 프로그램제어

㉰ 캐스케이드제어

83. 기술검토 당시 연소기가 설치되지 않았거나 일부만 설치할 계획인 경우에 월사용예정량 산정 기준 : KGS FU551

㉮ 가스계량기가 설치되는 경우에는 '가스계량기 최대유량×0.8배'로 산정한다.

㉯ 가스계량기가 설치되지 않는 경우에는 추후 설치 예정인 연소기의 가스소비량으로 산정한다.

84. 회로명칭과 논리식

㉮ 논리적(AND)회로 : 입력되는 복수의 조건이 모두 충족될 경우 출력이 나오는 회로로 논리식은 A・B = R이다.

㉯ 논리합(OR)회로 : 입력되는 복수의 조건 중 어느 한 개라도 입력 조건이 충족되면 출력이 나오는 회로로 논리식은 A+B = R이다.

㉰ 논리부정(NOT)회로 : 신호 입력이 1이면 출력은 0이 되고, 신호 입력이 0이면 출력은 1이 되는 부정의 논리를 갖는 회로로 논리식은 $\overline{A} = R$이다.

㉱ 기억(NOR)회로 : 논리합(OR)회로 출력의 반대로서 모든 입력 포트에 신호가 없을 때만 출력이 나오는 회로로 논리식은 $\overline{A+B} = R$이다.

85. $\phi = \dfrac{P_w}{P_s} \times 100 = \dfrac{16.47}{23.76} \times 100 = 69\%$

86. 차압식 유량계에서 유량은 차압의 평방근에 비례한다.

$$\therefore Q_2 = \sqrt{\frac{\Delta P_2}{\Delta P_1}} \times Q_1 = \sqrt{\frac{1000}{2000}} \times 20$$

$$= 14.142 \text{ m}^3/\text{h}$$

87. 왕복피스톤형 유량계

㉮ 계량실이 4행정 기관과 같은 피스톤과 실린더로 구성되고, 피스톤 수는 1~4개까지 다양하게 사용된다.

㉯ 일반 부식의 위험이 적고, 점도가 비교적 낮은 액체의 소유량, 정밀한 계량에 사용된다.

㉰ 운동자와 케이스간의 누설을 최소로 하는 형식이다.

㉱ 가솔린 판매 급유기, 석유제품 공급라인 등에 적용한다.

88. 미분(D) 동작 : 출력 편차의 시간 변화에 비례하여 제어편차가 검출될 경우에 편차가 변화하는 속도에 비례하여 조작량이 증가하도록 작용하는 제어동작으로 단독으로 쓰이지 않고 언제나 비례(P) 동작과 함께 쓰이며, 일반적으로 진동이 제어되어 빨리 안정된다.

89. 압력식 온도계의 특징

㉮ 진동 및 충격에 비교적 강하다.

㉯ 저온 측정에 유리하다.

㉰ 원격 측정이 가능하고 연속사용이 가능하다.

㉱ 미소한 온도 변화나 600℃ 이상의 고온 측

정은 불가능하다.

⑭ 경년 변화가 있어 정기적인 검사가 필요하다.

⑮ 모세관이 도중에 파손될 우려가 있다.

⑯ 외기 온도나 유도관 온도에 의한 영향으로 온도 지시가 느리다.

참고 **압력식 온도계의 종류 및 사용물질**

㉮ 액체 압력(팽창)식 온도계 : 수은, 알코올, 아닐린

㉯ 기체 압력식 온도계 : 질소, 헬륨

㉰ 증기 압력식 온도계 : 프레온, 에틸에테르, 염화메틸, 염화에틸, 톨루엔, 아닐린

90. 적외선 흡수법 : 분자의 진동 중 쌍극자 힘의 변화를 일으킬 진동에 의해 적외선의 흡수가 일어나는 것을 이용한 방법으로 He, Ne, Ar 등 단원자 분자 및 H_2, O_2, N_2, Cl_2 등 대칭 2 원자 분자는 적외선을 흡수하지 않으므로 분석할 수 없다.

91. 정확도(accuracy) : 같은 조건 하에서 무한히 많은 회수의 측정을 하여 그 측정값을 평균값으로 계산하여도 참값에는 일치하지 않으며 이 평균값과 참값의 차를 쏠림(bias)이라 하고 쏠림의 작은 정도를 정확도라 한다.

92. 입상배관으로 시공하였을 때 배관 내부의 응결수가 가스미터로 유입되어 겨울철에 응결수 동결로 가스미터가 고장이 발생될 수 있어 입상배관을 금지한다.

93. 안전등형 가스 검출기 : 탄광 내에서 메탄(CH_4) 가스를 검출하는데 사용되는 석유램프의 일종으로 메탄이 존재하면 불꽃의 모양이 커지며, 푸른 불꽃(청염) 길이로 메탄의 농도를 대략적으로 알 수 있다.

94. 전기량법 : 분석 대상물을 다른 산화 상태로

바꿀 때 전극에서 발생하는 전하량을 측정하여 정량을 하는 방법으로 패러데이(Faraday) 법칙의 원리를 이용한 기기분석방법이다.

95. ㉮ 공학단위 밀도(ρ) 계산 : 비중에 1000을 곱하면 비중량(γ : kgf/m^3)으로 변환된다.

$$\therefore \rho = \frac{\gamma}{g} = \frac{0.9 \times 1000}{9.8}$$
$$= 91.836 \text{ kgf} \cdot \text{s}^2/\text{m}^4$$

㉯ 레이놀즈수 계산

$$\therefore Re = \frac{\rho DV}{\mu} = \frac{4\rho Q}{\pi D \mu}$$
$$= \frac{4 \times 91.836 \times 0.2}{\pi \times 0.05 \times 6 \times 10^{-3}}$$
$$= 77952.817 = 7.7952817 \times 10^4$$
$$\fallingdotseq 7.8 \times 10^4$$

96. 형식승인을 받아야 하는 계량기 : 계량에 관한 법률 시행령 별표 7

㉮ 가스미터 : 최대유량이 1000 m^3/h 이하인 것에 한정한다.

㉯ LPG미터 : 자동차 충전용으로서 호칭구경이 40 mm 이하인 것에 한정한다.

97. 피토관(Pitot tube)은 전압과 정압의 차이를 측정하여 동압을 계산하고, 이를 이용하여 유속과 유량을 계산하는 유속식 유량계이다.

98. 막식 가스미터 불통 및 원인

㉮ 불통(不通) : 가스가 계량기를 통과하지 못하는 고장

㉯ 원인

㉠ 크랭크축이 녹슬었을 때

㉡ 밸브와 밸브시트가 타르 수분 등에 의해 붙거나 동결된 경우

㉢ 날개 조절기 등 회전장치 부분에 이상이 있을 때

참고 **점착과 접착**

㉮ 점착(粘着) : 끈기 있게 착 달라붙음

㉯ 접착(接着) : 끈기 있게 붙어 두 물체의 표면이 접촉하여 떨어지지 아니하게 됨

99. 가스검지 시험지법

※ 일산화탄소(CO) 누설검지 시험지는 염화팔라듐지를 사용하고 반응은 검은색(흑색)으로 변한다.

100. 현장에서 누출여부를 확인하는 방법 : 검지관법, 시험지법, 가연성가스 검출기법(간섭계형, 열선형, 반도체식)

CBT 실전문제 5

정답

가스유체역학	1	2	3	4	5	6	7	8	9	10
	②	②	②	④	③	③	④	③	④	④
	11	12	13	14	15	16	17	18	19	20
	②	②	③	②	③	③	③	①	②	③
연소공학	21	22	23	24	25	26	27	28	29	30
	②	②	①	③	④	④	③	②	④	④
	31	32	33	34	35	36	37	38	39	40
	③	③	①	④	④	④	②	④	④	①
가스설비	41	42	43	44	45	46	47	48	49	50
	②	②	④	③	①	④	④	④	①	②
	51	52	53	54	55	56	57	58	59	60
	④	④	④	②	④	③	④	③	③	③
가스안전관리	61	62	63	64	65	66	67	68	69	70
	③	①	③	④	③	④	②	③	③	③
	71	72	73	74	75	76	77	78	79	80
	④	②	③	③	②	②	④	①	②	①
가스계측	81	82	83	84	85	86	87	88	89	90
	③	④	②	③	①	④	③	③	③	③
	91	92	93	94	95	96	97	98	99	100
	①	②	②	④	③	②	③	②	④	③

제1과목 가스유체역학

1. 음속의 계산식 $C=\sqrt{k \cdot R \cdot T}$ 에서 온도 T(K)를 구한 후 섭씨온도로 변환한다.

$$\therefore T=\frac{C^2}{k \times R}=\frac{400^2}{1.2 \times 200}$$

$$=666.666 \text{K} - 273 = 393.666 ℃$$

2. 원심펌프의 특징

㉮ 원심력에 의하여 유체를 압송한다.

㉯ 용량에 비하여 소형이고 설치면적이 작다.

㉰ 흡입, 토출밸브가 없고 액의 맥동이 없다.

㉱ 기동 시 펌프내부에 유체를 충분히 채워야 한다.

㉲ 고양정에 적합하다.

㉳ 서징현상, 캐비테이션 현상이 발생하기 쉽다.

㉴ 볼류트 펌프는 안내깃(guide vane)이 없고, 터빈 펌프는 안내깃(guide vane)이 있는 펌프이다.

※ 왕복펌프에 비하여 대용량이다. (수송량이 크다)

3. $h_f = f \times \dfrac{L}{D} \times \dfrac{V^2}{2g}$

$$=0.0422 \times \frac{500}{0.4} \times \frac{1.5^2}{2 \times 9.8} = 6.055 \text{ mH}_2\text{O}$$

4. 1과 2에 베르누이 방정식 적용하면

$$\frac{P_1}{\gamma}+\frac{V_1^2}{2g}+Z_1=\frac{P_2}{\gamma}+\frac{V_2^2}{2g}+Z_2 \text{이다.}$$

여기서, $P_2 =$ 대기압 상태이므로 0이 되며

$Z_1=Z_2$, $V_1=0$이므로 $\dfrac{P_1}{\gamma}=\dfrac{V_2^2}{2g}$ 이 된다.

$\gamma=\rho g$이므로 $\rho=\dfrac{\gamma}{g}$ 가 되며, 이것은 $\dfrac{1}{\rho}=\dfrac{g}{\gamma}$ 로 표시할 수 있다.

$$\therefore V_2=\sqrt{\frac{2gP}{\gamma}}=\sqrt{\frac{2P}{\rho}}$$

5. 밀도(ρ)는 단위체적당 질량이고, 표준상태가 아닌 조건은 이상기체 상태방정식(공학단위) $PV = GRT$를 이용하여 구한다.

$$\therefore \rho = \frac{G}{V} = \frac{P}{RT}$$

$$= \frac{4 \times 10^4}{29.27 \times (273 + 15)} = 4.745 \text{ kg/m}^3$$

6. 수직충격파가 발생하면 압력, 온도, 밀도, 엔트로피가 증가하며 속도는 감소한다.(속도가 감소하므로 마하수는 감소한다)

7. 축류펌프에서 날개(깃) 수가 증가하면 유량이 일정하고 양정이 증가한다.

8. "전압(정체압) = 정압+동압"이고, 정체압 1250 cmAq = 12500 mmAq = 12500 kgf/m²이다.

$P_2 = P_1 + \dfrac{\gamma V^2}{2g}$ 에서 정압 P_1을 구하며, 물의 비중량(γ)은 1000 kgf/m³을 적용한다.

$$\therefore P_1 = P_2 - \frac{\gamma V^2}{2g}$$

$$= 12500 - \frac{1000 \times 4.9^2}{2 \times 9.8}$$

$$= 11275 \text{ mmAq} = 1127.5 \text{ cmAq}$$

9. ㉮ 물의 비중량(γ)은 1000 kgf/m³을 적용한다.
ㄴ 축동력 계산 : 유량의 단위는 'm³/s'를 적용한다.

$$\therefore \text{kW} = \frac{\gamma Q H}{102\eta} = \frac{1000 \times 0.15 \times 25}{102 \times 0.65 \times 60}$$

$$= 0.942 \text{ kW}$$

10. 비압축성 유체의 흐름 상태
㉮ 비압축성 유체이므로 a지점에서의 밀도와 b지점에서의 밀도는 같다.
ㄴ 연속의 방정식에 의해 a지점에서의 질량유량과 b지점에서의 질량유량은 같다.
ㄷ a지점에서의 평균속도가 b지점에서의 평

균속도보다 빠르다.
ㄹ a지점에서의 속도가 b지점보다 크므로 a지점에서의 질량플럭스(mass flux : 질량유동)가 b지점에서의 질량플럭스보다 크다.

11. 각 항목의 옳은 설명
① 동점성계수(ν)의 단위 및 차원 : m²/s = $L^2 T^{-1}$
③ 동점성계수의 단위에는 stokes가 있다.
   ※ 1 St(stokes) = 1 cm²/s = 10^{-4} m²/s
④ 상온에서의 공기의 점성계수는 물의 점성계수보다 작다.
참고 **점성계수(μ)의 단위 및 차원**
 ㉮ 공학단위 : kgf · s/m² = $FL^{-2}T$
 ㉯ 절대단위 : kg/m · s = $\dfrac{M}{LT}$

$$= ML^{-1}T^{-1}$$

 ㉰ 점성계수 단위 : poise = g/m · s

12. 단면이 일정한 배관에서 단열 마찰흐름은 비가역적이다.

13. ㉮ 액주계의 수은(Hg) 비중량(γ_2)은 13600 kgf/m³이고, 물의 비중량(γ_1)은 1000 kgf/m³을 적용한다.
 ㉯ A지점의 압력 계산 : $P_A - P_B$ = $(\gamma_2 - \gamma_1) \times h$에서 A지점의 압력 P_A를 구한다. 수은과 물의 비중량 차이에 액주 높이(h)의 곱은 'kgf/m²'이므로 'kgf/cm²'으로 변환해 주어야 하며, 변환할 때에는 1만으로 나눠준다.

$$\therefore P_A = \{(\gamma_2 - \gamma_1) \times h\} + P_B$$

$$= [\{(13600 - 1000) \times 0.8\} \times 10^{-4}]$$
$$+ 1.25$$

$$= 2.258 \text{ kgf/cm}^2$$

14. 난류유동에서의 전단응력은 일반적으로 층류유동보다 크다.

15. 유체의 흐름 용어

㉮ 유선 : 유체의 한 입자가 지나간 궤적을 표
시하는 선으로 임의 순간에 모든 점의 속도
와 방향이 일치하는 유동선이다.

㉯ 유관 : 여러 개의 유선으로 둘러싸인 한 개
의 관이다.

㉰ 유적선 : 유체입자가 일정한 기간 동안 움
직인 경로이다.

㉱ 유맥선 : 모든 유체입자가 공간 내의 한 점
을 지나는 순간 궤적이다.

16. 체적탄성계수 $E = -\dfrac{dP}{-\dfrac{dV}{V_1}}$ 에서 dP를 구하

며, $1\,\text{MPa}$은 $10^6\,\text{Pa}$이다.

$$\therefore\ dP = E \times \dfrac{dV}{V_1}$$

$$= (2 \times 10^9 \times 0.04) \times 10^{-6} = 80\,\text{MPa}$$

17. 정지하고 있던 압축성 유체가 등엔트로피 과
정(단열과정)으로 수축 – 확대 노즐을 지나는
경우이므로 노즐의 수축 부분에서는 아음속만
가능하고, 노즐의 목에서의 속도는 음속 이하
가 된다. 노즐의 출구에서는 초음속으로 흐르
므로 노즐의 확대 부분에서의 속도는 초음속
상태이다.

18. $h_L = K \dfrac{V^2}{2g} = 15 \times \dfrac{3^2}{2 \times 9.8}$

$\qquad = 6.887\,\text{mH}_2\text{O}$

19. ㉮ 물의 밀도(ρ)는 $1000\,\text{kg/m}^3$을 적용한다.

㉯ 항력 계산 : 유체의 유동방향에 수직인
평면에 투영한 면적(A)은 원의 단면적으
로 적용하고, 뉴턴(N)은 $\text{kg} \cdot \text{m/s}^2$이다.

$$\therefore\ D = C_D A \dfrac{\rho V^2}{2}$$

$$= 0.2 \times \left(\dfrac{\pi}{4} \times 0.2^2\right) \times \dfrac{1000 \times 2^2}{2}$$

$$= 12.566\,\text{kg} \cdot \text{m/s}^2 = 12.566\,\text{N}$$

20. ㉮ 연속의 방정식 $A_1 V_1 = A_2 V_2$에서 2지점
의 속도(V_2) 계산

$$\therefore\ V_2 = \dfrac{A_1 V_1}{A_2} = \dfrac{40 \times 2}{10} = 8\,\text{m/s}$$

㉯ 압력차이 계산 : SI단위 베르누이 방정식

$$Z_1 + \dfrac{P_1}{\rho} + \dfrac{V_1^2}{2} = Z_2 + \dfrac{P_2}{\rho} + \dfrac{V_2^2}{2}\ \text{에서}$$

$Z_1 = Z_2$이다.

$$\therefore\ \dfrac{P_1}{\rho} - \dfrac{P_2}{\rho} = \dfrac{V_2^2}{2} - \dfrac{V_1^2}{2}$$

$$\therefore\ \dfrac{P_1 - P_2}{\rho} = \dfrac{V_2^2 - V_1^2}{2}$$

$$\therefore\ P_1 - P_2 = \rho \times \dfrac{V_2^2 - V_1^2}{2}$$

$$= 1000 \times \dfrac{8^2 - 2^2}{2} = 30000\,\text{Pa}$$

$$= 30\,\text{kPa}$$

제 2 과목   연소공학

---

21. 분해연소 : 충분한 착화에너지를 주어 가열
분해에 의해 연소하며, 휘발분이 있는 고체
연료(종이, 석탄, 목재 등) 또는 증발이 일어
나기 어려운 액체연료(중유 등)가 이에 해당
된다.

22. ㉮ SI단위 이상기체 상태방정식 $PV = GRT$
에서 온도 T를 구하여 섭씨온도로 변환
한다.

$$\therefore\ T = \dfrac{PV}{GR} = \dfrac{287 \times 1}{2 \times 0.287}$$

$$= 500\text{K} - 273 = 227\text{℃}$$

㉯ 기체상수 R의 단위는 '$\text{kJ/kg} \cdot \text{K}$'로 변
환하여 적용한다.

23. **줄 – 톰슨(Joule–Thomson) 효과** : 압축가스 (실제기체)를 단열을 한 배관에서 단면적의 변화가 큰 곳을 통과시키면(단열교축팽창) 압력이 하강함과 동시에 온도가 하강하는 현상이다.

24. ㉮ 연소란 가연성 물질이 공기 중의 산소와 반응하여 빛과 열을 발생하는 화학반응을 말한다.

㉯ 환원염 : 수소(H_2)나 불완전 연소에 의한 일산화탄소(CO)를 함유한 것으로 화염이 청록색으로 빛난다.

25. 무연탄이 함유하고 있는 습분 7 %를 제외하면 무연탄은 93 %가 된다.

$\therefore H' = $ 발열량 × 성분비

$= 21 \times 0.93 = 19.53 \, \text{MJ/kg}$

26. $\Delta s = \dfrac{dQ}{T} = \dfrac{1260}{273 + 127} = 3.15 \, \text{kJ/kg} \cdot \text{K}$

27. ㉮ 수소(H_2)의 완전연소 반응식

$$H_2 + \frac{1}{2}O_2 \rightarrow H_2O + Q \, [\text{kcal/kmol}]$$

※ 수증기 생성열(Q) 57.8 kcal/mol가 수소가 완전연소하였을 때 발생되는 열량이다.

㉯ 수소 1 kg당 발생열량 계산 : 수증기 생성열 57.8 kcal/mol은 $57.8 \times 10^3 \, \text{kcal/kmol}$이고 수소 1 kmol은 2 kg이다.

$\therefore \text{H} = \dfrac{57.8 \times 10^3 \, \text{kcal/kmol}}{2 \, \text{kg/kmol}}$

$= 28900 \, \text{kcal/kg}$

28. ㉮ 혼합가스의 평균분자량 계산

$\therefore M = (28 \times 0.7) + (44 \times 0.15)$
$\qquad + (32 \times 0.11) + (28 \times 0.04)$
$\qquad = 30.84$

㉯ 정압비열 계산 : $C_p - C_v = R$에서 정압비열 C_p를 구한다.

$\therefore C_p = C_v + R = 0.7157 + \dfrac{8.314}{30.84}$

$\qquad = 0.9853 \, \text{kJ/kg} \cdot \text{K}$

㉰ 비열비(k) 계산

$\therefore k = \dfrac{C_p}{C_v} = \dfrac{0.9853}{0.7157} = 1.376 \fallingdotseq 1.38$

㉱ 최종 온도계산 : $\dfrac{T_2}{T_1} = \left(\dfrac{V_1}{V_2}\right)^{k-1}$ 에서 T_2를 구한다.

$\therefore T_2 = T_1 \times \left(\dfrac{V_1}{V_2}\right)^{k-1}$

$= (273 + 20) \times \left(\dfrac{0.2}{0.1}\right)^{1.38 - 1}$

$= 381.293 \, \text{K}$

29. 각 물질의 성질

명칭	비점	임계온도	임계압력
산소	−183℃	−118.4℃	50.1 atm
질소	−196℃	−147℃	33.5 atm
아세틸렌	84℃	36℃	61.6 atm
암모니아	−33.3℃	132.4℃	111.3 atm

30. ㉮ 혼합가스의 분자량은 각 성분 분자량에 체적비를 곱한 값을 합산한 것이고, 각 성분의 분자량은 CO_2 44, O_2 32, N_2 28이다.

㉯ 혼합가스 분자량(M) 계산

$\therefore M = (44 \times 0.131) + (32 \times 0.077)$
$\qquad + (28 \times 0.792)$
$\qquad = 30.404$

31. **열역학 제2법칙** : 열은 고온도의 물질로부터 저온도의 물질로 옮겨질 수 있지만, 그 자체는 저온도의 물질로부터 고온도의 물질로 옮겨갈 수 없다. 또 일이 열로 바뀌는 것은 쉽지만 반대로 열이 일로 바뀌는 것은 힘을 빌리지 않는 한 불가능한 일이다. 이와 같이 열역학 제2법칙은 에너지 변환의 방향성을 명시한 것으로 방향성의 법칙이라 한다.

※ 각 항목의 설명

① 열역학 제0법칙

② 열역학 제1법칙

④ 열역학 제3법칙

참고 **열역학 법칙**

㉮ 열역학 제0법칙 : 열평형의 법칙

㉯ 열역학 제1법칙 : 에너지보존의 법칙

㉰ 열역학 제2법칙 : 방향성의 법칙

㉱ 열역학 제3법칙 : 어떤 계 내에서 물체의 상태변화 없이 절대온도 0도에 이르게 할 수 없다.

32. ㉮ 공기 중 산소의 질량 비율 계산 : 공기 성분의 분자량은 질소가 28, 산소가 32이다.

∴ 산소의 질량 비율

$$= \frac{공기\ 중\ 산소의\ 질량}{공기의\ 질량} \times 100$$

$$= \frac{32 \times 0.21}{(28 \times 0.79) + (32 \times 0.21)} \times 100$$

$$= 23.3\ \%$$

㉯ 액체 공기 100 kg 중 산소의 질량 계산

∴ 산소질량 = 공기량 × 산소의 질량비

$$= 100 \times 0.233 = 23.3\ \mathrm{kg}$$

별해 공기 중 산소의 질량비는 23.2 %이다.

∴ 산소질량 = 공기량 × 산소의 질량비

$$= 100 \times 0.232 = 23.2\ \mathrm{kg}$$

33. **비등액체팽창증기폭발(BLEVE)** : 가연성 액체 저장탱크 주변에서 화재가 발생하여 기상부의 탱크가 국부적으로 가열되면 그 부분이 강도가 약해져 탱크가 파열된다. 이때 내부의 액화가스가 급격히 유출 팽창되어 화구(fire ball)를 형성하여 폭발하는 형태를 말한다.

34. ㉮ 혼합기체의 평균분자량 계산 : 성분가스의 고유 분자량에 체적비를 곱한 값을 합산하며, 각 성분의 고유 분자량은 이산화탄소(CO_2) 44, 산소(O_2) 32, 질소(N_2) 28이다.

∴ $M = (44 \times 0.131) + (32 \times 0.077)$
$\qquad + (28 \times 0.792)$
$\quad = 30.404$

㉯ 부피 계산 : 이상기체 상태방정식

$PV = \dfrac{W}{M} RT$에서 부피 V를 구한다.

∴ $V = \dfrac{WRT}{PM}$

$$= \frac{91.2 \times 0.082 \times (273 + 27)}{1 \times 30.4}$$

$$= 73.8\ \mathrm{L}$$

35. ㉮ 공기의 평균분자량은 29, 기체상수 $R = \dfrac{8.314}{29}$ kJ/kg·K를, 비열비(k)는 1.4를 적용한다.

㉯ 공기가 한 일 계산 : 밀폐계인 실린더 내에서 팽창하므로 절대일량으로 계산한다.

∴ $W_a = \dfrac{RT_1}{k-1} \left\{ 1 - \left(\dfrac{P_2}{P_1} \right)^{\frac{k-1}{k}} \right\}$

$$= \frac{\frac{8.314}{29} \times 600}{1.4 - 1} \times \left\{ 1 - \left(\frac{0.15}{0.5} \right)^{\frac{1.4-1}{1.4}} \right\}$$

$$= 125.168\ \mathrm{kJ}$$

별해 ㉮ SI단위 이상기체 상태방정식 $PV = GRT$에서 현재 조건의 공기 체적 V_1을 구한다.

∴ $V_1 = \dfrac{GRT}{P} = \dfrac{1 \times \frac{8.314}{29} \times 600}{0.5 \times 10^3}$

$$= 0.344\ \mathrm{m}^3$$

㉯ 일량 계산

∴ $W_a = \dfrac{P_1 V_1}{k-1} \left\{ 1 - \left(\dfrac{P_2}{P_1} \right)^{\frac{k-1}{k}} \right\}$

$$= \frac{(0.5 \times 10^3) \times 0.344}{1.4 - 1}$$

$$\times \left\{ 1 - \left(\frac{0.15}{0.5} \right)^{\frac{1.4-1}{1.4}} \right\}$$

$$= 125.158\ \mathrm{kJ}$$

36. ㉮ 이론공기량에 의한 메탄의 완전 연소반응식

$$CH_4 + 2O_2 + (N_2) \rightarrow CO_2 + 2H_2O + (N_2)$$

㉯ 질소의 분압 계산 : 배기가스 중 질소의 몰(mol)수는 산소 몰(mol)수의 3.76배이다.

$$\therefore P_{N_2} = \text{전압} \times \frac{\text{성분몰수}}{\text{전몰수}}$$

$$= 0.1 \times \frac{2 \times 3.76}{1 + 2 + (2 \times 3.76)}$$

$$= 0.07148\,MPa$$

37. ㉮ 프로판(C_3H_8)과 부탄(C_4H_{10})의 완전연소 반응식

$$C_3H_8 + 5O_2 \rightarrow 3CO_2 + 4H_2O : 90\,\%$$

$$C_4H_{10} + 6.5O_2 \rightarrow 4CO_2 + 5H_2O : 10\,\%$$

㉯ 이론산소량 계산 : 기체 연료 1 L당 필요한 산소량(L)은 연소반응식에서 산소의 몰수에 해당하는 양이고, 각 가스의 체적비에 해당하는 양만큼 필요하며, 혼합가스 전체량 4 L을 적용한다.

$$\therefore O_0 = \{(5 \times 0.9) + (6.5 \times 0.1)\} \times 4$$

$$= 20.6\,L$$

※ 문제에서 제시된 프로판과 부탄의 비율은 체적비로 적용한 것이다.

38. 전하의 생성을 방지하는 방법

㉮ 도전성 재료를 사용한다.

㉯ 접속과 접지(bonding and grounding)를 한다.

㉰ 침액 파이프(dip pipe)를 설치한다.

㉱ 정전기 전하를 제거하거나 전하의 생성을 방지하는 정전기 방지제를 사용한다.

39. 공기 중에서 프로판(C_3H_8)의 폭발범위는 2.2 ~9.5 %(또는 2.1~9.4 %, 2.1~9.5 %)이다.

40. 가역 단열과정에서는 엔트로피 변화는 없는 등엔트로피 과정이고, 비가역 단열과정에서는 엔트로피가 증가한다.

제 3 과목   가스설비

41. 피크 시 평균가스 소비량(kg/h)

= 1일 1호당 평균가스 소비량×호수×피크 시 평균가스 소비율

= 1.44×50×0.17 = 12.24 kg/h

※ 평균가스 소비율(%) 때문에 1일 소비량(kg/day) 단위에서 피크 시 소비량(kg/h)의 단위가 시간당으로 변경되는 것입니다. 즉, 1일 24시간 중 소비율에 해당하는 시간만큼 가스를 사용하는 것입니다.

42. 2단 감압식 조정기의 특징

(1) 장점

㉮ 입상배관에 의한 압력손실을 보정할 수 있다.

㉯ 가스 배관이 길어도 공급압력이 안정된다.

㉰ 각 연소기구에 알맞은 압력으로 공급이 가능하다.

㉱ 중간 배관의 지름이 작아도 된다.

(2) 단점

㉮ 설비가 복잡하고, 검사방법이 복잡하다.

㉯ 조정기 수가 많아서 점검 부분이 많다.

㉰ 부탄의 경우 재액화의 우려가 있다.

㉱ 시설의 압력이 높아서 이음방식에 주의하여야 한다.

43. 충전구의 나사형식

㉮ 가연성가스 : 왼나사(단, 암모니아, 브롬화메탄은 오른나사)

㉯ 가연성 이외의 가스 : 오른나사

※ 에틸렌은 가연성가스이기 때문에 왼나사이다.

44. 저온 단열법의 종류

㉮ 상압 단열법 : 일반적으로 사용되는 단열법

으로 단열공간에 분말, 섬유 등의 단열재를 충전하는 방법
- ④ 진공 단열법 : 고진공 단열법, 분말진공 단열법, 다층 진공 단열법

45. 각 가스의 제조방법

- ㉮ 프레온 : 염소화탄화수소(CCl_4)를 할로겐화 안티몬($SbCl_5$)을 촉매로 무수불화수소(HF)와 반응시켜 제조하는 방법 및 아세틸렌과 불화수소(HF)에서 디플로에탄을 합성하여 염소 처리하여 얻는다.
- ㉯ 메탄올(CH_3OH) : 일산화탄소(CO)와 수소(H_2)를 반응시켜 제조한다.
- ㉰ 암모니아(NH_3) : 고온, 고압하에서 수소(H_2)와 질소(N_2)를 반응시켜 제조한다.

46.
배관재료에 구리 및 구리합금을 사용할 때 암모니아는 부식의 우려가 있기 때문에, 아세틸렌은 화합폭발의 우려가 있어 사용을 제한하고 있다.

47. 전기방식 시설의 유지관리 점검주기 : KGS GC202

- ㉮ 관대지전위(管對地電位) : 1년에 1회 이상
- ㉯ 외부 전원법 전기방식시설 : 3개월에 1회 이상
- ㉰ 배류법 전기방식시설 : 3개월에 1회 이상
- ㉱ 절연부속품, 역전류 방지장치, 결선(bond), 보호절연체의 효과 : 6개월에 1회 이상

48.
㉮ 가스용 폴리에틸렌관(PE배관)의 SDR값 계산

$$\therefore SDR = \frac{외경}{최소두께} = \frac{60}{4} = 15$$

㉯ SDR값에 따른 압력 범위

SDR	압력 범위
11 이하	0.4 MPa 이하
17 이하	0.25 MPa 이하
21 이하	0.2 MPa 이하

$\therefore$ 이 배관은 0.25 MPa 이하에 사용할 수 있다.

49.
㉮ 비교회전도(비속도) : 원심펌프에서 토출량이 $1\,m^3/min$, 양정이 1 m가 발생하도록 설계한 경우의 판상 임펠러의 매분 회전수이다.

㉯ 비교회전도 계산식

$$N_s = \frac{N \times \sqrt{Q}}{\left(\frac{H}{Z}\right)^{\frac{3}{4}}} = N \times Q^{\frac{1}{2}} \times \left(\frac{H}{Z}\right)^{-\frac{3}{4}}$$

여기서, N_s : 비교회전수($rpm \cdot m^3/min \cdot m$)

N : 임펠러 회전수(rpm)

Q : 유량(m^3/min)

H : 전양정(m)

Z : 단수

50. 원심펌프의 상사법칙

㉮ 유량 $Q_2 = Q_1 \times \left(\frac{N_2}{N_1}\right)$

$\therefore$ 유량은 회전수 변화에 비례한다.

㉯ 양정 $H_2 = H_1 \times \left(\frac{N_2}{N_1}\right)^2$

$\therefore$ 양정은 회전수 변화의 2승에 비례한다.

㉰ 동력 $L_2 = L_1 \times \left(\frac{N_2}{N_1}\right)^3$

$\therefore$ 동력은 회전수 변화의 3승에 비례한다.

51. 배관용 강관의 기호 및 명칭

KS 기호	배관 명칭
SPP	배관용 탄소강관
SPPS	압력배관용 탄소강관
SPPH	고압배관용 탄소강관
SPHT	고온배관용 탄소강관
SPLT	저온배관용 탄소강관
SPW	배관용 아크용접 탄소강관
SPA	배관용 합금강관
STS×T	배관용 스테인리스강관
SPPG	연료가스 배관용 탄소강관

52. 공기액화 분리장치의 불순물

㉮ 탄산가스(CO_2), 수분 : 탄산가스(이산화탄소, CO_2)는 드라이아이스(고체탄산)가 되고, 수분은 얼음이 되어 밸브 및 배관을 폐쇄하므로 제거하여야 한다.

㉯ 아세틸렌(C_2H_2) : 응고되어 이동하다가 구리 등과 접촉하여 동 아세틸드가 생성되고 액체 산소 중에서 폭발할 가능성이 있어 제거되어야 한다.

※ 질소(N_2)는 공기액화 분리장치에서 제조하는 물질이다.

53. 용기에 의한 액화석유가스 사용시설 기준(KGS FU431)의 계량기 설치 기준을 적용받는 가스계량기 용량은 30 m^3/h 미만이다.

54. 안전증 방폭구조(e) : 정상운전 중에 가연성가스의 점화원이 될 전기불꽃, 아크 또는 고온부분 등의 발생을 방지하기 위하여 기계적, 전기적 구조상 또는 온도상승에 대하여 특히 안전도를 증가시킨 구조이다.

55. LNG 저장탱크에서 사용되는 잠액식 펌프의 윤활 및 냉각은 LNG 자체를 이용한다.

56. 기화장치의 형식

㉮ 구조에 따른 분류 : 다관식, 코일식, 캐비닛식

㉯ 가열방식에 따른 분류 : 전열식 온수형, 전열식 고체전열형, 온수식, 스팀식 직접형, 스팀식 간접형

57. ㉮ 충전된 조건에서의 프로판의 비용적(비체적) 계산 : 비용적은 단위 질량(m)에 대한 체적(V)이다.

$$\therefore v = \frac{V}{m} = \frac{120}{50} = 2.4 \text{ L/kg}$$

㉯ 주어진 선도의 종축(세로축)에서 프로판의

비용적 '2.4'를 선택한 후 수평으로 이동하여 그래프와 교차되는 점에서 온도를 찾으면 약 67℃ 정도가 된다.

58. 이산화황(SO_2)은 불연성가스이므로 폭발을 일으키지 않는다.

59. 찜질방 가열로실의 구조

㉮ 가열로실은 불연재료를 사용하여 설치하며 가열로실과 찜질실은 불연재료의 벽 등으로 구분하여 설치하고, 가열로실과 찜질실 사이의 출입문은 금속재로 설치한다.

㉯ 가열로의 배기통 재료는 스테인리스강 또는 배기가스 및 응축수에 내열·내식성이 있는 것으로 한다.

㉰ 가열로의 배기통은 금속 이외의 불연성재료로 단열조치를 한다.

㉱ 가열로의 배기통 끝에는 배기통톱을 설치하되, 배기통에는 댐퍼를 설치하지 아니한다.

㉲ 가열로의 배기구와 배기통의 접속부는 스테인리스밴드 등으로 견고하게 설치하고, 각 접속부 등에는 내열실리콘 등(석고붕대 제외)으로 마감조치를 하여 기밀이 유지되게 한다.

㉳ 가열로실에는 급·환기시설을 갖춘다.

㉠ 가열로의 연소에 필요한 공기를 공급할 수 있는 급기구(또는 급기시설) 및 환기구(또는 환기시설)를 설치한다.

㉡ 급기구의 유효단면적은 배기통의 단면적 이상으로 한다.

㉢ 환기구는 상시개방구조로서 급기구와 별도로 설치하고 환기구의 전체 유효단면적은 가스소비량 0.085 kg/h 당 10 cm^2(지하실 또는 반지하실의 경우에는 가스소비량 0.085 kg/h 당 3 m^3/h 이상의 통풍능력를 갖는 강제통풍설비) 이상으로 하고, 2방향(강제통풍설비의 경우 제외) 이상으로 분산하여 설치한다.

60. 원심펌프의 운전 특성

㉮ 직렬 운전 : 양정 증가, 유량 일정

㉯ 병렬 운전 : 유량 증가, 양정 일정

제 4 과목   가스안전관리

---

61. ㉮ LPG 저장탱크 간의 유지거리 : 두 저장탱크의 최대지름을 합산한 길이의 $\frac{1}{4}$ 이상에 해당하는 거리를 유지하고, 두 저장탱크의 최대지름을 합산한 길이의 $\frac{1}{4}$ 의 길이가 1 m 미만인 경우에는 1 m 이상의 거리를 유지한다. 다만, LPG 저장탱크에 물분무 장치가 설치되었을 경우에는 저장탱크간의 이격거리를 유지하지 않아도 된다.

㉯ 유지거리 계산

$$\therefore L = \frac{D_1 + D_2}{4} = \frac{5 + 7}{4} = 3 \text{ m}$$

62. 냉동기 설비의 시험압력 : KGS AA111

㉮ 기밀시험압력 : 설계압력 이상의 압력으로 공기 또는 불연성가스(산소 및 독성가스를 제외)로 한다.

㉯ 내압시험압력 : 설계압력의 1.3배(공기, 질소 등의 기체를 사용하는 경우에는 1.1배) 이상의 압력

63. 기밀검사 기준 : KGS AC211

㉮ 용기의 기밀검사는 내압시험에 적합한 용기의 전수에 대해 기밀시험 압력 이상으로 압력을 가해 실시한다.

㉯ 내용적 125 L 미만 액화석유가스용기 : 공기·질소 등의 불활성가스를 사용하여 기밀시험압력 이상의 압력을 가하고 가스 누출 여부를 확인한다. 이 경우 누출 유무의 확인은 용기 1개에 1분(내용적 50 L 미만의

용기는 30초) 이상 실시한다.

㉰ 그 밖의 용기 : 공기·질소 등의 불활성가스를 사용하여 기밀시험압력 이상의 압력을 1분 이상 가하고 발포액 등을 도포하거나 또는 용기를 수조에 담가 누출이 없는가를 확인한다. 또한 저온용기에는 외통(外筒)과 그 밖에 부속품을 부착하기 전에 실시한다.

㉱ 판정 기준 : 기밀시험을 실시한 결과 누출이 없는 것을 적합으로 한다.

64. 부취제 주입작업 기준(KGS FP331) : ②, ③, ④ 외

㉮ 정전 시에도 주입설비가 정상작동될 수 있도록 조치한다.

㉯ 부취제가 누출될 수 있는 주변에 중화제 및 소화기 등을 구비하여 부취제 누출 시 곧바로 중화 및 소화작업을 한다.

65. 고압가스 설비에 설치된 안전밸브 작동압력은 내압시험압력(TP)의 10분의 8 이하에서 작동하여야 하며, 내압시험압력은 상용압력의 1.5배이다.

∴ 안전밸브 작동압력

$$= TP \times \frac{8}{10}$$

$$= (\text{상용압력} \times 1.5) \times \frac{8}{10}$$

$$= (40.0 \times 1.5) \times \frac{8}{10} = 48 \text{ MPa}$$

66. 혼합적재 금지 기준 : KGS GC206

㉮ 염소와 아세틸렌, 암모니아, 수소는 동일차량에 적재하여 운반하지 않는다.

㉯ 가연성가스와 산소를 동일차량에 적재하여 운반하는 때에는 그 충전용기의 밸브가 서로 마주보지 아니하도록 적재한다.

㉰ 충전용기와 위험물 안전관리법에 따른 위험물과는 동일차량에 적재하여 운반하지 않는다.

㉣ 독성가스 중 가연성가스와 조연성가스는 동일차량 적재함에 운반하지 않는다.

67. 냉동기의 제품성능의 기준 : KGS AA111

㉮ 진동방지성능 : 진동에 의하여 냉매가스가 누출할 우려가 있는 부분에 대하여는 주름관을 사용하는 등 방진조치를 한다.

㉯ 파손방지성능 : 냉매설비의 돌출부 등 충격에 의하여 쉽게 파손되어 냉매가스가 누출될 우려가 있는 부분에 대하여는 적절한 방호조치를 한다.

㉰ 부식방지성능 : 냉매설비의 외면의 부식에 의하여 냉매가스가 누출될 우려가 있는 부분에 대하여는 부식방지조치를 한다.

68. 도시가스의 정의(도법 제2조) : 천연가스(액화한 것을 포함), 배관을 통하여 공급되는 석유가스, 나프타부생가스, 바이오가스 또는 합성천연가스로서 대통령령으로 정하는 것을 말한다.

69. 저장탱크에 안전공간을 확보하여 온도상승으로 인한 액체팽창을 흡수하고, 기체가 체류할 수 있는 공간을 확보하여 탱크의 파열을 방지한다.

70. 정압기 기준 : KGS FP552

㉮ 정압기의 분해점검 및 고장에 대비하여 예비 정압기를 설치하고, 이상압력 발생 시에는 자동으로 기능이 전환되는 구조로 한다. 다만, 단독사용자에게 가스를 공급하는 경우에는 예비 정압기를 설치하지 않을 수 있다.

㉯ 정압기 분해점검 : 정압기는 2년에 1회 이상 분해점검을 실시하고, 필터는 가스공급개시 후 1월 이내 및 가스공급개시 후 매년 1회 이상 분해점검을 실시하고 1주일에 1회 이상 작동상황을 점검한다.

㉰ 수분 및 불순물 제거장치 설치 : 정압기에 설치하는 수분 및 불순물 제거장치는 정압기의 입구에 설치한다. 다만, 단독사용자에게 가스를 공급하는 정압기의 경우 다른 정압기에 의하여 수분 및 불순물이 충분히 제거되는 경우에는 이를 생략할 수 있다.

㉱ 과압안전장치 설치 : 정압기 출구 배관의 이상압력상승을 방지하기 위하여 적합한 안전장치의 작동순서·작동압력 및 안전밸브 분출면적 등은 기준에 따른다. 다만, 단독사용자에게 가스를 공급하는 정압기의 경우에는 이 기준을 따르지 않을 수 있다.

71. 고압차단장치 구조 기준 : KGS FP113

㉮ 설정압력이 눈으로 판별할 수 있는 것으로 한다.

㉯ 설정압력 정밀도

설정압력의 범위	설정압력의 정밀도
2.0 MPa 이상	−10 % 이내
1.0 MPa 이상 2.0 MPa 미만	−12 % 이내
1.0 MPa 미만	−15 % 이내

[비고] 위의 수치는 압력 설정치가 고정된 고압차단장치일 때 그 설정압력을 기준으로 하고, 가변형의 것은 해당 고압차단장치의 압력눈금판에 설정용 지침을 합치시켰을 때 표시된 압력을 설정압력으로 한다.

㉰ 고압차단장치는 원칙적으로 수동복귀방식으로 한다. 다만, 가연성가스와 독성가스 이외의 가스를 냉매로 하는 유닛식의 냉매설비로서 운전 및 정지가 자동적으로 되어도 위험이 생길 우려가 없는 구조의 것은 그러하지 아니하다.

㉱ 고압차단장치는 냉매설비 고압부의 압력을 바르게 검지할 수 있고 압력계를 부착하는 경우에는 양자가 검지하는 압력과의 차압을 최소한 적게 되도록 부착한다.

참고 **고압차단장치의 역할** : 압력이 상용압력을 초과할 때 압축기의 운전을 정지시키는 역할을 한다.

72. 과류차단성능 : KGS AA313

㉮ 과류차단기구의 작동성능은 압축공기를 사용하여 기준에 적합한 것으로 한다.

㉯ 과류차단기구가 작동하는 공기 유량(온도 20℃, 1기압에서의 수치. 이하 같다)의 범위는 다음과 같다.

㉠ 용기 내의 압력이 0.1 MPa일 때 : 2 m³/h 이상 2.7 m³/h 이하

㉡ 용기 내의 압력이 1 MPa일 때 : 4.3 m³/h 이상 6.3 m³/h 이하

㉰ 용기 전도 시 과류차단기구가 작동하는 공기유량

㉠ 용기 내의 압력이 0.1 MPa일 때 : 2.7 m³/h 이하

㉡ 용기 내의 압력이 1 MPa일 때 : 6.3 m³/h 이하

㉱ 과류차단기구가 작동한 후의 공기 누출량은 용기 내 압력이 0.07 MPa 이상 1.5 MPa 이하의 범위 내에서 5 L/h 이하인 것으로 한다.

참고 **과류차단형 및 차단기능형 용기밸브**

㉮ 과류차단형 액화석유가스용 용기밸브 : 내용적 30 L 이상 50 L 이하의 액화석유가스용기에 부착되는 것으로서, 규정량 이상의 가스가 흐르는 경우 가스공급을 자동적으로 차단하는 과류차단기구를 내장한 용기밸브이다.

㉯ 차단기능형 액화석유가스용 용기밸브 : 내용적 30 L 이상 50 L 이하의 액화석유가스용기에 부착되는 것으로서, 가스충전구에서 압력조정기의 체결을 해제할 경우 가스공급을 자동적으로 차단하는 차단기구가 충전구에 내장된 용기밸브이다.

73. 2023년 가스사고 원인별 구성비 : 한국가스안전공사 자료

구분	발생건수	구성비(%)
사용자 취급 부주의	25	27.2
공급자 취급 부주의	14	15.2
타 공사	6	6.5
시설미비	18	19.6
제품노후(고장)	16	17.4
교통사고	2	2.2
기타	11	12.0
계	92	100

74. 불소(F_2)의 특징

㉮ 조연성, 독성가스(TLV-TWA 0.1 ppm, LC50 185 ppm · 1 h · Rat)이다.

㉯ 연한 황색의 기체이며 심한 자극성이 있다.

㉰ 형석(CaF_2), 빙정석(Na_3AlF_6) 등으로 자연계에 존재한다.

㉱ 화합력이 매우 강하여 모든 원소와 결합한다.(가장 강한 산화제이다)

㉲ 물과 반응하여 불화수소(HF)가 생성된다.
$$2F_2 + 2H_2O \longrightarrow 4HF + O_2$$

㉳ 수소와는 차고 어두운 곳에서도 활발하게 발화하고, 폭발적으로 반응한다.

㉴ 황(S)이나 인(P)과는 액체 공기의 저온에서도 심하게 반응한다.

㉵ 고체 불소와 액체 수소와는 −252℃의 저온에서도 반응한다.

75. 재료의 절단 · 성형 및 다듬질 가공 기준 : KGS AC111

㉮ 재료의 절단 · 성형 그 밖의 가공(용접을 제외한다)은 가공 후 재료의 표면에 사용상 지장이 있는 상처 · 타격 흠 · 부식 등의 결함이 없는 것으로 한다.

㉯ 동판 또는 경판에 사용하는 판은 재료의 기계적 성질을 손상되지 않도록 성형하고,

각부의 두께가 설계두께 이하가 되지 않도록 성형한다.
ⓒ 경판의 성형 공차는 동판과의 접속부 안지름의 1.25 % 이하로 한다.
ⓓ 두께 8 mm 이상의 판에 구멍을 뚫은 경우에는 펀칭가공으로 하지 않는다.
ⓔ 두께 8 mm 미만의 판에 펀칭가공으로 구멍을 뚫은 경우에는 그 가장자리를 1.5 mm 이상 깎아낸다.
ⓕ 가스로 구멍을 뚫은 경우에는 그 가장자리를 3 mm 이상 깎아낸다. 다만, 뚫은 자리를 용접하는 경우에는 그러하지 않는다.
ⓖ 관 구멍은 관의 양면에 날카로운 테두리가 없도록 양면을 모따기 한다.
ⓗ 관 구멍은 확관으로 넓히지 않는다. 다만, 관판의 두께가 확관하기에 충분할 경우에는 그러하지 않다.
ⓘ 합금강 및 경화성이 있는 재료를 가스열 · 아크열 등으로 용단한 경우에는 필요에 따라 변질부 및 경화된 부분을 제거한다.
ⓙ 가스로 절단한 판의 단면은 필요에 따라 그라인더로 다듬질한다.
ⓚ 노즐, 맨홀 등의 설치부 중 현저히 큰 응력이 생긴 부분에는 그 설치부 판 두께의 4분의 1 또는 3 mm 중에서 작은 값 이상의 반경으로 둥글게 하거나 45도의 각도로 2 mm 이상의 모따기를 한다.

76. $W = \dfrac{V}{C} = \dfrac{59}{2.35} = 25.106 \, \text{kg}$

77. 도시가스 배관을 지하에 매설하는 경우 배관은 그 외면으로부터 지하의 다른 시설물과 0.3 m 이상의 거리를 유지한다.

78. **고압가스 기화장치의 성능** : KGS AA911
ⓐ 과열방지 성능 : 온수가열방식은 그 온수의 온도가 80℃ 이하이고, 증기가열방식은 그 증기의 온도가 120℃ 이하로 한다.
ⓑ 안전장치 작동 성능 : 안전장치는 최고 허용압력 이하의 압력에서 작동하는 것으로 한다.
ⓒ 내압 성능 : 내압시험은 물을 사용하는 것을 원칙으로 하고, 설계압력의 1.3배 이상의 압력으로 내압시험을 실시하였을 때 각 부분에 누수, 변형, 이상 팽창이 없는 것으로 한다. 다만, 질소 또는 공기 등의 불활성 기체를 사용하여 설계압력의 1.1배의 압력으로 실시할 수 있다.
ⓓ 기밀 성능 : 기밀시험은 공기 또는 불활성 가스를 사용하여 설계압력 이상의 압력으로 실시하여 각 부분에 가스의 누출이 없는 것으로 한다.

79. **재료 기준(KGS AC113)** : 탱크의 재료에는 KS D 3521(압력용기용 강판), KS D 3541(저온 압력용기용 탄소 강판), 스테인리스강 또는 이와 동등 이상의 화학적 성분, 기계적 성질 및 가공성 등을 갖는 재료를 사용한다. 다만, 용접을 하는 부분의 탄소강은 탄소함유량이 0.35 % 미만인 것으로 한다.

80. **내압시험방법 중 팽창측정시험** : 내압시험압력을 가하여 용기가 완전히 팽창한 후 30초 이상 그 압력을 유지하여 누출 및 이상 팽창이 없는가를 확인한다.

제 5 과목 가스계측

81. **기본단위의 종류**

기본량	길이	질량	시간	전류	물질량	온도	광도
기본단위	m	kg	s	A	mol	K	cd

82. **피드백(feed back)** : 폐[閉]회로(loop)를 형성하여 제어량의 크기와 목표값을 비교하여 그 값이 일치하도록 출력측의 신호를 입력측으로 되돌림 신호(피드백 신호)를 보내어 수정동작을 하는 방법으로 이것을 이용한 자동제어 방식이 피드백 제어이다.

83. **다이어프램식 압력계 특징**

㉮ 응답속도가 빠르나 온도의 영향을 받는다.

㉯ 극히 미세한 압력 측정에 적당하다.

㉰ 부식성 유체의 측정이 가능하다.

㉱ 압력계가 파손되어도 위험이 적다.

㉲ 연소로의 통풍계(draft gauge)로 사용한다.

㉳ 측정범위는 20~5000 mmH₂O이다.

84. ㉮ 보일-샤를의 법칙 $\dfrac{P_0 V_0}{T_0} = \dfrac{P_1 V_1}{T_1}$ 을 이용하여 20℃, 750 mmHg 상태의 기체 연료 5 L를 표준상태(0℃, 1기압)의 체적(V_0)으로 보정한다.

$$\therefore V_0 = \frac{P_1 V_1 T_0}{P_0 T_1}$$

$$= \frac{750 \times 5 \times (273+0)}{760 \times (273+20)}$$

$$= 4.597 \fallingdotseq 4.6 \text{ L}$$

$$= 0.0046 \text{ Nm}^3$$

㉯ 상승온도(Δt) 계산 : 유수형 열량계의 발열량을 구하는 식

$H_h = \dfrac{\text{냉각수량} \times \text{냉각수 비열} \times \Delta t}{\text{시료량}}$ 에서 상승온도 Δt를 구한다. 냉각수량 2500 g은 2.5 kg이고, 냉각수 비열은 언급이 없으므로 1 kcal/kg·℃을 적용한다.

$$\therefore \Delta t = \frac{H_h \times \text{시료량}}{\text{냉각수량} \times \text{냉각수 비열}}$$

$$= \frac{6550 \times 0.0046}{2.5 \times 1}$$

$$= 12.052 ℃$$

85. **오르사트법 가스분석 순서 및 흡수제**

순서	분석가스	흡수제
1	CO₂	KOH 30 % 수용액
2	O₂	알칼리성 피로갈롤용액
3	CO	암모니아성 염화 제1구리 용액

86. **뱅뱅** : 제어량이 목표값을 중심으로 일정한 폭의 상하 진동을 하게 되는 현상으로 온-오프 동작(2위치 동작)에서 발생한다.

87. $R = \dfrac{\sqrt{N}}{4} \times \dfrac{k}{k+1} \times \dfrac{\alpha-1}{\alpha}$ 이다.

$$\frac{R_2}{R_1} = \frac{\dfrac{\sqrt{N_2}}{4} \times \dfrac{k_2}{k_2+1} \times \dfrac{\alpha_2-1}{\alpha_2}}{\dfrac{\sqrt{N_1}}{4} \times \dfrac{k_1}{k_1+1} \times \dfrac{\alpha_1-1}{\alpha_1}} \text{ 에서}$$

$k_1 = k_2$, $\alpha_1 = \alpha_2$ 이므로

$$\frac{R_2}{R_1} = \frac{\sqrt{N_2}}{\sqrt{N_1}} \text{ 이다.}$$

$$\therefore N_2 = \frac{R_2^2 \times N_1}{R_1^2} = \frac{2^2 \times 1}{1^2} = 4$$

∴ 분리도(R)를 2배로 증가시키기 위해서는 컬럼의 단수(N)를 4배 증가시킨다.

88. **서미스터 온도계 특징**

㉮ 감도가 크고 응답성이 빨라 온도변화가 작은 부분 측정에 적합하다.

㉯ 온도 상승에 따라 저항치가 감소한다.(저항온도계수가 부특성(負特性)이다)

㉰ 소형으로 협소한 장소의 측정에 유리하다.

㉱ 소자의 균일성 및 재현성이 없다.

㉲ 흡습에 의한 열화가 발생할 수 있다.

㉳ 측정범위는 -100~300℃ 정도이다.

89. 감도유량 : 가스미터가 작동하는 최소유량

㉮ 가정용 막식 가스미터 : 3 L/h 이하

㉯ LPG용 가스미터 : 15 L/h 이하

90. 연당지 제조법 및 검지가스

㉮ 제조법 : 초산납(초산연[鉛]) 10 g을 물 90 mL로 용해하여 만든다.

㉯ 검지가스 : 황화수소(H_2S)가 검지되면 회흑색으로 변색된다.

91. 액면계의 구분

㉮ 직접식 : 직관식, 플로트식(부자식), 검척식

㉯ 간접식 : 압력식, 초음파식, 저항전극식, 정전용량식, 방사선식, 차압식, 다이어프램식, 편위식, 기포식, 슬립 튜브식 등

92. 바이메탈 온도계의 특징

㉮ 유리온도계보다 견고하다.

㉯ 구조가 간단하고, 보수가 용이하다.

㉲ 온도 변화에 대한 응답이 늦다.

㉣ 히스테리시스(hysteresis) 오차가 발생되기 쉽다.

㉤ 온도조절 스위치나 자동기록 장치에 사용된다.

㉥ 작용하는 힘이 크다.

㉦ 측정범위는 -50~500℃이다.

93. 모발습도계의 특징

㉮ 구조가 간단하고 취급이 쉽다.

㉯ 추운 지역에서 사용하기 편리하다.

㉲ 재현성이 좋다.

㉣ 상대습도가 바로 나타난다.

㉤ 히스테리시스 오차가 있다.

㉥ 시도가 틀리기 쉽다.

㉦ 정도가 좋지 않다.

㉧ 모발의 유효 작용기간이 2년 정도이다.

94. 검지관의 검지한도 및 측정농도범위

측정가스	측정농도(vol%)	검지한도(ppm)
아세틸렌	0~0.3	10
수소	0~1.5	250
프로판	0~5.0	100
산소	0~30	1000

95. ㉮ 액화석유가스의 밀도 0.5 g/cm^{3}은 0.5 $\times 10^3$ kg/m^{3}이다.

㉯ 바닥에서 받는 압력 계산 : 파스칼(Pa)은 N/m^{2}이고 뉴턴(N)은 kg·m/s^{2}이며, 1 kPa은 1000 Pa이다.

$$\therefore P = \gamma \times h = (\rho \times g) \times h$$
$$= (0.5 \times 10^3 \times 9.8) \times 2.0$$
$$= 9800 \text{ N/m}^2 = 9800 \text{ Pa} = 9.80 \text{ kPa}$$

96. 차압 60 mmH$_2$O는 60 kgf/m^{2}과 같다.

$$\therefore V = C\sqrt{2g\frac{\Delta P}{\gamma}} = 1 \times \sqrt{2 \times 9.8 \times \frac{60}{1.2}}$$
$$= 31.304 \text{ m/s}$$

97. 서모스탯(thermostat) 검지기 : 가스와 공기의 열전도가 다른 것을 측정원리로 한 것으로 전기적으로 자기가열한 서모스탯에 측정하고자 하는 가스를 접촉시키면 기체의 열전도에 의해서 서모스탯으로부터 단위시간에 잃게 되는 열량은 가스의 종류 및 농도에 따라서 변화한다. 따라서 가열전류를 일정하게 유지하면 가스 중에 방열에 의한 서모스탯의 온도변화는 전기저항의 변화로서 측정할 수 있고 이것을 브릿지회로에 조립하면 전위차가 생기면서 전류가 흘러 가스의 농도를 측정할 수 있다.

98. 가스검지기의 경보방식

㉮ 즉시 경보형 : 가스농도가 설정치에 도달하면 즉시 경보를 울리는 형식

㉯ 지연 경보형 : 가스농도가 설정치에 도달한 후 그 농도 이상으로 계속해서 20~60초 정도 지속되는 경우에 경보를 울리는 형식
㉰ 반시한 경보형 : 가스농도가 설정치에 도달한 후 그 농도 이상으로 계속해서 지속되는 경우에 가스농도가 높을수록 경보지연 시간을 짧게 한 형식

99. **탄성식 압력계의 종류** : 부르동관식, 다이어프램식, 벨로스식, 캡슐식

100. ㉮ 저압배관의 유량식 $Q = K\sqrt{\frac{D^5 \cdot H}{S \cdot L}}$ 에서 공기를 1, 프로판을 2로 구분하여 비례식을 쓰면 다음과 같다.

$$\therefore \frac{Q_2}{Q_1} = \frac{\left(K_2\sqrt{\frac{D_2^5 \cdot H_2}{S_2 \cdot L_2}}\right)}{\left(K_1\sqrt{\frac{D_1^5 \cdot H_1}{S_1 \cdot L_1}}\right)}$$

에서 동일한 시설이기 때문에 유량계수(K), 안지름(D), 압력손실(H), 배관길이(L)은 변함이 없으므로 삭제한 후 다시 정리하면

$$\frac{Q_2}{Q_1} = \frac{\frac{1}{\sqrt{S_2}}}{\frac{1}{\sqrt{S_1}}}$$

이고, 여기서 프로판이 통과할 때 유량 Q_2를 구한다.

㉯ 질량 유량 계산 : 체적유량(m^3/h)에 밀도(kg/m^3)를 곱하면 질량유량(kg/h)으로 변환된다.

$$\therefore Q_2 = \left(\frac{\frac{1}{\sqrt{S_2}}}{\frac{1}{\sqrt{S_1}}} \times Q_1\right)[m^3/h] \times \rho[kg/m^3]$$

$$= \left(\frac{\frac{1}{\sqrt{1.52}}}{\frac{1}{\sqrt{1}}} \times 300\right) \times 1.86$$

$$= 452.597\,kg/h$$

◈ 실전문제에 수록된 문제 중 CBT 필기시험을 치른 수험자의 기억에 의존하여 복원한 문제 일부가 포함되어 있습니다.
◈ [CBT 실전문제 정답 및 해설]은 저자가 운영하는 카페에서 PDF로 다운로드하여 활용할 수 있습니다.
※ 저자 카페 : 가・에・위・공 자격증을 공부하는 모임(cafe.naver.com/gas21)

가스산업기사

- 과년도 출제 문제
- CBT 실전문제

2019년도 시행 문제

Recent Test

제 1 과목   연소공학

1. $(CO_2)max$는 어느 때의 값인가?

㉮ 실제 공기량으로 연소시켰을 때

㉯ 이론 공기량으로 연소시켰을 때

㉰ 과잉 공기량으로 연소시켰을 때

㉱ 부족 공기량으로 연소시켰을 때

[해설] • 이론 공기량으로 연소할 때 연소 가스량이 최소가 되므로 연소 가스 중 CO_2의 함유율은 최대가 된다.

[참고] • 배기가스 조성(%)으로부터 $(CO_2)max$ 계산

① 완전연소 시

$$CO_2 max = \frac{21\,CO_2}{21 - O_2} = m \cdot CO_2$$

② 불완전연소 시

$$CO_2 max = \frac{21\,(CO_2 + CO)}{21 - O_2 + 0.395\,CO}$$

2. 배관 내 혼합가스의 한 점에서 착화되었을 때 연소파가 일정거리를 진행한 후 급격히 화염 전파속도가 증가되어 1000~3500 m/s에 도달하는 경우가 있다. 이와 같은 현상을 무엇이라 하는가?

㉮ 폭발(explosion) ㉯ 폭굉(detonation)

㉰ 충격(shock) ㉱ 연소(combustion)

[해설] • 폭굉 : 가스 중의 음속보다도 화염 전파 속도가 큰 경우로서 파면선단에 충격파라고 하는 압력파가 생겨 격렬한 파괴작용을 일으키는 현상

3. 폭굉을 일으킬 수 있는 기체가 파이프 내에 있을 때 폭굉 방지 및 방호에 대한 설명으로 틀린 것은?

㉮ 파이프 라인에 오리피스 같은 장애물이 없도록 한다.

㉯ 공정 라인에서 회전이 가능하면 가급적 완만한 회전을 이루도록 한다.

㉰ 파이프의 지름대 길이의 비는 가급적 작게 한다.

㉱ 파이프 라인에 장애물이 있는 곳은 관경을 축소한다.

[해설] 배관 지름(관경)이 작아지면 폭굉 유도거리가 짧아지므로 파이프 라인에 장애물이 있는 곳은 관경을 확대시킨다.

4. 동일 체적의 에탄, 에틸렌, 아세틸렌을 완전연소시킬 때 필요한 공기량의 비는?

㉮ 3.5 : 3.0 : 2.5 ㉯ 7.0 : 6.0 : 6.0

㉰ 4.0 : 3.0 : 5.0 ㉱ 6.0 : 6.5 : 5.0

[해설] • 각 가스의 완전연소 반응식

① 에탄 : $C_2H_6 + 3.5O_2 \rightarrow 2CO_2 + 3H_2O$

② 에틸렌 : $C_2H_4 + 3O_2 \rightarrow 2CO_2 + 2H_2O$

③ 아세틸렌 : $C_2H_2 + 2.5O_2 \rightarrow 2CO_2 + H_2O$

※ 체적 $1\,Nm^3$를 완전연소시킬 때 필요한 공기량은 완전연소 반응식에서 산소의 몰 수와 같다.

∴ 공기량 비 = 3.5 : 3 : 2.5

5. 이상기체에 대한 설명 중 틀린 것은?

㉮ 이상기체는 분자 상호 간의 인력을 무시한다.

㉯ 이상기체에 가까운 실제기체로는 H_2, He 등이 있다.

㉰ 이상기체는 분자 자신이 차지하는 부피를 무시한다.

㉱ 저온, 고압일수록 이상기체에 가까워진다.

해설 • 이상기체의 성질
① 보일-샤를의 법칙을 만족한다.
② 아보가드로의 법칙에 따른다.
③ 내부에너지는 온도만의 함수이다.
④ 온도에 관계없이 비열비는 일정하다.
⑤ 기체의 분자력과 크기도 무시되며 분자 간의 충돌은 완전 탄성체이다.
⑥ 분자와 분자 사이의 거리가 매우 멀다.
⑦ 분자 사이의 인력이 없다.
⑧ 압축성 인자가 1이다.
※ 실제기체가 이상기체(완전 기체)에 가깝게 될 조건은 압력이 낮고(저압), 온도가 높을 때(고온)이다.

6. 가연물의 연소형태를 나타낸 것 중 틀린 것은?

㉮ 금속분 - 표면연소

㉯ 파라핀 - 증발연소

㉰ 목재 - 분해연소

㉱ 유황 - 확산연소

해설 • 유황은 증발연소에 해당된다.

7. 층류 연소속도에 대한 설명으로 옳은 것은?

㉮ 미연소 혼합기의 비열이 클수록 층류 연소속도는 크게 된다.

㉯ 미연소 혼합기의 비중이 클수록 층류 연소속도는 크게 된다.

㉰ 미연소 혼합기의 분자량이 클수록 층류 연소속도는 크게 된다.

㉱ 미연소 혼합기의 열전도율이 클수록 층류 연소속도는 크게 된다.

해설 • 층류 연소속도가 빨라지는 경우
① 압력이 높을수록
② 온도가 높을수록
③ 열전도율이 클수록
④ 분자량이 적을수록

8. 수소 가스의 공기 중 폭발범위로 가장 가까운 것은?

㉮ 2.5~81 %

㉯ 3~80 %

㉰ 4.0~75 %

㉱ 12.5~74 %

해설 • 각 가스의 공기 중 폭발범위

명칭	폭발범위(%)
아세틸렌(C_2H_2)	2.5~81 %
산화에틸렌(C_2H_4O)	3~80 %
수소(H_2)	4.0~75 %
일산화탄소(CO)	12.5~74 %

9. 기체 연료 중 수소가 산소와 화합하여 물이 생성되는 경우에 있어 $H_2 : O_2 : H_2O$의 비례 관계는?

㉮ 2 : 1 : 2

㉯ 1 : 1 : 2

㉰ 1 : 2 : 1

㉱ 2 : 2 : 3

해설 • 수소의 완전연소 반응식(또는 수소폭명기)
$$2H_2 + O_2 \rightarrow 2H_2O + 136.6 \text{ kcal}$$
∴ $H_2 : O_2 : H_2O$의 비례 관계는 2 : 1 : 2이다.

10. 액체 연료가 공기 중에서 연소하는 현상은 다음 중 어느 것에 해당하는가?

㉮ 증발연소

㉯ 확산연소

㉰ 분해연소

㉱ 표면연소

해설 • 증발연소 : 융점이 낮은 고체 연료가 액상으로 용융되어 발생한 가연성 증기 및 가연성 액체의 표면에서 기화되는 가연성 증기가 착화되어 화염을 형성하고, 이 화염의 온도에 의해 액체 표면이 가열되어 액체의 기화를 촉진시켜 연소를 계속하는 것으로 가솔린, 등유, 경유, 알코올, 양초 등이 이에 해당한다.

11. 기상폭발에 대한 설명으로 틀린 것은?

㉮ 반응이 기상으로 일어난다.

㉯ 폭발상태는 압력에너지의 축적상태에 따라 달라진다.

㉰ 반응에 의해 발생하는 열에너지는 반응기 내 압력상승의 요인이 된다.

㉱ 가연성 혼합기를 형성하면 혼합기의 양에 관계없이 압력파가 생겨 압력상승을 기인한다.

해설 • 기상폭발 : 가연성 가스 또는 가연성 액체

해답 6. ㉱ 7. ㉱ 8. ㉰ 9. ㉮ 10. ㉮ 11. ㉱

의 증기와 조연성 가스가 일정한 비율(폭발범위 내에 존재)로 혼합된 가스에 발화원에 의하여 착화되어 일어나는 폭발로 혼합가스의 폭발, 분해폭발, 분무폭발, 분진폭발 등이 있다. 발화원은 전기불꽃, 화염, 충격파, 열선 등이 해당된다.

12. 임계상태를 가장 올바르게 표현한 것은?

㉮ 고체, 액체, 기체가 평형으로 존재하는 상태

㉯ 순수한 물질이 평형에서 기체-액체로 존재할 수 있는 최고 온도 및 압력 상태

㉰ 액체상과 기체상이 공존할 수 있는 최소한의 한계상태

㉱ 기체를 일정한 온도에서 압축하면 밀도가 아주 작아져 액화가 되기 시작하는 상태

해설 • 임계상태 : 포화수가 증발현상 없이 증기로 변화할 때(순수한 물질이 평형에서 기체-액체로 존재할 수 있는 때)의 상태로, 이 상태점을 임계점이라고 한다. 이때의 온도를 임계온도, 이때의 압력을 임계압력이라고 한다.

13. 에틸렌(Ethylene) $1 m^3$를 완전연소시키는 데 필요한 산소의 양은 약 몇 m^3인가?

㉮ 2.5 ㉯ 3 ㉰ 3.5 ㉱ 4

해설 ① 에틸렌(C_2H_4)의 완전연소 반응식

$C_2H_4 + 3O_2 \rightarrow 2CO_2 + 2H_2O$

② 이론 산소량(m^3) 계산

$22.4 m^3 : 3 \times 22.4 m^3 = 1 m^3 : x(O_0) m^3$

$\therefore x(O_0) = \dfrac{3 \times 22.4 \times 1}{22.4} = 3 m^3$

14. 폭발에 관련된 가스의 성질에 대한 설명으로 틀린 것은?

㉮ 폭발범위가 넓은 것은 위험하다.

㉯ 압력이 높게 되면 일반적으로 폭발범위가 좁아진다.

㉰ 가스의 비중이 큰 것은 낮은 곳에 체류할 염려가 있다.

㉱ 연소속도가 빠를수록 위험하다.

해설 • 가연성 가스는 일반적으로 압력이 증가하면 폭발범위는 넓어지나 일산화탄소(CO)와 수소(H_2)는 압력이 증가하면 폭발범위는 좁아진다. 단, 수소는 압력이 10 atm 이상 되면 폭발범위가 다시 넓어진다.

15. 다음 중 연소속도에 영향을 미치지 않는 것은?

㉮ 관의 단면적 ㉯ 내염표면적

㉰ 염의 높이 ㉱ 관의 염경

해설 • 연소속도 : 가연물과 산소와의 반응속도(분자 간의 충돌속도)를 말하는 것으로 관의 단면적, 내염표면적, 관의 염경 등이 영향을 준다.

16. 가스의 성질을 바르게 설명한 것은?

㉮ 산소는 가연성이다.

㉯ 일산화탄소는 불연성이다.

㉰ 수소는 불연성이다.

㉱ 산화에틸렌은 가연성이다.

해설 • 각 가스의 성질

명 칭	성질
산소(O_2)	조연성, 비독성
일산화탄소(CO)	가연성, 독성
수소(H_2)	가연성, 비독성
산화에틸렌(C_2H_4O)	가연성, 독성

17. 휘발유의 한 성분인 옥탄의 완전연소 반응식으로 옳은 것은?

㉮ $C_8H_{18} + O_2 \rightarrow CO_2 + H_2O$

㉯ $C_8H_{18} + 25O_2 \rightarrow CO_2 + 18H_2O$

㉰ $2C_8H_{18} + 25O_2 \rightarrow 16CO_2 + 18H_2O$

㉱ $2C_8H_{18} + O_2 \rightarrow 16CO_2 + H_2O$

해설 (1) 탄화수소(C_mH_n)의 완전연소 반응식

$$C_mH_n + \left(m + \frac{n}{4}\right)O_2 \rightarrow m CO_2 + \frac{n}{2} H_2O$$

(2) 옥탄(C_8H_{18})의 완전연소 반응식

① 1 mol 연소 : $C_8H_{18} + 12.5O_2 \rightarrow 8CO_2 + 9H_2O$

② 2 mol 연소 : $2C_8H_{18} + 25O_2 \rightarrow 16CO_2 + 18H_2O$

해답 12. ㉯ 13. ㉯ 14. ㉯ 15. ㉰ 16. ㉱ 17. ㉰

18. **다음 탄화수소 연료 중 착화온도가 가장 높은 것은?**

[가] 메탄　　[나] 가솔린
[다] 프로판　　[라] 석탄

[해설] • 각 연료의 착화온도

연료 명칭	착화온도
메탄	632℃
가솔린	300~320℃
프로판	460~520℃
석탄(무연탄)	440~500℃

19. **메탄 80 v%, 프로판 5 v%, 에탄 15 v%인 혼합가스의 공기 중 폭발하한계는 약 얼마인가?**

[가] 2.1 %　　[나] 3.3 %
[다] 4.3 %　　[라] 5.1 %

[해설] ① 각 가스의 공기 중 폭발범위

가스 명칭	폭발범위
메탄(CH_4)	5~15 %
프로판(C_3H_8)	2.2~9.5 %
에탄(C_2H_6)	3.0~12.4 %

② 혼합가스의 폭발하한계 계산

$$\frac{100}{L} = \frac{V_1}{L_1} + \frac{V_2}{L_2} + \frac{V_3}{L_3} \text{에서}$$

$$\therefore L = \frac{100}{\frac{V_1}{L_1} + \frac{V_2}{L_2} + \frac{V_3}{L_3}} = \frac{100}{\frac{80}{5} + \frac{5}{2.2} + \frac{15}{3.0}} = 4.296\,\%$$

20. **착화온도가 낮아지는 조건이 아닌 것은?**

[가] 발열량이 높을수록
[나] 압력이 작을수록
[다] 반응활성도가 클수록
[라] 분자구조가 복잡할수록

[해설] • 착화온도가 낮아지는 조건
① 압력이 높을 때
② 발열량이 높을 때
③ 열전도율이 작을 때
④ 산소와 친화력이 클 때
⑤ 산소농도가 높을 때
⑥ 분자구조가 복잡할수록
⑦ 반응활성도가 클수록

제2과목 가스설비

21. **전기방식을 실시하고 있는 도시가스 매몰배관에 대하여 전위측정을 위한 기준전극으로 사용되고 있으며, 방식전위 기준으로 상한값 −0.85 V 이하를 사용하는 것은?**

[가] 수소 기준전극
[나] 포화 황산동 기준전극
[다] 염화은 기준전극
[라] 칼로멜 기준전극

[해설] • 전기방식의 기준
① 전기방식 전류가 흐르는 상태에서 토양 중에 있는 배관 등의 방식전위는 포화황산동 기준전극으로 −5 V 이상 −0.85 V 이하(황산염환원 박테리아가 번식하는 토양에서는 −0.95 V 이하)일 것
② 전기방식 전류가 흐르는 상태에서 자연전위와의 전위변화가 최소한 −300 mV 이하일 것. 다만, 다른 금속과 접촉하는 배관 등은 제외한다.
③ 배관 등에 대한 전위측정은 가능한 가까운 위치에서 기준전극으로 실시할 것

22. **냉간가공과 열간가공을 구분하는 기준이 되는 온도는?**

[가] 끓는 온도　　[나] 상용 온도
[다] 재결정 온도　　[라] 섭씨 0도

[해설] • 재결정 온도 : 금속재료를 적당한 시간 동안 가열하면 새로운 결정핵이 생기는데, 그 핵으로부터 새로운 결정입자가 형성될 때의 온도로 냉간가공과 열간가공을 구분하는 기준이 된다.

23. **냉동기의 성적(성능)계수를 ϵ_R로 하고 열펌프의 성적계수를 ϵ_H로 할 때 ϵ_R과 ϵ_H 사**

[해답] 18. [가]　19. [다]　20. [나]　21. [나]　22. [다]　23. [가]

이에는 어떠한 관계가 있는가?

㉮ $\epsilon_R < \epsilon_H$

㉯ $\epsilon_R = \epsilon_H$

㉰ $\epsilon_R > \epsilon_H$

㉱ $\epsilon_R > \epsilon_H$ 또는 $\epsilon_R < \epsilon_H$

해설 ① 냉동기의 성적계수

$$\epsilon_R = \frac{Q_2}{AW} = \frac{Q_2}{Q_1 - Q_2} = \frac{T_2}{T_1 - T_2}$$

② 열펌프의 성적계수

$$\epsilon_H = \frac{Q_1}{AW} = \frac{Q_1}{Q_1 - Q_2} = \frac{T_1}{T_1 - T_2} = \epsilon_R + 1$$

∴ 열펌프의 성적계수는 냉동기의 성적계수보다 항상 크다.

24. 다층 진공 단열법에 대한 설명으로 틀린 것은?

㉮ 고진공 단열법과 같은 두께의 단열재를 사용해도 단열효과가 더 우수하다.

㉯ 최고의 단열성능을 얻기 위해서는 높은 진공도가 필요하다.

㉰ 단열층이 어느 정도의 압력에 잘 견딘다.

㉱ 저온부일수록 온도분포가 완만하여 불리하다.

해설 • 다층 진공 단열법의 특징

① 고진공 단열법과 큰 차이가 없는 50 mm의 두께로 고진공 단열법보다 좋은 효과를 얻을 수 있다.

② 최고의 단열성능을 얻으려면 10^{-5} torr 정도의 높은 진공도를 필요로 한다.

③ 단열층 내의 온도 분포가 복사 전열의 영향으로 저온부일수록 온도 분포가 급하다.

④ 단열층이 어느 정도 압력에 견디므로 내층의 지지력이 있다.

25. 1단 감압식 저압 조정기의 최대 폐쇄압력 성능은?

㉮ 3.5 kPa 이하

㉯ 5.5 kPa 이하

㉰ 95 kPa 이하

㉱ 조정압력의 1.25배 이하

해설 • 일반용 LPG 1단 감압식 저압 조정기 압력

구분		압력범위
입구 압력		0.07~1.56 MPa
조정 압력		2.3~3.3 kPa
내압시험 압력	입구 쪽	3 MPa 이상
	출구 쪽	0.3 MPa 이상
기밀시험 압력	입구 쪽	1.56 MPa 이상
	출구 쪽	5.5 kPa
최대 폐쇄압력		3.5 kPa 이하

참고 • 일반용 LPG 압력 조정기 최대 폐쇄압력

① 1단 감압식 저압 조정기, 2단 감압식 2차용 저압 조정기, 자동절체식 일체형 저압 조정기 : 3.5 kPa 이하

② 2단 감압식 1차용 조정기 : 95.0 kPa 이하

③ 1단 감압식 준저압 조정기, 자동절체식 일체형 준저압 조정기, 그 밖의 압력 조정기 : 조정압력의 1.25배 이하

26. LPG 용기의 내압시험 압력은 얼마 이상이어야 하는가? (단, 최고 충전압력은 1.56 MPa이다.)

㉮ 1.56 MPa

㉯ 2.08 MPa

㉰ 2.34 MPa

㉱ 2.60 MPa

해설 • 내압시험 압력 = 최고 충전압력 $\times \frac{5}{3}$

$$= 1.56 \times \frac{5}{3} = 2.6 \text{ MPa}$$

※ 풀이에 적용한 내압시험 압력은 "압축가스 및 저온용기에 충전하는 액화가스"의 기준을 적용한 것이다.

참고 • 액화 프로판 용기의 내압시험 압력

① 내용적이 500 L 이상인 용기로서 두께 50 mm 이상의 코르크로 피복되어 있는 것, 내용적 500 L 미만인 용기 : 2.5 MPa

② 그 밖의 용기 : 2.9 MPa

27. LPG 충전소 내의 가스 사용시설 수리에 대한 설명으로 옳은 것은?

㉮ 화기를 사용하는 경우에는 설비내부의

가연성 가스가 폭발하한계의 $\frac{1}{4}$ 이하인 것을 확인하고 수리한다.

㉯ 충격에 의한 불꽃에 가스가 인화할 염려는 없다고 본다.

㉰ 내압이 완전히 빠져 있으면 화기를 사용해도 좋다.

㉱ 볼트를 조일 경우에는 한쪽만 잘 조이면 된다.

[해설] • 각 항목의 옳은 설명

㉯ 충격에 의한 불꽃에 가스가 인화할 염려가 있으므로 베릴륨 합금으로 만든 공구를 사용한다.

㉰ 내압이 완전히 빠져 있어도 설비 내부의 가연성 가스가 폭발하한계의 $\frac{1}{4}$ 이하인 것을 확인하고 화기를 사용한다.

㉱ 볼트를 조일 경우에는 대각선 방향으로 양쪽을 조여준다.

28. 소형저장탱크에 대한 설명으로 틀린 것은?

㉮ 옥외에 지상 설치식으로 설치한다.

㉯ 소형저장탱크를 기초에 고정하는 방식은 화재 등의 경우에도 쉽게 분리되지 않는 것으로 한다.

㉰ 건축물이나 사람이 통행하는 구조물의 하부에 설치하지 아니한다.

㉱ 동일 장소에 설치하는 소형저장탱크의 수는 6기 이하로 한다.

[해설] • 소형저장탱크를 기초에 고정하는 방식은 화재 등의 경우 쉽게 분리될 수 있는 것으로 한다.

29. 냉동설비에 사용되는 냉매가스의 구비조건으로 틀린 것은?

㉮ 안전성이 있어야 한다.

㉯ 증기의 비체적이 커야 한다.

㉰ 증발열이 커야 한다.

㉱ 응고점이 낮아야 한다.

[해설] • 냉매의 구비조건

① 응고점이 낮고 임계온도가 높으며 응축, 액화가 쉬울 것

② 증발잠열이 크고 기체의 비체적이 적을 것

③ 오일과 냉매가 작용하여 냉동장치에 악영향을 미치지 않을 것

④ 화학적으로 안정하고 분해하지 않을 것

⑤ 금속에 대한 부식성 및 패킹재료에 악영향이 없을 것

⑥ 인화 및 폭발성이 없을 것

⑦ 인체에 무해할 것(비독성 가스일 것)

⑧ 액체의 비열은 작고, 기체의 비열은 클 것

⑨ 경제적일 것(가격이 저렴할 것)

⑩ 단위 냉동량당 소요 동력이 적을 것

30. 용기 내압시험 시 뷰렛의 용적은 300 mL이고 전증가량은 200 mL, 항구증가량은 15 mL일 때 이 용기의 항구증가율은?

㉮ 5 %　　　　　　㉯ 6 %

㉰ 7.5 %　　　　　㉱ 8.5 %

[해설] 항구증가율(%) $= \dfrac{\text{항구증가량}}{\text{전증가량}} \times 100$

$= \dfrac{15}{200} \times 100 = 7.5\,\%$

31. 내진설계 시 지반의 분류는 몇 종류로 하고 있는가?

㉮ 6　　㉯ 5　　㉰ 4　　㉱ 3

[해설] • 내진설계 시 지반의 분류 : 기반암의 깊이 (H)와 기반암 상부 토층의 평균 전단파속도 ($V_{s,\,soil}$)에 근거하여 6종류로 분류한다.

지반분류	호칭
S_1	암반 지반
S_2	얕고 단단한 지반
S_3	얕고 연약한 지반
S_4	깊고 단단한 지반
S_5	깊고 연약한 지반
S_6	부지 고유의 특성 평가 및 지반응답해석이 요구되는 지반

※ 기반암 : 전단파속도 760 m/s 이상을 나타내는 지층

32. LPG 저장탱크에 가스를 충전하려면 가스의 용량이 상용온도에서 저장탱크 내용적의 얼마를 초과하지 아니하여야 하는가?

㉮ 95 % ㉯ 90 % ㉰ 85 % ㉱ 80 %

해설 • 액화석유가스 충전량
① 저장탱크 : 내용적의 90 %를 넘지 않도록 한다.
② 소형저장탱크 : 내용적의 85 %를 넘지 않도록 한다.

33. 고압 산소 용기로 가장 적합한 것은?

㉮ 주강용기
㉯ 이중 용접용기
㉰ 이음매 없는 용기
㉱ 접합용기

해설 • 일반적인 고압가스 충전용기
① 압축가스 : 이음매 없는 용기
② 액화가스 : 용접용기

34. 산소 또는 불활성 가스 초저온 저장탱크의 경우에 한정하여 사용이 가능한 액면계는?

㉮ 평형반사식 액면계
㉯ 슬립튜브식 액면계
㉰ 환형유리제 액면계
㉱ 플로트식 액면계

해설 • 액면계 설치 : 액화가스 저장탱크에는 액면계를 설치한다. 단, 산소 또는 불활성 가스의 초저온 저장탱크의 경우에 한정하여 환형유리제 액면계도 가능하다.

35. 고압가스 일반제조시설에서 고압가스설비의 내압시험 압력은 상용 압력의 몇 배 이상으로 하는가?

㉮ 1 ㉯ 1.1 ㉰ 1.5 ㉱ 1.8

해설 • 고압가스 설비의 시험 압력
① 내압시험 압력 : 상용 압력의 1.5배(공기 등으로 하는 경우 상용 압력의 1.25배) 이상

② 기밀시험 압력 : 상용 압력 이상

36. 유체가 흐르는 관의 지름이 입구 0.5 m, 출구 0.2 m이고, 입구 유속이 5 m/s라면 출구 유속은 약 몇 m/s인가?

㉮ 21 ㉯ 31 ㉰ 41 ㉱ 51

해설 $Q_1 = Q_2$이므로 $A_1 V_1 = A_2 V_2$이다.

$$\therefore\ V_2 = \frac{A_1}{A_2} V_1 = \frac{\frac{\pi}{4} \times 0.5^2}{\frac{\pi}{4} \times 0.2^2} \times 5 = 31.25\,\text{m/s}$$

37. 압축기 실린더 내부 윤활유에 대한 설명으로 틀린 것은?

㉮ 공기 압축기에는 광유(鑛油)를 사용한다.
㉯ 산소 압축기에는 기계유를 사용한다.
㉰ 염소 압축기에는 진한 황산을 사용한다.
㉱ 아세틸렌 압축기에는 양질의 광유(鑛油)를 사용한다.

해설 • 각종 가스 압축기의 윤활유
① 산소 압축기 : 물 또는 묽은 글리세린 수
② 공기 압축기, 수소 압축기, 아세틸렌 압축기 : 양질의 광유(디젤 엔진유)
③ 염소 압축기 : 진한 황산
④ LP 가스 압축기 : 식물성유
⑤ 이산화황(아황산가스) 압축기 : 화이트유, 정제된 용제 터빈유
⑥ 염화메탄(메틸 클로라이드) 압축기 : 화이트유

38. 저온장치에서 CO_2와 수분이 존재할 때 그 영향에 대한 설명으로 옳은 것은?

㉮ CO_2는 저온에서 탄소와 산소로 분리된다.
㉯ CO_2는 저온장치에서 촉매 역할을 한다.
㉰ CO_2는 가스로서 별로 영향을 주지 않는다.
㉱ CO_2는 드라이아이스가 되고 수분은 얼음이 되어 배관, 밸브를 막아 흐름을 저해한다.

해설 • 저온장치에서 이산화탄소(CO_2)는 드라

해답 32. ㉯ 33. ㉰ 34. ㉰ 35. ㉰ 36. ㉯ 37. ㉯ 38. ㉱

이아이스(고체 탄산)가 되고, 수분은 얼음이 되어 밸브 및 배관을 폐쇄하므로 제거하여야 한다.

39. 알루미늄(Al)의 방식법이 아닌 것은?

㉮ 수산법   ㉯ 황산법
㉰ 크롬산법   ㉱ 메타인산법

[해설] • 알루미늄(Al)의 방식법 : 알루미늄 표면에 적당한 전해액 중에서 양극 산화처리하여 방식성이 우수하고 치밀한 산화피막이 만들어지도록 하는 방법이다.
① 수산법 : 알루미늄 제품을 2 % 수산용액에서 직류, 교류 또는 직류에 교류를 동시에 송전하여 표면에 단단하고 치밀한 산화피막을 만드는 방법이다.
② 황산법 : 15~20 % 황산액이 사용되며 농도가 낮은 경우 단단하고 투명한 피막이 형성되고, 일반적으로 많이 이용되는 방법이다.
③ 크롬산법 : 3 %의 산화크롬(Cr_2O_3) 수용액을 사용하며 전해액의 온도는 40℃ 정도로 유지시킨다. 크롬피막은 내마멸성은 적으나 내식성이 매우 크다.

40. 탄소강에 대한 설명으로 틀린 것은?

㉮ 용도가 다양하다.
㉯ 가공 변형이 쉽다.
㉰ 기계적 성질이 우수하다.
㉱ C의 양이 적은 것은 스프링, 공구강 등의 재료로 사용된다.

[해설] • 탄소강의 특징
① 보통강이라 하며 철(Fe)과 탄소(C)를 주성분으로 하고 망간(Mn), 규소(Si), 인(P), 황(S), 기타 원소를 소량 함유하고 있다.
② 기계적 성질이 우수하고 가공 변형이 쉬워 기계 재료로 가장 많이 사용되고 있다.
③ 탄소량이 증가하면 인장강도, 항복점, 경도가 증가하고(단, 0.9 % 이상이 되면 반대로 감소한다.) 연신율, 충격치는 감소한다.
④ 탄소 함유량에 따라 저탄소강(0.3 % 이하), 중탄소강(0.3~0.6 %), 고탄소강(0.6 % 이상)으로 분류한다.

⑤ 탄소 함유량 0.3 % 이하의 것을 연강, 0.3 % 이상의 것을 경강이라 한다.

제3과목 가스안전관리

41. 액화 프로판을 내용적이 4700 L인 차량에 고정된 탱크를 이용하여 운행 시 기준으로 적합한 것은? (단, 폭발방지장치가 설치되지 않았다.)

㉮ 최대 저장량이 2000 kg이므로 운반책임자 동승이 필요 없다.
㉯ 최대 저장량이 2000 kg이므로 운반책임자 동승이 필요하다.
㉰ 최대 저장량이 5000 kg이므로 200 km 이상 운행 시 운반책임자 동승이 필요하다.
㉱ 최대 저장량이 5000 kg이므로 운행거리에 관계없이 운반책임자 동승이 필요 없다.

[해설] ① 저장량 계산
$$\therefore \ G = \frac{V}{C} = \frac{4700}{2.35} = 2000 \ kg$$
② 차량에 고정된 탱크의 운반책임자 동승 기준 : 운행하는 거리가 200 km를 초과하는 경우만 해당하고 폭발방지장치가 설치된 경우는 운반책임자를 동승시키지 아니할 수 있다.

구분	가스의 종류	기준
압축 가스	독성 가스	100 m^3 이상
	가연성 가스	300 m^3 이상
	조연성 가스	600 m^3 이상
액화 가스	독성 가스	1000 kg 이상
	가연성 가스	3000 kg 이상
	조연성 가스	6000 kg 이상

③ 판단 : 액화 가스 가연성 가스의 운반책임자 동승 기준이 3000 kg이지만 문제에서 제시된 차량에 고정된 탱크의 저장량은 2000 kg에 해당하므로 운반책임자 동승이 필요 없다.

42. 가연성 액화 가스 저장탱크에서 가스누출에 의해 화재가 발생했다. 다음 중 그 대책으로 가장 거리가 먼 것은?

㉮ 즉각 송입 펌프를 정지시킨다.

㉯ 소정의 방법으로 경보를 울린다.

㉰ 즉각 저조 내부의 액을 모두 플로우–다운(flow-down) 시킨다.

㉱ 살수 장치를 작동시켜 저장탱크를 냉각한다.

해설 •가스누출에 의한 화재가 발생한 경우이므로 저조(저장탱크) 내부의 액을 플로우–다운시키는 것보다는 누출되는 부분을 차단시켜야 한다.

43. 고압가스 저장시설에서 가스누출 사고가 발생하여 공기와 혼합하여 가연성, 독성 가스로 되었다면 누출된 가스는?

㉮ 질소   ㉯ 수소

㉰ 암모니아   ㉱ 아황산가스

해설 • 각 가스의 성질

명칭	성질
질소(N_2)	불연성, 비독성
수소(H_2)	가연성, 비독성
암모니아(NH_3)	가연성, 독성
아황산가스(SO_2)	불연성, 독성

∴ 누출된 가연성, 독성 가스는 암모니아(NH_3)이다.

44. 가스사용시설에 상자콕 설치 시 예방 가능한 사고 유형으로 가장 옳은 것은?

㉮ 연소기 과열 화재사고

㉯ 연소기 폐가스 중독 질식사고

㉰ 연소기 호스 이탈 가스 누출사고

㉱ 연소기 소화안전장치 고장 가스 폭발사고

해설 •상자콕은 상자에 넣어 바닥, 벽 등에 설치하는 것으로 3.3 kPa 이하의 압력과 1.2 m^3/h 이하의 표시유량에 사용하는 콕이다. 표시유량 이상의 가스량이 통과되었을 경우 가스유로를 차단하는 과류차단 안전기구가 설치

되어 있으므로 예방 가능한 사고 유형은 연소기 호스가 이탈되었을 때 가스 누출사고가 해당된다.

45. LP 가스 용기를 제조하여 분체도료(폴리에스테르계) 도장을 하려 한다. 최소 도장 두께와 도장 횟수는?

㉮ 25 μm, 1회 이상

㉯ 25 μm, 2회 이상

㉰ 60 μm, 1회 이상

㉱ 60 μm, 2회 이상

해설 •고압가스용 용접용기(LPG 용기) 분체도료 도장 방법

구분	기준
도료 종류	폴리에스테르계
최소 도장 두께	60 μm 이상
도장 횟수	1회 이상
건조 방법	당해 도료 제조업소에서 지정한 조건

46. 도시가스사업법상 배관 구분 시 사용되지 않는 것은?

㉮ 본관   ㉯ 사용자 공급관

㉰ 가정관   ㉱ 공급관

해설 •도시가스 배관의 종류

① 배관 : 본관, 공급관, 내관

② 본관 : 도시가스 제조사업소의 부지경계에서 정압기까지 이르는 배관

③ 공급관

ⓐ 공동주택의 경우 정압기에서 가스 사용자가 구분하여 소유하거나 점유하는 건축물 외벽에 설치하는 계량기 전단밸브까지에 이르는 배관

ⓑ 공동주택 외의 경우 정압기에서 가스 사용자가 소유하거나 점유하고 있는 토지의 경계까지 이르는 배관

ⓒ 가스도매사업의 경우 정압기에서 일반도시가스사업자의 가스공급시설이나 대량수요자의 가스사용시설까지 이르는 배관

④ 사용자 공급관 : ③항 ⓐ의 공급관 중 가스

사용자가 소유하거나 점유하고 있는 토지의 경계에서 가스 사용자가 구분하여 소유하거나 점유하는 건축물 외벽에 설치된 계량기의 전단밸브(계량기가 건축물의 내부에 설치된 경우에는 그 건축물의 외벽)까지 이르는 배관

⑤ 내관 : 가스 사용자가 소유하거나 점유하고 있는 토지의 경계에서 연소기까지 이르는 배관

47. 포스핀(PH_3)의 저장과 취급 시 주의사항에 대한 설명으로 가장 거리가 먼 것은?

㉮ 환기가 양호한 곳에서 취급하고 용기는 40℃ 이하를 유지한다.

㉯ 수분과의 접촉을 금지하고 정전기 발생 방지시설을 갖춘다.

㉰ 가연성이 매우 강하여 모든 발화원으로부터 격리한다.

㉱ 방독면을 비치하여 누출 시 착용한다.

해설 • 포스핀(PH_3)의 특징

① 독성(TLV-TWA 0.3 ppm, LC50 20 ppm), 가연성의 무색의 불쾌한 냄새 혹은 생선 썩는 냄새가 있다.

② 흡입 시 치명적일 가능성이 있다.

③ 다량 흡입 시 기침, 호흡곤란, 갈증, 메스꺼움, 구토, 위통, 설사 등의 통증, 한기, 졸도, 전신경련, 폐수종 등을 일으키고 사망에 도달한다.

④ 피부에 접촉하면 붉게 변색시키며 자국이 있고, 눈에 들어가면 충혈을 일으키며 자극이 있다.

⑤ 가연성 가스로 증발연소를 일으킬 수 있고, 공기에 노출되면 자연발화될 수도 있다.

※ 포스핀은 독성 가스이므로 누출되었을 때에는 독성가스 종류에 따라 구비하여야 하는 보호구를 착용하여야 한다.

참고 독성가스 종류에 따라 구비하는 보호구 종류

① 공기 호흡기 또는 송기식 마스크(전면형)

② 방독 마스크(농도에 따라 전면 고농도형, 중농도형, 저농도형 등)

③ 안전장갑 및 안전화

④ 보호복

48. 고압가스 특정설비 제조자의 수리범위에 해당되지 않는 것은?

㉮ 단열재 교체

㉯ 특정설비의 부품 교체

㉰ 특정설비의 부속품 교체 및 가공

㉱ 아세틸렌 용기 내의 다공질물 교체

해설 • 특정설비 제조자의 수리범위

① 특정설비 몸체의 용접

② 특정설비의 부속품(그 부품을 포함)의 교체 및 가공

③ 단열재 교체

※ ㉱항 : 용기 제조자의 수리범위에 해당

49. 저장능력 18000 m^3인 산소 저장시설은 전시장, 그 밖에 이와 유사한 시설로서 수용능력이 300인 이상인 건축물에 대하여 몇 m의 안전거리를 두어야 하는가?

㉮ 12 m   ㉯ 14 m

㉰ 16 m   ㉱ 18 m

해설 • 산소 저장설비와 보호시설별 안전거리

저장능력(kg, m^3)	제1종	제2종
1만 이하	12	8
1만 초과 2만 이하	14	9
2만 초과 3만 이하	16	11
3만 초과 4만 이하	18	13
4만 초과	20	14

∴ 수용능력 300인 이상인 건축물은 제1종 보호시설에 해당하므로 안전거리는 14 m 이상을 유지하여야 한다.

50. 고압가스 용기의 파열사고 주 원인은 용기의 내압력(耐壓力) 부족에 기인한다. 내압력 부족의 원인으로 가장 거리가 먼 것은?

㉮ 용기 내벽의 부식

㉯ 강재의 피로

㉰ 적정 충전

㉱ 용접 불량

해설 • 용기의 내압력(耐壓力) 부족 원인

① 용기 재료의 불균일
② 용기 내벽의 부식
③ 강재의 피로
④ 용접 부분의 불량
⑤ 용기 자체의 결함
⑥ 낙하, 충돌 등으로 용기에 가해지는 충격
⑦ 용기에 절단 및 구멍 등을 가공
⑧ 검사받지 않은 용기 사용

51. 고압가스 용기(공업용)의 외면에 도색하는 가스 종류별 색상이 바르게 짝지어진 것은?

㉮ 수소 – 갈색
㉯ 액화염소 – 황색
㉰ 아세틸렌 – 밝은 회색
㉱ 액화암모니아 – 백색

[해설] • 가스 종류별 용기 도색

가스 종류	용기 도색	
	공업용	의료용
산소 (O_2)	녹색	백색
수소 (H_2)	주황색	–
액화탄산가스 (CO_2)	청색	회색
액화석유가스	회색	–
아세틸렌 (C_2H_2)	황색	–
암모니아 (NH_3)	백색	–
액화염소 (Cl_2)	갈색	–
질소 (N_2)	회색	흑색
아산화질소 (N_2O)	회색	청색
헬륨 (He)	회색	갈색
에틸렌 (C_2H_4)	회색	자색
사이클로프로판	회색	주황색
기타의 가스	회색	–

52. 산소, 수소 및 아세틸렌의 품질검사에서 순도는 각각 얼마 이상이어야 하는가?

㉮ 산소 : 99.5%, 수소 : 98.0%, 아세틸렌 : 98.5%
㉯ 산소 : 99.5%, 수소 : 98.5%, 아세틸렌 : 98.0%
㉰ 산소 : 98.0%, 수소 : 99.5%, 아세틸렌 : 98.5%
㉱ 산소 : 98.5%, 수소 : 99.5%, 아세틸렌 : 98.0%

[해설] ① 품질검사 기준

구 분	시 약	검사법	순 도
산소	구리, 암모니아	오르사트법	99.5% 이상
수소	피로갈롤, 하이드로설파이드	오르사트법	98.5% 이상
아세틸렌	발연 황산	오르사트법	98% 이상
	브롬	뷰렛법	
	질산은	정성 시험	

② 1일 1회 이상 가스제조장에서 안전관리 책임자가 실시, 안전관리 부총괄자와 안전관리 책임자가 확인 서명

53. 액화석유가스의 안전관리 및 사업법에 의한 액화석유가스의 주성분에 해당되지 않는 것은?

㉮ 액화된 프로판
㉯ 액화된 부탄
㉰ 기화된 프로판
㉱ 기화된 메탄

[해설] • 액화석유가스(액법 제2조) : 프로판이나 부탄을 주성분으로 한 가스를 액화한 것(기화된 것을 포함)을 말한다.

54. 액화석유가스 집단공급사업 허가 대상인 것은?

㉮ 70개소 미만의 수요자에게 공급하는 경우
㉯ 전체 수용 가구 수가 100세대 미만인 공동주택의 단지 내인 경우
㉰ 시장 또는 군수가 집단공급사업에 의한 공급이 곤란하다고 인정하는 공동주택단지에 공급하는 경우
㉱ 고용주가 종업원의 후생을 위하여 사원주택, 기숙사 등에게 직접 공급하는 경우

[해설] (1) LPG 집단공급사업 허가 대상 : 액법 시행령 제3조

① 70개소 이상의 수요자(공동주택단지의
경우에는 전체 가구 수가 70가구 이상
인 경우를 말한다)
② 70개소 미만의 수요자로서 산업통상자
원부령으로 정하는 수요자
㉠ 저장능력이 1톤을 초과하는 액화석유
가스 공동저장시설을 설치할 것
㉡ 공동저장시설에서 도로 또는 타인의
토지에 매설된 배관을 통하여 액화석
유가스를 공급받을 것
(2) 집단공급사업 허가 제외대상 : 액법 시행
규칙 제5조
① 시장, 군수, 구청장이 집단공급사업으로
공급이 곤란하다고 인정하는 공동주택단
지에 공급하는 경우
② 고용주가 종업원의 후생을 위하여 사원
주택, 기숙사 등에 직접 공급하는 경우
③ 자치관리를 하는 공동주택의 관리주체
가 입주자 등에게 직접 공급하는 경우
④ 관광진흥법에 따른 휴양 콘도미니엄 사
업자가 그 시설을 통하여 이용자에게 직
접 공급하는 경우

55. 다음 〈보기〉에서 고압가스 제조설비의 사
용 개시 전 점검사항을 모두 나열한 것은?

―――― 〈보 기〉 ――――
㉠ 가스설비에 있는 내용물의 상황
㉡ 전기, 물 등 유틸리티 시설의 준비상황
㉢ 비상전력 등의 준비사항
㉣ 회전 기계의 윤활유 보급상황

㉮ ㉠, ㉢   ㉯ ㉡, ㉢
㉰ ㉠, ㉡, ㉢   ㉱ ㉠, ㉡, ㉢, ㉣

[해설] • 고압가스 제조설비의 사용 개시 전 점검사항
① 가스설비에 있는 내용물의 상황
② 계기류 및 인터로크, 긴급용 시퀀스, 경
보 및 자동제어장치의 기능
③ 긴급차단 및 긴급방출장치, 통신설비, 제
어설비, 정전기방지 및 제거설비, 그 밖에
안전설비의 기능
④ 각 배관계통에 부착된 밸브 등의 개폐상
황 및 맹판의 탈착, 부착 상황
⑤ 회전 기계의 윤활유 보급상황 및 회전 구

동상황
⑥ 가스설비의 전반적인 누출 유무
⑦ 가연성 가스 및 독성 가스가 체류하기 쉬
운 곳의 해당 가스 농도
⑧ 전기, 물, 증기, 공기 등 유틸리티시설의
준비상황
⑨ 안전용 불활성 가스 등의 준비상황
⑩ 비상전력 등의 준비상황
⑪ 그 밖에 필요한 사항의 이상 유무

56. 시안화수소를 저장하는 때에는 1일 1회
이상 다음 중 무엇으로 가스의 누출검사를
실시하는가?
㉮ 질산구리벤젠지
㉯ 묽은 질산은 용액
㉰ 묽은 황산 용액
㉱ 염화팔라듐지

[해설] • 시안화수소를 충전한 용기는 충전 후 24
시간 정치하고, 그 후 1일 1회 이상 질산구리
벤젠 등의 시험지로 가스의 누출검사를 한다.

57. 고압가스 특정제조시설에서 고압가스 설비
의 수리 등을 할 때의 가스 치환에 대한 설명
으로 옳은 것은?
㉮ 가연성 가스의 경우 가스의 농도가 폭발
하한계의 $\frac{1}{2}$ 에 도달할 때까지 치환한다.
㉯ 가스 치환 시 농도의 확인은 관능법에
따른다.
㉰ 불활성 가스의 경우 산소의 농도가 16 %
이하에 도달할 때까지 공기로 치환한다.
㉱ 독성 가스의 경우 독성 가스 농도가 TLV
–TWA 기준 농도 이하로 될 때까지 치환을
계속한다.

[해설] • 각 항목의 옳은 내용
㉮ 가연성 가스의 경우 가스의 농도가 폭발
하한계의 $\frac{1}{4}$ 에 도달할 때까지 치환한다.
㉯ 가스 치환 시 농도 확인은 가스검지기, 그
밖에 해당 가스 농도 식별에 적합한 분석

해답 55. ㉱ 56. ㉮ 57. ㉱

방법으로 한다.

㉯ 산소 설비의 경우 산소 측정기 등으로 치환결과를 수시 측정하여 산소 농도가 22 % 이하로 될 때까지 치환을 계속한다.

※ 불연성 가스 설비에 대하여는 치환작업을 생략할 수 있다.

58. 일반도시가스사업 제조소의 가스홀더 및 가스발생기는 그 외면으로부터 사업장의 경계까지 최고 사용압력이 중압인 경우 몇 m 이상의 안전거리를 유지하여야 하는가?

㉮ 5 m ㉯ 10 m
㉰ 20 m ㉱ 30 m

해설 • 일반도시가스사업 제조소의 가스홀더 및 가스발생기 그 외면으로부터 사업장의 경계까지의 거리
① 최고 사용압력이 고압인 것 : 20 m 이상
② 최고 사용압력이 중압인 것 : 10 m 이상
③ 최고 사용압력이 저압인 것 : 5 m 이상

59. 저장탱크에 부착된 배관에 유체가 흐르고 있을 때 유체의 온도 또는 주위의 온도가 비정상적으로 높아진 경우 또는 호스 커플링 등의 접속이 빠져 유체가 누출될 때 신속하게 작동하는 밸브는?

㉮ 온도조절밸브 ㉯ 긴급차단밸브
㉰ 감압밸브 ㉱ 전자밸브

해설 • 긴급차단밸브(장치) : 저장탱크에 부착된 배관에 긴급 시 가스의 누출을 효과적으로 차단할 수 있도록 설치하는 밸브이다.

60. 냉매설비에는 안전을 확보하기 위하여 액면계를 설치하여야 한다. 가연성 또는 독성 가스를 냉매로 사용하는 수액기에 사용할 수 없는 액면계는?

㉮ 환형유리관 액면계
㉯ 정전용량식 액면계
㉰ 편위식 액면계
㉱ 회전튜브식 액면계

해설 • 액면계 설치 : 냉매설비에는 안전을 확보하기 위하여 액면계를 설치한다. 다만, 가연

성 가스 또는 독성 가스를 냉매로 사용하는 수액기의 경우에는 환형유리관 액면계 외의 액면계를 설치한다.

제4과목 가스계측기기

61. 액위(level) 측정 계측기기의 종류 중 액체용 탱크에 사용되는 사이트 글라스(sight glass)의 단점에 해당하지 않는 것은?

㉮ 측정범위가 넓은 곳에서 사용이 곤란하다.
㉯ 동결방지를 위한 보호가 필요하다.
㉰ 파손되기 쉬우므로 보호대책이 필요하다.
㉱ 내부 설치 시 요동(turbulence) 방지를 위해 stilling chamber 설치가 필요하다.

해설 • 사이트 글라스식은 액체용 저장탱크 외부에 설치하며, 액체의 변위를 직접 관찰하여 액면을 측정하는 것으로 저장탱크 내부에 설치하는 것은 부적합하다.

62. 열전도형 진공계 중 필라멘트의 열전대로 측정하는 열전대 진공계의 측정 범위는?

㉮ $10^{-5} \sim 10^{-3}$ torr ㉯ $10^{-3} \sim 0.1$ torr
㉰ $10^{-3} \sim 1$ torr ㉱ $10 \sim 100$ torr

해설 • 진공계의 측정범위

명칭		측정범위
매클라우드 진공계		10^{-4} torr
전리 진공계		10^{-10} torr
열전도형	피라니 진공계	$10 \sim 10^{-5}$ torr
	서미스터 진공계	–
	열전대 진공계	$1 \sim 10^{-3}$ torr

63. 제어동작에 따른 분류 중 연속되는 동작은 무엇인가?

㉮ on-off 동작 ㉯ 다위치 동작
㉰ 단속도 동작 ㉱ 비례 동작

해설 • 제어동작에 의한 분류

해답 58. ㉯ 59. ㉯ 60. ㉮ 61. ㉱ 62. ㉰ 63. ㉱

① 연속동작 : 비례 동작, 적분 동작, 미분 동작, 비례 적분 동작, 비례 미분 동작, 비례 적분 미분 동작
② 불연속 동작 : 2위치 동작(on-off 동작), 다위치 동작, 불연속 속도 동작(단속도 제어 동작)

64. 다음 〈보기〉에서 설명하는 열전대 온도계는 무엇인가?

――――― 〈보 기〉 ―――――
ⓐ 열전대 중 내열성이 가장 우수하다.
ⓑ 측정온도 범위가 0~1600℃ 정도이다.
ⓒ 환원성 분위기에 약하고 금속 증기 등에 침식하기 쉽다.

㉮ 백금 – 백금 · 로듐 열전대
㉯ 크로멜 – 알루멜 열전대
㉰ 철 – 콘스탄탄 열전대
㉱ 동 – 콘스탄탄 열전대

[해설] • 백금 – 백금 · 로듐(P–R) 열전대의 특징
① 다른 열전대 온도계보다 안정성이 우수하여 고온 측정(0~1600℃)에 적합하다.
② 산화성 분위기에 강하지만 환원성 분위기에 약하다.
③ 내열도, 정도가 높고 정밀 측정용으로 주로 사용된다.
④ 열기전력이 다른 열전대에 비하여 작다.
⑤ 가격이 비싸다.
⑥ 단자 구성은 양극에 백금 – 백금 · 로듐, 음극에 백금을 사용한다.

65. 가스 사용시설의 가스누출 시 검지법으로 틀린 것은?

㉮ 아세틸렌 가스누출 검지에 염화제1구리 착염지를 사용한다.
㉯ 황화수소 가스누출 검지에 초산납 시험지를 사용한다.
㉰ 일산화탄소 가스누출 검지에 염화팔라듐지를 사용한다.
㉱ 염소 가스누출 검지에 묽은 황산을 사용한다.

[해설] • 염소 가스누출 검지에는 요오드칼륨(KI) 전분지를 사용한다.

66. 차압식 유량계로 유량을 측정하였더니 교축기구 전후의 차압이 20.25 Pa일 때 유량이 25 m³/h이었다. 차압이 10.50 Pa일 때의 유량은 약 몇 m³/h인가?

㉮ 13 ㉯ 18 ㉰ 23 ㉱ 28

[해설] • 차압식 유량계에서 유량은 차압의 제곱근에 비례한다.

$$\therefore \ Q_2 = \sqrt{\frac{\Delta P_2}{\Delta P_1}} \times Q_1 = \sqrt{\frac{10.50}{20.25}} \times 25$$
$$= 18.002 \ \text{m}^3/\text{h}$$

67. 오르사트 분석법은 어떤 시약이 CO를 흡수하는 방법을 이용하는 것이다. 이때 사용하는 흡수액은?

㉮ 수산화나트륨 25 % 용액
㉯ 암모니아성 염화제1구리 용액
㉰ 30 % KOH 용액
㉱ 알칼리성 피로갈롤 용액

[해설] • 오르사트식 가스분석 순서 및 흡수제

순서	분석가스	흡수제
1	CO_2	KOH 30 % 수용액
2	O_2	알칼리성 피로갈롤 용액
3	CO	암모니아성 염화제1구리 용액

68. 계량이 정확하고 사용 기차의 변동이 크지 않아 발열량 측정 및 실험실의 기준 가스미터로 사용되는 것은?

㉮ 막식 가스미터   ㉯ 건식 가스미터
㉰ Roots 미터   ㉱ 습식 가스미터

[해설] • 습식 가스미터의 특징
① 계량이 정확하다.
② 사용 중에 오차의 변동이 적다.
③ 사용 중에 수위조정 등의 관리가 필요하다.
④ 설치면적이 크다.
⑤ 용도는 기준용, 실험실용에 사용한다.
⑥ 용량 범위는 0.2~3000 m³/h이다.

69. 가스는 분자량에 따라 다른 비중 값을 갖는다. 이 특성을 이용하는 가스 분석기기는?

㉮ 자기식 O_2 분석기기
㉯ 밀도식 CO_2 분석기기
㉰ 적외선식 가스 분석기기
㉱ 광화학 발광식 NO_x 분석기기

[해설] • 밀도식 CO_2계 : CO_2는 공기에 비하여 밀도가 크다는 것을 이용한 것으로 비중식 CO_2계라 한다. 취급 및 보수가 비교적 용이하고 측정실과 비교실 내의 온도와 압력을 같도록 하여야 하며, 가스 및 공기는 항상 동일 습도로 유지하여야 한다.

70. 화학공장에서 누출된 유독가스를 신속하게 현장에서 검지 정량하는 방법은?

㉮ 전위적정법 ㉯ 흡광광도법
㉰ 검지관법 ㉱ 적정법

[해설] • 검지관법 : 검지관은 안지름 2~4 mm의 유리관 중에 발색시약을 흡착시킨 검지제를 충전하여 양 끝을 막은 것이다. 사용할 때에는 양 끝을 절단하여 가스 채취기로 시료가스를 넣은 후 착색층의 길이, 착색의 정도에서 성분의 농도를 측정하여 표준표와 비색 측정을 하는 것으로, 국지적인 가스 누출 검지에 사용한다.

71. 다음 중 기본단위가 아닌 것은?

㉮ 킬로그램(kg) ㉯ 센티미터(cm)
㉰ 켈빈(K) ㉱ 암페어(A)

[해설] • 기본단위의 종류

기본량	길이	질량	시간	전류	물질량	온도	광도
기본단위	m	kg	s	A	mol	K	cd

72. 다음 중 정도가 가장 높은 가스미터는?

㉮ 습식 가스미터 ㉯ 벤투리 미터
㉰ 오리피스 미터 ㉱ 루트 미터

[해설] • 습식 가스미터는 계량이 정확하고 사용 시 오차의 변동이 크지 않아(정도가 높아) 발열량 측정 및 실험실의 기준 가스미터로 사용한다.

73. 도시가스로 사용하는 NG의 누출을 검지하기 위하여 검지기는 어느 위치에 설치하여야 하는가?

㉮ 검지기 하단은 천장면의 아래쪽 0.3 m 이내
㉯ 검지기 하단은 천장면의 아래쪽 3 m 이내
㉰ 검지기 상단은 바닥면에서 위쪽으로 0.3 m 이내
㉱ 검지기 상단은 바닥면에서 위쪽으로 3 m 이내

[해설] • NG(천연가스)는 주성분이 메탄(CH_4)으로 공기보다 가벼운 가스에 해당되므로 검지기는 천장면에서 검지기 하단까지 0.3 m 이내에 설치한다.

74. 제어기기의 대표적인 것을 들면 검출기, 증폭기, 조작기기, 변환기로 구분되는데 서보전동기(servo motor)는 어디에 속하는가?

㉮ 검출기 ㉯ 증폭기
㉰ 변환기 ㉱ 조작기기

[해설] • 서보전동기 : 서보기구의 조작부로서 제어신호에 의해 부하를 구동하는 장치로 제어기기의 조작기기에 해당된다.

75. 다음 온도계 중 가장 고온을 측정할 수 있는 것은?

㉮ 저항 온도계 ㉯ 서미스터 온도계
㉰ 바이메탈 온도계 ㉱ 광고온계

[해설] • 각 온도계의 측정범위

온도계	측정범위
저항(백금) 온도계	−200~500℃
서미스터 온도계	−100~300℃
바이메탈 온도계	−50~500℃
광고온계	700~3000℃

[해답] 69. ㉯ 70. ㉰ 71. ㉯ 72. ㉮ 73. ㉮ 74. ㉱ 75. ㉱

76. 온도 49℃, 압력 1 atm의 습한 공기 205 kg이 10 kg의 수증기를 함유하고 있을 때 이 공기의 절대습도는? (단, 49℃에서 물의 증기압은 88 mmHg이다.)

㉮ 0.025 kg·H₂O/kg·dryair
㉯ 0.048 kg·H₂O/kg·dryair
㉰ 0.051 kg·H₂O/kg·dryair
㉱ 0.025 kg·H₂O/kg·dryair

[해설] $X = \dfrac{G_w}{G_a} = \dfrac{G_w}{G - G_w} = \dfrac{10}{205 - 10}$
$= 0.0512 \text{ kg·H}_2\text{O/kg·dryair}$

77. 시안화수소(HCN) 가스 누출 시 검지기와 변색상태로 옳은 것은?

㉮ 염화파라듐지 – 흑색
㉯ 염화제1구리착염지 – 적색
㉰ 연당지 – 흑색
㉱ 초산(질산) 구리벤젠지 – 청색

[해설] • 가스검지 시험지법

검지가스	시험지	반응 (변색)
암모니아 (NH₃)	적색 리트머스지	청색
염소 (Cl₂)	KI 전분지	청갈색
포스겐 (COCl₂)	해리슨 시험지	유자색
시안화수소 (HCN)	초산벤젠지	청색
일산화탄소 (CO)	염화파라듐지	흑색
황화수소 (H₂S)	연당지	회흑색
아세틸렌(C₂H₂)	염화제1구리 착염지	적갈색

78. 피드백(feed back) 제어에 대한 설명으로 틀린 것은?

㉮ 다른 제어계보다 판단, 기억의 논리기능이 뛰어나다.
㉯ 입력과 출력을 비교하는 장치는 반드시 필요하다.
㉰ 다른 제어계보다 정확도가 증가된다.

㉱ 제어대상 특성이 다소 변하더라도 이것에 의한 영향을 제어할 수 있다.

[해설] • 피드백 제어(feed back control : 폐[閉]회로) : 제어량의 크기와 목표값을 비교하여 그 값이 일치하도록 되돌림 신호(피드백 신호)를 보내어 수정동작을 하는 제어방식이다. 다른 제어계보다 판단, 기억의 논리기능이 떨어진다.

79. 최대 유량이 10 m³/h인 막식 가스미터기를 설치하여 도시가스를 사용하는 시설이 있다. 가스레인지 2.5 m³/h를 1일 8시간 사용하고, 가스보일러 6 m³/h를 1일 6시간 사용했을 경우 월 가스 사용량은 약 몇 m³인가? (단, 1개월은 31일이다.)

㉮ 1570 ㉯ 1680
㉰ 1736 ㉱ 1950

[해설] 월 가스 사용량
= 가스레인지 사용량 + 가스보일러 사용량
$= (2.5 \times 8 \times 31) + (6 \times 6 \times 31) = 1736 \text{ m}^3/\text{월}$

80. 면적유량계의 특징에 대한 설명으로 틀린 것은?

㉮ 압력손실이 아주 크다.
㉯ 정밀 측정용으로는 부적당하다.
㉰ 슬러리 유체의 측정이 가능하다.
㉱ 균등 유량 눈금으로 측정치를 얻을 수 있다.

[해설] • 면적식 유량계의 특징
① 유량에 따라 직선 눈금이 얻어진다.
② 유량계수는 레이놀즈 수가 낮은 범위까지 일정하다.
③ 고점도 유체나 작은 유체에 대해서도 측정할 수 있다.
④ 차압이 일정하면 오차의 발생이 적다.
⑤ 측정하려는 유체의 밀도를 미리 알아야 한다.
⑥ 압력손실이 적고 균등 유량을 얻을 수 있다.
⑦ 슬러리나 부식성 액체의 측정이 가능하다.
⑧ 정도는 ±1~2 % 정도로 정밀측정에는 부적당하다.

제1과목 연소공학

1. 가연성 물질의 인화 특성에 대한 설명으로 틀린 것은?

㉮ 비점이 낮을수록 인화위험이 커진다.

㉯ 최소점화에너지가 높을수록 인화위험이 커진다.

㉰ 증기압을 높게 하면 인화위험이 커진다.

㉱ 연소범위가 넓을수록 인화위험이 커진다.

해설 • 최소 점화에너지(MIE) : 가연성 혼합가스에 전기적 스파크로 점화시킬 때 점화하기 위한 최소한의 전기적 에너지로 최소 점화에너지가 높을수록 인화위험은 작아진다.

2. 프로판 1 kg을 완전 연소시키면 약 몇 kg의 CO_2가 생성되는가?

㉮ 2 kg 　　 ㉯ 3 kg

㉰ 4 kg 　　 ㉱ 5 kg

해설 ① 프로판의 완전 연소반응식

$C_3H_8 + 5O_2 \rightarrow 3CO_2 + 4H_2O$

② 이산화탄소(CO_2) 생성량 계산

$44 kg : 3 \times 44 kg = 1 kg : x kg$

$\therefore x = \dfrac{3 \times 44 \times 1}{44} = 3 kg$

3. 분진폭발은 가연성 분진이 공기 중에 분산되어 있다가 점화원이 존재할 때 발생한다. 분진폭발이 전파되는 조건과 다른 것은?

㉮ 분진은 가연성이어야 한다.

㉯ 분진은 적당한 공기를 수송할 수 있어야 한다.

㉰ 분진의 농도는 폭발범위를 벗어나 있어야 한다.

㉱ 분진은 화염을 전파할 수 있는 크기로 분포해야 한다.

해설 • 분진폭발의 발생조건

① 분진이 가연성이며 폭발범위 내에 있어야 한다.

② 분진이 화염을 전파할 수 있는 크기의 분포를 가져야 한다.

③ 조연성 가스 중에서 교반과 유동이 일어나야 한다.

④ 충분한 점화원(착화원)을 가져야 한다.

4. 오토 사이클에서 압축비(ϵ)가 10일 때 열효율은 약 몇 %인가? (단, 비열비[k]는 1.4이다.)

㉮ 58.2 　　 ㉯ 59.2

㉰ 60.2 　　 ㉱ 61.2

해설 $\eta = \left\{ 1 - \left(\dfrac{1}{\epsilon} \right)^{k-1} \right\} \times 100$

$= \left\{ 1 - \left(\dfrac{1}{10} \right)^{1.4-1} \right\} \times 100 = 60.189 \%$

5. 가연성 고체의 연소에서 나타나는 연소현상으로 고체가 열분해 되면서 가연성 가스를 내며 연소열로 연소가 촉진되는 연소는?

㉮ 분해연소 　　 ㉯ 자기연소

㉰ 표면연소 　　 ㉱ 증발연소

해설 • 분해연소 : 충분한 착화에너지를 주어 가열분해에 의해 연소하며 휘발분이 있는 고체연료(종이, 석탄, 목재 등) 또는 증발이 일어나기 어려운 액체연료(중유 등)가 이에 해당된다.

6. 완전가스의 성질에 대한 설명으로 틀린 것은 어느 것인가?

㉮ 비열비는 온도에 의존한다.

㉯ 아보가드로의 법칙에 따른다.

㉰ 보일-샤를의 법칙을 만족한다.

㉱ 기체의 분자력과 크기는 무시된다.

해설 • 완전가스(이상기체)의 성질

① 보일-샤를의 법칙을 만족한다.

② 아보가드로의 법칙에 따른다.

③ 내부에너지는 온도만의 함수이다.

④ 온도에 관계없이 비열비는 일정하다.

⑤ 기체의 분자력과 크기도 무시되며 분자

간의 충돌은 완전 탄성체이다.

⑥ 분자와 분자 사이의 거리가 매우 멀다.

⑦ 분자 사이의 인력이 없다.

⑧ 압축성인자가 1이다.

7. 용기의 내부에서 가스폭발이 발생하였을 때 용기가 폭발압력에 견디고 외부의 가연성 가스에 인화되지 않도록 한 구조는?

㉮ 특수(特殊) 방폭구조

㉯ 유입(油入) 방폭구조

㉰ 내압(耐壓) 방폭구조

㉱ 안전증(安全增) 방폭구조

해설 • 내압(耐壓) 방폭구조(d) : 방폭전기 기기의 용기 내부에서 가연성가스의 폭발이 발생할 경우 그 용기가 폭발압력에 견디고, 접합면, 개구부 등을 통하여 외부의 가연성가스에 인화되지 아니하도록 한 구조로 설계할 때 가연성가스의 최대안전틈새(안전간극)를 가장 중요하게 고려해야 한다.

8. 혼합기체의 온도를 고온으로 상승시켜 자연착화를 일으키고, 혼합기체의 전 부분이 극히 단시간 내에 연소하는 것으로서 압력 상승의 급격한 현상을 무엇이라 하는가?

㉮ 전파연소

㉯ 폭발

㉰ 확산연소

㉱ 예혼합연소

해설 • 폭발의 정의 : 혼합기체의 온도를 고온으로 상승시켜 자연착화를 일으키고, 혼합기체의 전부분이 극히 단시간 내에 연소하는 것으로서 압력 상승이 급격한 현상 또는 화염이 음속 이하의 속도로 미반응 물질 속으로 전파되어 가는 발열반응을 말한다.

9. 가스 용기의 물리적 폭발의 원인으로 가장 거리가 먼 것은?

㉮ 누출된 가스의 점화

㉯ 부식으로 인한 용기의 두께 감소

㉰ 과열로 인한 용기의 강도 감소

㉱ 압력 조정 및 압력 방출 장치의 고장

해설 누출된 가스의 점화는 화학적 폭발원인에 해당된다.

10. $CO_2max[\%]$는 어느 때의 값인가?

㉮ 실제공기량으로 연소시켰을 때

㉯ 이론공기량으로 연소시켰을 때

㉰ 과잉공기량으로 연소시켰을 때

㉱ 부족 공기량으로 연소시켰을 때

해설 이론공기량으로 연소할 때 연소가스량이 최소가 되므로 연소가스 중 CO_2의 함유율은 최대가 된다.

11. 다음 혼합가스 중 폭굉이 발생되기 가장 쉬운 것은?

㉮ 수소 – 공기

㉯ 수소 – 산소

㉰ 아세틸렌 – 공기

㉱ 아세틸렌 – 산소

해설 • 각 가스의 폭발범위 및 폭굉범위

가스 명칭	폭발범위	폭굉범위
수소 + 공기	4~75 %	18.3~59 %
수소 + 산소	4~94 %	15~90 %
아세틸렌 + 공기	2.5~81 %	4.2~50 %
아세틸렌 + 산소	2.5~93 %	3.5~92 %

※ 폭굉범위 하한값이 낮고 폭굉범위가 넓은 것이 폭굉이 발생되기 가장 쉬운 것이 된다.

12. 프로판 가스 1 kg을 완전 연소시킬 때 필요한 이론 공기량은 약 몇 Nm^3/kg인가? (단, 공기 중 산소는 21 v%이다.)

㉮ 10.1

㉯ 11.2

㉰ 12.1

㉱ 13.2

해설 ① 프로판의 완전 연소반응식

$$C_3H_8 + 5O_2 \rightarrow 3CO_2 + 4H_2O$$

② 이론공기량(Nm^3/kg) 계산

$$44 \, kg : 5 \times 22.4 \, Nm^3 = 1 \, kg : x(O_0) \, Nm^3$$

$$\therefore A_0 = \frac{x(O_0)}{0.21} = \frac{5 \times 22.4 \times 1}{44 \times 0.21}$$

$$= 12.121 \, Nm^3/kg$$

13. 자연발화를 방지하기 위해 필요한 사항이 아닌 것은?

㉮ 습도를 높여 준다.

㉯ 통풍을 잘 시킨다.

田 저장실 온도를 낮춘다.

라 열이 쌓이지 않도록 주의한다.

해설 • 자연발화의 방지법

① 통풍이 잘 되게 한다.

② 저장실의 온도를 낮춘다.

③ 습도가 높은 것을 피한다.

④ 열의 축적을 방지한다.

14. 불완전 연소의 원인으로 가장 거리가 먼 것은?

㉮ 불꽃의 온도가 높을 때

㉯ 필요량의 공기가 부족할 때

㉰ 배기가스의 배출이 불량할 때

㉱ 공기와의 접촉 혼합이 불충분할 때

해설 • 불완전 연소의 원인

① 연소에 필요한 공기량이 부족할 때

② 공기와의 접촉 및 혼합이 불충분할 때

③ 연소실이 고온으로 유지되지 못할 때

④ 배기가스 배출이 원활하지 않을 때

⑤ 연소에 필요한 연소실 공간이 부족할 때

⑥ 연소에 필요한 시간이 유지되지 못할 때

참고 • 완전연소의 조건

① 적절한 공기 공급과 혼합을 잘 시킬 것

② 연소실 온도를 착화온도 이상으로 유지할 것

③ 연소실을 고온으로 유지할 것

④ 연소에 충분한 연소실과 시간을 유지할 것

15. 다음 중 연소 및 폭발 등에 대한 설명 중 틀린 것은?

㉮ 점화원의 에너지가 약할수록 폭굉 유도거리는 길어진다.

㉯ 가스의 폭발범위는 측정 조건을 바꾸면 변화한다.

㉰ 혼합가스의 폭발한계는 르샤틀리에 식으로 계산한다.

㉱ 가스 연료의 최소점화에너지는 가스농도에 관계없이 결정되는 값이다.

해설 가스 연료의 최소점화 에너지는 공기와의 혼합비(산소농도), 압력, 연소속도, 온도 등에 따라 다르게 측정될 수 있다.

16. 고체연료의 성질에 대한 설명 중 옳지 않은 것은?

㉮ 수분이 많으면 통풍불량의 원인이 된다.

㉯ 휘발분이 많으면 점화가 쉽고, 발열량이 높아진다.

㉰ 착화온도는 산소량이 증가할수록 낮아진다.

㉱ 회분이 많으면 연소를 나쁘게 하여 열효율이 저하된다.

해설 • 휘발분이 증가할 때 영향

① 연소 시 매연(그을음)이 발생된다.

② 점화(착화)가 쉽다.

③ 불꽃이 장염이 되기 쉽다.

④ 역화(back fire)를 일으키기 쉽다.

⑤ 발열량이 감소한다.

17. 물질의 화재 위험성에 대한 설명으로 틀린 것은?

㉮ 인화점이 낮을수록 위험하다.

㉯ 발화점이 높을수록 위험하다.

㉰ 연소범위가 넓을수록 위험하다.

㉱ 착화에너지가 낮을수록 위험하다.

해설 • 물질의 화재 위험성

① 인화점, 발화점이 낮을수록 위험하다.

② 연소범위(폭발범위)가 넓을수록 위험하다.

③ 착화에너지가 낮을수록 위험하다.

④ 안전간격이 좁을수록 위험하다.

18. 열역학 제1법칙을 바르게 설명한 것은?

㉮ 열평형에 관한 법칙이다.

㉯ 제2종 영구기관의 존재 가능성을 부인하는 법칙이다.

㉰ 열은 다른 물체에 아무런 변화도 주지 않고, 저온 물체에서 고온 물체로 이동하지 않는다.

㉱ 에너지보존 법칙 중 열과 일의 관계를 설명한 것이다.

해설 • 열역학 법칙

① 열역학 제0법칙 : 열평형의 법칙

해답 **14.** ㉮ **15.** ㉱ **16.** ㉯ **17.** ㉯ **18.** ㉱

② 열역학 제1법칙 : 에너지보존의 법칙
③ 열역학 제2법칙 : 방향성의 법칙
④ 열역학 제3법칙 : 어떤 계 내에서 물체의 상태변화 없이 절대온도 0도에 이르게 할 수 없다.
※ 가항 : 열역학 제0법칙 설명
　　 나항 : 열역학 제2법칙 설명
　　 다항 : 열역학 제2법칙 설명
参考 • 영구기관
① 제1종 영구기관 : 입력보다 출력이 더 큰 기관으로 효율이 100 % 이상인 것으로 열역학 제1법칙에 위배된다.
② 제2종 영구기관 : 입력과 출력이 같은 기관으로 효율이 100 %인 것으로 열역학 제2법칙에 위배된다.

19. 다음 반응에서 평형을 오른쪽으로 이동시켜 생성물을 더 많이 얻으려면 어떻게 해야 하는가 ?

$$CO + H_2O \rightarrow H_2 + CO_2 + Q \text{ kcal}$$

가 온도를 높인다. 　 나 압력을 높인다.
다 온도를 낮춘다. 　 라 압력을 낮춘다.
해설 • 온도와 평형이동의 관계
① 발열반응에서 온도를 높이면 역반응이 일어난다.
② 흡열반응에서 온도를 높이면 정반응이 일어난다.
∴ 주어진 반응식은 발열반응이고 평형을 오른쪽으로 이동시켜 생성물을 더 많이 얻으려면 온도를 낮춰 정반응이 일어나도록 하여야 한다.

20. 탄소 2 kg을 완전 연소시켰을 때 발생된 연소가스(CO_2)의 양은 얼마인가 ?

가 3.66 kg 　　　 나 7.33 kg
다 8.89 kg 　　　 라 12.34 kg
해설 ① 탄소(C)의 완전연소 반응식
　　 $C + O_2 \rightarrow CO_2$
② CO_2 발생량 계산
　　 $12 \text{ kg} : 44 \text{ kg} = 2 \text{ kg} : x \text{ kg}$
　　 $\therefore x = \dfrac{44 \times 2}{12} = 7.333 \text{ kg}$

제2과목 가스설비

21. 도시가스 제조공정 중 촉매 존재 하에 약 400~800℃의 온도에서 수증기와 탄화수소를 반응시켜 CH_4, H_2, CO, CO_2 등으로 변화시키는 프로세스는 ?

가 열분해 프로세스
나 부분연소 프로세스
다 접촉분해 프로세스
라 수소화분해 프로세스
해설 • 접촉분해 공정(steam reforming process) : 촉매를 사용해서 반응온도 400~800℃에서 탄화수소와 수증기를 반응시켜 메탄(CH_4), 수소(H_2), 일산화탄소(CO), 이산화탄소(CO_2)로 변환하는 공정이다.

22. 직류전철 등에 의한 누출 전류의 영향을 받는 배관에 적합한 전기방식법은 ?

가 희생양극법 　　　 나 교호법
다 배류법 　　　　　 라 외부전원법
해설 • 전기방식 방법
① 누출전류의 영향이 없는 경우 : 외부전원법, 희생양극법
② 누출전류의 영향을 받는 배관 : 배류법
③ 누출전류의 영향을 받는 배관으로 방식효과가 충분하지 않을 경우 : 외부전원법 또는 희생양극법을 병용

23. 전양정이 54 m, 유량이 1.2 m^3/min인 펌프로 물을 이송하는 경우, 이 펌프의 축동력은 약 몇 PS인가 ? (단, 펌프의 효율은 80 %, 물의 밀도는 1 g/cm^3이다.)

가 13 　　　　　 나 18
다 23 　　　　　 라 28
해설 $PS = \dfrac{\gamma \cdot Q \cdot H}{75 \eta}$

$$= \dfrac{1000 \times 1.2 \times 54}{75 \times 0.8 \times 60} = 18 \text{ PS}$$

※ 물의 밀도 1 g/cm^3 = 1000 kg/m^3이고, 물의 비중량값에 적용하였음

해답 　 19. 다 　 20. 나 　 21. 다 　 22. 다 　 23. 나

24. LNG 수입기지에서 LNG를 NG로 전환하기 위하여 가열원을 해수로 기화시키는 방법은?

㉮ 냉열기화

㉯ 중앙매체식 기화기

㉰ open rack vaporizer

㉱ submerged conversion vaporizer

해설 • LNG 기화장치의 종류

① 오픈 랙(open rack) 기화법 : 베이스로드용으로 바닷물을 열원으로 사용하므로 초기시설비가 많으나 운전비용이 저렴하다.

② 중간매체법 : 베이스로드용으로 프로판(C_3H_8), 펜탄(C_5H_{12}) 등을 사용한다.

③ 서브머지드(submerged)법 : 피크로드용으로 액중 버너를 사용한다. 초기시설비가 적으나 운전비용이 많이 소요된다.

25. vapor-rock 현상의 원인과 방지 방법에 대한 설명으로 틀린 것은?

㉮ 흡입관 지름을 작게 하거나 펌프의 설치위치를 높게 하여 방지할 수 있다.

㉯ 흡입관로를 청소하여 방지할 수 있다.

㉰ 흡입관로의 막힘, 스케일 부착 등에 의해 저항이 증대했을 때 원인이 된다.

㉱ 액 자체 또는 흡입배관 외부의 온도가 상승될 때 원인이 될 수 있다.

해설 (1) 베이퍼로크(vapor-lock) 현상 : 저비점 액체 등을 이송 시 펌프의 입구에서 발생하는 현상으로 액의 끓음에 의한 동요를 말한다.

(2) 방지법

① 실린더 라이너 외부를 냉각한다.

② 흡입배관을 크게 하고 단열처리 한다.

③ 펌프의 설치위치를 낮춘다.

④ 흡입관로를 청소한다.

26. 저압 가스 배관에서 관의 내경이 1/2로 되면 압력손실은 몇 배가 되는가? (단, 다른 모든 조건은 동일한 것으로 본다.)

㉮ 4   ㉯ 16   ㉰ 32   ㉱ 64

해설 $H = \dfrac{Q^2 SL}{K^2 D^5}$ 에서 관지름만 $\dfrac{1}{2}$ 배로 되므로

$$\therefore H = \dfrac{1}{\left(\dfrac{1}{2}\right)^5} = 32 \,(배)$$

27. 사용압력이 60 kgf/cm^2, 관의 허용응력이 20 kgf/mm^{2}일 때의 스케줄 번호는 얼마인가?

㉮ 15   ㉯ 20

㉰ 30   ㉱ 60

해설 $Sch\ NO = 10 \times \dfrac{P}{S} = 10 \times \dfrac{60}{20} = 30$

28. 도시가스 배관 등의 용접 및 비파괴검사 중 용접부의 육안검사에 대한 설명으로 틀린 것은?

㉮ 보강 덧붙임은 그 높이가 모재 표면보다 낮지 않도록 하고, 3 mm 이상으로 할 것

㉯ 외면의 언더컷은 그 단면이 V자형으로 되지 않도록 하며, 1개의 언더컷 길이 및 깊이는 각각 30 mm 이하 및 0.5 mm 이하일 것

㉰ 용접부 및 그 부근에는 균열, 아크 스트라이크, 위해하다고 인정되는 지그의 흔적, 오버랩 및 피트 등의 결함이 없을 것

㉱ 비드 형상이 일정하며 슬러그, 스패터 등이 부착되어 있지 않을 것

해설 보강 덧붙임은 그 높이가 모재 표면보다 낮지 않도록 하고, 3 mm 이하를 원칙으로 한다.

29. 기화장치의 성능에 대한 설명으로 틀린 것은?

㉮ 온수가열방식은 그 온수의 온도가 80℃ 이하이어야 한다.

㉯ 증기가열방식은 그 온수의 온도가 120℃ 이하이어야 한다.

㉰ 기화통 내부는 밀폐구조로 하며 분해할 수 없는 구조로 한다.

해답 24. ㉰ 25. ㉮ 26. ㉰ 27. ㉰ 28. ㉮ 29. ㉰

라 액유출 방지장치로서의 전자식 밸브는
액화가스 인입부의 필터 또는 스트레이
너 후단에 설치한다.

[해설] 기화통 내부는 점검구 등을 통하여 확인
할 수 있거나 분해점검을 통하여 확인할 수
있는 구조로 한다.

30. 동일한 펌프로 회전수를 변경시킬 경우
양정을 변화시켜 상사 조건이 되려면 회전수
와 유량은 어떤 관계가 있는가?

   가 유량에 비례한다.
   나 유량에 반비례한다.
   다 유량의 2승에 비례한다.
   라 유량의 2승에 반비례한다.

[해설] • 원심펌프의 상사법칙

   ① 유량 $Q_2 = Q_1 \times \left(\dfrac{N_2}{N_1}\right)$

   ∴ 유량은 회전수 변화에 비례한다.

   ② 양정 $H_2 = H_1 \times \left(\dfrac{N_2}{N_1}\right)^2$

   ∴ 양정은 회전수 변화의 2승에 비례한다.

   ③ 동력 $L_2 = L_1 \times \left(\dfrac{N_2}{N_1}\right)^3$

   ∴ 동력은 회전수 변화의 3승에 비례한다.
   ※ 회전수가 변경되어 상사조건이 되었을 때
   양정은 회전수 변화의 2승에 비례하는 것
   이고, 회전수가 2승으로 변화되면 유량도 2
   승으로 변화된다.

31. 도시가스 정압기 출구 측의 압력이 설정
압력보다 비정상적으로 상승하거나 낮아지는
경우에 이상 유무를 상황실에서 알 수 있도
록 알려 주는 설비는?

   가 압력기록장치
   나 이상압력 통보설비
   다 가스 누출경보장치
   라 출입문 개폐통보장치

[해설] • 이상압력 통보설비 : 정압기 출구측의 압
력이 설정압력보다 상승하거나 낮아지는 경
우에 이상유무를 상황실에서 알 수 있도록 경

보음(70 dB 이상) 등으로 알려주는 설비이다.

32. 가연성가스를 충전하는 차량에 고정된 탱
크 및 용기에 부착되어 있는 안전밸브의 작
동압력으로 옳은 것은?

   가 상용압력의 1.5배 이상
   나 상용압력의 10분의 8 이하
   다 내압시험 압력의 1.5배 이하
   라 내압시험 압력의 10분의 8 이하

[해설] 안전밸브의 작동압력 = 내압시험 압력의 10
분의 8 이하[46번에서 정답을 문제에서 설명]

33. 자연기화와 비교한 강제기화기 사용 시 특
징에 대한 설명으로 틀린 것은?

   가 기화량을 가감할 수 있다.
   나 공급가스의 조성이 일정하다.
   다 설비장소가 커지고 설비비는 많이 든다.
   라 LPG 종류에 관계없이 한랭 시에도 충
   분히 기화된다.

[해설] • 강제기화기 사용 시 특징(장점)
   ① 한랭시에도 연속적으로 가스공급이 가능
   하다.
   ② 공급가스의 조성이 일정하다.
   ③ 설치면적이 적어진다.
   ④ 기화량을 가감할 수 있다.
   ⑤ 설비비 및 인건비가 절약된다.

34. 재료의 성질 및 특성에 대한 설명으로 옳
은 것은?

   가 비례한도 내에서 응력과 변형은 반비례
   한다.
   나 안전율은 파괴강도와 허용응력에 각각
   비례한다.
   다 인장시험에서 하중을 제거시킬 때 변형
   이 원상태로 되돌아가는 최대 응력값을
   탄성한도라 한다.
   라 탄성한도 내에서 가로와 세로 변형율의
   비는 재료에 관계없이 일정한 값이 된다.

해설 • 각 항목의 옳은 설명

① 비례한도 내에서 응력과 변형은 비례한다.

② 안전율 $= \dfrac{\text{인장강도}}{\text{허용응력}}$ 이므로 안전율은 인장강도에 비례하고 허용응력에 반비례한다.

③ 인장시험의 응력-변형율 선도에서 하중을 제거시킬 때 변형이 원상태로 되돌아가는 한계점을 탄성한도라 한다.

※ 탄성한도 내에서 가로와 세로 변형율의 비는 재료에 관계없이 일정한 값이 되며 이 비를 푸와송의 비라 하고 $\dfrac{1}{m}$ 로 나타낸다.

※ $\dfrac{1}{m} = \dfrac{\text{가로변형율}}{\text{세로변형율}}$ (m : 푸와송의 수)

35. 펌프에서 일어나는 현상 중 송출압력과 송출유량 사이에 주기적인 변동이 일어나는 현상은?

㉮ 서징현상 ㉯ 공동현상

㉰ 수격현상 ㉱ 진동현상

해설 • 서징(surging) 현상 : 맥동현상이라 하며 펌프 운전 중에 주기적으로 운동, 양정, 토출량이 규칙적으로 변동하는 현상으로 압력계의 지침이 일정범위 내에서 움직인다.

36. 냉동기에 대한 옳은 설명으로만 모두 나열된 것은?

ⓐ CFC 냉매는 염소, 불소, 탄소만으로 화합된 냉매이다.

ⓑ 물은 비체적이 커서 증기 압축식 냉동기에 적당하다.

ⓒ 흡수식 냉동기는 서로 잘 용해하는 두 가지 물질을 사용한다.

ⓓ 냉동기의 냉동효과는 냉매가 흡수한 열량을 뜻한다.

㉮ ⓐ, ⓑ ㉯ ⓑ, ⓒ

㉰ ⓐ, ⓓ ㉱ ⓐ, ⓒ, ⓓ

해설 물은 대기압상태에서 비점이 100℃에 해당되어 증기 압축식 냉동기의 냉매로는 부적당하다.

37. 정류(rectification)에 대한 설명으로 틀린 것은?

㉮ 비점이 비슷한 혼합물의 분리에 효과적이다.

㉯ 상층의 온도는 하층의 온도보다 높다.

㉰ 환류비를 크게 하면 제품의 순도는 좋아진다.

㉱ 포종탑에서는 액량이 거의 일정하므로 접촉효과가 우수하다.

해설 정류장치에서 상층의 온도는 하층의 온도보다 낮다.(공기액화분리장치에서 하층에서는 산소가, 상층에서는 질소가 분리 정류된다.)

38. 고압가스 설비에 설치하는 압력계의 최고 눈금은?

㉮ 상용압력의 2배 이상, 3배 이하

㉯ 상용압력의 1.5배 이상, 2배 이하

㉰ 내압시험 압력의 1배 이상, 2배 이하

㉱ 내압시험 압력의 1.5배 이상, 2배 이하

해설 고압가스 설비에 설치하는 압력계는 상용압력의 1.5배 이상, 2배 이하의 최고눈금이 있는 것으로 하고, 사업소에는 국가표준기본법에 의한 제품인증을 받은 압력계를 2개 이상 비치한다.

39. 천연가스의 비점은 약 몇 ℃인가?

㉮ -84 ㉯ -162

㉰ -183 ㉱ -192

해설 천연가스(NG)의 주성분은 메탄(CH_4)이므로 비점은 -161.5℃에 해당된다.

40. 가스 용기재료의 구비조건으로 가장 거리가 먼 것은?

㉮ 내식성을 가질 것

㉯ 무게가 무거울 것

㉰ 충분한 강도를 가질 것

㉱ 가공 중 결함이 생기지 않을 것

해설 • 용기 재료의 구비조건

① 내식성, 내마모성을 가질 것

해답 35. ㉮ 36. ㉱ 37. ㉯ 38. ㉯ 39. ㉯ 40. ㉯

② 가볍고 충분한 강도를 가질 것

③ 저온 및 사용 중 충격에 견디는 연성, 전성을 가질 것

④ 가공성, 용접성이 좋고 가공 중 결함이 생기지 않을 것

제3과목 가스안전관리

41. 고압가스 용기의 보관에 대한 설명으로 틀린 것은?

㉮ 독성가스, 가연성가스 및 산소용기는 구분한다.

㉯ 충전용기 보관은 직사광선 및 온도와 관계없다.

㉰ 잔가스 용기와 충전용기는 구분한다.

㉱ 가연성가스 용기보관장소에는 방폭형 휴대용 손전등 외의 등화를 휴대하지 않는다.

[해설] 용기는 항상 40℃ 이하의 온도를 유지하고, 직사광선을 받지 아니하도록 조치한다.

42. 고압가스 분출 시 정전기가 가장 발생하기 쉬운 경우는?

㉮ 가스의 온도가 높을 경우

㉯ 가스의 분자량이 적을 경우

㉰ 가스 속에 액체 미립자가 섞여 있을 경우

㉱ 가스가 충분히 건조되어 있을 경우

[해설] 고압가스가 분출될 때 가스 속에 액체 미립자가 섞여 있을 경우 정전기가 발생할 가능성이 높다.

43. 냉동기를 제조하고자 하는 자가 갖추어야 할 제조설비가 아닌 것은?

㉮ 프레스 설비   ㉯ 조립 설비

㉰ 용접 설비   ㉱ 도막 측정기

[해설] • 냉동기 제조 시 갖추어야 할 제조설비

① 프레스 설비

② 제관 설비

③ 압력용기의 제조에 필요한 설비 : 성형설

비, 세척설비, 열처리로

④ 구멍가공기, 외경절삭기, 내경절삭기, 나사전용 가공기 등 공작기계설비

⑤ 전처리설비 및 부식방지 도장설비

⑥ 건조설비

⑦ 용접설비

⑧ 조립설비

⑨ 그 밖에 제조에 필요한 설비 및 기구

44. 일반도시가스사업 제조소의 도로 밑 도시가스배관 직상단에는 배관의 위치, 흐름방향을 표시한 라인마크(line mark)를 설치(표시)하여야 한다. 직선 배관인 경우 라인마크의 최소 설치간격은?

㉮ 25 m   ㉯ 50 m

㉰ 100 m   ㉱ 150 m

[해설] • 라인마크 설치 : 라인마크는 배관길이 50 m마다 1개 이상 설치하되, 주요 분기점, 굴곡지점, 관말지점 및 그 주위 50 m 이내에 설치한다. 다만, 밸브박스 또는 배관 직상부에 설치된 전위측정용 터미널이 라인마크 설치기준에 적합한 기능을 갖도록 설치된 경우에는 이를 라인마크로 볼 수 있다.

45. 액화석유가스 저장탱크에는 자동차에 고정된 탱크에서 가스를 이입할 수 있도록 로딩암을 건축물 내부에 설치할 경우 환기구를 설치하여야 한다. 환기구 면적의 합계는 바닥면적의 얼마 이상을 기준으로 하는가?

㉮ 1 %   ㉯ 3 %   ㉰ 6 %   ㉱ 10 %

[해설] 로딩암을 건축물 내부에 설치하는 경우에는 건축물의 바닥면에 접하여 환기구를 2방향 이상 설치하고, 환기구 면적의 합계는 바닥면적의 6 % 이상으로 한다.

46. 가연성가스를 충전하는 차량에 고정된 탱크에 설치하는 것으로, 내압시험 압력의 10분의 8 이하의 압력에서 작동하는 것은?

㉮ 역류방지밸브   ㉯ 안전밸브

㉰ 스톱밸브   ㉱ 긴급차단장치

[해설] 안전밸브의 작동압력 = 내압시험 압력의 10분의 8 이하[32번 문제에서 정답 설명]

해답 41. ㉯   42. ㉰   43. ㉱   44. ㉯   45. ㉰   46. ㉯

47. 차량에 고정된 탱크의 운반기준에서 가연성가스 및 산소탱크의 내용적은 얼마를 초과할 수 없는가?

㉮ 18000 L ㉯ 12000 L
㉰ 10000 L ㉱ 8000 L

해설 • 차량에 고정된 탱크 내용적 제한
① 가연성(LPG 제외), 산소 : 18000 L 초과 금지
② 독성가스(암모니아 제외) : 12000 L 초과 금지

48. 공기액화 분리장치의 액화산소 5 L 중에 메탄 360 mg, 에틸렌 196 mg이 섞여 있다면 탄화수소 중 탄소의 질량(mg)은 얼마인가?

㉮ 438 ㉯ 458 ㉰ 469 ㉱ 500

해설 ① 불순물 유입금지 기준 : 액화산소 5 L 중 아세틸렌 질량이 5 mg 또는 탄화수소의 탄소 질량이 500 mg을 넘을 때는 운전을 중지하고 액화산소를 방출한다.
② 탄화수소 중 탄소질량 계산 : 메탄(CH_4)의 분자량 16, 에틸렌(C_2H_4)의 분자량 28이다.
∴ 탄소질량

$$= \frac{\text{탄화수소 중 탄소질량}}{\text{탄화수소의 분자량}} \times \text{탄화수소량}$$

$$= \left(\frac{12}{16} \times 360\right) + \left(\frac{24}{28} \times 196\right) = 438 \text{ mg}$$

49. 산소 용기를 이동하기 전에 취해야 할 사항으로 가장 거리가 먼 것은?

㉮ 안전밸브를 떼어 낸다.
㉯ 밸브를 잠근다.
㉰ 조정기를 떼어 낸다.
㉱ 캡을 확실히 부착한다.

해설 산소 용기를 이동하기 전에 용기 밸브를 폐쇄하고, 압력조정기를 분리하고, 용기 밸브 보호용 캡을 부착한다.

50. 고압가스 용기 파열사고의 주요 원인으로 가장 거리가 먼 것은?

㉮ 용기의 내압력(耐壓力) 부족
㉯ 용기밸브의 용기에서의 이탈
㉰ 용기 내압(內壓)의 이상 상승
㉱ 용기 내에서의 폭발성혼합가스의 발화

해설 • 용기 파열사고의 주요 원인
① 용기의 내압력(耐壓力) 부족
② 용기 내부압력의 이상 상승
③ 용기 내에서의 폭발성혼합가스의 발화
④ 안전장치의 불량으로 작동 미비
⑤ 용기 취급 불량

51. 내용적이 25000 L인 액화산소 저장탱크의 저장능력은 얼마인가?(단, 비중은 1.04이다.)

㉮ 26000 kg ㉯ 23400 kg
㉰ 22780 kg ㉱ 21930 kg

해설 $W = 0.9dV = 0.9 \times 1.04 \times 25000$
$= 23400 \text{ kg}$

52. 다음 중 독성가스와 그 제독제가 옳지 않게 짝지어진 것은?

㉮ 아황산가스 : 물
㉯ 포스겐 : 소석회
㉰ 황화수소 : 물
㉱ 염소 : 가성소다 수용액

해설 • 독성가스 제독제

가스 종류	제독제의 종류
염소	가성소다 수용액, 탄산소다 수용액, 소석회
포스겐	가성소다 수용액, 소석회
황화수소	가성소다 수용액, 탄산소다 수용액
시안화수소	가성소다 수용액
아황산가스	가성소다 수용액, 탄산소다 수용액, 물
암모니아, 산화에틸렌, 염화메탄	물

53. 용기에 의한 액화석유가스 사용시설에서 과압안전장치 설치 대상은 자동절체기가 설치된 가스설비의 경우 저장능력의 몇 kg 이상인가?

해답 47. ㉮ 48. ㉮ 49. ㉮ 50. ㉯ 51. ㉯ 52. ㉰ 53. ㉱

㉮ 100 kg ㉯ 200 kg
㉰ 400 kg ㉱ 500 kg

해설 저장능력이 250 kg 이상(자동절체기를 사용하여 용기를 집합한 경우에는 저장능력 500 kg 이상)인 저장설비, 가스설비 및 배관에는 그 안의 압력이 허용압력을 초과하는 경우 즉시 그 압력을 허용압력 이하로 되돌릴 수 있게 하기 위하여 과압안전장치를 설치한다.

참고 • 용기에 의한 액화석유가스 사용시설 기준
① 저장능력 100 kg 이하 : 용기, 용기밸브, 압력조정기가 직사광선, 눈, 빗물에 노출되지 않도록 조치
② 저장능력 100 kg 초과 : 용기보관실 설치
③ 저장능력 250 kg 이상 : 과압안전장치 설치
④ 저장능력 500 kg 초과 : 저장탱크 또는 소형저장탱크 설치

54. 용접부의 용착상태의 양부를 검사할 때 가장 적당한 시험은?

㉮ 인장시험 ㉯ 경도시험
㉰ 충격시험 ㉱ 피로시험

해설 인장시험편을 용접부에서 채취하여 인장시험을 하여 용접부 용착상태가 적합한지, 부적합한지 판단한다.

55. 수소의 성질에 관한 설명으로 틀린 것은?

㉮ 모든 가스 중에 가장 가볍다.
㉯ 열전달률이 아주 작다.
㉰ 폭발범위가 아주 넓다.
㉱ 고온, 고압에서 강제 중의 탄소와 반응한다.

해설 • 수소의 성질
① 지구상에 존재하는 원소 중 가장 가볍다. (기체 비중이 약 0.07 정도)
② 무색, 무취, 무미의 가연성이다.
③ 열전도율이 대단히 크고, 열에 대해 안정하다.
④ 확산속도가 대단히 크다.
⑤ 고온에서 강제, 금속재료를 쉽게 투과한다.
⑥ 폭굉속도가 1400~3500 m/s에 달한다.
⑦ 폭발범위가 넓다.(공기 중 : 4~75 %, 산소 중 : 4~94 %)

⑧ 고온, 고압 하에서 강(鋼)중의 탄소와 반응하여 수소취성을 일으킨다.

56. 일정 기준 이상의 고압가스를 적재 운반 시에는 운반책임자가 동승한다. 다음 중 운반책임자의 동승기준으로 틀린 것은?

㉮ 가연성 압축가스 : 300 m^3 이상
㉯ 조연성 압축가스 : 600 m^3 이상
㉰ 가연성 액화가스 : 4000 kg 이상
㉱ 조연성 액화가스 : 6000 kg 이상

해설 • 비독성 고압가스 운반책임자 동승 기준

가스의 종류		기준
압축 가스	가연성	300 m^3 이상
	조연성	600 m^3 이상
액화 가스	가연성	3000 kg 이상 (에어졸 용기 : 2000 kg 이상)
	조연성	6000 kg 이상

57. 다음 중 특정고압가스에 해당하는 것만으로 나열된 것은?

㉮ 수소, 아세틸렌, 염화수소, 천연가스, 포스겐
㉯ 수소, 산소, 액화석유가스, 포스핀, 압축 디보레인
㉰ 수소, 염화수소, 천연가스, 포스겐, 포스핀
㉱ 수소, 산소, 아세틸렌, 천연가스, 포스핀

해설 • 특정고압가스의 종류
① 법에서 정한 것(법 20조) : 수소, 산소, 액화암모니아, 아세틸렌, 액화염소, 천연가스, 압축모노실란, 압축디보란, 액화알진, 그밖에 대통령령이 정하는 고압가스
② 대통령령이 정한 것(시행령 16조) : 포스핀, 셀렌화수소, 게르만, 디실란, 오불화비소, 오불화인, 삼불화인, 삼불화질소, 삼불화붕소, 사불화유황, 사불화규소
③ 특수고압가스 : 압축모노실란, 압축디보란, 액화알진, 포스핀, 셀렌화수소, 게르만, 디실란 그밖에 반도체의 세정 등 산업통상자원부 장관이 인정하는 특수한 용도에 사용하는 고압가스

해답 54. ㉮ 55. ㉯ 56. ㉰ 57. ㉱

58. 아세틸렌가스를 2.5 MPa의 압력으로 압축할 때 첨가하는 희석제가 아닌 것은?

㉮ 질소   ㉯ 메탄

㉰ 일산화탄소   ㉱ 산소

[해설] • 희석제의 종류

① 안전관리 규정에 정한 것 : 질소(N_2), 메탄(CH_4), 일산화탄소(CO), 에틸렌(C_2H_4)

② 희석제로 가능한 것 : 수소(H_2), 프로판(C_3H_8), 이산화탄소(CO_2)

59. LP가스 사용시설의 배관 내용적이 10 L인 저압 배관에 압력계로 기밀시험을 할 때 기밀시험 압력 유지시간은 얼마인가?

㉮ 5분 이상   ㉯ 10분 이상

㉰ 24분 이상   ㉱ 48분 이상

[해설] • 압력계에 의한 배관설비 기밀시험

종류	최고 사용압력	용적	기밀 유지시간
압력계 또는 자기압력 기록계	0.3 MPa 이하	10 L 이하	5분
		10 L 초과 50 L 이하	10분
		50 L 초과 1 m^3 미만	24분
		1 m^3 이상 10 m^3 미만	240분
		10 m^3 이상 300 m^3 미만	24×V분
	0.3 MPa 초과	10 L 이하	5분
		10 L 초과 50 L 이하	10분
		50 L 초과 1 m^3 미만	48분
		1 m^3 이상 10 m^3 미만	480분
		10 m^3 이상 300 m^3 미만	48×V분

※ 기밀시험 시 기밀유지시간 이상을 유지한다.

※ V는 피시험부분의 용적(m^3)이다.

60. 액화염소 2000 kg을 차량에 적재하여 운

반할 때 휴대하여야 할 소석회는 몇 kg 이상을 기준으로 하는가?

㉮ 10   ㉯ 20   ㉰ 30   ㉱ 40

[해설] • 독성가스 운반 시 휴대하여야 할 약제

① 1000 kg 미만 : 소석회 20 kg 이상

② 1000 kg 이상 : 소석회 40 kg 이상

③ 적용가스 : 염소, 염화수소, 포스겐, 아황산가스

제4과목 가스계측기기

61. 바이메탈 온도계에 사용되는 변환 방식은?

㉮ 기계적 변환   ㉯ 광학적 변환

㉰ 유도적 변환   ㉱ 전기적 변환

[해설] • 기계적 변환 방식의 분류

① 직선변위→회전변위 : 지렛대, 톱니바퀴, 나사, 비틀림 금속 박편(탄성 지렛대식)

② 힘→직선변위→회전변위 : 스프링과 중력을 이용

③ 온도→직선변위 : 바이메탈 이용

④ 전류→힘 또는 토크 : 전기계기에서 전류를 힘 또는 토크로 변환

62. 계량, 계측기의 교정이라 함은 무엇을 뜻하는가?

㉮ 계량, 계측기의 지시값과 표준기의 지시값과의 차이를 구하여 주는 것

㉯ 계량, 계측기의 지시값을 평균하여 참값과의 차이가 없도록 가산하여 주는 것

㉰ 계량, 계측기의 지시값과 참값과의 차를 구하여 주는 것

㉱ 계량, 계측기의 지시값을 참값과 일치하도록 수정하는 것

[해설] • 보정 : 측정값(지시값)이 참값에 가깝도록 행하는 조작으로 오차와의 크기는 같으나 부호가 반대이다.

63. 주로 기체연료의 발열량을 측정하는 열량계는?

---

⑦ Richter 열량계　⑧ Scheel 열량계
⑨ Junker 열량계　⑩ Thomson 열량계

[해설] • 융커스(Junker)식 열량계 : 기체 연료의 발열량 측정에 사용되며 시그마 열량계와 융커스식 유수형 열량계로 구분된다.

64. 염소(Cl_2)가스 누출 시 검지하는 가장 적당한 시험지는?

⑦ 연당지

⑧ KI-전분지

⑨ 초산벤젠지

⑩ 염화제일구리착염지

[해설] • 가스검지 시험지법

검지가스	시험지	반응 (변색)
암모니아(NH_3)	적색리트머스지	청색
염소(Cl_2)	KI 전분지	청갈색
포스겐($COCl_2$)	해리슨시험지	유자색
시안화수소(HCN)	초산벤젠지	청색
일산화탄소(CO)	염화팔라듐지	흑색
황화수소(H_2S)	연당지 (초산납시험지)	회흑색
아세틸렌(C_2H_2)	염화 제1구리착염지	적갈색 (적색)

65. 전기식 제어방식의 장점으로 틀린 것은?

⑦ 배선작업이 용이하다.

⑧ 신호전달 지연이 없다.

⑨ 신호의 복잡한 취급이 쉽다.

⑩ 조작속도가 빠른 비례 조작부를 만들기 쉽다.

[해설] • 전기식 제어방식의 특징
① 배선작업이 용이하다.
② 신호전달 지연이 없다.
③ 복잡한 신호에 용이하다.
④ 조작력이 크게 요구될 때 사용된다.
⑤ 고온, 다습한 곳은 사용이 곤란하다.
⑥ 폭발성 가연성 가스를 사용하는 곳에서는 방폭구조로 하여야 한다.

⑦ 보수 및 취급에 기술을 요한다.
⑧ 조절밸브 모터의 동작에 관성이 크다.
⑨ 조작속도가 빠른 비례 조작부를 만들기가 곤란하다.

66. 오리피스로 유량을 측정하는 경우 압력차가 4배로 증가하면 유량은 몇 배로 변하는가?

⑦ 2배 증가　　⑧ 4배 증가

⑨ 8배 증가　　⑩ 16배 증가

[해설] • 차압식 유량계에서 유량은 차압의 평방근에 비례한다.

$$\therefore Q_2 = \sqrt{\frac{\Delta P_2}{\Delta P_1}} \times Q_1 = \sqrt{4} \times Q_1 = 2Q_1$$

∴ 오리피스 유량계에서 압력차가 4배로 증가하면 유량은 2배로 증가한다.

67. 내경 50 mm의 배관에서 평균유속 1.5 m/s의 속도로 흐를 때의 유량(m^3/h)은 얼마인가?

⑦ 10.6　　⑧ 11.2　　⑨ 12.1　　⑩ 16.2

[해설] $Q = AV = \dfrac{\pi}{4}D^2V$

$$= \frac{\pi}{4} \times 0.05^2 \times 1.5 \times 3600 = 10.602 \, m^3/h$$

68. 습증기의 열량을 측정하는 기구가 아닌 것은?

⑦ 조리개 열량계　⑧ 분리 열량계

⑨ 과열 열량계　　⑩ 봄베 열량계

[해설] • 봄베(bomb) 열량계 : 고체 및 고점도 액체 연료의 발열량을 측정하며 단열식과 비단열식으로 구분된다.

69. 가스크로마토그래피에 사용되는 운반기체의 조건으로 가장 거리가 먼 것은?

⑦ 순도가 높아야 한다.

⑧ 비활성이어야 한다.

⑨ 독성이 없어야 한다.

⑩ 기체 확산을 최대로 할 수 있어야 한다.

[해설] • 캐리어가스의 구비조건
① 시료와 반응성이 낮은 불활성 기체여야

[해답]　64. ⑧　65. ⑩　66. ⑦　67. ⑦　68. ⑩　69. ⑩

한다.

② 기체 확산을 최소로 할 수 있어야 한다.

③ 순도가 높고 구입이 용이해야(경제적) 한다.

④ 사용하는 검출기에 적합해야 한다.

70. 막식 가스미터 고장의 종류 중 부동(不動)의 의미를 가장 바르게 설명한 것은?

㉮ 가스가 크랭크축이 녹슬거나 밸브와 밸브시트가 타르(tar)접착 등으로 통과하지 않는다.

㉯ 가스의 누출로 통과하나 정상적으로 미터가 작동하지 않아 부정확한 양만 측정된다.

㉰ 가스가 미터는 통과하나 계량막의 파손, 밸브의 탈락 등으로 계량기 지침이 작동하지 않는 것이다.

㉱ 날개나 조절기에 고장이 생겨 회전장치에 고장이 생긴 것이다.

해설 • 막식 가스미터의 부동(不動) : 가스는 계량기를 통과하나 지침이 작동하지 않는 고장으로 계량막의 파손, 밸브의 탈락, 밸브와 밸브시트 사이에서의 누설, 지시장치 기어 불량 등이 원인이다.

71. 오르사트 가스분석기에서 CO 가스의 흡수액은?

㉮ 30 % KOH 용액

㉯ 염화제1구리 용액

㉰ 피로카롤 용액

㉱ 수산화나트륨 25 % 용액

해설 • 오르사트식 가스분석 순서 및 흡수제

순서	분석가스	흡수제
1	CO_2	KOH 30 % 수용액
2	O_2	알칼리성 피로갈롤 용액
3	CO	암모니아성 염화제1구리 용액

72. 1 kΩ 저항에 100 V의 전압이 사용되었을 때 소모된 전력은 몇 W인가?

㉮ 5

㉯ 10

㉰ 20

㉱ 50

해설 $P = E[V] \times I[A] = \dfrac{E^2[V]}{R[\Omega]}$

$= \dfrac{100^2}{1 \times 1000} = 10 \ W$

73. 공업용 계측기의 일반적인 주요 구성으로 가장 거리가 먼 것은?

㉮ 전달부

㉯ 검출부

㉰ 구동부

㉱ 지시부

해설 • 계측기기의 구성

① 검출부 : 검출된 정보를 전달부나 수신부에 전달하기 위하여 신호로 변환하는 부분

② 전달부 : 검출부에서 입력된 신호를 수신부에 전달하는 신호로 변환하거나 크기를 바꾸는 역할을 하는 부분

③ 수신부(지시부) : 검출부나 전달부의 출력신호를 받아 지시, 기록, 경보를 하는 부분

74. 다음 [그림]과 같은 자동제어 방식은?

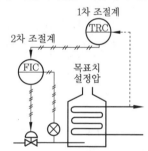

㉮ 피드백 제어

㉯ 시퀀스 제어

㉰ 캐스케이드 제어

㉱ 프로그램 제어

해설 • 캐스케이드 제어 : 1차 제어장치가 제어량을 측정하고 2차 조절계의 목표값을 설정하는 것으로서 외란의 영향이나 낭비시간 지연이 큰 프로세서에 적용되는 제어방식이다.

75. 가스의 자기성(磁氣性)을 이용하여 검출하는 분석기기는?

㉮ 가스크로마토그래피

㉯ SO_2계

団 O₂계

랴 CO₂계

[해설] • 자기식 O₂계(분석기) : 일반적인 가스는 반자성체에 속하지만 O₂는 자장에 흡입되는 강력한 상자성체인 것을 이용한 산소 분석기이다.

① 가동부분이 없고 구조도 비교적 간단하며, 취급이 용이하다.

② 측정가스 중에 가연성 가스가 포함되면 사용할 수 없다.

③ 가스의 유량, 압력, 점성의 변화에 대하여 지시오차가 거의 발생하지 않는다.

④ 열선은 유리로 피복되어 있어 측정가스 중의 가연성가스에 대한 백금의 촉매작용을 막아 준다.

76. 가스미터의 종류 중 정도(정확도)가 우수하여 실험실용 등 기준기로 사용되는 것은?

㉮ 막식 가스미터   ㉯ 습식 가스미터

㉰ Roots 가스미터   ㉱ Orifice 가스미터

[해설] • 습식 가스미터의 특징

① 계량이 정확하다.

② 사용 중에 오차의 변동이 적다.

③ 사용 중에 수위조정 등의 관리가 필요하다.

④ 설치면적이 크다.

⑤ 기준용, 실험실용에 사용된다.

⑥ 용량범위는 0.2~3000 m³/h이다.

77. 후크의 법칙에 의해 작용하는 힘과 변형이 비례한다는 원리를 이용한 압력계는?

㉮ 액주식 압력계

㉯ 점성 압력계

㉰ 부르동관식 압력계

㉱ 링밸런스 압력계

[해설] • 부르동관(bourdon tube) 압력계 : 2차 압력계 중에서 가장 대표적인 것으로 부르동관의 탄성을 이용한 것으로 곡관에 압력이 가해지면 곡률반지름이 증대되고, 압력이 낮아지면 수축하는 원리를 이용한 것이다. 부르동관의 종류는 C자형, 스파이럴형(spiral type), 헬리컬형(helical type), 버튼형 등이 있다.

[참고] • 후크의 법칙(Hooke's law) : 탄성이 있는 용수철(spring)과 같은 물체가 외력에 의해 늘어나거나 줄어드는 등 변형이 발생하였을 때 본래 자신의 모습으로 돌아오려고 저항하는 복원력의 크기와 변형의 정도 관계를 나타내는 법칙이다.

78. 루트 가스미터에서 일반적으로 일어나는 고장의 형태가 아닌 것은?

㉮ 부동   ㉯ 불통

㉰ 감도   ㉱ 기차 불량

[해설] • 루트(roots) 가스미터의 고장 종류 : 부동(不動), 불통(不通), 기차(오차) 불량, 계량막의 파손, 외관 손상, 감도 불량 등

79. 수분 흡수제로 사용하기에 가장 부적당한 것은?

㉮ 염화칼슘   ㉯ 오산화인

㉰ 황산   ㉱ 실리카겔

[해설] • 수분 흡수제의 종류 : 황산, 염화칼슘, 실리카겔, 오산화인

※ 공개된 최종 정답은 '㉮'항으로 처리되었음

80. 다음 중 계통오차가 아닌 것은?

㉮ 계기오차   ㉯ 환경오차

㉰ 과오오차   ㉱ 이론오차

[해설] • 계통적 오차(systematic error) : 평균값과 진실값과의 차가 편위로서 원인을 알 수 있고 제거할 수 있다.

① 계기오차 : 계량기 자체 및 외부 요인에 의한 오차

② 환경오차 : 온도, 압력, 습도 등에 의한 오차

③ 개인오차 : 개인의 버릇에 의한 오차

④ 이론오차 : 공식, 계산 등으로 생기는 오차

※ 과오에 의한 오차 : 측정자의 부주의, 과실에 의한 오차로 원인을 알 수 있기 때문에 제거가 가능하다.

해답 76. ㉯ 77. ㉰ 78. ㉰ 79. ㉮ 80. ㉰

□ **가스 산업기사** ▶ **2019. 9. 21 시행**

제1과목 연소공학

1. 수소 25 v%, 메탄 50 v%, 에탄 25 v%인 혼합가스가 공기와 혼합된 경우 폭발하한계(v%)는 약 얼마인가?(단, 폭발하한계는 수소 4 v%, 메탄 5 v%, 에탄 3 v%이다.)

㉮ 3.1　　　　　㉯ 3.6
㉰ 4.1　　　　　㉴ 4.6

[해설] $\dfrac{100}{L} = \dfrac{V_1}{L_1} + \dfrac{V_2}{L_2} + \dfrac{V_3}{L_3}$ 에서

$$\therefore \ L = \dfrac{100}{\dfrac{V_1}{L_1} + \dfrac{V_2}{L_2} + \dfrac{V_3}{L_3}}$$

$$= \dfrac{100}{\dfrac{25}{4} + \dfrac{50}{5} + \dfrac{25}{3}} = 4.067\,\%$$

2. C_mH_n 1 Sm^3을 완전 연소시켰을 때 생기는 H_2O의 양은?

㉮ $\dfrac{n}{2}\,Sm^3$　　　㉯ $n\,Sm^3$

㉰ $2n\,Sm^3$　　　㉴ $4n\,Sm^3$

[해설] • 탄화수소(C_mH_n)의 완전 연소반응식

$$C_mH_n + \left(m + \dfrac{n}{4}\right)O_2 \rightarrow mCO_2 + \dfrac{n}{2}H_2O$$

3. 실제가스가 이상기체 상태방정식을 만족하기 위한 조건으로 옳은 것은?

㉮ 압력이 낮고, 온도가 높을 때
㉯ 압력이 높고, 온도가 낮을 때
㉰ 압력과 온도가 낮을 때
㉴ 압력과 온도가 높을 때

[해설] 실제 기체가 이상기체(완전 기체) 상태방정식을 만족시키는 조건은 압력이 낮고(저압), 온도가 높을 때(고온)이다.

4. 0℃, 1 atm에서 2 L의 산소와 0℃, 2 atm에서 3 L의 질소를 혼합하여 1 L로 하면 압력은 약 몇 atm이 되는가?

㉮ 1　　　　　㉯ 2
㉰ 6　　　　　㉴ 8

[해설] $P = \dfrac{P_1 V_1 + P_2 V_2}{V}$

$$= \dfrac{(1 \times 2) + (2 \times 3)}{1} = 8\,atm$$

5. 가연성 가스의 위험성에 대한 설명으로 틀린 것은?

㉮ 폭발범위가 넓을수록 위험하다.
㉯ 폭발범위 밖에서는 위험성이 감소한다.
㉰ 일반적으로 온도나 압력이 증가할수록 위험성이 증가한다.
㉴ 폭발범위가 좁고 하한계가 낮은 것은 위험성이 매우 적다.

[해설] 폭발범위가 넓고 하한계가 낮은 것은 위험성이 매우 크다. 폭발범위 하한계가 낮은 것이 위험성이 큰 이유는 아주 작은 양이라도 누설되면 폭발할 가능성이 있기 때문이다.

6. 메탄을 이론공기로 연소시켰을 때 생성물 중 질소의 분압은 약 몇 kPa인가?(단, 메탄과 공기는 100 kPa, 25℃에서 공급되고 생성물의 압력은 100 kPa이다.)

㉮ 36　　　　　㉯ 71
㉰ 81　　　　　㉴ 92

[해설] ① 이론공기량에 의한 메탄의 완전 연소반응식
　　$CH_4 + 2O_2 + (N_2) \rightarrow CO_2 + 2H_2O + (N_2)$
② 질소의 분압 계산 : 질소의 몰(mol)수는 산소 몰(mol)수의 3.76배에 해당되며 배기가스의 전몰수는 CO_2 1몰, H_2O 2몰에 N_2의 몰수(2×3.76)를 합한 것이다.

$\therefore$ 분압 = 전압 $\times \dfrac{\text{성분몰수}}{\text{전몰수}}$

$$= 100 \times \dfrac{2 \times 3.76}{1 + 2 + (2 \times 3.76)}$$

$$= 71.482\,kPa$$

7. 아세틸렌 가스의 위험도(H)는 약 얼마인가?

㉮ 21 ㉯ 23

㉰ 31 ㉱ 33

[해설] ① 공기 중에서 아세틸렌의 폭발범위 :
2.5~81 %

② 위험도 계산

$$\therefore H = \frac{U-L}{L} = \frac{81-2.5}{2.5} = 31.4$$

8. 물질의 상변화는 일으키지 않고 온도만 상승시키는데 필요한 열을 무엇이라고 하는가?

㉮ 잠열 ㉯ 현열

㉰ 증발열 ㉱ 융해열

[해설] ① 현열(감열) : 물질이 상변화는 없이 온도변화에 총 소요된 열량

② 잠열 : 물질이 온도변화는 없이 상변화에 총 소요된 열량

9. 불꽃 중 탄소가 많이 생겨서 황색으로 빛나는 불꽃을 무엇이라 하는가?

㉮ 휘염 ㉯ 층류염

㉰ 환원염 ㉱ 확산염

[해설] ① 휘염 : 불꽃 중 탄소가 많이 생겨서 황색으로 빛나는 불꽃

② 불휘염(무휘염) : 수소, 일산화탄소 등의 불꽃처럼 청녹색으로 빛이 나지 않는 불꽃

10. 전 폐쇄 구조인 용기 내부에서 폭발성 가스의 폭발이 일어났을 때, 용기가 압력을 견디고 외부의 폭발성 가스에 인화할 우려가 없도록 한 방폭구조는?

㉮ 안전증 방폭구조

㉯ 내압 방폭구조

㉰ 특수 방폭구조

㉱ 유입 방폭구조

[해설] • 내압(耐壓) 방폭구조(d) : 방폭 전기기기의 용기 내부에서 가연성가스의 폭발이 발생할 경우 그 용기가 폭발압력에 견디고, 접합면, 개구부 등을 통하여 외부의 가연성가스에 인화되지 아니하도록 한 구조로 설계할 때 가

연성가스의 최대안전틈새를 가장 중요하게 고려해야 한다.

11. 공기 중에서 압력을 증가시켰더니 폭발범위가 좁아지다가 고압 이후부터 폭발범위가 넓어지기 시작했다. 이는 어떤 가스인가?

㉮ 수소 ㉯ 일산화탄소

㉰ 메탄 ㉱ 에틸렌

[해설] 가연성가스는 일반적으로 압력이 증가하면 폭발범위는 넓어지나 일산화탄소(CO)와 수소(H_2)는 압력이 증가하면 폭발범위는 좁아진다. 단, 수소는 압력이 10 atm 이상 되면 폭발범위가 다시 넓어진다.

12. 일정온도에서 발화할 때까지의 시간을 발화지연이라 한다. 발화지연이 짧아지는 요인으로 가장 거리가 먼 것은?

㉮ 가열온도가 높을수록

㉯ 압력이 높을수록

㉰ 혼합비가 완전산화에 가까울수록

㉱ 용기의 크기가 작을수록

[해설] • 발화지연 : 어느 온도에서 가열하기 시작하여 발화에 이르기까지의 시간으로 고온, 고압일수록, 가연성가스와 산소의 혼합비가 완전 산화에 가까울수록 발화지연은 짧아진다.

13. 다음 중 공기비를 옳게 표시한 것은?

㉮ $\dfrac{\text{실제공기량}}{\text{이론공기량}}$

㉯ $\dfrac{\text{이론공기량}}{\text{실제공기량}}$

㉰ $\dfrac{\text{사용공기량}}{1 - \text{이론공기량}}$

㉱ $\dfrac{\text{이론공기량}}{1 - \text{사용공기량}}$

[해설] • 공기비(excess air ratio) : 과잉공기계수라 하며 실제공기량(A)과 이론공기량(A_0)의 비이다.

$$\therefore m = \frac{A}{A_0} = \frac{A_0 + B}{A_0} = 1 + \frac{B}{A_0}$$

[해답] 7. ㉰ 8. ㉯ 9. ㉮ 10. ㉯ 11. ㉮ 12. ㉱ 13. ㉮

14. B, C급 분말소화기의 용도가 아닌 것은?

㉮ 유류 화재　　㉯ 가스 화재
㉰ 전기 화재　　㉱ 일반 화재

해설　· 화재의 종류(분류)
　① A급 : 목재, 종이와 같은 일반 가연물의 화재
　② B급 : 석유류, 가스와 같은 인화성물질의 화재
　③ C급 : 전기 화재
　④ D급 : 금속 화재

15. 기체동력 사이클 중 가장 이상적인 이론 사이클로, 열역학 제2법칙과 엔트로피의 기초가 되는 사이클은?

㉮ 카르노 사이클(Carnot cycle)
㉯ 사바테 사이클(Sabathe cycle)
㉰ 오토 사이클(Otto cycle)
㉱ 브레이턴 사이클(Brayton cycle)

해설　· 카르노 사이클(Carnot cycle) : 2개의 단열과정과 2개의 등온과정으로 구성된 열기관의 이론적인 사이클이다.

16. 가스의 연소속도에 영향을 미치는 인자에 대한 설명으로 틀린 것은?

㉮ 연소속도는 주변 온도가 상승함에 따라 증가한다.
㉯ 연소속도는 이론혼합기 근처에서 최대이다.
㉰ 압력이 증가하면 연소속도는 급격히 증가한다.
㉱ 산소농도가 높아지면 연소범위가 넓어진다.

해설　· 연소속도에 영향을 주는 인자
　① 기체의 확산 및 산소와의 혼합
　② 연소용 공기 중 산소의 농도 : 산소 농도가 높아지면 연소범위가 넓어지고, 연소속도도 증가한다.
　③ 연소 반응물질 주위의 압력 : 압력이 높을수록 연소속도는 증가한다.(급격히 증가하지는 않는다)

　④ 온도 : 주변 온도가 상승하면 연소속도가 증가한다.
　⑤ 촉매

17. 난류확산화염에서 유속 또는 유량이 증대할 경우 시간이 지남에 따라 화염의 높이는 어떻게 되는가?

㉮ 높아진다.
㉯ 낮아진다.
㉰ 거의 변화가 없다.
㉱ 어느 정도 낮아지다가 높아진다.

해설　난류확산화염은 단위체적당 연소율(반응량)이 층류확산화염에 비해 크게 증가하기 때문에 유속 또는 유량이 증대할 경우 시간이 지남에 따라 화염의 높이는 거의 변화가 없다.

참고　층류확산화염에서 화학반응속도는 확산속도에 비해 충분히 빠르기 때문에 유량 및 유속이 증대하면 화염의 높이는 높아진다.

18. 층류 연소속도 측정법 중 단위화염 면적당 단위시간에 소비되는 미연소 혼합기체의 체적을 연소속도로 정의하여 결정하며, 오차가 크지만 연소속도가 큰 혼합기체에 편리하게 이용되는 측정방법은?

㉮ Slot 버너법
㉯ Bunsen 버너법
㉰ 평면 화염 버너법
㉱ Soap bubble법

해설　· 층류연소속도 측정법
　① 비눗방울(soap bubble)법 : 미연소 혼합기로 비눗방울을 만들어 그 중심에서 전기점화를 시키면 화염은 구상화염으로 바깥으로 전파되고 비눗방울은 연소의 진행과 함께 팽창된다. 이때 점화전후의 비눗방울 체적, 반지름을 이용하여 연소속도를 측정한다.
　② 슬롯 버너(slot burner)법 : 균일한 속도분포를 갖는 노즐을 이용하여 V자형의 화염을 만들고, 미연소 혼합기 흐름을 화염이 둘러 싸여 있어 혼합기가 화염대에 들어갈 때까지 혼합기의 유선은 직선을 유지한다.

해답　14. ㉱　15. ㉮　16. ㉰　17. ㉰　18. ㉯

③ 평면화염 버너(flat flame burner)법 : 미연소 혼합기의 속도분포를 일정하게 하여 유속과 연소속도를 균형화시켜 유속으로 연소속도를 측정한다.

④ 분젠 버너(bunsen burner)법 : 단위화염 면적당 단위시간에 소비되는 미연소 혼합기의 체적을 연소속도로 정의하여 결정하며, 오차가 크지만 연소속도가 큰 혼합기체에 편리하게 이용된다.

19. 최소 점화에너지에 대한 설명으로 옳은 것은?

㉮ 유속이 증가할수록 작아진다.

㉯ 혼합기 온도가 상승함에 따라 작아진다.

㉰ 유속 20 m/s까지는 점화 에너지가 증가하지 않는다.

㉱ 점화 에너지의 상승은 혼합기 온도 및 유속과는 무관하다.

[해설] • 최소 점화에너지(MIE) : 가연성 혼합가스에 전기적 스파크로 점화시킬 때 점화하기 위한 최소한의 전기적 에너지를 말하는 것으로 혼합기 온도가 상승함에 따라 작아지지만, 유속과는 무관하다.

20. 분젠버너에서 공기의 흡입구를 닫았을 때의 연소나 가스라이터의 연소 등 주변에서 볼 수 있는 전형적인 기체연료의 연소형태로서 화염이 전파하는 특징을 갖는 연소는?

㉮ 분무연소   ㉯ 확산연소

㉰ 분해연소   ㉱ 예비혼합연소

[해설] • 확산연소(擴散燃燒) : 촛불, 가스라이터 화염과 같이 주변에서 볼 수 있는 것으로 연료와 공기가 경계를 형성하여 연료와 산소가 확산, 혼합하면서 유지되는 연소형태로 화염이 전파하는 특징을 갖는다.

제2과목 가스설비

21. 펌프의 토출량이 6 m³/min이고, 송출구의 안지름이 20 cm일 때 유속은 약 몇 m/s인가?

㉮ 1.5   ㉯ 2.7   ㉰ 3.2   ㉱ 4.5

[해설] $Q = A \times V = \frac{\pi}{4} \times D^2 \times V$에서 펌프의 토출량($Q$)을 m³/s로, 송출구 안지름($D$)을 미터(m)로 환산하여 계산한다.

$$\therefore V = \frac{4Q}{\pi \times D^2} = \frac{4 \times 6}{\pi \times 0.2^2 \times 60} = 3.183 \text{ m/s}$$

22. 탄소강에서 탄소 함유량의 증가와 더불어 증가하는 성질은?

㉮ 비열   ㉯ 열팽창율

㉰ 탄성계수   ㉱ 열전도율

[해설] • 탄소강의 성질

① 물리적 성질 : 탄소함유량이 증가와 더불어 비중, 선팽창계수, 세로 탄성율, 열전도율은 감소되나 고유 저항과 비열은 증가한다.

② 화학적 성질 : 탄소가 많을수록 내식성이 감소한다.

③ 기계적 성질 : 탄소가 증가할수록 인장강도, 경도, 항복점은 증가하나 탄소함유량이 0.9 % 이상이 되면 반대로 감소한다. 또 연신율, 충격치는 반대로 감소하고 취성을 증가시킨다.

23. 탱크로리로부터 저장탱크로 LPG 이송 시 잔가스 회수가 가능한 이송방법은?

㉮ 압축기 이용법

㉯ 액송펌프 이용법

㉰ 차압에 의한 방법

㉱ 압축가스 용기 이용법

[해설] • 압축기에 의한 이송방법 특징

① 펌프에 비해 이송시간이 짧다.

② 잔가스 회수가 가능하다.

③ 베이퍼 로크 현상이 없다.

④ 부탄의 경우 재액화 현상이 일어난다.

⑤ 압축기 오일이 유입되어 드레인의 원인이 된다.

24. 메탄가스에 대한 설명으로 옳은 것은?

해답 19. ㉯   20. ㉯   21. ㉰   22. ㉮   23. ㉮   24. ㉯

㉮ 담청색의 기체로서 무색의 화염을 낸다.

㉯ 고온에서 수증기와 작용하면 일산화탄소와 수소를 생성한다.

㉰ 공기 중에 30 %의 메탄가스가 혼합된 경우 점화하면 폭발한다.

㉱ 올레핀계 탄화수소로서 가장 간단한 형의 화합물이다.

[해설] • 메탄(CH_4)의 성질

① LNG의 주성분이며, 폭발범위는 5~15 %이다.

② 무색, 무취의 기체로 연소 시 담청색의 화염을 발한다.

③ 메탄(CH_4)과 수증기(H_2O)의 반응식
$CH_4 + H_2O \rightarrow CO + 3H_2O - 49.3\,kcal$

④ 파라핀계 탄화수소로 안정된 가스이다.

⑤ 메탄 분자는 무극성이며, 물(H_2O)분자와 결합하는 성질이 없으므로 용해도는 적다.

25. 조정압력이 3.3 kPa 이하이고 노즐 지름이 3.2 mm 이하인 일반용 LP가스 압력조정기의 안전장치 분출용량은 몇 L/h 이상이어야 하는가 ?

㉮ 100 ㉯ 140 ㉰ 200 ㉱ 240

[해설] • 조정압력 3.3 kPa 이하인 압력조정기의 안전장치 분출용량

① 노즐 지름이 3.2 mm 이하일 때 : 140 L/h 이상

② 노즐 지름이 3.2 mm 초과일 때 : 다음 계산식에 의한 값 이상
$Q = 44D$
여기서, Q : 안전장치 분출량(L/h)
D : 조정기의 노즐 지름(mm)

26. 시간당 50000 kcal를 흡수하는 냉동기의 용량은 약 몇 냉동톤인가 ?

㉮ 3.8 ㉯ 7.5 ㉰ 15 ㉱ 30

[해설] 1 한국 냉동톤 : 0℃ 물 1톤(1000 kg)을 0℃ 얼음으로 만드는데 1일 동안 제거하여야 할 열량으로 3320 kcal/h에 해당된다.
∴ 냉동기 용량 $= \dfrac{흡수(제거)열량}{3320}$

$= \dfrac{50000}{3320} = 15.060$ 냉동톤

27. 메탄염소화에 의해 염화메틸(CH_3Cl)을 제조할 때 반응 온도는 얼마 정도로 하는가 ?

㉮ 100℃ ㉯ 200℃

㉰ 300℃ ㉱ 400℃

[해설] • 메탄염소화에 의한 염화메틸(CH_3Cl) 제조법 : 메탄을 염소와 함께 400℃로 가열하면 염화메틸을 얻는다.

28. 동관용 공구 중 동관 끝을 나팔형으로 만들어 압축이음 시 사용하는 공구는 ?

㉮ 익스팬더 ㉯ 플레어링 툴

㉰ 사이징 툴 ㉱ 리머

[해설] • 동관 작업용 공구

① 튜브 커터(tube cutter) : 동관을 절단할 때 사용

② 튜브 벤더(tube bender) : 동관의 구부릴 때 사용

③ 플레어링 툴 : 압축이음하기 위하여 관끝을 나팔관 모양으로 넓힐 때 사용

④ 리머(reamer) : 관 내면의 거스러미를 제거하는 데 사용

⑤ 사이징 툴(sizing tools) : 동관 끝부분을 원형으로 교정할 때 사용

⑥ 확관기(expander) : 관 끝을 넓혀 소켓으로 만들 때 사용

⑦ 티 뽑기(extractor) : 직관에서 분기관 성형 시 사용

29. 원심펌프의 회전수가 1200 rpm일 때 양정 15 m, 송출유량 2.4 m^3/min, 축동력 10 PS이다. 이 펌프를 2000 rpm으로 운전할 때의 양정(H)은 약 몇 m가 되겠는가 ? (단, 펌프의 효율은 변하지 않는다.)

㉮ 41.67 ㉯ 33.75

㉰ 27.78 ㉱ 22.72

[해설] $H_2 = H_1 \times \left(\dfrac{N_2}{N_1}\right)^2 = 15 \times \left(\dfrac{2000}{1200}\right)^2$
$= 41.666\,m$

해답 25. ㉯ 26. ㉰ 27. ㉱ 28. ㉯ 29. ㉮

30. 금속의 열처리에서 풀림(annealing)의 주된 목적은?

㉮ 강도 증가

㉯ 인성 증가

㉰ 조직의 미세화

㉱ 강을 연하게 하여 기계 가공성을 향상

[해설] • 풀림(annealing : 소둔) : 가공 중에 생긴 내부응력을 제거하거나 가공 경화된 재료를 연화시켜 상온가공을 용이하게 할 목적으로 로 중에서 가열하여 서서히 냉각시킨다.

31. 기밀성 유지가 양호하고 유량조절이 용이하지만 압력손실이 비교적 크고 고압의 대구경 밸브로는 적합하지 않은 특징을 가지는 밸브는?

㉮ 플러그 밸브   ㉯ 글로브 밸브

㉰ 볼 밸브   ㉱ 게이트 밸브

[해설] • 글로브 밸브(glove valve)의 특징

① 유체의 흐름에 따라 마찰손실(저항)이 크다.

② 주로 유량 조절용으로 사용된다.

③ 유체의 흐름 방향과 평행하게 밸브가 개폐된다.

④ 밸브의 디스크 모양은 평면형, 반구형, 원뿔형 등의 형상이 있다.

⑤ 슬루스밸브에 비하여 가볍고 가격이 저렴하다.

⑦ 고압의 대구경 밸브에는 부적당하다.

32. 가스 배관의 구경을 산출하는데 필요한 것으로만 짝지어진 것은?

> ㉠ 가스유량 ㉡ 배관길이 ㉢ 압력손실
> ㉣ 배관재질 ㉤ 가스의 비중

㉮ ㉠, ㉡, ㉢, ㉣

㉯ ㉡, ㉢, ㉣, ㉤

㉰ ㉠, ㉡, ㉢, ㉤

㉱ ㉠, ㉡, ㉣, ㉤

[해설] • 저압배관 유량계산식

$Q = K\sqrt{\dfrac{D^5 \cdot H}{S \cdot L}}$ 에서

배관 안지름 $D = {}^5\sqrt{\dfrac{Q^2 SL}{K^2 H}}$ 이므로 가스유량 (Q), 가스비중(S), 배관길이(L), 압력손실(H)이 관계있다.

33. LPG 소비설비에서 용기의 개수를 결정할 때 고려사항으로 가장 거리가 먼 것은?

㉮ 감압방식

㉯ 1가구당 1일 평균가스 소비량

㉰ 소비자 가구수

㉱ 사용가스의 종류

[해설] • 용기 개수 결정 시 고려할 사항

① 피크(peck) 시의 기온

② 소비자 가수 수

③ 1가구당 1일의 평균 가스소비량

④ 피크 시 평균가스 소비율

⑤ 피크 시 용기에서의 가스발생능력

⑥ 용기의 크기(질량)

34. 밀폐식 가스연소기의 일종으로 시공성은 물론 미관상도 좋고, 배기가스 중독사고의 우려도 적은 연소기 유형은?

㉮ 자연배기(CF)식

㉯ 강제배기(FE)식

㉰ 자연급배기(BF)식

㉱ 강제급배기(FF)식

[해설] • 강제급배기(FF)식 : 연소용 공기는 실외에서 급기하고, 배기가스는 실외로 배기하며, 송풍기를 사용하여 강제적으로 급기 및 배기하는 연소기로 배기가스로 인한 중독사고의 우려가 적다.

35. 가스 충전구의 나사방향이 왼나사이어야 하는 것은?

㉮ 암모니아   ㉯ 브롬화메틸

㉰ 산소   ㉱ 아세틸렌

[해설] • 충전구 나사형식

① 왼나사 : 가연성가스(암모니아, 브롬화메틸은 오른나사)

② 오른나사 : 가연성 이외의 것

---

36. 펌프의 공동현상(cavitation) 방지방법으로 틀린 것은?

㉮ 흡입양정을 짧게 한다.

㉯ 양흡입 펌프를 사용한다.

㉰ 흡입 비교 회전도를 크게 한다.

㉱ 회전차를 물속에 완전히 잠기게 한다.

[해설] • 캐비테이션(cavitation)현상 방지법
  ① 펌프의 위치를 낮춘다. (흡입양정을 짧게 한다.)
  ② 수직축 펌프를 사용하여 회전차를 수중에 완전히 잠기게 한다.
  ③ 양흡입 펌프를 사용한다.
  ④ 펌프의 회전수를 낮춘다.
  ⑤ 두 대 이상의 펌프를 사용한다.
  ⑥ 유효흡입수두를 크게 한다.

37. 공기 액화장치 중 수소, 헬륨을 냉매로 하며 2개의 피스톤이 한 실린더에 설치되어 팽창기와 압축기의 역할을 동시에 하는 형식은?

㉮ 캐스케이드식 ㉯ 캐피자식

㉰ 클라우드식 ㉱ 필립스식

[해설] • 필립스식 액화장치 특징
  ① 실린더 중에 피스톤과 보조피스톤이 있다.
  ② 냉매로 수소, 헬륨을 사용한다.

38. 가스액화 분리장치의 구성이 아닌 것은?

㉮ 한랭 발생장치

㉯ 불순물 제거장치

㉰ 정류(분축, 흡수)장치

㉱ 내부연소식 반응장치

[해설] • 가스액화 분리장치의 구성 : 한랭 발생장치, 정류장치, 불순물 제거장치

39. 강제 급배기식 가스 온수보일러에서 보일러의 최대 가스소비량과 각 버너의 가스소비량은 표시치의 얼마 이내의 것으로 하여야 하는가?

㉮ ±5 % ㉯ ±8 %

㉰ ±10 % ㉱ ±15 %

[해설] • 가스소비량 성능 : 전가스소비량 및 각 버너의 가스소비량은 표시치의 ±10 % 이내인 것으로 한다.

40. 공기액화 분리장치의 폭발원인이 될 수 없는 것은?

㉮ 공기 취입구에서 아르곤 혼입

㉯ 공기 취입구에서 아세틸렌 혼입

㉰ 공기 중 질소 화합물(NO, NO_2) 혼입

㉱ 압축기용 윤활유의 분해에 의한 탄화수소의 생성

[해설] • 공기액화 분리장치의 폭발원인
  ① 공기 취입구로부터 아세틸렌의 혼입
  ② 압축기용 윤활유 분해에 따른 탄화수소의 생성
  ③ 공기 중 질소 화합물(NO, NO_2)의 혼입
  ④ 액체공기 중에 오존(O_3)의 혼입

제3과목 가스안전관리

41. 다음의 액화가스를 이음매 없는 용기에 충전할 경우 그 용기에 대하여 음향검사를 실시하고 음향이 불량한 용기는 내부조명검사를 하지 않아도 되는 것은?

㉮ 액화프로판 ㉯ 액화암모니아

㉰ 액화탄산가스 ㉱ 액화염소

[해설] • 충전용기의 검사 : 압축가스(아세틸렌을 제외한다) 및 액화가스(액화암모니아, 액화탄산가스 및 액화염소만을 말한다)를 이음매 없는 용기에 충전할 때에는 그 용기에 대하여 음향검사를 실시하고 음향이 불량한 용기는 내부조명검사를 하며, 내부에 부식, 이물질 등이 있을 때에는 그 용기를 사용하지 아니한다.

42. 고압가스 냉동제조시설에서 해당 냉동설비의 냉동능력에 대응하는 환기구의 면적을 확보하지 못하는 때에는 그 부족한 환기구 면적에 대하여 냉동능력 1 ton당 얼마 이상의 강제환기장치를 설치해야 하는가?

㉮ 0.05 m³/분　　㉯ 1 m³/분

㉰ 2 m³/분　　㉱ 3 m³/분

해설　• 체류방지 조치 : 가연성가스 또는 독성가스를 냉매로 사용하는 냉매설비에는 냉매가스가 누출될 경우 그 냉매가스가 체류하지 아니하도록 다음 조치를 강구한다.

① 냉동능력 1톤당 0.05 m² 이상의 면적을 갖는 환기구를 직접 외기에 닿도록 설치한다.

② 해당 냉동설비의 냉동능력에 대응하는 환기구의 면적을 확보하지 못하는 때에는 그 부족한 환기구 면적에 대하여 냉동능력 1 ton당 2 m³/분 이상의 환기능력을 갖는 강제환기장치를 설치한다.

43. 산소와 혼합가스를 형성할 경우 화염온도가 가장 높은 가연성가스는?

㉮ 메탄　　㉯ 수소

㉰ 아세틸렌　　㉱ 프로판

해설　아세틸렌을 산소와 혼합시켜 연소시키면 3000℃를 넘는 화염온도를 만들 수 있어 금속의 용접, 절단에 사용한다. 수소의 경우는 2000℃ 정도의 화염온도를 얻을 수 있다.

44. 신규검사 후 경과연수가 20년 이상 된 액화석유가스용 100 L 용접용기의 재검사 주기는?

㉮ 1년마다　　㉯ 2년마다

㉰ 3년마다　　㉱ 5년마다

해설　• LPG용 용접용기 재검사 주기

구분	15년 미만	15년 이상~ 20년 미만	20년 이상
500 L 이상	5년	2년	1년
500 L 미만	5년		2년

45. 용기에 의한 액화석유가스 사용시설에서 호칭지름이 20 mm인 가스배관을 노출하여 설치할 경우 배관이 움직이지 않도록 고정장치를 몇 m마다 설치하여야 하는가?

㉮ 1 m　　㉯ 2 m

㉰ 3 m　　㉱ 4 m

해설　• 배관 고정장치 설치간격 기준

① 호칭지름 13 mm 미만 : 1 m마다

② 호칭지름 13 mm 이상 33 mm 미만 : 2 m 마다

③ 호칭지름 33 mm 이상 : 3 m마다

④ 호칭지름 100 mm 이상의 것에는 별도의 조건에 따라 3 m를 초과하여 설치할 수 있다.

46. 기업활동 전반을 시스템으로 보고 시스템 운영 규정을 작성·시행하여 사업장에서의 사고 예방을 위하여 모든 형태의 활동 및 노력을 효과적으로 수행하기 위한 체계적이고 종합적인 안전관리체계를 의미하는 것은?

㉮ MMS　　㉯ SMS

㉰ CRM　　㉱ SSS

해설　• SMS(Safety Management System) : 안전성향상계획서 → 고법 시행령 제10조, 규칙 제24조에 안전성향상계획을 제출하여야 하는 사업자 등은 안전성 평가 대상시설을 설치, 이전하거나 산업통상자원부장관이 정하는 주요부분을 변경할 때에는 단위 공정별로 안전성 평가를 하고 안전성향상계획서를 작성하여 허가관청에 제출하도록 규정하고 있음

47. 도시가스용 압력조정기란 도시가스 정압기 이외에 설치되는 압력조정기로서 입구 쪽 호칭지름과 최대표시유량을 각각 바르게 나타낸 것은?

㉮ 50 A 이하, 300 Nm³/h 이하

㉯ 80 A 이하, 300 Nm³/h 이하

㉰ 80 A 이하, 500 Nm³/h 이하

㉱ 100 A 이하, 500 Nm³/h 이하

해설　• 도시가스용 압력조정기 : 도시가스 정압기 이외에 설치되는 압력조정기로서 입구쪽 호칭지름이 50 A 이하이고, 최대표시유량이 300 Nm³/h 이하인 것을 말한다.

48. 일반도시가스시설에서 배관 매설 시 사용하는 보호포의 기준으로 틀린 것은?

㉮ 일반형 보호포와 내압력형 보호포로 구

分한다.

내 잘 끊어지지 않는 재질로 직조한 것으로
두께는 0.2 mm 이상으로 한다.

대 최고 사용압력이 중압 이상인 배관의 경
우에는 보호판의 상부로부터 30 cm 이상
떨어진 곳에 보호포를 설치한다.

래 보호포는 호칭지름에 10 cm를 더한 폭
으로 설치한다.

해설 • 보호포 기준
  ① 보호포는 일반형 보호포와 탐지형 보호
     포(지면에서 매설된 보호포의 설치위치를
     탐지할 수 있도록 제조된 것을 말한다)로
     구분한다.
  ② 보호포는 폴리에틸렌수지, 폴리프로필렌
     수지 등 잘 끊어지지 않는 재질로 직조한
     것으로서 두께는 0.2 mm 이상으로 한다.
  ③ 보호포의 폭은 15 cm 이상으로 하며, 설
     치할 때에는 호칭지름에 10 cm를 더한 폭
     으로 설치하고, 2열 이상으로 설치할 경
     우 보호포간의 간격은 해당 보호포 폭 이
     내로 한다.
  ④ 보호포의 바탕색은 최고사용압력이 저압
     인 관은 황색, 중압 이상인 관은 적색으로
     하고 가스명, 최고사용압력, 공급자명 등
     을 표시한다.
  ⑤ 최고사용압력이 중압 이상인 배관의 경
     우에는 보호판의 상부로부터 30 cm 이상
     떨어진 곳에 보호포를 설치한다.
  ⑥ 최고사용압력이 저압인 배관으로서 매설
     깊이가 1.0 m 이상인 경우에는 배관 정상
     부로부터 60 cm 이상, 매설깊이가 1.0 m
     미만인 경우에는 배관 정상부로부터 40
     cm 이상 떨어진 곳에 보호포를 설치한다.
  ⑦ 공동주택 등의 부지 안에 설치하는 배관
     의 경우에는 배관 정상부로부터 40 cm 떨
     어진 곳에 보호포를 설치한다.

49. 다음 중 용기의 각인 기호에 대해 잘못
나타낸 것은?

가 V : 내용적
나 W : 용기의 질량
대 TP : 기밀시험압력

라 FP : 최고충전압력

해설 • 용기 각인 기호
  ① V : 내용적(L)
  ② W : 초저온용기 외의 용기는 밸브 및 부
     속품을 포함하지 않은 용기의 질량(kg)
  ③ TW : 아세틸렌 용기는 용기의 질량에 다
     공물질, 용제 및 밸브의 질량을 합한 질량
     (kg)
  ④ TP : 내압시험압력(MPa)
  ⑤ FP : 압축가스를 충전하는 용기는 최고충
     전압력(MPa)

50. 공업용 용기의 도색 및 문자표시의 색상
으로 틀린 것은?

가 수소-주황색으로 용기도색, 백색으로
문자표기

나 아세틸렌-황색으로 용기도색, 흑색으
로 문자표기

대 액화암모니아-백색으로 용기 도색, 흑
색으로 문자표기

라 액화염소-회색으로 용기도색, 백색으
로 문자표기

해설 액화염소-갈색으로 용기도색, 백색으로 문
자표기

51. 차량에 고정된 탱크의 내용적에 대한 설
명으로 틀린 것은?

가 액화천연가스 탱크의 내용적은 1만 8천
L를 초과할 수 없다.

나 산소 탱크의 내용적은 1만 8천L를 초
과할 수 없다.

대 염소 탱크의 내용적은 1만 2천L를 초
과할 수 없다.

라 암모니아 탱크의 내용적은 1만 2천L를
초과할 수 없다.

해설 • 차량에 고정된 탱크 내용적 제한
  ① 가연성(LPG 제외), 산소 : 18000 L 초과
     금지
  ② 독성가스(암모니아 제외) : 12000 L 초과
     금지

52. 액화석유가스의 안전관리 및 사업법상 허가대상이 아닌 콕은?

[가] 퓨즈콕

[나] 상자콕

[다] 주물연소기용 노즐콕

[라] 호스콕

[해설] • 콕의 종류 및 구조

① 퓨즈콕 : 가스유로를 볼로 개폐하고, 과류차단 안전기구가 부착된 것으로서 배관과 호스, 호스와 호스, 배관과 배관 또는 배관과 커플러를 연결하는 구조이다.

② 상자콕 : 상자에 넣어 바닥, 벽 등에 설치하는 것으로서 3.3 kPa 이하의 압력과 1.2 m^3/h 이하의 표시유량에 사용하는 콕이다.

③ 주물연소기용 노즐콕 : 주물연소기부품으로 사용하는 것으로서 볼로 개폐하는 구조이다.

④ 업무용 대형 연소기용 노즐콕 : 업무용 대형 연소기 부품으로 사용하는 것으로서 가스 흐름을 볼로 개폐하는 구조이다.

53. 가스안전성평가기법 중 정성적 안전성 평가기법은?

[가] 체크리스트 기법

[나] 결함수분석 기법

[다] 원인결과분석 기법

[라] 작업자실수분석 기법

[해설] • 안전성 평가기법

① 정성적 평가기법 : 체크리스트(checklist) 기법, 사고예상 질문 분석(WHAT-IF) 기법, 위험과 운전 분석(HAZOP) 기법

② 정량적 평가 기법 : 작업자 실수 분석(HEA) 기법, 결함수 분석(FTA) 기법, 사건수 분석(ETA) 기법, 원인 결과 분석(CCA) 기법

③ 기타 : 상대 위험순위 결정 기법, 이상 위험도 분석

54. 다음 중 가연성가스가 아닌 것은?

[가] 아세트알데히드 [나] 일산화탄소

[다] 산화에틸렌 [라] 염소

[해설] • 가연성가스의 종류 : 아크릴로니트릴, 아크릴알데히드, 아세트알데히드, 아세틸렌, 암모니아, 수소, 황화수소, 시안화수소, 일산화탄소, 메탄, 염화메탄, 브롬화메탄, 에탄, 염화에탄, 염화비닐, 에틸렌, 산화에틸렌, 프로판, 싸이크로프로판, 프로필렌, 산화프로필렌, 부탄, 부타디엔, 부틸렌, 메틸에테르, 모노메틸아민, 디메틸아민, 트리메틸아민, 에틸아민, 벤젠, 에틸벤젠 그 밖에 공기 중에서 연소하는 가스로서 폭발한계의 하한이 10 % 이하인 것과 폭발한계의 상한과 하한의 차가 20% 이상인 것

※ 염소 : 조연성 가스, 독성 가스에 해당된다.

55. 용기에 의한 액화석유가스 사용시설에서 저장능력이 100 kg을 초과하는 경우에 설치하는 용기보관실의 설치기준에 대한 설명으로 틀린 것은?

[가] 용기는 용기보관실 안에 설치한다.

[나] 단층구조로 설치한다.

[다] 용기보관실의 지붕은 무거운 방염재료로 설치한다.

[라] 보기 쉬운 곳에 경계표지를 설치한다.

[해설] • 용기보관실의 설치기준 : 저장능력이 100 kg을 초과하는 경우

① 옥외에 용기보관실을 설치하고, 용기는 용기보관실 안에 설치한다.

② 용기보관실의 벽, 문 및 지붕은 불연재료(지붕의 경우에는 가벼운 불연재료)로 설치하고, 단층구조로 한다.

③ 건물과 건물사이 등 용기보관실 설치가 곤란한 경우에는 외부인의 출입을 방지하기 위한 출입문을 설치하고 보기 쉬운 곳에 경계표지를 설치한다.

④ 용기보관실을 건물 벽의 일부를 이용하여 설치코자 할 경우에는 용기보관실에서 가스가 누출되어 건물로 유입되지 않는 구조로 한다.

56. 안전관리규정의 실시기록은 몇 년간 보존하여야 하는가?

[가] 1년 [나] 2년 [다] 3년 [라] 5년

[해답] 52. [라] 53. [가] 54. [라] 55. [다] 56. [라]

[해설] • 안전관리규정의 실시기록(고법 시행규칙 제19조) : 안전관리규정의 실시기록(전산보조기억장치에 입력된 경우에는 그 입력된 자료를 말한다)은 5년간 보존하여야 한다.

57. 다음 중 특정고압가스가 아닌 것은?

[가] 수소 [나] 질소
[다] 산소 [라] 아세틸렌

[해설] • 특정고압가스의 종류
① 법에서 정한 것(법 20조) : 수소, 산소, 액화암모니아, 아세틸렌, 액화염소, 천연가스, 압축모노실란, 압축디보란, 액화알진, 그밖에 대통령령이 정하는 고압가스
② 대통령령이 정한 것(시행령 16조) : 포스핀, 셀렌화수소, 게르만, 디실란, 오불화비소, 오불화인, 삼불화인, 삼불화질소, 삼불화붕소, 사불화유황, 사불화규소
③ 특수고압가스 : 압축모노실란, 압축디보란, 액화알진, 포스핀, 셀렌화수소, 게르만, 디실란 그밖에 반도체의 세정 등 산업통상자원부 장관이 인정하는 특수한 용도에 사용하는 고압가스

58. 사람이 사망하거나 부상, 중독 가스사고가 발생하였을 때 사고의 통보 내용에 포함되는 사항이 아닌 것은?

[가] 통보자의 인적사항
[나] 사고발생 일시 및 장소
[다] 피해자 보상 방안
[라] 사고내용 및 피해현황

[해설] • 사고의 통보 내용에 포함되는 사항 : 속보인 경우 ⑤, ⑥의 내용을 생략할 수 있다.
① 통보자의 소속, 직위, 성명 및 연락처
② 사고발생 일시
③ 사고발생 장소
④ 사고내용
⑤ 시설현황
⑥ 피해현황(인명 및 재산)
※ 속보 : 전화 또는 팩스를 이용한 통보
상보 : 서면으로 제출하는 상세한 통보

59. 고압가스 일반제조시설의 설치기준에 대한 설명으로 틀린 것은?

[가] 아세틸렌의 충전용 교체밸브는 충전하는 장소에서 격리하여 설치한다.
[나] 공기액화 분리기로 처리하는 원료공기의 흡입구는 공기가 맑은 곳에 설치한다.
[다] 공기액화 분리기의 액화공기탱크와 액화산소 증발기 사이에는 석유류, 유지류, 그 밖의 탄화수소를 여과, 분리하기 위한 여과기를 설치한다.
[라] 에어졸 제조시설에는 정압충전을 위한 레벨장치를 설치하고 공업용 제조시설에는 불꽃길이 시험장치를 설치한다.

[해설] • 에어졸 자동충전기 설치 : 에어졸 제조시설에는 정량을 충전할 수 있는 자동충전기를 설치하고, 인체에 사용하거나 가정에서 사용하는 에어졸의 제조시설에는 불꽃길이 시험장치를 설치한다.

60. 저장탱크에 의한 액화석유가스저장소에서 지상에 설치하는 저장탱크, 그 받침대, 저장탱크에 부속된 펌프 등이 설치된 가스설비실에는 그 외면으로부터 몇 m 이상 떨어진 위치에서 조작할 수 있는 냉각장치를 설치하여야 하는가?

[가] 2 m [나] 5 m
[다] 8 m [라] 10 m

[해설] 저장탱크, 그 받침대, 저장탱크에 부속된 펌프, 압축기 등이 설치된 가스설비실에는 외면으로부터 5 m 이상 떨어진 위치에서 조작할 수 있는 냉각장치를 설치한다.

제4과목 가스계측기기

61. 가스누출검지기 중 가스와 공기의 열전도도가 다른 것을 측정원리로 하는 검지기는?

[가] 반도체식 검지기
[나] 접촉연소식 검지기
[다] 서머스테드식 검지기

[해답] 57. [나] 58. [다] 59. [라] 60. [나] 61. [다]

라 불꽃이온화식 검지기

해설 • 서머스테드(thermostat)식 : 가스와 공기의 열전도도가 다른 특성을 이용한 가스검지기이다.

62. 렌즈 또는 반사경을 이용하여 방사열을 수열판으로 모아 고온 물체의 온도를 측정할 때 주로 사용하는 온도계는?

가 열전온도계 나 저항온도계

다 열팽창온도계 라 복사온도계

해설 • 방사(복사)온도계의 특징
① 측정시간 지연이 적고, 연속 측정, 기록, 제어가 가능하다.
② 측정거리 제한을 받고 오차가 발생되기 쉽다.
③ 광로에 먼지, 연기 등이 있으면 정확한 측정이 곤란하다.
④ 방사율에 의한 보정량이 크고 정확한 보정이 어렵다.
⑤ 수증기, 탄산가스의 흡수에 주의하여야 한다.
⑥ 측정 범위는 50~3000℃ 정도이다.

63. 계량기 형식 승인 번호의 표시방법에서 계량기의 종류별 기호 중 가스미터의 표시기호는?

가 G 나 M

다 L 라 H

해설 • 계량기 종류별 기호 : 계량법 시행규칙 별표1

종류	기호	종류	기호
수동저울	A	온수미터	J
지시저울	B	주유기	K
전자식저울	C	LPG미터	L
분동	D	오일미터	M
전력량계	G	눈새김탱크	N
가스미터	H	적산열량계	Q
수도미터	I	요소수미터	T

64. 화씨[℉]와 섭씨[℃]의 온도눈금 수치가 일치하는 경우의 절대온도[K]는?

가 201 나 233

다 313 라 345

해설 ① 화씨온도와 섭씨온도가 일치하는 온도눈금 수치 계산

$℉ = \dfrac{9}{5}℃ + 32$에서 화씨[℉]와 섭씨[℃]가 같으므로 x로 놓으면 $x = \dfrac{9}{5}x + 32$가 된다.

$$\therefore x - \frac{9}{5}x = 32$$

$$x\left(1 - \frac{9}{5}\right) = 32$$

$$\therefore x = \frac{32}{1 - \dfrac{9}{5}} = -40$$

② 절대온도[K] 계산
$\therefore T = t℃ + 273 = -40 + 273 = 233\,K$

65. 가스계량기의 1주기 체적의 단위는?

가 L/min 나 L/h

다 L/rev 라 cm^3/g

해설 • L/rev : 가스계량기 계량실의 1주기 체적으로 단위는 L이다.

66. 오리피스로 유량을 측정하는 경우 압력차가 2배로 변했다면 유량은 몇 배로 변하겠는가?

가 1배 나 $\sqrt{2}$ 배

다 2배 라 4배

해설 차압식 유량계에서 유량은 차압의 평방근에 비례한다.

$$\therefore Q_2 = \sqrt{\frac{\Delta P_2}{\Delta P_1}} \times Q_1 = \sqrt{\frac{2}{1}} \times Q_1 = \sqrt{2}\,Q_1$$

$\therefore$ 압력차가 2배로 변하면 유량은 $\sqrt{2}$ 배로 변화한다.

67. 기체크로마토그래피의 측정 원리로서 가장 옳은 것은?

가 흡착제를 충전한 관속에 혼합시료를 넣고, 용제를 유동시키면 흡수력 차이에

따라 성분의 분리가 일어난다.
㉯ 관속을 지나가는 혼합기체 시료가 운반기체에 따라 분리가 일어난다.
㉰ 혼합기체의 성분이 운반기체에 녹는 용해도 차이에 따라 성분의 분리가 일어난다.
㉱ 혼합기체의 성분은 관내에 자기장의 세기에 따라 분리가 일어난다.

해설 • 기체크로마토그래피 측정원리 : 운반기체 (carrier gas)의 유량을 조절하면서 측정하여야 할 시료기체를 도입부를 통하여 공급하면 운반기체와 시료기체가 분리관을 통과하는 동안 분리되어 시료의 각 성분의 흡수력 차이(시료의 확산속도, 이동속도)에 따라 성분의 분리가 일어나고 시료의 각 성분이 검출기에서 측정된다.

68. 압력계와 진공계 두 가지 기능을 갖춘 압력 게이지를 무엇이라고 하는가?
㉮ 전자 압력계
㉯ 초음파 압력계
㉰ 부르동관(Bourdon tube) 압력계
㉱ 컴파운드 게이지(Compound gauge)

해설 • 컴파운드 게이지(compound gauge) : 연성계라고 하며 부르동관을 이용한 것으로 대기압 이하의 압력(진공압력)과 대기압 이상의 압력(게이지 압력)을 측정할 수 있다.

69. 전기세탁기, 자동판매기, 승강기, 교통신호기 등에 기본적으로 응용되는 제어는?
㉮ 피드백 제어   ㉯ 시퀀스 제어
㉰ 정치 제어   ㉱ 프로세스 제어

해설 • 시퀀스 제어(sequence control) : 미리 순서에 입각해서 다음 동작이 연속 이루어지는 제어로 자동판매기, 보일러의 점화, 교통신호기 등에 적용된다.

70. 다음 중 기기분석법이 아닌 것은?
㉮ Chromatography   ㉯ Iodometry
㉰ Colorimetry   ㉱ Polarography

해설 • 기기분석법의 종류
① 가스 크로마토그래피법(Chromatography)
② 질량분석법(Mass spectrometry) : 전기장과 자기장 속에 있는 기체상태의 이온들을 분류하여 물질을 확인하는 분석법이다.
③ 적외선 분광분석법(Infrared spectrophoto-meter) : 적외선 흡수가 일어나는 현상을 이용한 분석법이다.
④ 폴라그래피(Polarography)법 : 산화성물질 또는 환원성 물질로 이루어진 용액을 분석하는 전기화학적인 방법이다.
⑤ 비색법(Colorimetry) : 가시광선 영역에서 전자기파의 파장과 강도를 측정하는 방법이다.
※ Iodometry : 요오드 적정법으로 화학적 분석법에 해당된다.

71. 다음 중 루트미터에 대한 설명으로 가장 옳은 것은?
㉮ 설치면적이 작다.
㉯ 실험실용으로 적합하다.
㉰ 사용 중에 수위 조정 등의 유지관리가 필요하다.
㉱ 습식 가스미터에 비해 유량이 정확하다.

해설 • 루트(roots)형 가스미터의 특징
① 대유량 가스측정에 적합하다.
② 중압가스의 계량이 가능하다.
③ 설치면적이 적고, 연속흐름으로 맥동현상이 없다.
④ 여과기의 설치 및 설치 후의 유지관리가 필요하다.
⑤ $0.5\,m^3/h$ 이하의 적은 유량에는 부동의 우려가 있다.
⑥ 구조가 비교적 복잡하다.
⑦ 용도는 대량 수용가에 사용된다.
⑧ 용량 범위는 $100\sim5000\,m^3/h$이다.

72. 가스 누출 시 사용하는 시험지의 변색 현상이 옳게 연결된 것은?
㉮ H_2S : 전분지 → 청색
㉯ CO : 염화팔라듐지 → 적색
㉰ HCN : 하리슨씨 시약 → 황색

해답 **68.** ㉱   **69.** ㉯   **70.** ㉯   **71.** ㉮   **72.** ㉱

㉣ C_2H_2 : 염화제일동 착염지 → 적색

[해설] • 가스검지 시험지법

검지가스	시험지	반응 (변색)
암모니아 (NH_3)	적색 리트머스지	청색
염소 (Cl_2)	KI 전분지	청갈색
포스겐 ($COCl_2$)	해리슨 시험지	유자색
시안화수소 (HCN)	초산벤젠지	청색
일산화탄소 (CO)	염화팔라듐지	흑색
황화수소 (H_2S)	연당지	회흑색
아세틸렌(C_2H_2)	염화제1구리 착염지	적갈색

※ 아세틸렌 시험지 반응색을 '적색'으로 표현하는 경우도 있음

73. 목표치에 따른 자동제어의 종류 중 목표값이 미리 정해진 시간적 변화를 행할 경우 목표값에 따라서 변동하도록 한 제어는?

㉮ 프로그램제어   ㉯ 캐스케이드제어
㉰ 추종제어   ㉱ 프로세스제어

[해설] • 추치제어 : 목표값이 변화되는 제어로서 목표값을 측정하면서 제어량을 목표값에 일치하도록 맞추는 방식이다.
① 추종제어 : 목표치가 시간적(임의적)으로 변화하는 제어로서 자기 조정제어라 한다.
② 비율제어 : 목표값이 다른 양과 일정한 비율 관계에서 변화되는 제어로 유량 비율 제어, 공기비 제어가 해당된다.
③ 프로그램제어 : 목표값이 미리 정해진 계획에 따라서 시간적으로 변화하는 제어이다.

74. 도로에 매설된 도시가스가 누출되는 것을 감지하여 분석한 후 가스누출 유무를 알려주는 가스검출기는?

㉮ FID   ㉯ TCD
㉰ FTD   ㉱ FPD

[해설] • 수소 불꽃 이온화 검출기(FID : Flame Ionization Detector) : 불꽃으로 시료 성분이 이온화됨으로써 불꽃 중에 놓여진 전극간의 전기 전도도가 증대하는 것을 이용한 것으로

H_2, O_2, CO_2, SO_2 등은 감도가 없고 탄화수소에서 감도가 최고로 도시가스 매설배관의 누출 유무를 확인하는 검출기로 사용된다.

75. 다음 중 유체에너지를 이용하는 유량계는?

㉮ 터빈 유량계   ㉯ 전자기 유량계
㉰ 초음파 유량계 ㉱ 열 유량계

[해설] • 터빈식 유량계 : 날개에 부딪치는 유체의 운동량으로 회전체를 회전시켜 운동량과 회전량의 변화량으로 가스 흐름량을 측정하는 계량기로 측정범위가 넓고 압력손실이 적다.

76. 오르사트 가스분석계에서 알칼리성 피로 갈롤을 흡수액으로 하는 가스는?

㉮ CO   ㉯ H_2S
㉰ CO_2 ㉱ O_2

[해설] • 오르사트식 가스분석 순서 및 흡수제

순서	분석가스	흡수제
1	CO_2	KOH 30 % 수용액
2	O_2	알칼리성 피로갈롤 용액
3	CO	암모니아성 염화제1구리 용액

77. 고압으로 밀폐된 탱크에 가장 적합한 액면계는?

㉮ 기포식   ㉯ 차압식
㉰ 부자식   ㉱ 편위식

[해설] • 차압식 액면계 : 액화산소와 같은 극저온의 저장조의 상·하부를 U자관에 연결하여 차압에 의하여 액면을 측정하는 방식으로 햄프슨식 액면계라 한다.

78. 출력이 일정한 값에 도달한 이후의 제어계의 특성을 무엇이라고 하는가?

㉮ 스텝응답   ㉯ 과도특성
㉰ 정상특성   ㉱ 주파수응답

[해설] • 정상특성 : 자동제어계의 요소가 완전히 정상 상태로 이루어졌을 때 제어계의 응답으로 정상응답(ordinary response)이라고 한다.

해답 73. ㉮   74. ㉮   75. ㉮   76. ㉱   77. ㉯   78. ㉰

79. 공업용 액면계가 갖추어야 할 조건으로 옳지 않은 것은?

㉮ 자동제어장치에 적용 가능하고, 보수가 용이해야 한다.

㉯ 지시, 기록 또는 원격측정이 가능해야 한다.

㉰ 연속측정이 가능하고 고온, 고압에 견디어야 한다.

㉱ 액위의 변화속도가 느리고, 액면의 상, 하한계의 적용이 어려워야 한다.

[해설] • 액면계의 구비조건

① 온도 및 압력에 견딜 수 있을 것
② 연속 측정이 가능할 것
③ 지시 기록의 원격 측정이 가능할 것
④ 구조가 간단하고 수리가 용이할 것
⑤ 내식성이 있고 수명이 길 것
⑥ 자동제어 장치에 적용이 용이할 것
※ 액면의 상, 하한계를 간단히 계측할 수 있어야 하며, 적용이 용이해야 한다.

80. 감도에 대한 설명으로 옳지 않은 것은?

㉮ 지시량 변화/측정량 변화로 나타낸다.

㉯ 측정량의 변화에 민감한 정도를 나타낸다.

㉰ 감도가 좋으면 측정시간은 짧아지고 측정범위는 좁아진다.

㉱ 감도의 표시는 지시계의 감도와 눈금 나비로 표시한다.

[해설] • 감도 : 계측기가 측정량의 변화에 민감한 정도를 나타내는 값으로 감도가 좋으면 측정시간이 길어지고, 측정범위는 좁아진다.

$$\therefore \text{감도} = \frac{\text{지시량의 변화}}{\text{측정량의 변화}}$$

 **2020년도 시행 문제**  Recent Test

□ **가스 산업기사** ▶ **2020. 6. 13 시행**

제1과목 연소공학

1. 등심연소 시 화염의 길이에 대하여 옳게 설명한 것은?

㉮ 공기 온도가 높을수록 길어진다.

㉯ 공기 온도가 낮을수록 길어진다.

㉰ 공기 유속이 높을수록 길어진다.

㉱ 공기 유속 및 공기 온도가 낮을수록 길어진다.

[해설] 공급되는 공기 유속이 낮을수록, 공기 온도가 높을수록 화염의 길이는 길어진다.

2. 메탄올 96 g과 아세톤 116 g을 함께 진공상태의 용기에 넣고 기화시켜 25℃의 혼합기체를 만들었다. 이때 전압력은 약 몇 mmHg인가? (단, 25℃에서 순수한 메탄올과 아세톤의 증기압 및 분자량은 각각 96.5 mmHg, 56 mmHg, 및 32, 58이다.)

㉮ 76.3 ㉯ 80.3

㉰ 152.5 ㉱ 170.5

[해설] ① 메탄올과 아세톤의 몰(mol)수 계산 :
메탄올(CH_3OH)의 분자량은 32, 아세톤 [$(CH_3)_2CO$]의 분자량은 58이다.

$$\therefore n_1 = \frac{W_1}{M_1} = \frac{96}{32} = 3 \, mol$$

$$\therefore n_2 = \frac{W_2}{M_2} = \frac{116}{58} = 2 \, mol$$

② 전압력 계산

$$\therefore P = \left(P_1 \times \frac{n_1}{n_1+n_2}\right) + \left(P_2 \times \frac{n_2}{n_1+n_2}\right)$$

$$= \left(96.5 \times \frac{3}{3+2}\right) + \left(56 \times \frac{2}{3+2}\right)$$

$$= 80.3 \, mmHg$$

3. 완전 연소의 구비 조건으로 틀린 것은?

㉮ 연소에 충분한 시간을 부여한다.

㉯ 연료를 인화점 이하로 냉각하여 공급한다.

㉰ 적정량의 공기를 공급하여 연료와 잘 혼합한다.

㉱ 연소실 내의 온도를 연소 조건에 맞게 유지한다.

[해설] • 완전 연소의 조건
① 적절한 공기 공급과 혼합을 잘 시킬 것
② 연소실 온도를 착화온도 이상으로 유지할 것
③ 연소실을 고온으로 유지할 것
④ 연소에 충분한 연소실과 시간을 유지할 것

4. 위험성 평가 기법 중 공정에 존재하는 위험 요소들과 공정의 효율을 떨어뜨릴 수 있는 운전상의 문제점을 찾아내어 그 원인을 제거하는 정성적인 안전성 평가 기법은?

㉮ What-if ㉯ HEA

㉰ HAZOP ㉱ FMECA

[해설] 위험과 운전 분석(hazard and operability studies : HAZOP) 기법 : 공정에 존재하는 위험 요소들과 공정의 효율을 떨어뜨릴 수 있는 운전상의 문제점을 찾아내어 그 원인을 제거하는 위험성 평가 기법이다.

5. 중유의 저위발열량이 10000 kcal/kg의 연료 1 kg을 연소시킨 결과 연소열은 5500 kcal/kg이었다. 연소 효율은 얼마인가?

㉮ 45 % ㉯ 55 %

㉰ 65 % ㉱ 75 %

[해설] 연소 효율 $= \dfrac{\text{실제 발생 열량}}{\text{저위발열량}} \times 100$

$\qquad = \dfrac{5500}{10000} \times 100 = 55\%$

6. 연소반응이 일어나기 위한 필요 충분 조건으로 볼 수 없는 것은?

㉮ 점화원   ㉯ 시간

㉰ 공기   ㉱ 가연물

[해설] ① 연소반응의 필요 충분 조건은 연소의 3요소를 만족시키는 것이다.

② 연소의 3요소 : 가연물, 산소 공급원(공기), 점화원

7. 기체 연료-공기 혼합기체의 최대연소속도 (대기압, 25℃)가 가장 빠른 가스는?

㉮ 수소   ㉯ 메탄

㉰ 일산화탄소   ㉱ 아세틸렌

[해설] 동일한 조건일 때 반응물이 적고, 산소가 적게 필요한 수소(H_2)가 최대연소속도가 가장 빠르다.

8. 일반적인 연소에 대한 설명으로 옳은 것은?

㉮ 온도의 상승에 따라 폭발범위는 넓어진다.

㉯ 압력 상승에 따라 폭발범위는 좁아진다.

㉰ 가연성가스에서 공기 또는 산소의 농도 증가에 따라 폭발범위는 좁아진다.

㉱ 공기 중에서보다 산소 중에서 폭발범위는 좁아진다.

[해설] • 폭발범위에 영향을 주는 요소

① 온도 : 온도가 높아지면 폭발범위는 넓어진다.

② 압력 : 압력이 상승하면 일반적으로 폭발범위는 넓어진다.

③ 산소 농도 : 산소 농도가 증가하면 폭발범위는 넓어진다.

④ 불연성가스 : 불연성가스가 혼합되면 산소 농도를 낮추며 이로 인해 폭발범위는 좁아진다.

9. 이상기체에 대한 설명으로 틀린 것은?

㉮ 이상기체 상태방정식을 따르는 기체이다.

㉯ 보일-샤를의 법칙을 따르는 기체이다.

㉰ 아보가드로 법칙을 따르는 기체이다.

㉱ 반데르발스 법칙을 따르는 기체이다.

[해설] • 이상기체의 성질

① 보일-샤를의 법칙을 만족한다.

② 아보가드로의 법칙에 따른다.

③ 내부에너지는 온도만의 함수이다.

④ 온도에 관계없이 비열비는 일정하다.

⑤ 기체의 분자력과 크기도 무시되며 분자 간의 충돌은 완전 탄성체이다.

⑥ 분자와 분자 사이의 거리가 매우 멀다.

⑦ 분자 사이의 인력이 없다.

⑧ 압축성 인자가 1이다.

※ 반데르발스 법칙을 따르는 기체는 실제 기체이다.

10. 이산화탄소로 가연물을 덮는 방법은 소화의 3대 효과 중 다음 어느 것에 해당하는가?

㉮ 제거효과   ㉯ 질식효과

㉰ 냉각효과   ㉱ 촉매효과

[해설] • 소화효과(방법)의 종류

① 질식효과 : 산소의 공급을 차단하여 가연물질의 연소를 소화시키는 방법

② 냉각효과 : 점화원(발화원)을 가연물질의 연소에 필요한 활성화 에너지 값 이하로 낮추어 소화시키는 방법

③ 제거효과 : 가연물질을 화재가 발생한 장소로부터 제거하여 소화시키는 방법

④ 부촉매 효과 : 순조로운 연쇄반응을 일으키는 화염의 전파물질인 수산기 또는 수소기의 활성화 반응을 억제, 방해 또는 차단하여 소화시키는 방법

⑤ 희석효과 : 수용성 가연물질인 알코올, 에탄올의 화재 시 다량의 물을 살포하여 가연성 물질의 농도를 낮게 하여 소화시키는 방법

⑥ 유화효과 : 중유에 소화약제인 물을 고압으로 분무하여 유화층을 형성시켜 소화시키는 방법

[해답] 6. ㉯   7. ㉮   8. ㉮   9. ㉱   10. ㉯

※ 소화의 3대 효과는 질식효과, 냉각효과, 제거효과이다.

11. 표면연소란 다음 중 어느 것을 말하는가?

㉮ 오일 표면에서 연소하는 현상

㉯ 고체 연료가 화염을 길게 내면서 연소하는 상태

㉰ 화염의 외부 표면에 산소가 접촉하여 연소하는 현상

㉱ 적열된 코크스 또는 숯의 표면 또는 내부에 산소가 접촉하여 연소하는 상태

[해설] • 표면연소 : 고체 가연물이 열분해나 증발을 하지 않고 표면에서 산소와 반응하여 연소하는 것으로 목탄(숯), 코크스 등의 연소가 이에 해당된다.

12. 화재와 폭발을 구별하기 위한 주된 차이는?

㉮ 에너지 방출속도 ㉯ 점화원

㉰ 인화점 ㉱ 연소한계

[해설] • 화재와 폭발의 구별
① 화재 : 건축물, 임야, 위험물 등에 의도하지 않은 불이 나서 인적, 물적인 피해를 입는 것으로 소화시설을 이용해 끌 필요가 있는 것이다.
② 폭발 : 혼합기체의 전부분이 극히 단시간 내에 연소하는 것으로서 압력 상승이 급격한 현상 또는 화염이 음속 이하의 속도로 미반응 물질 속으로 전파되어 가는 발열반응을 말한다.
※ 화재와 폭발을 구별하는 주된 차이점은 에너지의 방출속도이다.

13. 시안화수소의 위험도(H)는 약 얼마인가?

㉮ 5.8 ㉯ 8.8

㉰ 11.8 ㉱ 14.8

[해설] ① 시안화수소(HCN)의 폭발범위 : 6~41 %
② 위험도 계산
$$\therefore H = \frac{U-L}{L} = \frac{41-6}{6} = 5.833$$

14. 폭굉유도거리(DID)에 대한 설명으로 옳은 것은?

㉮ 관경이 클수록 짧다.

㉯ 압력이 낮을수록 짧다.

㉰ 점화원의 에너지가 약할수록 짧다.

㉱ 정상 연소속도가 빠른 혼합가스일수록 짧다.

[해설] • 폭굉유도거리가 짧아지는 조건
① 정상 연소속도가 큰 혼합가스일수록
② 관 속에 방해물이 있거나 관지름이 가늘수록
③ 압력이 높을수록
④ 점화원의 에너지가 클수록

15. 최소 점화에너지(MIE)에 대한 설명으로 틀린 것은?

㉮ MIE는 압력의 증가에 따라 감소한다.

㉯ MIE는 온도의 증가에 따라 증가한다.

㉰ 질소 농도의 증가는 MIE를 증가시킨다.

㉱ 일반적으로 분진의 MIE는 가연성가스보다 큰 에너지 준위를 가진다.

[해설] (1) 최소 점화에너지(MIE) : 가연성 혼합가스에 전기적 스파크로 점화시킬 때 점화하기 위한 최소한의 전기적 에너지를 말하는 것으로 유속과는 무관하다.
(2) 최소 점화에너지가 낮아지는 조건
① 연소속도가 클수록
② 열전도율이 작을수록
③ 산소 농도가 높을수록
④ 압력이 높을수록
⑤ 가연성 기체의 온도가 높을수록

16. 프로판 1 Sm³를 완전 연소시키는 데 필요한 이론공기량은 몇 Sm³인가?

㉮ 5.0 ㉯ 10.5

㉰ 21.0 ㉱ 23.5

[해설] ① 프로판(C_3H_8)의 완전 연소 반응식
$$C_3H_8 + 5O_2 \rightarrow 3CO_2 + 4H_2O$$

해답 **11.** ㉱ **12.** ㉮ **13.** ㉮ **14.** ㉱ **15.** ㉯ **16.** ㉱

② 이론공기량 계산

$$22.4\,Sm^3 : 5 \times 22.4\,Sm^3 = 1\,Sm^3 : x\,(O_0)\,[m^3]$$

$$\therefore A_0 = \frac{O_0}{0.21} = \frac{1 \times 5 \times 22.4}{22.4 \times 0.21} = 23.809\,Sm^3$$

17. 증기운 폭발에 영향을 주는 인자로서 가장 거리가 먼 것은?

㉮ 혼합비

㉯ 점화원의 위치

㉰ 방출된 물질의 양

㉱ 증발된 물질의 분율

해설 • 증기운 폭발에 영향을 주는 인자

① 방출된 물질의 양

② 점화 확률

③ 증기운이 점화하기까지 움직인 거리

④ 폭발 효율

⑤ 방출에 관련된 점화원의 위치

18. 다음 기체 연료 중 CH_4 및 H_2를 주성분으로 하는 가스는?

㉮ 고로가스   ㉯ 발생로가스

㉰ 수성가스   ㉱ 석탄가스

해설 • 부생(副生)가스의 종류

① 고로가스 : 고로에 철광석과 코크스를 장입해 선철을 제조하는 과정에서 코크스가 연소해 철광석과 환원작용으로 발생하는 가스로 발열량은 약 750 kcal/m³이다.

② 전로가스 : 제강공장의 전로에 용선을 장입하고 산소를 취입하는 과정에서 용선 중의 탄소가 산소와 반응해 발생되는 가스로 발열량은 약 2000 kcal/m³이다.

③ 발생로 가스 : 석탄이나 코크스를 불완전 연소시키고 여기에 수증기를 첨가하여 분해반응을 시켜 제조된 것으로 질소가 대부분 성분을 차지하며 일산화탄소와 메탄, 수소가 함유되어 있다. 발열량이 약 1300 kcal/m³ 정도이다.

④ 석탄가스 : 석탄을 1000℃ 내외로 건류할 때 얻어지는 가스로 메탄(CH_4)과 수소(H_2)가 주성분이며, 발열량이 5000 kcal/m³ 정도이다.

⑤ 코크스로 가스 : 유연탄을 건류하여 코크스로 만들 때 발생되는 가스로 발열량은 약 4400 kcal/m³이다.

⑥ 수성가스 : 적열된 코크스나 무연탄에 수증기를 작용시켜 얻는 수소(H_2)와 일산화탄소(CO)를 주성분으로 하는 혼합가스를 의미한다.

19. 메탄 85 v%, 에탄 10 v%, 프로판 4 v%, 부탄 1 v%의 조성을 갖는 혼합가스의 공기 중 폭발하한계는 약 얼마인가?

㉮ 4.4 %   ㉯ 5.4 %

㉰ 6.2 %   ㉱ 7.2 %

해설 ① 각 성분가스의 폭발범위

명칭	조성비	폭발범위(%)
메탄(CH_4)	85 v%	5 ~ 15
에탄(C_2H_6)	10 v%	3 ~ 12.5
프로판(C_3H_8)	4 v%	2.2 ~ 9.5
부탄(C_4H_{10})	1 v%	1.9 ~ 8.5

② 혼합가스의 폭발하한계 계산

$$\frac{100}{L} = \frac{V_1}{L_1} + \frac{V_2}{L_2} + \frac{V_3}{L_3} + \frac{V_4}{L_4} \text{에서}$$

$$\therefore L = \frac{100}{\dfrac{85}{5} + \dfrac{10}{3} + \dfrac{4}{2.2} + \dfrac{1}{1.9}} = 4.409\,\%$$

20. LPG를 연료로 사용할 때의 장점으로 옳지 않은 것은?

㉮ 발열량이 크다.

㉯ 조성이 일정하다.

㉰ 특별한 가압장치가 필요하다.

㉱ 용기, 조정기와 같은 공급설비가 필요하다.

해설 • 연료로서 LPG의 특징

① 타 연료와 비교하여 발열량이 크다.

② 연소 시 공기량이 많이 필요하다.

③ 자체 압력을 이용하므로 특별한 가압장치가 필요 없다.

해답 17. ㉮ 18. ㉱ 19. ㉮ 20. ㉰

④ 연소속도가 느리고, 발화온도가 높다.

⑤ 충전용기, 조정기와 같은 공급설비가 필요하다.

⑥ 공기보다 무겁기 때문에 누설 시 바닥에 체류한다.

제2과목 가스설비

21. 아세틸렌가스를 2.5 MPa의 압력으로 압축할 때 주로 사용되는 희석제는?

⑦ 질소
④ 산소
⑤ 이산화탄소
④ 암모니아

해설 • 희석제의 종류

① 안전관리규정에 정한 것 : 질소, 메탄, 일산화탄소, 에틸렌

② 희석제로 가능한 것 : 수소, 프로판, 이산화탄소

※ 안전관리규정(KGS code)에 정해진 것을 답안으로 우선적으로 적용해야 하는 문제임

22. 2개의 단열과정과 2개의 등압과정으로 이루어진 가스터빈의 이상 사이클은?

⑦ 에릭슨 사이클
④ 브레이턴 사이클
⑤ 스털링 사이클
④ 아트킨슨 사이클

해설 • 브레이턴(Brayton) 사이클 : 2개의 단열과정과 2개의 정압(등압)과정으로 이루어진 가스터빈의 이상 사이클

23. 전기방식에 대한 설명으로 틀린 것은?

⑦ 전해질 중 물, 토양, 콘크리트 등에 노출된 금속에 대하여 전류를 이용하여 부식을 제어하는 방식이다.

④ 전기방식은 부식 자체를 제거할 수 있는 것이 아니고 음극에서 일어나는 부식을 양극에서 일어나도록 하는 것이다.

⑤ 방식전류는 양극에서 양극반응에 의하여 전해질로 이온이 누출되어 금속 표면으로 이동하게 되고 음극 표면에서는 음

극반응에 의하여 전류가 유입되게 된다.

④ 금속에서 부식을 방지하기 위해서는 방식전류가 부식전류 이하가 되어야 한다.

해설 • 전기방식(電氣防蝕) : 지중 및 수중에 설치하는 강재배관 및 저장탱크 외면에 전류를 유입시켜 양극반응을 저지함으로써 배관의 전기적 부식을 방지하는 것으로 금속에서 부식을 방지하기 위해서는 방식전류가 부식전류 이상으로 되어야 한다.

24. 암모니아 압축기 실린더에 일반적으로 워터재킷을 사용하는 이유가 아닌 것은?

⑦ 윤활유의 탄화를 방지한다.
④ 압축 소요 일량을 크게 한다.
⑤ 압축 효율의 향상을 도모한다.
④ 밸브 스프링의 수명을 연장시킨다.

해설 • 실린더 냉각 효과(이유)

① 체적 효율, 압축 효율 증가
② 소요 동력의 감소
③ 윤활 기능의 유지 및 향상
④ 윤활유 열화, 탄화 방지
⑤ 습동부품의 수명 유지

※ 워터재킷(water jacket) : 실린더 블록 및 실린더 헤드에 냉각수가 채워져 있는 부분으로 냉각수를 순환시켜 압축열을 제거하는 역할을 한다.

25. 일반도시가스사업자의 정압기에서 시공감리 기준 중 기능검사에 대한 설명으로 틀린 것은?

⑦ 2차 압력을 측정하여 작동압력을 확인한다.

④ 주정압기의 압력 변화에 따라 예비정압기가 정상작동 되는지 확인한다.

⑤ 가스차단장치의 개폐상태를 확인한다.

④ 지하에 설치된 정압기실 내부에 100 lux 이상의 조명도가 확보되는지 확인한다.

해설 • 정압기에서 시공감리 기준 중 기능검사 항목

① 2차 압력을 측정하여 작동압력을 확인한다.

② 주정압기의 압력 변화에 따라 예비정압

기가 정상가동 되는지를 확인한다.
③ 가스차단장치의 개폐 작동 성능을 확인한다.
④ 가스누출검지통보설비, 이상압력통보설비, 정압기실 출입문 개폐 여부, 긴급차단밸브 개폐 여부 등이 연결된 원격감시장치의 기능을 작동시험에 따라 확인한다.
⑤ 압력계와 압력기록장치의 기록압력 오차 여부를 확인한다.
⑥ 강제통풍시설이 있을 경우 작동시험에 따라 확인한다.
⑦ 이상압력통보설비, 긴급차단장치 및 안전밸브의 설정압력 적정 여부와 정압기 입구측 압력 및 설계유량에 따른 안전밸브 규격의 크기 및 방출구의 높이를 확인한다.
⑧ 정압기로 공급되는 전원을 차단 후 비상전력의 작동 여부를 확인한다.
⑨ 지하에 설치된 정압기실 내부에 150룩스 이상의 조명도가 확보되는지 확인한다.

26. 금속 재료에 대한 풀림의 목적으로 옳지 않은 것은?

㉮ 인성을 향상시킨다.
㉯ 내부응력을 제거한다.
㉰ 조직을 조대화하여 높은 경도를 얻는다.
㉱ 일반적으로 강의 경도가 낮아져 연화된다.

[해설] • 풀림(annealing : 소둔) : 가공 중에 생긴 내부응력을 제거하거나 가공 경화된 재료를 연화시켜 상온가공을 용이하게 할 목적으로 로 중에서 가열하여 서서히 냉각시킨다.

27. LPG를 탱크로리에서 저장탱크로 이송 시 작업을 중단해야 하는 경우로서 가장 거리가 먼 것은?

㉮ 누출이 생긴 경우
㉯ 과충전이 된 경우
㉰ 작업 중 주위에 화재 발생 시
㉱ 압축기 이용 시 베이퍼로크 발생 시

[해설] • LPG 이송 시 작업을 중단해야 하는 경우

① 과충전이 되는 경우
② 작업 중 주변에서 화재가 발생한 경우
③ 호스 등에서 누설이 되는 경우
④ 압축기 이용 시 액압축이 발생하는 경우
⑤ 펌프 이용 시 베이퍼로크가 심한 경우

28. 발열량 10500 kcal/m³인 가스를 출력 12000 kcal/h인 연소기에서 연소 효율 80 %로 연소시켰다. 이 연소기의 용량은?

㉮ 0.70 m³/h ㉯ 0.91 m³/h
㉰ 1.14 m³/h ㉱ 1.43 m³/h

[해설] 출력 12000 kcal/h인 연소기를 만족시키기 위해서 발열량 10500 kcal/m³인 가스를 연소 효율 80 %로 x[m³/h]를 연소시켜야 한다.

12000 kcal/h = (10500 kcal/m³ × 0.8) × x [m³/h]

$$\therefore \ x = \frac{12000}{10500 \times 0.8} = 1.428 \ \text{m}^3/\text{h}$$

[별해] • 연소기의 효율

$\eta = \dfrac{\text{연소기 출력(kcal/h)}}{\text{공급된 열량}} \times 100$ 에서 공급된 열량은 연료사용량(G_f)에 연료발열량(H_l)을 곱한 값이다.

$$\therefore \ G_f = \frac{\text{연소기 출력}}{H_l \times \eta} = \frac{12000}{10500 \times 0.8}$$
$$= 1.428 \ \text{m}^3/\text{h}$$

29. 액화프로판 400kg을 내용적 50 L의 용기에 충전 시 필요한 용기의 개수는?

㉮ 13개 ㉯ 15개
㉰ 17개 ㉱ 19개

[해설] ① 용기 1개당 충전량 계산 : 프로판의 경우 충전상수(C)는 2.35이다.

$$\therefore \ W = \frac{V}{C} = \frac{50}{2.35} = 21.276 \ \text{kg}$$

② 용기수 계산
∴ 필요 용기수
$$= \frac{\text{전체 가스량(kg)}}{\text{용기 1개당 충전량(kg)}}$$
$$= \frac{400}{21.276} = 18.8005 = 19 \ \text{개}$$

[해답] 26. ㉰ 27. ㉱ 28. ㉱ 29. ㉱

30. 조정압력이 3.3 kPa 이하인 액화석유가스 조정기의 안전장치 작동정지압력은?

㉮ 7 kPa ㉯ 5.04~8.4 kPa

㉱ 5.6~8.4 kPa ㉰ 8.4~10 kPa

해설 • 조정압력이 3.3 kPa 이하인 조정기의 안전장치 압력
① 작동표준압력 : 7.0 kPa
② 작동개시압력 : 5.60~8.40 kPa
③ 작동정지압력 : 5.04~8.40 kPa

31. 도시가스 저압 배관의 설계 시 반드시 고려하지 않아도 되는 사항은?

㉮ 허용 압력손실 ㉯ 가스 소비량

㉱ 연소기의 종류 ㉰ 관의 길이

해설 • 저압 배관의 설계 시 반드시 고려할 사항
① 가스 소비량
② 허용 압력손실
③ 가스 비중
④ 관 길이
※ 저압 배관 유량 계산식(Pole식)

$Q = K\sqrt{\dfrac{D^5 \cdot H}{S \cdot L}}$ 에서 적용되는 항목을 고려한다.

여기서, Q : 가스의 유량(m³/h)
D : 관 안지름(cm)
H : 압력손실(mmH₂O)
S : 가스의 비중
L : 관의 길이(m)
K : 유량계수

32. 유수식 가스홀더의 특징에 대한 설명으로 틀린 것은?

㉮ 제조설비가 저압인 경우에 사용한다.

㉯ 구형 홀더에 비해 유효 가동량이 많다.

㉱ 가스가 건조하면 물탱크의 수분을 흡수한다.

㉰ 부지면적과 기초공사비가 적게 소요된다.

해설 • 유수식 가스홀더의 특징
① 제조설비가 저압인 경우에 적합하다.
② 구형 가스홀더에 비해 유효 가동량이 크다.
③ 대량의 물이 필요하므로 초기 설비비가 많이 소요된다.
④ 가스가 건조하면 물탱크의 수분을 흡수한다.
⑤ 압력이 가스탱크의 수에 따라 변동한다.
⑥ 한랭지에서는 탱크 내 물의 동결을 방지하여야 한다.

33. 정압기(governor)의 기본 구성 중 2차 압력을 감지하고 변동사항을 알려주는 역할을 하는 것은?

㉮ 스프링 ㉯ 메인밸브

㉱ 다이어프램 ㉰ 웨이트

해설 • 정압기의 기본 구성 요소
① 다이어프램 : 2차 압력을 감지하고 2차 압력의 변동사항을 메인밸브에 전달하는 역할을 한다.
② 스프링 : 조정할 2차 압력을 설정하는 역할을 한다.
③ 메인밸브(조정밸브) : 가스의 유량을 메인밸브의 개도에 따라서 직접 조정하는 역할을 한다.

34. LP 가스를 이용한 도시가스 공급방식이 아닌 것은?

㉮ 직접 혼입방식 ㉯ 공기 혼합방식

㉱ 변성 혼입방식 ㉰ 생가스 혼합방식

해설 • LP 가스를 이용한 도시가스 공급방식
① 직접 혼입방식 : 종래의 도시가스에 기화한 LPG를 그대로 공급하는 방식이다.
② 공기 혼합방식 : 기화된 LPG에 일정량의 공기를 혼합하여 공급하는 방식으로 발열량 조절, 재액화 방지, 누설 시 손실 감소, 연소 효율 증대 효과를 볼 수 있다.
③ 변성 혼입방식 : LPG의 성질을 변경하여 공급하는 방식이다.

참고 • LPG 강제기화 공급방식
① 생가스 공급방식
② 변성가스 공급방식
③ 공기혼합가스 공급방식

35. loading형으로 정특성, 동특성이 양호하며 비교적 콤팩트한 형식의 정압기는?

㉮ KRF식 정압기

㉯ Fisher식 정압기

㉰ Reynolds식 정압기

㉱ axial-flow식 정압기

해설 • 피셔(Fisher)식 정압기의 특징
① 로딩(loading)형이다.
② 정특성, 동특성이 양호하다.
③ 다른 것에 비하여 크기가 콤팩트하다.
④ 중압용에 주로 사용된다.

36. 다음 중 염소 가스 압축기에 주로 사용되는 윤활제는?

㉮ 진한 황산　　　㉯ 양질의 광유

㉰ 식물성유　　　㉱ 묽은 글리세린

해설 • 각종 가스 압축기의 윤활제
① 산소 압축기 : 물 또는 묽은 글리세린수 (10 % 정도)
② 공기 압축기, 수소 압축기, 아세틸렌 압축기 : 양질의 광유(디젤 엔진유)
③ 염소 압축기 : 진한 황산
④ LP 가스 압축기 : 식물성유
⑤ 이산화황(아황산가스) 압축기 : 화이트유, 정제된 용제 터빈유
⑥ 염화메탄(메틸클로라이드) 압축기 : 화이트유

37. 캐비테이션 현상의 발생 방지책에 대한 설명으로 가장 거리가 먼 것은?

㉮ 펌프의 회전수를 높인다.

㉯ 흡입 관경을 크게 한다.

㉰ 펌프의 위치를 낮춘다.

㉱ 양흡입 펌프를 사용한다.

해설 • 공동 현상(cavitation) 방지법
① 펌프의 위치를 낮춘다.(흡입양정을 짧게 한다.)
② 수직축 펌프를 사용하여 회전차를 수중에 완전히 잠기게 한다.
③ 양흡입 펌프를 사용한다.

④ 펌프의 회전수를 낮춘다.
⑤ 두 대 이상의 펌프를 사용한다.
⑥ 유효흡입수두를 크게 한다.
⑦ 손실수두를 적게 한다.

38. 다음 중 가스용 폴리에틸렌 관의 장점이 아닌 것은?

㉮ 부식에 강하다.

㉯ 일광, 열에 강하다.

㉰ 내한성이 우수하다.

㉱ 균일한 단위제품을 얻기 쉽다.

해설 • 폴리에틸렌 관(polyethylene pipe)의 특징
① 부식에 강하고, 균일한 단위제품을 생산할 수 있다.
② 염화비닐 관보다 화학적, 전기적 성질이 우수하다.
③ 내한성이 좋아 한랭지 배관에 알맞다.
④ 염화비닐 관에 비해 인장강도가 1/5 정도로 작다.
⑤ 화기에 극히 약하다.
⑥ 유연해서 관면에 외상을 받기 쉽다.
⑦ 장시간 직사광선(햇빛)에 노출되면 노화된다.
⑧ 폴리에틸렌 관의 종류 : 수도용, 가스용, 일반용

39. 어떤 냉동기에 0℃의 물로 0℃의 얼음 2톤을 만드는 데 50 kW · h의 일이 소요되었다. 이 냉동기의 성능계수는? (단, 물의 응고열은 80 kcal/kg이다.)

㉮ 3.7　　　　　㉯ 4.7

㉰ 5.7　　　　　㉱ 6.7

해설 ① 얼음 1톤의 무게는 1000 kg이고, 1 kW · h의 열량은 860 kcal이다.
② 냉동기 성능계수 계산 : 저온체에서 제거하는 열량(Q_2)과 열량을 제거하는 데 소요되는 일량(W)의 비가 냉동기 성능계수(COP_R)이다.

$$\therefore \; COP_R = \frac{Q_2}{W} = \frac{(2 \times 1000) \times 80}{50 \times 860} = 3.720$$

해답　35. ㉯　36. ㉮　37. ㉮　38. ㉯　39. ㉮

40. 터보형 펌프에 속하지 않는 것은?

㉮ 사류 펌프

㉯ 축류 펌프

㉰ 플런저 펌프

㉱ 센트리퓨걸 펌프

[해설] • 펌프의 분류

  (1) 터보식 펌프

    ① 원심 펌프(centrifugal pump) : 벌류트 펌프, 터빈 펌프

    ② 사류 펌프

    ③ 축류 펌프

  (2) 용적식 펌프

    ① 왕복 펌프 : 피스톤 펌프, 플런저 펌프, 다이어프램 펌프

    ② 회전 펌프 : 기어 펌프, 나사 펌프, 베인 펌프

  (3) 특수 펌프 : 재생 펌프, 제트 펌프, 기포 펌프, 수격 펌프

제3과목 가스안전관리

41. 액화석유가스 자동차에 고정된 용기충전의 시설에 설치되는 안전밸브 중 압축기의 최종단에 설치된 안전밸브의 작동조정의 최소주기는?

㉮ 6개월에 1회 이상 ㉯ 1년에 1회 이상

㉰ 2년에 1회 이상 ㉱ 3년에 1회 이상

[해설] • 안전밸브 작동조정 주기 : 설정압력 이하의 압력에서 작동하도록 조정한다.

  ① 압축기의 최종단에 설치한 것 : 1년에 1회 이상

  ② 그 밖의 안전밸브 : 2년에 1회 이상

  ③ 다만, 종합적 안전관리대상의 시설에 설치된 안전밸브의 조정 주기는 저장탱크 및 압력용기에 대한 재검사 주기로 한다.

42. 특정설비에 대한 표시 중 기화장치에 각인 또는 표시해야 할 사항이 아닌 것은?

㉮ 내압시험압력

㉯ 가열방식 및 형식

㉰ 설비별 기호 및 설명

㉱ 사용하는 가스의 명칭

[해설] • 기화장치에 각인 또는 표시해야 할 사항

  ① 제조자의 명칭 또는 약호

  ② 사용하는 가스의 명칭

  ③ 제조번호 및 제조연월일

  ④ 내압시험에 합격한 연월

  ⑤ 내압시험압력(기호 : TP, 단위 : MPa)

  ⑥ 가열방식 및 형식

  ⑦ 최고사용압력(기호 : DP, 단위 : MPa)

  ⑧ 기화능력(kg/h 또는 m³/h)

43. 고압가스 특정제조시설에서 안전구역 안의 고압가스설비는 그 외면으로부터 다른 안전구역 안에 있는 고압가스설비의 외면까지 몇 m 이상의 거리를 유지하여야 하는가?

㉮ 10 m ㉯ 20 m

㉰ 30 m ㉱ 50 m

[해설] 안전구역 안의 고압가스설비(배관을 제외)의 외면으로부터 다른 안전구역 안에 있는 고압가스설비의 외면까지 유지하여야 할 거리는 30 m 이상으로 한다.

44. 고압가스 운반차량의 운행 중 조치사항으로 틀린 것은?

㉮ 400 km 이상 거리를 운행할 경우 중간에 휴식을 취한다.

㉯ 독성가스를 운반 중 도난당하거나 분실한 때에는 즉시 그 내용을 경찰서에 신고한다.

㉰ 독성가스를 운반하는 때는 그 고압가스의 명칭, 성질 및 이동 중의 재해방지를 위하여 필요한 주의사항을 기재한 서류를 운전자 또는 운반책임자에게 교부한다.

㉱ 고압가스를 적재하여 운반하는 차량은 차량의 고장, 교통사정, 운전자 또는 운반책임자의 휴식할 경우 운반책임자와

운전자가 동시에 이탈하지 아니한다.

해설 • 고압가스 운반차량의 운행 중 조치사항 : 고압가스를 차량에 적재·운반할 때 200 km 이상의 거리를 운행하는 경우에는 중간에 충분한 휴식을 취하도록 하고 운행시킨다.

45. 고압가스 안전성 평가 기준에서 정한 위험성 평가 기법 중 정성적 평가 기법에 해당되는 것은?

㉮ check list 기법 ㉯ HEA 기법
㉰ FTA 기법 ㉱ CCA 기법

해설 • 위험성 평가 기법 분류
① 정성적 평가 기법 : 체크 리스트(check list) 기법, 사고 예상 질문 분석(WHAT-IF) 기법, 위험과 운전 분석(HAZOP) 기법
② 정량적 평가 기법 : 작업자 실수 분석(HEA) 기법, 결함수 분석(FTA) 기법, 사건수 분석(ETA) 기법, 원인 결과 분석(CCA) 기법
③ 기타 : 상대 위험순위 결정 기법, 이상 위험도 분석

46. 일반적인 독성가스의 제독제로 사용되지 않는 것은?

㉮ 소석회 ㉯ 탄산소다 수용액
㉰ 물 ㉱ 암모니아 수용액

해설 • 독성가스 제독제의 종류

가스 종류	제독제의 종류
염소	가성소다 수용액, 탄산소다 수용액, 소석회
포스겐	가성소다 수용액, 소석회
황화수소	가성소다 수용액, 탄산소다 수용액
시안화수소	가성소다 수용액
아황산가스	가성소다 수용액, 탄산소다 수용액, 물
암모니아, 산화에틸렌, 염화메탄	물

47. 암모니아 저장탱크에는 가스의 용량이 저장탱크 내용적의 몇 %를 초과하는 것을 방지하기 위한 과충전 방지조치를 강구하여야 하는가?

㉮ 85 % ㉯ 90 % ㉰ 95 % ㉱ 98 %

해설 • 저장탱크 과충전 방지조치 : 아황산가스, 암모니아, 염소, 염화메탄, 산화에틸렌, 시안화수소, 포스겐 또는 황화수소의 저장탱크에는 그 가스의 용량이 그 저장탱크 내용적의 90 %를 초과하는 것을 방지하기 위하여 과충전 방지조치를 강구한다.

48. 고압가스용 이음매 없는 용기 제조 시 탄소함유량은 몇 % 이하를 사용하여야 하는가?

㉮ 0.04 ㉯ 0.05 ㉰ 0.33 ㉱ 0.55

해설 • 용기 제조방법에 따른 C, P, S 함유량

구분	탄소(C)	인(P)	황(S)
용접용기	0.33 % 이하	0.04 % 이하	0.05 % 이하
이음매 없는 용기	0.55 % 이하	0.04 % 이하	0.05 % 이하

49. 가스를 충전하는 경우에 밸브 및 배관이 얼었을 때의 응급조치하는 방법으로 부적절한 것은?

㉮ 열습포를 사용한다.
㉯ 미지근한 물로 녹인다.
㉰ 석유 버너 불로 녹인다.
㉱ 40℃ 이하의 물로 녹인다.

해설 • 충전용 밸브의 가열 : 고압가스를 용기에 충전하기 위하여 밸브 또는 충전용 지관을 가열할 때에는 열습포 또는 40℃ 이하의 물을 사용한다.

50. 고압가스 일반제조의 시설기준에 대한 설명으로 옳은 것은?

㉮ 산소 초저온저장탱크에는 환형유리관 액면계를 설치할 수 없다.
㉯ 고압가스설비에 장치하는 압력계는 상

용압력의 1.1배 이상 2배 이하의 최고눈금이 있어야 한다.

㉯ 공기보다 가벼운 가연성가스의 가스설비실에는 1방향 이상의 개구부 또는 자연환기 설비를 설치하여야 한다.

㉱ 저장능력이 1000톤 이상인 가연성 액화가스의 지상 저장탱크의 주위에는 방류둑을 설치하여야 한다.

[해설] • 각 항목의 옳은 설명

㉮ 액화가스 저장탱크에 액면계를 설치할 때 산소 또는 불활성가스의 초저온저장탱크의 경우에 한정하여 환형유리제 액면계 설치가 가능하다.

㉯ 고압가스설비에 설치하는 압력계는 상용압력의 1.5배 이상, 2배 이하의 최고눈금이 있는 것으로 하고 2개 이상 비치한다.

㉱ 공기보다 가벼운 가연성가스의 가스설비실에는 충분한 면적을 가진 2방향 이상의 개구부 또는 강제환기 설비를 설치하거나 이들을 병설하여 환기를 양호하게 한 구조로 한다.

51. 포스겐가스($COCl_2$)를 취급할 때의 주의 사항으로 옳지 않은 것은?

㉮ 취급 시 방독마스크를 착용할 것

㉯ 공기보다 가벼우므로 환기시설은 보관 장소의 위쪽에 설치할 것

㉱ 사용 후 폐가스를 방출할 때에는 중화시킨 후 옥외로 방출시킬 것

㉣ 취급장소는 환기가 잘 되는 곳일 것

[해설] 포스겐($COCl_2$)은 분자량 99로 공기보다 무거운 독성가스에 해당되므로 환기시설은 보관장소 바닥면에 접한 부분의 환기를 양호하게 한 구조로 한다.

52. 초저온 용기의 재료로 적합한 것은?

㉮ 오스테나이트계 스테인리스강 또는 알루미늄 합금

㉯ 고탄소강 또는 Cr 강

㉱ 마텐자이트계 스테인리스강 또는 고탄소강

㉣ 알루미늄 합금 또는 Ni-Cr 강

[해설] 초저온 용기의 재료는 그 용기의 안전성을 확보하기 위하여 오스테나이트계 스테인리스강 또는 알루미늄 합금으로 한다.

53. 지름이 각각 8 m인 LPG 지상 저장탱크 사이에 물분무장치를 하지 않은 경우 탱크 사이에 유지해야 되는 간격은?

㉮ 1 m ㉯ 2 m ㉱ 4 m ㉣ 8 m

[해설] • LPG 저장탱크 간의 유지거리 : 두 저장탱크의 최대지름을 합산한 길이의 $\frac{1}{4}$ 이상에 해당하는 거리를 유지하고, 두 저장탱크의 최대지름을 합산한 길이의 $\frac{1}{4}$의 길이가 1 m 미만인 경우에는 1 m 이상의 거리를 유지한다. 다만, LPG 저장탱크에 물분무장치가 설치되었을 경우에는 저장탱크 간의 이격거리를 유지하지 않아도 된다.

$$\therefore \ L = \frac{D_1 + D_2}{4} = \frac{8 + 8}{4} = 4 \, m$$

54. 고압가스 일반제조시설에서 저장탱크 및 처리설비를 실내에 설치하는 경우의 기준으로 틀린 것은?

㉮ 저장탱크실과 처리설비실은 각각 구분하여 설치하고 강제환기시설을 갖춘다.

㉯ 저장탱크실의 천장, 벽 및 바닥의 두께는 20 cm 이상으로 한다.

㉱ 저장탱크를 2개 이상 설치하는 경우에는 저장탱크실을 각각 구분하여 설치한다.

㉣ 저장탱크에 설치한 안전밸브는 지상 5 m 이상의 높이에 방출구가 있는 가스방출관을 설치한다.

[해설] • 고압가스 저장탱크 및 처리설비 실내 설치 기준

① 저장탱크실과 처리설비실은 각각 구분하여 설치하고 강제환기시설을 갖춘다.

② 저장탱크실 및 처리설비실은 천장·벽 및 바닥의 두께가 30 cm 이상인 철근콘크리트로 만든 실로서 방수처리가 된 것으로 한다.

③ 가연성가스 또는 독성가스의 저장탱크실과 처리설비실에는 가스누출검지 경보장치를 설치한다.

④ 저장탱크의 정상부와 저장탱크실 천장과의 거리는 60 cm 이상으로 한다.

⑤ 저장탱크를 2개 이상 설치하는 경우에는 저장탱크실을 각각 구분하여 설치한다.

⑥ 저장탱크 및 그 부속시설에는 부식방지 도장을 한다.

⑦ 저장탱크실 및 처리설비실의 출입문은 각각 따로 설치하고, 외부인이 출입할 수 없도록 자물쇠 채움 등의 조치를 한다.

⑧ 저장탱크실 및 처리설비실을 설치한 주위에는 경계표지를 한다.

⑨ 저장탱크에 설치한 안전밸브는 지상 5 m 이상의 높이에 방출구가 있는 가스방출관을 설치한다.

55. 액화가스 저장탱크의 저장능력을 산출하는 식은?(단, Q : 저장능력(m³), W : 저장능력(kg), V : 내용적(L), P : 35℃에서 최고충전압력(MPa), d : 상용온도 내에서 액화가스 비중(kg/ L), C : 가스의 종류에 따른 정수이다.)

㉠ $W = \dfrac{V}{C}$ ㉡ $W = 0.9dV$

㉢ $Q = (10P+1)V$ ㉣ $Q = (P+2)V$

[해설] • 저장능력 산정 기준식
　㉠ : 액화가스 용기 저장능력 산정식
　㉡ : 액화가스 저장탱크 저장능력 산정식
　㉢ : 압축가스 저장탱크, 용기 저장능력 산정식

56. 폭발 및 인화성 위험물 취급 시 주의하여야 할 사항으로 틀린 것은?

㉠ 습기가 없고 양지바른 곳에 둔다.

㉡ 취급자 외에는 취급하지 않는다.

㉢ 부근에서 화기를 사용하지 않는다.

㉣ 용기는 난폭하게 취급하거나 충격을 주어서는 아니 된다.

[해설] 폭발 및 인화성 위험물을 취급할 때 양지바른 곳에 두면 직사광선에 의해 온도가 상승되고 이로 인해 압력이 상승되면서 누설, 파열 등의 위험성이 높아지게 되므로 직사광선을 피해서 보관하여야 한다.

57. 폭발 예방 대책을 수립하기 위하여 우선적으로 검토하여야 할 사항으로 가장 거리가 먼 것은?

㉠ 요인 분석   ㉡ 위험성 평가

㉢ 피해 예측   ㉣ 피해 보상

[해설] 피해 보상은 폭발사고가 발생한 이후에 검토하여야 할 사항이다.

58. 아세틸렌용 용접용기 제조 시 내압시험압력이란 최고충전압력 수치의 몇 배의 압력을 말하는가?

㉠ 1.2   ㉡ 1.8   ㉢ 2   ㉣ 3

[해설] • 아세틸렌용 용접용기 시험압력
　① 최고충전압력(FP) : 15℃에서 용기에 충전할 수 있는 가스의 압력 중 최고압력
　② 기밀시험압력(AP) : 최고충전압력의 1.8배
　③ 내압시험압력(TP) : 최고충전압력의 3배

59. 질소 충전용기에서 질소 가스의 누출 여부를 확인하는 방법으로 가장 쉽고 안전한 방법은?

㉠ 기름 사용   ㉡ 소리 감지

㉢ 비눗물 사용   ㉣ 전기스파크 이용

[해설] 고압가스 충전용기에서 가스의 누출 여부를 확인하는 가장 쉽고 안전한 방법은 비눗물을 이용하여 검사하는 것이다.

60. 2단 감압식 1차용 액화석유가스 조정기를 제조할 때 최대폐쇄압력은 얼마 이하로 해야 하는가?(단, 입구 압력이 0.1~1.56 MPa이다.)

㉠ 3.5 kPa

団 83 kPa

団 95 kPa

団 조정압력의 2.5배 이하

해설 • 일반용 LPG 2단 감압식 1차용 조정기 압력

구분	용량 100 kg/h 이하	용량 100 kg/h 초과
입구 압력	0.1~1.56 MPa	0.3~1.56 MPa
조정 압력	57~83 kPa	57~83 kPa
입구 기밀시험압력	1.8 MPa 이상	
출구 기밀시험압력	150 kPa 이상	
최대폐쇄압력	95 kPa 이하	

제4과목 가스계측기기

61. 되먹임 제어에 대한 설명으로 옳은 것은?

団 열린 회로 제어이다.

団 비교부가 필요 없다.

団 되먹임이란 출력신호를 입력신호로 다시 되돌려 보내는 것을 말한다.

団 되먹임 제어 시스템은 선형 제어 시스템에 속한다.

해설 • 되먹임 제어

① 피드백 제어(feedback control)로 폐(閉)회로 제어이다.

② 되먹임이란 출력신호를 입력 측으로 되돌려 입력으로 사용하는 것을 말한다.

③ 입력과 출력을 비교하는 장치가 필요하다.

④ 목표값에 정확히 도달할 수 있어 다른 제어계보다 정확도가 증가한다.

⑤ 외부 조건의 변화에 의한 영향을 줄일 수 있다.

⑥ 제어대상 특성이 다소 변하더라도 이것에 의한 영향을 제어할 수 있다.

⑦ 되먹임 제어 시스템은 비선형 제어 시스템(nonlinear control system)에 속한다.

⑧ 제어 시스템의 설계가 복잡하고 제어기기의 제작비용이 많이 소요된다.

62. He 가스 중 불순물로서 N_2 : 2 %, CO : 5 %, CH_4 : 1 %, H_2 : 5 %가 들어 있는 가스를 가스 크로마토그래피로 분석하고자 한다. 다음 중 가장 적당한 검출기는?

団 열전도검출기(TCD)

団 불꽃이온화검출기(FID)

団 불꽃광도검출기(FPD)

団 환원성가스검출기(RGD)

해설 열전도검출기(TCD)는 캐리어가스(H_2, He)와 시료 성분 가스의 열전도도 차를 금속 필라멘트 또는 서미스터의 저항 변화로 검출하는 형식으로 헬륨(He)은 열전도검출기에서 캐리어가스로 사용되고 있고, 헬륨 중에 불순물을 분석하는 것이므로 열전도검출기가 가장 적당하다.

63. 다음 가스 분석법 중 흡수분석법에 해당되지 않는 것은?

団 헴펠법　　団 게겔법

団 오르사트법　　団 우인클러법

해설 • 흡수분석법의 종류 : 오르사트(Orsat)법, 헴펠(Hempel)법, 게겔(Gockel)법

64. block 선도의 등가변환에 해당하는 것만으로 짝지어진 것은?

団 전달요소 결합, 가합점 치환, 직렬 결합, 피드백 치환

団 전달요소 치환, 인출점 치환, 병렬 결합, 피드백 결합

団 인출점 치환, 가합점 결합, 직렬 결합, 병렬 결합

団 전달요소 이동, 가합점 결합, 직렬 결합, 피드백 결합

해설 • 블록(block) 선도의 등가변환 종류 : 전달요소 치환, 인출점 치환, 병렬 결합, 피드백 결합

※ 등가변환 : 어떤 회로를 특성이 같지만 회로 구성이 다른 것으로 변환하는 것이다.

65. 가스 센서에 이용되는 물리적 현상으로 가

해답 61. 団　62. 団　63. 団　64. 団　65. 団

장 옳은 것은 ?

㉮ 압전효과   ㉯ 조셉슨효과

㉰ 흡착효과   ㉱ 광전효과

해설 • 흡착효과 : 기체 성분이 표면에 달라붙는 물리적 현상으로 반도체에 흡착된 기체가 화학반응을 일으킴으로써 전기저항이 변화하는 것을 원리로 하여 가연성가스를 감지하는 센서(소자)에 이용한다.

66. 접촉식 온도계의 종류와 특징을 연결한 것 중 틀린 것은 ?

㉮ 유리 온도계 – 액체의 온도에 따른 팽창을 이용한 온도계

㉯ 바이메탈 온도계 – 바이메탈이 온도에 따라 굽히는 정도가 다른 점을 이용한 온도계

㉰ 열전대 온도계 – 온도 차이에 의한 금속의 열상승 속도의 차이를 이용한 온도계

㉱ 저항 온도계 – 온도 변화에 따른 금속의 전기저항 변화를 이용한 온도계

해설 • 열전대 온도계 : 2종류의 금속선을 접속하여 하나의 회로를 만들어 2개의 접점에 온도차를 부여하면 회로에는 접점의 온도에 거의 비례한 전류(열기전력)가 흐르는 현상인 제베크효과(Seebeck effect)를 이용한 접촉식 온도계이다.

67. 여과기(strainer)의 설치가 필요한 가스 미터는 ?

㉮ 터빈 가스 미터   ㉯ 루트 가스 미터

㉰ 막식 가스 미터   ㉱ 습식 가스 미터

해설 • 루트식(roots type) 가스 미터 : 2개의 회전자(roots)와 케이싱으로 구성되어 고속으로 회전하는 회전자에 의하여 체적 단위로 환산하여 적산하는 것으로 여과기(strainer)의 설치 및 설치 후의 관리가 필요하다.

68. 초음파 유량계에 대한 설명으로 틀린 것은 ?

㉮ 압력손실이 거의 없다.

㉯ 압력은 유량에 비례한다.

㉰ 대구경 관로의 측정이 가능하다.

㉱ 액체 중 고형물이나 기포가 많이 포함되어 있어도 정도가 좋다.

해설 • 초음파 유량계의 특징

① 초음파의 유속과 유체 유속의 합이 비례한다는 도플러 효과를 이용한 유량계이다.

② 측정체가 유체와 접촉하지 않아 압력손실이 없다.

③ 정확도가 아주 높으며 대유량 측정용으로 적합하다.

④ 비전도성 액체의 유량 측정이 가능하다.

⑤ 고온, 고압, 부식성 유체에도 사용이 가능하다.

⑥ 액체 중에 고형물이나 기포가 많이 포함되어 있으면 정도가 좋지 않다.

69. 외란의 영향으로 인하여 제어량이 목표치 50 L/min에서 53 L/min으로 변하였다면 이때 제어편차는 얼마인가 ?

㉮ +3 L/min   ㉯ −3 L/min

㉰ +6.0 %   ㉱ −6.0 %

해설 ① 제어편차 : 제어계에서 목표값의 변화나 외란의 영향으로 목표값과 제어량의 차이에서 생긴 편차이다.

② 제어편차 계산

∴ 제어편차 = 목표치 − 제어량

= 50 − 53 = −3 L/min

70. 가스 미터의 원격계측(검침) 시스템에서 원격계측 방법으로 가장 거리가 먼 것은 ?

㉮ 제트식   ㉯ 기계식

㉰ 펄스식   ㉱ 전자식

해설 • 가스 미터의 원격계측(검침) 방법 : 기계식, 전자식, 펄스식

71. 전극식 액면계의 특징에 대한 설명으로 틀린 것은 ?

㉮ 프로브 형성 및 부착위치와 길이에 따라 정전용량이 변화한다.

㉯ 고유저항이 큰 액체에는 사용이 불가능하다.

🔁 액체의 고유저항 차이에 따라 동작점의 차이가 발생하기 쉽다.

🔁 내식성이 강한 전극봉이 필요하다.

해설 • 전극식 액면계의 특징
① 전도성 액체 내부에 전극을 설치하고 낮은 전압을 이용하여 액면 검지, 수위 표시 및 경보, 급수 및 배수 등의 자동운전을 행하기 위한 제어장치로 사용된다.
② 고유저항이 큰 액체에는 사용이 불가능하다.
③ 액체의 고유저항 차이에 따라 동작점의 차이가 발생하기 쉽다.
④ 내식성이 강한 전극봉이 필요하다.
⑤ 전압 변동이 큰 곳에서는 사용을 피한다.
※ 🔁항은 정전용량식 액면계의 설명이다.

72. 가스보일러에서 가스를 연소시킬 때 불완전 연소로 발생하는 가스에 중독될 경우 생명을 잃을 수도 있다. 이때 이 가스를 검지하기 위해 사용하는 시험지는?

🔁 연당지　🔁 염화팔라듐지
🔁 해리슨씨 시약　🔁 질산구리벤젠지

해설 ① 가스보일러에서 불완전 연소에 의하여 발생되는 가스는 일산화탄소(CO)이다.
② 가스검지 시험지법

검지가스	시험지	반응
암모니아(NH_3)	적색 리트머스지	청색
염소(Cl_2)	KI 전분지	청갈색
포스겐($COCl_2$)	해리슨시험지	유자색
시안화수소(HCN)	초산벤젠지	청색
일산화탄소(CO)	염화팔라듐지	흑색
황화수소(H_2S)	연당지 (초산납시험지)	회흑색
아세틸렌(C_2H_2)	염화제1구리착염지	적갈색

73. 헴펠(Hempel)법에 의한 분석순서가 바른 것은?

🔁 $CO_2 \rightarrow C_mH_n \rightarrow O_2 \rightarrow CO$
🔁 $CO \rightarrow C_mH_n \rightarrow O_2 \rightarrow CO_2$
🔁 $CO_2 \rightarrow O_2 \rightarrow C_mH_n \rightarrow CO$
🔁 $CO \rightarrow O_2 \rightarrow C_mH_n \rightarrow CO_2$

해설 • 헴펠(Hempel)법 분석순서 및 흡수제

순서	분석가스	흡수제
1	CO_2	KOH 30 % 수용액
2	C_mH_n	발연황산
3	O_2	피로갈롤 용액
4	CO	암모니아성 염화제1구리 용액

74. 실측식 가스 미터가 아닌 것은?

🔁 터빈식　🔁 건식　🔁 습식　🔁 막식

해설 • 가스 미터의 분류
⑴ 실측식
① 건식 : 막식형(독립내기식, 클로버식)
② 회전식 : 루츠(roots)형, 오벌식, 로터리피스톤식
③ 습식
⑵ 추량식 : 델타식, 터빈식, 오리피스식, 벤투리식

75. 습식 가스 미터의 특징에 대한 설명으로 옳지 않은 것은?

🔁 계량이 정확하다.
🔁 설치공간이 작다.
🔁 사용 중에 기차의 변동이 거의 없다.
🔁 사용 중에 수위 조정 등의 관리가 필요하다.

해설 • 습식 가스 미터의 특징
① 계량이 정확하다.
② 사용 중에 오차의 변동이 적다.
③ 사용 중에 수위 조정 등의 관리가 필요하다.
④ 설치면적이 크다.
⑤ 용도 : 기준용, 실험실용
⑥ 용량범위 : 0.2~3000 m^3/h

76. 계측에 사용되는 열전대 중 다음 〈보기〉의 특징을 가지는 온도계는?

〈보 기〉
– 열기전력이 크고 저항 및 온도계수가 작다.
– 수분에 의한 부식에 강하므로 저온 측정에 적합하다.
– 비교적 저온의 실험용으로 주로 사용한다.

해답 72. 🔁 73. 🔁 74. 🔁 75. 🔁 76. 🔁

㉮ R형　　　　　㉯ T형
㉰ J형　　　　　㉱ K형

해설 • T형(동-콘스탄탄) 열전대 특징
① (+)극에 순구리(동), (−)극에 콘스탄탄을 사용한 열전대이다.
② 열기전력이 크고 저항 및 온도계수가 작다.
③ 수분에 의한 부식에 강하므로 저온 측정에 적합하다.
④ 비교적 저온의 실험용으로 주로 사용된다.
⑤ 측정범위는 −200~350℃(또는 −180~350℃)이다.

77. 전기저항식 습도계의 특징에 대한 설명 중 틀린 것은?

㉮ 저온도의 측정이 가능하고, 응답이 빠르다.
㉯ 고습도에 장기간 방치하면 감습막이 유동한다.
㉰ 연속기록, 원격측정, 자동제어에 주로 이용된다.
㉱ 온도계수가 비교적 작다.

해설 • 전기저항식 습도계의 특징
① 저온도의 측정이 가능하고 응답이 빠르다.
② 상대습도 측정이 가능하다.
③ 연속기록, 원격측정, 자동제어에 이용된다.
④ 감도가 크다.
⑤ 전기저항의 변화가 쉽게 측정된다.
⑥ 고습도 중에 장시간 방치하면 감습막(感濕膜)이 유동한다.
⑦ 다소의 경년 변화가 있어 온도계수가 비교적 크다.

78. 평균유속이 3 m/s인 파이프를 25 L/s의 유량이 흐르도록 하려면 이 파이프의 지름은 약 몇 mm로 해야 하는가?

㉮ 88 mm　　　　㉯ 93 mm
㉰ 98 mm　　　　㉱ 103 mm

해설 $Q = A \times V = \frac{\pi}{4} \times D^2 \times V$에서 체적유량
$(Q) = 25$ L/s $= 25 \times 10^{-3}$ m³/s이고, 1 m = 1000 mm이다.

$$\therefore D = \sqrt{\frac{4 \times Q}{\pi \times V}}$$
$$= \sqrt{\frac{4 \times (25 \times 10^{-3})}{\pi \times 3}} \times 1000$$
$$= 103.006 \text{ mm}$$

79. 반도체 스트레인 게이지의 특징이 아닌 것은?

㉮ 높은 저항　　　㉯ 높은 안정성
㉰ 큰 게이지 상수　㉱ 낮은 피로수명

해설 (1) 스트레인 게이지(strain gauge) : 금속, 합금이나 반도체 등의 변형계 소자는 압력에 의해 변형을 받으면 전기저항이 변하는 것을 이용한 전기식 압력계이다.
(2) 반도체 스트레인 게이지 특징
① 변형계 소자는 반도체를 이용한 것이다.
② 높은 저항에 견딜 수 있다.
③ 큰 게이지 상수를 갖는다.
④ 높은 안정성을 유지한다.
⑤ 피로에 의한 수명이 높다.

80. 아르키메데스의 원리를 이용하는 압력계는?

㉮ 부르동관 압력계
㉯ 링밸런스식 압력계
㉰ 침종식 압력계
㉱ 벨로스식 압력계

해설 • 침종식 압력계의 특징
① 액체 중의 침종의 상하 이동으로 압력을 측정하는 것으로 아르키메데스의 원리를 이용한 것이다.
② 진동이나 충격의 영향이 비교적 적다.
③ 미소 차압의 측정이 가능하다.
④ 압력이 낮은 기체 압력을 측정하는 데 사용된다.
⑤ 측정범위는 단종식이 100 mmH₂O, 복종식이 5~30 mmH₂O이다.

※ 2020년 제1회 필기시험은 코로나19로 인하여 연기되어 제2회 필기시험과 통합하여 시행되었습니다.

제1과목 연소공학

1. 연소열에 대한 설명으로 틀린 것은?

가 어떤 물질이 완전연소할 때 발생하는 열량이다.

나 연료의 화학적 성분은 연소열에 영향을 미친다.

다 이 값이 클수록 연료로서 효과적이다.

라 발열반응과 함께 흡열반응도 포함한다.

해설 • 연소열 : 가연성 물질이 공기 중의 산소와 반응(화학반응)하여 완전연소할 때 발생하는 열량(발열반응)으로 흡열반응은 포함하지 않는다.

2. 연소가스량 10 m³/kg, 비열 0.325 kcal/m³ ·℃인 어떤 연료의 저위발열량이 6700 kcal/kg이었다면 이론 연소온도는 약 몇 ℃인가?

가 1962℃ 나 2062℃

다 2162℃ 라 2262℃

해설 $t = \dfrac{H_l}{G_s \cdot C_p} = \dfrac{6700}{10 \times 0.325} = 2061.538 ℃$

3. 황(S) 1 kg이 이산화황(SO_2)으로 완전연소할 경우 이론산소량(kg/kg)과 이론공기량(kg/kg)은 각각 얼마인가?

가 1, 4.31 나 1, 8.62

다 2, 4.31 라 2, 8.62

해설 ① 황(S)의 완전연소 반응식

$S + O_2 \rightarrow SO_2$

② 이론산소량 계산 : 황(S) 분자량 32, 산소(O_2) 분자량 32이다.

$32 \,kg : 32 \,kg = 1kg : x(O_0)\,kg$

$\therefore x(O_0) = \dfrac{1 \times 32}{32} = 1 \,kg/kg$

③ 이론공기량 계산 : 공기 중 산소는 23.2 %

질량비를 갖는다.

$\therefore A_0 = \dfrac{O_0}{0.232} = \dfrac{1}{0.232} = 4.310 \,kg/kg$

4. 메탄 60 v%, 에탄 20 v%, 프로판 15 v%, 부탄 5 v%인 혼합가스의 공기 중 폭발 하한계(v%)는 약 얼마인가? (단, 각 성분의 폭발하한계는 메탄 5.0 v%, 에탄 3.0 v%, 프로판 2.1 v%, 부탄 1.8 v%로 한다.)

가 2.5 나 3.0

다 3.5 라 4.0

해설 $\dfrac{100}{L} = \dfrac{V_1}{L_1} + \dfrac{V_2}{L_2} + \dfrac{V_3}{L_3} + \dfrac{V_4}{L_4}$ 에서

$\therefore L = \dfrac{100}{\dfrac{V_1}{L_1} + \dfrac{V_2}{L_2} + \dfrac{V_3}{L_3} + \dfrac{V_4}{L_4}}$

$= \dfrac{100}{\dfrac{60}{5.0} + \dfrac{20}{3.0} + \dfrac{15}{2.1} + \dfrac{5}{1.8}} = 3.498 \,v\%$

5. 기체연료의 확산연소에 대한 설명으로 틀린 것은?

가 확산연소는 폭발의 경우에 주로 발생하는 형태이며 예혼합연소에 비해 반응대가 좁다.

나 연료가스와 공기를 별개로 공급하여 연소하는 방법이다.

다 연소형태는 연소기기의 위치에 따라 달라지는 비균일 연소이다.

라 일반적으로 확산과정은 화학반응이나 화염의 전파과정보다 늦기 때문에 확산에 의한 혼합속도가 연소속도를 지배한다.

해설 • 확산연소(擴散燃燒) : 공기와 가스를 따로 버너 슬롯(slot)에서 연소실에 공급하고, 이것들의 경계면에서 난류와 자연확산으로 서로 혼합하여 연소하는 외부 혼합방식이다. 화염이 전파하는 특징을 갖고 반응대는 가연성 기

체와 산화제의 경계에 존재하며 반응대를 향해 가연성 기체 및 산화제가 확산해 간다.

6. 프로판 가스의 분자량은 얼마인가?

㉮ 17 ㉯ 44
㉰ 58 ㉱ 64

해설 • 프로판(C_3H_8) 분자량 계산 : 탄소(C)의 원자량은 12, 수소(H)의 원자량은 1이다.
∴ $M = (12 \times 3) + (1 \times 8) = 44 \text{ g/mol}$
※ 일반적으로 분자량 단위는 생략한다.

7. 0℃, 1기압에서 C_3H_8 5kg의 체적은 약 몇 m^3인가? (단, 이상기체로 가정하고, C의 원자량은 12, H의 원자량은 1이다.)

㉮ 0.6 ㉯ 1.5
㉰ 2.5 ㉱ 3.6

해설 표준상태(0℃, 1기압)에서 프로판(C_3H_8) 44 kg의 체적은 22.4 m^3이다.
$44 \text{ kg} : 22.4 \text{ m}^3 = 5 \text{ kg} : x \text{ [m}^3]$
∴ $x = \dfrac{5 \times 22.4}{44} = 2.545 \text{ m}^3$

별해 이상기체 상태방정식을 이용하여 계산
$PV = GRT$에서 1기압은 101.325 kPa이다.
∴ $V = \dfrac{GRT}{P} = \dfrac{5 \times \dfrac{8.314}{44} \times (273 + 0)}{101.325}$
$= 2.545 \text{ m}^3$
※ 이상기체 상태방정식을 적용하여 풀이하는 방법은 온도와 압력이 표준상태가 아닌 경우에 적용할 수 있다.

8. 다음 [보기]의 성질을 가지고 있는 가스는?

〈보 기〉
– 무색, 무취, 가연성 기체
– 폭발범위 : 공기 중 4~75 vol%

㉮ 메탄 ㉯ 암모니아
㉰ 에틸렌 ㉱ 수소

해설 • 수소의 성질
① 지구상에 존재하는 원소 중 가장 가볍다.

② 무색, 무취, 무미의 가연성이다.
③ 열전도율이 대단히 크고, 열에 대해 안정하다.
④ 확산속도가 대단히 크다.
⑤ 고온에서 강재, 금속재료를 쉽게 투과한다.
⑥ 폭굉속도가 1400~3500 m/s에 달한다.
⑦ 폭발범위가 넓다(공기 중 : 4~75 %, 산소 중 : 4~94 %).
⑧ 산소와 수소폭명기, 염소와 염소폭명기의 폭발반응이 발생한다.
⑨ 확산속도가 1.8 km/s 정도로 대단히 크다.

9. 공기비가 적을 경우 나타나는 현상과 가장 거리가 먼 것은?

㉮ 매연발생이 심해진다.
㉯ 폭발사고 위험성이 커진다.
㉰ 연소실 내의 연소온도가 저하된다.
㉱ 미연소로 인한 열손실이 증가한다.

해설 • 공기비의 영향
(1) 공기비가 클 경우
① 연소실 내의 온도가 낮아진다.
② 배기가스로 인한 손실열이 증가한다.
③ 배기가스 중 질소산화물(NOx)이 많아져 대기오염을 초래한다.
④ 연료소비량이 증가한다.
(2) 공기비가 작을 경우
① 불완전연소가 발생하기 쉽다.
② 미연소 가스로 인한 역화의 위험이 있다.
③ 연소효율이 감소한다(열손실이 증가한다).

10. 1 atm, 27℃의 밀폐된 용기에 프로판과 산소가 1 : 5 부피비로 혼합되어 있다. 프로판이 완전 연소하여 화염의 온도가 1000℃가 되었다면 용기 내에 발생하는 압력은 약 몇 atm인가?

㉮ 1.95 atm ㉯ 2.95 atm
㉰ 3.95 atm ㉱ 4.95 atm

해설 ① 프로판의 완전연소 반응식
$C_3H_8 + 5O_2 \rightarrow 3CO_2 + 4H_2O$
② 용기 내 발생 압력 계산
$PV = nRT$에서

해답 **6.** ㉯ **7.** ㉰ **8.** ㉱ **9.** ㉰ **10.** ㉱

반응 전 : $P_1 V_1 = n_1 R_1 T_1$

반응 후 : $P_2 V_2 = n_2 R_2 T_2$로 각각 구분하고, 반응 전후의 $V_1 = V_2$, $R_1 = R_2$이므로

$$\frac{P_2}{P_1} = \frac{n_2 T_2}{n_1 T_1}$$ 가 된다.

여기서, 반응 전후의 몰수(n_1, n_2)는 프로판의 완전연소 반응식에서 n_1은 C_3H_8 1몰과 O_2 5몰이고, n_2는 CO_2 3몰과 H_2O 4몰이다.

$$\therefore P_2 = \frac{n_2 T_2}{n_1 T_1} \times P_1$$
$$= \frac{(3+4) \times (273+1000)}{(1+5) \times (273+27)} \times 1$$
$$= 4.95 \text{ atm}$$

11. 기체상수 R을 계산한 결과 1.987이었다. 이때 사용되는 단위는?

㉮ cal/mol · K
㉯ erg/kmol · K
㉰ Joule/mol · K
㉱ L · atm/mol · K

해설 기체상수 $R = 0.08206$ L · atm/mol · K
$$= 82.06 \text{ cm}^3 \cdot \text{atm/mol} \cdot \text{K}$$
$$= 1.987 \text{ cal/mol} \cdot \text{K}$$
$$= 8.314 \times 10^7 \text{ erg/mol} \cdot \text{K}$$
$$= 8.314 \text{ J/mol} \cdot \text{K}$$
$$= 8.314 \text{ m}^3 \cdot \text{Pa/mol} \cdot \text{K}$$
$$= 8314 \text{ J/kmol} \cdot \text{K}$$

12. 분진폭발과 가장 관련이 있는 물질은?

㉮ 소백분
㉯ 에테르
㉰ 탄산가스
㉱ 암모니아

해설 • 분진폭발 : 가연성 고체의 미분(微粉) 등이 어떤 농도 이상으로 공기 등 조연성 가스 중에 분산된 상태에 놓여 있을 때 폭발성 혼합 기체와 같은 폭발을 일으키는 것으로 폭연성 분진(금속분 : Mg, Al, Fe분 등)과 가연성 분진(소맥분, 전분, 합성수지류, 황, 코코아, 리그린, 석탄분, 고무분말 등)이 있다.

참고 • 소맥분과 소백분
① 소맥분(小麥粉) : 밀을 곱게 갈아서 만든 가루로 밀가루를 말한다.
② 소백분(小白粉) : 하얀가루라는 의미로 일반적으로 밀가루를 지칭한다.

※ '소백분'보다는 '소맥분'이 정확한 명칭임

13. 폭굉이란 가스 중의 음속보다 화염 전파 속도가 큰 경우를 말하는데 마하수 약 얼마를 말하는가?

㉮ 1~2
㉯ 3~12
㉰ 12~21
㉱ 21~30

해설 • 폭굉(detonation)
① 폭굉의 정의 : 가스 중의 음속보다도 화염 전파속도가 큰 경우로서 파면선단에 충격파라고 하는 압력파가 생겨 격렬한 파괴작용을 일으키는 현상
② 폭굉의 화염 전파속도 : 1000~3500m/s
③ 공기 중의 음속(C)은 약 340m/s이고, 마하수(M_a)는 어떤 물질의 속도(V)를 음속으로 나눈 값이다.

$$\therefore M_a = \frac{V}{C} = \frac{1000 \sim 3500}{340} = 2.94 \sim 10.29$$

14. 다음 중 자기연소를 하는 물질로만 나열된 것은?

㉮ 경유, 프로판
㉯ 질화면, 셀룰로이드
㉰ 황산, 나프탈렌
㉱ 석탄, 플라스틱(FRP)

해설 • 자기연소 : 가연성 고체가 자체 내에 산소를 함유하고 있어 산소(공기)를 공급하지 않아도(또는 산소가 없는 경우) 그 자체의 산소로 연소하는 것으로 니트로셀룰로오스(질화면), 셀룰로이드, 니트로글리세린 등이 해당되며 위험물 안전관리법에서 제5류 위험물로 분류한다.

15. 가연물의 위험성에 대한 설명으로 틀린 것은?

㉮ 비등점이 낮으면 인화의 위험성이 높아진다.
㉯ 파라핀 등 가연성 고체는 화재 시 가연성 액체가 되어 화재를 확대한다.

해답 11. ㉮ 12. ㉮ 13. ㉯ 14. ㉯ 15. ㉰

다 물과 혼합되기 쉬운 가연성 액체는 물과 혼합되면 증기압이 높아져 인화점이 낮아진다.

라 전기전도도가 낮은 인화성 액체는 유동이나 여과 시 정전기를 발생하기 쉽다.

해설 알코올과 같은 물과 혼합되기 쉬운 가연성 액체는 물과 혼합되면 농도가 낮아져 인화의 위험성이 낮아진다.

16. 정전기를 제어하는 방법으로서 전하의 생성을 방지하는 방법이 아닌 것은?

가 접속과 접지(bonding and grounding)

나 도전성 재료 사용

다 침액 파이프(dip pipes) 설치

라 첨가물에 의한 전도도 억제

해설 • 전하의 생성을 방지하는 방법

① 접속과 접지(bonding and grounding)를 한다.

② 도전성 재료를 사용한다.

③ 침액 파이프(dip pipe)를 설치한다.

④ 정전기 전하를 제거하거나 전하의 생성을 방지하는 정전기 방지제를 사용한다.

※ 침액 파이프 : 액체가 자유 낙하할 때 정전기 전하를 감소시키기 위해 용기(저장시설) 내부 바닥 가까이까지 설치하는 확장라인을 말함

17. 어떤 반응물질이 반응을 시작하기 전에 반드시 흡수하여야 하는 에너지의 양을 무엇이라 하는가?

가 점화에너지　　나 활성화에너지

다 형성엔탈피　　라 연소에너지

해설 • 활성화 에너지 : 반응물질을 활성화물로 만드는 데 필요한 최소 에너지이다.

① 활성화 에너지가 클수록 반응속도는 감소한다.

② 활성화 에너지가 작을수록 반응속도는 증가한다.

18. 연료의 발열량 계산에서 유효수소를 옳게 나타낸 것은?

가 $\left(H + \dfrac{O}{8} \right)$　　나 $\left(H - \dfrac{O}{8} \right)$

다 $\left(H + \dfrac{O}{16} \right)$　　라 $\left(H - \dfrac{O}{16} \right)$

해설 • 유효수소 : 연료 속에 산소가 함유되어 있을 경우에는 수소 중의 일부는 이 산소와 반응하여 결합수(H_2O)를 생성하므로 수소의 전부가 연소하지 않고 이 산소의 상당량만큼의 수소$\left(\dfrac{1}{8} O \right)$가 연소하지 않는다. 그러므로 실제로 연소할 수 있는 수소는 $\left(H - \dfrac{O}{8} \right)$에 해당되며 이것을 유효수소라 한다.

19. 표준상태에서 기체 $1 \, m^3$는 약 몇 몰인가?

가 1　　나 2

다 22.4　　라 44.6

해설 표준상태(0℃, 1기압)에서 1몰(mol)은 분자량(M)에 해당하는 질량(W), 22.4 L의 체적을 갖는다.

$$\therefore \ n = \frac{W}{M} = \frac{V}{22.4} = \frac{1000}{22.4} = 44.642 \, mol$$

20. 다음 중 열전달계수의 단위는?

가 kcal/h　　나 kcal/m^2 · h · ℃

다 kcal/m · h · ℃　　라 kcal/℃

해설 • 열전달계수 : 고체면과 유체와의 사이 열의 이동으로서 단위면적 $1 m^2$당 고체면과 유체면 사이의 온도차가 1℃일 때 1시간에 이동하는 열량으로 단위는 kcal/m^2 · h · ℃이다.

제2과목 가스설비

21. 조정기 감압방식 중 2단 감압방식의 장점이 아닌 것은?

가 공급압력이 안정하다.

나 장치와 조작이 간단하다.

다 배관의 지름이 가늘어도 된다.

라 각 연소기구에 알맞은 압력으로 공급
이 가능하다.

해설 • 2단 감압식 조정기의 특징
(1) 장점
① 입상배관에 의한 압력손실을 보정할 수
있다.
② 가스 배관이 길어도 공급압력이 안정
된다.
③ 각 연소기구에 알맞은 압력으로 공급
이 가능하다.
④ 중간 배관의 지름이 작아도 된다.
(2) 단점
① 설비가 복잡하고 검사방법이 복잡하다.
② 조정기 수가 많아서 점검 부분이 많다.
③ 부탄의 경우 재액화의 우려가 있다.
④ 시설의 압력이 높아서 이음방식에 주의
하여야 한다.

22. 지하 도시가스 매설배관에 Mg과 같은 금
속을 배관과 전기적으로 연결하여 방식하는
방법은?

㉮ 희생양극법   ㉯ 외부전원법
㉰ 선택배류법   ㉱ 강제배류법

해설 • 희생양극법(유전양극법, 전기양극법, 전류
양극법) : 양극(anode)과 매설배관(cathode:음
극)을 전선으로 접속하고 양극 금속과 배관
사이의 전지작용(고유 전위차)에 의해서 방
식전류를 얻는 방법이다. 양극 재료로는 마
그네슘(Mg), 아연(Zn)이 사용되며 토양 중에
매설되는 배관에는 마그네슘이 사용된다.

23. 고압가스 설비 내에서 이상사태가 발생한
경우 긴급이송 설비에 의하여 이송되는 가스
를 안전하게 연소시킬 수 있는 안전장치는?

㉮ 벤트스택   ㉯ 플레어스택
㉰ 인터록기구   ㉱ 긴급차단장치

해설 • 이상사태가 발생한 경우 처리설비
① 벤트스택 : 설비 내의 내용물을 대기 중으
로 방출하는 설비이다.
② 플레어스택 : 긴급이송 설비에 의하여 이
송되는 가연성가스를 연소에 의하여 처리
하는 설비이다.

24. 도시가스시설에서 전기방식효과를 유지하
기 위하여 빗물이나 이물질의 접촉으로 인한
절연의 효과가 상쇄되지 아니하도록 절연 이
음매 등을 사용하여 절연한다. 절연조치를 하
는 장소에 해당되지 않는 것은?

㉮ 교량횡단 배관의 양단
㉯ 배관과 철근콘크리트 구조물 사이
㉰ 배관과 배관지지물 사이
㉱ 타 시설물과 30 cm 이상 이격되어 있는
배관

해설 • 도시가스시설 중 절연조치를 하는 장소
① 교량횡단 배관 양단(다만, 외부전원법에
따른 전기방식을 한 경우에는 제외할 수
있다)
② 배관과 철근콘크리트 구조물 사이
③ 배관과 강재 보호관 사이
④ 지하에 매설된 배관 부분과 지상에 설치된
부분의 경계. 이 경우 가스 사용자에게 공
급하기 위해 지중에서 지상으로 연결되는
배관에만 한다.
⑤ 다른 시설물과 접근 교차지점. 다만, 다른
시설물과 30 cm 이상 이격 설치된 경우에
는 제외할 수 있다.
⑥ 배관과 배관지지물 사이
⑦ 그밖에 절연이 필요한 장소

25. 원심펌프를 병렬로 연결하는 것은 무엇을
증가시키기 위한 것인가?

㉮ 양정   ㉯ 동력
㉰ 유량   ㉱ 효율

해설 • 원심펌프의 운전 특성
① 직렬 운전 : 양정 증가, 유량 일정
② 병렬 운전 : 유량 증가, 양정 일정

26. 저온장치에서 저온을 얻을 수 있는 방법
이 아닌 것은?

㉮ 단열교축팽창   ㉯ 등엔트로피팽창
㉰ 단열압축   ㉱ 기체의 액화

해설 • 저온장치에서 저온을 얻는 방법
① 단열교축팽창 : 줄−톰슨 효과를 이용한 것

으로 등엔트로피 팽창이다.
② 팽창기에 의한 방법 : 피스톤식과 터빈식 사용
③ 기체의 액화

27. 두께 3 mm, 내경 20 mm 강관에 내압이 2 kgf/cm²일 때, 원주방향으로 강관에 작용하는 응력은 약 몇 kgf/cm²인가?

㉮ 3.33
㉯ 6.67
㉰ 9.33
㉱ 12.67

해설 $\sigma_A = \dfrac{PD_i}{2t} = \dfrac{2 \times 20}{2 \times 3} = 6.666 \text{ kgf/cm}^2$

※ 계산식에 적용되는 지름(D_i)은 안지름(내경)이다.

28. 용적형 압축기에 속하지 않는 것은?

㉮ 왕복 압축기
㉯ 회전 압축기
㉰ 나사 압축기
㉱ 원심 압축기

해설 (1) 용적형 압축기 : 일정 용적의 기체를 흡입하고 기체에 압력을 가하여 토출구로 압출하는 것을 반복하는 형식이다.
(2) 종류
① 왕복 압축기 : 피스톤의 왕복운동으로 기체를 흡입하여 압축한다.
② 회전 압축기 : 회전체의 회전에 의해 일정 용적의 가스를 연속으로 흡입, 압축하는 것을 반복한다.
③ 나사(screw) 압축기 : 두 개의 암(female), 수(male) 치형을 가진 로터의 맞물림에 의해 압축한다.

29. 비교회전도 175, 회전수 3000 rpm, 양정 210 m인 3단 원심펌프의 유량은 약 몇 m³/min인가?

㉮ 1
㉯ 2
㉰ 3
㉱ 4

해설 $N_s = \dfrac{N \times \sqrt{Q}}{\left(\dfrac{H}{Z}\right)^{\frac{3}{4}}}$ 에서

$\sqrt{Q} = \dfrac{N_s \times \left(\dfrac{H}{Z}\right)^{\frac{3}{4}}}{N}$ 이다.

$\therefore Q = \left\{ \dfrac{N_s \times \left(\dfrac{H}{Z}\right)^{\frac{3}{4}}}{N} \right\}^2 = \left\{ \dfrac{175 \times \left(\dfrac{210}{3}\right)^{\frac{3}{4}}}{3000} \right\}^2$

$= 1.9928 \text{ m}^3/\text{min}$

30. 다음 중 고압고무호스의 제품성능 항목이 아닌 것은?

㉮ 내열 성능
㉯ 내압 성능
㉰ 호스부 성능
㉱ 내이탈 성능

해설 • 일반용 고압고무호스의 성능
① 제품 성능 : 내압 성능, 기밀 성능, 내한 성능, 내구 성능, 내이탈 성능, 호스부 성능
② 재료 성능 : 내가스 성능, 내충격 성능, 각형패킹 성능
③ 작동 성능 : 체크밸브 성능

31. 이중각식 구형 저장탱크에 대한 설명으로 틀린 것은?

㉮ 상온 또는 −30℃ 전후까지의 저온의 범위에 적합하다.
㉯ 내구에는 저온 강재, 외구에는 보통 강판을 사용한다.
㉰ 액체산소, 액체질소, 액화메탄 등의 저장에 사용된다.
㉱ 단열성이 아주 우수하다.

해설 • 이중각식 구형 저장탱크의 특징
① 내구에는 저온 강재, 외구에는 보통 강판을 사용한 것으로 내외 공간은 진공 또는 건조공기 및 질소가스를 넣고 펄라이트와 같은 보냉재를 충전한다.
② 이 형식의 탱크는 단열성이 높으므로 −50℃ 이하의 저온에서 액화가스를 저장하는 데 적합하다.
③ 액체산소, 액체질소, 액화메탄, 액화에틸렌 등의 저장에 사용된다.
④ 내구는 스테인리스강, 알루미늄, 9 % 니켈강 등을 사용한다.

⑤ 지지방법은 외구의 중심이 통과하는 부근에서 하중로드로 메어달고, 진동은 수평로드로 방지하고 있다.

※ 상온 또는 −30℃ 전후까지의 저온의 범위에 사용되는 것은 '단각식 구형 저장탱크'이다.

32. 저온(T_2)으로부터 고온(T_1)으로 열을 보내는 냉동기의 성능계수 산정식은?

㉮ $\dfrac{T_2}{T_1}$ ㉯ $\dfrac{T_2}{T_1 - T_2}$

㉯ $\dfrac{T_1}{T_1 - T_2}$ ㉰ $\dfrac{T_1 - T_2}{T_1}$

해설 • 냉동기 성능계수(성적계수) : 저온체에서 제거하는 열량(Q_2)과 열량을 제거하는 데 소요되는 일량(W)의 비이다.

∴ $COP_R = \dfrac{Q_2}{W} = \dfrac{Q_2}{Q_1 - Q_2} = \dfrac{T_2}{T_1 - T_2}$

33. 액화석유가스를 소규모 소비하는 시설에서 용기수량을 결정하는 조건으로 가장 거리가 먼 것은?

㉮ 용기의 가스 발생능력
㉯ 조정기의 용량
㉰ 용기의 종류
㉰ 최대 가스 소비량

해설 • 소규모 소비시설의 용기 수량을 결정하는 조건
① 최대 소비수량(최대 가스 소비량)
② 용기의 종류(크기)
③ 용기로부터의 가스 증발량(가스 발생능력)

34. LPG 용기 충전시설의 저장설비실에 설치하는 자연 환기설비에서 외기에 면하여 설치된 환기구의 통풍 가능면적의 합계는 어떻게 하여야 하는가?

㉮ 바닥면적 1 m²마다 100 cm²의 비율로 계산한 면적 이상
㉯ 바닥면적 1 m²마다 300 cm²의 비율로

계산한 면적 이상
㉰ 바닥면적 1 m²마다 500 cm²의 비율로 계산한 면적 이상
㉰ 바닥면적 1 m²마다 600 cm²의 비율로 계산한 면적 이상

해설 • 자연환기설비 설치 : 외기에 면하여 설치된 환기구의 통풍가능면적의 합계는 바닥면적 1 m²마다 300 cm²의 비율로 계산한 면적 이상으로 하고, 환기구 1개의 면적은 2400 cm² 이하로 한다.

35. 정압기를 사용 압력별로 분류한 것이 아닌 것은?

㉮ 단독사용자용 정압기
㉯ 중압 정압기
㉰ 지역 정압기
㉰ 지구 정압기

해설 • 정압기 분류
① 지구 정압기(city gate governor) : 일반도시가스 사업자의 소유시설로서 가스도매사업자로부터 공급받은 도시가스의 압력을 1차적으로 낮추기 위해 설치하는 정압기를 말한다.
② 지역 정압기(district governor) : 일반도시가스 사업자의 소유시설로서 지구 정압기 또는 가스도매사업자로부터 공급받은 도시가스의 압력을 낮추어 다수의 사용자에게 가스를 공급하기 위해 설치하는 정압기를 말한다.
③ 단독사용자용 정압기 : 관리주체가 1인이고 특정한 가스 사용자가 가스를 공급받기 위하여 가스 사용자가 설치하는 정압기로 설치에 따른 비용과 유지관리는 사용자가 부담한다.
※ 정압기를 사용 압력별로 고압 정압기, 중압 정압기, 저압 정압기로 분류하므로 문제에서 요구하는 것은 '사용 압력별로 분류한 것'을 묻는 내용으로 제시되어야 타당하며, 출제문제 오류로 이의제기를 하였지만 최종답안에는 반영되지 않고 ㉯번을 정답으로 처리하였음

36. 액화 사이클 중 비점이 점차 낮은 냉매를 사용하여 저비점의 기체를 액화하는 사이클은?

㉮ 린데 공기 액화 사이클

㉯ 가역가스 액화 사이클

㉰ 캐스케이드 액화 사이클

㉱ 필립스 공기 액화 사이클

해설 • 캐스케이드(cascade) 액화 사이클 : 비점이 점차 낮은 냉매를 사용하여 저비점의 기체를 액화하는 사이클로 다원액화 사이클이라고 부르며, 공기 액화 및 천연가스를 액화하는 데 사용하고 있다.

37. 추의 무게가 5 kg이며, 실린더의 지름이 4 cm일 때 작용하는 게이지 압력은 약 몇 kgf/cm²인가?

㉮ 0.3 ㉯ 0.4 ㉰ 0.5 ㉱ 0.6

해설 부유피스톤 압력계에서 추의 무게(W)만 주어지고 피스톤의 무게(W')는 언급이 없으므로 생략한다.

$$\therefore P = \frac{W + W'}{A} = \frac{5}{\frac{\pi}{4} \times 4^2} = 0.397 \,\text{kgf/cm}^2$$

38. 시안화수소를 용기에 충전하는 경우 품질검사 시 합격 최저 순도는?

㉮ 98 %   ㉯ 98.5 %

㉰ 99 %   ㉱ 99.5 %

해설 • 시안화수소 충전작업 : 용기에 충전하는 시안화수소는 순도가 98 % 이상이고 아황산가스 또는 황산 등의 안정제를 첨가한 것으로 한다.

39. 다음 중 용적형(왕복식) 펌프에 해당하지 않는 것은?

㉮ 플런저 펌프   ㉯ 다이어프램 펌프

㉰ 피스톤 펌프   ㉱ 제트 펌프

해설 • 펌프의 분류

① 터보식 펌프 : 원심 펌프(볼류트 펌프, 터빈 펌프), 사류 펌프, 축류 펌프

② 용적식 펌프 : 왕복 펌프(피스톤 펌프, 플

런저 펌프, 다이어프램 펌프), 회전 펌프(기어 펌프, 나사 펌프, 베인 펌프)

③ 특수 펌프 : 재생 펌프, 제트 펌프, 기포 펌프, 수격 펌프

40. 조정기의 주된 설치 목적은?

㉮ 가스의 유속조절

㉯ 가스의 발열량조절

㉰ 가스의 유량조절

㉱ 가스의 압력조절

해설 • 조정기의 기능 : 유출압력 조절로 안정된 연소를 도모하고, 소비가 중단되면 가스를 차단한다.

제3과목 가스안전관리

41. 고압가스 저장탱크를 지하에 묻는 경우 지면으로부터 저장탱크의 정상부까지의 깊이는 최소 얼마 이상으로 하여야 하는가?

㉮ 20 cm   ㉯ 40 cm

㉰ 60 cm   ㉱ 1 m

해설 • 저장탱크 지하설치 기준

① 저장탱크실 천정, 벽 및 바닥의 두께 : 30 cm 이상

② 지면으로부터 저장탱크의 정상부까지의 깊이 : 60 cm 이상

③ 저장탱크를 2개 이상 인접하여 설치하는 경우 상호간의 거리 : 1 m 이상

④ 안전밸브 방출구 높이 : 지면에서 5 m 이상

※ 문제에서 최소 깊이를 물었으므로 60 cm가 된다.

42. 다음 중 동일 차량에 적재하여 운반이 가능한 것은?

㉮ 염소와 수소   ㉯ 염소와 아세틸렌

㉰ 염소와 암모니아 ㉱ 암모니아와 LPG

해설 • 혼합적재 금지 기준

① 염소와 아세틸렌, 암모니아, 수소는 동일 차량에 적재하여 운반하지 아니한다.

해답 36. ㉰ 37. ㉯ 38. ㉮ 39. ㉱ 40. ㉱ 41. ㉰ 42. ㉱

② 가연성가스와 산소를 동일차량에 적재하여 운반하는 때에는 그 충전용기의 밸브가 서로 마주보지 아니하도록 적재한다.

③ 충전용기와 위험물 안전관리법에서 정하는 위험물과는 동일차량에 적재하여 운반하지 아니한다.

④ 독성가스 중 가연성가스와 조연성가스는 동일 차량적재함에 운반하지 아니한다.

43. 다음 중 고압가스 제조 시 압축하면 안 되는 경우는?

㉮ 가연성가스(아세틸렌, 에틸렌 및 수소를 제외) 중 산소용량이 전용량의 2 %일 때

㉯ 산소 중의 가연성가스(아세틸렌, 에틸렌 및 수소를 제외)의 용량이 전용량의 2 %일 때

㉰ 아세틸렌, 에틸렌 또는 수소 중의 산소 용량이 전용량의 3 %일 때

㉱ 산소 중 아세틸렌, 에틸렌 및 수소의 용량 합계가 전용량의 1 %일 때

해설 • 압축금지 기준

① 가연성가스(C_2H_2, C_2H_4, H_2 제외) 중 산소 용량이 전체 용량의 4 % 이상의 것

② 산소 중 가연성가스(C_2H_2, C_2H_4, H_2 제외) 용량이 전체 용량의 4 % 이상의 것

③ C_2H_2, C_2H_4, H_2 중 산소 용량이 전체 용량의 2 % 이상의 것

④ 산소 중 C_2H_2, C_2H_4, H_2의 용량 합계가 전체 용량의 2 % 이상의 것

44. 액화석유가스의 특성에 대한 설명으로 옳지 않은 것은?

㉮ 액체는 물보다 가볍고, 기체는 공기보다 무겁다.

㉯ 액체의 온도에 의한 부피변화가 작다.

㉰ LNG보다 발열량이 크다.

㉱ 연소 시 다량의 공기가 필요하다.

해설 • 액화석유가스(LP가스)의 특징

① LP가스는 공기보다 무겁다.

② 액상의 LP가스는 물보다 가볍다.

③ 액화, 기화가 쉽고, 기화하면 체적이 커진다.

④ LNG보다 발열량이 크고, 연소 시 다량의 공기가 필요하다.

⑤ 기화열(증발잠열)이 크다.

⑥ 무색, 무취, 무미하다.

⑦ 용해성이 있다.

⑧ 액체의 온도 상승에 의한 부피변화가 크다.

45. 자기압력기록계로 최고사용압력이 중압인 도시가스배관에 기밀시험을 하고자 한다. 배관의 용적이 15 m^3일 때 기밀 유지시간은 몇 분 이상이어야 하는가?

㉮ 24분 ㉯ 36분 ㉰ 240분 ㉱ 360분

해설 ① 압력계 및 자기압력기록계 기밀유지시간 기준

구 분	내용적	기밀유지시간
저압, 중압	1 m^3 미만	24분
	1 m^3 이상 10 m^3 미만	240분
	10 m^3 이상 300 m^3 미만	24 × V분 (단, 1440분을 초과한 경우는 1440분으로 할 수 있다.)
고압	1 m^3 미만	48분
	1 m^3 이상 10 m^3 미만	480분
	10 m^3 이상 300 m^3 미만	48 × V분 (단, 2880분을 초과한 경우는 2880분으로 할 수 있다.)

※ V는 피시험부분의 내용적(m^3)

② 기밀 유지시간 계산

∴ 기밀 유지시간 = 24 × 15 = 360분

46. 차량에 고정된 탱크 운행 시 반드시 휴대하지 않아도 되는 서류는?

㉮ 고압가스 이동계획서

㉯ 탱크 내압시험 성적서

㉰ 차량등록증

㉱ 탱크용량 환산표

[해설] • 안전운행 서류철에 포함할 사항
　① 고압가스 이동계획서
　② 고압가스 관련 자격증(양성교육 및 정기
　　 교육 이수증)
　③ 운전 면허증
　④ 탱크 테이블(용량환산표)
　⑤ 차량 운행일지
　⑥ 차량 등록증
　⑦ 그밖에 필요한 서류

47. 이동식 부탄연소기와 관련된 사고가 액화
석유가스 사고의 약 10 % 수준으로 발생하고
있다. 이를 예방하기 위한 방법으로 가장 부
적당한 것은?

㉮ 연소기에 접합용기를 정확히 장착한 후
　사용한다.

㉯ 과대한 조리기구를 사용하지 않는다.

㉰ 잔가스 사용을 위해 용기를 가열하지 않
　는다.

㉱ 사용한 접합용기는 파손되지 않도록 조
　치한 후 버린다.

[해설] 접합용기(부탄캔) 내 가스를 다 사용한 후에
는 용기에 구멍을 내어 내부의 가스를 완전히
제거한 후에 재활용 쓰레기통에 분리수거한다.

48. 액화석유가스 사용시설의 시설기준에 대
한 안전사항으로 다음 ( ) 안에 들어갈 수
치가 모두 바르게 나열된 것은?

> − 가스계량기와 전기계량기와의 거리는 (
> 　㉠) 이상, 전기점멸기와의 거리는 (㉡)
> 　이상, 절연조치를 하지 아니한 전선과의
> 　거리는 (㉢) 이상의 거리를 유지할 것
> − 주택에 설치된 저장설비는 그 설비 안의
> 　것을 제외한 화기 취급장소와 (㉣) 이상의
> 　거리를 유지하거나 누출된 가스가 유동되
> 　는 것을 방지하기 위한 시설을 설치할 것

㉮ ㉠ 60 cm ㉡ 30 cm ㉢ 15 cm ㉣ 8 m

㉯ ㉠ 30 cm ㉡ 20 cm ㉢ 15 cm ㉣ 8 m

㉰ ㉠ 60 cm ㉡ 30 cm ㉢ 15 cm ㉣ 2 m

㉱ ㉠ 30 cm ㉡ 20 cm ㉢ 15 cm ㉣ 2 m

[해설] • 액화석유가스 사용시설 기준
　① 가스계량기와 전기계량기 및 전기개폐기
　　 와의 거리는 60 cm 이상, 단열조치를 하지
　　 않은 굴뚝(배기통을 포함하되 밀폐형 강제
　　 급배기식 보일러에 설치하는 2중 구조의
　　 배기통은 제외한다)·전기점멸기 및 전기
　　 접속기와의 거리는 30 cm 이상, 절연조치
　　 를 하지 않은 전선과의 거리는 15 cm 이상
　　 의 거리를 유지한다.
　② 저장설비·감압설비·고압배관 및 저압배
　　 관 이음매의 외면과 화기(해당 시설 안에서
　　 사용하는 자체 화기를 제외한다)를 취급하
　　 는 장소와의 사이에 유지하여야 하는 적절
　　 한 거리는 8 m(주거용 시설은 2 m) 이상으
　　 로 한다. 다만, 누출된 가연성가스가 화기
　　 를 취급하는 장소로 유동하는 것을 방지하
　　 기 위하여 기준에 적합하게 유동방지시설
　　 을 설치하는 경우에는 거리를 유지하지 아
　　 니할 수 있다.
　※ 주택에 설치(주거용 시설)된 저장설비이
　　 므로 유지거리는 2 m 이상이 된다.

49. 독성가스 용기 운반 등의 기준으로 옳은
것은?

㉮ 밸브가 돌출한 운반용기는 이동식 프
　로텍터 또는 보호구를 설치한다.

㉯ 충전용기를 차에 실을 때에는 넘어짐 등
　으로 인한 충격을 고려할 필요가 없다.

㉰ 기준 이상의 고압가스를 차량에 적재
　하여 운반할 경우 운반책임자가 동승하
　여야 한다.

㉱ 시·도지사가 지정한 장소에서 이륜차
　에 적재할 수 있는 충전용기는 충전량이
　50 kg 이하이고 적재 수는 2개 이하이다.

[해설] • 각 항목의 옳은 내용
　㉮ 밸브가 돌출한 충전용기는 고정식 프로텍
　　 터나 캡을 부착시켜 밸브의 손상을 방지하
　　 는 조치를 한 후 차량에 싣고 운반한다.
　㉯ 충전용기를 차에 실을 때에는 넘어지거
　　 나 부딪침 등으로 충격을 받지 아니하도
　　 록 주의하여 취급하며, 충격을 최소한으
　　 로 방지하기 위하여 완충판을 차량 등에

갖추고 이를 사용한다.

㉔ 충전용기는 이륜차(자전거를 포함한다)에 적재하여 운반하지 아니한다.

※ 독성가스 외의 충전용기는 시·도지사가 지정하는 장소에서 액화석유가스 충전용기를 충전량이 20 kg 이하이고 적재 수가 2개를 초과하지 않는 경우 용기운반 전용 적재함이 장착된 이륜차에 적재하여 운반할 수 있다.

50. 독성가스이면서 조연성가스인 것은?

㉮ 암모니아 ㉯ 시안화수소
㉰ 황화수소 ㉱ 염소

해설 • 독성가스이면서 조연성가스 : 염소(Cl_2), 불소(F_2), 오존(O_3), 산화질소(NO), 이산화질소(NO_2) 등

참고 • 각 가스의 허용농도

명칭	허용농도(ppm)	
	TLV–TWA	LC50
염소(Cl_2)	1	293
불소(F_2)	1	185
오존(O_3)	0.1	*
산화질소(NO)	25	115
이산화질소(NO_2)	3	*

※ 정확한 자료가 없음

51. 다음 각 용기의 기밀시험 압력으로 옳은 것은?

㉮ 초저온가스용 용기는 최고 충전압력의 1.1배의 압력
㉯ 초저온가스용 용기는 최고 충전압력의 1.5배의 압력
㉰ 아세틸렌용 용접용기는 최고 충전압력의 1.1배의 압력
㉱ 아세틸렌용 용접용기는 최고 충전압력의 1.6배의 압력

해설 • 각 용기의 시험압력
(1) 초저온가스용 용기
① 최고 충전압력 : 상용압력 중 최고 압력

② 기밀시험압력 : 최고 충전압력의 1.1배
③ 내압시험압력 : 최고 충전압력 수치의 5/3 배 압력
(2) 아세틸렌용 용접용기 시험 압력
① 최고 충전압력 : 15℃에서 용기에 충전할 수 있는 가스의 압력 중 최고 압력
② 기밀시험압력 : 최고 충전압력의 1.8배
③ 내압시험압력 : 최고 충전압력의 3배

52. LPG용 가스레인지를 사용하는 도중 불꽃이 치솟는 사고가 발생하였을 때 가장 직접적인 사고 원인은?

㉮ 압력조정기 불량
㉯ T관으로 가스누출
㉰ 연소기의 연소불량
㉱ 가스누출자동차단기 미작동

해설 LPG용 가스레인지를 사용하는 도중 불꽃이 치솟는 사고의 직접적인 원인은 압력조정기 불량으로 적정압력 이상의 고압의 LPG가 공급되어 발생한 것이다.

53. 고압가스용 이음매 없는 용기에서 내용적 50 L인 용기에 4 MPa의 수압을 걸었더니 내용적이 50.8 L가 되었고 압력을 제거하여 대기압으로 하였더니 내용적이 50.02 L가 되었다면 이 용기의 영구증가율은 몇 %이며, 이 용기는 사용이 가능한지를 판단한다면?

㉮ 1.6 %, 가능 ㉯ 1.6 %, 불능
㉰ 2.5 %, 가능 ㉱ 2.5 %, 불능

해설 ① 영구증가율 계산
$$\therefore \text{영구증가율} = \frac{\text{영구증가량}}{\text{전증가량}} \times 100$$
$$= \frac{50.02-50}{50.8-50} \times 100 = 2.5 \%$$
② 판단 : 합격 기준인 영구증가율이 10 % 이하이므로 사용이 가능하다.

54. 산소와 함께 사용하는 액화석유가스 사용시설에서 압력조정기와 토치 사이에 설치하는 안전장치는?

㉮ 역화방지기 ㉯ 안전밸브

때 파열판　　때 조정기

[해설] • 역화방지장치(역화방지기) : 아세틸렌, 수소 그 밖에 가연성가스의 제조 및 사용설비에 부착하는 건식 또는 수봉식(아세틸렌에만 적용한다)의 역화방지장치로서 상용압력이 0.1 MPa 이하인 것을 말한다.

55. 아세틸렌을 2.5 MPa의 압력으로 압축할 때 첨가하는 희석제가 아닌 것은?

 가 질소　　나 에틸렌

 다 메탄　　라 황화수소

[해설] 아세틸렌을 2.5 MPa 압력으로 압축할 때에는 질소, 메탄, 일산화탄소 또는 에틸렌 등의 희석제를 첨가한다.

56. LPG 충전기의 충전호스의 길이는 몇 m 이내로 하여야 하는가?

 가 2 m　　나 3 m

 다 5 m　　라 8 m

[해설] 충전기의 충전호스의 길이는 5 m 이내로 하고, 그 끝에 축적되는 정전기를 유효하게 제거할 수 있는 정전기 제거장치를 설치한다.

57. 염소 누출에 대비하여 보유하여야 하는 제독제가 아닌 것은?

 가 가성소다 수용액　나 탄산소다 수용액

 다 암모니아 수용액　라 소석회

[해설] • 독성가스 제독제

가스 종류	제독제의 종류
염소	가성소다 수용액, 탄산소다 수용액, 소석회
포스겐	가성소다 수용액, 소석회
황화수소	가성소다 수용액, 탄산소다 수용액
시안화수소	가성소다 수용액
아황산가스	가성소다 수용액, 탄산소다 수용액, 물
암모니아, 산화에틸렌, 염화메탄	물

58. 가스설비가 오조작되거나 정상적인 제조를 할 수 없는 경우 자동적으로 원재료를 차단하는 장치는?

 가 인터록기구　　나 원료제어밸브

 다 가스누출기구　　라 내부반응 감시기구

[해설] • 인터록 기구 : 가연성가스 또는 독성가스의 제조설비 또는 이들 제조설비와 관련 있는 계장회로에는 제조하는 고압가스의 종류, 온도 및 압력과 제조설비의 상황에 따라 안전확보를 위한 주요 부문에 설비가 잘못 조작되거나 정상적인 제조를 할 수 없는 경우 자동으로 원재료의 공급을 차단시키는 등 제조설비 안의 제조를 제어할 수 있는 장치이다.

59. 도시가스 사업법에서 정한 가스사용시설에 해당되지 않는 것은?

 가 내관

 나 본관

 다 연소기

 라 공동주택 외벽에 설치된 가스계량기

[해설] • 가스사용시설

(1) 도법 제2조 : 가스공급시설 외의 가스사용자의 시설로서 산업통상자원부령으로 정하는 것을 말한다.

(2) 도법 시행규칙 제2조 : 산업통상자원부령으로 정하는 것

① 내관·연소기 및 그 부속설비. 다만, 선박에 설치된 것은 제외한다.

② 공동주택 등의 외벽에 설치된 가스계량기

③ 도시가스를 연료로 사용하는 자동차

④ 자동차용 압축천연가스 완속 충전설비

60. 도시가스 사용시설에서 입상관은 환기가 양호한 장소에 설치하며 입상관의 밸브는 바닥으로부터 몇 m 이내에 설치하는가?

 가 1 m 이상~1.3 m 이내

 나 1.3 m 이상~1.5 m 이내

 다 1.5 m 이상~1.8 m 이내

 라 1.6 m 이상~2 m 이내

해설 • 도시가스 사용시설 입상관 설치 기준
(1) 입상관은 환기가 양호한 장소에 설치하며 입상관의 밸브는 바닥으로부터 1.6 m 이상 2 m 이내에 설치한다.
(2) 부득이 1.6 m 이상 2 m 이내에 설치하지 못할 경우의 기준
① 입상관 밸브를 1.6 m 미만으로 설치 시 보호상자 안에 설치한다.
② 입상관 밸브를 2.0 m 초과하여 설치할 경우에는 다음 중 어느 하나의 기준에 따른다.
– 입상관 밸브 차단을 위한 전용계단을 견고하게 고정·설치한다.
– 원격으로 차단이 가능한 전동밸브를 설치한다. 이 경우 차단장치의 제어부는 바닥으로부터 1.6 m 이상 2.0 m 이내에 설치하며, 전동밸브 및 제어부는 빗물을 받을 우려가 없도록 조치한다.

제4과목 가스계측기기

61. 다음 중 기본단위가 아닌 것은?
㉮ 길이   ㉯ 광도
㉰ 물질량   ㉱ 압력

해설 • 기본단위의 종류

기본량	길이	질량	시간	전류	물질량	온도	광도
기본단위	m	kg	s	A	mol	K	cd

62. 기체크로마토그래피를 이용하여 가스를 검출할 때 반드시 필요하지 않은 것은?
㉮ column   ㉯ gas sampler
㉰ carrier gas   ㉱ UV detector

해설 • 장치구성요소 : 캐리어가스, 압력조정기, 유량조절밸브, 압력계, 분리관(컬럼), 검출기, 기록계 등

63. 적분동작이 좋은 결과를 얻기 위한 조건이 아닌 것은?
㉮ 불감시간이 적을 때

㉯ 전달지연이 적을 때
㉰ 측정지연이 적을 때
㉱ 제어대상의 속응도(速應度)가 적을 때

해설 • 적분동작이 좋은 결과를 얻을 수 있는 조건
① 측정지연 및 조절지연이 작은 경우
② 제어대상이 자기평형성을 가진 경우
③ 제어대상의 속응도(速應度)가 큰 경우
④ 전달지연과 불감시간(不感時間)이 작은 경우

64. 보상도선의 색깔이 갈색이며 매우 낮은 온도를 측정하기에 적당한 열전대 온도계는?
㉮ PR 열전대   ㉯ IC 열전대
㉰ CC 열전대   ㉱ CA 열전대

해설 • CC(T형 : 동-콘스탄탄) 열전대의 특징
① (+)극에 순구리(동), (−)극에 콘스탄탄을 사용한 열전대이다.
② 열기전력이 크고 저항 및 온도계수가 작다.
③ 수분에 의한 부식이 강하므로 저온 측정에 적합하다.
④ 비교적 저온의 실험용으로 주로 사용된다.
⑤ 측정범위는 −200~350℃(또는 −180~350℃)이다.

65. 측정기의 감도에 대한 일반적인 설명으로 옳은 것은?
㉮ 감도가 좋으면 측정시간이 짧아진다.
㉯ 감도가 좋으면 측정범위가 넓어진다.
㉰ 감도가 좋으면 아주 작은 양의 변화를 측정할 수 있다.
㉱ 측정량의 변화를 지시량의 변화로 나누어 준 값이다.

해설 • 감도 : 계측기가 측정량의 변화에 민감한 정도를 나타내는 값으로, 감도가 좋으면 측정시간이 길어지고 측정범위는 좁아진다.
∴ 감도 = $\dfrac{\text{지시량의 변화}}{\text{측정량의 변화}}$

66. 가스누출 확인 시험지와 검지가스가 옳게 연결된 것은?

[가] KI 전분지-CO

[나] 연당지-할로겐가스

[다] 염화팔라듐지-HCN

[라] 리트머스시험지-알칼리성가스

[해설] ① 가스검지 시험지법

검지가스	시험지	반응(변색)
암모니아(NH_3)	적색 리트머스지	청색
염소(Cl_2)	KI 전분지	청갈색
포스겐($COCl_2$)	해리슨 시험지	유자색
시안화수소(HCN)	초산벤젠지	청색
일산화탄소(CO)	염화팔라듐지	흑색
황화수소(H_2S)	연당지 (초산납시험지)	회흑색
아세틸렌(C_2H_2)	염화제1구리 착염지	적갈색

② 청색 및 적색 리트머스시험지는 산성과 알칼리성가스를 검지하는 데 사용한다.

67. **시료 가스를 각각 특정한 흡수액에 흡수시켜 흡수 전후의 가스체적을 측정하여 가스의 성분을 분석하는 방법이 아닌 것은?**

[가] 적정(滴定)법 [나] 게겔(Gockel)법

[다] 헴펠(Hempel)법 [라] 오르사트(Orsat)법

[해설] • 흡수분석법 : 채취된 가스를 분석기 내부의 성분 흡수제에 흡수시켜 체적변화를 측정하는 방식으로 오르사트(Orsat)법, 헴펠(Hempel)법, 게겔(Gockel)법 등이 있다.

68. **가연성가스 누출검지기에는 반도체 재료가 널리 사용되고 있다. 이 반도체 재료로 가장 적당한 것은?**

[가] 산화니켈(NiO)

[나] 산화주석(SnO_2)

[다] 이산화망간(MnO_2)

[라] 산화알루미늄(Al_2O_3)

[해설] 반도체식 가스 검지기의 반도체의 재료는 산화주석(SnO_2), 산화아연(ZnO)를 사용한다.

69. **접촉식 온도계 중 알코올 온도계의 특징에 대한 설명으로 옳은 것은?**

[가] 열전도율이 좋다.

[나] 열팽창계수가 적다.

[다] 저온 측정에 적합하다.

[라] 액주의 복원시간이 짧다.

[해설] • 알코올 온도계의 특징

① 측정범위가 −100~200℃로 저온 측정에 적합하다.

② 표면장력이 작아 모세관 현상이 크다.

③ 열팽창계수가 크지만 열전도율은 나쁘다.

④ 액주의 복원시간이 길다.

70. **계량이 정확하고 사용 중 기차의 변동이 거의 없는 특징의 가스미터는?**

[가] 벤투리 미터

[나] 오리피스 미터

[다] 습식 가스미터

[라] 로터리피스톤식 미터

[해설] • 습식 가스미터의 특징

① 계량이 정확하다.

② 사용 중에 오차의 변동이 적다.

③ 사용 중에 수위조정 등의 관리가 필요하다.

④ 설치면적이 크다.

⑤ 기준용, 실험실용으로 사용한다.

71. **전기저항식 습도계의 특징에 대한 설명으로 틀린 것은?**

[가] 자동제어에 이용된다.

[나] 연속기록 및 원격측정이 용이하다.

[다] 습도에 의한 전기저항의 변화가 적다.

[라] 저온도의 측정이 가능하고, 응답이 빠르다.

[해설] • 전기저항식 습도계의 특징

① 저온도의 측정이 가능하고 응답이 빠르다.

② 상대습도 측정이 가능하다.

③ 연속기록, 원격측정, 자동제어에 이용된다.

④ 감도가 크다.

⑤ 전기저항의 변화가 쉽게 측정된다.

[해답] 67. [가] 68. [나] 69. [다] 70. [다] 71. [다]

⑥ 고습도 중에 장시간 방치하면 감습막(感濕膜)이 유동한다.
⑦ 다소의 경년 변화가 있어 온도계수가 비교적 크다.

72. FID 검출기를 사용하는 기체크로마토그래피는 검출기의 온도가 100℃ 이상에서 작동되어야 한다. 주된 이유로 옳은 것은?

㉮ 가스소비량을 적게 하기 위하여
㉯ 가스의 폭발을 방지하기 위하여
㉰ 100℃ 이하에서는 점화가 불가능하기 때문에
㉱ 연소 시 발생하는 수분의 응축을 방지하기 위하여

[해설] • 수소염 이온화 검출기(FID : Flame Ionization Detector) : 불꽃으로 시료 성분이 이온화됨으로써 불꽃 중에 놓여진 전극 간의 전기 전도도가 증대하는 것을 이용한 것으로 탄화수소에서 감도가 최고이고 H_2, O_2, CO_2, SO_2 등은 감도가 없다. 연소 시 발생하는 수분의 응축을 방지하기 위하여 검출기의 온도가 100℃ 이상에서 작동되어야 한다.

73. 가스시험지법 중 염화제일구리 착염지로 검지하는 가스 및 반응색으로 옳은 것은?

㉮ 아세틸렌-적색
㉯ 아세틸렌-흑색
㉰ 할로겐화물-적색
㉱ 할로겐화물-청색

[해설] 가스시험지법 중 아세틸렌은 염화제일구리 착염지로 검지하며 반응색은 적갈색(또는 적색)으로 나타난다.
※ 시험지법으로 검지하는 가스 및 반응색은 66번 해설을 참고하기 바랍니다.

74. 탄성식 압력계에 속하지 않는 것은?

㉮ 박막식 압력계
㉯ U자관형 압력계
㉰ 부르동관식 압력계

㉱ 벨로스식 압력계

[해설] • 탄성식 압력계의 종류 : 부르동관식, 다이어프램식, 벨로스식, 캡슐식

75. 도시가스 사용압력이 2.0 kPa인 배관에 설치된 막식 가스미터의 기밀시험 압력은?

㉮ 2.0 kPa 이상 ㉯ 4.4 kPa 이상
㉰ 6.4 kPa 이상 ㉱ 8.4 kPa 이상

[해설] • 가스설비 성능 : 도시가스사용시설은 안전을 확보하기 위하여 최고 사용압력의 1.1배 또는 8.4 kPa 중 높은 압력 이상에서 기밀성능을 가지는 것으로 한다.
∴ 기밀시험 압력 = 2.0×1.1 = 2.2 kPa
∴ 기밀시험 압력은 8.4 kPa 이상이다.

76. 가스계량기의 검정 유효기간은 몇 년인가? (단, 최대 유량은 10 m^3/h 이하이다.)

㉮ 1년   ㉯ 2년
㉰ 3년   ㉱ 5년

[해설] • 가스미터(계량기) 검정 유효기간 : 계량에 관한 법률 시행령 제21조, 별표13
① 최대 유량 10 m^3/h 이하 : 5년
② 그 외 : 8년
③ LPG 미터 : 3년

77. 습한 공기 200 kg 중에 수증기가 25 kg 포함되어 있을 때의 절대습도는?

㉮ 0.106   ㉯ 0.125
㉰ 0.143   ㉱ 0.171

[해설] $X = \dfrac{G_w}{G_a} = \dfrac{G_w}{G - G_w}$
$= \dfrac{25}{200 - 25} = 0.1428\,kg/kg \cdot DA$

78. 계측기의 원리에 대한 설명으로 가장 거리가 먼 것은?

㉮ 기전력의 차이로 온도를 측정한다.
㉯ 액주 높이로부터 압력을 측정한다.
㉰ 초음파 속도변화로 유량을 측정한다.

㉑ 정전용량을 이용하여 유속을 측정한다.

해설 • 계측 원리에 해당하는 계측기
① 열전대 온도계 : 제베크효과→열기전력의 차 이용
② 액주식 압력계 : 액주의 높이차 이용
③ 초음파 유량계 : 도플러효과→초음파의 속도 변화 이용
④ 정전용량식 액면계 : 정전용량 이용

79. 전기 저항식 온도계에 대한 설명으로 틀린 것은?

㉮ 열전대 온도계에 비하여 높은 온도를 측정하는 데 적합하다.

㉯ 저항선의 재료는 온도에 의한 전기저항의 변화(저항 온도계수)가 커야 한다.

㉰ 저항 금속재료는 주로 백금, 니켈, 구리가 사용된다.

㉱ 일반적으로 금속은 온도가 상승하면 전기 저항값이 올라가는 원리를 이용한 것이다.

해설 • 전기 저항식 온도계의 특징
① 원격 측정에 적합하고 자동제어, 기록, 조절이 가능하다.
② 비교적 낮은 온도(500℃ 이하)의 정밀측정에 적합하다.
③ 검출시간이 지연될 수 있다.
④ 측온 저항체가 가늘어($\phi 0.035$) 진동에 단선되기 쉽다.
⑤ 구조가 복잡하고 취급이 어려워 숙련이 필요하다.
⑥ 정밀한 온도 측정에는 백금 저항 온도계가 쓰인다.

⑦ 측온 저항체에 전류가 흐르기 때문에 자기가열에 의한 오차가 발생한다.
⑧ 일반적으로 온도가 증가함에 따라 금속의 전기 저항이 증가하는 현상을 이용한 것이다(단, 서미스터는 온도 상승에 따라 저항치가 감소한다).
⑨ 저항체는 저항 온도계수가 커야 한다.
⑩ 저항체로서 주로 백금(Pt), 니켈(Ni), 동(Cu)이 사용된다.

80. 평균유속이 5 m/s인 배관 내에 물의 질량유속이 15 kg/s가 되기 위해서는 관의 지름을 약 몇 mm로 해야 하는가?

㉮ 42　　　　　㉯ 52
㉰ 62　　　　　㉱ 72

해설 • 질량유량 계산식

$m = \rho \times A \times V = \rho \times \dfrac{\pi}{4} \times D^2 \times V$에서 물의 밀도($\rho$)는 1000 kg/m^3을 적용한다.

$$\therefore D = \sqrt{\dfrac{4 \times m}{\pi \times \rho \times V}}$$

$$= \sqrt{\dfrac{4 \times 15}{\pi \times 1000 \times 5}} \times 1000 = 61.803 \text{ mm}$$

※ 문제에서 제시된 "질량유속이 15 kg/s"는 "질량유량이 15 kg/s"로 주어져야 하며 출제문제 오류로 이의제기를 하였지만 최종답안에는 반영되지 않았음

※ 코로나19로 인하여 제1회 필기시험이 제2회 필기시험과 통합 시행되어 제3회 필기시험이 추가로 실시되었습니다.

※ 2020년 제4회부터 산업기사 전종목 필기시험이 CBT시험으로 시행되어 문제가 공개되지 않고 있습니다.

CBT 실전문제 1

제1과목 연소공학

1. CO_2 40 vol%, O_2 10 vol%, N_2 50 vol% 인 혼합기체의 평균분자량은 얼마인가?

① 16.8 ② 17.4

③ 33.5 ④ 34.8

2. 다음 연소반응식 중 불완전연소에 해당하는 것은?

① $S + O_2 \rightarrow SO_2$

② $C + \dfrac{1}{2}O_2 \rightarrow CO$

③ $2H_2 + O_2 \rightarrow 2H_2O$

④ $2CH_4 + 4O_2 \rightarrow 2CO_2 + 4H_2O$

3. 자연발화가 발생하는 물질에 대한 설명으로 틀린 것은?

① 알루미늄 분말, 인화칼슘 등은 습기를 흡수했을 때 발화가 가능하다.

② 석탄이나 고무분말은 산화 시의 열에 의해 발화가 가능하다.

③ 활성탄이나 목탄은 흡착열에 의하여 발화될 수 있다.

④ 퇴비와 먼지 등은 발효열에 의해 발화될 수 있다.

4. 다음 중 가연물의 구비조건이 아닌 것은?

① 발열량이 커야 한다.

② 열전도율이 커야 한다.

③ 활성화 에너지가 작아야 한다.

④ 산소와의 친화력이 좋아야 한다.

5. 폭발에 관련된 가스의 일반적인 성질에 대한 설명으로 옳지 않은 것은?

① 안전간격이 큰 것일수록 위험성이 크다.

② 연소속도가 큰 것일수록 안전하지 못하다.

③ 압력이 높아지면 일반적으로 폭발범위가 넓어진다.

④ 가스의 비중이 큰 것은 낮은 곳에 체류하여 위험성이 크다.

6. 다음 연소파와 폭굉파에 관한 설명 중 옳은 것은?

① 연소파 : 반응 후 온도 감소

② 폭굉파 : 반응 후 온도 상승

③ 연소파 : 반응 후 밀도 상승

④ 폭굉파 : 반응 후 밀도 감소

7. 기체 연료의 특성을 설명한 것 중 옳은 것은?

① 저산소 연소를 시키기 쉽기 때문에 대기 오염 물질인 질소산화물(NO_x)의 생성이 많으나, 분진이나 매연의 발생은 거의 없다.

② 단위 체적당 발열량이 액체나 고체 연료에 비해 크기 때문에 저장이나 수송에 큰 시설이 필요하다.

③ 기체연료는 연소성이 뛰어나기 때문에 연소조절이 간단하고 자동화가 용이하다.

④ 가스연료의 화염은 방사율이 크기 때문에 복사에 의한 열전달이 작다.

8. 다음 중 폭발방지를 위한 안전장치가 아닌 것은?

① 안전밸브
② 가스누출 경보장치
③ 방호벽
④ 긴급차단장치

9. 연소에 대한 설명 중에서 옳은 것은?

① 착화온도와 연소온도는 같다.
② 이론연소온도는 실제연소온도보다 항상 높다.
③ 기체의 착화온도는 산소의 함유량에 관계 없다.
④ 연소온도가 연료의 인화점보다 낮게 되어도 연소는 계속된다.

10. 폭굉을 일으킬 수 있는 기체가 파이프 내에 있을 때 폭굉 방지 및 방호에 관한 설명으로 옳지 않은 것은?

① 파이프라인에 오리피스 같은 장애물이 없도록 한다.
② 파이프의 지름대 길이의 비는 가급적 작게 한다.
③ 파이프라인에 장애물이 있는 곳은 관경을 축소한다.
④ 공정 라인에서 회전이 가능하면 가급적 완만한 회전을 이루도록 한다.

11. 가연성 가스의 농도 범위를 결정하는 것은 무엇인가?

① 체적, 비중
② 압력, 비중
③ 온도, 압력
④ 온도, 체적

12. 수소의 연소반응식이 다음과 같을 경우 1 mol의 수소를 일정한 압력에서 이론산소량만으로 완전연소 시켰을 때의 온도는 약 몇 K인가? (단, 정압비열은 10 cal/mol · K, 수소와 산소의 공급온도는 25℃, 외부로의 열손실은 없다.)

$$H_2 + \frac{1}{2} O_2 \rightarrow H_2O(g) + 57.8 \text{ kcal/mol}$$

① 5780
② 5805
③ 6053
④ 6078

13. 고체연료의 연소형태에 해당되는 것은?

① 예혼합 연소
② 분무연소
③ 분해연소
④ 확산연소

14. 다음 중 대기압 상태에서 비점이 가장 높은 것은?

① C_3H_8
② $n-C_4H_{10}$
③ C_2H_6
④ CH_4

15. 프로판 1 Nm³를 이론공기량을 사용하여 완전연소시킬 때 배출되는 습(wet)배기 가스량은 몇 Nm³인가? (단, 공기 중 산소함유량은 21 vol%이다.)

① 7.0
② 12.7
③ 21.8
④ 25.8

16. 500 L의 용기에 산소(O_2)가 40 atm, 30℃로 충전되어 있을 때 산소는 몇 kg인가?

① 12.9
② 17.8
③ 25.7
④ 31.2

17. 기체동력 사이클 중 가장 이상적인 이론 사이클로, 열역학 제2법칙과 엔트로피의 기초가 되는 사이클은?

① 카르노 사이클(Carnot cycle)
② 사바테 사이클(Sabathe cycle)
③ 오토 사이클(Otto cycle)
④ 브레이턴 사이클(Brayton cycle)

18. 탄화수소에서 탄소의 수가 증가함에 따라 각 사항의 변화를 설명한 것 중 틀린 것은?

① 연소열 – 증가한다.

② 착화열 – 낮아진다.

③ 증기압 – 낮아진다.

④ 폭발한계 – 높아진다.

19. 절대습도(絶對濕度)에 대하여 가장 바르게 나타낸 것은?

① 건공기 1 kg에 대한 수증기의 중량

② 건공기 1 m³에 대한 수증기의 중량

③ 건공기 1 kg에 대한 수증기의 체적

④ 습공기 1 m³에 대한 수증기의 체적

20. 열분해를 일으키기 쉬운 불안정한 물질에서 발생하기 쉬운 연소로 열분해로 발생한 휘발분이 자기점화온도보다 낮은 온도에서 표면연소가 계속되기 때문에 일어나는 연소는?

① 분해연소

② 그을음연소

③ 분무연소

④ 증발연소

제 2 과목   가스설비

21. 고압장치의 재료로 사용되는 구리관의 성질과 특징에 대한 설명 중 틀린 것은?

① 알칼리에는 내식성이 강하지만 산성에는 약하다.

② 내면이 매끈하여 유체저항이 적다.

③ 굴곡성이 좋아 가공이 용이하다.

④ 전도 및 전기절연성이 우수하다.

22. 도시가스 배관에서 가스 공급이 불량하게 되는 원인으로 가장 거리가 먼 것은?

① 배관의 파손

② Terminal Box의 불량

③ 정압기의 고장 또는 능력부족

④ 배관 내의 물의 고임, 녹으로 인한 폐쇄

23. 메탄가스에 대한 설명으로 옳은 것은?

① 공기 중에 30 %의 메탄가스가 혼합된 경우 점화하면 폭발한다.

② 고온도에서 수증기와 작용하면 일산화탄소와 수소를 생성한다.

③ 올레핀계 탄화수소로서 가장 간단한 형의 화합물이다.

④ 담청색의 기체로서 무색의 화염을 낸다.

24. −160℃의 LNG(액비중 0.48, 메탄 90 %, 에탄 10 %)를 1 atm, 10℃로 기화시키면 부피는 약 몇 m³가 되겠는가?

① 640.6

② 6406

③ 128.1

④ 1281.2

25. 최고 사용온도가 100℃, 길이(L)가 10 m인 배관을 15℃에서 설치하였다면 최고 온도로 사용 시 팽창으로 늘어나는 길이는 약 몇 mm인가? (단, 선팽창계수 α는 12×10^{-6} m/m · ℃이다.)

① 5.1

② 10.2

③ 102

④ 204

26. LPG 공급설비에서 용기의 크기와 개수를 결정할 때에 고려할 사항에 속하지 않는 것은?

① 소비자 가구 수

② 피크 시의 기온

③ 감압방식의 결정

④ 1가구당 1일의 평균 가스소비량

27. 원심펌프로 물을 2 m³/min의 유량으로 20 m 높이에 양수하고자 할 때 축동력이

12.7 PS 소요되었다. 이 펌프의 효율은 약 몇 %인가?

① 65 %   ② 70 %

③ 75 %   ④ 80 %

28. 연소기구에서 발생하는 역화(back fire)의 원인이 아닌 것은?

① 부식에 의하여 염공이 크게 된 경우

② 가스의 압력이 저하된 경우

③ 콕이 충분하게 열리지 않은 경우

④ 노즐의 지름이 너무 작게 된 경우

29. 배관에는 온도변화 및 여러 가지 하중을 받기 때문에 이에 견디는 배관을 설계해야 한다. 바깥지름과 안지름의 비가 1.2 미만인 경우 배관의 두께는 식 $t(mm) = \dfrac{PD}{2\dfrac{f}{s} - P} + C$

에 의하여 계산된다. 기호 P의 의미로 옳게 표시된 것은?

① 충전압력

② 상용압력

③ 사용압력

④ 최고충전압력

30. 공기액화 분리장치의 폭발원인으로 가장 거리가 먼 것은?

① 액체 공기 중에 오존의 혼입

② 공기 취입구로부터의 사염화탄소의 침입

③ 압축기용 윤활유의 분해에 따른 탄화수소의 생성

④ 공기 중에 있는 질소 화합물(산화질소 및 과산화질소 등)의 흡입

31. 고압장치 중 금속재료의 부식 억제 방법이 아닌 것은?

① 전기적인 방식

② 부식 억제제에 의한 방식

③ 도금, 라이닝, 표면처리에 의한 방식

④ 유해물질 제거 및 pH를 높이는 방식

32. 원심펌프에서 캐비테이션 발생에 따라 일어나는 현상이 아닌 것은?

① 깃에 대한 침식이 발생한다.

② 소음과 진동이 발생한다.

③ 양정곡선이 증가한다.

④ 효율곡선이 저하한다.

33. 일반용 LPG 2단 감압식 1차용 압력조정기의 최대폐쇄압력으로 옳은 것은?

① 3.3 kPa 이하

② 3.5 kPa 이하

③ 95 kPa 이하

④ 조정압력의 1.25배 이하

34. 가스용 나프타(Naphtha)의 구비조건으로 옳지 않은 것은?

① 유황분이 적을 것

② 카본 석출이 적을 것

③ 나프텐계 탄화수소가 많을 것

④ 유출온도 종점이 높지 않을 것

35. 고압가스 용기의 안전밸브 중 밸브 부근의 온도가 일정 온도를 넘으면 퓨즈 메탈이 녹아 가스를 전부 방출시키는 방식은?

① 가용전식   ② 스프링식

③ 파열판식   ④ 수동식

36. 대기압에서 1.5 MPa · g까지 2단 압축기로 압축하는 경우 압축동력을 최소로 하기 위해서는 중간압력을 얼마로 하는 것이 좋

은가?

① 0.2 MPa · g   ② 0.3 MPa · g

③ 0.5 MPa · g   ④ 0.75 MPa · g

37. 구형 저장탱크의 특징이 아닌 것은?

① 모양이 아름답다.

② 기초구조를 간단하게 할 수 있다.

③ 표면적이 다른 탱크보다 적으며 강도가 높다.

④ 동일 용량, 동일 압력의 경우 원통형 탱크보다 두께가 두껍다.

38. 다음 중 임계압력을 가장 잘 표현한 것으로 옳은 것은?

① 액체가 증발하기 시작할 때의 압력을 말한다.

② 액체가 비등점에 도달했을 때의 압력을 말한다.

③ 액체, 기체, 고체가 공존할 수 있는 최소 압력을 말한다.

④ 임계온도에서 기체를 액화시키는데 필요한 최저의 압력을 말한다.

39. 부피비로 헥산 0.8 %, 메탄 2.0 %, 에틸렌 0.5 %로 구성된 혼합가스의 폭발하한계를 계산하면 얼마인가? (단, 헥산, 메탄, 에틸렌의 폭발하한계는 각각 1.1 %, 5.0 %, 2.7 %이다.)

① 2.5 %   ② 3.0 %

③ 3.3 %   ④ 3.9 %

40. 시간당 66400 kcal의 열을 흡수 제거하는 냉동기의 용량은 몇 냉동톤인가?

① 20   ② 24

③ 28   ④ 32

제 3 과목   가스안전관리

41. 고압가스 제조설비에서 기밀시험용으로 사용할 수 없는 것은?

① 질소   ② 공기

③ 탄산가스   ④ 산소

42. 다음 중 산소와 혼합가스를 형성할 경우 화염온도가 가장 높은 가스는?

① 메탄   ② 수소

③ 아세틸렌   ④ 일산화탄소

43. 도시가스 매설배관 보호용 보호포에 표시하지 않아도 되는 사항은?

① 가스명   ② 최고사용압력

③ 공급자명   ④ 배관매설 년도

44. 독성가스 사용시설 중 배관·플랜지 및 밸브의 접합은 용접을 원칙으로 하되 안전상 필요한 강도를 가지는 플랜지 접합을 할 수 있다. 플랜지 접합을 할 수 있는 경우에 해당되는 것이 아닌 것은?

① 수시로 분해하여 청소·점검을 해야 하는 부분을 접합할 경우

② 정기적으로 분해하여 청소·점검·수리를 해야되는 설비와 접합되는 이음매의 모든 부분

③ 부식되기 쉬운 곳으로서 수시점검 또는 교환할 필요가 있는 곳

④ 수리·청소·철거 시 맹판설치를 필요로 하는 부분을 접합하는 경우

45. 고압가스 특정제조시설에서 분출원인이 화재인 경우 안전밸브의 축적압력은 안전밸

브의 수량과 관계없이 최고허용압력의 몇 % 이하로 하여야 하는가?

① 110 % ② 116 %
③ 121 % ④ 150 %

46. 가스위험성 평가에서 위험도가 큰 것부터 작은 순서대로 바르게 나열된 것은?

① C_2H_6, CO, CH_4, NH_3
② C_2H_6, CH_4, CO, NH_3
③ CO, CH_4, C_2H_6, NH_3
④ CO, C_2H_6, CH_4, NH_3

47. 아세틸렌 용기의 내용적이 10 L 이하이고, 다공성 물질의 다공도가 82 %일 때 디메틸포름아미드의 최대 충전량은 얼마인가?

① 36.3 % ② 38.7 %
③ 41.1 % ④ 43.5 %

48. 어느 온도에서 압력 6.0 atm, 부피 125 L의 산소와 8.0 atm, 200 L의 질소가 있다. 두 기체를 부피 500 L의 용기에 넣으면 용기 내 혼합기체의 압력은 몇 atm인가?

① 2.5 atm ② 3.6 atm
③ 4.7 atm ④ 5.6 atm

49. 액화가스가 통하는 가스공급시설 등에서 발생하는 정전기를 제거하기 위하여 단독으로 정전기 방지조치를 하여야 하는 설비가 아닌 것은?

① 벤트스택 ② 플레어스택
③ 열교환기 ④ 저장탱크

50. 차량에 고정된 탱크에 의한 운반기준에서 독성가스를 운반할 때 탱크의 내용적은 몇 L를 초과하지 않아야 하는가? (단, 철도차량 및 견인운반 차량은 제외한다.)

① 10000 L ② 12000 L
③ 18000 L ④ 20000 L

51. 물분무 설비가 설치된 액화석유가스 저장탱크 2개의 최대지름이 각각 3.5 m, 2.5 m일 때 저장탱크간 유지하여야 할 이격거리로 옳은 것은?

① 0.5 m 이상 유지한다.
② 1 m 이상 유지한다.
③ 1.5 m 이상 유지한다.
④ 거리를 유지하지 않아도 된다.

52. 저장탱크에 액화가스를 충전할 때 가스의 용량이 저장탱크 내용적의 90 %를 초과하지 않도록 해야 하는 이유로 옳은 것은?

① 외부의 충격을 흡수하기 위하여
② 온도에 따른 액 팽창이 현저히 커지므로 안전공간을 유지하기 위하여
③ 추가로 충전할 때를 대비하기 위하여
④ 액의 요동을 방지하기 위하여

53. 분출압력 2 MPa에서 작동되는 스프링식 안전밸브의 밸브 지름이 5 cm라면 스프링의 힘은 약 몇 N인가?

① 3926 ② 3953
③ 3984 ④ 4013

54. 일반도시가스 공급시설에서 도로가 평탄할 경우 배관의 기울기는?

① $\frac{1}{50} \sim \frac{1}{100}$ ② $\frac{1}{150} \sim \frac{1}{300}$
③ $\frac{1}{500} \sim \frac{1}{1000}$ ④ $\frac{1}{1500} \sim \frac{1}{2000}$

55. 도시가스 배관 설계도면 작성 시 종단면도에 기입할 사항이 아닌 것은?

① 설계 가스배관 및 기 설치된 가스배관의 위치
② 설계가스배관 계획 정상높이 및 깊이
③ 교차하는 타매설물, 구조물
④ 기울기 및 포장종류

56. 방류둑의 구조 기준에 대한 설명 중 적합하지 않은 것은?

① 흙으로 방류둑을 설치할 경우 경사를 30° 이하로 하고, 성토 윗부분의 폭은 45 cm 이상으로 한다.
② 방류둑은 그 높이에 상당하는 해당 액화가스의 액두압에 견딜 수 있는 것으로 한다.
③ 배관 관통부는 내진성을 고려하여 틈새를 통한 누출방지 및 부식방지를 위한 조치를 한다.
④ 방류둑의 배수조치는 방류둑 밖에서 배수 및 차단 조작을 할 수 있도록 하고, 배수할 때 이외에는 반드시 닫아 둔다.

57. 일반용 액화석유가스 압력조정기의 제품 성능 항목이 아닌 것은?

① 다이어프램 성능　② 내압 성능
③ 기밀 성능　　　　④ 내가스 성능

58. 고정식 압축도시가스자동차 충전시설에 설치하는 긴급분리장치에 대한 설명 중 틀린 것은?

① 각 충전설비마다 설치한다.
② 유연성을 확보하기 위하여 고정설치하지 아니한다.

③ 수평방향으로 당길 때 666.4 N 미만의 힘에 의하여 분리되어야 한다.
④ 긴급분리장치와 충전설비 사이에는 충전자가 접근하기 쉬운 위치에 90° 회전의 수동밸브를 설치한다.

59. 충전된 수소용기가 운반 도중 파열사고가 일어났다. 다음 중 사고원인 가능성을 예시한 것으로 관계가 가장 적은 것은?

① 과충전에 의하여 파열되었다.
② 용기가 수소취성을 일으켰다.
③ 용기 취급 부주의로 충격에 의하여 일어났다.
④ 용기에 균열이 있었는데 확인하지 않고 충전하였다.

60. 다음 중 독성가스 용기 운반차량의 적재함 재질은?

① SS200　　　　② SPPS200
③ SS400　　　　④ SPPS400

제 4 과목　가스계측

61. 비중이 0.8인 액체의 압력이 2 kgf/cm^{2}일 때 액면높이(head)는 약 몇 m인가?

① 16　　　　② 25
③ 32　　　　④ 40

62. 가스크로마토그래피의 장치구성 요소에 속하는 것이 아닌 것은?

① 유량조절기　　② 가스시료
③ 분리관(컬럼)　④ 검출기

63. 다음 가스분석법 중 물리적 가스분석법에 해당하지 않는 것은?

① 열전도율법
② 오르사트법
③ 적외선흡수법
④ 가스크로마토그래피법

64. 가스미터의 필요조건이 아닌 것은?

① 감도가 좋을 것
② 구조가 간단할 것
③ 대형으로 용량이 클 것
④ 유지관리가 용이할 것

65. 자동제어에서 블록선도는 무엇을 표시하는 것인가?

① 제어대상과 변수편차를 표시한다.
② 제어신호의 전달경로를 표시한다.
③ 제어회로의 기준압력을 표시한다.
④ 제어편차의 증감크기를 표시한다.

66. 냉각식 노점계에서 노점의 측정에 주로 이용하는 유기화합물은 무엇인가?

① 벤젠   ② 알코올
③ 에테르   ④ 물

67. 가스누출 확인 시험지와 검지가스가 옳게 연결된 것은?

① 리트머스지 – 산성, 염기성 가스
② 염화팔라듐지 – HCN
③ 초산벤젠지 – 할로겐가스
④ KI 전분지 – CO

68. 다음 중 간접계측 방법에 해당되는 것은?

① 압력을 부르동관 압력계로 측정
② 압력을 분동식 압력계로 측정
③ 질량을 천칭으로 측정
④ 길이를 줄자로 측정

69. 아르키메데스의 원리를 이용한 것은?

① 벨로스식 압력계
② U자관식 압력계
③ 부르동관식 압력계
④ 침종식 압력계

70. 헴펠식 분석장치를 이용하여 가스 성분을 정량하고자 할 때 흡수법에 의하지 않고 연소법에 의해 측정하여야 하는 가스는?

① 수소   ② 이산화탄소
③ 산소   ④ 일산화탄소

71. 가스미터 중 실측식에 속하지 않는 것은?

① 건식   ② 회전식
③ 습식   ④ 오리피스식

72. 국제단위계(SI단위계)의 기본단위가 아닌 것은?

① 길이(m)   ② 압력(Pa)
③ 시간(s)   ④ 광도(cd)

73. 부르동관(Bourdon tube) 압력계를 설명한 것으로 틀린 것은?

① 공정 압력과 대기압의 차를 측정한다.
② C자형에 비하여 나선형관은 작은 압력차에 민감하다.
③ 두 공정간의 압력차를 측정하는데 사용한다.
④ 곡관에 압력이 가해지면 곡률반지름이 증가하는 원리를 이용한 것이다.

74. 계량에 관한 법률 제정의 목적으로 가장 거리가 먼 것은?

① 계량의 기준을 정함
② 공정한 상거래 질서유지
③ 산업의 선진화 기여
④ 분쟁의 협의 조정

75. 공업용 액면계가 갖추어야 할 조건으로 옳지 않은 것은?

① 자동제어장치에 적용이 가능하고, 보수가 용이해야 한다.
② 액위의 변화속도가 느리고, 액면의 상, 하한계의 적용이 어려워야 한다.
③ 지시, 기록 또는 원격측정이 가능해야 한다.
④ 연속측정이 가능하고 고온, 고압에 견디어야 한다.

76. 다음 온도계 중 가장 고온을 측정할 수 있는 것은?

① 저항 온도계
② 열전대 온도계
③ 바이메탈 온도계
④ 광고온계

77. 추치 제어에 대한 설명으로 맞는 것은?

① 목표값이 시간에 따라 변하지만 변화의 모양이 미리 정해져 있다.
② 목표값이 시간에 따라 변하지만 변화의 모양은 예측할 수 없다.
③ 목표값이 시간에 따라 변하지 않지만 변화의 모양이 일정하다.
④ 목표값이 시간에 따라 변하지 않지만 변화의 모양이 불규칙하다.

78. 가스미터를 통과하는 동일량의 프로판 가스의 온도를 겨울에 0℃, 여름에 32℃로 유지한다고 했을 때 여름철 프로판 가스의 체적은 겨울철의 얼마 정도인가? (단, 여름철 프로판 가스의 체적 : V_1, 겨울철 프로판 가스의 체적 : V_2이다.)

① $V_1 = 0.80\, V_2$
② $V_1 = 0.90\, V_2$
③ $V_1 = 1.12\, V_2$
④ $V_1 = 1.22\, V_2$

79. 고압가스 관리용 계측기기에 포함되지 않는 것은 어느 것인가?

① 유량계
② 온도계
③ 압력계
④ 탁도계

80. 스테판 볼츠만(Stefan-Boltzmann) 법칙을 이용한 온도계는 어느 것인가?

① 열전대 온도계
② 방사 온도계
③ 수은 온도계
④ 베크만 온도계

CBT 실전문제 2

제1과목 연소공학

1. 수소의 성질을 설명한 것 중 틀린 것은?

① 고온에서 금속산화물을 환원시킨다.
② 불완전연소하면 일산화탄소가 발생된다.
③ 고온, 고압에서 철에 대해 탈탄작용을 한다.
④ 염소와의 혼합기체에 일광(日光)을 비추면 폭발적으로 반응한다.

2. 다음 중 연소속도와 가장 밀접한 관계가 있는 것은?

① 산화속도
② 착화속도
③ 화염의 발생속도
④ 환원속도

3. 어떤 혼합가스가 산소 10몰, 질소 10몰, 메탄 5몰을 포함하고 있을 때 비중은 얼마인가? (단, 공기의 평균분자량은 29이다.)

① 0.52
② 0.62
③ 0.72
④ 0.93

4. 증발 연소할 때 발생되는 화염으로 옳은 것은?

① 표면화염
② 확산화염
③ 분해화염
④ 확반화염

5. 연료가 완전 연소할 때 이론상 필요한 공기량을 $M_0(\text{m}^3)$, 실제로 사용한 공기량을 $M(\text{m}^3)$라 하면 과잉공기 백분율을 바르게 표시한 식은?

① $\dfrac{M}{M_0} \times 100$
② $\dfrac{M_0}{M} \times 100$
③ $\dfrac{M - M_0}{M} \times 100$
④ $\dfrac{M - M_0}{M_0} \times 100$

6. 다음 중 폭발범위에 영향을 주는 요인이 아닌 것은?

① 온도
② 발화지연시간
③ 압력
④ 산소량

7. 프로판(C_3H_8) 1 kg을 완전 연소시킬 때 필요한 이론공기량은 약 몇 Nm^3/kg인가? (단, 공기 중 산소는 21 v%이다.)

① 10.1
② 11.3
③ 12.1
④ 13.2

8. 점화원에 의하여 연소하기 위한 최저온도를 무엇이라 하는가?

① 인화점
② 폭굉점
③ 발화점
④ 착화점

9. 액체 연료를 연소시키는 방법 중 공업용으로 가장 많이 사용하는 것으로 수 μm에서 수백 μm으로 만들어 증발 표면적을 크게 하여 연소시키는 방법의 명칭으로 옳은 것은?

① 액면연소
② 등심연소
③ 확산연소
④ 분무연소

10. 메탄올 96 g과 아세톤 116 g을 함께 진공상태의 용기에 넣고 기화시켜 25℃의 혼합기체를 만들었다. 이때 전압력은 약 몇 mmHg인가? (단, 25℃에서 순수한 메탄올과 아세톤의 증기압은 96.5 mmHg, 56 mmHg이고 분자량은 32, 58이다.)

① 76.3
② 80.3
③ 152.5
④ 170.5

11. 다음 가스에서 공기 중에 압력을 증가시키면 폭발범위가 좁아지다가 보다 고압으로 되면 반대로 넓어지는 것은?

① 메탄
② 에틸렌
③ 일산화탄소
④ 수소

12. 방폭에 대한 설명으로 틀린 것은?

① 분진 처리시설에서 호흡을 하는 경우 분진을 제거하는 장치가 필요하다.
② 분해 폭발을 일으키는 가스에 비활성 기체를 혼합하는 이유는 화염온도를 낮추고 화염전파능력을 소멸시키기 위함이다.
③ 방폭 대책은 크게 예방, 긴급대책 등 2가지로 나누어진다.
④ 분진을 다루는 압력을 대기압보다 낮게 하는 것도 분진 대책 중 하나이다.

13. 다음 중 연소에 대하여 가장 적절하게 설명한 것은?

① 연소는 산화반응으로 속도가 느리고, 산화열이 발생한다.
② 물질의 열전도율이 클수록 가연성이 되기 쉽다.
③ 활성화 에너지가 큰 것은 일반적으로 발열량이 크므로 가연성이 되기 쉽다.
④ 가연성 물질이 공기 중의 산소 및 그 외의 산소원의 산소와 작용하여 열과 빛을 수반하는 화학반응이다.

14. 연소온도에 영향을 미치는 요인들을 설명한 것 중 옳은 것은?

① 공기비가 커지면 완전연소되므로 연소온도가 높다.
② 연료나 공기를 예열시키더라도 연소온도는 높아질 수 없다.
③ 가연성분이 일정한 연료 중에 불연성분이 적으면 연소온도가 높다.
④ 연소 공기 중의 산소함량이 높으면 연소가스량은 적어지나 연소온도는 영향을 받지 않는다.

15. 다음 각 가스의 폭발에 대한 설명으로 틀린 것은?

① 아세틸렌은 조연성 가스와 공존하지 않아도 폭발할 수 있다.
② 일산화탄소는 가연성이므로 공기와 공존하면 폭발할 수 있다.
③ 가연성 고체 가루가 공기 중에서 산소분자와 접촉하면 폭발할 수 있다.
④ 이산화황은 산소가 없어도 자기분해 폭발을 일으킬 수 있다.

16. 기체혼합물의 각 성분을 표현하는 방법으로 여러 가지가 있다. 혼합가스의 성분비를 표현하는 방법 중 다른 값을 갖는 것은?

① 몰분율
② 질량분율
③ 부피분율
④ 압력분율

17. 가연성가스 제조소에서 화재의 원인이 될 수 있는 착화원이 모두 나열된 것은?

ⓐ 정전기
ⓑ 베릴륨 합금제 공구에 의한 타격
ⓒ 안전증방폭구조의 전기기기 사용
ⓓ 사용 촉매의 접촉작용
ⓔ 밸브의 급격한 조작

① ⓐ, ⓓ, ⓔ
② ⓐ, ⓑ, ⓒ
③ ⓐ, ⓒ, ⓓ
④ ⓑ, ⓒ, ⓔ

18. 1 kmol의 가스가 0℃, 1기압에서 22.4 m³의 부피를 갖고 있을 때 기체상수는 얼

마인가?

① 848 kJ/kmol · K

② 848 cal/kmol · K

③ 8.314 kJ/kmol · K

④ 8.314 kgf · m/kmol · K

19. 연소가스의 폭발 및 안전에 관한 [보기]의 내용은 무엇에 관한 설명인가?

───〈보 기〉───
두 면의 평행판 거리를 좁혀가며 화염이 전파하지 않게 될 때의 면간거리

① 화염일주   ② 소염거리

③ 안전간격   ④ 한계지름

20. 연소기기의 배기가스를 분석하는 목적으로 가장 거리가 먼 것은?

① 연소상태를 파악하기 위하여

② 배기가스의 조성을 알기 위하여

③ 열정산의 자료를 얻기 위하여

④ 시료가스 채취장치의 작동상태를 파악하기 위해

제 2 과목   가스설비

---

21. 고압배관에서 진동이 발생하는 원인으로 가장 거리가 먼 것은?

① 안전밸브의 작동

② 유체의 압력 변화

③ 펌프 및 압축기의 진동

④ 부품의 무게에 의한 진동

22. 다음 중 가연성가스가 아닌 것은?

① 아세트알데히드   ② 일산화탄소

③ 산화에틸렌   ④ 염소

23. 공기액화 사이클에서 관련이 없는 장치가 연결되어 있는 것은?

① 린데식 공기액화 사이클 – 액화기

② 클라우드 공기액화 사이클 – 축랭기

③ 캐피자 공기액화 사이클 – 압축기

④ 필립스 공기액화 사이클 – 보조 피스톤

24. 원심펌프에서 일반적으로 발생하는 현상이 아닌 것은?

① 실링(sealing)현상

② 서징(surging)현상

③ 캐비테이션(공동)현상

④ 수격(water hammering)작용

25. 냉동장치에서 온도를 강하시키는 것은 냉매가 냉동실에서 무슨 열을 흡수하는 것인가?

① 증발잠열   ② 승화잠열

③ 융해잠열   ④ 용해열

26. 피스톤 행정용량 0.003 m³, 회전수 160 rpm의 압축기로 1시간에 토출구로 100 kg의 가스가 통과하고 있을 때 가스의 토출효율은 약 몇 %인가? (단, 토출가스 1 kg을 흡입한 상태로 환산한 체적은 0.2 m³이다.)

① 62   ② 69   ③ 76   ④ 83

27. 염화메틸의 특징에 대한 설명 중 가장 거리가 먼 것은?

① 상온에서 무색, 무취의 기체이다.

② 공기보다 무겁다.

③ 수분 존재 시 금속과 반응한다.

④ 가연성가스이며 유독한 독성 가스이다.

28. 다음 가스 중 헨리법칙에 잘 적용되지 않는 것은?

① 수소
② 산소
③ 이산화탄소
④ 암모니아

29. [보기]와 같이 가스가 충전되어 있는 용기에 대한 설명 중 옳은 것은?

〈보 기〉

ⓐ 일정 질량의 가스를 충전시키고, 온도와 압력을 높이면 질량이 증가된다.
ⓑ 일정 질량의 가스를 내용적이 큰 용기에 충전시킬 경우에 내용적이 큰 용기 중의 가스 밀도는 작은 용기보다 작다.
ⓒ 크기가 같은 용기에 분자량이 다른 두 가스를 같은 양씩 각각 충전시키면 분자량이 작은 쪽 용기의 압력이 크다.

---

① ⓐ
② ⓐ, ⓑ
③ ⓑ, ⓒ
④ ⓐ, ⓒ

30. 저온장치의 단열법 중 일반적으로 사용되는 단열법으로 단열공간에 분말, 섬유 등의 단열재를 충전하는 방법은?

① 고진공 단열법
② 다층진공 단열법
③ 상압 단열법
④ 진공 단열법

31. 촉매를 사용하여 반응온도 400~800℃로서 탄화수소와 수증기를 반응시켜 메탄, 수소, 일산화탄소, 이산화탄소로 변환시키는 공정을 무엇이라 하는가?

① 열분해 공정
② 접촉분해 공정
③ 부분연소 공정
④ 대체 천연가스 공정

32. 기화기에 의해 기화된 LPG에 공기를 혼합하는 목적으로 가장 거리가 먼 것은?

① 연소효율 증대
② 발열량 조절
③ 압력 조절
④ 재액화 방지

33. 자동절체식 조정기 설치에 있어서 사용측과 예비측 용기의 밸브 개폐에 관하여 옳은 것은?

① 사용측, 예비측 밸브를 전부 연다.
② 사용측, 예비측 밸브를 전부 닫는다.
③ 사용측 밸브는 닫고, 예비측 밸브는 연다.
④ 사용측 밸브는 열고, 예비측 밸브는 닫는다.

34. 저온장치용 금속재료로 적합하지 않은 것은?

① 탄소강
② 황동
③ 9 % 니켈강
④ 18 - 8 스테인리스강

35. 탄화수소에서 아세틸렌가스를 제조할 경우의 반응에 관한 설명이다. 다음 중 맞는 것은?

① 탄화수소 분해반응 온도는 보통 600~1000℃이고, 고온일수록 아세틸렌을 많이 얻는다.
② 탄화수소의 분해반응 온도는 보통 1000~3000℃이고, 고온일수록 아세틸렌을 많이 얻는다.
③ 반응압력은 저압일수록 아세틸렌이 적게 생성된다.
④ 중축합 반응을 촉진시켜 아세틸렌 수용을 높인다.

36. LP가스 충전용기에서 가스 증발량 추산과 무관한 것은?

① LP가스의 조성
② 용기 내 가스 잔류량
③ 용기의 체적
④ LP가스 최대 소비량

37. 평균유속이 5 m/s인 배관 내에 물이 20 m^3/s로 흐르도록 하려면 관 지름은 약 몇 cm로 하여야 하는가?

① 25   ② 125
③ 225   ④ 325

38. 양정 25 m, 송출량 0.15 m^3/min로 물을 송출하는 펌프가 있다. 효율 65 %일 때 펌프의 축동력은 몇 kW인가?

① 0.68   ② 0.74
③ 0.83   ④ 0.94

39. 탄소강에서 탄소 함유량의 증가와 더불어 증가하는 성질은?

① 비열   ② 열팽창율
③ 탄성계수   ④ 열전도율

40. 정압기의 정특성과 관련 있는 것으로만 나열된 것은?

① 응답속도, 안정성, 로크업
② 직선형, 2차형, 평방근형
③ 응답속도, 시프트, 2차형
④ 로크업, 오프셋, 시프트

제 3 과목   가스안전관리

---

41. 일반용 액화석유가스 압력조정기의 다이어 프램 성능 기준에 관한 설명 중 옳은 것은?

① 다이어프램의 재료는 전체 배합성분 중 NBR의 성분 함유량이 50 % 이상이고, 가소제 성분은 20 % 이상인 것으로 한다.
② 다이어프램의 재료는 전체 배합성분 중 NBR의 성분 함유량이 50 % 이상이고, 가소제 성분은 18 % 이상인 것으로 한다.
③ 다이어프램의 재료는 전체 배합성분 중 NBR의 성분 함유량이 40 % 이상이고, 가소제 성분은 20 % 이상인 것으로 한다.
④ 다이어프램의 재료는 전체 배합성분 중 NBR의 성분 함유량이 40 % 이상이고, 가소제 성분은 18 % 이상인 것으로 한다.

42. 가연성가스 제조시설의 고압가스 설비는 그 외면으로부터 산소 제조시설의 고압가스 설비와 몇 m 이상의 거리를 유지하여야 하는가?

① 3   ② 5
③ 8   ④ 10

43. 고압가스를 충전하는 내용적 200 L인 용접용기가 제조 후 경과 년수가 15년일 때 재검사 주기는 얼마인가?

① 1년마다   ② 2년마다
③ 3년마다   ④ 5년마다

44. 공업용인 산소용기 외면 도색과 에틸렌 용기 가스명칭 문자 색상 표시가 바르게 된 것은?

① 백색, 백색   ② 백색, 자색
③ 녹색, 백색   ④ 녹색, 자색

45. 도시가스 배관에 대한 설명 중 본관으로 옳은 것은?

① 도시가스제조사업소의 부지 경계에서

정압기까지 이르는 배관

② 정압기에서 가스사용자가 구분하여 소유하거나 점유하는 건축물의 외벽에 설치하는 계량기의 전단밸브까지 이르는 배관

③ 가스도매사업자의 정압기지에서 일반도시가스 사업자의 가스공급시설까지의 배관

④ 공동주택등 공급관 중 가스사용자가 소유하거나 점유하고 있는 토지의 경계에서 가스사용자가 구분하여 소유하거나 점유하는 건축물의 외벽에 설치된 계량기의 전단밸브까지에 이르는 배관

46. 고압가스 용접용기 중 오목부에 내압을 받는 접시형 경판의 두께를 계산하고자 한다. 다음 계산식 중 어떤 계산식 이상의 두께로 하여야 하는가? (단, P는 최고충전압력의 수치(MPa), D는 중앙만곡부 내면의 반지름(mm), W는 접시형 경판의 형상에 따른 계수, S는 재료의 허용응력 수치(N/mm^2), η는 경판 중앙부이음매의 용접효율, C는 부식여유두께(mm)이다.)

① $t(\mathrm{mm}) = \dfrac{PDW}{S\eta - P} + C$

② $t(\mathrm{mm}) = \dfrac{PDW}{S\eta - 0.5P} + C$

③ $t(\mathrm{mm}) = \dfrac{PDW}{2S\eta - 0.2P} + C$

④ $t(\mathrm{mm}) = \dfrac{PDW}{2S\eta - 1.2P} + C$

47. 액화석유가스 사용시설의 압력조정기 출구에서 연소기 입구까지의 배관 또는 호스에 실시하는 기밀시험압력으로 옳은 것은?

① 2.3~3.3 kPa ② 5.0~30 kPa
③ 5.6~8.4 kPa ④ 8.4 kPa 이상

48. 초저온용기에 대한 정의를 가장 바르게 나타낸 것은?

① 영하 50℃ 이하의 액화가스를 충전하기 위한 용기로서 단열재를 씌우거나 냉동설비로 냉각시키는 등의 방법으로 용기 내의 가스온도가 상용온도를 초과하지 않도록 한 용기

② 대기압에서 비점이 0℃ 이하인 가스를 상용압력이 0.1 MPa 이하의 액체 상태로 저장하기 위한 용기로서 단열재로 피복하여 가스온도가 상용온도를 초과하지 않도록 한 용기

③ 액화가스를 충전하기 위한 용기로서 단열재로 피복하여 용기 내의 가스온도가 상용온도를 초과하지 않도록 한 용기

④ 액화가스를 냉동설비로 냉각하여 용기 내의 가스의 온도가 영하 70℃ 이하로 유지하도록 한 용기

49. 내용적이 25000 L인 액화산소 저장탱크와 내용적이 3 m^{3}인 압축산소 용기가 배관으로 연결된 경우 총 저장능력은 약 몇 m^{3}인가? (단, 액화산소의 비중량은 1.14 kg/L이고, 35℃에서 산소의 최고충전압력은 15 MPa이다.)

① 2818 ② 2918
③ 3018 ④ 3118

50. 동일한 재질과 두께로 된 가스용기에 있어서 안지름에 따라서 용기가 견딜 수 있는 압력에 대한 설명 중 옳은 것은?

① 안지름이 작을수록 높은 압력에 견딜 수 없다.
② 안지름이 작을수록 높은 압력에 견딜 수 있다.

③ 안지름에 관계없고 용기 길이에 관계된다.

④ 안지름에 관계없이 같은 압력에 견딜 수 있다.

51. 도시가스 정압기 부속설비 종류에 해당하지 않는 것은?

① 압력기록장치

② 이상압력 통보설비

③ 정압기실 조명등

④ 긴급차단장치

52. 자동차에 고정된 탱크로부터 저장탱크에 액화석유가스를 이입 받을 때에 접속할 수 있는 최대시간은?

① 3시간   ② 5시간

③ 10시간   ④ 제한 없다.

53. 고압가스 특정제조시설에 설치되는 가스누출검지 경보장치에 대한 설명으로 옳은 것은?

① 가연성가스의 경보농도는 폭발하한계의 1/2 이하로 한다.

② 특수반응설비로서 누출된 가스가 체류하기 쉬운 장소에는 그 바닥면 둘레 20 m 마다 1개 이상의 비율로 계산한 수의 검출부를 설치한다.

③ 경보기의 정밀도는 경보농도 설정치에 대하여 가연성가스용은 ±25 % 이하로 한다.

④ 가열로 등 발화원이 있는 제조설비가 누출된 가스가 체류하기 쉬운 장소에는 그 바닥면 둘레 10 m 마다 1개 이상 비율로 계산한 수의 검출부를 설치한다.

54 고압가스 충전 용기를 차량에 적재하여 운반할 때 운반 책임자를 동승시켜야 할 경우로 옳은 것은?

① 가연성 액화가스 100 kg

② 가연성 압축가스 100 m³

③ 독성 액화가스 50 kg

④ 독성 압축가스 100 m³

55. 공기압축기의 내부 윤활유로 사용할 수 있는 것은?

① 잔류탄소의 질량이 전질량의 1 % 이하이며 인화점이 200℃ 이상으로서 170℃에서 8시간 이상 교반하여 분해되지 않는 것

② 잔류탄소의 질량이 전질량의 1 % 이하이며 인화점이 270℃ 이상으로서 170℃에서 12시간 이상 교반하여 분해되지 않는 것

③ 잔류탄소의 질량이 1 % 초과 1.5 % 이하이며 인화점이 200℃ 이상으로서 170℃에서 8시간 이상 교반하여 분해되지 않는 것

④ 잔류탄소의 질량이 1 % 초과 1.5 % 이하이며 인화점이 270℃ 이상으로서 170℃에서 12시간 이상 교반하여 분해되지 않는 것

56. 일반도시가스 공급시설에 설치된 압력조정기는 매 6개월에 1회 이상 안전점검을 실시한다. 압력조정기의 점검기준으로 틀린 것은?

① 입구압력을 측정하고 입구압력이 명판에 표시된 입구압력 범위 이내인지 여부

② 격납상자 내부에 설치된 압력조정기는 격납상자의 견고한 고정 여부

③ 조정기의 몸체와 연결부의 가스누출 유무

④ 필터 또는 스트레이너의 청소 및 손상 유무

57. 고압가스 설비 중 플레어스택의 설치위치 및 높이는 플레어스택 바로 밑의 지표면에 미치는 복사열이 얼마 이하가 되도록 하여야 하는가?

① 2000 kcal/m^2 · h

② 3000 kcal/m^2 · h

③ 4000 kcal/m^2 ·

④ 5000 kcal/m^2 · h

58. 독성가스의 배관 중 2중관의 외층관 내경은 내층관 외경의 몇 배로 하는 것이 표준으로 적당한가?

① 1.2배 이상

② 1.5배 이상

③ 2.0배 이상

④ 2.5배 이상

59. 지하에 설치하는 액화석유가스 저장탱크실 재료인 레디믹스트 콘크리트 규격으로 옳은 것은?

① 설계강도 : 25 MPa 이상

② 물-결합재비 : 25 % 이하

③ 슬럼프(slump) : 50~150 mm

④ 굵은 골재의 최대 치수 : 25 mm

60. 고압가스의 분출 또는 누출의 원인이 아닌 것은?

① 용기에서 용기밸브의 이탈

② 안전밸브의 작동

③ 용기의 부속된 압력계의 파열

④ 과잉 충전

제 4 과목 가스계측

61. 오리피스 미터와 벤투리 미터는 어떤 형식의 유량계인가?

① 차압식 유량계

② 전자식 유량계

③ 면적식 유량계

④ 용적식 유량계

62. 가스크로마토그래피의 일반적인 특징에 해당하지 않는 것은?

① 여러 성분의 분석을 한 장치로 할 수 있다.

② 분리능력이 극히 좋고 선택성이 우수하다.

③ 여러 가지 가스 성분이 섞여 있는 시료 가스는 분석할 수 없다.

④ 일정한 프로그램 조작을 하는 시퀀스가 조합되어 주기적으로 연속측정이 가능하다.

63. 응답이 빠르고 일반 기체에 부식되지 않는 장점을 가지며 급격한 압력변화를 측정하는데 가장 적절한 압력계는?

① 피에조 전기압력계

② 아네로이드 압력계

③ 벨로스 압력계

④ 격막식 압력계

64. 열전도율식 CO_2 분석계 사용 시 주의사항 중 틀린 것은?

① 가스의 유속을 거의 일정하게 한다.

② 브리지의 공급 전류의 점검을 확실하게 한다.

③ 수소가스(H_2)의 혼입으로 지시값을 높여 준다.

④ 셀의 주위 온도와 측정가스의 온도를 거의 일정하게 유지시키고 과도한 상승을 피한다.

65. 관의 길이 250 cm에서 벤젠의 가스크로마토그램을 재었더니 머무른 부피가 82.2 mm, 봉우리의 폭(띠나비)이 9.2 mm이었다. 이때 이론단수는?

① 812 ② 995

③ 1063 ④ 1277

66. 기기 분석법에 해당하는 것은?

① 가스크로마토그래피

② 흡광광도법

③ 중화적정법

④ 오르사트법

67. 물속에 피토관을 설치하였더니 전압이 12 mH₂O, 정압이 6 mH₂O이었다. 이때 유속은 약 몇 m/s인가?

① 12.4 ② 10.8

③ 9.8 ④ 7.6

68. 탄성식 압력계의 교정 또는 검정용 표준기로 사용되는 것은?

① 표준 기압계

② 부르동관식 압력계

③ 환상 천평식 압력계

④ 기준 분동식 압력계(중추형)

[해설] (1) 기준 분동식 압력계 : 탄성식 압력계의 교정에 사용되는 1차 압력계로 램, 실린더, 기름탱크, 가압펌프 등으로 구성되며 사용 유체에 따라 측정범위가 다르게 적용된다.

(2) 사용유체에 따른 측정범위

㉮ 경유 : 40~100 kgf/cm²

㉯ 스핀들유, 피마자유 : 100~1000 kgf/cm²

㉰ 모빌유 : 3000 kgf/cm² 이상

㉱ 점도가 큰 오일을 사용하면 5000 kgf/cm²까지도 측정이 가능하다.

69. 계량이 정확하고 사용 기차의 변동이 크지 않아 발열량 측정 및 실험실의 기준 가스미터로 사용되는 것은?

① 막식 가스미터

② 루트 가스미터

③ 습식 가스미터

④ 오리피스미터

70. 도로에 매설된 도시가스 배관의 누출여부를 검사하는 장비로서 적외선 흡광 특성을 이용한 가스누출검지기는?

① FID ② OMD

③ CO 검지기 ④ 반도체식 검지기

71. 도시가스 사용시설의 가스계량기는 바닥으로부터 얼마의 높이로 설치하는가? (단, 보호상자 내에 설치된 경우가 아니다.)

① 0.5 m 이상 1 m 이내

② 1.2 m 이상 1.5 m 이내

③ 1.6 m 이상 2.0 m 이내

④ 2.5 m 이상 3 m 이내

72. 다음 중 접촉식 온도계에 대한 설명으로 틀린 것은?

① 일반적으로 1000℃ 이하의 측정에 적합하다.

② 측정오차가 비교적 적다.

③ 방사율에 의한 보정을 필요로 한다.

④ 측온 소자를 접촉시킨다.

73. 어떤 가스의 유량을 막식 가스미터로 측정하였더니 65 L이었다. 표준 가스미터로 측

정하였더니 71 L이었다면 이 가스미터의 기차는 약 몇 %인가?

① -8.4
② -9.2
③ -10.9
④ -12.5

74. 주로 탄광 내 CH_4 가스의 농도를 측정하는데 사용되는 방법은?

① 질량분석법
② 안전등형
③ 시험지법
④ 검지관법

75. 다음 중 방전을 이용한 진공계는?

① 피라니
② 서미스터
③ 휘스톤 브리지
④ 가이슬러관

76. 가스를 분석할 때 표준표와 비색 측정을 하는 것은?

① 검지관
② 적외선 흡수법
③ 오르사트법
④ 가스크로마토그래피

77. 편위법에 의한 계측기기가 아닌 것은?

① 스프링 저울
② 부르동관 압력계
③ 전류계
④ 화학 천칭

78. 가스미터에 표시되어 있는 '0.5 L/rev'의 의미에 대한 설명으로 옳은 것은?

① 사용 최대 유량이 0.5 L이다.
② 계량실의 1주기 체적이 0.5 L이다.
③ 사용 최소 유량이 0.5 L이다.
④ 계량실의 효율 속도가 0.5 L이다.

79. 액면계는 액면의 측정방법에 따라 직접법과 간접법으로 구분한다. 간접법 액면계의 종류가 아닌 것은?

① 플로트식
② 압력검출식
③ 방사선식
④ 퍼지식

80. 비례동작 제어장치에서 비례대(帶)가 40%일 경우 비례감도는 얼마인가?

① 0.5
② 1
③ 2.5
④ 4

CBT 실전문제 3

1. 프로판의 완전연소 반응식으로 옳은 것은?

① $C_3H_8 + 2O_2 \rightarrow 3CO_2 + 4H_2O$

② $C_3H_8 + 5O_2 \rightarrow 3CO_2 + 4H_2O$

③ $C_3H_8 + 3O_2 \rightarrow 3CO_2 + 4H_2O$

④ $C_3H_8 + \dfrac{8}{2}O_2 \rightarrow 3CO_2 + 2H_2O$

2. 가스의 폭발범위(연소범위)에 대한 일반적인 설명 중 옳은 것은?

① 온도 상승에 따라 폭발범위는 증대한다.

② 압력 상승에 따라 폭발범위는 감소한다.

③ 온도의 감소에 따라 폭발범위는 증대한다.

④ 가연성가스와 지연성가스의 혼합비율로서 산소의 농도 증가에 따라 폭발범위는 감소한다.

3. 연소관리에 있어서 배기가스를 분석하는 가장 직접적인 목적은?

① 노내압 조절

② 공기비 계산

③ 연소열량 계산

④ 매연농도 산출

4. 다음 방폭구조의 종류를 설명한 것 중 틀린 것은?

① 본질안전 방폭구조는 공적기관에서 점화시험 등의 방법으로 확인한 구조이다.

② 안전증 방폭구조는 구조상 및 온도의 상승에 대하여 특별히 안전도를 증가

시킨 구조이다.

③ 유입 방폭구조는 유면상에 존재하는 폭발성 가스에 인화될 우려가 없도록 한 구조이다.

④ 내압 방폭구조는 용기 외부의 폭발에 견디도록 용기를 설계한 구조이다.

5. 화재 및 폭발 시의 피난대책에 대한 내용 중 잘못 설명된 것은?

① 폭발 시에는 급히 복도나 계단에 있는 방화문을 부수어 내부 압력을 소멸시켜 주어야 한다.

② 옥외의 피난계단은 방의 창문에서 나오는 화염을 받지 않는 위치에 놓아야 한다.

③ 피난통로나 유도등을 설치해야 한다.

④ 필요시에는 완강대를 설치, 운영해야 한다.

6. 실제가스가 이상기체 상태방정식을 만족하기 위한 조건으로 옳은 것은?

① 압력이 낮고, 온도가 높을 때

② 압력이 높고, 온도가 낮을 때

③ 압력과 온도가 낮을 때

④ 압력과 온도가 높을 때

7. 폭발유도거리(DID)에 대하여 가장 올바르게 설명한 것은?

① 어느 온도에서 가열하기 시작하여 발화에 이를 때까지의 시간을 말한다.

② 최초의 완만한 연소가 격렬한 폭굉으로 발전할 때까지를 말한다.

③ 폭발등급을 나타낼 때의 안전간격의 거

리를 말한다.

④ 폭굉이 전파되는 속도를 의미한다.

8. 화학 반응속도를 지배하는 요인을 설명한 것으로 옳은 것은?

① 온도가 높을수록 반응속도가 증가한다.

② 압력이 증가하면 항상 반응속도가 증가한다.

③ 생성 물질의 농도가 커지면 반응속도가 증가한다.

④ 자신은 변하지 않고 다른 물질의 화학변화를 촉진하는 물질을 부촉매라고 한다.

9. 고체연료의 연소에서 화염 전파속도에 대한 설명 중 옳지 않은 것은?

① 발열량이 클수록 화염 전파속도가 빠르다.

② 석탄화도가 클수록 화염 전파속도가 빠르다.

③ 입자 지름이 작을수록 화염 전파속도가 빠르다.

④ 1차 공기의 온도가 높을수록 화염 전파속도가 빠르다.

10. 이상기체에서 정적비열(C_v)과 정압비열(C_p)과의 관계로 옳은 것은?

① $C_p - C_v = R$ ② $C_p + C_v = R$

③ $C_p + C_v = 2R$ ④ $C_p - C_v = 2R$

11. 0℃, 1 atm의 암모니아 1몰을 온도를 일정하게 하고 부피를 1/3로 감소시켰다. 이때 암모니아의 최종 압력은 얼마인가?

① 1/3 atm   ② 2/3 atm

③ 1 atm   ④ 3 atm

12. 유동층 연소의 장점에 대한 설명으로 가장 거리가 먼 것은?

① 화염층이 커진다.

② 클링커 장해를 경감할 수 있다.

③ 질소산화물의 발생량이 경감된다.

④ 화격자 단위 면적당의 열부하를 크게 얻을 수 있다.

13. 어떤 가스가 완전연소할 때 이론상 필요한 공기량을 $A_0 [m^3]$, 실제로 사용한 공기량을 $A [m^3]$라고 하면 과잉공기 백분율을 올바르게 표시한 식은?

① $\dfrac{A - A_0}{A} \times 100$ ② $\dfrac{A - A_0}{A_0} \times 100$

③ $\dfrac{A}{A_0} \times 100$ ④ $\dfrac{A_0}{A} \times 100$

14. 가연물과 그 연소 형태를 짝지어 놓은 것 중 잘못된 것은?

① 니트로글리세린-확산연소

② 코크스-표면연소

③ 등유-증발연소

④ 목재-분해연소

15. 체적비로 프로판 30 % 및 부탄 70 %인 혼합가스 1 L가 완전 연소하는 데 필요한 이론공기량은 약 몇 L인가? (단, 공기 중 산소 농도는 20 %로 한다.)

① 10   ② 20

③ 30   ④ 40

16. 소화의 원리에 대한 설명에서 틀린 것은?

① 연소 중에 있는 물질의 표면을 불활성 가스로 덮어 씌워 가연성 물질과 공기를 분리시킨다.

② 연소 중에 있는 물질에 공기를 많이 공급하여 혼합기체의 농도를 높게 한다.

③ 연소 중에 있는 물질에 물이나 특수냉각제를 뿌려 온도를 낮춘다.

④ 가연성가스나 가연성증기의 공급을 차단시킨다.

17. 습증기 1kg 중에 증기가 x[kg]이라고 하면 액체는 $(1-x)$[kg]이다. 이때 습도는 어떻게 표시되는가?

① $x-1$ ② $1-x$
③ x ④ $(x/1)-x$

18. 가연성가스의 최소 점화에너지에 대한 설명으로 옳은 것은?

① 유속이 증가할수록 작아진다.
② 혼합기 온도가 상승함에 따라 작아진다.
③ 유속 20 m/s까지는 점화에너지가 증가하지 않는다.
④ 점화에너지의 상승은 혼합기 온도 및 유속과는 무관하다.

19. 물 500L를 10℃에서 60℃로 1시간 가열하는 데 발열량이 50.232 MJ/kg인 프로판 가스를 사용할 때 필요한 프로판 가스의 양 (kg/h)은 얼마인가? (단, 연소기의 효율은 75 %이다.)

① 2.61 ② 2.78
③ 2.91 ④ 3.07

20. 완전가스의 성질에 대한 설명으로 틀린 것은?

① 비열비는 온도에 의존한다.
② 아보가드로의 법칙에 따른다.
③ 보일-샤를의 법칙을 만족한다.

④ 기체의 분자력과 크기는 무시된다.

제 2 과목 가스설비

21. 다음 중 정압기의 종류와 특징이 잘못된 것은?

① 피셔(fisher)식 정압기는 파일럿식 로딩형 정압기와 작동원리가 같다.
② 레이놀즈식 정압기는 파일럿식 언로딩형의 작동원리에 의해 압력을 조정하는 방식이다.
③ 피셔식 정압기는 복좌 밸브식과 단좌 밸브식으로 구분된다.
④ 레이놀즈식 정압기는 본체가 단좌 밸브식으로 구성되어 있다.

22. 최고충전압력 2.0 MPa, 동체의 안지름 65 cm인 강재 용접용기의 동판 두께는 약 몇 mm인가? (단, 재료의 인장강도 500 N/mm², 용접효율 100 %, 부식여유 1 mm이다.)

① 2.30 ② 6.25
③ 8.30 ④ 10.25

23. 고압가스설비의 내압시험 및 기밀시험에 대한 설명으로 틀린 것은?

① 기밀시험은 상용압력 이상이다.
② 내압시험은 물을 사용하여 행한다.
③ 기밀시험의 가압 유체는 공기, 질소 또는 산소이다.
④ 내압시험에서 가하는 압력은 상용압력의 1.5배 이상이다.

24. 액화가스를 용기에 충전 시에는 얼마 이

하로 충전하여야 하는가?

① 최고 충전압력
② 내압시험 압력
③ 안전밸브 작동압력
④ 최고 충전질량

25. 배관의 스케줄 번호를 정하기 위한 식으로 옳은 것은? (단, P는 사용압력(kg/cm^2), S는 허용응력(kgf/cm^2)이다.)

① $100 \times \dfrac{P}{S}$ ② $100 \times \dfrac{S}{P}$

③ $1000 \times \dfrac{P}{S}$ ④ $1000 \times \dfrac{S}{P}$

26. 다음 가스홀더의 기능 설명 중 거리가 먼 것은?

① 가스수요의 시간적 변화에 따라 제조가 따르지 못할 때 가스의 공급 및 저장
② 정전, 배관공사 등에 의한 제조 및 공급 설비의 일시적 중단 시 공급
③ 조성의 변동이 있는 제조가스를 받아들여 공급가스의 성분, 열량, 연소성 등의 균일화
④ 공기를 주입하여 발열량이 큰 가스로 혼합 공급

27. 시간당 10 m³의 LP가스를 길이 100 m 떨어진 곳에 저압으로 공급하고자 한다. 압력손실이 30 mmH₂O 이면 필요한 배관의 최소 관지름은 약 몇 mm인가? (단, pole 상수는 0.7, 가스비중은 1.50이다.)

① 30   ② 40
③ 50   ④ 60

28. 다음 중 도시가스의 원료로서 적당하지

않은 것은?

① LPG   ② naphtha
③ natural gas   ④ acetylene

29. 금속재료의 충격시험을 통하여 알 수 있는 것은?

① 피로도   ② 취성
③ 인장강도   ④ 압출강도

30. 시간당 50000 kcal의 열을 흡수하는 냉동기의 용량은 약 몇 냉동톤인가?

① 3.8   ② 7.5
③ 15   ④ 30

31. 일반배관용 탄소 강관의 설명으로 틀린 것은?

① SPPS관이다.
② 흑관과 백관이 있다.
③ 관지름에 따라 두께가 일정하다.
④ 사용압력이 1 MPa(10 kgf/cm²) 이내로 낮다.

32. 저장탱크에 LPG를 충전하는 때에는 가스의 용량이 상용의 온도에서 저장탱크 내용적의 몇 %를 넘지 말아야 하는가?

① 80 %   ② 85 %
③ 90 %   ④ 95 %

33. 전기방식을 실시하고 있는 도시가스 매몰 배관에 대하여 전위측정을 위한 기준전극으로 사용되고 있으며, 방식전위 기준으로 상한값 -0.85 V 이하를 사용하는 것은?

① 수소 기준전극
② 포화 황산동 기준전극
③ 염화은 기준전극

④ 칼로멜 기준전극

34. 표준상태의 조직을 가지는 탄소강에서 탄소의 함유량이 증가함에 따라 감소하는 성질은? (단, 1.0 % 이하일 경우에 한한다.)

① 인장강도 　② 충격값
③ 경도 　　　④ 항복점

35. 공기액화 분리장치에 대한 설명 중 틀린 것은?

① 수분은 건조기에서 제거된다.
② CO_2는 배관을 폐쇄시키므로 제거하여야 한다.
③ 원료 공기 중의 염소는 심한 부식의 원인이 된다.
④ CO_2는 활성알루미나, 실리카겔 등에 의하여 제거된다.

36. 유량 조절용으로 주로 사용되고 있는 밸브는?

① 글로브 밸브 　② 게이트 밸브
③ 플러그 밸브 　④ 버터플라이 밸브

37. 양정 20 m, 송출량 0.25 m^3/min, 펌프효율 0.65인 2단 터빈 펌프의 축동력(kW)은 얼마인가?

① 1.25 　　　② 1.37
③ 1.57 　　　④ 1.72

38. 액화천연가스(LNG)를 기화시키기 위한 방법으로 맞지 않는 것은?

① 증발잠열 이용법
② open rack 기화법
③ 중간 매체법
④ 수중 버너법

39. 지름 100 mm, 행정 150 mm, 회전수 600 rpm, 체적효율 0.8인 왕복압축기의 송출량은 몇 m^3/min인가?

① 0.565 　　② 0.842
③ 1.047 　　④ 1.540

40. 바깥지름이 20 cm이고 두께가 5 mm인 강관이 내압 10 kgf/cm^2을 받을 때 관에 생기는 원주방향 응력은?

① 190 kgf/cm^2 　② 195 kgf/cm^2
③ 380 kgf/cm^2 　④ 390 kgf/cm^2

제 3 과목　가스안전관리

---

41. 독성가스인 포스겐을 운반하고자 할 경우에 반드시 갖추어야 할 보호구 및 자재가 아닌 것은?

① 방독마스크 　② 보호장갑
③ 제독제 및 공구 ④ 소화설비 및 공구

42. 아세틸렌가스 충전 시 희석재료로 적합하지 않은 것은?

① N_2 　　　② C_3H_8
③ SO_2 　　④ H_2

43. 산소를 수송하기 위한 배관과 이에 접속하는 압축기 사이에는 무엇을 설치해야 하는가?

① 역지밸브와 역화방지시설
② 드레인 세퍼레이터
③ 여과기
④ 압력계

44. 정전기 제거 또는 발생 방지조치에 대한 설명으로 틀린 것은?

① 상대습도를 높인다.
② 공기를 이온화시킨다.
③ 대상물을 접지시킨다.
④ 전기저항을 증가시킨다.

45. thermal expansively $\left\{\alpha = \dfrac{1}{V}\left(\dfrac{\partial V}{\partial T}\right)_P\right\}$ 가 $2\times10^{-2}\,{}^\circ\mathrm{C}^{-1}$ 이고 isothermal compressibility $\left\{\beta = \dfrac{1}{V}\left(\dfrac{\partial V}{\partial P}\right)_T\right\}$ 가 $4\times10^{-3}\mathrm{atm}^{-1}$ 인 액화가스가 빈 공간 없이 용기 속에 완전히 충전된 상태에서 외기온도가 3℃ 상승하게 되면 용기가 추가로 받아야 할 압력은?

① 15 atm
② 5 atm
③ 0.6 atm
④ 0.2 atm

46. 도시가스 사용시설에 사용하는 배관재료 선정기준에 대한 설명으로 틀린 것은?

① 배관의 재료는 배관 내의 가스흐름이 원활한 것으로 한다.
② 배관의 재료는 절단, 가공을 어렵게 하여 임의로 고칠 수 없도록 한다.
③ 배관의 재료는 배관의 접합이 용이하고 가스의 누출을 방지할 수 있는 것으로 한다.
④ 배관의 재료는 내부의 가스압력과 외부로부터의 하중 및 충격하중 등에 견디는 강도를 갖는 것으로 한다.

47. LPG용 가스레인지를 사용하는 도중 불꽃이 치솟아 사고가 발생하였을 때 직접적인 사고 원인에 해당되는 것은?

① 가스누출 자동차단기 미작동
② T관으로 가스 누출
③ 연소기의 연소 불량
④ 압력조정기 불량

48. 고압가스 저온저장 탱크의 내부압력이 외부압력보다 낮아져 저장탱크가 파괴되는 것을 방지하기 위한 조치로 설치하여야 할 설비로 가장 거리가 먼 것은?

① 압력계
② 압력경보설비
③ 진공안전밸브
④ 역류방지밸브

49. 고압가스 특정제조 사업소의 액화가스 저장탱크에 방류둑을 설치해야 하는 규정이 틀린 것은?

① 독성가스 : 5톤 이상
② 가연성가스 : 500톤 이상
③ 액화산소 : 1000톤 이상
④ 불활성가스 : 3000톤 이상

50. 저장탱크 설치방법 중 위해 방지를 위하여 저장탱크를 매설할 경우 저장탱크의 주위에 채우는 것은?

① 흙
② 콘크리트
③ 모래
④ 자갈

51. 고압가스 충전용기를 운반할 때의 기준으로 옳지 않은 것은?

① 충전용기 밸브에는 캡을 부착시킨다.
② 충전용기 운반차량의 경계표시는 차량의 앞뒤 보기 쉬운 곳에 "위험 고압가스"라고 표시한다.
③ 운반 중의 충전용기는 항상 40℃ 이하로 유지해야 한다.
④ 자전거에는 20 kg 용기를 2개까지 적재하여 운반할 수 있다.

52. 1단 감압식 준저압 조정기의 조정압력이 2.5 kPa일 때 폐쇄압력은? (단, 입구압력은 0.1~1.56 MPa이다.)

① 2.075 kPa 이하 ② 2.75 kPa 이하

③ 3.125 kPa 이하 ④ 3.75 kPa 이하

53. 저장탱크에 의한 LPG 사용시설에서 실시하는 기밀시험에 대한 설명으로 틀린 것은?

① 상용압력 이상의 기체의 압력으로 실시한다.

② 지하매설 배관은 3년마다 기밀시험을 실시한다.

③ 기밀시험에 필요한 조치는 안전관리총괄자가 한다.

④ 가스누출검지기로 시험하여 누출이 검지되지 않은 경우 합격으로 한다.

54. 도시가스 사용시설에서 입상관 밸브를 바닥으로부터 1.6 m 이상 2 m 이내에 설치하지 못할 경우의 설치기준으로 옳지 않은 것은?

① 입상관 밸브를 1.6 m 미만으로 설치 시 보호상자 안에 설치한다.

② 입상관 밸브를 2.0 m 초과하여 설치할 경우 전용계단을 설치한다.

③ 입상관 밸브를 2.0 m를 초과하여 설치할 경우 원격으로 차단이 가능한 전동밸브를 설치한다.

④ 전동밸브의 차단장치는 조작하기 쉬운 적당한 높이에 설치한다.

55. 고압가스의 설비 내부에 들어가 수리를 할 경우의 가스 치환방법으로 옳은 것은?

① 암모니아는 질소로 치환한 후 작업을 시작한다.

② 이산화탄소는 공기로 치환한 후에 작업을 시작한다.

③ 질소의 경우는 치환할 필요가 없이 작업을 시작한다.

④ 수소의 경우는 불활성가스로 치환한 후에 작업을 시작한다.

56. 고압가스 취급상태에 따른 분류에 해당하지 않는 것은?

① 압축가스 ② 액화가스

③ 용해가스 ④ 조연성가스

57. 고압가스 저장탱크에 설치하는 긴급차단장치에 관한 설명으로 옳지 않은 것은?

① 저장탱크의 주밸브와 겸용으로 하여 신속하게 차단할 수 있어야 한다.

② 조작 스위치(기구)는 저장탱크의 외면으로부터 5m 이상 떨어진 곳에 설치한다.

③ 저장탱크 주밸브 외측으로부터 가능한 한 저장탱크에 가까운 위치에 설치한다.

④ 액상의 가연성 가스, 독성가스를 이입하기 위하여 설치된 배관에는 역류방지밸브로 갈음할 수 있다.

58. 고압가스 안전관리법에 의한 산업통상자원부령이 정하는 고압가스 관련설비에 해당되지 않는 것은?

① 역화방지장치

② 기화장치

③ 자동차용 가스 자동주입기

④ 일체형 냉동기

59. 액화가스를 배관에 의하여 수송할 경우 그 배관에 설치해야 할 기기로 옳은 것은? (단, 초저온 또는 저온의 액화가스의 배관이 아니다.)

① 안전밸브, 압력계
② 온도계, 유량계
③ 안전밸브, 온도계
④ 온도계, 압력계

60. 다음 중 방호벽의 설치 목적과 가장 관계가 적은 것은?

① 파편 비산을 방지하기 위함
② 충격파를 저지하기 위함
③ 폭풍을 방지하기 위함
④ 차량 등의 접근을 방지하기 위함

제 4 과목   가스계측

---

61. 1기압에 해당되지 않는 것은?

① 1.013 bar
② 1013×10^3 dyne/cm^2
③ 1 torr
④ 29.9 inHg

62. 열전대식 온도계 중에서 고온 측정 시 안정성이 좋으며, 산화성 분위기에도 침식되지 않는 것은?

① 철-콘스탄트(I-C)
② 백금-백금로듐(P-R)
③ 크로멜-알루멜(C-A)
④ 구리-콘스탄트(C-C)

63. 가스크로마토그래피의 검출기 중 전기 음성적인 원소가 열전자와 반응하여 음이온을 형성하는 현상을 이용한 검출기는?

① TCD
② FID
③ ECD
④ FPD

64. LPG의 정량분석에서 흡광도의 원리를 이용한 가스 분석법은?

① 저온 분류법
② 질량 분석법
③ 적외선 흡수법
④ 가스크로마토그래피법

65. 소형 가스미터를 선택할 때 가스 사용량이 가스미터의 최대 용량의 몇 %가 되도록 선택하는 것이 좋은가?

① 60 %
② 70 %
③ 80 %
④ 90 %

66. 미리 알고 있는 측정량과 측정치를 평형시켜 알고 있는 양의 크기로부터 측정량을 알아내는 방법으로 대표적인 예로서 천칭을 이용하여 질량을 측정하는 방식을 무엇이라 하는가?

① 영위법
② 평형법
③ 방위법
④ 편위법

67. 압력 변화에 의한 탄성 범위를 이용한 압력계가 아닌 것은?

① 부르동관식
② 벨로스식
③ 다이어프램식
④ 링밸런스식

68. 다음 중 가장 높은 압력을 측정할 수 있는 압력계는?

① 부르동관식
② 다이어프램식
③ 액주식
④ 벨로스식

69. 오리피스로 유량을 측정하는 경우 압력차가 4배로 증가하면 유량은 몇 배로 변하는가?

① 2배 증가   ② 4배 증가

③ 8배 증가   ④ 16배 증가

70. 진동이 발생하는 장치에서 진동을 억제시키는 데 가장 적합한 제어동작은?

① D 동작

② P 동작

③ I 동작

④ ON-OFF 동작

71. 기차가 -5 %인 루트 가스미터로 측정한 유량이 30.4 m³/h이었다면 기준기로 측정한 유량은 몇 m³/h 인가?

① 31.0   ② 31.6

③ 31.9   ④ 32.4

72. 니켈 저항 측온체의 측정온도 범위는 어느 것인가?

① $-200\sim500℃$

② $-100\sim300℃$

③ $0\sim120℃$

④ $-50\sim150℃$

73. 산소(O_2) 중에 포함되어 있는 질소(N_2) 성분을 가스크로마토그래피로 정량하고자 한다. 다음 중 옳지 않은 것은?

① 열전도식 검출기(TCD)를 사용한다.

② 캐리어 가스로는 헬륨을 쓰는 것이 바람직하다.

③ 산소 제거 트랩(oxygen trap)을 사용하는 것이 좋다.

④ 산소(O_2)의 피크가 질소(N_2)의 피크보다 먼저 나오도록 컬럼을 선택하여야 한다.

74. 유속 10 m/s의 물속에 피토(pitot)관을 세울 때 수주의 높이는 약 몇 m인가?

① 0.5   ② 5.1

③ 5.6   ④ 6.6

75. 막식 가스미터 고장의 종류 중 부동(不動)의 의미를 가장 바르게 설명한 것은?

① 가스가 크랭크축이 녹슬거나 밸브와 밸브시트가 타르(tar)접착 등으로 통과하지 않는다.

② 가스의 누출로 통과하나 정상적으로 미터가 작동하지 않아 부정확한 양만 측정된다.

③ 가스가 미터는 통과하나 계량막의 파손, 밸브의 탈락 등으로 계량기 지침이 작동하지 않는 것이다.

④ 날개나 조절기에 고장이 생겨 회전장치에 고장이 생긴 것이다.

76. 다음 중 압력의 단위는?

① Pascal

② Watt

③ dyne

④ Joule

77. 공업용 액면계가 갖추어야 할 구비조건에 해당되지 않는 것은?

① 비연속적 측정이라도 정확해야 할 것

② 구조가 간단하고 조작이 용이할 것

③ 고온, 고압에 견딜 것

④ 값이 싸고 보수가 용이할 것

78. 온도 49℃, 압력 1 atm의 습한 공기 205 kg이 10 kg의 수증기를 함유하고 있을 때 이 공기의 절대습도는 약 몇 kgH$_2$O/kg dryair인가? (단, 49℃에서 물의 증기압은 88 mmHg이다.)

① 0.025   ② 0.048

③ 0.051   ④ 0.062

79. 가스검지기의 경보방식이 아닌 것은?

① 즉시 경보형   ② 경보 지연형

③ 중계 경보형   ④ 반시한 경보형

80. 습식 가스미터의 특징에 대한 설명으로 옳지 않은 것은?

① 계량이 정확하다.

② 설치공간이 작다.

③ 사용 중에 기차의 변동이 거의 없다.

④ 사용 중에 수위 조정 등의 관리가 필요하다.

CBT 실전문제 4

1. 아세틸렌은 흡열 화합물로서 그 생성열은 -54.2 kcal/mol이다. 아세틸렌이 탄소와 수소로 분해하는 폭발반응의 폭발열은 얼마인가?

① -54.2 kcal/mol　② -5.42 kcal/mol

③ $+54.2$ kcal/mol　④ $+5.42$ kcal/mol

2. 다음은 기체 연료의 특성을 설명한 것이다. 맞는 것은?

① 가스 연료의 화염은 방사율이 크기 때문에 복사에 의한 열전달률이 작다.

② 기체연료는 연소성이 뛰어나기 때문에 연소조절이 간단하고 자동화가 용이하다.

③ 단위 체적당 발열량이 액체나 고체 연료에 비해 대단히 크기 때문에 저장이나 수송에 큰 시설을 필요로 한다.

④ 저산소 연소를 시키기 쉽기 때문에 대기오염 물질인 질소산화물(NO_x)의 생성이 많으나 분진이나 매연의 발생은 거의 없다.

3. 분진폭발의 위험성을 방지하기 위한 조건으로 틀린 것은?

① 환기장치는 공동 집진기를 사용한다.

② 정기적으로 분진 퇴적물을 제거한다.

③ 분진 취급 공정을 습식으로 운영한다.

④ 분진이 발생하는 곳에 습식 스크러버를 설치한다.

4. 고위발열량과 저위발열량의 차이는 어떤 성분과 관련이 있는가?

① 황　　　　　　　② 탄소

③ 질소　　　　　　④ 수소

5. 프로판 44 kg을 완전 연소시키면 760 mmHg, 0℃에서 발생하는 CO_2의 부피는 몇 m^3인가?

① 22.4　　　　　　② 44.8

③ 67.2　　　　　　④ 69.6

6. 기체 연료의 예혼합 연소에 관한 설명 중 옳은 것은?

① 화염의 길이가 길다.

② 화염이 전파하는 성질이 있다.

③ 연료와 공기의 경계에서 연소가 일어난다.

④ 연료와 공기의 혼합비가 순간적으로 변한다.

7. 다음 중 연료의 위험도를 바르게 나타낸 것은?

① 폭발범위를 폭발 하한값으로 나눈 값

② 폭발 상한값에서 폭발 하한값을 뺀 값

③ 폭발 상한값을 폭발 하한값으로 나눈 값

④ 폭발범위를 폭발 상한값으로 나눈 값

8. 비열에 대한 설명으로 옳지 않은 것은?

① 정압비열은 정적비열보다 항상 크다.

② 비열은 물질의 종류와 온도에 따라 달라진다.

③ 비열비가 큰 물질일수록 압축 후의 온도가 더 높다.

④ 물은 비열이 작아 공기보다 온도를 증가시키기 어렵고 열용량도 적다.

9. 연소에 관련된 용어의 설명 중 옳지 않은 것은?

① 발화지연이란 어느 온도에서 가열하기 시작하여 발화에 이르기까지의 시간이다.

② 지연성가스란 가연성가스를 연소시키는데 필요한 공기 또는 산소를 말한다.

③ 인화온도는 공기 중에서 점화원에 의하여 연소를 시작하는데 필요한 최저온도이다.

④ 폭굉의 경우에는 연소 전파속도가 음속보다 늦다.

10. 연소범위에 관한 설명 중 잘못된 것은?

① 수소(H_2)가스의 연소범위는 $4\sim75\%$이다.

② 가스의 온도가 높아지면 연소범위는 좁아진다.

③ 아세틸렌(C_2H_2)은 자체 분해폭발이 가능하므로 연소 상한계를 100%로도 볼 수 있다.

④ 연소범위는 가연성 기체의 공기와의 혼합물에 있어서 점화원에 의해 일반적으로 연소가 일어날 수 있는 범위를 말한다.

11. 일반적으로 온도가 $10°C$ 상승하면 반응속도는 약 2배 빨라진다. $40°C$의 반응온도를 $100°C$로 상승시키면 반응속도는 몇 배 빨라지는가?

① 2^3 ② 2^4

③ 2^5 ④ 2^6

12. 메탄을 공기비 1.1로 완전 연소시키고자 할 때 메탄 $1\,Nm^3$당 공급해야 할 공기량은 약 몇 Nm^3인가?

① 2.2   ② 6.3

③ 8.4   ④ 10.5

13. 기체의 압력이 클수록 액체 용매에 잘 용해된다는 것을 설명한 법칙은?

① 아보가드로   ② 게이뤼삭

③ 보일   ④ 헨리

14. 프로판(C_3H_8)의 표준 총발열량이 -530600 $cal/g \cdot mol$일 때 표준 진발열량은 몇 $cal/g \cdot mol$인가? (단, $H_2O(L) \rightarrow H_2O(g)$, $\Delta H = 10519\,cal/g \cdot mol$이다.)

① -530600 ② -488524

③ -520081 ④ -430432

15. 공기와 혼합될 때 폭발성 혼합가스를 형성하지 않는 것은?

① 염소   ② 도시가스

③ 암모니아   ④ 일산화탄소

16. 폭발사고 후의 긴급안전대책에 해당되지 않는 것은?

① 위험 물질을 다른 곳으로 옮긴다.

② 타 공장에 파급되지 않도록 가열원, 동력원을 모두 끈다.

③ 장치 내 가연성 기체를 긴급히 비활성 기체로 치환시킨다.

④ 폭발의 위험성이 있는 건물은 방화구조와 내화구조로 한다.

17. 메탄올을 합성하는 반응식이 다음과 같을 때 메탄올 1톤을 합성하기 위해 필요한

가스는 표준상태에서 몇 m^3인가?

$CO + 2H_2 \rightarrow CH_3OH$

① 1100   ② 2100

③ 3100   ④ 4100

18. 가연물의 연소형태를 나타낸 것 중 틀린 것은?

① 금속분 – 표면연소

② 파라핀 – 증발연소

③ 목재 – 분해연소

④ 유황 – 확산연소

19. 연소 시의 실제공기량 A와 이론공기량 A_0 사이에 $A = m \cdot A_0$의 공식이 성립될 때 m은 무엇이라 하는가?

① 연소효율   ② 열전도율

③ 압력계수   ④ 과잉공기계수

20. 부탄(C_4H_{10})이 공기 중에서 완전 연소하기 위한 화학양론농도가 3.1 %일 때 폭발하한계와 상한계는 각각 얼마인가?

① 하한계 : 0.1 %, 상한계 : 9.2 %

② 하한계 : 1.7 %, 상한계 : 8.5 %

③ 하한계 : 2.6 %, 상한계 : 7.4 %

④ 하한계 : 2.0 %, 상한계 : 4.1 %

제 2 과목   가스설비

---

21. 아세틸렌의 압축 시 분해폭발의 위험을 줄이기 위한 반응장치는?

① 겔로그 반응장치

② IG 반응장치

③ 파우서 반응장치

④ 레페 반응장치

22. 지상에 설치하는 저장탱크의 외부에는 은색 · 백색 도료를 바르고 주위에서 보기 쉽도록 가스의 명칭을 표시하여야 한다. 가스 명칭 표시의 색상은?

① 검은 글씨   ② 초록 글씨

③ 붉은 글씨   ④ 노란 글씨

23. 고압가스 냉동제조설비의 냉매설비에 설치하는 자동제어장치 설치기준으로 틀린 것은?

① 압축기의 고압측 압력이 상용압력을 초과하는 때에 압축기의 운전을 정지하는 고압차단장치를 설치한다.

② 개방형 압축기에서 저압측 압력이 상용압력보다 이상 저하할 때 압축기의 운전을 정지하는 저압차단장치를 설치한다.

③ 압축기를 구동하는 동력장치에 과열방지장치를 설치한다.

④ 쉘형 액체 냉각기에 동결방지장치를 설치한다.

24. 다량의 메탄을 액화시키려면 어떤 액화 사이클을 사용해야 하는가?

① 캐스케이드 사이클

② 필립스 사이클

③ 캐피자 사이클

④ 클라우드 사이클

25. 고압가스 충전용기의 정의 중 가스충전 질량이 옳게 표현된 것은?

① $\dfrac{1}{2}$ 이상 충전되어 있는 상태의 용기

② $\dfrac{2}{3}$ 이상 충전되어 있는 상태의 용기

③ $\frac{3}{5}$ 이상 충전되어 있는 상태의 용기

④ $\frac{4}{5}$ 이상 충전되어 있는 상태의 용기

26. 용접용기의 구비조건으로 틀린 것은?
① 고온 및 사용 중에 견디는 연성, 전성을 가질 것
② 가볍고 충분한 강도를 가질 것
③ 내식성, 내마모성을 가질 것
④ 가공성, 용접성이 좋을 것

27. 다음 중 용어에 대한 설명으로 잘못된 것은?
① 냉동효과는 냉매 1 kg이 흡수하는 열량이다.
② 냉동능력은 1일간 냉동기가 흡수하는 열량이다.
③ 1냉동톤은 0℃의 물 1톤을 1일간 0℃의 얼음으로 냉동시키는 능력이다.
④ 냉동기 성적계수는 저온체에서 흡수한 열량을 공급된 일로 나눈 값이다.

28. 도시가스에 부취제를 첨가하는 주목적은?
① 냄새가 나게 하는 것
② 응결되지 않게 하는 것
③ 연소효율을 높이기 위한 것
④ 발열량을 크게 하기 위한 것

29. 도시가스 공급 방식에 의한 분류방법 중 저압공급 방식이란 다음 중 어떤 압력을 뜻하는가?
① 0.1 MPa 미만
② 0.5 MPa 미만
③ 0.1 MPa 이상 1 MPa 미만
④ 1 MPa 미만

30. 공기가 없어도 스스로 분해하여 폭발할 수 있는 가스는?
① 히드라진, 사이클로프로판
② 아세틸렌, 수성가스
③ 사이클로프로판, 수성가스
④ 아세틸렌, 히드라진

31. 도시가스 제조공정 중 프로판을 공기로 희석시켜 공급하는 방법이 있다. 이때 공기로 희석시키는 가장 큰 이유는 무엇인가?
① 원가 절감
② 안전성 증가
③ 재액화 방지
④ 가스 조성 일정

32. LNG의 주성분은 무엇인가?
① 메탄
② 에탄
③ 프로판
④ 부탄

33. 증기압축 냉동기에서 등엔트로피 과정은 어느 곳에서 이루어지는가?
① 응축기
② 압축기
③ 증발기
④ 팽창밸브

34. 고압가스 저장시설에서 가스누출 사고가 발생하여 공기와 혼합하여 가연성, 독성가스로 되었다면 누출된 가스는?
① 질소
② 수소
③ 암모니아
④ 아황산가스

35. 고압가스 저장설비에서 수소와 산소가 동일한 조건에서 대기 중에 누출되었다면 확산속도는 어떻게 되겠는가?
① 수소가 산소보다 2배 빠르다.
② 수소가 산소보다 4배 빠르다.
③ 수소가 산소보다 8배 빠르다.
④ 수소가 산소보다 16배 빠르다.

36. 고압가스 제조장치 재료에 대한 설명으로 틀린 것은?

① 상온 상압에서 건조 상태의 염소가스에 탄소강을 사용한다.

② 아세틸렌은 철, 니켈 등의 철족의 금속과 반응하여 금속 카르보닐을 생성한다.

③ 9 % 니켈강은 액화천연가스에 대하여 저온취성에 강하다.

④ 상온 상압에서 수증기가 포함된 탄산가스 배관에 18-8 스테인리스강을 사용한다.

37. 다음 중 LPG의 주성분이 아닌 것은?

① C_3H_8 ② C_4H_{10}

③ C_2H_4 ④ C_4H_8

38. 조정압력이 3.3 kPa 이하이고 노즐 지름이 3.2 mm 이하인 일반용 LP가스 압력조정기의 안전장치 분출용량은 몇 L/h 이상이어야 하는가?

① 100   ② 140

③ 200   ④ 240

39. 가스시설의 전기방식 공사 시 매설배관 주위에 기준전극을 매설하는 경우 기준전극은 배관으로부터 얼마 이내에 설치하여야 하는가?

① 30 cm   ② 50 cm

③ 60 cm   ④ 100 cm

40. 가스배관의 플랜지(flange) 이음에 사용되는 부품이 아닌 것은?

① 플랜지   ② 가스켓

③ 체결용 볼트   ④ 플러그

제 3 과목　가스안전관리

41. 액화석유가스 용기 충전사업소의 저장탱크에 설치된 긴급차단장치 차단조작기구 설치 장소로 적절하지 못한 것은?

① 충전기 주변

② 안전관리자가 상주하는 사무실 내부

③ 자동차에 고정된 탱크의 주정차 장소 주변

④ 액화석유가스의 대량 유출에 대비하여 충분히 안전이 확보되고 조작이 용이한 곳

42. 플레어스택 용량 산정 시 가장 큰 영향을 주는 것은?

① 인터로크 기구

② 긴급차단장치

③ 내부반응 감시장치

④ 긴급이송설비

43. 물분무장치가 설치되지 않은 액화석유가스 저장탱크를 지상에 2개 이상 인접하여 설치하는 경우에 탱크 상호 간에 유지하여야 하는 거리는 얼마인가?

① 1 m 이상   ② 2 m 이상

③ 3 m 이상   ④ 4 m 이상

44. 가스설비의 수리 및 청소 요령 중 가스 치환작업이 올바른 것은?

① 독성가스설비는 TLV – TWA 기준농도 이하로 될까지 치환한다.

② 산소가스설비는 산소농도가 24 % 이하로 될 때까지 치환한다.

③ 가연성 가스설비는 가스의 폭발하한계

이하가 될 때까지 치환한다.

④ 불연성 가스설비는 산소농도가 18~24 % 되도록 공기로 재치환한다.

45. 고압가스 특정제조시설 안에 액화석유가스 충전시설을 함께 설치하는 경우 부취제 혼합설비의 주입작업 안전기준 중 틀린 것은?

① 부취제 주입작업 중 정전이 되면 주입설비는 작동이 정지될 수 있도록 조치한다.

② 부취제 주입작업 시 주위에 화기 사용을 금지하고 인화성 또는 발화성 물질이 없도록 한다.

③ 누출된 부취제는 중화 또는 소화작업을 하여 그 중화된 부취제 등을 안전하게 폐기한다.

④ 부취제 주입작업 시에는 안전관리자가 상주하여 이를 확인하여야 하고, 작업 관련자 이외에는 출입을 통제한다.

46. 고압가스 제조시설에 설치된 물분무장치의 작동상황 점검주기는?

① 매일 1회 이상

② 매주 1회 이상

③ 매월 1회 이상

④ 3개월에 1회 이상

47. 일반용 액화석유가스 압력조정기의 내압성능에 대한 설명으로 옳은 것은?

① 입구 쪽 시험압력은 2 MPa 이상으로 한다.

② 출구 쪽 시험압력은 0.2 MPa 이상으로 한다.

③ 2단 감압식 2차용 조정기의 경우에는 입구 쪽 시험압력을 0.8 MPa 이상으로 한다.

④ 2단 감압식 2차용 조정기 및 자동절체식 분리형 조정기의 경우에는 출구 쪽 시험압력을 0.8 MPa 이상으로 한다.

48. 고압가스 설비에 설치하는 압력계의 최고눈금은 얼마로 하여야 하는가?

① 내압시험압력의 1.0배 이상 2배 이하

② 내압시험압력의 1.5배 이상 2배 이하

③ 상용압력의 1.0배 이상 2배 이하

④ 상용압력의 1.5배 이상 2배 이하

49. 액화석유가스의 저장실 통풍구조에 대한 설명으로 옳지 않은 것은?

① 강제 환기설비 흡입구는 바닥면 가까이에 설치한다.

② 강제 환기설비 배기가스 방출구는 지면에서 3 m 이상 높이에 설치한다.

③ 저장실 사방을 방호벽 등으로 설치할 경우 환기구의 방향은 2방향 이상으로 분산 설치해야 한다.

④ 환기구의 통풍 가능면적 합계는 바닥면적 1 m²당 300 cm²의 비율로 계산한 면적 이상이어야 한다.

50. 액화석유가스 충전사업소의 경계표지에 관한 설명 중 틀린 것은?

① 경계표지는 외부에서 보기 쉬운 곳에 게시해야 한다.

② 사업소 안 시설 중 일부만이 액화석유가스의 안전관리 및 사업법의 적용을 받더라도 사업소 전체에 경계표지를 해야 한다.

③ 충전용기 및 빈 용기 보관장소는 각각 구획 또는 경계선으로 안전확보에 필요한 용기상태를 명확히 식별할 수 있도록 해야 한다.

④ 경계표지는 액화석유가스의 안전관리 및 사업법의 적용을 받는 사업소 또는 시설임을 외부사람이 명확히 식별할 수 있는 크기로 한다.

51. PE배관의 매설위치를 지상에서 탐지할 수 있는 로케팅 와이어 전선의 규격(mm²)으로 맞는 것은?

① 3　　　　　　② 4
③ 5　　　　　　④ 6

52. 고압가스 용기의 파열사고 주원인은 용기의 내압력(耐壓力) 부족에 기인한다. 내압력 부족의 원인으로 가장 거리가 먼 것은?

① 용기 내벽의 부식
② 강재의 피로
③ 적정 충전
④ 용접 불량

53. 내압시험압력이 25 MPa인 충전용기에 가스를 충전할 때 최고충전압력을 얼마로 해야 하는가?

① 15 MPa　　　② 20 MPa
③ 30 MPa　　　④ 40 MPa

54. 용기에 의한 액화석유가스 사용시설에서 호스의 길이는 연소기까지 몇 m 이내로 해야 하는가? (단, 용접 또는 용단 작업용 시설이 아닌 경우이다.)

① 2 m　　　　② 3 m
③ 4 m　　　　④ 5 m

55. 2개 이상의 탱크를 동일한 차량에 고정하여 운반할 때 충전관에 설치하지 않아도 되는 것은?

① 역류방지밸브　　② 안전밸브
③ 압력계　　　　　④ 긴급탈압밸브

56. 맞대기 융착이음을 하는 가스용 폴리에틸렌관의 두께가 20 mm일 때 비드 폭의 최소치는 몇 mm인가?

① 10　　　　　② 13
③ 15　　　　　④ 20

57. 도시가스 배관의 밸브박스 설치기준 중 틀린 것은?

① 밸브 등에는 부식방지 도장을 한다.
② 밸브박스 내부에 물이 고여 있지 않도록 유지관리한다.
③ 밸브박스의 내부는 밸브의 조작이 쉽도록 충분한 공간을 확보한다.
④ 밸브박스의 뚜껑이나 문은 충분한 강도를 가지고 임의로 열지 못하도록 개폐하기 어려운 구조로 한다.

58. 일반도시가스사업 주정압기에 설치되는 긴급차단장치의 설정압력은?

① 3.2 kPa 이하　② 3.6 kPa 이하
③ 4.0 kPa 이하　④ 4.4 kPa 이하

59. 도시가스 배관의 손상된 부분을 전체 원주를 덮는 슬리브로 감싸도록 하여 축방향으로는 용접하나, 원주방향으로는 용접을 하지 않는 보수방법을 무엇이라 하는가?

① A형 슬리브 보수
② B형 슬리브 보수
③ 복합재료 보수
④ 육성(적층)용접

60. 고정식 압축도시가스자동차 충전시설에

설치하는 긴급분리장치는 수평방향으로 당기는 힘이 얼마일 때 분리되어야 하는가?

① 490.4 N 미만   ② 588.4 N 미만
③ 666.4 N 미만   ④ 768.4 N 미만

제 4 과목   가스계측

61. 비접촉식 온도계의 특징에 대한 설명 중 옳지 않은 것은?

① 접촉에 의하여 열을 빼앗는 일이 없고, 피측정 물체의 열적 조건을 교란하는 일이 없다.
② 고온의 측정이 가능하고 구조와 내구성 면에서 접촉식 온도계보다 유리하다.
③ 측정부의 온도는 고온의 측정대상과 동일할 필요가 없다.
④ 응답이 느려 이동체의 측정에는 곤란하다.

62. 내부의 액체와 그 액면을 외부에서 검사하여 측정하는 방법으로 주로 경질유리를 사용하는 직관식 액면계는 어떤 성질을 이용하는 것인가?

① 고진성   ② 반사성
③ 투과성   ④ 굴절성

63. 도시가스로 사용하는 LNG의 누출을 검지하기 위하여 검지기는 어느 위치에 설치하여야 하는가?

① 검지기 하단은 천장면 등의 아래쪽 0.3 m 이내에 부착한다.
② 검지기 하단은 천장면 등의 아래쪽 3 m 이내에 부착한다.

③ 검지기 상단은 바닥면 등에서 위쪽으로 0.3 m 이내에 부착한다.
④ 검지기 상단은 바닥면 등에서 위쪽으로 3 m 이내에 부착한다.

64. 액주식 압력계에 사용하는 액체가 갖추어야 할 조건으로 거리가 먼 것은?

① 순수한 액체일 것
② 온도에 대한 액의 밀도변화가 작을 것
③ 액체의 점도가 클 것
④ 유독한 증기를 내지 말 것

65. 정확한 계량이 가능하여 다른 가스미터의 기준기로 사용되고, 가스발열량의 측정에도 이용되는 가스미터는 어느 것인가?

① 습식 가스미터
② 터빈식 가스미터
③ 건식 가스미터
④ 텔타형 가스미터

66. 공기의 유속을 피토관으로 측정하였을 때 차압이 60 mmH$_2$O이었다. 피토관 계수를 1로 하여 유속을 계산하면 몇 m/s인가? (단, 공기의 비중량은 1.20 kgf/m^{3}이다.)

① 28.3   ② 31.3
③ 34.3   ④ 37.3

67. 부식성 유체의 측정에 가장 효과적인 것은?

① 벨로스식 압력계
② 다이어프램식 압력계
③ 부르동관식 압력계
④ 경사관식 압력계

68. 1 kΩ 저항에 100 V의 전압이 사용되었

을 때 소모된 전력은 몇 W인가?

① 5   ② 10

③ 20   ④ 50

69. 편차의 크기에 비례하여 조절요소의 속도가 연속적으로 변하는 동작은?

① 적분동작   ② 비례동작

③ 미분동작   ④ 뱅뱅동작

70. 가스 크로마토그래피에서 사용하는 carrier gas에 대한 설명으로 옳은 것은?

① 가격이 저렴하고 경제적인 공기를 사용해도 좋다.

② 캐리어가스로 산소, 질소, 아르곤, 헬륨을 사용한다.

③ 검출기의 종류에 관계없이 구입이 용이한 것을 사용한다.

④ 주입된 시료를 컬럼과 검출기로 이동시켜 주는 운반기체 역할을 한다.

71. 3 atm에서 6 L이던 기체를 온도가 일정하게 하고 압력을 9 atm으로 높이면 부피는 몇 L가 되겠는가?

① 18   ② 6

③ 4   ④ 2

72. 날개에 부딪히는 유체의 운동량으로 회전체를 회전시켜 운동량과 회전량의 변화로 가스 흐름량을 측정하는 것으로 측정범위가 넓고 압력손실이 적은 가스 유량계는?

① 막식 유량계

② 터빈식 유량계

③ roots 유량계

④ vortex 유량계

73. 오르사트(Orsat) 가스분석기에서 CO_2를 흡수하는 용액은?

① KOH 용액

② 알칼리성 피로갈롤 용액

③ 황산용액

④ 암모니아성 염화 제1동 용액

74. 일반 가정용 막식 가스미터에서 감도유량은 가스미터가 작동하기 시작하는 최소유량으로서 그 값으로 옳은 것은?

① 3 L/h 이하   ② 5 L/h 이하

③ 10 L/h 이하   ④ 15 L/h 이하

75. 부르동관 압력계를 용도로 구분할 때 사용하는 기호로 내진(耐震)형에 해당하는 것은?

① M   ② H

③ V   ④ C

76. 유체의 압력 및 온도변화에 영향이 적고, 소유량이며 정확한 유량제어가 가능하여 혼합가스 제조 등에 유용한 유량계는?

① roots meter

② 벤투리 유량계

③ 터빈식 유량계

④ mass flow controller

77. 50 mL의 시료가스를 CO_2, O_2, CO 순으로 흡수시켰을 때 이때 남은 부피가 각각 32.5 mL, 24.2 mL, 17.8 mL이었다면 이들 가스의 조성 중 N_2의 조성은 몇 %인가? (단, 시료가스는 CO_2, O_2, CO, N_2로 혼합되어 있다.)

① 24.2 %   ② 27.2 %

③ 34.2 %   ④ 35.6 %

78. 가스 크로마토그래피의 분석기에서 황화물과 인화합물에 대하여 선택성이 높은 검출기는?

① 열전도도 검출기(TCD)
② 불꽃이온 검출기(FID)
③ 전자포획 검출기(ECD)
④ 염광광도 검출기(FPD)

79. roots 가스미터의 장점으로 옳지 않은 것은?

① 설치면적이 작다.
② 중압가스의 계량이 가능하다.
③ 대유량의 가스 측정에 적합하다.
④ 설치 후의 유지관리에 시간을 요하지 않는다.

80. 태엽의 힘으로 통풍하는 통풍형 건습구 습도계로서 휴대가 편리하고 필요 풍속이 약 3 m/s인 습도계는?

① 아스만 습도계
② 모발 습도계
③ 간이건습구 습도계
④ Dewcel식 노점계

CBT 실전문제 5

제1과목 연소공학

1. 프로판가스에 대한 최소산소농도값(MOC)을 추산하면 얼마인가? (단, C_3H_8의 폭발하한치는 2.1 v%이다.)
① 8.5 %
② 9.5 %
③ 10.5 %
④ 11.5 %

2. 기체의 압력이 높을수록 액체 용매에 잘 용해된다는 것을 설명한 법칙은?
① 아보가드로
② 게르뤼삭
③ 보일
④ 헨리

3. 다음 중 기상 폭발에 해당되지 않는 것은?
① 혼합가스 폭발
② 분해 폭발
③ 증기 폭발
④ 분진 폭발

4. 메탄 80 v%, 프로판 5 v%, 에탄 15 v%인 혼합가스의 공기 중 폭발하한계는 약 얼마인가?
① 2.1 %
② 3.3 %
③ 4.3 %
④ 5.1 %

5. 폭발등급은 안전간격에 따라 구분할 수 있다. 다음 중 안전간격이 가장 넓은 것은?
① 이황화탄소
② 수성가스
③ 수소
④ 프로판

6. 연소 시 발생하는 분진을 제거하는 장치가 아닌 것은?
① 백 필터
② 사이클론
③ 스크린
④ 스크러버

7. 다음 ( ) 안에 알맞은 내용은?

> 폭굉이란 (ⓐ)보다도 (ⓑ)가[이] 큰 것으로 파면선단의 압력파에 의해 파괴작용을 일으킨다.

① ⓐ 음속, ⓑ 폭발속도
② ⓐ 연소, ⓑ 폭발속도
③ ⓐ 화염온도, ⓑ 충격파
④ ⓐ 폭발속도, ⓑ 음속

8. 미분탄 연소의 특징으로 틀린 것은?
① 가스화 속도가 낮다.
② 2상류 상태에서 연소한다.
③ 완전 연소에 시간과 거리가 필요하다.
④ 화염이 연소실 전체에 퍼지지 않는다.

9. 가스버너의 연소 중 화염이 꺼지는 현상과 거리가 먼 것은?
① 공기연료비가 정상범위를 벗어났다.
② 연료 공급라인이 불안정하다.
③ 점화에너지가 부족하다.
④ 공기량의 변동이 크다.

10. 난류 예혼합화염의 특징에 관한 설명으로 옳은 것은?
① 화염의 배후에 미량의 미연소분이 존재한다.
② 층류 예혼합화염에 비하여 화염의 휘도가 높다.
③ 연소속도는 층류 예혼합화염의 연소속도와 같은 수준이다.

④ 난류 예혼합화염의 구조는 교란 없이 연소되는 분젠 화염 형태이다.

11. CH_4 1톤이 완전 연소할 때 필요한 이론 공기량은 약 몇 Nm^3인가?

① 13333   ② 23333
③ 33333   ④ 43333

12. 프로판가스의 연소 과정에서 발생한 열량은 50232 MJ/kg이었고, 연소 시 발생한 수증기의 잠열이 8372 MJ/kg이면 프로판가스의 저발열량 기준 연소효율은 약 몇 %인가? (단, 연소에 사용된 프로판가스의 저발열량은 46046 MJ/kg이다.)

① 91   ② 93
③ 96   ④ 97

13. 다음 중 가연성가스에 해당되는 것이 아닌 것은?

① 산소   ② 부탄
③ 수소   ④ 일산화탄소

14. 대기압 760 mmHg하에서 게이지압력이 2 atm이었다면 절대압력은 약 몇 psi인가?

① 22.3   ② 33.2
③ 44.1   ④ 56.1

15. 다음 가스폭발 범위에 관한 사항 중 옳은 것은?

① 가스의 온도가 높아지면 폭발범위는 좁아진다.
② 폭발상한과 폭발하한의 차이가 작을수록 위험도는 커진다.
③ 혼합가스의 폭발범위는 그 가스의 폭굉범위보다 좁다.

④ 고온, 고압 상태의 경우에는 가스압이 높아지면 폭발범위는 넓어진다.

16. 저발열량이 46 MJ/kg인 연료 1 kg을 완전 연소시켰을 때 연소가스의 평균 정압비열이 1.3 kJ/kg · K이고 연소 가스량은 22 kg이 되었다. 연소 전의 온도가 25℃이었을 때 단열 화염온도는 약 몇 ℃인가?

① 1341   ② 1608
③ 1633   ④ 1728

17. 다음 반응식을 가지고 CH_4의 생성엔탈피를 구하면 약 몇 kJ인가?

$$C + O_2 \rightarrow CO_2 + 394 \text{ kJ}$$
$$H_2 + \frac{1}{2}O_2 \rightarrow H_2O + 241 \text{ kJ}$$
$$CH_4 + 2O_2 \rightarrow CO_2 + 2H_2O + 802 \text{ kJ}$$

① -66   ② -70
③ -74   ④ -78

18. 정상 동작 상태에서 주변의 폭발성 가스 또는 증기에 점화시키지 않고 점화시킬 수 있는 고장이 유발되지 않도록 한 방폭구조는?

① 특수 방폭구조
② 비점화 방폭구조
③ 본질안전 방폭구조
④ 몰드 방폭구조

19. 압력 2 atm, 온도 27℃에서 공기 2 kg의 부피는 약 몇 m^3인가? (단, 공기의 평균분자량은 29이다.)

① 0.45   ② 0.65
③ 0.75   ④ 0.85

20. 발화지연시간(ignition delay time)에 영

향을 주는 요인이 아닌 것은?

① 온도

② 압력

③ 폭발하한값의 크기

④ 가연성가스의 농도

제 2 과목 가스설비

21. 직류전철 등에 의한 누출 전류의 영향을 받는 배관에 적합한 전기방식법은?

① 희생양극법 ② 교호법

③ 배류법 ④ 외부전원법

22. 다음의 수치를 이용하여 고압가스용 용접 용기의 동판 두께를 계산하면 얼마인가? (단, 아세틸렌 용기 및 액화석유가스 용기는 아니며, 부식여유 두께는 고려하지 않는다.)

- 최고충전압력 : 4.5 MPa
- 동체의 안지름 : 200 mm
- 재료의 허용응력 : 200 N/mm^2
- 용접효율 : 1.00

① 1.98 mm ② 2.28 mm

③ 2.84 mm ④ 3.45 mm

23. 공기액화 분리장치에서 이산화탄소 7.2 kg을 제거하기 위해 필요한 건조제의 양은 약 몇 kg인가?

① 6 ② 9

③ 13 ④ 15

24. 다음 중 피복 등 방식처리를 한 배관이 아닌 것은?

① 피복배관

② 도장배관

③ 폴리에틸렌 피복강관

④ 가스용 플렉시블 호스

25. 도시가스 공급시설에 설치되는 정압기의 관리 소홀로 인하여 발생할 수 있는 사고 유형이 아닌 것은?

① 가스 누출로 인한 화재, 폭발

② 과열방지장치 작동으로 가스 공급 중단

③ 정압기실 환기 불량에 의한 산소 결핍 사고

④ 2차 압력 상승으로 사용처의 가스레인지 불꽃 불안정

26. 가스 압축기에 따른 윤활유로 옳지 않은 것은?

① 수소 – 양질의 광유

② 아세틸렌 – 양질의 광유

③ 이산화황 – 정제된 용제 터빈유

④ 산소 – 디젤 엔진유

27. 고압가스 설비의 배관재료로서 내압 부분에 사용해서는 안 되는 재료의 탄소함량의 기준은?

① 0.35 % 이상 ② 0.35 % 미만

③ 0.5 % 이상 ④ 0.5 % 미만

28. 강을 열처리하는 주된 목적은?

① 표면에 광택을 내기 위하여

② 사용시간을 연장하기 위하여

③ 기계적 성질을 향상시키기 위하여

④ 표면에 녹이 생기지 않게 하기 위하여

29. 내용적 117.5 L의 LP가스 용기에 상온에서 액화 프로판을 최대로 충전하였다. 이 용기 내의 잔여 공간은 약 몇 % 정도인가? (단, 액화 프로판의 비중은 상온에서는 약 0.5이고, 프로판가스 정수는 2.35이다.)

① 5   ② 6   ③ 10   ④ 15

30. 액화 사이클의 종류가 아닌 것은?

① 클라우드식 사이클
② 린데식 사이클
③ 필립스식 사이클
④ 오토 사이클

31. LP가스의 제법으로 가장 거리가 먼 것은?

① 원유를 정제하여 부산물로 생산
② 석유 정제공정에서 부산물로 생산
③ 석탄을 건류하여 부산물로 생산
④ 나프타 분해공정에서 부산물로 생산

32. LiBr-H_2O형 흡수식 냉·난방기에 대한 설명으로 옳지 않은 것은?

① 냉매는 LiBr이다.
② 증발기 내부의 압력은 진공상태이다.
③ LiBr은 수증기를 흡수할 때 흡수열이 발생한다.
④ 증발기 내부압력을 5~6 mmHg로 할 경우 물은 약 5℃에서 증발한다.

33. 탄소강에 소량씩 함유하고 있는 각종 원소가 미치는 영향을 설명한 것으로 틀린 것은?

① 망간(Mn)은 연신율 감소를 억제한다.
② 규소(Si)는 냉간 가공성을 높인다.
③ 구리(Cu)는 인장강도와 탄성한도를 높인다.
④ 인(P)은 상온에서 충격값을 감소시킨다.

34. 내압시험압력 30 MPa(절대압력)의 오토클레이브에 15℃에서 수소를 10 MPa(절대압력)로 충전하였다. 그리고 오토클레이브의 온도를 점차 상승시켰더니 안전밸브에서 수소(g)가 분출하였다. 이때의 온도는 약 몇 ℃가 되겠는가? (단, 수소는 이상기체로 가정하고, 안전밸브의 작동압력은 내압시험압력의 0.8로 한다.)

① 418   ② 547
③ 591   ④ 691

35. 액화석유가스 사용시설에 설치되는 조정압력 3.3 kPa 이하인 조정기의 안전장치 작동정지압력의 기준은?

① 7 kPa   ② 5.04~8.4 kPa
③ 5.6~8.4 kPa   ④ 8.4~10 kPa

36. 이중각식 구형 저장탱크에 대한 설명으로 틀린 것은?

① 상온 또는 -30℃ 전후까지의 저온의 범위에 적합하다.
② 내구에는 저온 강재, 외구에는 보통 강판을 사용한다.
③ 액체산소, 액체질소, 액화메탄 등의 저장에 사용된다.
④ 단열성이 아주 우수하다.

37. 용접결함 중 접합부의 일부분이 녹지 않아 간극이 생긴 현상은?

① 용입불량   ② 융합불량
③ 언더컷   ④ 슬러그

38. 단속적인 송출로 인하여 유량이 균일하지 못한 것을 해결하기 위하여 서지탱크(surge tank)를 설치할 필요가 있는 펌프는?

① 기어펌프   ② 원심펌프

③ 베인펌프   ④ 왕복펌프

39. 도시가스 배관에 사용되는 밸브 중 전개 시 유동 저항이 적고 서서히 개폐가 가능하므로 충격을 일으키는 것이 적으나 유체 중 불순물이 있는 경우 밸브에 고이기 쉬우므로 차단능력이 저하될 수 있는 밸브는?

① 볼 밸브   ② 플러그 밸브

③ 게이트 밸브   ④ 버터플라이 밸브

40. LNG 저장탱크에서 상이한 액체 밀도로 인하여 층상화된 액체의 불안정한 상태가 바로잡힐 때 생기는 LNG의 급격한 물질 혼합 현상으로 상당한 양의 증발가스가 발생하는 현상은?

① 롤 오버(roll-over) 현상

② 증발(boil-off) 현상

③ BLEVE 현상

④ 파이어 볼(fire ball) 현상

제 3 과목   가스안전관리

---

41. 고압가스 제조시설에서 2개 이상의 저장 탱크에 설치하는 집합 방류둑에 저장탱크마다 칸막이를 설치할 때 칸막이의 높이는 방류둑보다 최소 몇 cm 이상 낮게 하는가?

① 5   ② 10   ③ 30   ④ 50

42. 고압가스를 압축하는 경우 가스를 압축하여서는 안 되는 기준으로 옳은 것은?

① 가연성가스 중 산소의 용량이 전체 용량의 10 % 이상의 것

② 산소 중의 가연성가스 용량이 전체 용량의 10 % 이상의 것

③ 아세틸렌, 에틸렌 또는 수소 중의 산소 용량이 전체 용량의 2 % 이상의 것

④ 산소 중의 아세틸렌, 에틸렌 또는 수소의 용량 합계가 전체 용량의 4 % 이상의 것

43. 차량에 고정된 탱크의 설계기준으로 틀린 것은?

① 탱크의 길이이음 및 원주이음은 맞대기 양면 용접으로 한다.

② 용접하는 부분의 탄소강은 탄소함유량이 1.0 % 미만이어야 한다.

③ 탱크에는 지름 375 mm 이상의 원형 맨홀 또는 긴 지름 375 mm 이상, 짧은 지름 275 mm 이상의 타원형 맨홀 1개 이상 설치한다.

④ 초저온 탱크의 원주이음에 있어서 맞대기 양면 용접이 곤란한 경우에는 맞대기 한 면 용접을 할 수 있다.

44. 압축기 정지 시 주의사항 중 틀린 것은?

① 냉각수 밸브를 잠근다.

② 드레인 밸브를 잠근다.

③ 전동기 스위치를 열어 둔다.

④ 각 단의 압력을 0으로 하여 놓고 정지시킨다.

45. 도시가스 사업법상 배관 구분 시 사용되지 않는 것은?

① 본관   ② 사용자 공급관

③ 가정관   ④ 공급관

46. 가연성 및 독성가스의 용기 도색 후 그 표기 방법이 틀린 것은?

① 가연성가스는 빨간색 테두리에 검정색 불꽃 모양이다.

② 독성가스는 빨간색 테두리에 검정색 해골 모양이다.

③ 내용적 2 L 미만의 용기는 그 제조자가 정한 바에 의한다.

④ 액화석유가스 용기 중 프로판가스를 충전하는 용기는 프로판가스임을 표시하여야 한다.

47. 고압가스용 이음매 없는 용기 재검사 기준에서 정한 용기의 상태에 따른 등급분류 중 3급에 해당하는 것은?

① 깊이가 0.1 mm 미만이라고 판단되는 흠

② 깊이가 0.3 mm 미만이라고 판단되는 흠

③ 깊이가 0.5 mm 미만이라고 판단되는 흠

④ 깊이가 1 mm 미만이라고 판단되는 흠

48. 용기에 의한 액화석유가스 사용시설에서 옥외에 용기 보관실을 설치한 후 사용하는 곳의 저장능력은 얼마인가?

① 저장능력 500 kg 초과

② 저장능력 300 kg 초과

③ 저장능력 250 kg 초과

④ 저장능력 100 kg 초과

49. 충전용기 등을 차량에 적재하여 운행 시에는 현저하게 우회하는 도로와 번화가 및 사람이 붐비는 장소를 피하도록 하고 있는데, "번화가"에 대하여 옳게 설명한 것은?

① 차량의 너비에 2.5 m를 더한 너비 이하인 통로 주위

② 차량의 길이에 3.5 m를 더한 너비 이하인 통로 주위

③ 차량의 너비에 3.5 m를 더한 너비 이하인 통로 주위

④ 차량의 길이에 3 m를 더한 너비 이하인 통로 주위

50. 액화석유가스에 주입하는 부취제(냄새나는 물질)의 측정 방법으로 볼 수 없는 것은?

① 오더(odor)미터법

② 주사기법

③ 무취실법

④ 시험가스 주입법

51. 고압가스 특정제조시설에서 안전구역의 면적의 기준은?

① 1만 m^2 이하 ② 2만 m^2 이하

③ 3만 m^2 이하 ④ 5만 m^2 이하

52. 도시가스 배관을 지하에 매설하는 때에 되메움 작업을 하는 재료 중 "침상재료"를 옳게 설명한 것은?

① 배관 침하를 방지하기 위해 배관 하부에 포설하는 재료

② 배관 기초에서부터 노면까지 포설하는 배관 주위 모든 재료

③ 배관에 작용하는 하중을 분산시켜 주고 도로의 침하를 방지하기 위해 포설하는 재료

④ 배관에 작용하는 하중을 수직방향 및 횡방향에서 지지하고 하중을 기초 아래로 분산하기 위한 재료

53. 고압가스 충전용기의 운반기준으로 틀린 것은?

① 밸브가 돌출한 충전용기는 캡을 부착시켜 운반한다.

② 원칙적으로 이륜차에 적재하여 운반이

가능하다.

③ 충전용기와 위험물안전관리법에서 정하는 위험물과는 동일차량에 적재, 운반하지 않는다.

④ 차량의 적재함을 초과하여 적재하지 않는다.

54. LPG 압력조정기를 제조하고자 하는 자가 갖추어야 할 검사설비가 아닌 것은?

① 치수측정설비

② 주조 및 다이캐스팅 설비

③ 내압시험설비

④ 기밀시험설비

55. 도시가스 전기방식시설의 유지관리에 관한 설명 중 잘못된 것은?

① 관대지전위(管對地電位)는 1년에 1회 이상 점검한다.

② 외부 전원법의 정류기 출력은 3개월에 1회 이상 점검한다.

③ 배류법의 배류기 출력은 3개월에 1회 이상 점검한다.

④ 절연부속품, 역 전류장치 등의 효과는 1년에 1회 이상 점검한다.

56. 이음매 없는 용기를 제조할 때 재료시험에 속하지 않는 것은?

① 인장시험　　　② 충격시험

③ 압궤시험　　　④ 내압시험

57. 지상에 설치하는 액화석유가스의 저장탱크 안전밸브에 가스방출관을 설치하고자 한다. 저장탱크의 정상부가 지면에서 8 m일 경우 방출구의 높이는 지면에서 몇 m 이상이어야 하는가?

① 8　　　　　② 10

③ 12　　　　　④ 14

58. 도시가스용 압력조정기를 출구압력에 따라 구분할 경우의 기준으로 틀린 것은?

① 고압 : 1 MPa 이상

② 중압 : 0.1~1 MPa 미만

③ 준저압 : 4~100 kPa 미만

④ 저압 : 1~4 kPa 미만

59. 주거용 가스보일러 설치기준에 따라 반드시 내열실리콘으로 마감조치를 하여 기밀이 유지되도록 하여야 하는 부분은?

① 급기통과 급기통의 접속부

② 급기통과 연통의 접속부

③ 가스보일러와 급기통의 접속부

④ 연통과 가스보일러의 접속부

60. 아세틸렌을 용기에 충전할 때 다공물질 다공도의 범위로 옳은 것은?

① 72 % 이상 92 % 미만

② 72 % 이상 95 % 미만

③ 75 % 이상 92 % 미만

④ 75 % 이상 95 % 미만

제 4 과목　가스계측

---

61. 가스 크로마토그래피 분석계에서 가장 널리 사용되는 고체 지지체 물질은?

① 규조토　　　　② 활성탄

③ 활성알루미나　④ 실리카겔

62. 산소의 품질검사에 사용되는 시약은?

① 네슬러 시약
② 동·암모니아
③ 요오드칼륨
④ 하이드로설파이드

63. 산소를 분석하는 방법이 아닌 것은?
① 차아황산소다 용액에 의한 흡수법
② 수산화나트륨 수용액에 의한 흡수법
③ 알칼리성 피로갈롤 용액에 의한 흡수법
④ 탄산동의 암모니아성 용액에 의한 흡수법

64. 기계식 압력계가 아닌 것은?
① 환상식 압력계
② 경사관식 압력계
③ 피스톤식 압력계
④ 자기변형식 압력계

65. 가스 크로마토그래피에 대한 설명으로 틀린 것은?
① 다른 분석기기에 비하여 감도가 뛰어나다.
② 액체 크로마토그래피보다 분석 속도가 빠르다.
③ 컬럼에 사용되는 액체 정지상은 휘발성이 높아야 한다.
④ 운반기체로서 화학적으로 비활성인 헬륨을 주로 사용한다.

66. 계량기의 검정기준에서 정하는 가스미터의 사용공차의 범위는? (단, 최대유량이 1000 m^3/h 이하이다.)
① 최대허용오차의 1배의 값으로 한다.
② 최대허용오차의 1.2배의 값으로 한다.
③ 최대허용오차의 1.5배의 값으로 한다.
④ 최대허용오차의 2배의 값으로 한다.

67. 50 L 물이 들어있는 욕조에 온수기를 사용하여 온수를 넣은 결과 17분 후에 욕조의 온도가 42℃, 온수량 150 L가 되었다. 이때 온수기로부터 물에 주는 열량은 몇 kcal인가? (단, 가스 발열량은 5000 kcal/m^3, 물의 비열은 1 kcal/kg·℃, 수도 및 욕조의 최초 온도는 5℃로 한다.)
① 5550   ② 7083
③ 5000   ④ 3700

68. 대유량 가스 측정에 적합한 가스미터는?
① 막식 가스미터
② 습식 가스미터
③ 스프링식 가스미터
④ 루트(roots)식 가스미터

69. 가스계량기에 관한 설명으로 틀린 것은?
① 가스미터 입구에는 드레인 밸브를 부착한다.
② 화기와 1 m 이상의 우회거리를 가진 곳에 설치한다.
③ 소형 가스미터의 경우 최대 가스사용량이 가스미터 용량의 60 %가 되도록 선정한다.
④ 설치높이는 바닥으로부터 계량기 지시장치의 중심까지 1.6 m 이상 2.0 m 이내에 수직·수평으로 설치한다.

70. 시정수가 20초인 1차 지연형 계측기가 스텝응답의 최대 출력의 80 %에 이르는 시간은?
① 12초   ② 18초
③ 25초   ④ 32초

71. 반도체 측온저항체의 일종으로 니켈, 코

발트, 망간 등 금속산화물을 소결시켜 만든 것으로 온도계수가 부(−)특성을 지닌 것은?

① 서미스터 측온체
② 백금 측온체
③ 니켈 측온체
④ 동 측온체

72. 차압식 유량계에 있어서 조리개 전후의 압력차가 처음보다 2배만큼 커졌을 때 유량은 어떻게 변하는가? (단, 다른 조건은 모두 같으며, Q_1, Q_2는 각각 처음과 나중의 유량을 나타낸다.)

① $Q_2 = \sqrt{2}\, Q_1$
② $Q_2 = Q_1$
③ $Q_2 = 4 Q_1$
④ $Q_2 = 2 Q_1$

73. 가스분석에서 흡수분석법에 해당하는 것은?

① 적정법
② 중량법
③ 흡광광도법
④ 헴펠법

74. 그림과 같은 조작량의 변화는 어떤 동작인가?

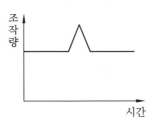

① I 동작
② PD 동작
③ D 동작
④ PI 동작

75. 유량계가 나타내는 유량이 98 m³이고 기준계기(가스미터)가 지시하는 양이 100 m³일 때 기차는 약 몇 %인가?

① − 0.02
② − 0.2
③ − 2
④ − 2.04

76. 설정값에 대해 얼마의 차이(off−set)를 갖는 출력으로 제어되는 방식은?

① 비례 적분 동작
② 비례 미분 동작
③ 비례 적분 미분 동작
④ 비례 동작

77. 계측기기의 측정 방법이 아닌 것은?

① 편위법
② 영위법
③ 대칭법
④ 보상법

78. 용적식 유량계에 해당하는 것은?

① 오리피스식
② 격막식
③ 벤투리관식
④ 피토관식

79. 염화팔라듐지로 일산화탄소의 누출 유무를 확인할 경우 누출이 되었다면 이 시험지는 무슨 색으로 변하는가?

① 검은색
② 청색
③ 적색
④ 오렌지색

80. 다음 중 비중의 단위를 차원으로 표시한 것은?

① ML^{-3}
② $ML^{-3} T^2$
③ $ML^{-1} T^{-2}$
④ 무차원

CBT 실전문제 6

1. 고체가 액체로 되었다가 기체로 되어 불꽃을 내면서 연소하는 경우를 무슨 연소라 하는가?

① 확산연소 ② 자기연소
③ 표면연소 ④ 증발연소

2. 다음 중 연료의 총발열량(고발열량) H_h를 구하는 식으로 옳은 것은? (단, H_L는 저위발열량, W는 수분(%), H는 수소 원소(%)이다.)

① $H_h = H_L - 600(9H - W)$
② $H_h = H_L - 600(9H + W)$
③ $H_h = H_L + 600(9H + W)$
④ $H_h = H_L + 600(9H - W)$

3. 다음 중 연소속도에 영향을 미치지 않는 것은?

① 관의 단면적 ② 내염 표면적
③ 염의 높이 ④ 관의 염경

4. BLEVE(Boiling Expanding Vapour Explosion)현상에 대한 설명으로 옳은 것은?

① 물이 점성이 뜨거운 기름 표면 아래서 끓을 때 연소를 동반하지 않고 오버플로(overflow) 되는 현상이다.
② 물이 연소유(oil)의 뜨거운 표면에 들어갈 때 발생되는 오버플로(overflow) 현상이다.
③ 탱크 바닥에 물과 기름의 에멀션이 섞여 있을 때 기름의 비등으로 인하여 급격하게 오버플로(overflow) 되는 현상이다.
④ 과열상태의 탱크에서 내부의 액화가스가 분출, 기화되어 착화되었을 때 폭발적으로 증발하는 현상이다.

5. 액체연료의 연소형태 중 램프 등과 같이 연료를 심지로 빨아올려 심지의 표면에서 연소시키는 것은?

① 액면연소 ② 증발연소
③ 분무연소 ④ 등심연소

6. LPG에 대한 설명으로 옳은 것은?

① 공기보다 가볍다.
② 상온에서는 액화시킬 수 없다.
③ 완전연소하면 탄산가스만 생성된다.
④ 1몰의 LPG를 완전연소하는 데 5몰의 산소가 필요하다.

7. 공기비(m)에 대하여 가장 바르게 설명한 것은?

① 실제공기량에서 이론공기량을 뺀 것
② 완전연소에서 계산상 필요한 공기량
③ 실제공기량을 이론공기량으로 나눈 것
④ 이론공기량에 대한 과잉공기량을 백분율(%)로 나타낸 것

8. 오토사이클에서 압축비(ϵ)가 10일 때 열효율은 약 몇 %인가? (단, 비열비(k)는 1.4이다.)

① 58.2 ② 59.2
③ 60.2 ④ 61.2

9. 층류 연소속도 측정법 중 단위화염 면적당 단위시간에 소비되는 미연소 혼합기체의 체적을 연소속도로 정의하여 결정하며, 오차가 크지만 연소속도가 큰 혼합기체에 편리하게 이용되는 측정 방법은?

① 슬롯(slot) 버너법
② 분젠(bunsen) 버너법
③ 평면 화염 버너법
④ 비눗방울(soap bubble)법

10. 메탄올(g), 물(g) 및 이산화탄소(g)의 생성열은 각각 50 kcal, 60 kcal 및 95 kcal 일 때 메탄올의 완전연소 발열량은 약 몇 kcal인가?

① 120   ② 145
③ 165   ④ 180

11. 파라핀계 탄화수소에서 탄소수 증가에 따른 일반적인 성질 변화에 대한 설명으로 틀린 것은?

① 연소속도는 느려진다.
② 발화온도는 낮아진다.
③ 폭발하한계는 높아진다.
④ 발열량($kcal/m^3$)은 커진다.

12. 다음 중 분해에 의하여 가스폭발이 일어나는 것은?

① 프로판가스의 점화 폭발
② 용기의 불량 및 과다한 압력
③ 110℃ 이상의 아세틸렌가스 폭발
④ 수소와 염소가스의 혼합물에 직사일광

13. 프로판(C_3H_8)가스 1 Sm^3를 완전 연소시켰을 때의 건조 연소가스량은 약 몇 Sm^3인가? (단, 공기 중 산소의 농도는 21 vol%이다.)

① 19.8   ② 21.8
③ 23.8   ④ 25.8

14. 연소속도 등에 대한 설명으로 옳지 않은 것은?

① 화염속도는 화염면이 진행하는 속도를 말한다.
② 어떤 물질의 화염속도는 그 물질의 고유상수이다.
③ 화염속도는 연소속도에 미연소가스의 전방 이동속도를 합한 것이다.
④ 연소속도는 미연소가스가 화염면에 직각으로 들어오는 속도를 말한다.

15. 폭굉(detonation)에 대한 설명으로 옳은 것은?

① 폭굉범위는 폭발(연소)범위보다 넓다.
② 폭속은 정상 연소속도의 10배 정도이다.
③ 폭굉의 상한계값는 폭발(연소)의 상한계 값보다 작다.
④ 가스 중의 연소 전파속도가 음속 이하로서, 파면선단에 충격파가 발생한다.

16. 프로판 1몰을 완전연소시키기 위하여 공기 870 g을 불어 넣어 주었을 때 과잉공기는 약 몇 %인가? (단, 공기의 평균분자량은 29이며, 공기 중 산소는 21 vol%이다.)

① 9.8   ② 17.6
③ 26.0   ④ 58.6

17. 가연물의 연소형태를 나타낸 것 중 옳은 것은?

① 휘발유 – 확산연소
② 알루미늄 박 – 분해연소
③ 경유 – 증발연소
④ 목재 – 표면연소

18. 메탄 80 vol%와 아세틸렌 20 vol%로 혼합된 혼합가스의 공기 중 폭발하한계는 약 얼마인가? (단, 메탄과 아세틸렌의 폭발하한계는 5.0%와 2.5%이다.)

① 3.4%   ② 4.2%
③ 5.6%   ④ 6.2%

19. 폭발범위에 대한 설명으로 옳은 것은?

① 점화원에 의해 폭발을 일으킬 수 있는 혼합가스 중의 지연성가스의 부피%
② 점화원에 의해 폭발을 일으킬 수 있는 혼합가스 중의 가연성가스의 부피%
③ 점화원에 의해 폭발을 일으킬 수 있는 혼합가스 중의 지연성가스의 중량%
④ 점화원에 의해 폭발을 일으킬 수 있는 혼합가스 중의 가연성가스의 중량%

20. 위험성 평가기법 중 공정에 존재하는 위험요소들과 공정의 효율을 떨어뜨릴 수 있는 운전상의 문제점을 찾아내어 그 원인을 제거하는 정성(定性)적인 안전성 평가기법은?

① What-if   ② HEA
③ HAZOP   ④ FMECA

제 2 과목   가스설비

21. 도시가스 원료의 접촉분해공정에서 반응압력에 따른 가스 조성과의 관계가 옳은 것은?

① 압력이 상승하면 H_2, CO 증가
② 압력이 상승하면 CH_4, CO_2 감소
③ 압력이 하강하면 H_2, CO 감소
④ 압력이 하강하면 CH_4, CO_2 감소

22. 압축기 실린더 내부 윤활유에 대한 설명으로 틀린 것은?

① 산소 압축기에는 기계유를 사용한다.
② 공기 압축기에는 광유(鑛油)를 사용한다.
③ 염소 압축기에는 진한 황산을 사용한다.
④ 아세틸렌 압축기에는 양질의 광유(鑛油)를 사용한다.

23. 저온장치에 사용되는 진공 단열법이 아닌 것은?

① 단층·저진공단열법
② 분말진공 단열법
③ 다층진공 단열법
④ 고진공 단열법

24. 지하에 매설된 도시가스 배관에 Mg와 같은 금속을 배관과 전기적으로 연결하여 방식하는 방법은?

① 희생양극법   ② 외부전원법
③ 선택배류법   ④ 강제배류법

25. 케이싱 내에 모인 임펠러가 회전하면서 기체가 원심력 작용에 의해 임펠러의 중심부에서 흡입되어 외부로 토출하는 구조의 압축기는?

① 회전식 압축기   ② 축류식 압축기
③ 왕복식 압축기   ④ 원심식 압축기

26. −5℃에서 열을 흡수하여 35℃에 방열하는 역카르노 사이클에 의해 작동하는 냉동기의 성능계수는 약 얼마인가?

① 0.125   ② 0.15
③ 6.7   ④ 7.7

27. 다음 중 수소 저장합금에 대한 설명으로 틀린 것은?

① 수소의 중량당 에너지 밀도가 높아 에너지 저장법으로 매우 유용하다.

② 금속수소화물의 형태로 수소를 흡수하지만 방출은 하지 않는 특성을 이용한 합금이다.

③ $LaNi_5$계는 란탄의 가격이 높고 밀도가 큰 것이 단점이지만 수소저장과 방출 특성이 우수하다.

④ TiFe는 가격이 낮지만 수소와의 초기반응속도가 늦어서 반응시키기 전에 진공 속에서 여러 시간 가열이 필요하다.

28. 밸브 스핀들부 중 그랜드 너트가 없는 밸브의 구성이 아닌 것은?

① O링　　　　　② 스템
③ 스핀들　　　　④ 백

29. 지름이 150 mm, 행정 100 mm, 회전수 800 rpm, 체적효율 85 %인 4기통 압축기의 피스톤 압출량은 약 몇 m^3/h인가?

① 10.2　　　　　② 102
③ 28.8　　　　　④ 288

30. 직경 50 mm의 강재로 된 둥근 막대가 8000 kgf의 인장하중을 받을 때의 응력은 약 몇 kgf/mm^2인가?

① 2　　　　　　② 4
③ 6　　　　　　④ 8

31. 압연재나 단조재에서 비금속 개재물이 원인이 되어 두 층 이상으로 벗겨지기 쉬운 결함을 무엇이라 하는가?

① 라미네이션(lamination)
② 핫티어(hot tear)
③ 공식(pitting)
④ 편석(segregation)

32. 상온의 질소가스는 압력을 상승시키면 가스점도가 어떻게 변화하는가? (단, 다른 조건은 동일하다고 본다.)

① 감소한다.　　　② 변하지 않는다.
③ 낮게 된다.　　　④ 높아진다.

33. 긴급차단장치의 부분 중 용접구조용 압연강재를 사용할 수 없는 기준으로 옳은 것은?

① 설계압력이 1 MPa를 초과하는 긴급차단장치

② 설계압력이 2 MPa를 초과하는 긴급차단장치

③ 설계압력이 3 MPa를 초과하는 긴급차단장치

④ 설계압력이 4 MPa를 초과하는 긴급차단장치

34. 탄소강 그대로는 강의 조직이 약하므로 가공이 필요하다. 다음 설명 중 틀린 것은?

① 냉간가공은 상온에서 가공하는 것이다.

② 열간가공은 고온도로 가공하는 것이다.

③ 냉간가공하면 인장강도, 신장, 교축, 충격치가 증가한다.

④ 금속을 가공하는 도중 결정 내 변형이 생겨 경도가 증가하는 것을 가공경화라 한다.

35. 내진등급의 분류기준으로 틀린 것은?

① 영향도 등급은 A, B, C로 분류한다.

② 중요도 등급은 특등급, 1등급, 2등급

으로 분류한다.

③ 관리등급은 핵심시설, 중요시설, 일반 시설로 분류한다.

④ 내진등급은 내진 특A등급, 내진 특등급, 내진 Ⅰ등급, 내진 Ⅱ등급으로 분류한다.

36. 증기압축식 냉동기에서 고온, 고압의 액체 냉매를 교축작용에 의해 증발을 일으킬 수 있는 압력까지 감압시켜 주는 역할을 하는 기기는?

① 압축기   ② 팽창밸브
③ 증발기   ④ 응축기

37. 조정압력이 3.3 kPa 이하이고, 노즐 지름이 3.2 mm 이하인 LPG용 압력조정기의 안전장치 분출용량은?

① 100 L/h 이상   ② 140 L/h 이상
③ 240 L/h 이상   ④ 300 L/h 이상

38. 흡수식 냉동기의 기본 사이클에 해당하지 않는 것은?

① 응축   ② 증발
③ 압축   ④ 흡수

39. 언로딩(unloading)형으로 정특성은 극히 좋으나, 안정성이 부족한 정압기의 형식은?

① KRF식   ② Axial flow식
③ Fisher식   ④ Reynolds식

40. 고압가스용 냉동기 제조 시 사용하는 탄소강 강재의 허용전단응력 값은 설계온도에서 허용인장응력값의 몇 %로 하여야 하는가?

① 설계온도에서 허용인장응력값의 80 %
② 설계온도에서 허용인장응력값의 85 %

③ 설계온도에서 허용인장응력값의 90 %
④ 설계온도에서 허용인장응력값 이하

제 3 과목   가스안전관리

41. 액화석유가스 자동차용 충전시설의 충전호스의 설치기준으로 옳은 것은?

① 충전호스의 길이는 3 m 이내로 한다.
② 충전호스에 부착하는 가스주입기는 원터치형으로 한다.
③ 충전기와 가스주입기는 일체형으로 하여 분리되지 않도록 한다.
④ 충전호스에 과도한 인장력이 가하여도 호스와 충전기는 안전하여야 한다.

42. 고정식 압축도시가스 자동차 충전시설에서 저장탱크 침하방지조치 대상으로 적합한 것은?

① 저장능력이 압축가스는 1000 m³ 이상, 액화가스는 10톤 이상인 저장탱크
② 저장능력이 압축가스는 500 m³ 이상, 액화가스는 5톤 이상인 저장탱크
③ 저장능력이 압축가스는 100 m³ 이상, 액화가스는 1톤 이상인 저장탱크
④ 저장능력이 압축가스는 300 m³ 이상, 액화가스는 3톤 이상인 저장탱크

43. 다음 독성가스 중 공기보다 가벼운 가스는 어느 것인가?

① 염소
② 산화에틸렌
③ 황화수소
④ 암모니아

44. 가연성가스의 폭발등급 및 이에 대응하는 내압방폭구조 폭발등급의 분류기준이 되는 것은?

① 최대안전틈새 범위
② 발화온도
③ 최소점화전류비 범위
④ 폭발범위

45. 고압가스 특정제조시설에서 처리능력이 30톤인 암모니아의 처리설비와 제2종 보호시설과의 안전거리 기준은? (단, 제2종 보호시설은 사업소 및 전용공업지역 안에 있는 보호시설이 아니다.)

① 18 m   ② 16 m
③ 14 m   ④ 12 m

46. 가스보일러의 물탱크의 수위를 다이어프램에 의해 압력변화로 검출하여 전기접점에 의해 가스회로를 차단하는 안전장치는?

① 헛불방지장치   ② 동결방지장치
③ 소화안전장치   ④ 과열방지장치

47. 방폭전기기기 중 압력방폭구조를 나타내는 기호는?

① s   ② d
③ p   ④ ia

48. 독성가스 충전용기를 운반하는 차량에 용기 승하차용 리프트와 밀폐된 구조의 적재함이 부착된 전용차량으로 하는 허용농도는 얼마인가?

① 300 ppm 이하
② 200 ppm 이하
③ 100 ppm 이하
④ 1 ppm 이하

49. 충전용기에 아세틸렌을 충전하는 방법 중 가장 적합한 것은?

① 질소 및 탄산가스로 치환한 후 디메틸포름아미드에 용해하여 충전한다.
② 미리 용기에 다공물질을 넣고 아황산가스 등의 안정제를 첨가한 후 아세틸렌을 용해하여 충전한다.
③ 미리 용기에 아세톤 등을 넣어 용기 내부의 유지류 등을 제거한 후 아세틸렌을 용해하여 충전한다.
④ 미리 용기에 다공물질을 넣고 아세톤을 침윤시킨 후 아세틸렌을 용해하여 충전한다.

50. 특정설비 중 차량에 고정된 탱크에 대한 설명으로 틀린 것은?

① 스테인리스강의 허용응력의 수치는 인장강도의 $\dfrac{1}{3.5}$로 한다.
② 탱크의 재료는 압력용기용 강판, 저온 압력용기용 탄소강판 등으로 한다.
③ 탱크에 타원형 맨홀을 1개 이상 설치할 때에는 긴 지름 375 mm 이상, 짧은 지름 275 mm 이상으로 한다.
④ 동체의 안지름은 동체 축에 수직한 동일면에서의 최대 안지름과 최소 안지름의 차는 어떤 단면에 대한 기준 안지름의 2 %를 초과하지 아니하도록 한다.

51. 로딩암을 고압가스 충전시설에 설치하는 것에 대한 설명으로 틀린 것은?

① 로딩암은 배관부와 구동부로 구성한다.
② 가연성 가스를 이입·이송하는 로딩암은 단독으로 접지한다.
③ 로딩암에 연결하는 항만 측의 배관부에는 긴급차단장치를 1개 이상 설치한다.

④ 이입·이송 작업 중 눈에 띄는 곳에 경계표지를 설치하고 그 크기는 10 cm×60 cm 이상으로 한다.

52. 액화석유가스 일반 집단공급시설의 입상관에 설치하는 신축흡수 조치방법의 기준으로 틀린 것은?

① 분기관에는 90° 엘보 1개 이상을 포함하는 굴곡부를 설치한다.

② 건축물에 노출하여 설치하는 배관의 분기관 길이는 50 cm 이상으로 한다.

③ 외벽 관통 시 사용하는 보호관의 내경은 분기관 외경의 1.2배 이상으로 한다.

④ 횡지관의 길이가 50 m 이하인 경우에는 신축흡수조치를 하지 아니할 수 있다.

53. 브롬화수소에 대한 설명으로 가장 거리가 먼 것은?

① 가연성가스이다.

② 공기보다 무겁다.

③ 수용액은 강산이다.

④ 금속과 반응하여 가연성가스를 생성한다.

54. 내용적 50 L의 LPG 용기에 프로판을 충전할 때 최대 충전량은 몇 kg인가? (단, 프로판의 충전상수는 2.35이다.)

① 19.15　　　　② 21.28

③ 32.62　　　　④ 117.5

55. 차량에 고정된 탱크의 운행 중 조치사항에 대한 설명으로 틀린 것은?

① 저장탱크에 이입 또는 송출하는 때를 제외하고 제1종 보호시설에서 15 m 이상 떨어지도록 한다.

② 화기를 사용하는 수리는 가스를 완전히 빼고 질소나 불활성가스 등으로 치환한 후 작업을 한다.

③ 고압가스를 운반하는 자는 운행 장소 소속 경찰서 및 소방서가 지정하는 도로·시간·속도에 따라 운행한다.

④ 저장탱크에 이입 또는 송출하는 때를 제외하고 제2종 보호시설이 밀집되어 있는 지역과 육교 및 고가차도 등의 아래 또는 부근을 피한다.

56. 냉동용 특정설비의 제조에서 고장력강을 사용하는 특정설비는 용접부 내면의 보강 덧붙임을 깎아내도록 되어 있다. 이때 고장력강이란 탄소강으로서 규격 최소인장강도(N/mm^2)의 기준은?

① 412.4　　　　② 488.4

③ 516.3　　　　④ 568.4

57. 가스용 이형질이음관의 내압 및 내인장 성능 기준으로 옳은 것은?

① 23±2℃의 온도에서 이음관을 100±10 mm/min 속도로 당겼을 때 접합 부위에서 파단이 일어나지 않아야 한다.

② 23±2℃의 온도에서 이음관을 50±5 mm/min 속도로 당겼을 때 접합 부위에서 파단이 일어나지 않아야 한다.

③ 23±2℃의 온도에서 이음관의 내부에 물을 채우고 6.4 MPa까지의 압력을 가하였을 때 파열과 이탈이 없는 것으로 한다.

④ 23±2℃의 온도에서 이음관의 내부에 물을 채우고 4.4 MPa까지의 압력을 가하였을 때 파열과 이탈이 없는 것으로 한다.

58. 다음 액화가스 저장탱크 중 방류둑을 설치하여야 하는 것은?

① 저장능력이 5톤인 염소 저장탱크

② 저장능력이 8백톤인 산소 저장탱크

③ 저장능력이 5백톤인 수소 저장탱크

④ 저장능력이 9백톤인 프로판 저장탱크

59. 독성가스가 누출되었을 경우 이에 대한 제독조치로서 적당하지 않은 것은?

① 흡착제에 의하여 흡착 제거하는 조치

② 벤트스택을 통하여 공기 중에 방출시키는 조치

③ 물 또는 흡수제에 의하여 흡수 또는 중화하는 조치

④ 집액구 등으로 고인 액화가스를 펌프 등의 이송설비로 반송하는 조치

60. 고압가스 특정제조 허가 대상의 기준이 아닌 것은?

① 석유정제업자의 석유정제시설로서 저장능력이 100톤 이상

② 철강공업자의 철강공업시설로서 처리능력 10만 m^3 이상

③ 비료생산업자의 비료제조시설로서 처리능력 10만 m^3 이상

④ 석유화학공업자의 석유화학공업시설로서 처리능력 10만 m^3 이상

제 4 과목 가스계측

---

61. 가스크로마토그래피는 시료 고유의 어떤 성질을 이용한 분석기인가?

① 점성 ② 비열

③ 반응속도 ④ 확산속도

62. 열전대 온도계에 적용되는 원리(효과, 법칙)로 옳은 것은?

① 제베크 효과

② 스테판 – 볼츠만 법칙

③ 톰슨 효과

④ 패러데이 법칙

63. SI단위계의 기본단위가 아닌 것은?

① 힘(N) ② 전류(A)

③ 광도(cd) ④ 시간(s)

64. 전기저항 온도계에서 측온 저항체의 공칭 저항치라고 하는 것은 몇 ℃의 온도일 때 저항소자의 저항을 의미하는가?

① −273℃ ② 0℃

③ 5℃ ④ 21℃

65. 대기압 750 mmHg에서 게이지압력이 325 kPa이다. 이때 절대압력은 약 몇 kPa인가?

① 223 ② 327

③ 425 ④ 501

66. 다음 시료가스 중에서 적외선 분광법으로 측정할 수 있는 것은?

① O_2 ② SO_2

③ N_2 ④ Cl_2

67. 다음 [보기] 중 압력계에 대한 설명으로 옳은 것은?

─── 〈보 기〉 ───
⊙ 압전기식 압력계는 망간선이 사용된다.
⊙ U자관식 압력계는 저압의 차압 측정에 적합하다.
⊙ 부르동관식 압력계는 중추형 압력계의 검정에 사용된다.

① ⊙
② ⊙
③ ⊙
④ ⊙, ⊙, ⊙

68. 어떤 분리관에서 얻은 벤젠의 기체 크로마토그램을 분석하였더니 시료 도입점으로부터 피크 최고점까지의 길이가 85.4 mm, 봉우리 폭이 9.6 mm일 때 이론단수는 얼마인가?

① 835단
② 935단
③ 1046단
④ 1266단

69. 유량의 계측 단위가 아닌 것은?

① kg/h
② kg/s
③ Nm^3/s
④ kg/m^3

70. 가스미터의 필요조건으로 적당하지 않은 것은?

① 수리하기 쉬울 것
② 정확하게 계량될 것
③ 소형이며 용량이 클 것
④ 감도는 적으나 정밀성이 클 것

71. 시험용 미터인 루트 가스미터로 측정한 유량이 5 m^3/h이다. 기준용 가스미터로 측정한 유량이 4.75 m^3/h이라면 이 가스미터의 기차는 약 몇 %인가?

① 2.5 %
② 3 %
③ 5 %
④ 10 %

72. 보일러에 점화를 행하려고 할 때 적용되는 자동제어로 옳은 것은?

① 시퀀스 제어
② 피드백 제어
③ 인터로크
④ 캐스케이드 제어

73. 기체 연료의 발열량을 측정하는 열량계는?

① Richter 열량계
② Scheel 열량계
③ Junker 열량계
④ Thomson 열량계

74. 가스미터를 설치할 때 유의할 사항이 아닌 것은?

① 수평으로 설치한다.
② 배관 상호간에 부담을 배제한다.
③ 입구 배관에 드레인을 부착한다.
④ 입구와 출구를 구분할 필요가 없다.

75. 오르사트 분석법은 어떤 시약이 CO를 흡수하는 방법을 이용하는 것이다. 이때 사용하는 흡수액은?

① 30 % KOH 용액
② 알칼리성 피로갈롤용액
③ 수산화나트륨 25 % 용액
④ 암모니아성 염화 제1구리용액

76. 작은 압력 변화에도 크게 편향하는 성질이 있어 저기압의 압력 측정에 사용되고 점도가 큰 액체나 고체 부유물이 있는 유체의 압력을 측정하기에 적합한 압력계는?

① 다이어프램 압력계
② 부르동관 압력계
③ 벨로스 압력계
④ 맥클레오드 압력계

77. 방사고온계에 적용되는 이론은?

① 필터 효과

② 제베크 효과

③ 윈 – 프랑크 법칙

④ 스테판 – 볼츠만 법칙

78. 도로에 매설된 도시가스가 누출되는 것을 감지하여 분석한 후 가스누출 유무를 알려 주는 가스 검출기는?

① FID   ② TCD

③ FTD   ④ FPD

79. 가스분석법 중 흡수분석법에 해당하지 않는 것은?

① 헴펠법   ② 산화구리법

③ 오르사트법   ④ 게겔법

80. 막식 가스미터의 경우 계량막 밸브의 누설, 밸브와 밸브 시트 사이의 누설 등이 원인이 되는 고장은?

① 부동(不動)   ② 불통(不通)

③ 누설(漏洩)   ④ 기차(器差) 불량

CBT 실전문제 7

제 1 과목　연소공학

1. 탄소 1 mol이 불완전연소하여 전량 일산화탄소가 되었을 경우 몇 mol이 되는가?

① $\frac{1}{2}$ ② 1

③ $1\frac{1}{2}$ ④ 2

2. 액체연료를 버너에서 연소시킬 때 1차 공기란 무엇인가?

① 착화에 필요한 공기
② 인화에 필요한 공기
③ 연료의 무화에 필요한 공기
④ 공급 공기량에서 이론공기량을 뺀 것

3. 정전기 제거방법이 아닌 것은?

① 공기를 건조하게 만든다.
② 대상물을 접지시킨다.
③ 공기를 이온화시킨다.
④ 도전성 재료를 사용한다.

4. 불활성화(inerting)가스로 사용할 수 없는 가스는?

① 수소   ② 질소
③ 이산화탄소   ④ 수증기

5. 프로판가스의 연소과정에서 발생한 열량은 50232 MJ/kg이었다. 연소 시 발생한 수증기의 잠열이 8372 MJ/kg이면 프로판가스의 저발열량 기준 연소효율은 약 몇 %인가? (단, 연소에 사용된 프로판가스의 저발열량

은 46046 MJ/kg이다.)

① 97   ② 91
③ 93   ④ 96

6. 1기압, 40 L의 공기를 4 L 용기에 넣었을 때 산소의 분압은 얼마인가? (단, 압축 시 온도변화는 없고, 공기는 이상기체로 가정하며, 공기 중 산소는 20 %로 가정한다.)

① 1기압   ② 2기압
③ 3기압   ④ 4기압

7. 공기 20 kg과 증기 5 kg이 내용적 15 m³인 용기 속에 들어 있다. 이 혼합가스의 온도가 50℃라면 용기의 압력은 약 몇 kPa이 되겠는가? (단, 공기와 증기의 기체상수는 각각 0.287 kJ/kg · K, 0.462 kJ/kg · K이다.)

① 38.6   ② 98.7
③ 127.2   ④ 173.4

8. C_3H_8을 공기와 혼합하여 완전연소시킬 때 혼합기체 중 C_3H_8의 최대농도는 약 얼마인가? (단, 공기 중 산소는 20.9 %이다.)

① 3 vol%   ② 4 vol%
③ 5 vol%   ④ 6 vol%

9. 다양한 종류의 방폭구조 관련 지식, 위험장소 구분 관련 지식 및 방폭전기기기 설치실무 관련 지식 등을 보유한 자를 무엇이라 하는가?

① 방폭점검사   ② 방폭관리사
③ 방폭실무자   ④ 방폭감독자

10. 플라스틱, 합성수지와 같은 고체 가연물의 연소형태로 옳은 것은?

① 표면연소
② 자기연소
③ 확산연소
④ 분해연소

11. 가연성가스의 연소 및 폭발에 대한 [보기] 설명 중 옳은 것은?

──── [보 기] ────
㉠ 가연성가스가 연소할 때에는 산소가 필요하다.
㉡ 가연성가스가 이산화탄소와 혼합할 때 연소가 잘 된다.
㉢ 가연성가스는 혼합하는 공기의 양이 적을 때 완전연소한다.

① ㉠
② ㉢
③ ㉠, ㉡
④ ㉡, ㉢

12. 냉동기의 성적계수를 구하는 공식으로 옳은 것은? (단, T_1은 고열원의 절대온도, T_2는 저열원의 절대온도이다.)

① $\dfrac{T_2}{T_1 - T_2}$
② $\dfrac{T_1}{T_1 - T_2}$
③ $\dfrac{T_1 - T_2}{T_1}$
④ $\dfrac{T_1 - T_2}{T_2}$

13. 이상기체에 대한 설명으로 틀린 것은?

① 보일 – 샤를의 법칙을 만족한다.
② 아보가드로의 법칙에 따른다.
③ 비열비 $\left(k = \dfrac{C_p}{C_v}\right)$는 온도에 관계없이 일정하다.
④ 내부에너지는 체적과 관계있고, 온도와는 무관하다.

14. 메탄 60 %, 에탄 30 %, 프로판 5 %, 부탄 5 %인 혼합가스의 공기 중 폭발하한값은? (단, 각 성분의 하한값은 메탄 5 %, 에탄 3 %, 프로판 2.1 %, 부탄 1.8 %이다.)

① 3.8
② 7.6
③ 13.5
④ 18.3

15. 가연성가스의 폭발등급 및 이에 대응하는 내압방폭구조 폭발등급의 분류기준이 되는 것은?

① 폭발범위
② 발화온도
③ 최대안전틈새 범위
④ 최소점화전류비 범위

16. 다음 중 프로판의 완전연소 반응식을 옳게 나타낸 것은?

① $C_3H_8 + 2O_2 \longrightarrow 3CO_2 + 4H_2O$
② $C_3H_8 + 5O_2 \longrightarrow 3CO_2 + 4H_2O$
③ $C_3H_8 + 3O_2 \longrightarrow 3CO_2 + 4H_2O$
④ $C_3H_8 + \dfrac{8}{2}O_2 \longrightarrow 3CO_2 + 2H_2O$

17. 방폭전기기기의 구조별 표시방법으로 틀린 것은?

① s – 특수 방폭구조
② o – 안전증 방폭구조
③ d – 내압(耐壓) 방폭구조
④ p – 압력(壓力) 방폭구조

18. 다음 중 폭발범위에 영향을 주는 요인이 아닌 것은?

① 온도
② 압력
③ 산소량
④ 발화지연시간

19. 아세틸렌 가스의 위험도(H)는 약 얼마인가?

① 21   ② 23

③ 31   ④ 33

20. 가스 안전성 평가 기법 중 정성적 평가 기법에 해당하는 것은?

① 결함수 분석(FTA) 기법
② 원인 결과 분석(CCA) 기법
③ 작업자 실수 분석(HEA) 기법
④ 위험과 운전 분석(HAZOP) 기법

제 2 과목   가스설비

---

21. 아세틸렌을 용기에 충전하는 작업에 대한 내용으로 틀린 것은?

① 아세틸렌을 2.5 MPa의 압력으로 압축하는 때에는 질소, 메탄, 일산화탄소 또는 에틸렌 등의 희석제를 첨가할 것
② 습식 아세틸렌 발생기의 표면은 70℃ 이하의 온도로 유지하여야 하며, 그 부근에서는 불꽃이 튀는 작업을 하지 아니할 것
③ 아세틸렌을 용기에 충전하는 때에는 미리 용기에 다공성물질을 고루 채워 다공도가 80 % 이상 92 % 미만이 되도록 한 후 아세톤 또는 디메틸포름아미드를 고루 침윤시키고 충전할 것
④ 아세틸렌을 용기에 충전하는 때의 충전 중의 압력은 2.5 MPa 이하로 하고, 충전 후에는 압력이 15℃에서 1.5 MPa 이하로 될 때까지 정치하여 둘 것

22. 물 18 kg을 전기분해에 의하여 산소를 제조하여 내용적 40 L 용기에 13.4 MPa · g로 충전한다면 최소 용기는 몇 개가 필요한가?

① 3   ② 5

③ 7   ④ 10

23. 정압기 정특성과 관계없는 것은?

① 시프트(shift)   ② 로크업(lock up)
③ 다이어프램   ④ 오프셋(off set)

24. 왕복펌프에 비해 소형이며 구조가 간단하고 맥동 현상이 적은 반면 공기 바인딩 현상이 나타날 수 있는 펌프는?

① 피스톤펌프   ② 원심펌프
③ 제트펌프   ④ 플런저펌프

25. LNG 기화장치 중 해수를 가열원으로 이용하여 기화시키는 것은?

① IFV   ② ORV
③ SCV   ④ EHV

26. 입상관 높이가 50 m인 곳에 비중이 1.5인 프로판을 공급할 때 발생하는 압력손실은 약 몇 Pa인가?

① 127.9   ② 192.4
③ 316.8   ④ 752.8

27. 액화석유가스 압력조정기 중 1단 감압식 저압조정기의 조정압력은?

① 2.3~3.3 MPa
② 5~30 MPa
③ 2.3~3.3 kPa
④ 5~30 kPa

28. 펌프의 송출유량이 $Q[\text{m}^3/\text{s}]$, 양정이 H [m], 송출하는 액체의 비중량이 $\gamma[\text{kgf/m}^3]$ 일 때 수동력 $L_w[\text{kW}]$을 구하는 식은?

① $L_w = \dfrac{\gamma HQ}{75}$ ② $L_w = \dfrac{\gamma HQ}{102}$

③ $L_w = \dfrac{\gamma HQ}{550}$ ④ $L_w = \dfrac{\gamma HQ}{4500}$

29. 압축기에 관한 용어에 대한 설명으로 틀린 것은?

① 상사점 : 실린더 체적이 최소가 되는 점
② 압축비 : 실린더 체적과 간극 체적과의 비
③ 행정 : 실린더 내에서 피스톤이 이동하는 거리
④ 간극용적 : 피스톤이 상사점과 하사점의 사이를 왕복할 때의 가스의 체적

30. LP가스 용기 저장설비를 강제기화방식으로 설치할 때에 대한 설명 중 틀린 것은?

① 용기는 사이펀 용기를 설치해야 한다.
② 용기의 액라인이 설치되어서는 안 된다.
③ 집합관은 액상과 기상의 2계열로 설치한다.
④ 설비의 점검, 보수 시에는 가스의 공급이 가능하도록 조치를 한다.

31. 고온·고압의 일산화탄소(CO)를 취급하는 시설에서 사용하는 재료로서 가장 적합한 것은?

① 탄소강
② 저합금강
③ 철 및 알루미늄
④ 니켈 크롬계 스테인리스강

32. 가단주철제 관 이음쇠의 종류가 아닌 것은?

① 소켓 ② 니플
③ 티 ④ 개스킷

33. 도시가스 제조설비 중 접촉분해 방식으로 높은 열량의 가스를 제조하려고 할 때 적합한 방법은?

① 반응온도는 낮게, 반응압력은 높게
② 반응온도는 낮게, 반응압력도 낮게
③ 반응온도는 높게, 반응압력은 낮게
④ 반응온도는 높게, 반응압력도 높게

34. 동일한 펌프로 회전수를 변경시킬 경우 양정을 변화시켜 상사 조건이 되려면 회전수와 유량은 어떤 관계가 있는가?

① 유량에 비례한다.
② 유량에 반비례한다.
③ 유량의 2승에 비례한다.
④ 유량의 2승에 반비례한다.

35. 최고사용압력이 6.5 MPa인 곳에 인장강도가 380 MPa인 SPPS를 사용할 때 스케줄 번호는 얼마인가?(단, 안전율은 4를 적용한다.)

① 40 ② 80
③ 100 ④ 120

36. 액화석유가스의 주성분이 아닌 것은?

① 프로판 ② 프로필렌
③ 부틸렌 ④ 에탄

37. LPG 공급방식에서 강제기화방식의 특징이 아닌 것은?

① 기화량을 가감할 수 있다.

② 설치 면적이 작아도 된다.

③ 한랭 시에는 연속적인 가스 공급이 어렵다.

④ 공급 가스의 조성을 일정하게 유지할 수 있다.

38. 고압가스 용기의 충전구의 나사가 왼나사인 것은?

① N_2 ② H_2

③ He   ④ NH_3

39. 다음 중 수소취성에 대한 설명으로 가장 옳은 것은?

① 탄소강은 수소취성을 일으키지 않는다.

② 수소는 환원성가스로 상온에서도 부식을 일으킨다.

③ 수소는 고온, 고압하에서 철과 화합하며 이것이 수소취성의 원인이 된다.

④ 수소는 고온, 고압하에서 강 중의 탄소와 화합하여 메탄을 생성하여 이것이 수소취성의 원인이 된다.

40. 흡수식 냉동기의 구성요소가 아닌 것은?

① 압축기   ② 응축기

③ 증발기   ④ 흡수기

제 3 과목   가스안전관리

---

41. 액화석유가스를 차량에 고정된 내용적 V(L)인 탱크에 충전할 때 충전량 산정식은? (단, W : 저장능력(kg), P : 최고충전압력(MPa), d : 비중(kg/L), C : 가스의 종류에 따른 정수이다.)

① $W = \dfrac{V}{C}$ ② $W = C(V+1)$

③ $W = 0.9dV$ ④ $W = (10P+1)V$

42. 의료용 산소용기의 표시방법으로 옳은 것은?

① 용기의 상단부에 2 cm 크기의 백색 띠를 한 줄로 표시한다.

② 용기의 상단부에 3 cm 크기의 녹색 띠를 두 줄로 표시한다.

③ 용기의 상단부에 3 cm 크기의 백색 띠를 한 줄로 표시한다.

④ 용기의 상단부에 2 cm 크기의 녹색 띠를 두 줄로 표시한다.

43. 지상에 설치하는 저장탱크 주위에 방류둑을 설치하지 않아도 되는 경우는?

① 저장능력 10톤의 염소탱크

② 저장능력 2000톤의 액화산소탱크

③ 저장능력 1000톤의 부탄탱크

④ 저장능력 5000톤의 액화질소탱크

44. 내압시험압력 및 기밀시험압력의 기준이 되는 압력으로서 사용 상태에서 해당 설비 등의 각부에 작용하는 최고사용압력을 의미하는 것은?

① 설계압력

② 표준압력

③ 상용압력

④ 설정압력

45. 액화석유가스 자동차에 고정된 용기 충전소 내 지상에 태양광발전설비 집광판을 설치하려는 경우에 충전설비, 저장설비, 가스설비, 배관 등과의 이격거리는 몇 m 이상인가?

① 2   ② 5

③ 8   ④ 10

46. 액화석유가스에 첨가하는 부취제의 측정 방법으로 볼 수 없는 것은?

① 오더(odor)미터법

② 고무풍선 이용법

③ 주사기법

④ 무취실법

47. 내진설계 시 최대 4800년 재현 주기로 지진에 대해 붕괴 방지 수준의 내진 성능을 확보하도록 관리하는 시설로 옳은 것은?

① 핵심 시설   ② 일반 시설

③ 중요 시설   ④ 특정 시설

48. 내진등급 분류가 아닌 것은?

① 중요도 등급   ② 영향도 등급

③ 관리등급   ④ 일반등급

49. 고압가스를 운반하는 차량의 경계표지 크기의 가로치수는 차체 폭의 몇 % 이상으로 하는가?

① 5   ② 10

③ 20   ④ 30

50. 차량에 고정된 탱크로 가연성가스를 적재하여 운반할 때 휴대하여야 할 소화설비의 기준으로 옳은 것은?

① BC용, B-10 이상 분말소화제를 2개 이상 비치

② BC용, B-8 이상 분말소화제를 2개 이상 비치

③ ABC용, B-10 이상 포말소화제를 1개 이상 비치

④ ABC용, B-8 이상 포말소화제를 1개 이상 비치

51. 염화메탄을 냉매가스로 사용하는 냉동기에 사용해서는 안 되는 재료는?

① 탄소강재   ② 주강품

③ 구리   ④ 알루미늄 합금

52. 가스용 폴리에틸렌관을 설치할 때 시공 방법이 잘못 설명된 것은?

① 관은 매몰하여 시공하여야 한다.

② 관의 굴곡 허용반경은 외경의 30배 이상으로 한다.

③ 관은 40℃ 이상이 되는 장소에 설치하지 않아야 한다.

④ 관의 매설 위치를 지상에서 탐지할 수 있는 로케팅 와이어 등을 설치한다.

53. 카바이드를 이용하여 아세틸렌을 제조할 때 공업적으로 가장 많이 사용되는 발생장치는?

① 주수식   ② 침지식

③ 투입식   ④ 연속식

54. 수소용품에 해당되지 않는 것은?

① 수소가스설비

② 연료전지

③ 수전해설비

④ 수소추출설비

55. 도시가스 정압기 출구 측의 압력이 설정 압력보다 비정상적으로 상승하거나 낮아지는 경우에 이상 유무를 상황실에서 알 수 있도록 알려주는 설비는?

① 압력기록장치
② 이상압력 통보설비
③ 가스 누출경보장치
④ 출입문 개폐통보장치

56. 메탄의 공기 중 폭발하한계는 5 %이다. 이 경우 혼합가스 1 Nm³에 함유된 메탄의 질량은 약 몇 g인가? (단, 메탄은 이상기체로 가정한다.)

① 35.7 　　② 357.0
③ 24.4 　　④ 244.0

57. 기존설비 또는 안전성향상계획서를 제출·심사 받은 설비에 대하여 설비의 설계·건설·운전 및 정비의 경험을 바탕으로 위험성을 평가·분석하는 방법은?

① 예비 위험 분석 기법
② 공정 위험 분석 기법
③ 원인 결과 분석 기법
④ 위험과 운전 분석 기법

58. 산소를 충전하기 위한 배관에 접속하는 압축기와의 사이에 설치해야 할 것은? (단, 압축기의 내부윤활제는 물을 사용한다.)

① 증발기
② 정지 장치
③ 드레인 세퍼레이터
④ 유분리기

59. 흡수식 냉동설비에서 1일 냉동능력 1톤의 산정기준은?

① 발생기를 가열하는 1시간의 입열량 3320 kcal
② 발생기를 가열하는 1시간의 입열량 4420 kcal
③ 발생기를 가열하는 1시간의 입열량 5540 kcal
④ 발생기를 가열하는 1시간의 입열량 6640 kcal

60. 고압가스 설비의 수리를 할 때 가스치환에 관하여 바르게 설명한 것은?

① 산소의 경우 산소의 농도가 22 % 이하에 도달할 때까지 공기로 치환한다.
② 독성가스의 경우 산소의 농도가 16 % 이상 도달할 때까지 공기로 치환한다.
③ 가연성가스의 경우 가스의 농도가 폭발하한계의 1/2에 도달할 때까지 치환한다.
④ 독성가스의 경우 독성가스의 농도가 TLV-TWA 기준농도 이상에 도달할 때까지 불활성가스로 치환한다.

제 4 과목　가스계측

---

61. 오리피스로 유량을 측정하는 경우 압력차가 4배로 증가하면 유량은 몇 배로 변하는가?

① 2배 증가 　　② 4배 증가
③ 8배 증가 　　④ 16배 증가

62. 날개에 부딪히는 유체의 운동량으로 회전체를 회전시켜 운동량과 회전량의 변화로 가스흐름을 측정하는 것으로 점도가 낮은 유체일수록 측정 범위가 넓고 압력손실이 적은 가스유량계는?

① 막식 유량계 　　② 터빈 유량계
③ roots 유량계 　　④ vortex 유량계

63. 계측시간이 짧은 에너지의 흐름을 무엇이라 하는가?

① 외란　　　　② 시정수
③ 펄스　　　　④ 응답

64. 다음 중 추량식 가스미터는?

① 막식　　　　② 습식
③ 루트식　　　④ 오리피스식

65. 유기화합물의 분리에 가장 적합한 기체 크로마토그래피의 검출기는?

① TCD　　　　② FID
③ ECD　　　　④ FPD

66. 정확한 계량이 가능하여 기준기로 많이 사용되는 가스미터는?

① 막식 가스미터
② 습식 가스미터
③ 회전자식 가스미터
④ 벤투리식 가스미터

67. 도시가스 제조소에 설치된 가스누출검지 경보장치는 미리 설정된 가스농도에서 자동적으로 경보를 울리는 것으로 하여야 한다. 이때 미리 설정된 가스농도란?

① 폭발한한계 값
② 폭발상한계 값
③ 폭발하한계의 1/4 이하 값
④ 폭발하한계의 1/2 이하 값

68. 벤투리 유량계의 특성에 대한 설명으로 틀린 것은?

① 내구성이 좋다.
② 압력손실이 적다.

③ 침전물의 생성 우려가 적다.
④ 좁은 장소에 설치할 수 있다.

69. 가스누출검지기 중 가스와 공기의 열전도도가 다른 것을 측정원리로 하는 검지기는?

① 반도체식 검지기
② 접촉연소식 검지기
③ 서모스탯식 검지기
④ 불꽃이온화식 검지기

70. 25℃, 1 atm에서 21 mol%의 O_2와 79 mol%의 N_2로 된 공기혼합물의 밀도는 약 몇 kg/m^3인가?

① 0.118　　　② 1.18
③ 0.134　　　④ 1.34

71. 기체 크로마토그래피(gas chromatography)의 일반적인 특성에 해당하지 않는 것은?

① 연속분석이 가능하다.
② 분리능력과 선택성이 우수하다.
③ 적외선 가스분석계에 비해 응답속도가 느리다.
④ 여러 가지 가스 성분이 섞여 있는 시료 가스 분석에 적당하다.

72. 다음 중 전자유량계의 원리는?

① 옴(Ohm's)의 법칙
② 베르누이(Bernoulli)의 법칙
③ 아르키메데스(Archimedes)의 원리
④ 패러데이(Faraday)의 전자유도법칙

73. 밀도와 비중에 대한 설명으로 틀린 것은?

① 액체나 고체의 밀도는 압력보다 온도에 의한 변화가 크다.

② 밀도는 물질의 단위 부피당 질량이다.
③ 석유제품의 부피나 °API 비중의 기준 온도는 32°F이다.
④ 비중은 어떤 부피의 물질에 대한 같은 부피의 표준물질과의 질량비로 나타낸다.

74. 측정지연 및 조절지연이 작을 경우 좋은 결과를 얻을 수 있으며 제어량의 편차가 없어질 때까지 동작을 계속하는 제어 동작은?

① 적분 동작
② 비례 동작
③ 평균 2위치 동작
④ 미분 동작

75. 계량막이 신축하여 부피가 변화한 경우 계량 관련법에 규정된 사용공차를 넘어서는 현상을 무엇이라 하는가?

① 불통
② 기차 불량
③ 부동
④ 감도 불량

76. 다음 중 유량의 단위가 아닌 것은?

① m^3/s
② ft^3/h
③ m^2/min
④ L/s

77. 기체 크로마토그래피(gas chromato-graphy)에 사용되는 운반가스(carrier gas)로 부적당한 것은?

① He
② N_2
③ H_2
④ C_2H_2

78. 외란의 영향으로 인하여 제어량이 목표치 50 L/min에서 53 L/min으로 변하였다면 이때 제어편차는 얼마인가?

① +3 L/min
② -3 L/min
③ +6.0 %
④ -6.0 %

79. 다음 가스분석법 중 물리적 가스분석법에 해당하지 않는 것은?

① 열전도율법
② 오르사트법
③ 적외선흡수법
④ 가스크로마토그래피법

80. 수정이나 전기석 또는 로셸염 등의 결정체의 특정 방향으로 압력을 가할 때 발생하는 표면 전기량으로 압력을 측정하는 압력계는?

① 스트레인 게이지
② 피에조 전기 압력계
③ 자기변형 압력계
④ 벨로스 압력계

CBT 실전문제 8

1. 다음 연료 중 인화점이 가장 낮은 것은?

① 메탄　　　　　② 가솔린
③ 벤젠　　　　　④ 에테르

2. 800℃의 고열원과 100℃의 저열원 사이에서 작동하는 카르노 사이클의 효율은 약 몇 %인가?

① 55　　　　　② 58
③ 65　　　　　④ 88

3. 메탄 60 v%, 에탄 20 v%, 프로판 15 v%, 부탄 5 v%인 혼합가스의 공기 중 폭발 하한계(v%)는 약 얼마인가? (단, 각 성분의 폭발 하한계는 메탄 5.0 v%, 에탄 3.0 v%, 프로판 2.1 v%, 부탄 1.8 v%로 한다.)

① 2.5　　　　　② 3.0
③ 3.5　　　　　④ 4.0

4. 방폭 전기기기 중 압력 방폭구조를 나타내는 기호는?

① s　　　　　② d
③ p　　　　　④ ia

5. 용기의 내부에서 가스폭발이 발생하였을 때 용기가 폭발압력에 견디고 외부의 가연성가스에 인화되지 않도록 한 구조는?

① 특수(特殊) 방폭구조
② 유입(油入) 방폭구조
③ 내압(耐壓) 방폭구조
④ 안전증(安全增) 방폭구조

6. 프로판 1 Sm^3를 완전연소시키는데 필요한 이론공기량은 약 몇 Sm^3인가?

① 5.0　② 10.5　③ 21.0　④ 23.8

7. 이상기체에 대한 설명 중 틀린 것은?

① 저온, 고압일수록 이상기체에 가까워진다.
② 이상기체는 분자 상호간의 인력을 무시한다.
③ 이상기체는 분자 자신이 차지하는 부피를 무시한다.
④ 이상기체에 가까운 실제 기체로는 H_2, He 등이 있다.

8. 가연성가스의 폭발범위에 대한 설명으로 옳은 것은?

① 폭굉에 의한 폭풍이 전달되는 범위를 말한다.
② 폭굉에 의하여 피해를 받는 범위를 말한다.
③ 공기 중에서 가연성가스가 연소할 수 있는 가연성가스의 농도범위를 말한다.
④ 가연성가스와 공기의 혼합기체가 연소하는데 있어서 혼합기체의 필요한 압력범위를 말한다.

9. 과잉공기가 너무 많은 경우의 현상이 아닌 것은?

① 열효율을 감소시킨다.
② 연소온도가 증가한다.
③ 배기가스의 열손실을 증대시킨다.
④ 연소가스량이 증가하여 통풍을 저해한다.

10. 연소에 대한 설명으로 옳지 않은 것은?

① 열, 빛을 동반하는 발열반응이다.
② 활성물질에 의해 자발적으로 반응이 계속되는 현상이다.
③ 반응에 의해 발생하는 열에너지가 반자발적으로 반응이 계속되는 현상이다.
④ 분자 내 반응에 의해 열에너지를 발생하는 발열 분해 반응도 연소의 범주에 속한다.

11. 1 atm, 27℃의 밀폐된 용기에 프로판과 산소가 1 : 5 부피비로 혼합되어 있다. 프로판이 완전연소하여 화염의 온도가 1000℃가 되었다면 용기 내에 발생하는 압력은 약 몇 atm인가?

① 1.95   ② 2.95
③ 3.95   ④ 4.95

12. 탄소 1 mol이 불완전연소하여 전량 일산화탄소가 되었을 경우 몇 mol이 되는가?

① $\frac{1}{2}$ ② 1

③ $1\frac{1}{2}$ ④ 2

13. 액체 연료의 연소용 공기 공급방식에서 2차 공기란 어떤 공기를 말하는가?

① 연료를 분사시키기 위해 필요한 공기
② 연료를 안개처럼 만들어 연소를 돕는 공기
③ 완전연소에 필요한 부족한 공기를 보충하는 공기
④ 연소된 가스를 굴뚝으로 보내기 위해 고압, 송풍하는 공기

14. 공정에 존재하는 위험요소들과 공정의 효율을 떨어뜨릴 수 있는 운전상의 문제점을 찾아낼 수 있는 정성적인 위험평가기법으로 산업체(화학공장)에서 가장 일반적으로 사용되는 것은?

① check list 법   ② FTA 법
③ ETA 법   ④ HAZOP 법

15. 아세틸렌(C_2H_2)가스의 위험도는 얼마인가? (단, 아세틸렌의 폭발한계는 2.51~81.2 %이다.)

① 29.15   ② 30.25
③ 31.35   ④ 32.45

16. 정전기 제거 또는 발생방지 조치에 대한 설명으로 틀린 것은?

① 상대습도를 낮춘다.
② 대상물을 접지시킨다.
③ 공기를 이온화시킨다.
④ 도전성 재료를 사용한다.

17. 폭발원인에 따른 분류 중 물리적 폭발은?

① 압력폭발   ② 산화폭발
③ 분해폭발   ④ 촉매폭발

18. 기체 연료가 공기 중에서 정상연소할 때 정상연소 속도의 값으로 가장 옳은 것은?

① 0.1~10 m/s   ② 11~20 m/s
③ 21~30 m/s   ④ 31~40 m/s

19. 폭굉(detonation)에 대한 설명으로 틀린 것은?

① 폭굉범위는 폭발범위보다 좁다.
② 폭굉하한계는 폭발하한계보다 낮다.
③ 폭굉파는 미연소가스 속으로 음속 이상이다.

④ 폭굉이 발생하면 압력이 순간적으로 상승되었다가 원래 상태로 돌아오므로 큰 파괴현상이 동반된다.

20. 다음 반응식으로부터 프로판 1 kg이 완전연소할 때 고위발열량은 약 몇 MJ/kg인가? (단, 물의 증발잠열이 2.5 MJ/kg이다.)

> $C + O_2 \rightarrow CO_2 + 360$ MJ
>
> $H_2 + \dfrac{1}{2}O_2 \rightarrow H_2O + 280$ MJ

① 50　　② 54　　③ 58　　④ 62

제 2 과목　가스설비

---

21. 실린더 안지름 20 cm, 피스톤 행정 15 cm, 매분 회전수 300, 효율이 90 %인 4기통 압축기의 지시평균 유효압력이 0.2 MPa이면 압축기에 필요한 축동력은 약 몇 kW인가? (단, 1 MPa은 10 kgf/cm²으로 한다.)

① 28.8　　　　② 288
③ 20.5　　　　④ 205

22. 다이어프램과 메인 밸브를 고무슬리브 1개로 해결한 콤팩트한 정압기로서 변칙 언로딩형인 정압기는?

① 피셔식　　　　② 레이놀즈식
③ AFV식　　　　④ KRF식

23. 상온의 질소가스는 압력을 상승시키면 가스점도가 어떻게 변화하는가? (단, 다른 조건은 동일하다고 본다.)

① 감소한다.　　　② 변하지 않는다.
③ 낮게된다.　　　④ 높아진다.

24. 다음 중 용기밸브의 충전구 구조가 왼나사인 것은?

① 염소　　　　　② 수소
③ 브롬화메탄　　④ 산소

25. 브롬화수소에 대한 설명으로 가장 거리가 먼 것은?

① 가연성가스이다.
② 공기보다 무겁다.
③ 수용액은 강산이다.
④ 금속과 반응하여 가연성가스를 생성한다.

26. 도시가스 원료의 접촉분해공정에서 반응온도가 상승하면 일어나는 현상으로 옳은 것은?

① CH_4, CO가 많고 CO_2, H_2가 적은 가스 생성
② CH_4, CO_2가 적고 CO, H_2가 많은 가스 생성
③ CH_4, H_2가 많고 CO_2, CO가 적은 가스 생성
④ CH_4, H_2가 적고 CO_2, CO가 많은 가스 생성

27. 프로판을 완전 연소시키는데 필요한 이론공기량은 메탄의 몇 배인가? (단, 공기중 산소의 비율은 21 v%이다.)

① 1.5　　　　② 2.0
③ 2.5　　　　④ 3.0

28. 액화석유가스의 일반적인 특징으로 틀린 것은?

① 증발잠열이 크다.
② 기화하면 체적이 커진다.

③ LP가스는 공기보다 가볍다.

④ 액상의 LP가스는 물보다 가볍다.

29. 다음 중 고유의 색깔을 가지는 가스는?

① 염소   ② 황화수소

③ 암모니아   ④ 산화에틸렌

30. 폴리에틸렌관(polyethylene pipe)의 일반적인 성질에 대한 설명 중 옳지 않은 것은?

① 인장강도가 적다.

② 염화비닐관에 비해 가볍다.

③ 내열성과 보온성이 나쁘다.

④ 상온에도 유연성이 풍부하다.

31. 다음 가스 중에서 제일 가벼운 것은?

① 염소   ② 질소

③ 산소   ④ 암모니아

32. LPG 공급방식에서 강제기화방식의 특징이 아닌 것은?

① 기화량을 가감할 수 있다.

② 설치면적이 작아도 된다.

③ 한랭시에는 연속적인 가스공급이 어렵다.

④ 공급가스의 조성을 일정하게 유지할 수 있다.

33. 공기액화 분리장치의 폭발원인이 될 수 없는 것은?

① 공기 취입구에서 아르곤 혼입

② 공기 취입구에서 아세틸렌 혼입

③ 공기 중 질소 화합물(NO, NO_2) 혼입

④ 압축기용 윤활유의 분해에 의한 탄화수소의 생성

34. 정압기의 기능으로 거리가 먼 것은?

① 압력 감소   ② 압력 증가

③ 압력 유지   ④ 폐쇄

35. 0℃ 물 20톤을 24시간 동안 0℃ 얼음으로 만들 때 소요되는 냉동기의 용량은 몇 RT인가?

① 10   ② 20

③ 30   ④ 40

36. 정압기 특성 중 동특성과 관련 있는 것은 무엇인가?

① 오프셋(offset)

② 로크업(lock up)

③ 헌팅(hunting)

④ 시프트(shift)

37. 도시가스 제조 설비에서 수소화분해(수첨분해)법의 특징에 대한 설명으로 옳은 것은?

① 탄화수소의 원료를 수소기류 중에서 열분해 혹은 접촉분해로 메탄을 주성분으로 하는 고열량의 가스를 제조하는 방법이다.

② 탄화수소의 원료를 산소 또는 공기 중에서 열분해 혹은 접촉분해로 수소 및 일산화탄소를 주성분으로 하는 가스를 제조하는 방법이다.

③ 코크스를 원료로 하여 산소 또는 공기 중에서 열분해 혹은 접촉분해로 메탄을 주성분으로 하는 고열량의 가스를 제조하는 방법이다.

④ 메탄을 원료로 하여 산소 또는 공기 중에서 부분연소로 수소 및 일산화탄소를 주성분으로 하는 저열량의 가스를 제조하는 방법이다.

38. 고압가스 반응기 중 암모니아 합성탑의 구조로서 옳은 것은?

① 암모니아 합성탑은 내압용기와 내부구조물로 되어 있다.

② 암모니아 합성탑은 이음새 없는 둥근 용기로 되어 있다.

③ 암모니아 합성탑은 내부 가열식 용기와 내부 구조물로 되어 있다.

④ 암모니아 합성탑은 오토클레이브(auto clave) 내에 회전형 구조이다.

39. 베인펌프의 특징에 대한 설명으로 옳지 않은 것은?

① 맥동현상이 발생한다.

② 설치공간이 많이 필요하다.

③ 제작할 때 높은 정도가 요구된다.

④ 고장이 적고 유지보수가 용이하다.

40. 공기 중 폭발하한계의 값이 가장 낮은 것은?

① 수소 　　　　② 암모니아

③ 산화에틸렌 　④ 프로판

제 3 과목　가스안전관리

---

41. 액화석유가스 판매사업소 용기보관실의 시설기준 중 틀린 것은?

① 전기스위치는 용기보관실의 외부에 설치할 것

② 용기보관실과 사무실은 동일한 부지에 설치하지 않을 것

③ 용기보관실은 불연성 재료를 사용한 가벼운 지붕으로 할 것

④ 가스누출 경보기는 용기보관실에 설치하되 분리형으로 설치할 것

42. 액화가스 저장탱크 중 방류둑을 설치하여야 하는 것은?

① 저장능력이 5톤인 염소 저장탱크

② 저장능력이 8백톤인 산소 저장탱크

③ 저장능력이 5백톤인 수소 저장탱크

④ 저장능력이 9백톤인 프로판 저장탱크

43. 액화가스 저장탱크의 침하로 인한 위해를 예방하기 위하여 주기적으로 침하상태를 측정하는 것에서 제외되는 저장능력은?

① 1톤 미만

② 2톤 미만

③ 3톤 미만

④ 5톤 미만

44. 고압가스 특정제조허가의 대상 시설로서 옳은 것은?

① 석유정제업자의 석유정제시설 또는 그 부대시설에서 고압가스를 제조하는 것으로서 그 저장능력이 10톤 이상인 것

② 석유화학공업자의 석유화학공업시설 또는 그 부대시설에서 고압가스를 제조하는 것으로서 그 저장능력이 10톤 이상인 것

③ 석유화학공업자의 석유화학공업시설 또는 그 부대시설에서 고압가스를 제조하는 그 처리능력이 1천세제곱미터 이상인 것

④ 철강공업자의 철강공업시설 또는 그 부대시설에서 고압가스를 제조하는 것으로서 그 처리능력이 10만세제곱미터 이상인 것

45. 다음 중 아세틸렌가스에 대한 설명으로 옳은 것은?

① 충전 중의 압력은 일정하게 1.5 MPa 이하로 한다.

② 아세틸렌이 아세톤에 용해되어 있을 때에는 비교적 안정하다.

③ 습식 아세틸렌 발생기의 표면은 62℃ 이하의 온도를 유지한다.

④ 아세틸렌을 압축하는 때에는 희석제로 PH_3, H_2S, O_2를 사용한다.

46. 내용적 50 L의 LPG 용기에 프로판을 충전할 때 최대 충전량은 몇 kg인가?

① 19.15   ② 21.28

③ 32.62   ④ 117.5

47. 흡수식 냉동설비는 발생기를 가열하는 1시간의 입열량이 몇 kcal인 것을 1일의 냉동능력 1톤으로 보는가?

① 3400   ② 5540

③ 6640   ④ 7200

48. 독성가스가 누출되었을 경우 이에 대한 제독조치로서 적당하지 않은 것은?

① 흡착제에 의하여 흡착 제거하는 조치

② 벤트스택을 통하여 공기 중에 방출시키는 조치

③ 물 또는 흡수제에 의하여 흡수 또는 중화하는 조치

④ 집액구 등으로 고인 액화가스를 펌프 등의 이송설비로 반송하는 조치

49. 독성가스 용기 운반 등의 기준으로 옳지 않은 것은?

① 용기의 충격을 완화하기 위하여 완충판

등을 배치한다.

② 충전용기를 운반하는 가스운반 전용차량의 적재함에는 리프트를 설치한다.

③ 충전용기를 차량에 적재할 때에는 운행 중의 동요로 인하여 용기가 충돌하지 않도록 눕혀서 적재한다.

④ 충전용기를 용기보관장소로 운반할 때에는 가능한 손수레를 사용하거나 용기의 밑부분을 이용하여 운반한다.

50. 액화석유가스를 저장탱크 또는 차량에 고정된 탱크에 이입·충전할 때 사용하는 로딩암의 구조 및 성능에 대한 설명 중 틀린 것은?

① 로딩암은 연결되었을 경우 누출이 없는 것으로 한다.

② 로딩암은 가스의 흐름에 지장이 없는 유효면적을 가지는 것으로 한다.

③ 상용압력 이상의 압력으로 기밀시험을 실시하여 누출이 없는 것으로 한다.

④ 상용압력의 1.5배 이상의 수압으로 내압시험을 실시하여 이상이 없는 것으로 한다.

51. 고압가스용 저장탱크 및 압력용기를 제조할 때 용접이음매의 용접효율이 가장 낮은 것은?

① 맞대기 양면 용접이음매

② 맞대기 한면 용접이음매

③ 양면 전두께 필렛용접 이음매

④ 플러그용접을 하는 한면 전두께 필렛용접 이음매

52. 가연성가스 설비 내부에서 수리 또는 청소작업을 할 때에는 설비내부의 가스농도가 폭발하한계의 얼마 이하가 될 때까지 치환하여야 하는가?

① 1/2   ② 1/3
③ 1/4   ④ 1/5

53. 암모니아 제독제로 적합한 것은?

① 물
② 탄산소다 수용액
③ 소석회
④ 가성소다 수용액

54. 액화석유가스 사용시설에 설치하는 가스
계량기에 대한 설명으로 틀린 것은?

① 가스계량기는 화기와 2 m 이상의 우회
거리를 유지한다.
② 가스계량기와 전기계량기와의 거리는
0.6 m 이상을 유지한다.
③ 방이나 거실 및 주방 등에 설치할 때에
는 내구성이 있는 재질의 격납상자 내에
설치한다.
④ 가스계량기 설치높이는 바닥으로부터
계량기 지시장치 중심까지 1.6 m 이상
2 m 이내에 수직·수평으로 설치한다.

55. 도시가스배관을 지하에 매설할 때 되메
움 작업에 대한 설명 중 틀린 것은?

① 기초재료를 포설한 후 침상재료를 포
설한다.
② 침상재료는 운반차량에서 되메움 작업
을 하는 곳에 직접 포설한다.
③ 배관에 작용하는 하중을 분산시켜주고
도로의 침하 등을 방지하기 위하여 되
메움재료를 포설한다.
④ 배관에 작용하는 하중을 수직방향 및
횡방향에서 지지하고 하중을 기초 아래
로 분산시키기 위해 침상재료를 포설
한다.

56. 고압가스를 충전하는 내용적 500 L 미만
의 용접용기가 제조 후 경과 연수가 15년 미
만일 경우 재검사 주기는?

① 1년마다   ② 2년마다
③ 3년마다   ④ 5년마다

57. 차량에 고정된 탱크에 의하여 가연성가스
를 운반할 때 비치하여야 할 소화기의 종류와
최소 수량은?(단, 소화기의 능력단위는 고려
하지 않는다.)

① 분말소화기 1개   ② 분말소화기 2개
③ 포말소화기 1개   ④ 포말소화기 2개

58. 수소화염 또는 산소·아세틸렌 화염을 사
용하는 시설 중 분기되는 각각의 배관에 반
드시 설치해야 하는 장치는?

① 역류방지장치   ② 역화방지장치
③ 긴급이송장치   ④ 긴급차단장치

59. 가스사용시설에 퓨즈콕 설치 시 예방 가
능한 사고 유형은?

① 연소기 전도 화재사고
② 보일러 팽창탱크과열 파열사고
③ 소화안전장치고장 가스누출사고
④ 가스레인지 연결호스 노후화로 인한 가
스누출사고

60. 초저온 용기의 재료로 적합한 것은?

① 고탄소강 또는 Cr 강
② 알루미늄합금 또는 Ni-Cr 강
③ 마텐자이트계 스테인리스강 또는 고탄
소강
④ 오스테나이트계 스테인리스강 또는 알
루미늄 합금

제 4 과목   가스계측

61. 오르사트(Orast)법에서 가스 흡수의 순서를 바르게 나타낸 것은?

① $CO_2 \rightarrow O_2 \rightarrow CO$
② $CO_2 \rightarrow CO \rightarrow O_2$
③ $O_2 \rightarrow CO \rightarrow CO_2$
④ $O_2 \rightarrow CO_2 \rightarrow CO$

62. 가스크로마토그래피의 특징에 대한 설명으로 옳은 것은?

① 다성분의 분석은 1대의 장치로는 할 수 없다.
② 적외선 가스분석계에 비해 응답속도가 느리다.
③ 캐리어가스는 수소, 염소, 산소 등이 이용된다.
④ 분리 능력은 극히 좋으나 선택성이 우수하지 않다.

63. 크로마토그램에서 머무름 시간이 45초인 어떤 용질을 길이 2.5 m의 컬럼에서 바닥에서의 너비를 측정하였더니 6초이었다면 이론단수는 얼마인가?

① 800
② 900
③ 1000
④ 1200

64. 다음 중 자동제어계의 구성 요소와 관계가 먼 것은?

① 조작부
② 검출부
③ 기록부
④ 조절부

65. 가스 유량 측정기구가 아닌 것은?

① 막식 미터
② 토크 미터
③ 델타식 미터
④ 회전자식 미터

66. 국제단위계(SI단위계)[the international system unit]의 기본단위는 몇 개인가?

① 5
② 6
③ 7
④ 8

67. 유속이 6 m/s인 물속에 피토(Pitot)관을 세울 때 수주의 높이는 약 몇 m인가?

① 0.54
② 0.92
③ 1.63
④ 1.83

68. 날개에 부딪히는 유체의 운동량으로 회전체를 회전시켜 운동량과 회전량의 변화로 가스흐름을 측정하는 것으로 측정범위가 넓고 압력손실이 적은 가스 유량계는?

① 막식 유량계
② 터빈 유량계
③ Roots 유량계
④ Vortex 유량계

69. 탱크 내부의 액체에 뜨는 물체의 부력을 이용한 것으로 액면의 위치에 따라 움직이는 물체의 위치를 직접 확인하여 액면을 측정하는 것은?

① 직관식 액면계
② 플로트식 액면계
③ 검척식 액면계
④ 퍼지식 액면계

70. 가스미터 출구 측 배관을 수직배관으로 설치하지 않는 가장 큰 이유는?

① 설치면적을 줄이기 위하여
② 화기 및 습기 등을 피하기 위하여
③ 수분응축으로 밸브의 동결을 방지하기 위하여
④ 검침 및 수리 등의 작업이 편리하도록 하기 위하여

71. 수직 유리관 속에 원뿔 모양의 플로트를 넣어 관속을 흐르는 유체의 유량에 의해 밀어 올리는 위치로서 구할 수 있는 유량 계측기는?

① 로터리 피스톤형
② 로터 미터
③ 전자 유량계
④ 와류 유량계

72. 다음 중 유량의 단위가 아닌 것은?

① m^3/s ② ft^3/h
③ m^2/min ④ L/s

73. 유기화합물의 분리에 가장 적합한 기체 크로마토그래피의 검출기는?

① TCD   ② FID
③ ECD   ④ FPD

74. 정확한 계량이 가능하여 기준기로 주로 이용되는 것은?

① 막식 가스미터
② 습식 가스미터
③ 회전자식 가스미터
④ 벤투리식 가스미터

75. 벤투리 유량계의 특성에 대한 설명으로 틀린 것은?

① 내구성이 좋다.
② 압력손실이 적다.
③ 침전물의 생성우려가 적다.
④ 좁은 장소에 설치할 수 있다.

76. 가스누출검지기 중 가스와 공기의 열전도도가 다른 것을 측정원리로 하는 검지기는?

① 반도체식 검지기
② 접촉연소식 검지기
③ 서모스탯식 검지기
④ 불꽃이온화식 검지기

77. 전자유량계의 측정원리는 어느 법칙을 이용한 것인가?

① 쿨롱의 전자유도법칙
② 오옴의 전자유도법칙
③ 패러데이의 전자유도법칙
④ 줄의 전자유도법칙

78. 다음 중 되먹임 제어의 요소가 아닌 것은?

① 가스 공급 속도
② 가스 공급 온도
③ 탱크 외기 온도
④ 가스 공급 압력

79. 제베크(Seebeck)효과의 원리를 이용한 온도계는?

① 열전대 온도계   ② 서미스터 온도계
③ 팽창식 온도계   ④ 광전관 온도계

80. 다음 중 탄성 압력계의 종류가 아닌 것은?

① 시스턴(cistern) 압력계
② 부르동(Bourdon)관 압력계
③ 벨로스(bellows) 압력계
④ 다이어프램(diaphargm) 압력계

CBT 실전문제 9

제 1 과목   연소공학

1. 다음 중 중합폭발을 일으키는 물질은?

① 히드라진　　　② 과산화물
③ 부타디엔　　　④ 아세틸렌

2. 석탄이나 목재가 연소 초기에 화염을 내면서 연소하는 형태는?

① 표면연소　　　② 분해연소
③ 증발연소　　　④ 확산연소

3. 고부하 연소 중 내연기관의 동작과 같은 흡입, 연소, 팽창, 배기를 반복하면서 연소를 일으키는 것은?

① 펄스연소
② 에멀전연소
③ 촉매연소
④ 고농도산소연소

4. 완전연소를 이루기 위한 수단으로 적합하지 않은 것은?

① 연소실의 용적을 작게 한다.
② 연소실의 온도를 높게 유지한다.
③ 연소에 필요한 충분한 시간을 부여한다.
④ 연료와 공기를 적당하게 예열하여 공급한다.

5. 공기 중에서 $C_{10}H_{20}$이 완전연소하였을 때 산소와 탄산가스의 몰비로 옳은 것은?

① 10 : 15　　　② 15 : 10
③ 10 : 20　　　④ 20 : 10

6. 다음 체적비(%)를 갖는 기체연료 10 Nm^3를 완전연소시키기 위하여 필요한 이론공기량은 약 몇 Nm^3인가?

H_2 10 %,   CO 15 %, CH_4 25 %, N_2 50 %

① 8.7　　　② 16.8
③ 20.6　　　④ 29.8

7. −5℃에서 열을 흡수하여 35℃에 방열하는 역카르노 사이클에 의해 작동하는 냉동기의 성능계수는?

① 0.125　　　② 0.15
③ 6.7　　　④ 9

8. 폭굉(detonation)의 화염전파속도는?

① 0.1~10 m/s　　② 10~100 m/s
③ 1000~3500 m/s　④ 5000~10000 m/s

9. 다음 중 BLEVE와 관련이 없는 것은?

① Boiling　　　② Leak
③ Expanding　　④ Vapor

10. 기체가 168 kJ의 열을 흡수하면서 동시에 외부로부터 20 kJ의 일을 받으면 내부에너지의 변화는 약 몇 kJ인가?

① 20　　　② 148
③ 168　　　④ 188

11. 0℃, 1기압에서 C_3H_8 5 kg의 체적은 약 몇 m^3인가? (단, 이상기체로 가정하고, C의 원자량은 12, H의 원자량은 1이다.)

① 0.6　　　② 1.5
③ 2.5　　　④ 3.6

12. 가정용 연료가스는 프로판과 부탄가스를 액화한 혼합물이다. 이 액화한 혼합물이 30℃에서 프로판과 부탄의 몰비가 5 : 1로 되어 있다면 이 용기 내의 압력은 약 몇 기압(atm)인가? (단, 30℃에서의 증기압은 프로판이 9000 mmHg, 부탄이 2400 mmHg이다.)

① 2.6
② 5.5
③ 8.8
④ 10.4

13. 가연물의 구비조건이 아닌 것은?

① 연소열량이 커야 한다.
② 열전도도가 작아야 한다.
③ 활성화 에너지가 커야 한다.
④ 산소와의 친화력이 좋아야 한다.

14. 도시가스의 분류는 연소특성에 따라 4A부터 13A까지 구분한다. 여기에서 숫자 4 또는 13이 의미하는 것은?

① 밀도계수
② 기체상수
③ 연소속도
④ 웨버지수

15. 위험장소 분류 중 폭발성 가스의 농도가 연속적이거나 장시간 지속적으로 폭발한계 이상이 되는 장소 또는 지속적인 위험상태가 생성되거나 생성될 우려가 있는 장소는?

① 제0종 위험장소
② 제1종 위험장소
③ 제2종 위험장소
④ 제3종 위험장소

16. 등심연소의 화염 높이에 대하여 옳게 설명한 것은?

① 공기 유속이 낮을수록 화염의 높이는 커진다.
② 공기 온도가 낮을수록 화염의 높이는 커진다.

③ 공기 유속이 낮을수록 화염의 높이는 낮아진다.
④ 공기 유속이 높고 공기 온도가 높을수록 화염의 높이는 커진다.

17. 프로판과 부탄이 각각 50 % 부피로 혼합되어 있을 때 최소산소농도(MOC)의 부피 %는 약 얼마인가? (단, 프로판과 부탄의 연소하한계는 각각 2.2 v%, 1.8 v%이다.)

① 1.9
② 5.5
③ 11.4
④ 15.1

18. 다음 설명 중 옳은 것은?

① 최소 점화에너지는 유속이 증가할수록 작아진다.
② 최소 점화에너지는 혼합기 온도가 상승함에 따라 작아진다.
③ 최소 점화에너지의 상승은 혼합기 온도 및 유속과는 무관하다.
④ 최소 점화에너지는 유속 20 m/s까지는 점화에너지가 증가하지 않는다.

19. 일정량의 기체의 체적은 온도가 일정할 때 어떤 관계가 있는가? (단, 기체는 이상기체로 거동한다.)

① 압력에 비례한다.
② 압력에 반비례한다.
③ 비열에 비례한다.
④ 비열에 반비례한다.

20. 다음 중 B, C급용 분말소화기의 용도가 아닌 것은?

① 유류 화재
② 가스 화재
③ 전기 화재
④ 일반 화재

제 2 과목 가스설비

21. 정압기 유량특성과 관계없는 것은?
① 직선형　　　　② 평방근형
③ 2차형　　　　④ 3차형

22. 애드벌룬, 비행선 등과 같은 부양용 기구에 수소 대용으로 사용하는 것은?
① 헬륨　　　　② 산소
③ 아르곤　　　　④ 질소

23. 왕복동형 압축기에서 윤활유 온도가 상승하는 원인으로 틀린 것은?
① 베어링 간극 과다
② 오일 펌프 불량
③ 오일 쿨러 불량
④ 습동부의 발열 과대

24. 가연성가스에 공기 대신 산소와 혼합되었을 때 폭발범위는 어떻게 변화되는가?
① 폭발상한계가 올라간다.
② 폭발하한계가 내려간다.
③ 폭발범위는 변화가 없다.
④ 폭발범위는 좁아진다.

25. 도시가스에 부취제를 첨가하는 주목적으로 옳은 것은?
① 연소효율을 높이기 위하여
② 발열량을 증가시키기 위하여
③ 응축되는 것을 방지하기 위하여
④ 가스 누출을 조기에 발견하기 위하여

26. 다음 포스겐의 성질에 대한 설명 중 틀린 것은?
① 공기보다 무겁다.
② 무색, 무취의 독성가스이다.
③ 건조제로 진한 황산을 사용한다.
④ 가열하면 일산화탄소와 염산이 생성된다.

27. 하버-보쉬법, 클라우드법, 캬자레법 등과 관련이 있는 것은?
① 암모니아　　　　② 아세틸렌
③ 산화에틸렌　　　　④ 시안화수소

28. 펌프에서 발생하는 현상이 아닌 것은?
① 초킹(choking)
② 서징(surging)
③ 캐비테이션(cavitation)
④ 수격작용(water hammering)

29. 질소가스를 상온에서 압력을 가하면(승압) 밀도는 어떻게 변화되는가?
① 커진다.
② 작아진다.
③ 변함없다.
④ 작아진 후 다시 커진다.

30. 희생양극법 전기방식시설의 유지관리를 위해 배관을 따라 전위측정용 터미널을 설치할 때 얼마 이내의 간격으로 하는가?
① 100 m 이내　　　　② 200 m 이내
③ 300 m 이내　　　　④ 500 m 이내

31. 정압기(governor)의 기본 구성품에 해당되지 않는 것은?
① 스프링　　　　② 메인밸브
③ 다이어프램　　　　④ 공기구멍

32. 다음 가스장치의 사용재료 중 구리 및 구리합금이 사용 가능한 가스는?

① 산소　　　　② 황화수소
③ 암모니아　　④ 아세틸렌

33. [보기]의 특징을 가진 오토클레이브는?

〈보 기〉
- 가스누설의 가능성이 적다.
- 고압력에서 사용할 수 있고 반응물의 오손이 없다.
- 뚜껑판에 뚫어진 구멍에 촉매가 끼어 들어갈 염려가 있다.

① 교반형　　　② 진탕형
③ 회전형　　　④ 가스교반형

34. 린데식 액화장치의 구조상 반드시 필요하지 않은 것은?

① 열교환기　　② 팽창기
③ 팽창밸브　　④ 액화기

35. 용접부에서 발생하는 결함이 아닌 것은?

① 오버랩(over-lap)
② 기공(blow hole)
③ 언더컷(under-cut)
④ 클래드(clad)

36. 유체에 대한 저항은 크나 개폐가 쉽고 유량 조절에 주로 사용되는 밸브는?

① 글로브 밸브
② 게이트 밸브
③ 플러그 밸브
④ 버터플라이 밸브

37. 펌프에서 전체 양정 10 m, 유량 15 m³/min, 회전수 700 rpm을 기준으로 한 비

속도(rpm·m³/min·m)는 약 얼마인가?

① 271　② 482　③ 858　④ 1060

38. 냉동능력에서 1 RT를 kcal/h로 환산하면?

① 1660　　　　② 3320
③ 39840　　　④ 79680

39. 지하매설물 탐사방법 중 주로 가스배관을 탐사하는 기법으로 전도체에 전기가 흐르면 도체 주변에 자장이 형성되는 원리를 이용한 탐사법은?

① 전자유도탐사법　② 레이더탐사법
③ 음파탐사법　　　④ 전기탐사법

40. 불소가스에 대한 설명 중 틀린 것은?

① 강산화제이다.
② 분자기호는 HF이다.
③ 연소를 도와주는 조연성가스이다.
④ 심한 자극성이 있는 독성가스이다.

제 3 과목　가스안전관리

---

41. 용기에 의한 액화석유가스 사용시설에서 사용하는 가스계량기의 용량은 몇 m³/h 미만으로 설치하여야 하는가?

① 0.5　② 1　③ 5　④ 30

42. 다음 ( ) 안에 들어갈 알맞은 수치는?

"초저온 용기의 충격시험은 3개의 시험편 온도를 섭씨 ( )℃ 이하로 하여 그 충격치의 최저가 ( )J/cm² 이상이고, 평균 ( )J/cm² 이상의 경우를 적합한 것으로 한다."

① 100, 30, 20　　② -100, 20, 30
③ 150, 30, 20　　④ -150, 20, 30

43. 도시가스사업법에 정한 본관의 정의로 틀린 것은?

① 가스도매사업의 경우에는 도시가스제 조사업소의 부지 경계에서 정압기지의 경계까지 이르는 배관으로 밸브기지 안의 배관은 포함한다.

② 일반도시가스사업의 경우에는 도시가 스제조사업소의 부지 경계 또는 가스 도매사업자의 가스시설 경계에서 정압 기까지 이르는 배관을 말한다.

③ 나프타부생가스 · 바이오가스제조사업의 경우에는 해당 제조사업소의 부지 경계 에서 가스도매사업자 또는 일반도시가 스사업자의 가스시설 경계 또는 사업소 경계까지 이르는 배관을 말한다.

④ 합성천연가스제조사업의 경우에는 해 당 제조사업소의 부지 경계에서 가스도 매사업자의 가스시설 경계 또는 사업소 경계까지 이르는 배관을 말한다.

44. 지상 가스배관의 내진등급 분류기준으로 틀린 것은?

① 내진 특등급　　② 내진 Ⅰ등급
③ 내진 Ⅱ등급　　④ 내진 Ⅲ등급

45. 고압가스용 용접용기 제조 시 탄소함유량은 몇 % 이하를 사용하여야 하는가?

① 0.04　　② 0.05
③ 0.33　　④ 0.55

46. 고압가스 안전관리법상 가스저장탱크 설치 시 내진설계를 하여야 하는 저장탱크

는? (단, 비가연성 및 비독성인 경우는 제외한다.)

① 저장능력이 5톤 이상 또는 500 m^3 이상인 저장탱크

② 저장능력이 3톤 이상 또는 300 m^3 이상인 저장탱크

③ 저장능력이 2톤 이상 또는 200 m^3 이상인 저장탱크

④ 저장능력이 1톤 이상 또는 100 m^3 이상인 저장탱크

47. 용기의 도색 및 표시에 대한 설명으로 옳은 것은?

① 의료용 산소 용기의 문자 색상은 백색이다.

② 액화석유가스 용기는 외부에 "연"자 표시를 한다.

③ 액화석유가스 용기 중 부탄가스를 충전하는 용기는 부탄가스임을 표시한다.

④ 선박용 액화석유가스 용기는 용기 상단부에 폭 2 cm의 백색 띠를 한 줄로 표시한다.

48. 액화석유가스를 운반하는 차량에 고정된 탱크에 [보기]와 같은 조건으로 폭발방지장 치를 설치할 때 후프링과 탱크 동체의 접촉 압력은 약 몇 MPa인가?

- 폭발방지제의 중량+지지봉의 중량+후 프링의 자중 : 100000 N
- 동체의 안지름 : 400 cm
- 후프링의 접촉폭 : 10 cm
- 안전율 : 4

① 1　　② 2
③ 3　　④ 4

49. 의료용 용기 중 백색 용기에 충전하는 가스는?

① 수소
② 산소
③ 아세틸렌
④ 암모니아

50. 고압가스용 안전밸브의 구성 부품이 아닌 것은?

① 스프링
② 밸브디스크
③ 밸브시트
④ 스커트

51. 고압가스 냉동제조시설에서 해당 냉동설비의 냉동능력에 대응하는 환기구의 면적을 확보하지 못하는 때에는 그 부족한 환기구 면적에 대하여 냉동능력 1톤당 얼마 이상의 강제환기장치를 설치해야 하는가?

① $0.05\,m^3$/분
② $1\,m^3$/분
③ $2\,m^3$/분
④ $3\,m^3$/분

52. 고압가스 안전관리법에서 정하고 있는 특정고압가스가 아닌 것은?

① 천연가스
② 액화염소
③ 게르만
④ 염화수소

53. 정전기 제거설비를 정상상태로 유지하기 위한 검사항목이 아닌 것은?

① 지상에서 접지 저항치
② 지상에서의 접속부의 접속 상태
③ 지상에서의 접지접속선의 절연 여부
④ 지상에서의 절선 그밖에 손상부분의 유무

54. 검사에 합격한 용기등에 대하여 각인 또는 표시 사항에 대한 설명 중 틀린 것은?

① 납붙임 또는 접합용기에는 그 제조공정 중에 "R"자의 각인을 한다.

② 검사에 합격한 용기 부속품에 대하여는 $3\,mm \times 5\,mm$ 크기의 "KC"자의 각인을 한다.
③ 재검사에 불합격되어 수리를 한 저장탱크의 경우에는 "KC"자의 각인과 함께 "R"자의 각인을 한다.
④ 용기(접합용기 또는 납붙임용기 제외)에는 그 어깨부분 또는 프로텍터 부분 등 보이기 쉬운 곳에 "KC"자의 각인을 한다.

55. 접합 또는 납붙임용기와 이동식 부탄연소기용 용접용기에 액화석유가스를 충전할 때 가스의 압력은 40℃에서 얼마인가?

① 0.15 MPa 이하
② 0.52 MPa 이하
③ 1.05 MPa 이하
④ 1.53 MPa 이하

56. 아세틸렌 충전용 용기의 안전을 확보하기 위한 다공도의 기준으로 틀린 것은?

① 용해제 및 다공물질을 고루 채워 다공도를 75 % 이상 92 % 미만으로 한다.
② 다공질물은 아세톤, 디메틸포름아미드 또는 아세틸렌으로 인해 충분히 침식되도록 한다.
③ 다공도는 다공질물을 용기에 충전한 상태로 20℃에서 아세톤, 디메틸포름아미드 등의 흡수량으로 측정한다.
④ 아세틸렌을 충전하는 용기는 밸브 바로 밑의 가스 취입·취출 부분을 제외하고 다공질물을 빈틈없이 채운다.

57. 일반도시가스사업 정압기실의 시설기준으로 틀린 것은?

① 정압기실 주위에는 높이 1.2 m 이상의 경계책을 설치한다.

② 정압기실에는 가스공급시설 외의 시설물을 설치하지 아니한다.

③ 지하에 설치하는 지역정압기실의 조명도는 150룩스를 확보한다.

④ 침수위험이 있는 지하에 설치하는 정압기에는 침수방지 조치를 한다.

58. 가스 중에 포화수분이 있거나 가스배관의 부식구멍 등에서 지하수가 침입 또는 공사 중에 물이 침입하는 경우를 대비해 관로의 저부에 설치하는 것은?

① 에어밸브 　　 ② 수취기
③ 콕 　　　　　 ④ 체크밸브

59. 고압가스 특정제조시설에 설치되는 가스누출검지 경보장치에 대한 설명으로 틀린 것은?

① 경보를 발신한 후 원칙적으로 5분이 경과하면 자동으로 정지되는 것으로 한다.

② 검지에서 발신까지 걸리는 시간은 경보농도의 1.6배 농도에서 30초 이내로 한다.

③ 경보농도는 가연성가스의 경우 폭발하한계의 1/4 이하, 독성가스는 TLV-TWA 기준농도 이하로 한다.

④ 검지경보장치의 경보정밀도는 전원의 전압 등 변동이 ±10 % 정도일 때에도 저하되지 않는 것으로 한다.

60. 고압가스의 분출 또는 누출의 원인이 아닌 것은?

① 적정 압력
② 안전밸브의 작동
③ 용기에서 용기밸브의 이탈
④ 용기의 부속된 압력계의 파열

제 4 과목　가스계측

61. 유량계가 지시하는 양이 50 %이고, 기준계기가 지시하는 양이 52 %일 때 기차는 약 몇 %인가?

① -2 　　　　　 ② +2
③ -4 　　　　　 ④ +4

62. 액체 압력식 온도계에 사용하는 물질의 구비조건으로 틀린 것은?

① 열팽창계수가 작을 것
② 휘발성이 작을 것
③ 모세관 현상이 클 것
④ 온도에 따른 밀도 변화가 작을 것

63. 막식 가스미터에서 발생할 수 있는 고장의 형태 중 가스미터에 감도 유량을 흘렸을 때, 미터 지침의 시도(示度)에 변화가 나타나지 않는 고장을 의미하는 것은?

① 감도 불량 　　 ② 부동
③ 불통 　　　　　 ④ 기차 불량

64. 오리피스로 유량을 측정하는 경우 압력차가 2배로 변했다면 유량은 몇 배로 변하겠는가?

① 1배 　　　　　 ② $\sqrt{2}$ 배
③ 2배 　　　　　 ④ 4배

65. 25℃, 1 atm에서 21 mol%의 O_2와 79 mol%의 N_2로 된 공기혼합물의 밀도는 약 몇 kg/m³인가?

① 0.118 　　　 ② 1.18
③ 0.134 　　　 ④ 1.34

66. 가스계량기에 표시되어 있는 'L/rev'의 의미에 대한 설명으로 옳은 것은?

① 사용 최대유량의 단위
② 사용 최소유량의 단위
③ 계량실의 1주기 효율의 단위
④ 계량실의 1주기 체적의 단위

67. 밀도와 비중에 대한 설명으로 틀린 것은?

① 밀도는 물질의 단위 부피당 질량이다.
② 석유제품의 부피나 °API 비중의 기준 온도는 32°F이다.
③ 액체나 고체의 밀도는 압력보다 온도에 의한 변화가 크다.
④ 비중은 어떤 부피의 물질에 대한 같은 부피의 표준물질과의 질량비로 나타낸다.

68. 표준 계측기기의 구비조건으로 옳지 않은 것은?

① 정도가 높을 것
② 안정성이 높을 것
③ 경년 변화가 클 것
④ 외부조건에 대한 변형이 적을 것

69. 가스보일러의 배기가스를 오르사트 분석기를 이용하여 시료 50 mL를 채취하여 흡수 피펫을 통과한 후 남은 시료 부피는 각각 CO_2 40 mL, O_2 20 mL, CO 17 mL이었다. 이 가스 중 N_2의 조성은?

① 30 %
② 34 %
③ 64 %
④ 70 %

70. 압력계의 눈금이 1.2 MPa를 나타내고 있으며, 대기압이 750 mmHg일 때 절대압력은 약 몇 kPa인가?

① 1000
② 1100
③ 1200
④ 1300

71. 용적식 유량계에 해당되지 않는 것은?

① 루트식
② 피토관
③ 오벌식
④ 로터리 피스톤식

72. 침종식 압력계에 대한 설명으로 옳지 않은 것은?

① 진동, 충격의 영향을 적게 받는다.
② 복종식의 측정범위는 5~30 mmH₂O이다.
③ 아르키메데스의 원리를 이용한 계기이다.
④ 압력이 높은 기체의 압력을 측정하는데 쓰인다.

73. 열전대 온도계의 특징에 대한 설명으로 틀린 것은?

① 원격 측정이 가능하다.
② 고온의 측정에 적합하다.
③ 보상도선에 의한 오차가 발생할 수 있다.
④ 장기간 사용하여도 재질이 변하지 않는다.

74. 외란의 영향으로 인하여 제어량이 목표치 50 L/min에서 53 L/min으로 변하였다면 이때 제어편차는 얼마인가?

① +3 L/min
② −3 L/min
③ +6.0 %
④ −6.0 %

75. 과열증기로부터 부르동관(Bourdon) 압력계를 보호하기 위한 방법으로 가장 적당한 것은?

① 밀폐액 충전

② 과부하 예방판 설치
③ 사이펀(siphon) 설치
④ 격막(diaphragm) 설치

76. 물체에서 방사된 빛의 강도와 비교된 필라멘트의 밝기가 일치되는 점을 비교 측정하여 약 3000℃ 정도의 고온도까지 측정이 가능한 온도계는?

① 광고온도계
② 수은 온도계
③ 베크만 온도계
④ 백금저항 온도계

77. 계량기 형식 승인 번호의 표시방법에서 계량기 종류별 기호 중 LPG미터의 기호는?

① H ② P
③ L ④ G

78. 가스누출 경보기의 검지방법으로 가장 거리가 먼 것은?

① 반도체식 ② 접촉연소식
③ 확산분해식 ④ 기체 열전도도식

79. 휴대용으로 사용되며 상온에서 비교적 정도가 좋으나 물이 필요한 습도계는?

① 모발 습도계
② 광전관식 노점계
③ 통풍형 건습구 습도계
④ 저항온도계식 건습구 습도계

80. 다음 중 가스미터의 구비조건으로 거리가 먼 것은?

① 소형으로 용량이 작을 것
② 기차의 변화가 없을 것
③ 감도가 예민할 것
④ 구조가 간단할 것

CBT 실전문제 정답 및 해설

CBT 실전문제 1

정답

	1	2	3	4	5	6	7	8	9	10
연소공학	④	②	①	②	①	②	③	③	②	③
	11	12	13	14	15	16	17	18	19	20
	③	④	③	②	④	④	①	④	①	②
가스설비	21	22	23	24	25	26	27	28	29	30
	④	②	②	①	②	③	②	④	②	②
	31	32	33	34	35	36	37	38	39	40
	④	④	③	③	④	②	④	④	①	④
가스안전관리	41	42	43	44	45	46	47	48	49	50
	④	②	④	②	③	④	②	③	②	④
	51	52	53	54	55	56	57	58	59	60
	④	②	①	③	①	①	④	②	②	③
가스계측	61	62	63	64	65	66	67	68	69	70
	②	②	②	③	②	③	①	①	④	①
	71	72	73	74	75	76	77	78	79	80
	④	②	③	④	④	②	③	④	④	②

제1과목 연소공학

1. 혼합가스의 평균분자량은 성분가스의 고유분
자량에 체적비를 곱한값을 합산한 것이다.
$$\therefore \ M = (44 \times 0.4) + (32 \times 0.1) + (28 \times 0.5)$$
$$= 34.8$$

2. ㉮ 불완전연소 : 가연성물질이 연소반응할 때
산소부족으로 일산화탄소(CO), 수소(H_2) 등
이 발생하는 것이 불완전연소에 해당된다.
㉯ 탄소(C)의 완전연소 반응식
$$\therefore \ C + O_2 \rightarrow CO_2$$
㉰ 메탄(CH_4)의 완전연소 반응식

㉠ 1몰 연소 : $CH_4 + 2O_2 \rightarrow CO_2 + 2H_2O$
㉡ 2몰 연소 : $2CH_4 + 4O_2 \rightarrow 2CO_2 + 4H_2O$

3. 자연발화의 형태
㉮ 분해열에 의한 발열 : 과산화수소, 염소산
칼륨 등
㉯ 산화열에 의한 발열 : 건성유, 원면, 석탄,
고무분말, 액체산소, 발연질산 등
㉰ 중합열에 의한 발열 : 시안화수소, 산화에
틸렌, 염화비닐, 부타디엔 등
㉱ 흡착열에 의한 발열 : 활성탄, 목탄 분말 등
㉲ 미생물에 의한 발열 : 퇴비, 먼지 등
※ 알루미늄 분말은 물과 반응하여 수소를 발생
하며, 할로겐원소와 접촉하면 자연발화와 공
기 중에 일정 농도 이상 부유할 때 분진폭발
의 위험성이 있는 제2류 위험물이다.
※ 인화칼슘(Ca_3P_2 : 인화석회)은 물과 반응하여
맹독성, 가연성가스인 인화수소(PH_3 : 포스
핀)를 발생하는 제3류 위험물이다.

4. 가연물의 구비조건
㉮ 발열량이 크고, 열전도율이 작을 것
㉯ 산소와 친화력이 좋고 표면적이 넓을 것
㉰ 활성화 에너지가 작을 것
㉱ 건조도가 높을 것(수분 함량이 적을 것)
※ 가연물의 열전도율이 크면 보유하고 있
는 열에너지가 작아서 착화 및 연소가 어
렵다.

5. 안전간격 : 내용적 8 L 정도의 구형 용기 안
에 폭발성 혼합가스를 채우고 착화시켜 가스
가 발화될 때 화염이 용기 외부의 폭발성 혼
합가스에 화염을 전달시킬 수 없는 한계의
틈으로 안전간격이 작은 가스일수록 위험성
이 크다.

6. 반응 후 연소파와 폭굉파 비교

구 분	온도	압력	밀도
연소파	상승	일정	감소
폭굉파	상승	상승	상승

7. 각 항목의 옳은 설명
① 저산소 연소를 시키기 쉽기 때문에(공기비가 작아도 완전연소가 가능하기 때문에) 대기오염 물질인 질소산화물(NO_x)의 생성이 적다.
② 기체연료는 압축 또는 액화시켜 저장이나 수송하므로 큰 시설이 필요하지 않지만, 저장 및 수송이 어렵다.
④ 가스연료의 화염은 방사율이 낮기 때문에 복사에 의한 열전달이 작다.

8. 방호벽은 고압가스 시설 등에서 발생하는 위해 요소가 다른 쪽으로 전이되는 것을 방지하기 위하여 설치되는 피해저감설비에 해당된다.

9. 각 항목의 옳은 설명
① 착화온도와 연소온도는 다르다.
③ 착화온도는 산소의 함유량에 따라 달라지며 일반적으로 산소 농도가 높으면 착화온도는 낮아진다.
④ 연소온도가 연료의 인화점보다 낮게 되면 연소가 중지(소화)된다.
※ 이론연소온도는 손실이 없으므로 손실이 있는 실제연소보다 항상 높다.

10. 관경(배관지름)이 작아지면 폭굉유도거리가 짧아지므로 파이프라인에 장애물이 있는 곳은 관경을 확대시킨다.
※ 파이프의 지름대 길이의 비를 작게 하는 것은 파이프의 지름을 크게 하는 것이므로 옳은 사항이다.

11. 농도(濃度)란 일정한 영역 내에 존재하는 물질의 양이므로 가연성 가스의 농도 범위는 온도, 압력에 의해 결정된다.

12. ㉮ 정압비열의 단위가 'cal/mol · K'이므로 수소(H_2) 1 mol이 완전연소하였을 때 발열량은 57.8×10^3 cal를 적용한다.
㉯ 반응 후의 온도 계산 : $Q = G \cdot C_P \cdot (T_2 - T_1)$에서 T_2를 구한다.

$$\therefore T_2 = T_1 + \frac{Q}{G \cdot C_p}$$

$$= (273 + 25) + \frac{57.8 \times 10^3}{1 \times 10} = 6078 \text{ K}$$

13. 연소 형태에 따른 가연물 종류
㉮ 표면연소 : 목탄(숯), 코크스
㉯ 분해연소 : 종이, 석탄, 목재, 중유
㉰ 증발연소 : 가솔린, 등유, 경유, 알코올, 양초, 유황
㉱ 확산연소 : 가연성 기체(수소, 프로판, 부탄, 아세틸렌 등)
㉲ 자기연소 : 제5류 위험물(니트로셀룰로오스, 셀룰로이드, 니트로글리세린 등)
※ 분무연소는 액체연료, 예혼합 연소 및 확산연소는 기체연료의 연소방식에 해당된다.

14. 각 가스의 비점

명칭	비점
프로판(C_3H_8)	-42.1℃
노멀 부탄(n-C_4H_{10})	-0.5℃
에탄(C_2H_6)	-96℃
메탄(CH_4)	-161.5℃

※ 탄화수소에서 탄소(C)수가 많을수록 비점이 높아진다.

15. ㉮ 공기 중 프로판의 완전연소 반응식
$C_3H_8 + 5O_2 + (N_2) \rightarrow 3CO_2 + 4H_2O + (N_2)$
㉯ 습(wet)배기 가스량 계산 : 연소가스 중 수분(H_2O)을 포함한 가스량이고, 프로판

1Nm^3가 연소하면 발생되는 가스량(Nm^3)은 반응식에서 몰(mol)수에 해당하고, 질소(N_2)량은 산소(O_2)량의 3.76배이다(3.76배는 질소와 산소의 체적비 $\frac{79}{21}$에서 산출된 수치임).

$$\therefore G_{ow} = CO_2 + H_2O + N_2 = 3 + 4 + (5 \times 3.76)$$
$$= 25.8 \text{ Nm}^3$$

16. ㉮ 산소(O_2)의 분자량은 32이다.

㉯ 이상기체 상태방정식 $PV = \frac{W}{M}RT$에서 질량 W를 구하며, 단위가 'g'이므로 'kg'으로 환산하기 위해 1000으로 나눠준다.

$$\therefore W = \frac{PVM}{RT} = \frac{40 \times 500 \times 32}{0.082 \times (273 + 30) \times 1000}$$
$$= 25.758 \text{ kg}$$

17. 카르노 사이클(Carnot cycle) : 2개의 단열과정과 2개의 등온과정으로 구성된 열기관의 이론적인 사이클이다.

18. 탄화수소에서 탄소(C)수가 증가할 때

㉮ 증가하는 것 : 비등점, 융점, 비중, 발열량(연소열)

㉯ 감소하는 것 : 증기압, 발화점, 폭발하한값, 폭발범위값, 증발잠열

19. ㉮ 절대습도 : 습공기 중에서 건조공기 1 kg에 대한 수증기의 중량과의 비율로서 절대습도는 온도에 관계 없이 일정하게 나타난다.

㉯ 단위 : kg · H_2O/kg · dry air

20. 그을음연소(smouldering combustion) : 열분해를 일으키기 쉬운 불안정한 물질에서 발생하기 쉬운 연소로 열분해로 발생한 휘발분이 점화되지 않을 경우에 다량의 발연을 수반한 표면연소를 일으키는 현상이다. 이러한 현상이 일어나는 것은 휘발분의 자기점화온도보다 낮은 온도에서 표면연소가 계속되기 때문에 일어나는 것이며 매연 중에는 다량의 가연성 성분이 포함되어 있어 에너지 면에서 손실을 가져온다. 종이, 목재, 향(香) 등 반응성이 좋고 저온에서 표면연소가 가능한 물질에서 일어나기 쉽다.

제 2 과목 가스설비

21. 동 및 동합금 관의 특징

㉮ 담수(淡水)에 대한 내식성이 우수하다.

㉯ 열전도율 전기전도성이 좋다.

㉰ 가공성이 좋아 배관시공이 용이하다.

㉱ 아세톤 등 유기약품에 침식되지 않는다.

㉲ 관 내면이 매끈하여 마찰저항이 적다.

㉳ 연수(軟水)에는 부식된다.

㉴ 외부의 기계적 충격에 약하다.

㉵ 가격이 비싸다.

㉶ 가성소다, 가성칼리 등 알칼리성에는 내식성이 강하고, 암모니아(NH_3)가스, 초산, 진한 황산(H_2SO_4)에는 심하게 침식된다.

22. 도시가스 배관의 공급 불량 원인

㉮ 배관의 파손 또는 이물질로 인한 막힘

㉯ 배관의 수송 능력부족

㉰ 정압기의 고장 또는 능력부족

㉱ 배관 내의 물의 고임, 녹으로 인한 폐쇄

※ 터미널 박스(Terminal Box)는 전기방식시설의 전위측정용 시설이다.

23. 메탄(CH_4)의 성질

㉮ 파라핀계 탄화수소로 안정된 가스이다.

㉯ LNG의 주성분이며, 폭발범위는 5~15 %이다.

㉰ 무색, 무취의 기체로 연소 시 담청색의 화염을 낸다.

㉺ 고온에서 수증기와 작용하면 일산화탄소
와 수소를 생성한다.

$$CH_4 + H_2O \rightarrow CO + 3H_2O - 49.3 \text{ kcal}$$

㉻ 메탄 분자는 무극성이며, 물(H_2O)분자와
결합하는 성질이 없으므로 용해도는 적다.

24. ㉮ LNG의 평균분자량 계산 : 메탄(CH_4)의
분자량 16, 에탄(C_2H_6)의 분자량 30이다.

$$\therefore M = (16 \times 0.9) + (30 \times 0.1) = 17.4$$

㉯ 기화 된 부피 계산 : LNG 액비중이 0.48이
므로 LNG 액체 1 m^3의 질량은 480 kg에 해
당된다(기화된 부피와 액체 부피에 같은 단
위를 적용한다).

$\therefore$ 이상기체 상태방정식 $PV = GRT$에서 부
피(체적) V를 SI단위로 계산한다.

$$\therefore V = \frac{GRT}{P} = \frac{480 \times \frac{8.314}{17.4} \times (273 + 10)}{101.325}$$
$$= 640.577 \text{ m}^3$$

25. 관의 신축량을 계산할 때 늘어나는 길이
(ΔL)와 배관길이(L)는 같은 단위를 적용하여
계산한다.

$$\therefore \Delta L = L \cdot \alpha \cdot \Delta t$$
$$= (10 \times 10^3) \times 12 \times 10^{-6} \times (100 - 15)$$
$$= 10.2 \text{ mm}$$

※ 선팽창계수는 분모, 분자에 길이 단위가
'm'이기 때문에 약분되어 풀이 과정에 그대
로 대입하여 계산해도 이상이 없는 것이다.

26. 용기 개수 결정 시 고려할 사항

㉮ 피크(peck) 시의 기온

㉯ 소비자 가구 수

㉰ 1가구당 1일의 평균 가스소비량

㉱ 피크 시 평균 가스소비율

㉲ 피크 시 용기에서의 가스발생능력

㉳ 용기의 크기(질량)

27. 물의 비중량(γ)은 1000 kgf/m^3이고 축동력

계산식 $PS = \dfrac{\gamma QH}{75\eta}$ 에서 효율(η)을 구한다.

$$\therefore \eta = \frac{\gamma QH}{75 PS} \times 100 = \frac{1000 \times 2 \times 20}{75 \times 12.7 \times 60} \times 100$$
$$= 69.991 \%$$

28. 역화(back fire)의 원인

㉮ 염공이 크게 되었을 때

㉯ 노즐의 구멍이 너무 크게 된 경우

㉰ 콕이 충분히 개방되지 않은 경우

㉱ 가스의 공급압력이 저하되었을 때

㉲ 버너가 과열된 경우

29. (1) 배관 두께 계산식

㉮ 바깥지름과 안지름의 비가 1.2 미만인
경우

$$t = \frac{PD}{2 \cdot \dfrac{f}{S} - P} + C$$

㉯ 바깥지름과 안지름의 비가 1.2 이상인
경우

$$t = \frac{D}{2} \left\{ \sqrt{\frac{2\dfrac{f}{S} + P}{2\dfrac{f}{S} - P}} \right\} + C$$

(2) 각 기호의 의미

㉮ t : 배관의 두께(mm)

㉯ P : 상용압력(MPa)

㉰ D : 안지름에서 부식여유에 상당하는 부
분을 뺀 부분의 수치(mm)

㉱ f : 재료의 인장강도(N/mm^2) 규격 최소
치이거나 항복점(N/mm^2) 규격 최소치의
1.6배

㉲ C : 관내면의 부식여유치(mm)

㉳ S : 안전율

30. 공기액화 분리장치의 폭발원인

㉮ 공기 취입구로부터 아세틸렌의 혼입

㉯ 압축기용 윤활유 분해에 따른 탄화수소의
생성

㉰ 공기 중 질소 화합물(NO, NO_2)의 혼입

㉴ 액체공기 중에 오존(O_3)의 혼입

31. 부식을 억제하는 방법

㉮ 부식환경 처리에 의한 방법

㉯ 부식 억제제에 의한 방법

㉰ 도금, 라이닝, 표면처리 등 피복에 의한 방법

㉱ 전기방식법

※ 유해물질을 제거하는 것은 '부식환경 처리에 의한 방법'에 해당되지만 pH를 높이면 부식이 촉진 됨

32. 캐비테이션 발생에 따라 일어나는 현상

㉮ 소음과 진동이 발생한다.

㉯ 깃(임펠러)에 대한 침식이 발생한다.

㉰ 특성곡선, 양정곡선이 저하한다.

㉱ 양수 불능이 된다.

33. 일반용 LPG 2단 감압식 1차용 조정기 압력

구분	용량 100 kg/h 이하	용량 100kg/h 초과
입구압력	0.1~1.56 MPa	0.3~1.56 MPa
조정압력	57~83 kPa	57~83 kPa
입구 기밀시험압력	1.8 MPa 이상	
출구 기밀시험압력	150 kPa 이상	
최대폐쇄압력	95 kPa 이하	

34. 가스용 나프타의 구비조건

㉮ 파라핀계 탄화수소가 많을 것

㉯ 유황분이 적을 것

㉰ 카본(carbon) 석출이 적을 것

㉱ 촉매의 활성에 영향을 미치지 않는 것

㉲ 유출온도 종점이 높지 않을 것

35. 고압가스 용기 안전밸브 종류

㉮ 스프링식 : 기상부에 설치하여 스프링의 힘보다 용기내부의 압력이 클 때 밸브시트가 열려 내부의 압력을 배출하며 일반적으로 액화가스 용기에 사용한다.

㉯ 파열판식 : 얇은 평판 또는 돔 모양의 원판 주위를 고정하여 용기나 설비에 설치하며, 구조가 간단하며 취급, 점검이 용이하다. 일반적으로 압축가스 용기에 사용한다.

㉰ 가용전식 : 용기의 온도가 일정온도 이상이 되면 용전이 녹아 내부의 가스를 모두 배출하며 가용전의 재료는 구리, 주석, 납, 안티몬 등이 사용된다. 아세틸렌 용기, 염소 용기 등에 사용한다.

36.
㉮ 압축비를 계산할 때 적용하는 압력은 절대압력이므로 계산된 압력도 절대압력이다. 그러므로 중간압력은 게이지압력이므로 계산된 절대압력에서 대기압을 빼 주어야 한다(대기압은 약 0.1 MPa에 해당된다).

㉯ 중간압력 계산

$$\therefore P_0 = \sqrt{P_1 \times P_2} = \sqrt{0.1 \times (1.5 + 0.1)}$$
$$= 0.4 \,\text{MPa} \cdot a - 0.1 = 0.3 \,\text{MPa} \cdot g$$

37. 구형 저장탱크의 특징

㉮ 횡형 원통형 저장탱크에 비해 표면적이 작다.

㉯ 강도가 높으며 외관 모양이 안정적이다(모양이 아름답다).

㉰ 기초구조를 간단하게 할 수 있다.

㉱ 동일 용량, 동일 압력의 경우 원통형 탱크보다 두께가 얇다.

38.
㉮ 임계점(critical point) : 액상과 기상이 평형 상태로 존재할 수 있는 최고온도(임계온도) 및 최고압력(임계압력)으로 액상과 기상을 구분할 수 없다.

㉯ 액화의 조건이 임계온도 이하, 임계압력 이

상이므로 기체를 액화할 때 임계온도는 액화시키는데 필요한 최고온도, 임계압력은 액화시키는 필요한 최저의 압력이 된다.

39. $\dfrac{100}{L} = \dfrac{V_1}{L_1} + \dfrac{V_2}{L_2} + \dfrac{V_3}{L_3}$ 에서 가연성가스가 차지하는 체적비율이 3.3 %이므로 공식의 100에 3.3을 적용해 계산한다.

$$\therefore\ L = \dfrac{3.3}{\dfrac{V_1}{L_1} + \dfrac{V_2}{L_2} + \dfrac{V_3}{L_3}} = \dfrac{3.3}{\dfrac{0.8}{1.1} + \dfrac{2.0}{5.0} + \dfrac{0.5}{2.7}}$$

$$= 2.514\,\%$$

40. ㉮ 1냉동톤(1RT)은 시간당 3320 kcal의 열을 흡수, 제거하는 능력이다.

㉯ 냉동톤 계산

$$\therefore\ \text{냉동톤} = \dfrac{Q_2}{3320} = \dfrac{66400}{3320} = 20\,RT$$

제 3 과목 가스안전관리

---

41. 고압가스설비와 배관의 기밀시험은 원칙적으로 공기 또는 위험성이 없는 기체의 압력으로 실시한다(산소는 조연성가스에 해당되므로 기밀시험용으로 사용할 수 없다).

42. ㉮ 아세틸렌을 산소와 혼합하여 연소시키면 3000℃를 넘는 화염을 만들 수 있다.

㉯ 수소를 산소와 혼합하여 연소시키면 2000℃ 이상의 화염을 만들 수 있다.

43. 보호포 표시 : 보호포의 바탕색은 최고사용압력이 저압인 관은 황색, 중압 이상인 관은 적색으로 하고, 가스명·최고사용압력·공급자명 등을 표시한다.

44. 특정고압가스 독성가스 사용시설 중 배관·플랜지 및 밸브의 접합을 플랜지 접합으로 할 수 있

는 경우

㉮ 수시로 분해하여 청소·점검을 해야 하는 부분을 접합할 경우나 특히 부식되기 쉬운 곳으로서 수시점검 또는 교환할 필요가 있는 곳

㉯ 정기적으로 분해하여 청소·점검·수리를 해야되는 반응기, 탑, 저장탱크, 열교환기 또는 회전기계와 접합하는 곳(해당 설비 전·후의 첫 번째 이음매에 한정한다.)

㉰ 수리·청소·철거 시 맹판설치를 필요로 하는 부분을 접합하는 경우 및 신축이음매의 접합부분을 접합하는 경우

45. 과압안전장치 축적압력

㉮ 분출원인이 화재가 아닌 경우

㉠ 안전밸브를 1개 설치한 경우 : 최고허용압력의 110 % 이하

㉡ 안전밸브를 2개 이상 설치한 경우 : 최고허용압력의 116 % 이하

㉯ 분출원인이 화재인 경우 : 안전밸브의 수량에 관계없이 최고허용압력의 121 % 이하로 한다.

46. ㉮ 위험도 : 가연성가스의 폭발가능성을 나타내는 수치(폭발범위를 폭발범위 하한계로 나눈 것)로 수치가 클수록 위험하다. 즉, 폭발범위가 넓을수록, 폭발범위하한계가 낮을수록 위험성이 크다.

$$\therefore\ H = \dfrac{U - L}{L}$$

㉯ 각 가스의 공기 중 폭발범위 및 위험도

가스 명칭	폭발범위	위험도
일산화탄소(CO)	12.5~74 %	4.92
에탄(C_2H_6)	3~12.5 %	3
메탄(CH_4)	5~15 %	2
암모니아(NH_3)	15~28 %	0.87

47. 디메틸포름아미드 충전량 기준

다공도(%)	내용적 10 L 이하	내용적 10 L 초과
90~92 이하	43.5 % 이하	43.7 % 이하
85~90 미만	41.1 % 이하	42.8 % 이하
80~85 미만	38.7 % 이하	40.3 % 이하
75~80 미만	36.3 % 이하	37.8 % 이하

48. $P = \dfrac{P_1 V_1 + P_2 V_2}{V}$

$= \dfrac{(6 \times 125) + (8 \times 200)}{500} = 4.7 \text{ atm}$

49. 제조설비의 정전기 제거설비 설치기준

㉮ 탑류, 저장탱크, 열교환기, 회전기계, 벤트 스택 등은 단독으로 접지한다.

㉯ 접지 접속선은 단면적 5.5 mm^2 이상인 것 (단선은 제외)을 사용하고 경납붙임, 용접, 접속금구 등을 사용하여 확실히 접속한다.

㉰ 접지 저항치는 총합 100 Ω 이하로 한다(단, 피뢰설비를 설치한 것은 10 Ω 이하).

50. 차량에 고정된 탱크 내용적 제한

㉮ 가연성(LPG 제외), 산소 : 18000 L 초과 금지

㉯ 독성가스(NH_3 제외) : 12000 L 초과 금지

51. LPG 저장탱크 간의 유지거리 : 두 저장탱크 의 최대지름을 합산한 길이의 $\dfrac{1}{4}$ 이상에 해당 하는 거리를 유지하고, 두 저장탱크의 최대지 름을 합산한 길이의 $\dfrac{1}{4}$ 의 길이가 1 m 미만인 경우에는 1 m 이상의 거리를 유지한다. 다만, LPG 저장탱크에 물분무 장치가 설치되었을 경우에는 저장탱크간의 이격거리를 유지하지 않아도 된다.

52. 액화가스를 저장탱크에 충전할 때 온도변화 에 따른 액 팽창을 흡수하고, 기화된 가스가

체류할 수 있는 안전공간을 확보하기 위하여 내용적의 90 %를 초과하지 않도록 충전한다.

53. ㉮ 분출압력 2 MPa = 2×10^6 Pa = 2×10^6 N/m^2이고, 밸브 지름 5 cm = 0.05 m이다.

㉯ 스프링 힘 계산 : $P = \dfrac{F}{A}$ 에서 스프링 힘 F 를 구한다.

∴ $F = A \times P = \left(\dfrac{\pi}{4} \times 0.05^2 \right) \times (2 \times 10^6)$

$= 3926.99 \text{ N}$

54. 배관의 기울기 : 배관의 기울기는 도로의 기 울기에 따르고 도로가 평탄한 경우에는 1/500 ~1/1000 정도의 기울기로 한다.

55. 도시가스 배관 설계도면 종단면도에 기입하는 사항

㉮ 설계가스배관 계획 정상높이 및 깊이

㉯ 신설 배관 및 부속설비[밸브, 수취기(LNG 는 제외), 보호관 등]

㉰ 교차하는 타매설물, 구조물

㉱ 기울기(LNG는 제외)

㉲ 포장종류

56. 성토는 수평에 대하여 45° 이하의 기울기로 하여 쉽게 허물어지지 아니하도록 충분히 다 져 쌓고, 강우 등으로 인하여 유실되지 아니 하도록 그 표면에 콘크리트 등으로 보호하고, 성토 윗부분의 폭은 30 cm 이상으로 한다.

57. 일반용 액화석유가스 압력조정기의 성능

㉮ 제품성능 : 내압성능, 기밀성능, 내구성능, 내한성능, 다이어프램 성능

㉯ 재료성능 : 내가스 성능, 각형패킹 성능

㉰ 작동성능 : 최대폐쇄압력 성능

㉱ 안전장치 성능 : 안전장치 작동압력, 안전 장치 분출용량, 조정성능, 절체성능

58. 자동차가 충전호스와 연결된 상태로 출발할 경우 가스의 흐름이 차단될 수 있도록 긴급분리장치를 지면 또는 지지대에 고정 설치한다.

59. ㉮ 수소취성이 발생할 수 있는 조건은 고온, 고압의 상태이다.
㉯ 운반 중 충전용기는 40℃ 이하로 유지하므로 고온의 조건이 충족되지 않기 때문에 수소취성이 발생할 가능성은 없다.

60. 독성가스 충전용기를 운반하는 차량 적재함은 적재할 충전용기 최대높이의 3/5 이상까지 SS400 또는 이와 동등 이상의 강도를 갖는 재질(가로·세로·두께가 75×40×5 mm 이상인 ㄷ형강 또는 호칭지름·두께가 50×3.2 mm 이상의 강관)로 보강하여 용기 고정이 용이하도록 한다.

제 4 과목   가스계측

---

61. ㉮ 비중 0.8인 액체의 비중량은 0.8×10^3 kgf/m³이고, 압력 2 kgf/cm²은 2×10^4 kgf/m²이다.
㉯ 압력 수두(head) 계산

$$\therefore \ h = \frac{P}{\gamma} = \frac{2 \times 10^4}{0.8 \times 10^3} = 25 \ \text{m}$$

62. 가스크로마토그래피의 장치 구성요소 : 캐리어가스, 압력조정기, 유량조절밸브, 압력계, 분리관(컬럼), 검출기, 기록계 등
※ 가스시료는 분석해야 할 대상에 해당된다.

63. 분석계의 종류
(1) 화학적 가스 분석계
   ㉮ 연소열을 이용한 것
   ㉯ 용액흡수제를 이용한 것
   ㉰ 고체 흡수제를 이용한 것
(2) 물리적 가스 분석계

   ㉮ 가스의 열전도율을 이용한 것
   ㉯ 가스의 밀도, 점도차를 이용한 것
   ㉰ 빛의 간섭을 이용한 것
   ㉱ 전기전도도를 이용한 것
   ㉲ 가스의 자기적 성질을 이용한 것
   ㉳ 가스의 반응성을 이용한 것
   ㉴ 적외선 흡수를 이용한 것
※ 오르사트법은 용액흡수제를 이용한 화학적 가스 분석계에 해당된다.

64. 가스미터의 필요조건
   ㉮ 구조가 간단하고, 수리가 용이할 것
   ㉯ 감도가 예민하고 압력손실이 적을 것
   ㉰ 소형이며 계량용량이 클 것
   ㉱ 기차의 조정이 용이할 것
   ㉲ 내구성이 클 것

65. 블록선도 : 자동제어에서 장치와 제어신호의 전달경로를 블록(block)과 화살표로 표시하는 것이다.

66. 냉각식 노점계 중 Lambrecht 노점계는 수동식으로 에테르 등을 사용해서 그 증발열로 거울의 온도를 서서히 낮추어 거울표면에 결로(結露) 현상이 일어났을 때의 온도를 읽는다.

67. ㉮ 가스검지 시험지법

검지가스	시험지	반응(변색)
암모니아(NH₃)	적색리트머스지	청색
염소(Cl₂)	KI 전분지	청갈색
포스겐(COCl₂)	해리슨시험지	유자색
시안화수소(HCN)	초산벤젠지	청색
일산화탄소(CO)	염화팔라듐지	흑색
황화수소(H₂S)	연당지 (초산납시험지)	회흑색
아세틸렌(C₂H₂)	염화 제1구리착염지	적갈색 (적색)

㉯ 청색 및 적색 리트머스시험지는 산성과 염

기성 가스를 검지하는데 사용한다.

68. 측정(계측) 방법

㉮ 직접 계측 : 측정하고자 하는 양을 직접 접
촉시켜 그 크기를 구하는 방법으로 길이를 줄
자로 측정, 질량을 천칭으로 측정, 압력을 분
동식 압력계로 측정하는 것 등이 해당된다.

㉯ 간접 계측 : 측정량과 일정한 관계가 있는
몇 개의 양을 측정하고 이로부터 계산 등에
의하여 측정값을 유도해 내는 경우로 압력
을 부르동관 압력계로 측정, 유량을 차압식
유량계로 측정, 온도를 비접촉식 온도계로
측정하는 것 등이 해당된다.

69. 침종식 압력계의 특징

㉮ 액체 중의 침종의 상하 이동으로 압력을
측정하는 것으로 아르키메데스의 원리를
이용한 것이다.

㉯ 진동이나 충격의 영향이 비교적 적다.

㉰ 미소 차압의 측정이 가능하다.

㉱ 압력이 낮은 기체 압력을 측정하는데 사용
된다.

㉲ 측정범위는 단종식이 100 mmH₂O, 복종식
이 5~30 mmH₂O이다.

70. 연소법 : 시료가스를 공기, 산소 또는 산화제
에 의해 연소하고 생성된 체적의 감소, CO_2의
생성량, O_2의 소비량 등을 측정하여 성분을
산출하는 방법이다. 폭발법, 완만 연소법, 분
별 연소법으로 분류하며 분별 연소법 중 팔라
듐관 연소법이 수소를 분석하는데 적합하다.

71. 가스미터의 분류

(1) 실측식

㉮ 건식 : 막식형(독립내기식, 클로버식)

㉯ 회전식 : 루츠(roots)형, 오벌식, 로터리
피스톤식

㉰ 습식

(2) 추량식 : 델타식, 터빈식, 오리피스식, 벤
투리식

72. 기본단위의 종류

기본량	길이	질량	시간	전류	물질량	온도	광도
기본단위	m	kg	s	A	mol	K	cd

73. 부르동관 압력계는 측정할 대상에 부착하여
압력을 측정하므로 계기 하나로 2공정의 압력
차를 측정하기 곤란하다.

74. 계량에 관한 법률 목적(법 제1조) : 계량의 기
준을 정하여 적정한 계량을 실시하게 함으로
써 공정한 상거래 질서의 유지 및 산업의 선
진화에 이바지함을 목적으로 한다.

75. 액면계의 구비조건

㉮ 온도 및 압력에 견딜 수 있을 것

㉯ 연속측정이 가능할 것

㉰ 지시, 기록의 원격측정이 가능할 것

㉱ 구조가 간단하고 수리가 용이할 것

㉲ 내식성이 있고 수명이 길 것

㉳ 자동제어장치에 적용이 용이할 것

※ 액면의 상, 하한계를 간단히 계측할 수 있
어야 하며, 적용이 용이해야 한다.

76. (1) 온도계의 분류 및 종류

㉮ 접촉식 온도계 : 유리제 봉입식 온도계,
바이메탈 온도계, 압력식 온도계, 열전대
온도계, 저항 온도계, 서미스터, 제겔콘,
서머컬러

㉯ 비접촉식 온도계 : 광고온도계, 광전관
온도계, 색온도계, 방사온도계

(2) 온도계의 측정범위 구분

㉮ 접촉식 온도계 : 최고 온도측정에 한계
가 있음

㉯ 비접촉식 온도계 : 고온 및 움직이는 물
체 측정에 적합

77. 추치 제어 : 목표값을 측정하면서 제어량을 목표값에 일치하도록 맞추는 방식으로 변화 모양을 예측할 수 없다.

78. $\dfrac{P_1 V_1}{T_1} = \dfrac{P_2 V_2}{T_2}$ 에서 $P_1 = P_2$ 이다.

$$\therefore V_1 = \frac{T_1}{T_2} V_2 = \frac{273 + 32}{273 + 0} \times V_2 = 1.117 V_2$$

79. 탁도계(濁度計) : 물의 탁한 정도를 측정하는 기기로 고압가스 관리용과는 관련이 없는 계측기기이다.

80. ㉮ 방사 온도계의 측정원리 : 스테판–볼츠만 법칙

㉯ 스테판–볼츠만 법칙 : 단위표면적당 복사되는 에너지는 절대온도의 4제곱에 비례한다.

CBT 실전문제 2

정답

연소공학	1	2	3	4	5	6	7	8	9	10
	②	①	④	②	④	②	③	①	④	②
	11	12	13	14	15	16	17	18	19	20
	④	③	④	④	③	①	③	③	②	④
가스설비	21	22	23	24	25	26	27	28	29	30
	④	④	②	①	①	②	①	④	③	③
	31	32	33	34	35	36	37	38	39	40
	②	③	①	①	②	④	③	④	①	④
가스안전관리	41	42	43	44	45	46	47	48	49	50
	②	④	②	③	①	③	④	①	③	②
	51	52	53	54	55	56	57	58	59	60
	③	②	③	④	①	①	③	①	④	④
가스계측	61	62	63	64	65	66	67	68	69	70
	①	③	①	③	④	①	②	④	③	②
	71	72	73	74	75	76	77	78	79	80
	③	③	②	①	②	④	①	④	②	③

제1과목　연소공학

1. 수소의 성질

㉮ 지구상에 존재하는 원소 중 가장 가볍다.

㉯ 무색, 무취, 무미의 가연성이다.

㉰ 열전도율이 대단히 크고, 열에 대해 안정하다.

㉱ 확산속도가 대단히 크다.

㉲ 고온에서 강제, 금속재료를 쉽게 투과한다.

㉳ 폭굉속도가 1400~3500 m/s에 달한다.

㉴ 폭발범위가 넓다(공기 중 : 4~75 %, 산소 중 : 4~94 %).

㉵ 산소와 수소폭명기, 염소와 염소폭명기의 폭발반응이 발생한다.

㉶ 확산속도가 1.8 km/s 정도로 대단히 크다.

※ 불완전연소 시 일산화탄소가 발생하는 것은 가연성분 중 탄소(C)성분이 있어야 가능하다.

2. 연소속도 : 가연물과 산소와의 반응속도(산화속도)로 화염면이 그 면에 직각으로 미연소부에 진입하는 속도이다.

3. ㉮ 각 성분가스의 분자량

가스 명칭	분자량
산소(O_2)	32
질소(N_2)	28
메탄(CH_4)	16

㉯ 혼합가스의 평균분자량 계산 : 몰비율 $= \dfrac{\text{성분몰}}{\text{전몰}}$ 이고, 몰(mol)비율은 체적비율과 같으므로 성분가스의 분자량에 몰비율을 곱하여 합산한다.

$$\therefore M = \left(32 \times \frac{10}{25}\right) + \left(28 \times \frac{10}{25}\right) + \left(16 \times \frac{5}{25}\right)$$

$$= \frac{(32 \times 10) + (28 \times 10) + (16 \times 5)}{25} = 27.2$$

㉒ 혼합가스 비중 계산

$$\therefore S = \frac{M}{29} = \frac{27.2}{29} = 0.9379$$

4. 연소용 공기의 공급 방법에 의한 화염 구분

㉮ 확산염(적화염) : 가연물의 표면에서 증발하는 가연성 기체가 공기와의 접촉면 또는 가연성 기체가 1차 공기와 혼합되지 않고 공기 중으로 유출하면서 연소하는 불꽃형태로 불꽃의 색은 적황색이고 화염의 온도는 비교적 저온이다.

㉯ 혼합기염(예혼염) : 연소용 공기와 가연성 기체가 이미 혼합된 상태에서 생기는 불꽃(炎)

㉰ 전1차 공기염 : 연소용 공기를 100 % 또는 그 이상을 1차 공기로 공급할 때 생기는 불꽃

5. 과잉공기 백분율(%) : 과잉공기량(B)과 이론공기량(M_0)의 비율(%)이고, 과잉공기량(B)은 실제공기량(M)과 이론공기량(M_0)의 차이다.

$$\therefore \text{과잉공기율}(\%) = \frac{B}{M_0} \times 100$$

$$= \frac{M - M_0}{M_0} \times 100$$

$$= (m - 1) \times 100$$

6. 폭발범위(연소범위) : 공기 중에서 점화원에 의해 폭발을 일으킬 수 있는 혼합가스 중의 가연성가스의 부피범위(%)로 온도, 압력, 산소량의 영향을 받는다.

※ 발화지연시간 : 어느 온도에서 가열하기 시작하여 발화에 이르기까지의 시간으로 고온, 고압일수록, 가연성가스와 산소의 혼합비가 완전 산화에 가까울수록 발화지연시간은 짧아진다.

7. 프로판의 완전 연소반응식

$$C_3H_8 + 5O_2 \longrightarrow 3CO_2 + 4H_2O$$
$$\downarrow \qquad \downarrow$$
$$44 \text{ kg} : 5 \times 22.4 \text{ Nm}^3$$

$$1 \text{ kg} : x(O_0) \text{ Nm}^3$$

$$\therefore A_0 = \frac{x(O_0)}{0.21} = \frac{5 \times 22.4 \times 1}{44 \times 0.21}$$
$$= 12.121 \text{ Nm}^3/\text{kg}$$

8. 인화점과 착화점

㉮ 인화점 : 가연성 물질이 공기 중에서 점화원에 의하여 연소할 수 있는 최저온도이다.

㉯ 착화점(착화온도) : 가연성 물질이 공기 중에서 온도를 상승시킬 때 점화원 없이 스스로 연소를 개시할 수 있는 최저의 온도로 발화점, 발화온도라 한다.

9. 분무연소(spray combustion) : 액체연료를 노즐에서 고속으로 분출, 무화(霧化)시켜 표면적을 크게 하여 공기나 산소와의 혼합을 좋게 하여 연소시키는 것으로 공업적으로 많이 사용되는 방법이다.

10. ㉮ 메탄올(CH_3OH)과 아세톤[$(CH_3)_2CO$]의 몰(mol)수 계산

$$\therefore n_1 = \frac{W_1}{M_1} = \frac{96}{32} = 3 \text{ mol}$$

$$\therefore n_2 = \frac{W_2}{M_2} = \frac{116}{58} = 2 \text{ mol}$$

㉯ 전압력 계산 : 메탄올과 아세톤의 증기압에 몰(mol)비율을 곱하여 합산한다.

$$\therefore P = \left(P_1 \times \frac{n_1}{n_1 + n_2}\right) + \left(P_2 \times \frac{n_2}{n_1 + n_2}\right)$$

$$= \left(96.5 \times \frac{3}{3+2}\right) + \left(56 \times \frac{2}{3+2}\right)$$

$$= 80.3 \text{ mmHg}$$

11. 가연성가스는 일반적으로 압력이 증가하면 폭발범위가 넓어지나 일산화탄소(CO)와 수소(H_2)는 압력이 증가하면 폭발범위가 좁아진다. 단, 수소는 압력이 10 atm 이상이 되면 폭발범위가 다시 넓어진다.

12. 방폭 대책에는 예방, 국한, 소화, 피난 대책이 있다.

13. (1) 연소의 정의 : 연소란 가연성 물질이 공기 중의 산소와 반응하여 빛과 열을 발생하는 화학반응을 말한다.

(2) 각 항목의 옳은 설명
 ① 연소는 산화반응으로 속도가 빠르고, 산화열이 발생한다.
 ② 물질의 열전도율이 작을수록 가연성이 되기 쉽다.
 ③ 활성화 에너지가 작은 것은 일반적으로 발열량이 크므로 가연성이 되기 쉽다.

14. 각 항목의 옳은 설명
 ① 공기비가 커지면 완전연소가 되지만 배기가스에 의한 손실열이 증대하여 연소온도가 낮아진다.
 ② 연료나 공기를 예열시키면 완전연소가 될 수 있으므로 연소온도는 높아진다.
 ④ 연소 공기 중의 산소함량이 높으면 연소가스량이 적어져 손실열이 감소하므로 연소온도는 높아진다(공기 중 산소함량이 높아지면 상대적으로 질소 함유량이 낮아지는 것이기 때문에 연소가스량이 적어지는 것임).

15. 이산화황(SO_2)은 불연성가스이므로 폭발을 일으키지 않는다.

16. 각 가스의 분자량이 서로 달라 질량분율은 다른 값을 나타낸다.

17. ⓑ항의 베릴륨 합금제 공구는 타격(충격)에 의하여 불꽃이 발생하지 않는 방폭공구이고 ⓒ항의 방폭전기기기는 폭발을 방지하는 전기기기이다.

18. ㉮ 1기압은 101.325 kPa이고, SI단위 이상

기체 상태방정식 $PV = GRT$에서 기체상수 R을 구한다.

$$\therefore R = \frac{PV}{GT} = \frac{101.325 \, \text{kPa} \times 22.4 \, \text{m}^3}{1 \, \text{kmol} \times 273 \, \text{K}}$$

$$= 8.3138 \, \text{kJ/kmol} \cdot \text{K}$$

㉯ $J = N \cdot m$이므로 $kJ = kN \cdot m$이고, $Pa = N/m^2$이다.

$\therefore \text{kPa} \times \text{m}^3 = \text{kN/m}^2 \times \text{m}^3 = \text{kN} \cdot \text{m} = \text{kJ}$이다.

19. 화염일주(火焰逸走) : 온도, 압력, 조성의 조건이 갖추어져도 용기가 작으면 발화하지 않고 또는 부분적으로 발화하여도 화염이 전파되지 않고 도중에 꺼져버리는 현상으로 소염이라고도 한다.

 ㉮ 소염거리 : 두 면의 평행판 거리를 좁혀가며 화염이 틈 사이로 전달되지 않게 될 때의 평행판사이의 거리
 ㉯ 한계직경 : 파이프 속을 화염이 진행할 때 화염이 전달되지 않고 도중에서 꺼져버리는 한계의 파이프지름으로 소염지름이라 한다.

20. 연소 배기가스 분석 목적
 ㉮ 배기가스 조성을 알기 위하여
 ㉯ 공기비를 계산하여 연소상태를 파악하기 위하여
 ㉰ 적정 공기비를 유지시켜 열효율을 증가시키기 위하여
 ㉱ 열정산 자료를 얻기 위하여

제 2 과목　가스설비

21. 배관 진동의 원인
 ㉮ 펌프, 압축기에 의한 영향
 ㉯ 유체의 압력 변화에 의한 영향
 ㉰ 안전밸브 작동에 의한 영향

㉣ 관의 굴곡에 의해 생기는 힘의 영향

㉤ 바람, 지진 등에 의한 영향

※ ④항목은 배관에서의 응력의 원인에 해당된다.

22. 가연성가스의 종류 : 아크릴로니트릴, 아크릴알데히드, 아세트알데히드, 아세틸렌, 암모니아, 수소, 황화수소, 시안화수소, 일산화탄소, 메탄, 염화메탄, 브롬화메탄, 에탄, 염화에탄, 염화비닐, 에틸렌, 산화에틸렌, 프로판, 싸이크로프로판, 프로필렌, 산화프로필렌, 부탄, 부타디엔, 부틸렌, 메틸에테르, 모노메틸아민, 디메틸아민, 트리메틸아민, 에틸아민, 벤젠, 에틸벤젠 그 밖에 공기 중에서 연소하는 가스로서 폭발한계의 하한이 10 % 이하인 것과 폭발한계의 상한과 하한의 차가 20 % 이상인 것

※ 염소 : 조연성 가스, 독성 가스에 해당된다.

23. 클라우드(Claude) 공기액화 사이클 : 팽창기에 의한 단열교축 팽창을 이용한 것으로 피스톤식 팽창기를 사용한다.

24. 원심펌프에서 발생하는 이상 현상

㉮ 캐비테이션(공동)현상

㉯ 수격(water hammering)작용

㉰ 서징(surging)현상

25. 냉매가 액체에서 기체로 기화되면서 증발잠열을 흡수하여 온도를 강하시킨다.

26. ㉮ 토출효율 : 흡입된 기체부피에 대한 토출기체의 부피를 흡입된 상태로 환산한 부피비이다.

㉯ 흡입된 상태의 기체부피는 피스톤 행정용량에 분당 회전수(rpm)를 곱한 값이고, 토출된 가스량이 시간당이므로 단위시간을 맞춰 주어야 한다.

㉰ 토출효율 계산

$$\therefore \eta' = (\text{토출기체를 흡입상태로 환산한 부피} / \text{흡입된 기체부피}) \times 100$$

$$= \frac{100 \times 0.2}{0.003 \times 160 \times 60} \times 100 = 69.444\,\%$$

27. 염화메탄(CH_3Cl)의 특징

㉮ 상온에서 무색의 기체로 에테르취의 냄새와 단맛이 난다.

㉯ 수분이 존재할 때 가열하면 가수분해하여 메탄올(CH_3OH)과 염화수소(HCl)가 된다.
$CH_3Cl + H_2O \rightarrow CH_3OH + HCl$

㉰ 건조된 염화메틸은 알칼리, 알칼리토금속, 마그네슘, 아연, 알루미늄 이외의 금속과는 반응하지 않는다.

㉱ 메탄과 염소 반응 시 생성되며 냉동기 냉매로 사용된다.

㉲ 독성 가스(50 ppm), 가연성가스(8.1~17.4 %)이다.

28. 헨리의 법칙 : 일정온도에서 일정량의 액체에 녹는 기체의 질량은 압력에 정비례한다.

㉮ 수소(H_2), 산소(O_2), 질소(N_2), 이산화탄소(CO_2) 등과 같이 물에 잘 녹지 않는 기체만 적용된다.

㉯ 염화수소(HCl), 암모니아(NH_3), 이산화황(SO_2) 등과 같이 물에 잘 녹는 기체는 적용되지 않는다.

29. 〈보기〉의 각 항목을 이상기체 상태방정식 $PV = \dfrac{W}{M}RT$를 이용하여 확인한다.

ⓐ항목 : $W = \dfrac{PVM}{RT}$ 이므로 질량(W)은 압력(P)에 비례하고 절대온도(T)에는 반비례하지만 체적 변화가 없는 용기에 일정 질량의 가스를 충전시킨 것이므로 충전된 질량에는 변화가 없다.

ⓑ항목 : $\rho = \dfrac{W}{V} = \dfrac{PM}{RT}$ 이므로 밀도(ρ)는 내용적[체적](V)에 반비례하므로 내용적이 크면 밀도는 작아진다.

ⓒ항목 : $P=\frac{WRT}{VM}$이므로 압력(P)은 분자량(M)에 반비례하므로 분자량이 작으면 압력은 크게 된다.

30. **단열법의 종류**

㉮ 상압 단열법 : 일반적으로 사용되는 단열법으로 단열공간에 분말, 섬유 등의 단열재를 충전하는 방법

㉯ 진공 단열법 : 고진공 단열법, 분말진공 단열법, 다층 진공 단열법

31. **접촉분해 공정(steam reforming process)** : 촉매를 사용해서 반응온도 400~800℃에서 탄화수소와 수증기를 반응시켜 메탄(CH_4), 수소(H_2), 일산화탄소(CO), 이산화탄소(CO_2)로 변환하는 공정이다.

32. **기화된 LPG에 공기를 혼합하는 목적**

㉮ 발열량 조절

㉯ 재액화 방지

㉰ 연소효율 증대

㉱ 누설 시 손실감소

33. 자동절체식 조정기를 사용할 경우 사용측과 예비측 용기 밸브를 모두 개방시켜 놓아야 사용측이 모두 소비되었을 때 가스 공급의 중단이 없이 예비측에서 가스가 공급된다.

34. 탄소강은 -70℃ 이하에서는 충격치가 0에 가깝게 되어 저온취성이 발생하므로 액화천연가스와 같은 초저온장치의 재료로서는 부적합하다.

35. **탄화수소에서 아세틸렌의 제조 방법**

㉮ 통상 메탄 또는 나프타를 열분해함으로써 얻어진다.

㉯ 분해 반응온도는 1000~3000℃이고 고온일수록 아세틸렌이 증가하고 저온에서는 아세틸렌 생성이 감소한다.

㉰ 반응압력은 저압일수록 아세틸렌 생성에 유리하다.

㉱ 흡열 반응이므로 반응열의 공급은 보통 연소열을 이용한다.

㉲ 원료 나프타는 파라핀계 탄화수소가 가장 적합하다.

㉳ 중축합 반응을 억제하기 위하여 분해 생성가스를 빨리 냉각시킨다.

36. **LPG용기 가스발생 능력에 영향을 주는 것**

㉮ 용기의 크기(체적)

㉯ 용기 내의 LP가스 조성

㉰ 용기 내의 가스 잔류량

㉱ 연속 소비량

㉲ 용기 주위의 분위기 온도

㉳ 용기 주위의 통풍 상태

37. $Q=AV=\frac{\pi}{4}D^2V$에서 지름 D의 단위는 'm'이므로 'cm'로 구한다.

$$\therefore\ D=\sqrt{\frac{4Q}{\pi V}}=\sqrt{\frac{4\times 20}{\pi\times 5}}\times 100$$

$$=225.675\ \text{cm}$$

38. $\text{kW}=\frac{\gamma\cdot Q\cdot H}{102\eta}=\frac{1000\times 0.15\times 25}{102\times 0.65\times 60}$

$$=0.942\ \text{kW}$$

39. **탄소강의 성질**

㉮ 물리적 성질 : 탄소 함유량이 증가와 더불어 비중, 선팽창계수, 세로 탄성율, 열전도율은 감소되나 고유 저항과 비열은 증가한다.

㉯ 화학적 성질 : 탄소가 많을수록 내식성이 감소한다.

㉰ 기계적 성질 : 탄소가 증가할수록 인장강도, 경도, 항복점은 증가하나 탄소 함유량이 0.9% 이상이 되면 반대로 감소한다. 또 연신율, 충격치는 반대로 감소하고 취성을 증가시킨다.

40. 정압기의 특성

㉮ 정특성(靜特性) : 유량과 2차 압력의 관계이다.

  ㉠ 로크업(lock up) : 유량이 0으로 되었을 때 2차 압력과 기준압력(P_s)과의 차이

  ㉡ 오프셋(off set) : 유량이 변화했을 때 2차 압력과 기준압력(P_s)과의 차이

  ㉢ 시프트(shift) : 1차 압력의 변화에 의하여 정압곡선이 전체적으로 어긋나는 것

㉯ 동특성(動特性) : 부하변동에 대한 응답의 신속성과 안정성이 요구된다.

㉰ 유량특성(流量特性) : 메인밸브의 열림과 유량의 관계이다.

  ㉠ 직선형 : 메인밸브의 개구부 모양이 장방향의 슬릿(slit)으로 되어 있으며 열림으로부터 유량을 파악하는데 편리하다.

  ㉡ 2차형 : 개구부의 모양이 삼각형(V자형)의 메인밸브로 되어 있으며 천천히 유량을 증가하는 형식으로 안정적이다.

  ㉢ 평방근형 : 접시형의 메인밸브로 신속하게 열(開) 필요가 있을 경우에 사용하며 다른 것에 비하여 안정성이 좋지 않다.

㉱ 사용 최대차압 : 메인밸브에 1차와 2차 압력이 작용하여 최대로 되었을 때의 차압이다.

㉲ 작동 최소차압 : 정압기가 작동할 수 있는 최소 차압이다.

제 3 과목 가스안전관리

41.
압력조정기의 다이어프램에 사용하는 고무 재료는 전체 배합성분 중 NBR의 성분 함유량이 50 % 이상이고, 가소제 성분은 18 % 이상인 것으로 한다.

※ NBR(Nitrile Butadiene rubber) : 합성고무

※ 가소제(可塑劑) : 고분자에 배합되어 탄성률과 유연성을 부여하는 한편 용융 점도를 저하해 수지의 가공성을 향상하기 위한 첨가제를 말한다.

42. 설비사이의 거리

㉮ 가연성가스 충전(제조)시설과 가연성가스 충전(제조)시설 : 5 m 이상

㉯ 가연성가스 충전(제조)시설과 산소 충전(제조)시설 : 10 m 이상

43. 용접용기 재검사 주기

㉮ 고압가스 용접용기 : LPG용 용접용기 제외

구분	15년 미만	15년 이상 ~20년 미만	20년 이상
500 L 이상	5년	2년	1년
500 L 미만	3년	2년	1년

㉯ LPG용 용접용기

구분	15년 미만	15년 이상 ~20년 미만	20년 이상
500 L 이상	5년	2년	1년
500 L 미만	5년		2년

44. 산소 및 에틸렌 용기 표시

가스 종류	용기 도색		문자 색상	
	공업용	의료용	공업용	의료용
산소	녹색	백색	백색	녹색
에틸렌	회색	자색	백색	백색
수소	주황색	–	백색	–
탄산가스	청색	회색	백색	백색
LPG	밝은 회색	–	적색	–
아세틸렌	황색	–	흑색	–
암모니아	백색	–	흑색	–
염소	갈색	–	백색	–
질소	회색	흑색	백색	백색
아산화질소	회색	청색	백색	백색
헬륨	회색	갈색	백색	백색
사이클로 프로판	회색	주황색	백색	백색
기타	회색	회색	백색	–

45. (1) 본관 : 다음 중 어느 하나를 말한다.

㉮ 가스도매사업의 경우에는 도시가스제조사업소(액화천연가스의 인수기지를 포함)의 부지 경계에서 정압기지(整壓基地)의 경계까지 이르는 배관. 다만, 밸브기지 안의 배관은 제외한다.

㉯ 일반도시가스사업의 경우에는 도시가스제조사업소의 부지 경계 또는 가스도매사업자의 가스시설 경계에서 정압기(整壓器)까지 이르는 배관

(2) 각 항목의 배관 명칭

① 일반도시가스사업의 본관

② 공동주택등 공급관

③ 가스도매사업자의 공급관

④ 사용자 공급관

46. 동판 및 경판 두께 계산식

㉮ 동판 : $t = \dfrac{PD}{2S\eta - 1.2P} + C$

㉯ 접시형 경판 : $t = \dfrac{PDW}{2S\eta - 0.2P} + C$

㉰ 반타원체형 경판 : $t = \dfrac{PDV}{2S\eta - 0.2P} + C$

47. 사용시설 기밀시험 압력

㉮ LPG 사용시설 : 8.4 kPa 이상

㉯ 도시가스 사용시설 : 8.4 kPa 또는 최고사용압력의 1.1배 중 높은 압력이상으로 실시

48. 초저온용기의 정의 : 영하 50℃ 이하의 액화가스를 충전하기 위한 용기로서 단열재로 피복하거나 냉동설비로 냉각하는 등의 방법으로 용기 안의 가스온도가 상용의 온도를 초과하지 아니하도록 한 것을 말한다.

49. ㉮ 압축산소 용기 저장능력(m^3) 계산

$\therefore Q_1 = (10P + 1) \times V$
$= (10 \times 15 + 1) \times 3 = 453 \, m^3$

㉯ 액화산소의 저장능력(kg) 계산

$\therefore W = 0.9dV$
$= 0.9 \times 1.14 \times 25000 = 25650 \, kg$

㉰ 액화산소 질량(kg)을 체적(m^3)으로 계산 : 액화가스와 압축가스가 섞여 있을 경우 액화가스 10 kg을 압축가스 1 m^3의 비율로 계산하는 기준을 적용하여 계산한다(액화가스 충전량(W)을 10으로 나눠주면 체적이 된다).

$\therefore Q_2 = \dfrac{W}{10} = \dfrac{25650}{10} = 2565 \, m^3$

㉱ 총 저장능력(m^3) 계산

$\therefore Q = Q_1 + Q_2 = 453 + 2565 = 3018 \, m^3$

50. 용기가 견딜 수 있는 압력은 원주방향 응력 계산식 $\sigma_A = \dfrac{PD}{2t}$ 에서 $P = \dfrac{2t\sigma_A}{D}$ 이므로 압력은 용기 안지름(D)에 반비례한다. 그러므로 동일한 재질과 두께로 된 용기에서 안지름(D)이 작을수록 높은 압력에 견딜 수 있다.

51. 정압기 부속설비 : 정압기실 내부의 1차측(inlet) 최초 밸브로부터 2차측(outlet) 말단밸브 사이에 설치된 배관, 가스차단장치(valve), 정압기용 필터(gas filter), 긴급차단장치(slam shut valve), 안전밸브, 압력기록장치, 각종 통보설비 및 이들과 연결된 배관과 전선

52. 자동차에 고정된 탱크로부터 저장탱크에 액화석유가스를 이입 받을 때에는 5시간 이상 연속하여 자동차에 고정된 탱크를 저장탱크에 접속하지 않는다.

53. 가스누출검지 경보장치

(1) 경보농도

㉮ 가연성가스 : 폭발하한계의 1/4 이하

㉯ 독성가스 : TLV-TWA 기준농도 이하

㉰ NH₃(실내사용) : 50 ppm

(2) 경보기 정밀도

㉮ 가연성가스 : ±25 % 이하

㉯ 독성가스 : ±30 % 이하

(3) 제조시설의 검출부 설치 수량

㉮ 특수반응설비 : 바닥면 둘레 10 m 마다 1개 이상

㉯ 가열로 등 : 바닥면 둘레 20 m 마다 1개 이상

㉰ 계기실 내부 : 1개 이상

㉱ 독성가스의 충전용 접속구 군의 주위 : 1개 이상

54 운반 책임자 동승 기준

㉮ 비독성 고압가스

가스의 종류		기 준
압축가스	가연성	300 m³ 이상
	조연성	600 m³ 이상
액화가스	가연성	3000 kg 이상 (에어졸 용기 : 2000 kg 이상)
	조연성	6000 kg 이상

㉯ 독성 고압가스

가스의 종류	허용농도	기 준
압축가스	100만분의 200 이하	10 m³ 이상
	100만분의 200 초과 100만분의 5000 이하	100 m³ 이상
액화가스	100만분의 200 이하	100 kg 이상
	100만분의 200 초과 100만분의 5000 이하	1000 kg 이상

※ 독성 가스의 경우 허용농도가 제시되지 않았지만 독성 액화가스는 운반책임자가 동승하여야 할 가스량 어디에도 해당되지 않고, 독성 압축가스는 운반책임자가 동승하여야 할 가스량에 모두 해당된다.

55. 공기압축기 내부윤활유 : 재생유 사용 금지

잔류탄소 질량	인화점	170℃에서 교반시간
1% 이하	200℃ 이상	8시간
1% 초과 1.5 % 이하	230℃ 이상	12시간

56. 도시가스 공급시설에 설치된 압력조정기의 점검기준

㉮ 압력조정기의 정상 작동 유무

㉯ 필터나 스트레이너의 청소 및 손상 유무

㉰ 압력조정기의 몸체와 연결부의 가스누출 유무

㉱ 출구압력을 측정하고 출구압력이 명판에 표시된 출구압력 범위 이내로 공급되는지 여부

㉲ 격납상자 내부에 설치된 압력조정기는 격납상자의 견고한 고정 여부

㉳ 건축물 내부에 설치된 압력조정기의 경우는 가스방출구의 실외 안전장소에의 설치 여부

※ 안전점검 주기 : 6개월에 1회 이상(필터 또는 스트레이너의 청소는 매 2년에 1회 이상)

57. 플레어스택의 설치위치 및 높이는 플레어스택 바로 밑의 지표면에 미치는 복사열이 4000 kcal/m²·h 이하로 되도록 한다. 다만, 4000 kcal/m²·h를 초과하는 경우로서 출입이 통제되어 있는 지역은 그러하지 아니하다.

58. 독성가스 배관 중 2중관의 외층관 내경은 내층관 외경의 1.2배 이상을 표준으로 하고 재료·두께 등에 관한 사항은 배관설비 두께에 따른다.

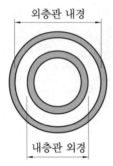

외층관 내경

내층관 외경

∴ 외층관 내경 = 내층관 외경의 1.2배 이상

59. 저장탱크실 재료의 규격

항목	규격
굵은 골재의 최대치수	25 mm
설계강도	21 MPa 이상
슬럼프(slump)	120~150 mm
공기량	4 % 이하
물-결합재비	50 % 이하
그 밖의 사항	KS F 4009(레디믹스트 콘크리트)에 따른 규정

[비고] 수밀콘크리트의 시공기준은 국토교통부가 제정한 "콘크리트표준 시방서"를 준용한다.

60. 과잉 충전이 되었을 때 과잉 충전된 양만큼 즉시 분출(누출)되는 상태가 아니라 외부적인 조건이나 환경 등에 의해 압력이 상승되면 안전밸브 작동, 용기 파열 등에 의하여 가스가 분출 또는 누출되는 상태가 된다.

제 4 과목 가스계측

61. 차압식 유량계
㉮ 측정원리 : 베르누이 정리(방정식)
㉯ 종류 : 오리피스미터, 플로 노즐, 벤투리미터

㉰ 측정방법 : 조리개 전후에 연결된 액주계의 압력차(속도 변화에 의하여 생기는 압력차)를 이용하여 유량을 측정

62. 가스 크로마토그래피의 특징
㉮ 여러 종류의 가스분석이 가능하다.
㉯ 선택성이 좋고 고감도로 측정한다.
㉰ 미량성분의 분석이 가능하다.
㉱ 응답속도가 늦으나 분리 능력이 좋다.
㉲ 동일가스의 연속측정이 불가능하다.
㉳ 캐리어가스는 검출기에 따라 수소, 헬륨, 아르곤, 질소를 사용한다.

63. 피에조 전기압력계(압전기식) : 수정이나 전기석 또는 로셸염 등의 결정체의 특정 방향에 압력을 가하면 기전력이 발생하고 발생한 전기량이 압력에 비례하는 것을 이용한 것이다. 가스 폭발이나 급격한 압력 변화 측정에 사용된다.

64. (1) 열전도형 CO_2계 : CO_2는 공기보다 열전도율이 낮다는 것을 이용하여 분석하는 물리적 분석계이다.
(2) 분석 시 주의사항
㉮ 1차 여과기 막힘에 주의하고, 0점 조절을 철저히 한다.
㉯ 측정실의 온도상승을 방지한다.
㉰ 열전도율이 대단히 큰 수소(H_2)가 혼입되면 오차가 크다.
㉱ N_2, O_2, CO 농도 변화에 대한 CO_2 지시 오차가 거의 없다.
㉲ 브리지의 공급 전류의 점검을 확실하게 한다.
㉳ 셀의 주위 온도와 측정가스 온도는 거의 일정하게 유지시키고 온도의 과도한 상승을 피한다.
㉴ 가스의 유속을 일정하게 하여야 한다.

65. $N = 16 \times \left(\dfrac{Tr}{W}\right)^2 = 16 \times \left(\dfrac{82.2}{9.2}\right)^2 = 1277.285$

66. **기기분석법의 종류**

㉮ 가스크로마토그래피법(Chromatography)

㉯ 질량분석법(Mass spectrometry)

㉰ 적외선 분광분석법(Infrared spectrophoto meter)

㉱ 폴라그래피(Polarography)법 : 산화성 물질 또는 환원성 물질로 이루어진 용액을 분석하는 전기화학적인 방법이다.

㉲ 비색법(Colorimetry) : 가시광선 영역에서 전자기파의 파장과 강도를 측정하는 방법이다.

※ 흡광광도법, 중화적정법은 화학 분석법에, 오르사트법은 흡수분석법에 해당된다.

67. mmH_2O단위와 kgf/m^2단위는 환산없이 변환이 가능하므로 전압과 정압의 단위는 mmH_2O로 변환하여 풀이에 적용한다.

$$\therefore\ V = \sqrt{2g\dfrac{P_t - P_s}{\gamma}}$$
$$= \sqrt{2 \times 9.8 \times \dfrac{(12 \times 10^3) - (6 \times 10^3)}{1000}}$$
$$= 10.844\ \text{m/s}$$

68. (1) 기준 분동식 압력계 : 탄성식 압력계의 교정에 사용되는 1차 압력계로 램, 실린더, 기름탱크, 가압펌프 등으로 구성되며 사용유체에 따라 측정범위가 다르게 적용된다.

(2) 사용유체에 따른 측정범위

㉮ 경유 : 40~100 kgf/cm^2

㉯ 스핀들유, 피마자유 : 100~1000 kgf/cm^2

㉰ 모빌유 : 3000 kgf/cm^2 이상

㉱ 점도가 큰 오일을 사용하면 5000 kgf $/cm^2$까지도 측정이 가능하다.

69. **습식 가스미터의 특징**

㉮ 계량이 정확하다.

㉯ 사용 중에 오차의 변동이 적다.

㉰ 사용 중에 수위조정 등의 관리가 필요하다.

㉱ 설치면적이 크다.

㉲ 기준용, 실험실용에 사용된다.

㉳ 용량범위는 0.2~3000 m^3/h이다.

70. OMD(Optical Methane Detector) : 적외선 흡광방식으로 차량에 탑재하여 50 km/h로 운행하면서 도로상 누출과 반경 50 m 이내의 누출을 동시에 측정할 수 있고, GPS와 연동되어 누출지점 표시 및 실시간 데이터를 저장하고 위치를 표시하는 것으로 차량용 레이저 메탄 검지기(또는 광학 메탄 검지기)라 한다.

71. 가스계량기(30 m^3/h 미만에 한한다.)의 설치높이는 바닥으로부터 1.6 m 이상 2 m 이내에 수직·수평으로 설치하고 밴드·보호가대 등 고정장치로 고정한다. 다만, 보호상자 내에 설치하는 경우 2 m 이내에 설치할 수 있다.

72. **접촉식 온도계의 특징**

㉮ 측온 소자 접촉에 의한 열손실이 있다.

㉯ 내구성이 비접촉식에 비하여 떨어진다.

㉰ 이동물체와 고온 측정이 어렵다.

㉱ 방사율에 의한 보정이 필요 없다.

㉲ 일반적으로 1000℃ 이하의 측정에 적합하다.

㉳ 측정온도의 오차가 적다.

㉴ 내부온도 측정이 가능하다.

※ 방사율 보정이 필요한 것은 비접촉식 온도계에 해당된다.

73. $E = \dfrac{I - Q}{I} \times 100 = \dfrac{65 - 71}{65} \times 100 = -9.23\%$

74. **안전등형** : 탄광 내에서 메탄(CH_4)가스를 검출하는데 사용되는 석유램프의 일종으로 메탄이 존재하면 불꽃의 모양이 커지며, 푸른

불꽃(청염) 길이로 메탄의 농도를 대략적으로 알 수 있다.

75. 가이슬러(Geissler)관 진공계 : 2개의 전극 사이에 수천~수만 볼트(V)의 전압을 걸면 관 속의 기체의 압력에 의해 방전의 형과 색의 변화가 생기며 이것을 이용하여 진공압력을 측정하는 계기이다.

76. 검지관법 : 검지관은 안지름 2~4 mm의 유리관 중에 발색시약을 흡착시킨 검지제를 충전하여 양끝을 막은 것이다. 사용할 때에는 양끝을 절단하여 가스 채취기로 시료가스를 넣은 후 착색층의 길이, 착색의 정도에서 성분의 농도를 측정하여 표준표와 비색 측정을 하는 것으로 국지적인 가스 누출 검지에 사용한다.

77. 편위법 : 측정량과 관계있는 다른 양으로 변환시켜 측정하는 방법으로 정도는 낮지만 측정이 간단하다. 부르동관 압력계, 스프링 저울, 전류계 등이 해당된다.
※ 화학 천칭은 영위법에 해당된다.

78. 0.5 L/rev : 가스계량기 계량실의 1주기 체적이 0.5 L이라는 의미이다.

79. 액면계의 구분 및 종류
㉮ 직접식 : 직관식, 플로트식(부자식), 검척식
㉯ 간접식 : 압력식, 초음파식, 저항전극식, 정전용량식, 방사선식, 차압식, 다이어프램식, 편위식, 기포식, 슬립 튜브식 등

80. 비례감도 $= \dfrac{1}{\text{비례대}} = \dfrac{1}{0.4} = 2.5$

CBT 실전문제 3

정답

	1	2	3	4	5	6	7	8	9	10
연소공학	②	①	②	④	①	①	②	①	②	①
	11	12	13	14	15	16	17	18	19	20
	④	①	②	④	③	②	②	②	②	①
가스설비	21	22	23	24	25	26	27	28	29	30
	④	②	③	④	③	④	②	④	②	③
	31	32	33	34	35	36	37	38	39	40
	①	③	②	③	②	④	①	①	①	①
가스안전관리	41	42	43	44	45	46	47	48	49	50
	④	③	②	④	①	②	④	④	②	③
	51	52	53	54	55	56	57	58	59	60
	④	③	④	③	②	①	①	④	④	④
가스계측	61	62	63	64	65	66	67	68	69	70
	③	③	③	③	①	①	③	①	①	①
	71	72	73	74	75	76	77	78	79	80
	③	④	④	③	②	③	②	③	③	②

제1과목 연소공학

1. ㉮ 탄화수소(C_mH_n)의 완전연소 반응식
$$C_mH_n + \left(m + \frac{n}{4}\right)O_2 \rightarrow m\,CO_2 + \frac{n}{2}\,H_2O$$
㉯ 프로판(C_3H_8)의 완전연소 반응식
$$\therefore\ C_3H_8 + 5O_2 \rightarrow 3CO_2 + 4H_2O$$

2. 폭발범위는 공기 중에서보다 산소 중에서 넓어지며, 온도와 압력이 상승함에 따라 넓어진다(단, 압력 상승 시 CO와 H_2는 제외).

3. 배기가스 분석 목적
㉮ 배기가스 조성을 알기 위하여

㉯ 공기비를 계산하여 연소상태를 파악하기 위하여

㉰ 적정 공기비를 유지시켜 열효율을 증가시키기 위하여

㉱ 열정산 자료를 얻기 위하여

4. **내압(耐壓) 방폭구조(d)** : 방폭 전기기기의 용기 내부에서 가연성가스의 폭발이 발생할 경우 그 용기가 폭발압력에 견디고, 접합면, 개구부 등을 통하여 외부의 가연성가스에 인화되지 아니 하도록 한 구조이다.

5. 방화문은 화재 등이 발생하였을 때 화재가 다른 장소로 확대되는 것을 방지하는 역할을 하므로 방화문의 기능이 유지될 수 있도록 관리하여야 한다.

6. 실제기체가 이상기체(완전기체) 상태방정식을 만족시키는 조건은 압력이 낮고(저압), 온도가 높을 때(고온)이다.

7. **폭굉유도거리(DID : Detonation Induction Distance)** : 최초의 완만한 연소로부터 격렬한 폭굉으로 발전될 때까지의 거리이다.

※ ①번 항목은 '발화지연', ④번 항목은 '폭속'에 대한 설명이다.

8. **반응속도에 영향을 주는 요소**

㉮ 농도 : 반응하는 물질의 농도에 비례한다.

㉯ 온도 : 온도가 상승하면 속도정수가 커져 반응속도는 증가한다(아레니우스의 반응속도론).

㉰ 촉매 : 자신은 변하지 않고 활성화 에너지를 변화시키는 것으로 정촉매는 반응속도를 빠르게 하고 부촉매는 반응속도를 느리게 한다.

㉱ 압력 : 반응속도를 직접 변화시키지 못하나 압력이 증가하면 농도변화를 일으켜 반응속도를 변화시킨다.

㉲ 활성화 에너지 : 활성화 에너지가 크면 반응속도가 감소하고 작으면 증가한다.

㉳ 반응물질의 성질

9. **고체연료의 화염 전파속도(이동속도)**

㉮ 발열량이 높을수록 화염 전파속도는 커진다.

㉯ 입자지름이 작을수록 화염 전파속도는 커진다.

㉰ 1차 공기의 온도가 높을수록 화염 전파속도는 커진다.

㉱ 석탄화도가 낮을수록 화염 전파속도는 커진다(석탄화도가 클수록 화염 전파속도는 감소한다).

※ 석탄화도(석탄의 탄화도)가 클수록 화염 전파속도가 감소하는 것은 휘발분이 감소하기 때문이다.

10. **정적비열(C_v)과 정압비열(C_p)의 관계식**

㉮ $C_p - C_v = R$

㉯ $C_p = \dfrac{k}{k-1} R$

㉰ $C_v = \dfrac{1}{k-1} R$

여기서, C_p : 정압비열(kJ/kg · K)

C_v : 정적비열(kJ/kg · K)

R : 기체상수$\left(\dfrac{8.314}{M} \text{kJ/kg · K} \right)$

11. 보일의 법칙 $P_1 V_1 = P_2 V_2$에서 나중의 압력 P_2를 구한다.

$$\therefore P_2 = \frac{P_1 V_1}{V_2} = \frac{1 \times V_1}{\frac{1}{3} \times V_1} = 3 \, \text{atm}$$

12. **유동층 연소 및 특징**

(1) 유동층 연소 : 화격자 연소와 미분탄 연소

방식을 혼합한 형식으로 화격자 하부에서 강한 공기를 송풍기로 불어넣어 화격자 위의 탄층을 유동층에 가까운 상태로 형성하면서 700~900℃ 정도의 저온에서 연소시키는 방법이다.

(2) 특징

㉮ 광범위한 연료에 적용할 수 있다.

㉯ 연소 시 화염층이 작아진다.

㉰ 클링커 장해를 경감할 수 있다.

㉱ 연소온도가 낮아 질소산화물의 발생량이 적다.

㉲ 화격자 단위 면적당 열부하를 크게 얻을 수 있다.

㉳ 부하변동에 따른 적응력이 떨어진다.

※ 클링커 장해 : 석탄과 같은 고체연료 연소 후 발생되는 회분(灰分[재] : ash)이 고열로 녹아서 전열면에 부착한 후 굳어서 전열을 저해하는 현상이다.

13. 과잉공기 백분율(%) : 과잉공기량(B)과 이론공기량(A_0)의 비율(%)이고, 과잉공기량(B)은 실제공기량(A)과 이론공기량(A_0)의 차이다.

$$\therefore \ 과잉공기율(\%) = \frac{B}{A_0} \times 100$$
$$= \frac{A - A_0}{A_0} \times 100$$
$$= (m - 1) \times 100$$

14. 연소 형태에 따른 가연물

㉮ 표면연소 : 목탄(숯), 코크스

㉯ 분해연소 : 종이, 석탄, 목재, 중유

㉰ 증발연소 : 가솔린, 등유, 경유, 알코올, 양초, 유황

㉱ 확산연소 : 가연성 기체(수소, 프로판, 부탄, 아세틸렌 등)

㉲ 자기연소 : 제5류 위험물(니트로셀룰로오스, 셀룰로이드, 니트로글리세린 등)

※ 니트로글리세린 : 자기연소성 물질(제5류 위험물)로 가열, 충격, 마찰 등에 매우 민감한 물질이다.

15. ㉮ 프로판(C_3H_8)과 부탄(C_4H_{10})의 완전연소 반응식

$$C_3H_8 + 5O_2 \rightarrow 3CO_2 + 4H_2O : 30 \ v\%$$
$$C_4H_{10} + 6.5O_2 \rightarrow 4CO_2 + 5H_2O : 70 \ v\%$$

㉯ 이론공기량 계산 : 기체 연료 1 L당 필요한 산소량(L)은 연소반응식에서 산소의 몰수에 해당하는 양이고, 각 가스의 체적비에 해당하는 양만큼 필요한 것이다.

$$\therefore \ A_0 = \frac{O_0}{0.2} = \frac{(5 \times 0.3) + (6.5 \times 0.7)}{0.2}$$
$$= 30.25 \text{ L}$$

16. 소화효과(방법)의 종류

㉮ 질식효과 : 산소의 공급을 차단하여 가연물질의 연소를 소화시키는 방법

㉯ 냉각효과 : 점화원(발화원)을 가연물질의 연소에 필요한 활성화 에너지 값 이하로 낮추어 소화시키는 방법

㉰ 제거효과 : 가연물질을 화재가 발생한 장소로부터 제거하여 소화시키는 방법

㉱ 부촉매 효과 : 순조로운 연쇄반응을 일으키는 화염의 전파물질인 수산기 또는 수소기의 활성화반응을 억제, 방해 또는 차단하여 소화시키는 방법

㉲ 희석효과 : 수용성 가연물질인 알코올, 에탄올의 화재 시 다량의 물을 살포하여 가연성 물질의 농도를 낮게 하여 소화시키는 방법

㉳ 유화효과 : 중유에 소화약제인 물을 고압으로 분무하여 유화층을 형성시켜 소화시키는 방법

※ 소화의 3대 효과는 질식효과, 냉각효과, 제거효과이다.

17. 건도 x, 습도 y라 하면 $x + y = 1$이므로 습도 $y = 1 - x$가 된다.

※ 건조도[건도](x) : 증기 속에 함유되어 있는 물방울의 혼용률

   ㉮ 건조도(x)가 1인 경우 : 건포화증기

   ㉯ 건조도(x)가 0인 경우 : 포화수

   ㉰ 건조도(x)가 $0 < x < 1$인 경우 : 습증기

18. (1) 최소 점화에너지 : 가연성 혼합가스를 전기적 스파크로 점화시킬 때 점화하기 위한 최소한의 전기적 에너지를 말한다.

(2) 최소 점화에너지가 낮아지는 조건

   ㉮ 연소속도가 클수록

   ㉯ 열전도율이 작을수록

   ㉰ 산소농도가 높을수록

   ㉱ 압력이 높을수록

   ㉲ 가연성기체의 온도가 높을수록

   ㉳ 혼합기의 온도가 상승할수록

※ 최소 점화에너지는 유속과는 무관하다.

19. ㉮ 물의 비중은 1이므로 물 500 L는 500 kg에 해당되고, 비열은 4.185 kJ/kg · ℃이다.

㉯ 연소기의 효율 $\eta = \dfrac{G \cdot C \cdot \Delta t}{G_f \cdot H_l} \times 100$ 에서 프로판 사용량 G_f를 구한다.

$$\therefore G_f = \dfrac{G \times C \times \Delta t}{H_l \times \eta}$$

$$= \dfrac{500 \times 4.185 \times (60-10)}{(50.232 \times 1000) \times 0.75} = 2.777 \text{ kg/h}$$

20. 완전가스(이상기체)의 성질

   ㉮ 보일-샤를의 법칙을 만족한다.

   ㉯ 아보가드로의 법칙에 따른다.

   ㉰ 내부에너지는 온도만의 함수이다.

   ㉱ 비열비는 온도에 관계없이 일정하다.

   ㉲ 기체의 분자력과 크기는 무시되며 분자간의 충돌은 완전 탄성체이다.

   ㉳ 분자와 분자 사이의 거리가 매우 멀다.

   ㉴ 분자 사이의 인력이 없다.

   ㉵ 압축성인자가 1이다.

제 2 과목   가스설비

21. 레이놀즈(Reynolds)식 정압기의 특징

   ㉮ 언로딩(unloading)형이다.

   ㉯ 다른 정압기에 비하여 크기가 크다.

   ㉰ 정특성은 극히 좋으나 안정성이 부족하다.

   ㉱ 레이놀즈식 정압기는 본체가 복좌 밸브식으로 구성되어 있으며 상부에 다이어프램을 갖는다.

22. ㉮ 허용응력(S)은 인장강도의 $\dfrac{1}{4}$에 해당된다.

㉯ 동판 두께 계산

$$\therefore t = \dfrac{PD}{2S\eta - 1.2P} + C$$

$$= \dfrac{2.0 \times 650}{2 \times \left(500 \times \dfrac{1}{4}\right) \times 1 - 1.2 \times 2.0} + 1$$

$$= 6.25 \text{ mm}$$

23. 내압시험 및 기밀시험

   ㉮ 내압시험은 물, 기밀시험은 기체의 압력으로 행한다.

   ㉯ 고압가스설비와 배관의 기밀시험은 원칙적으로 공기 또는 위험성이 없는 기체의 압력으로 실시한다.

   ㉰ 산소는 조연성가스에 해당되므로 기밀시험용으로 사용할 수 없다.

24. ㉮ 액화가스를 용기에 충전할 때에는 액체를 충전하는 것이므로 충전량은 질량으로 표시한다.

㉯ 액화가스 용기 및 차량에 고정된 탱크의 저장능력 산정식

$$W = \dfrac{V}{C}$$

㉰ 저장능력 산정식 각 기호의 의미

W : 저장능력(kg) → 최고 충전질량의 의미임

V : 내용적(L)

C : 저온용기 및 차량에 고정된 저온탱크와 초저온용기 및 차량에 고정된 초저온탱크에 충전하는 액화가스의 경우에는 그 용기 및 탱크의 상용온도 중 최고 온도에서의 그 가스의 비중(kg/L)의 수치에 10분의 9를 곱한 수치의 역수, 그 밖의 액화가스의 충전용기 및 차량에 고정된 탱크의 경우에는 가스 종류에 따른 정수

25. 스케줄 번호 계산식

㉮ P : 사용압력(kgf/cm^2), S : 허용응력(kgf/cm^2)일 때

∴ $\text{Sch No} = 1000 \times \dfrac{P}{S}$

㉯ P : 사용압력(kgf/cm^2), S : 허용응력(kgf/mm^2)일 때

∴ $\text{Sch No} = 10 \times \dfrac{P}{S}$

※ 단위에 따른 스케줄 번호 계산식은 단위까지 감안하여 정리된 것이므로 별도로 단위를 정리하면 단위가 맞춰지지 않습니다.

26. 가스홀더의 기능

㉮ 가스수요의 시간적 변동에 대하여 공급가스량을 확보한다.

㉯ 공급설비의 일시적 중단에 대하여 어느 정도 공급량을 확보한다.

㉰ 공급가스의 성분, 열량, 연소성 등의 성질을 균일화한다.

㉱ 소비지역 근처에 설치하여 피크 시의 공급, 수송효과를 얻는다.

27. 저압배관 유량식 $Q = K\sqrt{\dfrac{D^5 H}{SL}}$ 에서 안지름 D를 구하는 식을 유도하여 계산하며, 공식에서 안지름의 단위는 'cm'이므로 'mm'로 변환하기 위해 10을 곱해 준다.

∴ $D = \sqrt[5]{\dfrac{Q^2 SL}{K^2 H}}$

$= \sqrt[5]{\dfrac{10^2 \times 1.5 \times 100}{0.7^2 \times 30}} \times 10 = 39.971 \text{ mm}$

28.
㉮ 아세틸렌(acetylene)은 폭발(산화, 화합, 분해)의 위험성이 있어 도시가스 원료로는 부적합하다.

㉯ 도시가스 원료 : 천연가스(NG), 액화천연가스(LNG), 정유가스, 나프타(naphtha), LPG 등

29. 충격시험

㉮ 금속재료의 충격시험은 인성과 취성을 측정하기 위하여 실시한다.

㉯ 인성 : 금속재료에 굽힘이나 비틀림 작용을 반복하여 가할 때 이 외력에 저항하는 성질(또는 끈기 있고 질긴 성질)이다.

㉰ 취성 : 물체의 변형에 견디지 못하고 파괴되는 성질로 인성에 반대되며, 메짐이라 한다.

30.
㉮ 1 한국 냉동톤 : 0℃ 물 1톤(1000 kg)을 0℃ 얼음으로 만드는 데 1일 동안 제거하여야 할 열량으로 3320 kcal/h에 해당된다.

㉯ 냉동기 용량 계산

∴ 냉동기용량 $= \dfrac{\text{흡수(제거)열량}}{3320}$

$= \dfrac{50000}{3320} = 15.060$ 냉동톤

31. 일반배관용 탄소 강관의 특징

㉮ 배관 명칭에 따른 규격기호가 SPP이다.

㉯ 사용압력이 비교적 낮은(1 MPa[10 kgf/cm^2]) 증기, 물, 기름, 가스, 공기 등의 배관용으로 사용된다.

㉰ 표면에 아연을 도금하지 않은 흑관과 도금을 한 백관으로 제조된다.

㉱ 관 호칭(관지름)에 따라 두께가 일정하다.

※ SPPS : 압력배관용 탄소 강관

32. 액화석유가스 충전량

㉮ 저장탱크 : 내용적의 90 %를 넘지 않도록 한다.

㉯ 소형저장탱크 : 내용적의 85 %를 넘지 않도록 한다.

33. 전기방식의 기준

㉮ 전기방식전류가 흐르는 상태에서 토양 중에 있는 배관 등의 방식전위는 포화 황산동 기준전극으로 −5 V 이상 −0.85 V 이하(황산염 환원 박테리아가 번식하는 토양에서는 −0.95 V 이하)일 것

㉯ 전기방식전류가 흐르는 상태에서 자연전위와의 전위변화가 최소한 −300 mV 이하일 것. 다만, 다른 금속과 접촉하는 배관 등은 제외한다.

㉰ 배관 등에 대한 전위측정은 가능한 가까운 위치에서 기준전극으로 실시할 것

34. 탄소량이 증가하면 인장강도, 항복점은 증가하며(0.9 % 이상이 되면 감소) 연신율, 충격값은 감소하여 취성을 증가시킨다.

35. ㉮ CO_2 제거 : 소다건조기에서 입상의 가성소다(NaOH)를 사용하여 제거한다.

㉯ 겔 건조기 : 실리카겔(SiO_2), 활성알루미나(Al_2O_3), 소바이드를 사용하며 수분은 제거하나 CO_2는 제거하지 못한다.

36. 글로브 밸브(globe valve)의 특징

㉮ 유체의 흐름에 따라 마찰손실(저항)이 크다.

㉯ 주로 유량 조절용으로 사용된다.

㉰ 유체의 흐름 방향과 평행하게 밸브가 개폐된다.

㉱ 밸브의 디스크 모양은 평면형, 반구형, 원뿔형 등의 형상이 있다.

㉲ 슬루스 밸브에 비하여 가볍고 가격이 저렴하다.

㉳ 고압의 대구경 밸브에는 부적당하다.

※ 배관용 밸브의 특징

㉮ 글로브 밸브(스톱 밸브) : 유량 조절용으로 사용, 압력손실이 크다.

㉯ 슬루스 밸브(게이트 밸브) : 유로 개폐용으로 사용, 압력손실이 작다.

㉰ 버터플라이 밸브 : 액체 배관의 유로 개폐용으로 사용, 고압배관에는 부적당하다.

37. $\text{kW} = \dfrac{\gamma \cdot Q \cdot H}{102\eta}$

$$= \frac{1000 \times 0.25 \times 20}{102 \times 0.65 \times 60} = 1.256\ \text{kW}$$

38. LNG 기화장치의 종류

㉮ 오픈 랙(open rack) 기화법 : 베이스로드용으로 바닷물을 열원으로 사용하므로 초기시설비가 많으나 운전비용이 저렴하다.

㉯ 중간 매체법 : 베이스로드용으로 프로판(C_3H_8), 펜탄(C_5H_{12}) 등을 사용한다.

㉰ 서브머지드(submerged)법 : 피크로드용으로 액중 버너를 사용하여 수중 버너법이라 한다. 초기시설비가 적으나 운전비용이 많이 소요된다.

39. $V = \dfrac{\pi}{4} \times D^2 \times L \times n \times N \times \eta_v$

$$= \frac{\pi}{4} \times 0.1^2 \times 0.15 \times 1 \times 600 \times 0.8$$

$$= 0.565\ \text{m}^3/\text{min}$$

40. ㉮ 응력의 계산식에서 지름(D)은 안지름이므로 바깥지름에서 좌우의 양쪽 두께를 빼주면 안지름이 된다. 안지름(D)과 두께(t)는 동일한 단위를 적용하면 약분된다.

㉯ 원주방향(원둘레방향) 응력 계산

$$\therefore \sigma_A = \frac{PD}{2t} = \frac{10 \times (20 - 2 \times 0.5)}{2 \times 0.5}$$
$$= 190 \,\text{kgf/cm}^2$$

제 3 과목   가스안전관리

---

41. 보호장비 비치

㉮ 독성가스의 종류에 따른 방독면(방독마스크), 고무장갑, 고무장화 그 밖의 보호구와 재해 발생 방지를 위한 응급조치에 필요한 제독제, 자재 및 공구 등을 비치한다.

㉯ 독성가스 중 가연성가스를 차량에 적재하여 운반하는 경우에 소화설비를 비치한다.

※ 포스겐은 독성가스에 해당되지만 불연성 가스이기 때문에 소화설비는 갖추지 않아도 된다.

42. 희석제의 종류

㉮ 안전관리 규정에 정한 것 : 질소, 메탄, 일산화탄소, 에틸렌

㉯ 희석제로 사용 가능한 것 : 수소, 프로판, 이산화탄소

43.
산소 또는 천연메탄을 수송하기 위한 배관과 이에 접속하는 압축기(산소를 압축하는 압축기는 물을 내부 윤활제로 사용하는 것에 한정한다) 사이에는 수취기(드레인 세퍼레이터 : drain separator)를 설치한다.

44. 정전기 제거 및 발생 방지조치 방법

㉮ 대상물을 접지한다.

㉯ 공기 중 상대습도를 높인다(70 % 이상).

㉰ 공기를 이온화한다.

㉱ 도전성 재료를 사용한다.

㉲ 접촉 전위차가 작은 재료를 선택한다.

㉳ 전기저항을 감소시킨다.

45.
㉮ 열팽창(thermal expansively)에 대한 등온 압축비(isothermal compressibility) 계산 : 용기 내용적은 일정하므로 열팽창에 의한 체적 증가($\Delta V = V \cdot \alpha \cdot \Delta t$)와 발생한 압력에 의해서 압축된 체적($\Delta V = V \cdot \beta \cdot \Delta P$)은 같다. 즉 $V \cdot \alpha \cdot \Delta t = V \cdot \beta \cdot \Delta P$ 이다.

$$\therefore \frac{\Delta P}{\Delta t} = \frac{\alpha}{\beta} = \frac{2 \times 10^{-2}/\text{℃}}{4 \times 10^{-3}/\text{atm}} = 5 \,\text{atm/℃}$$

㉯ 온도변화에 따른 압력변화 계산 : $\dfrac{\Delta P}{\Delta t} = 5$ atm/℃에서 압력변화 ΔP를 계산한다.

$$\therefore \Delta P = \Delta t \times 5 \,\text{atm/℃}$$
$$= 3\text{℃} \times 5 \,\text{atm/℃} = 15 \,\text{atm}$$

46. 도시가스 배관재료 선정기준

㉮ 배관의 재료는 배관 내의 가스흐름이 원활한 것으로 한다.

㉯ 배관의 재료는 내부의 가스압력과 외부로부터의 하중 및 충격하중 등에 견디는 강도는 갖는 것으로 한다.

㉰ 배관의 재료는 토양·지하수 등에 대하여 내식성을 갖는 것으로 한다.

㉱ 배관의 재료는 배관의 접합이 용이하고 가스의 누출을 방지할 수 있는 것으로 한다.

㉲ 배관의 재료는 절단 가공이 용이한 것으로 한다.

47.
LPG용 가스레인지를 사용하는 도중 불꽃이 치솟는 사고의 직접적인 원인은 압력조정기 불량으로 적정압력 이상의 고압의 LPG가 공급되어 발생한 것이다.

48. 부압을 방지하는 조치에 갖추어야 할 설비

㉮ 압력계

㉯ 압력경보설비

㉰ 진공안전밸브

㉱ 다른 저장탱크 또는 시설로부터의 가스도입배관(균압관)

㉲ 압력과 연동하는 긴급차단장치를 설치한
냉동제어설비

㉳ 압력과 연동하는 긴급차단장치를 설치한 송
액설비

49. 저장능력별 방류둑 설치 대상

㉮ 고압가스 특정제조
　㉠ 가연성가스 : 500톤 이상
　㉡ 독성가스 : 5톤 이상
　㉢ 액화산소 : 1000톤 이상

㉯ 고압가스 일반제조
　㉠ 가연성, 액화산소 : 1000톤 이상
　㉡ 독성가스 : 5톤 이상

㉰ 냉동제조 시설(독성가스 냉매 사용) : 수액
기 내용적 10000 L 이상

㉱ 액화석유가스 충전사업 : 1000톤 이상

㉲ 도시가스
　㉠ 도시가스 도매사업 : 500톤 이상
　㉡ 일반도시가스 사업 : 1000톤 이상

※ 불활성가스는 저장능력에 관계없이 방류둑
설치대상에 해당사항이 없음

50. 저장탱크를 지하에 매설할 때 저장탱크의 주위에는 마른 모래를 채운다.

51. 충전용기는 이륜차에 적재하여 운반하지 아니한다. 다만, 차량이 통행하기 곤란한 지역이나 그 밖에 시·도지사가 지정하는 경우에는 다음 기준에 적합한 경우에만 액화석유가스 충전용기를 이륜차(자전거는 제외)에 적재하여 운반할 수 있다.

㉮ 넘어질 경우 용기에 손상이 가지 아니하도
록 제작된 용기운반 전용적재함이 장착된
것인 경우

㉯ 적재하는 충전용기는 충전량이 20 kg 이
하이고, 적재수가 2개를 초과하지 아니한
경우

52. 일반용 LPG 압력조정기 최대 폐쇄압력

㉮ 1단 감압식 저압조정기, 2단 감압식 2차용
저압조정기, 자동절체식 일체형 저압조정
기 : 3.5 kPa 이하

㉯ 2단 감압식 1차용 조정기 : 95.0 kPa 이하

㉰ 1단 감압식 준저압조정기, 자동절체식 일
체형 준저압조정기, 그 밖의 압력조정기 :
조정압력의 1.25배 이하

∴ 폐쇄압력 = 조정압력×1.25배 이하
　　　　　 = 2.5×1.25 = 3.125 kPa 이하

53. 기밀시험 실시 방법

㉮ 상용압력 이상의 기체의 압력으로 실시한다.

㉯ 지하매설 배관은 3년마다 기밀시험을 실시
한다.

㉰ 노출된 가스설비 및 배관은 가스검지기 등으
로 누출 여부를 검사하여 누출이 검지되지
않은 경우 기밀시험을 한 것으로 볼 수 있다.

㉱ 내압 및 기밀시험에 필요한 조치는 검사 신
청인이 한다.

54. 도시가스 사용시설 입상관 설치기준

(1) 입상관은 환기가 양호한 장소에 설치하며
입상관의 밸브는 바닥으로부터 1.6 m 이상
2 m 이내에 설치한다.

(2) 부득이 1.6 m 이상 2 m 이내에 설치하지
못할 경우 기준

㉮ 입상관 밸브를 1.6 m 미만으로 설치 시 보
호상자 안에 설치한다.

㉯ 입상관 밸브를 2.0 m 초과하여 설치할 경
우에는 다음 중 어느 하나의 기준에 따른다.

　㉠ 입상관 밸브 차단을 위한 전용계단을
　　견고하게 고정·설치한다.

　㉡ 원격으로 차단이 가능한 전동밸브를 설
　　치한다. 이 경우 차단장치의 제어부는
　　바닥으로부터 1.6 m 이상 2.0 m 이내에
　　설치하며, 전동밸브 및 제어부는 빗물을
　　받을 우려가 없도록 조치한다.

55. 설비 내부에 사람이 들어가 수리를 할 경우 산소 농도는 18~22 %를 유지하여야 한다. 그러므로 불연성가스인 이산화탄소 설비를 공기로 치환한 후에 작업을 시작하는 방법이 4가지 중에 옳은 방법이다.

56. 고압가스의 분류

㉮ 취급상태에 따른 분류 : 압축가스, 액화가스, 용해가스

㉯ 연소성에 따른 분류 : 가연성 가스, 지연성 (조연성) 가스, 불연성 가스

㉰ 독성에 의한 분류 : 독성가스, 비독성 가스

57. 저장탱크에 설치하는 긴급차단장치는 저장탱크 주밸브(main valve)와 겸용하지 아니한다.

※ 긴급차단장치 조작 스위치(기구) 위치

㉮ 고압가스 특정제조 : 10 m 이상

㉯ 고압가스 일반제조 : 5 m 이상

58. 고압가스 관련설비(특정설비) 종류 : 안전밸브, 긴급차단장치, 기화장치, 독성가스 배관용 밸브, 자동차용 가스 자동주입기, 역화방지기, 압력용기, 특정고압가스용 실린더 캐비닛, 자동차용 압축천연가스 완속 충전설비, 액화석유가스용 용기 잔류가스 회수장치, 냉동용 특정설비, 차량에 고정된 탱크

59. 배관은 그 배관에 대한 위해(危害)의 우려가 없도록 배관의 적당한 곳에 압축가스 배관의 경우에는 압력계를, 액화가스 배관의 경우에는 압력계 및 온도계를 설치한다. 다만, 초저온 또는 저온의 액화가스 배관의 경우에는 온도계 설치를 생략할 수 있다.

60. 방호벽

㉮ 설치 목적(기능) : 가스 관련시설에서 발생하는 위해요소가 다른 쪽으로 전이되는 것을 방지하기 위하여 설치한다.

㉯ 위해요소 : 가스폭발이 발생하였을 때 파편 비산, 충격파, 폭풍 등이 해당된다.

제 4 과목 가스계측

---

61. 1 atm = 760 mmHg = 76 cmHg = 0.76 mHg
= 29.9 inHg = 760 torr = 10332 kgf/m^2
= 1.0332 kgf/cm^2 = 10.332 mH$_2$O
= 10332 mmH$_2$O
= 101325 N/m^2 = 101325 Pa = 101.325 kPa
= 0.101325 MPa = 1013250 dyne/cm^2
= 1.01325 bar
= 1013.25 mbar = 14.7 lb/in^2 = 14.7 psi

62. 백금-백금로듐(P-R) 열전대 특징

㉮ 다른 열전대 온도계보다 안정성이 우수하여 고온 측정(0~1600℃)에 적합하다.

㉯ 산화성 분위기에 강하지만, 환원성 분위기에 약하다.

㉰ 내열도, 정도가 높고 정밀 측정용으로 주로 사용된다.

㉱ 열기전력이 다른 열전대에 비하여 작다.

㉲ 가격이 비싸다.

㉳ 단자 구성은 양극에 백금-백금로듐, 음극에 백금을 사용한다.

63. 전자포획 이온화 검출기(ECD : Electron Capture Detector)는 방사선 동위원소로부터 방출되는 β선으로 캐리어가스가 이온화되어 생긴 자유전자를 시료 성분이 포획하면 이온 전류가 감소하는 것을 이용한 것이다.

㉮ 캐리어가스는 질소(N$_2$), 헬륨(He)을 사용한다.

㉯ 유기할로겐 화합물, 니트로 화합물 및 유기 금속 화합물을 선택적으로 검출할 수 있다.

㉰ 할로겐 및 산소 화합물에서의 감도는 최고이며 탄화수소는 감도가 나쁘다.

64. 적외선 흡수법 : 분자의 진동 중 쌍극자 힘의 변화를 일으킬 진동에 의해 적외선의 흡수가 일어나는 것을 이용한 방법으로 He, Ne, Ar 등 단원자 분자 및 H_2, O_2, N_2, Cl_2 등 대칭 2원자 분자는 적외선을 흡수하지 않으므로 분석할 수 없다.

65. 가스미터의 크기 선정 : 15호 이하의 소형 가스미터는 최대 사용 가스량이 가스미터 용량의 60 %가 되도록 선정한다. 다만, 1개의 가스기구가 가스미터의 최대 통과량의 80 %를 초과한 경우에는 1등급 더 큰 가스미터를 선정한다.

66. 측정방법

㉮ 편위법 : 부르동관 압력계와 같이 측정량과 관계있는 다른 양으로 변환시켜 측정하는 방법으로 정도는 낮지만 측정이 간단하다.

㉯ 영위법 : 기준량과 측정하고자 하는 상태량을 비교 평형시켜 측정하는 것으로 천칭을 이용하여 질량을 측정하는 것이 해당된다.

㉰ 치환법 : 지시량과 미리 알고 있는 다른 양으로부터 측정량을 나타내는 방법으로 다이얼게이지를 이용하여 두께를 측정하는 것이 해당된다.

㉱ 보상법 : 측정량과 거의 같은 미리 알고 있는 양을 준비하여 측정량과 그 미리 알고 있는 양의 차이로써 측정량을 알아내는 방법이다.

67. 탄성 압력계의 종류 : 부르동관식, 벨로스식, 다이어프램식, 캡슐식

68. 부르동관(bourdon tube) 압력계 : 2차 압력계 중 대표적인 것으로 측정범위가 0~3000

kgf/cm^2이며 고압 측정이 가능하지만, 정도는 ±1~3 %로 낮다.

69. 차압식 유량계에서 유량은 차압의 평방근에 비례한다.

$$\therefore \ Q_2 = \sqrt{\frac{\Delta P_2}{\Delta P_1}} \times Q_1 = \sqrt{4} \times Q_1 = 2Q_1$$

∴ 오리피스 유량계에서 압력차가 4배로 증가하면 유량은 2배로 증가한다.

70. 미분(D) 동작 : 조작량이 동작신호의 미분치에 비례하는 동작으로 비례 동작과 함께 쓰이며 일반적으로 진동이 제어되어 빨리 안정된다.

71. $E = \frac{I-Q}{I} \times 100$ 에서 $I-Q = E \times I$ 이다.

$$\therefore \ Q = I - (E \times I)$$
$$= 30.4 - \{(-0.05) \times 30.4\} = 31.92 \ m^3/h$$

72. 측온 저항체(저항 온도계)의 측정범위

㉮ 백금 측온 저항체 : $-200 \sim 500℃$

㉯ 니켈 측온 저항체 : $-50 \sim 150℃$

㉰ 동 측온 저항체 : $0 \sim 120℃$

73. 산소(O_2) 중에 포함되어있는 질소(N_2) 성분을 정량하는 것이므로 산소(O_2)의 피크보다 질소(N_2)의 피크가 먼저 나오도록 컬럼을 선택한다.

74. $h = \frac{V^2}{2g} = \frac{10^2}{2 \times 9.8} = 5.102 \ m$

75. 막식 가스미터의 부동(不動) : 가스는 계량기를 통과하나 지침이 작동하지 않는 고장으로 계량막의 파손, 밸브의 탈락, 밸브와 밸브시트 사이에서의 누설, 지시장치 기어 불량 등이 원인이다.

76. 물리량의 SI 단위

㉮ 힘 : N(Newton) = $1\,kg \cdot m/s^2 \rightarrow$ MKS 단위

$\quad$ dyne = $1\,g \cdot cm/s^2 \rightarrow$ CGS 단위

㉯ 압력 : Pa(Pascal) = N/m^2

㉰ 일, 에너지, 열량 : J(Joule) = $N \cdot m$

㉱ 동력 : W(Watt) = J/s

77. 액면계의 구비조건

㉮ 온도 및 압력에 견딜 수 있을 것

㉯ 연속 측정이 가능할 것

㉰ 지시 기록의 원격 측정이 가능할 것

㉱ 구조가 간단하고 수리가 용이할 것

㉲ 내식성이 있고 수명이 길 것

㉳ 자동제어 장치에 적용이 용이할 것

78.

$$X = \frac{G_w}{G_a} = \frac{G_w}{G - G_w} = \frac{10}{205 - 10}$$

$$= 0.051\,kgH_2O/kgdryair$$

79. 가스검지기의 경보방식

㉮ 즉시 경보형 : 가스농도가 설정치에 도달하면 즉시 경보를 울리는 형식

㉯ 경보 지연형 : 가스농도가 설정치에 도달한 후 그 농도 이상으로 계속해서 20~60초 정도 지속되는 경우에 경보를 울리는 형식

㉰ 반시한 경보형 : 가스농도가 설정치에 도달한 후 그 농도 이상으로 계속해서 지속되는 경우에 가스농도가 높을수록 경보지연 시간을 짧게 한 형식

80. 습식 가스미터의 특징

㉮ 계량이 정확하다.

㉯ 사용 중에 오차의 변동이 적다.

㉰ 사용 중에 수위 조정 등의 관리가 필요하다.

㉱ 설치면적이 크다.

㉲ 기준용, 실험실용에 사용된다.

㉳ 용량범위는 0.2~3000 m^3/h이다.

CBT 실전문제 4

정답

	1	2	3	4	5	6	7	8	9	10
연소공학	③	②	①	④	③	②	①	④	④	②
	11	12	13	14	15	16	17	18	19	20
	④	④	④	④	②	①	④	②	④	②
가스설비	21	22	23	24	25	26	27	28	29	30
	④	③	③	①	①	①	②	①	①	④
	31	32	33	34	35	36	37	38	39	40
	③	①	③	③	②	①	③	②	②	④
가스안전관리	41	42	43	44	45	46	47	48	49	50
	③	④	①	①	①	③	③	④	②	②
	51	52	53	54	55	56	57	58	59	60
	④	③	①	②	①	②	④	②	①	③
가스계측	61	62	63	64	65	66	67	68	69	70
	④	④	①	①	②	②	②	①	④	④
	71	72	73	74	75	76	77	78	79	80
	④	②	①	①	③	④	④	④	④	①

제1과목 연소공학

1. ㉮ 아세틸렌 생성 반응식

$\quad 2C + H_2 \rightarrow C_2H_2 - 54.2\,kcal/mol$

㉯ 아세틸렌의 분해폭발 반응식

$\quad C_2H_2 \rightarrow 2C + H_2 + 54.2\,kcal/mol$

㉰ 아세틸렌이 분해폭발할 때 발생하는 폭발열은 +54.2 kcal/mol이다.

2. 각 항목의 옳은 설명

① 가스 연료의 화염은 방사율이 낮기 때문에 복사에 의한 열전달률이 작다.

③ 단위 체적당 발열량이 액체나 고체 연료에 비해 대단히 크고, 저장이나 수송에 시설이 작아도 된다.

④ 저산소 연소를 시키기 쉽기 때문에 대기오염 물질인 질소산화물(NO_x)의 생성이 적고, 분진이나 매연의 발생도 거의 없다.

3. 분진폭발의 위험성을 방지하기 위한 조건

㉮ 환기장치는 단독 집진기를 사용한다.

㉯ 분진 취급 공정을 습식으로 운영한다.

㉰ 분진이 발생하는 곳에 습식 스크러버를 설치한다.

㉱ 분진발생 또는 분진취급 지역에서 흡연 등 불꽃을 발생시키는 기기 사용을 금지한다.

㉲ 공기로 분진물질을 수송하는 설비 및 수송 덕트의 접속부위에는 접지를 실시한다.

㉳ 질소 등의 불활성가스 봉입을 통해 산소를 폭발최소농도 이하로 낮춘다.

㉴ 여과포를 사용하는 제진설비에는 차압계를 설치하고, 내부 고착물에 의한 열축적 등의 우려가 있는 경우에는 온도계를 설치한다.

㉵ 정기적으로 분진 퇴적물을 제거한다.

4. 고위발열량과 저위발열량의 차이는 연소 시 생성된 물의 증발잠열에 의한 것이고, 물(H_2O)은 수소(H_2)와 산소(O_2)로 이루어진 것이므로 연료 성분 중 수소와 관련이 있는 것이다.

5.
㉮ 프로판(C_3H_8)의 완전 연소 반응식

$$C_3H_8 + 5O_2 \rightarrow 3CO_2 + 4H_2O$$

㉯ 표준상태(0℃, 1기압)에서 발생하는 CO_2의 부피(m^3) 계산 : 프로판 1 kmol은 44 kg이고, 완전 연소 반응식에서 CO_2 발생량은 3 kmol이다.

$$\therefore CO_2 = 3 \times 22.4 = 67.2 \ m^3$$

6. 예혼합 연소의 특징

㉮ 가스와 공기의 사전혼합형이다.

㉯ 화염이 짧으며 고온의 화염을 얻을 수 있다.

㉰ 연소부하가 크고, 역화의 위험성이 크다.

㉱ 조작범위가 좁다.

㉲ 탄화수소가 큰 가스에 적합하다.

㉳ 화염이 전파하는 성질이 있다.

7. 위험도 : 폭발범위 상한과 하한의 차이(폭발범위)를 폭발 하한값으로 나눈 것으로 H로 표시한다.

$$\therefore H = \frac{U - L}{L}$$

여기서, U : 폭발범위 상한값

L : 폭발범위 하한값

8.
㉮ 물은 공기보다 비열이 커 온도를 증가시키기 어렵고, 열용량도 크다.

㉯ 물의 비열은 1 kcal/kgf · ℃, 0℃ 공기의 정압비열은 0.240 kcal/kgf · ℃이다.

9. 폭광(detonation)의 정의 : 가스 중의 음속보다도 화염 전파속도가 큰 경우로서 파면선단에 충격파라고 하는 압력파가 생겨 격렬한 파괴작용을 일으키는 현상이다.

10. 연소범위 : 공기 중에서 가연성가스가 연소할 수 있는 가연성가스의 농도범위로 가스의 온도가 높아지면 연소범위는 넓어진다.

11. 아레니우스의 반응속도론에 따르면 온도가 10℃ 상승함에 따라 반응속도는 2배씩 빨라진다.

$$\therefore 100 - 40 = 60℃ \ 상승 \rightarrow 2^6배 \ 빨라진다.$$

12.
㉮ 메탄(CH_4)의 완전 연소 반응식

$$CH_4 + 2O_2 \rightarrow CO_2 + 2H_2O$$

㉯ 실제공기량(A) 계산

$$22.4 \ Nm^3 : 2 \times 22.4 \ Nm^3$$

$$= 1 \ Nm^3 : x(O_0) \ Nm^3$$

$$\therefore \ A = m \times A_0 = m \times \frac{O_0}{0.21}$$

$$= 1.1 \times \frac{2 \times 22.4 \times 1}{22.4 \times 0.21} = 10.476 \ \text{Nm}^3$$

13. **헨리의 법칙** : 일정온도에서 일정량의 액체에 녹는 기체의 질량은 압력에 정비례한다.
  ㉮ 수소(H_2), 산소(O_2), 질소(N_2), 이산화탄소(CO_2) 등과 같이 물에 잘 녹지 않는 기체만 적용된다.
  ㉯ 염화수소(HCl), 암모니아(NH_3), 이산화황(SO_2) 등과 같이 물에 잘 녹는 기체는 적용되지 않는다.

14. ㉮ 프로판(C_3H_8)의 완전 연소 반응식
$$C_3H_8 + 5O_2 \rightarrow 3CO_2 + 4H_2O$$
  ㉯ 표준 진발열량 계산 : 프로판 연소 시 발생되는 수증기 몰수와 물의 증발잠열을 곱한 수치를 고위발열량에서 뺀 값이 표준 진발열량이 된다(수증기의 생성엔탈피(ΔH)와 물의 증발잠열은 절대값은 같고 부호가 반대이다).
$$\therefore \ H_l = H_h - \text{물의 증발잠열량}$$
$$= -530600 - (-10519 \times 4)$$
$$= -488524 \ \text{cal/g} \cdot \text{mol}$$

15. **각 가스의 연소성**

명칭	연소성
염소(Cl_2)	조연성
도시가스	가연성
암모니아(NH_3)	가연성
일산화탄소(CO)	가연성

※ 공기와 혼합하였을 때 폭발성 혼합가스를 형성하는 것은 가연성가스이다.

16. 폭발의 위험성이 있는 건물을 방화구조와 내화구조로 하는 것은 화재가 발생하였을 때 화재가 확산되지 않도록 하는 방호대책에 해당된다.

17. ㉮ 메탄올 합성 반응식에서 반응 전의 mol 수는 일산화탄소 1 mol, 수소 2 mol로 합계 3 mol이다.
  ㉯ 메탄올 1000 kg을 합성하기 위한 가스량 계산 : 메탄올의 분자량은 32이다.

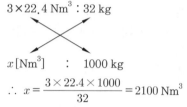

$$\therefore \ x = \frac{3 \times 22.4 \times 1000}{32} = 2100 \ \text{Nm}^3$$

18. 유황, 양초, 나프탈렌 등은 고체 상태이지만 증발연소를 한다.

19. **과잉공기계수** : 공기비라 하며 완전 연소에 필요한 공기량(이론공기량[A_0])에 대한 실제로 사용된 공기량(실제공기량[A])의 비를 말한다.
$$\therefore \ m = \frac{A}{A_0} = \frac{A_0 + B}{A_0} = 1 + \frac{B}{A_0}$$

20. **존슨(Jones)의 연소범위 관계식**
  ㉮ 폭발하한계 계산
$$\therefore \ x_1 = 0.55 \, x_0 = 0.55 \times 3.1 = 1.705 \ \%$$
  ㉯ 폭발상한계 계산
$$\therefore \ x_2 = 4.8 \sqrt{x_0} = 4.8 \times \sqrt{3.1} = 8.451 \ \%$$

제 2 과목   가스설비

---

21. **레페(reppe) 반응장치** : 아세틸렌을 압축하면 분해폭발의 위험이 있기 때문에 이것을 최소화하기 위하여 반응장치 내부에 질소(N_2)가 49 % 또는 이산화탄소(CO_2)가 42 %가 되면 분해폭발이 일어나지 않는다는 것을 이용하여 고안된 반응장치로 종래에 합성되지 않았던 화합물을 제조할 수 있게 되었다.

22. 지상에 설치하는 저장탱크의 외부에는 은색·백색 도료를 바르고 주위에서 보기 쉽도록 가스의 명칭을 붉은 글씨로 표시한다. 다만, 국가보안목표시설로 지정된 것은 표시를 하지 않을 수 있다.

23. **냉매설비 자동제어장치 설치기준** : ①, ②, ④ 외 다음과 같다.
㉮ 압축기를 구동하는 동력장치에 과부하보호장치를 설치한다.
㉯ 강제윤활장치를 갖는 개방형 압축기인 경우는 윤활유 압력이 운전에 지장을 주는 상태에 이르는 압력까지 저하할 때 압축기를 정지하는 장치를 설치한다. 다만, 작용하는 유압이 0.1 MPa 이하의 경우는 생략할 수 있다.
㉰ 수냉식 응축기인 경우는 냉각수 단수보호장치(냉각수 펌프가 운전되지 않으면 압축기가 운전되지 않도록 하는 기계적 또는 전기적 연동기구를 갖는 장치를 포함한다)를 설치한다.
㉱ 공랭식 응축기 및 증발식 응축기인 경우는 해당 응축기용 송풍기가 운전되지 않는 한 압축기가 작동되지 않도록 하는 연동장치를 설치한다. 다만, 상용압력 이하의 상태를 유지하게 하는 응축온도 제어장치가 있는 경우에는 그러하지 아니하다.
㉲ 난방용 전열기를 내장한 에어콘 또는 이와 유사한 전열기를 내장한 냉동설비에는 과열방지장치를 설치한다.

24. **캐스케이드 액화 사이클** : 비점이 점차 낮은 냉매를 사용하여 저비점의 기체를 액화하는 사이클로 다원액화 사이클이라고 부르며, 공기 액화 및 천연가스를 액화시키는데 사용하고 있다.

25. **충전용기와 잔가스 용기의 정의**

㉮ 충전용기 : 고압가스의 충전질량 또는 충전압력이 $\frac{1}{2}$ 이상 충전되어 있는 상태의 용기

㉯ 잔가스 용기 : 고압가스의 충전질량 또는 충전압력이 $\frac{1}{2}$ 미만 충전되어 있는 상태의 용기

26. **용기 재료의 구비조건**
㉮ 내식성, 내마모성을 가질 것
㉯ 가볍고 충분한 강도를 가질 것
㉰ 저온 및 사용 중 충격에 견디는 연성(延性), 전성(展性)을 가질 것
㉱ 가공성, 용접성이 좋고 가공 중 결함이 생기지 않을 것
참고 **연성과 전성**
㉮ 연성(延性) : 물질이 탄성한계를 넘는 힘을 받아도 파괴되지 않고 실처럼 늘어나는 성질
㉯ 전성(展性) : 두드리거나 압력을 가하면 얇게 펴지는 금속의 성질

27. **냉동능력** : 1시간에 냉동기가 흡수하는 열량으로 '1 한국 냉동톤'은 3320 kcal/h, '1 미국 냉동톤'은 3024 kcal/h이다.

28. 도시가스 원료로 사용하는 천연가스(NG), LPG, 나프타 등은 냄새가 없어 누설 시 조기에 발견하기 어렵기 때문에 냄새가 나는 물질인 부취제를 첨가하여 누설을 확인할 수 있도록 한다.

29. **공급 방식에 의한 분류 중 압력 구분**
㉮ 저압공급 방식 : 0.1 MPa 미만
㉯ 중압공급 방식 : 0.1 MPa 이상 1 MPa 미만
㉰ 고압공급 방식 : 1 MPa 이상

30. **분해폭발을 일으키는 물질** : 아세틸렌(C_2H_2), 산화에틸렌(C_2H_4O), 히드라진(N_2H_4), 오존(O_3)

31. 공기혼합(희석)의 목적
㉮ 발열량 조절
㉯ 재액화 방지
㉰ 누설 시 손실 감소
㉱ 연소효율 증대

32. 액화천연가스(LNG)는 메탄을 주성분으로 하며 에탄, 프로판, 부탄 등이 일부 포함되어 있다.

33. ㉮ 압축기 : 단열압축 과정이므로 엔트로피 변화가 없는 등엔트로피 과정이다.
㉯ 팽창밸브 : 고온, 고압의 냉매액을 교축 팽창시키는 역할을 하며 엔탈피 변화가 없는 등엔탈피 과정이다.

34. 각 가스의 성질

명칭	성질
질소(N_2)	불연성, 비독성
수소(H_2)	가연성, 비독성
암모니아(NH_3)	가연성, 독성
아황산가스(SO_2)	불연성, 독성

∴ 누출된 가연성, 독성가스는 암모니아(NH_3)이다.

35. $\dfrac{U_{H_2}}{U_{O_2}} = \sqrt{\dfrac{M_{O_2}}{M_{H_2}}}$ 에서 수소의 확산속도(U_{H_2})를 구한다.

∴ $U_{H_2} = \sqrt{\dfrac{M_{O_2}}{M_{H_2}}} \times U_{O_2} = \sqrt{\dfrac{32}{2}} \times U_{O_2} = 4\,U_{O_2}$

∴ 수소(H_2)가 산소(O_2)보다 4배 빠르다.

36. 금속 재료와 아세틸렌, 일산화탄소
㉮ 아세틸렌은 구리, 은, 수은 등의 금속과 반응하여 아세틸드를 생성하여 화합폭발의 원인이 된다.
㉯ 일산화탄소는 고온, 고압의 상태에서 철, 니켈, 코발트 등 철족의 금속과 반응하여 금속 카르보닐을 생성한다.

37. LP가스의 조성 : 석유계 저급 탄화수소의 혼합물로 탄소 수가 3개에서 5개 이하의 것으로 프로판(C_3H_8), 부탄(C_4H_{10}), 프로필렌(C_3H_6), 부틸렌(C_4H_8), 부타디엔(C_4H_6) 등이 포함되어 있다.

38. 조정압력 3.3 kPa 이하인 압력조정기의 안전장치 분출용량
㉮ 노즐 지름이 3.2 mm 이하일 때 : 140 L/h 이상
㉯ 노즐 지름이 3.2 mm 초과일 때 : 다음 계산식에 의한 값 이상
$Q = 44\,D$
여기서, Q : 안전장치 분출량(L/h)
　　　　D : 조정기의 노즐 지름(mm)

39. 전기방식 기준전극 설치 : 매설배관 주위에 기준전극을 매설하는 경우 기준전극은 배관으로부터 50 cm 이내에 설치한다. 다만, 데이터로거 등을 이용하여 방식전위를 원격으로 측정하는 경우 기준전극은 기존에 설치된 전위측정용 터미널(T/B) 하부에 설치할 수 있다.(KGS GC202)

40. ㉮ 플랜지 이음에 사용되는 부품 : 플랜지, 가스켓, 체결용 볼트 및 너트, 와셔 등
㉯ 플러그(plug) : 배관 끝을 막을 때 사용하는 부품이다.

제 3 과목　가스안전관리

41. 긴급차단장치의 차단조작기구는 해당 저장탱크(지하에 매몰하여 설치하는 저장탱크를 제외한다)로부터 5 m 이상 떨어진 곳(방류둑을 설치한 경우에는 그 외측)으로서 다음 장소마다 1개 이상 설치한다.

㉮ 안전관리자가 상주하는 사무실 내부

㉯ 충전기 주변

㉰ 액화석유가스의 대량 유출에 대비하여 충분히 안전이 확보되고 조작이 용이한 곳

42. 긴급이송설비에 부속된 처리설비는 이송되는 설비 안의 내용물을 다음 중 어느 하나의 방법으로 처리할 수 있는 것으로 한다.

㉮ 플레어스택에서 안전하게 연소시킨다.

㉯ 안전한 장소에 설치되어 있는 저장탱크 등에 임시 이송한다.

㉰ 벤트스택에서 안전하게 방출한다.

㉱ 독성가스는 제독조치 후 안전하게 폐기한다.

43. LPG 저장탱크 간의 유지거리 : 두 저장탱크의 최대지름을 합산한 길이의 $\frac{1}{4}$ 이상에 해당하는 거리를 유지하고, 두 저장탱크의 최대지름을 합산한 길이의 $\frac{1}{4}$ 의 길이가 1 m 미만인 경우에는 1 m 이상의 거리를 유지한다. 단, LPG 저장탱크에 물분무장치가 설치되었을 경우에는 저장탱크 간의 이격거리를 유지하지 않아도 된다.

44. 치환농도

㉮ 가연성 가스설비 : 폭발하한계의 $\frac{1}{4}$ 이하 (25 % 이하)

㉯ 독성가스설비 : TLV-TWA 기준농도 이하

㉰ 산소가스설비 : 산소농도 22 % 이하

㉱ 불연성 가스설비 : 치환작업을 생략할 수 있다.

㉲ 사람이 작업할 경우 산소농도 : 18~22 %

45. 부취제 혼합설비의 주입작업 안전기준 : ②, ③, ④ 외 다음과 같다.

㉮ 정전 시에도 주입설비가 정상작동 될 수

있도록 조치한다.

㉯ 공기 중의 혼합비율이 용량의 1천분의 1의 상태에서 감지할 수 있도록 적합한 양의 부취제가 액화석유가스 중에 첨가될 수 있도록 한다.

46. 물분무장치 등 점검 : 물분무장치 등은 매월 1회 이상 작동상황을 점검하여 원활하고 확실하게 작동하는지 확인하고 그 기록을 작성·유지한다. 다만, 동결할 우려가 있는 경우에는 펌프구동만으로 통수시험을 갈음할 수 있다.

47. 일반용 액화석유가스 압력조정기의 내압성능

㉮ 입구 쪽 내압시험은 3 MPa 이상으로 1분간 실시한다. 다만, 2단 감압식 2차용 조정기의 경우에는 0.8 MPa 이상으로 한다.

㉯ 출구 쪽 내압시험은 0.3 MPa 이상으로 1분간 실시한다. 다만, 2단 감압식 1차용 조정기의 경우에는 0.8 MPa 이상 또는 조정압력의 1.5배 이상 중 높은 것으로 한다.

48. 고압가스 설비에 설치하는 압력계는 상용압력의 1.5배 이상 2배 이하의 최고눈금이 있는 것으로 하고, 압축·액화 그 밖의 방법으로 처리할 수 있는 가스의 용적이 1일 1000 m^3 이상인 사업소에는 국가표준기본법에 의한 제품인증을 받은 압력계를 2개 이상 비치한다.

49. 강제 환기설비 배기가스 방출구는 지면에서 5 m 이상의 높이에 설치한다.

50. 사업소 안 시설 중 일부만이 법의 적용을 받을 때에는 해당 시설이 설치되어 있는 구획건축물 또는 건축물 안에 구획된 출입구 등의 외부에서 보기 쉬운 곳에 게시한다.

51. PE배관 매몰설치 기준

㉮ PE배관의 굴곡허용반경은 외경의 20배 이상으로 한다. 다만, 굴곡반경이 외경의 20

배 미만일 경우에는 엘보를 사용한다.

㉯ PE배관의 매설위치를 지상에서 탐지할 수 있는 탐지형 보호포, 로케팅 와이어(전선의 굵기는 6 mm² 이상) 등을 설치한다.

52. 용기의 내압력(耐壓力) 부족 원인

㉮ 용기 재료의 불균일

㉯ 용기 내벽의 부식

㉰ 강재의 피로

㉱ 용접 부분의 불량

㉲ 용기 자체의 결함

㉳ 낙하, 충돌 등으로 용기에 가해지는 충격

㉴ 용기에 절단 및 구멍 등을 가공

㉵ 검사받지 않은 용기 사용

53. 압축가스 충전용기의 내압시험압력(TP)은 최고충전압력(FP) × $\frac{5}{3}$ 이다.

$$\therefore \ FP = TP \times \frac{3}{5} = 25 \times \frac{3}{5} = 15\,\text{MPa}$$

54. 호스 설치 : 호스(금속플렉시블 호스를 제외한다)의 길이는 연소기까지 3 m 이내(용접 또는 용단 작업용 시설을 제외한다)로 하고, T형으로 연결하지 않는다.

55. 2개 이상의 탱크를 동일 차량에 고정하여 운반하는 경우 기준

㉮ 탱크마다 탱크의 주밸브를 설치한다.

㉯ 탱크 상호 간 또는 탱크와 차량과의 사이를 단단하게 부착하는 조치를 한다.

㉰ 충전관에는 안전밸브, 압력계 및 긴급탈압밸브를 설치한다.

56. $B_{\text{min}} = 3 + 0.5t = 3 + 0.5 \times 20 = 13\,\text{mm}$

참고 ㉮ 비드 폭의 최대치 계산

$$\therefore \ B_{\text{max}} = 5 + 0.75t = 5 + 0.75 \times 20$$
$$= 20\,\text{mm}$$

㉯ 비드 폭의 최소 및 최대치

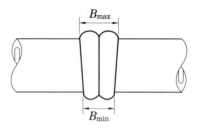

57. 밸브박스 설치기준

㉮ 밸브박스의 내부는 밸브의 조작이 쉽도록 충분한 공간을 확보한다.

㉯ 밸브박스의 뚜껑이나 문은 충분한 강도를 가지도록 하고, 긴급한 사태가 발생하였을 때 신속하게 개폐할 수 있는 구조로 한다.

㉰ 밸브박스는 내부에 물이 고여 있지 않도록 유지관리하고 밸브 등에는 부식방지 도장을 한다.

58. 상용압력 2.5 kPa인 정압기 안전장치 설정압력

구분		설정압력
이상압력통보설비	상한값	3.2 kPa 이하
	하한값	1.2 kPa 이상
주정압기에 설치하는 긴급차단장치		3.6 kPa 이하
안전밸브		4.0 kPa 이하
예비정압기에 설치하는 긴급차단장치		4.4 kPa 이하

59. 도시가스 배관의 보수ㆍ보강

㉮ A형 슬리브 보수 : 배관의 손상된 부분을 전체 원주를 덮는 슬리브로 감싸도록 하여 결함을 보수하는 방법으로서 축방향으로는 용접하나, 원주방향으로는 용접을 하지 않는 보수방법이다.

㉯ B형 슬리브 보수 : 배관의 손상된 부분을 전체 원주를 덮는 슬리브로 감싸도록 하여 결함을 보수하는 방법으로서 축방향 용접뿐만 아니라 슬리브의 끝단을 원주방향으로 필렛용접하는 보수방법이다.

ⓓ 복합재료 보수 : 배관의 손상된 부분을 금속으로 된 슬리브 대신 유리섬유 또는 탄소섬유와 같은 복합재료를 여러 겹으로 감싸 결함을 보수하는 방법이다.

ⓔ 육성(적층)용접 : 배관의 손상된 부분을 용접으로 채워서 결함을 제거하고 배관의 연속성과 기능을 회복하는 보수방법이다.

ⓕ 패치(패드) 보수 : 배관의 손상된 부분을 강판을 이용하여 필렛용접하여 보수하는 방법이다.

ⓖ 교체 보수 : 가스 공급을 중단한 상태에서 손상된 배관을 원통(cylinder) 형태로 절단하고 동등 이상의 설계강도를 갖는 배관으로 교체하는 보수방법이다.

참고 ㉮ A형 슬리브

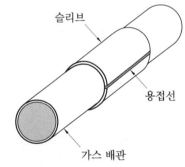

ㄴ B형 슬리브

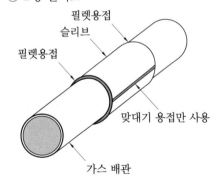

60. 긴급분리장치 설치기준

㉮ 충전호스에는 충전 중 자동차의 오발진으로 인한 충전기 및 충전호스의 파손을 방지하기 위하여 긴급분리장치를 설치한다.

ㄴ 자동차가 충전호스와 연결된 상태로 출발할 경우 가스의 흐름이 차단될 수 있도록 긴급분리장치를 지면 또는 지지대에 고정하여 설치한다.

ㄷ 긴급분리장치는 각 충전설비마다 설치한다.

ㄹ 긴급분리장치는 수평방향으로 당길 때 666.4 N 미만의 힘으로 분리되는 것으로 한다.

ㅁ 긴급분리장치와 충전설비 사이에는 충전자가 접근하기 쉬운 위치에 90° 회전의 수동밸브를 설치한다.

제 4 과목   가스계측

---

61. 비접촉식 온도계의 특징

㉮ 접촉에 의한 열손실이 없고 측정 물체의 열적 조건을 건드리지 않는다.

ㄴ 내구성에서 유리하다.

ㄷ 이동물체와 고온 측정이 가능하다.

ㄹ 방사율 보정이 필요하다.

ㅁ 700℃ 이하의 온도 측정이 곤란하다 (단, 방사온도계의 측정범위는 50~3000℃).

ㅂ 측정온도의 오차가 크다.

ㅅ 표면온도 측정에 사용된다 (내부온도 측정이 불가능하다).

62. 굴절성 : 광선이나 음파가 휘어져 꺾이는 성질로 광파, 음파, 수파 따위가 한 매질에서 다른 매질로 들어갈 때 경계면에서 그 진행방향이 바뀌는 현상이다. 굴절성은 경질유리를 사용하는 직관식 액면계에서 이용하는 성질이다.

63. 검지기 설치위치

㉮ 공기보다 무거운 경우 : 검지기 상단은 바닥면 등에서 위쪽으로 0.3 m 이내에 부착

ㄴ 공기보다 가벼운 경우 : 검지기 하단은 천장면 등의 아래쪽 0.3 m 이내에 부착

64. 액주식 액체의 구비조건
- ㉮ 점성이 적을 것
- ㉯ 열팽창계수가 적을 것
- ㉰ 항상 액면은 수평을 만들 것
- ㉱ 온도에 따라서 밀도변화가 적을 것
- ㉲ 증기에 대한 밀도변화가 적을 것
- ㉳ 모세관 현상 및 표면장력이 적을 것
- ㉴ 화학적으로 안정할 것
- ㉵ 휘발성 및 흡수성이 적을 것
- ㉶ 액주의 높이를 정확히 읽을 수 있을 것

65. 습식 가스미터의 특징
- ㉮ 계량이 정확하다.
- ㉯ 사용 중에 오차의 변동이 적다.
- ㉰ 사용 중에 수위조정 등의 관리가 필요하다.
- ㉱ 설치면적이 크다.
- ㉲ 기준용, 실험실용에 사용된다.
- ㉳ 용량범위는 $0.2 \sim 3000 \ m^3/h$이다.

66. 차압 $60 \ mmH_2O$는 $60 \ kgf/m^2$과 같다.

$$\therefore \ V = C \sqrt{2g \frac{\Delta P}{\gamma}}$$
$$= 1 \times \sqrt{2 \times 9.8 \times \frac{60}{1.20}} = 31.304 \ m/s$$

67. 다이어프램식 압력계 특징
- ㉮ 응답속도가 빠르나 온도의 영향을 받는다.
- ㉯ 극히 미세한 압력 측정에 적당하다.
- ㉰ 부식성 유체의 측정이 가능하다.
- ㉱ 압력계가 파손되어도 위험이 적다.
- ㉲ 연소로의 통풍계(draft gauge)로 사용한다.
- ㉳ 측정범위는 $20 \sim 5000 \ mmH_2O$이다.

68. $P = E[V] \times I[A] = \dfrac{E^2[V]}{R[\Omega]}$
$$= \frac{100^2}{1 \times 1000} = 10 \ W$$

69. 적분동작(I 동작 : integral action) : 제어량에 편차가 생겼을 때 편차의 적분차를 가감하여 조작단의 이동 속도가 비례하는 동작으로 잔류편차가 남지 않는다. 진동하는 경향이 있어 제어의 안정성은 떨어진다. 유량제어나 관로의 압력제어와 같은 경우에 적합하다.

70. 캐리어가스(carrier gas)
- ㉮ 역할 : 주입된 시료를 컬럼과 검출기로 이동시켜 주는 운반기체 역할을 한다.
- ㉯ 종류 : 수소(H_2), 헬륨(He), 아르곤(Ar), 질소(N_2)
- ㉰ 캐리어가스는 검출기 종류에 맞는 것을 선택하여 사용하여야 한다.

71. 보일의 법칙 $P_1 V_1 = P_2 V_2$에서 압력이 변한 후의 부피 V_2를 구한다.
$$\therefore \ V_2 = \frac{P_1 V_1}{P_2} = \frac{3 \times 6}{9} = 2 \ L$$

72. 터빈식 유량계 : 유속식 유량계 중 축류식으로 유체가 흐르는 배관 중에 임펠러를 설치하여 유속 변화에 따른 임펠러의 회전수를 이용하여 유량을 측정하는 것으로 임펠러의 축이 유체의 흐르는 방향과 일치되어 있다.

73. 오르사트법 가스분석 순서 및 흡수제

순서	분석가스	흡수제
1	CO_2	KOH 30 % 수용액
2	O_2	알칼리성 피로갈롤 용액
3	CO	암모니아성 염화 제1구리 용액

74. 감도유량 : 가스미터가 작동하는 최소유량
- ㉮ 가정용 막식 가스미터 : 3 L/h 이하
- ㉯ LPG용 가스미터 : 15 L/h 이하

75. 부르동관 압력계 용도에 따른 기호 : KS B 5305

용도 구분	기호
증기형 보통형	M
내열형	H
내진형	V
증기용 내진형	MV
내열 내진형	HV

76. mass flow controller : 유량을 측정 및 제어하는데 사용되는 장치의 유체 및 가스를 특정 영역에서 특정 유형을 제어하도록 조정하는 것으로 하나 이상의 유체나 가스를 제어할 수 있지만 높은 압력이 불안정 유량의 원인이 될 수 있다.

77. 시료가스 50 mL를 CO_2, O_2, CO 순으로 흡수시켰을 때 최종적으로 남은 부피가 17.8 mL 이고, 이 양이 전체시료량에서 체적감량에 해당하는 양을 뺀 것과 같은 양이다.

$$\therefore 조성 = \frac{전체시료량 - 체적감량}{시료량} \times 100$$

$$= \frac{17.8}{50} \times 100 = 35.6 \%$$

78. 염광광도형 검출기(FPD) : 수소염에 의하여 시료성분을 연소시키고 이때 발생하는 불꽃의 광도를 측정하여 황화합물과 인화합물을 선택적으로 검출한다.

79. 루트(roots)형 가스미터의 특징
㉮ 대유량 가스 측정에 적합하다.
㉯ 중압가스의 계량이 가능하다.
㉰ 설치면적이 작다.
㉱ 여과기의 설치 및 설치 후의 유지관리가 필요하다.
㉲ 0.5 m^3/h 이하의 적은 유량에는 부동의 우려가 있다.
㉳ 용량범위가 100~5000 m^3/h로 대량 수용가에 사용된다.

80. 통풍형 건습구 습도계 : 휴대용으로 사용되며 시계 장치(태엽)로 팬(fan)을 돌려 3 m/s 정도의 바람을 흡인하여 건습구에 통풍하는 형식으로 아스만(Asman) 습도계가 대표적이다.

CBT 실전문제 5

정답

	1	2	3	4	5	6	7	8	9	10
연소공학	③	④	③	③	④	③	①	④	③	②
	11	12	13	14	15	16	17	18	19	20
	①	①	①	③	④	③	③	②	④	③
가스설비	21	22	23	24	25	26	27	28	29	30
	③	②	③	④	②	④	①	③	④	④
	31	32	33	34	35	36	37	38	39	40
	③	①	①	②	①	①	①	④	③	①
가스안전관리	41	42	43	44	45	46	47	48	49	50
	②	③	②	③	④	②	④	②	③	④
	51	52	53	54	55	56	57	58	59	60
	②	④	②	②	④	④	②	①	④	③
가스계측	61	62	63	64	65	66	67	68	69	70
	①	②	④	②	③	④	①	④	②	④
	71	72	73	74	75	76	77	78	79	80
	①	①	④	②	④	④	③	②	①	④

제1과목 연소공학

1. ㉮ 프로판의 완전 연소 반응식
$C_3H_8 + 5O_2 \rightarrow 3CO_2 + 4H_2O$
㉯ 최소산소농도 계산 : 프로판 1몰(mol)이 연소할 때 필요로 하는 산소는 5몰이다.

$$\therefore \ MOC = LFL \times \frac{\text{산소 몰수}}{\text{연료 몰수}}$$
$$= 2.1 \times \frac{5}{1} = 10.5\%$$

2. 헨리의 법칙 : 일정온도에서 일정량의 액체에 녹는 기체의 질량은 압력에 정비례한다.
  ㉮ 수소(H_2), 산소(O_2), 질소(N_2), 이산화탄소(CO_2) 등과 같이 물에 잘 녹지 않는 기체만 적용된다.
  ㉯ 염화수소(HCl), 암모니아(NH_3), 이산화황(SO_2) 등과 같이 물에 잘 녹는 기체는 적용되지 않는다.

3. 폭발물질에 의한 폭발 분류
  ㉮ 기체상태 폭발 : 혼합가스의 폭발, 분해 폭발, 분진 폭발
  ㉯ 액체 및 고체상태 폭발 : 혼합 위험성 물질 폭발, 폭발성 화합물 폭발, 증기 폭발, 금속선 폭발, 고체상 전이 폭발

4. ㉮ 각 가스의 폭발범위

가스 명칭	폭발범위
메탄(CH_4)	5~15%
프로판(C_3H_8)	2.2~9.5%
에탄(C_2H_6)	3.0~12.4%

  ㉯ 혼합가스의 폭발하한계 계산
$$\frac{100}{L} = \frac{V_1}{L_1} + \frac{V_2}{L_2} + \frac{V_3}{L_3}$$ 에서 혼합가스 폭발하한계값 L을 구한다.
$$\therefore \ L = \frac{100}{\dfrac{V_1}{L_1} + \dfrac{V_2}{L_2} + \dfrac{V_3}{L_3}}$$
$$= \frac{100}{\dfrac{80}{5} + \dfrac{5}{2.2} + \dfrac{15}{3.0}} = 4.296\%$$

5. 폭발등급별 안전간격

폭발등급	안전간격	가스종류
1등급	0.6 mm 이상	일산화탄소, 에탄, 프로판, 암모니아, 아세톤, 에틸에테르, 가솔린, 벤젠 등
2등급	0.4~0.6 mm	석탄가스, 에틸렌 등
3등급	0.4 mm 미만	아세틸렌, 이황화탄소, 수소, 수성가스 등

6. 집진장치의 분류 및 종류
  ㉮ 건식 집진장치 : 중력식 집진장치, 관성력식 집진장치, 원심력식 집진장치, 여과 집진장치 등
  ㉯ 습식 집진장치 : 벤투리 스크러버, 제트 스크러버, 사이클론 스크러버, 충전탑(세정탑) 등
  ㉰ 전기식 집진장치 : 코트렐 집진기

7. 폭굉(detonation)의 정의 : 가스 중의 음속보다도 화염 전파속도가 큰 경우로서 파면선단에 충격파라고 하는 압력파가 생겨 격렬한 파괴작용을 일으키는 현상이다.

8. 미분탄 연소의 특징
  ㉮ 가스화 속도가 낮고, 2상류 상태에서 연소한다.
  ㉯ 적은 공기비로 완전 연소가 가능하다.
  ㉰ 점화, 소화가 쉽고 부하변동에 대응하기 쉽다.
  ㉱ 대용량에 적당하고, 사용연료 범위가 넓다.
  ㉲ 연소실 공간을 유효하게 이용할 수 있다.
  ㉳ 설비비, 유지비가 많이 소요된다.
  ㉴ 회(灰), 먼지 등이 많이 발생하여 집진장치가 필요하다.
  ㉵ 연소실 면적이 크고, 폭발의 위험성이 있다.
  ㉶ 완전 연소에 시간과 거리가 필요하다.
  ㉷ 연소 완료시간은 표면 연소속도에 의해 결정된다.

9. 점화에너지가 부족하면 점화가 되지 않는 현상이 발생한다.

10. **난류 예혼합화염(연소)의 특징**
  ㉮ 화염의 휘도가 높다.
  ㉯ 화염면의 두께가 두꺼워진다.
  ㉰ 연소속도가 층류화염의 수십 배이다.
  ㉱ 연소 시 다량의 미연소분이 존재한다.

11. ㉮ 메탄(CH_4)의 완전 연소 반응식
  $$CH_4 + 2O_2 \rightarrow CO_2 + 2H_2O$$
  ㉯ 이론공기량 계산 : 메탄 1톤은 1000 kg이다.
  $$16\,kg : 2 \times 22.4\,Nm^3 = 1000\,kg : x\,(O_0)\,Nm^3$$
  $$\therefore A_0 = \frac{O_0}{0.21} = \frac{2 \times 22.4 \times 1000}{16 \times 0.21}$$
  $$= 13333.333\,Nm^3$$

12. 프로판가스가 실제로 발생한 열량은 연소 과정에서 발생한 열량에서 연소 시 발생한 수증기의 잠열을 제외한 열량이 된다.
  $$\therefore 연소효율 = \frac{실제\ 발생열량}{저발열량} \times 100$$
  $$= \frac{50232 - 8372}{46046} \times 100 = 90.909\,\%$$

13. 산소(O_2)는 연소성에 의하여 구분하면 조연성가스(또는 지연성가스)에 해당된다.

14. ㉮ $1\,atm = 760\,mmHg = 76\,cmHg = 0.76\,mHg$
  $$= 14.7\,lb/in^2 = 14.7\,psi$$
  ㉯ 절대압력 계산
  $$\therefore 절대압력 = 대기압 + 게이지압력$$
  $$= \left(\frac{760}{760} \times 14.7\right) + (2 \times 14.7)$$
  $$= 44.1\,psi$$

15. 각 항목의 옳은 설명
  ① 가스의 온도가 높아지면 폭발범위는 넓어진다.

  ② 폭발상한과 폭발하한의 차이가 작을수록 위험도는 낮아진다 (또는 폭발상한과 하한의 차이가 클수록 위험도는 커진다).
  ③ 폭굉범위는 가연성가스의 폭발하한계와 상한계값 사이에 존재한다.

16. ㉮ 연료의 저발열량은 비열과 같은 'kJ' 단위로 환산하여 화염온도를 구한다.
  $$\therefore T_2 = \frac{H_l}{G_s \times C_p} + T_1$$
  $$= \frac{46 \times 10^3}{22 \times 1.3} + (273 + 25)$$
  $$= 1906.391\,K$$
  ㉯ 화염온도를 절대온도(K)에서 섭씨온도(℃)로 계산
  $$t_2 = 1906.391\,K - 273 = 1633.391\,℃$$

17. ㉮ 탄소(C), 수소(H_2), 메탄(CH_4)의 반응식에 주어진 열량은 발생열량이다. 각각의 발생열량은 생성열량과 절댓값이 같고 부호가 반대이며, 발생열량을 이용하여 계산한 값이 생성열량이다.
  ㉯ 메탄(CH_4)의 생성열량 계산 : 메탄의 완전 연소 반응식을 이용하여 계산한다.
  $$CH_4\ +\ 2O_2\ \rightarrow\ CO_2\ +\ 2H_2O\ +\ Q[kJ]$$
  $$\downarrow \qquad\qquad \downarrow \qquad \downarrow \qquad\quad \downarrow$$
  $$802 \qquad = \quad 394\ +\ (241 \times 2)\ +\ Q$$
  $$\therefore Q = 802 - 394 - (241 \times 2) = -74\,kJ$$
  $$\therefore 생성열량은\ -74\,kJ이다.$$

18. **비점화 방폭구조(n)** : 전기기기가 정상 작동과 규정된 특정한 비정상 상태에서 주위의 폭발성 가스 분위기를 점화시키지 못하도록 만든 방폭구조

19. 이상기체 상태방정식 $PV = GRT$에서 부피 V를 구하며, $1\,atm$은 $101.325\,kPa$이다.

$$\therefore V = \frac{GRT}{P} = \frac{2 \times \dfrac{8.314}{29} \times (273+27)}{2 \times 101.325}$$

$$= 0.8488 \text{ m}^3$$

20. 발화지연시간 : 어느 온도에서 가열하기 시작하여 발화에 이르기까지의 시간으로 고온, 고압일수록, 가연성가스와 산소의 혼합비가 완전 산화에 가까울수록 발화지연시간은 짧아진다.

※ 발화의 4대 요소 : 온도, 압력, 조성(농도), 용기의 크기

제 2 과목　가스설비

---

21. 전기방식 방법

　㉮ 누출전류의 영향이 없는 경우 : 외부전원법, 희생양극법

　㉯ 누출전류의 영향을 받는 배관 : 배류법

　㉰ 누출전류의 영향을 받는 배관으로 방식효과가 충분하지 않을 경우 : 외부전원법 또는 희생양극법을 병용

22. $t = \dfrac{PD}{2S\eta - 1.2P} + C$

$$= \frac{4.5 \times 200}{2 \times 200 \times 1.00 - 1.2 \times 4.5} = 2.28 \text{ mm}$$

23. ㉮ 가성소다($NaOH$)에 의한 이산화탄소 제거 반응식 : $2NaOH + CO_2 \rightarrow Na_2CO_3 + H_2O$

　㉯ 건조제(가성소다)양 계산 : $NaOH$의 분자량은 40이다.

$$2 \times 40 \text{ kg} : 44 \text{ kg} = x[\text{kg}] : 7.2 \text{ kg}$$

$$x = \frac{2 \times 40 \times 7.2}{44} = 13.090 \text{ kg}$$

24. 가스용 플렉시블 호스 : 사용압력이 3.3 kPa 이하인 액화석유가스 또는 도시가스용으로 사용되는 것으로 플렉시블 튜브와 이음쇠의 결합체이다. 튜브의 재료는 구리합금과 스테인리스강 또는 사용상 이와 같은 수준 이상의 품질을 가진 것으로 한다.

25. 과열방지장치는 정압기에 설치되는 부속설비에 해당되지 않는다.

　참고 과열방지장치 : 연소기구(목욕솥, 탕비기의 열교환기 등) 등에서 이상 고온이 되었을 때 가스의 유로를 차단하여 연소기구의 작동을 정지시키는 것으로 바이메탈식, 액체 팽창식, 퓨즈메탈식(가용금속식)이 있다.

26. 각종 가스 압축기의 윤활유

　㉮ 산소 압축기 : 물 또는 묽은 글리세린수 (10 % 정도)

　㉯ 공기 압축기, 수소 압축기, 아세틸렌 압축기 : 양질의 광유

　㉰ 염소 압축기 : 진한 황산

　㉱ LP가스 압축기 : 식물성유

　㉲ 이산화황(아황산가스) 압축기 : 화이트유, 정제된 용제 터빈유

　㉳ 염화메탄(메틸 클로라이드) 압축기 : 화이트유

27. 고압가스 배관 등의 내압 부분에 사용해서는 안 되는 재료

　㉮ 탄소 함유량이 0.35 % 이상의 탄소강재 및 저합금강재로서 용접구조에 사용되는 재료

　㉯ KS D 3507(배관용 탄소강관)

　㉰ KS D 3583(배관용 아크용접 탄소강관)

　㉱ KS D 4301(회주철)

28. 강의 열처리 목적 : 기계적 성질을 향상시키기 위하여 열처리를 한다.

29. ㉮ 액화 프로판 충전량 계산

$$\therefore W = \frac{V}{C} = \frac{117.5}{2.35} = 50 \text{ kg}$$

④ 액화 프로판의 체적(E) 계산

$$\therefore E = \frac{액체\ 질량}{액비중} = \frac{50}{0.5} = 100\ L$$

④ 안전 공간 계산

$$\therefore 안전\ 공간(\%) = \frac{V-E}{V} \times 100$$

$$= \frac{117.5 - 100}{117.5} \times 100$$

$$= 14.893\ \%$$

30. 가스액화 사이클의 종류 : 린데식, 클라우드식, 캐피쟈식, 필립스식, 캐스케이드식

31. LP가스 제조법
㉮ 습성천연가스 및 원유에서 생산 : 압축냉각법, 흡수법, 흡착법
㉯ 원유를 정제하는 과정에서 부산물로 생산
㉰ 나프타 분해공정에서 부산물로 생산
㉱ 나프타 수소화 분해공정에서 부산물로 생산

32. LiBr - H_2O형 흡수식 냉·난방기에서 냉매는 물(H_2O)이고, 용액은 리튬브로마이드(LiBr)이다.

33. 규소(Si)의 영향 : 유동성을 좋게 하나 단접성 및 냉간 가공성을 나쁘게 하며, 연신율, 충격치를 감소시킨다.

34. $\dfrac{P_1 V_1}{T_1} = \dfrac{P_2 V_2}{T_2}$에서 오토클레이브의 내용적 변화는 없으므로 $V_1 = V_2$이다.

$$\therefore T_2 = \frac{P_2 T_1}{P_1} = \frac{(30 \times 0.8) \times (273 + 15)}{10}$$

$$= 691.2\ K - 273 = 418.2\ ℃$$

35. 조정압력 3.3 kPa 이하인 조정기의 안전장치 압력
㉮ 작동표준압력 : 7.0 kPa
㉯ 작동개시압력 : 5.60~8.40 kPa
㉰ 작동정지압력 : 5.04~8.40 kPa

36. 이중각식 구형 저장탱크의 특징
㉮ 내구에는 저온 강재, 외구에는 보통 강판을 사용한 것으로 내외 공간은 진공 또는 건조공기 및 질소가스를 넣고 펄라이트와 같은 보냉재를 충전한다.
㉯ 이 형식의 탱크는 단열성이 높으므로 -50℃ 이하의 저온에서 액화가스를 저장하는데 적합하다.
㉰ 액체산소, 액체질소, 액화메탄, 액화에틸렌 등의 저장에 사용된다.
㉱ 내구는 스테인리스강, 알루미늄, 9 % 니켈강 등을 사용한다.
㉲ 지지방법은 외구의 중심이 통과하는 부근에서 하중로드로 메어달고, 진동은 수평로드로 방지하고 있다.
※ 상온 또는 -30℃ 전후까지의 저온의 범위에 사용되는 것은 '단각식 구형 저장탱크'이다.

37. 용접결함의 종류
㉮ 오버랩(over-lap) : 용융금속이 모재와 융합되어 모재 위에 겹쳐지는 상태의 결함
㉯ 슬래그 혼입 : 녹은 피복제가 용착금속 표면에 떠 있거나 용착금속 속에 남아 있는 현상
㉰ 언더컷(under-cut) : 용접선 끝에 생기는 작은 홈 상태의 결함
㉱ 용입불량 : 접합부의 일부분이 녹지 않아 용착이 되지 않는 상태로 간극이 생기는 현상
㉲ 기공(blow hole) : 용착금속 속에 남아 있는 가스로 인한 구멍 상태의 결함
㉳ 스패터(spatter) : 용접 중 비산하는 용융금속이 모재 등에 부착되는 현상

38. 왕복펌프는 단속적인 송출로 인하여 유량이 일정하지 못한 것을 해결하기 위해 토출 측에 서지탱크(surge tank)를 설치한다.

39. 게이트 밸브(gate valve)의 특징
㉮ 슬루스 밸브(sluice valve) 또는 사절변이

라 한다.
㉯ 리프트가 커서 개폐에 시간이 걸린다.
㉰ 밸브를 완전히 열면 밸브 본체 속에 관로의 단면적과 거의 같게 된다.
㉱ 쐐기형의 밸브 본체가 밸브 시트 안을 눌러 기밀을 유지한다.
㉲ 유로의 개폐용으로 사용한다.
㉳ 밸브를 절반 정도 열고 사용하면 와류가 생겨 유체의 저항이 커지기 때문에 유량조절에는 적합하지 않다.

40. LNG 저장탱크에서 발생하는 현상
㉮ 롤 오버(roll-over) : 상이한 액체 밀도로 인하여 층상화된 액체의 불안정한 상태가 바로잡히며 생기는 LNG의 급격한 물질 혼합 현상을 말하며, 일반적으로 상당한 양의 증발가스가 탱크 내부에서 방출되는 현상이 수반된다.
㉯ 증발(boil-off) : 저장탱크 외부로부터 전도되는 열에 의해 저온 액체 중 극소량이 기화하는 과정을 말한다.

제 3 과목 가스안전관리

41. 집합 방류둑 안에 설치한 저장탱크마다 칸막이를 설치할 때 칸막이의 높이는 방류둑보다 최소 10 cm 이상 낮게 한다.

42. 압축금지 기준
㉮ 가연성가스(C_2H_2, C_2H_4, H_2 제외) 중 산소 용량이 전체 용량의 4 % 이상의 것
㉯ 산소 중 가연성가스(C_2H_2, C_2H_4, H_2 제외) 용량이 전체 용량의 4 % 이상의 것
㉰ C_2H_2, C_2H_4, H_2 중의 산소 용량이 전체 용량의 2 % 이상의 것
㉱ 산소 중 C_2H_2, C_2H_4, H_2의 용량 합계가 전체 용량의 2 % 이상의 것

43. 탱크의 재료에는 KS D 3521(압력용기용 강판), KS D 3541(저온 압력용기용 탄소강판), 스테인리스강 또는 이와 동등 이상의 화학적 성분, 기계적 성질 및 가공성을 갖는 재료를 사용한다. 다만, 용접을 하는 부분의 탄소강은 탄소함유량이 0.35 % 미만인 것으로 한다.

44. 압축기 정지 시 주의사항
㉮ 드레인 밸브를 개방시킨다.
㉯ 조정 밸브를 열어서 응축수 및 기름을 충분히 배출한다.
㉰ 각 단의 압력을 0으로 하여 놓고 정지시킨다.
㉱ 주밸브를 잠근다.
㉲ 냉각수 밸브를 잠근다.
㉳ 전동기 스위치를 열어 둔다(스위치를 off 위치에 놓는다).

45. 도시가스 배관(도법 시행규칙 제2조) : 배관이란 도시가스를 공급하기 위하여 배치된 관으로서 본관, 공급관, 내관 또는 그 밖의 관을 말한다.

46. 가연성가스 및 독성가스 용기 표시 방법

가연성가스   독성가스

㉮ 가연성가스(액화석유가스용은 제외)는 빨간색 테두리에 검정색 불꽃 모양이다.
㉯ 독성가스는 빨간색 테두리에 검정색 해골 모양이다.
㉰ 액화석유가스 용기 중 부탄가스를 충전하는 용기는 부탄가스임을 표시한다.
㉱ 그 밖의 가스에는 가스명칭 하단에 용도(절단용, 자동차용 등)를 표시한다.

㉺ 내용적 2 L 미만의 용기는 제조자가 정하는 바에 따라 도색할 수 있다.

47. 용기의 상태에 따른 등급분류 중 3급

㉮ 깊이가 0.3 mm 미만이라고 판단되는 흠이 있는 것

㉯ 깊이가 0.5 mm 미만이라고 판단되는 부식이 있는 것

48. 용기에 의한 액화석유가스 사용시설 기준

㉮ 저장능력 100 kg 이하 : 용기, 용기밸브, 압력조정기가 직사광선, 눈, 빗물에 영향을 받지 않도록 조치

㉯ 저장능력 100 kg 초과 : 옥외에 용기 보관실 설치

㉰ 저장능력 250 kg 이상 : 과압안전장치 설치(자동절체기를 사용하여 용기를 집합한 경우에는 500 kg 이상)

㉱ 저장능력 500 kg 초과 : 저장탱크 또는 소형 저장탱크 설치

49.
㉮ 현저하게 우회하는 도로 : 이동거리가 2배 이상이 되는 경우

㉯ 번화가 : 도시의 중심부나 번화한 상점을 말하며, 차량의 너비에 3.5 m를 더한 너비 이하인 통로의 주위를 말한다.

㉰ 사람이 붐비는 장소 : 축제 시의 행렬, 집회 등으로 사람이 밀집된 장소

50. 부취제 측정 방법 : 오더미터법, 주사기법, 무취실법, 냄새주머니법

51.
고압가스 특정제조시설에서 재해가 발생할 경우 그 재해의 확대를 방지하기 위하여 가연성가스 설비 또는 독성가스의 설비는 통로, 공지 등으로 구분된 안전구역 안에 설치하며 안전구역의 면적은 2만 m² 이하로 한다.

52. 되메움 재료

㉮ 기초재료 : 배관의 침하를 방지하기 위하여 배관 하부에 모래 또는 19 mm 이상의 큰 입자가 포함되지 않은 재료를 0.1 m 이상 포설한 것

㉯ 침상재료 : 배관에 작용하는 하중을 수직방향 및 횡방향에서 지지하고 하중을 기초 아래로 분산하기 위하여 배관 하단에서 배관 상단 0.3 m까지 포설하는 모래 또는 흙

㉰ 되메움 재료 : 배관에 작용하는 하중을 분산해 주고 도로의 침하 등을 방지하기 위하여 침상재료 상단에서 도로 노면까지 암편이나 굵은 돌을 포함하지 아니하는 양질의 흙(유기질토(이탄 등), 실트, 점토질 등 연약한 흙은 사용하지 않는다.)

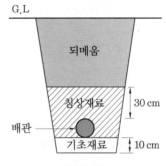

되메움 구조

53.
충전용기는 이륜차에 적재하여 운반하지 아니한다. 다만, 차량이 통행하기 곤란한 지역이나 그 밖에 시·도지사가 지정하는 경우에는 다음 기준에 적합한 경우에만 액화석유가스 충전용기를 이륜차(자전거는 제외)에 적재하여 운반할 수 있다.

㉮ 넘어질 경우 용기에 손상이 가지 아니하도록 제작된 용기운반 전용 적재함이 장착된 것인 경우

㉯ 적재하는 충전용기는 충전량이 20 kg 이하이고, 적재수가 2개를 초과하지 아니한 경우

54. LPG 압력조정기 제조자 검사설비 종류

㉮ 버어니어캘리퍼스, 마이크로메타, 나사게

이지 등 치수측정설비

㉯ 액화석유가스액 또는 도시가스 침적설비

㉰ 염수분무시험설비

㉱ 내압시험설비

㉲ 기밀시험설비

㉳ 안전장치 작동시험설비

㉴ 출구압력측정시험설비

㉵ 내구시험설비

㉶ 저온시험설비

㉷ 유량측정설비

㉸ 그 밖에 필요한 검사설비 및 기구

55. 전기방식시설의 유지관리 점검주기

㉮ 관대지전위(管對地電位) 점검 : 1년에 1회 이상

㉯ 외부 전원법 전기방식시설 점검 : 3개월에 1회 이상

㉰ 배류법 전기방식시설 점검 : 3개월에 1회 이상

㉱ 절연부속품, 역 전류방지장치, 결선(bond), 보호절연체 점검 : 6개월에 1회 이상

56. 재료시험의 종류 : 인장시험, 충격시험, 압궤시험

57. 지상에 설치한 저장탱크의 안전밸브는 지면으로부터 5 m 이상 또는 그 저장탱크의 정상부로부터 2 m 이상의 높이 중 더 높은 위치에 방출구가 있는 가스방출관을 설치한다. 그러므로 방출구 높이는 지면에서 저장탱크 정상부까지 높이 8 m에 정상부로부터 2 m를 더한 높이인 지면에서 10 m가 되어야 한다.

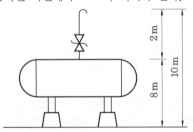

58. 출구압력에 따른 정압기용 압력조정기의 구분

㉮ 중압 : 0.1~1.0 MPa 미만

㉯ 준저압 : 4~100 kPa 미만

㉰ 저압 : 1~4 kPa 미만

59. 가스보일러의 연통의 호칭지름은 가스보일러 연통의 접속부 호칭지름과 동일한 것으로 하며, 연통과 가스보일러의 접속부 및 연통과 연통의 접속부는 내열실리콘, 내열실리콘 밴드 등(석고붕대는 제외한다)으로 마감조치하여 기밀이 유지되도록 한다.

60. 아세틸렌을 용기에 충전하는 때에는 미리 용기에 다공질물을 고루 채워 다공도가 75 % 이상 92 % 미만이 되도록 한 후 아세톤 또는 디메틸포름아미드를 고루 침윤시키고 충전한다.

참고 '다공물질'과 '다공질물'은 동일한 물질을 지칭하는 것으로 혼용하여 사용되는 용어이다.

제 4 과목   가스계측

61. 가스 크로마토그래피 분석장치의 컬럼(분리관)은 비활성 지지체인 규조토로 채워진다.

62. 품질검사 기준

구분	시약	검사법	순도
산소	동·암모니아	오르사트법	99.5 % 이상
수소	피로갈롤, 하이드로설파이드	오르사트법	98.5 % 이상
아세틸렌	발연황산	오르사트법	98 % 이상
	브롬시약	뷰렛법	
	질산은 시약	정성시험	

63. 산소 분석법

㉮ 염화 제1동의 암모니아성 용액에 의한 흡수법

㉯ 탄산동의 암모니아성 용액에 의한 흡수법

㉰ 알칼리성 피로갈롤 용액에 의한 흡수법

㉱ 티오황산나트륨(차아황산소다) 용액에 의한 흡수법

※ ②번 항목은 이산화탄소 분석법에 해당됨

64. 기계식 압력계의 종류 : 액주식(U자관, 경사관식 등), 링밸런스식(환상식), 피스톤식, 탄성식

65. 컬럼에 사용되는 액체 정지상은 휘발성이 낮아야 한다.

66. 가스미터(최대유량 1000 m^3/h 이하인 것에 한함)의 사용공차[계량에 관한 법률 별표17] : 검정기준에서 정하는 최대허용오차의 2배 값

67. ㉮ 온수기에서 나오는 물의 온도 계산 : 5℃ 수돗물이 온수기에서 가열되어 욕조에 있는 50 L 물과 혼합되어 150 L, 42℃가 된 것이므로 열평형의 온도 계산식 $t_m = \dfrac{G_1 C_1 t_1 + G_2 C_2 t_2}{G_1 C_1 + G_2 C_2}$ 에서 온수기에서 나오는 물의 온도 t_2를 구한다 (온수기에서 나온 물(G_2)은 100 L이다).

$G_1 C_1 t_1 + G_2 C_2 t_2 = t_m (G_1 C_1 + G_2 C_2)$ 이다.

$G_2 C_2 t_2 = \{t_m (G_1 C_1 + G_2 C_2)\} - G_1 C_1 t_1$

$\therefore t_2 = \dfrac{\{t_m (G_1 C_1 + G_2 C_2)\} - G_1 C_1 t_1}{G_2 C_2}$

$= \dfrac{\{42 \times (50 \times 1 + 100 \times 1)\} - (50 \times 1 \times 5)}{100 \times 1}$

$= 60.5$ ℃

㉯ 온수기로부터 물에 주는 열량 계산 : 물의 비중은 1이므로 물 1 L은 1 kg이다.

$\therefore Q = G_2 C \Delta t = 100 \times 1 \times (60.5 - 5)$

$= 5550$ kcal

68. 루트(roots)형 가스미터의 특징

㉮ 대유량 가스 측정에 적합하다.

㉯ 중압가스의 계량이 가능하다.

㉰ 설치면적이 작다.

㉱ 여과기의 설치 및 설치 후의 유지관리가 필요하다.

㉲ 0.5 m^3/h 이하의 적은 유량에는 부동의 우려가 있다.

㉳ 용량범위가 100~5000 m^3/h로 대량 수용가에 사용된다.

69. 가스계량기와 화기 사이에 유지해야 하는 거리는 우회거리 2 m 이상으로 한다.

70. $Y = 1 - e^{-\frac{t}{T}}$ 을 정리하면

$1 - Y = e^{-\frac{t}{T}}$ 가 되며, 양변에 ln을 곱하면

$\ln(1 - Y) = -\dfrac{t}{T}$ 이다.

$\therefore t = -\ln(1 - Y) \times T$

$= -\ln(1 - 0.8) \times 20 = 32.188$ 초

여기서, Y : 스텝응답

t : 변화시간(초)

T : 시정수

71. 서미스터 온도계 특징

㉮ 감도가 크고 응답성이 빨라 온도변화가 작은 부분 측정에 적합하다.

㉯ 온도 상승에 따라 저항치가 감소한다(저항온도계수가 부특성(負特性)이다).

㉰ 소형으로 협소한 장소의 측정에 유리하다.

㉱ 소자의 균일성 및 재현성이 없다.

㉲ 흡습에 의한 열화가 발생할 수 있다.

㉳ 측정범위는 −100~300℃ 정도이다.

72. 차압식 유량계에서 유량은 차압의 평방근에 비례한다.

$\therefore Q_2 = \sqrt{\dfrac{\Delta P_2}{\Delta P_1}} \times Q_1 = \sqrt{\dfrac{2}{1}} \times Q_1 = \sqrt{2}\, Q_1$

※ 압력차가 2배로 변하면 유량은 $\sqrt{2}$ 배로 변화한다.

73. 흡수분석법 : 채취된 가스를 분석기 내부의 성분 흡수제에 흡수시켜 체적변화를 측정하는 방식으로 오르사트(Orsat)법, 헴펠(Hempel)법, 게겔(Gockel)법 등이 있다.

74. PD 동작(비례 미분 동작) : 비례 동작과 미분 동작을 합한 것으로 제어의 안정성이 높고, 변화 속도가 큰 곳에 크게 작용하지만 편차에 대한 직접적인 효과는 없다.

75.
$$E = \frac{I - Q}{I} \times 100$$
$$= \frac{98 - 100}{98} \times 100 = -2.040\,\%$$

76. 비례 동작(P 동작) : 동작신호에 대하여 조작량의 출력변화가 일정한 비례관계에 있는 제어로 잔류편차(off-set)가 생긴다.

77. 계측기기의 측정 방법
㉮ 편위법 : 측정량과 관계있는 다른 양으로 변환시켜 측정하는 방법으로 정도는 낮지만 측정이 간단하다. 부르동관 압력계, 스프링식 저울, 전류계 등이 해당된다.
㉯ 영위법 : 기준량과 측정하고자 하는 상태량을 비교 평형시켜 측정하는 것으로 천칭을 이용하여 질량을 측정하는 것이 해당된다.
㉰ 치환법 : 지시량과 미리 알고 있는 다른 양으로부터 측정량을 나타내는 방법으로 다이얼게이지를 이용하여 두께를 측정하는 것이 해당된다.
㉱ 보상법 : 측정량과 거의 같은 미리 알고 있는 양을 준비하여 측정량과 그 미리 알고 있는 양의 차이로써 측정량을 알아내는 방법이다.

78. 유량계의 구분
㉮ 용적식 : 오벌기어식, 루트(roots)식, 로터리 피스톤식, 로터리 베인식, 습식 가스미터, 막식 가스미터 등
㉯ 간접식 : 차압식(오리피스, 플로노즐, 벤투리식), 유속식(피토관), 면적식(로터미터), 전자식, 와류식 등
※ 격막식은 막식(다이어프램) 가스미터를 의미한다.

79. 일산화탄소(CO)의 누설검지 시험지는 염화팔라듐지를 사용하고 반응은 검은색(흑색)으로 변한다.

80. 비중은 단위가 없는 무차원이다.
/h이다.

CBT 실전문제 6

정답

	1	2	3	4	5	6	7	8	9	10
연소공학	④	③	③	④	④	④	③	③	②	③
	11	12	13	14	15	16	17	18	19	20
	③	③	②	②	③	③	③	②	②	③
가스설비	21	22	23	24	25	26	27	28	29	30
	④	①	①	①	④	③	②	④	④	②
	31	32	33	34	35	36	37	38	39	40
	①	②	③	③	④	②	②	③	④	②
가스안전관리	41	42	43	44	45	46	47	48	49	50
	②	③	④	①	②	①	③	②	④	④
	51	52	53	54	55	56	57	58	59	60
	④	④	①	②	③	④	①	①	②	④
가스계측	61	62	63	64	65	66	67	68	69	70
	④	①	①	②	②	②	④	④	④	④
	71	72	73	74	75	76	77	78	79	80
	③	①	③	④	④	④	④	①	②	④

제1과목 연소공학

1. 증발연소 : 융점이 낮은 고체연료가 액상으로 용융되어 발생한 가연성 증기 및 가연성 액체의 표면에서 기화되는 가연성 증기가 착화되어 화염을 형성하고 이 화염의 온도에 의해 액체표면이 가열되어 액체의 기화를 촉진시켜 연소를 계속하는 것으로 가솔린, 등유, 경유, 알코올, 양초 등이 이에 해당된다.

2. 총발열량과 진발열량
  ㉮ 총발열량 : 고위발열량, 고발열량이라 하며 물의 증발잠열이 포함된 열량이다.
  $$\therefore H_h = H_L + 600(9H + W)$$
  ㉯ 진발열량 : 저위발열량, 저발열량, 참발열량이라 하며, 물의 증발잠열을 포함하지 않은 열량이다.
  $$\therefore H_L = H_h - 600(9H + W)$$

3. 연소속도 : 가연물과 산소와의 반응속도(분자 간의 충돌속도)를 말하는 것으로 관의 단면적, 내염 표면적, 관의 염경 등이 영향을 준다.

4. BLEVE(비등 액체 팽창 증기 폭발) : 가연성 액체 저장탱크 주변에서 화재가 발생하여 기상부의 탱크가 국부적으로 가열되면 그 부분이 강도가 약해져 탱크가 파열된다. 이때 내부의 액화가스가 급격히 유출 팽창되어 화구(fire ball)를 형성하여 폭발하는 형태를 말한다.

5. 등심연소(wick combustion) : 연료를 심지로 빨아올려 대류나 복사열에 의하여 발생한 증기가 등심(심지)의 상부나 측면에서 연소하는 것으로 공급되는 공기의 유속이 낮을수록, 온도가 높을수록 화염의 높이는 높아진다.

6. LPG의 특징
  (1) 일반적인 특징
    ㉮ LP가스는 공기보다 무겁다.
    ㉯ 액상의 LP가스는 물보다 가볍다.
    ㉰ 액화, 기화가 쉽다.
    ㉱ 기화하면 체적이 커진다.
    ㉲ 기화열(증발잠열)이 크다.
    ㉳ 무색, 무취, 무미하다.
    ㉴ 용해성이 있다.
  (2) 연소 특징
    ㉮ 타 연료와 비교하여 발열량이 크다.
    ㉯ 연소 시 공기량이 많이 필요하다.
    ㉰ 폭발범위(연소범위)가 좁다.
    ㉱ 연소속도가 느리다.
    ㉲ 발화온도가 높다.
  (3) LPG의 주성분인 프로판(C_3H_8)의 완전연소 반응식
    $$C_3H_8 + 5O_2 \rightarrow 3CO_2 + 4H_2O$$

7. 공기비 : 과잉공기계수라 하며 완전연소에 필요한 공기량(이론공기량[A_0])에 대한 실제로 혼합된 공기량(실제공기량[A])의 비를 말한다.
  $$\therefore m = \frac{A}{A_0} = \frac{A_0 + B}{A_0} = 1 + \frac{B}{A_0}$$

8. $$\eta = \left\{ 1 - \left(\frac{1}{\epsilon} \right)^{k-1} \right\} \times 100$$
  $$= \left\{ 1 - \left(\frac{1}{10} \right)^{1.4-1} \right\} \times 100 = 60.189\%$$

9. 층류 연소속도 측정법
  ㉮ 비눗방울(soap bubble)법 : 미연소 혼합기로 비눗방울을 만들어 그 중심에서 전기점화를 시키면 화염은 구상화염으로 바깥으로 전파되고 비눗방울은 연소의 진행과 함께 팽창된다. 이때 점화 전후의 비눗방울 체적, 반지름을 이용하여 연소속도를 측정한다.
  ㉯ 슬롯 버너(slot burner)법 : 균일한 속도분포를 갖는 노즐을 이용하여 V자형의 화염

을 만들고, 미연소 혼합기 흐름을 화염이 둘러 싸여 있어 혼합기가 화염대에 들어갈 때까지 혼합기의 유선은 직선을 유지한다.

㉰ 평면 화염 버너(flat flame burner)법 : 미연소 혼합기의 속도분포를 일정하게 하여 유속과 연소속도를 균형화시켜 유속으로 연소속도를 측정한다.

㉱ 분젠 버너(bunsen burner)법 : 단위화염 면적당 단위시간에 소비되는 미연소 혼합기의 체적을 연소속도로 정의하여 결정하며, 오차가 크지만 연소속도가 큰 혼합기체에 편리하게 이용된다.

10. ㉮ 메탄올(CH_3OH)의 완전연소 반응식

$$CH_3OH + 1.5O_2 \rightarrow CO_2 + 2H_2O + Q$$

㉯ 완전연소 발열량 계산 : 연소열과 생성열은 절댓값이 같고 부호가 반대이다.

[CH_3OH]   [CO_2]   [H_2O]

$\downarrow$ $\downarrow$ $\downarrow$

$-50 = -95 \ -(60 \times 2) + Q$

$\therefore Q = 95 + (60 \times 2) - 50 = 165 \, kcal$

11. 탄화수소에서 탄소(C)수가 증가할 때

㉮ 증가하는 것 : 비등점, 융점, 비중, 발열량, 연소열, 화염온도

㉯ 감소하는 것 : 증기압, 발화점, 폭발하한 값, 폭발범위값, 증발잠열, 연소속도

12. 분해폭발을 일으키는 물질 : 아세틸렌(C_2H_2), 산화에틸렌(C_2H_4O), 히드라진(N_2H_4), 오존(O_3)

13. ㉮ 공기 중 프로판의 완전연소 반응식

$$C_3H_8 + 5O_2 + (N_2) \rightarrow 3CO_2 + 4H_2O + (N_2)$$

㉯ 건조 연소가스량 계산 : 연소가스 중 수분(H_2O)을 포함하지 않은 가스량이고, 질소는 산소량의 3.76배이다.(3.76배는 공기 중 체적비 질소 79 %, 산소 21 %의 비이다. 즉

$\dfrac{79}{21} = 3.76$이다.) 기체 연료 $1\,Sm^3$가 완전 연소하면 발생되는 CO_2, H_2O량(Sm^3)은 연소반응식에서 몰수에 해당된다.

$\therefore \ G_{0d} = CO_2 + N_2$

$\qquad = 3 + (5 \times 3.76) = 21.8 \, Sm^3/Sm^3$

14. 화염속도는 연소속도와 직접 관련이 있고 연소속도는 산소의 농도 및 혼합, 압력, 온도 등의 영향을 받으므로 다른 값을 가진다.

참고 **연소속도에 영향을 주는 인자**

㉮ 기체의 확산 및 산소와의 혼합

㉯ 연소용 공기 중 산소의 농도

㉰ 연소 반응물질 주위의 압력

㉱ 온도

㉲ 촉매

15. 각 항목의 옳은 설명

① 폭굉범위는 폭발(연소)범위 내에 존재하므로 폭발(연소)범위보다 좁다.

② 폭속(폭굉의 속도)은 가스인 경우 1000~3500 m/s 정도이다.(연소속도는 프로판 4.45 m/s, 부탄 3.65 m/s, 메탄 6.65 m/s 정도이다.)

④ 폭굉(detonation)의 정의 : 가스 중의 음속 보다도 화염 전파속도가 큰 경우로서 파면 선단에 충격파라고 하는 압력파가 생겨 격렬한 파괴작용을 일으키는 현상이다.

16. ㉮ 공기 중 프로판(C_3H_8)의 완전연소 반응식

$$C_3H_8 + 5O_2 + (N_2) \rightarrow 3CO_2 + 4H_2O + (N_2)$$

㉯ 프로판 1몰(mol)이 연소할 때 이론공기량(A_0) 몰수 계산 : 프로판 1몰이 완전연소할 때 산소는 5몰이 필요하다.

$\therefore A_0 = \dfrac{O_0}{0.21} = \dfrac{5}{0.21} = 23.809 \, mol$

㉰ 이론공기량 몰수를 이용하여 질량으로 계산 : 공기 1몰의 질량은 29 g이다.

$\therefore$ 이론공기량 질량 $= 23.809 \times 29$

$\qquad\qquad\quad = 690.461\,g$

㉣ 공기비 계산

$\therefore m = \dfrac{A}{A_0} = \dfrac{870}{690.461} = 1.26$

㉤ 과잉공기율(%) 계산

$\therefore$ 과잉공기율 $= (m-1) \times 100$

$\qquad\qquad\quad = (1.26-1) \times 100 = 26.0\,\%$

---

17. 연소형태에 따른 가연물

㉮ 표면연소 : 목탄(숯), 코크스

㉯ 분해연소 : 종이, 석탄, 목재, 중유

㉰ 증발연소 : 가솔린, 등유, 경유, 알코올, 양초, 유황

㉱ 확산연소 : 가연성 기체(수소, 프로판, 부탄, 아세틸렌 등)

㉲ 자기연소 : 제5류 위험물(니트로셀룰로오스, 셀룰로이드, 니트로글리세린 등)

18. $\dfrac{100}{L_l} = \dfrac{V_1}{L_1} + \dfrac{V_2}{L_2}$ 에서 폭발하한계 L_l를 구한다.

$\therefore L_l = \dfrac{100}{\dfrac{V_1}{L_1} + \dfrac{V_2}{L_2}} = \dfrac{100}{\dfrac{80}{5.0} + \dfrac{20}{2.5}} = 4.166\,\%$

19. 폭발범위 : 공기 중에서 점화원에 의해 폭발을 일으킬 수 있는 혼합가스 중의 가연성가스의 부피범위(%)이다.

20. 위험과 운전 분석(hazard and operability studies : HAZOP) 기법 : 공정에 존재하는 위험 요소들과 공정의 효율을 떨어뜨릴 수 있는 운전상의 문제점을 찾아내어 그 원인을 제거하는 위험성 평가기법이다.

제 2 과목   가스설비

21. 접촉분해공정에서 압력과 온도의 영향

구분		CH₄, CO₂	H₂, CO
압력	상승	증가	감소
	하강	감소	증가
온도	상승	감소	증가
	하강	증가	감소

22. 각종 가스 압축기의 윤활유

㉮ 산소 압축기 : 물 또는 묽은 글리세린수 (10 % 정도)

㉯ 공기 압축기, 수소 압축기, 아세틸렌 압축기 : 양질의 광유

㉰ 염소 압축기 : 진한 황산

㉱ LP가스 압축기 : 식물성유

㉲ 이산화황(아황산가스) 압축기 : 화이트유, 정제된 용제 터빈유

㉳ 염화메탄(메틸 클로라이드) 압축기 : 화이트유

23. 단열법의 종류

㉮ 상압 단열법 : 일반적으로 사용되는 단열법으로 단열공간에 분말, 섬유 등의 단열재를 충전하는 방법

㉯ 진공 단열법 : 고진공 단열법, 분말진공 단열법, 다층진공 단열법

24. 희생양극법(유전양극법) : 양극(anode)과 매설 배관(cathode : 음극)을 전선으로 접속하고 양극 금속과 배관 사이의 전지작용(고유 전위차)에 의해서 방식전류를 얻는 방법이다. 양극 재료로는 마그네슘(Mg), 아연(Zn)이 사용되며 토양 중에 매설되는 배관에는 마그네슘이 사용된다.

25. **원심식 압축기** : 케이싱 내에 모인 기체를 출구각이 90도인 임펠러가 회전하면서 기체의 원심력 작용에 의해 임펠러의 중심부에 흡입되어 외부로 토출하는 구조이다.

26. ㉮ 냉동기 성능계수(성적계수) : 저온체에서 제거하는 열량(Q_2)과 열량을 제거하는 데 소요되는 일량(W)의 비이다.

㉯ 성능계수 계산

$$\therefore COP_R = \frac{Q_2}{W} = \frac{Q_2}{Q_1 - Q_2} = \frac{T_2}{T_1 - T_2}$$

$$= \frac{273 - 5}{(273 + 35) - (273 - 5)} = 6.7$$

27. **수소 저장합금**

㉮ 원자 중에서 수소 원자의 크기가 가장 작으므로 금속 원자들이 만드는 틈새 사이로 들어가 금속 원자와 강한 결합을 형성하는 원리를 이용하여 금속 표면에 수소를 흡착시킬 수 있는 합금을 수소 저장합금이라고 한다.

㉯ 금속과 수소가스가 반응하여 금속수소화물이 되고 저장된 수소는 필요에 따라 금속수소화물에서 방출시켜 이용한다.

㉰ 수소가 방출하면 금속수소화물은 원래의 수소저장합금으로 되돌아간다.

㉱ 수소저장합금에서 방출된 수소가스는 휘발유의 대체연료로 이용할 수 있는 차세대 대체 에너지이다.

㉲ 수소 저장합금의 종류

㉠ AB5형 : $LaNi_5$, $CaCu_5$ 등

㉡ AB2형 : $MgZn_2$, $ZrNi_2$ 등

㉢ AB형 : TiFe, TiCo 등

㉣ A2B형 : Mg_2Ni, Mg_2Cu 등

㉤ 고용체형 BCC합금 : Ti−V, V−Nb 등

28. ㉮ 밸브 스핀들부 중 그랜드 너트가 없는 밸브의 구성 : O링, 스템, 스템디스크, 스핀들, 로킹 핀(locking pin)

㉯ 용기밸브의 구성 부품 : 스템(stem), O링, 밸브시트, 개폐용 핸들, 그랜드 너트 등

29. ㉮ 피스톤 압출량은 피스톤 단면적 $\left(\frac{\pi}{4} \times D^2\right)$에 행정거리($L$)를 곱하면 피스톤 체적이 되고, 여기에 회전수(N)와 체적효율(η_v), 기통 수(n)를 곱해 주며, 압출량의 단위시간은 회전수가 1분간 회전수이므로 시간당 압출량으로 계산할 때에는 60을 곱해준다.(1시간은 60분이기 때문이다.)

㉯ 피스톤 압출량 계산 : 피스톤 지름과 행정거리는 '미터(m)' 단위로 적용한다.

$$\therefore V = \left(\frac{\pi}{4} \times D^2\right) \times L \times n \times N \times \eta_v$$

$$= \left(\frac{\pi}{4} \times 0.15^2\right) \times 0.1 \times 4 \times 800 \times 0.85 \times 60$$

$$= 288.398 \, \mathrm{m^3/h}$$

※ 파이(π) 대신 '3.14'를 적용하면 풀이의 최종값과는 오차가 발생합니다.

30. $\sigma = \dfrac{W}{A} = \dfrac{8000}{\dfrac{\pi}{4} \times 50^2} = 4.07 \, \mathrm{kgf/mm^2}$

31. **라미네이션(lamination)** : 강재 제조 중에 원료의 조합, 가스빼기, 슬러그 제거 등의 불량에 의해 강재의 압연 제조 과정에서 동공(blow hole) 또는 슬러그가 존재하는 부분에 층을 형성하여 2매의 판처럼 갈라지는 현상을 말한다.

32. **점도(점성계수)**

㉮ 점도(점성계수) : 유체에 유체마찰이 생기는 성질로 단위로는 푸아즈(poise : g/cm · s)를 사용한다.

㉯ 온도와의 관계 : 액체의 점성계수는 온도가 증가하면 감소하고, 기체의 경우는 반대로 증가한다.

㉰ 압력과의 관계 : 액체의 점성계수는 압력이 증가하면 함께 증가하고, 기체의 경우는 압력에 의해 점성계수가 거의 변화하지 않는다.

33. 사용금지재료 기준 : KGS AA317

긴급차단장치 또는 긴급차단장치의 부분	사용금지재료
긴급차단장치의 용접하는 부분	탄소함유량이 0.35 % 이상인 강재 또는 저합금 강재
• 설계압력(해당 긴급차단장치를 사용할 수 있는 최고압력으로 설계된 압력을 말한다. 이하 같다)이 1.6 MPa를 초과하는 긴급차단장치 • 독성가스용 긴급차단장치 • 두께가 16 mm를 초과하는 긴급차단장치	• KS D 3503(일반구조용 압연강재) • KS D 3515(용접구조용 압연강재)에 해당하는 재료 중 SM 400A, SM490A 또는 SM490YA • KS D 3583(배관용 아크용접탄소강관)
설계압력이 3 MPa를 초과하는 긴급차단장치	KS D 3515(용접구조용 압연강재)
• 독성가스용 긴급차단장치 • 설계압력이 0.2 MPa 이상인 액화가스용 긴급차단장치 • 설계압력이 1 MPa를 초과하는 긴급차단장치 • 설계온도(당해 밸브를 사용할 수 있는 최고 또는 최저온도로 설계된 온도를 말한다. 이하 같다)가 0℃ 미만인 밸브 및 설계온도가 100℃(압축공기에 관계되는 것은 200℃, 설계압력이 0.2 MPa 미만인 것은 350℃)를 초과하는 긴급차단장치	KS D 3507(배관용 탄소강관)
• 독성가스용 긴급차단장치 • 설계압력이 0.2 MPa 이상인 가연성가스용 긴급차단장치 • 설계온도가 0℃ 미만 또는 250℃를 초과하는 긴급차단장치	• SPC-KFCA-D4302 -5016(구상흑연주철품) • SPC-KOSA0179-ISO 5922-5244(가단주철품)-흑심가단주철품 • SPC-KOSA0179-ISO 5922-5244(가단주철품)-펄라이트가단주철품 • SPC-KOSA0179-ISO 5922-5244(가단주철품)-백심가단주철품
• 포스겐 및 시안화수소용 긴급차단장치 • 설계온도가 -5℃ 미만 또는 350℃를 초과하는 긴급차단장치 및 설계압력이 1.8 MPa를 초과하는 긴급차단장치	• KGS AC111 부록 J에서 정한 덕타일 철주조품 • KGS AC111 부록 J에서 정한 맬리어블 철주조품

34. 탄소강을 냉간가공하면 인장강도, 경도는 증가하지만 신장(연신율), 충격치는 감소한다.

35. 내진등급 분류 : KGS GC203

㉮ 내진등급은 내진 특A등급, 내진 특등급, 내진 Ⅰ등급, 내진 Ⅱ등급으로 분류한다.

㉯ 중요도 등급은 특등급, 1등급, 2등급으로 분류한다.

㉰ 영향도 등급은 A등급, B등급으로 구분한다.

㉱ 중요도 등급 및 영향도 등급에 따른 내진등급 분류

중요도 등급	영향도 등급	관리등급	내진등급
특	A	핵심시설	내진 특A
	B	-	내진 특
1	A	중요시설	
	B	-	내진 Ⅰ
2	A	일반시설	
	B	-	내진 Ⅱ

36. 증기압축식 냉동기의 각 기기 역할(기능)

㉮ 압축기 : 저온, 저압의 냉매가스를 고온, 고압으로 압축하여 응축기로 보내 응축, 액화하기 쉽도록 하는 역할을 한다.

㉯ 응축기 : 고온, 고압의 냉매가스를 공기나 물을 이용하여 응축, 액화시키는 역할을 한다.

㉰ 팽창밸브 : 고온, 고압의 냉매액을 증발기에서 증발하기 쉽게 저온, 저압으로 교축 팽창시키는 역할을 한다.

㉱ 증발기 : 저온, 저압의 냉매액이 피냉각 물체로부터 열을 흡수하여 증발함으로써 냉동의 목적을 달성한다.

37. 조정압력 3.3 kPa 이하인 LPG용 안전장치 분출용량 : KGS AA434

㉮ 노즐 지름이 3.2 mm 이하일 때 140 L/h 이상

㉯ 노즐 지름이 3.2 mm 초과일 때 다음 계산식에 의한 값 이상

$$Q = 44\,D$$

여기서, Q : 안전장치 분출량(L/h)

D : 조정기의 노즐지름(mm)

38. 흡수식 냉동기 : 기계적인 일(압축기)을 사용하지 않고 고온도의 열을 발생기(고온재생기)에 직접 적용시켜 냉매와 흡수제를 분리시켜 냉동의 목적을 달성하는 장치로 증발기 내부는 진공으로 유지된다. 흡수식 냉동기의 4대

구성요소는 흡수기, 발생기, 응축기, 증발기이다.

39. 레이놀즈(Reynolds)식 정압기의 특징

㉮ 언로딩(unloading)형이다.

㉯ 다른 정압기에 비하여 크기가 크다.

㉰ 정특성은 극히 좋으나 안정성이 부족하다.

40. 재료의 허용전단응력(KGS AA111) : 재료의 허용전단응력은 설계온도에서 허용인장응력 값의 80 %(탄소강 강재는 85 %)로 한다.

제 3 과목   가스안전관리

41. 충전호스 설치기준

㉮ 충전기의 충전호스의 길이는 5 m 이내로 하고, 그 끝에 축적되는 정전기를 유효하게 제거할 수 있는 정전기 제거장치를 설치한다.

㉯ 충전호스에 과도한 인장력이 가해졌을 때 충전기와 가스주입기가 분리될 수 있는 안전장치를 설치한다.

㉰ 충전호스에 부착하는 가스주입기는 원터치형으로 한다.

42. 저장탱크 침하방지조치(KGS FP651) : 저장탱크(저장능력이 압축가스는 100 m³, 액화가스는 1톤 미만인 저장탱크는 제외)의 침하로 인한 위해를 예방하기 위하여 기준에 따라 주기적으로 침하 상태를 측정한다.

∴ 침하방지조치 대상은 저장능력이 압축가스는 100 m³ 이상, 액화가스는 1톤 이상인 저장탱크이다.

43. ㉮ 기체의 비중 : 표준상태(STP : 0℃, 1기압 상태)의 공기 일정 부피당 질량과 같은 부피의 기체 질량과의 비를 말한다.

$$\therefore \ 기체\ 비중 = \frac{기체\ 분자량(질량)}{공기의\ 평균분자량(29)}$$

㉯ 각 가스의 분자량

가스 명칭	분자량
염소(Cl_2)	71
산화에틸렌(C_2H_4O)	44
황화수소(H_2S)	34
암모니아(NH_3)	17

※ 분자량이 공기의 평균분자량 29보다 작으면 공기보다 가벼운 가스, 29보다 크면 공기보다 무거운 가스이다.

44. ㉮ 최대안전틈새 : 내용적이 8 L이고 틈새깊이가 25 mm인 표준용기 안에서 가스가 폭발할 때 발생한 화염이 용기 밖으로 전파하여 가연성가스에 점화되지 않는 최대값

㉯ 가연성가스의 폭발등급 및 이에 대응하는 내압방폭구조의 폭발등급

최대안전틈새 범위(mm)	0.9 이상	0.5 초과 0.9 미만	0.5 이하
가연성가스의 폭발등급	A	B	C
방폭전기기기의 폭발등급	ⅡA	ⅡB	ⅡC

45. ㉮ 암모니아(NH_3)는 독성 및 가연성가스이며 저장능력 30톤은 30000 kg이다.

㉯ 독성 및 가연성가스의 보호시설별 안전거리

저장능력(kg)	제1종	제2종
1만 이하	17	12
1만 초과 2만 이하	21	14
2만 초과 3만 이하	24	16
3만 초과 4만 이하	27	18
4만 초과 5만 이하	30	20
5만 초과 99만 이하	30	20
99만 초과	30	20

$\therefore$ 2종 보호시설과 유지거리는 16 m이다.

46. 헛불방지장치 : 온수기나 보일러 등의 연소기구 내에 물이 없으면 가스밸브가 개방되지 않고 물이 있을 경우에만 가스밸브가 개방되도록 하는 공연소 방지장치이다.

47. 방폭전기기기의 구조별 표시방법

명칭	기호	명칭	기호
내압 방폭구조	d	안전증 방폭구조	e
유입 방폭구조	o	본질안전 방폭구조	ia, ib
압력 방폭구조	p	특수 방폭구조	s

48. 운반차량 구조(KGS GC206) : 허용농도가 100만분의 200 이하인 독성가스 충전용기를 운반하는 경우에는 용기 승하차용 리프트와 밀폐된 구조의 적재함이 부착된 전용차량(이하 "독성가스 전용차량"이라 한다)으로 운반한다. 다만, 내용적이 1000 L 이상인 충전용기를 운반하는 경우에는 그렇지 않다.

49. 아세틸렌 충전작업 기준

㉮ 아세틸렌을 2.5 MPa 압력으로 압축하는 때에는 질소, 메탄, 일산화탄소 또는 에틸렌 등의 희석제를 첨가한다.

㉯ 습식 아세틸렌발생기의 표면은 70℃ 이하의 온도로 유지하고, 그 부근에서는 불꽃이 튀는 작업을 하지 아니한다.

㉰ 아세틸렌을 용기에 충전하는 때에는 미리 용기에 다공물질을 고루 채워 다공도가 75 % 이상 92 % 미만이 되도록 한 후 아세톤 또는 디메틸포름아미드를 고루 침윤시키고 충전한다.

㉱ 아세틸렌을 용기에 충전하는 때의 충전 중의 압력은 2.5 MPa 이하로 하고, 충전 후에는 압력이 15℃에서 1.5 MPa 이하로 될 때까지 정치하여 둔다.

㉮ 상하의 통으로 구성된 아세틸렌 발생장치로 아세틸렌을 제조하는 때에는 사용 후 그 통을 분리하거나 잔류가스가 없도록 조치한다.

50. 동체 및 맨홀 동체의 안지름(KGS AC113)

동체 및 맨홀 동체의 안지름은 동체의 축에 수직한 동일면에서의 최대 안지름과 최소 안지름과의 차(이하 "진원도"라 한다)는 어떤 단면에 대한 기준 안지름의 1 %를 초과하지 아니하도록 한다. 다만, 단면이 동체에 만들어진 구멍을 통과하는 경우는 그 단면에 대한 기준 안지름의 1 %에 그 구멍지름의 2 %를 더한 값을 초과해서는 아니하도록 한다.

51. 로딩암 설치(KGS FP111)

㉮ 로딩암은 배관부와 구동부로 구성한다.

㉯ 로딩암은 지면에 고정하여 설치한다. 다만, 이동형 로딩암을 사용하는 경우에는 로딩암이 장착된 트롤리(trolly)를 지면에 고정하여 설치한다.

㉰ 로딩암은 그 외면으로부터 작업반경 등을 고려하여 충분한 작업거리를 확보한다.

㉱ 가연성가스를 이입·이송하는 로딩암은 정전기 제거를 위하여 단독으로 접지하고, 이 경우 접지 저항치는 총합 100 Ω 이하로 한다.

㉲ 로딩암에 연결하는 항만 측의 배관부에는 긴급차단장치를 1개 이상 설치한다.

㉳ 가스를 충전하거나 이입하는 작업을 하고 있는 고압가스설비 주변에 제3자가 보기 쉬운 장소에 경계표지를 게시한다. 이 경우 해당 설비에 접근할 수 있는 방향이 여러 곳일 경우에는 각각의 방향에 게시한다. 표지에는 고압가스제조(충전·이입) 작업 중이라는 것 및 그 부근에서 화기사용을 절대 금지한다(가연성가스 또는 산소의 경우에 한정한다)는 주의문을 명확히 알 수 있도록 기재한다.

52. 입상관 및 횡지관 신축흡수 조치방법

㉮ 분기관은 1회 이상의 굴곡(90° 엘보 1개 이상)이 반드시 있어야 하며, 외벽 관통 시 사용하는 보호관의 내경은 분기관 외경의 1.2배 이상으로 한다.

㉯ 노출되는 배관의 연장이 10층 이하로 설치되는 경우 분기관의 길이를 0.5 m 이상으로 할 것

㉰ 노출되는 배관의 연장이 11층 이상 20층 이하로 설치되는 경우 분기관의 길이를 0.5 m 이상으로 하고, 곡관은 1개 이상 설치할 것

㉱ 노출되는 배관의 연장이 21층 이상 30층 이하로 설치되는 경우 분기관의 길이를 0.5 m 이상으로 하고, 곡관의 ㉰에 의한 곡관의 수에 매 10층마다 1개 이상 더한 수를 설치할 것

㉲ 분기관이 2회 이상의 굴곡(90° 엘보 2개 이상)이 있고 건축물 외벽 관통 시 사용하는 보호관의 내경을 분기관 외경의 1.5배 이상으로 할 경우에는 ㉯부터 ㉱까지의 기준에도 불구하고 분기관의 길이를 제한하지 않는다.

㉳ 배관이 외벽을 관통할 때 분기관은 가능한 한 보호관의 중앙에 위치하도록 실리콘 등으로 적절히 시공한다.

㉴ 횡지관의 연장이 30 m 초과 60 m 이하로 설치되는 경우에는 곡관 1개 이상 설치

㉵ 횡지관의 연장이 60 m를 초과하는 경우에는 ㉴에 따른 곡관의 수에 매 30 m마다 1개 이상 더한 수의 곡관을 설치

㉶ 횡지관의 길이가 30 m 이하인 경우에는 신축흡수조치를 하지 않을 수 있다.

53. 브롬화수소(HBr)의 특징

㉮ 분자량 81로 공기보다 무거운 무색의 불연성 기체로 악취(자극적인 냄새)가 있다.

㉯ TLV-TWA 3 ppm으로 독성가스이다.

㉰ 부식성이 있고, 공기 중의 습기에 의하여 흰 연기를 발한다.

㉣ 염화수소와 성질이 흡사하지만 산화되기 쉬운 점이 다르다.

㉤ 산, 알코올, 에테르, 케톤, 에스테르 등 산소를 함유하는 유기용매에 잘 녹는다.

㉥ 물에 용해하여 브롬화수소산이 되며 염산만큼 산성도는 강하지 않다.

㉦ 산소와 반응하여 물과 브롬을 생성하고, 오존과는 폭발적으로 반응하여 수소를 발생한다.

㉧ 각종 브롬화물의 합성, 브롬화수소산의 제조, 환원제, 촉매(유기합성), 의약품 원료로 사용된다.

㉨ 금속과 반응하여 수소가스를 생성하여 화재와 폭발의 위험성이 있다.

54. $W = \dfrac{V}{C} = \dfrac{50}{2.35} = 21.276\,\text{kg}$

55. 고압가스를 운반하는 자는 시장·군수 또는 구청장이 지정하는 도로·시간·속도에 따라 운반한다.

56. 용접부 기계적 검사 중 용접부 다듬질(KGS AC112) : 고장력강(탄소강은 규격 최소인장강도가 568.4 N/mm² 이상인 것을 말한다.)을 사용하는 압력용기 등은 용접부 보강 덧붙임을 깎아낸다. 다만, 응력제거를 위하여 열처리를 하는 압력용기 등은 그러하지 아니하다.

57. 가스용 이형질이음관의 성능 기준

㉮ 내압성능 : 23±2℃의 온도에서 이음관의 내부에 물을 채우고 3.4 MPa(단, 생산단계검사의 경우에는 0.6 MPa)까지의 압력을 가하였을 때 파열과 이탈이 없는 것으로 한다.

㉯ 기밀성능 : 23±2℃의 온도에서 이음관의 양끝을 막은 상태에서 0.4 MPa 이상의 압력으로 1분 이상 유지한 상태에서 누출이 없는 것으로 한다.

㉰ 내구성능 : 이음관을 80±2℃의 온도에서 0.94 MPa의 압력을 가하고 170시간 이상

유지하였을 때 접합부에 이상이 없는 것으로 한다.

㉱ 내인장 성능 : 23±2℃의 온도에서 이음관을 100±10 mm/min 속도로 당겼을 때 접합부위에서 파단이 일어나지 않는 것으로 한다.

㉲ 내가스 성능 : 이음관의 비금속 부품은 이소옥탄에 넣어 40~50℃로 70시간 유지하였을 때 연화, 팽창 등 이상이 없고 질량 변화율이 -8~5 %인 것으로 한다.

58. 저장능력별 방류둑 설치 대상

㉮ 고압가스 특정제조
　㉠ 가연성 가스 : 500톤 이상
　㉡ 독성가스 : 5톤 이상
　㉢ 액화 산소 : 1000톤 이상

㉯ 고압가스 일반제조
　㉠ 가연성, 액화산소 : 1000톤 이상
　㉡ 독성가스 : 5톤 이상

㉰ 냉동제조 시설(독성가스 냉매 사용) : 수액기 내용적 10000 L 이상

㉱ 액화석유가스 충전사업 : 1000톤 이상

㉲ 도시가스
　㉠ 도시가스 도매사업 : 500톤 이상
　㉡ 일반도시가스 사업 : 1000톤 이상

59. 독성가스 제독조치

㉮ 물 또는 흡수제로 흡수 또는 중화하는 조치

㉯ 흡착제로 흡착 제거하는 조치

㉰ 저장탱크 주위에 설치된 유도구에 의하여 집액구, 피트 등에 고인 액화가스를 펌프 등의 이송설비를 이용하여 안전하게 제조설비로 반송하는 조치

㉱ 연소설비(플레어스택, 보일러 등)에서 안전하게 연소시키는 조치

60. 고압가스 특정제조 허가 대상

㉮ 석유정제업자 : 저장능력 100톤 이상

㉯ 석유화학공업자 : 저장능력 100톤 이상, 처리능력 1만 m³ 이상

ⓒ 철강공업자 : 처리능력 10만 m^3 이상

ⓔ 비료생산업자 : 저장능력 100톤 이상, 처리 능력 10만 m^3 이상

ⓜ 산업통상자원부 장관이 정하는 시설

제 4 과목   가스계측

61. **기체크로마토그래피 측정원리** : 운반기체 (carrier gas)의 유량을 조절하면서 측정하여야 할 시료기체를 도입부를 통하여 공급하면 운반기체와 시료기체가 분리관을 통과하는 동안 분리되어 시료의 각 성분의 흡수력 차이 (시료의 확산속도, 이동속도)에 따라 성분의 분리가 일어나고 시료의 각 성분이 검출기에서 측정된다.

62. **제베크 효과(Seebeck effect)** : 2종류의 금속선을 접속하여 하나의 회로를 만들어 2개의 접점에 온도차를 부여하면 회로에 접점의 온도에 거의 비례한 전류(열기전력)가 흐르는 현상으로 열전대 온도계의 측정원리이다.

63. **기본단위의 종류**

기본량	길이	질량	시간	전류	물질량	온도	광도
기본 단위	m	kg	s	A	mol	K	cd

64. 공칭 저항값(표준 저항값)은 0℃일 때 50 Ω, 100 Ω의 것이 표준적인 측온 저항체로 사용된다.

65. 1 atm = 760 mmHg = 101.325 kPa이다.

∴ 절대압력 = 대기압 + 게이지압력

$$= \left(\frac{750}{760} \times 101.325\right) + 325$$

$$= 424.991 \, kPa$$

66. **적외선 가스분석계(적외선 분광 분석법)** : 헬륨(He), 네온(Ne), 아르곤(Ar) 등 단원자 분자 및 수소(H_2), 산소(O_2), 질소(N_2), 염소(Cl_2) 등 대칭 2원자 분자는 적외선을 흡수하지 않으므로 분석할 수 없다.

67. ⓐ 압전기식 압력계 : 수정이나 전기석 또는 로셸염 등의 결정체의 특정 방향에 압력을 가하면 기전력이 발생하고 발생한 전기량은 압력에 비례하는 것을 이용한 것으로 가스 폭발이나 급격한 압력 변화 측정에 사용된다.

ⓑ 부르동관식 압력계 : 2차 압력계 중에서 가장 대표적인 것으로 부르동관의 탄성을 이용하여 곡관에 압력이 가해지면 곡률반지름이 증대되고, 압력이 낮아지면 수축하는 원리를 이용한 것이다.

68. $N = 16 \times \left(\dfrac{T_r}{W}\right)^2 = 16 \times \left(\dfrac{85.4}{9.6}\right)^2 = 1266$단

69. **유량 계측 단위** : 단위 시간당 통과한 유량으로 질량유량과 체적유량으로 구분할 수 있다.

ⓐ 질량유량의 단위 : kg/h, kg/min, kg/s, g/h, g/min, g/s 등

ⓑ 체적유량의 단위 : m^3/h, m^3/min, m^3/s, L/h, L/min, L/s 등

70. **가스미터의 필요조건**

ⓐ 구조가 간단하고, 수리가 용이할 것

ⓑ 감도가 예민하고 압력손실이 적을 것

ⓒ 소형이며 계량용량이 클 것

ⓓ 기차의 조정이 용이할 것

ⓔ 내구성이 클 것

71. $E = \dfrac{I-Q}{I} \times 100 = \dfrac{5-4.75}{5} \times 100 = 5\%$

72. **시퀀스 제어(sequence control)** : 미리 순서에 입각해서 다음 동작이 연속 이루어지는 제어로 자동판매기, 보일러의 점화 등이 있다.

73. 융커스(Junker)식 열량계 : 기체 연료의 발열
량 측정에 사용되며 시그마 열량계와 융커스
식 유수형 열량계로 구분된다.

74. 입구와 출구 배관을 구분하여 설치하여야
한다.

75. 오르사트법 가스분석 순서 및 흡수제

순서	분석가스	흡수제
1	CO_2	KOH 30 % 수용액
2	O_2	알칼리성 피로갈롤용액
3	CO	암모니아성 염화 제1구리 용액

76. 다이어프램식 압력계 특징
㉮ 응답속도가 빠르나 온도의 영향을 받는다.
㉯ 극히 미세한 압력 측정에 적당하다.
㉰ 부식성 유체의 측정이 가능하다.
㉱ 압력계가 파손되어도 위험이 적다.
㉲ 연소로의 통풍계(draft gauge)로 사용한다.
㉳ 측정범위는 20~5000 mmH_2O이다.

77. ㉮ 방사고온계의 측정원리 : 스테판–볼츠만
법칙
㉯ 스테판–볼츠만 법칙 : 단위 표면적당 복사되
는 에너지는 절대온도의 4제곱에 비례한다.

78. 수소 불꽃 이온화 검출기(FID : Flame Ionization Detector) : 불꽃으로 시료 성분이 이온
화됨으로써 불꽃 중에 놓여진 전극 간의 전기
전도도가 증대하는 것을 이용한 것으로 H_2,
O_2, CO_2, SO_2 등은 감도가 없고 탄화수소에
서 감도가 최고로 도시가스 매설배관의 누출
유무를 확인하는 검출기로 사용된다.

79. 흡수분석법 : 채취된 가스를 분석기 내부의
성분 흡수제에 흡수시켜 체적변화를 측정하는
방식으로 오르사트(Orsat)법, 헴펠(Hempel)

법, 게겔(Gockel)법 등이 있다.

80. 기차 불량(사용공차를 초과하는 고장) 원인
㉮ 계량막에서의 누설
㉯ 밸브와 밸브 시트 사이에서의 누설
㉰ 패킹부에서의 누설

CBT 실전문제 7

정답

	1	2	3	4	5	6	7	8	9	10
연소공학	②	③	①	①	②	②	④	②	②	④
	11	12	13	14	15	16	17	18	19	20
	①	①	④	①	③	②	②	②	④	③
가스설비	21	22	23	24	25	26	27	28	29	30
	③	①	③	②	③	③	③	②	④	②
	31	32	33	34	35	36	37	38	39	40
	④	④	①	③	②	④	③	②	④	①
가스안전관리	41	42	43	44	45	46	47	48	49	50
	①	④	③	④	③	②	①	④	④	①
	51	52	53	54	55	56	57	58	59	60
	④	②	③	①	②	①	②	③	④	①
가스계측	61	62	63	64	65	66	67	68	69	70
	①	②	③	④	③	②	③	④	③	②
	71	72	73	74	75	76	77	78	79	80
	①	④	③	①	④	③	④	②	②	②

제1과목 연소공학

1. ㉮ 탄소(C)의 불완전연소 반응식
$$C + \frac{1}{2}O_2 \rightarrow CO$$
1 mol : 0.5 mol : 1 mol

④ 탄소(C) 1 mol이 100 % 불완전연소하면 일산화탄소(CO)는 1 mol이 발생한다.

2. ㉮ 1차 공기 : 액체 연료의 무화에 필요한 공기 또는 연소 전에 가연성기체와 혼합되어 공급되는 공기

㉯ 2차 공기 : 완전연소에 필요한 부족한 공기를 보충 공급하는 것

3. 정전기 제거 및 발생 방지 조치

㉮ 대상물을 접지한다.

㉯ 공기 중 상대습도를 70 % 이상으로 높인다.

㉰ 공기를 이온화한다.

㉱ 도전성 재료를 사용한다.

4. 불활성화(inerting : 퍼지작업) : 가연성 혼합가스에 불활성 가스(아르곤, 질소 등) 등을 주입하여 산소의 농도를 최소산소농도(MOC) 이하로 낮추는 작업이다. 그러므로 가연성가스인 수소는 사용할 수 없다.

5. 저발열량(저위발열량, 진발열량) 기준 연소효율은 저발열량에 대한 실제 발생열량의 비이다.

$$\therefore \text{연소효율} = \frac{\text{실제 발생열량}}{\text{저발열량}} \times 100$$
$$= \frac{\text{고발열량} - \text{증발잠열}}{\text{저발열량}} \times 100$$
$$= \frac{50232 - 8372}{46046} \times 100$$
$$= 90.909 \%$$

6. ㉮ 4 L 용기에서의 공기압력 계산 : 보일의 법칙 $P_1 V_1 = P_2 V_2$에서 변화 후의 압력 P_2를 구한다.

$$\therefore P_2 = \frac{P_1 V_1}{V_2} = \frac{1 \times 40}{4} = 10\text{기압}$$

㉯ 산소의 분압 계산 : 성분부피는 산소가 차지하는 부피이므로 공기 4 L 중 산소가 차지하는 체적비 20 %를 적용한다.

$$\therefore P_{O_2} = \text{전압} \times \frac{\text{성분부피}}{\text{전부피}}$$
$$= 10 \times \frac{4 \times 0.2}{4} = 2\text{기압}$$

7. SI단위 이상기체 상태방정식 $PV = GRT$에서 공기와 증기의 각각 압력 P를 구하여 합산한다.

$$\therefore P = P_1 + P_2 = \left(\frac{G_1 R_1 T_1}{V} \right) + \left(\frac{G_2 R_2 T_2}{V} \right)$$
$$= \left\{ \frac{20 \times 0.287 \times (273 + 50)}{15} \right\}$$
$$+ \left\{ \frac{5 \times 0.462 \times (273 + 50)}{15} \right\}$$
$$= 173.343 \text{ kPa}$$

8. ㉮ 프로판(C_3H_8)의 완전연소 반응식

$$C_3H_8 + 5O_2 \longrightarrow 3CO_2 + 4H_2O$$

㉯ 혼합기체(프로판+공기) 중 프로판 농도 계산

$$\therefore \text{프로판 농도} = \frac{\text{프로판량}}{\text{혼합가스량}} \times 100$$
$$= \frac{\text{프로판량}}{\text{프로판량} + \text{공기량}} \times 100$$
$$= \frac{22.4}{22.4 + \left(\frac{5 \times 22.4}{0.209} \right)} \times 100$$
$$= 4.012 \text{ vol} \%$$

9. 방폭관리사와 방폭관리 감독자 : KGS GC103

㉮ "방폭관리사(skilled personnel)" 다양한 종류의 방폭구조 관련 지식, 위험장소 구분 관련 지식, KGS code 기준 및 국가 법령의 요구 조건 관련 지식과 방폭 전기기기 설치 실무 관련 지식을 보유한 자를 말한다.

㉯ "방폭관리 감독자(technical person with executive function)"란 방폭 분야에 관한 충분한 지식, 현장 조건에 관한 정통한 지식 및 전기기기 설치에 관한 정통한 지식을 보유하고 폭발 위험장소 내 전기기기 점검

관리에 관한 총괄적 책임자 지위에서 방폭
관리사를 관리하는 사람을 말한다.

10. 연소형태에 따른 가연물

㉮ 표면연소 : 목탄(숯), 코크스

㉯ 분해연소 : 종이, 석탄, 목재, 중유

㉰ 증발연소 : 가솔린, 등유, 경유, 알코올, 양
초, 유황

㉱ 확산연소 : 가연성 기체(수소, 프로판, 부
탄, 아세틸렌 등)

㉲ 자기연소 : 제5류 위험물(니트로셀룰로오스,
셀룰로이드, 니트로글리세린 등)

참고 분해연소 : 충분한 착화에너지를 주어 가
열분해에 의해 연소하며 휘발분이 있는 고
체연료(종이, 석탄, 목재 등) 또는 증발이
일어나기 어려운 액체연료(중유 등)가 이에
해당된다.

11. [보기] 설명 중 옳은 내용

ⓛ 이산화탄소는 불연성가스로 가연성가스와
혼합되면 상대적으로 산소농도가 낮아져
연소가 안 된다.

ⓒ 가연성가스와 혼합하는 공기의 양이 적으
면 산소 부족으로 불완전연소가 발생한다.

12. ㉮ 냉동기의 성적계수

$$COP_R = \frac{Q_2}{W} = \frac{Q_2}{Q_1 - Q_2} = \frac{T_2}{T_1 - T_2}$$

㉯ 열펌프의 성능계수

$$COP_H = \frac{Q_1}{W} = \frac{Q_1}{Q_1 - Q_2} = \frac{T_1}{T_1 - T_2}$$

$$= COP_R + 1$$

13. 이상기체의 성질

㉮ 보일-샤를의 법칙을 만족한다.

㉯ 아보가드로의 법칙에 따른다.

㉰ 내부에너지는 온도만의 함수이다.

㉱ 온도에 관계없이 비열비는 일정하다.

㉲ 기체의 분자력과 크기도 무시되며 분자간

의 충돌은 완전 탄성체이다.

㉳ 분자와 분자 사이의 거리가 매우 멀다.

㉴ 분자 사이의 인력이 없다.

㉵ 압축성인자가 1이다.

14. $\frac{100}{L} = \frac{V_1}{L_1} + \frac{V_2}{L_2} + \frac{V_3}{L_3} + \frac{V_4}{L_4}$에서 혼합

가스 폭발하한계값 L을 구한다.

$$\therefore L = \frac{100}{\dfrac{V_1}{L_1} + \dfrac{V_2}{L_2} + \dfrac{V_3}{L_3} + \dfrac{V_4}{L_4}}$$

$$= \frac{100}{\dfrac{60}{5} + \dfrac{30}{3} + \dfrac{5}{2.1} + \dfrac{5}{1.8}} = 3.68\%$$

15. **최대안전틈새** 범위 : 내용적이 8 L이고 틈새
깊이가 25 mm인 표준용기 내에서 가스가 폭
발할 때 발생한 화염이 용기 밖으로 전파하여
가연성가스에 점화되지 아니하는 최대값으로
가연성가스의 폭발등급 및 이에 대응하는 내
압방폭구조 폭발등급의 분류기준이 된다.

16. ㉮ 탄화수소(C_mH_n)의 완전연소 반응식

$$C_mH_n + \left(m + \frac{n}{4}\right)O_2 \rightarrow m\,CO_2 + \frac{n}{2}H_2O$$

㉯ 프로판(C_3H_8)의 완전연소 반응식

$$C_3H_8 + 5O_2 \rightarrow 3CO_2 + 4H_2O$$

17. **방폭전기기기의 구조별 표시방법**

명칭	기호	명칭	기호
내압 방폭구조	d	안전증 방폭구조	e
유입 방폭구조	o	본질안전 방폭구조	ia, ib
압력 방폭구조	p	특수 방폭구조	s

18. **폭발범위(연소범위)** : 공기 중에서 점화원에
의해 폭발을 일으킬 수 있는 혼합가스 중의
가연성가스의 부피범위(%)로 온도, 압력, 산

소량의 영향을 받는다.

※ 발화지연시간 : 어느 온도에서 가열하기 시작하여 발화에 이르기까지의 시간으로 고온, 고압일수록, 가연성가스와 산소의 혼합비가 완전산화에 가까울수록 발화지연시간은 짧아진다.

19. ㉮ 공기 중에서 아세틸렌의 폭발범위 : 2.5~81 %

㉯ 위험도 계산

$$\therefore H = \frac{U-L}{L} = \frac{81-2.5}{2.5} = 31.4$$

20. 안전성 평가 기법

㉮ 정성적 평가 기법 : 체크리스트(checklist) 기법, 사고예상 질문 분석(WHAT-IF) 기법, 위험과 운전 분석(HAZOP) 기법

㉯ 정량적 평가 기법 : 작업자 실수 분석(HEA) 기법, 결함수 분석(FTA) 기법, 사건수 분석(ETA) 기법, 원인 결과 분석(CCA) 기법

㉰ 기타 : 상대 위험순위 결정(dow and mond indices) 기법, 이상 위험도 분석(FMECA) 기법

제 2 과목 가스설비

21. 아세틸렌을 용기에 충전하는 때에는 미리 용기에 다공물질을 고루 채워 다공도가 75 % 이상 92 % 미만이 되도록 한 후 아세톤 또는 디메틸포름아미드를 고루 침윤시키고 충전한다.

※ '다공물질'을 '다공성물질', '다공질물' 등으로 표현하고 있다.

22. ㉮ 물의 전기분해 반응식 : $2H_2O \rightarrow 2H_2 + O_2$

㉯ 물(H_2O) 1 kmol의 분자량은 18 kg/kmol이고, 기체의 체적은 22.4 Nm³이다. H_2O 2 kmol (36 kg)을 전기분해하면 산소 1 kmol이 발생

하므로, 물 18 kg을 전기분해하면 0.5 kmol (11.2 Nm³)의 산소기체가 발생한다.

㉰ 압축가스 저장능력 산정식을 이용하여 40 L 용기 1개당 충전량(m³) 계산 : 용기 내용적 40 L는 0.04 m³이다.

$$\therefore Q = (10P+1)V$$
$$= \{(10 \times 13.4) + 1\} \times 0.04 = 5.4 \, m^3$$

㉱ 충전용기 수 계산

$$\therefore 용기\;수 = \frac{발생된\;산소량}{용기\;1개당\;충전량}$$
$$= \frac{11.2}{5.4} = 2.074 = 3개$$

※ 용기 수 계산값에서 발생하는 소수는 크기와 관계없이 무조건 1개로 계산하여야 한다.

23. 정특성(靜特性) : 유량과 2차 압력의 관계

㉮ 로크업(lock up) : 유량이 0으로 되었을 때 2차 압력과 기준압력(P_s)과의 차이

㉯ 오프셋(off set) : 유량이 변화했을 때 2차 압력과 기준압력(P_s)과의 차이

㉰ 시프트(shift) : 1차 압력의 변화에 의하여 정압곡선이 전체적으로 어긋나는 것

24. 원심펌프의 특징

㉮ 원심력에 의하여 유체를 압송한다.

㉯ 용량에 비하여 소형이고 설치면적이 작다.

㉰ 흡입, 토출밸브가 없고 액의 맥동이 없다.

㉱ 기동 시 펌프 내부에 유체를 충분히 채워야 한다.

㉲ 고양정에 적합하다.

㉳ 서징 현상, 캐비테이션 현상이 발생하기 쉽다.

※ 공기 바인딩 현상이란 펌프 흡입측에서 공기가 함께 혼입되는 현상을 말한다.

25. LNG 기화장치의 종류

㉮ 오픈랙 기화기(ORV : Open Rack Vaporizer) : 베이스로드용으로 바닷물을 열원으로 사용하므로 초기시설비가 많으나 운전비용이 저렴하다.

㉯ 중간매체 기화기(IFV : Intermediate Fluid Vaporizer) : 베이스로드용으로 해수와 LNG 사이에 프로판과 같은 중간 열매체가 순환한다.

㉰ 서브머지드 기화기(SCV : Submerged Combustion Vaporizer) : 피크로드용으로 액중버너를 사용한다. 초기시설비가 적으나 운전비용이 많이 소요된다.

26. ㉮ 입상관에서의 압력손실 단위 'mmH$_2$O'는 'kgf/m^2'과 같으므로 여기에 중력가속도 9.8 m/s^{2}을 곱하면 SI단위 'N/m^2' 또는 '파스칼(Pa)'이 된다.

㉯ 압력손실 계산

$\therefore$ $H = 1.293 \times (S-1) \times h \times g$
$= 1.293 \times (1.5-1) \times 50 \times 9.8$
$= 316.785 \, Pa$

27. 1단 감압식 저압조정기의 입구 및 조정압력

㉮ 입구압력 : 0.07~1.56 MPa

㉯ 조정압력 : 2.3~3.3 kPa

28. ㉮ 펌프의 동력 구하는 식

구분	수동력	축동력
PS	$L_w = \dfrac{\gamma H Q}{75}$	$L = \dfrac{\gamma H Q}{75\eta}$
kW	$L_w = \dfrac{\gamma H Q}{102}$	$L = \dfrac{\gamma H Q}{102\eta}$

㉯ 수동력은 이론적인 동력으로 효율이 100 %이고, 축동력은 전동기에 의해서 펌프를 운전하는 데 필요한 동력으로 손실이 발생하여 효율(η)을 적용한다.

참고 SI단위 축동력 계산식

$kW = \dfrac{\gamma H Q}{\eta}$

여기서, γ : 액체의 비중량(kN/m^3)

Q : 송출유량(m^3/s)

H : 전양정(m)

η : 효율

※ 송출유량의 단위시간이 '초(sec)'라는 것은 기억하길 바랍니다.

29. ㉮ 간극용적 : 피스톤이 상사점에 있을 때 실린더 내의 가스가 차지하는 것으로 톱 클리어런스와 사이드 클리어런스가 있다.

㉯ 압축비 : 왕복 내연기관에서는 실린더 체적과 간극 체적의 비로 나타내며, 일반적인 압축기(공기 압축기 등)에서는 최종압력과 흡입압력의 비로 압력비라고도 한다.

30. 강제기화방식은 기화기를 설치하여 액체상태의 LPG를 강제로 기화시켜야 하기 때문에 액라인은 반드시 필요하다.

31. ㉮ 일산화탄소(CO)는 고온·고압의 조건에서 철족(Fe, Ni, Co)의 금속에 대하여 침탄 및 카르보닐을 생성한다.

㉯ 니켈 크롬계 스테인리스강은 18-8 스테인리스강 또는 오스테나이트계 스테인리스강을 지칭하는 것으로 고온·고압 및 저온 장치에 적합하다.

32. 개스킷(gasket)은 플랜지 이음 시 사용하는 패킹제이다.

33. ㉮ 접촉분해공정에서 압력과 온도의 영향

구분		CH$_4$, CO$_2$	H$_2$, CO
압력	상승	증가	감소
	하강	감소	증가
온도	상승	감소	증가
	하강	증가	감소

㉯ 접촉분해공정에서 발생하는 가스 4종류 중 발열량이 높은 것이 메탄(CH$_4$)이고, 메탄 성분을 많게 하는 조건은 온도는 낮게, 압력은 높게 한다.

34. 원심펌프의 상사법칙

㉮ 유량 $Q_2 = Q_1 \times \left(\dfrac{N_2}{N_1}\right)$

∴ 유량은 회전수 변화에 비례한다.

㉯ 양정 $H_2 = H_1 \times \left(\dfrac{N_2}{N_1}\right)^2$

∴ 양정은 회전수 변화의 2승에 비례한다.

㉰ 동력 $L_2 = L_1 \times \left(\dfrac{N_2}{N_1}\right)^3$

∴ 동력은 회전수 변화의 3승에 비례한다.

※ 회전수가 변경되어 상사 조건이 되었을 때 양정은 회전수 변화의 2승에 비례하는 것이고, 회전수가 2승으로 변화되면 유량도 2승으로 변화된다.

35.
㉮ SI단위 'MPa'과 'N/mm^2'은 숫자 변화없이 변환이 가능하다.

㉯ SI단위 스케줄 번호 계산 : 허용응력(S)은 인장강도를 안전율로 나눈 값이다.

∴ $Sch\,No = 1000 \times \dfrac{P[\text{MPa}]}{S[\text{N/mm}^2]}$

$= 1000 \times \dfrac{6.5}{\dfrac{380}{4}} = 68.42$

㉰ 스케줄 번호는 보기에서 68.42보다 큰 80 번을 선택한다.

36.
㉮ LPG는 석유계 저급탄화수소의 혼합물로 탄소수가 3개에서 5개 이하의 것을 말하며 프로판(C_3H_8), 부탄(C_4H_{10}), 프로필렌(C_3H_6), 부틸렌(C_4H_8), 부타디엔(C_4H_6) 등이 포함되어 있다.

㉯ 에탄(C_2H_6)은 탄소수가 2개로 LPG 성분에는 해당되지 않는다.

37. 강제기화기 사용 시 장점
㉮ 한랭 시에도 연속적으로 가스 공급이 가능하다.

㉯ 공급 가스의 조성이 일정하다.

㉰ 설치 면적이 작아진다.

㉱ 기화량을 가감할 수 있다.

㉲ 설비비 및 인건비가 절약된다.

38. 충전구 나사형식
㉮ 왼나사 : 가연성가스[단, 암모니아(NH_3), 브롬화메탄(CH_3Br)은 오른나사이다.]

㉯ 오른나사 : 가연성 이외의 것

39. 수소취성(탈탄작용)
㉮ 수소취성 : 수소(H_2)는 고온, 고압하에서 강제 중의 탄소와 반응하여 메탄(CH_4)이 생성되고 이것이 수소취성을 일으킨다.

㉯ 반응식 : $Fe_3C + 2H_2 \longrightarrow 3Fe + CH_4$

㉰ 방지 원소 : 텅스텐(W), 바나듐(V), 몰리브덴(Mo), 티타늄(Ti), 크롬(Cr)

40. 냉동기 구성요소
㉮ 증기 압축식 : 압축기, 응축기, 팽창밸브, 증발기

㉯ 흡수식 : 흡수기, 발생기, 응축기, 증발기

제 3 과목 가스안전관리

41. 저장능력 산정식
㉮ 액화가스의 용기 및 차량에 고정된 탱크 저장능력 산정식 : $W = \dfrac{V}{C}$

㉯ 액화가스 저장탱크 저장능력 산정식 : $W = 0.9dV$

㉰ 압축가스의 저장탱크 및 용기 : $Q = (10P+1)V$

참고 **C값의 의미** : 저온용기 및 차량에 고정된 저온탱크와 초저온용기 및 차량에 고정된 초저온탱크에 충전하는 액화가스의 경우에는 그 용기 및 탱크의 상용온도 중 최고

온도에서의 그 가스의 비중(단위 : kg/L)의 수치에 10분의 9를 곱한 수치의 역수, 그 밖의 액화가스의 충전용기 및 차량에 고정된 탱크의 경우 가스 종류에 따르는 정수

42. 의료용가스 용기 표시방법

㉮ 용기의 상단부에 2 cm 크기의 백색(산소는 녹색) 띠를 두 줄로 표시한다.

㉯ 백색 띠의 하단과 가스 명칭 사이에 "의료용"이라고 표시한다.

43. 저장능력별 방류둑 설치 대상

㉮ 고압가스 특정제조
  ㉠ 가연성 가스 : 500톤 이상
  ㉡ 독성가스 : 5톤 이상
  ㉢ 액화 산소 : 1000톤 이상

㉯ 고압가스 일반제조
  ㉠ 가연성, 액화산소 : 1000톤 이상
  ㉡ 독성가스 : 5톤 이상

㉰ 냉동제조 시설(독성가스 냉매 사용) : 수액기 내용적 10000 L 이상

㉱ 액화석유가스 충전사업 : 1000톤 이상

㉲ 도시가스
  ㉠ 도시가스 도매사업 : 500톤 이상
  ㉡ 일반도시가스 사업 : 1000톤 이상

※ 질소와 같은 비가연성, 비독성 액화가스는 방류둑 설치 대상에서 제외됨

44. 압력의 정의

㉮ 상용압력 : 내압시험압력 및 기밀시험압력의 기준이 되는 압력으로서 사용 상태에서 해당 설비 등의 각부에 작용하는 최고사용압력을 말한다.

㉯ 설계압력 : 고압가스 용기 등의 각부의 계산두께 또는 기계적 강도를 결정하기 위하여 설계된 압력을 말한다.

㉰ 설정압력 : 안전밸브의 설계상 정한 분출압력 또는 분출개시압력으로서 명판에 표시된 압력을 말한다.

㉱ 축적압력 : 내부유체가 배출될 때 안전밸브에 의하여 축적되는 압력으로서 그 설비 안에서 허용될 수 있는 최대압력을 말한다.

㉲ 초과압력 : 안전밸브에서 내부유체가 배출될 때 설정압력 이상으로 올라가는 압력을 말한다.

45. 태양광발전설비 집광판 설치 기준

㉮ 태양광발전설비 중 집광판은 캐노피의 상부, 건축물의 옥상 등 충전소 운영에 지장을 주지 않는 장소에 설치한다.

㉯ 집광판을 설치할 수 있는 캐노피는 불연성 재료로 하고, 캐노피의 상부 바닥면이 충전기의 상부로부터 3 m 이상 높이에 설치한다.

㉰ 충전소 내 지상에 집광판을 설치하려는 경우에는 충전설비, 저장설비, 가스설비, 배관, 자동차에 고정된 탱크 이입·충전장소의 외면으로부터 8 m 이상 떨어진 곳에 설치하고, 집광판은 지면으로부터 1.5 m 이상 높이에 설치한다.

46. 냄새나는 물질의 첨가 : 액화석유가스의 "공기 중의 혼합비율이 용량으로 1000분의 1의 상태에서 감지할 수 있는 냄새"는 다음 방법 중 어느 한 가지 측정방법 또는 이들과 같은 수준 이상의 정확도를 가진 측정방법으로 측정하여 액화석유가스가 혼합되어 있음을 감지할 수 있는 냄새로 한다.

㉮ 오더(odor)미터법(냄새측정기법)

㉯ 주사기법

㉰ 냄새주머니법

㉱ 무취실법

47. 내진설계 시 시설 종류 : KGS CC203

㉮ 핵심 시설 : 지진 피해 시 수급 차질이 심각하게 우려되는 시설, 대형사고 위험시설, 주거지에 인접한 대형 시설 등으로서, 재현 주기 4800년 지진에 대해 붕괴 방지 수준의 내진 성능을 확보하도록 관리하는 시설을 말한다.

㉯ 중요 시설 : 지진 피해 시 국지적으로 수급 차질이 우려되는 시설, 주거지에 인접한 소형 시설, 배관 차단 가능 시설 등으로서, 재현 주기 2400년 지진에 대해 붕괴 방지 수준의 내진 성능을 확보하도록 관리하는 시설을 말한다.

㉰ 일반 시설 : 핵심 시설, 중요 시설 이외의 소규모 시설, 안전 관련도가 비교적 낮은 시설, 기타 지진 피해 우려가 상대적으로 적은 시설 등으로서, 재현 주기 1000년 지진에 대해 붕괴 방지 수준의 내진 성능을 확보하도록 관리하는 시설을 말한다.

48. 내진등급 분류 : KGS GC203

중요도 등급	영향도 등급	관리등급	내진등급
특	A	핵심시설	내진 특A
	B	-	내진 특
1	A	중요시설	
	B	-	내진 Ⅰ
2	A	일반시설	
	B	-	내진 Ⅱ

49. 경계표지 크기

㉮ 가로치수 : 차체 폭의 30 % 이상

㉯ 세로치수 : 가로치수의 20 % 이상

㉰ 정사각형 또는 이에 가까운 형상 : 600 cm² 이상

㉱ 적색 삼각기 : 400×300 mm(황색글씨로 "위험고압가스")

50. 차량에 고정된 탱크 소화설비 기준

구분	소화기의 종류		비치 개수
	소화약제	능력단위	
가연성 가스	분말 소화제	BC용, B-10 이상 또는 ABC용, B-12 이상	차량 좌우에 각각 1개 이상
산소	분말 소화제	BC용, B-8 이상 또는 ABC용, B-10 이상	차량 좌우에 각각 1개 이상

51. 냉매가스에 따른 재료 제한

㉮ 암모니아 : 동 및 동합금

㉯ 염화메탄 : 알루미늄 및 알루미늄 합금

㉰ 프레온 : 2 %를 넘는 마그네슘(Mg)을 함유한 알루미늄 합금

52. 관의 굴곡 허용반경은 외경의 20배 이상으로 한다. 다만, 굴곡반경이 외경의 20배 미만일 경우에는 엘보를 사용한다.

53. 투입식 발생장치의 특징

㉮ 공업적으로 대량 생산에 적합하다.

㉯ 카바이드가 물속에 있으므로 온도상승이 느리다.

㉰ 불순가스 발생이 적다.

㉱ 카바이드 투입량에 의해 아세틸렌가스 발생량 조절이 가능하다.

㉲ 후기 가스가 발생할 가능성이 있다.

※ 투입식 아세틸렌 발생장치 : 물에 카바이드를 넣어 아세틸렌을 발생시키는 장치이다.

54. "수소용품"이란 연료전지(자동차관리법에 따른 자동차에 장착되는 연료전지는 제외한다), 수전해설비 및 수소추출설비로서 다음에 따른 것을 말한다. : KGS FU671

㉮ 연료전지 : 수소와 산소의 전기화학적 반응을 통하여 전기와 열을 생산하는 고정형(연료소비량이 232.6 kW 이하인 것을 말한

다) 및 이동형 설비와 그 부대설비

㉯ 수전해설비 : 물의 전기 분해에 의하여 그 물로부터 수소를 제조하는 설비

㉰ 수소추출설비 : 도시가스 또는 액화석유가스 등으로부터 수소를 제조하는 설비

55. 이상압력 통보설비 : 정압기 출구 측의 압력이 설정압력보다 상승하거나 낮아지는 경우에 이상 유무를 상황실에서 알 수 있도록 경보음(70 dB 이상) 등으로 알려주는 설비이다.

56. ㉮ 메탄(CH_4)의 폭발범위 하한계에 해당하는 체적 계산 : $1\,m^3$는 1000 L이다.

∴ $V = (1 \times 1000) \times 0.05 = 50\,L$

㉯ 아보가드로의 법칙을 이용하여 메탄 체적을 질량으로 계산 : 메탄의 분자량은 16이고, 이상기체 $1\,mol$이 차지하는 체적은 22.4 L이다.

$16\,g : 22.4\,L = x[g] : 50\,L$

∴ $x = \dfrac{16 \times 50}{22.4} = 35.714\,g$

57. 공정 위험 분석(process hazard review : PHR) 기법 : 기존설비 또는 안전성향상계획서를 제출·심사 받은 설비에 대하여 설비의 설계·건설·운전 및 정비의 경험을 바탕으로 위험성을 평가·분석하는 방법을 말한다. 〈개정 20. 4. 29〉

58. ㉮ 산소 또는 천연메탄을 용기에 충전하는 때에는 압축기(산소압축기는 물을 내부윤활제로 사용한 것에 한정한다)와 충전용 지관 사이에 수취기를 설치하여 그 가스 중의 수분을 제거한다.

㉯ 드레인 세퍼레이터(drain separator)가 수취기를 지칭하는 것이다.

59. 1일의 냉동능력 1톤 계산

㉮ 원심식 압축기 : 압축기의 원동기 정격출력 1.2 kW

㉯ 흡수식 냉동설비 : 발생기를 가열하는 1시간의 입열량 6640 kcal

㉰ 그 밖의 것은 다음 식에 의한다.

$R = \dfrac{V}{C}$

여기서, R : 1일의 냉동능력(톤)

V : 피스톤 압출량(m^3/h)

C : 냉매 종류에 따른 정수

60. 치환농도

㉮ 가연성 가스설비 : 폭발하한계의 1/4 이하 (25 % 이하)

㉯ 독성가스설비 : TLV-TWA 기준농도 이하

㉰ 산소설비 : 산소농도 22 % 이하

㉱ 불연성 가스설비 : 치환작업을 생략할 수 있다.

㉲ 사람이 작업할 경우 산소농도 : 18~22 %

제 4 과목 가스계측

61. 차압식 유량계에서 유량은 차압의 평방근에 비례한다.

∴ $Q_2 = \sqrt{\dfrac{\Delta P_2}{\Delta P_1}} \times Q_1 = \sqrt{4} \times Q_1 = 2\,Q_1$

∴ 오리피스 유량계에서 압력차가 4배로 증가하면 유량은 2배로 증가한다.

62. 터빈식 유량계 : 유속식 유량계 중 축류식으로 유체가 흐르는 배관 중에 임펠러를 설치하여 유속 변화에 따른 임펠러의 회전수를 이용하여 유량을 측정하는 것으로 임펠러의 축이 유체의 흐르는 방향과 일치되어 있다.

63. 펄스(pulse) : 짧은 시간 동안에 큰 진폭을 발생하는 전압, 전류, 파동을 의미한다.

64. 가스미터의 분류
  ㉮ 실측식(직접식)
    ㉠ 건식 : 막식형(독립내기식, 클로버식)
    ㉡ 회전식 : 루트(roots)형, 오벌식, 로터리 피스톤식
    ㉢ 습식
  ㉯ 추량식(간접식) : 델타식(볼텍스식), 터빈식, 오리피스식, 벤투리식

65. 전자포획 이온화 검출기(ECD : Electron Capture Detector) : 방사선 동위원소로부터 방출되는 β선으로 캐리어가스가 이온화되어 생긴 자유전자를 시료 성분이 포획하면 이온 전류가 감소하는 것을 이용한 것이다.
  ㉮ 캐리어가스는 질소(N_2), 헬륨(He)을 사용한다.
  ㉯ 유기할로겐 화합물, 니트로 화합물 및 유기 금속 화합물을 선택적으로 검출할 수 있다.
  ㉰ 할로겐 및 산소 화합물에서의 감도는 최고이며 탄화수소는 감도가 나쁘다.

66. 습식 가스미터의 특징
  ㉮ 계량이 정확하다.
  ㉯ 사용 중에 오차의 변동이 적다.
  ㉰ 사용 중에 수위조정 등의 관리가 필요하다.
  ㉱ 설치면적이 크다.
  ㉲ 기준용, 실험실용에 사용된다.
  ㉳ 용량범위는 0.2~3000 m^3/h이다.

67. 가스누출검지경보장치 기능
  ㉮ 가스의 누출을 검지하여 그 농도를 지시함과 동시에 경보를 울리는 것으로 한다.
  ㉯ 미리 설정된 가스농도(폭발하한계의 4분의 1 이하 값)에서 자동적으로 경보를 울리는 것으로 한다.
  ㉰ 경보를 울린 후에는 주위의 가스농도가 변화되어도 계속 경보를 울리며, 그 확인 또는 대책을 강구함에 따라 경보가 정지되도록 한다.
  ㉱ 담배연기 등 잡가스에 경보를 울리지 아니하는 것으로 한다.

68. 벤투리(venturi) 유량계의 특징
  ㉮ 압력차가 적고, 압력손실이 적다.
  ㉯ 내구성이 좋고, 정밀도가 높다.
  ㉰ 대형으로 제작비가 비싸다.
  ㉱ 구조가 복잡하다.
  ㉲ 좁은 장소에 설치하기 어렵고 교환이 어렵다.
  ㉳ 침전물의 생성 우려가 적다.

69. 서모스탯(thermostat) 검지기 : 가스와 공기의 열전도도가 다른 것을 측정원리로 한 것으로 전기적으로 자기가열한 서모스탯에 측정하고자 하는 가스를 접촉시키면 기체의 열전도도에 의해서 서모스탯으로부터 단위시간에 잃게 되는 열량은 가스의 종류 및 농도에 따라서 변화한다. 따라서 가열전류를 일정하게 유지하면 가스 중에 방열에 의한 서모스탯의 온도변화는 전기저항의 변화로서 측정할 수 있고 이것을 브리지회로에 조립하면 전위차가 생기면서 전류가 흘러 가스의 농도를 측정할 수 있다. 서미스터(thermistor) 가스검지기라 한다.

70. ㉮ 공기혼합물의 분자량 계산 : 산소(O_2)의 분자량은 32, 질소(N_2)의 분자량은 28이다.
$$\therefore M = (32 \times 0.21) + (28 \times 0.79) = 28.84$$
  ㉯ 밀도 계산 : SI단위 이상기체 상태방정식 $PV = GRT$를 이용하여 25℃, 1 atm 상태의 공기 밀도(kg/m^3)를 구하며, 1 atm은 101.325 kPa을 적용한다.
$$\therefore \rho = \frac{G}{V} = \frac{P}{RT} = \frac{101.325}{\frac{8.314}{28.84} \times (273 + 25)}$$
$$= 1.179 \, kg/m^3$$

71. **가스 크로마토그래피의 특징**
㉮ 여러 종류의 가스 분석이 가능하다.
㉯ 선택성이 좋고 고감도로 측정한다.
㉰ 미량 성분의 분석이 가능하다.
㉱ 응답속도가 늦으나 분리능력이 좋다.
㉲ 동일 가스의 연속측정이 불가능하다.
㉳ 캐리어가스는 검출기에 따라 수소, 헬륨, 아르곤, 질소를 사용한다.

72. **전자유량계** : 측정원리는 패러데이 법칙(전자유도법칙)으로 도전성 액체에서 발생하는 기전력을 이용하여 순간 유량을 측정한다.

73. 석유제품의 °API 비중의 기준온도는 60°F 이다.

74. **적분 동작(I 동작 : integral action)** : 제어량에 편차가 생겼을 때 편차의 적분차를 가감하여 조작단의 이동 속도가 비례하는 동작으로 잔류편차가 남지 않는다. 진동하는 경향이 있어 제어의 안정성은 떨어진다. 유량제어나 관로의 압력제어와 같은 경우에 적합하다.

75. **가스미터의 고장 종류**
㉮ 부동(不動) : 가스는 계량기를 통과하나 지침이 작동하지 않는 고장
㉯ 불통(不通) : 가스가 계량기를 통과하지 못하는 고장
㉰ 기차(오차) 불량 : 사용공차를 초과하는 고장
㉱ 감도 불량 : 감도 유량을 통과시켰을 때 지침의 시도(示度) 변화가 나타나지 않는 고장

76. **유량 계측 단위** : 단위 시간당 통과한 유량으로 질량유량과 체적유량으로 구분할 수 있다.
㉮ 질량유량의 단위 : kg/h, kg/min, kg/s, g/h, g/min, g/s 등
㉯ 체적유량의 단위 : m^3/h, m^3/min, m^3/s, L/h, L/min, L/s, ft^3/h, ft^3/min, ft^3/s 등

※ ft(피트 : feet)는 영국 등에서 사용하는 길이의 단위로 약 304.8 mm, 12인치에 해당된다.

77. **캐리어가스의 종류** : 수소(H_2), 헬륨(He), 아르곤(Ar), 질소(N_2)

78. ㉮ 제어편차 : 제어계에서 목표값의 변화나 외란의 영향으로 목표값과 제어량의 차이에서 생긴 편차이다.
㉯ 제어편차 계산
∴ 제어편차 = 목표치 − 제어량
= 50 − 53 = −3 L/min

79. **분석계의 종류**
㉮ 화학적 가스 분석계
㉠ 연소열을 이용한 것
㉡ 용액흡수제를 이용한 것
㉢ 고체흡수제를 이용한 것
㉯ 물리적 가스 분석계
㉠ 가스의 열전도율을 이용한 것
㉡ 가스의 밀도, 점도차를 이용한 것
㉢ 빛의 간섭을 이용한 것
㉣ 전기전도도를 이용한 것
㉤ 가스의 자기적 성질을 이용한 것
㉥ 가스의 반응성을 이용한 것
㉦ 적외선 흡수를 이용한 것
※ 오르사트법은 용액흡수제를 이용한 화학적 가스 분석계에 해당된다.

80. **피에조 전기 압력계(압전기식)** : 수정이나 전기석 또는 로셸염 등의 결정체의 특정 방향에 압력을 가하면 기전력이 발생하고 발생한 전기량은 압력에 비례하는 것을 이용한 것이다. 가스 폭발이나 급격한 압력 변화 측정에 사용된다.

CBT 실전문제 8

정답

연 소 공 학	1	2	3	4	5	6	7	8	9	10
	①	③	③	③	③	④	①	③	②	③
	11	12	13	14	15	16	17	18	19	20
	④	②	③	④	③	①	①	①	②	②
가 스 설 비	21	22	23	24	25	26	27	28	29	30
	③	③	②	②	①	②	③	③	①	③
	31	32	33	34	35	36	37	38	39	40
	④	③	①	②	②	③	①	①	①	④
가 스 안 전 관 리	41	42	43	44	45	46	47	48	49	50
	②	①	①	④	②	②	③	②	③	③
	51	52	53	54	55	56	57	58	59	60
	④	③	①	③	②	③	②	②	④	④
가 스 계 측	61	62	63	64	65	66	67	68	69	70
	①	②	②	③	②	③	②	②	②	③
	71	72	73	74	75	76	77	78	79	80
	②	③	③	②	④	③	③	③	①	①

제1과목 연소공학

1. 각 연료의 인화점

구분	인화점	착화점
메탄	−188℃	632℃
가솔린	−20 ~ −43℃	300℃
벤젠	−11.1℃	562℃
에테르	−40℃	180℃

※ 각 물질의 인화점, 착화점 온도는 측정방법 및 조건 등에 의하여 오차가 있음

2. $\eta = \dfrac{W}{Q_1} \times 100 = \dfrac{T_1 - T_2}{T_1} \times 100$

$= \dfrac{(273 + 800) - (273 + 100)}{273 + 800} \times 100$

$= 65.237\,\%$

3. $\dfrac{100}{L} = \dfrac{V_1}{L_1} + \dfrac{V_2}{L_2} + \dfrac{V_3}{L_3} + \dfrac{V_4}{L_4}$ 에서

혼합가스 폭발 하한계 L을 구한다.

$\therefore L = \dfrac{100}{\dfrac{V_1}{L_1} + \dfrac{V_2}{L_2} + \dfrac{V_3}{L_3} + \dfrac{V_4}{L_4}}$

$= \dfrac{100}{\dfrac{60}{5.0} + \dfrac{20}{3.0} + \dfrac{15}{2.1} + \dfrac{5}{1.8}}$

$= 3.498\,\text{v}\%$

4. 방폭 전기기기의 구조별 표시방법

명칭	기호	명칭	기호
내압 방폭구조	d	안전증 방폭구조	e
유입 방폭구조	o	본질안전방폭구조	ia, ib
압력 방폭구조	p	특수 방폭구조	s

5. 내압(耐壓) 방폭구조(d) : 방폭 전기기기의 용기 내부에서 가연성가스의 폭발이 발생할 경우 그 용기가 폭발압력에 견디고, 접합면, 개구부 등을 통하여 외부의 가연성가스에 인화되지 아니하도록 한 구조

6. ㉮ 프로판(C_3H_8)의 완전연소 반응식
$C_3H_8 + 5O_2 \rightarrow 3CO_2 + 4H_2O$
㉯ 이론공기량 계산
$22.4\,\text{Sm}^3 : 5 \times 22.4\,\text{Sm}^3 = 1\,\text{Sm}^3 : x\,(O_0)\,\text{Sm}^3$

$\therefore A_0 = \dfrac{O_0}{0.21} = \dfrac{1 \times 5 \times 22.4}{22.4 \times 0.21} = 23.809\,\text{Sm}^3$

7. 이상기체의 성질
㉮ 보일-샤를의 법칙을 만족한다.
㉯ 아보가드로의 법칙에 따른다.
㉰ 내부에너지는 온도만의 함수이다.

㉑ 온도에 관계없이 비열비는 일정하다.

㉒ 기체의 분자력과 크기도 무시되며 분자간의 충돌은 완전 탄성체이다.

㉓ 분자와 분자 사이의 거리가 매우 멀다.

㉔ 분자 사이의 인력이 없다.

㉕ 압축성인자가 1이다.

㉖ 액화나 응고가 되지 않으며, 절대온도 0도에서 부피는 0이다.

※ 실제 기체가 이상기체(완전 기체)에 가깝게 될 조건은 압력이 낮고(저압), 온도가 높을 때(고온)이다.

8. 폭발범위 : 공기 중에서 점화원에 의해 폭발을 일으킬 수 있는 혼합가스 중의 가연성가스의 부피범위(%)이다.

9. 과잉공기가 많은 경우(공기비가 큰 경우) 현상

㉮ 연소실 내의 온도가 낮아진다.

㉯ 배기가스로 인한 손실열이 증가한다.

㉰ 배기가스 중 질소산화물(NOx)이 많아져 대기오염을 초래한다.

㉱ 열효율이 감소한다.

㉲ 연료소비량이 증가한다.

㉳ 연소가스량(배기가스량)이 증가하여 통풍 저하를 초래한다.

10. 연소의 정의 : 연소란 가연성 물질이 공기 중의 산소와 반응하여 빛과 열을 발생하는 화학 반응을 말한다.

11. ㉮ 프로판의 완전연소 반응식

$C_3H_8 + 5O_2 \rightarrow 3CO_2 + 4H_2O$

㉯ 용기 내 발생 압력 계산 : 용기의 내용적(V) 조건이 없어 이상기체 상태방정식 $PV = nRT$을 이용하여 반응 후 압력을 구할 수 없으므로 반응 전 $P_1V_1 = n_1R_1T_1$, 반응 후 $P_2V_2 = n_2R_2T_2$로 각각 구분하여

비례식으로 구한다. 반응 전후의 체적과 기체상수는 같으므로

$V_1 = V_2$, $R_1 = R_2$이므로

$\dfrac{P_2}{P_1} = \dfrac{n_2 T_2}{n_1 T_1}$ 이 된다.

여기서, 반응 전 후의 몰수(n_1, n_2)는 프로판의 완전연소 반응식에서 n_1은 C_3H_8 1몰과 O_2 5몰이고, n_2는 CO_2 3몰과 H_2O 4몰이다.

$$\therefore P_2 = \frac{n_2 T_2}{n_1 T_1} \times P_1$$

$$= \frac{(3+4) \times (273+1000)}{(1+5) \times (273+27)} \times 1$$

$$= 4.95 \, \text{atm}$$

別解 프로판과 산소의 반응 후의 압력은 용기 내용적이 제시되지 않아 이상기체 상태방정식 $PV = nRT$을 이용하여 구할 수 없기 때문에 반응 전의 조건으로 용기 내용적을 구하여 반응 후의 압력을 계산한다.

㉮ 연소 전의 조건으로 용기 내용적 계산

$$\therefore V = \frac{nRT}{P}$$

$$= \frac{(1+5) \times 0.082 \times (273+27)}{1}$$

$$= 147.6$$

㉯ 연소 후의 압력(P_2) 계산

$$\therefore P_2 = \frac{n_2 R T_2}{V}$$

$$= \frac{(3+4) \times 0.082 \times (273+1000)}{147.6}$$

$$= 4.950 \, \text{atm}$$

12. ㉮ 탄소(C)의 불완전연소 반응식

$$C + \frac{1}{2} O_2 \rightarrow CO$$

$$\downarrow \qquad \downarrow \qquad \downarrow$$

$$1 \, \text{mol} : 0.5 \, \text{mol} : 1 \, \text{mol}$$

㉯ 탄소(C) 1 mol이 100 % 불완전연소 하면 일산화탄소(CO)는 1 mol이 발생한다.

13. 1차 공기와 2차 공기 구분

① 1차 공기 : 액체 연료의 무화에 필요한 공기 또는 연소 전에 가연성기체와 혼합되어 공급되는 공기

② 2차 공기 : 완전연소에 필요한 부족한 공기를 보충 공급하는 공기

14. 위험과 운전 분석(hazard and operablity studies : HAZOP) 기법 : 공정에 존재하는 위험 요소들과 공정의 효율을 떨어뜨릴 수 있는 운전상의 문제점을 찾아내어 그 원인을 제거하는 위험성 평가기법이다.

15. $H = \dfrac{U-L}{L} = \dfrac{81.2 - 2.51}{2.51} = 31.35$

16. 정전기 제거 및 발생방지 조치

㉮ 대상물을 접지한다.

㉯ 공기 중 상대습도를 70 % 이상으로 높인다.

㉰ 공기를 이온화한다.

㉱ 도전성 재료를 사용한다.

17. 폭발의 분류

㉮ 물리적 폭발 : 증기폭발, 금속선 폭발, 고체상 전이폭발, 압력폭발 등

㉯ 화학적 폭발 : 산화폭발, 분해폭발, 촉매폭발, 중합폭발 등

18. 기체 연료의 정상연소 속도 및 폭굉속도

㉮ 정상연소 속도 : 0.1~10 m/s

㉯ 폭굉속도 : 1000~3500 m/s

참고 2016년 1회 06번 문제에서는 기체(가스)의 정상연소 속도를 0.03~10 m/s를 정답으로 처리하였음

19. 폭굉범위는 폭발범위 내에 존재하므로 폭굉하한계는 폭발하한계보다 높고, 폭굉상한계는 폭발상한계보다 낮다.

20. ㉮ 프로판(C_3H_8)의 완전연소 반응식

$C_3H_8 + 5O_2 \rightarrow 3CO_2 + 4H_2O + Q$

㉯ 프로판(C_3H_8)은 탄소(C) 원소가 3개, 수소(H) 원소가 8개로 이루어진 혼합물이며, 탄소(C) 1 mol이 연소할 때에는 탄소 원소 1개가 연소하는 것이고, 수소(H_2) 1 mol이 연소할 때에는 수소 원소 2개가 연소하는 것이다. 프로판(C_3H_8) 1 mol이 완전연소하면 수증기(H_2O)는 4 mol이 발생하고, 분자량은 18이다.

㉰ 고위발열량(H_h) 계산 : 물의 증발잠열이 포함된 것이 고위발열량, 포함되지 않은 것이 저위발열량이다.

$\therefore H_h = \dfrac{\text{탄소 발열량} + \text{수소 발열량} + \text{물의 증발잠열}(\text{MJ/kmol})}{\text{프로판 1kmol 분자량}}$

$= \dfrac{(3 \times 360) + \left(\dfrac{8}{2} \times 280\right) + (4 \times 18 \times 2.5)}{44}$

$= 54.090 \text{ MJ/kg}$

제 2 과목   가스설비

21. ㉮ 피스톤 압출량 계산 : 안지름과 행정거리는 미터(m) 단위로 적용하고 체적효율은 언급이 없으므로 이론적인 토출량을 계산한다.

$\therefore V = \dfrac{\pi}{4} \times D^2 \times L \times n \times N$

$= \dfrac{\pi}{4} \times 0.2^2 \times 0.15 \times 4 \times 300$

$= 5.654 \text{ m}^3/\text{min}$

㉯ 축동력 계산 : 압력 단위는 'kgf/m^2', 토출량은 'm^3/s'로 변환하여 적용한다.

$\therefore \text{ kW} = \dfrac{P \times V}{102 \times \eta}$

$= \dfrac{(0.2 \times 10 \times 10^4) \times 5.654}{102 \times 0.9 \times 60}$

$= 20.530 \text{ kW}$

※ 1 atm = 1.0332 kgf/cm² = 10332 kgf/m² 이므로 'kgf/cm²'에서 'kgf/m²'으로 변환할 때에는 1만을 곱한다.

22. 액셜 플로(Axial flow)식 정압기의 특징

㉮ 변칙 언로딩(unloading)형이다.
㉯ 정특성, 동특성이 양호하다.
㉰ 고차압이 될수록 특성이 양호하다.
㉱ 극히 콤팩트하고 작동방식이 간단하다.

23. 점도(점성계수)

㉮ 점도 : 유체에 유체마찰이 생기는 성질로 단위로는 푸아즈(poise : g/cm·s)를 사용한다.
㉯ 온도와의 관계 : 액체의 점성계수는 온도가 증가하면 감소하고, 기체의 경우는 반대로 증가한다.
㉰ 압력과의 관계 : 액체의 점성계수는 압력이 증가하면 함께 증가하고, 기체의 경우는 압력에 의해 점성계수가 거의 변화하지 않는다.

24. 충전구의 나사형식

㉮ 가연성가스 : 왼나사(단, 암모니아와 브롬화메탄은 가연성가스이지만 오른나사를 적용한다.)
㉯ 가연성 이외의 가스 : 오른나사

25. 브롬화수소(HBr)의 특징

㉮ 분자량 81로 공기보다 무거운 무색의 불연성 기체로 악취(자극적인 냄새)가 있다.
㉯ TLV-TWA 3 ppm으로 독성가스이다.
㉰ 부식성이 있고, 공기 중의 습기에 의하여 흰 연기를 발한다.
㉱ 염화수소와 성질이 흡사하지만 산화되기 쉬운 점이 다르다.
㉲ 산, 알코올, 에테르, 케톤, 에스테르 등 산소를 함유하는 유기용매에 잘 녹는다.

㉳ 물에 용해하여 브롬화수소산이 되며 염산만큼 산성도는 강하지 않다.
㉴ 산소와 반응하여 물과 브롬을 생성하고, 오존과는 폭발적으로 반응하여 수소를 발생한다.
㉵ 각종 브롬화물의 합성, 브롬화수소산의 제조, 환원제, 촉매(유기합성), 의약품 원료로 사용된다.
㉶ 금속과 반응하여 수소가스를 생성하여 화재와 폭발의 위험성이 있다.

26. 접촉분해공정에서 압력과 온도의 영향

구분		CH₄, CO₂	H₂, CO
압력	상승	증가	감소
	하강	감소	증가
온도	상승	감소	증가
	하강	증가	감소

27.

㉮ 프로판(C_3H_8)과 메탄(CH_4)의 완전연소 반응식
  - 프로판 : $C_3H_8 + 5O_2 \rightarrow 3CO_2 + 4H_2O$
  - 메탄 : $CH_4 + 2O_2 \rightarrow CO_2 + 2H_2O$
㉯ 이론공기량비 계산 : 공기 중 산소의 체적 비율은 변함이 없기 때문에 완전연소 반응식에서 필요로 하는 산소 몰수가 필요한 이론공기량이다.

$$\therefore \text{이론공기량비} = \frac{C_3H_8 \text{공기량}}{CH_4 \text{공기량}}$$

$$= \frac{5}{2} = 2.5 \text{배}$$

28. 액화석유가스(LP가스)의 특징

㉮ LP가스는 공기보다 무겁다.
㉯ 액상의 LP가스는 물보다 가볍다.
㉰ 액화, 기화가 쉽고, 기화하면 체적이 커진다.
㉱ LNG보다 발열량이 크고, 연소 시 다량의 공기가 필요하다.
㉲ 기화열(증발잠열)이 크다.

(바) 무색, 무취, 무미하다.

(사) 용해성이 있다.

(아) 액체의 온도 상승에 의한 부피변화가 크다.

29. 염소(Cl_2) 가스는 상온에서 황록색, 자극성이 강한 독성가스이다.

30. 폴리에틸렌관(Polyethylene pipe)의 특징

(가) 염화비닐관보다 가볍다.

(나) 염화비닐관보다 화학적, 전기적 성질이 우수하다.

(다) 내한성이 좋아 한랭지 배관에 알맞다.

(라) 염화비닐관에 비해 인장강도가 1/5 정도로 작다.

(마) 화기에 극히 약하다.

(바) 유연해서 관면에 외상을 받기 쉽다.

(사) 장시간 직사광선(햇빛)에 노출되면 노화된다.

(아) 폴리에틸렌관의 종류 : 수도용, 가스용, 일반용

31. (가) 기체의 비중 : 표준상태(STP : 0℃, 1기압 상태)의 공기 일정 부피당 질량과 같은 부피의 기체 질량과의 비를 말한다.

$$\therefore \ \text{기체 비중} = \frac{\text{기체 분자량(질량)}}{\text{공기의 평균분자량}(29)}$$

(나) 각 가스의 분자량

가스 명칭	분자량
염소(Cl_2)	71
질소(N_2)	28
산소(O_2)	32
암모니아(NH_3)	17

※ 분자량이 작은 것이 가벼운 가스에 해당된다.

32. 강제기화기 사용 시 특징(장점)

(가) 한랭시에도 연속적으로 가스공급이 가능하다.

(나) 공급가스의 조성이 일정하다.

(다) 설치면적이 적어진다.

(라) 기화량을 가감할 수 있다.

(마) 설비비 및 인건비가 절약된다.

33. 공기액화 분리장치의 폭발원인

(가) 공기 취입구로부터 아세틸렌의 혼입

(나) 압축기용 윤활유 분해에 따른 탄화수소의 생성

(다) 공기 중 질소 화합물(NO, NO_2)의 혼입

(라) 액체공기 중에 오존(O_3)의 혼입

34. 정압기의 기능 : 도시가스 압력을 사용처에 맞게 낮추는 감압기능, 2차 측의 압력을 허용범위 내의 압력으로 유지하는 정압기능 및 가스의 흐름이 없을 때는 밸브를 완전히 폐쇄하여 압력상승을 방지하는 폐쇄기능을 갖는다.

35. (가) 한국 냉동톤(1 RT)은 3320 kcal/h이다.

(나) 냉동기에서 흡수 제거할 열량(잠열) 계산 : 물의 응축잠열은 79.68 kcal/kg이고, 물 20톤을 24시간 동안 얼음으로 만들었으므로 시간당 제거열량으로 구한다.

$$\therefore \ Q = G \times r = \frac{(20 \times 1000) \times 79.68}{24}$$

$$= 66400 \ \text{kcal/h}$$

(다) 냉동기 용량 계산

$$\therefore \ RT = \frac{\text{흡수 제거할 열량}}{3320}$$

$$= \frac{66400}{3320} = 20 \, RT$$

36. (가) 동특성(動特性) : 부하변동에 대한 응답의 신속성과 안정성이 요구되는 것으로 응답속도가 빠르면 안정성이 나빠지고, 응답속도가 늦으면 안정성이 양호해진다.

(나) 응답속도가 빠르면 압력변동이 심해지는 현상이 나타나기 때문에 안정성이 나빠지

는 것이고, 압력이 상하로 크게 요동치는 것을 헌팅(hunting) 현상이라고 한다.

㉯ 헌팅(hunting) : 자동제어에서 시간 또는 신호의 지연이 큰 경우에 발생하는 것으로 제어의 지연에 의해 제어량이 주기적으로 변하여 난조상태로 되는 현상이다.

참고 **부하변동에 대한 2차 압력의 응답 예**

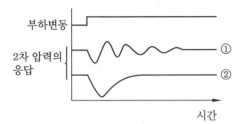

① 응답속도가 빠르지만, 안정성은 나쁘다.
② 응답속도가 늦지만, 안정성은 양호하다.

37. 수소화분해(수첨분해)법(hydrogenation cracking process) : 고온, 고압하에서 탄화수소를 수소기류 중에서 열분해 또는 접촉분해하여 메탄(CH_4)을 주성분으로 하는 고열량의 가스를 제조하는 방법이다.

38. 암모니아 합성탑

㉮ 암모니아 합성탑은 내압용기와 내부구조물로 되어 있다.

㉯ 내부 구조물은 촉매를 유지하고 반응과 열교환을 행한다.

㉰ 촉매는 산화철에 Al_2O_3 및 K_2O를 첨가한 것이나 CaO 또는 MgO 등을 첨가한 것을 사용한다.

39. 베인펌프의 특징

㉮ 연속 토출로 맥동현상이 적다.

㉯ 베인의 마모로 인한 압력저하가 발생하지 않는다.

㉰ 고장이 적고 유지보수가 용이하며 수명이 길다.

㉱ 장시간 사용에도 성능이 안정적이다.

㉲ 제작 시 높은 정도가 요구된다.

㉳ 작동유의 점도에 제한이 있고, 오일의 오염에 주의하여야 한다.

㉴ 흡입 진공도가 허용한도 이하이어야 한다.

40. 각 가스의 공기 중에서의 폭발범위값

가스 명칭	폭발범위값
수소(H_2)	4~75 %
암모니아(NH_3)	15~28 %
산화에틸렌(C_2H_4O)	3.0~80 %
프로판(C_3H_8)	2.2~9.5 %

제 3 과목   가스안전관리

---

41. 용기보관실과 사무실은 동일한 부지에 구분하여 설치하되 용기보관실 면적은 19 m², 사무실은 9 m² 이상으로 한다.

42. 저장능력별 방류둑 설치 대상

㉮ 고압가스 특정제조
  ㉠ 가연성가스 : 500톤 이상
  ㉡ 독성가스 : 5톤 이상
  ㉢ 액화산소 : 1000톤 이상

㉯ 고압가스 일반제조
  ㉠ 가연성, 액화산소 : 1000톤 이상
  ㉡ 독성가스 : 5톤 이상

㉰ 냉동제조 시설(독성가스 냉매 사용) : 수액기 내용적 10000 L 이상

㉱ 액화석유가스 충전사업 : 1000톤 이상

㉲ 도시가스
  ㉠ 도시가스 도매사업 : 500톤 이상
  ㉡ 일반도시가스 사업 : 1000톤 이상

43. 저장탱크 침하방지조치(KGS FP112) : 저장탱크(저장능력이 압축가스는 100 m³, 액화가스

는 1톤 미만인 저장탱크는 제외)의 침하로 인한 위해를 예방하기 위하여 기준에 따라 주기적으로 침하상태를 측정한다.

44. 고압가스 특정제조허가 대상

㉮ 석유정제업자 : 저장능력 100톤 이상

㉯ 석유화학공업자 : 저장능력 100톤 이상, 처리능력 1만 m^3 이상

㉰ 철강공업자 : 처리능력 10만 m^3 이상

㉱ 비료생산업자 : 저장능력 100톤 이상, 처리능력 10만 m^3 이상

㉲ 산업통상자원부 장관이 정하는 시설

45. 아세틸렌 충전작업 기준

㉮ 아세틸렌을 2.5 MPa 압력으로 압축하는 때에는 질소, 메탄, 일산화탄소 또는 에틸렌 등의 희석제를 첨가한다.

㉯ 습식 아세틸렌 발생기의 표면은 70℃ 이하의 온도로 유지하고, 그 부근에서는 불꽃이 튀는 작업을 하지 아니한다.

㉰ 아세틸렌을 용기에 충전하는 때에는 미리 용기에 다공물질을 고루 채워 다공도가 75 % 이상 92 % 미만이 되도록 한 후 아세톤 또는 디메틸포름아미드를 고루 침윤시키고 충전한다.

㉱ 아세틸렌을 용기에 충전하는 때의 충전 중의 압력은 2.5 MPa 이하로 하고, 충전 후에는 압력이 15℃에서 1.5 MPa 이하로 될 때까지 정치하여 둔다.

㉲ 상하의 통으로 구성된 아세틸렌 발생장치로 아세틸렌을 제조하는 때에는 사용 후 그 통을 분리하거나 잔류가스가 없도록 조치한다.

46. 최대 충전량 계산 : 액화가스를 용기에 충전할 때 저장능력 산정식을 적용하며, 프로판의 충전정수는 2.35이다.

$$\therefore W = \frac{V}{C} = \frac{50}{2.35} = 21.276 \text{ kg}$$

47. 1일의 냉동능력 1톤 계산

㉮ 원심식 압축기 : 압축기의 원동기 정격출력 1.2 kW

㉯ 흡수식 냉동설비 : 발생기를 가열하는 1시간의 입열량 6640 kcal

㉰ 그 밖의 것은 다음 식에 의한다.

$$R = \frac{V}{C}$$

여기서, R : 1일의 냉동능력(톤)

V : 피스톤 압출량(m^3/h)

C : 냉매 종류에 따른 정수

48. 독성가스 제독조치 : KGS FP112

㉮ 물 또는 흡수제로 흡수 또는 중화하는 조치

㉯ 흡착제로 흡착 제거하는 조치

㉰ 저장탱크 주위에 설치된 유도구에 의하여 집액구, 피트 등에 고인 액화가스를 펌프 등의 이송설비를 이용하여 안전하게 제조설비로 반송하는 조치

㉱ 연소설비(플레어스택, 보일러 등)에서 안전하게 연소시키는 조치

49. 충전용기를 차량에 적재할 때에는 차량운행 중의 동요로 인하여 용기가 충돌하지 아니하도록 고무링을 씌우거나 적재함에 세워서 적재한다. 다만, 압축가스의 충전용기 중 그 형태 및 운반차량의 구조상 세워서 적재하기 곤란한 때에는 적재함 높이 이내로 눕혀서 적재할 수 있다.

50. 로딩암의 구조 및 성능 기준 : KGS AA236

㉮ 로딩암의 구조는 연결되었을 경우 누출이 없는 것으로 한다.

㉯ 로딩암의 구조는 가스의 흐름에 지장이 없는 유효면적을 가지는 것으로 한다.

㉰ 로딩암의 구조는 지지 구조물을 가지거나 또는 지지 구조물에 부착할 수 있는 것으로 한다.

㉣ 로딩암의 구조는 로딩암이 부드럽게 작동되도록 밸런스 유닛이 적절히 부착되어 있는 것으로 한다.

㉤ 로딩암의 외관은 형상이 균일하고 매끈하며 잔금 등 그 밖의 유해한 결함이 없는 것으로 한다.

㉥ 로딩암은 상용압력의 1.5배 이상의 수압으로 내압시험을 5분간 실시하여 이상이 없는 것으로 한다.

㉦ 로딩암은 상용압력의 1.1배 이상의 압력으로 기밀시험을 10분간 실시한 후 누출이 없는 것으로 한다.

51. 용접효율 : KGS AC111

용접이음매의 종류	방사선투과시험 비율(%)	용접 효율
맞대기 양면 용접 또는 이와 동등이라고 할 수 있는 맞대기 한면 용접이음매	100	1.00
	100 미만 20 이상	0.85
	해당 없음	0.70
받침쇠를 사용한 맞대기 한면 용접이음매로 받침쇠를 남기는 것	100	0.90
	100 미만 20 이상	0.80
	해당 없음	0.65
상기 두 번째를 제외한 맞대기 한면 용접이음매	해당 없음	0.60
층성동체의 층성재 또는 외통의 맞대기 한면 용접이음매	해당 없음	0.65
양면 전두께 필렛용접 이음매	해당 없음	0.55
플러그용접을 하는 한면 전두께 필렛용접 이음매	해당 없음	0.50
플러그용접을 하지 않은 한면 전두께 필렛용접 이음매	해당 없음	0.45

52. 치환농도

㉮ 가연성가스 설비 : 폭발하한계의 1/4 이하 (25 % 이하)

㉯ 독성가스설비 : TLV-TWA 기준농도 이하

㉰ 산소설비 : 산소농도 22 % 이하

㉱ 불연성가스 설비 : 치환작업을 생략할 수 있다.

㉲ 사람이 작업할 경우 산소농도 : 18~22 %

53. 독성가스 제독제

가스 종류	제독제 종류
염소	가성소다 수용액, 탄산소다 수용액, 소석회
포스겐	가성소다 수용액, 소석회
황화수소	가성소다 수용액, 탄산소다 수용액
시안화수소	가성소다 수용액
아황산가스	가성소다 수용액, 탄산소다 수용액, 물
암모니아, 산화에틸렌, 염화메탄	물

54. 가스계량기는 건축법 시행령에 따른 공동주택의 대피 공간, 방·거실 및 주방 등 사람이 거처하는 장소, 그 밖에 가스계량기에 나쁜 영향을 미칠 우려가 있는 장소에 설치하지 않는다.

55. 되메움 재료 및 다짐공정 : KGS FS551

㉮ 기초재료를 포설한 후 및 침상재료를 포설한 후에 다짐작업을 하고, 그 이후 되메움 공정에서는 배관상단으로부터 30 cm 높이로 되메움재료를 포설한 후마다 다짐작업을 한다. 다만, 포장되어 있는 차도에 매설하는 경우의 노반층의 다짐은 도로법에 따라 실시하고, 흙의 함수량이 다짐에 부적당할 경우에는 다짐작업을 하지 않는다.

ⓑ 다짐작업은 콤팩터, 래머 등 현장상황에 맞
는 다짐기계를 사용하여 하고, 불균등한 다
짐이 되지 않도록 하기 위해 전면에 걸쳐 균
등하게 실시한다. 다만, 폭 4 m 이하의 도로
등은 인력다짐으로 할 수 있다.

※ 되메움 작업에 사용하는 재료는 운반차량
에서 직접 투입하면 매설되는 배관에 위해
를 미칠 가능성이 있으므로 장비 등을 사용
하여 포설하여야 한다.

56. 용접용기 재검사 주기 : LPG용 용접용기 제외

구분	15년 미만	15년 이상 20년 미만	20년 이상
500 L 이상	5년	2년	1년
500 L 미만	3년	2년	1년

57. 차량에 고정된 탱크 소화설비 기준

구분	소화기의 종류		비치 개수
	소화약제	능력단위	
가연성 가스	분말 소화제	BC용, B-10 이상 또는 ABC용, B-12 이상	차량 좌우에 각각 1개 이상
산소	분말 소화제	BC용, B-8 이상 또는 ABC용, B-10 이상	차량 좌우에 각각 1개 이상

58. 특정고압가스 사용시설 역화방지장치 설치 :
수소화염 또는 산소·아세틸렌화염을 사용하
는 시설의 분기되는 각각의 배관에는 가스가
역화되는 것을 효과적으로 차단할 수 있는 역
화방지장치를 설치한다.

참고 **역화방지장치** : 아세틸렌, 수소 그밖에
가연성가스의 제조 및 사용설비에 부착하는
건식 또는 수봉식(아세틸렌만 적용)의 역화
방지장치로 상용압력이 0.1 MPa 이하인 것
을 말한다.

59. 퓨즈콕에는 과류차단안전기구가 부착되어
있어 규정량 이상의 가스가 통과하면 자동으
로 가스를 차단한다.

60. 초저온 용기의 재료는 그 용기의 안전성을
확보하기 위하여 오스테나이트계 스테인리스
강 또는 알루미늄 합금으로 한다.

제 4 과목 가스계측

61. 오르사트법 가스분석 순서 및 흡수제

순서	분석가스	흡수제
1	CO_2	KOH 30 % 수용액
2	O_2	알칼리성 피로갈롤용액
3	CO	암모니아성 염화 제1구리 용액

62. 가스크로마토그래피의 특징
ⓐ 여러 종류의 가스분석이 가능하다.
ⓑ 선택성이 좋고 고감도로 측정한다.
ⓒ 미량성분의 분석이 가능하다.
ⓓ 응답속도가 늦으나 분리 능력이 좋다.
ⓔ 동일가스의 연속측정이 불가능하다.
ⓕ 캐리어가스는 검출기에 따라 수소, 헬륨,
아르곤, 질소를 사용한다.

63. $N = 16 \times \left(\dfrac{T_r}{W} \right)^2 = 16 \times \left(\dfrac{45}{6} \right)^2 = 900$

64. 자동제어계의 구성 요소
ⓐ 검출부 : 제어대상을 계측기를 사용하여 검
출하는 과정이다.
ⓑ 조절부 : 2차 변환기, 비교기, 조절기 등의
기능 및 지시기록 기구를 구비한 계기이다.
ⓒ 비교부 : 기준입력과 주피드백량과의 차를
구하는 부분으로서 제어량의 현재값이 목

표치와 얼마만큼 차이가 나는가를 판단하는 기구이다.

㉱ 조작부 : 조작량을 제어하여 제어량을 설정치와 같도록 유지하는 기구이다.

㉲ 설정부 : 설정한 목표값을 되먹임 신호와 같은 종류의 신호로 바꾸는 역할을 한다.

65. 유량계의 구분

㉮ 용적식 : 오벌기어식, 루트(roots)식, 로터리 피스톤식, 로터리 베인식, 습식 가스미터, 막식 가스미터 등

㉯ 간접식 : 차압식, 유속식, 면적식, 전자식, 와류식(델타식) 등

※ 토크 미터(torque meter)는 회전수를 측정하는 계측기이다.

66. 기본단위의 종류

기본량	길이	질량	시간	전류	물질량	온도	광도
기본단위	m	kg	s	A	mol	K	cd

67.

$$h = \frac{V^2}{2g} = \frac{6^2}{2 \times 9.8} = 1.836 \text{ m}$$

68. 터빈식 유량계 : 유속식 유량계 중 축류식으로 유체가 흐르는 배관 중에 임펠러를 설치하여 유속 변화에 따른 임펠러의 회전수를 이용하여 유량을 측정하는 것으로 임펠러의 축이 유체의 흐르는 방향과 일치되어 있다.

69. 플로트식 액면계 : 부력을 이용한 것으로 액면에 뜨는 물체의 위치를 직접 확인하여 액면을 측정하는 직접식 액면계로 부자식(浮子式) 액면계라 한다.

70. 입상배관으로 시공하였을 때 겨울철에 배관 내부의 수분이 응축되어 가스미터로 유입될 수 있고, 응결수가 동결되어 가스미터가 고장을 일으킬 수 있어 입상배관을 금지한다.

71. 면적식 유량계의 종류 : 부자식(플로트식), 로터 미터

72. 유량 계측 단위 : 단위 시간당 통과한 유량으로 질량유량과 체적유량으로 구분할 수 있다.

㉮ 질량유량의 단위 : kg/h, kg/min, kg/s, g/h, g/min, g/s 등

㉯ 체적유량의 단위 : m^3/h, m^3/min, m^3/s, L/h, L/min, L/s, ft^3/h, ft^3/min, ft^3/s 등

※ ft(피트 : feet)는 영국 등에서 사용하는 길이의 단위로 약 304.8 mm, 12인치에 해당된다.

73. 전자포획 이온화 검출기(ECD : Electron Capture Detector) : 방사선 동위원소로부터 방출되는 β선으로 캐리어가스가 이온화되어 생긴 자유전자를 시료 성분이 포획하면 이온 전류가 감소하는 것을 이용한 것이다.

㉮ 캐리어가스는 질소(N_2), 헬륨(He)을 사용한다.

㉯ 유기할로겐 화합물, 니트로 화합물 및 유기 금속 화합물을 선택적으로 검출할 수 있다.

㉰ 할로겐 및 산소 화합물에서의 감도는 최고이며 탄화수소는 감도가 나쁘다.

74. 습식 가스미터의 특징

㉮ 계량이 정확하다.

㉯ 사용 중에 오차의 변동이 적다.

㉰ 사용 중에 수위조정 등의 관리가 필요하다.

㉱ 설치면적이 크다.

㉲ 기준용, 실험실용에 사용된다.

㉳ 용량범위는 0.2~3000 m^3/h이다.

75. 벤투리(Venturi) 유량계의 특징

㉮ 압력차가 적고, 압력손실이 적다.

㉯ 내구성이 좋고, 정밀도가 높다.

㉰ 대형으로 제작비가 비싸다.

㉤ 구조가 복잡하다.

㉥ 좁은 장소에 설치하기 어렵고 교환이 어렵다.

76. **서모스탯(thermostat) 검지기** : 가스와 공기의 열전도도가 다른 것을 측정원리로 한 것으로 전기적으로 자기가열한 서모스탯에 측정하고자 하는 가스를 접촉시키면 기체의 열전도도에 의해서 서모스탯으로부터 단위시간에 잃게 되는 열량은 가스의 종류 및 농도에 따라서 변화한다. 따라서 가열전류를 일정하게 유지하면 가스 중에 방열에 의한 서모스탯의 온도변화는 전기저항의 변화로서 측정할 수 있고 이것을 브릿지회로에 조립하면 전위차가 생기면서 전류가 흘러 가스의 농도를 측정할 수 있다.

77. **전자식 유량계** : 패러데이의 전자유도법칙을 이용한 것으로 도전성 액체의 유량을 측정한다.

78. 되먹임 제어는 피드백(feedback) 제어를 의미하는 것으로 제어량의 크기와 목표치의 비교를 피드백 신호에 의하여 제어량 값을 목표치에 일치하도록 정정동작을 행하므로 제어와 무관한 외기 온도는 제어 요소와 관계없는 사항이다.

79. **열전대 온도계** : 2종류의 금속선을 접속하여 하나의 회로를 만들어 2개의 접점에 온도차를 부여하면 회로에 접점의 온도에 거의 비례한 전류(열기전력)가 흐르는 현상인 제베크효과(Seebeck effect)를 이용한 것으로 열기전력은 전위차계를 이용하여 측정한다.

80. **탄성식 압력계의 종류** : 부르동관식, 다이어프램식, 벨로스식, 캡슐식

CBT 실전문제 9

정답

연소공학	1	2	3	4	5	6	7	8	9	10
	③	②	①	①	②	④	③	③	②	④
	11	12	13	14	15	16	17	18	19	20
	③	④	④	④	①	①	③	②	②	④
가스설비	21	22	23	24	25	26	27	28	29	30
	④	①	①	①	④	②	①	①	①	③
	31	32	33	34	35	36	37	38	39	40
	④	①	②	④	②	④	②	②	①	②
가스안전관리	41	42	43	44	45	46	47	48	49	50
	④	④	①	④	③	①	③	①	②	④
	51	52	53	54	55	56	57	58	59	60
	③	④	③	②	②	②	①	①	①	①
가스계측	61	62	63	64	65	66	67	68	69	70
	③	③	①	②	②	④	②	②	②	④
	71	72	73	74	75	76	77	78	79	80
	②	④	④	②	③	①	③	③	③	①

제1과목 연소공학

1. **중합폭발 물질** : 시안화수소(HCN), 산화에틸렌(C_2H_4O), 염화비닐(C_2H_3Cl), 부타디엔(C_4H_6) 등

2. **분해연소** : 충분한 착화에너지를 주어 가열분해에 의해 연소하며 휘발분이 있는 고체연료(종이, 석탄, 목재 등) 또는 증발이 일어나기 어려운 액체연료(중유 등)가 이에 해당된다.

3. **펄스(pulse) 연소 및 특징**

㉮ 펄스 연소 : 가솔린기관 내의 연소와 같이 흡기, 연소, 팽창, 배기 과정을 반복하며 간헐적인 연소를 일정주기 반복하여 연소시키는 방식

④ 펄스 연소의 특징

　㉠ 연소실로 연소가스 역류로 연소온도 상승이 제한적이다.

　㉡ 연소기의 형상 및 구조가 간단하고 설비비가 저렴하다.

　㉢ 저공기비 연소가 가능하고, 공기비 제어장치가 불필요하다.

　㉣ 효율이 높아 연료가 절약된다.

　㉤ 연소조절범위가 좁다.

　㉥ 시동용 팬 설치가 필요하고, 소음이 발생한다.

4. 완전연소의 조건(수단)

㉮ 적절한 공기 공급과 혼합을 잘 시킬 것

㉯ 연소실 온도를 착화온도 이상으로 유지할 것

㉰ 연소실을 고온으로 유지할 것

㉱ 연소에 충분한 연소실과 시간을 유지할 것

5. ㉮ 탄화수소(C_mH_n)의 완전연소 반응식

$$C_mH_n + \left(m + \frac{n}{4}\right)O_2 \rightarrow m\,CO_2 + \frac{n}{2}H_2O$$

㉯ $C_{10}H_{20}$(등유)의 완전연소 반응식

$$C_{10}H_{20} + 15O_2 \rightarrow 10CO_2 + 10H_2O$$

　∴ 산소(O_2)와 탄산가스(CO_2)의 몰비는 15 : 10이다.

참고 등유는 탄소수가 C9~C18인 포화, 불포화탄화수소의 혼합물이다.

6. ㉮ 성분 중 가연성 성분의 완전연소 반응식

$$H_2 + \frac{1}{2}O_2 \rightarrow H_2O : 10\,\%$$

$$CO + \frac{1}{2}O_2 \rightarrow CO_2 : 15\,\%$$

$$CH_4 + 2O_2 \rightarrow CO_2 + 2H_2O : 25\,\%$$

㉯ 이론공기량 계산 : 가연성분 $1\,Nm^3$가 연소할 때 필요한 산소량(Nm^3)은 연소 반응식에서 산소몰수와 같고, 여기에 각 성분의 체적비를 적용하며, 연료량 $10\,Nm^3$를 마지막에 적용한다. 공기 중 산소의 체적비는 21 %이다.

$$\therefore A_0 = \frac{O_0}{0.21}$$

$$= \frac{\left(\frac{1}{2} \times 0.1\right) + \left(\frac{1}{2} \times 0.15\right) + (2 \times 0.25)}{0.21} \times 10$$

$$= 29.762\,Nm^3$$

7.

$$COP_R = \frac{Q_2}{W} = \frac{Q_2}{Q_1 - Q_2} = \frac{T_2}{T_1 - T_2}$$

$$= \frac{273 - 5}{(273 + 35) - (273 - 5)} = 6.7$$

8. 폭굉의 화염전파속도 : 1000~3500 m/s

9. BLEVE(Boiling Liquid Expanding Vapor Explosion) : 비등 액체 팽창 증기 폭발

참고 **제시된 예제의 각 단어 의미**

① Boiling : 비등, 끓어오르는

② Leak : 유출, 누출, 누설되다.

③ Expanding : 확장하다, 팽창하다.

④ Vapor : 증기

10. 내부에너지 변화(U_2)는 물질의 내부에너지(U_1)와 물질에 전달해준 열(q) 및 일(W)을 합한 것이다.

$$\therefore U_2 = U_1 + q + W = 168 + 20 = 188\,kJ$$

11. 표준상태(0℃, 1기압)에서 프로판(C_3H_8) 44 kg의 체적은 $22.4\,m^3$이다.

$$44\,kg : 22.4\,m^3 = 5\,kg : x\,[m^3]$$

$$\therefore x = \frac{5 \times 22.4}{44} = 2.545\,m^3$$

별해 SI단위 이상기체 상태방정식 $PV = GRT$ 를 이용하여 계산 : 1기압은 101.325 kPa이고, 프로판의 분자량(M)은 44이다.

$$\therefore V = \frac{GRT}{P} = \frac{5 \times \dfrac{8.314}{44} \times (273 + 0)}{101.325}$$

$$= 2.545\,m^3$$

※ 이상기체 상태방정식을 적용하여 풀이하는 방법은 온도와 압력이 표준상태가 아닌 경우에 적용할 수 있다.

12. $P = P_A + P_B$

$$= \left(\frac{9000}{760} \times \frac{5}{5+1} \right) + \left(\frac{2400}{760} \times \frac{1}{5+1} \right)$$

$$= 10.39 \, \text{atm}$$

13. 가연물의 구비조건

㉮ 발열량이 크고, 열전도율이 작을 것

㉯ 산소와 친화력이 좋고 표면적이 넓을 것

㉰ 활성화 에너지가 작을 것

㉱ 건조도가 높을 것(수분 함량이 적을 것)

14. 도시가스의 분류

㉮ 연소속도

　㉠ A : 늦음

　㉡ B : 중간

　㉢ C : 빠름

㉡ 웨버지수

　㉠ 4A, 5AN, 5A, 6A, 11A, 12A, 13A

　㉡ 4B, 5B, 6B

　㉢ 4C, 5C, 6C, 7C

　※ 4, 13 등의 숫자는 웨버지수 4000, 13000을 의미한다.

15. 위험장소의 등급 분류

㉮ 1종 장소 : 상용상태에서 가연성 가스가 체류하여 위험하게 될 우려가 있는 장소, 정비보수 또는 누출 등으로 인하여 종종 가연성 가스가 체류하여 위험하게 될 우려가 있는 장소

㉯ 2종 장소

　㉠ 밀폐된 용기 또는 설비 내에 밀봉된 가연성 가스가 그 용기 또는 설비의 사고로 인해 파손되거나 오조작의 경우에만 누출할 우려가 있는 장소

　㉡ 확실한 기계적 환기조치에 의하여 가연성 가스가 체류하지 않도록 되어 있으나 환기장치에 이상이나 사고가 발생한 경우에는 가연성 가스가 체류하여 위험하게 될 우려가 있는 장소

　㉢ 1종 장소의 주변 또는 인접한 실내에서 위험한 농도의 가연성 가스가 종종 침입할 우려가 있는 장소

㉰ 0종 장소 : 상용의 상태에서 가연성 가스의 농도가 연속해서 폭발하는 한계 이상으로 되는 장소(폭발한계를 넘는 경우에는 폭발한계 내로 들어갈 우려가 있는 경우를 포함)

16. 공급되는 공기 유속이 낮을수록, 공기 온도가 높을 때 화염의 높이는 커진다.

17. ㉮ 프로판(C_3H_8), 부탄(C_4H_{10})의 완전연소 반응식

$C_3H_8 + 5O_2 \rightarrow 3CO_2 + 4H_2O$

$C_4H_{10} + 6.5O_2 \rightarrow 4CO_2 + 5H_2O$

㉯ 혼합가스의 폭발범위 하한값(LFL) 계산

$$\therefore L = \frac{100}{\dfrac{V_1}{L_1} + \dfrac{V_2}{L_2}} = \frac{100}{\dfrac{50}{2.2} + \dfrac{50}{1.8}}$$

$$= 1.98 \, \text{v\%}$$

㉰ 최소산소농도 계산 : 완전연소 반응식에서 필요한 산소몰수는 체적비율만큼 필요하다.

$$\therefore \text{MOC} = \text{LFL} \times \frac{\text{산소몰수}}{\text{연료몰수}}$$

$$= 1.98 \times \frac{(5 \times 0.5) + (6.5 \times 0.5)}{(1 \times 0.5) + (1 \times 0.5)}$$

$$= 11.385 \, \%$$

18. ㉮ 최소 점화에너지(MIE) : 가연성 혼합가스에 전기적 스파크로 점화시킬 때 점화하기 위한 최소한의 전기적 에너지를 말한다.

㉯ 가연성 물질 및 공기(혼합기)의 온도가 상승하면 최소 점화에너지는 작아진다.

㉰ 최소 점화에너지는 유속과는 무관하다.

19. 보일의 법칙 : 일정온도 하에서 일정량의 기체가 차지하는 부피는 압력에 반비례한다.

$$P_1 \cdot V_1 = P_2 \cdot V_2$$

20. 화재의 종류(분류)

㉮ A급 : 목재, 종이와 같은 일반 가연물의 화재

㉯ B급 : 석유류, 가스와 같은 인화성 물질의 화재

㉰ C급 : 전기 화재

㉱ D급 : 금속 화재

제 2 과목 가스설비

---

21. 유량특성 : 메인밸브의 열림과 유량과의 관계를 말한다.

㉮ 직선형 : 메인밸브의 개구부 모양이 장방향의 슬릿(slit)으로 되어 있으며 열림으로부터 유량을 파악하는데 편리하다.

㉯ 2차형 : 개구부의 모양이 삼각형(V자형)의 메인밸브로 되어 있으며 천천히 유량을 증가하는 형식으로 안정적이다.

㉰ 평방근형 : 접시형의 메인밸브로 신속하게 열(開) 필요가 있을 경우에 사용하며 다른 것에 비하여 안정성이 좋지 않다.

22. 가장 가벼운 수소가스는 폭발위험성이 있어 부양용 기구에 사용이 부적합하여 수소 다음으로 가볍고, 불활성가스에 해당되는 헬륨을 사용한다.

23. 윤활유 온도 상승 원인

㉮ 오일 펌프의 불량

㉯ 오일 쿨러의 불량

㉰ 습동부의 발열 과대

㉱ 기온, 수온의 상승

24. 공기 대신 산소와 혼합되면 폭발범위 상한계가 올라가는 현상이 발생한다.

참고 **공기 및 산소 중의 폭발범위 비교**

가스 종류	공기 중	산소 중
수소	4~75 %	4~94 %
아세틸렌	2.5~81 %	2.5~93 %
암모니아	15~28 %	15~79 %
일산화탄소	12.5~74 %	15.5~94 %

25. 도시가스 원료로 사용하는 천연가스(NG), LPG, 나프타 등은 냄새가 없어 누설 시 조기에 발견하기 어렵기 때문에 냄새가 나는 물질인 부취제를 첨가하여 누설을 조기에 발견하여 조치할 수 있도록 한다.

26. 포스겐($COCl_2$)의 특징

㉮ 분자량이 99로 공기보다 무겁다.

㉯ 자극적인 냄새(푸른 풀 냄새)가 난다.

㉰ TLV-TWA 0.1 ppm으로 맹독성가스이다.

㉱ 사염화탄소(CCl_4)에 잘 녹는다.

㉲ 활성탄을 촉매로 일산화탄소와 염소를 반응시켜 제조한다.

㉳ 가열하면 일산화탄소와 염소로 분해된다.

㉴ 가수분해하여 이산화탄소와 염산이 생성된다.

㉵ 건조한 상태에서는 금속에 대하여 부식성이 없으나 수분이 존재하면 금속을 부식시킨다.

㉶ 건조제로 진한 황산을 사용한다.

27. 암모니아 제조법

㉮ 하버-보쉬법(Harber-Bosch process) : 수소와 질소를 체적비 3 : 1로 반응시켜 암모니아를 공업적으로 제조하는 방법이다.

– 반응식 : $3H_2 + N_2 \rightarrow 2NH_3$

④ 암모니아 합성공정의 종류

   ㉠ 고압합성법 : 클라우드법, 캬자레법

   ㉡ 중압합성법 : IG법, 뉴파우더법, 뉴데법,
동공시법, JCI법, 케미크법

   ㉢ 저압합성법 : 구데법, 켈로그법

28. 펌프에서 발생하는 이상 현상

  ㉮ 캐비테이션(공동) 현상

  ㉯ 수격(water hammering)작용

  ㉰ 서징(surging) 현상

  ㉱ 베이퍼로크(vapor-lock) 현상

29. ㉮ 밀도(kg/m^3)는 단위 체적당 질량이다.

   ㉯ 가스(기체)의 경우 압력을 가하면 질량은
일정하고, 체적이 감소된다. 그러므로 밀
도는 커진다.

30. 전위측정용 터미널 설치간격

  ㉮ 희생양극법, 배류법 : 300 m 이내

  ㉯ 외부전원법 : 500 m 이내

31. 정압기의 기본 구성요소

  ㉮ 다이어프램 : 2차 압력을 감지하고 2차 압
력의 변동사항을 메인밸브에 전달하는 역할
을 한다.

  ㉯ 스프링 : 조정할 2차 압력을 설정하는 역할
을 한다.

  ㉰ 메인밸브(조정밸브) : 가스의 유량을 메인
밸브의 개도에 따라서 직접 조정하는 역할을
한다.

32. 구리 및 구리합금을 사용 시 문제점

  ㉮ 아세틸렌 : 아세틸드가 생성되어 화합폭발
의 원인

  ㉯ 암모니아 : 부식 발생

  ㉰ 황화수소 : 수분 존재 시 부식 발생

33. 진탕형 오토클레이브 : 횡형 오토클레이브 전
체가 수평, 전후 운동을 하여 내용물을 혼합
하는 것으로 이 형식을 일반적으로 사용한다.

34. 린데식 액화장치 : 단열팽창(줄-톰슨효과)을
이용한 것으로 열교환기, 팽창밸브, 액화기
등으로 구성된다.

  ※ 팽창기는 클라우드식 액화장치에 필요한
기기이다.

35. 용접결함의 종류 : 용입불량, 언더컷, 오버랩,
슬래그 섞임, 기공, 스패터, 피트

36. 글로브 밸브(glove valve)의 특징

  ㉮ 유체의 흐름에 따라 마찰손실(저항)이 크다.

  ㉯ 주로 유량 조절용으로 사용된다.

  ㉰ 유체의 흐름 방향과 평행하게 밸브가 개폐
된다.

  ㉱ 밸브의 디스크 모양은 평면형, 반구형, 원
뿔형 등의 형상이 있다.

  ㉲ 슬루스 밸브에 비하여 가볍고 가격이 저렴
하다.

  ㉳ 고압의 대구경 밸브에는 부적당하다.

  참고 **배관용 밸브의 특징**

  ㉮ 글로브 밸브(스톱 밸브) : 유량 조절용으로
사용, 압력손실이 크다.

  ㉯ 슬루스 밸브(게이트 밸브) : 유로 개폐용으
로 사용, 압력손실이 적다.

  ㉰ 버터플라이 밸브 : 액체 배관의 유로 개폐
용으로 사용, 고압 배관에는 부적당하다.

37. ㉮ 펌프 단수(Z)는 언급이 없으므로 생략
한다.

  ㉯ 비속도 계산

$$\therefore N_s = \frac{N \times \sqrt{Q}}{\left(\dfrac{H}{Z}\right)^{\frac{3}{4}}} = \frac{700 \times \sqrt{15}}{10^{\frac{3}{4}}}$$

$$= 482.107 \, rpm \cdot m^3/min \cdot m$$

38. 냉동능력

㉮ 1 한국 냉동톤 : 0℃ 물 1톤(1000 kg)을 0℃ 얼음으로 만드는데 1일 동안 제거하여야 할 열량으로 3320 kcal/h에 해당된다.

※ 1 RT를 열량(kcal/h)으로 환산 : 물의 응고잠열은 79.68 kcal/kg이다.

$$\therefore Q = 1000 \, kg/일 \times 79.68 \, kcal/kg$$
$$\times \frac{1}{24}(일/h) = 3320 \, kcal/h$$

㉯ 1 미국 냉동톤 : 32℉ 물 2000 lb를 32℉ 얼음으로 만드는데 1일 동안 제거하여야 할 열량으로 3024 kcal/h에 해당된다.

39. 전자유도탐사법 : 송신기로부터 매설관이나 케이블에 교류 전류를 흐르게 하여 그 주변에 교류 자장을 발생시켜 지표면에서 발생된 교류 자장을 수신기의 측정코일의 감도 방향성을 이용하여 평면위치를 측정하고 지표면으로부터 전위경도에 대해 심도를 탐사하는 방법으로 주로 매설된 가스배관을 탐사하는 기법으로 사용되고 있다.

40. 불소(F₂)가스의 특징

㉮ 조연성, 독성가스(TLV-TWA 0.1 ppm, LC50 185 ppm · 1 h · Rat)이다.

㉯ 연한 황색의 기체이며 심한 자극성이 있다.

㉰ 형석(CaF_2), 빙정석(Na_3AlF_6) 등으로 자연계에 존재한다.

㉱ 화합력이 매우 강하여 모든 원소와 결합한다.(가장 강한 산화제이다)

㉲ 물과 반응하여 불화수소(HF)가 생성된다.
$$2F_2 + 2H_2O \rightarrow 4HF + O_2$$

㉳ 수소와는 차고 어두운 곳에서도 활발하게 발화하고, 폭발적으로 반응한다.

㉴ 황(S)이나 인(P)과는 액체 공기의 저온에서도 심하게 반응한다.

㉵ 고체 불소와 액체 수소와는 −252℃의 저온에서도 반응한다.

제 3 과목   가스안전관리

41. 용기에 의한 액화석유가스 사용시설 기준(KGS FU431)의 계량기 설치 기준을 적용받는 가스계량기 용량은 30 m³/h 미만이다.

42. 초저온 용기의 용접부 충격시험

㉮ 충격시험 방법

㉠ 두께가 3 mm 이상으로서 스테인리스강으로 제조한 용기에 대하여 실시한다.

㉡ 충격시험은 KS B 0810(금속재료 충격시험방법)에 따라 실시한다.

㉢ 시험편은 액화질소 등 −150℃ 이하의 초저온 액화가스에 집어넣어 시험편의 온도가 −150℃ 이하로 될 때까지 냉각한다.

㉣ 냉각이 완료되면 시험편을 충격시험기에 부착하고 시험편의 파괴는 초저온 액화가스에서 꺼내어 6초 이내에 실시한다.

㉯ 판정기준 : 충격시험은 3개의 시험편의 온도를 −150℃ 이하로 하여 그 충격치의 최저가 20 J/cm² 이상이고 평균 30 J/cm² 이상인 경우를 적합한 것으로 한다.

43. 가스도매사업의 경우 밸브기지 안의 배관은 제외한다.

44. 내진등급 분류 : KGS GC203

㉮ 내진등급은 내진 특A등급, 내진 특등급, 내진 I등급, 내진 II등급으로 분류한다.

㉯ 중요도 등급은 특등급, 1등급, 2등급으로 분류한다.

㉰ 영향도 등급은 A등급, B등급으로 구분한다.

㉱ 중요도 등급 및 영향도 등급에 따른 내진등급 분류

중요도 등급	영향도 등급	관리등급	내진등급
특	A	핵심시설	내진 특A
	B	-	내진 특
1	A	중요시설	
	B	-	내진 I
2	A	일반시설	
	B	-	내진 II

45. 용기 제조방법에 따른 C, P, S 함유량

구분	탄소(C)	인(P)	황(S)
용접용기	0.33 % 이하	0.04 % 이하	0.05 % 이하
이음매 없는 용기	0.55 % 이하	0.04 % 이하	0.05 % 이하

46. 내진설계 대상

㉮ 저장탱크 및 압력용기

구분	비가연성, 비독성	가연성, 독성	탑류
압축 가스	1000 m³ 이상	500 m³ 이상	동체부 높이 5 m 이상
액화 가스	10000 kg 이상	5000 kg 이상	

㉯ 세로방향으로 설치한 동체의 길이가 5 m 이상인 원통형 응축기 및 내용적 5000 L 이 상인 수액기, 지지구조물 및 기초와 연결부

㉰ ㉮호 중 저장탱크를 지하에 매설한 경우에 대하여는 내진설계를 한 것으로 본다.

47. 각 항목의 옳은 내용

① 의료용 산소 용기의 문자 색상은 녹색이 다.(용기 도색이 백색이므로 백색 문자로 표시할 수 없다)

② 가연성가스(액화석유가스용은 제외) 및 독 성가스는 각각 다음과 같이 표시한다.

가연성가스   독성가스

④ 선박용 액화석유가스 용기는 용기 상단부에 2 cm 크기의 백색 띠를 두 줄로 표시하며, 백색 띠의 하단과 가스 명칭 사이에 "선박 용"이라고 표시한다.

48.
$$P = \frac{0.01\,W_h}{D \times b} \times C = \frac{0.01 \times 100000}{400 \times 10} \times 4$$
$$= 1\,\text{MPa}$$

[참고] **접촉압력 계산식의 각 기호의 의미와 단위**

㉮ 계산식 : $P = \dfrac{0.01\,W_h}{D \times b} \times C$

㉯ 각 기호의 의미와 단위

P : 접촉압력(MPa)

W_h : 폭발방지제의 중량+지지봉의 중량+ 후프링의 자중(N)

D : 동체의 안지름(cm)

b : 후프링의 접촉폭(cm)

C : 안전율로서 4로 한다.

※ 접촉압력 계산식은 단위 정리가 이루어 지지 않는 공식에 해당됩니다.

49. 가스 종류별 용기 도색

가스 종류	용기 도색	
	공업용	의료용
산소(O_2)	녹색	백색
수소(H_2)	주황색	-
액화탄산가스(CO_2)	청색	회색
액화석유가스	밝은 회색	-
아세틸렌(C_2H_2)	황색	-
암모니아(NH_3)	백색	-
액화염소(Cl_2)	갈색	-
질소(N_2)	회색	흑색
아산화질소(N_2O)	회색	청색
헬륨(He)	회색	갈색
에틸렌(C_2H_4)	회색	자색
사이클로 프로판	회색	주황색
기타의 가스	회색	-

50. 스커트는 액화석유가스 용기와 같이 용기가 넘어지지 않도록 용기 아랫부분에 부착되는 부분을 지칭하는 명칭이다.

51. 체류방지 조치 : 가연성가스 또는 독성가스를 냉매로 사용하는 냉매설비에는 냉매가스가 누출될 경우 그 냉매가스가 체류하지 아니하도록 다음 조치를 강구한다.
  ㉮ 냉동능력 1톤당 0.05 m² 이상의 면적을 갖는 환기구를 직접 외기에 닿도록 설치한다.
  ㉯ 해당 냉동설비의 냉동능력에 대응하는 환기구의 면적을 확보하지 못하는 때에는 그 부족한 환기구 면적에 대하여 냉동능력 1톤당 2 m³/분 이상의 환기능력을 갖는 강제환기장치를 설치한다.

52. 특정고압가스의 종류
  ㉮ 법에서 정한 것(고법 제20조) : 수소, 산소, 액화암모니아, 아세틸렌, 액화염소, 천연가스, 압축모노실란, 압축디보란, 액화알진, 그밖에 대통령령이 정하는 고압가스
  ㉯ 대통령령이 정한 것(고법 시행령 16조) : 포스핀, 셀렌화수소, 게르만, 디실란, 오불화비소, 오불화인, 삼불화인, 삼불화질소, 삼불화붕소, 사불화유황, 사불화규소
  참고 **특수고압가스의 종류**
    ㉮ 특수고압가스(고법 시행규칙 제2조) : 압축모노실란, 압축디보란, 액화알진, 포스핀, 셀렌화수소, 게르만, 디실란 그밖에 반도체의 세정 등 산업통상자원부 장관이 인정하는 특수한 용도에 사용하는 고압가스
    ㉯ 특수고압가스(KGS FU212 특수고압가스 사용의 시설·기술·검사 기준) : 특정고압가스사용시설 중 압축모노실란, 압축디보레인, 액화알진, 포스핀, 셀렌화수소, 게르만, 디실란, 오불화비소, 오불화인, 삼불화인, 삼불화질소, 삼불화붕소, 사불화유황, 사불화규소를 말한다.

53. 정전기 제거설비 검사항목
  ㉮ 지상에서 접지 저항치
  ㉯ 지상에서의 접속부의 접속 상태
  ㉰ 지상에서의 절선 그밖에 손상부분의 유무

54. 합격 용기등에 대한 각인 또는 표시 : 고법 시행규칙 별표 25
  ㉮ 납붙임 또는 접합용기에는 그 제조공정 중에 15 mm×15 mm 크기의 "KC"자의 표시를 한다.
  ㉯ 검사에 합격한 냉동기에 대하여는 6 mm×10 mm 크기의 "KC"자의 각인을 한다.
  ㉰ 저장탱크, 차량에 고정된 탱크, 기화장치 및 압력용기에는 "KC"자의 각인을 한다.
  참고 ㉮ "KC"자 및 "R"자의 각인 모양

    Ⓚ   Ⓡ

    ㉯ 법령 및 규정에는 "KC"자로 표현되고 있지 않고 있으며, 이해하기 쉽도록 편의상 표현한 것입니다.

55. 액화석유가스 충전압력 : 액법 시행규칙 별표 4
  ㉮ 접합 또는 납붙임용기와 이동식 부탄연소기용 용접용기
    ㉠ 가스의 압력 : 40℃에서 0.52 MPa 이하
    ㉡ 가스의 성분 : 프로판+프로필렌은 10 mol% 이하, 부탄+부틸렌은 90 mol% 이상
  ㉯ 이동식 프로판연소기용 용접용기
    ㉠ 가스의 압력 : 40℃에서 1.53 MPa 이하
    ㉡ 가스의 성분 : 프로판+프로필렌 90 mol% 이상

56. 다공도 기준 : KGS AC214
  ㉮ 용해제 및 다공물질을 고루 채워 다공도를 75 % 이상 92 % 미만으로 한다.
  ㉯ 다공질물의 다공도는 다공질물을 용기에 충전한 상태로 20℃에서 아세톤, 디메틸포름아미드 또는 물의 흡수량으로 측정한다.

ⓒ 아세틸렌을 충전하는 용기는 밸브 바로 밑의 취입·취출 부분을 제외하고 다공질물을 빈틈없이 채운다. 다만, 다공질물이 고형일 경우에는 아세톤 또는 디메틸포름아미드를 충전한 다음 용기벽을 따라 용기 직경의 1/200 또는 3 mm를 초과하지 않는 틈이 있는 것은 무방하다.

ⓔ 다공질물은 아세톤, 디메틸포름아미드 또는 아세틸렌으로 인해 침식되는 성분이 포함되지 않도록 한다.

ⓜ 다공질물에 침윤시키는 아세톤의 품질은 KS M 1665(산업용 아세톤)에 따른 종류 1호 또는 이와 같은 수준 이상의 품질의 것으로 한다.

ⓗ 다공질물에 침윤시키는 디메틸포름아미드의 품질은 품위 1급 또는 이와 같은 수준 이상의 품질의 것으로 한다.

※ '다공질물'과 '다공물질'은 같은 의미로 혼용하여 사용되는 용어이다.

57. 정압기실 주위에는 높이 1.5 m 이상의 경계책을 설치한다.

58. **수취기** : 가스 중의 포화수분이나 이음매가 불량한 곳, 가스배관의 부식구멍 등으로부터 지하수가 침입 또는 공사 중에 물이 침입하는 경우 가스 공급에 장애를 초래하므로 관로의 저부(低部)에 설치하여 수분을 제거하는 기기이다.

참고 **도시가스 매설배관 수취기 설치 기준**

ⓐ 물이 체류할 우려가 있는 배관에는 수취기를 콘크리트 등의 박스에 설치한다. 다만, 수취기의 기초와 주위를 튼튼히 하여 수취기에 연결된 수취배관의 안전확보를 위한 보호박스를 설치한 경우에는 콘크리트 등의 박스에 설치하지 아니할 수 있다.

ⓑ 수취기의 입관에는 플러그나 캡(중압 이상의 경우에는 밸브)을 설치한다.

59. 경보를 발신한 후에는 원칙적으로 분위기 중 가스농도가 변화하여도 계속 경보를 울리고, 그 확인 또는 대책을 강구함에 따라 경보가 정지되는 것으로 한다.

60. 용기 및 저장탱크 등에 적정 압력이 유지되는 것은 지극히 정상적인 상태이므로 분출이나 누출과는 관계없는 사항이다.

제4과목 가스계측

61. $E = \dfrac{I-Q}{I} \times 100 = \dfrac{50-52}{50} \times 100$

$\qquad = -4.0\,\%$

※ 제시되는 시험용 및 기준용 계측기기의 단위와는 관계없이 주어진 값으로 계산하길 바랍니다.

62. **액체 압력식 온도계의 액체의 구비조건**

ⓐ 점성이 작을 것

ⓑ 열팽창계수가 작을 것

ⓒ 온도에 따른 밀도 변화가 작을 것

ⓓ 모세관 현상 및 표면장력이 작을 것

ⓔ 휘발성이 작을 것

ⓕ 화학적으로 안정할 것

참고 **압력식 온도계의 종류 및 사용물질**

ⓐ 액체 압력(팽창)식 온도계 : 수은, 알코올, 아닐린

ⓑ 기체 압력식 온도계 : 질소, 헬륨

ⓒ 증기 압력식 온도계 : 프레온, 에틸에테르, 염화메틸, 염화에틸, 톨루엔, 아닐린

63. **막식 가스미터의 고장 종류**

ⓐ 부동(不動) : 가스는 계량기를 통과하나 지침이 작동하지 않는 고장

ⓑ 불통(不通) : 가스가 계량기를 통과하지 못

하는 고장

ⓒ 기차(오차) 불량 : 사용공차를 초과하는 고장

ⓔ 감도 불량 : 감도 유량을 통과시켰을 때 지침의 시도(示度) 변화가 나타나지 않는 고장

64. 차압식 유량계에서 유량은 차압의 평방근에 비례한다.

$$\therefore Q_2 = \sqrt{\frac{\Delta P_2}{\Delta P_1}} \times Q_1 = \sqrt{\frac{2}{1}} \times Q_1 = \sqrt{2}\, Q_1$$

∴ 압력차가 2배로 변하면 유량은 $\sqrt{2}$ 배로 변화한다.(압력차가 4배로 변하면 유량은 2배로 변화한다)

65. ㉮ 공기혼합물의 분자량 계산 : 산소(O_2)의 분자량 32, 질소(N_2)의 분자량 28이다.

$$\therefore M = (32 \times 0.21) + (28 \times 0.79) = 28.84$$

㉯ 밀도 계산 : SI단위 이상기체 상태방정식 $PV = GRT$를 이용하여 25℃, 1 atm 상태의 공기 밀도(kg/m^3)를 구하며, 1 atm은 101.325 kPa을 적용한다.

$$\therefore \rho = \frac{G}{V} = \frac{P}{RT} = \frac{101.325}{\dfrac{8.314}{28.84} \times (273 + 25)}$$

$$= 1.179\ kg/m^3$$

66. L/rev : 계량실의 1주기 체적으로 단위는 L 이다.

67. 석유제품의 °API 비중의 기준온도는 60°F 이다.

68. 계측기기의 구비조건

㉮ 경년 변화가 적고, 내구성이 있을 것

㉯ 견고하고 신뢰성이 있을 것

㉰ 정도가 높고 경제적일 것

㉱ 구조가 간단하고 취급, 보수가 쉬울 것

㉲ 원격 지시 및 기록이 가능할 것

㉳ 연속측정이 가능할 것

69. ㉮ 시료 50 mL를 CO_2 흡수액이 들어있는 피펫을 통과한 후 남은 부피가 40 mL이므로 흡수된 양은 10 mL이다.

㉯ 남은 시료 40 mL를 O_2 피펫을 통과한 후 남은 부피가 20 mL이므로 흡수된 양은 20 mL이다.

㉰ 남은 시료 20 mL를 CO 피펫을 통과한 후 남은 부피가 17 mL이므로 흡수된 양은 3 mL이다.

㉱ 질소(N_2) 조성 계산

$$\therefore N_2 = \frac{\text{시료 가스량} - \text{체적감량(흡수된 양)}}{\text{시료 가스량}} \times 100$$

$$= \frac{50 - (10 + 20 + 3)}{50} \times 100 = 34\,\%$$

참고 시료 50 mL를 3가지 흡수 피펫을 통과시킨 후 최종적으로 남은 시료는 17 mL이고, 이것이 질소에 해당된다.

$$\therefore N_2 = \frac{\text{최종적으로 남은 시료 가스량}}{\text{시료 가스량}} \times 100$$

$$= \frac{17}{50} \times 100 = 34\,\%$$

70. ㉮ 1 atm = 760 mmHg = 101.325 kPa = 0.101325 MPa이다.

㉯ 절대압력 계산 : 1 MPa은 1000 kPa이다.

∴ 절대압력 = 대기압 + 게이지압력

$$= \left(\frac{750}{760} \times 101.325\right) + (1.2 \times 10^3)$$

$$= 1299.991\ kPa$$

71. 유량계의 구분

㉮ 용적식 : 오벌기어식, 루트(roots)식, 로터리 피스톤식, 로터리 베인식, 습식 가스미터, 막식 가스미터 등

㉯ 간접식 : 차압식, 유속식, 면적식, 전자식, 와류식 등

72. 침종식 압력계의 특징

㉮ 액체 중의 침종의 상하 이동으로 압력을 측정하는 것으로 아르키메데스의 원리를 이용한 것이다.

㉯ 진동이나 충격의 영향이 비교적 적다.

㉰ 미소 차압의 측정이 가능하다.

㉱ 압력이 낮은 기체 압력을 측정하는데 사용된다.

㉲ 측정범위는 단종식이 100 mmH$_2$O, 복종식이 5~30 mmH$_2$O이다.

73. 열전대 온도계의 특징

㉮ 고온 및 원격 측정이 가능하다.

㉯ 냉접점이나 보상도선으로 인한 오차가 발생되기 쉽다.

㉰ 전원이 필요하지 않으며 원격지시 및 기록이 용이하다.

㉱ 온도계 사용한계에 주의하고, 영점보정을 하여야 한다.

㉲ 온도에 대한 열기전력이 크며 내구성이 좋다.

㉳ 장기간 사용하면 재질이 변화한다.

㉴ 측정범위와 사용 분위기 등을 고려하여야 한다.

74.
㉮ 제어편차 : 제어계에서 목표값의 변화나 외란의 영향으로 목표값과 제어량의 차이에서 생긴 편차이다.

㉯ 제어편차 계산

$$\therefore 제어편차 = 목표치 - 제어량$$
$$= 50 - 53$$
$$= -3 \text{ L/min}$$

75.
부르동관 압력계에 연결되는 관에 사이펀관을 설치하고, 사이펀관에 물을 넣어 증기가 직접 부르동관에 들어가지 않도록 조치한다.

참고 **압력계에 설치되는 사이펀관**

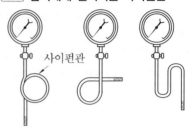

사이펀관

76.
광고온계 : 측정대상 물체에서 방사되는 빛과 표준전구에서 나오는 필라멘트의 휘도를 같게 하여 표준전구의 전류 또는 저항을 측정하여 온도를 측정하는 것으로 비접촉식 온도계이다.

77.
계량기 종류별 기호 : 계량법 시행규칙 별표1

종류	기호	종류	기호
수동저울	A	온수미터	J
지시저울	B	주유기	K
전자식저울	C	LPG미터	L
분동	D	오일미터	M
전력량계	G	눈새김탱크	N
가스미터	H	적산열량계	Q
수도미터	I	요소수미터	T

78. 가스누출 경보기의 검지방법
반도체식, 접촉연소식, 기체 열전도도식

79. 건습구 습도계 특징

㉮ 2개의 수은 온도계를 사용하여 습도, 온도를 측정한다.

㉯ 휴대용으로 사용되는 통풍형 건습구 습도계와 자연 통풍에 의한 간이 건습구 습도계가 있다.

㉰ 구조가 간단하고 취급이 쉽다.

㉱ 가격이 저렴하고, 휴대하기 편리하다.

㉫ 형겊이 감긴 방향, 바람에 따라 오차가 발생한다.

㉲ 물이 항상 있어야 하며, 상대습도를 바로 나타내지 않는다.

㉳ 정확한 습도를 측정하기 위하여 3~5 m/s 정도의 통풍(바람)이 필요하다.

80. 가스미터의 구비조건

㉮ 구조가 간단하고, 수리가 용이할 것

㉯ 감도가 예민하고 압력손실이 적을 것

㉰ 소형이며 계량용량이 클 것

㉱ 기차의 변동이 작고, 조정이 용이할 것

㉲ 내구성이 클 것

◆ 실전문제에 수록된 문제 중 CBT 필기시험을 치른 수험자의 기억에 의존하여 복원한 문제 일부가 포함되어 있습니다.

◆ [CBT 실전문제 정답 및 해설]은 저자가 운영하는 카페에서 PDF로 다운로드하여 활용할 수 있습니다.

※ 저자 카페 : 가·에·위·공 자격증을 공부하는 모임(cafe.naver.com/gas21)

가스 기사 & 산업기사 필기 총정리

2006년 1월 15일 1판 1쇄
2023년 3월 20일 9판10쇄
2025년 1월 20일 10판1쇄

저 자 : 서상희
펴낸이 : 이정일

펴낸곳 : 도서출판 **일진사**
www.iljinsa.com

(우) 04317 서울시 용산구 효창원로 64길 6
전화 : 704-1616 / 팩스 : 715-3536
이메일 : webmaster@iljinsa.com
등록 : 제1979-000009호 (1979.4.2)

값 52,000 원

ISBN : 978-89-429-1948-2